“十三五”国家重点出版物出版规划项目

中国海岸带研究丛书

海岸带生态环境与可持续管理

骆永明　韩广轩　秦　伟　陈令新　高志强 等　著

科学出版社
龍門書局

北　京

内 容 简 介

本书主要是中国科学院海岸带环境过程与生态修复重点实验室（烟台海岸带研究所）和山东省海岸带环境过程重点实验室近十年开展的研究工作的系统性总结。本书从人类活动和气候变化影响下海岸带生态环境过程、生态保护和修复与可持续管理研究，以及海岸科学学科建设与发展视角，分五篇共三十八章，系统介绍了海岸带环境分析和监测的基础理论、技术开发和设备应用，海岸带流域-河口-近海环境生物地球化学及生态风险，海岸带湿地生态系统演变及影响，海岸带滨海水土生态环境修复技术与工程示范，海岸带遥感、信息集成与规划管理等研究进展与发展趋势，为认识海岸带过程与规律、建设海岸科学与工程学科、支持陆海高质量绿色可持续发展提供了丰富的基础数据、科学依据和技术方法。

本书可作为海洋科学、海岸科学，以及海岸带管理科学等领域的科研工作者和研究生的参考书，也可为海洋和海岸带管理者、决策者，以及相关工程技术人员提供理论和技术参考。

审图号：GS（2021）751 号

图书在版编目（CIP）数据

海岸带生态环境与可持续管理 / 骆永明等著. —北京：科学出版社，2021.3

（中国海岸带研究丛书）

ISBN 978-7-03-063992-9

Ⅰ. ①海…　Ⅱ. ①骆…　Ⅲ. ①海岸带—生态环境—环境管理—研究—中国　Ⅳ. ①X321.2

中国版本图书馆CIP数据核字（2019）第288547号

责任编辑：朱　瑾　习慧丽 / 责任校对：郑金红

责任印制：吴兆东 / 封面设计：刘新新

科 学 出 版 社
龍 門 書 局　出版

北京东黄城根北街16号

邮政编码：100717

http://www.sciencep.com

北京建宏印刷有限公司　印刷

科学出版社发行　各地新华书店经销

*

2021年3月第　一　版　开本：889×1194　1/16

2021年3月第一次印刷　印张：57　1/2

字数：1 860 000

定价：728.00元

（如有印装质量问题，我社负责调换）

“中国海岸带研究丛书”编委会

丛 书 序

海岸带是地球表层动态而复杂的陆 - 海过渡带，具有独特的陆、海属性，承受着强烈的陆海相互作用。广义上，海岸带是以海岸线为基准向海、陆两个方向辐射延伸的广阔地带，包括沿海平原、滨海湿地、河口三角洲、潮间带、水下岸坡、浅海大陆架等。海岸带也是人口密集、交通频繁、文化繁荣和经济发达的地区，因而其又是人文 - 自然复合的社会 - 生态系统。全球有40 余万千米海岸线，一半以上的人口生活在沿海60km的范围内，人口在250万以上的城市有2/3 位于海岸带的潮汐河口附近。我国大陆及海岛海岸线总长约为3.2万km，跨越热带、亚热带、温带三大气候带；11 个沿海省（区、市）的面积约占全国陆地国土面积的13%，集中了全国50%以上的大城市、40%的中小城市、42%的人口和60%以上的国内生产总值，新兴海洋经济还在快速增长。21 世纪以来，我国在沿海地区部署了近20个战略性国家发展规划，现在的海岸带既是国家经济发展的支柱区域，又是区域社会发展的“黄金地带”。在国家“一带一路”倡议和生态文明建设战略部署下，海岸带作为第一海洋经济区，成为拉动我国经济社会发展的新引擎。

然而，随着人类高强度的活动和气候变化，我国乃至世界海岸带面临着自然岸线缩短、泥沙输入减少、营养盐增加、污染加剧、海平面上升、强风暴潮增多、围填海频发和渔业资源萎缩等严重问题，越来越多的海岸带生态系统产品和服务呈现不可持续的趋势，甚至出现生态、环境灾害。海岸带已是自然生态环境与经济社会可持续发展的关键带。

海岸带既是深受相连陆地作用的海洋部分，又是深受相连海洋作用的陆地部分。海岸动力学、海域空间规划和海岸管理等已超越传统地理学的范畴，海岸工程、海岸土地利用规划与管理、海岸水文生态、海岸社会学和海岸文化等也已超越传统海洋学的范畴。当今人类社会急需深入认识海岸带结构、组成、性质及功能，以及陆海相互作用过程、机制、效应及其与人类活动和气候变化的关系，创新工程技术和管理政策，发展海岸科学，支持可持续发展。目前，如何通过科学创新和技术发明，更好地认识、预测和应对气候、环境与人文的变化对海岸带的冲击，管控海岸带风险，增强其可持续性，提高其恢复力，已成为我国乃至全球未来地球海岸科学与可持续发展的重大研究课题。近年来，国际上设立的“未来地球海岸（Future Earth-Coasts，FEC）”国际计划，以及我国成立的“中国未来海洋联合会”“中国海洋工程咨询协会海岸科学与工程分会”“中国太平洋学会海岸管理科学分会”等，充分反映了这种迫切需求。

“中国海岸带研究丛书”正是在认识海岸带自然规律和支持可持续发展的需求下应运而生的。该丛书邀请了包括中国科学院、教育部、自然资源部、生态环境部、农业农村部、交通运输部等系统及企业界在内的数十位知名海岸带研究专家、学者、管理者和企业家，基于他们多年的科学技术部、国家自然科学基金委员会、自然资源部及国际合作项目等的研究进展、工程技术实践和旅游文化教育为基础，组织撰写丛书分册。分册涵盖海岸带的自然科学、社会科学和社会-生态交叉学科，涉及海岸带地理、土壤、地质、生态、环境、资源、生物、灾害、信息、工程、经济、文化、管理等多个学科领域，旨在持续向国内外系统性展示我国科学家、工程师和管理者在海岸带与可持续发展研究方面的新成果，包括新数据、新图集、新理论、新方法、新技术、新平台、新规定和新策略。出版“中国海岸带研究丛书”在我国尚属首次。无疑，这不但可以增进科技交流与合作，促进我国及全球海岸科学、技术和管理的研究与发展，而且必将为我国乃至世界海岸带的保护、利用和改良提供科技支撑与重要参考。

中国科学院院士、厦门大学教授

2017年2月于厦门

前　　言

中国科学院海岸带环境过程与生态修复重点实验室（烟台海岸带研究所）前身是中国科学院海岸带环境过程重点实验室（成立于2010年12月，改名于2013年4月）。山东省海岸带环境过程重点实验室成立于2009年10月。中国科学院海岸带环境过程与生态修复重点实验室（烟台海岸带研究所）和山东省海岸带环境过程重点实验室（以下简称“重点实验室”），均依托中国科学院烟台海岸带研究所。该重点实验室面向海岸带科学技术的国际前沿和海岸带可持续发展的国家战略需求，以“认识海岸带生态环境演变规律，支持陆海统筹绿色可持续发展”为己任，围绕我国海岸带突出的环境与生态问题，致力于开展在人类活动和气候变化影响下海岸带环境过程、生态修复和可持续管理的创新与应用研究，涵盖了海岸带环境过程、监测与污染控制技术，海岸带生态系统演变机制与生态修复和海岸带环境信息集成与可持续管理三大研究方向。重点实验室以海岸带人文-自然复合系统和陆海统筹为特色思想，以渤黄海海岸带、黄河三角洲为重点研究区，以“沿海流域-河口和湿地（滩涂）-潮间带-海湾和近海”为研究网链，以“监测技术-环境过程-生态效应-修复技术-综合管理”为研究主线，在流域-河口-近海环境营养物和污染物监测方法、设备与应用，海岸带微塑料、溴系阻燃剂和抗生素污染过程、分布与控制，海岸带溢油预测、损害评估及生物修复，潮间带及近岸海域生源要素与生物生态系统演变，滨海湿地碳氮磷生物地球化学过程与生态修复，黄河三角洲土壤发育与盐碱地改良，海岸带信息集成、海岸线变化与规划管理等科技研究方面取得了长足进步。近十年来，重点实验室承担了国家重点研发计划、国家科技基础性工作专项、国家自然科学基金重点项目、中国科学院先导专项和重点部署项目等数百项项目，发表SCI论文1500余篇，授权发明专利150余件，获省部级科技奖项一等奖8项、二等奖5项，为“认识海岸带规律，支持可持续发展”做出了系统性、创造性和应用性的重要贡献。

《海岸带生态环境与可持续管理》一书，正是重点实验室各研究团队近十年来在海岸带环境过程、生态修复和可持续管理研究及海岸科学（Coastal Science）学科建设方面的成果集成，系统介绍了海岸带环境分析和监测、海岸带环境地球化学及生态风险、陆海生态系统演变及其影响、滨海水土生态环境修复技术与工程示范和海岸带遥感、信息集成与规划管理等五方面的研究进展及展望。全书分五篇，共三十八章。

第一篇　海岸带环境分析和监测：第一章　海岸带环境电化学生物传感器检测技术。从酶电极、电化学免疫传感器、微生物电极、分子印迹电化学传感器及电化学核酸/多肽传感器五个方面，介绍了电化学生物传感器及其在海洋环境检测方面的应用。第二章　海岸带环境微纳分析和监测技术。包括近海环境样品前处理材料、方法与技术，纳米分析方法与技术，基于分子探针成像分析，基于芯片的分析方法与技术，以及海岸带生态环境在线监测技术。第三章　海岸带水体营养元素铁的检测技术。介绍了海岸带水体铁的实验室检测方法，以及从实验室到原位测定海水中铁的多种分析方法。第四章　基于计算机视觉技术的水生生物行为及种群监测技术。介绍了计算机视觉技术在水生生物监测及生物资源调查技术中的应用与发展前景，以及生物对环境的行为响应和生物种群动态变化信息方面的测量工作。第五章　海岸带环境光学监测技术与仪器设备。介绍了近海水体光学监测技术的原理和仪器研制，水体生态要素、石油烃和金属元素的在线监测系统研发和应用。

第二篇　海岸带环境地球化学及生态风险：第六章　黄河三角洲土壤环境地球化学。介绍了黄河三角洲土壤红黏层-黄砂层序列的定量化特征、发育程度、物质来源和形成过程，以及红黏层对污染物及生源要素地球化学行为的影响。第七章　黄河三角洲湿地土壤磷的赋存形态、影响因素和调控机制。系统分析了黄河三角洲湿地磷的赋存形态，沉积物对磷截留去除、吸附容量及潜在的释放风险，以及低分子有机酸和生物炭对湿地磷的调控作用和反应机制。第八章　海岸带微塑料的分布、风化和分配特征。研究了我国北黄海及渤海典型潮滩、渤海水体和沉积物等生境中微塑料的分布及其影响因素，探讨了不同海岸环境条件下微塑料表面性质变化及其对土霉素的吸附影响。第九章 渤海区域大气颗粒物污染特征及多环芳烃沉降通量。基于环渤海大气监测网，介绍了砣矶岛、北隍城岛、屺坶岛、黄河三角洲PM2.5的污染特征，估算了渤海区域多环芳烃的沉降通量。第十章 典型水域有机污染物的大气沉降与河流输入通量。分析并比较了全球典型水域有机污染物的大气沉降与河流输入通量。第十一章 渤海海峡水交换的动力过程。阐明了渤海温盐分布与环流特征，并模拟了渤海海峡水动力过程。第十二章 河流-河口-渤海水和沉积物中抗生素及其迁移模型。探明了由陆到海水体和沉积物中抗生素的分布特征，并模拟分析了水体中抗生素的反应迁移过程。第十三章 近海沉积物生源要素和微量金属元素的环境地球化学。剖析了我国黄渤海近海沉积物中碳、氮、磷的地球化学特征和潮间带重金属的污染特征及其生态风险，探讨了海洋酸化对生源要素和痕量金属元素地球化学循环的影响。第十四章 近海环境污染物（溴系阻燃剂）的生物毒性、生物监测与生态风险。介绍了溴系阻燃剂在环境介质和生物体内的行为，阐述了多溴联苯醚和四溴双酚A的生物毒性效应，评估了基于计算分析预测的环境风险。第十五章 海洋溢油污染物的迁移转化、环境归宿及生态影响。阐述了溢油污染物的风化机制、迁移转化规律及其环境归宿，评估了石油污染的生态风险及影响。第十六章 海洋溢油数值模拟及其应用。介绍了基于Delft3D模型的渤海蓬莱19-3油田溢油的三维数值模型的构建技术，以及融合大气海洋波浪耦合模式（COAWST）对溢油扩散轨迹的数值模型加以改进。

第三篇 陆海生态系统演变及其影响：第十七章 黄河三角洲滨海湿地演变过程与驱动机制。介绍了黄河入海水沙特征、黄河三角洲演变过程及其驱动机制，氮磷施用对黄河三角洲滨海湿地植物群落结构的影响，以及氮沉降对滨海湿地生态系统结构与功能的影响。第十八章 海岸带底栖动物群落演变与底栖生态健康评价—— 以莱州湾为例。分析了莱州湾及其邻近海域的大型底栖动物群落结构特征和年际变化，阐明了该地区底栖动物群落演变特征及其成因。第十九章 河口、盐沼、近海环境中微生物群落的演变。主要分析了海岸带多种生境中典型微生物的组成结构、多样性分布及其演变特征。第二十章 滨海湿地甲烷产生和氧化的微生物学机制。重点阐述微生物参与的甲烷产生和氧化过程，初步解析了滨海湿地甲烷产生和氧化的微生物学机制。第二十一章 海岸带盐碱地根际微生物功能类群及其对环境的响应过程。系统介绍了盐碱地根际微生物的研究进展，重点分析了黄河三角洲地区典型根瘤菌的功能类群及其对环境的适应机制。第二十二章 滨海湿地植物间相互作用及其影响因素及其效应。重点介绍了黄河三角洲滨海湿地植物相互作用及其对物种空间分布、多样性格局、多样性-生态学系统功能关系等的影响和在生态恢复中的应用。第二十三章 海岸工程对湿地生态系统的影响。介绍了围填海工程对黄河三角洲滨海湿地系统多尺度的生态影响，以及黄河三角洲湿地景观保护网络的规划建议。第二十四章 我国近海养殖与环境互作。主要介绍了重金属、持久性有机污染物和微塑料等环境污染物对海水养殖生物的毒性效应。

第四篇 滨海水土生态环境修复技术与工程示范：第二十五章 基于液体分离膜材料的水资源处理技术与综合利用。系统阐述了目标海水淡化及废水资源化的膜集成技术在海岸带水资源处理领域的应用、挑战及发展前景。第二十六章 基于新型复合金属氧化物吸附材料的海岸带污染水体处理技术。主要介绍了新型复合金属氧化物吸附除砷、颗粒状复合金属氧化物除磷、Fe_3O_4/MnO_2和$Mn\text{-}Fe/MnO_2$等磁性复合金属氧化物去除污染水体中重金属等技术的研究进展。第二十七章 海岸带非常规水资源的综合治理与开发利用。介绍了海岸带非常规水资源保护和开发利用技术研发与前景。第二十八章 滨海土壤酸化和铜污染特征及生物修复技术。系统介绍了山东胶东滨海果园土壤酸化和重金属铜的污染特征、非损伤微测技术在植物根际修复中的应用、铜污染土壤的微生物修复机制及技术发展。第二十九章 渤海海域沉积物石油污染的现场微生物修复技术。以渤海海域沉积物石油污染微生物修复工程示范为案例，详细介绍了海洋离岸沉积物污染修复的技术方法、操作方式和修复效果评估。第三十章 河口与近岸环境中黑臭及污染水体的修复原理、技术与工程示范。概述了滨海河道黑臭及污染水体的修复理论和技术，详细介绍了黄河三角洲昌邑污染河道修复工程的设计、实施和修复效果。第三十一章 退化滨海湿地生态修复与功能提升技术及工程示范。重点介绍了退化滨海湿地生态修复基本理论与技术体系，以及“健康滨海湿地生态圈”理论与技术模式。第三十二章　滨海盐渍化土壤改良与农业利用及生态修复。概述了滨海盐渍土改良与利用技术研发动态，重点介绍了黄河三角洲盐渍土改良研究与区域农业综合发展。第三十三章　海岸带盐生植物菊芋种植与开发利用技术。在概述菊芋的主要品种及生物学特征的基础上，重点介绍了黄河三角洲菊芋种植试验、技术开发及其产业链发展。

第五篇　海岸带遥感、信息集成与规划管理：第三十四章　黄海水环境及绿潮灾害影响的卫星遥感评估。介绍了黄海绿潮暴发期间卫星遥感技术在黄海富营养化与水质演变、水体叶绿素和透明度变化与响应方面的评估应用。第三十五章　基于多源遥感信息的海岸带统计信息空间化。重点介绍了我国海岸带区域2000年、2005年、2010年和2015年人口与GDP空间化模型的构建方法和数据。第三十六章　基于WebGIS及多源数据的海岸带数字化建设。系统介绍了海岸带及近海环境数据库构建、数字化海岸带原型系统设计、信息服务体系运行平台建设的研究进展。第三十七章　海岸带环境数据分析与挖掘及其在环境管理中的应用。主要介绍了空间统计分析在滨海湿地植物群落演变中的应用，以及极值统计分析在海岸带灾害风险管理中的应用。第三十八章　海岸带空间规划与综合管理。重点介绍了山东省烟台市近海海域使用规划的编制及应用案例，山东省岸线保护与规划管理及整治修复管理等方面的研究进展。

《海岸带生态环境与可持续管理》一书的出版是我担任中国科学院烟台海岸带研究所所长、中国科学院海岸带环境过程与生态修复重点实验室（烟台海岸带研究所）主任和山东省海岸带环境过程重点实验室主任期间的夙愿。我衷心希望本书有助于人们系统了解在当今人类活动和气候变化单一或双重影响下我国（特别是渤海、黄海等）海岸带及近岸海域生态环境的现状、特征和演变，过程、机制和效应，监测、评估及主控因素的研究进展，认识其变化规律；希望有助于人们借鉴我国区域性海岸带生态环境的数据资料信息集成与规划管理、生态系统保护和修复技术与方法的研究及实践经验，支持沿海高质量绿色可持续发展。海岸带既是陆地向海洋延伸的复杂、动态的地球表层历史自然体，又是高强度人类活动和全球气候变化影响下的陆海人文-自然复合系统，更是陆海相互作用强烈、冲击陆海生态系统健康和经济社会可持续发展的关键带。因此，我也希望重点实验室不断总结科研成果和实践经验，不断务实求是、创新卓越，不断出思想、出人才、出成果，为我国乃至世界海岸带利用、保护、修复与高质量绿色可持续发展做出应有的新贡献。

本书的出版得到了中国科学院海岸带环境过程与生态修复重点实验室（烟台海岸带研究所）和山东省海岸带环境过程重点实验室的经费支持。全书由骆永明、马海青统稿，骆永明定稿。重点实验室近百位科研人员参与了全书五篇三十八章的撰写，其中第一篇由秦伟、骆永明负责，第二、三篇由韩广轩、骆永明负责，第四篇由陈令新、骆永明负责，第五篇由高志强、骆永明负责；各章基本保持了作者的撰写内容及风格，具体撰写人已在相关章的章首页标注。在本书的出版过程中，得到了中国科学院烟台海岸带研究所领导的大力支持和科学出版社朱瑾、习慧丽编辑的热心帮助，在此一并深表谢意。

由于作者水平有限，书中不足之处在所难免，敬请各位同仁批评指正。

中国科学院南京土壤研究所
中国科学院烟台海带研究所　研究员　骆永明

2020年3月15日于南京

目　录

第一篇　海岸带环境分析和监测

第二篇　海岸带环境地球化学及生态风险

第三篇　陆海生态系统演变及其影响

第五篇　海岸带遥感、信息集成与规划管理

第一篇

海岸带环境分析和监测

第一章

海岸带环境电化学生物传感器检测技术①

① 本章作者：秦伟，江天甲，王非凡，姜晓晶，吕恩广，刘淑文，戚龙斌

海岸带是海洋与陆地相接的地带，人口密度大、经济发展迅速，同时海岸带也深受人类过度活动的影响。大量陆源性污染物经地表径流被排放入海，在污染物向海洋迁移的过程中，海岸带区域最先被污染并导致其生态环境逐渐退化。鉴于海岸带环境重要的生态效应，发展高效、灵敏、快速和准确的检测技术来探究海岸带环境的污染现状对海岸带环境安全的早期预警与污染防治工作的及时开展具有重要的作用。在现已发展的多种检测技术中，电化学生物传感器是一种基于多门学科发展而来的高新检测技术，对各类环境污染物的检测分析具有灵敏度高、选择性好、操作简单和成本低廉等优点，该类传感器现已被广泛应用于环境监测领域。本章将从酶电极、电化学免疫传感器、微生物电极、分子印迹电化学传感器及电化学核酸/多肽传感器五个方面介绍电化学生物传感器在海洋环境监测方面的应用情况。

第一节　酶　电　极

将酶作为分子识别元件的电化学生物传感器称为酶电极，它由固定化酶和基础电极组成，因而其不仅具有酶分子的特异性识别和选择催化功能，还有电化学电极响应快、操作简单的优势。酶电极的设计主要参考酶促反应过程产生或者消耗的电活性物质，通过电流型或者电位型传感器测定电活性物质的浓度来测定反应进度。酶电极根据转化器原理分为电化学酶电极、光学酶电极、热学酶电极、压电酶电极、声波酶电极等，其中电化学酶电极的应用最为广泛。酶电极在临床诊断、食品分析、环境监测等领域有重要应用，其在海岸带环境监测领域中的应用主要体现在对有机磷农药及环境毒素的检测方面。

一、电位型酶电极

根据能斯特方程，电位型酶电极的电极电位与被测物质的活度存在定量关系，可以根据电极电位求出被测物质的活度。电位型酶电极采用H^+选择场效应晶体管、pH电极对水解产物中的H^+进行测定以实现对有机磷农药的检测。Ding和Qin（2009a，2009b）发展了一种基于有机磷农药抑制乙酰胆碱酯酶活性原理的电位型传感器，将其用于海水中有机磷农药的高灵敏度检测，检测过程及结果如图1.1所示。孟范平等（2003）用戊二醛（GA）将乙酰胆碱酯酶（AChE）交联在透析膜上，并与pH复合电极组合为酶电极，由此开发出一种基于固定化酶的电位型传感器。该酶电极可以快速、灵敏地测定海水中的久效磷，仪器对海水中10^{-10}～10^{-7}mol/L（0.1～100μg/L）的久效磷农药具有极好的线性响应，检测限为0.1μg/L，对海洋渔业环境的有机磷农药污染具有良好的预警作用。基于酶抑制法的电位型传感器还可用于水环境中微囊藻毒素的检测。Yu等（2016）运用微囊藻毒素特异性抑制蛋白磷酸酶活性的机理，选用蛋白磷酸酶作为靶标酶、对硝基磷酸盐作为酶促反应底物、酶促反应产生的具有高灵敏电位响应的对硝基苯酚作为指示离子来检测环境水体中的微囊藻毒素。该方法对微囊藻毒素检测的线性响应范围是1～100μg/L，检测限为0.5μg/L。

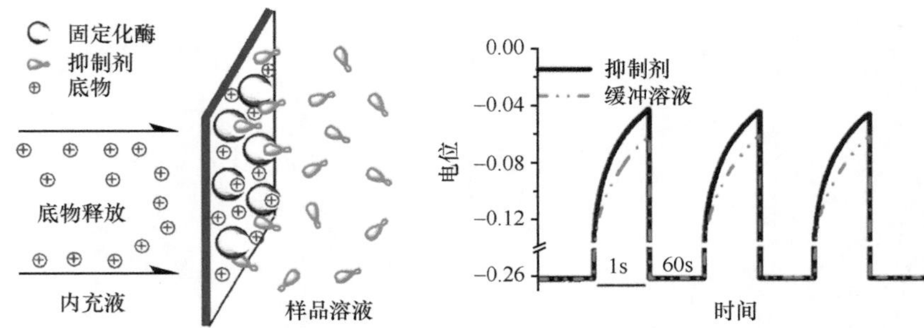

图1.1　电极驱动底物离子释放用于生物传感的示意图（Ding and Qin，2009a）

二、电流型酶电极

电流型酶电极是指将酶促反应所引起的物质量的变化转变成电流信号输出，数值大小与底物浓度有关。水环境中的有机磷农药具有高毒性和高残留性，其直接危害水生生物并通过食物链不断积累最终影响人体的健康。有机磷农药是一类乙酰胆碱酯酶抑制剂，易使乙酰胆碱酯酶不可逆磷酰化而失去活力，生成的过氧化氢减少，电流降低，可间接用于有机磷农药的浓度检测。以丝网印刷电极（screen-printed electrode，SPE）为载体、以明胶包埋为主要方法制备了基于乙酰胆碱酯酶和胆碱氧化酶的电流型酶电极，该酶电极在pH为6.8、温度为37℃时对氯乙酰胆碱有最大响应，其稳定期可达30d，测量的平均相对偏差为2.18%。利用敌百虫对酶电极的抑制作用，可实现传感器对其的快速检测，测定时间可控制在10min，测量的线性范围为10^{-10}～10^{-5}mol/L，对敌百虫的检测限为1×10^{-10}mol/L（宋昭等，2005）。由藻类产生的海洋毒素对人类健康和环境安全构成了较大威胁，对其进行快速准确的检测是减小海洋毒素危害的有效手段之一。在对海洋毒素冈田（软海绵）酸（okadaic acid，OA）的检测中，基于OA抑制蛋白磷酸酶2A（protein phosphatase 2A，PP2A）活性的原理，在氧电极上固定丙酮酸氧化酶（丙酮酸氧化酶的催化反应消耗氧气和PP2A催化反应产生的磷酸根离子）（Hamada-Sato et al.，2004），在SPE上直接固定不同量的PP2A并在SPE表面电聚合形成一层聚邻氨基苯酚碳纳米管膜（Campàs and Marty，2007），再吸附固定PP2A（Zhou et al.，2016），在含OA溶液中进行酶反应，根据电化学检测的响应信号，实现对OA的含量分析，检测限达到0.1ng/mL。

第二节　电化学免疫传感器

根据2001年国际纯粹与应用化学联合会（International Union of Pure and Applied Chemistry，IUPAC）对生物传感器的分类标准，电化学免疫传感器是基于抗原-抗体反应对待测物进行特异性的定量或半定量分析的自给式集成器件。其中抗原/抗体是分子识别元件，且与电化学识别元件直接接触，并通过传感元件把某种或者某类化学物质浓度信号转变为相应的电信号。因此，电化学免疫传感器具有高选择性和高灵敏度，并且具有成本低、操作简单方便和分析速度快等优点。目前，电化学免疫传感器结合了多种电化学分析技术和多样化的功能性材料，以发展更加灵敏、微型和实用的电化学免疫传感器。

根据电化学免疫传感器检测信号的不同，可将其分为电位型、电流型、电容型、电导型及交流阻抗型免疫传感器五种类型。

一、电位型免疫传感器

电位型免疫传感器是通过测量电位变化来进行免疫分析的生物传感器，集酶联免疫分析的高灵敏度和离子选择电极、气敏电极的高选择性于一体，可直接或者间接用于各种抗原、抗体的检测，具有可实时监测、响应时间较短等特点。

中国科学院烟台海岸带研究所电化学传感器研究团队（Ding et al.，2014）提出了一种基于核酸适体识别的免标记、免固定化电位型免疫传感器，实现了对海水中致病菌的快速检测。单增李斯特菌能够与核酸适体特异性结合，改变核酸适体的构型或表面电荷，从而影响其与鱼精蛋白的作用，使得电极电位变化发生改变。该电位型免疫传感器的灵敏度可达10CFU/mL，并可推广用于对其他致病菌的检测。实际样品检测时，我们采用样品在线过滤系统实现对致病菌的富集，能够有效消除海水带电荷离子的干扰。

二、电流型免疫传感器

电流型免疫传感器在恒定电压下使得待测物发生氧化还原反应并产生电流，该电流大小与电极表面的待测物浓度成正比。此类电化学免疫传感器具有灵敏度高、浓度线性相关性佳等优点。检测原理主要分为竞争法和夹心法两类。前者是用酶标抗原与样品中的抗原竞争结合氧电极上的抗体，催化氧化还原反应，产生电活性物质而引起电流变化，从而测定样品中的抗原浓度；后者则是在样品中的抗原与氧电极上的抗体结合后，再加上酶标抗体与样品中的抗原结合形成夹心结构，从而催化氧化还原反应产生电流值变化。

Sharma等（2006）开发了一种电流型免疫传感器，通过使用一次性丝网印刷电极（SPE）来检测海水样品中的霍乱弧菌。该免疫传感器在地下水和海水中的检测灵敏度为8CFU/mL，在下水道和自来水中的检测灵敏度为80CFU/mL，整个检测过程耗时小于1h。这一方法简单可行，可用于环境中霍乱弧菌的检测。此外，Laczka等（2014）提出了一种快速特异性检测海水样品中副溶血弧菌的酶联免疫分析法，该方法可在1h内从含有12种不同弧菌的海水样品中特异性检测副溶血弧菌。大肠杆菌O157:H7是一种高度传染且可能致命的病原体，其检测速度、灵敏度和现场检测的要求很高。Setterington和Alocilja（2011）通过免疫磁性分离（immunomagnetic separation，IMS）技术来分离大肠杆菌O157:H7细胞，并使用生物功能化的电活性聚苯胺（免疫PANI）标记，将标记的细胞复合物沉积在一次性丝网印刷电极传感器上来进行电化学检测，这一方法可在70min内实现对70CFU/mL大肠杆菌O157:H7的检测。

三、电容型免疫传感器

电容型免疫传感器是一种高灵敏度、非标记型的免疫传感器，它基于抗原与固定在电极表面的抗体结合时界面电容相应降低来检测抗原的量。当金属电极与电解质溶液接触时，电极与溶液界面处会形成双电层，其性质类似于电容器，可用以下物理方程来描述：

$$C=A\mathcal{E}_0\mathcal{E}/d^{\mathcal{E}} \tag{1.1}$$

式中，C为界面电容；$\mathcal{E}_0$为真空介电常数；$\mathcal{E}$为电极与溶液界面的物质介电常数；A是电极与溶液的接触面积；d是界面层厚度。当极性低的物质吸附到电极表面上时，d增大，$\mathcal{E}$减少，从而使界面电容降低。

Arun和Sunil（2017）开发了一种将聚合物涂覆的氧化铟锡（indium tin oxide，ITO）玻璃芯片用于测定水样中磺胺噻唑的电容型免疫传感器。检测过程简述如下，先在氧化铟锡玻璃芯片上合成聚邻苯二胺（PoPD），然后用磺胺噻唑抗体进行表面修饰来制备免疫传感器芯片。该电容型免疫传感器在加标饮用水和牛奶中检测磺胺噻唑的线性范围为0.1～100μg/L，检测限为0.01μg/L，回收率为95%～106%。该电容型免疫传感器具有优异的选择性，且在4℃下可保存4周。Beloglazova等（2018）开发了一种基于电容传导的电容型免疫传感器来检测天然污染水样中的苯并[a]芘（B[a]P），并测试了两种不同识别元件构建的传感器间的性能，识别元件分别为合成受体类分子印迹聚合物（molecular imprinted polymer，MIP）和天然单克隆抗体（monoclonal antibody，mAb）。实验从灵敏度、选择性、线性工作范围和可重复使用性能几个方面对传感器性能进行考查，结果表明MIP修饰的电极在检测时具有较好的选择性，而mAb修饰的电极对B[a]P的检测更为灵敏，且具有比MIP修饰电极更宽的线性工作范围。

四、电导型免疫传感器

电导型免疫传感器是通过测量免疫反应引起的溶液的电导变化来实现对目标物的检测的免疫传感器。电导率测量法可用于化学反应系统，因化学反应过程常伴随着多种离子的产生或消耗，从而引起溶液的总电导率的改变。

五、交流阻抗型免疫传感器

电化学交流阻抗谱是一种用以分析修饰表面与生物识别相关界面性质的技术方法。与其他电化学方法不同的是，电化学交流阻抗谱是一种无损的方法，具有高灵敏度、精确性和稳定性等优点。在免疫分析中，传感器表面上经常会连接一些大分子，阻碍了探针离子的迁移，这会导致电荷转移电阻（charge transfer resistance，R_{ct}）发生较大的变化，因此通过测定阻抗的变化值即可对待测物进行定量分析。

Wan等（2010）基于简单且有效的捕获平台（3D泡沫镍基底），并结合金纳米颗粒（gold nanoparticles，Au NPs），制作了具有特异性识别功能的3D免疫传感器，借助电化学阻抗滴定法实现了对海水中硫酸盐还原菌的检测，获得了硫酸盐还原菌浓度范围为$2.1\times10^1\sim2.1\times10^7$CFU/mL时，电荷转移电阻（$R_{ct}$）与硫酸盐还原菌浓度的对数之间的线性关系。该工作利用金纳米颗粒修饰的还原氧化石墨烯纸（rGOP）的较大活性面积固定抗体，实验证明该方法具有高选择性和灵敏度。此外，Wang等（2013）也开发了一种基于金纳米颗粒修饰的独立石墨烯纸电极的阻抗型免疫传感器，用于快速和灵敏地检测大肠杆菌O157:H7。该方法线性检测范围为$1.5\times10^2\sim1.5\times10^7$CFU/mL，且特异性极佳。此方法避免了阻抗检测的高成本，有助于实现仪器便携及实时检测等。此外，石墨烯纸电极能够长期保存且抗压能力强，可用于生物化学的微系统。

第三节　微生物电极

微生物电极是以微生物细胞或细胞碎片为敏感元件，结合电化学换能器，实现对目标物分析检测的装置，通常由固化的微生物细胞和电极组成（如离子选择电极或气体敏感电极等）。根据微生物细胞与检测目标物之间作用原理不同，可将微生物电极分为测定呼吸活性型微生物电极和测定代谢物质型微生物电极两类（谢佳胤等，2010）。

一、测定呼吸活性型微生物电极

测定呼吸活性型微生物电极一般由好氧微生物膜和气体敏感电极组成。微生物同化样品中有机物的同时会消耗氧气，产生二氧化碳，依据该过程中氧气的消耗或二氧化碳的生成来检测被微生物同化的有机物的浓度。1977年，Karube首次将微生物固定在气体敏感电极上用于测定污水的生化需氧量。崔苗和端允（2017）将微生物菌膜固定在溶解氧电极上（图1.2），实现了污水生化需氧量连续快速检测，检测限达到0.097mg/L。Rastogi等（2003）通过电荷作用和抽滤处理将微生物固定在尼龙微滤膜中，随后将滤膜组装到电极表面制备了一种新型微生物电极。该微生物电极的响应时间低于10min，检测限达到1mg/L，能够稳定使用200次，存放180d无明显信号衰减。

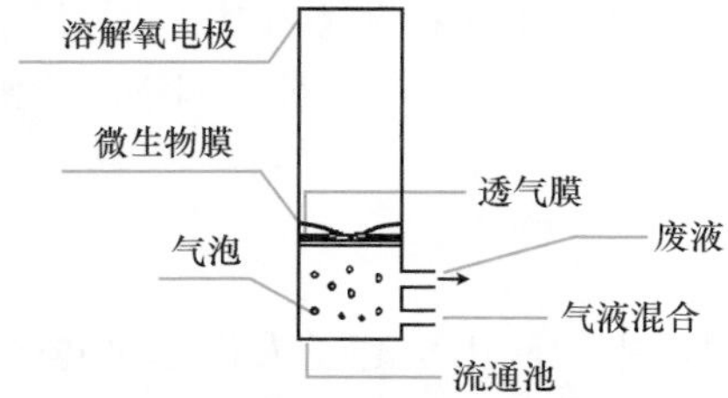

图1.2　测定呼吸活性型微生物电极示意图（崔苗和端允，2017）

二、测定代谢物质型微生物电极

微生物同化有机物的过程中会产生各种代谢产物，在这些代谢产物中含有一些使电极产生信号的物质。电极的响应信号强度与微生物代谢产物的含量有关，而代谢产物的含量又与水样中有机物的浓度有关，利用该原理微生物电极能够迅速测定有机物的浓度。钱俊等（2013）将大肠杆菌与高分子聚合物混合后涂敷在铂电极上制得微生物电极，对重金属和农药污染物的急性生物毒性具有良好的分析性能。

基于细菌将NO_2^-还原为N_2O的过程，Nielsen等（2004）筛选出2种微生物并将其固定在N_2O敏感电极膜表面，开发出一种对NO_2^-进行检测的微生物电极，线性范围为1～2mmol/L，检测限达到1μmol/L，响应时间为0.5～3min，该传感器可用于海水中NO_2^-的检测。

微生物电极利用微生物细胞的代谢系统实现对目标物的响应，其优点在于固定操作方便、酶的种类丰富且不易失活，通过细胞代谢放大信号，提高了电极的灵敏度。但微生物细胞的复杂性，导致微生物电极也存在一些先天不足，如细胞的活性易受外界环境条件影响、非特异性响应难以避免、使用寿命短等。针对以上问题，研究人员提出了一些解决办法，如开发新的细胞固定技术和寻找新型、高耐受性的微生物等，以提升微生物电极的性能。

第四节　分子印迹电化学传感器

分子印迹（molecular imprinting，MIP）是一种利用对特定化合物具有预定选择性的材料来制备合成识别位点的技术，是近年来基于分子识别理论发展而来的一个新领域。分子印迹技术（molecular imprinting technology，MIT）基于免疫学中抗原与抗体、酶和底物等分子识别机理，是基于此种特异性识别原理制备人工受体的技术。制备出的人工受体表现出预期的效果，即仅对印迹分子有选择性识别特性。由于锁与钥匙之间也具有这种特异性，因此分子印迹技术也被形容为制备“人工锁”和“分子钥匙”的技术。

分子印迹聚合物是采用人工方法制备出的一种对模板分子有特异性选择功能的合成材料，其制备过程如图1.3所示。该类材料具有以下特点：①构效预定性，模板分子与功能单体的结合形式和分布情况是确定的，故可通过选择不同的功能单体制备出需要的印迹聚合物；②识别性，分子印迹聚合物在有物质干扰的情况下仍具有很好的选择识别模板分子的能力；③实用性，不同于天然受体，分子印迹聚合物是人工合成受体，具有抗恶劣环境（耐酸碱、耐高温、耐有机溶剂）能力强、稳定性好、制备简单、使用寿命长等特点，可在较苛刻的实际条件下应用。

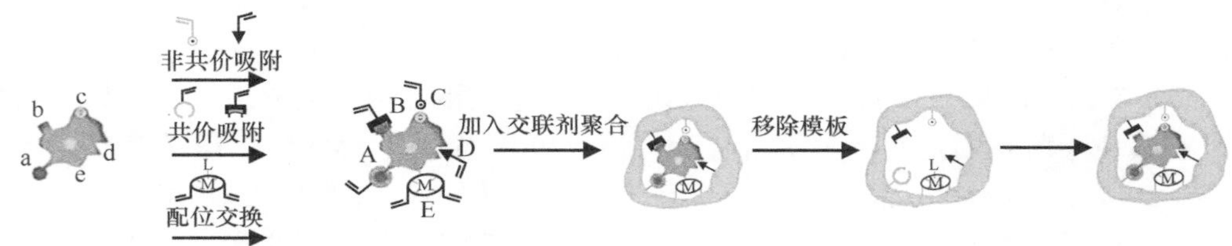

图1.3　分子印迹聚合物制备过程（Klein et al.，1999）

分子印迹电化学传感器将分子印迹技术引入检测系统中，通过测量印迹物与待测目标物结合后发生的电信号（电流、电位、电容、电导）变化，从而实现对待测物的检测。

一、分子印迹电位型传感器

近年来，分子印迹在电位型传感器中的应用引起了人们越来越多的关注，该类传感器通过测量敏感膜结合待测物后膜电位的变化进行检测。其优点是目标分子不需要扩散进入膜相，因此模板分子的大小不受限制。

中国科学院烟台海岸带研究所电化学传感器研究团队利用分子印迹固相萃取实现了对海水中莠去津的高效分离富集，以分子印迹聚合物膜为传感器敏感元件实现了对有机分子莠去津的高灵敏度电位检测，结合在线过滤等流动分子自动化处理技术，提高传感器体系的响应性能与分析效率，开发出一类能够快速检测海水中莠去津浓度的新型电化学传感器及便携式样机系统。所开发样机线性范围为5×10^{-10}～4×10^{-9}mol/L，检测限为8.9×10^{-11}mol/L，并最终成功用于海水实体样品检测（高奇，2014）。

该团队研究人员以亲水性分子印迹聚合物为高选择性吸附剂，采用固相萃取技术，实现了对环境水体中痕量羟基多氯联苯的高效分离富集，分别以高效液相色谱-质谱和聚合物膜离子选择电极为检测元件，构建出羟基多氯联苯的高选择性、高灵敏度离线和在线检测方法。在此基础上，研究人员结合流动分析技术开发了环境水体中多氯联苯的在线电位型传感器检测系统，实现了海岸带水体样品中多氯联苯快速在线检测。该传感器系统集样品在线过滤、富集、检测于一体，对于羟基多氯联苯的检测线性范围为$6\times10^{-11}\sim1\times10^{-9}$mol/L，检测限为$2.6\times10^{-11}$mol/L，该传感器检测系统的研制可为及时高效地开展海岸带有机污染物环境监测及评价提供重要技术手段（赵焱，2015）。

二、分子印迹电流型酶电极

分子印迹电流型酶电极依据在固定电位条件下待测分析物的浓度与响应电流之间存在的一定关系进行定量分析。分子印迹电流型酶电极的关键是分子印迹膜内必须有一定的孔道，使待测分子（或探针分子）能够穿过分子印迹膜到达电极表面，进而发生氧化还原反应而产生电流。该类传感器可对电活性物质进行直接检测，也可对非电活性物质进行间接检测，即通过检测探针分子（如铁氰化钾）的电化学信号实现对非电活性物质的检测。电流型酶电极根据采用的检测方法不同，可分为差示脉冲伏安法、方波伏安法、循环伏安法、计时电流法等。

谭学才等（2015）利用分子印迹技术，以马来松香丙烯酸乙二醇酯为交联剂，使用自由基热聚合法在石墨烯修饰的玻碳电极表面合成氯吡硫磷（又名毒死蜱，chlorpyrifos，CPF）分子印迹聚合膜，制得了CPF分子印迹电化学传感器，采用循环伏安法、线性扫描伏安法和电化学交流阻抗法等，考查了此CPF分子印迹膜的电化学性能。在最佳检测条件下，传感器的峰电流强度与CPF浓度线性相关，检测线性范围为$2.0\times10^{-7}\sim1.0\times10^{-5}$mol/L，检出限为$6.7\times10^{-8}$mol/L。传感器表现出良好的重现性和稳定性，并成功用于实际水样中CPF的测定，加标回收率为94.1%～101.4%（谭学才等，2015）。

三、分子印迹电容型传感器

分子印迹电容型传感器由一个场效应电容器组成，其内部装有分子印迹聚合物薄膜，并且该分子印迹聚合物薄膜必须是绝缘的。当待测分析物在分子印迹聚合物薄膜上结合时，分子印迹电容型传感器的电容将发生变化，并且电容变化的大小与分析物的量存在定量关系，因此根据电容的改变可实现对分析物的定量检测。分子印迹电容型传感器的优点是无须加入额外的试剂或标记，而且灵敏度高，操作简单，价格低廉。该种类型的传感器在海岸带环境监测中应用较少。

四、分子印迹电导型传感器

分子印迹电导型传感器的基本原理是电导率的转换。将两个电导电极用一层分子印迹聚合物薄膜隔开，在待测分析物与分子印迹聚合物薄膜结合后，分子印迹聚合物薄膜的电导率会发生变化，而电导率的变化与分析物的量存在定量关系，从而实现对分析物的检测。分子印迹电导型传感器的分子印迹膜不需要经过复杂的固化程序，同时其检测方法简单、电导信号响应及平衡速度快。

Suedde等（2006）以三氯乙酸（TCAA）为模板分子，以4-乙烯基吡啶（VPD）为功能单体，以乙二醇二甲基丙烯酸酯为交联剂制备了分子印迹修饰电极用于在线检测氯化水中卤化乙酸的含量。该传感器表现出对目标分子较高的灵敏度，其响应范围为0.5～5μg/L，具有较好的选择性。

第五节　电化学核酸适体/多肽传感器

抗体作为目前电化学传感器中应用普遍的识别分子（Sharma et al.，2016），具有灵敏度高、特异性强等特点，但抗体结构的不稳定性在很大程度上限制了抗体在电化学传感器中的应用和发展（Wang et al.，2007）。近年来，新型识别分子（如核酸适体、多肽）以其优良的稳定性及良好的特异性被广泛用于电化学传感器的构建。

一、以核酸适体为识别分子元件的电化学传感器

核酸适体是功能类似于单克隆抗体的单链寡核苷酸片段，可在体外经指数富集的配基系统进化技术（systematic evolution of ligands by exponential enrichment，SELEX）筛选得到（Sampson，2003）。核酸适体作为识别分子元件具有以下优点：首先，核酸适体与目标物的结合是高特异性的，其目标物可为金属离子、小分子、大分子、细胞等；其次，核酸适体具有较高的稳定性；最后，核酸适体可由体外筛选获得，合成简单。因此，核酸适体已作为识别分子被广泛用于电化学传感器的构建（Radi，2011）。

Xiao等（2005）发展了一种免标记的以核酸适体为识别分子的电化学传感器，实现了对血清中凝血酶的灵敏测定。对凝血酶具有特异性识别的核酸适体通过单层自组装方法修饰于金电极表面，亚甲基蓝标记于核酸适体末端。当溶液中没有凝血酶时，电极表面的亚甲基蓝表现出良好的电化学特性；当凝血酶存在时，凝血酶与电极表面的核酸适体相互作用，改变核酸适体的构象，使得亚甲基蓝远离电极表面，阻碍了亚甲基蓝在电极表面的电子传输，从而实现对凝血酶的检测。该方法为发展快速、灵敏的以核酸适体为识别分子元件的电化学传感器提供了重要的指导意义。Ding等（2014）发展了一种免标记的快速、灵敏检测细菌的电位型核酸适体传感器，该研究以单增李斯特菌为例，以核酸适体为识别分子元件可以选择性识别单增李斯特菌表面蛋白，响应原理如图1.4所示。鱼精蛋白作为聚阳离子可以在聚合物敏感膜电极表面引起电位响应，同时，核酸适体可以与鱼精蛋白通过静电相互作用结合。当溶液中有单增李斯特菌时，核酸适体与细菌结合，溶液中游离的鱼精蛋白在电极表面引起较大的电位响应。当溶液中无单增李斯特菌时，核酸适体与鱼精蛋白结合，使得游离的鱼精蛋白减少，电位变化减小，从而实现对溶液中单增李斯特菌的灵敏检测。

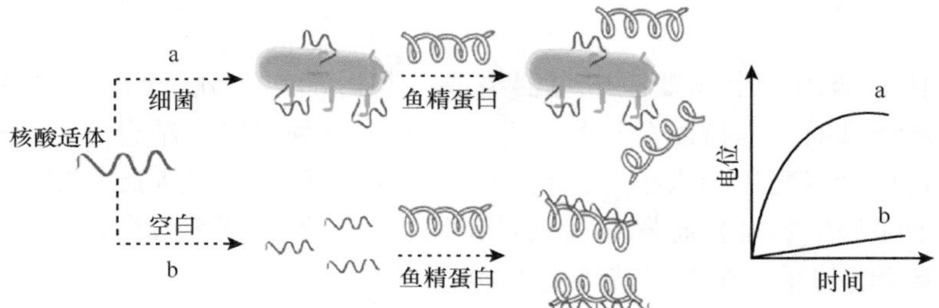

图1.4　基于聚阳离子敏感膜电极的电位型核酸适体传感器检测细菌原理图（Ding et al.，2014）

二、以多肽为识别分子元件的电化学传感器

多肽是分子结构介于氨基酸和蛋白质之间的一类化合物，由一种或多种氨基酸按照一定的排列顺序通过肽键结合而成。通过噬菌体展示技术可特异性识别不同目标物的多肽片段（Smith and Petrenko，1997）。同时，自然中存在的许多多肽也是特异性多肽的重要来源，如抗菌肽。多肽作为一种优秀的识别分子主要有筛选技术相对成熟、成本相对较低、易于合成与修饰、化学性质稳定、对目标物的特异性强等优点。因此，多肽已作为一种高效的识别分子用于对目标物的识别与检测（Karimzadeh et al.，2018）。

Etayash等（2014）以天然产物抗菌肽为识别分子构建阻抗型传感器阵列，实现了对革兰氏阳性菌（单增李斯特菌）的免标记、实时快速检测。多肽通过共价相互作用修饰于电极表面，当溶液中有目标细菌时，多肽与细菌相互作用，导致阻抗改变，从而实现对目标物的测定。该传感器表现出良好的选择性和灵敏度。Lv等（2018）发展了一种基于“多肽-目标分子-多肽”的“三明治夹心”法检测单增李斯特菌的电位型传感器，检测原理如图1.5所示。完整肽链可裂开为两条单链a、b，分别作为捕获探针和信号探针；多肽a固定于磁珠上，用于捕获单增李斯特菌；多肽b上标记过氧化氢酶，用于催化过氧化氢氧化3,3′,5,5′-四甲基联苯胺（TMB），产生电位型传感器可识别的中间产物；当单增李斯特菌存在时，两条肽链可特异性识别单增李斯特菌，形成的复合物可催化TMB产生电位信号，从而实现对单增李斯特菌的快

速分离与灵敏检测。该方法使用两条缩短的“抗菌肽对”作为识别分子元件，并将其用于电位型传感器的构建，实现了“多肽对”对单增李斯特菌的分离与检测，对多肽作为识别分子在电化学传感器领域的广泛应用具有良好的借鉴意义。

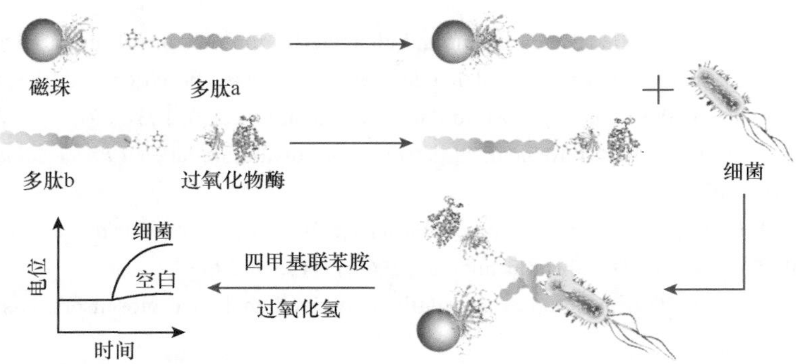

图1.5　以缩短的“抗菌肽对”为识别分子元件的电位型“三明治夹心”法检测细菌原理图（Lv et al.，2018）

参考文献

崔苗, 端允. 2017. 微生物电极法快速测定水中的生化需氧量. 山西化工, (6): 41-44.

高奇. 2014. 海水莠去津检测电位型传感器系统的研制. 中国科学院烟台海岸带研究所硕士学位论文.

孟范平, 唐学玺, 李桂芳, 等. 2003. 利用乙酰胆碱酯酶传感器检测海水久效磷. 海洋环境科学, 22(4): 63-67.

钱俊, 李久铭, 只金芳, 等. 2013. 基于大肠杆菌的全细胞微生物传感器的构建及其在急性生物毒性检测中的应用. 分析化学, 41(5): 738-743.

宋昭, 黄加东, 胡敏, 等. 2005. 快速检测敌百虫浓度传感器酶电极的研究. 传感器技术, 24 (7): 16-18.

谭学才, 吴佳雯, 胡琪, 等. 2015. 基于石墨烯的毒死蜱分子印迹电化学传感器的制备及对毒死蜱的测定. 分析化学研究报告, 43(3): 387-393.

谢佳胤, 李捍东, 王平, 等. 2010. 微生物传感器的应用研究. 现代农业科技, (6): 11-13.

赵焱. 2015. 环境水体中羟基多氯联苯离线和在线检测方法的构建. 中国科学院烟台海岸带研究所硕士学位论文.

Arun K P, Sunil B. 2017. PoPD modified ITO based capacitive immunosensor for sulphathiazole. Electroanalysis, 29(8): 1867-1875.

Beloglazova N V, Lenain P, De Rycke E, et al. 2018. Capacitive sensor for detection of benzo(a)pyrene in water. Talanta, 190: 219-225.

Campàs M, Marty J L. 2007. Enzyme sensor for the electrochemical detection of the marine toxin okadaic acid. Analytica Chima Acta, 605(1): 87-93.

Ding J W, Lei J H, Ma X, et al. 2014. Potentiometric aptasensing of *Listeria monocytogenes* using protamine as an indicator. Analytical chemistry, 86(19): 9412-9416.

Ding J W, Qin W. 2009a. Current-driven ion fluxes of polymeric membrane ion-selective electrode for potentiometric biosensing. Journal of the America Chemical Society, 131(41): 14640-14641.

Ding J W, Qin W. 2009b. Potentiometric sensing of butyrylcholinesterase based on *in situ* generation and detection of substrate. Chemical Communication, (8): 971-973.

Etayash H, Jiang K, Thundat T, et al. 2014. Impedimetric detection of pathogenic Gram-positive bacteria using an antimicrobial peptide from class IIa bacteriocins. Analytical Chemistry, 86(3): 1693-1700.

Hamada-Sato N, Minamitani N, Inaba Y, et al. 2004. Development of amperometric sensor system for measurement of diarrheic shellfish poisoning (DSP) toxin, okadaic acid (OA). Sensors and Materials, 16(2): 99-107.

Karimzadeh A, Hasanzadeh M, Shadjou N, et al. 2018. Peptide based biosensors. TRAC Trends in Analytical Chemistry, 107: 1-20.

Klein J U, Whitcombe M J, Mulholland F, et al. 1999. Template-mediated synthesis of a polymericreceptor specific to amino acid sequences. Angewandte Chemie International Edition, 38(13): 2057-2060.

Laczka O, Labbate M, Doblin M. 2014. Application of an ELISA-type amperometric assay to the detection of *Vibrio* species with screen-printed electrodes. Analytical Methods, 6(7): 2020-2023.

Lv E G, Ding J W, Qin W. 2018. Potentiometric detection of *Listeria monocytogenes* via a short antimicrobial peptide pair-based sandwich assay. Analytical Chemistry, 90(22): 13600-13606.

Nielsen M, Larsen L H, Jetten M S, et al. 2004. Bacterium-based NO_2^- biosensor for environmental applications. Applied & Environmental Microbiology, 70(11): 6551-6558.

Radi A E. 2011. Electrochemical aptamer-based biosensors: recent advances and perspectives. International Journal of Electrochemistry, 2011: 1-17.

Rastogi S, Kumar A, Mehra N K, et al. 2003. Development and characterization of a novel immobilized microbial membrane for rapid determination of biochemical oxygen demand load in industrial waste-waters. Biosensors and Bioelectronics, 18(1): 23-29.

Sampson T. 2003. Aptamers and selex: the technology. World Patent Information, 25(2): 123-129.

Setterington E B, Alocilja E C. 2011. Rapid electrochemical detection of polyaniline-labeled *Escherichia coli* O157:H7. Biosensors and Bioelectronics, 26(5): 2208-2214.

Sharma M K, Goel A K, Singh L, et al. 2006. Immunological biosensor for detection of *Vibrio cholerae* O_1 in environmental water samples. World Journal of Microbiology and Biotechnology, 22(11): 1155-1159.

Sharma S, Byrne H, O'Kennedy R J. 2016. Antibodies and antibody-derived analytical biosensors. Essays in Biochemistry, 60(1): 9-18.

Smith G P, Petrenko V A. 1997. Phage display. Chemical Reviews, 97(2): 391-410.

Suedde R, Intakong W, Dirckert F L. 2006. Molecularly imprinted polymer-modified electrode for on-line conductometric monitoring of haloacetic acidsin chlorinated water. Analytica Chimica Acta, 569(1-2): 66-75.

Wan Y, Zhang D, Wang Y, et al. 2010. A 3D-impedimetric immunosensor based on foam Ni for detection of sulfate-reducing bacteria. Electrochemistry Communications, 12(2): 288-291.

Wang W, Singh S, Zeng D L, et al. 2007. Antibody structure, instability, and formulation. Journal of Pharmaceutical Sciences, 96(1): 1-26.

Wang Y X, Ping J F, Ye Z Z, et al. 2013. Impedimetric immunosensor based on gold nanoparticles modified graphene paper for label-free detection of *Escherichia coli* O157:H7. Biosensors and Bioelectronics, 49: 492-498.

Xiao Y, Lubin A A, Heeger A J, et al. 2005. Label-free electronic detection of thrombin in blood serum by using an aptamer-based sensor. Angewandte Chemie International Edition, 44(34): 5456-5459.

Yu N N, Ding J W, Wang W W, et al. 2016. Pulsed galvanostatic control of a solid-contact ion-selective electrode for potentiometric biosensing of microcystin-LR. Sensors and Actuators B: Chemical, 230: 785-790.

Zhou J, Qiu X X, Su K Q, et al. 2016. Disposable poly (O-aminophenol)-carbon nanotubes modified screen print electrode-based enzyme sensor for electrochemical detection of marine toxin okadaic acid. Sensors and Actuators B: Chemical, 235: 170-178.

第二章

海岸带环境微纳分析和监测技术[①]

① 本章作者：陈令新，李金花，王运庆，李博伟，王晓艳，张良伟，付龙文，夏春雷

海岸带环境分析和监测是认知海岸带与近海海洋生态环境规律的基础，能够为构建生态环境安全格局、促进国家海洋经济可持续发展提供科技支撑。海岸带是海陆之间相互作用的地带，是第一海洋经济区，已成为社会经济地域中的“黄金地带”，资源最丰富、区位优势最明显。然而，海岸带也是生态脆弱、灾害较多的地带，其面临的环境/生态保护压力尤为严峻。关注海岸带研究，加快海岸带污染防治，实施流域环境和近岸海域综合治理，是目前建设美丽中国、推动形成人与自然和谐发展现代化建设新格局中的重要着力点。因此，发展海岸带环境中低含量、多源、多种类污染物的高选择性识别、富集、检测方法或有效去除手段，已成为环境分析和监测的重要内容，也是水污染控制领域的研究热点，对实施流域环境和近岸海域综合治理、保障人类健康和经济社会可持续发展、推动形成人与自然和谐发展现代化建设新格局意义重大。

由于污染物种类繁多，许多污染物含量低、危害大、基质复杂，因此一方面需要发展高效的样品前处理材料、方法与技术，有效降低/消除基质干扰、浓缩富集目标物，而后通过耦联仪器技术实现微纳级分析和监测；另一方面需要大力发展复杂环境介质中污染物的简单、快速、实时的分析和监测方法，实现现场分析和监测。在分析和监测基础上，进一步阐明环境污染对人类健康的影响机制。目前，研究者综合运用环境科学、材料化学和分析化学等多学科知识，发展了复杂介质尤其是海岸带生态环境中典型污染物的高效样品前处理方法及高灵敏度、高选择性、现场快速简便分析的新原理、新材料与新方法，推动了环境分析和监测技术的发展，对保护海岸带健康生态环境意义重大。海岸带生态环境的微纳分析和监测技术主要包括：样品前处理材料、方法与技术；纳米分析方法与技术；基于分子探针的成像分析；基于芯片的分析方法与技术；海岸带生态环境在线监测技术。

第一节　样品前处理材料、方法与技术

随着社会经济的快速发展，环境保护引起越来越多的关注，痕量和超痕量测定也日益受到重视，复杂样品基质中（超）痕量分析物的测定也变得越来越普遍。环境污染物通常含量极低（多以μg/L或ng/L来计），但危害巨大，急需实现高灵敏的分析测定使得检测能力达到微纳水平。目前，各种分析仪器及联用技术发展迅速，实现了对环境、食品和生物样品等基质中大多数物质的测定。然而，由于基质复杂，可能抑制或加速分析物的离子化，并且严重污染分离/检测器，因此即使高灵敏度和高选择性的仪器技术也不允许粗提物的直接进样（Ruiz-Aceituno et al.，2017），而且越是高灵敏度的仪器对样品的纯度状态要求也越高。因此，进行仪器分析之前有效的样品前处理对保护仪器、识别目标物和最终提供准确的定量至关重要，样品前处理的目的是降低/消除基质干扰并进行分析物富集，最终把目标物转化为合适的形式用于进样检测（Wen et al.，2014；De Faria et al.，2017）。样品前处理在污染物分析方面贡献突出，是分析仪器得以发挥最大作用和潜能的必要技术，样品前处理水平决定了分析鉴定的效果和定量的准确性与重复性。下面简要介绍样品前处理材料、方法与技术的发展和应用。

一、样品前处理概述

（一）样品前处理基本介绍

一个完整的分析过程通常包括取样、样品处理、检测、定量和数据处理等几个步骤。样品处理是样品在进入仪器测定前非常重要的一个步骤。样品处理包括一系列过程，包括样品编号、机械混匀、样品的质量或者体积测定、分析样品结构、从样品基质中分离和富集目标分析物，并将其制备成适合仪器分析的形式（如相间置换或者是衍生反应）。通常，“样品前处理”指的是后期的化学处理过程，也是我们在本书所关注的，而前面的机械的和基本的处理通常称为“样品预处理”。考虑到绝大多数的样品前处理操作的性质和目标，很明显其在整个分析过程中的作用是举足轻重的，因为它决定了整个分析过程所需要的时间和分析结果的质量（温莹莹，2013）。通常来说，样品前处理时间占整体分析时间的61%；

误差占整体误差的30%。样品前处理是整个化学分析的重要部分，而且在某种意义上说是整个分析过程的瓶颈。

通过样品前处理，能够从不同类型样品中有效释放或提取出目标组分、从复杂样品中消除基质和共存组分的干扰、富集微量组分，不仅保护仪器，还能弥补某些检测技术灵敏度的不足。样品前处理已经成为整个分析过程中关键的一环，在很大程度上决定分析结果的准确性、分析速度的快慢和分析操作的难易程度（丁明玉等，2017）。样品前处理方法的优劣直接影响分析的各项指标、成本和效率。因此，对样品前处理新材料、新方法与新技术的探索已成为当代分析化学及环境化学等的重要课题与发展方向。在相关学科快速发展的带动下和各行业领域强大需求的推动下，样品前处理得到了迅速发展。研究人员一直致力于现有前处理技术的改进和新技术的开发，以期实现样品的准确、有效、简单、高通量、快速处理。其中，针对环境特别是海岸带环境的典型污染物（多环芳烃、重金属、雌激素、抗生素、农药残留等），发展了各种样品前处理新材料、新方法和新技术，使样品前处理具有简单快速、高选择、高通量、生态友好等特点，进一步结合色谱等检测技术，大大提高了分析检测的选择性和灵敏度。

（二）样品前处理方法和技术

传统技术，如液液萃取（liquid-liquid extraction，LLE）、固相萃取（solid phase extraction，SPE）和索氏萃取（Soxhlet extraction）等，现在仍广泛用于常规的样品前处理中。近年来，对这些技术进行改进，避免了其现存的缺点，促进了新的更快速、更有效的萃取方法的发展，使得处理步骤的联用及半自动或全自动成为可能。此外，新出现的很多样品前处理技术能够满足绿色化学的要求。例如，Wen等（2011）发展了分散液液微萃取（dispersive liquid-liquid microextraction，DLLME），将其结合毛细管电泳法（capillary electrophoresis，CE）可同时测定湖水、池塘水和自来水中的5种磺胺类渔药；Wen等（2013）发展了盐析液液萃取（salting-out assisted LLE，SALLE），将其结合高效液相色谱法（high performance liquid chromatography，HPLC）可同时测定海水中的4种苯并咪唑类杀虫剂。该DLLME与SALLE都具有简单、快速、环保等优点，并且SALLE特别适于高盐基质样品中目标分析物的富集浓缩。Hassan等（2018）将DLLME与分散固相萃取（dispersive SPE，DSPE）联用，发展了DLLME-DSPE技术，富集能力大大提高，将其结合气相色谱-质谱法（gas chromatography-mass spectrometry，GC-MS），同时高灵敏测定了自来水、湖水、河水、池塘水和稻田水中的4种多环芳烃（polycyclic aromatic hydrocarbons，PAHs）。本节主要介绍SPE的相关内容。

传统SPE即装柱SPE（packed SPE），是常用的样品前处理手段，但市售的萃取填料通常选择性低，在分析浓度极低的液体样品时，富集倍数有限，很容易将共存的干扰物一起萃取出来。此外，装柱SPE的萃取操作过程复杂、费时费力，填料消耗较多，在处理复杂样品时容易发生柱堵塞。为降低/去除基质干扰，实现低含量目标物的简便、快速、灵敏分析，发展选择性高且能简便富集、快速分离的固相萃取吸附材料和技术成为研究热点。

3种改进的SPE技术，包括分散固相萃取（DSPE）、磁固相萃取（magnetic SPE，MSPE）和基质固相分散（matrix solid-phase dispersion，MSPD）萃取。DSPE是在传统SPE基础上发展而来的样品前处理技术，具有快速（quick）、简单（easy）、廉价（cheap）、高效（effective）、耐用（rugged）、安全（safe）的优势，被誉为QuEChERS方法（温莹莹，2013）。该技术与SPE的原理基本相同，利用固体吸附剂对液体试样中各组分吸附力的差异而实现待测组分和干扰组分的分离，但DSPE无须淋洗、萃取时间更短，吸附剂能充分分散到样品溶液中，从而有效增大接触面积，而且净化后的样品经过震荡离心后，上清液可直接或经过简单处理后进入下一步分析中，是一种快速、简单、高效、试剂消耗少的前处理技术。MSPE是基于磁性微球材料的新型样品前处理技术，在磁固相萃取过程中，不需要装填萃取柱，而是直接将磁性吸附剂添加到样品的溶液或悬浮液中，使吸附剂充分分散到样品溶液中，使得目标分析物被吸附到分散的磁性吸附剂表面，然后通过施加外部磁场，使目标分析物与样品基质分离开来。一方面，MSPE可以使得目标分析物与吸附基质的接触面积大大增加，仅通过施加一个外部磁场即可实现相分离，可以在短时间内分离大体积样品中的痕量物质；另一方面，磁性吸附剂经适当的溶剂解吸之后可以循环使用，且在处理复杂的环境样品时不会存在传统SPE中常遇到的柱堵塞问题。MSPD萃取首先机械混匀少量样品和固体吸附剂，然后用少量试剂清洗杂质，最后用少量洗脱剂洗脱被分析物。该法可以同时将破碎样品、消除基质干扰和萃取被分析物集于一步；而且其吸附介质的灵活性及选择性，使得其成为一种快速、低耗的样品前处理方法，广泛适用于固体、半固体和高黏度的生物样品（Barker，2008；Sobhanzadeh et al.，2011）。

（三）样品前处理材料

材料科学的发展为解决样品前处理发展瓶颈提供了重要手段，新型功能性聚合物材料的制备及其在样品前处理中的应用成为研究热点。主要的新型功能性聚合物材料包括碳纳米材料、金属纳米粒子、金属有机骨架（metal-organic frameworks，MOFs）、分子印迹聚合物（molecularly imprinted polymers，MIPs）及复合材料等，集中用于SPE、固相微萃取（solid phase microextraction，SPME）、MSPD萃取等样品前处理（Wen et al.，2011；Azzouz et al.，2018）。例如，Ma等（2010）制备了多壁碳纳米管（multi-walled carbon nanotubes，MWCNTs）作为SPE吸附剂，同时萃取了海水、河水、自来水中的16种PAHs。本节主要介绍分子印迹和离子印迹的有关内容。

1. 分子印迹技术与分子印迹聚合物

近年来，分子印迹技术（MIT）及其制备的分子印迹聚合物（MIPs）材料在分散固相萃取（DSPE）、磁固相萃取（MSPE）和基质固相分散（MSPD）萃取技术中的应用引起了众多学者的极大研究兴趣。MIT是在模拟自然界中酶-底物及受体-抗体之间相互作用的基础上发展起来的一种制备对特定分子具有专一识别性能的聚合物的技术，常被形象地描绘为制造识别“分子钥匙”的“人工锁”的技术。MIPs的制备过程可以分为三部分：①单体和模板分子的预组装；②在预组装的体系中加入交联剂和引发剂进行聚合；③将得到的聚合物通过一定的方式去除模板分子，由此得到对模板分子具有构效预定性、特异识别性的聚合物。目前用于制备MIPs的方法主要有自由基聚合和溶胶-凝胶过程两大类（Chen et al.，2016）。应用最为广泛的为自由基聚合，其中传统的本体聚合、溶液聚合、悬浮聚合和乳液聚合四大自由基聚合方法已被用于无定形、球形、整体柱、膜等不同形貌MIPs的制备。溶胶-凝胶过程条件温和，能够在水相识别，克服了自由基聚合多在有机相中合成的缺点，引起学者的广泛兴趣。此外，随着各种新型聚合技术的发展和多功能新材料的出现，将它们引进到MIT当中，不断丰富着MIT的内涵并拓展着其应用范围。因具有高亲和性和选择性、抗恶劣环境能力强、稳定性好、制备简单、成本低等优点，MIPs在样品前处理、化学/生物传感、模拟酶催化、药物输送等领域得到了广泛应用（Chen et al.，2011b，2016；Whitcombe et al.，2014；Komiyama et al.，2018；Takeuchi and Sunayama，2018）。

2. 离子印迹技术与离子印迹聚合物

作为分子印迹技术（MIT）的重要分支，离子印迹技术（ion imprinting technology，IIT）大多以离子为模板，通过静电作用、配位作用等与单体结合形成螯合物，聚合后用酸性试剂等将模板离子洗脱，最终制得具有与目标离子相对应的三维孔穴结构的印迹材料，即离子印迹聚合物（ion imprinted polymers，IIPs）。IIPs与MIPs类似并且具备MIPs的所有优点，只是IIPs用以识别离子。离子印迹因存在配位作用而具有很多优势，近年来得到了快速发展（Fu et al.，2015b）。

下面介绍基于分子印迹和离子印迹的样品前处理新材料、方法与技术的发展，以及其在环境尤其是海岸带环境分析和检测中的应用。

二、分子印迹样品前处理

分子印迹聚合物（MIPs）具有构效预定性、特异识别性和广泛适用性三大特点，能选择性识别和有效富集目标分析物并去除干扰物，同时减小基质抑制作用。作为高效吸附萃取材料，MIPs在样品前处理领域备受青睐。近年来，MIPs制备中不断涌现新的技术（如表面印迹、纳米印迹技术；活性可控自由基聚合、中空多孔合成、点击环加成反应、微流控在线合成、固相合成等技术）和策略（如多模板印迹、多功能单体印迹、虚拟模板印迹、片段印迹、刺激响应印迹、复合材料印迹等策略）（Chen et al.，2016）。这些新技术、新策略的出现有效提高了MIPs的性能，极大拓展了其应用范围。

研究者发展了基于MIPs的样品前处理方法和技术，用于降低/消除基质效应、选择性富集目标物，在海岸带水体等复杂基质中的痕量污染物分析领域做了持续探索。针对典型环境污染物［如多环芳烃/多溴联苯醚（poly brominated diphenyl ethers，PBDEs）、雌激素、抗生素、农药残留等分子化合物］含量低、危害大、基质复杂的问题，探索了新的印迹技术和策略的巧妙使用，即主要借助分子印迹的表面印迹、纳米印迹技术设计优化核壳结构等，探索多模板、多功能单体、虚拟模板印迹、片段印迹、刺激响应等印迹策略的合理有效、协同组合方式，采用活性可控自由基聚合、溶胶-凝胶聚合等方法制备具有良好印迹性能的MIPs材料。同时，MIPs的亲水性、绿色合成与应用得到积极研究。发展了基于这些MIPs材料的固相萃取（SPE、DSPE、MSPE等）前处理方法，结合色谱等分离检测技术，实现了复杂样品中多种痕量污染物的快速、同时、选择性富集和灵敏检测。下面以新型印迹技术和策略为切入点，选取MIPs制备与SPE应用的典型事例，简要介绍分子印迹样品前处理。

（一）新型印迹技术和可控聚合方法

新型印迹技术主要包括表面印迹技术（surface imprinting technology）、纳米印迹技术（nanoimprinting technology），以及采用活性可控自由基聚合、溶胶-凝胶聚合等方法制备MIPs。

表面印迹技术是在固相基质材料表面引发聚合，使分子印迹的识别位点暴露在MIPs表面或者分布在基质材料的外层及表面的印迹技术。通常以SiO_2微球、磁性Fe_3O_4微球、聚苯乙烯微球等为核，添加交联剂和引发剂，在核粒子表面引发聚合，构建MIPs壳层，将印迹结合位点都控制在具有良好可接近性的基质材料表面。因此能避免模板分子包埋过深、不易洗脱、位点无法利用等问题，使得模板分子的迁移阻力变小、结合动力学加快，有效提高MIPs的传质速率和增大识别位点的利用率。核-壳印迹聚合物的“核”不仅能为印迹微球提供良好的粒径范围和机械强度，还能赋予某些优良性能，如磁性等。纳米印迹技术是通过在纳米结构表面的修饰构建具有纳米结构尺寸的分子印迹纳米微球、空心微球、纳米管等，赋予MIPs规则的形貌、巨大的比表面积、较高的结合容量和良好的分散性。发现和制备大比表面积的基质材料是确保表面印迹技术获得高性能的关键，确保具有大比表面积的纳米印迹结构更多的结合位点暴露在外以捕获目标分析物将有效推动MIPs的发展和应用（Chen et al.，2016）。

研究者合成了多种可逆加成-断裂链转移（reversible addition-fragmentation chain transfer，RAFT）剂进行RAFT活性可控，结合沉淀聚合，制备了形貌规则的MIPs微球。例如，Xu等（2011c）先是采用RAFT活性沉淀聚合制备了莠去津MIPs，用于生菜、玉米等食品中除草剂莠去津的浓缩富集；然后，Xu等（2011b）将RAFT活性沉淀聚合、二氧化硅表面印迹技术及纳米印迹技术相结合，提出了一种简单有效的表面印迹新方法：首先进行简单的一步表面修饰，将乙烯基双键引入到纳米二氧化硅表面，然后通过活性沉淀聚合，辅助两步升温法，制备了壳层厚度可控的莠去津表面印迹纳米粒子MIPs。由于活性聚合物结构、分子量的可控性，制备的MIPs形貌规则、单分散，其结合容量高于传统沉淀聚合所得的MIPs。之后，Li等（2015）和Wu等（2016）将RAFT活性沉淀聚合与表面印迹技术相结合，制备了磁性核壳结构微球，将其用作MSPE吸附剂，结合HPLC，分别实现了对海水、湖水和土壤中17β-雌二醇及海水中双酚A（bisphenol A，BPA）的识别、萃取和测定。

通过将多孔聚合物制备技术和分子印迹技术相结合，Xu等（2011a）制备了多孔中空、单孔中空和多孔实心三种孔状结构莠去津MIPs。多孔聚合物具有可控孔结构，利于质量传递，使得多孔MIPs在结合容量和传质速率上大幅提高；将单孔中空结构莠去津MIPs作为SPE填料，对土壤中三嗪类除草剂实现了选择性浓缩富集。Wang等（2014）结合表面印迹技术和中空多孔聚合物制备技术，通过简单的一步修饰，将乙烯基三乙氧基硅烷引入到聚苯乙烯（polystyrene，PS）表面，然后溶解去掉PS核，在中空的乙烯基修饰的二氧化硅表面合成了17β-雌二醇印迹壳，用于识别和萃取17β-雌二醇。中空核-多孔壳结构含有深入到微球内部且与外界相通的大量孔道，可使目标分子方便地进出微球骨架上的特异性结合位点，从而克服了以往仅在表面的印迹空穴有效的缺点，大大加快了识别速度、提高了结合位点的使用率、增加了MIPs的印迹容量，并且提高了单位质量MIPs的结合容量。

除了采用活性可控自由基聚合结合表面印迹、纳米印迹技术，制备了多种核壳结构纳米级印迹微球，研究者还采用聚合环境友好、聚合过程易控的溶胶-凝胶法，制备了性能优异的印迹材料，将其用于海水、土壤等样品的SPE前处理，如PAHs的MIPs（Song et al.，2012）、2,4,6-三硝基苯酚（TNP）的MIPs（Xu et al.，2013b）等。

（二）印迹新策略

以下主要介绍多模板印迹、多功能单体印迹、虚拟模板印迹、片段印迹、刺激响应印迹及亲水性、绿色合成与应用等新策略。

1. 多模板印迹策略

多模板印迹（multi-template imprinting）是以多种分子同时为模板来制备多模板MIPs（mt-MIPs），使得一个印迹聚合物材料中含有多个/种模板分子识别位点的印迹技术。mt-MIPs的结合位点和识别能力扩大，使得其能够同时识别多种物质，所以大大节省了时间和提高了MIPs的利用效率，适于多残留、高通量分析。同时，也应该指出，mt-MIPs的选择性（对某一模板分子来说）相较于单一模板MIPs降低，这很可能是由每种模板的结合位点被稀释及多种模板增加的再混合效应导致的。事实上，mt-MIPs的印迹性能是多种模板分子的印迹性能平衡、妥协的综合结果。

Song等（2012）采用多模板印迹策略，以16种PAHs为模板分子，结合表面印迹技术、溶胶-凝胶聚合制得MIPs材料，将其用于SPE，结合GC-MS，实现了对海水中16种PAHs的同时识别、萃取、检测和去除。该MIPs对16种PAHs具有优异的吸附容量（111.0～195.0μg/g）和显著的结合选择性（印迹因子为1.50～3.12），对天然海水中PAHs的萃取效率高达93.2%，该方法的检测限低至5.2～12.6ng/L，远低于美国环境保护署（United States Environmental Protection Agency，USEPA）限定的饮用水中最大污染浓度200ng/L。

Lu等（2017b）采用多模板印迹策略、一步沉淀聚合法制备了以6种酚类化合物为模板的MIPs（mt-MIPs）材料，将其用作SPE吸附剂，过程如图2.1所示，结合CE法同时选择性萃取、富集和测定了工业废水、河水、水库水、自来水中的6种酚类化合物。Ostovan等（2018）以3种维生素B为模板分子，以葡萄糖为碳源制备碳球，使用壳聚糖兼做功能单体与交联剂，室温下在乙酸的水溶液中制得多模板分子印迹生物聚合物（mt-MIBP）材料，将其用于DSPE，结合HPLC，实现了对橘汁中3种维生素B的同时识别、萃取和检测。

2. 多功能单体印迹策略

多功能单体印迹（multi-functional monomer imprinting）通过使用多种功能单体与模板分子不同识别位点作用，发挥多功能单体协同作用，增加识别位点数量，从而提高MIPs的识别能力和选择性。例如，Chen等（2012b）发展了一种有效的方法用于制备双功能单体的大黄酸MIPs，即组合使用两种传统功能单体——甲基丙烯酸（methacrylic acid，MAA）和4-乙烯基吡啶（4-vinyl pyridine，4-VP），使它们与模板分子不同的识别位点匹配，合成的双功能单体MIPs比单一功能单体MIPs具有显著增强的印迹效应和更高的吸附容量。的确，使用多功能单体是提高选择性的好途径，也是印迹各种分析物尤其是生物大分子的有效方式。然而，如何合适地选择及合理地组合现有的多种功能单体，如何巧妙设计合成新功能单体，并进一步有效利用它们的协同效应，都需要持续探索。

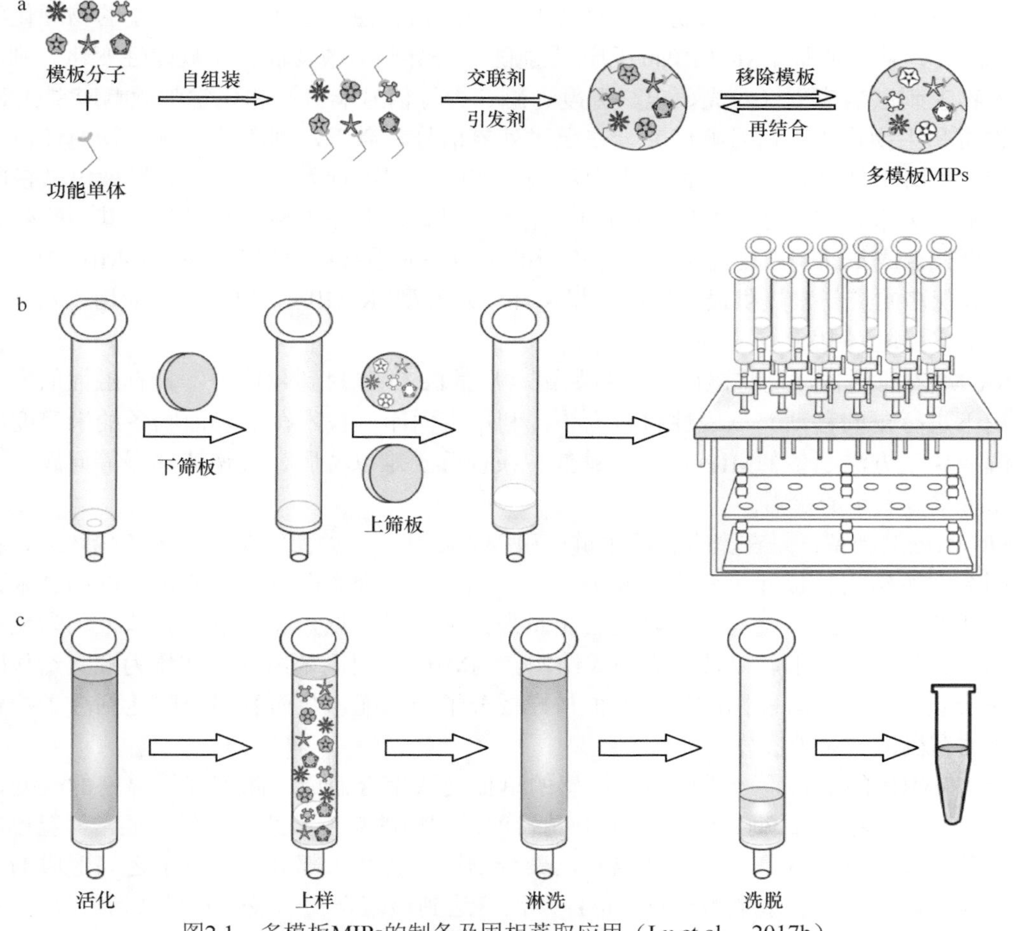

图2.1　多模板MIPs的制备及固相萃取应用（Lu et al.，2017b）

a. 多模板MIPs（mt-MIPs）的制备；b. 以分子印迹聚合物为吸附剂的固相萃取（MIPs-SPE）的装柱过程；c. MIPs-SPE过程

3. 虚拟模板印迹和片段印迹策略

虚拟模板印迹（dummy imprinting）采用在结构、形状和大小上与目标分子相似的分子作为模板进行印迹。片段印迹（segment/fragment imprinting）选择目标分子中含有特定官能团的一部分（作为虚拟模板）进行印迹，通过对片段的识别达到对整个分子的识别。若根据一类目标物质的共有结构，筛选出理想的模板分子来制备MIPs，即可实现对一类具有共同结构的物质进行选择性富集和同时分离测定。这两种策略可以有效避免模板泄漏造成的污染及其对检测结果的干扰，尤其适用于目标分子因造价昂贵、易燃易爆、易降解、溶解度过低等不适合作为模板分子的情况。需要指出的是，尽管虚拟模板印迹和片段印迹有许多优势，但是合适的虚拟模板或片段模板的选择仍然是一个难点。

Marc等（2018）以多溴联苯醚（PBDEs）的结构类似物4,4-二羟基联苯醚为虚拟模板制备了虚拟MIPs（dummy MIPs，DMIPs），将其作为SPE填料，用于识别萃取有机溶液中的PBDE-47和PBDE-99，有望用于环境样品分析。Kubo等（2007）以目标分子的片段为模板合成MIPs，实现了对内分泌干扰物的选择性分离。Dan和Wang（2013）使用双片段印迹策略制备了MIPs，并将其用于检测软骨藻酸（domoic acid，DA），使用DA的结构类似部分戊烷-1,3,5-三羧基酸和脯氨酸作为虚拟模板，替代毒性大且价格昂贵的DA，制备了双片段印迹MIPs，且其对DA具有优异选择性。

4. 刺激响应印迹策略

刺激响应印迹（stimuli-responsive imprinting）通过制备性能随着外界刺激改变而产生规律性变化的MIPs，即刺激响应MIPs（SR-MIPs），从而完成对目标分子的特异性控释，实现智能化的控制（Xu et al.，2013c）。SR-MIPs的聚合单体分子的活性基团的结构和性质会随着外界环境的物理化学或生物刺激而发生可逆改变，从而使整个SR-MIPs的印迹性能随着外界刺激改变而产生规律性变化。刺激响应按信号不同，分为物理刺激响应型（对光、电、温度、磁、力等信号响应）和化学刺激响应型（对pH、离子强度、化学物质和生物物质等信号响应）。在上述外界信号刺激下，刺激响应聚合物通过自身物理或化学性质的改变（如分子链结构、溶解性、表面结构、溶胀、解离行为等）而对刺激做出敏锐的应答。目前研究较多的响应类型有磁、光、温度及pH响应型。同时，对刺激响应印迹来说，其面临着几个主要的挑战和机遇：设计合成新的响应功能单体；探索新的刺激响应系统；发展多响应SR-MIPs中需要注意巧妙合理的组合，确保多响应元素提供最佳协同效果；环境友好型SR-MIPs如何更好地应用于水体与生理环境（包括海岸带生态环境）中。

磁响应SR-MIPs的制备，是将磁敏感材料如最常用的Fe_3O_4包封到载体中，具有磁性的聚合物可以在外界磁场作用下进行定向移动。以磁性材料为核，利用表面印迹技术在其表面制备纳米尺度的印迹聚合物层，可以解决传统方法制备的MIPs结合容量低、模板分子难以洗脱、传递速率慢等问题，其还具有容易快速分离和可重复利用的优点。

光响应SR-MIPs的制备，是在聚合物的主链中引入光敏基团（如偶氮苯、二苯乙烯等），在光照条件下，光敏基团会发生结构、极性等变化，并进一步引起整个聚合物产生形态变化。以偶氮苯为例，该分子有顺式、反式两种异构体，其构象可以通过光照来控制：在可见光照射下偶氮苯分子为反式结构，而这种反式结构在紫外光照射下可以转变为顺式结构。当MIPs中偶氮苯由反式转化为顺式结构时，聚合物内部的空腔在形状、大小和官能团结构上不再与模板分子相匹配，从而利用光照达到分子控释的目的，避免使用大量的有机溶剂对模板分子进行洗脱。

温度响应SR-MIPs的制备，一般由温度敏感的单体交联聚合而成，随着外界温度的改变，其体积发生突变。其中，*N*-异丙基丙烯酰胺（NIPAAm）是目前最常用的温度敏感型单体。通常，温度敏感型聚合物既带有疏水基团又带有亲水基团，在低温时，聚合物链上的亲水部分与水分子之间形成的氢键作用占主导地位，提高了该聚合物在水中的溶解性能；当温度达到该聚合物的最低临界共溶温度（lower critical solution temperature，LCST）以上时，氢键被破坏，疏水作用增大，高分子链由于疏水作用相互聚集，凝胶网络收缩，溶胀率急剧下降。使用温度敏感型单体制备MIPs，可达到通过温度升降来控释目标分子的目的，还能够调节聚合物的水溶性。

pH响应SR-MIPs的制备，主要使用带有羧基或氨基的可电离的功能单体。pH敏感型属于离子强度敏感型中重要的一类，pH敏感型单体决定了合成的pH刺激响应SR-MIPs的响应性能和印迹效果。引发智能pH敏感凝胶响应的原动力为疏水作用力、范德瓦耳斯力、氢键和离子间作用力，其中离子间作用力起主要作用，其他三种作用力起相互影响、相互制约的作用。通常pH敏感型单体中含有弱酸性/弱碱性基团（如羧基或氨基等），随着环境pH/离子强度的改变，这些基团容易发生电离，造成单体分子内外离子浓度改变，并导致大分子链段间氢键的解离，引起不连续的溶胀体积变化或溶解度的改变，从而达到控释目标分子的目的。

目前，对SR-MIPs的研究已从单一刺激响应的智能水凝胶，逐步发展到生物相容性好、双重甚至多重刺激响应智能聚合物。采用各种功能化策略，发展新型单/双/多重响应的SR-MIPs，结合SPE等样品前处理手段和HPLC、CE、GC等色谱分离分析技术，将其用于识别、富集和检测（海岸带）环境中的典型污染物，显然具有重要的科学意义和应用价值。中国科学院烟台海岸带研究所陈令新研究员团队、南开大学张会旗教授团队分别做了较多相关工作，简介如下。

陈令新研究员团队的Wu等（2016）制备了磁/温双重响应SR-MIPs，并将其用于双酚A（BPA）的识别与萃取。采用刺激响应印迹策略，使用传统聚合单体（MAA）和温敏单体（NIPAAm）作为共聚功能单体，采用RAFT沉淀聚合，结合接枝技术，制备了接枝有水刷的核壳结构的水溶性磁/温双重响应分子印迹聚合物（WC-TMMIPs），通过温度响应调控实现了对海水中痕量BPA的选择性识别与萃取。图2.2为WC-TMMIPs的制备过程、磁固相萃取（MSPE）过程、装柱固相萃取（SPE）过程（图2.2a）和温度调控的吸附/释放原理（图2.2b）。该WC-TMMIPs是以Fe_3O_4为核、薄层印迹壳大约10nm的尺寸均一的核壳结构微球，其水刷大大提高了结合容量。该印迹微球表现了简单快速的磁分离和灵敏的温度响应性能，在接近LCST（33℃）时（如35℃）获得最大吸附量，高于LCST时（如45℃）获得最大脱附量。选择35℃作为实验温度，将WC-TMMIPs作为MSPE吸附剂和SPE填料用于海水中BPA的选择性萃取，结合HPLC测定，获得了满意结果。该智能材料融合了分子识别（印迹）、磁分离、温度调控、水溶性等性能，适于对复杂水体中痕量目标物进行高选择性的识别、可控的吸附/释放、高效的富集/去除，为污染物监控和去除提供了快速、方便、经济和环保的途径。Peng等（2016）制备了磁/光双重响应SR-MIPs，并将其用于17β-雌二醇（E2）的识别与萃取。Peng等首先合成光响应单体（MPABA），然后采用种子聚合制备了磁/光双重响应印迹微球（PM-MIPs），实现了简单快速的磁分离和材料的循环使用及光控下对E2的选择性萃取。Xiong等（2018）以E2为模板分子，采用本体聚合，利用刺激响应和双功能单体印迹策略，即借助温敏单体（AMPS）和传统聚合单体（丙烯酰胺AAm）协同下的互聚物络合作用，制备了可切换的拉链

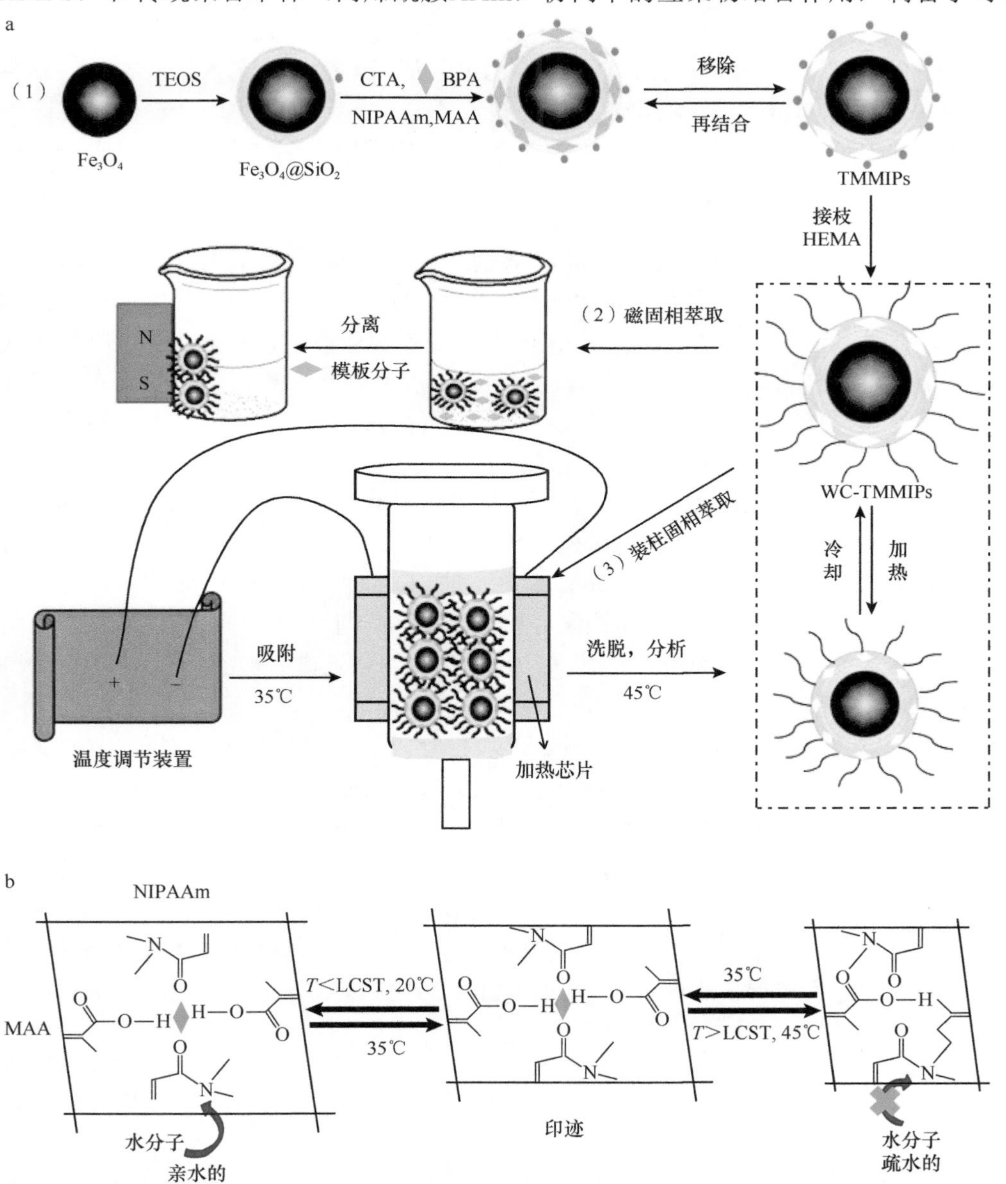

图2.2　水溶性磁/温双重响应的MIPs（WC-TMMIPs）的制备、磁固相萃取应用及温度调控的吸附/释放原理（Wu et al., 2016）

a. 水溶性磁/温双重响应的MIPs（WC-TMMIPs）的制备过程（1）、磁固相萃取（MSPE）过程（2）、装柱固相萃取（SPE）过程（3）；b. 温度调控的吸附/释放原理

TEOS：四甲氧基硅烷，tetramethoxysitane；CTA：链转移剂，chain transfer agent

型温敏MIPs，并将其用于E2的温控DSPE。Dong等（2014）以NIPAAm为温敏单体、4-VP为聚合单体，基于其协同作用，以BPA为模板分子，采用多步溶胀聚合，制备了中空核-多孔壳的温敏BPA印迹微球，并将其用于海水水样和奶酪食品中BPA的温控SPE。

张会旗教授团队的Fang等（2012）与Ma等（2012）将活性聚合和表面印迹相结合，分别制备了光响应MIPs表面接枝温敏聚合物刷的光/温度双重响应SR-MIPs与光、温度、pH三重响应SR-MIPs。以2,4-二氯苯氧乙酸（2,4-D）为模板分子，首先采用原子转移自由基沉淀聚合（atom transfer radical precipitation polymerization，ATRPP）合成含有活性偶氮苯的MIPs，然后通过表面引发的原子转移自由基聚合（atom transfer radical polymerization，ATRP）修饰上温敏性的NIPAAm形成聚合物刷（PNIPAAm）（Fang et al.，2012）。该温敏聚合物刷的引入显著提高了表面亲水性并且赋予材料热敏性质，使得该MIPs具有良好的纯水兼容性和温度响应性；偶氮苯的引入使得MIPs对模板分子的结合具有光敏性。该光、温度双重响应SR-MIPs实现了对水体中农药残留的温/光控的识别和萃取，具有简便、可逆、环保、经济等优点。Ma等（2012）以普萘洛尔药物为模板分子，采用RAFT沉淀聚合制备表面固定有双硫基的活性“核”，然后通过表面引发的RAFT聚合连续接枝偶氮苯MIPs壳层、温度敏和pH敏感的亲水聚合物刷，制备了对光、温度、pH均响应的核壳结构MIPs微球。将亲水和响应聚合物刷引入到该MIPs中，不但极大提高了MIPs材料的表面亲水性而使其具有纯水兼容性，而且响应层赋予了MIPs刺激调控的模板结合/释放性质。

5. 亲水性、绿色合成与应用策略

现在多数MIPs的制备和应用仍局限于在有机溶剂中进行，而天然的识别体系及MIPs所面临的实际应用环境多是水性体系；目前，面向海岸带生态环境的分子印迹样品前处理，主要是面向海岸带水体及其中的生物体，同样以水性体系为主，因此，MIPs水环境下的分子识别问题仍是一个较大挑战。常采用的解决方案是采用金属螯合力、疏水力等不受水干扰的作用力进行印迹，或者对其表面进行亲水性改性等。此外，样品前处理一直在朝着简单、快速、经济、环保方向发展，这使得作为前处理材料的MIPs的绿色合成与应用受到越来越多的关注。

研究者为解决MIPs水相识别能力差的问题，探索了提高MIPs亲水性的策略，主要包括：接枝亲水性聚合物刷制备水溶性MIPs用以识别、萃取双酚A（Wu et al.，2016）；使用水溶性单体如温度敏感型单体制备温敏性双酚A的MIPs，适于水样测定（Dong et al.，2014）；利用金属螯合作用、疏水作用等进行印迹结合，如利用金属螯合作用制备金属离子印迹聚合物用于海水、湖水等水样分析（Cai et al.，2014；Zhang et al.，2014e；Fu et al.，2016）；利用疏水作用、立体位阻和π-π相互作用制备PAHs-MIPs用于海水中PAHs的测定（Song et al.，2012）。

研究者还探索了绿色合成与应用策略。例如，水相合成、使用生物源的功能单体/交联剂在室温下制备亲水性的分子印迹生物聚合物（Ostovan et al.，2018）；选用生物物质多巴胺为交联剂，利用其自聚合，简化了印迹过程且提供了亲水和生物相容性的MIPs（Wang et al.，2018b）；利用一锅表面印迹法（Li et al.，2015；Yu et al.，2017b）、一步沉淀聚合法（Lu et al.，2017b）简单快速制备了MIPs；利用计算机辅助设计，筛选和优化MIPs的制备条件（Song et al.，2012；Xu et al.，2013b）。此外，溶胶-凝胶法的聚合过程环保绿色、合成简单、条件易控。发展的基于MIPs的DSPE和MSPE以其简单、快速、低耗、易分离等优势，符合绿色和环保应用的要求（Lu et al.，2016；Wu et al.，2016；Ostovan et al.，2018；Xiong et al.，2018）。

三、离子印迹样品前处理

重金属是海岸带生态环境中典型的目标污染物，而离子印迹在痕量和超痕量重金属分析样品前处理、重金属废水处理等领域有良好的应用前景。上述各种分子印迹技术和策略同样适用于离子的印迹。到目前为止，元素周期表中的大部分元素都已开展了印迹方面的研究工作，包括主族元素、过渡元素、锕系元素、镧系元素，非金属离子印迹及阴离子印迹等的各种IIPs都已被制备并应用（Fu et al.，

2015b）。重金属离子是离子印迹领域最典型且最受关注的目标物。金属离子配位作用使金属离子印迹具有独特的优势：①金属配位作用力比氢键作用力大，尤其是在水相中，离子印迹可以实现水溶性分子、金属离子在水相中的识别。由于与金属离子密切相关的生命体系中的分子识别及自然界的众多过程都是在水相中进行的，因此离子印迹技术的发展对于分析化学、环境科学和生命科学都具有重要的学术意义和应用价值。②某些过渡金属可以作为印迹的一部分，同时可以作为配合物转换的内在催化中心。③金属配位作用时间短，加之中心金属离子的相互作用可以使反应同时达到热力学和动力学的平衡。此外，就金属离子印迹本身而言其也有劣势：金属离子的半径相对较小，与单体的结合力有限；很多金属离子半径类似，在特异性识别上需要斟酌采取特殊策略；模板金属离子去除不彻底会造成后续渗漏等。因此，需要发展新的印迹技术和策略用于IIPs的制备。

下面以几种印迹策略指导的新型重金属IIPs的制备与SPE应用为例，简要介绍离子印迹样品前处理。

（一）金属螯合物为模板

Zhang等（2014e）采用传统金属离子螯合剂双硫腙与Hg(Ⅱ)形成螯合物，以该螯合物为模板分子，采用溶胶-凝胶聚合制备了汞离子IIPs，将其用作SPE吸附剂，结合原子荧光光谱法，测定了海水、湖水中的汞离子及人发和鱼肉样品中的有机汞，突破了传统以单一金属离子为模板的方法，以其螯合物为模板进行印迹，实现了对汞的形态分析。

（二）多模板IIPs

Fu等（2016）采用多模板印迹策略，即以Hg(Ⅱ)、Cd(Ⅱ)、Ni(Ⅱ)和Cu(Ⅱ)等4种重金属离子为模板，以双硫腙为离子配体，使用溶胶-凝胶聚合制备了多离子印迹聚合物（multi-ion imprinted polymers，MIIPs）材料。从双硫腙配位和印迹技术等方面阐释了可能的机理。制备的MIIPs吸附容量高，吸附速度快，其吸附过程符合朗缪尔等温方程和拟二级动力学方程。选择性实验和抗干扰实验证实该材料对4种重金属离子具有良好的选择性，同时能不受大量共存离子的影响。该MIIPs材料作为SPE吸附剂富集海水中的目标离子，其回收范围为94.7%～110.2%，对4种离子的检测限为6.0～22.5ng/L。该MIIPs以多种金属离子为复合模板，利用一种简单普适的配体，高效地制备印迹吸附剂，能同时识别、富集和去除多种离子。该工作丰富了离子印迹的研究内容、为重金属形态分析提供了有效途径。而且，该材料制备条件温和、成本低、产率高达41%，在印迹多种离子和规模化生产及应用方面富有潜力。

（三）合成新型功能单体

Xu等（2012）制备了基于T-Hg(Ⅱ)-T的Hg(Ⅱ)离子印迹聚合物，并将其用于固相萃取水样中的Hg(Ⅱ)。基于胸腺嘧啶（T）与汞离子的T-Hg(Ⅱ)-T特异性结合，自主设计、合成了含有T碱基的新型功能单体T-IPTS，采用溶胶-凝胶聚合制得汞IIPs，这是首次将T-Hg(Ⅱ)-T进行特异性结合并用于Hg-IIPs的制备。T-Hg(Ⅱ)-T的高亲和性特异性结合使得Hg-IIPs具有很高的选择性，对Hg(Ⅱ)的结合容量远高于Co(Ⅱ)、Mn(Ⅱ)、Cd(Ⅱ)、Mg(Ⅱ)、Ca(Ⅱ)、Zn(Ⅱ)、Pb(Ⅱ)等，其中对Cd(Ⅱ)、Zn(Ⅱ)、Pb(Ⅱ)的选择性系数为38.8、46.6、28.0。将制备的新型Hg-IIPs作为SPE填料，高效富集、萃取了水样中的Hg(Ⅱ)，加标回收率为95.2%～116.3%。结果表明，设计合成新型功能单体是提高印迹聚合物选择性、拓宽分子印迹技术应用范围的有效途径。Huang等（2016）合成了8-羟基喹啉接枝的明胶，具有多种不同类型的功能团，首次被用作生物分子功能单体来加强印迹位点的选择性。制备的铅IIPs具有溶胀和成膜性质及多种功能团，因此为模板Pb(Ⅱ)提供了很高的吸附容量（235.7mg/g）和强的选择性（印迹因子为2.9），成功用于饮用水和地表水中痕量Pb(Ⅱ)的识别与萃取。

（四）多功能单体IIPs

Cai等（2014）使用两种常用功能单体MAA和4-VP，利用其协同效应，采用悬浮聚合制备了Pb(Ⅱ)印迹聚合物，将其用于SPE，结合原子吸收，实现了对自来水和湖水中痕量Pb(Ⅱ)的高效富集与检测。制备的双功能单体印迹聚合物相较单一功能单体的印迹聚合物在吸附性、选择性等方面有明显优势。突破单一功能单体的使用，双/多重功能单体的巧妙组合使用为IIPs/MIPs的制备提供了一种新思路，推动了离子/分子印迹技术的发展。此外，借助Pb(Ⅱ)印迹示例，有望开发通用型的重金属识别、富集、去除和检测的平台。

第二节　纳米分析方法与技术

目前，常规的检测重金属离子的方法主要为各种光谱法，如原子吸收法、原子发射法、电感耦合等离子体质谱联用法等。有机污染物的分析检测主要使用高效液相色谱、液相色谱-质谱联用技术，但是这些技术一般都需要大型的仪器，价格昂贵，操作过程复杂，实验人员需要接受专业训练，不利于大面积推广，更不适合对环境中污染物的快速、高灵敏和实时观测。因而，简单快速检测环境污染物的新技术亟待研究开发。

近年来，纳米材料的发展为解决这些问题提供了新的思路和方法。纳米材料由于具有其他材料无法比拟的优点和独特的性质而被广泛应用于分析领域，我们结合纳米材料的特性，研究基于纳米材料的各种光学传感器来检测重金属离子、有机污染物，以期快速、灵敏、高选择性地检测待测离子和有机物。结合海岸带环境分析监测与生态修复研究组（以下简称“本研究组”）的研究工作，利用光学手段（紫外-可见分光光度计、荧光光谱仪和激光拉曼光谱仪）来灵敏地检测环境中污染物的含量。

一、纳米比色分析

比色法（colorimetry）以生成有色化合物的显色反应为基础，是一种通过比较或测量有色物质溶液的颜色深度来确定待测组分含量的分析方法。作为一种定量分析方法，比色法对显色反应的基本要求是：反应对待测组分应具有较高的选择性和灵敏度；生成的有色化合物组成恒定、稳定，且与显色剂的颜色差别较大。相比于其他分析方法，比色法具有设备简单、操作简便、较适用于现场实时检测等优点，引起了很多科研人员的研究兴趣。

传统的比色法主要是借助一些有机染料分子通过络合作用、氧化还原反应等与待测组分生成有色化合物，通过生成物颜色深浅或者测定生成物质的紫外-可见光谱判断目标物含量的多少。虽然基于有机染料分子的比色法能够对很多无机离子和一些小分子进行检测，但由于有机染料的摩尔吸光系数不是很大，因而检测的灵敏度不高。此外，这类方法的选择性也不是很好，所以传统的比色法面临着巨大的挑战。

贵金属纳米材料（特别是金、银纳米颗粒）根据其组分、形貌及聚集程度的不同在可见光范围内（380～780nm）呈现出丰富的颜色变化并展现出较好的特征吸收峰，近年来被广泛应用于比色分析。贵金属纳米材料的摩尔吸光系数一般高于传统有机染料3～5个数量级（Ghosh and Pal，2007），在测定过程中只需要非常低浓度的金属纳米粒子（nmol/L）就可以实现可视化检测并保证检测的灵敏度。

贵金属纳米溶胶因依赖于形貌变化的颜色可调性在比色分析中受到特别关注，例如，金纳米棒（gold nanorods，Au NRs）长径比的稍微增加或减小都会显著影响Au NRs的局域表面等离子体共振（localized surface plasmon resonance，LSPR）吸收，导致纳米棒溶胶的颜色发生明显改变，因此许多贵金属纳米材料被用于基于“形貌”变化的纳米比色传感器的构建，这类传感器多数是在靶标分子通过氧化还原反应直接或间接导致纳米颗粒的形貌发生变化的基础上进行设计的。目前，基于“形貌”变化的纳米比色传感器按设计原理不同主要分为两类：一类是靶标分子直接或间接氧化刻蚀纳米材料导致其形貌发生改变；另一类则是通过还原作用使得新物质在纳米材料表面进行沉积以引起纳米材料形貌改变。

由于Au NRs的LSPR吸收峰非常灵敏，会随着Au NRs长径比的变化发生位移，因此靶标分子通过直接或者间接反应改变Au NRs的长径比，可以实现靶标分子的灵敏比色检测。本研究组制备合成了长径比约为2∶1的Au NRs，在SCN^-存在时，Au NRs会被H_2O_2氧化刻蚀，致使长径比变小，同时引起LSPR吸收峰位置和强度的变化。当向溶液中加入Cu^{2+}后，Cu^{2+}会催化H_2O_2的氧化分解，从而减弱H_2O_2对Au NRs的氧化刻蚀。根据这个原理，实现了对Cu^{2+}的可视化分析检测（Wang et al.，2013a）。

相对于以氧化刻蚀为思路设计的纳米比色传感器，对通过还原沉积生成壳核结构的比色传感器研究较少。其比色原理主要是通过加入靶标后，在贵金属纳米材料表面包裹上一层新物质，引起周围介电环境的变化，从而实现对待测物质的检测。本研究组在这种传感器的设计方面进行了尝试。如图2.3所示，Hg^{2+}被还原剂抗坏血酸还原成Hg^0并沉积在多孔硅包覆的Au NRs表面，生成核壳状的Au@Hg NRs，改变了Au NRs周围的介电环境，导致LSPR吸收峰发生蓝移，溶液颜色发生明显的变化。进一步加入S^{2-}后，在S^{2-}和氧气的作用下，Hg^0从Au NRs表面脱落，Au NRs的LSPR吸收峰发生红移并伴随着溶液颜色的变化。据此可以建立Hg^{2+}和S^{2-}的比色测定方法（Wang et al.，2011）。

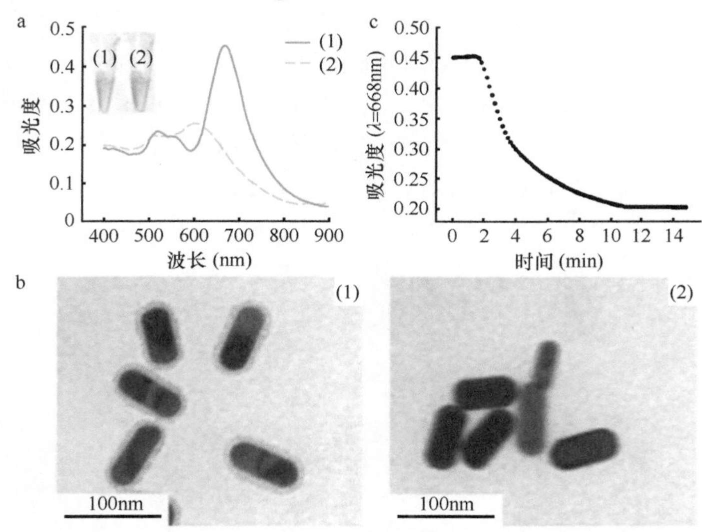

图2.3　Hg^{2+}加入前及加入后多孔硅包覆Au NRs的紫外-可见光谱图、透射电镜图及吸光度随时间变化曲线图（Wang et al.，2011）

a. Hg^{2+}加入前（1）及Hg^{2+}加入后（2）多孔硅包覆Au NRs的溶液的紫外-可见光谱图；b. 透射电镜图；c. 加入Hg^{2+}后多孔硅包覆Au NRs溶液在668nm处的吸光度随时间变化曲线

在众多重金属离子比色传感器设计中，配位作用是其中一种最常用的重金属离子识别机制。本研究组设计合成了一种巯基化胸腺嘧啶衍生物（*N*-1-(2-mercaptoethyl) thymine），将其作为Hg^{2+}的识别配体。在实验过程中，首先需要将配体分子通过Au-S键作用修饰到Au NPs表面，然后利用胸腺嘧啶分子与Hg^{2+}的特异性结合作用使Au NPs发生聚集，进而使溶液由红色到蓝色改变，从而实现对Hg^{2+}的比色检测（Chen et al.，2011a）。与其他比色方法相比，该方法既避免了DNA序列复杂的合成与处理过程，又不需要其他掩蔽剂的辅助，即可实现对Hg^{2+}高灵敏度和高选择性检测。

本研究组发现胸腺嘧啶能够取代Au NPs表面的柠檬酸根结合在Au NPs表面，表面负电荷的降低导致Au NPs团聚；当有Hg^{2+}存在时，"T-Hg-T"的识别作用导致吸附到Au NPs的胸腺嘧啶分子数量降低，因此Au NPs的团聚程度降低。基于这个原理可以实现Hg^{2+}的比色检测，该方法对Hg^{2+}的检测限为2nmol/L（Lou et al.，2012）。

除配位作用以外，靶标分子直接或间接通过氧化还原反应改变纳米材料形貌导致颜色变化也是重金属离子比色传感器常用的机制之一。本研究组（Chen et al.，2012a）设计了一种基于三棱形银纳米颗粒（Ag TNPs）形貌变化的纳米比色探针，将其用于检测Hg^{2+}。如图2.4a所示，正十二硫醇分子修饰的Ag TNPs可以在I^-存在时稳定存在，溶液保持为蓝色；当有Hg^{2+}加入时，其亲硫特性可以将Ag TNPs的正十二硫醇分子脱离，此时I^-通过与颗粒表面裸露的银形成络合物侵蚀Ag TNPs，使其形貌发生变化，从而引起Ag TNPs的光谱发生蓝移，溶液颜色发生由蓝色向红色的转变，从而达到定量检测Hg^{2+}的目的。在最优实验条件下，该方法对Hg^{2+}的检测限为3.3nmol/L。后来，我们又发展了一种基于Au NRs形貌变化的Cu^{2+}比色检测方法（Zhang et al.，2014b）。在氢溴酸溶液中，溶解氧可以在十六烷基三甲基溴化铵（CTAB）存在下氧化刻蚀Au NRs，但是由于这个氧化过程速率很慢，因此Au NRs形貌变化很小，从而仍然保持蓝色；而Cu^{2+}可以催化溶解氧加速氧化刻蚀Au NRs，导致Au NRs的长径比变小，颜色逐渐由蓝色向红色再到无色转变。借助这一现象进行Cu^{2+}的灵敏检测（图2.4b），其检测限为0.5nmol/L，同时我们又将这一方法开发成Cu^{2+}检测试纸条。值得一提的是，此传感器具有非常好的特异性和抗干扰能力，可应用于复杂样品（如海水）中Cu^{2+}的检测。除单一材质的贵金属纳米材料以外，具有核壳结构的双金属纳米材料同样可用于重金属离子比色传感器设计中。本研究组（Lou et al.，2011）利用Cu^{2+}在$(S_2O_3)^{2-}$-Ag刻蚀体系中特殊的催化作用发展了一种新型的免标记比色法并将其用于检测环境水样中的Cu^{2+}。如图2.4c所示，由于Ag和S元素的络合作用，在溶解氧存在时，银包金纳米颗粒（Au@Ag NPs）表面的银层会被氧化形成$[Ag(S_2O_3)_2]^{3-}$复合物，然而这一反应的速率很慢，研究发现Cu^{2+}却对该反应具有显著的催化效果。Cu^{2+}和$S_2O_3^{2-}$同时存在可以将银氧化成$[Ag(S_2O_3)_2]^{3-}$，而同时生成的$[Cu(S_2O_3)_3]^{5-}$可被溶解氧氧化重新生成Cu^{2+}参与银层的刻蚀。因此，随着Cu^{2+}浓度的升高，Au@Ag NPs的银层厚度逐渐降低，其LSPR吸收峰的强度和溶液颜色也随之发生改变，基于此可以实现水环境中Cu^{2+}的定量检测。基于纳米颗粒形貌变化的重金属离子比色法表现出了较高的灵敏度及良好的选择性，但是贵金属纳米材料的结构和性质非常稳定，重金属离子参与的能够改变其形貌的方法较少，因此目前这类传感器的发展非常有限。

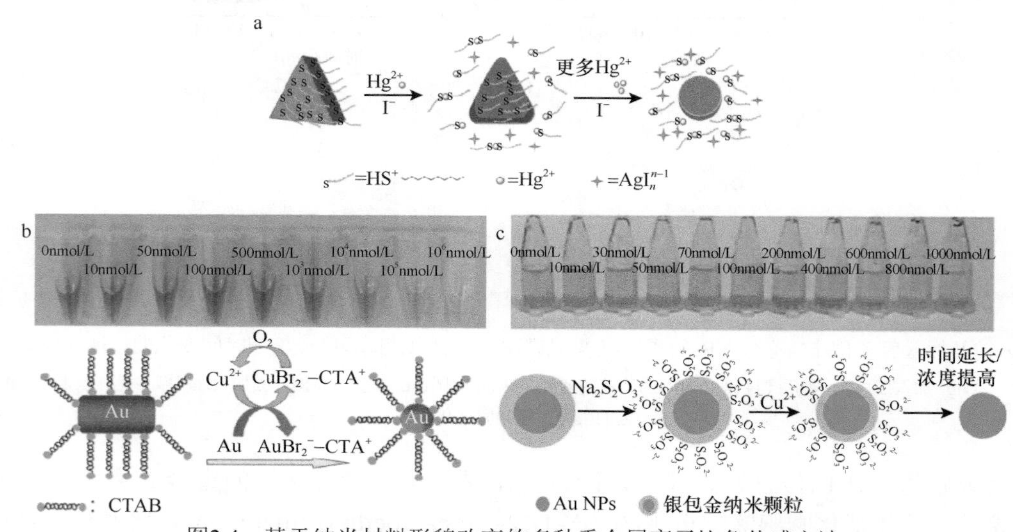

图2.4　基于纳米材料形貌改变的多种重金属离子比色传感方法

a. 基于Ag TNPs形貌变化的Hg^{2+}纳米比色探针原理示意图（Chen et al.，2012a）；b. 基于Au NRs形貌变化的Cu^{2+}比色检测方法的原理示意图及不同浓度Cu^{2+}对Au NRs的刻蚀作用图（Zhang et al.，2014b）；c. 基于Au@Ag NPs表面银层刻蚀导致纳米材料形貌变化的Cu^{2+}比色传感器的原理示意图及不同浓度Cu^{2+}对Au@Ag NPs的刻蚀作用图（Lou et al.，2011）

基于贵金属纳米材料LSPR性质的比色法同样适用于阴离子的检测。根据阴离子与纳米粒子作用方式的不同，可将阴离子纳米比色传感器分为以下两类（曹海燕，2014）：第一类是通过氢键、静电作用、配体交换或者化学反应等方式引起纳米材料聚集的纳米比色探针；第二类是改变纳米颗粒形貌的比色传感器。

阴离子还可以通过与纳米材料发生直接或间接的化学作用致使纳米材料发生团聚以达到比色分析的目的。本研究组又利用Hg^{2+}与I^-之间较强的结合力可以阻碍Hg^{2+}与胸腺嘧啶衍生物的耦合作用，发展了一种基于功能化Au NPs的反聚集型比色检测I^-的纳米探针（Chen et al.，2013）。由于I^-与Hg^{2+}具有较强的结合力，在有I^-存在情况下，胸腺嘧啶修饰的Au NPs不会发生团聚，保持其原有的酒红色；与之形成鲜明对比的是，无I^-存在时，Hg^{2+}通过与胸腺嘧啶衍生物的耦合作用，使得Au NPs发生团聚，引起光谱与颜色的变化。根据这个原理，建立了一种简单、灵敏、快速、选择性好的基于I^-的抑制团聚型纳米比色探针，其线性范围为10～600nmol/L。

通过纳米材料形貌变化进行阴离子检测的报道相对较少，但这类方法选择性较好，因而引起了众多研究人员的兴趣。本研究组基于氧化刻蚀Au NPs的原理发展了一种亚硝酸盐比色传感器（Chen et al.，2012c）。在强酸溶液中，溶解氧对Au NPs的氧化刻蚀非常缓慢，因此Au NPs的形貌变化很小，其LSPR吸收峰和颜色几乎不变。当有亚硝酸盐存在时，亚硝酸根可以氧化刻蚀Au NPs，使其长径比迅速减小，导致纳米棒LSPR吸收发生较明显的蓝移，溶液逐渐由蓝色向红色转变。利用这一现象我们设计了一种高灵敏度的亚硝酸盐可视化传感方法，其检测下限可达0.4μmol/L。利用这一方法，我们实现了饮用水中亚硝酸的定量检测。

利用贵金属纳米材料比色法检测小分子的报道有很多。由于具有—SH、$—NH_2$等基团，小分子物质可以通过较强结合作用取代纳米颗粒表面结合作用较弱的稳定剂分子或者与纳米颗粒表面的修饰分子形成氢键，造成纳米材料团聚，使得溶液颜色发生变化，以此实现小分子的定量分析。本研究组基于S^{2-}可提高Au NPs稳定性的性质，提出了一种用于可视化检测空气中硫化氢（H_2S）的方法（Han et al.，2014）。H_2S可以有效地被碱性缓冲溶液吸收，并以硫氢酸根（HS^-）的形式存在于溶液中。当将Au NPs加入到溶液中时，HS^-与Au NPs表面的金原子作用并在Au NPs表面生成大量的$[Au^+][S^{2-}]$，从而增加了Au NPs的稳定性并使其可以在高盐溶液中保持单分散状态，溶液颜色呈现红色。而在没有H_2S时，Au NPs会发生聚集，溶液变为蓝色。根据这一现象可以实现空气中H_2S气体的可视化检测，该方法对H_2S气体的肉眼检测下限为0.5ppm①。

二、纳米荧光分析

荧光分析法（fluorimetry）是指某些物质在特定波长的光照射下产生荧光，利用其荧光强度进行物质的定性和定量分析的方法。作为一类非常重要的分析检测方法，荧光分析法可以实现对特定分析底物（化学物质或生物分子）的快速灵敏检测，其基本原理是：分析底物可以引起检测体系荧光性质的改变，如荧光发射峰位置、荧光发射强度或荧光寿命，且这种改变与底物的结构或浓度的改变成一定的比例关系，通过检测荧光性质的改变就可以达到定量检测分析底物的目的。然而，传统的荧光分析法所使用的荧光染料具有荧光强度低、背景高、容易发生光漂白现象的缺点。而荧光纳米材料不仅具有较高的荧光强度和优越的光稳定性（Resch-Genger et al.，2008；Lin et al.，2014），还具有纳米材料特有的量子效应、小尺寸效应等性质，从而可以弥补传统的荧光染料无法克服的缺陷，为化学、物理、医学和生物领域都带来新的发展机遇。

本研究组基于Au NPs功能化的石墨烯发展了一种水溶液中检测Pb^{2+}的turn-on型荧光传感平台（Fu et al.，2012），如图2.5所示。Au NPs功能化的石墨烯对Au NPs具有高的猝灭性和低的背景荧光。当加入Pb^{2+}时，由于$S_2O_3^{2-}$和2-巯基乙醇（2-ME）的存在，Pb^{2+}可加速石墨烯表面Au NPs的猝灭。在最优条件

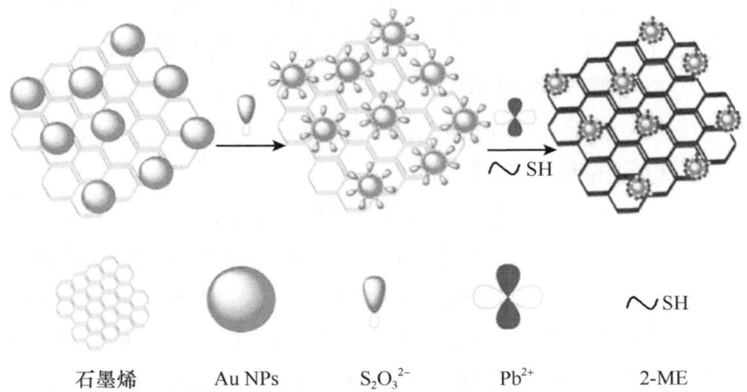

图2.5　基于在石墨烯表面的金纳米粒子加速浸出传感机制对Pb^{2+}的检测示意图（Fu et al.，2012）

① 1ppm=10^{-6}

下，相对荧光强度具有良好的线性，线性范围为50～1000nmol/L，检测限达10nmol/L。这种方法用于检测自来水和矿物水中的Pb^{2+}，具有良好的选择性和灵敏度。

生物硫醇在生命过程中起着重要作用，与许多疾病有关。本研究组将异硫氰酸荧光素（fluorescein isothiocyanate，FITC）功能化的磁性核壳杂化Fe_3O_4/Ag纳米粒子用于发光检测生物硫醇（Chen et al.，2014）。如图2.6所示，首先合成Ag包覆的Fe_3O_4纳米粒子（Fe_3O_4@Ag）。随后，通过Ag-SCN键，在它表面共轭连接FITC，FITC的荧光猝灭。当加入生物硫醇分子后，由于Ag-S键强于Ag-SCN，在硫醇和FITC间会发生位置转移，因此FITC的荧光恢复。于是构建了检测硫醇分子的“off-on”型荧光探针。经过磁分离后，溶液中FITC的荧光信号可用于定量检测硫醇分子，如谷胱甘肽（GSH）和半胱氨酸（Cys），对GSH和Cys的检测限分别为10nmol/L和20nmol/L。而且，在其他氨基酸存在的情况下，这种检测方法依然具有好的选择性。同时，活细胞中的共聚焦成像表明，这种荧光探针也可应用于生物体系中硫醇分子成像。

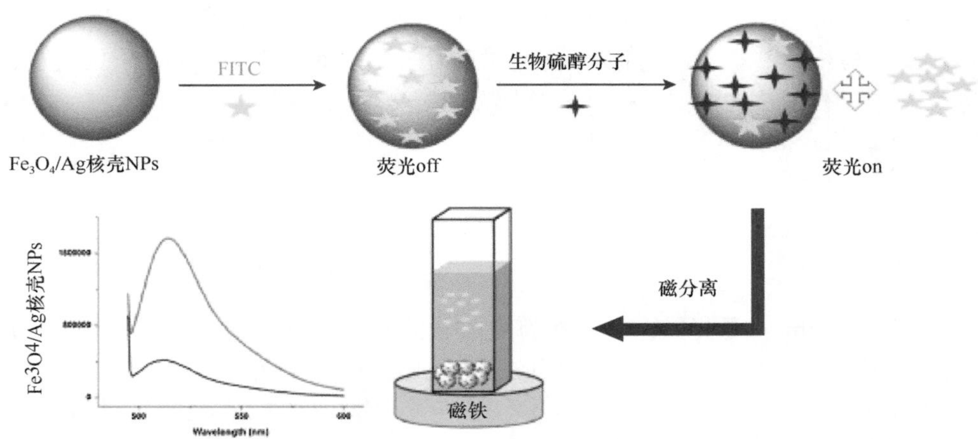

图2.6　基于FITC改性的Fe_3O_4@Ag核壳杂化纳米粒子对生物硫醇的传感体系示意图

进一步，Liu等（2018）用微波法合成了一种具有双发射峰的碳点-金纳米团簇，再用二硫苏糖醇（DTT）对碳点-金纳米团簇进行化学修饰。DTT两端具有巯基，一端的巯基能够锚定在碳点-金纳米团簇表面，另一端的巯基可特异性地吸引Hg^{2+}靠近金纳米团簇表面。当Hg^{2+}出现时，Hg^{2+}（$5d^{10}$）和Au^{+}（$5d^{10}$）的d^{10}中心之间形成金属键，引起金纳米团簇的荧光猝灭，而碳点的荧光基本不变。随着Hg^{2+}浓度的增加，碳点-金纳米团簇的荧光颜色发生从红色到蓝色的变化，线性范围为0.05～1μmol/L。将该传感体系应用于湖水和自来水中Hg^{2+}浓度的检测，回收率在95.9%～104%。另外，Wang等（2018a）利用简单的水热法合成了掺杂Mn^{2+}的ZnS量子点（quantum dots，QDs），量子点光学性质稳定且绿色环保，更重要的是具有双荧光激发峰。以L-半胱氨酸（L-Cys）和6-巯基烟酸（MNA）对ZnS:Mn^{2+}量子点表面进行修饰后，由于二者能够与Cu^{2+}发生金属螯合作用，因此可实现对Cu^{2+}高灵敏度和高选择性的可视化比率检测。随着Cu^{2+}浓度的不断增加，可以观察到传感器荧光颜色由橙红到紫色的明显变化，在5～500nmol/L的浓度范围呈良好的线性关系，检测限可达到1.2nmol/L，并且对于其他共存离子具有较强的抗干扰能力，是一种能够快速、高效地实现Cu^{2+}检测的新型传感方法。

分子印迹荧光纳米粒子是一种具有高选择性和灵敏度的光学传感工具。Xu 等（2013）利用荧光传感技术对三硝基甲苯（TNT）分子进行了富集和检测。以三硝基苯酚（TNP）为虚拟模板，以CdTe QDs为荧光物质，采用溶胶-凝胶法制备了分子印迹荧光纳米粒子。其机制为电子转移-诱导荧光猝灭的过程，当目标物质TNT出现（或增加）的时候，由于印迹空穴的存在，其能被精确地选择到粒子表面，此时TNT与量子点表面修饰的氨基基团形成麦氏复合物，从而猝灭（或减弱）了荧光。为了简化CdTe QDs的修饰过程，我们构建了直接以量子点为核的核-壳印迹纳米传感器，用于对硝基苯酚（4-NP）的高选择性、高灵敏度荧光检测，从而发展了一种简便快捷的表面印迹传感新策略（Yu et al.，2017）。如图2.7所示，首先采用可聚合的表面活性剂——2-氨基乙基甲基丙烯酸酯盐酸盐（AMA）通过静电作用对量子点

（QDs）进行表面修饰，将修饰后的QDs作为核支撑材料兼荧光信号源，然后以4-NP为模板分子、丙烯酰胺为功能单体、双丙烯酰胺为交联剂，通过容易操作、条件温和的自由基聚合，直接在QDs表面形成超薄的印迹壳层（约4nm），进而得到核-壳结构的分子印迹纳米传感器。当4-NP存在和浓度增加时，QDs与4-NP之间的电子转移过程导致QDs的荧光显著猝灭，据此该传感器能够对4-NP进行检测，检测限可达0.051μmol/L。同时，该印迹传感器对4-NP具有优异的识别选择性，印迹因子为9.1；用于海水和湖水样品分析时，三个浓度的加标回收率为92.7%～109.2%，相对标准偏差低于4.8%。该简单、快速、可靠的印迹传感方法在对复杂环境水样中痕量对硝基苯酚的高效测定方面有良好的应用前景。

同样地，金纳米簇也具有优异的荧光性能，我们还针对双酚A（BPA）制备了二氧化硅金纳米簇分子印迹聚合物（SiO_2@Au NCs-MIPs）（Wu et al.，2015b），其过程如图2.8所示。二氧化硅表面修饰的

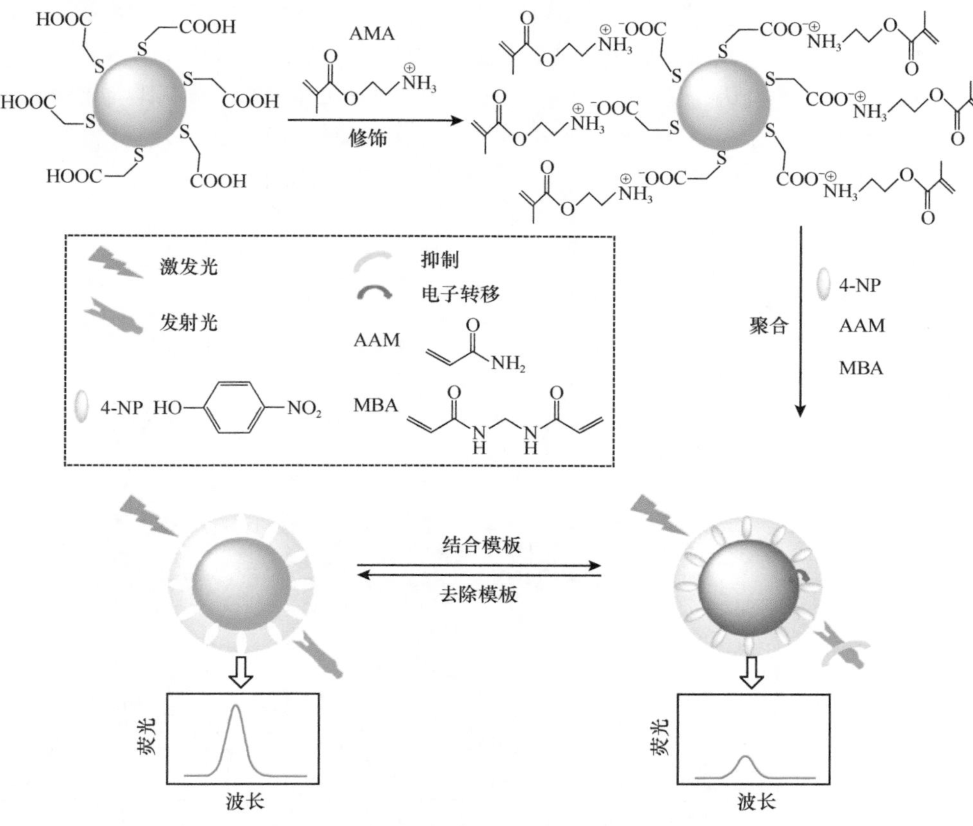

图2.7　QD@MIPs的制备过程和可能的检测机制

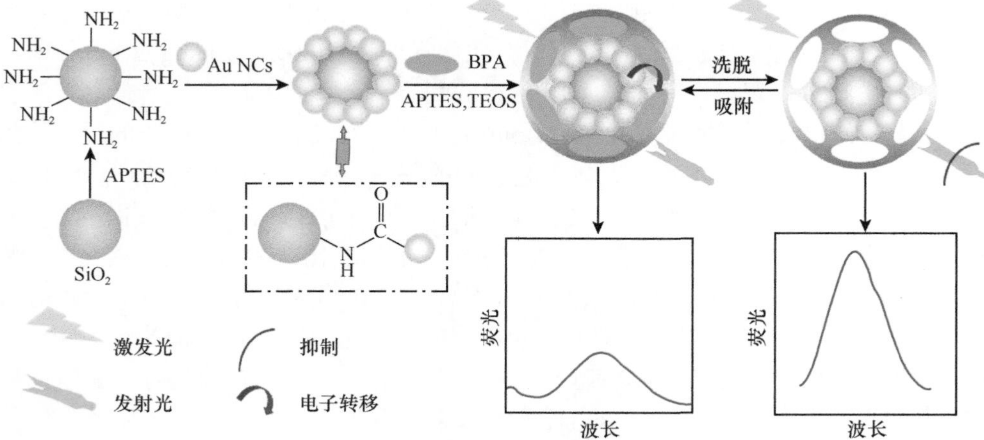

图2.8　制备SiO_2@Au NCs-MIPs的过程示意图（Wu et al.，2015b）

氨基与金纳米簇表面的羧基相结合，再通过一层溶胶-凝胶过程，将BPA聚合包裹在其外，此时由于电子转移，荧光较弱，但通过洗脱剂洗掉目标分子之后，即显现出原本的金纳米簇的荧光。利用这种荧光变化，可以准确检测BPA。另外，此法也可推广到其他酚类雌激素的识别、富集和检测。

将分子印迹材料与比率型荧光检测相结合，可以更加有效地提高分子印迹荧光传感器的选择性、灵敏度，获得更稳定、便捷的应用。本研究组（Wang et al.，2016a）发展了二氧化硅包埋量子点（QDs）的核-壳结构印迹聚合物微球传感器，基于光诱导电子能量转移（photoinduced electronic energy transfer，PET）实现了对2,4-二氯苯氧乙酸（2,4-D）农药残留的增强型比率荧光检测。首先将红色荧光QDs包埋于SiO_2纳米粒子中，然后在其表面通过溶胶-凝胶过程引入绿色的有机荧光染料硝基苯噁二唑（NBD）并以2,4-D为模板分子制得印迹层，以NBD为检测信号源，以QDs为参比信号源，将该双发射比率荧光强度的变化作为分析信号（图2.9）。在2,4-D存在并随着浓度增大时，NBD的荧光峰随之增强，而QDs的峰保持不变，荧光颜色由原来的橙红色逐渐向绿色过渡，能够可视化检测2,4-D。该印迹比率荧光传感器对2,4-D具有高选择性和高灵敏度，印迹因子为4.97，线性范围为0.4～100μmol/L，检测限为0.14μmol/L，湖水和自来水样品中加标回收率为95.0%～110.1%。这种简单、可靠、灵敏的可视化传感分析策略对复杂基质中痕量小分子有机污染物的快速、高选择性分析检测具有潜在的应用价值。

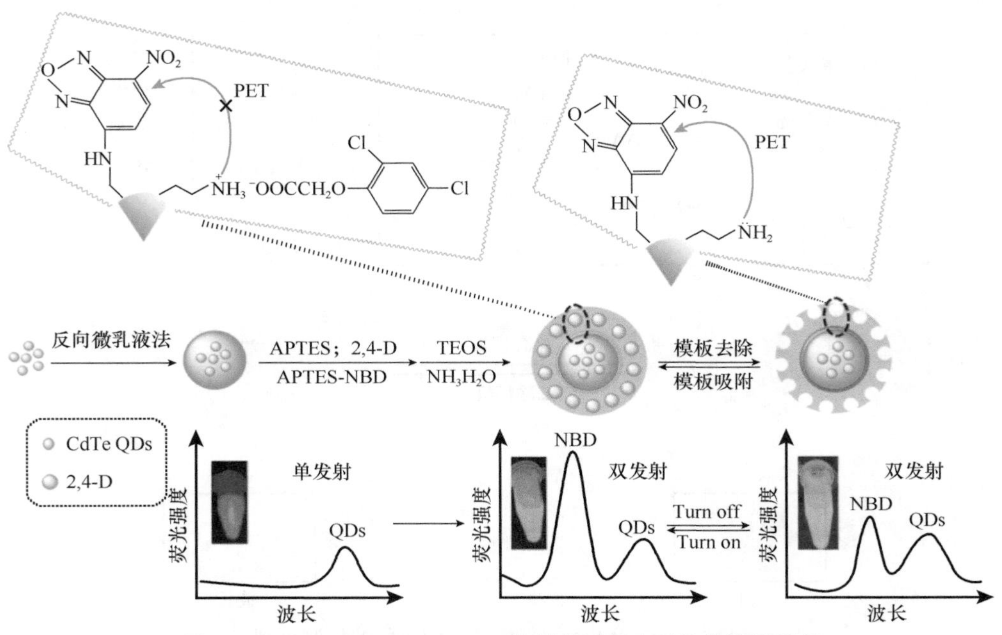

图2.9　QD@SiO_2@NBD@MIPs的制备过程和可能的检测原理

藻蓝蛋白（phycocyanin，PC）是一种能发射615～640nm强烈荧光的辅助蓝色色素蛋白质，由开链四吡咯化合物和脱辅蛋白通过硫键结合而成，其相对分子质量约为110kDa（Zhang et al.，2014d）。藻蓝蛋白可用于指征蓝藻的生物量，在海洋环境监测中有着重要的意义。此外，它还具有良好的生理功能，在不同的动物实验中有良好的抑制过敏炎症反应（Romay et al.，2003）。除了潜在的用于治疗，藻蓝蛋白作为荧光标记物在生物医学的研究中也越来越引起人们的关注。基于介孔结构的印迹微球探针和电子转移引发的荧光猝灭机理，通过溶胶-凝胶聚合法，本研究组（Zhang et al.，2015b）提出了一种新颖的合成方法用于荧光检测藻蓝蛋白。如图2.10所示，将接枝量子点的二氧化硅纳米颗粒作为支撑材料，然后在其表面上沉积得到介孔硅结构的壳层，得到独特的介孔结构的MIPs微球探针，即SiO_2@QDs@ms-MIPs。这种微球以二氧化硅纳米粒子为核，以CdTe量子点为荧光检测单元，以介孔结构的印迹壳层为选择性识别单元。我们还对这种探针的结合能力、响应时间、灵敏度、选择性和稳定性进行了系统的研究，并将其成功应用于检测海水和湖水中微量的藻蓝蛋白样本，取得了令人满意的结果，表明其在特异识别和精确地定量检测蛋白质方面具有巨大的应用潜力。

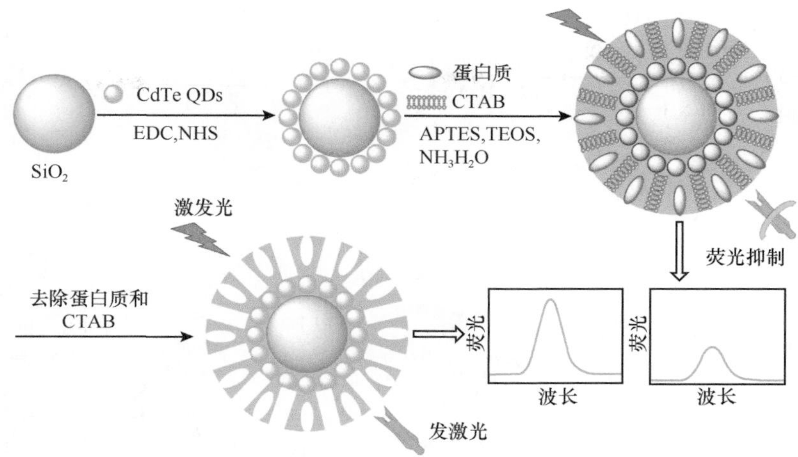

图2.10　SiO_2@QDs@ms-MIPs制备过程示意图

为了进一步简化印迹过程，我们构建了以量子点为核的核-壳印迹纳米传感器，将其用于对蛋白质的荧光检测，从而发展了一种普适性的蛋白质印迹策略（Wang et al.，2018b）。将以巯基乙酸和谷胱甘肽（glutathione，GSH）共同为稳定剂的量子点（QDs）直接作为功能单体，以藻蓝蛋白（phycocyanin，PC）为模板分子，以多巴胺（dopamine，DA）为交联剂，通过多巴胺的自聚合制备了印迹微球，基于电子转移诱导的荧光猝灭进行检测。该传感器具有超薄的印迹壳层（约3nm），响应快速，一旦结合PC，在16s内荧光即显著降低，检测限为0.075μmol/L，在0.8～8.0μmol/L的范围内线性良好，印迹因子为7.3，海水和湖水样品中加标回收率为90.8%～110.1%。采用同样的制备方法，以牛血红蛋白（BHb）为模板分子，获得BHb印迹纳米微球传感器，线性范围为0.3～5.0μmol/L，检测限为0.069μmol/L，印迹因子为4.2，牛尿中加标回收率为97.0%～103.0%，结果令人满意。一方面，该印迹策略直接以功能化的QDs为功能单体，有效避免了烦琐的QDs表面修饰过程；印迹过程利用DA的自聚合，大大简化了印迹过程，并且能够提供亲水和生物相容性的MIPs，从而克服蛋白质印迹的局限性和提高印迹性能；而且，反应能在比较温和的水溶液中进行，避免使用大量有机试剂，整个过程环保友好。另一方面，通过以PC和BHb为模板分子进行印迹，有望发展有效、通用的蛋白质印迹方法，通过合理选择利用传统的配体和功能单体，或者通过巧妙设计和合成新型功能单体，为蛋白质印迹提供新思路，推动分子印迹/蛋白质相关的研究工作进一步发展。

在此基础上，我们拟继续使用NBD，将其作为荧光信号源，将荧光藻蓝蛋白作为另一种荧光信号源，并且NBD的发射光谱与藻蓝蛋白的紫外吸收光谱有一定程度的重叠，这为发生荧光共振能量转移（fluorescence resonance energy transfer，FRET）提供了可能，期望发展一种新型的基于FRET原理的分子印迹比率荧光传感器用以检测藻蓝蛋白（Wang et al.，2016b）。如图2.11所示，通过溶胶-凝胶聚合制备了PC印迹的比率荧光微球，NBD和PC分别作为能量供体和受体。在PC存在的情况下，经FRET过程，NBD的部分能量转移到PC，使得NBD的荧光峰强度降低，而PC的荧光峰增强，利用两荧光发射峰的强度比值来检测PC。这种印迹比率荧光传感器对PC具有极高的识别特异性，其印迹因子高达9.1，线性范围为1～250nmol/L，检测限低至0.14nmol/L，湖水和海水样品中加标回收率为93.8%～110.2%。该研究为复杂基质中痕量藻蓝蛋白的分析检测提供了快速、高选择性、高灵敏度的新方法，提出了一种有效的蛋白质印迹新策略，为发展基于FRET机制的检测体系提供了一条行之有效的新思路。

为了避免烦琐的合成过程，相比于其他基于分子印迹技术的比率荧光传感体系，我们设计了“先制备后混合”的比率荧光传感体系（Wang et al.，2018c）。采用溶胶-凝胶法，以SiO_2为支撑材料，以绿色CdTe量子点（QDs）为荧光信号源和辅助的功能单体，以牛血红蛋白（BHb）为模板，利用一锅法合成核-壳型分子印迹聚合物。在检测过程中，以掺杂SiO_2包覆的红色CdTe QDs（QD@SiO_2）为参比信号，利用绿色QDs和红色QD@SiO_2荧光强度比值的变化测定牛血红蛋白。随BHb浓度增加，利用电子转移作用

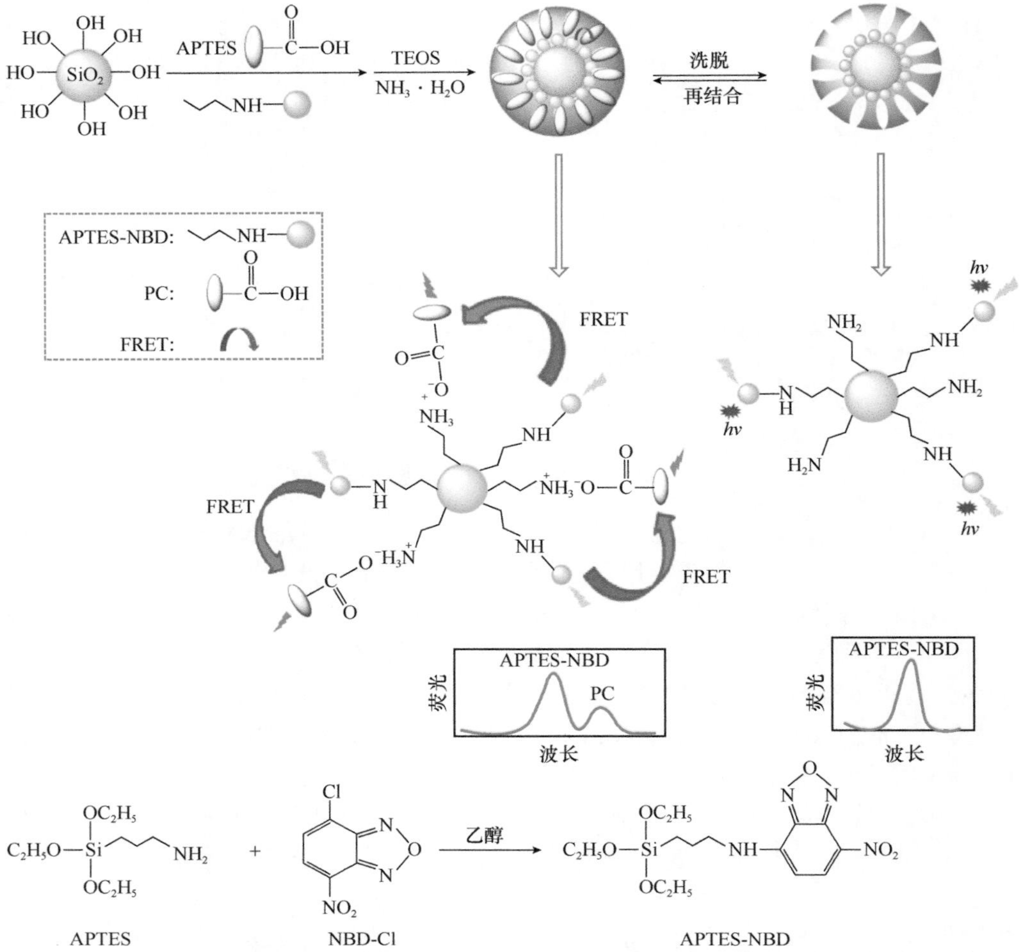

图2.11　SiO_2@NBD@MIPs的制备过程及可能的检测机理

使绿色QDs的荧光强度下降，而红色QD@SiO_2荧光强度基本恒定不变，溶液荧光颜色从最初的绿色逐渐变为红色。该比率荧光传感体系的线性范围为0.050～3.0μmol/L，检测限为9.6nmol/L，印迹因子为6.8，对BHb具有较好的选择性和灵敏度。

三、表面增强拉曼散射分析

Fleischman等（1974）发现粗糙的银电极表面分子的拉曼散射强度显著增强，就此开启了表面增强拉曼散射（surface enhanced Raman scattering，SERS）研究的大门。随着纳米技术的发展，人们发现金、银等贵金属纳米粒子展示了更加优异的SERS性质，通过电磁增强和化学增强作用，活性分子的拉曼散射信号可以增强10^6倍以上，甚至可达到单分子检测的灵敏度水平（Kneipp et al.，1997）。借此原理发展起来的SERS分析技术具有灵敏度高、简便快速等优势，在环境分析和监测领域展现了广阔的应用前景。

（一）SERS分析技术

SERS分析技术主要分为SERS探针和SERS基底两种。SERS探针是一种纳米尺寸的散射型光谱“标记”工具，借助探针信号间接反映待测物的含量；SERS基底为大面积贵金属纳米材料阵列结构，多采用“免标记”检测策略，直接增强待测物的拉曼信号以用于定性和定量研究。

1. SERS探针

SERS探针由贵金属纳米粒子和拉曼报告分子两部分组成。贵金属纳米粒子作为拉曼信号增强材料，拉曼报告分子则赋予SERS探针特征散射谱峰，二者的性质共同决定了SERS探针的光学品质。在分析应用中，SERS探针具有诸多优异性质，包括：①灵敏度高，在痕量检测中优势突出；②多元信号识别能力强，拉曼光谱具有指纹性，并且谱峰清晰尖锐（半峰宽通常小于1nm），通过监测特征散射波长信号，可以实现多探针同时识别；③空间分辨率高，检测信号通常聚焦到200μm微区范围，可以实现细胞水平的信号示踪。近年来，SERS探针技术在离子、有机污染物、病原体等多种环境检测对象的分析中得到了成功应用。

2. SERS基底

SERS基底分为固相基底和液相基底两种。固相SERS基底以玻璃、滤纸、聚合物膜等为载体，在其表面构筑大面积有序的贵金属纳米结构而形成。液相SERS基底主要利用特定修饰的纳米粒子在水-油两相界面的自组装性质，形成紧密排列的单层贵金属纳米粒子薄膜。区别于SERS探针的“标记”测试模式，SERS基底更多采用“免标记”的策略。在分析过程中，待测物分子接近或吸附在SERS基底纳米粒子间隙的“热点”区域，借助基底的增强能力，直接测定待测物的SERS信号，实现定性和定量研究。近年来，SERS基底在检测灵敏性、重现性、稳定性等关键问题上不断取得进展，形成的一些产品已经具备成本低廉、方便贮存、容易携带的优点，可以满足现场快检等实际分析和监测的应用要求。

（二）SERS技术在环境分析中的应用

1. 离子检测

SERS经典理论表明，贵金属纳米粒子团聚体中，在粒子间隙的“热点”位置，SERS增强能力显著提高。已有工作基于此原理设计了离子探针，待测离子可以诱导溶液中探针的“团聚-分散”状态变化，进而引发SERS信号强度的升降变化。例如，Li等（2011）通过Ag-S化学键，在银纳米粒子表面同时修饰As^{3+}识别分子谷胱甘肽和拉曼报告分子巯基吡啶，发展了测定As^{3+}的SERS探针（图2.12a）。As^{3+}加入后，与谷胱甘肽通过As-O化学键结合，诱导探针团聚和拉曼信号增强。

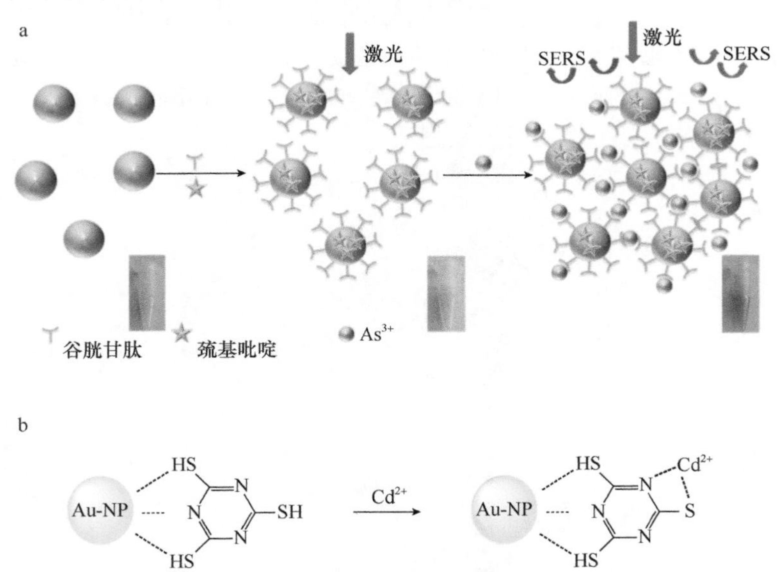

图2.12　基于SERS探针的重金属离子检测策略示意图

a. SERS探针团聚策略测定As^{3+}示意图；b. TMT修饰SERS探针与Cd^{2+}络合示意图

另外一种测试的机理为，离子引起SERS探针报告分子的结构变化，进而引发SERS特征峰的强度比率变化。Zamarion等（2008）利用三聚硫氰酸（TMT）修饰的Au NPs对Cd^{2+}进行SERS检测。如图2.12b所示，TMT中两个对称的巯基和中间的杂环氮原子，以三齿配位的形式与金纳米颗粒（Au NP）结合，余下一个巯基和两个杂环上的氮原子可与Cd^{2+}进行络合，形成Cd-N键和Cd-S键的二齿配位结构。Cd^{2+}络合作用改变TMT固有分子键振动强度，使966cm^{-1}（苯环伸缩振动）和868cm^{-1}（C—S键伸缩振动）两个特征峰的升降发生变化。通过测算两个峰强比值，可以反映Cd^{2+}的浓度。也有工作以氯离子选择性染料为报告分子，构建氯离子选择性SERS探针，利用氯离子络合引起染料分子1497cm^{-1}和1472cm^{-1}两处特征峰变化的特性进行定量分析（Tsoutsi et al.，2011）。陈令新研究员团队（Zou et al.，2017）提出了一种pH敏感型SERS纸芯片并用于pH检测，其采用具有pH敏感性质的间甲酚紫作为拉曼报告分子，将其修饰于金纳米材料负载的SERS纸芯片上。H^+浓度变化诱导间甲酚紫电子构型从非共振态到共振态的可逆性转变，进而引起拉曼信号强度的可逆性变化。该SERS纸芯片的测试范围为近中性（pH=6～8），检测精度达到0.01pH单位。

2. 分子检测

基于诱导团聚原理，SERS探针也可以用于污染物分子检测。Ray团队（Dasary et al.，2009）发展了一种半胱氨酸修饰的Au NPs SERS探针，用于三硝基甲苯（TNT）的选择性识别和高灵敏分析。借助TNT和半胱氨酸之间形成的迈森海默络合物，以及Au NPs的聚集效应，拉曼信号强度提高了9个数量级，检测灵敏度达到pmol/L水平。Lou等（2011a）构建了以Au NPs为增强基底、以巯基吡啶为拉曼报告分子的SERS探针，并将其用于三聚氰胺含量的测定。三聚氰胺的加入导致探针团聚，使巯基吡啶的拉曼信号大大增强，从而间接反映溶液中三聚氰胺的浓度。

基于SERS基底的分析方法具有更好的简便性和实用性。如图2.13所示，Li等（2013）和Zhang等（2014a）分别发展了常温雾化和笔刷涂覆等方法将纳米银溶胶沉积在滤纸表面，制备了具有SERS活性的纸芯片，用于测定罗丹明6G和孔雀石绿。这两种分子可以通过静电作用结合在银纳米粒子表面，最低检测浓度分别为1nmol/L和10nmol/L。疏水性分子难以吸附在贵金属纳米粒子表面，利用SERS基底直接测试难以获取信号。为了实现此类分子的SERS检测，有工作尝试预先在纳米粒子表面修饰环糊精（Strickland and Batt，2009；Lu et al.，2015）、杯芳烃（Guerrini et al.，2009）等“捕获”分子，取得了很好的效果。例如，Shi等（2013）采用杯芳烃修饰SERS基底担载的Au NP，利用移频激发拉曼差分光谱以实现水溶液中多环芳烃的检测，对芘和蒽的检测灵敏度达到500pmol/L。新近发展的液相SERS基底利用双相溶剂的特点，解决了亲水性和疏水性待测物同时测定的问题。振荡、乳化剂或者超声处理可以使待测物吸附到纳米粒子表面，促使水-油界面的自组装纳米粒子薄膜的形成。Cecchini等（2013）利用该技术实现了来自水相、有机相或空气相的多种有机物的高灵敏测定。

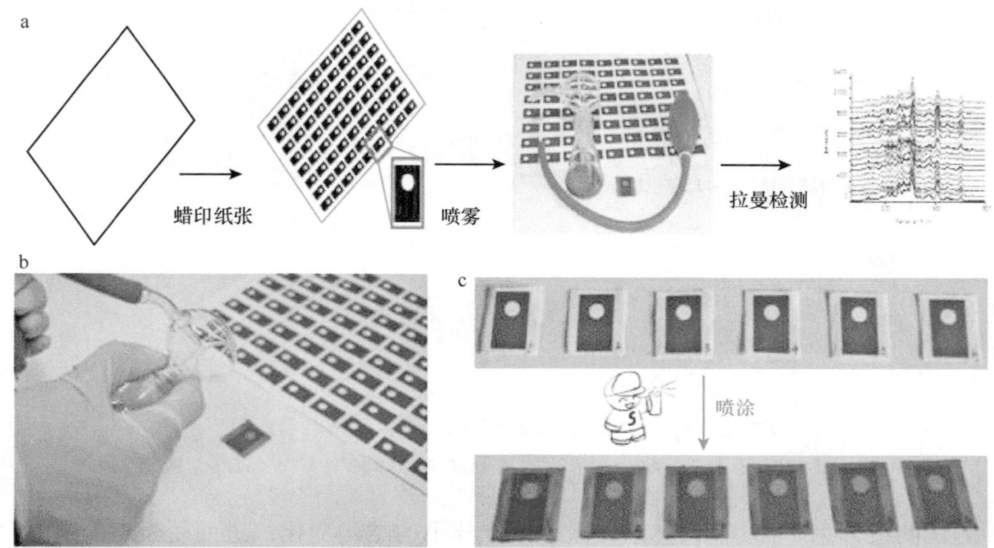

图2.13　常温雾化法（a）和笔刷涂覆法（b）制备具有SERS活性的纸芯片（c）

3. 致病菌检测

致病菌的快速筛查与杀灭是公共卫生和食品安全的关键问题，实现其快速、高灵敏分析具有重要的科学和现实意义。SERS探针的发展为致病菌的分析检测提供了新方法。通过将SERS标签的高灵敏度与单克隆抗体的高特异性相结合，实现了单个金黄色葡萄球菌的高选择性检测（Huang et al.，2009）。Faulds团队（Kearns et al.，2017）通过磁分离和SERS探针多元标记技术分析了多种细菌病原体。首先使用凝集素功能化磁性纳米颗粒，从样品基质中捕获和分离细菌，然后使用菌株特异性的抗体功能化的SERS探针进行特异性识别、检测。对大肠杆菌、鼠伤寒沙门氏菌和耐甲氧西林金黄色葡萄球菌的最低检出浓度达到10CFU/mL，进一步借助多元SERS信号的主成分分析，实现了复合菌液中三种细菌的分离和鉴定。陈令新研究员团队（Lin et al.，2014）报道了将氧化石墨烯包裹的SERS探针用于细菌光学标记和杀灭。如图2.14所示，在785nm激光照射下，探针生成热量，对大肠杆菌和金黄色葡萄球菌都产生了光热杀灭作用。同时，在光热杀灭细菌过程中，探针的SERS信号强度、细菌溶液的温度和细菌成活率具有相关性。SERS技术也被应用于细菌间信号传导过程研究。Liz-Marzán团队（Bodelon et al.，2016）发展了一种SERS基底，用于原位检测生长铜绿假单胞菌的生物膜和微菌落中的信号代谢物绿脓菌素，为微生物群体感应研究提供了强有力的分析工具。

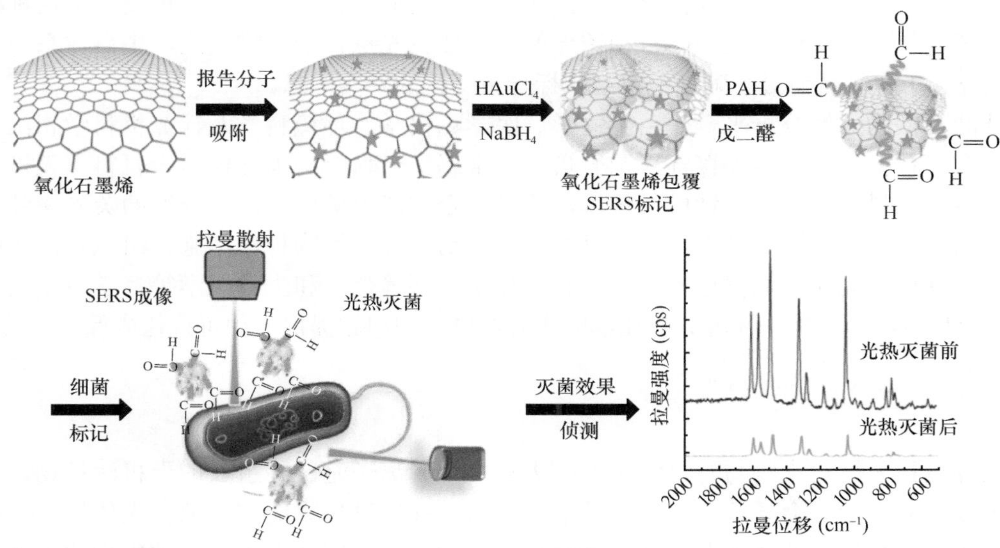

图2.14　集细菌光学标记、光热杀灭、检测于一体的多功能纳米SERS探针

4. 人工纳米材料示踪

近年来，多种人工纳米材料大量进入生态环境，成为新型污染物。其在环境中的赋存含量、状态及对生命体系的影响等问题，得到了人们的高度关注。SERS光谱信息与材料种类、粒子尺寸和形状、表面配体类型和空间排列等纳米材料基本性质密切关联。因此，SERS技术可以在复杂基质样品和生物体内的人工纳米材料检测中发挥关键作用。

Guo等（2015）基于银纳米粒子、氯化银和硝酸银在SERS增强能力上的显著差异，以二甲基二硫代氨基甲酸铁为指示剂分子，测定了抗菌产品中银纳米粒子的含量。结果显示，SERS方法可有效地检测粒径为20～200nm的银颗粒，其中SERS信号最高的粒径范围为60～100nm。

利用SERS光谱测定和成像技术，发展了多种纳米材料的生物体内分析和示踪方法。Su等（2016）构建了金纳米壳支持的磷脂双分子层，利用SERS技术表征了纳米磷脂双分子层中分子的保留行为；通过对SERS信号的动态监测，发现磷脂双分子层内不同结构污染物在环境因子刺激下及活细胞中，释放行为差异显著。Wang等（2016）发展了高灵敏度的金银合金内标化SERS探针，以该探针为粒子模型，通过

SERS信号表征了活细胞中Ag层溶解的动态过程。此外，Mei等（2018）研发了高灵敏核-卫星结构SERS探针，活体、原位表征了磷脂负载纳米粒子在主要脏器的代谢行为。

第三节　基于分子探针的成像分析

近年来，环境污染问题日趋严重，各地污染事件频发，造成了巨大的生命和财产损失，严重威胁了人类的生存与发展。由于环境污染物的含量较低，成分复杂，分布广泛，给污染物的识别、鉴定及去除带来了极大的困难。同时，缺氧问题、温度变化等对有机体时刻造成威胁，由此引起的生命安全问题也需要充分评估。因此，环境问题成为当下亟待解决的大问题。监测污染物的性质、来源、含量和分布状态对环境的预防及治理具有十分重要的意义，也对我们能否准确、实时监测环境及生命体的变化提出了更高的要求。我们需要发展灵敏、准确、有效的分析方法，以及具有简便、快速和连续自动等特点的测试技术与手段，来实时监控环境变化。常用的分析方法可分为四类：化学分析法、光谱分析法、色谱分析法、电化学分析法。但是这些方法往往需要复杂的样品前处理，操作步骤烦琐，不能用于实时监控环境变化及评估环境问题引起的生命体疾病状况。与传统的分析方法相比，荧光成像分析法具有灵敏度高、响应时间短等优点。荧光从内置结构中发射出来，即使不直接接触也可以对检测对象进行原位、实时的监控和观察，克服了常规方法取样耗时长而无法实现快速分析的缺陷。更重要的是这种检测技术具有高选择性，荧光信号变化依赖于靶向目标诱导的外源性荧光探针的结构变化，生命体系中非敏感内源性物种不产生外加干扰，从而最大限度地得到靶标含量变化的真实信息。

基于探针的污染物成像分析平台是由生物学、医学、化学、环境科学及计算机科学相结合的一种新型分析检测平台，包括小分子荧光探针、荧光蛋白、金属纳米材料、半导体纳米材料、无机非金属纳米材料及上转换纳米材料等。分子探针成像技术，即设计合成高灵敏度、高选择性的荧光探针，专一性标记特定研究对象，实时、原位、动态检测污染物及相关功能性活性物种在细胞、组织和活体中的分布、转运、变化及相互作用规律，通过分析化学、有机化学、环境化学和生物医学等多学科交叉，进而建立一种联动成像分析方法，为解决环境分析化学的实时原位检测问题提供一种可视化成像检测技术。

一、基于分子探针的污染物分析

环境污染物包括无机污染物与有机污染物两大类。金属离子是一种主要的无机污染物。在环境中，金属矿物的过度开采和冶炼会导致大气、土壤及水体污染并通过生物链富集危害人体健康。同时，金属离子在人体内也有举足轻重的作用及意义，金属离子失衡会严重威胁人类及各种生物的安全与健康。例如，作为生命体中微量矿物元素之一的铜，当其摄取不足时，生物体内生长代谢会紊乱，而过量的铜离子又会导致中毒现象，铜离子含量的高低与大量酶催化过程和贫血、冠心病、不孕症等疾病密切相关（吕永军等，2018）；浓度过高的铅离子会引起神经功能紊乱、发育迟缓、贫血等疾病；汞离子一旦通过皮肤、呼吸道、胃肠道等组织进入人体，会损伤中枢神经和内分泌系统（马春梅，2018）。以上举例表明，如果生物体中的金属离子浓度失衡，将会引发许多疾病。因此从这个角度来看，对各种金属离子的识别与检测势在必行。

目前，金属离子的测定方法主要有荧光分光光度法、紫外-可见分光光度法、高效液相色谱法、原子吸收光谱法、原子发射光谱法、电感耦合等离子质谱法及新兴的电化学法、比色法等。在各种检测方法中，传统的金属离子分析法虽然有准确度高、测量范围广、干扰能力强等特点，但是同样也存在样品前处理复杂、仪器价格昂贵、不能实时在线检测等缺点。荧光分光光度法凭借其选择性好、成本低、灵敏度高、操作简便且便于定量检测痕量底物等优点，近年来备受研究者关注。

二价铜离子具有顺磁性结构，极易导致荧光猝灭，为铜离子的荧光探针分子设计与识别、检测带来挑战，因此开发灵敏度高和选择性好的荧光增强型铜离子探针分子具有十分重要的研究意义。罗丹明是一种氧杂蒽类荧光色素，其衍生物在闭环状态下无荧光，开环后荧光增强并发射红色荧光信号，是优良的荧光增强型金属离子识别和监测的信号报告单元。由于其量子具有产率高、抗酸碱、发射波长位于可见光区等优势，基于罗丹明化合物的金属离子探针被广泛报道。目前，基于罗丹明衍生物的铜离子荧光探针分子结构中一般引入含氮、含氧、含硫等配体基团，用以改善识别、检测的选择性和灵敏度。而增加罗丹明络合单元，会使其检测限降低，结合作用增强，致使铜离子识别检测的灵敏度明显提升，这是当前探针分子研究的主要发展方向和趋势（马春梅，2018）。陈令新研究员团队基于罗丹明先后设计合成了四个荧光探针，探针光谱性质稳定，选择性好，能够很好地用于实际样本和活细胞中铜离子的检测。其中一种基于罗丹明荧光团的铜离子荧光探针对水中的铜离子具有高选择性和高灵敏度，基于开环反应形成强荧光1∶1复合物，且此响应是可逆的，线性范围为50～900nmol/L，检测限为7.0nmol/L。该探针成功应用于HeLa细胞中铜离子的荧光成像（Yu et al.，2010）。基于罗丹明染料螺环和开环形式之间的结构变化的传感机制，他们又设想了一种新的探针，它可对水溶液中Cu^{2+}可逆地“开启”荧光响应，具有非常高的灵敏度和选择性（Yu et al.，2011b）。Yu等（2011b）基于螺内酰胺（非荧光）和开环酰胺之间的平衡，设计并合成了一种新型的铜离子特异性“猝灭”荧光化学传感器（naphthalimide modified rhodamine B chemosensor，NRC），其显示出高选择性、荧光增强、灵敏度高且定量范围广的优势。NRC和铜离子之间存在1∶1化学计量的配位模式。此外，他们详细研究了pH、共存金属离子和阴离子的影响及可逆性。研究还表明，NRC可以作为一种优良的“off-on”型荧光探针，用于测量活细胞中的铜离子，结果令人满意，这进一步揭示了其在生物系统中的重要应用（Yu et al.，2011a）。

汞离子在自然界中的分布较为广泛，排入环境后，无机汞通过细菌转化为有机汞，极易在植物组织中堆积，也容易在鱼群中富集，引起一系列的环境污染问题。汞离子通过食物链的方式进行生物累积，即使较低的浓度也能对人体神经系统和其他器官造成极大的血脑屏障方面的损害。汞离子对于人体蛋白中的硫醇组织和一些酶类都有非常高的亲和性，因而汞离子进入人体后会引发严重的疾病。因此，构建快速方便的检测汞离子的方法成为必然，常见的快速检测汞离子的检测方法有荧光或电化学方法等。基于对汞离子的选择性识别，荧光化学传感器分子的设计主要有两种：一种是络合型传感器分子，这类分子中具有与汞离子结合的基团，通过发生络合作用引起荧光信号的变化；另一种是反应型传感器分子，这类分子一般为硫代缩醛结构，通过与汞离子发生特定的反应，使荧光传感器分子的结构发生变化，从而导致荧光信号发生变化。近年来，基于氟硼二吡咯化合物（BODIPY）染料类的Hg^{2+}荧光分子探针的设计合成及其应用研究已成为领域的研究热点。该类探针分子大多在纯有机溶剂或有机-水混合体系中实现对Hg^{2+}的检测，在纯水溶剂中对Hg^{2+}响应的探针材料较少，这主要归因于BODIPY染料类具有较差的水溶性。因此，在目前的基础上开发具有高灵敏度、高选择性、性质优异的光化学与光物理稳定性和良好的水溶性并能够直接用于纯水溶剂中Hg^{2+}检测的探针是该领域一个极其重要的研究内容。如何通过结构修饰等方式更好地优化已有荧光分子探针的性能，进一步推进其在环境检测、临床医疗和疾病诊断等领域的实际应用，是我们所面临的又一个具有挑战性的课题。将传统的探针分子引入到无机或有机基质上，在保证它们原有优良性能的基础上，研制出具有实用化的便携式检测器件（如检测试纸、薄膜等）有望取得一些实质性的进展与突破（徐海云等，2012）。花菁荧光团具有近红外光区发射的特点，在荧光探针领域具有非常大的应用前景。最近，陈令新研究员团队基于近红外花菁荧光团设计并合成了联动响应超氧阴离子和汞离子的三通道荧光探针（图2.15），将其用于活体中超氧阴离子自由基和汞离子的联动检测，并发现自由基、汞离子引起体内超氧阴离子自由基爆发，同时引发了一系列的后续生理变化（Wang et al.，2018d）。

重金属离子和过渡金属离子（heavy and transition metal ions，HTM）在许多生物和环境过程中起着重要作用。Ag^{+}因其抗菌活性而长期受到关注。银离子可以使巯基酶失活并结合胺、咪唑和各种代谢物的羧基。因此，监测银离子的高选择性和高灵敏度方法亟待发展。由于银离子增强的系统间交叉性质和电子转移的荧光猝灭，在银离子结合时产生荧光增强的探针设计仍然是一个重大的挑战。Yu等（2012）报道的银离子荧光探针使用光诱导电子能量转移（PET）机制进行银离子的检测。该探针具有选择性好、灵敏度高的优点，是一个好的银离子传感器，为银离子的非侵入性检测提供了一种简便方法。

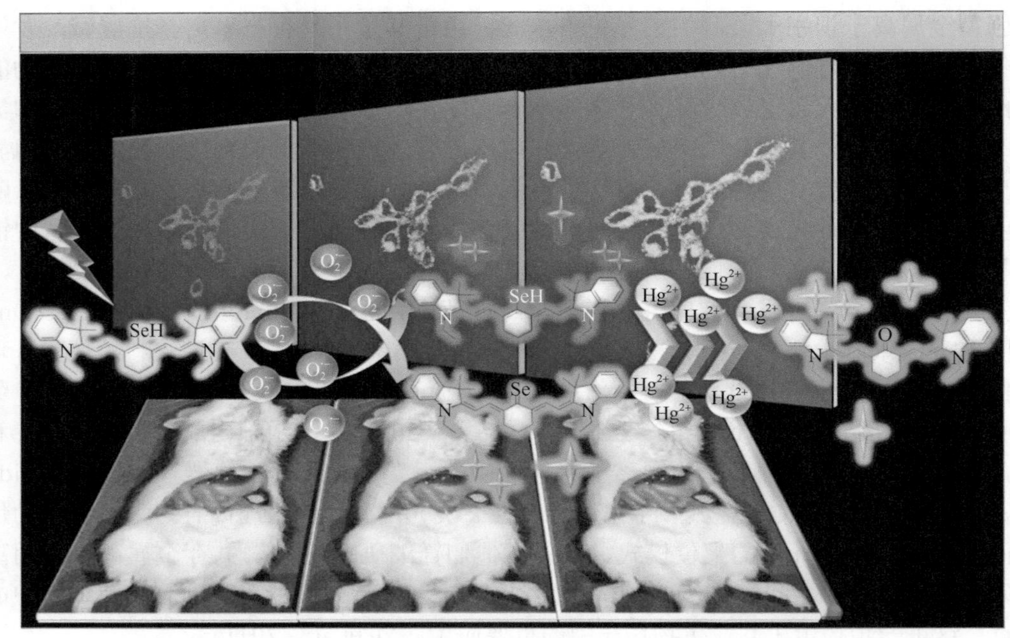

图2.15　汞离子探针反应机制及活体检测

二硫化碳（CS_2）是工业上常用的有机溶剂，也是生产人造纤维、玻璃纸等许多化学物质的原材料，已广泛应用于工业、农业、畜牧业和日常生活领域，如橡胶硫化、谷物熏蒸、浮选、石油精制、石蜡溶解及油脂提取等工业生产过程。

CS_2对人类健康造成一定的影响，主要通过呼吸道进入人体，皮肤摄入量很少，常可忽略不计。经呼吸道的CS_2有40%被吸收，吸收的CS_2有10%～30%在呼气时排出，而以原形从尿液中排出者不足1%，也有少量从母乳、唾液和汗液中排出，70%～90%在体内转化，以代谢产物的形式从尿中排出（沈春子，2010）。其中，2-硫代噻唑烷-4-羧酸（2-thiothiazolidine-4-carboxylic acid，TTCA）是CS_2的主要代谢产物（徐海云等，2012）。CS_2具有多系统毒性，可引起中枢神经系统和周围神经系统的慢性损伤，如视觉系统、听觉系统、前庭系统、心血管系统和生殖系统。长期亲密接触CS_2可出现多发性周围神经病、神经-肌电图改变或中毒性脑病等临床表现，可导致帕金森病、动脉粥样硬化、冠心病、肝炎和肝硬化，据报道还可引起作业工人的腓、踝运动神经的传导速度下降，且具有明显的剂量-反应关系（张承洁等，2008）。通过流行病学调查发现，职业慢性轻度CS_2中毒的患者中高血压、高血脂、心电图异常的发生率均显著高于对照组，可见长期高浓度接触CS_2可对心血管系统产生影响（张萍，2008）。CS_2亚慢性染毒能够引起大鼠明显的神经行为学改变，出现周围神经系统和中枢神经系统的功能异常，所引起的神经毒性属于周围中枢混合型神经病变，明显损害中枢神经系统，动物共济失调明显、震颤明显且发生率高，类似于帕金森综合征，症状严重的动物出现僵直症状。对生殖毒性的研究发现，CS_2可导致男性性功能障碍，睾丸萎缩，精子数目减少、活动力下降和畸形精子增多，女性接触CS_2多见月经周期异常、痛经、经期延长、血量增多，更严重的可引起自然流产、死胎死产等现象，这说明CS_2对胚胎早期发育有损伤作用。小鼠动物模型试验发现，卵泡发育期和胚胎植入期暴露于CS_2，可导致小鼠胚胎发育障碍和胚胎植入数目减少，并发现胚胎植入期是CS_2致胚胎发育毒性的一个敏感毒作用位点，故CS_2有明显的胚胎毒性，可导致胚胎植入期胚胎和子宫内膜黏附性分子表达异常，这可能是导致胚胎植入障碍的重要机制之一（王志萍等，1999，2000；韩连堂等，2001；李佩贤等，2004）。CS_2还是一种具有细胞毒性作用的广泛酶抑制剂，它可以通过抑制氧化还原酶的活性破坏细胞的正常代谢并干扰细胞信号传导，对人体神经、心血管、生殖系统、胃肠道、泌尿系统等有毒害作用，可破坏细胞的正常代谢，还可干扰脂蛋白代谢而造成血管病变、神经病变及全身主要脏器的损害。

CS_2可与硒醇基团（—SeH）反应，后者是还原酶的关键活性位点，氧化还原酶的抑制将阻碍细胞内氧化还原稳态并增加活性氧（reactive oxygen species，ROS）的异常水平，过量产生的ROS可以攻击生物膜中的不饱和脂肪酸并引发自由基链反应，引起主要细胞器的严重氧化损伤并导致相关疾病的发生。这些氧化还原酶大多数存在于线粒体中。然而，线粒体中CS_2中毒的发病机制尚不明确。因此，有必要进一步研究CS_2在线粒体中的毒理作用。陈令新研究员团队设计并合成了荧光探针，将其用于硒代半胱氨酸（Sec）的检测。鉴于CS_2和Sec之间的潜在关系，他们假设Sec可用作生物标志物来评估人体活细胞中CS_2处理时的氧化还原水平波动。作为线粒体中还原酶的重要活性位点，Sec负责细胞保护作用和细胞内氧化还原稳态，研究Sec对CS_2暴露的细胞的保护作用对人类来说很有必要。陈令新研究员团队开发了一种线粒体靶向近红外比率荧光探针Mito-diNO_2（图2.16），用于选择性和灵敏分析Sec的浓度波动。将响应基团2,4-二硝基苯磺酰胺和线粒体靶向基团接到近红外七甲基菁荧光团上，整合后用于CS_2刺激下的活细胞和小鼠模型的成像。探针可有效积累在线粒体中，并选择性地检测BRL 3A、RH-35、HL-7702、HepG2和SMMC-7721细胞系中的内源性Sec的浓度。结果表明，CS_2暴露可导致Sec浓度水平降低并引起线粒体相关的急性炎症，Sec的外源性补充剂可以保护细胞免受氧化损伤并减轻炎症症状。有研究进一步建立了CS_2诱导的急性和慢性肝炎小鼠模型，以检查CS_2的组织毒性和肝脏中Sec的细胞保护作用。研究结果表明，机体可以增加Sec的浓度，以应对急性肝炎小鼠模型中CS_2引起的损伤。此外，两种小鼠模型的外源性Sec补充剂可有效防御CS_2诱导的肝损伤。探针可以选择性地积聚在肝脏中，探针的荧光信号比可用于定量分析急性肝炎细胞和小鼠模型中Sec浓度的波动。实验结果表明，Sec在炎症过程中起着重要的抗氧化和抗炎症作用，并且细胞内Sec的水平与肝脏炎症的程度密切相关，肝脏中Sec浓度的实时成像可用于评估CS_2中毒期间肝损伤的程度。上述成像检测使这种新探针成为准确诊断炎症的潜在候选者（Han et al., 2017b）。

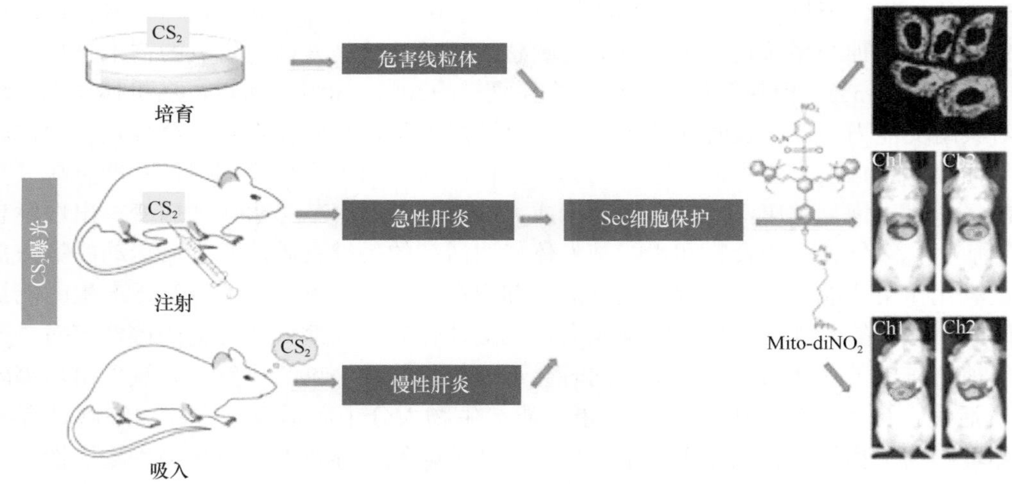

图2.16　荧光探针反应机制及应用于CS_2检测

二、基于分子探针的环境胁迫成像分析

健康的生态环境是人类生存和发展的物质基础。然而，由于不重视环境保护，人类活动所造成的自然资源破坏和环境污染日益加重，包括大气污染、土壤污染和水污染。地面二氧化碳、氟利昂等温室气体的排放导致地球上的臭氧层空洞正在逐年扩大，导致每秒钟数亿氧分子通过空洞飘向太空中。同时，工业化以每年增加5%的速度燃烧矿物燃料，燃烧1t会消耗近3t氧气。缺氧是其上所述带来的环境效应之一，环境缺氧关系到生物体的生存和发展（郑静静等，2016）。历史上，空气中氧气含量曾经高达30%以上，现如今已经下降到21%，且截至目前，在空气被严重污染的城市里，氧气的含量已经不到21%，而空气中氧气含量低于18%则视为缺氧。可以说，全球环境缺氧的形势不容乐观。水体缺氧严重危害河口、近海环境。海洋缺氧区的形成是一系列自然和人为因素共同作用的结果，缺氧及其程度的恶化，必然会

严重威胁生态系统的健康，对沿海地区的水产养殖业造成重大的经济损失，水体缺氧已成为全球海洋生态和环境面临的主要问题之一。近几十年来，受人类活动的影响，大量污染物排入近岸海域，造成水体富营养化逐年加剧，并致使近岸底层水体缺氧现象呈不断上升趋势。通常定义水体中的溶解氧（DO）浓度＜2.0mg/L为缺氧状态（郑静静等，2016），在此状态下持续时间较长时，海洋中的大部分水生生物，如鱼类、浮游动物，特别是运动能力较弱的底栖生物群落，将面临缺氧导致的大规模死亡。缺氧事件发生还会降低海洋物种多样性，从而改变海洋生物的群落结构，导致生物的丰富度大大减少，给人类的渔业生产带来直接或间接的经济损失。目前，全球海洋中缺氧水域已达200多处。西大西洋较大的缺氧区出现在墨西哥湾北部、密西西比河入海口处，2002年的缺氧面积达到$2.2\times10^4km^2$，而1993～2009年缺氧区域的平均面积为$1.6\times10^4km^2$。地中海海湾从1987年开始出现缺氧，且在近几年缺氧形势越发严重，导致了大量海洋生物死亡。我国珠江口外和长江口外海域也存在底层水体明显缺氧的现象。研究发现，近岸缺氧区的缺氧面积高达$1.0\times10^6km^2$，这些缺氧区域主要分布在北欧和西欧一带沿岸、美国东部和西部海岸、中国东部沿海及日本沿海等人口密集、经济发达的海岸带区域，这也能够进一步证明，人类活动对缺氧区的形成有着不可推卸的责任（郑静静等，2016）。以上类型的海洋缺氧事件不但影响了海洋生物化学过程，而且会侧面改变全球的碳氮循环，从而对整个生态系统产生严重的危害。因此，缺氧形成的机制及成因仍是当今环境效应领域研究的热点之一。

环境效应关系到人和生物的生存及发展，因此应该高度重视对其作用机制的研究。缺氧时，人的肢体协调动作差，当空气中氧气浓度降到12%时，会使人失去理智，严重缺氧时，如不进行急救就会有生命危险。而造成机体缺氧的原因不只有环境性缺氧，还包括生理性缺氧、病理性缺氧和运动性缺氧，即环境中虽然不乏氧气，但由于机体自身出现的原因不能摄入足够的氧气或者对吸入的氧气不能够充分利用，也将导致机体缺氧。无论机体发生三种缺氧方式中的哪一种，都会导致机体功能、代谢和形态结构发生异常变化。例如，神经系统是对于缺氧最为敏感的区域，脑是人体中对氧的需求量最大的器官，脑的重量只占体重的2%～3%，但耗氧量却占机体总耗氧量的20%～30%，所以，当机体发生缺氧（缺血）时，脑组织对其耐受能力最低，长时间的大脑缺氧会造成不可逆转的损伤，甚至导致脑死亡。一般性的“体内缺氧”即使不会直接发生生命危险，也会对身体健康造成不同程度的损伤。严重缺氧时，人会突然死亡。轻症患者可以恢复健康，严重患者会造成大脑皮质、基底节等永久性病变，出现健忘甚至瘫痪和意识丧失等症状。氧气就如同食物和水，是人体代谢活动的关键物质，是生命运动的第一需要，营养物质必须通过氧化作用才能产生和释放出化学能。细胞在缺氧条件下进行糖酵解，产生的能量相比正常值低很多，同时产生乳酸。乳酸在体内的堆积会形成酸性体质，长期如此会造成慢性疾病。在生物呼吸过程中，氧气被用作电子受体而还原成水，同时会形成超氧化物、过氧化氢和氢氧自由基等副产物，由于其化学性质活泼，可氧化生物膜、DNA、蛋白质等生物大分子而损害细胞，对细胞具有很强的杀伤力。细胞是环境影响生物体后首先作用的基本单元，环境缺氧会导致细胞内各种生物活性分子的改变，进而影响生物体的健康。缺氧环境不仅会对机体的健康造成急性、慢性危害，还会有致癌、致畸、致突变等远期危害。

环境成像分析技术是集环境因素与光学分析方法于一体的综合分析技术，即将光学成像方法用于解决环境领域问题。它是一种无损成像分析技术，可通过荧光成像分析检测生物体内源性物种的分布，探究环境因素如何作用于生物体以揭示环境异常与机体健康的关系。荧光探针是环境成像分析技术的一种重要研究工具，这些荧光探针具有出色的光学性能，响应靶标物后其荧光信号将发生变化，从而实现对靶标物的检测（高敏，2018）。缺氧的研究涉及的学科众多，覆盖了生物、化学和物理等诸多学科，它的发展应强调学科间的交叉、渗透与综合。

作为抗氧化剂调节系统的关键成员，硫烷硫通过直接消除ROS和改变ROS介导的氧化还原信号传导在细胞保护机制中发挥重要作用。尽管对硫烷硫的研究兴趣不断增加，但只有少数生物兼容方法可用于直接检测。而且，由于硫烷硫的反应性和不稳定的化学性质，大多数现有方法不能满足实时检测的要求。陈令新研究员团队报告了一种近红外荧光探针Mito-SeH（图2.17），用于低氧胁迫下在细胞和体内选择性成像线粒体硫烷硫，阐明了低氧胁迫下线粒体硫烷硫与ROS之间的相互关系。Mito-SeH包括三个部分：硒醇基团（—SeH）作为更强的硫受体；近红外偶氮-BODIPY荧光团作为荧光调节器；亲脂性烷基三苯基磷阳离子作为线粒体靶向基团。Mito-SeH对线粒体硫烷硫的检测具有出色的选择性和灵敏度。在单层细胞和三维多细胞球体中评估Mito-SeH的缺氧反应行为，以阐明硫烷硫与缺氧之间的关系。他们证实，缺氧的硫烷硫保护机制是通过直接清除ROS途径来抑制半胱天冬酶依赖性细胞凋亡。该探针还用于测定低氧小鼠模型体外解剖器官中的硫烷硫，并成功用于实时监测急性缺血小鼠模型中硫烷硫和ROS的变化。Gao等（2018）认为硫烷硫可能是缺氧诱导损伤的新型治疗剂。

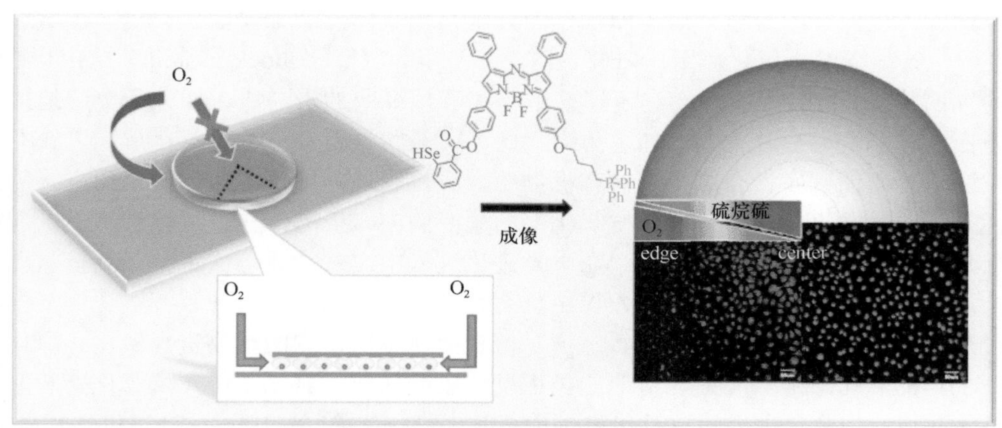

图2.17　荧光探针用于低氧胁迫下体内硫烷硫的选择性成像

哺乳动物的体温需要保持恒定，有机体经常受到环境温度压力的影响，受到包括体温过低或体温过高导致的危害。体温过低或过高都是由环境温度变化引起的细胞应激状态，可以异常降低细胞内谷胱甘肽（GSH）的浓度并导致细胞凋亡。过高热是指温度为39～50℃的状态，能引起一系列细胞反应，涉及代谢途径、炎症反应和细胞凋亡过程。此外，体温过高可以诱导细胞内活性氧（reactive oxygen species，ROS）的过度生成。ROS是指生物体在氧化代谢过程中产生的代谢物，主要包括超氧阴离子自由基（O_2^-·）、过氧化氢（H_2O_2）和羟自由基（OH·），以及由此而衍生的有机过氧化物自由基（RO·、ROO·）和氢过氧化物（ROOH）等。尽管ROS是许多氧化代谢作用的产物，其主要的生产场所却是线粒体。它们的产生与细胞活动直接相关，如胚胎发育、细胞分化增殖及生物的生长发育等方面。生物的生长发育与能量消耗紧密联系，绝大多数生物属于有氧呼吸型，能量的获取需要氧化还原反应消耗氧气才能获得。在呼吸过程中，ROS的产生在所难免。另外，其他途径也可产生ROS，例如，在过氧化氢酶体中发生的脂肪氧化反应就会产生过氧化氢；在内质网中，一种含硫的氧化酶在催化受氧化损伤的蛋白质折叠时，也会产生过氧化氢；细胞质中的一些酶的催化反应也会产生过氧化氢，如氨基酸氧化酶、环加氧酶、黄嘌呤氧化酶等。此外，ROS是生物体进行生物信息传递的必要信号物质。细胞质的ROS，如过氧化氢，会扩散到各种细胞器中，甚至是细胞核中，在还原型烟酰胺腺嘌呤二核苷酸磷酸（nicotinamide adenine dinucleotide phosphate，NADPH）氧化酶的参与下，能传递细胞信号。ROS可以改变染色质的状态，从而调节基因的表达。在胁迫条件下，ROS借助脱乙酰基酶（SIRT）、缺氧诱导因子（hypoxia-inducible factor，HIF）等物质促进超氧化物歧化酶（superoxide dismutase，SOD）基因的表达。活性氧在低浓度时，干细胞能长期维持，但在高浓度时，干细胞就会发生分化。控制动物发育的信号途径构成了一个非常复杂的网络，ROS在此网络中起着非常关键的作用，调节整个网络的运作，决定胚胎发育。生物体在逆境条件下，如热激、干旱、药剂胁迫等，ROS会增加，过量产生的此类ROS自由基具有很强的氧化能力，将引起脂质过氧化反应，破坏蛋白质、核酸、糖类等生物大分子结构，导致蛋白质、脂质和核酸的氧化损伤，使细胞、组织功能受到威胁，从而造成氧化胁迫。在氧化应激反应中，90%的自由基对组织的损伤是由脂质过氧化作用引起的，脂质过氧化会导致丙二醛（malondialdehyde，MDA）的产生，MDA的浓度是重要的氧化胁迫的参数。在正常情况下，ROS的生成和抗氧化过程处于动态平衡，使ROS

浓度维持在较低的水平，不至于对机体造成氧化胁迫。细胞内的抗氧化过程主要由抗氧化酶系统和非酶系统的抗氧化物（如多元醇类、海藻糖及维生素等）完成。

人的体温过高会引起氧化应激并导致细胞凋亡。为了消除过量的ROS以避免体内细胞损伤，正常细胞都具有强大的抗氧化防御系统，如抗氧化酶可产生还原性物质和抗氧化蛋白。然而，癌细胞则失去了大部分的抗氧化能力，它们会比正常细胞更易受热伤害。生物体的低温状态通常为4～32℃，低温影响细胞周期、代谢、转录和翻译的调节。人们已经学会利用低体温来保护神经组织免受缺血，然而，人体长期低温还是会导致一些并发症，如呼吸道阻塞、心力衰竭和感染等。同样，与体温过高的机制相似，体温过低也可以诱导体内ROS的过量释放，ROS作为细胞凋亡或坏死的主要因素会对人体造成危害。消除ROS的关键在于生物硫醇的抗氧化作用。研究表明，热激蛋白（heat shock protein，HSP）是当今生物适应逆境胁迫研究的热点，HSP是广泛存在于原核细胞和真核细胞的蛋白质，亚致死热胁迫能够诱导生物体产生热激蛋白，它们能够提高生物的热忍耐力。此外，热胁迫常会引起过氧化反应，在有机体为应对胁迫而合成抗胁迫物质的同时，会减少其他有机物的合成，表现为缩短寿命、生殖力下降等，导致种群数量的变化。氧化应激是机体对氧化剂和抗氧化剂的失衡的应激反应，在过氧化状态下，能导致脂质过氧化、蛋白质过氧化，从而导致细胞死亡。在生物进化过程中，生物体形成了一系列抗氧化防御系统来抵制氧化胁迫，从而得以生存。在生物界，昆虫具有特定的生理特征，气管系统输送的氧气经扩散作用抵达组织，昆虫飞行中，组织处在强氧化状态下，植食性昆虫所摄取的植物富含氧化还原化合物，增加了正常情况下机体的氧化胁迫。与此相适应，昆虫发展了高效的抗氧化系统（抗氧化酶和非酶的抗氧化物）来减少氧化胁迫。生物体主要的抗氧化酶包括超氧化物歧化酶（SOD）、过氧化物酶（peroxidase，POD）、过氧化氢酶（catalase，CAT）、谷胱甘肽S-转移酶（glutathione-S-transferase，GST）等。1971年在牛红血细胞中首次发现SOD，随后在植物细胞中也发现了这种酶的存在，并证明其功能是清除超氧阴离子自由基（O_2^-·）。随后，以SOD为中心的活性氧代谢研究发展迅速。SOD可催化超氧阴离子自由基（O_2^-·）发生歧化反应生成过氧化氢，过氧化氢能与O^{2-}形成毒性更强的OH^-。细胞内存在的过氧化物酶（POD）和过氧化氢酶（CAT）都能够分解过氧化氢（H_2O_2），正常情况下，这三种酶（包含SOD）处于动态平衡时，能有效防止生物体内自由基的毒害。陈令新研究员团队报道了基于硒-硫交换反应的比率荧光探针（CyO-Dise）（图2.18），用于定性和定量检测细胞与体内温度胁迫下GSH的浓度波动。该探针已成功用于评估低温和高温刺激下HepG2和HL-7702细胞中GSH水平的变化。就低温和高温条件下GSH的抗细胞凋亡作用而言，人正常肝HL-7702细胞比人肝癌HepG2细胞具有更强的抗温度应激能力。低温和体温过高也可以改善顺式-二氯二氨合铂(Ⅱ)（DDP）抗性HepG2/DDP细胞的耐药性。已经使用CyO-Dise探针对裸鼠的HepG2和HepG2/DDP异种移植瘤中的GSH浓度变化进行成像。低温和体温过高的辅助治疗，化疗药物DDP显示出良好的HepG2和HepG2/DDP异种移植物治疗能力。上述应用使该类探针成为癌症准确诊断和治疗效果评估的潜在新候选者（Han et al.，2017a）。

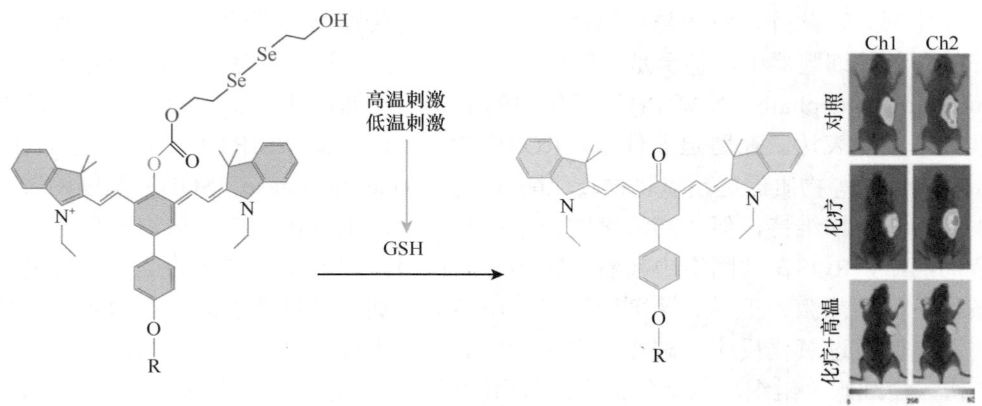

图2.18　荧光探针用于温度胁迫下体内谷胱甘肽的检测

第四节　基于芯片的分析方法与技术

近年来，随着各类学科的不断交叉进步，分析化学领域中新型的分析方法与技术层出不穷。大型分析仪器不断问世，促进世界科学进步和人民生活水平提高，越来越多的研究者将目光转向了一种微型分析平台——微纳流控芯片。微流控芯片（microfluidic chip）又被称为芯片实验室（laboratory on a chip，LOC），是将生物、化学、医学分析等过程中的样品制备、反应、分离、检测等基本操作单元集成到一块几平方厘米甚至更小的芯片上，完成分析全过程的技术（林炳承和秦建华，2005）。微流控芯片作为分析技术的微型平台，可以完美实现多种单元技术在微小可控的平台上灵活组合并规模集成，体积微型化、便携化、分析快速化和功能集成化也成了微流控芯片带给分析化学的巨大革新，图2.19展示了一些微流控芯片实物（陈令新等，2015）。

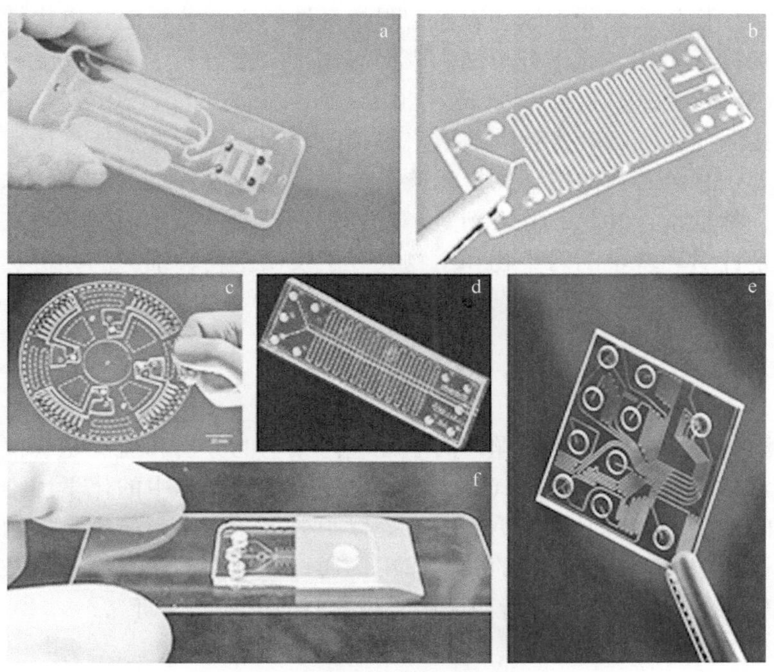

图2.19　不同用途的微流控芯片实物

选取合适的芯片制作材料是微流控芯片达到分析要求的基础保障。制作芯片的材料应该具有良好的化学稳定性和生物相容性、较好的电绝缘性和散热性，材料表面要具有良好的可修饰性，与此同时还需要满足对检测信号无掩蔽无干扰的特性，材料本身需要具有造价低廉、便于获取的特点。目前应用于微流控芯片的材料主要分为三大类：无机材料、高分子材料和纸材料（林炳承，2013）。无机材料用于芯片制作的种类已经从玻璃和硅扩展到包括低温共烧陶瓷和玻璃陶瓷等基材。聚合物基底的材料可分为弹性体和热塑性塑料。纸芯片是一种新兴的技术，与由聚合物或无机材料制成的芯片在工艺需要上有本质的不同。硅和玻璃是最早被用作制造微流控芯片的材料，后来，以聚合物为基底的微流控芯片的出现逐渐引发研究者的关注，尤其是由聚二甲基硅氧烷（polydimethylsiloxane，PDMS）制作的芯片（林炳承和秦建华，2009）。而如今，微流控芯片领域已经发展成为各种先进材料应用的聚集地。

针对不同的材料，制作微流控芯片所采用的制作方法也不同。在硅、玻璃和石英等无机材料上构建出微流控芯片所需要的内壁光滑的微米级通道和组件，需要采用特定的微细加工技术，主要包括光刻和蚀刻等。以聚合物为基底的微流控芯片的制作技术与无机材料类芯片的制作技术区别很大且方法众多，常采用的方法主要有热压法、模塑法、注塑法、激光烧蚀法、LIGA法和软刻蚀法等（方肇伦，2003；Nge et al.，2013）。纸芯片是近十年出现的一项新技术，2007年，哈佛大学的Whitesides教授研究团队首次提出纸芯片概念，并成功地制作出可以同时检测蛋白质和葡萄糖的纸芯片，纸芯片从此成为研究的热点并备受关注（Martinez et al.，2007）。微流控纸芯片的制作材料有滤纸、层析纸、硝酸纤维素膜和人工纤维纸（玻璃纤维纸）等，在纸上制作出亲、疏水通道的方法涉及光刻法、喷蜡打印法、绘图法和浸蜡法等，三维微流控纸芯片的制作方法有双面粘贴法、折叠压紧法、喷胶粘贴法、钉扣法、活页扣接法等（Dou et al.，2015；Gong and Sinton，2017；Mou and Jiang，2017；Fu and Wang，2018；Han et al.，2018）。微流控芯片的先进制作方法也在不断被研究者发现与创新，高效高质、成本低廉的制作方法也为微流控芯片平台上分析方法与技术的施展奠定了坚实的基础。

近年来，微流控芯片的分析方法与技术得到迅猛发展，越来越多的分析方法在微纳尺寸的芯片通道上得以完美实现。以微流控芯片为平台进行的各种化学、生物反应和分离等通常都发生在微米量级的微结构中，所以对检测信号收集与检测的要求也较为苛刻，要求检测器具有灵敏度高、响应速度快、体积小等优点（林炳承，2013）。目前在微流控芯片平台上发展的分析方法常见的有：比色分析法、荧光分析法、吸收光度分析法、化学发光分析法、表面增强拉曼散射光谱分析法、电化学安培分析法、电致化学发光分析法、酶联免疫分析法、质谱分析法和表面等离子共振分析法等（Nge et al.，2013；Zhang et al.，2015a；Gong and Sinton，2017；Kudr et al.，2017；Mou and Jiang，2017）。多种分析方法在微流控芯片平台上应用，直接面向人类各行各业的需求，包括疾病诊断、药物筛选、环境监测、食品安全、材料合成、反恐、航天等，且纸芯片的出现为资源匮乏型国家和地区提供了分析技术发展的美好前景（林炳承和秦建华，2009；林炳承，2013；陈令新等，2015）。然而，微纳流控芯片在目标物分析领域的发展，最为广泛的应用是针对环境中的污染物和生物大分子及微生物、细胞的分析。本节将对基于微纳流控芯片的污染物分析和生物分析的重要进展进行深入探讨。

一、基于微纳流控芯片的污染物分析

环境污染问题逐渐成为人类关注的话题，对于环境污染物的分析和监测是解决环境问题的第一步。应用化学分析法和仪器分析法对水体、空气、土壤、生物等环境要素中的化学污染物作定性检测和定量检测，是污染物分析的主要任务（何燧源，2002）。以小分子、离子为研究对象的微纳流控芯片研究微通道中的流体行为及微反应器中物质之间的相互作用，通过修饰微通道或设计特殊结构的微纳流控芯片来达到分离分析的目的，在环境污染物分析和现场监测的方面得到广泛研究。

（一）金属离子污染物分析

在各种污染问题中，重金属污染是一个挥之不去的问题，重金属之所以引起关注，是因为它们不能被生物降解，长期留在环境中，它对人类的健康及动植物的生长生存都有非常大的危害。目前关于重金属离子的检测方法以高效液相色谱法（HPLC）、GC-MS、电感耦合等离子体质谱法（ICP-MS）等为主，这些检测手段存在仪器设备昂贵、耗费时间长、操作要求高等缺点，检测只能局限在实验室完成而不能够实现现场在线快速检测，微流控芯片在解决这一问题上有巨大前景（Campos and da Silva，2013）。

微流控芯片用于分析重金属离子的工作在2009年由Zou的科研团队最先报道。该工作在芯片平台上利用铋电极检测铅离子（Pb^{2+}）和镉离子（Cd^{2+}），检测限（LOD）分别为8ppb[①]和9.3ppb。芯片由环烯烃共聚物（COC）树脂材料制作，工作电极采用铋电极，参比电极使用Ag/AgCl电极、金对电极。该芯片的尺寸为3cm×2cm，进样和出样通道宽400μm、深100μm。反应室宽3mm、长15mm、深100μm。在不牺牲测量精度的前提下，缩小了体积。这使得分析过程具有便携性，为重金属分析的现场进行提供了可能（Zou et al.，2008）。随着微流控技术的不断进步，有关重金属离子分析的微流控芯片也更加趋于高效便携化。Kang等（2012）研制了基于金纳米线的表面增强拉曼（SERS）多路传感微流控芯片，利用硅材料制作芯

① $1ppb=10^{-9}$

片，可以检测多种重金属离子，成功地对汞离子（Hg^{2+}）、银离子（Ag^{2+}）和铅离子（Pb^{2+}）进行了水体样品分析，其具有高灵敏度和很好的重现性。

近年来，由于纸作为分析平台与其他材料相比更具有成本低廉、无需外力驱动样品流动、后处理容易等特性，利用微流控纸芯片作为平台检测金属离子的研究工作与日俱增。Liu和Lin（2014）提出了一种比色阵列试纸可以用于同时检测水体中的Hg^{2+}、Ag^{+}、Cu^{2+}。Meng等（2013）采用蜡印法制作3D微流控纸芯片，基于DNA探针电化学法检测Hg^{2+}和Pb^{2+}。Rattanarat等（2014）制作了多层纸芯片，采用比色法和电化学法结合检测多种金属离子。在这些报道中检测手段主要为比色法和电化学法，而关于荧光法检测重金属离子的研究比较少见。陈令新研究员团队研制了一种3D折纸Y型通道微流控纸芯片，如图2.20所示，以CdTe量子点为荧光基底并结合离子印迹技术，利用荧光分析方法对Cu^{2+}和Hg^{2+}进行了高灵敏度和高选择性的分析检测（Qi et al.，2017）。该芯片在实际海水和湖水样品中都具有较好的检测效果。

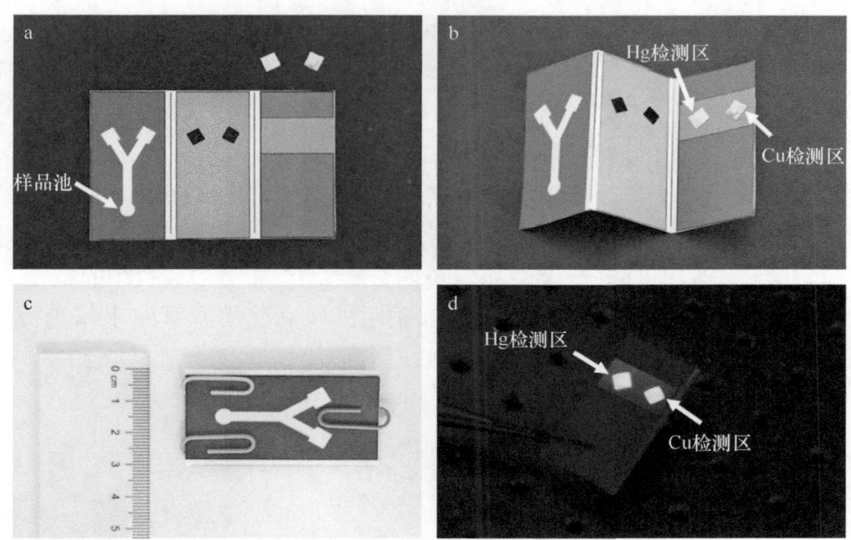

图2.20　3D折纸Y型通道荧光量子点离子印迹微流控纸芯片（修改自Qi et al.，2017）

a. 芯片由可折叠纸芯片主体和两个传感纸基位点组成；b. 粘贴有传感位点的完整纸芯片的折叠方式展示；c. 芯片折叠使用时的尺寸大小；d. 在紫外灯下发射荧光的检测位点（分别检测Cu^{2+}和Hg^{2+}）

（二）有机（分子）污染物分析

1978年，美国环境保护署（USEPA）曾指出了水体中129种应该给予优先考虑的污染物，其中有机污染物占114种。有机污染物来源广泛，种类繁多，如酚、醛、农药、激素、表面活性剂、多氯联苯、脂肪酸、有机卤化物等（何燧源，2002）。

酚类化合物广泛应用于化工、皮革、汽油、医药等多个行业，酚类物质因为具有产生自由基的能力和较强的疏水性而具有毒性。Caetano等（2018）报道了一种基于纺织线的电化学生物传感微流控装置用于自来水中苯酚的检测，该装置用碳纳米管/金纳米粒子修饰丝网印刷电极，然后与酪氨酸酶共价结合，并利用一根商业纺织线的毛细作用连通三电极系统，采用计时电流法进行电流分析，在水体中定量检测苯酚的检测限达到2.91nmol/L。Zhong等（2018）研制了一种光化学传感微流控装置用于选择性检测水溶液中的苯酚，该工作集光催化长周期光纤光栅（PLPFG）、光纤布拉格光栅（FBG）、聚合物膜、紫外（UV）可见光源和微通道于一个微流控装置上。微流控装置主体由聚甲基丙烯酸甲酯（PMMA）材料构成，紫外光驱动的包覆有5nm厚EYST（二氧化钛光催化剂和Er^{3+}:$YAlO_3$）的光催化长周期光纤对苯酚有很高的灵敏度，最终通过透过光波长的移动，对水体中的苯酚进行检测，检测限达到7.5μg/L（Zhong et al.，2018）。对酚类污染物这种常见有机污染物利用微流控芯片平台进行分析的研究并不多，陈令新研究员团队首先开发了一种控制毛细作用液体流动的纸基旋转阀，通过一个简单的金属铆扣，可以在纸上实现液体流动的旋转开关，并成功地应用于酶联免疫吸附反应（ELISA）比色分析，如图2.21所示（Li et al.，2017a）。

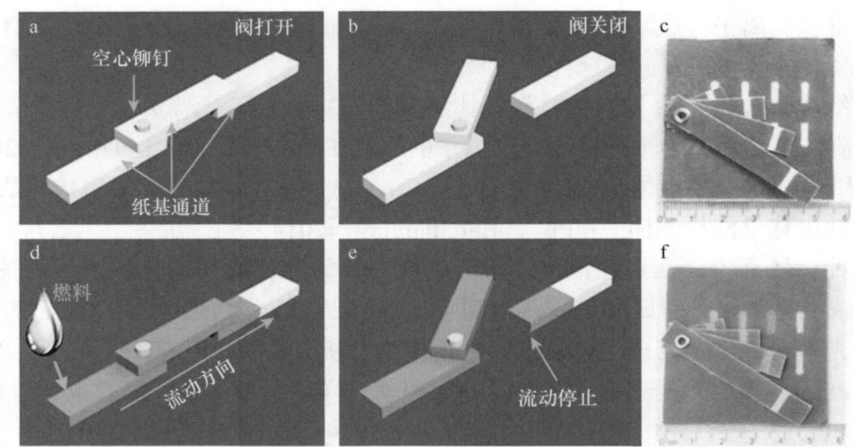

图2.21　控制毛细作用液体流动的纸基旋转阀（修改自Li et al.，2017a）

a、b. 可移动通道可以围绕枢轴（黄色柱）旋转，推动阀门开启和关闭；c. 可动通道与通道断开流动停止的实物图；d. 蓝色染料从通道的左端引入，然后通过可动通道，再通过毛细管力引入到右通道；e、f. 含有闸阀和用不同颜色染料进行通道染色的纸芯片实物图

随后，这种旋转阀被优化成为一种新型的旋转微流控纸芯片（RPADs），结合荧光和分子印迹技术检测酚类污染物。如图2.22所示，该旋转微流控纸芯片可以对水体中的对硝基苯酚（4-NP）和2,4,6-三硝基苯酚（TNP）两种酚类污染物同时进行定性和定量的分析，检测4-NP和TNP的范围为0.5～20.0mg/L，检测限（LOD）分别为0.097mg/L和0.071mg/L。研究采用湖水和黄海水域海水作为分析模型，回收率为96.3%～106.6%，验证了芯片在环境水样检测时具有较好的应用性能（Qi et al.，2018）。

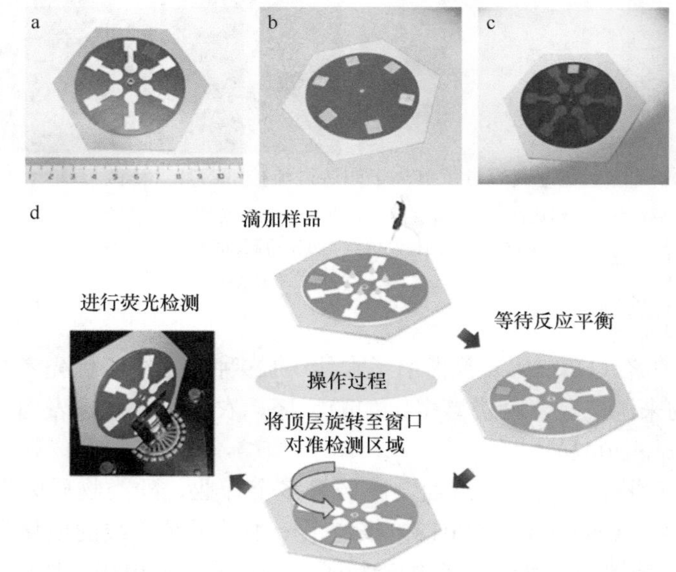

图2.22　用于检测酚类污染物的旋转微流控纸芯片（修改自Qi et al.，2018）

a. 芯片外观尺寸大小；b. 粘贴有六个传感位点的纸芯片传感层在紫外灯下发出荧光展示；c. 组装有顶层注入样品层后的纸芯片在紫外灯下的工作状态展示；d. 纸芯片的使用流程（首先在样品中滴加待测样品，平衡一段时间后，将顶层旋转到检测窗口处使传感位点露出，在荧光光谱仪中进行分析）

农药和除草剂包含很多合成或天然有机化合物或其混合物，用于控制害虫和有害植物。然而，反复和无节制的使用造成了环境和自然资源的污染。施用的农药只有少量被目标害虫吸收，虽然达到除害的目的，但是大量的农药分散在水、土壤和空气中。农药一般都具有电活性的官能团，可以利用电化学的方法直接进行分析，所以微流控芯片结合电化学分析的方法针对农药的分析较为常见（Campos and da Silva，2013；Kudr et al.，2017）。Wang等（2001）报道了在集成毛细管电泳（CE）微芯片上分离并检测有机磷酸盐化合物（OP）的研究，实验成功使用芯片在厚膜电极上利用电化学法检测了上涨河水中的对

氧磷（1.4×10^{-5}mol/L）、甲基对硫磷（1.5×10^{-5}mol/L）和杀螟硫磷（2.8×10^{-4}mol/L）。类似的方法也被报道用于检测常见的除草剂（西玛津、草脱净、莠灭净）。电化学芯片也不断结合先进的功能材料，实现更精准灵敏的农药分析效果。Li等（2018）研制了一种电化学微流控芯片用来检测杀虫剂卡巴呋喃，利用分子印迹聚合物（MIP）和DNA核酸适体作为双识别单元，样品经过芯片微通道时目标物卡巴呋喃先被修饰在微通道上的分子印迹材料所捕获，随后卡巴呋喃被洗脱剂从分子印迹材料上洗脱并运送到修饰有特异性识别卡巴呋喃的核酸适配体的检测位点，通过差分脉冲伏安法（DPV）进行电化学分析，卡巴呋喃的检测限为67pmol/L。该工作的双识别单元使得芯片的选择性得到较大提升，为复杂环境样品条件下的靶向检测提供了方法（Li et al.，2018）。

环境激素（environmental hormone）是存在于环境中的类激素物质，它们与人体中本身存在的激素具有相近的分子结构，如二乙基己烯雌酚、多氯联苯、双酚A、滴滴涕（DDT）等，它们通过环境进入人体后，就会与人体中的相关受体相结合，产生一系列的生物反应，使得人体组织和器官发生病变，最常见的是引发人体的内分泌失调，导致人体生殖系统的病变，危及人类繁衍。多数环境激素的污染存在于饮用水中，利用微流控芯片对水体样品中的环境激素实现便捷精准的检测，也是微流控芯片在污染物分析方面值得研究的课题。Fu等（2015a）利用微流控装置通过表面增强拉曼散射分析的方法对水环境中的一种四氯联苯（PCB77）的含量进行了分析，该微流控芯片的构建，是在聚二甲基硅氧烷（PDMS）上通过复制阳极氧化铝（AAO）模板实现的，设计了一个有序的Ag纳米阵列。PCB77和PCB77的核酸适体在微流控通道中实现结合，最终到达具有Ag纳米阵列的分析区域，实现高灵敏的SERS分析，PCB77检测限为1.0×10^{-8}mol/L（Fu et al.，2015a）。由于电化学方法在微流控平台上的成熟发展，电化学分析芯片也被研究用于环境激素的分析，Kashefikheyrabadi等（2018）最新报道了一种几何激活表面交互（geometrically activated surface interaction，GASI）芯片，将双酚A对应的电化学适配体集成到微流体通道中，在GASI射流室中产生的微涡提供了双酚A和双酚A适配体（BPAPT）之间的高碰撞概率，因此更多的双酚A分子可以被吸附在适配体表面，从而达到简单快速地选择性检测双酚A的效果，该芯片对双酚A的检测限可以达到2×10^{-13}mol/L。

抗生素在人类的健康和医学的发展中扮演着重要的角色，由于抗生素的乱用且人和动物并不能将服用的抗生素完全吸收，抗生素随着医学排放和人体代谢进入到环境中，造成了对环境的污染。低剂量的抗生素长期排入环境中，会导致病原微生物产生耐药性，使得原本能杀死细菌的抗生素效果削弱，敏感菌耐药性增强。耐药基因不断增长和演化，对生态环境及人类健康都会造成潜在威胁。除此之外，抗生素对其他生物也会产生一定的毒性，危害生物物种。抗生素根据化学结构与性质分为β-内酰胺类、四环素类、氨基糖苷类、大环内酯类、糖肽类、喹诺酮类、林可酰胺类、磺胺类等（罗国安，2007）。Ha等（2017）报道了一种新型无标记纸芯片，通过比色法来检测卡那霉素。纸芯片由蜡印技术打印出疏水部分，以纳米金为传感基底，卡那霉素的含量会影响卡那霉素适配体对纳米金造成团聚的程度，从而根据纳米金团聚时颜色的变化对卡那霉素的含量进行分析。该芯片应用肉眼观察和RGB颜色分析技术可检测到卡那霉素的含量为3.35nmol/L。Kling等（2016）设计了一种可以同时完成8组酶联免疫分析的电化学微流控装置，并将该装置用于检测两种常用的抗生素，即四环素和链球菌素，对四环素和链球菌素的检测限分别为6.33ng/mL和9.22ng/mL。

二、基于微纳流控芯片的生物分析

微流控芯片优良的性能在生物学领域中也发挥着重要的作用，生物样品的制备、反应、分离、检测和细胞培养、分选等基本过程都逐渐在微流控平台上得以实现。由于微流控纸芯片较好的生物相容性和低廉的成本，其在生物分析中的应用也更加备受关注。目前，人类对生命科学的探索已成为科学研究的重要领域，研究者对基因组学、蛋白质组学、代谢组学、细胞微生物研究等生物研究的热情，也极大地促进了应用于生物分析的微流控技术的发展。微流控芯片在生物分析领域广泛应用于生物分子（核酸、蛋白质）分析、细胞分析、免疫分析、药物筛选等方面（Julia and András，2002；Nge et al.，2013；Dou et al.，2015；Zhang et al.，2015a；Pedro et al.，2016；Gong and Sinton，2017；Mou and Jiang，2017）。

（一）核酸分析

核酸分析已经被广泛应用于包括临床诊断在内的多个领域。它不但可以直接从临床样本中检测病因，而且可以快速有效地检测对生存环境要求苛刻的微生物。除此之外，对核酸的分析还可以通过放大微生物的DNA或RNA来灵敏地鉴定和表征病原体。通常可获取的DNA或RNA是有限的，尤其是分析人类生物样本时，因此，指定核酸序列的扩增是核酸分析中提高检测灵敏度的关键步骤，而生物分子技术［如DNA杂交或聚合酶链反应（polymerase chain reaction，PCR）］，通常可以快速进行基因检测（Julia and András，2002；林炳承，2013）。Cunningham等（2014）报道了一种廉价的微流控纸芯片用于检测核酸，该芯片基于连接有电化学标记的适配体的目标诱导构象开关原理，对DNA的检测限为30nmol/L，并展现出了良好的重现性。如今，数字聚合酶链反应（digital polymerase chain reaction，dPCR）规避了外部校准，可以提供核酸的绝对定量，已成为PCR在生物学研究中日益流行的一种模式。目前报道的或商用的dPCR设备由于功能集成性低、效率低和机动性较差，不适合应用于基础设施有限的区域（Mirasoli et al.，2014）。Gou等（2018）报道了一种微流控芯片结合智能手机的移动dPCR设备，如图2.23所示，集成了热循环控制、芯片上dPCR、数据采集和结果分析，最终实现了对DNA的高度精准的定量检测。

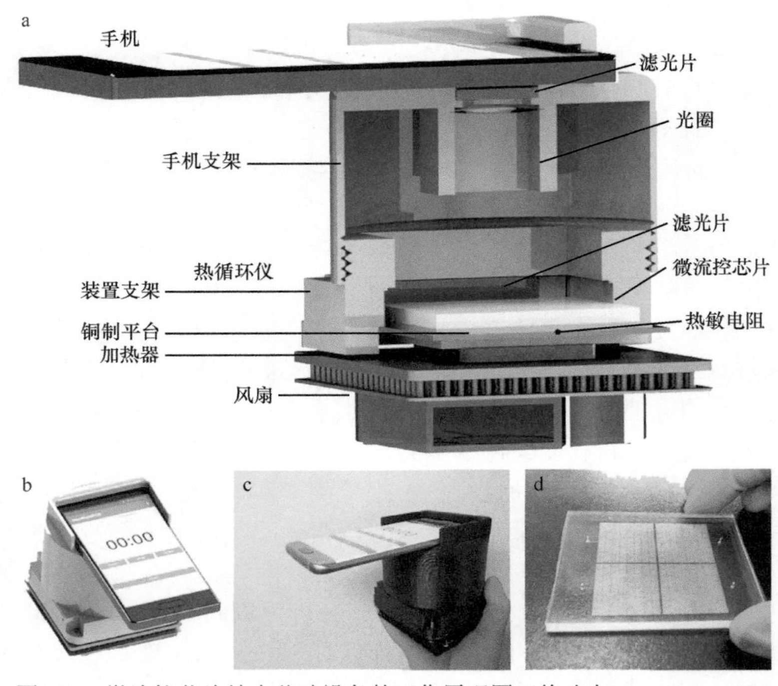

图2.23　微流控芯片结合移动设备的工作原理图（修改自Gou et al.，2018）

a. 基于移动设备的微流控PCR芯片装置内部结构图，LED阵列和微流控芯片在同一水平面上；b. 装置使用时的三维立体景观图；c. 数字DNA分析装置在配合移动设备使用时的实物图；d. 用于数字DNA分析装置的可伸缩SPF dPCR芯片

（二）蛋白质分析

微流控芯片具有各种操作单元灵活组合、规模集成等特点，很符合蛋白质组学研究发展的需要。目前，有关蛋白质分析的样品前处理、分离和检测等步骤都已经在微流控芯片上实现。微流控芯片在蛋白质分析中的应用有蛋白质性质鉴定、蛋白质结构分析、蛋白质功能研究，最为广泛的还是蛋白质在实际样品中的定性定量分析（Julia and András，2002）。Yang等（2018）研发了一种由纸芯片组成的快速

分析平台（μPB-Chip），利用手机的拍照功能配合分析的盒子通过比色法来分析人血清白蛋白（human serum albumin，HSA）的浓度，并对36名成年患者的血清白蛋白含量进行了分析，经过与分光光度法（spectrophotometry）检测结果的比对，证实了该芯片分析的有效性。陈令新研究员团队研发了一种基于量子点分子印迹荧光检测三维折纸微流控纸芯片对海水环境中的藻蓝蛋白进行了定性定量分析，在这个工作中，CdTe量子点先被接枝到纸基底上，后利用表面印迹技术在接有量子点的纸基底表面覆盖分子印迹材料，利用分子印迹对藻蓝蛋白的特异性吸附作用，引发藻蓝蛋白与量子点之间的荧光共振能量转移（FRET），导致量子点荧光的猝灭，最终结合微流控纸芯片，在荧光光谱仪中实现荧光信号的便捷高效捕捉，实现对环境水样中藻蓝蛋白的检测，获得了较好的检测效果（Li et al.，2017b）。

（三）细胞分析

研究者对微流控芯片在细胞分析中的应用给予了极大的关注，使得微流控芯片在细胞分析领域发展迅速，例如，细胞培养、分类、裂解和内容分离等标准程序单元都被集成到微流控芯片当中。目前的研究表明，单个细胞之间存在显著的差异。开发单细胞的操纵、筛选及分析方法，研究细胞的异质性，对于疾病诊断、药物筛选等方面都具有十分重要的意义。微流控芯片具有能够精确操控小体积样品的优势，因此在操纵单个细胞融合、转染、染色、分选、测序等研究中有绝对的优势。在此主要介绍有关微流控芯片单细胞分析的先进成果。具有减少样品消耗和提高样品吞吐量特点的微流控方法非常适合于测量低水平的目标分析物，在单细胞分析领域单细胞蛋白质分析由于蛋白质本身的复杂性和浓度极低，被视为一个巨大的挑战（Zhang et al.，2015a；Pedro et al.，2016；Lu et al.，2017a）。为了在单细胞层面研究细胞蛋白酶的活性，Wu等（2015a）设计了一种多层的微流控平台，该芯片平台由顶部控制层的气动阀结构及中间细胞培养层的微波阵列组成，Förster荧光共振能量转移（FRET）机制作为基底进行蛋白酶的检测。单细胞分泌的蛋白酶被限制在由气动阀控制的离散微波阵列中，这种限制导致细胞外蛋白酶与底物反应后的信号增强。除此之外，对单细胞代谢物的检测也同样意义重大，但极具挑战，用液滴微流控检测单细胞代谢物的方法为单细胞生长和基因组筛选提供了重要条件。液滴微流控平台也可以同时结合质谱法检测单细胞内的代谢物。对于癌症的治疗方面，确定肿瘤细胞的表型在为患者设计个性化治疗中起着至关重要的作用（Lu et al.，2017a）。所以，基于微流控的单细胞分析系统的优点，其在单个肿瘤细胞分析方面也备受关注。Ng等（2016）开发了一种基于水滴的微流体平台，用于测量包含单个细胞的油滴中的多种特定蛋白酶活性（图2.24），该工作最终在单细胞水平层面成功分析了三种癌细胞（PC-9肺

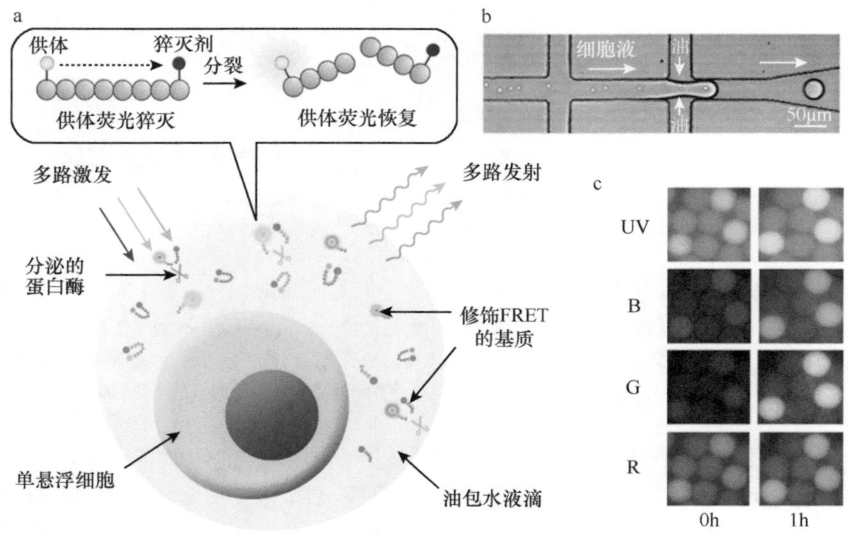

图2.24　水滴式微流控平台单细胞检测原理图（修改自Ng et al.，2016）

a. 在细胞包裹的液滴中产生的蛋白酶分裂出多种颜色的荧光底物，产生多种荧光信号；b. 单个细胞和FRET底物通过微流控平台被包裹在单个液滴中；c. 在单个液滴中同时观察到不同激发下的四种不同信号（UV. 400nm；B. 490nm；G. 546nm；R. 635nm）和发射波长（UV. 420nm；B. 520nm；G. 580nm、R. 670nm）

癌细胞系、MDA-MB-231乳腺癌细胞系和K-562白血病细胞系）的蛋白酶活性。使用液滴微流体从血液中连续分离和鉴定单个CTCs已取得成功，但单个CTCs的基因分析和药物筛选的个体化治疗还处于开发阶段（Ng et al.，2016）。

（四）免疫分析

传统的免疫测定由医院或医学实验室受过训练的专业人员在精密仪器上进行，从采集样品到获得结果通常耗时很久，其同时具有成本高、技术复杂、灵敏度低、特异性差等缺点。微流控芯片已经展示出改善免疫分析的巨大潜力，有望克服医学诊断和生物学分析中的这些限制。微流控芯片免疫分析具有以下优势：①操作简便，仪器微型化；②免疫反应在微通道中进行，比表面积大，扩散距离显著缩短，加快了抗原抗体反应，缩短了反应时间；③体积小，节约试剂和样本；④可多样本、多指标同时检测。微流控芯片上的免疫分析可以同时多通路检测生物标志物，然而下游低效率的数据分析方法浪费了大量的时间（Zhang et al.，2015a；Mou and Jiang，2017）。针对这一点，蒋兴宇的团队开发了一种内置函数模式的PDMS微流控芯片（图2.25），检测结果可以通过类似二维码或条形码的微流控网格呈现，该函数模式给出了条形码中数据元素的方向、感应区域及特征维数。这使得手持扫描仪能够自动解码条形码，无论二维图像的方向或大小如何，直接分析微流控免疫检测得到的信号（Zhang et al.，2013，2015a）。

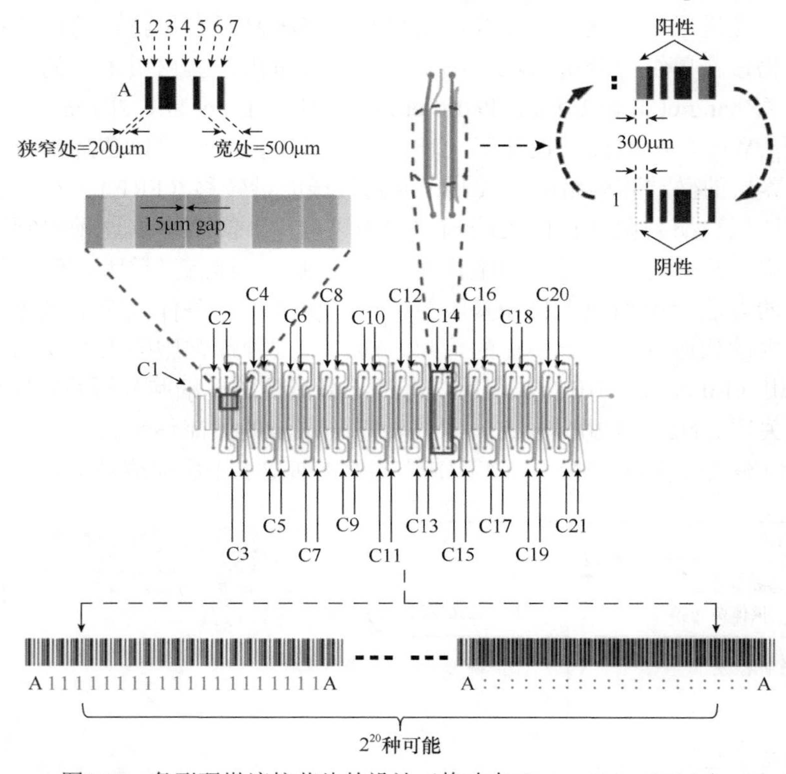

图2.25　条形码微流控芯片的设计（修改自Zhang et al.，2015a）

灰色通道C1是生物测定后显示为深色条带的恒定区域；红色通道C2～C21是充满样本/溶液的可变区域（可以是条形区，也可以是白色区域），取决于检测结果；每对垂直通道（C2～C21）和局部的C1通道可以形成条形码信号（“：”或“1”），如果所有样品在通道C2～C21是阳性的，条形码解读为“A：：：：：：：：：：：：：：：：：：：：A”；如果所有的样品都是阴性的，条形码解读为“A11111111111111111111A”

纸基材料具有特殊大比表面积的微孔结构，提高了蛋白质和其他生物制剂的固定化能力，因此微流控纸芯片作为免疫分析装置被广泛研究，酶联免疫吸附反应（ELISA）多次洗涤过程较为烦琐，纸芯片灵活的特性可以顺利克服这一问题。陈令新研究员团队开发的新型旋转微流控纸芯片（图2.26）避免了多通道的ELISA烦琐的洗涤过程，并实现了两种肿瘤标志物的ELISA电化学发光分析，在检测实际肿瘤患者血清样品中获得了较好的效果（Sun et al.，2018）。

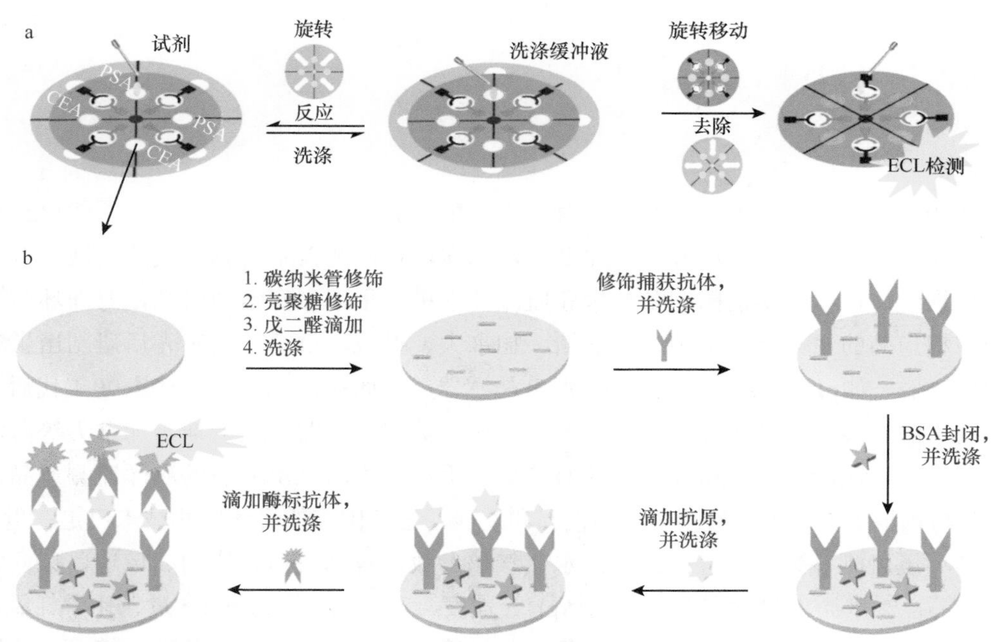

图2.26　旋转微流控芯片电化学发光免疫分析的设计（修改自Sun et al.，2018）

a. 旋转阀控制多步电致化学发光（ECL）免疫分析，通过旋转废圆盘来控制反应和洗涤过程，在旋转辅助圆盘和去除废圆盘后进行ECL检测；b. 旋转装置上夹心ECL酶联免疫吸附反应过程

第五节　海岸带生态环境在线监测技术

一、概述

海岸带生态环境在线监测是海洋生态环境保护、海洋养殖及海洋牧场建设的重要方向之一，也是认识和了解海洋牧场的“眼睛”、“耳目”和手段。海洋牧场在线监测的数据能够科学地揭示海洋牧场环境、资源质量及其发展变化趋势，具有及时、准确、可靠、全面等特点，可为海洋牧场的保护、管理提供科学依据（杨红生，2017）。海岸带生态环境监测系统包括自动监测终端、数据集成与传输系统、数据处理系统和客户终端系统四部分（陈令新等，2018）。其中，自动监测终端是指布设在天基、空基、岸基、海面及水下和海床基的监测设备，用以对海洋环境各要素进行监测和监视；数据集成与传输系统是利用有线（包括公共电话网、交换网等）、无线（包括卫星通信、短波/超短波通信等）和数据存储媒体转存等方式将现场自动监测终端所获取的海洋环境监测数据快速、准确地传输到数据处理系统；数据处理系统对数据传输系统接收到的数据进行整理和处理，建立数据库，转化成可供相关人员直接使用的数据或可视化多媒体资料；客户终端系统是将处理后的监测数据整合形成直接面向相关人员（客户）的信息服务平台。通过这四部分的有机结合，可将海岸带生态环境和海洋牧场生态环境信息实时、立体地呈现在相关人员面前，能够有力促进人们认识与保护海洋牧场生态环境。

随着社会的高速发展，人们对于海洋生物资源的需求量日益增大，近海渔业正在面临着衰退和枯竭的境况。海洋牧场可持续供给水产品，有力地缓解了人们对于海洋生物资源需求量剧增所带来的压力。海洋牧场稳定发展和水产品产量持续增长的关键是切实维护好海洋生态环境。我国海洋牧场多数建在近海海域，而近海海域极易受到陆源污染的影响。《2015年中国海洋环境状况公报》显示，我国近岸局部海域污染严重，河流入海污染物总量较高，另外，个别海域赤潮、绿潮等处于高发期。由此可见，为了保障海洋牧场的安全生产和海产品质量，必须大力发展海洋牧场在线监测技术，建立海洋牧场环境立体监测系统，从而保证海洋牧场的健康可持续发展。

二、海岸带生态环境在线监测发展历程

（一）国外发展历程

发达国家从20世纪60年代末就已经开始了对海洋环境监测的研究；到70年代末，就已经有多项海洋环境调查计划和监测项目在国际中展开。在此期间，海洋环境监测技术得到了快速发展，世界各海洋技术强国都对各种物理、化学传感器的制备技术和监测技术进行了很多探索与研究，海洋环境监测的自动化水平已经处在相当高的水平上。美国、俄罗斯、加拿大、挪威、日本等国家先后研制出了各种用于海洋在线监测的传感器，如pH、溶解氧、浊度、温度传感器等（张挺，2012）。进入90年代后，随着计算机技术和通信技术的发展，国外海洋监测技术发展迅速，美国、欧盟、俄罗斯、加拿大等海洋强国或组织不断强化本国或本地区的海洋环境和资源的监测调查手段，不断推出先进的海洋监测产品，并全面开展海洋灾害监测与预报工作。经过持续多年的投入和发展，这些国家的海洋监测技术已走在世界前列。

目前，海洋环境监测参数主要有：①海洋水文气象参数，包括流速、流向、风速、风向、波浪、水温、气温、气压等；②水质生物状态参数，包括pH、盐度、溶解氧、叶绿素a含量、化学耗氧量、有机物含量等；③物理化学参数，包括各种重金属、营养盐（磷酸盐、硝酸盐、亚硝酸盐等）、核辐射等（冯仕筰等，2010）。

现如今，海洋环境监测技术正向着高集成度、高时效、多平台、智能化和网络化方向发展，各海洋强国也进行了海洋观测网络的研究与开发。例如，美国发展了岸用海洋自动观测网（C-MAN），该观测网含有48个站，包括9个近海平台、17个灯塔、13个岸站、8个大型导航浮标、1个锚系浮标，可对风速、风向、气温、气压、表层水文、波浪、潮汐等环境要素进行自动观测；美国有害藻华观测系统（harmful algal blooms observing system，HABSOS）主要由卫星、海岸基自动观测站、浮标等监测系统组成，可获取全方位的监测数据，是以监测有害藻华并预测其影响为目标的高度集成的、综合的立体监测网络，现已逐步应用于全美沿海地区（陈中华，2012）；美国实时环境信息网络与分析系统（REINAS）利用系统集成、网络、多媒体等技术，对卫星遥感数据、低空遥感数据与水面和水下测量数据进行综合分析，可实时发布可视化产品；全球海洋观测系统（global ocean observing system，GOOS）是由联合国教育、科学及文化组织（United Nations Educational Scientific and Cultural Organization，UNESCO）政府间海洋委员会（Intergovernmental Oceanographic Commission，IOC）发起的迄今全球性最大、综合性最强的海洋观测系统，通过发展卫星、声学监测等技术来提高和完善监测手段，可以系统地为海洋环境的研究、开发、保护和规划提供数据（卜志国，2010）；实时地转海洋学阵计划（array for real-time geostrophic oceanography，ARGO）是全球海洋观测系统（global ocean and climate observing systems，GOOS）中的一个试验计划，据全球Argo信息中心统计，截至2015年4月，全球共投放了10 384个浮标，中国共投放了157个浮标，它们共同构成了一个庞大的全球实时海洋监测网。

（二）国内发展进程

我国在海洋监测领域的研究起步较晚，海洋科学与技术的总体实力和海洋强国相比还存在很大差距。近几十年来，我国在海洋监测技术方面进行了大量的研究，并在“九五”期间把“海洋监测技术”列为国家863计划的一个主题，这对于推动我国海洋监测高技术的发展具有重大意义。“九五”期间，国家投入1.2亿元经费用于海洋监测高技术的研究；在“十五”期间，设立了多项重点课题用于研究海洋生态环境监测的相关技术。同时，自动化技术、检测技术、计算机技术和通信技术的日趋成熟也为研制新型高效的海洋监测系统提供了有力的技术保障。国家在“十五”计划中持续加强对海洋监测技术的支持

力度，并投入2.4亿元研究经费，目标是在GOOS（全球海洋观测系统）框架下，建设中国近海海洋立体监测系统，加强对近海环境的调查和监测保护，提高数据处理和数据产品服务能力，促进人口、资源、环境的和谐发展，支持海洋强国的建设（卜志国，2010；李俊，2007）。自“十一五”以来，为了加强海洋监测高技术研究，国家进一步加大了投入。由此可见，海洋监测技术的发展越来越受到重视。

目前，我国海洋监测技术的研究与应用已取得了巨大的进步，涌现出一大批科技成果，开发的多元化监测产品的作用日益凸显，实现了跨越式发展，在一定程度上缓解了国内需求的紧张。同时，海洋监测技术水平逐步提高，显著缩短了与发达国家的差距，为今后的研究与发展奠定了基础。我国海洋环境监测已经开始向“点—线—面—层”立体化、实时化、全方位监测转变，主要包括：依靠海洋浮标、观测站进行的定点实时监测；依靠监测船进行的走航式线状监测；依靠遥感卫星、巡航飞机、有人/无人机进行的大面监测；依靠Argo浮标、漂流浮标、水下移动潜器、水下机器人及水下固定监测站进行的海面以下分层监测和海底监测。其中，海洋浮标近年来越来越多地受到我国沿海省份的重视。自2004年起，厦门市海洋与渔业环境监测站在厦门附近海域投放了5个海洋水质在线监测浮标，成为国内首批由海洋部门建设的在线监测系统，并被成功应用于厦门同安湾赤潮短期预报。随后，山东、广西、海南、浙江、广东、河北等省（区）先后开展了近岸海域水质浮标在线监测系统建设。初步统计，截至2014年5月，各省份已建（含在建，不含国家海洋局[①]系统）的海洋水质浮标在线监测系统总数为67台（套）（赵聪蛟等，2016）。

我国海洋环境监测技术的研究虽然一直在发展，但是需要认识到的是，我国海洋环境监测无论是在技术成果方面还是在产业化方面，都与国际先进水平存在一定差距。依靠着计算机、网络、传感器等技术的支持，制作操作平台和实时数据传输技术已经比较成熟，以浮标平台为载体、以无线网络为传输方式的水质监测技术已经有了较好的发展和较为普及的应用。但是这些监测平台多是针对大尺度海洋环境监测要素设计和建设，使用和维护成本高昂，而面向海洋牧场的多要素综合监测系统为数不多。国内多数海洋牧场无法实现海洋环境参数的长时间在线监测，难以为海洋牧场提供有效的技术支撑和安全保障（花俊等，2014）。因此，发展针对海洋牧场的水质监测技术具有重要的意义。

三、海洋牧场多水层溶解氧在线监测系统

溶解氧（DO）是一项重要的生境参数，其分布可综合性衡量初级生产量、异营养消耗、化学耗氧量、物理输运和交换过程。海水缺氧可导致鱼、虾、蟹、贝、海参等海洋生物的大量死亡。因此，海洋牧场溶解氧的在线监测具有非常重要的意义。

根据海洋牧场的监测需求，中国科学院烟台海岸带研究所海洋环境微纳化学与分析技术团队研制了海洋牧场多水层溶解氧在线监测系统，该系统由溶解氧传感器、零浮力缆、水面防水仓、主控电路、通信模块、太阳能电池板等组成，系统可集成多个溶解氧传感器，实现不同水层的溶解氧实时监测。例如，东方海洋云溪海洋牧场就采用3个溶解氧传感器集成，三个溶解氧传感器分布在海洋的表、中、底层（图2.27）。溶解氧传感器通过电缆与水面防水仓的主控板连接，并运用DTU无线传输技术，将现场数据传输到远程数据中心服务器。同时，建立了数据中心系统（图2.28），该系统具备实时存储、查询、备份及用户在线监测和预警等功能。

---

① 2018年3月，根据第十三届全国人民代表大会第一次会议批准的国务院机构改革方案，将国家海洋局的职责整合；组建中华人民共和国中华人民共和国自然资源部，自然资源部对外保留国家海洋局牌子。

2015第一代　　2016第二代

图2.27　海洋牧场多水层溶解氧在线监测系统外观结构与平台安装（拍摄者：付龙文）

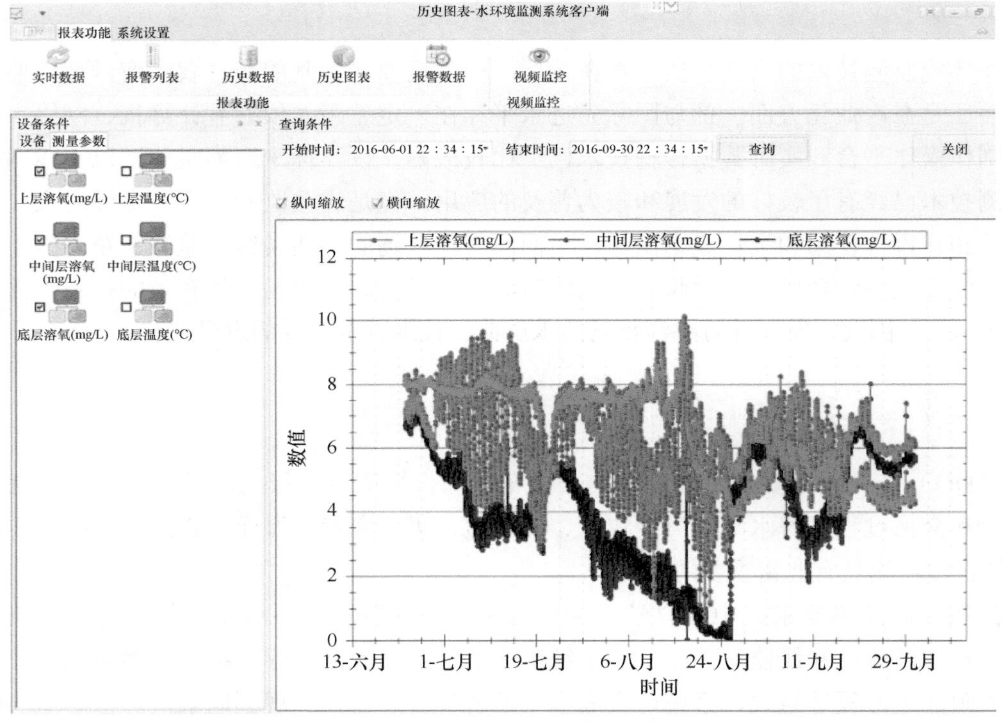

图2.28　多水层溶解氧监测数据中心系统（拍摄者：付龙文）

四、多水层水质环境多参数原位在线监测系统

现有的海洋牧场监测数据多为海洋表层或有限水层的要素数据，对于海洋次表层及底层监测数据尚未广泛开展；然而，仅依靠表层或有限水层的要素数据，难以对海洋牧场的物理、生物、化学环境等多方面状况进行深入了解，难以为海洋牧场提供环境预警和综合管理的科学依据。水质环境的常规参数包括温度、盐度、电导率、溶解氧、pH等，这些参数能够影响海洋牧场的环境变化及水产生物的生长发育。例如，鱼类对海水温度的适应性最为敏感，当水温变化在0.1～0.2℃时就会引起鱼类行动的变化；当溶氧量低于2mg/L时，鱼类基本停止进食，低于1mg/L时，鱼类将出现大面积窒息死亡。由此可见，水环境中的溶氧量对鱼类生长有至关重要的影响。因此，研制和推广可获取海洋牧场多水层水质环境多参数的原位在线监测系统有重要的现实意义。

中国科学院烟台海岸带研究所海洋环境微纳化学与分析技术团队通过多年的监测技术积累，研制出了海洋牧场多水层水质环境多参数原位在线监测系统，该系统由海上监测平台和远程数据管理平台两部分组成。海上监测平台包含浮体（浮标、潜标、浮筒、浮筏等）、主控处理模块、多参数集成传感器模块、水样采集模块、远程数据传输模块、太阳能板等，可完成对海洋牧场表、中、底不同水层水质环境的温度、盐度、电导率、溶解氧、pH等多种参数的自动化周期采样、分析检测、实时数据传输等，对海洋牧场实现了多水层水质环境长期连续实时在线监测（图2.29）。远程数据管理平台由数据库服务器、数据处理服务器及实时监控终端组成，可完成历史数据的查看、分析、统计与趋势表现，并可远程控制管理海上监测平台的工作（图2.30，图2.31）。

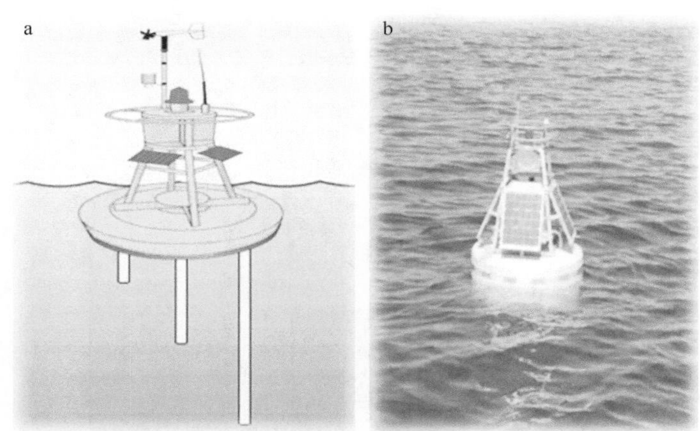

图2.29　系统示意图（a）和海洋牧场现场图（b）（拍摄者：付龙文）

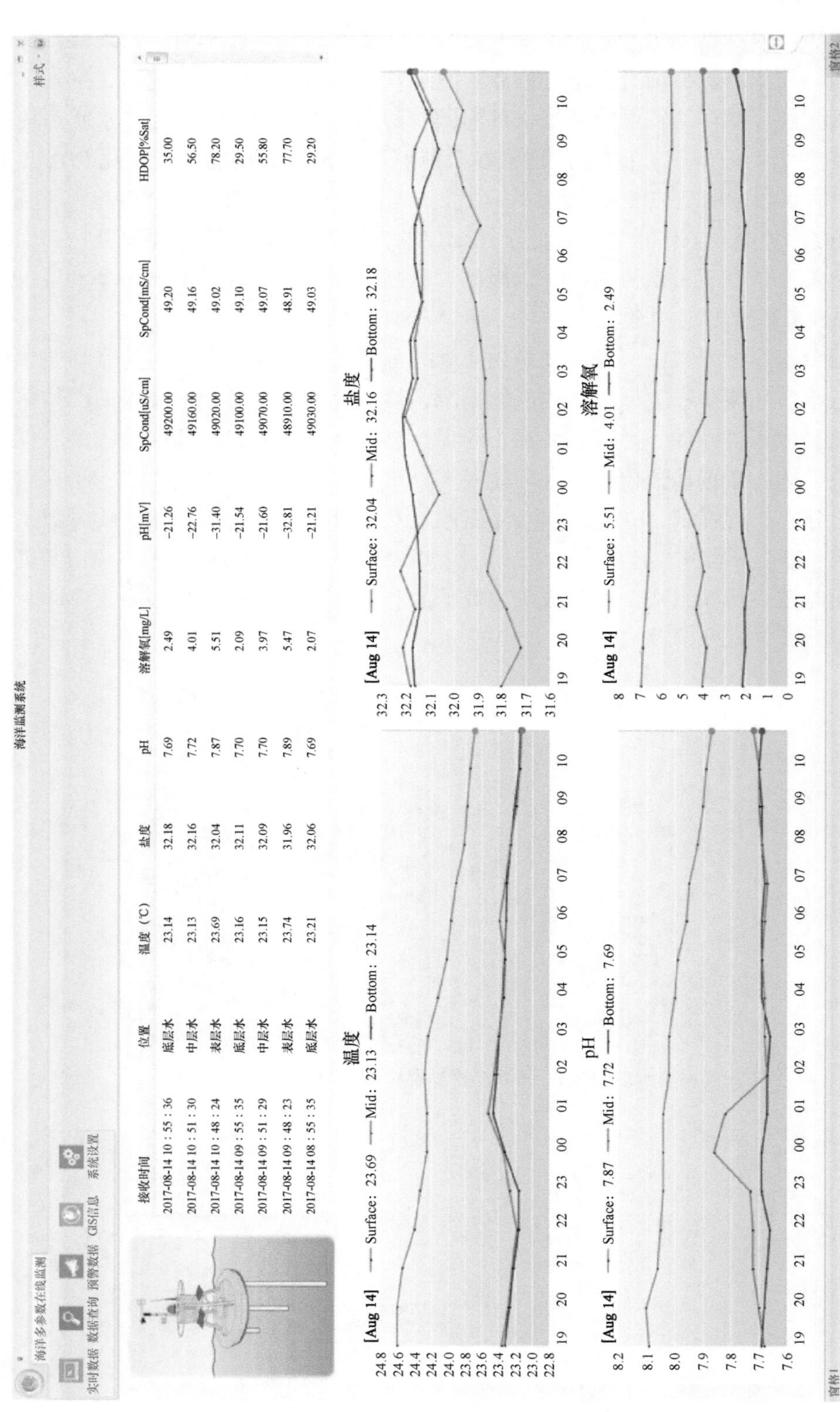

接收时间	位置	温度（℃）	盐度	pH	溶解氧[mg/L]	pH[mV]	SpCond[uS/cm]	SpCond[mS/cm]	HDOP[%Sat]
2017-08-14 10:55:36	底层水	23.14	32.18	7.69	2.49	-21.26	49200.00	49.20	35.00
2017-08-14 10:51:30	中层水	23.13	32.16	7.72	4.01	-22.76	49160.00	49.16	56.50
2017-08-14 10:48:24	表层水	23.69	32.04	7.87	5.51	-31.40	49020.00	49.02	78.20
2017-08-14 09:55:35	底层水	23.16	32.11	7.70	2.09	-21.54	49100.00	49.10	29.50
2017-08-14 09:51:29	中层水	23.15	32.09	7.70	3.97	-21.60	49070.00	49.07	55.80
2017-08-14 09:48:23	表层水	23.74	31.96	7.89	5.47	-32.81	48910.00	48.91	77.70
2017-08-14 08:55:35	底层水	23.21	32.06	7.69	2.07	-21.21	49030.00	49.03	29.20

图2.30 远程数据管理平台（拍摄者：付龙文）

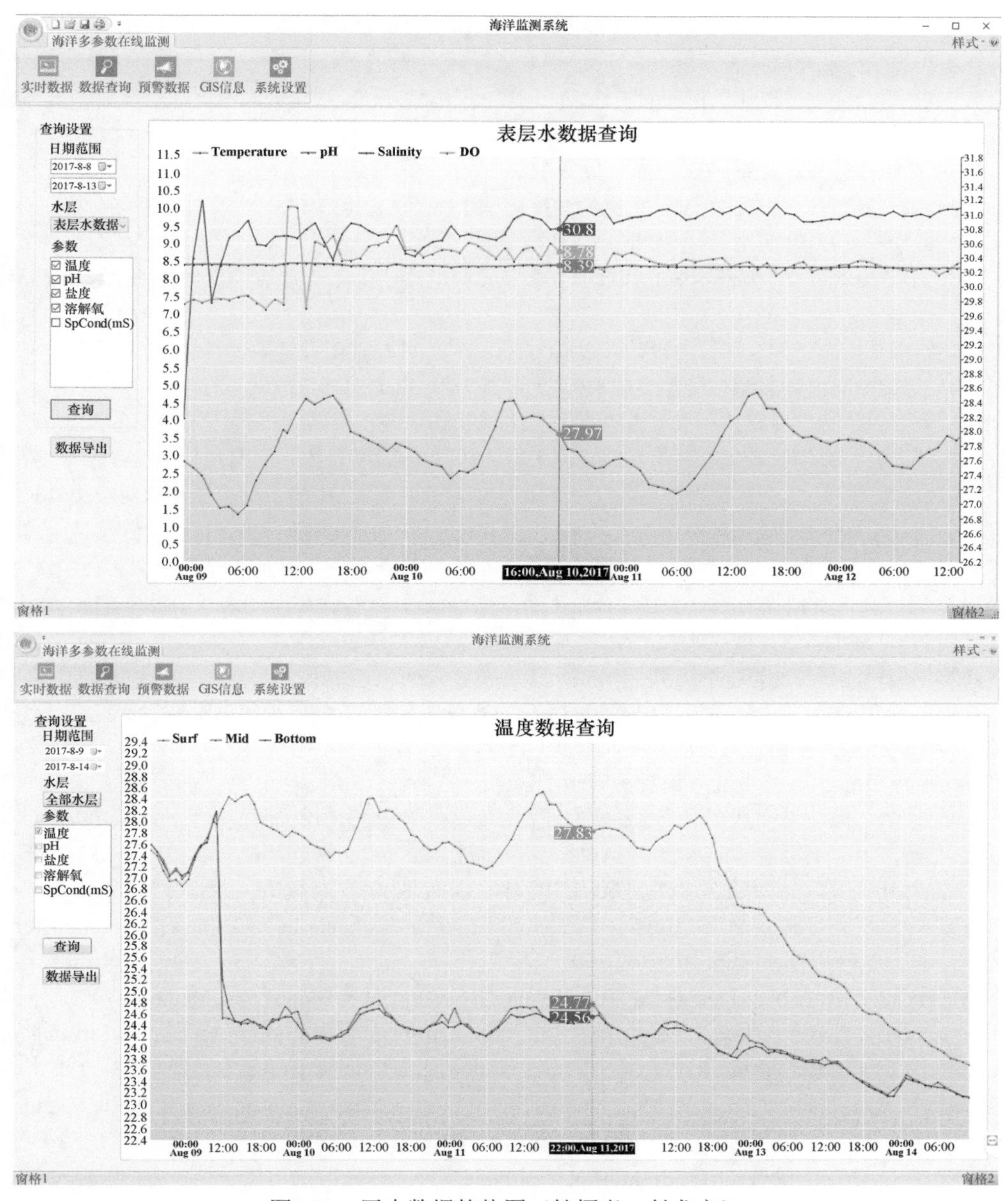

图2.31　历史数据趋势图（拍摄者：付龙文）

参考文献

卜志国. 2010. 海洋生态环境监测系统数据集成与应用研究. 中国海洋大学博士学位论文.

曹海燕. 2014. 一些金属离子和阴离子光学传感器的构建及其分析应用研究. 西南大学博士学位论文.

陈令新, 王巧宁, 孙西艳. 2018. 海洋环境分析监测技术. 北京: 科学出版社.

陈令新, 王莎莎, 周娜. 2015. 纳米分析方法与技术. 北京: 科学出版社.

陈中华. 2012. 基于物联网的海洋环境监测系统的研究与应用. 上海海洋大学硕士学位论文.

丁明玉, 尹洧, 何洪巨, 等. 2017. 分析样品前处理技术与应用. 北京: 清华大学出版社.

方肇伦. 2003. 微流控分析芯片. 北京: 科学出版社.

冯士筰, 李凤岐, 李少菁. 2010. 海洋科学导论. 北京: 高等教育出版社.

高敏. 2018. 新型荧光探针设计及其在缺氧胁迫下生物活性分子的成像分析研究. 中国科学院大学博士学位论文.

韩连堂, 王志萍, 李佩贤, 等. 2001. 寿命表法分析二硫化碳对作业女工妊娠概率的影响. 中国职业医学, 2: 16-18.

何燧源. 2002. 环境污染物分析监测. 北京: 化学工业出版社.

花俊, 胡庆松, 李俊, 等. 2014. 海洋牧场远程水质监测系统设计和实验. 上海海洋大学学报, 23(4): 588-593.

姜少杰, 刘海敌, 王宪. 2017. 基于GPS的自动巡航监测船系统的设计与实现. 全球定位系统, (3): 77-81.
李俊. 2007. 海洋环境在线监测及赤潮灾害预报系统研究. 山东大学硕士学位论文.
李佩贤, 王志萍, 韩连堂, 等. 2004. 二硫化碳作业女工妊娠时间影响因素的筛选. 中华劳动卫生职业病杂志, 3: 64-65.
林炳承. 2013. 微纳流控芯片实验室. 北京: 科学出版社.
林炳承, 秦建华. 2005. 微流控芯片实验室. 色谱, 23(5): 456-463.
林炳承, 秦建华. 2009. 微流控芯片分析化学实验室. 高等学校化学学报, 30(3): 433-445.
罗国安. 2007. 药物与毒物分析技术. 北京: 化学工业出版社.
吕永军, 安荣华, 黄超, 等. 2018. 三嗪-罗丹明荧光探针的合成及水中铜离子检测研究. 四川理工学院学报(自然科学版), 31(3): 1-6.
马春梅. 2018. 吡唑啉结构金属离子荧光探针的设计、合成与应用研究. 兰州理工大学硕士学位论文.
农永光, 郭炜, 赵文峰, 等. 2014. 海洋监测在线监测技术研究. 价值工程, 33(1): 328-329.
沈春子. 2010. 胚胎植入期二硫化碳暴露致小鼠子宫内膜细胞DNA损伤与凋亡研究. 山东大学硕士学位论文.
王志滨, 李培良, 顾艳镇. 2017. 海洋牧场生态环境在线观测平台的研发与应用. 气象水文海洋仪器, 34(1): 13-17.
王志萍, 韩连堂, 李佩贤, 等. 2000. 二硫化碳对作业女工妊娠影响的前瞻性研究. 中华劳动卫生职业病杂志, 18(2): 8-11.
王志萍, 张呈祥, 王崇伟, 等. 1999. 二硫化碳作业女工妊娠经过和妊娠结局的前瞻性研究. 潍坊医学院学报, 4: 250-252.
温莹莹. 2013. 样品前处理及色谱联用在环境污染物检测方面的研究. 中国科学院大学博士学位论文.
邢旭峰, 王刚, 李明智, 等. 2017.海洋牧场环境信息综合监测系统的设计与实现. 大连海洋大学学报, 32(1): 105-110.
徐海云, 胡春华, 刘瑛. 2012. 基于二氟化硼-二吡咯甲烷(BODIPY)染料类汞离子荧光探针的研究进展. 应用化工, 41(5): 898-902.
杨红生. 2017. 海洋牧场构建原理与实践. 北京: 科学出版社.
张承洁, 封苏新, 管青山, 等. 2008. 二硫化碳慢性中毒90例临床及神经传导研究. 临床神经电生理学杂志, 3: 151-153.
张萍. 2008. 二硫化碳职业接触对心血管系统的影响. 中国职业医学, 5: 437-439.
张挺. 2012. 海洋环境监测系统设计. 杭州电子科技大学硕士学位论文.
张晓芳, 贾思洋, 张曙伟, 等. 2016. 海洋垂直剖面水温实时监测浮标系统研制与应用. 海洋科学, 40(5): 109-114.
赵聪蛟, 孔梅, 孙笑笑, 等. 2016. 浙江省海洋水质浮标在线监测系统构建及应用. 海洋环境科学, 35(2): 288-294.
郑静静, 刘桂梅, 高姗. 2016. 海洋缺氧现象的研究进展. 海洋预报, 33(4): 88-97.
Azzouz A, Kailasa S K, Lee S S, et al. 2018. Review of nanomaterials as sorbents in solid-phase extraction for environmental samples. Trends in Analytical Chemistry, 108: 347-369.
Barker S A. 2008. Matrix solid phase dispersion (MSPD). Journal of Biochemical & Biophysical Methods, 70(2): 151-162.
Bodelon G, Montes-Garcia V, Lopez-Puente V, et al. 2016. Detection and imaging of quorum sensing in *Pseudomonas aeruginosa* biofilm communities by surface-enhanced resonance Raman scattering. Nature Materials, 15(11): 1203-1211.
Caetano F R, Carneiro E A, Agustini D, et al. 2018. Combination of electrochemical biosensor and textile threads: a microfluidic device for phenol determination in tap water. Biosensors & Bioelectronics, 99: 382-388.
Cai X, Li J, Zhang Z, et al. 2014. Novel Pb^{2+} ion imprinted polymers based on ionic interaction via synergy of dual functional monomers for selective solid-phase extraction of Pb^{2+} in water samples. ACS Applied Materials & Interfaces, 6(1): 305-313.
Campos C D M, da Silva J A F. 2013. Applications of autonomous microfluidic systems in environmental monitoring. RSC Advances, 3(40): 18216-18227.
Cecchini M P, Turek V A, Paget J, et al. 2013. Self-assembled nanoparticle arrays for multiphase trace analyte detection. Nature Materials, 12(2): 165-171.
Chen L, Fu X, Lu W, et al. 2012a. Highly sensitive and selective colorimetric sensing of Hg^{2+} based on the morphology transition of silver nanoprisms. ACS Applied Materials & Interfaces, 5(2): 284-290.
Chen L, Li J H, Wang S S, et al. 2014. FITC functionalized magnetic core-shell Fe_3O_4/Ag hybrid nanoparticle for selective determination of molecular biothiols. Sensors and Actuators B: Chemical, 193: 857-863.
Chen L, Lou T T, Yu C W, et al. 2011a. *N*-1-(2-Mercaptoethyl) thymine modification of gold nanoparticles: a highly selective and sensitive colorimetric chemosensor for Hg^{2+}. Analyst, 136(22): 4770-4773.
Chen L, Lu W, Wang X, et al. 2013. A highly selective and sensitive colorimetric sensor for iodide detection based on anti-aggregation of gold nanoparticles. Sensors and Actuators B: Chemical, 182: 482-488.
Chen L X, Wang X Y, Lu W H, et al. 2016. Molecular imprinting: perspectives and applications. Chemical Society Reviews, 45(8): 2137-2211.

Chen L X, Xu S F, Li J H. 2011b. Recent advances in molecular imprinting technology: current status, challenges and highlighted applications. Chemical Society Reviews, 40(5): 2922-2942.

Chen X, Zhang Z H, Yang X, et al. 2012b. Novel molecularly imprinted polymers based on multiwalled carbon nanotubes with bifunctional monomers for solid-phase extraction of rhein from the root of kiwi fruit. Journal of Separation Science, 35(18): 2414-2421.

Chen Y Y, Chang H T, Shiang Y C, et al. 2009. Colorimetric assay for lead ions based on the leaching of gold nanoparticles. Analytical Chemistry, 81(22): 9433-9439.

Chen Z, Zhang Z, Qu C, et al. 2012c. Highly sensitive label-free colorimetric sensing of nitrite based on etching of gold nanorods. Analyst, 137(22): 5197-5200.

Cunningham J C, Brenes N J, Crooks R M. 2014. Paper electrochemical device for detection of dna and thrombin by target-induced conformational switching. Analytical Chemistry, 86(12): 6166-6170.

Dan L, Wang H F. 2013. Mn-doped ZnS quantum dot imbedded two-fragment imprinting silica for enhanced room temperature phosphorescence probing of domoic acid. Analytical Chemistry, 85(10): 4844-4848.

Dasary S S R, Singh A K, Senapati D, et al. 2009. Gold nanoparticle based label-free SERS probe for ultrasensitive and selective detection of trinitrotoluene. Journal of the American Chemical Society, 131(38): 13806-13812.

De Faria H D, Abrao L C D, Santos M G, et al. 2017. New advances in restricted access materials for sample preparation: a review. Analytica Chimica Acta, 959: 43-65.

Dong R C, Li J H, Xiong H, et al. 2014. Thermosensitive molecularly imprinted polymers on porous carriers: preparation, characterization and properties as novel adsorbents for bisphenol A. Talanta, 130: 182-191.

Dou M, Sanjay S T, Benhabib M, et al. 2015. Low-cost bioanalysis on paper-based and its hybrid microfluidic platforms. Talanta, 145: 43-54.

Fang L J, Chen S J, Guo X Z, et al. 2012. Azobenzene-containing molecularly imprinted polymer microspheres with photo- and thermoresponsive template binding properties in pure aqueous media by atom transfer radical polymerization. Langmuir, 28(25): 9767-9777.

Fleischmann M, Hendra P J, McQuillan A J. 1974. Raman spectra of pyridine adsorbed at a silver electrode. Chemical Physics Letters, 26(2): 163-166.

Fu C, Wang Y, Chen G, et al. 2015a. Aptamer-based surface-enhanced Raman scattering-microfluidic sensor for sensitive and selective polychlorinated biphenyls detection. Analytical Chemistry, 87(19): 9555-9558.

Fu J Q, Chen L X, Li J H, et al. 2015b. Current status and challenges of ion imprinting. Journal of Materials Chemistry A, 3(26): 13598-13627.

Fu J Q, Wang X Y, Li J H, et al. 2016. Synthesis of multi-ion imprinted polymers based on dithizone chelation for simultaneous removal of Hg^{2+}, Cd^{2+}, Ni^{2+} and Cu^{2+} from aqueous solutions. RSC Advances, 6(50): 44087-44095.

Fu L M, Wang Y N. 2018. Detection methods and applications of microfluidic paper-based analytical devices. Trends in Analytical Chemistry, 107: 196-211.

Fu X L, Lou T T, Chen Z P, et al. 2012. “Turn-on” fluorescence detection of lead ions based on accelerated leaching of gold nanoparticles on the surface of graphene. ACS Applied Materials & Interfaces, 4(2): 1080-1086.

Gao M, Wang R, Yu F, et al. 2018. Evaluation of sulfane sulfur bioeffects via a mitochondria-targeting selenium-containing near-infrared fluorescent probe. Biomaterials, 160: 1-14.

Ghosh S K, Pal T. 2007. Interparticle coupling effect on the surface plasmon resonance of gold nanoparticles: from theory to applications. Chemical Reviews, 107(11): 4797-4862.

Gong M M, Sinton D. 2017. Turning the page: advancing paper-based microfluidics for broad diagnostic application. Chemical Reviews, 117(12): 8447-8480.

Gou T, Hu J, Wu W, et al. 2018. Smartphone-based mobile digital PCR device for DNA quantitative analysis with high accuracy. Biosensors & Bioelectronics, 120: 144-152.

Guerrini L, Garcia-Ramos J V, Domingo C, et al. 2009. Sensing polycyclic aromatic hydrocarbons with dithiocarbamate-functionalized Ag nanoparticles by surface-enhanced Raman scattering. Analytical Chemistry, 81(3): 953-960.

Guo H Y, Zhang Z Y, Xing B S, et al. 2015. Analysis of silver nanoparticles in antimicrobial products using surface-enhanced Raman spectroscopy (SERS). Environmental Science & Technology, 49(7): 4317-4324.

Ha N R, Jung I P, Kim S H, et al. 2017. Paper chip-based colorimetric sensing assay for ultra-sensitive detection of residual kanamycin. Process Biochemistry, 62: 161-168.

Han G, Liu R, Han M Y, et al. 2014. Label-free surface-enhanced Raman scattering imaging to monitor the metabolism of antitumor drug 6-mercaptopurine in living cells. Analytical Chemistry, 86(23): 11503-11507.

Han J, Qi A, Zhou J, et al. 2018. Simple way to fabricate novel paper-based valves using plastic comb binding spines. ACS Sensors, 3(9): 1789-1794.

Han X, Song X, Yu F, et al. 2017a. A ratiometric fluorescent probe for imaging and quantifying anti-apoptotic effects of GSH under temperature stress. Chemical Science, 8(10): 6991-7002.

Han X, Song X, Yu F, et al. 2017b. A ratiometric near-infrared fluorescent probe for quantification and evaluation of selenocysteine-protective effects in acute inflammation. Advanced Functional Materials, 27: 1700769.

Hassan F W M, Raoov M, Kamaruzaman S, et al. 2018. Dispersive liquid-liquid microextraction combined with dispersive solid-phase extraction for gas chromatography with mass spectrometry determination of polycyclic aromatic hydrocarbons in aqueous matrices. Journal of Separation Science, 41(19): 3751-3763.

Huang K, Li B B, Zhou F, et al. 2016. Selective solid-phase extraction of lead ions in water samples using three-dimensional ion-imprinted polymers. Analytical Chemistry, 88(13): 6820-6826.

Huang P J, Tay L L, Tanha J, et al. 2009. Single-domain antibody-conjugated nanoaggregate-embedded beads for targeted detection of pathogenic bacteria. Chemistry-A European Journal, 15(37): 9330-9334.

Julia K, András G. 2002. Bioanalysis in microfluidic devices. Journal of Chromatography A, 943(2): 159-183.

Kang T, Yoo S M, Kang M, et al. 2012. Single-step multiplex detection of toxic metal ions by Au nanowires-on-chip sensor using reporter elimination. Lab on A Chip, 12(17): 3077-3081.

Kashefikheyrabadi L, Kim J, Gwak H, et al. 2018. A microfluidic electrochemical aptasensor for enrichment and detection of bisphenol A. Biosensors & Bioelectronics, 117: 457-463.

Kearns H, Goodacre R, Jamieson L E, et al. 2017. SERS detection of multiple antimicrobial-resistant pathogens using nanosensors. Analytical Chemistry, 89(23): 12666-12673.

Kling A, Chatelle C, Armbrecht L, et al. 2016. Multianalyte antibiotic detection on an electrochemical microfluidic platform. Analytical Chemistry, 88(20): 10036-10043.

Kneipp K, Wang Y, Kneipp H, et al. 1997. Single molecule detection using surface-enhanced Raman scattering (SERS). Physical Review Letters, 78(9): 1667-1670.

Komiyama M, Mori T, Ariga K. 2018. Molecular imprinting: materials nanoarchitectonics with molecular information. Bulletin of the Chemical Society of Japan, 91(7): 1075-1111.

Kubo T, Matsumoto H, Shiraishi F, et al. 2007. Selective separation of hydroxy polychlorinated biphenyls (HO-PCBs) by the structural recognition on the molecularly imprinted polymers: direct separation of the thyroid hormone active analogues from mixtures. Analytica Chimica Acta, 589(2): 180-185.

Kudr J, Zitka O, Klimanek M, et al. 2017. Microfluidic electrochemical devices for pollution analysis–a review. Sensors & Actuators B Chemical, 246: 578-590.

Li B, Yu L, Qi J, et al. 2017a. Controlling capillary-driven fluid transport in paper-based microfluidic devices using a movable valve. Analytical Chemistry, 89(11): 5708-5713.

Li B, Zhang Z, Qi J, et al. 2017b. Quantum dot-based molecularly imprinted polymers on three-dimensional origami paper microfluidic chip for fluorescence detection of phycocyanin. ACS Sensors, 2(2): 243-250.

Li B W, Zhang W, Chen L X, et al. 2013. A fast and low-cost spray method for prototyping and depositing surface-enhanced Raman scattering arrays on microfluidic paper based device. Electrophoresis, 34(15): 2162-2168.

Li J H, Dong R C, Wang X Y, et al. 2015. One-pot synthesis of magnetic molecularly imprinted microspheres by RAFT precipitation polymerization for the fast and selective removal of 17 beta-estradiol. RSC Advances, 5(14): 10611-10618.

Li J L, Chen L X, Lou T T, et al. 2011. Highly sensitive SERS detection of As^{3+} ions in aqueous media using glutathione functionalized silver nanoparticles. ACS Applied Materials & Interfaces, 3(10): 3936-3941.

Li S, Li J, Luo J, et al. 2018. A microfluidic chip containing a molecularly imprinted polymer and a DNA aptamer for voltammetric determination of carbofuran. Microchimica Acta, 185(6): 295.

Lin D H, Qin T Q, Wang Y Q, et al. 2014a. Graphene oxide wrapped SERS tags: multifunctional platforms toward optical labeling, photothermal ablation of bacteria, and the monitoring of killing effect. ACS Applied Materials & Interfaces, 6(2): 1320-1329.

Lin L, Rong M, Luo F, et al. 2014a. Luminescent graphene quantum dots as new fluorescent materials for environmental and biological applications. Trends in Analytical Chemistry, 54: 83-102.

Liu L, Lin H. 2014. Paper-based colorimetric array test strip for selective and semiquantitative multi-ion analysis: simultaneous detection of Hg^{2+}, Ag^{+}, and Cu^{2+}. Analytical Chemistry, 86(17): 8829-8834.

Liu W, Wang X, Wang Y, et al. 2018. Ratiometric fluorescence sensor based on dithiothreitol modified carbon dots-gold nanoclusters for the sensitive detection of mercury ions in water samples. Sensors and Actuators B-Chemical, 262: 810-817.

Lou T T, Chen L X, Chen Z P, et al. 2011b. Colorimetric detection of trace copper ions based on catalytic leaching of silver-coated gold nanoparticles. ACS Applied Materials & Interfaces, 3(11): 4215-4220.

Lou T T, Chen L, Zhang C R, et al. 2012. A simple and sensitive colorimetric method for detection of mercury ions based on anti-aggregation of gold nanoparticles. Analytical Methods, 4(2): 488-491.

Lou T T, Wang Y Q, Li J H, et al. 2011a. Rapid detection of melamine with 4-mercaptopyridine-modified gold nanoparticles by surface-enhanced Raman scattering. Analytical & Bioanalytical Chemistry, 401(1): 333-338.

Lu L, Fan Y, Li Q, et al. 2017a. Simultaneous single-cell analysis of Na^{+}, K^{+}, Ca^{2+} and Mg^{2+} in neuron-like PC-12 cells in a microfluidic system. Analytical Chemistry, 89(8): 4559-4565.

Lu W H, Ming W N, Zhang X S, et al. 2016. Molecularly imprinted polymers for dispersive solid-phase extraction of phenolic compounds in aqueous samples coupled with capillary electrophoresis. Electrophoresis, 37(19): 2487-2495.

Lu W H, Wang X Y, Wu X Q, et al. 2017b. Multi-template imprinted polymers for simultaneous selective solid-phase extraction of six phenolic compounds in water samples followed by determination using capillary electrophoresis. Journal of Chromatography A, 1483: 30-39.

Lu Y L, Yao G H, Sun K X, et al. 2015. beta-Cyclodextrin coated SiO_2@Au@Ag core-shell nanoparticles for SERS detection of PCBs. Physical Chemistry Chemical Physics, 17(33): 21149-21157.

Ma J P, Xiao R H, Li J H, et al. 2010. Determination of 16 polycyclic aromatic hydrocarbons in environmental water samples by solid-phase extraction using multi-walled carbon nanotubes as adsorbent coupled with gas chromatography-mass spectrometry. Journal of Chromatography A, 1217(34): 5462-5469.

Ma Y, Zhang Y, Zhao M, et al. 2012. Efficient synthesis of narrowly dispersed molecularly imprinted polymer microspheres with multiple stimuli-responsive template binding properties in aqueous media. Chemical Communications, 48(50): 6217-6219.

Marc M, Panuszko A, Namiesnik J, et al. 2018. Preparation and characterization of dummy-template molecularly imprinted polymers as potential sorbents for the recognition of selected polybrominated diphenyl ethers. Analytica Chimica Acta, 1030: 77-95.

Martinez A W, Phillips S T, Butte M J, et al. 2007. Patterned paper as a platform for inexpensive, low-volume, portable bioassays. Angewandte Chemie-International Edition, 46(8): 1318-1320.

Mei R C, Wang Y Q, Liu W H, et al. 2018. Lipid bilayer-enabled synthesis of waxberry-like core-fluidic satellite nanoparticles: toward ultrasensitive surface-enhanced Raman scattering tags for bioimaging. ACS Applied Materials & Interfaces, 10(28): 23605-23616.

Meng Z, Lei G, Ge S, et al. 2013. Three-dimensional paper-based electrochemiluminescence device for simultaneous detection of Pb^{2+} and Hg^{2+} based on potential-control technique. Biosensors & Bioelectronics, 41(6): 544-550.

Mirasoli M, Guardigli M, Michelini E, et al. 2014. Recent advancements in chemical luminescence-based lab-on-chip and microfluidic platforms for bioanalysis. Journal of Pharmaceutical and Biomedical Analysis, 87(1634): 36-52.

Mou L, Jiang X. 2017. Materials for microfluidic immunoassays: a review. Advanced Healthcare Materials, 6(15): 1601403.

Ng E X, Miller M A, Jing T, et al. 2016. Single cell multiplexed assay for proteolytic activity using droplet microfluidics. Biosensors & Bioelectronics, 81: 408-414.

Nge P N, Rogers C I, Woolley A T. 2013. Advances in microfluidic materials, functions, integration, and applications. Chemical Reviews, 113(4): 2550-2583.

Nie S M, Emery S R. 1997. Probing single molecules and single nanoparticles by surface-enhanced Raman scattering. Science, 275(5303): 1102-1106.

Ostovan A, Ghaedi M, Arabi M, et al. 2018. Hydrophilic multitemplate molecularly imprinted biopolymers based on a green synthesis strategy for determination of b-family vitamins. ACS Applied Materials & Interfaces, 10(4): 4140-4150.

Pedro C J, Narayanan M, Soares R R G, et al. 2016. Lab-on-chip systems for integrated bioanalyses. Essays in Biochemistry, 60(1): 121-131.

Peng H L, Luo M, Xiong H, et al. 2016. Preparation of photonic-magnetic responsive molecularly imprinted microspheres and their application to fast and selective extraction of 17 beta-estradiol. Journal of Chromatography A, 1442: 1-11.

Qi J, Li B, Wang X, et al. 2018. Rotational paper-based microfluidic-chip device for multiplexed and simultaneous fluorescence detection of phenolic pollutants based on a molecular-imprinting technique. Analytical Chemistry, 90(20): 11827-11834.

Qi J, Li B, Wang X, et al. 2017. Three-dimensional paper-based microfluidic chip device for multiplexed fluorescence detection of Cu^{2+} and Hg^{2+} ions based on ion imprinting technology. Sensors and Actuators B-Chemical, 251: 224-233.

Rattanarat P, Dungchai W, Cate D, et al. 2014. Multilayer paper-based device for colorimetric and electrochemical quantification of metals. Analytical Chemistry, 86(7): 3555-3562.

Resch-Genger U, Grabolle M, Cavaliere-Jaricot S, et al. 2008. Quantum dots versus organic dyes as fluorescent labels. Nature Methods, 5(9): 763-775.

Romay C, Gonzalez R, Ledon N, et al. 2003. C-phycocyanin: a biliprotein with antioxidant, anti-inflammatory and neuroprotective effects. Current Protein and Peptide Science, 4(3): 207-216.

Ruiz-Aceituno L, Carrero-Carralero C, Ruiz-Matute A I, et al. 2017. Characterization of cyclitol glycosides by gas chromatography coupled to mass spectrometry. Journal of Chromatography A, 1484: 58-64.

Shi X F, Kwon Y H, Ma J, et al. 2013. Trace analysis of polycyclic aromatic hydrocarbons using calixarene layered gold colloid film as substrates for surface-enhanced Raman scattering. Journal of Raman Spectroscopy, 44(1): 41-46.

Sobhanzadeh E, Abu Bakar N K, Bin Abas M R, et al. 2011. Low temperature followed by matrix solid-phase dispersion-sonication procedure for the determination of multiclass pesticides in palm oil using LC-TOF-MS. Journal of Hazardous Materials, 186(2-3): 1308-1313.

Song X L, Li J H, Xu S F, et al. 2012. Determination of 16 polycyclic aromatic hydrocarbons in seawater using molecularly imprinted solid-phase extraction coupled with gas chromatography-mass spectrometry. Talanta, 99: 75-82.

Strickland A D, Batt C A. 2009. Detection of carbendazim by surface-enhanced Raman scattering using cyclodextrin inclusion complexes on gold nanorods. Analytical Chemistry, 81(8): 2895-2903.

Su X M, Wang Y Q, Wang W H, et al. 2016. Phospholipid encapsulated AuNR@Ag/Au nanosphere SERS tags with environmental stimulus responsive signal property. ACS Applied Materials & Interfaces, 8(16): 10201-10211.

Sun X, Li B, Tian C, et al. 2018. Rotational paper-based electrochemiluminescence immunodevices for sensitive and multiplexed detection of cancer biomarkers. Analytica Chimica Acta, 1007: 33-39.

Takeuchi T, Sunayama H. 2018. Beyond natural antibodies–a new generation of synthetic antibodies created by post-imprinting modification of molecularly imprinted polymers. Chemical Communications, 54(49): 6243-6251.

Tsoutsi D, Montenegro J M, Dommershausen F, et al. 2011. Quantitative surface-enhanced Raman scattering ultradetection of atomic inorganic ions: the case of chloride. ACS Nano, 5(9): 7539-7546.

Wang G, Chen Z, Wang W, et al. 2011. Chemical redox-regulated mesoporous silica-coated gold nanorods for colorimetric probing of Hg^{2+} and S^{2-}. Analyst, 136(1): 174-178.

Wang J, Chatrathi M P, Mulchandani A, et al. 2001. Capillary electrophoresis microchips for separation and detection of organophosphate nerve agents. Analytical Chemistry, 73(8): 1804-1808.

Wang J, Yu J, Wang X, et al. 2018a. Functional ZnS:Mn(Ⅱ) quantum dot modified with L-cysteine and 6-mercaptonicotinic acid as a fluorometric probe for copper(Ⅱ). Mikrochimica acta, 185(9): 420.

Wang S, Chen Z, Chen L, et al. 2013a. Label-free colorimetric sensing of copper(Ⅱ) ions based on accelerating decomposition of H_2O_2 using gold nanorods as an indicator. Analyst, 138(7): 2080-2084.

Wang X, Yu J, Wu X, et al. 2016a. A molecular imprinting-based turn-on Ratiometric fluorescence sensor for highly selective and sensitive detection of 2,4-dichlorophenoxyacetic acid (2,4-D). Biosensors & Bioelectronics, 81: 438-444.

Wang X Y, Kang Q, Shen D Z, et al. 2014. Novel monodisperse molecularly imprinted shell for estradiol based on surface imprinted hollow vinyl-SiO_2 particles. Talanta, 124: 7-13.

Wang X Y, Yu J L, Kang Q, et al. 2016b. Molecular imprinting ratiometric fluorescence sensor for highly selective and sensitive detection of phycocyanin. Biosensors & Bioelectronics, 77: 624-630.

Wang X Y, Yu J L, Li J H, et al. 2018b. Quantum dots based imprinting fluorescent nanosensor for the selective and sensitive detection of phycocyanin: a general imprinting strategy toward proteins. Sensors and Actuators B-Chemical, 255: 268-274.

Wang X Y, Yu S M, Liu W, et al. 2018c. Molecular imprinting based hybrid ratiometric fluorescence sensor for the visual determination of bovine hemoglobin. ACS Sensors, 3(2): 378-385.

Wang Y, Gao M, Chen Q, et al. 2018d. Associated detection of superoxide anion and mercury(Ⅱ) under chronic mercury exposure in cells and mice models via a three-channel fluorescent probe. Analytical Chemistry, 90(16): 9769-9778.

Wang Y, Wang Y Q, Wang W H, et al. 2016c. Reporter-embedded SERS tags from gold nanorod seeds: selective immobilization of reporter molecules at the tip of nanorods. ACS Applied Materials & Interfaces, 8(41): 28105-28115.

Wang Y Q, Yan B, Chen L X. 2013a. SERS tags: novel optical nanoprobes for bioanalysis. Chemical Reviews, 113(3): 1391-1428.

Wen Y Y, Chen L, Li J H, et al. 2014. Recent advances in solid-phase sorbents for sample preparation prior to chromatographic analysis. Trends in Analytical Chemistry, 59: 26-41.

Wen Y Y, Li J H, Yang F F, et al. 2013. Salting-out assisted liquid-liquid extraction with the aid of experimental design for determination of benzimidazole fungicides in high salinity samples by high-performance liquid chromatography. Talanta, 106: 119-126.

Wen Y Y, Li J H, Zhang W W, et al. 2011. Dispersive liquid-liquid microextraction coupled with capillary electrophoresis for simultaneous determination of sulfonamides with the aid of experimental design. Electrophoresis, 32(16): 2131-2138.

Whitcombe M J, Kirsch N, Nicholls I A. 2014. Molecular imprinting science and technology: a survey of the literature for the years 2004-2011. Journal of Molecular Recognition, 27(6): 297-401.

Wu L, Claas A M, Sarkar A, et al. 2015a. High-throughput protease activity cytometry reveals dose-dependent heterogeneity in PMA-mediated ADAM17 activation. Integrative Biology, 7(5): 513-524.

Wu X, Zhang Z, Li J, et al. 2015b. Molecularly imprinted polymers-coated gold nanoclusters for fluorescent detection of bisphenol A. Sensors and Actuators B: Chemical, 211: 507-514.

Wu X Q, Wang X Y, Lu W H, et al. 2016. Water-compatible temperature and magnetic dual-responsive molecularly imprinted polymers for recognition and extraction of bisphenol A. Journal of Chromatography A, 1435: 30-38.

Xiong H H, Wu X Q, Lu W H, et al. 2018. Switchable zipper-like thermoresponsive molecularly imprinted polymers for selective recognition and extraction of estradiol. Talanta, 176: 187-194.

Xu S, Lu H, Li J, et al. 2013a. Dummy molecularly imprinted polymers-capped CdTe quantum dots for the fluorescent sensing of 2,4,6-trinitrotoluene. ACS Applied Materials & Interfaces, 5(16): 8146-8154.

Xu S F, Chen L X, Li J H, et al. 2012. Novel Hg^{2+}-imprinted polymers based on thymine-Hg^{2+}-thymine interaction for highly selective preconcentration of Hg^{2+} in water samples. Journal of Hazardous Materials, 237: 347-354.

Xu S F, Chen L X, Li J H, et al. 2011a. Preparation of hollow porous molecularly imprinted polymers and their applications to solid-phase extraction of triazines in soil samples. Journal of Materials Chemistry, 21(32): 12047-12053.

Xu S F, Li J H, Chen L X. 2011b. Molecularly imprinted core-shell nanoparticles for determination of trace atrazine by reversible addition-fragmentation chain transfer surface imprinting. Journal of Materials Chemistry, 21(12): 4346-4351.

Xu S F, Li J H, Chen L X. 2011c. Molecularly imprinted polymers by reversible addition-fragmentation chain transfer precipitation polymerization for preconcentration of atrazine in food matrices. Talanta, 85(1): 282-289.

Xu S F, Lu H Z, Li J H, et al. 2013b. Dummy molecularly imprinted polymers-capped CdTe quantum dots for the fluorescent sensing of 2,4,6-trinitrotoluene. ACS Applied Material & Interfaces, 5(16): 8146-8154.

Xu S F, Lu H Z, Zheng X W, et al. 2013c. Stimuli-responsive molecularly imprinted polymers: versatile functional materials. Journal of Materials Chemistry C, 1(29): 4406-4422.

Yang R J, Tseng C C, Ju W J, et al. 2018. A rapid paper-based detection system for determination of human serum albumin concentration. Chemical Engineering Journal, 352: 241-246.

Yu C, Chen L, Zhang J, et al. 2011a. "Off-On" based fluorescent chemosensor for Cu^{2+} in aqueous media and living cells. Talanta, 85(3): 1627-1633.

Yu C, Zhang J, Ding M, et al. 2012. Silver(Ⅰ) ion detection in aqueous media based on "off-on" fluorescent probe. Analytical Methods, 4(2): 342-344.

Yu C, Zhang J, Li J, et al. 2011b. Fluorescent probe for copper(Ⅱ) ion based on a rhodamine spirolactame derivative, and its application to fluorescent imaging in living cells. Microchimica Acta, 174(3-4): 247-255.

Yu C, Zhang J, Wang R, et al. 2010. Highly sensitive and selective colorimetric and off-on fluorescent probe for Cu^{2+} based on rhodamine derivative. Organic & Biomolecular Chemistry, 8(23): 5277-5279.

Yu J L, Wang X Y, Kang Q, et al. 2017. One-pot synthesis of a quantum dot-based molecular imprinting nanosensor for highly selective and sensitive fluorescence detection of 4-nitrophenol in environmental waters. Environmental Science: Nano, 4(2): 493-502.

Zamarion V M, Timm R A, Araki K, et al. 2008. Ultrasensitive SERS nanoprobes for hazardous metal ions based on trimercaptotriazine-modified gold nanoparticles. Inorganic Chemistry, 47(8): 2934-2936.

Zhang W, Li B W, Chen L X, et al. 2014a. Brushing, a simple way to fabricate SERS active paper substrates. Analytical Methods, 6(7): 2066-2071.

Zhang Y, Qiao L, Ren Y, et al. 2013. Two dimensional barcode-inspired automatic analysis for arrayed microfluidic immunoassays. Biomicrofluidics, 7(3): 034110.

Zhang Y, Sun J, Zou Y, et al. 2015a. Barcoded microchips for biomolecular assays. Analytical Chemistry, 87(2): 900-906.

Zhang Z, Chen Z, Qu C, et al. 2014b. Highly sensitive visual detection of copper ions based on the shape-dependent LSPR spectroscopy of gold nanorods. Langmuir, 30(12): 3625-3630.

Zhang Z, Chen Z, Wang S, et al. 2014c. On-site visual detection of hydrogen sulfide in air based on enhancing the stability of gold nanoparticles. ACS Applied Materials & Interfaces, 6(9): 6300-6307.

Zhang Z, Li J, Fu J, et al. 2014d. Fluorescent and magnetic dual-responsive coreshell imprinting microspheres strategy for recognition and detection of phycocyanin. RSC Advances, 4(40): 20677-20685.

Zhang Z, Li J, Song X, et al. 2014e. Hg^{2+} ion-imprinted polymers sorbents based on dithizone–Hg^{2+} chelation for mercury speciation analysis in environmental and biological samples. RSC Advances, 4(87): 46444-46453.

Zhang Z, Li J, Wang X, et al. 2015b. Quantum dots based mesoporous structured imprinting microspheres for the sensitive fluorescent detection of phycocyanin. ACS Applied Materials & Interfaces, 7(17): 9118-9127.

Zhong N, Chen M, Wang Z, et al. 2018. Photochemical device for selective detection of phenol in aqueous solutions. Lab on A Chip, 18(11): 1621-1632.

Zou X X, Wang Y Q, Liu W H, et al. 2017. M-Cresol purple functionalized surface enhanced Raman scattering paper chips for highly sensitive detection of pH in the neutral pH range. Analyst, 142(13): 2333-2337.

Zou Z, Jang A, Macknight E, et al. 2008. Environmentally friendly disposable sensors with microfabricated on-chip planar bismuth electrode for *in situ* heavy metal ions measurement. Sensors & Actuators B Chemical, 134(1): 18-24.

第三章

海岸带水体营养元素铁的检测技术[①]

① 本章作者：潘大为，张升辉，赵淼

第一节　海岸带水体中铁的作用

铁是地壳中较为丰富的元素，丰度约为5.6%，广泛存在于自然环境中，对环境、生态、生物有机体的循环有重要作用。铁是海洋生态体系中有机体所必需的微量元素，其对于植物的新陈代谢、光合作用和呼吸过程中电子的转移、硝酸盐的还原、叶绿素的合成都有重要的作用。铁和其他营养元素（如磷酸盐、硅酸盐、硝酸盐）一样，都是限制海洋（如赤道太平洋、南大洋等高营养盐、低叶绿素海域）浮游植物生物量和生物多样性的关键因素。此外，铁的有效性和全球碳循环之间有密切联系，铁循环与海洋中其他元素（如硫、氮、磷等微量元素）的循环也具有耦合作用。因此，铁在整个海洋生物地球化学过程中起着举足轻重的作用。对于海水体系而言，铁的含量和形态一直是分析检测的热点。通常溶解态的铁在河水中的含量为1μmol/L，在河口、海岸带区域中为1nmol/L，在开阔海域的表层海水中为10pmol/L（van den Berg et al.，1991）。检测海水中铁的化学形态及其含量对于进一步认识铁的有效性、揭示与海洋浮游植物之间的同化作用机制、为赤潮预警等应急事件提供数据支撑等具有重要的研究意义。

在海水中，铁以不同的理化形态存在。随着超滤技术的发展，现今铁的理化形态被定义为海水中的颗粒铁（＞0.45μm）、胶体铁（0.2～0.45μm）和溶解铁（＜0.45μm）。它们的存在状态依赖于各种颗粒和溶解相之间的平衡，其物理化学形态之间的转化模型如图3.1所示。

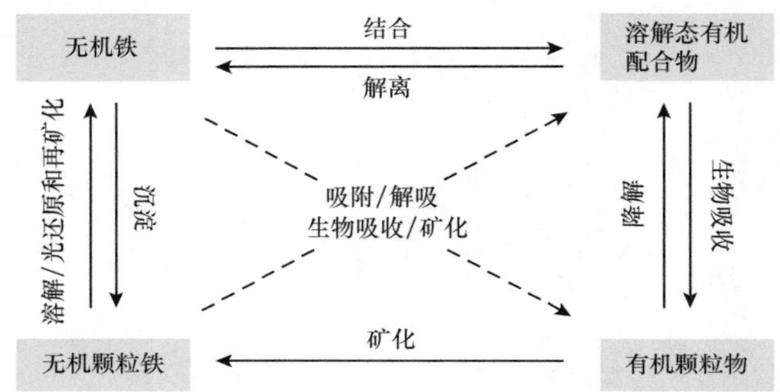

图3.1　海水中铁形态转化和相关过程（修改自Jiang et al.，2013）

铁存在四种不同的价态：0、+Ⅱ、+Ⅲ和+Ⅵ。但铁主要以+Ⅱ和+Ⅲ两种氧化态形式存在，它们可与常见的阴离子形成盐。研究表明，只有溶解态铁才能被生物体所吸收利用。溶解态铁的形态包括：溶解态总铁、活性铁（无机形式的二价铁和三价铁及部分不稳定络合态的有机铁）、活性二价铁/三价铁（无机形式的二价铁/三价铁及部分不稳定络合态的有机铁）和有机络合态铁。各种形态的铁在海水中通过络合、光化学降解、生物吸收、分解及聚合等方式进行相互转化。溶解的Fe(Ⅱ)和Fe(Ⅲ)可被生物利用，而在没有热化学或光化学作用的情况下胶体或颗粒铁不能被生物利用（Jiang et al.，2013）。这意味着增加铁在海水中的溶解度可能会提高其生物利用度。铁在+Ⅱ和+Ⅲ之间的氧化还原转变取决于溶液pH和电子活性。据报道，氢氧化铁(Ⅲ)在海水中的溶解度（25℃，pH=8.1，0.7mol/L NaCl）为10pmol/L（Liu and Millero，2002），Fe(Ⅱ)的溶解度远高于Fe(Ⅲ)，然而在富氧环境中，Fe(Ⅱ)很容易被氧化成不溶性Fe(Ⅲ)。由于海水中天然有机Fe螯合剂的存在，高达99%的溶解态铁与铁结合配体络合（Gledhill et al.，2012），即海水中铁的氧化还原强烈依赖于它们的浓度和性质。配体与有机化合物形成的强络合物可能会维持溶解态铁的浓度，并且可能使溶解态铁的浓度超过溶解的无机铁在海水中的溶解度。此外，铁溶解度可能随温度降低、pH降低和盐度降低而增加。不同浓度的溶解态铁及其在海水中的不同形态铁在海洋生物的生长中起着重要作用，会影响全球碳循环，进而影响全球气候变化。因此，准确测定痕量铁含量及其在海水中的形态、了解铁的海洋生物地球化学特性非常重要。

第二节　实验室检测技术

一、原子光谱法

原子光谱法是测定海水中铁的最常用方法，需要将预浓缩技术与原子光谱法结合，如原子吸收光谱法（AAS）、电感耦合等离子体质谱法（ICP-MS）等。Bruland等（1979）报道了当时最流行的溶剂萃取方法：将1-吡咯烷二硫代氨基甲酸铵（APDC）和二乙基二硫代氨基甲酸二乙酯（DDDC）螯合后进行氯仿双重萃取，然后用硝酸反萃取。用上述溶剂萃取预浓缩样品，采用石墨炉原子吸收光谱法（GFAAS）进行测定，检测限达50pmol/L。20世纪80年代后期，Saager等（1989）将Chelex-100色谱柱用于GFAAS测定，检测限为150pmol/L。然而，这些方法通常需要大于250mL的样品，并且测定受到高试剂空白浓度和高污染的限制。因此，如何提高检测限和减少样品量是研究用原子光谱法测定海水中铁含量的主要方向。最近，具有高灵敏度和短检测时间的ICP-MS被广泛采用，可以使铁的检测限达到2pmol/L（Wu，2007）。

二、分光光度法

分光光度法（SP）首先使铁（特定的氧化还原态）选择性地与某些配体结合形成具有高摩尔吸光系数的有色络合物，然后进行测定。最初用于铁测定的配体是2,2′,2″-三吡啶基（Cooper，1935）、2,2′-联吡啶（Cooper，1948）和硫氰酸盐（Rakestraw，1936），这些配体可以有效结合Fe(Ⅱ)。之后，出现了更具选择性和高灵敏度的铁络合配体，如1,10-菲咯啉（Armstrong，1957）、2,4,6-三吡啶基-1,3,5-三嗪（Grasshoff et al.，1983）和红菲咯啉（Topping，1969），用于分光光度法测定铁。虽然分光光度法廉价且简单，但其灵敏度不能满足直接测定海水中痕量铁的要求。因此，为满足所需的检测限，研发出了更具选择性和灵敏度的配体，即螯合树脂。目前，菲洛嗪3-(2-吡啶基)-5,6-二苯基-1,2,4-三嗪-4′4″-二磺酸钠已广泛用于Fe(Ⅱ)测定，因为它可形成有色稳定的Fe(Ⅱ)-菲洛嗪络合物，且在λ=562nm处具有高摩尔吸光系数（Stookey，1970）。然而，分光光度法的缺点是络合配体（如菲洛嗪）可能在某些条件下会改变铁的氧化还原形态。

三、化学发光法

根据Fe(Ⅲ)或Fe(Ⅱ)对鲁米诺（luminol）氧化产生蓝光的催化作用，化学发光法（chemiluminescence，CL）已被用于海水中痕量铁的测定（λ=440nm）（King et al.，1995）。Rose和Waite（2002）使用luminol-LL方法测量Fe(Ⅱ)并建立了详细的动力学模型，以了解在没有天然有机物质的情况下海水中Fe(Ⅱ)的氧化过程。结果表明，相对强的Fe(Ⅲ)络合配体的存在显著增加了Fe(Ⅱ)的氧化速率，同时最终以溶解态保留了系统中的大部分铁。

四、电化学分析法

电化学分析法是根据被测物质在溶液中的电化学性质及其变化来进行定性、定量分析的方法，是一种公认的快速、灵敏、准确的微量和痕量分析法。由于Fe(Ⅲ)的还原电位（还原成金属铁）是–1.5V（*vs.* SCE），该电位与酸性溶液中的析氢电位重合，并且铁在pH较高时易形成水解产物，因此不能通过直接测还原电流来实现铁的检测。目前用于检测Fe(Ⅲ)的主要方法是吸附阴极溶出伏安法（AdCSV）。原理如式（3.1）所示，络合剂与铁生成络合物，在恒电位下吸附在电极表面，然后通过负扫电极电位使得Fe(Ⅲ)的络合物还原为Fe(Ⅱ)的络合物，记录溶出过程的伏安曲线。为了提高灵敏度，可加入氧化剂

（$KBrO_3$、H_2O_2、ClO_2^-、NO_2^-）将Fe(Ⅱ)的络合物氧化成为Fe(Ⅲ)的络合物，而Fe(Ⅲ)的络合物在电极上又被还原，如此反复使得电流大大增加，产生的电流与Fe(Ⅲ)的浓度呈正比，由此进行Fe(Ⅲ)的定性、定量分析。对于自然水体尤其是海水中痕量铁的测定，预富集是必要的处理过程。此外，Fe(Ⅱ)易被氧化且不稳定，因此需先将Fe(Ⅱ)转化成Fe(Ⅲ)，通过测定Fe(Ⅲ)的浓度来得到总铁含量。

$$\mathrm{Fe(III)+M \rightarrow Fe(III)—M} \tag{3.1}$$

$$\mathrm{Fe(III)—M+e^- \rightarrow Fe(II)—M} \tag{3.2}$$

$$\mathrm{Fe(II)—M+Ox \rightarrow Fe(III)—M+Red} \tag{3.3}$$

式中，M为络合剂；Ox为氧化剂；Red为还原态的氧化剂。

目前，已有多种电极材料被用于铁的检测分析，主要包括滴汞电极、碳电极、金电极、铂电极等，不同电极对应不同的伏安分析方法。

第三节　船载检测技术

适用于海上船载检测的方法要求简化样品预处理并最大限度地减少样品储存。流动注射（flow injection analysis，FIA）具有易于自动操作和高样品通量的优势，为海上样品处理提供了极好的平台（Zagatto et al.，2012）。最近，FIA已被广泛用于铁的船载测量，特别是用于铁氧化还原形态分析，因为它可以极大地减少待测物氧化还原变化和污染。主要检测方法是分光光度法（SP）、化学发光法（CL）和伏安法。基于FIA-SP和FIA-CL测定铁的典型流动注射流程如图3.2所示。

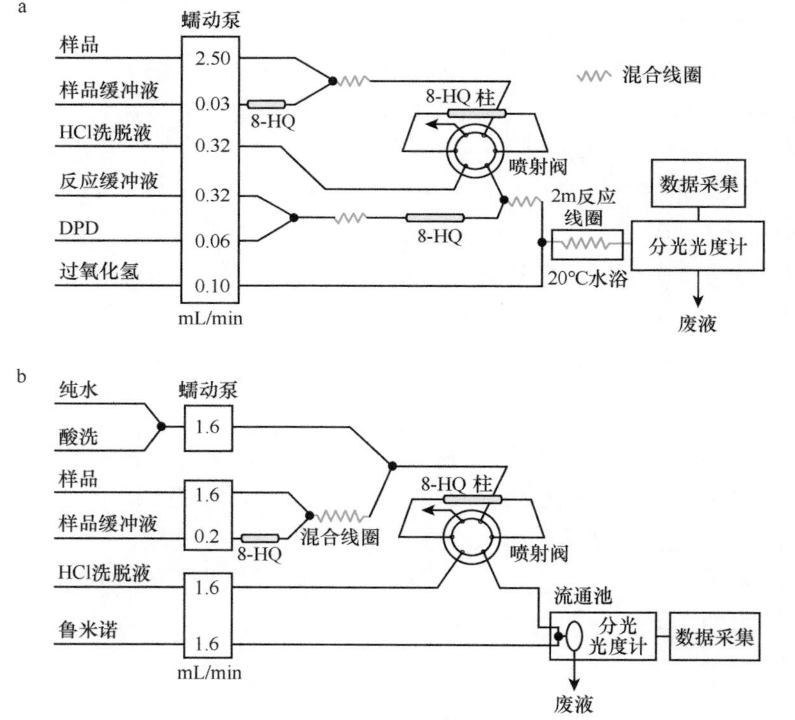

图3.2　基于FIA-SP（a）和FIA-CL（b）测定铁的典型流动注射流程（修改自Bowie et al.，2004）

一、分光光度法和流动注射法联用

FIA使用在线预浓缩为样品处理提供了极好的平台。它可以预浓缩铁，同时将其与海水基质分开。King等（1991）使用含有菲洛嗪的C18柱预浓缩Fe(Ⅱ)，然后用分光光度法检测溶液中的铁浓度。后来，O'Sullivan等（1991）为上述检测系统增加了一个原位采样系统，用于现场测定。Lohan等（2006）报道了基于FIADPD方法对北太平洋海水样品中Fe的检测，检测限为（24±4.9）pmol/L（n=9），表层海水样品中总溶解铁的平均浓度为（0.101±0.009）nmol/L（n=14），深度为1000m的海水样品中总溶解铁的平均浓度为（0.93±0.04）nmol/L（n=18）。

最近，另一种长径液体波导毛细管（LWCC）被广泛用于降低铁的检测限，检测机制与上述分光光度法相同。Zhang等（2001）使用菲洛嗪方法结合2m LWCC进行海水中铁的形态分析，检测限为0.1nmol/L。Huang等（2015）将菲洛嗪作为络合配体，采用LWCC检测技术，在华东地表水中进行了铁的氧化还原形态Fe(Ⅱ)、Fe(Ⅲ)、Fe(Ⅱ+Ⅲ)实时测定，同时，他们将单载波流设计更新为双载波流来减小由盐度变化引起的Schlieren效应（图3.3）。

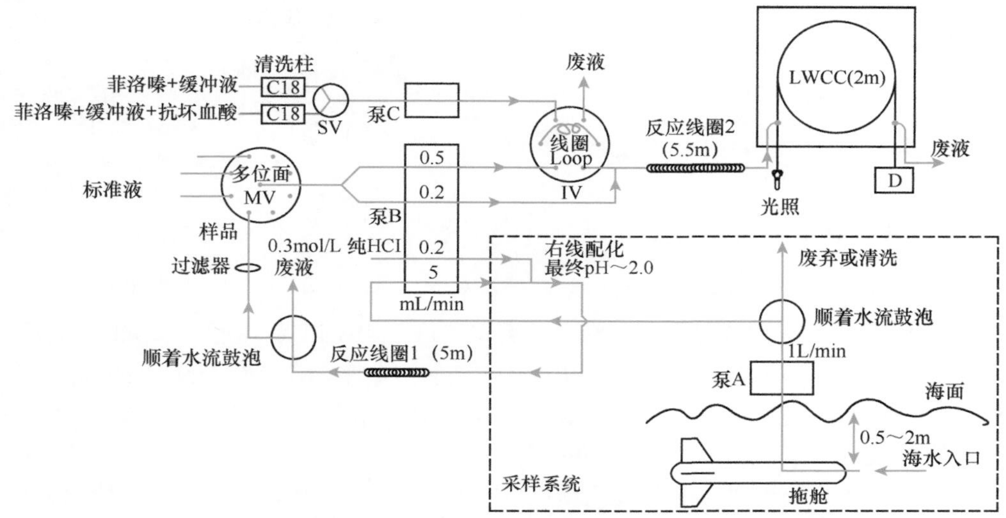

图3.3　基于Fe(Ⅱ)-菲洛嗪和LWCC检测法的铁形态实时测定系统（修改自Huang et al.，2015）

除了正常的FIA（nFIA），Huang等（2012）报道了一种反向FIA（rFIA）方法，用于确定基于DPD方法从珠江河口采集的河口和沿海水域的水样中的总溶解铁，检测限为0.4nmol/L。基于DPD和H_2O_2的rFIA系统流程如图3.4所示。nFIA和rFIA之间的区别在于rFIA使用样品作为载体，试剂注入载体，这与nFIA程序相反。rFIA消耗的试剂较少，rFIA的样品通量（$10h^{-1}$）远高于nFIA（$4h^{-1}$），因此rFIA被认为更适合于长期的船载检测。

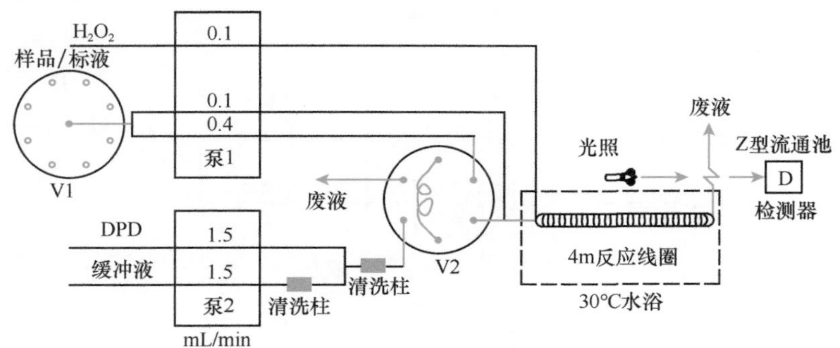

图3.4　基于DPD和H_2O_2的rFIA系统流程示意图（修改自Huang et al.，2012）

二、化学发光法和流动注射法联用

FIA-CL是一种灵敏的方法，已被开发用于测定海水中的铁。采用该方法需要仔细调节pH以避免沉淀，并使用8-HQ进行在线预浓缩以去除基质，以获得最高的灵敏度。Bowie等（2004）报道了基于FIA-luminol-CL方法的Fe(Ⅱ)和总溶解铁的船载测定系统，检测限为40pmol/L。如图3.5所示，首先在酸化样品中将Fe(Ⅲ)还原为Fe(Ⅱ)，然后在pH为5.0的条件下在8-HQ柱上进行在线基质消除和预浓缩。然后与luminol/碳酸盐缓冲试剂流合并，使用HCl从树脂中洗脱Fe(Ⅱ)后检测总溶解铁。

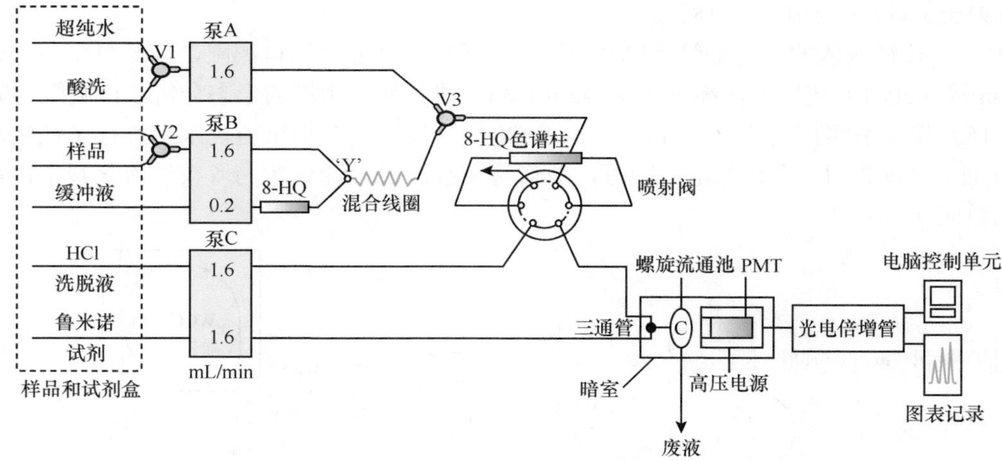

图3.5　基于FIA-luminol-CL方法测定Fe(Ⅱ)和总溶解铁的装置（修改自Huang et al.，2012）

基于FIA-luminol-H_2O_2-CL方法测定Fe(Ⅲ)和总溶解铁的流程如图3.6所示。酸化的样品首先通过H_2O_2使Fe(Ⅱ)氧化成Fe(Ⅲ)，然后在预浓缩之前在线缓冲至pH为3.0。用HCl从树脂中洗脱Fe(Ⅲ)后，将luminol/碳酸盐和Fe(Ⅲ)与H_2O_2混合，用光电倍增管检测，该方法的检测限为（5.7±2.9）pmol/L。该方法已成功应用于船载检测，并准确测定了南大西洋溶解铁的分布。Oliveira等（2015）基于Fe(Ⅱ)和luminol之间的反应，提出了一种新颖的微顺序注射（μSI）流体方案和两种不同的光子收集技术，并在LOV下首次应用化学发光检测。luminol溶液的长期稳定性及其每次测定的低消耗量（100μL），加上快速分析通量（每小时116次测定），使该方法非常适用于具有自主操作潜力的Fe(Ⅱ)的船载分析。

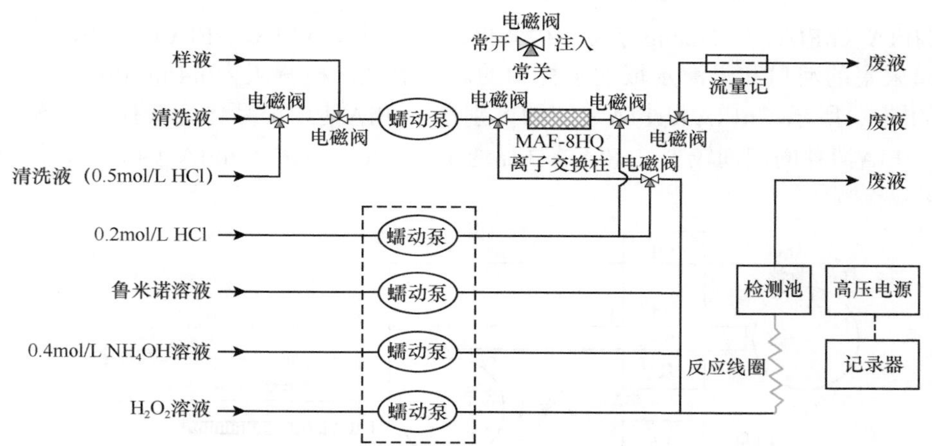

图3.6　基于FIA-luminol-H_2O_2-CL方法测定Fe(Ⅲ)和总溶解铁的流程（修改自Obata et al.，1993）

三、伏安法和流动注射法联用

伏安法可以在不去除基质的前提下用于多种痕量金属的现场测定，这可以大大简化运行程序，并最大限度地减少预处理中样品的污染和氧化还原变化，以改善对原位铁的测定。伏安法流动注射装置如图3.7所示，该系统中使用的工作电极是悬挂的汞电极，并且已经用于船载分析。Achterberg和van den Berg（1994）已经利用这种在线自动伏安系统确定了北大西洋与西地中海的总溶解铜和镍。Mikkelsen等（2007）发明了另外一种自动监测系统，用于连续监测河水、排水及低浓度废水中的锌和铁。该系统如图3.8所示，使用的工作电极是银汞合金电极（DAM，d≈2.5mm），是现场测定中液态汞电极的环保替代品。该检测方法基于沉积在固体汞合金电极表面上的铁的再氧化，并且在–0.65V左右具有铁的溶出峰，该系统所需的维护频率在废水中为每周一次，在河水中为每月一次。自动伏安法测定痕量金属可以为实现海水中铁的原位分析提供可行的解决方案。此外，Au-Hg微电极也已用于Fe的原位测定，在海水和淡水中的检测限分别为25μmol/L和10μmol/L（Taillefert et al.，2000）。

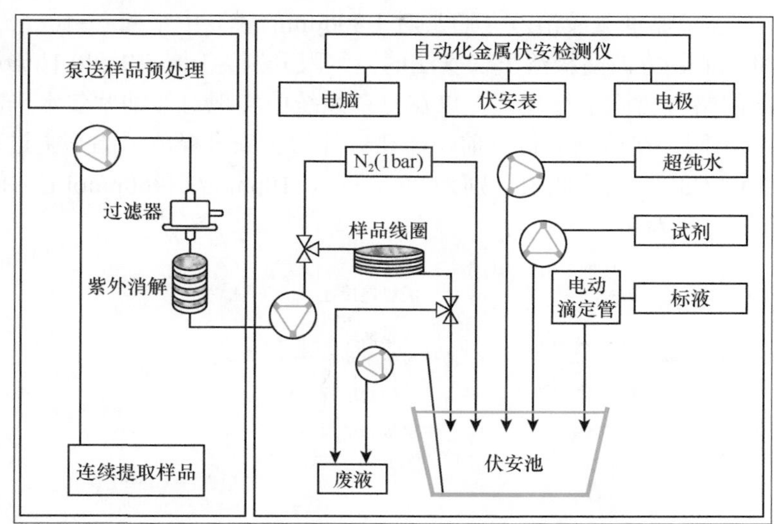

图3.7　痕量金属船载分析自动伏安系统（修改自Achterberg and van den Berg，1994；Achterberg and Braungardt，1999）

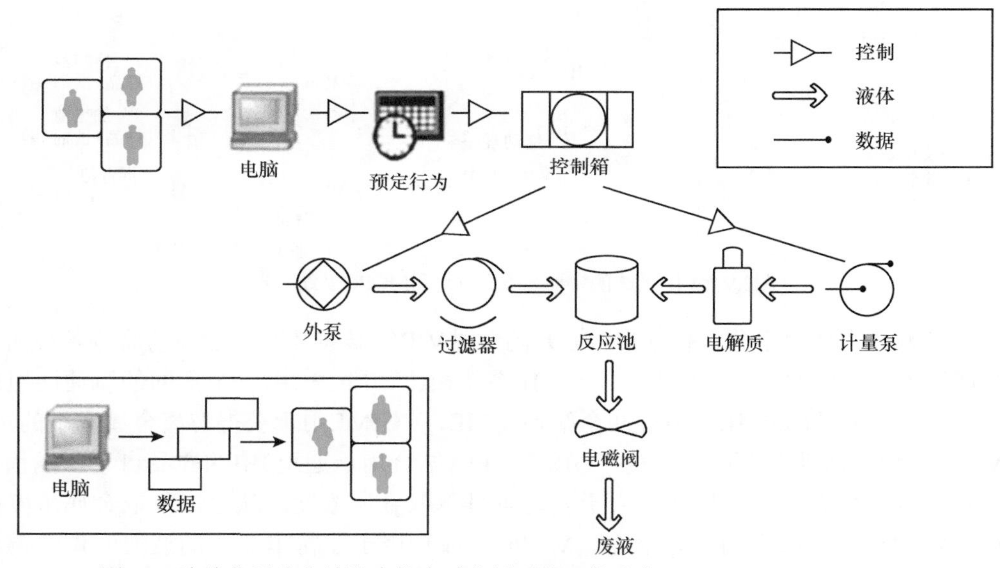

图3.8　连续监测锌和铁浓度的自动监测系统（修改自Mikkelsen et al.，2007）

第四节　展　　望

进行铁形态的原位分析是铁生物地球化学循环研究的重要组成部分。但是，ICP-MS和AAS的使用范围有限，不适合现场测量。比色法和化学发光法结合FIA具有较低的铁检测限，并且可以确定铁的形态，但是它们需要复杂的预浓缩程序和基质去除。伏安技术非常适合设计用于痕量金属分析，可以在低检测限下分析大量痕量化合物，同时还可以根据氧化还原状态和金属的可靠性来测定铁的不同形态。然而，许多应用仅限于地表水中的短期原位分析。不同深度的长期伏安监测面临诸如传感器可靠性不足、传感器表面积垢、溶解氧和压力干扰等挑战。现已商业化的voltammetric原位分析系统（VIP系统）提供了上述问题的解决方案，已成功用于海水中痕量金属的连续原位分析。VIP系统的流程如图3.9a所示，该系统包含一个潜水伏安探针、一个多参数探针（包括温度、盐度、压力、电导率、氧气和pH）、一个在线除氧系统，以及一个连接到笔记本电脑的遥测装置，它可以通过控制面板操作，也可以按照预编程的指令自动运行。电化学测量在微量伏安电池（容积为1.5mL）内进行，以凝胶集成微电极（GIME）为工作电极。GIME是一种由琼脂糖凝胶覆盖的Hg镀膜微电极，其作用是具有快速扩散传输的小分离/反应室，并且还保护表面免于结垢。在琼脂糖凝胶溶液（通常对于300μm的膜）中平衡5～10min后进行伏安分析。基于互连GIME的Fe(Ⅱ)和Mn(Ⅱ)方波阴极溶出伏安法的检测限分别为1μmol/L和0.1μmol/L。GIME还可以用称为CGIME的一层薄薄的络合树脂进行修饰，以在复杂系统中实现对亚纳摩尔水平的游离金属离子的检测。与使用GIME的测量不同，在伏安分析之前，需要额外的步骤来释放树脂平衡过程中样品中积累的痕量金属。Cu(Ⅱ)、Pb(Ⅱ)和Cd(Ⅱ)的检测限分别为20pmol/L、10pmol/L和60pmol/L，使用基于CGIME的方波阳极溶出伏安法，沉积时间为1h。

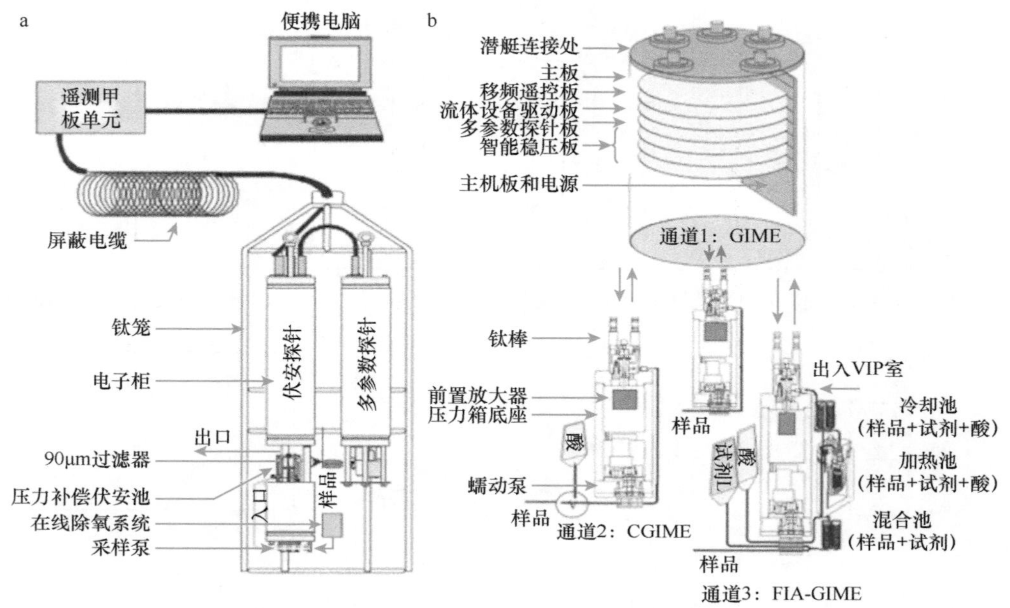

图3.9　VIP系统的多个部分（a）及MCPC系统（b）

最近，一种名为多物理化学分析仪（MCPC）的改进VIP仪器被开发用于现场监测各种河口和沿海海水中的痕量金属形态。MCPC如图3.9b所示。与VIP系统相比，MCPC由三个不同的流通池组成，并具有自己的流体系统，一个配备CGIME，另外两个配备GIME，CGIME用于获得游离金属离子的浓度。通道1中的一个GIME用于测量活性铁金属的浓度。GIME与FIA结合用于通道3中的样品自动在线预处理，样品与强三亚乙基胺络合，然后酸化、加热，用于测定总可萃取金属浓度。从总可萃取金属浓度中减去活性铁金属即获得与颗粒和胶体结合的金属浓度。MCPC已成功用于亚得里亚海的波河河口的铜和铅形态分析。VIP和MCPC已被证明能够提供可靠、实时的金属及其物种监测，在连续现场调查中变化不到10%，最长可达8d无需更换传感器，它们提供了实时监测海水中痕量铁及其物质的平台。

除了上面描述的主要用于痕量金属分析的原位传感器，还有基于海水中铁含量测定技术的新的原位传感器的最新发展，以实现低成本和可靠的长期监测。Chung Chun Lam等（2006）研究的光学传感器，克服了海水基质干扰、生物污染和长期稳定性等问题，使用基于荧光猝灭的铁载体（parabactin）生物传感器，用于直接测量Fe(Ⅲ)，检测限为40pmol/L，工作线性范围为50～1000pmol/L。另外，对于1000pmol/L Fe(Ⅲ)，该原位传感器具有6%（n=10）的重现性。Roy等（2008）设计了一种装置，其包含铁特异性螯合生物分子去铁胺B（DFB），该装置可根据芯片表面Fe(Ⅲ)络合固定化DFB的红外光谱变化，对暴露在海水中的芯片表面的铁进行准确的测量，该装置的检测限约为50pmol/L。该装置已成功应用于亚太平洋海水中溶解铁的原位测量，可以部署在自动平台上，用于现场铁的长期监测。

Milani等（2015）设计了一种自动分光光度分析仪，它能够提供垂直剖面及常规原位测定海水中溶解的Fe(Ⅱ)和Mn。Fe(Ⅱ)的测定基于由Fe(Ⅱ)和菲洛嗪形成的红紫色络合物，其在562nm处产生最大吸光度。这种自动分光光度计分析仪包含微流体芯片、泵、阀门和电子元件，它们安装在直径15cm、长32cm的阳极氧化铝圆柱形管中。分析仪的核心是比色微流控芯片（芯片实验室技术），其由8.0mm厚的着色聚甲基丙烯酸甲酯（PMMA）制成。注入样品和试剂，混合并通过微流控芯片测量所得复合物的吸光度。将分析仪连接到CTD框架上，其中有9个涂有聚四氟乙烯的Niskin瓶，用于取不同深度的水样。数据系统可以通过RS232端口实时与Fe/Mn分析仪直接通信，在一定深度开始测量。Fe(Ⅱ)和Mn可以分别以每小时12个样品和6个样品的频率测量，其检测限分别为27nmol/L和28nmol/L。该装置显示出相对成本低、功率低、试剂消耗小及便携、耐压和高精度的优点。

原位传感器具有很大的潜力，可以量化海水中铁的空间和时间分布，这对于研究铁的海洋生物地球化学过程及其生物有效性与全球碳循环之间的关系具有重要意义。另外，为了检测系统的长期运行，仍需要进一步开发以提高传感器的可靠性和数据准确性。

综上所述，由于海水中铁和浮游植物之间的密切关系，铁的监测对于海洋生物地球化学过程的研究非常重要。本章综述了海岸带水体铁的实验室检测方法，如原子光谱法、分光光度法、化学发光法、伏安法等传感方法，以及从实验室到原位测定海水中铁的各种分析方法。虽然已经研发出测定铁的先进仪器，但仍然需要研发更高效的分析方法来测定铁含量及其形态，以实现原位监测。开发具有高灵敏度和检测快速、用样量少或可原位测定铁含量和形态的新仪器，对技术的要求很高。海水中铁的原位测定技术具有很大发展进步空间，仍需要进一步开发可以进行稳定且长期操作的技术，有机物污染/生物污损的样品处理技术也需要进一步提升。进一步发展准确、可靠的海水中铁浓度和形态的分析方法，建立原位测定、无线传输、远程监测的检测系统仍然是研究铁生物地球化学循环亟待解决的问题。

参考文献

Achterberg E P, Braungardt C. 1999. Stripping voltammetry for the determination of trace metal speciation and in-situ measurements of trace metal distributions in marine waters. Analytica Chimica Acta, 400(1-3): 381-397.

Achterberg E P, van den Berg C M G. 1994. In-line ultraviolet-digestion of natural water samples for trace metal determination using an automated voltammetric system. Analytica Chimica Acta, 291(3): 213-232.

Anderson M A, Morel F M M. 1982. The influence of aqueous iron chemistry on the uptake of iron by the coastal diatom *Thalassiosira weissflogii*. Limnology & Oceanography, 27(5): 789-813.

Armstrong F A J. 1957. The iron content of sea water. Journal of the Marine Biological Association of the United Kingdom, 36(3): 509-517.

Bowie A R, Achterberg E P, Mantoura R F C, et al. 1998. Determination of sub-nanomolar levels of iron in seawater using flow injection with chemiluminescence detection. Analytica Chimica Acta, 361(3): 189-200.

Bowie A R, Sedwick P N, Worsfold P J, et al. 2004. Analytical intercomparison between flow injection-chemiluminescence and flow injection-spectrophotometry for the determination of picomolar concentrations of iron in seawater. Limnology & Oceanography: Methods, 2(2): 42-54.

Bruland K W, Franks R P, Knauer G A, et al. 1979. Sampling and analyticalmethods for the determination of copper, cadmium, zinc, and nickel at the nanogram per liter level in sea water. Analytica Chimica Acta, 105: 233-245.

Chung Chun Lam C K, Jickells T D, Richardson D J, et al. 2006. Fluorescencebased siderophore biosensor for the determination of bioavailable iron in oceanic waters. Analytical Chemistry, 78(14): 5040-5045.

Cooper L H N. 1935. Iron in the sea and in marine plankton. Proceedings of the Royal Society B: Biological Sciences, 118(810): 419-438.

Cooper L H N. 1984. The distribution of iron in the waters of the western English Channel. Journal of the Marine Biological Association of the United Kingdom, 27(2): 279-313.

Gledhill M, Buck K N. 2012. The organic complexation of iron in the marine environment: a review. Frontiers in Microbiology, 3: 69.

Grasshoff K, Erhardt M, Kremling K. 1983. Determination of nutrients. Methods of Sea Water Analysis, Verlag Chemie: 125-187.

Huang Y, Yuan D, Zhu Y, et al. 2015. Real-time redox speciation of iron in estuarine and coastal surface waters. Environmental

Science & Technology, 49(6): 3619-3627.

Huang Y, Yuan D, Dai M, et al. 2012. Reverse flow injection analysis method for catalytic spectrophotometric determination of iron in estuarine and coastal waters: a comparison with normal flow injection analysis. Talanta, 93: 86-93.

Jiang M, Barbeau K A, Selph K E, et al. 2013. The role of organic ligands in iron cycling and primary productivity in the Antarctic Peninsula: A modeling study. Deep Sea Research Part Ⅱ: Topical Studies in Oceanography, 90: 112-133.

King D W, Lin J, Kester D R. 1991. Spectrophotometric determination of iron(Ⅱ) in seawater at nanomolar concentrations. Analytica Chimica Acta, 247(1): 125-132.

King D W, Lounsbury H A, Millero F J. 1995. Rates and mechanism of Fe(Ⅱ) oxidation at nanomolar total iron concentrations. Environmental Science & Technology, 29(3): 818-824.

Liu X, Millero F J. 2002. The solubility of iron in seawater. Marine Chemistry, 77(1): 43-54.

Lohan M C, Aguilar-Islas A M, Bruland KW. 2006. Direct determination of iron in acidified (pH 1.7) seawater samples by flow injection analysis with catalytic spectrophotometric detection: application and intercomparison. Limnology & Oceanography: Methods, 4(6): 164-171.

Mikkelsen Ø, Strasunskiene K, Skogvold S, et al. 2007. Automatic voltammetric system for continuous trace metal monitoring in various environmental samples. Electroanalysis, 19(19-20): 2085-2092.

Milani A, Statham P J, Mowlem M C, et al. 2015. Development and application of a microfluidic in-situ analyzer for dissolved Fe and Mn in natural waters. Talanta, 136: 15-22.

Obata H, Karatani H, Nakayama E. 1993. Automated determination of iron in seawater by chelating resin concentration and chemiluminescence detection. Analytical Chemistry, 65(11): 1524-1528.

Oliveira H M, Grand M M, Ruzicka J, et al. 2015. Towards chemiluminescence detection in micro-sequential injection lab-on-valve format: a proof of concept based on the reaction between Fe(Ⅱ) and luminol in seawater. Talanta, 133: 107-111.

O'Sullivan D W, Hanson A K, Miller W L, et al. 1991. Measurement of Fe(Ⅱ) in surface water of the equatorial Pacific. Limnology & Oceanography, 36(8): 1727-1741.

Rakestraw N W, Mahncke H E, Beach E F. 1963. Determination of iron in sea water. Industrial & Engineering Chemistry Analytical Edition, 8(2): 136-138.

Roy E G, Jiang C, Wells M L, et al. 2008. Determining subnanomolar iron concentrations in oceanic seawater using a siderophore-modified film analyzed by infrared spectroscopy. Analytical Chemistry, 80(12): 4689-4695.

Rose A L, Waite T D. 2002. Kinetic model for Fe(Ⅱ) oxidation in seawater in the absence and presence of natural organic matter. Environmental Science & Technology, 36(3): 433-444.

Saager P M, De Baar H J, Burkill P H. 1989. Manganese and iron in Indian Ocean waters. Geochimica et Cosmochimica Acta, 53(9): 2259-2267.

Stookey L L. 1970. Ferrozine–a new spectrophotometric reagent for iron. Analytical Chemistry, 42(7): 779-781.

Taillefert M, Bono A, Luther G. 2000. Reactivity of freshly formed Fe(Ⅲ) in synthetic solutions and (pore) waters: voltammetric evidence of an aging process. Environmental Science & Technology, 34(11): 2169-2177.

Topping G. 1969. Concentrations of Mn, Co, Cu, Fe, and Zn in Northern Indian Ocean and Arabian Sea. Journal of Marine Research, 27(3): 318.

van den Berg C M G, Nimmo M, Abollino O, et al. 1991. The determination of trace levels of iron in seawater, using adsorptive cathodic stripping Voltammetry. Electroanalysis, 3(6): 477-484.

Wu J. 2007. Determination of picomolar iron in seawater by double $Mg(OH)_2$ precipitation isotope dilution high-resolution ICPMS. Marine Chemistry, 103(3-4): 370-381.

Zagatto E A G, Oliveira C C, Townshend A, et al. 2012. Flow Analysis with Spectrophotometric and Luminometric Detection. Amsterdam: Elsevier.

Zhang J Z, Kelble C, Millero F J. 2001. Gas-segmented continuous flow analysis of iron in water with a long liquid waveguide capillary flow cell. Analytica Chimica Acta, 438(1-2): 49-57.

第四章

基于计算机视觉技术的水生生物行为及种群监测技术①

① 本章作者：夏春雷

物理、化学、电子信息及计算机等技术的发展为人类开展科学研究及探索世界不断提供新工具和新方法，增强人类对世界的认知和理解。在海洋研究领域，基于声学、光学技术的海洋监测仪器已经发展了百余年，研制出研究海洋各个领域所必需的海洋测量装置。计算机视觉技术的迅速发展和人工智能时代的来临，给海洋监测带来了一次新的技术革命。近期，人工智能技术在某些工作中已经达到甚至超越人类水准，为传统海洋监测中一些强度高、作业复杂、效率低、危险性高的工作提供了新的技术解决方案。本章将介绍计算机视觉技术在水生生物监测及生物资源调查中的应用和发展前景。这些工作主要测量的是生物对环境的响应及生物种群动态变化信息。

生物监测的概念于19世纪初提出，是指从生物学角度，利用生物个体、种群或群落对环境污染或变化所产生的反应，对环境污染状况进行监测和评价的一门技术（王春香等，2010）。生物监测具有灵敏性、长期性、连续性、经济性、非破坏性和综合性等优势。生物监测技术在环境监测、海洋监测等方面的应用越来越广泛，并成为环境监测和相关科学研究的重要组成部分。生物监测的理论基础是生态系统理论和生物学理论。当环境受到污染后，污染物进入生物体内并发生迁移、蓄积，导致生态系统中各级生物在环境中的分布、生长发育状况和生理生化等指标发生相应的变化。基于生物行为的水质监测是根据指示生物的生物学指标变化对水体内潜在污染进行预警。例如，在水体出现污染时，鱼类运动行为会发生异常变化，通过对生物行为的分析可以判断潜在的环境风险。在海洋环境监测中，通过对指示生物的多样性、群落等分析得出相关的生物指数来评价水体污染程度，如利用海洋底栖生物、浮游生物等信息反映环境毒素。传统的生物监测需人工采样后送到实验室分析，不仅效率低，还很难反映污染情况的实时变化状况和规律。要提高传统生物监测效率和解决自动监测技术的瓶颈，很有必要建立新型的自动生物监测系统。

在海洋调查方面，浮游生物的图像识别及监测技术经过近20年的发展，能够实现特定种类生物的准确识别，浮游藻类的自动监测装置也逐渐应用到海洋环境及灾害监测中。由于水下光学成像技术的日益成熟，水下视频调查技术得到了广泛应用。最近几年，水下原位的生物识别技术受到技术研究人员和科学家的关注，在深度学习等技术的推动下得到了快速发展，可实现部分场景中的鱼类、海参、贝类等的个体检测，为实现自动海洋生物原位监测提供了技术解决方案。

第一节　水生生物个体及群体行为监测

水生生物行为的监测技术由20世纪90年代中期提出并逐渐发展。在研究初期，通过采集受试生物运动引起的水体中电场信号的变化来量化受试生物的行为强度，该方法能够较为稳定地采集受试生物行为强度的变化。研究表明，行为强度具有良好的水质预警能力（任宗明等，2008）。该方法对个体较大、运动能力强的鱼类有较好的行为监测效果，但该方法无法获取生物个体的行为轨迹，无法准确获得群体运动中的个体变化。

能够反映生物行为的运动轨迹和个体姿态难以通过人工进行长期、连续的量化采集，必须借助先进的计算机视觉技术来对生物行为进行准确的连续观测，获得生物个体详细的变化信息。基于计算机视觉技术的个体行为监测研究在1996年就已经提出了，但是受到成像技术、计算能力和昂贵的价格等因素限制，该研究无法广泛开展。随着计算机硬件性能的大幅提高、成本的降低，基于视觉的行为跟踪技术取得了突破性进展。基于视觉的行为监测能够自动记录多个受试生物的行为轨迹，并根据受试生物在污染水体内的行为响应实现对水质异常的检测及预警。目前，生物行为的可视化监测已经从研究阶段开始向实际应用阶段发展。水生生物的自动监测主要应用在环境监测和生物学、生态学研究等方面。在水环境监测方面，通过指示生物的行为响应、种群变化等监视水质污染状况。常用的指示生物包括软体动物、鱼类、水蚤、海藻及一些菌类。鱼类是水质在线监测中使用较为广泛的指示生物，常见的模式生物为青鳉鱼和斑马鱼。基于视觉的行为监测技术已经得到学者及环境监测机构的认可，已经研制出基于鱼类行为和大型蚤行为的水质监测仪器。国内外对水生生物行为分析的研究也已经大量开展。

一、二维多目标行为监测方法

基于计算机视觉的行为监测技术利用图像传感器采集观测区域的生物图像数据，通过图像处理和模式识别算法对被观测的生物个体进行定位并由跟踪算法生成连续的运动轨迹。按照生物监测的维度，生物行为监测可分为二维和三维监测。二维行为监测观测到的是受试生物在某个平面的运动状况，一般由单个相机从观测容器上方或侧面采集受试生物个体的运动图像进行跟踪分析。在基于视觉的行为监测技术的发展初期，主要针对二维单目标的个体行为进行研究。将受试生物个体看成平面上的一个点进行识别，把受试生物个体的位置信息按照时间顺序连接起来形成该个体的运动轨迹。为了提高行为监测的稳定性和降低计算的复杂度，大多数行为监测系统在实验室内或光照可控的环境下运行，这样可以减少光照变化造成的图像噪音。观测容器采用简单的背景以提高个体检测的准确性，使二维单目标的行为跟踪较容易实现。利用阈值分割法或背景差分法就可从观测区域中提取跟踪目标的图像，无需复杂跟踪算法，即可得到单目标的运动轨迹。阈值分割法根据物体明暗或色彩的对比度从背景中提取跟踪目标，例如，利用灰度值检测在白色背景中运动的鱼类或大型蚤图像。这种方法实现起来简单，但对背景图像的均匀程度及光源的稳定性要求较高。背景差分法是将时间上相邻的两个帧对应的像素值进行减法运算，未发生变化的区域计算到的差值较小，而运动的目标引起所在位置像素值发生改变，会产生较大的图像差值，根据这些差值即可得到运动中的物体。为了提高物体检测的可靠性、降低光源等噪音的影响，通常采用背景差分法计算监测区域的平均背景图像，将待处理的帧与背景图像进行差值计算，得到被跟踪的目标图像。背景差分法在观测过程中通过不断地计算更新背景图像，减少环境变化造成的个体检测错误。

二维单目标的水生生物个体行为研究在水质监测等方面得到了广泛应用，基于行为数据的环境监测研究也得到了快速发展。然而，单个生物的行为数据具有局限性，不能够全面反映生物行为及水质状况。为了消除个体差异，在行为监测应用中通常需要同时监测多组行为数据才能准确地反映生物的行为模式及异常变化。因此，多目标的生物行为监测是亟待解决的关键技术，也是目前行为监测技术研究的热点。二维多目标的个体行为监测，首先通过阈值分割法或背景差分法将运动目标提取出来，再对运动目标进行分析（如处理遮挡等），然后利用多目标跟踪算法生成每个个体的运动轨迹。多目标水生生物监测的难点在于多个受试生物频繁发生交互和聚集的行为，经常产生个体之间相互遮挡的现象，导致无法准确检测受试生物个体。另外，由于受试生物的外观特征（如颜色、纹理等）和个体大小极其相似，难以准确区分受试生物个体，对视觉跟踪造成了较多困难。基于视觉识别的行为监测对观测区域内的光照、背景的对比度、水体的清晰度等成像条件有较高的要求，需要构建专用的容器进行行为观测。对于条件复杂的现场环境，需要将水样品抽入行为观测装置内进行分析。

科学家及工程师已经开发了大量的用于生物个体识别和跟踪的计算机视觉算法。形态学运算中的腐蚀-膨胀法是一种常用的物体分离方法。当两条鱼发生轻微重叠或贴在一起时，通过目标检测算法可得到粘连的两条鱼的二值图像。腐蚀-膨胀法可将原本粘贴在一起的两个物体分成两个独立的物体，算法过程会重复执行直到将两个物体分开为止，然后再将腐蚀后得到的两个团块进行相同次数的膨胀处理，即得到原本的物体图像。形态学运算操作简单，能有效地分开部分轻微粘连的物体，但无法解决大面积的遮挡和交叉式的重叠。采用轮廓拟合是一种常用的检测交叉重叠个体的有效方案。以鱼的行为观测为例，假定被观测对象为椭圆形，采用最小二乘法和椭圆形方程从重叠的图像拟合出鱼的个体。如图4.1所示，两条交叉的鱼成功地通过椭圆拟合检测了出来。

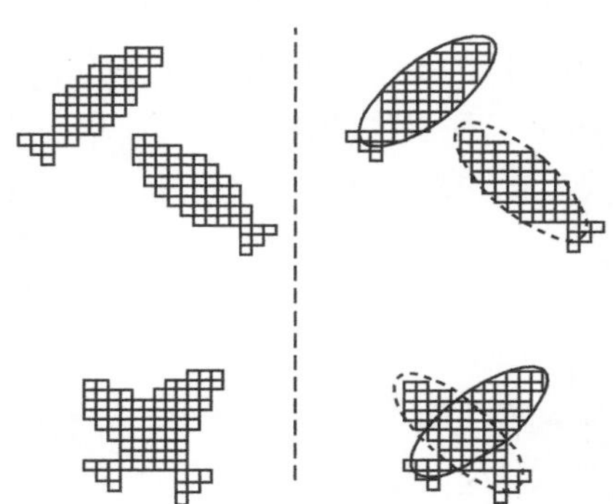

图4.1 基于椭圆拟合的鱼的个体图像（Delcourt et al.，2013）

为了提高跟踪的准确度，很多的多目标生物行为跟踪算法同时运用检测模型和预测模型开展对生物个体的行为跟踪。检测模型根据生物表面的纹理、形状等特征监测受试生物个体并进行定位。预测模型

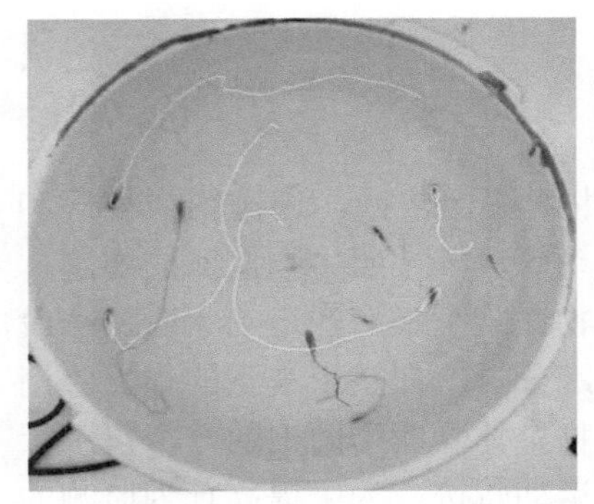

图4.2　Ctrax记录的鱼的运动轨迹（Barry，2012）

则是根据生物的运动状态估算其在下一个时间点的位置，利用预测模型可以提高个体运动轨迹关联的准确性，同时，在出现遮挡或者检测算法无法定位跟踪目标时，估算其可能的移动位置，等到遮挡结束或者检测算法重新定位到该目标时，保持持续的轨迹跟踪。

加州理工学院研制的二维行为跟踪软件（Ctrax）由于具有很高的稳定性受到了广泛关注（Branson et al，2009）。Ctrax在生物的二维平面运动跟踪方面具有很高的准确性和稳定性。实验证明，Ctrax不仅可同时记录50只果蝇的运动轨迹，还成功实现了多目标的鱼类行为监测。图4.2为Ctrax记录的10条鱼的运动轨迹（Barry，2012）。Ctrax在发生遮挡时也具有很高的轨迹跟踪能力。

Ctrax通过背景差等技术提取受试生物的个体图像，利用恒定速率模型预测并选择最佳匹配的运动轨迹。Ctrax采用聚类算法和椭圆拟合成功地将部分重叠的个体分割。该软件对目标图像进行多种数量的聚类分析，选择匹配度最高的作为个体分割的结果。图4.3a的黑色团块是三个粘连在一起的果蝇图像。Ctrax对粘连的图像按照不同的目标数量分别进行聚类计算。图4.3c展示了1～4个聚类的分割结果，对每个分割后的图像进行了椭圆拟合。图4.3b的统计图显示了椭圆拟合在每种聚类结果上的错误率，选择其中错误率最低的聚类结果。该方法极为有效地分割了粘连的生物个体。跟踪算法根据分割后的个体信息进行进一步的行为跟踪处理。

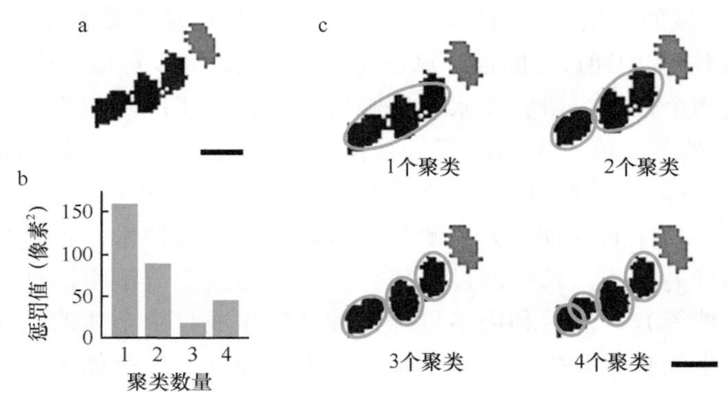

图4.3　基于聚类和椭圆拟合的个体分割（Branson et al.，2009）

基于视觉的多目标行为监测的主要技术难点是跟踪过程中经常丢失目标或者跟踪错误的目标，造成两个或者多个受试生物的运动轨迹交换。尤其是在个体间交互和聚集行为发生时，频繁出现被观测对象互相遮挡的现象。由于受试生物个体的外观极其相似，当遮挡结束后跟踪算法难以检测到原本的跟踪对象。为了能够准确地记录每个受试生物的行为，避免出现错误跟踪和漏跟踪，西班牙和法国科学家联合研制了一种“指纹”特征描述技术来准确鉴别每个受试生物个体。这种鉴别生物个体图像的“指纹”技术提取了一种人眼无法描述的特征，解决了人类无法识别的生物个体的鉴定问题（Pérez-Escudero et al.，2014）。基于这种技术开发的idTracker行为跟踪系统已经成功地实现了对老鼠、果蝇、斑马鱼、蚂蚁和青鳉鱼五种生物的群体行为观测。

“指纹”特征是通过计算生物个体图像上每两个像素点在图像上的距离和它们的灰度值得到的。在一个完整的生物个体图像上，任取两点i_1和i_2并计算它们之间的欧氏距离d，将该二维图像所有像素点的组合生成一组三维向量（d, i_1, i_2），然后计算该图像的强度图和对比度图。强度图代表的是个体图像中任意两点i_1和i_2的灰度值的和（i_1+i_2）与其对应的距离d之间的关系，是所有给定的距离（d）对应的灰度值的和出现频率的二维直方图。对比度图的意义和计算方法与强度图类似，它统计的是任意两点差的绝对值$|i_1-i_2|$和距离d之间的对应关系。图4.4展示了“指纹”特征的计算过程。

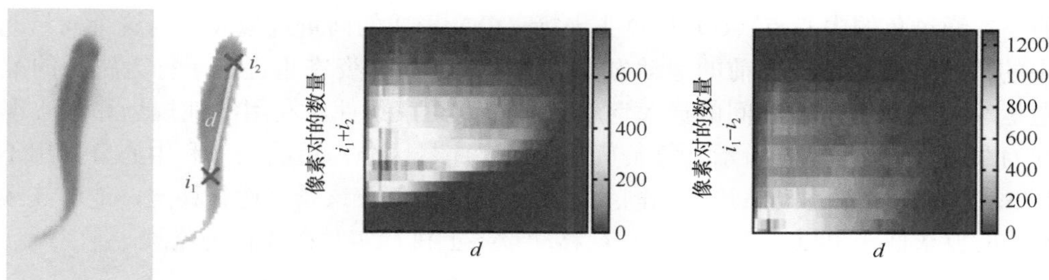

图4.4　强度图和对比度图的计算过程（Pérez-Escudero et al.，2014）

在行为观测开始时，idTracker对每个完整的生物个体图像建立一个参考的“指纹”特征。在接下来的每一帧里面，该系统对所有的个体图像都计算它们的“指纹”特征。然后，将待鉴别的个体图像特征与之前建立的参考特征进行比对，选择最为相似的结果与之匹配。由于只计算了距离和灰度值，这种特征具有平移和旋转不变性，并且对生物的姿态变化也具有很强的稳定性和可靠性。但该方法计算强度大，对计算机性能有很高要求，目前还难以应用到在线监测系统中。

近期的很多研究采用外观特征提取技术对被观测的生物进行个体鉴定和跟踪。由于鱼在游动时身体姿态多变，除头部以外纹理特征不明显，跟踪算法多通过检测鱼的头部图像进行个体定位和跟踪。复旦大学的研究团队通过在尺度空间上计算黑塞行列式（determinant of Hessian，DoH）来检测鱼的头部位置，并计算鱼头的朝向。采用卡尔曼滤波预测鱼的运动轨迹，利用椭圆拟合提取鱼的头部图像对跟踪目标进行特征验证。同时，他们还提出了一种轨迹连接算法将因遮挡造成的间断的运动轨迹进行匹配和连接。该方法已经在对40条斑马鱼的跟踪中取得了准确的跟踪效果（Qian et al，2014）。随后，该团队提出采用卷积神经网络描述鱼头的图像特征，实现了对每个跟踪目标图像特征的在线更新，提高了跟踪的准确性和可靠性。南开大学提出一种改进的方向梯度直方图（histogram of oriented gradient，HOG）特征描述算法识别鱼的头部图像，这种改进的HOG特征描述算法具有旋转不变性，能够检测各个朝向的鱼头图像。

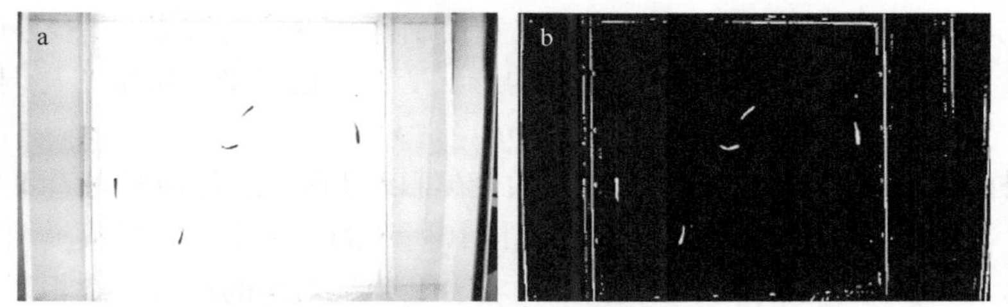

图4.5　斑马鱼的观测图像及个体检测结果（Xia et al.，2016）

目前大部分行为监测系统都将受试生物看成图像上的一个点，只记录其中心点坐标形成的运动轨迹，缺乏对生物运动姿态的描述。Xia等（2016）研制了一种基于姿态测量的多目标行为观测系统Multrack，该系统通过识别鱼的头尾图像来粗略计算鱼的姿态，采用自适应阈值分割法从观测图像中提取鱼的个体。由于背景简单，自适应阈值分割法能够在光照不均匀的情况下从背景中准确分割目标图像。图4.5a是一幅观测容器中采集的图像，图4.5b中5条鱼的二值图像被准确地分割出来，容器底边形成的噪音可通过限定区域消除，而点状的图像噪音通过腐蚀-膨胀法及高斯滤波法进行滤除。

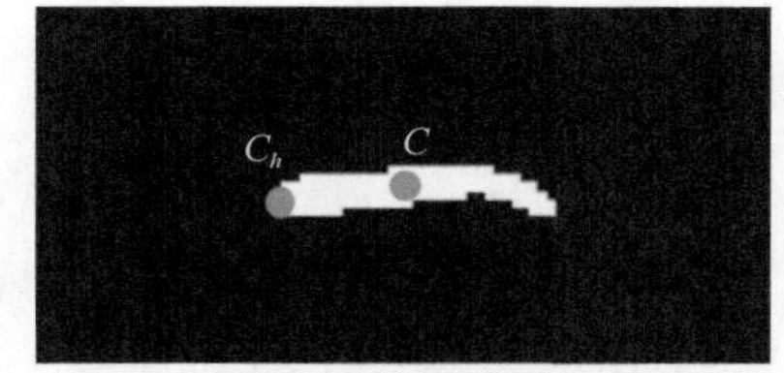

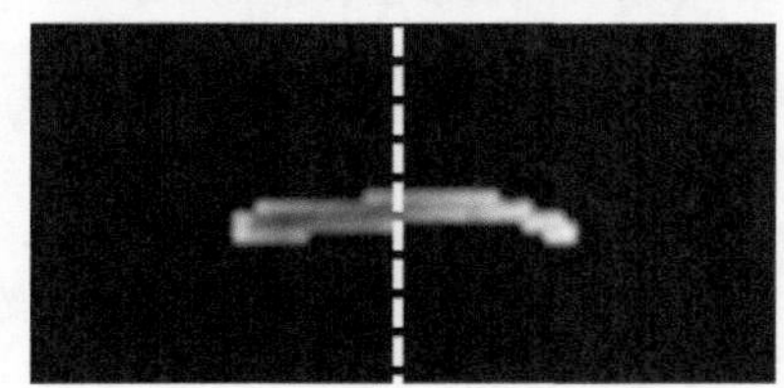

图4.6　鱼的个体姿态分析及灰度特征提取（Xia et al.，2016）

我们提出了一种利用灰度特征识别鱼的头尾的方法，这种方法计算简单、容易实现。图4.6是一条鱼的二值图像及其对应的灰度图像。从二值图像中计算包围鱼身体的最小外接矩形，得到鱼头部、尾部和中心三个坐标，然后将鱼的图像从中间分成两部分判别鱼头和鱼尾。由于鱼头和尾部的透光度不一样，其头部和尾部图像的灰度特征呈现出不同。我们通过计算头尾图像的平均灰度值区分鱼的头和尾。

鱼身体的姿态通过鱼的中心点（C）和鱼头坐标（C_h）形成的向量近似表示。这个向量既表示鱼身体在观测平面中的角度，又表示其当前的运动方向。结合鱼的身体姿态也提高了行为跟踪的准确性和稳定性。我们将鱼运动的方向、单位时间的最大运动距离作为约束条件，利用线性规划算法实现了多条鱼的行为跟踪。行为跟踪结果如图4.7a所示，每条鱼都用数字序号区分，鱼的头部和中心分别用不同颜色的圆点标记，图4.7b是观测对象的运动轨迹，相同颜色表示同一条鱼。该系统运行稳定，能够连续运行一周以上，并且对硬件的要求低，可以在手机等低功耗移动设备上执行实时在线行为监测。

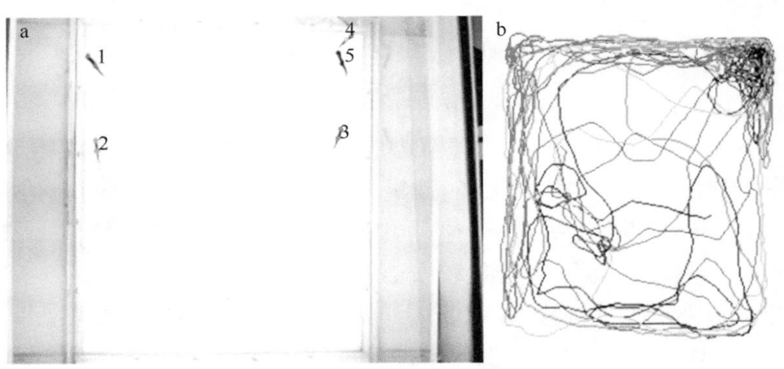

图4.7　斑马鱼个体跟踪及行为轨迹

检测鱼的头尾只能描述鱼的运动方向，本研究提出通过建立鱼的形状模板来测量鱼身体的详细姿态，采用主动形状模型（active shape model）对鱼的轮廓进行建模，它能够利用先验知识准确地检测复杂环境下被遮挡的物体。主动形状模型通过学习鱼的轮廓样本即可建立参数化的二维轮廓模型。

主动形状模型算法通过一组二维点（即形状向量$\boldsymbol{x}_i$）描述鱼的二维轮廓：

$$\boldsymbol{x}_i=(x_{i0}, y_{i0}, x_{i1}, y_{i1}, \cdots, x_{in-1}, y_{in-1})^{\mathrm{T}} \quad i=1, 2, \cdots, N \tag{4.1}$$

式中，(x_{ij}, y_{ij})表示形状i的第j个标记点；N是训练集中形状样本的总数。图4.8显示了几个不同姿态鱼的形状样本，通过对这些样本的训练得到鱼的平均模型及控制形状变化的参数。图4.9是计算得到的平均形状，这里我们选取42个点精确地描述鱼的形状。鱼的形状变化是通过平均模型 $\bar{\boldsymbol{x}}$ 与调整权值b来控制的：

$$\boldsymbol{x}_i = \bar{\boldsymbol{x}} + b\boldsymbol{P} \tag{4.2}$$

式中，$\boldsymbol{P}$是训练时从样本中获得的特征向量。通过改变b可以得到鱼的各种姿态。我们利用建立好的二维模型跟踪斑马鱼的运动并测量其精确的姿态变化。图4.10所示的是利用主动形状模型得到的行为跟踪结果（Xia et al.，2014），图像中的轮廓即为形状模型，它会准确地与鱼的身体形态相匹配。在鱼的身体出现高度弯曲的情况下依然能够准确地测量其姿态。为了方便描述鱼的身体姿态，利用鱼的轮廓计算鱼的骨架，即图4.10中鱼身体中的连线。它由21个点构成，能够详细表达鱼身体上各个部位的形态变化。

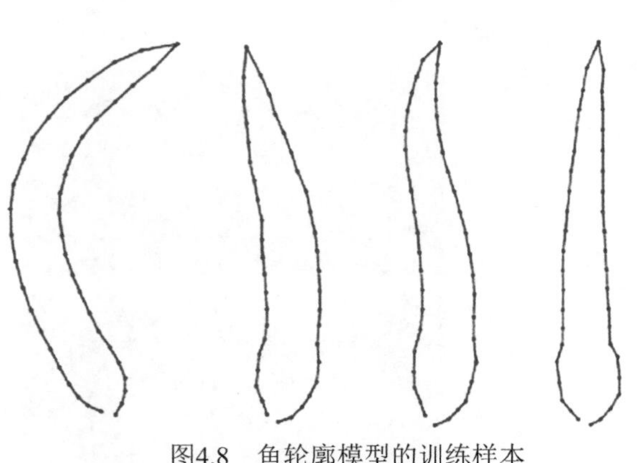
图4.8　鱼轮廓模型的训练样本

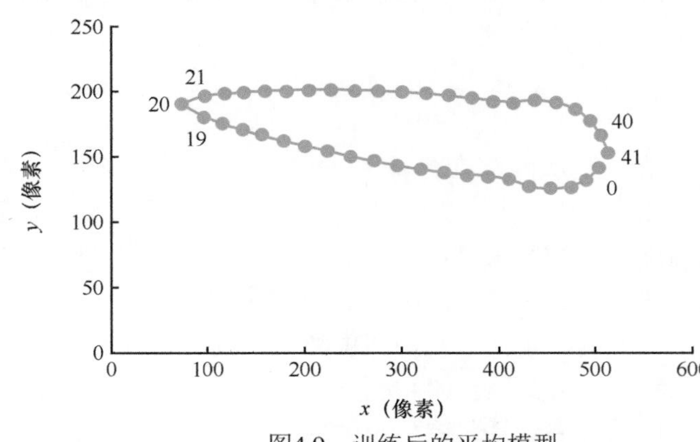

图4.9　训练后的平均模型

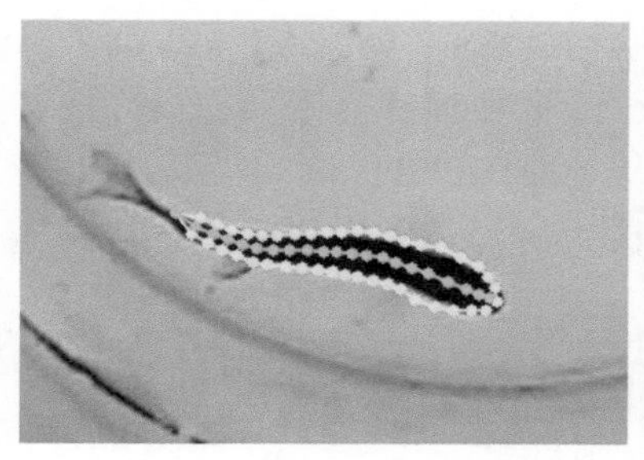
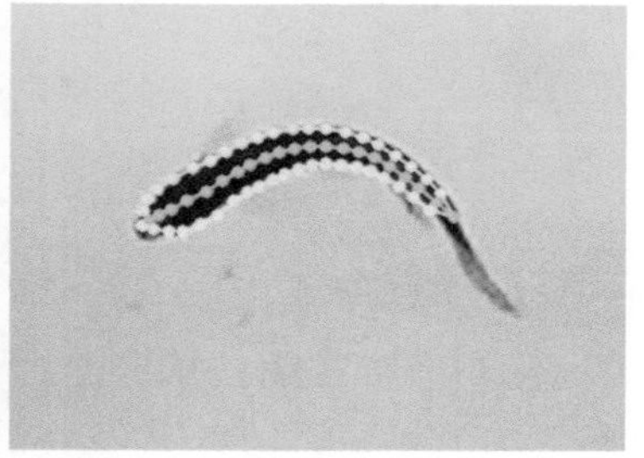

图4.10 个体姿态精确测量（Xia et al.，2014）

二、三维多目标行为监测方法

众所周知，鱼类、大型蚤等水生生物是在三维空间中运动的，二维观测只能测量其运动轨迹在某个平面上的投影，只有获得三维空间上的运动轨迹才能更全面地了解和分析生物的行为模式。目前，三维生物行为监测技术的研究在国际上正处于起步阶段，其结构也各有不同，它是在二维视觉跟踪的基础上利用三维成像技术来获得受试生物个体的三维运动轨迹。

双目相机是一种典型的立体视觉结构，它是基于视差原理并利用成像设备从不同的位置获取被测物体的两幅图像，通过计算图像对应点间的位置偏差来获取物体三维几何信息的方法。首先建立特征间的对应关系，然后将同一空间物理点在不同图像中的投影点对应起来，通过计算这个差别获得物体的三维图像。它要求左右两个相机的光轴平行，在平行光轴的立体视觉系统中，左右两台摄像机的焦距及其他内部参数均相等，光轴与摄像机的成像平面垂直，两台摄像机的x轴重合，y轴相互平行，因此将左摄像机沿着其x轴方向平移一段距离b后与右摄像机重合。

荷兰诺达思信息技术公司（Noldus）与瓦赫宁根大学合作，研制了Track3D系统，该系统利用双目相机俯视观测单个目标的运动，可用于对鱼类、蚊子等的三维行为的分析研究（Spitzen et al.，2013）。我们利用双目视觉技术进行了三维行为观测的初期研究。在二维多目标跟踪的基础上，利用双目相机从左、右视图中分别检测鱼的运动，通过立体视觉算法对每条鱼在左、右视图中的投影进行匹配后计算出其三维坐标。将这些鱼身体中心的三维坐标按时间序列连接后形成了三维运动轨迹。图4.11展示了观测系统的结构、检测结果及观测到的三维轨迹。

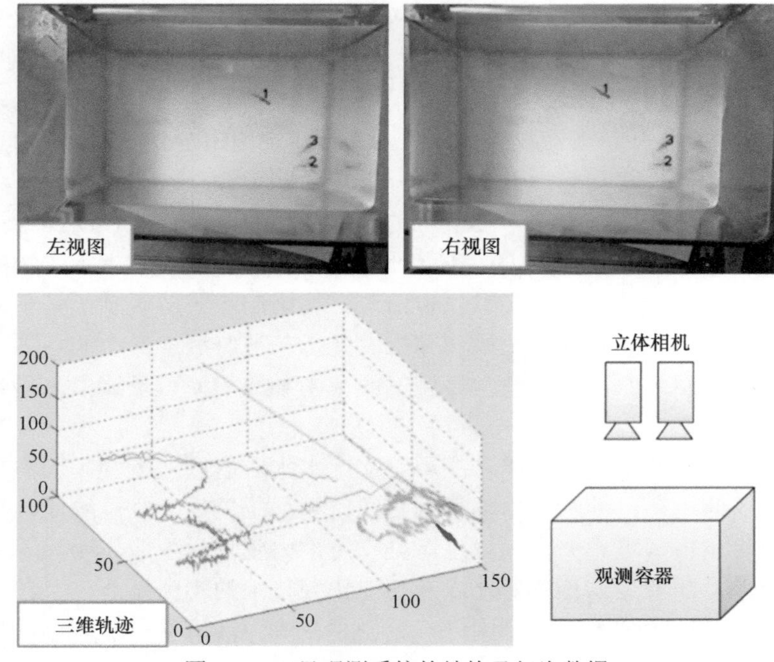

图4.11 双目观测系统的结构及行为数据

三维观测系统最为复杂的是多视角立体相机式结构，这种结构一般采用三个以上的相机同时拍摄。多用于大范围的三维运动跟踪。加州理工学院构建了一个具有11个相机和集群计算机的复杂系统，实现了在大范围内对果蝇三维飞行运动的实时观测（Straw et al.，2011）。由于拍摄飞行运动，该系统采用了速率为100帧/s的高速摄像机，在0.3m×0.3m×1.5m的大容器内观测果蝇的行为。这种方式对硬件的计算能力和数据传输能力要求极高。

三维多目标的行为监测具有很高的技术难度。最近，复旦大学在多目标的三维集群跟踪方法上取得了突破性进展（Liu et al.，2016）。该方法从多个相机视图中同时检测被跟踪目标并采用粒子滤波器和多重假设对大量的目标进行同时跟踪，实验证明该方法可有效跟踪几百只果蝇的三维轨迹。该团队采用1个俯视相机和2个侧视相机的主从结构开展了对鱼群三维行为跟踪的研究，俯视相机为主视图，负责采集鱼在水平平面的运动轨迹；两个侧视相机互相垂直负责观测容器内鱼的深度变化。该工作提出了一种多角度的鱼头识别算法，用于从侧视图像中检测鱼头，并与主视图中对应的鱼的个体图像进行匹配，进而获得其三维坐标，实现了20条鱼的准确跟踪（Wang et al.，2016）。

三、基于生物行为感知的水质监测及应用

在受到环境变化等外在因素的刺激时，水生生物行为强度的变化呈现一定的规律性，即在一定浓度的污染物干扰下，行为强度的变化与时间相关；而在一定的暴露时间下，其行为强度与污染物浓度相关。行为数据分析的目标就是从监测数据寻找规律，检测水生生物的异常行为，评价水体的污染状况或潜在的风险。

水生生物行为的原始数据是其运动的轨迹，根据这些运动我们无法直接判断水体的状况，需要对这些数据进行加工处理和深入的量化分析，才能将行为数据的特征及其所表示的意义直观地反馈给用户和研究人员。因此，在数据处理和分析的过程中，需要分析水生生物行为变化的机制和控制因素，结合毒理学因素初步判断水中污染物的污染程度；建立相关的环境和生物个体校正程序，降低误警率；提高生物监测系统对污染物的定性和定量判断的准确度等（黄毅，2014）。在线行为监测系统产生了大量的行为数据，这些数据难以处理和合理解释。因此，科研人员及工程技术人员针对各种行为数据的计算和分析方法开展了大量研究工作，来阐述行为变化的结构特性。这些分析方法包括信号处理方法（如排列熵）、分形维数、傅里叶变换、小波变换，以及最近发展起来的机器学习技术，如多层感知器神经网络、自组织神经网络及隐马尔可夫模型等（Bae and Park，2014）。由于生物行为极其复杂，目前对行为学的研究还在不断探索其规律和机制，尚无标准的数据处理和预测模型可以广泛应用。

目前，越来越多的商业化水质监测及预警产品采用在线生物监测技术。其中比较有代表性的是德国BBE公司的几款水质监测产品，如鱼毒性仪和大型蚤毒性仪。德国BBE公司研制了基于图像分析技术的水质毒性监测产品鱼毒性仪，该仪器利用摄像和图像分析技术连续检测被测样品对鱼活性的影响，进而确定其毒性强弱。鱼毒性仪观测在连续水流影响下鱼的行为，在线追踪鱼的移动，记录鱼的行为变化，如果出现突发污染事件，将给出早期警报。大型蚤毒性仪是一种以大型蚤为指示生物的在线监测系统，并应用在湖泊、河流及饮用水水源地水质的实时原位监测。德国BBE公司研制了基于大型蚤的可视化监测的水质毒性预警装置，该仪器连续不断地记录和分析发光蚤在被监测水样中的各项生理行为参数（如行为轨迹、游动速率、种群数量等），比对正常环境下的行为参数，便可反算出水质毒性数据，达到连续在线监测的目的。

自动水生生物行为在线监测系统已经成功应用于饮用水水质监测，近几年国内很多地区已将该系统应用到饮用水源的安全监测中。自动水生生物行为在线监测系统仍处于发展阶段，存在行为指标易受环境因子影响、预警阈值设定依据不充分、低浓度污染物短期内生物学效应不明显等问题，进而导致系统无报警及错误报警等问题。随着生物传感器技术及智能预警技术的不断发展，自动水生生物行为在线监测系统将日趋完善与成熟。这种技术适用范围广，无论是在海洋环境原位监测还是在水质预警和毒性评价等领域都具有广阔的应用前景。

第二节　基于光学成像的海洋生物原位监测技术

一、海洋浮游生物智能种群监测方法

在海洋环境监测中浮游藻类作为一种重要的指示生物对水体污染、灾害监测和预警有至关重要的作用。浮游藻类的密度分析、种类鉴定是检测水体污染的重要手段。某些浮游藻类在生长、繁殖或死亡过程中，产生的二级（次级）代谢产物藻毒素，不仅严重危害生态系统中以浮游生物为食物的消费者，还会通过生物富集，对人类健康产生严重影响。藻毒素沉积后，给海水养殖业也带来巨大损失，严重影响海洋生态系统稳定性及海洋资源的可持续开发利用。因此，对特定藻种（如蓝藻、微囊藻）的检测能分析水体中藻毒素的含量，通过分析浮游藻类可以获得水体不同来源藻毒素的信息。同时，浮游藻的种类和浓度与海水富营养化密切相关，对藻类的分析能够准确测量水体富营养化的程度。对浮游藻类的自动测量和准确分析是实现长期原位海洋监测的关键技术，也是当前研究的热点技术。随着藻类自动鉴别技术的进步，各种实用化的藻类监测仪器已经广泛应用于海洋环境监测。

（一）浮游生物原位成像装置

传统的浮游生物分析方法要求采集浮游生物的样品带回实验室分析，由于样品在运输和保存过程中因环境变化会产生失真，从而影响分析结果的准确性。在原位的测量方法不仅省去了复杂、烦琐的采样过程，提高了分析结果的准确度，还实现了对海洋环境的实时监测。浮游生物的原位监测技术经过几十年的发展，已经有很多研究成果和商业化系统应用于科学研究及环境调查等相关领域。表4.1描述了一些比较常见的浮游生物监测系统及其功能特点。

表4.1　浮游生物成像及监测装置

名称	研制年份	研制单位	功能特点	适用场合	商业化
Video Plankton Recorder (VPR)	1992	美国伍兹霍尔海洋研究所	利用水下显微镜采集海水中的浮游生物原位图像，图像存储在内部存储器中。VPR第二代在硬件上做了相应更新，于2012年进行试验	浮游生物原位图像采集	是
LOKI浮游动物图像原位采集系统	2009	德国iSiTEC公司	采集浮游动物的图像、环境参数及样本，同时实现浮游动物分布和环境参数的快速可视化	浮游动物原位图像采集	否
ZooScan	2007	法国HYDROPTIC公司	实现实验室内对采集水样的扫描成像，利用图像处理软件分割和识别藻类	浮游生物的实验室样品分析	是
FlowCAM	2004	美国Fluid Imaging Technology公司	采用流式细胞仪结构，将荧光光谱技术和CCD相机结合对水样进行分析	浮游藻类的实验室样品分析	是
赤潮图像采集系统	2006	中国厦门大学	采用流式系统和高速CCD相机从海水样品中采集赤潮生物图像	实验室样品分析	否
HAB浮标	2004	英国普利茅斯大学	采用浮标方式将仪器放置在海水中，利用流式结构、数字相机实现藻类原位分析	原位分析和监测	否
Imaging Flow Cytobot (IFCB)	2006	美国伍兹霍尔海洋研究所	通过水下显微成像实现原位图像采集和识别赤潮海藻（*Karenia brevis*），通过有线网络连接地面服务器实现在线监测	原位分析和监测	否
水下显微成像仪	2009	中国国家海洋技术中心	利用水下显微镜记录水下100μm以下的微小颗粒，可用于浮游生物或泥沙浓度监测	原位测量	否
CPICS浮游生物原位成像分类系统	2014	美国伍兹霍尔海洋研究所	水下原位暗场拍摄，通过更换镜头调整视场，最大分辨率可达1μm	原位拍摄	是

由于浮游藻类和浮游动物的体长尺寸跨度较大，光学成像系统难以在同一成像范围内实现同时对体积差异较大的浮游藻类和浮游动物的清晰拍摄。此外，浮游藻类和浮游动物拍摄装置的成像方式不同，

因此两种拍摄系统一般独立开发。目前，浮游藻类监测系统主要依靠显微成像和流式细胞技术。流式影像仪（flow imaging microscopy，FlowCAM）是由美国Fluid Imaging Technology公司2004年研发的一项监测浮游生物的装置，主要用于各种水体中的有机和无机悬浮体（包括浮游动物、浮游植物、细胞、藻类及其他微粒）的检测。该方法将流式细胞技术、显微成像技术和水下图像处理技术结合在一起，整个系统由流体系统、光学检测系统和信号处理系统组成，系统可连续获取高分辨率的现场浮游生物图像和多种光信号，快速地区分生物体和非生物体，使用图像处理软件将现场采集的图像与数据库中的图像进行比对，实时地判别浮游藻的种类，进而获得海洋中生物量的统计信息。流式影像技术的原理如图4.12所示。含有浮游藻类的水样经过鞘液等处理后通过流通池，水体中的颗粒物体（如浮游藻类）按顺序逐一通过流通池。因此，成像系统通过显微镜能够准确采集到经过流通池的每个浮游藻的数字图像。系统配有LED闪光灯，为数字图像的采集提供光源。同时，采用激光器对流通池内的藻进行荧光激发和检测。FlowCAM可快速、大量地采集图像，但对浮游植物种类的鉴别能力有限，大部分种类鉴定工作还依赖人工完成。FlowCAM是最早实现藻类图像自动采集的装置，其主要用于浮游藻类实验室样品分析。

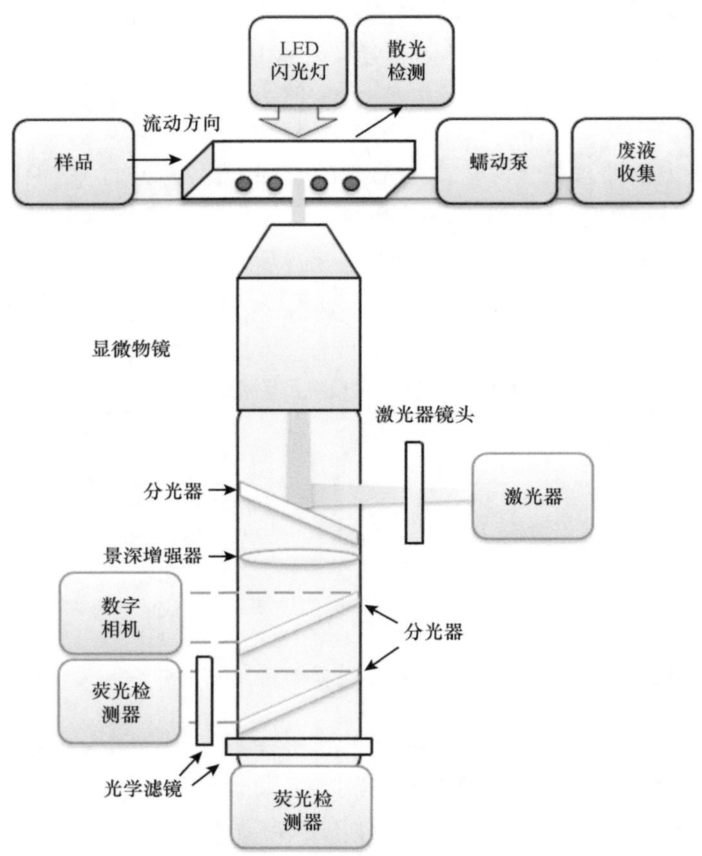

图4.12　流式影像技术原理图

英国科学家研制了用于藻类原位监测的有害藻华浮标型检测装置（HAB浮标）（Culverhouse et al.，2006）。该装置可检测鳍藻属、角藻属和夜光藻属等有害海藻类。整个系统由近红外光源、流动室、成像装置和计算机组成。藻类图像由软件进行分类及鉴定。该装置通过无线网络与控制基站进行通信，最大通信距离可达到5km。在进行原位监测作业时可将其固定到橡皮艇或10m内的海底。HAB浮标在40min内可采集水样250mL，对这些样品需要额外的40min进行分析处理。与HAB浮标相似的还有荷兰CytoBuoy公司的在线监测型浮游植物流式细胞仪等系列产品。

IFCB（Imaging Flow Cytobot）是由美国伍兹霍尔海洋研究所（Woods Hole Oceanographic Institution，WHOI）于2006年研制的基于图像和荧光分析对有害浮游藻类进行原位监测的装置（Sosik and Olson，2007）。该装置利用流式细胞技术在流动室对样品进行成像。IFCB鉴别浮游细胞的准确性高，能够达到属级的自动分类。IFCB能够识别大小为10～150μm的个体藻类图像，同时还能测量每张图像的叶绿素荧光，主要针对赤潮藻类腰鞭毛藻进行监测。IFCB于2006年起被布置在位于墨西哥湾的观测站，每小时检测一次海水中的藻类信息，这些信息（藻类个体图像、大小等）通过有线网络上传到互联网服务器中，世界各地的用户都可以通过访问伍兹霍尔海洋研究所的网站查看藻类的实时数据（图4.13）。

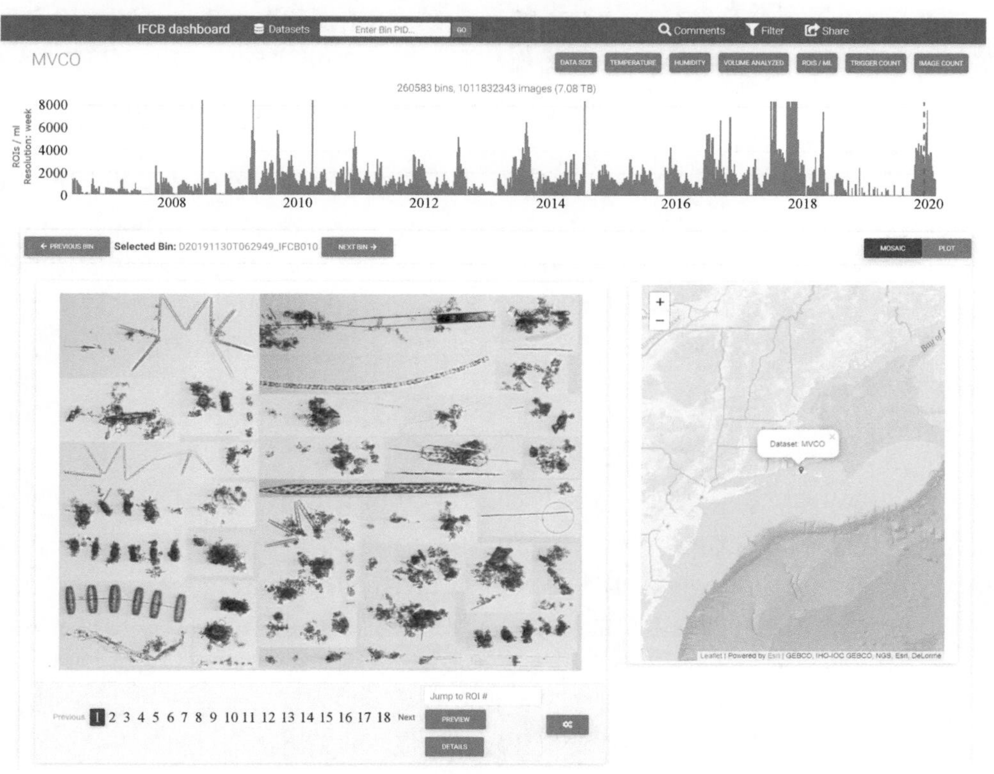

图4.13　IFCB藻类在线监测系统的互联网界面

由于浮游动物通常体积相对较大（＞200μm），浮游动物拍摄装置多采用原位开放式的成像方式，这种方式可以拍摄较大视场内的浮游动物图像，也可以进行拖曳式作业。美国伍兹霍尔海洋研究所于20世纪90年代研制开发了浮游生物视频记录仪（Video Plankton Recorder，VPR）（图4.14a）。该系统采用氙气灯光源进行照明，利用前向散射光对水体中的浮游生物进行拍照。为了能够清晰观测各种不同尺寸大小的浮游生物，同时配备了数台相机从而调整拍摄区域并聚焦，拍摄的图像由随机配备的图像处理系统实时传输至甲板进行同步分析。2012年，在原有VPR基础之上进行了升级换代，开发了第二代产品VPR Ⅱ。它采用高像素数码摄像机、更细的线缆、更新的控制系统和分析软件，工作距离为50cm，系统景深

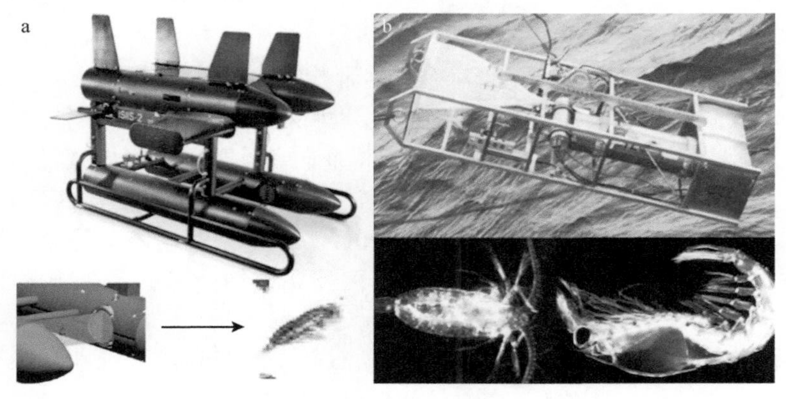

图4.14　浮游生物图像采集系统

a. VPR及其成像过程；b. LOKI采集装置及浮游生物样图

可以达到3～8cm，相机移动范围由二维提升到三维，可在1～31mL的体积范围内提供高解析度浮游动物图片并用软件进行实时分析。与VPR功能类似的采集装置还有德国iSiTEC公司生产的LOKI浮游动物图像原位采集系统（图4.14b）。LOKI系统配备LED灯探头和数码相机以采集浮游生物的图像，增强了属级别的识别能力并具备高时空分辨率，同时采集图像、环境参数及水体样本。

CPICS也是伍兹霍尔海洋研究所研制的水下原位浮游生物拍摄装置。通过搭配不同规格的镜头可实现0.16～10倍的放大，最大分辨率可达1μm，图像分辨率达到600万像素，能够拍摄清晰的浮游生物图像。CPICS可以结合水下观测平台开展长期的水下拍摄，其还配备了浮游生物识别软件，可实现亚纲级的识别。

我国科研机构在浮游生物监测技术方面也开展了大量研究。厦门大学研制了结合流式细胞技术快速监测和数字化成像技术的系统，实现了对浮游植物粒径谱的测量（戴君伟等，2006）。该系统由流式系统和高速CCD成像系统构成，通过蠕动泵来控制海水样品的流速，实现对赤潮生物图像的实时采集。中国国家海洋技术中心建立了一套水下显微成像仪，主要针对0～100μm的微小颗粒（浮游生物、泥沙等）进行浓度监测（于翔等，2009）。近年来，我国政府加大海洋仪器装备研制的投入，不断推进我国浮游生物原位监测技术的发展。

（二）图像识别方法

对浮游藻类的图像分析最早于20世纪80年代提出，最早利用显微镜从海水样品中采集浮游藻类的图像，在实验室内进行成像分析。欧洲共同体于1998年启动了浮游藻类图像识别的研究项目（dinoflagellate categorisation by artificial neural network，DiCANN）（Culverhouse et al.，2002），该项目利用人工神经网络系统对4个甲藻类属内的23种腰鞭毛虫的显微镜影像进行自动识别。该项目采用离散傅里叶变换、二阶统计量、Sobel算子、直方图和Gabor小波变换算法对被检测对象形状及表面纹理灰度特征进行提取，利用神经网络对所提取的综合特征进行学习训练，取得了与人工识别接近的结果，正确识别率可达84%。Wilkinson等（2000）提取硅藻的形状学曲率特征和轮廓特征，并采用决策树和最近邻分类器（KNN）进行分类性能比较，准确率达到92%，但是该方法所研究的对象仅限于实验室人工培养的硅藻，并且识别种类过于单一。Jalba等（2004）提出了一种硅藻图像自动分类的方法，该方法能够识别20～260μm的硅藻。同年，厦门大学用显微镜扫描系统获取海洋硅藻图像，开展了对硅藻显微图像的自动分析和识别的研究（高亚辉等，2006）。例如，采用几何形状特征、Zernike矩特征、基于灰度共生矩阵的纹理特征利用基于支持向量机（support vector machine，SVM）分类器，对藻类的正确识别率达到了71.3%～84.4%。近年来，中国海洋大学针对赤潮藻类识别技术做了许多工作，利用自动阈值等方法分割显微图像中的藻类个体，对藻类个体形态特征进行测量和统计特征的提取（姬光荣等，2010）。还尝试使用Haar小波描述藻类的纹理特征，并结合支持向量机实现藻类的自动分类，对24个种的有害赤潮藻类显微图像的正确识别率为72%。

随着模式识别技术的迅速发展，藻类图像自动识别的性能有了极大的提高。美国伍兹霍尔海洋研究所在IFCB藻类成像技术的基础上，成功实现了对有害浮游藻类的种类鉴定（Sosik and Olson，2007）。该方法融合多种图像处理及分析技术，采用几何特征、纹理特征、不变矩和灰度共生矩阵等特征描述算法对藻类图像进行量化分析，生成一个具有210个元素的特征向量，采用支持向量机作为分类算法，经过训练构建了能够识别22个种类的浮游藻类自动鉴别系统。该方法对22个类别藻类的平均正确识别率为88%，并已经应用于海洋环境的自动监测工作。Mosleh等（2012）报道了利用基于神经网络和主成分分析的方法对藻类图像进行分类的工作，该研究对硅门藻、绿门藻和蓝细菌进行了分类测试，正确识别率达到93%。

为了促进浮游生物图像识别的技术发展，伍兹霍尔海洋研究所等研究机构公开了大量的浮游生物图像数据，供全世界研究人员开展识别算法的研究。著名机器学习竞赛Kaggle也组织了浮游生物识别竞赛，该竞赛将108类的浮游生物作为识别目标，比赛中的最好成绩达到了接近70%的正确识别率。深度学习技术解决了传统方法难以实现的大规模图像识别问题，将图像识别推向实际应用。我们也基于ResNet50网络进行了浮游生物种类识别的尝试，对自主拍摄的高清浮游生物图像数据集进行了测试。在未进行优化的情况下，对于60个种类的浮游生物的正确识别率达到了91.2%。

浮游藻类的自动鉴别具有广泛的应用前景。目前，浮游藻类的自动采集及成像技术取得了很大的发展，技术趋于成熟，但价格较高。藻类图像的自动识别是当前研究的热点，目前自动鉴别技术已经能达到属级别的鉴定精度，种级别的精准鉴定还有待于该技术进一步发展。浮游藻类有成千上万种，要实现大规模的藻种识别还需要发展更前沿的人工智能技术。这些先进的智能技术将推动生物监测技术及仪器的快速发展和不断更新。

二、海洋鱼类的原位监测方法

目前，鱼类调查以拖网采样为主，但拖网捕捞会对生态环境造成一定影响且工作量巨大。基于声学技术的调查方法能够快速地测量海域中的鱼类生物量信息，是一种非接触、非破坏式的鱼类调查手段，但其价格昂贵。声学调查虽然能够准确地监测鱼的生物量信息，但是多数声学监测仪器分辨率低，导致其种类辨别能力不足。声学技术多适用于水面作业，无法准确调查人工鱼礁等水下结构复杂的区域内的鱼类信息。水下视频监测技术从20世纪50年代至今已经发展了近70年。光学成像技术已经具有高清晰度、高分辨率、高速度的图像及视频采集能力，实现了成像仪器的数字化、小型化、低功耗和低成本。视频监测技术能够在人类难以长期开展作业的水下环境采集直观、清晰的现场数据，能够开展水下原位的鱼类观测工作。目前，水下视频调查已被广泛应用于海洋生态环境及相关的监测工作，采集了大量的水下鱼类视频数据。然而，鱼类视频数据的分析不但需要有经验的专业人员，而且工作量巨大。鱼类的原位图像识别和个体检测是实现水下长期自动种群监测的关键技术，对建立水下生物监测传感网络具有重要意义。鱼类自动识别是海洋监测的发展方向，也是开展海洋生态、环境等研究的必备手段。

鱼类水下原位观测的研究逐渐受到各国政府及科研人员的关注。欧洲部分国家、澳大利亚、中国等都启动了水下长期观测鱼类的项目，构建了多种水下原位观测系统。其中，研制比较早、比较有影响的工作为我国科学家构建的水下分布式鱼类长期视频观测系统，该系统能够将水下视频实时传送到地面服务器，海洋研究人员及相关用户可以通过互联网及时获取水下的观测信息，开展海洋生态系统的研究。该系统提供了海量的水下鱼类视频数据，建立了鱼类的图像和视频数据库，包含了25种热带鱼类的水下观测数据，为进一步开展水下种类鉴别工作提供了重要的数据支持。该原位鱼类图像识别数据库已经公开，为图像检索会议［Image CLEF（Conference and Labs of the Evaluation Forum）］提供标准测试数据，对推动水下鱼类自动监测技术的发展具有重要意义。近期，中国海洋大学在海底有缆在线观测系统研究方面也取得了突破，利用电缆实现了水下观测设备的远距离供电和信息高速传输，该系统成功应用于生态环境和水下生物状况在线监测。

自然环境下的图像采集具有很多不确定性因素，光照、背景复杂，图像质量较低，鱼的姿态多变，识别难度极大。经过几十年的研究，大量的图像特征描述算法展现出优秀的物体识别能力，这些前沿的技术也推动了鱼类识别技术的发展。Spampinato等（2008）报告了一项自然环境下的鱼类自动监测工作，该工作能够从清晰度较低的自然环境中检测鱼的个体并进行跟踪和计数。通过计算图像直方图的矩、均匀性和熵来描述纹理、亮度、颜色等特征，利用高斯混合模型对背景建模，实现鱼的个体检测，计数的平均准确率为85.72%，该工作为开展水下原位的种类识别工作奠定了研究基础，同时也证明了水下原位识别的可行性。

随着人工智能及计算机视觉技术的迅速发展，鱼类水下种类识别取得了突破性的进展。Hsiao等（2014）提出采用高斯混合模型和背景差分法检测鱼的个体图像，将人脸识别中的特征脸技术用来描述鱼的图像特征，基于稀疏表达分类器实现了25种鱼的准确识别，准确率达到88%。Hossain等（2016）利用一种具有光照不变性的金字塔直方图，结合支持向量机进行水下鱼的监测和跟踪，该工作在高画质值的Image CLEF 2015数据库中的检测准确率为91.7%。在水下原位观测中，鱼在水中自由游动，姿态多变，给鱼的图像识别造成了极大的困难。Shafait等（2016）提出了一种基于视频序列的特征表示方法，该方法为每条鱼采集包含各种游动姿态的一组图像集，通过这组图像的平均图像和偏置图像的组合实现了对鱼的各种姿态的近似描述。该方法在Image CLEF 2014数据集进行测试，10种鱼的平均正确识别率达到95%。由于该算法需要采集一组图像数据，只适用于视频序列的识别。同时，该方法要求图像集中包含足够数量的图像才能提取表示鱼的特征。当图像集中的图像较少时，其正确识别率将大幅降低。

美国华盛顿大学与美国国家海洋大气局开展了一系列水下鱼类识别研究。他们研制了一种水下拖网式视频采集装置CamTrawl。该装置将立体相机固定在拖网一端，拍摄进入拖网的鱼（Chuang et al.，2011）。与有缆式的水下拍摄装置不一样，CamTrawl主要用于较深的水层中的拖曳式移动拍摄。由于深水层的光照很弱，需要人造光源进行拍摄，而采集的图像颜色特征丢失严重，图像近似灰度图像。采用人工照明拍摄时，能够清晰地拍摄到近距离的鱼的图像，由于光在水中传播距离有限，在距离海底较远时光源被海水吸收，拍摄到的背景图像多呈现黑色。而采用阈值分割法即可有效检测鱼的个体。Chuang等（2016）通过检测鱼身体上的特征部位（如头/尾、鱼鳍），将这些特征组合实现了种类鉴别。为了提高特征描述的准确性，该研究还提出了一种特征学习方法，结合非刚性的变形模型和支持向量机，实现了多个鱼类识别数据库中的准确识别。

传统的计算机视觉方法在鱼类原位识别方面取得了很大的进展，获得了较好的识别效果。但是这些方面采用的是人工设计的图像特征，由于自然环境中的鱼类图像复杂度极高，这些人为设计的方法无法全面、准确地描述鱼的特征。基于人工特征的鱼类种类识别系统适应性相对较差，缺乏对新数据的泛化能力。近期，深度学习采用大规模的网络结构和自动特征学习技术，将图像识别技术推向一个新高度。基于卷积神经网络的鱼类识别系统展现了其强大的特征描述能力和优秀的种类识别性能。Salman等（2016）基于卷积神经网络实现了多种环境下的15种鱼的准确识别，正确率高于90%。该工作基于Image CLEF 2014和Image CLEF 2015数据集分别构建了识别模型，并进行了交叉测试，实验结果展示了卷积神经网络高效的识别能力和可泛化性能。Villon等（2016）则将深度学习方法与传统的基于方向梯度直方图和支持向量机的方法在鱼类识别中的性能进行了比较和讨论。实验结果证明，在这种复杂环境下的种类识别，深度学习具有更高的准确性和稳定性。清华大学深圳研究生院开展的相关研究取得了一系列成果。中国科学院深圳先进技术研究院采用深度神经网络建立了鱼类识别系统，在Image CLEF 2017鱼类识别竞赛中取得了冠军。基于深度学习的鱼类识别工作还处于起步阶段，要研制适用于近海监测的高性能的鱼类识别系统还需要经过长期、大量的技术革新和测试。

三、海洋底栖生物的可视化检测方法

海岸带环境监测与海岸带经济发展密切相关。除了鱼类，海洋底栖生物（如海参、贝类、蟹等）都具有很高的经济价值。海参的养殖是发展海岸带经济的重要部分之一，本研究将介绍基于计算机视觉的海参原位调查技术。海参是一种珍贵的食品，也是名贵的药材，其营养及药用价值得到了广泛认可。随着我国人民生活水平的提高，对海参的需求量不断增长。近10年，我国海参市场急速增长，海参养殖业得到了迅速发展，2015年我国海参产量达到21万t。但海参的养殖主要依靠人工管理，海参的种群调查、生长监测、捕捞等均需要由潜水员潜入海底进行作业。人工作业不仅劳动强度大、成本高，还受环境因素制约，危险性高甚至危及生命。

随着成像技术的发展，视频监测技术能够在人类难以长期开展作业的水下环境采集直观、清晰的现场数据，能够开展水下原位的观测工作。可采用固定式的观测装置或通过遥控潜水器（remotely operated vehicle，ROV）等移动平台搭载数字相机进行海参等海洋生物的原位观测。目前，水下视频调查已被广泛应用于海洋生态环境及相关的监测工作，采集了大量的水下视频数据。然而，要从视频数据中准确获取量化的海参种群数据不但需要有经验的专业人员，而且工作量巨大。研制基于计算机视觉检测的原位海参种群调查技术，不仅可以对现有水下调查视频进行自动分析，还可用于海参的无人监测、自动种群统计及海参自动捕捞等相关应用，对实现海洋牧场的信息化和智能化管理具有重要推动作用。

早期的海参图像分析研究工作集中在实验室环境下海参体长、重量的测量及海参产品的自动分级。海参图像原位分析最近得到了较多的关注。2012年德国比勒费尔德大学研制了一种深海底栖生物观测装置，利用树形结构的支持向量机（support vector machine，SVM）实现了海参等8种底栖生物的半自动识别。该方法从目标图像中提取颜色、纹理及结构特征，共18种特征描述算子，个别种类的正确识别率能够达到87%，但平均正确识别率仅为67%，该工作对海参的识别不是很理想。近几年，主要由中国的研究人员开展了一些原位图像分析工作。大连工业大学提出了一种基于颜色直方图的均值聚类方法优化水下图像，实现了海参的个体跟踪。由于水下颜色失真严重，该方法长期在水下工作具有一定局限性。中国农业大学开展了水下海参图像分割的相关工作，提出了基于主动轮廓模型并实现了海参图像的原位分割，分割准确率达到了96.5%，平均每帧处理时间为4.27s。中国农业大学近期提出了形态学开运算重建和最大熵阈值的方法，实现了海参的快速定位，检测速度达到了每帧0.6s。中国科学院海洋研究所、中国海洋大学等单位也开展了相关的研究。海参、贝类等的原位视频检测技术受到了众多单位的重视，国家自然科学基金于2017年举办了水下机器人抓取大赛，该比赛已经举办了两届，以海参、海胆、贝类等常见养殖产品为目标，旨在实现水下自动采集。其中，关键技术之一就是海参等的自动识别技术，深度学习技术在水下原位小目标检测的应用中展示了强大的识别能力。

我们采用一种准确率高、计算速度快的深度学习检测算法YOLO v2建立了海参的原位检测模型，实现了从复杂背景中对各种形态及部分遮挡的海参个体进行准确检测。该方法基于卷积神经网络提取海参图像特征，建立了海参原位图像检测模型。由于缺乏较大的数据样本，我们采用了一份从互联网上下载的水下视频，从中选取了海参图像进行建模和测试，取得了较为理想的检测结果。图4.15展示了水下海参视频数据，视频中海参呈现各种姿态、有多种光照条件和多种背景。视频中的海参有的在礁石、砂石和

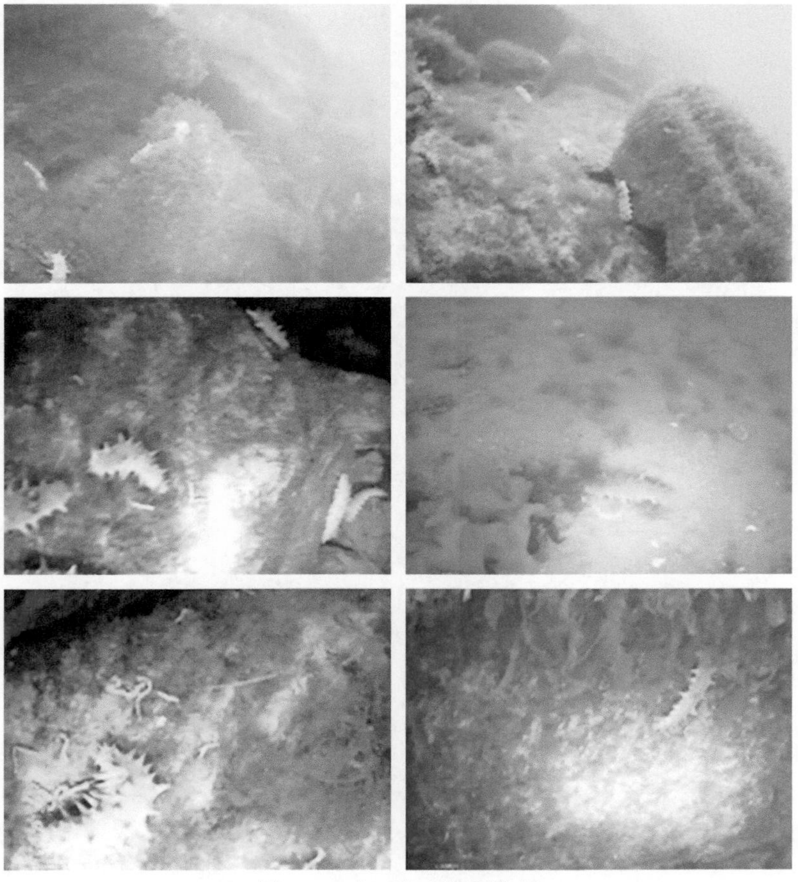

图4.15　水下海参视频数据

海藻中活动，还有的被海藻遮挡。视频拍摄有自然光拍摄和人工光源拍摄。由于是潜水员移动拍摄，海参的图像尺寸和拍摄角度也存在很大变化。这些复杂的成像条件给海参的原位检测带来了很大难题，部分海参图像连人眼都难以鉴别。

我们从视频中选取了100张图像，共包括150个海参个体图像，进行了海参检测的深度神经网络模型的训练，训练好的模型分别在三组数据集上进行了测试。我们从该视频中另外随机选取了100张图像（包含210个海参）构成了数据集1，进行检测准确性的测试。图4.15为数据集1中的部分数据。在数据集1中海参的个体检测准确率为97.6%。图4.16为部分检测结果。

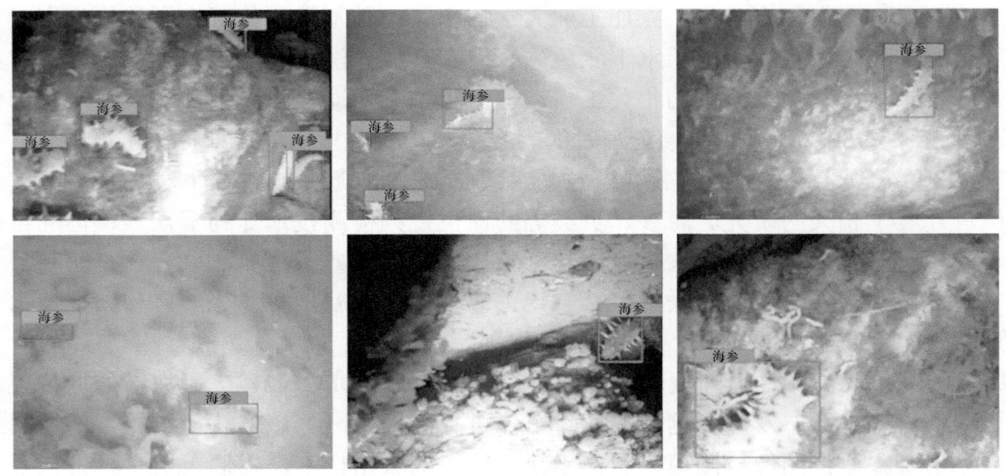

图4.16　视频数据检测结果

数据集2由30张从互联网上采集的图像组成，共含有60个海参个体。因为这些图像拍摄的场景、设备差异特别大，这些图像中的海参种类也存在差别，所以这些数据的检测难度更大（图4.17）。虽然检测准确率相对较低，为76.6%，但是这个结果展示了我们检测模型的可扩展性。由于我们的模型是在一个数据集训练的，训练样本数量较少，包含的特征有限。在未知场景及不同种类海参的检测结果方面展示了深度卷积神经网络强大的特征描述能力及实用性能。

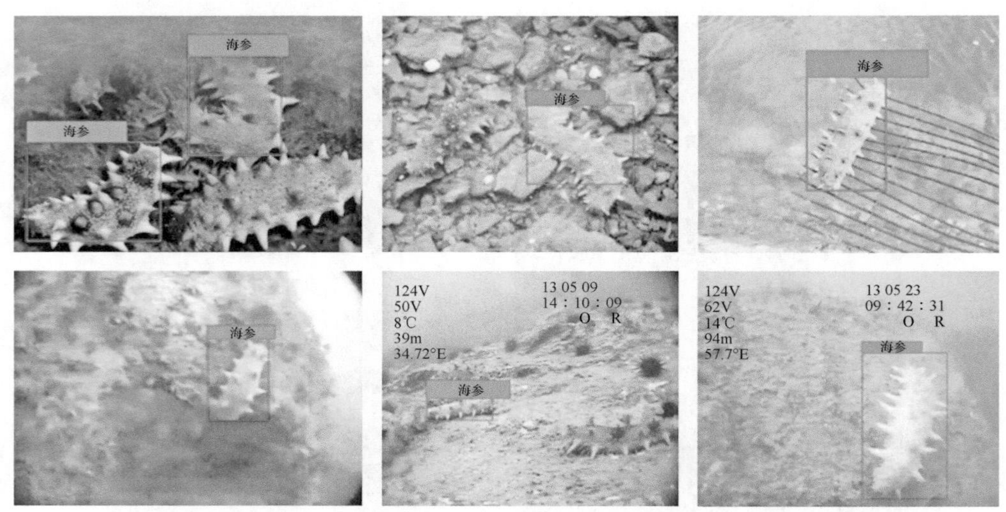

图4.17　互联网图像测试结果

数据集3是我们自己采集的一部分海参图像数据。由于我们拍摄采用的是较为便宜的设备，同时由于季节和环境海水颜色出现了严重失真（图4.18）。这些图像数据清晰度较差，图像颜色与训练样本也完全不同，这些数据对我们的检测模型提出了更高的要求。在测试中，我们的模型没有能够直接检测出图像中的海参。经过比较数据和分析检测算法，我们总结了检测失败的原因。由于我们的检测模型计算的是海参个体的形态特征，颜色特征在检测模型中不是主要的判断依据。因此，我们去掉颜色信息，同时采用图像增强算法对海参特征进行增强处理。经过图像增强处理后，我们的模型能够准确检测到海参个体（图4.19）。

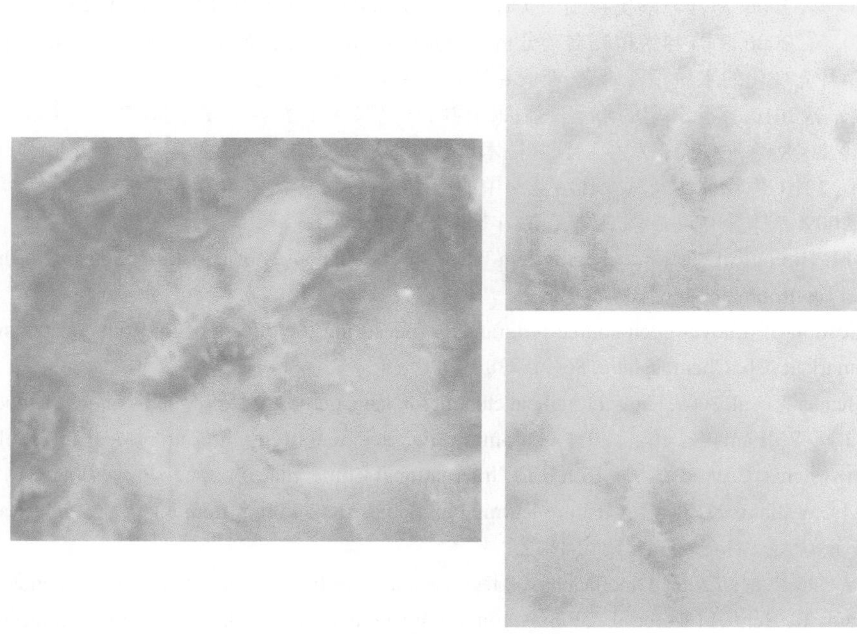

图4.18　自行采集的海参数据

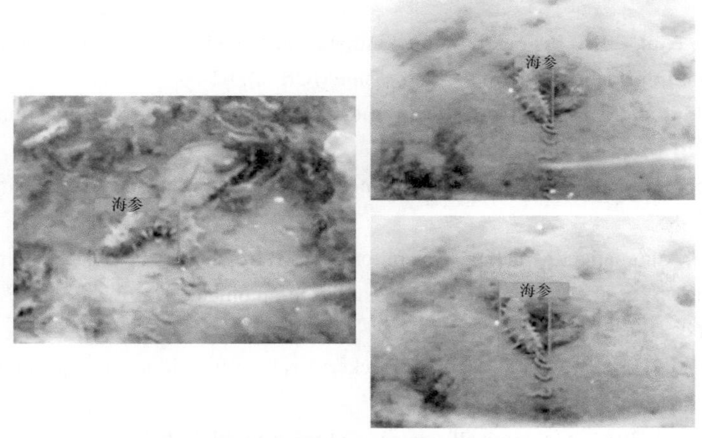

图4.19　增强图像上的海参检测结果

本研究利用现有模型对海参的原位图像检测进行了初步尝试，虽然取得了较为理想的结果，但由于海洋环境复杂多变，应用于实际生产作业需要进行长期的研究和测试。在后续研究中，需要研制水下增强算法来提高原位检测的准确性和稳定性。由于海水受环境因素影响，对光的吸收和折射具有很大差异，因此水下图像会出现较明显的颜色失真、清晰度降低等情况，严重影响成像质量和视觉分析的准确性。譬如，在前面实验中颜色失真影响海参个体的检测性能。海水图像增强和校正是下一步研究工作中需要解决的一个重要技术问题。另外，海参的个体形态分析和测量也是海参原位检测的关键技术。若要提取海参的生长状态等个体信息需要对其身体参数进行测量，如体长、姿态等。这些个体参数的准确提取，需要计算机视觉算法能够从自然背景中准确提取海参的个体图像，从而对个体形态进行准确测量。同时，根据海参的个体形态信息，基于机器学习技术建立海参的重量估计模型，实现原位的重量估计，以及海参产量的预测。

参考文献

戴君伟, 王博亮, 谢杰镇, 等. 2006. 海洋赤潮生物图像实时采集系统. 高技术通讯, 16(12): 1316-1320.

高亚辉, 杨军霞, 骆巧琦, 等. 2006. 海洋浮游植物自动分析和识别技术. 厦门大学学报(自然科学版), 45(z2): 40-45.

黄毅. 2014. 基于斑马鱼行为变化的水质预警研究. 西安建筑科技大学博士学位论文.

姬光荣, 乔小燕, 郑海永, 等 2010. 基于骨架的角毛藻显微图像特征提取. 中国海洋大学学报(自然科学版), 40(11): 129-133.

任宗明, 饶凯锋, 王子健. 2008. 水质安全在线生物预警技术及研究进展. 供水技术, 2(1): 5-7.

王春香, 李媛媛, 徐顺清. 2010. 生物监测及其在环境监测中的应用. 生态毒理学报, 5(5): 628-638.

于翔, 宋家驹, 于连生. 2009. 水下全自动显微成像仪. 海洋技术, 28(4): 14-16.

Bae M J, Park Y S. 2014. Biological early warning system based on the responses of aquatic organisms to disturbances: a review. Science of the Total Environment, 466: 635-649.

Barry M J. 2012. Application of a novel open-source program for measuring the effects of toxicants on the swimming behavior of large groups of unmarked fish. Chemosphere, 86(9): 938-944.

Branson K, Robie A A, Bender J, et al. 2009. High-throughput ethomics in large groups of *Drosophila*. Nature Methods, 6(6): 451-457.

Chuang M C, Hwang J N, Williams K, et al. 2011. Automatic fish segmentation via double local thresholding for trawl-based underwater camera systems. Brussels: 2011 18th IEEE International Conference on Image Processing: 3145-3148.

Chuang M C, Hwang J N, Williams K. 2016. A feature learning and object recognition framework for underwater fish images. IEEE Transactions on Image Processing, 25(4): 1862-1872.

Culverhouse P F, Herry V, Ellis R, et al. 2002. Dinoflagellate categorisation by artificial neural network. Sea Technology, 43(12): 39-46.

Culverhouse P F, Williams R, Benfield M, et al. 2006. Automatic image analysis of plankton: future perspectives. Marine Ecology Progress Series, 312: 297-309.

Delcourt J, Denoël M, Ylieff M, et al. 2013. Video multitracking of fish behaviour: a synthesis and future perspectives. Fish and Fisheries, 14(2): 186-204.

Hossain E, Alam S S, Ali A A, et al. 2016. Fish activity tracking and species identification in underwater video. Dhaka: 2016 5th International Conference on Informatics, Electronics and Vision (ICIEV): 62-66.

Hsiao Y H, Chen C C, Lin S I, et al. 2014. Real-world underwater fish recognition and identification, using sparse representation. Ecological Informatics, 23: 13-21.

Jalba A C, Wilkinson M H, Roerdink J B. 2004. Automatic segmentation of diatom images for classification. Microscopy Research and Technique, 65(1-2): 72-85.

Liu Y, Wang S, Chen Y Q. 2016. Automatic 3D tracking system for large swarm of moving objects. Pattern Recognition, 52: 384-396.

Mosleh M A, Manssor H, Malek S, et al. 2012. A preliminary study on automated freshwater algae recognition and classification system. BMC bioinformatics, 13(17): S25.

Pérez-Escudero A, Vicente-Page J, Hinz R C, et al. 2014. idTracker: tracking individuals in a group by automatic identification of unmarked animals. Nature Methods, 11(7): 743-748.

Qian Z M, Cheng X E, Chen Y Q. 2014. Automatically detect and track multiple fish swimming in shallow water with frequent occlusion. Plos One, 9(9): e106506.

Salman A, Jalal A, Shafait F, et al. 2016. Fish species classification in unconstrained underwater environments based on deep learning. Limnology and Oceanography: Methods, 14(9): 570-585.

Shafait F, Mian A, Shortis M, et al. 2016. Fish identification from videos captured in uncontrolled underwater environments. ICES Journal of Marine Science, 73(10): 2737-2746.

Sosik H M, Olson R J. 2007. Automated taxonomic classification of phytoplankton sampled with imaging-in-flow cytometry. Limnology Oceanography Methods, 5(6): 204-216.

Spampinato C, Chen-Burger, Y H, Nadarajan G, et al. 2008. Detecting, tracking and counting fish in low quality unconstrained underwater videos. VISAPP, (2): 514-519.

Spitzen J, Spoor C W, Grieco F, et al. 2013. A 3D analysis of flight behavior of *Anopheles gambiae sensu stricto* malaria mosquitoes in response to human odor and heat. Plos One, 8(5): e62995.

Straw A D, Branson K, Neumann T R, et al. 2011. Multi-camera real-time three-dimensional tracking of multiple flying animals.

Journal of the Royal Society Interface, 8(56): 395-409.

Villon S, Chaumont M, Subsol G, et al. 2016. Coral reef fish detection and recognition in underwater videos by supervised machine learning: comparison between Deep Learning and HOG+ SVM methods. Lecce: International Conference on Advanced Concepts for Intelligent Vision Systems: 160-171.

Wang S H, Liu X, Zhao et al. 2016. 3D tracking swimming fish school using a master view tracking first strategy. Shenzhen: 2016 IEEE International Conference on Bioinformatics and Biomedicine (BIBM): 516-519.

Wilkinson M H F, Roerdink J B T M, Droop S, et al. 2000. Diatom contour analysis using morphological curvature scale spaces. Proceedings 15th International Conference on Pattern Recognition, 3: 652-655.

Xia C, Li Y, Lee J M. 2014. A visual measurement of fish locomotion based on deformable models. Guangzhou: International Conference on Intelligent Robotics and Applications: 110-116.

Xia C, Chon T S, Liu Y, et al. 2016. Posture tracking of multiple individual fish for behavioral monitoring with visual sensors. Ecological Informatics, 36: 190-198.

Journal of the Royal Society Interface, [illegible].

Villon S, Chaumont M, Subsol G, et al. 2016. Coral reef fish detection and recognition in underwater videos by supervised machine learning: comparison between Deep Learning and HOG+SVM methods. Lecce: International Conference on Advanced Concepts for Intelligent Vision Systems, 160-171.

Wang S H, Liu X, Zhao J, et al. 2016. 3D tracking swimming fish school using a master view tracking first strategy. Shenzhen: 2016 IEEE International Conference on Bioinformatics and Biomedicine (BIBM), 516-519.

Wilkinson M H F, Roerdink J B T M, Droop S, et al. 2000. Diatom contour analysis using morphological curvature scale spaces. Proceedings 15th International Conference on Pattern Recognition, [illegible].

Xu C X, Lee T M. 2011. A visual measurement of fish locomotion based on deformable models. Guangzhou: International Conference on Intelligent Robotics and Applications, [illegible].

Yu C, Chen L S, Liu Y, et al. 2019. [illegible] Ecological Informatics, [illegible].

第五章

海岸带环境光学监测技术与仪器设备①

① 本章作者：冯巍巍，蔡宗岐，王焕卿

第一节　基于光度分析的原位监测技术

紫外-可见吸收光谱法的水质检测技术基于朗伯-比尔定律，首先利用一定波长范围内吸光度与水质参数之间的关系建立模型，然后把被测溶液相应波长范围内的吸光度输入模型，反演得到其水质参数值。

一、紫外吸收光谱法基本原理

紫外吸收光谱法是利用物质在紫外光波段特定波长处的吸收来定性或者定量研究物质的方法，又称紫外分光光度法。紫外光波段为10～400nm，其中10～200nm称为远紫外区，200～400nm称为近紫外区。远紫外区中的光波易被空气中的氧强烈吸收，因此对物质的定性与定量分析大多集中在近紫外区（黄君礼和鲍治宇，1992）。

（一）吸收光谱的产生

当以一定范围的光波连续照射分子或原子时，其中某些特定波长的光波会被吸收，于是就产生了由被吸收谱线所组成的吸收光谱，被吸收的光不会出现在透过的光谱中，这种光谱就是吸收光谱。

紫外吸收光谱法是利用被测物质对于特定波长紫外光的吸收来分析物质成分或含量的方法。物质总是不断地运动着，构成物质的分子及原子也在不停地运动，分子或原子的能量具有量子化特征，正常状态下原子或分子都处于一定的能级，称为基态，当分子从外界吸收能量后，会产生电子跃迁，即分子最外层电子或价电子能级提高，由基态跃迁到激发态，分子吸收的能量ΔE为

$$\Delta E=E_2-E_1=h\nu=hc/\lambda \tag{5.1}$$

式中，E_1为基态（跃迁前）的能量；E_2为激发态（跃迁后）的能量；h为普朗克常数（6.626×10^{-34}J·s）；ν为光的频率；c为光速；λ为波长。

E_1与E_2的能量是一定的，因此对于特定分子，ΔE也是一定的，即特定分子只能吸收相当于ΔE的光能，所以分子对光具有选择吸收性，特定分子只能吸收特定波长的光。电子能级间的能量差相当于波长60～1250nm所具有的能量，而紫外-可见光区为10～760nm，所以分子吸收紫外-可见光后产生电子跃迁（杨恒仁，2009）。

化合物中有三种不同性质的价电子：形成单键的电子称σ电子，形成双键的电子称π电子，未成键的孤对电子称n电子。电子能级跃迁（王彦吉和宋增福，1995）如图5.1所示。

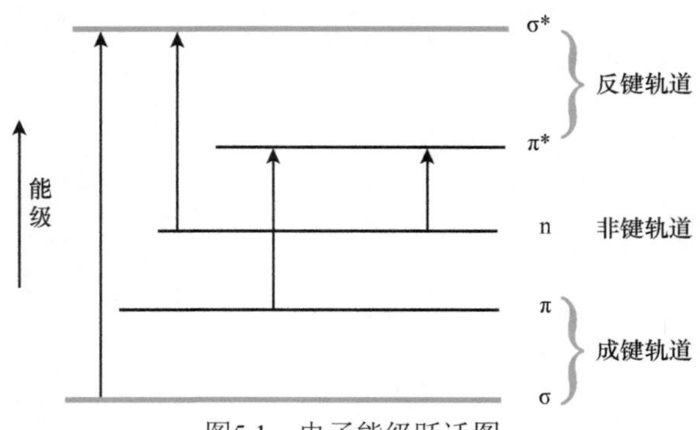

图5.1　电子能级跃迁图

在紫外和可见光谱范围内，有机化合物的吸收带主要由$\sigma\rightarrow\sigma^*$、$\pi\rightarrow\pi^*$、$n\rightarrow\pi^*$、$n\rightarrow\sigma^*$及电荷迁移跃迁产生，无机化合物的吸收带主要由电荷迁移和配位场跃迁产生（黄君礼和鲍治宇，1992）。

（二）朗伯-比尔定律

图5.2为朗伯-比尔定律原理示意图，当以某一确定波长的平行单色光透过某待测溶液时，待测溶液会

对光产生选择性吸收，待测溶液中物质的浓度越大或液层越厚，对光的吸收越甚，透过的光越弱。

图5.2　朗伯-比尔定律原理示意图

根据吸光度定义有

$$A = -\lg \frac{I}{I_0} \tag{5.2}$$

式中，A为吸光度；I_0为入射光强；I为透射光强。

根据朗伯-比尔定律有

$$A=\varepsilon l C \tag{5.3}$$

式中，ε为摩尔吸光系数［L/(μmol·cm)］；l为光程（cm）；C为样品浓度（μmol/L）。

由以上两式可得

$$C = \frac{1}{\varepsilon l} \lg \frac{I_0}{I} \tag{5.4}$$

式中，$1/\varepsilon l$为特定光程下定标曲线的斜率，可通过定标确定。因此只要测量样品透过紫外光吸收前后的光强，就可由式（5.4）计算出样品的浓度。

由式（5.3）和式（5.4）可以看出，利用朗伯-比尔定律计算待测物质浓度时，物质吸光值与浓度应保持线性关系，当两者不满足线性条件时，朗伯-比尔定律不能成立。

二、系统结构与计算模型建立

（一）系统结构

整个仪器的结构示意图如图5.3所示。系统采用浸入式结构，光源选用脉冲氙灯，波长范围覆盖190～720nm波段；光电探测器选用硅光电二极管；探测器采用集成化光谱采集模块；控制与信号处理模块是测量系统的核心，负责光源控制、电机控制和信号采集等。仪器实物图如图5.4所示。

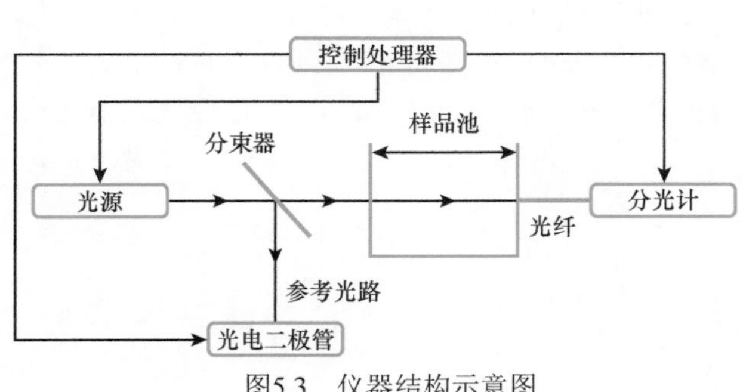

图5.3　仪器结构示意图

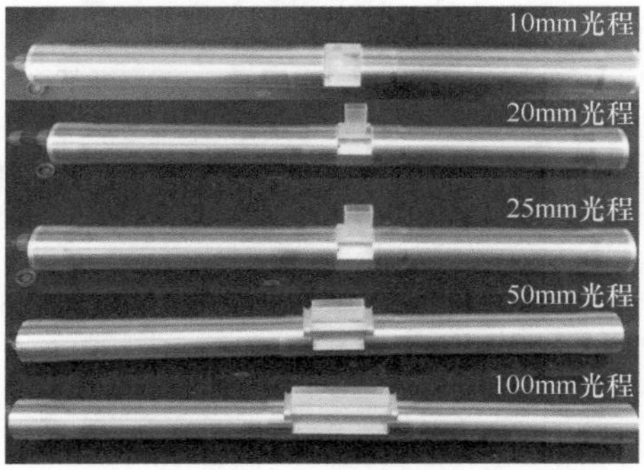

图5.4　仪器实物图

（二）计算模型建立

图5.5、图5.6分别为Cl^-、Br^-浓度一定情况下，不同COD浓度标准液的吸收光谱。海水中Cl^-浓度为19.35g/L，Br^-浓度为67.2mg/L（盐度S=35）（张正斌，2004），因此本模型中Cl^-和Br^-浓度分别选取20g/L和70mg/L。在Cl^-和Br^-浓度一定情况下的COD标准液吸收光谱强度主要表现为随COD浓度的增大而

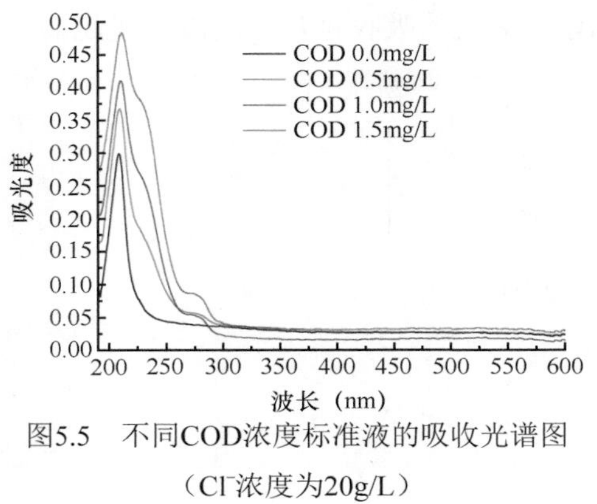

图5.5　不同COD浓度标准液的吸收光谱图

（Cl^-浓度为20g/L）

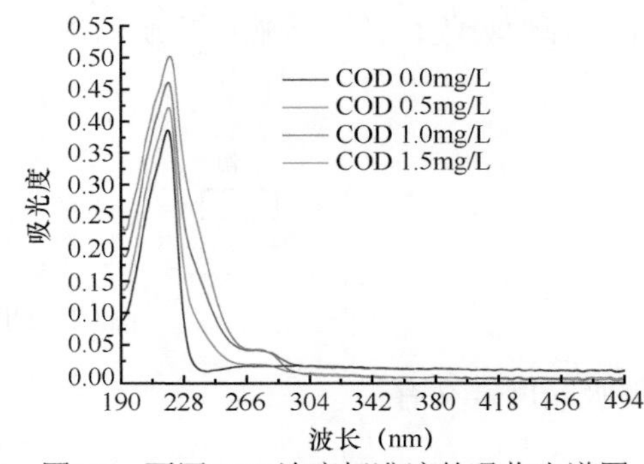

图5.6　不同COD浓度标准液的吸收光谱图

（Br^-浓度为70mg/L）

升高，且Cl^-和Br^-标准液吸收峰主要在190～225nm。

图5.7、图5.8分别为COD浓度一定条件下，不同Cl^-、Br^-浓度标准液的吸收光谱。添加Cl^-和Br^-后标准液吸收光谱强度明显升高，但添加不同浓度的Cl^-和Br^-的标准液吸收光谱强度基本一致。因此，在计算时Cl^-和Br^-对COD测量的影响可以近似为相对固定。COD计算波段选用230～260nm，尽管Cl^-和Br^-在230～240nm存在一定的吸光度，但是Cl^-吸光度小于0.08，Br^-吸光度小于0.03。常规海水COD在1mg/L，吸光度大约是0.35，远大于Cl^-和Br^-的吸光度。

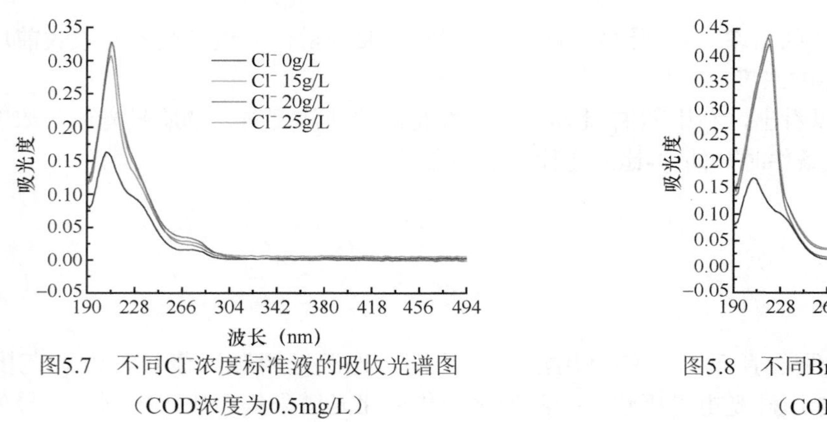

图5.7　不同Cl^-浓度标准液的吸收光谱图

（COD浓度为0.5mg/L）

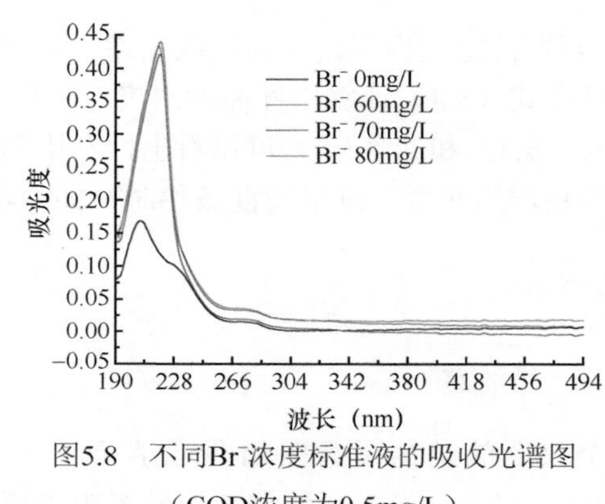

图5.8　不同Br^-浓度标准液的吸收光谱图

（COD浓度为0.5mg/L）

图5.9为COD浓度不变的情况下不同浊度标准液的吸收光谱，吸光度随浊度升高呈梯度升高，浊度的吸收光谱波长范围较宽，包含了用于COD计算的波段，可见浊度对COD的测量有重要影响。图5.10为浊度不变的情况下不同COD浓度标准液的吸收光谱。COD浓度和浊度的混合标准液与纯浊度标准液的吸收光谱相比存在明显的吸收峰，且随COD浓度的升高呈梯度升高，在波长300～720nm所有的吸光度基本一致。300～720nm的吸光度为浊度贡献显著，可通过300～720nm吸光度进行浊度补偿，消除浊度对COD测

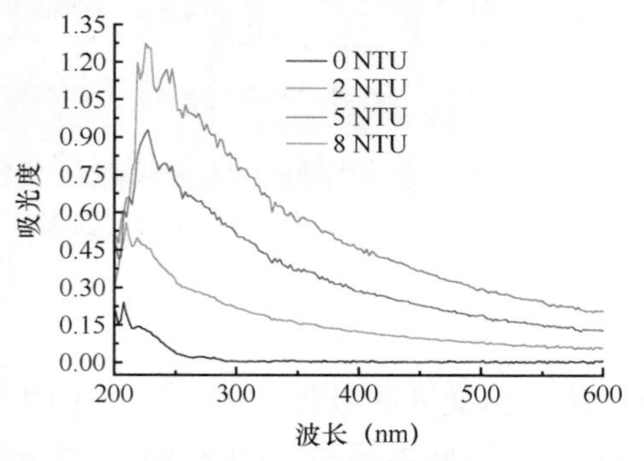

图5.9　不同浊度标准液的吸收光谱图（COD浓度0.5mg/L）

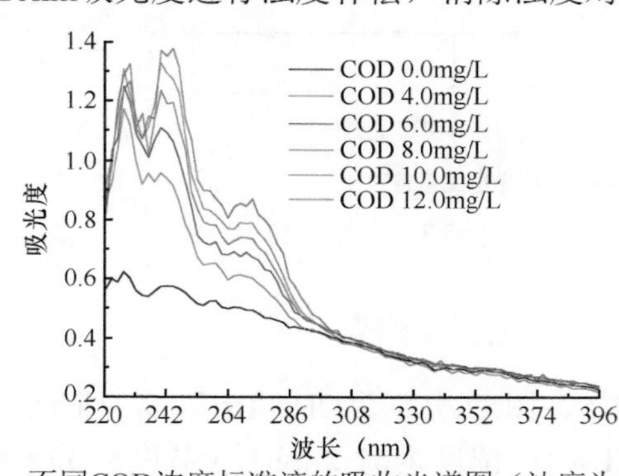

图5.10　不同COD浓度标准液的吸收光谱图（浊度为4NTU）

量的影响。

不同浓度硝酸盐标准液吸收光谱如图5.11所示，水体中的硝酸盐在近紫外区220nm附近具有很强的吸收，吸收带为190～240nm，而在240nm之后无吸收（李丹等，2016）。

将计算NO_3-N和COD波段（190～240nm和230～260nm）的吸收光谱分成n个区间，建立吸光度系数ε与浓度C的方程。取n个区间的中心波长作为特征波长，n即为特征波长的个数。将特征光谱映射为COD值的特征向量，利用最小二乘法对方程组进行多元线性回归，就可以得到相应的传递系数（Feng et al.，2016）。

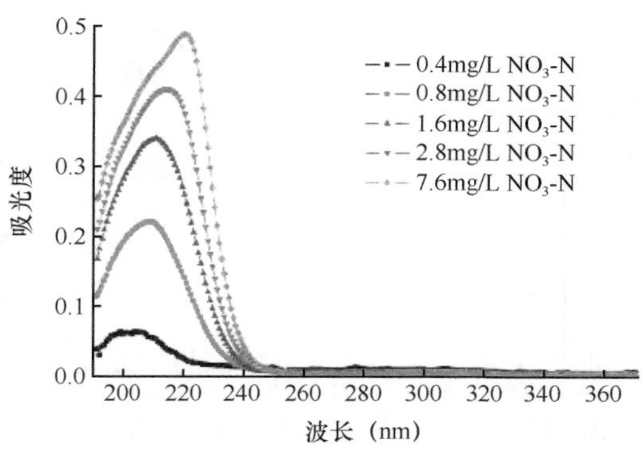

图5.11　不同浓度硝酸盐标准液的吸收光谱图

图5.12为100mm光程实验系统测试的人工海水配制的不同COD浓度的计算值与测量值的线性拟合结果。拟合结果为y=0.915 63x+2.085 19，R^2=0.998，具有良好的线性。

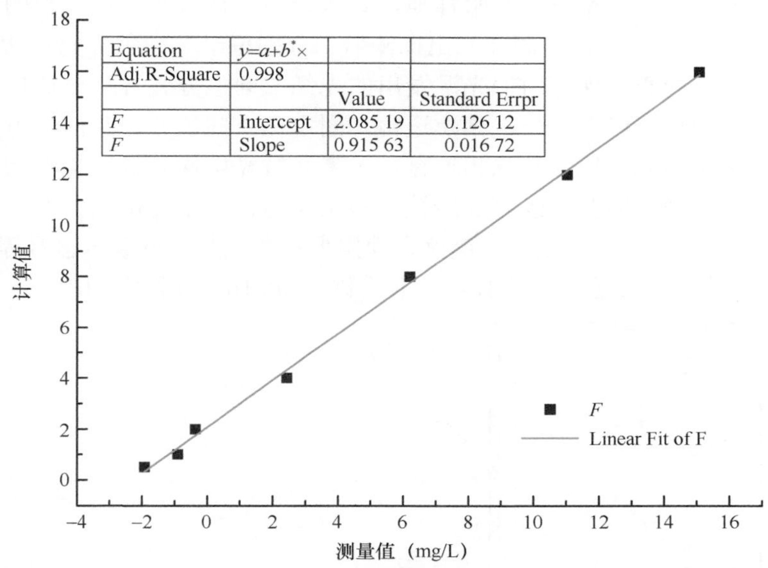

图5.12　100mm光程实验系统测试的人工海水配制的不同COD浓度的计算值与测量值的线性拟合

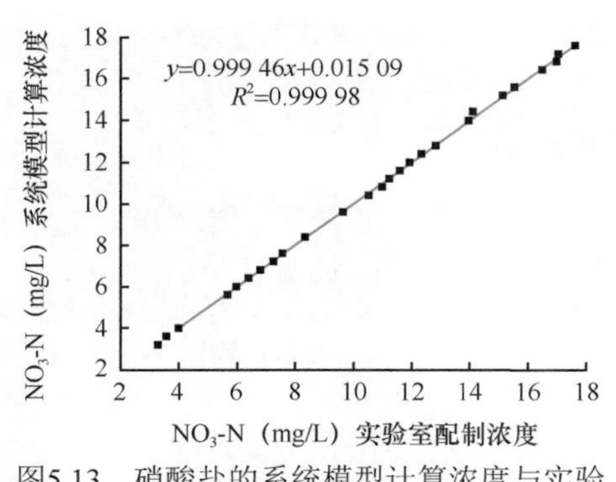

图5.13　硝酸盐的系统模型计算浓度与实验室配制浓度的线性相关图

硝酸盐的系统模型计算浓度与实验室配制浓度的线性相关如图5.13所示，拟合结果为y=0.999 46x+0.015 09，R^2=0.999 98，具有良好的线性关系。

第二节　基于荧光分析的监测技术

一、测量原理

当特定波长的光子（单色激发光）被所照射的分子吸收后，分子因电子能级发生跃迁而处于激发态，但激发态的分子是不稳定的，在适当条件下会以辐射的形式重新回到基态，这就是光致发光。对于叶绿素a分子而言，当叶绿素a分子部分或全部吸收其特征吸收波段的光子时，就由最稳定的、能量最低的状态（基态）上升到不稳定的高能状态（激发态），而激发态分子极不稳定，会在极短的时间内无辐射跃迁到亚稳态能级，处于亚稳态的电子跃迁到基态并释放出荧光（吕永涛，2010）。

图5.14为叶绿素a的激发光谱和发射光谱，可以看出叶绿素a的最大激发波长和荧光发射峰值波长分别为460nm和685nm（赵迪，2012）。

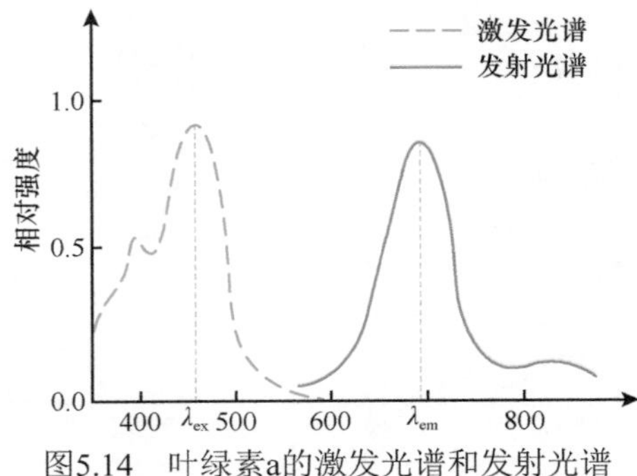

图5.14　叶绿素a的激发光谱和发射光谱

荧光强度I与浓度C的关系式如下：

$$I=2.3k\theta I_0\varepsilon bC \tag{5.5}$$

式中，k为仪器常数；θ为荧光量子效率；I_0为激发光强；ε为摩尔吸光系数［L/(mol·cm)］；b为吸收层厚度（cm）。当所测量的荧光物质与仪器确定后，k、θ、ε、b为常数，只要激发光强保持不变，荧光强度I仅与溶液浓度C有关，且呈线性关系。

二、基于荧光技术的水体生态要素监测仪器研制

仪器结构如图5.15所示，包括信号处理模块、光电探测器一、聚焦透镜二、光源、光电探测器二、二向色分光片、聚焦透镜一、石英光窗、外壳、前端主体、水样池。外壳与前端主体采用双层硅橡胶圈密封，光源和光电探测器二都用固定座安装在前端主体上，前端主体的下方为石英光窗，石英光窗下方为水样池，聚焦透镜一设置在石英光窗的上方；二向色分光片采用45°方向安装在聚焦透镜一上方，光源和光电探测器二分别位于二向色分光片两侧，并且光源模块的LED灯和光电探测器二平行同心，保证LED光源发出的光经二向色分光片后分成探测光和参考光这两束光，光电探测器一固定在聚焦透镜二上方，聚焦透镜二固定在二向色分光片的上方；信号处理模块分别与光电探测器一、光源模块和光电探测器二相连接；参考光被光电探测器二检测到，探测光经聚焦透镜一聚集到水样池，水样池内激发的荧光经聚焦透镜一和聚焦透镜二由光电探测器一接收；信号处理模块设置RS232数据模拟输出端口，与温度仪、深度仪、数据采集器或其他参数传感器等一起接入系统使用，在控制器中设定改变增益系数、数据平均次数和校准系数。图5.16为仪器实物图。

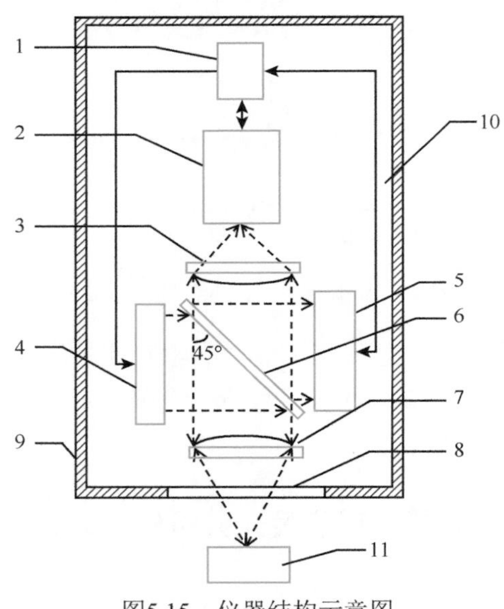

图5.15　仪器结构示意图

1. 信号处理模块；2. 光电探测器一；3. 聚焦透镜二；4. 光源；5. 光电探测器二；6. 二向色分光片；7. 聚焦透镜一；8. 石英光窗；9. 外壳；10. 前端主体；11. 水样池

图5.16　仪器实物图

图5.17为仪器工作流程图，仪器开始工作时，系统程序先完成初始化，然后信号处理模块中的控制单元与数据采集单元控制LED光源输出能量发射蓝光，由于该仪器采用双光路测试系统，LED光源发射的光平行入射到45°方向安装的二向色分光片后分成两束光，一束是经二向色分光片反射后与入射光成直角的探测光，另一束是入射光经二向色分光片透射后的参考光。其中，参考光由光电探测器二进行检测，再由信号处理模块中的数据采集单元进行处理，用来去除系统大部分杂散光的影响，提高了系统稳定性和准确度。探测光垂直通过聚焦透镜一在石英光窗前聚焦，变为准直光照射水样中的叶绿素a，叶绿素a受

激发射出荧光，反射的荧光再经石英光窗被聚焦透镜一收集，透过二向色分光片和聚焦透镜二聚焦耦合后被光电探测器一接收。反射荧光在被光电探测器一接收之前，还需先通过红色滤光片滤除偏离特定波长685nm的光，使进入光电探测器一的光信号全部为叶绿素a荧光信号，去除外部杂散光影响。光电探测器一将接收到的荧光信号转换为相应的电信号，数据处理单元再对光电探测器一转换的电信号进行处理，并计算出被测水体叶绿素a的含量，同时将数据传输至控制单元进行显示。

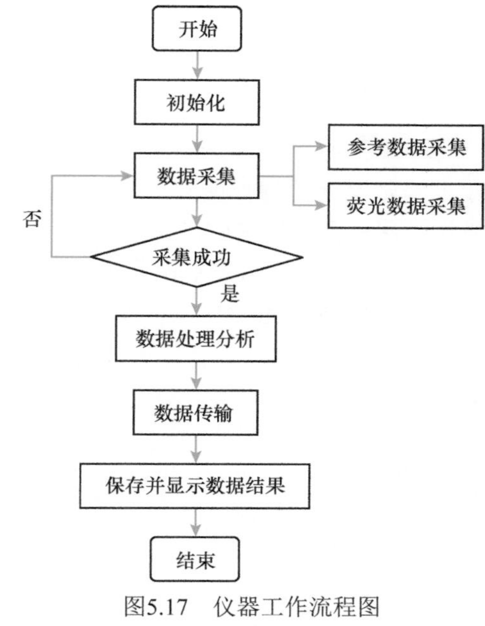

图5.17　仪器工作流程图

该仪器系统模型的数据处理分析步骤如图5.18所示，控制单元控制光源发光得到反射荧光，由数据采集单元通过光电探测器一进行数据采集，数据处理单元再对采集到的数据进行预处理，预处理去噪采用平滑、信号平均等算法。预处理后的数据最后经系统数学模型分析处理计算得到叶绿素a荧光相关系数，系统数学模型的数据分析处理算法主要有光源漂移、黄色物质标、偏最小二乘法，并根据储存在数据处理模块内部的黄色物质CDOM（有色可溶性有机物）的补偿系数，结合现场CDOM实测值，进行叶绿素a荧光强度校正，最后由浓度反演算法得出被测海岸带水体叶绿素a的含量，同时将数据传输至控制单元进行显示。

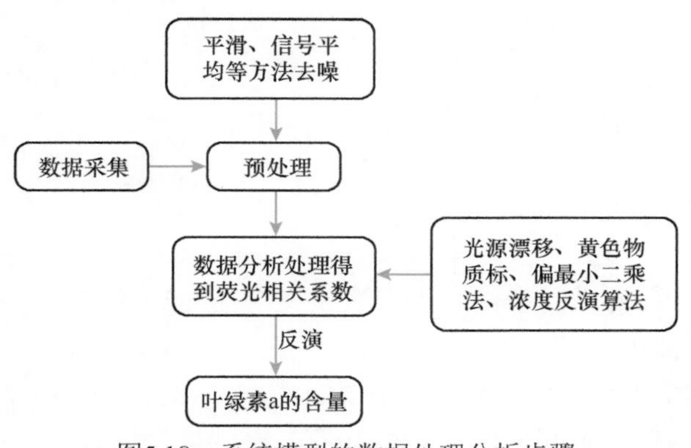

图5.18　系统模型的数据处理分析步骤

双光路法海岸带水体叶绿素a原位监测系统装置可以完全浸入水中工作，也可以安装在管路中使用。使用仪器进行测试时，先确定传感器已经通电并开始正常工作，如果仪器正常工作，测试纯水（不含黄色物质CDOM）时，读数应该为零。为防止直接测试水样不准确，可以先用纯水测试进行校准。进一步校准可把叶绿素a溶于90%丙酮中分别配制出浓度为10μg/L、20μg/L、100μg/L和200μg/L的标准液，将标准液放置在玻璃容器内，仪器距离容器底部至少8～10cm进行测试，得到校准系数。仪器校准后，可以完全浸入被测水体中进行测量，系统的控制单元控制光源发光来激发水体中的叶绿素a射出荧光，再由数据采集单元通过光电探测器一进行数据采集，并将采集的数据进行预处理，然后由数据处理单元计算出被测水体叶绿素a的含量，同时将数据传输至控制单元进行显示。

第三节　基于光谱法的水体石油烃类污染物在线监测技术研发

一、典型石油类污染物紫外激光诱导荧光光谱特性

（一）测量原理与实验系统

根据物质分子吸收光谱和荧光光谱能级跃迁机制，具有吸收光子能力的物质在特定波长光如紫外光照射下，可在瞬间（10^{-8}s）发射出比激发光波长更长的光，即荧光效应。荧光物质的分子在吸收光子的过程中可以有几个不同的吸收带，但发射的荧光只有一个峰带。不同的荧光物质由于分子结构和能量分布的差异，各自显示出不同的吸收光谱和荧光光谱特性，这一特性决定了荧光测量法具有选择性和鉴别性。

石油类污染物主要包括石油及其炼制品，一般来说，石油都具有大致相同的物理化学性质，但是不同地区、不同油层中石油的化学组成有明显的差异，这反映出石油组成的多样性。石油中以碳氢化合形

成的烃类为主要成分（95%～99%），同时还有一些非烃类组分，其中芳烃族尤其是多环芳烃具有很高的荧光效率，芳香烃及其衍生物是我们利用荧光谱分析法进行石油类污染物组分测定和鉴别所依赖的荧光“源”。

激光诱导荧光（laser induced fluorescence，LIF）技术是分子荧光光谱分析法的一种，它随着激光技术的发展而得到扩展应用。由于紫外激光的单色性好、能量高、光束扩散小，可以近似将其看作平行光，是用于环境监测的理想光源。而石油类污染物在近紫外区域有较强的吸收，利用Nd:YAG激光器的三倍频355nm激发光激发待测水面，便可以从测得的荧光信号中获取石油类污染物信息。LIF技术具有灵敏度高，非接触测量，不需试剂，可船载、机载动态监测大面积水域等优点（冯巍巍等，2011）。

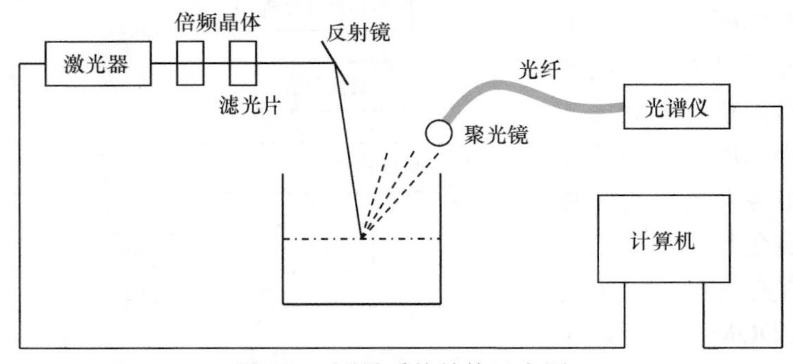

图5.19　测量系统结构示意图

图5.19为测量系统结构示意图。系统包括发射系统、接收系统、控制与处理系统三部分。发射系统包括激光器、倍频晶体、滤光片、反射镜。接收系统包括聚光镜、光纤、光谱仪。计算机负责控制与数据处理。

采用激光器作为激发光源，激光器选用德国InnoLas公司的Nd:YAG激光器（型号SpiLight 600），基频为1064nm，采用KDP三倍频晶体获取355nm紫外激光（脉冲能量200mJ），经过平面镜反射，激光照射到含有石油类污染物的液面，油类样品成分在激光辐照下产生荧光，产生的荧光信号进入到接收系统。为了提高接收信号的光通量，在接收端加装聚光镜，荧光信号经聚光镜后进入光纤，信号经光纤传输到光谱仪（Ocean optics USB2000）中。计算机是整个控制的核心，激光器的参数设置、出光控制及数据采集由它完成。

（二）实验测量结果与分析

测量样本由常见的几种油品及原油组成，共9种，分别为高真空油、0#柴油、美孚速霸10W40润滑油、美孚速霸5W30润滑油、-10#柴油、航空煤油、胜利油田原油、97#汽油、93#汽油，依次编号为A、B、C、D、E、F、G、H、I。利用图5.19所搭建的测量系统进行光谱采集，在测量过程中，保持采集系统与液面的角度及距离均为固定值，同时在测量过程中要保持入射和接收的角度固定，以保证不同样本采集荧光光谱数据的可比性。图5.20是9种样本的激光诱导荧光光谱，不同的石油类样品光谱特征具有较大的差异，其主要的特征如表5.1所示。

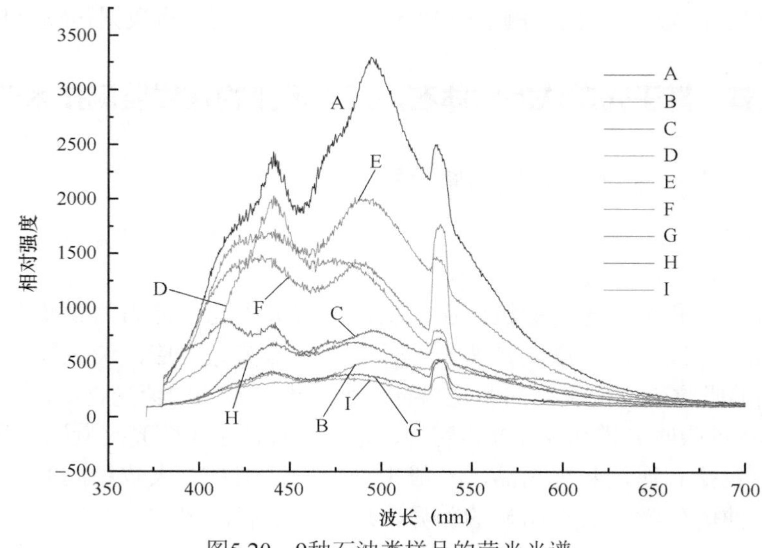

图5.20　9种石油类样品的荧光光谱

表5.1　各种油类的峰数目、峰值波长及相对强度

编号	油类品种	峰数目	峰值波长（nm）	相对强度
A	高真空油	2	440	2403
			495	3286
B	0#柴油	1	499	524
C	美孚速霸10W40润滑油	3	414	890
			442	870
			494	809
D	美孚速霸5W30润滑油	2	440	2034
			482	1451
E	-10#柴油	2	438	1689
			490	1991
F	航空煤油	2	432	1461
			488	1419
G	胜利油田原油	2	442	423
			486	397
H	97#汽油	2	441	688
			488	690
I	93#汽油	2	442	403
			484	360

成品油荧光峰位于400～500nm，因为原油的成分复杂，含有较多的沥青质，激光照射到油表面上时，绝大部分能量被油层吸收，散射荧光信号较弱，所以其与成品油的对比不明显。

另外，在测试过程中，探测的角度对采集光谱的形状有一定的影响。图5.21是在入射角度一定的情况下，-10#柴油（编号E）样品不同接收方位角的荧光光谱，在靠近镜像的位置，荧光光谱的两个特征峰非常明显，随着探测方位角的增大，430nm附近的特征峰变得相对平滑，所以在进行探测时，应尽量旋转一个合适的方位角，以获取较强的荧光特征信号，从图5.21的测量结果来看，10°探测方位角的位置荧光光谱特征最明显，是最佳的探测方位。所以在实际应用中，需要充分考虑不同的入射和接收的天顶角、方位角。

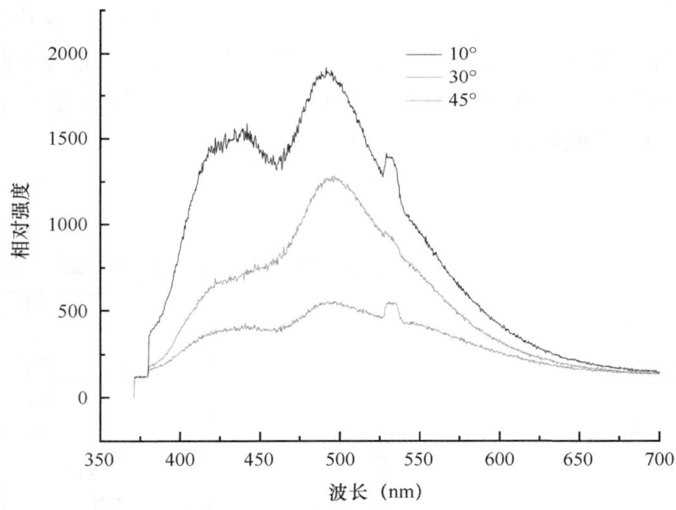

图5.21　-10#柴油在不同接收方位角的荧光光谱

二、基于光谱法的水体石油烃类污染物在线监测仪器研发

（一）测量原理

石油烃类包含很多荧光物质，其中占主导地位的是芳香族化合物和含有共轭双键的化合物，它们均具有π电子的不饱和结构。由于这些结构特性，石油烃类污染物在特定紫外光照射下会发出特定的荧光信号，在一定浓度范围内不同浓度的污染物与所发出的荧光信号呈线性关系，通过测量所激发的荧光信号可以反演出石油烃类污染物的浓度。

（二）仪器设计方案

近年来，随着我国国民经济的迅速发展，国内环境污染日益严重。其中，水体中石油烃类物质污染已经十分突出。石油烃类污染物进入水体后对水体环境、水生动植物甚至人类具有严重危害。目前对于水体中石油烃类物质的传统检测方法主要有重量法、浊度法、红外分光光度法、气相色谱法、紫外分光光度法等。首先，传统方法多以现场采样、实验室分析为主，所取样品在运输、储存等过程中低沸点的成分可能挥发或变质，导致测量结果的准确性很难保证，不能实时、原位地反映出水污染的状况；其次，大部分传统方法需要萃取操作，处理步骤耗时较长而无法满足应急监测的快速测定要求，而萃取剂又造成了二次污染，萃取溶剂四氯化碳会破坏大气中的臭氧层，而且直接对人体健康造成危害；再次，检测方法中浊度法、紫外分光光度法、红外分光光度法等都需要有代表性很好的标准石油污染物，而完全满足各种不同污染的测量是十分困难的。

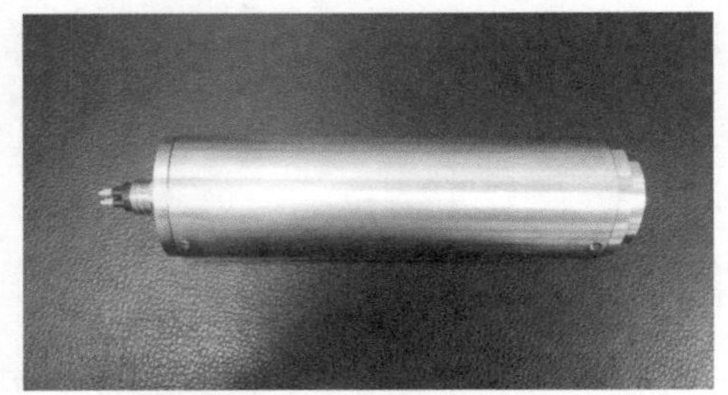

图5.22　仪器实物图

本研究采用的仪器实物见图5.22。仪器结构如图5.23所示，装置主要由传感器壳体（包括接头、外壳、透镜、石英光窗和清洁刷）、控制与信号处理单元（包括控制与信号处理模块、稳压模块和电机）、光源和信号采集单元（包括光电探测器、二向色分光片和滤光片）四部分组成，达到了现场实时、快速精准监测水体石油烃类污染物浓度的目的。该装置控制与信号处理模块控制光源工作，光源发出紫外光，紫外光经过二向色分光片后分成两束，一束少部分的光被反射后由光电二极管进行检测，作为光源能量变化的参考信号；另一束大部分光经二向色分光片透射后经透镜聚焦于待测水样产生荧光，荧光信号经二向色分光片反射后由光电倍增管进行检测。最后光电倍增管和光电二极管采集的光信号经控制与信号处理模块处理后输出。

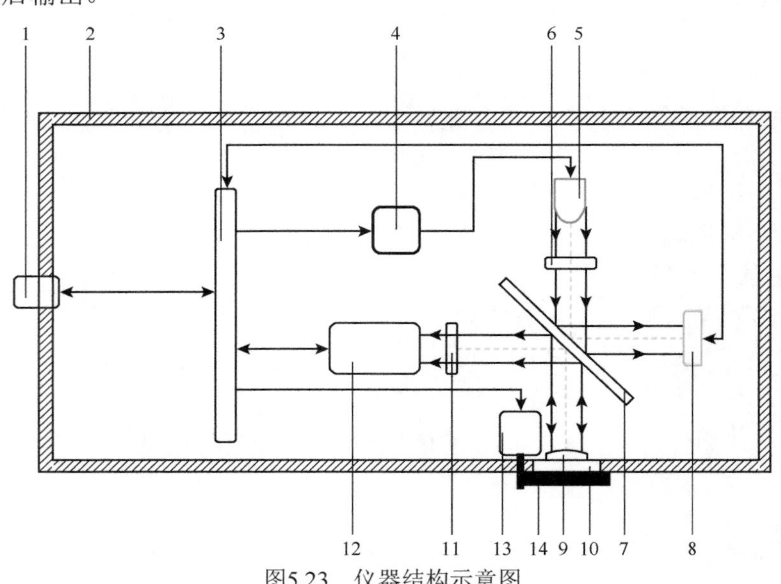

图5.23　仪器结构示意图

1. 接头；2. 外壳；3. 控制与信号处理模块；4. 稳压模块；5. LED；6. 滤光片一；7. 二向色分光片；8. 光电探测器一；9. 透镜；10. 石英光窗；11. 滤光片二；12. 光电探测器二；13. 电机；14. 清洁刷

采用超亮紫外LED作为激发光源，LED中心波长为365nm，在激发光源前设计一个稳压模块来提高LED的稳定性。由透镜和石英光窗组成的测量光窗安装于传感器侧面，避免传统传感器光窗安装于传感器底部造成光窗的破损和污染的影响。控制与信号处理模块定期控制电机转动，从而带动清洁刷工作，去除测量光窗上的污渍，保证测量的准确性。

二向色分光片采用45°方向安装，反射波长420～600nm的光并透射波长350～420nm的光，使激发光经二向色分光片后垂直入射待测水样，激发的荧光信号经二向色分光片反射后由光电倍增管检测。光路采用双光路结构，激发光源发射光信号到达二向色分光片后分成两部分，一部分经二向色分光片反射作为参考信号，另一部分经二向色分光片透射用于激发荧光信号。

三、基于拉曼光谱法的水面油膜厚度测量系统研发

拉曼光谱是光照射到物质表面发生非弹性散射产生的，拉曼光谱的位移和谱带强度与其分子的振动和转动能级相关（田国辉等，2008）。通过该特征可对被测物质进行定性分析，还可利用拉曼特征峰强度与物质分子浓度成正比的关系（杨序纲和吴琪琳，2008）进行定量分析。一般来说，石油及其提炼产品具有大致相同的物理化学性质，但是对于不同的油品存在一定的差异，从而造成拉曼光谱存在差异，且这种特征具有“指纹性”。拉曼光谱特征的高选择性使在复杂干扰条件下实现油膜厚度测量具有明显的技术优势。

（一）测量原理与实验系统

几种典型激发波长所激发的水的拉曼峰位及相应的拉曼波数偏移峰位如表5.2所示。不同的激发波长所激发的水的拉曼峰位不同，随着激发波长的增加，水的拉曼峰位红移更加明显，但是水的拉曼波数偏移基本保持不变（3400cm^{-1}左右），选取532nm激光光源作为拉曼光谱分析的激发光源。

表5.2　不同波长激发的水的拉曼峰位及拉曼波数偏移峰位

激发波长（nm）	水的拉曼峰位（nm）	水的拉曼波数偏移峰位（cm^{-1}）
266	293	3464
308	344	3397
337	380	3357
355	404	3416
532	650	3412

当水体表面被油膜覆盖时，两个水的拉曼光谱强度比值如式（5.6）所示（Hoge and Swift，1980）：

$$r_{\text{film}} = r_0 \mathrm{e}^{-(k(\lambda_1)-k(\lambda_2))d} \tag{5.6}$$

式中，r_0为纯水时在波长λ_1和λ_2处两个拉曼光谱强度比值；r_{film}为有油膜覆盖时在波长λ_1和λ_2处两个拉曼光谱强度比值，将其定义为油膜厚度计算因子（蔡宗岐等，2018）；$k(\lambda_1)$和$k(\lambda_2)$分别为在波长λ_1和λ_2处的衰减系数；d为油膜厚度。由式（5.6）可知：

$$d = \left(k(\lambda_1) - k(\lambda_2)\right)^{-1} \ln r_0 / r_{\text{film}} \tag{5.7}$$

式中，$k(\lambda_1)$、$k(\lambda_2)$和r_0为常数，所以油膜厚度可通过测量油膜厚度计算因子r_{film}求得。

测量系统如图5.24所示，系统包括光学探测单元和控制与数据处理单元两部分，其中光学探测单元由532nm激光光源、Y型光纤、拉曼探头和海洋光学HR4000型光谱仪组成，控制与数据处理单元包括控制电路、三维平移台、数据处理单元和计算机。具体实验测试系统如图5.25所示。计算机通过光源控制电路，从而控制光源发射激光，发射激光经入射光纤和拉曼探头后作用于待测样品，激发拉曼光谱信号，该信号经接收光纤被光谱仪采集处理，采集处理的光信号经数据处理模块进行数据处理后由计算机进行处理并显示。系统测量过程给样品配一个三维平移台，用来调整样品与拉曼探头之间的距离，保证采集的拉曼光谱信号最佳。

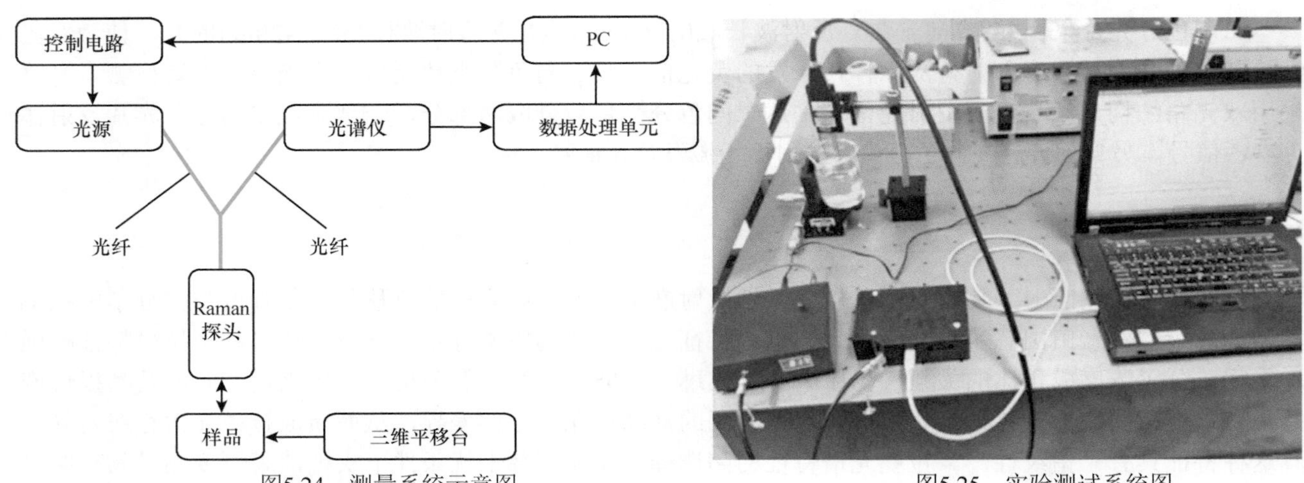

图5.24　测量系统示意图

图5.25　实验测试系统图

选用一定直径的培养皿，加入相同水量，分别在水面滴加不同量的油品，根据$V=Sd$（V为体积，S为面积，d为厚度），可计算滴加油品后的油膜厚度。

（二）实验测量结果与分析

相同油膜厚度（23.40μm）的3种不同油覆盖水面时的拉曼光谱如图5.26所示，汽油与柴油的拉曼光谱曲线有明显的差异，这主要是由于柴油的主要成分是C10～C22烃类，汽油的主要成分是C5～C12脂肪烃、环烷烃类和少量的芳香烃。不同的成分导致不同的拉曼峰位出现。其中，316cm^{-1}和1451cm^{-1}拉曼位移为柴油特有的拉曼位移，1651cm^{-1}拉曼位移为汽油特有的拉曼位移，3425cm^{-1}为水特有的拉曼位移。在1651cm^{-1}拉曼位移处97#汽油的拉曼光谱强度要高于90#汽油的拉曼光谱强度；90#汽油和97#汽油覆盖水面时，对应的3425cm^{-1}处水的拉曼光谱强度97#汽油要明显弱于90#汽油。

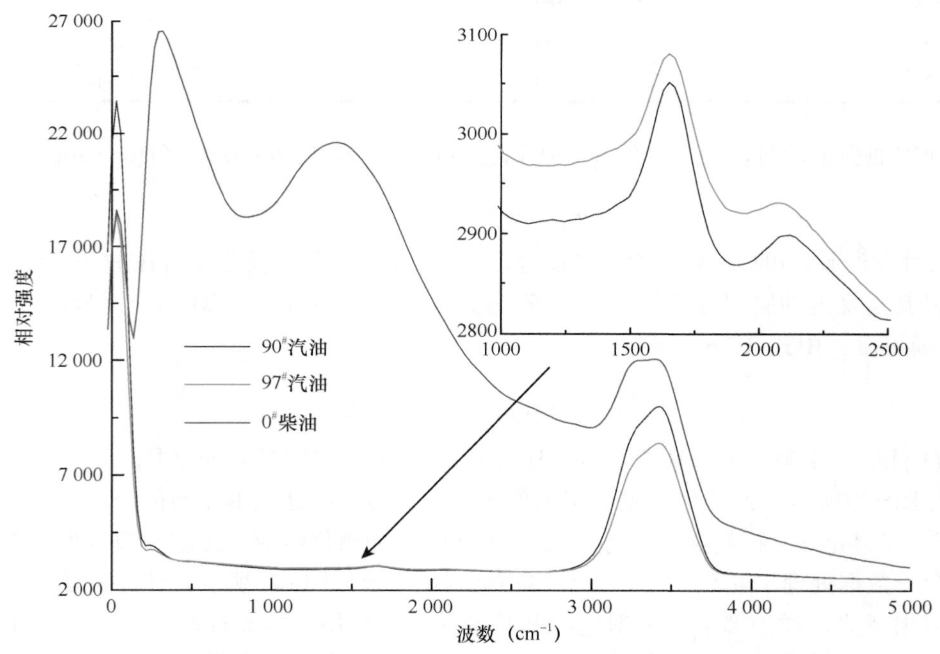

图5.26　相同油膜厚度（23.40μm）的3种不同油覆盖水面时的拉曼光谱

在水表面依次滴加90#汽油、97#汽油和0#柴油，对拉曼光谱进行了测量。90#汽油的油膜厚度依次为11.70μm、23.40μm、35.09μm、46.79μm和58.49μm，97#汽油的油膜厚度依次为11.70μm、23.40μm、29.24μm、35.09μm和40.94μm，0#柴油的油膜厚度依次为5.85μm、11.70μm、17.55μm、23.40μm和

29.24μm。图5.27a～c分别为不同油品的拉曼光谱图。随着油膜厚度的增加，柴油316cm^{-1}和1451cm^{-1}拉曼位移光谱强度和汽油1651cm^{-1}拉曼位移光谱强度均出现增加趋势，表明不同油品的拉曼信号均随着油膜厚度的增加逐渐变强。

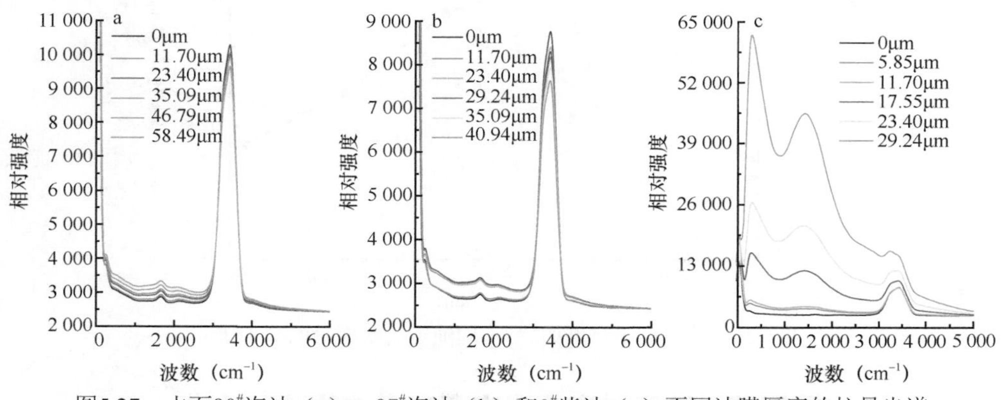

图5.27　水面90#汽油（a）、97#汽油（b）和0#柴油（c）不同油膜厚度的拉曼光谱

为了对油膜厚度进行反演，需要对油-水界面的混合拉曼峰进行光谱分离。从理论上分析，单一水体或者油成分的拉曼峰可以用高斯函数来表征（叶国阳和徐科军，2015），油-水界面的拉曼混合峰可以表示为

$$f(\lambda)=a_1\mathrm{e}^{-\frac{(\lambda-b_1)^2}{c_1^2}}+a_2\mathrm{e}^{-\frac{(\lambda-b_2)^2}{c_2^2}} \tag{5.8}$$

式中，a，b，c分别表示峰强，峰宽，峰位。

图5.28为不同油膜厚度的水的拉曼光谱图，水的拉曼光谱是由2个高斯曲线拟合而成的。油膜厚度计算因子r_{film}为2个高斯曲线位置光谱强度的比值，对3425cm^{-1}拉曼位移进行分峰处理，所得2个峰的峰位分别是3247cm^{-1}和3478cm^{-1}。油膜厚度不同，水的拉曼光谱强度不同，因而高斯曲线不同。随着油膜厚度增加，水的拉曼光谱强度下降，油膜厚度计算因子r_{film}降低。图5.29为采用图5.28方法进行分峰处理后3种油品的油膜厚度计算因子r_{film}数据图，随着滴加成品油的增加，油膜变厚，油膜厚度计算因子r_{film}呈下降趋势。

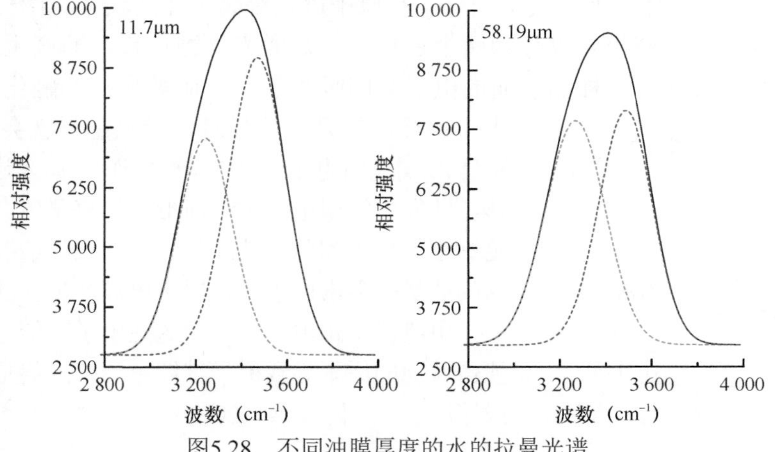

图5.28　不同油膜厚度的水的拉曼光谱

由于随着油膜厚度的增加，油膜厚度计算因子呈下降趋势，因此可以将油膜厚度计算因子作为水体表面油膜厚度测量的一种依据。但是不同油品的油膜厚度计算因子并不相同，混合油品油膜厚度计算因子的测量更为复杂，因此对于混合油品油膜厚度的测量计算需要与油品种类鉴定工作结合进行。

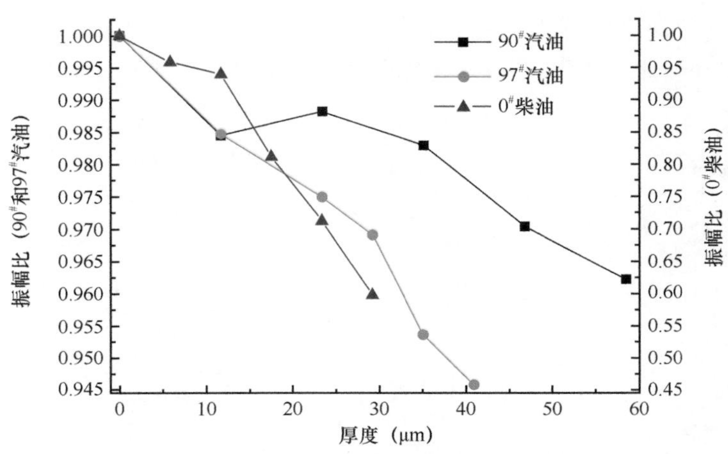

图5.29　不同油膜厚度的3种不同油覆盖水面时的r_{film}比值

第四节　基于激光诱导击穿光谱法的监测技术

一、激光诱导击穿光谱技术原理

激光诱导击穿光谱技术利用高能量短脉冲的激光聚焦至样品表面，产生瞬间高温将聚焦处样品激发到等离子态，所产生的等离子体几乎可将样品中的全部元素气化并激发至高能态，当它们回到基态时会发出各自的特征光谱，对光谱波长进行探测并传输到光谱仪中，然后经光栅分光，使混合光成为按波长排列的单色光，光谱仪内部设有光电转换器，对采集到的光信号进行光电转换和模/数转换，实现光信号转换为电信号的过程，最后将数字信号输出，利用计算机对数字信号进行采集分析，通过定量分析就可获得样品中的所有元素种类和含量信息。

（一）激光诱导等离子体

激光诱导击穿光谱技术是利用高功率的激光器发射激光束并通过透镜聚焦到待测样品的表面，经过烧蚀、气化、电离形成等离子体，即物质中的分子和原子进入等离子体的状态。图5.30为等离子体产生的示意图。该激光诱导等离子体产生可以分为两个过程：一是激光烧蚀过程，即产生初始的自由电子，当高能量激光束照射在样品表面时，样品表面的电子会因吸收了光子而被加热并融化，当电子吸收的能量大于该样品的升华能量时，受热电子就会脱离样品表面的原子束缚形成自由电子；二是烧蚀产物与激光进一步作用产生等离子体，即发生雪崩电离过程而形成等离子体。该过程是自由电子在足够强的激光和脉冲持续时间足够长的情况下加速，当电子有足够的能量去轰击原子时，原子电离产生新的电子，从而导致更多原子电离产生带电离子，而这些电子高能区被加速后，又会继续撞击其他的原子导致原子继续电离，最终形成雪崩电离过程而形成等离子体（陈添兵，2013）。

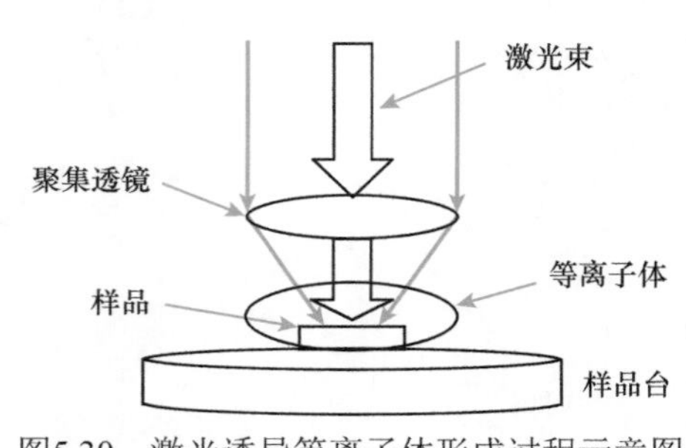

图5.30　激光诱导等离子体形成过程示意图

（二）等离子体的光谱发射机制

高功率激光烧蚀固体、液体、气体样品时，使聚焦点处瞬间产生高温，诱导样品表面部分物质被激发成等离子体羽，在其冷却过程中，处于激发态的外层电子会发生跃迁，可能跃迁到更低能级，或者跃迁到基态，跃迁过程中以光子形式将多余的能量释放出来。

二、基于LIBS技术的水体金属元素测量装置

（一）测量系统

所用试剂为分析纯$CrCl_3 \cdot 6H_2O$，采用纯度为99.99%的高纯石墨作为基底，外形为带凹槽的圆饼（内径18mm，外径22mm，高度8mm，深度4mm），每次向凹槽中注入1mL待测样液。将注入待测样液的石墨基底置于马弗炉中烘干，得到不同质量浓度的氯化铬待测样品。

测量装置示意图见图5.31，采用InnoLas公司的1064nm波长的Nd:YAG激光器作为光源，型号为SpitLight 600，单脉冲能量800mJ，脉冲宽度6ns。光谱仪采用OceanOptics（美国海洋光学）的LIBS2500+型，测量范围为200～980nm，分辨率为0.1nm（FWHM）。激光水平射出，经反射镜垂直向下经焦距透镜后作用于待测样品，产生的激光等离子体光谱信号经焦距石英透镜耦合至光纤，光谱仪采集该信号，从而实现对等离子体光谱信号的采集。通过计算机设置激光器激发信号与光谱仪采集信号之间的时间延迟。实验中将实验样品置于托盘上，托盘与旋转电机相连，计算机通过控制电路来控制旋转电机转动，从而实现对样品的无重复打点测量。测量系统实物如图5.32所示。

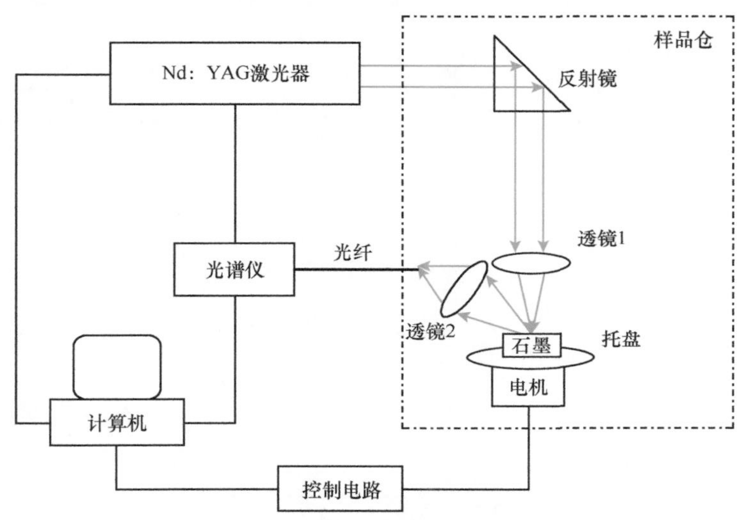

图5.31　测量装置示意图

图5.32　测量系统实物图

（二）系统工作参数的确定

以1角硬币为样品进行激光器电压、频率和采样延迟时间的确定。图5.33～图5.35分别为不同电压、频率和延迟时间激发的等离子体光谱强度。当激光器电压在610V时激发的特征光谱谱线强度达到最大值，当激光器频率为1.1Hz时激发的特征光谱谱线强度达到最大值，当光谱仪采集延迟时间为1μs时激发的特征光谱谱线强度达到最大值。因此，选定系统的工作参数为：激光器电压610V，频率1.1Hz，光谱仪采集延迟时间1μs。

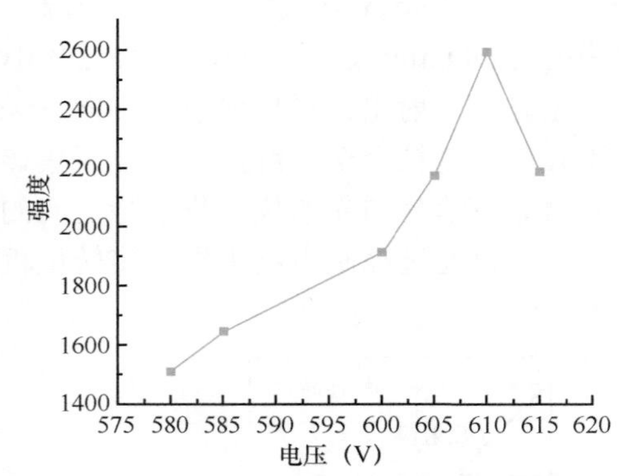

图5.33　不同电压条件下激发的等离子体光谱强度

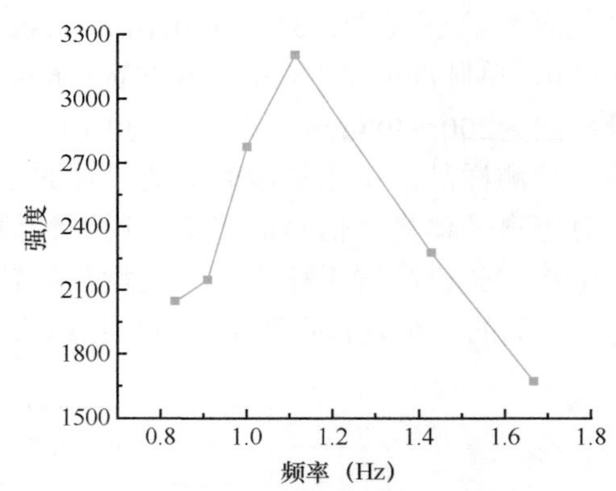

图5.34　不同频率条件下激发的等离子体光谱强度

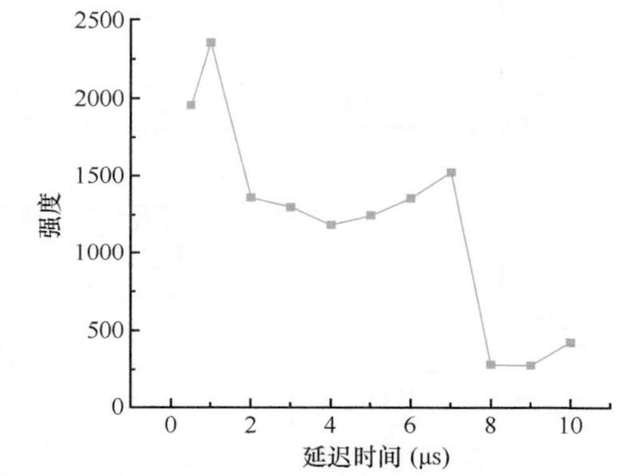

图5.35　不同延迟时间条件下激发的等离子体光谱强度

（三）对$CrCl_3 \cdot 6H_2O$溶液中的Cr元素进行分析

测试的不同浓度$CrCl_3 \cdot 6H_2O$溶液中Cr元素的主要特征谱线有357.83nm、359.31nm、360.50nm、425.41nm、427.47nm和428.99nm，如图5.36所示。Cr元素的主要特征谱线强度随$CrCl_3 \cdot 6H_2O$溶液浓度的增大而增高。选取357.83nm和425.41nm的谱线作为分析线，得到Cr 357.83nm和Cr 425.41nm谱线的标定曲线，如图5.37所示。两条特征谱线的标定曲线均存在线性关系，但Cr 425.41nm谱线的线性度更好。

三、基于LIBS技术的矿石金属元素测量装置

分别对矿石和矿渣中部分金属元素进行测试，测试结果如图5.38和图5.39所示，矿石和矿渣都出现了Ca的特征谱线，矿渣出现了Au、Fe和Mg的特征谱线。

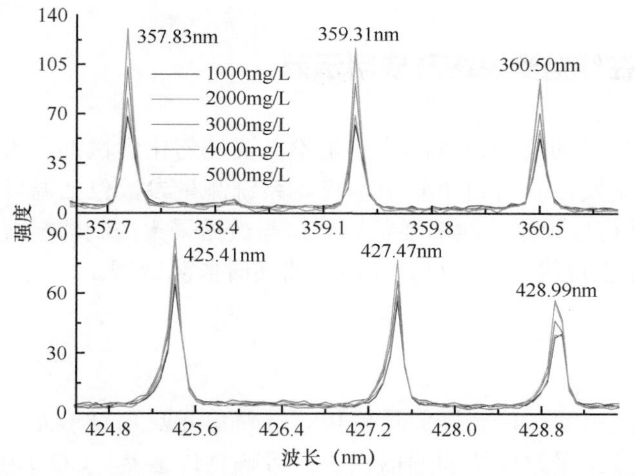

图5.36　测试的不同浓度$CrCl_3 \cdot 6H_2O$溶液中Cr元素的主要特征谱线

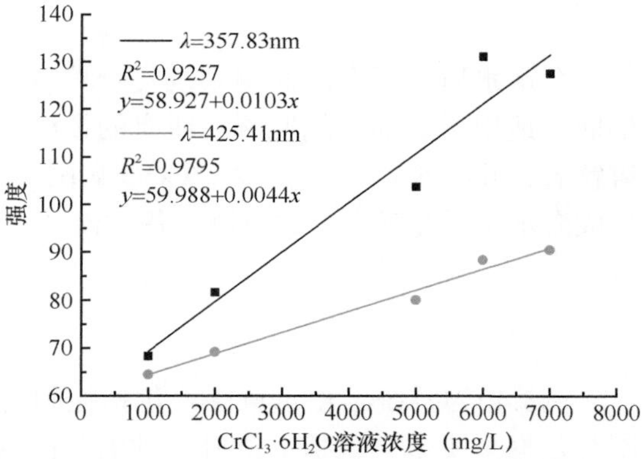

图5.37　Cr 357.83nm和Cr 425.41nm谱线的标定曲线

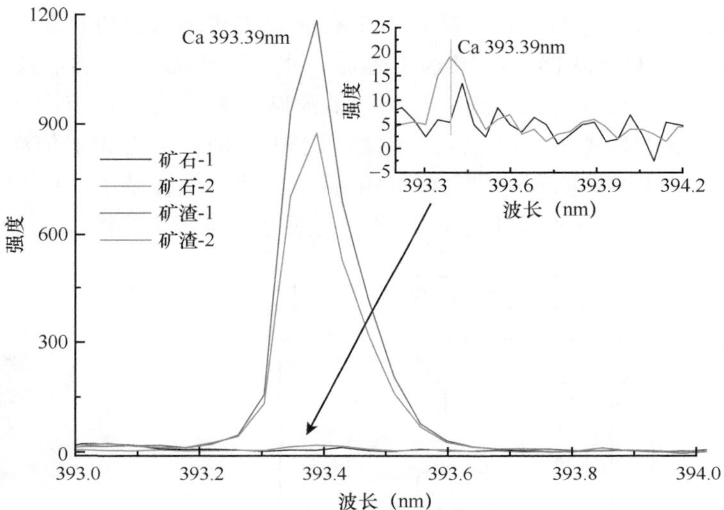

图5.38　矿石与矿渣中Ca 393.39nm特征谱线

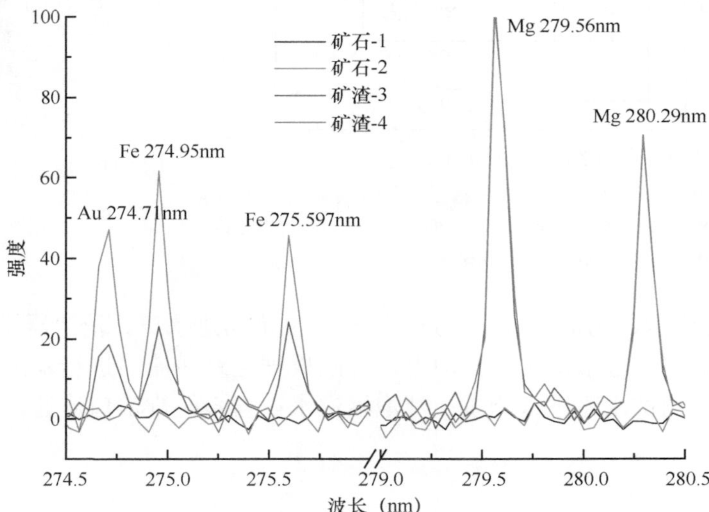

图5.39　矿石与矿渣中Au 274.71nm、Fe 274.95nm和275.597nm、Mg 279.56nm和280.29nm特征谱线

第五节　海水水质光学在线监测系统及应用示范

海水水质光学在线监测系统是一种海洋生态参量自动监测设备。特点是不需要任何化学试剂、维护量低，适用于长期在线监测。所有的核心设备自主研发，具有自主知识产权。系统测量参数包括温度、溶解氧、叶绿素a、石油烃类、COD/硝酸盐等参量（可以根据监测需要扩展），与数据采集控制器配合，形成海水水质光学多参数监测装备。该系统具备专用上位机软件，可以通过网络实时监测数据。

一、系统结构

图5.40为系统结构示意图，包括控制与数据采集单元、传感器测量模块、气路单元及水路单元；控制与数据采集单元包括上位机、供电及控制模块、数据采集模块和通信模块；溶解氧传感器、COD传感器、叶绿素传感器和水中石油烃类传感器组成传感器测量模块；气路单元包括空压机和单向阀；水路单元包括进样泵、进水口、节流阀、消泡器和排水口。上位机与供电及控制模块电连接，供电及控制模块与溶解氧传感器、COD传感器、叶绿素传感器、水中石油烃类传感器及进样泵、空压机电连接；数据采集模块与溶解氧传感器、COD传感器、叶绿素传感器、水中石油烃类传感器及上位机和通信模块电连接。进样泵与进水口连接，进水口为三通式，一路与节流阀、系统排水口依次连接；另外一路与消泡器连接；消泡器的出水口与COD传感器、叶绿素传感器和水中石油烃类传感器依次连接；消泡器的溢水口与系统排水口连通。空压机通过单向阀分别与COD传感器、溶解氧传感器、叶绿素传感器和水中石油烃类传感器的流通池的光窗连接，图5.41为海水水质光学在线监测系统实物图。

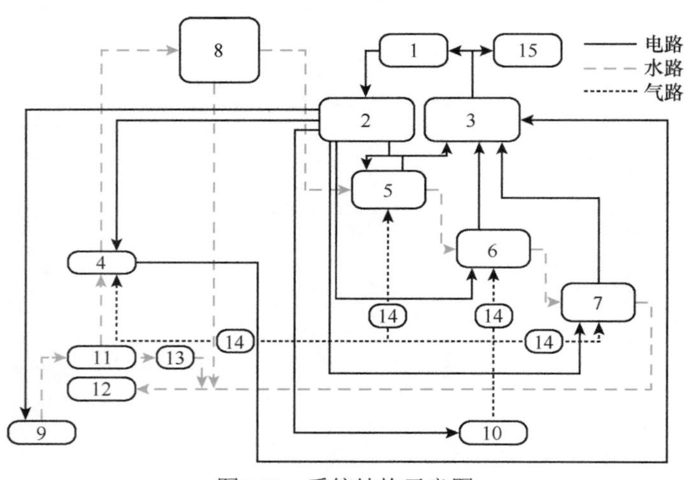

图5.40　系统结构示意图

1. 上位机；2. 供电及控制模块；3. 数据采集模块；4. 溶解氧传感器；5. COD传感器；6. 叶绿素传感器；7. 水中石油烃类传感器；8. 消泡器；9. 进样泵；10. 空压机；11. 进水口；12. 排水口；13. 节流阀；14. 单向阀；15. 通信模块

图5.41　海水水质光学在线监测系统实物图

消泡器结构如图5.42所示，包括消泡器外壳、隔板、消泡器进水口、消泡器排水口、消泡器出水口和消泡器溢水口。水样由消泡器进水口进入消泡器，经隔板固定路线流路进行消泡处理，消泡处理后的水样通过消泡器出水口进入测试水路进行测试；消泡器溢水口与系统排水口连通；消泡器排水口还与系统排水口通过开关连通。

二、示范应用测试

在前述研发的系列传感器产品（自主研发设备主要包括叶绿素a、石油烃、COD、硝酸盐等传感器）

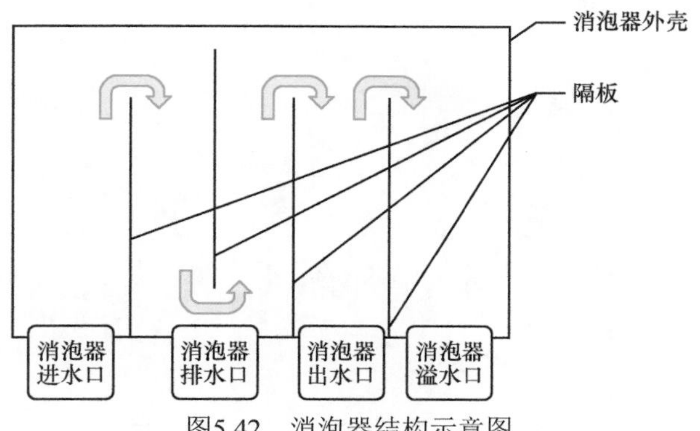

图5.42　消泡器结构示意图

及系统的基础上，在牟平台站、东营台站、生态环境部门楼水库水源地、莱州蓝色海洋养殖区、东方海洋污染源、国家海洋局小清河入海口污染源监测站等8个典型站点及渤海区域走航式实时监测（生态环境部“环监01”2018年8月航次、“创新一”透明海洋2018年渤海标准断面调查夏季航次）中进行了示范应用，同时与国外同类设备（德国TriOS产品）进行了比对测试，数据具有良好的一致性。部分数据比对结果如图5.43～图5.46所示，图5.47为走航现场图片。

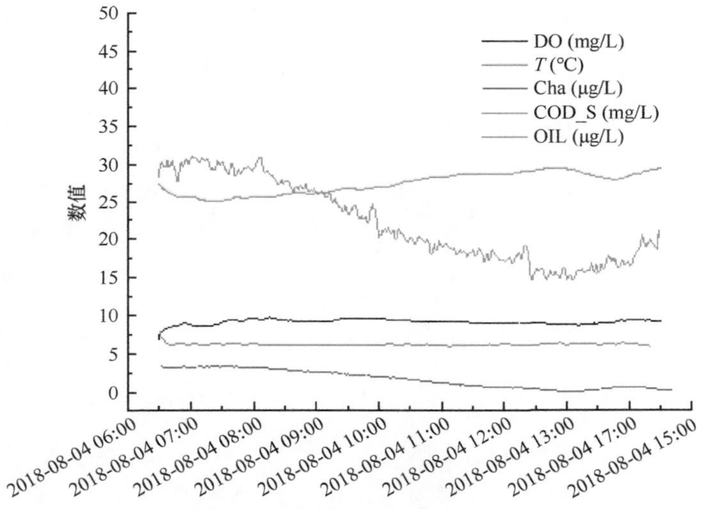

图5.43　走航测试结果

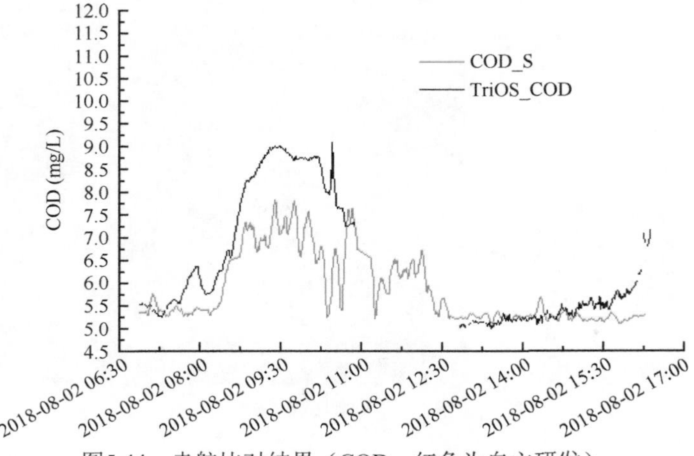

图5.44　走航比对结果（COD，红色为自主研发）

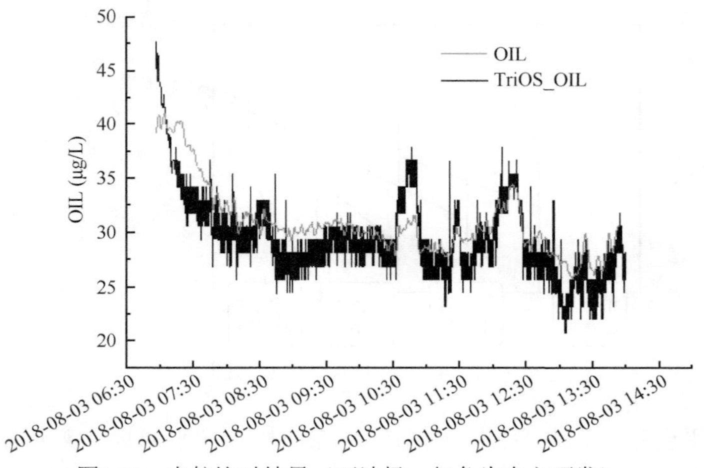

图5.45　走航比对结果（石油烃，红色为自主研发）

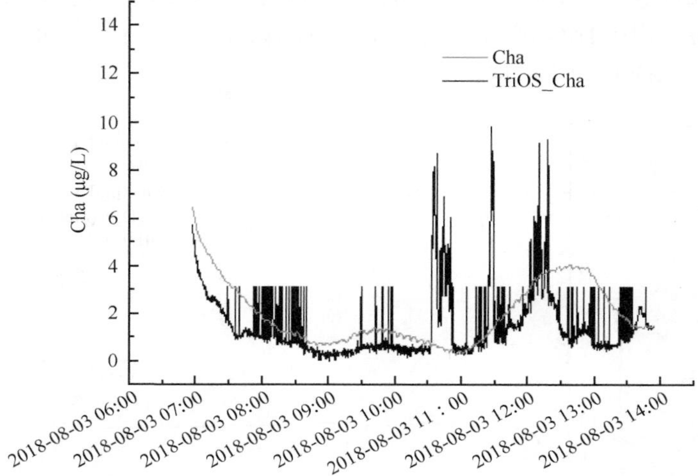

图5.46　走航比对结果（叶绿素a，红色为自主研发）

图5.47　走航测试现场图片

参考文献

蔡宗岐, 冯巍巍, 王传远. 2018. 基于激光拉曼光谱的水面油膜厚度测量方法研究. 光谱学与光谱分析, 38(6): 1661-1664.

陈添兵. 2013. LIBS技术在土壤重金属污染快速检测中的分析研究——以鄱阳湖底泥为例. 江西农业大学硕士学位论文.

冯巍巍, 王悦, 孙培艳, 等. 2011. 几种典型石油类污染物紫外激光诱导荧光光谱特性研究. 光谱学与光谱分析, 31(5): 1168-1170.

黄君礼, 鲍治宇. 1992. 紫外吸收光谱法及其应用. 北京: 中国科学技术出版社.

李丹, 冯巍巍, 陈令新, 等. 2016. 一种基于紫外光谱法的海水硝酸盐在线监测系统. 光谱学与光谱分析, 36(2): 442-444.

吕永涛. 2010. 海水叶绿素现场监测仪的研究. 河北科技大学硕士学位论文.

田国辉, 陈亚杰, 冯清茂. 2008. 拉曼光谱的发展及应用. 化学工程师, 22(1): 34-36.

王彦吉, 宋增福. 1995. 光谱分析与色谱分析. 北京: 北京大学出版社: 82-84, 97-106.

杨恒仁. 2009. 基于PLS的水质多参数监测仪的研究与实现. 电子科技大学硕士学位论文.

杨序纲, 吴琪琳. 2008. 拉曼光谱的分析与应用. 北京: 国防工业出版社: 9-11.

叶国阳, 徐科军. 2015. 基于色谱重叠峰相似性原理的双重叠峰分峰新方法. 仪器仪表学报, 36(2): 339-445.

张正斌. 2004. 海洋化学. 青岛: 中国海洋大学出版社.

赵迪. 2012. 海水叶绿素a实时监测系统的研究. 燕山大学硕士学位论文.

Feng W W, Li D, Cai Z Q, et al. 2016. A new method for COD analysis with full-spectrum based on Artificial Neural Network. Suzhou: Eighth International Symposium on Advanced Optical Manufacturing and Testing Technology.

Hoge F E, Swift R N. 1980. Oil film thickness measurement using airborne laser-induced water Raman backscatter. Applied Optics, 19(19): 3269-3281.

第二篇

海岸带环境地球化学及生态风险

第六章 黄河三角洲土壤环境地球化学①

① 本章作者：骆永明，李远

黄河三角洲是受黄河来水来沙、尾闾流路变迁、全球气候变化等自然因素和农业耕种熟化、城镇化、工业化等人类活动交互作用、叠加影响的区域。目前，对气候变化、人类活动和陆海相互作用多重影响下黄河三角洲区域土壤发生发育过程缺乏系统认识。土壤发生层的矿物组成、元素组成等地球化学特征是识别土壤物源、追溯气候变化的重要指标，并且发生层的独特地球化学性质对污染物和生源要素等的含量、分布和地球化学行为影响显著。本章以黄河三角洲土壤红黏层-黄砂层序列为研究对象，通过分析矿物组成、元素组成、磁性性质，探讨黄河三角洲土壤红黏层-黄砂层序列的定量化特征、发育程度、物质来源和形成过程，分析黄河三角洲土壤红黏层对污染物及生源要素地球化学行为的影响，为黄河三角洲土壤环境地球化学研究提供基础数据和科学依据。

第一节　黄河三角洲土壤剖面的矿物和化学组成变化特征

一、土壤矿物组成变化特征

（一）矿物组成变化

黄河三角洲土壤剖面红黏层及其上下黄砂层的矿物组成如表6.1所示。黄河三角洲土壤原生矿物以石英、长石为主，石英为主要原生矿物，次生矿物以伊利石和绿泥石为主，伊利石为主要次生矿物，方解石为特征矿物，此矿物组成与黄河沉积物的矿物组成具有一致性（Huang and Zhang，1990；孙白云，1990；范德江等，2001）。在矿物相对含量上，上部与下部黄砂层之间没有显著性差异（$P>0.05$），其中上部黄砂层中伊利石、方解石平均含量略高，石英平均含量略低，说明上部黄砂层相对下部黄砂层经历了一定的土壤发育；红黏层中伊利石、绿泥石和方解石的平均含量都要显著高于黄砂层，石英含量显著低于黄砂层（$P<0.05$），长石平均含量虽低于黄砂层，但没有显著性差异。红黏层相对较高的次生矿物含量及相对较低的原生矿物含量表明，该层经历了较强的风化过程。红黏层中方解石的平均含量约为黄砂层的2倍，有强烈的碳酸钙富集现象。有研究指出，在弱碱性介质的氧化条件下，黄土堆积过程中在雨水、霜雪、生物活动等作用下会发生次生碳酸盐化，次生碳酸盐与黏粒物质结合成微团聚体，碳酸钙的胶结作用是黄土团粒形成的重要因素（刘东生等，1985；郭玉文等，2004）。因此，红黏层较细的颗粒富含碳酸盐，并且通过无机碳同位素分析得出红黏层的碳酸钙中可能有次生碳酸盐存在，对固碳具有重要作用。

表6.1　黄河三角洲土壤红黏层-黄砂层矿物组成

土壤层次（3个典型剖面）	主要土壤矿物的相对含量（%）				
	伊利石	绿泥石	石英	长石	方解石
上部黄砂层（n=7）	18.3±4.5a	5.00±1.80a	50.1±10.7a	17.7±2.9a	7.86±2.41a
红黏层（n=7）	26.4±8.3b	7.71±0.82b	37.4±7.0b	13.0±6.1a	13.9±1.35b
下部黄砂层（n=5）	12.4±5.7a	5.00±1.58a	57.8±10.3a	17.2±1.6a	6.40±2.70a

注：同一列不同字母代表显著性差异（$P<0.05$）

A-CN-K（Al_2O_3-CaO+Na_2O-K_2O）三角模型图由Nesbitt和Young提出，用以表征土壤矿物的化学风化趋势（Nesbitt and Young，1984）。风化的早期阶段以斜长石的风化为标志，风化产物以伊利石、蒙脱石和高岭石为特征，风化趋势线准平行于A-CN连线；当风化趋势点抵达A-K连线时，表明风化剖面中斜长石全部消失，风化作用进入以钾长石和伊利石风化为标志的中级阶段；在风化的晚期阶段，风化产物的组成落在A点附近，风化产物以高岭石-三水铝石-石英-铁氧化物组合为特征。将黄河三角洲土壤红黏层及其上下黄砂层分析结果投在A-CN-K三角图中（图6.1），可以看出这些组成点集中分布在上部陆壳（UCC）的风化趋势线上［UCC数据引自Taylor和McLennan（1985）］，这一特征反映了两种土层物质组成的高度均一性。土壤样品风化趋势近似平行于A-CN连线，处于斜长石分解而高岭石、伊利石、蒙脱石生成阶段，属脱Na、脱Ca的早期风化阶段，红黏层的风化程度要高于黄砂层。黄河三角洲红黏层-黄砂层的A-CN-K风化趋势与黄土高原白水黄土-红黏土、洛川黄土-古土壤和西峰红黏土的风化趋势十分相似（Xiong et al.，2010；陈旸等，2001；陈骏等，2001），表明黄河三角洲土壤红黏层-黄砂层与黄土高原黄土-古土壤-红黏土在物源上具有一致性。

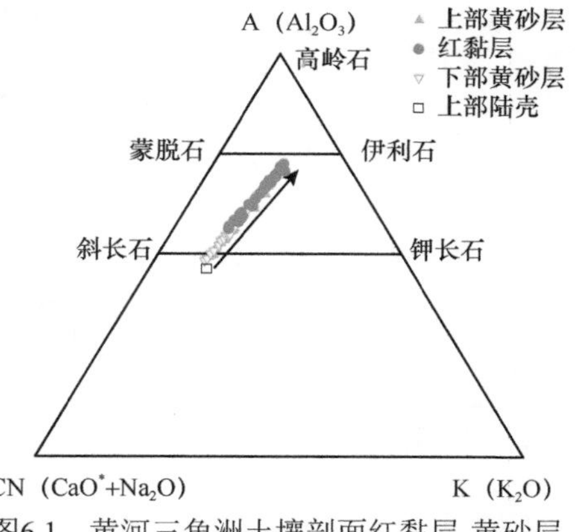

图6.1　黄河三角洲土壤剖面红黏层-黄砂层A-CN-K三角图

CaO^*表示硅酸盐矿物中的CaO

（二）铁氧化物变化

黄河三角洲土壤总铁（Fe_t）、游离铁（Fe_d）和无定形铁（Fe_o）的含量范围分别为21.5～48.3g/kg、4.08～11.6g/kg和0.13～1.19g/kg，与黄土高原黄土-古土壤-红黏土的铁含量范围吻合（Ding et al.，2001b；Hu et al.，2009b）。游离铁代表土壤中细颗粒次生铁氧化物，在成土过程中，含铁硅酸盐矿物的风化随着铁的释放进而形成铁氧化物（Schwertmann et al.，1993），因此游离铁能够指示土壤成土程度；另外，铁游离度（Fe_d/Fe_t）也是指示黄土-古土壤-红黏土序列成土程度的有效指标（Ding et al.，2001b；Hu et al.，2009b）。黄河三角洲土壤红黏层中总铁和游离铁含量都要高于黄砂层（表6.2），具有富铁特征，表明红黏层的成土强度要高于黄砂层，并在物源区经历了氧化环境。当环境湿润、降水充足、风化强烈时土壤中无定形铁含量及铁活化度（Fe_o/Fe_d）都会明显降低，例如，我国南方第四纪红土、黄土高原第三纪红土中无定形铁含量和铁活化度都显著降低，以晶型铁氧化物为主，如赤铁矿和针铁矿（Hu et al.，2009a；Wang et al.，2013b）。黄河三角洲红黏层中无定形铁含量和铁活化度也是显著高于黄砂层的，这一特征说明一方面黄河三角洲土壤红黏层-黄砂层属早期风化阶段，另一方面可能是红黏层物源的粒度效应使其在泥沙搬运、沉积时对铁氧化物有强烈的吸附。

表6.2　黄河三角洲土壤红黏层-黄砂层铁氧化物组成

土壤层次	铁氧化物含量及比值				
	Fe_t（g/kg）	Fe_d（g/kg）	Fe_o（g/kg）	Fe_d/Fe_t（%）	Fe_o/Fe_d（%）
上部黄砂层（n=47）	27.6±4.1a	5.66±1.10a	0.34±0.18a	20.4±1.4a	6.03±3.00a
红黏层（n=36）	38.4±5.8b	8.77±1.74b	0.65±0.26b	22.7±1.4b	7.34±2.32b
下部黄砂层（n=25）	26.2±3.2a	5.38±0.83a	0.25±0.10a	20.4±1.3a	4.56±1.27c

注：同一列不同字母代表显著性差异（P<0.05）

总铁、游离铁、无定形铁、铁游离度和铁活化度之间均呈显著正相关关系（表6.3），铁活化度除与无定形铁相关系数较高外，与其他3个参数之间的相关性较差，说明铁的形态及铁游离度、活化度与铁含量相关。5个铁氧化物参数与中值粒径均呈显著负相关关系，这是由于细颗粒矿物尤其是黏土矿物中铁含量较高，而粗颗粒矿物（主要为石英）则对铁含量有稀释效应（Ding et al.，2001b）。Ding等（2001b）通过研究黄土高原黄土-古土壤-红黏土序列发现，游离铁与总铁和铁游离度之间、游离铁和总铁与中值粒径之间相关性较好，但铁游离度与中值粒径相关性较差，说明受到游离铁受总铁含量及沉积过程双重影响，但铁游离度受沉积过程影响较小，主要受风化强度变化影响。本研究5种铁氧化物参数之间，以及铁氧化物参数与中值粒径之间均有很好的相关性，说明黄河搬运和沉积过程中的粒度分选是铁含量及游离度、活化度等参数变化的主要原因，这也是红黏层中5种铁氧化物参数均相对较高的一个重要原因。这一特征可以反映出，红黏层与黄砂层之间铁氧化物甚至其他地球化学指标的差异，除受物源风化程度影响外，还受沉积过程中的粒度分选作用的影响。

表6.3　黄河三角洲土壤红黏层-黄砂层铁氧化物之间及其与中值粒径（Md）和红度（a^*）之间的相关性（n=107）

	Fe_t	Fe_d	Fe_o	Fe_d/Fe_t	Fe_o/Fe_d	Md	a^*
Fe_t	1						
Fe_d	0.983**	1					
Fe_o	0.792**	0.801**	1				
Fe_d/Fe_t	0.758**	0.858**	0.656**	1			
Fe_o/Fe_d	0.392**	0.378**	0.837**	0.269**	1		
Md	−0.870**	−0.836**	−0.686**	−0.648**	−0.407**	1	
a^*	0.740**	0.741**	0.488**	0.637**	0.109	−0.683**	1

**表示在0.01水平（双尾）显著相关

土壤红度a^*值主要受铁氧化物类型及含量的影响，由表6.3可看出a^*值除与铁活化度没有相关性外，与总铁、游离铁、无定形铁和铁游离度均呈显著正相关关系，说明铁氧化物含量及风化程度对a^*值具有显著影响。通常在氧化条件下，风化后的铁氧化物可以保留在土壤剖面中，红黏层较高的a^*值及铁氧化物含量也说明了该层物源在发育时经历了氧化环境（Ding et al.，2001b）。土壤a^*值与中值粒径显著负相关，这说明粒度分选作用对红黏层-黄砂层颜色变化也有较大影响。

二、土壤化学组成变化特征

（一）元素含量变化

黄河三角洲土壤红黏层-黄砂层中元素分析结果如表6.4所示。除N和Sc外，各元素含量在表层、心层、底层红黏层中的差异不显著（P>0.05），说明不同深度红黏层之间元素组成较为接近。同样，上部黄砂层与下部黄砂层之间S、Al、Ca、Mg、K、Na、Fe常量元素含量也没有显著性差异（P>0.05）。红黏层中Si、Na和P的含量显著低于黄砂层（P<0.05），其中红黏层与其下部黄砂层中P的含量较为接近；而Al、Ca、Mg、K、Fe、C、Mn和Ti的含量要显著高于黄砂层（P<0.05）。将不同的红黏层与黄砂层平均后，红黏层中S、Cu、Zn、V、Cr、Ni、As、Hg、Pb、Co、Ga、Rb、Sr、Y、Zr、Nb、Ba、Sc、Th、U、轻稀土（LREE）和重稀土（HREE）的含量都要显著高于黄砂层（P<0.05），只有Zr和Hf的含量显著低于黄砂层（P<0.05）。

黄河三角洲土壤红黏层和黄砂层元素组成如图6.2所示。图6.2a为经黄土高原黄土标准化之后的元素组成，黄河三角洲土壤与黄土元素组成较为相近，部分元素呈正或负异常。Ca、Mg和Sr组成主要受方解石和白云石控制（Jahn et al.，2001），这三种元素的负异常由源物质中碳酸盐的淋失或溶解导致。Ba含量的升高是其吸附于黏土矿物所致（Buggle et al.，2011）。与黄土高原黄土相比，黄河三角洲土壤还呈Zr、Hf、Th、U元素和稀土元素（LR和HR）亏缺状态。由于黄河沉积物元素含量偏低（图6.2b），这些元素的负异常可能是由稀释效应所引起。与黄河沉积物相比，黄河三角洲土壤元素大部分呈正异常（图6.2b），指示了颗粒分选过程和沉积后成土过程。较高的S和Cd含量可能是由农业径流和调水调沙等人类活动所引起（Bai et al.，2012）。Na是易迁移元素，在风化和淋溶过程中相对容易被去除（Jahn et al.，2001），因此呈负异常。锆石和粗颗粒碎屑沉积物是Zr和Hf元素的主要载体，并且属难迁移元素，不易受化学风化影响（Carpentier et al.，2009）。Zr和Hf的负异常表明黄河三角洲土壤具有贫锆石性质，说明在黄河沉积物迁移和沉积过程中颗粒分选作用使细颗粒部分更多地参与沉积成壤。

在黄河三角洲土壤红黏层和黄砂层序列中，大部分元素富集于红黏层，只有Si、Na、P、Cd、Zr和Hf富集于黄砂层（图6.2a、b）。这种元素组成说明红黏层主要由风化程度较高的细颗粒物质组成，这也与黄河三角洲土壤黏粒与原状土元素组成的差异相一致。土壤黏粒中仅有Si、Y、Zr、Ba和Hf呈轻度或中度负异常（图6.2c），指示了原生矿物风化和重矿物分选过程。

表6.4　黄河三角洲土壤红黏层-黄砂层中元素含量

元素含量（%）	黄河三角洲					黄土高原			黄河沉积物
	表层红黏层	心层红黏层	底层红黏层	上部黄砂层	下部黄砂层	黄土	古土壤	红黏土	
Si	24.6 a （22.5～26.0）	24.5 a （21.7～27.5）	24.5 a （21.5～27.8）	27.6 b （24.4～29.3）	27.9 b （26.2～29.6）	29.4 （27.2～31.7）	31.4 （30.9～33.0）	30.6 （25.2～32.9）	32.3
Al	7.09 a （6.62～7.68）	7.15 a （6.09～7.99）	7.15 a （5.62～7.89）	5.98 b （5.06～7.46）	5.77 b （5.06～6.67）	6.67 （6.19～7.15）	7.15 （6.41～7.89）	7.62 （6.41～9.16）	4.87
Ca	5.72 a （4.85～6.59）	5.89 a （4.61～7.43）	5.86 a （4.71～7.64）	4.61 b （3.32～5.94）	4.67 b （4.38～5.08）	7.79 （5.70～11.4）	4.15 （2.63～7.57）	4.68 （0.43～10.5）	3.29
Mg	1.70 a （1.56～1.90）	2.02 a （1.59～2.37）	2.02 a （1.44～2.41）	1.52 b （1.14～2.05）	1.47 b （1.15～1.76）	2.74 （1.74～4.61）	1.79 （1.24～2.37）	1.98 （0.92～3.20）	0.84
K	2.07 a （1.97～2.28）	2.12 a （1.83～2.41）	2.12 a （1.73～2.42）	1.82 b （1.57～2.16）	1.78 b （1.58～2.00）	1.93 （1.73～2.15）	2.07 （1.40～2.32）	1.99 （0.93～3.08）	1.61
Na	1.00 a （0.81～1.34）	1.01 a （0.55～1.45）	0.98 a （0.58～1.58）	1.39 b （0.83～1.84）	1.50 b （1.04～1.83）	1.24 （0.56～1.45）	1.33 （0.85～2.17）	0.81 （0.19～1.62）	1.63
Fe	3.71 a （3.09～4.41）	3.89 a （2.97～4.83）	3.86 a （2.63～4.75）	2.77 b （2.15～3.76）	2.67 b （2.16～3.24）	3.37 （2.80～4.09）	3.85 （2.74～4.33）	4.29 （3.19～5.59）	2.20
Ti	0.39 a （0.38～0.40）	0.39 a （0.36～0.41）	0.39 a （0.35～0.42）	0.37 b （0.34～0.44）	0.37 b （0.33～0.42）	0.35 （0.26～0.43）	0.40 （0.26～0.49）	0.42 （0.30～0.55）	0.36
C	2.16 a （1.77～2.52）	2.00 a （1.39～2.58）	1.98 a （1.23～2.70）	1.50 b （0.90～3.15）	1.24 b （0.98～1.61）	na	na	na	1.13
Mn	759.9 a （634.2～1013.1）	787.2 a （531.0～1034.7）	787.7 a （495.7～1004.4）	523.9 b （395.5～739.0）	484.5 b （395.2～629.0）	697.2 （619.7～852.1）	704.9 （627.5～929.6）	774.6 （542.3～1007.0）	450
Mo	0.65 ab （0.43～0.91）	0.79 a （0.43～1.56）	0.80 a （0.02～1.29）	0.47 b （0.01～1.11）	0.59 ab （0.32～1.26）	na	na	na	0.50
P	658.5 a （579.6～851.8）	597.1 a （558.0～646.5）	618.5 a （562.7～736.2）	796.6 b （608.0～1460.0）	672.3 a （573.0～843.0）	na	na	na	600
N	929.7 a （767.9～1202.0）	716.6 b （521.4～892.8）	681.5 bc （467.8～1021.2）	706.1 b （280.1～1638.4）	512.4 c （372.4～652.5）	na	na	na	500

续表

元素含量（%）	黄河三角洲					黄土高原			黄河沉积物
	表层红黏层	心层红黏层	底层红黏层	上部黄砂层	下部黄砂层	黄土	古土壤	红黏土	
S	415.4 a （311.5～523.8）	356.2 ab （325.0～537.0）	356.7 ab （213.7～574.3）	341.8 ab （117.4～1619.0）	215.5 b （92.8～322.0）	na	na	na	100
Cu	29.5 a （23.1～37.0）	31.7 a （21.4～41.1）	31.2 a （18.3～41.9）	19.3 b （11.1～32.9）	17.5 b （11.1～25.8）	na	na	na	13
Zn	79.9 a （67.2～95.9）	82.1 a （59.6～102.0）	81.3 a （53.8～101.0）	57.2 b （34.5～89.0）	51.3 b （37.1～69.5）	na	na	na	40
V	87.0 a （76.0～100.2）	90.6 a （73.7～107.0）	90.6 a （65.9～108.0）	68.8 b （57.9～89.4）	66.2 b （58.1～78.9）	na	na	na	60
Cr	79.0 a （68.1～88.9）	80.9 a （64.6～97.4）	81.0 a （59.1～95.6）	63.8 b （50.9～81.0）	62.3 b （53.9～71.5）	na	na	na	60
Ni	39.0 a （31.7～48.6）	41.5 a （31.1～52.4）	40.9 a （26.8～49.9）	27.0 b （17.3～42.3）	25.5 b （18.7～35.2）	na	na	na	20
As	15.0 a （12.0～19.4）	16.4 a （8.88～22.2）	16.3 a （9.98～21.2）	10.1 b （6.21～15.1）	9.25 b （7.08～13.0）	na	na	na	7.5
Cd	0.33 a （0.23～0.53）	0.32 a （0.17～0.91）	0.31 a （0.22～0.50）	0.34 a （0.13～0.65）	0.31 a （0.15～0.62）	na	na	na	0.077
Hg	0.025 a （0.015～0.051）	0.021 a （0.012～0.029）	0.021 a （0.008～0.032）	0.018 ab （0.004～0.078）	0.013 b （0.005～0.053）	na	na	na	0.015
Pb	22.3 a （20.2～27.5）	23.4 a （17.9～29.1）	23.7 a （15.6～30.4）	17.4 b （13.5～24.8）	15.8 b （11.6～20.9）	20.1 （18.6～22.0）	21.6 （14.6～25.3）	23.6 （16.3～30.7）	15
Co	14.3 a （11.6～16.7）	16.0 a （10.5～31.0）	15.2 a （10.9～18.9）	10.6 b （6.47～15.2）	9.67 b （6.76～13.4）	13.1 （11.5～13.9）	13.5 （11.1～16.0）	13.9 （8.20～19.2）	9
Ga	17.1 a （14.8～19.6）	17.7 a （14.3～20.4）	17.4 a （13.4～19.9）	13.9 b （11.4～17.6）	13.3 b （11.4～15.7）	16.0 （14.4～17.6）	15.9 （12.1～18.4）	16.6 （11.5～20.7）	11
Rb	105.0 a （95.5～118.8）	109.9 a （93.7～126.4）	108.9 a （86.4～123.0）	88.0 b （73.0～108.5）	85.8 b （71.5～101.0）	101 （94～107）	100 （72～119）	101 （77～127）	70

续表

元素含量（%）	黄河三角洲					黄土高原			黄河沉积物
	表层红黏层	心层红黏层	底层红黏层	上部黄砂层	下部黄砂层	黄土	古土壤	红黏土	
Sr	223.1 a	216.6 a	217.8 a	206.9 b	205.2 b	246	240	174	220
	（206.8～247.9）	（205.0～226.0）	（195.5～237.0）	（188.0～283.0）	（198.6～218.0）	（197～357）	（156～355）	（116～271）	
Y	24.9 a	25.0 a	25.0 a	22.8 b	22.3 b	27.4	27.4	23.9	28
	（23.5～25.6）	（21.5～27.5）	（21.9～27.9）	（18.3～26.0）	（18.6～25.6）	（25.1～29.2）	（20.8～32.8）	（17.5～29.4）	
Zr	172.0 a	157.6 a	163.3 a	220.7 b	227.3 b	221	231	228	354
	（129.0～219.6）	（127.6～204.2）	（129.0～218.5）	（155.7～363.2）	（157.0～376.0）	（202～252）	（152～271）	（175～270）	
Nb	13.7 a	13.7 a	13.5 a	12.9 b	12.8 b	13.1	12.7	11.9	15
	（13.2～14.4）	（12.5～14.5）	（12.7～14.6）	（10.2～14.5）	（11.5～14.4）	（12.3～13.8）	（7.6～15.4）	（1.3～14.8）	
Ba	526.1 a	539.7 a	539.7 a	487.0 b	472.2 b	409	407	451	540
	（498.6～571.6）	（485.0～584.9）	（467.9～599.0）	（420.0～546.5）	（436.1～514.0）	（379～437）	（304～462）	（360～538）	
Sc	9.01 a	11.0 b	11.2 b	7.82 ab	6.62 b	11.7	11.5	12.1	8.8
	（5.93～13.8）	（6.76～19.9）	（6.74～15.2）	（3.54～13.3）	（3.01～11.8）	（10.0～13.0）	（9.0～13.4）	（7.9～15.4）	
Hf	4.55 a	4.51 a	4.69 a	6.08 b	5.31 ab	6.19	6.80	6.70	12
	（3.43～5.66）	（3.00～7.18）	（3.43～6.14）	（3.41～9.69）	（3.33～7.55）	（5.39～7.26）	（4.19～8.32）	（4.84～7.90）	
Th	13.5 a	12.2 a	13.0 a	10.1 b	9.27 b	12.7	13.7	14.1	13
	（11.8～15.2）	（9.44～16.5）	（8.61～15.5）	（7.48～13.5）	（6.61～12.7）	（11.6～13.9）	（9.2～16.5）	（9.4～18.9）	
U	2.71 a	2.50 a	2.60 a	2.26 b	2.12 b	3.22	3.37	3.20	2.1
	（2.54～2.87）	（2.00～2.97）	（2.18～3.04）	（1.82～2.87）	（1.80～2.68）	（2.68～4.08）	（2.86～3.72）	（2.03～4.62）	
La	31.4 a	32.5 a	32.1 a	29.8 a	29.6 a	35.7	37.0	32.6	29.0
	（28.5～35.6）	（20.5～50.6）	（25.5～36.8）	（16.0～38.8）	（23.2～38.9）	（34.0～37.5）	（33.7～41.2）	（26.2～40.9）	
Ce	69.3 a	70.6 a	68.5 a	61.9 b	60.8 b	71.4	74.0	68.9	53.9
	（61.5～75.3）	（42.7～122.3）	（54.9～75.9）	（40.8～75.5）	（49.1～73.8）	（68.5～75.4）	（66.0～82.4）	（54.9～81.4）	
Pr	7.05 a	7.26 a	7.22 a	6.62 a	6.60 a	8.21	8.59	7.70	7.07
	（6.61～7.83）	（4.59～11.3）	（5.80～8.13）	（3.62～9.08）	（5.14～8.79）	（7.88～8.55）	（7.89～9.06）	（5.91～9.51）	
Nd	25.5 a	26.6 a	26.6 a	24.0 a	23.7 a	31.0	32.8	29.5	26.7
	（23.9～28.7）	（16.8～43.0）	（20.9～30.3）	（13.0～32.8）	（18.0～32.0）	（29.2～32.0）	（29.2～36.8）	（21.8～36.5）	

续表

元素含量（%）	黄河三角洲					黄土高原			黄河沉积物
	表层红黏层	心层红黏层	底层红黏层	上部黄砂层	下部黄砂层	黄土	古土壤	红黏土	
Sm	5.20 ab （4.72～5.83）	5.39 a （3.44～8.47）	5.34 ab （4.10～6.11）	4.83 ab （2.77～6.76）	4.78 b （3.59～6.64）	6.39 （5.75～6.76）	6.66 （5.87～7.29）	5.90 （3.99～7.72）	4.99
Eu	1.15 ab （1.05～1.27）	1.17 a （0.75～1.97）	1.15 ab （0.92～1.30）	1.04 b （0.70～1.56）	1.03 b （0.81～1.53）	1.31 （1.25～1.37）	1.38 （1.26～1.53）	1.20 （0.90～1.40）	1.04
Gd	5.67 ab （5.09～6.29）	5.82 a （3.71～9.16）	5.71 ab （4.52～6.54）	5.15 b （3.15～7.21）	5.12 b （3.85～7.29）	5.90 （5.57～6.22）	6.31 （5.59～6.69）	5.40 （3.99～7.02）	4.65
Tb	0.77 ab （0.70～0.87）	0.79 a （0.50～1.24）	0.78 ab （0.61～0.88）	0.70 b （0.45～1.04）	0.69 b （0.51～1.04）	0.87 （0.80～0.97）	0.92 （0.84～1.03）	0.80 （0.56～1.07）	0.75
Dy	4.27 a （3.81～4.88）	4.31 a （2.71～6.76）	4.20 ab （3.22～4.75）	3.83 ab （2.62～5.91）	3.75 b （2.78～5.93）	5.17 （4.55～5.72）	5.48 （4.92～6.22）	4.70 （3.32～6.12）	3.92
Ho	0.87 ab （0.77～1.00）	0.88 a （0.56～1.37）	0.85 ab （0.67～0.98）	0.78 ab （0.54～1.22）	0.76 b （0.55～1.23）	1.06 （0.91～1.22）	1.10 （0.98～1.27）	1.00 （0.69～1.24）	0.84
Er	2.53 ab （2.22～2.87）	2.58 a （1.65～4.02）	2.50 ab （1.94～2.82）	2.30 ab （1.60～3.55）	2.25 b （1.65～3.67）	3.06 （2.63～3.39）	3.28 （2.85～3.77）	2.90 （2.13～3.77）	2.23
Tm	0.36 a （0.31～0.41）	0.36 a （0.22～0.55）	0.34 a （0.27～0.38）	0.32 a （0.23～0.50）	0.32 a （0.23～0.53）	0.45 （0.37～0.51）	0.48 （0.42～0.55）	0.40 （0.32～0.57）	0.35
Yb	2.36 a （2.04～2.71）	2.39 a （1.54～3.66）	2.30 a （1.71～2.61）	2.16 a （1.50～3.34）	2.13 a （1.53～3.40）	3.00 （2.55～3.51）	3.28 （2.72～3.89）	2.90 （2.13～3.83）	2.05
Lu	0.36 a （0.31～0.42）	0.36 a （0.23～0.54）	0.35 a （0.26～0.39）	0.33 a （0.23～0.51）	0.32 a （0.23～0.52）	0.44 （0.37～0.51）	0.48 （0.41～0.59）	0.40 （0.29～0.56）	0.31
LREE	139.6 abc （127.1～152.9）	143.5 a （88.7～237.7）	140.8 ab （114.7～158.4）	128.1 bc （76.9～164.4）	126.6 c （100.4～161.7）	153.9 （146.3～161.2）	160.5 （145.3～178.7）	145.7 （117.1～174.3）	123.9
HREE	17.2 ab （15.3～19.5）	17.5 a （11.1～27.3）	17.0 ab （13.2～19.4）*	15.6 ab （10.35～23.3）	15.3 b （11.3～23.6）	19.9 （17.7～21.9）	21.4 （18.8～24.3）	18.6 （13.7～24.1）	15.1

注：同一行数不同字母代表显著性差异（Duncan法，$P<0.05$）；黄土高原数据引自Ding等（2001a）；黄土高原与黄河沉积物数据作为对比黄河沉积物稀土元素数据引自杨守业和李从先（1999）；黄河沉积物其他元素数据引自赵一阳和鄢明才（1992）；na，未获得

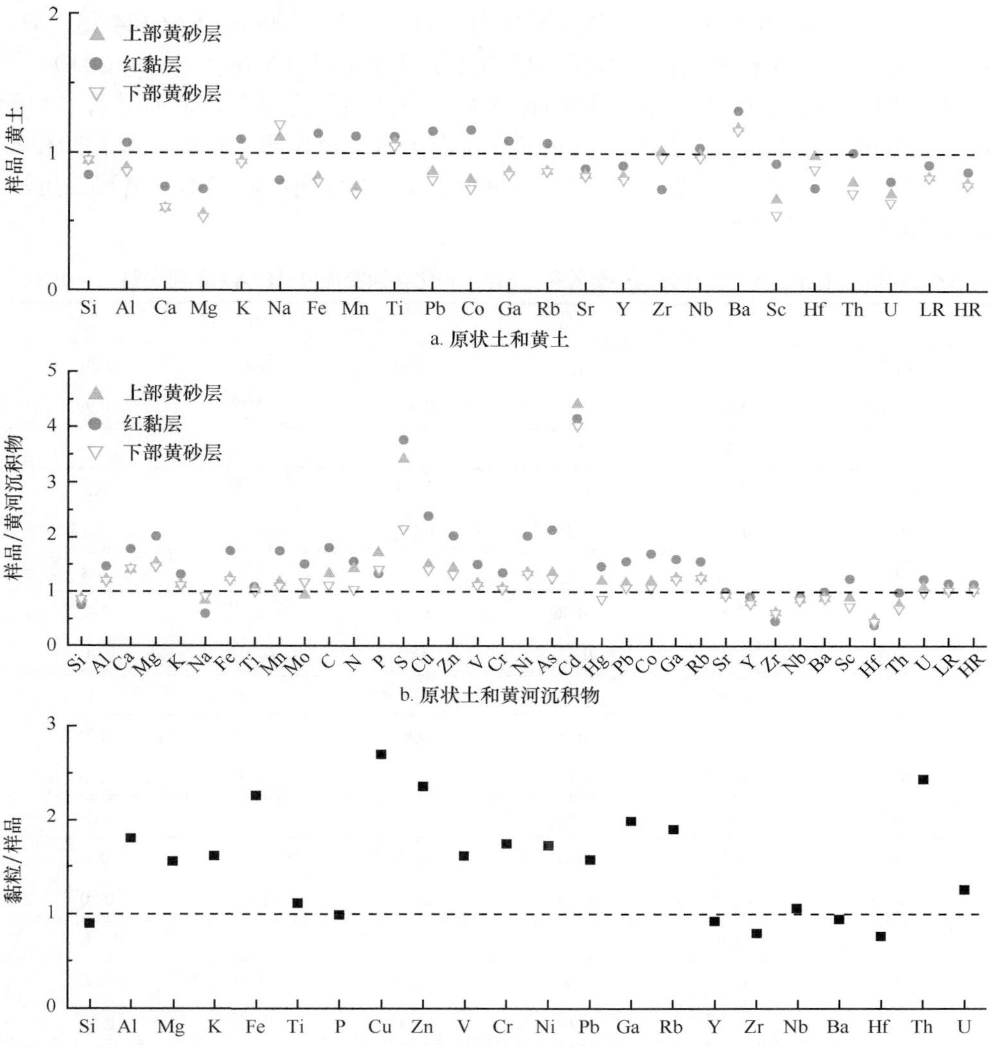

a. 原状土和黄土

b. 原状土和黄河沉积物

c. 黏粒和原状土

图6.2　黄河三角洲土壤元素组成

LR和HR分别代表轻稀土和重稀土

（二）风化及物源变化

钠型风化指数（如化学蚀变指数CIA）和锶型风化指数（如Rb/Sr）常用于指示化学风化程度（Buggle et al.，2011）。红黏层CIA和Rb/Sr显著高于黄砂层（$P<0.01$）（图6.3），说明红黏层具有较高的风化和淋溶强度。

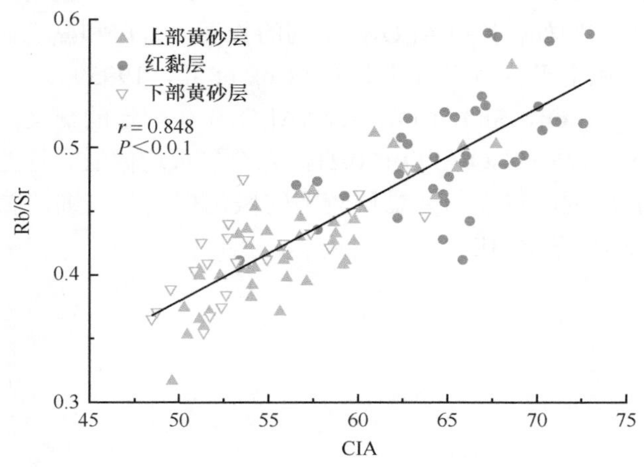

图6.3　红黏层及其上下黄砂层Rb/Sr与化学蚀变指数（CIA）二元图

$CIA=[Al_2O_3/(Al_2O_3+CaO^*+Na_2O+K_2O)]\times100$，其中氧化物以摩尔比计算，$CaO^*$代表硅酸盐矿物中的CaO

红黏层、上部黄砂层和下部黄砂层的CIA范围分别为53.4～73.0、49.6～68.6和48.5～63.7，这一数值范围与黄土高原黄土-红黏土序列相当，正经历早期的化学风化阶段（Xiong et al.，2010）。具有不同风化程度的沉积物在迁移和沉积过程中会显著地稀释或富集不同的矿物组分，从而显著影响元素组成与含量（Kamber et al.，2005；Park et al.，2012）。黄河三角洲土壤中绝大部分元素（除了Cd和P）含量与CIA和Md呈显著相关关系（表6.5），说明风化的形式和强度与机械分选过程是影响黄河三角洲土壤红黏层-黄砂层序列元素地球化学组成的两大重要因素。

表6.5 黄河三角洲土壤元素含量与中值粒径（Md）和化学蚀变指数（CIA）的相关性（*n*=108）

	Si	Al	Ca	Mg	K	Na	Fe
Md	0.82**	–0.89**	–0.70**	–0.90**	–0.85**	0.78**	–0.88**
CIA	–0.88**	0.97**	0.76**	0.93**	0.92**	–0.99**	0.92**
	Ti	Mn	Mo	C	N	P	S
Md	–0.52**	–0.85**	–0.27**	–0.81**	–0.44**	0.21	–0.33**
CIA	0.43**	0.91**	0.35*	0.80**	0.42**	–0.18	0.23*
	Cu	Zn	V	Cr	Ni	As	Cd
Md	–0.88**	–0.91**	–0.86**	–0.81**	–0.88**	–0.86**	0.03
CIA	0.91**	0.90**	0.92**	0.89**	0.90**	0.90**	0.01
	Hg	Pb	Co	Ga	Rb	Sr	Y
Md	–0.57**	–0.77**	–0.79**	–0.87**	–0.87**	–0.46**	–0.77**
CIA	0.59**	0.90**	0.81**	0.89**	0.89**	0.36**	0.68**
	Zr	Nb	Ba	Sc	Hf	Th	U
Md	0.75**	–0.70**	–0.78**	–0.70**	0.57**	–0.76**	–0.80**
CIA	–0.64**	0.50**	0.89**	0.79**	–0.45**	0.80**	0.74**
	La	Ce	Pr	Nd	Sm	Eu	Gd
Md	–0.28**	–0.41**	–0.31**	–0.36**	–0.37**	–0.41**	–0.41**
CIA	0.35**	0.47**	0.39**	0.44**	0.45**	0.45**	0.47**
	Tb	Dy	Ho	Er	Tm	Yb	Lu
Md	–0.43**	–0.42**	–0.42**	–0.40**	–0.35**	–0.34**	–0.32**
CIA	0.47**	0.45**	0.44**	0.42**	0.37**	0.37**	0.35**

**表示在0.01水平（双尾）显著相关；*表示在0.05水平（双尾）显著相关

沉积物溯源主要基于稳定的难迁移元素之间的比值。其中，TiO_2/Al_2O_3是一组有效的溯源参数（Sheldon and Tabor，2009）。在常量元素中，Ti和Al的天然水体溶解度最低，而且Ti的含量对原岩组成较为敏感，随原岩不同会发生变化（Buggle et al.，2011）。SiO_2/TiO_2和K_2O/Al_2O_3也常用于指示物源变化（Hao et al.，2010；Qiao et al.，2011）。例如，K_2O/Al_2O_3在不同的长石、云母和黏土矿物中不同，可以指示化学风化早期的Ca、Na去除阶段，适用于黄河三角洲土壤（Cox et al.，1995）。从图6.4可以得出，黄河三角洲土壤红黏层-黄砂层之间TiO_2/Al_2O_3、SiO_2/TiO_2、K_2O/Al_2O_3存在一定的交叉，又有所区别。总体上红黏层$TiO_2/Al_2O_3<0.07$、$SiO_2/TiO_2<125$、$K_2O/Al_2O_3<0.21$，三个参数均偏低。这些特征说明红黏层与黄砂层之间的物源组成既有联系又有区别，可能与红黏层较高的风化程度和较细的颗粒组成有关，尤其是粒度分选效应会使两者间的元素组成发生变化。

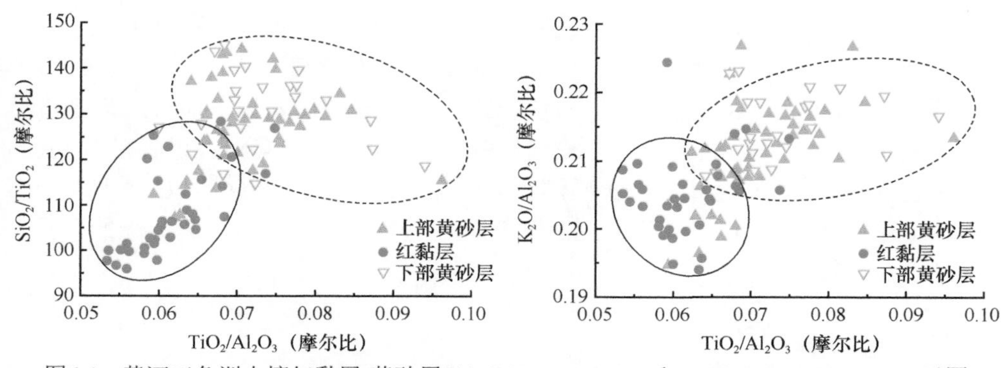

图6.4　黄河三角洲土壤红黏层-黄砂层SiO_2/TiO_2-TiO_2/Al_2O_3和K_2O/Al_2O_3-TiO_2/Al_2O_3二元图

微量元素如Th、Zr、Hf、Nb等由于在沉积过程中具有较低的迁移性被认为是较为理想的溯源元素，常用于黄土、红黏土的物源辨别（Sun et al.，2007；Hao et al.，2010；Qiao et al.，2011；陈旸等，2001）。这些元素主要分布在碎屑沉积岩中，在沉积和搬运过程中不易发生变化，可以反映出母质的特征。Kahmann等（2008）指出古土壤中Nb与其他难迁移元素如Th、Zr、Hf具有较高的相关性，在沉积过程中这些元素具有相似的地球化学行为。Zr和Hf几乎只赋存于非常稳定的重矿物锆石中，不同岩浆活动下产生的原岩锆石中Zr/Hf会发生变化，因此Zr/Hf也常用于物源辨别，至少可以说明锆石组成的变化（McLennan，1989）。Ba主要赋存于钾长石、斜长石和黑云母中，Rb主要赋存于钾长石和黑云母中，Ba和Rb可以强烈吸附于黏土矿物，其可以抵抗强风化条件，因此Ba/Rb也是指示物源的有效指标（Nesbitt and Markovics，1980）。U主要赋存于重矿物中，但U的迁移性相对较高，Th/U也可以在一定程度上指示风化强度（Beswick，1973；Ding et al.，2001a）。

从Ba/Rb与Zr/Hf二元图（图6.5a）可以得出，红黏层与黄砂层明显投影到两个不同的区域，尤其是Zr/Hf明显不同，红黏层Zr/Hf偏小，但Ba/Rb相差不大，这说明红黏层与黄砂层之间的物源差异可能主要反映在重矿物的组成不同，并且可能与粒度分选有关，而长石、石英等矿物组成较为相似。

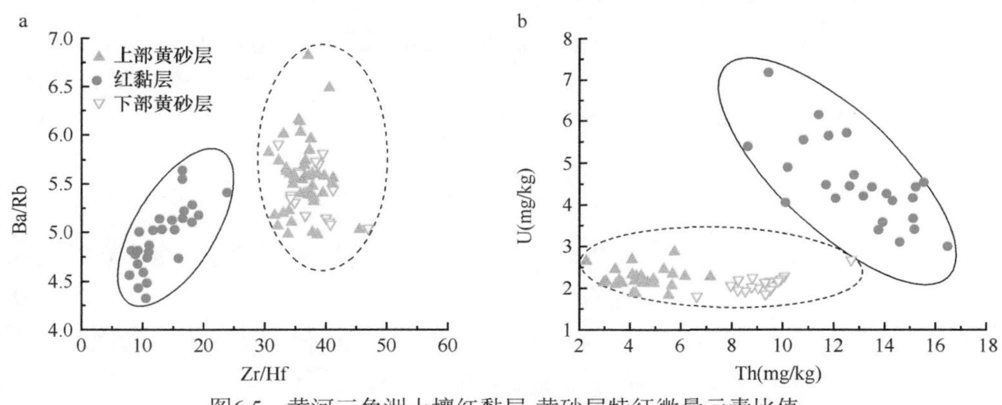

图6.5　黄河三角洲土壤红黏层-黄砂层特征微量元素比值

富含氧化硅及生物来源碳酸盐的沉积物具有最低的Th和U含量，而高黏粒含量的碎屑沉积物中Th和U的含量最高（Carpentier et al.，2013）。红黏层和黄砂层之间U-Th分布有明显的区别（图6.5b）。对应Th，红黏层相对黄砂层具有较高的U含量。黄砂层较低的Th和U含量可能是由稀释效应导致。前人研究指出，在化学风化过程中U相对Th优先损失，导致Th/U升高（McLennan and Taylor，1980；Carpentier et al.，2013）。然而，具有较高风化程度的红黏层的Th/U（3.06±1.06）要低于黄砂层（4.42±0.43）。由于富含有机质（organic matter，OM）的物质在还原条件下沉积可视为海水U的汇，因此红黏层较高的U含量与较低的Th/U可能反映出海水和有机物质侵入的影响（Kelley et al.，2005）。另外，黏粒组分的吸附效应可能是导致红黏层中U含量升高的另一重要因素（Carpentier et al.，2009）。

黄河三角洲土壤红黏层-黄砂层在Zr/Ti与Zr/Al二元图上有交叉（图6.6a），并且两者分布在一条直线上，存在显著正相关关系（r=0.967，P<0.01），这可能与红黏层-黄砂层之间的粒度分选有关。Nb/Zr是指示Zr亏缺或富集的有力指标（Carpentier et al.，2013），在黄河三角洲土壤中，Nb/Zr与SiO_2/Al_2O_3呈显著负相关关系（图6.6b）。Al的含量与碎屑沉积物黏粒部分密切相关，而Si则有碎屑和生物来源两部分（Carpentier et al.，2009）。红黏层具有较低的SiO_2/Al_2O_3，并且其Nb/Zr显著高于上部陆壳的数值（0.06），可以解释为Zr亏缺。与之相对，黄砂层较低的Nb/Zr和较高的SiO_2/Al_2O_3说明其中石英和锆石富集型的粉砂较多。细颗粒红黏层组分与粗颗粒富Si黄砂层组分混合后可导致元素分配的差异，造成微量和痕量元素更易富集于红黏层中。

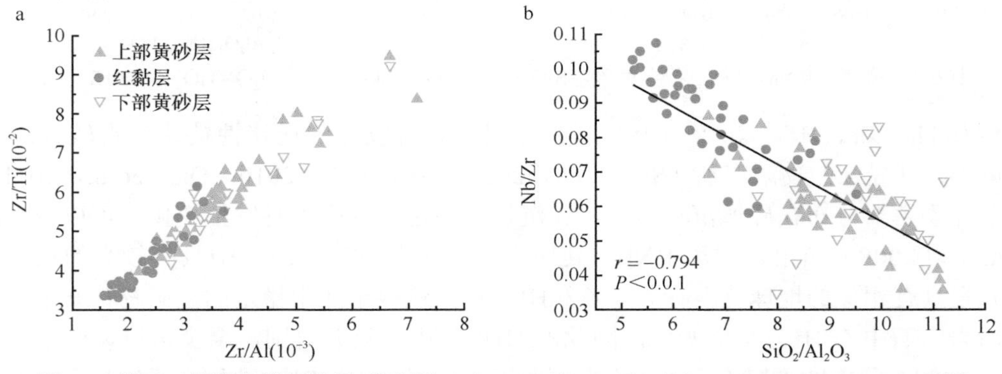

图6.6　黄河三角洲土壤红黏层-黄砂层（a）Zr/Ti对Zr/Al和（b）Nb/Zr对SiO_2/Al_2O_3二元图

黄土高原黄土-红黏土序列经历了大范围的源物质风化、沉积物循环混合和颗粒分选与沉积后成土发育过程（Ding et al.，2001a；Xiong et al.，2010），黄土-红黏土化学组成的变化可以反映出冬季风和夏季风的周期性变化（Guo et al.，2002）。基于红黏层和黄砂层风化程度与化学组成的变化，微量元素比值的不同可归因于源物质形成的气候条件不同，其中形成红黏层的源物质经历的气候条件要比黄砂层更加温暖湿润。

第二节　黄河三角洲土壤剖面的磁性变化特征

一、常温磁性与磁性矿物变化特征

（一）磁性矿物含量与识别

黄河三角洲土壤红黏层及其上下黄砂层磁性参数见表6.6，磁性参数的意义参见Li等（2018）。从表6.6可得，红黏层样品磁化率（χ_{lf}）、频率磁化率（χ_{fd}）、非磁滞剩磁磁化率（χ_{ARM}）、“硬”等温剩磁（HIRM）、“软”等温剩磁（SOFT）、χ_{ARM}/χ_{lf}和χ_{ARM}/SIRM（SIRM为饱和等温剩磁）都要显著高于上部或下部黄砂层，红黏层样品SIRM/χ_{lf}值显著低于黄砂层，红黏层和黄砂层之间SIRM、S_{-100}、S_{-300}、L_{-ratio}和S_{-ratio}的数值没有显著性差异。其中χ_{lf}、SIRM、SOFT可以指示样品中亚铁磁性矿物（如磁铁矿和磁赤铁矿）的含量，SIRM主要指示磁铁矿的含量；HIRM可以指示样品中反磁性矿物（如赤铁矿和针铁矿）的含量；4种参数指示的矿物含量随数值升高而升高。黄河三角洲红黏层样品χ_{lf}、SOFT和HIRM的数值都要高于黄砂层，但SIRM值差异不显著，说明红黏层中低矫顽力亚铁磁性矿物和高矫顽力反磁性矿物的含量都相对较高，但红黏层和黄砂层之间磁铁矿的含量相似。这一特征也可以从S_{-100}、S_{-300}、L_{-ratio}和S_{-ratio}值看出，这4种参数代表了低矫顽力亚铁磁性矿物和高矫顽力反磁性矿物在样品中的比例，在红黏层和黄砂层之间4种参数均没有显著性差异，说明黄河三角洲土壤不同层次间亚铁磁性矿物和反磁性矿物的比例相当。对黄土高原黄土的研究也指出，HIRM指示的反磁性矿物在不同的粒度组分间差异较小，对成土作用不敏感（Zheng et al.，1991）。但整体上较低的L_{-ratio}值和较高的S_{-ratio}值说明黄河三角洲土壤中亚铁磁性矿物含量要高于反磁性矿物。

χ_{fd}、χ_{ARM}、χ_{ARM}/χ_{lf}、χ_{ARM}/SIRM和SIRM/χ_{lf}主要指示磁性矿物类型和颗粒大小，简言之，χ_{fd}主要指示超顺磁（SP，<20～25nm）颗粒，χ_{ARM}、χ_{ARM}/χ_{lf}和χ_{ARM}/SIRM主要指示稳定单畴（SD，20～40nm）颗粒，SIRM/χ_{lf}低值指示高含量的SP颗粒。红黏层相对黄砂层具有较高的χ_{fd}、χ_{ARM}、χ_{ARM}/χ_{lf}、χ_{ARM}/SIRM值和较低的SIRM/χ_{lf}值，说明红黏层中较细的SP和SD磁性矿物含量较高。

表6.6　黄河三角洲土壤红黏层-黄砂层磁性参数

磁性参数	黄河三角洲土壤			黄河沉积物	黄土高原黄土
	上部黄砂层	红黏层	下部黄砂层		
χ_{lf}（$10^{-8}m^3/kg$）	41.2±12.4a	56.6±17.0b	36.7±10.0a	36.1±11.6	83.5±0.7
SIRM（$10^{-6}Am^2/kg$）	4778±768a	5386±408a	5272±833a	5352±1090	9290±322
HIRM（$10^{-6}Am^2/kg$）	323±19a	382±49b	342±53ab	400±90	432±37
SOFT（$10^{-6}Am^2/kg$）	1548±241a	1979±212b	1776±287ab	na	na
S_{-100}（%）	76.8±1.3a	77.6±1.3a	76.6±0.2a	77.3±3.3	80.1±1.1
S_{-300}（%）	93.1±0.9a	92.9±0.8a	93.5±0.2a	92.3±2.1	95.4±0.2
L_{-ratio}	0.30±0.06a	0.32±0.03a	0.28±0.01a	na	na
S_{-ratio}	0.86±0.02a	0.86±0.02a	0.87±0.005a	na	na
χ_{fd}（%）	4.5±2.1a	8.3±1.7b	3.8±1.8a	3.45±2.31	9.55±0.49
χ_{ARM}（$10^{-8}m^3/kg$）	134±53a	363±90b	113±63a	201±132	684±36
χ_{ARM}/χ_{lf}	3.47±0.81a	6.27±0.98b	2.82±1.15a	5.50±2.39	8.18±0.36
χ_{ARM}/SIRM（$10^{-5}m/A$）	24.8±6.1a	67.1±15.1b	21.1±9.9a	37.1±20.3	73.6±1.3
SIRM/χ_{lf}（$10^3A/m$）	13.6±0.8a	9.55±1.54b	13.6±0.7a	15.4±2.2	11.1±0.3

注：黄河三角洲采用4个典型剖面（χ_{lf}和χ_{fd}的数据为全部24个典型红黏层剖面）；黄河沉积物和黄土高原黄土数据引自Li等（2012）；每一行不同字母代表显著性差异（$P<0.05$，Duncan）；na表示未获得

黄河三角洲土壤与黄河沉积物相比，在指示磁性矿物组成的指标上，黄砂层与黄河沉积物之间χ_{lf}值相当（$P>0.05$），但要低于红黏层中χ_{lf}值（$P<0.05$）；红黏层HIRM值相对较高；SIRM、S_{-100}和S_{-300}值在黄河三角洲黄砂层、红黏层及黄河沉积物之间没有显著性差异（$P>0.05$）。这说明整体上黄河三角洲土壤与黄河沉积物之间磁性矿物组成十分接近，具有继承性。红黏层样品较高的χ_{lf}值与其中细颗粒磁性矿物含量较高有关。在指示磁性矿物颗粒大小的指标上，黄砂层与黄河沉积物之间χ_{fd}、χ_{ARM}、SIRM/χ_{lf}和χ_{ARM}/SIRM值没有显著性差异（$P>0.05$），但都低于或高于红黏层中对应的参数值（$P<0.05$）；红黏层与黄河沉积物之间χ_{ARM}/χ_{lf}值相当，均高于黄砂层χ_{ARM}/χ_{lf}值。这一方面说明了黄砂层与黄河沉积物之间磁性矿物颗粒大小相当，相对较粗，而红黏层中细颗粒磁性矿物含量较高；另一方面也进一步证实了红黏层是由黄河沉积物经沉积分选而形成的。沉积分选过程是控制红黏层和黄砂层之间磁性矿物颗粒大小的主导因素，但对磁性矿物的组成影响不大。

黄河三角洲土壤与黄土高原黄土相比，在指示磁性矿物组成的指标上，黄河三角洲黄砂层和红黏层样品χ_{lf}、SIRM、HIRM、S_{-100}和S_{-300}值都要低于黄土（$P<0.05$），说明黄河三角洲土壤磁性及反磁性矿物含量都要低于黄土高原黄土。在指示磁性矿物颗粒大小的指标上，黄河三角洲土壤黄砂层、红黏层样品χ_{ARM}和χ_{ARM}/χ_{lf}值都要低于黄土高原黄土，χ_{fd}、χ_{ARM}/SIRM和SIRM/χ_{lf}值在红黏层和黄土之间没有显著性差异（$P>0.05$），但要显著高于或低于黄砂层中的参数值（$P<0.05$），说明红黏层与黄土间较细的SP和SD颗粒磁性矿物组成较为一致。黄土中既有较粗的碎屑磁性矿物，又有较细的SP和SD成土性亚磁性矿物（Zheng et al.，1991），碎屑磁铁矿的磁化率约为$20\times10^{-8}m^3/kg$，而细颗粒SD和SP亚铁磁性矿物的磁化率可高达约$300\times10^{-8}m^3/kg$（Bloemendal and Liu，2005），因此较高含量的细颗粒SD和SP亚铁磁性矿物是红黏层及黄土磁化率增强的主要原因（Deng et al.，2004）。由于成土时间和气候条件不同，黄土高原同一剖面黄土、古土壤或红黏土之间磁性参数存在变异（Hu et al.，2009b），黄土高原不同地区之间磁性

参数也有所不同（Liu et al.，2007b），单纯使用某一地区的黄土作为对比存在一定的局限性。但通过对比也可以推测，黄河沉积物在搬运过程中由于新鲜碎屑等物质加入可能会稀释磁性矿物，但磁性矿物组成上黄河三角洲土壤与黄土高原黄土是存在继承性的。

土壤磁性参数与铁氧化物及成土过程密切相关。从磁性参数与铁氧化物和风化指数间的相关性可得（表6.7），对于指示磁性矿物组成的指标，只有χ_{lf}与各个铁氧化物参数、风化指数和粒度参数均存在显著相关性，HIRM和SOFT与总铁、游离铁、硅铝率、<4μm粒级和/或中值粒径（Md）中的土壤性质参数存在显著相关性，但与铁游离度和CIA无关，S_{-100}仅与无定形铁和/或<4μm粒级有相关性，而SIRM、S_{-300}和S_{-ratio}则与所有指标均无显著相关性。Hu等（2015）认为土壤中较高的铁含量不一定对应较高的亚铁磁性，而成土过程对亚铁磁性矿物的形成影响较大。以上相关性分析表明，黄河三角洲土壤铁氧化物含量、成土过程和沉积分选对磁化率（χ_{lf}）影响较大，但由于黄河三角洲土壤风化程度较弱，其对亚铁磁性/反磁性矿物组成的影响有限，土壤亚铁磁性矿物和反磁性矿物间的比例几乎不受铁矿物、成土作用和沉积分选的影响。

表6.7　黄河三角洲土壤红黏层-黄砂层磁性参数与铁氧化物、风化指数和粒度参数之间的相关性

	Fe_t	Fe_d	Fe_o	Fe_d/Fe_t	CIA	R	Md	<4μm
χ_{lf}	0.834**	0.826**	0.560*	0.717**	0.546*	–0.749**	–0.635**	0.832**
SIRM	0.476	0.413	0.111	0.210	0.185	–0.341	–0.367	0.328
HIRM	0.609**	0.562*	0.386	0.360	0.280	–0.511*	–0.399	0.556*
SOFT	0.710**	0.673**	0.382	0.481	0.340	–0.572*	–0.528*	0.614**
S_{-100}	0.475	0.454	0.592*	0.326	0.313	–0.462	–0.447	0.560*
S_{-300}	–0.157	–0.168	–0.336	–0.150	–0.113	0.197	0.048	–0.263
L_{-ratio}	0.311	0.315	0.518*	0.249	0.213	–0.339	–0.217	0.438
S_{-ratio}	–0.169	–0.168	–0.342	–0.139	–0.137	0.230	0.068	–0.265
χ_{fd}	0.966**	0.961**	0.762**	0.889**	0.776**	–0.930**	–0.824**	0.909**
χ_{ARM}	0.965**	0.964**	0.842**	0.876**	0.736**	–0.934**	–0.793**	0.963**
χ_{ARM}/χ_{lf}	0.929**	0.923**	0.896**	0.864**	0.792**	–0.967**	–0.852**	0.893**
χ_{ARM}/SIRM	0.959**	0.969**	0.895**	0.906**	0.769**	–0.946**	–0.791**	0.975**
SIRM/χ_{lf}	–0.874**	–0.898**	–0.717**	–0.865**	–0.627**	0.839**	0.633**	–0.921**

注：铁氧化物参数与表6.2一致；R表示硅铝率；**在0.01水平（双尾）上显著相关；*在0.05水平（双尾）上显著相关

对于指示磁性颗粒大小的指标，χ_{fd}、χ_{ARM}、χ_{ARM}/SIRM和SIRM/χ_{lf}与各种铁氧化物指标、风化指标和粒度参数均存在显著相关性。Li等（2012）通过分析黄河磁性参数与平均粒径的相关性指出，黄河沉积物由于物源相对单一（主要来自黄土高原），其磁性参数与平均粒径相关性较好，具有粒径主导的特征。Zhang等（2008）通过粒径分级得出，黄河沉积物的磁性参数在细粒级（<2μm和2～16μm）中数值较高。上文分析已指出黄河三角洲土壤铁氧化物含量和风化程度与粒度组成具有显著相关性，即铁氧化物易于富集在土壤细颗粒组分中，同时细颗粒含量较高的红黏层又具有较高的风化程度，因此上述指标间的极显著相关关系表明黄河三角洲土壤颗粒越细，越易于富集细颗粒磁性矿物，很好地对应了红黏层受沉积分选影响，使得其中较细的SP和SD磁性矿物含量相对较高，这也与Zhang等（2008）的结论有一致性。

磁性参数间的相关性二元图是判断土壤和沉积物中磁性矿物组成、磁性颗粒大小和物源变化的有效解析方法（Hu et al.，2015；Li et al.，2012；Zhang et al.，2008）。黄河三角洲土壤红黏层及其上下黄砂层之间的磁性参数相关性如图6.7所示。由图6.7可得，不同土层之间χ_{lf}-χ_{fd}、χ_{lf}-χ_{ARM}、χ_{lf}-SIRM、χ_{fd}-χ_{ARM}、χ_{fd}-χ_{ARM}/SIRM存在显著正相关性，说明红黏层和黄砂层之间的磁性性质存在继承性，红黏层与黄砂层之间指示磁性颗粒大小的指标差异明显，上下黄砂层之间磁性指标数值不存在分异。红黏层的特征参数值为$\chi_{fd}>6\%$、$\chi_{ARM}>250\times10^{-8}m^3/kg$、$\chi_{ARM}/SIRM>45\times10^{-5}m/A$、$SIRM/\chi_{lf}<12\times10^3A/m$。红黏层的这些磁性参数指标特征说明了该层磁性增强主要是由于较细的SD和SP颗粒含量较高（Torrent et al.，2007；Dearing et al.，1996），这些颗粒主要指示了成土性纳米磁赤铁矿，该矿物是氧化条件下土壤中水铁矿向赤铁矿氧化和/或热转化的中间矿物（Liu et al.，2005b；Torrent et al.，2007）。这些结果表明红黏层物源在源区经历了较强的成土过程，指示了源区的温热气候，红黏层物源与黄土高原红黏土或古土壤的磁性特征及形成环境较为相似（An，2000；Hu et al.，2015）。

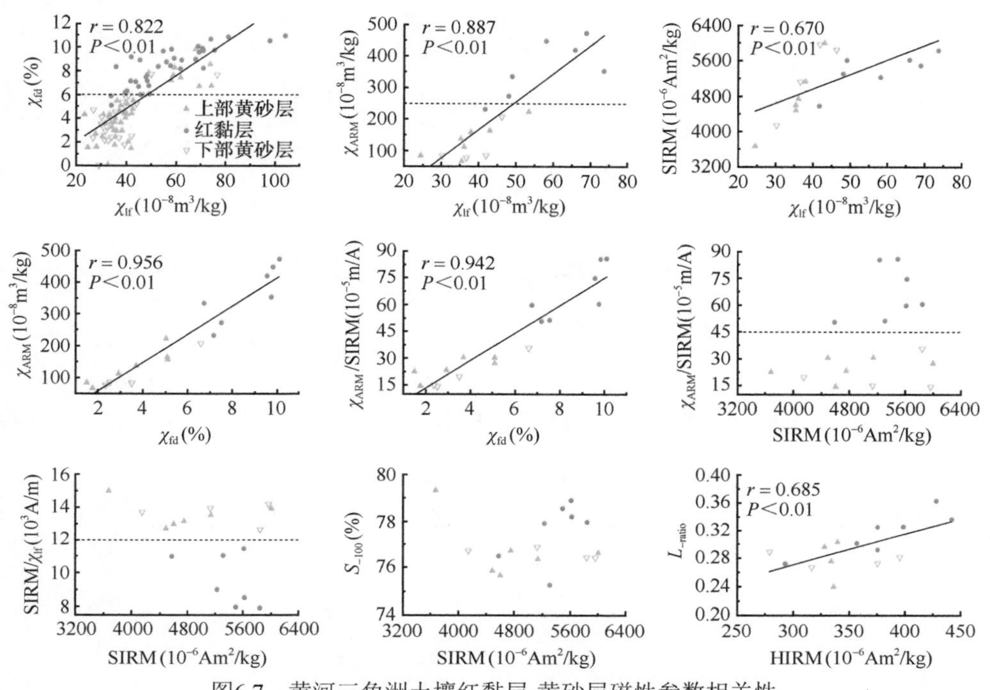

图6.7　黄河三角洲土壤红黏层-黄砂层磁性参数相关性

SIRM-$SIRM/\chi_{lf}$、SIRM-S_{-100}及HIRM-L_{-ratio}可有效地用于区分黄河、长江沉积物物源及东海和黄海沉积物物源（Zhang et al.，2008；Wang et al.，2010；Li et al.，2012）。从图6.7可得，以上3个二元图中只有$SIRM/\chi_{lf}$在红黏层和黄砂层间存在较大分异，另外两个二元图中红黏层和黄砂层间的差异并不明显；而经上文分析，$SIRM/\chi_{lf}$的分异主要是由于受沉积分选对磁性颗粒大小的影响。前人研究指出，SIRM-S_{-100}二元图是利用磁性参数区分黄河和长江沉积物不同物源最有效的指标（Zhang et al.，2008；Li et al.，2012），但本研究中红黏层、黄砂层SIRM-S_{-100}值则表现出混合和交叉的特征。L_{-ratio}是指示赤铁矿/针铁矿组成的敏感指标（Liu et al.，2007a），在HIRM-L_{-ratio}二元图上，不同物源对应不同的线性关系（Li et al.，2012）。红黏层与黄砂层的L_{-ratio}值也同样具有混合和交叉的特征，HIRM-L_{-ratio}的显著正相关性表明HIRM值主要受矫顽力而非反铁磁性矿物含量控制（Liu et al.，2007a），同时也说明了红黏层和黄砂层赤铁矿/针铁矿的组成具有相似性。

从红黏层和黄砂层磁性参数二元图的分析可以得出，红黏层与黄砂之间的物源存在相似性和继承性，但两种土层之间具有明显的沉积分选效应，使得红黏层中较细的亚铁磁性矿物含量较高，从而致使该层磁性增强，同时表明了红黏层物源经历了更为温湿的气候环境，风化成土作用增强。

（二）磁性矿物剖面变化与环境指示

$^{210}Pb_{ex}$能够追踪侵蚀、运移、混合等沉积过程（Mabit et al.，2014）。高分辨面剖面$^{210}Pb_{ex}$活度的垂向分布如图6.8所示。$^{210}Pb_{ex}$活度随剖面深度增加整体呈梯度递减的趋势（$r=-0.74$，$P<0.01$），但在10～20cm（57.7Bq/kg）、45～60cm（49.2Bq/kg）和90～105cm（35.0Bq/kg）处出现三处峰值。与$^{210}Pb_{ex}$

活度相对应，质量累积速率（MAR）范围为0.21～5.30g/(cm²·a)（沉积速率为0.15～3.39cm/a），且在剖面分布上存在变异性。由于黄河三角洲的沉积过程主要受黄河尾闾摆动影响，因此MAR的变化可归因于黄河水沙输入的变化（Zhou et al.，2016）。中值粒径（Md）与MAR存在显著正相关关系，说明细颗粒主要在较弱的沉积动力过程或较少水沙供给时期沉积（如河流改道或旱季）。这与红黏层的形成吻合，除134～140cm段［MAR为3.91g/(cm²·a)，沉积速率为2.93cm/a］外，其主要出现于MAR较低的时期［平均MAR为（1.22±1.23）g/(cm²·a)，平均沉积速率为（0.96±0.94）cm/a）］。

磁性性质和Md的剖面垂向变化如图6.9所示。剖面的磁性参数变化可以分为3段。上段，0～65cm，

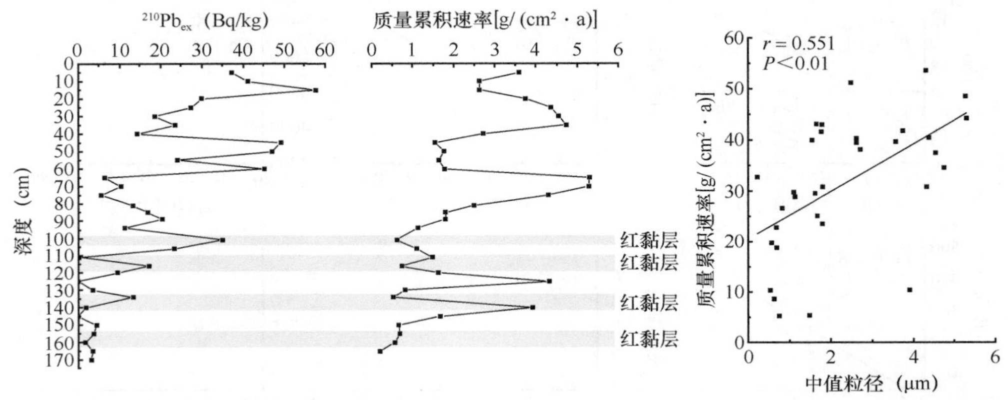

图6.8 高分辨剖面（Y16）$^{210}Pb_{ex}$活度分布、质量累积速率（MAR）分布及其与中值粒径（Md）的相关性

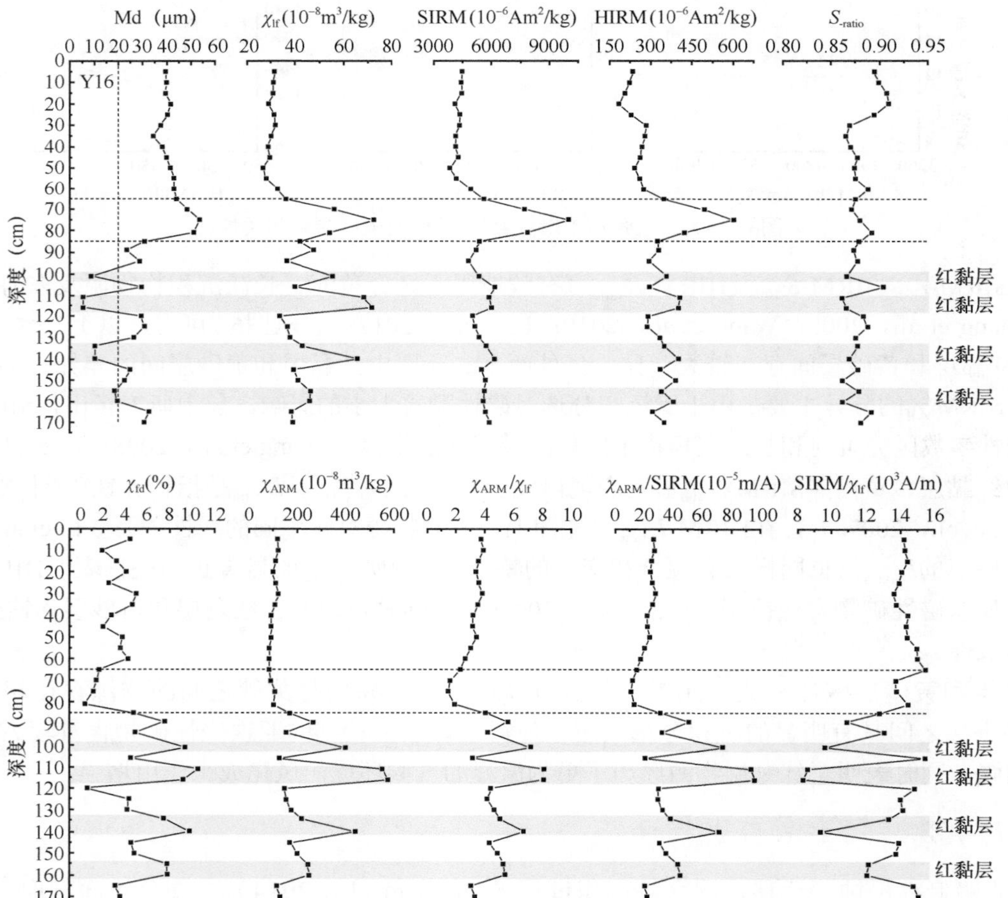

图6.9 高分辨剖面（Y16）中值粒径（Md）、磁化率（χ_{lf}）、饱和等温剩磁（SIRM）、“硬”等温剩磁（HIRM）、S_{-ratio}、频率磁化率（χ_{fd}）、非磁滞剩磁磁化率（χ_{ARM}）、χ_{ARM}/χ_{lf}、χ_{ARM}/SIRM和SIRM/χ_{lf}的分布

在该段中Md与指示磁性矿物含量的指标（χ_{lf}、SIRM、χ_{ARM}）和指示磁性矿物颗粒大小的指标（χ_{ARM}/χ_{lf}、χ_{ARM}/SIRM、SIRM/χ_{lf}）数值较为稳定，指示了相对稳定的沉积过程，其中0～30cm较低的HIRM数值和较高的S_{-ratio}数值说明在表层土中反磁性铁矿物（如针铁矿和赤铁矿）含量较少。中段，65～85cm，在该段Md、χ_{lf}、SIRM和HIRM出现明显峰值，而S_{-ratio}数值较为稳定。同时，χ_{fd}、χ_{ARM}/χ_{lf}和χ_{ARM}/SIRM呈降低的趋势。这一段指示了有高度混合物源输入的强水动力过程，同时提高了由粗颗粒物质挟带的磁性铁矿物和反磁性铁矿物的含量。下段，85～170cm，红黏层（Md＜20μm）的出现是控制Md、χ_{lf}、χ_{fd}、χ_{ARM}、χ_{ARM}/χ_{lf}、χ_{ARM}/SIRM和SIRM/χ_{lf}参数变化的主要因素，指示了多相沉积过程。磁性剖面的垂向变化可以敏感地指示海岸带土壤形成过程中水动力和物源的变化。由于黄河尾闾不断变化，难以维持稳定的沉积环境，较难准确计算由$^{210}Pb_{ex}$推算的沉积速率，因此与$^{210}Pb_{ex}$结果相比，磁性性质能够更好地解释河口三角洲的沉积过程。

生源要素（如碳、氮等）和金属元素（如Cr、Cu、Ni、Pb、Zn、Ti、Zr等）指标与环境磁性参数结合可以评估环境及物源变化（Reynolds et al.，2001；Magiera et al.，2006）。这些指标的剖面变化与磁性参数变化十分吻合（图6.10），并且同样可以分为3段。上段，0～65cm，在这一段中TOC和TN分别在0～10cm（TOC，3.14g/kg；TN，0.32g/kg）和25～35cm（TOC，3.04g/kg；TN，0.29g/kg）出现峰值，进而随剖面向下（35～65cm）逐渐递减（TOC，0.98～2.74g/kg；TN，0.09～0.24g/kg）。该分布趋势较为普遍，这是由于表层土壤接受较多的植物碎屑和有机肥料输入，因此表层土壤中TOC和TN含量较高（Wang et al.，2013a）。TIC［（8.64±0.32）g/kg］、Cr［（60.8±2.5）mg/kg］、Cu［（15.5±1.5）mg/kg］、Ni［（22.2±1.6）mg/kg］、Zn［（48.8±4.5）mg/kg］、Ti［（3495±194）mg/kg］、Zr［（221±30）mg/kg］的数值在0～65cm段十分稳定。Pb的含量在20～35cm处出现峰值，这一分布趋势与TOC和TN一致，说明表层土壤中有机质是吸附固定Pb的主要因素之一（Li et al.，2014）。除20～35cm外，Pb在0～65cm段的数值变化很小［（19.2±1.2）mg/kg］。中段，65～85cm，Cr、Ti、Zr的数值出现明显峰值。Ti和Zr是稳定元素，通常用于指示物源变化（Muhs et al.，2001）。Cr、Ti、Zr、χ_{lf}、SIRM和

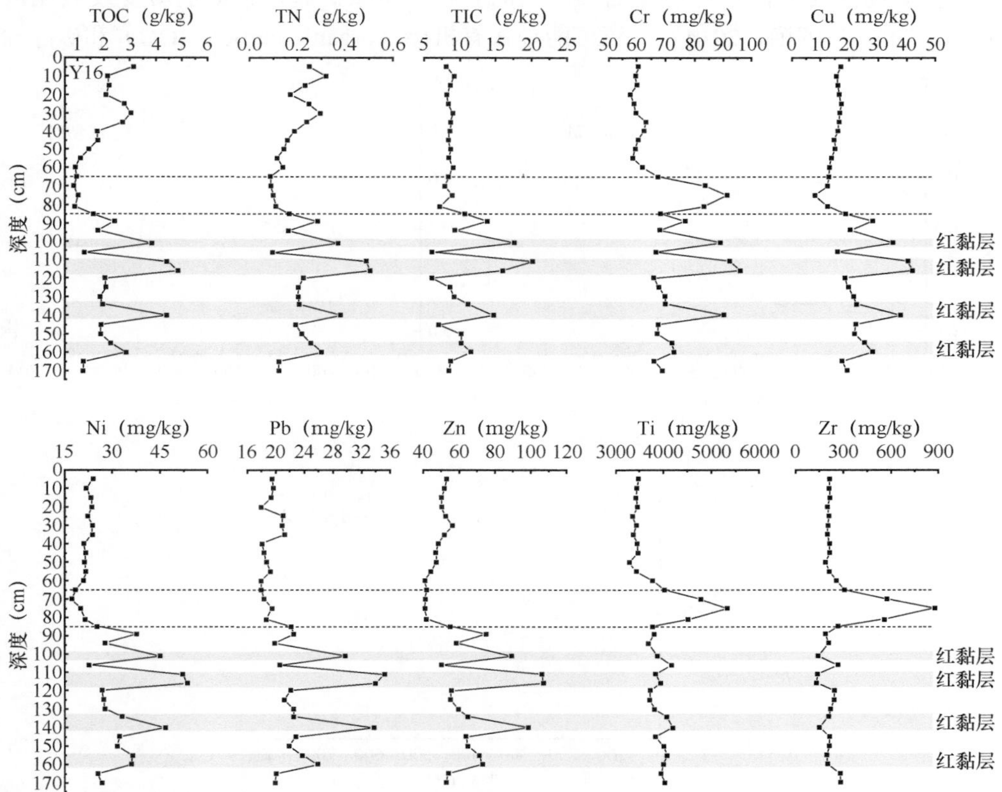

图6.10　高分辨剖面（Y16）总有机碳（TOC）、总氮（TN）、总无机碳（TIC）、Cr、Cu、Ni、Pb、Zn、Ti和Zr的分布

HIRM数值的突然升高及χ_{fd}、χ_{ARM}/χ_{lf}和χ_{ARM}/SIRM数值的突然降低证明这一段发生了物源变化，这一变化是由粗颗粒碎屑矿物高铬型钛磁铁矿（同时是提炼金属的重要矿物）和其他重矿物（如锆石）的输入而导致。下段，85～170cm，TOC［（3.52±1.14）g/kg］、TN［（0.36±0.11）g/kg］、TIC［（14.5±3.7）g/kg］、Cr［（83.2±11.1）mg/kg］、Cu［（33.1±7.8）mg/kg］、Ni［（43.3±8.2）mg/kg］、Pb［（29.2±5.3）mg/kg］、Zn［（87.1±17.5）mg/kg］明显富集于红黏层中，红黏层是下层土壤中生源元素和重金属的重要蓄积库。但值得指出的是，尽管红黏层中重金属含量明显升高，但是这些元素的数值水平仍低于《土壤环境质量农用地土壤污染风险管控标准（试行）》（GB 15618—2018）中的风险筛选值（pH＞7.5；旱地：Cr，250mg/kg；Cu，100mg/kg；Ni，190mg/kg；Pb，170mg/kg；Zn，300mg/kg）。

生源要素和金属元素的剖面分布与磁性参数的剖面分布十分吻合，说明磁性参数能够在经历较复杂变化的海岸带土壤中识别环境变化。尽管环境磁性也用于指示金属污染，但黄河三角洲地区较低的重金属含量说明自然沉积过程是剖面重金属变化的主要因素。磁性参数指示的3段变化过程说明水动力分选可以解释大部分环境参数的变化。也就是说，黄河三角洲土壤剖面中大部分生源要素和重金属的分布受颗粒大小控制，并且优先富集于细颗粒中。另外，某一时期的物源变化也对土壤环境有较大影响。

二、变温磁性与磁性矿物变化特征

黄河三角洲典型土壤典型剖面（Y26）黄砂层和红黏层的热磁曲线如图6.11所示。不同土壤层次的热磁曲线较为相似。加热曲线在300℃之前稳步上升，这可能与升温过程中亚铁磁性细颗粒矿物（SP/SD）的逐步解阻有关（Liu et al.，2005a）。在300～450℃，加热曲线呈现下凹特征，这可能是亚铁磁性的磁赤铁矿向弱磁性的赤铁矿转化所致，尤其是细颗粒磁赤铁矿的转化（Liu et al.，2005b；Deng et al.，2006）。红黏层样品在该温度区间的曲线下凹趋势更为明显，说明该层中细颗粒成土性磁赤铁矿含量较高。加热到450～500℃磁化率开始显著增强，在500～550℃达到峰值，这可能反映了样品加热过程中弱磁性矿物向强磁性矿物的转变，也可能是黏土矿物的分解、黄铁矿和菱铁矿的转变及氧化铁的还原等造成的（Deng et al.，2001；董艳，2014），还可能是在有机碳（organic carbon，OC）和碳酸盐存在的情况

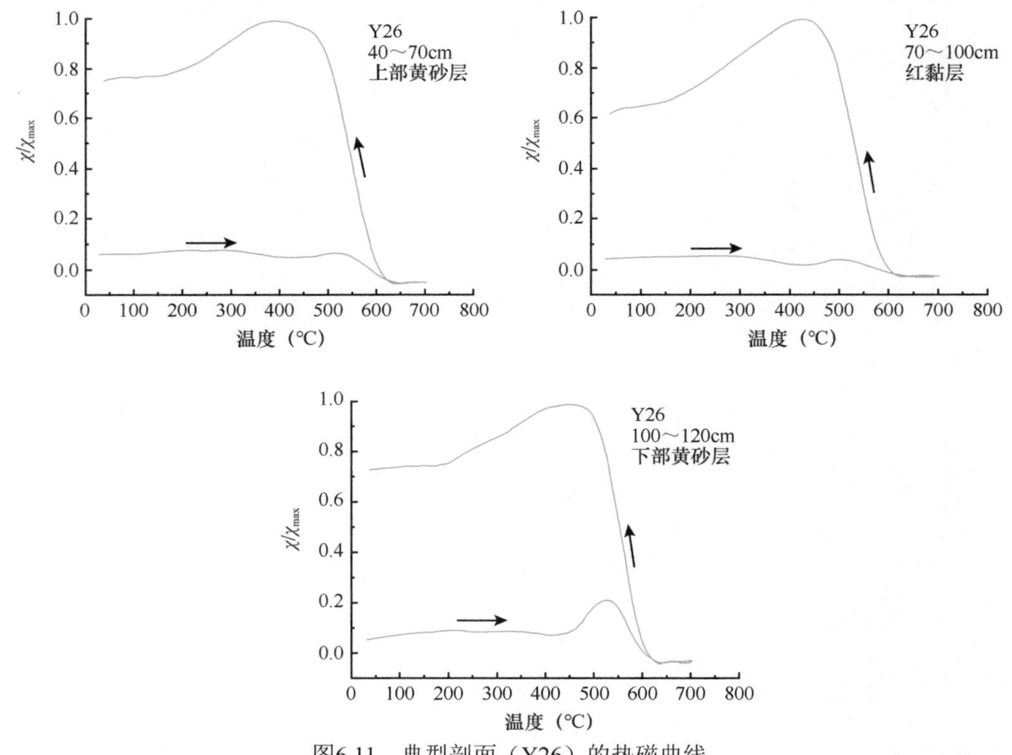

图6.11　典型剖面（Y26）的热磁曲线

下，针铁矿转换成亚铁磁性矿物所致（Hanesch et al.，2006）。剖面下部黄砂层样品在500～550℃的峰值最高，而在300～450℃的下凹不明显，说明下部黄砂层中成土性磁赤铁矿含量最低，弱磁性矿物（如针铁矿）含量较高。加热曲线均在580℃附近出现明显转折，该温度为磁铁矿的居里温度。在冷却曲线上，温度低于580℃后曲线快速上升，反映了含铁硅酸盐矿物向磁铁矿转化的过程（Deng et al.，2006）。热磁曲线说明黄河三角洲土壤中亚铁磁性矿物以碎屑性粗颗粒（MD）磁铁矿和成土性细颗粒（SP/SD）磁赤铁矿为主。黄河三角洲土壤磁性矿物组成与黄土高原黄土-古土壤相似（Liu et al.，2005a；Deng et al.，2006）。

第三节　黄河三角洲土壤剖面地球化学变异的环境意义

一、土壤重金属的富集

（一）土壤重金属的含量

红黏层及其上部黄砂层和下部黄砂层中重金属Cu、Zn、Cr、Ni、Pb、Co和Cd的含量如表6.8所示。从表6.8可得，除Cd外，红黏层中重金属的平均含量约是黄砂层中的1.5倍，说明红黏层对重金属的累积较为显著。尽管红黏层中Cd的平均含量与黄砂层基本无异，但红黏层中Cd的最大含量仍约为黄砂层的1.5倍。除Zn和Pb外，上部黄砂层和下部黄砂层中重金属的含量差异并不显著，这说明土层中重金属的含量分布受人类活动干扰较小。这一点也可通过地累积指数I_{geo}来说明（表6.8）。除Cd外，其余重金属含量均呈非污染水平（$I_{geo}<0$）。Cd表现为中度污染水平（$1<I_{geo}<2$），黄河泥沙挟带的重金属是黄河三角洲土壤中重金属的主要来源，而黄河泥沙中Cd含量较高，致使其在黄河三角洲土壤中呈较高污染水平（Li et al.，2014）。尽管黄河三角洲土壤中重金属污染水平较低，但红黏层中重金属Cu、Zn、Cr、Ni、Pb和Co的I_{geo}值要显著高于黄砂层（$P<0.05$）。由于大部分红黏层位于土壤剖面的心土层或底土层，累积在该层的重金属在向下淋溶迁移过程中更易对地下水构成威胁。

除I_{geo}外，还可通过计算污染指数I_{POLL}来判断重金属的累积程度，I_{POLL}的计算方法（Karbassi et al.，2008）为

$$I_{POLL}=\log_2(B_c/L_p) \tag{6.1}$$

式中，I_{POLL}、B_c和L_p分别代表重金属污染强度、重金属总量和重金属在土壤成岩组分中的含量。其中，重金属的成岩组分由欧共体参比司（BCR）制定的提取法中残留组分代替。

I_{POLL}的结果如表6.8所示，与I_{geo}的结果相似，红黏层中重金属Pb、Co和Cd的值要显著高于黄砂层。这可能是由于红黏层中Fe-Mn氧化物含量较高，有利于截留重金属。总之，重金属总量、I_{geo}和I_{POLL}均说明红黏层可以显著累积土壤重金属。

（二）土壤重金属的化学形态

选取两个典型剖面（包括5个上部黄砂层样品、3个红黏层样品和2个下部黄砂层样品）来分析土壤重金属的化学形态。根据BCR方法，重金属的化学形态可分为弱酸溶态、铁锰结合易还原态、有机结合氧化态和残渣态，四种形态的重金属迁移性依次降低。四种形态重金属的比例如图6.12所示，其中重金属以残渣态为主。除Cd外，弱酸溶态重金属比例较低。这些结果与黄河口沉积物中重金属形态的分析结果一致（Liu et al.，2015）。低迁移态（弱酸溶态+铁锰结合易还原态+有机结合氧化态）和高固定态（残渣态）重金属比例说明土壤几乎没有受到重金属污染（Davidson et al.，1994），这进一步说明了黄河三角洲土壤重金属以成土性来源为主。

除残渣态之外，在重金属的迁移态中，Cu、Zn、Ni、Pb和Co以铁锰结合易还原态为主，尤其是Pb（23.7%～53.6%）和Co（10.5%～31.5%）。已有研究表明，Fe-Mn水合氧化物是土壤中Pb的重要结合位点，并控制Pb在环境中的迁移（Rodríguez et al.，2009；Singh et al.，2005）。同样也有众多研究表明，

表6.8 黄河三角洲土壤剖面不同层次中重金属总量、I_{geo}和I_{POLL}间的差异

	土壤层次	Cu		Zn		Cr		Ni		Pb		Co		Cd	
		均值	范围	均值	范围	均值	范围	均值	范围	均值	范围	均值	范围	均值	范围
总量（mg/kg）	上部黄砂层（n=52）	19.6a	11.1～32.9	57.9a	34.5～89.0	64.3a	50.9～81.0	27.5a	17.3～42.3	17.6a	13.5～24.8	10.8a	6.47–15.2	0.32a	0.06～0.65
	红黏层（n=42）	31.1b	18.3～41.9	81.1b	53.8～102	80.9b	59.1～97.4	40.8b	26.8～52.4	23.3b	15.6～30.4	15.2b	10.5–31.0	0.31a	0.17～0.91
	下部黄砂层（n=26）	17.9a	11.1～25.8	52.1c	37.1～73.5	62.9a	53.9～76.3	25.7a	18.7～35.8	15.9c	10.5～21.7	9.85a	6.76–14.3	0.30a	0.15～0.62
I_{geo}	上部黄砂层（n=52）	–0.94a	–1.71～0.15	–0.83a	–1.55～0.19	–0.67a	–1.00～0.33	–0.62a	–1.26～0.03	–1.14a	–1.51～0.63	–1.02a	–1.72–0.48	1.25a	–1.07～2.4
	红黏层（n=42）	–0.26b	–1.00～0.20	–0.34b	–0.91～0.01	–0.34b	–0.79～0.06	–0.04b	–0.63～0.34	–0.73b	–1.30～0.34	–0.52b	–1.02–0.54	1.20a	0.08～2.85
	下部黄砂层（n=26）	–1.07a	–1.71～0.50	–0.99c	–1.45～0.46	–0.70a	–0.92～0.42	–0.72a	–1.15～0.21	–1.30c	–1.87～0.83	–1.15a	–1.65–0.57	1.18a	0.26～2.29
I_{POLL}	上部黄砂层（n=52）	0.26a	0.19～0.35	0.22a	0.14～0.30	0.10a	0.08～0.12	0.45a	0.41～0.51	0.71a	0.65～0.79	0.47a	0.39–0.54	0.39a	0.34～0.51
	红黏层（n=42）	0.25a	0.24～0.26	0.18a	0.14～0.20	0.12a	0.11～0.13	0.49a	0.48～0.50	1.14b	0.94～1.15	0.65b	0.61–0.68	0.65b	0.59～0.68
	下部黄砂层（n=26）	0.28a	0.25～0.31	0.17a	0.16～0.18	0.10a	0.07～0.12	0.46a	0.45～0.48	0.58a	0.48～0.68	0.45a	0.39–0.52	0.35a	0.20～0.50

注：同一列中字母不同代表显著差异（P>0.05）（Duncan法）；采用两个典型剖面计算I_{POLL}值

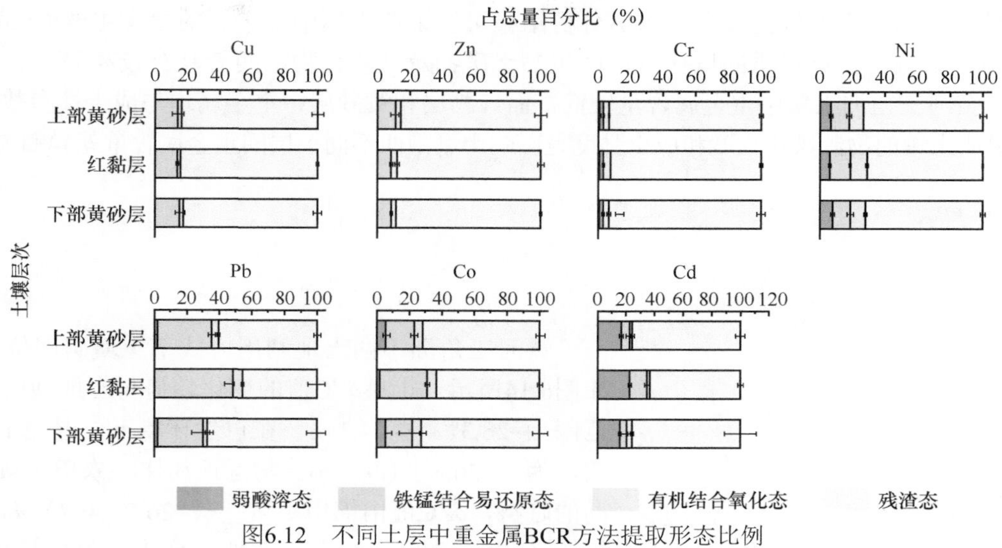

图6.12　不同土层中重金属BCR方法提取形态比例

Co的迁移与Fe-Mn氧化物有关（Dundar et al.，2012；Krasnodębska-Ostręga et al.，2001）。在不同的土壤层次中，红黏层中铁锰结合易还原态Pb［（48.2±5.5）%］和Co［（29.8±1.6）%］的比例要高于黄砂层，这与红黏层中较高的Fe-Mn氧化物含量有关。值得注意的是，红黏层在心土层或底土层中会经历还原环境，通过Fe-Mn氧化物的还原降解会释放Pb或Co等重金属，从而影响土壤环境质量。重金属Cu、Zn、Cr和Ni在红黏层中的迁移性（均值分别为16.0%、11.8%、8.0%和28.9%）与黄砂层中的迁移性（均值分别为16.4%、14.1%、6.6%和26.5%）相当。

在七种重金属中，仅Cd有较高的弱酸溶态比例（11.1%～23.5%），这说明土壤中成土性Cd的有效性较高。在不同土层中，弱酸溶态和铁锰结合易还原态Cd在红黏层中的比例［分别为（22.7±0.8）%和（12.4±1.4）%］要显著高于黄砂层中的相应比例［分别为（16.9±3.1）%和（5.1±3.5）%］。这与一些学者的结论一致，他们还指出土壤中迁移态Cd主要储存在细颗粒组分中（Guo et al.，2013；Zhang et al.，2013a）。土壤中较高迁移态的Cd含量更易导致其淋溶至地下水或被植物吸收，具有潜在的生态风险。

（三）土壤重金属与土壤性质的关系

通过使用主成分分析（PCA）方法分析红黏层与黄砂层中重金属（Cu、Zn、Cr、Ni、Pb、Co和Cd）和土壤性质（Al、Fe、$CaCO_3$、有机质、黏粒、CIA、χ_{lf}和χ_{fd}）的关系，来判断重金属的来源。

PCA分析中两个组分可以解释80%以上的总方差。黄砂层中大多数重金属（Cu、Zn、Cr、Ni、Co和Cd）与Al、Fe和CIA显著相关，只有Pb与黏粒含量显著相关（图6.13a）。与黄砂层不同，红黏层中Cu、Zn、Cr、Ni、Cd和Pb与黏粒含量及其他成土参数显著相关（图6.13b）。这说明，与黄砂层相比，具有较强风化程度的红黏层中重金属的分布更易受黏土矿物含量的影响。然而，红黏层中Co与其他土壤性质指

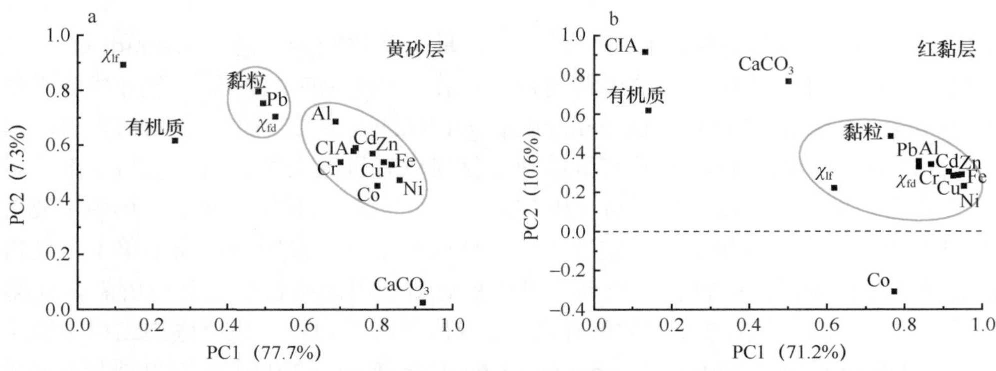

图6.13　黄砂层与红黏层中重金属和主要土壤性质的PCA双变量（PC1与PC2）二元图

标没有相关性，说明其来源较为复杂。PCA分析结果可以说明土壤中重金属的含量主要受铝硅酸盐矿物和氧化物吸附的影响。土壤母质的风化可以产生黏土矿物及铁氧化物，两者具有较高的比表面积，可以富集重金属。黄河三角洲土壤中重金属含量较低，而红黏层和黄砂层中重金属均与成土性参数有显著相关性，这可以说明土壤的物源风化程度和成土强度是影响土壤剖面不同土层间重金属含量差异的关键因素。

二、土壤碳的埋藏

（一）土壤有机碳同位素分馏

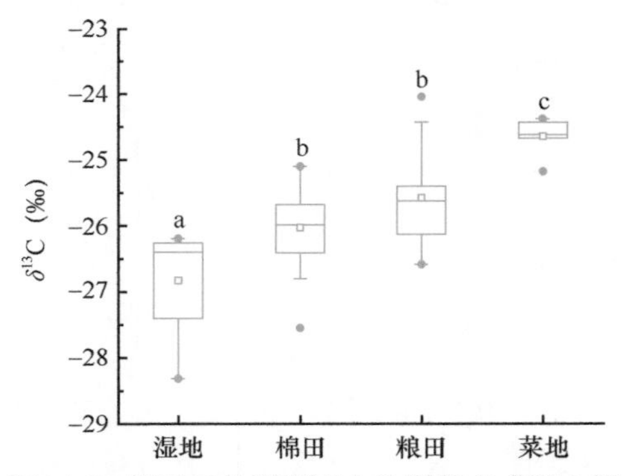

图6.14　黄河三角洲不同土地利用方式下土壤$\delta^{13}C$的分布趋势（$P>0.05$，Duncan法）
字母不同代表差异显著

黄河三角洲不同土地利用方式下土壤碳同位素分馏趋势如图6.14所示。土壤$\delta^{13}C$值的变化趋势与土地利用方式有关，范围为–28.3‰～–24.1‰。在自然环境下，湿地土壤$\delta^{13}C$值最低，为（–26.8±1.0）‰。与湿地相比，农田土壤$\delta^{13}C$值有升高的趋势，$\delta^{13}C$值由棉田土壤［（–26.0±0.7）‰］向粮田土壤［（–25.6±0.8）‰］、菜地土壤［（–24.7±0.3）‰］逐渐递增。

土壤是有机碳库，而其同位素特征主要取决于植被类型。C_3植物的$\delta^{13}C$值明显区别于C_4植物。黄河三角洲滨海平原中湿地植物主要为碱蓬、芦苇和柽柳，三者的$\delta^{13}C$均值为–27.1‰（丁喜桂等，2011），属于C_3植物。因此，湿地土壤较低的$\delta^{13}C$值说明该利用方式下土壤有机碳主要来自植被凋落物的贡献。在粮田和菜地中，种植方式通常为玉米（C_4）-小麦（C_3）轮作和玉米/小麦-蔬菜轮作，其中C_4植物（玉米）碳的贡献可通过稳定同位素平衡模型计算（Cook et al.，2014）：

$$\%SOC_4=（\delta_s-\delta_0）/（\delta_c-\delta_0）\times 100 \quad (6.2)$$

式中，$\%SOC_4$为C_4植被贡献的土壤有机碳比例；δ_s为粮田和菜地土壤样品的$\delta^{13}C$值；δ_0为作为参比的湿地土壤$\delta^{13}C$平均值（–26.8‰）；δ_c为玉米凋落物的$\delta^{13}C$平均值（–14‰）。

根据式（6.2）计算可得，粮田和菜地$\%SOC_4$分别为1.64%～21.5%（均值9.56%）和12.7%～18.8%（均值16.7%），由于C_4植被的$\delta^{13}C$值要远高于C_3植被的$\delta^{13}C$值，因此从棉田向菜地递增的$\delta^{13}C$值可归因于C_4型土壤有机碳的贡献增加。然而值得注意的是，尽管C_4型有机碳比例有所提升，但其所占比例低于22%，即大部分土壤有机碳仍以C_3型有机碳为主；同时土地利用方式由湿地向棉田过渡中没有C_3-C_4植被的变化，也同样引起了土壤^{13}C的富集。这可能是土壤在长时间耕作后，有机质矿化和腐殖化程度加深，在这一过程中^{13}C贫化的有机质优先降解、^{13}C富集的有机质优先累积，导致$\delta^{13}C$值升高（Rumpel and Kögel-Knabner，2011）。因此，湿地土壤中有机质的降解同样是农田土壤中^{13}C富集的主要原因。

（二）土壤有机碳和无机碳转化与富集

土壤是最大的活性陆源有机质库，且对气候及地区环境变化较为敏感（Schmidt et al.，2011）。最近研究表明，底层土壤有机质具有较长的周转周期，在作为CO_2源或汇方面的作用甚至要高于表层土壤有机质（Jobbágy and Jackson，2000；Rumpel and Kögel-Knabner，2011）。图6.15表明，尽管红黏层样品多出现于＞35cm的土壤剖面位置，但其有机碳和总氮（以有机氮为主）的含量与上部黄砂层样品相当（$P>0.05$），且要显著高于下部黄砂层样品（$P<0.05$）。因此，红黏层是底层土壤中重要的有机质库。Schmidt等（2011）指出，土壤有机质的稳定性主要受环境和生物因素影响，而不单单是其自身分子结构的原因。红黏层样品黏粒和活性矿物含量较高，可以更有效地阻隔有机质及其分解者，使得更易在该层截留有机质。还有研究指出，若有机碳$\delta^{13}C$值升高、C/N值降低，则可以说明底层土壤中微生物来源贡献的有机质有所增加（Torn et al.，2002；Rumpel and Kögel-Knabner，2011）。在红黏层样品的$\delta^{13}C_{SOC}$均值

要高于上部黄砂层样品，但与下部黄砂层样品相当，且红黏层样品也具有较高的C/N均值。因此，在红黏层样品中，现有数据较难判断微生物来源贡献的有机质。然而，由于组成红黏层样品的源物质可能经历了温暖和潮湿的古气候，因此相对于黄砂层样品，红黏层样品在源区成土过程中应更多地接收到来自植被凋落物贡献的有机质。

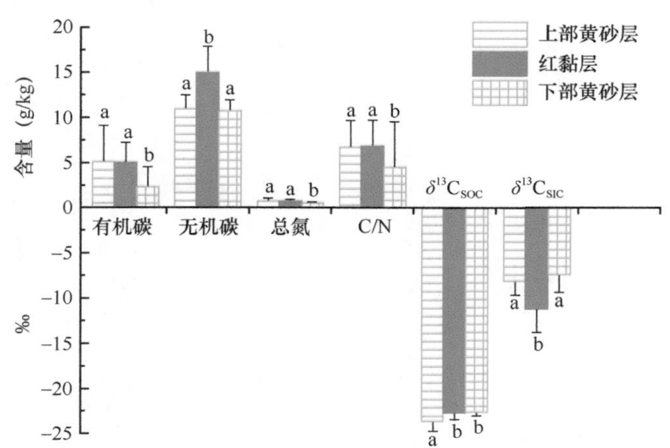

图6.15　红黏层及其上下黄砂层中土壤有机碳、无机碳、总氮含量及C/N值和碳同位素值

土壤无机碳主要由碳酸钙贡献，是干旱和半干旱地区重要的土壤碳库。土壤无机碳可分为原生碳酸盐和次生碳酸盐，后者具有固碳的能力（Monger et al.，2015；Wang et al.，2015）。次生碳酸盐主要有两种生成途径：①通过土壤有机质降解生成的H^+和HCO_3^-产生原生碳酸盐，再通过原生碳酸盐的溶解和再沉淀生成次生碳酸盐；②通过溶解CO_2生成HCO_3^-，再与硅酸盐风化产生的Ca^{2+}和/或Mg^{2+}反应生成次生碳酸盐（Wang et al.，2014，2015）。Wang等（2014）指出，$\delta^{13}C_{SIC}$可以用于鉴定次生碳酸盐，其含量通常与$\delta^{13}C_{SIC}$值呈负相关关系。在研究区，土壤无机碳平均含量是有机碳的5倍，另外所有剖面数据表明土壤有机碳和无机碳呈显著正相关关系（r=0.316，P＜0.01，n=108）。如图6.15所示，红黏层样品显著累积无机碳，并且该层中随着有机碳含量升高$\delta^{13}C_{SIC}$值降低，这说明红黏层中累积的无机碳可能主要以次生碳酸盐形式存在，而次生碳酸盐更有可能是通过获取CO_2后形成的碳酸盐沉淀，而不是通过有机碳降解形成的碳酸盐（Wang et al.，2015；Monger et al.，2015）。因此，红黏层中形成的次生碳酸盐可能有固碳的能力。

三、土壤重金属和生源要素通量变化及识别

通过计算典型高分辨剖面质量累积速率（MAR）来推算剖面元素通量，进而分析与之相关的河口区生物地球化学循环，结果如图6.16所示。MAR呈分段式片断分布，这主要与黄河周期性摆动有关。剖面中元素通量与MAR呈显著正相关关系（P＜0.01），剖面元素通量与含量的变化并不一致（Li et al.，2018）。例如，在25～35cm、65～75cm和125cm处出现的黄砂层中OC、IC、N、S、Fe、Cr、Cu、Ni、Pb和Zn的浓度较低，但其通量（累积速率）较高，这说明元素通量受MAR的变化主导，而与土壤层次间元素含量的变化关系较小。尽管元素通量并没有在红黏层发生显著变化，但是元素比例在红黏层发生明显变化，尤其是IC/Ca、N/P、Al/P、Cr/Si、Cu/Si、Ni/Si、Pb/Si和Zn/Si在红黏层处均达到最大值。

红黏层中元素比值的变化可归因于元素组成及元素含量的变化。红黏层中较高的IC/Ca与较高的碳酸盐含量有关。IC的通量是OC的3～10倍。黄河三角洲的高IC累积速率使其在世界范围的大河三角洲内具有独特性，在溶解性无机碳去除过程中，碳酸的沉积与生物净生产同等重要（Liu et al.，2014）。红黏层具有独特的吸附和风化效应，其中较高的N/P、Al/P、Cr/Si、Cu/Si、Ni/Si、Pb/Si和Zn/Si代表该层N和微量金属元素过剩，而P不足。在黄河口和渤海沉积物/水界面上，营养盐组成呈硝酸盐过剩而磷素不足状态（Liu et al.，2012b）。Peñuelas等（2013）指出，人类活动引起的C、N和P的不平衡输送正改变着生物圈C∶N∶P的比例，从而影响生态系统功能。分析红黏层剖面元素可得，除了人类活动及沉积物中营养再

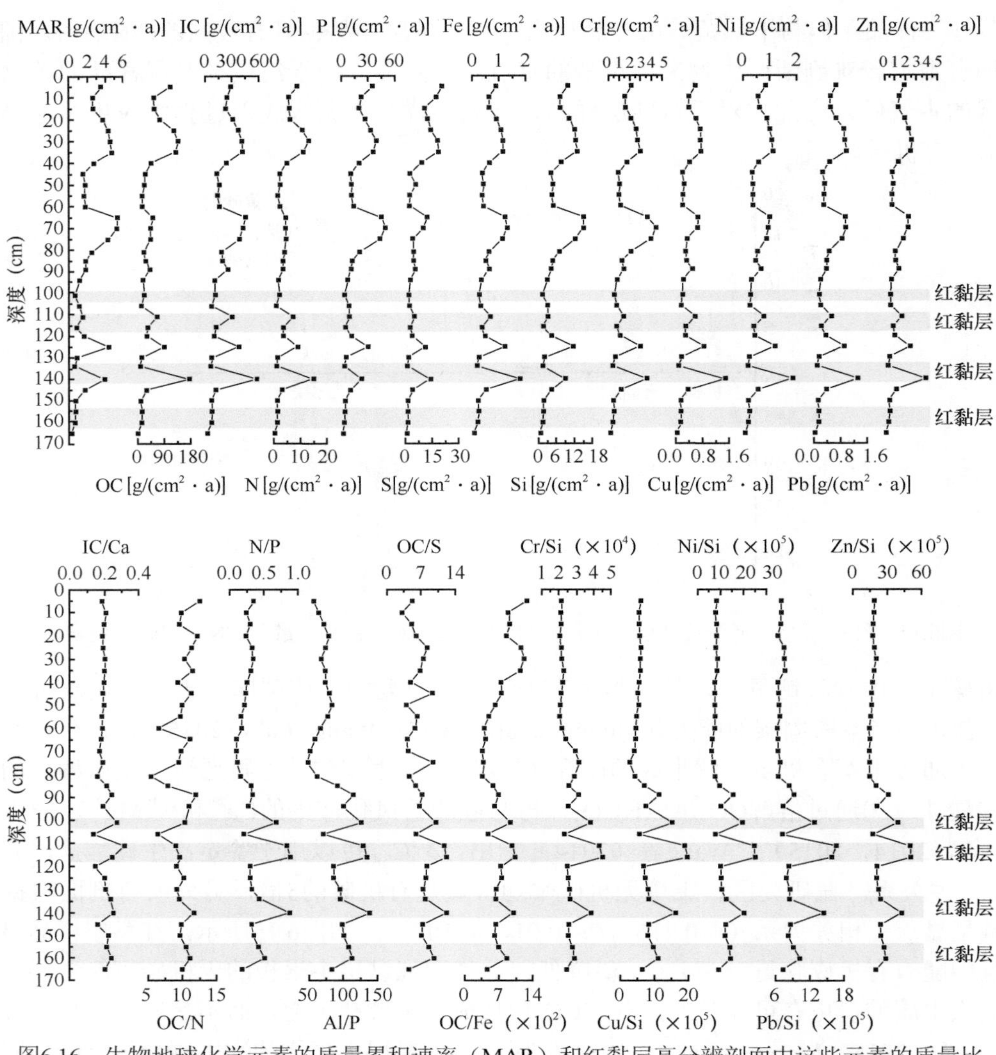

图6.16　生物地球化学元素的质量累积速率（MAR）和红黏层高分辨剖面中这些元素的质量比

生过程，红黏层这种黏粒富集物质向河口的输送是造成区域元素不平衡的另一个重要诱因。

自2002年至今，黄河每年实施一次调水调沙工程（WSRS）。WSRS包括具有不同作用的两个阶段：第一阶段（调水期），来自河道冲刷的约49Mt中值粒径35～40μm的粗颗粒沉积物向海输送；第二阶段（调沙期），来自小浪底水库的约22Mt中值粒径6～10μm的细颗粒沉积物向海输送（Wang et al., 2017）。黄河泥沙输送量和泥沙颗粒组成的时空变化已改变了河口沉积环境。而这些变化可能更有利于形成具有不同吸附能力和风化程度的黄砂层-红黏层序列，增强了向海输送的营养元素和污染物的变异性。已有研究指出，黄河向海输送的有机碳、氮和污染物（如重金属和多环芳烃）主要富集于细颗粒泥沙之中（Liu et al.，2012；Zhang et al.，2013b；Dong et al.，2015）。由此可得，与黄砂层相比，红黏层是有机质、碳酸盐、氮和痕量金属元素的主要挟带介质。河口区域黄砂层-红黏层序列的出现可能会加重元素的不平衡输送，导致富营养化和湿地退化等问题，影响河口和海岸的生物地球化学循环。

第四节　总结与展望

黄河三角洲土壤红黏层黏土矿物和方解石含量都显著高于其上下黄砂层，而原生矿物如石英和长石的含量则显著低于黄砂层。由源区到中游再到三角洲过程中的风化、分选、稀释和吸附效应是造成红黏层-黄砂层元素变异的重要因素，致使红黏层优先富集微量元素。磁性特征说明了红黏层中较细的成土性

SP/SD颗粒含量较高，对该层磁性增强贡献较大。黄河三角洲土壤红黏层是源区温湿气候条件下的高风化物质，经黄河由上游至下游搬运、混合、沉积，在三角洲地区经水动力分选而形成。红黏层与黄砂层物源总体上较为相似，但又存在区别，主要是不同时期沉积造陆物源不同，以及沉积时海相的影响和成陆之后的成壤过程导致不同土层间的地球化学特征存在差异。红黏层重金属平均含量约是黄砂层的1.5倍，红黏层中铁锰结合易还原态Pb、Co及弱酸溶态Cd比例要高于黄砂层，红黏层中重金属的潜在迁移性更高。红黏层是三角洲底层土壤中重要的有机碳、有机氮和无机碳库，红黏层中累积的无机碳可能主要以次生碳酸盐的形式存在，具有固碳的能力。红黏层中较高的N/P、Al/P、Cr/Si、Cu/Si、Ni/Si、Pb/Si和Zn/Si可能是除人类活动影响和营养盐再生过程之外，造成河口区元素不平衡的另一重要因素。黄河调水调沙引起的输沙量和泥沙颗粒组成变化可能会促进红黏层-黄砂层的形成，从而加重元素输入的不平衡性，影响河口区生物地球化学循环。

未来需在流域—三角洲—河口—近海的陆海相互作用背景下，加强研究红黏层对流域生态环境变化的指示意义，进一步运用同位素、生物标记物、微生物学和古生物学研究红黏层的物质来源，在陆域土壤剖面和海域沉积剖面中定量判断红黏层陆相与海相来源的贡献，串联河流沉积物、陆地土壤和海洋沉积物间的物质与能量传输过程，定量划分不同来源、不同结构组成的陆源物质在海域中的影响范围和程度，并探究陆源物质在接受海相改造后产生的变化，通过对特殊地层的综合研究分析气候变化和人类活动对陆海的综合影响。

参考文献

陈骏, 安芷生, 刘连文, 等. 2001. 最近2.5Ma以来黄土高原风尘化学组成的变化与亚洲内陆的化学风化. 中国科学: D辑, 31(2): 136-145.

陈旸, 陈骏, 刘连文. 2001. 甘肃西峰晚第三纪红黏土的化学组成及化学风化特征. 地质力学学报, 7(2): 167-175.

丁喜桂, 叶思源, 王吉松. 2011. 黄河三角洲湿地土壤、植物碳氮稳定同位素的组成特征. 海洋地质前沿, 27(2): 66-71.

董艳. 2014. 南通滨海地区全新世沉积物磁性特征及其古环境意义. 华东师范大学博士学位论文.

范德江, 杨作升, 毛登, 等. 2001. 长江与黄河沉积物中黏土矿物及地化成分的组成. 海洋地质与第四纪地质, 21(4): 7-12.

郭玉文, 加藤诚, 宋菲, 等. 2004. 黄土高原黄土团粒组成及其与碳酸钙关系的研究. 土壤学报, 41(3): 362-368.

刘东生, 等. 1985. 黄土与环境. 北京: 科学出版社.

孙白云. 1990. 黄河、长江和珠江三角洲沉积物中碎屑矿物的组合特征. 海洋地质与第四纪地质, 10(3): 23-34.

杨守业, 李从先. 1999. 长江与黄河沉积物元素组成及地质背景. 海洋地质与第四纪地质, 19(2): 19-26.

赵一阳, 鄢明才. 1992. 黄河、长江、中国浅海沉积物化学元素丰度比较. 科学通报, 37(13): 1202-1204.

An Z S. 2000. The history and variability of the East Asian paleomonsoon climate. Quaternary Science Reviews, 19(1): 171-187.

Bai J, Xiao R, Zhang K, et al. 2012. Arsenic and heavy metal pollution in wetland soils from tidal freshwater and salt marshes before and after the flow-sediment regulation regime in the Yellow River Delta, China. Journal of Hydrology, 450: 244-253.

Beswick A E. 1973. An experimental study of alkali metal distributions in feldspars and micas. Geochimica et Cosmochimica Acta, 37(2): 183-208.

Bloemendal J, Liu X. 2005. Rock magnetism and geochemistry of two Plio-Pleistocene Chinese loess-palaeosol implications for quantitative palaeoprecipitation reconstruction. Palaeogeography, Palaeoclimatology, Palaeoecology, 226(1): 149-166.

Buggle B, Glaser B, Hambach U, et al. 2011. An evaluation of geochemical weathering indices in loess–paleosol studies. Quaternary International, 240(1): 12-21.

Carpentier M, Chauvel C, Maury R C, et al. 2009. The “zircon effect” as recorded by the chemical and Hf isotopic compositions of Lesser Antilles forearc sediments. Earth and Planetary Science Letters, 287(1-2): 86-99.

Carpentier M, Weis D, Chauvel C. 2013. Large U loss during weathering of upper continental crust: the sedimentary record. Chemical Geology, 340: 91-104.

Cook R L, Stape J L, Binkley D. 2014. Soil carbon dynamics following reforestation of tropical pastures. Soil Science Society of America Journal, 78(1): 290-296.

Cox R, Lowe D R, Cullers R L. 1995. The influence of sediment recycling and basement composition on evolution of mudrock chemistry in the southwestern United States. Geochimica et Cosmochimica Acta, 59(14): 2919-2940.

Davidson C M, Thomas R P, McVey S E. 1994. Evaluation of a sequential extraction procedure for the speciation of heavy metals in sediments. Analytica Chimica Acta, 291(3): 277-286.

Dearing J A, Dann R J L, Hay K, et al. 1996. Frequency-dependent susceptibility measurements of environmental materials. Geophysical Journal International, 124(1): 228-240.

Deng C, Shaw J, Liu Q, et al. 2006. Mineral magnetic variation of the Jingbian loess/paleosol sequence in the northern Loess Plateau of China: implications for Quaternary development of Asian aridification and cooling. Earth and Planetary Science Letters, 241(1): 248-259.

Deng C, Zhu R, Jackson M J, et al. 2001. Variability of the temperature-dependent susceptibility of the Holocene eolian deposits in the Chinese Loess Plateau: a pedogenesis indicator. Physics and Chemistry of the Earth, Part A: Solid Earth and Geodesy, 26(11): 873-878.

Deng C L, Zhu R X, Verosub K L, et al. 2004. Mineral magnetic properties of loess/paleosol couplets of the central loess plateau of China over the last 1.2 Myr. Journal of Geophysical Research Solid Earth, 109(B1): B01103.

Ding Z L, Sun J M, Yang S L, et al. 2001a. Geochemistry of the Pliocene red clay formation in the Chinese Loess Plateau and implications for its origin, source provenance and paleoclimate change. Geochimica et Cosmochimica Acta, 65(6): 901-913.

Ding Z L, Yang S L, Sun J M, et al. 2001b. Iron geochemistry of loess and red clay deposits in the Chinese Loess Plateau and implications for long-term Asian monsoon evolution in the last 7.0 Ma. Earth and Planetary Science Letters, 185(1): 99-109.

Dong J W, Xia X H, Wang M H, et al. 2015. Effect of water-sediment regulation of the Xiaolangdi Reservoir on the concentrations, bioavailability, and fluxes of PAHs in the middle and lower reaches of the Yellow River. Journal of Hydrology, 527: 101-112.

Dundar M S, Altundag H, Eyupoglu V, et al. 2012. Determination of heavy metals in lower Sakarya river sediments using a BCR-sequential extraction procedure. Environmental Monitoring and Assessment, 184(1): 33-41.

Guo G L, Zhang Y, Zhang C, et al. 2013. Partition and characterization of cadmium on different particle-size aggregates in Chinese Phaeozem. Geoderma, 200: 108-113.

Guo Z T, Ruddiman W F, Hao Q Z, et al. 2002. Onset of Asian desertification by 22 Myr ago inferred from loess deposits in China. Nature, 416: 159-163.

Hanesch M, Stanjek H, Petersen N. 2006. Thermomagnetic measurements of soil iron minerals: the role of organic carbon. Geophysical Journal International, 165(1): 53-61.

Hao Q, Guo Z, Qiao Y, et al. 2010. Geochemical evidence for the provenance of middle Pleistocene loess deposits in southern China. Quaternary Science Reviews, 29(23): 3317-3326.

Hu P, Liu Q, Heslop D, et al. 2015. Soil moisture balance and magnetic enhancement in loess–paleosol sequences from the Tibetan Plateau and Chinese Loess Plateau. Earth and Planetary Science Letters, 409: 120-132.

Hu X F, Wei J, Xu L F, et al. 2009a. Magnetic susceptibility of the Quaternary Red Clay in subtropical China and its paleoenvironmental implications. Palaeogeography, Palaeoclimatology, Palaeoecology, 279(3-4): 216-232.

Hu X F, Xu L F, Pan Y, et al. 2009b. Influence of the aging of Fe oxides on the decline of magnetic susceptibility of the Tertiary red clay in the Chinese Loess Plateau. Quaternary International, 209(1): 22-30.

Huang W W, Zhang J. 1990. Effect of particle size on transition metal concentrations in the Changjiang (Yangtze River) and the Huanghe (Yellow River), China. Science of the Total Environment, 94(3): 187-207.

Jahn B M, Gallet S, Han J M. 2001. Geochemistry of the Xining, Xifeng and Jixian sections, Loess Plateau of China: Aeolian dust provenance and paleosol evolution during the last 140 ka. Chemical Geology, 178(1-4): 71-94.

Jobbágy E G, Jackson R B. 2000. The vertical distribution of soil organic carbon and its relation to climate and vegetation. Ecological Applications, 10(2): 423-436.

Kahmann J A, Seaman III J, Driese III S G. 2008. Evaluating trace elements as paleoclimate indicators: multivariate statistical analysis of late Mississippian Pennington Formation paleosols, Kentucky, USA. The Journal of Geology, 116(3): 254-268.

Kamber B S, Greig A, Collerson K D. 2005. A new estimate for the composition of weathered young upper continental crust from alluvial sediments, Queensland, Australia. Geochimica et Cosmochimica Acta, 69(4): 1041-1058.

Karbassi A R, Monavari S M, Bidhendi G R N, et al. 2008. Metal pollution assessment of sediment and water in the Shur River. Environmental Monitoring and Assessment, 147(1-3): 107-116.

Kelley K A, Plank T, Farr L, et al. 2005. Subduction cycling of U, Th, and Pb. Earth and Planetary Science Letters, 234(3-4): 369-383.

Krasnodębska-Ostręga B, Emons H, Golimowski J, et al. 2001. Selective leaching of elements associated with Mn–Fe oxides in forest soil, and comparison of two sequential extraction methods. Fresenius' Journal of Analytical Chemistry, 371(3): 385-390.

Li C, Yang S, Zhang W. 2012. Magnetic properties of sediments from major rivers, aeolian dust, loess soil and desert in China. Journal of Asian Earth Sciences, 45: 190-200.

Li Y, Zhang H, Chen X, Tu C, et al. 2014. Distribution of heavy metals in soils of the Yellow River Delta: concentrations in different soil horizons and source identification. Journal of Soils and Sediments, 14(6): 1158-1168.

Li Y, Zhang H, Tu C, et al. 2016. Sources and fate of organic carbon and nitrogen from land to ocean: identified by coupling stable isotopes with C/N ratio. Estuarine, Coastal and Shelf Science, 181: 114-122.

Li Y, Zhang H, Tu C, et al. 2018. Magnetic characterization of distinct soil layers and its implications for environmental changes in the coastal soils from the Yellow River Delta. Catena, 162: 245-254.

Li Y, Zhang H, Tu C, et al. 2017. Occurrence of red clay horizon in soil profiles of the Yellow River Delta: implications for accumulation of heavy metals. Journal of Geochemical Exploration, 176: 120-127.

Liu H, Liu G, Da C, et al. 2015. Concentration and fractionation of heavy metals in the old Yellow River Estuary, China. Journal of Environmental Quality, 44(1): 174-182.

Liu Q S, Roberts A P, Larrasoana J C, et al. 2012a. Environmental magnetism: principles and applications. Reviews of Geophysics, 50(4): RG4002.

Liu Q S, Roberts A P, Torrent J, et al. 2007a. What do the HIRM and *S*-ratio really measure in environmental magnetism? Geochemistry, Geophysics, Geosystems, 8(9): Q9011.

Liu Q S, Deng C L, Torrent J, et al. 2007b. Review of recent developments in mineral magnetism of the Chinese loess. Quaternary Science Reviews, 26(3): 368-385.

Liu Q S, Deng C L, Yu Y, et al. 2005a. Temperature dependence of magnetic susceptibility in an argon environment: implications for pedogenesis of Chinese loess/palaeosols. Geophysical Journal International, 161(1): 102-112.

Liu Q S, Torrent J, Maher B A, et al. 2005b. Quantifying grain size distribution of pedogenic magnetic particles in Chinese loess and its significance for pedogenesis. Journal of Geophysical Research: Solid Earth, 110: B11102.

Liu S M, Li L W, Zhang G L, et al. 2012b. Impacts of human activities on nutrient transports in the Huanghe (Yellow River) Estuary. Journal of Hydrology, 430: 103-110.

Liu Z, Zhang L, Cai W J, et al. 2014. Removal of dissolved inorganic carbon in the Yellow River Estuary. Limnology and Oceanography, 59(2): 413-426.

Mabit L, Benmansour M, Abril J M, et al. 2014. Fallout ^{210}Pb as a soil and sediment tracer in catchment sediment budget investigations: a review. Earth-Science Reviews, 138: 335-351.

Magiera T, Strzyszcz Z, Kapicka A, et al. 2006. Discrimination of lithogenic and anthropogenic influences on topsoil magnetic susceptibility in Central Europe. Geoderma, 130(3-4): 299-311.

McLennan S M, Taylor S R. 1980. Th and U in sedimentary rocks: crustal evolution and sedimentary recycling. Nature, 285: 621-624.

McLennan S M. 1989. Rare earth elements in sedimentary rocks: influence of provenance and sedimentary processes. Reviews in Mineralogy and Geochemistry, 21(1): 169-200.

Monger H C, Kraimer R A, Cole D R, et al. 2015. Sequestration of inorganic carbon in soil and groundwater. Geology, 43(5): 375-378.

Muhs D R, Bettis E A, Been J, et al. 2001. Impact of climate and parent material on chemical weathering in loess-derived soils of the Mississippi River Valley. Soil Science Society of America Journal, 65(6): 1761-1777.

Nesbitt H W, Markovics G. 1980. Chemical processes affecting alkalis and alkaline earths during continental weathering. Geochimica et Cosmochimica Acta, 44(11): 1659-1666.

Nesbitt H W, Young G M. 1984. Prediction of some weathering trends of plutonic and volcanic rocks based on thermodynamic and kinetic considerations. Geochimica et Cosmochimica Acta, 48(7): 1523-1534.

Park J W, Hu Z, Gao S, et al. 2012. Platinum group element abundances in the upper continental crust revisited: new constraints from analyses of Chinese loess. Geochimica et Cosmochimica Acta, 93: 63-76.

Peñuelas J, Poulter B, Sardans J, et al. 2013. Human-induced nitrogen-phosphorus imbalances alter natural and managed ecosystems across the globe. Nature Communication, 4: 2934.

Qiao Y, Hao Q, Peng S, et al. 2011. Geochemical characteristics of the eolian deposits in southern China, and their implications for provenance and weathering intensity. Palaeogeography, Palaeoclimatology, Palaeoecology, 308(3): 513-523.

Reynolds R, Belnap J, Reheis M, et al. 2001. Aeolian dust in Colorado Plateau soils: nutrient inputs and recent change in source. Proceedings of the National Academy of Sciences of the USA, 98(13): 7123-7127.

Rodríguez L, Ruiz E, Alonso-Azcárate J, et al. 2009. Heavy metal distribution and chemical speciation in tailings and soils around a Pb-Zn mine in Spain. Journal of Environmental Management, 90(2): 1106-1116.

Rumpel C, Kögel-Knabner I. 2011. Deep soil organic matter—a key but poorly understood component of terrestrial C cycle. Plant and Soil, 338(1-2): 143-158.

Schmidt M W I, Torn M S, Abiven S, et al. 2011. Persistence of soil organic matter as an ecosystem property. Nature, 478(7367): 49-56.

Schwertmann U. 1993. Relations between iron oxides, soil color, and soil formation. *In*: Bigham J M, Ciolkosz E J. Soil Color. Madison: Soil Science Society of America: 51-69.

Sheldon N D, Tabor N J. 2009. Quantitative paleoenvironmental and paleoclimatic reconstruction using paleosols. Earth-Science Reviews, 95(1): 1-52.

Singh K P, Mohan D, Singh V K, et al. 2005. Studies on distribution and fractionation of heavy metals in Gomti river sediments-a tributary of the Ganges, India. Journal of Hydrology, 312(1): 14-27.

Sun J, Li S H, Muhs D R, et al. 2007. Loess sedimentation in Tibet: provenance, processes, and link with Quaternary glaciations. Quaternary Science Reviews, 26(17): 2265-2280.

Taylor S R, McLennan S M. 1985. The continental crust: its composition and evolution. The Journal of Geology, 94(4): 632-633.

Torn M S, Lapenis A G, Timofeev A, et al. 2002. Organic carbon and carbon isotopes in modern and 100-year-old-soil archives of the Russian steppe. Global Change Biology, 8(10): 941-953.

Torrent J, Liu Q, Bloemendal J, et al. 2007. Magnetic enhancement and iron oxides in the upper Luochuan loess–paleosol sequence, Chinese Loess Plateau. Soil Science Society of America Journal, 71(5): 1570-1578.

Wang H J, Wu X, Bi N S, et al. 2017. Impacts of the dam-orientated water-sediment regulation scheme on the lower reaches and delta of the Yellow River (Huanghe): a review. Global and Planetary Change, 157: 93-113.

Wang S Q, Fan J W, Song M H, et al. 2013a. Patterns of SOC and soil ^{13}C and their relations to climatic factors and soil characteristics on the Qinghai-Tibetan Plateau. Plant and Soil, 363(1-2): 243-255.

Wang S Y, Lin S, Lu S G. 2013b. Rock magnetism, iron oxide mineralogy and geochemistry of Quaternary red earth in central China and their paleopedogenic implication. Palaeogeography, Palaeoclimatology, Palaeoecology, 379: 95-103.

Wang X J, Wang J, Xu M, et al. 2015. Carbon accumulation in arid croplands of northwest China: pedogenic carbonate exceeding organic carbon. Scientific Reports, 5: 11439.

Wang X J, Xu M G, Wang J P, et al. 2014. Fertilization enhancing carbon sequestration as carbonate in arid cropland: assessments of long-term experiments in northern China. Plant and Soil, 380(1-2): 89-100.

Wang Y H, Dong H L, Li G X, et al. 2010. Magnetic properties of muddy sediments on the northeastern continental shelves of China: implication for provenance and transportation. Marine Geology, 274(1): 107-119.

Xiong S, Ding Z, Zhu Y, et al. 2010. A ~6Ma chemical weathering history, the grain size dependence of chemical weathering intensity, and its implications for provenance change of the Chinese loess–red clay deposit. Quaternary Science Reviews, 29(15): 1911-1922.

Zhang H B, Luo Y M, Makino T, et al. 2013a. The heavy metal partition in size-fractions of the fine particles in agricultural soils contaminated by waste water and smelter dust. Journal of Hazardous Materials, 248: 303-312.

Zhang L J, Wang L, Cai W J, et al. 2013b. Impact of human activities on organic carbon transport in the Yellow River. Biogeosciences, 10(4): 2513-2524.

Zhang W, Xing Y, Yu L, et al. 2008. Distinguishing sediments from the Yangtze and Yellow Rivers, China: a mineral magnetic approach. The Holocene, 18(7): 1139-1145.

Zheng H, Oldfield F, Shaw J, et al. 1991. The magnetic properties of particle-sized samples from the Luo Chuan loess section: evidence for pedogenesis. Physics of the Earth and Planetary Interiors, 68(3): 250-258.

Zhou L Y, Liu J, Saito Y, et al. 2016. Modern sediment characteristics and accumulation rates from the delta front to prodelta of the Yellow River (Huanghe). Geo-Marine Letters, 36(4): 247-258.

第七章

黄河三角洲湿地土壤磷的赋存形态、影响因素和调控机制[①]

① 本章作者：徐刚，魏琳琳，武玉，宋佳伟，张友，孙军娜

滨海湿地作为海陆交汇形成的独特生态系统，具有控制污染、调节气候、抵御洪水等重要作用。滨海湿地对污染物有过滤和截留的作用，这使得滨海湿地成为污染物累积和转化的重要场所。滨海湿地是磷的重要储存场所，主要表现在湿地自身可以直接吸附和固定外源磷，还可以通过为动植物及微生物提供适应的生境吸收、利用和转化磷（李洁等，2015）。然而，当磷含量达到滨海湿地所能容纳的上限时，滨海湿地又转变成磷的“源”，导致大量磷流入海洋，造成水体富营养化，恶化近海海洋环境。因而滨海湿地被看成磷的“汇”、“源”和“转化器”。近年来，受上游高强度人类活动的影响，上游磷含量与负荷日益增大，严重影响了近海海洋环境。因此，充分发挥滨海湿地对磷的调控作用成为削减上游陆地磷通量、降低磷对近海海洋环境影响的重要途径。

黄河三角洲湿地是世界少有的河口湿地生态系统，是世界上暖温带保存最广阔、最完善、最年轻的湿地生态系统。但是，近年来受淡水输入量减少、农业生产活动加剧、油田大规模开垦等因素影响，黄河三角洲湿地退化严重。为此，实施“引淡压咸”的湿地重建工程来促进植物生长和生态环境的重建。磷是湿地生产力重要营养元素，本研究系统地分析了黄河三角洲湿地磷的赋存形态，沉积物对磷的截留去除、吸附容量及潜在的释放风险，最后研究了低分子有机酸和生物炭对湿地磷的调控作用与反应机制，可为黄河三角洲湿地的保护、污染防治提供基础数据。

第一节　黄河三角洲湿地土壤磷的分布特征

一、不同盐度梯度下湿地土壤磷的分布特征

（一）湿地土壤各形态磷含量

各样点土样中总磷（total phosphorus，TP）含量为558.5～702.3mg/kg（表7.1），其中S5点TP含量最高。各样点有机磷（organic phosphorus，OP）含量较低，仅为18.6～33.4mg/kg。无机磷（inorganic phosphorus，IP）是各样点磷的主要存在形态，占TP的93%～98%。三江平原湿地（秦胜金等，2007）及向海湿地（白军红等，2001）磷以有机磷为主，而杭州湾湿地（梁威等，2012）磷以无机磷为主。归根结底，磷存在形态与湿地土壤母质、成土作用和耕作施肥有关（Tiessen et al.，1984；Soon and Arshad，1996；向万胜等，2001）。

由表7.1可知，各样点有效磷（available phosphorus，AP）含量（AP=Resin-P+$NaHCO_3$-Pi）为13.4～30.4mg/kg，仅占TP的2.3%～5.4%。按照全国第二次土壤普查分级标准，各样点中可被植物利用的磷约为3级，含量较低。这可能是由于黄河三角洲土壤主要来源于黄河上游土壤，土壤磷受连续的冲刷作用造成了有效磷的大量流失。中等活性磷含量和稳态磷含量较低，分别为6.8～18.1mg/kg和28.6～58.4mg/kg。中稳态磷含量较高，为454.4～498.5mg/kg，其中Dil.HCl-P_i含量最高，为347.2～573.9mg/kg，占TP的61.5%～81.7%，是各形态磷中含量最高的，说明各样点磷主要以中稳态形式存在。另外可以发现，有效磷含量在覆有植被的S2、S3样点比较高，其中S3样点有效磷含量比海边S5样点高82%，因此，盐地碱蓬和柽柳有利于植物有效磷的形成。这与前人的研究结果一致，例如，Tuchman等（2009）研究发现，香

表7.1　不同采样点各形态磷的含量　（单位：mg/kg）

采样点	总磷	无机磷					有机磷			残留态磷
		Resin-P_i	$NaHCO_3$-P_i	NaOH-P_i	Dil.HCl-P_i	Conc.HCl-P_i	$NaHCO_3$-P_o	NaOH-P_o	Conc.HCl-P_o	
S1	558.5	14.1	3.2	4.8	466.8	25.7	4.4	4.3	6.0	29.1
S2	568.9	16.9	8.2	5.5	404.8	64.1	5.8	11.7	8.4	43.5
S3	564.4	19.6	10.8	6.0	347.2	89.3	2.9	12.0	18.0	58.4
S4	585.7	12.0	1.4	3.5	473.5	25.7	5.2	3.3	32.4	28.6
S5	702.3	16.9	2.7	4.4	573.9	41.3	3.2	3.4	18.0	38.6

蒲、青冈的入侵使湿地土壤有效磷的含量增加，Chen等（2003）发现辐射松的存在有利于土壤有机磷的矿化。同样覆有植被的S4样点有效磷含量较低，这可能是由于该样点植被量较少且离海较近，涨落潮淋洗会损失大量有效磷。

（二）相关性分析

土壤理化参数与土壤磷形态及吸附解吸参数的相关关系见表7.2。通过相关分析发现，各样点OP含量与土壤中TOC含量有关（$P<0.01$）。这主要是由于黄河三角洲成土时间短，土壤含盐量高造成植被生物量少，因此有机磷含量较低。Dil.HCl-P受Ca和Al含量影响较大，因为Dil.HCl-P主要提取磷灰石型磷及部分闭蓄态磷（Hedley et al.，1982）。AP含量与各样点TOC（有机碳）、黏粒含量显著正相关（$P<0.01$），这与前人的研究一致（彭佩钦等，2005；Cross and Schlesinger，2001）。从表7.2还可以看出，AP含量与Dil.HCl-P含量显著负相关（$P<0.01$），这与覆有植被的S2、S3样点Dil.HCl-P含量较低而AP含量较高的特征一致。有研究发现，植被根际土壤AP含量明显高于非根际土壤（罗先香等，2011），因此植物对稳态磷向生物可利用磷转化起到重要作用。

各样点对磷的吸附解吸能力与土壤黏粒（Clay）含量密切相关（$P<0.01$），这主要是由于黏粒表面有较大的吸附表面积（Wang et al.，2005），能够迅速将磷素吸附于土壤颗粒外表面的吸附点位上。S3样点黏粒含量较高，因此吸附量远大于S1样点。

表7.2　土壤理化参数与土壤磷形态及吸附解吸参数的相关性分析

	TP	OP	AP	Dil.HCl-P	TOC	Clay	Ca	Al
TP	1							
OP	0.48**	1						
AP	0.52**	0.50**	1					
Dil.HCl-P	0.74**	–0.02	–0.66**	1				
TOC	0.44**	0.42**	0.51**	0.23	1			
Clay	0.22	0.49**	0.75**	–0.48**	0.56**	1		
Ca	0.28	0.14	0.34*	0.48**	0.27	0.44**	1	
Al	0.32*	0.11	0.3	0.54**	0.36*	0.54**	0.38*	1

*显著性水平为0.05，n=15；**显著性水平为0.01，n=15

二、湿地恢复对土壤磷的吸附和释放的影响

（一）沉积物对磷的等温吸附过程

将黄河三角洲湿地沉积物等温吸附实验数据利用改进后的Langmuir（朗缪尔）方程进行拟合，结果（王圣瑞，2014）如图7.1所示，相关参数如表7.3所示。结果表明，改进Langmuir模型能较好地对不同沉积物等温吸附过程进行拟合，R^2均在0.94及以上，能较好地反映黄河三角洲沉积物对磷的吸附行为。在磷浓度较低的情况下，出现磷的负吸附，即存在磷的解吸现象，随着磷浓度的增大，开始发生磷的吸附行为。黄河三角洲湿地的沉积物磷最大吸附量（Q_{max}）是201.8～1168.6mg/kg，平均值为576.2mg/kg。Q_{max}遵循R2002＞R2006＞R0的规律，各样点的Q_{max}随深度增加而逐渐降低，尤其表层（0～5cm）Q_{max}显著高于下层10～20cm和20～40cm的Q_{max}。吸附结合能（K）在0.040～0.290mg/L变化，沉积物最大缓冲容量（MBC）为11.5～163.6。不同恢复年限及沉积物深度对K和MBC影响不显著。

研究区的磷本底吸附浓度（NAP）范围为0.009～0.375mg/kg，磷的零点平衡浓度（EPC_0）范围为0.0006～0.0029mg/L，黄河三角洲湿地沉积物NAP和EPC_0变化规律基本一致，不同恢复年限影响不显著（$P>0.05$），但是表层（0～5cm）沉积物的NAP和EPC_0显著高于下层（10～20cm和20～40cm）沉积物。

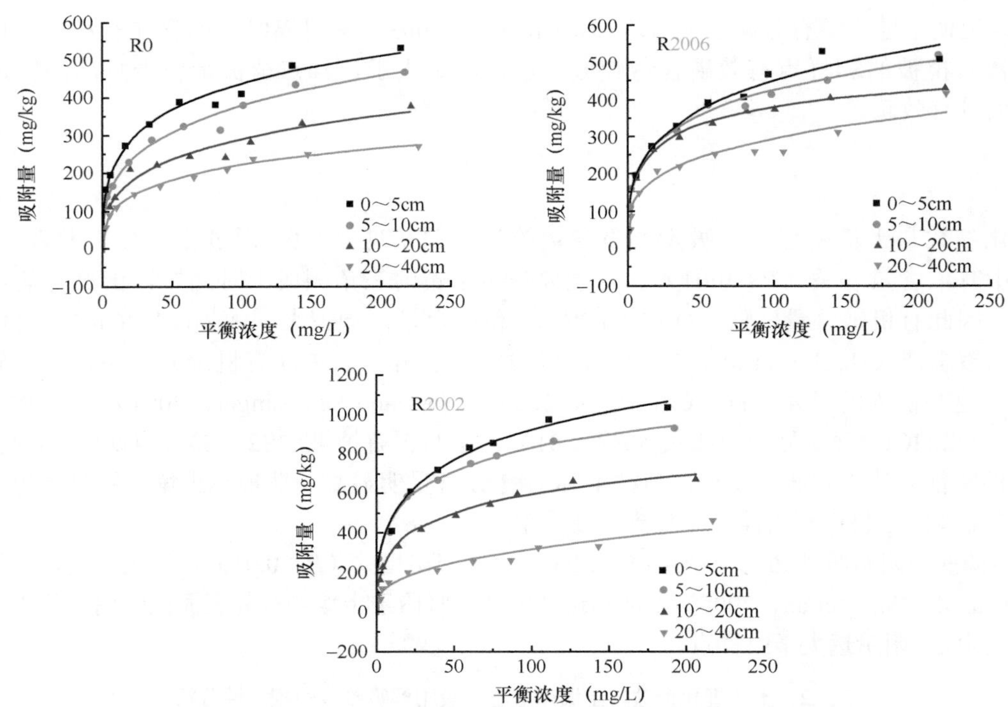

图7.1　不同恢复湿地不同深度沉积物对磷的等温吸附线

R2006和R2002分别代表湿地恢复时间为2006年和2002年，R0为对照

表7.3　不同样点沉积物的Langmuir模型等温吸附特征值

样点	Q_{max}（mg/kg）	K（mg/L）	MBC	R^2	NAP（mg/kg）	EPC_0（mg/L）	Kp
R0（0～5cm）	494.1±8.6aB	0.113±0.054aA	55.8±27.9aA	0.96	0.114±0.044aA	0.0021±0.0003aA	55.8±27.9aA
R0（5～10cm）	455.7±189.3aB	0.086±0.048aA	34.6±5.6aB	0.96	0.041±0.007bB	0.0012±0.0000bA	34.6±5.6aB
R0（10～20cm）	333.4±121.4aA	0.086±0.028aA	26.9±1.2aA	0.94	0.021±0.004bA	0.0007±0.0001bA	26.9±1.2aA
R0（20～40cm）	259.4±81.5aA	0.071±0.012aA	17.8±2.6aA	0.96	0.015±0.005bA	0.0008±0.0001bA	17.8±2.6aA
R2006（0～5cm）	589.2±220.5aB	0.141±0.047aA	88.1±55.6aA	0.95	0.230±0.134aA	0.0027±0.0002aA	88.1±55.6aA
R2006（5～10cm）	567.4±216.5aB	0.162±0.044aA	86.1±19.7aA	0.94	0.138±0.061abA	0.0016±0.0005bA	86.1±19.7aA
R2006（10～20cm）	548.5±314.5aA	0.210±0.089aA	98.6±24.3aA	0.96	0.105±0.049bA	0.0010±0.0003cA	98.6±24.3aA
R2006（20～40cm）	384.8±93.3aA	0.146±0.097aA	49.4±26.6aA	0.95	0.038±0.020bA	0.0008±0.0001cA	49.4±26.6aA
R2002（0～5cm）	998.0±198.1aA	0.085±0.050aA	78.0±30.5aA	0.96	0.173±0.080aA	0.0022±0.0004aA	78.0±30.5aA
R2002（5～10cm）	943.0±153.2aA	0.110±0.021aA	102.1±10.0aA	0.95	0.157±0.010aA	0.0015±0.0001bA	102.1±10.0aA
R2002（10～20cm）	669.7±237.0abA	0.151±0.065aA	103.7±58.9aA	0.95	0.107±0.055abA	0.0011±0.0003bcA	103.7±58.9aA
R2002（20～40cm）	444.5±188.5bA	0.084±0.039aA	33.5±1.5aA	0.94	0.031±0.005bA	0.0009±0.0002cA	33.5±1.5aA

注：R2006和R2002分别代表湿地恢复时间为2006年和2002年，R0为对照。不同小写字母代表同一样点不同深度吸附数据存在显著性差异（$P<0.05$），不同大写字母代表不同样点同一深度下吸附数据存在显著性差异（$P<0.05$）

（二）湿地沉积物的磷吸附指数、吸附饱和度和释放风险

黄河三角洲湿地沉积物的磷吸附指数（PSI）变化范围为8.28～50.33mg·L/（100g·μmol），平均值为26.65mg·L/（100g·μmol）。PSI在恢复时间和深度上表现出一定的差异（表7.4），总体表现为表层大于下层，PSI的大小遵循R2002＞R2006＞R0，与Q_{max}变化规律相一致，说明PSI可作为磷吸附量的替代指标来表征沉积物的固磷能力。

表7.4　黄河三角洲富营养化评估

样点	PSI［mg·L/(100g·μmol)］	DPS（%）	ERI（%）	风险评价
R0（0～5cm）	22.24±2.11aB	0.92±0.04aA	4..15±0.59aA	较低风险
R0（5～10cm）	18.45±5.00abB	1.46±0.87aA	8.85±7.13aA	较低风险
R0（10～20cm）	13.69±3.03abA	1.02±0.05aA	7.70±2.10aA	较低风险
R0（20～40cm）	10.49±3.12bB	0.89±0.34aA	9.41±6.08aA	较低风险
R2006（0～5cm）	30.42±13.14aAB	0.84±0.29aA	3.10±1.39aA	较低风险
R2006（5～10cm）	28.21±9.15aB	0.66±0.22aA	2.65±1.39aAB	较低风险
R2006（10～20cm）	26.34±13.05aA	0.67±0.22aA	3.17±2.01aA	较低风险
R2006（20～40cm）	16.86±1.67aA	0.79±0.59aA	4.66±3.24aA	较低风险
R2002（0～5cm）	42.85±2.72aA	1.01±0.32aA	2.36±0.69aA	较低风险
R2002（5～10cm）	44.38±6.55aA	0.61±0.26aA	1.36±0.53aB	较低风险
R2002（10～20cm）	32.47±12.92abA	0.60±0.43aA	2.67±3.08aA	较低风险
R2002（20～40cm）	18.21±3.20bA	0.51±0.30aA	3.00±2.20aA	较低风险

注：R2006和R2002分别代表湿地恢复时间为2006年和2002年，R0为对照。不同小写字母代表同一样点不同深度吸附数据存在显著性差异（$P<0.05$），不同大写字母代表不同样点同一深度下吸附数据存在显著性差异（$P<0.05$）

PSI与磷吸附饱和度（DPS）之间呈负相关关系，一般磷素的固磷能力越高，吸附饱和度越低，反之则越高。R2002样地PSI较高，但是DPS较低，而R0则正好相反。黄河三角洲湿地沉积物的DPS范围为0.27%～2.07%，平均值为0.80%。本研究中DPS随恢复时间和深度变化不明显。由PSI和DPS等因素构成的磷释放风险指数（ERI）表明，黄河三角洲湿地沉积物的磷释放风险指数（ERI）为0.68%～13.89%，随着恢复时间变长，R2002和R2006样地同未恢复样地相比较，磷释放风险指数有所降低，但是未达到显著性差异。这说明湿地恢复能有效降低磷释放风险。

沉积物的磷DPS越小，说明沉积物表面的大部分吸附位点未被占满，沉积物磷素吸附未达到饱和状态，沉积物吸附磷的能力越大（Leinweber et al.，2010；周慧平等，2007）。黄河三角洲湿地沉积物的磷吸附饱和度为0.27%～2.07%，低于滨海潟湖湿地天鹅湖（0.85%～4.99%）和闽江河口湿地（7%～8%），同时也远低于内陆湖泊湿地，如北京城市湖泊（7.97%～50.5%）和小兴凯湖（9.95%～24.47%）。DPS较低，即沉积物中仍有许多的磷吸附位点未饱和，沉积物仍以磷的固定为主，进一步表明沉积物作为汇的可能性较大，即很容易从水中吸附磷酸盐。DPS能反映沉积物中的磷进入上覆水体的难易程度，很大程度上决定了沉积物磷向水体的释放量，可作为评价水土界面磷迁移能力的可靠指标（Schoumans and Groenendijk，2000；Zang et al.，2013）。

参照黄清辉等（2004）提出的由PSI和DPS等因素构成的磷释放风险指数（ERI），将黄河三角洲表层沉积物磷释放诱发富营养化风险评价等级分成高度风险（ERI＞25）、较高风险（20＜ERI＜25）、中度风险（10＜ERI＜20）和较低风险（ERI＜10）4个等级。黄河三角洲湿地沉积物的磷释放风险指数（ERI）为0.68%～13.89%，其与闽江河口湿地（9.6%～10.6%）相近，但是也远低于内陆湖泊湿地，如北京城市湖泊（17.2%～247.2%）和小兴凯湖（8.99%～129.94%）。ERI数值低说明黄河三角洲湿地沉积物磷释放风险整体处于较低风险，这与黄河三角洲至今未发生大规模的富营养化事实相符。黄河三角洲湿地沉积物较低的ERI数值和较高的Q_{max}与相对较低的NAP和EPC_0相吻合。根据其Q_{max}推测，该地沉积物磷吸附能力强，从而很大程度上降低了磷释放风险。NAP低表明该地沉积物含有可释放的磷较少，EPC_0低于上覆水体活性磷的浓度，说明该地沉积物扮演着磷“汇”的角色，对区域磷素发挥拦截和净化功能，对于降低该区域近海磷素污染起着重要作用。

（三）沉积物磷吸附参数与理化性质相关性分析

从表7.5可以看出，Q_{max}与pH显著负相关，与P_{ox}、Fe_{ox}、Al_{ox}、TOC、TN、Mg、黏粒的含量显著正相关，而ERI则正好相反，ERI与pH显著正相关，与P_{ox}、Fe_{ox}、Al_{ox}、TOC、TN、Mg、黏粒的含量显著负相关，这表明沉积物的这些理化性质共同影响沉积物的吸附量和磷释放水平，但磷的最大吸附量与Fe_{ox}和黏粒含量的相关性最好，相关系数分别达到0.805和0.871（$P<0.01$）。而ERI与Mg、Al_{ox}和黏粒含量的相关性最好，相关系数分别达到–0.527、–0.523和–0.523（$P<0.01$）。磷的最大吸附量与Ca的相关系数为–0.280，并没有表现出显著的相关性，这表明黄河三角洲湿地土壤对磷的吸附受Ca影响不大，这有别于其他研究结果。

表7.5　磷吸附参数与土壤理化性质相关性

项目	pH	P_{ox}	Fe_{ox}	Al_{ox}	TOC	TN	黏粒	Ca	Mg	TP
Q_{max}	–0.440**	0.678**	0.805**	0.488**	0.663**	0.734**	0.871**	–0.280	0.702**	0.174
PSI	–0.549**	0.705**	0.809**	0.601**	0.744**	0.825**	0.888**	–0.341*	0.686**	0.218
DPS	0.158	–0.039	0.029	–0.208	–0.013	–0.052	–0.102	0.164	–0.187	–0.039
K	–0.122	–0.092	–0.074	0.145	0.036	0.060	0.012	–0.080	–0.078	0.125
MBC	–0.514**	0.411*	0.485**	0.518**	0.584**	0.672**	0.631**	–0.360*	0.464**	0.194
ERI	0.458**	–0.475**	–0.466**	–0.523**	0.447**	–0.493**	–0.523**	0.258	–0.527**	–0.289
EPC_0	–0.564*	0.650**	0.601**	0.430*	0.702**	0.660**	0.327	–0.369*	0.158	0.386*
NAP	–0.640**	0.603**	0.622**	0.571**	0.876**	0.877**	0.549**	–0.394*	0.344**	0.394*

*在0.05水平上显著相关；**在0.01水平上显著相关（双尾检验）

Q_{max}较高的原因一方面是黄河三角洲的活性铁铝含量较高，与磷酸根的结合概率高，沉积物黏粒含量多，比表面积大，使沉积物吸磷能力强，而低pH有利于活性铁铝磷的释放，从而促进对磷的吸收。另一方面，对长江口沉积物的研究表明，吸附容量与总有机碳含量有较好的正相关关系，吸附速率取决于总有机碳含量，相关系数达到0.945（刘敏等，2002），而总有机碳又能反映有机质，因此Q_{max}也受有机质的影响（Lopez et al.，1996），由于研究区植被众多，因而促进了有机质、总有机碳和总氮含量的提高，进而促进了Q_{max}含量的提高。PSI与Al_{ox}、Fe_{ox}含量显著正相关，与pH显著负相关（表7.5），当Al_{ox}、Fe_{ox}含量增多时，磷的可吸附位点也随之增多，沉积物对磷有更强的固定能力，而随pH的增大，沉积物表面吸附OH^-的增多反而占据了更多的吸附位点，与磷酸盐及铁、铝水合氧化物之间的竞争加剧，对其产生了一种排斥作用，导致了磷吸附量的下降。这说明较低的pH有利于磷的吸附。由此可见，Al_{ox}、Fe_{ox}及pH可能对磷起着主要的持留作用。沉积物的固磷能力也与黏粒含量的多少有关，黏粒含量越高，吸附位点也会随之增多，其固磷能力也就越强。随着恢复时间的变长，*K*和MBC逐渐变大，表明恢复时间变长，自发反应越容易，沉积物吸附能力变强，有利于对磷的吸收，不易造成磷的流失。如果Q_{max}高而MBC低，则土壤中的磷素容易流失，只有二者的数值都高，土壤中的磷素才不易流失。黄河三角洲Q_{max}、*K*、MBC随着恢复时间的变长，都有了明显提高，表明湿地恢复能提高沉积物的磷吸附容量。沉积物的吸附容量Q_{max}受沉积物众多理化性质的影响，同时PSI、DPS、*K*、MBC等指标也会指示沉积物的吸附容量。

第二节　低分子量有机酸对湿地土壤磷释放的影响

一、低分子量有机酸对土壤磷的活化作用

（一）不同种类、浓度的低分子量有机酸对土壤磷释放的影响

图7.2显示，有机酸的种类和浓度对土壤磷的释放有很大的影响。在有机酸浓度为0～1mmol/L时，有机酸对两种土壤中磷的活化作用不大，而且差别也不大。随着有机酸浓度的增加（1～20mmol/L），有机酸对土壤磷的活化作用逐渐增大，基本为柠檬酸＞草酸＞苹果酸＞乙酸。在土壤A（黄河三角洲土壤）中，浓度为1～20mmol/L时，有机酸的浓度和磷释放量基本呈线性关系。用线性方程$y=kx+b$对土壤磷释放量和有机酸浓度进行拟合，拟合结果见图7.3。由拟合结果可知，柠檬酸、草酸和苹果酸拟合的决定系数

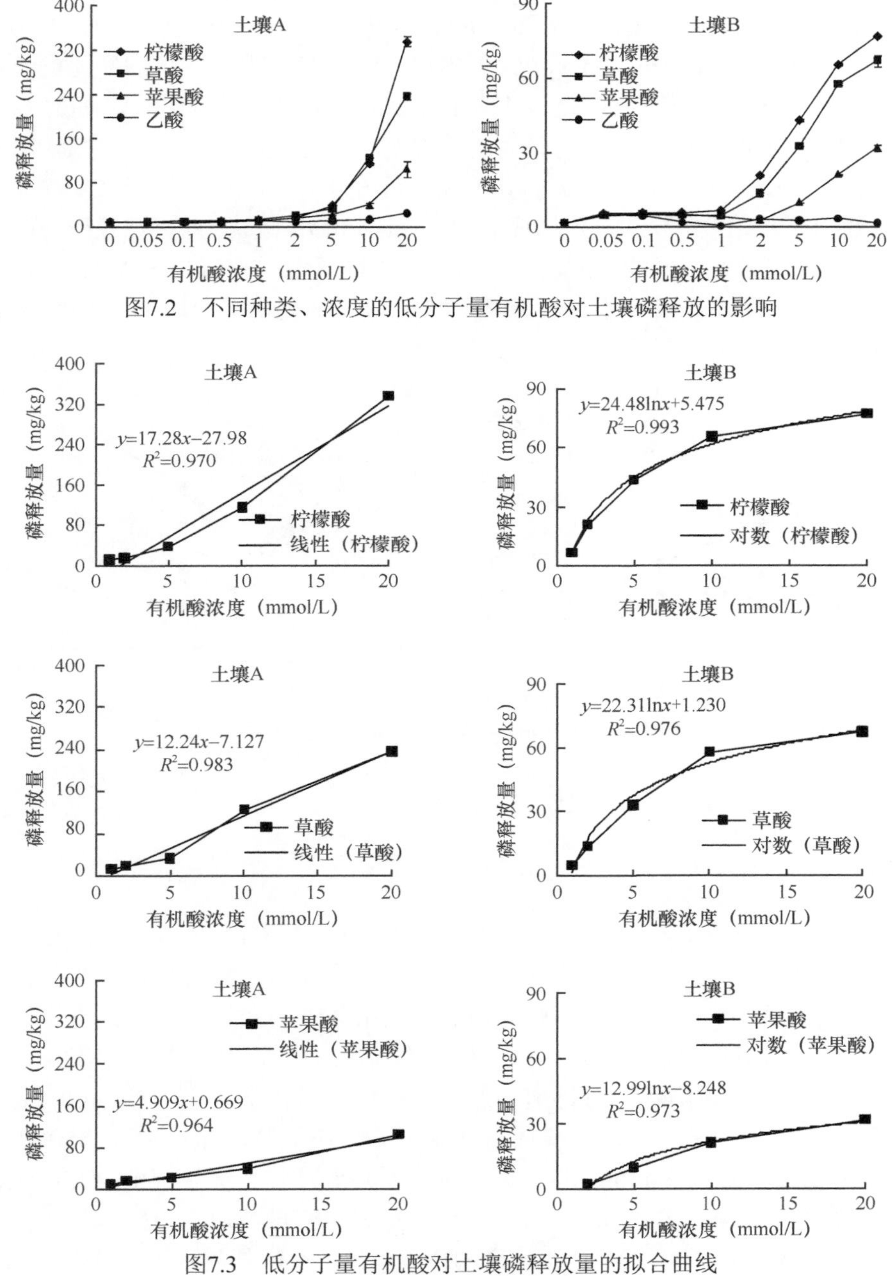

图7.2　不同种类、浓度的低分子量有机酸对土壤磷释放的影响

图7.3　低分子量有机酸对土壤磷释放量的拟合曲线

（R^2）分别为0.970、0.983和0.964，这说明柠檬酸、草酸和苹果酸浓度（1～20mmol/L）与土壤磷释放量有较好的线性关系。在土壤B（对照酸性土壤）中，用对数函数$y=a\ln x+b$对土壤磷释放量和有机酸浓度进行拟合，结果见图7.3。柠檬酸、草酸和苹果酸拟合的决定系数（R^2）分别为0.993、0.976和0.973，这说明浓度为1～20mmol/L时，对数函数较好地拟合了有机酸与土壤磷释放量的关系，进一步说明随着浓度的升高，在三种有机酸影响下土壤磷的释放量升高，但是幅度变小。

（二）不同浸提时间下低分子量有机酸对土壤磷释放的影响

随着有机酸与土壤作用时间的延长，土壤磷的释放呈现动态变化（图7.4）。在土壤A中，磷的释放在短时间内完成并达到平衡，Jones和Darrah（1994）的研究也表明，有机酸与矿物态磷的反应在1h内完成。在2～5h内，对于柠檬酸、草酸和苹果酸，土壤A中溶解磷的含量分别下降了33.6%、12.6%和21.3%；5h后，土壤A中磷释放的变化幅度相对很小；同时，对于乙酸，磷的活化有小幅度的减缓趋势。在土壤B中，磷在2h内快速释放，之后呈现下降趋势，10h后，磷的释放有随时间缓慢上升的趋势（草酸除外）。这与之前有些研究相同（Khanlari and Jalali，2011；Horta and Torrent，2007；Nafiu, 2009；Shariatmadari et al.，2006）。Toor和Bahl（1999）提出在较短时间内，有机酸活化的土壤磷可能是表面不稳定态的磷；随着反应时间的延长，磷酸盐晶体化合物的溶解占主导。但是，McDowell等（2011）表示这两个过程是不容易区分的，所以土壤磷释放的动态变化可能是解吸和溶解共同作用的结果。另外，Strom等（2001）的研究发现，随着时间的延长，有机酸存在矿化作用，这可导致土壤中溶解磷的重新吸附；同时，土壤中的Ca^{2+}和Mg^{2+}重新与PO_4^{3-}形成难溶的Ca-P和Mg-P沉淀也可导致磷的降低。对于草酸的影响，在土壤A中，在时间影响下磷的释放较柠檬酸和苹果酸平稳；而在土壤B中，在时间影响下磷释放的变化幅度要大于柠檬酸和苹果酸，并且不呈现规律性。这可能是由于土壤A中草酸与Ca^{2+}形成草酸钙沉淀，延缓了草酸的矿化，因此其作用更平稳。

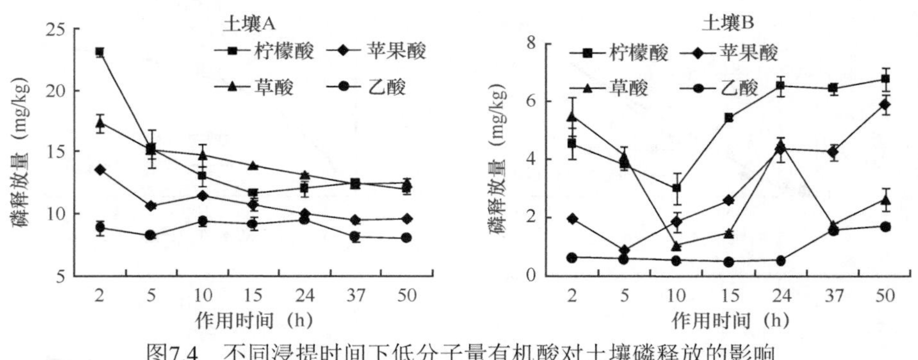

图7.4　不同浸提时间下低分子量有机酸对土壤磷释放的影响

二、不同低分子量有机酸对土壤磷的释放动力学过程

（一）不同种类的低分子量有机酸对土壤磷的淋溶曲线

由图7.5可见，4种有机酸的磷淋溶曲线表现出不同的特征。在淋溶开始时，4种低分子量有机酸均不能促使土壤磷淋出，这可能是由于土壤对柠檬酸、草酸、苹果酸和乙酸的吸附。在徐仁扣等（2007）关于有机酸对铝的动态淋溶研究中，由于土壤对水杨酸的吸附，淋溶初始时并无铝淋出；当土壤对有机酸的吸附达到饱和时，有机酸对铝的迁移表现出强的促进作用。对于柠檬酸，出磷点为淋溶液体积达310mL时，随着柠檬酸不断地淋溶，磷的释放量迅速增加，并在达到淋溶最大量（8.4mg/kg）时仍保持较高的释放量，从淋溶液体积达到2710mL后，磷释放量开始下降，在淋溶液体积达到3550mL时，磷的释放量为0。对于苹果酸，淋溶液体积大于430mL后，磷的释放量逐渐增加，并在760～4150mL保持稳定的释放量（4.5mg/kg），当淋溶液体积大于4150mL后，磷释放量逐渐降低。对于草酸，出磷点为淋溶液体积为1030mL时，在淋溶液体积达到1030～3100mL，磷的释放量保持在较低的水平，这可能与草酸更易被土壤

吸附有关。淋溶液体积大于3100mL后，磷的释放量逐渐增加到峰值（4.5mg/kg），并在淋溶液体积达到约5300mL后迅速下降。在乙酸影响下，磷的释放量也呈现先增后降的趋势，但是最大磷释放量（2.7mg/kg）要低于柠檬酸、苹果酸和草酸。同时乙酸对土壤磷的活化是一个稳定且缓慢的过程，在淋溶液体积大于12 000mL后，仍有磷淋出，但浓度已经很低。从最大磷释放量来看，柠檬酸＞苹果酸＞草酸＞乙酸；从磷累积释放量来看，苹果酸＞柠檬酸＞乙酸＞草酸（表7.6）。

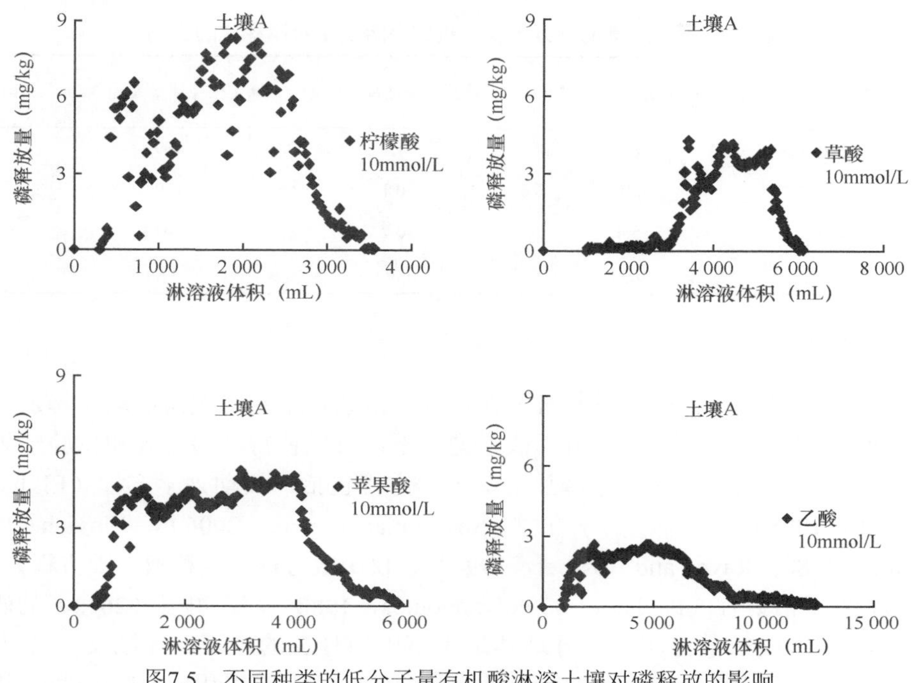

图7.5　不同种类的低分子量有机酸淋溶土壤对磷释放的影响

表7.6　不同种类的低分子量有机酸淋溶土壤对磷释放的影响

淋溶液	出磷点（mL）	磷最大释放量（mg/kg）	磷最大释放率（%）	磷累积释放量（mg/kg）	磷累积释放率（%）
柠檬酸	310	8.4	1.1	469.1	62.7
苹果酸	430	5.4	0.7	507.8	67.9
草酸	1030	4.5	0.6	267.5	35.8
乙酸	970	2.7	0.36	445.2	60.0

（二）不同浓度的低分子量有机酸对土壤磷的淋溶曲线

图7.6为不同浓度的柠檬酸和苹果酸淋溶土柱时磷的淋溶曲线。1mmol/L的草酸和乙酸淋溶土壤时，前12 000mL磷的释放总量为0。0.1mmol/L的柠檬酸和苹果酸在前6000mL磷的释放总量为0。1mmol/L的柠檬酸和苹果酸的磷释放总量分别为129.7mg/kg和17.3mg/kg。10mmol/L的柠檬酸和苹果酸的磷释放总量

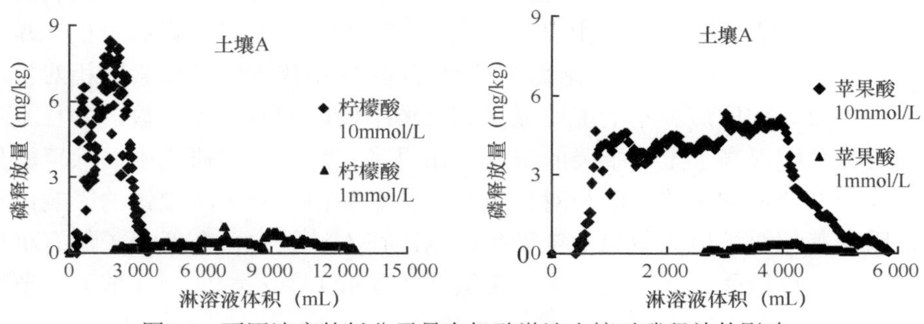

图7.6　不同浓度的低分子量有机酸淋溶土壤对磷释放的影响

分别是1mmol/L的3.5倍和32.6倍。另外，出磷点和磷释放峰值也受浓度的影响（表7.7）。对于柠檬酸和苹果酸，当浓度从10mmol/L降到1mmol/L时，出磷点也相应推迟，这说明低分子量有机酸的初始浓度越低，土壤对其吸附达到饱和所需的时间也就越长。同时，磷释放峰值也随低分子量有机酸浓度的降低而降低，并且峰值出现的时间要推迟。另外，相对于柠檬酸，苹果酸、草酸和乙酸对土壤磷的活化作用受浓度的影响更大。

表7.7　不同浓度的低分子量有机酸淋溶土壤对磷释放的影响

淋溶液	出磷点（mL）	磷最大释放量（mg/kg）	磷最大释放率（%）	磷累积释放量（mg/kg）	磷累积释放率（%）
柠檬酸10mmol/L	310	8.4	1.1	469.1	62.7
柠檬酸1mmol/L	1990	0.93	0.1	129.7	17.3
苹果酸10mmol/L	430	5.4	0.7	507.8	67.9
苹果酸1mmol/L	2640	0.42	0.06	17.3	2.3

（三）低分子量有机酸淋溶土壤时磷释放的动力学拟合

为了能够准确、定量地描述低分子量有机酸在持续淋溶条件下对土壤磷的动态释放过程，建立或引用各种数学模型不可或缺，找到一个最适方程或模型，不仅可以使得经验公式和试验结果互相验证，还对相应模型完善具有重要意义。土壤磷素释放的动力学方程包括一级动力学方程（Elkhatib and Hern，1988；Lookman et al.，1995）、二级动力学方程（Shariatmadari et al.，2006）、Elovich（叶洛维奇）方程（Chien and Clayton，1980；Raven and Hossner，1994）、权函数方程（也称双常数方程）（Shariatmadari et al.，2006）及抛物线扩散方程（Pavlatou and Polyzopoulos，1988）。在冯晨（2012）的研究中，Elovich方程、权函数方程和抛物线扩散方程能较好地体现土壤中磷释放的过程。在陆文龙等（1998）的研究中，抛物线扩散方程能较好地拟合土壤磷的释放动力学曲线。本研究采用Elovich方程、权函数方程和抛物线扩散方程拟合试验结果。

Elovich方程：

$$Q_t = 1/\beta \ln(\alpha\beta) + (1/\beta)\ln t \tag{7.1}$$

式中，Q_t为时间t内磷素的释放量；α为磷素的初始释放速率常数；β为磷素的释放速率常数。

权函数方程：

$$Q_t = at^b \tag{7.2}$$

式中，Q_t为时间t内磷素的释放量；a为磷素的初始释放速率常数；b为磷素的释放速率常数。

抛物线扩散方程：

$$Q_t = Q_e + Rt^{1/2} \tag{7.3}$$

式中，Q_t为时间t内磷素的释放量；Q_e为达到平衡时磷素的释放量；R为磷素的相对扩散系数。

在本试验中Elovich方程、权函数方程不能拟合土壤磷释放的动力学曲线，而抛物线扩散方程能较好地拟合土壤磷的释放曲线，结果见图7.7。由表7.8可得，采用抛物线扩散方程拟合的土壤磷释放的动态淋溶曲线，均达到显著性水平（P<0.05）。抛物线扩散方程中的R代表的是磷素的相对扩散系数。陆文龙等（1998）在研究中指出，柠檬酸和草酸能明显提高土壤中磷的相对扩散系数，并且土壤中磷扩散速率的提高是由于柠檬酸和草酸提高了土壤中磷的浓度。在冯晨（2012）的研究中，除草酸外，低分子量有机酸的加入可以很大程度地增加土壤磷的相对扩散系数，草酸由于受土壤中钙的影响而形成沉淀物，从而失去活化作用，因此其相对扩散系数也一定受到影响。在本试验中，在低分子量有机酸影响下磷相对扩散系数的大小顺序为：柠檬酸（三元酸）＞苹果酸（二元酸）＞乙酸（一元酸）。草酸由于易与土壤

中的钙形成草酸钙沉淀，影响了磷的相对扩散系数（表7.9），这与草酸处理下的土壤释磷曲线特征相一致。同时，低分子量有机酸的浓度对磷的相对扩散系数有很大的影响，这是由于低浓度下低分子量有机酸活化磷的能力降低，土壤中磷的浓度下降，因此土壤磷的扩散速率也降低。

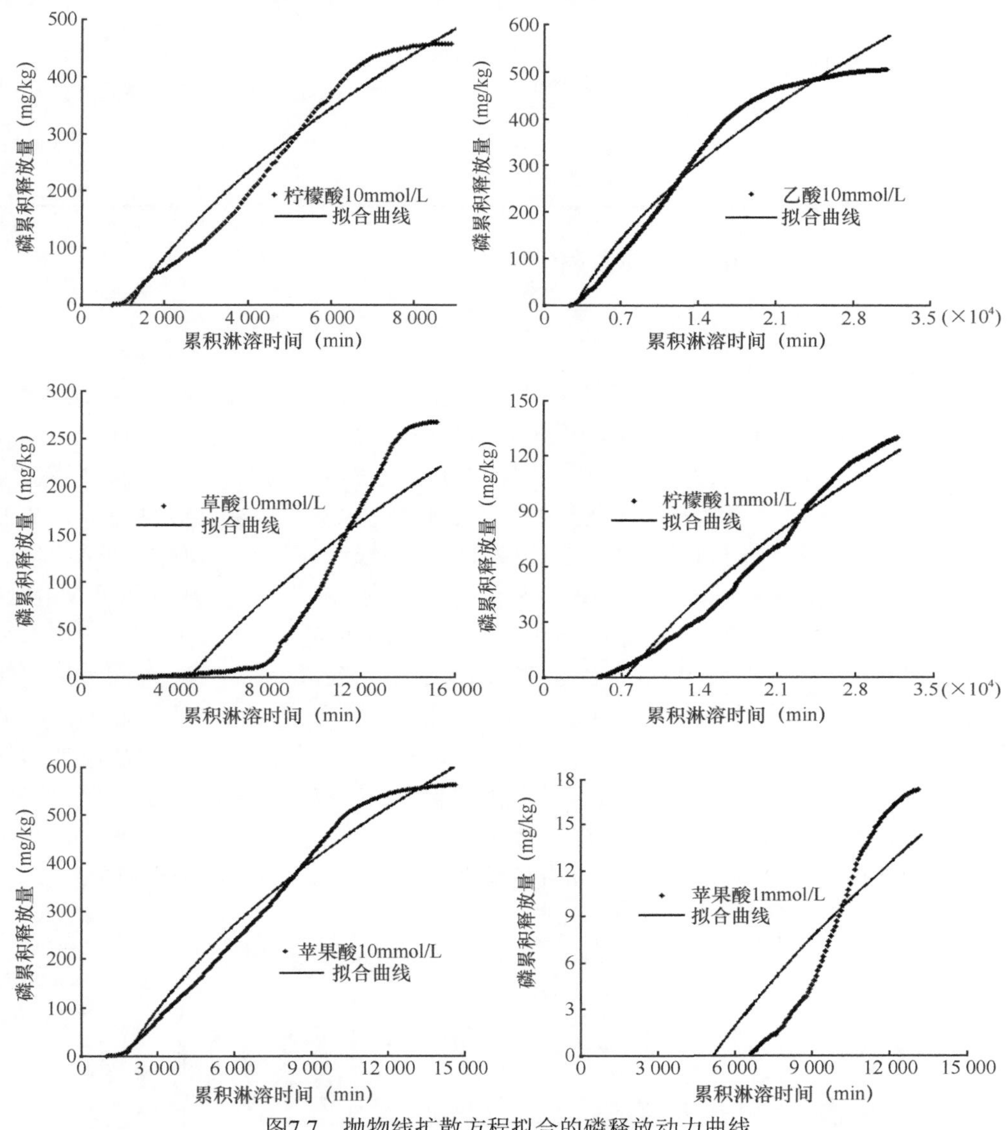

图7.7　抛物线扩散方程拟合的磷释放动力曲线

表7.8　拟合方程的相关系数（R^2）和拟合标准差（RMSE）

处理	抛物线扩散方程	
	R^2	RMSE
柠檬酸10mmol/L	0.938*	40.89
柠檬酸1mmol/L	0.937*	10.61
苹果酸10mmol/L	0.963*	38.1
苹果酸1mmol/L	0.615*	3.88
草酸10mmol/L	0.755*	49.46
乙酸10mmol/L	0.958*	34.76

*代表显著水平达0.05

表7.9 抛物线扩散方程拟合下磷素的相对扩散系数（*R*）

处理	*R*
柠檬酸10mmol/L	8.02
柠檬酸1mmol/L	1.32
苹果酸10mmol/L	7.62
苹果酸1mmol/L	0.33
草酸10mmol/L	3.95
乙酸10mmol/L	4.68

三、低分子量有机酸对土壤微生物量磷和磷酸酶的影响

（一）不同种类的低分子量有机酸对土壤微生物量磷的影响

图7.8显示，土壤A和土壤B培养一段时间后，微生物量磷均在4～7d内迅速增加，然后在7d后下降至趋于平稳。苑亚茹等（2011）的研究也表明，根系分泌物能在短时间内提高微生物量，如苹果酸能促进真菌的生长和繁殖。在土壤A中，第2天时，相比于空白处理，甲酸、乙酸、柠檬酸、草酸、苹果酸、柠檬酸钠、草酸钠和乙酸钠的微生物量磷提取量分别增加了422%、265%、435%、416%、275%、454%、327%和305%（$P<0.01$），提取能力顺序依次为柠檬酸钠＞柠檬酸＞甲酸＞草酸＞草酸钠＞乙酸钠＞苹果酸＞乙酸。第4天时，在甲酸、草酸钠、柠檬酸钠和乙酸钠的影响下，微生物量磷提取量比空白处理有显著的提高（$P<0.01$），并且柠檬酸钠、草酸钠和乙酸钠的微生物量磷提取量达到最大值。第7天时，在空白处理和有机酸处理的土样中，土壤中微生物量磷的提取量达到最大，但是，有机酸和有机酸盐处理下微生物量磷提取量要低于空白处理的提取量，并且有机酸的提取量要大于有机酸盐的提取量。第7天之后，各处理的微生物量磷的提取量变化不大。在土壤B中，基本各有机酸和有机酸盐在第4天时，微生物量磷提取量达到最大值，并且显著高于空白处理下微生物量磷的提取量（$P<0.01$）。第7天时，在各有机酸（除甲酸外）和有机酸盐处理下微生物量磷含量有小幅度降低，但仍高于空白处理（$P<0.05$）。7d之后，各处理的微生物量磷均大幅下降，有机酸和有机酸盐处理下的提取量略高于空白处理。

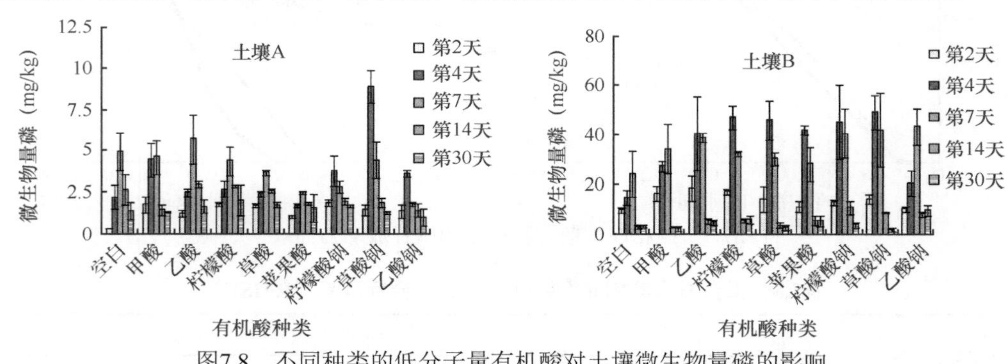

图7.8 不同种类的低分子量有机酸对土壤微生物量磷的影响

（二）不同种类的低分子量有机酸对土壤磷酸酶的影响

低分子量有机酸对土壤磷酸酶的影响见图7.9。在土壤A中，空白处理下，随着培养时间的延长，磷酸酶的活性变化不大。第2天时，在苹果酸影响下，磷酸酶活性高于对照处理（$P<0.05$）；除草酸处理下其活性显著降低外（$P<0.05$），其余处理下其活性变化不大。乙酸、柠檬酸、苹果酸处理在第7天和第14天时，磷酸酶活性显著高于空白处理（$P<0.05$）。柠檬酸钠、草酸钠和乙酸钠处理在第7天时显著高于空白处理（$P<0.05$）。第30天时，在各有机酸和有机酸盐处理下，磷酸酶的活性大幅降低，低于空白处理并达到显著水平（$P<0.05$）。从整个培养过程来看，添加草酸会降低土壤磷酸酶的活性。

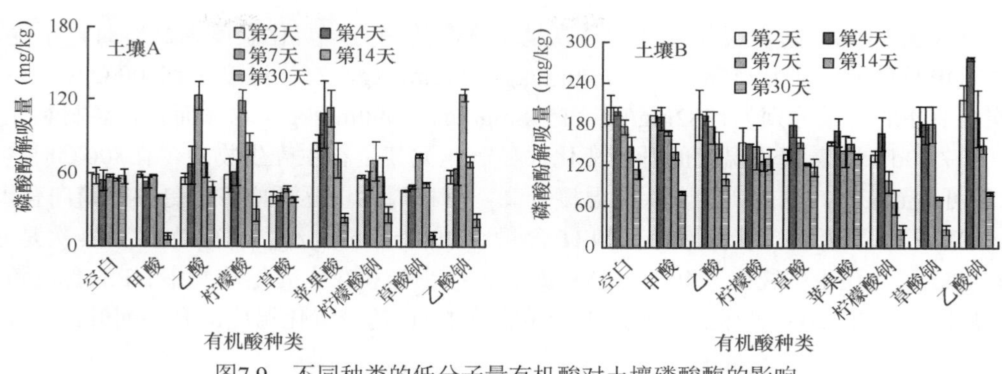

图7.9　不同种类的低分子量有机酸对土壤磷酸酶的影响

在土壤B中，第4天后，在各处理下磷酸酶活性呈下降的趋势。在整个培养过程中，相比于空白处理，土壤中添加有机酸和有机酸盐后，磷酸酶的活性呈降低趋势；在前7天时，除乙酸钠处理外，磷酸酶的活性要低于空白处理，这可能是由于低分子量有机酸增加了土壤中Al^{3+}、Fe^{3+}等金属离子的含量，而Al^{3+}、Fe^{3+}等金属离子对土壤磷酸酶活性有一定的抑制作用（龚松贵等，2009）。

第三节　生物炭对湿地土壤磷的形态转化和有效性影响

一、炭化条件对生物炭磷的含量和形态转化的影响

（一）生物炭中总磷（TP）、总无机磷（TIP）、总有机磷（TOP）的变化

通过图7.10a可以得出，小麦、玉米、花生壳三种原材料中总磷含量分别为1117mg/kg、1750mg/kg、640mg/kg。经过高温热解后所得生物炭中的总磷含量要超过原材料中的总磷含量，并且随着炭化温度的上升，生物炭中总磷的含量先逐渐上升，当炭化温度达到600℃（花生壳为500℃）后总磷的含量开始下降，600℃生物炭中总磷含量分别为3218mg/kg、5242mg/kg、1727mg/kg。这可能是由于在热解过程中，随着水分和部分碳元素的丢失，稳定性的磷元素被浓缩在生物炭中。

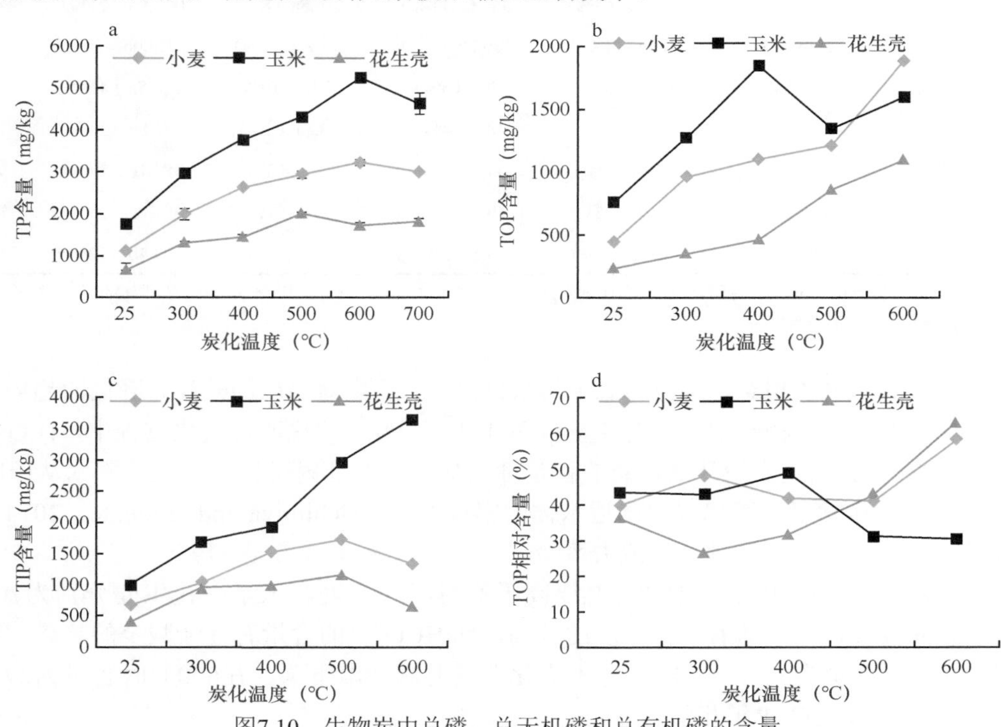

图7.10　生物炭中总磷、总无机磷和总有机磷的含量

TOP的含量（图7.10b）随着炭化温度的升高呈现升高的趋势，炭化温度为25℃时，小麦、玉米、花生壳生物炭中TOP的含量分别为445mg/kg、758mg/kg、232mg/kg，炭化温度达到600℃时，小麦、玉米、花生壳生物炭中TOP的含量分别为1882mg/kg、1598mg/kg、1090mg/kg。总体而言，各材料生物炭中TOP的相对含量（图7.10d）随着炭化温度的升高变化很显著，尤其是花生壳生物炭，在300℃时含量为26%，在600℃时含量可达到63%。这说明随着炭化温度升高，有机磷含量逐渐增多，更多的磷向有机磷转化。

图7.10c是TIP的含量，玉米生物炭的TIP含量（991～3644mg/kg）最高，其次是小麦生物炭（672～1724mg/kg）、花生生物炭（408～1153mg/kg）；小麦和花生壳生物炭中TIP的含量随着炭化温度的升高先升高后降低，在500℃时达到最高，玉米生物炭的TIP随着炭化温度的升高而升高。

（二）生物炭中磷的形态分级

表7.10是利用连续分级提取方法分析的生物炭中各形态的磷含量及其占TP含量的百分比。通过表7.10可以看出，小麦、玉米、花生壳中H_2O-P_i的含量分别为280.1mg/kg、571.6mg/kg、278.5mg/kg，原材料中H_2O-P_i的含量一般要大于生物炭中的含量。以小麦为例，在炭化温度300℃时含量为128.6mg/kg，500℃时达到最大量（311.1mg/kg），而在600℃时却是192mg/kg。

表7.10　不同材料中不同形态磷的含量及其占总磷的百分比

材料	H_2O-P_i	$NaHCO_3$-P_i	NaOH-P_i	$NaHCO_3$-P_o	NaOH-P_o	HCl-P_i	合计
WC25	280.1c（25%）	70.3a（6%）	33.7b（3%）	406.4a（36%）	222.9a（20%）	0（0%）	1013.6（34%）
WC300	128.6a（6%）	301.8bc（15%）	195.4e（10%）	541.1b（27%）	465.2e（23%）	288.8a（20%）	2021.2（51%）
WC400	276.1c（11%）	267.1b（10%）	142.2d（5%）	1289.0e（49%）	330.6d（13%）	658.5d（25%）	2963.8（51%）
WC500	311.1c（11%）	363.4c（12%）	50.7c（2%）	551.7c（19%）	255.1c（9%）	518.8c（18%）	2051.0（42%）
WC600	192.0b（6%）	285.8bc（9%）	25.8a（1%）	718.3d（22%）	235.3b（7%）	358.8b（11%）	1816.2（27%）
MC25	571.6b（33%）	44.3a（3%）	18.3a（1%）	103.9a（6%）	381.0a（22%）	0（0%）	1119.3（36%）
MC300	315.2a（11%）	621.7c（21%）	545.1c（18%）	728.8c（25%）	722.8a（24%）	397.1a（13%）	3331.0（64%）
MC400	287.8a（8%）	612.1c（16%）	249.6b（7%）	339.2b（9%）	398.4a（11%）	859.8b（23%）	2747.1（53%）
MC500	336.1a（8%）	554.2c（13%）	143.4ab（3%）	354.6c（8%）	356.8a（8%）	900.8b（21%）	2646.1（45%）
MC600	255.4a（5%）	277.4b（5%）	48.6a（1%）	139.2b（3%）	276.7a（5%）	1028.0b（20%）	2025.5（31%）
PH25	278.5c（44%）	28.3a（4%）	17.9a（3%）	40.5（6%）a	65.1a（10%）	26.5a（4%）	457.0（55%）
PH300	229.4b（18%）	131.5b（10%）	141.7c（11%）	48.3（4%）a	54.5a（4%）	171.8b（13%）	777.4（52%）
PH400	165.8a（11%）	221.3b（15%）	56.4b（4%）	54.1（4%）a	37.4a（3%）	384.1c（27%）	919.6（57%）
PH500	212.9b（11%）	126.2b（6%）	47.3b（2%）	59.8（3%）a	28.3a（1%）	397.8c（20%）	872.6（39%）
PH600	171.9a（10%）	100.2b（6%）	56.8bb（3%）	30.5（2%）a	24.6a（1%）	202.4b（12%）	586.5（31%）

注：表中各种形态磷的含量单位为mg/kg，括号中的百分比为对应形态的磷占总磷的百分比；WC代表小麦秸秆，MC代表玉米秸秆；PH代表花生壳；a、b、c、d、e字母不同表示显著性差异

各材料生物炭中H_2O-P_i的相对含量也远低于其原材料，并且随着温度的升高有降低的趋势。玉米原材料中H_2O-P_i占33%，而玉米生物炭中的相对含量最高才达到11%，这说明在炭化过程中，H_2O-P_i转化成其他形态的磷，并且随着炭化温度的升高，磷的稳定性增加。水溶性磷可以随径流或降水从田间流失，是农田非点源磷污染的主要途径，可以导致附近水体的富营养化（Uchimiya and Hiradate，2014）。因此，有机物料的炭化可以大大降低可溶性磷的流失风险。

对于$NaHCO_3$-P_i，生物炭中的$NaHCO_3$-P_i要高于原材料（小麦、玉米、花生壳分别为70.3mg/kg、44.3mg/kg、28.3mg/kg），并且随着炭化温度的升高，$NaHCO_3$-P_i的含量有逐渐减少的趋势。例如，玉米生物炭中，在300℃时含量为621.7mg/kg，随着炭化温度升高逐渐下降，在600℃时含量为277.4mg/kg；NaOH-P_i的变化趋势同$NaHCO_3$-P_i很相似。

$NaOH-P_o$含量随着炭化温度的升高，呈现降低的趋势。例如，小麦生物炭中的含量从465.2mg/kg降低到235.3mg/kg；在分级提取中有机磷的含量随着炭化温度的升高而降低，这与总有机磷随着炭化温度的升高而升高的变化趋势不同，这可能是因为在提取液中主要是活性和中活性有机磷，而总有机磷中难利用的有机磷含量更高。对于$NaHCO_3-P_i$和$NaOH-P_i$，生物炭中的相对含量要远远高于原材料，和绝对含量一样，随着炭化温度升高，相对含量有下降的趋势，且$NaOH-P_o$有随着炭化温度升高有限升高后下降的趋势，由此可以看出随着炭化温度的升高，$NaHCO_3-P_i$和$NaOH-P_i$会进一步向更难利用的磷转化。

对于$HCl-P_i$，生物炭中的含量要远远高于原材料，并且随着温度的升高有先上升后下降的趋势，而$HCl-P_i$的相对含量也表现出一致的规律，这说明随着炭化温度的升高，生物炭中的$NaHCO_3-P_i$和$NaOH-P_i$更多地转化成$HCl-P_i$，甚至转化成更难利用的磷。难以利用的磷的含量随炭化温度升高明显增加。

提取磷的总和有随炭化温度先升高后降低的趋势，可以说明残渣磷在炭化温度达到一定高度后含量会升高，也就会使更难利用的磷的含量增多，因此考虑到磷的有效性，我们要把炭化温度控制在一定范围内。

我们以小麦为例分析了P的炭化模式图（图7.11），发现P的提取率随着炭化温度的升高而降低，适温生物炭有利于磷的有效性增加。

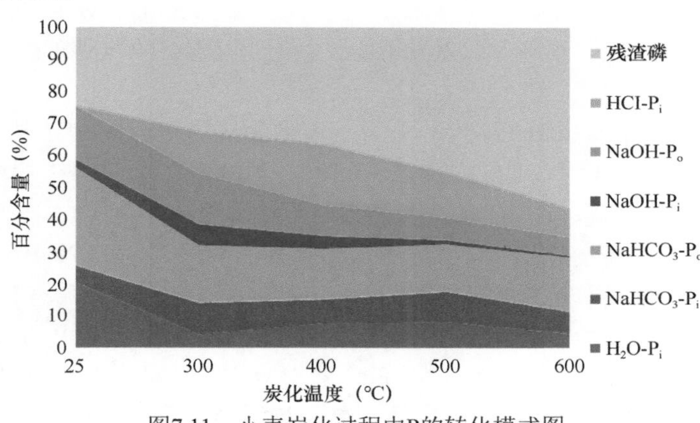

图7.11　小麦炭化过程中P的转化模式图

二、生物炭对湿地土壤磷形态转化的影响

（一）加入小麦生物炭培养的酸性土壤中磷的形态分级

由表7.11可以看出，在培养4d时，与对照相比，H_2O-P_i变化不显著（WB400除外），略有提高；生物炭处理的土壤中$NaHCO_3-P_i$的含量要远远小于对照；生物炭处理的土壤中$NaHCO_3-P_o$的含量比对照有所提高，300℃和400℃生物炭处理的土壤中要远远大于对照中的含量，而其他处理的含量有提高，但不显著。生物炭处理的土壤中$NaOH-P_i$的含量要远远大于对照（WB600除外），但是秸秆处理的变化不大；生物炭处理的土壤中$NaOH-P_o$含量要大于对照处理，但是除了秸秆处理的变化比较显著，其他处理变化不显著。生物炭处理的土壤中$HCl-P_i$含量要大于对照处理的含量。

表7.11　加入生物炭培养的酸土在不同培养时间不同形态磷的含量　（单位：mg/kg）

处理		H_2O-P_i	$NaHCO_3-P_i$	$NaHCO_3-P_o$	$NaOH-P_i$	$NaOH-P_o$	$HCl-P_i$
4d	CK	109±4a	266±5d	220±28bc	255±6a	89±27a	190±17a
	WB25	112±8a	136±14a	306±30cd	240±17a	198±89b	220±1bc
	WB300	118±12abc	136±13a	460±15e	293±15b	107±36ab	216±3abc
	WB400	130±0d	131±13a	323±0d	304±14b	128±0ab	252±2e
	WB500	123±20ab	140±2a	303±31cd	308±18b	139±52ab	241±5cde
	WB600	128±18abcd	146±12a	314±33cd	238±9a	112±63ab	206±0ab

续表

处理		H_2O-P_i	$NaHCO_3$-P_i	$NaHCO_3$-P_o	NaOH-P_i	NaOH-P_o	HCl-P_i
3d	CK	160±2e	244±14c	166±10ab	366±9c	116±18ab	218±13bc
	WB25	131±3abcd	199±8b	173±25ab	373±19c	117±36ab	224±17bcd
	WB300	154±5de	236±9c	100±27a	443±24d	109±48ab	204±12ab
	WB400	150±5de	228±13c	106±28a	430±24d	114±57ab	209±20ab
	WB500	147±5cde	230±2c	116±27a	431±19d	167±74ab	229±22bcde
	WB600	146±26bcde	234±3c	130±32ab	417±24d	156±13ab	246±10de

注：WB代表小麦秸秆。表中字母不同表示显著性差异

在培养30d时，各个处理中的H_2O-P_i含量依然要小于对照，并且差异不显著（WB25除外），但是各处理之间差异不显著；处理的土壤中$NaHCO_3$-P_i的含量依然小于对照，其中秸秆处理的含量最低；处理的土壤中$NaHCO_3$-P_o的含量比对照少，秸秆处理的除外；各处理NaOH-P_i的含量要大于对照且差异显著（WB25除外）；各处理NaOH-P_o的含量相对于对照有提高，但是WB300、WB400降低，变化不显著；对于低温生物炭处理的土壤中HCl-P_i的含量与对照差异不明显，但是高温生物炭处理的土壤中含量要大于对照，但差异也不显著（WB600除外）。

研究发现，土壤中H_2O-P_i、$NaHCO_3$-P_i、NaOH-P_i的含量随培养时间延长而升高，$NaHCO_3$-P_o的含量却明显降低，NaOH-P_o的含量在低温生物炭（300～400℃）处理的土壤中降低，在高温生物炭（500～600℃）处理的土壤中升高；HCl-P_i的含量随着时间推移变化不显著。

生物炭处理的土壤中易于被植物直接利用的磷（H_2O-P_i、$NaHCO_3$-P_i、$NaHCO_3$-P_o）的含量都很高。在对照处理中，随着时间推移土壤中的NaOH-P_i、NaOH-P_o、HCl-P_i的含量略有增加。而在生物炭处理的土壤中，随着培养时间的延长，土壤中无机磷H_2O-P_i、$NaHCO_3$-P_i、NaOH-P_i的含量升高，而$NaHCO_3$-P_o的含量明显降低，生物炭加入第4天时，$NaHCO_3$-P_o含量激增，并且温度越低效果越明显，秸秆刺激作用低于大部分生物炭，说明生物炭含有大量养分，适宜微生物活动。而在生物炭培养第30天时，$NaHCO_3$-P_o同初期相比显著降低，说明经过初期微生物分解作用微生物活动已经大大降低，此时秸秆刺激作用高于生物炭。生物炭对酸性土壤NaOH-P_o的作用要显著低于$NaHCO_3$-P_o，说明生物炭刺激酸性土壤微生物活动主要是通过微生物对高活性有机磷的利用来发挥作用。土壤中HCl-P_i的含量随培养时间的延长稍有降低。由此我们可以知道，随着培养时间的延长，土壤中更多的难以被植物利用的HCl-P_i和有机磷，在向更易被植物吸收利用的无机磷H_2O-P_i、$NaHCO_3$-P_i、NaOH-P_i转化。在这里我们可以看出300℃的生物炭加入土壤后，能提取的磷的百分含量最高，且有效磷的含量也是最高的，因此这是改良酸性土壤的一个不错选择。

（二）加入小麦生物炭培养的碱性土壤中磷的形态分级

由表7.12可以看出，在培养第4天，生物炭处理的土壤中H_2O-P_i的含量要大于对照，有随着炭化温度升高而增大的趋势，但是秸秆处理的土壤却低于对照；生物炭处理的土壤中$NaHCO_3$-P_i的含量大于对照，尤其是低温300℃制备的生物炭处理的土壤中含量显著升高；秸秆处理的土壤中$NaHCO_3$-P_o的含量显著高于对照，生物炭处理的土壤中的含量均低于对照；NaOH-P_i的含量变化规律不明显，低温300℃生物炭处理的土壤中含量略高于对照，其余温度的生物炭处理低于对照，并有随着温度升高减少的趋势；生物炭处理的土壤中NaOH-P_o的含量要高于对照（WB600除外），随着炭化温度的升高先升高后降低，秸秆处理的要低于对照；生物炭处理的土壤中HCl-P_i含量要高于对照，随着温度的升高，变化差异不显著。

在培养第30天时，各处理的土壤中H_2O-P_i、$NaHCO_3$-P_i的含量明显高于对照（WB25除外），随着炭化温度的升高这种趋势越明显；生物炭处理的土壤中$NaHCO_3$-P_o的含量要高于对照（WB25除外），但是不显著，并且秸秆处理的土壤中含量略低；NaOH-P_i的含量与对照相比有所减少，并且随着生物炭炭化温度的升高，含量减少越多；各个处理的碱性土壤中NaOH-P_o的含量与对照相比都比较低，差异相对比较显著（WB25除外）；HCl-P_i的含量依然要高于对照，低温制备的生物炭这种差异更明显。

表7.12　加入生物炭培养的碱土在不同培养时间不同形态磷的含量　（单位：mg/kg）

	处理	H_2O-P_i	$NaHCO_3$-P_i	$NaHCO_3$-P_o	NaOH-P_i	NaOH-P_o	HCl-P_i
4d	CK	1.1±0.1a	22.0±0.7ab	38.3±7.1bcd	6.7±0.8ab	13.4±7.0a	483.6±18.9abc
	WB25	0.7±0.2a	19.3±2.2a	52.2±5.5e	7.7±0.8ab	12.4±0.9a	497.6±10.3bc
	WB300	1.6±1.2a	34.4±18c	29.0±8.7b	8.9±1.4b	18.3±1.2a	493.4±5.6bc
	WB400	3.9±0.1ab	29.0±1.2abc	28.0±2.4b	6.7±0.8ab	20.7±13.4ab	506.7±28.6bc
	WB500	4.7±1.4ab	28.3±1.6abc	31.1±5.8bc	6.1±0.4ab	15.5±1.2a	510.9±12.4c
	WB600	7.2±0.2b	28.8±1.6abc	29.9±6.0bc	5.8±0.4ab	13.2±0.6a	509.5±1.4c
3d	CK	2.0±1.0a	21.3±2.6ab	39.8±6.5bcde	7.3±5.7ab	48.8±19.0d	448.2±53.8a
	WB25	5.4±0.5ab	19.8±0.7a	34.8±3.3bc	7.3±1.3ab	39.5±4.2cd	470.3±22.2ab
	WB300	5.5±0.2ab	26.6±2.7abc	40.3±13.3bcde	8.5±1.8b	32.9±4.4bc	488.6±12.0bc
	WB400	14.0±8.2c	30.9±2.5bc	15.7±0.04a	5.8±0.6ab	36.3±3.8c	489.3±26.9bc
	WB500	16.9±0.3c	32.5±3.4c	43.4±5.76cde	5.0±0.6a	33.3±3.1bc	480.5±16.9abc
	WB600	12.8±5.8c	33.3±3.1c	48.9±12.1de	4.9±0.6a	33.4±6.5bc	470.7±16.1ab

注：WB代表小麦秸秆；同一栏中不同小写字母代表显著性差异（$P<0.05$）

随着培养时间的延长：H_2O-P_i的含量有了明显的提高，并且有随着生物炭炭化温度的升高而升高的趋势；$NaHCO_3$-P_i的含量略有提高，但是变化不明显；$NaHCO_3$-P_o的含量在升高，也有随生物炭炭化温度的升高而增加的趋势；NaOH-P_i的含量略减少，但是变化不显著；NaOH-P_o的含量有所提高，变化比较显著；HCl-P_i的含量减少，炭化温度越高，减少量越明显。

由以上分析可知，随着培养时间的延长，H_2O-P_i的含量在升高；300℃生物炭处理的土壤中$NaHCO_3$-P_i的含量有所降低，而其他生物炭处理的土壤中$NaHCO_3$-P_i的含量略有提高；$NaHCO_3$-P_o在低温（400℃）处理的生物炭中含量降低，在高温（500℃和600℃）生物炭处理的土壤中含量升高；各处理土壤中NaOH-P_i的含量略微降低；NaOH-P_o的含量有所提高；HCl-P_i的含量也在减小。由此我们可以得出，随着时间的推移，土壤中难以利用的磷在向H_2O-P_i、$NaHCO_3$-P_i等易于被植物吸收利用的磷转化。

三、生物炭对湿地植物磷素的吸收和生长的影响

（一）生物炭添加对碱蓬生物量及磷素吸收的影响

表7.13是只加入生物炭处理的土壤中碱蓬的生物量和总磷（TP）的含量。在第一季碱蓬培养实验中，与对照相比，加入生物炭处理的碱蓬的生物量和总磷含量均有上升（WB400除外），其中300℃生物炭处理的土壤中碱蓬的生物量和总磷的含量均最大，随着生物炭炭化温度的上升，碱蓬中总磷的含量在下降，生物量变化规律不明显。相对而言，第二季作物生物炭增产效应有所下降，碱蓬生物量增加并不显著（WB300除外），生物炭仍促进了碱蓬对磷素的吸收。但是可以发现，随着时间的推移，秸秆处理的土壤中碱蓬可以良好生长，且碱蓬中总磷的含量最高。第一季栽培实验中加入秸秆的处理土壤中，碱蓬几乎没有生长，这可能是由于在土壤中加入含磷量超过2%的秸秆，会抑制碱蓬的生长。从两次碱蓬

表7.13　生物炭添加对碱蓬生物量及磷素吸收的影响

种植季数		CK	WB25	WB300	WB400	WB500	WB600
生物量（g）	第一季	0.24a	—	0.52c	0.21a	0.26a	0.44b
TP（mg/kg）		2141a	—	5706c	3798b	3450b	3049b
生物量（g）	第二第	0.039a	0.043a	0.38b	0.07a	0.048a	0.105a
TP（mg/kg）		2444a	5969c	5602bc	5774c	2854a	4879b

注：“—”代表数据缺失；同一栏中不同小写字母代表显著性差异（$P<0.05$）

生长实验我们可以看出，第二季栽培的碱蓬的生物量大大减小，总磷含量有所提高。因此，生物炭能够促进碱蓬的生长，但是这种效应随种植次数增加会迅速降低，同时生物炭可以显著促进碱蓬对磷素的吸收。从生物量积累和磷素吸收方面可以看出，温度较低的生物炭（＜400℃）更适合改良碱性土壤。

（二）在加入磷肥的情况下，生物炭添加对碱蓬生物量和磷素吸收的影响

表7.14是加入生物炭和磷肥处理的土壤中碱蓬的生物量和总磷（TP）的含量。在第一季碱蓬栽培实验中我们可以看出，加入磷肥和生物炭处理的土壤与对照相比，碱蓬的生物量变化不大（$P>0.05$），生物炭同磷缺乏协同增效作用，甚至降低了对磷的吸收；在秸秆处理的土壤中，碱蓬不能正常生长，这和只加入生物炭处理的土壤中碱蓬的生长现象是一致的。在第二季的栽培碱蓬实验中，加入磷肥和生物炭处理的土壤与对照相比，碱蓬的生物量变化不大，低温生物炭促进了碱蓬对磷的吸收，高温生物炭效果不显著；秸秆处理的土壤中碱蓬可以良好生长，且碱蓬中总磷的含量很高。通过对比两次实验中碱蓬的生长状况可以看出，随着时间的推移，碱蓬的生物量在减小；随着生物炭炭化温度的上升，碱蓬中总磷的含量先降后升。

表7.14　生物炭和磷肥的添加对碱蓬生物量及磷素吸收的影响

种植季数		CK	WB25	WB300	WB400	WB500	WB600
生物量（g）	第一季	0.4a	—	0.4a	0.38a	0.4a	0.39a
TP（mg/kg）		6372a	—	6559a	4806a	4966a	6853a
生物量（g）	第二季	0.147bc	0.031a	0.18c	0.08ab	0.134bc	0.203c
TP（mg/kg）		4033a	9479b	9619b	7622b	4592a	4724a

注：“—”代表数据缺失；同一栏中不同小写字母代表显著性差异（$P<0.05$）

（三）磷肥、种植次数、生物炭处理对碱蓬生物量和磷素吸收的影响

表7.15和表7.16主要分析生物炭、磷肥及种植次数对碱蓬生物量和磷素吸收的影响。通过分析发现，种植次数对碱蓬生物量影响显著，无论加入磷肥与否，碱蓬生物量在第一季远远大于第二季；但是种植次数对磷素吸收的影响不显著。磷肥加入与否对磷素吸收的影响显著，加入磷肥之后，碱蓬对磷素的吸收明显高于只添加生物炭的土壤中碱蓬对磷素的吸收；但磷肥加入与否对碱蓬生物量影响不大。生物炭处理对碱蓬的生物量和TP均有显著影响，300℃生物炭处理的土壤中碱蓬的生物量及对磷素的吸收都比较高。磷肥与种植次数的交互作用，对碱蓬生物量和TP的影响均不大；磷肥与生物炭处理的交互作用对碱蓬生物量影响显著；种植次数和生物炭处理的交互作用对TP的影响显著；三种因素的交互作用对碱蓬的生物量和TP影响都比较显著。由此可以看出，作物的生物量及对磷素的吸收是多种因素综合作用的结果。

表7.15　三因素方差分析检验磷肥、种植次数、生物炭处理对碱蓬生物量的影响

误差来源	自由度	均方	F	P	η^2
种植次数	1	1.233	134.922	＜0.001	0.631
磷肥	1	0.006	0.679	0.412	0.09
生物炭	5	0.093	10.217	＜0.001	0.393
磷肥×种植次数	1	0.001	0.085	0.772	0.01
磷肥×生物炭	5	0.053	5.81	＜0.001	0.269
种植次数×生物炭	4	0.002	0.205	0.935	0.01
磷肥×种植次数×生物炭	4	0.026	2.829	0.03	0.125
误差	79	0.09			

表7.16　三因素方差分析检验磷肥、种植次数、生\物炭处理对碱蓬磷素吸收的影响

误差来源	自由度	均方	F	P	η^2
种植次数	1	959 586	0.751	0.391	0.015
磷肥	1	62 650 000	49.009	<0.001	0.505
生物炭	5	14 590 000	11.411	<0.001	0.543
磷肥×种植次数	1	2 365 166	1.85	0.18	0.037
磷肥×生物炭	4	1 390 554	1.088	0.373	0.083
种植次数×生物炭	4	6 086 443	4.762	0.003	0.284
磷肥×种植次数×生物炭	4	6 799 609	5.319	0.001	0.307
误差	48	1 278 260			

参考文献

白军红, 余国营, 张玉霞. 2001. 向海湿地土壤中无机磷酸盐的存在形态研究. 水土保持学报, 15(1): 98-101.

冯晨. 2012. 持续淋溶条件下有机酸对土壤磷素释放的影响及机理研究. 沈阳农业大学博士学位论文.

龚松贵, 王兴祥, 张桃林. 2009. 低分子量有机酸对红壤磷酸单酯酶活性的影响. 土壤学报, 46(6): 1089-1095.

黄清辉, 王子健, 王东红, 等. 2004. 太湖表层沉积物磷的吸附容量及其释放风险评估. 湖泊科学, 16(2): 97-104.

李洁, 张文强, 金鑫, 等. 2015. 环渤海滨海湿地土壤磷形态特征研究. 环境科学学报, 35(4): 1144-1150.

梁威, 邵学新, 吴明, 等. 2012. 杭州湾滨海湿地不同植被类型沉积物磷形态变化特征. 生态学报, 32(16): 5025-5033.

刘敏, 侯立军, 许世远, 等. 2002. 长江河口潮滩表层沉积物对磷酸盐的吸附特征. 地理学报, 57(4): 397-406 .

陆文龙, 王敬国, 曹一平, 等. 1998. 低分子量有机酸对土壤磷释放动力学的影响. 土壤学报, 35(4): 493-500.

罗先香, 敦萌, 闫琴. 2011. 黄河口湿地土壤磷素动态分布特征及影响因素. 水土保持学报, 25(5): 154-160.

彭佩钦, 张文菊, 童成立, 等. 2005. 洞庭湖湿地土壤碳、氮、磷及其与土壤物理性状的关系. 应用生态学报, 16(10): 1872-1878.

秦胜金, 刘景双, 王国平, 等. 2007. 三江平原不同土地利用方式下土壤磷形态的变化. 环境科学, 28(12): 2777-2782.

王圣瑞. 2014. 湖泊沉积物-水界面过程: 基本理论与常用测定方法. 北京: 科学出版社.

向万胜, 童成立, 吴金水, 等. 2001. 湿地农田土壤磷素的分布、形态与有效性及磷素循环. 生态学报, 21(12): 2067-2073.

徐仁扣, 肖双成, 王永, 等. 2007. 用土柱淋溶实验研究水杨酸对酸性土壤铝迁移的影响. 土壤学报, 2(44): 252-257.

苑亚茹, 韩晓增, 李禄军, 等. 2011. 低分子量根系分泌物对土壤微生物活性及团聚体稳定性的影响. 水土保持学报, 25(6): 96-99.

周慧平, 高超, 王登峰, 等. 2007. 巢湖流域农田土壤磷吸持指数及吸持饱和度特征. 农业环境科学学报, 26(b10): 386-389.

Chen C R, Condron L M, Sinaj S, et al. 2003. Effects of plant species on phosphorus availability in a range of grassland soils. Plant Soil, 256(1): 115-130.

Chien S H, Clayton W R. 1980. Application of Elovich equation to the kinetics of phosphate release and sorption in soils. Soil Science Society of America Journal, 44(2): 265-268.

Cross A F, Schlesinger W H. 2001. Biological and geochemical controls on phosphorus fractions in semiarid soils. Biogeochemistry, 52(2): 155-172.

Elkhatib E A, Hern J L. 1988. Kinetics of phosphorus desorption from appalachian soils. Soil Science, 145(3): 222-229.

Hedley M J, Stewart J W B, Chauhan B S. 1982. Changes in inorganic and organic soil phosphorus fractions induced by cultivation practices and by laboratory incubations. Soil Science Society of America Journal, 46(5): 970-976.

Horta M D, Torrent J. 2007. Phosphorus desorption kinetics in relation to phosphorus forms and sorption properties of Portuguese acid soils. Soil Science, 172(8): 631-638.

Jones D L, Darrah P R. 1994. Role of root derived organic-acids in the mobilization of nutrients from the rhizosphere. Plant Soil, 166(2): 247-257.

Khanlari Z V, Jalali M. 2011. Effect of sodium and magnesium on kinetics of phosphorus release in some calcareous soils of western Iran. Soil & Sediment Contamination, 20(4): 411-431.

Leinweber P, Lvnsmann F, Eckhardt K U. 2010. Phosphorus sorption capacities and saturation of soils in two regions with different livestock densities in northwest Germany. Soil Use & Management, 13(2): 82-89.

Lookman R, Freese D, Merckx R, et al. 1995. Long-term kinetics of phosphate release from soil. Environment Science Technology, 29(6): 1569-1575.

Lopez P, Lluch X, Vidal M, et al. 1996. Adsorption of phosphorus on sediments of the Balearic Islands (Spain) related to their composition. Estuarine, Coastal and Shelf Science, 42(2): 185-196.

McDowell R, Sharpley A, Folmar G. 2001. Phosphorus export from an agricultural watershed: linking source and transport mechanisms. Journal of Environmental Quality, 30(5): 1587-1595.

Nafiu A. 2009. Effects of soil properties on the kinetics of desorption of phosphate from Alf sols by anion exchange resins. Journal of Plant Nutrition Soil Science, 172(1): 101-107.

Pavlatou A, Polyzopoulos N A. 1988. The role of diffusion in the kinetics of phosphate desorption: the relevance of the Elovich equation. Soil Science, 39(3): 425-436.

Raven K P, Hossner L R. 1994. Soil phosphorus desorption kinetic and its relationship with plant growth. Soil Science Society of America Journal, 58(2): 416-423.

Schoumans O F, Groenendijk P. 2000. Modeling soil phosphorus levels and phosphorus leaching from agricultural land in the Netherlands. Journal of Environmental Quality, 29(1): 111-116.

Shariatmadari H, Shirvani M, Jafari A. 2006. Phosphorus release kinetics and availability in calcareous soils of selected and semiarid top sequences. Geoderma, 132(3-4): 261-272.

Soon Y K, Arshad M A. 1996. Effects of cropping systems on nitrogen, phosphorus and potassium forms and soil organic carbon in a Gray Luviso. Biology Fertility Soils, 22(1-2): 184-190.

Strom L, Owen A G, Godbold D L, et al. 2001. Organic acid behavior in a calcareous soil: sorption reactions and biodegradation rates. Soil Biology and Biochemistry, 33(15): 2125-2133.

Taghipour M, Jalali M. 2012. Effect of low-molecular-weight organic acids on kinetics release and fractionation of phosphorus in some calcareous soils of western Iran. Environmental Monitoring and Assessment, 185(7): 5471-5482.

Tiessen H, Stewart J W B, Cole C V. 1984. Pathways of phosphorus transformations in soils of differing pedogenesis. Soil Science Society of America Journal, 48(4): 853-858.

Toor G S, Bahl G S. 1999. Kinetics of phosphate desorption from different soils as influenced by application of poultry manure and fertilizer phosphorus and its uptake by soybean. Bioresource Technology, 69(2): 117-121.

Tuchman N C, Larkin D J, Geddes P, et al. 2009. Patterns of environmental change associated with *Typha* × *glauca* invasion in a Great Lakes coastal wetland. Wetlands, 29(3): 964-975.

Uchimiya, M, Hiradate S. 2014. Pyrolysis temperature-dependent changes in dissolved phosphorus speciation of plant and manure biochars. Journal of Agricultural and Food Chemistry, 62(8): 1802-1809.

Wang S R, Jin X C, Pang Y, et al. 2005. Phosphorus fractions and phosphate sorption characteristics in relation to the sediment compositions of shallow lakes in the middle and lower reaches of Yangtze River region, China. Journal of Colloid and Interface Science, 289(2): 339-346.

Zang L, Tian G M, Liang X Q, et al. 2013. Profile distributions of dissolved and colloidal phosphorus as affected by degree of phosphorus saturation in paddy soil. Pedosphere, 23(1): 128-136.

第八章

海岸带微塑料的分布、风化和分配特征①

① 本章作者：骆永明，周倩

海洋和海岸环境中的微塑料（＜5mm）作为一种新型的污染物已逐渐受到国内外学者的关注。其由于颗粒小、数量多、分布广且易于被海洋鱼、贝类等生物体摄食，会构成生态风险。近年来，国际上有关微塑料污染研究的报道快速增加，而我国尚处于起步阶段。同时，在近海养殖业和污水排放的压力下，近岸海域的抗生素污染及抗性基因的传播也成为新的海岸环境污染问题，微塑料作为载体对抗生素类化学污染物在海岸环境中的富集与扩散成为微塑料污染研究中的关注焦点之一。本章选择我国北方海岸带潮滩为研究区，研究了北黄海及渤海典型潮滩地区微塑料的类型、粒径、丰度、分布及其影响因素，分析了微塑料形貌特征及表面附着物质，初步探明了渤海水体和沉积物中微塑料的积累状况，并且探讨了不同海岸环境条件下微塑料表面性质的改变及其对土霉素吸附的影响，为我国海岸及近海环境中微塑料污染及其生态风险研究提供了科学依据。

第一节　海岸带微塑料的分布与风化特征

一、滨海潮滩中微塑料的类型、粒径、来源、丰度及分布

（一）微塑料类型

将潮滩微塑料样品分离分选，按形貌或用途分为颗粒类、发泡类、纤维类、碎片类和薄膜类（图8.1），在不同类型的山东滨海潮滩样本中，五种微塑料类型均有分布。本研究中微塑料分类与Cózar等（2015）的分类类似。

图8.1　山东滨海潮滩中分离出的微塑料类型

a. 颗粒类（树脂颗粒）；b. 发泡类；c. 纤维类（渔线）；d. 碎片类（硬质）；e. 碎片类（塑料编织袋，软质）；f. 薄膜类

颗粒类主要为工业原料树脂颗粒，也有少许塑料小球（图8.1a）。树脂颗粒呈椭圆或扁圆状，粒径大小为3～5mm，总体上大小相对较为均匀，颜色多为白色透明，少许为淡蓝色或淡红色，也有部分表面呈暗黄色或黄棕色，还有个别表面呈黑色。树脂颗粒颜色上的差异不仅与其本身成分、添加剂（如色素）有关，还可能与其在环境中老化、色素积淀及表面的附着物有关。而塑料小球颜色较为鲜艳，有红、黄、蓝等色，粒径范围为5～6mm，因而在统计颗粒类的微塑料时通常会排除较大尺寸的塑料小球。

发泡类主要是白色泡沫塑料，也有少量的海绵残体等，多为黄棕色或淡蓝色。白色泡沫塑料粒径变化较大，其中粒径较大的主要是未明显碎裂的白色泡沫塑料球状物（图8.1b），而较小的白色泡沫塑料多为泡沫塑料碎裂产生的残体，这些残体无固定形状且数量较多。海绵残体形态多样，无固定形状。总的来说，发泡类质地轻软、密度小，因此也容易破损（Lee et al.，2013）。

纤维类主要是一些破损的渔线或渔网残体，也有少量的软质塑料绳残体（本节潮滩微塑料研究中未考虑丝织物等衣物纤维类），颜色多为蓝色，也有部分为白色，丝状，呈线型或“U”形，长度变化较大，有些脆化度较高，易裂解成更小的微塑料残体。

碎片类主要是塑料编织袋碎片和一些硬质塑料碎片（图8.1d、e），塑料编织袋碎片多为块状或条状，颜色有白色、黑色、淡蓝色和杂色等，且在环境中获取的这种碎片类粉化程度（破碎程度）较高，因此其大小差异也较大。而硬质塑料碎片类则多种多样，由于这类碎片的母体（塑料制品）来源多异，因而其颜色、形状、大小都有较大的差异。

薄膜类是无规则片状、透明或半透明的膜状微塑料，大小较均一，质地轻且软，与其他类型的微塑料相比，其塑性高，多叠合或卷曲。

选取各类的典型微塑料通过衰减全反射傅里叶变换红外光谱分析（ATR-FT-IR）进行成分鉴定，并与软件自带谱库对比。图8.2a为树脂颗粒，通过红外光谱可知其成分为聚乙烯（PE）；图8.2b为白色泡沫塑料，其成分为聚苯乙烯；纤维类选取的是蓝色渔线（图8.2c），通过光谱分析，其成分为低密度聚乙烯；硬质塑料碎片类其中一个所呈现的红外图谱如图8.2d所示，其成分为聚乙烯；图8.2e为挑选的典型的塑料编织袋碎片（白色）红外图谱，成分为聚丙烯（PP）；而薄膜类也主要为聚丙烯成分（图8.2f）。但需要注意的是，这些红外图谱并不能相应代表每种类型中全部微塑料的聚合物成分，因为不仅不同类型的微塑料来源不同，同一类型的微塑料之间其来源也具有差异性，尤其是硬质塑料碎片类。这里仅挑选其一进行红外光谱鉴定，无法代表该类全部塑料碎片的成分。例如，Zhao等（2015a）通过研究认为树脂颗粒的聚合物成分有聚乙烯和聚丙烯两种，薄膜类的聚合物成分有聚乙烯和聚丙烯。

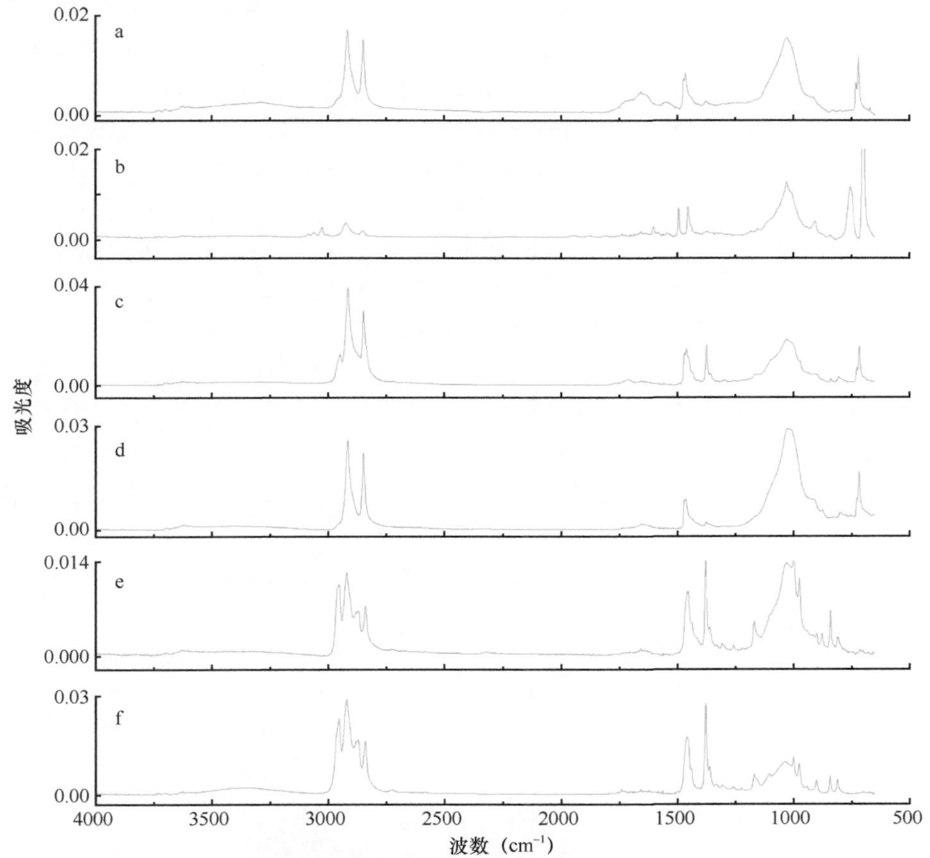

图8.2　山东滨海潮滩中不同种类微塑料的ATR-FT-IR谱图示例

a. 颗粒类（树脂颗粒）；b. 发泡类（白色泡沫塑料）；c. 纤维类（蓝色渔线）；d. 硬质塑料碎片类；e. 塑料编织袋碎片类；f. 薄膜类

本研究所得微塑料类型与国内外其他文献研究的相比，具有一定的相似性及差异性。例如，Zhao

等（2015a，2015b）在南海旅游海滩及椒江、瓯江和闽江三个河口区发现了纤维、薄膜、碎片和颗粒几种类型，但是在三个河口区并未发现树脂颗粒的存在，同时也未提及发泡类，而在珠江口地区则存在大量的发泡类（数量占90%以上）、碎片类及树脂颗粒，却未涉及纤维、薄膜等类型（Fok and Cheung，2015）。美国夏威夷群岛沿海海滩普遍存在碎片、树脂颗粒、线形塑料、薄膜及发泡塑料（McDermid and McMullen，2004）。Lee等（2015）在韩国地区沿海沙滩中发现有大量的发泡塑料、部分树脂颗粒、薄膜和其他类型。Nel和Froneman（2015）在南非沿海地区也同样发现了纤维、碎片和发泡等微塑料类型的存在。此外，分类依据的不同也可能会导致类型和结果的差异。例如，Zhao等（2015a）将颗粒塑料与树脂颗粒分为两种不同类型的微塑料进行分开讨论与研究。微塑料分类除根据其形貌进行分类外，还可以根据其粒级和颜色进行分类，例如，按粒级可将微塑料分为不同的粒级，如<100μm、100～500μm和>500μm（Vianello et al.，2013）；按颜色又可分为白色、黑色、彩色和透明等（Zhao et al.，2015b）。

（二）微塑料粒径

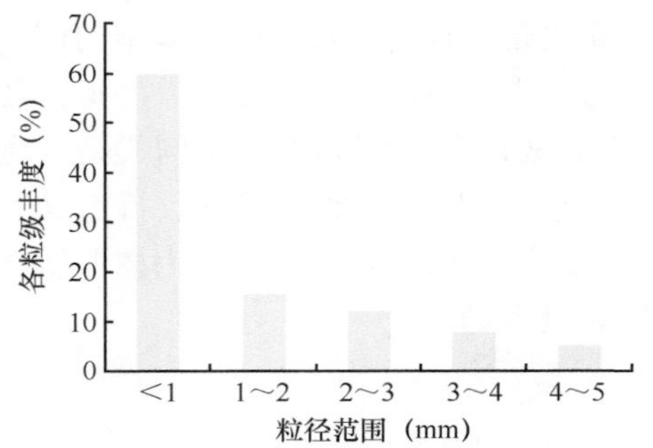

图8.3　山东滨海潮滩中微塑料总体粒径分布

由于本研究中对潮滩微塑料分离浮选时使用的是孔径为25μm的不锈钢筛，因此所得微塑料粒径范围为0.025～5mm。在微塑料的粒径分布上（图8.3），粒径小于1mm的微塑料数量占总量的近60%，这与河北曹妃甸潮滩样品和长江入海口水体中小于1mm的微塑料丰度（均约为50%）（Zhao et al.，2014）相当；随着粒径的增大，微塑料数量呈递减趋势。由于小于1mm的微塑料普遍存在，并且其与大粒级的微塑料相比可能具有更重要的环境意义，因此一些文献将微塑料研究聚焦于粒径在1mm以下的微塑料上（Browne et al.，2011；Claessens et al.，2011；Desforges et al.，2014；Song et al.，2014），有的甚至关注小于几十微米的微塑料，例如，在新加坡红树林湿地中，微塑料的粒径范围主要集中在20μm以下（Nor and Obbard，2014）。

此外，不同类型潮滩中微塑料的粒径分布也存在差异（图8.4）。海滩和养殖区中小于1mm的微塑料占主导地位，占微塑料总量的半数以上，养殖区中小于1mm的微塑料甚至达到80%以上；二者相应的微塑料粒径分布规律均为：随着微塑料粒径的增大，相应粒级的微塑料数量逐级递减。这与其他研究区（Zhao et al.，2015b）微塑料的粒径分布趋势一致。但在河口区，微塑料粒径主要集中在1～3mm较大粒径范围区域内，而小于1mm的微塑料最少。河口与海滩、养殖区潮滩中微塑料粒径分布的差异，可能与微塑料类型有关。在海滩和养殖区都发现了大量的工程塑料编织袋，长时间暴露于环境中导致其风化裂解，并且还可能是受生产过程和成分的影响，其极易碎裂，产生大量小于1mm的塑料碎片，散布于周围环境中，而在采样的河口区却并未发现工程塑料编织袋或仅有较少的部分碎片。

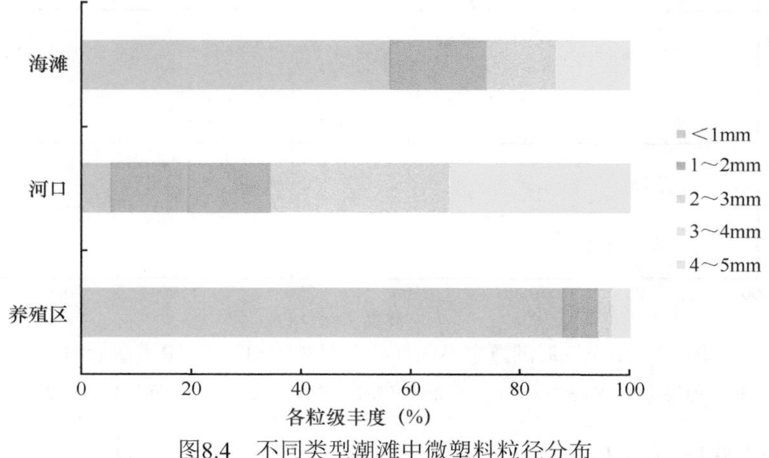

图8.4　不同类型潮滩中微塑料粒径分布

从沙质滩和泥质滩的角度来看（图8.5），沙质滩中1mm以下的微塑料量最少，粒径范围主要集中在1～3mm（占60%以上），除了1mm以下的微塑料，随着微塑料尺寸的增大，其数量递减。而在泥质滩中，随着微塑料尺寸的增大，其数量同样逐渐减少，但小于1mm的微塑料占绝对优势（占80%以上）。沙质滩与泥质滩中微塑料粒径分布上的差异，可能与水动力有关，泥质滩的水动力弱于沙质滩，因此泥质滩更易滞留聚集一些更小的微塑料。此外，这种粒径分布上的差异也可能与二者存在的微塑料类型和性质有关；在泥质滩中主要是易碎易粉化的塑料编织袋碎片，容易产生1mm以下的更细小的微塑料，因而在泥质滩中粒径1mm以下的微塑料占据绝对优势。

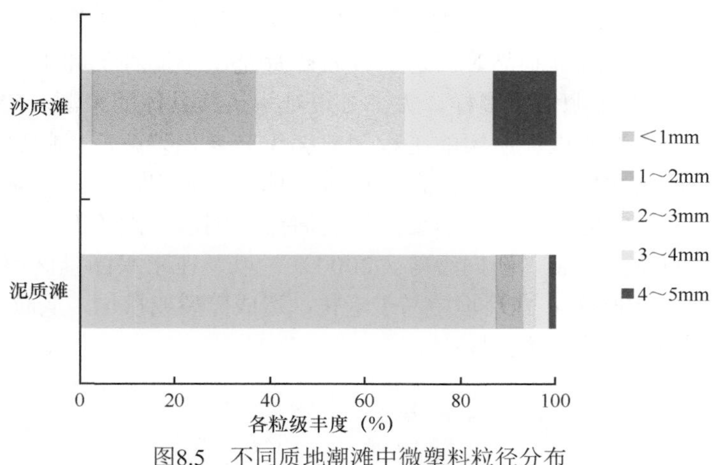

图8.5　不同质地潮滩中微塑料粒径分布

（三）微塑料来源

如上所述，山东滨海潮滩中微塑料类型可分为颗粒类、发泡类、纤维类、碎片类及薄膜类。通过实地调研和文献搜集，初步解析了不同类型的微塑料来源。沿海潮滩中微塑料源包括初级源和次级源。初级源是指直接用于生产或生活的微塑料粒径级别的塑料制品，如树脂颗粒（Zurcher，2009）和个人护理用品中的清洁微珠（Fendall and Sewell，2009）等；次级源则是进入环境后因物理、化学和生物等作用裂解而形成的微塑料，如一些塑料碎片等（Lee，2013）。

在山东沿海潮滩中，颗粒类主要为树脂颗粒（pellet），是一些工业原料，可能是由于工业运输船只在海上运输过程中发生了泄漏，其被海水带入海岸带潮滩。Zurcher（2009）认为在香港地区海滩观测到的树脂颗粒可能就是当地运输船只突发性泄漏事件所致。另外，通过实地调查发现，一些渔船在海上捕鱼打捞时也会带入一部分的树脂颗粒并滞留于岸滩上。此外，有些研究文献中还观测到来源于面部清洁中的一些较小的清洁微珠，如存在于牙膏、沐浴露、洗面乳及其他各种产品中的“微型珠体”，有时甚至替代了天然的成分（如浮石或种子等）（Fendall and Sewell，2009）。但从本研究区中获得的颗粒绝大部分均为工业原料的树脂颗粒，粒径较大，为3～5mm，同时也有少量的彩色塑料珠，其粒径为5～7mm。这些颜色鲜艳的彩色塑料珠多见于山东沿海一些旅游海滩的潮上带地区，可能属于儿童玩具枪所使用的塑料弹珠。

沿海潮滩中发泡类主要是白色泡沫塑料，还有少量的海绵残体，可能是一些塑料泡沫箱、泡沫板尤其是一些船体发泡浮子裂解所致。如图8.6a所示，山东日照傅疃河河口简易船体的塑料泡沫浮子由大量的发泡塑料颗粒组成，在环境中易裂解产生微塑料。Free等（2014）研究认为大型偏远的高山湖泊（如蒙古北部的库苏古尔湖）中发泡类微塑料的潜在来源就是发泡浮子、聚苯乙烯泡沫和一些发泡软垫等。此外，一些水产养殖所用的发泡塑料浮标也是发泡类微塑料的重要来源之一（Lee et al.，2015；Heo et al.，2013；Lee et al.，2013）。

纤维类微塑料主要是养殖网、渔网和渔线碎裂所造成。沿海地区养殖、打鱼等人类活动频繁，一些水体中或海滩中废弃的渔网和渔线因长时间的环境作用碎裂成细小纤维状残体，水体中的这些渔线残体会在水流等作用下被带入沿海地区。本研究中未考虑源于衣物等丝织物的纤维，环境中这些来自衣物等制品中的纤维因质轻、细小、应用广而普遍存在，包括空气中也漂浮着大量的人造纤维（Dris et al.，2016），实验中很难保证样品在处理过程中不受污染，从而可能对结果造成一定的影响。因此在对潮滩样品中获得的微塑料统计过程时未考虑此类纤维。本研究所说的纤维类基本上为一些渔具（如渔网、渔线等）或塑料绳等残体。但是衣物等制品中的纤维同样是海岸带、海洋中微塑料的重要来源。有研究表明，在日常清洗衣物过程中，每次清洗可产生1900多个纤维进入废水中，废水中的纤维量可高达100个/L以上（Browne et al.，2011）。因此，未来微塑料研究需要纳入这类纤维和其他更为细小的微塑料。

碎片类主要有硬质塑料碎片和塑料编织袋碎片。硬质塑料碎片主要来源于一些生活塑料制品（如塑料瓶等）及旅游海滩中儿童塑料玩具制品等。这类硬质碎片是由不同种类和不同用途塑料制品产生的碎片归类而成（图8.1d），因而其来源复杂多样，大部分很难辨认其具体的来源。碎片类微塑料除了硬质碎片，还包括海岸用于防洪、防渗或堆坝所用的工程塑料编织袋老化裂解产生的碎片（即塑料扁丝断裂而成），这种塑料编织袋碎片在文献中鲜有提及，但通过实地考察发现，我国山东沿海潮滩普遍存在，尤其是一些塑料编织袋使用量较大的地区，如需要防洪的海岸、围堰的滩涂及需要防渗或堆坝的养殖场和盐田等。应用于围海造地的充泥管袋（靳向煜等，2000），以及在永兴围垦区用于水闸围堰装入土块的大型塑料编织袋（陶建基等，1998），在环境中易于老化，造成碎裂或粉化，从而进入周围环境中。图8.6b就是在山东东营沿海工程中使用的塑料编织袋。

图8.6　山东滨海潮滩海实地考察图片

a. 日照傅疃河河口简易船体的塑料泡沫浮子；b. 东营刁口乡附近海滩上的工程塑料编织袋

薄膜类的微塑料可能是一些膜类食品包装袋和农用薄膜、防渗地膜等塑料制品裂解所致；一些工程塑料编织袋内侧往往也会附有一层塑料薄膜，这也是海岸带薄膜碎片的来源之一。Free等（2014）的研究发现，高山湖泊存在薄膜类的微塑料，其潜在来源有塑料袋、包装袋和塑料薄膜等。在海岸带地区该类型微塑料主要是通过河流挟带输入或海岸带人类活动造成的陆源输入。

以上所讨论的有关研究区微塑料污染的来源除参考文献资料外，更主要的是基于实地调查过程，即根据研究区内及周边人类活动产生的废弃大块塑料制品为依据进行探讨，尚缺乏相应的科学识别证据。因此未来需要发展科学意义上的系统源解析技术及其相应手段。

（四）微塑料丰度

不同类型的滨海潮滩中微塑料丰度如图8.7所示，其中海滩与养殖区中微塑料丰度差异明显。从各类型潮滩微塑料的平均丰度来看，海滩（旅游滩或荒滩）中微塑料丰度为（720.38±2059.09）个/kg（湿沉积物），养殖区微塑料丰度为（2049.38±3980.66）个/kg（湿沉积物），而河口区微塑料丰度为（149.95±219.95）个/kg（湿沉积物），渔船码头区微塑料丰度为（193.75±52.68）个/kg（湿沉积物），海滩（旅游滩或荒滩）和养殖区中微塑料丰度较高主要是因为在海滩和养殖区的少数采样点分布着大量的工程塑料编织袋裂解的碎片。山东沿海潮滩中微塑料的丰度与研究文献中的结果相比具有差异（表8.1）。值得注意的是，不同文献研究中微塑料大小不同或采样方法不同也会造成结果上的差异。例如，Claessens等（2011）在比利时沿海沙滩采取了潮间带高水位线附近的沉积物样品，所得微塑料

（0.038～1mm）平均丰度为（92.8±37.2）个/kg（干沉积物），与本研究中微塑料大小（<5mm）有一定的差异；Mathalon和Hill（2014）在加拿大新斯科舍省哈利法克斯港附近的分潮带采集了海滩表层3～4cm深的沉积物样品，所得微塑料（<5mm）丰度为20～80个/10g（干沉积物）；Nor和Obbard（2014）在新加坡沿海红树林生态系统地区采集了表层3～4cm深的氧化层沉积物样品，所获得的微塑料（<5mm）丰度为（3.0±2.0）～（15.7±6.8）个/250g（干沉积物）。本研究中采集样品的表层深度约为2cm。

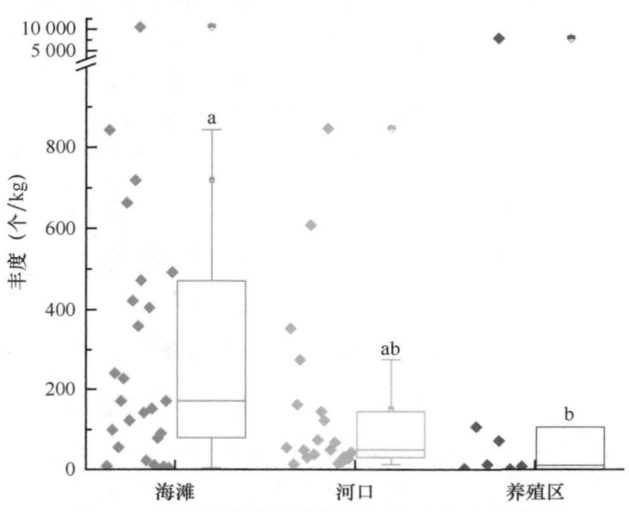

图8.7　不同潮滩类型的微塑料丰度值和箱式图

图中包括下四分位数和上四分位数、中位值；相同字母表示无显著性差异；单因素方差分析；$P<0.05$

表8.1　本调查区与文献报道的海岸带土壤或沉积物中微塑料丰度的比较

研究区	微塑料大小	微塑料丰度	参考文献
海滩沉积物（大多数）	<5mm	0.21～77 000个/m²	Imhof等（2013）
比利时沿海沙滩	0.038～1mm	（92.8±37.2）个/kg（干沉积物）	Claessens等（2011）
加拿大新斯科舍省哈利法克斯港附近	<5mm	20～80个/10g（干沉积物）	Mathalon and Hill（2014）
新加坡沿海红树林生态系统	<5mm	（3.0±2.0）～（15.7±6.8）个/250g（干沉积物）	Nor and Obbard（2014）
河北曹妃甸围填海区废弃盐场	0.12～4.67mm	317个/500g（干沉积物）	本书
山东海滩	0.025～5mm	3～10 578个/kg（湿沉积物）（中位值171.9个/kg）	本书
山东沿海河口	0.025～5mm	1～847.5个/kg（湿沉积物）（中位值51.3个/kg）	本书
山东沿海养殖区	0.025～5mm	0～8020个/kg（湿沉积物）（中位值10个/kg）	本书
山东沿海渔船码头区	0.025～5mm	156.5～231个/kg（湿沉积物）（中位值193.8个/kg）	本书

由图8.7可以看出，海滩和养殖区均有一个离散性较大的极大值点，为了科学直观地反映结果，以下分析均为去掉这两个极大值点后所得结论，并作单独讨论。从不同类型的滨海潮滩来看，微塑料类型组成具有相似性。海滩、河口、养殖区和渔船码头区四种不同类型潮滩中主要的微塑料类型均为发泡类（图8.8），占半数以上，其中渔船码头区、海滩、养殖区中发泡类占80%以上，尤其是渔船码头区高达90%以上。由此可见，发泡类塑料是海岸带地区最常见的微塑料类型。这与Lee等（2015）在韩国海滩地区观测到99%以上为发泡类微塑料的现象一致。发泡类塑料在沿海地区的普遍存在与其来源密切相关。沿海养殖、渔业等活动频繁，发泡塑料制品在沿海地区广泛使用，一些渔船船体发泡塑料浮子、海水养殖所用的发泡塑料板、泡沫箱等都是发泡类微塑料的来源。其次是碎片类微塑料，主要是沿海地区工程塑料袋的普遍存在所致。而颗粒类、纤维类和薄膜类的微塑料在四种潮滩类型中较少，其中，纤维类在河口的比例比在其他三种类型潮滩中多（占11.79%），这可能是渔线或渔网等在河口使用较多所致，而薄膜类则在养殖区比例较高（占6.65%）。

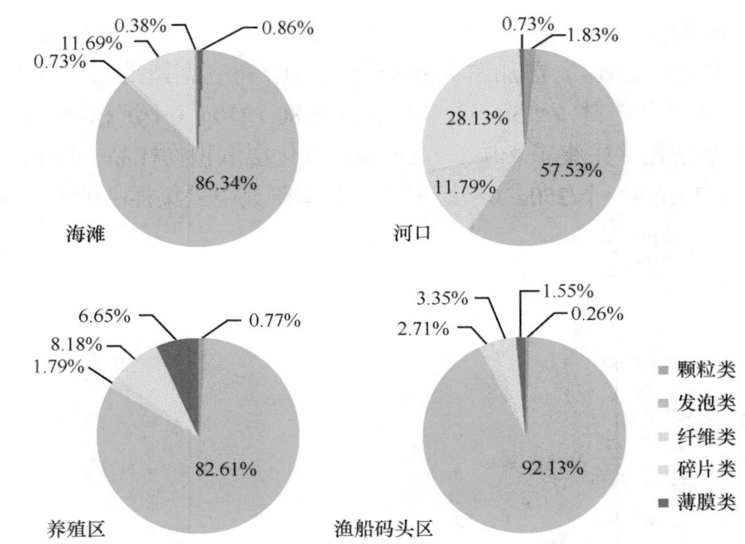

图8.8　山东海滩、河口、养殖区和渔船码头区潮滩中各类型微塑料丰度所占比例

从不同质地的潮滩来看，沙质滩和泥质滩中海滩的微塑料丰度较高（图8.9），且二者丰度相近，沙质滩中海滩微塑料平均丰度为318.3个/kg，泥质滩中海滩为415.5个/kg。但二者主要的微塑料类型不同（图8.10a、e）。沙质滩的海滩以发泡类微塑料为主（丰度为305.9个/kg），颗粒类、纤维类、碎片类和薄膜类均很少，比发泡类塑料低了近两个数量级；而泥质滩的海滩以碎片类（丰度为395.0个/kg，主要为工程塑料编织袋碎片）为主，同样高于其他类型微塑料1个或2个数量级。

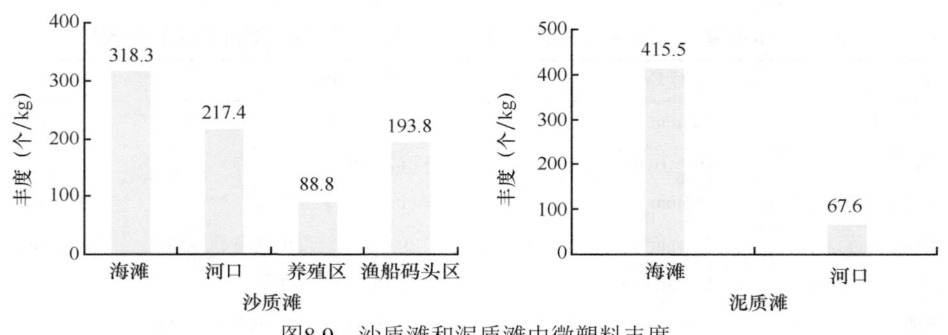

图8.9　沙质滩和泥质滩中微塑料丰度

就河口而言，沙质滩中河口微塑料丰度为217.4个/kg，高于泥质滩中河口微塑料丰度（67.6个/kg）。在微塑料类型上，沙质滩河口以发泡类为主（丰度为150.8个/kg）（图8.10b），而泥质滩河口以碎片类为主（丰度为43.9个/kg）（图8.10f）；沙质滩中渔船码头区微塑料为193.8个/kg，养殖区微塑料丰度最低（88.8个/kg），二者同样均以发泡类为主，其他类型的微塑料丰度相对均较低（图8.10c、d）。总体上，沙质滩中各类型潮滩均包括颗粒类、发泡类、纤维类、碎片类、薄膜类五种微塑料类型，且均以发泡类占绝对优势，而泥质滩中各类型潮滩包括发泡类、纤维类、碎片类和薄膜类四种微塑料类型，且均为碎片类占绝对优势，即在泥质滩中未观测到颗粒类（树脂颗粒）的存在，可能是由于树脂颗粒等工业原料主要是海上运输船只在运输过程中泄漏到水体中（Zurcher，2009），因此常见于水动力较强的沙质滩中而鲜见于水动力较弱的泥质滩中。目前已有试图阐明微塑料丰度与沉积物质地之间关系的研究报道，但在这些报道中均未发现二者之间存在关系（Mathalon and Hill，2014；Browne et al.，2010）。Browne等（2010）认为水动力可能是影响微塑料丰度的重要因素。

在山东东营沿海地区，工程塑料编织袋因暴露于环境中而大量风化裂解，这使得当地这种微小型碎片大量存在。在东营利津海滩微塑料丰度高达10 578个/kg，但微塑料类型只包含发泡类和工程塑料编织袋碎片类，其中工程塑料编织袋碎片类丰度高达10 573个/kg，粒径小于1mm的碎片约占总量的95%。而在东

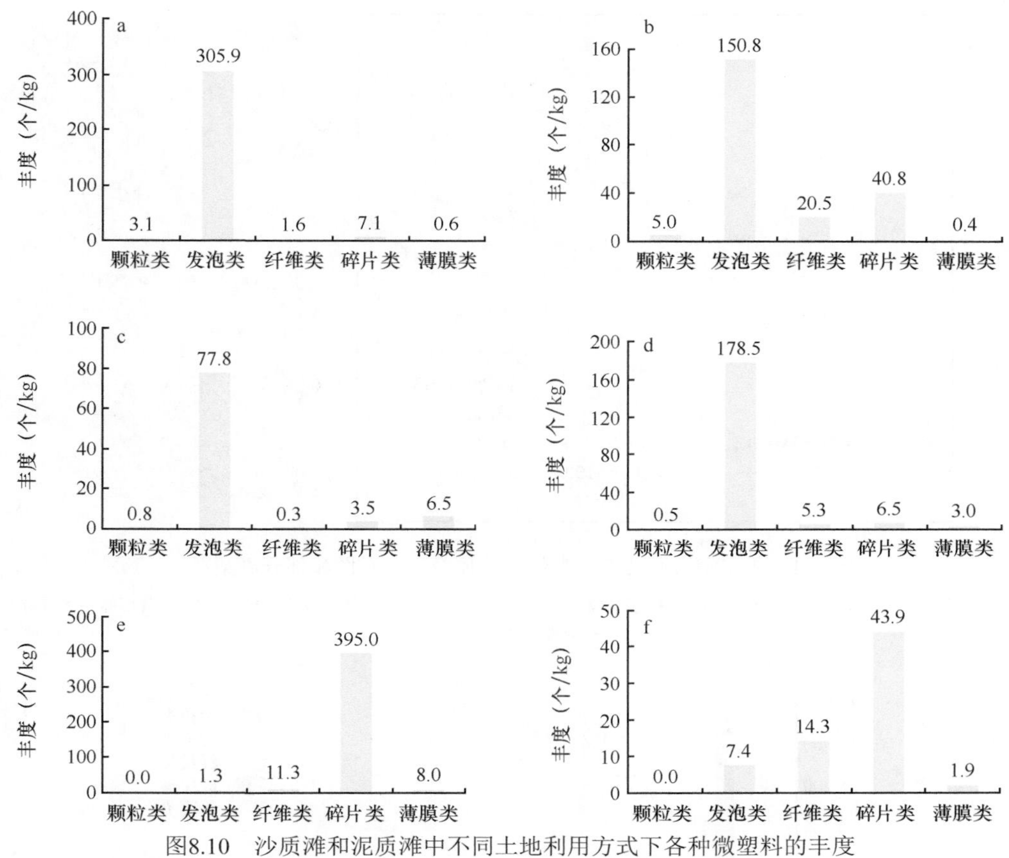

图8.10　沙质滩和泥质滩中不同土地利用方式下各种微塑料的丰度

a～d. 沙质滩中海滩、河口、养殖区和渔船码头区潮滩中各种微塑料丰度；e、f. 泥质滩中海滩、河口潮滩中各种微塑料丰度

营利津另一个采样点（废弃养殖场）同样存在工程塑料编织袋碎片丰度类很高的现象（7999个/kg），微塑料类型也仅发泡类和工程塑料编织袋碎片类两种，其中发泡类丰度为21个/kg，仅占不到0.3%，而工程塑料编织袋碎片类丰度则为7999个/kg，约占总量的99.7%。在工程塑料编织袋碎片中，粒径小于1mm的碎片约占总量的90%。可见，以上两个采样区中工程塑料编织袋风化程度极高，这可能与其添加剂成分及脆化度高有关，易于裂解成不足于1mm或更小的微塑料导致其比表面积增大，更易造成复合污染（Ashton et al.，2010），这样有可能影响当地的生态环境质量。

（五）微塑料分布

山东滨海潮滩中微塑料的总体空间分布见图8.11。从图8.11可以看出，微塑料在山东沿海地区普遍存在，且大部分地区的微塑料丰度为50～1000个/kg。在东营市海滩和养殖区的采样点A及采样点B（图8.11），微塑料丰度分别可高达10 000个/kg以上和8 000个/kg以上，主要是风化破碎的工程塑料编织袋碎片，采样点A和采样B中编织袋碎片丰度均占各自微塑料总丰度的99.0%以上；而在威海市葡萄滩海水浴场采样点C（图8.11），出现了一个较高的微塑料丰度值（2176.0个/kg），主要为发泡类，占99.5%。值得一提的是，有一处位于青岛市城阳区附近的采样点，该采样点并无明显的可见微塑料，但有数量较多的大块废弃塑料存在，因此我们在有大块塑料分布的周围采集表面沉积物样品。在后续实验室提取过程中未获得任何类型的微塑料。这说明大块废弃塑料的存在未必产生微塑料，但经裂解风化后有可能成为微塑料的潜在来源。

通过比较东营、潍坊、烟台、威海、青岛和日照等山东沿海城市潮滩中微塑料的丰度（图8.12），发现东营潮滩碎片类微塑料丰度最高，达10 000个/kg（湿沉积物）以上，比发泡类和纤维类丰度高3个数量级，潍坊潮滩则以发泡类和碎片类的微塑料为主，其丰度分别在60个/kg以上和15个/kg以上，东营和潍坊

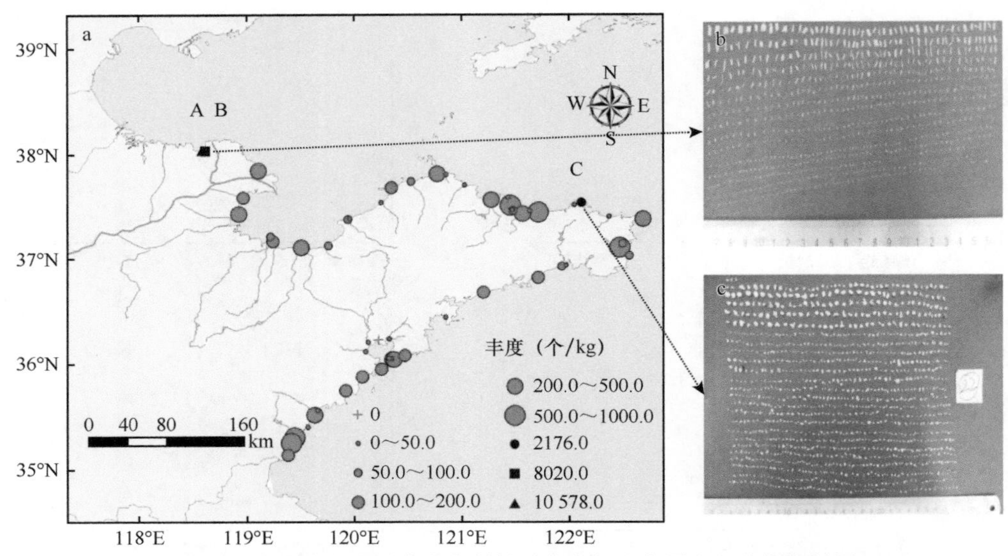

图8.11　山东滨海潮滩中微塑料的总体空间分布图和部分微塑料图

a. 山东滨海潮滩中微塑料丰度的总体空间分布图；b. 塑料编织袋碎片；c. 发泡塑料。A. 东营市海滩采样点；B. 东营市养殖区采样点；C. 威海市葡萄滩海水浴场采样点

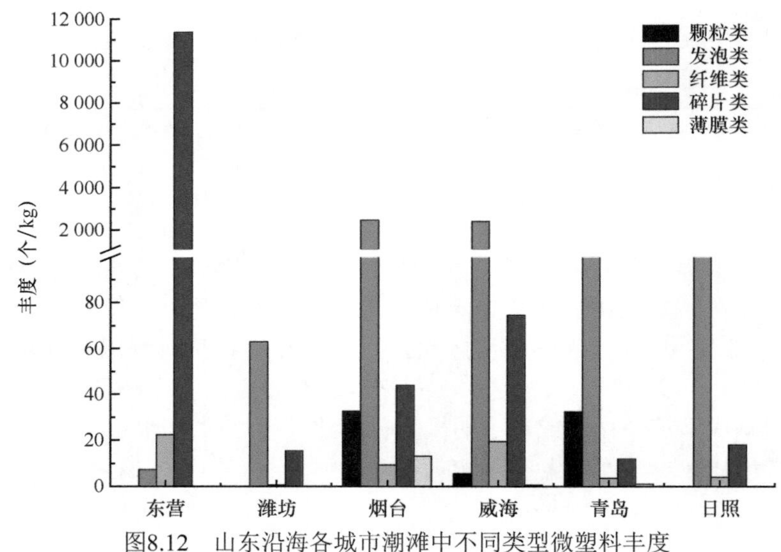

图8.12　山东沿海各城市潮滩中不同类型微塑料丰度

潮滩中均未发现颗粒类微塑料；烟台潮滩则存在各类型微塑料，其中发泡类最多（丰度＞2000个/kg），其次是碎片类和颗粒类，而薄膜类和纤维类的微塑料较少；威海潮滩中丰度最高的是发泡类，其丰度与烟台潮滩中发泡类丰度相当，碎片类、颗粒类、纤维类丰度均较低；青岛和日照也均以发泡类的微塑料居多（＞1000个/kg），而其他类型微塑料丰度很低，甚至未观测到。各城市间潮滩微塑料分布情况既有差异性又有相似性，除东营以外，其余5个沿海城市均为发泡类的丰度最高，而东营发泡类很少（＜10个/kg），但碎片类丰度却很高。这是因为在东营采样区中有大量工程塑料编织袋残体且极易裂解粉化，产生了大量的塑料编织袋碎片并散布于周围环境。此外，与其他地区不同的是，东营沿海多为泥质滩，而其他城市则沙质滩较多，因此东营以碎片类为主，而其他地区以发泡类为主，这种现象与泥质滩和沙质滩中微塑料的分布规律相似。总体来看，除东营调查点以外，各城市潮滩调查点均以发泡类的微塑料为主，而其他类型的微塑料尤其是纤维类和薄膜类普遍偏少。这种沿海潮滩微塑料的分布一方面可能与各城市人类活动和用地类型（如旅游滩、养殖区、盐场等）有关，另一方面也可能与河流输入、海流输送及泄漏事件有关。例如，沿海树脂颗粒的存在与分布可能是由于工业原料运输船只在运输过程中发生了泄漏，

随后在水流、风浪等作用下原料被冲上海岸带潮滩（Zurcher，2009），但具体的来源则需要进一步进行源解析。

从不同类型的微塑料空间分布来看，颗粒类、发泡类、纤维类、碎片类和薄膜类具有一定的空间分布差异（图8.13）。发泡类（图8.13b）和碎片类（图8.13d）在山东沿海的分布普遍，发泡类微塑料在山东沿海采样点潮滩中出现频率为85%（图8.13f），丰度范围为0～2165.0个/kg，碎片类微塑料的出现频率为95%，丰度范围为0～10 573.0个/kg，其中烟台蓬莱和牟平、威海荣成、青岛和日照沿海发泡类微塑料相对较为集中，而碎片类微塑料则主要集中在莱州湾一带，主要为工程塑料编织袋碎片类；其次是纤维类（图8.13c），出现频率为64%，丰度范围为0～175.5个/kg，主要在莱州湾和威海沿海地区较为集中；而颗粒类（树脂颗粒，图8.13a）和薄膜类（图8.13e）在山东沿海地区的出现频率相对最低，分别为36%和33%，且丰度相对较小（颗粒类0～47.8个/kg，薄膜0～16.0个/kg）。空间上微塑料分布在城市间的差异成因需要进一步探明，但需要指出的是这里的出现频率和未出现频率主要是针对采集的样品而言。

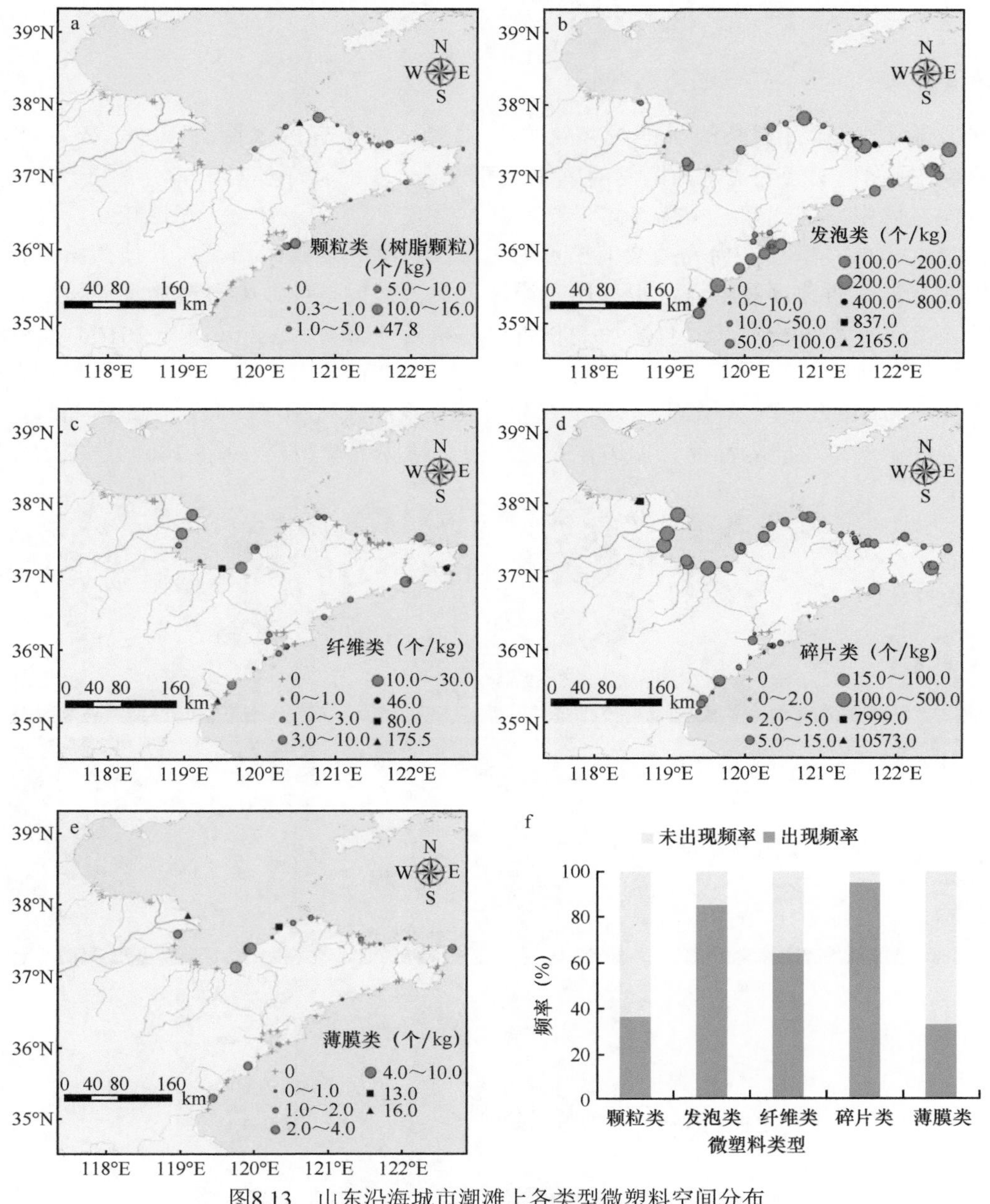

图8.13　山东沿海城市潮滩上各类型微塑料空间分布

a. 颗粒类（树脂颗粒）；b. 发泡类；c. 纤维类；d. 碎片类；e. 薄膜类；f. 各类型微塑料出现频率

五种类型微塑料在山东滨海潮滩分布频率的差异主要与它们的来源和风化程度有关。发泡类、碎片类和纤维类的微塑料在沿海出现较为频繁，其原因可能是这几种类型在沿海地区和海上应用较为普遍。发泡类微塑料应用于船体浮子、养殖所用的浮标及各种塑料泡沫箱等；碎片类包括应用较多的海岸工程塑料编织袋碎片和其他各类塑料裂解的碎片，并且有些微塑料因成分和添加剂的影响而易于脆化造成大量裂解（如塑料编织袋碎片）；颗粒类可能主要是工业原料在运输过程中发生泄漏进而随水体或波浪进入海岸带所致（Zurcher，2009），具有一定的偶然性，因此这可能是它在分布上没有上述三类微塑料普遍的原因；薄膜类微塑料在沿海地区应用较少，沿海地区的薄膜类微塑料碎片可能为生活或农用及食品包装等塑料制品残留，通过污水、地表径流、河流等水体或人为途径（Browne et al.，2010）进入海岸带。一些河口及其附近地区微塑料的存在与河流输入有密切的关系（Wright et al.，2013；Rech et al.，2014）。此外，沿海地区的微塑料也不排除是由海上随海流或风力运输带入（Lee，2013）。

二、滨海潮滩中微塑料的表面微观特征与附着物识别

（一）滨海潮滩中微塑料的表面微观特征

滨海潮滩中微塑料具有复杂的表面形貌，并与微塑料类型有关（图8.14）。碎片类微塑料（图8.14a、b）两端的风化痕迹较明显，而两侧的风化程度较低，表面有许多明显的沿着同一方向的嵌起和裂化痕迹，且方向与风化程度较高的两端方向一致。颗粒类微塑料（图8.14c）脆性较高，易粉化，颗粒棱角突出，在扫描电子显微镜（SEM）图像上显示为边缘性重度不规则破损，与其他微塑料相比，颗粒类微塑料具有表面光滑、质地硬等特点；根据调研得知该类微塑料是场地中塑料输水管长期暴露在环境中风化脆裂所致，其脆度高可能与其本身添加剂和所处环境条件有关。Ashton等（2010）通过SEM图像对老化的树脂颗粒表面进行了分析，并得出了与本研究相似的结论，即在这些老化的微塑料表面有不同程度的撞击、裂化或粉化的痕迹。纤维类微塑料（图8.14d）表面风化程度较高，已无成品时的形态，但总体仍为丝状，该种微塑料可能为渔线长期风化裂解所致。薄膜类微塑料（图8.14e）边缘则无固定形状，

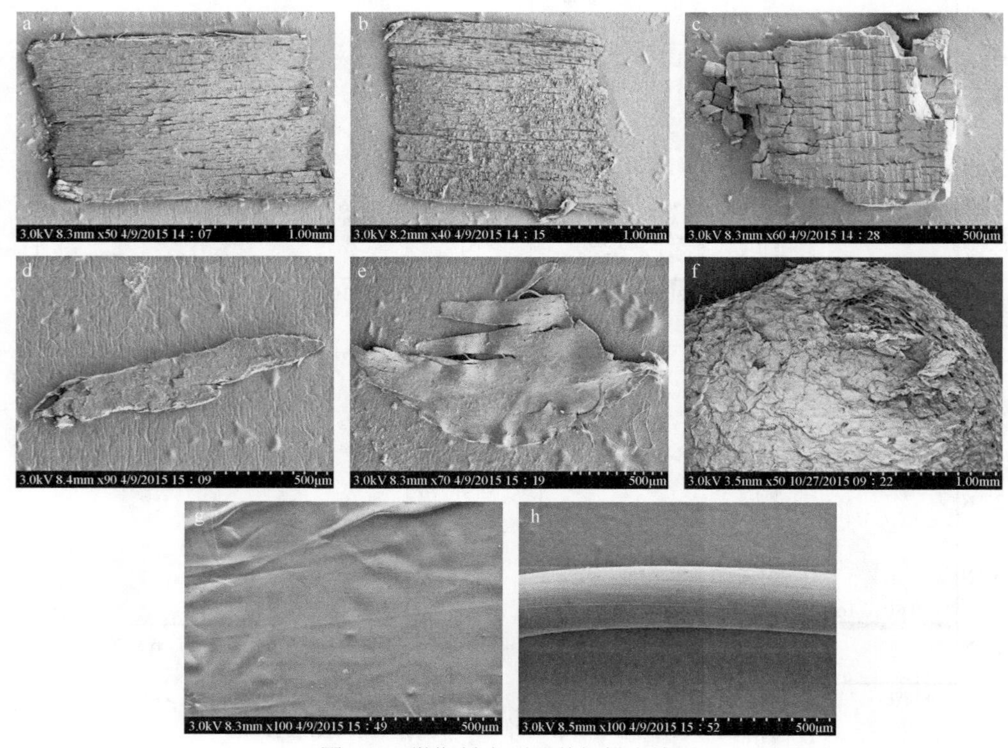

图8.14　微塑料表面形貌扫描电镜图

a、b. 碎片类微塑料；c. 颗粒类微塑料；d. 纤维类微塑料；e. 薄膜类微塑料；f. 发泡类微塑料；g. 对照样品（新薄膜）；h. 对照样品（新渔线）

不规则，表面有少许嵌起。发泡类微塑料（图8.14f）表面撕裂痕迹明显，部分已嵌起，并具有明显的裂纹，这可能与其在环境中存在时间较长有关（Kwon et al.，2015）。环境中除不同类型的微塑料表面具有不同的形貌特征外，即使是同一类型的微塑料也会出现不同的形貌差异。图8.14a和图8.14b均为碎片类微塑料，图8.14b中微塑料表面比图8.14a中的具有更加明显和复杂的块状突起及撕裂痕迹，几乎遍布整个表面，这可能是二者风化程度不同所导致的差异。以上各类型微塑料风化现象的差异性不仅与塑料种类和添加剂有关，还可能与产品的最初加工制造方式和塑料成品原有的形状有关。例如，Fotopoulou和Karapanagioti（2012）通过对树脂颗粒表面形貌研究认为，海滩中聚丙烯型树脂颗粒表面形貌与聚乙烯型树脂颗粒表面形貌具有差异性，聚丙烯型树脂颗粒表面粗糙程度低于聚乙烯型，且聚丙烯型树脂颗粒表面显示其更像是机械破裂而非蚀变所致。

与新购买的同类型商品塑料（图8.14g、h）相比，上述表面粗糙、不均一等特征均为环境中老化的微塑料所特有。新薄膜（图8.14g）与环境中的薄膜（图8.14e）相比，表面光滑、平坦且均一，无明显的裂纹、嵌起等现象；新渔线（图8.14h）与环境中的渔线（图8.14d）相比，也得到与上述类似的结果。为了进一步探究新塑料与环境中微塑料之间的差异性，以薄膜类为例，比较环境中老化薄膜（图8.15a）与对照样品新薄膜（图8.15b）的红外谱图。二者的聚合物成分均为聚乙烯，但环境中老化薄膜的红外光谱低波段区的峰要明显多于对照样品新薄膜红外光谱低波数波段区的峰，尤其是在750～1500cm^{-1}波段，二者红外光谱差异较大，环境中老化薄膜在该波段内的峰复杂，而新的薄膜在该波段平整，几乎无明显的杂峰。这进一步说明了环境中微塑料表面的复杂性，并初步显示了环境中微塑料表面会发生一定程度上的氧化（Corcoran et al.，2009）。

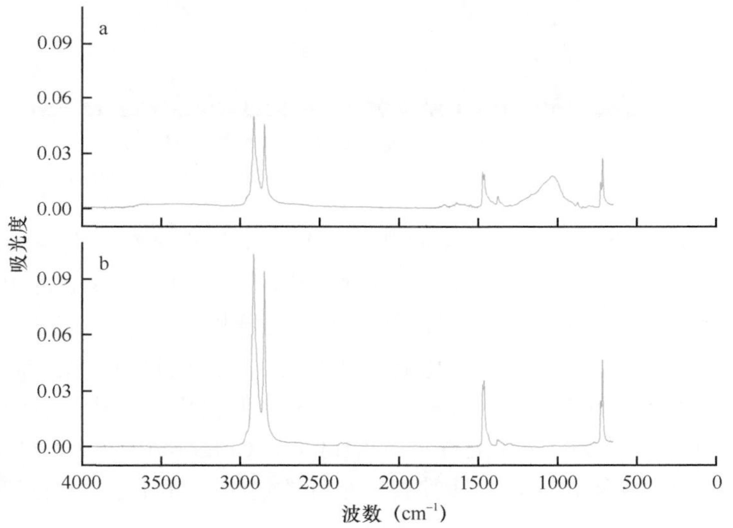

图8.15　环境中老化薄膜（a）与对照样品新薄膜（b）的红外谱图差异

总体来说，环境中老化微塑料与新商品塑料相比，具有表面粗糙、复杂、多孔等特点。这种表面结构的复杂性，反映了微塑料在环境中老化的痕迹；其比表面积增大，可能会导致其表面容纳较多的其他粒子。例如，新的树脂颗粒表面吸附的痕量金属元素远远低于海滩中的树脂颗粒（Holmes et al.，2012）。Ashton等（2010）认为塑料的老化和极化会使比表面积及多孔性增加，对金属的吸附能力增强。Antunes等（2013）发现老化的微塑料表面会吸附更多的持久性有机污染物（如PCBs和DDT等），并认为这可能与微塑料表面老化后发生微观形貌变化有关。可见，这些附着在微塑料表面的污染物不仅增加了微塑料的毒性，还会以微塑料为载体在环境中迁移，对生物乃至生态环境造成潜在的危害（Tanaka et al.，2013）。

环境中老化后的微塑料表面会出现裂纹、孔隙和嵌起等特征。图8.16为各种类型微塑料的表面局部微观形貌图。碎片类微塑料（黑色）表面因裂化而产生裂缝，长大于50μm，宽约10μm，具有一定的深度；

在这些裂缝中仍存在着大小不均的丝状塑料撕裂物，这极大地增加了微塑料的比表面积。在裂缝的周围亦存在着众多细小的裂纹，裂纹方向与裂缝呈90°角，这种一纵一横的裂化使得微塑料表面产生众多块状嵌起（单个嵌起的面积大多数不足200μm^2），从而使其进一步裂解成更小的颗粒。

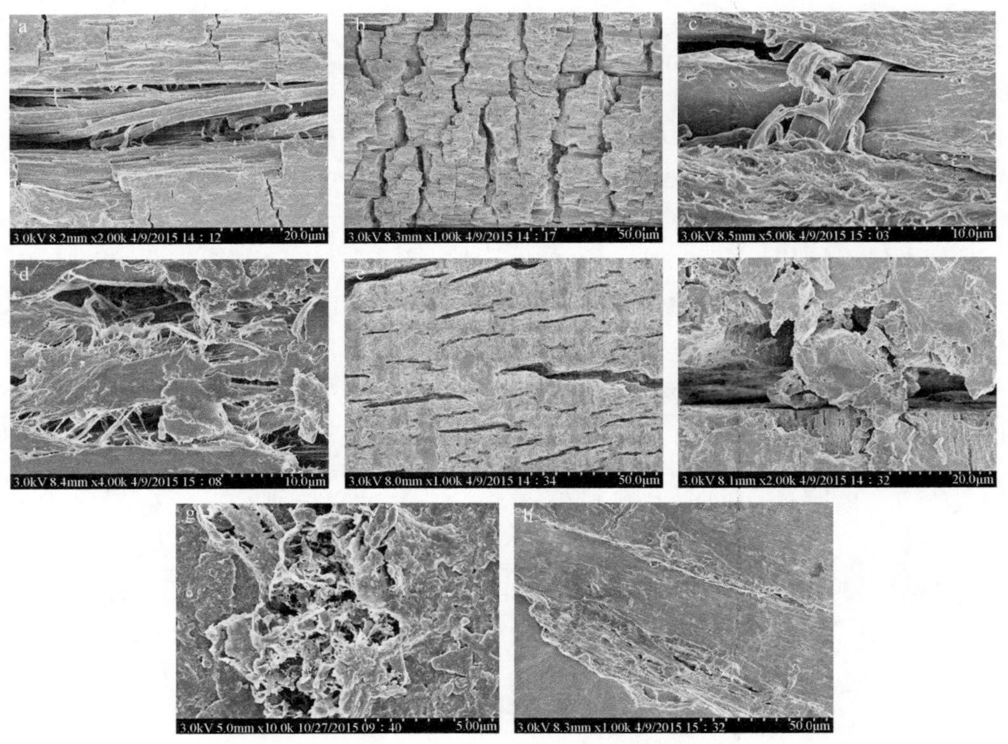

图8.16　不同类型微塑料局部表面形貌的SEM图

a、b. 碎片类微塑料（黑色）表面；c、d. 碎片类微塑料（半透明）边缘；e、f. 颗粒类微塑料孔隙；g. 渔线边缘；h. 薄膜类微塑料边缘

半透明碎片与黑色碎片相比，无明显的横向裂解，基本上均为平行方向裂解，边缘处已裂化成长短不一的条状或丝状物。从图8.16可更清楚地看出，这些裂化的条状或丝状物表面更加粗糙和凸凹不平，氧化程度更高，并呈进一步裂化的趋势。颗粒类微塑料表面裂缝均匀分布，方向一致，其长度不等，小则不足10μm，大则长于50μm（图8.16e），这些孔隙边缘不规则，结构复杂、粗糙且凸凹不平；渔线边缘同样出现严重的老化，撕裂嵌起物明显（图8.16g）。对于薄膜类微塑料，从其表面微观形貌上看，风化痕迹不明显，而边缘却出现一定程度的风化痕迹（图8.16h）。Corcoran等（2009）认为微塑料表面的纹理特征可用于鉴别微塑料表面的易氧化区，与线性裂纹平行的边缘具有优先氧化的特点。

（二）滨海潮滩中微塑料表面的附着物

环境中微塑料因风化产生的这些多孔表面特性，会使其表面镶嵌或黏附一些环境物质（如土壤颗粒、有机物质等），使得微塑料表面变得更为复杂。本研究通过未清洗与不同清洗的方式，结合扫描电镜-能谱图（SEM-EDS）或ATR-FT-IR谱图分析，证实了微塑料表面确实黏附了一些外来物质。如图8.17a所示，微塑料表面的裂缝中存在许多外来杂质，通过能谱分析发现该杂质为黏土矿物（图8.17b），这些黏土矿物比较容易被清水冲洗干净。因此，环境中某些污染物质可能会随着杂质进入微塑料裂缝，从而加大了微塑料对污染物的负载量，增大了微塑料对生态环境和生物体的危害性。

环境中微塑料除镶嵌着土壤颗粒外，其表面还会附着生物有机体或其他附着物。图8.18为山东沿海潮滩中部分微塑料的扫描电镜图和照片。图8.18a所示的是潮滩中树脂颗粒表面局部的扫描电镜图，可以看出，该树脂颗粒表面粗糙、具有孔隙且布满杂质，在其粗糙且布满杂质的表面附着有扫描电镜可见的疑似藻类的有机体，根据其形貌和外形初步判断为硅藻类，由扫描电镜图可以看出在有机体表面还包被着

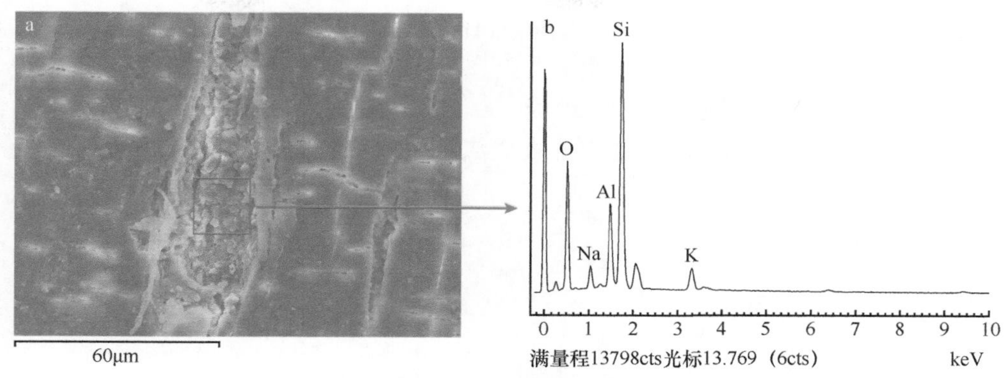

图8.17　微塑料表面局部SEM-EDS图

a. 未超声清洗的碎片类微塑料缝隙杂质；b. 能谱图

其他杂质。图8.18b为自然状态下环境中的白色泡沫塑料（聚苯乙烯），可以看出，其表面不同程度地被黑色油状物包被，其中泡沫塑料1是表面没有或无明显的包被物的状态，其表面呈现为泡沫塑料原有的乳白色；而泡沫塑料2则被黑色油状物完全包被，且厚度较大，已完全看不出泡沫塑料原有的形态；其他几个泡沫塑料的表面则呈现不同程度的包被。这些黑色油状物质具有黏稠性质，故而使其表面黏附有更多的其他杂质，初步判断该黑色油状物质可能为石油（具体成分需后续进一步验证）。该微塑料源于山东沿海潮滩，由渤海等海区海上钻井平台或其他因素导致的原油泄漏进入海洋，因密度小而浮在海面，从而加大了其与同样因密度小而漂浮在海面的微塑料之间的接触概率，并且微塑料因具有老化多孔的表面而更易与油状物质结合。

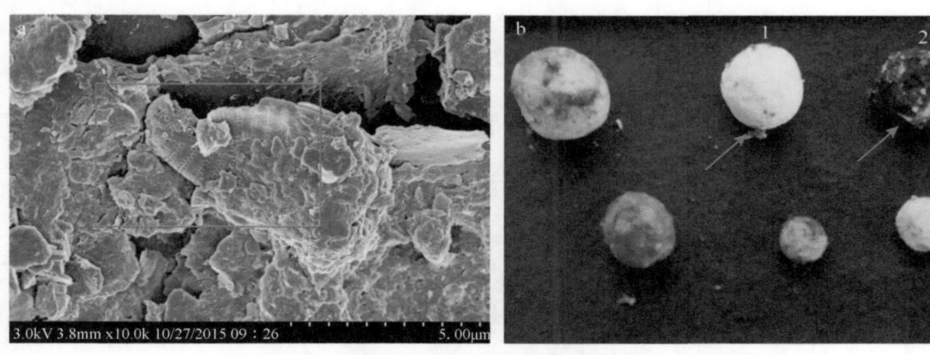

图8.18　山东沿海潮滩环境中微塑料表面的附着物

a. 树脂颗粒表面疑似藻类的有机体；b. 白色泡沫塑料，其中1为表面无明显附着物的白色泡沫塑料，2为表面被黑色油状物包被的白色泡沫塑料

环境中微塑料表面的附着物具有多样性，包括不同类型的有机物。Reisser等（2014）曾通过扫描电镜观察到，在澳大利亚沿海海域中的毫米级塑料表面存在微生物（细菌、藻类等）、无脊椎动物（藤壶等）及一些海龟的卵等多种附着体。这些有机体以塑料为其生境（McCormick et al.，2014），并通过附着在塑料或微塑料表面实现在环境中的迁移。这些生物体对微塑料的附着甚至具有选择偏好性。例如，Carson等（2013）的研究发现，环境中塑料表面微生物类型和丰度与聚合物类型及其表面粗糙程度等有关，例如，聚苯乙烯表面微生物群落较多，硅藻更易附着在具有粗糙表面的塑料上等。

环境中微塑料表面附着物普遍存在且种类多样化（Harrison et al.，2014）。这些附着物（如微生物体等）以塑料或微塑料为载体在环境中迁移，可能会对区域生态环境造成入侵（Barnes，2002；Gregory，2009）而危及生态系统健康。

通过上述研究可见，存在于环境中的微塑料表面通常会附着较多的杂质。在进行微塑料成分鉴定及表面微形貌研究时，需要将这些杂质去除。以来源相同且大小、表面形貌相近的碎片类微塑料为例进行试验，经去离子水、2mol/L HCl溶液和30% H_2O_2清洗后，其相应的红外光谱如图8.19所示。其中，图8.19a

为仅用去离子水清洗的微塑料碎片，图8.19b为2mol/L HCl溶液清洗后的微塑料碎片，二者的光谱近似，无明显差异。而图8.19c为30% H_2O_2清洗后的微塑料碎片，其对应的红外光谱低波数波段峰少于去离子水和2mol/L HCl溶液清洗的低波数波段峰，说明30% H_2O_2去除微塑料表面有机质效果优于其他两种试剂。但值得注意的是，三者所对应的光谱低波数波段的差异是否还可能由其表面氧化程度不同所导致，仍需进一步分析。

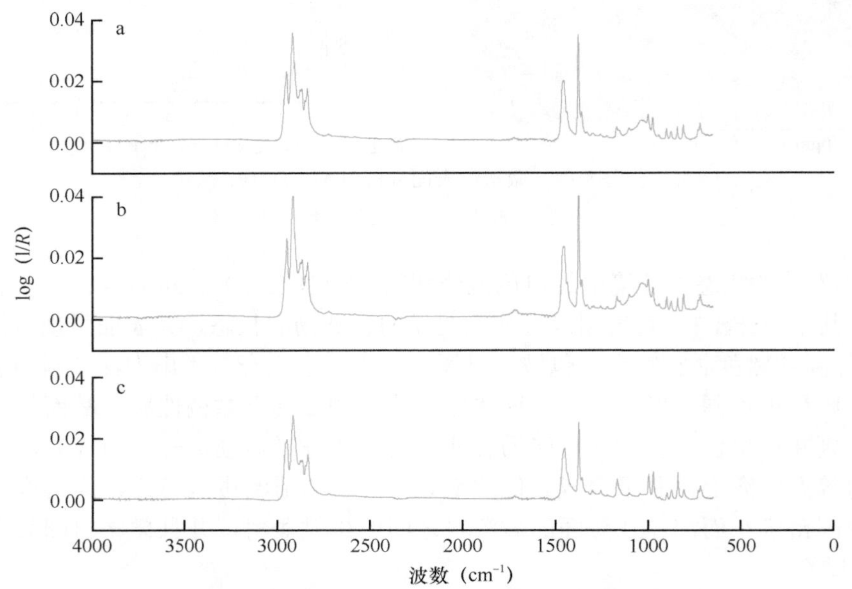

图8.19　不同清洗条件下碎片类微塑料红外光谱差异

a. 去离子水清洗；b. 2mol/L HCl溶液清洗；c. 30% H_2O_2清洗

本研究发现，有些黏附的物质经2mol/L HCl溶液清洗后仍然能够被检测到。如图8.20a、b所示，经2mol/L HCl溶液清洗后，微塑料表面仍可检测到含铁物质（铁氧化物）。铁氧化物在不同环境条件下会有多种形态存在（如针铁矿、水铁矿、赤铁矿及无定形铁等），且具有不同的表面特性，对被微塑料吸附而形成复合物质具有重要作用。Ashton等（2010）在微塑料表面也发现了Fe、Cu、Pb等金属元素的存在，同时在微塑料表面外来杂质中也测得了各种金属元素。可见，微塑料表面稳定存在的铁氧化物使得其表面成为一个有机-无机的复合表面，从而使化学污染物的表面结合状况变得更为复杂，值得后续深入研究。

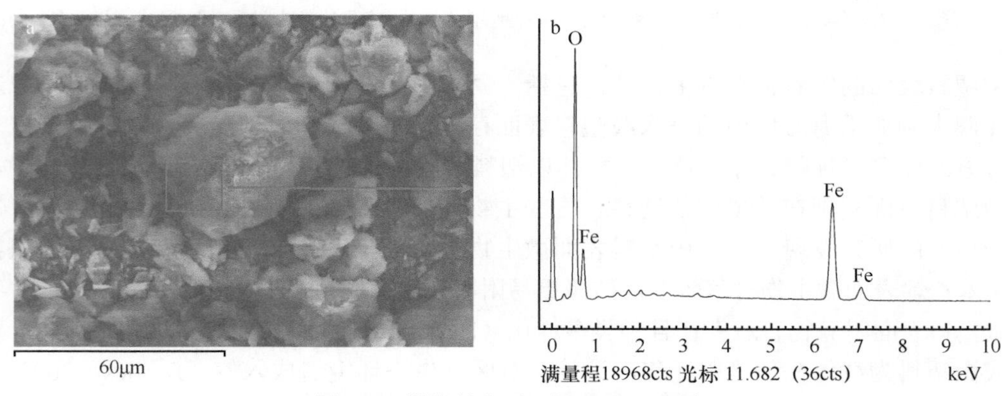

图8.20　微塑料表面局部SEM-EDS图

a. 2mol/L HCl溶液清洗后的碎片类微塑料表面杂质；b. 杂质能谱图

三、渤海海水和表层沉积物中微塑料的丰度及类型

（一）表层海水中微塑料的丰度、类型与形貌特征

渤海表层海水中微塑料的丰度受到人为活动的强烈影响，空间分布情况如图8.21所示。渤海表层海水中微塑料的丰度范围为0.4～5.2个/L，平均丰度为（2.2±1.4）个/L，最高值出现在渤海海峡，最低值在辽东湾。渤海湾、黄河口、莱州湾、辽东湾、渤海海峡、渤海中央海区的微塑料平均丰度分别是3.0个/L、1.6个/L、4.2个/L、1.7个/L、2.6个/L、0.9个/L。从平均丰度上看，渤海湾、莱州湾、渤海海峡微塑料的平均丰度较高，微塑料丰度的最高值出现在渤海海峡（E0点）；黄河口附近海域、辽东湾、渤海中央海区的微塑料丰度相对较低，微塑料丰度的最低值出现在辽东湾（T1点）。对近岸站点和渤海中央海区的站点开展相关性分析，结果表明，近岸站点（BHB34、LZB15、T4、L2、L7、E1、E6）的微塑料丰度相对于整个渤海海域显著较高，渤海中央海区（M2、M5、PLB2、B10）则显著较低（t检验，$P<0.05$）。

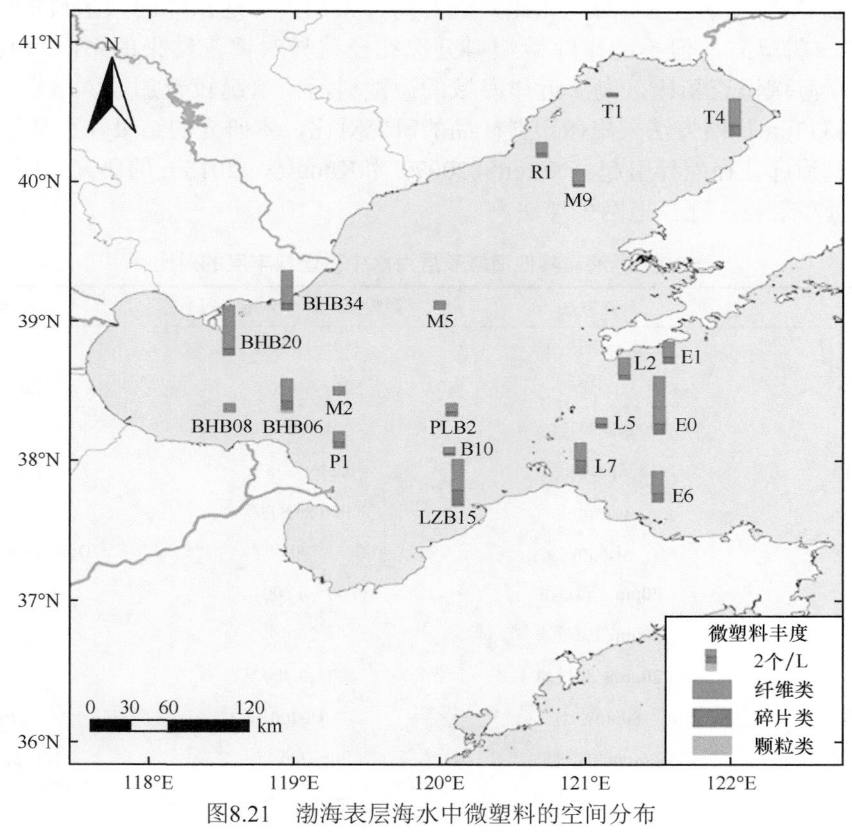

图8.21　渤海表层海水中微塑料的空间分布

近岸海域的微塑料分布情况受到沿岸居民的生活和工业生产的强烈影响。环渤海经济圈是我国开放、开发的重点区域之一，也是最大的工业密集区，港口众多，由三个次级经济圈组成——京津冀经济圈、山东半岛经济圈、辽东半岛经济圈。京津冀经济圈濒临渤海湾，沿岸的天津港地处华北水陆交通枢纽，沟通京哈、京沪两条大干线铁路，货物吞吐量大，对渤海湾的海洋环境质量产生很大影响。莱州湾在山东半岛经济圈北部，是山东省重要的渔盐生产基地。辽东湾东起丹东市鸭绿江口，西至营口市盖州角，以基岩海岸为主，优势海洋资源有港口资源、旅游资源、渔业资源。在2016年全国近岸海域主要海湾环境质量调查中，渤海湾的水质状况为极差，辽东湾的水质为一般。渤海湾与辽东湾表层海水中微塑料的污染情况也与水质调查的结果一致。渤海海峡的大部分站点，具有较高的微塑料丰度。渤海海峡是烟台—大连的交通要道，除特殊天气外，每天都有轮渡来往于两个港口之间，来往船只直接向海峡排污，该海域受到强烈的人类活动影响。与海湾、海峡相比，渤海中央海区受到人类活动的影响较小，是

微塑料丰度的低值区。本研究的结果与Zhang（2017）和周倩（2016）对渤海微塑料分布研究的结果一致，Zhang（2017）于2016年在辽东湾、渤海湾、渤海中央海区布设了11个采样点，使用330μm浮游生物拖网的方法采集样品，研究发现相对于近岸海域，渤海中央海区的微塑料丰度相对较低；周倩（2016）在2015年使用160μm的拖网采集渤海表层水体微塑料，将渤海海峡的一个微塑料站点与另一个渤海中央海区的站点对比，海峡微塑料丰度明显高于渤海中央海区。

渤海表层海水中微塑料丰度与其他海域的比较见表8.2。在Zhao等（2014）对长江口的研究中，使用32μm孔径筛网分选微塑料，与本研究中20μm滤膜孔径相近，本研究中黄河口站点（P1）微塑料含量低于长江口（Zhao et al.，2014）。长期以来，由于黄河决堤和改道频繁，难以进行大规模开发，对黄河以治理为主，因而现代的黄河三角洲一直缺乏通航功能，与沿岸发展迅速、港口众多的长江口相比，黄河口位于国家级自然保护区内，水质、生态环境都相对较好（李小建，2012；国家海洋局，2016）。与Kang等（2015）在韩国洛东江河口使用50μm手抄网的调查结果相比，黄河口微塑料丰度较低（Kang et al.，2015）。Frere等（2017）、Song等（2015）、Dubaish和Liebezeit（2013）分别调查了法国布雷斯特湾、韩国镇海湾、荷兰翡翠湾，与这三个海湾相比，渤海湾、莱州湾、辽东湾的微塑料丰度明显高于布雷斯特湾，低于镇海湾、翡翠湾，但不能排除微塑料分选孔径差异对调查结果的影响。与全球其他分选孔径小于100μm的近岸海域调查相比，渤海近岸海域的微塑料污染情况较新加坡、瑞典近岸海域严重。与Zhang（2017）使用333μm拖网方法采集微塑料样品的研究对比，本研究的结果几乎高了3个数量级，主要由不同的采样方法、筛选孔径差异引起。Noren（2007）和Kang等（2015）的研究表明，大样本法采样检测到的微塑料丰度远高于较大孔径拖网采样法。

表8.2　渤海与其他海域表层海水中微塑料丰度的对比

研究区域	分选方法	微塑料丰度（个/m^3）	参考文献
韩国洛东江河口（7月）	50μm手抄网	210～15 560	Kang et al.，2015
长江口	32μm筛网	500～10 200	Zhao et al.，2014
黄河口	20μm滤膜过滤	1 600	本书
法国布雷斯特湾	333μm拖网	0.24±0.35	Frere et al.，2017
韩国镇海湾	0.75μm	88 000±68 000	Song et al.，2015
荷兰翡翠湾	1.6μm	0～1 770 000	Dubaish and Liebezeit.，2013
渤海湾	20μm滤膜过滤	800～4 600	本书
莱州湾	20μm滤膜过滤	4 200	本书
辽东湾	20μm滤膜过滤	400～3 400	本书
瑞典近岸海域	80μm筛绢	150～400	Noren，2007
新加坡近岸海域	1.6μm滤膜过滤	0～200	Ng and Obbard，2006
渤海近岸海域	20μm滤膜过滤	2 000～4 200	本书
渤海	330μm拖网	0.01～1.23	Zhang，2017
渤海海峡	20μm滤膜过滤	1 000～5 200	本书
渤海中央海区	20μm滤膜过滤	800～1 200	本书
渤海	20μm滤膜过滤	400～5 200	本书

渤海表层海水中微塑料的粒径分布见表8.3。收集到的所有塑料碎片中，微塑料占96.49%，微塑料中以小于3mm的微塑料为主，占92.54%。小于1mm的微塑料占67.98%，小于300μm的微塑料占27.19%。粒径较小的微塑料在渤海水体微塑料中占比很高，这部分微塑料比表面积较大，容易吸附污染物，若被各类海洋生物误食并在食物链中传递，会威胁海洋生态系统的稳定与健康。从形貌类型上分，表层海水中微塑料的类型有纤维类、碎片类和颗粒类，其中纤维类最多，占75%，碎片类次之，占24.55%，颗粒类最少，占0.45%。

表8.3 不同研究方法下渤海海域微塑料调查结果的对比

研究方法	微塑料丰度（个/m³）	微塑料类型	微塑料粒径			参考文献
			粒径范围（μm）	占比（%）	丰度（个/m³）	
330μm拖网	0.01～1.23	碎片类（44.74%） 渔线类（23.43%） 薄膜类（21.00%） 纤维类（5.61%） 小球类（4.42%） 树脂颗粒（0.44%） 微珠类（0.37%）	＜100	25.38	0.08	Zhang，2017
			100～300	23.34	0.08	
			300～1 000	29.29	0.10	
			1 000～3 000	17.50	0.06	
			3 000～5 000	2.85	0.01	
			＞5 000	1.63	0.01	
20μm滤膜过滤	400～5200	纤维类（75.00%） 碎片类（24.55%） 颗粒类（0.45%）	＜100	5.26	117.10	本书
			100～300	21.93	738.38	
			300～1 000	40.79	1373.4	
			1 000～3 000	24.56	826.93	
			3 000～5 000	3.95	133.00	
			＞5 000	3.51	118.18	

注：因数值修约，各部分占比之和可能不是100%

将本研究与Zhang（2017）的调查对比，微塑料类型上，Zhang（2017）的调查结果显示碎片类最多，渔线类、薄膜类次之，纤维类、小球类较少，树脂颗粒、微珠类最少；本研究中，微塑料的类型主要是纤维类，占75%，其次是碎片类，占24.55%，颗粒类最少，占0.45%。大孔径的拖网采样能够在短时间内采集大面积的海水样品，相比之下，大体积采样法覆盖的海域面积要小许多，对于微塑料丰度分布均一度低的海域，需要依赖加密采样点来弥补。同时，对于那些丰度少于1个/5L的样品，有可能捕捉不到，因而本研究中的微塑料类型少于Zhang（2017）的研究。在微塑料的粒径大小方面，无论是330μm以下的部分，还是330μm以上的部分，本研究的微塑料丰度均明显高于Zhang（2017）。因此，330μm的网孔不仅可能遗失掉粒径小于330μm的微塑料，也会损失掉那些长度上大于300μm但粗细不到100μm的纤维类微塑料，造成微塑料丰度的低估。

将微塑料纤维放置于扫描电镜下观察，该纤维表面有裂痕、孔隙并呈现层状剥落结构（图8.22），这表明在海洋环境中，微塑料纤维经历了海水的侵蚀、破碎后形成，为次生微塑料，仍有继续破碎的趋势。在波浪作用与悬浮颗粒物摩擦、光照等的作用下，海洋环境中的塑料会发生光降解、热降解、氧化、机械破碎等过程（Wang et al.，2016），形成微塑料。此外，在风化、破碎的过程中，微塑料的表面结构、官能团和物质组成会发生变化，表面积增大，更容易吸附环境中的其他污染物（周倩，2015）；塑料中加入的增塑剂、阻燃剂等添加剂也会释放进入环境，进一步加剧海洋环境污染，对海洋生物造成更为恶劣的影响（Cole et al.，2011）。

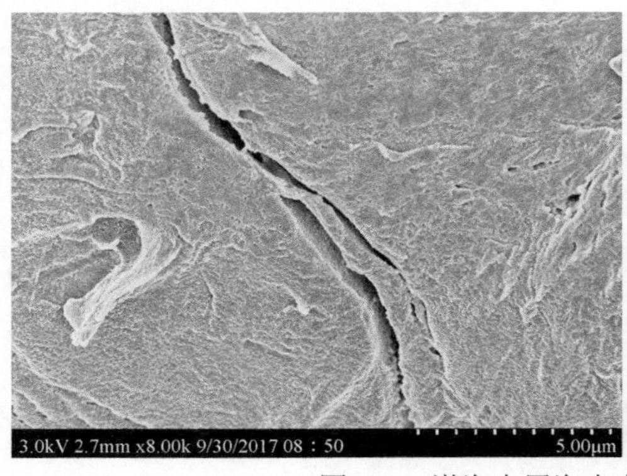

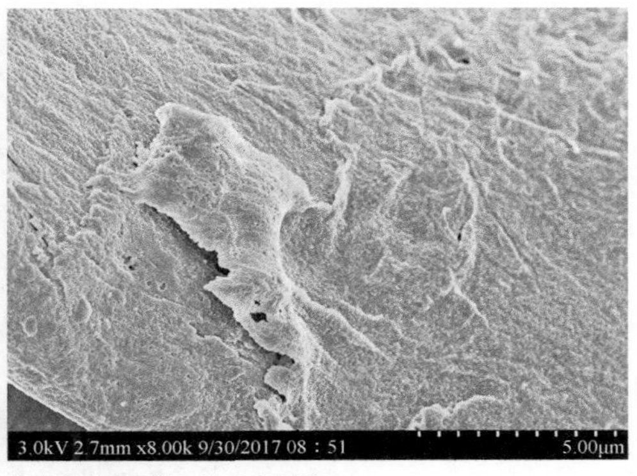

图8.22 渤海表层海水中微塑料表面扫描电镜图

在34个进行红外光谱鉴定的颗粒中，有31个鉴定为微塑料，表层海水中发现的纤维类微塑料聚合物类型有聚丙烯、聚丙烯-聚乙烯共聚物、聚酯、混合纤维，碎片类有聚丙烯、聚乙烯、聚苯乙烯。表层海水中密度最大的纤维类微塑料为聚酯，密度为1.2～1.37g/cm^3，大于海水的密度。碎片类密度最大的为聚苯乙烯，密度为1.06g/cm^3，与海水密度相近。密度较大的聚酯类微塑料存在于表层海水，一方面是由于表层海水中的微塑料直接受到陆源排污的影响进入海水中，尚未来得及发生沉降行为，受到海水的波浪、海流等风力、水力作用，微塑料沉降入下层海水需要一个相对漫长的过程；另一方面与纤维的形貌有关，由于大部分纤维类微塑料粗细远小于长度，与同样粒径的碎片类或颗粒类微塑料相比，纤维类微塑料的体积更小，更容易受到海洋环境中风力和水力的作用。在渤海海水中发现的聚合物在日常生活中随处可见，购物用的塑料袋、钓鱼使用的渔线多是聚乙烯材质，聚丙烯、聚苯乙烯用于加工成各种用途的耐高温容器，聚酯纤维由于具有坚固耐用、抗皱等特性多用于制作衣物、毛巾等。

（二）海水中微塑料的分布特征

渤海海水中微塑料在不同深度的分布情况如图8.23所示。在整个海洋水柱中微塑料的丰度范围为0.20～23.00个/L，平均值为4.38个/L。假定本研究区域能够代表渤海海域的整体污染情况，对于海域面积7.7×10^{4}km^2、平均水深18m的渤海海域，微塑料的总含量为2.8×10^{14}～3.2×10^{16}个。本研究中渤海微塑料的平均长度为1396.2μm，平均宽度为45.2μm，绝大多数微塑料为纤维类，红外光谱鉴定中纤维类聚合物又以聚酯类为最多，假定这些微塑料均为聚酯纤维类（密度约为1.37g/cm^3），那么渤海水体中微塑料质量为860～9.84×10^{4}t。Lebreton等（2012）根据污水排放、人口密度、水文信息估计了世界主要河流对海洋塑料垃圾的贡献，本研究的最大估算结果小于该研究估计的我国长江的塑料最大年入海质量。实际上，由于许多近岸浅海地带存在搁浅的危险，船只无法航行，布设的采样点难以涵盖这些海域，而这些近岸浅海是滨海塑料垃圾迁移至海洋的必经之路，是微塑料污染更为严重的海域，微塑料的实际最大含量与最大质量应大于本研究估算的微塑料最大含量（3.2×10^{16}个）与最大质量（9.84×10^{4}t）。

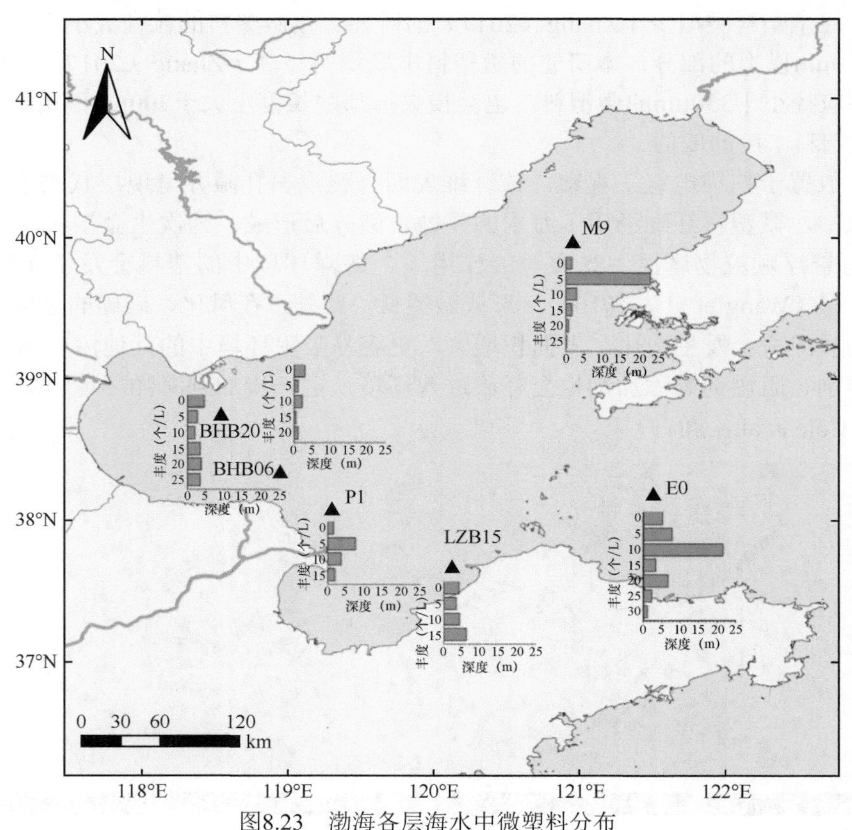

图8.23　渤海各层海水中微塑料分布

微塑料在垂直方向上的分布具有一定的空间异质性。在辽东湾M9、黄河口P1、渤海海峡E0三个站点中，微塑料的最大丰度均出现在次表层水体，这可能是由于这些站点位于湾口、河口、海峡等受海洋环流影响较大的区域，微塑料的差异可能是由渤海环流在不同深度上的差异引起的，渤海表层流流速比中层流、底层流流速快（张志欣，2014），在仅考虑海流的情况下，由于湍流作用强，微塑料比较容易在表层和次表层之间迁移，而从次表层海水迁移至更深层次海水相对困难。Lusher等（2015）在次表层海水监测到的微塑料丰度也大于表层海水，但Lusher等（2014）的研究中，次表层和表层海水的采集、分选方法有差异，不能排除方法对研究结果的影响。

在6个采集不同深度微塑料样品的站点，表层海水中微塑料的丰度从大到小依次是E0＞BHB20＞LZB15＞BHB06＞M9=P1，但在整个海洋水柱中微塑料的丰度与表层海水中不同，依次是E0＞M9＞LZB15＞P1＞BHB20＞BHB06。渤海湾的两个站点BHB20、BHB06中最大微塑料丰度均出现在表层水体，这两个站点离陆地距离比较近，分别靠近河北省唐山市和山东省东营市，这些海域表层海水是最直接受到人为活动影响的区域，微塑料从表层海水迁移到中层海水或底层海水的速度小于微塑料排放入表层海水的速度，因而在这两个站点，表层海水中微塑料的丰度最大。对于莱州湾LZB15站点（靠近山东省龙口市），微塑料的最高丰度出现在底层水体，可能是由于在相对稳定的沉积环境下，微塑料易于沉降，微塑料垂直迁移的速度大于排放入海的速度。对于其他站点（E0、M9、P1）微塑料丰度的最高值出现在5～10m的水体。E0站点位于烟台至大连航道上，除特殊天气外每天均有行船经过该航道来往于两个城市之间，可能由于直接受到船只排污的影响，该站点的微塑料丰度无论是表层海水还是整个海洋中都是最大的。M9站点位于辽东湾湾口处，整个海洋水柱中微塑料丰度相对较高，但表层海水微塑料丰度较低，与其他站点相比，M9既不属于近岸站点，又不在主要航道上，直接受到的人为活动影响较小，因而表层海水中微塑料丰度较低；但根据魏皓等（2002）的研究，辽东湾的水体交换能力相对于渤海其他海域较弱，可能由于较低的水体交换能力，辽东湾沿岸城市排放的污染物难以通过与外海的交换实现污染物的稀释，而在湾内受不同海流流速差异的影响迁移至次表层水体后，在此聚集。由此可见，微塑料在整个海洋水体中的污染情况不仅与周边人为活动相关，还与海域的水体交换能力密切相关。大部分站点的表层海水微塑料的污染情况不能够代表整个海洋水体中微塑料的污染情况。

将本研究结果与国内外其他海洋水体中的微塑料调查结果相比（表8.4），本研究结果与Lusher等（2015）的研究结果一致，均发现在海洋水柱中调查的微塑料丰度大于表层海水的微塑料丰度。Kooi等（2016）在对北大西洋环流0～5m深海水中塑料的调查中发现，在0～5m深度微塑料丰度以指数形式递减，该研究的研究对象为塑料碎片。在本研究中，未发现渤海中微塑料在深度上的指数型递减。Courtene-Jones等（2017）在罗卡尔岛附近使用CTD采水器采集了2227m深海水中的微塑料，使用80μm滤膜过滤，本研究中渤海水体中的微塑料丰度远高于该研究检测出的微塑料丰度，相对于受人为活动干扰少的海域，生产、生活等人类活动强度更大、水体交换能力较弱的渤海微塑料污染更为严重。

表8.4　渤海与其他海域更深层海水中微塑料丰度的对比

研究区域	深度（m）	滤膜或筛网孔径（μm）	微塑料丰度（个/m^3）	参考文献
太平洋东北部	4.5	62.5	2080±2190	Desforges et al.，2014
罗卡尔岛附近	2 227	80	70.8	Courtene-Jones et al.，2017
北极	0.16	333	0.34±0.31	Lusher et al.，2015
	6	250	2.68±2.95	
北大西洋环流	0～0.5	150	0.68	Kooi et al.，2016
	0～5	150	0.11	
	4.5～5	150	0.02	
渤海	表层	20	2200±1387	本书
	海洋水柱（5～30）	20	4375±2010	

水体中，随着深度的增加，纤维类微塑料的比例整体上呈增加趋势（图8.24），这表明纤维类微塑料更易迁移至底层水体。粒径上，收集到的大部分塑料碎片属于微塑料的范围（图8.25），大于5000μm的塑料碎片占比较小，且大多数微塑料的尺寸范围小于3000μm，其中，粒径小于300μm的微塑料比例随着深度的增加而增加，这表明较小的微塑料更易迁移至底层水体。Fazey等（2016）将不同粒径的塑料碎片放置于海洋中，发现较小的微塑料会通过生物附着作用最先改变悬浮状态，这是由于较小的微塑料比表面积大，与环境中物质有更多的接触和碰撞机会。

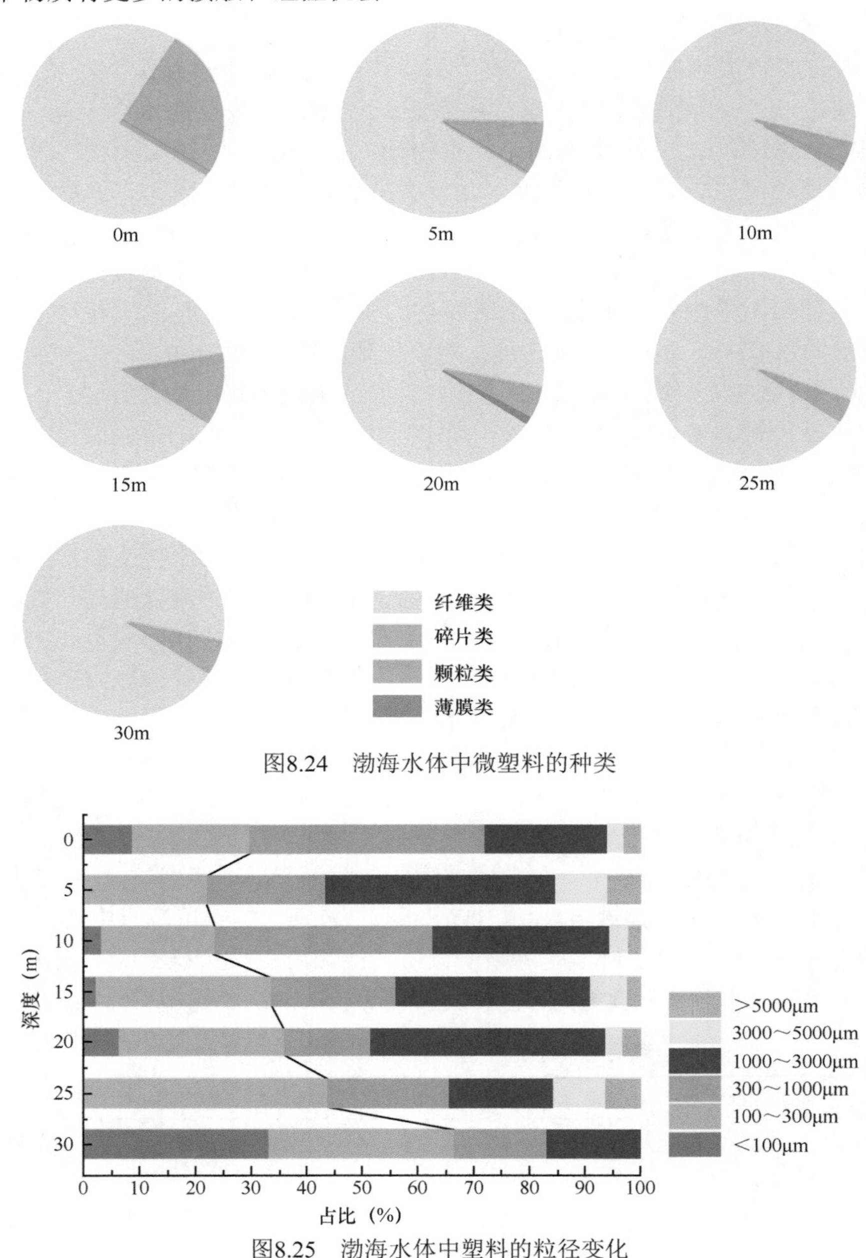

图8.24 渤海水体中微塑料的种类

图8.25 渤海水体中塑料的粒径变化

将海水中的微塑料纤维和碎片放在扫描电镜下观察（图8.26），纤维类微塑料表面有孔隙、裂痕，有的裂痕之间有生物残体和小矿物颗粒；碎片类微塑料表面有更多的凹凸不平处，并呈现层状剥落结构。除了微塑料在海洋环境中自身的分化、破碎，颗粒表面的生物质和矿物颗粒表明微塑料与海洋环境中的其他物质存在不断的相互作用，微塑料表面为浮游植物生长提供了平台（Fazey et al.，2016），Ryan（2015）的调查表明，大海中约有0.8%的微塑料表面有附着生物，大洋中有23%的微塑料表面有附着生物，破碎后的微塑料孔隙有利于悬浮颗粒物镶嵌进去。

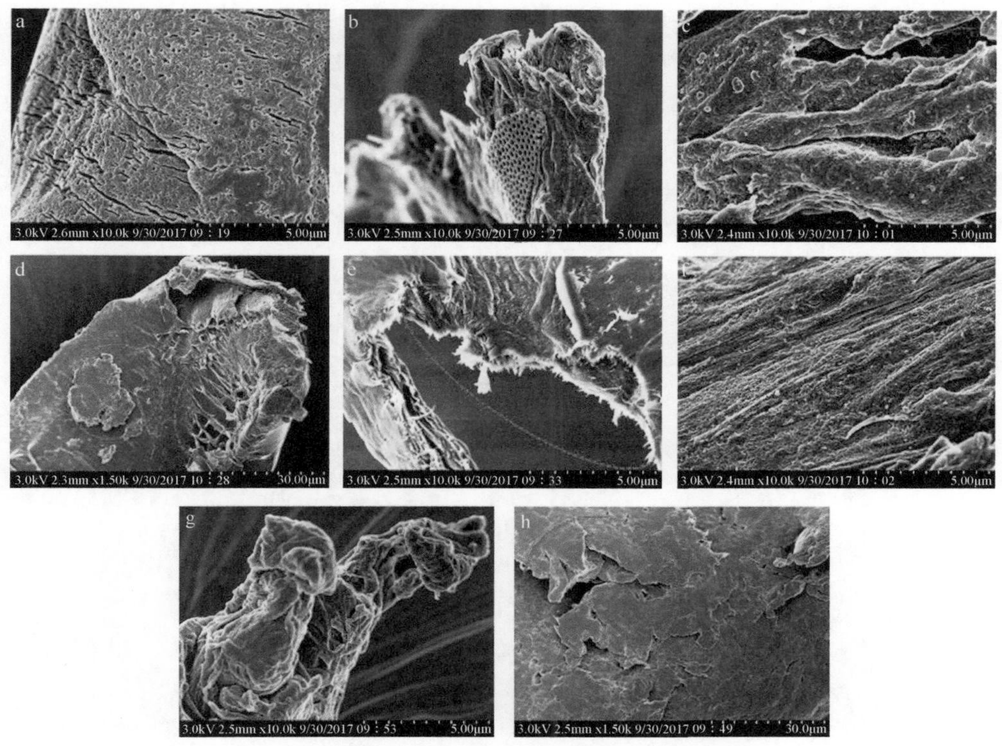

图8.26　渤海E0站各层水体中微塑料扫描电镜图

a. 5m深海水中纤维的表面孔隙；b. 10m深海水中纤维表面及裂缝中的藻类残体；c. 10m深海水中纤维边缘的破碎痕迹；d. 20m深海水中纤维的由小凸起构成的粗糙表面；e. 20m深海水中纤维表面及黏附的小颗粒物质；f. 30m深海水中的破碎痕迹和剥落结构；g. 10m深海水中碎片的不规则表面；h. 10m深海水中碎片的剥落结构

对中层海水中的56个颗粒进行红外光谱鉴定，有49个被鉴定为微塑料。中层海水中发现的纤维类微塑料聚合物类型有聚丙烯、聚乙烯、聚丙烯-聚乙烯共聚物、聚酯、混合纤维，密度最大的纤维类为聚酯，密度为1.2～1.37g/cm^3。碎片类有聚丙烯、聚乙烯、丙烯腈-丁二烯-苯乙烯（ABS）共聚物、聚对苯二甲酸乙二醇酯（PET），碎片类密度最大的为聚对苯二甲酸乙二醇酯，密度为1.37g/cm^3，大于表层海水发现的最大微塑料密度1.06g/cm^3（聚苯乙烯）。密度较大的微塑料碎片更容易分布于海洋水层中。尽管并未对所有的微塑料进行红外光谱鉴定，但这在一定程度上体现了微塑料自身密度对其垂直分布的影响。聚对苯二甲酸乙二醇酯（PET）在生活中应用广泛，许多矿泉水瓶、机械配件等由PET制成；丙烯腈-丁二烯-苯乙烯共聚物具有较强的抗冲击性能，多应用于各种家电的外壳中。

（三）表层沉积物中微塑料的分布特征

渤海表层沉积物中微塑料的丰度为31.1～256.3个/kg（沉积物干重）（图8.27），平均值为（102.0±73.4）个/kg。在6个采集不同深度微塑料样品的站点，表层沉积物中微塑料的丰度从大到小依次是BHB06＞M9＞P1＞BHB20＞LZB15＞E0，这一分布特征与表层海水、海洋水柱中的分布均不相同，但在6个站点中，各站点海水平均浊度从大到小依次是BHB20＞BHB06＞M9＞P1＞LZB15＞E0，除BHB20站点外，其他站点中，海水浊度较大时，微塑料丰度也较大。海水浊度是由不溶性物质的存在而引起的透光度降低的程度（司建文，2005），不仅与水体中的浮游生物、微生物有关，还与悬浮颗粒的种类、粒径、形状、颜色及其化合物性质有关（邵秘华等，1997），微塑料丰度与海水浊度的对应关系，表明海水中浑浊物质影响微塑料的沉降行为，浑浊物质（生物或悬浮颗粒物）越多，越有利于微塑料在沉积物中的积累。浊度主要反映海水的浑浊程度，反映入射光线在海水中散射、吸收而导致的光线的衰减程度，还能够反映砂质悬浮体的丰度，但是不能反映水体中透明、半透明生物的含量。叶绿素a存在于所有的光养种群中，其含量是反映海水中浮游植物生物量或现存量的一项重要参数。渤海水体中，各站点海水中叶绿素a的平均含量从大到小依次是M9＞LZB15＞BHB06＞P1＞BHB20＞E0，叶绿素a的含量也与沉积物中的微塑料含量密切相关，除LZB15站点外，水体中叶绿素a含量高的站点，沉积物中微塑料含量也较高。海水中浮游植物对微塑料的沉积行为产生影响，浮游植物生物量越多越有利于微塑料的沉积。据此，可以判断沉积物中微塑料的含量与上层水体悬浮颗粒物和浮游植物生物量有密切的关系，微塑料的沉积行为不是由某一个因素主导，而是受到这两个因素的共同影响。

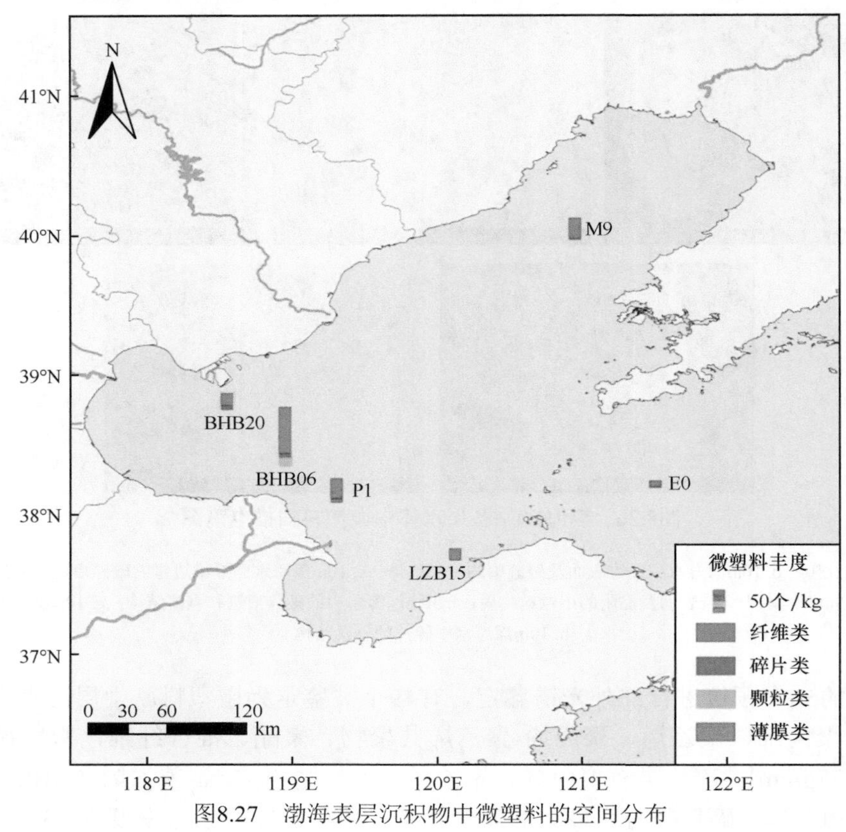

图8.27　渤海表层沉积物中微塑料的空间分布

如果将水体中微塑料的丰度换算成单位质量的微塑料丰度，在所有站点的沉积物中微塑料的丰度均大于该站点水体中的丰度，即使是流急的渤海海峡，沉积物中微塑料的丰度也较水体高。一方面，水体流动性强，海水环境无时无刻不在变化，这使得微塑料易于迁移、扩散，而沉积物相对稳定，微塑料一旦沉降，除受到扰动会出现再悬浮现象外，难以迁移。另一方面，可能是由于在水体与沉积物中类型最多的微塑料——聚酯纤维的密度比水大，因此无论水平上如何迁移，终究会有沉降的趋势，水体中的聚酯纤维是短时间的存在，而沉积物中的是更长时间尺度上的积累。

沉积物中微塑料有纤维类、碎片类、颗粒类、薄膜类，占比分别为84%、9%、6%、1%。沉积物中微塑料占塑料碎片的比例很大，为99.44%，相对于大的塑料碎片，微塑料更容易沉积于海底，小于3mm的占96.47%，小于1mm的占67.98%。在扫描电镜下对沉积物中的微塑料碎片和纤维进行观察（图8.28），表面多有孔隙和裂痕，黏附有颗粒物，碎片表面更加凹凸不平，呈现不规则形状。沉积物中的微塑料在海洋环境中经历了更长时间的迁移和更复杂的分化，表层沉积物中的微塑料在受到扰动时可能会发生再悬浮、再沉降。

对沉积物中的5个碎片和3个颗粒进行了红外光谱鉴定，均为微塑料，其中6个微塑料聚合物类型为聚氯乙烯，2个微塑料聚合物类型为聚乙烯。聚氯乙烯的密度为1.56g/cm^3，大于在海水中层发现的聚对苯二甲酸乙二醇酯（1.37cm^3）和在表层海水中发现的聚苯乙烯的密度（1.06cm^3）。随着深度的增加，鉴定出的碎片类微塑料的密度也逐渐增大，这一定程度上反映了微塑料密度对其在不同深度水层和沉积物中分

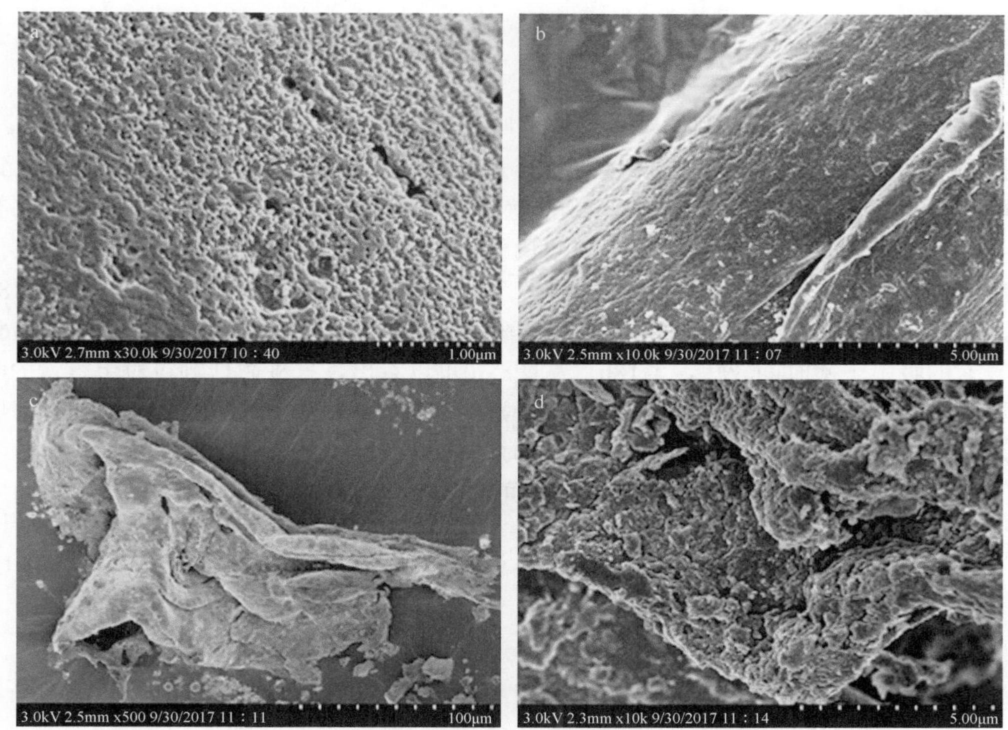

图8.28　渤海表层沉积物中微塑料的扫描电镜图

a. BHB06沉积物中纤维表面的孔隙结构；b. E0沉积物中纤维表面及黏附的小颗粒物质；c. E0沉积物中碎片呈现不规则形状；d. E0沉积物中碎片表面的裂痕

布的贡献。聚乙烯的密度比水小，但是也存在于海底沉积物中，结合水体和沉积物中微塑料的扫描电镜图，微塑料的空隙中存在矿物和浮游植物，这也证明了微塑料在沉降的过程中，通过与矿物结合或者因生物质附着而形成的结合体增大了微塑料的密度，使其能够被挟带至海底。

第二节　海岸带微塑料对抗生素的吸附与解吸特征

一、树脂及微珠颗粒对土霉素的吸附分配特征

（一）树脂及微珠颗粒的性质表征

通过红外光谱鉴定，购置的树脂颗粒聚合物成分单一，纯度较高。6种树脂颗粒的主要成分分别是聚酰胺（PA）、聚对苯二甲酸丁二醇酯（PBT）、聚氯乙烯、聚对苯二甲酸乙二醇酯、聚丙烯和聚乙烯。3种微珠颗粒的主要成分分别是聚氯乙烯、聚乙烯和聚丙烯。不同聚合物类型的微塑料通过粒径统计软件得到平均粒径，树脂颗粒的大小为2.94～4.85mm，属于微塑料的范畴；但微珠颗粒的粒径要小许多，为100～160μm，属于细粒子。通过扫描电镜观察，6种树脂颗粒的表面均较光滑，与风化微塑料表面存在孔隙、裂纹等特征不同；但不同聚合物类型的树脂颗粒表面均存在不同程度的高低起伏，这可能增加其比表面积。对于微珠颗粒，聚乙烯和聚丙烯微珠均呈现小球型，表面相对光滑；而聚氯乙烯微珠则呈不规则结构，表面相对粗糙。通过盐滴定法测定树脂颗粒表面电荷零点得出，表面电荷零点大小顺序为聚氯乙烯＞聚丙烯＞聚对苯二甲酸乙二醇酯＞聚乙烯＞聚对苯二甲酸丁二醇酯＞聚酰胺。其中，聚氯乙烯的表面电荷零点最大，为5.99；聚酰胺的表面电荷零点最小，为4.10。在本研究的吸附试验中，除聚氯乙烯以外，溶液初始均大于其余树脂颗粒的电荷零点，树脂颗粒表面带负电，土霉素在初始pH下以阳离子为主，因此，静电吸引作用能够促进树脂颗粒表面对土霉素的吸附。

（二）树脂及微珠颗粒对土霉素的吸附动力学比较

从图8.29可以看出，所有树脂颗粒对土霉素的吸附均存在快速吸附和慢吸附两个阶段。在快速吸附阶段，树脂颗粒表面由于吸附位点较多，对土霉素的吸附量在短时间内快速增加；但达到一定时间后，表面吸附位点逐渐减少，吸附开始变慢，进入慢吸附阶段，直到吸附平衡。不同聚合物类型的树脂颗粒对土霉素的快速吸附阶段持续时间也不同。由于土霉素分子体积较大，进入树脂颗粒孔隙中的速度慢，聚乙烯（PE）和聚对苯二甲酸乙二醇酯（PET）对土霉素的吸附平衡时间较长，为48h，聚氯乙烯（PVC）、聚对苯二甲酸丁二醇酯（PBT）和聚酰胺（PA）对土霉素的吸附平衡时间为36h，聚丙烯（PP）对土霉素的吸附平衡时间较短，为18h。从图8.30可以看出，三种微珠颗粒对土霉素的吸附动力学曲线与树脂颗粒相比，有明显不同。其中，微珠颗粒对土霉素的快速吸附阶段所持续的时间要比树脂颗粒短，例如，聚乙烯微珠颗粒对土霉素的吸附平衡时间最短，为8h，聚丙烯和聚氯乙烯微珠对土霉素的吸附平衡时间分别为12h和18h。此外，随着反应时间的增加，达到吸附平衡后的微珠颗粒对土霉素的吸附量呈现减少趋势，可能存在解吸过程。

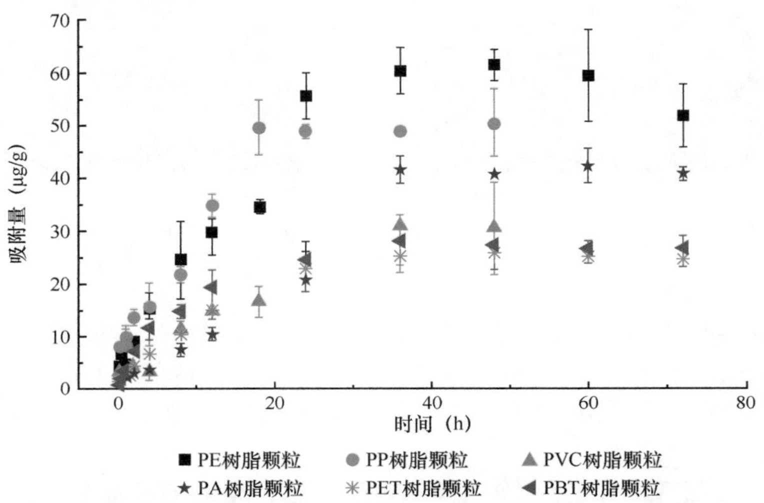

图8.29　不同聚合物类型的树脂颗粒对土霉素的吸附动力学特征曲线

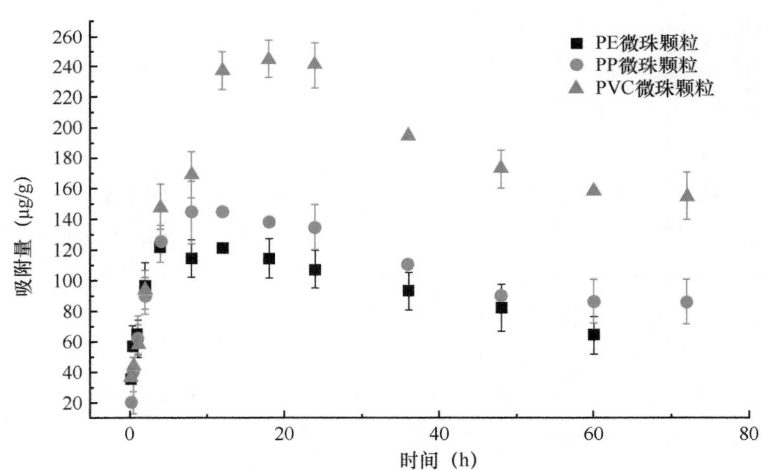

图8.30　不同聚合物类型的微珠颗粒对土霉素的吸附动力学特征曲线

利用吸附动力学模型拟合可更为准确地反映不同聚合物类型树脂及微珠颗粒对土霉素的吸附差异。采用准一级动力学模型和准二级动力学模型对数据进行拟合，结果如表8.5所示。从拟合参数可以看出，准一级动力学模型和准二级动力学模型都较好地反映了树脂及微珠颗粒对土霉素的吸附动力学特征，所有的调整相关系数（R^2）均在0.9以上，个别达到了0.99以上。总体上，准一级动力学模型的拟合效果要优于准二级动力学模型。因此，根据准一级动力学的拟合参数来看，6种树脂颗粒中吸附速率（K_1越大、速率越快）由快到慢排序如下：PBT＞PP＞PET＞PE＞PVC＞PA；而微珠颗粒的吸附速率普遍高于树脂颗粒1个或2个数量级，其吸附速率由快到慢排序为PE＞PP＞PVC；相同聚合物类型的微珠颗粒的吸附速率分别是树脂颗粒的22.9倍、5.9倍、7.7倍。但平衡吸附量（Q）与吸附速率不呈正相关性，甚至吸附速率越快，其平衡吸附量越低。

表8.5　不同聚合物类型的微塑料对土霉素的吸附动力学拟合参数

微塑料样品	准一级动力学拟合			准二级动力学拟合		
	Q（μg/g）	K_1（1/h）	R^2	Q（μg/g）	K_2［μg/(g·h)］	R^2
PE树脂颗粒	76.11±13.05	0.044±0.013	0.9569	99.52±17.84	3.30E-04±1.60E-04	0.9553
PP树脂颗粒	52.32±3.88	0.096±0.020	0.9276	64.75±7.41	1.50E-03±6.70E-04	0.9191
PVC树脂颗粒	46.50±12.01	0.030±0.011	0.9620	54.10±8.82	5.60E-04±2.60E-04	0.9645
PA树脂颗粒	52.43±7.93	0.027±0.008	0.9539	80.95±19.68	2.20E-04±1.50E-04	0.9482
PET树脂颗粒	25.86±0.57	0.077±0.006	0.9916	31.39±1.57	2.56E-03±5.00E-04	0.9808
PBT树脂颗粒	27.00±0.60	0.116±0.009	0.9871	30.76±0.86	4.70E-03±6.00E-04	0.9890
PE微珠颗粒	117.91±5.27	1.007±0.160	0.9335	130.45±6.27	1.05E-02±2.40E-03	0.9502
PP微珠颗粒	140.21±2.54	0.569±0.041	0.9887	154.59±5.63	4.90E-03±9.00E-04	0.9708
PVC微珠颗粒	240.24±12.39	0.23±0.039	0.9563	287.17±17.7	9.00E-04±2.00E-04	0.9691

（三）树脂及微珠颗粒对土霉素的结合能力与吸附量比较

图8.31是6种树脂颗粒对土霉素的等温吸附曲线。可以看出，随着溶液中土霉素浓度的增加，除PVC以外的其余5种树脂颗粒对土霉素的吸附量均呈增加趋势；PVC树脂颗粒在土霉素浓度为20mg/L以下时呈现增加趋势，但土霉素浓度大于20mg/L后，却呈现略微下降趋势，表明PVC对土霉素的吸附位点非常有限。土霉素浓度大于20mg/L时，相同土霉素浓度下，PE树脂颗粒的吸附量最大，其次是PA、PBT、PET、PP树脂颗粒，PVC树脂颗粒吸附量最小。PE和PP树脂颗粒被认为是橡胶态塑料，而PVC树脂颗粒被认为是玻璃态塑料。许多结果表明，有机污染物在橡胶态塑料上的吸附比在玻璃态塑料上具有更高的亲和性。Teuten等（2007）的实验和模拟计算结果都表明，PE和PP可比PVC吸附更多的有机污染物。

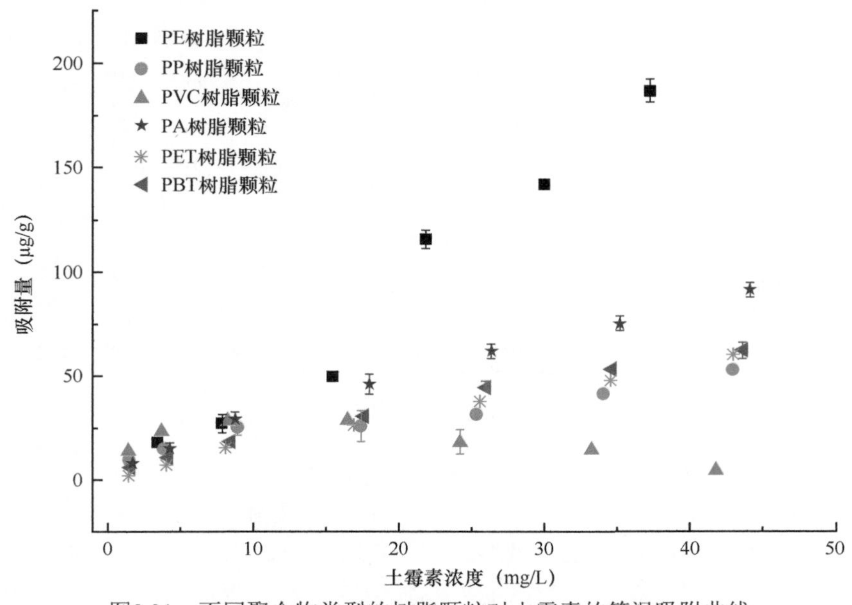

图8.31　不同聚合物类型的树脂颗粒对土霉素的等温吸附曲线

图8.32是3种微珠颗粒对土霉素的等温吸附曲线。可以看出，3种微珠颗粒对土霉素的吸附量均呈现随溶液中土霉素浓度增加而增加的趋势。同一土霉素浓度下，PP和PE微珠颗粒的吸附量差别不大，但都小于PVC微珠颗粒的吸附量，与树脂颗粒中的PVC树脂颗粒对土霉素的吸附量明显小于PE树脂颗粒和PP树脂颗粒不同，这可能与微珠颗粒中PVC的不规则形状和粗糙表面有关。

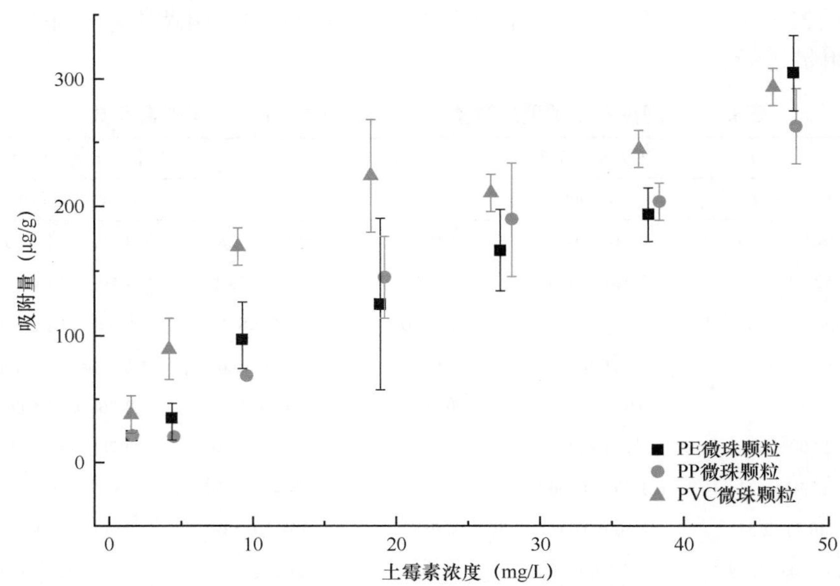

图8.32　不同聚合物类型的微珠颗粒对土霉素的等温吸附曲线

表8.6是上述9种微塑料颗粒对土霉素的等温吸附曲线拟合参数。可以看出，Freundlich（弗罗因德利希）模型拟合参数总体上相对较好，表明微塑料颗粒对土霉素的吸附机制以多层的非线性吸附为主；但PVC树脂颗粒对土霉素的等温吸附采用Langmuir模型的拟合度最高，表明PVC树脂颗粒对土霉素的吸附机制以单层饱和吸附为主，因此其饱和吸附量最低。

表8.6　不同聚合物类型的微塑料对土霉素的等温吸附拟合参数

微塑料样品	线性拟合		Langmuir拟合			Freundlich拟合		
	K_d（mL/g）	R^2	K_L	Q（μg/g）	R^2	K_f［(mg/kg) (mg/L)］$^{1/n}$	$1/n$	R^2
PE树脂颗粒	4.62±0.21	0.9862	0.000 019±0.008 46	247 351.9±1.12	0.9712	1.54±0.85	1.328±0.163	0.9850
PP树脂颗粒	1.27±0.13	0.9343	0.092±0.051	57.42±10.19	0.8886	7.07±1.53	0.515±0.063	0.9574
PVC树脂颗粒	2.26±0.66	0.7259	0.512±0.130	33.27±2.19	0.9452	14.56±2.97	0.266±0.093	0.7507
PA树脂颗粒	1.21±0.09	0.9879	0.014±0.003	230.5±34.2	0.9943	5.26±0.37	0.753±0.020	0.9981
PET树脂颗粒	1.43±0.04	0.9956	0.007±0.002	253.8±63.7	0.9961	2.41±0.20	0.851±0.024	0.9981
PBT树脂颗粒	1.54±0.07	0.9869	0.015±0.003	156.5±24.2	0.9935	3.77±0.27	0.744±0.021	0.9980
PE微珠颗粒	6.06±0.33	0.9791	0.035±0.010	338.6±55.8	0.9791	18.68±4.45	0.651±0.072	0.9712
PP微珠颗粒	5.82±0.30	0.9813	0.014±0.006	651.6±193.2	0.9787	12.89±3.98	0.779±0.087	0.9713
PVC微珠颗粒	7.38±0.97	0.8906	0.099±0.027	329.0±28.7	0.9525	54.54±12.75	0.435±0.070	0.9204

注：K_d-线性吸附系数；Q-吸附量；K_f-非线性吸附分配系数；R^2-相关系数；K_L：Langmuir吸附系数；Q：饱和吸附量；K_f和$1/n$：Freundlich吸附系数

在不同聚合物类型的树脂颗粒中，PE树脂颗粒的分配系数（K_d）值最大，并且非线性吸附参数（$1/n$）>1，表明PE树脂颗粒表面可以进一步增加对土霉素的吸附，因此，其对土霉素的吸附要比其他类型的树脂颗粒都强。而PA树脂颗粒的K_d值最小，表明其对土霉素的吸附能力最弱。3种不同聚合物类型的微珠颗粒中，PVC微珠颗粒对土霉素的吸附能力要强于其他两种类型的微珠颗粒，PE微珠颗粒略大于

PP微珠颗粒，但其差别小于不同聚合物类型的树脂颗粒对土霉素吸附的差异，可能是比表面积的增加掩盖了聚合物类型对土霉素吸附能力的差异。

二、潮滩风化聚苯乙烯发泡微塑料对土霉素的吸附与解吸

（一）潮滩风化聚苯乙烯发泡微塑料的表面特征

表8.7是潮滩风化微塑料样品与未风化微塑料样品的性质对比，两者的粒径大小、有机碳含量基本相同。但潮滩风化微塑料样品的比表面积、微孔面积均高于未风化微塑料样品，由于潮滩风化微塑料样品经过环境风化，表面粗糙，形状变形，多微孔，增大了比表面积，因此其在吸附过程中可能会有更多的吸附位点；同时，潮滩风化微塑料样品的平均孔径为5.1nm，远小于未风化微塑料样品，表明聚苯乙烯发泡塑料在潮滩风化过程中产生了更多的小孔径孔隙。此外，潮滩风化微塑料样品的表面电荷零点要略高于未风化微塑料样品，但均小于5.0。因此，在土霉素吸附的初始溶液pH=5.0条件下，两种微塑料样品表面均带负电荷。

表8.7　潮滩微塑料样品的基本理化特征

参数	未风化微塑料样品	风化微塑料样品
粒径大小（mm）	0.45～1	0.45～1
有机碳含量（%）	90.6	90.4
表面电荷零点	4.68	4.96
比表面积（m^2/g）	2.035	7.914
微孔面积（<2nm）（m^2/g）	0.000	0.495
平均孔径（nm）	39.3	5.1
孔容积（cm^3/g）	0.02	0.01

图8.33是潮滩风化与未风化微塑料样品表面的扫描电镜图，用于比较两种微塑料样品表面的结构与形貌特征。可以看出，未风化微塑料样品表面较光滑，无明显的裂纹、嵌起等；潮滩风化微塑料样品表面粗糙、多孔，这与比表面积和孔径分析的结果一致。Ashton等（2010）发现老化和极化微塑料的比表面积和多孔性增加，因此对金属的吸附能力增强。Antunes等（2013）认为微塑料多孔复杂，比表面积增加，

图8.33　潮滩风化与未风化微塑料样品的微观形貌图

会更多地吸附持久性有机污染物。

图8.34是潮滩风化微塑料样品和未风化微塑料样品的傅里叶红外谱图。可以看出，两者在2750～3200cm^{-1}和1500～2000cm^{-1}波段具有相同的聚苯乙烯特征峰，但在1000cm^{-1}左右，两者的峰形差别较大，其中潮滩风化微塑料样品的峰较宽且含氧吸收率较高，而1000cm^{-1}左右的峰主要为含氧的酯基团（C-O），这表明潮滩微塑料风化后含氧基团增加可能影响其对土霉素的吸附。

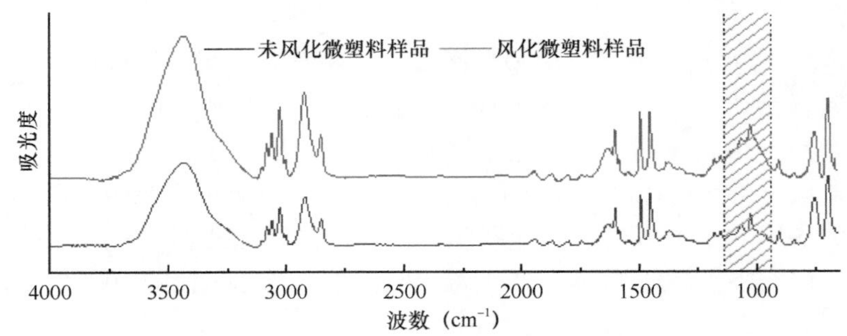

图8.34　潮滩风化与未风化微塑料样品的红外谱图

阴影部分显示的是酯键基团的振动

（二）潮滩风化聚苯乙烯发泡微塑料对土霉素的吸附和解吸

图8.35a是潮滩风化微塑料样品与未风化微塑料样品对土霉素的吸附动力学曲线。可以看出，两者对土霉素的吸附动力学曲线差异较大。潮滩风化微塑料样品在试验时间内（72h）一直保持较快的吸附速率，而未风化微塑料样品在前36h吸附速率较快，但在36h后，吸附减缓，吸附量基本保持不变，达到吸附平衡。利用动力学模型拟合发现，准二级动力学模型对两种微塑料均有很好的拟合效果，修正后R^2分别达到0.984和0.939。准二级动力学模型的拟合结果也显示，未风化微塑料样品更快地达到了吸附平衡，但潮滩风化微塑料样品对20mg/L的土霉素吸附平衡浓度是未风化微塑料样品的4倍以上。

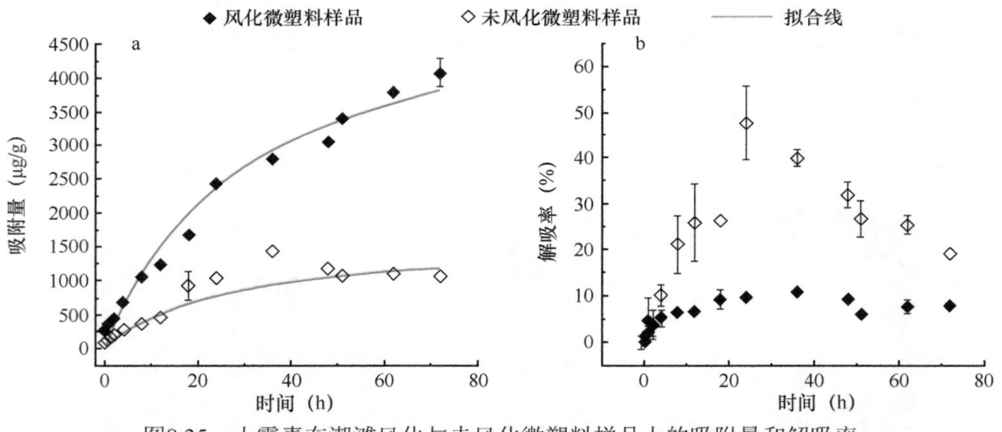

图8.35　土霉素在潮滩风化与未风化微塑料样品上的吸附量和解吸率

图8.35b是潮滩风化微塑料样品与未风化微塑料样品对土霉素的解吸动力学曲线。可以看出，潮滩风化微塑料样品吸附土霉素的解吸率基本在10%以下，但未风化微塑料样品的解吸率最高可达到50%左右。选取Elovich模型对解吸动力学进行拟合分析，根据b值的大小判断解吸速率的快慢，表8.8是数据的拟合结果。可见，未风化微塑料样品对土霉素的解吸速率是潮滩风化微塑料样品的4倍多。因此，微塑料表面风化后，对土霉素的平衡吸附量增加的同时，解吸速率降低，解吸量也减小。这可能是由于潮滩风化微塑料样品表面粗糙，吸附位点多，多微孔，土霉素分子容易进入微孔区域难以再释放。

表8.8　聚苯乙烯发泡微塑料对土霉素的吸附与解吸动力学拟合参数

EPS微塑料样品	准二级动力学拟合			解析动力学拟合（Elovich）	
	Q（μg/g）	K_2［μg/(g·h)］	R^2	b	R^2
未风化微塑料样品	1 598.8	0.000 024	0.939	6.37	0.629
风化微塑料样品	6 375.9	0.000 003 5	0.984	1.43	0.752

表8.9是对潮滩风化微塑料样品和未风化微塑料样品对土霉素等温吸附试验数据的拟合参数。分别采用了线性模型、Langmuir模型和Freundlich模型进行拟合分析。比较修正后的R^2可以看出，Freundlich模型对两种聚苯乙烯发泡微塑料样品都具有很好的拟合效果。这表明土霉素分子在聚苯乙烯发泡微塑料样品表面的吸附机制是非线性的多层吸附，其中$1/n$均小于1，表明两者表面对土霉素的吸附量均会随着土霉素分子的吸附而逐渐增加。K_f反映两种微塑料样品与土霉素的结合能力，值越大表明其与土霉素的结合能力越强。潮滩风化微塑料样品的K_f是未风化微塑料样品的2倍以上，表明潮滩风化微塑料样品对土霉素的吸附能力强于未风化微塑料样品，土霉素更容易吸附在潮滩风化微塑料样品上。因此，微塑料表面经过环境风化后，有富集环境中土霉素的可能。

表8.9　聚苯乙烯发泡微塑料对土霉素的等温吸附拟合参数

EPS微塑料样品	线性模型		
	K_d（mL/g）	K_{oc}（mL/g）	R^2
未风化微塑料样品	41.7±5.0	46.0±5.5	0.873
潮滩风化微塑料样品	428.4±15.2	474.0±16.8	0.988
	Langmuir模型		
	K_L	Q_{max}（μg/g）	R^2
未风化微塑料样品	0.17±0.06	1518.0±119.9	0.855
潮滩风化微塑料样品	0.022±0.006	27516.7±5120.3	0.987
	Freundlich模型		
	K_f［(mg/kg) (mg/L)］$^{1/n}$	$1/n$	R^2
未风化微塑料样品	425.3±45.6	0.322±0.03	0.940
潮滩风化微塑料样品	893.9±83.8	0.749±0.03	0.993

注：K_{oc}通过K_{oc}=K_d/f_{oc}计算，其中f_{oc}是样品的有机碳含量；K_{oc}是线性吸附系数

（三）pH和离子类型对吸附土霉素的影响

图8.36是土霉素在潮滩风化微塑料样品和未风化微塑料样品上的吸附量随着pH的变化情况及土霉素分子形态随着pH的变化特征。在pH＜5时，微塑料表面以带正电荷为主，此时土霉素分子也带正电荷，两者之间受静电排斥，吸附量小；但随着pH增加，带正电荷的土霉素比例减小，中性分子所占比例增加，微塑料表面的吸附量增加。pH=5时，土霉素以中性分子为主，不带电荷，微塑料表面带弱负电荷，此时潮滩风化微塑料样品和未风化微塑料样品对土霉素的吸附量均达到最大。随着pH进一步增大，土霉素分子从中性分子转变为以带负电荷为主的离子，此时微塑料表面以带负电荷为主，两者受静电排斥随着土霉素阴离子比例的增加而加强，吸附量降低。这与Yang等（2011）研究土霉素在多孔树脂上受到pH的影响结果相同。因此，土霉素在聚苯乙烯发泡微塑料表面的吸附主要受静电作用的影响，并且这种静电作用在潮滩风化微塑料样品表面表现得更为明显。

图8.37反映了不同类型的阴阳离子对聚苯乙烯发泡微塑料吸附土霉素的影响。可以看出，随不同离子含量增加，土霉素在潮滩风化微塑料样品和未风化微塑料样品表面的吸附量均呈现下降趋势，这表明离子间竞争作用影响微塑料表面对土霉素的吸附作用。但不同的离子对聚苯乙烯发泡微塑料吸附土霉素的

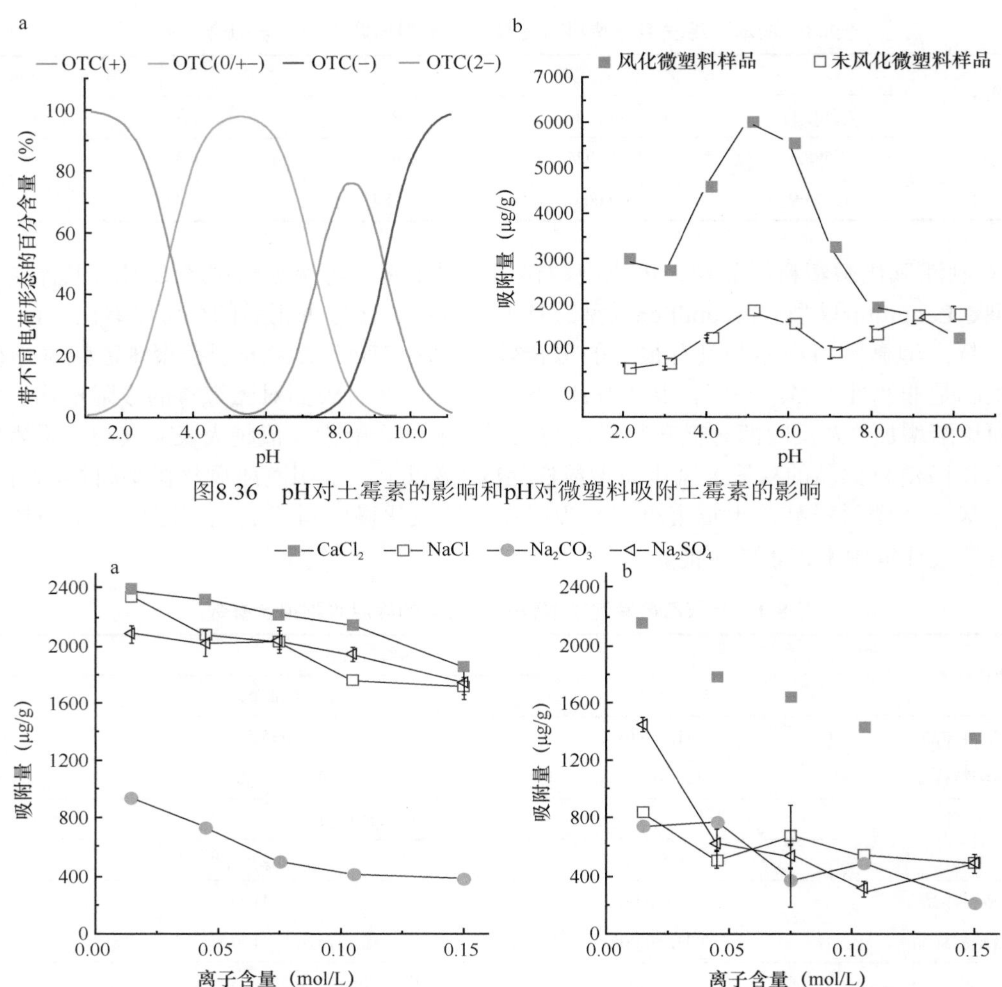

图8.36　pH对土霉素的影响和pH对微塑料吸附土霉素的影响

图8.37　离子类型和强度对潮滩风化（a）与未风化（b）微塑料样品吸附土霉素的影响

影响是有明显差别的。其中，Ca^{2+}的影响最为显著，Ca^{2+}的加入使土霉素在潮滩风化与未风化微塑料样品表面的吸附量均有增加，但Ca^{2+}对未风化微塑料样品的影响更大。这可能是由于Ca^{2+}可通过与土霉素络合形成桥键，增强未风化微塑料样品表面对土霉素的吸附，但由于土霉素在潮滩风化微塑料样品表面的吸附主要受静电作用控制，因此桥键作用影响相对较小。阴离子方面，Cl^-和SO_4^{2-}对聚苯乙烯发泡微塑料吸附土霉素的影响不大，但CO_3^{2-}对潮滩风化微塑料样品吸附土霉素的影响较大，这主要是由于Na_2CO_3的pH高（pH＞10），碱性条件使微塑料对土霉素的吸附减弱。

第三节　总结与展望

在我国北方典型沿海海滩（旅游滩或荒滩）、河口、养殖区和渔船码头区潮滩土壤或沉积物中均存在颗粒类（聚乙烯）、发泡类（聚苯乙烯）、纤维类（低密度聚乙烯）、碎片类（聚乙烯或聚丙烯）和薄膜类（聚丙烯）微塑料，其中以发泡类为主，占57.53%～92.13%，其次是碎片类，而颗粒类和薄膜类较少。环境中的微塑料样品表面粗糙，呈现明显的裂纹等不均质现象；同时，表面裂缝中夹杂着土壤颗粒等杂质或者附着铁氧化物等物质；一些微塑料表面还观察到疑似藻类的生物有机体和疑似石油的黑色油状物质等附着物。渤海环境中的微塑料类型总体以纤维类为主。在表层海水、近海水柱和海底沉积物中发现的最大密度纤维类微塑料均为聚酯类，而最大密度碎片类微塑料分别是聚苯乙烯、聚对苯二甲酸乙二醇酯和聚氯乙烯，最大密度随深度递增；微塑料的密度大小影响碎片类微塑料在不同水层中的分布情况。微塑料的颗粒大小也随着深度的增加呈规律性分布。近海水层中，粒径小于300μm和纤维类的微塑料比例有递增的趋势，这表明较小的微塑料和纤维类微塑料更容易迁移至下层水体。不同聚合物类型的树脂及微珠颗粒对土霉素的吸附动力学均存在快速吸附和慢吸附两个阶段，两者对土霉素的吸附行为均符合准一级动力学模型，但微珠颗粒达到吸附平衡的时间更短。潮滩风化聚苯乙烯发泡微塑料对土霉素的平衡吸附量是未风化聚苯乙烯发泡微塑料的4倍以上，表明聚苯乙烯发泡微塑料经过潮滩长期风化后能显著增加对土霉素的吸附量。静电作用是控制聚苯乙烯发泡微塑料对土霉素吸附的主要机制，同时，离子间竞争作用亦会影响聚苯乙烯发泡微塑料对土霉素的吸附，其中Ca^{2+}与土霉素络合形成桥键作用会增强微塑料表面对土霉素的吸附，特别是未风化聚苯乙烯发泡微塑料表面对土霉素的吸附。

目前，我国有关微塑料的研究较少，对其污染及危害的认识还很不足。未来，对于微塑料的研究，应注重室外调查和室内模拟、静态与动态相结合的研究过程。应着重关注：从静态观测走向动态监测，实现微塑料研究方法学上的创新；注重微塑料在环境中的老化过程与改变机制；从时空动态的角度认识和了解微塑料污染的过程；探索环境中微塑料与污染物相互作用的动态变化过程；关注微塑料在食物链甚至是食物网中的传递与富集对其表面负载污染物的生物富集作用及其对人体健康的风险；建立海岸环境微塑料污染的管理支撑技术体系，海陆统筹地研究建立相关的分析监测方法、标准、政策和法规。

参考文献

国家海洋局. 2017. 2016年中国海洋环境状况公报. 索引号: 00014189/2017-03498.

靳向煜, 朱远胜, 王俊. 2000. 围海造地中的充泥管袋应用研究. 纺织学报, 21(5): 56-59.

李小建, 徐家伟, 任星, 等. 2012. 黄河沿岸人地关系与发展. 人文地理, 27(1): 1-5.

邵秘华, 张素香, 马嘉蕊. 1997. 略论浊度标准、单位和测量仪器的研究与进展. 海洋技术, 16(4): 50-61.

司建文. 2005. 海洋环境参数监测技术检测方法汇编. 北京: 海洋出版社.

陶建基, 虞荣钟, 武永斌. 1998. 塑料编织袋在永兴围垦水闸围堰施工中的应用. 浙江水利科技, 4: 42-43.

魏皓, 田甜, 周锋. 2002. 渤海水交换的数值研究——水质模型对半交换时间的模拟. 青岛海洋大学学报, 32(4): 519-525.

张志欣. 2014. 中国近海沿岸流及毗邻流系的观测与分析研究. 中国海洋大学博士学位论文.

周倩. 2016. 典型滨海潮滩和近海环境中微塑料污染特征与生态风险. 中国科学院烟台海岸带研究所硕士学位论文.

周倩, 章海波, 李远, 等. 2015. 海岸环境中微塑料污染及其生态效应研究进展. 科学通报, 60(33): 3210-3220.

Antunes J C, Frias J G L, Micaelo A C, et al. 2013. Resin pellets from beaches of the Portuguese coast and adsorbed persistent organic pollutants. Estuarine, Coastal and Shelf Science, 130: 62-69.

Ashton K, Holmes L, Turner A. 2010. Association of metals with plastic production pellets in the marine environment. Marine Pollution Bulletin, 60(11): 2050-2055.

Barnes D K A. 2002. Biodiversity: invasions by marine life on plastic debris. Nature, 416(6883): 808-809.

Browne M A, Crump P, Niven S J, et al. 2011. Accumulation of microplastic on shorelines woldwide: sources and sinks. Environmental Science & Technology, 45(21): 9175-9179.

Browne M A, Galloway T S, Thompson R C. 2010. Spatial patterns of plastic debris along estuarine shorelines. Environmental Science & Technology, 44(9): 3404-3409.

Carson H S, Nerheim M S, Carroll K A, et al. 2013. The plastic-associated microorganisms of the North Pacific Gyre. Marine Pollution Bulletin, 75(1): 126-132.

Claessens M, De Meester S, Van Landuyt L, et al. 2011. Occurrence and distribution of microplastics in marine sediments along the Belgian coast. Marine Pollution Bulletin, 62(10): 2199-2204.

Cole M, Lindeque P, Halsband C, et al. 2011. Microplastics as contaminants in the marine environment: A review. Marine Pollution Bulletin, 62(12): 2588-2597.

Corcoran P L, Biesinger M C, Grifi M. 2009. Plastics and beaches: A degrading relationship. Marine Pollution Bulletin, 58(1): 80-84.

Courtene-Jones W, Quinn B, Gary S F, et al. 2017. Microplastic pollution identified in deep-sea water and ingested by benthic invertebrates in the Rockall Trough, North Atlantic Ocean. Environmental Pollution, 231: 271-280.

Cózar A, Sanz-Martín M, Martí E, et al. 2015. Plastic accumulation in the Mediterranean Sea. Plos One, 10(4): e0121762.

Desforges J P W, Galbraith M, Dangerfield N, et al. 2014. Widespread distribution of microplastics in subsurface seawater in the NE

Pacific Ocean. Marine Pollution Bulletin, 79(1): 94-99.

Dris R, Gasperi J, Saad M, et al. 2016. Synthetic fibers in atmospheric fallout: a source of microplastics in the environment? Marine Pollution Bulletin, 104(1-2): 290-293.

Dubaish F, Liebezeit G. 2013. Suspended microplastics and black carbon particles in the Jade system, southern North Sea. Water Air and Soil Pollution, 224(2): 1352.

Fazey F M C, Ryan P G. 2016. Biofouling on buoyant marine plastics: an experimental study into the effect of size on surface longevity. Environmental Pollution, 210: 354-360.

Fendall L S, Sewell M A. 2009. Contributing to marine pollution by washing your face: Microplastics in facial cleansers. Marine Pollution Bulletin, 58(8): 1225-1228.

Fok L, Cheung P K. 2015. Hong Kong at the Pearl River Estuary: a hotspot of microplastic pollution. Marine Pollution Bulletin, 99(1): 112-118.

Fotopoulou K N, Karapanagioti H K. 2012. Surface properties of beached plastic pellets. Marine Environmental Research, 81: 70-77.

Free C M, Jensen O P, Mason S A, et al. 2014. High-levels of microplastic pollution in a large, remote, mountain lake. Marine Pollution Bulletin, 85(1): 156-163.

Frere L, Paul-Pont I, Rinnert E, et al. 2017. Influence of environmental and anthropogenic factors on the composition, concentration and spatial distribution of microplastics: A case study of the Bay of Brest (Brittany, France). Environmental Pollution, 225: 211-222.

Gregory M R. 2009. Environmental implications of plastic debris in marine settings—entanglement, ingestion, smothering, hangers-on, hitch-hiking and alien invasions. Philosophical Transactions of the Royal Society of London B: Biological Sciences, 364(1526): 2013-2025.

Harrison J P, Schratzberger M, Sapp M, et al. 2014. Rapid bacterial colonization of low-density polyethylene microplastics in coastal sediment microcosms. BMC Microbiology, 14(1): 232.

Heo N W, Hong S H, Han G M, et al. 2013. Distribution of small plastic debris in cross-section and high strandline on Heungnam beach, South Korea. Ocean Science Journal, 48(2): 225-233.

Holmes L A, Turner A, Thompson R C. 2012. Adsorption of trace metals to plastic resin pellets in the marine environment. Environmental Pollution, 160: 42-48.

Imhof H K, Ivleva N P, Schmid J, et al. 2013. Contamination of beach sediments of a subalpine lake with microplastic particles. Current Biology, 23(19): R867-R868.

Kang J H, Kwon O Y, Lee K W, et al. 2015. Marine neustonic microplastics around the southeastern coast of Korea. Marine Pollution Bulletin, 96(1-2): 304-312.

Kooi M, Reisser J, Slat B, et al. 2016. The effect of particle properties on the depth profile of buoyant plastics in the ocean. Scientific Reports, 6: 33882.

Kwon B G, Koizumi K, Chung S Y, et al. 2015. Global styrene oligomers monitoring as new chemical contamination from polystyrene plastic marine pollution. Journal of Hazardous Materials, 300: 359-367.

Lebreton L C, Greer S D, Borrero J C. 2012. Numerical modelling of floating debris in the world's oceans. Marine Pollution Bulletin, 64(3): 653-661.

Lee H. 2013. Plastics at sea (microplastics): a potential risk for Hong Kong. The University of Hong Kong.

Lee J, Hong S, Song Y K, et al. 2013. Relationships among the abundances of plastic debris in different size classes on beaches in South Korea. Marine Pollution Bulletin, 77(1): 349-354.

Lee J, Lee J S, Jang Y C, et al. 2015. Distribution and size relationships of plastic marine debris on beaches in South Korea. Archives of Environmental Contamination and Toxicology, 69(3): 288-298.

Lusher A L, Burke A, Ian O'Connor, et al. 2014. Microplastic pollution in the Northeast Atlantic Ocean: Validated and opportunistic sampling. Marine Pollution Bulletin, 88(1-2): 325-333.

Lusher A L, Tirelli V, O'Connor, I, et al. 2015. Microplastics in Arctic polar waters: the first reported values of particles in surface and sub-surface samples. Scientific Reports, 5: 14947.

Mathalon A, Hill P. 2014. Microplastic fibers in the intertidal ecosystem surrounding Halifax Harbor, Nova Scotia. Marine Pollution Bulletin, 81(1): 69-79.

McCormick A, Hoellein T J, Mason S A, et al. 2014. Microplastic is an abundant and distinct microbial habitat in an urban river. Environmental Science & Technology, 48(20): 11863-11871.

McDermid K J, McMullen T L. 2004. Quantitative analysis of small-plastic debris on beaches in the Hawaiian archipelago. Marine Pollution Bulletin, 48(7): 790-794.

Nel H A, Froneman P W. 2015. A quantitative analysis of microplastic pollution along the south-eastern coastline of South Africa. Marine Pollution Bulletin, 101(1): 274-279.

Ng K L, Obbard J P. 2006. Prevalence of microplastics in Singapore's coastal marine environment. Marine Pollution Bulletin, 52(7): 761-767.

Nor N H M, Obbard J P. 2014. Microplastics in Singapore's coastal mangrove ecosystems. Marine Pollution Bulletin, 79(1-2): 278-283.

Noren F. 2007. Small plastic particles in Coastal Swedish waters. KIMO Sweden.

Rech S, Macaya-Caquilpán V, Pantoja J F, et al. 2014. Rivers as a source of marine litter–a study from the SE Pacific. Marine Pollution Bulletin, 82(1): 66-75.

Reisser J, Shaw J, Hallegraeff G, et al. 2014. Millimeter-sized marine plastics: a New pelagic habitat for microorganisms and invertebrates. Plos One, 9(6): e100289.

Ryan P G. 2015. Does size and buoyancy affect the long-distance transport of floating debris? Environmental Research Letter, 10(8): 1-6.

Song Y K, Hong S H, Jang M, et al. 2014. Large accumulation of micro-sized synthetic polymer particles in the sea surface microlayer. Environmental Science & Technology, 48(16): 9014-9021.

Song Y K, Hong S H, Jang M, et al. 2015. Occurrence and distribution of microplastics in the sea surface microlayer in Jinhae Bay, South Korea. Archives of Environmental Contamination and Toxicology, 69(3): 279-287.

Tanaka K, Takada H, Yamashita R, et al. 2013. Accumulation of plastic-derived chemicals in tissues of seabirds ingesting marine plastics. Marine Pollution Bulletin, 69(1): 219-222.

Teuten E L, Rowland S J, Galloway T S, et al. 2007. Potential for plastics to transport hydrophobic contaminants. Environmental Science & Technology, 41(22): 7759-7764.

Vianello A, Boldrin A, Guerriero P, et al. 2013. Microplastic particles in sediments of Lagoon of Venice, Italy: First observations on occurrence, spatial patterns and identification. Estuarine, Coastal and Shelf Science, 130: 54-61.

Wang J D, Tan Z, Peng J P, et al. 2016. The behaviors of microplastics in the marine environment. Marine Environment Research, 113: 7-17.

Wright S L, Thompson R C, Galloway T S. 2013. The physical impacts of microplastics on marine organisms: a review. Environmental Pollution, 178: 483-492.

Yang W, Zheng F, Lu Y, et al. 2011. Adsorption interaction of tetracyclines with porous synthetic resins. Industrial & Engineering Chemistry Research, 50(24): 13892-13898.

Zhang H. 2017. Transport of microplastics in coastal seas. Estuarine, Coastal and Shelf Science, 199: 74-86.

Zhao S, Zhu L, Li D. 2015a. Characterization of small plastic debris on tourism beaches around the South China Sea. Regional Studies in Marine Science, 1: 55-62.

Zhao S, Zhu L, Li D. 2015b. Microplastic in three urban estuaries, China. Environmental Pollution, 206: 597-604.

Zhao S, Zhu L, Wang T, et al. 2014. Suspended microplastics in the surface water of the Yangtze Estuary System, China: First observations on occurrence, distribution. Marine Pollution Bulletin, 86(1-2): 562-568.

Zurcher N A. 2009. Small plastic debris on beaches in Hong Kong: an initial investigation. The University of Hong Kong.

McDermid K J, McMullen T L. 2004. Quantitative analysis of small-plastic debris on beaches in the Hawaiian archipelago. Marine Pollution Bulletin, 48(7-8): 790-794.
Nel H A, Froneman P W. 2015. A quantitative analysis of microplastic pollution along the south-eastern coastline of South Africa. Marine Pollution Bulletin, 101(1): 274-279.
Ng K L, Obbard J P. 2006. Prevalence of microplastics in Singapore's coastal marine environment. Marine Pollution Bulletin, 52(7): 761-767.
Nor N H M, Obbard J P. 2014. Microplastics in Singapore's coastal mangrove ecosystems. Marine Pollution Bulletin, 79(1-2): 278-283.
Norén F. 2007. Small plastic particles in Coastal Swedish waters. KIMO Sweden.
Reed S, [illegible] V, [illegible], et al. 2014. [illegible] St Paul [illegible]. Marine Pollution Bulletin, 82(1): 66-75.
Reisser J, Shaw J, Hallegraeff G, et al. 2014. Millimeter-sized marine plastics: a new pelagic habitat for microorganisms and invertebrates. Plos One, 9(6): e100289.
Ryan P G. 2015. Does size and buoyancy affect the long-distance transport of floating debris? Environmental Research Letters, 10(8): 084019.
Song Y K, Hong S H, Jang M, et al. 2014. Large accumulation of micro-sized synthetic polymer particles in the sea surface microlayer. Environmental Science & Technology, 48(16): 9014-9021.
Song Y K, Hong S H, Jang M, et al. 2015. Occurrence and distribution of microplastics in the sea surface microlayer in Jinhae Bay, South Korea. Archives of Environmental Contamination and Toxicology, 69(3): 279-287.
Tanaka K, Takada H, Yamashita R, et al. 2013. Accumulation of plastic-derived chemicals in tissues of seabirds ingesting marine plastics. Marine Pollution Bulletin, 69(1-2): 219-222.
Teuten E L, Rowland S J, Galloway T S, et al. 2007. Potential for plastics to transport hydrophobic contaminants. Environmental Science & Technology, 41(22): 7759-7764.
Vianello A, Boldrin A, Guerriero P, et al. 2013. Microplastic particles in sediments of Lagoon of Venice, Italy: First observations on occurrence, spatial patterns and identification. Estuarine, Coastal and Shelf Science, 130: 54-61.
Wang J, Tan Z, Peng J P, et al. 2016. The behaviors of microplastics in the marine environment. Marine Environmental Research, 113: 7-17.
Wright S L, Thompson R C, Galloway T S. 2013. The physical impacts of microplastics on marine organisms: a review. Environmental Pollution, 178: 483-492.
Yang W, Zheng J, Liu X, et al. 2011. Adsorption investigation of [illegible] with [illegible] synthetic [illegible]. Industrial & Engineering Chemistry Research, 50(23): 13892-13898.
Zhang H. 2017. Transport of microplastics in coastal seas. Estuarine, Coastal and Shelf Science, 199: 74-86.
Zhao S, Zhu L, Li D. 2015a. Characterization of small plastic debris on tourism beaches around the South China Sea. Regional Studies in Marine Science, 1: 55-62.
Zhao S, Zhu L, Li D. 2015b. Microplastic in three urban estuaries, China. Environmental Pollution, 206: 597-604.
Zhao S, Zhu L, Wang T, et al. 2014. Suspended microplastics in the surface water of the Yangtze Estuary System, China: first observations on occurrence, distribution. Marine Pollution Bulletin, 86(1-2): 562-568.
Zhou Y A. 2009. Small plastic debris on beaches in Hong Kong: an initial investigation. The University of Hong Kong.

第九章

渤海区域大气颗粒物污染特征及多环芳烃沉降通量①

① 本章作者：田崇国，王晓平，宗政，孙溶

渤海是由辽东半岛与山东半岛环抱，从黄海经渤海海峡而伸入华北平原的半封闭内海。渤海毗邻北京、天津、辽宁、河北和山东三省两市，形成以辽东半岛、山东半岛、京津冀为主的环渤海综合经济圈，成为继珠江三角洲和长江三角洲之后中国经济增长的第三极。

随着经济社会的快速发展，环渤海地区开发强度持续加大，陆源污染物入海量不断增加。渤海作为近封闭的浅海，其自净能力和与外海的交换能力较低，对污染物的容纳能力有限，渤海海域生态环境正在承受着前所未有的巨大压力。

为全面地认识渤海大气的污染现状及其可能对渤海生态环境的影响，本章利用在砣矶岛、北隍城岛、屺岈岛和黄河三角洲采集的$PM_{2.5}$样品，分析渤海大气$PM_{2.5}$的浓度水平、组成特征和污染源贡献，并利用砣矶岛$PM_{2.5}$样品评估多环芳烃（PAHs）的沉降入海通量。

第一节　砣矶岛$PM_{2.5}$污染特征

砣矶岛位于山东省长岛县，地处渤海与北黄海的交界处，南距山东半岛的蓬莱约40km，北距大连的老铁山约70km，西隔渤海与天津相望，约300km，东距朝鲜半岛约350km，岛岸线长17.68km，最高海拔198.9m（双顶山），占地面积7.1km^2。目前该岛在册人口8000余人，常住人口为2000人左右。砣矶岛经济属典型的渔业经济，以捕捞业和养殖业为主，受交通、资源、场地制约，该岛工业发展一直滞后，电力供应主要依靠风力发电与海底电缆供电。砣矶岛国家大气背景监测站位于砣矶岛的双顶山侧峰山顶（38.19°N，120.74°E），海拔为153m，西邻悬崖，东南方距离居民集中的砣矶镇约3km（直线距离），站位开阔，无气流阻碍。

2011年8月，砣矶岛国家大气环境背景监测站正式运行。本研究从2011年11月开始在该站点采样平台系统采集大流量$PM_{2.5}$样品。监测站采样平台距离地面约10m。自2011年11月开始，利用澳大利亚Ecotech公司的HiVol3000型大流量$PM_{2.5}$采样器，每3d采集一张24h的$PM_{2.5}$样品，采样流速为1.13m^3/min，滤膜为Whatman公司的25.4cm×20.3cm石英纤维滤膜。每次采样时间从上午10:00至次日上午10:00，即持续时间为24h，如遇到雨、雪天或强风等天气条件，采样时间根据天气变化顺延。采样前将石英纤维滤膜用铝箔包裹成信封状在500℃高温持续烧8h以去除有机杂质，再放入25℃、50%的恒温恒湿箱内平衡24h。然后利用电子分析天平进行称量，称量精度为±0.01mg，称量时的温度和湿度保持与恒温恒湿箱的条件相同，所有的样品均重复称量3次。试验测定偏差范围小于5%的质量总量。将称量好的样品封于密实袋中，置于–18℃以下保存直到分析，以避免污染。

一、$PM_{2.5}$质量浓度及其成分组成

2011年11月至2013年1月，采集的123个样品的$PM_{2.5}$质量浓度为（53.5±35.5）μg/m^3，范围为7.8～144.2μg/m^3。按3～5月为春季、6～8月为夏季、9～11月为秋季和12月至次年2月为冬季将样品进行划分，$PM_{2.5}$浓度表现出2012年春季［（78.2±35.1）μg/m^3］＞2012年夏季［（50.6±36.6）μg/m^3］＞2012年冬季［（55.1±38.0）μg/m^3］＞2012年秋季［（44.8±30.2）μg/m^3］＞2011年冬季［（39.9±27.8）μg/m^3］＞2011年秋季［（35.1±20.7）μg/m^3］。

采样期间，$PM_{2.5}$中有机碳（OC）浓度均值为（4.1±2.8）μg/m^3，浓度范围为0.2～14.7μg/m^3；元素碳（EC）浓度均值为（2.0±1.3）μg/m^3，浓度范围为0.02～13.6μg/m^3。OC占$PM_{2.5}$质量浓度的比例算术平均值为8.4%，范围为1.1%～39.3%；EC占$PM_{2.5}$质量浓度的比例算术平均值为4.0%，范围为0.03%～17.2%；OC和EC之和占$PM_{2.5}$质量浓度的比例算术平均值为12.4%，范围为1.5%～50.1%。

从季节上看，2012年春季OC浓度的均值达到（5.0±2.0）μg/m^3，为总体平均水平的1.2倍，同年冬季OC浓度的均值达到（5.3±3.2）μg/m^3，为总体平均水平的1.3倍，这两个季节的OC浓度水平基本相当，其他几个季节的OC浓度均低于总体平均水平，可见OC的高浓度主要出现在2012年春季和冬季。类似于OC浓度季节性变化的分析，2011年秋季EC浓度的均值为（3.8±2.1）μg/m^3，为总体平均水平的1.9倍，

同年冬季EC浓度的均值为（3.3±3.4）$\mu g/m^3$，为总体平均水平的1.7倍，这两个季节的EC浓度水平基本相当，明显高于其他季节，可见EC的高浓度主要出现在2011年的秋季和冬季。

每个月选取5个$PM_{2.5}$样品进行了水溶性离子分析。全部样品水溶性离子均值从大到小依次为SO_4^{2-}（10.75$\mu g/m^3$）＞NO_3^-（7.07$\mu g/m^3$）＞NH_4^+（2.63$\mu g/m^3$）＞K^+（0.69$\mu g/m^3$）＞Cl^-（0.49$\mu g/m^3$）＞Na^+（0.42$\mu g/m^3$）＞Ca^{2+}（0.29$\mu g/m^3$）＞Mg^{2+}（0.04$\mu g/m^3$）。SO_4^{2-}、NO_3^-和NH_4^+占水溶性离子的比例较大，分别为48.0%、31.6%、11.8%，合计为91.4%；总体上表现为2012年春季的水溶性离子处于较高水平，如SO_4^{2-}（10.14$\mu g/m^3$）、NO_3^-（9.65$\mu g/m^3$）、K^+（0.91$\mu g/m^3$）、Cl^-（0.44$\mu g/m^3$）和Ca^{2+}（0.34$\mu g/m^3$），这5种离子浓度的最高值及NH_4^+（2.53$\mu g/m^3$）的次高值出现在春季；2012年夏季水溶性离子处于较低水平，如NO_3^-（2.79$\mu g/m^3$）、K^+（0.21$\mu g/m^3$）、Cl^-（0.08$\mu g/m^3$）和Na^+（0.30$\mu g/m^3$），这4种离子浓度的最低值出现在夏季。

SO_4^{2-}、NO_3^-和NH_4^+这3种离子占$PM_{2.5}$质量浓度的比例最大，三者之和为33%。就季节贡献而言，2012年夏季水溶性离子的贡献比例最高（均值为36.6%），次高值出现在2011年冬季和2012年冬季（2011年冬季为33.3%，2012年冬季为35.1%），贡献最低的时期为2012年春季和秋季（2012年春季为29.1%，2012年秋季为32.3%）。

每个月选取5个$PM_{2.5}$样品进行了10种金属元素分析。分析的10种元素占$PM_{2.5}$质量浓度的1.6%，范围为0.4%～6.0%，总体上处于较低的水平。2011年冬及2012年春、夏、秋、冬季5个季节的10种元素占$PM_{2.5}$质量浓度的比例分别为1.8%（范围为0.5%～5.2%）、1.8%（范围为0.6%～2.6%）、1.3%（范围为0.4%～6.0%）、2.0%（范围为0.5%～4.8%）和1.5%（范围为0.8%～3.4%）。分析的10种元素中，Fe的富度最高，按全部样品计算均值浓度为0.53$\mu g/m^3$，占10种元素浓度之和的50.1%，存在一定的季节性变化，2012年春季最高，浓度为0.99$\mu g/m^3$，比例达到66.2%，2012年夏季最低，浓度为0.33$\mu g/m^3$，比例仅为38.9%。其次是Mn，按全部样品计算均值浓度为0.20$\mu g/m^3$，占10种元素浓度之和的20.7%，也存在一定的季节性变化，2012年夏季最高，浓度为0.24$\mu g/m^3$，比例达到28.5%，2012年冬季最低，浓度为0.07$\mu g/m^3$，比例仅为9.8%。Zn和Pb的贡献比例相近，按全部样品计算均值浓度均为0.10$\mu g/m^3$，均占10种元素浓度之和的10%，这两个元素的季节性变化规律一致，高比例出现在2012年冬季，Pb和Zn平均浓度分别为0.098$\mu g/m^3$和0.103$\mu g/m^3$，经过修约后为0.10$\mu g/m^3$，比例分别达到14.5%和15.9%，低比例出现在2012年春季，浓度分别为0.12$\mu g/m^3$和0.09$\mu g/m^3$，比例分别达到7.7%和5.8%。这4种元素占10种元素浓度之和的96.7%。

二、$PM_{2.5}$的来源解析

$PM_{2.5}$中的主要成分包括含碳物质［如元素碳（EC）和有机质（OM）］、水溶性离子（如硫酸盐、硝酸盐和铵盐）和几乎不溶无机物（金属元素等）三类。因现有技术不能将有机物全部识别出来，通常利用有机质（OM）中的碳质成分评估有机质的含量。一般认为$PM_{2.5}$中OM和OC的比值介于1.2～1.8，用于代表新生气溶胶或老化气溶胶；1.2常用于距离排放源比较近的区域，而1.8则用于代表气溶胶老化的背景区域（Xing et al.，2013）。几乎不溶无机物则是通过测定其内部的元素含量，利用一些经验公式换算为其氧化物，或直接估算矿物成分的含量，一般是利用Al、Si、Ca、Fe、Ti等矿物元素进行估算（曹军骥，2014）。将分析的砣矶岛$PM_{2.5}$中这三类成分汇总，了解其对$PM_{2.5}$质量浓度的贡献，见图9.1。按平均水平来看，$PM_{2.5}$质量浓度为57.6$\mu g/m^3$，其中OC、EC、水溶性离子和金属元素的质量浓度分别为4.4$\mu g/m^3$、2.2$\mu g/m^3$、21.6$\mu g/m^3$、1.0$\mu g/m^3$，其他成分质量浓度为28.5$\mu g/m^3$，占$PM_{2.5}$质量浓度的比例依次为8%、4%、37%、

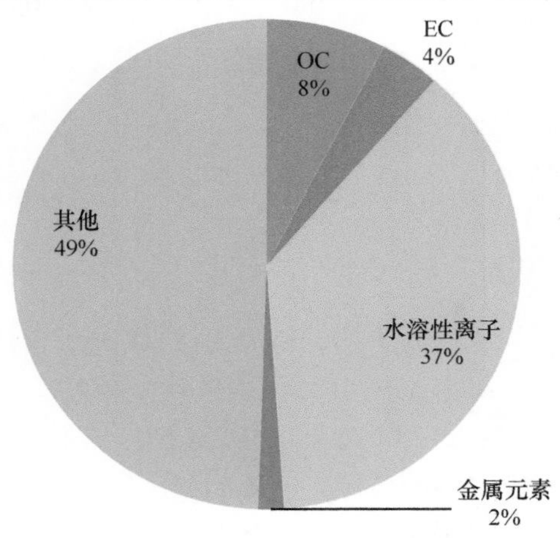

图9.1　砣矶岛$PM_{2.5}$内部平均化学组成

2%和49%。可见，其他成分的比例是最大的，这部分包括OM与OC的差值，元素氧化物与元素之间的差值、一些缺测的成分及未识别的成分。

因本研究利用石英纤维滤膜采集$PM_{2.5}$样品，采样前后利用铝箔保护，故硅和铝等成分不可测。因此，本研究利用25倍的Fe含量的方法估算矿物成分的含量（Cao et al.，2012）。砣矶岛地处渤海中部，大气中的有机成分在传输过程中有一定程度的老化，Xing等（2013）估算的我国气溶胶中OM和OC比值的平均水平为1.6，Feng等（2012）在距砣矶岛不远的长岛应用1.6倍OC的比例估算了OM，故本研究利用1.6倍的OC估算OM的含量。因砣矶岛地处渤海中部，将海盐贡献考虑在内，按2.54倍Na^+浓度估算（Zhang et al.，2013）。同时参考其他研究（Cao et al.，2012；Zhang et al.，2013），考虑到SO_4^{2-}、NO_3^-、NH_4^+是砣矶岛$PM_{2.5}$样品中的主要成分，以及K^+具有一定的指示意义，将这4种离子单独列出，计算的年均和分季节的$PM_{2.5}$化学质量平衡分别见图9.2和图9.3。

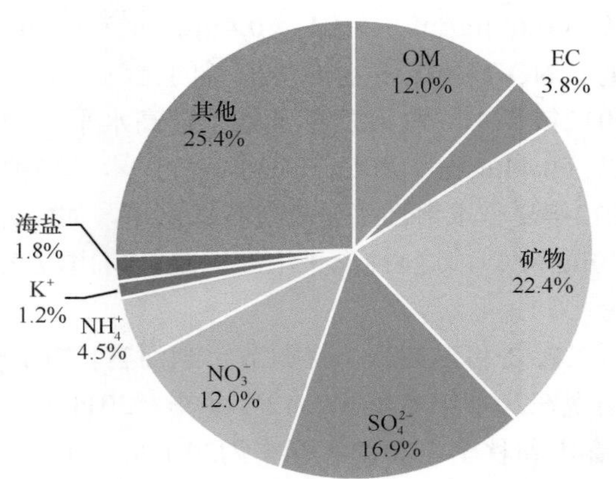

图9.2　砣矶岛年均$PM_{2.5}$化学质量平衡

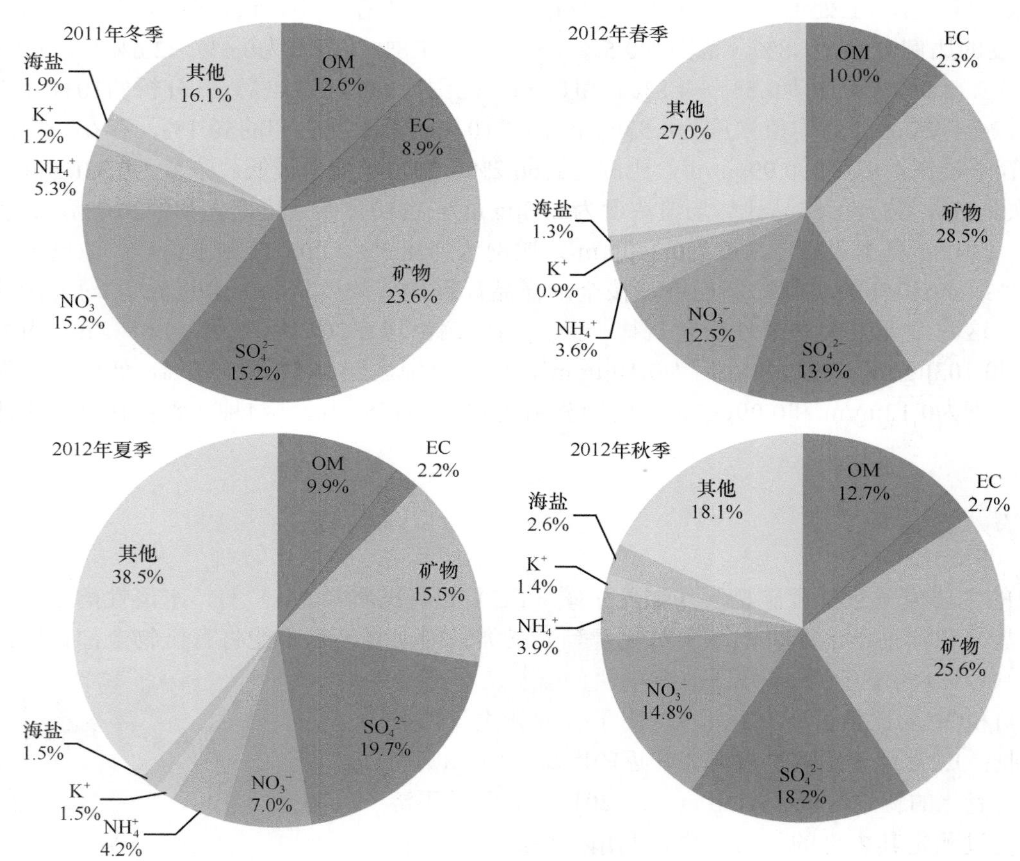

图9.3　砣矶岛季节$PM_{2.5}$化学质量平衡

从年均来看，未识别的成分所占比例最大，达到25.4%。已知成分中水溶性离子所占比例最大，各成分所占比例由大到小依次是矿物、SO_4^{2-}、NO_3^-、OM、NH_4^+、EC、海盐、K^+，所占比例分别为22.4%、16.9%、12.0%、12.0%、4.5%、3.8%、1.8%和1.2%。为便于比较，了解渤海区域城市和背景$PM_{2.5}$中化学成分比例的差异，将Zhang等（2013）2009～2010年在北京大学采集的样品分析结果与本研究的结果进行对比。相对而言，砣矶岛$PM_{2.5}$中SO_4^{2-}、NO_3^-和K^+这3种离子所占比例明显大于北京城区，分别约为北京的

1.91倍、1.66倍和2.0倍，这说明与SO_4^{2-}、NO_3^-和K^+这3种离子相关的某几类排放源在渤海区域构成了一个较大的本底意义的贡献。相对而言，砣矶岛的OM对$PM_{2.5}$的贡献比例是北京城区的58%，明显偏小，说明北京城区也有某几类与其相关的排放源支撑了OM的较大比例贡献。最近一些研究也表明，北京城区排放大量的可生成二次有机气溶胶（SOA）的挥发性前体物。在稳定的天气条件下，SOA对大气细颗粒物的贡献比一次有机物的贡献比例还要大（Guo et al.，2014；Huang et al.，2014）。从图9.3可见，$PM_{2.5}$内部化学组成在季节上存在一定的差异。其中，未识别的成分所占比例从大到小依次为夏季、春季、秋季和冬季，比例依次为38.5%、27.0%、18.1%和16.1%，这个季节性变化与北京未识别成分贡献比例变化相似，冷季未识别成分贡献较低，而暖季未识别成分贡献较高（Zhang et al.，2013）。

表9.1列出了砣矶岛4个季节$PM_{2.5}$中化学成分比例与年均值的比值。可见，OM、EC和NO_3^-的贡献比例是冬季高夏季低，三者相比从大到小依次为EC、NO_3^-和OM，EC和NO_3^-与高温燃烧的关系更为密切，这三种成分冬季的高贡献比例可能与盛行的西北风和京津冀地区燃煤供暖有关（Feng et al.，2012）。K^+和SO_4^{2-}的贡献比例为夏季高春季低，夏季山东半岛有明显的秸秆露天焚烧活动，是K^+升高的主要原因（Wang et al.，2014），夏季高温高湿的环境状态有利于SO_2转化成SO_4^{2-}，这可能是夏季SO_4^{2-}浓度升高的重要原因（Feng et al.，2007）。NH_4^+的贡献比例则是冬季高春季低。海盐是秋季高春季低。矿物的贡献比例为春季高夏季低，这与春季经常有强烈的沙尘天气相一致。

表9.1　砣矶岛各季节$PM_{2.5}$中化学成分比例与年均值的比值

季节	OM	EC	矿物	SO_4^{2-}	NO_3^-	NH_4^+	K^+	海盐	其他
冬季	1.03	2.32	1.03	0.88	1.24	1.16	0.98	1.03	0.62
春季	0.82	0.60	1.25	0.81	1.02	0.79	0.77	0.67	1.04
夏季	0.81	0.56	0.68	1.14	0.57	0.92	1.25	0.81	1.49
秋季	1.04	0.71	1.12	1.06	1.20	0.86	1.14	1.42	0.70

为进一步解析各类排放源的贡献，对砣矶岛$PM_{2.5}$样品包括2种碳质成分、8种水溶性离子、10种无机金属元素及未识别成分进行了正定矩阵因子分析（PMF）。利用PMF模型进行原数据分解时，尝试从7个因子数目开始解释PMF的运行结果。8个因子时的Q（robust）值（6624.38）明显小于7个因子时的Q（robust）值（8443.79），但到9个因子时多数解发散，相对不稳定，故本研究确定选取8个因子解释贡献源。表9.2列出了砣矶岛$PM_{2.5}$中化学成分监测和模拟结果的相关分析信息。可见，总体监测和模拟结果的一致性较好，相关系数大多在0.8以上。

表9.2　砣矶岛$PM_{2.5}$中化学成分监测和模拟结果的相关分析信息

成分	截距	斜率	相关系数	成分	截距	斜率	相关系数
OC	0.31	0.84	0.94	V	0	0.88	0.94
EC	1	0.24	0.51	Cr	0	0.86	0.95
SO_4^{2-}	2.19	0.59	0.82	Ni	0	0.8	0.94
NO_3^-	1.23	0.61	0.90	Cu	0	0.57	0.95
Cl^-	0.05	0.83	0.95	Cd	0	0.74	0.98
NH_4^+	0.11	0.9	0.96	As	0	0.65	0.94
K^+	0.16	0.66	0.90	Zn	0.02	0.64	0.96
Mg^{2+}	0	0.94	0.93	Pb	–0.03	1.1	0.91
Ca^{2+}	0.07	0.48	0.79	Mn	–0.06	1.31	0.96
Na^+	0	0.97	0.92	Fe	0.07	0.69	0.87
n-$PM_{2.5}$	6.12	0.65	0.84				

注：n-$PM_{2.5}$代表未识别成分

PMF解析出的8个因子贡献率分布见图9.4，源贡献率见图9.5。结合源贡献率随时间变化及气团后退轨迹分析对8个因子进行分类。由图9.4可见，因子1对K^+有最高的贡献率。K^+是生物质燃烧的示踪离子（Tao et al.，2014），因子1对各成分的贡献率分布与生物质燃烧的成分谱十分相近（Li et al.，2007）。从图9.5可见，因子1源贡献率最高的时间出现在2012年6月6日，此时山东半岛有密集的卫星火点，可视为是秸秆露天焚烧的典型现象。基于这些考虑，认为因子1代表生物质燃烧排放源。

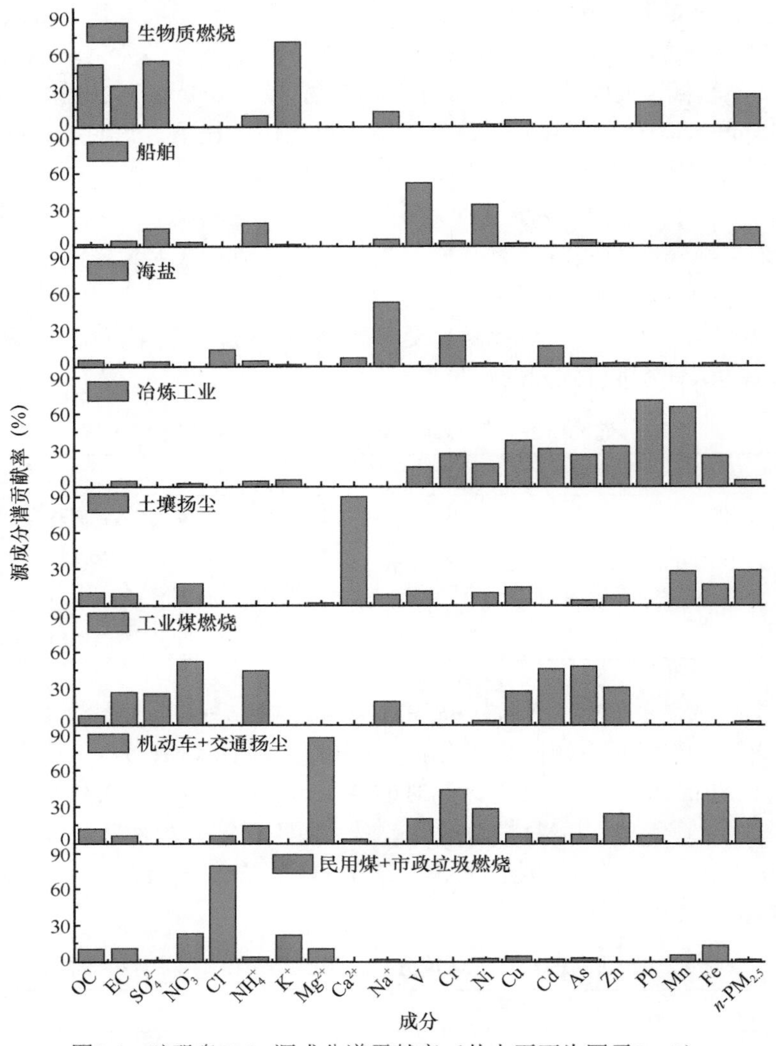

图9.4 砣矶岛$PM_{2.5}$源成分谱贡献率（从上至下为因子1～8）

因子2对V和Ni有较高的贡献率。V和Ni是残留油燃烧的示踪物，通常认为是船舶烟气排放的示踪物（Zhang et al.，2014）。同时，从图9.5可见，因子2源贡献率较高的时段主要出现在夏季，这与夏季是渤海航运最频繁的时段相一致（Wang et al.，2013）。因此，认为因子2代表船舶排放源。

因子3对Na^+有最高的贡献率，Na^+是海盐气溶胶的指标物质（Reisen et al.，2011）。同时，还可以看到这个因子对以燃烧源贡献为主的OC、EC、NO_3^-和一些非海洋源的金属元素贡献率均较低，同时对海洋可产生一定贡献的SO_4^{2-}和Cl^-有一定的贡献率。从图9.5可见，这个因子在整个采样期间的贡献率相对平稳，且处于相对较低的水平。最高贡献率出现在2012年11月27日。2012年11月27日的72h气团后退轨迹图显示这天的气团源自我国西北地区，72h气团的运移距离约3200km，折合平均风速约12m/s，且在临近渤海区域时风速有增大的迹象。如此大的风速会使人为源排放的污染物快速扩散，可能产生明显贡献的源只有可能是扬尘源和海盐源。而从图9.4可见，这个因子对表征扬尘源的成分如Ca^{2+}和Fe没有明显的贡献。因此，可认为因子3代表海盐排放源。

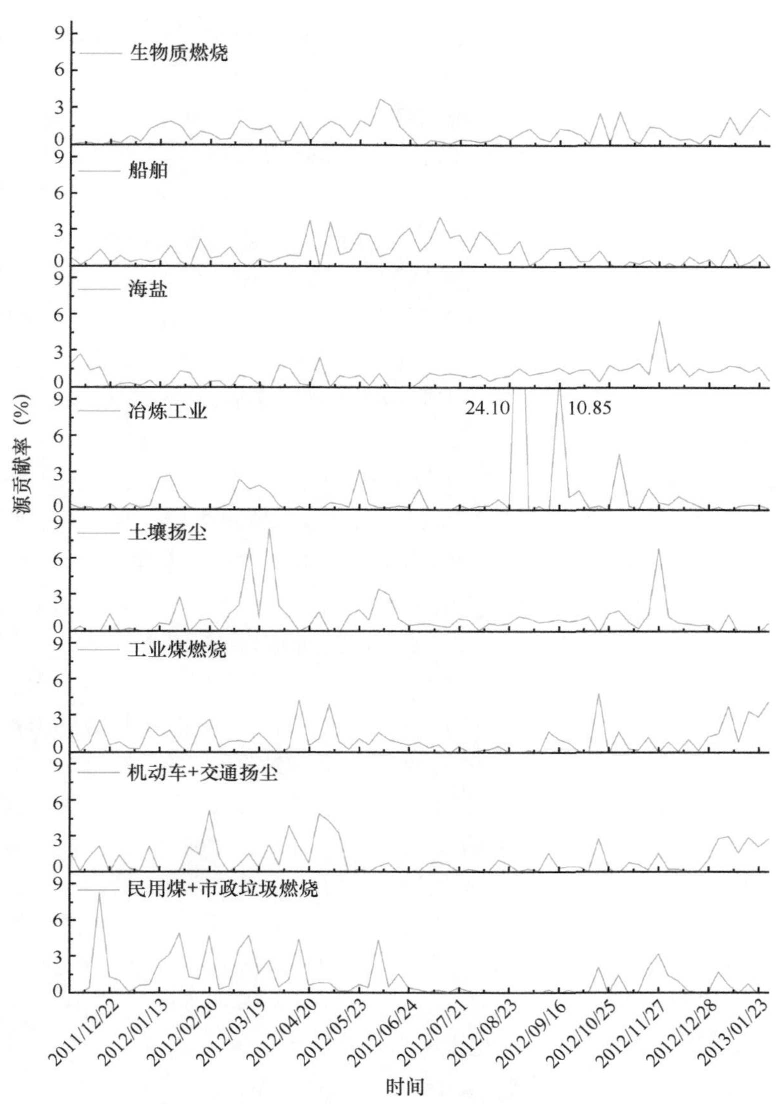

图9.5　砣矶岛$PM_{2.5}$源贡献率（从上至下为因子1～8）

因子4集中性地对无机金属元素有较高的贡献率。从图9.5可见，在2012年8月31日和9月16日出现了源贡献率两次峰值。72h气团后退轨迹表明，8月31日的气团源自北黄海，经山东半岛的青岛、招远和龙口等地区后到达砣矶岛，金属冶炼是这一地区的工业支柱，如招远的金矿和龙口的铝业等；9月16日的气团经鞍山、葫芦岛和秦皇岛等地区后经较长一段海上传输到达砣矶岛。钢铁工业、制锌工业和玻璃工业分别是鞍山、葫芦岛和秦皇岛地区的重要支柱工业。基于这些认识，认为因子4代表冶炼工业排放源。

因子5对Ca^{2+}的贡献率最高，且对Mn和Fe等有一定的贡献率。土壤和建筑产生的扬尘是这些成分的一个主要来源（Wang et al.，2005）。从图9.5可见，这个因子贡献率较高的时段在2012年春季，这与春季是扬尘对大气颗粒贡献最明显的时期相一致（Tan et al.，2012）。另外，这个因子在2012年11月27日也出现了较高的贡献率。如对因子3的判断分析，这是在大风速情况下产生的结果，也与扬尘源贡献特征一致，故认为这个因子代表土壤扬尘排放源。

因子6对NO_3^-、NH_4^+、SO_4^{2-}、EC和Cd、As、Zn、Cu等重金属有较高的贡献率，基本反映了工业煤燃烧的排放特征（曹军骥，2014）。从图9.5可见，整个采样期间这个因子的贡献率没有明显的季节性变化特征，这也符合工业活动的规律。因此，认为这个因子代表工业煤燃烧排放源。

因子7对Mg^{2+}、Fe和Zn有较高的贡献率。土壤扬尘是Mg^{2+}和Fe的一个主要来源（Wang et al.，2005）。轮胎灰尘和汽车刹车制动碎屑是Zn、Fe和Cu等金属的重要来源（Zhou et al.，2014）。这个因子对NH_4^+、Cl^-、OC和EC有一定的贡献率，说明这个因子也表征着机动车排放源。所以，认为这个因子代表交通扬尘和机动车的混合排放源。

因子8对Cl^-有较高的贡献率。市政垃圾焚烧对Cl^-具有较高的贡献率，说明这个因子一定程度上代表市政垃圾燃烧排放源。同时，这个因子对OC、EC、NO_3^-和K^+等具有一定的贡献率，具有民用煤燃烧排放的特征（曹军骥，2014）。从图9.5可见，这个因子的贡献率基本从秋冬季开始采样就呈现下降的趋势，到了夏季贡献率基本为零，这个趋势也符合秋冬冷季节需要消耗能源以取暖的特征。这个混合源贡献说明除煤和生物质作为民用能源以外，市政垃圾也是民用能源的一部分。

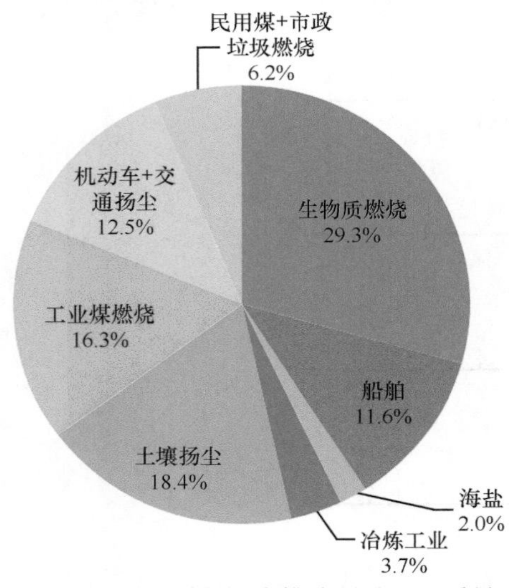

图9.6 PMF解析的8类排放源对$PM_{2.5}$质量浓度的贡献率

因数值修约，贡献率之和不是100%

图9.6是整个采样期间，这8类排放源对$PM_{2.5}$质量浓度的贡献率。可见，生物质燃烧、土壤扬尘、工业煤燃烧、机动车+交通扬尘、船舶这5类排放源是砣矶岛$PM_{2.5}$的主要贡献源，贡献率分别为29.3%、18.4%、16.3%、12.5%和11.6%，累计贡献率达到88.1%。剩下的3个排放源分别是民用煤+市政垃圾燃烧、冶炼工业和海盐，贡献率依次为6.2%、3.7%和2.0%。利用化学质量平衡法评估的海盐对砣矶岛$PM_{2.5}$年均质量浓度的贡献率为1.8%，与PMF的结果十分相近。

图9.7是这8类排放源对4个季节$PM_{2.5}$质量浓度的贡献率。可见，对4个季节$PM_{2.5}$质量浓度而言生物质燃烧仍是主要排放源，与前面的研究结果相似，整体表现为夏季高（31.4%），其他季节相对偏低（冬季为28.2%，春季为27.9%，秋季为29.4%）。土壤扬尘的高贡献率期间主要发生在春季（20.3%），与春季经常发生的沙尘天气相对应。工业煤燃烧的高贡献率期间主要在秋冬季节（秋季为17.6%，冬季为19.2%），与此期间盛行西北风、大气污染主要来自砣矶岛西北的京津冀及其周边地区有关。机动车+交通扬尘混合排放源的贡献率较高的时段主要在春季和夏季，分别为13.6%和13.3%。这个期间的气团主要来自海上，经山东半岛到达砣矶岛地区，砣矶岛与山东半岛之间较短的距离是这个高贡献率的主要因素。船舶排放的高贡献率时段在夏季（12.6%），其次为春季（11.8%），这与之前所述的晚春季节和夏季海况更加适宜船舶航行、船舶活动更加频繁是一致的（Wang et al.，2013）。民用煤+市政垃圾燃烧排放的贡献率表现出冷季高、暖季低的特征，在冬季和秋季的贡献率分别为8.1%和6.6%，在春季和夏季的贡献率分别为6.1%和4.4%。这个变化特征也符合冷季需增加燃料燃烧以满足供暖的需求。冶炼工业排放的季节性变化特征不明显，4个季节的贡献率为3.6%～3.9%，符合工业活动规律。海盐的贡献率在冬季和秋季风速较大时相对较高，但整体变化也不大，为1.6%～2.2%。将工业煤燃烧和民用煤+市政垃圾燃烧排放源合并为化石燃料燃烧排放源，与北京的源解析结果进行对比（Zhang et al.，2013）。相比之下，生物质燃烧对砣矶岛$PM_{2.5}$的贡献率明显高于对北京的贡献率（11.2%），这是因为生物质燃烧排放发生在农村和城郊，自然对城市大气污染贡献率相对较小，同时也说明生物质燃烧构成了主要的区域背景污染（Zhang and Cao，2015）。同时，就北京而言，机动车+交通扬尘混合排放源的贡献率明显偏高（29.8%），这是因为机动车活动范围主要集中于市区，自然对城市大气污染贡献率相对偏高，同时也说明这个源对于城市污染非常重要，但它对区域污染的贡献还是相对微弱的。

图9.8是8类排放源对砣矶岛$PM_{2.5}$各内部成分的贡献率。可见，生物质燃烧是OC、EC、SO_4^{2-}和K^+的最主要贡献源，贡献率分别达到52.3%、34.7%、55.0%和70.8%；船舶排放是V和Ni的主要排放源，贡献率分别达到52.0%和33.9%；海盐是Na^+的主要排放源，贡献率为52.4%；冶炼工业是Cu、Zn、Pb、Mn这4个重金属的主要排放源，贡献率达到38.1%、33.3%、70.8%和65.4%；土壤扬尘是Ca^{2+}和$PM_{2.5}$中未识别成分的最主要贡献源，贡献率分别达到90.0%和28.8%，值得注意的是土壤扬尘是$PM_{2.5}$中未识别成分的最主要贡献源，如前所述，Si和Al等成分是本研究缺测的成分，而土壤扬尘又是这些成分的主要贡献源，这从

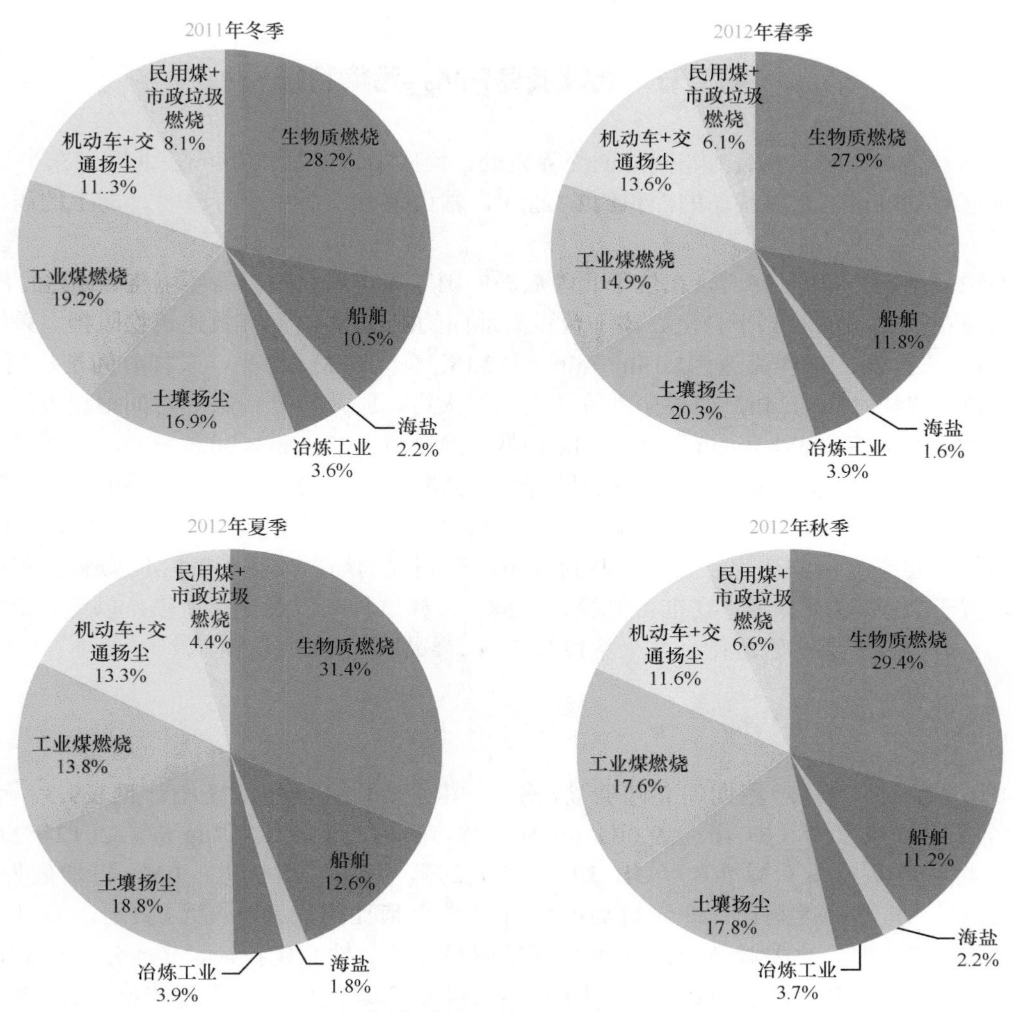

图9.7　PMF解析的8类排放源对各季节$PM_{2.5}$质量浓度的贡献率

因数值修约，贡献率之和可能不是100%

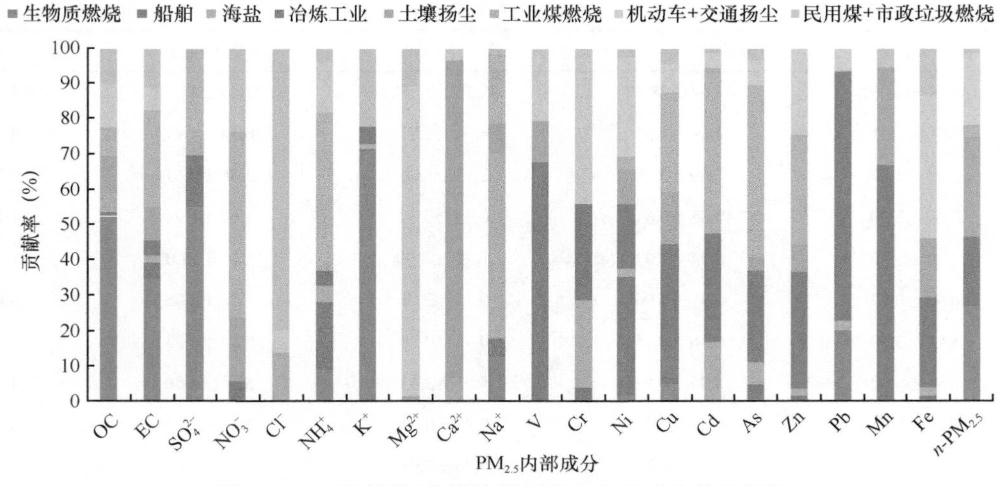

图9.8　PMF解析的8类排放源对$PM_{2.5}$内部成分的贡献率

侧面说明了源解析的可靠性；工业煤燃烧是NO_3^-、NH_4^+、Cd、As的主要贡献源，贡献率分别达到52.7%、44.9%、46.8%和48.6%；机动车+交通扬尘是Mg^{2+}、Cr和Fe的主要贡献源，贡献率分别达到87.9%、44.0%和40.3%；民用煤+市政垃圾燃烧是Cl^-的主要贡献源，贡献率达到80.0%。

第二节　北隍城岛$PM_{2.5}$污染特征

北隍城岛位于渤海海峡，北黄海与渤海的交界之处，南距山东半岛约70km，北距辽东半岛约40km，西距京津冀地区约180km。北隍城岛的面积约2.72km^2，辖山前、山后两个行政村，岛上的居民以打鱼或者养殖为生。

2014年8月2日至2015年9月15日，在位于北隍城岛的国家海洋局北隍城岛环境监测站进行$PM_{2.5}$样品采集。采样器放置在监测站的观测平台上，该平台距离地面约8m，周围无有效建筑物阻挡。采样器为美国Tisch大流量$PM_{2.5}$采样器，采样流速为1.13m^3/min。每3d采集一张$PM_{2.5}$样品，采样时间是从当地上午6:00至次日上午6:00，持续时间为24h，如果遇到特殊天气（大雪、强风等），采样时间根据天气变化进行调整。收集$PM_{2.5}$颗粒的滤膜为Whatman公司生产的石英纤维滤膜（25.4cm×20.3cm），采样前，该滤膜要经过450℃高温灼烧6h以去除有机杂质，再经过恒温恒湿箱（温度，25℃；湿度，50%）平衡24h，然后利用电子分析天平（精度0.01mg）称量初始质量。称量时每张滤膜称量3次，每次误差不能超过5%。称重完成后，用铝箔包裹称量的滤膜，并封于密封袋中，带到观测场，采集大气$PM_{2.5}$颗粒。每张滤膜采集之后，密封，置于–18℃以下冷藏。在准备滤膜、运输、采样过程中，采集空白膜，以便扣除中间过程对$PM_{2.5}$滤膜的污染。在整个采样过程中，共采集120张$PM_{2.5}$样品膜和3张空白膜。

一、$PM_{2.5}$质量浓度及其成分组成

2014年8月至2015年9月观测期间北隍城岛$PM_{2.5}$及其主要化合物的浓度统计见表9.3。可见，北隍城岛$PM_{2.5}$的全年平均浓度为（63.10±39.00）μg/m^3，浓度范围为5.28～267μg/m^3。2012年2月29日，国家发布了《环境空气质量最新标准》（GB 3059—2012），其中二级标准：$PM_{2.5}$日均值为75μg/m^3，年均值为35μg/m^3。与该标准相比，北隍城岛$PM_{2.5}$年均浓度值比国家标准高了约1倍，并且在采样期间78.3%天数超过了该标准。北隍城岛$PM_{2.5}$浓度呈现了明显的季节性变化特征，冬季浓度最高，平均值为（72.45±45.70）μg/m^3，夏季浓度值最低，平均为（45.84±28.87）μg/m^3，春季和秋季的浓度值在95%的置信区间内没有明显不同，分别是（69.04±43.87）μg/m^{3}和（63.58±31.82）μg/m^3。

表9.3　2014年8月至2015年9月观测期间北隍城岛$PM_{2.5}$及其主要化合物的浓度统计　（单位：μg/m^3）

成分	平均值±标准差				
	春季（n=30）	夏季（n=27）	秋季（n=34）	冬季（n=29）	全年（n=120）
$PM_{2.5}$	69.04±43.87	45.84±28.87	63.58±31.82	72.45±45.70	63.10±39.00
OC	5.79±3.51	2.69±1.52	4.64±2.97	6.34±4.97	4.90±3.69
EC	2.24±1.27	1.60±0.89	2.34±1.20	2.86±2.67	2.27±1.69
Cl^-	1.60±2.36	0.65±0.63	0.63±0.49	1.62±1.24	1.12±1.45
SO_4^{2-}	13.31±13.01	8.94±7.02	11.83±8.99	11.12±11.02	11.38±10.26
NO_3^-	6.92±6.72	6.91±4.96	6.25±3.61	5.78±4.05	6.45±4.92
Na^+	1.27±3.60	0.46±0.45	0.43±0.24	0.54±0.23	0.67±1.83
NH_4^+	4.98±4.62	5.05±3.91	4.61±3.53	5.05±4.50	4.91±4.10
K^+	0.99±0.91	0.50±0.45	0.87±0.62	1.24±1.12	0.91±0.85
Mg^{2+}	0.50±1.96	0.05±0.05	0.08±0.05	0.09±0.06	0.18±0.99
Ca^{2+}	0.68±0.73	0.25±0.22	0.21±0.11	0.39±0.41	0.38±0.47
Ti	61.42±63.19	28.03±28.15	16.88±9.77	37.40±57.43	35.48±47.23
V	27.75±16.85	34.81±17.66	17.61±12.78	14.28±12.25	23.21±16.80
Cr	51.26±53.10	23.52±24.97	21.95±21.88	16.29±12.81	28.26±34.34

续表

成分	平均值±标准差				
	春季（n=30）	夏季（n=27）	秋季（n=34）	冬季（n=29）	全年（n=120）
Mn	66.14±57.15	40.47±30.72	40.93±27.21	60.54±50.25	51.87±43.99
Fe	333.79±351.2	145.64±189.42	173.93±267.15	210.06±217.2	216.26±267.48
Co	1.14±0.89	0.75±0.37	0.53±0.25	0.86±0.77	0.81±0.66
Ni	25.70±14.83	23.42±10.08	15.02±7.09	12.99±5.82	19.09±11.26
Cu	23.64±25.16	22.51±21.28	17.54±11.19	38.04±42.26	25.14±27.70
Zn	216.35±193.2	194.47±160.43	198.35±144.74	249.02±274.5	214.22±196.80
As	10.68±10.04	13.47±8.96	9.85±6.43	17.76±16.02	12.78±11.12
Y	0.74±0.84	0.26±0.28	0.16±0.09	0.46±0.91	0.40±0.66
Cd	2.09±2.00	1.68±1.22	1.45±0.96	2.80±2.76	1.99±1.90
La	2.63±3.07	1.05±0.97	0.99±0.98	1.69±1.90	1.58±2.01
Ce	3.55±4.18	1.68±1.26	1.06±0.71	2.17±3.39	2.09±2.88
Pr	0.35±0.45	0.10±0.13	0.06±0.04	0.21±0.40	0.18±0.32
Nd	1.27±1.65	0.36±0.46	0.22±0.15	0.75±1.50	0.64±1.19
Sm	0.26±0.31	0.09±0.09	0.06±0.04	0.17±0.31	0.14±0.23
Eu	0.06±0.07	0.02±0.02	0.01±0.01	0.03±0.07	0.03±0.05
Gd	0.26±0.32	0.08±0.10	0.05±0.03	0.16±0.32	0.14±0.24
Tb	0.03±0.04	0.01±0.01	0.01±0.01	0.02±0.04	0.02±0.03
Dy	0.16±0.19	0.05±0.06	0.03±0.02	0.10±0.20	0.08±0.15
Ho	0.03±0.03	0.01±0.01	0.01±0.01	0.02±0.04	0.02±0.03
Er	0.08±0.10	0.03±0.03	0.02±0.01	0.05±0.10	0.04±0.08
Tm	0.01±0.01	0.01±0.01	0.01±0.01	0.01±0.01	0.01±0.01
Yb	0.07±0.08	0.02±0.02	0.01±0.01	0.04±0.08	0.03±0.06
Lu	0.01±0.01	0.01±0.01	0.01±0.01	0.01±0.01	0.01±0.01
Pb	137.41±195.5	104.08±95.10	104.22±80.05	264.13±454.8	151.13±257.06
Th	0.43±0.48	0.18±0.16	0.10±0.05	0.27±0.44	0.24±0.35
U	0.12±0.10	0.05±0.04	0.06±0.03	0.12±0.10	0.09±0.08

北隍城岛OC与EC的平均浓度分别为（4.90±3.69）μg/m^{3}和（2.27±1.69）μg/m^3，分别占了$PM_{2.5}$的7.77%和3.60%。它们的季节性变化与$PM_{2.5}$浓度变化特征基本一致，高值出现在冬季，其次在春季、秋季，低值出现在夏季。

北隍城岛$PM_{2.5}$水溶性离子中，SO_4^{2-}的年平均浓度最高，为（11.38±10.26）μg/m^3，其次是NO_3^-［（6.45±4.92）μg/m^3］、NH_4^+［（4.91±4.10）μg/m^3］、Cl^-［（1.12±1.45）μg/m^3］、K^+［（0.91±0.85）μg/m^3］、Na^+［（0.67±1.83）μg/m^3］、Ca^{2+}［（0.38±0.47）μg/m^3］和Mg^{2+}［（0.18±0.99）μg/m^3］。水溶性离子的总浓度占$PM_{2.5}$浓度的41.2%。通常而言，SO_4^{2-}、NH_4^+和NO_3^-是由它们的前体物（SO_2、NH_3、NO_x）二次生成，被认为是二次无机气溶胶。在本研究中这三者的浓度之和为22.74μg/m^3，是全部水溶性离子之和的87.46%，由此可见，在北隍城岛二次无机气溶胶是水溶性离子中最重要的组分。

利用ISORROPIA Ⅱ模型模拟了水溶性离子在热力学平衡条件下组分的存在形态（Fountoukis and Nenes，2007），结果见表9.4。可见，在整个采样季节模拟的离子组分浓度总和为25.75μg/m^3，这与观测到的浓度总和基本一致。并且各个季节模拟离子浓度之和与观测到的浓度之和也基本一致，相差的浓度小于0.66μg/m^3。除此之外，模型的平均偏差、标准化平均偏差、标准化平均误差和均方根误差分别是–0.42μg/m^3、–1.62%、1.62μg/m^{3}和0.45μg/m^3，这些值都在规定范围之内，这表明了我们模拟的准确性。模拟结果显示，SO_4^{2-}和NO_3^-大部分与NH_4^+相结合，表现为$(NH4)_2SO_4$和NH_4NO_3，剩余的SO_4^{2-}与碱性金属结合；所有的Cl^-都与NH_4^+相结合为NH_4Cl。

表9.4 ISORROPIA Ⅱ模型对水溶性离子在热力学平衡条件下存在形态的模拟结果 （单位：μg/m^3）

存在形态	春季（*n*=30）	夏季（*n*=27）	秋季（*n*=34）	冬季（*n*=29）	全年（*n*=120）
Na_2SO_4	3.92	1.42	1.33	1.67	2.07
NH_4Cl	2.35	0.95	1.11	2.38	1.64
NH_4NO_3	8.79	8.78	7.02	7.34	8.19
$(NH4)_2SO_4$	7.66	8.78	12.11	9.56	9.64
$CaSO_4$	2.31	0.85	0.71	1.32	1.29
K_2SO_4	2.21	1.11	1.94	2.76	2.03
$MgSO_4$	2.48	0.25	0.40	0.45	0.89
∑species	29.70	22.14	24.61	25.48	25.75
WSI	30.25	22.80	24.91	25.83	25.99

注：∑species为模拟总浓度；WSI为监测总浓度

在北隍城岛，分析的金属元素年平均浓度和为（782±671）ng/m^3，占$PM_{2.5}$质量浓度的1.24%。浓度季节性变化并不明显，最低值出现在秋季，而其他三个季节的浓度在95%的置信区间上没有明显不同。在分析的元素中，Zn的浓度最高，为（214.22±196.80）ng/m^3，其次是Fe［（216.26±267.48）ng/m^3］和Pb［（151.13±257.06）ng/m^3］。

二、$PM_{2.5}$的来源解析

$PM_{2.5}$中的主要成分包括含碳物质、水溶性离子和几乎不溶无机物三类。在成分分析过程中，现有的技术并不能将其成分完全识别。为了更好地研究$PM_{2.5}$的特性，本研究将$PM_{2.5}$划分为以下10类成分：有机质（OM）、EC、SO_4^{2-}、NO_3^-、NH_4^+、海盐、扬尘、金属氧化物（TEO）、生物质来源的钾离子（K^+）及未识别的成分。除了OM、EC、海盐、扬尘、TEO，考虑到SO_4^{2-}、NH_4^+和NO_3^-是$PM_{2.5}$的主要组成部分，以及K^+对生物质燃烧具有一定的指示意义，本研究将这4种离子单独列出。根据北隍城岛背景区域的特性，本研究取OM与OC的比值为1.8。海盐一般是利用Na^+或者Cl^-的浓度进行换算，但是在本研究中Cl^-浓度不适合，因为冬季燃煤贡献了较多的Cl^-。所以，根据海水中Na^+与其他主要离子的比值［Mg^{2+}（0.12），K^+（0.036），Ca^{2+}（0.038），SO_4^{2-}（0.252），Cl^-（1.80）］，海盐的含量等于2.25倍的Na^+浓度。扬尘则通过测定其内部元素的含量，如Al、Fe和Si，然后利用一些经验公式进行换算。由于本研究利用石英纤维滤膜采集$PM_{2.5}$样品，并且运输过程中利用铝箔保护，样品受到Al和Si的污染，因此本研究利用25倍的Fe含量来估算扬尘含量。至于TEO，则根据各个金属元素与氧原子的结合方式进行换算（Nizzetto et al.，2013）：

$$TEO=1.3\times[0.5\times(Mn+Co+Ni+V)+1\times(Cu+Cr+Y+La+Ce+Pr+Nd+Sm+Eu+Gd+Tb+Dy+Ho+Er+Tm+Yb+Lu+Th+U+Zn+Cd+Ti+Pb+As)] \tag{9.1}$$

计算的北隍城岛年均$PM_{2.5}$化学质量平衡见图9.9。可见，模拟的$PM_{2.5}$浓度与观测的$PM_{2.5}$浓度具有良好的相关性（*r*=0.87），表明了我们对各个组分换算的准确性。从年均来看，未识别的成分占的比例最大，达到了32.07%。较大的未识别成分比例可能由以下原因导致：一是本研究并未鉴别$PM_{2.5}$中的水含量，而水是$PM_{2.5}$中重要的组成部分之一（Perrino et al.，2016）；二是在进行成分转换时，不同的研究转换系数不同，导致成分含量不同，在进行OM转换时，如果采用转换系数2.2，那么未识别的成分比例将下

降3.11%。总体来说，OM、SO_4^{2-}、NO_3^-、NH_4^+、EC、海盐、扬尘、TEO和K^+对$PM_{2.5}$分别贡献了13.98%、18.03%、10.23%、7.78%、3.61%、3.4%、8.4%、1.08%和1.44%，并且具有明显的季节性变化（见图9.10）。在4个季节中，海盐和扬尘在春季对$PM_{2.5}$的贡献率较高，这与Na^+和Ca^{2+}浓度的季节性变化趋势相一致，可能是春季大风所导致的海面机械破损及沙尘天气所引起。SO_4^{2-}、NO_3^-、NH_4^+和TEO对$PM_{2.5}$的贡献率夏季最高，可能由当时有利的反应条件（如充分的日照及高浓度的氧化剂）所导致，类似的现象在北京也被观测到过（Nizzetto et al.，2013）。上面论述中提到民用煤燃烧与生物质燃烧在冬季对$PM_{2.5}$有较高的贡献率，这与此处的OM、EC和K^+在一年中冬季的贡献率较高结果相一致。

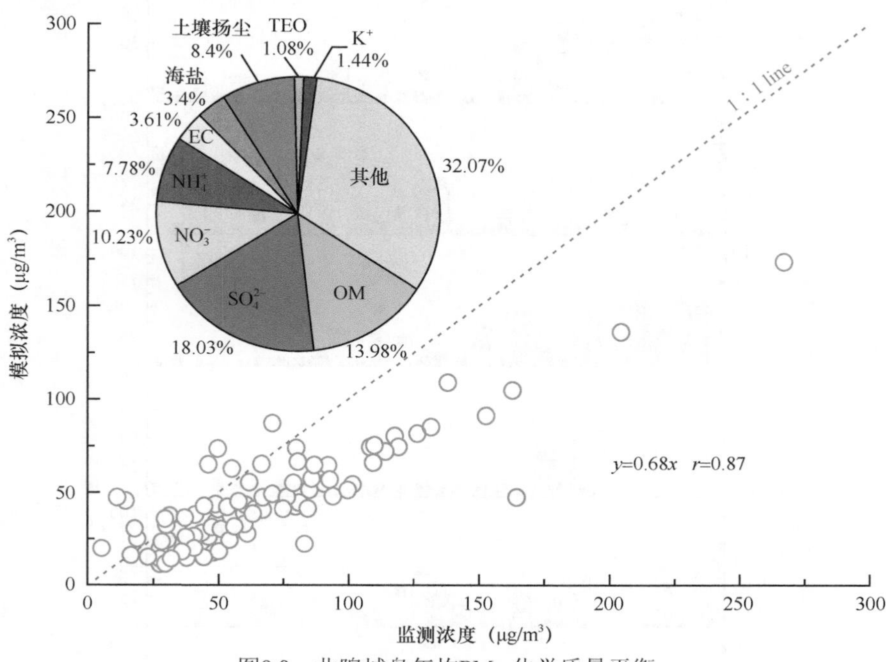

图9.9　北隍城岛年均$PM_{2.5}$化学质量平衡

因数值修约，图中各成分所占比例之和不是100%

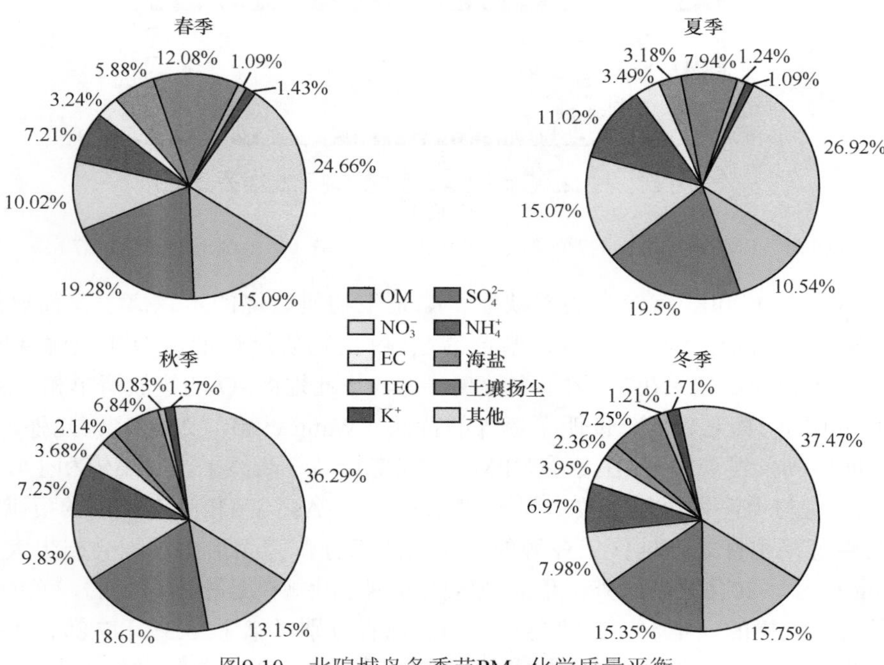

图9.10　北隍城岛各季节$PM_{2.5}$化学质量平衡

因数值修约，图中各成分所占比例之和不是100%

由于一些污染物具有共同的排放源，很难定量解析各个源的相对贡献率。为了进一步解析各类源的贡献，对北隍城岛120个$PM_{2.5}$样品中28种成分进行了PMF模型分析。利用PMF模型进行源解析时，因子数目是通过人为选取的。为了解析结果的准确性，对PMF模型进行了4～10个因子结果分析。在本研究中发现因子数目为7时，模拟Q值最低（7338），并且解析结果比较合理，此时的F_{peak}值为–0.1。PMF解析出的7个源成分图谱及源贡献率见图9.11，可见，这7个源因子分别是燃煤+生物质燃烧、冶炼工业、船舶、海盐、土壤扬尘、铬工业及机动车等排放源。

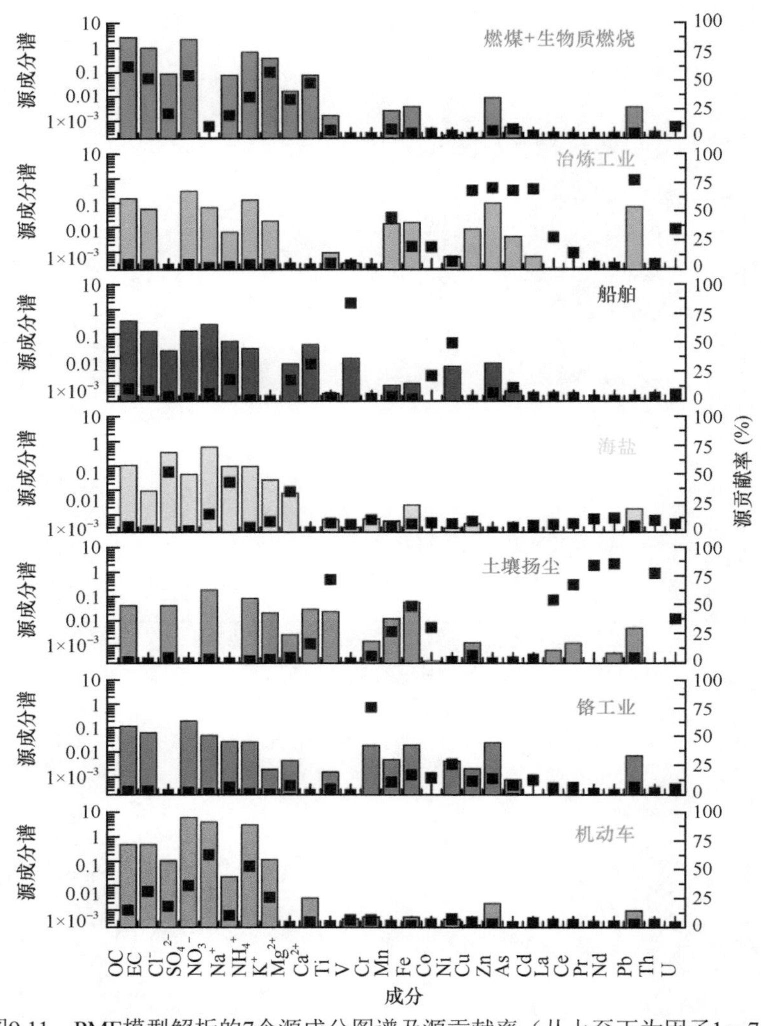

图9.11　PMF模型解析的7个源成分图谱及源贡献率（从上至下为因子1～7）

因子1对OC、EC、SO_4^{2-}和K^+有较高的贡献率。K^+是生物质燃烧的示踪离子，而燃煤排放经常被高含量的OC、EC和SO_4^{2-}所指示，因此因子1被鉴定为燃煤+生物质燃烧的混合排放源（Nizzetto et al.，2013）。这个因子对$SO_4{}^{2-}$的贡献率在7个因子中较高，这与华北地区SO_2的排放清单相一致（Zhao et al.，2012）。NO_3^-/SO_4^{2-}为0.18，相对较低，证明了燃煤的特性（Wang et al.，2005）。此外，图9.12描述了各个因子贡献率的时间序列，发现因子1在冬季对$PM_{2.5}$贡献率较高，凸显了当时燃煤和生物质燃烧的重要性（Tan et al. 2017），这与上述讨论相一致。因子2对Cu、Zn、As、Cd和Pb有较高的贡献率，被定义为冶炼工业排放源。其中炼钢也许是该地区工业源的重要组成部分，因为冶炼过程会产生大量的重金属，如Cu、Pb和Zn（Zong et al.，2016）。此外，华北地区的炼钢工业规模是相当巨大的，《中国统计年鉴》显示，中国钢铁产量占了世界的一半，而京津冀地区和山东省分别贡献了25.3%和7.8%。图9.12显示这个因子在冬季具有较高的贡献率，这个季节北隍城岛的后向气团基本上全部来自这个区域。

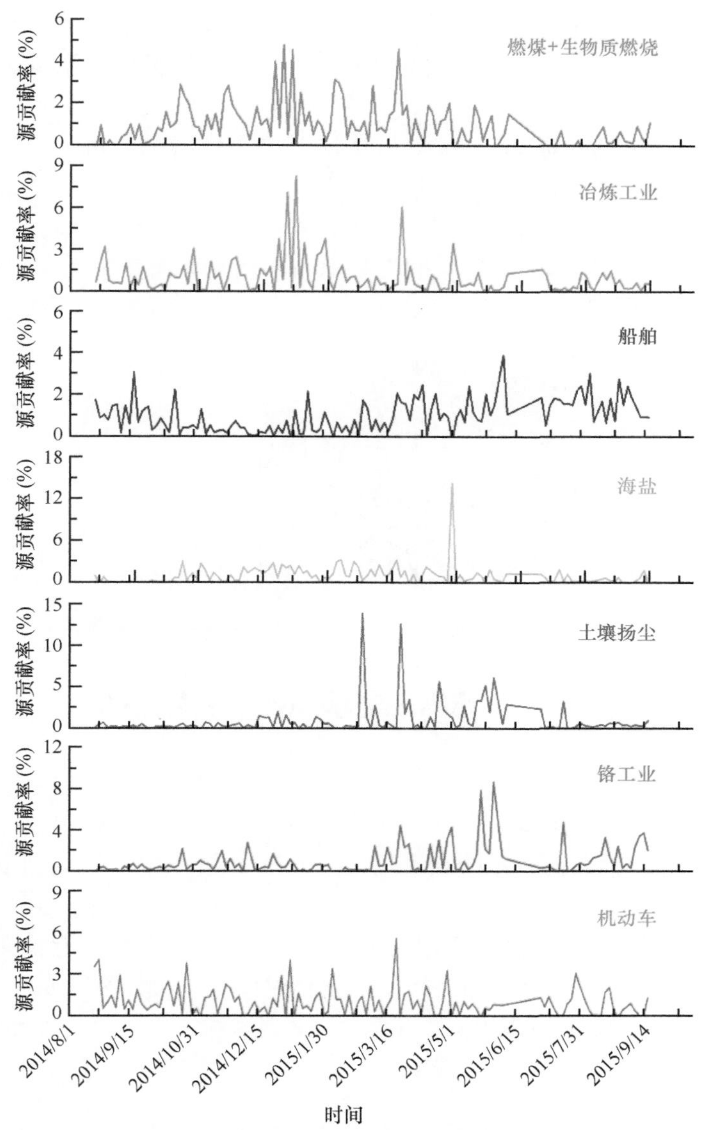

图9.12　PMF模型解析的各个源因子贡献率的时间序列（从上至下为因子1～7）

因子3对Ni和V有较高的贡献率，被定义为船舶排放源。V和Ni是残留油燃烧的示踪物，通常被认为是船舶烟气排放的示踪物（Pey et al.，2013）。V/Ni高于0.7，指示该地区空气质量受船舶排放影响（Zhang et al.，2014）。在因子3中，V/Ni为1.69，在7个因子中最高，而其余因子均低于0.7。同时，图9.12显示源贡献率较高的时段主要出现在夏季，这与夏季是渤海航运最频繁的时段相一致。因子4对Cl^-、Na^+和Mg^{2+}具有较高的贡献率，这些离子主要来自海平面的机械破损，被认为是海盐气溶胶的指标物质（Manousakas et al.，2017）。源贡献率最高出现在2015年4月28日，而当时渤海地区盛行大风天气。在因子4中，Cl^-/Na^+为1.43，低于海水中两者的比值（1.80），这可能是由NaCl颗粒与HNO_3、H_2SO_4反应造成Cl^-缺失所导致（Masiol et al.，2017）。

因子5对Ti、Mn、Fe和稀土元素有较高的贡献率，被认为是土壤扬尘源。该因子贡献率春季最高，与当时盛行的沙尘天气相一致。因子6对Cr元素有较高的贡献率，同时对Mn、Fe、Co、Cu和Zn也有一定的贡献率，被定义为铬工业。Cr元素是炼钢工业重要的添加剂之一。在中国，大型铬厂主要分布在华北地区，如吉林铬厂、辽阳铬厂、首都铬厂等。与之相对应的是，因子6源贡献率较高的时段主要出现在夏季，此时北隍城岛的后向气团主要经过这些地区。因子7对EC、NO_3^-和NH_4^+有较高的贡献率，被认为是机动车排放源（Yang et al.，2016）。在城市区域，配备三元催化器的汽车是NH_4^+的主要贡献者。在采样期间，因子7中NO_3^-/SO_4^{2-}为1.74，并且这个因子贡献了62.7%的NO_3^-，在7个因子中最高，表现了机动车排放源的特性。除此之外，图9.12显示因子7的贡献率没有明显的季节性变化，说明汽车排放污染在华北具有区域性。

图9.13是整个采样期间，7类排放源对$PM_{2.5}$质量浓度的贡献情况。可见，燃煤+生物质燃烧和机动车排放源是北隍城岛$PM_{2.5}$的主要贡献源，贡献率分别是48.21%和34.33%，累计贡献率达到82.54%。剩下的5个排放源分别是冶炼工业、船舶、海盐、土壤扬尘及铬工业，贡献率依次是3.20%、6.63%、5.51%、1.24%和0.88%。其中海盐、土壤扬尘的贡献率与利用化学质量平衡法评估的结果十分相近。

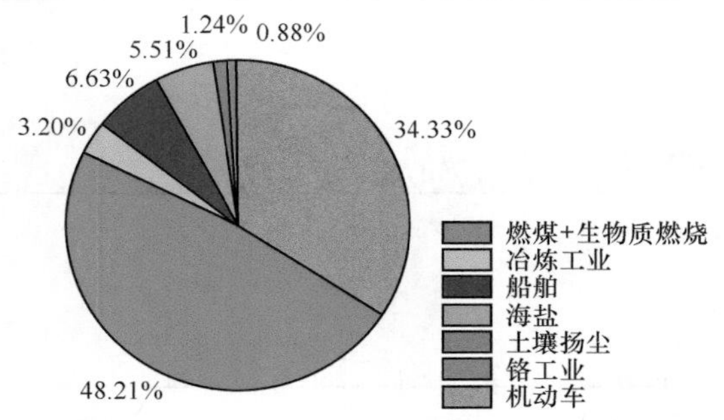

图9.13　采样期间7类排放源源对北隍城岛$PM_{2.5}$质量浓度的贡献率

第三节　屺﨑岛冬季$PM_{2.5}$污染特征

屺﨑岛位于山东省烟台市龙口市西北方向约10km，是一个南、北、西三面环海的岛屿，东西长约10km，宽约1km。2014年1月3日至2014年2月11日在位于屺﨑岛的国家海洋局龙口环境监测站进行现场观测，采集$PM_{2.5}$样品。采样器放置在监测站的观测平台上，该平台距离海平面约1m，周围无有效建筑物阻挡。采样器为美国Tisch大流量$PM_{2.5}$采样器，采样流速为1.13m³/min。每12h采集一张$PM_{2.5}$样品，样品分为白天样品与夜晚样品，白天样品的采集时间为上午6:00至下午6:00，夜晚样品的采集时间为下午6:00至次日上午6:00。如果遇到特殊天气（大雪、强风等），采样时间根据天气变化进行调整。收集$PM_{2.5}$颗粒的滤膜信息及处理过程与北隍城岛$PM_{2.5}$滤膜相似。在整个采样过程中，共采集76张$PM_{2.5}$样品膜和2张空白膜。

一、$PM_{2.5}$及其化学成分

表9.5是整个采样期间屺﨑岛$PM_{2.5}$及其化学成分的浓度统计信息。可见，屺﨑岛$PM_{2.5}$的平均浓度为（77.6±59.3）μg/m³，浓度大小是我国最新颁布的二级标准的2倍。在$PM_{2.5}$中，水溶性离子所占比重最大，为$PM_{2.5}$浓度的（46±16）%。在这些离子中，SO_4^{2-}的浓度最高，为（14.2±18.0）μg/m³，其次是NO_3^-［（11.9±16.4）μg/m³］和NH_4^+［（3.11±2.14）μg/m³］。这3种离子占了水溶性离子的（88±12）%。除此之外，OC和EC的平均浓度分别为（6.85±4.81）μg/m³和（4.90±4.11）μg/m³，分别占了$PM_{2.5}$质量浓度的（8.8±2.1）%和（6.3±1.8）%。无机元素浓度为（665±472）ng/m³，占$PM_{2.5}$质量浓度的（0.86±0.50）%。其中，Fe的平均浓度最高，为（408±285）ng/m³，其次是Zn［（107±142）ng/m³］和Pb［（88.4±85.7）ng/m³］。

表9.5　整个采样期间屺﨑岛$PM_{2.5}$及其化学成分的浓度统计信息

成分	均值±标准差（μg/m³）	范围（μg/m³）	成分	均值±标准差（ng/m³）	范围（ng/m³）
$PM_{2.5}$	77.6±59.3	12.7～305	Fe	408±285	7.12～1588
SO_4^{2-}	14.2±18.0	1.37～96.2	Zn	107±142	5.56～987
NO_3^-	11.9±16.4	0.27～87.1	Pb	88.4±85.7	3.02～412
NH_4^+	3.11±2.14	0.61～10.1	Mn	29.3±28.0	1.38～108

续表

成分	均值±标准差（μg/m³）	范围（μg/m³）	成分	均值±标准差（ng/m³）	范围（ng/m³）
Cl^-	2.06±1.78	0.10～8.90	Cu	9.08±11.4	0.03～77.7
K^+	0.96±0.84	0.07～3.95	Ti	7.72±7.34	0.01～30.7
Na^+	0.43±0.25	0.05～1.58	As	6.61±7.86	0.67～43.4
Ca^{2+}	0.38±0.22	0.07～1.32	Ni	4.28±2.30	1.68～13.8
Mg^{2+}	0.03±0.03	0.01～0.17	V	3.90±2.47	0.45～12.5
OC	6.85±4.81	0.81～21.3	Cd	1.82±4.06	0.04～25.9
EC	4.90±4.11	0.80～19.6	Co	0.24±0.18	0.01～0.73

二、基于后向气团轨簇的$PM_{2.5}$源信号

利用后向轨迹模型对到达砣矶岛的气团进行分类分析，发现采样期间有54%的气团来自京津冀地区，35%的气团来自蒙古。在这两类气团到达砣矶岛的过程中，在渤海上空分别传输了约200km和250km，可以认为这两类气团所挟带的污染物在传输过程中都已经充分混合，体现了区域性的特征。只有11%的气团来自山东半岛，可能既挟带了本地污染物又挟带了外地污染物。为了揭示这三类气团污染特性，我们将来自京津冀地区的气团命名为气团1，将来自蒙古的气团命名为气团2，剩下的山东半岛气团命名为气团3，并且将$PM_{2.5}$及其化学组分按照气团类型进行统计，见表9.6。

表9.6　$PM_{2.5}$及其化学组分按照气团类型统计信息

成分	平均值±标准差（范围）			显著性水平		
	气团1（n=4）	气团2（n=2）	气团3（n=9）	气团1和气团2	气团1和气团3	气团2和气团3
$PM_{2.5}$（μg/m³）	93.0±66.1（24.5～305）	41.6±26.7（12.7～143）	106±42.3（50.3～193）	0.00	0.59	0.00
EC（μg/m³）	6.53±4.66（1.39～19.6）	2.50±1.84（0.80～8.85）	3.94±1.49（2.53～7.66）	0.00	0.11	0.05
OC（μg/m³）	8.58±5.23（1.45～21.3）	3.51±2.35（0.81～11.4）	8.04±2.32（5.25～13.5）	0.00	0.76	0.00
Cl^-（μg/m³）	2.37±2.11（0.10～8.90）	1.22±0.65（0.20～2.85）	2.94±1.35（1.42～5.53）	0.01	0.45	0.00
NO_3^-（μg/m³）	17.6±19.6（1.75～87.0）	2.75±4.25（0.27～20.1）	10.6±6.09（4.41～20.3）	0.00	0.30	0.00
SO_4^{2-}（μg/m³）	19.4±21.8（2.09～96.2）	4.55±4.06（1.37～19.5）	16.4±8.74（5.34～35.6）	0.00	0.69	0.00
Na^+（μg/m³）	0.38±0.24（0.05～1.58）	0.55±0.26（0.18～1.08）	0.31±0.06（0.22～0.40）	0.01	0.41	0.01
NH_4^+（μg/m³）	3.97±2.29（1.28～10.1）	1.53±0.98（0.61～4.70）	3.52±0.96（1.93～4.90）	0.00	0.57	0.00
K^+（μg/m³）	1.11±0.74（0.28～3.10）	0.35±0.36（0.07～1.69）	2.01±0.93（0.78～3.95）	0.00	0.00	0.00
Mg^{2+}（μg/m³）	0.03±0.03（0.01～0.17）	0.03±0.02（0.01～0.11）	0.02±0.01（0.01～0.04）	0.66	0.41	0.13
Ca^{2+}（μg/m³）	0.37±0.22（0.11～1.32）	0.37±0.18（0.07～0.74）	0.44±0.29（0.09～0.97）	1.00	0.46	0.46
Ti（ng/m³）	6.96±5.98（0.35～25.9）	10.9±9.10（0.01～30.7）	2.51±0.85（1.16～3.58）	0.04	0.03	0.01
V（ng/m³）	4.68±2.29（0.76～11.3）	2.83±2.55（0.45～12.4）	3.24±1.50（2.05～7.12）	0.00	0.08	0.66
Mn（ng/m³）	33.8±31.3（1.97～108）	17.6±19.3（1.38～95.4）	40.9±20.3（9.14～69.8）	0.02	0.53	0.01
Fe（ng/m³）	404±308（7.12～1588）	375±263（9.13～826）	521±188（244～960）	0.70	0.29	0.15
Co（ng/m³）	0.26±0.20（0.01～0.73）	0.17±0.14（0.01～0.48）	0.36±0.13（0.10～0.59）	0.08	0.14	0.00
Ni（ng/m³）	4.85±2.56（1.68～13.8）	3.51±1.85（1.68～6.79）	3.80±1.02（2.45～5.84）	0.03	0.24	0.67
Cu（ng/m³）	11.6±13.6（0.72～77.7）	3.06±2.93（0.03～8.99）	13.9±7.05（3.90～26.4）	0.00	0.64	0.00
Zn（ng/m³）	146±176（9.92～987）	46.4±50.1（5.56～208）	90.4±47.4（24.2～201）	0.01	0.36	0.03
As（ng/m³）	9.03±9.52（1.11～43.4）	3.00±2.82（0.67～14.0）	5.35±3.35（2.25～13.6）	0.00	0.27	0.06
Cd（ng/m³）	2.70±5.26（0.11～25.9）	0.45±0.41（0.04～1.29）	1.54±0.65（0.49～2.66）	0.04	0.52	0.00
Pb（ng/m³）	110±95.3（5.30～412）	36.9±44.8（3.02～176）	128±53.2（45.4～215）	0.00	0.59	0.00

均值检验表明，气团1与气团3的$PM_{2.5}$浓度没有显著不同（$P>0.05$），但是要明显高于气团2的$PM_{2.5}$浓度（$P<0.01$）。本研究观测到的结果与华北地区$PM_{2.5}$污染源的空间分布一致，因为在京津冀地区和山东半岛污染源的种类及数量都要明显高于蒙古地区。而与山东半岛相比，京津冀地区的污染可能更严重，因为$PM_{2.5}$是经过长距离传输才到达屺峨岛，在传输过程中，污染物已经得到了稀释。除了污染源，风速可能是气团2中$PM_{2.5}$浓度低的另外一个原因。气团2的平均风速为7.6m/s，明显高于气团1（4.79m/s）和气团3（4.86m/s）。较高的风速使气团2的$PM_{2.5}$得到了有效的扩散和稀释，因此$PM_{2.5}$浓度下降。

不同气团所挟带的$PM_{2.5}$中的化学物质特征可以侧面反映传输区域的排放源特征。例如，气团3中K^+的浓度在这三个气团中较高，说明山东半岛K^+的排放强度较高。Na^+的浓度在气团2中较高，说明大风导致的海面机械破损对Na^+的贡献率较高。本研究地点屺峨岛地处渤海沿岸，这说明在对屺峨岛$PM_{2.5}$来源解析的过程中，海盐的贡献不能忽视。海盐一般由Cl^-、SO_4^{2-}、Na^+、K^+、Mg^{2+}和Ca^{2+}等离子组成。依据它们在海水中的比例，$PM_{2.5}$中海盐源的上述离子可以依据Na^+的浓度进行换算。由此，非海盐源的离子浓度等于该类离子总离子浓度扣除海盐源的离子浓度（Nightingale et al.，2000），公式为

$$\text{Nss-}x = x - Na^+ \times a \tag{9.2}$$

式中，x代表Cl^-、SO_4^{2-}、K^+、Mg^{2+}和Ca^{2+}的浓度；a是各个离子在海水中与Na^+浓度的比值：Cl^-/Na^+为1.80，SO_4^{2-}/Na^+为0.25，K^+/Na^+为0.036，Mg^{2+}/Na^+为0.12，Ca^{2+}/Na^+为0.038。如果在计算中，非海盐源的离子浓度值为负值，则说明该离子全部来自海盐。经计算可得，Nss-Cl^-在气团1、气团2、气团3中分别占了总Cl^-浓度的（55±29）%、（19±24）%、（77±10）%；Nss-SO_4^{2-}在气团1、气团2、气团3中分别占了总SO_4^{2-}浓度的（99±2）%、（95±4）%、（99±0.3）%；Nss-K^+在气团1、气团2、气团3中分别占了总K^+浓度的（98±3）%、（89±9）%、（99±0.3）%；Nss-Ca^{2+}在气团1、气团2、气团3中分别占了总Ca^{2+}浓度的（95±4）%、（91±10%）、（96±3）%。因此可以看出，上述离子基本来自非海盐源的贡献，并且计算的估值偏低，因为在$PM_{2.5}$中并不是所有的Na^+都来自海盐，还有一部分的Na^+来自扬尘和生物质的燃烧。从气团种类比较，气团2中各个离子的海盐贡献率要高于气团1与气团3，这与上面的论述相一致。K^+是生物质燃烧的优良示踪物，Nss-K^+在气团3中的浓度较高，这说明山东半岛生物质燃烧的贡献率要比京津冀地区和蒙古地区高。这也与山东半岛是华北地区农作物产量较高的地区相吻合。在3类气团中，Nss-Mg^{2+}占Mg^{2+}的浓度比例均小于4%，这说明三类气团内Mg^{2+}基本来自海盐贡献。除此之外，在3类气团中，Mg^{2+}与Na^+的浓度比值分别是0.07±0.06、0.06±0.03、0.06±0.03，均小于0.23，也表明了各个气团内Mg^{2+}较高的海盐贡献率。

相比于高温燃烧，低温燃烧（如生物质燃烧）会排放较多的OC，因此OC/EC常被用来评估高温燃烧或者低温燃烧对$PM_{2.5}$的贡献。本研究中OC/EC在气团1、气团2、气团3中分别是1.41±0.30、1.47±0.29、2.14±0.50。均值检验表明，气团1和气团2的OC/EC在95%的置信区间内没有明显不同，但是两者均显著低于气团3的OC/EC。这说明低温燃烧在气团3中贡献较明显，而高温燃烧在气团1和气团2中贡献明显。除此之外，以汽车为例的移动源要排放更多的NO_x，而固定源（如燃煤）排放更多的SO_2，这种前体物在大气中分别转化为NO_3^-和SO_4^{2-}，所以移动源与固定源会显示不同的NO_3^-/SO_4^{2-}。这个比值也经常被当作移动源与固定源对$PM_{2.5}$贡献相对大小的一种标志。在去除了海盐对SO_4^{2-}的贡献后，NO_3^-/Nss-SO_4^{2-}在气团1、气团2、气团3中分别是0.96±0.31、0.47±0.24、0.64±0.14。均值检验显示，3种气团内NO_3^-/Nss-SO_4^{2-}均明显不同（$P<0.01$）。气团1内比值最高，说明移动源对京津冀地区的贡献率最高，说明气团1具有区域混合的特性。气团2内比值最低，说明气团2所经过的区域固定源的贡献较为明显，并且根据上文提到的气团2内较低的OC/EC，可以判断燃煤燃烧是该区域固定源的主要组成部分。

三、$PM_{2.5}$的来源解析

为了进一步确定各类排放源的贡献，对屺峨岛$PM_{2.5}$样品进行了PMF模型分析。利用PMF模型进行源解析时，为了解析结果的准确性，对PMF模型进行了5～15个因子结果分析，发现因子数目为8时，模型Q

值最低（6245），F_{peak}值为0，并且解析结果比较合理。

PMF解析的各种源贡献率如图9.14所示。近年来，由于机动车保有量的不断增加，机动车排放越来越受到关注（Ramu et al.，2007）。例如，在2012年机动车被确定是北京最大的本地源，除去机动车扬尘，贡献了22%的$PM_{2.5}$（Nizzetto et al.，2013）。因子1对NO_3^-、SO_4^{2-}、NH_4^+、OC、EC、Zn和Cu有较高的贡献率，符合机动车排放的排放谱（Nizzetto et al.，2013）。一般而言，NO_3^-、SO_4^{2-}、OC、EC都来自汽车的直接排放，而NH_4^+主要来自配备三元催化器的机动车，Zn和Cu在机动车直接排放的颗粒中含量较高。在因子1中，NO_3^-/SO_4^{2-}为1.28，体现了机动车的排放特征（Puxbaum et al.，2007）。此外，在全部因子中，因子1对NO_3^-的贡献率最高，达到了41%。这个贡献率要比2003解析的机动车对NO_3^-的贡献率（31%）高，这可能是机动车保有量不断增加的结果。机动车是华北地区主要的污染源，在采样期间贡献了16%的$PM_{2.5}$。这个贡献率要低于北京，因为北京是机动车的直接源区，贡献率更高（Nizzetto et al.，2013）。因子2除了对典型的扬尘元素（Mn，Fe，Co）贡献率较高，还对一些人为源指示物有较高贡献率（Zn和EC）（Khan et al.，2016），体现了一个自然源与人为源混合的特征。机动车是大气中Zn的重要来源，因为它不仅可以来自机动车的直接排放，还可以来自机动车所使用的润滑油、机动车轮胎摩擦及机动车腐蚀等（Duan and Tan，2013），因此，认为该因子为交通扬尘排放源。

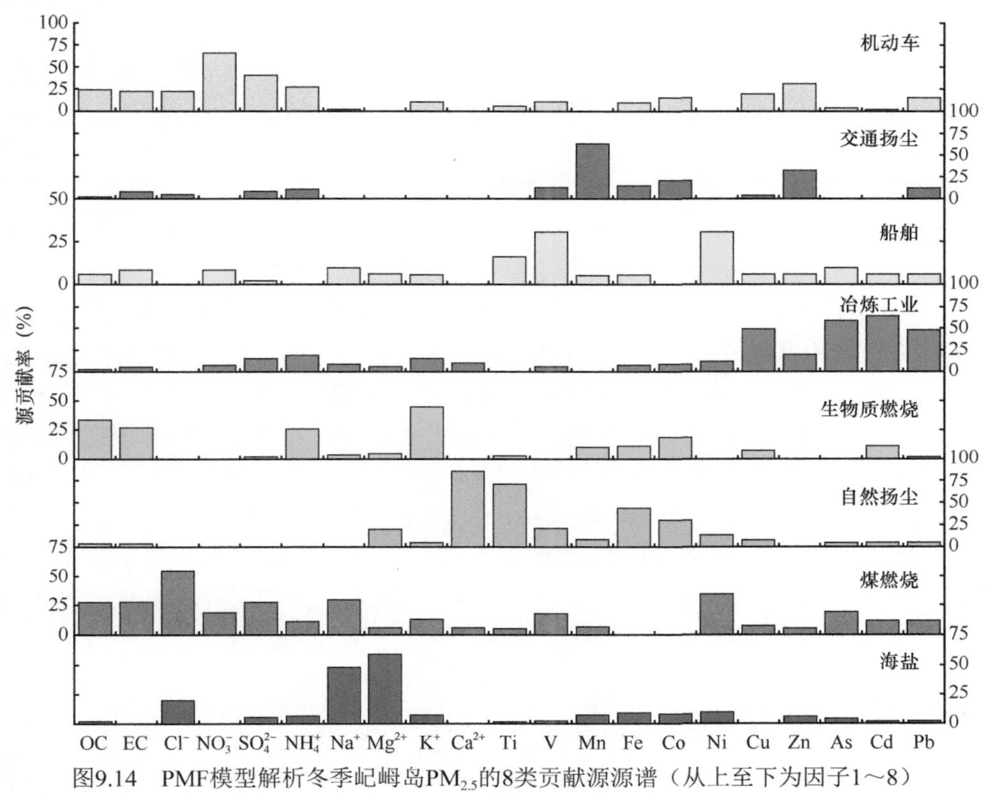

图9.14　PMF模型解析冬季屺峄岛$PM_{2.5}$的8类贡献源源谱（从上至下为因子1～8）

因子3对Ni和V有较高的贡献率，被定义为船舶排放源。在该因子中，V/Ni为0.93，超过了前面提到的0.7的阈值（Cappa et al.，2014），说明船舶排放对屺峄岛$PM_{2.5}$有一定贡献。因子4对Cu、Zn、As、Cd和Pb有较高的贡献率，被定义为冶炼工业排放源（Khan et al.，2016）。在各类工业中，炼钢是该地区工业源的重要组成部分，因为冶炼过程会产生大量的重金属，如Cu、Pb和Zn。此外，华北地区的炼钢工业规模相当巨大，《中国统计年鉴》显示，中国钢铁产量占了世界的一半，而京津冀地区和山东省分别贡献了25.3%和7.8%。除此之外，因子4对SO_4^{2-}的贡献率为12%，这与以前报道的工业源对SO_4^{2-}的贡献率（15%）相似。

因子5对K^+、OC、EC和NH_4^+有较高的贡献率，符合生物质燃烧的排放特征。表9.7列出了不同气团内8类排放源对$PM_{2.5}$的贡献率。可见，因子5在气团3中的贡献率较高，与上文论述的在3个气团中生物质燃烧对气团3的贡献率较高相吻合。并且，因子5中OC/EC最高，体现低温燃烧的特征。因子6对Ca^{2+}、Ti和Fe有较高的贡献率，表征了自然扬尘的特征（Nizzetto et al.，2013）。与之相对应的是，因子6对气团2的贡献率较高。另外，在该因子中，OC/EC为1.53，可能由扬尘中的植物碎屑所造成。因子7对Cl^-、Na^+、OC、EC、SO_4^{2-}、Ni和As有较高的贡献率，与煤燃烧的排放特征相吻合（Chow et al.，2001）。以前的研究发现煤燃烧对Cl^-、Na^+、OC和EC有较大的排放量。在本研究中，因子7对SO_4^{2-}的贡献率较高，这与华北地区SO_4^{2-}的排放谱相一致（Pui et al.，2014）。除此之外，Ni和As经常是燃煤火力发电厂的指示物。因子8对Na^+、Mg^{2+}和Cl^-有较高的贡献率，被定义为海盐排放源。海盐主要来自海平面的机械破损，因此与扬尘源类似（Gupta et al.，2015），在气团2中该因子的贡献率较高，因为风速较大会导致海盐的生成量变大。在因子8中Cl^-/Na^+与Mg^{2+}/Na^+分别是1.79和0.11，这与两者在海水中的值（1.80和0.12）相近，进一步体现了该因子海洋源的特征。因子8对气团1、气团2和气团3的OC分别贡献了2.53%、15.2%和1.93%，但是对EC没有任何贡献，这一方面说明了本研究PMF模拟的准确性，另一方面说明海盐中存在一定的有机气溶胶，这可能与海水中微生物的活动有关系（Wilson et al.，2015）。

表9.7　采样期间整体和不同气团内8类排放源对$PM_{2.5}$的贡献率　（单位：%）

	机动车	交通扬尘	船舶	冶炼工业	生物质燃烧	自然扬尘	煤燃烧	海盐
全部	15.90	4.24	8.95	2.63	19.30	12.80	29.60	6.58
气团1	23.60	4.89	8.79	3.64	19.60	6.32	29.20	3.96
气团2	3.57	3.60	9.35	1.20	4.88	26.80	37.70	12.90
气团3	12.40	3.08	8.67	1.96	52.70	6.46	12.40	2.33

可见，在8类排放源中，煤燃烧、生物质燃烧及机动车排放源是整个采样期间屺㟂岛$PM_{2.5}$的主要来源，分别贡献了29.6%、19.3%和15.9%，其次是自然扬尘（12.8%）、船舶（8.95%）、海盐（6.58%）、交通扬尘（4.24%）和冶炼工业（2.63%）。气团1内的$PM_{2.5}$源解析结果与总体的结果相近，因为在采样期间大部分的气团都来自京津冀地区。气团1内机动车排放源贡献率较高，而气团2排放源贡献率与气团1相差很大。强烈的西北风使气团2具有更广范围的源特征，因此煤燃烧和自然扬尘在气团2内是$PM_{2.5}$最大的来源，分别贡献了37.7%和26.8%，这与北方地区冬季以燃煤为主的能源消耗结构相吻合。据国家统计局统计，2014年燃煤在整个能源消耗中占了66%。除了工业上的使用，在中国北方民用取暖也会用到燃煤。虽然民用燃煤的使用量远低于工业使用量，但是由于没有任何污染处理设施，会排放大量的污染物，是中国冬季$PM_{2.5}$的主要来源之一。气团2内机动车的贡献较小，这是因为气团2经过的大型城市较少，机动车排放污染较弱（Liang et al.，2015）。此外，气团3内生物质燃烧是$PM_{2.5}$最主要的贡献源，主要来自冬季的取暖加热。

四、PMF源解析结果的^{14}C验证

PMF模型源解析通常伴随着一定的不确定性，从而导致$PM_{2.5}$解析结果可能存在偏差。本研究引入国际上比较先进的具有实测性质的放射性^{14}C分析方法，分析具有代表性的OC与EC样品。这样一方面可以准确地解析对环境、人体健康产生重要影响的含碳物质的来源，另一方面可以比较PMF模型与^{14}C对OC、EC的分析结果，从而验证PMF模型的有效性。

上文提到，当气团来自山东半岛和京津冀地区时，$PM_{2.5}$的平均浓度较高。并且，各个气团化学物质所提供的源信号显示，高温燃烧和移动源对京津冀地区的$PM_{2.5}$贡献率较高，而低温燃烧和固定源对山东半岛的$PM_{2.5}$贡献率较高。为了进一步确定这两个地区的排放源特征，本研究从这两种气团内挑选样品进行^{14}C分析。^{14}C分析技术价格昂贵，为了利用较少的样品反映全面的源信息，本研究对^{14}C分析样品进行了精心挑选。最终，两组组合样品被挑选进行^{14}C分析。这两组样品来自一个连续的天气过程，前半段气团来自山东半岛，后半段气团来自京津冀地区，每半段天气过程都包含两个$PM_{2.5}$样品，分别命名为M1和

M2。因此，M1样品反映了山东半岛的源信息，而M2代表了京津冀地区。均值检验显示除了EC/$PM_{2.5}$较高，M2中OC浓度、EC浓度及OC/$PM_{2.5}$与整个气团1在95%的置信区间内没有显著不同，这表明M2在含碳物质方面对气团1有较高的代表性。与M2相比，M1对气团3的代表性稍微较低，只有EC/$PM_{2.5}$、OC/$PM_{2.5}$与气团3在95%的置信区间内没有显著不同，而OC浓度、EC浓度要高于气团3的平均浓度。但是本研究依然选取M2进行^{14}C分析，因为连续的天气过程所反映的源信息要比间断的天气过程更为准确和全面，并且EC/$PM_{2.5}$、OC/$PM_{2.5}$已经确保了M2的代表性。

根据OC的水溶性，可以将OC划分为水溶性有机碳（WSOC）和不溶性有机碳（WIOC）。在本研究中，针对WSOC和WICO分别进行^{14}C分析，得到WSOC的现代碳比例f_c(WSOC)和WIOC的现代碳比例f_c(WSOC)。而OC的现代碳比例可以通过以下公式进行计算：

$$f_c(\mathrm{OC})=[f_c(\mathrm{WSOC})\times c(\mathrm{WSOC})+f_c(\mathrm{WICO})\times c(\mathrm{WICO})]/[c(\mathrm{WSOC})+c(\mathrm{WIOC})] \tag{9.3}$$

式中，c(WSOC)和c(WIOC)分别是WSOC和WIOC的浓度。M1与M2中OC、EC、WSOC、WIOC浓度及^{14}C分析结果见表9.8。一般而言，WSOC主要来自生物质燃烧和挥发性有机物的二次反应。而WIOC主要来自化石燃料燃烧的直接排放（Weber et al. 2007）。在M1中，WSOC和WIOC的浓度分别是6.42μg/m^3和6.30μg/m^3，而当气团来自京津冀地区时，WSOC和WIOC的浓度分别下降为3.70μg/m^3和5.31μg/m^3。可见在气团转换过程中，WSOC/OC由50%下降为41%，而WIOC/OC由50%上升到了59%，这说明化石燃料燃烧在京津冀地区的贡献比山东半岛明显。相对应地，f_c(WSOC)由0.59下降为0.49，f_c(WIOC)由0.60下降为0.43，也证明了这一点。根据^{14}C分析的结果，f_c(OC)在M1和M2中分别是0.59和0.46，而f_c(EC)分别是0.52和0.38，说明在山东半岛生物源分别贡献了59%的OC和52%的EC，而在京津冀地区生物源贡献了46%的OC和38%的EC。综上所述，当气团自山东半岛慢慢移向京津冀地区的过程中，生物源的贡献越来越弱，而化石源贡献不断加强。这也与上文的论述相一致，与山东半岛相比，京津冀地区拥有较低的OC/EC、较高的NO_3^-/SO_4^{2-}和较低的K^+浓度，这些都体现了化石源对京津冀地区$PM_{2.5}$贡献的重要性（Puxbaum et al.，2007）。

表9.8　M1与M2中OC、EC、WSOC、WIOC浓度及^{14}C分析结果

	M1	M2		M1	M2
$PM_{2.5}$（μg/m^3）	159±0.510	91.8±0.490			
OC（μg/m^3）	12.72±0.700	9.01±0.510	f_c（OC）	0.59±0.04	0.45±0.04
WSOC（μg/m^3）	6.42±0.410	3.70±0.200	f_c（WSOC）	0.59±0.03	0.49±0.03
WIOC（μg/m^3）	6.30±0.620	5.31±0.400	f_c（WIOC）	0.60±0.03	0.43±0.03
EC（μg/m^3）	8.60±0.500	5.80±0.310	f_c（EC）	0.52±0.02	0.38±0.01

为了验证PMF模型的有效性，本研究将M1与M2的PMF源解析结果与^{14}C源解析结果进行比对。为了方便对比，本研究将PMF模型中煤燃烧、机动车、冶炼工业及船舶排放源划分为化石源，海盐和生物质燃烧划分为生物源。自然扬尘及交通扬尘并未考虑，因为它们通常来自化石和生物的混合源。比较结果见图9.15。M1气团来自山东半岛，M2气团来自京津冀地区。在M1中，PMF模型解析的生物源对OC及EC的贡献率分别约是52%和49%，比^{14}C源解析的结果（59%和52%）分别低了7个百分点和3个百分点。PMF模型解析的化石源对OC和EC的贡献率都约是44%，分别比相应^{14}C结果（41%和48%）高了3个百分点和低了4个百分点。在M2中，PMF模型解析的生物源对OC及EC的贡献率分别约是41%和33%，比^{14}C源解析的结果（45%和38%）分别低了4个百分点和5个百分点。PMF模型解析的化石源对OC和EC的贡献分别约是52%和65%，分别比相应^{14}C结果（55%和62%）低了3个百分点和高了3个百分点。总体上，因为PMF结果中自然扬尘源与交通扬尘源并未放入比较，PMF的源解析结果应当小于或等于^{14}C的解析结果，PMF模拟结果大于^{14}C的结果说明模拟结果高估真实值。例如，PMF解析结果在M1中化石源对OC高估了3%，在M2中化石源对OC也高估了3%，这可能是在PMF比较中，将生物源不恰当地划分为了化石源。但是总体上，PMF解析的结果与^{14}C分析结果相一致，说明了本研究$PM_{2.5}$源解析结果的准确性。

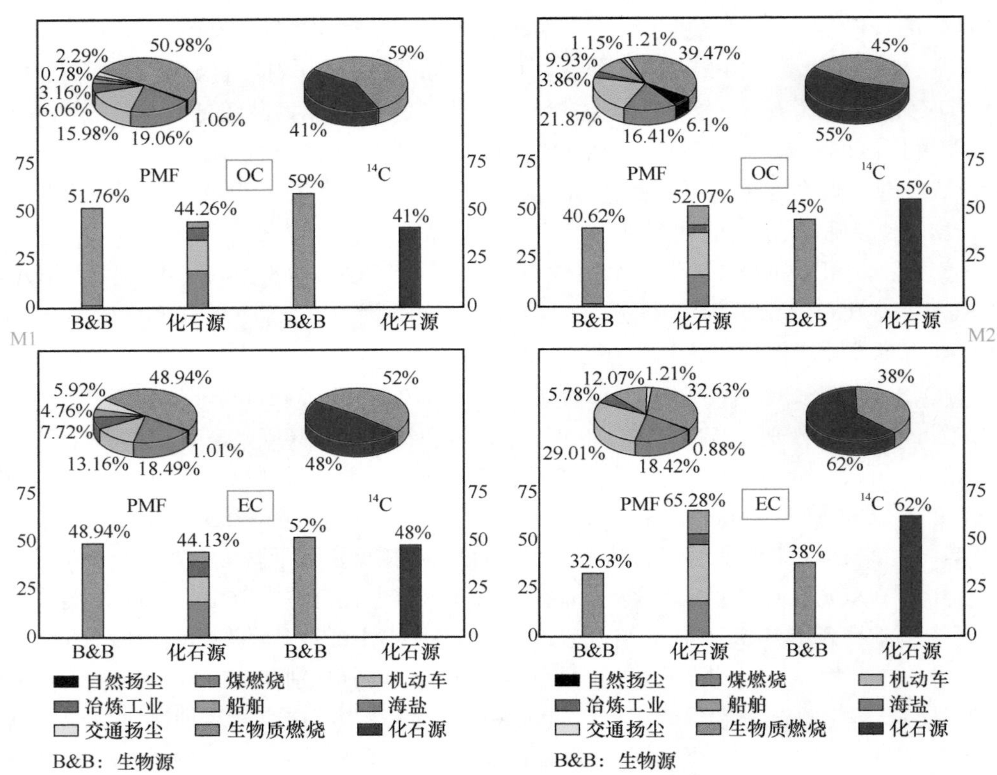

图9.15　PMF模型与^{14}C对M1与M2解析结果比较

第四节　黄河三角洲夏季$PM_{2.5}$污染特征

黄河三角洲位于渤海湾南岸和莱州湾西岸，主要分布于山东省东营市和滨州市，是由古代、近代和现代三个三角洲组成的联合体。黄河三角洲是东北亚内陆与环西太平洋鸟类迁徙的越冬栖息地、繁殖地和重要的中转站。除了发挥重要的生态环境意义，黄河三角洲还具有重要的地理位置。黄河三角洲位于我国京津冀地区与山东等地区的交界位置，在东亚季风的影响下，冬季盛行西北风，污染物主要源自京津冀地区，而夏季盛行南风，污染物主要源自山东、江苏等地区。黄河三角洲地区基本不存在污染源，没有电厂和工业活动，受人类活动影响较小，是研究华北地区大气$PM_{2.5}$区域特征的理想背景观测站。

本研究于2013年5月29日至6月30日在黄河三角洲自然保护区内连续加强采集$PM_{2.5}$样品。$PM_{2.5}$是利用美国Tisch大流量$PM_{2.5}$采样器采集，采样流速为1.13m³/min，分三种模式采集：每24h一次（24h样品）；每12h一次（6:00～18:00或18:00至次日6:00样品）；每6h一次（6:00～12:00、12:00～18:00、18:00～24:00或0:00～6:00样品）。收集$PM_{2.5}$的滤膜信息、处理过程与北隍城岛$PM_{2.5}$滤膜相类似。整个采样过程共采集$PM_{2.5}$样品膜80张和空白膜2张。

一、$PM_{2.5}$及其碳质成分

夏季加强观测期间，黄河三角洲$PM_{2.5}$和含碳物质的日均浓度见表9.9。可见，$PM_{2.5}$的平均浓度为92.27μg/m^3，超过了国家二级标准（35μg/m^3），并且超标天数占97%。$PM_{2.5}$浓度范围是33.31～194.30μg/m^3，最大浓度是国家二级标准的5.6倍。$PM_{2.5}$中OC和EC的平均浓度分别是5.19μg/m^{3}和2.03μg/m^3，分别占了$PM_{2.5}$浓度的5.6%和2.2%。表9.9也列出了采样期间OC、EC及$PM_{2.5}$的昼夜浓度值。可见，各类物质白天的浓度要明显高于夜晚。$PM_{2.5}$昼夜浓度比值（昼/夜）平均值是1.32，这说明$PM_{2.5}$白天人为源排放比较严重。OC与EC的昼夜浓度比值分别为2.54和2.09，比值差异说明OC与EC来自不同的排放源。OC的昼夜比

值高于EC，这可能是白天OC受光催化影响出现二次反应所导致。相似的结果在中国其他地区也有报道，如上海（Cao et al.，2013）。

表9.9　黄河三角洲$PM_{2.5}$和OC、EC的日均浓度　（单位：μg/m³）

		$PM_{2.5}$	OC	EC	OC/EC
全天	最大值	194.30	10.98	3.94	4.01
	最小值	33.31	1.79	0.58	1.97
	平均值	92.27	5.19	2.03	2.69
白天	最大值	203.87	18.33	4.75	5.09
	最小值	31.58	1.93	0.58	2.00
	平均值	101.85	6.69	2.34	3.01
夜晚	最大值	184.74	10.02	3.97	5.62
	最小值	28.84	0.66	0.25	1.48
	平均值	83.49	4.19	1.80	2.55

为了更进一步探究$PM_{2.5}$及其含碳物质的昼夜变化，本研究以6h为采样时长，在2013年6月1～4日、6月18～21日采集$PM_{2.5}$样品。结果显示6月1～4日（第一阶段）各类物质的浓度都高于6月18～21日（第二阶段）。第一阶段后向气团主要来自黄河三角洲南部地区，途经生物质燃烧区域，所挟带的污染物浓度较高，这一点将在后面进行详细论述。第二阶段后向气团主要来自海洋，气团干净，使黄河三角洲地区的污染物得到了有效的稀释和扩散，污染物浓度较低。在采样天，上半夜（18:00～24:00）各类污染物的浓度都出现明显的下降趋势，这可能与人为源数目减少有关；下半夜（00:00～06:00）污染物浓度小幅上升，这可能是下半夜大气层趋于稳定，污染物得到积累及OC发生二次反应的缘故（Kim et al.，2012）；上午（06:00～12:00）污染物浓度持续上升，到下午污染物浓度（12:00～18:00）达到峰值，这与白天人为源的数量持续增加有关。除了人为源的强度增加，在下午较高的OC/EC说明OC的二次反应也贡献了部分OC。

二、$PM_{2.5}$中碳质成分的^{14}C源解析

为了探究黄河三角洲地区$PM_{2.5}$中含碳物质的来源，选取两组具有代表性的样品对其中的WIOC及EC组分进行^{14}C分析。第一组样品采集于6月3日，包含4个采样时长为6h的$PM_{2.5}$样品，第二组样品采集于6月11日，包含2个采样时长为12h的$PM_{2.5}$样品，分析结果见表9.10。两组样品中f_c（WIOC）的平均值为0.69，这说明生物源是黄河三角洲地区WIOC的主要来源。f_c（EC）的平均值为0.54，要稍微低于WIOC，说明与WIOC相比，化石源对EC的贡献更为显著。

表9.10　2013年6月3日和11日两组$PM_{2.5}$样品^{14}C分析结果

日期	风向	WIOC（μg/m³）	EC（μg/m³）	f_c（WIOC）	f_f（WIOC）	f_c（EC）	f_f（EC）
6月3日	南风	5.04	4.64	0.74	0.26	0.59	0.41
6月11日	北风	0.96	0.76	0.63	0.37	0.48	0.52
	平均	—	—	0.69	0.32	0.54	0.47

夏季加强观测期间，黄河三角洲在东亚夏季季风的影响下盛行南风，气团大部分来自南部区域。6月3日的气团来自这个区域，此时f_c（WIOC）和f_c（EC）的值分别是0.74和0.59，表明这期间生物源对WIOC和EC分别贡献了74%和59%，而化石源对WIOC和EC只贡献了26%和41%。此时OC和EC的浓度达到最高，在$PM_{2.5}$中分别是14.04μg/m³和4.64μg/m³。这一天气团来自安徽、河南和江苏，此时卫星火点图显示

这些区域存在生物质大面积燃烧现象，与^{14}C的结果一致。在夏季，作为华北地区的上风向，安徽、河南和江苏区域生物质大面积燃烧对华北地区气溶胶有较高的贡献率（Zhao et al.，2012）。6月11日的气团主要来自北方，经过京津冀地区。^{14}C的结果显示生物源对WIOC及EC的贡献率分别是63%和48%，要比6月3日的结果均低11%。京津冀地区是中国污染最严重的区域之一，主要的污染源有煤燃烧及机动车排放等（Pui et al.，2014；Sun et al.，2014）。但是根据^{14}C的结果可以看出，京津冀地区夏季这些排放源对WIOC及EC的影响较小。

本研究在^{14}C结果的基础上，将WIOC和EC进一步划分为生物碳和化石碳。6月3日，WIOC和EC中的生物碳分别是3.73μg/m³和2.74μg/m³，化石碳分别是1.31μg/m³和1.90μg/m³。而在6月11日，WIOC和EC中的生物碳分别是0.60μg/m³和0.36μg/m³，化石碳分别是0.36μg/m³和0.40μg/m³。这两天化石碳与生物碳含量的不同主要是由6月3日大量的生物质燃烧所导致。为了进一步确定OC、EC与生物质燃烧的关系，本研究探究了OC、EC相关性随着生物质燃烧面积的变化，见图9.16。可见，当生物质燃烧面积较小时，OC与EC的相关性并不明显，但是相关性会随着生物质燃烧面积的增大而增大，凸显出生物质大面积燃烧对OC与EC的浓度起到了决定性的作用。

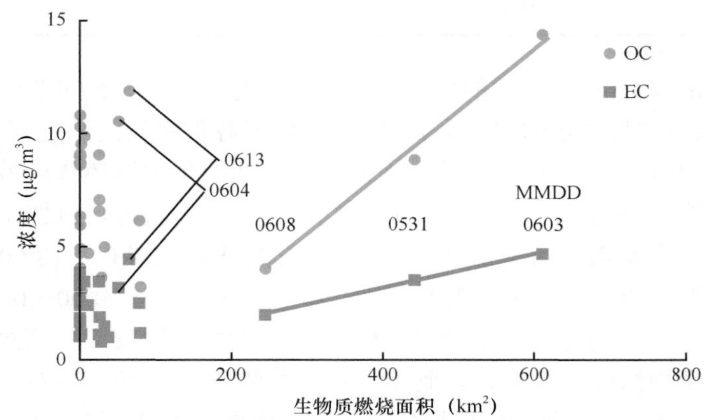

图9.16 OC、EC浓度与生物质燃烧面积的散点图

三、$PM_{2.5}$中水溶性有机碳的浓度昼夜变化特征

观测期间WSOC的浓度范围是0.03～14.56μg/m³，平均值是（3.09±2.45）μg/m³，在OC中占了56%（表9.11）。OC中WSOC的比例要明显高于WIOC（44%），说明WSOC是OC中最主要的组成部分。有研究表明，WSOC/OC可以用来评估经过长距离传输的有机气溶胶老化程度。与一些城市区域相比，如上海（0.35）、广州（0.32）、兰州（0.40）（Pathak et al.，2011），黄河三角洲地区WSOC/OC较高，说明有机气溶胶在长距离传输过程中有明显的老化信号，符合黄河三角洲地区是大气背景点的特征。

表9.11 黄河三角洲地区$PM_{2.5}$中OC、EC、WSOC、WIOC昼夜浓度特征

	OC（μg/m³）	WSOC（μg/m³）	WIOC（μg/m³）	WSOC/OC	WIOC/OC
全天（6:00至次日 6:00）	5.48±3.65	3.09±2.45	2.39±1.78	0.56±0.15	0.44±0.18
白天（6:00～18:00）	6.86±4.11	3.82±2.77	3.03±2.11	0.56±0.11	0.44±0.16
夜晚（18:00至次日6:00）	4.20±2.62	2.41±1.90	1.79±1.13	0.57±0.17	0.43±0.22
白天/夜晚	1.63	1.59	1.69	—	—
F-BN（6:00～12:00）	6.84±3.59	4.13±2.15	2.71±2.19	0.60±0.09	0.40±0.15
F-AN（12:00～18:00）	11.10±3.85	7.28±1.65	3.82±3.61	0.66±0.09	0.34±0.13
F-BN/F-AN	0.63	0.60	0.66	—	—

续表

	OC（μg/m³）	WSOC（μg/m³）	WIOC（μg/m³）	WSOC/OC	WIOC/OC
F-BM（18:00～24:00）	4.52±2.07	2.56±1.56	1.96±0.77	0.57±0.04	0.43±0.04
F-AM（24:00至次日6:00）	4.56±3.30	2.84±3.40	1.72±0.98	0.62±0.03	0.38±0.04
F-BM/F-AM	0.97	0.79	1.31	—	—
S-BN（6:00～12:00）	4.00±1.35	2.49±1.28	1.51±0.50	0.62±0.10	0.38±0.15
S-AN（12:00～18:00）	6.15±2.59	3.54±2.01	2.61±0.74	0.58±0.12	0.42±0.06
S-BN/S-AN	0.65	0.70	0.58	—	—
S-BM（18:00～24:00）	1.63±1.31	0.6±0.77	1.03±1.12	0.37±0.40	0.63±0.62
S-AM（24:00至次日6:00）	1.79±1.06	1.29±0.94	0.5±0.17	0.72±0.61	0.28±0.06
S-BM/S-AM	0.91	0.47	2.06	—	—

注：F指第一阶段（6月1～4日）；S指第二阶段（6月18～21日）；BN指上午；AN指下午；BM指上半夜；AM指下半夜

表9.11也给出了观测期间WSOC浓度的昼夜变化特征。可见，WSOC和WIOC白天浓度要高于夜晚，但是WSOC/OC与WIOC/OC在昼夜没有明显不同。此外，OC昼夜浓度比（昼/夜）为1.63，WSOC昼夜浓度比为1.59，WIOC昼夜浓度比为1.69，三者也没有显著不同。这说明它们的形成过程在昼夜期间相对稳定。白天，较高的浓度是由人为源数量较多所导致。为了进一步探究WSOC浓度的波动原因，以6h为采样时段采集$PM_{2.5}$样品。WSOC浓度从上半夜持续增加，一直到第2天的下午达到峰值。WIOC的浓度在下半夜出现下降，到第2天上午浓度又增加，到下午达到峰值。一般来说，WIOC主要来自燃烧源的直接排放。因此根据WIOC浓度变化趋势可以推断，相比于上半夜，下半夜污染源的数量明显下降。而在下半夜WSOC的浓度上升可能是由WSOC的二次生成所导致。在下半夜较高的WSOC/OC也证明了这一点。除此之外，第一阶段的WSOC浓度要高于第二阶段，可见当气团来源于黄河三角洲地区南部时，WSOC的污染较为严重。

四、$PM_{2.5}$中水溶性有机碳的人为源特性

上述对OC和EC的分析，说明生物质燃烧对黄河三角洲$PM_{2.5}$的贡献较大（Zong et al.，2015）。此处，K^+浓度较高，再次证明了这一观点。为了确定WSOC的来源，本研究探究了WSOC与$PM_{2.5}$中主要成分之间的相关性，见表9.12。若两者具有良好的相关性，则说明两者来源相似。本研究将相关系数高于0.6定义为相关性显著。$PM_{2.5}$中SO_4^{2-}、NO_3^-、K^+、Cu和Zn与WSOC的相关系数分别是0.64、0.76、0.80、0.66和0.68，均高于0.6，说明它们与WSOC的来源相近。这些成分一般来自人为源，但是部分SO_4^{2-}与K^+也来自海洋源，这可能对WSOC来源造成干扰。利用Na^+计算法，发现非海洋源分别占了SO_4^{2-}与K^+的99.64%

表9.12　WSOC与$PM_{2.5}$中非碳主要成分的相关性

成分	与WSOC的相关系数	显著性水平	成分	与WSOC的相关系数	显著性水平
Cl^-	0.11	$P>0.05$	V	–0.05	$P>0.05$
NO_3^-	0.76	$P<0.01$	Cr	–0.04	$P>0.05$
SO_4^{2-}	0.64	$P<0.01$	Mn	0.43	$P<0.01$
Na^+	0.32	$P<0.05$	Fe	0.28	$P<0.05$
NH_4^+	0.56	$P<0.01$	Ni	0.06	$P>0.05$
K^+	0.80	$P<0.01$	Cu	0.66	$P<0.01$
Mg^{2+}	0.18	$P<0.05$	Zn	0.68	$P<0.01$
Ca^{2+}	0.25	$P<0.05$	As	0.15	$P>0.05$
Cd	0.32	$P<0.05$	Pb	0.25	$P<0.05$

和99.44%，说明这两种离子主要来自人为源，海洋源可以忽略。K^+主要来自生物质的燃烧，而SO_4^{2-}主要来自化石燃料的燃烧，说明黄河三角洲地区生物质燃烧与化石燃料燃烧可能是WSOC非常重要的来源。

利用多元线性回归方法分析这些人为源成分（SO_4^{2-}、NO_3^-、K^+、Cu和Zn）对WSOC的贡献。在标准化之后，它们的关系式为

$$C(\text{WSOC})=0.67\text{NO}_3^- - 0.54\text{SO}_4^{2-}+0.75\text{K}^+ +0.19\text{Cu}+0.26\text{Zn} \tag{9.3}$$

图9.17显示，观测到的WSOC浓度与用公式估测的WSOC浓度具有良好的相关性，侧面体现了公式的有效性。多元线性回归方法可以去除离子之间存在的自相关，更能代表WSOC与各成分之间的相关性。多元线性回归结果显示，SO_4^{2-}与WSOC的相关系数为负值，说明SO_4^{2-}也许会阻碍WSOC的形成。部分原因是VOCs和SO_2分别是WSOC和SO_4^{2-}的前体物，两者在氧化反应过程中存在竞争关系。此外，很多研究表明，NO_x作为催化剂可以促进SO_4^{2-}的形成，因此NO_3^-与SO_4^{2-}存在较高的相关性。SO_4^{2-}与WSOC的相关系数为0.64（SPSS结果），可能是NO_3^-与SO_4^{2-}的相关性较高所造成。在大气中，NO_3^-主要来自NO_x与·OH或者O_3的反应，而NO_x主要来自高温燃烧过程，如机动车排放或者工业排放。机动车排放也是气溶胶中Cu和Zn的主要来源。有研究表明，Zn不仅来自机动车的直接排放，还来自机动车所使用的润滑油、轮胎摩擦等（Duan and Tan，2013）。除此之外，NO_3^-、Cu和Zn在PMF分析中经常被认为是机动车排放的指示物，这说明机动车排放可能是WSOC比较重要的来源。在多元线性回归中，K^+与WSOC的相关系数是最高的，说明生物质燃烧是黄河三角洲地区WSOC最主要的来源。

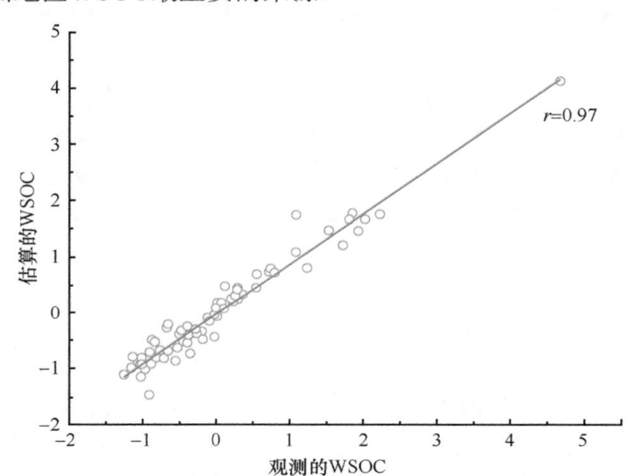

图9.17　观测的WSOC浓度与估算的WSOC标准化后的浓度拟合图

五、$PM_{2.5}$中水溶性有机碳的来源解析

状态概率函数（conditional probability function，CPF）可以评估当气团来自某个方向时，目标物超过阈值浓度的概率，因此可以判定目标物的不同源区方向。在本书中，利用这种方法初步判断WSOC来源的方向。将WSOC浓度×风速的乘积作为目标物，可以更好地代表WSOC源区信息。CPF可表示为

$$\text{CPF}_{\Delta\theta}=\frac{m_{\Delta\theta}}{n_{\Delta\theta}} \tag{9.4}$$

式中，m是指在$\Delta\theta$角度浓度超过阈值的次数；n是风向来自x角度的总次数。在本书中，$\Delta\theta$设为15°，并且将75^{th}的浓度×风速的值设为阈值。将风速小于1的值去除，因为在如此低的风速下，风向很难判断。CPF结果如图9.18所示，CPF值越大，代表这个方向是WSOC源区的可能性越大。很明显，当风向为南风（135°～195°）和西北风（285°，345°）时，CPF对应的值较大，说明这些方向是黄河三角洲地区WSOC的潜在源区方向。从采样点的位置来看，上述的西北风主要来自京津冀地区，而南风主要来自安徽、江苏和河南等地区。

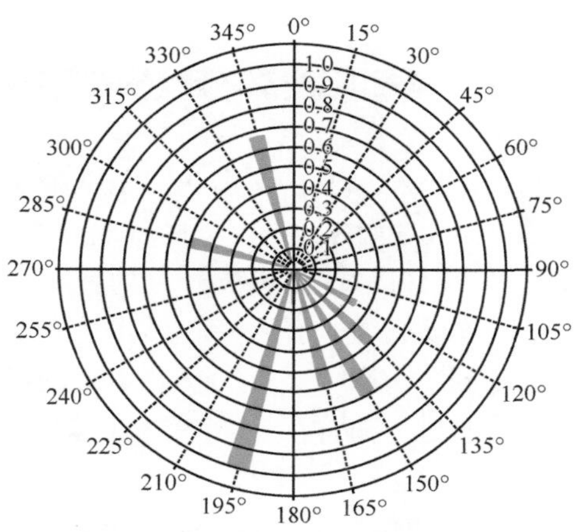

图9.18　WSOC（浓度×风速）的CPF结果

为了更进一步确定WSOC的来源信息，从这两个方向挑选$PM_{2.5}$样品进行^{14}C分析。如前文所说，来自南风的样品采集于6月3日，包含4组$PM_{2.5}$样品；来自西北方向的样品采集于6月11日，包含2组$PM_{2.5}$样品。均值检验表明，挑选的样品与对应方向全部样品的WSOC浓度与WSOC/OC在95%的置信区间内没有明显不同，说明了两者对两个方向的样品具有良好的代表性。表9.13列出了两组样品的基本信息及^{14}C测量结果。可见，采样期间f_c(WSOC)的平均值为0.57±0.01，说明生物源是黄河三角洲地区WSOC最主要的来源。f_c(WIOC)和f_c(EC)的平均值分别为0.69±0.02和0.54±0.03，这说明相比于WIOC，EC更倾向于来自化石源的贡献。

表9.13　6月3日与6月11日样品的基本信息及^{14}C测量结果

	南风气团	北风气团	单位	
OC	10.06±5.00	2.67±0.41	μg/m^3	Zong et al.，2015
EC	4.60±3.07	0.80±0.20	μg/m^3	Zong et al.，2015
WSOC	5.06±2.78	1.67±0.79	μg/m^3	本书
WIOC	5.00±2.28	1.00±0.38	μg/m^3	Zong et al.，2015
WSOC/OC	0.49±0.07	0.63±0.04	无量纲	本书
f_c(WSOC)	0.54±0.01	0.59±0.01	无量纲	本书
f_c(WIOC)	0.74±0.02	0.63±0.03	无量纲	Zong et al.，2015
f_c(EC)	0.59±0.03	0.48±0.03	无量纲	Zong et al.，2015
NO_3^-/NSS-SO_4^{2-}	0.77±0.11	0.61±0.11	无量纲	本书
NSS-K^+/$PM_{2.5}$	（2.01±0.1）%	（3.49±0.5）%	无量纲	本书
风向	南	北	无量纲	本书
风速	2.09±0.83	4.51±0.55	m/s	本书

当气团来自黄河三角洲南方区域时，WSOC浓度为（5.06±2.78）μg/m^3，WSOC/OC为0.49±0.07；而当气团来自北方时，WSOC浓度下降为（1.67±0.79）μg/m^3，而WSOC/OC上升为0.63±0.04。WSOC浓度下降趋势与OC、EC和WIOC相类似，而WSOC/OC上升，表明了WSOC区别于OC、EC、WIOC的源特征。^{14}C结果证明了这个观点，当气团来自南方时，f_c(WIOC)和f_c(EC)分别是0.74±0.02和0.59±0.03，明显高于当气团来自北方时（0.63±0.03和0.48±0.03），这说明安徽、江苏和河南等地生物质燃烧对EC和WIOC的影响要强于京津冀地区。当气团来自南方时，f_c(WSOC)是0.54±0.01，要低于当气团来自北方的值（0.59±0.01）。这与EC和WIOC的结果相反，但是与WSOC/OC结果相一致。这个相反的趋势表明，在安徽、江苏和河南等地化石燃料燃烧对WSOC的贡献率要高于京津冀地区。此外，来自安徽、江苏和河南等地的气团里，NO_3^-/Nss-SO_4^{2-}较高，说明了在化石燃料中机动车排放占了很大比例。

第五节　渤海区域多环芳烃沉降通量

渤海区域$PM_{2.5}$污染整体处于较高水平，持续高的大气污染势必通过干湿沉降增加$PM_{2.5}$的入海通量。多环芳烃（polycyclic aromatic hydrocarbons，PAHs）是环境中普遍存在的一类有毒有机污染物，能够通过呼吸、饮水、饮食等诸多途径进入人体，对人体健康造成一定的威胁。大气中的PAHs主要以气态和颗粒态的形式存在，具有长距离传输潜力，可以通过干湿沉降的形式进入地表环境。大气干湿沉降是PAHs进入海洋环境的一个重要途径（Lipiatou et al.，1997）。沉降入海的PAHs不仅可以在海水、沉积物等各环境介质中存在和交换，还可以通过环境暴露进入海洋生物体内，通过食物链逐级富集放大，危害海洋生态系统，并通过经济鱼类危害人类健康。

我国PAHs的年排放量约106kt，占全球排放量的21%（Shen et al.，2013）。环渤海的辽宁、河北和山东3省PAHs排放量约占全国排放量的20%，邻近的山西、河南、安徽和江苏4省排放量又约占全国排放量的20%（Xu et al.，2006）。高的排放量使这些地区PAHs大气浓度处于较高水平（Liu et al.，2008），在西风带的作用下，向东流出量占总流出量的80%，且以华北地区排放源贡献为主（Zhang et al.，2011）。在大气流出过程中，约70%沉降在我国东部的海岸带和近海海域（Lang et al.，2008）。因此，渤海及其周边地区PAHs大气沉降通量处于较高水平。相对大的沉降量和相对长的换水周期使渤海生态系统处于较高风险水平。为此，以砣矶岛$PM_{2.5}$样品的PAHs分析为切入点，研究该地区大气中的PAHs，以期了解渤海地区PAHs的污染水平和沉降通量，并且对PAHs的污染来源进行初步评价。

一、砣矶岛$PM_{2.5}$中PAHs的组成、来源及风险

2011年11月至2013年1月在砣矶岛镇国家大气背景监测站采集$PM_{2.5}$滤膜样品，每个月选取5个样品分析美国环境保护署优控的16种PAHs。监测期间，$PM_{2.5}$平均浓度为（57.34±37.13）μg/m³，浓度范围为3.69～144.22μg/m³。如表9.14所示，16种优控PAHs（Σ_{16}PAHs）总含量为4.72～41.01ng/m³，平均值为（16.90±9.38）ng/m³。$PM_{2.5}$和Σ_{16}PAHs具有较显著的相关性（r=0.52，P＜0.01），说明两者具有一定的共传输特征。从组成上，以高环（5环和6环）所占比例为最大，为52.8%；其次为低环（2环和3环），所占比例为27.1%；比例最低的是中环（4环），为20.1%。从季节上看，Σ_{16}PAHs浓度从高到低依次为2012年冬季、2011年冬季、2012年秋季、2012年春季和2012年夏季，浓度分别为（23.80±8.51）ng/m³、（20.48±10.89）ng/m³、（16.84±10.09）ng/m³、（15.28±7.82）ng/m³和（9.75±4.28）ng/m³，总体上呈现冷季高、暖季低的趋势。Σ_{16}PAHs在季节上的组成也表现出高环冷季高、暖季低的特征，2011年冬季高环PAHs的贡献率最高，达到64.0%；2012年冬季高环PAHs的贡献率次高，达到55.8%；2012年夏季的贡献率最低，为40.7%，此时，低环PAHs的贡献率最高，达到43.7%。

表9.14　2011年秋季至2012年冬季砣矶岛$PM_{2.5}$中PAHs浓度变化　（单位：ng/m³）

		平均值	中值	标准差	最小值	最大值
全部样品平均	Σ_{16}PAHs	16.90	13.40	9.38	4.72	41.01
	$\Sigma_{2\&3}$PAHs	4.56	4.72	1.67	0.52	8.93
	Σ_{4}PAHs	3.37	2.02	2.98	0.64	12.15
	$\Sigma_{5\&6}$PAHs	8.89	6.46	6.83	1.20	29.14
2011年冬季	Σ_{16}PAHs	20.48	17.79	10.89	7.39	41.01
	$\Sigma_{2\&3}$PAHs	4.87	4.90	1.51	2.50	7.27
	Σ_{4}PAHs	2.50	2.02	1.77	0.66	6.53
	$\Sigma_{5\&6}$PAHs	13.10	11.39	8.56	4.21	29.14

续表

		平均值	中值	标准差	最小值	最大值
2012年春季	Σ_{16}PAHs	15.28	12.48	7.82	6.71	30.94
	$\Sigma_{2\&3}$PAHs	5.74	5.60	1.00	4.06	7.50
	Σ_{4}PAHs	2.47	1.73	1.86	0.64	6.68
	$\Sigma_{5\&6}$PAHs	7.07	4.87	5.13	1.91	17.08
2012年夏季	Σ_{16}PAHs	9.75	8.27	4.28	4.72	22.31
	$\Sigma_{2\&3}$PAHs	4.26	4.30	1.00	2.47	5.87
	Σ_{4}PAHs	1.53	1.48	0.38	0.97	2.38
	$\Sigma_{5\&6}$PAHs	3.97	2.18	3.90	1.20	16.32
2012年秋季	Σ_{16}PAHs	16.84	14.54	10.09	5.12	38.88
	$\Sigma_{2\&3}$PAHs	3.49	3.36	1.76	0.54	6.25
	Σ_{4}PAHs	5.81	5.79	4.31	1.10	11.26
	$\Sigma_{5\&6}$PAHs	7.54	5.70	5.60	1.48	21.38
2012年冬季	Σ_{16}PAHs	23.80	23.52	8.51	10.57	36.50
	$\Sigma_{2\&3}$PAHs	4.99	5.20	2.10	0.52	8.93
	Σ_{4}PAHs	5.32	4.14	3.21	2.02	12.15
	$\Sigma_{5\&6}$PAHs	13.00	11.34	6.16	3.70	23.81

由图9.19可见，砣矶岛Σ_{16}PAHs含量月均最大值出现在2012年1月，达到27.83ng/m^3；最小值为2012年7月，为7.51ng/m^3；两者之比为3.7。这样冬季高、夏季低的趋势与京津冀地区的趋势相似（Wang et al., 2011），与冬季排放量明显升高有关。高环PAHs的贡献率与Σ_{16}PAHs含量变化相一致，在组成上总体以高环PAHs为主。2011年12月5环和6环化合物的贡献率最高，达到68.41%；2014年7月贡献率最低，为24.65%。高环PAHs贡献率的变化基本与低环PAHs贡献率互补，中环PAHs贡献率保持相对稳定。砣矶岛PAHs高环冷季高、暖季低的现象主要可以从两个方面解释。一方面，受季风影响，冷季该地区的污染物主要来自西北方向的京津冀及其周边地区，这些是环渤海地区经济比较发达的区域，机动车、冶炼工业等高温燃烧源排放更加普遍，从而可以产生相对较多的高环PAHs。而在暖季，砣矶岛地区的大气污染物主要来自山东半岛及其临近区域，相对落后的经济表现为低温燃烧现象更加普遍，也就排放出相对较多的低环PAHs。另一方面，冷季京津冀地区集中供暖也是砣矶岛地区高环PAHs的一个主要贡献源。

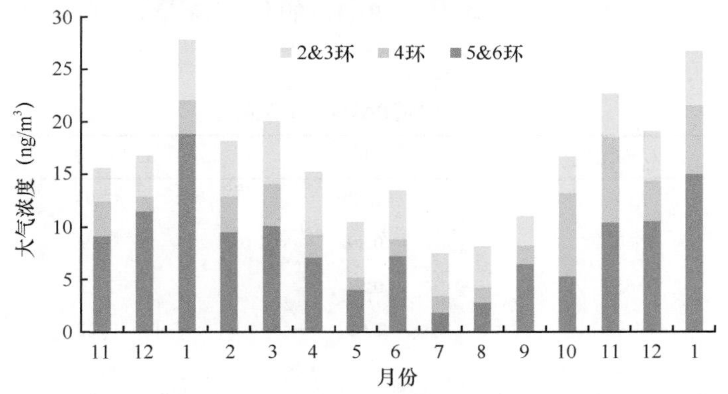

图9.19　2011年11月至2013年1月砣矶岛颗粒态Σ16PAHs浓度的月均变化

二、基于砣矶岛PAHs浓度估算沉降通量

大气中PAHs颗粒态沉降通量与赋存于颗粒的粒径有密切的关系。通常干沉降通量（Fp）是利用不同粒径颗粒物的沉降速率及其内部PAHs浓度的积分形式获得，形如：

$$\mathrm{Fp}=\sum_{i=1}^{n}\mathrm{Vd}_i\times\mathrm{Cp}_i \tag{9.5}$$

式中，Vd_i是第i个粒径段颗粒物的沉降速率；Cp_i是第i个粒径段颗粒物中PAHs的含量。其中，沉降速率Vd受很多因素的影响，如地表湍流状态、表面冠层、风速、相对湿度等气象和自然地理条件，不同地点、不同时间的Vd均有差别。

多数研究表明，大气颗粒物的沉降速率为0.1～0.8cm/s，海域沉降速率为0.1～0.2cm/s。本研究选择0.2cm/s，计算的日干沉降通量见表9.15。高负荷沉降通量主要出现在冬季，例如，2012年1月沉降通量达到4.81μg/(m^2·d)，2013年1月沉降通量达到4.78μg/(m^2·d)，基本相当。沉降通量最小值出现在7月，为1.30μg/(m^2·d)。Σ_{16}PAHs沉降通量为（2.92±1.61）μg/(m^2·d)，范围为0.82～7.09μg/(m^2·d)。

评估的砣矶岛PAHs干沉降通量明显低于北方一些大型城市，如北京［5.14μg/(m^2·d)］（Zhang et al.，2008），同时低于北黄海沿岸地区大气中多环芳烃的干沉降通量，例如，獐子岛、老虎滩和小麦岛三个地点的PAHs沉降通量分别为10.20μg/(m^2·d)、16.75μg/(m^2·d)和18.98μg/(m^2·d)，均高于渤海湾地区的沉降通量［4.35μg/(m^2·d)］（孙艳，2010）。大气中总的PAHs是通过干、湿沉降及水气交换进入水体的，颗粒态PAHs则是通过干湿沉降两个途径进入水体的，湿沉降的效率明显大于干沉降的效率。在周边有明显排放源的地点采集样品，一场降水过后，因大气中的颗粒物被有效地沉降到地表，样品分析可以得出比无降水情况下高几倍甚至有量级差别的沉降量。而在周边无显著排放源的地区，大气中被湿沉降清除的PAHs不会很快得到补充，继而表现出相对较低的干沉降通量。就砣矶岛而言，其位于渤海中部，周边没有明显的排放源，大气中PAHs处于区域背景水平。在一场降水之后，大气中的PAHs将处于较低的水平，不像距离源较近的区域大气中PAHs会很快地被污染排放所补充。从这个角度，可以利用砣矶岛的干沉降粗略估计渤海PAHs的颗粒态沉降通量。计算公式可以表达为

$$F_{\mathrm{B}}=A_{\mathrm{B}}\times F_{\mathrm{d}}\times D \tag{9.6}$$

式中，F_{B}是PAHs的渤海年沉降通量；A_{B}是渤海的面积，取7.7×10^{4}km^2；F_{d}是PAHs的日均沉降通量；D是一年中的天数，按365d计。以分析的砣矶岛PAHs日均浓度代替F_{d}，计算的渤海PAHs年沉降通量的算术平均值、标准差、最大值和最小值列于表9.15。可见，在16种PAHs化合物中沉降通量按算术平均值从大到小依次为BkF、BbF、Phe、BaP、BaA、Flu、Chr、Nap、Acy、Pyr、BghiP、Ind、DahA、Flua、Ace、Ant，具体沉降量分别为（15.67±13.30）t、（13.65±13.09）t、（8.19±4.61）t、（7.65±6.15）t、（6.94±11.85）t、（5.59±2.07）t、（5.19±4.46）t、（3.19±1.73）t、（2.60±0.89）t、（2.33±1.82）t、（2.18±1.00）t、（2.15±1.39）t、（1.93±0.62）t、（1.92±1.67）t、（1.65±0.63）t和（1.24±0.55）t。按算术平均值计，渤海Σ_{16}PAHs的年沉降量达到（82.06±45.26）t，范围为22.94～199.18t。

表9.15　渤海PAHs年干沉降量　（单位：t）

化合物	算术平均值	标准差	最大值	最小值
Nap	3.19	1.73	12.95	0.38
Acy	2.60	0.89	4.49	0.43
Ace	1.65	0.63	3.13	0.00
Flu	5.59	2.07	11.22	0.79
Phe	8.19	4.61	20.54	0.95
Ant	1.24	0.55	2.84	0.15
Flua	1.92	1.67	10.83	0.52
Pyr	2.33	1.82	8.51	0.36
BaA	6.94	11.85	47.21	0.72
Chr	5.19	4.46	18.52	0.41

续表

化合物	算术平均值	标准差	最大值	最小值
BbF	13.65	13.09	65.31	0.00
BkF	15.67	13.30	56.02	1.18
BaP	7.65	6.15	24.54	0.65
Ind	2.15	1.39	7.23	0.41
DahA	1.93	0.62	3.98	1.06
BghiP	2.18	1.00	6.40	0.93
Σ_{16}PAHs	82.06	45.26	199.18	22.94

三、渤海PAHs河流径流和大气沉降通量对比

对环渤海河流PAHs入海通量较为系统的研究是2005年7月1～5日夏斌（2007）对环渤海16条主要入海河流进行的采样分析。这16条河流包括黄河流域的小清河、黄河，海河流域的徒骇河、马颊河、子牙新河、大清河、独流减河、海河、潮白新河、蓟运河、滦河和辽河流域的六股河、小凌河、大凌河、双台子河、大辽河，见表9.16。在每条河流接近入海处设置取样横断面，具体点位见表9.16，每个横断面取3个采样点位（n=3），取表层水样分析颗粒态PAHs的浓度。

表9.16　环渤海16条主要入海河流径流量和采样点位信息

流域	河流	采样点位	径流量（亿m^3）
黄河流域	小清河	小清河山东羊口站	0.25
	黄河	黄河口浮桥站	81.63
海河流域	徒骇河	徒骇河山东沾化站	5.31
	马颊河	马颊河山东庆云站	0.58
海河流域	子牙新河	子牙新河河北歧口站	0.22
	大清河	大清河天津千米桥站	0.17
	独流减河	独流减河天津万家码头桥站	1.07
	海河	海河河口闸门站	11.19
	潮白新河	潮白新河天津塘沽站	2.45
	蓟运河	蓟运河天津汉沽站	5.66
	滦河	滦河河北姜各庄站	0.85
辽河流域	六股河	六股河辽宁绥中站	2.33
	小凌河	小凌河辽宁锦州站	3.11
	大凌河	大凌河辽宁凌海站	14.03
	双台子河	双台子河辽宁大洼站	8.24
	大辽河	大辽河辽宁营口站	33.61

利用分析的颗粒态PAHs浓度及径流量计算其径流入海量，可表达为

$$W = K\sum_{i=1}^{n}\frac{C_i}{n}Q_{\text{ave}} \tag{9.7}$$

中，W是估算时间段内PAHs的径流入海通量；K是不同估算时间段的转换系数；n是估算时间段内的采样次数；C_i是分析的第i个样品的PAHs浓度值；Q_{ave}是时间段内的平均径流量。表9.16列出了夏斌（2007）收集的各水文水情信息网报道的环渤海16条入海河流的2005年夏季径流量。例如，黄河径流量取自黄

河网（http://www.yrcc.gov.cn/）；蓟运河的径流量取自天津市水情雨情信息网（http://xxfb.hydroinfo.gov.cn/）；双台子河和大凌河的径流量取自辽宁水文水资源信息网（http://www.slwr.gov.cn/swszykjw/td/）。利用表9.16给出的径流量，计算得出的夏季环渤海16条河流悬浮颗粒物中PAHs的总入海通量为125.45t，主要源自黄河、大凌河、双台子河和蓟运河，通量分别为95.03t、24.20t、5.23t和0.99t，分别占总入海通量的75.7%、19.3%、4.2%和0.8%。从上述的网址中只能查到黄河的年径流量信息，而其他河流的径流量信息无法获取。从黄河网查到，2005年黄河的径流量为206.80亿m^3。利用16条河流PAHs的总入海通量（125.45t），按夏季和全年黄河水量径流线性比例可以估算出2005年全年环渤海河流PAHs径流入海通量为310.27t。从黄河网查询到的自2005年至2012年黄河水量入海径流量如图9.20所示。利用2005年的全年水径流量和PAHs径流入海通量线性换算可得出各年黄河PAHs的径流入渤海通量，见图9.20。2005～2012年，PAHs的径流入渤海通量为199.36～423.77t/a，平均通量为（288.89±67.70）t/a。可见，PAHs年大气沉降入渤海通量是河流入海通量的28.41%～34.63%，大气沉降通量低于河流径流通量，但基本处于同一数量级。在环渤海河流径流入海水量整体呈现下降趋势的背景下，大气污染持高不下，应加强对污染物大气沉降入渤海通量的研究。

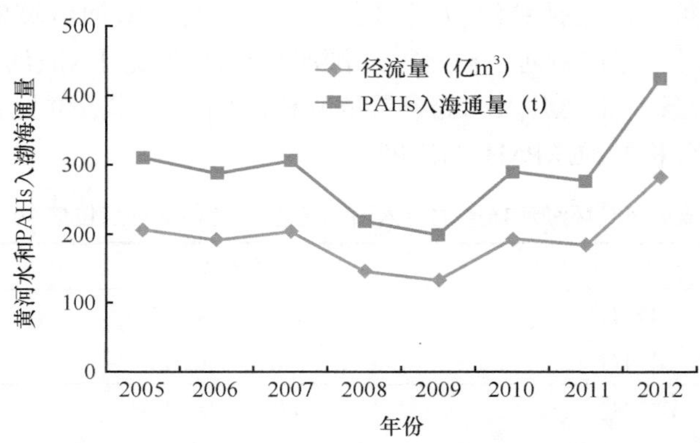

图9.20　2005～2012年黄河水和PAHs年入渤海通量

参考文献

曹军骥. 2014. $PM_{2.5}$与环境. 北京: 科学出版社.

孙艳. 2010. 黄海沿岸大气中多环芳烃的污染水平、源解析及干沉降通量的研究. 辽宁师范大学硕士学位论文.

夏斌. 2007. 2005年夏季环渤海16条主要河流的污染状况及入海通量. 中国海洋大学硕士学位论文.

Cao J J, Shen Z X, Chow J C, et al. 2012. Winter and summer $PM_{2.5}$ chemical compositions in fourteen chinese cities. Journal of the Air & Waste Management Association, 62(10): 1214-1226.

Cao J J, Zhu C S, Tie X X, et al. 2013. Characteristics and sources of carbonaceous aerosols from Shanghai, China. Atmospheric Chemistry and Physics Discuss, 13(2): 803-817.

Cappa C D, Williams E J, Lack D A, et al. 2014. A case study into the measurement of ship emissions from plume intercepts of the noaa ship miller freeman. Atmospheric Chemistry and Physics Discuss, 14(3): 1337-1352.

Chow J , Watson J , Crow D, et al. 2001. Comparison of improve and niosh carbon measurements. Aerosol Science and Technology, 34(1): 23-34.

Duan J C, Tan J H. 2013. Atmospheric heavy metals and arsenic in China: situation, sources and control policies. Atmospheric Environment, 74: 93-101.

Feng J L, Guo Z G , Zhang T R, et al. 2012. Source and formation of secondary particulate matter in $PM_{2.5}$ in asian continental outflow. Journal of Geophysical Research, 117: D03302.

Feng Y C, Shi G L, Wu J H, et al. 2007. Source analysis of particulate-phase polycyclic aromatic hydrocarbons in an urban atmosphere of a northern city in China. Journal of the Air & Waste Management Association, 57(2): 164-171.

Fountoukis C, Nenes A. 2007. Isorropia Ⅱ: a computationally efficient thermodynamic equilibrium model for K^+-Ca^{2+}-Mg^{2+}-NH_4^+-Na^+-SO_4^{2-}-NO_3^--Cl^--H_2O aerosols. Atmospheric Chemistry and Physics, 7(17): 4639-4659.

Guo S, Hu M, Zamora M, et al. 2014. Elucidating severe urban haze formation in China. Proceedings of the National Academy of Sciences, 111(49): 17373-17378.

Gupta D, Kim H, Park G, et al. 2015. Hygroscopic properties of nacl and $NaNO_3$ mixture particles as reacted inorganic sea-salt aerosol surrogates. Atmospheric Chemistry and Physics, 15(6): 3379-3393.

Huang R J, Zhang Y, Bozzetti C, et al. 2014. High secondary aerosol contribution to particulate pollution during haze events in China. Nature, 514(7521): 218-222.

Khan M F, Latif M T, Saw W H, et al. 2016. Fine particulate matter in the tropical environment: Monsoonal effects, source apportionment, and health risk assessment. Atmospheric Chemistry and Physics, 16(2): 597-617.

Kim H S, Chung Y S, Lee S G. 2012. Characteristics of aerosol types during large-scale transport of air pollution over the Yellow Sea region and at Cheongwon, Korea, in 2008. Environmental Monitoring and Assessment, 184 (4): 1973-1984.

Lang C, Tao S, Liu W X, et al. 2008. Atmospheric transport and outflow of polycyclic aromatic hydrocarbons from China. Environmental Science & Technology, 42(14): 5196-5201.

Li X H, Wang S X, Duan L, et al. 2007. Particulate and trace gas emissions from open burning of wheat straw and corn stover in China. Environmental Science & Technology, 41(17): 6052-6058.

Liang X, Zou T, Guo B, et al. 2015. Assessing Beijing's $PM_{2.5}$ pollution: severity, weather impact, APEC and winter heating. Proceedings of the Royal Society of London A: Mathematical, Physical and Engineering Sciences, 471(2182): 20150257.

Lipiatou E, Tolosa I, Simó R, et al. 1997. Mass budget and dynamics of polycyclic aromatic hydrocarbons in the Mediterranean Sea. Deep Sea Research Part Ⅱ: Topical Studies in Oceanography, 44(3-4): 881-905.

Liu S Z, Tao S, Liu W X, et al. 2008. Seasonal and spatial occurrence and distribution of atmospheric polycyclic aromatic hydrocarbons (PAHs) in rural and urban areas of the north Chinese Plain. Environmental Pollution, 156(3): 651-656.

Manousakas M, Papaefthymiou H, Diapouli E, et al. 2017. Assessment of $PM_{2.5}$ sources and their corresponding level of uncertainty in a coastal urban area using EPA PMF 5.0 enhanced diagnostics. Science of the Total Environment, 574: 155-164.

Masiol M, Hopke P K, Felton H D, et al. 2017. Analysis of major air pollutants and submicron particles in New York city and Long Island. Atmospheric Environment, 148: 203-214.

Nightingale P D, Liss P S, Schlosser P. 2000. Measurements of air-sea gas transfer during an open ocean algal bloom. Geophysical Research Letters, 27(14): 2117-2120.

Nizzetto L, Liu X, Zhang G, et al. 2013. Accumulation kinetics and equilibrium partitioning coefficients for semivolatile organic pollutants in forest litter. Environmental Science & Technology, 48(1): 420-428.

Pathak R K, Wang T, Ho K F, et al. 2011. Characteristics of summertime $PM_{2.5}$ organic and elemental carbon in four major chinese cities: implications of high acidity for water-soluble organic carbon (WSOC). Atmospheric Environment, 45(2): 318-325.

Perrino C, Catrambone M, Farao C, et al. 2016. Assessing the contribution of water to the mass closure of PM_{10}. Atmospheric Environment, 140: 555-564.

Pey J, Pérez N, Cortés J, et al. 2013. Chemical fingerprint and impact of shipping emissions over a western mediterranean metropolis: primary and aged contributions. Science of the Total Environment, 463-464: 497-507.

Pui D Y H, Chen S C, Zuo Z. 2014. $PM_{2.5}$ in China: measurements, sources, visibility and health effects, and mitigation. Particuology, 13: 1-26.

Puxbaum H, Caseiro A, Sánchez-Ochoa A, et al. 2007. Levoglucosan levels at background sites in Europe for assessing the impact of biomass combustion on the European aerosol background. Journal of Geophysical Research: Atmospheres, 112: D23S05.

Ramu K, Kajiwara N, Sudaryanto A, et al. 2007. Asian mussel watch program: contamination status of polybrominated diphenyl ethers and organochlorines in coastal waters of Asian countries. Environmental Science & Technology, 41(13): 4580-4586.

Reisen F, Meyer C P, McCaw L, et al. 2011. Impact of smoke from biomass burning on air quality in rural communities in Southern Australia. Atmospheric Environment, 45(24): 3944-3953.

Shen H, Huang Y, Wang R, et al. 2013. Global atmospheric emissions of polycyclic aromatic hydrocarbons from 1960 to 2008 and future predictions. Environmental Science & Technology, 47(12): 6415-6424.

Sun K, Tao L, Miller D J, et al. 2014. On-road ammonia emissions characterized by mobile, open-path measurements. Environmental Science & Technology, 48(7): 3943-3950.

Tan H B, Cai M F, Fan Q, et al. 2017. An analysis of aerosol liquid water content and related impact factors in Pearl River Delta. Science of The Total Environment, 579 (Supplement C): 1822-1830.

Tan S C, Shi G Y, Wang H. 2012. Long-range transport of spring dust storms in Inner Mongolia and impact on the China seas. Atmospheric Environment, 46: 299-308.

Tao J, Gao J, Zhang L, et al. 2014. $PM_{2.5}$ pollution in a megacity of southwest China: source apportionment and implication. Atmospheric Chemistry and Physics Discuss, 14(16): 8679-8699.

Wang L, Qi J H, Shi J H, et al. 2013. Source apportionment of particulate pollutants in the atmosphere over the Northern Yellow Sea. Atmospheric Environment, 70: 425-434.

Wang W, Simonich S L M, Wang W, et al. 2011. Atmospheric polycyclic aromatic hydrocarbon concentrations and gas/particle partitioning at background, rural village and urban sites in the North China Plain. Atmospheric Research, 99(2): 197-206.

Wang X P, Chen Y J, Tian C G, et al. 2014. Impact of agricultural waste burning in the Shandong Peninsula on carbonaceous aerosols in the Bohai Rim, China. Science of the Total Environment, 481: 311-316.

Wang Y, Zhuang G S, Tang A H, et al. 2005. The ion chemistry and the source of $PM_{2.5}$ aerosol in Beijing. Atmospheric Environment, 39(21): 3771-3784.

Weber R J, Sullivan A P, Peltier R E, et al. A study of secondary organic aerosol formation in the anthropogenic-influenced southeastern United States. 2007. Journal of Geophysical Research: Atmospheres, 112 (D13): D13302.

Wilson T W, Ladino L A, Alpert P A, et al. 2015. A marine biogenic source of atmospheric ice-nucleating particles. Nature, 525(7568): 234-238.

Xing L, Fu T M, Cao J J , et al. 2013. Seasonal and spatial variability of the OM/OC mass ratios and high regional correlation between oxalic acid and zinc in Chinese urban organic aerosols. Atmospheric Chemistry and Physics Discuss, 13(8): 4307-4318.

Xu S S, Liu W X, Tao S. 2006. Emission of polycyclic aromatic hydrocarbons in China. Environmental Science & Technology, 40(3): 702-708.

Yang F, Kawamura K, Chen J, et al. 2016. Anthropogenic and biogenic organic compounds in summertime fine aerosols ($PM_{2.5}$) in Beijing, China. Atmospheric Environment, 124: 166-175.

Zhang F, Chen Y J, Tian C G, et al. 2014. Identification and quantification of shipping emissions in Bohai Rim, China. Science of the Total Environment, 497-498: 570-577.

Zhang R J, Jing J S, Tao J, et al. 2013. Chemical characterization and source apportionment of $PM_{2.5}$ in Beijing: seasonal perspective. Atmospheric Chemistry and Physics Discuss, 13(14): 7053-7074.

Zhang S C, Zhang W, Shen Y T, et al. 2008. Dry deposition of atmospheric polycyclic aromatic hydrocarbons (PAHs) in the southeast suburb of Beijing, China. Atmospheric Research, 89(1-2): 138-148.

Zhang Y L, Cao F. 2015. Is it time to tackle $PM_{2.5}$ air pollutions in China from biomass-burning emissions? Environmental Pollution, 202: 217-219.

Zhang Y X, Shen H Z, Tao S, et al. 2011. Modeling the atmospheric transport and outflow of polycyclic aromatic hydrocarbons emitted from China. Atmospheric Environment, 45(17): 2820-2827.

Zhao B, Wang P, Ma J Z, et al. 2012. A high-resolution emission inventory of primary pollutants for the Huabei region, China. Atmospheric Chemistry and Physics Discuss, 12(1): 481-501.

Zhou F, Shang Z Y, Ciais P, et al. 2014. A new high-resolution N_2O emission inventory for China in 2008. Environmental Science & Technology, 48(15): 8538-8547.

Zong Z, Chen Y Y, Tian C G, et al. 2015. Radiocarbon-based impact assessment of open biomass burning on regional carbonaceous aerosols in north China. Science of the Total Environment, 518-519: 1-7.

Zong Z, Wang X P, Tian C G, et al. 2016. Source apportionment of $PM_{2.5}$ at a regional background site in North China using PMF linked with radiocarbon analysis: insight into the contribution of biomass burning. Atmospheric Chemistry and Physics Discuss, 16(17): 11249-11265.

第十章

典型水域有机污染物的大气沉降与河流输入通量①

① 本章作者：刘琳，唐建辉

第一节　典型水域有机污染物的大气沉降通量

大气沉降是去除大气气溶胶的主要途径，分干、湿沉降两种类型。干沉降是指在重力作用下直接沉降至地面的过程；湿沉降是指大气中的不溶及可溶性物质通过雨、雪、冰雹等降水方式降落到地面。对于有机污染物来说，一个过程相对于另一个过程的重要性主要取决于目标污染物的物理化学性质和环境条件，如气温、风速、降水率等。对于极易分配至大气颗粒相中的物质［如高分子量化合物：多氯代二苯并二噁英（PCDD/Fs）和多环芳烃（PAHs）］①，沉降会成为其在环境中迁移的动力因素，而对于大气气相中含量较高的污染物［如多氯联苯（PCBs）及其低分子量同系物］，扩散（如水-气交换）成为其在大气中主要的驱动因素。

大气沉降是大气中有毒有害物质从大气迁移到自然表面的过程，我们可以通过沉降量的计算，反映大气污染程度及污染物质对沉降区域的影响。在我们赖以生存的地球上，海洋面积覆盖了地球面积的71%，储水量占全球总水量的97%以上，若以体积衡量，海洋占据了生物在地球上所能发展空间的99%，全球30亿人的生计依赖于海洋与沿海的多种生物（联合国，2020），因此，人类生产和生活中产生的污染极易通过各种途径进入海洋，使得海洋成为巨大的“纳污场”。目前所研究的持久性有机污染物大多具有半挥发性的特点，这一特性使得它们极易从生产和使用源地通过挥发进入大气，随大气进行长距离迁移，或在迁移过程中发生沉降，从而对沉降区域水体造成一定程度的污染。大气输入已经被认定为污染物进入海洋的重要途径之一（Castro-Jiménez et al.，2009；秦晓光等，2011）。因此，深入探讨有机污染物的大气沉降对全球典型水域的实际贡献量，对于海洋生态环境的持续健康发展具有重要意义。

对干、湿沉降通量的计算，本节主要参考Castro-Jiménez等（2009）对意大利北部阿尔卑斯山大气中PCBs沉降通量的分析方法，具体过程如下。

（1）湿沉降通量：

$$F_{\mathrm{w}}=C_{\mathrm{rain}}\cdot \mathrm{Pr} \tag{10.1}$$

式中，F_{w}（$M/L^2/t$）为湿沉降通量；Pr（L/t）为降水速率；C_{rain}（M/L^3）为雨水中污染物的浓度，有

$$C_{\mathrm{rain}}=W_{\mathrm{T}}\cdot(C_{\mathrm{aerosol}}+C_{\mathrm{gas}}) \tag{10.2}$$

式中，C_{aerosol}为气溶胶相中污染物的浓度；C_{gas}为气相中污染物的浓度；W_{T}为总冲刷速率，有

$$W_{\mathrm{T}}=W_{\mathrm{G}}(1-\varphi)+W_{\mathrm{P}}\cdot\varphi \tag{10.3}$$

式中，W_{G}为气相冲刷速率；W_{P}为颗粒相冲刷速率；φ（无量纲）是气溶胶结合污染物的浓度占大气总污染物浓度的比例，

$$\varphi=\frac{C_{\mathrm{aerosol}}}{C_{\mathrm{aerosol}}+C_{\mathrm{gas}}} \tag{10.4}$$

（2）干沉降通量：

$$F_{\mathrm{d}}=C_{\mathrm{aerosol}}\cdot v_{\mathrm{d}} \tag{10.5}$$

式中，$F_{\mathrm{d}}[M/(L^2\cdot t)]$为干沉降通量；$v_{\mathrm{d}}(L/t)$为颗粒沉降速率，取决于气溶胶粒径分布和大气湍流；$C_{\mathrm{aerosol}}(M/L^3)$为气溶胶相中污染物的浓度。

国内外学者对于全球典型水域中有机污染物的大气沉降通量都进行了一定程度的研究。

一、地中海

地中海约250万km^2，平均深度1.5km，是典型的半封闭型内海，与其他贫营养亚热带海洋拥有相似的

① 多氯代二苯并二噁英（polychlorinated dibenzodioxins，PCDDs）与多氯二苯并呋喃（polychlorinated dibenzofuran，PCDF）相似，常写成“PCDD/Fs”

生物地球化学环境。总体分东、西两大海域，由西西里海峡连接。西部海域又可被细分为西北、西南地中海和第勒尼安海，东部海域通过达达尼尔海峡与黑海相连，包括爱奥尼亚海、地中海中部、黎凡特海盆和爱琴海（Lionello et al., 2012）。

与全球其他水域相比，针对地中海水域中有机污染物大气沉降通量的研究开始较早，成果较多。早在1982年，有研究就探究了多环芳烃（PAHs）在地中海西部的大气含量和干沉降通量（186pg/(m^2·a)）（Lipiatou and Saliot，1991）。后续又有对地中海西北部海域、西南部海域中疏水性有机物大气沉降通量的调查研究，证实了在地中海水域有机污染物的产生和积累过程中，大气沉降带来了不可忽视的影响（Jordi，1996；Lipiatou and Albaiges，1994）。Lipiatou等（1997）的研究表明，地中海水域PAHs的总沉降量为35～70t/a，且冬季高于春季。Castro-Jiménez等（2010）对地中海水域有机污染物的大气输入问题进行了长期且完善的报道，2010年地中海开放水域中，多氯代二苯并二噁英（PCDD/Fs）的干沉降通量为5～170pg/(m^2·d)。2011年，他们调查分析了地中海沿岸潟湖中PCDD/Fs和多氯联苯（PCBs）的浓度特征及沉降通量，发现干沉降是这两类物质从大气中沉降的主要类型，PCDD/Fs和PCBs的总沉降量分别为3g/a和18g/a。月沉降通量的计算反映出PCDD/Fs和部分PCBs具有明显的季节性变化特征：寒冷季节污染物的沉降量高于温暖季节。这是首次对地中海沿岸水域中有机污染物大气浓度及其动态变化特征进行深入探讨的研究。Castro-Jiménez等（2012）在对地中海和黑海水域大气沉降量的调查研究中发现，两大水域中PAHs的大气沉降量分别为3100t/a和500t/a。其中，较高的沉降量出现在地中海西部和爱奥尼亚海-西西里岛附近，最低值出现在爱琴海水域（Castro-Jiménez et al.，2012）。2013年，其团队又在原有成果的基础上加入并总结了有机氯农药（OCPs）、多溴联苯醚（PBDEs）在地中海中的大气干沉降量，结果显示，六氯苯（HCB）的大气干沉降通量为4～18ng/(m^2·a)，PBDEs约为230ng/(m^2·a)，但有关这两类物质的研究和可用数据仍然较少（Castro-Jiménez et al.，2013）。值得关注的是，对于地中海水域，新型有机污染物（有机磷阻燃剂OPEs等）的大气沉降数据缺乏。当然，将新型潜在有毒物质（富勒烯C_{60}和C_{70}等）列入观测和研究范围之内也非常必要。

二、五大湖和北海

北美洲五大湖是目前世界上最大的淡水湖群，包括苏必利尔湖、密歇根湖、休伦湖、伊利湖和安大略湖。为了监测五大湖水域人为污染物的大气沉降量，美国和加拿大政府联合建立了大气沉降综合监测网络（integrated atmospheric deposition network，IADN），意在通过收集区域性沉降数据来反映整个五大湖区域的污染物沉降状况。研究发现，PCBs和HCHs（六氯环己烷）在水-气界面处于平衡状态，意味着这两类目标物的大气浓度可以作为指示物追踪其水体浓度的变化。由于较高的湿沉降量，杀虫剂DDT在苏必利尔湖和伊利湖表现出净沉降状态，在密歇根湖也有高沉降量，但休伦湖和安大略湖DDT的沉降量较低，因此，休伦湖具有净挥发趋势，而安大略湖与其上空大气之间的交换接近于平衡。由于工业污染源已经在很大程度上得到了控制，因此大气沉降已经成为五大湖污染的重要因素之一，如果大气中污染物浓度升高，必然会导致湖水中污染物浓度上升，调查发现PCBs已经在水体和大气中出现了同时下降的趋势，总体半衰期为5～9年（Barbara et al.，1998）。

气相和颗粒相中有机污染物的沉降都会对水体造成不同程度的污染。曾有研究将不同的去除机制进行对比并指出，水-气界面的物质交换主导了极易分配进入气相中的有机污染物的沉降（除了多雨地区和大气颗粒物较高的城市区域）；而干沉降对于极易分配到颗粒相中的化合物具有显著影响。在对于德国北海溴系阻燃剂（brominated flame retardants，BFRs）和德克隆（DPs）的研究中，Möller等（2012）分别计算了目标物在水-气界面的交换通量和干沉降通量。结果表明，BDE47、BDE99、DPTE等易在大气气相中检出的物质，净沉降为主要趋势，大气中相对较高的污染物含量主要受陆源气团的影响，显示出北海水-气交换与风向的强耦合。BDE209和DPs主要在颗粒相中检出，干沉降通量最大值达到1738pg/(m^2·d)。受温度的影响，五溴和八溴阻燃剂的干沉降通量在夏季呈下降趋势，而在气相中的净沉降量却上升。总体来看，BFRs中的一些物质，如DPTE、BDE209、DPs等，不论存在于何相态，都能够通过沉降进入北海，对海域环境造成一定程度的污染（Möller et al.，2012）。

三、大西洋

除了对既定范围内的封闭海域进行探究，大洋上空有机污染物的归趋也是学者们关注的焦点。其中，对大西洋有机污染物大气沉降问题的研究未曾间断。Elena等（2004）计算了PCBs和PCDD/Fs在大西洋的沉降通量与水-气交换通量，干沉降通量分别为66ng/(m^2·a)和9ng/(m^2·a)，总沉降量分别约为2200kg/a和500kg/a。中高纬度地区，沉降通量升高，这是因为温度的降低会使污染物易分配进入颗粒相中；风速的增加也是造成干沉降通量上升的重要原因。PCBs和PCDD/Fs的水-气交换量分别约为22 000kg/a和1300kg/a，其值也会在高纬度地区升高，这可能是受风速和初级生产力的影响。相较于其他近岸水域对于PCBs沉降通量的调查（Elena et al.，2004），本研究中的数值大约低1个数量级。大西洋的西北亚热带/热带海域具有明显的初级生产力梯度，由于地理位置受到撒哈拉沙漠的强烈影响，大气降尘的输入量大、信风为主导风况、缺乏风向的显著变化且常年气温较高等特征都增加了其在大西洋研究中的重要性。调查发现，因受到大量沙尘沉降的影响，总悬浮颗粒（TSP）沉降量最大值达到350mg/(m^2·d)。有研究指出，源自高海拔的气团大多来源于非洲大陆，因此撒哈拉沙漠来自高海拔的大气沉降增加了海洋边界层的悬浮颗粒物浓度。开放海域和南部横断面的颗粒物沉降通量具有极低值。相反的是，对于PAHs的沉降量来说，其沉降量较大值出现在南部横断面［293ng/(m^2·d)］，这可能与此样品采样期间的较高风速有关。风速的提高可促进大气颗粒物的沉降（Elena et al.，2004，Vento and Dachs，2007）。Xie等（2011）对大西洋和南大洋海域的大气沉降通量进行研究后发现，干沉降通量约占大气沉降的5%，除了BDE100之外，BDE47、BDE99、DPTE、HBB的干沉降通量在热带/亚热带区域较低，并从赤道向南北两侧高纬度区域递增。

第二节　典型水域有机污染物的河流输入通量

河流是许多天然风化产物和人类生产、生活活动产物从陆地进入海洋的主要通道，尤其是大河流的河口，是陆地和海洋环境系统连接的主要界面，河流输入则是将陆源污染物输送进入海洋的重要方式（孟宪伟等，2005）。进入人类历史以来，人类活动成为河流入海物质通量发生显著变化的最重要影响因素（Chen et al.，2001）。以我国为例，近年来，随着我国经济的快速发展，大规模的临海工业区、滨海城市群等迅速崛起，大量的污染物通过地表、地下径流等方式汇入周边海域，给近岸海域甚至远海带来不同程度的污染。

关于河流入海通量的计算，本书主要参考Guan等（2007）对珠江三角洲河流入海通量的分析方法。

方法一：

$$F_{i,j}=(C_{i,j,\text{aq}}+C_{i,j,\text{SPM}})\times Q_{i,j}\times 10^{-9} \tag{10.6}$$

式中，$F_{i,j}$（kg/月）表示河流月输入量；$C_{i,j,\text{aq}}$和$C_{i,j,\text{SPM}}$（ng/L）分别表示溶解相和颗粒相中污染物的浓度；$Q_{i,j}$（m^3/月）表示月径流量；i表示第i个河口；j表示第j个月，有

$$F_{in}=\sum_{j=1}^{n}F_{i,j} \tag{10.7}$$

$$Q_{i,j}=(A+B+C+D+\cdots+Z)\,NTR \tag{10.8}$$

式中，A、B、C、D…Z分别表示每条河的平均排放量（m^3/s）；N表示每个月的天数；R表示每个河口的流量占Z个河口总流量的百分比；T=86 400s（每天）。

方法二：根据污染物输入量和河水流量之间的关系可得

$$F_{i,j}=K(Q_{i,j})^n \tag{10.9}$$

式中，K、n为常数，通过污染物的月输入量与各个河口的水流量进行线性回归得到。月均水流量取当月的日均水流量取平均值。

经过验证，方法二计算出的有机污染物的月输入通量与方法一的计算结果相当或者比方法一的计算结果略低。理论上来说，方法二对于年输入通量的计算应该比方法一更精确，但方法二中所用到的各项参数存在很大的不确定性，因此方法一得到了更加广泛的应用。

一、罗纳河和埃布罗河（地中海）

有机污染物进入地中海的途径包括大气干、湿沉降，河流输入及沿岸区域的污染物排放和石油泄漏等。在地中海西北部水域，罗纳河（Rhone River）为主要的入海河流，流域面积约$9.78\times10^4km^2$，其三角洲的特点是能在河口附近快速捕获颗粒物，沿岸密集的工业生产活动是污染物进入河流及其三角洲的主要来源。罗纳河（Rhône River）是地中海西北角狮子湾（Gulf of Lions）海域最大的入海河流，埃布罗河（Ebro River）位于西班牙东北部，全长960km，流域面积$350km^2$，是汇入地中海的第四大河流，在地中海西北部水域的入海河流中仅次于罗纳河，排在第二位。Lipiatou等（1991）分别在1987年1月、5月，1988年7月进行采样调查，采样时间涵盖了不同季节，也能体现不同的河水流量。经过计算，对罗纳河三角洲和狮子湾海域PAHs的河流输入量为14～18t/a。实际上，河流颗粒物输入量的70%仅仅累积在$3740km^2$左右的范围内，相当于狮子湾总面积的17%。另外，约30%的输入量延伸到此范围之外，18 260km^2以内，相当于整个狮子湾面积的83%。因此，9.8～12.6t/a的PAHs累积在河口附近约$3740km^2$的范围内，4.2～5.4t/a的PAHs迁移到更大的区域（Guieu et al.，1993）。相较于罗纳河输入量，大气沉降量占据了狮子湾PAHs总输入量的15%～30%，虽然远离河口区域，但河流输入仍然成为有机污染物输入的主要影响因素（Lipiatou and Albaiges，1994）。Lipiatou等（1997）研究报道了西地中海罗纳河与埃布罗河（Ebro River）的年输入量，分别为5.3～33t/a和1.3t/a。年输入量的不同取决于两条河年径流量和上游土地利用方式的区别。

二、珠江

珠江三角洲位于亚热带和东亚季风带，毗邻南海，是全球最大的溴系阻燃剂（BFRs）使用地和电子垃圾拆卸地之一。年平均温度14～22℃，年平均降雨量1200～2200mm。该地区约有2500万常住居民和900万登记在册的机动车，机动车排放被认为是城市区域PAHs最重要的人为来源。珠江通过8个主要的河口入海，据估计每年约有1.73×10^{10}t污水通过珠江三角洲汇入珠江各河口，继而进入南海海域。因此，河流输入是将污染物转运至全球海洋的重要途径（Wang et al.，2007）。Guan等（2007）的调查研究中，8个入海河口$\sum_{17}$PBDEs的总输入量为2140kg，其中，BDE209是含量最高的物质，年输入量为1960kg，约占总量的92%；BDE47、BDE99的输入量仅次于BDE209，分别为13.3kg、11.7kg。Wang等（2007）报道了珠江三角洲区域8个主要入海河口$\sum_{27}$PAHs的入海量，约为每年60.2mt。基于质量平衡理论，其中15种主要PAHs排放量的87%都进入珠江口并进入南海北部，总入海量的81%都来源于雨季（4～10月），显然这是由于雨季的河水流量远高于旱季。假设PAHs的区域排放量与河流流量呈正相关，本研究估算了中国5条主要河流（长江、黄河、珠江、黑龙江、雅鲁藏布江）每年输入全球海洋的污染物，分别为232t、70.5t、33.9t、30.2t、0.4t，这对于世界其他主要河流污染物输入量的计算都具有重要意义（Wang et al.，2007）。曾经有研究指出，中国每年通过各种途径排放的PAHs总量为25 300t。如果这个估算结果合理，则说明PAHs在中国环境中的总排放量中，河流输入只是占据了很小的一部分（Xu et al.，2006）。因此，关于PAHs的来源问题已经引起了进一步的探究，目的是更深入了解PAHs乃至更多有机污染物在环境中的归趋。关于有机污染物有机氯农药（OCPs）和多氯联苯（PCBs）在珠江三角洲区域的入海量，Guan等（2009）也做出了相关报道，$\sum_{21}$OCPs和$\sum_{20}$PCBs的输入量分别为3090kg/a、215kg/a，其中，六六六（HCHs）和滴滴涕（DDTs）分别约为1110kg/a、1020kg/a。DDTs在珠江的年输入量与其在长江和黄河流域相似，但远高出辽河、钱塘江和九龙江的污染物入海量。HCHs在珠江的输入量与钱塘江相近，但低于长江，高于中国其他主要河流。PCBs在珠江口的年输入量远比长江要低，但与埃布罗河的调查数据相当。通过质量平衡理论得出，珠江三角洲区域绝大部分OCPs都通过河流径流排放，并进一步进入沿岸海洋之中（Guan et al.，2009）。

三、俄罗斯河

极地地区被认为是半挥发性有机污染物的最终储存库，远距离传输或者“全球蒸馏效应”将污染物从它们的生产或使用地向南或向北“搬运”，有些在过程中发生沉降，有些能扩散至南北两极，对极地环境造成污染。在关于污染物进入北极圈的途径的调查中，对从俄罗斯次大陆进入北极地区的污染物输入量的研究较少，浓度和通量数据缺失。1990～1996年，Alexeeva等（2001）对俄罗斯次大陆北部河口OCPs的河流输入通量进行了研究，发现90%以上的OCPs都进入了喀拉海（Kara Sea）。其中，HCHs和DDTs通过鄂毕河（Ob-River）进入北极，大部分DDE[①]通过勒拿河（Lena River）进入拉普捷夫海（Laptev Sea）。HCHs的河流输入通量中，γ-HCHs是其主要组成物质，这可能由于γ-HCHs是当前使用的HCHs中的主要成分。除此之外，对北极地区的HCHs通量也根据质量平衡理论进行了推算。包括无监测河流在内，所有俄罗斯河流中α-HCHs和γ-HCHs的输入量分别为25t/a和44t/a（Alexeeva et al.，2001）。在1997年的调查显示，这两种目标物在白令海峡的输入量分别为52t/a和12t/a；挪威洋流的输入量分别为29t/a和11t/a；北美河流的输入量分别为4t/a和1t/a。通过对俄罗斯河流的输入量研究，弥补了北极区域河流输入量上的数据缺失，并对探究极地地区污染物的归趋具有重要意义。

参考文献

联合国. 2020. 17个可持续发展目标. un.org/sustainabledevelopment/zh/ocean.

孟宪伟，刘焱光，王湘芹. 2005. 河流入海物质通量对海陆环境变化的响应. 海洋科学进展, 23(4): 391-397.

秦晓光，程祥圣，刘富平. 2011. 东海海洋大气颗粒物中重金属的来源及入海通量. 环境科学, 32(8): 2193-2196.

Alexeeva L B, Strachan W M J, Shlychkova V V, et al. 2001. Organochlorine pesticides and trace metal monitoring of Russian Rivers flowing to the Arctic Ocean: 1990-1996. Marine Pollution Bulletin, 43(1-6): 71-85.

Barbara R H, Matt F S, Ilora B, et al. 1998. Atmospheric deposition of toxic pollutants to the Great Lakes as measured by the integrated atmospheric deposition network. Environmental Science & Technolog, 32(15): 2216-2221.

Castro-Jiménez J, Berrojalbiz N, Mejanelle L, et al. 2013. Sources, transport and deposition of atmospheric organic pollutants in the Mediterranean Sea. *In*: McConnell L L, Dachs J, Hapeman C J. Occurrence, Fate and Impact of Atmospheric Pollutants on Environmental and Human Health. Washington D C: American Chemical Society.

Castro-Jiménez J, Berrojalbiz N, Wollgast J, et al. 2012. Polycyclic aromatic hydrocarbons (PAHs) in the Mediterranean Sea: Atmospheric occurrence, deposition and decoupling with settling fluxes in the water column. Environmental Pollution, 166: 40-47.

Castro-Jiménez J, Dueri S, Eisenreich S J, et al. 2009. Polychlorinated biphenyls (PCBs) in the atmosphere of sub-alpine northern Italy. Environmental Pollution, 157(3): 1024-1032.

Castro-Jiménez J, Eisenreich S J, Ghiani M, et al. 2010. Atmospheric occurrence and deposition of polychlorinated dibenzo-p-dioxins and dibenzofurans (PCDD/Fs) in the open Mediterranean Sea. Environmental Science & Technolog, 44(14): 5456-5463.

Castro-Jiménez J, Mariani G, Vives I, et al. 2011. Atmospheric concentrations, occurrence and deposition of persistent organic pollutants (POPs) in a Mediterranean coastal site (Etang Dethau, France). Environmental Pollution, 159(7): 1948-1956.

Chen X Q, Zong Y, Zhang E, et al. 2011. Human impacts on the Changjiang (Yangtze River) basin, China, with special reference to the impacts on the dry season water discharges into the sea. Geomorphology, 41(2-3): 111-123.

Elena J, Foday M J, Rainer L, et al. 2004 Atmospheric dry deposition of persistent organic pollutants to the Atlantic and inferences for the global oceans. Environmental Science & Technolog, 38(21): 5505-5513.

---

① DDE：1,1-双（对氯苯基）-2,2-二氯乙烯；双对氯苯基二氯乙烯

Guan Y F, Wang J Z, Ni H G, et al. 2007. Riverine inputs of polybrominated diphenyl ethers from the Pearl River Delta (China) to the coastal ocean. Environmental Science & Technolog, 41(17): 6007-6013.

Guan Y F, Wang J Z, Ni H G, et al. 2009 Organochlorine pesticides and polychlorinated biphenyls in riverine runoff of the Pearl River Delta, China: assessment of mass loading, input source and environmental fate. Environmental Pollution, 157(2): 618-624.

Guieu C, Zhang J, Thomas A J, et al. 1993. Significance of atmospheric fallout on the upper layer water chemistry of the North-Western Mediterranean. Journal of Atmospheric Chemistry, 17(1): 45-60.

Jordi D, Josep M B, Scott W F, et al. 1996 Vertical fluxes of polycyclic aromatic hydrocarbons and organochlorine compounds in the western Alboran Sea (southwestern Mediterranean). Marine Chemistry, 52(1): 79-86.

Lionello P, Abrantes F, Congedi L, et al. 2012. Introduction: Mediterranean climate—background information. *In*: Lionello P. The Climate of the Mediterranean Region. London, Waltham: Elsevier.

Lipiatou E, Saliot A. 1991. Fluxes and transport of anthropogenic and natural PAHs in the western Mediterranean Sea. Marine Chemistry, 32(1): 51-71.

Lipiatou E, Albaiges J. 1994. Atmospheric deposition of hydrophobic organic chemicals in the northwestern Mediterranean Sea comparison with the Rhone River input. Marine Chemistry, 46(1-2): 153-164.

Lipiatou E, Tolosa I, Simó R, et al. 1997. Mass budget and dynamics of polycyclic aromatic hydrocarbons in the Mediterranean Sea. Deep-Sea Research Part Ⅱ: Topical Studies in Oceanography, 44(3-4): 881-905.

Möller A, Xie Z, Caba A, et al. 2012. Occurrence and air-seawater exchange of brominated flame retardants and dechlorane plus in the North Sea. Atmospheric Environment, 46: 346-353.

Vento S D, Dachs J. 2007. Atmospheric occurrence and deposition of polycyclic aromatic hydrocarbons in the northeast tropical and subtropical Atlantic Ocean. Environmental Science & Technolog, 41(16): 5608-5613.

Wang J Z, Guan Y F, Ni H G, et al. 2007. Polycyclic aromatic hydrocarbons in riverine runoff of the Pearl River Delta (China): Concentrations, fluxes, and fate. Environmental Science & Technology, 41(16): 5614-5619.

Xie Z, Moller A, Ahrens L, et al. 2011. Brominated flame retardants in seawater and atmosphere of the Atlantic and the Southern Ocean. Environmental Science & Technolog, 45(5): 1820-1826.

Xu S S, Liu W X, Tao S. 2006. Emission of polycyclic aromatic hydrocarbons in China. Environmental Science & Technology, 40(3): 702-708.

第十一章
渤海海峡水交换的动力过程①

① 本章作者：李艳芳

渤海三面环陆，是我国唯一的内海，东北西南向纵长555km，东西宽346km，面积7.7万km^2。渤海平均水深18m，深度小于10m的极浅水域占渤海总面积的26%，是典型的半封闭陆架浅海，仅通过东部的渤海海峡与黄海相连。渤海海峡北起辽东半岛南端的老铁山角，南至山东半岛北端的蓬莱角，海峡口宽59n mile，最大水深70m，是连通渤黄海的唯一通道。渤海的水文调查早在19世纪70年代就已经开始，尤其20世纪50年代后期开始的“海洋普查”及后续的详查工作，对渤海的水文特征有了基本认识。近几十年来，全球气候变化和局域环境变化等因素，使渤海的水文状况产生相应的变异。环渤海经济圈的高速发展及高强度的人文活动，给渤海海洋环境带来了巨大压力。海岸沿线的养殖业不断兴起，大量的化学污水、生活废水、工业污水源源不断地向渤海排放，使得渤海沿岸的海洋环境污染问题日益严重。随着海水营养化程度的不断加深，赤潮灾害大面积爆发，无论是规模还是频率，均呈现明显的上升趋势。目前渤海近岸海域污染严重，水质恶化，生物资源衰退，赤潮频繁发生。渤海水交换能力的强弱直接影响渤海海域的海洋环境质量，污染物通过对流输运和稀释扩散等物理过程与周围水体混合，与外海水交换，浓度降低，水质得到改善。水交换能力是评价海洋环境的重要参数，是科学开发利用海洋、维护海洋系统健康的动力学基础。

第一节　渤海水文特征

一、温盐水平分布特征

渤海海区为季风气候，冬季主导风向为北风，并往往伴随寒潮发生；夏季渤海主导风向为偏南风，并伴随暴雨和风暴潮发生。在我国领海中渤海受陆地影响最大，具有低温低盐的特点，其水文结构具有明显的季节特征，冬夏季差异很大，春秋两季为过渡季节。在此，以2月和8月为代表，分析冬夏两季的特征。

（一）冬季

在蒙古高压的冷气团控制之下，渤海气温在1月最低，平均为–8.1～–1.5℃。由于渤海水深浅，水温对气温响应较快，2月水温达到全年最低值，全海域水温为–1.5～8℃，与20世纪70～90年代的调查结果（刘哲等，2003）相比，冬季渤海的水温明显升高，这很可能是受全球变暖的影响。由2月渤海表层水温水平分布图（图11.1）可以看出，水温东高西低。由于3个海湾水较浅，并且受陆地影响较大，水温普遍偏低，其中辽东湾部分海域水温低于0.0℃，为渤海水温最低区。渤海海峡有一由东向西的暖水舌（>3.0℃），为渤海暖区。

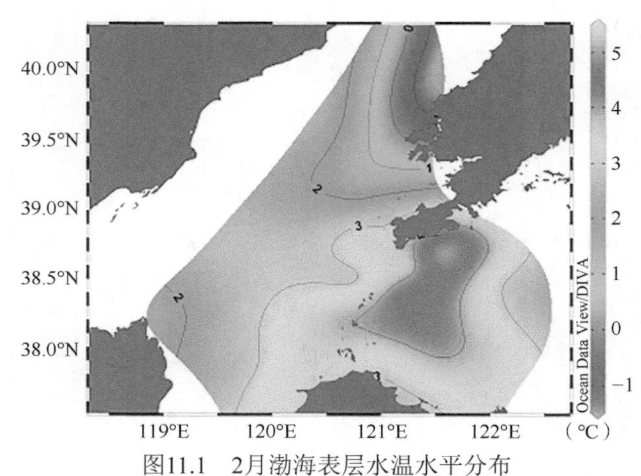

图11.1　2月渤海表层水温水平分布

受冬季大风影响，海水蒸发旺盛，并且冬季的降水量最少，约占全年的5%，注入渤海的河流（如黄河、海河、辽河等）进入枯水期，淡水补给少，使得盐度达到全年最大值，全海域表层盐度（图11.2）为30～32.5，海峡区有高盐舌伸向渤海中部，低盐区（<32.0）分布在沿岸。受黄河径流输入的影响，在渤海三大海湾中莱州湾盐度水平梯度最大。

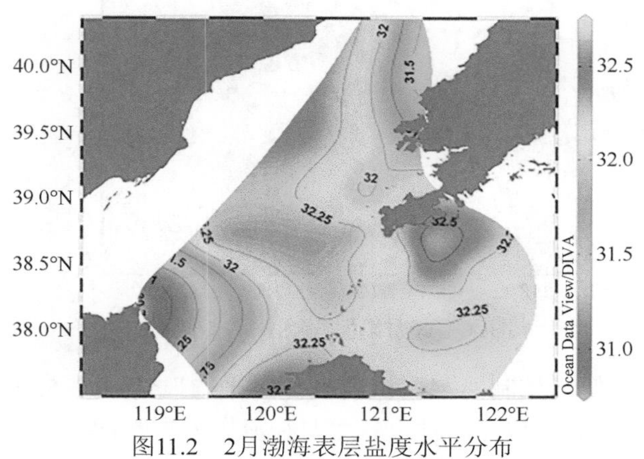

图11.2　2月渤海表层盐度水平分布

（二）夏季

夏季中纬度地区太阳辐射明显增强，渤海气温在8月达到最大值。水温对夏季气温的响应速度比冬季快，8月也达到全年的最大值，范围在22～27℃。由于此时海水的稳定度大，表层吸收的热量向下传递受阻，因此各层水温的分布极不一致。伴随大量淡水（降雨和径流）注入渤海上层，并由近岸向远岸扩散。夏季海水的稳定度最大，海水上下混合显著减弱，致使近海盐度的垂直分布具有如下特点：分层显著，底层高于表层，盐度跃层普遍存在。

如图11.3所示，8月渤海表层水温的水平分布显示，各海湾深度较小，水温水平梯度大于湾口和渤海中部，但总体来说水温水平梯度不大，没有明显的强锋面出现。三个海湾水温高于中部，为渤海的暖区，低水温区出现在老铁山水道东北角。

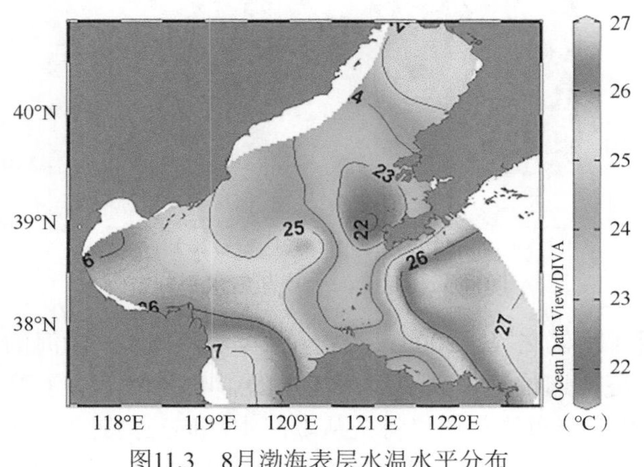

图11.3　8月渤海表层水温水平分布

8月渤海底层水温分布最突出的特点是渤海中部被高于24℃的高温水体控制，北侧与辽东湾的高温水体被一低温水带分割（图11.4），北黄海冷水团向西输运，穿过渤海海峡沿着老铁山水道向西北方向运移，形成明显的冷水舌分布。渤海辽东湾至东北部水温上下基本均匀一致，可能是夏季该区域的潮致混合作用加强，导致上下水体混合，削弱了温度层化现象，具体的形成机制有待进一步深入探讨研究。与2014～2016年的调查结果相比，渤海夏季底层水温分布存在年际变化，层化现象的发生也随之变化，强层化时期会形成温跃层。例如，2014年夏季渤海底层出现双冷中心，导致在渤海南北纵断面上形成双冷涡中心，该冷涡中心的存在加剧了渤海季节性低氧区的形成（张华等，2016）。

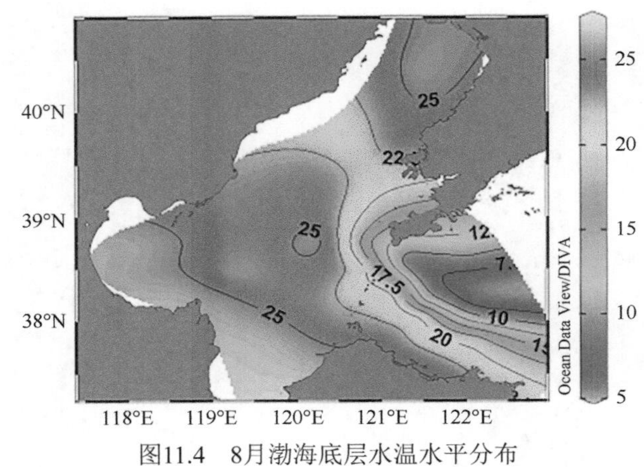

图11.4　8月渤海底层水温水平分布

夏季渤海沿岸地区受印度低压控制，气压梯度很小，平均风速3.2～5.7m/s，海表蒸发弱，该季降水量最大，大致占全年的50%～70%。与此同时，各主要径流进入丰水期，从而使盐度达到全年最低值，全海域表层盐度为28.0～32.0（图11.5）。辽东湾、渤海湾和莱州湾因受辽河、海河、黄河等近岸河流的径流影响，湾顶盐度最低，低于30.5。另外，辽东半岛东南端受大连港等影响，沿岸向老铁山水道方向存在盐度最低值，小于30，形成低盐水舌深入渤海并绕道沿岸向北伸展。与20世纪70～90年代的盐度分布比较，表层的盐度分布发生了很大的改变，例如，高盐水（>31.0）不再位于长兴岛以南辽东半岛西侧，而是位于辽东半岛东侧。莱州湾内海水盐度（<29.0）为全海域盐度最低值，受黄河径流的影响，湾口西侧可明显地看到冲淡水舌由西南伸向东北。

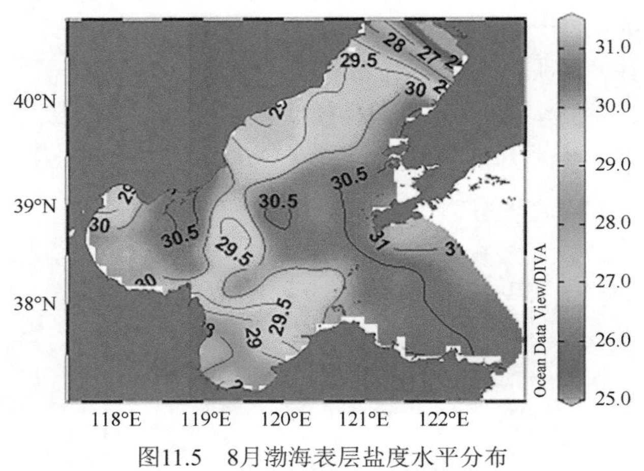

图11.5　8月渤海表层盐度水平分布

与以往的调查结果不同（鲍献文等，2004；吴德星等，2004a），渤海的表层盐度普遍低于北黄海西部。在莱州湾，表层水的盐度普遍偏低，表明黄河淡水的影响区域覆盖了整个莱州湾，在黄河径流量增大时，盐度最低可达28.0。盐度分布的总体趋势是从渤海中部向三湾递减，其值由31.5降至30。该结果与往年的调查结果相差较大，2000年夏季绝大部分海区盐度高于31.7，最高盐度达32.2；而1958年夏季渤海最高盐度为30.5，最低为22.0（吴德星等，2004b；毕聪聪等，2015）。以往的研究指出，渤海的盐度在不断上升，并且高于北黄海西部的盐度，近几年（2014～2017年）的调查结果显示，渤海的盐度没有继续升高，与2007年以前的调查数据相比盐度有所降低，2017年渤海表层平均盐度为31.0，但是盐度的水平梯度在明显减小。

底层的盐度分布与表层盐度分布趋势大致相同（图11.6）。三湾盐度最低，渤海中部盐度最高，但是比渤海海峡盐度低。渤海中部盐度高，近岸盐度低，分布形态与20世纪50年代的调查结果及出版的海洋图集相似，水平方向上大致呈现出由渤海海峡和渤海中部海区向三个海湾湾顶递减的分布势态（毕聪聪等，2015）。该调查结果明显与鲍献文等（2004）2000年的调查结果差异很大。渤海盐度分布态势反常，为渤海水文环境的变异提供了重要的示踪。

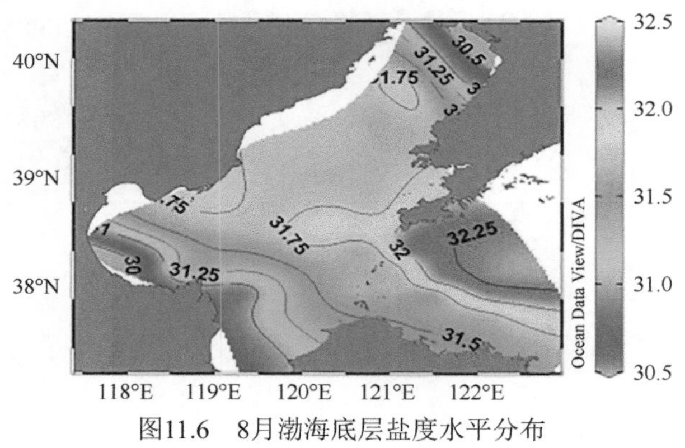

图11.6　8月渤海底层盐度水平分布

二、温盐垂向分布特征

渤海温盐的垂向分布也具有明显的季节特征，冬季因太阳辐射明显减弱，偏北季风加强，尤其是经常受到寒潮的影响，所以渤海表层水温迅速下降，近岸局部甚至出现海冰。由于较强的垂向对流和风生涡动的混合作用，渤海温盐等水文要素的垂直分布均匀一致，这是渤海冬季温盐结构的最大特点。而夏季受太阳辐射和陆地影响，表层海水升温相对较快，底层受热较慢，因此易形成层结结构，造成表底层分布的显著性差异。

（一）冬季

渤海冬季多西北风和北风，平均风速6～7m/s。在风搅拌和潮流混合的共同作用下，近岸水域垂向混合直至海底，水温垂向分布均匀，表底之间水温水平分布一致。从38.5°N断面水温分布图（图11.7）可以看出垂向基本均匀，在北黄海和渤海海峡有暖水（＞9℃）入侵，而渤海水温相对偏低，从西向东递减。

同样，相同断面的盐度分布显示，垂向基本一致，从西到东盐度的量值变化不大，平均约为32.25。

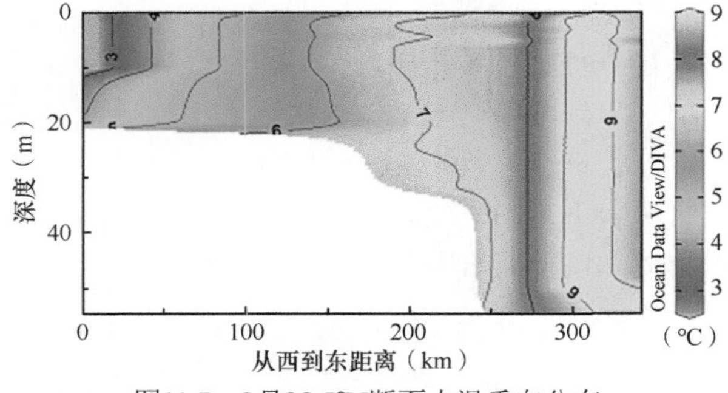

图11.7　2月38.5°N断面水温垂向分布

（二）夏季

夏季渤海水温水平分布比较均匀，但在垂向上产生跃层现象。表层海水在夏季增温、降盐，密度下降产生层结，结构稳定，抑制了海水上层热量向下层传输，因此底层海水能够保持冬季低温特征，表底之间产生跃层，水温在垂向上大体分为三层：上均匀层、下均匀层和中间的跃层（鲍献文等，2004；刘哲等，2003；赵保仁，1989）。38.5°N断面从西向东依次贯穿渤海湾、渤海中部和渤海海峡，从图11.8可清晰看出渤海中部上下大致均一的高温水体和北黄海的冷水团。低温高盐的北黄海冷水团盘踞在渤海海峡处，位置在20m以下的深层。在潮的混合和底地形作用下，冷水爬坡上涌，等温线密集，并在渤海海峡西北端形成低温区。

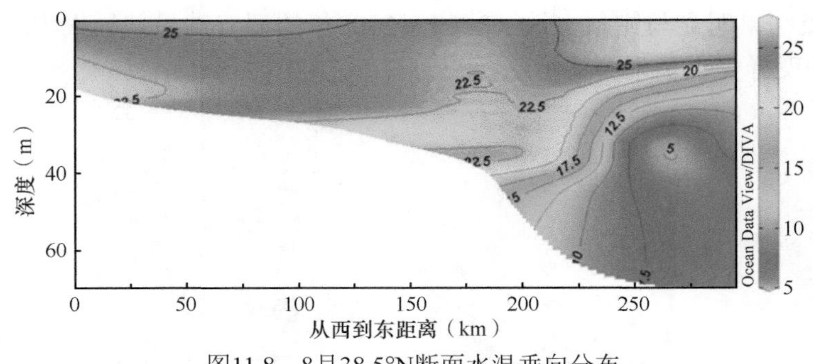

图11.8　8月38.5°N断面水温垂向分布

渤海盐度分布由渤海沿岸径流与外海黄海暖流及其余脉之间的相互作用决定，也存在显著的季节性变化。一般而言，渤海冬季盐度较高，夏季盐度较低，由西向东随着水深增加，盐度变化与温度的负相关性增高（宋新，2009）。从图11.9可以明显看出，夏季由于周边河流径流量增加，表层海水盐度降低。纵观盐度剖面，渤海湾的底层冷水盐度比上层盐度高，此较为稳定的冷水应是冬季的残留水。从38.5°N断面温盐图（图11.8，图11.9）可以看出，海水温盐具有稳定的垂直结构，渤海海峡与北黄海连接处存在显著的温盐梯度，这是由于从北黄海通过渤海海峡流入的黄海冷水具有外海的高盐性，并保持了冬季的低温性质。

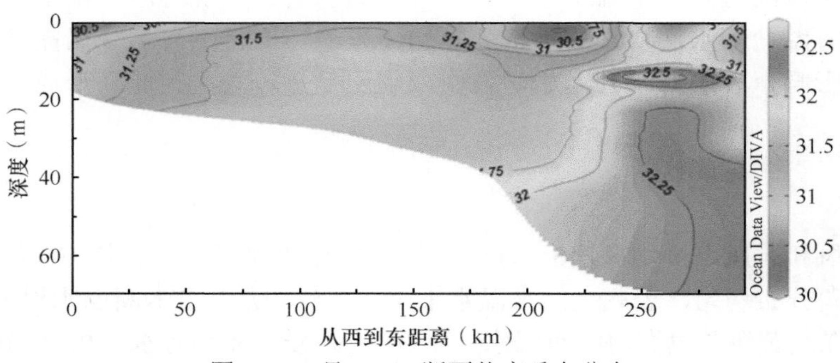

图11.9　8月38.5°N断面盐度垂向分布

图11.10显示的南北断面横穿渤海中部和辽东湾，其剖面出现两个低温中心，分别位于渤中浅滩两侧的凹槽处。西南侧冷中心水温低于22℃，东北侧冷中心水温则低于21℃，这两个低温中心在渤海历年夏季断面调查资料中均得以出现。尽管冷中心的水温随年份有所变化，但都表现出北部中心水温比南部低的特征（鲍献文等，2001）。水温断面在10～15m深度处出现明显的温度层结。断面南北两侧，因靠近海岸，在潮汐混合作用下，水温上下均匀一致。而在渤中浅滩，则出现一个水温约24℃、水平尺度为15～20km的温盐度上下均匀的水体，该现象的成因有待进一步研究。

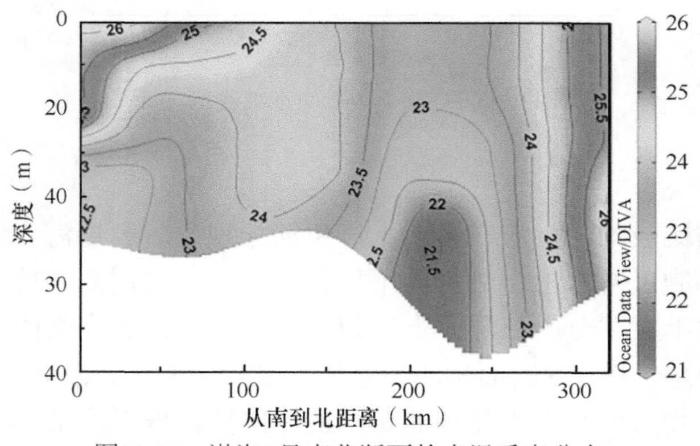

图11.10　渤海8月南北断面的水温垂向分布

第二节　渤海环流特征

渤海是一个典型的正压天文潮占优势运动的，受季风控制，并且具有明显季节性变化的非线性斜压浅海动力学系统。渤海是一个潮汐、潮流显著的海区，潮余流很弱，在表层，流速一般为3～15cm/s，最大也不超过20cm/s，仅为渤海潮流最大值的1/10左右。渤海的环流弱且不稳定，受风的影响较大。

传统观念认为，渤海的环流由外海流系和沿岸流系组成。黄海暖流余脉在北黄海北部转向西伸，自渤海海峡北部进入渤海。Guan（1994）指出，进入渤海的黄海暖流余脉冬季通过渤海中部直达西岸，因受海岸阻挡分为南北两支：北支沿西北海岸进入辽东湾形成一个顺时针的大环流，而南支进入渤海湾，并沿岸南下，途径莱州湾流出渤海海峡，形成一个逆时针的大环流。但是夏季的情况与之不同，黄海暖流余脉在渤海海峡西北口便分支：一支沿辽东湾东岸北上，形成逆时针环流；一支西行进入渤海湾，在渤海南部形成逆时针环流，最后流出渤海海峡（图11.11）。前人认为夏季辽东湾的逆时针环流是不稳定的，在长期时均条件下，顺时针环流更具代表性（Guan，1994）。赵保仁等（1995）根据渤海石油平台等的测流数据指出，辽东湾内的海水是沿顺时针方向流动的，并无出现逆时针环流的迹象。除夏季某些年份的个别月份外，辽东湾的环流是按照顺时针方向流动的。

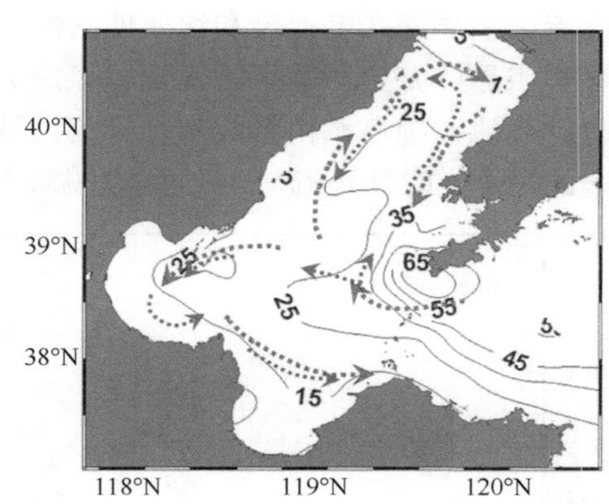

图11.11　渤海冬（红色）、夏季（蓝色）环流流型示意图

根据Guan（1994）、赵保仁等（1995）的结论重新绘制

渤海环流的研究早期主要根据温盐分布和短期海流观测资料来探讨，20世纪80年代以来数值模型成为环流结构研究的主要手段。张淑珍等（1984）利用浅海风生-热盐环流定常模型，分别对渤海冬、夏季环流做了诊断数值计算，结果表明除三个海湾中存在的各自独立的小回旋以外，整个渤海冬、夏季环流的流型与Guan（1994）描述的流型大致相同，并强调了进入渤海的黄海暖流余脉及渤海底地形对冬、夏季环流的重要影响，冬季环流为风生的，夏季环流热盐效应较风生作用大一个量级。渤海上空被东亚季风所控制，冬季多偏北大风，平均风速6～7m/s，夏季盛行偏南风，平均风速4～6m/s。对于平均水深仅为18m的浅海来说，季风产生的风生环流对其影响占有一定地位。因此，Miao和Liu（1988）使用深度平均的正压模型模拟了渤海冬、夏季环流，发现冬季风生环流流型大体与张淑珍等（1984）的结果相似。刘兴泉等（1989）用实测风速计算了渤海冬季环流，结果与管秉贤等（1977）的早期观测结果基本一致。王宗山等（1992）利用数值模型模拟了渤海正压风生环流，得出冬季辽东湾为顺时针环流、渤海中部为逆时针环流的结论。之后的研究结果（赵保仁和曹德明，1998；Fang et al.，2000；黄磊等，2002）基本都与管秉贤等（1977）的环流结论一致。其中，赵保仁和曹德明（1998）分析了渤海冬季环流的形成机制，提出渤海冬季环流主要是由风应力负涡度驱动，海底地形变化只会在水深较浅区域产生近岸小涡旋，并且在黄河三角洲附近潮余流占主。

渤海的环流具有明显的三维结构，用二维模型来研究渤海环流有很大的局限性。黄大吉等（1998）使用三维陆架海模型（Hamburg shelf ocean model，HAMSOM）研究了渤海冬、夏季环流并指出，渤海环流有显著的三维结构：冬季上层主要为风漂流，下层为补偿流；夏季潮、风和密度对环流贡献都较大，表现为复杂的三维结构。魏泽勋等（2003）使用POM（Princeton ocean model）诊断模型研究了渤海的夏季环流，认为渤海海水的垂向运动主要是密度流导致的。渤海夏季的密度流比风海流要强一些，在辽东湾基本为顺时针结构，渤海湾上层存在一个弱的顺时针环流，而莱州湾则存在较强的顺时针环流。万修全等（2004）用ECOMSED（estuarine，coastal and ocean modeling system with sediments）三维诊断模型分析了渤海夏季潮致-风生-热盐环流，指出热盐环流在夏季总环流中占主要成分，其次是风生环流和潮致环流。模拟结果显示，渤海夏季存在多个涡旋结构，渤海湾湾口、辽东湾中部和渤海海峡北部均存在逆时针涡环，渤海中部存在顺时针涡环，并且逆时针涡环对应着低温中心，渤海中部对应着高温中心。赵保仁等（1995）、Liu等（2003）均指出了涡旋结构的存在。徐江玲等（2007）模拟了渤海中部夏季环流的结构，结果表明，夏季渤海中部呈顺时针环流结构，正对应着渤海中部的浅滩，这一结构的形成主要是地形的原因。王金华等（2011）使用FVCOM（finite-volume, primitive equation community ocean model）模拟了渤海环流，指出渤海夏季环流较冬季强：辽东湾冬季是顺时针环流，而夏季则是逆时针环流；渤海湾冬季存在双圈环流，北部为逆时针，南部为顺时针。冬季环流主要受风与潮流控制，夏季风生流与密度流影响显著。韩亚琼和沈永明（2013）建立了渤海的三维斜压模型，指出渤海环流的三维结构夏季较冬季明显，并且冬季环流主要是风应力主导的，而夏季环流中密度流占优，冬季渤海中部存在明显的顺时针环流，渤海湾内形成双环环流，该结果与赵保仁和曹德明（1998）的结论一致。而夏季渤海存在显著的三个逆时针环流与一个中部的顺时针环流，与万修全等（2004）的模拟结果一致。

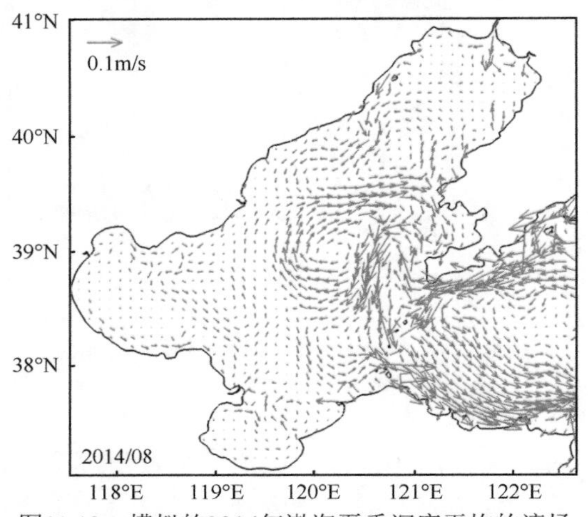

图11.12　模拟的2014年渤海夏季深度平均的流场

渤海环流主要由潮致环流、风生环流和热盐环流组成，潮致环流是稳定的，风生环流的结构对风应力的变化十分敏感，温盐场的变化则会引起热盐环流结构的变异。受气候变化的影响，渤海的温盐场不断发生变化。Lin等（2001）指出渤海1960～1997年的年平均海表盐度和海表温度的升高速度分别为0.074℃/a和0.011℃/a。吴德星等（2004b）对比了1958年和2000年夏季的温盐场，发现渤海环流变化与温盐场的变化相对应。例如，2000年夏季辽东湾内的逆时针环流对应着海温冷中心，而1958年渤海湾外侧的顺时针环流和莱州湾外的逆时针环流在2000年已消失。前述已经说明，近年来渤海的温盐场与往年相比发生变异，渤海整个区域温盐的梯度在减小，势必对热盐环流结构产生影响。图11.12是模拟的2014年渤海夏季环流场，可以看出在渤海中部存在一显著的顺时针环流，这一结果与前人的观测及模拟结果一致（赵保仁等，1995；Liu et al.，2003；万修全等，2004；徐江玲等，2007；韩亚琼和沈永明，2013），虽然形成了三个逆时针环流结构，与之前的研究结果比较，环流结构的位置有所改变，例如，辽东湾中部的逆时针环流移动到了湾口，渤海海峡西南部也出现一逆时针环流，渤海湾口的逆时针环流仍然存在，莱州湾口形成一较弱的顺时针环流。

综上所述，渤海是一半封闭、平均水深为18m、冬季温盐场深度相对均匀的陆架浅海，仅通过渤海海峡与黄海进行物质和能量等的交换，故渤海有其独有的自然环境和动力学特征。特别是近几十年来，人类活动和自然的变化对渤海环境的影响已开始显现出来，黄河入海径流量的锐减、气候变化、全球变暖等现象导致渤海的物理场结构发生了大的变化。渤海的温盐结构在持续改变，从而引发了渤海环流结构的变异。随着渤海物理场的改变，渤海的生态环境也会发生变化，如低氧区的形成、赤潮的发生等。动力学分析表明，渤海环流动力不仅被东亚季风形成的海面风应力和海水密度水平梯度及海峡、河口等边界条件所控制，还被占优势的潮余流所控制。Hainbucher等（2004）较全面地模拟分析了渤海环流和相应的温盐场及其随时间的变化，鉴于渤海是一个潮及其伴随的周期性潮流占优的弱非线性动力-热力学系统，故渤海冬季环流主要是风生-潮致余流控制的；夏季潮致余流的大小不变，海面风应力相对减弱，密度水平梯度增大，并且垂直方向上出现跃层，导致夏季环流为潮致-风生-热盐环流，并且热盐环流占主。已有的分析结果表明，受渤海温盐场变异的影响，渤海夏季存在的多个逆时针涡旋结构目前存在变异性，因此，对渤海夏季环流系统的模拟，需要更准确的温盐数据及风场。

第三节　渤海海峡的水交换

近岸海域水交换是海洋环境科学研究的一个基本命题，污染物通过对流输运和稀释扩散等物理过程与周围水体混合，与外海水交换，浓度降低，水质得到改善。交换不畅的水体，由于污染物的持续累积，往往会形成诸如营养化等问题，渤海近年赤潮频发就是一个例证。随着“环渤海经济圈”战略计划的推进，越来越多的人类活动参与到海洋中来，影响海域的海洋动力条件，进而影响海湾的水交换能力，水交换能力是衡量海水物理自净能力、评价和预测水环境质量的重要指标，分析水交换能力的变化，评估海洋环境容量，可以为渤海沿海污染物排放的控制和优化决策提供科学依据。

一、渤海海峡海流变化特征

渤海三面为陆地包围，海水较浅，只有东边通过渤海海峡与外海连接，与外海的交换能力相对较弱。迄今为止，对渤海环流的研究已经有了许多工作。渤海冬季受大风控制，由风生流和潮致余流共同主导，渤海海峡处北进南出的环流结构在已有的研究中均得到统一结论（管秉贤，1957；沈鸿书和毛汉礼，1964）。赵保仁和曹德明（1998）认为冬季渤海海峡处的流动是北进南出，并且是冬季季风与北深南浅的地形共同作用的结果。而缪经榜和刘兴泉（1989）认为，在偏北风的作用下，冬季渤海海峡处的流动是北进南出，而在偏南风的作用下夏季海峡处的流动是南进北出。

渤海海峡处的环流结构并不是定常的，存在季节性变化特征。黄大吉等（1998）通过模型模拟发现黄渤海之间的水体交换在冬夏季均为北进南出，冬季入流在海峡的上层和北部，出流在海峡的下层和南部；夏季水体交换以密度流为主，入流在海峡北部，出流在南部（黄大吉等，1998）。而Wei等（2001）通过模拟认为夏季渤海海峡的环流并不表现为北进南出，在表层甚至表现为南进北出。江文胜等（2002）根据夏季渤海底层环流的Lagrange观测指出，在海峡处基本上是北进南出，特别是海峡北侧向渤海的入流比较明显。魏泽勋等（2003）讨论了渤海夏季风海流和密度流的作用，发现渤海夏季风海流在海峡的基本形态是南进北出，但是由于夏季风场相对较弱，风海流相较于密度流要弱一些；而密度流在渤海海峡则表现为北进南出，因此海峡处的流入流出总的来说是北进南出，流量约$5\times10^3 m^3/s$，这与黄大吉等（1998）得出的夏季密度流占主的结论一致。徐江玲等（2007）的模拟结果显示，夏季海峡表底层均为北进南出，但是底层输移路程要小很多。林霄沛等（2002）结合断面水温和数值模拟结果认为夏季渤海海峡处的环流为南北进中间出，春秋两季为过渡型。王强（2004）将数值模拟与叶绿素观测数据结合，指出渤海海峡的环流存在季节性变化，冬季风生流和潮致余流占优，海峡处环流是北进南出；随着对应季风强度的减弱，风生流、潮致余流和密度流共同作用，夏季密度流和潮致余流占主，春秋季则是三种因素影响相当，导致春季渤海海峡的环流形态是南进北出，而秋季为北进南出。张志欣等（2010）收集了1932～2005年的盐度资料，盐度分布显示冬季海峡断面的盐度分布南北差异很大，清楚地反映出高盐水北进、低盐水南出的形式；而夏季盐度断面分布上南北均衡，反映不出海水进出海峡的态势。因此，渤海海峡的水交换冬季是明显的北进南出形式，夏季定常流方式的水交换特征不明显，主要以混合、扩散的方式进行。韩亚琼和沈永明（2013）使用粒子轨迹研究了夏季环流，发现海峡以东存在一逆时针环流，导致海峡水体北进南出的输运路径，但在海峡南侧近底层存在外海沿岸流进入渤海；冬夏季海峡处均为北进南出的水体输移方式。

潮致余流、风生流、密度流及径流入海主导渤海海峡的环流结构。冬季季风风速较大，风生流占主，加之渤海水深较浅，上下水层混合作用增强，密度流基本消失，渤海海峡处环流结构一致，为北进南出的形式。随着冬季季风的减弱，密度流逐渐加强，其在环流中的贡献也在发生变化，到了夏季密度流占主。渤海环流中的密度流存在季节性变化，导致渤海海峡处的环流结构也存在季节性变化，而近年来渤海温盐场的变化势必对密度流产生影响，从而影响渤海海峡的环流结构。吴德星等（2004b）分析了1958年和2000年渤海夏季的环流结构，发现1958年渤海海峡从表层到底层海流是北进南出，而2000年则在海峡中部的中上层出流，证明了渤海盐场的变化直接影响海峡的环流结构。这也解释了已有的关于渤海海峡夏季环流结构不同结论的差异所在。例如，王强（2004）的结论是基于1999年的观测数据提出的，韩亚琼和沈永明（2013）是以1992年的温盐场为基准的，林霄沛等（2002）的结论是基于2000年的观测数据得出的。

图11.13显示的是渤海海峡北端的海流观测数据，时间为2014年8～11月。数据表明，2014年夏季渤海海峡北端的环流结构是北进形式的，从表层到底层，海流基本都是从黄海流入渤海的，流速分布整体上从表层到底层递减，除表层流速最大外，在跃层存在深度处（10～15m）存在一流速变化水层，总体上海流以西向流为主，南北向流速微弱。与夏季相比，在秋季（9～11月）海峡北端的海流从表层到底层均比夏季减弱，特别是中层以上（＜35m）的水层，秋季流速明显不如夏季大，中上层流速10～60cm/s。渤海底部的流速较弱，海流在100cm/s的量级，夏秋季海底流速变化不大，东西方向上都是西向流。数值模拟结果（图11.14）也显示，2014年8月渤海海峡北部是入流为主，7～10月入流最强，与图11.13观测的流速分布一致。到冬季的时候，渤海海峡北部入流减弱，整个海峡处的流场与夏季相比整体减弱，这与王金华等（2011）的结论一致。

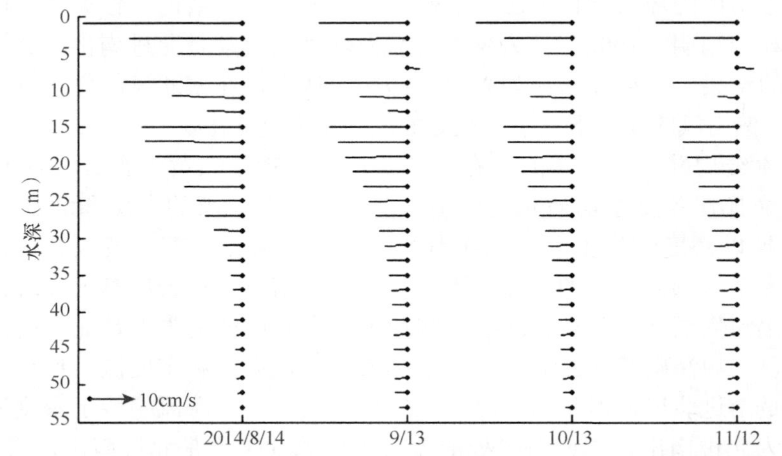

图11.13　2014年8～11月渤海海峡北端站点观测的海流分布（圆点为流失起点）

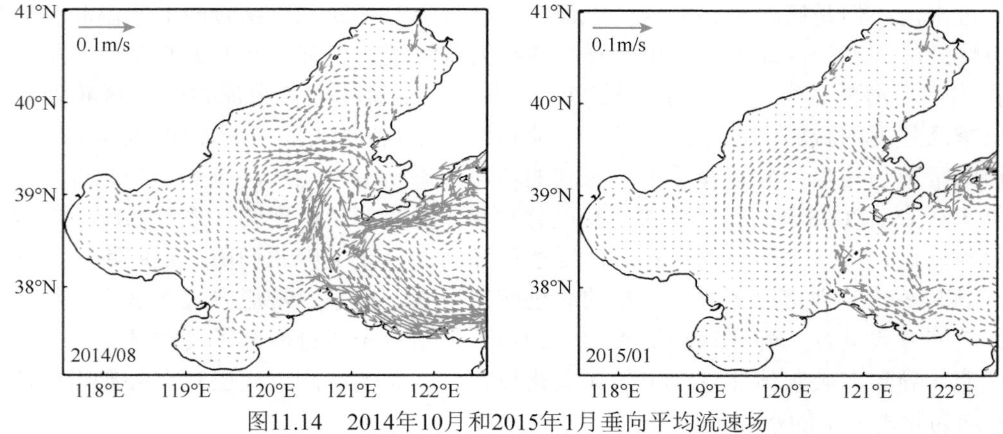

图11.14　2014年10月和2015年1月垂向平均流速场

渤海海峡处水交换存在季节性变化特征，在旅顺—蓬莱沿线划分21个测点（图11.15），依据数值模拟的结果分析各测点流量的季节性变化。正如图11.15所示，渤海海峡处的海流大致以测点EX15为分界点，EX15测点以北海流均为入流，即从黄海流入渤海，流量主要为负值，入流主要集中在5～10月，在海峡最北端（EX20、EX21）靠近岸边附近，海流在冬季出现短暂的东向流，这可能是边界相互作用造成的。EX15测点以南所有测点的流量在一年中均为正值，表明海流是出流状态，即海流从渤海流入黄海。

总体上看，渤海海峡入流集中在北端，流幅宽度约占海峡断面的1/3，而出流流幅约占2/3。各测点的流量变化显示，渤海海峡处的入流在夏季达到最强，并且北端的入流量最大（EX20，EX21），最大值约为$2.5\times10^3m^3/s$，南端出流量均在$0.8\times10^3\sim1\times10^3m^3/s$；冬季北端入流量减小，小于$1.0\times10^3m^3/s$，南端出流量增大（图11.16）。夏季渤海海峡环流比冬季强，这与图11.13观测到的海流变化一致。

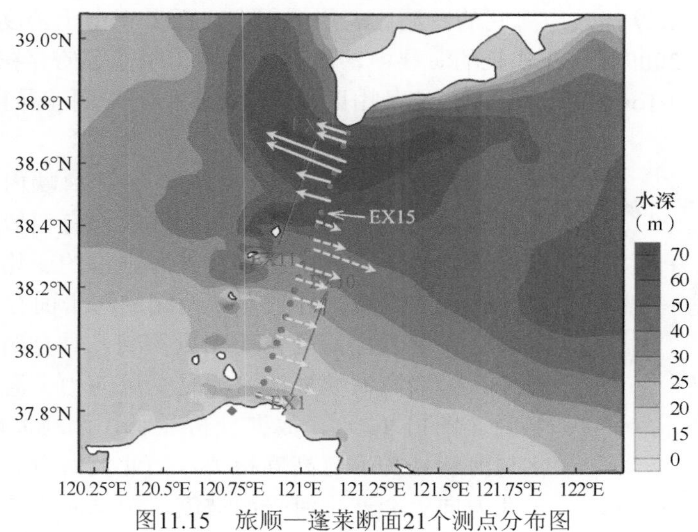

图11.15　旅顺—蓬莱断面21个测点分布图

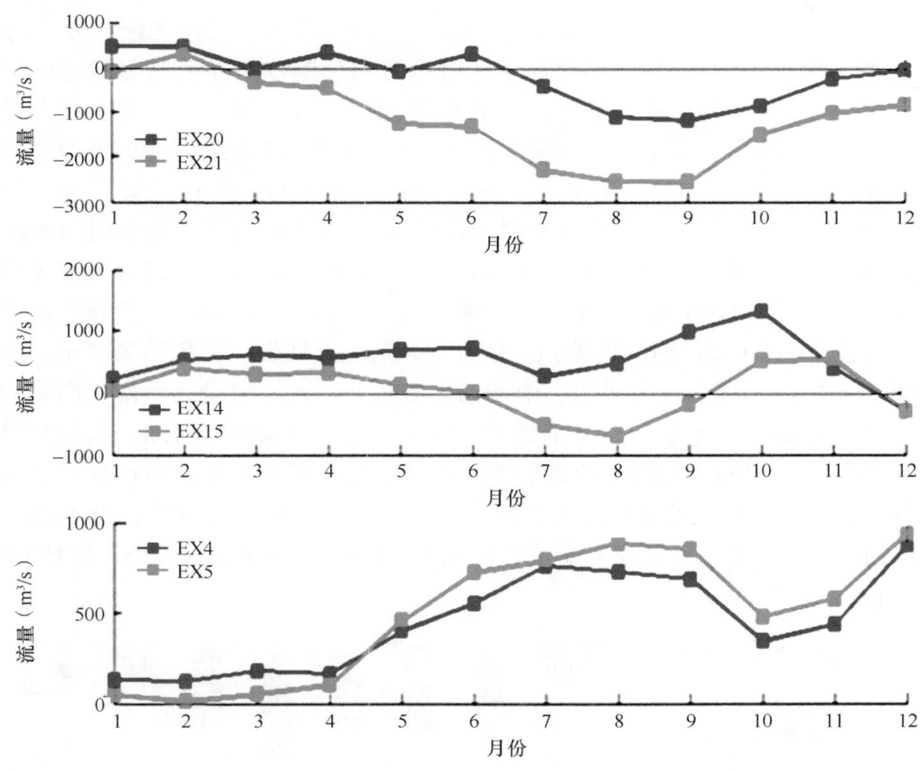

图11.16　2014年旅顺—蓬莱连线测点的流量变化图

流量为负值表示水体从黄海进入渤海

二、渤海海峡水交换的影响因素

渤海海峡处的海流受多种因素影响，如风、潮汐、海平面、温盐、地形等。有研究发现，在狭长且较浅的海峡中，受风的影响海水上下混合均匀，风产生的海平面坡度是驱动海峡海流的主要因素，如马六甲海峡、多佛尔海峡、巽他海峡、新加坡海峡等（Ningshi et al.，2000；Chen et al.，2005；Amiruddin et al.，2011；Rizal et al.，2012；Li et al.，2015）。而在梅奈海峡由于是浅水海峡，潮差与水深同量级，在海平面基本不变的情况下，海峡处的海流主要由潮汐不对称性产生（Harvey，1968）。在濑户内海冬季垂向上完全混合，由于底摩擦效应海底的海流比表层慢很多，而夏天由于密度分层的存在海峡处的净流也较慢（Chang et al.，2009）。在狭长的海峡中，岛礁、岛屿、岸基等的存在会增加海峡处海流结构的复杂性，在托雷斯海峡（Torres Strait）中净流是由风和海峡两端的海平面差异直接控制的（Wolanski et al.，2013）。

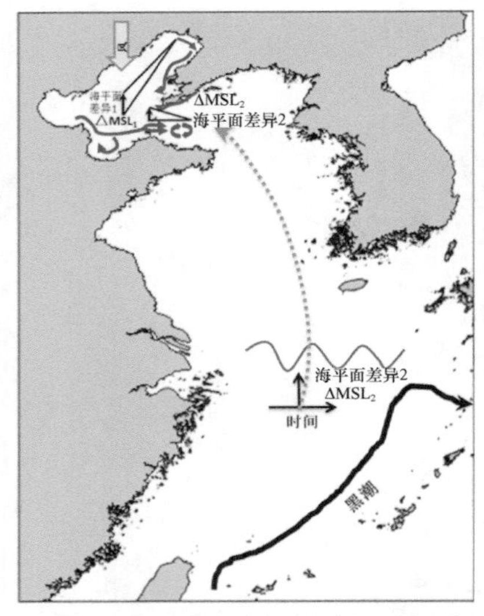

图11.17　渤海净流控制过程示意图（Li et al.，2015）

ΔMSL_1—海平面差异1；ΔMSL_2—海平面差异2

渤海海峡也属于浅水海峡，并在海峡内侧存在多个岛屿，其地貌性质与濑户内海、托雷斯海峡等均有相似性，渤海的潮汐来自外海潮波，大洋潮波的影响及外海强迫的变化最终以海平面波动的形式传播进入渤海，导致海峡两端的海平面存在差异（Zhang et al.，2018），并且渤海受东亚季风控制，具有明显的季风特点。因此，我们认为渤海海峡处的海流是受风应力、海平面差异和外海强迫影响的（图11.17）。数据分析显示，渤海海峡两端的海平面差异变化与海峡处的净流高度相关，当北黄海海平面高于渤海时，在海峡东西方向上会产生海平面坡度，驱动海水流入渤海，反之则流出渤海。受海平面坡度的影响，渤海海峡南部的出流约占了海峡的2/3，与图11.15的模拟结果一致，海峡处海流的最大流速为0.25m/s。敏感试验结果显示，渤海海峡处潮汐对净流的影响可以忽略，但是冬季大风的影响尤其重要。冬季风暴对渤海水交换起主导作用，可将海水的冲刷速度提高50%，而外海的长波经黄海传到渤海（海平面的波动），也会影响海峡处的净流（Li et al.，2015）。

考虑到渤海海峡处的海流在冬夏季为不同的海洋过程，我们通过敏感试验来说明风和温盐结构对渤海海峡水交换的影响。标准试验与正压试验的差异显示的是斜压效应的贡献（图11.18）。标准试验与无风试验的差异则是风的影响（图11.19）。在渤海海峡南北两端各选取一个测点（北端的测点为EX18，南端的测点为EX1）分别进行比较。模拟结果显示，2014年渤海海峡断面流量存在季节性变化，北端为流入渤海，南端为流出渤海，月均流量显示南北两端的流量均存在季节性变化，夏季出流流量最大，冬季入流流量最大，夏季次之，春秋两季较弱，为过渡时期，春季可能是流量最小时期。很明显，相同时期南北两端的流量存在差异，基本上北端单位宽度的入流量大于南端单位宽度的出流量。例如，夏季北端单点最大流量约$2.5\times10^3m^3/s$，而南端仅约$1.5\times10^3m^3/s$，正如前面结论所说，渤海海峡的流量特征是海峡北端流量大，流幅窄（1/3），而南端流量小，但是流幅宽（2/3）。

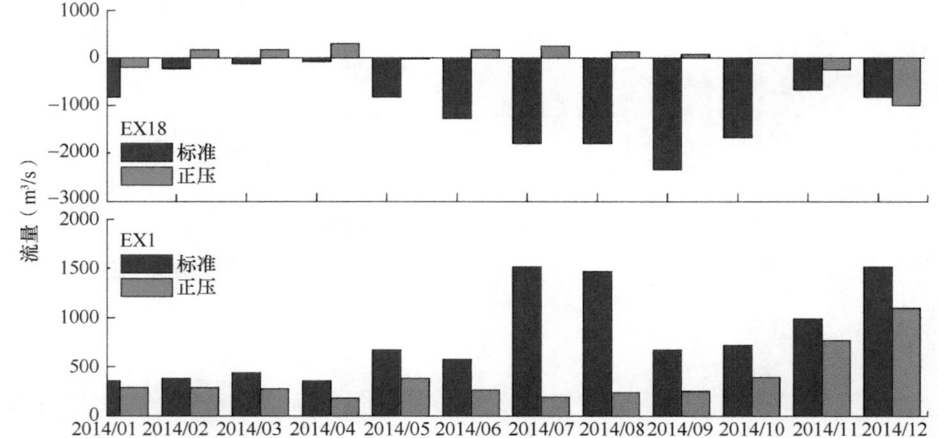

图11.18　模拟的渤海海峡南北两端测点EX18与EX1的月均流量变化（正压试验，没有斜压效应）

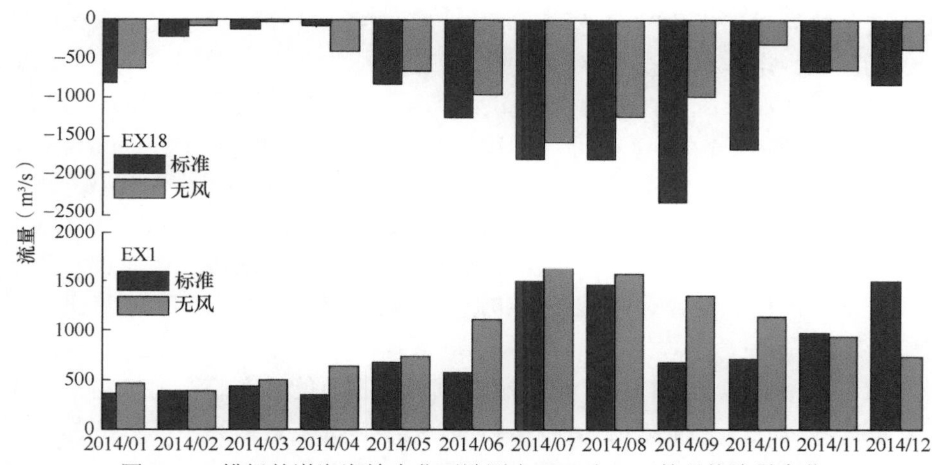

图11.19　模拟的渤海海峡南北两端测点EX18与EX1的月均流量变化

从图11.18可以看出，在海峡北端EX18测点，标准试验与正压试验的流量基本完全相反，即在风、温盐、潮汐、径流等综合因素影响下，海峡北端的海流是入流状态，流量为负，季节性变化上春季流量最小，夏季流量最大，冬季次之；而正压试验不考虑温盐的斜压效应，在风、潮汐、径流等驱动下，海峡北端的流向只有在冬季为入流，入流量略小于标准试验的入流量。这说明渤海海峡北端的海流在冬季基本不受斜压效应的影响，温盐斜压效应的存在会增大流入海流的强度，但不改变流向。事实上，由于冬季大风与浅水效应，海峡处温盐结构基本上下一致（鲍献文等，2004），不存在温盐层化现象，斜压效应微弱。因此，冬季海峡北端的海流主要受风、潮汐、地形、径流等影响。而在春夏秋三季，不考虑斜压效应导致流向改变，均由入流变为出流，且流量也大大减小，小于$0.5\times10^3\text{m}^3/\text{s}$。二者流向的差异说明了温盐结构斜压效应的作用，证明了海峡北端海流在春夏秋三季主要是由温盐的斜压效应控制的，即从春季开始，渤海海峡处温盐层化开始形成，到了夏季温跃层形成并达到强盛时期，加大了入流强度。正如已有研究结果指出的夏季渤海是密度流占主（黄大吉等，1998；魏泽勋等，2003；徐江玲等，2007；王金华等，2011；李爱超等，2016），如图11.8所示，夏季渤海海峡北端形成温跃层，有利于密度流的形成发展，可见渤海北端斜压效应的重要性，北端的入流在春夏秋季主要受密度流控制，而且夏季的大流量也主要是密度流的贡献。

标准试验与无风试验的比较显示（图11.19），海峡南北两端的流向都没有发生变化，流量发生变化，这说明风的存在会增强海峡处的流量的大小，特别是在冬季海峡南端（12月），冬季大风会大大增加流量，约是无风状态的2倍，这与Li等（2015）提出的冬季大风具有重要性的结论是一致的。万修全等（2015）分析了渤海中部2005～2007年的风场，发现渤海冬季风速明显强于夏季，日均平均风速达到7m/s，风速变化频率、幅度很强，大风过程风速可以达到12m/s。模拟发现大风过程流速明显增加了6cm/s，大风作用下的渤海流场结构在冬季占主导作用，大风过程对渤海冬季环流的贡献较大，可以控制渤海海峡处的流出和流入，还可以提高渤海与黄海之间的水交换能力。冬季大风影响渤黄海的水交换，大风过程使黄海暖流入侵渤海更加深入，海峡南部的水交换带变宽（李静等，2015）。

总体上，渤海海峡的环流冬夏季均表现为北进南出特征，但机制有所不同。冬季主要由冬季风控制，而夏季主要由密度流引起。各季节流速、流量有所差别，夏季北进流量最大，冬季南出流量增大。

三、渤海海峡的水交换时间

水交换能力是评价海湾环境容量和环境质量的重要指标，交换能力的强弱直接关系到海湾的水质状况。在近岸海域水交换研究中，为了表示水域水交换能力，通常是通过定义各种时间尺度来描述海水交换能力的强弱或快慢，以往的研究中不同学者提出了不同的概念和计算方法。

早期基于箱式模型，Parker（1972）定义了海水交换率并在不同海域得到了应用，该方法更适用于面积较小和混合能力较强的海域。净化时间是另一个比较简单的水交换概念，表示水体中海水全部被置换的时间，一般为控制区域内水体总体积与水体通量的比值，或物质总量和物质通量的比值。这种方法认为控制海域内的污染物质线性衰减，在近岸水体的水交换研究中被广泛采用（Steen et al.，2002；Wang et al.，2011；Shaha et al.，2012；Zhang et al.，2012）。Prandle（1984）、Thomann和Mueller（1987）及Monsen等（2003）先后提出了另一种计算方法，认为控制区域内物质并非线性衰减，净化时间被定义为控制海域内物质的量降低至初始含量的1/*e*所需的时间。Dyer等（1973）和Sanford等（1992）认为在潮汐作用显著的区域，随着潮汐的周期运动，流出控制海域的水体还会再次进入该海域，并不能带来水质的改善，因此对于受潮流作用的系统，使用纳潮量和返回系数计算净化时间，表示流出海湾的海水中能够再次返回海湾的海水比例。

使用净化时间概念的最基本的前提假设是控制海域内的物质能够在整个海域内完全混合，物质离开海域处的浓度与控制海域内任何位置处的浓度相等，在实际情况下进入某个海域的物质不能与原有海水充分混合，因此在这种假设下往往会高估水体交换能力，并且净化时间的概念并不考虑控制海域内存在的动力过程，因此也无法估计不同动力过程对水交换过程的影响。对此，Luff和Pohimann（1997）提出了半交换时间的概念，定义为研究海域内浓度降至初始值一半时所需要的时间，这种方法使用稀释速率的快慢代表海域的水交换能力，在近期的研究中得到了应用（魏皓等，2002；石明珠等，2012；彭辉等，2012）。水龄定义为物质进入研究区域所经历的时间（Bolin and Rohde，1973）。Zimmerman（1976）基于水龄提出了存留时间的概念，表示某个质点离开控制区域所需的时间。而平均存留时间则是进入控制区域的物质离开控制区域所需的平均时间（Takeoka，1984）。

袁柱瀚（1997）使用粒子追踪的方法探讨了渤海海峡处的水交换，认为渤海海峡水交换主要发生在老铁山水道，水交换具有北进南出的形态。魏皓等（2002）认为使用水质模型模拟半交换时间来研究海域的水交换能力更全面，三个海湾中莱州湾水交换能力最强，半交换时间为6个月，渤海湾半交换时间约为10个月，在夏季偏南风作用下，渤海湾西北角浓度增大，特别是西北角的水交换能力最弱。魏泽勋等（2003）的研究表明，渤海海峡夏季水交换形态为北进南出，辽东湾存在一较为孤立的环流系统，与外海的水交换能力较弱。何磊（2004）计算了渤海湾半交换周期的空间分布，渤海湾东南部地区的水交换能力最差，半交换周期最长；渤海湾北部滩涂海域，由于海水流动很弱，半交换周期也较长；渤海湾西北部大沽口以北海区半交换周期也较长。何磊（2004）的结果表明，海水交换率的方法仅适用于面积较小和混合能力较强的海湾，对于渤海这种大型海湾不完全适用。李希彬等（2013）认为渤海湾中部海域的水交换率相对较高，西北部和南部海域的水交换率较低，尤其是南部海域存在一处水交换阻隔带，该阻隔带部分海域的半交换周期超过2年。Li等（2009）只考虑M_2分潮条件计算了渤海湾平均存留时间，发现渤海湾平均存留时间在潮周期内变化很小。

Liu等（2012）用定向成分年龄和存留时间理论（CART）研究了黄河水在渤海的水龄，结果表明，黄河水在渤海中平均年龄约为3年，其中潮和风对黄河水龄的影响最为显著。李珍（2014）研究发现渤海水在渤海中的体积年平均水龄为1810d，随着离渤海海峡距离的增加，水龄逐渐增大，在渤海环流影响下，渤海水龄在空间分布上存在明显的季节性变化（图11.20），尤其在河口区附近。潮、风是影响渤海水龄分布的主要因素，潮能使渤海水龄增加55%以上，风能使渤海水龄减少达30%以上。蔡忠亚（2013）研究了渤海水体平均存留时间，得到整个渤海年平均存留时间为406d，渤海各海域平均存留时间空间分布主要受流场及与边界处距离的影响，渤海各分区中莱州湾的水交换能力最强，莱州湾内的平均存留时间为319d，而辽东湾和渤海湾内的平均存留时间可达500d以上，其中渤海湾的水交换能力比辽东湾弱，平均存留时间垂向变化主要存在于莱州湾和中央海区的上层水体中。

渤海海峡处的水交换总体来讲为北进南出，89%的交换量都发生在老铁山水道，导致莱州湾和辽东湾水交换较快（魏皓等，2002；魏泽勋等，2003）。我们使用近岸陆海相互作用（LOICZ）模型估算的渤海盐度与黄海的交换时间约为1.68年，数值模型计算的暴露时间（物质离开渤海后再返回）为1.56年，二者的数值相近（Li et al.，2015），均比Hainbucher等（2004）估算的渤海水0.5～1年的净化时间长，这是

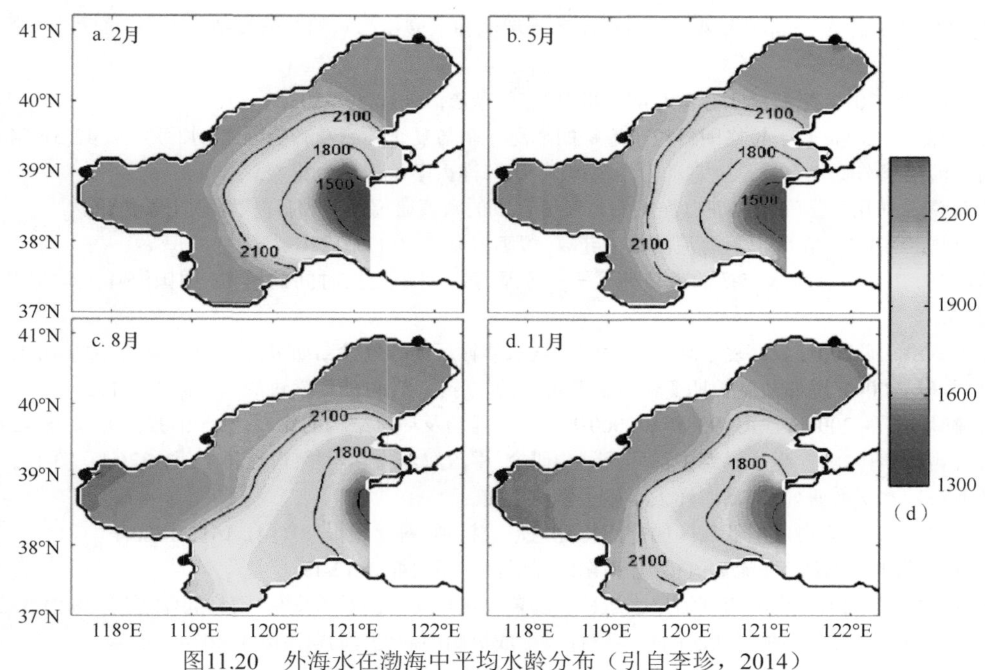

图11.20　外海水在渤海中平均水龄分布（引自李珍，2014）

因为Hainbucher等（2004）采用的水体更新时间假设污染物一旦流出渤海后不再回来，这与实际情况有所差异，导致其交换时间变短。

参考文献

鲍献文, 王赐震, 高郭平, 等. 2001. 渤海、黄海热结构分析. 海洋学报, 23(6): 24 -31.

鲍献文, 万修全, 吴德星, 等. 2004. 2000年夏季和翌年初冬渤海水文特征. 海洋学报, 26(1): 14-24.

毕聪聪, 鲍献文, 万凯. 2015. 渤海盐度年代际变异对环流结构的影响. 中国海洋大学报(自然科学版), 45(1): 1-8.

蔡忠亚. 2013. 渤海水体平均存留时间及其季节变化数值研究. 中国海洋大学硕士学位论文.

管秉贤. 1957. 中国沿岸的表面海流与风的关系的初步研究. 海洋与湖沼, 1(1): 95-122.

韩亚琼, 沈永明. 2013. 基于EFDC的渤海冬夏季环流及其影响因素的数值研究. 水动力学研究与进展, 28(6): 733-744.

何磊. 2004. 海湾水交换数值模拟方法研究. 天津大学硕士学位论文.

黄大吉, 苏纪兰, 张立人. 1998. 渤海冬夏季环流的数值研究. 空气动力学学报, 16(1): 115-121.

黄磊, 娄安刚, 王学昌, 等. 2002. 渤海及黄海北部的风海流数值计算及余流计算. 中国海洋大学学报(自然科学版), 32(5): 695-700.

江文胜, 吴德星, 高会旺. 2002. 渤海夏季底层环流的观测与模拟. 中国海洋大学学报(自然科学版), 32(4): 511-518.

李爱超, 乔璐璐, 万修全, 等. 2016. 渤海海峡悬浮体分布、通量及其季节变化. 海洋与湖沼, 47(2): 310-318.

李静, 宋军, 牟林, 等. 2015. 冬季大风影响下的渤黄海水交换特征. 海洋通报, 34(6): 647-656.

李希彬, 张秋丰, 牛福新, 等. 2013. 渤海湾水交换的数值研究. 海洋学研究, 31(3): 83-88.

李珍. 2014. 渤海水龄及其多源组分分析的数值研究. 中国海洋大学硕士学位论文.

缪经榜, 刘兴泉. 1989. 北黄海和渤海冬季环流动力学的数值实验. 海洋学报, 11(1): 15-22.

林霄沛, 吴德星, 鲍献文, 等. 2002. 渤海海峡断面温度结构及流量的季节变化. 中国海洋大学学报(自然科学版), 32(3): 355-360.

刘兴泉, 缪经榜, 季仲贞. 1989. 渤海冬季环流的数值研究. 大气科学, 13(3): 280-288.

刘哲, 魏皓, 蒋松年. 2003. 渤海多年月平均温盐场的季节变化特征及形成机制的初步分析. 青岛海洋大学学报，33(1)：7-14.

彭辉，姚炎明，刘莲. 2012. 象山港水交换特性研究. 海洋科学研究, 30(4): 1-12.

沈鸿书, 毛汉礼. 1964. 渤海和北黄海西部的基本水文地质特征. 海洋科学集刊, 1: 1-22.

石明珠, 张学庆, 王鹏程, 等. 2012. 大辽河感潮河段水体交换的数值研究. 海洋环境科学, 31(5): 631-634.

宋新. 2009. 渤海盐度年际变化与黄海暖流、黄海冷水团年际变化的关系. 中国海洋大学硕士学位论文.

万修全, 鲍献文, 吴德星, 等. 2004. 渤海夏季潮致-风生-热盐环流的数值诊断计算. 海洋与湖沼, 35(1): 41-47.

万修全, 马倩, 马伟伟. 2015. 冬季高频大风过程对渤海冬季环流和水交换影响的数值模拟. 中国海洋大学学报(自然科学版), 45(4): 1-8.
王海燕, 高增祥, 邹涛, 等. 2010. 渤海淡水存留时间分析. 生态学杂志, 29(3): 498-503.
王金华, 沈永明, 石峰, 等. 2011. 基于拉格朗日粒子追踪的渤海冬季与夏季环流及影响因素. 水利学报, 42(5): 544-553.
王强. 2004. 渤海环流的季节变化及浮游生态动力学模拟. 中国海洋大学硕士学位论文.
王悦. 2005. M_2分潮潮流作用下渤海湾物理自净能力与环境容量的数值研究. 中国海洋大学硕士学位论文.
王宗山, 龚滨, 李繁华, 等. 1992. 黄渤海风海流的数值计算. 黄渤海海洋, 10(1): 12-18.
魏皓, 田恬, 周锋, 等. 2002. 渤海水交换的数值研究——水质模型对半交换时间的模拟. 中国海洋大学学报(自然科学版), 32(4): 519-525.
魏泽勋, 李春雁, 方国洪, 等. 2003. 渤海夏季环流和渤海海峡水体输运的数值诊断研究. 海洋科学进展, 21(4): 454-464.
吴德星, 牟林, 李强, 等. 2004a. 渤海盐度长期变化特征及可能的主导因素. 自然科学进展, 14(2): 191-195.
吴德星, 万修全, 鲍献文, 等. 2004b. 渤海1958年和2000年夏季温盐场及环流结构的比较. 科学通报, 49(3): 287-292.
徐江玲, 吴德星, 林霄沛, 等. 2007. 夏季渤海中部环流结构研究. 中国海洋大学学报(自然科学版), 37(s1): 10-14.
袁柱瀚. 1997. 渤海海峡水交换研究. 青岛海洋大学硕士学位论文.
张华, 李艳芳, 唐诚, 等. 2016. 渤海底层低氧区的空间特征与形成机制. 科学通报, 61(14): 1612-1620.
张淑珍, 奚盘根, 冯士筰. 1984. 渤海环流数值模拟. 山东海洋学院学报, 14(2): 12-19.
张志欣, 乔方利, 郭景松, 等. 2010. 渤海南部沿岸水运移及渤黄海水体交换的季节变化. 海洋科学进展, 28(2): 142-148.
赵保仁. 1989. 渤、黄海及东海北部强温跃层的基本特征及形成机制的研究. 海洋学报, 4: 401-410.
赵保仁, 曹德明. 1998. 渤海冬季环流形成机制动力学分析及数值研究. 海洋与湖沼, 29(1): 86-96.
赵保仁, 庄国文, 曹德明, 等. 1995. 渤海的环流、潮余流及其对沉积物分布的影响. 海洋与湖沼, 26(5): 466-473.
Amiruddin A M, Ibrahim Z Z, Ismail S A. 2011. Water mass characteristics in the Strait of Malacca using ocean data view. Research Journal of Environmental Sciences, 5(1): 49-58.
Bolin B, Rohde H. 1973. A note on the concepts of age distribution and transit time in natural reservoirs. Tellus, 25(1): 58-62.
Chang P H, Guo X, Takeoka H. 2009. A numerical study of the seasonal circulation in the Seto Inland Sea, Japan. Journal of Oceanography, 65(6): 721-736.
Chen M, Murali K, Khoo B, et al. 2005. Circulation modelling in the strait of Singapore. Journal of Coastal Research, 21(5): 960-972.
Dyer K R, Taylor, P A. 1973. A simple segmented prism model of tidal mixing in well-mixed estuaries. Eustuarine and Coastal Marine Science, 1(4): 411-448.
Fang Y, Fang G H, Zhang Q H. 2000. Numerical simulation and dynamic study of the wintertime circulation of the Bohai Sea. Chinses Journal of Oceanology and Limnology, 18(1): 1-9.
Guan B X. 1994. Pattern and structures of the currents in Bohai, Huanghai and East China Sea. *In*: Zhou D, Liang Y B, Zeng C K. Oceanology of China Seas. Dordrecht: Springer: 17-26.
Hainbucher D, Wei H, Pohlmann T, et al. 2004. Variability of the Bohai Sea circulation based on model calculations. Journal of Marine System, 44(3-4): 153-174.
Harvey J G. 1968. The flow of water through the Menai Straits. Geophysical Journal International, 15(5): 517-528.
Li X B, Yuan D K, Sun J. 2009. Simulation of water exchange in Bohai Bay. *In*: Zhang C K, Tang H W. Advances in Water Resources and Hydraulic Engineering. Berlin, Heidelberg: Springer: 1341-1346.
Li Y F, Wolanski E, Zhang H. 2015. What processes control the net currents through shallow straits? A review with application to the Bohai Strait, China. Estuarine, Coastal and Shelf Science, 158: 1-11.
Lin C, Su J, Xu B, et al. 2001. Long-term variations of temperature and salinity of the Bohai Sea and their influence on its ecosystem. Progress in Oceanography, 49(1-4): 7-19.
Liu G M, Wang H, Sun S, et al. 2003. Numerical study on density residual currents of the Bohai Sea in summer. Chinese Journal of Oceanology and Limnology, 21(2): 106-113.
Liu Z, Wang H, Guo X, et al. 2012. The age of Yellow River water in the Bohai Sea. Journal of Geophysical Research, 117: C11006.
Luff B, Pohimann T. 1997. Calculation of water exchange times in the ICES-Boxes with a Eulerian dispersion model using a half-life time approach. Ocean Dynamics, 47(4): 287-299.
Miao J B, Liu X Q. 1988. A numerical study of the wintertime circulation in the Northern Huanghai Sea and the Bohai Sea Part Ⅰ: basic characteristics of the circulation. Chinese Journal of Oceanology Limnology, 6(3): 216-226.

Monsen N E, Cloern J E, Lucas L V. 2003. A comment on the use of flushing time, residence time and age as transport time scales. Limnology and Oceanography, 47(5): 1545-1553.

Ningshi N S, Yamashita T, Aouf L. 2000. Three-dimensional simulation of water circulation in the Java Sea: influence of wind waves on surface and bottom stresses. Natural Hazards, 21(2-3): 145-171.

Parker D S, Norris D P, Nelson A W. 1972. Tidal exchange at Golden Gate. Journal of Sanitary Engineering Division, 98(2): 305-323.

Prandle D A. 1984. Modeling study of the mixing of ^{137}Cs in the seas of the European continental shelf. Philosophical Transactions of the Royal Society of London, 310(1513): 407-736.

Rizal S, Damm P, Wahid M A, et al. 2012. General circulation in the Malacca Strait and Andaman Sea and Andaman Sea: a numerical model study. American Journal of Environmental Sciences, 8(5): 479-488.

Sanford L, Boicourt W, Rives S. 1992. Model for estimating tidal flushing of small embayments. Journal of Waterway, Port, Coastal, and Ocean Engineering, 118(6): 913-935.

Shaha D C, Cho Y K, Kim T W, et al. 2012. Spatio-temporal variation of flushing time in the Sumjin River estuary. Terrestrial, Atmospheric & Oceanic Sciences, 23(1): 119-129.

Steen R J C A, Evers E H G, Van Hattum B, et al. 2002. Net fluxes of pesticides from the Scheldt Estuary into the North Sea: a model approach. Environmental Pollution, 116(1): 75-84.

Takeoka H. 1984. Fundamental concepts of exchange and transport time scales in a coastal sea. Continental Shelf Research, 3(3): 311-326.

Thomann R V, Mueller J A. 1987. Principles of Surface Water Quality Modeling and Control. New York: Harper & Row, Publisher: 644.

Wang Y C, Liu Z, Gao H W, et al. 2011. Response of salinity distribution around the Yellow River mouth to abrupt changes in river discharge. Continental Shelf Research, 31(6): 685-694.

Wolanski E, Lambrechts J, Thomas C, et al. 2013. The net water circulation through Torres Strait. Continental Shelf Research, 64: 66-74.

Wei H, Wu J P, Pohlmann T. 2001. A simulation on the seasonal variation of the circulation and transport in the Bohai Sea. Journal of Oceanography of Huanghai & Bohai Seas, 19(2): 1-9.

Zhang Z, Qiao F, Guo J, et al. 2018. Seasonal changes and driving forces of inflow and outflow through the Bohai Strait. Continental Shelf Research, 154: 1-8.

Zhang X Q, Hetland R D, Martinho M A, et al. 2012. A numerical investigation of the Mississippi and Atchafalaya freshwater transport, filling and flushing times on the Texas-Louisiana Shelf. Journal of Geophysical Research, 117: C11009.

Zimmerman J T F. 1976. Mixing and flushing of tidal embayments in the Western Dutch Wadden Sea, Part Ⅰ: distribution of salinity and calculation of mixing time scales. Netherlands Journal of Sean Research, 10(2): 149-191.

Monsen N E, Cloern J E, Lucas L V, et al. 2002. A comment on the use of flushing time, residence time, and age as transport time scales. Limnology and Oceanography, 47(5): 1545-1553.

Sumikawa N, Yamashita T, Yoon J [illegible]. 2004. Three-dimensional simulation of [illegible] in the Ise Bay and influence of wind [illegible] and [illegible]. Natural Hazards, 31(2): [illegible].

Parker D S, Norris D P, Nelson A W. 1972. Tidal exchange at Golden Gate. Journal of the Sanitary Engineering Division, 98(2): 305-323.

Prandle D. 1984. A modelling study of the mixing of 137Cs in the seas of the European continental shelf. Philosophical Transactions of the Royal Society of London, Series A, 310(1513): 407-436.

Rizal S, Damm P, Wahid M A, et al. 2012. General circulation in the Malacca Strait and Andaman Sea: a numerical model study. American Journal of Environmental Science, 8(5): 479-488.

Sanford L P, Boicourt W C, Rives S R. 1992. A model for estimating tidal flushing of small embayments. Journal of Waterway, Port, Coastal, and Ocean Engineering, 118(6): 635-654.

Shih Y S, Liao [illegible], Kuo T W, et al. 2012. Spatio-temporal variations of flushing time in the [illegible] River estuary. Terrestrial, Atmospheric & Oceanic Sciences, 23(1): 119-[illegible].

Shen J, Lewis [illegible], Hamrick [illegible], et al. 2002. The [illegible] Sediment [illegible] into the [illegible]: a modeling approach. Environmental [illegible], 116(1): 65-[illegible].

Takeoka H. 1984. Fundamental concepts of exchange and transport time scales in a coastal sea. Continental Shelf Research, 3(3): 311-326.

[illegible] R V, Mueller [illegible]. 1997. [illegible]. New York: Harper & Row, Publishers: [illegible].

Wang Y, Lin Z, Guo W, et al. 2015. Response of salinity distribution around the Yellow River mouth to abrupt changes in river discharge. Continental Shelf Research, [illegible]: 75-[illegible].

Wolanski E, Pattiaratchi C, [illegible], et al. 2016. [illegible] Torres Strait [illegible]. Continental Shelf Research, 64: [illegible].

Wei H, Wu J P, Pohlmann T. 2001. A simulation on the seasonal variation of the circulation and transport in the Bohai Sea. Journal of Oceanography of [illegible], 19(2): 1-[illegible].

Zhang Z, Qiao F, Guo J, et al. 2018. Seasonal changes and driving forces of inflow and outflow through the Bohai Strait. Continental Shelf Research, [illegible].

Zhang X Q, Hetland R D, Marta-Almeida M, et al. 2012. A numerical investigation of the Mississippi and Atchafalaya freshwater transport, filling and flushing times on the Texas-Louisiana Shelf. Journal of Geophysical Research, 117, C11009.

Zimmerman J T F. 1976. Mixing and flushing of tidal embayments in the western Dutch Wadden Sea. Part I: distribution of salinity and calculation of mixing time scales. Netherlands Journal of Sea Research, 10(2): 149-191.

第十二章

河流 - 河口 - 渤海水和沉积物中的抗生素及其迁移模型①

① 本章作者：张华，姜德娟，李嘉，骆永明

第一节　水环境中的抗生素研究

一、抗生素特征

抗生素是由细菌、真菌和放线菌属的微生物产生的或用化学方法合成的化学物质，既能抑制或杀灭某些病原体（细菌、真菌、病毒），又能干扰其他生活细胞的发育功能。根据化学结构的不同，可以将抗生素分为β-内酰胺类、磺胺类、多肽类、氨基糖苷类、酰胺醇类、脂肽类、噁唑烷酮类、糖肽类、链阳霉素类和林可酰胺类等（Aminov，2017）。其中，磺胺类、四环素类、大环内酯类和喹诺酮类是水环境中检出率较高的抗生素（Bu et al.，2013）。

抗生素对人类和动物疾病的防治具有重大贡献，而且有些抗生素还具有促生长的功能。因此，人类对抗生素的需求量巨大。按照受用对象不同，可将抗生素分为人用抗生素和兽用抗生素。其中，兽用抗生素占较大比例，例如，我国、美国和新西兰兽用抗生素的比例分别为84.3%、80%和57%（Sarmah et al.，2006；Zhang et al.，2015）。据估算，至2030年，全球兽用抗生素用量将达到（105 596±3 605）t（Van Boeckel et al.，2015）。人用抗生素所占比例较低，但我国人均抗生素用量远高于发达国家，DID（平均每1000人每天使用抗生素的量）值是欧美国家的6～7倍（Park et al.，2017）。总体来说，全球抗生素用量十分巨大，而且随着人口数量的增加和对动物蛋白需求的增长，全球抗生素用量仍在逐年增加。然而，大多数抗生素在生物体内不能被完全代谢，导致大量抗生素被排出体外，继而通过多种途径汇入水环境中，对水生态系统构成严重威胁。

二、抗生素主要来源

水环境中的抗生素来源可分为自然来源和人为来源。其中，自然来源是指环境中的微生物产生的各种抗生素（如β-内酰胺类、链阳霉素类、氨基糖苷类等）；人为来源是指人类生产和使用的抗生素。在抗生素被人类发现之前，天然来源的抗生素处于平衡状态。但随着人类研发并大规模使用抗生素，大量抗生素被排入水环境中。因此，当前水环境中残留的抗生素主要是由人类活动排放引起的。根据抗生素的生产过程及受用对象，可将水环境中的抗生素来源归结为：制药企业废水、畜牧养殖废水、水产养殖废水、医疗废水和生活污水。这几种废水可能会经过污水处理厂处理后再排放，但由于目前的处理工艺对抗生素的去除率较低，污水处理厂尾水中通常也含有较高浓度的抗生素。因此，污水处理厂的尾水也是水环境中抗生素的来源之一。

三、抗生素对水环境的污染

近年来，国内外学者对全球地表水中常用抗生素的残留和时空分布开展了调查。例如，美国地质调查局在美国139条河流中检测到31种抗生素，最高浓度达1900ng/L（Kolpin et al.，2002）。Kim和Carlson（2007）在美国卡什拉波德里河（Cache la Poudre River）中检测出15种抗生素，其中土霉素浓度高达1210ng/L，检出率最高的脱水红霉素浓度为450ng/L，6种磺胺类抗生素中磺胺甲噁唑检出率最高，平均浓度为110ng/L。西班牙埃布罗河水体中检出17种磺胺类抗生素，最高浓度为127ng/L（Garcia-Galan et al.，2011）。亚洲湄公河中12种抗生素的浓度范围为7～360ng/L（Managaki et al.，2007），与日本城市河流中抗生素的浓度范围（4～448ng/L）相近。在我国，至少可从地表水中检出74种抗生素，其中72%属于磺胺类、磺胺增效类、大环内酯类和氟喹诺酮类。区域上，环渤海区域的抗生素排放量较大，部分水域抗生素浓度处于μg/L级别，例如，渤海湾的氧氟沙星浓度达5.1μg/L（Zou et al.，2011），海河罗红霉素浓度达3.7μg/L（Luo et al.，2011）。

残留在水环境中的抗生素对水生态系统构成严重威胁，主要体现在以下几个方面。

（一）影响微生物群落

由于抗生素的主要作用是抑制或杀灭细菌、真菌等病原体，因此进入环境中的抗生素必然会对微生物群落或一些具有相同或类似靶器官的低等生物产生毒害作用（章强等，2014）。而微生物和低等生物为生态系统的基础，一旦这些生物遭到破坏，必将对整个生态系统构成毁灭性打击。Costanzo等（2005）指出，红霉素可抑制反硝化细菌的活性，从而影响生态系统的氮循环。Kong等（2006）发现土霉素可显著降低土壤微生物群落的功能多样性。Liu等（2011）发现红霉素、磺胺甲噁唑和环丙沙星可抑制月牙藻的光合作用。

（二）毒害水生生物

Sanderson等（2004）研究了226种抗生素对低等水生生物的毒性，结果表明，1/5的抗生素对藻类的毒性为非常毒级，16%的抗生素对水蚤为极毒级，44%的抗生素对水蚤为非常毒级，约1/3的抗生素对鱼类为非常毒级，而超过50%的抗生素对鱼类有毒性。Park和choi（2008）评估了包括磺胺类药物、四环素类药物、氨基糖苷类药物、氟喹诺酮类药物和β-内酰胺类药物在内的11种常用抗生素对4种标准检验生物（*Vibrio fischeri*，*Daphnia magna*，*Moina macrocopa*和*Oryzias latipes*）的急性和慢性毒性。结果显示，5类抗生素中只有β-内酰胺类抗生素显示出低毒性，而其余4类抗生素在0.03～150mg/L的浓度呈中等或急毒性。

（三）生物蓄积和放大

水环境中的抗生素可以通过生物富集在食物链或食物网中传递，最终对高等生物构成潜在威胁（Liu et al.，2017）。

（四）诱导产生抗性基因

水环境中低浓度的抗生素残留也会诱导抗性基因的出现。例如，Zhang X X和Zhang T（2011）在全球15个污水处理厂中发现了多种四环素类抗性基因。Gao等（2012）在水产养殖水体中发现了磺胺类和四环素类抗性基因。Yang等（2017）在我国15个湖的水体中发现了磺胺类和四环素类抗性基因。这些抗性基因可以在食物网中传递，并在全球范围内传播，严重威胁着人类健康。

四、抗生素在水环境中的反应迁移过程

抗生素进入水环境后，受物理、化学和生物作用的综合影响，其行为变化十分复杂。水环境中的抗生素可分为溶解态和结合态。溶解态抗生素可发生吸附、光解、水解和生物降解等反应，其被悬浮颗粒物吸附后形成结合态，而有些抗生素被吸附之后还能发生一定程度的解吸，重新成为溶解态。结合态抗生素在不同水动力条件下可发生沉降或再悬浮过程。另外，溶解态和结合态抗生素在水流作用下均会发生迁移。

五、抗生素的反应迁移模拟

抗生素属于“痕量”污染物，在地表水中的浓度通常处于ng/L～μg/L的级别。但其环境行为复杂，传统的调查方法很难准确预测它们在水环境中的归趋，室内控制实验则只能研究单一因素对其行为的影响。近年来，不少学者将目光转向水质模型。目前，用于模拟水环境中抗生素反应迁移过程的模型主要包括推流模型、逸度模型、WASP（water quality analysis simulation program）模型、PhATE（pharmaceutical assessment and transport evaluation）模型等。例如，Osorio等（2012）运用推流模型预测了西班牙略夫雷加特河中18种抗生素的排放量及衰减系数。张芊芊（2015）利用逸度模型对我国58个流

域内的36种抗生素进行了多介质归趋模拟；以大气、水、土壤和沉积物为四个主要环境相，并对每个主环境相进一步划分，涉及的过程包括污染排放、扩散及生化反应。Rose和Pedersen（2005）利用WASP模型模拟了一条小河中土霉素的归趋行为，准确预测了土霉素在研究水域内的半衰期，揭示了决定土霉素衰减的主要反应机制。Hosseini等（2012）将加拿大气候变化参数和不同季节的水文参数整合到PhATE模型中，成功预测了两种磺胺类抗生素的浓度变化。

总体来说，上述研究中模拟区的水动力条件都较为简单，而且研究的主要是抗生素在陆源溪流中的传输扩散，所用模型以单一水质模型为主。而对于复杂水动力条件下（如感潮河口）的抗生素归趋模拟研究，通常需将水动力模型与水质模型进行耦合以实现抗生素的反应迁移模拟，该方面的研究有待进一步加强。

第二节　小清河流域抗生素的空间分布特征

一、材料与方法

（一）研究区概况

小清河流域地处鲁西平原，是山东省重要的工业和农业产区，流域集水面积约10 300km^2。该流域属于暖温带季风区大陆性气候，多年平均降雨量为646.7mm，年降雨量多集中在每年的6～9月。小清河是鲁西平原重要的排水河道，也是济南主城区唯一的排水河道。流域内养殖业发达，养殖畜种主要有禽类、猪、羊和牛等，单位面积载畜量为110只禽类、1.17头牛、3.22头猪。流域内建有多个大型制药企业，如齐鲁制药、新华制药、鲁抗制药和富康制药等。另外，小清河流域人口密度大，高于山东省的平均值，密集的人口分布伴随着大量城镇污水的产生。随着经济社会的发展和人口数量的增加，大量企业废水和生活污水被排入小清河。据估算，小清河每年接纳沿岸工业废水1.38亿t，每年排入小清河的生活污水多达10亿t（刘文杰，2017）。密集的人口、发达的养殖业，很可能使小清河流域成为抗生素污染的重灾区。小清河又是莱州湾的主要污染来源，进而可能对莱州湾水生态系统构成潜在威胁。

（二）样品采集与分析

参考文献资料，选取包括磺胺类、大环内酯类、氟喹诺酮类和磺胺增效类等4类共15种抗生素作为调查目标，具体包括甲氧苄啶（TMP）、磺胺醋酰（SAAM）、磺胺嘧啶（SDZ）、磺胺甲噁唑（SMX）、磺胺噻唑（STZ）、磺胺间二甲氧嘧啶（SDM）、恩诺沙星（ENRO）、氧氟沙星（OFL）、诺氟沙星（NOR）、环丙沙星（CIP）、依诺沙星（ENO）、红霉素（ETM）、阿奇霉素（AZM）、克拉霉素（CTM）、罗红霉素（RTM）。

2013年7月，分别在小清河干流和其主要支流（孝妇河、漯河、淄河和绣江河）利用采水器采集河流表层（0～50cm）水样品，共计20个（图12.1）。利用高效液相色谱-三重四极杆质谱联用仪（Thermo Scientific Ultimate 3000，USA）对每个样品中的抗生素含量进行分析。

二、地表水环境中抗生素的污染特征

（一）抗生素含量

在小清河流域地表水中，TMP和OFL的最高浓度均达到了μg/L水平，其中TMP最高浓度为3900ng/L，OFL最高浓度为1600ng/L，明显高于海河（Luo et al.，2011）、黄浦江（Jiang et al.，2011）、珠江（Xu et al.，2007）和若干国外河流（Choi et al.，2008；Garcia-Galan et al.，2011；Shimizu et al.，2013）。而ENRO和NOR在流域内则未检测到。相对而言，其他11种抗生素的最高检出浓度处于ng/L水平，与其他报道中的地表水抗生素浓度水平接近。

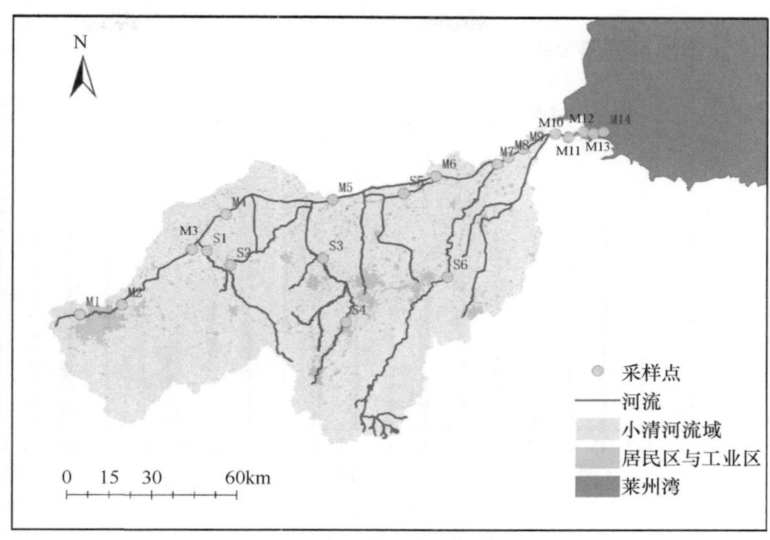

图12.1　小清河流域采样点示意图

（二）抗生素空间分布

图12.2为小清河流域水环境中抗生素浓度的空间分布，可见，位于城市下游的M2和S4站位的大环内酯类抗生素浓度总体较高，位于城市上游的M1站位的大环内酯类抗生素浓度明显低于M2，说明该类抗生素主要与生活污染源有关。3种氟喹诺酮类抗生素在小清河干流上游及人口密集的S4和S6站位的浓度

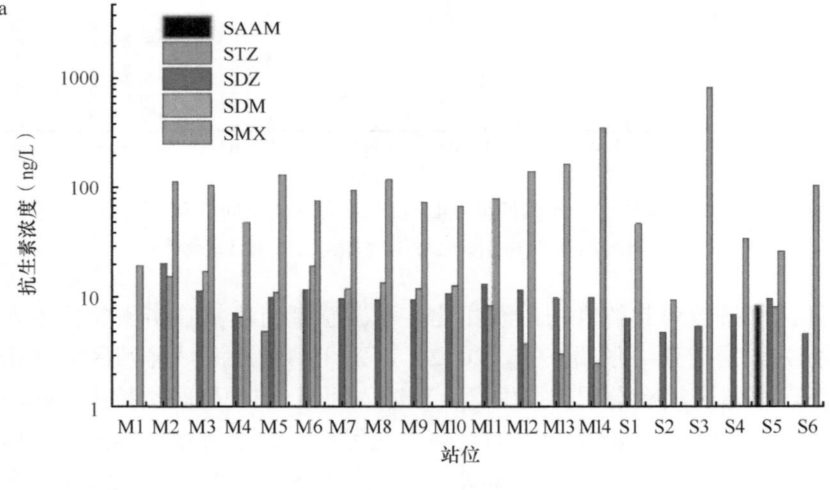

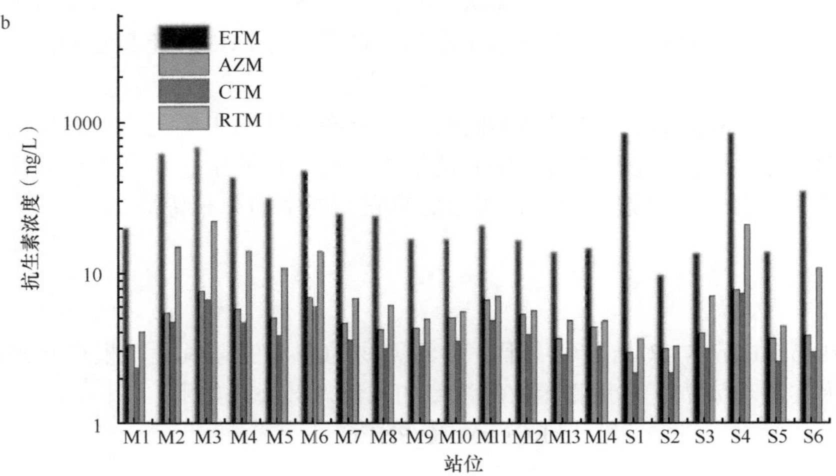

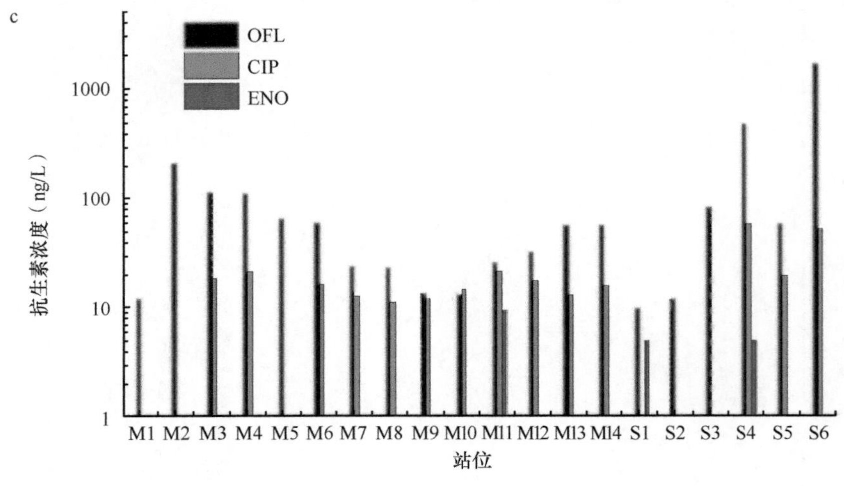

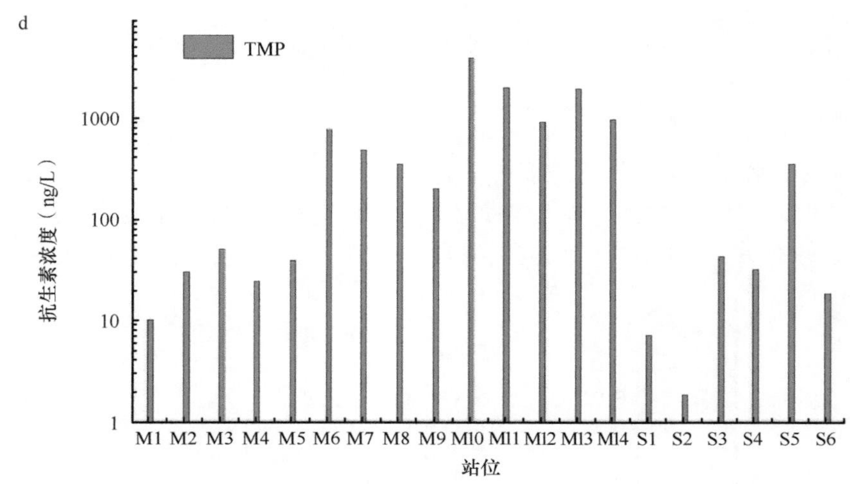

图12.2　小清河流域4类抗生素含量的空间分布

a. 磺胺类；b. 大环内酯类；c. 氟喹诺酮类；d. 磺胺增效类

较高，可能是由生活污水排放引起的。与中游相比，下游感潮河段氟喹诺酮类抗生素浓度有所升高，可能与下游水产养殖有关。据调查（张瑞杰等，2012），莱州湾附近海域养殖区氟喹诺酮类抗生素污染严重，在潮汐的作用下，养殖区氟喹诺酮类抗生素会被冲入河道。5种磺胺类抗生素总量在干流上的分布较为均匀，其中SMX浓度在小清河下游呈升高的趋势，这可能是由下游水产养殖废水排入所引起的。磺胺增效类抗生素在小清河中的分布呈明显的阶梯状，其在上游浓度最低，下游浓度最高且比中游和上游高出1个或2个数量级。另外，SMX和TMP在下游浓度较高的另一个原因可能与它们不易被悬浮颗粒物吸附有关。

不同种类的抗生素在小清河流域呈现出不同的空间分布特征，主要是由各站位附近不同类型的人类活动造成的。人口密集区下游会检测到高含量的抗生素。河流径流量、水利工程（闸坝等）、土地利用类型等其他因素也会影响抗生素的迁移过程，进而影响它们的空间分布特征。

三、抗生素风险评估

风险商值（risk quotients，RQs）可用于评估污染物的潜在生态风险。根据欧洲技术指导文件的规定，RQs可以表示为实测环境浓度与预测无效应浓度的比值，其公式如下：

$$RQs=MEC/PNEC \tag{12.1}$$

式中，MEC（measured environmental concentration）为实测环境浓度（ng/L）；PNEC（predicted no effect concentration）为预测无效应浓度（ng/L）。通过文献获取抗生素的PNEC，对于未查到的抗生素，则查找它们的急性或慢性毒理学实验数据，通过与评估因子的比值计算得出。

RQs通常被划分为三个等级：0.01～0.1为低风险；0.1～1为中等风险；大于1为高风险。由此，计算出小清河流域水环境中处于高风险等级、中等风险等级和低风险等级的抗生素所占比例分别为38.5%、23.1%和38.4%。其中，OFL、SMX、CIP、ETM和CTM处于高风险等级，说明这5种抗生素会对研究区地表水中的相应敏感性生物构成严重威胁；ENO、TMP和RTM处于中等风险等级；SAAM、STZ、SDM、SDZ和AZM处于低风险等级。

第三节　感潮河口抗生素的分布特征及迁移机制

一、样品采集与分析

分别于2015年5月、2015年9月、2015年12月、2017年3月和2017年5月在小清河感潮河口采集表层水和底层水样品，所有表、底层水样品均为瞬时采样（图12.3）。同时，于2017年5月16～17日在A6站位进行25h的连续采样，采样频率为1h。2017年3月，在小清河河口采集表层沉积物样品。

图12.3　小清河感潮河口采样点示意图

在流域调查的基础上，选取小清河地表水中污染较为严重的磺胺甲噁唑（SMX）、磺胺二甲嘧啶（SMZ）、氧氟沙星（OFL）、环丙沙星（CIP）、红霉素（ETM）、罗红霉素（RTM）和甲氧苄啶（TMP）共7种抗生素作为对象对其含量进行检测，以揭示感潮河口抗生素的时空分布特征。

二、抗生素在感潮河口水体中的时空分布特征

（一）河口表层水体中抗生素的含量

除TMP外，小清河感潮河口6种抗生素在2015年5月的平均浓度均高于9月（图12.4），这与汛期径流量的增加有关，河水稀释作用会导致大多数抗生素浓度下降。TMP的变化特征则与其他6种抗生素相反，可能与其特定的污染源排放位置有关。另外，12月为枯水期，王道闸处于关闭状态，上、中游的河水被闸拦截，水体中的抗生素不能迁移至感潮河段，导致该时期河口段的浓度降低。山东省生态环境厅在2012年制定了《小清河流域污染治理专项规划方案》，集中治理小清河污染问题，但就下游河口表层水体中抗生素的污染而言，并没有明显改善。其中，磺胺类和大环内酯类抗生素的浓度在3年内基本处于同一水平，氟喹诺酮类抗生素的污染呈加剧趋势。相对而言，表层水体中的TMP浓度从2015年12月开始显著降低，说明TMP在河口区域的污染排放得到有效控制。

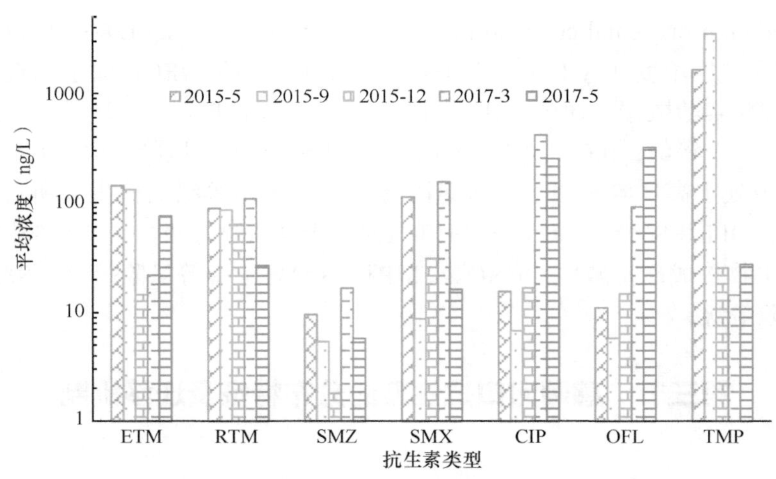

图12.4　小清河感潮河口表层水体中抗生素的平均浓度

（二）河口表层水体中抗生素的空间分布特征

由图12.5可以看出，7种抗生素在不同采样期的空间分布差异较大。表层水体中ETM和RTM的浓度在向海方向（A1至A10）表现为降低的趋势，说明这两种大环内酯类抗生素的主要污染源位于小清河的中上游，其随着径流迁移至河口。Spearman相关性分析结果表明，5次采样中，ETM和RTM之间均为正相

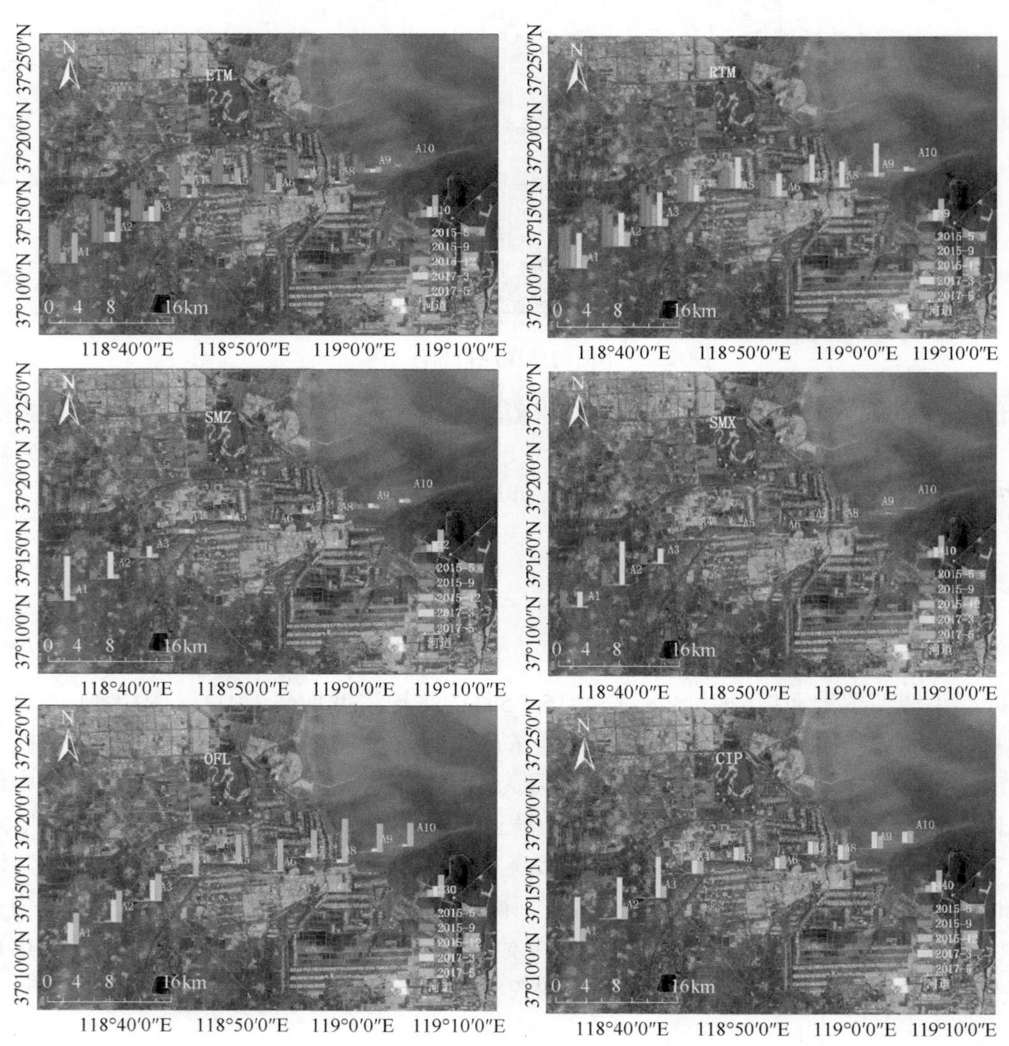

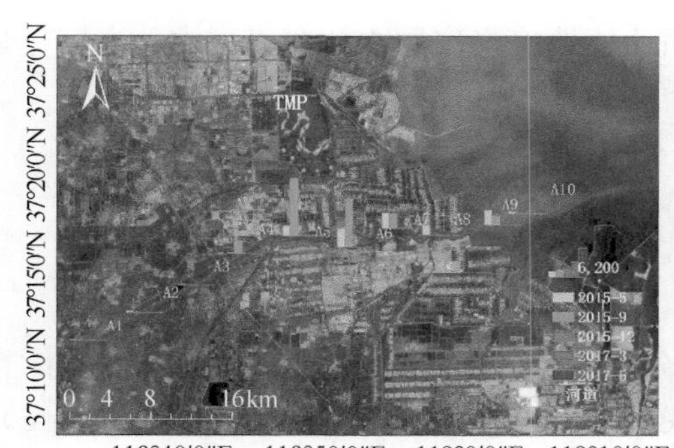

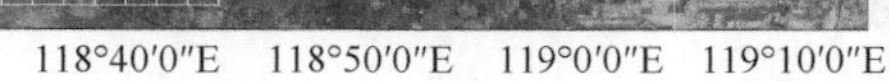

图12.5　小清河感潮河段表层水体中抗生素含量的空间分布

关关系，说明它们之间存在相同的污染来源或迁移转化过程。SMX也表现出与ETM、RTM相似的分布特征，其中以2015年5月和2017年3月尤为明显，这说明河口水体中的SMX主要来自河流输入。SMZ的浓度空间分布较为均匀且浓度较低，但2017年3月SMZ从河口上游到下游呈逐渐降低的趋势。Spearman相关性分析结果表明，SMX和SMZ两种磺胺类抗生素之间均为正相关关系，说明二者具有相似的迁移过程。

除了2017年5月，OFL和CIP两种氟喹诺酮类抗生素的浓度均呈降低、增加、再降低的趋势，但河口上游浓度明显高于下游，说明河口水体中的OFL和CIP除来自河流输入外，还可能存在其他污染源。两种氟喹诺酮类抗生素之间也呈现正相关关系，说明OFL和CIP存在相同的来源或环境命运。表层水体中TMP的浓度分布与磺胺类、大环内酯类和氟喹诺酮类抗生素的浓度分布正好相反，且TMP与其他6种抗生素之间均为负相关关系，说明TMP的污染来源或迁移过程较为特殊。高浓度的TMP主要集中在河口的中游和下游，且其最高浓度的位置不固定，例如，2015年9月的最高浓度出现在A5站位，2015年12月则出现在A8站位，这可能是由河口往复流导致的。

（三）河口底层水体中抗生素的浓度及分布规律

小清河感潮河口底层水体中抗生素浓度的统计如表12.1所示，7种抗生素的浓度表现出明显的季节性差异。2015年12月和2017年3月，7种抗生素的检出率相对较高，除ETM之外的其他6种抗生素的检出率均为100%。2015年9月，SMZ和CIP的检出率相对较低。总体而言，底层水体中7种抗生素的浓度均值总体上在2015年12月最低，其次是2015年9月，而在2017年3月最高，这与表层水体中抗生素的季节分布规律相似，可能与不同季节抗生素的排放量及王道闸的调控有关。

表12.1　小清河感潮河口底层水体中抗生素的平均浓度及检出率

	2015年9月		2015年12月		2017年3月	
	平均浓度（ng/L）	检出率（%）	平均浓度（ng/L）	检出率（%）	平均浓度（ng/L）	检出率（%）
ETM	124	100	35.2	100	18.6	90
RTM	76.3	100	41.4	100	75.2	100
SMZ	3.6	33.3	1.4	100	10.5	100
SMX	16	77.8	22.9	100	123.8	100
CIP	15.5	66.7	11.6	100	342	100
OFL	6.6	100	9.7	100	68	100
TMP	3874	88.9	21.9	100	15	100

河口底层水体中7种抗生素的空间分布与表层水中的分布规律也比较相似。但2015年9月河口中下游底层水体中CIP的浓度明显高于表层水体，且表层水体中CIP的检出率极低。这是因为9月处于汛期，河流径流量大，河水稀释可能是导致河口表层水体中CIP浓度极低的主要原因；此外，盐度剖面数据显示，9月河口下游表底层水体盐度相差明显，水体分层、沉积物中CIP释放均可能导致底层水体中CIP浓度高于

表层水体。ANOVA单因素方差分析结果表明，7种抗生素浓度在底层水体和表层水体之间无显著性差异（$P>0.05$），说明7种抗生素在河口水体中的垂向混合较为均匀。

三、抗生素在感潮河口表层沉积物中的时空分布特征

（一）河口表层沉积物中抗生素的含量

河口表层沉积物中CIP和TMP的浓度相对较高，分别为1.85～6.26ng/g和0.10～7.32ng/g；其次是SMX（1.21～1.24ng/g）、RTM（nd～1.32ng/g）（nd表示未检出，余同）和OFL（nd～1.31ng/g）；SMZ和ETM的浓度相对较低，尤其是ETM，最高浓度仅为0.52ng/g。与其他河流沉积物相比，小清河感潮河口沉积物中的7种抗生素浓度总体偏低。例如，海河流域沉积物中ETM、RTM、TMP和SMX的最高浓度分别为7.3ng/g、7.2ng/g、44ng/g和990ng/g（Luo et al.，2011），珠江沉积物中ETM和RTM的浓度分别为nd～385ng/g和nd～133ng/g（Yang et al.，2010），渭河沉积物中CIP和OFL的浓度分别为nd～17.2ng/g和nd～20.8ng/g（Li et al.，2017），均高于小清河口沉积物中的浓度（ETM、RTM、TMP、SMX、CIP和OFL的最高浓度分别为0.52ng/g、1.32ng/g、7.32ng/g、1.24ng/g、6.26ng/g和1.31ng/g）。

（二）河口表层沉积物中抗生素的空间分布特征

如图12.6所示，表层沉积物中SMZ和SMX的空间分布较为均匀，OFL和CIP在A2站位的浓度最高，RTM在A3站位的浓度最高，ETM仅在A5站位有检出，TMP的最高浓度出现在A5站位。抗生素的初始浓度、自身理化性质和沉积物的理化性质及环境因素（pH、温度、离子强度等）均会影响其在沉积物-水界面的分配。通过对底层水体和沉积物中7种抗生素的浓度进行相关性分析发现，沉积物中的SMZ和SMX分别与底层水体中的SMZ（$P<0.01$）和SMX（$P<0.05$）显著正相关，沉积物中的CIP与底层水体中的CIP显著正相关（$P<0.05$），沉积物中的OFL、RTM、TMP分别与底层水体中的OFL、RTM、TMP正相关（不显著），这说明底层水体中抗生素的含量会影响其在沉积物中的分布，但不是唯一决定因素。另外，由图12.6还可以看出，沉积物中总有机碳（TOC）的含量越高，检测到的抗生素总量也越多。综上所述，底层水体中抗生素的浓度、抗生素吸附量的大小均会影响其在沉积物中的浓度。

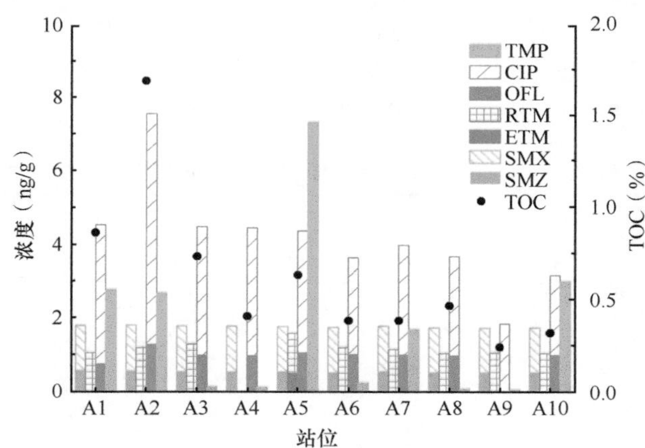

图12.6　小清河感潮河口表层沉积物中抗生素的空间分布

四、抗生素在感潮河口的迁移机制

（一）抗生素空间分布与盐度的关系

有机污染物在河口水体中的行为受多种环境因素的干扰，通常会发生物理、化学和生物反应过程。若有机物在河口仅发生物理混合过程，其行为就是保守性的，它与保守性指标（氯元素或盐度）

之间具有相同或相近的迁移规律，即污染物浓度与盐度之间呈线性关系，这条线被称作“理论稀释线（TDL）”。通过分析抗生素浓度与理论稀释线之间的关系，可以揭示抗生素在河口水环境中的行为特征。

如图12.7所示，除TMP外，表层水体中其他6种抗生素的理论稀释线的斜率均为负值，表明它们在河水中的浓度大于海水，即污染源位于河口上游；TMP的理论稀释线的斜率为正值，表明其污染源位于河口下游。SMZ、ETM和RTM的浓度数据点几乎全部落在其理论稀释线下方，CIP和TMP的大部分浓度数据点也位于其理论稀释线下方，说明它们在河口表现出非保守性环境行为，除发生物理迁移外，还发生地球化学反应。SMX和OFL的大部分浓度数据点散落在其理论稀释线周围，表明二者在小清河感潮河口的迁移主要受物理过程的控制（赵恒，2016）。但是，对SMX、CIP、OFL和TMP这4种抗生素而言，仍有部分数值较大的点位于它们理论稀释线的上方，表明除了河口上游（SMX、OFL、CIP）或下游（TMP）的污染源外，在河口内部还存在其他污染源。

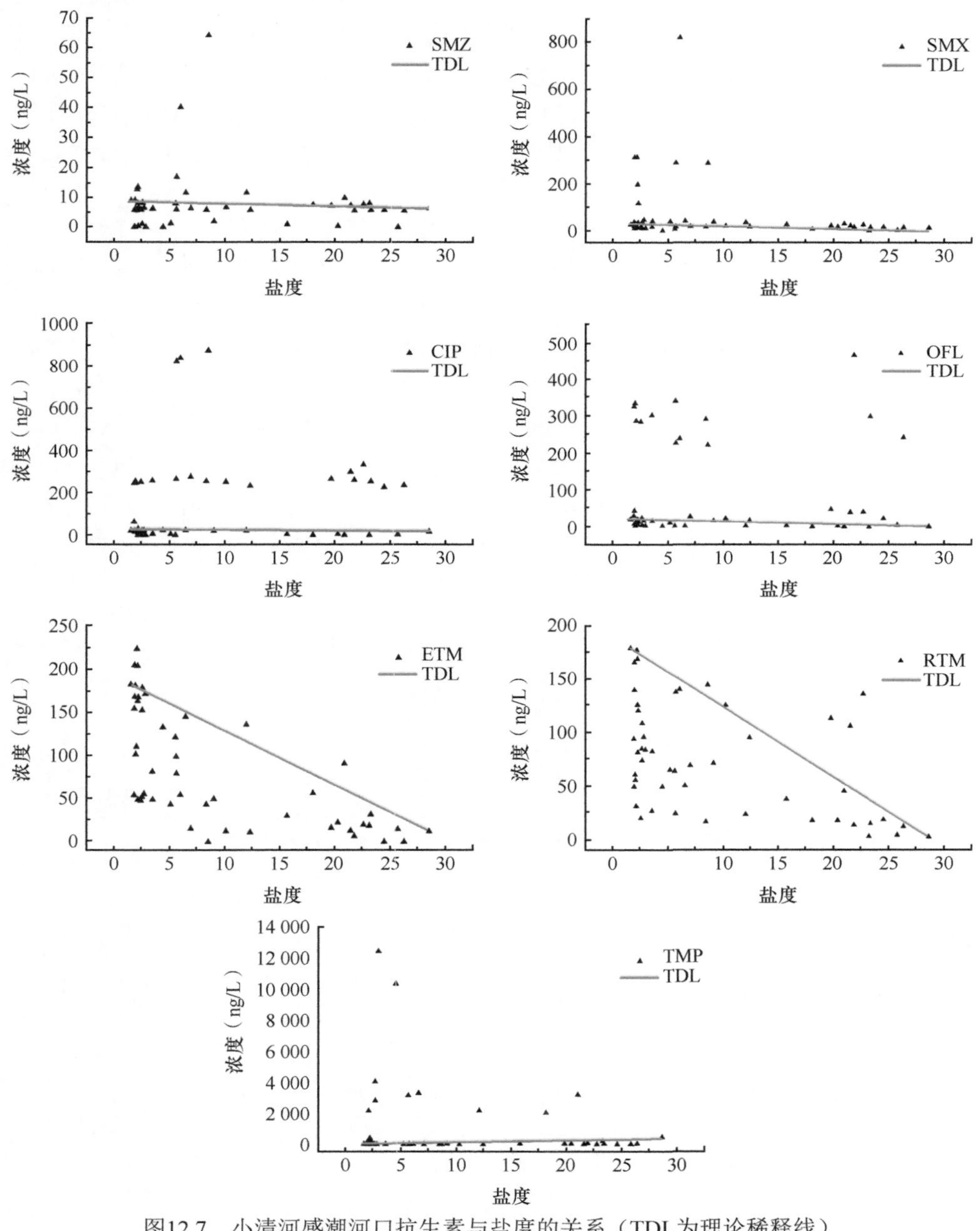

图12.7　小清河感潮河口抗生素与盐度的关系（TDL为理论稀释线）

（二）抗生素空间分布与潮汐的关系

由于5次沿河采样均为瞬时采样，每次采样当天的潮流大小不同，也会影响抗生素的空间分布。为评估潮流大小的影响，选取靠近小清河口的潍坊港的潮高数据作为标准，分析表层水体中抗生素的空间分布与潮高（5次采样中，2015年9月13日潮高最大，其次是2017年3月29日和2015年5月27日，而2017年5月17日和2015年12月6日的潮高较小）。

结果表明，潮汐会影响抗生素浓度峰值的空间位置。例如，2015年9月13日表层水体中TMP的最高浓度出现在A5站位，而2015年5月27日表层水体中TMP的最高浓度出现在A6站位（图12.5），对应地，9月13日的潮流大于5月27日，导致TMP随大潮上溯到更上游的位置。因此，潮流较大时不利于抗生素的向海迁移，尤其是枯水期，上游径流量小，加之潮流较大，抗生素向下游迁移受阻，导致抗生素在感潮河段上游滞留。例如，2017年3月29日，对于污染源位于上游的大多数抗生素而言，其在前三个站位的浓度远高于下游的站位（图12.5）。相反，潮流较小则利于抗生素的扩散，例如，2015年12月6日潮流很弱，7种抗生素总体上分布较为均匀（图12.5）。值得注意的是，虽然潮汐是控制河口水环境变化的关键因素，但由于沿河采样时间较长（约12h），各站位之间的水动力条件差异较大，而且抗生素在河口区域的生物地球化学过程比较复杂，单凭抗生素空间分布和潮高数据不能准确阐明抗生素在河口区域的迁移机制。

（三）完整潮周期内表层水体中抗生素浓度的变化规律

定点连续采样的方法与瞬时采样相比更具时间连续性，更能客观地反映污染物与环境因素之间的关系。由图12.8（A6站位）所示，5月16日14:00～18:00（涨小潮），除TMP浓度增加外，其余6种抗生素的浓度均呈降低趋势；18:00～21:00，TMP浓度降低，而另外6种抗生素浓度增加；5月16日22:00至5月17日5:00，ETM和RTM的浓度降低，SMZ、SMX、CIP和OFL浓度的变化趋势不是特别明显，而TMP的浓度显著增加；5月17日6:00～12:00，TMP的浓度又降低，其余6种抗生素的浓度则增加。这说明7种抗生素的浓度在完整潮周期内呈现规律性的变化。此外，SMX、ETM和CIP的浓度在5月16日12:00～16:00急剧降低，随后3种抗生素的浓度持续降低，这应该与污染排放有关，可能在该观测点上游附近存在排放口。

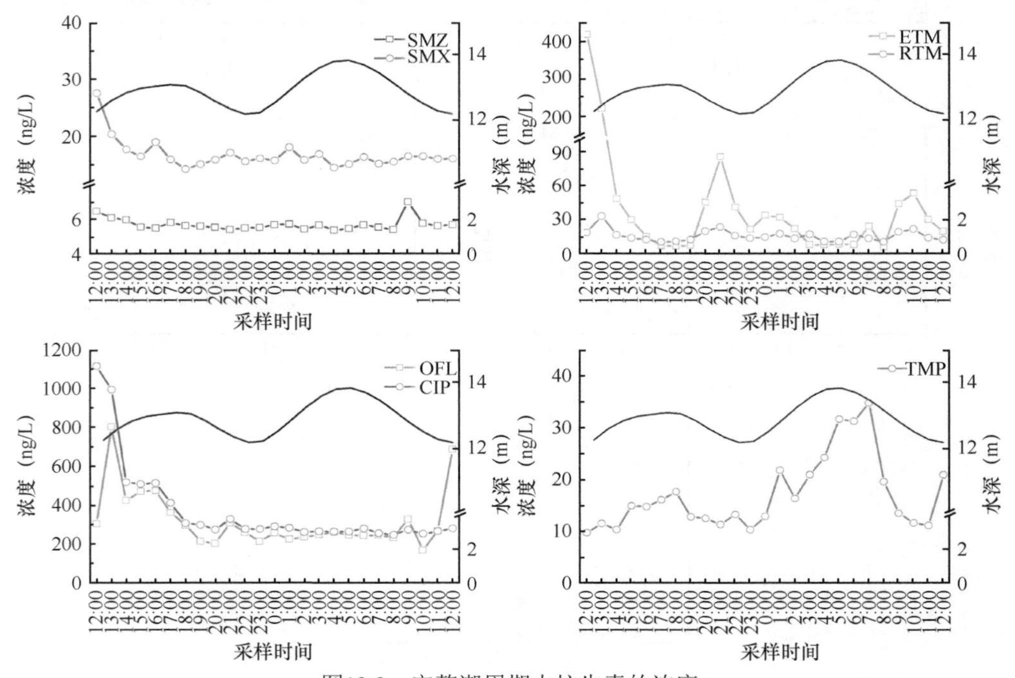

图12.8　完整潮周期内抗生素的浓度

第四节　感潮河口抗生素反应迁移过程模拟

一、抗生素反应迁移模型构建

本研究通过耦合Delft 3D-Flow的水动力学模块和Delft 3D-WAQ的水质模块构建小清河感潮河口的抗生素二维反应迁移模型。前文分析结果表明，小清河河口表、底层水体中的抗生素浓度无显著性差异。因此，模型仅考虑抗生素在纵向及横向的弥散和推流过程。建模过程主要包括4步：耦合研究区的水动力文件，确定目标物质的反应过程参数，创建输入文件并进行拟合运算，模型优化和模拟结果的验证。

（一）模型假设

（1）根据模拟的目标抗生素的理化性质，对它们的环境反应过程进行适当简化。

（2）由于小清河流域地表水中的抗生素主要来源于生活污水和养殖废水（李嘉，2018），因此本书只考虑抗生素的这两种主要点源污染源。

（二）构建水动力模型

抗生素模拟研究中使用的水动力学文件由Delft 3D-Flow生成，并通过水文实测数据对动力学模型进行验证（李嘉，2018）。Delft 3D-WAQ模块通过耦合水动力学文件，可以将正交网格转化为水质模拟网格，同时可以直接调用水动力模拟结果。

（三）确定目标物质的反应过程

选取TMP和SMX作为目标抗生素。因为两种抗生素的亨利常数较小，很难发生挥发反应。因此，主要考虑两种抗生素在河水中的扩散、吸附和降解过程。

（四）创建输入文件

创建Delft 3D水质模型的输入文件，主要包括导入模拟区的水动力文件和目标物质的反应过程文件、输入模拟时间步长、确定研究区的初始条件和边界条件、设置目标物质的反应过程参数、导入污染负荷量数据、设置监测站、设置需要导出的文件类型。

（五）设置参数与边界条件

模拟时间为2017年3月20日0:00至2017年5月19日0:00，模拟时间步长为5s。两种抗生素的初始浓度和开边界浓度及主要的模型参数如表12.2所示。其中，抗生素的初始浓度和开边界浓度根据实测数据进行确定，水平扩散系数根据示踪模拟结果估算，一级反应速率常数和标化分配系数对数值根据室内试验确定，总颗粒态有机碳浓度根据河口水质调查数据确定（李嘉，2018），其他参数取模型默认值。

表12.2　抗生素反应迁移模型的主要参数设置

模型参数	TMP	SMX
初始浓度（ng/L）	10.0	17.0
开边界浓度（ng/L）	38.0	14.5
水平扩散系数-纵向（m^2/s）	8.0	8.0
水平扩散系数-横向（m^2/s）	1.0	1.0
一级反应速率常数（d^{-1}）	0.025	0.035
标化分配系数对数值（L/kg C）	3.72	3.31
总颗粒态有机碳浓度（g C/m^3）	0.045	0.045
有机碎屑沉降速率（m/d）	0.1	0.1
有机颗粒物附着态比例（%）	15	10

采用逆向建模的方法，即根据小清河感潮河口抗生素的观测数据调整其边界污染负荷量。SMX的排污口为D1和D2，TMP的排污口为D1和D3；另在羊口港大桥处设置一个观测站S（图12.9）。

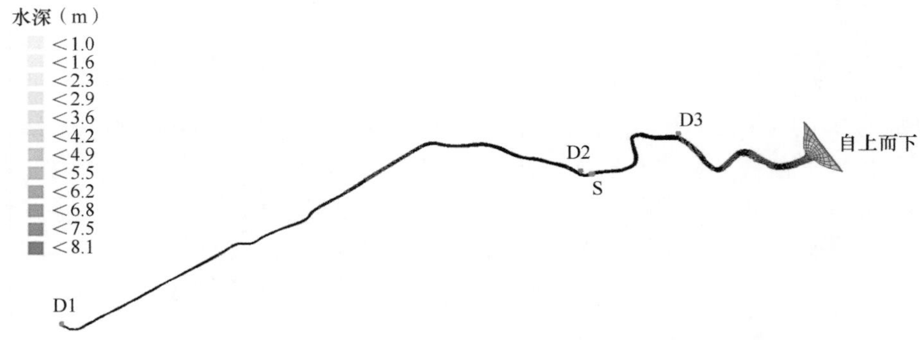

图12.9　排污口和观测站的位置（李嘉，2018）

（六）模拟结果评估

基于抗生素的实测数据（李嘉，2018），应用均方根误差（RMSE）和模型数据准确度平均值（σ）对模型的模拟结果进行评估，表达式如下：

$$\mathrm{RMSE}=\sqrt{\frac{1}{N}\sum_{i=1}^{N}\left(\left(C_{\mathrm{sim}}\right)_i-\left(C_{\mathrm{obs}}\right)_i\right)^2} \tag{12.2}$$

$$\sigma=1-\sum_{i=1}^{N}\frac{\left|\left(C_{\mathrm{sim}}\right)_i-\left(C_{\mathrm{obs}}\right)_i\right|}{N\times\left(C_{\mathrm{obs}}\right)_i} \tag{12.3}$$

式中，C_{sim}为抗生素的模拟浓度值；C_{obs}为抗生素的实测浓度值；N为数据数量。

二、模型模拟分析

（一）两种抗生素的空间分布模拟

如图12.10所示，构建的二维反应迁移模型可以很好地模拟SMX的空间分布特征，模拟值与实测值呈相似的变化趋势，而且在数值上也较为接近。相关性分析结果表明，SMX的模拟值与实测值之间呈显著正相关关系（$P<0.01$）。此外，SMX的模拟值与实测值之间的均方根误差为1.58，模型数据准确度平均值高达95.4%，表明模拟结果较为理想。对于TMP，模型也能很好地模拟它在小清河感潮河口的空间分布特征（图12.10），对于浓度较高的A14和A15站位，模拟结果与实测结果在数值上基本重合。相关性分析结果表明，TMP的模拟值与实测值之间呈显著正相关关系（$P<0.01$），计算的均方根误差为5.80，模型数据准确度平均值为79.3%，说明模型对TMP的模拟结果也很理想。

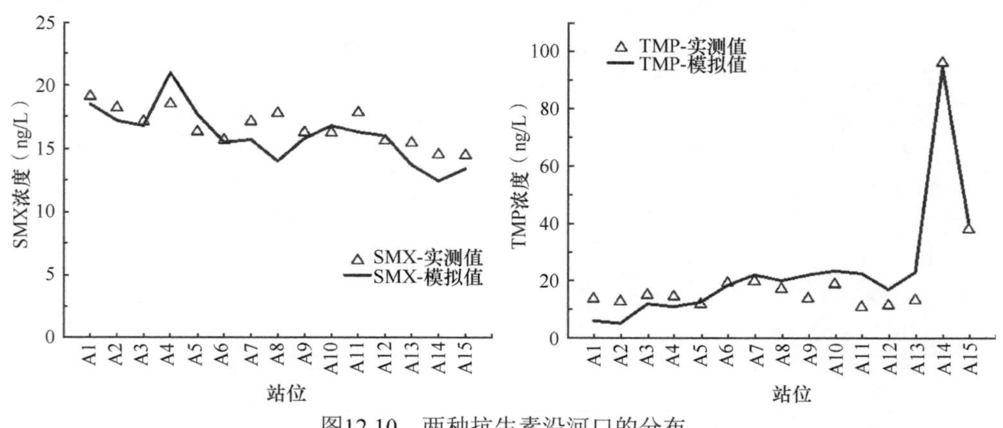

图12.10　两种抗生素沿河口的分布

（二）两种抗生素的时间分布模拟

如图12.11所示，SMX模拟值的变化趋势与实测值较为接近，而且模型也能很好地模拟出5月16日12:00时的浓度高值。相关性分析结果表明，SMX的模拟结果与实测结果之间呈显著正相关关系（$P<0.01$）；均方根误差为1.84，模型数据准确度平均值为92.4%，表明模型可以较为准确地模拟SMX的时间分布。从图12.12可以看出，模型对TMP的时间分布特征也能较好地拟合。相关性分析结果表明，TMP的模拟值与实测值之间在总体上呈现一致的变化趋势（$P<0.01$），二者的均方根误差为4.35，模型数据准确度平均值为78.4%，表明模拟结果也比较理想。

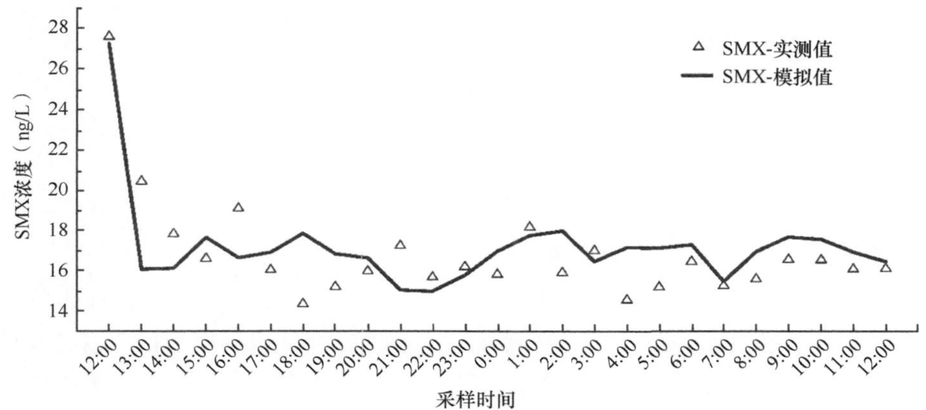

图12.11　SMX在潮周期内（5月16日12:00至17日12:00）的模拟结果

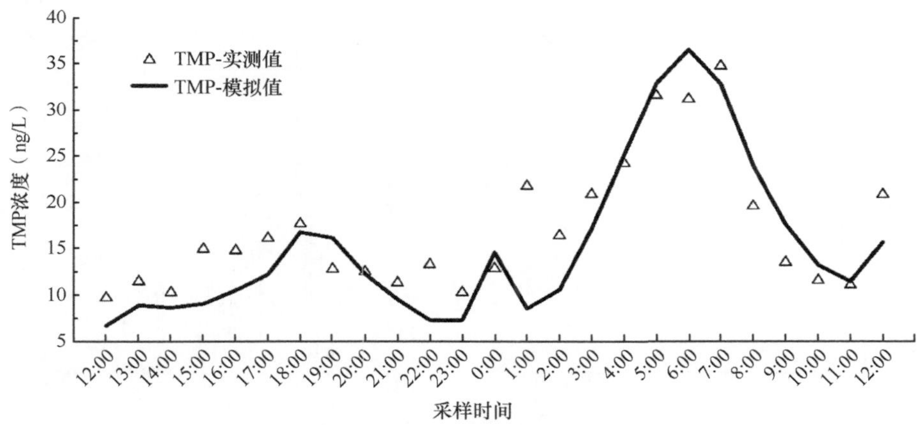

图12.12　TMP在潮周期内（5月16日12:00至17日12:00）的模拟结果

综上所述，构建的Delft 3D水质模型对两种抗生素的时空分布的模拟均取得了较好的结果，因此可以用于小清河感潮河段抗生素迁移与输送过程的模拟。

水质模拟结果通常比物理模拟结果（水位、流速等）的准确性低，因为水质模拟中的目标物质受更多因素控制。在实际模拟过程中，由于模拟条件和数据量不足的制约，势必需要对水质模拟过程进行简化处理，这可能会影响最终模拟结果的准确度。尤其是对痕量有机污染物而言，其在环境中的浓度较低，且环境过程相对复杂，因此很难十分精确地预测它们在水环境中的归趋过程。Anderson等（2004）认为，如果模型预测的数值在实测数值的1/10范围内，那么模型对痕量有机污染物的模拟就是合理的。此外，水质模拟人员通常是根据模拟结果的预期用途来判断模型的准确度是否在可接受的范围内。张晓霞等（2016）利用Delft 3D水质模型模拟了大连葫芦山湾海域多环芳烃的迁移规律，模型数据准确度平均值为70%，作者认为模型可信度较高。本书的模拟结果显示，优化后的Delft 3D水质模型对两种抗生素的时空分布模拟均取得了较好的结果，模拟结果基本符合实测值的变化趋势，且模型数据准确度平均值大于70%。

三、突发情况下抗生素在感潮河口的迁移模拟

（一）模型参数设置

1. 边界条件

假设王道闸泄洪时间为2017年5月3日1:00至2017年5月4日00:00，共计23h；抗生素的总排放量为414g。上边界径流量设置两种情景：情景Ⅰ代表非汛期，即用上边界实测流速估算出径流量的平均值（8.3m^3/s）；情景Ⅱ代表汛期，径流量设置为50m^3/s。

2. 参数

分别设置三组不同的一级反应速率常数，即0.010d^{-1}、0.050d^{-1}、0.100d^{-1}，代表不同种类的抗生素；其他模型参数同表12.2中的SMX。

（二）模拟结果分析

1. 不同反应速率条件下抗生素的分布情况

图12.13为不同反应速率情景下的模拟结果，图中的A1、A5、A9和A13分别代表不同断面，其与王道闸的距离分别为1.0km、12.5km、25.5km和37.0km。在抗生素从王道闸向河口下游迁移的过程中，由于发生地球化学反应，其浓度逐渐降低，而且随着一级反应速率常数的增大，抗生素的衰减程度也增大。此外，在同一断面，不同反应速率的抗生素的浓度分布也不同。在A1断面，三种情景的模拟结果几乎重合；随着迁移距离的增加，三种模拟结果之间的差异逐渐明显。这是因为迁移时间越长，抗生素发生衰减的程度差异也越大。其中，一级反应速率常数较大的抗生素在向海传输的过程中，发生更为明显的衰减，导致其入海通量也较低。

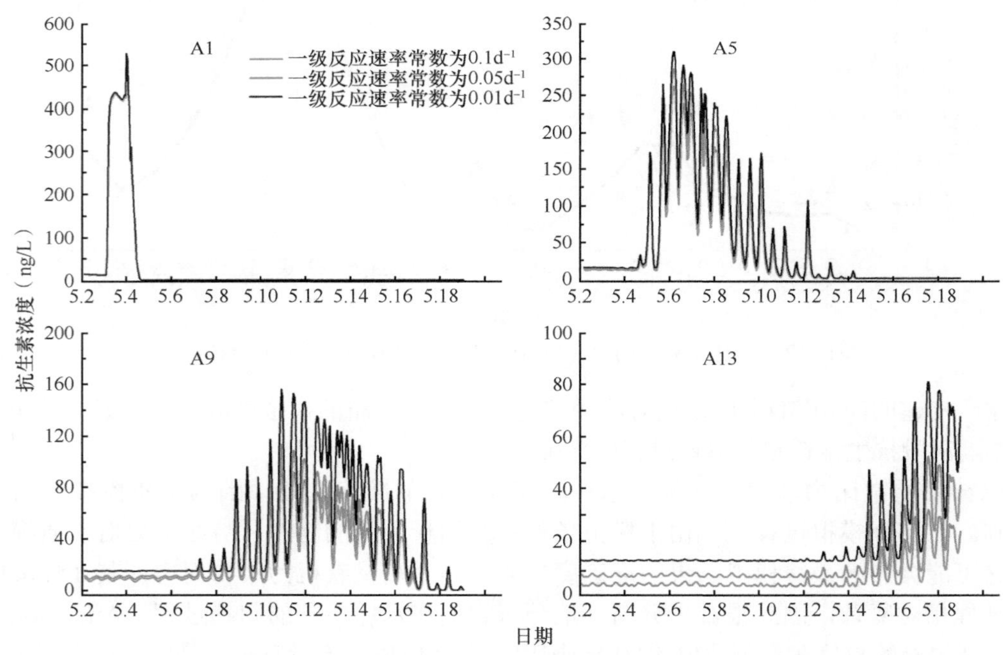

图12.13　不同反应速率下抗生素在不同断面的分布

2. 不同河流径流条件下抗生素的迁移

王道闸开闸后，大量抗生素会在短时间内进入感潮河口。当河流径流量较小时，从王道闸释放的抗生素向海迁移的速度较慢，抗生素会长时间在感潮河口滞留。如图12.14a、c、e所示，在径流量较小的情

况下，泄洪14d后，抗生素浓度带中心沿感潮河口向海迁移了约32km，其中在前7天的迁移距离（20km）约是后7天的（12km）2倍，说明越接近莱州湾，抗生素向海的迁移越困难。当河流径流量较小时，潮汐是控制河口抗生素迁移的关键物理因素，主要体现为阻碍抗生素向海输运。而且在河口下游，潮汐作用更强，其对抗生素向海迁移的阻力也更大。当河流径流量增加到50m³/s时，抗生素向海迁移的速度明显加快，泄洪5d后，抗生素就进入莱州湾（图12.14b、d、f）。另外，泄洪23h后，抗生素在径流量较大情况下的浓度带（图12.14b）明显长于径流量较小的情况（图12.14a）。

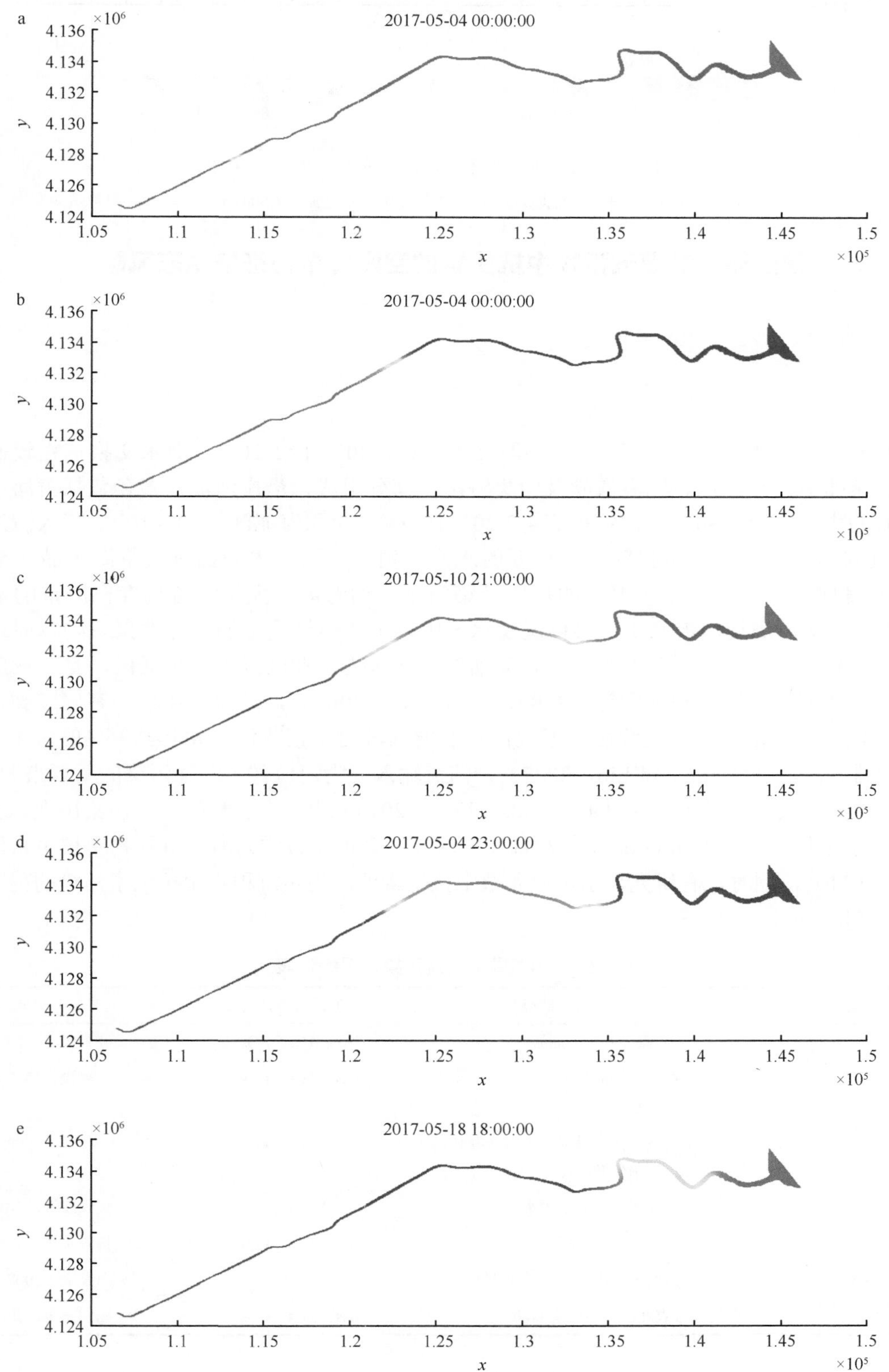

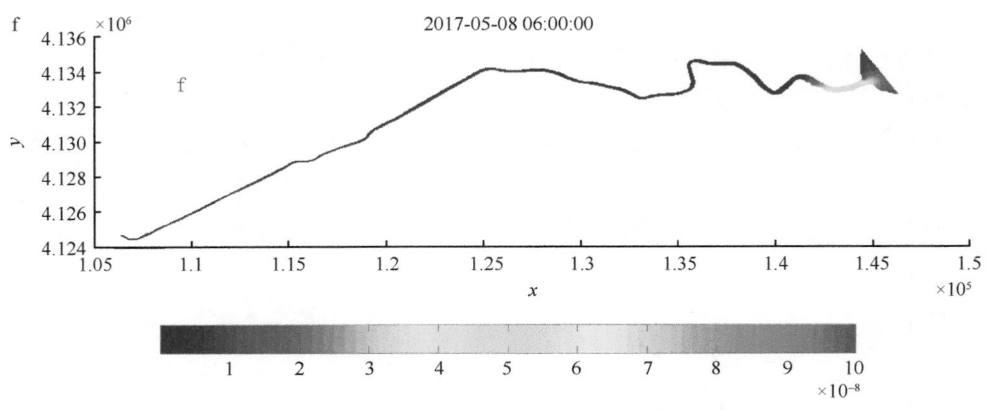

图12.14　不同情景下抗生素的浓度分布图（李嘉，2018）

a、c、e. 平均径流量为8.3m^3/s；b、d、f. 平均径流量为50m^3/s

第五节　渤海沉积物中抗生素的空间分布特征与生态风险

一、渤海沉积物中抗生素的空间分布特征

（一）抗生素含量水平与分布

渤海是我国唯一的内陆海，位于37°10′～41°5′N、117°40′～122°20′E，海水交换速率较低。渤海主要由渤海湾、莱州湾、辽东湾、渤海海峡及中央海区五部分组成，沿岸河流众多，包括黄河、海河和滦河等注入渤海的大小河流有80多条，年径流量7.20×10^{10}m^3，年入海泥沙约13×10^{8}t。三大海湾是渤海经济圈重要的组成部分，同时也是我国北部重要的水产养殖区，为国内外提供大量海产品（李宝玉等，2014）。高速发展的背后也带来了严重的环境污染问题，渤海周边大量河流均存在严重的水质污染问题。表12.3给出了渤海周边河流水质污染情况及水体中抗生素污染调查的统计数据。渤海周边35条主要河流水质污染严重，多为Ⅴ类或劣Ⅴ类水质，其所经区域多为工业区或人类生活区，是工业废水、废弃物及生活污水的主要排污河（郑丙辉等，2007；毛天宇等，2009），河流水环境中有磺胺类、四环素类和氟喹诺酮类抗生素检出。渤海是我国北部地区重要的陆源污染接收源，每年约36%的污水和47%的固体废弃物直接排入渤海（Chang and Lin，2007），河流输入成为河口甚至海洋污染的重要来源（Zhang et al.，2012）。渤海、黄海表层水体（Zhang et al.，2011，2013）中已有多种抗生素污染出现，甚至部分河口沉积物中也有抗生素污染（Zhou et al.，2011），这些污染可能会成为海洋沉积物中抗生素污染的来源（Zou et al.，2011），同时，有研究显示水产养殖中抗生素的滥用是沉积物中抗生素污染的另一重要来源（Gothwal and Shashidhar，2015）。

表12.3　渤海周边河流污染情况统计表

河流	水质类别	流域特点及污染情况	抗生素污染种类	参考文献
海河	Ⅲ	灌溉、养殖、旅游	SAs，TCs，FQs	齐维晓等，2010
大辽河	Ⅴ	工业集中区，工业废水排放量大，人口密度高，地表水资源不足	SAs，TCs，FQs	夏斌，2007
辽河	Ⅴ	工业集中区，工业废水排放量大，人口密度高，地表水资源不足	SAs，TCs，FQs	夏斌，2007
小凌河	劣Ⅴ	工业污水和生活废水	SAs，FQs	王焕松等，2010
陡河	na	生活污水排放	SAs，TCs，FQs	杨淑宽等，1983
滦河	劣Ⅴ	人口密度大，废污水排放量大	na	夏斌，2007
蓟运河	劣Ⅴ	全段处于农业区，下游有农药化工厂	SAs，TCs，FQs	杨淑宽等，1983

续表

河流	水质类别	流域特点及污染情况	抗生素污染种类	参考文献
大沽排污河	劣Ⅴ	天津重要的排污河	SAs，TCs，FQs	齐维晓等，2010
北排河	劣Ⅴ	排污河	—	王流泉和牛俊，1982；刘成等，2007
马颊河	na	跨越豫、冀、鲁，上游为工业区，生活污水排入	SAs，FQs	齐维晓等，2010
黄河	Ⅴ	石油污染严重	na	夏斌，2007
子牙新河	na	生活污水排放	SAs，TCs，FQs	王流泉和牛俊，1982；刘成等，2007
小清河	劣Ⅴ	济南、淄博大量污水污染严重	SAs，TCs，FQs	夏斌，2007
弥河	na	蔬菜生产基地	SAs，TCs，FQs	袁顺全等，2008
白浪河	劣Ⅴ	工业废水和生活污水排放，污染严重	na	曲平波，2009
虞河	na	潍坊污水排放干道，污染严重	na	隋艺等，2014
王河	na	污染严重	SAs，TCs，FQs	郝竹青等，2005
独流减河	劣Ⅴ	经招远，生活污水排放	SAs，TCs，FQs	刘成等，2007
大洋河	Ⅲ	平原广阔，土地肥沃	na	车延路，2014
碧流河	Ⅳ	兼有防洪、发电、养殖、灌溉、旅游等作用	na	张双翼和孙娟，2012
复州河	Ⅳ	入海口水质较好	—	梁立章等，2011
大凌河	Ⅴ	工业污水和生活废水	SAs，FQs	王焕松等，2010
汤河	na	生活污水，主要污染物为溶解无机氮（DIN）和化学需氧量（COD）	—	李志伟和崔力拓，2012
小青龙河	Ⅳ	—	—	—
潮白河	劣Ⅴ	—	—	—
永定新河	劣Ⅴ	天津重要的排污河	—	刘成等，2007；齐维晓等，2010
海河	劣Ⅴ	河北第一大河，排污河	—	齐维晓等，2010
宣惠河	劣Ⅴ	生活污水、工业废水	—	齐维晓等，2010
漳卫新河	劣Ⅴ	人工泄洪河道	—	齐维晓等，2010
潮河	劣Ⅴ	—	—	齐维晓等，2010
广利河	na	季节性防洪河道	—	王海瑞，2014
淄脉河	na	小清河支流，具有防洪、排涝、改盐碱和油田防护等功能	—	陈晓敏，1997
潍河	na	—	—	冷维亮等，2013
界河	劣Ⅴ	生活污水、工业废水	—	郝竹青等，2005
夹河	劣Ⅴ	生活污水、工业废水	—	郝竹青等，2005

注：SAs代表磺胺类；TCs代表四环素类；FQs代表氟喹诺酮类；na代表未获得

对渤海及周边35条主要河流河口沉积物中抗生素的调查结果如表12.4所示。被检测的17种抗生素中有9种抗生素存在明显的污染现象，主要为喹诺酮类、四环素类和大环内酯类抗生素，而磺胺类抗生素污染并未在沉积物中检测到，可能由于磺胺类抗生素水溶性较大，更易以溶解态存在而较少富集于沉积物中。总体来看，河口沉积物中抗生素的检出率均高于海洋沉积物，表明河口沉积物中抗生素污染状况明显比海洋严重。喹诺酮类抗生素在河口和海洋沉积物中的污染现象较四环素类和大环内酯类抗生素普遍，诺氟沙星、氧氟沙星、恩诺沙星和环丙沙星四种常见的抗生素均被检测到，而且在河口和海洋沉积物中的检出率均较高，其中，氧氟沙星的检出率最高，分别为71.4%和22.3%，其次是诺氟沙星和环丙沙星。四环素、多西环素和罗红霉素抗生素在海洋沉积物中并未检测到，其在河口沉积物的检出率低于12%。土霉素和金霉素在河口沉积物中的检出率明显高于海洋沉积物，土霉素在河口沉积物中的检出率较高，超过50%。

表12.4 渤海及周边河口表层沉积物中抗生素污染浓度和检出率统计表

抗生素	渤海沉积物（n=104）				河口沉积物（n=35）			
	平均值（μg/kg）	最小值（μg/kg）	最大值（μg/kg）	检出率（%）	平均值（μg/kg）	最小值（μg/kg）	最大值（μg/kg）	检出率（%）
诺氟沙星	2.5	1.2	6.4	14.5	15.1	1.8	66.6	45.7
氧氟沙星	1.5	0.2	6.0	22.3	7.6	0.6	42.1	71.4
环丙沙星	4.4	2.4	9.8	6.8	12.9	2.7	47.9	28.6
恩诺沙星	2.0	0.9	5.7	14.5	19.9	0.9	252.4	51.4
四环素	nd	nd	nd	0	25.3	1.9	126.1	11.4
土霉素	9.4	1.6	48.4	9.7	268.8	2.2	4695	54.2
金霉素	9.1	9.1	9.1	1.0	11.2	11.2	11.2	2.9
多西环素	nd	nd	nd	0	110.8	106.4	115.2	5.7
罗红霉素	nd	nd	nd	0	2.5	1.9	3.5	8.5

注：n代表样本个数；nd代表未检测到

海洋和河口沉积物中各种抗生素污染程度差异较大，最低检测浓度分别为0.2μg/kg和0.6μg/kg，最高污染浓度分别为48.4μg/kg和4695μg/kg。从平均值来看，抗生素污染现象也表现为河口沉积物较海洋沉积物明显，而且土霉素的污染程度最为严重，子牙新河河口沉积物及渤海湾沉积物中土霉素的污染浓度分别为河口及海洋沉积物中的最高值。这主要是由于土霉素价格低廉、使用广泛，低浓度的土霉素可以促进动物生长，而高浓度使用则可以治疗疾病，土霉素在水产养殖业中的使用较为普遍（吕爱军等，2006）。

与国外近海河口沉积物中抗生素的污染浓度相比，渤海及其周边河口沉积物中抗生素的污染浓度普遍较低，如表12.5所示。Lalumera等（2004）调查了意大利奥廖河养殖底泥的土霉素浓度，为246.3μg/kg，而Le和Munekage（2004）调查了新西兰某养虾池底泥的恩诺沙星浓度，为2615.96μg/kg。我国渤海沉积物中土霉素的最高浓度为48.4μg/kg。珠江三角洲地区海水养殖区沉积物中喹诺酮类和四环素类抗生素的平均浓度分别为1.79μg/kg和85.25μg/kg（Liang et al.，2013a），而在王河、海河、南明河和九龙江流域的养鱼场底泥中平均浓度分别达到156μg/kg和4.0μg/kg（Yang et al.，2010）。但是，我国河口沉积物中抗生素污染现象较为严重，子牙新河河口沉积物中土霉素的最高浓度高达4695μg/kg，同时，黄河和辽河等河口沉积物中抗生素污染程度明显较前人的研究更为严重（表12.5）。2006年美国科罗拉多河沉积物中四环素的浓度为8.55μg/kg，截至2007年平均污染浓度增长为17.9μg/kg，这表明生活污水、工业废水、废弃物等陆源排放是抗生素污染的重要来源（Boxall et al.，2004）。

表12.5 不同研究区域近海河口沉积物中抗生素污染情况对比表 （单位：μg/kg）

研究区域	土霉素	四环素	诺氟沙星	氧氟沙星	环丙沙星	恩诺沙星	罗红霉素	参考文献
渤海周边河口[b]	268.8 （4 695）	25.3 （126.1）	15.1 （66.6）	7.6 （42.1）	12.9 （47.9）	19.9 （252）	2.5 （3.5）	本书
黄河[b]	na （184）	na （18）	8.34 （141）	3.07 （123）	na （32.8）	na	na （6.8）	Zhou et al.，2011
海河[a]	2.52 （422）	2.0 （135）	32.0 （5 770）	10.3 （653）	16.0 （1 290）	1.6 （298）	2.29 （11.7）	Zhou et al.，2011
海河[c]	14.47	17.7	na	na	41.99	na	21.05	徐琳等，2010
辽河[a]	2.34 （652）	na （4.82）	3.32（176）	3.56 （50.5）	na （28.7）	na （5.82）	5.51 （29.6）	Zhou et al.，2011
珠江[a]	7.15 （196）	4.0 （72.6）	88.0 （1 120）	156 （1 560）	21.8 （197）	na	nd	Yang et al.，2010

续表

研究区域	土霉素	四环素	诺氟沙星	氧氟沙星	环丙沙星	恩诺沙星	罗红霉素	参考文献
珠江[c]	na	15.52	85.25	1.79	10.05	15.52	na	Liang et al.，2013b
南明河[c]	335	312	na	na	na	na	na	Liu et al.，2009
九龙江[b]	na（10 364）	na（7614）	na	na	na	na	na（5 622）	Zhang et al.，2011
王河[a]	604（162 673）	40（16 799）	29.8（801.3）	23.2（370.6）	13.1（2 118）	6.2（82.1）	na	Jiang et al.，2014
奥廖河，意大利[b]	56.28（246.3）	na	0.6（1.1）	na	na	na	na	Lalumera et al.，2004
提契诺河，瑞士[b]	0.69（4.2）	na	30.16（578.8）	na	na	na	37.7（2 581）	Lalumera et al.，2004
拉普拉德里河，美国[b]	56.28（na）	17.9（102）	na	na	na	na	na	Kim and Carlson，2007
科林斯堡河，美国[a]	7.6（56.1）	8.55（102）	na	na	na	na	1.9（5.9）	Pei et al.，2006

注：[a]代表检测浓度的中值数据（最大浓度）；[b]代表检测浓度的平均值（最大浓度）；[c]代表检测浓度的平均值；nd代表未检测出；na代表未获得

（二）抗生素空间分布影响因素

渤海及周边河口沉积物中抗生素污染的空间分布参见Liu等（2016）。总体来看，抗生素污染的分布呈现出明显的空间异质性，喹诺酮类抗生素在渤海湾和莱州湾海洋沉积物中具有较高的检出率和检测浓度，其所对应的河口沉积物也有较高的检出率和检测浓度；但是抗生素在辽东湾河口沉积物中的污染浓度相对较高，而在其海洋沉积物中几乎检测不到抗生素。莱州湾海洋沉积物中恩诺沙星和环丙沙星浓度较高，与之对应的王河和黄河河口沉积物中浓度也较高，渤海湾海洋沉积物中环丙沙星和恩诺沙星在唐山工业区附近污染严重，同时在潮河和黄河口沉积物中抗生素检测浓度较高。Jiang等（2011）的研究显示，渤海及其周边地区抗生素主要来源于生活废水和农业污水排放，抗生素污染的分布情况与表12.3统计分析的河流污染具有较高的一致性，这表明河流陆源输入是海洋沉积物中抗生素污染的来源之一。渤海湾河口沉积物中北部区域土霉素污染高于南部地区，这与渤海表层海水中抗生素污染的空间分布具有一致性（Zhang et al.，2013），主要是由于渤海湾北岸地区存在密集的水产养殖活动，养殖废水和养殖底泥中残留大量抗生素（章强等，2014）。此外，抗生素空间分布还具有特殊地域性，例如，渤海湾重要的养殖区域——曹妃甸附近海洋沉积物中的恩诺沙星污染严重，这主要与养殖过程中抗生素作为鱼饲料（生长促进剂）与药物使用频繁有关（Zou et al.，2011）。在渤海海峡和北黄海沉积物中抗生素的污染主要分布在近海地区，中央海区沉积物中抗生素浓度较近海区域低。渤海及近黄海沉积物中抗生素的空间分布与渤海（Jia et al.，2011；Zou et al.，2011；Zhang et al.，2012）和近黄海（Zhang et al.，2013）表层海水中抗生素的空间分布一致。

利用主成分分析法对沉积物中抗生素的浓度与海水的pH、盐分含量及沉积物的总有机碳、黏粒含量和碳氮比等理化性质的相关性进行了分析，结果如图12.15所示。抗生素在河口沉积物和海洋沉积物聚类分组之间存在不同，在河口沉积物中被分为三组，四环素类抗生素和喹诺酮类抗生素被明显地分为两组，但是，氧氟沙星与总有机碳、黏粒含量和碳氮比分为一组，这表明有机碳与黏粒对氧氟沙星的滞留作用比其他喹诺酮类抗生素更强。在海洋沉积物中，四环素类抗生素和喹诺酮类抗生素也被分为两组，不同的是土霉素与海水性质（pH和盐分含量）分为一组。在海洋和河口沉积物中四环素类和喹诺酮类抗生素均被分为两组，表明四环素类抗生素和喹诺酮类抗生素来源可能不同。抗生素在河口沉积物和海洋沉积物中的PCA分析结果不同，表明抗生素在沉积物中的分布除受抗生素来源影响外，还受沉积物性质和海水性质的共同影响。河口沉积物中总有机碳含量（平均值为1.25%）比海洋沉积物总有机碳含量（平均值为0.42%）高，从而使其可以滞留较多的氧氟沙星。研究表明，在河水与海水中喹诺酮类抗生素和四环素类抗生素在水/沉积物中的分配比存在很大差异，在每千克河水中通常能达到几百升（Jiang et al.，2014），而在渤海海水中只有十几升（Zhang et al.，2012）。这就解释了在河口沉积物PCA分析中氧氟沙星与沉积物总有机碳、黏粒含量和碳氮比分为一组的原因。

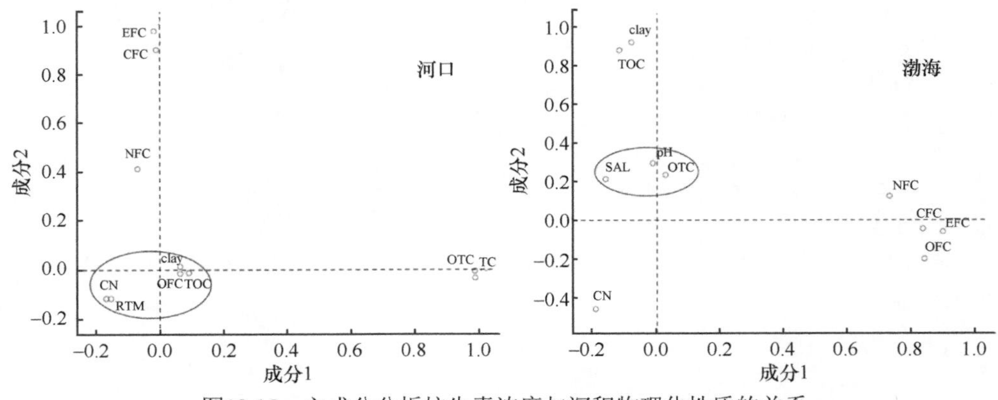

图12.15 主成分分析抗生素浓度与沉积物理化性质的关系

NFC，诺氟沙星；CFC，环丙沙星；OFC，氧氟沙星；OTC，土霉素；TC，四环素；RTM，罗红霉素；TOC，总有机碳；SAL，盐分含量；clay，黏粒含量；CN，碳氮比；EFC，恩诺沙星

结合抗生素浓度在13条河流中由河流下游到前海的分布逐渐降低的趋势及养殖区附近浓度普遍偏高的特点，可以得出陆源排放和水产养殖是抗生素的主要来源。同时，渤海湾和莱州湾沉积物中抗生素分布与河口沉积物中抗生素分布具有高度一致性也说明了海洋沉积物中抗生素污染一方面受河口输入的影响，另一方面也受区域水产养殖中抗生素使用的影响。由PCA分析结果可知，沉积物中抗生素还受环境因子的多重影响，渤海沉积物中抗生素污染来源具有多重性和复杂性，因此，海洋沉积物中抗生素污染应该是陆源污染输入与海洋水产养殖共同作用的结果。

二、渤海沉积物中抗生素的生态风险

抗生素属于新型污染物，目前没有统一的环境标准规定其环境风险。国内外研究学者通常使用的是风险商值（risk quotients，RQs）法。根据欧盟关于环境风险评价的技术指导（TGD）文件，药品残留在环境中的生态风险可以通过风险商值来评价。

风险商值RQs通过以下公式计算（Bodar et al.，2003）：

$$\text{RQs}=\text{MEC}/\text{PNEC} \tag{12.4}$$

式中，MEC和PNEC分别是指污染物的环境预测浓度或者环境实测浓度（predicted environmental concentration，PEC）和预测无效应浓度（predicted no effect concentration，PNEC）。然而，目前有关抗生素在沉积物或土壤中的毒理数据相对缺乏，对于沉积物中的微生物来说，与微生物直接作用的是沉积物水相中的污染物，因此，有研究者提出将沉积物中抗生素的浓度转化为孔隙水中抗生素的浓度，再用水环境中的评价方法进行评价，该方法也被证明是合理可靠的（Zhao et al.，2010）。因此，利用沉积物孔隙水中的污染浓度进行风险评价更加合理和方便，沉积物孔隙水中抗生素浓度的计算公式如下（Zhao et al.，2010）：

$$\text{孔隙水中抗生素的浓度}=\frac{\left(1000\times C_{s,i}\right)}{K_{\text{oc}}}\text{TOC} \tag{12.5}$$

式中，K_{oc}是有机碳归一化分配系数；$C_{s,i}$(μg/kg)是沉积物中抗生素的浓度；TOC是沉积物中总有机碳的含量。

本研究中，PNEC是通过搜集文献中抗生素在海洋与河流中的急性和慢性毒理数据，并筛选出最敏感水生物种的毒性数据计算得到（Boxall et al.，2004；Halling-Sørensen，2000；Isidori et al.，2005；Kolar et al.，2014；Park and Choi，2008；Robinson et al.，2005）。

抗生素在河口和海洋沉积物中的生态风险结果预测值如图12.16所示。根据生态风险分级标准将生态风险划分为三级，即RQs大于0.01小于0.1为低等生态风险，RQs大于0.1小于1为中等生态风险，RQs大于1为高等生态风险（Hernando et al.，2006）。由图12.16可以看出，河口沉积物中抗生素对水生生物的生态风险高于海洋沉积物。海洋沉积物中的氧氟沙星、环丙沙星、恩诺沙星对水生生物均为低等生态风险，土霉素具有低等到中等生态风险，诺氟沙星具有中等生态风险。而河口沉积物中的诺氟沙星和土霉素具有高等生态风险，其他种类的抗生素对水生生物均为中等到高等生态风险。这一结论与莱州湾表层海水、王河河水（Jiang et al.，2014）及珠江水域（Yang et al.，2010）中抗生素的生态风险商值相一致。

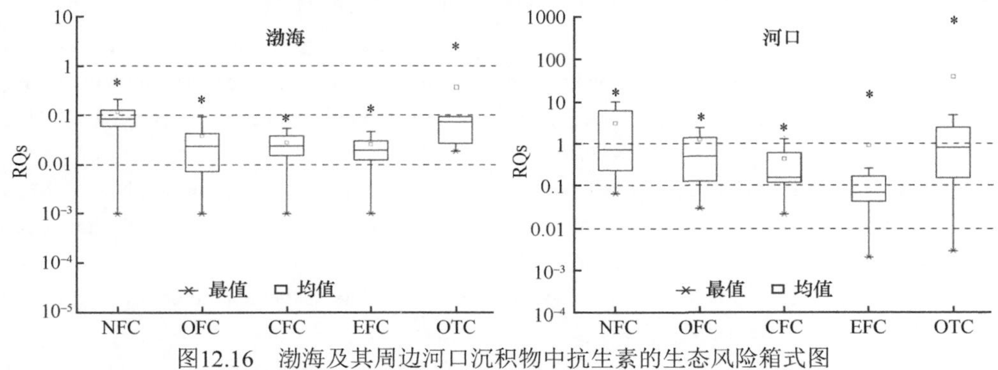

图12.16　渤海及其周边河口沉积物中抗生素的生态风险箱式图

海洋沉积物中除诺氟沙星外其他种类抗生素的RQs均小于0.1，表明海洋沉积物中的抗生素具有较低的生态风险，但是诺氟沙星和土霉素RQs的均值均大于0.1，表明本研究中有很大一部分采样点的海洋沉积物中这两种抗生素具有较高的生态风险，应予以关注。河口沉积物中抗生素的生态风险商值明显较高，平均值介于0.1～10，部分采样点的诺氟沙星、土霉素和氧氟沙星对水生生物具有较高的生态风险，土霉素的最高RQs达到863.4，应该引起重视。

参考文献

车延路. 2014. 大垟河流域水文特性分析. 资源与环境科学, 7: 264-265.

陈晓敏. 1997. 不信东风唤不回——小清河、支脉河治理透视. 山东农业(农村经济版), 1: 8-9.

郝竹青, 王卫山, 滕尚军. 2005. 山东省莱州市王河地下水库效益分析. 水利发展研究, 5(4): 44-45.

冷维亮, 郭照河, 毕钦祥, 等. 2013. 健康潍河生态指标体系与评价方法初探. 治淮, 12: 33-34.

李宝玉, 李刚, 高春雨, 等. 2014. 环渤海区域主要养殖产品比较优势分析. 中国农学通报, 30(32): 48-53.

李嘉. 2018. 感潮河口抗生素的反应迁移机制及传输模拟. 中国科学院大学(中国科学院烟台海岸带研究所)博士学术论文.

李志伟, 崔力拓. 2012. 秦皇岛主要入海河流污染及其对近岸海域影响研究. 生态环境学报, 21(7): 1285-1288.

梁立章, 刘丹, 田文英. 2011. 复州河流域水资源现状分析. 东北水利水电, 29(10): 29-30.

刘成, 王兆印, 黄文典, 等. 2007. 海河流域主要河口水沙污染现状分析. 水利学报, 38(8): 920-925.

刘文杰. 2017. 小清河流域水环境保护政策回顾性评价. 山东大学硕士学位论文.

吕爱军, 穆阿丽, 许宏伟. 2006. 抗生素在水产养殖中的应用. 中国动物保健, 12: 42-44.

毛天宇, 戴明新, 彭士涛, 等. 2009. 近 10 年渤海湾重金属 (Cu、Zn、Pb、Cd、Hg)污染时空变化趋势分析. 天津大学学报, 42(9): 817-825.

齐维晓, 刘会娟, 曲久辉, 等. 2010. 天津主要纳污及入海河流中有机氯农药的污染现状及特征. 环境科学学报, 30(8): 1543-1550.

曲平波. 2009. 潍坊市白浪河环境综合治理工程环境影响评价研究. 中国海洋大学硕士学位论文.

隋艺, 李宪峰, 赵越. 2014. 潍坊市虞河上游改造工程绿化景观规划浅析. 南方农业, 8(4): 14-16.

王海瑞. 2014. 东营市广利河整治途径及效益分析. 山东水利, 1: 9-10.

王焕松, 李子成, 雷坤, 等. 2010. 近20年大、小凌河入海径流量和输沙量变化及其驱动力分析. 环境科学研究, 23(10): 1236-1242.

王流泉, 牛俊. 1982. 北排河流域治涝工程经济分析. 水利水电技术, (11): 1-7.

夏斌. 2007. 2005年夏季环渤海16条主要河流的污染状况及入海通量. 中国海洋大学硕士学位论文.
徐琳, 罗义, 徐冰洁. 2010. 海河底泥中 12 种抗生素残留的液相色谱串联质谱同时检测. 分析测试学报, 29(1): 17-21.
杨淑宽, 谭见安, 李玉海, 等. 1983. 中国科学院地理研究所三十年(1953-1983)科研工作的回顾. 地理研究, 2(4): 1-10.
袁顺全, 赵烨, 李强, 等. 2008. 弥河流域农用地土壤重金属含量特征及其影响因素. 安徽农业科学, 36(10): 4237-4238.
张芊芊. 2015. 中国流域典型新型有机污染物排放量估算、多介质归趋模拟及生态风险评估. 中国科学院大学(广州地球化学研究所)博士学位论文.
张瑞杰, 张干, 郑芊, 等. 2012. 喹诺酮类抗生素在莱州湾及主要入海河流中的含量和分布特征. 海洋环境科学, 31(1): 53-57.
张双翼, 孙娟. 2012. 碧流河水库水质现状调查与分析. 现代农业科技, (7): 278.
张晓霞, 程嘉熠, 陶平, 等. 2016. 近岸海域多环芳烃生态系统动力学模型及生境影响. 中国环境科学, 36(5): 1540-1546.
章强, 辛琦, 朱静敏, 等. 2014. 中国主要水域抗生素污染现状及其生态环境效应研究进展. 环境化学, 33(7): 1075-1083.
赵恒. 2016. 长江口典型药物残留的行为特征研究及监测方法优化. 华东师范大学博士学位论文.
郑丙辉, 秦延文, 孟伟, 等. 2007. 1985~2003年渤海湾水质氮磷生源要素的历史演变趋势分析. 环境科学, 28(3): 494-499.
Aminov R. 2017. History of antimicrobial drug discovery: Major classes and health impact. Biochemical Pharmacology, 133: 4-19.
Anderson P D, D'Aco V J, Shanahan P, et al. 2004. Screening analysis of human pharmaceutical compounds in US surface waters. Environmental Science & Technology, 38(3): 838-849.
Bodar C, Berthault F, De Bruijn J, et al. 2003. Evaluation of EU risk assessments existing chemicals. Chemosphere, 53(8): 1039-1047.
Boxall A B A, Fogg L A, Blackwell P A, et al. 2004. Veterinary medicines in the environment. *In*: Whitacre D M. Reviews of Environmental Contamination and Toxicology. New York: Springer: 1-91.
Bu Q, Wang B, Huang J, et al. 2013. Pharmaceuticals and personal care products in the aquatic environment in China: a review. Journal of Hazardous Materials, 262: 189-211.
Burhenne J, Ludwig M, Nikoloudis P, et al. 1997. Photolytic degradation of fluoroquinolone carboxylic acids in aqueous solution.Part Ⅰ: primary photoproducts and half-lives. Environmental Science and Pollution Research, 4(2): 10-15.
Chang W, Lin W. 2007. Spatial distribution of dissolved Pb, Hg, Cd, Cu and As in the Bohai Sea. Journal of Environmental Sciences, 19(9): 1061-1066.
Choi K, Kim Y, Park J, et al. 2008. Seasonal variations of several pharmaceutical residues in surface water and sewage treatment plants of Han River, Korea. Science of the Total Environment, 405(1-3): 120-128.
Costanzo S D, Murby J, Bates J. 2005. Ecosystem response to antibiotics entering the aquatic environment. Marine Pollution Bulletin, 51(1-4): 218-223.
Gao P P, Mao D Q, Luo Y, et al. 2012. Occurrence of sulfonamide and tetracycline-resistant bacteria and resistance genes in aquaculture environment. Water Research, 46(7): 2355-2364.
Garcia-Galan M J, Diaz-Cruz M S, Barcelo D. 2011. Occurrence of sulfonamide residues along the Ebro River basin: removal in wastewater treatment plants and environmental impact assessment. Environment International, 37(2): 462-473.
Gothwal R, Shashidhar T. 2015. Antibiotic pollution in the environment: a review. Clean-Soil, Air, Water, 43(4): 479-489.
Halling-Sørensen B. 2000. Algal toxicity of antibacterial agents used in intensive farming. Chemosphere, 40(7): 731-739.
Hernando M D, Mezcua M, Fernández-Alba A, et al. 2006. Environmental risk assessment of pharmaceutical residues in wastewater effluents, surface waters and sediments. Talanta, 69(2): 334-342.
Hosseini N A, Parker W J, Matott L S. 2012. Modelling concentrations of pharmaceuticals and personal care products in a Canadian Watershed. Canadian Water Resources Journal, 37(3): 191-208.
Isidori M, Lavorgna M, Nardelli A, et al. 2005. Toxic and genotoxic evaluation of six antibiotics on non-target organisms. Science of the Total Environment, 346(1-3): 87-98.
Ji L L, Chen W, Duan L, et al. 2009. Mechanisms for strong adsorption of tetracycline to carbon nanotubes: a comparative study using activated carbon and graphite as adsorbents. Environmental Science & Technology, 43(7): 2322-2327.
Jia A, Hu J Y, Wu X Q, et al. 2011. Occurrence and source apportionment of sulfonamides and their metabolites in Liaodong Bay and the adjacent Liao River basin, North China. Environmental Toxicology and Chemistry, 30(6): 1252-1260.
Jiang L, Hu X L, Yin D Q, et al. 2011. Occurrence, distribution and seasonal variation of antibiotics in the Huangpu River, Shanghai, China. Chemosphere, 82(6): 822-828.
Jiang Y H, Li M X, Guo C S, et al. 2014. Distribution and ecological risk of antibiotics in a typical effluent-receiving river (Wangyang River) in north China. Chemosphere, 112: 267-274.

Kemper N. 2008. Veterinary antibiotics in the aquatic and terrestrial environment. Ecological Indicators, 8(1): 1-13.

Kim S C, Carlson K. 2007. Temporal and spatial trends in the occurrence of human and veterinary antibiotics in aqueous and river sediment matrices. Environmental Science & Technology, 41(1): 50-57.

Kolar B, Arnuš L, Jeretin B, et al. 2014. The toxic effect of oxytetracycline and trimethoprim in the aquatic environment. Chemosphere, 115: 75-80.

Kolpin D W, Furlong E T, Meyer M T, et al. 2002. Pharmaceuticals, hormones, and other organic wastewater contaminants in US streams, 1999-2000: A national reconnaissance. Environmental Science & Technology, 36(6): 1202-1211.

Kong W D, Zhu Y G, Fu B J, et al. 2006. The veterinary antibiotic oxytetracycline and Cu influence functional diversity of the soil microbial community. Environmental Pollution, 143(1): 129-137.

Lalumera M, Calamari D, Galli P, et al. 2004. Preliminary investigation on the environmental occurrence and effects of antibiotics used in aquaculture in Italy. Chemosphere, 54(5): 661-668.

Le T, Munekage Y. 2004. Residues of selected antibiotics in water and mud from shrimp ponds in mangrove areas in Viet Nam. Marine Pollution Bulletin, 49: 922-929.

Li Q Z, Gao J X, Zhang Q L, et al. 2017. Distribution and risk assessment of antibiotics in a typical river in North China Plain. Bulletin of Environmental Contamination and Toxicology, 98(4): 478-483.

Liang X M, Chen B W, Nie X P, et al. 2013a. The distribution and partitioning of common antibiotics in water and sediment of the Pearl River Estuary, South China. Chemosphere, 92(11): 1410-1416.

Liang X M, Shi Z, Huang X P. 2013b. Occurrence of antibiotics in typical aquaculture of the Pearl River Estuary. Ecology & Environmental Sciences, 22(2): 304-310.

Liu B Y, Nie X P, Liu W Q, et al. 2011. Toxic effects of erythromycin, ciprofloxacin and sulfamethoxazole on photosynthetic apparatus in *Selenastrum capricornutum*. Ecotoxicology and Environmental Safety, 74(4): 1027-1035.

Liu H, Zhang G P, Liu C Q et al. 2009. The occurrence of chloramphenicol and tetracyclines in municipal sewage and the Nanming River, Guiyang city, China. Journal of Environmental Monitoring, 11(6): 1199-1205.

Liu S S, Zhao H X, Lehmler H J, et al. 2017. Antibiotic pollution in marine food webs in Laizhou Bay, north China: trophodynamics and human exposure implication. Environment Science & Technology, 51(4): 2392-2400.

Liu X H, Zhang H B, Li L Z, et al. 2016. Levels, distributions and sources of veterinary antibiotics in the sediments of the Bohai Sea in China and surrounding estuaries. Marine Pollution Bulletin, 109(1): 597-602.

Luo Y, Xu L, Rysz M, et al. 2011. Occurrence and transport of tetracycline, sulfonamide, quinolone, and macrolide antibiotics in the Haihe River Basin, China. Environmental Science & Technology, 45(5): 1827-1833.

Managaki S, Murata A, Takada H, et al. 2007. Distribution of macrolides, sulfonamides, and trimethoprim in tropical waters: Ubiquitous occurrence of veterinary antibiotics in the Mekong Delta. Environmental Science & Technology, 41(23): 8004-8010.

Osorio V, Marce R, Perez S, et al. 2012. Occurrence and modeling of pharmaceuticals on a sewage-impacted Mediterranean river and their dynamics under different hydrological conditions. Science of the Total Environment, 440: 3-13.

Park S, Choi K. 2008. Hazard assessment of commonly used agricultural antibiotics on aquatic ecosystems. Ecotoxicology, 17(6): 526-538.

Park J, Han E, Lee S O, et al. 2017. Antibiotic use in South Korea from 2007 to 2014: A health insurance database-generated time series analysis. Plos One, 12(5): e0177435.

Pei R, Kim C, Carlson H, et al. 2006. Effect of river landscape on the sediment concentrations of antibiotics and corresponding antibiotic resistance genes (ARG). Water Research, 40(12): 2427-2435.

Robinson A A, Belden J B, Lydy M J. 2005. Toxicity of fluoroquinolone antibiotics to aquatic organisms. Environmental Toxicology and Chemistry, 24(2): 423-430.

Rose P E, Pedersen J A. 2005. Fate of oxytetracycline in streams receiving aquaculture discharges: Model simulations. Environmental Toxicology and Chemistry, 24(1): 40-50.

Sanderson H, Brain R A, Johnson D J, et al. 2004. Toxicity classification and evaluation of four pharmaceuticals classes: antibiotics, antineoplastics, cardiovascular, and sex hormones. Toxicology, 203(1-3): 27-40.

Sarmah A K, Meyer M T, Boxall A B A. 2006. A global perspective on the use, sales, exposure pathways, occurrence, fate and effects of veterinary antibiotics (VAs) in the environment. Chemosphere, 65(5): 725-759.

Shimizu A, Takada H, Koike T, et al. 2013. Ubiquitous occurrence of sulfonamides in tropical Asian waters. Science of the Total Environment, 452: 108-115.

Tamtam F, Mercier F, Le Bot et al. 2008. Occurrence and fate of antibiotics in the Seine River in various hydrological conditions. Science of the Total Environment, 393(1): 84-95.

Van Boeckel T P, Brower C, Gilbert M, et al. 2015. Global trends in antimicrobial use in food animals. Proceedings of the National Academy of Sciences, 112(18): 5649-5654.

Xu W H, Zhang G, Li X D, et al. 2007. Occurrence and elimination of antibiotics at four sewage treatment plants in the Pearl River Delta (PRD), South China. Water Research, 41(19): 4526-4534.

Yang J F, Ying G G, Zhao J L, et al. 2010. Simultaneous determination of four classes of antibiotics in sediments of the Pearl Rivers using RRLC-MS/MS. Science of the Total Environment, 408(16): 3424-3432.

Yang Y Y, Liu W Z, Xu C, et al. 2017. Antibiotic resistance genes in lakes from middle and lower reaches of the Yangtze River, China: Effect of land use and sediment characteristics. Chemosphere, 178: 19-25.

Zhang D D, Lin L F, Luo Z X, et al. 2011. Occurrence of selected antibiotics in Jiulongjiang River in various seasons, South China. Journal of Environmental Monitoring, 13(7): 1953-1960.

Zhang Q Q, Ying G G, Pan C G, et al. 2015. Comprehensive evaluation of antibiotics emission and fate in the river basins of China: Source analysis, multimedia modeling, and linkage to bacterial resistance. Environment Science & Technology, 49(11): 6772-6782.

Zhang R J, Tang J, Li J, et al. 2013. Occurrence and risks of antibiotics in the coastal aquatic environment of the Yellow Sea, North China. Science of the Total Environment, 451: 197-204.

Zhang R J, Zhang G, Zheng Q, et al. 2012. Occurrence and risks of antibiotics in the Laizhou Bay, China: Impacts of river discharge. Ecotoxicology and Environmental Safety, 80: 208-215.

Zhang X X, Zhang T. 2011. Occurrence, abundance, and diversity of tetracycline resistance genes in 15 sewage treatment plants across China and other global locations. Environmental Science & Technology, 45(7): 2598-2604.

Zhao L, Dong Y H, Wang H. 2010. Residues of veterinary antibiotics in manures from feedlot livestock in eight provinces of China. Science of the Total Environment, 408(5): 1069-1075.

Zhou L J, Guang G Y, Zhao J L, et al. 2011. Trends in the occurrence of human and veterinary antibiotics in the sediments of the Yellow River, Hai River and Liao River in northern China. Environmental Pollution, 159(7): 1877-1885.

Zou S C, Xu W H, Zhang R J, et al. 2011. Occurrence and distribution of antibiotics in coastal water of the Bohai Bay, China: Impacts of river discharge and aquaculture activities. Environmental Pollution, 159(10): 2913-2920.

第十三章

近海沉积物生源要素和微量金属元素的环境地球化学[①]

① 本章作者：高学鲁，杨玉玮，庄文，张锦峰，王允周

作为陆地、海洋和大气之间各种过程相互作用最为活跃的界面，近岸海域是地球系统中最富有生机的多功能生态系统之一，其具有独特的生态价值和资源潜力，对人类的生存和经济发展起着十分重要的作用。然而，在过去几十年里，由于缺乏科学规划和管理，加上人类不合理开发造成的环境污染，直接引发了近海生态系统的衰退和生物多样性的减少。同时，被污染或被破坏的近海环境又通过种种反馈作用制约着沿海的经济发展，进而威胁人类自身的生存和发展。

生源要素循环是整个生物圈物质和能量循环最主要的组成部分之一。营养盐尤其是无机氮的过量输入是导致海岸带生态系统退化和功能紊乱的首要原因。在整个海洋系统中，N循环与其他生源要素（C、P、Si、S等）和微量元素（Fe、Mn、Mo、Ni、V、Cu、Zn等）的循环密切相关，尤其是C、N、P三者的循环密不可分。虽然营养盐和许多金属元素是生物健康生长必不可少的元素，但当其浓度高于一定值就有可能对环境产生危害，成为污染物。

沉积物是海洋、湖泊等水环境中生源要素和微量金属元素的重要储藏库，对上覆水体中元素的浓度起着重要的调控作用。沉积物中的物质能否与上覆水体发生交换取决于物质自身的赋存形态，不同赋存形态的生源要素和微量金属元素具有不同的地球化学行为与生物可利用性。只有特定形态的元素，通过化学、物理和生物因素的作用，经过配合、还原、溶解等过程转换成生物可利用的形态后，才能成为影响水域营养及污染状况的重要因素。

第一节　渤海湾表层沉积物中无机碳的地球化学特征

一、无机碳及相关参数的分布特征

（一）采样与分析

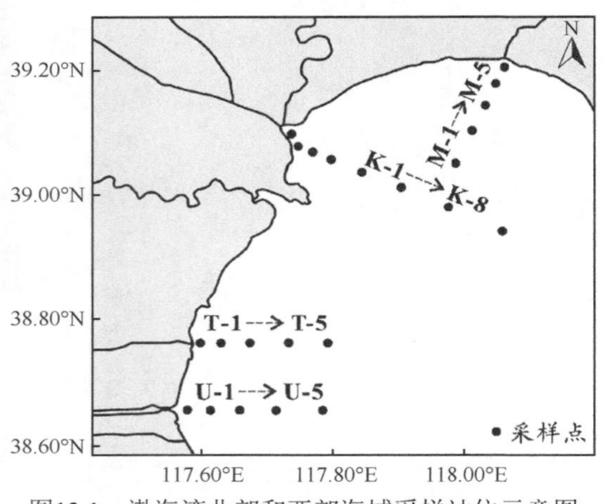

图13.1　渤海湾北部和西部海域采样站位示意图（王允周等，2011）

2008年5月，在渤海湾北部和西部海域进行了采样，共设置了M、K、T和U 4个断面23个站位，具体站位分布如图13.1所示。M、K和T断面分别位于陡河、永定新河和独流减河的入海口方向，U断面位于青静黄河和子牙新河的入海口方向。样品采集后装入封口袋密封保存在4℃冰箱中。

样品含水率采用60℃烘干称重法测定，沉积物粒度利用英国马尔文公司Mastersizer 2000型激光衍射粒度分析仪测定，总氮（TN）含量利用德国元素分析仪测定。总碳（TC）和总无机碳（TIC）含量利用日本岛津TOC-V_{CPH}-SSM5000A分析仪测定，两者之差为总有机碳（TOC）含量。不同形态无机碳按如下方法浸取（李学刚等，2004）。NaCl相：根据含水率称取相当于0.5g干重的湿样，置于50mL离心管中，加入25mL 1mol/L的NaCl溶液，摇匀振荡2h后，离心分离，倒出浸取液，在残渣中加入25mL蒸馏水，再振荡洗涤10min，离心分离，两次离心液合并。第2步$NH_3 \cdot H_2O$相：在上1步残渣中加入12.5mL 0.1mol/L的$NH_3 \cdot H_2O$，摇匀振荡2h后，离心分离，倒出浸取液，在残渣中加入25mL蒸馏水，再振荡洗涤10min，离心分离，两次离心液合并。第3步NaOH相：在第2步残渣中加入12.5mL 0.1mol/L的NaOH溶液，摇匀振荡2h后，离心分离，倒出浸取液，在残渣中加入25mL蒸馏水，再振荡洗涤10min，离心分离，两次离心液合并。第4步$NH_2OH \cdot HCl$相：在第3步残渣中加入12.5mL 0.2mol/L的$NH_2OH \cdot HCl$溶液，摇匀振荡1h后，倒掉上清液。第5步残渣相：将第4步残渣烘干，用日本岛津TOC-V_{CPH}-SSM5000A分析仪测定其中的无机碳含量，记为残渣相无机碳含量。浸取液中的无机碳用日本岛津TOC-V_{CPH}分析仪测定，最后换算为沉积物中无机碳的含量。$NH_2OH \cdot HCl$相无机碳含量由总无机碳含量减去其他4相无机碳含量得到。各相无机碳分析的相对标准偏差小于15%。

（二）沉积物粒度、TOC和TN的分布特征

研究区各站位沉积物粒度、TOC和TN的分布如表13.1所示。4个断面的沉积物类型主要为黏土质粉砂，M、K、T和U断面的中值粒径（D_{50}）分别为10.4μm、8.0μm、9.7μm和9.0μm。其中，T-1站位沉积物所含的粗粒度组分最多，D_{50}为16.5μm，K-3站位沉积物所含的细粒度组分最多，D_{50}为5.1μm。沉积物中TOC含量的变化范围为10.6～22.8mg/g，总体上离岸较近的沉积物中TOC的含量较高，如M-1、K-1和U-1站位，分别为所在断面的最高值，可能与陆源输入有关。T-1站位TOC的含量较低可能与此处沉积物的粒径较粗有一定的关系。沉积物中TN的含量范围为0.33～1.35mg/g，最高值和最低值分别出现在U-1和M-4站位，总体上其变化趋势与TOC有一定的相似性。

表13.1　沉积物粒度、TOC和TN的分布（王允周等，2011）

站位	TOC（mg/g）	TN（mg/g）	D_{50}（μm）
U-1	22.78	1.35	7.0
U-2	17.09	0.98	9.2
U-3	19.81	0.94	11.4
U-4	19.78	0.95	8.7
U-5	14.79	0.90	8.7
T-1	13.84	0.75	16.5
T-2	17.38	1.09	6.8
T-3	16.03	0.99	7.5
T-4	14.28	0.93	9.4
T-5	16.04	0.91	8.4
K-1	21.86	0.90	5.2
K-2	16.30	0.87	10.7
K-3	20.29	1.17	5.1
K-4	16.43	1.23	10.2
K-5	17.34	1.22	7.5
K-6	19.05	1.01	7.8
K-7	13.38	0.61	8.0
K-8	14.93	0.89	9.5
M-1	15.57	0.62	10.7
M-2	12.90	1.00	11.8
M-3	11.25	0.83	12.2
M-4	11.90	0.33	8.9
M-5	10.64	0.95	8.2

（三）沉积物无机碳及其不同形态的分布特征

各站位不同形态无机碳分布及含量如图13.2所示。总无机碳的含量范围为1.41～9.21mg/g，平均值为4.54mg/g。不同形态无机碳含量的大小顺序一般为：NH_2OH · HCl相＞NH_3 · H_2O相＞NaCl相＞残渣相＞NaOH相。其中，NaCl相无机碳的含量范围为0.53～0.79mg/g，平均值为0.66mg/g；NH_3 · H_2O相无机碳的含量范围为0.47～1.52mg/g，平均值为0.86mg/g；NaOH相无机碳的含量范围为0.06～0.86mg/g，平均值为0.23mg/g；NH_2OH · HCl相无机碳的含量范围为0.56～7.13mg/g，平均值为2.56mg/g；残渣相无机碳的

含量范围为0～2.38mg/g，平均值为0.46mg/g。NH_2OH·HCl相无机碳的含量最高，在总无机碳中所占的比例超过了50%。所有断面中，断面T的无机碳平均含量最高，达到5.70mg/g，断面M的无机碳平均含量最低，为2.68mg/g。不同断面间，NaCl相和NH_3·H_2O相无机碳的含量变化相对较小，分别在0.65mg/g和0.86mg/g附近，其余3相无机碳含量变化较大。

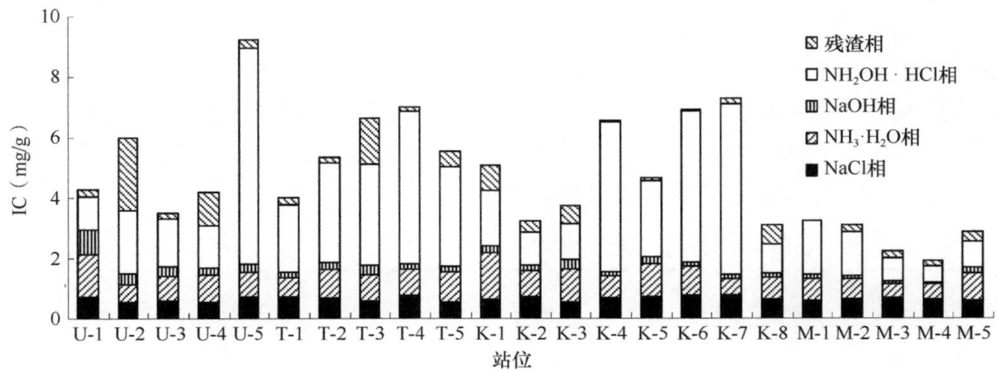

图13.2　各形态无机碳分布及含量（王允周等，2011）

二、无机碳分布的影响因素分析

（一）沉积物来源影响

其他研究区沉积物中各形态无机碳在总无机碳中所占的平均比例如表13.2所示。在胶州湾和长江口沉积物中，前3相无机碳的相对含量一般小于10%，NH_2OH·HCl相则在30%左右，残渣相一般都超过40%（李学刚，2004）；在辽东湾柱状沉积物中，NaCl相和NaOH相无机碳的相对含量都小于10%，其余3相都在20%以上，其中NH_3·H_2O相无机碳相对含量最高，达到31.4%（牛丽凤等，2006）；而在黄河口外海表层沉积物中，各形态无机碳的大小关系为NH_3·H_2O相（29.6%）＞残渣相（29.4%）＞NaOH相（21.4%）＞NH_2OH·HCl相（14.8%）含量＞NaCl相（4.8%）（王飞，2004）。

表13.2　不同海域沉积物中各形态无机碳的相对含量（王允周等，2011）

研究区域	不同形态无机碳在总无机碳中的相对含量（%）					参考文献
	NaCl相	NH_3·H_2O相	NaOH相	NH_2OH·HCl相	残渣相	
胶州湾	5.8	5.2	6.5	26.4	56.1	李学刚，2004
长江口	3.1	5.5	6.4	36.7	48.3	李学刚，2004
辽东湾	5.5	31.4	8.7	26.1	28.3	牛丽凤等，2006
黄河口外海	4.8	29.6	21.4	14.8	29.4	王飞，2004
渤海湾北部和西部海域	13.8	18.0	4.8	53.8	9.6	王允周等，2011

各形态无机碳含量的差异与不同研究区沉积物中碳酸盐矿物的来源及组成的差异有密切关系。长江流域广阔、支流众多，而且流域范围内岩石类型多种多样，因而形成了沉积物中成分复杂的碳酸盐矿物，除了陆源矿物碎屑，淡水钙质生物碎屑也构成了长江口沉积物碳酸盐的重要组成部分（杨作升等，2002）。胶州湾属于深水港，接收周围十几条河流的物质输入，辽东湾海域主要接收辽河及周边河流输入的大量物质，黄河口海域受到黄河来沙的强烈影响。本研究区受黄河的影响相对较弱，海河等河流在人类活动影响下，入海物质也大为减少，潮流输送成为沉积物的主要来源（胡世雄和齐晶，2000）。沉积物来源的差异必然造成沉积矿物种类和性质的不同，进而对无机碳含量及其在各形态间的分配造成影响。

（二）沉积物性质影响

表13.3列出了研究区海洋沉积物各形态无机碳与沉积物主要地球化学参数之间的相关系数。可以看出，$NH_3 \cdot H_2O$相、NaOH相和残渣相无机碳与含水率呈正相关关系，NaCl相和$NH_2OH \cdot HCl$相无机碳与含水率呈负相关关系，其中，$NH_3 \cdot H_2O$相、残渣相无机碳与含水率之间的相关关系显著。这说明含水率增高可能促使无机碳向$NH_3 \cdot H_2O$相和残渣相无机碳转变，还可能促使不稳定的NaCl相无机碳溶解入海水或转化为$NH_3 \cdot H_2O$相、残渣相及NaOH相无机碳。含水率表征的是沉积物中孔隙水的含量，而孔隙水是固-固和固-液界面间物质交换的桥梁与纽带（李学刚，2004），同时，含水率的大小还可以反映沉积物的疏松情况，并直接影响沉积物的再悬浮程度（谭镇等，2005），所以无机碳在沉积物-海水间的溶解释放及沉淀成岩过程与含水率之间可能存在一定关系。

从表13.3可以看出，所有形态无机碳都与TN呈现正相关关系，其中$NH_3 \cdot H_2O$相和NaOH相无机碳有极显著的相关关系，说明沉积物氮含量的增加可能会使这两相无机碳含量增加。元素氮主要是通过氨化和硝化作用影响沉积物无机碳，当沉积物中氨化作用占优势时，消耗氢离子，pH升高；硝化作用占优势时，生成氢离子，pH降低。这两种作用都能促使碳酸盐沉淀溶解平衡发生移动（王晓亮，2005）。

表13.3　各形态无机碳与沉积物主要地球化学参数之间的相关系数（王允周等，2011）

形态	含水率	TN	TOC	黏土	粉砂	砂
NaCl 相	–0.320	0.036	–0.120	–0.065	–0.190	0.271
$NH_3 \cdot H_2O$ 相	0.710**	0.592**	0.771**	0.706**	–0.274	–0.410*
NaOH 相	0.387	0.590**	0.681**	0.361	–0.016	–0.345
$NH_2OH \cdot HCl$ 相	–0.075	0.074	–0.047	–0.047	0.147	–0.113
残渣相	0.444*	0.092	0.193	0.127	0.158	–0.298

注：*在0.05水平上显著相关；**在0.01水平上显著相关（双尾检验）

NaCl相、$NH_2OH \cdot HCl$相无机碳与TOC呈负相关关系，其他3相无机碳呈正相关关系，其中$NH_3 \cdot H_2O$相、NaOH相无机碳与TOC有极显著的相关关系。有机碳是沉积物碳库的重要组分，主要源于生物碎屑、水体浮游和底栖生物残骸、底层微生物组织中的油脂、碳氢化合物、蛋白质等（万国江等，2000）。沉积物中的有机质参与了各种生物化学和地球化学反应，是一种活泼的生物地球化学要素。在早期成岩过程中，有机质可分解产生HCO_3^-，制约沉积物孔隙水碱度和溶解无机碳含量，进而改变孔隙水的碳酸盐沉淀-溶解平衡关系，影响碳酸盐的溶蚀和结晶（万国江等，2000）。

在所有形态无机碳中，只有$NH_3 \cdot H_2O$相无机碳与沉积物粒度之间存在显著的相关关系，沉积物细粒度组分越多，$NH_3 \cdot H_2O$相无机碳含量越高，其他各形态与粒度的相关关系均较弱。粒度对无机碳的影响具有一定的不确定性：东海表层沉积物中，粗粒级（＞0.045mm）无机碳含量高，细粒级（＜0.045mm）中等，砂、砾级的无机碳异常富集（杨作升等，2002）；对南沙群岛柱状沉积物的研究却表明，沉积物粒度不是控制碳酸盐垂向变化的主要因素（高学鲁等，2008）；李学刚等（2004）测定了沉积物不同粒度组分中各个形态的无机碳含量，发现NaCl相无机碳在沉积物的中等粒度组分富集，NaOH相无机碳在沉积物的粗粒度组分贫化，其他各形态无机碳在沉积物不同粒度间的分布没有显著性差异。

（三）各形态无机碳间的相互影响

在沉积物早期成岩过程中，各形态无机碳处于一种动态平衡中，可能存在相互转化的现象。从表13.4可以看出，总无机碳与$NH_2OH \cdot HCl$相无机碳之间存在极显著的相关关系，而与其他各形态无机碳的相关关系不显著，这可能是因为该相无机碳是总无机碳的主要组分，受总无机碳的影响较大。NaCl相无机碳与酸浸取相无机碳之间存在显著的相关关系，而与碱浸取相无机碳的相关关系不显著，NaCl相与$NH_2OH \cdot HCl$相无机碳之间显著的正相关关系说明这两相无机碳可能存在相同的成因或来源，与残渣相无机碳之间极显著的负相关关系说明这两相无机碳在成岩过程中可能相互转化。碱浸取相无机碳之间存在极显著的正相关关系，与其他各形态间的相关关系不显著，说明这两相无机碳可能也存在相同的成因或来源，且较难向其他3相无机碳转化。

表13.4　各形态无机碳之间的相关系数（王允周等，2011）

形态	TIC	NaCl相	$NH_3 \cdot H_2O$相	NaOH相	$NH_2OH \cdot HCl$相	残渣相
NaCl相	0.290	1				
$NH_3 \cdot H_2O$相	0.179	–0.015	1			
NaOH相	0.189	–0.027	0.616**	1		
$NH_2OH \cdot HCl$相	0.740**	0.500*	–0.068	–0.112	1	
残渣相	0.216	–0.588**	0.005	0.253	–0.165	1

*在0.05水平上显著相关；**在0.01水平上显著相关（双尾检验）

第二节　黄海四十里湾柱状沉积物中氮的地球化学特征

一、不同形态氮的分布特征

（一）采样与分析

2009年5月，利用重力沉积物采样器在四十里湾附近海域采集4个沉积物柱状样，采样点位置如图13.3所示。站位B、C获得的柱样长约70cm，站位D获得的柱样长约80cm，站位E获得的柱样长约100cm。样品采集后，从表层向下，以2cm间隔分割，然后置于4℃冰箱中储存。

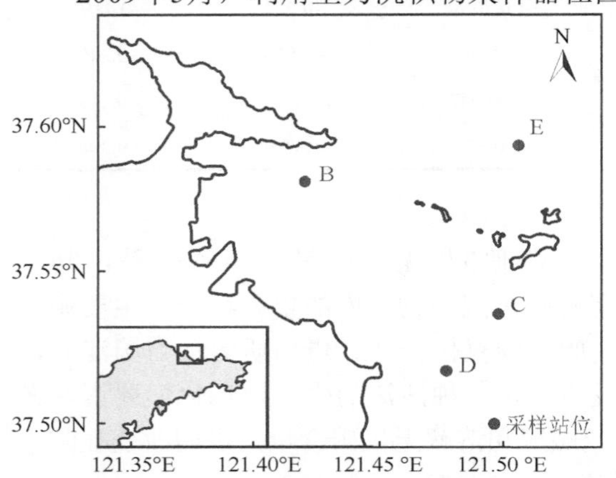

图13.3　四十里湾附近海域采样站位示意图（杨玉玮等，2012）

各形态氮浸取方法（马红波等，2003；吕晓霞等，2004；戴纪翠等，2007）如下。第1步离子交换态氮（IEF-N）：根据含水率称取相当于0.5g干重的湿样置于50mL塑料离心管中，加入10mL 1.0mol/L的KCl溶液，室温下振荡2h，离心，取5mL上层清液，将剩余的上清液倾去，残渣中加入10mL去离子水洗涤1次，离心，取5mL上清液并与前面留取的上清液合并用于测定浸取液中的总氮含量，将剩余的上清液倾去。第2步弱酸浸取态氮（WAEF-N）：将第1步残渣中加入10mL pH=5的HAc-NaAc溶液，室温下振荡6h，取5mL上层清液，将剩余的上清液倾去，残渣中加入10mL去离子水洗涤1次，离心，取5mL上清液并与前面留取的上清液合并用于测定浸取液中的总氮含量，将剩余的上清液倾去。第3步强碱浸取态氮（SAEF-N）：将第2步残渣中加入10mL 0.1mol/L的NaOH，室温下振荡17h，取5mL上层清液，将剩余的上清液倾去，残渣加入10mL去离子水洗涤1次，离心，取5mL上清液并与前面留取的上清液合并用于测定浸取液中的总氮含量，将剩余的上清液倾去。第4步强氧化剂浸取态氮（SOEF-N）：将第3步处理后的样品中加入10mL碱性过硫酸钾氧化剂（NaOH 0.24mol/L，$K_2S_2O_8$ 20g/L），振荡2～3h，放入高压灭菌锅内氧化1h（110～115℃），离心，取5mL上层清液，将剩余的上清液倾去，残渣加入10mL去离子水洗涤1次，离心，取5mL上清液并与前面留取的上清液合并用于测定浸取液中的总氮含量，将剩余的上清液倾去。残渣态氮（residual-N）：总氮减去以上各形态氮总和。第3步操作过程中如有样品的浸取液呈现黄褐色，则需对浸取液进行消解处理：取浸取液2mL，加入5mL 30%浓度的H_2O_2，氧化15min（间歇振荡），然后在电热板上加热煮沸至近干，冷却后用蒸馏水定容至50mL，测定总氮含量。各步所获得浸取液中的总氮含量采用德国SEAL公司AutoAnalyzer 3连续流动分析仪测定，然后换算为沉积物中不同形态氮的含量。

（二）不同浸取态氮的分布特征

柱状沉积物中不同浸取态氮的垂直分布特征在一定程度上反映了早期成岩过程中所发生的一系列反应，其记录了不同地质时期氮的形态和含量变化与其他环境演变的相关信息，因此，研究沉积物中氮的垂向分布特征对研究沉积环境演变的历史具有重要的意义（Song et al.，2002；马红波等，2002）。四十里湾4个柱状沉积物中自然粒度下各浸取态氮的垂直分布见图13.4，其地球化学特征如下。

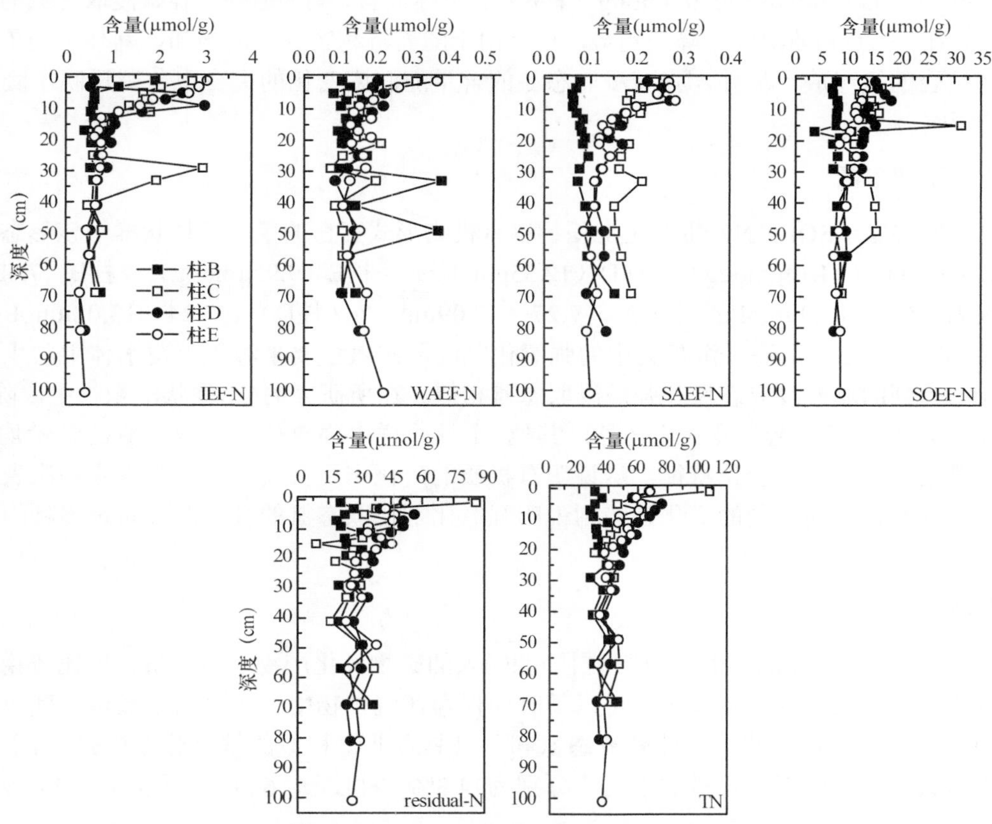

图13.4 四十里湾柱状沉积物中不同浸取态氮的垂向分布（杨玉玮等，2012）

1. 离子交换态氮

在B、C、D、E 4个柱状样中，离子交换态氮（IEF-N）平均含量的大小顺序为柱C（1.28μmol/g）>柱D（1.07μmol/g）>柱E（0.86μmol/g）>柱B（0.70μmol/g），变化范围分别为0.46～2.95μmol/g（柱C）、0.42～2.99μmol/g（柱D）、0.30～3.04μmol/g（柱E）和0.40～1.92μmol/g（柱B）。各站位IEF-N的含量大致在0～20cm处急剧减小，并且B、D、E站位在20cm以下IEF-N的含量变化不大，这是因为有机质的矿化作用等生物地球化学过程大都发生在表层和次表层的含氧区，随着深度增加，矿化作用逐渐减弱，所以IEF-N含量变化不大。

2. 弱酸浸取态氮

弱酸浸取态氮（WAEF-N）主要是沉积物中与碳酸盐结合的氮。该形态氮的产生与分布主要取决于沉积物中碳酸盐的含量及有机质矿化作用过程中pH的变化。4个柱状样中弱酸浸取态氮的平均含量非常接近，在0.13～0.16μmol/g。这可能是因为沉积物中碳酸盐含量较高，有机碳含量较小，矿化作用较弱，pH变化较小，不易发生碳酸盐溶解和沉淀的过程，所以WAEF-N的含量较小（宋金明，2004）。

3. 强碱浸取态氮

强碱浸取态氮（SAEF-N）主要是沉积物中与铁锰氧化物结合的氮，该形态氮的含量主要受氧化还原环境的影响。柱B中该形态氮的含量随深度变化很小，平均值为0.08μmol/g，除最深层的含量明显较高之外，其他层的含量为0.06～0.10μmol/g。其余3个柱状样中强碱浸取态氮的平均含量分别为0.18μmol/g（柱C）、0.16μmol/g（柱D）和0.16μmol/g（柱E），变化范围分别为0.14～0.24μmol/g（柱C）、0.09～0.27μmol/g（柱D）和0.09～0.28μmol/g（柱E）。总体而言，除柱B外，强碱浸取态氮的含量在各柱状样的垂直分布在0～20cm随深度呈降低趋势，这是由于随着沉积物深度的增加，其环境趋于还原，因此与铁锰氧化物结合的氮释放。另外，强碱浸取态氮的含量随深度变化的突变现象则反映了受界面氧化还原环境突变的影响。

4. 强氧化剂浸取态氮

强氧化剂浸取态氮（SOEF-N）主要是沉积物以有机物形式存在的氮。各柱状样中该形态氮平均含量的大小顺序如下：柱C（14.14μmol/g）＞柱D（12.35μmol/g）＞柱E（9.92μmol/g）＞柱B（7.62μmol/g），变化范围分别为8.74～31.29μmol/g（柱C）、7.27～18.09μmol/g（柱D）、7.24～13.08μmol/g（柱E）和3.57～10.09μmol/g（柱B）。海洋沉积物中的强氧化剂浸取态氮主要来源于上覆水体中与生物有关的各种过程，与前面提到的弱酸浸取态氮和强碱浸取态氮相似。在所研究的4个柱状沉积物中，除柱B中强氧化剂浸取态氮的含量随深度无明显变化之外，其他3个柱状样中强氧化剂浸取态氮的含量均在0～20cm有明显的随深度增加而降低的变化特征，这说明有机质的矿化作用主要在沉积物表层和次表层含氧量较高的区域发生。各站位之间不同的变化趋势则说明强氧化剂浸取态氮的含量及分布是多种因素综合作用的结果。

5. 残渣态氮

沉积物中残渣态氮（residual-N）主要来自陆源输入的矿物风化产物，自然条件下比较稳定，对海洋生态系统中氮的生物可利用性贡献较小，可以长时间保存在沉积物中。研究结果显示，残渣态氮是四十里湾沉积物中氮的主要存在形式，因此残渣态氮和总氮具有非常相似的垂直分布模式。4个站位的柱状沉积物中残渣态氮占总氮的百分含量的平均值分别为74.3%（柱B）、66.0%（柱C）、73.2%（柱D）和74.8%（柱E）。

6. 总氮

总氮（TN）在不同柱状沉积物中的含量差异较大，在所研究的4个柱状样中其平均含量的大小顺序为柱D（51.65μmol/g）＞柱C（48.88μmol/g）＞柱E（46.33μmol/g）＞柱B（33.79μmol/g），变化范围分别为32.07～76.07μmol/g（柱D）、30.43～108.43μmol/g（柱C）、32.71～68.21μmol/g（柱E）和27.43～46.00μmol/g（柱B）。总氮平均含量最高的D站位是总氮平均含量最低的B站位的1.53倍，表明整个研究区域总氮分布的空间差异比较明显。从垂直分布特征上看，B站位除最深的一层总氮含量明显较高之外，其他层总氮含量随深度无明显变化；C、D、E站位总氮的垂直分布模式相似，总的趋势是在0～20cm总氮的含量随深度增加而逐渐减小，20cm以深其含量则波动较小。

（三）可转化态氮

沉积物中可转化态氮的含量是体现沉积物中能参与氮循环的最大量值。可转化态氮包括离子交换态氮、弱酸浸取态氮、强碱浸取态氮和强氧化剂浸取态氮4种形态，在环境变化较大时可以经转化进入再循环。通常表层沉积物中可转化态氮应比下层占其总量的比例高，这是因为深层沉积物经过成岩转化为更稳定的形态，可转化的部分减少（戴纪翠，2007）。四十里湾柱状沉积物中可转化态氮占其总量的平均值为26.14%，柱状样中可转化态氮占TN的比例大致上随深度增加而降低，但各采样站位的这一比例及其随深度变化的程度有一定差异，这种不同的含量和变化趋势反映了沉积环境的差异。四十里湾与其他海域沉积物中各形态氮占可转化态氮的百分比列于表13.5。

表13.5　四十里湾和文献报道的其他海域沉积物中各形态氮占可转化态氮的百分比（杨玉玮等，2012）

研究区域	站位	可转化态氮占总氮的百分比（%）	不同形态可转化态氮的相对含量（%）				参考文献
			IEF-N	WAEF-N	SAEF-N	SOEF-N	
四十里湾	B	30.77	8.19	1.58	0.97	89.26	杨玉玮等，2012
	C	23.30	8.14	0.88	1.14	89.96	
	D	24.51	7.82	0.98	1.17	90.03	
	E	25.99	7.79	1.32	1.27	89.63	
胶州湾		42.87～54.96	8.16～11.77	0.82～7.90	16.96～25.10	43.70～94.03	戴纪翠，2007
大亚湾		9.53～22.12	1.27～3.66	0.38～0.95	0.26～0.80	94.76～98.01	何桐等，2009
渤海湾		30.85	13.0	1.4	1.0	84.6	马红波等，2003
南黄海		25.33～59.87	9.08～22.67	2.48～8.08	4.85～13.83	55.30～83.59	吕晓霞等，2004

从表13.5可以看出，强氧化剂浸取态氮是四十里湾柱状沉积物中可转化态氮的绝对优势态，在所研究的4个柱状沉积物中占可转化态氮的89.26%～90.03%，平均值为89.7%；其次为离子交换态氮，占可转化态氮的比例的平均值为7.97%；弱酸浸取态氮占可转化态氮的比例的平均值为1.19%；强碱浸取态氮占可转化态氮的比例与弱酸浸取态氮相当，平均值为1.14%。这与胶州湾、大亚湾、渤海湾、南黄海的研究结果是一致的，强氧化剂浸取态氮是可转化态氮的主要存在形态，表明上覆水体的生物活动是沉积物中可转化态氮最主要的来源。由于各海湾所处位置、沉积环境和影响因素不同，可参与氮循环的可转化态氮含量也不相同，具有不同的地球化学特征。四十里湾可转化态氮含量与渤海湾和南黄海相近，比大亚湾含量高，比胶州湾含量低。四十里湾沉积物中强氧化剂浸取态氮占可转化态氮的比例比胶州湾、渤海湾和南黄海高，比大亚湾低。

二、影响不同形态氮分布的因素

从20世纪80年代开始，工农业的发展和人类活动的加强，使得释放到环境中的氮的数量、形态和模式发生了重大变化。其中，激增的人口数量、含氮肥料的大面积使用、工业化和城市化及海水养殖业的迅猛发展是重要因素（Hulth et al.，2005；焦立新，2007）。这些因素不可避免地会影响氮在环境中的形态及分布。沉积物中含氮化合物的形成、降解和释放等主要受有机质在矿化作用过程中环境条件与动力因素的控制，沉积物的粒度、pH、氧化还原电位（Eh）、物源输入、生物扰动及水动力因素都可以影响不同形态氮的含量和垂向分布特征，因而沉积物中氮的存在形态和含量分布特征的变化都是沉积环境变化的反映（Brunnegard et al.，2004）。四十里湾研究区域沉积物地球化学参数分布及各形态氮与各参数之间的相关系数如图13.5和表13.6所示。

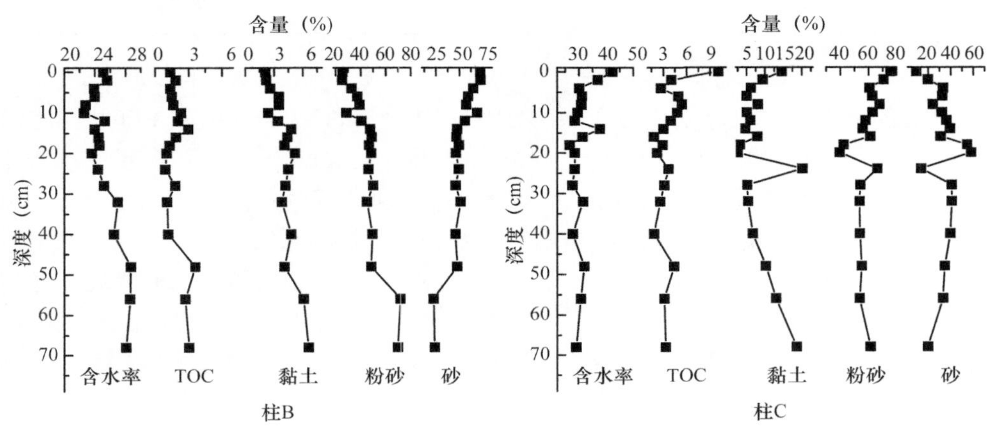

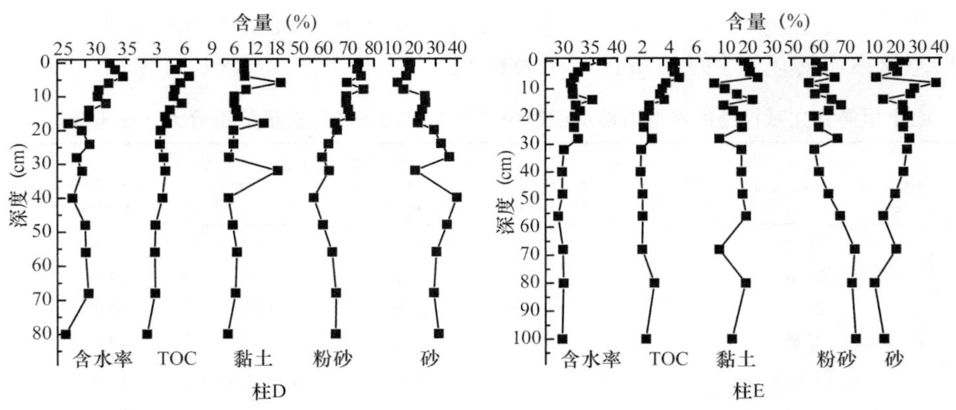

图13.5　四十里湾柱状沉积物中不同地球化学参数的垂向分布（杨玉玮等，2012）

表13.6　各形态氮与沉积物主要地球化学参数之间的相关系数（杨玉玮等，2012）

站位	氮形态	含水率	TOC	pH	Eh	黏土	粉砂	砂
B	IEF-N	0.106	–0.101	0.143	0.883**	–0.451	–0.453	0.454
	WAEF-N	0.540*	0.268	0.087	–0.180	0.048	0.105	–0.100
	SAEF-N	0.637**	0.580*	0.443	–0.115	0.718**	0.714**	–0.717**
	SOEF-N	0.301	0.015	0.144	0.045	0.114	0.140	–0.183
	residual-N	0.184	0.400	–0.088	–0.241	0.264	0.222	–0.227
C	IEF-N	0.433	0.527*	0.095	0.709**	–0.153	0.438	–0.253
	WAEF-N	0.642**	0.648**	0.039	0.568*	–0.032	0.332	–0.226
	SAEF-N	0.527*	0.667**	–0.397	0.557*	0.210	0.608**	–0.523*
	SOEF-N	0.667**	0.276	0.405	0.164	–0.234	0.181	–0.035
	residual-N	0.535*	0.917**	–0.378	0.748**	0.385	0.691**	–0.654**
D	IEF-N	0.501*	0.642**	–0.499*	–0.031	0.308	0.583**	–0.596**
	WAEF-N	0.733**	0.647**	–0.350	0.544*	–0.013	0.737**	–0.535*
	SAEF-N	0.813**	0.779**	–0.464*	0.422	0.372	0.767**	–0.766**
	SOEF-N	0.760**	0.867**	–0.259	0.280	0.355	0.698**	–0.706**
	residual-N	0.786**	0.871**	–0.469*	0.413	0.400	0.825**	–0.824**
E	IEF-N	0.643**	0.840**	–0.147	–0.128	0.308	–0.463*	0.118
	WAEF-N	0.625**	0.547*	0.177	–0.026	0.126	–0.043	–0.071
	SAEF-N	0.618**	0.907**	–0.144	–0.225	0.275	–0.395	0.091
	SOEF-N	0.593**	0.782**	0.097	–0.478*	0.124	–0.528*	0.309
	residual-N	0.720**	0.839**	–0.019	–0.151	0.431	–0.302	–0.099

*在0.05水平上显著相关（双尾检验）；**在0.01水平上显著相关

柱B、C、D和E的含水率均值分别为25.3%、31.1%、31.1%和33.3%。由图13.5可以看出，柱B的含水率随深度增加呈先减小再增加的趋势；柱C中，除0～4cm和14～16cm段样品的含水率较高外，其他样品的含水率变化不大，都在30%左右；在柱D中，含水率随深度增加而降低的趋势比较明显；柱E中，含水率在0～10cm由38%减小至34%左右，然后维持在这一水平至大约30cm深，30cm以深含水率进一步减小，为31%左右。含水率表征沉积物中的孔隙水含量，而孔隙水是固-固和固-液界面间物质交换的桥梁与纽带（李学刚，2004），同时，含水率的大小还可以反映沉积物的疏松情况，并直接影响沉积物的再悬浮程度（谭镇等，2005）。从表13.6可以看出，柱B中弱酸浸取态氮、强碱浸取态氮与含水率呈显著正相关关系，柱C中除离子交换态氮外，其他形态氮与含水率之间相关关系都显著。柱D、E中各形态氮与含水率都呈正相关关系。这说明氮元素在沉积物-海水间的溶解释放与沉淀成岩过程、含水率可能存在一定关系。

有机碳是沉积物中有机质含量的量度，通常在表层沉积物中含量较高，而在表层沉积物以下，由于有机质不断的矿化作用，有机碳的含量会相对减少。沉积物中有机质的含量越高，吸附能力越强。从图13.5可以看出，四十里湾附近海域的4个柱状样中，柱B的TOC含量在0～30cm随深度变化不大，在30cm以深则有所增加；其他3个柱状样的TOC含量都随深度增加呈较明显地减少趋势，与TN变化趋势一致。柱B中，强碱浸取态氮与TOC呈正相关关系；柱C中除了强氧化剂浸取态氮，其他形态氮与TOC之间相关关系都显著；柱D和柱E中各形态氮与TOC都呈正相关关系且关系显著，这说明有机碳含量对四十里湾沉积物中某些形态氮的保存有一定的影响。

pH的改变影响了水体中微生物的活性、离子交换吸附、沉淀-溶解、化学平衡等机制，因此，不同pH下，氮释放表现出不同的特点。酸性条件下，随着pH的升高，氮释放量减少；中性条件下，氮释放量最小；碱性条件下，氮释放量在弱碱性条件下达到最大值后，随着碱性的增强，释放量迅速减少（梁淑轩等，2010）。如表13.6所示，四十里湾沉积物中，柱B、C、E中各形态氮与pH相关性不明显，说明pH对这3个站位氮的生物地球化学形态的影响不大。柱D中离子交换态氮、强碱浸取态氮、残渣态氮与pH之间呈显著负相关关系，说明pH对站位D沉积物中这3种形态氮的保存有显著影响。Eh是沉积物氧化还原环境的标志，Eh越高，沉积环境越氧化，反之，沉积环境越还原。四十里湾柱B沉积物样品中的离子交换态氮与Eh呈极显著正相关关系，柱C中离子交换态氮、弱酸浸取态氮、强碱浸取态氮、残渣态氮与Eh呈正相关关系，柱D中弱酸浸取态氮与Eh呈显著正相关关系，柱E中强氧化剂浸取态氮与Eh呈显著负相关关系，这说明Eh也是影响氮元素溶解释放与沉淀的因素之一。

各柱状沉积物中，黏土组分所占比例较低，在绝大部分的层次不超过15%。从图13.5可以看出，柱B的粒度较粗，砂质的平均百分含量达到51.5%，底部沉积物的粒度相对较细，以粉砂组为主；在柱C、D和E中，粉砂组分在粒度组成中的平均比例最高，其中，柱C和柱E上层沉积物的粒度组成存在较强烈的波动。柱B中强碱浸取态氮与黏土和粉砂组分呈极显著正相关关系，与砂组分呈极显著负相关关系；柱C中强碱浸取态氮与粉砂组分呈极显著正相关关系，与砂组分呈显著负相关关系；柱D中各浸取态氮与粉砂组分呈极显著正相关关系，与砂组分呈显著负相关关系；柱E中离子交换态氮和强氧化剂浸取态氮与粉砂组分呈显著负相关关系。以上结果表明，总体上，黏土和粉砂组分有利于四十里湾沉积物中某些形态氮的保存，而粒度最粗的砂组分则不利于它们的保存，这是因为沉积物粒度越细，颗粒比表面积越大，吸附能力就越强，所以在细颗粒沉积物中氮的含量较高。

在沉积物早期成岩过程中，各形态氮处于一种动态平衡中，可能存在相互转化的现象。从表13.7可以看出，各形态氮与总氮的相关系数大小顺序为残渣态氮＞强氧化剂浸取态氮＞离子交换态氮＞强碱浸取态氮＞弱酸浸取态氮，反映了各形态氮对总氮贡献的相对大小。残渣态氮与离子交换态氮、强碱浸取态氮之间均存在极显著正相关关系，表明离子交换态氮和强碱浸取态氮均有可能在各种生物地球化学作用下不同程度地转化为残渣态氮。所研究的4种形态可转化态氮之间，弱酸浸取态氮与其他形态氮相关系数相对较低（r＜0.5），说明弱酸浸取态氮与其他形态氮的来源不同，对总氮贡献可能较小，其生物地球化学循环特征可能存在差异性；而离子交换态氮与强氧化剂浸取态氮显著相关，表明离子交换态氮与强氧化剂浸取态氮可能来源一样，空间分布特征一致，具有同样的生物地球化学循环特征，相互之间可能存在一定程度的转化。

表13.7　各形态氮之间的相关系数（杨玉玮等，2012）

	TN	IEF-N	WAEF-N	SAEF-N	SOEF-N	residual-N
IEF-N	0.671**	1				
WAEF-N	0.462**	0.403**	1			
SAEF-N	0.600**	0.695**	0.394**	1		

续表

	TN	IEF-N	WAEF-N	SAEF-N	SOEF-N	residual-N
SOEF-N	0.778**	0.450**	0.223	0.657**	1	
residual-N	0.959**	0.590**	0.454**	0.661**	0.351**	1

**在0.01水平上显著相关（双尾检验）

第三节　黄海獐子岛附近海域表层沉积物中磷的地球化学特征

一、不同形态磷的分布特征

（一）采样与分析

獐子岛海域的表层沉积物样品采集于2011年11月，共7个站位（图13.6）。其中有3个站位位于该岛的潮间带（Z1、Z2、Z3）；3个站位位于近岸海区（Z4、Z5、Z6），其中Z4和Z5分别位于海参养殖区和扇贝养殖区，Z6位于养殖区附近的海区；Z7位于獐子岛的一个外岛——褡裢岛的潮间带。海区表层沉积物使用不锈钢抓斗式采泥器采集，潮间带表层沉积物使用塑料铲采集。采样用的聚乙烯袋在采样前已在实验室用10%的HNO_3（*v/v*）浸泡48h以上，并用Milli-Q水冲洗干净。样品运回实验室后于4℃保存。

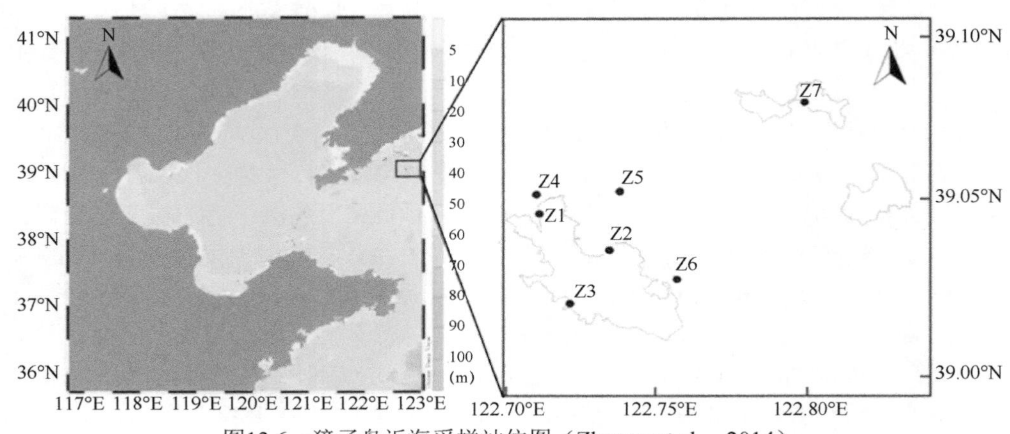

图13.6　獐子岛近海采样站位图（Zhuang et al.，2014）

沉积物样品混匀后取适量置于冷冻干燥机内冻干，研磨过200目筛，取0.1g沉积物样品放入50mL离心管，采用Ruttenberg（1992）提出的连续浸取法对样品进行了浸取，并加入铝结合态磷的浸取步骤（Gunduz et al.，2011）。各步骤间离心条件均为4000r/min离心10min。使用该方法分离提取了6种不同形态的磷，包括可交换态与松散结合态磷（Ads-P）、铝结合态磷（Al-P）、铁结合态磷（Fe-P）、自生钙磷（Ca-P）、碎屑态磷（De-P）和有机磷（OP）。总磷（TP）含量为有机磷与上述所有无机磷（IP）含量之和。磷的含量使用ICP-OES测定。

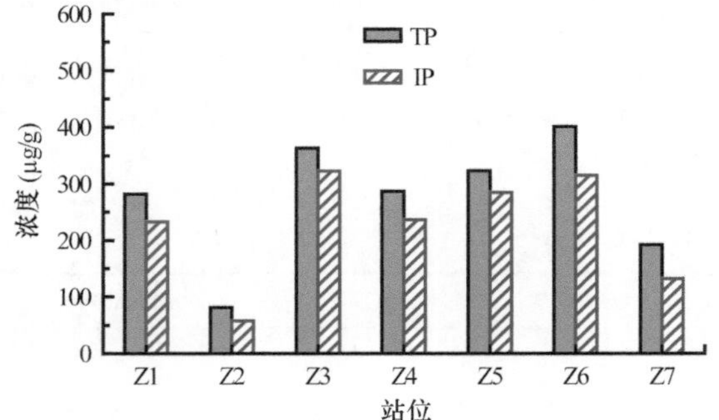

图13.7　獐子岛近海表层沉积物中TP和IP的分布（Zhuang et al.，2014）

（二）不同形态磷的分布特征

獐子岛海域表层沉积物中TP浓度范围为81.3～401.3μg/g，平均为275.6μg/g（图13.7，表13.8）。TP浓度的最高值出现在站位Z6，最低值出现在Z2。结合上一章可知，莱州湾样品中的TP平均浓度是獐子岛样品中的1.8倍。表层沉积物中IP浓度范围为58.5～323.2μg/g，平均为226.4μg/g，约占TP浓度的82.1%。IP浓度的最大值出现在站位Z3，最小值出现在Z2（图13.7）。

表13.8　獐子岛近海表层沉积物中各化学形态磷的含量（Zhuang et al.，2014）

	Ads-P	Al-P	Fe-P	Ca-P	De-P	OP	TP
最小值（μg/g）	2.2	0.6	19.8	8.6	16.3	22.8	81.3
最大值（μg/g）	34.4	18.5	49.9	96.9	203.6	85.8	401.3
平均值（μg/g）	13.1	3.6	33.0	31.4	145.4	49.1	275.6
RSD（%）	81.1	184.1	30.3	98.0	46.6	40.4	39.4
最小值（%）	2.3	0.3	9.1	3.1	20.0	11.0	
最大值（%）	9.5	5.7	27.9	24.1	65.8	31.1	
平均值（%）	4.5	1.3	13.7	11.3	49.5	19.7	

注：RSD代表相对标准偏差

獐子岛近海表层沉积物中磷的形态分布见图13.8，相关信息见表13.8。獐子岛海区表层沉积物中的Ads-P浓度比较低，浓度范围为2.2～34.4μg/g，占TP浓度的2.3%～9.5%。Al-P和Fe-P浓度范围分别为0.6～18.5μg/g和19.8～49.9μg/g，分别占TP浓度的0.3%～5.7%和9.1%～27.9%。獐子岛海区表层沉积物中Al-P的浓度高于莱州湾，其中Al-P浓度的极大值出现在站位Z5。表层沉积物中Ca-P浓度范围为8.6～96.9μg/g，占TP浓度的3.1%～24.1%。海域站位Z3、Z4和Z6的表层沉积物含有相对较高的有机碳，并且粒度相对较细，其Ca-P浓度也高于其他站位。表层沉积物中De-P浓度范围为16.3～203.6μg/g，占TP浓度的20.0%～65.8%。OP浓度范围为22.8～85.8μg/g，平均浓度为49.1μg/g，平均占TP浓度的19.7%。獐子岛海区表层沉积物中各形态磷的含量顺序为：De-P（49.5%）＞OP（19.7%）＞Fe-P（13.7%）＞Ca-P（11.3%）＞Ads-P（4.5%）＞Al-P（1.3%）。

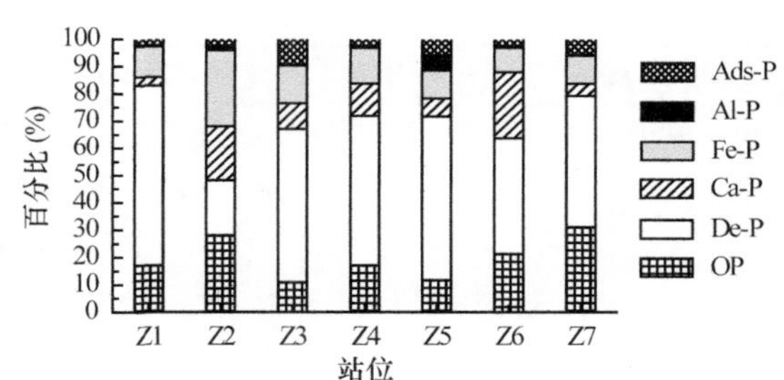

图13.8　獐子岛表层沉积物中磷的形态分布特征（Zhuang et al.，2014）

二、影响沉积物中磷分布特征的因素及磷的来源分析

（一）TP、IP和OP

总体上看，獐子岛海区表层沉积物中TP浓度比莱州湾要低得多（Zhuang et al.，2014）。莱州湾表层沉积物中较高的TP浓度是该区域复杂的地质构造、河流输入、工厂排污、农业灌溉等人类活动共同作用的结果。由于獐子岛水产养殖过程中禁止投放饲料，岛上禁止种植作物，而且獐子岛离陆地较远，因此獐子岛海区人为来源的磷含量较低，而主要为自生来源的磷，包括鱼类、贝类、浮游生物及其他海洋生物死亡后沉积的磷。

獐子岛海区表层沉积物TP浓度最高值出现在Z6，这是由于Z6在养殖区附近，沉积物粒度较细，TOC含量相对较高，因此有机磷和无机磷含量均相对较高。在潮间带区域，表层沉积物以粗粒度组分为主，因此磷含量非常低，这可能是由剧烈的水动力因素及频繁的水底输送作用所致（Łukawska-Matuszewska and Bolałek，2008）。Z2是一个典型例子，其位于潮间带区域，表层沉积物以砂为主，因此IP及OP浓度均是獐子岛区域最低的。实验结果也表明，研究区域中无机磷为总磷的主要部分，类似的研究结论也有报道（Lai and Lam，2008）。

在外来输入、沉积特征及生物效应等的联合作用下，莱州湾表层沉积物中OP含量比獐子岛海区高出许多。而獐子岛海区表层沉积物中OP占TP的比例比莱州湾高，这可能由以下几点所致：獐子岛位于比莱州湾更高的纬度地区，因此平均水温相对较低，在这种情况下，磷的积累速率较高且有机磷的降解速率比较低（Nyenje et al.，2010）；另外，獐子岛位于由以碎屑沉积物为主的内陆架向以生物沉积物为主的外陆架的过渡区（Lin et al.，2002）；獐子岛海区水产资源丰富，因此海洋生物沉积下来的有机磷比例较高。

獐子岛海区表层沉积物中TP、IP和OP含量均低于莱州湾。獐子岛离大陆较远，受人类活动影响较小，因而陆源磷输入量也较低。

獐子岛海区表层沉积物中TP和OP含量与其他文献报道的海区表层沉积物中磷的比较见表13.9。獐子岛海区TP和OP的浓度仅高于地中海东北部（NE Mediterranean Sea）、瓦登海（Waddenzee）和亚得里亚海（Adriatic Sea）；OP的浓度接近于大亚湾和北部湾南部，TP和OP的浓度比表13.9中其余已报道海区都低。另外，獐子岛海区TP、OP浓度的最高值与最低值均比文献报道中黄海其他区域相应的数值低（Hong et al.，2010）。总体而言，与文献报道的相关数值相比，獐子岛海区表层沉积物中TP与OP的浓度仅处于中下水平。

表13.9　獐子岛海区与其他文献报道的海区表层沉积物中总磷及磷的比较（Zhuang et al.，2014）

研究区域	粒度	总磷（μg/g）	有机磷（μg/g）	参考文献
獐子岛海区	砂质粉砂	81.3～401.3	22.8～85.8	Zhuang et al.，2014
东海西北部		444.2～672.4		Yu et al.，2013
渤海		346.6～688.3	32.0～216.6	江辉煌和刘素美，2013
地中海东北部		152.2～275.1	2.0～10.3	Gunduz et al.，2011
黄海西南部		278～768	160～653	Hong et al.，2010
大亚湾		286.6～386.8	29.7～72.0	何桐等，2010
北部湾南部		122.6～511.0	20.8～102.4	姜双城等，2008
格但斯克湾	黏土-粉砂-砂	54～29 672	2～16 291	Łukawska-Matuszewska and Bolałek，2008
东海		418～690	34～182	Fang et al.，2007
渤海	粉砂质黏土	310～620	21.7～217	Liu et al.，2004
北海	砂质粉砂	93～806	52.7～279	Slomp et al.，1998
塞纳湾	砂	155～651	1.55～248	Andrieux and Aminot，1997
奥胡斯湾	粉砂	930～1 550	155	Jensen and Thamdrup，1993
瓦登海	粉砂	93～155	15.5～77.5	De Jonge et al.，1993
圣劳伦斯湾		1627.5	105.4	Sundby et al.，1992
濑户内海	粉砂质黏土	496～682	186～310	Yamada and Kayama，1987
亚得里亚海	粉砂-黏土	155～217	15.5	Giordani and Astorri，1986
基尔湾	黏土质粉砂-砂	310～1 240	31～372	Balzer，1986

（二）其他形态的磷

Ads-P代表沉积物中松散结合态磷及可交换态磷等反应性磷，包括沉积物间隙水中的溶解态磷（Kaiserli et al.，2002），Ads-P会被释放进入水体（Chen et al.，2011）。本研究区域中Ads-P在表层沉积物中平均浓度很低，只比Al-P的平均浓度高，并且在采样站位之间浓度变化范围较大。沉积物的粒度也是控制Ads-P浓度的重要因素之一，沉积物粒度越细，其比表面积越大，吸附能力越强，从而可以吸附更多的Ads-P。这很好地解释了研究区域中粒度细的表层沉积物中Ads-P的含量相对较高的原因。站位Z2表层沉积物中砂含量最高，达93.1%，因此其Ads-P浓度最低，只有2.2μg/g。

Al-P和Fe-P为与Al、Fe的氧化物及它们的水合物相结合的磷，具有一定的生物可利用性。Al-P和Fe-P与人类活动密切相关，主要来源于生活污水与工业废水的排放（Jensen et al.，1995）。獐子岛海区表层沉积物中Fe-P和Al-P浓度高于莱州湾，其中在站位Z5发现了Al-P浓度的极大值，这暗示了该区域沉积物可能受到了污染，可能是受到育苗过程中废水排放的影响，但是具体原因尚不明确，需要进一步研究确定。

Ca-P主要来源于生物碎屑，其与碳酸钙或碳氟磷灰石结合后，可以沉积于间隙水中。獐子岛表层沉积物中Ca-P浓度排在各种形态磷浓度的第4位。獐子岛与莱州湾海区沉积物中Ca-P的浓度范围类似。位于养殖区附近的站位Z6表层沉积物中Ca-P浓度高于该区域其他站位，表明该区域表层沉积物中Ca-P主要来源于海洋生物碎屑。

De-P主要来源于岩浆岩和变质岩，或来自受河流强烈影响下的海底沉积物。De-P是研究区域表层沉积物中含量最高的无机磷，占TP浓度的近50%或更多，说明研究海域沉积物中具有相当高比例的碎屑磷灰石成分。这一结果与长江口、渤海、黄海其他区域及东海的研究结果类似（Rao and Berner，1997；Liu et al.，2004；Fang et al.，2007）。与莱州湾相比，獐子岛海区表层沉积物中De-P浓度及其占总磷的比例均较低。獐子岛距大陆较远，因而与莱州湾相比陆源输入的De-P较少。

沉积物中有机碳（OC）和有机磷（OP）的原子数比（OC/OP，redfield比值）是判断沉积物中有机物质来源的常用方法（Redfield et al.，1963；Anderson and Sarmiento，1994）。如果沉积物中OC/OP低于106，则沉积物中反应性磷含量高于OC，OP将被很好地保存于沉积物中。如果沉积物中OC/OP高于106，则表明沉积物中的有机物质主要来源于外源输入。除站位Z1和Z7外，其他站位表层沉积物中OC/OP均高于106，说明研究区域沉积物有机物质主要靠外源输入（图13.9）。獐子岛的有机物质主要来源于生活污水、育苗过程中的污水排放（食物残渣、粪便、颗粒物等）及船只海上作业时有机物质的溢出。

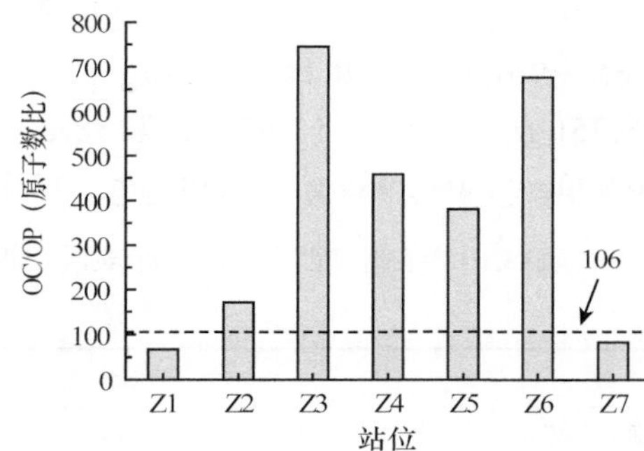

图13.9　獐子岛近海表层沉积物中OC和OP的原子数比（Zhuang et al.，2014）

獐子岛海区表层沉积物中生物可利用性磷主要包括Ads-P和OP，含量为25.0～96.9μg/g，占TP含量的17.5%～36.7%，平均占TP的24.2%，生物可利用性磷占TP的比例比莱州湾表层沉积物高。Ca-P与De-P共占獐子岛海区表层沉积物TP含量的39.9%～68.9%。沉积物中的Ca-P与De-P生物可利用性非常有限，它们通常被埋藏于近海沉积物或被搬运到远海的沉积区，很难再参与地球化学循环。

第四节　莱州湾潮间带表层沉积物重金属污染及生态风险

一、基于沉积物质量标准的评价

沉积物样品采集于2013年7月17～24日，采样站位设置见图13.10，共设18个站位，其中15个位于莱州湾西南河口沿岸的潮间带，站位A1～A3、B1～B3、C1～C3、E1～E3和F1～F3分别位于小清河口、白浪河口、虞河口、潍河口和胶莱河口的潮间带，D1～D3位于非河口潮间带上，形成6个断面，每个断面的站位分别位于高潮线、低潮线及高低潮中间线附近。用来采集、储藏及前处理样品的所有工具和材料都

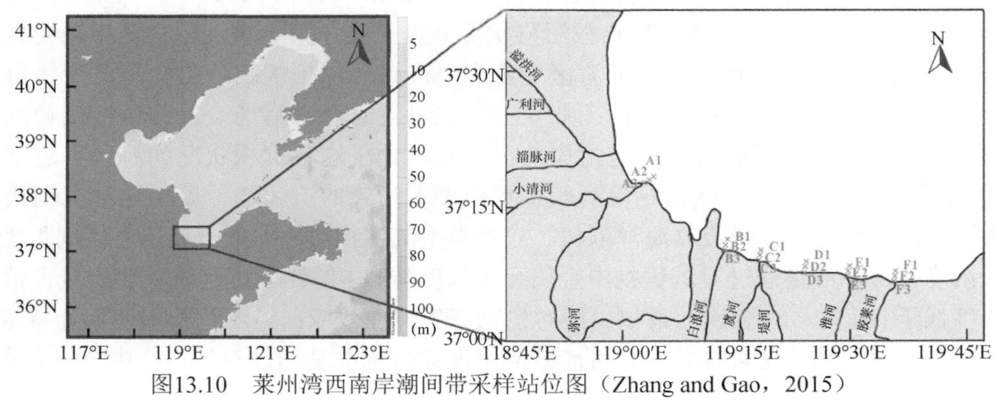

图13.10　莱州湾西南岸潮间带采样站位图（Zhang and Gao，2015）

经过仔细选择与清洗以避免对样品的人为污染。在每一个站点用PVC采样铲采集0～5cm的表层沉积物置于PVC袋中，用装有冰块的冷藏箱保存并尽快运回实验室置于冰箱中，在4℃下冷藏以备后用。

沉积物样品混匀后取适量置于冷冻干燥机内冻干，然后用行星式球磨机研磨至全部通过200目的筛子。用精密天平称取约0.1g磨好的样品，记录具体质量。将称好的样品放入聚四氟乙烯高压消解罐中，向罐内加入比例为5∶2∶1（*v/v*）的优级纯HF、HNO_3和$HClO_4$的混合液（8mL）。然后将装有样品的消解罐开口放于90℃电热板上预消解，直至不再有气冒出即为预消解完成，然后将装有样品的聚四氟乙烯罐放入不锈钢高压消解罐中，于干燥箱中在180℃下消解16h。待不锈钢消解罐冷却后将聚四氟乙烯内罐取出，放于低于100℃的电热板上进行赶酸，直至罐内液体呈黏稠滴状。将罐内溶液转移到洗好的小聚乙烯瓶中，加入2%的HNO_3（*w/w*）定容到50g左右，拧紧瓶盖后置于4℃保存待测。采用电感耦合等离子体质谱仪（ICP-MS，PerkinElmer Elan DRC Ⅱ）对目标元素进行测定。

莱州湾西南岸潮间带表层沉积物中As、Cd、Cr、Cu、Hg、Ni、Pb和Zn含量范围分别为：4.65～9.65μg/g、0.11～0.28μg/g、25.85～42.75μg/g、7.57～21.29μg/g、0.022～0.054μg/g、12.85～25.35μg/g、9.65～17.65μg/g和38.22～73.81μg/g，平均含量分别为7.10μg/g、0.19μg/g、32.69μg/g、10.99μg/g、0.039μg/g、17.38μg/g、13.37μg/g和50.63μg/g（表13.10）。

表13.10　莱州湾西南岸潮间带表层沉积物中重金属含量及与沉积物质量标准的比较（Zhang and Gao，2015）

（单位：μg/g）

		As	Cd	Cr	Cu	Hg	Ni	Pb	Zn	参考文献
莱州湾潮间带	范围	4.65～9.65	0.11～0.28	25.85～42.75	7.57～21.29	0.022～0.054	12.85～25.35	9.65～17.65	38.22～73.81	Zhang and Gao，2015
	平均值	7.10	0.19	32.69	10.99	0.039	17.38	13.37	50.63	
第一类沉积物上限值		20	0.5	80	35	0.2		60	150	国家海洋局，2002
第二类沉积物上限值		65	1.5	150	100	0.5		130	350	国家海洋局，2002
第三类沉积物上限值		93	5	270	200	1		250	600	国家海洋局，2002
临界效应浓度		7.3	0.68	52.3	18.7	0.13	15.9	30.2	124	MacDonald et al.，1996
可能效应浓度		41.6	4.2	160	108	0.7	42.8	112	271	MacDonald et al.，1996
上部大陆地壳		1.5	0.098	35	25	0.012	20	20	71	Taylor and McLennan，1995；Rudnick and Gao，2003

采用《海洋沉积物质量》（GB 18668—2002）标准、可能效应浓度（probable effects level，PEL）和临界效应浓度（threshold effects level，TEL）三种沉积物质量标准对莱州湾西南潮间带表层沉积物重金属污染进行评级（Long et al.，2000；国家海洋局，2002；Sundaray et al.，2011）。其中，《海洋沉积物质量》（GB 18668—2002）标准将海洋沉积物按污染状况分为三类：第一类沉积物是指未受任何污染的沉积物，沉积环境质量优异，处于这种状况的海区可建立海洋自然保护区及珍稀与濒危生物自然保护区、设立海水淡化工厂等与人类食用直接有关的工业企业，也可设立海水浴场及人体直接接触沉积物的海上运动或娱乐区；第二类沉积物是指受到一定污染的沉积物，处于这种沉积状况的海区可建立滨海风景旅游区和一般工业企业；第三类沉积物是指受到较严重或严重污染的沉积物，处于这种沉积状况的海区可以进行特殊用途的海洋开发作业或设立海洋港口。三种类型沉积物对应的重金属浓度区间见表13.10。

临界效应浓度评价标准是通过对沉积物中金属元素浓度与TEL的比较进行沉积物质量评价。当沉积物中金属元素浓度低于TEL时，该金属元素很少能对生物产生毒性效应；当沉积物中金属元素浓度高于TEL时，该金属元素可能对生物产生毒性效应。可能效应浓度评价标准是通过对沉积物中金属元素浓度与PEL

的比较进行沉积物质量评价。当沉积物中金属元素浓度低于PEL时，该金属元素可能不会对生物产生毒性效应；当沉积物中金属元素浓度高于PEL时，该金属元素将对生物产生频繁的毒性效应（MacDonald et al.，1996）。各种重金属对应的TEL和PEL见表13.10。

各种重金属元素在沉积物中往往产生协同毒性效应，为了评价这种联合毒性效应，人们引入平均PEL商数来评价各种金属元素联合产生毒性效应的概率（Carr et al.，1996），平均PEL商数定义为

$$\text{平均PEL商数}=\sum(C_x/\text{PEL}_x)/n \tag{13.1}$$

式中，C_x表示元素x在沉积物中的浓度测量值；PEL_x表示元素x对应的可能效应浓度（PEL）；n表示所考查金属元素的种类数。当平均PEL商数＜0.1时，产生联合毒性作用的概率为8%；当0.11＜平均PEL商数＜1.5时，产生联合毒性作用的概率为21%；当1.51＜平均PEL商数＜2.3时，产生联合毒性作用的概率为49%；当平均PEL商数＞2.3时，产生联合毒性作用的概率为73%（Long et al.，2000）。

莱州湾西南岸潮间带表层沉积物中As、Cd、Cr、Cu、Hg、Ni、Pb和Zn的含量均低于各自相应的《海洋沉积物质量》（GB 18668—2002）标准的第一类标准上限（国家海洋局，2002），说明该区域的沉积物属于第一类沉积物，该区域沉积物质量符合进行水产养殖、设立自然保护区、建立濒临灭绝生物保护区和进行旅游开发的标准（表13.10）。所研究的8种金属元素在所有采样站位表层沉积物中的含量均远远低于各自的PEL；除As、Cu和Ni外，所有站位的Cd、Cr、Hg、Pb和Zn的含量都低于其相应的TEL，表明这些元素在该区域处于相对无污染状态，基本不会对生物产生负面影响（表13.10）。由图13.11可知，各站位表层沉积物中重金属的平均PEL商数的变化范围为0.13～0.20，表明所研究的8种金属元素对生物产生联合毒性作用的概率为21%。

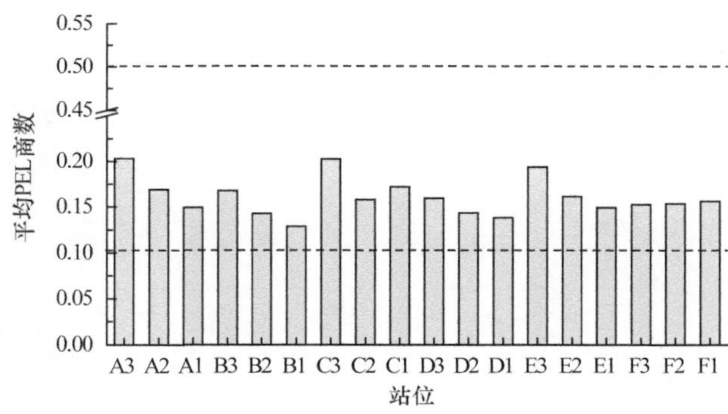

图13.11　莱州湾西南岸潮间带各站位表层沉积物中重金属的平均PEL商数（Zhang and Gao，2015）

二、基于风险评估指数的评价

（一）地积累指数

地积累指数（geoaccumulation index，I_{geo}）也是一种有效的污染评估指数，其计算公式为

$$I_{\text{geo}}=\log_2(C_n/1.5B_n) \tag{13.2}$$

式中，C_n表示沉积物样品中元素n的检测浓度；B_n表示元素n的环境背景浓度（Varol，2011）。依据金属元素地积累指数的大小，可将沉积物的受污染状况分为7个级别：①$I_{\text{geo}}\leqslant 0$，无污染；②$0<I_{\text{geo}}\leqslant 1$，无污染到中度污染；③$1<I_{\text{geo}}\leqslant 2$，中度污染；④$2<I_{\text{geo}}\leqslant 3$，中度到重度污染；⑤$3<I_{\text{geo}}\leqslant 4$，重度污染；⑥$4<I_{\text{geo}}\leqslant 5$，重度到极重度污染；⑦$I_{\text{geo}}>5$，极重度污染（Müller，1969）。由于地积累指数以全球沉积页岩中元素的平均含量为参考标准，未包含地域差异和元素形态差异，也未考虑不同金属的生物毒性强度差异，因此这种评价指标有待完善。莱州湾西南岸潮间带表层沉积物中As、Cd、Cr、Cu、Hg、Ni、Pb和Zn的地积累指数见图13.12。

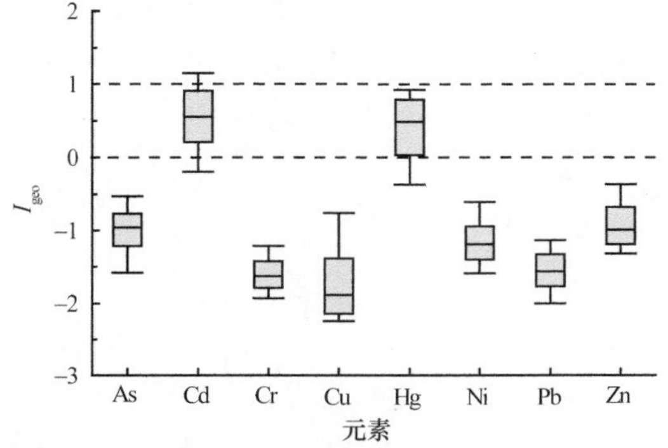

图13.12　莱州湾西南岸潮间带表层沉积物中重金属的地积累指数（I_{geo}）（Zhang and Gao，2015）

莱州湾西南岸潮间带表层沉积物中As、Cr、Cu、Ni、Pb和Zn的$I_{\text{geo}}\leqslant 0$，说明该区域沉积物中As、Cr、Cu、Ni、Pb和Zn处于无污染状态；而Cd和Hg的I_{geo}平均值位于0～1，说明该区域沉积物中Cd和Hg处于中度污染状态。

（二）富集因子

富集因子（enrichment factor，EF）是一种常用的背景值富集指数，用来评估沉积物中人为因素造成的重金属污染的程度，其计算公式为（Selvaraj et al.，2004）

$$\mathrm{EF}=\frac{(C_x/C_{\mathrm{Al}})_{\mathrm{sample}}}{(C_x/C_{\mathrm{Al}})_{\mathrm{background}}} \tag{13.3}$$

式中，C_x表示元素x在沉积物样品和上地壳中的浓度；C_{Al}表示和归一化参考元素（一般为Al）在沉积物样品和上地壳中的浓度。本研究使用Al来作为地球化学归一化参考元素，因为Al的含量可代表铝硅酸盐的含量（Alexander et al.，1993）。根据富集因子可以将沉积物分为7个等级：①EF＜1，无富集；②1＜EF＜3，轻度富集；③3＜EF＜5，中度富集；④5＜EF＜10，中重度富集；⑤10＜EF＜25，重度富集；⑥25＜EF＜50，高重度富集；⑦EF＞50，极重度富集（Acevedo-Figueroa et al.，2006）。富集因子中引入了归一化元素，包含了地域差异的信息，比地积累指数的评价更可信，但仍未考虑金属的形态及生物毒性。莱州湾西南岸潮间带表层沉积物中As、Cd、Cr、Cu、Hg、Ni、Pb和Zn的富集因子见图13.13。

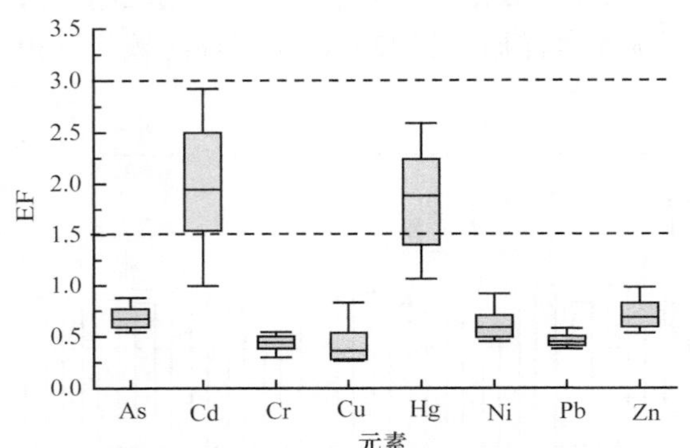

图13.13　莱州湾西南岸潮间带表层沉积物中重金属的富集因子（Zhang and Gao，2015）

莱州湾西南岸潮间带表层沉积物中As、Cr、Cu、Ni、Pb和Zn的EF＜1，说明As、Cr、Cu、Ni、Pb和Zn在该区域沉积物中无富集；而Cd和Hg的EF变化范围为1＜EF＜3，说明Cd和Hg在该区域沉积物中有轻度富集。

三、基于潜在生态风险指数的评价

沉积物中重金属的生态风险一般用潜在生态风险指数来评估，常用的潜在生态风险指数有综合潜在生态风险指数（E_{RI}）和单因子潜在生态风险指数（E_{r}^{i}）。其中，单因子潜在生态风险指数评价的是单一元素的生态风险，定义如下（Håkanson，1980）：

$$E_{\mathrm{r}}^{i}=T_{\mathrm{r}}^{i}\cdot C_{\mathrm{f}}^{i} \tag{13.4}$$

$$C_{\mathrm{f}}^{i}=C_{\mathrm{o}}^{i}/C_{\mathrm{n}}^{i} \tag{13.5}$$

式中，T_{r}^{i}表示元素i在沉积环境中的毒性响应系数，其中As、Cd、Cr、Cu、Hg、Ni、Pb和Zn的毒性响应系数分别为10、30、2、5、40、5、5和1；C_{f}^{i}表示元素i的污染系数；C_{o}^{i}表示元素i在沉积物中的检测浓度；C_{n}^{i}表示元素i的背景浓度。依据单因子潜在生态风险指数的大小，可将沉积物中某元素的污染状况分为5个级别：①$E_{\mathrm{r}}^{i}\leqslant 40$，低生态风险；②$40<E_{\mathrm{r}}^{i}\leqslant 80$，中生态风险；③$80<E_{\mathrm{r}}^{i}\leqslant 160$，中高生态风险；④$160<E_{\mathrm{r}}^{i}\leqslant 320$，高生态风险；⑤$E_{\mathrm{r}}^{i}>320$，极高生态风险。

综合潜在生态风险指数的公式为（Håkanson，1980）

$$E_{\mathrm{RI}}=\sum_{i=1}^{n}E_{\mathrm{r}}^{i}=\sum_{i=1}^{n}T_{\mathrm{r}}^{i}\cdot C_{\mathrm{f}}^{i} \tag{13.6}$$

根据综合潜在生态风险指数可以将沉积物分为4个等级：①$E_{\mathrm{RI}}\leqslant 150$，低风险；②$150<E_{\mathrm{RI}}\leqslant 300$，中等风险；③$300<E_{\mathrm{RI}}\leqslant 600$，高风险；④$E_{\mathrm{RI}}>600$，极高风险。

潜在生态风险指数将重金属的总量、背景值、生物毒性强度都作为评价指标来考虑，与上述其他评估方法相比有了一定改进，但却仍未将重金属的形态加入到评估指标中。莱州湾西南岸潮间带表层沉积物中As、Cd、Cr、Cu、Hg、Ni、Pb和Zn的潜在生态风险指数见图13.14。

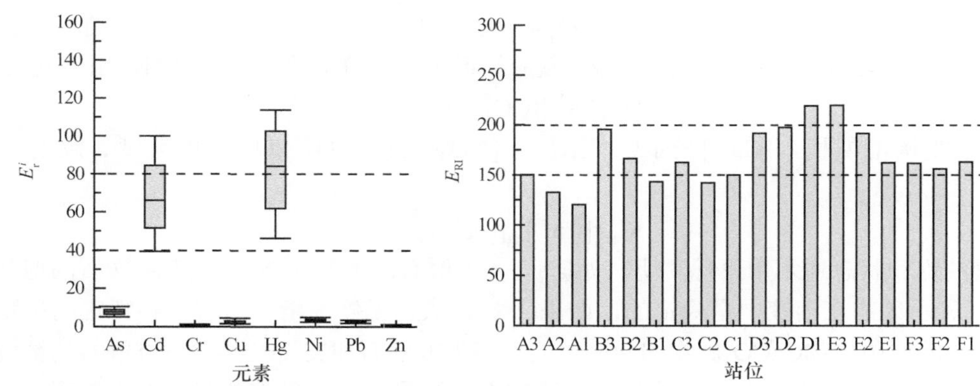

图13.14　莱州湾西南岸潮间带表层沉积物中重金属的潜在生态风险指数（E_r^i）和综合潜在生态风险指数（E_{RI}）（Zhang and Gao，2015）

莱州湾西南岸潮间带表层沉积物中As、Cr、Cu、Ni、Pb和Zn的$E_r^i \leqslant 40$，说明As、Cr、Cu、Ni、Pb和Zn在该区域沉积物中处于低风险状态；而Cd和Hg的E_r^i变化范围为$40 < E_r^i \leqslant 160$，说明Cd和Hg在该区域沉积物中处于中到中高风险状态。大约有60%站位的$E_{RI} \leqslant 150$，说明所考查金属在这些站位呈现低综合生态风险，其余约40%站位的E_{RI}范围为$150 < E_{RI} \leqslant 300$，说明所考查的8种金属在这些站位呈现中等综合生态风险。

第五节　海洋酸化对生源要素和痕量金属元素地球化学循环的影响

一、生源要素地球化学循环对海洋酸化的响应

（一）碳的响应

1. 一般碳化学

针对海水中$CaCO_3$的研究早在19世纪初就已经开始，直到20世纪中后期才得到重视（Takahashi，1961；Craig and Turekian，1980；Brewer et al.，1985），但研究深度远不如今天。当时虽然已有研究者认识到海洋表层的$CaCO_3$或多或少地与其上空大气中的CO_2存在某种平衡，但大都忽视了$CaCO_3$变化对海洋生态环境的影响。海洋酸化一个最直接的后果是引起海洋碳酸化学系统的变化（Zeebe，2012）。海水中的碳化学反应包括以下一系列的平衡过程：

$$CO_{2(atmos)} \longleftrightarrow CO_{2(aq)} + H_2O \leftrightarrow H_2CO_3 \longleftrightarrow H^+ + HCO_3^- \longleftrightarrow 2H^+ + CO_3^{2-}$$

海洋表层的CO_2通过一定时段的海-气界面交换与大气中的CO_2保持动态平衡（或达到准平衡状态），CO_2一旦溶解到海水中，就会与水反应生成H_2CO_3，H_2CO_3离解出H^+并产生碳酸氢根（HCO_3^-）和碳酸根（CO_3^{2-}）离子。在海水中上述反应是可逆的，并且接近于平衡（Millero et al.，2002）。在具有高浓度CO_3^{2-}或其他能参与酸碱反应的酸根离子（如硼酸根、磷酸根、硅酸根等）的海水或其他溶液中，相对简单的平衡方程可以引发复杂的酸碱缓冲关系。在现代海洋中，这种平衡的最终结果是：绝大部分的碳酸盐以碳酸氢盐（HCO_3^-）的形式存在；海水的平均pH保持在8左右。对表层海水而言，由于pH保持在8.1左右，因此大约90%的无机碳以HCO_3^-形式存在，约9%为CO_3^{2-}，只有约1%是溶解态的CO_2。大气中CO_2含量的增加使得海水中溶解态CO_2、HCO_3^-及H^+浓度增加，进而使海水pH降低；而H^+浓度的增加，则会引起海水中CO_3^{2-}浓度降低。在21世纪的海洋环境中，海水pH每降低0.3～0.4个pH单位，大约相当于H^+浓度增加150%、CO_3^{2-}离子浓度降低50%（Campbell and Fourqubean，2014）。当表层海水的$CaCO_3$饱和状态低于海洋生物所对应的矿物比例时，酸化开始直接影响生物生长。海洋酸化对地球化学最主要的影响之一就是增加了海水中$CaCO_3$矿物的溶解性。也就是在一定程度上，海水中CO_2的增加导致更多的$CaCO_3$矿物溶解，平衡过程如下：

$$CaCO_3 \longleftrightarrow CO_3^{2-} + Ca^{2+}$$

$CaCO_3$的形成和溶解速率受饱和状态（Ω，碳酸钙抵制自身溶解的能力）控制，用下式表示：

$$\Omega = [Ca^{2+}][CO_3^{2-}]/K'_{sp} \quad (13.7)$$

式中，K'_{sp}表示平衡溶度积，$[Ca^{2+}]$表示Ca^{2+}浓度，$[CO_3^{2-}]$表示CO_3^{2-}浓度，由盐度、温度、压力等因素决定：

$$K'_{sp} = [Ca^{2+}]_{sat}[CO_3^{2-}]_{sat} \quad (13.8)$$

特定矿物的饱和状态通常用下标注明，如Ω_{Ar}表示方解石的饱和状态，Ω_{Ca}表示文石的饱和状态。一般来说，$\Omega>1$，表示矿物在溶液中是稳定的，如果$\Omega<1$，表示矿物易溶解。每一种特定的矿物都有不同的溶解度，例如，海水中生物$CaCO_3$矿物的两种主要形态为方解石和文石。其中，方解石的溶解度高于文石（Mucci，1983），这意味着方解石矿物比文石矿物更易溶解，即使在pH相对高的水溶液里，方解石矿物也会很不稳定（Riebesell et al.，2010）。然而，有些文石矿物的Ca^{2+}会被Mg^{2+}取代，形成所谓的镁文石矿物，这种矿物比方解石更易溶解。虽然人们已经对酸化引发的海洋中一般碳化学变化进行了较深入的研究，但关于酸化对地球碳循环中关键环节如生物泵、碳酸盐泵等的影响研究还相当匮乏。

2. 生物泵

生物泵是指将碳从海洋表层转移到深层的一系列生物驱动过程（De La Rocha，2006）。表层碳在初级生产过程中转化为有机质（OM），一定比例的碳通过颗粒有机物（POM）的重力沉降、浮游动物（如桡足类）的垂直迁移或通过溶解性有机物（DOM）的平流和混合过程到达深海。这些POM包括浮游植物、有机质和无机质组成的骨料碎屑、浮游动物的粪球和尸体或是极少存在的更大动物如鲸鱼的粪便和尸体碎屑（Stockton and Delaca，1982；Turner，2002；Honjo et al.，2008）。由于这些有机粒子在沉降过程中的再矿化，生物泵的净效果是减少海洋表层的总碳（增加pH），而海洋深层的总碳增加（降低pH）。生物泵同样会作用于许多其他参与生物循环的元素，如硅、磷、氮和部分金属元素。从海洋酸化的角度看，影响生物泵的物质除$CaCO_3$之外，最重要的就是POM和DOM，由于POM和DOM与海洋中的腐殖质密切相关，酸化势必会影响海洋中POM和DOM的分布、含量及形态。但是关于POM和DOM对海洋酸化响应的研究还鲜有报道，这方面的研究非常值得重视。POM和DOM是海洋中很多初级生产过程的物质基础，研究海洋酸化对两者的影响，对人们认识和治理海洋酸化有重要意义。

3. 碳酸盐泵

通过海洋生物形成骨骼或硬质保护壳来沉积海水中的$CaCO_3$，称为碳酸盐泵。这种碳泵受表层浮游生物钙化和随后的$CaCO_3$迁移的控制（Volk and Hoffert，1985），但底栖生物和中层生物的$CaCO_3$生产也发挥了十分重要的作用。碳酸盐泵能与海洋酸化一起对海洋碳系统产生协同作用，每一个$CaCO_3$分子的沉积，伴随着一个CO_3^{2-}和一个Ca^{2+}从海水中析出，这意味着海水中总碱度和总碳含量是以2∶1的比例减少的。海水中$CaCO_3$矿物的稳定性强烈依赖于相关生物骨骼或壳的性质及这些生物保护骨骼或壳的合成效率（Wootton et al.，2008）。然而，从地球化学的角度讲，在$\Omega<1$的情况下，海水中直接暴露或没有外部保护的$CaCO_3$矿物在热力学上是不稳定的，这种情况下，$CaCO_3$将更容易溶解。然而，关于海洋酸化与碳酸盐泵相互作用的研究也很少，开展这方面的研究能够增进人们对钙化生物和碳循环受海洋酸化影响的了解。

很多海洋生物需要从海水中获取$CaCO_3$作为原材料来构筑它们的坚硬外壳或骨骼（Roleda et al.，2012）。由于能影响（至少在某种程度上）这些生物的机体构筑过程，海水碳化学是这些生物生长的重要环境参数，对于那些壳外没有有机保护层的生物，碳化学还能影响其壳的溶解速率（Lischka et al.，2011）。对大型异养多细胞海洋生物来说，只有保证细胞外液（包括血浆、组织液、淋巴等）与海水保持一定的CO_2浓度梯度，才能保证有效的呼吸作用。这些生物细胞外液中的二氧化碳分压（pCO_2）为

1000～4000μatm①，高于海水的平均pCO_2。为了保持稳定的CO_2交换，海水pCO_2的增加必将导致这些生物体液中pCO_2的等量增加（Melzner et al.，2013）。体液pCO_2的增加，主要通过以下两种机制影响海洋生物的生理活动：①在体液中聚集大量的HCO_3^-以保持较高的pH，如硬骨鱼、头足类动物和许多甲壳类动物；②不聚集HCO_3^-使体液pH大幅下降（Seibel and Walsh，2003；Melzner et al.，2009）。在短期和中长期实验中发现，这两种机制都能引发疾病（Melzner et al.，2013），所以pH的降低和pCO_2的增加能对大型异养多细胞生物产生实质性影响，而这些生物的生存状态也能反过来影响海洋中的碳化学系统，但这方面的研究也显得十分不足。

（二）氮的响应

海洋酸化不会改变海水中无机氮的主要存在形态，即N_2、NO_3^-和NO_2^-的存在形态。但氨（NH_3）是一种弱碱（pH≈9.2），在海水中与其共轭酸（NH_4^+）保持平衡（Clegg and Whitfield，1995），海洋酸化将促使这种平衡向NH_4^+相对丰度增加的方向移动，进而导致NH_3的海-气界面交换通量减少。这种过程就会对无机氮在海水中的存在形态产生一定影响，但这方面的研究具有较难的操作性，至今还未见开展；对于酸化是否会影响海洋中有机氮的形态，至今也未见报道。在某些特定海区，特别是在氮限制海区，这方面的研究值得关注。关于海洋酸化对氮形态影响的研究，可以为人们认识酸化与富营养、赤潮等环境问题之间的相互作用提供理论支撑。

硝化作用是氮循环的重要环节，其效率能直接影响氮的生物地球化学循环。对某些海区的调查研究表明，海水pH降低能导致硝化速率降低（Beman et al.，2011），这是由于氨氧化细菌和氨氧化古生菌都以NH_3为模板进行繁殖（Martens-Habbena et al.，2009）。也有报道指出，某些海区的氨氧化细菌和氨氧化古生菌的丰度及季节变化与NH_4^+浓度密切相关（Christman et al.，2011）。表层海水pH降低将减缓水体的硝化作用，导致NH_4^+浓度增加、NO_3^-浓度降低，进而促使浮游植物群落向那些依赖NH_4^+的微小生物转化。对于那些能吸收更多NO_3^-的生物，如大型硅藻，海水pH的降低也是不利的，这可能导致整个食物链的改变（Beman et al.，2011）。沉积物的反硝化作用主要发生在大陆边缘（Christensen et al., 1987），所以海岸带区域对全球的反硝化作用贡献巨大。沉积物的反硝化速率随深度增加而减小，并与该区域的初级生产力和有机物通量密切相关（Koike and Hattori，1979；Devol et al.，1997；Chang and Devol，2009）。海水中的反硝化作用相对于沉积物的反硝化作用显得微不足道（Kaltin and Anderson，2005；Lehmann et al.，2005），海洋酸化表面上不会直接影响反硝化作用，但一些模拟研究预测，全球范围内低氧水域面积的增加，能促进反硝化作用（Schmittner et al.，2008），而低氧可能与海洋酸化有直接关系。这些报道都表明海洋酸化能影响硝化和反硝化作用，但相关研究还显得极为不足。

生物对于氮的捕捉和固定作用，也可能受海洋酸化的影响。针对固氮蓝藻的研究发现，在高CO_2浓度条件下，蓝藻的固氮速率增加（Hutchins et al.，2007）。目前人们普遍认为固氮不是氮循环的重要组成部分，但在特定的区域，固氮可能起着关键作用。然而关于海洋酸化对固氮速率影响的研究还比较少见，针对特定区域的相关研究还未开展。

（三）磷的响应

由于磷酸盐在pH为7.5～8.1时主要以磷酸氢根离子（HPO_4^{2-}）形式存在，因此海洋酸化对磷酸盐赋存形态只有很小的影响。海洋酸化是否影响生物对无机磷的吸收至今还没有报道。然而，酸化可能通过影响磷酸盐颗粒的活性及沉积物对磷的吸附/解吸过程，来影响生物对磷的利用及磷的地球化学循环。此外，有研究表明，pH能对溶解性有机磷化合物（DOP）的水解产生影响（Price and Morel，1990），也能影响很多磷酸酶的作用过程（Yamada and Suzumura，2010），某些碱性磷酸酶的活性随pH降低而降低（Kuenzler and Perras，1965）。在全球的某些特定海区，DOP的浓度可能非常高（Simpson et al.，

① 1atm=1.013 25×10^5Pa

2008），但目前还没有报道表明海洋酸化能强烈影响浮游植物或细菌对溶解性无机磷化合物（DIP）和DOP的吸收，相关方面的研究工作还有待深入开展。

（四）硅的响应

硅（Si）在海水中的主要存在形式是硅酸（$Si(OH)_4$），因此，海洋酸化对其存在形态的影响也很小。相关研究表明，pH的变化不会影响硅藻对Si的吸收速率（Milligan et al.，2004）；在设定不同pCO_2的围隔实验中，也发现了同样的现象，即在不同围隔中硅的利用率大致相同（Findlay et al.，2008）。然而，在养殖实验中发现，pH降低使细胞中Si的流失增多，导致水环境中硅碳摩尔比（Si：C）升高。而且有研究发现海洋酸化还能导致某些硅藻中Si的溶出速率增加（Milligan et al.，2004），这种过程可能会降低海水中颗粒物质的质量，导致矿化速率更快和更多的营养物质转移到表层，与海洋酸化使颗粒物质中的$CaCO_3$成分更易溶解一样，Si的大量溶出，也能导致生物泵的效率降低，减小能到达底栖生物群落的物质通量（De Jesus Mendes and Thomsen，2012）。

所有的相关研究增强了人们的一个共同认识，即海洋酸化能影响生源要素的循环。然而，人们关于海洋酸化引发海洋生态系统中生源要素形态和功能变化的知识还相当匮乏。因此，研究海洋酸化对生源要素分布及其赋存形态等的影响与作用机制，以及它们在未来高浓度CO_2海洋环境中的地球化学特征是非常必要的。

二、痕量金属元素地球化学循环对海洋酸化的响应

（一）金属无机物

据基础化学知识，海洋酸化会直接影响有H^+或OH^-参与的任何化学反应，所以pH变化会改变所有参与水合反应的元素的存在形态。物理化学家已经在简单的盐溶液中对痕量金属元素的无机存在形态进行了广泛的研究，并获得了比较全面的认知；在更复杂的实际海水介质中，痕量金属元素的无机存在形态需要用比萨方程（Pitzer，1973）来描述，已有相关综述详细总结了天然水中痕量金属元素的无机存在形态（Turner et al.，1981；Byrne et al.，1988）。Millero等（2009）和Byrne（2010）的研究表明，主要以氢氧化物或碳酸盐形式存在于海水中的痕量金属元素的迁移转化对pH降低和CO_2浓度升高所产生的影响相当敏感。尽管既有研究在这一领域已经获得了一些重要的科学成果，但相对于海水中所存在的大量的金属元素及其赋存形态来说，相关认知极为不足。

颗粒态的金属无机物，如金属氧化物、氢氧化物、碳酸盐等，是海洋中金属无机物的主要组分，也是海洋生物赖以生存的重要物质基础，其理化活性及生物可利用性与海水酸度密切相关，且其对痕量金属的吸附/解吸作用也与海水酸度密切相关。但关于海洋酸化对颗粒态金属无机物理化活性、生物可利用性及其对痕量金属的吸附/解吸作用等影响的研究还鲜有开展，相关方面的研究应该成为海洋中金属元素酸化响应研究的重点方向。

（二）金属有机物

痕量金属元素的赋存形态与其生物可利用性之间关系的研究，是一个正在进行并蓬勃发展的研究领域。但海洋酸化对痕量金属有机赋存形态及其生物可利用性的影响不可能用简单的模型直接评估。人们对这些金属有机配合物在海水中如何才能稳定存在知之甚少，但有一点可以肯定，那就是它们会受pH变化的影响。根据基础化学知识，由于氢离子（H^+）与金属离子（M^+）竞争相同的配位点，因此海洋酸化可能会使海水中自由金属离子的浓度增加，平衡过程如下：

$$M^+ + HL \longleftrightarrow ML + H^+$$

然而，实际上上述过程由诸多因素控制，其中最主要的是配体的酸解离常数和该金属有机配合物的条件稳定常数（条件稳定常数考虑了海水中其他组分与配体之间的反应）。Shi等（2012）的研究表明，

在含有人工络合剂EDTA的介质中，Fe对于硅藻生长的生物可利用性随pH降低而降低，但他们同时也指出，在所预测的海洋酸化pH变化范围内，pH变化对天然海水中Fe的生物可利用性影响很小。其他一些实验数据表明浮游植物对Fe的吸收受配合物的氧化还原电位控制（Maldonado and Price，2001；Morel and Kustka，2008）。有机铁配合物的氧化还原电位不仅与其热力学稳定性有关，还受环境pH的影响（Spasojevic et al.，1999；Harrington and Crumbliss，2009）。然而，目前关于海水中能与铁络合的络合剂的性质等相关信息还很缺乏，所以要评估海洋酸化对有机铁络合物赋存形态及其生物可利用性的影响是非常困难的。

同样，人们对其他痕量金属元素的有机络合物受pH变化影响的规律也知之甚少。有研究者考查了pH变化对近岸海水中有机铜络合物的影响，发现pH为7～8时Cu的形态变化很小（Louis et al.，2009）。有研究表明，在发生酸化的海水中Cr和Zn的生物可利用性降低（Xu et al.，2012）。这些研究者认为他们的研究结果与海水中存在弱络合剂有关。由于很多海区的痕量金属主要来源于河流，因此高CO_2浓度和低pH对河流系统的影响也值得引起重视。Granéli和Haraldsson（1993）在一项针对波罗的海的研究中考查了河流痕量金属的酸浸出在有害藻华（harmful algal blooms, HABs）中所起的作用。Granéli和Moreira（1990）的研究表明，河流中腐殖质含量的变化在浮游植物群落在硅藻占优转变为甲藻占优的过程中发挥了一定作用，而腐殖质含量与pH有关。

海洋酸化和pCO_2的增加还可能会影响浮游植物对金属营养盐的需求。有研究表明，高pCO_2能影响细胞中金属的含量，相关的研究主要针对Fe（Milligan et al.，2009）、Cr（Cullen et al.，1999；Cullen and Sherrell，2005）和Zn（Sunda and Huntsman，2005）开展，而针对其他元素的相关研究还未见开展。因此，开展关于海洋酸化对痕量金属有机赋存形态的研究，将为人们认识痕量金属元素在海洋酸化条件下的生物可利用性提供更多基础数据信息。

（三）金属的氧化-还原态

对于很多生物所必需的痕量金属元素而言，不同的氧化还原形态表现出完全不同的反应活性、生物可利用性和毒性。在多数情况下，pH是氧化还原过程的关键动力学常数，如O_2和H_2O_2对亚铁［Fe(Ⅱ)］的氧化，以及O_2和H_2O_2对一价铜［Cu(Ⅰ)］的氧化，这些过程都会受pH变化的影响（Millero，1989；Sharma and Millero，1989；González-Dávila et al.，2005，2009；Santana-Casiano et al.，2005）。海洋酸化对Fe和Cu氧化还原过程影响的总结果是使还原态铁［Fe(Ⅱ)］和还原态铜［Cu(Ⅰ)］的氧化过程减缓，这可能增加Fe和Cu的生物可利用性，特别是对Fe来说，还原态的Fe(Ⅱ)比氧化态的Fe(Ⅲ)的溶解度高得多。一项围隔实验研究证实了降低pH能使Fe(Ⅱ)浓度增加（Breitbarth et al.，2010），而且热力学不稳定组分能在海水中保持一定浓度，其中溶解氧浓度的降低也起着重要作用。低pH与低溶解氧浓度的共同作用能够促使易发生氧化还原反应的金属（如Fe、Mn和Co）和营养盐（如金属氧化物析出的P）从沉积环境向水体转移的通量增加（Ardelan and Steinnes，2010）。然而，关于这些方面的研究也显得极为不足，针对海洋酸化对金属的氧化还原形态影响的研究有待进一步开展。

三、海岸带生源要素和金属元素对海洋酸化的响应

海岸带可能是最早出现酸化迹象的区域。除溶解大气中的CO_2外，海岸带的其他过程也是引发酸化的重要原因，例如，与近岸富营养化相关的微生物呼吸作用能与大气中的CO_2产生协同作用，加剧近岸海域的酸化（Cai et al.，2011）；化石燃料燃烧和工农业生产所产生的活性氮（N）、硫（S）的沉降，也能增加近岸海域的酸度（Doney et al.，2007）；低碱度（相对于海水）河水的注入，使近岸海域的碱度降低，进而影响海水与沉积物的相互作用或物质交换（Salisbury et al.，2008）；对陆源有机物的氧化引发海岸带pH降低和碳循环的变化（Gattuso et al.，1998）；当潮汐处于低潮位时，各种生物的呼吸作用使潮间带的pCO_2提高。以上这些因素的共同作用导致海岸带更容易发生酸化，同时也表现出更严重的酸化迹象。在

其他地区，如加利福尼亚环流系统中，研究发现酸化与海水季节溶胀关系密切（Feely et al.，2008；Hauri et al.，2013）；由于自然适应过程，北太平洋的文石饱和线相对较浅，对大气CO_2的吸收和海水的溶胀环流，可能使文石饱和线提高到海洋表面。这些海区的海水pCO_2可达1100μatm（Feely et al.，2008）。虽然溶胀环流的多变性和大尺度涡漩的形成使不同海区表现出不同的酸化迹象，但在可预见的未来加利福尼亚环流系统表层海水中的文石将长久处于不饱和状态（Hauri et al.，2013），而北美洲西海岸的其他环流系统也可能正处在这种酸化风险中（Wootton et al.，2008；Hauri et al.，2013）。这些都是海岸带酸化的实例。

对海岸带酸化的研究发现，海岸带的很多生物已经经历了对海洋酸化的适应过程（Sedercor et al.，2013；Aberle et al.，2013），这可能让海岸带区域成为研究海洋酸化响应的热点区域，特别是潮间带的潮汐涨落可以为研究海洋生态系统短期pH和pCO_2变化响应提供理想场所（Hofmann and Todgham，2010）。海岸带陆架和大陆坡生态系统中海胆的生物钙化是海洋碳循环的重要碳源，海岸带酸化必将影响海胆的生物钙化速率，进而影响碳循环（Lebrato et al.，2010）；海岸带的营养盐循环也将受到酸化影响，例如，酸化通过改变微生物的降解速率改变营养盐的含量和分布（Swanson and Fox，2007）。但是人们关于酸化引发海岸带生源要素和痕量金属元素生物地球化学性质变化的知识还很缺乏，这势必影响人类对海洋酸化认识的进程。

大量研究已经证实海洋正在酸化，人们也认识到海洋酸化能影响海水的化学性质，进而可能影响整个生态系统和生物地球化学循环。毫无疑问，随着大气CO_2浓度升高，海洋表层pH将降低，海水中碳酸盐的存在形态也将发生变化。由于人类活动频繁，近岸海域（海岸带）对海洋酸化最为敏感，将有可能首先出现地质酸化的现象，并率先突破某些地球化学阈值。所以开展海洋酸化对近岸海域海水和沉积物中生源要素与痕量金属元素赋存形态影响的研究，对完善人们对海洋酸化的认识有重要意义。

四、展望

国内外关于海洋酸化的研究，大多是考查不同生物对海洋酸化的响应或酸化对海洋生物生长发育的影响，而对海洋生态系统物质基础的生源要素和痕量金属元素的酸化响应的研究还很少，虽然人们已经对海洋酸化引发的海洋中的一般碳化学变化进行了较深入的研究，但关于海洋酸化对碳循环中关键环节如生物泵、碳酸盐泵等影响的研究还相当匮乏。POM和DOM是影响生物碳泵效率的重要物质，也是海洋中很多初级生产过程的基础物质，但是关于POM和DOM对海洋酸化响应的研究还鲜有报道，研究海洋酸化对其的影响，对人们认识和治理海洋酸化有重要意义。海洋酸化能对大型异养多细胞生物产生实质影响，而这些生物的生存状态也能反过来影响海洋中的碳化学系统，开展这方面的研究能够增进人们对钙化生物和碳循环受海洋酸化影响的了解。

开展关于海洋酸化对氮形态、硝化作用及固氮作用等影响的研究，可以为人们认识海洋酸化对氮的生物地球化学循环和生物可利用性等的影响，以及海洋酸化与富营养、赤潮等环境问题之间的相互作用提供理论支撑。开展关于海洋酸化对痕量金属赋存形态的研究，必将为人们认识痕量金属元素在海洋酸化条件下的生物可利用性提供基础数据信息。

总之，人们关于海洋酸化引发海洋生态系统中生源要素和痕量金属元素形态及功能变化的知识还相当匮乏。因此，研究海洋酸化对生源要素和痕量金属元素分布及赋存形态等的影响与作用机制，以及它们在未来高浓度CO_2海洋环境中的地球化学特征是非常必要的。研究结果可为人类认识和预知未来的海洋生态环境提供基础数据参考。

由于很多海区的痕量金属主要来源于河流，因此高CO_2浓度和低pH对河流系统中生源要素与金属元素的影响也值得引起重视。

海洋酸化响应实验大多在实验室模拟条件下进行，难以反映实际环境中的真实状况，应该设计或采用更贴近实际环境的研究方法，而可控围隔实验是海洋酸化研究较可行的方法；海洋酸化实验应该尽可能在原地进行，并设计更长的时间跨度；海洋酸化研究应针对每一个独特的栖息地、独特的生态系统或独特的生物群落，以确定未来海洋酸化对它们的潜在影响。

参考文献

戴纪翠. 2007. 胶州湾百年来沉积环境演变与人类活动影响信息指标的提取. 中国科学院大学博士学位论文.

戴纪翠, 宋金明, 李学刚, 等. 2007. 胶州湾沉积物中氮的地球化学特征及其环境意义. 第四纪研究, 27(3): 347-356.

高学鲁, 陈绍勇, 马福俊, 等. 2008. 南沙群岛西部海域两柱状沉积物中碳和氮的分布和来源特征及埋藏通量估算. 热带海洋学报, 27(3): 38-44.

国家海洋局. 2002. 海洋沉积物质量(GB 18668—2002). 北京: 中国标准出版社.

何桐, 谢健, 余汉生, 等. 2009. 大亚湾表层沉积物中氮的形态分布特征. 热带海洋学报, 28(2): 86-91.

何桐, 谢健, 余汉生, 等. 2010. 大亚湾表层沉积物中磷的形态分布特征. 中山大学学报, 49(6): 126-131.

胡世雄, 齐晶. 2000. 海河流域入海河口萎缩及其对洪灾的影响. 海河水利, (1): 11-13.

江辉煌, 刘素美. 2013. 渤海沉积物中磷的分布与埋藏通量. 环境科学学报, 31(1): 125-132.

姜双城, 郑爱榕, 林培梅. 2008. 北部湾南部沉积物中磷的形态特征及环境意义. 厦门大学学报, 47(3): 438-444.

焦立新. 2007. 浅水湖泊表层沉积物氮形态特征及在生物地球化学循环中的功能. 内蒙古农业大学硕士学位论文.

李学刚. 2004. 近海环境中无机碳的研究. 中国科学院大学博士学位论文.

李学刚, 李宁, 宋金明. 2004. 海洋沉积物中不同结合态无机碳的测定. 分析化学, 32(4): 425-429.

梁淑轩, 贾艳乐, 闫信, 等. 2010. pH值对白洋淀沉积物氮磷释放的影响. 安徽农业科学, 38(36): 20859-20862.

吕晓霞, 宋金明, 袁华茂, 等. 2004. 南黄海表层沉积物中氮的潜在生态学功能. 生态学报, 24(8): 1635-1643.

马红波, 宋金明, 吕晓霞. 2002. 渤海南部海域柱状沉积物中氮的形态与有机碳的分解. 海洋学报, 24(5): 64-70.

马红波, 宋金明, 吕晓霞, 等. 2003. 渤海沉积物中氮的形态及其在循环中的作用. 地球化学, 32(1): 48-54.

牛丽凤, 李学刚, 宋金明, 等. 2006. 辽东湾柱状沉积物中无机碳的形态. 海洋科学, 30(11): 17-22.

宋金明. 2004. 中国近海生物地球化学. 济南: 山东科技出版社.

谭镇, 钟萍, 应文晔, 等. 2005. 惠州西湖底泥中氮磷特征的初步研究. 生态科学, 24(2): 318-321.

万国江, 白占国, 王浩然, 等. 2000. 洱海近代沉积物中碳-氮-硫-磷的地球化学记录. 地球化学, 29(2): 189-197.

王飞. 2004. 黄河口无机碳的时空分布及其输送通量. 中国海洋大学硕士学位论文.

王晓亮. 2005. 黄河口无机碳输送行为研究. 中国海洋大学硕士学位论文.

王允周，高学鲁，杨玉玮. 2011. 渤海湾北部和西部海域表层沉积物中无机碳形态研究. 海洋科学, 35(2): 52-57.

杨玉玮, 高学鲁, 李培苗. 2012. 烟台四十里湾柱状沉积物氮形态地球化学特征. 环境科学, 33(10): 3449-3456.

杨作升, 范德江, 郭志刚, 等. 2002. 东海陆架北部泥质区表层沉积物碳酸盐粒级分布与物源分析. 沉积学报, 20(1): 1-6.

Aberle N, Schulz K G, Stuhr A, et al. 2013. High tolerance of microzooplankton to ocean acidification in an Arctic coastal plankton community. Biogeosciences, 10(3): 1471-1481.

Acevedo-Figueroa D, Jiménez B D, Rodríguez-Sierra C J. 2006. Trace metals insediments of two estuarine lagoons from Puerto Rico. Environmental Pollution, 141(2): 336-342.

Alexander C R, Smith R G, Calder F D, et al. 1993. The historical record of metal enrichments in two Florida estuaries. Estuaries, 16(3): 627-637.

Anderson L A, Sarmiento J L. 1994. Redfield ratios of remineralization determined by nutrient data analysis. Global Biogeochemical Cycles, 8(1): 65-80.

Andrieux F, Aminot A. 1997. A two-year survey of phosphorus speciation in the sediments of the Bay of Seine (France). Continental Shelf Research, 17(10): 1229-1245.

Ardelan M V, Steinnes E. 2010. Changes in mobility and solubility of the redox sensitive metals Fe, Mn and Co at the seawater-sediment interface following CO_2 seepage. Biogeosciences, 7(2): 569-583.

Balzer W. 1986. Forms of phosphorus and its accumulation in coastal sediments of Kieler Bucht. Ophelia, 26(1): 19-35.

Brunnegard J, Grandel S, Stahl H, et al. 2004. Nitrogen cycling in deep-sea sediments of the Porcupine Abyssal Plain, NE Atlantic. Progress in Oceanography, 63(4): 159-181.

Beman J M, Chow C E, King A L, et al. 2011. Global declines in oceanic nitrification rates as a consequence of ocean acidification. Proceedings of the National Academy of Sciences of the United States of America, 108(13): 208-213.

Breitbarth E, Bellerby R J, Neill C C, et al. 2010. Ocean acidification affects iron speciation during a coastal seawater mesocosm experiment. Biogeosciences, 7(3): 1065-1073.

Brewer P G, Sarmiento J L, Smethie W M. 1985. The Transient Tracers in the Ocean (TTO) program: the North Atlantic Study, 1981; the Tropical Atlantic Study, 1983. Journal of Geophysical Research: Oceans, 90(C4): 6903-6905.

Byrne R H. 2010. Comparative carbonate and hydroxide complexation of cations in seawater. Geochimica et Cosmochimica Acta, 74(15): 4312-4321.

Byrne R H, Kump L R, Cantrell K J. 1988. The influence of temperature and pH on trace metal speciation in seawater. Marine Chemistry, 25(2): 163-181.

Cai W J, Hu X P, Huang W J, et al. 2011. Acidification of subsurface coastal waters enhanced by eutrophication. Nature Geoscience, 4(11): 766-770.

Campbell J E, Fourqurean J W. 2014. Ocean acidification outweighs nutrient effects in structuring seagrass epiphyte communities. Journal of Ecology, 102(3): 730-737.

Carr R S, Long E R, Windom H L. 1996. Sediment quality assessment studies of Tampa Bay, Florida. Environmental Toxicology and Chemistry, 15(7): 1218-1231.

Chang B X, Devol A H. 2009. Seasonal and spatial patterns of sedimentary denitrification rates in the Chukchi sea. Deep Sea Research Part Ⅱ: Topical Studies in Oceanography, 56(17): 1339-1350.

Chen J J, Lu S Y, Zhao Y K, et al. 2011. Effects of overlying water aeration on phosphorus fractions and alkaline phosphatase activity in surface sediment. Journal of Environmental Sciences, 23(2): 206-211.

Christensen J, Murray J, Devol A, et al. 1987. Denitrification in continental shelf sediments has major impact on the oceanic nitrogen budget. Global Biogeochemical Cycles, 1(2): 97-116.

Christman G D, Cottrell M T, Popp B N, et al. 2011. Abundance, diversity, and activity of ammonia-oxidizing prokaryotes in the coastal Arctic Ocean in summer and winter. Applied and Environmental Microbiology, 77(6): 2026-2034.

Clegg S L, Whitfield M. 1995. A chemical model of seawater including dissolved ammonia and the stoichiometric dissociation constant of ammonia in estuarine water and seawater from -2 to 40℃. Geochimica et Cosmochimica Acta, 59(12): 2403-2421.

Craig H, Turekian K K. 1980. GEOSECS Program: 1976-1979. Earth and Planetary Science Letters, 49(2): 263-265.

Cullen J T, Lane T W, Morel F M, et al. 1999. Modulation of cadmium uptake in phytoplankton by seawater CO_2 concentration. Nature, 402(6758): 165-167.

Cullen J T, Sherrell R M. 2005. Effects of dissolved carbon dioxide, zinc, and manganese on the cadmium to phosphorus ratio in natural phytoplankton assemblages. Limnology and Oceanography, 50(4): 1193-1204.

De Jonge V N, Engelkes M M, Bakker J F. 1993. Bio-availability of phosphorus in sediments of the western Dutch Wadden Sea. Hydrobiologia, 253(1-3): 151-163.

De La Rocha C L. 2006. The biological pump. *In*: Holland H D, Turekian K K. The Oceans and Marine Geochemistry. NewYork: Elsevier-Pergamon: 83-111.

De Jesus Mendes P A, Thomsen L. 2012. Effects of ocean acidification on the ballast of surface aggregates sinking through the twilight zone. Plos One, 7: e50865.

Devol A H, Codispoti L A, Christensen J P. 1997. Summer and winter denitrification rates in western Arctic shelf sediments. Continental Shelf Research, 17(9): 1029-1033.

Doney S C, Mahowald N, Lima I, et al. 2007. Impact of anthropogenic atmospheric nitrogen and sulfur deposition on ocean acidification and the inorganic carbon system. Proceedings of the National Academy of Sciences of the United States of America, 104(37): 14580-14585.

Fang T H, Chen J L, Huh C A. 2007. Sedimentary phosphorus species and sedimentation flux in the East China Sea. Continental Shelf Research, 27(10-11): 1465-1476.

Feely R A, Sabine C L, Hernandez-Ayon J M, et al. 2008. Evidence for upwelling of corrosive "acidified" water onto the continental shelf. Science, 320(5882): 1490-1492.

Findlay H S, Tyrrell T, Bellerby R G J, et al. 2008. Carbon and nutrient mixed layer dynamics in the Norwegian Sea. Biogeosciences, 5(5): 1395-1410.

Gattuso J P, Frankignoulle M, Wollast R. 1998. Carbon and carbonate metabolism in coastal aquatic ecosystems. Annual Review of Ecology and Systematics, 29(1): 405-434.

Giordani P, Astorri M. 1986. Phosphate analysis of marine sediments. Chemistry and Ecology, 2: 103-112.

González-Dávila M, Santana-Casiano J M, González A G, et al. 2009. Oxidation of copper (Ⅰ) in seawater at nanomolar levels. Marine Chemistry, 115(1-2): 118-124.

González-Dávila M, Santana-Casiano J M, Millero F J. 2005. Oxidation of iron (Ⅱ) nanomolar with H_2O_2 in seawater. Geochimica et Cosmochimica Acta, 69(1): 83-93.

Granéli E, Haraldsson C. 1993. Can increased leaching of trace metals from acidified areas influence phytoplankton growth in coastal waters? Ambio, 22(5): 308-311.

Granéli E, Moreira M O. 1990. Effects of river water of different origin on the growth of marine dinoflagellates and diatoms in laboratory culture. Journal of Experimental Marine Biology and Ecology, 136(2): 89-106.

Gunduz B, Aydın F, Aydın I, et al. 2011. Study of phosphorus distribution in coastal surface sediment by sequential extraction procedure (NE Mediterranean Sea, Antalya-Turkey). Microchemical Journal, 98(1): 72-76.

Håkanson L. 1980. An ecological risk index for aquatic pollution control: a sedimentological approach. Water Research, 14(8): 975-1001.

Harrington J, Crumbliss A. 2009. The redox hypothesis in siderophore-mediated iron uptake. Biometals, 22(4): 679-689.

Hauri C, Gruber N, Mcdonnell A M, et al. 2013. The intensity, duration, and severity of low aragonite saturation state events on the California continental shelf. Climate Research, 37: 215-225.

Hofmann G E, Todgham A E. 2010. Living in the now: physiological mechanisms to tolerate a rapidly changing environment. Annual Review of Physiology, 72: 127-145.

Hong Y N, Geng J J, Qiao S. 2010. Phosphorus fractions and matrix-bound phosphine in coastal surface sediments of the Southwest Yellow Sea. Journal of Hazardous Materials, 181(1-3): 556-564.

Honjo S, Manganini S J, Krishfield R, et al. 2008. Particulate organic carbon fluxes to the ocean interior and factors controlling the biological pump: A synthesis of global sediment trap programs since 1983. Progress in Oceanography, 76(3): 217-285.

Hulth S, Aller R C, Canfield D E, et al. 2005. Nitrogen removal in marine environments: Recent findings and future research challenges. Marine Chemistry, 94(1-4): 125-145.

Hutchins D A, Fu F, Zhang Y, et al. 2007. CO_2 control of Trichodesmium N_2 fixation, photosynthesis, growth rates, and elemental ratios: Implications for past, present, and future ocean. Limnology and Oceanography, 52(4): 1293-1304.

Jensen S H, Mortensen P B, Andersen F Ø, et al. 1995. Phosphorus cycling in coastal marine sediment, Aarhus Bay, Denmark. Limnology and Oceanography, 40(5): 908-917.

Jensen H, Thamdrup B. 1993. Iron-bound phosphorus in marine sediments as measured by bicarbonate-dithionite extraction. Hydrobiologia, 253(1-3): 47-59.

Kaiserli A, Voutsa D, Samara C. 2002. Phosphorus fractionation in lake sediments—Lakes Volvi and Koronia, N. Greece. Chemosphere, 46(8): 1147-1155.

Kaltin S, Anderson L G. 2005. Uptake of atmospheric carbon dioxide in Arctic shelf seas: evaluation of the relative importance of processes that influence pCO_2 in water transported over the Bering-Chukchi Sea shelf. Marine Chemistry, 94(1-4): 67-79.

Koike I, Hattori A. 1979. Estimates of denitrification in sediments of the Bering Sea shelf. Deep Sea Research Part A. Oceanographic Research Papers, 26(4): 409-415.

Kuenzler E J, Perras J P. 1965. Phosphatases of marine algae. Biology Bulletin, 128(2): 271-284.

Lai D Y F, Lam K C. 2008. Phosphorus retention and release by sediments in the eutrophic Mai Po Marshes, Hong Kong. Marine Pollution Bulletin, 57(6-12): 349-356.

Lebrato M, Iglesias-Rodriguez D, Feely R, et al. 2010. Global contribution of echinoderms to the marine carbon cycle: a reassessment of the oceanic $CaCO_3$ budget and the benthic compartments. Ecological Monographs, 80(3): 441-467.

Lehmann M F, Sigman D M, McCorkle D C, et al. 2005. Origin of the deep Bering Sea nitrate deficit: Constraints from the nitrogen and oxygen isotopic composition of water column nitrate and benthic nitrate fluxes. Global Biogeochemical Cycles, 19(4): GB4005.

Lin S, Huang K M, Chen S K. 2002. Sulfate reduction and iron sulfide mineral formation in the southern East China Sea continental slope sediment. Deep Sea Research Part Ⅰ: Oceanographic Research Papers, 49(10): 1837-1852.

Lischka S, Buedenbender J, Boxhammer T, et al. 2011. Impact of ocean acidification and elevated temperatures on early juveniles of the polar shelled pteropod *Limacina helicina*: mortality, shell degradation, and shell growth. Biogeosciences, 8: 919-932.

Liu S M, Zhang J, Li D J. 2004. Phosphorus cycling in sediments of the Bohai and Yellow Seas. Estuarine, Coastal and Shelf Science, 59(2): 209-218.

Long E R, MacDonald D D, Severn C G, et al. 2000. Classifying probabilities of acute toxicity in marine sediments with empirically derived sediment quality guideline. Environmental Toxicology and Chemistry, 19(10): 2598-2601.

Louis Y, Garnier C, Lenoble V, et al. 2009. Characterisation and modelling of marine dissolved organic matter interactions with major and trace cations. Marine Environmental Research, 67(3): 100-107.

Łukawska-Matuszewska K, Bolałek J. 2008. Spatial distribution of phosphorus forms in sediments in the Gulf of Gdańsk (southern Baltic Sea). Continental Shelf Research, 28(7): 977-990.

MacDonald D D, Scottcarr R, Calder F D, et al. 1996. Development and evaluation of sediment quality guidelines for Florida coastal waters. Ecotoxicology, 5(4): 253-278.

Maldonado M T, Price N M. 2001. Reduction and transport of organically bound iron by *Thalassiosira oceanica* (Bacillariophyceae). Journal of Phycology, 37(2): 298-309.

Martens-Habbena W, Berube P M, Urakawa H, et al. 2009. Ammonia oxidation kinetics determine niche separation of nitrifying Archaea and Bacteria. Nature, 461(7266): 976-979.

Melzner F, Gutowska M A, Langenbuch M, et al. 2009. Physiological basis for high CO_2 tolerance in marine ectothermic animals: pre-adaptation through lifestyle and ontogeny? Biogeosciences, 6(10): 2313-2331.

Melzner F, Thomsen J, Koeve W, et al. 2013. Future ocean acidification will be amplified by hypoxia in coastal habitats. Marine Biology, 160(8): 1875-1888.

Millero F J. 1989. Effect of ionic interactions on the oxidation of Fe(Ⅱ) and Cu(Ⅰ) in natural waters. Marine Chemistry, 28(1-3): 1-18.

Millero F J, Pierrot D, Lee K, et al. 2002. Dissociation constants for carbonic acid determined from field measurements. Deep Sea Research Part Ⅰ: Oceanographic Research Papers, 49(10): 1705-1723.

Millero F J, Woosley R, Ditrolio B, et al. 2009. Effect of ocean acidification on the speciation of metals in seawater. Oceanography, 22(4): 72-85.

Milligan A J, Mioni C E, Morel F M. 2009. Response of cell surface pH to pCO_2 and iron limitation in the marine diatom *Thalassiosira weissflogii*. Marine Chemistry, 114(1-2): 31-36.

Milligan A J, Varela D E, Brzezinski M A, et al. 2004. Dynamics of silicon metabolism and silicon isotopic discrimination in a marine diatom as a function of pCO_2. Limnology and Oceanography, 49(2): 322-329.

Morel F M, Kustka A B. 2008. The role of unchelated Fe in the iron nutrition of phytoplankton. Limnology and Oceanography, 53(1): 400-411.

Mucci A. 1983. The solubility of calcite and aragonite in seawater at various salinities, temperatures, and one atmosphere total pressure. American Journal of Science, 283(7): 780-799.

Müller G. 1969. Index of geoaccumulation in the sediments of the Rhine River. Geojournal, 2: 108-118.

Nyenje P M, Foppen J W, Uhlenbrook S, et al. 2010. Eutrophication and nutrient release in urban areas of sub-Saharan Africa–A review. Science of the Total Environment, 408(3): 447-455.

Pitzer K S. 1973. Thermodynamics of electrolytes. I. Theoretical basis and general equations. Journal of Physical Chemistry, 77(2): 268-277.

Price N M, Morel F M. 1990. Role of extracellular enzymatic reactions in natural waters. *In*: Stumm W. Aquatic Chemical Kinetics: Reaction Rates of Processes in Natural Waters. New York: Wiley: 235-257.

Rao J L, Berner R A. 1997. Time variations of phosphorus and sources of sediments beneath the Chang Jiang (Yangtze River). Marine Geology, 139(1): 95-108.

Redfield A C, Ketchum B H, Richards F A. 1963. The influence of organisms on the composition of sea-water. *In*: Hill M N. The Sea: Ideas and Observations on Progress in the Study of the Seas, Volume 2: the Composition of Sea-Water: Comparative and Descriptive Oceanography. New York: John Wiley & Sons, Inc.: 26-77.

Riebesell U, Fabry V J, Hansson L, et al. 2010. Guide to best practices for ocean acidification research and data reporting. Luxembourg: Publications Office of the European Union: 260-263.

Roleda M Y, Boyd P W, Hurd C L. 2012. Before ocean acidification: calcifier chemistry lessons. Journal of Phycology, 48(4): 840-843.

Rudnick R L, Gao S. 2003. Composition of the Continental Crust. *In*: Rudnick R L. The Crust. Oxford: Elsevier-Pergamon: 1-64.

Ruttenberg K C. 1992. Development of a sequential extraction technique for different forms of phosphorus in marine sediments. Limnology and Oceanography, 37(7): 1460-1482.

Salisbury J, Green M, Hunt C, et al. 2008. Coastal acidification by rivers: a threat to shellfish. Eos Transactions American Geophysical Union, 89(50): 513-528.

Santana-Casiano J M, Gonzalez-Davila M, Millero F J. 2005. Oxidation of nanomolar levels of Fe(Ⅱ) with oxygen in natural waters. Environmental Science and Technology, 39(7): 2073-2079.

Schmittner A, Oschlies A, Matthews H D, et al. 2008. Future changes in climate, ocean circulation, ecosystems, and biogeochemical cycling simulated for a business-as-usual CO_2 emission scenario until year 4000 AD. Global Biogeochemical Cycles, 22(1): 13-18.

Sedercor M, Piero C, Simon R, et al. 2013. Effects of ocean acidification and elevated temperature on shell plasticity and its energetic basis in an intertidal gastropod. Marine Ecology Progress Series, 472(1): 155-168.

Seibel B A, Walsh P J. 2003. Biological impacts of deep-sea carbon dioxide injection inferred from indices of physiological performance. Journal of Experimental Biology, 206(3): 641-650.

Selvaraj K, Ram Mohan V, Szefer P. 2004. Evaluation of metal contamination in coastal sediments of the Bay of Bengal, India: geochemical and statistical approaches. Marine Pollution Bulletin, 49(3): 174-185.

Sharma V K, Millero F J. 1989. The oxidation of Cu(Ⅰ) with H_2O_2 in natural waters. Geochimica et Cosmochimica Acta, 53(9): 2269-2276.

Shi D L, Sven A, Kimb K, et al. 2012. Ocean acidification slows nitrogen fixation and growth in the dominant diazotroph *Trichodesmium* under low-iron conditions. Proceedings of the National Academy of Sciences of the United States of America, 109(45): 3094-3100.

Simpson K G, Tremblay J E, Gratton Y, et al. 2008. An annual study of inorganic and organic nitrogen and phosphorus and silicic acid in the southeastern Beaufort Sea. Journal of Geophysical Research, 113(7): 16-19.

Slomp C P, Malschaert J F P, Van Raaphorst W. 1998. The role of adsorption in sediment-water exchange of phosphate in North Sea continental margin sediments. Limnology and Oceanography, 43(5): 832-846.

Song J M, Ma H B, Lü X X. 2002. Nitrogen forms and decomposition of organic carbon in the south Bohai Sea core sediments. Acta Oceanologica Sinica, 21(1): 125-133.

Spasojevic I, Armstrong S K, Brickman T J, et al. 1999. Electrochemical behavior of the Fe(Ⅲ) complexes of the cyclic hydroxamate siderophores alcaligin and desferrioxamine E. Inorganic Chemistry, 38(3): 449-454.

Stockton W L, Delaca T E. 1982. Food falls in the deep sea: occurrence, quality, and significance. Deep Sea Research Part A. Oceanographic Research Papers, 29(2): 157-169.

Sunda W G, Huntsman S A. 2005. Effect of CO_2 supply and demand on zinc uptake and growth limitation in a coastal diatom. Limnology and Oceanography, 50(4): 1181-1192.

Sundaray S K, Nayak B B, Lin S, et al. 2011. Geochemical speciation and risk assessment of heavy metals in the river estuarine sediments-a case study: Mahanadi Basin, India. Journal of Hazardous Materials, 186(2-3): 1837-1846.

Sundby B, Gobeil C, Silverberg N. 1992. The phosphorus cycle in coastal marine sediments. Limnology and Oceanography, 37(6): 1129-1145.

Swanson A K, Fox C H. 2007. Altered kelp (Laminariales) phlorotannins and growth under elevated carbon dioxide and UV-B treatments can influence associated intertidal food webs. Global Change Biology, 13(8): 1696-1709.

Takahashi T. 1961. Carbon dioxide in the atmosphere and in Atlantic Ocean water. Journal of Geophysical Research, 66(2): 477-494.

Taylor S R, McLennan S M. 1995. The geochemical evolution of the continental crust. Reviews of Geophysics, 33(2): 241-265.

Turner D R, Whitfield M, Dickson A G. 1981. The equilibrium speciation of dissolved components in freshwater and seawater at 25℃ and 1 atm pressure. Geochimica et Cosmochimica Acta, 45(6): 855-881.

Turner J T. 2002. Zooplankton fecal pellets, marine snow and sinking phytoplankton blooms. Aquatic Microbial Ecology, 27(1): 57-102.

Varol M. 2011. Assessment of heavy metal contamination in sediments of the Tigris River (Turkey) using pollution indices and multivariate statistical techniques. Journal of Hazardous Materials, 195: 355-364.

Volk T, Hoffert M I. 1985. Ocean carbon pumps: Analysis of relative strengths and efficiencies in ocean-driven atmospheric CO_2 changes. Geophysical Monograph Series, 32: 99-110.

Wootton J T, Pfister C A, Forester J D. 2008. Dynamic patterns and ecological impacts of declining ocean pH in a high-resolution multi-year dataset. Proceedings of the National Academy of Sciences of the United States of America, 105(48): 18848-18853.

Xu Y, Shi D L, Aristilde L, et al. 2012. The effect of pH on the uptake of zinc and cadmium in marine phytoplankton: possible role of weak complexes. Limnology and Oceanography, 57(1): 293-304.

Yamada H, Kayama M. 1987. Distribution and dissolution of several forms of phosphorus in coastal marine sediments. British Food Journal, 10(3): 311-321.

Yamada N, Suzumura M. 2010. Effects of seawater acidification on hydrolytic enzyme activities. Journal of Oceanography, 66(2): 233-241.

Yu Y, Song J M, Li X G, et al. 2013. Fractionation, sources and budgets of potential harmful elements in surface sediments of the East China Sea. Marine Pollution Bulletin, 68(1-2): 157-167.

Zhang J F, Gao X L. 2015. Heavy metals in surface sediments of the intertidal Laizhou Bay, Bohai Sea, China: distributions, sources and contamination assessment. Marine Pollution Bulletin, 98(1-2): 320-327.

Zhuang W, Gao X L, Zhang Y, et al. 2014. Geochemical characteristics of phosphorus in surface sediments of two major Chinese mariculture areas: the Laizhou Bay and the coastal waters of the Zhangzi Island. Marine Pollution Bulletin, 83(1): 343-351.

Zeebe R E. 2012. History of seawater carbonate chemistry, atmospheric CO_2, and ocean acidification. Earth and Planetary Science Letters, 40: 141-165.

第十四章

近海环境污染物（溴系阻燃剂）的生物毒性、生物监测与生态风险①

① 本章作者：吴惠丰，李斐，吉成龙，路珍，孙涛，孟祥敬，王爽，王晓晴

随着工业合成材料的迅速发展和广泛应用，材料的防火性能逐渐引起重视。自20世纪50年代以来，阻燃剂在预防火灾及保护生命财产安全方面发挥着重要作用。其中，溴系阻燃剂（brominated flame retardants，BFRs）是目前产量和使用量较大的有机阻燃剂之一，其因具有价格低廉、添加量少、阻燃性及热稳定性良好等优点，被广泛应用于塑料、橡胶、纺织品、建筑材料、家具及电子设备中（Echols et al.，2013；Kalachova et al.，2012；Olukunle and Okonkwo，2015）。常见的BFRs有70多种，其中四溴双酚A（tetrabromobisphenol A，TBBPA）和多溴联苯醚（poly briminated diphenyl ethers，PBDEs）是目前世界上使用量最大的两种。根据使用方法可把BFRs分为反应型和添加型（Alaee et al.，2003），反应型BFRs与基质的结合方式是化学键，不易扩散。通常添加型BFRs占据主要地位，与底物的结合方式是分子间作用力，因此在各种产品的使用、老化、废弃、填埋和降解等过程中，其容易从产品表面挥发脱离，释放到环境中。

由于大量的生产和使用，BFRs广泛分布于世界各地。在空气、水体、土壤、生物体及人体中均有BFRs检出，并且浓度呈逐年增长的趋势（Echols et al.，2013）。研究表明，BFRs在环境中难以降解，并可随食物链（网）在生物体内累积。BFRs可对动物和人体大脑、肝脏、肾脏及内分泌系统、生殖系统和神经系统等造成伤害（Darnerud and Risberg，2006；Stasinska et al.，2014；Tanabe et al.，2008），因而受到各研究领域的广泛关注。

第一节 溴系阻燃剂的环境行为

一、空气中的BFRs

BFRs的使用方式多为添加型，其易从材料中释放出来。在生产、流通及材料焚烧过程中，BFRs均可挥发进入空气，进而随空气环流进行迁移扩散。因此，空气是造成BFRs全球性污染的主要传播介质（Katima et al.，2018）。BFRs在空气中的分布具有典型的区域性特征，工业区及其周边区域的含量高于非工业地区，目前中国空气中BFRs含量最高的区域主要集中于BFRs生产厂及电子垃圾拆解厂。Jin等（2011）对莱州湾PBDEs生产厂周边区域的空气检测结果表明，工厂附近的空气及悬浮颗粒中，11种PBDEs同系物的总含量为0.017～1.17ng/m^3。

我国对于城市环境中BFRs的调查集中于东南沿海经济发达地区（表14.1），上海的大气监测结果显示，PBDEs含量为152～744pg/m^3，且城市工业区含量大于城市居民区（Yu et al.，2011b）。Zhou等（2014）分析发现，深圳大气中TBBPA的平均含量为30～59 140ng/g。室内电器（如电视、电脑及冰箱等）大都含有BFRs，使用过程中可造成BFRs的释放，且室内空间狭小、空气流动性差，BFRs不易扩散和降解，致使室内空气中BFRs的含量高于外界空气（Katima et al.，2018；Law et al.，2014；Ni and Zeng，2013；Yu et al.，2011b）。家庭及办公室内家具和电子产品的大量使用，增加了室内人们暴露于BFRs的风险。因此，居室及办公室应注意及时通风。

表14.1 世界不同地区空气中BFRs的含量

地区	BFRs种类	含量	参考文献
中国莱州湾	PBDEs（BDE-209、BDE-47为主）	0.017～1.17ng/m^3	Jin et al.，2011
中国上海	$\sum_{33}$PBDEs	152～744pg/m^3	Yu et al.，2011b
中国北京	PBDEs（BDE-209为主）	0.011～0.42ng/m^3	Wang et al.，2012a
中国巢湖	PBDEs	0.015～0.30ng/m^3	He et al.，2014
中国深圳	TBBPA	30～59 140ng/g	Zhou et al.，2014
中国上海	TBBPA	12.3～1 640pg/m^3	Ni and Zeng，2013
东欧	PBDEs	84～5 900μg/kg	Law et al.，2014
罗马尼亚	∑HBCD	0.3～950ng/g	Kalachova et al.，2012

续表

地区	BFRs种类	含量	参考文献
南非豪登省	$\sum_9$PBDEs	100～2 820pg/m^3	Katima et al.，2018
	HBCDs	12.0～117pg/m^3	
加拿大多伦多	PBDE	0.79ng/m^3	Law et al.，2014
	HBCD	0.49ng/m^3	

注：PBDEs，多溴联苯醚；BDE-209，十溴联苯醚；BDE-47，2,2′,4,4′-四溴联苯醚；TBBPA，四溴双酚A；HBCD，六溴环十二烷

二、水环境中的BFRs

BFRs生产厂、塑料回收厂和电子垃圾拆解厂释放到空气中的BFRs及排放的含有BFRs的污水，通过大气沉降和地表径流，最终都汇集到水体中。世界范围内的不同水体中均有BFRs检出，受水体附近污染源和水体迁移等因素的影响，BFRs含量差异较大（表14.2）。Gorga等（2013）在对西班牙东北部某污水处理厂的检测中发现，TBBPA的含量为0～472ng/g，而BDE-209和十溴二苯乙烷（decabromodtphenyl ether, DBDPE）的含量为257～2303ng/g。Robson等（2013）分析发现，加拿大五大湖水体中PBDEs的含量范围为0～100ng/L。在对我国水体中BFRs的检测中发现，莱州湾区域海洋中PBDEs的含量为0.66～12ng/g（Pan et al.，2011）；广州龙塘镇电子垃圾拆解区域河流中PBDEs的含量达到482.87～5313.94ng/g（Wang et al.，2015a）；河北省文安镇PBDEs的含量为18.2～9889ng/g（Tang et al.，2014）。

我国工业发达地区的河流、三角洲及沿海是BFRs污染的重灾区。例如，在我国北方地区，山东部分河流中TBBPA平均含量约为0.2μg/L。而在我国南方地区的检测中，长江三角洲海洋中PBDEs的含量达0.973～2.22ng/g。对我国水体中BFRs的研究结果表明，整体上呈现出南方经济发达地区高于北方，并且河流中BFRs的含量高于沿海的特点。工业发达地区BFRs的生产量、使用量大，导致工业废水和废弃物中BFRs的含量显著高于工业不发达地区。

表14.2　世界不同地区水体中BFRs的含量

地区	BFRs种类	含量	参考文献
中国莱州湾区域海洋	BDE-28、BDE-47、BDE-99、BDE-100、BDE-153、BDE-154、BDE-183	0.66 ～ 12ng/g	Pan et al.，2011
中国长江三角洲海洋	PBDEs	0.973 ～ 2.22ng/g	Zhu et al.，2013
中国黄海四个海湾（桃子湾、四十里湾、大连湾和胶州湾）	DBDPE、BDE-209	0 ～ 49.9ng/g	Zhen et al.，2016
中国莱州湾区域河流	BDE-28、BDE-47、BDE-99、BDE-100、BDE-153、BDE-154 和 BDE-183	0.01 ～ 53ng/g	Pan et al.，2011
中国珠江三角洲地区	PBDEs	3.67 ～ 2520ng/g	Chen et al.，2013
中国山东	TBBPA	0.23μg/L	Dong et al.，2018
	TBBPA-BAE	0.21μg/L	
中国广州	PBDEs	482.87 ～ 5313.94ng/g	Wang et al.，2015a
中国河北	PBDEs	18.2 ～ 9889ng/g	Tang et al.，2014
中国上海	BDE-47	1.98ng/g	Wang et al.，2015b
	BDE-209	75.7ng/g	
瑞典斯德哥尔摩海岸	DBDPE	11ng/g	Ricklund et al.，2010
南美	PBDEs	2.26ng/g	Baron et al.，2013
西北冰洋	BDE-209、DBDPE	0.45ng/g	Cai et al.，2012
西班牙埃布罗河	DBDPE	31.5ng/g	Baron et al.，2014

续表

地区	BFRs种类	含量	参考文献
西班牙东北部某污水处理厂	TBBPA	0～472ng/g	Gorga et al.，2013
	BDE-209、DBDPE	257～2303ng/g	
加拿大五大湖	PBDEs	0～100ng/L	Robson et al.，2013
法国巴黎	$\sum_9$PBDEs	3～6ng/L	ter Schure et al.，2004
美国大湖盆地	PBDEs	1.5～4.2ng/L	Salamova and Hites，2011

注：BDE-28，2,4,4′-三溴联苯醚；BDE-47，2,2,′4,4′-四溴联苯醚；BDE-99，五溴联苯醚；BDE-100，2,2′,4,4′,6-五溴联苯醚；BDE-153，2,2′4,4′,5,5′-六溴联苯醚；BDE-154，2,2′,4,4′,5,6′-六溴联苯醚；BDE-183，2,2′,3,4,4′,5′,6-七溴联苯醚；PBDEs，多溴联苯醚；DBDPE，十溴二苯乙烷；BDE-209，十溴联苯醚；TBBPA，四溴双酚A；TBBPA-BAE，四溴双酚A-双烯丙基醚

三、土壤环境中的BFRs

由于土壤吸附性较强，BFRs易通过地表径流及大气沉降等多种途径在土壤中富集。不同区域的土壤由于区域内BFRs污染源数量和污染程度的不同，BFRs的检出量具有明显的差异（表14.3）。Wang等（2015a）调查广州龙塘河流沿岸的土壤发现，靠近电子垃圾拆解厂的土壤中PBDEs含量高达3713.23ng/g（干重），河流下游沿岸土壤中同样检出PBDEs，并且距离电子垃圾拆解厂越远，PBDEs的浓度越低，且同系物种类较为类似。

我国对于土壤中BFRs的研究主要集中于BFRs污染源附近（如BFRs生产厂、电子垃圾拆解厂及工业发达的城市）。与污染源之间的距离越大，土壤中BFRs的含量越低。Li等（2015）于2011年对潍坊一家电子生产厂内部土壤的调查结果显示，工作区的十溴联苯醚（Deca-BDE）含量高达74 376ng/g（干重），远高于周围区域土壤中的含量。Labunska等（2013）对广州贵屿电子垃圾拆解厂聚集地的土壤进行的分析表明，土壤中PBDEs的含量高达170 000～280 000ng/g（干重），且周边区域（农田）随着距离的增加，含量下降1个或2个数量级；而PBDEs在城市工业区土壤中的平均含量相对较低，为45.46ng/g（干重）。Jiang等（2012b）对上海市区和农业区土壤的分析结果表明，市区土壤中PBDEs的平均含量为0.735ng/g（干重），农业区PBDEs的平均含量为0.429ng/g（干重）。可见，土壤中PBDEs的污染与人口密度相关，城市中密集的人类活动是造成PBDEs污染的主要因素。

表14.3　世界不同地区土壤中BFRs的含量

地区	BFRs种类	含量	参考文献
中国潍坊电子生产厂	Deca-BDE	74 376ng/g（dw）	Li et al.，2015
中国广州贵屿	PBDEs	170 000～280 000ng/g（dw）	Labunska et al.，2013
	TBBPA	0.993～373ng/g（dw）	Lee et al.，2014
中国上海市区	PBDEs	0.735ng/g（dw）	Jiang et al.，2012b
中国广东清远	TBBPA	84.0～646.04ng/g（dw）	Wang et al.，2015a
中国广州龙塘河流沿岸	PBDEs	3 713.23ng/g（dw）	Wang et al.，2015a
韩国工业废水处理厂污泥	DBDPE和BDE-209	3 100～48 000ng/g（dw）	Lee et al.，2014
澳大利亚某电子垃圾回收厂	PBDE（28、47、99、100、153、154、183、209）、NBFRs（PBT、PBEB、HBB、EH-TBB、BTBPE和DBDPE）	0.10～98 000ng/g［dw(PBDE)］、37 000ng/g［dw(NBFRs)］	McGrath et al.，2018
南非豪登省	EH-TBB、BTBPE、DBDPE、BEH-TEBP、HBCD	0～60ng/g	Olukunle and Okonkwo，2015
南非德班	PBDEs、TBB、PBDEs、DBDPE、BTBPE、TBPH	0～69.5ng/g（dw）	La Guardia et al.，2013

续表

地区	BFRs种类	含量	参考文献
捷克共和国	TBBPA	3.18～17.7μg/kg（dw）	Hlouskova et al.，2014

注：Deca-BDE/BDE-209，十溴联苯醚；PBDES，多溴联苯醚；TBBPA，四溴双酚A；DBDPE，十溴二苯乙烷；NBFRs，新型溴化阻燃剂；PBT:五溴甲苯；PBEB，2,3,4,5,6-五溴乙苯；HBB，六溴苯；EH-TBB，2-乙基己基-四溴苯酸盐；BTBPE，6-三溴苯氧基乙烷；BEH-TEBP，3,4,5,6-四溴-1,2-苯甲酸=（2-乙基）己酯；HBCD，六溴环十二烷；TBB，2-乙基己基-四溴苯甲酸；TBPH，2-乙基己基-三溴四乙酸；dw，干重

四、生物体中的BFRs

BFRs具有高度亲脂性，易在生物体内富集，从而对生物及人类造成危害。如表14.4所示，目前关于生物体富集BFRs的研究主要集中于贝类、鱼类、鸟类、哺乳动物及其他与人类关系密切的生物（Kobayashi et al.，2015）。BFRs在食物链中具有生物放大效应，对同一区域生物样品的研究发现，高营养级生物体内的BFRs含量比低营养级生物体高。Wan等（2008）对渤海生态系统中不同营养级生物（包括浮游生物、软体动物、鱼类及海洋鸟类）进行了取样分析，发现PBDEs含量随着营养级别的升高而显著增加，从浮游生物的0.0185ng/g（湿重）增加至银鸥的3.32ng/g（湿重）。对日本有明海的研究表明，低溴代联苯醚的含量随营养级别的升高而增加，例如，BDE-47由蜗牛中的6.8ng/g（脂重）增至鲻中的56ng/g（脂重）；而高溴代联苯醚的含量则随营养级别的升高而减少，如BDE-209由蜗牛中的74ng/g（脂重）降至鲻中的3.0ng/g（脂重），说明低溴代联苯醚更易随食物链富集并表现出生物放大效应。

表14.4 不同生物中BFRs的含量

地区	BFRs种类	含量	参考文献
渤海	PBDEs	0.0185 ～ 3.32ng/g（ww）（浮游生物—鸟类）	Wan et al.，2008
中国巢湖	TBBPA	6.3 ～ 126.4ng/g（鱼类）（ww）	Chen et al.，2012a
中国华南地区	Σ_nHBCDs	0 ～ 0.19ng/g（鱼类）（ww）	Law et al.，2014
中国清远	TBBPA	4.3ng/g、9.7ng/g（ww）（鲤、北部蛇头）	Tang et al.，2015
巴伦西亚市场	Σ_nPBDE	0.97 ～ 3.87ng/g（鱼类和海鲜）（ww）	Pardo et al.，2014
日本有明海	BDE-47、BDE-209	6.8 ～ 56ng/g（蜗牛—鲻）、3.0 ～ 74ng/g（鲻—蜗牛）	Kobayashi et al.，2015
美国亚利桑那州吉拉河	Σ_nPBDEs	12.7mg/kg（鱼类）	Echols et al.，2013
黄海及东海海域	PBDEs（除 BDE-209）	3.5 ～ 8.4ng/g（贝类）（fw）	Yin et al.，2015
美国五大湖	Σ_nPBDEs	250ng/g（莫桑比克罗非鱼）	Guo et al.，2017
大西洋	Σ_nPBDE	2.0μg/kg（比目鱼）（fw）	Nostbakken et al.，2018

注：PBDEs，多溴联苯醚；TBBPA，四溴双酚A；HBODs，六溴环十二烷；BDE-47，2,2′,4,4′-四溴联苯醚；BDE-209，十溴联苯醚。ww，湿重；fw，脂重

五、人体内的BFRs

BFRs在环境介质及生物体中广泛存在，其可通过多种途径进入人体，包括饮食、呼吸、皮肤接触及母乳等。目前，在人体的乳汁、血液、皮肤中均有BFRs检出。Wang等（2007）报道，全球范围内人体血液中PBDEs的平均水平为15.24ng/g。调查显示，在中国多地哺乳期妇女的乳汁中检出PBDEs，其含量范围为0～10ng/g。PBDEs会通过母乳进入婴幼儿体内，因此，应当引起人们的重视。中国清华大学环境学院对人体前臂皮肤中BFRs的检测发现，BDE-209和DBDPE的含量分别为1760ng/m^{2}和277ng/m^2（表14.5）。

对于特殊职业人群，除饮食摄入外，PBDEs还可通过呼吸和皮肤接触在人体中积累，导致这类人群体内PBDEs的含量较高。例如，Wang等（2010）检测了浙江台州236名电子垃圾拆解工人与89名非电子垃圾拆解工人的血清样品，与邻近城市116个血清样品进行对照发现，工人血清内PBDEs的平均含量约为189.79ng/g（脂重），非工人血清内PBDEs含量约为164.64ng/g（脂重）。

表14.5　世界不同地区人群中BFRs的含量

地区	BFRs种类	含量	参考文献
中国潍坊	BDE-47	2.15pg/mL（fw）	Wang et al.，2018c
中国浙江台州	PBDEs	189.79ng/g（fw）	Wang et al.，2010
中国清华大学	BDE-209	1760ng/m^2	Liu et al.，2017b
	DBDPE	277ng/m^2（前臂皮肤）	
中国北京	BDE-47	1.35pg/mL	Wang et al.，2018c
中国北京	TBBPA	0～12.46ng/g（母乳）	Shi et al.，2013
中国香港	$\sum_n$PBDEs	5.56ng/g（血液）（fw）、4.4ng/g（母乳）（fw）	Hedley et al.，2010
日本	TBBPA	1.9ng/g（母乳）	Kakutani et al.，2018
巴伦西亚	BDE-47	0.039～0.064ng/kg、（膳食摄入量）	Pardo et al.，2014
	BDE-49	0.007～0.022ng/kg	

注：BDE-47，2,2′,4,4′-四溴联苯醚；PBDEs，多溴联苯醚；BDE-209，十溴联苯醚；DBDPE，十溴二苯乙烷；TBBPA，四澳双酚A；BDE-49，2,2′,4,5′-四溴联苯醚。fw，脂重

第二节　典型溴系阻燃剂的生物毒性效应

BFRs可通过影响生物的生长发育，对生态环境的稳定造成威胁。PBDEs和TBBPA是2种重要的BFRs。本节分别以PBDEs及TBBPA为例进行详细阐述。

一、PBDEs的生物毒性效应

PBDEs是一系列含溴原子的芳香族化合物，根据苯环上溴原子取代数目和位置不同，共有209种同系物，具有高亲脂性、高毒性和持久性，且易被生物累积（Rahman et al.，2001）。作为添加型BFRs，PBDEs与物质之间以分子间作用力相结合，因此易在产品的生产、使用及回收过程中释放到环境中，干扰生物的生长发育，并且可经食物链富集，最终对人体健康造成危害（Akortia et al.，2016；Besis and Samara，2012；Rahman et al.，2001）。研究表明，PBDEs对生物具有肝脏毒性、生殖毒性、神经毒性、免疫毒性及内分泌干扰效应（张慧慧等，2011；Branchi et al.，2005；Darnerud and Risberg，2006；Stasinska et al.，2014）。与高溴联苯醚相比，低溴联苯醚更容易进入细胞，对生物体的毒性更为显著（Bragigand et al.，2006）。2009年《斯德哥尔摩公约》已将四溴联苯醚、五溴联苯醚、六溴联苯醚、七溴联苯醚正式列入禁止生产和使用名单（Ma et al.，2012；Zhao et al.，2014）。2,2′,4,4′-四溴联苯醚（BDE-47）在环境中分布广泛，浓度较高，是人类、野生动物和非生物环境基质中最常检出的多溴联苯醚之一（Chen et al.，2012；Hale et al.，2006；Haraguchi et al.，2010；Hites，2004；Lavandier et al.，2015；Zeng et al.，2013）。PBDEs同系物的毒性效应如图14.1所示。

（一）PBDEs的肝脏毒性

肝脏是PBDEs蓄积的主要靶器官，已有大量研究表明PBDEs对肝细胞及肝脏组织具有毒性效应。PBDEs通过线粒体通路对肝细胞造成损害，即PBDEs暴露引起生物体内活性氧自由基（ROS）浓度升高并导致氧化应激，而氧化应激反应会造成细胞线粒体损伤。由于肝脏含有大量线粒体，因此ROS的升高会导致肝脏损伤。其中，过氧化氢酶（CAT）、谷胱甘肽过氧化物酶（GSH-Px）、超氧化物歧化酶（SOD）、过氧化物酶（POD）和谷胱甘肽巯基转移酶（GST）等抗氧化酶类在生物体的自由基清除过程中起重要作用。在水生动物相关研究中，BDE-47暴露影响大泷六线鱼（*Hexagrammos otakii*）的生长率，且具有剂量-效应关系；随着时间延长，大泷六线鱼肝脏中SOD、CAT的活性呈现先升高后降低的变

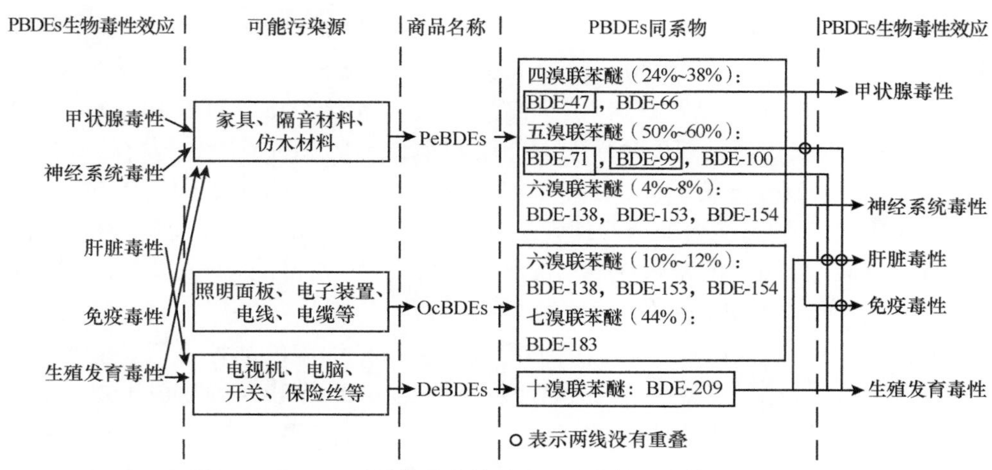

图14.1　PBDEs同系物的毒性效应（引自徐奔拓等，2017）

化趋势（张赛赛等，2017）；暴露于BDE-47和BDE-209，罗非鱼（*Mossambica tilapia*）离体肝脏上清液中GST的活性降低，而抗氧化物质谷胱甘肽（GSH）的含量和SOD的活性随暴露剂量升高均呈现先升高后下降的趋势（肖丹等，2014）；鲫（*Carassius auratus*）离体肝脏细胞中CAT和GSH-Px的活性随BDE-47和BDE-209质量浓度的增加而逐渐下降，甚至完全失活，导致ROS升高并使细胞产生氧化损伤（吴伟等，2009）。在哺乳动物的研究中，Hallgren等（2001）发现PBDEs可导致大鼠和小鼠肝脏内细胞色素CYP450酶的活性明显增加，并且溴含量越低的PBDEs对大鼠肝脏中酶的诱导作用越强。王兴华等（2012）的研究发现，BDE-209导致BALB/c小鼠血清中谷丙转氨酶（ALT）及谷草转氨酶（AST）浓度升高；肝脏组织中丙二醛（MDA）含量升高，GSH含量和总SOD活性降低；光镜观察发现小鼠肝脏中肝细胞浊肿，细胞质内有细小脂质空泡，肝索排列改变，部分肝细胞模糊且呈空泡化；电镜观察发现肝脏细胞染色质浓缩聚合、线粒体膨胀、内质网增大。在对人肝母细胞瘤HepG2细胞系的研究中发现，BDE-47及其代谢产物在低浓度时促进HepG2细胞增殖，虽然不会引起明显的DNA损伤或细胞凋亡，但会导致细胞增殖或细胞周期相关蛋白基因表达量显著升高；而高浓度时则显著抑制细胞增殖及细胞活力，并且造成HepG2细胞内ROS显著升高、线粒体形态改变及功能障碍、DNA损伤并诱导细胞凋亡（Saquib et al.，2016；Tang et al.，2018；Wang et al.，2012b）。上述研究表明，PBDEs毒性机制是由氧化应激、DNA损伤和细胞周期失调介导的。

（二）PBDEs的神经毒性

以往的研究表明，低溴化PBDEs的神经毒性较强，可引起受试动物自发运动行为和神经行为的持久性改变，甚至会妨碍动物和人类脑部与中枢神经系统的正常发育（Branchi et al.，2002；Eriksson et al.，2001；Goodman，2009；Viberg et al.，2003，2006）。在对水生生物的研究中发现，BDE-47具有急性毒性，可以显著抑制褶皱臂尾轮虫（*Brachionus plicatilis*）的运动行为（沙婧婧等，2015）；同时也可抑制大型溞（*Daphnia magna*）的摄食行为，且随其浓度的增加抑制效果增强（Liu et al.，2018c；Xiong et al.，2018）；早期阶段低水平暴露于BDE-47（0.01μmol/L）和BDE-99（0.003μmol/L）影响斑马鱼（*Danio rerio*）的大脑发育，造成斑马鱼幼鱼的运动活性降低及成鱼的焦虑行为（Glazer et al.，2018；Zhao et al.，2014）。PBDEs对哺乳动物也表现出一定的神经毒性，会降低海马体胆碱能烟碱受体，诱导大鼠和小鼠行为学异常，且呈现持久性影响（Dingemans et al.，2007；Eriksson et al.，2001；Viberg et al.，2002，2004a，2004b；Zhuang et al.，2018）。例如，BDE-47和BDE-99会造成小鼠认知行为损伤，显著降低成年鼠的记忆能力和学习能力（Eriksson et al.，2001；Viberg et al.，2006），而BDE-71暴露显著降低大鼠的视觉分辨能力和学习能力（Dufault et al.，2005）。

一般认为，高溴联苯醚对人体和动物的毒性较小，但其可在环境中降解为毒性更强的低溴联苯醚同系物（Sellstrom et al.，1998；Stapleton et al.，2004；Thuresson et al.，2006）。近年的研究表明，高溴联苯醚本身也具有较强的生物毒性。BDE-209暴露于F_0代斑马鱼导致F_1代孵化率和运动神经元发育延迟，肌肉纤维松弛，自发运动行为缓慢，以及受到明暗光刺激时反应激烈（He et al.，2011）。BDE-153和BDE-203暴露诱导小鼠认知行为损伤，长期母源性BDE-209暴露影响仔鼠的神经系统发育，均会进一步造成学习记忆能力的显著下降（Eriksson et al.，2001；Park et al.，2011；Viberg et al.，2006）。BDE-209影响C57BL/6J小鼠行走过程中的学习能力和空间搜索过程中的搜寻回忆能力，通过损伤其空间学习记忆功能对神经系统造成毒性效应；BDE-209暴露损伤大鼠海马体齿状回（dentate gyrus，DG）区神经元的突触可塑性和钠离子通道电流（Xing et al.，2009，2010）。

另外，PBDEs暴露还会造成离体培养的脑细胞及人神经母细胞的活性降低、乳酸脱氢酶（lactate dehydrogenase，LDH）水平升高、线粒体膜通透性转运通道（permeability transition pore，PTP）开放、细胞色素c释放，还会造成细胞膜和线粒体的损伤，并进一步诱发细胞凋亡（Gassmann et al.，2014；Jiang et al.，2012；Zhang et al.，2016）。Ca^{2+}稳态在神经发育中起重要作用，而PBDEs可以通过兰尼碱受体/钙释放通道非依赖性机制调节神经细胞内的Ca^{2+}浓度，推测这可能是PBDEs诱导发育神经毒性（DNT）的基础（图14.2）（Gassmann et al.，2014）。甲状腺激素（thyroid hormone，TH）在调节脊椎动物脑部的神经发育和功能方面起关键作用（Koibuchi and Chin，2000；Konig and Neto，2002）。TH可以通过介导神经母细胞的增殖，影响树突、突触及髓鞘形成影响脊椎动物脑部的神经发生（Gould and Butcher，1989；Porterfield and Hendrich，1993）。T3负责诱导啮齿动物大脑中的神经发生（Uchida et al.，2005），并且TH可以刺激哺乳动物和鱼类嗅觉系统中的干细胞增殖和神经元分化（Lema and Nevitt，2004；Porterfield and Hendrich，1993）。PBDEs可以穿过胎盘，并且幼儿和儿童接触PBDEs（如BDE-47和BDE-99等）的量显著高于成人（Agency，2010；Doucet et al.，2009；Fromme et al.，2016；Lunder et al.，2010；Schecter et al.，2007；Wu et al.，2015）。由于幼儿期排泄PBDEs的能力较低，而PBDEs暴露会降低血液中的TH水平，破坏TH平衡，减少大脑可以利用的TH，进而影响婴幼儿期的神经系统发育（Doucet et al.，2009；Park et al.，2011）。

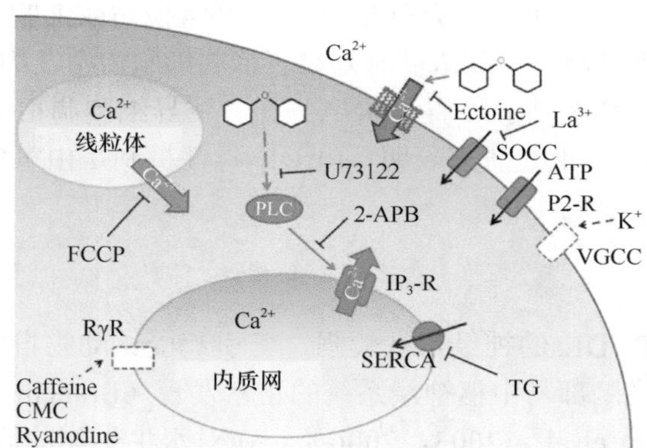

图14.2 BDE-47及其羟基化代谢物6-OH-BDE-47干扰人神经母细胞（hNPCs）中的Ca^{2+}稳态（引自Gassmann et al.，2014）

细胞外Ca^{2+}通常由钙库操纵性钙通道（SOCC）或电压依赖性钙通道（VGCC）进入细胞；内质网（ER）是贮存Ca^{2+}的主要场所；Ca^{2+}通过Ca^{2+}泵在细胞内Ca^{2+}库中积累，而肌醇1,4,5-三磷酸受体（IP_3R）或兰尼碱受体（RyR）可激活磷脂酶C(PLC)，导致Ca^{2+}外流/释放；线粒体是细胞内第二个Ca^{2+}外流的场所；BDE-47和6-OH-BDE-47暴露导致Ca^{2+}稳态紊乱是由细胞外Ca^{2+}内流及线粒体和ER中Ca^{2+}外流介导的（红色箭头）；OH-BDE-47诱导ER内Ca^{2+}外流的机制依赖于PLC和IP3R的激活（红色），而BDE暴露后，SOCC不参与Ca^{2+}内流（蓝色）；RyR和VGCC均未参与BDE诱导的Ca^{2+}稳态紊乱，因为它们在hNPCs中并不起作用（虚线）

（三）PBDEs的内分泌干扰效应

PBDEs的内分泌干扰效应主要以甲状腺为靶器官。下丘脑-垂体-甲状腺（HPT）内分泌轴负责调节甲状腺素（T4）的产生（Blanton and Specker，2007），即垂体分泌的促甲状腺激素（thyroid-stimulating hormone，TSH）促使甲状腺产生T4，而TSH的分泌又受下丘脑分泌的促甲状腺激素释放激素

（thyrotropin-releasing hormone，TRH）的调节。甲状腺将T4分泌到血浆中，脱碘作用将T4在外周组织如肝脏中转化为具有更高活性的三碘甲状原氨酸（T3）。甲状腺激素（thyroid hormone，TH）的作用主要通过使T3与特异性TH受体（TRs）结合并刺激下游基因转录来完成。PBDEs是T3和T4的结构类似物（图14.3）（Ren and Guo，2013），有可能作为内分泌干扰物（endocrine disrupting chemicals，EDCs），通过多种机制影响脊椎动物体内TH的水平（Birnbaum and Staskal，2004；Boas et al.，2009；Chan W K and Chan K M，2012；Darnerud et al.，1996；McDonald，2002）（表14.6），甚至可以导致成年动物甲状腺形态的改变。例如，孕期SD大鼠口服1000ppm BDE-209造成仔鼠甲状腺滤泡细胞肥大，导致发育过程中甲状腺功能减退（Fujimoto et al.，2011）。

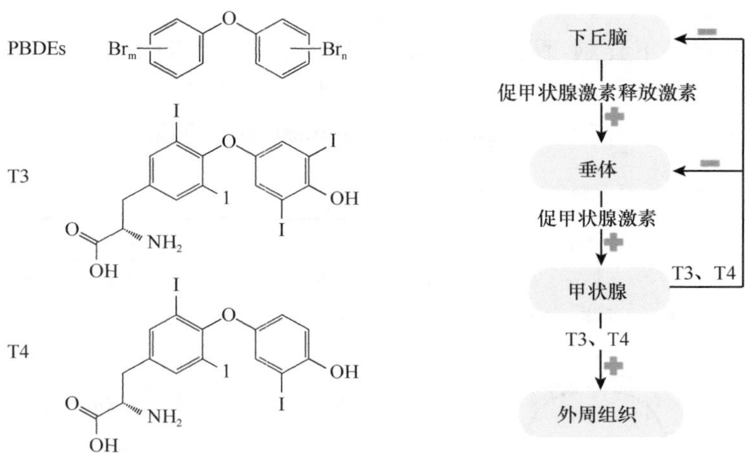

图14.3　PBDEs、T3及T4的分子结构和HPT轴（引自Ren and Guo，2013；McDonald，2002）

表14.6　与对照组相比暴露于PBDEs后受试动物体内甲状腺激素（T3和T4）的含量变化

暴露对象	暴露物	暴露浓度	T3	T4[b,c,d]	参考文献
鲫幼鱼	电子回收垃圾	从被污染的河流中取样	—	↓ T4	Song et al.，2012
斑马鱼胚胎及成鱼	DE-71	1～10mg/L，水体暴露	(–) TT3	↑ TT4	Yu et al.，2011a
斑马鱼胚胎	DE-71	1～10μg/L，水体暴露	—	↓ T4	Yu et al.，2010
斑马鱼幼鱼	BDE-209	0.08～1.92mg/L，水体暴露	↑ T3	↓ T4	Chen et al.，2012
斑马鱼成鱼	DE-71	5～500μg/L，水体暴露	↑ T3	↑ T4	Kuiper et al.，2008
虹鳟幼鱼	BDE-209	50～1000ng/g湿重，腹腔注射	(–) TT3 ↓ FT3	↑ TT4 ↓ ↑ FT4	Feng et al.，2012
虹鳟幼鱼	BDE-209	100ng/g、500ng/g，腹腔注射	↓ T3	↓ T4	冯承莲等，2010
大鳞大麻哈鱼幼鱼	BDE-47、BDE-99	BDE-47（0.3～550ng/g饲料）、BDE-99（6.4～570ng/g饲料）	BDE-99及复合暴露 ↓ T3	BDE-99 ↓ T4	Arkoosh et al.，2017
黑头呆鱼成鱼	BDE-47	2.4μg/(对・d)、12.3μg/(对・d)，饮食暴露	(–) TT3	↓ TT4	Lema et al.，2008
黑头呆鱼成鱼	BDE-209	3ng/(g・d)、300ng/(g・d)，饮食暴露	↓ TT3	↓ TT4	Noyes et al.，2013
欧洲川鲽成鱼	DE-71	底质（0.007～700mg/g TOC）和食物（0.014～14 000mg/g）	(–) T3	↓ T4	Kuiper et al.，2008
红点鲑幼鱼	13种PBDEs混合物	每种2.5～25ng/g，饮食暴露	(–) FT3	↓ FT4	Tomy et al.，2004
美国红隼	BDE-47、BDE-99、BDE-100、BDE-153	1500ng/g ΣPBDEs，注入受精卵的气室	—	↓ T4	Fernie et al.，2005
大鼠和小鼠	Bromkal 70-5 DE和BDE-47	18mg/kg、36mg/kg体重，口服	—	↑ TT4 ↓ FT4	Hallgren et al.，2001
Long-Evans大鼠围产期	DE-71	1～30mg/(kg・d)，口服	(–) T3	↓ ↑ T4	Zhou et al.，2002

暴露对象	暴露物	暴露浓度	T3	T4[b,c,d]	参考文献
Long-Evans大鼠28天龄	DE-71和DE-79	0.3～300mg/(kg・d)，口服	(–) T3	↓ T4	Zhou et al.，2001
NMRI小鼠初次分娩	Bromkal 70-5DE	452mg/kg，口服	—	↓ T4	Skarman et al.，2005
SD大鼠成年	BDE-209	120～1000mg/(kg・d)，口服	↓ TT3	↓ TT4 ↓ FT4	李欣年等，2009

注：测定总（TT3，TT4）、游离（FT3，FT4）或未指定（T3，T4）甲状腺激素的浓度；↓表示暴露于至少一种浓度或剂量的多溴联苯醚后甲状腺激素浓度降低；↑表示暴露于至少一种浓度或剂量的多溴联苯醚后甲状腺激素浓度增加；（–）表示暴露于多溴联苯醚后甲状腺激素浓度没有变化；—表示未测定此类甲状腺激素的含量变化

PBDEs暴露还会影响以下丘脑-垂体-性腺轴（HPG）轴为主的生殖激素，主要涉及卵泡刺激素（FSH）、促黄体生成素（LH）、睾酮（T）、雌二醇（E2）等激素，这些激素主要控制胚胎的形成与发育及调控生殖过程（图14.4，表14.7）（Nagahama and Yamashita，2008；Sofikitis et al.，2008）。

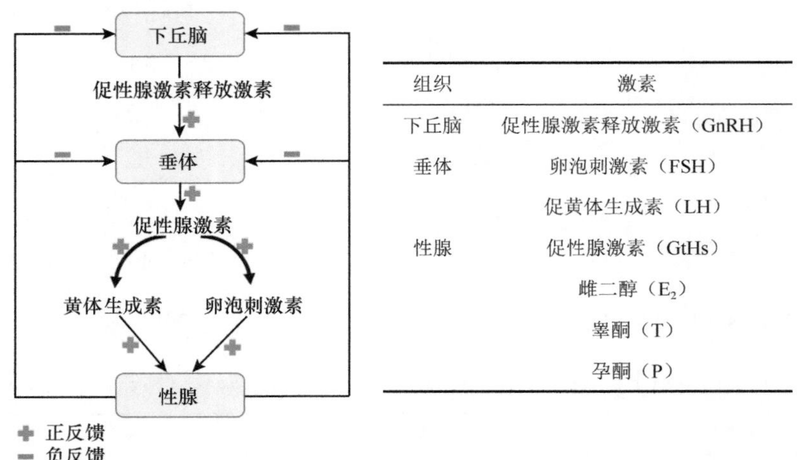

图14.4　PBDEs暴露影响HPG轴相关的生殖激素（引自Nagahama and Yamashita.，2008）

表14.7　PBDEs对生殖激素的影响

暴露对象	暴露物	暴露浓度	暴露时间	效应	参考文献
菲律宾蛤仔	BDE-47	0.1μg/L和1μg/L	25d	雌性和雄性蛤仔血淋巴中睾酮（T）水平显著降低，*VTG*表达量上调；雌性*3β-HSD*表达量下调	Liu et al.，2017a
斑马鱼	DE-71	0.005～50μg/L	120d	雄鱼脑中*GnRH*，垂体中*FSHβ*和*LHβ*，睾丸中*FSH-R*、*LH-R*和*CYP19a*表达量明显上调，而睾丸中*CYP11a*和*3β-HSD*下调。雄性肝脏*ERα*、*AR*和*VTG*均下调。雄鱼血清中E_2降低，T和11-酮-睾酮（11-KT）则显著增加 雌鱼卵巢中*3β-HSD*表达量上调，脑*GnRH*、垂体*FSHβ*和*LHβ*上调，而脑*ERβ*、*TH*、*TPH*及垂体*GnRH-R*均显著下调。雌鱼肝脏*ERα*和*AR*上调。雌鱼血清E_2降低	Han et al.，2011
斑马鱼	DE-71	3～30mg/L	120d	雄鱼T水平升高且细胞色素P450c17α-羟化酶P450c17α-羟化酶（CYP17）激酶（*CYP17*）表达量上调。雄鱼肝脏*VTG*和*ERβ*下调。垂体中*FSHβ*、*LHβ*上调。组织学观察显示雄鱼精子发育迟缓 雌鱼E_2水平下降且细胞色素P450芳香酶AB（*CYP19a*和*CYP19b*）表达量下调。雌鱼肝脏*VTG*和*ERβ*下调。垂体中*FSHβ*、*LHβ*上调。组织学观察显示雌鱼卵母细胞发育延迟	Yu et al.，2014

续表

暴露对象	暴露物	暴露浓度	暴露时间	效应	参考文献
欧洲川鲽	DE-71	0.007～700μg/g	3个月	改变雄鱼肝脏中*VTG*基因的表达量	Williams et al.，2013
黑头呆鱼	BDE-47	57.68μg/g、392.59μg/g卤虫	21d	雌鱼肝脏*ERα*、卵巢芳香酶（*arom*）表达量下调；雄鱼肝脏*ERα*及11-酮-睾酮（11-KT）下调	Thornton et al.，2016b
猪卵巢滤泡细胞	BDE-47，BDE-99，BDE-100和BDE-209	0.05～0.5ng/mL；0.25～25ng/mL；0.5～50ng/mL	48h	24h后只有低浓度组P、T、E_2的分泌上调；48h后低、中浓度组T和E_2分泌增加，P则在3个浓度组中均上调	Karpeta and Gregoraszczuk，2010
猪卵巢黄体细胞	BDE-47	0.5～50ng/mL	24h	*CYP2B1*和*CYP2B2*表达量显著下调且活性下降；在黄体中期刺激雌激素的分泌而在黄体后期转变为抑制作用；BDE-47的代谢物5-OH-PBDE-47和6-OH-PBDE-47显著抑制了P的分泌；BDE-47及其代谢产物可以缩短黄体期	Gregoraszczuk et al.，2015
小鼠睾丸间质肿瘤细胞	BDE-47	0～25μmol/L	24h	BDE-47显著减少P的含量，并伴随有环磷酸腺苷（cAMP）水平下降	Han et al.，2012
孕期大鼠	BDE-99	1mg/kg体重、10mg/kg体重	妊娠期10～18d	子代雄鼠在断奶及成年后性类固醇激素被显著抑制	Lilienthal et al.，2006
孕期大鼠	BDE-99	1mg/kg体重、10mg/kg体重	妊娠期10～18d	孕酮受体及*ER*表达量下调，降低大鼠对E_2的敏感性并影响发情期	Faass et al.，2013

研究表明，BDE-47影响某些核受体（NRs）介导的生理途径，特别是涉及甲状腺激素受体（TR）、雌激素受体（ER）、雄激素受体（AR）和芳香烃受体（AhR）等的途径（Jacobs et al.，2003；Norman et al.，2004；Prossnitz et al.，2008），并且其羟基化和甲基化形式（6-OH-BDE-47和6-MeO-BDE-47）表现出更强的效力（Hamers et al.，2008；Hu et al.，2011）。Kojima等（2009）证明BDE-47可以结合ER并抑制AR的激活。成年黑头呆鱼（*Pimephales promelas*）暴露于BDE-47后，雌性大脑中*TRα*的表达量显著上调，而雌雄鱼脑内*TRβ*的表达量均下调（Lema et al.，2008）。在猪卵巢卵泡中，BDE-47和6-OH-BDE-47暴露均未改变AR基因及相关蛋白的表达，BDE-47下调ERβ的基因和蛋白表达量，而6-OH-BDE-47上调*ERα*和*ERβ*的基因和蛋白表达量（Karpeta et al.，2014）。在青春期前暴露于多溴联苯醚混合物DE-71，将延迟Wistar雄性大鼠青春期并抑制雄激素依赖性组织的生长，表明PBDEs可以诱导类固醇激素代谢或作为AR拮抗剂。根据上述研究结果和性类固醇信号传导在繁殖中的重要作用（Ankley and Johnson，2004），推测PBDEs暴露可能干扰脊椎动物内分泌系统并最终影响其生殖功能。

（四）PBDEs的生殖发育毒性

生殖系统是PBDEs作用于生物体的靶器官之一，PBDEs在生殖器官（如卵巢、睾丸）中累积会降低配子的数量和质量，影响受精过程及受精卵的发育；还可通过干扰性腺等内分泌系统影响生殖行为，对生物体正常繁殖造成危害。许多体外（Hamers et al.，2006；Nakari and Pessala，2005；Song et al.，2008；何旭颖等，2014）及体内（Han et al.，2011；Lilienthal et al.，2006；Yu et al.，2014；Zhang et al.，2013）研究表明，PBDEs可以对性激素、生殖细胞甚至性腺组织产生危害效应。何旭颖等（2014）的研究发现，BDE-209能影响大头鳕（*Gadus macrocephalus*）精子细胞核、质膜、线粒体、鞭毛等的超微结构，并最终导致精子功能受损；王志新等（2011）发现BDE-209导致小鼠体外受精率显著下降，并使受精卵早期发育受损；DE-71暴露对斑马鱼HPG轴的影响具有性别差异性（Han et al.，2011；Yu et al.，2014），这与其对内分泌干扰的效应结果一致，并且研究发现暴露于DE-71对F_0代不具有发育毒性，但会导致F_1代胚胎孵化延迟、存活率和生长率降低（Yu et al.，2014）；暴露于BDE-47的黑头呆鱼表现出雄性成熟精子的数量显著减少（Lema et al.，2008；Muirhead et al.，2006）。近年来，有关PBDEs对水生生物及哺乳动物生殖效应的相关研究如表14.8所示。

表14.8 PBDEs的生殖发育毒性

	暴露对象	暴露物	暴露浓度	暴露时间	生殖效应	参考文献
性腺	斑马鱼	DE-71	0.005 ～ 50μg/L	120d	性器官 - 躯体指数显著增加，产卵量、受精率、孵化率和成活率明显降低	Han et al.，2013
	斑马鱼	BDE-209	0.001 ～ 1.0μmol/L	150d	BDE-209 影响 F_0 代性腺发育，肥满度增加，性器官 - 躯体指数降低	He et al.，2011
	稀有鮈鲫	BDE-209	0.01 ～ 10μg/L	21d	雌鱼的性器官 - 躯体指数下降；雄鱼的性器官 - 躯体指数没有改变	Li et al.，2014
	孕期大鼠 Wistar	BDE-99	60μg/kg 体重、300μg/kg 体重	16d	电镜观察显示 F1 雌鼠卵巢浆膜表面的上皮细胞内细胞器溶解、组织坏死；卵巢中部出现大量的多孔结构及密集的颗粒物质；光镜下观察，BDE-99 导致雌鼠阴道上皮细胞产生空泡性变，子宫浆膜增生	Talsness et al.，2005
	雄性大鼠 SD	BDE-47	0.001 ～ 1mg/(kg・d)	8 周	睾丸中 CYP3A1 及代谢产物 3-OH-BDE-47 含量增加，生精小管活性氧（ROS）增加；3-OH-BDE-47 通过上调 FAS/FASL、p-p53 和 Caspase 3 增加生殖细胞 ROS 产生量，诱导细胞凋亡，最终导致雄性大鼠精子发生减少	Zhang et al.，2013
生殖细胞	菲律宾蛤仔	BDE-47	0.1μg/L 和 1μg/L	25d	雌性和雄性蛤仔血淋巴中 T 水平显著降低，*VTG* 表达量上调；雌性 3*β-HSD* 的表达量下调；雄性中与精子发生相关的蛋白 4- 同源物（*SAP4*）的表达量上调	Liu et al.，2017a
	斑马鱼	DE-71	0.005 ～ 50μg/L	120d	肝脏中 *VTG* 显著下调，可能将导致卵子质量的下降，对繁殖造成不利影响	Han et al.，2011
	斑马鱼	DE-71	5 ～ 500μg/L	30d	产卵量减少，孵化率降低	Kuiper et al.，2008
	斑马鱼	DE-71	3 ～ 30mg/L	120d	组织学观察显示雄鱼精子发育迟缓	Yu et al.，2014
	斑马鱼	BDE-209	0.001 ～ 1.0μmol/L	150d	降低精子的数量和质量	He et al.，2011
	斑马鱼	DE-71	0.45μg/L、9.6μg/L	60d	产卵量减少，卵细胞总蛋白含量显著降低，暗示卵细胞的质量下降	Chen et al.，2012
	稀有鮈鲫	BDE-209	0.01 ～ 10μg/L	21d	抑制雄鱼的精子发生，睾丸中精母细胞的数量明显减少	Li et al.，2014
	黑头呆鱼	BDE-47	57.68μg/g、392.59μg/g 卤虫	34d	雌性窝卵数和繁殖能力显著降低；雄性繁殖季的追星结节较少	Thornton et al.，2016a
	孕期大鼠 CD-1	BDE-209	10 ～ 1500mg/kg 质量	妊娠期 0 ～ 17d	产后第 71 天，高剂量组 BDE-209 造成雄鼠精子头部异常及睾丸组织病变、精子 DNA 变性及分裂增加	Tseng et al.，2013
	成年雄小鼠 B6	BDE-47	0.0015 ～ 30mg/(kg・d)	30d	小鼠精子运动能力下降，精母细胞减少，生精小管细胞凋亡	Wang et al.，2013
发育	斑马鱼	DE-71	0.005 ～ 50μg/L	120d	F_1 代畸形率和雄性百分比显著升高	Han et al.，2013
	斑马鱼	BDE-47	1 ～ 50μg/L	120d	诱导斑马鱼胚胎、幼鱼产生氧化应激及 DNA 损伤	赵雪松等，2015
	斑马鱼	BDE-47	0.25 ～ 2mg/L	96h	造成氧化损伤，诱导细胞凋亡，主要集中于神经管和脑部	吉贵祥等，2013
	斑马鱼	BDE-47, BDE-209	0.01 ～ 10μmol/L	6d	显著增加胚胎死亡率和畸形率	沈华萍等，2009
	小鼠受精卵	BDE-209	10 ～ 40μg/mL	胚胎发育时期	影响胚胎发育进行，降低 2 细胞、4 细胞、8 细胞、桑葚胚及囊胚形成率	王志新等，2011

（五）PBDEs的免疫毒性

生物体内的神经系统、内分泌系统和免疫系统机制复杂，系统之间相互影响、相互调节，共同促进生物体的生长发育和生理机能的调节（图14.5）。PBDEs会造成生物体神经毒性和甲状腺毒性，免疫系统必然会受到一定的影响。PBDEs能对免疫系统造成损害，可直接杀死淋巴细胞或者影响其增殖分化，其间接作用是影响激素平衡。已有研究发现，PBDEs会影响生物体脾和胸腺的结构，从而抑制免疫系统。

早期生活阶段暴露于BDE-47会降低雄性黑头呆鱼（*Pimephales promelas*）后期在鲁氏耶尔森菌（*Yersinia ruckeri*）侵染过程中的存活率，增加其易感性，而对雌性无明显影响（Thornton et al.，2018）。PBDEs暴露可以改变大鳞大麻哈鱼（*Oncorhynchus tshawytscha*）的先天免疫（巨噬细胞的吞噬作用和超氧阴离子的产生）功能，增加其疾病易感性（Arkoosh et al.，2010，2015，2018）。此外，BDE-47会减少小鼠体内脾细胞、双阴性胸腺及免疫球蛋白的数量，同时会使脾细胞抗体含量下降（Foureman et al.，1994）。周俊等（2006，2009）的研究表明，母代大鼠高剂量暴露于BDE-209导致母代及子代免疫功能（细胞免疫和体液免疫）损伤。PBDEs暴露诱导鼠腹膜巨噬细胞的凋亡、细胞内ROS升高，并损害巨噬细胞辅助细胞的功能（Lv et al.，2015）。

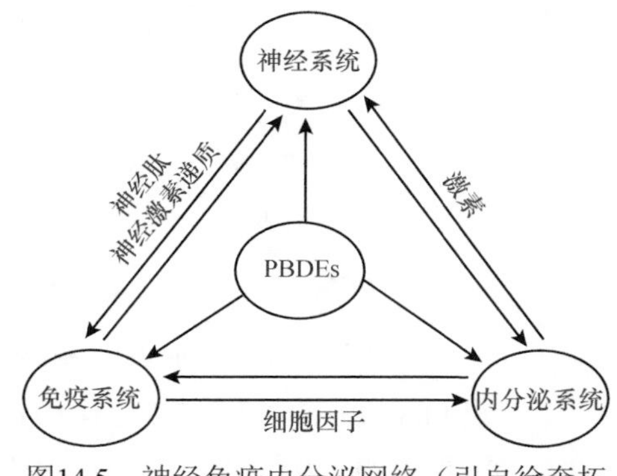

图14.5　神经免疫内分泌网络（引自徐奔拓等，2017）

（六）PBDEs的其他毒性

PBDEs暴露干扰生物体内的能量代谢。我们实验室前期研究结果显示，BDE-47能引起赤子爱胜蚓（*Eisenia fetida*）（Ji et al.，2013a）、紫贻贝（*Mytilus galloprovincialis*）（Ji et al.，2013b）和人胚肾细胞（HEK293）（曹璐璐等，2015）等能量代谢紊乱（图14.6）；此外，BDE-47还可引起小鼠和大鼠葡萄糖代谢的紊乱，诱发肥胖，并增加其糖尿病的患病风险（McIntyre et al.，2015；Wang et al.，2018a；Zhang et al.，2016b）。另外，最近有研究表明，BDE-47对斑马鱼早期血管发育具有抑制作用，证实了PBDEs在体内的血管毒性（Xing et al.，2018）。此外，虽然PBDEs导致癌症的实例较少，但是PBDEs仍

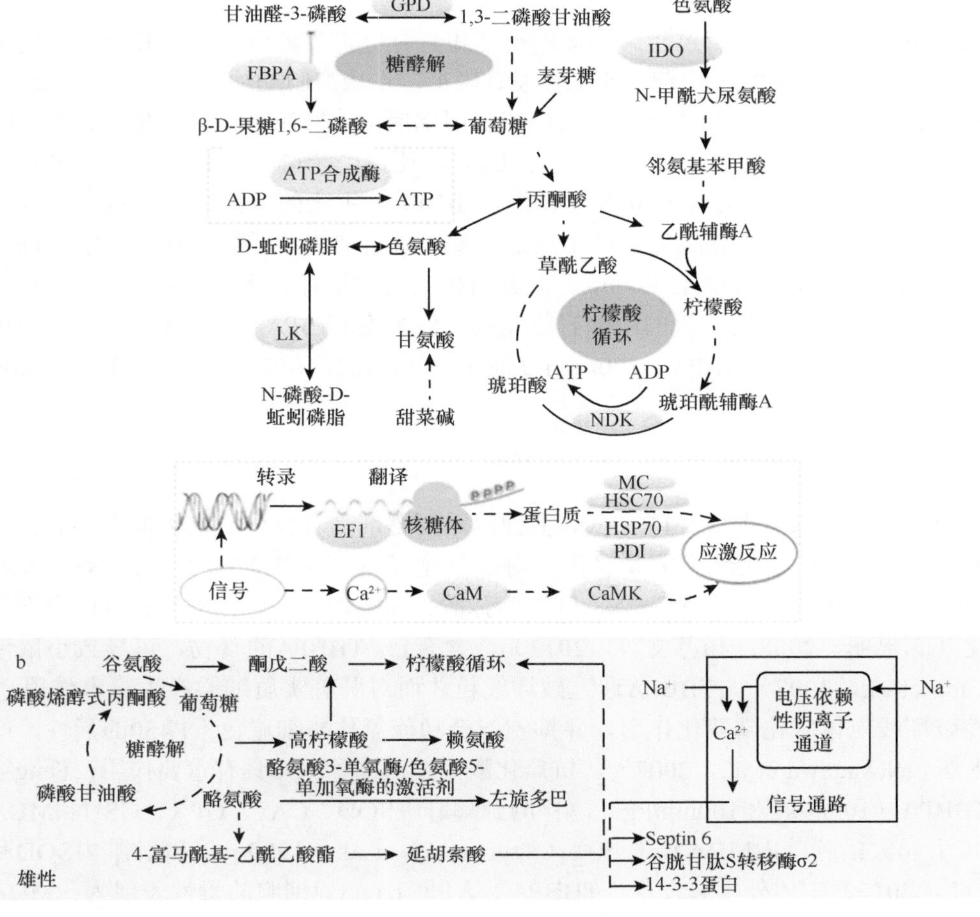

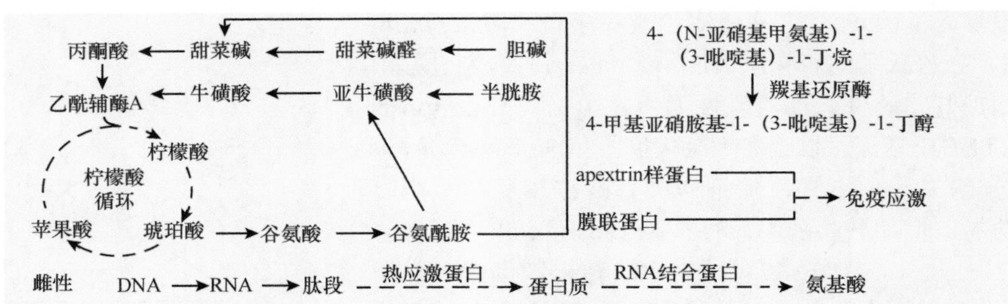

图14.6　BDE-47对赤子爱胜蚓（a）和紫贻贝（b）能量代谢的影响途径（引自Ji et al.，2013a，2013b）

红色/蓝色字体代表上调/下调的代谢物或蛋白质。ADP. 二磷酸腺苷；ATP. 三磷酸腺苷；CaM. 钙调蛋白；CaMK. 钙调蛋白依赖性激酶；EF1. 延伸因子1α；FBPA. 果糖二磷酸醛缩酶；FE. 纤维蛋白溶解酶；GPD. 甘油醛-3-磷酸脱氢酶；HSC70. 热休克同源物70；HSP70. 热休克蛋白70；IDO. 吲哚胺2,3-双加氧酶2样蛋白；LK. 蚯蚓磷脂激酶；MC. 多功能伴侣；NDK. 核苷二磷酸激酶；PDI. 蛋白质二硫键异构酶

被认为具有致癌性。PBDEs体内暴露只有在暴露剂量比较高时，受试动物才会出现肿瘤。因此，PBDEs的致癌效应还需要进一步验证。

二、TBBPA的生物毒性效应

TBBPA是一种在全球范围内被广泛应用的溴系阻燃剂，可在水体、大气、土壤和生物等多种介质中被检出。开展TBBPA对生物的毒性效应及其机制的研究对于早期预警TBBPA生态风险具有重要意义。现有文献报道显示，TBBPA会对生物表现出生长发育毒性、肝脏毒性、生殖毒性、神经毒性及内分泌干扰效应等。

（一）TBBPA的生长发育毒性

TBBPA可影响生物的生长发育过程。小球藻密度和光合色素含量会随着TBBPA浓度的增加而显著下降（那广水等，2010）；TBBPA能引起海胆幼体发育畸形，造成海胆幼体形态较小和骨架异常（Anselmo et al.，2011）；TBBPA对斑马鱼的毒性表现为产卵凝固率增加、胚胎孵化时间延长、发育畸形、血流失调和心包水肿（Yang et al.，2015；刘红玲等，2007），还可影响斑马鱼眼睛发育，导致视动反应降低（Baumann et al.，2016）。陈玛丽（2008）报道了TBBPA对生物的行为活动也具有干扰作用：暴露于TBBPA的虹鳟（*Oncorhynchus mykiss*）会产生烦躁不安、游动抽搐及呼吸困难等现象。TBBPA也可影响中华哲水蚤（*Calanus sinicus*）的摄食和呼吸，尤其对排氨活动具有显著的抑制作用（刘树苗，2012）。不同浓度的TBBPA对斑马鱼游动行为的影响有所差别：低浓度TBBPA（＜2mg/L）对斑马鱼游动行为几乎没有影响，而暴露于高浓度TBBPA（100mg/L）时，斑马鱼游动位置下移，且游速随TBBPA浓度增高而降低（周斯芸等，2016）。

（二）TBBPA的肝脏毒性

肝脏是动物的主要解毒器官，对TBBPA等多种溴系阻燃剂具有较强的富集能力（Voorspoels et al.，2003）。TBBPA对肝脏的毒性作用主要表现在对肝细胞及肝脏组织的损害：TBBPA暴露能够引起鲫（*Carassius auratus*）肝细胞索状结构破坏、肝细胞弥散、间隙增大、胞核固缩、肝脏空泡化、脂肪化及线粒体囊泡化（陈玛丽，2008；杨苏文等，2013）；含有1% TBBPA的食物，可导致小鼠母体及子代的肝脏损伤（Tada et al.，2007）。TBBPA通过破坏线粒体而对肝脏实质细胞产生毒害作用，即TBBPA的卤化苯酚特性破坏线粒体氧化磷酸化作用，并抑制混合功能氧化酶细胞色素P450的活性，产生大量ROS导致线粒体损伤（Nakagawa et al.，2007）。抗氧化酶系统对清除ROS具有重要作用，Feng等（2013）通过给鲫注射TBBPA（10mg/kg和100mg/kg），检测到鲫肝脏SOD、CAT、GPX、GSH和MDA活性降低。TBBPA暴露可引起大鼠肝脏内MDA水平升高（Szymanska et al.，1999），鲫肝脏内SOD和CAT的活性降低（He et al.，2015）。体外实验发现，TBBPA对人肝癌HepG2细胞的毒性表现为：MDA含量增加，

SOD活力与GSH含量下降（Jin et al.，2010）。王素敏等（2013）在研究TBBPA对罗非鱼（*Mossambica tilapia*）肝脏抗氧化系统的影响中发现，随TBBPA浓度增加，罗非鱼体内的GSH和GST含量呈现先下降后上升的趋势，SOD含量呈现先上升后下降的趋势。GR是一种将氧化型谷胱甘肽（GSSG）催化反应成还原型（GSH）的酶，Ronisz等（2004）发现TBBPA可引起鱼体内谷胱甘肽还原酶（GR）活性显著升高。因此，抗氧化酶常被用作TBBPA肝脏毒性的生物标志物。

我们实验室前期将紫贻贝暴露于18.4nmol/L TBBPA 30d后，利用组织HE和TUNEL染色紫贻贝肝胰腺组织发现，TBBPA可诱导紫贻贝肝胰腺中的血细胞浸润、消化小管损伤及细胞凋亡。应用基于iTRAQ的蛋白组学研究发现，紫贻贝消化腺中有60种蛋白差异表达，其中雄性紫贻贝有33种蛋白质，雌性紫贻贝有29种蛋白质，蛋白质代谢通路涉及细胞骨架、生殖发育、细胞代谢、信号传导、基因表达、应激反应和细胞凋亡。结果表明，TBBPA暴露可以诱导细胞凋亡、氧化应激和免疫应激及雄性和雌性紫贻贝的能量变化不同机制、蛋白质和脂质代谢紊乱（图14.7）（Ji et al.，2014）。

（三）TBBPA的生殖毒性

TBBPA能够通过改变雌激素活性影响生殖系统的发育和正常功能（Linhartova et al.，2015）。研究发现，TBBPA可导致性别分化不明、两性畸形、性腺发育异常、性成熟周期缩短、配子排放时间及排出量减少等现象（Andrew et al.，2010；Ketata et al.，2008；Langston et al.，2007），并可诱导睾丸细胞凋亡（Zatecka et al.，2013）、精子质量下降（Ogunbayo et al.，2008）、附睾精子DNA损伤及蛋白分布异常（Linhartova et al.，2015）。

环境相关浓度的TBBPA（0.047μmol/L）暴露可导致斑马鱼产卵率降低，较高浓度的TBBPA（＜1.5μmol/L）可导致斑马鱼卵母细胞早熟，产卵率、孵化率和仔鱼成活率下降（Kuiper et al.，2007a）。另有研究发现，暴露于0.1mg/L TBBPA 42d的斑马鱼性腺发育异常，具体表现为雌性斑马鱼卵巢发育受抑制，雄性斑马鱼生精细管管壁变薄，精原细胞和精母细胞数目减少，间质细胞增多（Kuiper et al.，2007b）。此外，TBBPA可干扰人类胎盘JEG-3细胞的雌激素合成，影响孕早期胎盘正常发育（Honkisz et al.，2015）。

（四）TBBPA的内分泌干扰效应

TBBPA被认为是一种潜在的内分泌干扰物（EDCs），主要通过非受体途径引发内分泌干扰效应，即通过影响下丘脑-垂体-甲状腺轴（HPT轴）、下丘脑-垂体-性腺轴（HPG轴）和下丘脑-垂体-肾上腺轴（HPA轴）中的某些环节，参与或影响类固醇激素的正常合成、代谢、转化及其活性（Jang et al.，2015）。

TBBPA与激素T3和T4的结构非常类似（图14.8），可引起甲状腺干扰效应，包括对甲状腺组织形态、生物体内激素水平［总甲状腺素（TT4）、总三碘甲状腺原氨酸（TT3）、游离甲状腺素（FT4）、游离三碘甲状腺原氨酸（FT3）］及甲状腺相关基因表达的影响（Baumann et al.，2016；Fini et al.，2012；Zhang et al.，2014）。

TBBPA能引起红鲫甲状腺滤泡上皮增厚、滤泡细胞代偿性肥大和增生（瞿璟琰等，2007）。陈玛丽等（2008）的报道与上述结论吻合，且发现随着暴露时间延长，斑马鱼甲状腺结构的变化方式出现多样性，如上皮增厚、细胞肥大、甲状腺滤泡组织增生和胶质减少等。TBBPA可以干扰哺乳动物的甲状腺激素水平：大鼠食饲TBBPA 28d后发现，雄性大鼠血清T4水平升高，T3水平降低，雌性大鼠血清T4水平升高，T3水平变化不明显（van der Ven et al.，2008）。TBBPA对水生生物和两栖类动物有类似的内分泌干扰效应：长期暴露于TBBPA（50～500μg/L）的欧洲川鲽（*Platichthys flesus*），血浆中T4水平显著增加，但T3水平无显著变化（Kuiper et al.，2007b）；TBBPA暴露可使粗皮蛙（*Rana rugosa*）蝌蚪尾部缩短及体内T3含量增加（Kitamura et al.，2005；Kuiper et al.，2007b）；此外，暴露于TBBPA的鲫（*Carassius auratus*）血浆中TT4和TT3水平显著下降（Qu et al.，2008）。

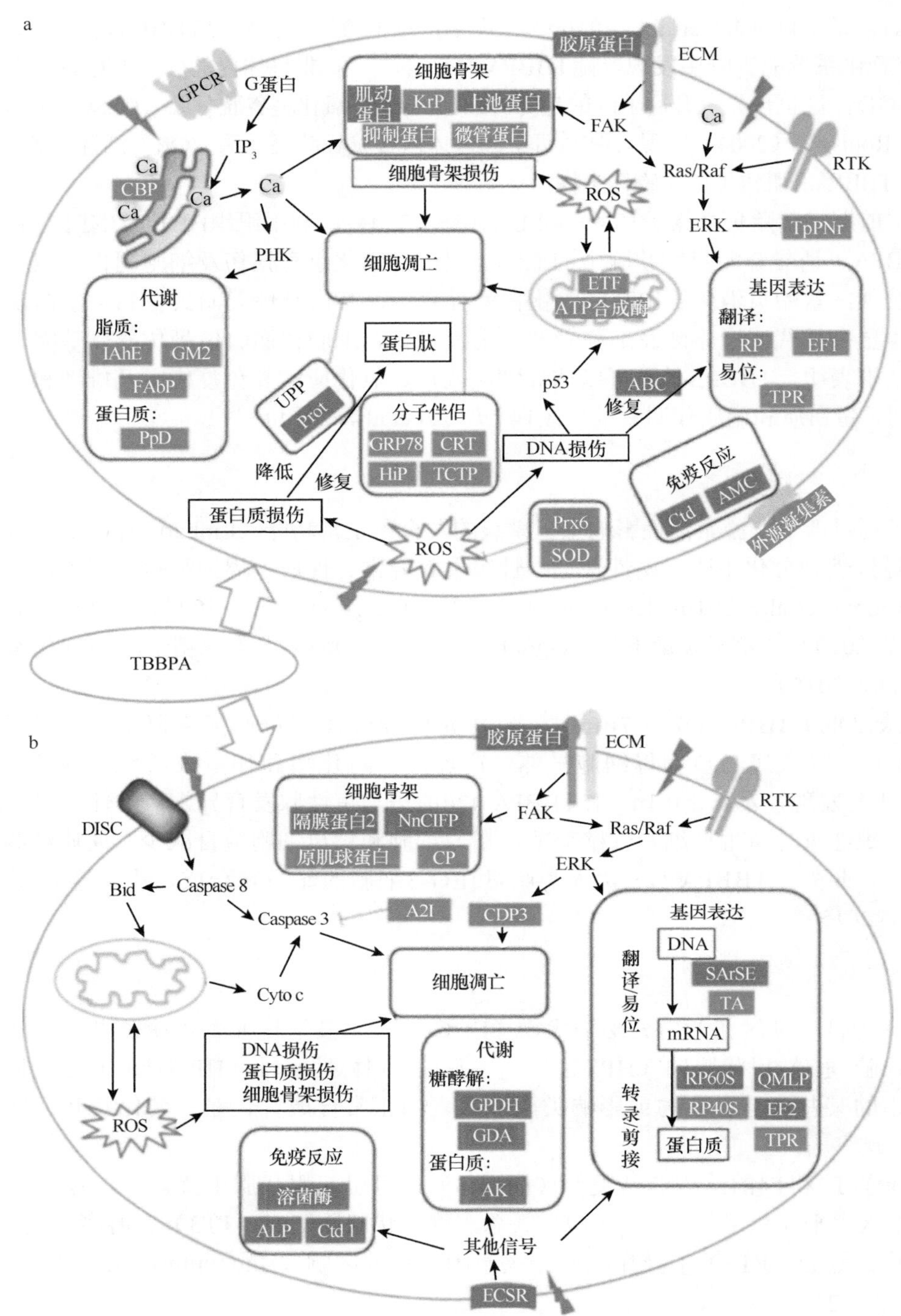

图14.7　TBBPA暴露后的雄性（a）和雌性（b）紫贻贝中的响应通路（引自Ji et al.，2014）

红色/蓝色字体代表上调/下调的代谢物或蛋白质。A2I. 细胞凋亡抑制剂2；ABC. ABC切除核酸酶；AK. 精氨酸激酶；ALP. Apextrin样蛋白；AMC. 酸性哺乳动物壳多糖酶；Caspase 3. 半胱氨酸的天冬氨酸蛋白水解酶3；Caspase 8.半胱氨酸的天冬氨酸蛋白水解酶8；CBP. 钙结合蛋白；CDP3. 细胞死亡蛋白3；CRT. 钙网蛋白；Ctd. 壳三糖苷酶；Cyto c. 细胞色素c；DISC. 死亡诱导信号复合体；ECM. 细胞外基质；ECSR. 表皮细胞表面受体；EF1. 延伸因子1-γ；EF2. 延伸因子2；ERK. 细胞外信号调节激酶；ETF. 电子转移黄素蛋白；FAbP. 脂肪酸结合蛋白；FAK. 粘附斑激酶；GDA. 葡萄糖脱氢酶；GM2. 神经节苷脂GM2激活剂；GPCR. G蛋白偶联受体；GPDH. 甘油醛-3-磷酸脱氢酶；GRP78. 78 kDa葡萄糖调节蛋白；HiP. 热休克蛋白70互作蛋白；IAhE. 醋酸异戊酯水解酯酶；IP3. 三磷酸肌醇；KrP. 驱动蛋白1；NnCIFP. 非神经元胞质中间丝蛋白；PHK. 磷酸化酶激酶；PpD. 溶胶原脯氨酸二氧酶；Prot. 蛋白酶体；Prx6. 过氧化物酶；QMLP. qm类蛋白质；RP. 核糖体蛋白；RP40S. 40S核糖体蛋白S4；RP60S. 60S核糖体蛋白L24；RTK. 受体酪氨酸激酶；SArSF. 丝氨酸/精氨酸的剪接因子4；SOD. 超氧化物歧化酶；TA. 转录激活因子；TCTP. 翻译控制肿瘤蛋白；TpPNr. 酪氨酸蛋白磷酸酶非受体型6；TPR. 核蛋白转位启动子区蛋白；UPP. 泛素蛋白酶体途径

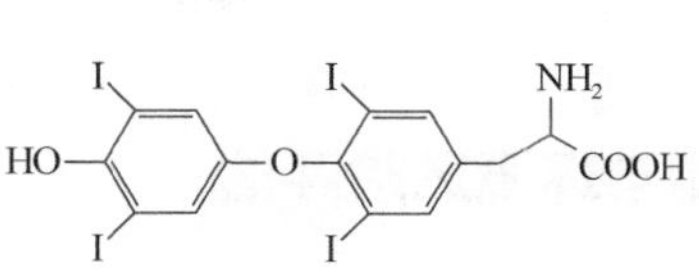

甲状腺素

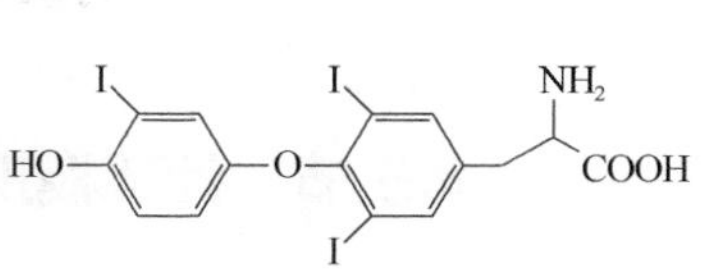

三碘甲腺原氨酸

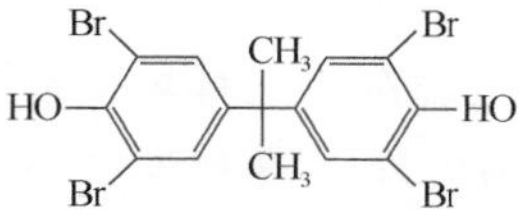

四溴双酚A

图14.8　TBBPA与甲状腺激素T3和T4的结构对比

TBBPA能影响HPT轴相关基因的表达水平，其中，*tshβ*基因作为HPT轴的主要调节因子，调控循环THs的浓度，TR充当配体介导的转录因子，可以激活或抑制靶基因的表达（Wang et al.，2014a）。斑马鱼胚胎暴露于TBBPA后，孵出的仔鱼体内的*tshβ*和*tg* mRNA表达上调，*ttr*和*trβ* mRNA表达下调（Zhu et al.，2018）；斑马鱼仔鱼直接暴露于TBBPA，体内*tshβ* mRNA表达水平也显著上调（Chan W K and Chan K M，2012）。Goto等（2006）以非洲爪蟾（*Xenopus laevis*）为研究对象，发现TBBPA抑制T3与TR的结合，同时抑制TR介导的甲调基因的表达。综上，TBBPA能促进THs的合成，干扰THs调节的生物过程。

根据现有的研究结果，TBBPA可以通过载体和受体介导两种机制对甲状腺激素系统产生干扰：①TBBPA能够与血液内的甲状腺激素运载蛋白竞争性结合，从而干扰甲状腺激素稳态；②TBBPA通过与TR结合，抑制TR介导的甲调基因的表达，影响T3与TR的结合和信号传导过程（Boas et al.，2012；Thienpont et al.，2011）。

TBBPA除影响脊椎动物的HPT轴外，还影响HPG轴和HPA轴。雄性黑斑蛙暴露于TBBPA后，精子数量和精子活动性显著降低，精子畸形以浓度依赖性方式显著增加，引起睾酮（T）、雌二醇（E_2）含量增加，黄体生成素（LH）和促卵泡激素（FSH）含量降低，并导致睾丸中*AR*的异常表达，从而引起精子发生紊乱（Zhang et al.，2018）。TBBPA可显著下调斑马鱼AR通路中*ThRα*及相关基因*ncor*、*c1d*、*ncoa2*、*ncoa3*、*ncoa4*的表达，以及ER通路中的*er2a*和*er2b*基因的表达（Liu et al.，2018a），还会导致黄颡鱼（*Pelteobagrus fulvidraco*）体内卵黄蛋白原（VTG）和HPA轴中促肾上腺皮质激素（adrenocorticotropic hormone，ACTH）含量上升。

（五）TBBPA的神经毒性

TBBPA对生物具有神经毒性，可以影响生物的神经发育并干扰神经行为。TBBPA对早期发育阶段的斑马鱼有显著的神经毒性，具体表现为颅运动神经元发育延迟、原发性运动神经元发育受抑制及肌纤维松弛（Chen et al.，2016）。体外细胞试验也证实了TBBPA的神经毒性，2～10μmol/L TBBPA可诱导小脑颗粒（CGC）细胞死亡（Reistad et al.，2007）、激活人类嗜中性粒细胞外信号调节激酶（ERK）及干扰细胞Ca^{2+}稳态（Reistad et al.，2007）。TBBPA暴露还可以导致生物自发性行为的改变，例如，母代Wistar大鼠经TBBPA暴露后，子代听觉反应、条件应激等神经性行为受到显著影响，乙酰胆碱酯酶（AchE）活力受到轻微抑制（Lilienthal et al.，2008）。TBBPA可改变斑马鱼仔鱼的神经行为：19～26hpf仔鱼的自主运动频率显著增加，27hpf、36hpf和48hpf仔鱼的接触反应能力显著减弱，120hpf仔鱼自由泳动速度显著降低。由于THs的缺乏可能造成生物脑部发育障碍（Fernie et al.，2005），因此现阶段试验观察到的TBBPA的神经毒性可部分归因于THs水平的改变（Levy-Bimbot et al.，2012；Liu et al.，2016）。

第三节　计算模拟预测与环境风险评估

一、计算模拟预测

BFRs作为生产量和使用量巨大的有机阻燃剂，在环境介质和生物体内被广泛检出。BFRs及其代谢产物的毒理效应和环境风险得到广泛关注，国内外学者通过最小二乘法和蒙特卡罗方法等研究了BFRs在环境中的转化与归趋，通过整合分子对接、分子动力学与QSAR模型等方法分析和预测BFRs及其代谢产物的微观毒性机制。

（一）环境行为

污染物在环境介质中的迁移转化过程非常复杂，既包括在环境中的挥发、光解、水解等物理化学转化过程，又包括在生物体内的酶促反应的生物转化过程。反应的影响因子主要包括各种反应过程的速率常数和污染物在生物体中的分配系数等。研究发现，PBDEs的结构改变会显著影响其自身的毒性效应，溴取代基的数量和代谢产物都会影响PBDEs的毒性，高溴代的PBDEs在环境中不稳定，容易发生光解脱溴反应降解为低溴代的PBDEs。PBDEs与羟基自由基反应，生成毒性更强的HO-PBDEs，光解和羟基化反应显著增强了PBDEs的生物富集能力和环境持久性。研究PBDEs的脱溴/羟基化反应过程，可为PBDEs在环境中的转化和归趋提供参考。

曹海杰等（2016）通过量子化学计算六溴环十二烷、BDE-99及TBBPA等与羟基自由基的反应发现，溴取代程度的高低影响BDE-99与羟基自由基的反应趋势，溴取代程度高的PBDEs的苯环活性和空间位阻效应大于溴取代程度低的PBDEs。Wei等（2013）研究了13种PBDEs在己烷中的光解脱溴过程，基于最小二乘准则建立了模型来模拟PBDEs的脱溴过程，该模型能够推测脱溴途径并确定影响脱溴稳定性的溴取代特征。Zou等（2014）进一步以BDE-209为初始反应物，通过模拟马尔可夫链蒙特卡罗算法（analogue Markov chain Monte Carlo，AMCMC）优化了PBDEs脱溴曲线，确定并量化PBDEs光解脱溴的反应过程。AMCMC模型表明，在BDE-209光解的初始阶段主要通过断裂邻位和对位溴取代基的化学键生成BDE-206和BDE-208，随着反应的进行，间位溴键的断裂在光解反应中逐渐占据主导地位。有研究比较了AMCMC模型和SRS模型，发现AMCMC模型比SRS模型更为稳健高效，更能准确推断出脱溴反应途径，计算出低溴代PBDEs的产率。

溴取代程度高的PBDEs通过脱溴反应生成低溴代联苯醚BDE-28和BDE-15等，进而释放到环境中。研究人员通过量子化学的方法进一步分析了脱溴后产物的环境行为。Cao等（2013）比较了空气和水环境中BDE-28与自由基之间反应的能垒图，发现水环境增加了反应的能垒，不利于反应的进行。研究发现，不但环境介质对反应造成影响，而且溴原子的数量也影响PBDEs的降解速率，将计算得到的BDE-28和羟基自由基的反应速率常数同BDE-7、BDE-15、BDE-47和羟基自由基的反应速率常数进行比较发现，PBDEs中溴原子的数目会影响反应中羟基自由基与PBDEs的反应活性。溴原子数目越多，PBDEs中苯环的反应活性越低，越不容易发生降解反应。此外，Zhou等（2011）通过量子化学法研究了BDE-15与羟基自由基反应的降解机制和动力学，如图14.9所示，存在加成反应和夺氢反应两种生成HO-PBDEs的途径，且以加成反应为主。研究表明，溴原子会钝化邻位碳原子的活性，使其不易与羟基自由基发生加成反应。

（二）细胞毒性

Rawat和Bruce（2014）通过体外细胞毒性实验，收集与细胞活力、细胞凋亡相关的实验数据并进行定量评估，以遗传算法（GFA）为基础建立QSAR模型，预测暴露于PBDEs的哺乳动物细胞（HepG2）的细胞活性和细胞凋亡状况，研究PBDEs的细胞毒性。基于细胞毒性、氧化应激压力和细胞凋亡相关的3组数据建立了10个QSAR模型，从中选取解释能力和拟合优度较好的能够代表3个毒性终点的模型：

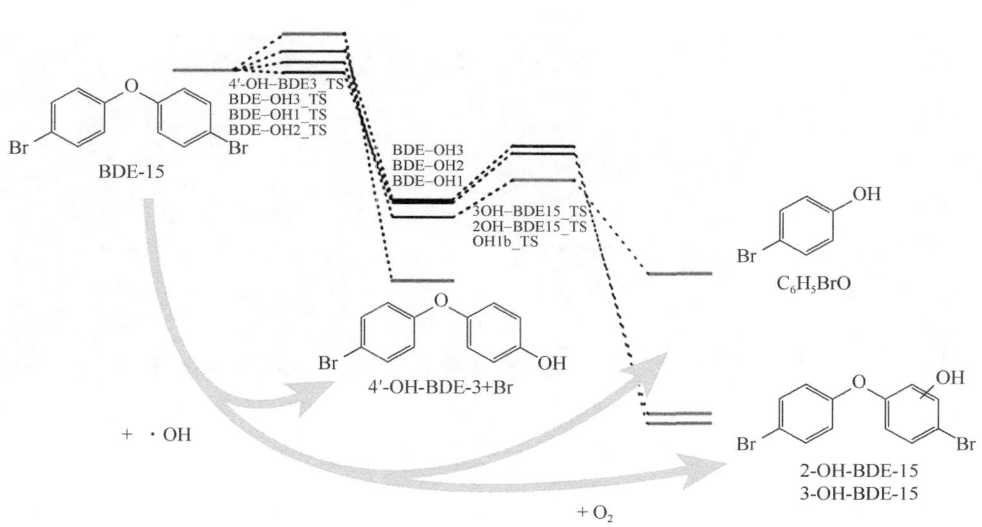

图14.9　BDE-15与羟基自由基的反应途径（修改自Zhou et al.，2011）

$$\text{log\_Toxicity}=-9.03\times10^{-1}-2.06\times\text{Gasteiger\_Charges}+7.37\times10^{-3}\times\text{VSA\_AtomicAreas}+5.22\times10^{-3}\times\text{VSA\_PartialCharge} \quad (14.1)$$

$$\text{log\_OS}=-1.37+1.10\times\text{ALogP\_AtomicScore}+13.7\times\text{Gasteiger\_Charges} \quad (14.2)$$

$$\text{log\_Apoptosis}=7.50-1.90\times10^{-1}\times\text{ALogP\_AtomMRScore}-1.98\times\text{Kappa\_3}+1.48\times10^{-2}\times\text{VSA\_PartialCharge} \quad (14.3)$$

式中，Gasteiger_Charges是基于原子的特性，表征原子处于未激发状态和分子环境中时原子轨道的电荷密度之差；VSA_AtomicAreas和VSA_PartialCharge属于表征范德华表面积（VSA）类的描述符，VSA_AtomicAreas的大小用于衡量每个原子对分子总表面积的贡献程度，VSA_PartialCharge是基于原子部分电荷计算得到的分子表面积；ALogP_AtomScore和ALogP_AtomMRScore属于ALogP分子描述符家族，ALogP表征生物对化学物质的利用程度和组织对异生物质的吸收程度，用于预测细胞毒性终点；Kappa_3是描述分子结构大小的二维描述符，用于量化分子的拓扑结构。

（三）生物酶活

杨伟华等（2015）采用分子对接研究了PBDEs衍生物（HO-PBDEs和MeO-PBDEs）与人胎盘芳香化酶的结合构象，构象分析发现，相较于MeO-PBDEs，HO-PBDEs中的羟基能够与Arg435、Arg115、Arg375、Asp309和Ala306等氨基酸残基形成氢键从而产生活性抑制作用，推测氢键可能影响PBDEs衍生物抑制芳香化酶活性的结构基础。Wang等（2018b）通过分析紫外-可见光谱和荧光光谱中特征吸收峰的强度、宽度及位移程度来研究BDE-47、BDE-209和乙酰胆碱酯酶（AchE）间相互作用的机制，发现BDE-47和BDE-209改变了AchE谱图中的峰位置和峰高度，说明PBDEs改变了AchE残基的微环境和构象，从而对AchE的活性产生抑制作用，引起神经毒性。通过比较BDE-47、BDE-209与AchE在相同温度下的结合常数和配体-受体间的生物活性构象（图14.10），发现BDE-47与AchE的结合亲和力强于BDE-209，并且BDE-47更接近于AchE的天然配体的空间位置。综合结合亲和力和空间构象分析发现，BDE-47更易于通过疏水作用与AchE结合增加神经毒性风险。

（四）载体与转运蛋白

人血清白蛋白（human serum albumin，HSA）作为人体重要的载体蛋白，在机体的生物化学反应中发挥着重要作用。研究PBDEs及其代谢产物与HSA的结合作用机制，对了解PBDEs的毒性作用机制具有重要意义。Yang等（2017）通过利用荧光光谱法和圆二色谱法（circular dichroic，CD），发现了HO-PBDEs（3-OH-BDE-47、5-OH-BDE-47和6-OH-BDE-47）能与HSA通过疏水作用和氢键作用形成络合物，进而改

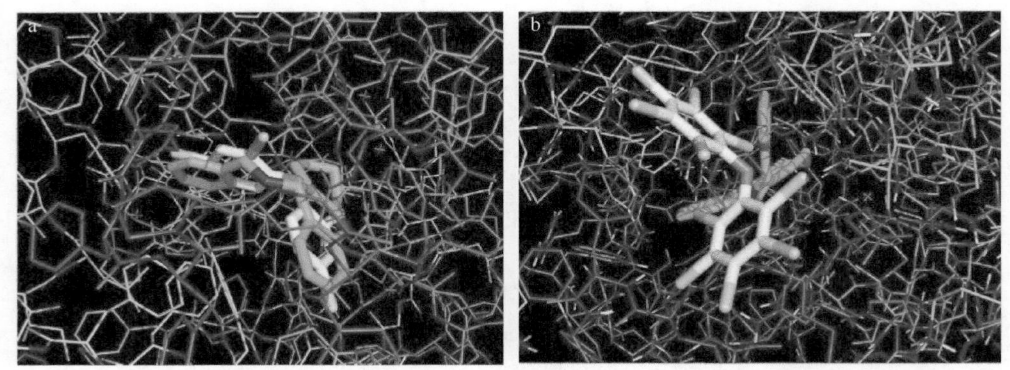

图14.10　BDE-47与AchE（a）和BDE-209与AchE（b）的分子对接概况（引自Wang et al.，2018b）

细线. AchE分子；绿色棒. AchE的天然配体；白色棒. BDE-47（a）和BDE-209（b）分子

变HSA构象中α螺旋和β折叠的含量。通过分子动力学模拟和泊松-波尔兹曼表面分析（MM-PBSA）计算结合自由能，发现Arg257、Arg218、lle290、Ala291、lys199和Glu292等氨基酸残基在3种HO-BDEs与HSA结合形成复合物的过程中发挥着重要作用。通过研究HO-PBDEs与HSA之间的结合亲和力，来推测污染物在结合位点的浓度和残留时间。

Wang等（2014b）通过热力学研究发现，疏水作用在十溴联苯醚和TBBPA与HSA的结合中发挥重要作用。通过光谱分析和分子对接发现两者与HSA的结合位点及结合亲和力不同。十溴联苯醚与HSA最可能的结合位点是亚结构域IB，而TBBPA的结合位点则位于靠近亚结构域ⅡA和Trp-214残基的HSA中心，TBBPA与HSA的结合能力强于十溴联苯醚与HSA的结合能力。不同的结合作用影响了HSA的二级结构，进而影响机体相应的生化过程。Tan等（2017）通过分子对接进一步研究了影响PBDEs（BDE-47、BDE-99、BDE-100、BDE-153和BDE-209）与HSA残基结合的因素。结果显示，PBDEs溴原子取代基的数量会影响其与HSA的结合构象、结合位点和结合能力。溴取代基数量越少，PBDEs与HSA残基形成复合物后构型变化越大。以溴取代基数量最少的BDE-47为例，BDE-47与HSA的Ser202残基间形成H键，与其他氨基酸残基Trp214、Phe211、Leu347和Pha206通过分子内化学键和静电作用影响构型。随着溴原子数量的增加，PBDEs与HSA残基形成H键后构型变化较小（图14.11）。

此外，仅相差一个溴原子取代基（BDE-47和BDE-99）或者互为同分异构体（BDE-99和BDE-100）的PBDEs与HSA残基结合位点相近。而BDE-153由于受6个Br原子取代基的影响，与HSA残基的结合位点和其他PBDEs不同。除BDE-209外，PBDEs与HSA的结合能随着分子量的增加而增大。

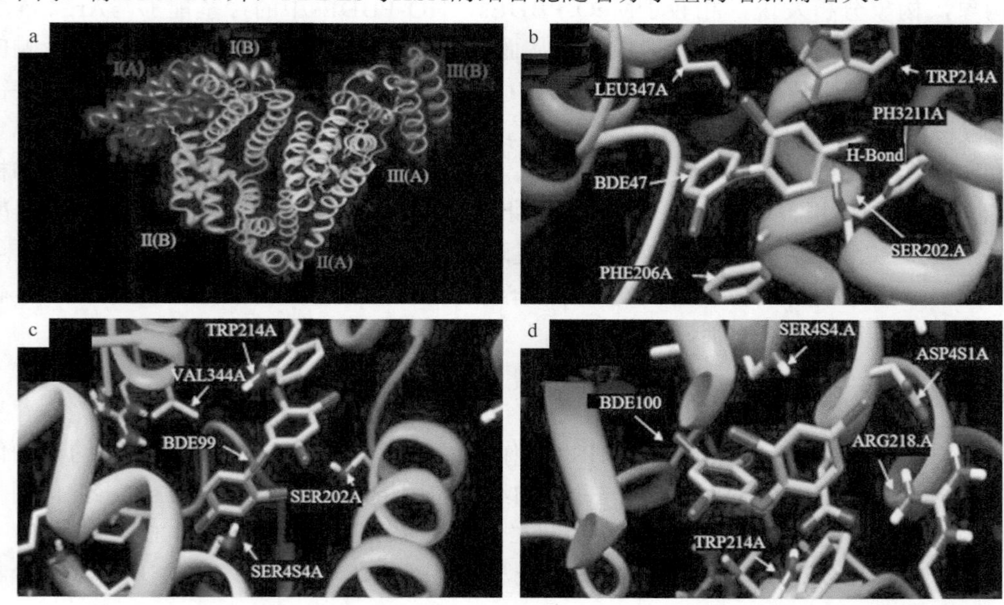

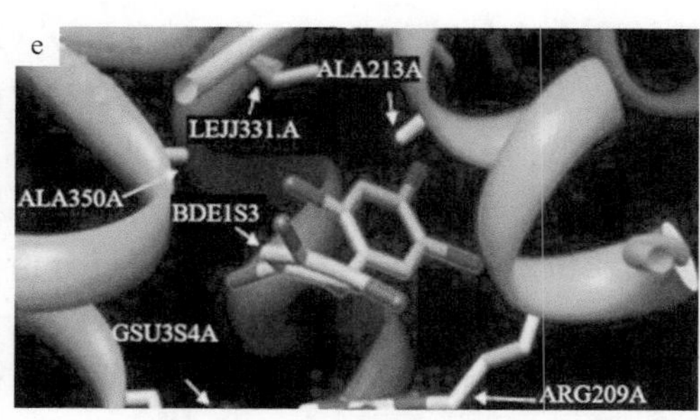

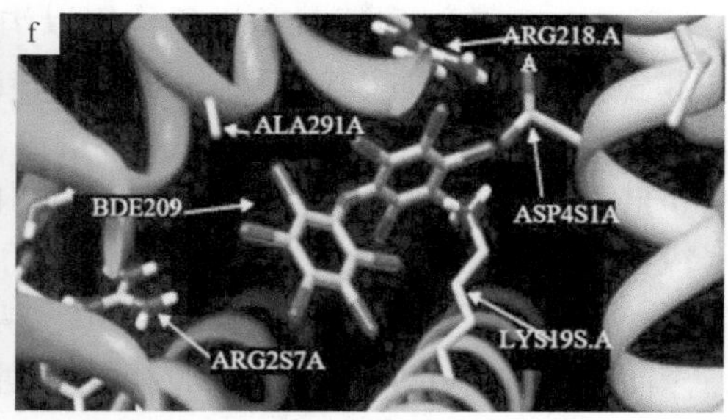

图14.11　受体配体在298.15K的分子间结合模拟图像（引自Tan et al.，2017）

a. HSA大分子的分子结构；HSA与BDE-47（b）、BDE-99（c）、BDE-100（d）、BDE-153（e）和BDE-209（f）分子间结合的模拟图像

Cao等（2010）通过分子动力学模拟研究发现，溴取代基的数量是影响HO-PBDEs与T甲状腺素转运蛋白（TTR）和甲状腺素结合球蛋白（TBG）结合的关键因素；它们通过QSAR模型预测了HO-PBDEs和TTR/TBG间的结合亲和力，用于评估HO-PBDEs与甲状腺素转运蛋白的竞争性结合。Cao等（2017a）进一步通过分子对接和分子动力学模拟研究了两种PBDEs的代谢物（硫酸化多溴联苯醚和HO-PBDEs）与TTR的结合亲和力及结合程度对TTR结构稳定性的影响。研究发现，硫酸化多溴联苯醚对TTR的结合亲和力高于相应的HO-PBDEs。通过分子动力学模拟进一步分析结构特征发现，TTR与PBDEs代谢物结合后的稳定性增强，可能降低了四聚体蛋白质结构的解离速率。通过计算结合自由能发现范德华相互作用是PBDEs代谢物在TTR的T4位点处结合的关键作用力。

（五）激素受体

BFRs能够激活或抑制相关激素受体（AhR、孕烷X受体PXR、TR、AR、ER等）介导的信号传导，除此之外，BFRs亦能够通过作用于相关的载体蛋白，进而引起内分泌干扰效应。Li等（2013b）通过分子对接分析发现，氢键和疏水相互作用是PBDEs与AhR结合的主要驱动力，不同的结构特征会影响PBDEs的活性大小，进而影响其与AhR的结合亲和力，通过比较分子相似性指数分析（CoMSIA）建立3D-QSAR模型，更好地解释PBDEs的毒性作用机制。Gu等（2010）通过3D-QSAR模型研究发现，PBDEs邻位和间位取代基的空间效应及疏水作用显著影响了AhR与PBDEs的结合亲和力。Zhang等（2017）通过实时荧光定量PCR技术和相关基因的转录谱研究，确定了BDE-99对斑马鱼AhR2和PXR具有显著影响，通过分子动力学和分子对接研究了BDE-99与AhR2的结合模式，发现氢键是BDE-99与AhR2形成稳定复合结构的关键，π-π堆积作用和疏水作用是稳定BDE-99与PXR复合结构的关键。

Li等（2010）通过分子对接比较了HO-PBDEs对甲状腺激素的干扰效应，通过研究成键和非键相互作用，推测氢键作用会影响HO-PBDEs与TRβ-LBD的结合，基于机理筛选分子描述符，建立QSAR模型表征了HO-PBDEs与TRβ-LBD间的相互作用。Li等（2012）采用CoMSIA方法研究发现，静电作用和氢键是影响HO-PBDEs与TRβ-LBD相互作用的关键。Harju等（2009）通过综合风险评估（FIRE）体外筛查程序构建数据集，通过偏最小二乘法建立基于雄激素拮抗作用和代谢降解率的QSAR模型，用于评估BFRs的内分泌干扰效力和降解效率。研究表明，溴取代基的数量和顺序影响PBDEs的代谢降解速率，在邻位和间位/对位没有取代基的低溴代PBDEs自身的代谢降解速率更快，与AR的结合能力更强，干扰潜力更大。通过模型预测发现了BDE-17具有强的雄激素拮抗效用，而BDE-66的拮抗作用较弱。Li等（2013）通过表面等离子体共振技术研究发现，22种不同溴取代程度的HO-PBDEs与ERα的结合亲和力存在差异，通过分子对接发现低溴代和高溴代的HO-PBDEs与ERα-LBD的结合方式完全不同，推测不同的溴取代程度通过影响HO-PBDEs的分子大小进而造成不同程度的雌激素干扰效应，低溴代HO-PBDEs表现出雌激素激动活性，而高溴代HO-PBDEs表现出雌激素抑制活性。

（六）基因

吴惠丰等（2015）通过分子对接和动力学模拟研究了BDE-47与*p53*-DNA间复合物的结合构象和相

互作用方式，发现BDE-47主要通过π-π堆积作用以沟槽结合方式与*p53*-DNA作用。Wang等（2016）通过基因转录谱图和蛋白免疫印迹实验发现，DE-71及同系物能降低斑马鱼幼鱼中参与神经发育的相关基因（*fgf8*、*shha*和*wnt1*）和神经元形态发育相关的蛋白（髓鞘碱性蛋白MBP，突触蛋白Ⅱa SYN2a）的表达量，造成斑马鱼胚胎的神经发育受损。Wang等（2016）通过分子对接计算了DE-71及其同系物与纤维细胞生长因子（FGF8）和羟基色胺受体（HTR1B）的结合亲和力。Wang等（2016）通过分析结合模式图（图14.12）发现，水分子、氧原子与相关的氨基酸残基间形成氢键使得BDE-154与FGF8复合物间具有高的结合亲和力，而BDE-47与HTR1B复合物间的结合主要是π-π键的堆积作用、π-阳极作用和范德华作用。

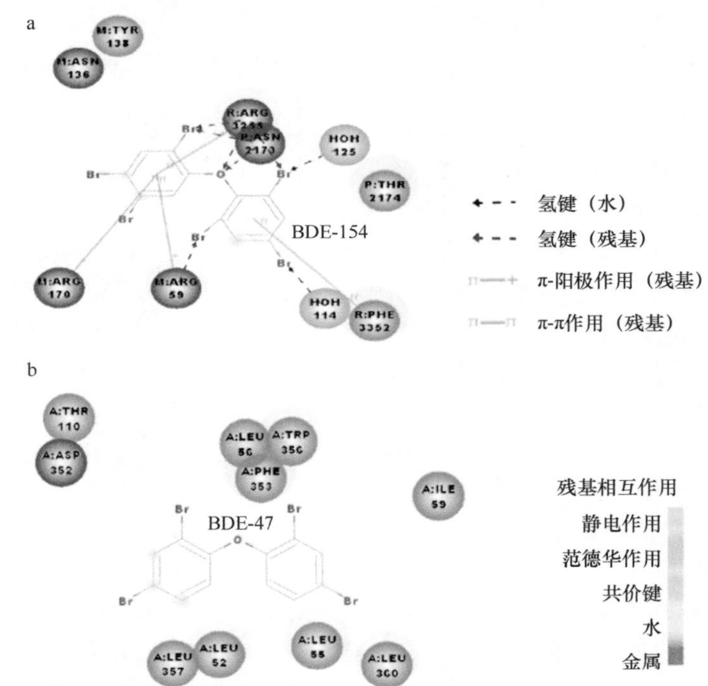

图14.12　代表性PBDEs和相关蛋白（FGF8和HTR1B）间的结合图（引自Wang et al.，2016）

a. FGF8和BDE-154的结合图；b. HTR1B和BDE-47的结合图

二、环境风险评估

在计算毒理学研究典型BFRs的环境转化行为和毒性作用机制的基础上，结合BFRs对生物体的毒性数据和流行病学的相关研究，可评估BFRs的环境风险。由于BFRs广泛分布于各种环境介质（大气、水、沉积物等）和生物体内（动物和人），为了全面地评估BFRs的环境风险，获得用于开发标准测试方法和污染物管理的毒性数据，应该综合考虑BFRs单独暴露和联合暴露时的毒性效应，从生态风险和健康风险两个方面进行全面评估。

（一）生态风险评估

评估水体中PBDEs的浓度对水生生物的生态风险，采用预测无效应浓度（PNEC）和阻燃剂水体浓度的风险商值（RQs）进行评估，研究发现PBDEs对靠近工业和城市污水排放地点的藻类（RQs：3.3～57）、水蚤（RQs：3.6～62）和鱼类（RQs：3.8～65）存在不利影响（Cristale et al.，2013）。同时利用PBDEs的生物浓缩系数（bioconcentration factor，BCF）作为毒性终点构建数据集，通过遗传算法（GA）选择最佳统计数据模型，评估PBDEs在水生生态系统中的生物积累，为PBDEs的生态风险和健康风险评估提供理论数据支持。研究发现，不仅需要关注水体中PBDEs造成的生态风险，水体沉积物中PBDEs的生态风险也不容小觑，鞠婷等（2017）利用气相色谱-质谱法（GC-MS）分析了胶州湾及邻近地区表层沉积物中PBDEs的种类、浓度及分布状况，发现胶州湾中的14种PBDEs的平均浓度为7.48ng/g，胶州湾湾内和东海岸沉积物中的PBDEs污染较为严重，污染状况式我国其他海域严重，对鱼类摄食造成危害，具有潜在的生态风险。除了关注水体和沉积物中BFRs造成的生态风险，道路粉尘（RD）中BFRs的生态风险也引起了人们的重视。Cao等（2017b）的研究发现，RD中的BFRs浓度与交通密度正相关，相较于主干道、街道和旁路，在交通路口BFRs的浓度最高，但是研究证实，虽然在RD中检测到多种BFRs（PBDEs、DBDPE、EH-TBB、PBEB），但BFRs未达到对人体造成癌症风险的浓度。目前大多数风险评估关注材料使用过程中排放到环境中的BFRs，而新材料的合成过程中可能使用包含BFRs的循环塑料，使得制造的产品中可能含有被禁用的BFRs，其循环利用过程中的潜在风险也逐渐引起人们的关注。Guzzonato等（2017）以26个从欧洲市场购买的玩具、与食品有接触的物品及废弃电气和电子设备（WEEE）为研究样本，调查发现约2/3的样品的检测结果呈现溴阳性，约有一半玩具中BFRs的含量超过了持久性污染物质含量的最低限值。

（二）健康风险评估

韩涛（2017）评估了土壤和道路灰尘中的六溴环十二烷对人体暴露的健康风险，发现不同的暴露途径（非饮食接触、呼吸和皮肤暴露）会影响人体摄入六溴环十二烷的量，其中通过非饮食接触暴露的摄入量高于其他两种暴露途径。此外，基于饮食暴露，对健康风险进行评估，在日常饮食的肉类及肉制品中检出了BFRs（Shi et al.，2017b），同时在人体的血清（Sjödin et al.，2001；Thomsen et al.，2001）和母体乳汁（Shi et al.，2009，2013，2017a）中也检测到了PBDEs和TBBPA等。关于BFRs分布的研究发现，其在人体中的浓度分布存在明显的地域差异，例如，五溴二苯醚和八溴二苯醚在澳大利亚人体中的浓度介于欧亚地区和北美地区人体中的浓度之间，BDE-47在澳大利亚及其海外的人体血液中浓度尤为突出（Thomsen et al.，2002；Toms et al.，2009；Tung，2005）。另有研究表明，年龄的差异使得BFRs对人体的影响程度不同，婴幼儿正处于免疫和神经系统发育的关键阶段，代谢能力较弱，无法代谢环境污染物，更容易受到环境暴露的不利影响（Landrigan et al.，2004）。基于儿童与环境相互作用的方式和动态生理学研究发现，在相同的环境中儿童比成人的暴露浓度（Landrigan et al.，2004）和摄入量（韩涛，2017）更高。Toms等（2008）的研究发现，BFRs在儿童中的浓度高出成人浓度的4～5倍，对健康造成潜在影响。此外，Martin等（2017）的研究发现，1～3岁婴幼儿接触的PBDEs联合暴露量可能超过啮齿动物可接受的神经发育毒性的浓度剂量水平，造成早期神经发育毒性。

大量流行病学研究表明，人体多种不利影响和疾病与暴露于PBDEs有关（Kim et al.，2014），主要包括生殖健康（Abdelouahab et al., 2011；Carmichael et al.，2010；Harley et al.，2010，2011；Jamieson et al.，2011；Mumford et al., 2015）、糖尿病（Lee et al.，2010；Turyk et al.，2009）、神经发育障碍（Fitzgerald et al.，2012；Herbstman et al.，2010）、癌症（Hardell et al.，1998，2006；He et al.，2018；Hurley et al.，2011；Zhao et al.，2009）和内分泌干扰（Schreiber et al.，2010）等。母体血清中的PBDEs会增加受孕时间、降低受孕率（Harley et al.，2010）。Gao等（2016）的研究发现，莱州湾地区（山东溴代阻燃剂的生产区）的妊娠期女性血清中PBDEs的浓度与女性生殖功能（月经周期、流产、妊娠时间、胎儿异常、妊娠并发症、早产等）呈负相关关系，发现其中BDE-85、BDE-153、BDE-183会增加先兆性流产的风险，BDE-153会增加早产风险，BDE-28会延长妊娠时间，PBDEs暴露除了影响妊娠期女性的生殖功能，还可能增加孕妇及胎儿患病的风险。母亲乳汁中较高浓度的PBDEs可能会引发子代男孩患隐睾症（Main et al.，2007），Meijer等（2012）检测了55份母亲怀孕35周时的血清样本中的PBDEs含量，同时在她们所产下的男婴3个月时检测了6种与生殖相关的激素含量，并在3个月和18个月时检测婴儿睾丸体积和阴茎长度，结果发现，BDE-154会下调雌二醇的分泌并减少游离雌二醇的含量，同时BDE-154会对18个月男婴的睾丸体积产生不良影响。Goodyer等（2017）的研究发现，孕妇吸入或摄入空气中分布的PBDEs（BDE-99、BDE-100和BDE-154）会增加男性胎儿患隐睾症的风险，PBDEs的浓度增加10倍，患病的风险增加1倍以上。其他相关调查研究还表明，母体脐带血中BDE-47浓度与儿童注意力呈负相关关系（Cowell et al.，2015），电子垃圾拆解工人子女的Apgar新生儿评分较低，并可导致死胎或无脑儿的发生（Wu et al.，2010）。Liu等（2018b）和宋琪等（2018）通过巢式病例对照研究探索了PBDEs暴露与妊娠糖尿病（gestational diabetes mellitus，GDM）和新生儿宫内发育迟缓（intrauterine growth retardation，IUGR）的相关关系，利用气相色谱-质谱法（GC-MS）测定了妊娠早期母体和脐带血血清中的PBDEs与同系物的类型及含量，将GC-MS的结果与筛查的患GDM和IUGR疾病状况相比较，发现暴露于PBDEs能够干扰孕妇体内葡萄糖平衡，增加患妊娠糖尿病的风险，同时造成新生儿生长发育迟缓，增加患IUGR的风险。He等（2018）通过病例对照研究了中国潮汕地区乳腺癌患者脂肪组织中的PBDEs浓度与乳腺癌发生风险间的关系，将手术期间测量腹部样品和正常女性乳房脂肪组织的样品进行对照，将乳房脂肪组织中的14种PBDEs浓度用于病例，通过乳腺癌病例的逻辑回归模型估计，发现患乳腺癌的风险与PBDEs及大多数同系物浓度间存在正相关关系。Deodati等（2016）通过流行病学研究了PBDEs暴露与乳房早熟症（premature thelarche, PT）之间的关系，通过对人体内的血清浓度、激素水平和人体测量学进行评估，发现女孩PT与血清中较高浓度的PBDEs有关。Meeker等（2009）的研究发现，男性暴露于含有BDE-47、BDE-99和BDE-100的室内粉尘，导致促黄体生成素与雄激素的水平显著下调。

三、溴系阻燃剂的风险管理、未来挑战和替代策略

溴系阻燃剂（BFRs）凭借高阻燃性、热稳定性、分散性、价格低廉等特点得到广泛的应用，PBDEs、TBBPA作为使用最广泛的BFRs，在各种环境介质（大气、水、沉积物、生物体及人体等）中被广泛检出，并且使用量呈现逐年增长的趋势。部分BFRs在使用中会产生有毒物质，释放腐蚀性气体，如溴代二噁英和溴代二苯并呋喃，对生物体产生神经毒性、遗传毒性和发育毒性等效应。鉴于环保方面的要求，基于BFRs被逐渐禁用的现状，为满足生产生活中对阻燃剂的需求，研发新型的阻燃剂迫在眉睫。新型的阻燃剂应该同时满足高阻燃特性和低毒环保两方面的要求，使得产品在整个生命周期的过程中对环境和生物体的影响最小。

新型的替代型阻燃剂的主要发展方向和管理策略如下。

（1）针对阻燃剂本身，要加强技术创新、研发和改进阻燃剂的应用配方，研发性能高效、热稳定性好、不易挥发、对生态环境和生物体具有较低毒性的高效阻燃剂。例如，在满足材料加工和阻燃性能的情况下，研发超细化的无机阻燃剂，减少添加剂的投加量，改善阻燃性能；发展新型的复合型阻燃剂，实现阻燃剂的低卤化，在满足高效阻燃的同时，实现阻燃剂低毒、少烟的发展方向。以膨胀型阻燃剂为例，其在受热过程中能够在材料表面产生多孔碳层，从而隔绝氧气，使得内层高聚物不能进一步受热分解，由此实现阻燃效果；利用阻燃剂的协同阻燃特性，开发具有卤素、磷与硅协同和溴磷与溴氮协同的溴系阻燃剂，用于满足特定的应用条件（高温、紫外辐射等）。

（2）鉴于阻燃剂在使用过程中可能产生有毒气体和烟雾，所以要开发研制含有表面活性剂和黏结剂的针对BFRs的抑烟剂和消烟剂，减少或消除阻燃剂在使用中产生的烟雾和有害气体。

（3）依据3R（reduction、replacement、refinement）原则（减少使用、物尽其用、循环使用），实现阻燃剂低风险、低成本、高回收的再加工再利用。

（4）建立完善的监督和监管机制，实现阻燃剂从生产、使用到处理阶段的全过程管理，对整个阻燃剂的生命周期进行科学的风险评估。

参考文献

曹海杰. 2016. 典型溴系阻燃剂降解机理的量子化学及分子模拟研究. 山东大学博士学位论文.

曹璐璐, 李斐, 吴惠丰, 等. 2015. BDE-47对人胚肾细胞HEK293的毒理效应及作用机制. 生态毒理学报, 10(2): 236-242.

陈玛丽. 2008. 四溴双酚A对鱼类的毒性效应. 华东师范大学硕士学位论文.

冯承莲, 许宜平, 何悦, 等. 2010. 十溴联苯醚(BDE-209)在虹鳟体内的羟基代谢产物及其对甲状腺激素水平影响的初步研究. 生

态毒理学报, 5(3): 327-333.

韩涛. 2017. 上海市典型区域环境中六溴环十二烷的污染特征及健康风险评估. 上海大学博士学位论文.

何旭颖, 王冰, 张赛赛, 等. 2014. 十溴联苯醚对太平洋鳕精子超微结构的影响. 大连海洋大学学报, 29(2): 141-146.

吉贵祥, 石利利, 刘济宁, 等. 2013. BDE-47对斑马鱼胚胎-幼鱼的急性毒性及氧化应激作用. 生态毒理学报, 8(5): 731-736.

鞠婷, 葛蔚, 柴超. 2017. 胶州湾沉积物中多溴联苯醚的污染特征及风险评价. 环境化学, 36(4): 839-848.

李欣年, 黄敏, 虞太六. 2009. 十溴联苯醚(BDE-209)对成年大鼠甲状腺激素的影响. 生态毒理学报, 4(4): 500-506.

刘红玲, 刘晓华, 王晓祎, 等. 2007. 双酚A和四溴双酚A对大型溞和斑马鱼的毒性. 环境科学, 28(8): 1784-1787.

刘树苗, 朱丽岩, 徐风风, 等. 2012. 四溴双酚A对中华哲水蚤摄食、耗氧及排氨的影响. 中国海洋大学学报(自然科学版), 42(12): 49-53.

那广水, 陈彤, 张月梅, 等. 2010. 己烯雌酚与四溴双酚A对小球藻生长效应的影响. 生态毒理学报, 5(3): 375-381.

彭浩, 金军, 王英, 等. 2006. 四溴双酚-A及其环境问题. 环境与健康杂志, 23(6): 571-573.

瞿璟琰, 姚晨岚, 施华宏, 等. 2007. 四溴双酚A和五溴酚对红鲫甲状腺组织结构的影响. 环境化学, 26(5): 588-592.

沙婧婧, 王悠, 王鸿, 等. 2015. 2种多溴联苯醚(BDE-47、BDE-209)对褶皱臂尾轮虫单一和联合毒性效应研究. 中国海洋大学学报(自然科学版), 45(9): 69-77.

沈华萍, 黄长江, 陆芳, 等. 2009. PCBs和PBDEs对人类癌细胞和斑马鱼胚胎的毒性对比. 生态毒理学报, 4(5): 625-633.

宋琪, 何笑笑, 司婧, 等. 2018. 多溴联苯醚暴露与新生儿宫内发育迟缓的巢式病例-对照研究. 环境与职业医学, 35(3): 209-217.

王素敏, 王海燕, 韩大雄. 2013. 三种持久性有机污染物对罗非鱼肝脏抗氧化系统的体外影响. 海洋环境科学, 32(2): 216-220.

王兴华, 张照祥, 丁书姝, 等. 2012. PBDE-209致小鼠肝脏病理学改变及其氧化应激机制研究. 中华疾病控制杂志, 16(3): 187-190.

王志新, 段华英, 王玲, 等. 2011. 十溴联苯醚对小鼠受精卵发育的影响. 中山大学学报(医学科学版), 32(1): 51-55.

吴惠丰, 曹璐璐, 李斐, 等. 2015. 典型持久性有机污染物与抑癌基因相互作用的分子模拟与验证. 科学通报, 60(19): 1804-1809.

吴伟, 聂凤琴, 瞿建宏. 2009. 多溴联苯醚对鲫鱼离体肝脏组织中CAT和GSH-Px的影响. 生态环境学报, 18(2): 408-413.

肖丹, 王海燕, 韩大雄, 等. 2014. 4种典型溴代阻燃剂对离体条件下罗非鱼肝脏抗氧化系统影响的研究. 环境科学学报, 34(11): 2956-2962.

徐奔拓, 吴明红, 徐刚. 2017. 生物体中多溴联苯醚(PBDEs)的分布及毒性效应. 上海大学学报(自然科学版), 23: 235-243.

杨苏文, 徐范范, 赵明东. 2013. 四溴双酚A在鲫鱼不同器官中的分布、富集及病理研究. 中国环境科学, 33(4): 741-747.

杨伟华, 于红霞, 王梦龙. 2015. 分子对接法研究多溴二苯醚衍生物与芳香化酶的作用机理. 环境化学, 34(5): 904-910.

张慧慧, 于国伟, 牛静萍. 2011. 多溴联苯醚健康效应的研究进展. 环境与健康杂志, 28(12): 1124-1127.

张赛赛, 孙德启, 姜欣彤, 等. 2017. 四溴联苯醚慢性胁迫对大泷六线鱼生长及抗氧化酶活力的影响. 大连海洋大学学报, 32(6): 700-707.

赵雪松, 任新, 杨春维, 等. 2015. BDE-47对斑马鱼胚胎氧化应激与DNA损伤的毒性研究. 农业环境科学学报, 34(12): 2280-2286.

周俊, 陈敦金, 廖秦平, 等. 2006. 孕期、哺乳期暴露十溴联苯醚对子代大鼠免疫功能的影响. 南方医科大学学报, (6): 738-741.

周俊, 余艳红, 陈敦金, 等. 2009. 经口染毒十溴联苯醚对雌性大鼠免疫功能的影响. 毒理学杂志, 23(6): 460-463.

周斯芸, 张瑛, 魏倡, 等. 2016. 四溴双酚A对斑马鱼游动行为的毒性效应研究. 安全与环境学报, 16(1): 387-391.

Abdelouahab N, AinMelk Y, Takser L. 2011. Polybrominated diphenyl ethers and sperm quality. Reproductive Toxicology, 31(4): 546-550.

Akortia E, Okonkwo J O, Lupankwa M, et al. 2016. A review of sources, levels, and toxicity of polybrominated diphenyl ethers (PBDEs) and their transformation and transport in various environmental compartments. Environmental Reviews, 24(3): 253-273.

Alaee M, Arias P, Sjodin A, et al. 2003. An overview of commercially used brominated flame retardants, their applications, their use patterns in different countries/regions and possible modes of release. Environmental International, 29(6): 683-689.

Andrew M N, O'Connor W A, Dunstan R H, et al. 2010. Exposure to 17 alpha-ethynylestradiol causes dose and temporally dependent changes in intersex, females and vitellogenin production in the Sydney rock oyster. Ecotoxicology, 19(8): 1440-1451.

Ankley G T, Johnson R D. 2004. Small fish models for identifying and assessing the effects of endocrine-disrupting chemicals. Ilar Journal, 45(4): 469-483.

Anselmo H M R, Koerting L, Devito S, et al. 2011. Early life developmental effects of marine persistent organic pollutants on the sea urchin *Psammechinus miliaris*. Ecotoxicology and Environmental Safety, 74(8): 2182-2192.

Arkoosh M R, Boylen D, Dietrich J, et al. 2010. Disease susceptibility of salmon exposed to polybrominated diphenyl ethers (PBDEs). Aquatic Toxicology, 98(1): 51-59.

Arkoosh M R, Van Gaest A L, Strickland S A, et al. 2015. Dietary exposure to individual polybrominated diphenyl ether congeners BDE-47 and BDE-99 alters innate immunity and disease susceptibility in juvenile Chinook Salmon. Environmental Science and Technology, 49(11): 6974-6981.

Arkoosh M R, Van Gaest A L, Strickland S A, et al. 2017. Alteration of thyroid hormone concentrations in juvenile Chinook salmon (*Oncorhynchus tshawytscha*) exposed to polybrominated diphenyl ethers, BDE-47 and BDE-99. Chemosphere, 171: 1-8.

Arkoosh M R, Van Gaest A L, Strickland S A, et al. 2018. Dietary exposure to a binary mixture of polybrominated diphenyl ethers alters innate immunity and disease susceptibility in juvenile Chinook salmon (*Oncorhynchus tshawytscha*). Ecotoxicology and Environmental Safety, 163: 96-103.

Baron E, Gago-Ferrero P, Gorga M, et al. 2013. Occurrence of hydrophobic organic pollutants (BFRs and UV-filters) in sediments from South America. Chemosphere, 92(3): 309-316.

Baron E, Santin G, Eljarrat E, et al. 2014. Occurrence of classic and emerging halogenated flame retardants in sediment and sludge from Ebro and Llobregat river basins (Spain). Journal of Hazardous Materials, 265: 288-295.

Baumann L, Ros A, Rehberger K, et al. 2016. Thyroid disruption in zebrafish (*Danio rerio*) larvae: Different molecular response patterns lead to impaired eye development and visual functions. Aquatic Toxicology, 172: 44-55.

Besis A, Samara C. 2012. Polybrominated diphenyl ethers (PBDEs) in the indoor and outdoor environments—a review on occurrence and human exposure. Environmental Pollution, 169(15): 217-229.

Birnbaum L S, Staskal D F. 2004. Brominated flame retardants: Cause for concern? Environmental Health Perspectives, 112(1): 9-17.

Blanton M L, Specker J L. 2007. The hypothalamic-pituitary-thyroid (HPT) axis in fish and its role in fish development and reproduction. Critical Reviews in Toxicology, 37(1-2): 97-115.

Boas M, Feldt-Rasmussen U, Main K M. 2012. Thyroid effects of endocrine disrupting chemicals. Molecular and Cellular Endocrinology, 355(2): 240-248.

Boas M, Main K M, Feldt-Rasmussen U. 2009. Environmental chemicals and thyroid function: an update. Current Opinion in Endocrinology Diabetes and Obesity, 16(5): 385-391.

Bragigand V, Amiard-Triquet C, Parlier E, et al. 2006. Influence of biological and ecological factors on the bioaccumulation of polybrominated diphenyl ethers in aquatic food webs from French estuaries. Science of the Total Environment, 368(2-3): 615-626.

Branchi I, Alleva E, Costa L G. 2002. Effects of perinatal exposure to a polybrominated diphenyl ether (PBDE 99) on mouse neurobehavioural development. Neurotoxicology, 23(3): 375-384.

Branchi I, Capone F, Vitalone A, et al. 2005. Early developmental exposure to BDE 99 or Aroclor 1254 affects neurobehavioural profile: Interference from the administration route. Neurotoxicology, 26(2): 183-192.

Cai M G, Hong Q Q, Wang Y, et al. 2012. Distribution of polybrominated diphenyl ethers and decabromodiphenylethane in surface sediments from the Bering Sea, Chukchi Sea, and Canada Basin. Deep Sea Research Part Ⅱ: Topical Studies in Oceanography, 81-84: 95-101.

Cao H J, He M X, Han D D, et al. 2013. OH-Initiated oxidation mechanisms and kinetics of 2,4,4′-tribrominated diphenyl ether. Environmental Science and Technology, 47(15): 8238-8247.

Cao H M, Sun Y Z, Wang L, et al. 2017a. Understanding the microscopic binding mechanism of hydroxylated and sulfated polybrominated diphenyl ethers with transthyretin by molecular docking, molecular dynamics simulations and binding free energy calculations. Molecular BioSystems, 13(4): 736-749.

Cao J, Lin Y, Guo L H, et al. 2010. Structure-based investigation on the binding interaction of hydroxylated polybrominated diphenyl ethers with thyroxine transport proteins. Toxicology, 277(1): 20-28.

Cao Z G, Zhao L C, Kuang J M, et al. 2017b. Vehicles as outdoor BFR sources: Evidence from an investigation of BFR occurrence in road dust. Chemosphere, 179: 29-36.

Carmichael S L, Herring A H, Sjödin A, et al. 2010. Hypospadias and halogenated organic pollutant levels in maternal mid-pregnancy serum samples. Chemosphere, 80(6): 641-646.

Chan W K, Chan K M. 2012. Disruption of the hypothalamic-pituitary-thyroid axis in zebrafish embryo-larvae following waterborne exposure to BDE-47, TBBPA and BPA. Aquatic Toxicology, 108: 106-111.

Chen D, Letcher R J, Burgess N M, et al. 2012a. Flame retardants in eggs of four gull species (Laridae) from breeding sites spanning Atlantic to Pacific Canada. Environmental Pollution, 168: 1-9.

Chen G, Chen Y, Yang N, et al. 2012b. Interaction between curcumin and mimetic biomembrane. Science China Life Sciences, 55(6): 527-532.

Chen J, Tanguay R L, Xiao Y, et al. 2016. TBBPA exposure during a sensitive developmental window produces neurobehavioral changes in larval zebrafish. Environmental Pollution, 216: 53-63.

Chen L, Hu C, Huang C, et al. 2012c. Alterations in retinoid status after long-term exposure to PBDEs in zebrafish (*Danio rerio*). Aquatic Toxicology, 120: 11-18.

Chen Q, Yu L Q, Yang L H, et al. 2012d. Bioconcentration and metabolism of decabromodiphenyl ether (BDE-209) result in thyroid endocrine disruption in zebrafish larvae. Aquatic Toxicology, 110: 141-148.

Chen S J, Feng A H, He M J, et al. 2013. Current levels and composition profiles of PBDEs and alternative flame retardants in surface sediments from the Pearl River Delta, southern China: comparison with historical data. Science of the Total Environment, 444: 205-211.

Cowell W J, Lederman S A, Sjoedin A, et al. 2015. Prenatal exposure to polybrominated diphenyl ethers and child attention problems at 3-7 years. Neurotoxicology and Teratology, 52: 143-150.

Cristale J, Katsoyiannis A, Sweetman A J, et al. 2013. Occurrence and risk assessment of organophosphorus and brominated flame retardants in the River Aire (UK). Environmental Pollution, 179: 194-200.

Cullen W R, Reimer K J. 1989. Arsenic speciation in the environment. Chemical Reviews, 89(4): 713-764.

Darnerud P O, Morse D, Klasson-Wehler E, et al. 1996. Binding of a 3,3′,4,4′-tetrachlorobiphenyl (CB-77) metabolite to fetal transthyretin and effects on fetal thyroid hormone levels in mice. Toxicology, 106(1-3): 105-114.

Darnerud P O, Risberg S. 2006. Tissue localisation of tetra- and pentabromodiphenyl ether congeners (BDE-47, -85 and -99) in perinatal and adult C57BL mice. Chemosphere, 62(3): 485-493.

Deodati A, Sallemi A, Maranghi F, et al. 2016. Serum levels of polybrominated diphenyl ethers in girls with premature thelarche. Hormone Research in Paediatrics, 86(4): 233-239.

Dingemans M M L, Ramakers G M J, Gardoni F, et al. 2007. Neonatal exposure to brominated flame retardant BDE-47 reduces long-term potentiation and postsynaptic protein levels in mouse hippocampus. Environmental Health Perspectives, 115(6): 865-870.

Dong S Y, Lou Q, Huang G Q, et al. 2018. Dispersive solid-phase extraction based on MoS_2/carbon dot composite combined with HPLC to determine brominated flame retardants in water. Analytical and Bioanalytical Chemistry, 410(28): 7337-7346.

Doucet J, Tague B, Arnold D L, et al. 2009. Persistent organic pollutant residues in human fetal liver and placenta from Greater Montreal, Quebec: A longitudinal study from 1998 through 2006. Environmental Health Perspectives, 117(4): 605-610.

Dufault C, Poles G, Driscoll L L. 2005. Brief postnatal PBDE exposure alters learning and the cholinergic modulation of attention in rats. Toxicological Sciences, 88(1): 172-180.

Echols K R, Peterman P H, Hinck J E, et al. 2013. Polybrominated diphenyl ether metabolism in field collected fish from the Gila River, Arizona, USA—levels, possible sources, and patterns. Chemosphere, 90(1): 20-27.

Eriksson P, Jakobsson E, Fredriksson A. 2001. Brominated flame retardants: A novel class of developmental neurotoxicants in our environment? Environmental Health Perspectives, 109(9): 903-908.

Faass O, Ceccatelli R, Schlumpf M, et al. 2013. Developmental effects of perinatal exposure to PBDE and PCB on gene expression in sexually dimorphic rat brain regions and female sexual behavior. General and Comparative Endocrinology, 188: 232-241.

Feng C L, Xu Y P, Zhao G F, et al. 2012. Relationship between BDE 209 metabolites and thyroid hormone levels in rainbow trout (*Oncorhynchus mykiss*). Aquatic Toxicology, 122: 28-35.

Feng M B, Qu R J, Wang C, et al. 2013. Comparative antioxidant status in freshwater fish *Carassius auratus* exposed to six current-use brominated flame retardants: A combined experimental and theoretical study. Aquatic Toxicology, 140: 314-323.

Fernie K J, Shutt J L, Mayne G, et al. 2005. Exposure to polybrominated diphenyl ethers (PBDEs): Changes in thyroid, vitamin A, glutathione homeostasis, and oxidative stress in American kestrels (*Falco sparverius*). Toxicological Sciences, 88(2): 375-383.

Fini J B, Riu A, Debrauwer L, et al. 2012. Parallel biotransformation of tetrabromobisphenol A in *Xenopus laevis* and mammals: *Xenopus* as a model for endocrine perturbation studies. Toxicological Sciences, 125(2): 359-367.

Fitzgerald E F, Shrestha S, Gomez M I, et al. 2012. Polybrominated diphenyl ethers (PBDEs), polychlorinated biphenyls (PCBs) and neuropsychological status among older adults in New York. NeuroToxicology, 33(1): 8-15.

Foureman P, Mason J M, Valencia R, et al. 1994. Chemical mutagenesis testing in *Drosophila.* Ⅸ. Results of 50 coded compounds tested for the national toxicology program. Environmental and Molecular Mutagenesis, 23(1): 51-63.

Fromme H, Becher G, Hilger B, et al. 2016. Brominated flame retardants—Exposure and risk assessment for the general population. International Journal of Hygiene and Environmental Health, 219(1): 1-23.

Fujimoto H, Woo G H, Inoue K, et al. 2011. Impaired oligodendroglial development by decabromodiphenyl ether in rat offspring after maternal exposure from mid-gestation through lactation. Reproductive Toxicology, 31(1): 86-94.

Gao Y, Chen L, Wang C, et al. 2016. Exposure to polybrominated diphenyl ethers and female reproductive function: A study in the production area of Shandong, China. Science of the Total Environment, 572: 9-15.

Gassmann K, Schreiber T, Dingemans M M L, et al. 2014. BDE-47 and 6-OH-BDE-47 modulate calcium homeostasis in primary fetal human neural progenitor cells via ryanodine receptor-independent mechanisms. Archives of Toxicology, 88(8): 1537-1548.

Glazer L, Wells C N, Drastal M, et al. 2018. Developmental exposure to low concentrations of two brominated flame retardants, BDE-47 and BDE-99, causes life-long behavioral alterations in zebrafish. Neurotoxicology, 66: 221-232.

Goodman J E. 2009. Neurodevelopmental effects of decabromodiphenyl ether (BDE-209) and implications for the reference dose. Regulatory Toxicology and Pharmacology, 54(1): 91-104.

Goodyer C G, Poon S, Aleksa K, et al. 2017. A Case-control study of maternal polybrominated diphenyl ether (PBDE) exposure and cryptorchidism in Canadian populations. Environmental Health Perspectives, 125(5): 057004.

Gorga M, Martinez E, Ginebreda A, et al. 2013. Determination of PBDEs, HBB, PBEB, DBDPE, HBCD, TBBPA and related compounds in sewage sludge from Catalonia (Spain). Science of the Total Environment, 444: 51-59.

Goto Y, Kitamura S, Kashiwagi K, et al. 2006. Suppression of amphibian metamorphosis by bisphenol A and related chemical substances. Journal of Health Science, 52(2): 160-168.

Gould E, Butcher L L. 1989. Developing cholinergic basal forebrain neurons are sensitive to thyroid-hormone. Journal of Neuroscience, 9(9): 3347-3358.

Gregoraszczuk E L, Dobrzanska G, Karpeta A. 2015. Effects of 2,2′,4,4′-tetrabromodiphenyl ether (BDE47) on the enzymes of phase Ⅰ (CYP2B1/2) and phase Ⅱ (SULT1A and COMT) metabolism, and differences in the action of parent BDE-47 and its hydroxylated metabolites, 5-OH-BDE-47 and 6-OH-BDE47, on steroid secretion by luteal cells. Environmental Toxicology and Pharmacology, 40(2): 498-507.

Gu C G, Ju X H, Jiang X, et al. 2010. Improved 3D-QSAR analyzes for the predictive toxicology of polybrominated diphenyl ethers with CoMFA/CoMSIA and DFT. Ecotoxicology and Environmental Safety, 73(6): 1470-1479.

Guo J H, Venier M, Salamova A, et al. 2017. Bioaccumulation of Dechloranes, organophosphate esters, and other flame retardants in Great Lakes fish. Science of the Total Environment, 583: 1-9.

Guzzonato A, Puype F, Harrad S J. 2017. Evidence of bad recycling practices: BFRs in children's toys and food-contact articles. Environmental Science: Processes and Impacts, 19(7): 956-963.

Hale R C, La Guardia M J, Harvey E, et al. 2006. Brominated flame retardant concentrations and trends in abiotic media. Chemosphere, 64(2): 181-186.

Hallgren S, Sinjari T, Hakansson H, et al. 2001. Effects of polybrominated diphenyl ethers (PBDEs) and polychlorinated biphenyls (PCBs) on thyroid hormone and vitamin A levels in rats and mice. Archives of Toxicology, 75(4): 200-208.

Hamers T, Kamstra J H, Sonneveld E, et al. 2006. *In vitro* profiling of the endocrine-disrupting potency of brominated flame retardants. Toxicological Sciences, 92(1): 157-173.

Hamers T, Kamstra J H, Sonneveld E, et al. 2008. Biotransformation of brominated flame retardants into potentially endocrine-disrupting metabolites, with special attention to 2,2′,4,4′-tetrabromodiphenyl ether (BDE-47). Molecular Nutrition and Food Research, 52(2): 284-298.

Han X B, Lei E N Y, Lam M H W, et al. 2011. A whole life cycle assessment on effects of waterborne PBDEs on gene expression profile along the brain-pituitary-gonad axis and in the liver of zebrafish. Marine Pollution Bulletin, 63(5-12): 160-165.

Han X B, Yuen K W Y, Wu R S S. 2013. Polybrominated diphenyl ethers affect the reproduction and development, and alter the sex ratio of zebrafish (*Danio rerio*). Environmental Pollution, 182: 120-126.

Han X M, Tang R, Chen X J, et al. 2012. 2,2′,4,4′-Tetrabromodiphenyl ether (BDE-47) decreases progesterone synthesis through cAMP-PKA pathway and P450scc downregulation in mouse Leydig tumor cells. Toxicology, 302(1): 44-50.

Haraguchi K, Kotaki Y, Relox J R, et al. 2010. Monitoring of naturally produced brominated phenoxyphenols and phenoxyanisoles in aquatic plants from the Philippines. Journal of Agricultural and Food Chemistry, 58(23): 12385-12391.

Hardell L, Bavel B V, Gunilla L, et al. 2006. In utero exposure to persistent organic pollutants in relation to testicular cancer risk. International Journal of Andrology, 29(1): 228-234.

Hardell L, Lindström G, van Bavel B, et al. 1998. Concentrations of the flame retardant 2, 2′, 4, 4′-tetrabrominated diphenyl ether in human adipose tissue in Swedish persons and the risk for non-Hodgkin's lymphoma. Oncology Research Featuring Preclinical and Clinical Cancer Therapeutic, 10(8): 429-432.

Harju M, Hamers T, Kamstra J H, et al. 2009. Quantitative structure-activity relationship modeling on *in vitro* endocrine effects and metabolic stability involving 26 selected brominated flame retardants. Environmental Toxicology and Chemistry, 26(4): 816-826.

Harley K G, Chevrier J, Schall R A, et al. 2011. Association of prenatal exposure to polybrominated diphenyl ethers and infant birth weight. American Journal of Epidemiology, 174(8): 885-892.

Harley K G, Marks A R, Chevrier J, et al. 2010. PBDE concentrations in women's serum and fecundability. Environmental Health Perspectives, 118(5): 699-704.

He J H, Yang D R, Wang C Y, et al. 2011. Chronic zebrafish low dose decabrominated diphenyl ether (BDE-209) exposure affected parental gonad development and locomotion in F1 offspring. Ecotoxicology, 20(8): 1813-1822.

He Q, Wang X, Sun P, et al. 2015. Acute and chronic toxicity of tetrabromobisphenol A to three aquatic species under different pH conditions. Aquatic Toxicology, 164: 145-154.

He W, Qin N, He Q S, et al. 2014. Atmospheric PBDEs at rural and urban sites in central China from 2010 to 2013: Residual levels, potential sources and human exposure. Environmental Pollution, 192: 232-243.

He Y F, Peng L, Zhang W C, et al. 2018. Adipose tissue levels of polybrominated diphenyl ethers and breast cancer risk in Chinese women: A case-control study. Environmental Research, 167: 160-168.

Hedley A J, Hui L L, Kypke K, et al. 2010. Residues of persistent organic pollutants (POPs) in human milk in Hong Kong. Chemosphere, 79(3): 259-265.

Herbstman J B, Sjödin A, Kurzon M, et al. 2010. Prenatal Exposure to PBDEs and Neurodevelopment. Environmental Health Perspectives, 118(5): 712-719.

Hites R A. 2004. Polybrominated diphenyl ethers in the environment and in people: A meta-analysis of concentrations. Environmental Science and Technology, 38(4): 945-956.

Hloušková V, Lanková D, Kalachová K, et al. 2014. Brominated flame retardants and perfluoroalkyl substances in sediments from the Czech aquatic ecosystem. Science of the Total Environment, 470-471: 407-416.

Honkisz E, Wójtowicz A K. 2015. Modulation of estradiol synthesis and aromatase activity in human choriocarcinoma JEG-3 cells exposed to tetrabromobisphenol A. Toxicology in Vitro, 29(1): 44-50.

Hu W, Liu H L, Sun H, et al. 2011. Endocrine effects of methoxylated brominated diphenyl ethers in three *in vitro* models. Marine Pollution Bulletin, 62(11): 2356-2361.

Hurley S, Reynolds P, Goldberg D, et al. 2011. Adipose levels of polybrominated diphenyl ethers and risk of breast cancer. Breast Cancer Research and Treatment, 129(2): 505-511.

Jacobs M N, Dickins M, Lewis D F V. 2003. Homology modelling of the nuclear receptors: human oestrogen receptor β (hERβ), the human pregnane-X-receptor (PXR), the Ah receptor (AhR) and the constitutive androstane receptor (CAR) ligand binding domains from the human oestrogen receptor α (hERα) crystal structure, and the human peroxisome proliferator activated receptor α (PPARα) ligand binding domain from the human PPARγ crystal structure. Journal of Steroid Biochemistry and Molecular Biology, 84(2-3): 117-132.

Jamieson D J, Terrell M L, Aguocha N N, et al. 2011. Dietary exposure to brominated flame retardants and abnormal Pap test results. Journal of Women's Health, 20(9): 1269-1278.

Ji C L, Wu H F, Wei L, et al. 2013a. Proteomic and metabolomic analysis of earthworm *Eisenia fetida* exposed to different concentrations of 2,2′,4,4′-tetrabromodiphenyl ether. Journal of Proteomics, 91: 405-416.

Ji C L, Wu H F, Wei L, et al. 2013b. Proteomic and metabolomic analysis reveal gender-specific responses of mussel *Mytilus galloprovincialis* to 2,2′,4,4′-tetrabromodiphenyl ether (BDE 47). Aquatic Toxicology, 140: 449-457.

Ji C L, Wu H F, Wei L, et al. 2014. iTRAQ-based quantitative proteomic analyses on the gender-specific responses in mussel *Mytilus galloprovincialis* to tetrabromobisphenol A. Aquatic toxicology, 157: 30-40.

Jang S, Ji K. 2015. A review on the effects of endocrine disruptors on the interaction between HPG, HPT, and HPA axes in fish. Korean Journal of Environmental Health Sciences, 41(3): 147-162.

Jiang C Y, Zhang S, Liu H L, et al. 2012a. The role of the IRE1 pathway in PBDE-47-induced toxicity in human neuroblastoma SH-SY5Y cells *in vitro*. Toxicology Letters, 211(3): 325-333.

Jiang Y F, Wang X T, Zhu K, et al. 2012b. Occurrence, compositional patterns, and possible sources of polybrominated diphenyl ethers in agricultural soil of Shanghai, China. Chemosphere, 89(8): 936-943.

Jin J, Wang Y, Liu W Z, et al. 2011. Polybrominated diphenyl ethers in atmosphere and soil of a production area in China: levels and partitioning. Journal of Environmental Sciences, 23(3): 427-433.

Jin S, Huang Y, Li M, et al. 2010. Cytotoxicity of Bisphenol A and Tetrabromobisphenol A on Hep G2 Cells. Proceedings of Conference on Environmental Pollution and Public Health, 4: 259-262.

Johnson-Restrepo B, Adams D H, Kannan K. 2008. Tetrabromobisphenol A (TBBPA) and hexabromocyclododecanes (HBCDs) in tissues of humans, dolphins, and sharks from the United States. Chemosphere, 70(11): 1935-1944.

Kakutani H, Yuzuriha T, Akiyama E, et al. 2018. Complex toxicity as disruption of adipocyte or osteoblast differentiation in human mesenchymal stem cells under the mixed condition of TBBPA and TCDD. Toxicology Research, 5: 737-743.

Kalachova K, Hradkova P, Lankova D, et al. 2012. Occurrence of brominated flame retardants in household and car dust from the Czech Republic. Science of the Total Environment, 441: 182-193.

Karpeta A, Gregoraszczuk E. 2010. Mixture of dominant PBDE congeners (BDE-47, -99, -100 and -209) at levels noted in human blood dramatically enhances progesterone secretion by ovarian follicles. Endocrine Regulations, 44(2): 49-55.

Karpeta A, Ptak A, Gregoraszczuk E L. 2014. Different action of 2,2′,4,4′-tetrabromodiphenyl ether (BDE-47) and its hydroxylated metabolites on ERα and ERβ gene and protein expression. Toxicology Letters, 229(1): 250-256.

Katima Z J, Olukunle O I, Kalantzi O L, et al. 2018. The occurrence of brominated flame retardants in the atmosphere of Gauteng Province, South Africa using polyurethane foam passive air samplers and assessment of human exposure. Environmental Pollution, 242: 1894-1903.

Ketata I, Denier X, Hamza-Chaffai A, et al. 2008. Endocrine-related reproductive effects in molluscs. Comparative Biochemistry and Physiology C-Toxicology and Pharmacology, 147(3): 261-270.

Kim Y R, Harden F A, Toms L M L, et al. 2014. Health consequences of exposure to brominated flame retardants: A systematic review. Chemosphere, 106: 1-19.

Kitamura S, Kato T, Iida M, et al. 2005. Anti-thyroid hormonal activity of tetrabromobisphenol A, a flame retardant, and related compounds: Affinity to the mammalian thyroid hormone receptor, and effect on tadpole metamorphosis. Life Sciences, 76(14): 1589-1601.

Kobayashi J, Imuta Y, Komorita T, et al. 2015. Trophic magnification of polychlorinated biphenyls and polybrominated diphenyl ethers in an estuarine food web of the Ariake Sea, Japan. Chemosphere, 118: 201-206.

Koibuchi N, Chin M W. 2000. Thyroid hormone action and brain development. Trends in Endocrinology and Metabolism, 11(4): 123-128.

Konig S, Neto V M. 2002. Thyroid hormone actions on neural cells. Cellular and Molecular Neurobiology, 22(5-6): 517-544.

Kojima H, Takeuchi S, Uramaru N, et al. 2009. Nuclear hormone receptor activity of polybrominated diphenyl ethers and their hydroxylated and methoxylated metabolites in transactivation assays using Chinese hamster ovary cells. Environmental Health Perspectives, 117: 1210-1218.

Kuiper R V, Canton R F, Leonards P E G, et al. 2007a. Long-term exposure of European flounder (*Platichthys flesus*) to the flame-retardants tetrabromobisphenol A (TBBPA) and hexabromocyclododecane (HBCD). Ecotoxicology and Environmental Safety, 67(3): 349-360.

Kuiper R V, van den Brandhof E J, Leonards P E G, et al. 2007b. Toxicity of tetrabromobisphenol A (TBBPA) in zebrafish (*Danio rerio*) in a partial life-cycle test. Archives of Toxicology, 81(1): 1-9.

Kuiper R V, Vethaak A D, Canton R F, et al. 2008. Toxicity of analytically cleaned pentabromodiphenyl ether after prolonged exposure in estuarine European flounder (*Platichthys flesus*), and partial life-cycle exposure in fresh water zebrafish (*Danio rerio*). Chemosphere, 73(2): 195-202.

La Guardia M J, Hale R C, Newman B. 2013. Brominated flame-retardants in Sub-Saharan Africa: burdens in inland and coastal sediments in the eThekwini metropolitan municipality, South Africa. Environmental Science and Technology, 47(17): 9643-9650.

Labunska I, Harrad S, Santillo D, et al. 2013. Levels and distribution of polybrominated diphenyl ethers in soil, sediment and dust samples collected from various electronic waste recycling sites within Guiyu town, southern China. Environmental Science Process Impacts, 15(2): 503-511.

Landrigan P J, Kimmel C A, Correa A, et al. 2004. Children's health and the environment: public health issues and challenges for risk assessment. Environmental Health Perspectives, 112(2): 257-265.

Langston W J, Burt G R, Chesman B S. 2007. Feminisation of male clams *Scrobicularia plana* from estuaries in Southwest UK and its induction by endocrine-disrupting chemicals. Marine Ecology Progress Series, 333: 173-184.

Lavandier R, Areas J, Dias P S, et al. 2015. An assessment of PCB and PBDE contamination in two tropical dolphin species from the Southeastern Brazilian coast. Marine Pollution Bulletin, 101(2): 947-953.

Law R J, Covaci A, Harrad S, et al. 2014. Levels and trends of PBDEs and HBCDs in the global environment: status at the end of 2012. Environmental International, 65: 147-158.

Lee D H, Steffes M W, Sjödin A, et al. 2010. Low dose of some persistent organic pollutants predicts type 2 diabetes: a nested case-control study. Environmental Health Perspectives, 118(9): 1235-1242.

Lee S, Song G J, Kannan K, et al. 2014. Occurrence of PBDEs and other alternative brominated flame retardants in sludge from wastewater treatment plants in Korea. Science of the Total Environment, 470-471: 1422-1429.

Lema S C, Dickey J T, Schultz I R, et al. 2008. Dietary exposure to 2,2′,4,4′-tetrabromodiphenyl ether (PBDE-47) alters thyroid status and thyroid hormone-regulated gene transcription in the pituitary and brain. Environmental Health Perspectives, 116(12): 1694-1699.

Lema S C, Nevitt G A. 2004. Evidence that thyroid hormone induces olfactory cellular proliferation in salmon during a sensitive period for imprinting. Journal of Experimental Biology, 207(19): 3317-3327.

Levy-Bimbot M, Major G, Courilleau D, et al. 2012. Tetrabromobisphenol-A disrupts thyroid hormone receptor alpha function *in vitro*: Use of fluorescence polarization to assay corepressor and coactivator peptide binding. Chemosphere, 87(7): 782-788.

Li F, Xie Q, Li X H, et al. 2010. Hormone activity of hydroxylated polybrominated diphenyl ethers on human thyroid receptor-beta: *In Vitro* and *in silico* Investigations. Environmental Health Perspectives, 118(5): 602-606.

Li W, Zhu L F, Zha J M, et al. 2014. Effects of decabromodiphenyl ether (BDE-209) on mRNA transcription of thyroid hormone pathway and spermatogenesis associated genes in Chinese rare minnow (*Gobiocypris rarus*). Environmental Toxicology, 29(1): 1-9.

Li X, Gao Y, Guo L H, et al. 2013a. Structure-dependent activities of hydroxylated polybrominated diphenyl ethers on human estrogen receptor. Toxicology, 309: 15-22.

Li X, Wang X, Shi W, et al. 2013b. Analysis of Ah receptor binding affinities of polybrominated diphenyl ethers via *in silico* molecular docking and 3D-QSAR. SAR and QSAR in Environmental Research, 24(1): 75-87.

Li X, Ye L, Wang X, et al. 2012. Combined 3D-QSAR, molecular docking and molecular dynamics study on thyroid hormone activity of hydroxylated polybrominated diphenyl ethers to thyroid receptors β. Toxicology and Applied Pharmacology, 265(3): 300-307.

Li Y, Niu S, Hai R, et al. 2015. Concentrations and distribution of polybrominated diphenyl ethers (PBDEs) in soils and plants from a deca-BDE manufacturing factory in China. Environmental Science and Pollution Research International, 22(2): 1133-1143.

Lilienthal H, Hack A, Roth-Harer A, et al. 2006. Effects of developmental exposure to 2,2′,4,4′, 5-pentabromodiphenyl ether (PBDE-99) on sex steroids, sexual development, and sexually dimorphic behavior in rats. Environmental Health Perspectives, 114(2): 194-201.

Lilienthal H, Verwer C M, Van Der Ven LT, et al. 2008. Exposure to tetrabromobisphenol A (TBBPA) in Wistar rats: neurobehavioral effects in offspring from a one-generation reproduction study. Toxicology, 246(1): 45-54.

Linhartova P, Gazo I, Shaliutina-Kolesova A, et al. 2015. Effects of tetrabrombisphenol A on DNA integrity, oxidative stress, and sterlet (*Acipenser ruthenus*) spermatozoa quality variables. Environmental Toxicology, 30(7): 735-745.

Liu H L, Ma Z Y, Zhang T, et al. 2018a. Pharmacokinetics and effects of tetrabromobisphenol a (TBBPA) to early life stages of zebrafish (*Danio rerio*). Chemosphere, 190: 243-252.

Liu K, Li J, Yan S J, et al. 2016. A review of status of tetrabromobisphenol A (TBBPA) in China. Chemosphere, 148: 8-20.

Liu P P, Miao J J, Song Y, et al. 2017a. Effects of 2,2′,4,4′-tetrabromodipheny ether (BDE-47) on gonadogenesis of the manila clam *Ruditapes philippinarum*. Aquatic Toxicology, 193: 178-186.

Liu X T, Yu G, Cao Z G, et al. 2017b. Estimation of human exposure to halogenated flame retardants through dermal adsorption by skin wipe. Chemosphere, 168: 272-278.

Liu X, Zhang L, Li J G, et al. 2018b. A nested case-control study of the association between exposure to polybrominated diphenyl ethers and the risk of gestational diabetes mellitus. Environment International, 119: 232-238.

Liu Y H, Guo R X, Tang S K, et al. 2018c. Single and mixture toxicities of BDE-47, 6-OH-BDE-47 and 6-MeO-BDE-47 on the feeding activity of *Daphnia magna*: From behavior assessment to neurotoxicity. Chemosphere, 195: 542-550.

Lunder S, Hovander L, Athanassiadis I, et al. 2010. Significantly higher polybrominated diphenyl ether levels in young US children than in their mothers. Environmental Science and Technology, 44(13): 5256-5262.

Lv Q Y, Wan B, Guo L H, et al. 2015. *In vitro* immune toxicity of polybrominated diphenyl ethers on murine peritoneal macrophages: Apoptosis and immune cell dysfunction. Chemosphere, 120: 621-630.

Ma J, Qiu X H, Zhang J L, et al. 2012. State of polybrominated diphenyl ethers in China: An overview. Chemosphere, 88(7): 769-778.

Main K M, Kiviranta H, Virtanen H E, et al. 2007. Flame retardants in placenta and breast milk and cryptorchidism in newborn boys. Environmental Health Perspectives, 115(10): 1519-1526.

Martin O V, Evans R M, Faust M, et al. 2017. A human mixture risk assessment for neurodevelopmental toxicity associated with polybrominated diphenyl ethers used as flame retardants. Environmental Health Perspectives, 125(8): 087016.

McCormick J M, Paiva M S, Haggblom M M, et al. 2010. Embryonic exposure to tetrabromobisphenol A and its metabolites, bisphenol A and tetrabromobisphenol A dimethyl ether disrupts normal zebrafish (*Danio rerio*) development and matrix metalloproteinase expression. Aquatic Toxicology, 100(3): 255-262.

McDonald T A. 2002. A perspective on the potential health risks of PBDEs. Chemosphere, 46(5): 745-755.

McGrath T J, Morrison P D, Ball A S, et al. 2018. Spatial distribution of novel and legacy brominated flame retardants in soils surrounding two Australian electronic waste recycling facilities. Environmental Science and Technology, 52(15): 8194-8204.

McIntyre R L, Kenerson H L, Subramanian S, et al. 2015. Polybrominated diphenyl ether congener, BDE-47, impairs insulin sensitivity in mice with liver-specific Pten deficiency. BMC Obesity, 2(1): 3.

Meeker J D, Johnson P I, Camann D, et al. 2009. Polybrominated diphenyl ether (PBDE) concentrations in house dust are related to hormone levels in men. Science of the Total Environment, 407(10): 3425-3429.

Meijer L, Martijn A, Melessen J, et al. 2012. Influence of prenatal organohalogen levels on infant male sexual development: sex hormone levels, testes volume and penile length. Human Reproduction, 27(3): 867-872.

Muirhead E K, Skillman D, Hook S E, et al. 2006. Oral exposure of PBDE-47 in fish: Toxicokinetics and reproductive effects in Japanese medaka (*Oryzias latipes*) and fathead minnows (*Pimephales promelas*). Environmental Science and Technology, 40(2): 523-528.

Mumford S L, Kim S, Chen Z, et al. 2015. Persistent organic pollutants and semen quality: The LIFE study. Chemosphere, 135: 427-435.

Nagahama Y, Yamashita M. 2008. Regulation of oocyte maturation in fish. Development Growth and Differentiation, 50: S195-S219.

Nakagawa Y, Suzuki T, Ishii H, et al. 2007. Biotransformation and cytotoxicity of a brominated flame retardant, tetrabromobisphenol A, and its analogues in rat hepatocytes. Xenobiotica, 37(7): 693-708.

Nakari T, Pessala P. 2005. *In vitro* estrogenicity of polybrominated flame retardants. Aquatic Toxicology, 74(3): 272-279.

Ni H G, Zeng H. 2013. HBCD and TBBPA in particulate phase of indoor air in Shenzhen, China. Science of the Total Environment, 458-460: 15-19.

Norman A W, Mizwicki M T, Norman D P G. 2004. Steroid-hormone rapid actions, membrane receptors and a conformational ensemble model. Nature Reviews Drug Discovery, 3(1): 27-41.

Nostbakken O J, Duinker A, Rasinger J D, et al. 2018. Factors influencing risk assessments of brominated flame-retardants; evidence based on seafood from the North East Atlantic Ocean. Environmental International, 119: 544-557.

Noyes P D, Lema S C, Macaulay L J, et al. 2013. Low level exposure to the flame retardant BDE-209 reduces thyroid hormone levels and disrupts thyroid signaling in fathead minnows. Environmental Science and Technology, 47(17): 10012-10021.

Ogunbayo O A, Lai P F, Connolly T J, et al. 2008. Tetrabromobisphenol A (TBBPA), induces cell death in TM4 Sertoli cells by modulating Ca^{2+} transport proteins and causing dysregulation of Ca^{2+} homeostasis. Toxicology in Vitro, 22(4): 943-952.

Olukunle O I, Okonkwo O J. 2015. Concentration of novel brominated flame retardants and HBCD in leachates and sediments from selected municipal solid waste landfill sites in Gauteng Province, South Africa. Waste Manag, 43: 300-306.

Pan X H, Tang J H, Li J, et al. 2011. Polybrominated diphenyl ethers (PBDEs) in the riverine and marine sediments of the Laizhou Bay area, North China. Journal of Environmental Monitoring, 13(4): 886-893.

Pardo O, Beser M I, Yusa V. 2014. Probabilistic risk assessment of the exposure to polybrominated diphenyl ethers via fish and seafood consumption in the Region of Valencia (Spain). Chemosphere, 104: 7-14.

Park J s, She J, Holden A, et al. 2011. High postnatal exposures to polybrominated diphenyl ethers (PBDEs) and polychlorinated biphenyls (PCBs) via breast milk in California: Does BDE-209 transfer to breast milk? Environmental Science and Technology, 45(10): 4579-4585.

Porterfield S P, Hendrich C E. 1993. The role of thyroid hormones in prenatal and neonatal neurological development—current perspectives. Endocrine Reviews, 14(1): 94-106.

Prossnitz E R, Arterburn J B, Smith H O, et al. 2008. Estrogen signaling through the transmembrane G protein-coupled receptor GrPR30. Annual Review of Physiology, 70: 165-190.

Rahman F, Langford K H, Scrimshaw M D, et al. 2001. Polybrominated diphenyl ether (PBDE) flame retardants. Science of the Total Environment, 275(1): 1-17.

Qu J, Yao C, Shi H, et al. 2007. Effects of tetrabromobisphenol A and pentabromophenol on thyroid gland histology of *Carassius auratus*. Environmental Chemistry Beijing, 26(5): 588-592.

Rawat S, Bruce E D. 2014. Designing quantitative structure activity relationships to predict specific toxic endpoints for polybrominated diphenyl ethers in mammalian cells. SAR and QSAR in Environmental Research, 25(7): 527-549.

Reistad T, Mariussen E, Ring A, et al. 2007. *In vitro* toxicity of tetrabromobisphenol-A on cerebellar granule cells: cell death, free radical formation, calcium influx and extracellular glutamate. Toxicological Sciences, 96(2): 268-278.

Ren X M, Guo L H. 2013. Molecular toxicology of polybrominated diphenyl ethers: nuclear hormone receptor mediated pathways. Environmental Science-Processes and Impacts, 15(4): 702-708.

Ricklund N, Kierkegaard A, McLachlan M S. 2010. Levels and potential sources of decabromodiphenyl ethane (DBDPE) and decabromodiphenyl ether (DecaBDE) in lake and marine sediments in Sweden. Environmental Science and Technology, 44(6): 1987-1991.

Robson M, Melymuk L, Bradley, L et al. 2013. Wet deposition of brominated flame retardants to the Great Lakes basin—status and trends. Environmental Pollution, 182: 299-306.

Ronisz D, Finne E F, Karlsson H, et al. 2004. Effects of the brominated flame retardants hexabromocyclododecane (HBCDD), and tetrabromobisphenol A (TBBPA), on hepatic enzymes and other biomarkers in juvenile rainbow trout and feral eelpout. Aquatic Toxicology, 69(3): 229-245.

Salamova A, Hites R A. 2011. Discontinued and alternative brominated flame retardants in the atmosphere and precipitation from the Great Lakes basin. Environmental Science and Technology, 45(20): 8698-8706.

Saquib Q, Siddiqui M A, Ahmed J, et al. 2016. Hazards of low dose flame-retardants (BDE-47 and BDE-32): Influence on transcriptome regulation and cell death in human liver cells. Journal of Hazardous Materials, 308: 37-49.

Schecter A, Johnson-Welch S, Tung K C, et al. 2007. Polybrominated diphenyl ether (PBDE) levels in livers of US human fetuses and newborns. Journal of Toxicology and Environmental Health, Part A-Current Issues, 70(1): 1-6.

Schreiber T, Gassmann K, Götz C, et al. 2010. Polybrominated diphenyl ethers induce developmental neurotoxicity in a human *in vitro* model: Evidence for endocrine disruption. Environmental Health Perspectives, 118(4): 572-578.

Sellstrom U, Kierkegaard A, de Wit C, et al. 1998. Polybrominated diphenyl ethers and hexabromocyclododecane in sediment and fish from a Swedish river. Environmental Toxicology and Chemistry, 17(6): 1065-1072.

Shi Z X, Jiao Y, Hu Y, et al. 2013. Levels of tetrabromobisphenol A, hexabromocyclododecanes and polybrominated diphenyl ethers in human milk from the general population in Beijing, China. Science of The Total Environment, 452-453: 10-18.

Shi Z X, Wu Y N, Li J G, et al. 2009. Dietary exposure assessment of Chinese adults and nursing infants to tetrabromobisphenol-A and hexabromocyclododecanes: occurrence measurements in foods and human milk. Environmental Science and Technology, 43(12): 4314-4319.

Shi Z X, Zhang L, Zhao Y F, et al. 2017a. A national survey of tetrabromobisphenol-A, hexabromocyclododecane and decabrominated diphenyl ether in human milk from China: occurrence and exposure assessment. Science of The Total Environment, 599-600: 237-245.

Shi Z X, Zhang L, Zhao Y F, et al. 2017b. Dietary exposure assessment of Chinese population to tetrabromobisphenol-A, hexabromocyclododecane and decabrominated diphenyl ether: Results of the 5th Chinese Total Diet Study. Environmental Pollution, 229: 539-547.

Sjödin A, Patterson D G, Bergman Å. 2001. Brominated flame retardants in serum from U.S. blood donors. Environmental Science and Technology, 35(19): 3830-3833.

Skarman E, Darnerud P O, Ohrvik H, et al. 2005. Reduced thyroxine levels in mice perinatally exposed to polybrominated diphenyl ethers. Environmental Toxicology and Pharmacology, 19(2): 273-281.

Sofikitis N, Giotitsas N, Tsounapi P, et al. 2008. Hormonal regulation of spermatogenesis and spermiogenesis. Journal of Steroid

Biochemistry and Molecular Biology, 109(3-5): 323-330.

Song R, He Y, Murphy M B, et al. 2008. Effects of fifteen PBDE metabolites, DE71, DE79 and TBBPA on steroidogenesis in the H295R cell line. Chemosphere, 71(10): 1888-1894.

Song Y, Wu N X, Tao H, et al. 2012. Thyroid endocrine dysregulation and erythrocyte DNA damage associated with PBDE exposure in juvenile crucian carp collected from an e-waste dismantling site in Zhejiang Province, China. Environmental Toxicology and Chemistry, 31(9): 2047-2051.

Stapleton H M, Alaee M, Letcher R J, et al. 2004. Debromination of the flame retardant decabromodiphenyl ether by juvenile carp (*Cyprinus carpio*) following dietary exposure. Environmental Science and Technology, 38(1): 112-119.

Stasinska A, Heyworth J, Reid A, et al. 2014. Polybrominated diphenyl ether (PBDE) concentrations in plasma of pregnant women from Western Australia. Science of the Total Environment, 493: 554-561.

Sun H J, Li H B, Xiang P, et al. 2015. Short-term exposure of arsenite disrupted thyroid endocrine system and altered gene transcription in the HPT axis in zebrafish. Environmental Pollution, 205: 145-152.

Szymańska J A, Piotrowski J K, Frydrych B. 1999. Hepatotoxicity of tetrabromobisphenol-A: effects of repeated dosage in rats. Toxicology, 142(2): 87-95.

Tada Y, Fujitani T, Ogata A, et al. 2007. Flame retardant tetrabromobisphenol A induced hepatic changes in ICR male mice. Environmental Toxicology and Pharmacology, 23(2): 174-178.

Talsness C E, Shakibaei M, Kuriyama S N, et al. 2005. Ultrastructural changes observed in rat ovaries following in utero and lactational exposure to low doses of a polybrominated flame retardant. Toxicology Letters, 157(3): 189-202.

Tan S W, Chi Z X, Shan Y, et al. 2017. Interaction studies of polybrominated diphenyl ethers (PBDEs) with human serum albumin (HSA): Molecular docking investigations. Environmental Toxicology and Pharmacology, 54: 34-39.

Tanabe S, Ramu K, Isobe T, et al. 2008. Brominated flame retardants in the environment of Asia-Pacific: an overview of spatial and temporal trends. Journal of Environmental Monitoring, 10(2): 188-197.

Tang B, Zeng Y H, Luo X J, et al. 2015. Bioaccumulative characteristics of tetrabromobisphenol A and hexabromocyclododecanes in multi-tissues of prey and predator fish from an e-waste site, South China. Environmental Science and Pollution Research, 22(16): 12011-12017.

Tang S Y, Liu H, Yin H, et al. 2018. Effect of 2,2′,4,4′-tetrabromodiphenyl ether (BDE-47) and its metabolites on cell viability, oxidative stress, and apoptosis of HepG2. Chemosphere, 193: 978-988.

Tang Z W, Huang Q F, Cheng J L, et al. 2014. Polybrominated diphenyl ethers in soils, sediments, and human hair in a plastic waste recycling area: a neglected heavily polluted area. Environmental Science and Technology, 48(3): 1508-1516.

ter Schure A F, Larsson P, Agrell C, et al. 2004. Atmospheric transport of polybrominated diphenyl ethers and polychlorinated biphenyls to the Baltic Sea. Environmental Science and Technology, 38(5): 1282-1287.

Thienpont B, Tingaud-Sequeira A, Prats E, et al. 2011. Zebrafish eleutheroembryos provide a suitable vertebrate model for screening chemicals that impair thyroid hormone synthesis. Environmental Science and Technology, 45(17): 7525-7532.

Thomsen C, Lundanes E, Becher G. 2001. Brominated flame retardants in plasma samples from three different occupational groups in Norway. Journal of Environmental Monitoring, 3(4): 366-370.

Thomsen C, Lundanes E, Becher G. 2002. Brominated flame retardants in archived serum samples from Norway: a study on temporal trends and the role of age. Environmental Science and Technology, 36(7): 1414-1418.

Thornton L M, Path E M, Nystrom G S, et al. 2016a. Early life stage exposure to BDE-47 causes adverse effects on reproductive success and sexual differentiation in fathead minnows (*Pimephales promelas*). Environmental Science and Technology, 50(14): 7834-7841.

Thornton L M, Path E M, Nystrom G S, et al. 2018. Embryo-larval BDE-47 exposure causes decreased pathogen resistance in adult male fathead minnows (*Pimephales promelas*). Fish and Shellfish Immunology, 80: 80-87.

Thornton L M, Path E M, Venables B J, et al. 2016b. The endocrine effects of dietary brominated diphenyl ether-47 exposure, measured across multiple levels of biological organization, in breeding fathead minnows. Environmental Toxicology and Chemistry, 35(8): 2048-2057.

Thuresson K, Bergman A, Rothenbacher K, et al. 2006. Polybrominated diphenyl ether exposure to electronics recycling workers—a follow up study. Chemosphere, 64(11): 1855-1861.

Toms L M L, Harden F, Paepke O, et al. 2008. Higher accumulation of polybrominated diphenyl ethers in infants than in adults.

Environmental Science and Technology, 42(19): 7510-7515.

Toms L M L, Sjödin A, Harden F, et al. 2009. Serum polybrominated diphenyl ether (PBDE) levels are higher in children (2-5 years of age) than in infants and adults. Environmental Health Perspectives, 117(9): 1461-1465.

Tomy G T, Palace V P, Halldorson T, et al. 2004. Bioaccumulation, biotransformation, and biochemical effects of brominated diphenyl ethers in juvenile lake trout (*Salvelinus namaycush*). Environmental Science and Technology, 38(5): 1496-1504.

Tseng L H, Hsu P C, Lee C W, et al. 2013. Developmental exposure to decabrominated diphenyl ether (BDE-209): Effects on sperm oxidative stress and chromatin DNA damage in mouse offspring. Environmental Toxicology, 28(7): 380-389.

Tung K C. 2005. Polybrominated diphenyl ether flame retardants in the U S population: current levels, temporal trends, and comparison with dioxins, dibenzofurans, and polychlorinated biphenyls. Journal of Occupational and Environmental Medicine, 47(3): 199-211.

Turyk M, Anderson H A, Knobeloch L, et al. 2009. Prevalence of diabetes and body burdens of polychlorinated biphenyls, polybrominated diphenyl ethers, and p,p′-diphenyldichloroethene in Great Lakes sport fish consumers. Chemosphere, 75(5): 674-679.

Uchida K, Yonezawa M, Nakamura S, et al. 2005. Impaired neurogenesis in the growth-retarded mouse is reversed by T-3 treatment. Neuroreport, 16(2): 103-106.

van der Ven L T, van de Kuil T, Verhoef A, et al. 2008. Endocrine effects of tetrabromobisphenol-A (TBBPA) in Wistar rats as tested in a one-generation reproduction study and a subacute toxicity study. Toxicology, 245(1-2): 76-89.

Viberg H, Fredriksson A, Eriksson P. 2002. Neonatal exposure to the brominated flame retardant 2,2′,4,4′,5-pentabromodiphenyl ether causes altered susceptibility in the cholinergic transmitter system in the adult mouse. Toxicological Sciences, 67(1): 104-107.

Viberg H, Fredriksson A, Eriksson P. 2004a. Investigations of strain and/or gender differences in developmental neurotoxic effects of polybrominated diphenyl ethers in mice. Toxicological Sciences, 81(2): 344-353.

Viberg H, Fredriksson A, Eriksson P. 2004b. Neonatal exposure to the brominated flame-retardant, 2,2′,4,4′,5-pentabromodiphenyl ether, decreases cholinergic nicotinic receptors in hippocampus and affects spontaneous behaviour in the adult mouse. Environmental Toxicology and Pharmacology, 17(2): 61-65.

Viberg H, Fredriksson A, Jakobsson E, et al. 2003. Neurobehavioral derangements in adult mice receiving decabrominated diphenyl ether (PBDE 209) during a defined period of neonatal brain development. Toxicological Sciences, 76(1): 112-120.

Viberg H, Johansson N, Fredriksson A, et al. 2006. Neonatal exposure to higher brominated diphenyl ethers, hepta-, octa-, or nonabromodiphenyl ether, impairs spontaneous behavior and learning and memory functions of adult mice. Toxicological Sciences, 92(1): 211-218.

Voorspoels S, Covaci A, Schepens P. 2003. Polybrominated diphenyl ethers in marine species from the Belgian North Sea and the Western Scheidt Estuary: Levels, profiles, and distribution. Environmental Science and Technology, 37(19): 4348-4357.

Wan Y, Hu J Y, Zhang K, et al. 2008. Trophodynamics of polybrominated diphenyl ethers in the marine food web of Bohai Bay, North China. Environmental Science and Technology, 42(4): 1078-1083.

Wang C, Li W, Chen J W, et al. 2012a. Summer atmospheric polybrominated diphenyl ethers in urban and rural areas of northern China. Environmental Pollution, 171: 234-240.

Wang D Z, Yan J, Teng M M, et al. 2018a. In utero and lactational exposure to BDE-47 promotes obesity development in mouse offspring fed a high-fat diet: impaired lipid metabolism and intestinal dysbiosis. Archives of Toxicology, 92(5): 1847-1860.

Wang H M, Zhang Y A, Liu Q A, et al. 2010. Examining the relationship between brominated flame retardants (BFR) exposure and changes of thyroid hormone levels around e-waste dismantling sites. International Journal of Hygiene and Environmental Health, 213(5): 369-380.

Wang J X, Liu L L, Wang J F, et al. 2015a. Distribution of metals and brominated flame retardants (BFRs) in sediments, soils and plants from an informal e-waste dismantling site, South China. Environmental Science and Pollution Research International, 22(2): 1020-1033.

Wang L L, Zou W, Zhong Y F, et al. 2012b. The hormesis effect of BDE-47 in HepG(2) cells and the potential molecular mechanism. Toxicology Letters, 209(2): 193-201.

Wang Q W, Chen Q, Zhou P, et al. 2014a. Bioconcentration and metabolism of BDE-209 in the presence of titanium dioxide nanoparticles and impact on the thyroid endocrine system and neuronal development in zebrafish larvae. Nanotoxicology, 8(s1): 196-207.

Wang S T, Wu C, Liu Z S, et al. 2018b. Studies on the interaction of BDE-47 and BDE-209 with acetylcholinesterase (AChE) based on the neurotoxicity through fluorescence, UV-vis spectra, and molecular docking. Toxicology Letters, 287: 42-48.

Wang X F, Yang L H, Wang Q W, et al. 2016. The neurotoxicity of DE-71: effects on neural development and impairment of serotonergic signaling in zebrafish larvae. Journal of Applied Toxicology, 36(12): 1605-1613.

Wang X T, Chen L, Wang X K, et al. 2015b. Occurrence, profiles, and ecological risks of polybrominated diphenyl ethers (PBDEs) in river sediments of Shanghai, China. Chemosphere, 133: 22-30.

Wang Y Q, Zhang H M, Cao J. 2014b. Exploring the interactions of decabrominateddiphenyl ether and tetrabromobisphenol A with human serum albumin. Environmental Toxicology and Pharmacology, 38(2): 595-606.

Wang Y W, Jiang G B, Lam P K, et al. 2007. Polybrominated diphenyl ether in the East Asian environment: a critical review. Environmental International, 33(7): 963-973.

Wang Y W, Sun Y M, Chen T, et al. 2018c. Determination of polybrominated diphenyl ethers and novel brominated flame retardants in human serum by gas chromatography-atmospheric pressure chemical ionization-tandem mass spectrometry. Journal of Chromatography B, 1099: 64-72.

Wang Y, Shi J, Li L Y, et al. 2013. Adverse effects of 2,2′,4,4′-tetrabromodiphenyl ether on semen quality and spermatogenesis in male mice. Bulletin of Environmental Contamination and Toxicology, 90(1): 51-54.

Wei H, Zou Y H, Li A, et al. 2013. Photolytic debromination pathway of polybrominated diphenyl ethers in hexane by sunlight. Environmental Pollution, 174: 194-200.

Williams T D, Diab A M, Gubbins M, et al. 2013. Transcriptomic responses of European flounder (*Platichthys flesus*) liver to a brominated flame retardant mixture. Aquatic Toxicology, 142: 45-52.

Wu K, Xu X, Liu J, et al. 2010. Polyhrominated diphenyl ethers in umbilical cord blood and relevant factors in neonates from Guiyu, China. Environmental Science and Technology, 44(2): 813-819.

Wu S M, Ji G X, Liu J, et al. 2016. TBBPA induces developmental toxicity, oxidative stress, and apoptosis in embryos and zebrafish larvae (*Danio rerio*). Environmental Toxicology, 31(10): 1241-1249.

Wu X M, Bennett D H, Moran R E, et al. 2015. Polybrominated diphenyl ether serum concentrations in a Californian population of children, their parents, and older adults: an exposure assessment study. Environmental Health, 14(1): 23.

Xing T R, Chen L, Tao Y A, et al. 2009. Effects of decabrominated diphenyl ether (PBDE 209) exposure at different developmental periods on synaptic plasticity in the dentate gyrus of adult rats *in vivo*. Toxicological Sciences, 110(2): 401-410.

Xing T R, Yong W, Chen L A, et al. 2010. Effects of decabrominated diphenyl ether (PBDE 209) on voltage-gated sodium channels in primary cultured rat hippocampal neurons. Environmental Toxicology, 25(4): 400-408.

Xing X M, Kang J M, Qiu J H, et al. 2018. Waterborne exposure to low concentrations of BDE-47 impedes early vascular development in zebrafish embryos/larvae. Aquatic Toxicology, 203: 19-27.

Xiong Q L, Shi Y J, Lu Y L, et al. 2018. Sublethal or not? Responses of multiple biomarkers in *Daphnia magna* to single and joint effects of BDE-47 and BDE-209. Ecotoxicology and Environmental Safety, 164: 164-171.

Yang L L, Yang W, Wu Z W, et al. 2017. Binding of hydroxylated polybrominated diphenyl ethers with human serum albumin: Spectroscopic characterization and molecular modeling. Luminescence, 32(6): 978-987.

Yang S W, Wang S R, Liu H L, et al. 2012a. Tetrabromobisphenol A: tissue distribution in fish, and seasonal variation in water and sediment of Lake Chaohu, China. Environmental Science and Pollution Research International, 19(9): 4090-4096.

Yang S W, Yan Z G, Xu F F, et al. 2012b. Development of freshwater aquatic life criteria for tetrabromobisphenol A in China. Environmental Pollution, 169: 59-63.

Yang S, Wang S, Sun F, et al. 2015. Protective effects of puerarin against tetrabromobisphenol a-induced apoptosis and cardiac developmental toxicity in zebrafish embryo-larvae. Environmental Toxicology, 30(9): 1014-1023.

Yin G, Asplund L, Qiu Y L, et al. 2015. Chlorinated and brominated organic pollutants in shellfish from the Yellow Sea and East China Sea. Environmental Science and Pollution Research International, 22(3): 1713-1722.

Yu L Q, Deng J, Shi X J, et al. 2010. Exposure to DE-71 alters thyroid hormone levels and gene transcription in the hypothalamic-pituitary-thyroid axis of zebrafish larvae. Aquatic Toxicology, 97(3): 226-233.

Yu L Q, Lam J C W, Guo Y Y, et al. 2011a. Parental Transfer of Polybrominated Diphenyl Ethers (PBDEs) and Thyroid Endocrine Disruption in Zebrafish. Environmental Science and Technology, 45(24): 10652-10659.

Yu L Q, Liu C S, Chen Q, et al. 2014. Endocrine disruption and reproduction impairment in zebrafish after long—term exposure to

DE-71. Environmental Toxicology and Chemistry, 33(6): 1354-1362.

Yu Z Q, Liao R E, Li H R, et al. 2011b. Particle-bound Dechlorane Plus and polybrominated diphenyl ethers in ambient air around Shanghai, China. Environmental Pollution, 159(10): 2982-2988.

Zatecka E, Ded L, Elzeinova F, et al. 2013. Effect of tetrabrombisphenol A on induction of apoptosis in the testes and changes in expression of selected testicular genes in CD1 mice. Reproductive Toxicology, 35: 32-39.

Zeng Y H, Yu L H, Luo X J, et al. 2013. Tissue accumulation and species-specific metabolism of technical pentabrominated diphenyl ether (DE-71) in two predator fish. Environmental Toxicology and Chemistry, 32(4): 757-763.

Zhang H J, Liu W L, Chen B, et al. 2018. Differences in reproductive toxicity of TBBPA and TCBPA exposure in male *Rana nigromaculata*. Environmental Pollution, 243: 394-403.

Zhang L, Jin Y R, Han Z H, et al. 2017. Integrated *in silico* and *in vivo* approaches to investigate effects of BDE-99 mediated by the nuclear receptors on developing zebrafish. Environmental Toxicology and Chemistry, 37(3): 780-787.

Zhang S, Chen Y H, Wu X, et al. 2016a. The pivotal role of Ca^{2+} homeostasis in PBDE-47-induced neuronal apoptosis. Molecular Neurobiology, 53(10): 7078-7088.

Zhang Y F, Xu W, Lou Q Q, et al. 2014. Tetrabromobisphenol A disrupts vertebrate development via thyroid hormone signaling pathway in a developmental stage-dependent manner. Environmental Science and Technology, 48(14): 8227-8234.

Zhang Z, Li S S, Liu L, et al. 2016b. Environmental exposure to BDE47 is associated with increased diabetes prevalence: Evidence from community-based case-control studies and an animal experiment. Scientific Reports, 6(1): 27854.

Zhang Z, Zhang X, Sun Z Z, et al. 2013. Cytochrome P450 3A1 Mediates 2,2′,4,4′-Tetrabromodiphenyl Ether-Induced Reduction of Spermatogenesis in Adult Rats. Plos One, 8(6): e66301.

Zhao G F, Wang Z J, Zhou H D, et al. 2009. Burdens of PBBs, PBDEs, and PCBs in tissues of the cancer patients in the e-waste disassembly sites in Zhejiang, China. Science of the Total Environment, 407(17): 4831-4837.

Zhao J, Xu T, Yin D Q. 2014. Locomotor activity changes on zebrafish larvae with different 2,2′,4,4′-tetrabromodiphenyl ether (PBDE-47) embryonic exposure modes. Chemosphere, 94: 53-61.

Zhen X M, Tang J H, Xie Z Y, et al. 2016. Polybrominated diphenyl ethers (PBDEs) and alternative brominated flame retardants (aBFRs) in sediments from four bays of the Yellow Sea, North China. Environmental Pollution, 213: 386-394.

Zhou J, Chen J, Liang C H, et al. 2011. Quantum chemical investigation on the mechanism and kinetics of PBDE photooxidation by ·OH: A case study for BDE-15. Environmental Science and Technology, 45(11): 4839-4845.

Zhou T, Ross D G, DeVito M J, et al. 2001. Effects of short-term *in vivo* exposure to polybrominated diphenyl ethers on thyroid hormones and hepatic enzyme activities in weanling rats. Toxicological Sciences, 61(1): 76-82.

Zhou T, Taylor M M, Devito M J, et al. 2002. Developmental exposure to brominated diphenyl ethers results in thyroid hormone disruption. Toxicological Sciences, 66(1): 105-116.

Zhou X Y, Guo J, Zhang W, et al. 2014. Tetrabromobisphenol A contamination and emission in printed circuit board production and implications for human exposure. Journal of Hazardous Materials, 273: 27-35.

Zhu B R, Zhao G, Yang L H, et al. 2018. Tetrabromobisphenol A caused neurodevelopmental toxicity via disrupting thyroid hormones in zebrafish larvae. Chemosphere, 197: 353-361.

Zhu B, Lam J C, Yang S, et al. 2013. Conventional and emerging halogenated flame retardants (HFRs) in sediment of Yangtze River Delta (YRD) region, East China. Chemosphere, 93(3): 555-560.

Zhuang J, Wang S, Shan Q, et al. 2018. Adeno-associated virus vector-mediated expression of DJ-1 attenuates learning and memory deficits in 2,2′,4,4′-tetrabromodiphenyl ether (BDE-47)-treated mice. Journal of Hazardous Materials, 347: 390-402.

Zou Y H, Christensen E R, Zheng W, et al. 2014. Estimating stepwise debromination pathways of polybrominated diphenyl ethers with an analogue Markov Chain Monte Carlo algorithm. Chemosphere, 114: 187-194.

第十五章

海洋溢油污染物的迁移转化、环境归宿及生态影响[1]

① 本章作者：王传远，邹艳梅，李远蔚

21世纪是海洋的世纪，海洋开发将成为当代各国重要的经济增长点。石油及其炼制品（汽油、煤油、柴油等）在开采、炼制、贮运和使用过程中进入海洋环境而造成的污染，是目前一种世界性的严重的海洋污染（Duan et al.，2018）。据不完全统计，1990～2001年，世界范围内共发生溢油量超过5000t的大型海上溢油事故175起，其中灾难性事故64起（Wang and Fingas，2003）。以我国为例，2010～2018年，大连新港输油管道爆炸事故（2010年）、渤海蓬莱19-3油田溢油事故（2011年）、青岛东黄输油管道泄漏爆炸事故（2013年）、东海“桑吉”油船燃爆事故（2018年）相继发生。石油污染事故中，船舶溢油事故扮演了重要的角色（图15.1）。例如，1973～2006年，我国沿海发生大小船舶溢油事故2635起，其中溢油50t以上的重大船舶溢油事故69起，平均每年会发生2起重大船舶溢油事故，平均每起重大船舶溢油事故溢油量为537t。据联合国有关组织统计，每年海上油井井喷事故和油轮事故造成的溢油量高达2.2×10^7t（阎季惠，1996）。根据2007～2017年《中国海洋环境状况公报》，除氮、磷营养盐之外，石油烃已成为我国近海主要污染物。中国每年排入大海的石油约12×10^4t，中国近海海域石油的平均质量浓度已达到0.055mg/L，而且污染正日趋加剧（陈建秋，2002；郭志平，2004）。

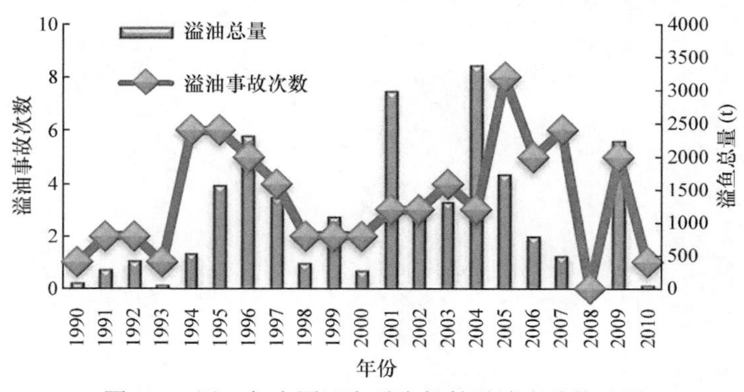

图15.1　近20年中国近海重大船舶溢油事故统计图

石油污染物不同于常规污染物，一旦污染水域或食物链，进入生物体后不易发生转化降解，并且仍保持它的持久性、累积性、迁移性和高毒性，必然危及机体，表现出致癌性、致畸性和致突变性。同时石油污染具有突发性、严重性、难处理性等特点。海洋石油污染不但影响范围广，破坏生态平衡，影响海洋养殖业的发展，而且严重威胁人类自身健康（王传远，2009；Cline et al.，2014；Shultz et al.，2015）。了解和掌握溢油污染物的风化机制及其在风化中组成、性质、状态的变化和迁移转化规律，有助于研究海上残留溢油的漂流和迁移轨迹，也是预测溢油最终环境归宿的基础。溢油风化规律的研究不但可为海洋和环境管理部门提供科学的决策依据，而且可为溢油对海洋环境的损害评估提供数字化的评价标准。目前，加强海洋溢油风险评价和溢油风险管理已成为社会安全保障的迫切需要（陈许霞等，2016），对溢油污染进行治理，改善、恢复污染区域的生态环境，保护海洋环境和海洋资源，促进经济、社会可持续发展是世界各国义不容辞的责任。

第一节　海洋溢油污染物的风化机制与迁移转化规律

溢油事故发生后，在海洋特有的环境条件下，溢油污染物进行着复杂的物理、化学和生物变化过程，这些变化有扩散、漂移、蒸发、溶解、乳化、光化学氧化、沉降及生物降解等（图15.2）。这些过程同时发生、相互作用，有相当一部分石油组分转变为新的化学组分，对海洋生态环境产生新的影响。

一、蒸发过程

海洋溢油污染物进入海洋后，初期的风化机制主要是蒸发。蒸发使海面溢油量减少，影响着溢油的扩散、乳化等，并且还会引起火灾和爆炸危险。蒸发是指海面溢油中的石油烃轻质组分从液态变为气

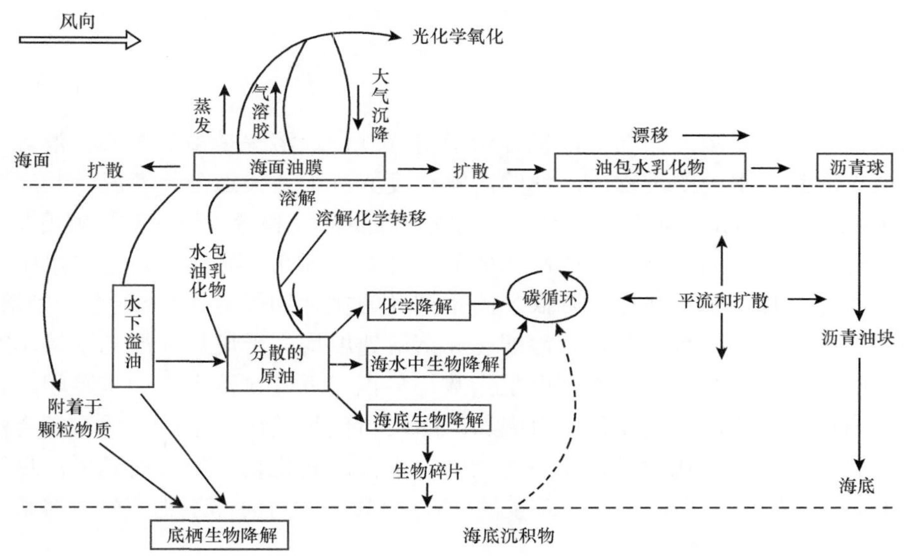

图15.2　海洋溢油风化过程示意图

态的过程，是海上溢油与大气进行物质交换的一个重要过程，是溢油质量传输过程的主要部分。一方面蒸发大幅减少了海上的油品残留量，改变了溢油的物理化学性质，尤其容易改变密度低、黏度低和分子量物质的百分含量。另一方面已蒸发组分在太阳光的作用下，经光化学氧化过程而生成各种复杂的化合物，有些化合物会随降水返回海洋或随风漂移沉降至陆地造成各种不同的危害。同时蒸发过程还和溢油的扩散、乳化等过程紧密相连，相互影响。

溢油的蒸发率主要受油类组分、溢油面积、油膜厚度、海况和太阳辐射等因素的控制。影响油蒸发速率的最大因素是油类组分，它基本决定了蒸发速率和最终蒸发总量。一般来说，原油及其炼制品的轻质组分含量越高，越容易蒸发，最终残留量越少。研究表明，溢油中碳原子数小于15的烷烃组分可以完全蒸发，$C_{16\sim18}$的烷烃可以蒸发90%，$C_{19\sim21}$的烷烃可以蒸发50%（倪张林，2008）。例如，对2013年11月22日发生的青岛东黄输油管道泄漏爆炸事故的溢油原始样品而言，碳数分布范围为$n\mathrm{C}_{11}\sim n\mathrm{C}_{32}$，呈以$n\mathrm{C}_{17}$为主峰的前峰型分布模式；而风化15d后的样品碳数分布范围为$n\mathrm{C}_{11}\sim n\mathrm{C}_{32}$，呈以姥鲛烷（Pr）为主峰的前峰型分布模式（图15.3），且UCM大鼓包（不可分辨化合物）进一步增大。轻质原油或成品油（如汽油、柴油等）的蒸发损失有的可达溢油总量的75%（Fingas，2003），重质原油和燃料油含轻质组分较低，蒸发速度相对较慢，不易蒸发的残留组分会以油颗粒的形式相互凝集，最终形成焦油（亦称沥青球）（赵云英和杨庆霄，1997）。其他因素对溢油蒸发速率的影响也有一定规律。相同的溢油量，暴露在大气中的溢油面积越大，油膜越薄，蒸发得越快，但油膜厚度不会影响其最终蒸发总量。风速主要影响溢油蒸发速率，风速越大，蒸发越快。同种溢油，温度越高，油蒸发得越快，蒸发的总量越大。

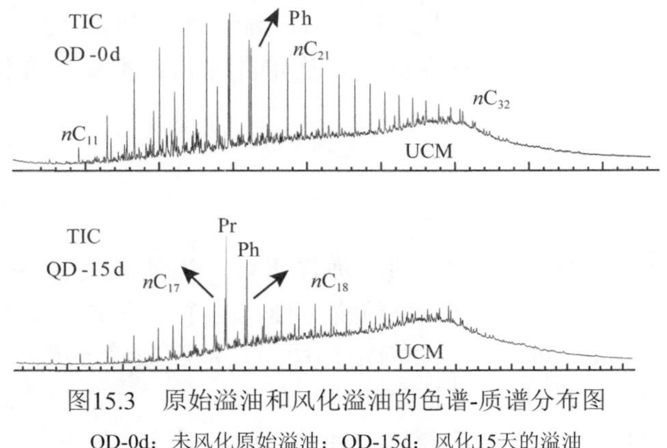

图15.3　原始溢油和风化溢油的色谱-质谱分布图

QD-0d：未风化原始溢油；QD-15d：风化15天的溢油

二、溶解过程

石油进入海洋后，在不断蒸发的同时，也开始了溶解过程。溶解是溢油在风、浪等机械搅动下，形成油颗粒并均匀地扩散到海水中的过程。溢油的溶解程度取决于油类组分、海况、盐度和海水中的溶解有机质（dissolved organic matter，DOC）等因素。低碳数的石油烃和芳香烃相对溶解度最大，其他组分在水中的溶解度一般都很低，溢油溶解量因油品的成分和种类而存在差异。链烷烃在水中的溶解度因水的离子强度不同而有差异，且随碳数增加而降低，同系列烃的化合物每增加2个碳原子则溶解度降低1个数量级（吕馨，2004）；而同样碳数的芳香烃溶解度和溶解速度均大于烷烃（严志宇等，2000）。溢油最大溶解度发生在事故后的8～12h，然后溶解度呈指数趋势直线下降（范志杰和宋春印，1996）。多数烃类的溶解度随盐度增加而降低，随温度升高而增加；DOC可促进链烷烃溶解，但对芳香烃影响较小（徐艳东，2006）。溶解过程会因光化学氧化作用而增强，也会因乳化物的形成而延迟。尽管溢油溶解量对整个溢油的质量平衡计算影响较小，不大于总量的5%，但其作为对海洋生物产生直接危害的形式，是石油生物降解及吸附等过程的关键因素之一。

三、乳化过程

溢油污染物进入海洋后，和海水混合在一起，在风、流、浪的扰动下油相和水相相互入侵、分散，形成油包水或水包油乳化物的过程，称为溢油的乳化（李言涛，1996；Daling et al.，2003）。一般来说，乳化作用在溢油发生后几个小时才开始。当海面上的溢油扩展到一定程度，油膜厚度不断减小，风切应力、湍流、波浪等作用足以打破油膜时才能形成乳化物。溢油在海中形成的乳化物有两种类型：一种是水包油乳化物，水是连续相，溢油变成小油滴分散在水层中，该类型有利于油的生物降解和化学氧化作用的进行；另一种是油包水乳化物，水以很小的水滴的形式分散在油层里，油包水乳化物呈黑褐色黏性泡沫状，形成所谓的“巧克力奶油冻”，其可在海面上漂浮上百天之久，不利于油的降解（李言涛，1996）。

促使溢油乳化的因素主要有油类组分类型、油膜厚度和海况等。波浪搅动为溢油与海水混合提供了能量，并决定了其混合方式。轻质原油不易形成乳状液，溢油中沥青质、蜡和胶质的含量对于油膜是否乳化起关键性作用（Daling et al.，2003）。温度会影响沥青质的溶解、沉积状态，所以低温有利于乳化的形成，但温度过低会使溢油絮集而不易乳化（吴晓丹等，2010）。海水中的盐离子会起到稳定剂的作用，可能有助于构成乳化表面的双电结构。

乳化物重要的性质就是稳定性，通常情况下是在给定时间下静置乳化物，以可分离出水的百分比为其判断标准。海洋溢油乳化物的稳定性判断还有一个重要指标——沥青烯含量，可将其分为稳定、半稳定和不稳定3种类型。稳定的乳化物有足够的沥青烯（＞7%）或可能和树脂一起产生强的黏弹性界面，使小水滴保持在油中；半稳定的乳化物可能缺少足够的沥青烯（3%～7%）使其完全稳定，但油的高黏性能使水滴稳定一定时间，实际溢油中，普遍存在的是半稳定乳化物；不稳定乳化物的沥青烯的含量较少，低于3%（王传远，2008）。

四、扩散过程

海上溢油油膜由于破碎而形成较小的油滴进入海洋水体，当油滴足够小时，海水的波浪、湍流会阻止油滴重新汇集形成油膜，如同空气中悬浮的颗粒物一样，这个过程称为分散（Lehr et al.，2002）。溢油的分散一般包括3个过程：①成球过程，即在海浪作用下，油膜破碎形成油滴的过程；②分散过程，即小油滴在海浪破碎波和上升力的净作用下使油滴进入水体的过程；③部分油滴与油膜再聚合过程，影响溢油分散的重要参数是油-水界面张力、油膜厚度、油的密度和黏度、海况等。油-水界面张力会影响成球过程和再聚合过程，油-水界面张力越小，越有利于形成小油滴，增加分散程度。溢油油膜越薄，越易于形成分散度好的油滴。溢油密度越大，油品海水的差异越小，易于形成小油滴；黏度越小，形成油滴的能力越强，高黏度油品能形成油包水乳化物或在水面不易分散。同时波浪越大，分散过程进展越快。根据实际测量，每滴石油在水面上能够形成0.25m^2的油膜，每吨石油覆盖的水面面积可达$5\times10^6m^2$。

溢油分散是上述三个独立过程共同作用的结果。分散后的油滴大小不一，大油滴会重新上浮与原油膜结合或形成更薄的新油膜，造成油的表面积增大；小油滴则会悬浮于水中，有利于低碳化合物的溶解，能促进沉降和生物降解过程。

五、沉降过程

经历了一系列环境因素的影响，溢油油膜或分散油滴吸附在悬浮颗粒物上或自身絮凝沉入海底的过程称为沉降。沉降过程要比上述过程进展缓慢一些。沉降作用存在3种方式：①溢油的轻质组分经过蒸发和溶解过程，残留组分密度增加，自身絮凝下沉；②油膜或分散油滴附着在悬浮颗粒物上而下沉；③溶解的石油组分吸附在固体颗粒物上而下沉。第1种方式只会在蒸发量大的温热带海区存在，后两种则普遍发生。

沉降过程主要取决于油的特性和附着物的含量及性质。海水中的附着物包括大气沉降颗粒和海水中的黏土、方解石、文石、冰花或硅质等颗粒物质，还有一些浮游生物、微生物、细菌等有机物质。造成吸附沉淀的这些颗粒物质，直径一般小于44μm。当盐度增加时，吸附量也随之增加；温度降低时吸附量也会增加（夏文香，2005）。另外，生物地球化学和生物降解及其他化学反应的相继产生也会造成沉淀。

六、光化学氧化过程

石油烃在光能的激发和微量金属离子的催化下会发生氧化反应（Prince et al.，2003）。光化学氧化过程是溢油在海洋表面逐渐扩散，油膜表面与氧气充分接触，在阳光的照射下发生自由基链式的氧化反应，产生一些极性的、水溶性的和氧化的碳氢化合物的过程（严志宇和殷佩海，2000）。海洋溢油的光化学氧化过程是一个更加缓慢的过程。对埃克森·瓦尔德兹（Exxon Valdez）油轮事故石油泄漏之后进行的早期研究（Wolfe et al., 1994），以及对2002年“威望号”油轮（Prestige oil tanker）石油泄漏事故（Radović et al.，2014）和2010年墨西哥湾深水地平线（DeepWater Horizon）溢油事故进行的研究中（Aeppli et al.，2014），都涉及了光化学氧化过程。对于石油在海水中的光反应历程，目前还没有一个能正确反映所有石油组分光反应的准确机制。石油组分的差别、中间产物的复杂性、光反应发生的程度和光产物的多样性都为确定反应机制增加了难度，这有待于我们更加深入地系统研究和归纳。

溢油在海洋环境中的氧化主要受阳光和温度的控制，其氧化速度随溢油的类型、油膜厚度、照射光的强度和海表温度等的不同而异（夏文香，2005）。一般轻质油的光化学氧化速度更快；溢油油膜越薄越有利于光化学氧化进行，光对较厚油膜的氧化作用非常微弱。通常情况下，在含有紫外光（330～350nm）的照射下，光源越强，氧化速度越快。低温时，光照对石油的氧化作用更加强烈，降解程度高达50%，在强烈光照下有＜10%的油类被氧化为可溶性物质溶于水中（陈尧，2003）。

溢油在海洋环境中经历了上述一系列过程后，其物理化学性质会发生变化，光照条件有利于石油中某些组分与氧分子结合形成新的含氧化合物，其极性、油-水界面张力和表面活性等都会改变，进而影响溢油的扩散、溶解、乳化过程。溢油经过光化学氧化过程后，由于氧分子进入，会产生极性显著增强的含氧极性化合物，降低其油-水界面张力，易于促进油膜扩散；极性物质的生成增大了其在水中的溶解度，特别是一些毒性较大的多环芳烃更为明显；同时其产物具有表面活性作用，在这些表面活性物质和海浪搅动的作用下，经过光化学氧化过程后溢油最终一般会形成“巧克力奶油冻”（徐艳东，2006）。溢油进入海洋环境后，光化学氧化产物对生物具有明显的毒性（夏文香，2005），且随照射时间的延长而增强（赵云英和杨庆霄，1997）。尽管光化学氧化产物浓度不高，且短期效应不太明显，但光化学氧化的长期效应日益显著。

七、生物降解过程

生物降解和光化学氧化过程一样进展缓慢，通常在长期风化过程（几个月到几年）中发挥重要作用，溢油的生物降解在海洋环境中主要是以细菌为主的微生物降解作用（Wang et al.，2018）。此类微生物也可以降解油类，一部分用于细胞合成，促进自身生长、繁殖；另一部分则可以将油类分解为水和二氧化碳。

溢油的种类是能否发生生物降解的决定因素，在那些可被微生物降解的石油烃类物质中，其化学结构又决定了降解速率的大小（李言涛，1996）。各种石油烃的降解速率与其化学结构的关系归纳如下：①直链烷烃＞支链烷烃＞环烷烃；在直链烷烃中，随碳链增长，降解速率减慢；②链烷烃＞芳香烃；在芳香烃中，随环的增多，降解速率减慢；③十六烷＞液腊＞柴油＞十八烷＞机油＞萘＞异十三烷＞苯＞甲基萘＞菲（Wang and Fingas，2003；DeMello et al.，2007）。在溢油发生现场，天然存在的石油降解菌倾向于降解易降解组分，如饱和烃及小分子芳香烃（Mohn et al.，2001）。正构烷烃和类异戊二烯烷烃是未风化原油中常用的指标化合物。以往溢油组成变化的监测结果表明，溢油发生后的最初几天，风化以蒸发和溶解作用为主（李芸等，2010）。随着溢油风化时间的增长，低碳数正构烷烃丰度逐渐降低（图15.4）。此外，生物降解是溢油风化的重要过程之一，此过程对于溢油中不易蒸发成分的去除具有十分重要的意义。

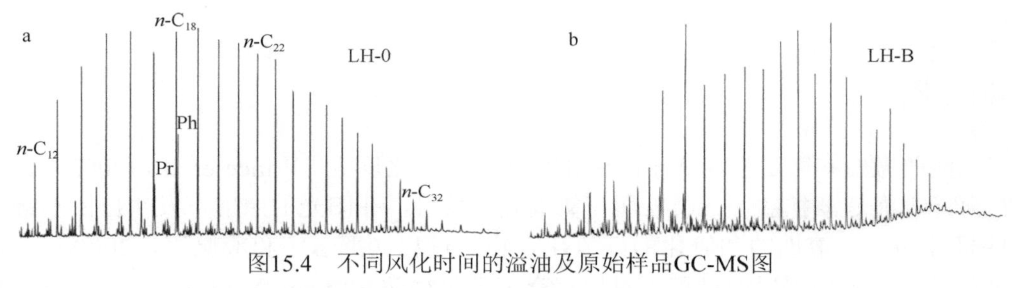

图15.4　不同风化时间的溢油及原始样品GC-MS图

LH-0：未降解溢油样品；LH-B：生物降解后溢油样品

在溢油的生物降解过程中，细菌为主要的降解者，迄今为止已经发现了200余种可进行海洋石油降解的细菌，如假单胞菌属、黄杆菌属、棒杆菌属、弧菌属、无色杆菌属、微球菌属、放线菌属等。同时也有研究表明，微生物降解速率与海洋温度、盐度、pH、营养盐浓度（包括磷、铁、铵、硝酸盐和亚硝酸盐）等因素有关（Atlas et al.，1981）。其中，环境温度对微生物活动的影响特别大；海洋环境中低含量的氮、磷营养盐很大程度上限制了细菌对溢油的降解（Mohn et al.，2001）。另有证据表明，海洋动物、植物（包括大型绿色植物、浮游植物）都能主动或被动吸收或富集石油烃类，并沿食物链传递，部分海洋动物体内的酶能转化一定浓度、种类的烃类，同时在许多情况下，海洋动植物对烃类的代谢、降解和释放可以平衡或消除它们对石油烃类的吸收作用（王传远，2008）。

以2013年11月发生的青岛东黄输油管道泄漏爆炸事故为例，由于生物降解主要集中于低分子量烃类（C_{12}～C_{16}），加上蒸发因子的影响，溢油样品中轻重烃比值（LMW/HMW）随着风化时间增长而由2.81减小至1.89（图15.5a）。相对于正构烷烃，特别是与C_{17}和C_{18}相比，姥鲛烷和植烷降解的速度较慢，这会导致特征组分比率（Pr/C_{17}、Ph/C_{18}）亦显著升高（图15.5b），原因可能是生物降解优先去除了油品中的n-C_{17}和n-C_{18}正构烷烃。

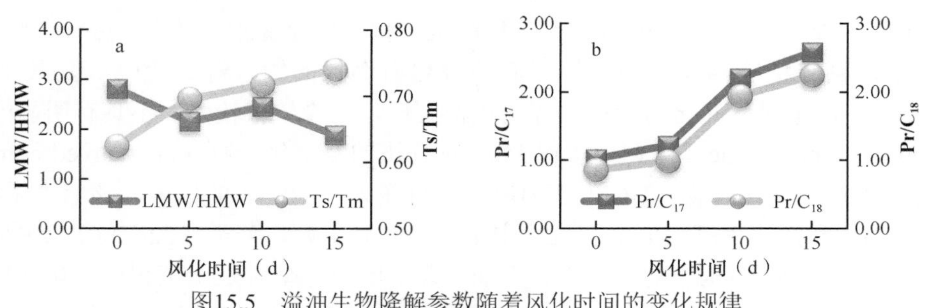

图15.5　溢油生物降解参数随着风化时间的变化规律

第二节　海洋溢油污染物的环境归宿分析

溢油进入海洋后发生一系列的风化过程，包括蒸发、溶解、扩散、光化学氧化、生物降解等，吸附到悬浮颗粒上和沉降到海底，最终在沉积物中累积（图15.2）。风化作用后，由于不同组分的性质不同，其迁移转化的轨迹和最终归宿也不尽相同。石油20%～50%的成分很快蒸发进入大气，8%溶解于海水，剩下的成为焦油或石油团块。

一、环境归宿过程中的微观过程

溢油在海洋环境中的行为与归宿主要包括两个方面：动力过程和非动力过程。动力过程包括溢油的扩散及在风、波浪、潮流等作用下的漂移过程；非动力过程包括蒸发、乳化、分散、溶解、吸附及沉降、光化学氧化和生物降解等。通过蒸发过程，海洋溢油中的轻烃组分会变为气态，这些石油烃将进入大气中。污染物进入大气后存在以下几种环境行为：一是随气团运动，通过大气进行长距离运输，到达远离污染源、无污染情况的地区，或进行全球性传输；二是污染物通过干、湿沉降到达地表，通过直接或间接交换进入水体或土壤等环境介质中。在大量油进入水体的初期，油膜会在自身重力、惯性力、黏性力和表面张力等的作用下向四周扩散，随着扩散过程不断进行，油膜厚度不断减小，油膜面积逐渐扩大。油膜在水流、风、波浪及其他环境动力的作用下漂移，当油膜逐渐变得很薄时，在水体湍流、波浪等作用下可能发生破碎、分散，部分油滴会进入水体。世界海洋中每小时都有50万t焦油团产生，它是很好的人工培养基，是各种细菌、藻类、苔藓等有机物的生活基地。一年多后焦油团才会逐渐消失或沉入海底。

溢油的蒸发、溶解、扩散等过程，都会对大气、海洋、生物产生二次污染。而生物降解过程，将溢油转化为无毒无害的物质，并从根本上彻底去除了溢油污染，因此生物降解过程决定了海上溢油的最终归宿。

二、海洋环境中烃类污染物的成因类型与输入方式

土壤、沉积物中烃类污染物的污染源主要包括石油烃类、化石燃料及天然有机质的不完全燃烧产物、高等植物蜡质分解产物、生物有机体生物和化学降解产物等（张枝焕等，2004；Hu et al.，2009）。除人为污染之外，海洋环境中烃类来源还包括海洋细菌、微藻等海洋生物和陆地生物合成的正构烷烃和多环芳烃，以及海洋地球化学沉积作用产生的烃类。前人的研究表明，石油烃可以通过河的径流和长期大气传输两种途径被传送到海洋环境中。其中，海洋环境中人为来源的烃除上述溢油、漏油、井喷事件产生的石油污染及河口和海洋输油管、港湾船舶排放的石油污染物外，还有机动车辆、工厂、冶炼过程由于不完全燃烧而产生的废烟、废气经大气沉降进入海洋水体而产生的石油烃。

近海沉积物是烃类污染物的主要环境归宿之一。不同类型的化石燃料不完全燃烧产物中烃类化合物组成也可能存在差别。因而，可以根据污染物中的某些标志物特征判别环境介质中烃类污染物的来源

（Sweet et al.，1991；Wang et al.，2015）。饱和烃是沉积物中常见的烃类生物标志物，广泛分布于河口与近海沉积物中，高等植物和藻类的降解、石油等化石燃料的输入源或燃烧等是其主要的来源（图15.6）。来源于石油、汽车尾气和化石燃料燃烧的正构烷烃，主峰碳数较低，不具有明显的奇偶优势，碳优势指数（carbon preference index，CPI）接近于1。难分辨的复杂化合物（unresolved complex mixture，UCM）为典型的人为污染源化合物，UCM/正构烷烃也可作为石油输入的标志，该值大于4代表与石油有关的污染源。在生物质和演化程度较低的有机质中甾类（20碳位）、萜类（22碳位）以R构型为主，经地质作用转化为S构型，形成R与S构型的混合物。石油、煤中的甾、萜烷是由生物体演化而成的，因此来源于石油及其衍生物的C_{31}升藿烷22S/（22S+22R）、C_{29}甾烷20S/（20S+20R）较大，生物质早期演化产物中的值较低。

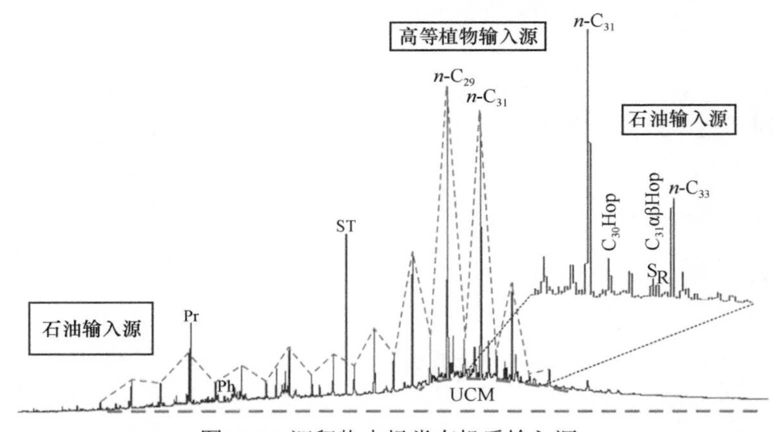

图15.6　沉积物中烃类有机质输入源

对于多环芳烃，由于烷基化PAHs及低分子量PAHs主要来源于石油，而矿物燃料燃烧及焦化过程是母体多环芳烃及高分子量PAHs的主要来源。因此可将烷基化与非烷基化PAHs的比值及低分子量与高分子量PAHs的比值作为汽车尾气或燃煤来源与矿物油来源的指标（表15.1）。相对于汽油燃烧产物而言，煤燃烧产物中荧蒽（Flu）、苯并[a]芘（B[a]P）、苯并萘并噻吩（BNTH）、䓛（chy）含量相对较高，而芘（Pyr）、晕苯（COR）、苯并[ghi]苝（B[ghi]Pe）含量相对较低。

表15.1　土壤、沉积物中烃类污染物的成因类型、输入方式与组成特征

污染源类型	输入方式	烃类化合物组成特征与识别标志
矿物油（包括原油、柴油、煤油、汽油等）	油田勘探开发、加工、加油站及交通工具溢油；污水灌溉；地表径流；工业废油排放；地表原油挥发物沉降等	正构烷烃主峰碳较低，不具有明显的奇偶优势，CPI（CPIwax）接近于l，C_{29}甾烷20S/（20S+20R）、C_{31}升藿烷22S/（22S+22R）接近于异构化的平衡终点，UCM/正构烷烃值大于4以2环和3环多环芳烃为主，多数多环芳烃不是母体化合物，而是带l3个碳原子的烷基衍生物，烷基芳烃/母体芳烃值较高。芴系列化合物中，芴和甲基芴含量较高，甲基芴含量高于芴含量，二甲基芴、三甲基芴含量依次降低。2环和3环芳烃/4～6环芳烃、MP/P、P/A较高，B[a]P/COR、Flu/Pyr较低。Flu/Pyr小于l（0.8～0.9）、B[a]A/（chy+Tri）为0.2～0.4，MPI一般大于l
化石燃料不完全燃烧的产物（包括汽车尾气、天然气燃烧、焦化厂、锅炉烟雾等）	大气颗粒物干、湿沉降或通过地表径流输入（油烟型）	正构烷烃主峰碳低，碳数分布范围为n-C_{14}～n-C_{25}，不具有奇偶优势，CPI（CPI_{wax}）接近于l。正构烷烃相对富集轻的碳同位素（−32‰～−30‰）；C_{31}升藿烷22S/（22S+22R）、C_{29}甾烷20S（20S+20R）、UCM/正构烷烃与原油的相似，含有较多的4～6环芳烃、较少的2环和3环芳烃。以母体多环芳烃为主，芘系列化合物含量很高，几乎不含苯并萘并噻吩，含有晕苯，苯并[a]芘含量较低。MP/P、P/A、Flu/Pyr较低、COR/BNTH、COR/Chy较高。B[a]P/COR小于l，MP/P＞2，B[a]P/B[ghi]Pe为0.3～0.44
生物质燃烧的产物	木柴燃烧	惹烯含量很高，Flu / Pyr接近于l。其他标志物还有木酚质类和植物甾醇类、木质素、树脂中的二萜类等
生物质降解的产物	原地有机质生物降解，生活垃圾或水体输入	高等植物：正构烷烃的主峰碳以n-C_{27}、n-C_{29}、n-C_{31}为主，具有明显的奇偶优势，CPI大于5，甚至接近于l0，多环芳烃中MPI较低（0.7左右），Cn（wax）呈锯齿状分布 藻类等低等生物：正构烷烃以低碳数为主，主峰碳主要在C_{20}以前，以C_{15}、C_{17}、C_{19}为主，具有奇偶优势，CPI大于l。Cn（wax）呈锯齿状分布

注：MP / P代表甲级菲/菲；MPI代表甲级菲指数；Cn（wax）代表植物蜡碳数

刘旭等（2017）对渤海中部油气开采区表层沉积物中的石油烃含量进行了环境质量评价，正构烷烃的分布特征和甾萜烷生物标志化合物表明，源自大陆高等植物和海洋浮游生物的烷烃共存于渤海近代沉积物中，石油类产品和化石燃料燃烧产物的贡献不能忽视。石油平台站位PAHs主要来自石油的直接输入，其他站位主要来自燃烧源。多环芳烃同分异构体的比值，可以作为判别PAHs 来源的依据（薛荔栋等，2008；Yunker et al.，2002；Rahmanpoor et al.，2014）。非油气开采区，低分子量（2～4环）与高分子量（5环和6环）多环芳烃比值LMW/HMW（0.90±0.05）低于1.0；而采油平台及其周围附近区域该比值（1.54±0.54）总体大于1，表明石油及其产品的输入是平台周边多环芳烃污染的主要来源。此外，荧蒽/（荧蒽+芘）［Flu/(Flu+Pyr)］与苯并[a]蒽/（苯并[a]蒽＋䓛）［B[a]A/(B[a]A+Chy)］及蒽/（蒽+菲）（Ant/（Ant+Phy）的分布（图15.7）表明，渤海非采油区对比站位、石油平台外围站位和近平台站位沉积物中的PAHs主要来自燃烧源，而石油平台站位PAHs来自石油的直接输入。

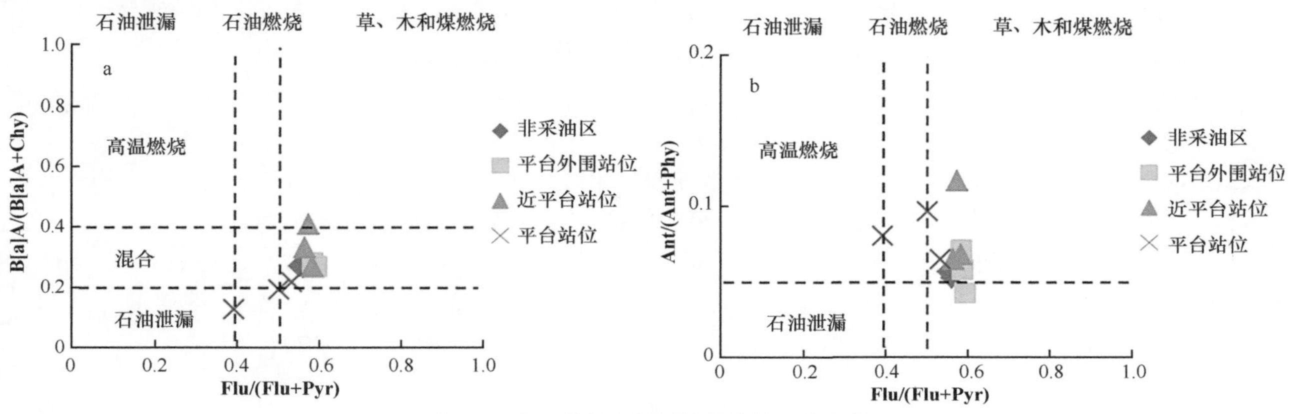

图15.7　多环芳烃源解析的异构体比值参数

三、海洋中石油烃的归宿

（一）大气环境

蒸发作用是石油组分进入大气环境的主要途径。溢油发生后短时期内，蒸发是最重要且占主导的风化过程，尤其是对轻质石油产品而言。蒸发对低分子量烃类影响最大，低碳数正构烷烃蒸发很快，在几天之内就迅速减少甚至消失。芳烃中苯系列最易受到蒸发影响，萘系列也易蒸发。

（二）水体环境

当石油进入海洋后，不断蒸发的同时，石油的溶解过程也开始进行，该过程主要发生在油品中具有水溶性的组分。一般来说，①芳香烃比脂肪烃易溶解；②含S、N、O的极性化合物比烃易溶解；③烷基化的苯或多环芳烃的溶解度随烷基化程度的降低而增加；④同一系列分子量低的烃比分子量高的烃易溶解。乳化过程中水以小液滴的形式分散到油中，形成乳状液，根据液体存在的形态和性质，该类乳状液可分为“水包油型”和“油包水型”两种形态。溢油的乳化物在平静海况下或搁浅于岸时，因日晒受热，还会重新分离为油和水。

（三）沉积物

水体沉积物既是微量污染物（如重金属和持久性有毒有机物）的汇，又可能在水质改善后成为新的污染源。溢油事故发生后，石油的部分重组分可自行沉降或黏附在海水中的悬浮固体颗粒上并随之下沉到海底，一旦原油沉积在海洋底部，通常会被其他沉积物覆盖，降解十分缓慢。质量平衡法估算的波罗的海溢油事件结果显示，10%～15%的溢油以悬浮颗粒物吸附聚集体形式沉降（Johansson et al.，1980）。沉积物、悬浮物的吸附作用在很大程度上控制石油烃的迁移、转化、归宿及生物效应，由于这种吸附沉淀作用，沉积物中多环芳轻的含量往往高于水体几个乃至十几个数量级（赵云英和马永安，1998）。例如，海面布满油斑时，海底常发现有致命的芳香烃有毒化合物聚集，而且这些有毒物质还常随海流扩散，对海洋生态环境造成较大危害（D'Andrea and Reddy，2014；Jung et al.，2017a）。

2010年7月16日，中石油大连新港石油储备库输油管道发生爆炸，大量原油泄漏入海，导致大连湾、大窑湾和小窑湾等局部海域受到严重污染。虽然大面积的油污基本被清除，但海区内残留的溢油对生态环境仍产生了不容忽视的影响。王薇（2014）以该事故为背景，在事故发生一年半后，采集了大连湾海域的沉积物，研究了该海域沉积物中烃化合物（正构烷烃、类异戊二烯烷烃、多环芳烃）的残留情况和组成特征，对其可能来源进行了初步探索。研究发现，大连湾沉积物中正构烷烃总含量为1.72～5.59μg/g，平均值为（3.43±1.97）μg/g，各站位正构烷烃相对含量柱状图基本呈现为“双峰”形分布，碳数范围为$C_{12\sim40}$。多环芳烃（PAHs）总含量为1.16～2.63μg/g，平均值为（2.00±0.71）μg/g，低分子量的PAHs含量占总含量的20%左右，显示为石油类污染。与其他海域相比，研究区域整体处于中等污染水平。研究海域沉积物中正构烷烃可能来源于原油的燃烧，四个站点已受到不同程度的石油污染，且石油烃已产生一定程度的降解和风化。PAHs主要来自燃烧源，其中以石油的燃烧为主，但也不排除局部有石油源输入的可能（Wang et al.，2013）。

2013年11月22日，青岛黄岛区的输油管道泄漏爆炸事故发生。该事故发生后前5天溢油风化损失量约为20%，前10天损失量约为50%，且以饱和烃轻组分的损失为主（张媛媛等，2015）。

2007年12月7日，距韩国泰安海岸10km的黄海发生了“河北精神号溢油事故”（Hebei spirit oil spill，HSOS）事件，HSOS是韩国历史上最严重的溢油事件，大约10 900t原油溢漏入海2d，影响海岸线超过375km。经过严格的清理工作，大约20%的溢油在一年内被去除（Yim et al.，2012）。

（四）生物体

由于石油烃具有亲脂憎水性，因此，其易在生物体内富集，并通过食物链传递威胁高营养级生物。不同类别的海洋生物体中石油烃的含量与它们的积累、代谢和浓缩石油烃的能力有关，同时也取决于所栖息环境中石油烃的含量水平。多环芳烃化合物能在海洋生物特别是底栖生物组织、器官中聚集起来，缓慢而长期地释放其毒性（D'Andrea and Reddy，2014）。

对海上溢油的清理可能相对迅速，但其对环境的持续影响主要是由原油的类型和性质、溢油海域局部生物对原油的敏感度和耐受性及原油泄漏的严重程度决定的。修复原油污染海域的环境一般情况下需要2～10年，更有甚者需要10～20年。最典型的是发生在意大利的Haven事件，通过检测当地鱼类等生物体内的生物学指标，可以发现在事故发生10年后，原油对事发海域的生态环境影响仍十分显著。

第三节　海洋溢油的风险评估及其生态影响

石油污染物与常规污染物有所不同，一旦其污染水域或食物链，进入人体后就不易遭到破坏，并且仍保持它的持久性、累积性、迁移性和高毒性时，必然危及机体，表现出致癌性、致变性和致畸性，严重威胁人类健康。石油泄漏会对生态系统产生深远影响，这种影响可以持续很长时间，通常超过25年（Kingston et al.，2002）。2010年7月16日发生的新港特大输油管线爆炸事故和2011年6月发生的蓬莱溢油事故给海洋经济及沿岸生态环境等带来了重大损害。对溢油污染进行治理，改善、恢复污染区域的生态环境，保护海洋环境和海洋资源，促进可持续发展是世界各国共同的责任。

一、海洋石油污染的危害

石油污染危害海洋资源，影响生态平衡。石油中含有数百种化合物，主要由烷烃、芳香烃及环烷烃组成，占石油含量的50%～98%，简称为石油烃，其余为非烃类含氧、含硫及含氮化合物（张厚福，

2005）。溢油在海洋环境中主要以漂浮在海面的油膜、溶解分散态残余物（包括溶解和乳化状态的残余物）、凝聚态残余物（包括海面漂浮的焦油球及沉积物中的残余物）三种形式存在（李言涛，1996）。海上溢油污染带来了重金属、PAHs、石油等污染物，对海洋生态系统造成了严重的影响。海上溢油作为威胁海洋生态环境的主要因素之一，对整个溢油海域的影响无论是从时间还是从空间尺度上来说都是不可估量的。溢油，因其物理影响和化学毒性，会给海岸带生态带来巨大的短期和长期影响，从而导致初级生产力降低、植物枝叶枯萎、湿地侵蚀（Ko and Day，2004；Hester et al.，2018）。石油污染物进入海洋环境会对水生生物的生长、繁殖及整个生态系统产生巨大的影响（Özbay，2016）。

（一）毒化作用

通常，炼制油的毒性要高于原油，低分子烃的毒性要大于高分子烃，在各种烃类中，其毒性一般按芳香烃、烯烃、环烃、链烃的顺序而依次下降。在石油平台或排污源附近，溢油污染物浓度相对较高，生物体受影响的程度比较严重，表现在生理代谢异常、组织生化改变等，从而扰乱物种的生物繁殖、改变生物群落的生态结构和生活特性（黄韧等，2001），有些改变可能是不可逆的或致死性的。对石油炼制产品而言，石油添加剂可能含有相当数量的有害化学物种，如锌、镁、钼及磷、硫和溴化合物（Özbay，2016），这些化合物可能对生物体具有高毒性。石油能渗入较高级的大米草和红树等植物体内，改变细胞的渗透性，甚至使其死亡。此外，石油烃对海洋生物的毒害，主要是破坏细胞膜的正常结构和通透性，干扰生物体的酶体系，进而影响生物体的正常生理、生化过程（Jung et al.，2017b）。再次，污染物中的毒性化合物可以改变细胞活性，使藻类等浮游生物急性中毒死亡。例如，当海洋中石油浓度在10^{-4}～10^{-3}mg/L时，可以对鱼卵和鱼类的早期发育产生影响。

PAHs作为海洋环境最严重的有机污染物，广泛分布于海洋环境中，由于其潜在的毒性、致癌性及致畸变作用，对人类健康和生态环境具有很大的潜在危害。石油泄漏到海面，几小时后，便会发生光化学反应，生成醌、酮、醇、酚、酸和硫的氧化物等，对海洋生物有很大的危害（Prince et al.，2003），而慢性石油污染的生态学危害更难以评估。石油成品油中燃料油类对人体健康的危害有麻醉和窒息、化学性肺炎、皮炎等。例如，对于汽油麻醉性毒物，急性中毒可引起中枢神经系统和呼吸系统损害；而在短期内吸入大量柴油雾滴可导致化学性肺炎。由于向海洋排放的含有污油废水的密度大于海水，以及泄漏后的油滴会黏附在海洋悬浮的微粒上沉落海底，这些有毒物质常沿海底流动，污染海底的底质和生物等，使生物大量死亡，破坏海洋的生物多样性。烃类经过生物富集和食物链传递能进一步加剧危害，危害人体健康。

（二）影响光合作用

海上石油污染发生后会在海水表面形成一层油膜，并且在洋流及海风的影响下，油膜面积逐渐扩大，在油膜的遮掩之下，渗入海水的太阳辐射减弱，致使浮游生物的光合作用效率降低（Hester et al.，2018）；同时，石油污染破坏海洋固有的CO_2吸收机制，形成碳酸氢盐和碳酸盐，缓冲海洋pH，从而破坏了海洋中O_2、CO_2的平衡；此外，原油扩散和乳化油侵入海洋植物体内，破坏叶绿体，阻碍细胞正常分裂，堵塞植物呼吸孔道。以上因素最终会破坏海洋食物网的中心环节——浮游植物光合作用，进而破坏食物链，对以浮游生物为食的鱼类及其他较高级海洋生物的生存产生威胁。

（三）破坏局部海域碳氧平衡，导致海洋生态系统失衡

海上油膜覆盖导致气相-水相物质交换能力降低。油膜覆盖影响海水含氧量，石油分解消耗水中溶解氧，造成海水缺氧（据统计，1L石油完全氧化达到无害程度，大约需要4万L的溶解氧），引起海洋中大量藻类和微生物死亡，厌氧生物大量繁衍，海洋生态系统的食物链遭到破坏，从而导致整个海洋生态系统失衡。

二、海洋石油污染的风险评估

风险是指在一定的情况下，事物发生损害过程的可能性，通常情况下海洋溢油风险是指溢油事故发生的可能性与溢油事故导致后果严重性的乘积（刘俊稚等，2017）。随着现代科技的发展和相关研究的不断深入，区域环境系统的脆弱性也列入了考虑范围。所以海洋溢油的风险评估要在风险识别的基础上对溢油事故发生概率和损害后果进行全面的考量，得出总体风险等级，并在此基础上制定相应的风险防控措施。由于海洋溢油污染具有突发性、严重性、难处理性等特点，溢油风险评估已经成为目前海洋环境保护领域的研究热点，但是其评估方法还需要进一步完善。

（一）海洋溢油污染风险评估主要步骤

针对海洋溢油污染进行风险评估的主要步骤包括：①以前期的调查结果为基础，对溢油事故进行风险识别，选择或建立相符合的数学模型；②查找以往相关案例，提取这些案例中的所需信息和专家方法，进而用选择的相对适合方式和理论对以往案件的信息或数据进行处理，结合实际情况进行事故发生概率计算；③对比本次事故与以往案例信息或数据，检验数学模型的准确性，有利于预测事故发展趋势，对事故进行后果评估；④针对本次事故，选择匹配的评价标准，从而对风险程度进行准确的评估（徐玲江，2017）。

（二）海洋溢油污染模型和方法

在海洋溢油风险评估过程中，对已获得的信息和数据需要通过一些数学方法和理论进行处理，目前常用的溢油风险评估方法主要有层次分析法、故障树分析法、贝叶斯方法、模糊数学法、灰色系统理论法、人工神经网络法、马尔可夫过程法等。

以上几种风险评估方法可以从不同方面对风险进行定性、定量分析，但均存在其各自的优缺点。在面对实际情况时，需要权衡各种方法之间的利与弊，目前进行风险评价会考虑将几种方法结合使用，有利于避免人为主观因素对各影响因子重要性的判断失误，同时提高风险评估的科学性和准确性。

三、海洋沉积物石油污染评价标准及方法

（一）沉积物评价标准

表层沉积物评价标准执行《海洋沉积物质量》（GB 18668—2002）标准，各类沉积物质量标准值列于表15.2。

表15.2　海洋沉积物质量标准

项目	第一类	第二类	第三类
石油类（$\times10^{-6}$）	≤500.0	≤1000.0	≤1500.0

（二）沉积物单因子评价方法

采用Hakanson单因子指数法对沉积物中石油烃的污染状况进行评价。其公式如下：

$$I_i=C_i/S_i$$

式中，I_i为i项污染物的污染指数；C_i为i项污染物的实测含量（平均值）；S_i为i项污染物评价标准。

刘旭等（2017）对渤海中部油气开采区表层沉积物中的石油烃含量进行了环境质量评价，研究表明，非油田区站位污染指数为0.61～0.91，污染水平低；石油平台站位污染指数（23.77～41.97）显示重度污染水平。此外，研究结果还表明，由非油田区到靠近石油平台，随着与石油平台距离的减小，沉积物石油烃含量和污染水平逐渐增加（图15.8）。

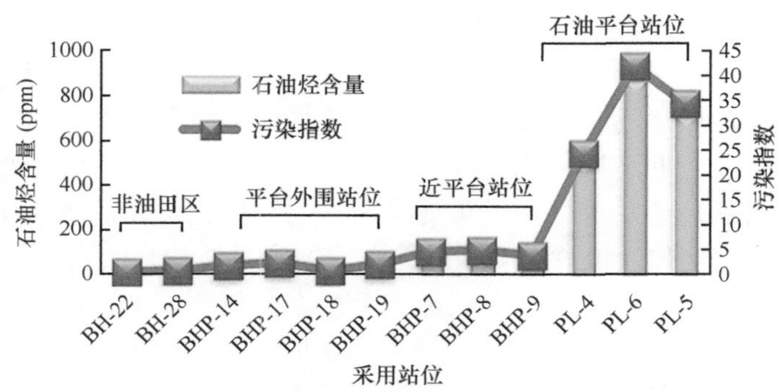

图15.8　表层沉积物中的石油烃含量和污染指数

四、海洋石油污染的生态影响

（一）对海洋水质的影响

油膜使水面与大气隔绝，使正常的复氧条件遭到破坏，从而减少进入海水的氧，进而降低海洋的自净能力，并引起海洋中大量的浮游生物窒息性死亡。

（二）对浮游生物、底栖生物和潮间带生物的影响

浮游生物是海域生物生态环境的基础，它是一切水产生物（包括游泳生物、底栖生物等海洋生物）赖以生存的基础条件。浮游生物对石油污染极为敏感，许多浮游生物皆会因受溢油危害而惨遭厄运，食物链会被破坏，饵料基础也因此遭到破坏。一般浮游植物的生命周期仅5.7d，在油膜覆盖下，加之其毒性作用，一般不超过2～5d即因细胞融化、分解而死亡。同样，浮游动物也会在化工品毒性和缺氧条件下大量死亡。一些海洋浮游植物的石油急性中毒致死浓度范围为0.1～10mg/L，一般为1mg/L；浮游动物为0.5～15mg/L（张九新，2011）。

石油中某些石油烃及重金属由于其特殊的结构特征易溶于水，对海水水质产生影响。石油中某些密度大的成分，如重金属、PAHs，将会逐步沉降到海底，随暗流流动或附着在沉积物表面，对底栖生物生活环境造成破坏，造成石油耐受程度弱的生物死亡，从而改变底栖生物群落结构。严重的溢油事故可改变底栖生物的群落结构，而底栖生物的变化又将引起一些底栖鱼类的生态变化，最终导致资源量的减少或局部消失。随着海洋季风和潮汐的作用，靠近沿海的污染物会逐步向海岸迁移，污染潮间带环境，从而改变潮间带的动植物构成种类。

（三）引发海洋赤潮

在石油污染严重的海区，赤潮的发生概率增加，虽然赤潮发生机制尚无定论，但应考虑石油烃类的影响（王伟杰和吴长江，1993）。研究表明，高浓度石油烃可对海洋浮游植物生长产生抑制作用，低浓度石油烃可产生促进作用（D’Adamo et al.，1997；张蕾等，2002）。石油污染影响多种海洋浮游生物的生长、分布、营养吸收及浮游植物参与二甲基硫（DMS）的产生和循环过程，可以引发赤潮（沈南南等，2006）。例如，渤海赤潮发生重点水域往往也是石油烃高浓度区，主要包括莱州湾、渤海湾、辽东湾等沿岸水域（王修林和李克强，2006）。

（四）危害海洋渔业资源，破坏滨海湿地资源

石油污染能够抑制光合作用，降低海水中氧气的含量，破坏生物的正常生理机能，使渔业资源逐步衰退（Hester et al.，2018）。在被污染的水域，其恶劣水质使养殖对象大量死亡。存活下来的也因含有石油污染物而有异味，导致无法食用。资料表明，鱼类和贝类在含油量为0.01mg/L的海水中生活24h即可带有油味，如果浓度上升为0.1mg/L，2～3h就可以使之带有异味。以20号燃料油为例，当油浓度为

0.0004mg/L时，5d就能使对虾产生油味，14d和21d分别使文蛤和葛氏长臂虾产生异味。遭受油污染的鱼、贝等海产食品，难于销售或不能食用。例如，2007年3月4日，受马来西亚籍“山姆轮”溢油影响，山东烟台芝罘区海域1500hm^{2}人工养殖海珍品受损，导致天然渔业资源与人工养殖经济损失达3500万元。

此外，鱼、虾、蟹、龟等一些海洋生物的行为，如觅食、归巢、交配、迁徙等，都是靠某些烃类来传递信息的；但是油膜分解所产生的某些烃类可能与海洋动物的化学信息和化学结构相同或类似，从而会影响这些动物的正常行为。例如，油污会改变某些鱼类的洄游路线。海水含油量在0.1mg/L时，孵出的鱼苗大都有缺陷；海洋石油污染使石油黏附在鱼卵和鱼鳃上，使鱼类大量死亡。以近岸海域贝类体内污染物残留水平为例，1997～2007年，我国19个主要近岸海域中有12个近岸海域贝类体内石油烃残留水平升高。紧急事件处理中使用的石油分散剂，能使石油转化成小油滴，提高石油在水体中的溶解度，使一般不会受石油污染的深海生物体也受到严重威胁。

（五）对海鸟及海洋哺乳动物的影响

溢油发生后，海上会漂浮一层油膜，海鸥等飞行海洋生物在进行捕食或在海平面休息时，油会沾染在羽毛上（图15.9），影响其飞行能力及羽毛的保温功能（Alberto et al.，2010）。并且海鸟食用污染海域的鱼虾后会产生不同程度的内脏损害及中毒反应（孙维维等，2012）。此外，溢油会使鸟类孵化率降低和使雏鸟畸形。海面上休眠或运动的海洋哺乳动物受溢油污染危害（图15.9）的情况是不同的，对油类非常敏感的动物有鲸鱼、海豚和成年海豹，它们能及时地逃离溢油水域，可以避免遭受污染。但未成年海豹和小海狗栖息海滩时，会被油类的污染所困，以至于死亡。2010年4月20日夜间，墨西哥湾的“深水地平线”钻井平台发生爆炸并引发大火，大约36h后沉入墨西哥湾，这起漏油事件是美国历史上最严重的环境灾难。在原油泄漏的40多天内，在墨西哥湾沿岸发现491只鸟、227只乌龟及27只包括海豚在内的哺乳动物等死亡。

图15.9　海洋溢油事故对海鸟及海洋哺乳动物的影响

参考文献

陈建秋. 2002. 中国近海石油污染现状、影响和防治. 节能与环保, (3): 15-17.

陈许霞, 季民, 宁方志, 等. 2016. 海洋溢油风险评价与区划系统的设计与实现. 北京测绘, (4): 49-52.

陈尧. 2003. 中国近海石油污染现状及防治. 工业安全与环保, 29(11): 20-24.

范志杰, 宋春印. 1996. 海洋溢油的风化过程及其对环境的影响. 油气田环境保护, 6(1): 54-57.

郭志平. 2004. 我国近海面临的石油污染及其防治. 浙江海洋学院学报(自然科学版), 23(3): 269-272.

黄韧, 杨丰华, 程树军. 2001. 海洋石油勘探开发污染物对海洋生物的影响与生物监测的研究进展. 湛江海洋大学学报, 21(4): 71-76.

李言涛. 1996. 海上溢油的处理与回收. 海洋湖沼通报, 1: 73-83.

李芸, 李思源, 杨万颖, 等. 2010. 短期风化对溢油组成的影响. 海洋环境科学, 29(4): 516-520.

刘俊稚, 王陆军, 葛亚明, 等. 2017. 基于层次分析的库区溢油风险模糊综合评估. 中国航海, 40(3): 113-117.

刘旭, 纪灵, 纪殿胜, 等. 2017. 渤海中部油气开采区石油烃环境质量评价及源解析. 环境化学, 36(6): 1362-1368.

吕馨. 2004. 海洋中重度风化溢油指纹鉴别技术的研究. 大连海事大学硕士学位论文.

倪张林. 2008. 海面溢油风化与鉴定研究. 中国海洋大学硕士学位论文.

沈南南, 李纯厚, 王晓伟. 2006. 石油污染对海洋浮游生物的影响. 生物技术通报, S1: 95-99.

孙维维, 赵前, 杨献朝, 等. 2012. 辽东湾船舶溢油事故对斑海豹影响评价研究. 中国水运, (1): 39-41.

王传远, 杜建国, 贺世杰. 2008. 海洋溢油的风化过程研究. 海洋湖沼通报, (3): 79-84.

王传远, 贺世杰, 李延太, 等. 2009. 中国海洋溢油污染现状及其生态影响研究. 海洋科学, 33(6): 57-60.

王敏, 王传远, 李源蔚, 等. 2017. 曹妃甸近岸海域石油烃污染物的来源与空间分布研究. 海洋科学, 41(5): 110-116.

王薇. 2014. 大连湾沉积物中石油烃的指纹特征. 大连海事大学硕士学位论文.

王伟杰, 吴长江. 1993. 我国海洋石油污染对渔业的危害及其防治. 海洋信息, (3): 25-27.

王修林, 李克强. 2006. 渤海主要化学污染物海洋环境容量. 北京: 科学出版社: 112-113.

吴晓丹, 宋金明, 李学刚, 等. 2010. 海洋环境中的溢油风化过程. 海洋科学, 34(6): 104-110.

夏文香. 2005. 海水沙滩界面石油污染与净化过程研究. 中国海洋大学博士学位论文.

徐玲江. 2017. 基于多层次灰色模型的舟山海域船舶溢油风险评价研究. 大连海事大学硕士学位论文.

徐艳东. 2006. 海上溢油风化过程及其预测模型研究. 中国海洋大学博士学位论文.

薛荔栋, 郎印海, 爱霞, 等. 2008. 黄海近岸表层沉积物中多环芳烃来源解析. 生态环境, 17(4): 1369-1375.

严志宇, 殷佩海. 2000. 溢油风化过程研究进展. 海洋环境科学, 19(1): 75-80.

阎季惠. 1996. 海上溢油与治理. 海洋技术, (1): 29-34.

张厚福. 2005. 石油地质学. 北京: 地质出版社.

张九新. 2011. 海上溢油对海洋生物的损害评估研究. 大连海事大学硕士学位论文.

张蕾, 王修林, 韩秀荣, 等. 2002. 石油烃污染物对海洋浮游植物生长的影响-实验与模型. 青岛海洋大学学报, 32(5): 804-810.

张媛媛, 王敏, 卢宏伟, 等. 2015. 青岛黄潍输油管道泄漏爆炸事故溢油风化规律. 环境化学, 34(9): 1741-1747.

张枝焕, 陶澍, 沈伟然, 等. 2004. 天津地区主要河流表层沉积物中饱和烃的组成与分布特征. 地球化学, 33(3): 291-300.

张枝焕, 陶澍, 叶必雄, 等. 2009. 土壤和沉积物中烃类污染物的主要来源与识别标志. 土壤通报, 35(6): 793-798.

赵云英, 马永安. 1998. 天然环境中多环芳烃的迁移转化及其对生态环境的影响. 海洋环境科学, 17(2): 68-72.

赵云英, 杨庆霄. 1997. 溢油在海洋环境中的风化过程. 海洋环境科学, 16(1): 45-52.

Aeppli C, Nelson R K, Radović J R, et al. 2014. Recalcitrance and degradation of petroleum biomarkers upon abiotic and biotic natural weathering of Deepwater Horizon oil. Environmental Science & Technology, 48(12): 6726-6734.

Alberto V, Ignacio M, Marta L, et al. 2010. EROD activity and stable isotopes in seabirds to disentangle marine food web contamination after the Prestige oil spill. Environmental Pollution, 158(5): 1275-1280.

Atlas R M, Boehm P D, Calder J A. 1981. Chemical and biological weathering of oil from the Amoco Cadiz spillage, within the littoral zone. Estuarine Coastal and Shelf Science, 12(5): 589-602.

Cline R J W, Orom H, Chung J E, et al. 2014. The role of social toxicity in responses to a slowly-evolving environmental disaster: the case of amphibole asbestos exposure in Libby, Montana. American Journal of Community Psychology, 54(1-2): 12-27.

D'Andrea M A, Reddy G K. 2014. Crude oil spill exposure and human health risks. Journal of Occupational and Environmental Medicine, 56(10): 1029-1041.

D'Adamo R, Pelosi S, Trotta P, et al. 1997. Bioaccumulation and biomagnification of polycyclic aromatic hydrocarbons in aquatic organisms. Marine Chemistry, 56(1-2): 45-49.

Daling P S, Moldestad M Ø, Johansen Ø, et al. 2003. Norwegian testing of emulsion properties at sea—the importance of oil type and release conditions. Spill Science and Technology Bulletin, 8(2): 123-126.

DeMello J A, Carmichael C A, Peacock E E. 2007. Biodegradation and environmental behavior of biodiesel mixtures in the sea: An initial study. Marine Pollution Bulletin, 54(7): 894-904 .

Duan J, Liu W, Zhao X, et al. 2018. Study of residual oil in Bay Jimmy sediment 5 years after the Deepwater Horizon oil spill: Persistence of sediment retained oil hydrocarbons and effect of dispersants on desorption. Science of the Total Environment, 618: 1244-1253.

Fingas M F. 2003. Modeling evaporation using models that are not boundary-layer regulated. Journal of Hazardous Materials, 107(1-2): 27-36.

Hester M W, Willis J M, Baker M C. 2018. Oil spills in coastal wetlands. Encyclopedia of the Anthropocene, 5: 67-76.

Hu L M, Guo Z G, Feng J L 2009. Distributions and sources of bulk organic matter and aliphatic hydrocarbons in surface sediments of the Bohai Sea, China. Marine Chemistry, 113(3-4): 197-211.

Johansson S, Larsson U, Boehm P D. 1980. The Tsesis oil spill: impact on the pelagic ecosystem. Marine Pollution Bulletin, 11(10): 284-293.

Jung D, Kim J A, Park M S. 2017a. Human health and ecological assessment programs for Hebei Spirit oil spill accident of 2007: Status, lessons, and future challenges. Chemosphere, 173: 180-189.

Jung D A, Guan M, Lee S, et al. 2017b. Searching for novel modes of toxic actions of oil spill using *E. coli* live cell array reporter system—A Hebei Spirit oil spill study. Chemosphere, 169: 669-677.

Kingston P F. 2002. Long-term environmental impact of oil spills. Spill Science and Technology Bulletin, 7(1-2): 53-61.

Ko J Y, Day J W. 2004. A review of ecological impacts of oil and gas development on coastal ecosystems in the Mississippi Delta. Ocean & Coastal Management, 47(11-12): 597-623.

Lehr W, Jones R, Evans M, et al. 2002. Revisions of the ADIOS oil spill model. Environmental Modeling and Software,17(2): 191-199.

Mohn W W, Radziminski C Z, Fortin M C, et al. 2001. On site bioremediation of hydrocarbon-contaminated Arctic tundra soils in inoculated biopiles. Applied Microbiology and Biotechnology, 57(1-2): 242-247.

Özbay H. 2016. The effects of motor oil on the growth of three aquatic macrophytes. Acta Ecologica Sinica, 36(6): 504-508.

Prince R C, Garrett R M, Bare R E, et al. 2003. The roles of photooxidation and biodegradation in long-term weathering of crude and heavy fuel oils. Spill Science and Technology Bulletin, 8(2): 145-156.

Radović, J R, Aeppli C, Nelson R K., et al. 2014. Assessment of photochemical processes in marine oil spill fingerprinting. Marine Pollution Bulletin, 79(1-2): 268-277.

Rahmanpoor S, Ghafourian H, Hashtroudi S M, et al. 2014. Distribution and sources of polycyclic aromatic hydrocarbons in surface sediments of the Hormuz strait, Persian Gulf. Marine Pollution Bulletin, 78(1-2): 224-229.

Shultz J M, Walsh L, Garfin D R, et al. 2015. The 2010 Deepwater Horizon oil spill: the trauma signature of an ecological disaster. Journal of Behavioral Health Services & Research, 42(1): 58-76.

Sweet S T, Kennieutt M C, Fraser W R. 1991. The grounding of the Bahia Paraiso Arthur Harbor Antarctica: Distribution and fate of oil spill related hydrocarbons. Environmental Science & Technology, 25(3): 509-518.

Wang C Y, Chen B, Zhang B Y, et al. 2013. Fingerprint and weathering characteristics of crude oils after Dalian oil spill, China. Marine Pollution Bulletin, 71(1-2): 64-68.

Wang C Y, Liu X, Guo J, et al. 2018. Biodegradation of marine oil spill residues using aboriginal bacterial consortium based on Penglai 19-3 oil spill accident, China. Ecotoxicology and Environmental Safety, 159: 20-27.

Wang M, Wang C Y, Hu X K, et al. 2015. Distributions and sources of petroleum, aliphatic hydrocarbons and polycyclic aromatic hydrocarbons (PAHs) in surface sediments from Bohai Bay and its adjacent river, China. Marine Pollution Bulletin, 90(1-2): 88-94.

Wang Z D, Fingas M F. 2003. Development of oil hydrocarbon fingerprinting and identification technique. Marine Pollution Bulletin, 47(9-12): 423-452.

Wolfe D A, Hameedi M J, Galt J A, et al. 1994. The fate of the oil spilled from the *Exxon Valdez*. Environmental Science & Technology, 28(13): 561A-568A.

Yim U H, Kim M, Ha S Y, et al. 2012. Oil spill environmental forensics: the Hebei Spirit Oil Spill case. Environmental Science & Technology, 46(12): 6431-6437.

Yunker M B, Macdonald R W, Vingarzan R, et al. 2002. PAHs in the Fraser River basin: a critical appraisal of PAH ratios as indicators of PAH source and composition. Organic Geochemistry, 33(4): 489-515.

第十六章

海洋溢油数值模拟及其应用①

① 本章作者：王业保，刘欣，唐诚

作为全球最重要的化石燃料之一和社会经济发展的支柱能源，石油在全球能源结构中占有不可替代的位置，因而促进了海上石油开采及海上石油运输行业的蓬勃发展。然而，海上石油开采与运输的安全问题一直未能很好解决，国内外频繁发生的溢油事故对事发当地生态环境及经济社会的可持续发展构成了严重威胁。例如，2010年4月20日，发生在美国墨西哥湾的“深水地平线”原油泄漏事故不但造成了大量的人员伤亡与财产损失，而且严重危害了当地的生态环境，成为美国历史上最大的环境灾难。2018年1月6日，巴拿马籍油船“桑吉”轮（Sanchi）在我国东海海域发生碰撞事故，经过8d的燃烧后爆燃沉没，造成约13.6万t凝析油泄漏。海洋溢油防灾减灾领域面临的严峻形势对相关研究提出了越来越高的要求。海洋溢油数值模拟技术是进行溢油灾害研究的重要手段，其以水动力模型为基础，同时结合溢油在海洋中的蒸发、溶解、乳化等物理化学过程，为预测海洋中溢油的行为归宿提供了有效的手段，在海洋溢油减灾工作中具有重要意义。本章首先介绍了溢油模拟中常用的数值模型，综述了每种模型在国内外溢油研究中的具体应用；以2011年蓬莱19-3油田溢油事故为例，对影响溢油扩散的温度和盐度因素做了研究；在此基础上，将海气耦合模型应用于蓬莱19-3油田溢油事故中，进一步探讨了耦合模型在实际案例中的应用。

第一节　海洋溢油研究中的常见数值模型

一、基于POM的溢油模型

普林斯顿海洋模型（Princeton ocean model，POM）是由美国普林斯顿大学的Blumberg和Mellor（1983）于1977年开发的三维斜压环流模型，该模型在垂直方向上采用Sigma坐标，水平方向上采用正交曲线坐标，能够应用于河口、近岸等区域。

POM是模拟潮流场的有力工具，因此许多研究者将其应用在溢油模拟中，国内尤其在大连渤海海域应用较多。Guo和Wang（2009）为了减少粒子追踪的计算时间和模型的数值误差，曾提出了一种混合粒子追踪方法并应用于海岸地区的溢油模拟，该模型就是采用了POM与海浪模型SWAN耦合的方法，该方法被用于大连近岸水域的溢油模拟，通过验证发现，模型取得了较好的效果；郭为军（2011）同样将POM同SWAN耦合，得到波流共同作用下的三维流场数学模型，结合溢油的输运和风化过程，建立了溢油预报模型。还有学者曾以POM模拟结果为基础研究溢油模型的算法问题。传统的溢油模型基本上都是基于拉格朗日算法，但该算法主要用于模拟水体中溢油的基本运动轨迹，可靠性有待进一步提高。为改进模拟结果的可靠性，Xu等（2012）将HSY（Hornberger、Speer和Young在1980年定义的一种在复杂环境模型中考查参数的结构和相互作用的方法）算法引进传统模型建立了基于不确定性分析的溢油预测模型（OSMUA），该模型的潮流场数据便是由POM模拟得来。OSMUA在模拟2010年大连新港溢油事故中取得了可信的结果。

国外学者也应用POM做了许多工作。Lemos等（2009）以POM为水动力模型，运用溢油应急反应系统OSCAR模拟巴西东海岸的霍特曼自然保护区附近的溢油事件，证明了波浪对该区域溢油迁移的重大影响。Zafirakou-Koulouris等（2012）亦曾介绍过塞萨洛尼基大学研发的一个三维溢油模型，通过将水动力预报模型与气象模型、波浪模型耦合，建立了溢油扩散预测系统DIAVLOS，其依赖的水动力预报模型ALERMO就是雅典大学在POM的基础上开发的。不过，由于POM开发时间较早，属于比较典型传统的海洋模型，因此其在一些特殊区域如浅海海域的模拟结果尚需进一步优化。

二、基于ECOM的溢油模型

为弥补POM的不足，Blumberg和Mellor（1983）在POM的基础上开发了三维水动力模型ECOM（estuarine，coastal and ocean model），使其更适用于浅水环境；随后，随着对模型的要求进一步提高，又在ECOM的基础上对其功能进一步扩展，加入了沉积物再悬浮、沉积、输运等概念，形成了早期的

ECOMSED（estuarine，coastal and ocean model system with sediments），该模型在水平方向上采用时间差分为显式的正交坐标，垂直方向上采用时间差分为隐式的Sigma坐标。

学者们基于ECOM或ECOMSED，针对不同的区域进行了溢油的数值模拟工作。郭良波和于晓杰（2011）采用ECOMSED构建了番禺附近海域的三维潮流数值模型，用来计算潮流和潮位的变化情况，进而在此基础上建立了溢油预报数值模型。在蓬莱19-3油田溢油事故发生后，Guo等（2013）利用ECOM模型和ENVISAT ASAR数据分析了渤海的溢油特征及溢油对渤海生态环境产生的影响，进而通过对MODIS数据的分析，发现溢油区域的叶绿素a出现了异常分布，同时伴随着赤潮的发生，证实了溢油对生态系统存在的影响。

三、基于FVCOM的溢油模型

非结构网格有限体积法海洋模型（the unstructured grid finite volume community ocean model，FVCOM）是由以陈长胜教授带领的美国马萨诸塞大学海洋生态系统实验室（UMASSD）和伍兹霍尔海洋研究所（WHOI）联合开发的一套三维近岸海洋模型，其网格设计基本解决了浅海模型中复杂岸界拟合的问题。

FVCOM是近几年国内溢油研究中应用较为广泛的模型，在大连湾、渤海海域、乐清湾等地的溢油研究中均有应用。臧士文（2011）采用FVCOM模拟了大连湾附近海域的潮流场，结合相关溢油模型理论，将模型应用于2010年大连新港输油管线爆炸引起的溢油事故中，取得了较好的效果。王璟（2012）采用FVCOM模拟得到了渤海海域的潮流场，目的是为采用拉格朗日粒子追踪法建立的溢油漂移轨迹预测模型提供潮流场数据，尽管该预测模型暂时没有考虑海水自身参量（温盐、径流、蒸发降水等）及溢油的蒸发、扩展、沉降等作用，但良好的结果表明FVCOM适宜在渤海海域的溢油研究中应用。张彩霞（2013）用FVCOM模拟了乐清湾的水动力场，随后将模拟的潮流场作为驱动场，模拟了乐清湾海域一个假想的溢油事故。

国外学者多倾向于将FVCOM与其他模型耦合之后应用于溢油领域，以取得更好的结果，如可以通过FVCOM与其他模型嵌套，使其具有变化的分辨率，从而能够将模型应用于不同的范围尺度。例如，在2010年美国墨西哥湾溢油事故中，研究者针对石油在大尺度范围内的迁移扩散做过很多模拟，但是这些研究都没能对最初泄漏的小尺度区域进行研究，而这附近恰恰是污染最为严重的区域。鉴于此，Tang等（2014）使用SIFOM（solver for incompressible flow on overset meshes）和FVCOM建立了混合系统以模拟沿岸流，使模型不仅能够处理溢油在大尺度范围内的迁移问题，还能自始至终模拟从开始泄漏到向远处扩散的过程，该方法对于研究小尺度范围的溢油具有重要意义。Zheng和Weisberg（2012）则通过将FVCOM嵌套进混合坐标大洋环流模型（hybrid coordinate oceanic circulation model，HYCOM）的方法解决了这个问题，并将其应用在西佛罗里达大陆架区域。值得注意的是，由于溢油事故对环境具有持续的危害性，墨西哥湾“深水地平线”原油泄漏事故发生后，在位于圣布拉斯海角东南的西佛罗里达大陆架并没有监测到浮油，但是这里的珊瑚虫却出现了机能障碍和畸形。为究其原因，Weisberg等（2016）使用数值模拟的方法模拟了水下烃类物质的迁移，通过将FVCOM嵌套进HYCOM中形成的模型，证明了溢油产生的烃类物质确实对当地的生态产生了影响。

四、基于EFDC的溢油模型

EFDC（environmental fluid dynamics code）为环境流体动力学模型，是由美国弗吉尼亚海洋科学研究所的John Hamrick教授开发，并在数家科研单位的后续维护下发展起来的。EFDC模型基于三维水动力学方程，在水平方向和垂直方向分别采用曲线正交坐标变换和Sigma坐标变换（Hamrick，1992）。

三峡库区的溢油模拟研究多基于EFDC。王祥（2010）以EFDC为基础建立了三峡库区万州段水动力模型，随后基于模拟的水动力模拟结果，采用Oilmap模拟了多种方案下溢油的运动和归宿。邓健等

（2011）、黄立文等（2013）在EFDC的基础上，研究了三峡库区不同水位期船舶溢油控制策略：以一维圣维南方程和二维EFDC为基础，实现了一维、二维水动力的耦合模拟，并结合"油粒子"漂移扩散模型设计了一个适用于三峡库区的水上溢油预测模型。除三峡区域外，国内学者们亦曾将EFDC应用在溢油风险较高的其他区域。赵东波等（2011）通过EFDC建立的潮流场与主导风形成的常风场为GNOME溢油模型提供初始数据，模拟了湄洲湾的溢油扩散趋势。李彤和谢志宜（2013）基于EFDC、"油粒子"溢油轨迹和风化模型，构建了海上事故溢油漂移轨迹预测模型，并应用在渤海海域。

对于溢油模型来讲，水动力场是最主要的数据之一，能够在很大程度上影响油膜扩散的方向。除此之外，风场对溢油的扩散也会构成重要影响，在一些风力较大的区域尤其如此。为研究风场对于溢油的影响，Kim（2014）以2007年韩国"河北精神"号油轮溢油事件为案例，模拟了在强潮汐条件下风的驱动对溢油扩散的影响作用，该研究中所用的潮汐数据便是通过EFDC产生的。

五、基于Delft 3D的溢油模型

Delft 3D是由荷兰三角洲研究院（Deltares，其前身为Delft Hydraulics）开发的一套大型专业软件，既可以进行二维计算，又可以进行三维计算，适用于海岸、河流、湖泊与河口水沙动力与水环境的数值模拟。其中，Delft 3D-Flow用于水动力场的模拟，Delft 3D-Part可用于溢油的模拟。

国内学者主要将Delft 3D应用在内河区域的溢油模拟中。张帆等（2011）在Delft 3D的基础上，通过考虑溢油的扩展、蒸发及岸线吸附过程，建立了重庆主城区江段的溢油模型，模拟了船用柴油的溢油运动轨迹，虽然模拟过程暂未考虑溢油的溶解、乳化、沉降、光化学氧化等行为，但结果依旧具有较高的可信度。为研究溢油在风力作用下的迁移，Bi和Si（2014）利用流体力学模型和数学方法对三峡库区的流场特征进行了分析，其中，动力模型采用的便是Delft 3D。

溢油发生后，其产生的后续影响需要进行深入的研究。例如，在墨西哥湾"深水地平线"原油泄漏事故发生3年后，其在碎浪带的沙油凝聚团依然会引起海滩的污染，因此Dalyander等（2014）建立了一个数学方法来评估海表沙油凝聚团（surface residual balls，SRBs）的迁移和沿海岸的运动。其中，在水动力模型中对波浪和沿岸流的模拟是通过Delft 3D中Wave和Flow的耦合来实现的，这项研究为理解SRBs的迁移和再分布机制提供了基本解释。

六、基于MIKE21/3的溢油模型

MIKE系列是一个专业的工程软件包，属于国际上比较成熟的丹麦水利研究院（Danish Hydraulic Institute，DHI）软件系列，该软件包界面友好、应用广泛，是针对潮流场、波浪场和泥沙输运的数值模拟工具，主要用于模拟河流、湖泊、河口、海湾、海岸及海洋的水流、波浪、泥沙及水质。MIKE 21为二维模型，在其基础上，发展出了三维模型MIKE3。在溢油模拟中，主要应用该模型的水动力模块（HD）和溢油模块（SA）。

国内方面，黄毅峰等（2011）建立了瓯江口海区平面二维潮流数学模型模拟潮流场，为溢油模型提供水动力数据，然后利用MIKE 21-SA溢油模型预测溢油泄漏事故的影响。许婷（2011）则利用MIKE 21-HD模块建立了厦门湾二维水动力模型，然后利用MIKE 21-SA模块建立了厦门湾刘五店航道二维溢油模型。王翠等（2014）基于MIKE-SA溢油模块，建立了厦门西港海域溢油模型。

国外方面，Mitra等（2013）在使用卫星影像研究近海石油泄漏的问题时，用MIKE 21-SA对印度的克里希纳河-哥达瓦里河近海盆地进行了溢油模拟。Bostanbekov等（2013）提出了能够在机群运算的用于溢油风险制图的综合流程系统，提出利用MIKE 21-HD计算水动力场，利用MIKE 21-SA计算溢油。

第二节　蓬莱19-3油田溢油事故的数值模拟研究

蓬莱19-3油田是胜利油田中最大的整装油田之一，位于渤海海域中南部、山东半岛以北，西北距塘沽约216km。该油田由中国海洋石油集团有限公司和美国康菲石油公司的全资子公司康菲石油中国有限公司合作开发，有7个采油平台。2011年6月4日，由于违规作业，蓬莱19-3油田发生溢油事故（图16.1），据国家海洋局事后公布的《蓬莱19-3油田溢油事故联合调查组关于事故调查处理报告》，至2011年8月31日，溢油事故造成蓬莱19-3油田周边及其西北部面积约6200km^{2}的海域海水污染（超第一类海水水质标准），其中870km^{2}海水受到严重污染（超第四类海水水质标准）。据分析，该事故仅在养殖业领域就给周边区域造成了12.56亿元的损失（Pan et al.，2015）。

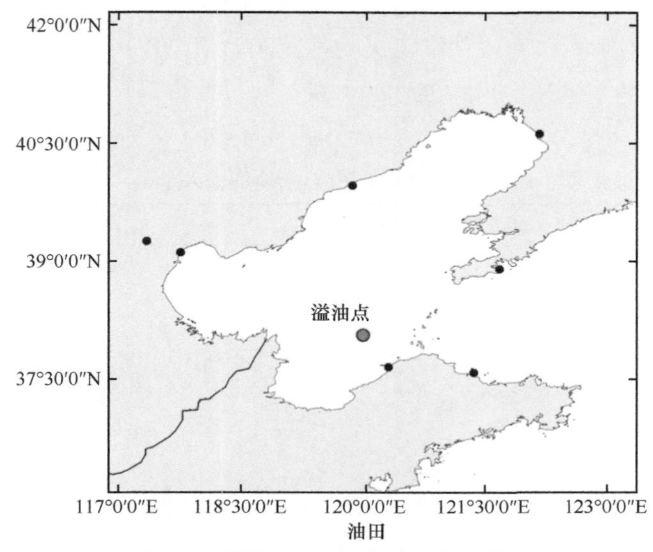

图16.1　蓬莱19-3油田溢油事故位置图

因此，研究海洋溢油的行为归宿，在溢油发生后尽快确定其扩散轨迹，对于防范溢油灾害具有重要意义。曾有研究人员采用不同模型对该事故的海表溢油轨迹进行模拟，皆取得了较好的结果（Yu，2016；Liu et al.，2015）。事实上，由温度和盐度的变化引起的密度流对渤海海域夏季的水流输运具有重要影响（Liu et al.，2003），这不可避免也会影响溢油的扩散。为进一步探究温度和盐度导致的密度流在蓬莱19-3油田溢油事故中对海表溢油扩散的影响，采用Delft 3D模型作为研究工具，并结合卫星遥感影像，用以确定蓬莱19-3油田溢油事故中温度和盐度变化所起到的作用。

溢油模拟主要分为两部分内容：一方面，需要通过水动力模型模拟目标海域的水动力环境；另一方面，在获知水动力参数的基础上，结合溢油自身在海洋环境中的物理化学变化，确定油膜的最终归宿。如前所述，Delft 3D模型能够解决溢油模拟中这两个方面的内容：通过Delft 3D-Flow构建目标海域的水动力场，进而通过Delft 3D-Part模拟溢油扩散。不同海域之间温度和盐度的不同，导致了不同海域之间海水密度的不同，从而产生了密度流。而蓬莱19-3油田溢油事故刚好发生在夏季，此时渤海海域密度流表现明显。因此，为验证密度流对溢油扩散造成的影响，从引起密度流变化的温盐差异入手，设计了两个模型：其中一个模型的水动力场由潮流与风力驱动，温度与盐度保持不变；另一个模型的水动力场同样由潮流与风力驱动，但温度与盐度随时间和空间发生变化。方便起见，将没有温盐变化的水动力模型称为模型A，将温盐随时空变化的水动力模型称为模型B。在模型A与模型B两个模型模拟的水动力场的基础上，分别进行溢油扩散模拟。

一、水动力模块Delft 3D-Flow参数

除温度与盐度之外，模型A与模型B中的其他参数设置均相同，包括水深、坐标系统、计算网格、计算网格分辨率、开边界、三维模型垂直分层、分潮及风场。其中，渤海海域水深数据由已经公开的研究成果获得（Liu et al.，2015）；均采用三维笛卡尔坐标系统；计算网格为正交网格，网格范围为（37°～41°N，117.5°～122.5°E），*X*方向217个格网，*Y*方向216个格网，网格分辨率2000m×2000m。开边界位于网格最右侧122.5°E处；为进行三维计算，将模型垂直方向设置为5层。在模拟中，共采用了M_2、S_2、N_2、K_2、K_1、O_1、P_1、Q_1及M_4等9个分潮，各分潮的振幅和相位由俄勒冈州立大学开发的tmd_toolbox计算得到（Egbert and Erofeeva，2002），风场数据从德国气象中心（DWD）（http://www.dwd.de/）获得。两个模型中均定义烟台、塘沽、秦皇岛、大连为监测点。

模型A中，将温度定义为常数15℃，盐度定义为常数30。模型B中，采用变化的温盐数据，其来源为混合坐标大洋环流模型（HYCOM）（http://hycom.org/）的再分析数据。在水动力模型中，模型A与模型B的各项参数设置如表16.1所示。

表16.1　Delft 3D-Flow模块的输入参数

变量		值
	模型开始时间	2010年6月4日0:00
	模型结束时间	2011年7月31日0:00
	时间步长	120s
	调和常数	M_2，S_2，N_2，K_2，K_1，O_1，P_1，Q_1，M_4
	风场数据	由DWD获得的每3h分辨率数据
温度	模型A（常量）	15℃
	模型B（变量）	HYCOM获得的24h分辨率数据
盐度	模型A（常量）	30
	模型B（变量）	HYCOM获得的24h分辨率数据

二、溢油扩散模块Delft 3D-Part参数

Delft 3D-Part是Delft 3D内的粒子追踪模块，在该模块中，粒子的位置取决于随机方向的位移，计算所采用的方法为蒙特卡罗方法（Rubinstein and Kroese，2011）。除随机扩散之外，溢油一旦进入海中，其物理性质与化学性质就会发生持续的变化，主要表现为：溢油的行为和归宿受多种环境因素及油品本身的特性支配，经历扩展、漂移、分散、蒸发、乳化、溶解、光化学氧化、生物降解及其相互作用的复杂过程，这些复杂的过程亦最终决定溢油的行为归宿（李燕等，2017）。这些过程都已被集成在Delft 3D-Part模块中。因此采用Delft 3D模拟溢油扩散时，不需要针对溢油物理化学过程进行深入研究，只需提供模型所需的、能够反映溢油本身性质的相关参数即可，如油品密度、含水率等。蓬莱19-3油田溢油事故中的油品为普通原油，因此计算中采取了Delft 3D模型中提供的默认值，具体参数值如表16.2所示。

表16.2　溢油性质设置

油品参数	值
每天蒸发量（d^{-1}）	0.1
黏性概率（范围：0～1）	0
挥发（范围：0～1）	0.94
乳化参数（0到无穷）	2×10^{-6}

续表

油品参数	值
最大含水量（范围：0～1）	0.7
乳化开始时的分馏（范围：0～1）	1
密度（kg/m^3）	832
运动黏度（cst）	1500

除溢油本身的性质之外，Delft 3D-Part亦能同时设置其他与事故有关的参数：模型A与模型B均设置模拟时间为从2011年6月4日0:00开始，至2011年7月31日0:00结束，共57d的时间；泄漏类型定义为海表瞬时释放，计算时间步长设置为30min。在蓬莱19-3油田溢油事故中，共泄漏原油540.5m^3，约为3400桶，质量约为450t，两个模型中皆假定共有1000个油粒子代表这些溢油参与扩散计算。模型A与模型B的参数如表16.3所示。

表16.3　Delft 3D-Part模块参数

变量	值
泄漏量（t）	450
泄漏地点（经纬度）	38.4°N，120.1°E
泄漏类型	瞬时泄漏
泄漏开始时间（min）	2011年6月4日0:00
时间步长	30
模拟时间	从2011年6月4日0:00到2011年7月31日0:00
油粒子数量	1000

三、模型结果与验证

（一）水动力模拟结果

由于考虑了温度与盐度的变化，相对于模型A而言，模型B的模拟结果更能够反映海水运动的真实状况，也更具有代表性，因此着重对模型B的结果进行验证。M_2作为最重要的分潮之一，在所有参与计算的分潮中具有典型性，为了检验模型B模拟得到的水动力场的正确性，首先绘制了M_2分潮的同潮图（图16.2a）。可以看出，M_2分潮在渤海海域共有2个无潮点，其中一个位于黄河口附近，另一个位于辽东

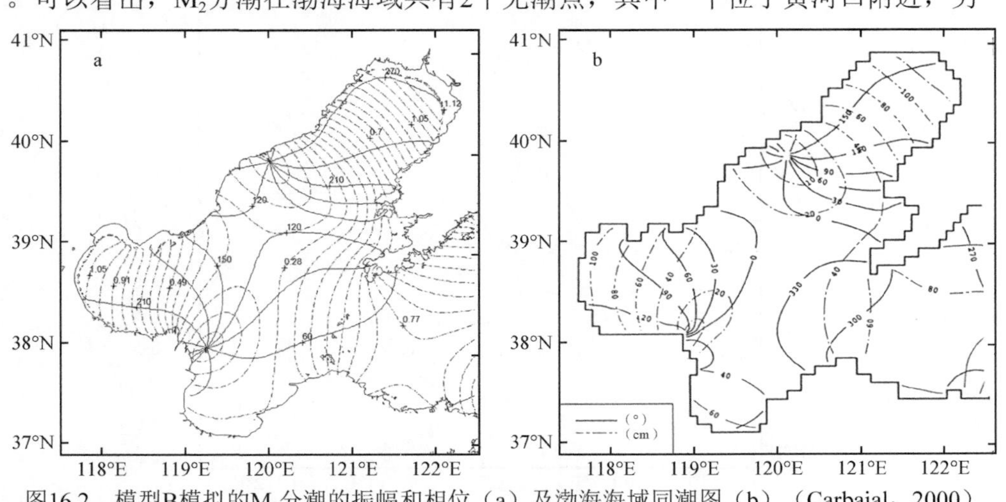

图16.2　模型B模拟的M_2分潮的振幅和相位（a）及渤海海域同潮图（b）（Carbajal，2000）

实线代表相位［单位：（°）］，虚线代表振幅（单位：cm）

湾秦皇岛海岸附近，这与之前的研究成果中所展现的无潮点位置吻合（Carbajal，2000；Fang and Yang，1985）。除M_2分潮之外，通过与前人的研究对比，K_1、S_2和O_1分潮图的正确性也得到了验证（Bao et al.，2001；Fang et al.，2004；Guo and Yanagi，1998）。

对于渤海的表面环流情况，通过模型B模拟的流场结果发现，辽东湾内部及渤海湾西南部的流场为逆时针环流，莱州湾内部为旋转流，渤海湾中部为往复流。流场模拟结果基本与前人研究成果一致（Guan，1994；王璟，2012）。模型B模拟得到的海表流场如图16.3灰色小箭头所示，渤海海域夏季海表流场的流向由图16.3中的红色箭头表示。

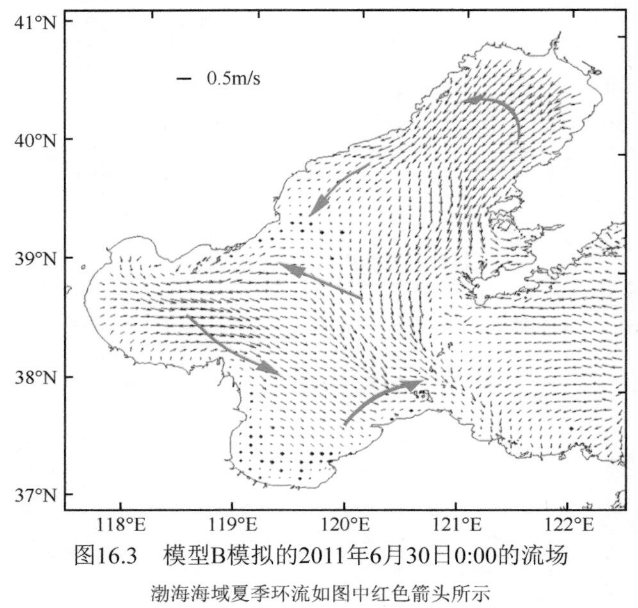

图16.3　模型B模拟的2011年6月30日0:00的流场

渤海海域夏季环流如图中红色箭头所示

为分析模型B模拟的渤海海域的海表温度，绘制了2011年6月30日的海表温度图（图16.4）。可以看到，相较于渤海海峡而言，辽东湾、渤海湾及莱州湾内温度较高，高温区域从这三个海湾内部向外扩展，与从渤海海峡向外扩展的低温区域在渤海中部相遇，温度模拟结果与前人的研究结果一致（Wu et al.，2004）。此外，通过线性拟合的方式比较了4个监测点（烟台、塘沽、秦皇岛、大连）在6月和7月的模拟温度与实际温度（图16.5），实际温度数据由AVHRR（advanced very-high-resolution radiometer）遥感数据获得。通过拟合，6月和7月的均方根误差（RMSE）分别为0.370 02℃和0.652 04℃，相关系数分别

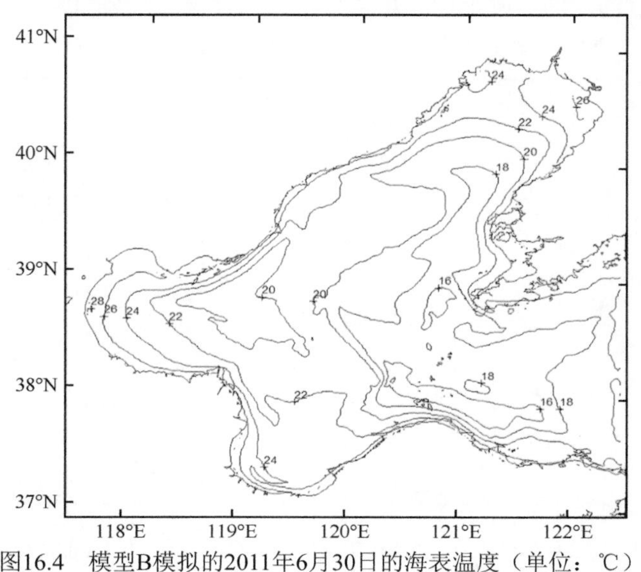

图16.4　模型B模拟的2011年6月30日的海表温度（单位：℃）

为r=0.983＞0.95（n=4，P＜0.05）和r=0.982＞0.95（n=4，P＜0.05）。结果表明，模拟得到的海表温度与遥感观测值具有较高的吻合度。

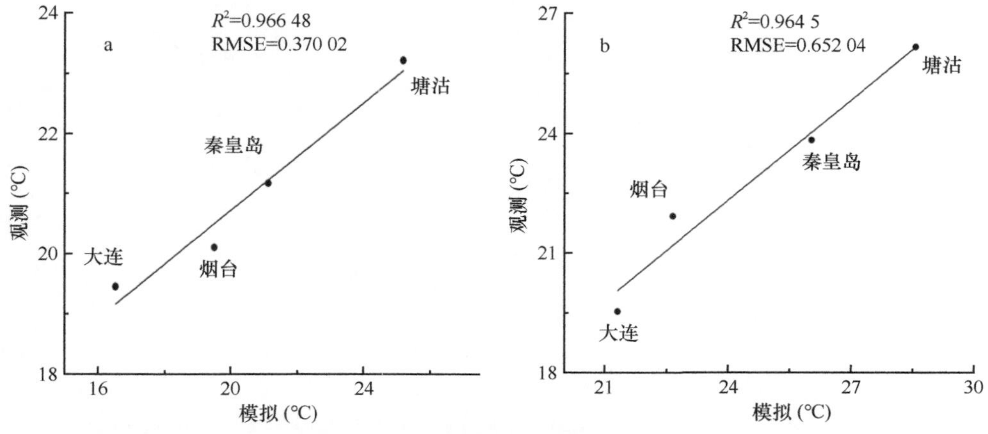

图16.5　4个监测点的模拟温度与观测温度分别在6月（a）和7月（b）的线性拟合

除海表温度外，同样绘制了2011年6月30日渤海海域的海表盐度图（图16.6a）。低盐度区域主要分布在黄河入海口附近，表明黄河带来的淡水对河口附近海域的盐度有明显影响。相比其他区域而言，渤海海峡区域盐度较高。模型B模拟得到的渤海海表盐度分布与之前的研究结果一致（Mao et al.，2008；Wang et al.，2010；Qing et al.，2013）。另外，对6月4个监测点的模拟盐度与东海海洋图集的盐度数据进行拟合（图16.6b），均方根误差为0.666 73，表明模拟的盐度结果较为合理。

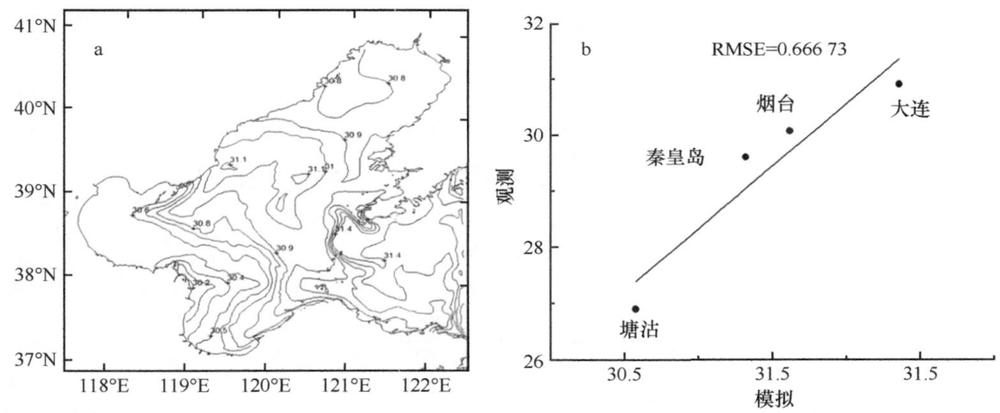

图16.6　模型B模拟的2011年6月30日的海表盐度（实用盐标）（a）及模拟盐度与东海海洋图集的盐度在4个观测点的拟合图（b）

（二）溢油归宿模拟结果

基于模型A与模型B的模拟结果，得到了不同模型模拟的溢油扩散轨迹（图16.7）。扩散的油粒子由图16.7中不同颜色的点簇表示，黄色点簇代表溢油在2011年6月30日0:00的海面位置，蓝色点簇代表溢油在2011年7月10日0:00的海面位置，紫色点簇代表溢油在2011年7月20日0:00的海面分布。通过这三个时间节点表示的溢油位置分布图，可看出溢油随时间的扩散情况。相对于模型A模拟的扩散轨迹而言（图16.7a），模型B模拟的扩散轨迹显示扩散情况更为明显（图16.7b）。

随后，为验证两个模型的模拟结果哪个更接近真实值，本研究采用遥感观测信息与模拟结果进行对比。图16.8a和图16.8b分别展示了在2011年6月11日8:00和2011年6月14日8:00两个模型模拟的蓬莱19-3油田溢油海面分布与当天的遥感监测结果的对比情况。绿色点簇代表模型A模拟的溢油扩散结果，紫色点簇代表模型B模拟的溢油扩散结果，灰色区域代表溢油的实际分布区域，由ENVISAT-ASAR遥感影像信息

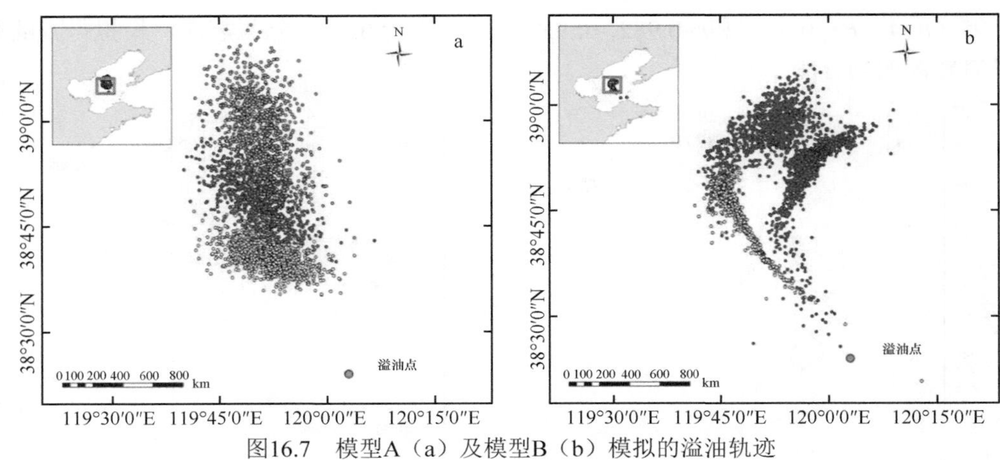

图16.7　模型A（a）及模型B（b）模拟的溢油轨迹

矢量化之后得到。该遥感数据来源于2011年6月11日和2011年6月14日的合成孔径雷达（synthetic aperture radar，SAR）监测结果。从图16.8可以看出，模型B的结果与实际情况更为接近，其模拟的溢油扩散方向与遥感观测的溢油扩散方向相同，相比之下，由于未考虑温度和盐度的因素，模型A模拟的扩散效果不明显。从整体上看，实际观测的油膜分布呈从西北到东南的走向，模型B的模拟结果与之类似，油粒子的扩散分布呈西北至东南走向的长条形。不过，模型B对溢油扩散的模拟也并非完全准确，可能是因为在风浪的作用下，大的油膜会产生破碎，呈破碎分布的状态。

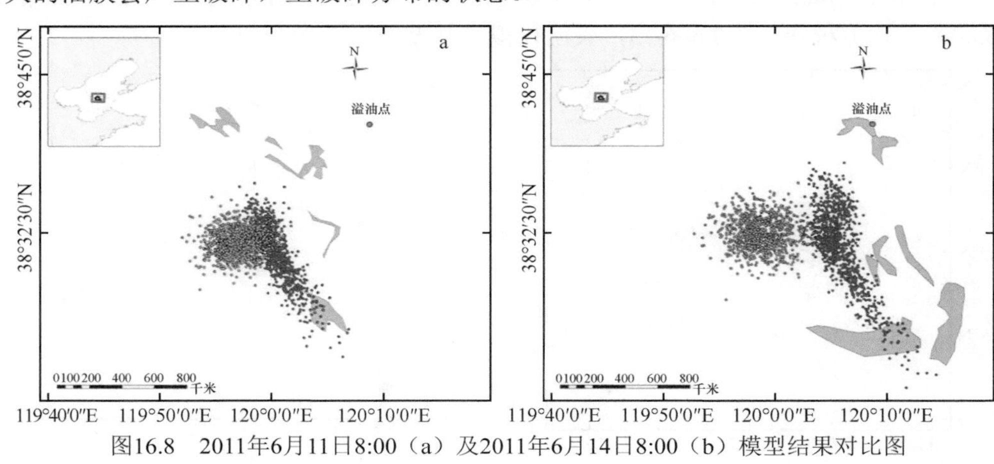

图16.8　2011年6月11日8:00（a）及2011年6月14日8:00（b）模型结果对比图

通过对模型A的模拟结果、模型B的模拟结果与遥感观测影像的对比发现，模型B的模拟结果与模型A的模拟结果明显不同，且模型B的模拟结果要优于模型A的模拟结果。模拟结果的不同可以证明，不同的流场对溢油扩散的影响不同。

第三节　海气耦合模型在溢油研究中的应用

虽然运用海洋模型仿真溢油污染物在海水中的漂移、转化、沉降过程的研究日益增多，但大多数工作没有考虑模型在极端气候条件下的影响，如对发生台风时溢油在海洋中的行为归宿的预测。值得注意的是，在发生突发性环境污染事件时，遭遇极端气候条件的概率并不低。例如，2011年蓬莱19-3油田溢油事故发生时热带风暴“米雷”登陆山东，导致单纯依靠海洋模型的溢油污染漂移扩散仿真不足以判断准确的污染扩散方向。因此，利用大气-海洋耦合模型可以更好地预测溢油污染物在强风暴、潮汐、海流共同作用下的动态过程。利用大气-海洋耦合模型对区域性极端气候进行数值模拟与预测，并将其引入到具体的溢油行为归宿模型中，已成为海洋大气科学最近几年的研究热点之一。

近几年，各国在针对大气-海洋耦合模型的开发上了取得了长足的进步。美国国家海洋大气局（National Oceanic and Atmospheric Adminiatration，NOAA）的地球流体动力实验室（Geophysical Fluid Dynamics Laboratory，GFDL）将飓风模型（hurricane model）与海洋模型POM耦合，对全球气候变化下大西洋热带气旋生成频率与强度进行了研究（Knutson et al.，1998）。德国Max-Plank大气研究所将区域模型REMO耦合到MPI的全球海洋模型MPI-OM，用来研究印度尼西亚降雨过程中海气的耦合效应（Aldrian et al.，2005）。日本大气研究所将高分辨率区域大气模型RCM20和北太平洋区域的海洋模型NPOGCM耦合来评估其对日本气候的模拟能力（Sasaki et al.，2006）。中国科学院大气物理研究所（Institute of Atmospheric Physics, Chinese Academy of Sciences，IAP）与大气科学和地球流体力学数值模拟国家重点实验室（State Key Laboratory of Numerical Modeling for Atmospheric Sciences and Geophysical Fluid Dynamics，LASG）把大气模型RegCM3和海洋模型HYCOM进行了耦合，发展了一个应用于东亚的区域海气耦合模型（李涛和周广庆，2010）。在耦合模型的应用研究上，不少国内外学者开始尝试将HWRF（hurricane weather research forecasting）和POM（Princeton ocean modell）或者ROM（regional ocean modell）耦合预测风暴灾害、仿真气溶胶运移等案例（Rosenfeld et al.，2011；Akbar et al.，2013；Miglietta et al，2011；Zhang et al.，2010；Olabarrieta et al.，2012；彭世球等，2012；蒋小平等，2009）。然而，目前国内尚未有采用该耦合模型定量描述海洋溢油行为归宿的相关研究。为将海气耦合模型应用在蓬莱19-3油田溢油事故中，采用海-气-浪-沉积输运耦合模型COAWST（the coupled-ocean-atmosphere-wave-sediment transport）建立渤海海域潮流场、大气与波浪模型，随后应用拉格朗日粒子追踪模型理论模拟溢油扩散，最终建立起石油污染物在渤海海域的漂移归宿轨迹3D仿真模型。

一、模型设置

采用由美国地质勘探局（United States Geological Survey，USGS）开发的海-气-浪-沉积输运耦合模型COAWST（图16.9），该模型由大气模型（WRF）、海洋模型（ROMS）、波浪模型（SWAN）三者耦合来模拟沉积物的输运，模型架构及耦合使用的是MCT（model coupling toolkit）。在海洋溢油模拟中，未使用该模型的沉积模块，而是利用耦合模型中海洋模式ROMS的Float模块来对海上油粒子漂移进行计算，通过对模型稍做改动来模拟蓬莱19-3油田溢油事故中的溢油在台风“米雷”经过时油膜的漂移扩散。

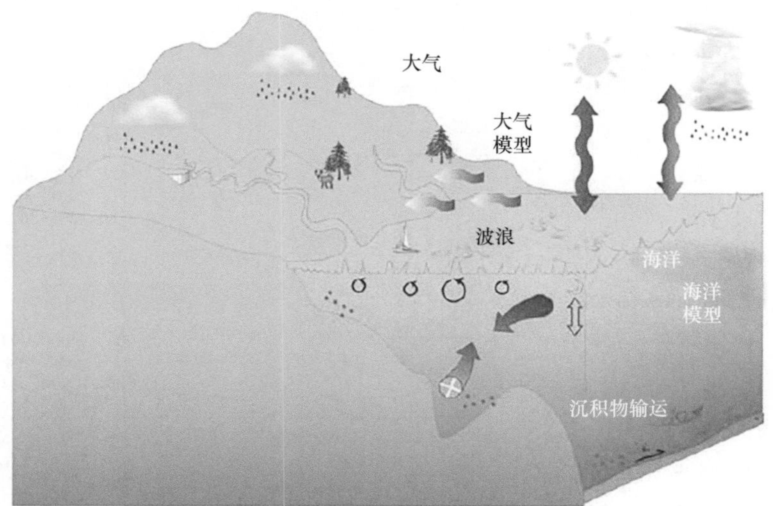

图16.9　COAWST耦合模型示意图（Warner et al.，2010）

（一）大气模型设置

WRF（weather research and forecasting model）是美国国家大气研究中心（National Center for Atmospheric Research，NCAR）、国家海洋大气局（NOAA）的国家环境预报中心（National Centers for

Environmental Prediction，NCEP）和地球系统实验室（Earth System Research Laboratory，ESRL）、美国空军气象局（Air Force Weather Agency, AFWA）、美国海军研究实验室（Naval Research Laboratory, NRL）及美国俄克拉荷马大学（The University of Oklahoma）风暴分析预报中心（Center for Analysis and Prediction of Storms, CAPS）、美国联邦航空局（Federal Aviation Administration, FAA）等共同开发的新一代中尺度大气模型。WRF模型可用于区域和全球范围的气候模拟、空气质量模拟、飓风研究及大气-海洋模型的耦合模拟等。WRF采用完全可压的非静力模型，为开源软件，可进行二次开发，允许并行计算。WRF模型包括两个动力框架ARW（the advanced research WRF）和NMM（the nonhydrostatic mesoscale model），分别由NCAR和NCEP主要开发并维护更新。本项目中使用的是WRF-ARW动力框架，主要由四部分组成：WRF预处理系统（WPS）、WRF数据同化系统（WRFDA）、ARW求解、程序后处理及可视化工具。在本次溢油模拟中，使用的是一个2层嵌套网格，网格设置如图16.10所示。时间步长设为30s，垂向的大气分为36层，用于计算的气象网格为27层，其他参数见表16.4。

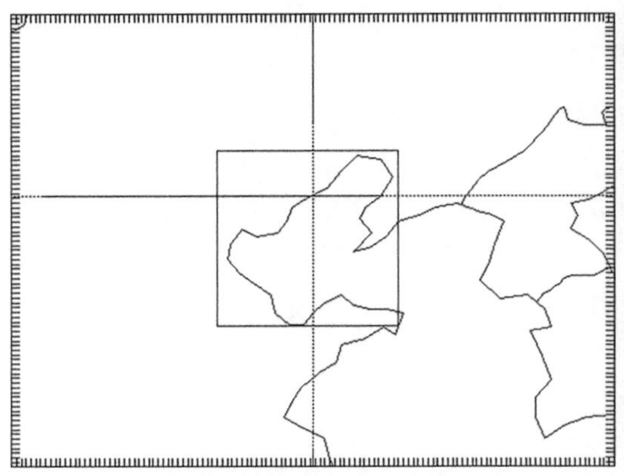
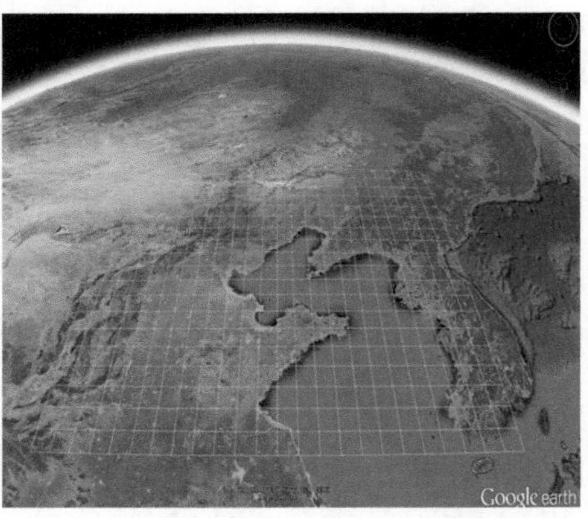

图16.10　利用WRF软件包所得到的2层嵌套网格（a）与WRF模拟网格在Google earth上的示意图（b）

表16.4　WRF模型中参数的设置（部分）

参数名称	参数值
time_step	30
time_step_fract_num	0
time_step_fract_den	1
max_dom	2
E_we	124，112，124
E_sn	97，112，97
E_vert	36，36，36
Num_metgrid_levels	27
Num_metgrid_soil_levels	4
d*x*	12 000，4 000，4 000
d*y*	12 000，4 000，4 000
Grid_id	1，2，3
Parent_id	0，1，2
I_parent_start	0，43，29
j_parent_start	0，31，13
Parent_grid_ratio	1，3，3
Parent_time_step_ratio	1，3，3
feedback	1
Smooth_option	0

（二）海洋模型设置

ROMS是一个区域海洋模型系统（regional ocean modeling system），是在垂向静压近似和Boussinesq假定下，按照有限差分近似求自由表面Reynolds平均的原始Navier-Stokes方程。模型在水平方向使用正交曲线（Arakawa C）网格，垂向采用地形拟合的可伸缩坐标系（S坐标系），并针对不同应用提供多种垂向转换函数和拉伸函数。模型计算范围包括渤海和北黄海区域（嵌套后），总网格数为121×94×20，嵌套后的网格数为111×111×20，水深数据采取数值化海图后的高分辨率东海、渤海水深，分辨率约为3′，模型的垂向分层为20层，使用垂向拉伸的Sigma坐标，垂向方向坐标拉伸参数分别设置为θ_s=5.0，θ_b=0.4。模型的初始速度和初始水位设置为0，ROMS的大气强迫是通过WRF计算提供的热通量、淡水通量、风应力强迫模型。潮汐强迫主要考虑了东海的4个主要分潮M_2、S_2、K_1、O_1的影响。分潮的周期、迟角、振幅和椭圆流速等开边界潮汐信息通过俄勒冈州立大学（Oregon State University，OSU）的全球模型TPXO8得到，该模型通过解Laplace潮汐方程得到全球潮汐信息，并且同化全球验潮站数据和卫星高度计数据，模型从2011年6月22日开始加入潮汐强迫，开边界水位采取海表面Chapman边界条件，正压流速采用Flather边界条件。模型从2011年6月24日起算，时间步长为30s，每小时输出计算结果。其地形与网格如图16.11所示，模拟的M_2分潮信息与水位数据如图16.12、图16.13所示。

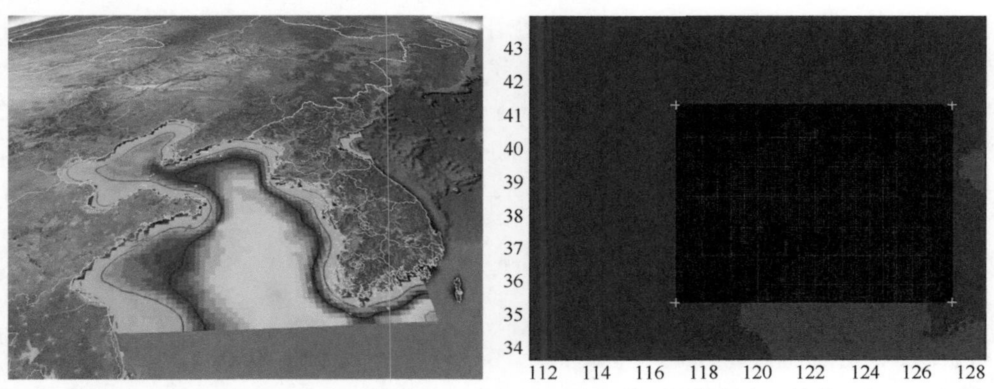

图16.11　ROMS网格的水深地形Google earth示意图（a）和与WRF大气模型进行耦合运算的2层ROMS网格示意图（b）

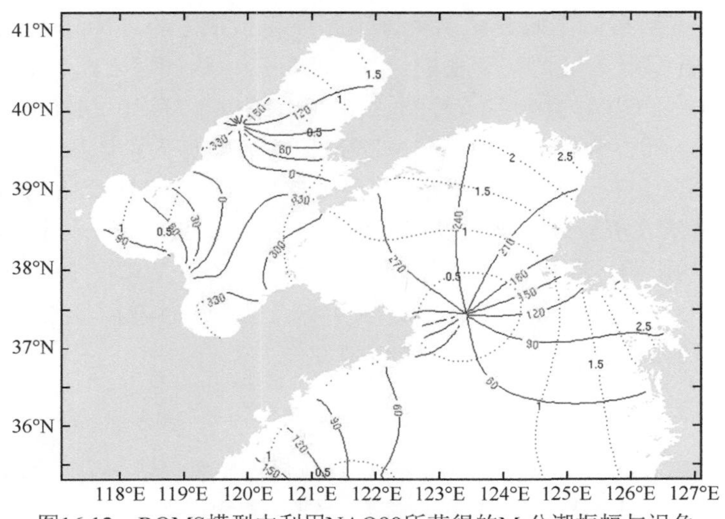

图16.12　ROMS模型中利用NAO99所获得的M_2分潮振幅与迟角

（三）波浪模型设置

Reed等（1993）认为，在微风且波浪较小的情况下，可以不用考虑海浪对油膜的破碎作用，不过，当风速增加到一定程度时，溢油会被卷夹入水中，此时不可忽略海流的剪切和波浪的破碎作用。SWAN

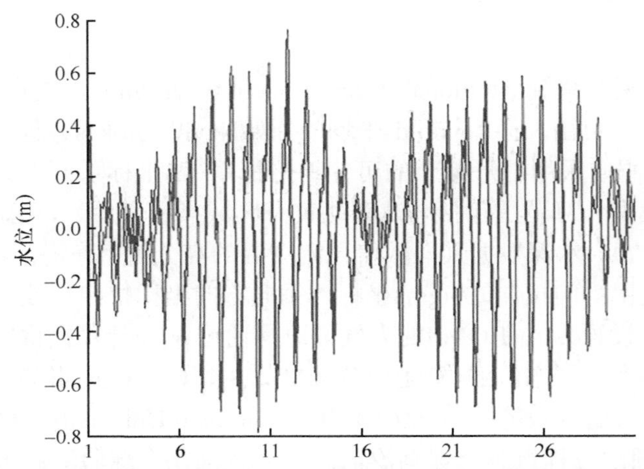

图16.13　秦皇岛验潮站的实测水位数据与耦合模式中所获得的水位数据对比

（红色为实测数据，蓝色为模拟数据；相关系数为0.9）

模型是荷兰Delft理工大学针对近海波浪计算而建立的，它总结了波浪能量输入、耗散和转化的研究成果，对已有的第三代波浪模型进行了修改，能够适用于海岸、湖泊和河口地区。SWAN作为第三代海浪模型，基于动谱平衡方程，将源汇项机制的描述和接法作为主要判别标准，以波谱非线性相互作用显示求解，波谱形状上没有预先设定范围，SWAN模型考虑了浅水因素，可用于近岸海浪模拟。ROMS基于Mellor的三维波流方程，在控制方程中，加了三维辐射应力项用来模拟近岸区的波流相互作用。Warner等（2010）将三维辐射应力项加入到运动方程中，模拟波流共同作用、近岸波浪运动对于水动力的影响。本课题中，采用WRF计算所得到的高精度风场数据作为ROMS/SWAN模型模拟的驱动风场，ROMS与SWAN模型耦合，将波浪生成的波高、波向、波周期、波长和波浪破碎、波浪耗散数据传送到ROMS水动力模型，水动力模型会将深度平均的U和V流速场、水位和水深数据反馈给波浪模型。

（四）边界条件及验证

利用WRF大气模型进行风场数值计算需要给定初始和边界条件及同化数据。初始和边界输入数据主要包括气象数据和海表温度数据，本研究采用美国国家环境预报中心（NCEP）历史再分析数据FNL为WRF模型提供三维大气初始条件与随时间变化的边界条件。FNL数据为全球数据，GRIB格式，包含26个气压层与地面层，数据的时间范围为1999年7月30日18:00至2017年7月30日18:00。每日有4个时次，分别是00:00、06:00、12:00和18:00，分辨率为1.0°×1.0°。MGDSST数据为全球数据，文本格式，数据的时间范围为1985年至2017年7月30日18:00，分辨率为0.25°×0.25°。在使用MGDSST数据时，需要先将其转换成GRIB格式或WPS中间格式才能被WPS前处理程序读取。为了给波浪和潮流计算提供更高精度的风场数据，减小边界对计算结果的影响，并模拟出台风条件下的台风路径，WRF、ROMS、SWAN模型计算时采用双重网格嵌套技术，主区域（大模型）与嵌套区域（小模型）进行双向嵌套计算，即大模型的计算结果直接影响小模型，且小模型的计算结果也会对大模型进行反馈。

（五）拉格朗日粒子追踪模型

采用拉格朗日粒子追踪模型可以对溢油的行为归宿进行描述。具体为：将海洋溢油离散为一定数量的“油粒子”，即具有一定体积和一定质量的微团，结合溢油在海上的扩散、漂移、蒸发和溶解等过程，计算溢油在外力胁迫下的运动轨迹和行为归宿。通过拉格朗日粒子追踪算法分析，“油粒子”的运动由以下几个因素决定：①对流；②扩散；③浮力。“油粒子”的位置坐标（X，Y，Z）可由下列公式获取：

$$\frac{\mathrm{d}X}{\mathrm{d}t}=U\left(x,y,z,t\right)+\widehat{U}\left(x,y,z,t\right) \tag{16.1}$$

$$\frac{\mathrm{d}Y}{\mathrm{d}t}=\vec{V}\left(x,y,z,t\right)+\hat{V}\left(x,y,z,t\right) \tag{16.2}$$

$$\frac{\mathrm{d}Z}{\mathrm{d}t}=\vec{W}\left(x,y,z,t\right)+\hat{W}\left(x,y,z,t\right)+U_b \tag{16.3}$$

式中，U、$\vec{V}$、$\vec{W}$表示对流速度；$\hat{U}$、$\hat{V}$、$\hat{W}$代表扩散速度；U_b代表浮力速度。

二、模型结果

（一）大气模型的气压结果

鉴于之前的内容已对应用于海洋的模型进行过较为详细的描述，此处不再单独验证海洋模型，只简单呈现大气模型WRF模拟得到的渤海海域夏季扰动气压结果（图16.14），该结果与对气压的常规认知一致。

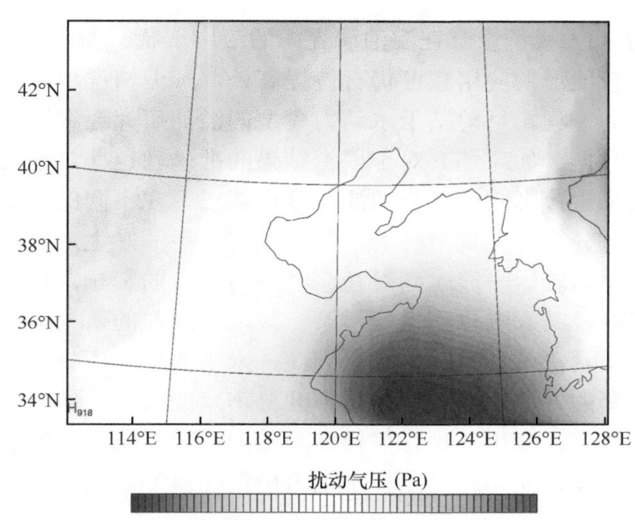

图16.14　WRF模型运算所得到的2011年6月25日22:00扰动气压图

（二）溢油模拟结果

将模型运行第9天的模拟结果与模型运行第10天的模拟结果分别与卫星遥感影像对比，可知模型模拟的溢油扩散范围与实际情况吻合（图16.15，图16.16）。模型模拟第9天时，油膜扩散到泄漏点西北海域，进入第10天后，进一步向西北方向漂移，与卫星遥感影像显示的漂移方向相同。通过多个模型之间的耦合，模拟结果更加接近溢油的真实扩散情况。

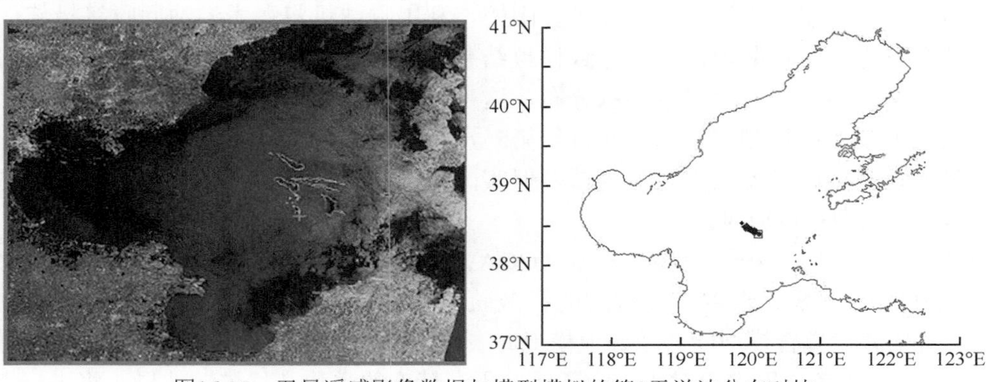

图16.15　卫星遥感影像数据与模型模拟的第9天溢油分布对比

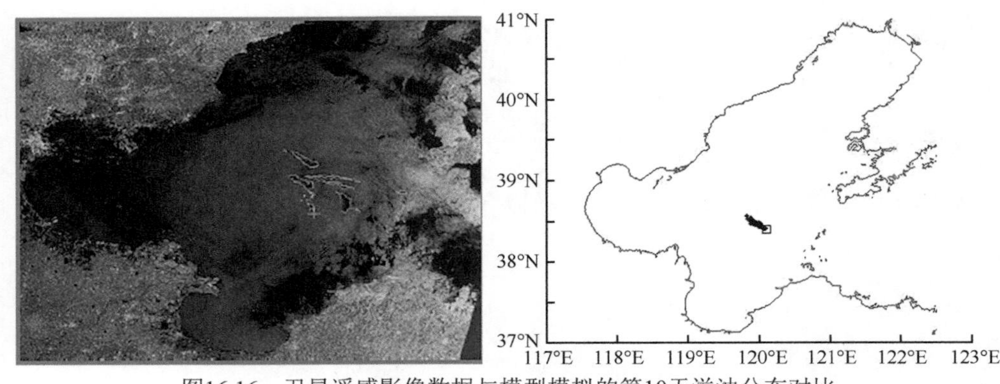

图16.16　卫星遥感影像数据与模型模拟的第10天溢油分布对比

第四节　总结与展望

首先，概括了6种常用水动力模型及其在溢油研究中的应用现状。当前的水动力模型已经发展到了比较成熟的阶段，除在一些复杂地形的应用精度仍有待提高外，一般情况下均能取得较好的效果。尽管如此，由于溢油模拟涉及复杂的过程，目前基于水动力模型的溢油研究还存在着尚待深入探讨的问题。其一，除水动力场之外，其他数据（如风场）对于模拟结果的准确性也非常重要，因此需要研究不同类型的模型之间的耦合，耦合效果直接影响溢油模型的精度；其二，在不同的风险区域，溢油系统对分辨率要求具有差异性，目前缺少对分辨率可调节性的研究；其三，溢油发生后，其有害影响具有持久性，当前的研究大多集中于溢油发生后较短一段时间对社会经济与环境的影响，缺乏对溢油影响的长期有效跟踪；其四，溢油是全球性问题，其影响也不仅限于某一区域，当前的研究大都针对某一确定区域建立溢油模型，缺乏对全球性溢油仿真决策系统的研究。因此，未来的研究应集中于：模型耦合性研究（如海气耦合）；通过模型相互嵌套的方法解决模型采用不同分辨率的问题；结合水动力模型对长期存在有害物质（如烃类）的扩散进行研究；使用各种有效模型与数据，建立全球性的溢油预报模拟系统。努力解决这些问题，及时开展相关研究，能够充分发挥水动力模型在溢油研究中的作用，推动溢油仿真模拟系统在实际中的应用。

其次，通过Delft 3D建立了适用于渤海蓬莱19-3油田溢油事故的三维数值模型。渤海海域夏季水平温盐差异较大，相比于近岸海域，溢油点附近的渤海中部海域具有高盐度、低温度的特点。特别是对于海温而言，夏季海气能量交换强烈，导致渤海中部出现较强的温度分层，进而导致海水密度发生变化。海水密度的差异造成了溢油点附近西北向的密度流，该流的流向与模型中模拟的溢油扩散方向是一致的。通过与卫星遥感影像的对比，溢油模拟结果与其在海面的实际扩散情况大体一致。不过尚存在一些因素导致模型并不完全理想。第一，模拟的前提是假定溢油的扩散未受到人工打捞及救援工作的影响。不过，事实上，在发现溢油之初，国家海洋局与康菲石油中国有限公司（COPC）便采用了一系列的技术手段对溢油进行清理，包括使用围油栏对溢油进行围控，利用收油机将海表溢油回收等措施。很明显，相关的措施阻止了溢油进一步扩散，但也会导致模拟结果与溢油扩散的实际范围之间存在出入。第二，由遥感信息可知，实际上油膜在海面呈现块状分布，这是由于较大的海浪会导致油膜呈现破碎化，这种情况难以通过水动力模型加以预测。第三，2011年第5号热带风暴“米雷”于2011年6月26日在威海荣成登陆，虽然该台风不曾直接经过溢油点附近区域，但实际却会在某种程度上影响油膜的最终扩散。在这种情况下，单纯的海洋模型难以应对。

最后，通过对海-气-浪-沉积输运耦合模型（COAWST）加以更改，模拟了2011年蓬莱19-3油田溢油事故中海洋溢油在热带风暴“米雷”经过时的扩散轨迹，并与卫星遥感影像获得的观测数据进行了对比。通过分析，可知海气耦合模型能够较好地模拟海表溢油扩散。鉴于本研究采用的水动力模型ROMS与Delft 3D不同，暂未将两者结果进行对比。为了获取更高精度的溢油漂移扩散结果，将进一步增大网格的空间分辨率，将网格嵌套后的分辨率提高到1km（网格嵌套之后），以替换当前分辨率约为6km的网格。

海洋溢油行为归宿的数值模拟是模拟溢油事故发生后，油膜在流场、风力、波浪等多种外力因素共同作用下的迁移及石油自身的物理化学过程。从内容来说，海洋溢油模型涉及海洋动力学、环境流体力学、海洋气象学、物理化学等多种交叉学科，专业性较强；从影响来说，海洋溢油模型的建立对突发性溢油事故的应急计划具有重要意义，同时，在缩小海洋溢油污染范围及保护海洋生态环境和沿岸经济社会发展方面具有显而易见的作用。很早之前，关于如何在溢油发生后快速有效地防止溢油扩散、控制溢油污染、降低溢油对周边环境的危害，便是溢油灾害研究者研究的重点内容，引起了研究人员的广泛关注，已成为了该领域学术界的研究热点。尽管如此，由于海洋溢油问题涉及学科较多，具有相当的复杂性，因此目前针对海洋溢油模型的研究尚不成熟，未来的海洋溢油模型研究应着重聚焦于以下几个方面。

（1）紧跟现代观测技术，提高原始数据的精度。海洋溢油模型的建立与验证需要大量的实测数据，如大范围的风场、气压，以及复杂的地形及潮汐数据等。若使模型结果更加精确，精确的输入数据与验证数据必不可少。随着3S（GIS，RS，GPS）技术等新兴观测技术与数据处理技术的发展，以及海洋卫星观测技术的提高，科学界已经积累了大量的海面资料数据，如海表风力、海表气压等。此外，海洋溢油事故发生后，海洋遥感卫星可以用来监测海表溢油扩散情况及附近的海流、风浪等环境要素。未来的研究中，运用各种不断更新的技术观测资料，借以不断提高溢油模型的精度，是面临的课题之一。

（2）溢油模拟过程中充分考虑人工应急过程。传统的溢油应急方法主要包括物理方法、化学方法、生物方法及现场燃烧方法。物理方法是指在溢油发生后，采用机械措施防止溢油进一步扩散，包括使用围油栏对溢油进行围控、使用收油机回收溢油等；化学方法主要是指采用化学分散剂降低油水之间的界面张力，以利于石油在海中尽快分解；生物方法是指利用能够促进石油降解的微生物加速石油的降解；现场燃烧方法是指在溢油发生后的较短时间内，将水面溢油点燃以防止其进一步扩散。随着溢油事故处理能力的增强，这些技术方法的应用势必会对溢油的漂移、扩散过程产生重要影响，国外已有相关溢油模拟系统（如OSCAR）考虑了溢油打捞因素，但准确性有待进一步提高。因此研究如何合理地将这些人为因素加入溢油漂移、扩散模拟过程，使预测的溢油行为归宿结果更为科学，是接下来需要探讨的问题。

（3）进一步加强不同类型模型，特别是海气模型之间的耦合在溢油研究中的应用。海气相互作用是大气海洋物理机制研究中的重要内容，目前仍存在一些问题。本章已针对海气耦合模型在溢油研究中的应用作了初步探讨，并将其应用在蓬莱19-3油田溢油事故中。相信随着对海气相互作用机制理解的逐步加深，海气耦合模型将会得到进一步发展。将成熟的耦合模型应用于溢油模拟研究，进一步提高模型的精度，是未来需要解决的问题。

参考文献

邓健, 黄立, 赵前, 等. 2011. 基于一、二维水动力耦合模拟的三峡库区溢油预测模型研究. 武汉理工大学学报(交通科学与工程版), (4): 793-797.

郭良波, 于晓杰. 2011. 番禺4-2油田溢油数值模拟. 海洋湖沼通报, (3): 129-138.

郭为军. 2011. 三维溢油数值模式研究及其在近海的应用. 大连理工大学博士学位论文.

黄立文, 陈蜀喆, 邓健, 等. 2013. 三峡库区不同水位期船舶溢油控制策略研究. 武汉理工大学学报(交通科学与工程版). 37(5): 904-908.

黄毅峰, 许婷, 刘涛, 等. 2011. 瓯江口航道海域溢油扩散数值模拟. 水道港口, 32(5): 373-380.

蒋小平, 刘春霞, 齐义泉. 2009. 利用一个海气耦合模式对台风 Krovanh的模拟. 大气科学, 33(1): 99-108.

李涛, 周广庆. 2010. 一个东亚区域海气耦合模式初步结果. 科学通报, 55(9): 808-819.

李彤, 谢志宜. 2013. 水上事故溢油漂移轨迹预测模型研究与应用. 环境科学与管理, 38(7): 56-61.

李燕, 杨逸秋, 潘青青. 2017. 海上溢油数值预报技术研究综述. 海洋预报, 34(5): 89-98.

彭世球, 刘段灵, 孙照渤, 等. 2012. 区域海气耦合模式研究进展. 中国科学, 42: 1301-1316.

王翠, 郭洲华, 李青生, 等. 2014. 基于MIKE SA模型的厦门西港海域溢油影响的数值模拟研究. 应用海洋学学报, (2): 229-235.

王璟. 2012. 渤海海域夏季环流及其对溢油漂移影响的数值模拟. 中国海洋大学硕士学位论文.

王祥. 2010. 三峡库区溢油模拟及应急对策研究. 武汉理工大学硕士学位论文.

许婷. 2011. 厦门港刘五店航道海域溢油扩散数值模拟. 海洋学研究, (1): 90-95.

臧士文. 2011. 基于FVCOM模型的二维海上溢油数值模拟研究. 大连理工大学硕士学位论文.

张彩霞. 2013. 乐清湾溢油数值模拟研究. 中国海洋大学硕士学位论文.

张帆, 黄立文, 邓健, 等. 2011. 重庆主城区江段溢油模型及数值试验研究. 武汉理工大学学报(交通科学与工程版), 35(1): 87-90.

赵东波, 姬厚德, 杨顺良, 等. 2011. NOAA的GNOME溢油模型在媚洲湾的应用. 台湾海峡, 30(3): 341-348.

Akbar M, Aliabadi S, Patel R, et al. 2013. A fully automated and integrated multi-scale forecasting scheme for emergency preparedness. Environmental Modelling & Software, 39(39): 24-38.

Aldrian E, Sein D V, Jacob D. 2005. Modeling Indonesian rainfall with a coupled regional model. Climate Dynamics, 25(1): 1-17.

Bao X W, Gao G P, Yan J. 2001. Three dimensional simulation of tide and tidal current characteristics in the East China Sea. Oceanologica Acta, 24(2): 135-149.

Bi H P, Si H. 2014. Numerical simulation of oil spill for the Three Gorges Reservoir in China. Water and Environment Journal, 28(2): 183-191.

Blumberg A F, Mellor G L. 1983. Diagnostic and prognostic numerical circulation studies of the South Atlantic Bight. Journal of Geophysical Research: Oceans, 88(C8): 4579-4592.

Bostanbekov K A, Jamalov J K, Kim D K. et al. 2013. Integrated workflow-based system for risk mapping of oil spills with using high performance cluster. International Journal of New Computer Architectures and Their Applications, 3(4): 115-132.

Carbajal N. 2000. A criterion to locate regions with anticyclonic tidal current rotation. Continental Shelf Research, 20(3): 281-292.

Dalyander P S, Long J W, Plant N G, et al. 2014. Assessing mobility and redistribution patterns of sand and oil agglomerates in the surf zone. Marine Pollution Bulletin, 80(1-2): 200-209.

Egbert G D, Erofeeva S Y. 2002. Efficient inverse modeling of barotropic ocean tides. Journal of Atmospheric and Oceanic Technology, 19(2): 183-204.

Fang G H, Wang Y G, Wei Z X, et al. 2004. Empirical cotidal charts of the Bohai, Yellow, and East China Seas from 10 years of TOPEX/Poseidon altimetry. Journal of Geophysical Research: Oceans, 109: C11006.

Fang G H, Yang J F. 1985. A two-dimensional numerical model of the tidal motions in the Bohai Sea. Chinese Journal of Oceanology and Limnology, 3(2): 135-152.

Guan B X. 1994. Patterns and structures of the currents in Bohai, Huanghai and East China Seas. *In*: Zhou D, Liang Y B, Zeng C K. Oceanology of China Seas. Dordrecht: Springer: 17-26.

Guo J, Liu X, Xie Q. 2013. Characteristics of the Bohai Sea oil spill and its impact on the Bohai Sea ecosystem. Chinese Science Bulletin, 58(19): 2276-2281.

Guo W J, Wang Y X. 2009. A numerical oil spill model based on a hybrid method. Marine Pollution Bulletin, 58(5): 726-734.

Guo X Y, Yanagi T. 1998. Three-dimensional structure of tidal current in the East China Sea and the Yellow Sea. Journal of Oceanography, 54(6): 651-668.

Hamrick J M. 1992. A three-dimensional environmental fluid dynamics computer code: theoretical and computational aspects. The College of William and Mary, Virginia Institute of Marine Science, Special Report, 317: 1-63.

JKim T H, Yang C S, Oh J H, et al. 2014. Analysis of the contribution of wind drift factor to oil slick movement under strong tidal condition: Hebei Spirit oil spill case. Plos One, 9(1): e87393.

Knutson T R, Tulyea R E, Kurihara Y. 1998. Simulated increase of hurricane intensities in CO_2-warmed climate. Science, (279): 1018-1020.

Lemos A T, Soares I D, Ghisolfi R D, et al. 2009. Oil spill modeling off the Brazilian eastern coast: the effect of tidal currents on oil fate. Revista Brasileira de Geofísica, 27(4): 625-639.

Liu G M, Wang H, Sun S, et al. 2003. Numerical study on density residual currents of the Bohai Sea in summer. Chinese Journal of Oceanology and Limnology, 21(2): 106-13.

Liu X, Guo J, Guo M X, et al. 2015. Modelling of oil spill trajectory for 2011 Penglai 19-3 coastal drilling field, China. Applied Mathematical Modelling, 39(18): 5331-5340.

Mao X Y, Jiang W S, Zhao P, et al. 2008. A 3-D numerical study of salinity variations in the Bohai Sea during the recent years. Continental Shelf Research, 28: 2689-2699.

Miglietta M M, Moscatello A, Conte D, et al. 2011. Numerical analysis of a Mediterranean 'hurricane' over south-eastern Italy: Sensitivity experiments to sea surface temperature. Atmospheric Research, 101(1-2): 412-426.

Mitra D S, Majumdar T J, Ramakrishnan R, et al. 2013. Detection and monitoring of offshore oil seeps using ERS/ENVISAT SAR/ASAR data and seep-seismic studies in Krishna-Godavari offshore basin, India. Geocarto International, 28(5): 404-419.

Olabarrieta M, Warner J C, Armstrong B, et al. 2012. Ocean-atmosphere dynamics during Hurricane Ida and Nor'Ida: an application of the coupled ocean-atmosphere-wave-sediment transport (COAWST) modeling system. Ocean Modelling, (43-44): 112-137.

Pan G C, Qiu S Y, Liu X, et al. 2015. Estimating the economic damages from the Penglai 19-3 oil spill to the Yantai fisheries in the Bohai Sea of northeast China. Marine Policy, 62: 18-24.

Qing S, Zhang J, Cui T W, et al. 2013. Retrieval of sea surface salinity with MERIS and MODIS data in the Bohai Sea. Remote Sensing of Environment, 136: 117-125.

Reed M, Dating P S, Brandvik P J, et al. 1993. Laboratory tests, experimental oil spills, models and reality: the Braer oil spill. Proceedings of the 16th Arctic and Marine Oil Spill Program technical Seminar: 203-209.

Rosenfeld D, Clavner M, Nirel R. 2011. Pollution and dust aerosols modulating tropical cyclones intensities. Atmospheric Research, 102(1-2): 66-76.

Rubinstein R Y, Kroese D P. 2011. Simulation and the Monte Carlo Method. New Jersey: Wiley.

Sasaki H, Kurihara K, Takayabu I, et al. 2006. Preliminary results from the coupled atmosphere-ocean regional climate model at the Meteorological Research Institute. Journal of the Meteorological Society of Japan. Ser. Ⅱ, 84(2): 389-403.

Tang H S, Qu K, Wu X G. 2014. An overset grid method for integration of fully 3D fluid dynamics and geophysics fluid dynamics models to simulate multiphysics coastal ocean flows. Journal of Computational Physics, 273: 548-571.

Wang J H, Shen Y M, Guo Y K. 2010. Seasonal circulation and influence factors of the Bohai Sea: A numerical study based on Lagrangian particle tracking method. Ocean Dynamics, 60(6): 1581-1596.

Warner J C, Armstrong B, He R, et al. 2010. Development of a coupled ocean-atmosphere-wave-sediment transport (COAWST) modeling system. Ocean Modelling, 35(3): 230-244.

Weisberg R H, Zheng L, Liu Y, et al. 2016. Did Deepwater Horizon hydrocarbons transit to the west Florida continental shelf? Deep Sea Research Part Ⅱ: Topical Studies in Oceanography, 129: 259-272.

Wu D X, Wan X Q, Bao X W, et al. 2004. Comparison of summer thermohaline field and circulation structure of the Bohai Sea between 1958 and 2000. Chinese Science Bulletin, 49(4): 363-369.

Xu H L, Chen J N, Wang S D, et al. 2012. Oil spill forecast model based on uncertainty analysis: a case study of Dalian oil spill. Ocean Engineering, 54: 206-212.

Yu F J, Yao F X, Zhao Y, et al. 2016. i4OilSpill, an operational marine oil spill forecasting model for Bohai Sea. Journal of Ocean University of China, 15(5): 799-808.

Zafirakou-Koulouris A, Koutitas C, Sofianos S, et al. 2012. Oil spill dispersion forecasting with the aid of a 3D simulation mode. Journal of Physical Science and Application, 2(10): 448-453.

Zhang Y, Wen X Y, Jang C J. 2010. Simulating chemistry-aerosol-cloud-radiation-climate feedbacks over the continental US using the online-coupled weather research forecasting model with chemistry (WRF/Chem). Atmospheric Environment, 44(29): 3568-3582.

Zheng L Y, Weisberg R H. 2012. Modeling the west Florida coastal ocean by downscaling from the deep ocean, across the continental shelf and into the estuaries. Ocean Modelling, 48: 10-29.

第三篇

陆海生态系统演变及其影响

第十七章

黄河三角洲滨海湿地演变过程与驱动机制①

① 本章作者：韩广轩，王光美，谢宝华

黄河三角洲是中国大河三角洲中海陆变迁最活跃的地区，特别是黄河口地区造陆速率之快、尾闾迁徙之频繁，更为世界所罕见（尹明泉和李采，2006）。黄河三角洲演变受黄河水沙条件和海洋动力作用的制约，黄河来沙使海岸堆积向海洋推进，海洋动力作用又使海岸侵蚀向陆地推进。几十年来，受流域气候变化和人类活动的影响，入海水沙条件发生变化，河-海动力力量的对比也随之改变，入海泥沙在河口的输移、沉积模式和三角洲海岸形态亦会对此做出响应，导致河口三角洲出现延伸或遭受侵蚀。人类活动对环境的影响日益加剧，化石燃料燃烧、土地利用方式变更及化学肥料的大量施用，导致黄河三角洲地区氮磷元素不断增加。同时大气氮沉降也是黄河三角洲滨海区域土壤氮的重要来源。

本章基于1976～2009年的23期遥感影像，并结合利津站水沙数据及黄河流域年均降水量数据，定量分析黄河入海水沙特征和黄河三角洲演变过程及其驱动机制；通过设置控制试验探究氮磷供应条件变化对黄河三角洲滨海湿地植物群落结构的影响；设置氮沉降模拟试验样地，研究大气氮沉降增加对滨海湿地生态系统的影响，揭示滨海湿地生态系统结构与功能对不同形态和不同浓度的大气氮沉降的响应。

第一节　黄河三角洲岸线演变与洲体发育

自20世纪50年代以来，国内外学者已在黄河三角洲水文特征（丁艳峰和潘少明，2007）、泥沙输移规律（王崇浩等，2008；彭俊和陈沈良，2009）、河流流路演变（黄海军和樊辉，2004）、三角洲冲淤变化与岸线变迁（崔步礼等，2006；何庆成等，2006；许炯心，2007）、湿地景观（杨敏等，2008）等方面开展了大量研究，为黄河三角洲的科学研究和保护开发提供了重要的理论基础和实践指导。

黄河挟带大量泥沙填充渤海，使黄河平均每年向海延伸2.2km，年均造陆20～30km^2（宗秀影等，2009），成为我国最后一块尚未完全开发的三角洲。黄河三角洲自然资源丰富，特别是拥有未利用土地5400km^2，这在近年来我国政府严格控制建设用地的背景下，已成为独一无二的稀缺资源。2009年11月，《黄河三角洲高效生态经济区发展规划》得到国务院正式批复，标志着黄河三角洲地区的发展上升为国家战略。随着黄河三角洲地区的建设和开发，对黄河口研究的需求更加迫切。1976年黄河入海口由刁口河改道清水沟流路，至今已行水30多年，巨量泥沙的输入使近岸浅水区淤积出新的三角洲舌状体。因此，本节以清水沟流路河口三角洲为研究对象，提取了三角洲岸线和面积等空间数据，分析了1976年以来黄河三角洲的演变过程及其阶段性特征，并结合利津站水沙通量数据，采用数理统计方法，探讨了黄河三角洲演变的驱动机制，旨在进一步完善黄河三角洲演变研究，为该区域的生态保护与生态建设提供科学依据。

研究中，1976年、1977年、1979年、1981年、1984～1987年、1989年、1991～2001年、2004年、2006年和2009年Landsat MSS和TM遥感影像源于中国科学院地理科学与资源研究所资源环境科学数据库。1976～2008年的径流量和输沙量数据源于利津站的实测数据及中国水利部黄河水利委员会发布的《黄河水资源公报》（1998～2008年）；1976～2008年黄河流域降水量数据引自许炯心（2007年）及《黄河水资源公报》（1998～2008年）。

海岸线是水陆交界线，它随潮汐的运动在一定范围内移动。黄河三角洲岸滩坡度极平缓（2/10 000～7/10 000），潮位变化对水陆边界线影响较大。因此，正确提取岸线是三角洲演变过程分析的前提。有研究者曾用低潮线法（Yang et al.，1999）、平均高潮线法（黄海军和樊辉，2004；崔步礼等，2006）、潮位和坡度改正法（黄海军等，1994）等提取黄河三角洲岸线。在缺乏潮位和地形资料的情况下，平均高潮线法是一种切实可行的方法，能够满足宏观分析所需的精度（吉祖稳等，1994）。采用计算机自动提取和人工目视解译相结合的方法（樊彦国等，2009），以平均高潮线为岸线，对黄河三角洲进行岸线提取。

采用SPSS12.0统计分析软件，运用线性回归方法分析1976～2008年利津站径流量和输沙量的变化趋势；运用相关分析方法分析利津站径流量与输沙量之间的关系；运用线性回归方法分析1976～2009年黄河三角洲岸线和面积的变化趋势；运用非线性回归方法分别分析黄河三角洲岸线、面积与累计径流量和输沙量之间的关系。在SigmaPlot 9.0软件中进行绘图。

一、黄河三角洲水沙通量特征

1976～2008年，黄河利津站年径流量和年输沙量呈现出年际变化大和丰枯水（沙）年交替的特征，但总体均呈现出下降趋势（图17.1）。研究期间，利津站年均径流量为207.47×$10^8$$m^3$，1983年的径流量（496.0×$10^8$$m^3$）最大，1997年的径流量（18.6×$10^8$$m^3$）最小，年径流量的变异系数为58.0%；年均输沙量为4.63×$10^8$$m^3$，1981年输沙量（11.5×$10^8$t）最大，1997年输沙量（0.16×$10^8$t）最小，年输沙量的变异系数为73.8%。

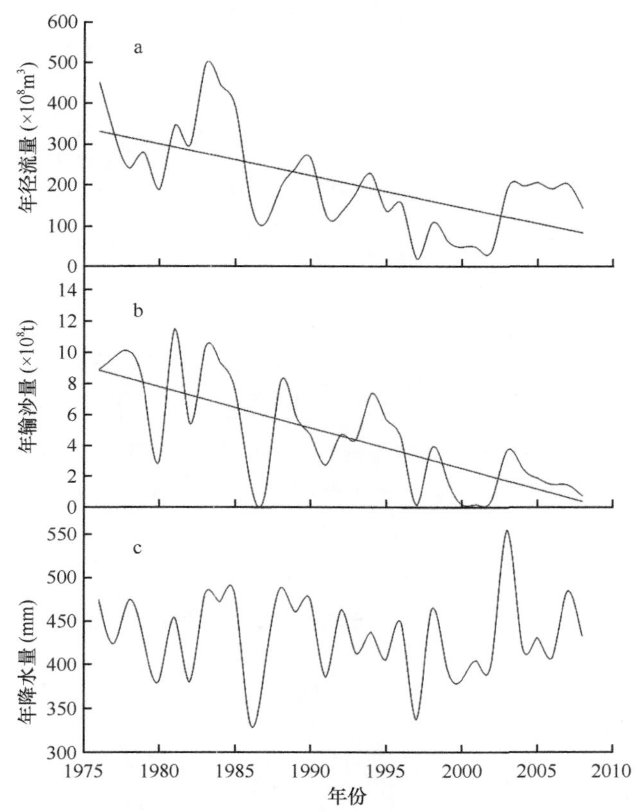

图17.1　1976～2008年利津站年径流量和年输沙量及黄河流域年降水量

在利津站年径流量和年输沙量整体下降的趋势中，2002年后年径流量却明显增加，2005年和2007年的径流量均超过200×$10^8$$m^3$，接近多年平均径流量；输沙量在2003年显著增加，达到3.69×10^8t，其后又呈减小趋势。黄河流域自1999年起实行流域水资源统一配置，有效遏制了下游断流的发生；2002～2009年进行了9次调水调沙，这两项人工干预措施使黄河口的水沙环境发生了较明显的改善。

研究期间，黄河利津站输沙量与径流量之间呈极显著正相关关系（图17.2）。

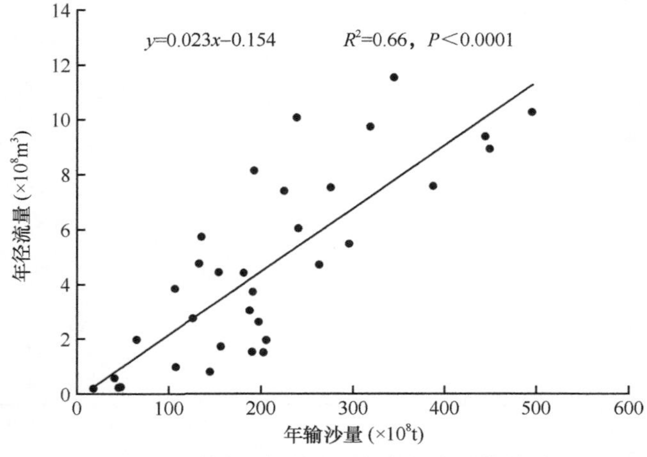

图17.2　利津站年输沙量与年径流量的关系

二、黄河三角洲岸线和面积的演变过程

1976～2009年，黄河三角洲岸线和面积的总体变化趋势都是淤积增长：其间，三角洲岸线净增长62.13km，年均增长1.88km；三角洲面积净增长322.49km^2，年均增长9.77km^2。由图17.3可以看出，1976～1995年、1996～2004年先后淤积出了清水沟和清8汊两个鸟嘴状沙嘴。1976～1995年该三角洲岸线净增长50.18km，面积净增长225.89km^2；1996年黄河改道清8汊流路后至2009年间，该三角洲岸线净增长11.95km，面积净增长96.6km^2。

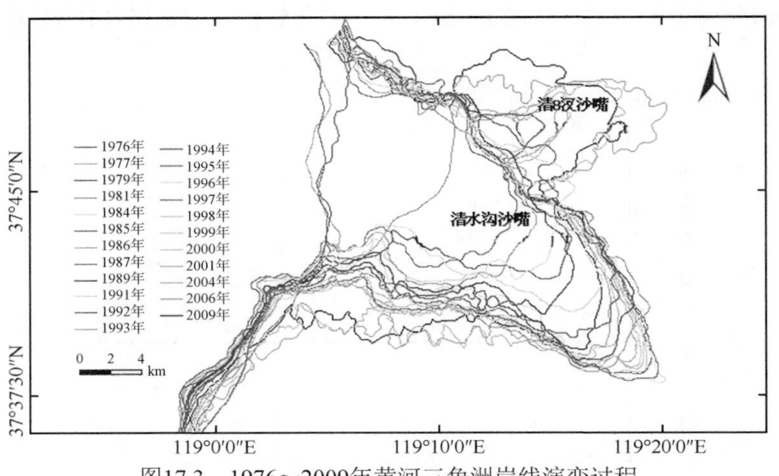

图17.3　1976～2009年黄河三角洲岸线演变过程

根据河道的摆动规律、三角洲岸线长度和陆地面积的增长趋势，清水沟流路河口三角洲的发育过程可分为3个阶段：1976～1985年，河口地区岸线增长较快，沙嘴迅速向海突伸，三角洲岸线年均延伸3.63km，面积年均增长16.26km^2；1986～1995年，河口岸线也呈增长趋势，但陆地向海延伸速度变慢，岸线年均延伸2.13km，面积年均增长9.79km^2；1996～2009年，黄河通过人工改道在清8汊流路向东北方向注入渤海，河口地区岸线和面积在剧烈波动中增长，岸线年均延伸0.85km，面积年均增长6.90km^2（图17.4）。

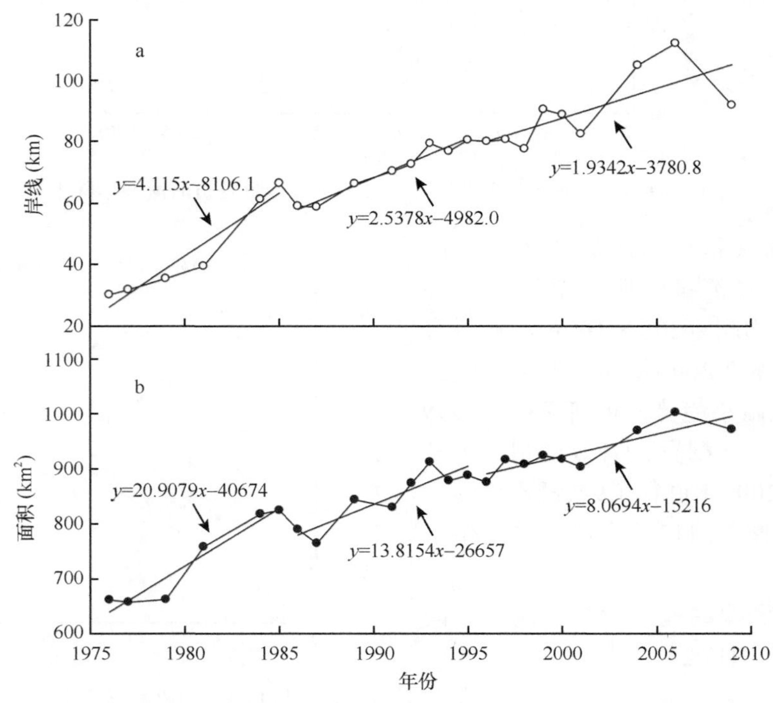

图17.4　1976～2009年黄河三角洲岸线和面积的变化趋势

回归分析表明，1976～1985年、1986～1995年和1996～2009年3个阶段，黄河三角洲岸线和面积与年份均呈极显著线性相关关系（图17.4），黄河三角洲岸线和面积的增长速率总体呈下降趋势（表17.1）。

表17.1 1976～2009年黄河三角洲各时段的演变过程

阶段	岸线		面积		年均径流量（$\times10^8m^3$）	年均输沙量（$\times10^8t$）
	回归方程	增长速率（km/a）	回归方程	增长速率（km^2/a）		
1976～1985年	$y=4.115\,5x-8\,106.1$，$R^2=0.922$，$P<0.01$	3.63	$y=20.907\,9x-40\,674$，$R^2=0.924$，$P<0.01$	16.26	344.86（189.00～496.00）	8.33（3.07～11.50）
1986～1995年	$y=2.537\,8x-4\,982.0$，$R^2=0.959$，$P<0.001$	2.13	$y=13.815\,4x-26\,657$，$R^2=0.079\,9$，$P<0.01$	9.79	177.18（108.45～264.40）	4.63（0.95～8.11）
1996～2009年	$y=1.934\,2x-3\,780.8$，$R^2=0.512$，$P<0.05$	0.85	$y=8.069\,4x-15\,216$，$R^2=0.757$，$P<0.01$	6.90	125.10（18.60～207.10）	1.78（0.16～4.40）

三、黄河三角洲岸线和面积演变的驱动机制

黄河入海水沙高度相关（$R^2=0.812$，$P<0.001$），且黄河来沙是三角洲发育的物质基础，所以在分析黄河三角洲演变过程与河流水沙通量的关系时，仅讨论黄河输沙量对三角洲演变过程的影响。回归分析表明，黄河三角洲岸线和面积与累计输沙量之间均呈显著的指数关系（图17.5）。

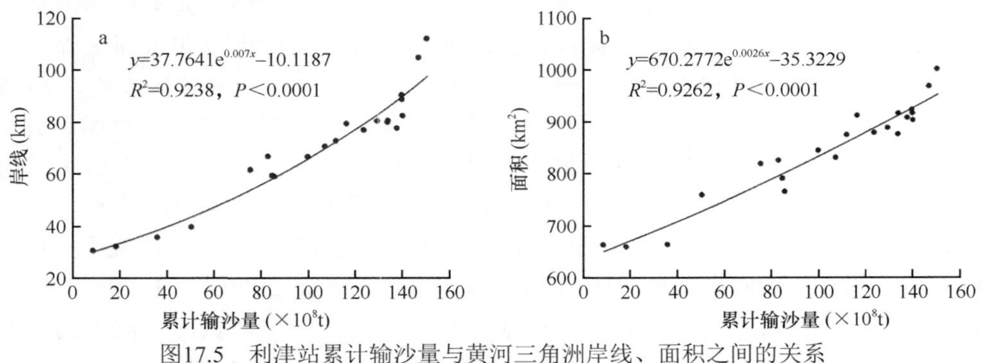

图17.5 利津站累计输沙量与黄河三角洲岸线、面积之间的关系

1996～2001年，黄河进入枯水枯沙期，黄河下游连年断流，年输沙量仅1.80×10^8t，特别是1997年的输沙量仅0.16×10^8t。1996～2001年，黄河三角洲处于淤积与侵蚀的交替波动状态，整体虽处于增加趋势，但岸线增长速率仅0.42km/a，面积年均增加$4.64km^2$。2002年小浪底水库开始调水调沙，利津站入海水沙量才有所增加。2002～2006年，连续进行了5次调水调沙，2.51×10^8t泥沙被输送入海，加之该时期黄河年径流量有所增大，因此黄河口岸线和面积均明显增加。2006年后，黄河输沙量减少，河口向外延伸速率放慢，并出现蚀退，使三角洲岸线和面积均减少（图17.4）。由此可见，黄河三角洲造陆速率与利津站年输沙量有密切的正相关关系，两者随时间的变化具有同步性（许炯心，2007）。

1976～2008年，黄河流域降水量与利津站径流量和输沙量之间具有显著的相关关系（图17.6）。而且，黄河流域降水量的年际波动与利津站输沙量的年际波动保持着同步性（图17.1）。这说明该区降水量的年际波动是引起径流量和输沙量波动的重要原因。

四、结论与讨论

黄河三角洲的发展与演化受入海水沙条件和海洋动力作用的双重制约，前者使三角洲岸线向海延伸，后者使三角洲岸线向陆蚀退（彭俊和陈沈良，2009）。1976年黄河人工改道清水沟流路以来，黄河三角洲岸线和面积演变与利津站累计输沙量之间均呈显著的指数函数关系，说明黄河泥沙是决定黄河三

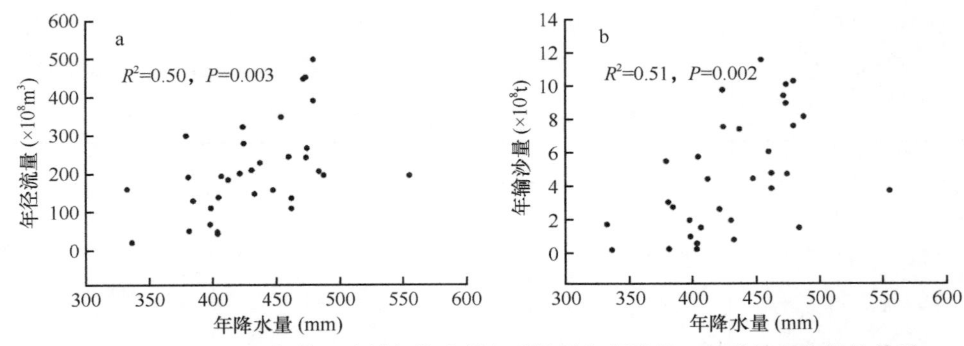

图17.6　1976～2008年黄河流域年降水量与利津站年径流量、年输沙量之间的关系

角洲岸线和陆地面积演变的主要因素。由于清水沟流路河口海岸是以河流供沙为主要物质来源的岸段（杨伟等，2010），因此黄河口海岸线和陆地面积的增减主要取决于黄河水沙条件。这与许多研究结果（黄海军和樊辉，2004；崔步礼等，2006；许炯心，2007；常军等，2004；刘曙光等，2001）一致。

研究期间，黄河流域降水量的年际波动与利津站输沙量年际波动基本同步，且具有显著的相关关系，说明黄河流域降水量是影响黄河口输沙量变化的重要因素。彭俊和陈沈良（2009）的研究结果表明，1950～2007年，气候变化是黄河入海水沙量年际波动的重要影响因素。由于河流径流量是流域降水和下垫面结合的产物，因而河流径流量与流域降水量保持很好的同步性；同时，径流是泥沙的搬运载体，因此流域降水量的变化必然会导致河流输沙量改变。除气候因素外，人类活动也是影响黄河入海水沙量的重要因素。人类活动的影响主要体现在流域取水、水土保持措施和水利工程上。流域取水量的增加是造成入海径流量逐阶段减少和断流严重加剧的主要原因（丁艳峰和潘少明，2007），20世纪80年代和90年代引黄水量接近300×10^8m^3，超过黄河年均天然径流量的一半（刘昌明和成立，2000）。1950～2002年，引黄水量增加是导致黄河流域径流量减少的主要原因，其中灌溉引水量约占总引水量的85%。1950～2000年，黄河入海径流量与年净取水量之间表现出明显的负相关关系（许炯心和孙季，2003）。水土保持措施的实施，增加了入渗量，使流域侵蚀强度降低、入黄水沙减少，同时有助于改善下游河道的水沙分布状况（丁艳峰和潘少明，2007；彭俊和陈沈良，2009）。1970～1996年，水土保持后累计减少水量占黄河天然入海水量的8.5%（许炯心和孙季，2003）。黄河干流上的主要水库不但对上游来水来沙起着主要的调节作用，而且对下游河道的演变和行洪输沙能力及入海水沙的变化产生影响（彭俊和陈沈良，2009）。黄河流域已建水库3380余座，其中大型水库12座，总库容563×10^8m^3，有效库容355.6×10^8m^3，相当于利津站年均径流量的82%（黄海军和李凡，2004）。另外，始于2002年的调水调沙工程使黄河口水沙环境发生了较明显的变化（徐美等，2007），从而影响黄河三角洲发育，说明除了黄河流域降水量年际波动等自然因素，人类活动在黄河三角洲近期演变中也扮演着重要角色。

第二节　氮磷添加对黄河三角洲滨海湿地的影响

自工业革命以来，人类活动对环境的影响日益加剧，化石燃料燃烧、土地利用方式变更及化学肥料的大量施用，使活性氮化合物输入量已由1860年的15Tg上升至2011年的165～259Tg。与此同时，与氮素相比，磷素输入增加并不显著，人类活动导致氮磷输入比例达22.8～44.6，已从供应总量和供应比例两方面改变了环境的氮磷供应条件（Peñuelas et al.，2012；Carnicer et al.，2015）。

由于氮磷需求量和利用效率的差异，氮磷供应条件（包括氮磷供应总量和供应比例）的改变会导致植物间相互作用的改变，进而影响植物群落的组成和结构（Güsewell，2005a；Bobbink et al.，2010；Venterink，2011）。然而，已有研究在探讨氮磷供应条件改变对群落结构的影响时，常用单独改变某一元素供应量的方法（Bai et al.，2010），在氮磷配施时也多保持某一元素供应量恒定，改变另一元素供应量（李禄军等，2010；宗宁等，2014；高宗宝等，2017），或者保持两元素供应比例不变同时改变各自供应量（Li et al.，2015），因而不能区分氮磷供应总量和供应比例的各自效应。基于氮磷元素对植物生长的协同效应常表现为乘积效应而非加和效应，Güsewell和Bollens（2003）以氮磷分别供应量的几何平均值为氮磷供应总量的度量，设置不同氮磷供应总量水平，并在每一供应量下设置不同氮磷供应比例，清晰地评估了氮磷供应总量和供应比例对植物生长的各自影响及交互作用。这种方法在探讨氮磷供应总量和供应比例各自影响的研究中已得到广泛应用（Fujita et al.，2010；Venterink et al.，2010；Yuan et al.，2013）。然而，上述研究多为采用沙培添加营养液的短期盆栽控制试验，氮磷供应总量和供应比例对现实生态系统的影响仍有待探究。此外，受植被类型、群落组成及土壤养分本底等因素的影响，生态系统对氮磷供应条件改变的响应并不一致。施氮和氮磷混施显著降低了科尔沁沙质草地群落物种丰富度和多样性，单施磷肥则对其无显著影响（李禄军等，2010）。内蒙古贝加尔针茅草原植物多样性随养分添加不同程度减少，并以氮素添加效应更为显著（于丽等，2015）。在藏北高寒草甸，单独施氮提高禾草植物的重要值和生物量，但对群落盖度和生物量均无显著影响，氮磷配施则显著提高群落盖度和生物量，并有利于莎草类植物的生长（宗宁等，2014）。目前，国内相关研究集中在草原和草甸生态系统，氮磷供应条件改变对湿地生态系统植物群落结构影响的研究较为少见。

黄河三角洲滨海湿地是我国暖温带最典型的新生湿地生态系统，兼具完整性和脆弱性特点。近年来，工农业经济的迅猛发展使该区大气氮沉降加剧，生活污水和工业污水排放量逐渐增大，加之黄河无机氮、无机磷等污染物的不断输入，以及土地利用状况的改变，显著改变了该区的养分状况（Yu et al.，2016），进而可能对其生态系统结构及功能产生影响。目前，对该区群落结构的研究多集中在野外调查基础上的群落分布格局方面，氮磷供应条件变化对群落结构的影响仍有待探究。本节通过野外控制试验，参照Güsewell和Bollens（2003）方法，设置不同氮磷供应总量及供应比例，分析氮磷供应条件变化对黄河三角洲滨海湿地植物群落结构的影响，主要探讨三方面的问题：①氮磷供应总量和供应比例分别对物种多样性有何影响；②氮磷供应条件改变对该区不同优势物种的影响有何差异；③氮磷供应条件变化下，不同优势物种对群落物种多样性有何影响。

一、氮磷养分添加控制试验平台

氮磷养分添加控制试验平台如图17.7所示，该试验平台位于中国科学院黄河三角洲滨海湿地生态试验站内。试验依据Güsewell和Bollens（2003）及Güsewell（2005a）的方法设置3个氮磷供应比例处理梯度（5∶1，15∶1，45∶1），分别代表氮限制、氮磷均衡供应及磷限制条件，每一供应比例下设置3个供应量水平（低L、中M、高H），共9个处理，每个处理重复4次，另设6个对照，共42个样方，具体布设图见图17.8。试验中氮磷供应条件设置方法可以保证在评估氮磷供应比例和供应总量的效应时不会相互影响（Güsewell and Bollens，2003；Güsewell，2005a，2005b；Venterink and Güsewell，2010）。样方面积为

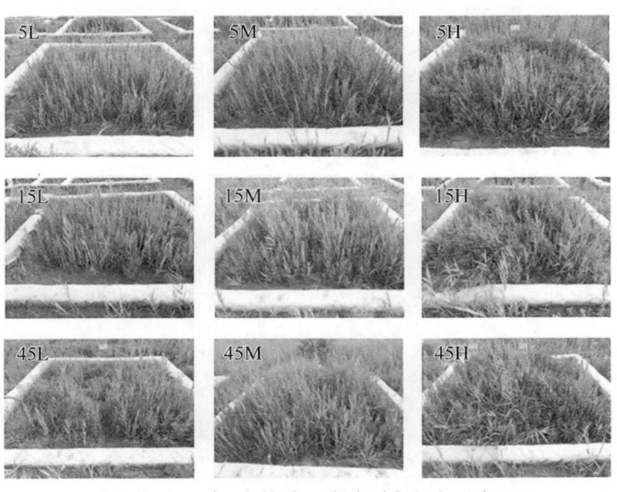

图17.7　氮磷养分添加控制试验平台

12.25m^2（3.5m×3.5m），用高度0.3m包裹有防水土工布的砌块进行围封，且为阻断所施加氮磷肥水平方向的流动，将土工布埋至砌块两侧地下40cm。各小区间设置2m间隔缓冲带。

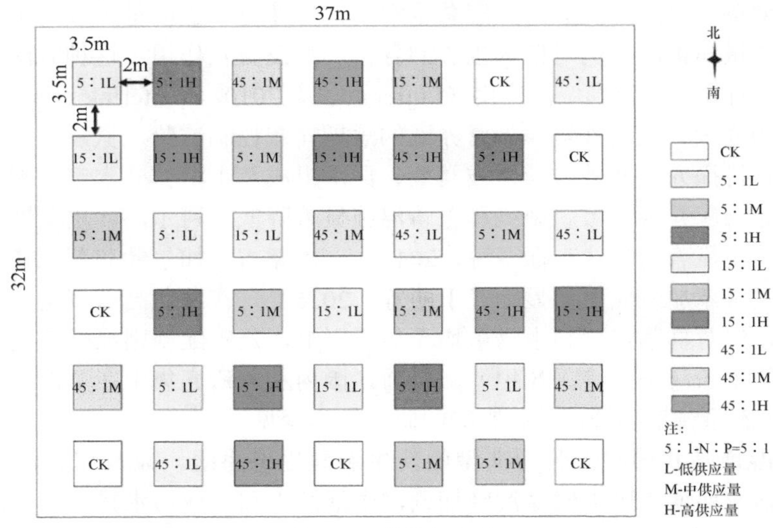

图17.8　样地布设图

各处理下N、P供应量分别按照式（17.1）和式（17.2）计算：

$$N(\mathrm{g}) = L(\mathrm{g}) \cdot \sqrt{N:P} \tag{17.1}$$

$$P(\mathrm{g}) = L(\mathrm{g}) / \sqrt{N:P} \tag{17.2}$$

式中，L(g)为氮磷供应总量水平，是氮供应量与磷供应量的几何平均值；N(g)和P(g)分别为N、P供应量。

试验区生长季大气N沉降量为2.26g/m^2（宁凯等，2015），考虑到非生长季N沉降及其他来源N输入，低供应量下氮磷均衡供应（N∶P为15∶1）时设置年N供应量为5g/m^2，以此计算出不同氮磷供应比例和供应量下每个样方的N、P供应量（表17.2），此时试验中最低N供应量（5∶1处理）为2.89g/m^2，与华北地区年大气N素混合沉降平均值（2.80g/m^2）相当（张颖等，2006）。施肥中N素通过尿素（含氮46.4%）添加，P素通过$NaH_2PO_4 \cdot 2H_2O$（含磷19.87%）添加。2015年开始施肥，之后每年4月萌芽期前及6月中下旬旺盛生长期分两次（每次50%）按表中供应量，将肥料溶解于9L水中，用喷雾器均匀喷洒在相应样方中，不施肥的对照处理喷洒等量水分，至2017年已连续施肥3年。

表17.2　不同供应条件下氮、磷元素年供应量　（单位：g/m^2）

N∶P	N供应量			P供应量		
	低供应量	中供应量	高供应量	低供应量	中供应量	高供应量
5∶1	2.89	8.67	26.01	0.58	1.73	5.19
15∶1	5.00	15.00	45.00	0.33	1.00	3.00
45∶1	8.67	26.01	78.03	0.19	0.58	1.73

二、氮磷添加对黄河三角洲滨海湿地土壤性状的影响

各氮磷供应条件下土壤pH及电导率（EC）差异较小（图17.9）。由土壤pH变化情况可知，施肥前后试验区土壤均属碱性。2015～2017年pH变异系数分别为3.14%、1.60%、1.32%，反映出其基本不受氮磷供应条件的影响；而EC在3年内的变异系数分别为34.27%、25.09%、16.54%，呈逐年降低趋势。显然，土壤EC变异程度高于pH，对氮磷供应条件变化的响应更为敏感。通过重复测量方差分析发现（表17.3），氮磷供应量和供应比例对pH均无显著影响，氮磷供应量对EC影响极显著，低供应量下EC最高，显著高于中供应量下的EC，不同年度间氮磷供应量对土壤EC的影响亦存在差异。

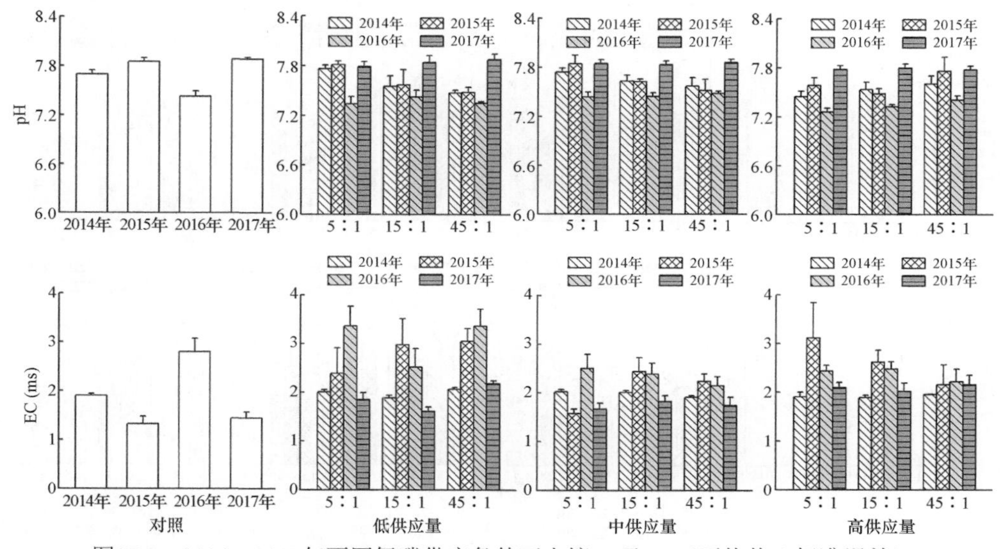

图17.9　2014～2017年不同氮磷供应条件下土壤pH及EC（平均值±标准误差）

表17.3　氮磷供应量（SL）、供应比例（SR）与年份（*Y*）对土壤pH和EC的影响

参数	df	pH		EC	
		F	*P*	*F*	*P*
SL	2	2.20	0.130	6.05	0.007
SR	2	0.75	0.481	0.07	0.933
SL×SR	4	1.79	0.161	1.85	0.149
Y	3	59.18	0.000	18.93	0.000
Y×SL	6	0.30	0.900	3.01	0.038
Y×SR	6	2.37	0.053	0.97	0.419
Y×SL×SR	12	1.40	0.207	1.30	0.276

注：df为自由度

黄河三角洲滨海湿地土壤EC在氮磷低供应量下最高，可能由于中、高供应量下植物盖度相对较高，遮阴作用减少了地表太阳辐射，土壤表面盐分积聚减弱，使土壤EC降低（李生宇等，2007）。而土壤pH基本不受氮磷供应条件的影响，其年度间的波动可能主要由自然因素变化导致。同为高盐生境，在新疆荒漠地区进行的试验显示，施肥以提高pH为主（马玉，2015），另外，在内蒙古草原施用氮磷肥则降低了土壤pH（郑海霞等，2008），反映出氮磷添加对土壤pH的影响存在地域差异。

土壤TC、TN、TP含量在各氮磷供应条件下基本无差异（图17.10）。随着氮磷供应条件改变，TN含量2015～2017年变异系数分别为21.33%、19.94%、14.64%，不同处理间波动较大，而TC、TP含量变异系数均小于10%，更为稳定。通过比较对照与氮磷添加处理下土壤TN和TP含量3年的平均值发现，氮磷添加后TN和TP含量提高，TN含量表现为以高供应量和高供应比例为最高，TP含量在高供应量和低供应比例下最高。无机氮和速效磷在土壤中的含量相对较低，其对氮磷供应条件变化响应更强烈，施肥后含量呈增加趋势，且不同处理间具有明显差异（图17.11）。

将氮磷供应比例和供应量作为固定因素，对土壤TC、TN、TP、无机氮、速效磷含量进行重复测量方差分析，结果表明（表17.4），TC、TN、TP含量均不受氮磷供应量和供应比例显著影响，即氮磷供应条件改变虽提高了土壤TN、TP含量，但影响并未达到显著水平。通过对大兴安岭草地进行连续2年施肥试验得出，氮磷添加未引起土壤N、P含量显著改变（马玉，2016）。内蒙古温带草原区域研究同样发现，氮磷供应比例和供应量改变对土壤N、P含量基本无显著影响（陈继辉等，2017）。氮磷添加后

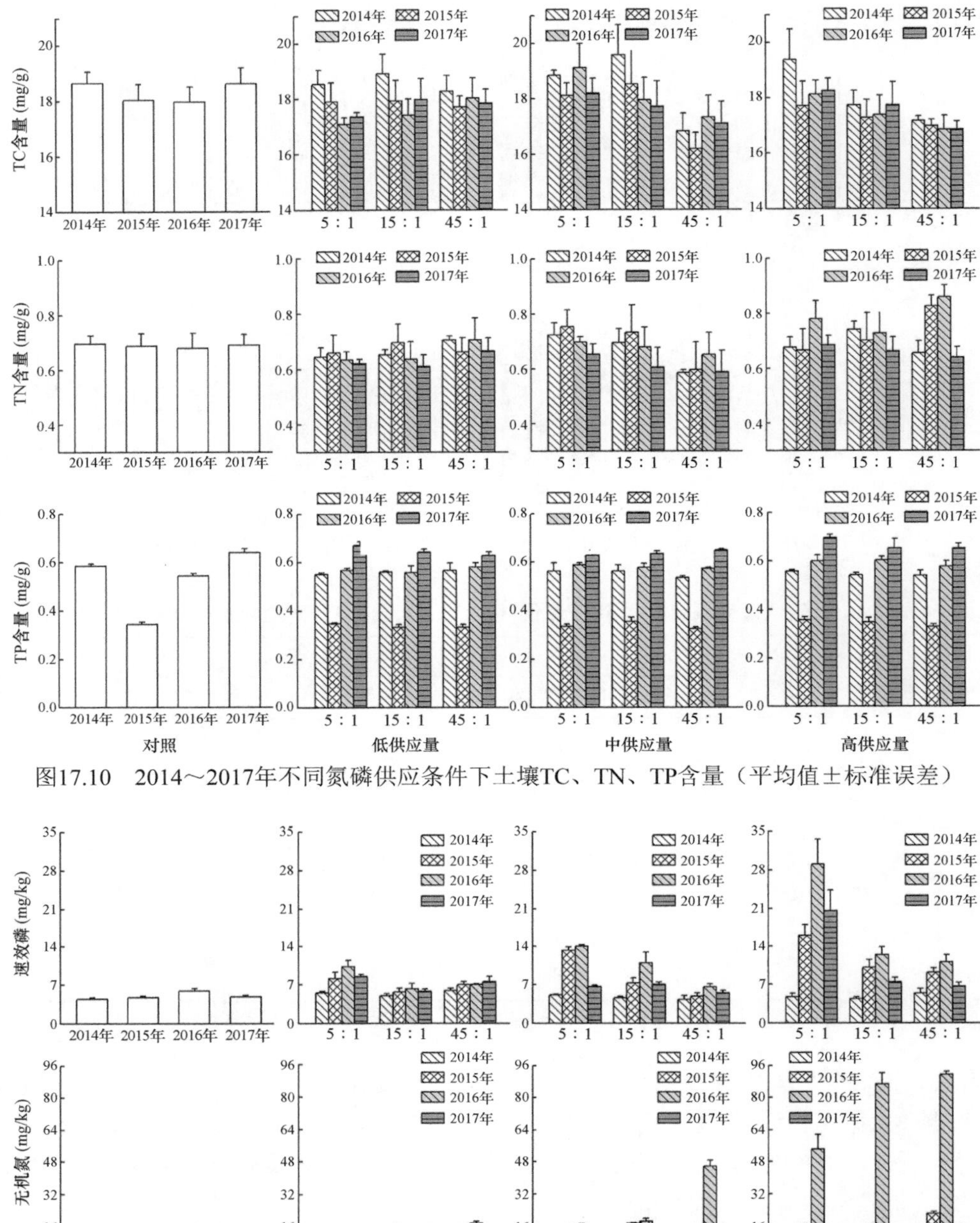

图17.10　2014～2017年不同氮磷供应条件下土壤TC、TN、TP含量（平均值±标准误差）

图17.11　2014～2017年不同氮磷供应条件下土壤无机氮及速效磷含量（平均值±标准误差）

土壤全量元素含量变化并不显著的结果主要归因于：氮磷添加对土壤微生物活性产生影响（Garcia and Rice，1994），加快微生物对土壤氮素的分解，使氮素添加并未引起土壤全氮含量显著增加（郑海霞等，2008）；氮磷添加后优势植物生长加快，氮磷养分被植物快速吸收利用，导致施加的养分并未储存到土壤中（魏金明等，2011）；同时，施肥后肥料的挥发及淋洗损失也可能是影响因素之一。

表17.4　氮磷供应量（SL）、供应比例（SR）与年份（*Y*）对土壤养分含量的影响

参数	df	TC		TN		TP		无机氮		速效磷	
		F	*P*	*F*	*P*	*F*	*P*	*F*	*P*	*F*	*P*
SL	2	0.30	0.741	1.69	0.203	0.62	0.546	229.77	0.000	21.87	0.000
SR	2	2.29	0.120	0.01	0.989	1.24	0.304	38.27	0.000	28.93	0.000

续表

参数	df	TC		TN		TP		无机氮		速效磷	
		F	*P*	*F*	*P*	*F*	*P*	*F*	*P*	*F*	*P*
SL×SR	4	1.01	0.417	0.96	0.447	0.45	0.774	8.95	0.000	7.16	0.000
Y	3	6.86	0.003	4.32	0.014	659.54	0.000	702.44	0.000	63.02	0.000
Y×SL	6	0.84	0.501	1.01	0.413	1.23	0.298	282.84	0.000	12.54	0.000
Y×SR	6	1.33	0.271	0.81	0.540	0.34	0.911	33.25	0.000	10.93	0.000
Y×SL×SR	12	1.13	0.362	0.93	0.511	0.79	0.657	12.24	0.000	5.40	0.000

注：df为自由度

对于速效养分含量，氮磷供应量和供应比例均对无机氮、速效磷含量影响显著，且二者交互作用亦具有显著影响（表17.4）。无机氮含量随氮磷供应量及供应比例增加显著提高，速效磷含量在高供应量和低供应比例下最高，即随着氮素、磷素输入量增加土壤速效养分含量相应提高（张锡洲等，2010；德科加等，2014；代景忠等，2016）。

三、氮磷添加对黄河三角洲滨海湿地植物群落结构的影响

（一）氮磷供应条件对物种多样性的影响

各处理在试验开始前本底物种多样性指数均无显著差异。随着试验进行，年度间物种多样性指数出现明显波动（图17.12）。至试验进行第2年，处理间物种多样性指数差异均已达到显著水平。

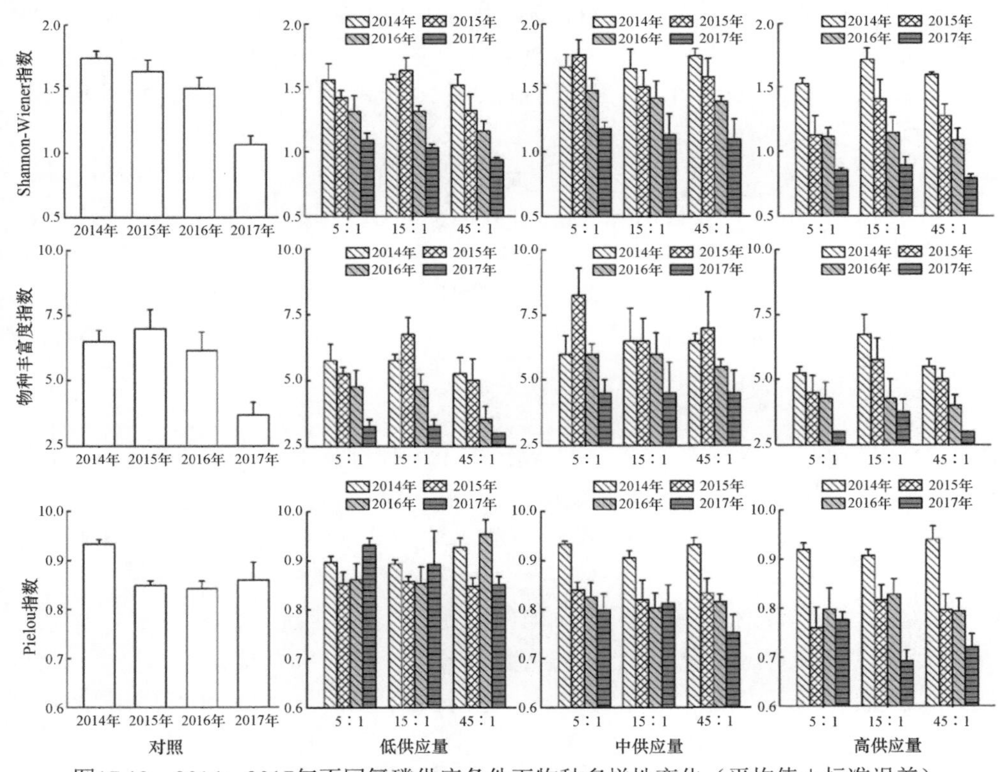

图17.12　2014～2017年不同氮磷供应条件下物种多样性变化（平均值±标准误差）

试验进行至第3年，对照及各处理间共有8种物种消失，包括假苇拂子茅（*Calamagrostis pseudophragmites*）、长裂苦苣菜（*Sonchus brachyotus*）、田菁（*Sesbania cannabina*）、大蓟（*Cirsium japonicum*）、打碗花（*Calystegia hederacea*）、节节草（*Equisetum ramosissimum*）、车前（*Plantago asiatica*）、刺儿菜（*Cirsium setosum*）等。对各物种多样性指数以氮磷供应量、供应比例和年份为固定

因素，进行重复测量方差分析，得出结果（表17.5）：各物种多样性指数均受氮磷供应量影响显著，均不受氮磷供应比例影响，且氮磷供应量、供应量比例间无显著交互作用。中供应量下，物种丰富度指数和Shannon-Wiener（香农-维纳）指数显著高于低、高供应量水平；Pielou指数则为中、高供应量水平下显著低于低供应量水平（图17.12）。2015～2017年，物种多样性受氮磷供应量影响情况亦有所不同。

表17.5　氮磷供应量（SL）、供应比例（SR）与年份（*Y*）对物种多样性指数的影响

参数	df	物种丰富度指数		Shannon-Wiener指数		Pielou指数	
		F	*P*	*F*	*P*	*F*	*P*
SL	2	7.31	0.003	8.54	0.001	18.14	0.000
SR	2	0.96	0.395	0.75	0.481	0.32	0.730
SL×SR	4	0.49	0.746	0.79	0.545	0.26	0.901
Y	3	45.78	0.000	116.39	0.000	29.40	0.000
Y×SL	6	1.58	0.185	2.81	0.015	5.98	0.000
Y×SR	6	0.43	0.810	0.79	0.584	1.79	0.112
Y×SL×SR	12	1.04	0.418	0.93	0.526	1.10	0.374

注：df为自由度

显然，黄河三角洲滨海湿地植物群落物种多样性受氮磷供应量影响显著，几乎不受氮磷供应比例影响，两者间亦无显著交互作用。目前，关于氮磷供应比例对物种多样性影响的野外研究，多为基于物种水平的盆栽模拟试验，研究结果多为植物生长均受氮磷供应量和供应比例显著影响，供应量影响程度多大于供应比例，且二者间存在显著交互作用（Güsewell and Bollens，2003；Güsewell，2005a；Venterink and Güsewell，2010；Fujita et al.，2010）。采用沙培添加营养液方法进行盆栽模拟试验，植物生境氮磷供应比例即大致等于所设定的比例，且不受氮磷供应条件之外其他因素的干扰，野外相关研究进行时存在本底营养状况干扰问题，试验设定比例与环境中比例仍有较大出入，亦存在诸多自然因素包括气温和降水等的影响，这也可能是本试验结果与之前研究有所不同的原因。并且，即便在之前盆栽模拟条件下，高氮磷供应比例也均在第2年才表现出降低营养回收效率和增加根系死亡等影响（Güsewell，2005b；Venterink and Güsewell，2010），因此植物生长受氮磷供应比例显著影响情况可能需要长期反馈观测。在野外条件下，对此控制平台已进行3年连续观测，氮磷供应比例也已初步呈现对该区植物群落的影响，因此仍需长时间尺度观测以验证具体影响机制。

（二）氮磷供应条件对优势植物重要值的影响

2014年本底调查结果中，各试验样方重要值前2位分别为碱菀（*Tripolium vulgare*）和鹅绒藤（*Cynanchum chinense*），随着试验进行，二者重要值大幅下降，碱蓬和芦苇重要值则呈上升趋势。2015年出现新物种盐地碱蓬，至2017年，其与碱蓬、芦苇已成为群落优势植物，重要值明显高于其他物种（图17.13）。

对各物种重要值以氮磷供应量、供应比例和年份为固定因素，进行重复测量方差分析，得出结果（表17.6）：氮磷供应量和供应比例均对碱蓬重要值影响显著，芦苇和盐地碱蓬则仅受氮磷供应量影响，而碱菀和鹅绒藤重要值则均不受氮磷供应条件影响，氮磷供应量和供应比例交互作用对5种植物重要值影响均未达显著水平。碱蓬重要值在高供应量、高供应比例下最高，低、中供应量及供应比例间无显著差异。芦苇重要值在低、中供应量下无显著差异，高供应量则显著降低。而盐地碱蓬重要值在低供应量下显著升高，高于中、高供应量水平。碱蓬、芦苇和盐地碱蓬重要值受氮磷供应量影响情况在2015～2017年有所不同。

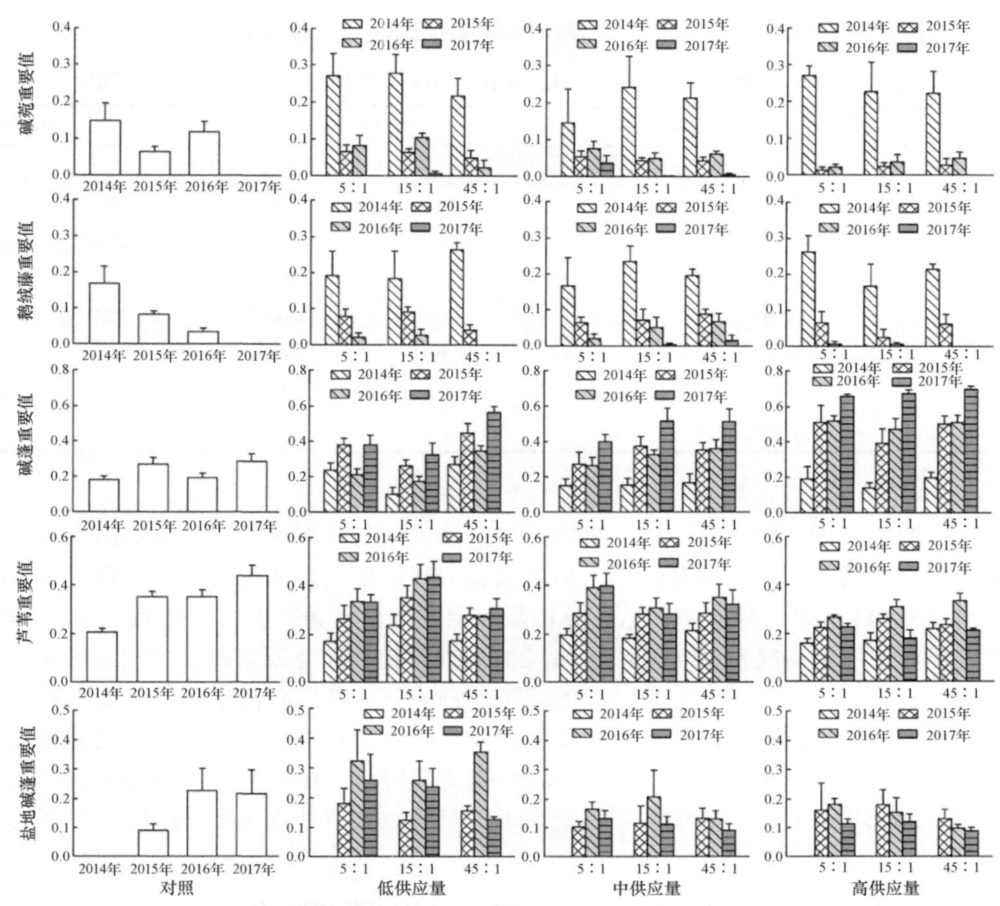

图17.13　2014～2017年不同氮磷供应条件下群落优势植物重要值变化（平均值±标准误差）

表17.6　氮磷供应量（SL）、供应比例（SR）与年份（*Y*）对5种优势植物重要值的影响

参数	df	碱菀		鹅绒藤		碱蓬		芦苇		盐地碱蓬	
		F	*P*	*F*	*P*	*F*	*P*	*F*	*P*	*F*	*P*
SL	2	1.28	0.295	0.59	0.564	12.18	0.000	3.79	0.035	4.59	0.019
SR	2	0.50	0.615	0.16	0.852	3.47	0.046	0.28	0.762	0.52	0.599
SL×SR	4	0.53	0.715	0.98	0.437	1.85	0.149	1.95	0.131	0.18	0.946
Y	3	72.18	0.000	94.91	0.000	193.73	0.000	54.78	0.000	65.00	0.000
Y×SL	6	0.79	0.486	0.65	0.577	14.90	0.000	5.25	0.001	5.42	0.000
Y×SR	6	0.15	0.893	0.26	0.837	1.66	0.142	1.41	0.238	0.75	0.615
Y×SL×SR	12	0.59	0.699	0.95	0.465	0.74	0.707	1.04	0.418	1.11	0.364

注：df为自由度

为比较氮磷供应条件对优势种重要值影响的差异，利用三因素方差分析对3年内碱蓬、芦苇和盐地碱蓬重要值进行分析发现（表17.7）：盐地碱蓬重要值在试验期间均显著低于碱蓬和芦苇，碱蓬和芦苇重要值在2016年差异不显著，但在2015年及2017年碱蓬重要值明显较高。同时，试验持续3年内，年度间三物种重要值在不同供应量水平下差异情况有所不同。2015年，低、中供应量水平下，盐地碱蓬重要值显著低于碱蓬和芦苇，而高供应量水平下碱蓬重要值显著高于芦苇和盐地碱蓬；2016年，碱蓬重要值在低供应量水平下显著低于芦苇和盐地碱蓬，中供应量水平下碱蓬和芦苇重要值显著高于盐地碱蓬，高供应量下为三物种间均差异显著，以碱蓬最高，而盐地碱蓬最低；2017年，盐地碱蓬在低供应量下显著低于碱蓬和芦苇，中、高供应量水平下碱蓬重要值最高，盐地碱蓬最低，三物种间均差异显著。而至2017年，同一供应比例下三物种重要值间也呈现显著差异，碱蓬重要值最高，盐地碱蓬最低。

表17.7　2015～2017年氮磷供应量（SL）、供应比例（SR）及物种（*S*）对优势植物重要值的影响

参数	df	2015年		2016年		2017年	
		F	*P*	*F*	*P*	*F*	*P*
SL	2	1.840	0.165	1.564	0.216	0.786	0.459
SR	2	0.442	0.657	0.206	0.814	0.034	0.967
SL×SR	4	0.510	0.729	0.217	0.928	0.031	0.998
S	2	55.392	0.000	25.655	0.000	173.985	0.000
S×SL	4	3.097	0.020	17.398	0.000	21.339	0.000
S×SR	4	1.333	0.265	1.558	0.194	3.957	0.006
S×SL×SR	8	1.025	0.424	2.029	0.053	2.538	0.016

注：df为自由度

由此可见，黄河三角洲植物群落不同优势物种受氮磷供应条件影响情况有所不同。碱菀和鹅绒藤重要值均不受氮磷供应量及供应比例显著影响，但随试验进行年度间存在明显差异。各处理下碱菀和鹅绒藤重要值在试验进行第1年即大幅下降，结果分析显示主要为自然条件变化所导致。对比2014～2017年4～6月试验区气温和降雨量情况发现（表17.8），2015年4月植物萌芽期月均温度明显低于其他年份，但月降雨量较高，在充足水分条件下，出苗较早的优势物种碱蓬、芦苇和盐地碱蓬迅速生长，株高及冠幅增加，使底层透光率降低，抑制了碱菀和鹅绒藤的萌发。同时2015～2017年，试验站其他未受施肥干扰区域也同试验区一致，表现出碱菀和鹅绒藤盖度及频度明显降低，由此印证了自然演替导致两物种重要值的下降。2015～2016年，对照及各氮磷添加处理下，芦苇重要值基本呈上升趋势，但至2017年各处理间变化趋势有所不同（图17.13）。

表17.8　2014～2017年试验区4～6月气温及降雨量

年份	气温（℃）			降雨量（mm）		
	4月	5月	6月	4月	5月	6月
2014	14.3	20.8	23.2	5.0	66.1	78.5
2015	13.0	19.5	23.5	47.0	42.6	43.5
2016	14.7	19.1	24.0	15.1	39.7	62.7
2017	14.2	22.1	24.0	8.5	53.6	126.6

作为黄河三角洲地区分布最广泛的植物之一（宗敏等，2017），芦苇生长可能受养分限制影响较小，导致其在试验初期受氮磷添加影响不明显。在2年连续进行氮磷添加的情况下，内蒙古草原典型建群种羊草种群生物量和相对生物量均与对照无明显差异，表明优势种或建群种往往可在短期内保持种群相对稳定（白雪等，2014）。同为黄河三角洲地区优势种的碱蓬和盐地碱蓬，随氮磷供应量变化其重要值所表现出的差异，充分体现了二者对养分竞争能力的不同，显然，碱蓬竞争能力明显强于盐地碱蓬（He et al.，2012），使其在养分充足的生境中更具优势。同时，二者重要值在氮磷供给相对较少情况下差异较小，但增加氮磷供应量，将拉大两者竞争能力的差距，表现为盐地碱蓬重要值显著降低而碱蓬重要值显著上升，即此消彼长的趋势。

（三）群落优势物种对物种多样性的影响

优势物种对于氮磷供应条件变化的响应，很大程度上决定着群落结构的改变。对群落优势物种重要值与物种多样性指数进行相关性分析发现（表17.9），群落物种多样性受碱蓬影响最大，3年内随着碱蓬重要值增大，物种丰富度指数和Shannon-Wiener指数均显著下降，其中2015年及2017年Pielou指数亦随碱蓬重要值增大而显著下降。试验进行后2年，随着盐地碱蓬重要值增大，物种丰富度指数亦显著降低，而Pielou指数显著升高。另外，试验进行前2年各物种多样性指数均与芦苇重要值无显著相关性，仅在2017年芦苇重要值才与Shannon-Wiener指数呈显著正相关关系。

表17.9　2015～2017年物种多样性指数与优势物种重要值相关性分析

多样性指数	碱蓬			芦苇			盐地碱蓬		
	2015年	2016年	2017年	2015年	2016年	2017年	2015年	2016年	2017年
物种丰富度指数	−0.680**	−0.372**	−0.359**	0.036	0.240	0.221	−0.182	−0.381*	−0.335*
Shannon-Wiener指数	−0.832**	−0.522**	−0.674**	0.067	0.134	0.412*	−0.045	−0.176	0.032
Pielou指数	−0.584**	−0.205	−0.544**	0.005	−0.290	0.294	0.280	0.529**	0.666**

*$P < 0.05$；n=36；**$P < 0.01$

因此，试验开展后，物种多样性主要取决于碱蓬重要值，随着碱蓬重要值上升，各多样性指数均呈下降趋势。盐地碱蓬对物种多样性的影响次于碱蓬，而试验初期芦苇对氮磷供应条件变化不敏感导致其与物种多样性相关性较小。高供应量水平下碱蓬重要值较中、低供应量高，而低供应量水平下盐地碱蓬重要值较中、高供应量高，两者共同作用促使黄河三角洲滨海湿地植物群落物种多样性在中供应量水平下最高。

四、结论与讨论

本节以黄河三角洲滨海湿地植物群落为对象，研究了氮磷供应条件改变对土壤性状和群落结构的影响，主要研究结论如下。

（1）本试验条件下，氮磷供应条件变化对黄河三角洲滨海湿地土壤pH无显著影响，氮磷供应量对土壤EC影响显著，低供应量下EC最高。氮磷添加后，黄河三角洲滨海湿地土壤TN、TP、速效养分含量均提高，但不同氮磷供应量和供应比例间全量元素含量差异未达显著水平，无机氮和速效磷含量差异显著。随氮磷供应量增加，土壤无机氮和速效磷均呈增加趋势；但二者随氮磷供应比例变化的趋势相反，无机氮随供应比例增加显著提高，速效磷则以低供应比例更高，反映出土壤速效养分含量与其相应元素输入量呈正相关关系。

（2）群落物种多样性主要受氮磷供应量显著影响，供应比例对其影响并不显著。黄河三角洲滨海湿地群落结构对氮磷供应条件的响应，主要取决于氮磷供应状况变化导致的优势物种竞争和共存关系的改变。优势物种对氮磷供应条件变化的响应差异明显，氮磷供应量和供应比例对碱菀和鹅绒藤重要值影响均不显著，对碱蓬重要值均影响显著，芦苇和盐地碱蓬重要值则只受氮磷供应量影响显著。氮磷添加后，群落物种多样性主要受碱蓬与盐地碱蓬重要值变化的影响，碱蓬重要值在高供应量下显著高于中、低供应量水平，而盐地碱蓬重要值在低供应量下显著高于中、高供应量水平，二者共同作用使该区物种多样性在中供应量下最高。年度间氮磷供应条件对物种多样性及优势物种重要值影响有所不同，说明营养供应状况改变对黄河三角洲滨海湿地植物群落结构的影响，亦受年度间气温和降雨量等自然条件变化干扰。

第三节　氮沉降对黄河三角洲滨海湿地的影响

一、研究背景与意义

作为全球变化的一个重要方面，大气氮沉降增加将对陆地和海洋生态系统产生广泛且深远的影响，因此正在受到越来越多的关注（Reich et al.，2001；Clark and Tilman，2008；Simpson et al.，2019）。氮沉降是指大气中的含氮化合物，通过降水或在重力吸附作用下沉降到地表的过程。近几十年来，随着矿物燃料燃烧、化学氮肥的大量生产和使用及畜牧业的发展，人类向大气中排放的含氮化合物激增，全球大气氮沉降因此迅猛增加（Galloway et al.，2004）。自然生态系统中人为氮素输入量每年为1.65～2.59亿t，接近大陆和海洋氮固定量的总和，其中70%通过氮沉降到达地表（Galloway et al.，2004；Penuelas et al.，2012）。目前及未来50年东亚（主要是中国）、西欧和北美是全球氮沉降的三大热点地区（Galloway et al.，2004；Alexandratos and Bruinsma，2012）。

大气中的含氮化合物主要包括铵态氮、硝态氮和少量的有机氮，干沉降主要指含氮化合物吸附在沙尘上，通过该媒介沉降到地面，湿沉降主要指含氮化合物溶解到雨滴内形成酸雨降落到地面（Pan et al.，2012）。大气氮沉降是自然界的营养源和酸源，能够在一定范围内提高生态系统的生产力，因此氮沉降是自然界中氮素循环的一个重要过程。然而，氮沉降量的急剧增加会对陆地及海洋生态系统产生深远影响，可能影响生态系统稳定性，带来严重的生态问题（Clark et al.，2007；Clark and Tilman，2008；Duce et al.，2008；Jickells et al.，2017；Ren et al.，2017；Gentilesca et al.，2018）。

近几十年来，我国的大气氮沉降持续增加，综合分析我国北方、东南、西南、东北、西北和青藏高原区域氮沉降的动态变化，全国氮沉降量从1980年的13.2g/m^{2}增加到2000年的21.1g/m^2，增加比例为60%（Liu et al.，2013）。Zhang等（2008a）对华北平原的氮素输入进行了研究，北京、河北、山东共11个监测点年平均无机氮沉降量为27kg/hm^2。Zhang等（2008b）的研究发现，大气氮湿沉降约为干沉降的2倍，有机氮在大气氮沉降总量中的占比约为30%，但也有研究表明，华北平原大气氮的干沉降量很可能大于湿沉降（Shen et al.，2009）。宁凯等（2015）在植物生长季（5～11月）对黄河三角洲滨海湿地无机氮的大气沉降进行了监测，该地区大气沉降的无机氮总量约为22.6g/hm^2，无机氮中硝态氮和铵态氮的比例基本相同，69%为湿沉降，集中在降雨量较丰沛的6～8月，干沉降氮主要集中在春季，干沉降中硝态氮占比稍多，约占氮素输入量的57.2%，湿沉降中铵态氮占比稍多，约占氮素输入量的56.5%，植物生长季中，大气沉降中的硝态氮与铵态氮含量对表层10cm土壤的月平均贡献率分别约为31.38%和20.50%，可见大气氮沉降是黄河三角洲滨海区域土壤主要氮素来源之一。由于宁凯等（2015）的研究中未包括植物非生长季和有机氮，因此参考华北地区全年氮沉降和有机氮沉降的研究（Zhang et al.，2008b；Shen et al.，2009），黄河三角洲全年的大气氮沉降总量很有可能在40～50kg/hm^2。

二、研究内容与设计

为揭示滨海湿地生态系统结构与功能对不同形态和不同浓度的大气氮沉降的响应，中国科学院黄河三角洲滨海湿地生态试验站（37°45′50″N，118°59′24″E）于2012年设置了氮沉降模拟永久试验样地，研究大气氮沉降增加对滨海湿地生态系统的影响。试验样地的植被类型包括芦苇、盐地碱蓬、碱蓬、白茅和柽柳等，其中芦苇的比例占绝对优势。以氯化铵（NH_4Cl）、硝酸钾（KNO_3）和硝酸铵（NH_4NO_3）为人为氮源，模拟铵态氮和硝态氮的大气沉降。三种氮源均设置低氮［50kg N/(hm^2·a)］、中氮［100kg N/(hm^2·a)］和高氮［200kg N/(hm^2·a)］三种水平的施氮处理，分别模拟未来大气氮沉降增加1倍、2倍和4倍的情景，NH_4NO_3处理用来揭示硝态氮和铵态氮对滨海湿地系统的影响是否存在交互效应。另外，设置无氮处理作为对照（CK）。将氮肥溶于5L自来水中，用喷雾器在样方中均匀喷洒，对照样方喷洒等量水分，每月上旬喷洒氮肥，全年均匀喷洒。试验样方布设遵循随机区组设计，每个处理设置5个空间重复。图17.14为试验样方示意图。

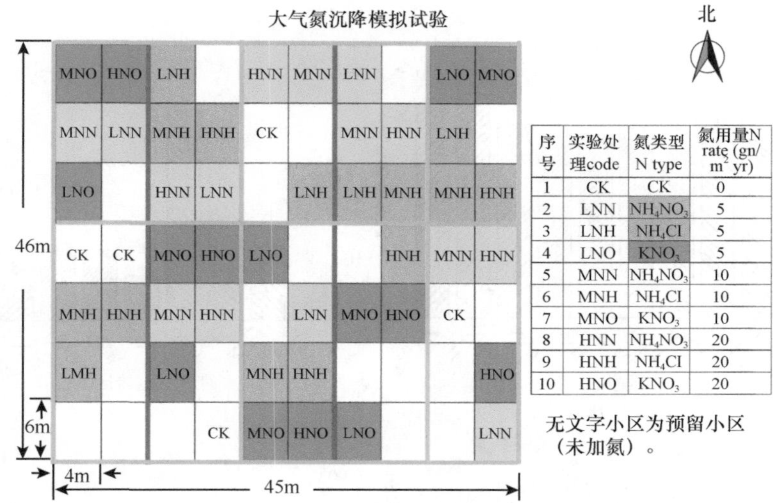

序号	实验处理code	氮类型 N type	氮用量N rate (gn/m² yr)
1	CK	CK	0
2	LNN	NH_4NO_3	5
3	LNH	NH_4Cl	5
4	LNO	KNO_3	5
5	MNN	NH_4NO_3	10
6	MNH	NH_4Cl	10
7	MNO	KNO_3	10
8	HNN	NH_4NO_3	20
9	HNH	NH_4Cl	20
10	HNO	KNO_3	20

图17.14　大气氮沉降试验样方示意图

三、研究结果与分析

（一）湿地植被和土壤理化性质对氮沉降的响应

1. 植被生物量和土壤理化性质

在不同氮沉降梯度下土壤植被地上生物量、土壤全盐量及pH的变化结果如图17.15所示。

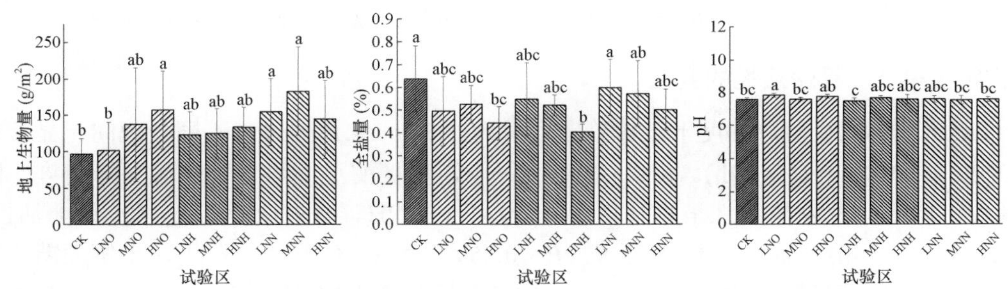

图17.15　不同氮沉降梯度下土壤植被生物量、全盐量及pH的变化

CK为不加氮的对照处理，LNO、MNO、HNO分别表示施氮量为50kg N/(hm²・a)、100kg N/(hm²・a)和200kg N/(hm²・a)的硝酸钾处理，LNH、MNH、HNH分别表示施氮量为50kg N/(hm²・a)、100kg N/(hm²・a)和200kg N/(hm²・a)的氯化铵处理，LNN、MNN、HNN分别表示施氮量为50kg N/(hm²・a)、100kg N/(hm²・a)和200kg N/(hm²・a)的硝酸铵处理，误差线上方的不同字母代表不同试验处理之间存在显著性差异（$P<0.05$）

氮元素是重要的营养元素，氮添加能促进植被生长。如图17.15所示，不同氮沉降情景下，土壤全盐量平均值为0.40%～0.60%，地上生物量平均值为101～183g/m²，pH为7.47～7.85。与CK处理相比，植被地上生物量整体增加，土壤全盐量整体下降，pH变化趋势不明显，这说明不同氮沉降梯度会增加植被地上生物量，土壤返盐现象减弱，土壤全盐量降低，但对土壤酸碱性无显著影响。

2. 土壤氮含量及脲酶活性的变化

如图17.16所示，土壤总氮（图17.16a）、硝态氮（图17.16b）、铵态氮（图17.16c）含量及脲酶活性（图17.16d）的变化，土壤总氮含量为0.50～0.66mg/g，无显著变化趋势。土壤铵态氮、硝态氮含量和脲酶活性分别为115.01～142.83mg/kg、5.99～34.19mg/kg和0.003～0.006mg/(g・24h)，与CK处理相比，脲酶活性整体增加（$P<0.05$），土壤硝态氮、铵态氮含量整体增加。同一形态氮的不同梯度处理下，土壤脲酶活性无显著变化，但土壤硝态氮含量呈上升趋势。

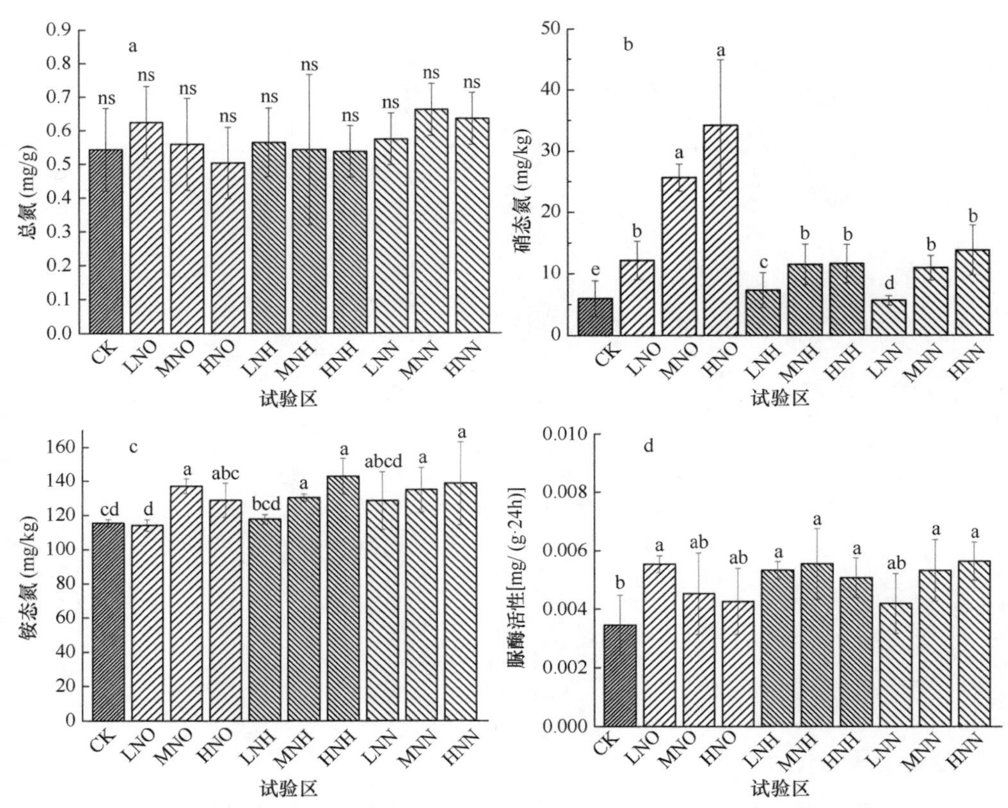

图17.16　不同氮沉降梯度下土壤中不同形态氮及脲酶活性的变化

不同字母代表不同氮沉降梯度之间差异显著（$P<0.05$），试验区代码的意义参见图17.15

3. 土壤总碳含量及蔗糖酶活性的变化

如图17.17所示，不同氮沉降梯度下土壤总碳含量为15.81～18.18mg/g，不同处理间无显著差异。土壤蔗糖酶活性为0.07～0.17mg/(g・24h)。KNO_3梯度沉降下，蔗糖酶活性呈先升高后下降趋势，但变化不显著。NH_4Cl梯度沉降下，蔗糖酶活性呈先升高后降低趋势，LNH、MNH处理下土壤蔗糖酶活性［0.17mg/(g・24h)、0.11mg/(g・24h)］显著高于CK处理（$P<0.05$）。NH_4NO_3梯度沉降下，土壤蔗糖酶活性呈上升趋势，HNN处理下土壤蔗糖酶活性［0.14mg/(g・24h)］显著高于CK处理（$P<0.05$）。但在低、中、高浓度不同氮沉降下，土壤总碳、蔗糖酶活性无明显变化。结果表明，施氮处理对土壤总碳含量无明显影响，氮沉降促进了蔗糖酶活性提高，但在不同氮沉降梯度下无显著差异。这表明氮沉降促进植物生长，地上枯落物增多，土壤腐殖质增多促进蔗糖酶活性提高。

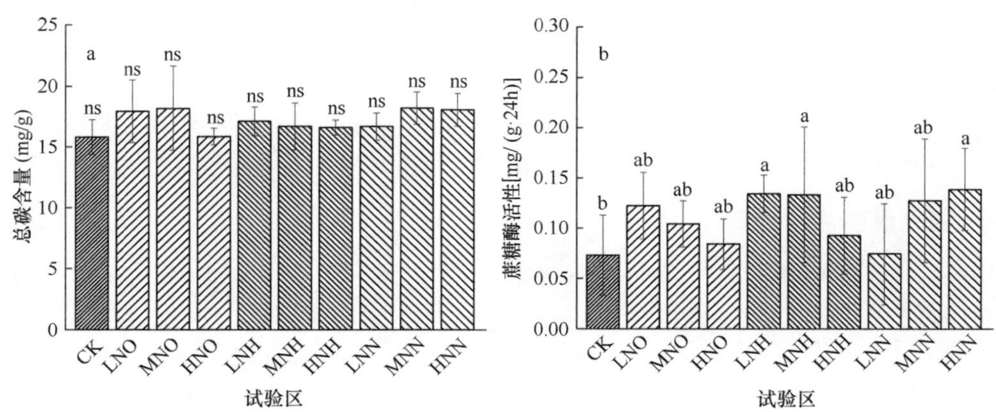

图17.17　不同氮沉降梯度下不同形态碳含量和蔗糖酶活性的变化

不同字母代表不同氮沉降梯度之间差异显著（$P<0.05$），ns表示各处理间无显著差异

4. 土壤速效磷及碱性磷酸酶活性的变化

如图17.18所示，土壤速效磷含量与碱性磷酸酶活性分别为1.86～3.01mg/kg、11.51～16.87mg/(g・24h)，KNO_3梯度沉降下，土壤速效磷含量呈先下降后上升趋势，MNO处理下土壤速效磷含量最低（1.86mg/kg）（$P<0.05$），而碱性磷酸酶活性呈先上升后下降趋势，但变化不显著。NH_4Cl梯度沉降下，土壤速效磷含量呈下降趋势，但变化不显著，土壤碱性磷酸酶活性呈先上升后下降趋势，变化不显著。NH_4NO_3梯度沉降下，土壤速效磷含量、碱性磷酸酶活性呈先上升后下降趋势，LNN处理下土壤碱性磷酸酶活性［11.52mg/(g・24h)］显著低于MNN、HNN处理（$P<0.05$）。三种氮低浓度沉降下，土壤速效磷含量无显著变化，NH_4NO_3沉降下土壤碱性磷酸酶活性低于KNO_3、NH_4Cl沉降（$P<0.05$）。三种氮中浓度沉降下，NH_4NO_3沉降下速效磷含量显著高于KNO_3沉降（$P<0.05$），土壤碱性磷酸酶活性无显著变化。三种氮高浓度沉降下，土壤速效磷含量、土壤碱性磷酸酶活性无显著变化。结果表明，在KNO_3、NH_4Cl沉降下土壤速效磷含量降低，但碱性磷酸酶活性大都升高，在NH_4NO_3沉降下土壤速效磷含量大都升高，碱性磷酸酶活性大都升高。这可能是由于NH_4NO_3同时含有硝态氮和铵态氮，二者可以作为有机磷降解菌的共同氮源促进其生长，同时有机磷细菌可以分泌碱性磷酸酶，提高土壤中碱性磷酸酶的活性，土壤中有机磷可以在碱性磷酸酶作用下分解转化成活性无机磷，从而提高土壤中速效磷的含量（Zhu et al.，2013；Labry et al.，2016）。

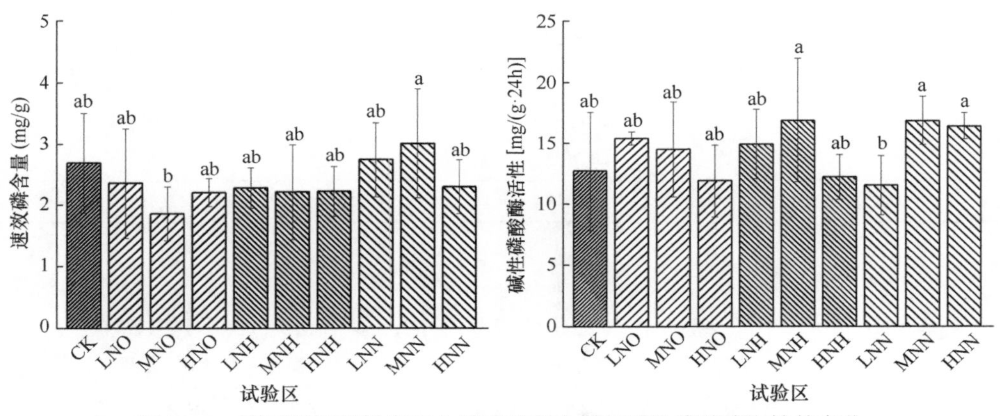

图17.18　不同氮沉降梯度下土壤速效磷含量和碱性磷酸酶活性的变化

不同字母代表不同氮沉降梯度之间差异显著（$P<0.05$）

5. 土壤酶活性与土壤理化性质相关分析

对不同氮沉降梯度下土壤理化指标与3种酶活性做冗余分析，来分析不同氮沉降梯度下土壤理化性质的改变对土壤酶活性的影响。

基于冗余分析结果（图17.19），土壤总氮（TN）、总碳（TC）含量是土壤3种酶活性的主要影响因素（$P<0.05$）（表17.10）。第一排序轴（RDA1）从左往右，土壤总氮、总碳含量与土壤蔗糖酶（INV）、脲酶（URE）、碱性磷酸酶（ALP）活性呈显著正相关关系。第二排序轴（RDA2）显示土壤速效磷（AP）含量、铵态氮（NH_4^+-N）含量、pH、全盐量（TDS）与脲酶、蔗糖酶、碱性磷酸酶活性近乎为90°夹角，表明其对酶活性影响较小。土壤全盐量与速效磷、铵态氮、硝态氮的含量和pH呈负相关关系。第一和第二排序轴特征值分别为99.3%和0.7%，这两个RDA排序轴解释了100%的结构变化。结果表明，土壤总氮、总碳可以提升土壤蔗糖酶、碱性磷酸酶、脲酶的活性，土壤全盐量降低会增加土壤速效磷、铵态氮、硝态氮的含量和pH，但对土壤3种酶活性无影响。土壤碱性磷酸酶能够矿化有机磷，很好地反应磷转化和需求量，在受氮限制的土壤中，微生物分解者已经适应了低氮环境，氮沉降处理刺激了土壤微生物对碳、磷的需求，因此，与土壤碳、磷相关的酶活性随之增强（李全，2017）。

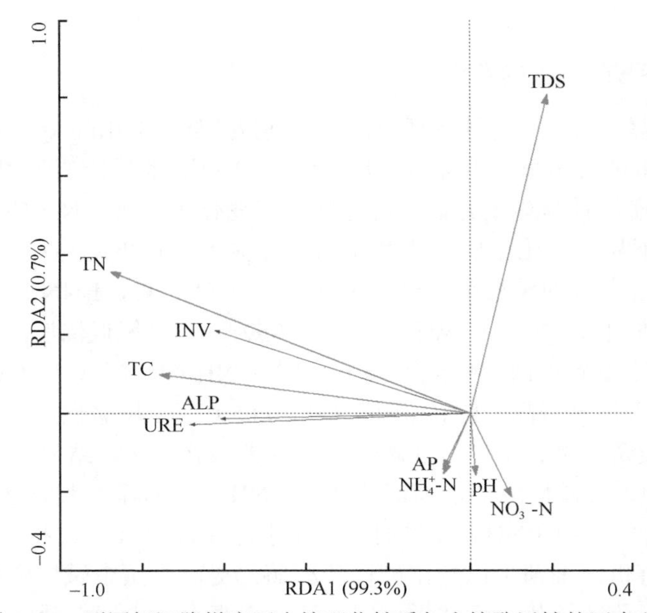

图17.19　不同氮沉降梯度下土壤理化性质与土壤酶活性的冗余分析

URE. 脲酶；INV. 蔗糖酶；ALP. 碱性磷酸酶

表17.10　不同氮沉降梯度下土壤理化指标与3种酶活性置换检验差异分析（Monte Carlo）统计表

	总氮（TN）		总碳（TC）		全盐量（TDS）		硝态氮（NO_3^--N）		速效磷（AP）		铵态氮（NH_4^+-N）		pH	
	F	P	F	P	F	P	F	P	F	P	F	P	F	P
酶活性	15.292	0.002	10.350	0.006	0.582	0.438	0.147	0.750	0.066	0.858	0.063	0.874	0.005	0.088

6. 小结

不同氮沉降梯度下土壤理化指标及土壤酶活性发生变化，氮沉降增加了土壤铵态氮、硝态氮含量，在高氮处理下增加作用最强；氮沉降促进地上植被生长，NH_4NO_3沉降下促进作用最强，植被生长茂盛导致土壤裸露面积减少，土壤返盐现象减弱，因此土壤全盐量降低，KNO_3、NH_4Cl沉降下土壤全盐量降低现象明显；土壤pH变化不明显，可能与试验区域1～6月降雨少有关系；不同梯度沉降下，土壤总氮、总碳和速效磷无明显变化，但外源氮增加使土壤酶活性明显增加，这可能是因为氮沉降刺激了土壤微生物对碳、磷的需求，与土壤碳、磷相关的酶活性随之增强，但不同氮沉降梯度对酶影响不明显。

（二）湿地土壤细菌群落多样性的变化与分析

1. 土壤细菌Shannon-Wiener指数和Simpson指数分析

一般土壤群落丰富度和均匀度用Shannon-Wiener（香农-维纳）多样性指数（图17.20a）和Simpson（辛普森）多样性指数（图17.20b）表示，群落多样性越高多样性指数就会越高。箱形图可以直观地反映出不同施氮处理条件下每组多样性指数的中位值、离散程度、最大值、最小值、异常值，进而分析不同处理下土壤细菌的群落多样性，同时，用Wilcoxon秩和检验进行显著差异性分析。

不同氮沉降梯度下，土壤不同细菌的Shannon-Wiener和Simpson指数分别为9.26～9.68和0.9932～0.9964（图17.20）。与CK处理相比，除HNH外，不同氮沉降梯度降低了Shannon-Wiener和Simpson指数。KNO_3、NH_4Cl梯度沉降下，Shannon-Wiener和Simpson指数都呈降低趋势，Shannon-Wiener指数MNO处理低于CK处理、HNO处理（$P<0.05$），Simpson指数MNO处理低于CK处理（$P<0.1$），低于MNH处理（$P<0.1$）。NH_4NO_3沉降下，Shannon-Wiener、Simpson指数呈下降趋势，但差异不显著。结果表明，不同氮沉降梯度降低了土壤细菌多样性，在MNO处理下土壤细菌多样性最低。这一结果很

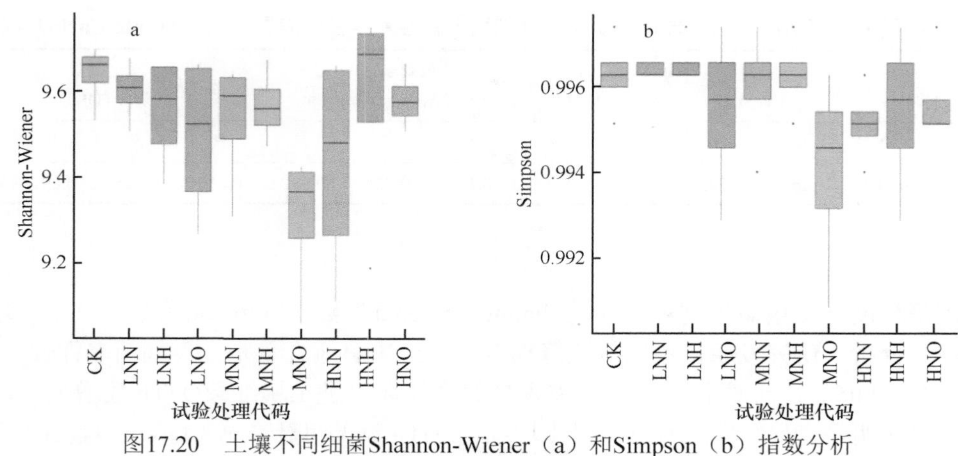

图17.20　土壤不同细菌Shannon-Wiener（a）和Simpson（b）指数分析

试验处理代码的意义参见图17.15

可能是由于外源氮的增加会抑制微生物活性，同时抑制微生物绝对优势种群出现，从而降低了微生物多样性。

2. 土壤细菌多样性与土壤理化性质相关分析

对不同氮梯度沉降下土壤理化性质与OTUs（operational taxonomic units，OTUs）数和Shannon-Wiener、Simpson指数做冗余分析，来分析不同氮梯度沉降下理化性质的改变对土壤细菌多样性的影响。

基于冗余分析结果（图17.21），土壤总氮含量是土壤细菌多样性的主要影响因素（$P<0.05$）（表17.11）。根据第一排序轴（RDA1）从右往左，随着土壤总氮、总碳、速效磷含量降低，硝态氮含量升高，OTUs数降低，但土壤总氮、总碳含量与Shannon-Wiener和Simpson指数呈近90°夹角，因此对Shannon-Wiener和Simpson指数无影响。根据第二排序轴（RDA2）从下往上，土壤pH、全盐量、硝态氮含量与Shannon-Wiener和Simpson指数呈正相关关系，土壤速效磷、铵态氮含量与Shannon-Wiener和Simpson指数呈负相关关系。第一和第二排序轴特征值分别为97.1%和2.9%，这两个RDA排序轴解释了100%的结构变化。结果表明，不同氮沉降梯度下土壤总氮含量是最主要的影响因素（$P<0.05$），土壤总氮和速效磷含量增加会促进土壤OTUs数增加，而土壤pH、全盐量、硝态氮及铵态氮含量与土壤细菌多样性呈正相关关系。

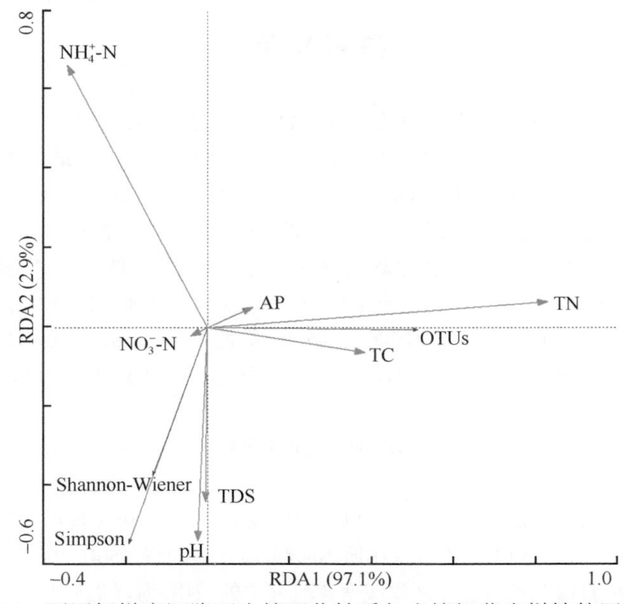

图17.21　不同氮梯度沉降下土壤理化性质与土壤细菌多样性的冗余分析

表17.11 不同氮梯度沉降下土壤理化性质与土壤细菌多样性置换检验差异分析（Monte Carlo）统计表

	总氮（TN）		总碳（TC）		铵态氮（NH_4^+-N）		速效磷（AP）		pH		全盐量（TDS）		硝态氮（NO_3^--N）	
	F	*P*	*F*	*P*	*F*	*P*	*F*	*P*	*F*	*P*	*F*	*P*	*F*	*P*
细菌多样性	7.947	0.012	1.465	0.242	1.276	0.268	0.116	0.824	0.087	0.850	0.055	0.892	0.015	0.970

3. 小结

对不同氮沉降梯度下土壤微生物多样性（Shannon-Wiener指数、Simpson指数）及土壤理化性质对多样性的影响进行了分析。研究发现，不同氮沉降梯度下，土壤总氮含量是土壤细菌多样性、OTUs数最主要的影响因素（$P<0.05$）；土壤总氮和速效磷含量的增加会促进土壤细菌OTUs数增加，由于氮沉降处理下土壤总氮含量无明显变化，因此氮沉降对土壤细菌OTUs数无明显影响；随着土壤pH、全盐量和硝态氮、铵态氮含量增加，土壤细菌多样性会增加，在MNO处理下土壤细菌多样性最低。

四、结论

氮沉降对黄河三角洲滨海湿地土壤微生物群落结构和多样性产生一定影响，本研究通过添加3种不同形态氮（KNO_3、NH_4Cl、NH_4NO_3）梯度［对照0kgN/(hm^2・a)、低氮50kg N/(hm^2・a)、中氮100kg N/(hm^2・a)、高氮200 kg N/(hm^2・a)］模拟大气氮沉降，研究不同氮沉降梯度下土壤理化性质的变化和土壤微生物群落结构及多样性的响应，由此得到以下结论。

（1）不同氮沉降梯度下，土壤铵态氮、硝态氮含量增加，大都在高氮处理下增加作用最强；促进了地上植被生长，NH_4NO_3沉降下促进明显；土壤全盐量降低，并且在KNO_3、NH_4Cl沉降下变化明显；土壤pH、总氮、总碳、速效磷无明显变化；氮添加提高土壤脲酶、蔗糖酶、碱性磷酸酶的活性，但在梯度沉降下促进不明显。

（2）本研究发现不同氮梯度沉降下，土壤OTUs数无明显变化，但降低了土壤细菌多样性，尤其在中浓度KNO_3沉降下多样性指数最低；土壤理化性质与土壤OTUs数和Shannon-Wiener、Simpson指数冗余分析结果表明，土壤总氮含量是土壤细菌多样性、OTUs数最主要的影响因素，土壤总氮、速效磷含量增加会促进土壤细菌OTUs数增加，土壤pH、全盐量和硝态氮、铵态氮含量与土壤细菌多样性呈正相关关系。

参考文献

白雪, 程军回, 郑淑霞, 等. 2014. 典型草原建群种羊草对氮磷添加的生理生态响应. 植物生态报, 38(2): 103-115.
常军, 刘高焕, 刘庆生, 等. 2004. 黄河口海岸线演变时空特征及其与黄河来水来沙关系. 地理研究, 23(5): 339-346.
陈继辉, 李炎朋, 熊雪, 等. 2017. 氮磷添加对草地土壤酸度和化学计量学特征的影响. 草业科学, 34(5): 943-949.
崔步礼, 常学礼, 陈雅琳, 等. 2006. 黄河水文特征对河口海岸变化的影响. 自然资源学报, 21(6): 957-964.
代景忠, 卫智军, 闫瑞瑞, 等. 2016. N、P添加对羊草割草场土壤养分及地上生物量的影响. 中国草地学报, 38(2): 52-58.
德科加, 张德罡, 王伟, 等. 2014. 施肥对高寒草甸植物及土壤N、P、K的影响. 草地学报, 22(2): 299-305.
丁艳峰, 潘少明. 2007. 近50年黄河入海径流变化特征及影响因素分析. 第四纪研究, 27(5): 709-717.
樊彦国, 张淑芹, 侯春玲, 等. 2009. 基于遥感影像提取海岸线方法的研究——以黄河三角洲地区黄河口段和刁口段海岸为例. 遥感信息, (4): 67-70.
高宗宝, 王洪义, 吕晓涛, 等. 2017. 氮磷添加对呼伦贝尔草甸草原4种优势植物根系和叶片C∶N∶P化学计量特征的影响. 生态学杂志, 36(1): 80-88.
何庆成, 张波, 李采. 2006. 基于RS、GIS集成技术的黄河三角洲海岸线变迁研究. 中国地质, 33(5): 1118-1123.
黄海军, 樊辉. 2004. 1976年黄河改道以来三角洲近岸区变化遥感监测. 海洋与湖沼, 35(4): 306-314.
黄海军, 李成治, 郭建军. 1994. 卫星影像在黄河三角洲岸线变化研究中的应用. 海洋地质与第四纪地质, 14(2): 29-37.
黄海军, 李凡. 2004. 黄河三角洲海岸带陆海相互作用概念模式. 地球科学进展, 19(5): 808-816.

吉祖稳, 胡春宏, 曾庆华, 等. 1994. 运用遥感卫星照片分析黄河河口近期演变. 泥沙研究, (3): 12-22.

李禄军, 于占源, 曾德慧, 等. 2010. 施肥对科尔沁沙质草地群落物种组成和多样性的影响. 草业学报, 19(2): 109-115.

李全. 2017. 氮沉降、生物炭对不同经营方式毛竹林土壤微生物的影响. 浙江农林大学硕士学位论文.

李生宇, 雷加强, 徐新文, 等. 2007. 流动沙漠地区灌溉林地盐结皮层特征的初步研究. 北京林业大学学报 , 29(2): 41-49.

刘昌明, 成立. 2000. 黄河干流下游断流的径流序列分析. 地理学报, 55(3): 257-265.

刘曙光, 李从先, 丁坚, 等. 2001. 黄河三角洲整体冲淤平衡及其地质意义. 海洋地质与第四纪地质, 21(4): 14-18.

马玉. 2015. 两种荒漠盐生植物叶片生态化学计量及光合特性对氮磷添加的响应. 新疆大学硕士学位论文.

宁凯, 于君宝, 屈凡柱, 等. 2015. 黄河三角洲滨海地区植物生长季大气氮沉降动态. 地理科学, 35(2): 217-222.

彭俊, 陈沈良. 2009. 近60年黄河水沙变化过程及其对三角洲的影响. 地理学报, 64(11): 1353-1362.

宋创业, 刘高焕, 刘庆生, 等. 2008. 黄河三角洲植物群落分布格局及其影响因素. 生态学杂志, 27(12): 2042-2048.

王崇浩, 曹文洪, 张世奇, 等. 2008. 黄河口潮流与泥沙输移过程的数值研究.水利学报, 39(10): 1256-1262.

魏金明, 姜勇, 符明明, 等. 2011. 水、肥添加对内蒙古典型草原土壤碳、氮、磷及pH的影响. 生态学杂志, 30(8): 1642-1646.

徐美, 黄诗峰, 李小涛, 等. 2007. 黄河口近十年变化遥感监测及水沙条件分析. 泥沙研究, 6: 39-46.

许炯心. 2007. 黄河三角洲造陆速率对夏季风强度变化和人类活动的响应. 海洋学报, 29(5): 88-94.

许炯心, 孙季. 2003. 近50年来降水变化和人类活动对黄河入海径流通量的影响. 水科学进展, 14(6): 690-695.

杨敏, 刘世梁, 孙涛, 等. 2008. 基于边界特征的黄河三角洲景观变化及空间异质性.生态学杂志, 27(7): 1149-1155.

杨伟, 陈沈良, 谷国传, 等. 2010. 黄河三角洲清水沟河口区近期冲淤演变特征. 海洋通报, 29(1): 40-51.

尹明泉, 李采. 2006. 黄河三角洲河口段海岸线动态及演变预测. 海洋地质与第四纪地质, 26(6): 35-40.

于丽, 赵建宁, 王慧, 等. 2015. 养分添加对内蒙古贝加尔针茅草原植物多样性与生产力的影响. 生态学报, 35(24): 8165-8173.

张锡洲, 余海英, 王永东, 等. 2010. 不同形态氮肥对设施土壤速效养分的影响. 西南农业学报, 23(4): 1182-1187.

张颖, 刘学军, 张福锁, 等. 2006. 华北平原大气氮素沉降的时空变异. 生态学报, 26(6): 1633-1639.

郑海霞, 齐莎, 赵小蓉, 等. 2008. 连续5年施用氮肥和羊粪的内蒙古羊草(*Leymus chinensis*)草原土壤颗粒状有机质特征. 中国农业科学, 41(4): 1083-1088.

宗敏, 韩广轩, 栗云召, 等. 2017. 基于MaxEnt模型的黄河三角洲滨海湿地优势植物群落潜在分布模拟. 应用生态学报, 28(6): 1833-1842.

宗宁, 石培礼, 牛犇, 等. 2014. 氮磷配施对藏北退化高寒草甸群落结构和生产力的影响. 应用生态学报, 25(12): 3458-3468.

宗秀影, 刘高焕, 乔玉良, 等. 2009. 黄河三角洲湿地景观格局动态变化分析. 地球信息科学学报, 11(1): 91-97.

Alexandratos N, Bruinsma A J. 2012. World Agriculture towards 2030/2050: the 2012 Revision. United Nations Agriculture and Food Organization. http://www.fao.org/3/a0607e/a0607e00.htm.

Bai Y, Wu J, Clark C M, et al. 2010. Tradeoffs and thresholds in the effects of nitrogen addition on biodiversity and ecosystem functioning: evidence from inner Mongolia Grasslands. Global Change Biology, 16(1): 358-372.

Bobbink R, Hicks K, Galloway J, et al. 2010. Global assessment of nitrogen deposition effects on terrestrial plant diversity: a synthesis. Ecological Applications, 20(1): 30-59.

Carnicer J, Sardans J, Stefanescu C, et al. 2015. Global biodiversity, stoichiometry and ecosystem function responses to human-induced C–N–P imbalances. Journal of Plant Physiology, 172: 82-91.

Clark C M, Cleland E E, Collins S L, et al. 2007. Environmental and plant community determinants of species loss following nitrogen enrichment. Ecology Letters, 10(7): 596-607.

Clark C M, Tilman D. 2008. Loss of plant species after chronic low-level nitrogen deposition to prairie grasslands. Nature, 451(7179): 712-715.

Duce R A, LaRoche J, Altieri K, et al. 2008. Impacts of atmospheric anthropogenic nitrogen on the open ocean. Science, 320(8578): 893-897.

Elser J J, Fagan W F, Denno R F, et al. 2000. Nutritional constraints in terrestrial and freshwater food webs. Nature, 408(6812): 578-580.

Fujita Y, de Ruiter P C, Wassen M J, et al. 2010. Time-dependent, species-specific effects of N：P stoichiometry on grassland plant growth. Plant and Soil, 334(1-2): 99-112.

Garcia F O, Rice C W. 1994. Microbial biomass dynamics in tallgrass prairie. Soil Science Society of America Journal, 58(3): 816-823.

Galloway J N, Dentener F J, Capone D G, et al. 2004. Nitrogen cycles: past, present, and future. Biogeochemistry, 70(2): 153-226.

Gentilesca T, Rita A, Brunetti, et al. 2018. Nitrogen deposition outweighs climatic variability in driving annual growth rate of canopy beech trees: Evidence from long-term growth reconstruction across a geographic gradient. Global Change Biology, 24(7): 2898-2912.

Güsewell S. 2005a. Responses of wetland graminoids to the relative supply of nitrogen and phosphorus. Plant Ecology, 176(1): 35-55.

Güsewell S. 2005b. High nitrogen: phosphorus ratios reduce nutrient retention and second-year growth of wetland sedges. New Phytologist, 166(2): 537-550.

Güsewell S, Bollens U. 2003. Composition of plant species mixtures grown at various N：P ratios and levels of nutrient supply. Basic and Applied Ecology, 4(5): 453-466.

He Q, Cui B, Bertness M D, et al. 2012. Testing the importance of plant strategies on facilitation using congeners in a coastal community. Ecology, 93(9): 2023-2029.

Jickells T D, Buitenhuis E, Altieri K, et al. 2017. A reevaluation of the magnitude and impacts of anthropogenic atmospheric nitrogen inputs on the ocean. Global Biogeochemical Cycles, 31(2): 289-305.

Koerselman W, Meuleman A F M. 1996. The vegetation N：P ratio: a new tool to detect the nature of nutrient limitation. Journal of applied Ecology, 33(6): 1441-1450.

Labry C, Delmas D, Youenou A, et al. 2016. High alkaline phosphatase activity in phosphate replete waters: The case of two macrotidal estuaries. Limnology and Oceanography, 61(4): 1513-1529.

Li W, Cheng J M, Yu K L, et al. 2015. Short-term responses of an alpine meadow community to removal of a dominant species along a fertilization gradient. Journal of Plant Ecology, 8: 513-522.

Liu X, Zhang Y, Han W, et al. 2013. Enhanced nitrogen deposition over China. Nature, 494(7438): 459-462.

Pan Y P, Wang Y S, Tang, G Q, et al. 2012. Wet and dry deposition of atmospheric nitrogen at ten sites in Northern China. Atmospheric Chemistry and Physics, 12(14): 6515-6535.

Peñuelas J, Sardans J, Rivas-ubach A, et al. 2012. The human-induced imbalance between C, N and P in Earth's life system. Global Change Biology, 18(1): 3-6.

Reich P B, Knops J, Tilman D, et al. 2001. Plant diversity enhances ecosystem responses to elevated CO_2 and nitrogen deposition. Nature, 410(6830): 809-812.

Ren H, Chen Y C, Wang X T, et al. 2017. 21st-century rise in anthropogenic nitrogen deposition on a remote coral reef. Science, 356(6339): 749-752.

Shen J L, Tang A H, Liu X J, et al. 2009. High concentrations and dry deposition of reactive nitrogen species at two sites in the North China Plain. Environmental Pollution, 157(11): 3106-3113.

Simpson A C, Zabowski D, Rochefort R M, et al. 2019. Increased microbial uptake and plant nitrogen availability in response to simulated nitrogen deposition in alpine meadows. Geoderma, 336: 68-80.

Sterner R W, Elser J J. 2002. Ecological stoichiometry: the biology of elements from molecules to the biosphere. Princeton: Princeton University Press.

Venterink H O, Güsewell S. 2010. Competitive interactions between two meadow grasses under nitrogen and phosphorus limitation. Functional Ecology, 24(4): 877-886.

Venterink H O. 2011. Does phosphorus limitation promote species-rich plant communities? Plant and Soil, 345: 1-9.

Yang X J, Damen M C J, van Zuidam R A. 1999. Use of thematic mapper imagery with a geographic information system for geomorphic mapping in a large deltaic lowland environment. International Journal of Remote Sensing, 20(4): 659-681.

Yu J B, Zhan C, Li Y Z, et al. 2016. Distribution of carbon, nitrogen and phosphorus in coastal wetland soil related land use in the Modern Yellow River Delta. Scientific Reports, 6: 37940.

Yuan Y, Guo W, Ding W, et al. 2013. Competitive interaction between the exotic plant *Rhus typhina* L. and the native tree *Quercus acutissima* Carr. in Northern China under different soil N：P ratios. Plant and Soil, 372(1-2): 389-400.

Zhang Y, Liu X J, Fangmeier A, et al. 2008a. Nitrogen inputs and isotopes in precipitation in the North China Plain. Atmospheric Environment, 42(7): 1436-1448.

Zhang Y, Zheng L X, Liu X J, et al. 2008b. Evidence for organic N deposition and its anthropogenic sources in China. Atmospheric Environment, 42(5): 1035-1041.

Zhu Y Y, Wu F C, He Z Q, et al. 2013. Characterization of organic phosphorus in lake sediments by sequential fractionation and enzymatic hydrolysis. Environmental Science & Technology, 47(14): 7679-7687.

第十八章

海岸带底栖动物群落演变与底栖生态健康评价——以莱州湾为例①

① 本章作者：李宝泉，陈琳琳

莱州湾位于渤海南部、山东半岛北部，西起东营黄河口，东至龙口的屺峨岛，有黄河、小清河和潍河等注入。海底地形单调平缓，水深大部分在10m以内，海湾西部最深处达18m。莱州湾滩涂辽阔，河流挟带有机物质丰富，盛产蟹、蛤、毛虾及海盐等。

大型底栖动物是海洋生态系统能量和物质循环的重要组成部分，且其群落结构的长周期变化能够客观地反映海洋环境的特点和环境质量状况，是生态系统健康状况的重要指示生物，其群落结构特征常被用于监测人类活动或自然因素引起的长周期海洋生态系统变化。

本章将根据2011年黄河口邻近海域和2013年莱州湾大型底栖动物现场调查数据，结合1958年以来的文献数据资料，分析莱州湾和邻近海域的大型底栖动物群落结构特征及年际变化，旨在阐明群落的演替特征。同时分析近60年来该区域的环境因子数据与群落结构之间的关系，探讨群落演替的原因。采用ABC曲线和AMBI、M-AMBI指数评估大型底栖动物群落受扰动状况及大型底栖动物生态系统的健康状况。

第一节　背景介绍

一、莱州湾简介

（一）地理位置

莱州湾位于渤海南部、山东半岛北部，面积约8000km^2，是渤海三大海湾之一，约占渤海总面积的1/10。西起东营黄河口，东至龙口的屺峨岛，沿岸有黄河、小清河等10余条河流入海，是一个半封闭的海湾（李广楼等，2007）。濒临的城市有东营、潍坊、烟台3个市及其所辖的9个县（市、区）；由注入河流辐射到的有济南、青岛、东营等9个市及其所辖34个县（市、区）（王文海，1993）。莱州湾属暖温带季风气候，四季分明，雨量集中，日照充足，光热资源丰沛，有利于水生动植物生长。海底地形单调平缓，水深大部分在10m以内，海湾西部最深处达18m。平均潮差（龙口）0.9m，最大可能潮差2.2m。多沙土浅滩。西段受黄河泥沙影响，潮滩宽6～7km，东段仅500～1000m。由于潍河、胶莱河、白浪河、弥河特别是黄河泥沙的大量输入，海底堆积迅速，浅滩变宽，海水渐浅，湾口距离不断缩短。莱州湾冬季结冰，冰厚约15cm。莱州湾滩涂辽阔，黄河在莱州湾的西岸入海，河流挟带丰富的有机物质，特殊的黄河口海洋生态环境使其成为黄海、渤海多种经济生物的重要产卵场、索饵场和育幼场，盛产蟹、蛤、毛虾及海盐等，在渔业经济中占有重要地位（邓景耀和金显仕，2000）。

（二）环境状况

自20世纪70年代以来，随着沿岸人口的增多和人为干预的日益加剧，以及工业、农业、海洋运输业、油气开采业等的蓬勃兴起，莱州湾污染日趋严重，给该水域生态环境造成的压力越来越大。莱州湾为半封闭型海湾，水交换能力较差，沿岸有黄河、小清河、弥河、潍河、胶莱河等河流的注入，容易形成污染。近几十年来，黄河及沿岸几十条河流挟带入海的大量泥沙、营养盐及两岸城市群排放的有机污染物、重金属等涌入渤海，还有其他各种人类活动如围填海、大型水利工程建设、过度捕捞、海水养殖、石油和天然气的过度开发等已对渤海生态系统造成了严重的影响（Zhang et al.，2006；金显仕和唐启升，1998）。据调查，莱州湾现有各种类型排污口17处，年排入污水量逾2亿t，水域中油类、重金属和氮污染分别达到Ⅲ、Ⅱ、Ⅱ级。莱州湾大面积的养殖业所带来的环境污染也对生态环境及渔业经济造成了严重影响。近年来，随着东营、潍坊和烟台三市沿岸经济的迅速发展和海上人类活动的加剧及黄河径流量的急剧减少所带来的水层与沉积环境的改变，包括莱州湾在内的渤海生态系统的结构与功能正经历着快速变化和退化的进程（Zhou et al.，2007）。

（三）大型底栖动物群落状况

我国对渤海南部底栖动物的大规模调查可追溯到20世纪50年代末全国海洋综合调查，在之后的几十年时间里，随着一系列研究项目的实施，有关渤海南部包括黄河口邻近海域及莱州湾底栖动物的种类组成、群落结构、功能组成、次级生产力及生物多样性等科研成果不断涌现，人们对该海区底栖动物群落的认识也逐渐明确和深化（韩洁等，2003；刘晓收等，2014；孙道元和刘银城，1991；吴斌等，2014；张志南等，1990；周红等，2010）。

莱州湾平均水深13m，常年受外海高盐水的影响，又有黄河带来大量泥沙，底质多样，有粗粉砂、黏土质粉砂和粉砂质黏土。所以，底栖动物种类较多，数量也大。广泛分布于该水域的多毛类有不倒翁虫（*Sternaspis scutata*）、长吻沙蚕（*Glycera chirori*）、寡节甘吻沙蚕（*Glycinde gurjanovae*），软体动物有凸壳肌蛤（*Musculus senhousei*）、江户明樱蛤（*Moerella jodoensis*），甲壳类有细长涟虫（*Iphinoe tenera*）、绒毛细足蟹（*Raphidopus ciliatus*）、日本鼓虾（*Alpheus japonicus*），棘皮动物有日本倍棘蛇尾（*Amphiporus japonicus*）、金氏真蛇尾（*Ophiura kinbergi*）、棘刺锚参（*Protankyra bidentata*）、心形海胆（*Echinocardium cordatum*）等15种。金氏真蛇尾和心形海胆主要分布于该水域。莱州湾中部金氏真蛇尾和心形海胆曾分别达到2081ind./m^{2}和2133ind./m^2，形成了一个以心形海胆和金氏真蛇尾为优势种的群落。1984年调查结果显示，莱州湾的生物量平均达83.96g/m^2，而当年7月高达123.60g/m^2，其组成中主要是软体动物，特别是毛蚶、凸壳肌蛤等几种双壳类。莱州湾丰度在1982年、1984年等的调查中最高的分别达822ind./m^{2}和1138ind./m^2，主要是软体动物和棘皮动物。

二、大型底栖动物及其在生态健康评价中的意义

（一）大型底栖动物定义

海洋底栖生物（benthos）又称水底生物，是指分布在自潮间带至海底，栖息于沉积物表面和内部营底栖生活的所有生物，是海洋生物中种类最多、生态学关系最复杂的生态类群，在海洋生态系统能量流动和物质循环中具有举足轻重的作用。不同深度的海洋，海底环境因子和沉积物性质的差异造成多样的底栖生境，致使底栖生物在形态构造及生活习性上多样化和复杂化。因此，底栖生物种类繁多（预计超过100万种），物种数量远超过水层中大型浮游动物（约5000种）、鱼类（约20 000种）和海洋哺乳动物（约110种）（李新正等，2000）。

底栖动物按个体大小可分为3个类型：微型、小型和大型底栖动物。微型底栖动物（nanofauna）是指分选时能通过42μm孔径网筛的生物，主要是原生动物（protozoa）等；小型底栖动物（meiofauna）是指分选时能通过0.5mm孔径网筛而被42μm孔径网筛留住的动物，主要类群包括自由生活海洋线虫（free-living marine nematodes）、底栖桡足类（benthic copepods）、介形纲（Ostracoda）、动吻动物门（Kinorhyncha）、涡虫纲（Turbellaria）、腹毛动物门（Gastrotricha）、颚咽动物（gnathostomulid）、缓步动物（Tardigrada）、有甲动物（Loricefera）、须虾亚纲（Mystacocarida）和螨类（Haiacarida），也包括一部分原生动物，如有孔虫和纤毛虫；大型底栖动物（macrofauna）是指分选时能被孔径为0.5mm网筛留住的底栖动物，主要包括腔肠动物、环节动物多毛类、软体动物、节肢动物甲壳类和棘皮动物5个类群，此外，常见的还有海绵动物、纽虫、苔藓动物和底栖鱼类等。

海洋底栖动物按食性和摄食方式可划分为4种类型的功能群：①滤食性动物，也称悬浮食性动物，依靠过滤器官滤取水体中的悬浮有机碎屑或浮游生物等，代表类群包括许多双壳类、甲壳类等；②沉积食性动物，也称碎食性动物，摄食沉积物表面的有机碎屑及吞食沉积物，在消化道内摄取其中的有机物质，代表类群如某些双壳类、芋参、心形海胆等；③肉食性动物，捕食小型动物和动物幼体，代表类群如海葵、对虾、海星等；④寄生性动物，多缺乏捕食器官，依靠吸取寄主体内的营养为生。在海洋底栖动物中，以前3类功能群为主。

（二）大型底栖动物在生态系统中的作用

底栖动物在海洋生态系统中属于消费者亚系统，是该生态系统中物质循环、能量流动过程中积极的消费者和转移者。它们与海洋中的生产者、其他消费者和分解者共同构成海洋生态系统的生物成分（biotic component），并与无机环境中的非生物成分（abiotic component）共同组成海洋生态系统的四大基本成分。底栖生物大多生活在有氧和有机质丰富的沉积物表层，它们的初级和次级生产量是海洋生态系统中能流和物流的重要环节（Holme and McIntyre，1984）。大型底栖动物主要通过摄食、掘穴和建管等扰动活动直接或间接影响所在的这一生态系统。底栖生物类群参与水体生态系统的大多数物理、化学、地质和生物过程，其生态作用主要包括以下3个方面：①对污染物的代谢、转化和迁移能力；②对沉积物移动和稳定性的影响；③生态系统能量流动的重要渠道（李新正等，2010）。

水层-底栖界面耦合过程是构成河口、近岸和浅海水域的关键生态过程，海岸带沉积物的侵蚀作为其中一个复杂过程，涉及许多因素的共同作用，包括物理因素（海流和潮汐、水体浑浊度）、地球化学因素（沉积物粒径分布、黏合性、干容重、间隙水含量、盐度、pH、重金属和有机质含量等）和生物因素（海草、海藻的丰度及生物扰动作用）。不同沉积物特征和上述过程呈现一种动态联系，任何一种因素对于沉积物侵蚀的净影响都取决于上述因素间的相互作用（Grabowski et al.，2011）。

生物扰动是指由于大型底栖动物的摄食、掘穴和建管及生理代谢等活动直接或间接影响沉积物环境，生物扰动正是这一关键生态过程中至关重要的环节和枢纽。不同因素的共同作用，改变了沉积物粒径组成和表层细颗粒泥沙的转运（Andresen and Kristensen，2002；Volkenborn et al.，2007；Widdows et al.，2004），影响沉积物的渗透性和生物地球化学过程（Lohrer et al.，2004；Ciutat et al.，2006；Li et al.，2013），并进而改变底栖生物群落结构和入侵种的拓殖（Lohrer et al.，2008）。自20世纪五六十年代以来，生物扰动逐步得到重视，尤其是其在水层-底栖界面耦合过程中的作用，并逐步由定性研究过渡到定量研究，进入到室内生态模拟、现场测试和构建模型相结合的阶段。但生物扰动对沉积物侵蚀和沉降的影响研究起步相对较晚，十余年前才开始得到较多关注（Paterson，1997；Willows et al.，1998）。

大型底栖动物群落对沉积物动态与地球化学特征具有广泛和多样化的影响，在涉海工程的设计中，不仅要考虑工程本身对于环境的影响，还要适应自然过程的影响，其中包括生物因素对地形地貌形成的中长期影响。在沉积物输移模型中整合生物因素具有两个明显的优点：①对海底生态和形态演变进行同步预报；②更明确大型底栖动物对沉积物动态的影响，并进一步解释纯物理预测中生物因素导致的偏差。

（三）大型底栖动物在环境监测和生态健康评价中的作用

海岸带生态系统能够为人类提供重要的生态和经济价值（Costanza et al., 1997），但同时又易于受到人类活动的影响，导致过去数十年间生态系统的严重退化（Lotze et al.，2006；Orth et al.，2006；Waycott et al.，2009）。生态系统都趋于具有多稳态的特性，因此受损海岸带生态系统的恢复变得极其困难（Jackson et al.，2001；Knowlton，2004；Scheffer et al.，2001；van der Heide et al.，2007；van Wesenbeeck et al.，2008）。因此，对海岸带生态系统进行环境安全检测和平均就变得至关重要，可以做到提前预防、补救，防患于未然。

海岸带健康与人类息息相关，对海岸带健康进行评价也逐渐成为全球的热点。但是，由于海岸带环境的复杂性，对海岸带健康的评价方法和手段也是多种多样。生态系统健康可以通过化学的、物理的和生物的完整性来表现（Butcher et al.，2003）。底栖生物具有以下特点：不易移动或移动范围有限，可以反映其生境的大部分条件；许多种类有较长的生命周期；占据了几乎所有的消费者营养级水平，能完成一个完整的生物积累过程。这些特点使得大型无脊椎动物成为评价中的最佳选择，并已经成功地应用到水环境评价研究中（戴纪翠和倪晋仁，2008）。例如，美国环境保护署（Environmental Protection Agency，EPA）在2000年制定的5个水质生物快速评价条例中，前3个均与大型底栖动物有关。此外，由于底栖生物受污染影响较大，通常具有富集污染物的能力，一些经济底栖物种被食用后，会对人类健康造成极大的危害。因此，利用底栖生物进行水质检测，不但能较好地反映一段时间内水质的变化情况，还能反映出各种污染物的综合毒性，对区域生态系统的健康进行合理评价，并为防治污染与生物多样性保护等提供有价值的参考依据（贺广凯，1996；蔡立哲，2003；孟伟等，2004；王备新等，2005；周晓蔚等，2009；Yokoyama et al.，2007）。

基于群落结构特征而构建的生物完整性指数（index of biological integrity，IBI）是目前应用最广泛的水生态系统健康评价指标之一，主要是用多个生物参数综合反映水体的生物学状况，从而评价流域内生态系统的健康（Ode et al.，2005；Silveira et al.，2005）。IBI目前已被广泛应用于水生态科学研究、资源管理、环境工程评价及政策和法律的制定，并被许多环保志愿者采用（戴纪翠，倪晋仁，2008）。例如，美国EPA已将水质生物评价的重点转向水生态系统健康评价，其核心即为IBI（Barbour et al.，1999）。底栖生物完整性指数（benthic index of biological integrity，B-IBI）由Kerans（1994）提出，并被国内外学者广泛应用于水生态健康的评价（Genito et al.，2002；Diaz，2003；王备新等，2005；李强等，2007）。

海洋生物指数AMBI（AZTI's marine biotic index）是2000年由Borja等（2000）提出的，用以评价欧洲沿岸水体的质量状况，尤其是受人类活动影响较大的区域。AMBI基于底栖动物中不同物种对环境压力的耐受力不同，根据对环境压力等级的不同敏感程度，将底栖动物群落划分为5个不同的生态组（ecological group，EG）。计算不同生态组中种群丰度在底栖动物群落中占的比例，得到一持续的AMBI值（Borja et al.，2000）及整合物种多样性的Shannon-Wiener指数和丰富度的M-AMBI指数。

三、大型底栖动物的生物调查与研究方法

大型底栖动物的调查和研究方法主要采用国家标准《海洋监测规范 第7部分：近海污染生态调查和生物监测》（GB 17378.7—2007），包括大型底栖动物调查和潮间带生物生态调查部分内容。开展生物调查时，同时进行环境调查。

生物调查主要包括对物种组成、优势种、栖息密度、生物量和生物多样性的调查，对于优势种群尽可能测量其个体大小、年龄结构、性别比例等，根据研究需要，进行干湿比、无灰干重、生长率和生殖率的测量。

环境调查主要包括三个方面：一是环境特点，如调查海区的地理环境、沉积物性质、污染物排放等；二是水文气象，如水温、水深、盐度、透明度、流速、流向；三是水体和沉积物取样调查，分析水体营养盐、叶绿素a、沉积物粒径、有机质含量、氧化还原电位、硫化物。

开展调查之前的准备工作，需根据历史资料和文献分析，了解调查水域的基本状况，包括沉积物类型、海流、泥沙运动和底栖生物群落特征等，摸清主要沿海工业和海上工程建设对海区环境的影响，为制定调查方案提供依据。

（一）调查区域站位分布

根据研究和调查目的及调查海域的实际状况，进行站位布设应综合考虑调查海区的水文、水质、沉积物底质的环境资料，如养殖区的分布情况、水深、沉积物类型和底栖动物分布差异。一般性调查可采用方格式布设站位，断面的布设则主要考虑水深和盐度梯度的变化。

调查类型和次数一般按照如下原则开展。

基线调查：每月一次，至少按生物季节（春3～5月，夏6～8月，秋9～11月，冬12月至次年2月）一年调查一次。

监测性调查：根据各地实情和需要，选择若干固定月份和若干站点定期取样分析，为便于比较，所选月份和站位，应与基线调查时的时间和站位相应。

应急调查：若遇到突发性事故，如赤潮、浒苔爆发、倾废等，应跟踪调查，并于事故后进行若干次危害评价调查。

2013年9～10月和2014年4～5月调查区域站位分别如图18.1和图18.2所示。

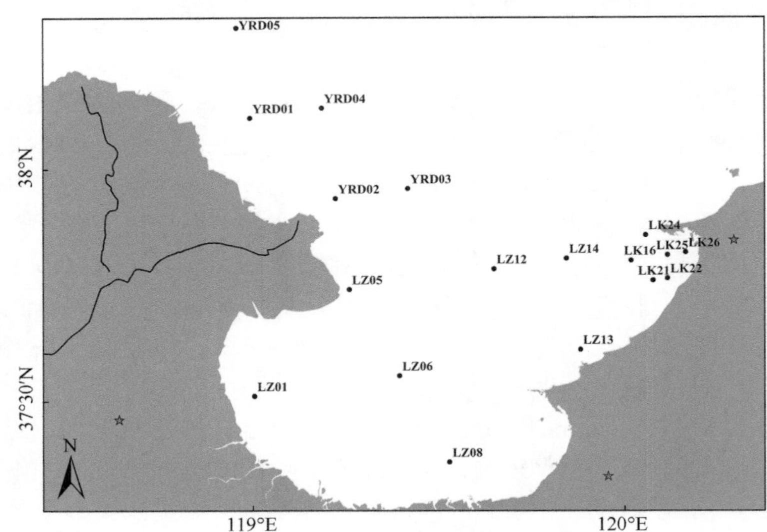

图18.1　2013年9～10月调查区域站位分布

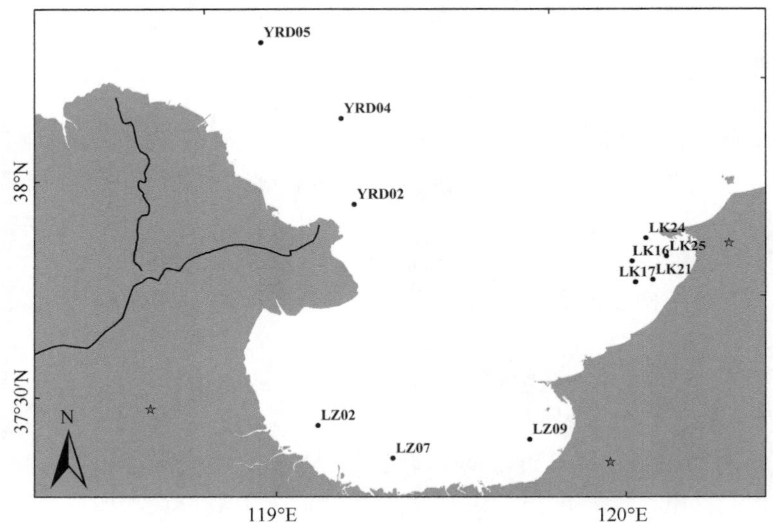

图18.2　2014年4～5月调查区域站位分布

（二）采样、保存和处理方法

大型底栖动物群落的调查一般分为定量和定性调查。定量调查一般使用0.1m²箱式采泥器，每站取3～5次；在港湾中或无动力设备的小船上，可用0.05m²箱式或抓斗式采泥器，每站取5次，特殊情况下，不少于2次。定性（或半定量）调查常使用阿式底拖网进行，拖网时保持调查船低速（23节/h左右）前进，拖网时间一般为15min；拖网时间为10min，使用GPS记录起始点经纬度，以网具着底起算起，至起网止，根据经纬度换算实际拖网距离，进行定量计算。进行深水拖网，可适当延长时间至30min。

定量采集的沉积物样品，经涡旋设备和0.05～0.1mm套筛冲洗后，获取的生物样品一般使用80%乙醇保存（以后拟开展分子生物学实验的样品，乙醇浓度可增大至95%，以提高DNA提取效果），对于较大的个体，如鱼类，需要使用5%中性甲醛溶液固定保存。阿式拖网样品，按类群或大小、软硬分别装瓶，避免标本损坏。标本量大时，可取其中部分称重和计算各类群或各种类个体，换算成标本总数量。保留一定数量个体数（大、中、小个体），用以生物学等测定，余者经称重后处理掉。发现具典型生态意义的标本，及时拍照并进行有关生物学的观察及测量。

（三）数据处理方法

大型底栖动物研究主要包括物种组成、优势种、生物量、丰度、物种多样性等，并分析物种时空分布与群落结构沿环境梯度变化的速率和范围，确定群落结构的变化与人类活动和环境污染之间的关系。一般采用三类分析方法，即单变量分析、作图分析和多变量分析。

单变量分析是通过计算和比较代表群落结构信息的单一变量，确定不同群落或同一群落不同时间的结构差别。单变量分析中通常被采用的有物种丰富度指数、Shannon-Wiener指数、物种均匀度、优势度等。

作图分析是将群落的结构特征，如种类数、各物种个体数的分布等，经过数学转换，再以图形形式表现出来，从而对群落的结构特征进行直观的分析。常见的作图分析有Sander曲线、种类的拟合对数正态分布、丰度-生物量曲线（ABC曲线）等。这类分析主要是指在底栖生物专用软件PRIMER中的一些处理功能，如*k*-优势度曲线可用于多样性评价。

多变量分析方法用于评价污染作用下底栖生物群落的变化，其中包括利用PRIMER进行的聚类分析、非参数多维排序（Non-metric multi-dimensional scaling，NMDS）、环境和生物相关性的BIOENV分析等。通过比较各采样站位间物种的相似性状况，可以对污染作用进行判定。

第二节　莱州湾大型底栖动物群落特征

一、莱州湾大型底栖动物的群落特征

（一）物种组成及优势种

1. 2013年9～10月航次

2013年9～10月航次共发现和鉴定大型底栖动物81种，其中多毛类最多，为30种，占总物种数的37%；其次为软体动物23种，占物种总数的28%；甲壳动物18种，占总物种数的22%；棘皮动物4种，占总物种数的5%；其他动物6种，占总物种数的8%。各类群组成见图18.3。

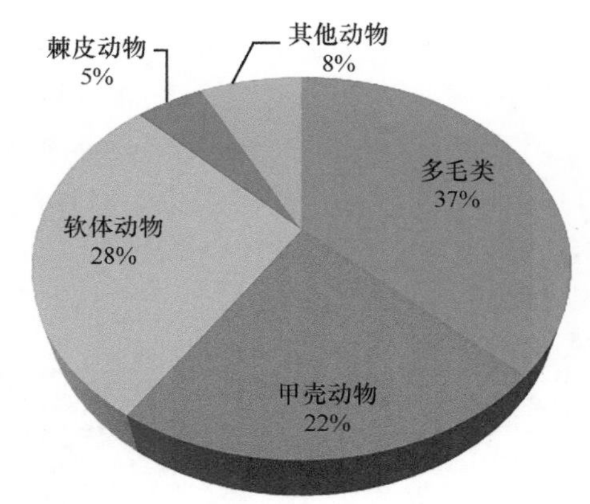

图18.3　2013年9～10月大型底栖动物物种组成

该航次的优势种有长尾虫（*Apseudes* sp.）、豆形胡桃蛤（*Ennucula faba*）、凸壳肌蛤（*Musculus senhousei*），优势度分别为0.039、0.026、0.025。长尾虫在调查站位中出现的频率为0.5，凸壳肌蛤出现的频率为0.28，豆形胡桃蛤出现的频率为0.33。

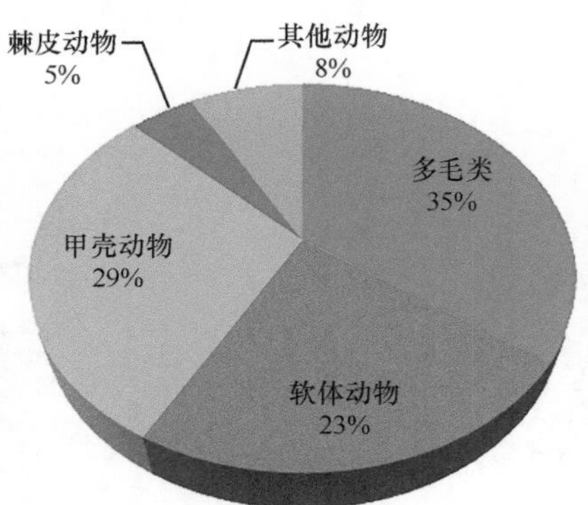

图18.4　2014年4～5月大型底栖动物物种组成

2. 2014年4～5月航次

2014年4～5月航次共发现和鉴定大型底栖动物86种，其中多毛类最多，为30种，占总物种数的35%；其次为甲壳动物25种，占物种总数的29%；软体动物20种，占总物种数的23%；棘皮动物4种，占总物种数的5%；其他动物7种，占总物种数的8%。各类群组成见图18.4。

该航次的优势种有壳蛞蝓（*Philine* sp.）、寡节甘吻沙蚕（*Glycinde gurjanovae*）和不倒翁虫（*Sternaspis scutata*），优势度分别为0.040，0.025和0.021。壳蛞蝓和寡节甘吻沙蚕在各站位出现的频率均为0.55，不倒翁虫在各站位出现的频率为0.45。

（二）生物量和丰度

1. 2013年9～10月航次

该航次大型底栖动物总平均生物量为34.76g/m^2，贡献率最大的为棘皮动物，平均生物量达23.39g/m^2，占总平均生物量的67.29%；其他动物为5.16g/m^2，占14.84%；软体动物为4.26g/m^2，占12.26%；多毛类平均生物量为1.14g/m^2，占3.28%；甲壳动物平均生物量最低，为0.81g/m^2，占总平均生物量的2.33%。生物量在各站位的分布见图18.5，可以看出，生物量在各站位分布不均，且两极分化严重，生物量最高的站位LZ12总生物量达308.17g/m^2，而生物量最低的站位LZ01总生物量为0.83g/m^2。生物量的区域分布差异为莱州湾中部和黄河口外围生物量较高，黄河口和莱州湾沿岸生物量均较低。

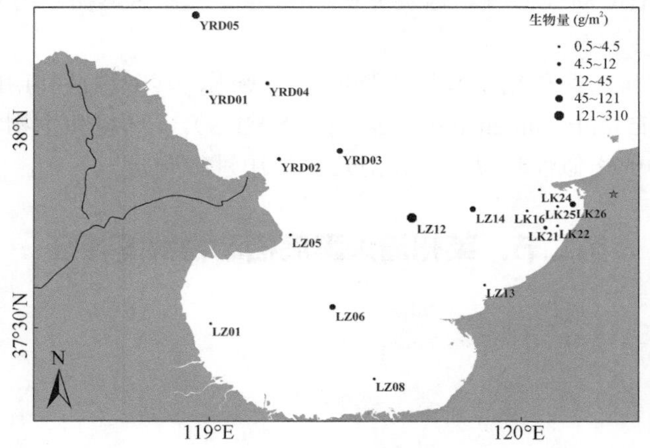

图18.5　2013年9～10月各站位大型底栖动物生物量的分布图

大型底栖动物的总平均丰度为309.07ind./m^2，其中软体动物最高，为120ind./m^2，占总平均丰度的38.83%；其次为多毛动物，平均丰度为95.93ind./m^2，占总平均丰度的31.04%；甲壳动物为69.07ind./m^2，占总平均丰度的22.35%；棘皮动物为17.96ind./m^2，占总平均丰度的5.81%；其他动物平均丰度为6.11ind./m^2，占总平均丰度的1.98%。丰度在各站位的分布如图18.6所示，可以看出，丰度空间分布不均，没有明显的分布规律，靠近龙口人工岛几个站位的丰度较高。

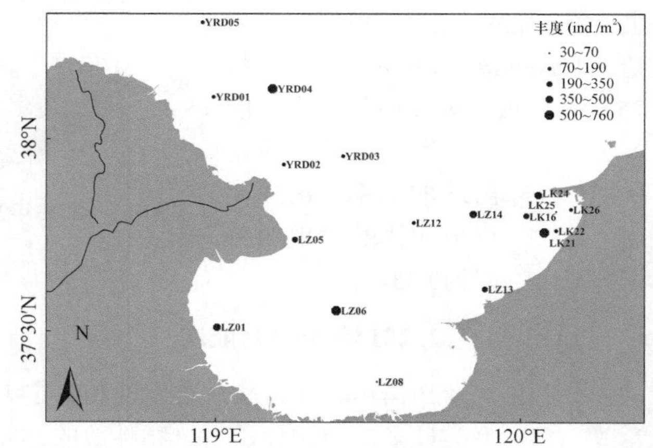

图18.6　2013年9～10月各站位大型底栖动物丰度的分布图

2. 2014年4～5月航次

该航次大型底栖动物总平均生物量为15.83g/m^2，贡献率最大的为棘皮动物，平均生物量达6.02g/m^2，占总平均生物量的38.03%；软体动物为4.95g/m^2，占总平均生物量的31.27%；甲壳动物为2.36g/m^2，占14.91%；多毛类平均生物量为1.52g/m^2，占总平均生物量的9.60%；其他动物平均生物量为0.98g/m^2，占总平均生物量的6.19%。生物量在各站位的分布见图18.7，可以看出，生物量在各站位分布不均，LZ02生物量最高，为68.58g/m^2，而生物量最低的站位YRD02为0.16g/m^2。

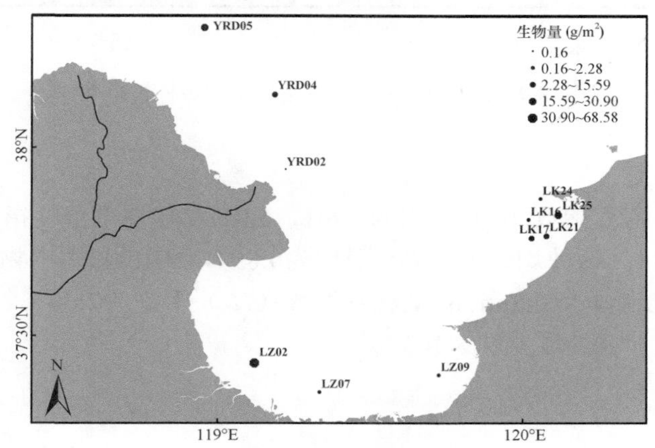

图18.7 2014年4～5月各站位大型底栖动物生物量的分布图

大型底栖动物的总平均丰度为276.37ind./m^2，其中多毛类平均丰度最高，为120ind./m^2，占总平均丰度的43.42%；其次为软体动物，平均丰度为76.82ind./m^2，占总平均丰度的27.80%；甲壳动物为58.18ind./m^2，占总平均丰度的21.05%；其他动物为11.82ind./m^2，占总平均丰度的4.28%；棘皮动物平均丰度为9.55ind./m^2，占总平均丰度的3.46%。丰度在各站位的分布见图18.8，可以看出，丰度空间分布不均，靠近龙口人工岛几个站位的丰度较高。

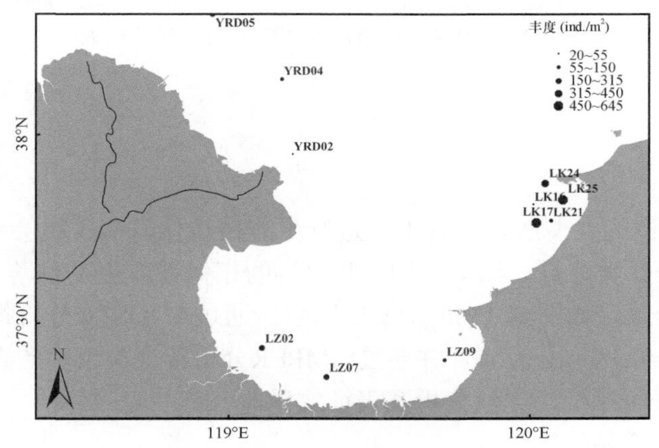

图18.8 2014年4～5月各站位大型底栖动物丰度的分布图

（三）生物多样性指数

1. 2013年9～10月航次

该航次各站位生物多样性指数见图18.9。物种丰富度指数（d）平均为1.999，LZ13物种丰富度指数最高，为3.565，LZ12物种丰富度指数最低，为0.207；物种均匀度（J'）平均为0.804，最高值出现在LK22，为0.985，最低值出现在LZ01，为0.217；Shannon-Wiener指数（H'）平均为1.914，最高值出现在LZ21，为2.970，最低值出现在LZ12，为0.206。

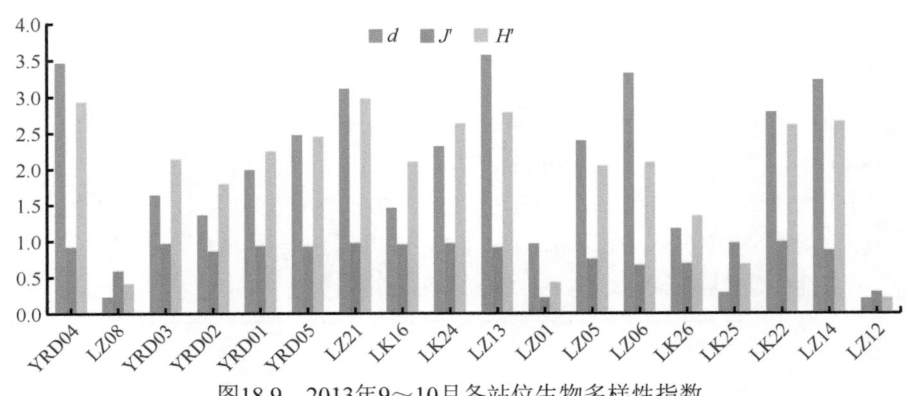

图18.9 2013年9～10月各站位生物多样性指数

2. 2014年4～5月航次

该航次各站位的物种丰富度指数（*d*）平均为2.901，YRD05物种丰富度指数最高，为4.985，LK16物种丰富度指数最低，为0.334；物种均匀度（*J'*）平均为0.894，YRD05站位物种均匀度最高，为0.968，LK16物种均匀度最低，为0.811；Shannon-Wiener指数（*H'*）平均为2.375，最高值出现在YRD05，为3.259，最低值出现在LK16，为0.562（图18.10）。

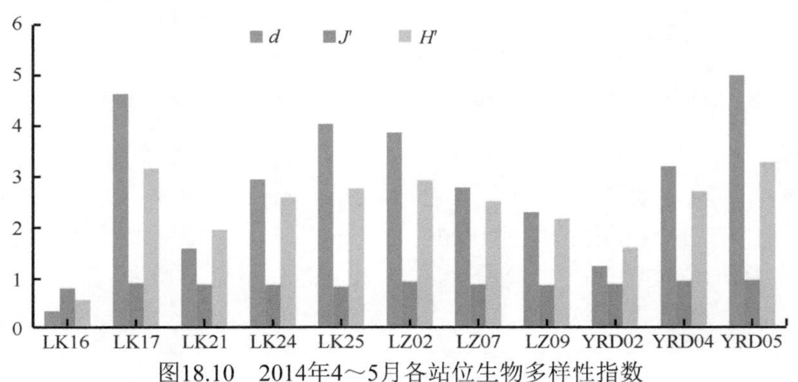

图18.10 2014年4～5月各站位生物多样性指数

（四）生物群落结构

1. 2013年9～10月航次

通过PRIMER对调查站位的大型底栖动物丰度进行平方根转化，减少机会种的影响，进行Bray-Curtis相似性处理后，进行Cluster聚类分析。结果表明，以20%的相似性，生物群落可分为7个聚类组，MDS排序结果与Cluster分析结果一致，如图18.11和图18.12所示。通过ANOSIM分析得出不同聚类组间存在显著性差异（global R=0.808，P=0.1%＜0.01），并通过SIMPER分析各聚类组中的表征物种，结果如下。

群组Ⅰ：只包括LZ12一个站位，无法分析其表征物种。

群组Ⅱ：只包括LZ08一个站位。

群组Ⅲ：只包括LZ01一个站位。

群组Ⅳ：包括YRD03和LK22两个站位，组内平均相似性为30.02%，主要的表征物种为长尾虫（*Apseudes* sp.）、纽虫（*Nemertinea*）、锥唇吻沙蚕（*Glycera onomichiensis*）和中蚓虫（*Mediomastus* sp.），贡献率各为25%。

群组Ⅴ：包括LZ05、LZ06、LZ13、LZ14、LK16、LK21、LK24、YRD04站位，贡献率超过5%的物种有8种，主要有长尾虫（*Apseudes* sp.）。

群组Ⅵ：包括YRD02、LK25、LK26三个站位，组内平均相似性为45.26%，主要的表征物种为理蛤（*Theora lata*）、彩虹明樱蛤（*Moerella iridescens*）和细螯虾（*Leptochela gracilis*），贡献率分别为

61.35%、26.59%和6.03%。

群组Ⅶ：由YRD01和YRD05两个站位组成，组内平均相似性为20.26%，主要表征种为彩虹明樱蛤（*Moerella iridescens*）、圆筒原核螺（*Eocylichna cylindrella*）和西方似蛰虫（*Amaeana occidentalis*），贡献率各为33.33%。

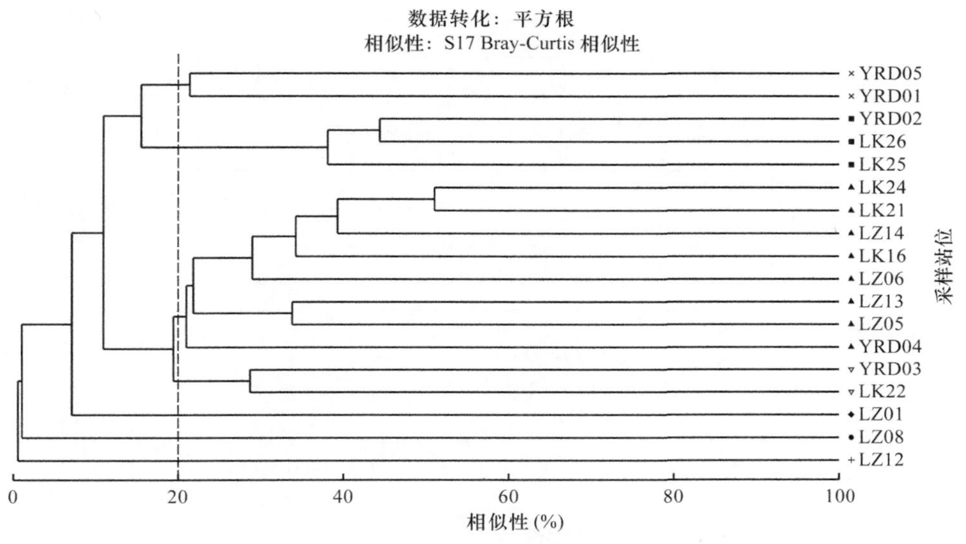

图18.11　2013年9～10月大型底栖动物聚类分析

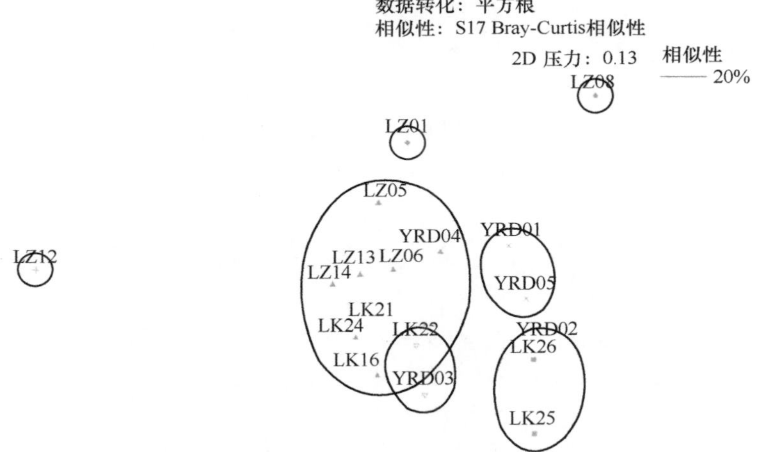

图18.12　2013年9～10月大型底栖动物MDS分析

2. 2014年4～5月航次

通过PRIMER分析2014年4～5月大型底栖动物群落结构，Cluster聚类分析表明，以20%的Bray-Curtis相似性系数，调查区域可分为5个聚类组，MDS分析结果与聚类分析结果一致（图18.13，图18.14）。ANOSIM分析表明，不同聚类组间存在显著性差异（global R=0.83，P=0.1%＜0.01）。通过PRIMER分析各聚类组的组间相似性和主要表征种，结果如下。

群组Ⅰ：在相似性为9.78%处与其他聚类组分开，由LK21一个站位组成，无法分析群落的表征种。

群组Ⅱ：只包括LK16一个站位。

群组Ⅲ：只包括YRD02一个站位。

群组Ⅳ：包含YRD05、LZ07、LZ09、LK17、LK24、LK25站位，组内平均相似性为26.75%，累计贡献率达90%的表征物种为22种，贡献率超过5%的物种有5种，分别为寡节甘吻沙蚕（*Glycinde*

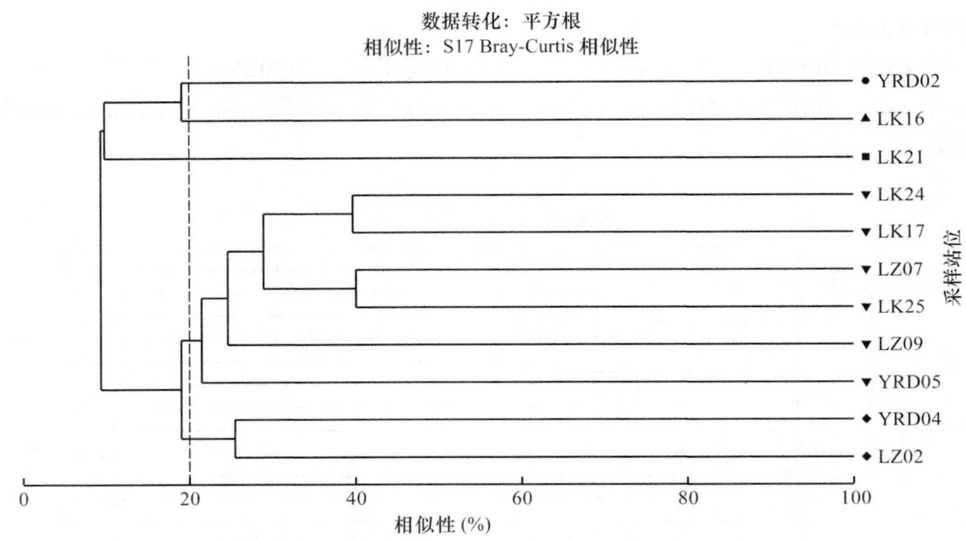

图18.13　2014年4～5月大型底栖动物聚类分析

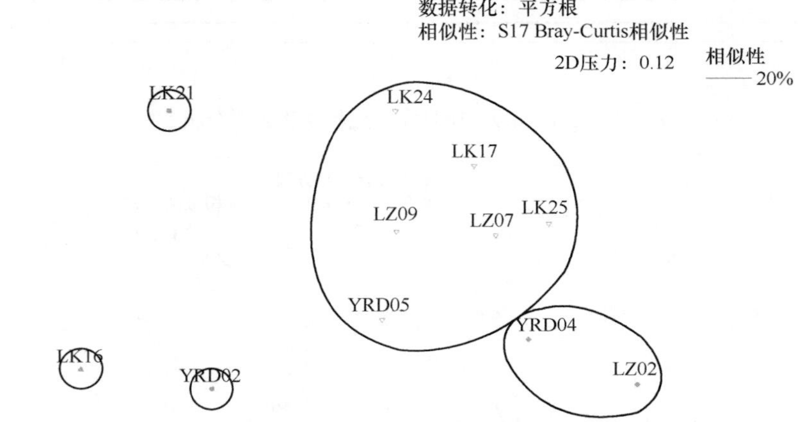

图18.14　2014年4～5月大型底栖动物MDS分析

gurjanovae）、壳蛞蝓（*Philine* sp.）、扁玉螺（*Neverita didyma*）、多鳃齿吻沙蚕（*Nephtys polybranchia*）和刚鳃虫（*Chaetozone setosa*），贡献率分别为17.37%、9.64%、8.42%、5.95%、5.07%。

群组Ⅴ：由LZ02和YRD04组成，组内平均相似性为25.47%，主要表征物种为小亮樱蛤（*Nitidotellina minuta*）、不倒翁虫（*Sternaspis scutata*）、独指虫（*Aricidea fragilis*）、日本强鳞虫（*Sthenolepis japonica*）和双唇索沙蚕（*Lumbrineris cruzensis*），贡献率分别为21.24%、21.24%、21.24%、21.24%和15.02%。

（五）群落受扰动状况

1. 2013年9～10月航次

对调查区域各站位进行ABC曲线分析（图18.15），可以看出，YRD03、YRD05、LZ14、LK22和LK24站位大型底栖动物群落的生物量曲线较丰度曲线优势明显，说明群落没有受到扰动；LZ01、LZ08、LZ12、LK25站位丰度曲线位于生物量曲线之上，*W*为负，说明这4个站位受到严重程度的扰动；其他站位，尽管生物量曲线始终位于丰度曲线之上，但是生物量曲线起点较低，与丰度曲线接近，说明大型底栖动物群落倾向于受到中等程度的扰动。

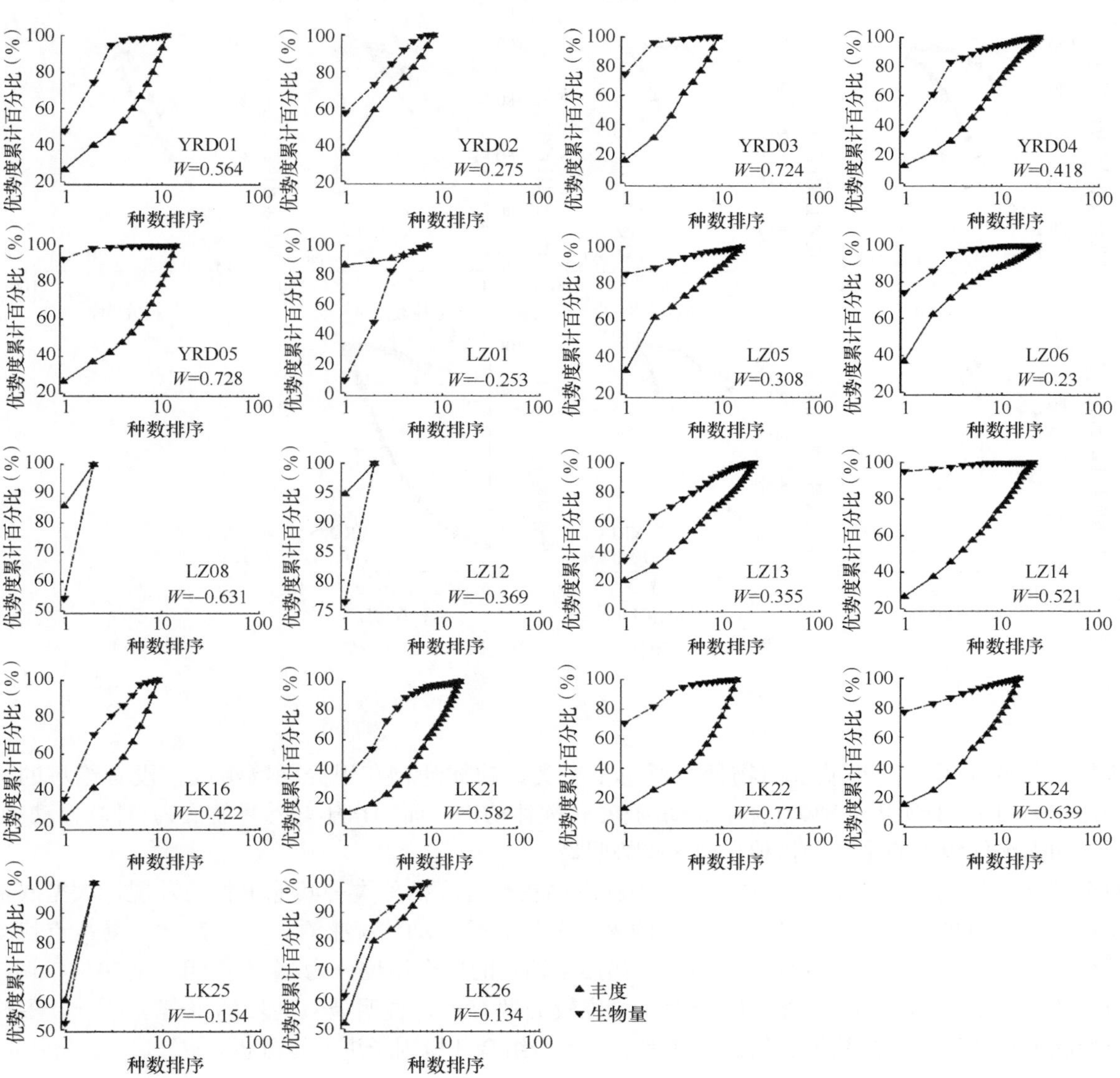

图18.15　2013年9～10月各站位ABC曲线

2. 2014年4～5月航次

对该航次各站位进行ABC曲线分析（图18.16），可以看出，YRD05、LK16站位生物量曲线远居于丰度曲线之上，优势明显，该区域未受到影响，但从图18.16可以看出LK16站位只采集到两个物种；LZ09、LK24两个站位生物量曲线和丰度曲线出现了交叉，这两个站位已经受到中等程度的扰动；其他站位生物量曲线位于丰度曲线之上，但是生物量起点较低，优势不明显，说明这些站位有受到中等程度扰动的趋势。

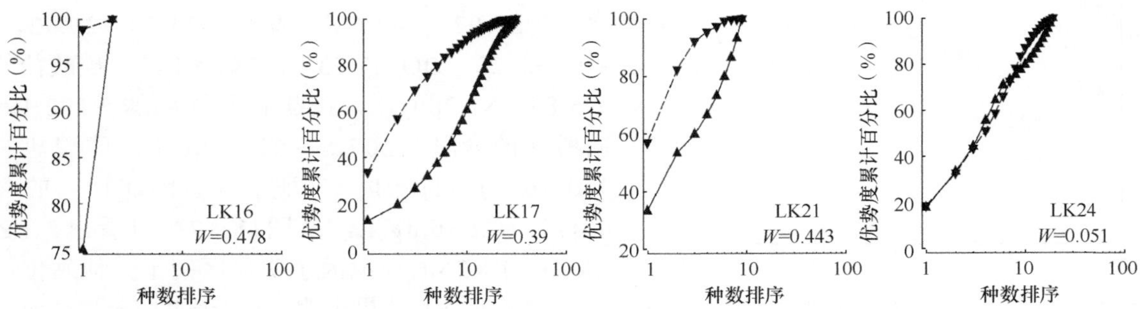

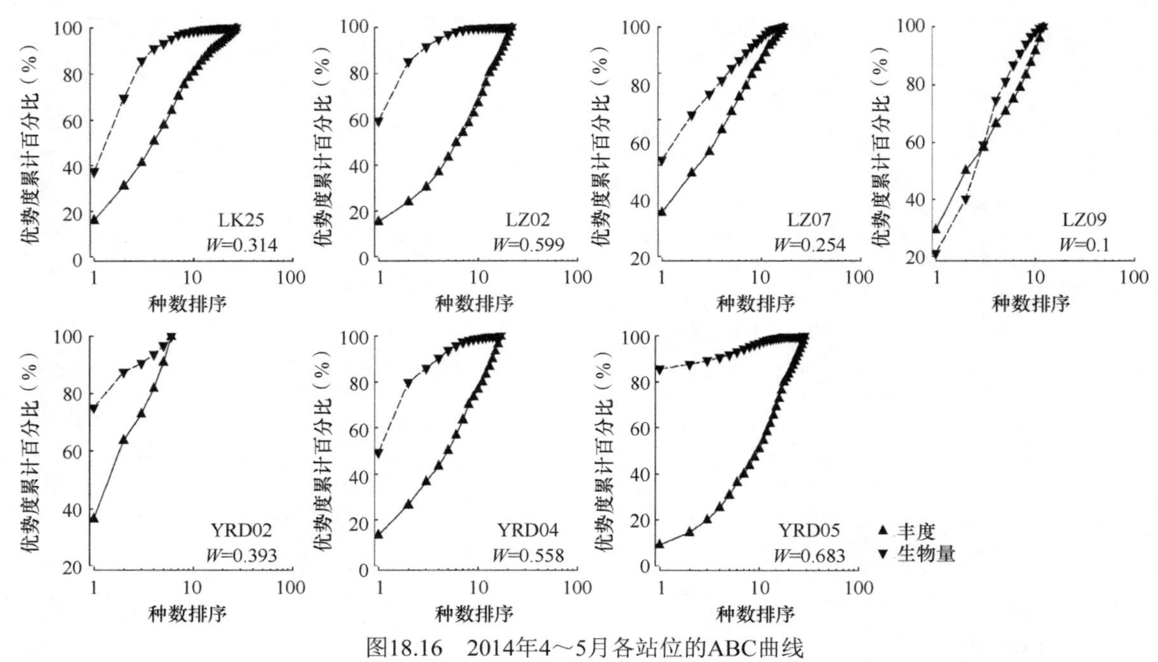

图18.16　2014年4～5月各站位的ABC曲线

（六）讨论

从物种组成来看，两个航次的物种主要由多毛类、软体动物和甲壳动物组成，没有绝对的优势类群。2013年9～10月航次优势种为1种甲壳动物和2种软体动物，而2014年4～5月航次为1种软体动物和2种多毛类，均为个体较小的生物，物种小型化趋势明显。

两个航次的生物量较高的站位主要是因为棘皮动物或者底栖鱼类等其他生物的发现，大型底栖动物主要类群对生物量的贡献率均较小。从群落的聚类分析和受扰动状况来看，两个航次中受严重扰动的站位均较少，大部分站位有受中等扰动的趋势，2013年调查的18个站位分为7个聚类组，而2014年调查的11个站位分为5个聚类组，这与调查区域较大、站位较分散有关，说明调查区域的群落不单一，多样性较高。大型底栖动物群落结构具体变化的驱动因素，还需结合环境因子进一步分析。

二、大型底栖动物群落与环境之间的相关性

（一）莱州湾环境因子特征

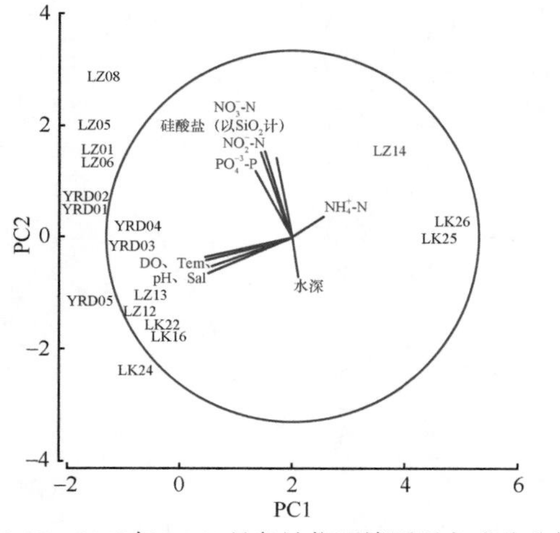

图18.17　2013年9～10月各站位环境因子主成分分析

1. 2013年9～10月航次

该航次所测的环境因子有水深、水温（Tem）、盐度（Sal）、pH、溶解氧（DO）、营养盐（亚硝酸盐、铵盐、硝酸盐、磷酸盐、硅酸盐），水深为7～19.5m，水温为20.02～24.26℃，盐度为24.58～29.42，pH为8.13～8.23，DO为7.73～8.58mg/L，亚硝酸盐的含量为5.85～81.28μg/L，铵盐的含量为6.7～102.1μg/L，硝酸盐的含量为207.5～629.2μg/L，磷酸盐的含量为0.86～1.71μg/L，硅酸盐（以SiO_2计）的含量为0.077～0.636mg/L。从图18.17可以看出，LZ14、LK25、LK26的环境因子明显区别于其他站位。主成分分析（PCA）结果表明，前3个主成分累计贡献率为

81.4%，图中第一排序轴的信息量占总信息量的43.3%，第二排序轴的信息量占总信息量的21.8%。对第一主成分贡献率较大的为水温、盐度、pH、DO，对第二主成分贡献率较大的为亚硝酸盐、硝酸盐、磷酸盐、硅酸盐，对第三主成分贡献率较大的为水深、亚硝酸盐、磷酸盐和硅酸盐。

2. 2014年4～5月航次

该航次所测得的环境因子只有营养盐数据，包括亚硝酸盐、硝酸盐、铵盐、磷酸盐和硅酸盐（以SiO_2计）。调查区域的亚硝酸盐含量为2.29～16.09μg/L，硝酸盐含量为170.2～434.6μg/L，铵盐含量为10.4～52.9μg/L，磷酸盐含量为0.26～7.69μg/L，硅酸盐含量为0.026～0.188mg/L。环境因子的主成分分析表明（图18.18），环境因子将站位大致分为5组，前3个主成分的累计贡献率为88.1%，第一排序轴占信息总量的50%，第二排序轴占信息总量的20.8%，前三个主成分的主要环境因子为亚硝酸盐、铵盐和硅酸盐。

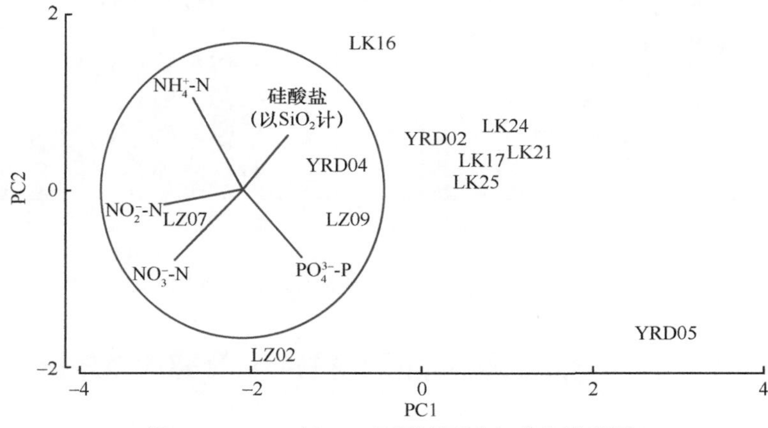

图18.18　2014年4～5月环境因子主成分排序图

（二）大型底栖动物群落与环境因子之间的关系

1. 2013年9～10月航次

通过PRIMER分析大型底栖动物群落与环境因子之间的关系，RELATE分析（图18.19）结果表明，丰度与环境因子的相关性不显著［Rho（Spearman）=0.116，P=0.207］，生物量与环境因子的相关性也不显著［Rho（Spearman）=0.033，P=0.378］。BIOENV分析表明，最能解释群落中生物量和丰度分布的环境因子均为亚硝酸盐，Spearman相关性系数分别为0.325和0.326。通过SPSS对生物多样性指数与环境因子进行Pearson相关性分析得出，物种均匀度J'与硝酸盐含量显著负相关（R=−0.586，P=0.011），其他相关性均不显著。

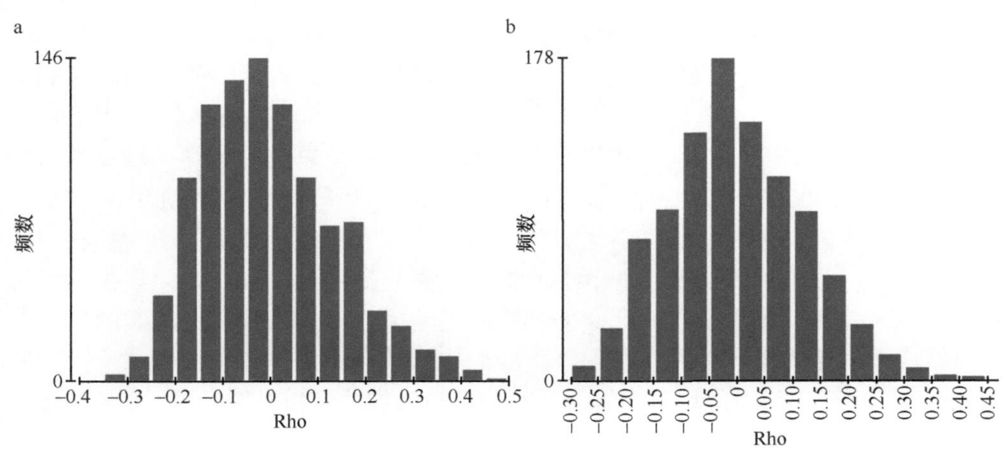

图18.19　2013年丰度（a）、生物量（b）与环境因子的相关性分析结果

2. 2014年4～5月航次

对该航次的大型底栖生物群落和环境因子进行PRIMER分析，RELATE结果表明，大型底栖动物群落的生物量、丰度与环境因子的相关性均不显著［Rho（Spearman）=0.027，*P*=0.432；Rho（Spearman）=−0.012，*P*=0.497］（图18.20），进一步的BIOENV分析表明，最能解释生物群落生物量和丰度分布的环境因子为铵盐和硅酸盐，Spearman相关性系数分别为0.271和0.214。生物多样性指数与环境因子的相关性分析得出，Shannon-Wiener指数与铵盐负相关性显著，其他相关性均不显著。

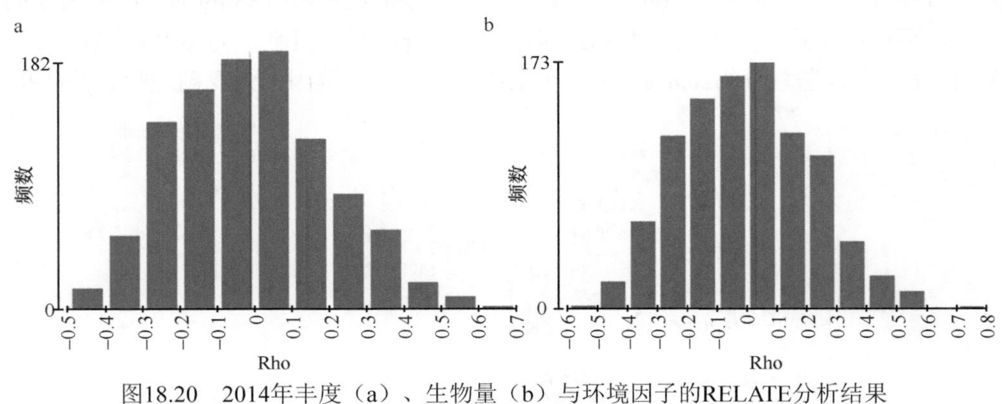

图18.20　2014年丰度（a）、生物量（b）与环境因子的RELATE分析结果

第三节　大型底栖动物群落演替特征及驱动力分析

近几十年来，环渤海经济区成为中国北方发展最迅速的区域，由此引发的环境问题也日趋凸显。许多研究显示，渤海底栖生态系统衰退严重（Jin，2004；Zhou et al.，2007，2010）。开展底栖动物长周期的调查和分析，是定量研究环境条件长期变化引起的生物响应的较好方法。根据2011～2013年渤海南部区域开展的现状调查数据及50余年来相同海域已取得的研究成果和资料，从渤海南部海域包括黄河口邻近海域及莱州湾大型底栖动物群落结构的变化特征出发，分析其长期演变的过程和规律，旨在阐明该群落的演变特征和趋势，识别其重要的演变时段。并结合50余年来渤海南部海域相关底栖环境因子的变化特征，探讨导致底栖动物群落演变的主要原因。

一、物种组成的变化

自20世纪50年代末至2013年以来的近60年内，渤海南部海域大型底栖动物的物种数年际变化明显（表18.1，图18.21）。按照大型底栖动物物种数的年际变化特征，大体可以分为三个阶段：第一阶段即20世纪50年代至80年代，50年代物种数量较低（原因在于1959年全国海洋普查资料中仅列出主要种类，而没有包括所有物种数，造成当年统计物种数低于实际物种数），60年代至80年代由于缺乏相应的数据支持，变动趋势不明；第二阶段即20世纪80年代至2006年，该阶段总物种数维持较高的水平，为五六十年代的4倍以上；第三阶段即2006～2013年，总物种数较之前有所下降。群落中的优势类群在近60年来也呈现明显的变动过程，在第一阶段，群落中优势类群为个体较大的经济型甲壳动物和软体动物，多毛类物种数仅占极少量比例。第二阶段前期，群落中的优势类群为多毛类，且在1984年占据绝对优势地位，其次为软体动物和甲壳动物；第二阶段后期，群落中的多毛类、软体动物和甲壳类的物种数基本保持相同水平，优势地位均不凸显。第三阶段初期，群落中的优势类群比例基本延续第二阶段的情况，即群落仍以三大类群为主，各类群优势地位均不明显，至2013年多毛类数量相对增多。

表18.1 渤海南部海域大型底栖动物物种数的年际变动

调查时间	站点数	总物种数	多毛类	软体动物	甲壳动物	棘皮动物	其他	参考文献
1958年10月	17	34	3	7	13	4	7	①
1959年10月	17	30	1	10	11	5	3	①
1984年5月、7月、8月、11月	44	191	77	57	36	7	14	孙道元和唐质灿，1989
1998年9月	20	253	81	71	76	10	15	韩洁等，2003
2006年11月	12	124	41	40	45	6	2	周红等，2010
2012年11月	10	73	25	24	19	3	2	本书
2013年9～10月	13	66	26	18	16	3	3	本书

注：①全国海洋综合调查资料，中华人民共和国科学技术委员会海洋综合调查办公室编

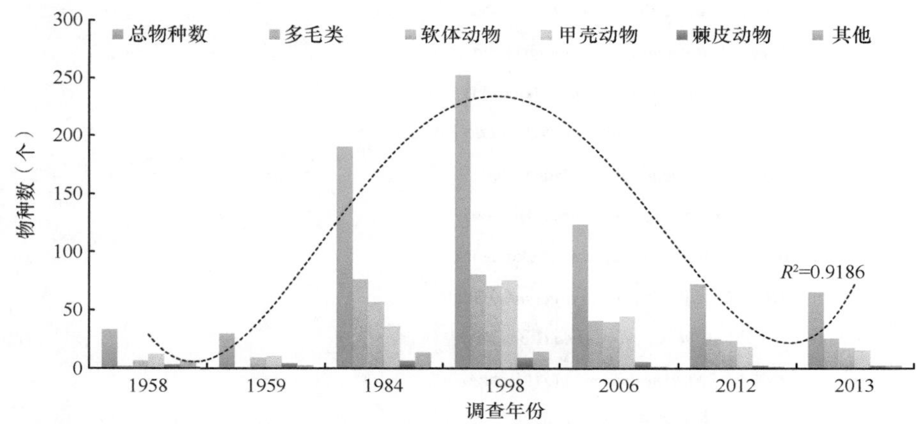

图18.21 渤海南部海域大型底栖动物总物种数及各主要类群物种数的年际变动（陈琳琳等，2016）

秋季数据，图中黑线为总物种数趋势线

二、生物资源优势种的变化

除了总物种数存在明显的年际波动，渤海南部海域大型底栖动物群落中的优势种也发生了明显变化（表18.2）。总体表现为自20世纪50年代末迄今，优势种的小型化趋势明显，即小个体的多毛类、软体动物双壳类和甲壳类取代了大个体的甲壳类和软体动物经济类群。1958～1959年，该海区的生物量很高，群落内优势种多为大型的甲壳类，如日本鼓虾、鹰爪虾、绒毛细足蟹等，经济类群毛蚶、莱氏舌鳎等也占据优势地位。到20世纪80年代，穴居型的双壳类和棘皮动物在数量及生物量上均占明显优势，形成以凸壳肌蛤和心形海胆为优势种的群落。到90年代，该海区被较小的紫色阿文蛤和银白齿缘壳蛞蝓代替。而20世纪初期，除了紫色阿文蛤继续占优势地位，更小型的种类如小亮樱蛤、江户明樱蛤、微型小海螂、耳口露齿螺等相继成为优势种。2013年，该海区凸壳肌蛤的优势地位又有所回升，这也反映了莱州湾渔业资源小型化和低值化的变化趋势。

表18.2 渤海南部底栖动物群落优势种的年际变动

调查时间	优势种	优势度	文献出处
1958年10月	日本鼓虾*Alpheus japonicus* Miers	0.083 717	①
	中国毛虾*Acetes chinensis* Hansen	0.065 379	
	鹰爪虾*Trachysalambria curvirostris* (Stimpson)	0.056 432	
	钝尖鰕虎鱼*Chaeturichthys hexanema* Bleeker	0.043 055	
	莱氏舌鳎*Cynoglossus lighti* Norman	0.028 703	

续表

调查时间	优势种	优势度	文献出处
1959年10月	莱氏舌鳎*Cynoglossus lighti* Norman	0.067 953	①
	日本鼓虾*Alpheus japonicus* Miers	0.067 747	
	鹰爪虾*Trachysalambria curvirostris* (Stimpson)	0.065 687	
	中国毛虾*Acetes chinensis* Hansen	0.045 302	
	毛蚶*Anadara kagoshimensis* (Tokunaga)	0.038 987	
	绒毛细足蟹*Raphidopus ciliatus* Stimpson	0.026 426	
	口虾蛄*Oratosquilla oratoria* (De Haan)	0.020 317	
1982年7月	凸壳肌蛤*Musculus senhousia* (Benson)	—	孙道元和刘银城，1991
	心形海胆*Echinocardium cordatum* (Pennant)	—	
1984年5～11月	凸壳肌蛤*Musculus senhousei* (Benson)	—	孙道元和唐质灿，1989
	光亮倍棘蛇尾*Amphioplus (Amphioplus) lucidus* Koehler		
1985年5～6月	心形海胆*Echinocardium cordatum* (Pennant)	—	张志南等，1990
	凸壳肌蛤*Musculus senhousei* (Benson)		
1998年9月	紫色阿文蛤*Alveinus ojianus* (Yokoyama)	—	韩洁等，2001
	银白齿缘壳蛞蝓*Yokoyamaia argentata* (Gould)		
2006年11月	不倒翁虫*Sternaspis scutata* (Ranzani)	—	周红等，2010
	小亮樱蛤*Nitidotellina minuta* (Lischke)		
	杯尾水虱*Cythura* sp.		
2009年6月	寡鳃齿吻沙蚕*Micronephthys oligobranchia* Southern	—	刘晓收等，2014
	微型小海螂*Leptomya minuta* Habe	—	
	紫色阿文蛤*Alveinus ojianus* (Yokoyama)	—	
	江户明樱蛤*Moerella hilaris* (Hanley)	—	
	纤长涟虫*Iphinoe tenera* Lomakina	—	
2011年5月	寡节甘吻沙蚕*Glycinde gurjanovae* Uschakov et Wu	0.159	陈琳琳等，2016
	日本倍棘蛇尾*Amphioplus* (*Lymanella*) *japonicus* (Matsumoto)	0.045	
	纤长涟虫*Iphinoe tenera* Lomakina	0.036	
	异足索沙蚕*Kuwaita risheteropoda* (Marenzeller)	0.023	
2011年8月	耳口露齿螺*Ringicula doliaris* Gould	0.066 856	陈琳琳等，2016
	紫色阿文蛤*Alveinus sojianus* (Yokoyama)	0.058 581	
	丝异蚓虫*Heteromastus filiformis* (Claparède)	0.044 729	
	寡节甘吻沙蚕*Glycinde gurjanovae* Uschakov et Wu	0.038 441	
	日本强鳞虫*Sthenolepis japonica* (McIntosh)	0.033 221	
	西方似蛰虫*Amaeana occidentalis* (Hartman)	0.031 797	
	介形类*Ostracoda* sp.	0.029 068	
	小亮樱蛤*Nitidotellina minuta* (Lischke)	0.025 36	
	刚鳃虫*Chaetozone setosa* Malmgren	0.022 75	
	彩虹明樱蛤*Iridona iridescens* (Benson)	0.020 17	

续表

调查时间	优势种	优势度	文献出处
2012年11月	介形类*Ostracoda* sp.	0.218 674	陈琳琳等，2016
	蛇尾幼体*Ophiuroidea*	0.065 36	
	日本强鳞虫*Sthenolepis japonica* (McIntosh)	0.035 965	
	突头杯尾水虱*Anthura gracilis* (Montagu)	0.030 432	
	乳突半突虫*Phyllodoce papillosa* Uschakov et Wu	0.026 282	
	索沙蚕*Lumbrineris* sp.	0.020 173	
2013年9～10月	长尾虫*Apseudes* sp.	0.069 902	陈琳琳等，2016
	凸壳肌蛤*Musculus senhousei* (Benson)	0.058 511	
	豆形胡桃蛤*Ennucula faba* Xu	0.039 788	
	小亮樱蛤*Nitidotellina minuta* (Lischke)	0.021 844	

注：①全国海洋综合调查资料，中华人民共和国科学技术委员会海洋综合调查办公室编；—表示无调查数据

三、生物量和丰度的年际比较

渤海南部海域近60年来生物量的年际变化因为个别年份的数值异常波动，年际变动趋势不如物种数的年际变化明显，但仍可以划分为相同的三个阶段（表18.3，图18.22）。第一阶段，1959年之前，莱州湾大型底栖动物群落生物量数值较高，结合同期的丰度数值情况，可以推断该阶段的大型底栖动物群落以个体较大、生活史较长的*K*对策种为主，其中软体动物占据绝对优势。第二阶段，除1998年生物量出现较低值外（可能与数据分析时仅选取1998年资料中位于莱州湾的两个站位有关），其余年份生物量均较20世纪50年代平均值低。第三阶段，生物量则持续下降，直至2013年才有上升的趋势。与此相比，群落中生物量占优势的类群则呈现更明显的阶段性变化，第一阶段至第二阶段初期（1984），群落中生物量占绝对优势地位的为软体动物。第二阶段中期因缺少各主要类群的数据无法分析，但在后期（2006年），各主要类群优势地位较为均衡。值得注意的是，第三阶段群落中的棘皮动物生物量呈现逐年上升的趋势，并在群落中占绝对优势。

该阶段生物量的年际变化，与经济种类资源量的捕捞强度及灾害种类的爆发可能存在明显的相关性，软体动物中的某些种类如文蛤、脉红螺、毛蚶和魁蚶等作为莱州湾的重要经济软体动物，在20世纪50年代至80年代之前生物量均较高，其生物量在群落中占较高的比例，但随着捕捞强度的加大及种群补充的不足，其生物量逐渐减少。近年来，多棘海盘车的爆发对底栖动物生物量年际变化的影响也较大，由于多棘海盘车个体较大，且加上其分布的聚集特性和采样的偶然性，对生物量的贡献较大。

表18.3　渤海南部海域大型底栖动物平均生物量的年际变动　（单位：g/m^2）

调查时间	总平均生物量	多毛类	软体动物	甲壳动物	棘皮动物	其他	参考文献
1958年10月	54.596 666	1.88	50.46	0.47	0.273 333	1.513 333	①
1959年10月	11.925	1.062 5	0.445 833	4.204 167	4.825	1.387 5	①
1984年11月	25.83	1.1	17.01	1.39	4.48	1.85	孙道元和唐质灿，1989
1998年9月	8.845	—	—	—	—	—	韩洁等，2001
2006年11月	24.7	4.5	7.7	7.4	2.6	2.4	周红等，2010
2012年11月	14.041 999	1.31	1.603 333	1.602	9.393 333	0.133 333	陈琳琳等，2016
2013年9～10月	33.688 722	0.655 385	4.845 128	0.995 385	21.403 08	5.789 744	陈琳琳等，2016

注：①全国海洋综合调查资料，中华人民共和国科学技术委员会海洋综合调查办公室编；—表示无调查数据

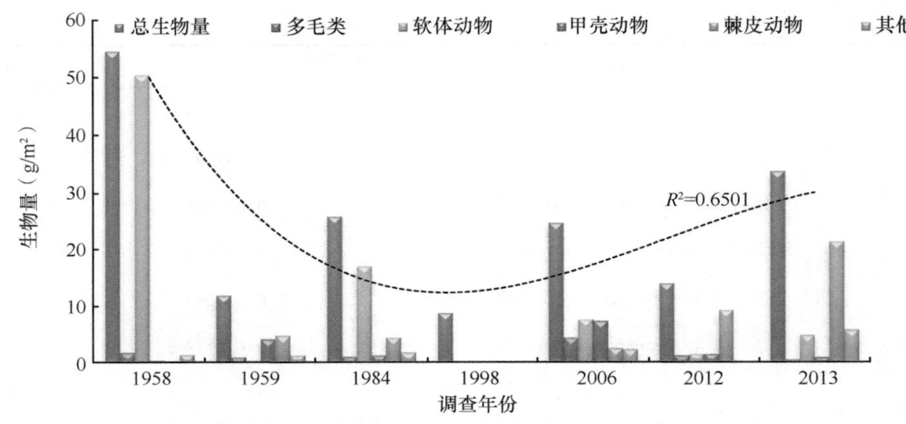

图18.22 渤海南部海域大型底栖动物总生物量及各主要类群生物量的年际变动

秋季数据，图中黑线为总生物量的趋势线

渤海南部海域大型底栖动物丰度年际变化与物种数和生物量的变化趋势均不同，年际存在不明显的波动，2012年和2013年的调查结果相对较低（表18.4，图18.23）。虽然群落总丰度变动趋势不明显，但群落中主要类群所占的比例发生了明显的变化：20世经50年代群落中对丰度贡献较大的是经济型的甲壳动物，其次为软体动物，棘皮动物和多毛类所占比例极低；且软体动物所占比例呈明显上升趋势。80年代初期，群落中的软体动物成为群落丰度的主要贡献类群。之后，群落中软体动物所占比例逐渐下降，而多毛类则逐步上升。2012年和2013年的调查发现，群落中多毛类的丰度对群落总丰度的贡献依然占据较大比例，甲壳动物和软体动物则存在年际波动的现象。

表18.4 渤海南部海域大型底栖动物丰度的年际变动（单位：ind./m²）

调查时间	丰度	多毛类	软体动物	甲壳动物	棘皮动物	其他	参考文献
1958年10月	545.4	13.3	48.7	368.7	16	98.7	①
1959年10月	659.3	10	177.7	376.2	8.5	86.9	①
1984年11月	621.9	57.8	506.5	41.7	9.7	6.2	孙道元和唐质灿，1989
1998年9月	646.5	—	—	—	—	—	韩洁等，2001
2006年11月	699	195	265	189	39	11	周红等，2010
2012年11月	575.6	154.7	60.3	304.3	49	7.3	陈琳琳等，2016
2013年9～10月	320.2	85.1	132.3	84.9	13.3	4.6	陈琳琳等，2016

注：①全国海洋综合调查资料，中华人民共和国科学技术委员会海洋综合调查办公室编；—为无调查数据

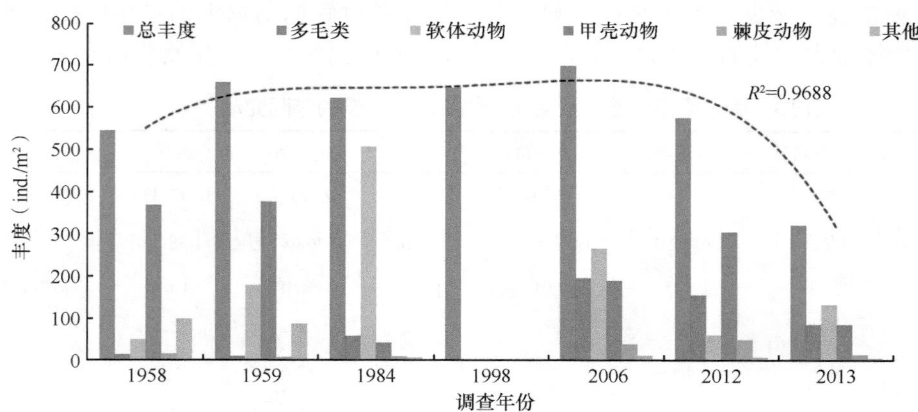

图18.23 渤海南部海域大型底栖动物总丰度及各主要类群丰度的年际变动

秋季数据，图中黑线为总丰度的趋势线

四、群落年际变化的MDS分析

对近60年来莱州湾区域大型底栖动物群落物种数进行MDS分析，结果表明，不同年代的物种数依据Bray-Curtis相似性被明显划分为3个组别，与之前的分析结果密切吻合（图18.24）。

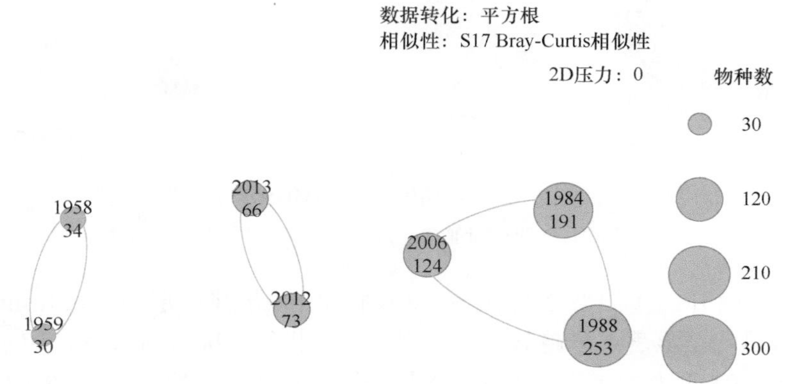

图18.24　物种数年际变化的MDS分析

图中每个圆圈中上面的数字为年份，下面的为物种数

而对生物量的MDS分析（图18.25）发现，渤海南部海域近60年来不同年际的波动没有明确的年代性分组，这与个别年份的数值异常有关，如1958年调查软体动物生物量异常高，1959年软体动物生物量急剧下降，导致总生物量异常偏低；而1998年秋季调查所包含的莱州湾站位数量少，可能是导致该年份生物量偏低的原因。群落中主要类群生物量的年际变化，基本与之前的1958～2013年生物量先下降后缓慢回升的分析结论一致。

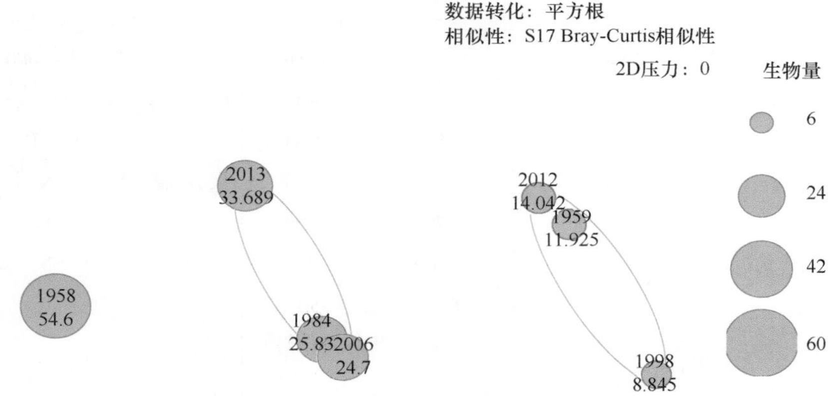

图18.25　生物量年际变化的MDS分析

图中每个圆圈中上面的数字为年份，下面的为生物量

对不同年份底栖动物丰度的MDS分析（图18.26）表明，除2013年明显偏低单独分离出来之外，其余年份相似性较高。仅从年度总平均丰度进行MDS分析的结果没有体现出群落中主要优势类群丰度的变动情况。

五、底栖环境的年际变化

过去几十年间，渤海南部海域底栖环境因子发生了明显的变化（表18.5）。底层水温在1999年前呈上升趋势，增长速率为0.013℃/a，2000年后有所回落。底层盐度从20世纪50年代、20世纪80年代的28.7psu上升到2000年的30psu，且1999年之前以0.105psu/a的增长速率增加。底层溶解氧1999年以前以1.596μmol/(L・a)

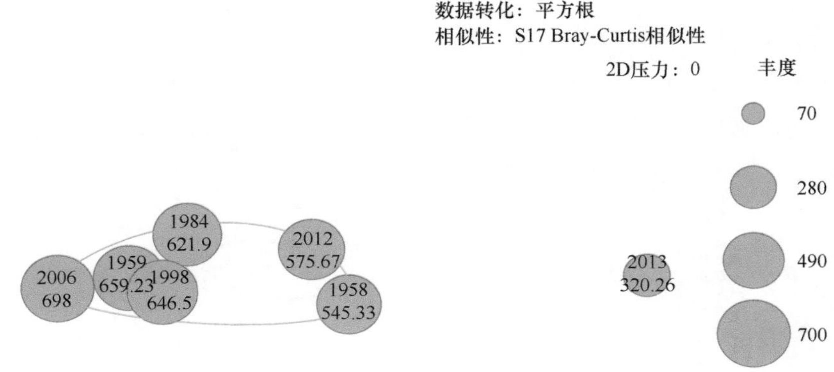

图18.26　丰度年际变化的MDS分析

图中每个圆圈中上面的数字为年份，下面的为丰度

的速率下降，2000年后回升。生源要素变化各不相同，1999年前底层磷（bottom P，BP）、底层硅（bottom Si，BSi）含量均呈显著下降趋势，而底层溶解无机氮（bottom DIN，BDIN）则以0.613μmol/(L·a)的速率增加；N∶P呈现增加趋势，而Si∶N显著降低；小型动物丰度1999年后显著减少。21世纪初沉积层叶绿素a和脱镁叶绿素a含量比20世纪80年代下降了6～7倍。20世纪90年代有机质含量升高了1.4倍，但后10年又有大幅度下降。21世纪初渤海南部海域黏土含量下降，沉积物粒径有变粗的趋势（Zhou et al.，2012；Ning et al.，2010）。

表18.5　渤海南部海域底栖环境因子的年际变动

底栖环境参数	20世纪50年代[①]（n=17）	20世纪80年代[②]（n=24）	20世纪90年代[②]（n=5）	21世纪初[②]（n=25）	1959～1999年[③]	
					底栖环境参数	年增长率
水深（m）	15～20	17	16	15	底层盐度（psu/a）	0.105
底层水温（℃）	17.79	19	—	17	底层水温（℃/a）	0.013
底层盐度（psu）	28.7	28.7	—	30.0	底层溶解氧［μmol/(L·a)］	−1.596
溶解氧（mg/L）	5.68	—	—	8.53	底层磷［μmol/(L·a)］	−0.011
叶绿素a（mg/kg）	—	6.12	2.92	0.85	底层硅［μmol/(L·a)］	−0.602
脱镁叶绿素a（mg/kg）	—	14.78	4.21	2.08	底层溶解无机氮BDIN［μmol/(L·a)］	0.613
有机质（%）	—	0.76	1.79	0.59	N∶P	1.401
粉砂-黏土（%）	—	93	98	80	Si∶N	−0.064
中值粒径MDφ	—	3.19	6.86	5.13		
分选系数QDφ	—	0.82	2.4	1.93		
小型底栖动物丰度（ind./10cm^2）	—	1012	1056	842		

注：①全国海洋综合调查资料，中华人民共和国科学技术委员会海洋综合调查办公室编；②参考文献Zhou et al.，2012；③参考文献Ning et al.，2010；—表示无调查数据

六、群落演替的驱动力

近几十年来，环渤海经济区成为中国北方发展最迅速的区域，由此引发的环境问题也日趋凸显。许多研究显示渤海底栖生态系统衰退严重（Jin et al.，2004；Zhou et al.，2010；Zhou et al.，2007）。开展底栖动物长周期的调查和分析，是定量研究环境条件长期变化引起的生物响应的较好方法。过去近60年来，渤海南部海域大型底栖动物群落在物种数、生物量、丰度及群落结构组成等方面都发生了较大的变动，具体表现为寿命长、体积大、具有高竞争力的K对策种的优势地位正逐渐丧失，而被寿命短、适应能

力宽、具有高繁殖能力的*R*对策种所取代，这是种群繁殖策略上的一种改变，以适应该海域越来越不稳定的自然环境。

研究表明，近几十年来，渤海生态系统正经历剧烈的变化（Ning et al.，2010；Lin et al.，2001）。特别是渤海南部海域受到黄河及沿岸多条河流径流的影响，同时该区域石油、天然气资源丰富，海上运输及溢油的频发也给该海域造成了巨大的生态压力。在全球变暖的大趋势下，由于黄海黑潮暖流输入的影响（年际黄海黑潮暖流输入量和影响范围均不相同），渤海南部海域底层温度年际也有波动（Lu and Lee，2014；Zhai et al.，2014）。盐度的上升可能与淡水流量减少有关，特别是黄河断流频繁出现，如从20世纪80年代的年平均18d增加到20世纪90年代的94d。同时，河流径流所挟带的陆源污染和由于滩涂及浅海水产养殖的大面积发展造成的自身污染都显著增加（Zhang et al.，2006）。营养盐水平也发生了显著的变化，特别是硅、磷含量下降，但无机氮含量增加，造成N∶P显著增加（Ning et al.，2010）。

许多研究工作表明，底栖动物群落直接受各种理化环境因素的影响，包括水温、盐度、水动力状况、沉积物类型和粒径及营养含量与比例等（Currie and Small，2005）。对于大型底栖动物而言，水层环境和沉积环境条件的变化都可能直接或潜在地影响生物群落结构的空间和时间分布格局。有关渤海中南部海域大型底栖动物的研究发现，水深和底层水的硝酸盐浓度、悬浮物及盐度等水层环境因子对群落结构影响较大，似乎超过沉积环境的影响（周红等，2010；韩洁等，2004）。大型底栖动物可能对渤海水层环境的变化比较敏感，如黄河径流量减少引起的盐度升高、与富营养化有关的水体营养盐浓度的增加。入海径流量的变化会引起区域盐度和营养盐输入的差异，而盐度的变化会引起群落中淡水种和咸水中种类组成的变化，并导致两者在群落中处于不稳定状态。入海泥沙的改变，直接引起河口三角洲及邻近海岸的冲淤演变，对河口三角洲地区的工程、环境、湿地、生物多样性等都将产生严重的影响（刘元进等，2012；彭俊和陈沈良，2009）。过去几十年间，研究资料表明，黄河入海径流量下降趋势严重（Ning et al.，2010）。温度影响生物的生长、发育和繁殖，进而影响生物的种类数量、生物量和分布范围（李新正等，2010）。溶解氧（DO）对底栖动物的存活、生长至关重要，研究证实低氧对底栖动物及鱼类的生存都有负面作用，引起其生存、竞争能力下降甚至死亡（Diaz et al.，1992；Sturdivant et al.，2013）。三大生源要素N、P、Si的含量及比例也会影响底栖动物的群落结构，底栖动物的各种特征参数都与有机质含量在时间和空间上存在明显关联（Pearson and Rosenberg，1978）。

除以上理化环境因子外，浮游生物、小型底栖动物等生物因素也会对大型底栖动物造成影响。虽然近几十年渤海南部叶绿素a浓度呈下降趋势（表18.5），但20世纪90年代至今，渤海南部海域发生多次赤潮，主要发生在夏秋季黄河口北部海域（2001年6月，夜光藻）及莱州湾东部海域（1995年10月，叉角藻；1998年9月，夜光藻）（张洪亮等，2005），这些赤潮藻可能会通过沉降和藻体分解消耗水体溶解氧或产生毒素，对底栖动物产生间接或直接的影响，但赤潮藻对底栖动物群落结构是否构成主要影响尚有待研究。已有研究表明，浮游植物藻华主要通过两种途径影响底栖动物的补充、存活和生长：其一，改变底栖动物幼虫、幼体和成体食物来源的质和量（Beukema，1991；Marsh and Tenore，1990）；其二，藻华导致DO降低，尤其是近沉积层处的极低DO会对底栖动物群落产生更严重的影响（Sturdivant et al.，2013）。此外，近年来，渤海南部海域小型底栖动物丰度逐年下降，小型饵料生物资源量的波动必然也会对大型底栖动物的群落分布造成影响。

由于目前缺乏针对某一海区长期连续的调查数据，长周期分析往往取自不同来源的历史资料，而调查过程中采用的调查方法（如采泥器种类和筛网孔径）（李新正等，2005）、选取的调查站位及调查范围、调查时间等都会对分析结果产生极大的影响。本研究中所引用的历史资料已尽量选择相同的调查方法及调查季节，使该类影响降到最低。

总之，虽然研究表明，近60年来渤海南部海域大型底栖动物群落演替阶段性特点明显，且物种组成已发生明显的衰退，但由于海洋生态环境复杂多变，而影响底栖动物的环境因素众多，影响程度也各不相同，因此，很难用一种或几种环境和生物因素的变化来解释底栖动物群落几十年来的变化，而且本身这些环境因子的变化即是全球变化和人类活动综合作用的结果。环境和生物因子及底栖动物群落本身，在海洋生态系统这个大环境里，也会相互作用和影响，底栖动物群落本身也在慢慢适应这种影响并做出响应。今后对特定海区开展长周期调查，并引入物种分布模型方法预测环境改变和人类活动对大型底栖动物的物种分布、群落演替或许有望得到更准确的答案。

第四节　莱州湾底栖生态健康评价

一、莱州湾底栖生态现状评价

（一）黄河口区域健康状况

1. 调查区域和站位

黄河口三角洲是中国典型的具有重要生态价值的河口生态系统，生境多样、生物资源丰富，但目前正受到人类活动的干扰。黄河三角洲的发育受到气候变化和人类活动的共同影响，如黄河断流、河道变迁、泥沙沉降等的影响。同时，过去几十年来，为了农业和水产养殖业的发展，黄河口进行了大规模的围海造田活动，导致大面积的湿地被农田和虾池等取代，如1985～2005年该区域水产养殖规模扩大了300多倍。不断发展的农业和水产养殖业，造成湿地大量减少，也导致黄河口区及其邻近海域水体富营养化、赤潮发生并造成经济损失。例如，仅2004年，12 000hm^{2}的赤潮爆发造成的经济价值损失就达到300万人民币。浮游生物和底栖生物多样性也降低。关于人类活动对黄河口区域的长周期生态影响还缺乏系统的分析，对该区域生态系统健康的影响也急需研究。

为了调查和研究人类活动对黄河口区域的影响，在不同受影响的区域选取了19个站位，以调查黄河口区域大型底栖动物的现状，并据此进行底栖生态健康评价。图18.27为黄河口具有代表性的4个区域：A区位于近海钻井平台区（1～4站位）；B区是2007年以来的新黄河入海口区（包括5站位、6站位、8站位、9站位）；C区是1996年之前的老黄河入海口区（包括11站位、12站位、14站位、15站位、17站位、18站位）；D区是邻近区（包括7站位、10站位、13站位、16站位、19站位）。

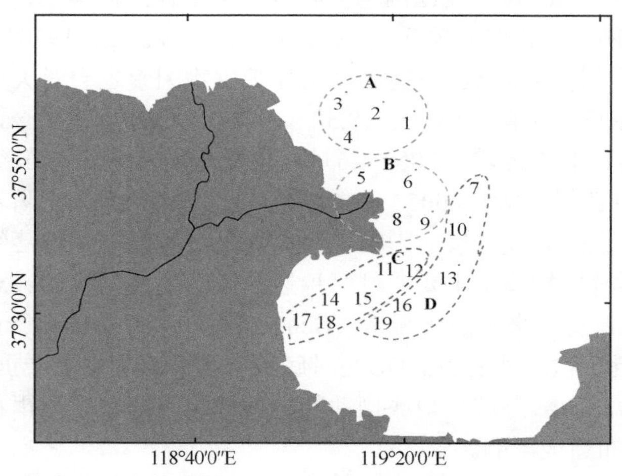

图18.27　黄河口区域大型底栖动物采样区域和站位（参考Li et al.，2013）

依据不同的干扰类型，将其分为4个区：A区，近海钻井平台区（1～4站位）；B区，自2007年以来的新黄河入海口区（5站位、6站位、8站位、9站位）；C区，1996年之前的老黄河入海口区（11站位、12站位、14站位、15站位、17站位、18站位）；D区，邻近区（7站位、10站位、13站位、16站位、19站位）

2. 评价方法

AMBI和M-AMBI的计算软件通过AZTI中心网站（http://www.azti.es）获得，可以通过该网站上公布的种类名录最新数据（2010年12月）查到底栖动物生态组。当数据库中未查到某一生物相应的生态组时，应该将其与已经分组的同一科或同一属的物种归到同一组，必要时参照该生物的生态习性进行划分

（专家意见）。根据这两个指数值的分布状况，开展底栖生态健康评价研究。

采用AMBI 5.0（http://www.azti.es）计算AMBI和M-AMBI。按照2012年3月的物种列表并参照专家意见，根据三项调查中的各种底栖动物对环境变化敏感度的不同，将其分为不同的生态组。在AMBI的基础上，设定M-AMBI的阈值如下："优"＞0.77；"良好"=0.53～0.77；"中等"=0.39～0.53；"较差"=0.20～0.39；"差"＜0.20，非底栖无脊椎动物（鱼和巨型动物）除外。

黄河口M-AMBI参考状态的设置采用以下方法：采用调查结果中的AMBI最小值、生物多样性指数（H'）的最高值和物种数S的最高值，并对上述H'值和S值各乘以115%，即AMBI=0，生物多样性指数=5.45，物种丰富度指数=41。"差"状态为：AMBI=6，生物多样性指数=0，物种丰富度指数=0，表明人类活动对该地区产生了重大影响。

3. 生态健康评价结果

1）AMBI

2011年5月，19个站位的AMBI平均值范围为0.64～3.25，只有1个站位（5站位）未受干扰，占比为5.3%，其余18个站位受到了轻微干扰，占比为94.7%，即该地区的底栖环境受到人类活动的轻微干扰。另外，生物多样性指数不高，变化范围为1.79～3.86，物种丰富度指数变化范围为4～24，说明大型底栖动物群落受到了人类活动的影响。除了4站位、15站位、17站位和25站位因未能分组种类超过20%不能接受，大部分采样站位的AMBI评价结果的可信度在可接受的范围以内。

2011年8月，18个站位的AMBI平均值范围为0.37～2.24，共有4个站位（1站位、10站位、14站位、16站位）未受干扰，占比为22.2%。其余14个站位受到了轻微干扰，占比为77.8%。另外，生物多样性指数相对较高，变化范围为2.13～4.74，物种丰富度指数变化范围为6～35，说明大型底栖动物群落受到了环境因素和人类活动的影响。除了以上4个站位因未能分组种类超过20%不能接受，大部分采样站位的AMBI结果的可信度在可接受的范围以内。

2011年11月，10个站位的AMBI平均值范围为0.42～1.86，但其中有5个站位（3站位、10站位、11站位、16站位和19站位）有20%以上的未分组的物种，结果不可接受，其余5个站位（2站位、7站位、13站位、15站位和18站位），共有4个站位未受干扰，1个站位受到轻微干扰。另外，5个站位的生物多样性指数相对较高，变化范围为2.32～4.46，物种丰富度指数变化范围为5～32，说明大型底栖动物群落未受到干扰或是仅受到轻微干扰。

2）M-AMBI

在2011年5月，15个站位的M-AMBI评价结果显示，5个站位（7站位、13站位、14站位、15站位和18站位）处于"良好"状态，7个站位（3站位、4站位、9站位、10站位、11站位、12站位和19站位）处于"中等"状态，其余3个站位（1站位、5站位和8站位）处于"较差"状态（图18.28a）。新黄河入海口和老黄河入海口区域的站位处于"良好"状态，而邻近区和近海钻井平台区的站位处于"较差"状态。

从14个采样站位的评价结果来看，2011年8月底栖动物的生态健康比2010年5月提升了很多，其中，1个站位处于"优"状态，12个站位处于"良好"状态，占比为85.7%，1个站位处于"中等"状态。与

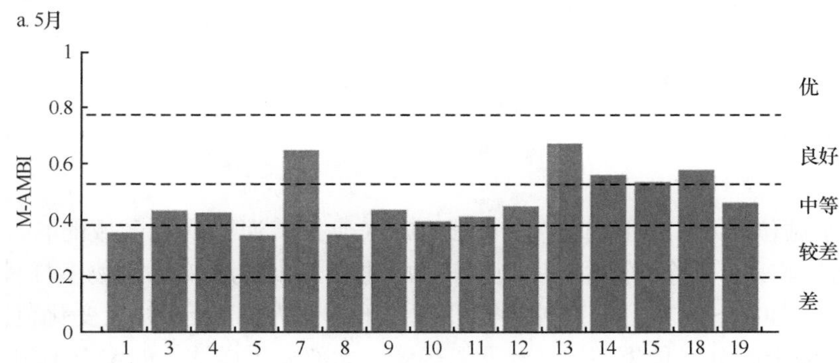

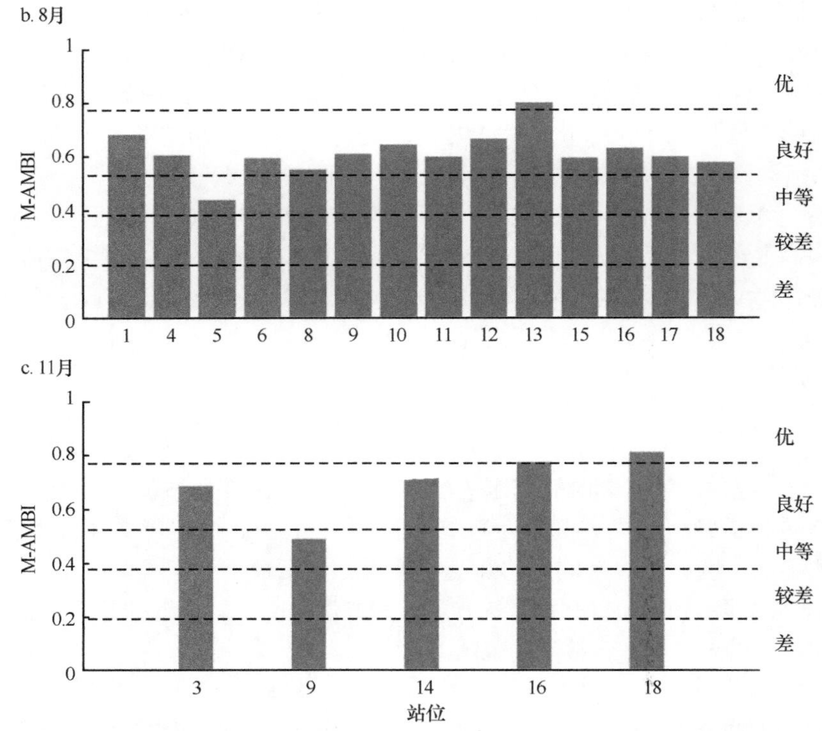

图18.28　2011年5～11月基于M-AMBI指数的黄河口区域底栖生态健康评价

2011年5月、8月相比，2011年11月底栖动物的生态健康状况也有显著提高。在5个站位中，2个站位（16站位和18站位）处于“优”状态，2个站位（3站位和14站位）处于“良好”状态，剩余1个站位（9站位）处于“中等”状态（图18.28）。同时，对5月和8月都开展调查的11个站位进行分析，发现M-AMBI有较大的差异（Chi-sq=9.32，$P<0.01$）。

（二）龙口围填海区域底栖生态健康状况

以龙口人工岛为代表性研究区域，通过历史资料、现场观测数据，分析和评价该区域底栖生态健康状况，阐明高强度填海活动和环境污染对近岸生态系统稳定性及底栖生物资源（经济底栖贝类、甲壳动物、棘皮动物）变动特征的影响，建立水动力与复合污染对渔业资源损害风险评估方法和指标，为受损海岸生态系统的修复及围填海区域的合理选址提供科学依据。

1. 调查区域及站位

为了调查和研究龙口人工岛围填海对底栖生态系统的影响，在围填海的不同受影响区域选取了25个站位，以调查该区域大型底栖动物的现状，并据此进行底栖生态健康评价（图18.29）。

2. 评价方法

评价方法同“黄河口区域健康状况”。

3. 生态健康评价结果

1）2013年9月

2013年9月，17个站位的AMBI平均值为1.18±0.74（包括黄河口附近区域的4个站位），其中有8个站位未受干扰，占比为47%。其余9个站位受到了轻微干扰，占比为53%。生物多样性指数不高，平均值为2.67±1.3（变化范围为0.3～4.28），物种丰富度指数平均值为11.8±6.96（变化范围为2～21）。除了LZ05站位和LZ06站位因未能分组种类超过20%不能接受，大部分采样站位的AMBI评价结果的可信度在可

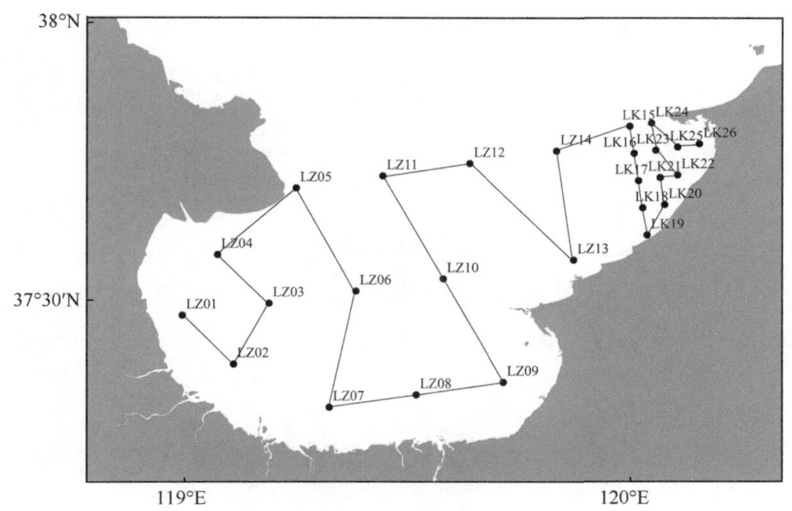

图18.29 莱州湾大型底栖动物调查区域及采样站位

接受的范围以内。

综合考虑多样性指数的M-AMBI的评价结果显示，8个站位（YRD01、YRD05、LZ06、LZ13、LZ14、LZ21、LK22和LK24）处于“良好”状态，6个站位（YRD02、YRD03、LZ01、LZ05、LK16、LK26）处于“中等”状态，其余3个站位（LZ08、LZ12和LK25）处于“较差”状态。结果说明，莱州湾底栖生态健康状况整体上处于“中等”至“良好”的状态，但个别站位呈“较差”状态（图18.30a）。

2）2014年4月

2014年4月，11个站位的AMBI平均值为1.66±0.62（包括黄河口附近区域的2个站位），其中有1个站位未受干扰（LK25），占比为27.3%。其余8个站位受到了轻微干扰，占比为72.7%。生物多样性指数不高，平均值为3.39±1.1（变化范围为0.81～4.65），物种丰富度指数平均值为16.8±9.12（变化范围为2～30）。除了LZ02站位和LZ21站位因未能分组种类超过20%不能接受，大部分采样站位的AMBI评价结果的可信度在可接受的范围以内。

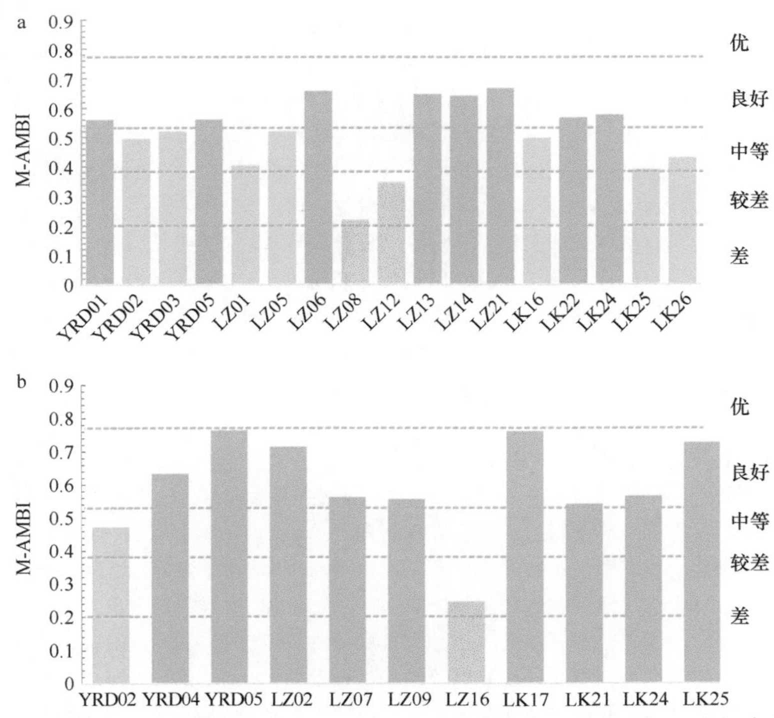

图18.30 2013年9月（a）和2014年4月（b）基于M-AMBI指数的莱州湾区域底栖生态健康评价

综合考虑多样性指数的M-AMBI的评价结果显示，9个站位处于“良好”状态，1个站位（YRD02）处于“中等”状态，剩余1个站位（LK16）处于“较差”状态（图18.30b）。结果说明，与2013年秋季相比，莱州湾底栖生态健康状况整体上有所提升，多处于“良好”状态，仅个别站位呈“较差”状态。

二、莱州湾底栖生态健康的影响因素

莱州湾有黄河和小清河等多条河流入海，挟带大量的陆源营养物质，基础饵料丰富，曾是我国黄渤海主要渔业种类的产卵场、索饵场和育幼场，也是我国海洋渔业生产的重要渔场。20世纪90年代之后，由于过度捕捞、环境污染等人类活动的加剧，渤海鱼类种类组成、资源结构和数量分布都产生了重大的变化，渔获个体小型化和低质化，严重地影响了渔业生产（金显仕和唐启升，1998，金显仕和邓景耀，2000；邓景耀和金显仕，2001；邓景耀，1989；邓景耀和庄志猛，2001）。同时，部分物种濒临灭绝或已经灭绝，生物多样性显著降低，优质、大型经济生物资源种群数量急剧下降，过度捕捞尤其是生态关键种的过度捕捞导致食物网断裂、生态位空缺，生态系统处于不稳定状态。

渤海渔业资源的衰竭早期被认为主要是由过度掠夺性捕捞所致。近年来，围填海工程、环境污染等诸多生态问题综合作用的结果也被认为是渔业资源衰退的重要推动力。目前，渤海湾和莱州湾沿岸已经成为我国围填海规模最大、最为密集的区域之一。围填海引起的沉积环境与水体污染不仅影响渔业资源的产出，还直接破坏了渔业资源的产卵场、索饵场、越冬场和洄游通道等，严重影响了鱼类资源的种群补充与恢复。大型围填海工程还可以摧毁鱼类产卵场，施工时造成的高浓度悬浮颗粒扩散场会对鱼卵、仔稚鱼造成伤害，或引起滩涂湿地、海草床或珊瑚礁等生境退化，破坏仔稚鱼栖息地，进而影响渔业总产量（唐启升等，2005）。污染物通过河流入海是海洋污染的重要来源之一，并由此对海洋环境造成严重的污染，特别是对渔业资源的危害更为直接和明显。由于以小清河为主的主要污染排放的影响，河口区污染加剧，产卵场遭受严重破坏，该区域的产卵场已不复存在，逐渐向黄河口和龙口附近海域萎缩，仔稚鱼的分布范围也随之回避和缩小（崔毅等，2003）。

参考文献

蔡立哲. 2003. 大型底栖动物污染指数(MPI). 环境科学学报, 23(5): 265-269.
陈琳琳, 王全超, 李晓静, 等. 2016. 渤海南部海域大型底栖动物群落演变特征及原因探讨. 中国科学: 生命科学, 46(5):1-14.
陈亚瞿, 胡方西. 1995. 长江口河口锋区浮游动物生态研究Ⅰ. 生物量及优势种的平面分布. 中国水产科学, 2(1): 49-58.
崔毅, 马绍赛, 李云平, 等. 2003. 莱州湾污染及其对渔业资源的影响. 海洋水产研究, 24(1): 35-41.
戴纪翠, 倪晋仁. 2008. 底栖动物在水生生态系统健康评价中的作用分析. 生态环境, 17(6): 2107-2111.
邓景耀. 1989. 海洋渔业资源研究的现状及其发展趋势. 现代渔业信息, 4(4): 5-7.
邓景耀, 金显仕. 2000. 莱州湾及黄河口水域渔业生物多样性及其保护研究. 动物学研究, 21(1): 76-82.
邓景耀, 金显仕. 2001. 渤海越冬场渔业生物资源量和群落结构的动态特征. 自然资源学报, 16(1): 42-46.
邓景耀, 庄志猛. 2001. 渤海对虾补充量变动原因的分析及对策研究. 中国水产科学, 7(4): 125-128.
韩洁, 张志南, 于子山. 2001. 渤海大型底栖动物丰度和生物量的研究. 青岛海洋大学学报, 31(6): 889-896.
韩洁, 张志南, 于子山. 2003. 渤海中、南部大型底栖动物物种多样性研究. 生物多样性, 11(1): 20-27.
韩洁, 张志南, 于子山. 2004. 渤海中南部大型底栖动物的群落结构. 生态学报, 24(3): 531-537.
金显仕, 邓景耀. 2000. 莱州湾渔业资源群落结构和生物多样性的变化. 生物多样性, 8(1): 65-72.
金显仕, 唐启升. 1998. 渤海渔业资源结构、数量分布及其变化. 中国水产科学, 5(3): 18-24.
李广楼, 崔毅, 陈碧鹃, 等. 2007. 秋季莱州湾及附近水域营养现状与评价.海洋环境科学, 26(1): 45-57.
李强, 杨莲芳, 吴璟, 等. 2007. 底栖动物完整性指数评价西苕溪溪流健康. 环境科学, 28(9): 2141-2147.
李新正, 刘录三, 李宝泉, 等. 2010. 中国海洋大型底栖生物: 研究与实践. 北京: 海洋出版社.
李新正, 王洪发, 王金宝, 等. 2005. 不同孔径底层筛对胶州湾大型底栖动物取样结果的影响. 海洋科学, 29(12): 68-74.
刘晓收, 赵瑞, 华尔, 等. 2014. 莱州湾夏季大型底栖动物群落结构特征及其与历史资料的比较. 海洋通报, 33(3): 284-292.
刘元进, 吕振波, 李凡, 等. 2012. 2011年黄河调水调沙期间黄河口海域大型底栖动物群落多样性. 海洋渔业, 34(3): 316-322.

孟伟, 刘征涛, 范薇. 2004. 渤海主要河口污染特征研究. 环境科学研究, 17 (6): 66-69.

彭俊, 陈沈良. 2009. 近60年黄河水沙变化过程及其对三角洲的影响. 地理学报, 64(11): 1353-1362.

孙道元, 刘银城. 1991. 渤海底栖动物种类组成和数量分布. 黄渤海海洋, 9(1): 42-50.

孙道元, 唐质灿. 1989. 黄河口及其邻近水域底栖动物生态特点. 海洋科学集刊, 30(5): 261-275.

唐启升, 苏纪兰, 孙松, 等. 2005. 中国近海生态系统动力学研究进展. 地球科学进展, 20(12): 1288-1299.

王备新, 杨莲芳, 胡本进, 等. 2005. 应用底栖动物完整性指数B-IBI评价溪流健康. 生态学报, 25(6): 1481-1490.

王文海. 1993. 中国海湾志. 第四册: 山东半岛南部和江苏省海湾. 北京: 海洋出版社.

吴斌, 宋金明, 李学刚. 2014. 黄河口大型底栖动物群落结构特征及其与环境因子的耦合分析. 海洋学报, 36(4): 62-72.

张洪亮, 张爱君, 窦月明, 等. 2005. 渤海海区赤潮发生特点的研究. 北京: 中国环境科学学会2005年学术年会.

张志南, 图立红, 于子山. 1990. 黄河口及其邻近海域大型底栖动物的初步研究. 青岛海洋大学学报, 20(1): 37-45.

周红, 华尔, 张志南. 2010. 秋季莱州湾及邻近海域大型底栖动物群落结构的研究. 中国海洋大学学报, 40(8): 80-87.

周晓蔚, 王丽萍, 郑丙辉, 等. 2009. 基于底栖动物完整性指数的河口健康评价. 环境科学, 30(1): 242-247.

Andresen M, Kristensen E. 2002. The importance of bacteria and microalgae in the diet of the deposit-feeding polychaete Arenicola marina. Ophelia, 56(3): 179-196.

Barbour M T, Gerritsen J, Snyder B D, et al. 1999. Rapid bioassessment protocols for use in streams and wadeable rivers: Periphyton, Benthic macroinvertebrates and fish (2nd Ed). Washington DC: US Environmental Protection Agency, Office of Water.

Beukema J J. 1991. Changes in Composition of bottom fauna of a tidal-flat area during a period of eutrophication. Marine Biology, 111(2): 293-301.

Borja Á, Franco J, Pérez V, 2000. Amarine biotic index to establish the ecological qualityof soft-bottom benthos within European estuarine and coastal environments. Marine Pollution Bulletin, 40(12): 1100-1114.

Ciutat A, Widdows J, Readman J. 2006. Influence of cockle *Cerastoderma edule* bioturbation and tidal-current cycles on sediment resuspension and polycyclic aromatic hydrocarbons remobilisation. Marine Ecology Progress Series, 238: 51-64.

Clarke K R, Warwick R M. 2001. Change in marine communities: an approach to statistical analysis and interpretation. 2nd edition. Plymouth: PRIMER-E.

Currie D R, Small K J. 2005. Macrobenthic community responses to long-term environmental change in an east Australian sub-tropical estuary. Estuarine, Coastal and Shelf Science, 63(1-2): 315-331.

Dauer D M, Alden R W. 1995. Long-term trends in the macrobenthos and water quality of the lower Chesapeake Bay (1985-1991). Marine Pollution Bulletin, 30(12): 840-850.

Diaz R J, Neubauer R J, Schaffner L C, et al. 1992. Continuous monitoring of dissolved-oxygen in an estuary experiencing periodic hypoxia and the effect of hypoxia on macrobenthos and Fish. Science of the Total Environment, 127(1): 1055-1068.

Diaz R J, Cutter Jr. R G, Dauer D M. 2003. A comparison of two methods for estimating the status of benthic habitat quality in the Virginia Chesapeake Bay. Journal of Experimental Marine Biology and Ecology, (285-286): 371-381.

Dolbeth M, Cardoso P G, Grilo T F, et al. 2011. Long-term changes in the production by estuarine macrobenthos affected by multiple stressors. Estuarine, Coastal and Shelf Science, 92(1): 10-18.

Genito D, Gburek W J, Sharpley A N. 2002. Response of stream macroinvertebrates to agricultural land cover in a small watershed. Journal of Freshwater ecology, 17: 109-119.

Grabowski R C, Droppo I G, Wharton G. 2011. Erodibility of cohesive sediment: the importance of sediment properties. Earth-Science Reviews, 105(3): 101-120.

Gremare A, Amouroux J M, Vetion G. 1998. Long-term comparison of macrobenthos within the soft bottoms of the Bay of Banyuls-sur-mer (northwestern Mediterranean Sea). Journal of Sea Research, 40(3-4): 281-302.

Jin X S. 2004. Long-term changes in fish community structure in the Bohai Sea, China. Estuarine, Coastal and Shelf Science, 59(1): 163-171.

Kerans B J, Karr J R. 1994. A benthic index of biotic integrity (B-IBI) for rivers of the Tennessee Valley. Ecological applications, 4: 768-785.

Labrune C, Gremare A, Guizien K, et al. 2007. Long-term comparison of soft bottom macrobenthos in the Bay of Banyuls-sur-Mer (north-western Mediterranean Sea): A reappraisal. Journal of Sea Research, 58(2): 125-143.

Leonard D R P, Clarke K R, Somerfield P J, et al. 2006. The application of an indicator based on taxonomic distinctness for UK marine biodiversity assessments. Journal of Environmental Management, 78(1): 52-62.

Li B Q, Keesing J K, Liu D Y, et al. 2013. Anthropogenic impacts on hyperbenthos in the coastal waters of Sishili Bay,Yellow Sea. Chinese

Journal of Oceanology and Limnology, 31(6): 1257-1267.

Li B Q, Li X J, Bouma T J, et al. 2017. Analysis of macrobenthic assemblages and ecological health of Yellow River Delta, China, using AMBI & M-AMBI assessment method. Marine Pollution Bulletin, 119(2): 23-32.

Lin C L, Su J L, Xu B R, et al. 2001. Long-term variations of temperature and salinity of the Bohai Sea and their influence on its ecosystem. Progress in Oceanography, 49(1-4): 7-19.

Lohrer A M, Chiaroni L D, Hewitt J E, et al. 2008. Biogenic disturbance determines invasion success in a subtidal soft-sediment system. Ecology, 89(5): 1299-1307.

Lu H J, Lee H L. 2014. Changes in the fish species composition in the coastal zones of the Kuroshio Current and China Coastal Current during periods of climate change: Observations from the set-net fishery (1993-2011). Fisheries Research, 155: 103-113.

Marsh A G, Tenore K R. 1990. The role of nutrition in regulating the population-dynamics of opportunistic, surface deposit feeders in a mesohaline community. Limnology and Oceanography, 35(3): 710-724.

Ning X R, Lin C L, Su J L, et al. 2010. Long-term envrionmental changes and the responses of the ecosystems in the Bohai Sea during 1960-1996. Deap-Sea Research Ⅱ: Topical Studies in Oceanography, 57(11-12): 1079-1091.

Ode P R, Rehn A C, May J T. 2005. A quantitative tool for assessing the integrity of southern coastal California streams. Environment Management, 35 (4): 493-504.

Paterson D M. 1997. Biological mediation of sediment erodibility: ecology and physical dynamic. Cohesive Sediments: 215-229.

Pearson T H, Rosenberg R. 1978. Macrobenthic succession in relation to organic enrichment and pollution of the marine environment. Oceanography and Marine Biology Annual Review, 16: 229-311.

Service S K, Feller R J. 1992. Long-term trends of subtidal macrobenthos in North Inlet, South-Carolina. Hydrobiologia, 231(1): 13-40.

Silveira M P, Baptista D F, Buss D F, et al. 2005. Applications of biological measures for stream integrity assessment in south-east Brazil. Environmental Monitoring and Assessment, 101: 117-208.

Sturdivant S K, Brush M J, Diaz R J. 2013. Modeling the effect of hypoxia on macrobenthos production in the lower Rappahannock River, Chesapeake Bay, USA. Plos One, 8(12): e84140.

Thompson B, Lowe S. 2004. Assessment of macrobenthos response to sediment contamination in the San Francisco estuary, California, USA. Environmental Toxicology and Chemistry, 23(9): 2178-2187.

Varfolomeeva M, Naumov A. 2013. Long-term temporal and spatial variation of macrobenthos in the intertidal soft-bottom flats of two small bights (Chupa Inlet, Kandalaksha Bay, White Sea). Hydrobiologia, 706(1): 175-189.

Volkenborn N, Hedtkamp S I C, van Beusekom J E E, et al. 2007. Effects of bioturbation and bioirrigation by lugworms (*Arenicola marina*) on physical and chemical sediment properties and implications for intertidal habitat succession. Estuarine, Coastal and Shelf Science, 74(1): 331-343.

Widdows J, Blauw A, Heip C H R, et al. 2004. Role of physical and biological processes in sediment dynamics of a tidal flat in Westerschelde Estuary, SW Netherlands. Marine Ecology Progress Series, 274: 41-56.

Wildsmith M D, Rose T H, Potter I C, et al. 2011. Benthic macroinvertebrates as indicators of environmental deterioration in a large microtidal estuary. Marine Pollution Bulletin, 62(3): 525-538.

Willows R I, Widdows J, Wood R G. 1998. Influence of and infaunal bivalve on the erosion of an intertidal cohesive sediment: A flume and modeling study. Limnology and Oceanography, 43(6): 1332-1343.

Zhai F G, Wang Q Y, Wang F J, et al. 2014. Variation of the North Equatorial Current, Mindanao Current, and Kuroshio Current in a high-resolution data assimilation during 2008-2012. Advances in Atmospheric Sciences, 31(6): 1445-1459.

Zhang Z H, Zhu M Y, Wang Z L, et al. 2006. Monitoring and managing pollution load in Bohai Sea, PR China. Ocean Coast Manage, 49(9-10): 706-716.

Zhou H, Hua E, Zhang Z N. 2010. Taxonomic distinctness of macrofauna as an ecological indicator in Laizhou Bay and adjacent waters. Journal of Ocean University of China, 9(3): 350-358.

Zhou H, Zhang Z N, Liu X S, et al. 2007. Changes in the shelf macrobenthic community over large temporal and spatial scales in the Bohai Sea, China. Journal of Marine Systems, 67(3-4): 312-321.

Zhou H, Zhang Z N, Liu X S, et al. 2012. Decadal changes in sublittoral macrofaunal biodiversity in the Bohai Sea, China. Marine Pollution Bulletin, 64(11): 2364-2373.

第十九章

河口、盐沼、近海环境中微生物群落的演变[①]

① 本章作者：张晓黎，龚骏

生物群落组成和多样性对生态系统功能与服务至关重要（Midgley，2012），物种共存机制在多样性与生态系统功能关系的形成中扮演着重要的角色（张全国和张大勇，2003）。目前，大部分微生物都不能在实验室中培养获得，因此微生物生态学研究多将微生物群落当作“黑箱”来看待。基于分子标记（如16S rRNA基因、关键酶基因等）的一系列分子方法克服了环境中大多数微生物不能成功培养的难题，如今已成为微生物群落结构与多样性研究的常用工具（郭良栋，2012）。越来越多的研究证明，微生物的群落结构、多样性与其功能具有紧密联系（Zehr and Kudela，2011）。因此，研究河口近岸环境演变及其功能变化，其中的微生物群落演替是不可或缺的内容。

第一节　生物炭改良对滨海盐碱土微生物丰度和组成的影响

一、滨海盐碱土（盐渍化土壤）的特征及分布

当土壤中水溶性盐含量达到能干扰大多数种类植物生长的程度时，这种土壤就成为盐渍化土壤。盐渍化土壤由于含盐量高、养分含量低、土壤结构性差、易脱盐碱化等特点严重影响农林业生产，一直被认为是世界性难题。滨海盐碱土由沿海地区的盐渍淤泥发育而成，我国滨海盐碱土总面积达500万hm^2（陈巍等，2000），在沿海各省都有分布。随着我国沿海大开发战略的推进，滨海盐碱土将会是未来重要的土壤资源，这是由于：①这类土壤资源拥有得天独厚的水热资源，因此开发潜力巨大，很多地区已视其为后备耕地资源和畜牧业、养殖业、盐业的开发基地；②滨海地区物质迁移转化频繁，人类活动响应剧烈，滨海盐碱土在自然和人为双重作用下演化相对快速，是研究土壤演化的理想类型。2013年4月，针对环渤海地区将近1000万亩[①]的盐碱荒地淡水资源匮乏、土壤薄瘠等问题，中国科学院与科学技术部联合启动“渤海粮仓计划”科技示范工程，通过提高区域土、水、肥、种等主要技术，对滨海盐碱土进行改造。

二、生物炭改良土壤

生物炭是由生物质如作物秸秆、木屑、动物粪便等在完全或部分缺氧条件下及相对较低的温度（≤700℃）下经热解炭化产生的一种含碳量极其丰富的、性质稳定的木炭。生物炭除含有丰富的多环芳烃、脂肪族、氧化态碳等有机碳外，还包括钙、镁等矿物质及无机碳酸盐。生物炭具有大量的孔洞结构及巨大的表面积，表面带有大量的负电荷（Liang et al.，2006），因此吸附性很强，能吸附水、土壤或沉积物中的无机离子（如Cu^{2+}、Pb^{2+}、Hg^{2+}等）及极性或非极性有机化合物（Kei et al.，2004；Kwon and Pignatello，2005；Smernik et al.，2006），这种孔洞结构有利于土壤微生物的生长，促进植物对营养元素的吸收。由于这些独特的理化性质，生物炭对土壤碳具有增汇减排的作用，可以改善土壤结构，增加土壤肥力，固定或吸附重金属、农药等污染物，提高作物产量，已经成为土壤学、农学和环境科学研究的热点（袁金华和徐仁扣，2011）。

三、生物炭与土壤微生物

微生物是土壤生态系统的重要组成成分，在土壤肥力的形成与培育、植物营养元素的转化与供给、污染环境净化与修复、废弃物处置与资源化利用及病虫害防治等过程中都起着不可替代的作用（李振高等，2008）。利用生物炭改良土壤，不但能够改变土壤理化性质，而且对土壤微生物组成和功能也具有显著影响。研究人员利用16S rRNA分子标记对亚马孙河流域黑土中的微生物种群进行检测，发现生物炭可以带来高丰度的细菌群落（O’Neill et al.，2009）。Wardle等（2008）和Liang等（2010）在生物炭添加实验中均发现了土壤微生物量的显著提高。Steiner等（2004）的研究发现，添加了低浓度（7.9t C/hm^2）

① 1亩=666.7m^2

生物炭的土壤在施肥之后微生物生长速率显著升高。Pietikäinen等（2000）的研究发现，在温带森林土壤中，添加生物炭的表层土中细菌的生长速率高于底层土。这些结果说明，添加生物炭会对土壤微生物的生物量产生影响。

O'Neill等（2009）利用T-RFLP技术对亚马孙河流域黑土及其邻近非黑土中的细菌多样性进行了比较，发现添加生物炭的黑土中细菌的多样性明显高于非黑土。然而，与邻近土壤相比，添加生物炭的亚马孙河流域黑土和温带土壤中古菌和真菌的多样性下降了，这表明不同的微生物类群对生物炭的响应不一致（Taketani and Tsai，2010；Jin et al.，2010）。Kolton等（2011）的研究发现施用生物炭后，细菌几个不同的优势属变化各不相同，但其变化最终向有助于植物生长和提高抗病害能力的方向发展。Pietikainen等（2000）利用土壤微生物磷脂脂肪酸（phospholipid fatty acid，PLFA）生物标记技术的研究发现，施加生物炭更利于体积较小而生长速度较快的微生物生长。Grossman等（2010）的研究发现，施用生物炭改变了土壤微生物的群落组成，但施入不同种类生物炭对土壤微生物组成影响不大。

四、生物炭对滨海盐碱土微生物氮转化过程的影响

生物炭不仅可以改变土壤微生物的丰度和组成，还会影响土壤微生物的氮素转化过程。氮循环影响土壤质量和农田生态系统的生产力与持续性。研究发现，施加生物炭会提高土壤C/N，从而限制土壤氮素的微生物转化和反硝化（Lehmann et al.，2006），对土壤NH_4^+和NO_3^-具有显著的持留作用（Saleh et al.，2012；Spokas et al.，2012），还可以减少硝酸盐的淋失和温室气体N_2O的排放（Harter et al.，2014），影响土壤氮的迁移动态（Clough et al.，2013）。

（一）添加不同浓度生物炭对滨海盐碱土理化性质的影响

Song等（2014）在实验室条件下向滨海盐碱土中添加不同质量比例（0、5%、10%、20%）的生物炭，处理12周后发现，添加生物炭的土壤pH在培养初期呈升高趋势，并于第4周达到峰值，约为9.0，4～6周pH逐渐降低至8.0～8.5，第6周之后，土壤的pH趋于稳定（图19.1a）。很显然，在培养的前2周添加生物炭显著提高了土壤的pH，并且土壤pH随生物炭添加浓度的增加而增大。4周之后，处理与对照之间的pH差别逐渐不明显，培养后期，处理组与对照组的pH趋于一致（pH=8.1）。这说明添加弱碱性的生物炭，并不会明显改变滨海盐碱土的pH状况。培养前2周，对照组NH_4^+-N含量显著高出处理组2～3倍（图19.1b），推断添加生物炭的土壤中发生了更快速的氨氧化过程。这个结论同样表现在所有处理组在培养4～8周后NO_3^--N含量均高于对照组（图19.1d）。另外，处理组土壤中NO_2^--N含量始终保持较低的浓度范围，而对照组土壤在培养中期表现出较高的NO_2^--N含量（图19.1c）。

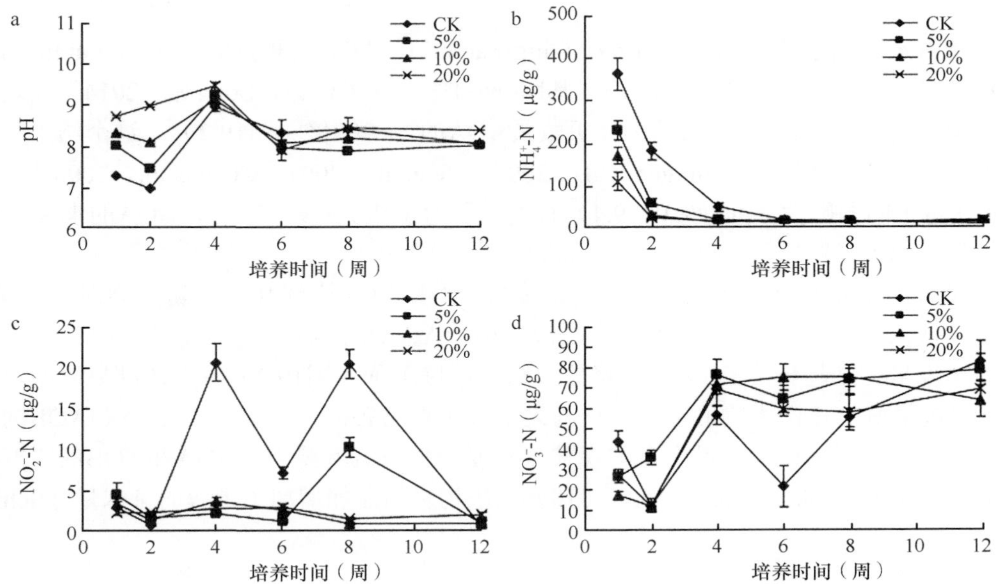

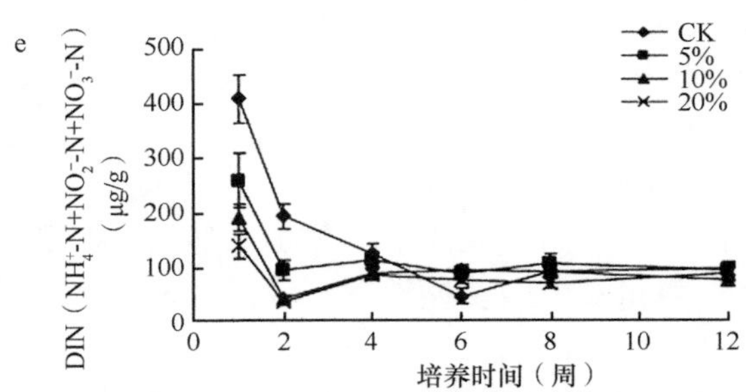

图19.1　添加生物炭后土壤pH及三种形态氮的动态（修改自Song et al.，2014）

（二）添加生物炭对滨海盐碱土固氮菌的影响

利用分子生态学技术，宋延静等（2014）进一步分析了添加生物炭对滨海盐碱土固氮菌丰度和组成的影响。固氮菌*nifH*基因拷贝数在不同处理时期的差异极为显著，添加2周后固氮菌丰度明显增加，但不同添加比例对其丰度影响不大。生物炭促进土壤固氮菌生长可能是由于其改变了土壤的基本理化性质（Harter et al.，2014）。一方面，生物炭的施加会使土壤有效N降低，提高土壤C/N（Glaser et al.，2002），有研究表明，固氮微生物在C/N高的土壤中活性更高（Keeling et al.，1998）。另一方面，Rondon等（2007）推测，生物炭的添加提高了土壤中钼和硼的含量，从而促进了大豆根瘤菌的固氮活性。此外，生物炭疏松多孔的结构可为固氮微生物提供温床（Uvarov et al.，2000；Thies and Rillig，2009；Nicol et al.，2008）。

高浓度［20%（*w/w*）］生物炭处理会显著改变滨海盐碱土固氮菌的群落结构，这与之前的报道相吻合。DeLuca等（2006）发现野火来源的生物炭会直接影响森林土壤的氮循环。野火后，混交针叶林土壤中固氮细菌数量占土壤微生物总数的比例降低，但固氮细菌优势种群的数量在火烧后有所增加，其中，梭菌属（*Clostridium*）和类芽孢杆菌属（*Paenibacillus*）在火烧土壤中丰度较高（Yeager et al.，2005）。宋延静等（2014）的研究发现，土壤常见的重要固氮菌类群——固氮螺菌属（*Azospirillum*）基本不受生物炭添加量和培养时间的影响。艾德昂菌属（*Ideonella*）只在中高浓度处理中被检测到，可能因为其本来在滨海盐碱土中的相对丰度较低，对照土壤中没有检测到，当生物炭添加后，改善了盐碱土的环境，刺激了艾德昂菌属固氮菌的生长而被检测到。*Skermanella*属固氮菌只在5%和10%（*w/w*）处理组出现，究其原因可能是该属虽然在土壤输入生物炭后被刺激生长，但是高浓度生物炭由于其本身可能含有抑制*Skermanella*属固氮菌的物质，反而不利于其生长。

（三）添加生物炭对滨海盐碱土氨氧化菌的影响

氨氧化过程由氨氧化细菌（ammonia-oxidizing bacteria，AOB）和氨氧化古菌（ammonia-oxidizing archaea，AOA）共同完成，利用单加氧酶编码基因*amoA*作为分子标记，Song等（2014）发现莱州湾滨海盐碱土壤中AOB占绝对优势，其*amoA*基因拷贝数是AOA的2～900倍（图19.2）。这个结果与大多数研究中土壤AOA占优势的结果相悖（Leininger et al.，2006；He et al.，2007；Chen et al.，2008）。一种可能的解释是与滨海盐碱土的弱碱性（pH为8.0～9.4）有关，因为在pH为4.9～7.5时，AOA的丰度是随着pH的增加而降低的，而AOB正好相反（Nicol et al.，2008）。

添加生物炭后，AOA的丰度在处理第1周显著高于对照组并达到峰值，随后逐渐下降第8周后又上升；总体来看，低浓度（5%）生物炭处理对滨海盐碱土AOA丰度有一定的促进作用。相反，培养期间处理组AOB的丰度呈上升趋势，第6周达到峰值，随后缓慢下降（图19.2）。上述结果表明，滨海盐碱土中添加生物炭促进了氨氧化微生物的生长，这与之前关于亚马孙河流域黑土中AOA和AOB的研究结果一致，他们的研究结果表明，在炭含量丰富的森林土及亚马孙河流域黑土中AOA和AOB的丰度都高于对照土壤（Ball et al.，2010；Taketani and Tsai，2010）。生物炭的添加增加了土壤的持水量（Schimel et al.，

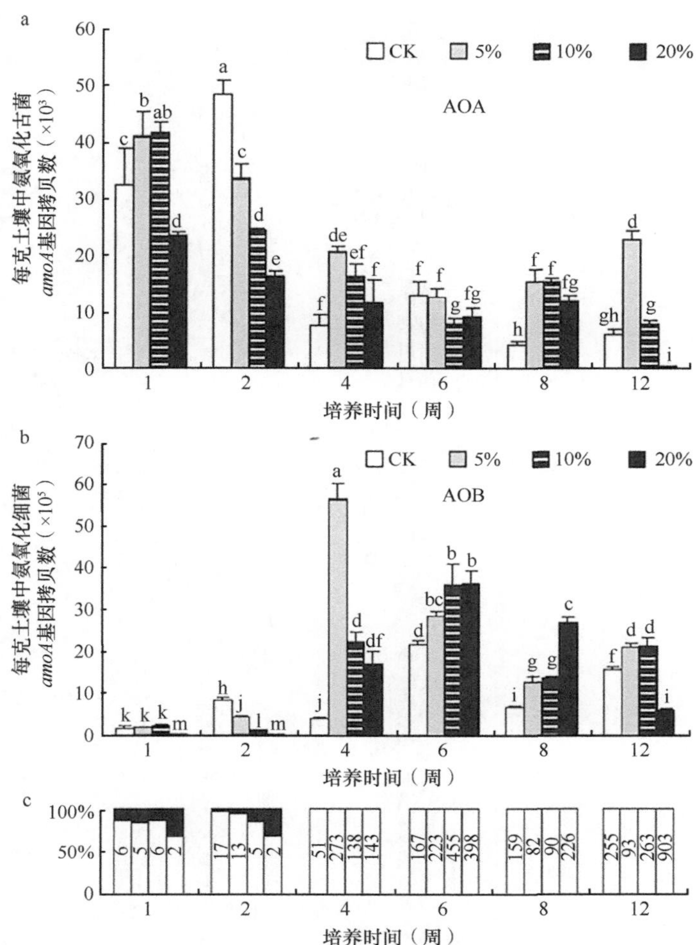

图19.2　添加生物炭后土壤氨氧化古菌和氨氧化细菌丰度的动态变化（修改自Song et al.，2014）

不同字母代表样品间存在差异（$P<0.05$）

2007），从而有利于微生物生长，可以解释AOA与AOB丰度增加的结果，同时生物炭特有的疏松多孔的结构有利于微生物的繁殖（Ogawa，1994；Saito and Marumoto，2002；Thies and Rillig，2009）。

添加生物炭使滨海盐碱土中AOA的基因型减少而AOB的基因型增加（图19.3）。与对照组相比，5%生物炭处理组土壤中AOA Group Ⅰ.1b亚类群增加而Group Ⅰ.1a亚类群减少。这与之前Shen等（2012）关于两种AOA亚类群在土壤pH升高时的响应描述是一致的，也暗示生物炭的添加影响AOA的群落结构可能通过增加土壤的pH来实现。*Nitrosospira*型AOB在滨海盐碱土中占主导，但是*Nitrosospira briensis*型AOB只在生物炭处理组土壤中发现。

第二节　滨海盐碱土丛枝菌根真菌的分子多样性与群落结构

一、丛枝菌根真菌特征及其在盐渍化生态系统中的作用

菌根是土壤真菌与高等植物根系形成的共生体，能够形成菌根的真菌称为菌根真菌。菌根真菌不能进行光合作用，因此需要从植物体内获取光合作用制造的碳水化合物，同时将从土壤中吸收的矿质营养和土壤水分供给宿主植物，二者之间形成了互利互助、互通有无的共生关系。根据参与共生的真菌和植物形成共生体的形态或解剖学结构特点，菌根分为丛枝菌根（arbuscular mycorrhiza，AM）、外生菌根（ectomycorrhiza）、内外生菌根（ectendomycorrhiza）、浆果鹃类菌根（arbutoid mycorrhiza）、水晶兰

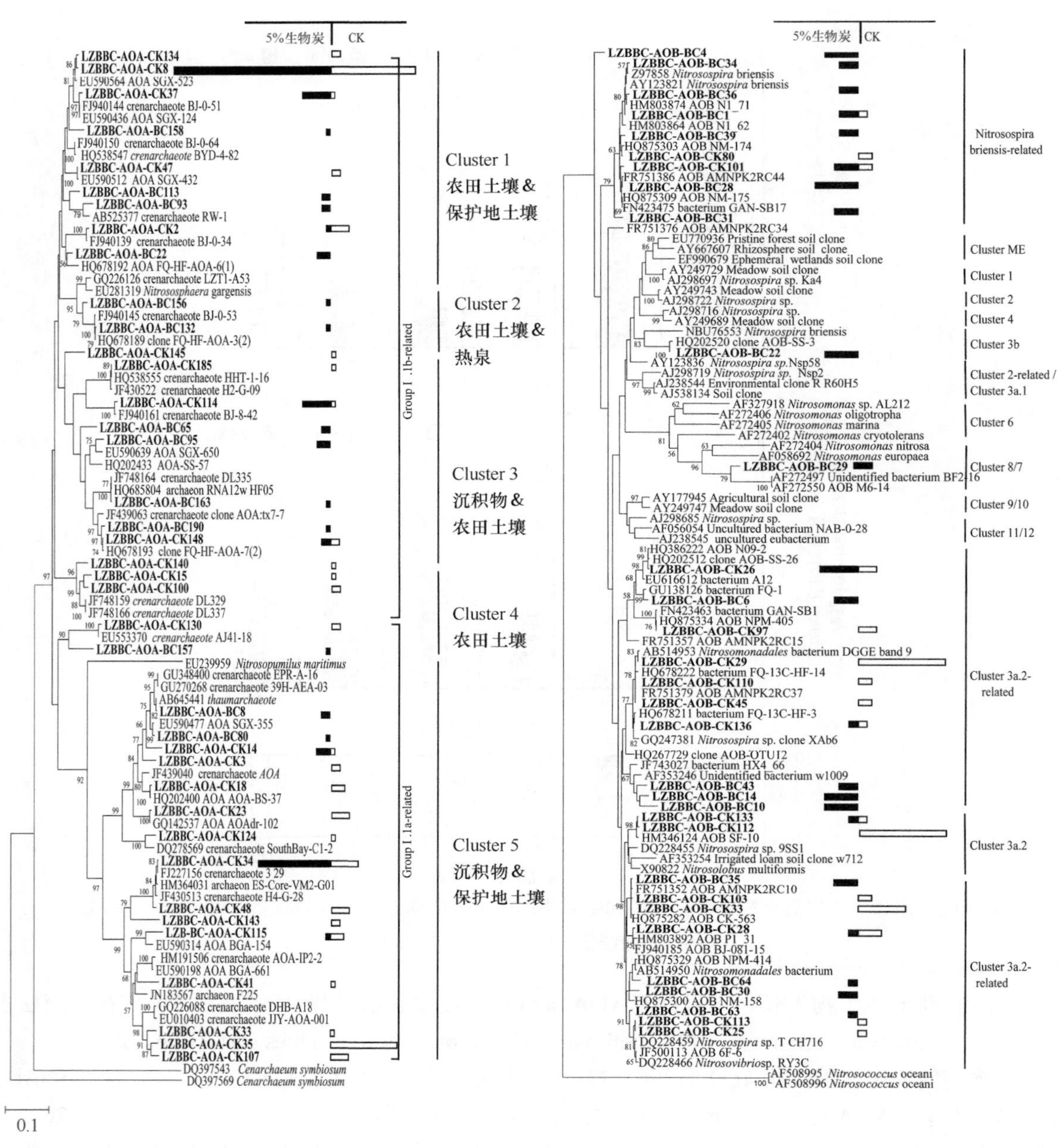

图19.3 基于氨氧化古菌（a）和氨氧化细菌（b）*amoA*基因的系统发育树

空格代表对照土壤中OTUs数，实格代表添加生物炭的土壤中OTUs数；加粗的序列为本试验中得到的新序列

类菌根（monotropoid mycorrhiza）、欧石楠类菌根（ericoid mycorrhiza）和兰科菌根（orchid mycorrhiza）七大类（Harley，1989）。丛植菌根真菌（arbuscular mycorrhizal fungi，AMF）是能形成丛枝菌根（AM）的真菌，能与超过80%的陆生植物（如粮食作物、油料作物、经济作物和药用植物）形成共生体，可以通过促进营养的吸收来促进植物生长，在陆地生态系统中起重要作用。AM真菌是专性共生菌，不能进行离体培养，其共生没有宿主特异性。同种AM真菌可感染多种植物，而一种植物可同时被多种AM真菌感染。AM真菌感染植物后，会形成根内菌丝、根外菌丝和丛枝等结构，其中根外菌丝又可以分为匍匐菌丝（runner hyphae）、分布菌丝（distributive hyphae）和吸收菌丝（absorptive hyphae）。匍匐菌丝直接或通过土壤内的简单生长后，朝着土壤中根系生长，与吸收菌丝形成交叉状菌丝网络进入土壤，它们共同从土壤中吸收矿质营养和水分并通过根内菌丝送达给寄主。

丛植菌根真菌在自然界中广泛存在，几乎在所有类型的生态系统中都能发现。AM真菌能扩大寄主植物根系的吸收面积，明显改善植物的矿质营养，尤其是磷元素，从而促进植物生长；能提高植物根系间矿质养分的循环，增强寄主植物光合作用及水分循环运转；能提高植物在极端环境中的抗逆性；有助于植物抵御病原菌的侵害；能改善土壤团粒结构，促进作物的高产、稳产。因此，滨海盐碱土生态系统中丛枝菌根真菌的分子多样性和群落结构与区域农业的可持续发展及生态保护密切相关。

AM真菌提高宿主植物耐盐碱能力的作用大体可以分为以下几个方面。

（1）促进矿质元素尤其是磷元素的吸收，增强植物抗盐碱性。盐分胁迫会降低植物吸收矿质元素的能力，造成植物无机营养失衡，使自身的生长和代谢受到抑制，因此提高矿质元素的吸收，是增强植物抗盐碱性的关键。Ca^{2+}、Mg^{2+}、Zn^{2+}等离子会使盐渍化土壤中的可溶性磷酸盐离子凝结，造成植物对磷的吸收障碍。而被AMF侵染的植物能通过共生菌根上菌丝的生长，伸展到土壤内吸收磷元素。同时，AMF菌丝体产生的小分子有机物，可以加速矿物质的溶解，促进植物对各类无机盐K、Fe、Ca、Mg、Mn、B、Zn和Cu等的吸收，从而保证植物的正常生长（李晓林，1990）。此外，磷元素吸收增加的同时钠的过量摄入也得到缓解，因此减轻了盐害，在一定程度上也增强了植物的抗盐胁迫能力。

（2）改变水分吸收，提高植物抗盐碱能力。矿质元素离子的吸收和水分的吸收是相互联系的。盐胁迫使得植物细胞外盐分高于细胞内，导致细胞水分外渗，从而引起生理性干旱。一方面，AMF菌丝可以深入根毛不能到达的细小土壤孔隙中直接吸收水分；另一方面，AMF菌丝可以形成菌丝网、不定根及侧根，扩大植物根系的吸收总面积，增强植物根系的吸水能力，使生理干旱得到有效缓解，提高植物的抗盐碱能力（Allen，1982；祝文婷等，2013）。

（3）提高渗透调节能力，增强植物抗盐碱性。盐碱地中含有大量可溶性盐，降低土壤的渗透性，导致植物不能进行正常的水分、生理代谢。因此维持土壤的渗透平衡对提高植物的抗盐碱性具有重要作用。研究表明，接种AMF后，通过改变植物体内的碳水化合物、氨基酸及其衍生物的含量和糖的积累，起到渗透调节作用，减轻盐分对植物的胁迫作用。此外，氨基化合物、蛋白质、甜菜碱等都是非常有效的渗透调节剂，这些调节剂既可以稳定生物大分子的结构和功能，解除高盐对酶活性的伤害，又可以影响气孔开放和光合作用，同时保持水分向植物运输的水势，增强植物的抗盐碱能力。

（4）促进植物光合作用，提高植物的耐盐性。Ruiz-Lozano等（1996）指出，AMF可促进盐碱地区植物生理状态的改善，加强光合作用，提高植物对水分的利用效率。AMF与植物在盐胁迫条件下形成共生体后，促进宿主植物对P、N、K、Ca、Mg、Zn、Cu、Fe和B等矿质元素的吸收，降低植物对Na^+的吸收，增加叶绿素a的含量，改善植物的光合作用，活化SOD酶和POD酶，促进植物的生长，提高植物的耐盐性（金樑等，2007）。虽然AM菌根的形成能够减缓盐胁迫对植物的影响，促进盐渍化生境下植物的生长，但是菌根的形成同样也受土壤盐分的抑制（Levy et al.，1983）。

二、滨海盐渍化土壤生态系统中菌根真菌的分布

Guo和Gong（2014）首次利用分子生物学方法对莱州湾南岸盐渍化土壤中18种植物的丛枝菌根真菌（AMF）进行了调查（Guo and Gong，2014）。基于18S rRNA基因构建了18个克隆文库，得到的所有22个AMF基因型均隶属于球囊霉科（Glomeraceae）最大的类群球囊霉属（*Glomus*），其中11个基因型为国际上首次发现，可能代表新的AMF类群（图19.4）。这一发现与之前的许多研究结果一致，证明球囊霉科（Glomeraceae）是很多植物根部寄生AMF的主要类群（Hijri et al.，2006；Li et al.，2010），这一现象也出现在盐渍化的土壤环境中（Wang et al.，2004）。造成这一普遍现象的原因主要有两个，一个是球囊霉菌的传播机制（它们可以通过菌丝体碎片和菌根碎片相互传播），这使得它们比其他需要孢子萌发的AMF更容易传播（Helgason and Fitter，2009）；另一个是偏好性引物对的使用（如AM1-NS31），它们可能偏好扩增球囊霉菌相关序列（Dumbrell et al.，2010）。

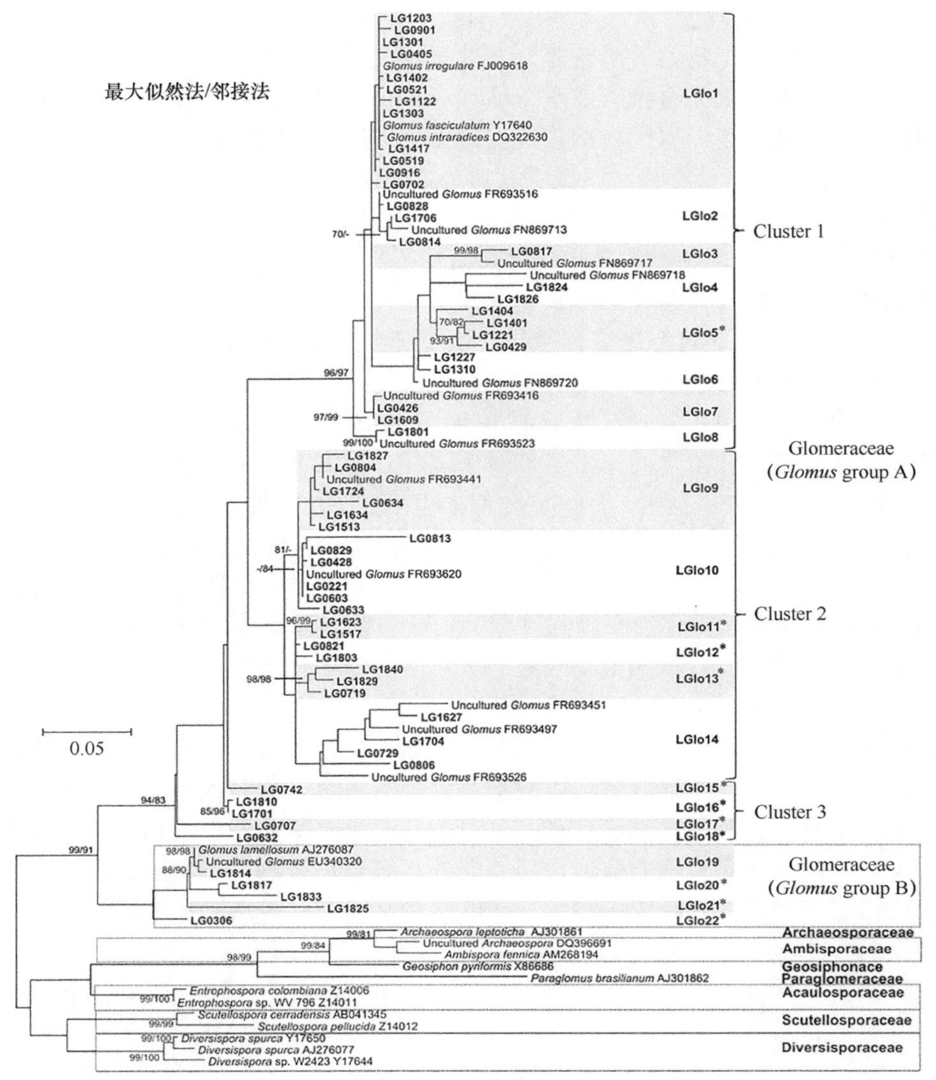

图19.4　最大似然法及邻接法构建的菌根真菌系统进化树（修改自Guo and Gong，2014）

11个新发现的球囊霉属基因型用*标注

通过比较土壤盐度、pH及寄主植物来源、生活史、耐盐性、采样地点等对AMF多样性的影响，发现土壤盐度对AMF多样性的影响最大。土壤盐度与AMF多样性呈明显的负相关关系，说明植物根系AMF多样性随土壤含盐量升高而降低。这种模式的形成可能与丛枝菌根真菌孢子的感染机制有关，因为AMF孢子感染率随土壤含盐量的增加而减少（Saint-Etienne et al.，2006）。也有研究发现，AMF孢子在土壤中的分布与土壤盐度没有关系（Aliasgharzadeh et al.，2001；Sonjak et al.，2009），这种差异主要来源于植物根部和土壤中不同的AMF类群（Hempel et al.，2007）。因为如果植物根部和土壤中的AMF孢子都受到土壤含盐量的影响，而且植物根部的AMF孢子只是土壤中的一小部分，那么在盐胁迫生态系统中，寄主植物和（或）土壤盐度就会在AMF从土壤向根部的定殖过程中发挥重要作用。事实上，有关盐胁迫会阻碍植物根部AMF的定殖并刺激孢子形成的研究已经有过报道（Johnson et al.，2003）。另外，也有人发现AMF在盐生植物*Puccinellia nuttalliana*中的定殖会受到包括盐度在内的土壤因素的影响（Johnson-Green et al.，2001）。

另外，宿主植物的性状（耐盐或起源耐盐性、寿命和来源）对植物根系的AMF群落组成也有显著的影响。如果将宿主物种分为多年生植物和一年生植物两种类型，可以发现多年生植物和一年生植物根系AMF的多样性没有太大差别，但是AMF的群落组成显著不同。这一发现与最近的两个研究结果（Alguacil et al.，2012；Torrecillas et al.，2012）一致。但是Torrecillas等（2012）发现AMF多样性在一年生植物中更高，而Alguacil等（2012）发现多年生植物中AMF多样性更高，这种对立的结果可能是由取样植物物种数及取样区域规模不同导致的。上述两个研究，只对小于50m的采样距离内的两种或三种植物进行了研究，这可能简化了宿主植物的非均质性，忽略了环境梯度的影响，从而影响了对AMF分布的探究。最近一项针对高原地区AMF群落进行的研究（海拔3320～4314m）得到了与我们的研究一致的结论，他们进行了大规模的采样，调查了35种植物，最终发现宿主植物的生活史对AMF的侵染几乎没有影响（Lugo et al.，2012）。综上所述，多年生和一年生植物根系的确有不同种类的AMF定殖，而且在局部范围内AMF的多样性受植物生活史的影响，但是，在更大的生态范围内，植物生活史并不会影响AMF在植物根系的分布。

随着入侵植物危害的增加，入侵植物与AMF群落之间的关系日益受到重视（Pringle et al.，2009）。Jordan等（2012）发现本土植物的根系中AMF的多样性较高，而Lekberg等（2013）发现入侵植物根系的AMF多样性较高。但在Guo和Gong（2014）的研究中，植物的来源对AMF多样性没有影响。这说明，在盐渍化生态系统中，入侵植物与本土植物一样，都会与大量的AMF产生密切联系，并且受益于这些类群的蓬勃发展。而且，上述研究都表明，入侵植物与本土植物有明显不同的AMF群落组成。例如，Guo和Gong（2014）新获得的11个种系型中有9个只在本土植物中出现，说明这两类植物中AMF群落的差异主要来源于这些新类群的影响。另外，在入侵植物中发现的9个种系型中有8个已经在许多先前的研究中被发现，这意味着入侵植物中的AMF大多属于广泛分布的类群（Moora et al.，2011）。

在盐渍化土壤和其他海岸带生态系统中，平均每种宿主物种中有2～4个AMF种系型（Guo and Gong，2014；Wang et al.，2011），远低于其他生态系统，如污染区域（5.2）、温带森林（5.6）、草原（8.3）、青藏高原高海拔地区（10.5）、热带森林（18.2）及极端环境土壤（16）（Appoloni et al.，2008；Liu et al.，2011；Öpik et al.，2006）。应该强调的是，样本的数量、采集植物时所取根的大小、采样季节和采用的分子生物学处理方法（目的基因，筛选/测序的克隆数，可操作分类单元/种系型的定义）都会显著影响植物根系中AMF的检测。

第三节 滨海盐碱土蓝细菌的多样性及分布

一、蓝细菌

蓝细菌（cyanobacteria）又称蓝藻、蓝绿藻，是地球生物圈中较为古老的一类原核生物，其最早起源于前寒武纪早期，蓝细菌地出现在地球生命进化史中具有重要的意义（Schopf et al.，2007）。蓝细菌细胞含有叶绿素a，具有类似植物细胞的光合系统。

蓝细菌具有*nifH*固氮酶基因，它是迄今为止发现的唯一一种能够通过光合自养产生氧气的固氮菌，其在提高土壤水肥利用率及改良土壤方面有重要作用（Berman-Frank et al.，2003；龚骏和张晓黎，2013），而且在海洋环境中蓝细菌的一些类群是生物固氮的主要贡献者（Scanlan et al.，2009）。蓝细菌分布广泛，适应力强，在已知自然环境中几乎都能发现其踪迹，现已发现蓝细菌在极端的环境中，如海底热液泉、高盐度湖泊、干旱沙漠土壤等环境中，依然能够生存（龚骏和张晓黎，2013；Patzelt et al.，2014；Wood et al.，2008；Richer et al.，2014），因而有人称其为“先锋生物”。蓝细菌细胞还能够向体外分泌提高土壤水肥控留能力的胞外多糖，其对于土壤中重金属的吸附也具有重要作用，因而蓝细菌在土壤中扮演着重要的角色（Colica et al.，2014；de Philippis et al.，1998；Ozturk et al.，2014）。

蓝细菌虽然是一类古老的生物，但人们对蓝细菌的认识却起步较晚。从19世纪末到20世纪初，人们对蓝细菌的认识主要局限于可培养的部分聚球藻及念珠藻的少数种类。与其他浮游植物类似，人们意识到许多蓝细菌都具有光能产氧固氮的能力，并称之为蓝绿藻。1897年，Myxophyceae首先成功纯培养了蓝细菌，随后才有人专门针对一些可培养蓝细菌进行了固氮机制的研究（Fogg，1942；Allen and Arnon，

1955）。1979年，Waterbury等利用落射荧光显微镜技术对蓝细菌的超微结构进行研究，首次揭示了蓝细菌是一类原核生物，其中主要的色素是叶绿素a，藻胆素是辅助色素。近年来，随着现代分子生物学等技术的迅猛发展和进步，蓝细菌类群的神秘面纱才逐步被揭开。人们通过分析蓝细菌类群16S rRNA、23S rRNA基因及相关蛋白（如ATP合成酶β亚基）序列发现，在分子系统进化地位上，蓝细菌应当归为真细菌界第十一个门——蓝细菌门（Woese，1987；Schleifer and Ludwig，1989）。

二、蓝细菌在高盐环境中的分布及贡献

研究表明，蓝细菌在盐渍化土壤中能够提高土壤肥力，提升土壤区系生物活性，增加土壤无机N、P、K含量，降低Na盐的含量，提升植物体脯氨酸比例，对于增加水稻秸秆及谷物产量具有明显的作用（Abbas et al.，2012；Khatun et al.，2015）。Valverde等（2015）通过高通量测序和末端限制性片段长度多态性（T-RFLP）等技术检测蓝细菌及其他微生物群落，并通过检测微生物N-P利用率等生物活性，发现在高盐度的沙漠岩土环境中，蓝细菌的存在是驱动微生物群落结构组成及生物功能的主要因素。蓝细菌借助其独特的生物固氮等机制，在干旱、高盐、寡营养等苛刻环境中扮演着重要角色，是微生物物质循环与能量流动的重要参与者（Makhalanyane et al.，2015；Chan et al.，2013；Chen et al.，2013；Singh et al.，2013）。

在水体及陆地生态环境中，蓝细菌的群落组成和分布与盐度有密切关系（Lozupone and Knight，2007；Bernhard et al.，2005；Mohamed and Martiny，2011）。在28%～34%的盐度环境中，蓝细菌依然可以生存（Garcia-Pichel et al.，1998；Häusler et al.，2014），并且当盐度继续升高时，蓝细菌细胞活性会逐渐降低并趋于稳定。Green等（2008）调查证实，蓝细菌是微生物垫中的优势类群且具有很好的适应能力，当盐度在一定范围内波动时，其类群的组成和分布较为稳定（Green et al.，2008）。然而在巴哈马群岛盐池微生物垫中，Yannarell等（2006）发现，当水体盐度随着时间剧烈变化时，蓝细菌的不同类群在微生物垫中的组成和分布会发生明显的改变。在巴西红树林中，土壤盐度由沿海向内陆逐渐降低，Rigonato等（2013）发现，在相同盐度下，蓝细菌的类群组成相似，而在不同盐度下，蓝细菌的群落组成和分布差异明显。时玉等（2014）调查了高原高盐度湖泊中的蓝细菌组成，发现蓝细菌只存在于盐水湖的沉积物中，而在高原淡水湖中却很少分布。综上研究可以发现，盐度对蓝细菌在环境中的分布具有一定的胁迫性，而一定范围内蓝细菌对环境中的盐度压力又具有一定的适应和缓冲能力，随着环境的改变，蓝细菌的类群组成和分布会呈现一定的环境适应性。

三、莱州湾南岸盐渍化土壤中蓝细菌的多样性及分布

（一）莱州湾南岸盐渍化土壤中蓝细菌的组成和分布

李寒等（2015）系统研究了莱州湾南岸盐渍化土壤中蓝细菌的分布特征。莱州湾南岸盐渍化土壤的盐度整体上呈现由内陆向沿海递增的趋势，在近岸的采样点由于受海水入侵影响强烈，土壤盐渍化程度较高，盐度为2.39%～5.11%，靠近内陆地区，盐度明显下降，趋于正常，为0.63%～1.27%。蓝细菌群落组成和分布主要与土壤盐度及含水量有关，其中盐度作为主要影响因子，对蓝细菌的群落有较大的影响（图19.5），蓝细菌群落多样性和丰富度随盐度的升高而逐渐升高。一些常见的耐盐类群*Leptolyngbya*属、*Phormidium*属及*Microcoleus*属随盐度的增加，比例逐渐升高。*Leptolyngbya*属被证实是一种可以在苛刻环境下进行光能固氮的蓝细菌类群（Myers et al.，2007）；*Phormidium*属在高盐环境中具有较强的适应性，有研究发现其在盐湖中广泛存在（Tsyrenova et al.，2011）；而且Cuddy等（2013）通过实验发现，*Leptolyngbya*属和*Microcoleus*属等类群能够在盐胁迫环境中利用胞外多糖等吸附土壤养分，进而对土壤的营养固持起到一定的作用。因此，这些种属在高盐区占优势与其生态功能和耐盐性密切相关，可能成为修复盐渍化土壤的重要生物资源。蓝细菌*Prochlorococcus*属和*Synechococcus*属在许多滨海盐渍化土壤中都

有发现且丰度很高（Rigonato et al.，2013），然而在莱州湾南岸盐渍化土壤中比例却较低，甚至没有检测到，可能是因为地理隔离和土壤环境的差异。

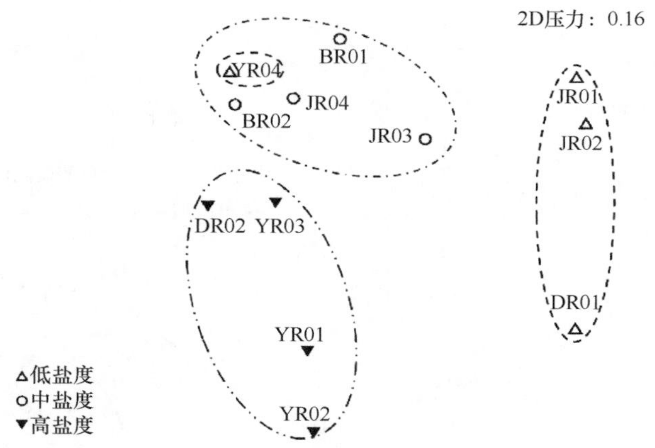

图19.5 基于ARISA的蓝细菌群落结构非度量多维尺度排序（引自李寒等，2015）

虚线圈表示不同盐度样品间的蓝细菌群落结构区别明显

（二）莱州湾南岸盐渍化土壤中蓝细菌的丰度对盐度的响应

通过荧光定量PCR（qPCR）技术检测发现（李寒等，2015），莱州湾南岸盐渍化土壤中蓝细菌16S rRNA基因拷贝数为3.36×10^4～2.70×10^5/g干燥土。土壤盐度降低时，蓝细菌16S rRNA基因拷贝数逐渐升高。*t*检验发现，低盐与中盐样品间蓝细菌16S rRNA基因拷贝数差异显著（P=0.02），低盐与高盐间差异接近显著（P=0.06），但中、高盐样品间差异不大（图19.6）。Li等（2013）对新疆荒漠表层土中蓝细菌的定量研究发现，低盐土壤中蓝细菌*Microcoleusvagnitus*为优势类群，但随着盐度升高，其丰度逐渐降低，而其他耐盐菌的相对丰度逐渐升高。综上研究可以发现，盐度对群落中优势类群的抑制作用，导致其实际丰度及在群落中的相对丰度均降低，而低丰度种类可能对盐度的变化不敏感，最终表现为总丰度降低但物种丰富度增高。

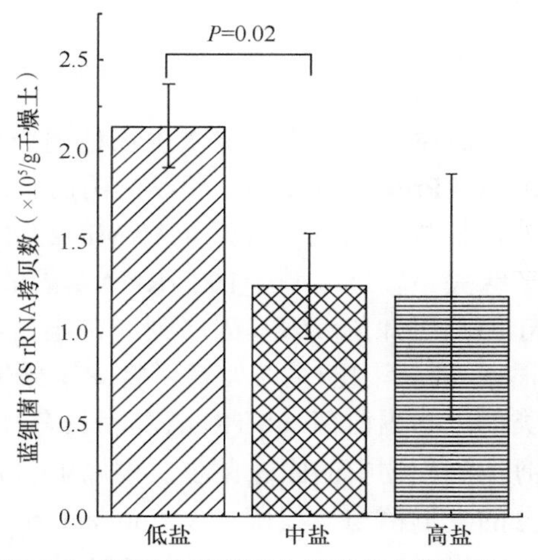

图19.6 不同盐度范围土壤样品中蓝细菌16S rRNA丰度的比较（引自李寒等，2015）

第四节 海岸带环境氮循环微生物组成、多样性及调控因子

近年来，有关海陆交汇带区域的氮循环微生物分子生态学研究方兴未艾，这与海岸带生态系统在全球碳氮循环中的重要地位及其面临的若干重大生态环境问题有一定的关系。地球上约1/3的海洋初级生产力来自大陆架及海岸带环境；由于海岸带区域（河口、潮滩、湿地、浅海等）水位较浅，浮游植物产生的有机质约50%沉到海底，并且大部分被沉积物中的微生物所分解，因此海岸带沉积物在全球物质循环中起着重要的作用。沉积物中微生物的活动在很大程度上控制着海洋生物可利用氮的输入和输出，进而对初级生产发挥重要的调节作用。海岸带生境虽各有特色，但在空间上呈网络式联系，微生物转化氮的步骤虽较多但也常紧密耦合（图19.7），因此，需要全景式地展示海岸带系统中氮循环微生物的多样性、功能与贡献（龚骏和张晓黎，2013）。

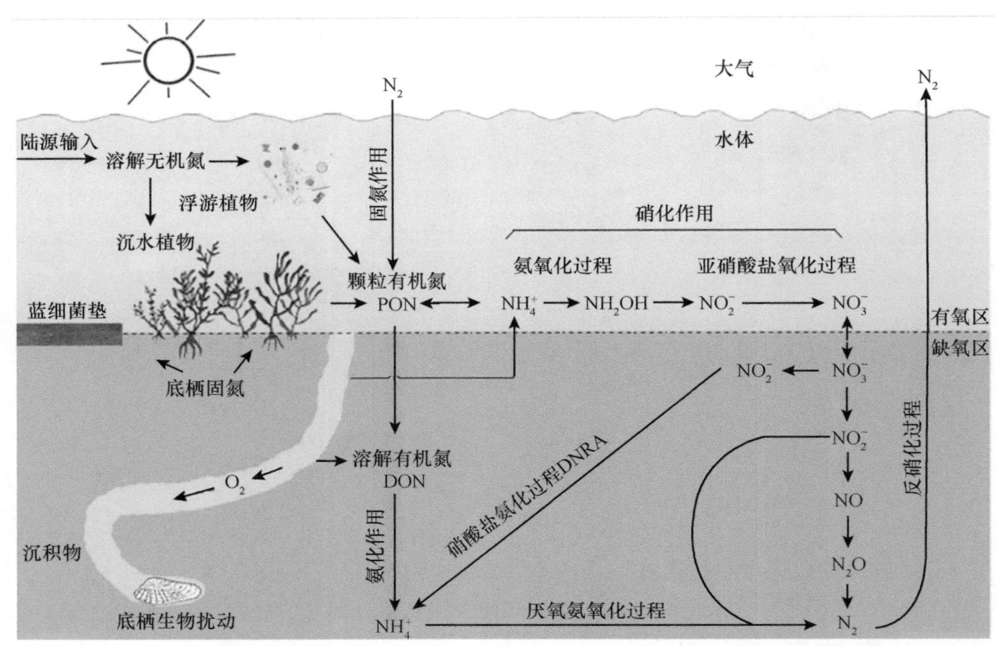

图19.7　微生物驱动的近海氮循环关键过程示意图（修改自龚骏和张晓黎，2013）

一、固氮菌

海岸带环境中固氮微生物种类众多，根据16S rRNA基因的分析，蓝细菌门（Cyanobacteria）、变形菌门（Proteobacteria）和厚壁菌门（Firmicutes）的多个类群是近岸底栖环境中常见的固氮菌。除细菌之外，某些甲烷氧化古菌（ANME-2）同样具有固氮作用（Miyazaki et al.，2009）。由于固氮菌各类群间亲缘关系较远，基于16S rRNA基因的分析不能反映它们的功能，而固氮酶铁蛋白基因（如*nifH*）较为保守，且已知的*nifH*基因序列非常丰富，因此*nifH*成为研究环境样品中固氮菌多样性最常用的分子标记。根据*nifH*基因的系统发育可将固氮微生物分为5个主要的类群（Clusters Ⅰ～Ⅴ），每一类群又分成若干子类群，与固氮菌16S rRNA基因具有较好的类群对应关系（Zehr et al.，2003；Raymond et al.，2004）。海洋沉积物中的固氮菌主要隶属于Cluster Ⅰ与Cluster Ⅲ两个类群：其中Cluster Ⅰ包括所有的蓝细菌、大部分的变形菌与放线菌（Actinobacteria）和部分厚壁菌；Cluster Ⅲ则主要包括厌氧细菌和古菌，如螺旋体（Spirochetes）、产甲烷菌（Methanogens）、产乙酸菌（Acetogens）、硫酸盐还原菌（sulfate-reducing bacteria）、绿硫菌（Chloracea）、梭菌（Clostridia）等（Zehr et al.，2003；Gaby and Buckley，2011）。对不同环境中*nifH*基因序列的系统分析发现，海洋环境中*nifH*基因的多样性低于土壤环境（Gaby and Buckley，2011）。大洋水体中的固氮菌主要由丝状的束毛藻（*Trichodesmium*）及单细胞蓝细菌组成，而海洋近岸沉积环境中的固氮菌群落与多样性则具有明显的生境特异性（表19.1）。

表19.1　海岸带不同生境固氮微生物代表类群（基于16S rRNA基因的系统地位和基于*nifH*基因的分类）（修改自龚骏和张晓黎，2013）

生境	*nifH*分类（子类）	16S rRNA系统地位	代表属	参考文献
潮间带微生物垫/蓝细菌垫	Ⅰ（E）	Cyanobacteria	*Lyngbya*	Zehr et al.，1995
	Ⅰ（E）	γ-Proteobacteria	*Azotobacter*	Steppe and Paerl，2005
	Ⅰ（J）	α-Proteobacteria	*Rhizobium*	
	Ⅲ（E）	δ-Proteobacteria	*Desulfovibrio*	
	Ⅲ（E）	Fimicutes	*Clostridium*	

续表

生境	*nifH*分类（子类）	16S rRNA系统地位	代表属	参考文献
河口沉积物	Ⅰ（E）	γ-Proteobacteria	*Azotobacter*	Burns et al., 2002
	Ⅰ（I）	γ-Proteobacteria	*Klebsiella*	Herbert, 1999
	Ⅲ（E）	δ-Proteobacteria	*Desulfovibrio*	Jones, 1982
	Ⅲ（A）	Firmicutes	*Clostridium*	
盐沼植物根际	Ⅰ（I）	γ-Proteobacteria	*Enterobacter*	Bergholz et al., 2001
	Ⅰ（H）	γ-Proteobacteria	*Spirilla*	Lovell et al., 2001
	Ⅰ（J）	α-Proteobacteria	*Rhizobium*	
	Ⅰ（E）	γ-Proteobacteria	*Azotobacter*	
	Ⅰ（H）	γ-Proteobacteria	*Vibrio*	
	Ⅰ（J）	α-Proteobacteria	*Azospirillum*	
	Ⅰ（U）	γ-Proteobacteria	*Psuedomonas*	
海草（藻）根际	Ⅰ（I）	γ-Proteobacteria	*Rhizobium*	Kirshtein et al., 1991
	Ⅰ（E）	γ-Proteobacteria	*Azotobacter*	Smith et al., 2004
	Ⅲ（A）	Firmicutes	*Clostridium*	Achá et al., 2005
	Ⅲ（E）	δ-Proteobacteria	*Desulfomicrobium*	
			Desulfovibrio	
红树林根际	Ⅰ（I）	γ-Proteobacteria	*Rhizobium*	Thatoi et al., 2013
	Ⅰ（E）	γ-Proteobacteria	*Azotobacter*	
	Ⅲ（A）	Firmicutes	*Clostridium*	
	Ⅰ（J）	α-Proteobacteria	*Azospirillum*	
	Ⅰ（I）	γ-Proteobacteria	*Klebsiella*	
珊瑚礁区沉积物/珊瑚虫体	Ⅰ	Cyanobacteria	*Coccoid*	Olson et al., 2009
	Ⅰ（H）	γ-Proteobacteria	*Vibrio*	Rohwer et al., 2002
	Ⅰ（J）	α-Proteobacteria	*Rhodobacter*	
	Ⅲ（A）	Firmicutes	*Clostridium*	

海岸带沉积物中的固氮菌多样性表现出明显的空间异质性。Moisander等（2007）利用*nifH*基因芯片分析美国切萨皮克湾沉积物的固氮菌群落发现，*nifH*基因的丰富度、Simpson指数及Shannon-Wiener指数在河头（低盐度）最高，呈现由河头（低盐度）至河口（高盐度）渐变的趋势；并与溶解无机氮、盐度、溶解有机碳、溶解有机磷等环境因子显著相关。在欧洲的很多河口环境中，蓝细菌的优势类群主要为浮游生的节球藻属（*Nodularia*）、束丝藻属（*Aphanizomenon*）、微囊藻属（*Microcystis*）与鱼腥藻属（Lopes and Vasconcelos，2011）；而Brito等（2012）在葡萄牙西南海岸潮间带沉积物中却发现，在蓝细菌的4个目（色球藻目、宽球藻目、颤藻目与念珠藻目）中，颤藻目的种类占主导（50%左右）。此外，近海漏油区的固氮微生物多样性也非常值得关注。石油的有氧降解通常受到严重的氮源限制，因此微生物固氮可能在海底漏油区发挥重要作用。Musat等（2006）通过室内模拟研究了石油污染后海底沉积物中固氮菌群落结构变化，发现异养固氮菌在含油沉积物中出现的频率更高；而在光照条件下，主要是产生异形胞的蓝细菌具有固氮活性，而异养固氮菌并不活跃。因此推测，在氮限制与光照条件下，蓝细菌是石油污染区及未污染区沉积物中固氮的主要贡献者，尽管在污染区其固氮能力并无提高，但具有石油降解功能的微生物仍有可能从蓝细菌固氮中获得氮源。

二、氨氧化细菌（AOB）与氨氧化古菌（AOA）

NH_4^+被氧化形成NO_2^-与NO_3^-的过程主要由化能自养型微生物完成。所有的氨氧化菌都含有编码催化氨氧化第一步反应的氨单加氧酶基因（*amo*）。在2004年之前，变形菌纲中具有*amo*基因的类群一直被认为是该过程的主要催化者，但随后在海洋等多个环境宏基因组中发现了奇古菌（Thaumarchaeota）（旧称泉古菌）（张丽梅和贺纪正，2012）也具有*amo*基因（Venter et al.，2004）。海洋中氨氧化古菌（AOA）普遍存在且通常占优势，因此奇古菌是海洋氨氧化过程的重要参与者（Francis et al.，2005）。利用氨单加氧酶α亚基基因（*amoA*）作为分子标记可研究氨氧化细菌（AOB）和AOA在环境中的多样性、群落组成及数量。

根据系统发育分支，AOB主要包括β-变形菌纲的亚硝化单胞菌属（*Nitrosomonas*）与亚硝化螺菌属（*Nitrosospira*）及γ-变形菌纲的亚硝化球菌属（*Nitrosococcus*），其中β-AOB在海洋、土壤、淡水环境中广泛分布，已培养的种类包括*Nitrosomonas europaea*、*N. marina*、*N. aestuarii*、*N. cryotolerans*、*N. oligotropha*、*N. ureae*等；而γ-AOB的两个种（*Nitrosococcus oceani*与*N. halophilus*）仅在海洋与盐湖有个别报道，在河口与盐沼中很少见到，在淡水环境中则几乎没有（Ward et al.，2007）。这可能与引物特异性有关，也可能说明亚硝化球菌属在环境中确实较少存在。

AOA的多样性具有明显的环境来源特异性，可大致分为海洋环境、土壤环境及嗜高温氨氧化古菌三大类（Prosser and Nicol，2008）。其中海洋环境的AOA序列主要属于Group Ⅰ.1a，代表物种有*Nitrosopumilus maritimus*、*Cenarchaeum symbiosum*、*Nitrososphaera gargensis*；而土壤来源的序列大多聚类于Group Ⅰ.1b。对所有环境来源的AOA-*amoA*及AOB-*amoA*基因序列的系统研究显示，AOA系统发育丰富度（phylogenetic richness）高于AOB，淡水环境高于海洋环境；AOA类群在沉积物、土壤、浮游环境间的分异明显，而AOB则不明显（Fernàndez-Guerra and Casamayor，2012）。以下我们总结了海岸带不同生境中氨氧化菌的多样性及分布情况。

（一）环境梯度变化强烈的河口区

一般地，河口区沉积物与水体样品中共有的基因型很少。

（1）AOB群落。盐度被认为是控制河口区AOB丰度与多样性最主要的因素，在高盐度环境中AOB大部分属于亚硝化螺菌属；低盐度和中盐度站点的AOB则主要隶属于亚硝化螺菌属相关类群及亚硝化单胞菌属（Bernhard et al.，2005）。Sahan 和 Muyzer（2008）发现在韦斯特谢尔德河口，低盐站点AOB的多样性较高盐站点高。水温也是影响AOB的重要因素。同样是在韦斯特谢尔德河口，亚硝化单胞菌属在高温样品中占优势，而亚硝化螺菌属则主要出现在低温样品中（Sahan and Muyzer，2008）。硝化速率可能与河口区AOB的群落构成显著相关。Wankel等（2011）对加利福尼亚河口沉积物的研究发现，硝化速率高的站点AOB主要由亚硝化螺菌属相关的基因型组成，而在硝化速率低的站点则主要与亚硝化单胞菌属相关。此外，富营养化也会对河口沉积物AOB的群落组成产生影响。例如，墨西哥富营养化的Bahía del Tóbari河口以亚硝化单胞菌相关类群为主（Beman and Francis，2006），且站点间变化不大。在富营养化的胶州湾，AOB群落组成与亚硝态氮及沉积物粒径显著相关（Dang et al.，2010）。

（2）AOA群落。盐度是影响河口沉积物AOA群落的重要因素。Mosier和Francis（2008）在对旧金山湾沉积物中AOA的统计分析中发现，来自低盐河口区的AOA聚到一起，形成了独特的低盐群。在澳大利亚热带菲茨罗伊河口，AOA主要来源于沉积物与土壤环境的奇古菌，且其群落结构与站点的盐度、碳与氮含量密切相关，季节变化不明显。

总之，在环境条件复杂的河口环境中，影响AOA和AOB多样性与群落结构的主要因素随地理区域的不同而有所不同，但一般认为盐度、水温、营养盐、污染物等均是重要的影响因子。

（二）有大型植物生长的盐沼与红树林区

盐沼沉积物中的AOB通常主要由亚硝化螺菌属的相关类群组成，如新英格兰盐沼互花米草与狐米草（*Spartina patens*）区和缅因州盐沼区（Moin et al.，2009）；而AOA则隶属于水样/沉积物或土壤/沉积物来源的类群，可能与奇古菌Group Ⅰ.1b类群紧密相关（Moin et al.，2009）。红树林对沉积物中AOA和AOB的影响可能是不同的。香港红树林沉积物中，AOA主要分为表层和底层两大类；而AOB却分为近红树林和远红树林类群。而且，AOB比AOA具有更高的丰度，可能暗示AOB在红树林硝化作用过程中扮演重要角色（Li et al.，2011）。沉积物盐度、氨浓度、金属及pH都会对红树林区AOB和AOA的群落组成和多样性产生影响（Li et al.，2011；Cao et al.，2011）。

三、反硝化微生物

反硝化是NO_3^-在低氧情况下被还原为NO_2^-、NO后进一步还原为N_2O与N_2的过程，参与的微生物包括细菌、古菌和真核生物。反硝化过程可去除人类活动给海岸带环境带来的多余的氮，从而缓解水体富营养化现象，因此在海岸带环境中起重要作用。另外，反硝化产生的温室气体N_2O也是当今研究的热点问题之一（龚骏和张晓黎，2013）。

从分类上来看，反硝化功能微生物多为异养兼性厌氧细菌，包括变形菌门、产水菌门（Aquificae）、异常球菌-栖热菌门（Deinococcus-Thermus）、厚壁菌门、放线菌门、拟杆菌门（Bacteroidetes）中的一些种类，其中假单胞菌属（*Pseudomonas*）和芽孢菌属（*Bacillus*）普遍存在于海洋生态系统中。某些海洋真菌与古菌也具有反硝化功能（Shoun et al.，1992；Philippot，2002）。一般认为反硝化细菌分布最为广泛且在大多数环境中为优势类群，因此对反硝化功能微生物的研究大多聚焦于反硝化细菌。

与其他氮循环功能类群一样，一般通过功能基因来研究反硝化细菌在环境中的多样性与分布。反硝化过程涉及的重要酶有60多种，但其中常用的分子标记主要为：硝酸还原酶的编码基因*narG*与*napA*，亚硝酸还原酶的编码基因*nirS*与*nirK*，一氧化氮还原酶的编码基因*norB*，以及氧化亚氮还原酶的编码基因*nosZ*（Zumft，1997）。

盐度、pH、NO_3^-与NO_2^-浓度及有机物可利用度被认为是影响反硝化细菌群落组成与多样性的主要环境因子，其中以盐度和pH的影响最为显著。*nirK*与*nirS*编码的亚硝酸还原酶虽然结构不同但功能一致，环境条件如何影响*nirS*型与*nirK*型反硝化群落的结构与多样性是研究的热点之一。Jones和Hallin（2010）对全球分布的*nirS*型与*nirK*型反硝化细菌的数据分析显示，尽管*nirS*型与*nirK*型的反硝化细菌在不同的环境中可共存，但它们的群落形成机制并不一样。海洋环境中*nirK*型的多样性最高，高于土壤，也高于*nirS*型；但*nirS*型在环境梯度上的变化比*nirK*型更为明显。

硝酸盐和溶氧水平与反硝化细菌的群落结构显著相关。Nogales等（2002）利用反转录PCR（RT-PCR）技术对英国科恩河中游和上游沉积物的研究发现，硝酸盐水平差异较大的两种沉积物中各基因类群（*narG*，*napA*，*nirS*，*nirK*，*nosZ*）均具有不同的群落结构。我国珠江口*nirS*型反硝化细菌的空间分布与溶解无机氮浓度显著相关（Huang et al.，2011）。在富营养化的英国科恩河口，*narG*基因序列主要来源于δ-变形菌（Smith et al.，2007）。浮游植物存量、金属离子及垂直方向上的氧化还原梯度也影响沉积物中反硝化细菌的时空分布。澳大利亚热带河口沉积物中*nirS*型的多样性及丰度均明显高于*nirK*型，且其群落结构随季节而发生变化，并与盐度和叶绿素显著相关（Abell et al.，2009）。葡萄牙杜罗河河口沉积物中，*nirK*型、*nirS*型和*nosZ*型的多样性随着Cu含量的增加而降低（Magalhães et al.，2011）。旧金山湾每个站点*nirS*型的丰度都比*nirK*型高，盐度、有机碳、氮与金属离子是影响群落结构的主要因子（Mosier & Francis，2010）。Tiquia等（2006）发现，垂直方向上，随着深度的增加，沉积物中*nirS*型的多样性降低，并且表层与深层沉积物中的群落结构差异显著。

最近的研究显示，古菌基因组中包含有无机氮还原的相关功能基因，如奇古菌中*nirK*的同源基因

（Lund et al.，2012）。硝酸盐还原酶（Nar）、亚硝酸盐还原酶（Nir）基因在一些奇古菌与广古菌的基因组中已有发现，但这些基因的功能仍有待确证。沉积物中的某些真菌与原生生物类群（如底栖有孔虫）也被发现具有反硝化功能（Risgaard-Petersen et al.，2006；Cathrine and Raghukumar，2009；Kim et al.，2009）。但海洋沉积物环境中反硝化真核微生物多样性的研究还有待深入开展。

四、硝酸盐铵化微生物

在厌氧状态下，细菌、古菌、真菌的某些种类能将硝酸盐还原为铵，即介导硝酸盐铵化过程（DNRA）。细胞周质硝酸盐还原酶基因（*nrfA*）是硝酸盐铵化细菌多样性研究的一个分子标志物，在变形菌门的多个纲、拟杆菌门（Bacteroidetes）、浮霉菌门（Planctomycetes）、厚壁菌门中均有检获（Mohan et al.，2004）。据报道，一些兼性厌氧的化能自养型硫细菌如贝扎托菌属（*Beggiatoa*）、辫硫菌属（*Thioploca*）能将NO_3^-聚集于胞内的空泡内并用于H_2S的厌氧氧化，从而发挥DNRA功能（Sayama，2001）。Takeuchi（2006）首次对环境样品中的*nrfA*基因进行克隆与分析后发现，在河口区海水与淡水站点沉积物中DNRA功能菌的群落结构与半咸水站点明显不同。沉积物深层的多样性较低，种类多来自气单胞菌属（*Aeromonas*）、希瓦氏菌属（*Shewanella*）、脱硫弧菌属（*Desulfovibrio*）、硫磺单胞菌属（*Sulfurospillum*）与拟杆菌属（*Bacteroides*）的相关类群。在英国富营养化的科恩河口，DNRA类群主要隶属于δ-变形菌，也有少量来自γ-变形菌，如冷海希瓦氏菌（*Shewanella frigidimarina*）、褐杆状绿菌（*Chlorobium phaeobacteroides*）及厌氧氨氧化和硫酸盐还原泥浆反应器中的一些类群（Smith et al.，2007）。另外，一些厌氧氨氧化细菌（如Candidatus *Kuenenia stuttgartiensis*）能在高NH_4^+浓度条件下（如10mmol/L）将NO_3^-还原成NH_4^+，即介导DNRA过程（Kartal et al.，2007）。

总之，虽然对不同海岸带环境中DNRA速率的研究较多（龚骏和张晓黎，2013），但相对其他氮循环功能类群而言，对硝酸盐铵化细菌多样性的研究还较少。

五、厌氧氨氧化细菌

与古菌有氧氨氧化的发现相同，厌氧氨氧化过程的发现彻底改变了人们对氮循环的认识。现已知介导厌氧氨氧化过程的细菌在各类含水环境中广泛存在。按16S rRNA基因的系统发育分析，厌氧氨氧化细菌主要隶属于浮霉菌门（Planctomycetes）Brocadiales目，包括5个暂定属，即*Candidatus* Scalindua、*Ca.* Brocadia、*Ca.* Kuenenia、*Ca.* Jettenia与*Ca.* Anammoxoglobus，目前还没有获得纯培养物。针对厌氧氨氧化细菌16S rRNA基因的特异性引物与探针最早被设计出来并不断被优化，已广泛用于该功能菌的检测、多样性与定量研究；此后，针对厌氧氨氧化过程中关键酶基因［如联氨氧化还原酶基因*hzo*，厌氧氨氧化细菌特有的亚硝酸还原酶基因*nirS*，联胺合成酶基因（*hzsA*，*hzsB*）］的分子检测方法也陆续发展起来，给环境中厌氧氨氧化细菌的多样性、生理生态研究带来诸多便利。虽然厌氧氨氧化细菌在海洋厌氧环境（沉积物和水体）中广泛分布，但其多样性较低，通常只可检测到*Ca.* Scalindua属（Schmid et al.，2007）。相比之下，厌氧氨氧化速率及对脱氮的贡献随环境变化较大，因而更受关注。

厌氧氨氧化细菌多样性在河口区变化较大，盐度是影响厌氧氨氧化细菌分布的主要因子之一。在高盐站点多检出*Ca.* Scalindua属，低盐站点多检出*Ca.* Kuenenia和*Ca.* Brocadia属（Dale et al.，2009）。在盐沼沉积物中也只检测到*Ca.* Scalindua属（Humbert et al.，2009）。而在受潮汐影响较大的珠江河岸沉积物中，*Ca.* Kuenenia和*Ca.* Brocadia为优势类群（Wang et al.，2012）。由于受季节性陆源输入的影响，河口区厌氧氨氧化细菌群落也表现出明显的季节变化规律：夏季时多样性较高（Li et al.，2011）。红树林沉积物中厌氧氨氧化细菌群落结构受红树林的影响非常大，Li等（2011）在珠江口红树林沉积物不同土层中检测到了厌氧氨氧化细菌的4个属（*Ca.* Scalindua、*Ca.* Kuenenia、*Ca.* Brocadia和*Ca.* Jettenia），推断氧化还原电位、氨氮与亚硝态氮的摩尔比是主要的影响因子（Li et al.，2011）。

污染物类型和污染状况也是影响海岸带厌氧氨氧化细菌的重要因子。在东海化学污染严重的胶州湾，潮间带的厌氧氨氧化细菌主要为*Ca.* Kuenenia，而潮下带则还包括*Ca.* Brocadia、*Ca.* Scalindua与*Ca.* Jettenia这3个属。冗余分析表明，厌氧氨氧化细菌的分布与多样性受硝基苯、有机物含量、NO_3^-含量及盐度的影响。在富营养化的胶州湾，沉积物中只检测到*Ca.* Scalindua一个属，但其属下水平的多样性较高，群落结构受有机碳氮比、亚硝酸盐浓度和沉积物粒径的影响较大（Dang et al.，2010）。值得一提的是，虽然国内同行对我国海岸带环境中的厌氧氨氧化细菌多样性及分布已做了大量出色工作，但有关速率与通量方面的研究还较缺乏。

第五节　河口、近海典型植物（芦苇、大叶藻）内生真菌的多样性

一、内生菌

内生菌一词“endophyte”最早由德国科学家De Bary于1866年提出，是指生活在植物组织内的微生物，用以区别生活在植物表面的表生菌（epiphyte）（De Bary，1866）。按此定义，致病菌也属于内生菌的概念范畴。Carroll（1986）将植物内生菌定义为生活在地上部分、活体健康植物组织内，但不引起明显病害症状的微生物，强调了内生菌与植物之间的互惠共生关系。Petrini等（1993）在Carroll（1986）的基础上进一步扩展，将植物内生菌定义为在其生命周期的某一阶段，生活在植物活体组织内不引起植物明显病害的微生物。此定义也包括那些在其生活史的一定阶段中营表面生的腐生菌及对植物暂时无病害的潜伏性病原菌。2000年，Mostert等（2000）提出真正的植物内生菌是指定殖在植物细胞间隙或细胞内，永远不会对宿主植物产生病害作用的一类微生物。尽管对于内生菌的概念依然存在争论，但在现在的内生菌研究中，Petrini等（1993）提出的内生菌概念被普遍接受。

研究表明，从大型树木、手掌树，到海草、苔藓，几乎所有植物类群体内都含有微生物。植物内生菌在宿主中的分布具有普遍性、多样性的特点，可存在于植物的根、茎、叶、花、种子等不同器官中（王坚等，2008）。植物体内内生菌的数量、种类与植物生长环境、生长周期、营养供给及两者的基因型有密切关系。不同地域、不同环境中的同种植物内生菌种类、数量存在巨大差异。即使同一地区、同一种类的植物，其不同组织中的内生菌也不相同。Nascimento等（2015）针对从巴西东北部采集的皇冠花468个组织片段中分离到的156个内生真菌进行分析，发现内生真菌的增殖率随叶片的生长呈上升趋势，且优势类群与本地同种或同属植物有显著差异。一般来说，生长在热带地区的植物，相比于生长于寒带地区的植物，内生菌的种类与数量更多；生长迅速的植株个体内生菌数量较多，生长时间长的植物个体内生菌比生长时间短的植物多（王坚等，2008）。

二、内生真菌与宿主的关系

定殖在植物组织中的内生真菌没有明显的致病性（Petrini et al.，1993），反而可能增强宿主植物从周围环境中获取营养物质的能力，从而促进植物生长（Ren et al.，2011）、提高宿主对温度变化、干旱的抵抗能力（Hubbard et al.，2012；Waller et al.，2005），以及防御草食性动物啃食的能力（Sullivan et al.，2007；Zhang et al.，2009）。内生真菌也产生多种次生代谢产物（Schulz et al.，2002；Strobel et al.，2003；Khan et al.，2008），因此其物种多样性也越来越受到重视。研究发现，内生真菌群落结构受宿主植物内、外环境的影响。例如，不同的生长阶段，紫荆花和皇冠花叶中的真菌群落会有变化（Hilarino et al.，2011；Nascimento et al.，2015）；温度和降水也能够改变植物内生菌的群落结构（Zimmerman and Vitousek，2012）。Sabzalian和Mirlohi（2010）发现，高羊茅和牛尾草中的内生真菌*Neotyphodium* spp.可以有效地帮助宿主抵御盐胁迫，这暗示内生真菌群落也可能与植物的耐盐能力有关。

三、芦苇可培养内生真菌的种类

芦苇（*Phragmites australis*）是滨海湿地一种常见的优势盐生植物。芦苇的耐盐机制不同于大多数其他植物，它是通过把Na^+从茎向下运输到根来维持相对恒定的渗透势（Vasquez et al.，2006）。李海林等（2016）以黄河三角洲滨海湿地优势植物芦苇为研究对象，分析了高潮区、中潮区和潮上区芦苇根、茎、叶中内生真菌群落结构的变化情况。

（一）芦苇内生真菌的组成

从1350个芦苇组织切片中分离得到318株内生真菌，优势菌群为子囊菌门（Ascomycota），包括座囊菌纲（Dothideomycetes）与粪壳菌纲（Sordariomycetes），只分离得到1株担子菌（Basidiomycete）（表19.2），这与盐生植物内生真菌区系中子囊菌为优势菌，而担子菌出现频率不高相吻合。Xing等（2011）针对中国南部海岸4种不同红树林物种内生真菌的研究发现，子囊菌门的拟盘多毛孢属（*Pestalotiopsis*）和拟茎点霉属（*Phomopsis*）在4种宿主植物中均为优势菌，且一些内生真菌具有组织和宿主特异性。You等（2012）和Kim等（2014）分别选取6种和12种盐生植物，对其根组织内生真菌进行了分离培养，经鉴定，所分离的真菌均隶属于子囊菌门。Macia-Vicente等（2012）调查了西班牙东南部沙丘地带中盐生植物与非盐生植物，沿盐度梯度从15株植物的4500个根组织中共分离得到3065个内生真菌，其中96.7%属于子囊菌门，仅3.3%属于担子菌门，且宿主的生活习性和土壤性质对内生真菌群落结构具有显著影响。虽然子囊菌是大部分宿主植物体内的优势内生真菌，但是不同宿主体内的优势类群又不尽相同，黄河三角洲湿地芦苇体内的优势内生真菌包括链格孢属（*Alternaria*）、镰刀菌属（*Fusarium*）、茎点霉属（*Phoma*）。这些内生真菌可归属于黑色有隔内生真菌（dark septate endophytes，DSE）（Jumpponen and Trappe，1998）。黑色有隔内生真菌泛指一类定殖于植物体内的小型真菌，菌丝颜色为深色，具隔膜，能够形成典型的微菌核结构（Yu et al.，2001）。有研究证明，重金属污染区域优势植物中普遍存在DSE（Li et al.，2012）。Likar和Regvar（2009）发现*Salix caprea* L.中DSE对土壤中的Pb、Cd显示出很好的应激反应，对此他们认为DSE可能提高柳树对重金属污染的耐受性。另外，DSE具有很强的抗旱能力，将从耐热及耐干旱植物中分离的内生真菌转移到农作物中，可大大提升农作物的抗逆能力，扩展农作物的生长范围（Pennisi，2003）。这主要是由于其细胞壁含有丰富的黑色素，使它们能够抵御不良环境。但是，DSE与植物之间的相互联系目前还不清楚。

表19.2　芦苇可培养内生真菌ITS-28S rDNA序列在GenBank数据库中的比对结果（引自李海林等，2016）

分类单元	菌株数	代表序列	组织	采样点	亲缘关系最近物种（收录号）	覆盖度（%）	相似性（%）
OTU1	119	HT-R-13	R	HT	*Alternaria alternata* (KF881761)	100	100
		HT-R-51	R	HT	*Alternaria alternata* (KF881761)	100	99
		MT-R-14	R	MT	*Alternaria alternata* (KF881761)	100	99
		ST-R-10	R	ST	*Alternaria alternata* (JF835905)	100	99
		HT-R-65	R	HT	*Alternaria alternata* (JF835905)	100	99
		HT-R-66	T	HT	*Alternaria tenuissima* (HQ402558)	100	100
		MT-S-8	S	MT	*Alternaria tenuissima* (KP278184)	100	99
		ST-R-16	R	ST	*Alternaria tenuissima* (KP278184)	100	100
		HT-R-69	R	HT	*Alternaria alternata* (KM458821)	100	99
		HT-R-70	R	HT	*Alternaria alternata* (KP278204)	100	99
		MT-R-28	R	MT	*Alternaria tenuissima* (KP278184)	100	100

续表

分类单元	菌株数	代表序列	组织	采样点	亲缘关系最近物种（收录号）	覆盖度（%）	相似性（%）
OTU2	17	MT-S-1	S	MT	Fusarium proliferatum (KP132230)	100	99
		MT-L-6	L	MT	Fusarium proliferatum (KP132230)	100	99
		ST-R-17	R	ST	Fusarium proliferatum (KP132230)	100	99
		ST-R-22	R	ST	Fusarium proliferatum (KP132230)	100	100
		ST-R-23	R	ST	Fusarium proliferatum (KP132230)	100	99
OTU3	14	MT-R-26	R	MT	*Phoma* sp. (JX160058)	100	99
		HT-L-10	L	HT	*Phoma* sp. (KF367550)	100	100
OTU4	5	ST-R-1	R	ST	*Fusarium oxysporum* (JN400714)	100	100
		ST-R-15	R	ST	*Fusarium incarnatum* (KM519192)	100	99
		ST-R-21	R	ST	*Fusarium incarnatum* (EU111657)	100	100
OTU5	5	MT-R-6	R	MT	*Podospora cochleariformis* (AY999123)	100	97
		MT-R-12	R	MT	*Podospora cochleariformis* (AY999123)	100	97
		MT-R-22	R	MT	*Podospora cochleariformis* (AY999123)	98	97
OTU6	1	ST-R-20	R	ST	*Fusarium fujikuroi* (KJ000430)	100	95
OTU7	1	ST-R-26	R	ST	*Fusarium equiseti* (FJ459976)	100	96
OTU8	1	HT-R-28	R	HT	*Monosporascus cannonballus* (DQ865106)	92	98
OTU9	1	ST-R-9	R	ST	*Agaricus* sp. (EF682101)	88	96
OTU10	1	ST-R-8	R	ST	*Alternaria chlamydosporigena* (KC466540)	100	99
OTU11	1	ST-S-3	S	ST	*Phoma herbarum* (AY864822)	100	99
OTU12	1	HT-R-38	R	HT	*Phoma betae* (KM249077)	99	98

注：R-根；S-茎；L-叶；HT-高潮区；MT-中潮区；ST-潮上区

（二）芦苇内生真菌的组织特异性

芦苇内生真菌具有明显的组织特异性，根中内生真菌数量及多样性高于茎和叶，这与芦苇内生细菌组织分布模式一致（Ma et al.，2013）。一个可能的解释是：虽然有其他的来源，包括空气、种子和叶际等途径，但大多数内生真菌来自土壤（Compant et al.，2010），相比于通过空气传播的真菌而言，土壤传播真菌具有更高的多样性和普遍性。这也解释了在不同器官中在根部的数量和种类最多的原因，已有的文献也证实了这一说法（Ghimire et al.，2011）。但是，也有研究（Carroll and Petrini，1983；Duan et al.，2013）表明，有些植物茎中内生真菌明显高于其他器官。这可能是由于不同植物组织的结构和含有的营养物质不完全相同，而不同的真菌对营养物质的需求不尽相同，从而影响内生真菌的侵染、生长和分布。

链格孢菌（*Alternaria alternate*）在芦苇根、茎、叶中的丰度和出现频率最高，其序列占序列总数的71.2%。*A. alternate*是一种常见的植物病原体，可侵染植物宿主并引起黑斑病、枯枝病及叶、花、幼果的病变（Gat et al.，2012；Nishimura and Kohmoto，1983）。然而，有证据显示，*A. alternate*可以产生具有生物活性的抗菌剂（Arivudainambi et al.，2014），这可能作为一种化学防御来帮助真菌竞争底物及适应环境，这也可能解释了其在很多植物宿主中均为优势种的原因（Lin et al.，2007；Fernandes et al.，2009）。

研究发现，相对于茎和叶，根组织中有很多特异性的菌群，如柄孢壳菌属（*Podospora*）、镰刀菌属（*Fusarium*）和茎点霉属（*Phoma*）。研究区域土壤盐度梯度为0.09%～0.52%，根组织中内生真菌的多样性高，可能是因为根处在渗透势变化很大的土壤中，根部组织直接受土壤盐胁迫作用，内生真菌能够通过与应激有关的植物激素（Khan et al.，2012）或者调节代谢过程（Khan et al.，2011）来减轻盐度对植物的影响。我们推测，芦苇内生真菌可能在宿主抵御环境压力过程中起到一定的作用，二者互利共生（Compant et al.，2010）。然而，具体的相互关系仍需要进一步的研究来证实。

第六节 红树林系统的微生物组成特点及影响因素

一、红树林系统

红树林覆盖世界上60%～75%的热带和亚热带海区，是生产力最高的沿岸生态系统之一（Alongi，2005；Holguin et al.，2001）。红树林由于受到周期性水淹，形成垂直于海岸的环境梯度，其沉积物地球化学特性的异质性很高。作为海洋与陆地间沉积物和有机物质的交换界面，红树林生态系统具有重要的生态和服务功能（Alongi，2005；Holguin et al.，2001；Kristensen et al.，2008）。众所周知，作为重要的蓝碳系统之一，红树林沉积物包含大量来源于红树林凋落物、根系分泌物、底栖微藻的初级生产及浮游植物碎屑沉降的有机碳（Alongi et al.，1998；Bouillon et al.，2004；Sifleet et al.，2011）。这些有机碳驱动好氧和厌氧的生物地球化学过程，并且维持高的沿岸底栖生物的多样性。

二、红树林系统微生物

在红树林生态系统中，至少有两个潜在因素影响真核微生物的多样性。一个是红树林根系，根系可以改变根际的物理化学特性，从而影响根际和非根际沉积物的微生物多样性（Gomes et al.，2010，2014）。植物可分泌大量生物可利用的有机物质，并释放氧气到根际，从而改变根系周围沉积物的化学特性并提高好氧条件（Alongi，2005；Reef et al.，2010）。研究表明，细菌和古菌的丰度与群落组成受红树林根际的影响（Gomes et al.，2010，2014；Pires et al.，2012），即所谓的“根际效应”，与非根际沉积物相比，根际沉积物一般以微生物多样性低和特定微生物类群的丰度高为特征（Gomes et al.，2010）。另一个因素考虑潮间带分区，由于潮下带比潮上带沉积物在潮汐的淹没和排水中暴露更长时间，延长水淹会增加沉积物厌氧条件，降低分解作用并改变营养物质循环（Neatrour et al.，2004）。氧气可获得性梯度被认为是决定沉积物中微生物群落组成的主要因素（Bossio et al.，2006）。而且，增加水淹可能抑制碱性磷酸酶活性，增加原核生物的丰度和多样性，但可能导致红树林土壤中真核微生物的数量下降（Chambers et al.，2016）。

三、广西北部湾金海湾红树林沉积物真核微生物组成及环境调控

Zhu等（2018）通过高通量测序揭示了广西北部湾金海湾红树林生态系统中真核微生物的多样性、群落组成及其与环境的关系。

（一）红树林潮带根际和非根际沉积物理化性质迥异

研究发现，潮下带比潮上带沉积物的总有机碳（TOC）和总氮（TN）含量低，这是出乎意料的，因为在潮下带区域水淹时间较长，沉积物的厌氧状况严重，可能降低分解作用（Schuur and Matson，2001；Neatrour et al.，2004），造成这种现象的原因可能是物理运输作用。在潮下带区域，大量的有机物质（如红树林凋落物）可能在再悬浮和沉降过程中被冲淡，导致红树林有机物质向邻近沿海环境转移（Kristensen et al.，2008）。由于维管植物的结构分子（如纤维素）含量较高，植物碎屑占优势的沉积物通常以碳氮比高于20为特征，然而，藻类营养丰富，缺乏纤维素结构，导致沉积物有机物质的碳氮比较低（通常4～10）（Rysgaard et al.，2000）。金海湾红树林的表层沉积物中TOC/TN较低（一般4～10），在潮下带略低于潮上带，表明此处红树林的表层沉积物中，藻类是主要的有机物质来源，并且在潮下带区域不稳定的有机物质更多。由此推断，激发效应（priming effect）（Gontikaki et al.，2015）也降低潮下

带沉积物的有机物质含量，也就是更多来源于海洋的不稳定有机物质（如浮游植物碎屑）沉降在潮下带沉积物中，这也许会加强微生物的生长，并提高其分解难降解有机物质的活性。

已有的研究表明，红树林沉积物中有机物的厌氧氧化与硫酸盐还原紧密耦合（Kristensen et al.，2008）。金海湾红树林潮上带硫酸盐浓度较低，有机物质含量较高，这表明硫酸盐可能大部分被还原，并且不能像潮下带那样通过潮水冲刷而得到补充（Bottrell and Newton，2006；Algeo et al.，2015）。然而，硫酸盐和有机物质含量在根际沉积物中高于非根际沉积物，表明在根际区域有机物质的厌氧氧化与硫酸盐还原耦合，导致较低的还原条件，这不利于在根际区域进行厌氧硫酸盐还原（Alongi，2005，2006）。而且，金海湾红树林沉积物中可溶性无机氮的组成（NH_4^+浓度高，NO_2^-浓度低，NO_3^-浓度可忽略）特性与之前的研究结果一致（Alongi，2005；Reef et al.，2010）。沉积物中有机物质的厌氧矿化作用产生的NH_4^+，在水-沉积物界面可被氧化成NO_2^-和NO_3^-。潮下带比潮上带沉积物的NH_4^+浓度更高，这可能是潮下带在长时间水淹过程中厌氧条件增强导致的，在潮下带位置，硝化作用被抑制，导致NH_4^+的积累（Neatrour et al.，2004；Unger et al.，2009）。另外，在厌氧环境中，NO_3^-能通过异化的硝酸盐还原作用（DNRA）被还原成铵（Baldwin and Mitchell，2000），这也能解释潮下带位置NH_4^+的富集。

（二）红树林沉积物真核微生物组成

潮上带和潮下带沉积物样品中真核微生物的群落结构明显不同，然而根际和非根际沉积物样品的真核微生物群落结构没有显著差异。整体来看，隶属于后生动物和植物类群的序列占有很大比例（平均接近80%），每个样品中占27%～99%（图19.8a），包括Chlorophyta（占所有真核微生物的38%）、Streptophyta（38%）和Metazoa（15%）。其中，主要的真核微生物类群Chlorophyceae和Ulvophyceae在潮下带显著高于潮上带。然而，Streptophyta在潮上带比潮下带丰度更高。在两个潮区Metazoa的大部分序列隶属于Mollusca（12%）。在非根际沉积物样品中，Metazoa序列占25%，比根际沉积物中的比例更高。

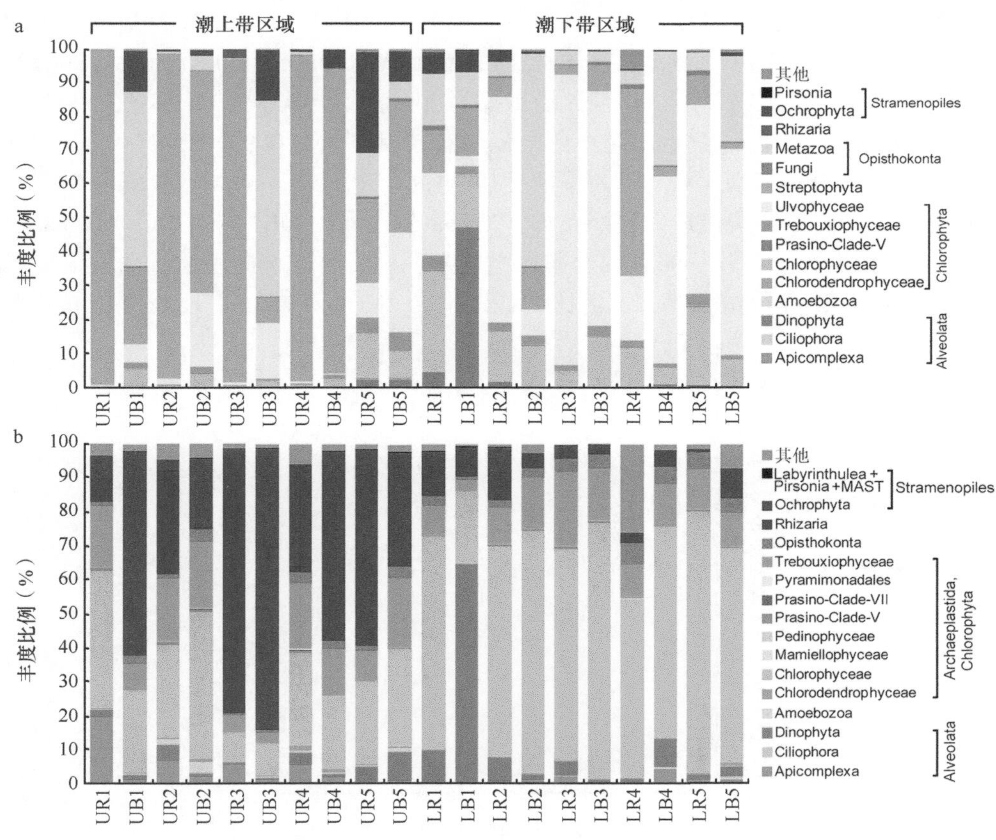

图19.8　红树林沉积物中真核微生物群落组成（修改自Zhu et al.，2018）

a. 所有真核微生物类群的丰度比例图，包括后生动物和植物类群；b. 去掉大型生物（后生动物和植物类群）后，仅保留原生生物和真菌序列的丰度比例图。样品名称的字母含义为根际（R）和非根际（B）沉积物样品采集于潮上带（U）和潮下带（L）区域

为了研究单细胞真核微生物，将划分到多细胞真核生物体（如后生动物和植物类群）的序列在后续分析中去除。Chlorophyta序列占主要优势，占所有序列的57%（图19.8b）。大部分Chlorophyta（76%）的序列隶属于Chlorophyceae，如Sphaeropleales和CW-Chlamydomonadales。其次是Ochrophyta（占21%），其中大部分属于Bacillariophyta。Dinophyta占6.4%。其他类群占比较小。

（三）红树林真核微生物多样性的环境调控

Spearman相关性分析发现，潮上带较高的TOC浓度和TOC/TN及较低的SO_4^{2-}和NH_4^+浓度是该区域真核微生物α多样性较高的关键因素。沉积物地球化学特性和微生物多样性关系的潜在机制仍未被很好地理解，但是存在至少两方面的可能。第一，高含量的TOC和高TOC/TON不仅反应沉积物包含大量的碳源，还反应有机碳的质量，例如，更多颗粒性有机碳（纤维素和半纤维素）可能促进细菌的生长，支持更多细菌类群最大化地利用碳源（Meyers，1994；Rysgaard et al.，2000）。考虑到许多异养型原生生物选择性地捕食细菌（Glücksman et al.，2010），较高的细菌丰度和多样性可能支持较高的原生生物类捕食者的多样性。第二，有毒物质的减少可能使更多的真核微生物物种在沉积物中得以生存。SO_4^{2-}浓度的降低也许导致硫酸盐还原为硫化氢的速率降低，硫化氢对许多真核微生物具有毒害作用（Bagarinao，1992）。而且，红树林沉积物中较高浓度的NH_4^+可能抑制许多原生生物类群，因为之前的研究已表明，100mg/L NH_4^+能导致某些纤毛虫在2～24h死亡50%（Xu et al.，2005）。相比之下，在本研究中真核微生物的α多样性似乎受NH_4^+的毒害作用比受SO_4^{2-}减少的影响更大，因为真核微生物的OTUs在根际和非根际样品中并没有很大不同，而SO_4^{2-}浓度及硫酸盐还原活性在这两个生态位上显著不同。

从有机碳富集的潮上带到营养盐富集的潮下带，真核微生物群落以两大主要类群的显著变化为主要特征：绿藻（从40%到74%）的增加及硅藻（从35%到5%）的减少。这个现象也许是由这两个微藻类群的大小及生态位适应性不同造成的，绿藻细胞较小，在营养盐富集的环境中生长较快（Marañón et al.，2001；Finkel et al.，2010）。典范对应分析（CCA）结果显示（图19.9），TOC是形成真核微生物水平分布最重要的因素，这也与之前微藻群落的生态学研究相一致（Weckström and Korhola，2001）。另外，硅藻是潮上带和潮下带区域间微生物群落结构差异最重要的贡献者，贡献率为34.2%。大部分硅藻是*Araphid pennates*和*Raphid pennates*，它们都富集在潮上带区域。这与Jesus等（2009）的研究一致，他们利用HLPC方法发现底栖微藻（大部分是硅藻）在潮上带的生物量更高。*Raphid pennates*硅藻有脊，它们可以在低潮时垂直迁移到沉积物表面以寻找最适的光照条件（Mitbavkar and Anil，2004；Cartaxana et al.，2011；Barnett et al.，2015）。潮上带有较长的时间暴露在空气中，可能会促进硅藻的移动以聚集在潮上带沉积物表面。这一现象可能解释*Raphid pennates*的比例在潮上带高于潮下带，以及*Raphid pennates*对潮上带

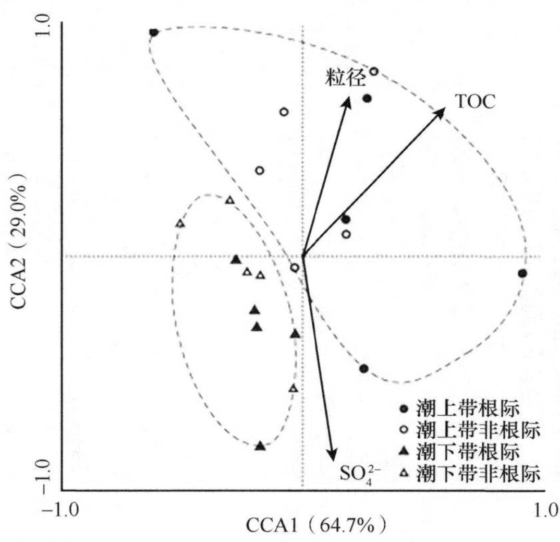

图19.9 红树林系统真核微生物与环境因子共变关系的CCA分析图（修改自Zhu et al.，2018）

和潮下带区域间真核微生物群落差异的贡献率较高（25%）。出乎意料的是，低丰度的真菌类群（平均2.9%）是整个真核微生物群落分区的主要贡献者之一。虽然真菌序列的比例在潮上带低于潮下带，但这个差异不足以解释它们对真核微生物群落结构变化的高贡献率（12.5%）。检测到的真菌（Fungi）大部分隶属于Ascomycota和Basidiomycota，它们能降解各种有机物质，包括单糖和木质纤维素（van der Wal et al.，2013）。真菌被认为很少存在于水淹环境中（Drenovsky et al.，2004；Unger et al.，2009）。因此，预计在有机物丰富的潮上带沉积物中真菌的丰度较高，这与观察到的这些样品中真菌序列丰度较低的结果并不一致。这个差异是可以理解的，因为18S rRNA基因的相对比例仅反映这些真核微生物类群的相对量，并不是它们在独立群落中生物体的丰度或生物量。核酸的定量PCR可用于评价和比较环境样品中原生生物的生物量，因为单细胞rDNA或rRNA拷贝数与细胞体积及细胞生物量有很大关系，即使这些分子的数量在不同的原生生物类群中有很大的不同（Fu and Gong，2017）。

（四）红树林真核微生物组成的根际效应

红树林根际和非根际沉积物中，虽然一些真核微生物类群的相对丰度有很大的不同，但根际对真核微生物群落结构的影响并不明显。根际效应在根系表面最强烈，并且离根系的距离非常近（几毫米到1cm）（Dazzo and Gantner，2012）。整个真核微生物群落缺少根际效应的影响也许与相对大的沉积物采样距离有关（距离根系0到几厘米）。另外，仅发现一些低丰度（＜5%）类群的相对丰度有显著差异，如Eurotiomycetes、Eustigmatophyceae、Stramenopiles_X（大部分是MAST、MAST-9、和MAST-9C）及Pirsonia。然而，值得注意的是，两个高丰度（＞5%）原生生物类群Apicomplexa和Cercozoa的相对比例，在根际环境分别大约是非根际的3倍和100倍，表明这些原生生物在根系相关的活动和过程中发挥着重要的生态作用。Apicomplexa和Cercozoa种群的寄生特性可能解释它们在根际真核微生物群落中以高比例出现。分类结果表明，大部分Apicomplexa隶属于簇虫（Gregariniu），这是一类栖居于无脊椎动物肠道和细胞外间隙的单寄主寄生虫（Leander et al.，2003；Leander，2008），特别是多毛类沙蚕肠道内（Leander et al.，2003）。同样地，大部分Cercozoan序列隶属于根肿菌纲（Plasmodiophoromycetes），其成员是陆地植物和土壤栖居卵菌的专性体内寄生虫（Bulman et al.，2001；Neuhauser et al.，2014）。可能是丰富的无脊椎动物寄主及大量植物组织（尤其是根系）导致这些寄生类原生生物在红树林根系附近高频率出现。

第七节　总　结

综上所述，海岸带复杂多样的生境造就了复杂多样的微生物，这些复杂的微生物在海岸带环境中发挥着各自不可替代的生态功能，如固持肥力、营养元素循环、增强作物光合作用和抗逆性等，并对海岸带环境变迁做出响应。然而，大多数微生物种类仍属于未培养状态，对海岸带微生物功能的理解间接来源于对功能基因的分析，大大限制了人们对海岸带环境微生物生态服务价值的评价。从全球生态系统来看，海岸带微生物具有自身的特点，可能与海岸带强烈的环境梯度有关，而气候变化和人类活动如陆源排放、近海养殖、围填海等造成的海岸带环境变化必然会改变其中的微生物组成和多样性，进而改变其生态功能，从而影响整个海岸带环境的生态平衡。

参考文献

陈巍, 陈邦本, 沈其荣. 2000. 滨海盐土脱盐过程中pH变化及碱化问题研究. 土壤学报, 37(4): 521-528.

龚骏, 张晓黎. 2013. 微生物在近海氮循环过程的贡献与驱动机制. 微生物学通报, 40(1): 44-58.

郭良栋. 2012. 中国微生物物种多样性研究进展. 生物多样性, 20(5): 572-580.

金樑, 陈国良, 赵银, 等. 2007. 丛枝菌根对盐胁迫的响应及其与宿主植物的互作. 生态环境, 16(1): 228-233.

李海林, 马斌, 张晓黎, 等. 2016. 滨海湿地植物芦苇可培养内生真菌的多样性. 应用生态学报, 27(7): 2066-2074.

李寒, 张晓黎, 郭晓红, 等. 2015. 滨海盐渍化土壤中蓝细菌多样性及分布. 微生物学通报, 42(5): 957-967.

李晓林. 1990. VA菌根对不同植物磷、锌、铜养分吸收的意义和对根际土壤有效磷的影响. 中国农业大学博士学位论文.

李振高, 骆永明, 腾应. 2008. 土壤与环境微生物研究法. 北京: 科学出版社.

时玉, 孙怀博, 刘勇勤, 等. 2014. 青藏高原淡水湖普莫雍错和盐水湖阿翁错湖底沉积物中细菌群落的垂直分布. 微生物学通报, 41(11): 2379-2387.

宋延静，张晓黎，龚骏. 2014. 添加生物炭对滨海盐碱土固氮菌丰度及群落结构的影响. 生态学杂志, 33: 2168-2175.

王坚，刁治民, 徐广, 等. 2008. 植物内生菌的研究概况及其应用. 青海草业, 17(1): 24-28.

袁金华, 徐仁扣. 2011. 生物炭的性质及其对土壤环境功能影响的研究进展. 生态环境学报, 20(4): 779-785.

张丽梅, 贺纪正. 2012. 一个新的古菌类群——奇古菌门(Thaumarchaeota). 微生物学报, 52(4): 411-421.

张全国, 张大勇. 2003. 生物多样性与生态系统功能: 最新的进展与动向. 生物多样性, 11(5): 351-363.

祝文婷, 陈为京, 陈建爱, 等. 2013. 丛枝菌根真菌提高植物抗盐碱胁迫能力的研究进展. 安徽农业科学, 41(5): 2061-2221.

Abbas H H, Ali M E, Ghazal F M, et al. 2012. Impact of cyanobacteria inoculation on rice(*Orize sativa*) yield cultivated in saline soil. Journal of American Science, 11(2): 13-19.

Abell G C, Revill A T, Smith C, et al. 2009. Archaeal ammonia oxidizers and *nirS*-type denitrifiers dominate sediment nitrifying and denitrifying populations in a subtropical macrotidal estuary. The ISME Journal, 4(2): 286-300.

Achá D, Iñiguez V, Roulet M, et al. 2005. Sulfate-reducing bacteria in floating macrophyte rhizospheres from an Amazonian floodplain lake in Bolivia and their association with Hg methylation. Applied and Environmental Microbiology, 71(11): 7531-7535.

Algeo T J, Luo G M, Song H Y, et al. 2015. Reconstruction of secular variation in seawater sulfate concentrations. Biogeosciences, 12(7): 2131-2151.

Alguacil M M, Torrecillas E, Roldán A, et al. 2012. Perennial plant species from semiarid gypsum soils support higher AMF diversity in roots than the annual *Bromus rubens*. Soil Biology and Biochemistry, 49: 132-138.

Aliasgharzadeh N, Saleh Rastin N, Towfighi H, et al. 2001. Occurrence of arbuscular mycorrhizal fungi in saline soils of the Tabriz Plain of Iran in relation to some physical and chemical properties of soil. Mycorrhiza, 11(3): 119-122.

Allen M B, Arnon D I. 1955. Studies on nitrogen-fixing blue-green algae. Plant Physiology, 30(4): 366-372.

Allen M F. 1982. Influence of vesicular arbuscular mycorrhizae on water movement through *Bouteloua Gracilis* Lag ex Steud. New Phytologist, 91(2): 191-196.

Alongi D M. 2005. Interactions between Macro- and Microorganisms in Marine Sediments. Washington: American Geophysical Union: 85-103.

Alongi D M, Sasekumar A, Tirendi F, et al. 1998. The influence of stand age on benthic decomposition and recycling of organic matter in managed mangrove forests of Malaysia. Journal of Experimental Marine Biology and Ecology, 225(2): 197-218.

Appoloni S, Lekberg Y, Tercek M T, et al. 2008. Molecular community analysis of arbuscular mycorrhizal fungi in roots of geothermal soils in Yellowstone National Park(USA). Microbial Ecology, 56(4): 649-659.

Arivudainambi U S E, Kanugula A K, Kotamraju S, et al. 2014. Antibacterial effect of an extract of the endophytic fungus *Alternaria alternata* and its cytotoxic activity on MCF-7 and MDA MB-231 tumour cell lines. Biological Letters, 51(1): 7-17.

Bagarinao T. 1992. Sulfide as an environmental factor and toxicant: tolerance and adaptations in aquatic organisms. Aquatic Toxicology, 24(1-2): 21-62.

Baldwin D S, Mitchell A M. 2000. The effects of drying and reflooding on the sediment and soil nutrient dynamics of lowland river-floodplain systems: a synthesis. Regulated Rivers: Research and Management, 16(5): 457-467.

Ball P N, MacKenzie M D, DeLuca T H, et al. 2010. Wildfire and charcoal enhance nitrification and ammonium-oxidizing bacteria abundance in dry montane forest soils. Journal of Environmental Quality, 39(4): 1243-1253.

Barnett A, Méléder V, Blommaert L, et al. 2015. Growth form defines physiological photoprotective capacity in intertidal benthic diatoms. The ISME Journal, 9(1): 32-45.

Beman J M, Francis C A. 2006. Diversity of ammonia-oxidizing archaea and bacteria in the sediments of a hypernutrified subtropical estuary: Bahía del Tóbari, Mexico. Applied and Environmental Microbiology, 72(12): 7767-7777.

Bergholz P W, Bagwell C E, Lovell C R. 2001. Physiological diversity of rhizoplane diazotrophs of the salt-meadow cordgrass, Spartina patens: implications for host specific ecotypes. Microbial Ecology, 42(3): 466-473.

Berman-Frank I, Lundgren P, Falkowski P. 2003. Nitrogen fixation and photosynthetic oxygen evolution in cyanobacteria. Research in Microbiology, 154(3): 157-164.

Bernhard A E, Donn T, Giblin A E, et al. 2005. Loss of diversity of ammonia-oxidizing bacteria correlates with increasing salinity in an estuary system. Environmental Microbiology, 7(9): 1289-1297.

Bossio D A, Fleck J A, Scow K M, et al. 2006. Alteration of soil microbial communities and water quality in restored wetlands. Soil Biology and Biochemistry, 38(6): 1223-1233.

Bottrell S H, Newton R J. 2006. Reconstruction of changes in global sulfur cycling from marine sulfate isotopes. Earth-Science Reviews, 75(1-4): 59-83.

Bouillon S, Moens T, Overmeer I, et al. 2004. Resource utilization patterns of epifauna from mangrove forests with contrasting inputs of local versus imported organic matter. Marine Ecology Progress Series, 278: 77-88.

Brito Â, Ramos V, Seabra R, et al. 2012. Culture-dependent characterization of cyanobacterial diversity in the intertidal zones of the Portuguese coast: a polyphasic study. Systematic and Applied Microbiology, 35(2): 110-119.

Bulman S R, Kühn S F, Marshall J W, et al. 2001. A phylogenetic analysis of the SSU rRNA from members of the Plasmodiophorida and Phagomyxida. Protist, 152(1): 43-51.

Burns J A, Zehr J P, Capone D G. 2002. Nitrogen fixing phylotypes of Chesapeake Bay and Neuse River Estuary sediments. Microbial Ecology, 44(4): 336-343.

Cao H L, Li M, Hong Y G, et al. 2011. Diversity and abundance of ammonia-oxidizing archaea and bacteria in polluted mangrove sediment. Systematic and Applied Microbiology, 34(7): 513-523.

Carroll G, Petrini O. 1983. Patterns of substrate utilization by some fungal endophytes from coniferous foliage. Mycologia, 75(1): 53-63.

Carroll G C. 1986. Biology of endophytism in plants with particular reference to woody perennials. Microbiology of the Phyllosphere: 205-222.

Cartaxana P, Ruivo M, Hubas C, et al. 2011. Physiological versus behavioral photoprotection in intertidal epipelic and epipsammic benthic diatom communities. Journal of Experimental Marine Biology and Ecology, 405: 120-127.

Cathrine S J, Raghukumar C. 2009. Anaerobic denitrification in fungi from the coastal marine sediments off Goa, India. Mycological Research, 113(1): 100-109.

Chambers L G, Guevara R, Boyer J N, et al. 2016. Effects of salinity and inundation on microbial community structure and function in a mangrove peat soil. Wetlands, 36(2): 361-371.

Chan Y, Nostrand V, Joy D, et al. 2013. Functional ecology of an Antarctic dry valley. Proceedings of the National Academy of Sciences, 110(22): 8990-8995.

Chen L Z, Deng S Q, de Philippis R, et al. 2013. UV-B resistance as a criterion for the selection of desert microalgae to be utilized for inoculating desert soils. Journal of Applied Phycology, 25(4): 1009-1015.

Chen X P, Zhu Y G, Xia Y, et al. 2008. Ammonia oxidizing archaea: important players in paddy rhizosphere soil. Environmental Microbiology, 10(8): 1978-1987.

Clough T J, Condron L M. 2010. Biochar and the nitrogen cycle: introduction. Journal of Environmental Quality, 39(4): 1218-1223.

Colica G, Li H, Rossi F, et al. 2014. Microbial secreted exopolysaccharides affect the hydrological behavior of induced biological soil crusts in desert sandy soils. Soil Biology and Biochemistry, 68: 62-70.

Compant S, Clement C, Sessitsch A. 2010. Plant growth-promoting bacteria in the rhizo- and endosphere of plants: Their role, colonization, mechanisms involved and prospects for utilization. Soil Biology and Biochemistry, 42(5): 669-678.

Compant S, Sessitsch A, Mathieu F. 2012. The 125th anniversary of the first postulation of the soil origin of endophytic bacteria—a tribute to M.L.V. Galippe. Plant and Soil, 356(1-2): 299-301.

Cuddy W S, Summerell B A, Gehringer M M, et al. 2013. *Nostoc, Microcoleus* and *Leptolyngbya* inoculums are detrimental to the growth of wheat (*Triticum aestivum* L.) under salt stress. Plant and Soil, 370(1-2): 317-332.

Dale O R, Tobias C R, Song B. 2009. Biogeographical distribution of diverse anaerobic ammonium oxidizing (anammox) bacteria in Cape Fear River Estuary. Environmental Microbiology, 11(5): 1194-1207.

Dang H, Chen R, Wang L, et al. 2010. Environmental factors shape sediment anammox bacterial communities in hypernutrified Jiaozhou Bay, China. Applied and Environmental Microbiology, 76(21): 7036-7047.

Dazzo F B, Gantner S. 2012. Topics in Ecological and Environmental Microbiology. Massachusetts: Academic Press: 466-480.

de Bary A. 1866. Morphologie und Physiologie Der Pilze, Flechten und Myxomyceten. Leipzig, Hofmeister's Handbook of Physiological Botany.

de Philippis R, Margheri M C, Materassi R, et al. 1998. Potential of unicellular cyanobacteria from saline environments as exopolysaccharide producers. Applied and Environmental Microbiology, 64(3): 1130-1132.

DeLuca T H, MacKenzie M D, Holben W E, et al. 2006. Wildfire-produced charcoal directly influences nitrogen cycling in ponderosa pine forests. Soil Science Society of American Journal, 70(2): 448-453.

Drenovsky R E, Vo D, Graham K J, et al. 2004. Soil water content and organic carbon availability are major determinants of soil microbial community composition. Microbial Ecology, 48(3): 424-430.

Duan H J, Han T, Wu X L, et al. 2013. Separation and identification of endophytic fungi from desert plant *Cynanchum komarovii*. China Journal of Chinese Materia Medica, 38(3): 325-330.

Dumbrell A J, Nelson M, Helgason T, et al. 2010. Relative roles of niche and neutral processes in structuring a soil microbial community. The ISME Journal, 4(3): 337-345.

Fernandes M D V, Silva T A C E, Pfenning L H, et al. 2009. Biological activities of the fermentation extract of the endophytic fungus *Alternaria alternata* isolated from *Coffea arabica* L. Brazilian Journal of Pharmaceutical Sciences, 45(4): 677-685.

Fernàndez-Guerra A, Casamayor E O. 2012. Habitat-associated phylogenetic community patterns of microbial ammonia oxidizers. Plos One, 7(10): e47330.

Finkel Z V, Beardall J, Flynn K J, et al. 2010. Phytoplankton in a changing world: cell size and elemental stoichiometry. Journal of Plankton Research, 32(1): 119-137.

Fogg G E. 1942. Studies on nitrogen fixation by blue-green algae. Nitrogen Fixation, 19: 78-87.

Francis C A, Roberts K J, Beman J M, et al. 2005. Ubiquity and diversity of ammonia-oxidizing archaea in water columns and sediments of the ocean. Proceedings of the National Academy of Sciences, USA, 102(41): 14683-14688.

Fu R, Gong J. 2017. Single cell analysis linking ribosomal (r)DNA and rRNA copy numbers to cell size and growth rate provides insights into molecular protistan ecology. Journal of Eukaryotic Microbiology, 64(6): 885-896.

Gaby J C, Buckley D H. 2011. A global census of nitrogenase diversity. Environmental Microbiology, 13(7): 1790-1799.

Garcia-Pichel F, Nübel U, Muyzer G. 1998. The phylogeny of unicellular, extremely halotolerant cyanobacteria. Archives of Microbiology, 169(6): 469-482.

Gat T, Liarzi O, Skovorodnikova Y, et al. 2012. Characterization of *Alternaria alternata* causing black spot disease of pomegranate in israel using a molecular marker. Plant Disease, 96(10): 1513-1518.

Ghimire S R, Charlton N D, Bell J D, et al. 2011. Biodiversity of fungal endophyte communities inhabiting switchgrass (*Panicum virgatum* L.) growing in the native tallgrass prairie of northern Oklahoma. Fungal Diversity, 47(1): 19-27.

Glaser B, Lehmann J, Zech W. 2002. Ameliorating Physical and chemical properties of highly weathered soils in the tropics with charcoal -a review. Biology and Fertility of Soils, 35(4): 219-230.

Glücksman E, Bell T, Griffiths R I, et al. 2010. Closely related protist strains have different grazing impacts on natural bacterial communities. Environmental Microbiology, 12(12): 3105-3113.

Gomes N C M, Cleary D F R, Pinto F N, et al. 2010. Taking root: enduring effect of rhizosphere bacterial colonization in mangroves. Plos One, 5(11): e14065.

Gomes N C M, Cleary D F R, Pires A C C, et al. 2014. Assessing variation in bacterial composition between the rhizospheres of two mangrove tree species. Estuarine, Coastal and Shelf Science, 139: 40-45.

Gontikaki E, Thornton B, Cornulier T, et al. 2015. Occurrence of priming in the degradation of lignocellulose in marine sediments. Plos One, 10(12): e0143917.

Green S J, Blackford C, Bucki P, et al. 2008. A salinity and sulfate manipulation of hypersaline microbial mats reveals stasis in the cyanobacterial community structure. The ISME Journal, 2(5): 457-470.

Grossman J, O'Neill B E, Tsai S M, et al. 2010. Amazonian anthrosols support similar microbial communities that differ distinctly from those extant in adjacent, unmodified soils of the same mineralogy. Microbial Ecology, 60(1): 192-205.

Guo X H, Gong J. 2014. Differential effects of abiotic factors and host plant traits on diversity and community composition of root-colonizing arbuscular mycorrhizal fungi in a salt-stressed ecosystem. Mycorrhiza, 24(2): 79-94.

Hamer U, Marschner B, Brodowski S, et al. 2004. Interactive priming of black carbon and glucose mineralization. Organic Geochemistry, 35(7): 823-830.

Harley J L. 1989. The significance of mycorrhiza. Mycological Research, 92(2): 129-139.

Harter J, Krause H M, Schuettler S, et al. 2014. Linking N_2O emissions from biochar-amended soilto the structure and function of the N-cyclingmicrobial community. The ISME Journal, 8(3): 660-674.

Häusler S, Weber M, de Beer D, et al. 2014. Spatial distribution of diatom and cyanobacterial mats in the Dead Sea is determined by response to rapid salinity fluctuations. Extremophiles, 18(6): 1085-1094.

He J, Shen J, Zhang L, et al. 2007. Quantitative analyses of the abundance and composition of ammonia-oxidizing bacteria and ammonia-oxidizing archaea of a Chinese upland red soil under long-term fertilization practices. Environmental Microbiology, 9(9): 2364-2374.

Helgason T, Fitter A H. 2009. Natural selection and the evolutionary ecology of the arbuscular mycorrhizal fungi (Phylum Glomeromycota). Journal of Experimental Botany, 60(9): 2465-2480.

Hempel S, Renker C, Buscot F. 2007. Differences in the species composition of arbuscular mycorrhizal fungi in spore, root and soil communities in a grassland ecosystem. Environmental Microbiology, 9(8): 1930-1938.

Herbert R A. 1999. Nitrogen cycling in coastal marine ecosystems. FEMS Microbiology Reviews, 23: 563-590.

Hijri I, Sykorova Z, Oehl F, et al. 2006. Communities of arbuscular mycorrhizal fungi in arable soils are not necessarily low in diversity. Molecular Ecology, 15(8): 2277-2289.

Hilarino M P A, Silveira F A D E, Oki Y, et al. 2011. Distribution of the endophytic fungi community in leaves of Bauhinia brevipes (Fabaceae). Acta Botanica Brasilica, 25(4): 815-821.

Holguin G, Vazquez P, Bashan Y. 2001. The role of sediment microorganisms in the productivity, conservation, and rehabilitation of mangrove ecosystems: an overview. Biology and Fertility of Soils, 33(4): 265-278.

Huang S, Chen C, Yang X, et al. 2011. Distribution of typical denitrifying functional genes and diversity of the *nirS*-encoding bacterial community related to environmental characteristics of river sediments. Biogeosciences, 8(10): 3041-3051.

Hubbard M, Germida J, Vujanovic V. 2012. Fungal endophytes improve wheat seed germination under heat and drought stress. Botany, 90(2): 137-149.

Humbert S, Tarnawski S, Fromin N, et al. 2009. Molecular detection of anammox bacteria in terrestrial ecosystems: distribution and diversity. The ISME Journal, 4(3): 450-454.

Jesus B, Brotas V, Ribeiro L, et al. 2009. Adaptations of microphytobenthos assemblages to sediment type and tidal position. Continental Shelf Research, 29(13): 1624-1634.

Jin H. 2010. Characterization of microbial life colonizing biochar and biochar-amended soils. Ithaca: Cornell University.

Johnson D, Vandenkoornhuyse P J, Leake J R, et al. 2003. Plant communities affect arbuscular mycorrhizal fungal diversity and community composition in grassland microcosms. New Phytologist, 161(2): 503-515.

Johnson-Green P, Kenkel N C, Booth T. 2001. Soil salinity and arbuscular mycorrhizal colonization of *Puccinellia nuttalliana*. Mycological Research, 105(9): 1094-1110.

Jones C M, Hallin S. 2010. Ecological and evolutionary factors underlying global and local assembly of denitrifier communities. The ISME Journal, 4(5): 633-641.

Jones K. 1982. Nitrogen fixation in the temperate estuarine intertidal sediments of the River Lune. Limnology and Oceanography, 27(3): 455-460.

Jordan N R, Aldrich-Wolfe L, Huerd S C, et al. 2012. Soil-occupancy effects of invasive and native grassland plant species on composition and diversity of mycorrhizal associations. Invasive Plant Science and Management, 5(4): 494-505.

Jumpponen A, Trappe J M. 1998. Dark septate endophytes: a review offacultative biotrophic root-colonizing fungi. New Phytologist, 140(2): 295-310.

Kartal B, Kupers M M M, Lavik G, et al. 2007. Anammox bacteria disguised as denitrifiers: nitrate reduction to dinitrogen gas via nitrite and ammonium. Environmental Microbiology, 9(3): 635-642.

Keeling A A, Cook J A, Wilcox A. 1998. Effects of carbohydrate application on diazotroph populations and nitrogen availability in grass swards established in garden waste compost. Bioresource Technology, 66(2): 89-97.

Kei M, Toshitatsu M, Yasuo H, et al. 2004. Removal of nitrate-nitrogen from drinking water using bamboo powder charcoal. Bioresource Technology, 95(3): 255-257.

Khan A L, Hamayun M, Ahmad N, et al. 2011. Salinity stress resistance offered by endophytic fungal interaction between *Penicillium minioluteum* LHL09 and *Glycine max*. L. Journal of Microbiology and Biotechnology, 21(9): 893-902.

Khan A L, Hamayun M, Kang S M, et al. 2012. Endophytic fungal association via gibberellins and indole acetic acid can improve plant growth under abiotic stress: an example of Paecilomyces formosus LHL10. BMC Microbiology, 12(1): 3.

Khan S A, Hamayun M, Yoon H, et al. 2008. Plant growth promotion and *Penicillium citrinum*. BMC Microbioogy, 8(1): 231-240.

Khatun W, Ud-Deen M M, Kabir G. 2015. Effect of cyanobacteria on growth and yield of boro rice under different levels of urea. Rajshahi University Journal of Life & Earth and Agricultural Sciences, 40: 23-29.

Kim H, You Y H, Yoon H, et al. 2014. Culturable fungal endophytes isolated from the roots of coastal plants inhabiting Korean East coast. Mycobiology, 42(2): 100-108.

Kim S W, Fushinobu S, Zhou S, et al. 2009. Eukaryotic *nirK* genes encoding copper-containing nitrite reductase: originating from the protomitochondrion? Applied and Environmental Microbiology, 75(9): 2652-2658.

Kirshtein J D, Paerl H W, Zehr J. 1991. Amplification, cloning and sequencing of a *nifH* segment from aquatic microorganisms and natural communities. Applied and Environmental Microbiology, 57(9): 2645-2650.

Kolton M, Harel Y M, Pasternak Z, et al. 2011. Impact of biochar application to soil on theroot-associated bacterial community structure of fully developed greenhouse pepper plants. Applied and Environment Microbiology, 77(14): 4924-4930.

Kristensen E, Bouillon S, Dittmar T, et al. 2008. Organic carbon dynamics in mangrove ecosystems: a review. Aquatic Botany, 89(2): 201-219.

Kwon S, Pignatello J J. 2005. Effect of natural organic substances on the surface and adsorptive properties of environmental black carbon (char): pseudo pore blockage by model lipid components and its implications for N_2-probed surface properties of natural sorbents. Environmental Science and Technology, 39(20): 7932-7939.

Leander B S, Harper J T, Keeling P J. 2003. Molecular phylogeny and surface morphology of marine aseptate gregarines (Apicomplexa): *Selenidium* spp. and *Lecudina* spp. Journal of Parasitology, 89(6): 1191-1205.

Leander B S. 2008. Marine gregarines: evolutionary prelude to the apicomplexan radiation. Trends in Parasitology, 24(2): 60-67.

Lehmann C J, Rondon M. 2006. Biochar soil management on highly-weathered soils in the tropics // Uphoff N T. Biological Approaches to Sustainable Soil Systems. Boca Raton: CRC Press: 517-530.

Leininger S, Urich T, Schloter M, et al. 2006. Archaea predominate among ammonia-oxidizing prokaryotes in soils. Nature, 442(7104): 806-809.

Lekberg Y, Gibbons S M, Rosendahl S, et al. 2013. Severe plant invasions can increase mycorrhizal fungal abundance and diversity. The ISME Journal, 7(7): 1424-1433.

Levy Y, Doddand J, Krikun J. 1983. Effect of irrigation water salinity and rootstock on the veytical distribution of vesicular-arbuscular mycorrhiza in citrus roots. New Phytologist, 95(3): 397-403.

Li H Y, Li D W, He C M, et al. 2012. Diversity and heavy metal tolerance of endophytic fungi from six dominant plant species in a Pb-Zn mine wasteland in China. Fungal Ecology, 5(3): 309-315.

Li K, Liu R Y, Zhang H X, et al. 2013. The diversity and abundance of bacteria and oxygenic phototrophs in saline biological desert crusts in Xinjiang, Northwest China. Microbial Ecology, 66(1): 40-48.

Li L F, Li T, Zhang Y, et al. 2010. Molecular diversity of arbuscular mycorrhizal fungi and their distribution patterns related to host-plants and habitats in a hot and arid ecosystem, southwest China. FEMS Microbiology Ecology, 71(3): 418-427.

Li M, Cao H L, Hong Y G, et al. 2011. Spatial distribution and abundances of ammonia-oxidizing archaea (AOA) and ammonia-oxidizing bacteria (AOB) in mangrove sediments. Applied Microbiology and Biotechnology, 89(4): 1243-1254.

Liang B, Lehmann J, Sohi S P, et al. 2010. Black carbon affects the cycling of non-black carbon in soil. Organic Geochemistry, 41(2): 206-213.

Liang B, Lehmann J, Solomon D, et al. 2006. Black carbon increases cation exchange capacity in soils. Soil Science Society of America Journal, 70(5): 1719-1730.

Likar M, Regva M. 2009. Application of temporal temperature gradient gel electrophoresis for characterisation of fungal endophyte communities of *Salix caprea* L. in a heavy metal polluted soil. Science of the Total Environment, 407(24): 6179-6187.

Lin X, Lu C H, Huang Y J, et al. 2007. Endophytic fungi from a pharmaceutical plant, Camptotheca acuminata: isolation, identification and bioactivity. World Journal of Microbiology and Biotechnology, 23(7): 1037-1040.

Liu Y J, He J X, Shi G X, et al. 2011. Diverse communities of arbuscular mycorrhizal fungi in habit sites with very high altitude in Tibet Plateau. FEMS Microbiology Ecology, 78(2): 355-365.

Lopes V R, Vasconcelos V M. 2011. Planktonic and benthic cyanobacteria of European brackish waters: a perspective on estuaries and brackish seas. European Journal of Phycology, 46(3): 292-304.

Lovell C R, Friez M J, Longshore J W, et al. 2001. Recovery and phylogenetic analysis of *nifH* sequences from diazotrophic bacteria associated with dead aboveground biomass of *Spartina alterniflora*. Applied and Environmental Microbiology, 67(11): 5308-5314.

Lozupone C A, Knight R. 2007. Global patterns in bacterial diversity. Proceedings of the National Academy of Sciences, 104(27): 11436-11440.

Lugo M A, Negritto M A, Jofré M, et al. 2012. Colonization of native Andean grasses by arbuscular mycorrhizal fungi in Puna: a matter of altitude, host photosynthetic pathway and host life cycles. FEMS Microbiology Ecology, 81(2): 455-466.

Lund M B, Smith J M, Francis C A. 2012. Diversity, abundance and expression of nitrite reductase (*nirK*)-like genes in marine Thaumarchaea. The ISME Journal, 6(10): 1966-1977.

Ma B, Lv X, Warren A, et al. 2013. Shifts in diversity and community structure of endophytic bacteria and archaea across root, stem and leaf tissues in the common reed, Phragmites australis, along a salinity gradient in a marine tidal wetland of northern China. Antonie van Leeuwenhoek, 104(5): 759-768.

Macia-Vicente J G, Ferraro V, Burruano S, et al. 2012. Fungal assemblages associated with roots of halophytic and non-halophytic plant species vary differentially along a salinity gradient. Microbial Ecology, 64(3): 668-679.

Magalhães C M, Machado A, Matos P, et al. 2011. Impact of copper on the diversity, abundance and transcription of nitrite and nitrous oxide reductase genes in an urban European estuary. FEMS Microbiology Ecology, 77(2): 274-284.

Makhalanyane T P, Valverde A, Gunnigle E, et al. 2015. Microbial ecology of hot desert edaphic systems. FEMS Microbiology Reviews, 39(2): 203-221.

Marañón E, Holligan P M, Barciela R, et al. 2001. Patterns of phytoplankton size structure and productivity in contrasting open-ocean environments. Marine Ecology Progress Series, 216: 43-56.

Meyers P A. 1994. Preservation of elemental and isotopic source identification of sedimentary organic matter. Chemical Geology: 114(3-4): 289-302.

Midgley G F. 2012. Biodiversity and ecosystem function. Science, 335: 174-175.

Mitbavkar S, Anil A C. 2004. Vertical migratory rhythms of benthic diatoms in a tropical intertidal sand flat: influence of irradiance and tides. Marine Biology, 145(1): 9-20.

Miyazaki J, Higa R, Toki T, et al. 2009. Molecular characterization of potential nitrogen fixation by anaerobic methane-oxidizing archaea in the methane seep sediments at the number 8 Kumano Knoll in the Kumano Basin, offshore of Japan. Applied and Environmental Microbiology, 75(22): 7153-7162.

Mohamed D J, Martiny J B H. 2011. Patterns of fungal diversity and composition along a salinity gradient. International Society for Microbial Ecology, 5(3): 379-388.

Mohan S B, Schmid M, Jetten M, et al. 2004. Detection and widespread distribution of the *nrfA* gene encoding nitrite reduction to ammonia, a short circuit in the biological nitrogen cycle that competes with denitrification. FEMS Microbiology Ecology, 49(3): 433-443.

Moin N S, Nelson K A, Bush A, et al. 2009. Distribution and diversity of archaeal and bacterial ammonia oxidizers in salt marsh sediments. Applied and Environmental Microbiology, 75(23): 7461-7468.

Moisander P H, Morrison A E, Ward B B, et al. 2007. Spatial-temporal variability in diazotroph assemblages in Chesapeake Bay using an oligonucleotide nifH microarray. Environmental Microbiology, 9(7): 1823-1835.

Moora M, Berger S, Davison J, et al. 2011. Alien plants associate with widespread generalist arbuscular mycorrhizal fungal taxa: evidence from a continental-scale study using massively parallel 454 sequencing. Journal of Biogeography, 38(7): 1305-1317.

Mosier A C, Francis C A. 2008. Relative abundance and diversity of ammonia-oxidizing archaea and bacteria in the San Francisco Bay estuary. Environmental Microbiology, 10(11): 3002-3016.

Mosier A C, Francis C A. 2010. Denitrifier abundance and activity across the San Francisco Bay estuary. Environmental Microbiology Reports, 2(5): 667-676.

Mostert L, Crous P W, Petrini O. 2000. Endophytic fungi associated with shoots and leaves of *Vitis vinifera*, with specific reference to the Phomopsis viticola complex. Sydowia, 52(1): 46-58.

Musat F, Harder J, Widdel F. 2006. Study of nitrogen fixation in microbial communities of oil-contaminated marine sediment microcosms. Environmental Microbiology, 8(10): 1834-1843.

Myers J L, Sekar R, Richardson L L, et al. 2007. Molecular detection and ecological significance of the cyanobacterial genera *Geitlerinema* and *Leptolyngbya* in black band disease of corals. Applied and Environmental Microbiology, 73(16): 5173-5182.

Nascimento T L, Oki Y, Lima D M M, et al. 2015. Biodiversity of endophytic fungi in different leaf ages of *Calotropis procera* and their antimicrobial activity. Fungal Ecology, 14: 79-86.

Neatrour M A, Webster J R, Benfield E E. 2004. The role of floods in particulate organic matter dynamics of a southern Appalachian river-floodplain ecosystem. Journal of the North American Benthological Society, 23(2): 198-213.

Neuhauser S, Kirchmair M, Bulman S, et al. 2014. Cross-kingdom host shifts of phytomyxid parasites. BMC Evolutionary Biology, 14(1): 33.

Nicol G W, Leininger S, Schleper C, et al. 2008. The influence of soil pH on the diversity, abundance and transcriptional activity of ammonia oxidizing archaea and bacteria. Environmental Microbiology, 10(11): 2966-2978.

Nishimura S, Kohmoto K. 1983. Host-Specific Toxins and Chemical Structures from *Alternaria* Species. Annual Review of Phytopathology, 21(1): 87-116.

Olson N D, Ainsworth T D, Gates R D, et al. 2009. Diazotrophic bacteria associated with Hawaiian *Montipora* corals: diversity and abundance in correlation with symbiotic dinoflagellates. Journal of Experimental Marine Biology and Ecology, 371(2): 140-146.

Nogales B, Timmis K N, Nedwell D B, et al. 2002. Detection and diversity of expressed denitrification genes in estuarine sediments after reverse transcription-PCR amplification from mRNA. Applied and Environmental Microbiology, 68(10): 5017-5025.

O'Neill B, Grossman J, Tsai M T, et al. 2009. Bacterial community composition in Brazilian Anthrosols and adjacent soils characterized using culturing and molecular identification. Microbial Ecology, 58(1): 23-35.

Ogawa M. 1994. Symbiosis of people and nature in the tropics. Ⅲ. Tropical agriculture using charcoal. Farming Japan, 28: 21-35.

Öpik M, Moora M, Liira J, et al. 2006. Composition of root colonizing arbuscular mycorrhizal fungal communities in different ecosystems around the globe. Journal of Ecology, 94(4): 778-790.

Ozturk S, Aslim B, Suludere Z, et al. 2014. Metal removal of cyanobacterial exopolysaccharides by uronic acid content and monosaccharide composition. Carbohydrate Polymers, 101: 265-271.

Patzelt D J, Hodač L, Friedl T, et al. 2014. Biodiversity of soil cyanobacteria in the hyper-arid Atacama Desert, Chile. Journal of Phycology, 50(4): 698-710.

Pennisi E. 2003. Fungi shield new host plants from heat and drought. Science, 301(5639): 1466.

Petrini O, Sieber T N, Toti L, et al. 1993. Ecology, metabolite production, and substrate utilization in endophytic fungi. Natural Toxins, 1(3): 185-196.

Philippot L. 2002. Denitrifying genes in bacterial and archaeal genomes. Biochimica et Biophysica Acta, 1557(3): 355-376.

Pietikainen J, Kiikkila O, Fritze H, et al. 2000. Charcoal as a habitat for microbes and its effect on themicrobial community of the underlying humus. Oikos, 89(2): 231-242.

Pires A C C, Cleary D F R, Almeida A, et al. 2012. Denaturing gradient gel electrophoresis and barcoded pyrosequencing reveal unprecedented archaeal diversity in mangrove sediment and rhizosphere samples. Applied and Environmental Microbiology, 78(16): 5520-5528.

Pringle A, Bever J D, Gardes M, et al. 2009. Mycorrhizal symbioses and plant invasions. Annual Review of Ecology Evolution and Systematics, 40: 699-715.

Prosser J I, Nicol G W. 2008. Relative contributions of archaea and bacteria to aerobic ammonia oxidation in the environment. Environmental Microbiology, 10(11): 2931-2941.

Raymond J, Siefert J L, Staples C R, et al. 2004. The natural history of nitrogen fixation. Molecular Biology and Evolution, 21(3): 541-554.

Reef R, Feller I C, Lovelock C E. 2010. Nutrition of mangroves. Tree Physiology, 30(9): 1148-1160.

Ren A Z, Li C, Gao Y B. 2011. Endophytic fungus improves growth and metal uptake of *Lolium arundinaceum* Darbyshire ex. Schreb. International Journal of Phytoremediation, 13(3): 233-243.

Richer R, Banack S A, Metcalf J S, et al. 2014. The persistence of cyanobacterial toxins in desert soils. Journal of Arid Environments, 1(23): 134-139.

Rigonato J, Kent A D, Alvarenga D O, et al. 2013. Drivers of cyanobacterial diversity and community composition in mangrove soils in south-east Brazil. Environmental Microbiology, 15(4): 1103-1114.

Risgaard-Petersen N, Langezaal A M, Ingvardsen S, et al. 2006. Evidence for complete denitrification in a benthic foraminifer. Nature, 443(7107): 93-96.

Rohwer F, Seguritan V, Azam F, et al. 2002. High diversity and species-specific distribution of coral-associated bacteria. Marine Ecology Progress Series, 243: 1-10.

Rondon M A, Lehmann J, Ramírez J, et al. 2007. Biological nitrogen fixation by common beans (*Phaseolus vulgaris* L.) increases with biochar additions. Biology and Fertility of Soils, 43(6): 699-708.

Ruiz-Lozano J M, Azlon R, Gomez M. 1996. Alleviation of salt stress by arbuscular-mycorrhizal *Glomus* species in *Lactuca sativa* plants. Physiologia Plantarum, 98(4): 767-772.

Rysgaard S, Christensen P B, Sørensen M V, et al. 2000. Marine meiofauna, carbon and nitrogen mineralization in sandy and soft sediments of Disko Bay, West Greenland. Aquatic Microbial Ecology, 21(1): 59-71.

Sabzalian M R, Mirlohi A. 2010. Neotyphodium endophytes trigger salt resistance in tall and meadow fescues. Journal of Plant Nutrition and Soil Science, 173(6): 952-957 .

Sahan E, Muyzer G. 2008. Diversity and spatio-temporal distribution of ammonia-oxidizing *Archaea* and *Bacteria* in sediments of the Westerschelde estuary. FEMS Microbiology Ecology, 64(2): 175-186.

Saint-Etienne L, Paul S, Imbert D, et al. 2006. Arbuscular mycorrhizal soil infectivity in a stand of the wetland tree *Pterocarpus officinalis* along a salinity gradient. Forest Ecology and Management, 232(1-3): 86-89.

Saito M, Marumoto T. 2002. Inoculation with arbuscular mycorrhizal fungi: the status quo in Japan and the future prospects. Plant Soil, 244: 273-279.

Saleh M E, Mahmoud A H, Rashad M. 2012. Peanut biochar as a stable adsorbent for removing NH_4-N from wastewater: A preliminary study. Advances in Environmental Biology, 6(7): 2170-2176.

Sayama M. 2001. Presence of nitrate-accumulating sulfur bacteria and their influence on nitrogen cycling in a shallow coastal marine sediment. Applied and Environmental Microbiology, 67(8): 3481-3487.

Scanlan D J, Ostrowski M, Mazard S, et al. 2009. Ecological genomics of marine picocyanobacteria. Microbiology and Molecular Biology Reviews, 73(2): 249-299.

Schimel J, Balser T C, Wallenstein M. 2007. Microbial stress-response physiology and its implications for ecosystem function. Ecology, 88(6): 1386-1394.

Schleifer K H, Ludwig W. 1989. Phylogenetic relationships among bacteria. The Hierarchy of Life: 103-117.

Schmid M C, Risgaard-Petersen N, van de Vossenberg J, et al. 2007. Anaerobic ammonium-oxidizing bacteria in marine environments: widespread occurrence but low diversity. Environmental Microbiology, 9(6): 1476-1484.

Schopf J W, Kudryavtsev A B, Czaja A D, et al. 2007. Evidence of Archean life: stromatolites and microfossils. Precambrian Research, 158(3-4): 141-155.

Schulz B, Boyle C, Draeger S, et al. 2002. Endophytic fungi: a source of novel biologically active secondary metabolites. Mycological Research, 106(9): 996-1004.

Schuur E A G, Matson P A. 2001. Net primary productivity and nutrient cycling across a mesic to wetprecipitation gradient in Hawaiian montane forest. Oecologia, 128(3): 431-442.

Shen J P, Zhang L M, Di H J, et al. 2012. A review of ammonia-oxidizing bacteria and archaea in Chinese soils. Frontiers in Microbiolgy, 3: 296.

Shoun H, Kim D H, Uchiyama H, et al. 1992. Denitrification by fungi. FEMS Microbiology Letters, 94(3): 277-281.

Sifleet S, Pendleton L, Murray B C. 2011. State of the science on coastal blue carbon: a summary for policy makers. Nicholas Institute for Environmental Policy Solutions, Report NI, 11: 6.

Singh H, Anurag K, Apte S K. 2013. High radiation and desiccation tolerance of nitrogen-fixing cultures of the cyanobacterium *Anabaena* sp. strain PCC 7120 emanates from genome/proteome repair capabilities. Photosynthesis Research, 118(1-2): 71-81.

Smernik R J, Kookana R S, Skjemstad J O. 2006. NMR characterization of ^{13}C-benzene sorbed to natural and prepared charcoals. Environmental Science and Technology, 40(6): 1764-1769.

Smith A C, Kostka J E, Devereux R, et al. 2004. Seasonal composition and activity of sulfate-reducing prokaryotic communities in seagrass bed sediments. Aquatic Microbial Ecology, 37: 183-195.

Smith C J, Nedwell D B, Dong L F, et al. 2007. Diversity and abundance of nitrate reductase genes (*narG* and *napA*), nitrite reductase genes (*nirS* and *nrfA*), and their transcripts in estuarine sediments. Applied and Environmental Microbiology, 73(11): 3612-3622.

Song Y J, Zhang X L, Ma B, et al. 2014. Biochar addition affected the dynamics of ammonia oxidizers and nitrification in microcosms of a coastal alkaline soil. Biology and Fertiliy of Soils, 50(2): 321-332.

Sonjak S, Udovic M, Wraber T, et al. 2009. Diversity of halophytes and identification of arbuscular mycorrhizal fungi colonising their roots in an abandoned and sustained part of Sečovlje salterns. Soil Biology and Biochemistry, 41(9): 1847-1856.

Spokas K A, Novak J M, Venterea R T. 2012. Biochar's role as an alternative N-fertilizer: ammonia capture. Plant Soil, 350(1-2): 35-42.

Steiner C, Teixeira W G, Lehmann J, et al. 2004. Microbial response to charcoal amendments of highly weathered soil andAmazonian dark earths in central Amazonia: Preliminary results. // Glaser B, Woods W I. Amazonian Dark Earths: Explorations in Time and Space. Heidelberg: Springer: 95-212.

Steppe T F, Paerl H W. 2005. Nitrogenase activity and *nifH* expression in a marine intertidal microbial mat. Microbial Ecology, 49(2): 315-324.

Strobel G A. 2003. Endophytes as sources of bioactive products. Microbes and Infection, 5(6): 535-544.

Sullivan T J, Rodstrom J, Vandop J, et al. 2007. Symbiont-mediated changes in Lolium arundinaceum inducible defenses: evidence from changes in gene expression and leaf composition. New Phytologist, 176(3): 673-679.

Taketani R G, Tsai S M. 2010. The influence of different land uses on the structure of archaeai communities in Amazonian anthrosols based on 16S rRNA and *amo*A Genes. Microbial Ecology, 59(4): 734-743.

Takeuchi J. 2006. Habitat segregation of a functional gene encoding nitrate ammonification in estuarine sediments. Geomicrobiology Journal, 23(2): 75-87.

Thatoi H, Behera B C, Mishra R R, et al. 2013. Biodiversity and biotechnological potential of microorganisms from mangrove ecosystems: a review. Annals of Microbiology, 63(1): 1-19.

Thies J E, Rillig M. 2009. Characteristics of biochar: biological properties. // Lehmann J, Joseph S. Biochar for Environmental Management: Science and Technology. London: Earthscan: 85-105.

Tiquia S M, Masson S A, Devo A. 2006. Vertical distribution of nitrite reductase genes (*nirS*) in continental margin sediments of the Gulf of Mexico. FEMS Microbiology Ecology, 58(3): 464-475.

Torrecillas E, Alguacil M M, Roldán A. 2012. Differences in the AMF diversity in soil and roots between two annual and perennial gramineous plants co-occurring in a Mediterranean, semiarid degraded area. Plant and Soil, 354(1-2): 97-106.

Unger I M, Kennedy A C, Muzika R M. 2009. Flooding effects on soil microbial communities. Applied Soil Ecology, 42(1): 1-8.

Uvarov A U. 2000. Effects of smoke emissions from a charcoal kiln on the functioning of forest soilsystems: a microcosm study. Environmental Monitoring Assessment, 60(3): 337-357.

Valverde A, Makhalanyane T P, Seely M, et al. 2015. Cyanobacteria drive community composition and functionality in rock-soil interface communities. Molecular Ecology, 24(4): 812-821.

van der Wal A, Geydan T D, Kuyper T W, et al. 2013. A thready affair: linking fungal diversity and community dynamics to terrestrial decomposition processes. FEMS Microbiology Reviews, 37(4): 477-494.

Vasquez E A, Glenn E P, Guntenspergen G R, et al. 2006. Salt tolerance and osmotic adjustment of *Spartina alterniflora* (Poaceae) and the invasive M haplotype of *Phragmites australis* (Poaceae) along a salinity gradient. American Journal of Botany, 93(12): 1784-1790 .

Venter J C, Remington K, Heidelberg J F, et al. 2004. Environmental genome shotgun sequencing of the Sargasso Sea. Science, 304(5667): 66-74.

Waller F, Achatz B, Baltruschat H, et al. 2005. The endophytic fungus Piriformospora indica reprograms barley to salt-stress tolerance, disease resistance, and higher yield. Proceedings of the National Academy of Sciences of the United States of America, 102(38): 13386-13391.

Wang F Y, Liu R J, Lin X G, et al. 2004. Arbuscular mycorrhizal status of wild plants in saline-alkaline soils of the Yellow River Delta. Mycorrhiza, 14(2): 133-137.

Wang S Y, Zhu G B, Peng Y Z, et al. 2012. Anammox bacterial abundance, activity, and contribution in riparian sediments of the Pearl River Estuary. Environmental Science and Technology, 46(16): 8834-8842.

Wang Y T, Huang Y L, Qiu Q, et al. 2011. Flooding greatly affects the diversity of arbuscular mycorrhizal fungi communities in the roots of wetland plants. Plos One, 6(9): e24512.

Wankel S D, Mosier A C, Hansel C M, et al. 2011. Spatial variability in nitrification rates and ammonia-oxidizing microbial communities in the agriculturally impacted Elkhorn Slough estuary, California. Applied and Environmental Microbiology, 77(1): 269-280.

Ward B B, Eveillard D, Kirshtein J D, et al. 2007. Ammonia-oxidizing bacterial community composition in estuarine and oceanic environments assessed using a functional gene microarray. Environmental Microbiology, 9(10): 2522-2538.

Wardle D, Nilsson M, Zackrisson O. 2008. Response to comment on “Fire-Derived Charcoal Causes Loss of Forest Humus”. Science, 321(5894): 1295.

Waterbury J B, Watson S W, Guillard R R L, et al. 1979. Widespread occurrence of a unicellular, marine, planktonic, cyanobacterium. Nature, 277(5694): 293-294.

Weckström J, Korhola A. 2001. Patterns in the distribution, composition and diversity of diatom assemblages in relation to ecoclimatic factors in Arctic Lapland. Journal of Biogeography, 28(1): 31-45.

Woese C R. 1987. Bacterial evolution. Microbiological Reviews, 51(2): 221-271.

Wood S A, Mountfort D, Selwood A I, et al. 2008. Widespread distribution and identification of eight novel microcystins in Antarctic cyanobacterial mats. Applied and Environmental Microbiology, 74(23): 7243-7251.

Xing X K, Guo S X. 2011. Fungal endophyte communities in four Rhizophoraceae mangrove species on the south coast of China. Ecological Research, 26(2): 403-409.

Xu H, Song W, Lu L, et al. 2005. Tolerance of ciliated protozoan *Paramecium bursaria* (Protozoa, Ciliophora) to ammonia and nitrites. Chinese Journal of Oceanology and Limnology, 23(3): 349-353.

Yannarell A C, Steppe T F, Paerl H W. 2006. Genetic variance in the composition of two functional groups (diazotrophs and cyanobacteria) from a hypersaline microbial mat. Applied and Environmental Microbiology, 72(2): 1207-1217.

Yeager C M, Northup D E, Grow C C, et al. 2005. Changes in nitrogen-fix in 1034 and ammonia-oxidizing bacterial communities in soil of a mixed conifer forest after wildfire. Applied and Environmental Microbiology, 71(5): 2713-2722.

You Y H, Yoon H, Kang S M, et al. 2012. Fungal diversity and plant growth promotion of endophytic fungi from six halophytes in Suncheon Bay. Journal of Microbiology and Biotechnology, 22(11): 1549-1556.

Yu T, Nassuth A, Peterson R L. 2001. Characterization of the interaction between the dark septate fungus *Phialocephala fortinii* and *Asparagus officinalis* roots. Canadian Journal of Microbiology, 47(8): 741-753.

Zehr J P, Kudela R M. 2011. Nitrogen cycle of the open ocean: from genes to ecosystems. Annual Review of Marine Science, 3(1): 197-225.

Zehr J P, Jenkins B D, Short S M, et al. 2003. Nitrogenase gene diversity and microbial community structure: a cross-system comparison. Environmental Microbiology, 5(7): 539-554.

Zehr J P, Mellon M, Braun S, et al. 1995. Diversity of heterotrophic nitrogen fixation genes in a marine cyanobacterial mat. Applied and Environmental Microbiology, 61(7): 2527-2532.

Zhang D X, Nagabhyru P, Schardl C L. 2009. Regulation of a chemical defense against herbivory produced by symbiotic fungi in grass plants. Plant Physiology, 150(2): 1072-1082.

Zhu P, Wang Y P, Shi T T, et al. 2018. Genetic diversity of benthic microbial eukaryotes in response to spatial heterogeneity of sediment geochemistry in a mangrove ecosystem. Estuaries and Coasts, 41(3): 751-764.

Zimmerman N B, Vitousek P M. 2012. Fungal endophyte communities reflect environmental structuring across a Hawaiian landscape. Proceedings of the National Academy of Sciences of the United States of America, 109(32): 13022-13027.

Zumft W G. 1997. Cell biology and molecular basis of denitrification. Microbiology and Molecular Biology Reviews, 61(4): 533-616.

Waterbury J B, Watson S W, Guillard R R L, et al. 1979. Widespread occurrence of a unicellular, marine, planktonic, cyanobacterium. Nature, 277(5694): 293-294.

Weckström J, Korhola A. 2001. Patterns in the distribution, composition and diversity of diatom assemblages in relation to ecoclimatic factors in Arctic Lapland. Journal of Biogeography, 28(1): 31-45.

Woese C R. 1987. Bacterial evolution. Microbiological Reviews, 51(2): 221-271.

Wood S A, Mountfort D, Selwood A I, et al. 2008. Widespread distribution and identification of eight novel microcystins in Antarctic cyanobacterial mats. Applied and Environmental Microbiology, 74(23): 7243-7251.

Wu [illegible], Li [illegible], Chen S X. 2014. Fungal endophyte communities in four Rhizophoraceae mangrove species on the south coast of China. Ecological Research, 29([illegible]): [illegible].

Xu H, Song W, Warren A, et al. 2008. [illegible]. Chinese Journal of Oceanology and Limnology, [illegible].

Yannarell A C, Steppe T F, Paerl H W. 2006. Genetic variance in the composition of two functional groups (diazotrophs and cyanobacteria) from a hypersaline microbial mat. Applied and Environmental Microbiology, 72(2): 1207-1217.

Yeager C M, Northup D E, Grow C C, et al. 2005. Changes in nitrogen-fixing and ammonia-oxidizing bacterial communities in soil of a mixed conifer forest after wildfire. Applied and Environmental Microbiology, 71(5): 2713-2722.

Yu [illegible], Yoon H, Lee S M, et al. 2012. [illegible] diversity and [illegible] of [illegible]. Journal of Microbiology and Biotechnology, 22([illegible]): [illegible].

[illegible] 2001. [illegible]. [illegible] Journal of [illegible].

Zehr J P, Kudela R M. 2011. Nitrogen cycle of the open ocean: from genes to ecosystems. Annual Review of Marine Science, 3(1): 197-225.

Zehr J P, Jenkins B D, Short S M, et al. 2003. Nitrogenase gene diversity and microbial community structure: a cross-system comparison. Environmental Microbiology, 5(7): 539-554.

Zhou J [illegible], et al. 199[illegible]. [illegible] diversity of bacterial [illegible]. Applied and Environmental Microbiology, [illegible].

Zhang D X, Nagabhyru P, Schardl C L. 2009. Regulation of a chemical defense against herbivory produced by symbiotic fungi in grass plants. Plant Physiology, 150(2): 1072-1082.

Zhu [illegible], Wang Y P, Shi [illegible], et al. 201[illegible]. [illegible]. [illegible].

Zimmerman N B, Vitousek P M. 2012. Fungal endophyte communities reflect environmental structuring across a Hawaiian landscape. Proceedings of the National Academy of Sciences of the United States of America, 109(32): 13022-13027.

Zumft W G. 1997. Cell biology and molecular basis of denitrification. Microbiology and Molecular Biology Reviews, 61(4): 533-616.

第二十章

滨海湿地甲烷产生和氧化的微生物学机制[①]

① 本章作者：刘芳华，肖雷雷

滨海湿地是典型的海陆交互作用地带，是一个多功能的复杂生态系统。滨海湿地间歇性的干湿交替造就了其兼具活跃甲烷产生和氧化的地球化学特征。其中，微生物参与的甲烷产生和氧化过程是上述特征存在的根本与前提。基于此，本章通过重点阐述微生物参与的甲烷产生和氧化过程，以初步解析滨海湿地甲烷产生和氧化的微生物学机制。

第一节　滨海湿地及甲烷产生和氧化

一、滨海湿地

滨海湿地（coastal wetland）是指陆地生态系统和海洋生态系统的交错过渡地带，是地球上最富生物多样性和人类最重要的生存环境之一（Lee et al.，2006）。按《国际湿地公约》的定义，滨海湿地的下限为海平面以下6m处（习惯上常把下限定在大型海藻的生长区外缘），上限为大潮线之上与内河流域相连的淡水或半咸水湖沼及海水上溯未能抵达的入海河的河段（Streever，2005）。滨海湿地生态系统（图20.1）分类众多，包括许多亚系统，各个亚系统从不同的角度区分又有不同的类型。

a. 黄河三角洲滨海湿地-中国科学院烟台海岸带研究所提供

b. 闽江河口湿地-福建师范大学提供

c. 漳江口红树林-福建师范大学提供

d. 琼海海草床-海南省海洋与渔业科学院提供

图20.1　滨海湿地生态系统

滨海湿地不仅为人类提供大量食物、原料等各种资源，而且在保持生物多样性和珍稀物种资源，尤其是保护生态平衡，以及蓄洪防旱、涵养水源、调节气候、降解污染、补充地下水、控制海岸侵蚀等方面均起着重要的作用。此外，在美学、科研、文化、精神等方面也具有重大的价值，为人类的休闲娱乐、旅游活动及科研教育等提供了丰富的资源（Barbier，2007）。

近年来，人类生产活动频繁，滨海湿地作为海洋和陆地过渡区的重要组成部分，承接着人类活动输入的大量含碳物质，具有较高的碳储量，甲烷排放规律及其与大气环境变化的关系正日益受到人们的重视（Hamdan and Wickland，2016；Matthews and Fung，1987）。

二、甲烷产生和氧化

甲烷是最简单的烃，化学式为CH_4，由1个碳原子和4个氢原子通过sp^3杂化组成（Voge，1936）。一般条件下，甲烷是一种无色无味气体，极难溶于水。而低温高压下，天然气与水形成类冰状的结晶物质——可燃冰（又称天然气水合物）。据了解，全球天然气水合物的储量丰富，具有广阔的开发前景。甲烷可以通过化学与生物方式制成。

目前，实验室可以通过无水乙酸钠（CH_3COONa）和NaOH（CaO作干燥剂）作用产甲烷：

$$CH_3COONa+NaOH = Na_2CO_3+CH_4\uparrow \quad (20.1)$$

此外，在催化剂作用下，二氧化碳与氢可生成甲烷和氧气：

$$CO_2+2H_2 = CH_4+O_2 \quad (20.2)$$

再提纯即可获得甲烷。另外，将碳蒸气与氢直接反应，也可制得高纯的甲烷。

在通常情况下，甲烷较稳定，与$KMnO_4$等强氧化剂不发生反应，与强酸、强碱也不发生反应。但是在某些特定条件下，甲烷也会发生反应。例如，甲烷的卤化，可得一氯甲烷、二氯甲烷、三氯甲烷及四氯化碳；甲烷也可以发生氧化反应，最基本的氧化反应是燃烧：

$$CH_4+2O_2 \longrightarrow CO_2+2H_2O \quad (20.3)$$

甲烷的含氢量在所有烃中是最高的，达到25%，因此与相同质量的气态烃完全燃烧相比，甲烷的耗氧量是最高的。另外，在隔绝空气并加热至1000℃的条件下，甲烷可分解生成炭黑和氢气：

$$CH_4 \xrightarrow{1000℃} C+2H_2 \quad (20.4)$$

最近，来自上海科技大学的科学家发现了一种新的高效催化剂组合——“铈基催化剂＋醇催化剂”，即室温条件下，在三氯乙醇和稀土金属铈的协同催化下，完成甲烷转化（Hu et al.，2018）。除此之外，甲烷还可大量用于合成氨、尿素、甲醇、氢、乙炔、乙烯、甲醛等物质，并可用于非晶硅太阳电池制造，用作大规模集成电路干法刻蚀或等离子刻蚀的辅助添加气。

在自然界中，甲烷在大气中的浓度从工业革命开始增加迅猛。作为一种重要的温室气体，甲烷在百年尺度上的增温潜势为CO_2的20～30倍，辐照强度在大气层中温室气体总辐照强度中的占比高，强烈影响着全球热平衡。近期，美国能源部劳伦斯伯克利国家实验室的研究人员，利用俄克拉荷马州南大平原观测站十年来获得的、高度校准的对地球大气的综合观测数据，将甲烷导致的温室效应的变化独立出来，首次获得了甲烷导致温室效应增加的直接观测数据（Feldman et al.，2018）。

大量研究表明，湿地是大气中甲烷的最大天然排放源（Kim et al.，2015）。而滨海湿地甲烷排放通量已经占到全球甲烷排放总量的20%～39%。滨海湿地甲烷排放受土壤理化性质、电子受体等多种因素的影响，该过程主要涉及甲烷的产生和甲烷的氧化两部分（图20.2）。滨海湿地中，甲烷产生是排放的前提，甲烷的生成是由微生物参与的生化反应过程，大部分甲烷是由微生物代谢所产生的，产甲烷菌是参与厌氧环境碳循环的微生物生物链上的最后一个成员，也是这个过程的核心成员。由于其所产生的甲烷在水中的溶解度很低，易逸出产生体系，从而有利于厌氧环境下的有机物转化连续不断地进行。因而，产甲

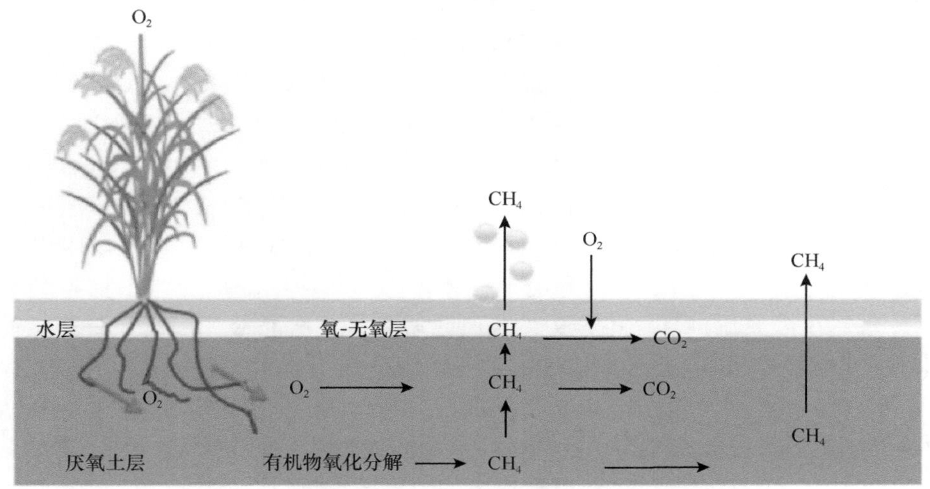

图20.2　湿地中甲烷产生和氧化过程（修改自张坚超等，2015）

烷菌是全球生物地球化学循环的重要参与者和推动者，同时也是可再生能源的生产者。甲烷氧化过程和产生过程是同时进行的，大部分甲烷在被排放到大气之前就被甲烷氧化菌氧化。甲烷氧化菌是一类独特的微生物，是以甲烷为唯一碳源和能源进行生长的一类细菌，在陆地生态系统中广泛分布，它们能将甲烷彻底氧化成CO_2和水。在森林、草原等甲烷浓度较低的环境，甲烷氧化菌每年氧化约3000万t甲烷，是大气甲烷主要的生物汇。而在湿地、水稻土、垃圾填埋场等甲烷浓度较高的环境中，甲烷氧化菌每年氧化约相当于这些环境中甲烷产生总量一半的甲烷（张坚超等，2015）。

滨海湿地甲烷排放不仅会对全球气候变化产生重要影响，而且也会对滨海湿地生态系统稳定性产生一定影响。因而对滨海湿地生态系统甲烷排放规律及其影响因素等的研究，有助于我们深入了解湿地碳循环的生物地球化学行为及过程，并合理有效预测全球气候变化。

第二节　滨海湿地甲烷产生和氧化过程

一、滨海湿地甲烷产生的微生物学机制

滨海湿地是陆地生态系统的重要延伸，是海岸带区域最重要的组成部分，是连接陆地和海洋两大碳库的关键部位（Sun et al.，2015）。河流沿河道进行运动，不仅受沿途地区地貌特征及人为因素等的影响，同时也受到海洋及陆海相互作用的影响。滨海湿地及其沉积物具备好氧区、厌氧区及好氧-厌氧交替区域，因而微生物参与的氧化还原过程发生极为频繁。

甲烷是大气中重要的温室气体，大气中甲烷的浓度约为1.7×10^{-6}（体积分数），其增温潜势是CO_2的20～30倍。其对全球气候变暖的增温贡献已达15%（Edenhofer et al.，2014）。全球每年甲烷产量500～600Tg（$1Tg=10^{12}g$），其中约74%来源于产甲烷菌（Conrad，2010）。受海洋和陆地双重影响的滨海湿地是甲烷重要的自然来源（Netz et al.，2007）。自然湿地每年向大气排放177～284Tg甲烷，占全球甲烷总排放量的26%～42%，在全球碳循环中发挥着十分重要的作用。据估算，河口和大陆架水域的甲烷排放量占全球海洋甲烷总排放量的75%，滨海湿地是这部分甲烷的重要产生源（Bange et al.，1994）。

对产甲烷菌生物学特征的研究始于20世纪初，Barker（1936）根据显微观察到的细胞形态差异进行分类，将产甲烷菌分为八叠球菌、球菌和两种类型的杆菌（依据发酵底物对杆菌进行区分）。由于产甲烷菌对于氧气极为敏感，因此前期对于产甲烷菌的分离与纯培养极为困难。科学家较早地开展了产甲烷菌*Methanobacteriurn formicicum*和*Methanosarcina barkeri*的纯培养研究（Wolfe，1979）。随后，Hungate厌氧操作技术的发明，进一步推动了产甲烷菌纯培养的获得，便于科学家对其生理生化特征的研究（Hungate，1973）。随着人们获得的微生物纯培养越来越多，研究范围越来越广，依据细胞形态等传统手段对微生物分类的局限性愈发凸显。一些微生物学家甚至认为科学分类微生物是一项不可能完成的任务。随着分子生物学的进步，1977年一种基于rRNA基因组序列相似性的系统分类学方法被提出，并且发现产甲烷菌不同于细菌和真核生物，其属于一个独特的分支，在系统分类学上更加古老，由此命名为古菌（Woese and Fox，1977）。现阶段，产甲烷菌属于古生菌域（Archaea）广古菌门（Euryarchaeota），主要包括甲烷杆菌目（Methanobacteriales）、甲烷八叠球菌目（Methanosarcinales）、甲烷微菌目（Methanomicrobiales）、甲烷球菌目（Methanococcales）、甲烷火菌目（Methanopyrales）、甲烷胞菌目（Methanocellales）和Methanomassiliicoccales（Dridi et al.，2012b；Großkopf et al.，1998）。

由于滨海湿地环境中存在丰富的SO_4^{2-}等电子受体，因此相应的还原类微生物与产甲烷菌之间存在强烈的竞争关系。虽然在滨海湿地环境中产甲烷菌含量较低，但分布极为广泛，且不同类型的产甲烷菌在不同的生境中含量并不一致。由于产甲烷过程是在厌氧环境下有机物降解过程中的最后一步（Bell，2007；Conrad，2010），因此产甲烷菌仅能够利用CO_2、甲酸、乙酸、甲醇、甲胺类、甲硫醇类等化合物作为产甲烷底物（图20.3）。根据其产甲烷过程中所利用的底物将产甲烷类型分为：①氢营养型产甲烷，产甲烷菌利用氢气或者甲酸作为电子供体还原环境中的CO_2产甲烷；②乙酸营养型产甲烷，产甲烷菌通过

直接将乙酸裂解，把羧基氧化形成CO_2来将甲基还原为甲烷；③甲基营养型产甲烷，产甲烷菌利用如甲醇、甲胺等甲基化合物产甲烷（Cavicchioli，2007；Conrad，2010）。具有某一种底物代谢类型的产甲烷菌即为专性产甲烷菌，如氢营养型的甲烷火菌属、乙酸营养型的甲烷鬃毛菌属、甲基营养型的甲烷咸菌属。然而有些产甲烷菌具有一种以上类型的产甲烷过程，称为兼性产甲烷菌，如甲烷八叠球菌属（Dridi et al.，2012a）。随着第七目产甲烷菌Methanomassiliicoccales的发现及纯培养的获得，发现其营养型既非典型的甲基型，又非典型的氢营养型，属于一种介于两者之间的混合营养型（Dridi et al.，2012a）。

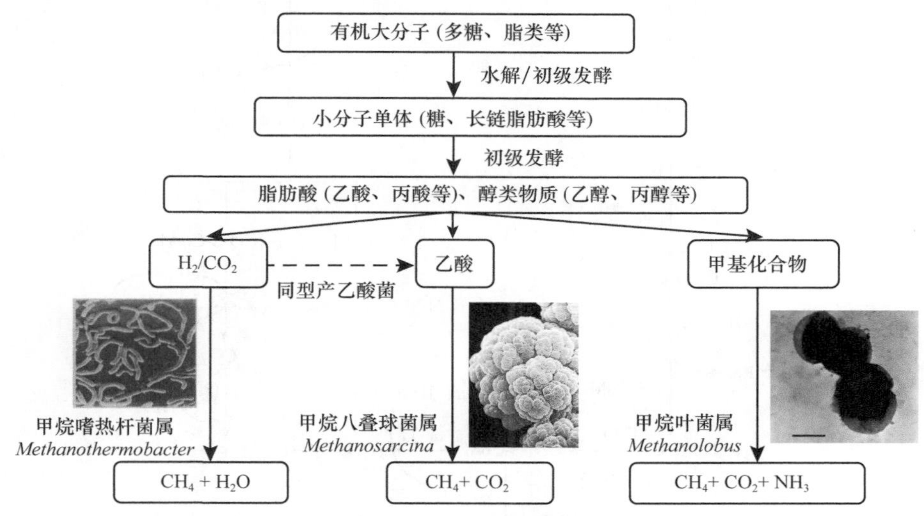

图20.3　甲烷的产生过程（修改自Ferry，1993）

（一）氢营养型产甲烷菌

氢营养型产甲烷菌广泛分布于各种厌氧环境中，主要通过氢气提供还原力固定CO_2产生甲烷（图20.4）。氢营养型产甲烷菌包括甲烷杆菌目（Methanobacteriales）、甲烷球菌目（Methanococcales）、甲烷微菌目（Methanomicrobiales）、甲烷火菌目（Methanopyrales）及甲烷胞菌目（Methanocellales）。其中，甲烷球菌目（Methanococcales）分离自海洋环境，生长过程需要较高的盐度，另有许多产甲烷菌属生长需要添加酵母膏、硒酸盐及钨酸盐作为必要的生长刺激因子（Oren，2014a，2014b）。

根据产甲烷菌中是否含有细胞色素（cytochrome），CO_2还原产甲烷途径可分为2条，2条途径虽然碳流向基本一致，但是能量代谢和电子传递方式存在差异（图20.5）（Thauer et al.，2008）。含有细胞色素的CO_2还原途径存在于*Methanosarcina*（图20.5a），不含有细胞色素的CO_2还原途径主要存在于另外5个产甲烷菌目（图20.5b）（Thauer et al.，2008）。在不含细胞色素的产甲烷菌中，其能量保存和电子传递方式不同于*Methanosarcina*，主要是催化CoM-S-S-CoB还原的MvhADG/HdrABC氧化还原酶复合体是细胞质酶，也没有电子载体MP参与电子传递，不能直接推动形成跨膜Na^+/H^+梯度。但是它可以通过电子歧化作用推动氢气还原Fd_{ox}（Kaster et al.，2011）。另外一个差异是Eha利用跨膜Na^+、而不是H^+进行电子传递，来推动氢气还原Fd_{ox}，生成的Fd_{red}可以补充合成代谢所消耗掉的还原力（Costa et al.，2013；Tersteegen and Hedderich，1999）。

此外，部分氢营养型产甲烷菌还可以二元醇、丙酮酸盐作为电子供体，如*Methanogenium organophilum*和*Methanofollis ethanolicus*都可以直接氧化乙醇、2-丙醇或者2-丁醇产生甲烷（Imachi et al.，2009；Widdel，1986；Widdel et al.，1988）。*Methanococcus* spp.还能够以丙酮酸盐作为还原力来源代替氢气，固定CO_2产生甲烷，但这一产甲烷效率较低，仅为H_2/CO_2过程的1%～4%。而在氢气存在的情况下，丙酮酸盐能够为古菌提供10%～30%的细胞碳，但并不能完全取代其他的固碳途径（Yang et al.，1992）。与之相比，*Methanobacterium thermoautotrophicum*最多可以通过丙酮酸盐转化获得80%的细胞碳。在低浓度的CO（＜60%）环境中，*Methanothermbacter thermautotrophicus*能够利用CO产甲烷，当CO

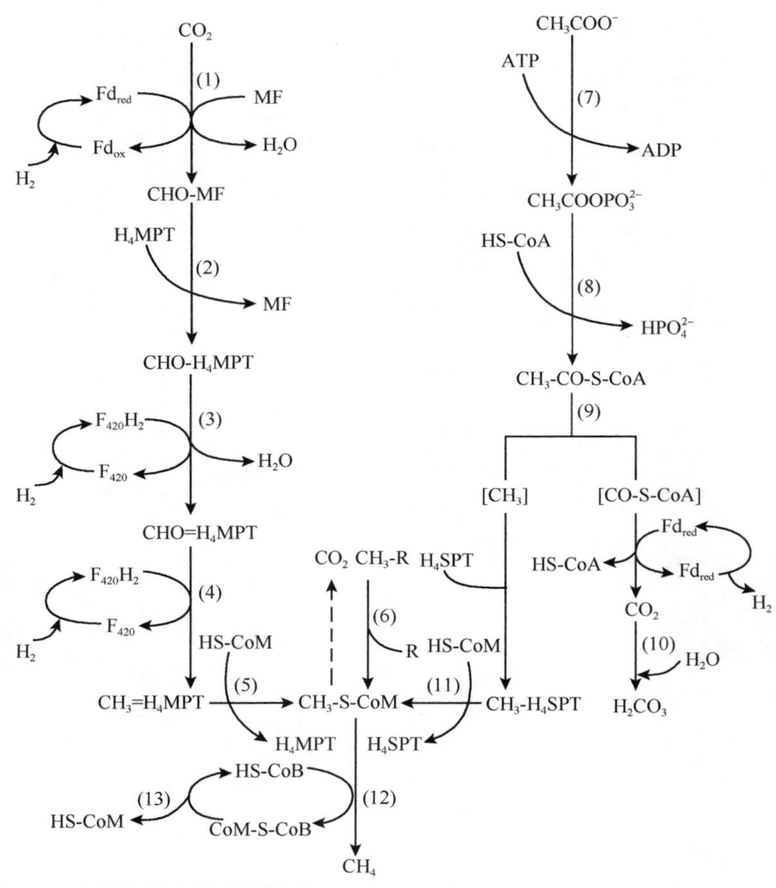

图20.4 产甲烷的生化代谢途径（Fang et al.，2015；Liu and Whitman，2008）

反应（12）和（13）是所有生物产甲烷过程必需的生化代谢过程；反应（1）～（5）是氢营养型产甲烷菌CO_2还原产甲烷途径所特有的；反应（6）为甲基途径所特有的；反应（7）～（11）是乙酸途径所特有的。Fd_{ox}-被氧化的铁氧化还原蛋白；Fd_{red}-还原性的铁氧化还原蛋白；MF-甲烷呋喃；H_4MPT-四氢甲烷蝶呤；H_4SPT-四氢八叠蝶呤；F_{420}-氧化态辅酶F_{420}；$F_{420}H_2$-还原态辅酶F_{420}；HS-CoM–辅酶M；HS-CoA-辅酶A；HS-CoB-辅酶B；CoM-S-S-CoB–异质二硫化物

浓度升高至100%时其生长变得缓慢，甲烷产生速率仅为H_2/CO_2的1%（Daniels et al.，1977）。

氢营养型产甲烷代谢途径可以分为5个主要的反应。如图20.4所示，反应（1）甲酰甲烷呋喃脱氢酶（formyl-MFR dehydrogenase，Fdh）以还原性的铁氧化还原蛋白（reduced form of ferredoxin，Fd_{red}）作为电子供体，将CO_2还原为甲酰基并使其与C1载体甲烷呋喃（methanofuran，MF）的氨基基团共价连接形成CHO-MF（Deppenmeier，1996）。被氧化的铁氧化还原蛋白（oxidized form of ferredoxin，Fd_{ox}）随后利用氢气作为电子供体，在能量转化[NiFe]氢酶（energy conserving hydrogenase，Ech）的催化下产生Fd_{red}。反应（2）四氢甲烷蝶呤甲酰转移酶（formyl-MFR:H_4MPT formyltransferase，Ftr）催化甲酰甲烷呋喃上的甲酰基转移到H_4MPT（tetrahydromethanopterin）的N5基团上形成$CHO-H_4MPT$。反应（3）甲酰四氢甲烷蝶呤环化水解酶（methenyl-H_4MPT cyclohydrolase，Mch）和甲酰四氢甲烷蝶呤脱氢酶（methylene-H_4MPT dehydrogenase，Hmd）催化完成反应。反应（4）甲酰四氢甲烷蝶呤还原酶（methylene-H_4MPT reductase，Mer）以辅酶$F_{420}H_2$作为电子供体催化完成反应。反应（5）最后辅酶M甲基转移酶（methyl-H_4MPT:HS-CoM methyltransferase，Mtr）催化完成反应，将甲基基团转移到HS-CoM（coenzyme M）的硫醇基上形成CH_3-S-CoM（Fang et al.，2015）。

许多氢营养型产甲烷菌既可以利用氢作为电子供体，又可以以甲酸作为电子供体。这些微生物通过依赖F_{420}甲酸脱氢酶（F_{420}-formate dehydrogenase，Fdh）和F_{420}还原性氢酶（F_{420}-reducing hydrogenase）将4分子甲酸转化为4分子CO_2和氢气，然后进入CO_2还原产甲烷代谢途径。

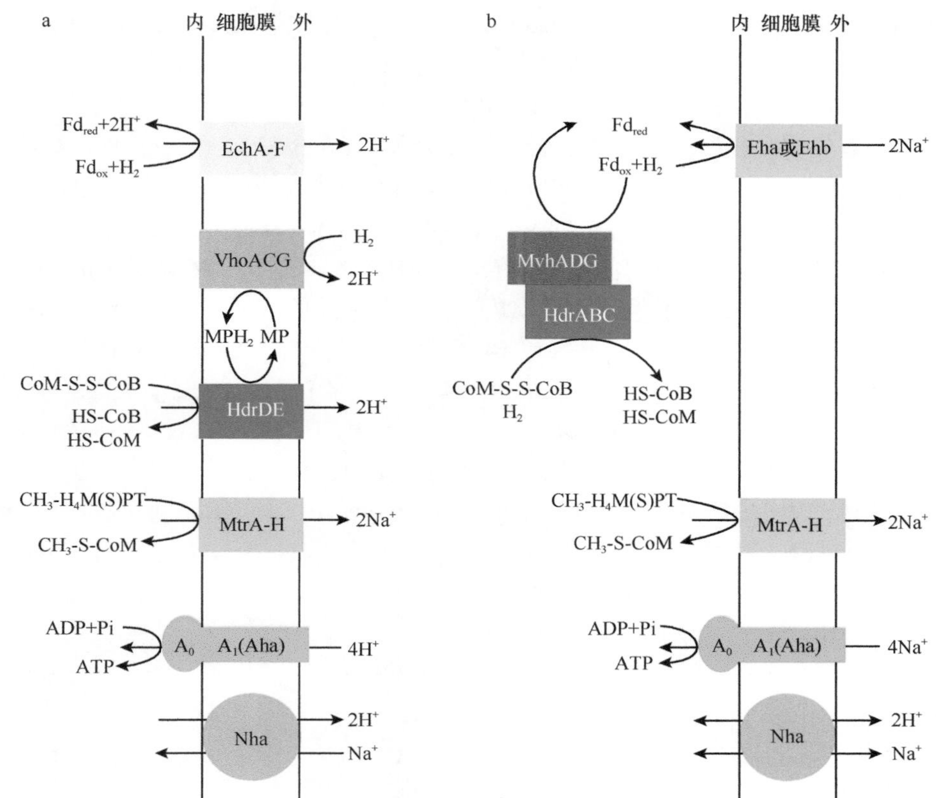

图20.5　产甲烷菌在CO_2还原途径中的能量储存反应（Kaster et al.，2011；Thauer et al.，2008）

a. 含有细胞色素；b. 不含有细胞色素

尽管以甲烷球菌目（Methanococcales）为代表的氢营养型产甲烷菌能够在含盐海洋环境中生存，但是，一方面，在滨海湿地环境中，氢气容易被硫酸盐还原菌利用，导致环境中剩余分压低于产甲烷菌还原CO_2产生甲烷的最小值；另一方面，当湿地环境中具有大量的有机物输入而SO_4^{2-}耗尽时，氢气还原CO_2途径又重新成为重要的产甲烷方式（Whiticar et al.，1986）。在盐沼湿地表层环境中，蓝细菌通过光合或固氮作用能够产生大量氢气，因此该环境中的甲烷主要由H_2/CO_2产生（Buckley et al.，2010）。同时，研究表明深层海洋沉积物中，当SO_4^{2-}耗尽时氢气还原CO_2过程是主要的产甲烷过程（Parkes et al.，2010）。特别是在海底沉积物的硫酸盐还原层以下，通过同位素标记手段研究发现，氢气还原CO_2产甲烷过程是乙酸产甲烷过程的几十倍。然而最近在深海沉积物研究中发现，在沉积物由浅到深的过程中，有机物的氧化过程与产甲烷和硫酸盐还原过程互不相关，即存在不同的氧化菌氧化有机物向外界提供还原力，同时硫酸盐还原菌与产甲烷菌竞争还原力。其中，种间氢传递是重要的还原力传递过程。这与也进一步证明了H_2/CO_2在SO_4^{2-}耗尽情况下是重要的产甲烷过程。然而其中的种间电子传递尤其是直接电子传递产甲烷所占比重并不明确，其与其他传递过程之间的关系值得进一步研究和探索。

（二）乙酸营养型产甲烷菌

现阶段，仅甲烷八叠球菌属（*Methanosarcina*）和甲烷鬃毛菌属（*Methanosaeta*）能够通过裂解乙酸产甲烷。乙酸营养型产甲烷过程中，将羧基氧化为CO_2的同时还原甲基生成甲烷。其中，甲烷鬃毛菌作为重要的乙酸营养型产甲烷菌，能在较低乙酸浓度条件下利用乙酸产甲烷；而甲烷八叠球菌既可以利用乙酸，又可以利用H_2/CO_2、甲醇及其他甲基化合物产甲烷，但所需乙酸浓度较高。

如图20.4所示，乙酸发酵途径中，甲烷八叠球菌利用亲和力较低的乙酸激酶-磷酸转乙酰酶途径［acetate kinase (AK)-phosphotransacetylase (PTA) pathway］激活乙酸，即反应（7）、（8）通过乙酸激酶和磷酸转乙酰酶利用1分子ATP催化乙酸转变为乙酰辅酶A；而甲烷鬃毛菌则利用高亲和力的一磷酸腺苷-乙酰辅酶A（AMP-forming acetyl-CoA synthetase），即通过乙酰辅酶A合成酶利用2分子ATP催化乙酸转变为乙酰辅酶A。因此，甲烷鬃毛菌能够在乙酸浓度低至5～20μmol/L的情况下产甲烷，而甲烷八叠球菌利用乙酸产甲烷的最低浓度则高达100～1000μmol/L（Jetten et al.，2010）。反应（9）在以Fd_{ox}作为电子受体的条件下，一氧化碳脱氢酶/乙酰辅酶A合成酶复合体（Codh/Acs）催化乙酰辅酶A生成CO_2。反应（10）在碳酸酐酶的作用下，将反应（9）中产生的CO_2与H_2O反应生成碳酸。反应（11）在四氢八叠甲烷蝶呤甲基辅酶M转移酶的催化下，CH_3-H_4SPT产生CH_3-S-CoM（Fang et al.，2015）。

不同产甲烷菌在乙酸发酵途径中的能量储存反应见图20.6。其中，*Methanosarcina*利用VhoACG/HdrDE多酶复合体，以氢气作为电子供体，在MP介导下传递电子，同时推动形成$\Delta\mu H^+$（图20.6a），这和*Methanosarcina*在CO_2还原产甲烷过程中的电子传递机制一样（Cornelia and Uwe，2014）。而*Methanosarcina acetivorans*不能利用H_2/CO_2生长，也没有与能量储存相关的Ech，无法氧化Fd_{red}产生氢气。但是*Methanosarcina acetivorans*含有与Rnf类似的膜结合复合体，具有Fd:MP氧化还原酶活性，能氧化Fd_{red}并推动形成$\Delta\mu Na^+$，产生的电子通过细胞色素c和MP传递给HdrDE，用于还原CoM-S-S-CoB（图20.6b）（Schlegel et al.，2012；Wang et al.，2011）。*Myceliophthora thermophila*基因组没有*ech*和*rnf*相关的基因，它可能通过不完整的$F_{420}H_2$脱氢酶（不含FpoF，不能氧化$F_{420}H_2$）与HdrDE偶联形成多酶复合体，来推动Na^+/H^+的跨膜传递，并且可能是直接以Fd_{red}作为电子供体，而不需要其他的电子供体（图20.6c）（Cornelia and Uwe，2014）。

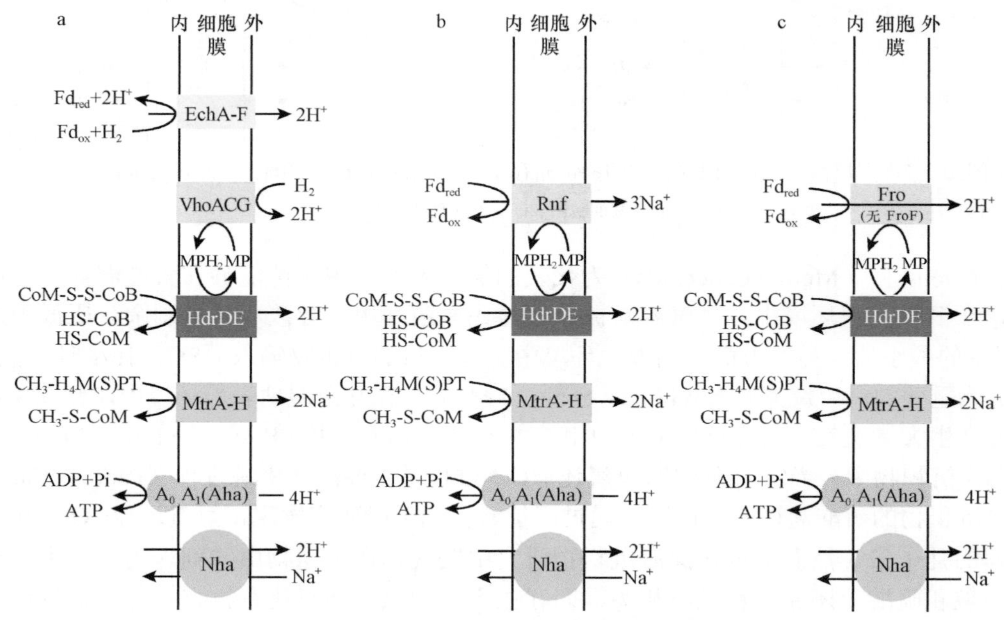

图20.6 不同产甲烷菌在乙酸发酵途径中的能量储存反应

a. *Methanosarcina barkeri* (Gargi et al.，2009)；b. *Methanosarcina acetivorans* (Wang et al.，2011)；c. *Myceliophthora thermophila* (Cornelia and Uwe，2011)

尽管在水稻田与淡水湿地环境中乙酸途径产甲烷过程占主导地位（Conrad et al.，2010；Fey et al.，2004）。但是在含有丰富硫酸盐及硫酸盐还原菌的滨海区域，由于硫酸盐还原菌能够利用乙酸竞争电子，因此乙酸途径产甲烷受到明显抑制（Nicholls，2004；Whiticar et al.，1986）。Parkes等（2010）在海洋沉积物硫酸盐还原层的研究中发现，被标记的乙酸被氧化的速率明显高于其甲烷产生速率，其中大部分的乙酸被用于环境中的硫酸盐还原过程，并非乙酸产甲烷过程。King等（1983）也在美国缅因州Lowes Cove的滨海湿地研究中发现，该环境中来源于乙酸途径的甲烷产量仅占0.5%～5.5%。这与Oremland和Sandra（1982）在San Francisco Bay滨海湿地中发现乙酸对于该区域甲烷排放贡献小于1%一致，即滨海湿地环境中乙酸产甲烷过程因微生物硫酸盐还原过程的底物竞争而受到抑制。然而，与上面的结果相反，也有一些滨海湿地的研究表明乙酸是很多环境中甲烷产生的重要底物，且乙酸发酵途径产甲烷是其中的重要途径。例如，Blair和Carter（1992）在加利福尼亚富含大量有机质的Cape Hatteras滨海湿地中发现，乙酸途径产甲烷占甲烷产生的25%～50%。同为盐沼湿地的英国Arne Peninsula中的甲烷有99%来源于乙酸发酵过程（Keller et al.，2009）。同氢营养型产甲烷菌一样，当滨海湿地中有大量的有机物输入后，SO_4^{2-}被大量消耗，特别是在一些微环境中会彻底耗尽，因此乙酸营养型产甲烷菌能够利用环境中存在的乙酸产生甲烷（Senior et al.，1982）。例如，在盐沼湿地植物的根系及枯落植物附近，由于大量的有机物被硫酸盐还原菌利用，“耗尽”了环境中的硫酸盐，因此乙酸途径产甲烷开始出现。所以，尽管在许多滨海湿地中，乙酸途径产甲烷及乙酸营养型产甲烷菌并非占主导地位，但是在一些有机物丰富的环境中，如红树林、芦苇地，由于SO_4^{2-}的消耗，减轻了其对乙酸途径产甲烷的抑制，增加了乙酸营养型产甲烷菌的贡献。

（三）甲基营养型产甲烷菌

甲基营养型产甲烷菌主要存在于Methanosarcinaceae、*Methanomassiliicoccus*和*Methanosphaera*（Dridi et al.，2012a；Oren，2014a，2014b）。其中，Methanosarcinaceae含有8种专性的甲基营养型产甲烷菌属。同时，针对*Methanococcoides* spp.的研究发现，其还可以利用*N*,*N*-二甲基乙醇胺、甜菜碱等复杂甲基类有机化合物生长并产生甲烷（Stéphane et al.，2014；Watkins et al.，2012，2015）。*Methanosarcina*可以利用甲基类有机物产甲烷，但许多兼性菌同时可以利用乙酸、H_2/CO_2、CO甚至丙酮酸盐（Oren，2014c）。*M. barkeri*（Fusaro）可以丙酮酸作为能源与碳源产生甲烷和CO_2，其细胞的得率为14g干重·每摩尔甲烷，远高于3g干重·每摩尔甲烷的乙酸发酵过程（Bock et al.，1994）。*M. barkeri*能够利用CO（100%）和甲醇（50mmol/L）生长，也能够在低浓度CO（＜50%）环境中生长并产生甲烷，且伴有氢气的产生（O'Brien et al.，1984）。对河口湿地区域的研究发现，添加三甲胺能够明显促进甲烷产生，其中甲烷八叠球菌目明显增加（Purdy et al.，2002）。该营养型产甲烷菌能够利用诸如甲胺类、甲硫醇类和甲醇等C1甲基化合物产生甲烷。

不同类型的甲基化合物在其对应的辅酶M甲基转移酶系统（Mt）的作用下以HS-CoM作为电子供体，将甲基基团转移到HS-CoM的巯基上产生CH_3-CoM，每3个甲基被还原成甲烷的同时生成1分子CO_2（Liu and Whitman，2008）。在存在氢气的条件下，CH_3-CoM以氢气作为电子供体产生甲烷［反应（12）和（13）］；在没有氢气的条件下，发生歧化反应，即一部分CH_3-CoM经过反应（1）～（4）的逆反应被氧化产生CO_2、$F_{420}H_2$和氢气，另一部分CH_3-CoM利用$F_{420}H_2$和氢气作为电子供体经反应（12）和（13）产甲烷。*Methanosarcina mazei*有2套膜结合蛋白复合体：氢气依赖的异二硫化物氧化还原酶和$F_{420}H_2$依赖的异二硫化物氧化还原酶，分别与HdrDE偶联催化CoM-S-S-CoB的还原，并推动形成跨膜H^+梯度（Deppenmeier et al.，1999）。前者在CO_2还原过程，后者在甲基合成甲烷过程中起着关键的能量储存作用（图20.7a）。在$F_{420}H_2$依赖的异二硫化物氧化还原酶复合体中，$F_{420}H_2$脱氢酶（Fpo）利用$F_{420}H_2$作为电子供体，催化CoM-S-S-CoB还原（图20.7a）（Bäumer et al.，2000）。但是并非所有的*Methanosarcina*都采用这个方式储存能量，*M. barkeri*通过甲基裂解途径产生的电子，首先被胞内$F_{420}H_2$脱氢酶（Frh）还原为氢气，然后扩散到胞外被膜结合甲烷吩嗪依赖的氢酶（Vht或Vhx）氧化，释放的电子传递到电子呼吸链上，通过MP介导推动HdrDE还原CoM-S-S-CoB，从而转运与Fpo等量的质子，形成相同的$\Delta\mu H^+$（图20.7a）（Gargi et al.，2009）。然而没有细胞色素的*Methanosphaera stadtmanae*，无法像*Methanosarcina*那样利用膜结合Vho/Hdr或Fpo（或Frh）/Hdr来催化CoM-S-S-CoB还原，并形成$\Delta\mu H^+$（Deppenmeier et al.，1999）。它利用细胞质MvhADG/HdrABC复合体来催化氢气还原CoM-S-S-CoB产生Fd_{red}（图20.7b），Fricke等（2006）推测MvhADG/HdrABC复合体可能通过HdrB锚定在细胞膜上，从而介导跨膜H^+梯度的形成。最后，产甲烷菌*Methanomassiliicoccus luminyensis*利用MvhADG/HdrABC氧化2个氢气来还原1个CoM-S-S-CoB和1个Fd_{ox}，产生的Fd_{red}被Fpo/HdrD用于还原另1个CoM-S-S-CoB，并推动形成$\Delta\mu H^+$（图20.7c）（Kröninger et al.，2016）。

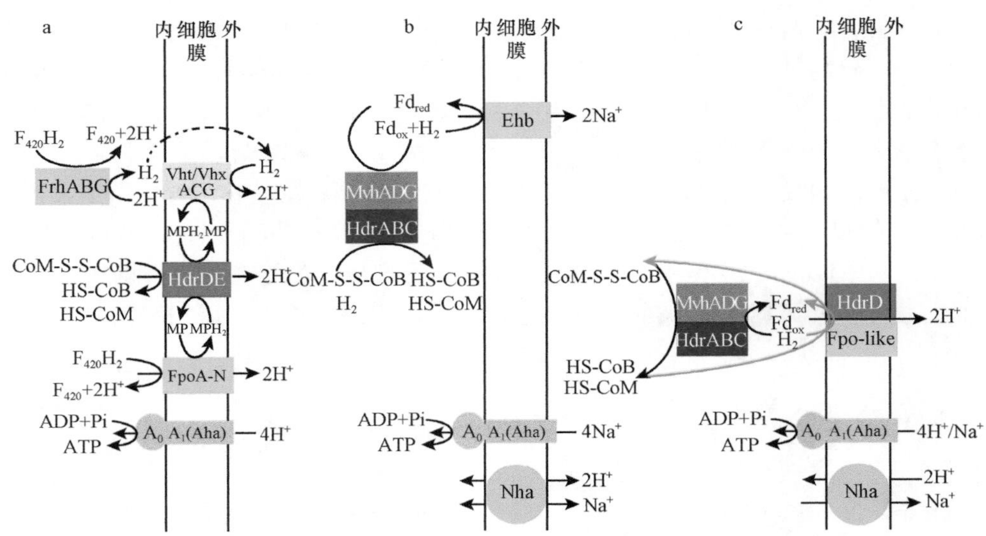

图20.7　不同产甲烷菌在甲基裂解途径中能量储存反应

a. *Methanosarcina* (Gargi et al.，2009)；b. *Methanosphaera stadtmanae* (Thauer et al.，2008)；c. *Methanomassiliicoccus luminyensis* (Lang et al.，2015)

尽管在稻田与淡水湿地环境中，几乎所有的甲烷来源均为H_2/CO_2和乙酸（Conrad，1999），甲基营养型产甲烷贡献相对较低（Conrad and Claus，2005；Lovley and Klug，1983）。然而在滨海湿地环境中由于氢气与乙酸更容易被硫酸盐还原菌所利用，因此同为湿地环境的滨海区域，甲基营养型产甲烷过程更为重要。另外，硫酸盐还原菌并不能利用C1甲基化合物，如甲胺类、甲硫醇类等，因此甲基是滨海环境中重要的产甲烷底物（Ticak et al.，2015）。特别是在一些硫酸盐丰富的滨海湿地环境中，由于甲基化合物多来源于植物或者其分泌物的自然降解，因此大量不能被微生物还原SO_4^{2-}过程所利用的“非竞争性”底物被用来产生甲烷（Oremland and Sandra，1982）。

（四）混合营养型产甲烷菌

2012年Dridi等（2012a）在人类粪便中分离获得了一株全新的产甲烷菌纯培养，命名为*Methanomassiliicoccus luminyensis*，并正式提出第七产甲烷菌目Methanomassiliicoccales。通过对其纯菌及富集物的基因组与生理生化实验发现，这是一种属于甲基营养型的产甲烷菌，但却拥有特殊的代谢特点（Brugère et al.，2014）。该产甲烷菌能够利用氢气/甲醇进行产甲烷生长，而不能利用甲酸盐、乙酸盐、三甲胺、乙醇和二元醇（Dridi et al.，2012a）。与一般的专性或者兼性甲基营养型产甲烷菌相比，其缺乏能将CO_2还原为甲基辅酶M的完整路径，所以必须通过添加氢气才能生长（Lang et al.，2015）。因此从其营养角度来看，该类产甲烷菌既不属于甲基营养型也不属于氢营养型，而是混合营养型产甲烷菌。

在发现该菌目的纯培养之前，已经有大量的基于16S rRNA和mcrA的研究结果表明，在白蚁肠道中存在一类新型产甲烷菌，在系统发育上该古菌与热原体目（Thermoplasmatales）接近。分析纯培养*Methanomassiliicoccus luminyensis* B10^{T}的16S rRNA基因组发现，与它最为相似的是Thermoplasmatales中的Candidatus *Aciduliprofundum boonei*，但相似度仅为83%。该菌与产甲烷菌中的*Methanobrevibacter smithii*相似度最高，但也仅有76%（Dridi et al.，2012a）。通过GeneBank中相关基因追溯研究发现，该菌在水稻土、垃圾填埋场、厌氧反应器、湖泊水体甚至深海及各种水体沉积物中广泛存在。这类古菌在瘤胃和哺乳动物肠道中经常出现且经常表现为优势古菌。这些未能培养的环境基因序列能够与*M. luminyensis*聚成一类，处于Euryarchaeota的顶部，并且远离其他的产甲烷古菌。尽管该菌目在各种自然环境中分布广泛，但是其产甲烷贡献尤其是滨海湿地环境中产甲烷的作用并不明确。同时该菌目受到氢气与C1甲基类化合物两种底物的影响，可能不利于其在滨海高硫酸盐环境中生长，在具有明显植物覆盖区域中能否竞争过甲基营养型产甲烷菌也未可知。但不可否认的是，该菌目的发现必将推动产甲烷菌的研究，未来也一定会发现越来越多不同类型的产甲烷菌。特别是最近Evans等（2015）在地下煤层水环境中通过宏基因组技术获得了2个微生物的全基因组，系统发育分析表明它们属于Bathyarchaeota，但是含有编码产甲烷代谢相关的功能基因。其中，BA1中还含有*mtsA*、*mtbA*、*mtaA*、*mttBC*、*mtbBC*和*mtrH*等与甲基裂解途径相关的基因，这些基因与Methanomassiliicoccales的相似，表明它可能利用氢气/甲基化合物产甲烷。

二、滨海湿地甲烷氧化的微生物学机制

自然环境中甲烷氧化菌的氧化作用是甲烷的唯一生物汇。自然湿地是最大的大气甲烷源，占总甲烷源的23%（Conrad，2010）。甲烷氧化菌广泛分布在湿地生态环境中，在全球碳循环过程中具有重要作用。根据利用甲烷时是否需要氧气，可把甲烷氧化菌分为好氧甲烷氧化菌和厌氧甲烷氧化菌两类。

（一）好氧甲烷氧化

产甲烷菌在湿地厌氧层产生的90%甲烷在进入大气过程中已被有氧层的好氧甲烷氧化菌消耗掉（Hornibrook et al.，2009；Shannon et al.，1996）。好氧甲烷氧化菌（aerobic methanotrophs）是以甲烷作为唯一碳源和能源的微生物，属于甲基氧化菌（methylotrophs）的一个分支（Trotsenko and Murrell，2008）。好氧甲烷氧化菌的纯培养物易获得且生长速度快，成为研究重点并取得大量的研究进展。甲烷氧化菌进行的甲烷氧化过程包括：甲烷被自身的甲烷单加氧酶催化成甲醇，再被甲醇脱氢酶氧化为甲醛，之后通过单磷酸核酮糖途径（RuMP pathway）或者丝氨酸途径（serine pathway）、卡尔文循环（Calvin-Benson-Bassham）转化成细胞物质（Mancinelli，1995；贠娟莉等，2013）。

甲烷氧化菌于1906年首次被发现（Söhngen，1906），至今已经发现的甲烷氧化菌根据细胞结构和功能及系统进化发育关系，可分为3类（表20.1）（蔡朝阳等，2016）。第一类属于Methylococcaceae科，包括Ⅰa型和Ⅰb型，其中*Methylomonas*、*Methylobacter*、*Methylosoma*、*Methylomicrobium*、*Methylosphaera*、*Methylothermus*、*Methylohalobius*、*Methylosarcina*属于Ⅰa型，而*Methylocaldum*和*Methylococcus*属于Ⅰb型。第二类主要是Ⅱ型，属于Methylocystaceae和Beijerinckiaceae 2个科，前者包含*Methylocystis*属和*Methylosinus*属，后者有*Methylocapsa*属及*Methylocella*属。第三类是来自疣微菌门（Verrucomicrobia）中的*Methylacidiphilum*属等。其中，Ⅰa型甲烷氧化菌通过RuMP途径同化甲醛，Ⅱ型甲烷氧化菌通过丝氨酸途径同化甲醛（Semrau et al.，2010）。Ⅰb型甲烷氧化菌既能通过RuMP途径又可利用低水平的丝氨酸途径同化甲醛（Trotsenko and Murrell，2008）。

表20.1　甲烷氧化菌的分类（蔡朝阳等，2016）

	类别	门	属（种）	备注
好氧甲烷氧化菌	Ⅰa、Ⅰb型	γ-变形菌门	*Methylomonas, Methylobacter, Methylosarcina, Methylomicrobium, Methylohalobius, Methylosphaera, Methylosoma, Methylothermus, Methylocaldum, Methylococcus*	在细胞内膜上通过单磷酸核酮糖途径同化甲醛
	Ⅱ型	α-变形菌门	*Methylosinus, Methylocystis, Methylocella, Methylocapsa, Methyloferula*	在细胞内膜及周质空间上通过丝氨酸途径及RuMP途径同化甲醛
	其他	疣微菌门	*Methylokorus infernorum, Acidimethylosilex fumarolicum, Methyloacida kamchatkensis*	极端嗜甲酸菌
厌氧甲烷氧化菌	古菌	厌氧甲烷氧化古菌（ANME）	ANME-1, ANME-3, ANME-2a, ANME-2b, ANME-2c	与硫酸盐还原菌共同完成硫酸盐型厌氧甲烷氧化过程
			ANME-2d	硝酸盐型厌氧甲烷氧化过程的主要微生物
	细菌	NC10门	Candidatus *Methylomirabilis oxyfera*	亚硝酸盐型厌氧甲烷氧化过程的主要微生物

纯培养或者原位实验显示多种因素可以影响甲烷氧化速率，包括甲烷浓度、O_2浓度、NH_4^+浓度、pH、含水量、温度等（Chowdhury and Dick，2013）。甲烷氧化可在–2～30℃下进行，最适温度约为25℃。甲烷氧化菌的最适pH是5.0～6.5，但嗜热嗜酸的细菌在pH为2时也能氧化甲烷，而在自然环境中由于复杂成分的缓冲作用，pH对甲烷氧化的影响较小。含水量影响甲烷氧化能力，含水量高会营造还原条件有利于甲烷产生，使得甲烷氧化的底物增加，但也会隔绝氧气而不利于好氧甲烷氧化。无机氮能抑制甲烷氧化，其中的机制仍不清楚，可能与氮循环过程的微生物有关。不同类型的甲烷氧化菌对甲烷的亲和力不同，因此甲烷浓度会影响甲烷氧化菌的群落结构（蔡元锋和贾仲君，2014）。

随着现代分子检测技术的发展，并结合纯培养方法，已有大量自然湿地生境中的甲烷氧化菌被解析报道。目前在自然湿地中，发现的甲烷氧化菌主要来自变形菌门。英国Murrell团队（McDonald et al.，1996；Mcdonald and Murrell，1997）发现酸性泥炭湿地的甲烷氧化菌主要是Ⅱ型的*Methylocystis*及*Methylosinus*。俄罗斯西伯利亚地区的酸性泥炭藓湿地中主要是α-变形菌纲的甲烷氧化菌，并从中分离到*Methylocystis*、*Methylocella*及*Methylocapsa*三个属的菌株，都可以在pH低于6的条件下生长（Dedysh，2002，2009；Dedysh et al.，2001）。温度较低的挪威和芬兰湿地主要分布着Ⅰ型甲烷氧化菌（Graef et al.，2011），特别是*Methylobacter*，该属在北极湿地中也已被检测到（Wartiainen et al.，2003）。此外，Kip等（2011）从荷兰泥炭藓湿地的植物中筛选到一株*Methylomonas*的嗜酸甲烷氧化菌。然而，在美国和日本的自然湿地中，Ⅰ型和Ⅱ型甲烷氧化菌均广泛分布。我国自然湿地类型多样，但对其中甲烷氧化的研究较少。通过16S rRNA和pmoA测序分析，我国科研工作者发现青藏高原的若尔盖湿地主要的甲烷氧化菌属于*Methylobacter*和*Methylocystis*，表明Ⅰ型和Ⅱ型甲烷氧化菌在该区域共同起作用（Yun et al.，2012）。位于我国东北松嫩平原的向海湿地主要的甲烷氧化菌也是*Methylobacter*，该属在这些寒冷地区是主要的甲烷氧化菌（Yun et al.，2013）。

（二）厌氧甲烷氧化

厌氧甲烷氧化（anaerobic oxidation of methane，AOM）的纯培养物难获得，且生长缓慢等，因此厌氧甲烷氧化菌的研究进展比较缓慢。1976年，Reeburgh发现甲烷可以在缺氧或无氧的条件下被氧化。之后不断有关于AOM反应过程及机制的报道。2007年，Smemo和Yavitt证实了湿地中存在AOM现象，但是其厌氧氧化机制和参与的电子受体仍不清楚。已知的厌氧甲烷氧化过程主要有三种：①硫酸盐型厌氧甲烷氧化（sulphate-dependent anaerobic methane oxidation，SAMO），该过程由厌氧甲烷氧化古菌和硫酸盐还原菌通过共生关系来完成，即甲烷厌氧氧化的同时伴随着硫酸盐的还原，其中甲烷为电子供体，SO_4^{2-}为最终电子受体，产生无机碳（碳酸氢根和二氧化碳）和硫化物（硫化氢）。但最近也有文章报道，厌氧甲烷氧化古菌（ANME）可与共生的硫酸盐还原菌解耦而进行自养生长（图20.8）；②硝酸盐型或亚硝酸盐型厌氧甲烷氧化（denitrification-dependent anaerobic methane oxidation，DAMO），该过程由ANME和一种NC10门不可培养的细菌（*M. oxyfera*为代表）完成，以甲烷为电子供体，NO_3^-/NO_2^-为电子受体，进行

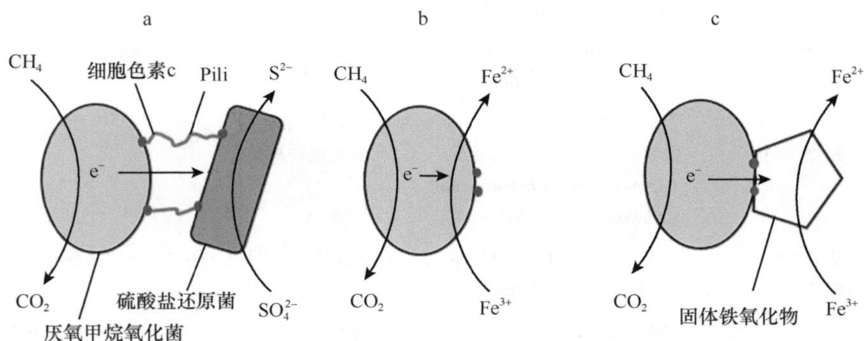

图20.8 ANME-2代谢多样性（Rotaru and Thamdrup，2016）

a. 互营代谢，ANME-2古菌直接转移电子给硫酸盐还原菌；b. ANME-2可以呼吸代谢，可溶的金属复合物为电子受体；c. 推测ANME-2可以利用不可溶的金属氧化物（如铁氧化物）作为电子受体

氧化还原反应，而该过程也可以在AOM（ANME-2d）单独作用下进行；③铁、锰依赖型厌氧甲烷氧化，该过程以甲烷为电子供体，Fe^{3+}、Mn^{4+}分别为电子受体，其中涉及的微生物还不明确。

以前的研究认为湿地环境中的SO_4^{2-}浓度低，可能无法进行SAMO反应，直到2007年Kravchenko和Sirin在一个SO_4^{2-}浓度较低的湿地中发现该过程的存在，表明湿地中无论SO_4^{2-}浓度高低都能发生SAMO过程。关于湿地DAMO的研究较多，Hu等（2014）分别对滨海和淡水型湿地中DAMO的速率与细菌丰度进行研究，证明DAMO过程对湿地甲烷的消减起着重要作用。Zhu等（2015）对中国陆地湿地DAMO菌群丰度进行调查，发现一些极端环境中存在DAMO菌群，也证明了该过程在湿地碳氮循环中起着重要作用。铁锰电子驱动的AOM在湿地厌氧环境中也广泛存在，在富含铁锰的湖底沉积物中发现了三价铁驱动的AOM反应，且推断这种类型的AOM反应更适合在湿地或者淡水环境中发生，但其中的机制尚不清晰。

除硝酸盐驱动的AOM反应外，其他两种电子受体（硫酸盐、金属氧化物）驱动的AOM反应的电子转移机制一直存在争议，主要是因为无法将AOM反应的两种微生物分离开来进行单独研究。近年来随着稳定同位素示踪、宏基因组、理论模型等先进技术和理论的运用，研究发现AOM并不完全依靠其他微生物协作。Milucka等（2012）发现海洋中的ANME可以单独进行AOM同时进行硫酸盐还原，并不需要硫酸盐还原菌（sulfate-reducing bacteria，SRB）的参与。Nauhaus等（2010）在海洋沉积物中加入钼酸盐抑制SRB生长，AOM反应却没有因此而停止，作者推断ANME与SRB直接的电子转移体系可能是一种种间直接电子转移（DIET）机制。Mcglynn等（2015）发现增强菌毛和细胞色素c的表达可促进甲烷厌氧氧化。Egger等（2015）和Ettwig等（2016）发现在添加铁氧化物如纳米磁铁矿等介质下，AOM得到促进，表明外源添加（半）导体材料是提高AOM氧化速率的重要手段。

影响AOM的因子很多，包括微生物、甲烷供应量、硫酸盐含量、温度、水压等。AOM古菌和硫酸盐还原菌是参与厌氧甲烷氧化的主要微生物，ANME-2古菌与Methanosarcinales联系紧密，Methanosarcinales具有广泛的底物利用性，有些种类可在甲基化的复合物歧化作用过程中进行氧化代谢，而硫酸盐还原菌*Desulfosarcina*/*Desulfococcus*能完全氧化有机酸，也经常参与碳氢化合物的分解过程（Krüger et al.，2003）。甲烷和硫酸盐是AOM发生的基础，有研究表明其最适浓度分别为1.4mmol/L和28mmol/L。一般来说，甲烷浓度较高对AOM具有促进作用，而硫酸盐的影响并不明显（Krüger et al.，2005；Nauhaus et al.，2010）。温度影响AOM相关微生物的代谢速率及底物的传输效率。水压会影响甲烷的溶解度，其随着水压的升高而增大，使得厌氧甲烷氧化环境中甲烷浓度增加（Krüger et al.，2005；Valentine，2002）。

黄河三角洲湿地具有海陆过渡性、原生性和脆弱性的特点，还具有快速演化和高速沉积的独特性，碳的累积速率与世界其他地区的盐沼湿地相当（Guo et al.，2012）。滨海湿地长期处于潮汐环境中，盐度是甲烷排放的重要影响因子之一，研究发现自然湿地中介导碳循环的微生物的数量和活性与盐度负相关（Marton and Craft，2012；Neubauer，2013）。另外，由于降雨量不同，黄河三角洲湿地常年处于季节性干湿交替的生境中，淹水低氧环境促进湿地土壤在碳累积的同时产出甲烷，但在枯水期，该生态系统能够高效吸收并固定甲烷。Xiao等（2017）的研究结果表明，黄河三角洲滨海湿地的甲烷排放通量存在显著的季节性特征，并受干湿条件影响。由此可见，不同的环境因子，如干旱交替时氧气浓度和空气中的甲烷含量等，都会影响甲烷氧化菌的分布与代谢活性。同时，湿地处于干旱交替环境中，水位变化对介导甲烷循环的微生物有显著影响（Bansal et al.，2016）。整体而言，对于滨海湿地这一关键生态类型中甲烷氧化微生物的研究还相对较少。

三、滨海湿地电子驱动产甲烷的研究进展

微生物作为生态系统不可或缺的成员，在生态系统中扮演着生产者（如硝化细菌、蓝藻等）、消费者（如根瘤菌、酵母菌等）、分解者（如乳酸菌、大部分放线菌等）的角色，因此在生态系统的元素循环、能量流动等方面发挥着重要作用。在微生物的庞大群体中，有一类微生物是能够氧化有机物产生电子并能将电子从细胞内传递到细胞外的微生物，即产电微生物；还有一类微生物是能够接受来自细胞外

的电子并进行新陈代谢的微生物，即亲电微生物。将这两种微生物合称为电活性微生物（electroactive microorganisms，EAMs）。但是在不同的科学领域对电活性微生物的定义有所不同（Koch and Harnisch，2016）。

电子转移是细胞进行新陈代谢的基础，如光合作用和呼吸作用。电活性微生物如*Geobacter*和*Shewanella*的几株模式菌株（如*Geobacter sulfurreducens* PCA、*Geobacter metallireducens* GS-15、*Shewanecla oneidensis* MR-1等）具有双向电子传递能力，既可以产生电子，又可以接受电子（Gregory and Lovley，2005）。微生物种间电子传递（interspecies electron transfer，IET），是有电活性微生物参与的电子转移，是地球上生物化学元素循环的重要过程。在传统的长达半个世纪（自1967年以来）的认识里，普遍认为氢气是微生物之间进行电子转移的载体（Hungate，1967），即发生种间氢传递。随着对种间氢传递研究的深入，人们发现甲酸也具有这样的功能。种间以氢气、甲酸作为电子载体的传递是一种间接的电子传递方式。除这两种方式之外，一些黄素类、醌类、吩嗪类、腐殖质等物质可以作为电子穿梭体（electron shuttle，ES）介导胞外电子传递过程。直至2010年，美国麻省理工学院阿姆斯特分校的Lovley教授及其同事发现，不需要氢气、甲酸或电子穿梭体，微生物可以直接将电子传递给另一种微生物，这个过程被称为种间直接电子传递（direct interspecies electron transfer，DIET）（Summers et al.，2010）。

目前发现的种间直接电子传递主要有以下三种不同的方式。

（1）由纳米导线介导的直接电子传递：2005年Reguera等在*Geobacter sulfurreducens*中发现一种导电的蛋白纳米丝，称之为微生物纳米导线（microbial nanowires，MNWs）。已知纳米导线按其成分和结构分成三种不同的类型：导电菌毛（Pili）、细胞周质及其外膜的延伸物和未知的类型。纳米导线在细胞与胞外电子受体之间充当电子导体，介导电子转移，能帮助微生物和远距离的电子受体之间实现电子传递（Reguera et al.，2005）。目前已见报道的能够产生纳米导线的微生物有11种，但是它们的成分和导电机制还没有完全了解清楚（Sure et al.，2016）。当前对纳米导线的研究主要集中在两种理论：类金属导电模型及电子跃迁模型。在类金属导电模型中，以*G. sulfurreducens*进行的实验表明，其纳米导线具有类金属导电性（Malvankar et al.，2011；Malvankar and Lovley，2012），其导电机制在于蛋白质结构中芳香族氨基酸的π-π键的相互交叠，从而起到了类似金属的导电作用。

（2）由氧化还原蛋白介导的直接电子传递：细胞色素是普遍存在于生物体中的重要蛋白，并在胞外电子传递过程中发挥重要作用。细胞色素c以血红素为辅基，其血红素辅基与蛋白质以共价键相连，这是其他类型细胞色素所不具有的特性。一个细胞色素c中有至少有一个血红素与另一个细胞色素c的血红素接近，以实现多个细胞色素c之间的长距离电子传递（Rodrigues et al.，2006）。Summers等（2010）研究报道了*G. sulfurreducens*与*G. metallireducens*形成团聚体，*G. sulfurreducens*膜上的细胞色素c——OmcS得到了大量表达，并且在敲除*OmcS*后无法与*G. metallireducens*实现共培养，表明*OmcS*在DIET中起重要作用。

（3）由导电性矿物质介导的直接电子传递：一些导电活性物质如磁铁矿、活性炭等也可以介导DIET。在*G. sulfurreducens*和*G. metallireducens*的共培养体系中证实了磁铁矿能够促进微生物种间直接电子传递过程（Liu et al.，2015）。为了更深入地阐明磁铁矿的作用，Liu等（2015）通过实验证明了磁铁矿能够替代细胞色素蛋白OmcS，在添加磁铁矿后发现*G. sulfurreducens*的*OmcS*基因表达明显下降。在敲除*OmcS*基因后的*G. sulfurreducens*突变株的共培养体系中，再次添加磁铁矿，直接电子传递被再度激活（Liu et al.，2015；Summers et al.，2010）。该研究从分子层面上揭示了磁铁矿可以补偿缺失的OmcS的功能，同时也证明了无机矿物对种间直接电子传递的重要作用。另外，对地杆菌的共生体系研究表明，磁铁矿的添加上调了供体菌与受体菌细胞色素和菌毛基因的表达；活性炭的添加上调了供体菌细胞色素和菌毛基因的表达，但下调了受体菌菌毛基因*pilA*的表达。这表明不同导电性能的材料对电子传递对象具有不同的转录影响（Zheng et al.，2018）。利用飞行时间二次离子质谱技术对地杆菌团聚体表征发现，相对于浮游样品，团聚体表面的蛋白质和脂质表达水平发生了变化（Wei et al.，2017）。

Liu等（2012）在合作导师Lovley教授的指导下提出并证实了“电子驱动甲烷产生”的新机制，即细菌与产甲烷菌之间通过种间直接电子传递互营产甲烷（图20.9）。该研究证明导电的活性炭能够促进*G.*

*metallireducens*和产甲烷菌（*M. barkeri*）间的电子传递。该发现从新颖的角度揭示了活性炭颗粒之所以能够促进产甲烷过程，主要是因为其导电性高，而这种性质有助于细菌与产甲烷菌之间形成有效的电连接，可以代替连接电子供体和受体微生物之间的生物导电网络部件（Liu et al.，2012）。

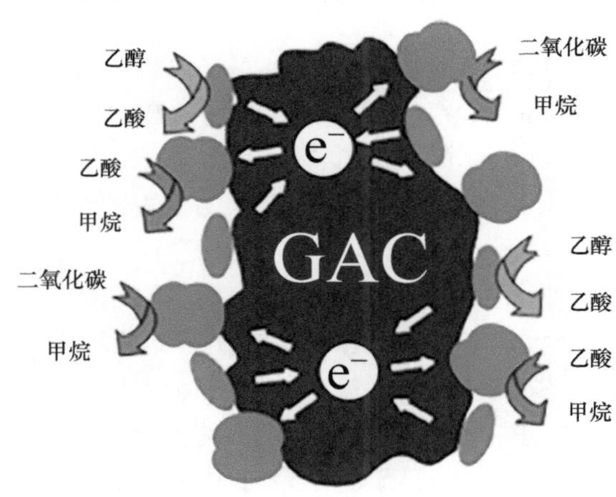

图20.9　颗粒活性炭促进微生物种间电子传递（Liu et al.，2012）

Morita等（2011）发现产甲烷反应器中的团聚体具有导电性，16S rRNA基因分析显示团聚体中丰富的细菌是*Geobacter*（25%），古菌主要是*Methanosaeta*（90%）。据此预测*Geobacter*与*Methanosaeta*之间可能存在种间直接电子传递。在环境样品中，用稻草或乙醇作为底物，从稻田土壤中富集产甲烷微生物，发现添加（半）导电铁氧化物（赤铁矿或磁铁矿）的情况下，刺激了*Geobacter*的生长，并且能促进产甲烷；而添加特异性产甲烷抑制剂则抑制了*Geobacter*的生长，因而认为*Geobacter*与产甲烷菌可形成一种互营生长模式，从而促进产甲烷菌产甲烷，而（半）导电铁氧化物的存在介导了这一过程的发生（Kato et al.，2012）。通过在水稻土中添加纳米Fe_3O_4发现，其能显著促进丁酸互营氧化产甲烷，当纳米Fe_3O_4被SiO_2包裹绝缘后，这种促进作用也随之消失，参与这一过程的主要微生物包括细菌Syntrophomonadaceae和Geobacteraceae，以及古菌Methanosarcinaceae、Methanocellales和Methanobacteriales（Li et al.，2015）。通过研究来自4个不同上流式厌氧污泥床（UASB）反应器处理啤酒厂废弃物的14个样品中的颗粒电导率和细菌群落组成发现，UASB颗粒中*Geobacter*丰度与颗粒电导率之间存在中度相关性（r=0.67），表明*Geobacter*对颗粒电导率有贡献，这些结果与先前的研究相符合，暗示了*Geobacter*可以向厌氧消化器中通常占主导地位的产甲烷菌提供电子，这表明DIET可能是UASB反应器处理啤酒厂废弃物的普遍现象（Shrestha et al.，2014）。

2014年，研究发现*G. metallireducens*和乙酸营养型甲烷鬃毛菌（*Methanosaeta harundinacea*）之间在不依赖导电性材料的条件下，能够形成团聚体，并通过直接电子传递的方式还原CO_2产生甲烷（Rotaru et al.，2014a）。甲烷鬃菌在此前一直被认为只能通过利用乙酸产生甲烷，而该研究发现甲烷鬃菌还可以直接与*Geobacter*进行电子传递产甲烷。*M. harundinacea*是第一种被证实可以与地杆菌进行种间直接电子传递的产甲烷菌。而甲烷鬃菌是产甲烷环境中丰度很高的微生物，暗示了种间直接电子传递在全球甲烷的大量产生过程中发挥着重要的作用。

*Methanosaeta*是全球甲烷生产中最重要的微生物贡献者，当*Methanosaeta*从DIET中获得能量时，它们的生长速度比以乙酸盐作为唯一能量来源时更快。因此，*Methanosaeta*在土壤中的生长和代谢可能比通常认为的更快且更稳定。同时也证明，*Geobacter*被发现大量在土壤中且代谢较为活跃的原因是：它们通过DIET与*Methanosaeta*及可能的其他产甲烷菌互营生长（Holmes et al.，2017）。之后，研究证明了*M. barkeri*与*G. metallireducens*之间存在直接电子传递，*M. barkeri*是继*M. Harundinacea*之后第二种被证实可以与地杆菌进行“电子驱动甲烷产生”的产甲烷菌，该研究进一步拓展了种间直接电子传递的范围（Rotaru et al.，2014b）。研究表明，在*G. metallireducens*和*M. barkeri*共培养体系中除了乙醇可以作为代谢底物，

丙醇、丁醇也可以作为电子供体，然而丙酸盐、丁酸盐不能作为电子受体（Wang et al.，2016）。在自然条件下发现并证实了马氏甲烷八叠球菌（*M. mazei*）与地杆菌同样可形成团聚体结构，据此推测该团聚体之间可能存在种间直接电子传递。这也是“电子驱动甲烷产生”机制广泛在自然条件下发生的证据之一（Zheng et al.，2015）。

除地杆菌与产甲烷菌之间存在直接还原CO_2产甲烷外，还可以乙醇为唯一电子供体从铁还原富集体系中获得产甲烷分离物，*Clostridium* spp.和*M. barkeri*分别在细菌和古菌群落中占优势，通过电化学等手段检测，认为*Clostridium* spp.和*M. barkeri*之间可能存在电子传递（李莹等，2017）。目前种间直接电子传递在革兰氏阴性菌中比较常见，该工作拓展了以*Clostridium*为代表的革兰氏阳性菌在种间直接电子传递中的范围。

综上所述，电子还原CO_2产甲烷是一种新发现的甲烷产生方式，与传统的氢营养型、乙酸营养型及甲基营养型产甲烷相比，电子还原CO_2产甲烷具有明显的优势。这种甲烷产生方式更直接，效率更高。导电材料和物质，如纳米磁铁矿、碳布、活性炭等，均能够促进电子的传递，因此应用相关的材料促进厌氧发酵体系甲烷产生的研究剧增（Park et al.，2018），并且相应的应用也逐渐开展起来。然而对于陆地产甲烷环境，深入的研究还非常少。中国科学院烟台海岸带研究所的研究人员研究了纳米磁铁矿对黄河三角洲湿地甲烷产生途径的影响及机制（Xiao et al.，2018）。为了更真实地模拟自然的原位环境，与以往采用单一的碳源不同，此研究以黄河三角洲湿地主要植物芦苇为碳源，结果发现纳米磁铁矿可在“小时”级别上显著提高湿地甲烷产生速率。借助自然丰度碳同位素分馏和^{13}C示踪显示发现，甲烷产生的提高主要来自CO_2还原的加快。综合利用热力学、电化学、模型分析等手段发现，甲烷主要来自“电子驱动的二氧化碳还原”。基于RNA水平的高通量测序分析表明，具有向细胞外传输电子能力的地杆菌与具有产甲烷能力的甲烷八叠球菌可以通过耦联互营乙酸氧化和电子还原CO_2过程促进甲烷的产生（图20.10）。随后研究人员在瑞士海岸线也发现了类似的现象（Rotaru et al.，2018）。由此可见，电子还原CO_2产甲烷的现象在滨海湿地及近海区域可能广泛存在。水稻田是最重要的人为排放源，近期的研究也发现导电的物质和材料能够促进水稻田甲烷的产生（Yuan et al.，2018），这暗示电子还原CO_2并非仅在天然湿地中，各种厌氧环境中可能均存在这种新发现的甲烷产生方式。

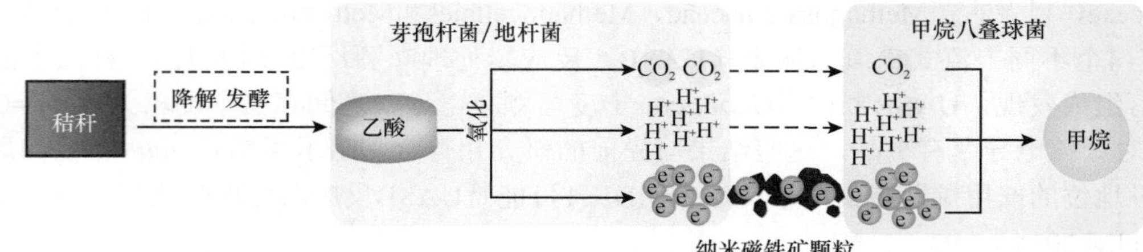

图20.10　纳米磁铁矿加速*Geobacter*与*Methanosarcina*间的电子传递（修改自Xiao et al.，2018）

“电子驱动甲烷产生”的提出不仅拓宽了人们对微生物种间电子传递过程的认识，还能对实际应用起到良好的指导作用。但还有很多问题尚未明确，未来对该机制的认识和发展还需要做很多的工作。例如，近期研究指出导电材料不仅能够促进CO_2的还原过程，还对乙酸营养型产甲烷过程具有重要的影响（Li et al.，2018）。因此，深入研究以*Geobacter*为代表的细菌与产甲烷菌之间的传递机制，对于理解自然条件下的产甲烷过程及相关元素的生物地球化学循环过程具有重要意义。

第三节　展　　望

不同类型滨海湿地的SO_4^{2-}含量、盐度、植被类型和底物供应等存在明显差异，导致产甲烷菌群落结构和甲烷产生途径不同，继而引起不同类型湿地甲烷产生速率和排放量的差异。因此，未来对滨海湿地的研究应该主要集中在以下几个方面：①加强对盐分、植物和人类活动（土地利用、养殖活动等）等多种因素在甲烷排放中作用的研究，阐明多种因素共同作用下甲烷排放的规律和差异；②加强滨海湿地甲烷排放通量研究，进行大范围下长期连续观测，深入探究滨海湿地甲烷排放与环境影响因子之间的关系；③建立预测模型，为准确估算全球甲烷排放通量提供依据，为解决全球气候变化问题提供参考。

从产甲烷菌的角度来看，产甲烷菌具有独特的生物化学代谢途径，未来对产甲烷菌的研究将主要集中在：①产甲烷菌的生理生化特征研究，包括分离高效产甲烷菌及产甲烷菌中关键酶的研究等；②发现、改造及模拟生物产甲烷的代谢通路；③研究滨海环境中产甲烷菌的分布、与其他菌群的关系及其对全球变化的响应机制。

随着研究的深入，更新的科学问题也应运而生。例如，电子还原CO_2产甲烷过程中，哪些微生物可以作为电子的供体、哪些微生物可以作为电子受体还不是特别清楚。目前为止，研究相对深入的是革兰氏阴性菌中的地杆菌和希瓦氏菌。革兰氏阳性菌，如梭菌，也具有产电和供电的能力，电子是如何从胞内运输到胞外的仍不清楚。另外，电子互营产甲烷过程中，作为电子受体的产甲烷菌是如何利用电子的也亟待相关研究人员进行解密。不同的导电材料具有明显的物理化学性质，它们在促进电子传递过程中起的作用是否相同？从发现氢营养型产甲烷到现在为止的半个多世纪，相关的过程和机制已逐渐清楚，借助此甲烷产生途径为人类利用清洁能源带来了极大的便利。深入解析电子还原CO_2产甲烷已经成为当前研究的热点和亟待解决的难点，发现和揭示其中的奥秘必会为人类更好地利用这种清洁能源与了解自然环境过程提供巨大的帮助。

参考文献

蔡朝阳, 何崭飞, 胡宝兰. 2016. 甲烷氧化菌分类及代谢途径研究进展. 浙江大学学报(农业与生命科学版), 42(3): 273-281.

蔡元锋, 贾仲君. 2014. 土壤大气甲烷氧化菌研究进展. 微生物学报, 54(8): 841-853.

李莹, 郑世玲, 张洪霞, 等. 2017. 产甲烷分离物中*Clostridium* spp. 与*Methanosarcina barkeri*潜在的种间直接电子传递. 微生物学通报, 44(3): 591-600.

贠娟莉, 王艳芬, 张洪勋. 2013. 好氧甲烷氧化菌生态学研究进展. 生态学报, 33(21): 6774-6785.

张坚超, 徐镱钦, 陆雅海. 2015. 陆地生态系统甲烷产生和氧化过程的微生物机理. 生态学报, 35(20): 6592-6603.

Bange H W, Bartell U H, Rapsomanikis S, et al. 1994. Methane in the Baltic and North Seas and a reassessment of the marine emissions of methane. Global Biogeochemical Cycles, 8(4): 465-480.

Bansal S, Tangen B, Finocchiaro R. 2016. Temperature and hydrology affect methane emissions from prairie pothole wetlands. Wetlands, 36(2): 371-381.

Barbier E B. 2007. Valuing ecosystem services as productive inputs. Economic Policy, 22(49): 177-229.

Barker H A. 1936. Studies upon the methane-producing bacteria. Archives of Microbiology, 7(1-5): 420-438.

Bäumer S, Ide T, Jacobi C, et al. 2000. The $F_{420}H_2$ dehydrogenase from *Methanosarcina mazei* is a Redox-driven proton pump closely related to NADH dehydrogenases. Journal of Biological Chemistry, 275: 17968-17973.

Blair N E, Jr Carter W D. 1992. The carbon isotope biogeochemistry of acetate from a methanogenic marine sediment. Geochimica et Cosmochimica Acta, 56(3): 1247-1258.

Bock A K, Prieger-Kraft A, Schönheit P. 1994. Pyruvate—a novel substrate for growth and methane formation in *Methanosarcina barkeri*. Archives of Microbiology, 161(1): 33-46.

Brugère J F, Borrel G, Gaci N, et al. 2014. Archaebiotics: proposed therapeutic use of archaea to prevent trimethylaminuria and cardiovascular disease. Gut Microbes, 5(1): 5-10.

Buckley D H, Baumgartner L K, Visscher P T. 2010. Vertical distribution of methane metabolism in microbial mats of the Great Sippewissett Salt Marsh. Environmental Microbiology, 10(4): 967-977.

Cavicchioli R. 2007. Archaea: Molecular and Cellular Biology. Washington DC: ASM Press: 151-152.

Chowdhury T R, Dick R P. 2013. Ecology of aerobic methanotrophs in controlling methane fluxes from wetlands. Applied Soil Ecology, 65: 8-22.

Conrad R. 1999. Contribution of hydrogen to methane production and control of hydrogen concentrations in methanogenic soils and sediments. FEMS Microbiology Ecology, 28(3): 193-202.

Conrad R. 2010. The global methane cycle: recent advances in understanding the microbial processes involved. Environmental Microbiology Reports, 1(5): 285-292.

Conrad R, Claus P. 2005. Contribution of methanol to the production of methane and its ^{13}C-isotopic signature in anoxic rice field soil. Biogeochemistry, 73(2): 381-393.

Conrad R, Claus P, Casper P. 2010. Stable isotope fractionation during the methanogenic degradation of organic matter in the sediment of an acidic bog lake, Lake Grosse Fuchskuhle. Limnology and Oceanography, 55(5): 1932-1942.

Cornelia W, Uwe D. 2011. Membrane-bound electron transport in *Methanosaeta thermophila*. Journal of Bacteriology, 193(11): 2868-2870.

Cornelia W, Uwe D. 2014. Bioenergetics and anaerobic respiratory chains of aceticlastic methanogens. Biochimica et Biophysica Acta (BBA)-Bioenergetics, 1837(7): 1130-1147.

Costa K C, Lie T J, Jacobs M A, et al. 2013. H_2-independent growth of the hydrogenotrophic methanogen *Methanococcus maripaludis*. mBio, 4(2): e00062-13.

Daniels L, Fuchs G, Thauer R K, et al. 1977. Carbon monoxide oxidation by methanogenic bacteria. Journal of Bacteriology, 132(1): 118-126.

Dedysh S N. 2002. Methanotrophic bacteria of acidic *Sphagnum* peat bogs. Microbiology, 71(6): 638-650.

Dedysh S N. 2009. Exploring methanotroph diversity in acidic northern wetlands: molecular and cultivation-based studies. Microbiology, 78(6): 655-669.

Dedysh S N, Derakshani M, Liesack W. 2001. Detection and enumeration of methanotrophs in acidic *Sphagnum* peat by 16S rRNA fluorescence in situ hybridization, including the use of newly developed oligonucleotide probes for *Methylocella palustris*. Applied and Environmental Microbiology, 67(10): 4850-4857.

Deppenmeier U. 1996. Pathways of energy conservation in methanogenic archaea. Archives of Microbiology, 165(3): 149-163.

Deppenmeier U, Lienard T, Gottschalk G. 1999. Novel reactions involved in energy conservation by methanogenic archaea. FEBS Letters, 457(3): 291-297.

Dridi B, Fardeau M L, Ollivier B, et al. 2012a. *Methanomassiliicoccus luminyensis* gen. nov., sp nov., a methanogenic archaeon isolated from human faeces. International Journal of Systematic and Evolutionary Microbiology, 62(8): 1902-1907.

Dridi B, Raoult D, Drancourt M. 2012b. Matrix-assisted laser desorption/ionization time-of-flight mass spectrometry identification of *Archaea*: towards the universal identification of living organisms. Journal of Pathology, Microbiology and Immunology, 120(2): 85-91.

Edenhofer O, PichsMadruga R, Sokana Y. 2014. Climate change 2014: mitigation of climate change. Contribution of working group III to the fifth assessment report of the intergovernmental panel on climate change. Computational Geometry, 18: 95-123.

Egger M, Rasigraf O, Sapart C J, et al. 2015. Iron-mediated anaerobic oxidation of methane in brackish coastal sediments. Environmental Science and Technology, 49(1): 277-283.

Ettwig K F, Zhu B, Speth D, et al. 2016. Archaea catalyze iron-dependent anaerobic oxidation of methane. Proceedings of the National Academy of Sciences of the United States of America, 113(45): 12792-12796.

Evans P N, Parks D H, Chadwick G L, et al. 2015. Methane metabolism in the archaeal phylum Bathyarchaeota revealed by genome-centric metagenomics. Science, 350(6259): 434-438.

Fang X Y, Li J B, Rui J P, et al. 2015. Research progress in biochemical pathways of methanogenesis. Chinese Journal of Applied and Environmental Biology, 21(1): 1-9.

Feldman D R, Collins W D, Biraud S C, et al. 2018. Observationally derived rise in methane surface forcing mediated by water vapour trends. Nature Geoscience, 11(4): 238-243.

Ferry J G. 1993. Methanogenesis: Ecology, Physiology, Biochemistry & Genetics (Chapman & Hall Microbiology Series).

Fey A, Axel P, Claus R, et al. 2004. Temporal change of ^{13}C-isotope signatures and methanogenic pathways in rice field soil incubated anoxically at different temperatures. Geochimica et Cosmochimica Acta, 68(2): 293-306.

Fricke W F, Henning S, Anke H, et al. 2006. The genome sequence of *Methanosphaera stadtmanae* reveals why this human intestinal archaeon is restricted to methanol and H_2 for methane formation and ATP synthesis. Journal of Bacteriology, 188(2): 642-658.

Gargi K, Kridelbaugh D M, Guss A M, et al. 2009. Hydrogen is a preferred intermediate in the energy-conserving electron transport chain of *Methanosarcina barkeri*. Proceedings of the National Academy of Sciences of the United States of America, 106(37): 15915-15920.

Graef C, Hestnes A G, Svenning M M, et al. 2011. The active methanotrophic community in a wetland from the High Arctic. Environmental Microbiology Reports, 3(4): 466-472.

Gregory K B, Lovley D R. 2005. Remediation and recovery of uranium from contaminated subsurface environments with electrodes. Environmental Science and Technology, 39(22): 8943-8947.

Großkopf R, Stubner S, Liesack W. 1998. Novel euryarchaeotal lineages detected on rice roots and in the anoxic bulk soil of flooded rice microcosms. Applied and Environmental Microbiology, 64(12): 4983-4989.

Guo H, Liu R, Yu Z, et al. 2012. Pyrosequencing reveals the dominance of methylotrophic methanogenesis in a coal bed methane reservoir associated with Eastern Ordos Basin in China. International Journal of Coal Geology, 93(1): 56-61.

Hamdan L J, Wickland K P. 2016. Methane emissions from oceans, coasts, and freshwater habitats: new perspectives and feedbacks on climate. Limnology and Oceanography, 61(S1): S3-S12.

Holmes D E, Shrestha P M, Walker D J F, et al. 2017. Metatranscriptomic evidence for direct interspecies electron transfer between *Geobacter* and *Methanothrix* species in methanogenic rice paddy soils. Applied and Environmental Microbiology, 83(9): e00223-17.

Hornibrook E R C, Bowes H L, Culbert A, et al. 2009. Methanotrophy potential versus methane supply by pore water diffusion in peatlands. Biogeosciences, 5(3): 2607-2643.

Hu A, Guo J J, Pan H, et al. 2018. Selective functionalization of methane, ethane, and higher alkanes by cerium photocatalysis. Science, 361(6403): 668-672.

Hu B L, Shen L D, Lian X, et al. 2014. Evidence for nitrite-dependent anaerobic methane oxidation as a previously overlooked microbial methane sink in wetlands. Proceedings of the National Academy of Sciences, 111(12): 4495-4500.

Hungate R E. 1973. A roll tube method for cultivation of strict anaerobes. Bulletins from the Ecological Research Committee, 3(B): 123-126.

Hungate R E. 1967. Hydrogen as an intermediate in the rumen fermentation. Archiv für Mikrobiologie, 59(1-3): 158-164.

Imachi H, Sakai S H, Yamaguchi T, et al. 2009. *Methanofollis ethanolicus* sp. nov., an ethanol-utilizing methanogen isolated from a lotus field. International Journal of Systematic and Evolutionary Microbiology, 59(4): 800-805.

Jetten M S M, Stams A J M, Zehnder A J B. 2010. Methanogenesis from acetate: a comparison of the acetate metabolism in *Methanothrix soehngenii* and *Methanosarcina* spp. FEMS Microbiology Letters, 88(3-4): 181-197.

Kaster A K, Moll J, Parey K, et al. 2011. Coupling of ferredoxin and heterodisulfide reduction via electron bifurcation in hydrogenotrophic methanogenic archaea. Proceedings of the National Academy of Sciences of the United States of America, 108(7): 2981-2986.

Kato S, Hashimoto K, Watanabe K, 2012. Methanogenesis facilitated by electric syntrophy via (semi) conductive iron-oxide minerals. Environmental Microbiology, 14(7): 1646-1654.

Keller J K, Wolf A A, Weisenhorn P B, et al. 2009. Elevated CO_2 affects porewater chemistry in a brackish marsh. Biogeochemistry, 96(1-3): 101-117.

Kim S Y, Veraart A J, Meima-Franke M, et al. 2015. Combined effects of carbon, nitrogen and phosphorus on CH_4 production and denitrification in wetland sediments. Geoderma, (259-260): 354-361.

King G M, Klug M J, Lovley D R. 1983. Metabolism of acetate, methanol, and methylated amines in intertidal sediments of lowes cove, maine. Applied and Environmental Microbiology, 45(6): 1848-1853.

Kip N, Ouyang W, van Winden J, et al. 2011. Detection, isolation, and characterization of acidophilic methanotrophs from *Sphagnum* Mosses. Applied and Environmental Microbiology, 77(16): 5643-5654.

Koch C, Harnisch F. 2016. What is the essence of microbial electroactivity? Frontiers in Microbiology, 7: 1890.

Kravchenko I, Sirin A. 2007. Activity and metabolic regulation of methane production in deep peat profiles of boreal bogs. Microbiology, 76(6): 791-798.

Kröninger L, Berger S, Welte C. et al. 2016. Evidence for the involvement of two different heterodisulfide reductases in the energy conserving system of *Methanomassiliicoccus luminyensis*. The FEBS Journal, 283: 472-483.

Krüger M, Meyerdierks A, Glöckner F O, et al. 2003. A conspicuous nickel protein in microbial mats that oxidize methane anaerobically. Nature, 426: 878-881.

Krüger M, Treude T, Wolters H, et al. 2005. Microbial methane turnover in different marine habitats. Palaeogeography Palaeoclimatology Palaeoecology, 227(1-3): 6-17.

Lang K, Schuldes J, Klingl A, et al. 2015. New mode of energy metabolism in the seventh order of methanogens as revealed by comparative genome analysis of "*Candidatus* methanoplasma termitum". Applied and Environmental Microbiology, 81(4): 1338-1352.

Lee S Y, Dunn R J K, Young R A, et al. 2006. Impact of urbanization on coastal wetland structure and function. Austral Ecology, 31(2): 149-163.

Li H J, Chang J L, Liu P F, et al. 2015. Direct interspecies electron transfer accelerates syntrophic oxidation of butyrate in paddy soil enrichments. Environmental microbiology, 17(5): 1533-1547.

Li J J, Xiao L L, Zheng S L, et al. 2018. A new insight into the strategy for methane production affected by conductive carbon cloth in wetland soil: Beneficial to acetoclastic methanogenesis instead of CO_2 reduction. Science of the Total Environment, 643: 1024-1030.

Liu F H, Rotaru A E, Shrestha P M, et al. 2012. Promoting direct interspecies electron transfer with activated carbon. Energy and Environmental Science, 5(10): 8982-8989.

Liu F H, Rotaru A E, Shrestha P M, et al. 2015. Magnetite compensates for the lack of a pilin-associated *c*-type cytochrome in extracellular electron exchange. Environmental Microbiology, 17(3): 648-655.

Liu Y C, Whitman W B. 2008. Metabolic, phylogenetic, and ecological diversity of the methanogenic archaea. Annals of the New York Academy of Science, 1125(1): 171-189.

Lovley D R, Klug M J. 1983. Methanogenesis from methanol and methylamines and acetogenesis from hydrogen and carbon dioxide in the sediments of a eutrophic lake. Applied and Environmental Microbiology, 45(4): 1310-1315.

Malvankar N S, Lovley D R. 2012. Microbial nanowires: a new paradigm for biological electron transfer and bioelectronics. Chemsuschem, 5(6): 1039-1046.

Malvankar N S, Vargas M, Nevin K P, et al. 2011. Tunable metallic-like conductivity in microbial nanowire networks. Nature Nanotechnology, 6(9): 573-579.

Mancinelli R L. 1995. The regulation of methane oxidation in soil. Annual Review of Microbiology, 49: 581-605.

Marton J M, Craft C B. 2012. Effects of salinity on denitrification and greenhouse gas production from laboratory-incubated tidal forest soils. Wetlands, 32(2): 347-357.

Matthews E, Fung I. 1987. Methane emission from natural wetlands: global distribution, area, and environmental characteristics of sources. Global Biogeochemical Cycles, 1(1): 61-86.

McDonald I R, Hall G H, Pickup R W, et al. 1996. Methane oxidation potential and preliminary analysis of methanotrophs in blanket bog peat using molecular ecology techniques. FEMS Microbiology Ecology, 21(3): 197-211.

McDonald I R, Murrell J C. 1997. The particulate methane monooxygenase gene *pmoA* and its use as a functional gene probe for methanotrophs. FEMS Microbiology Letters, 156(2): 205-210.

McGlynn S E, Chadwick G L, Kempes C P, et al. 2015. Single cell activity reveals direct electron transfer in methanotrophic consortia. Nature, 526: 531-535.

Milucka J, Ferdelman T G, Polerecky L, et al. 2012. Zero-valent sulphur is a key intermediate in marine methane oxidation. Nature, 491: 541-546.

Morita M, Malvankar N S, Franks A E, et al. 2011. Potential for direct interspecies electron transfer in methanogenic wastewater digester aggregates. mBio, 2(4): e00159-11.

Nauhaus K, Boetius A, Krüger M, et al. 2010. *In vitro* demonstration of anaerobic oxidation of methane coupled to sulphate reduction in sediment from a marine gas hydrate area. Environmental Microbiology, 4(5): 296-305.

Netz B, Davidson O R, Bosch P R, et al. 2007. Climate change 2007: mitigation. contribution of working group III to the fourth assessment report of the intergovernmental panel on climate change. summary for policymakers. Computational Geometry, 18: 95-123.

Neubauer S C. 2013. Ecosystem responses of a tidal freshwater marsh experiencing saltwater intrusion and altered hydrology. Estuaries and Coasts, 36(3): 491-507.

Nicholls R J. 2004. Coastal flooding and wetland loss in the 21st century: changes under the SRES climate and socio-economic scenarios. Global Environmental Change, 14(1): 69-86.

O'Brien J M, Wolkin R H, Moench T T, et al. 1984. Association of hydrogen metabolism with unitrophic or mixotrophic growth of *Methanosarcina barkeri* on carbon monoxide. Journal of Bacteriology, 158(1): 373-375.

Oremland R, Sandra P. 1982. Methanogenesis and sulfate reduction: competitive and noncompetitive substrates in estuarine sediments. Applied and Environmental Microbiology, 44(6): 1270-1276.

Oren A. 2014a. The Family Methanocaldococcaceae. Prokaryotes: 201-208.

Oren A. 2014b. The Family Methanococcaceae. Prokaryotes: 215-224.

Oren A. 2014c. The Family Methanosarcinaceae. Prokaryotes: 259-281.

Park J H, Kang H J, Park K H, et al. 2018. Direct interspecies electron transfer via conductive materials: a perspective for anaerobic digestion applications. Bioresource Technology, 254: 300-311.

Parkes R J, Cragg B A, Natasha B, et al. 2010. Biogeochemistry and biodiversity of methane cycling in subsurface marine sediments (Skagerrak, Denmark). Environmental Microbiology, 9(5): 1146-1161.

Purdy K J, Munson M A, Nedwell D B, et al. 2002. Comparison of the molecular diversity of the methanogenic community at the brackish and marine ends of a UK estuary. FEMS Microbiology Ecology, 39(1): 17-21.

Reeburgh W S. 1976. Methane consumption in Cariaco Trench waters and sediments. Earth and Planetary Science Letters, 28(3): 337-344.

Reguera G, McCarthy K D, Mehta T. et al. 2005. Extracellular electron transfer via microbial nanowires. Nature, 435(7045): 1098-1101.

Rodrigues M L, Oliveira T F, Pereira I A C, et al. 2006. X-ray structure of the membrane-bound cytochrome c quinol dehydrogenase NrfH reveals novel haem coordination. The EMBO Journal, 25(24): 5951-5960.

Rotaru A E, Calabrese F, Stryhanyuk H, et al. 2018. Conductive particles enable syntrophic acetate oxidation between *Geobacter* and *Methanosarcina* from coastal sediments. mBio, 9(3): e00226-18.

Rotaru A E, Shrestha P M, Liu F H, et al. 2014a. A new model for electron flow during anaerobic digestion: direct interspecies electron transfer to *Methanosaeta* for the reduction of carbon dioxide to methane. Energy and Environmental Science, 7: 408-415.

Rotaru A E, Shrestha P M, Liu F H, et al. 2014b. Direct interspecies electron transfer between *Geobacter metallireducens* and *Methanosarcina barkeri*. Applied and Environmental Microbiology, 80(15): 4599-4605.

Rotaru A E, Thamdrup B. 2016. A new diet for methane oxidizers. Science, 351(6274): 658.

Schlegel K, Welte C, Deppenmeier U, et al. 2012. Electron transport during aceticlastic methanogenesis by *Methanosarcina acetivorans* involves a sodium-translocating Rnf complex. The FEBS Journal, 279(24): 4444-4452.

Semrau J D, DiSpirito A A, Yoon S. 2010. Methanotrophs and copper. FEMS Microbiology Reviews, 34(4): 496-531.

Senior E, Lindström E B, Banat I M. et al. 1982. Sulfate reduction and methanogenesis in the sediment of a saltmarsh on the East coast of the United kingdom. Applied and Environmental Microbiology, 43(5): 987-996.

Shannon R D, White J R, Lawson J E, et al. 1996. Methane efflux from emergent vegetation in peatlands. Journal of Ecology, 84(2): 239-246.

Shrestha P M, Malvankar N S, Werner J J, et al. 2014. Correlation between microbial community and granule conductivity in anaerobic bioreactors for brewery wastewater treatment. Bioresource Technology, 174: 306-310.

Smemo K A, Yavitt J B. 2007. Evidence for anaerobic CH_4 oxidation in freshwater peatlands. Geomicrobiology Journal, 24(7): 583-597.

Söhngen N L. 1906. Zentr. Bakteriol. Parasitenk, Abt. II, 15: 513-517.

Söhngen N L, Bakterien U. 1906. Welche methan als kohlenstoff nahrung and energiequelle gebrauchen. Parasitenkd Infectionskr Abt, 2(15): 513-517.

Stéphane L H, Morgane C, Delphine C, et al. 2014. *Methanococcoides vulcani* sp. nov., a marine methylotrophic methanogen that uses betaine, choline and *N,N*-dimethylethanolamine for methanogenesis, isolated from a mud volcano, and emended description of the genus *Methanococcoides*. International Journal of Systematic and Evolutionary Microbiology, 64(6): 1978-1983.

Streever W. 2005. Wetland restoration. Encyclopedia of Earth Science, (11): 1081-1086.

Summers Z M, Fogarty H E, Leang C, et al. 2010. Direct exchange of electrons within aggregates of an evolved syntrophic coculture of anaerobic bacteria. Science, 330(6009): 1413-1415.

Sun Z, Sun W, Tong C, et al. 2015. China's coastal wetlands: conservation history, implementation efforts, existing issues and strategies for future improvement. Environment International, 79: 25-41.

Sure S, Ackland M L, Torriero A A J, et al. 2016. Microbial nanowires: an electrifying tale. Microbiology Society, 162(12): 2017-2028.

Tersteegen A, Hedderich R. 1999. *Methanobacterium thermoautotrophicum* encodes two multisubunit membrane-bound [NiFe] hydrogenases. The FEBS Journal, 264(3): 930-943.

Thauer R K, Kaster A K, Seedorf H, et al. 2008. Methanogenic archaea: ecologically relevant differences in energy conservation. Nature Reviews Microbiology, 6(8): 579-591.

Ticak T, Hariraju D, Arcelay M B, et al. 2015. Isolation and characterization of a tetramethylammonium-degrading *Methanococcoides* strain and a novel glycine betaine-utilizing *Methanolobus* strain. Archives of Microbiology, 197(2): 197-209.

Trotsenko Y A, Murrell J C. 2008. Metabolic aspects of aerobic obligate methanotrophy. Advances in Applied Microbiology, 63: 183-229.

Valentine D L. 2002. Biogeochemistry and microbial ecology of methane oxidation in anoxic environments: a review. Antonie van Leeuwenhoek, 81(1-4): 271-282.

Voge H H. 1936. Relation of the states of the carbon atom to its valence in methane. The Journal of Chemical Physics, 4(9): 581-591.

Wang L Y, Nevin K P, Woodard T L, et al. 2016. Expanding the diet for DIET: electron donors supporting direct interspecies electron transfer (DIET) in defined co-cultures. Frontiers in Microbiology, 7: 236.

Wang M, Tomb J F, Ferry J G. 2011. Electron transport in acetate-grown *Methanosarcina* acetivorans. BMC Microbiology, 11(1): 165.

Wartiainen I, Hestnes A G, Svenning M M. 2003. Methanotrophic diversity in high arctic wetlands on the islands of Svalbard (Norway)-denaturing gradient gel electrophoresis analysis of soil DNA and enrichment cultures. Canadian Journal of Microbiology, 49(10): 602-612.

Watkins A J, Roussel E G, Gordon W, et al. 2012. Choline and *N,N*-dimethylethanolamine as direct substrates for methanogens. Applied and Environmental Microbiology, 78(23): 8298-8303.

Watkins A J, Roussel E G, R John P, et al. 2015. Glycine betaine as a direct substrate for methanogens (*Methanococcoides* spp.). Applied and Environmental Microbiology, 80(1): 289-293.

Wei W C, Zhang Y Y, Komorek R, et al. 2017. Characterization of syntrophic *Geobacter* communities using ToF-SIMS. Biointerphases, 12(5): 05G601.

Whiticar M J, Faber E, Schoell M. 1986. Biogenic methane formation in marine and freshwater environments: CO_2 reduction *vs.* acetate fermentation—Isotope evidence. Geochimica et Cosmochimica Acta, 50(5): 693-709.

Widdel F. 1986. Growth of methanogenic bacteria in pure culture with 2-propanol and other alcohols as hydrogen donors. Applied and Environmental Microbiology, 51(5): 1056-1062.

Widdel F, Rouvière P E, Wolfe R S. 1988. Classification of secondary alcohol-utilizing methanogens including a new thermophilic isolate. Archives of Microbiology, 150(5): 477-481.

Woese C R, Fox G E. 1977. Phylogenetic structure of the prokaryotic domain: the primary kingdoms. Proceedings of the National Academy of Sciences of the United States of America, 74(11): 5088-5090.

Wolfe R S. 1979. Methanogens: a surprising microbial group. Antonie Van Leeuwenhoek, 45(3): 353-364.

Xiao L, Liu F, Liu J, et al. 2018. Nano-Fe_3O_4 particles accelerating electromethanogenesis on an hour-long timescale in wetland soil. Environmental Science: Nano, 5(2): 436-445.

Xiao L, Xie B, Liu J, et al. 2017. Stimulation of long-term ammonium nitrogen deposition on methanogenesis by Methanocellaceae in a coastal wetland. Science of the Total Environment, 595: 337-343.

Yang Y L, Ladapo J, Whitman W B. 1992. Pyruvate oxidation by *Methanococcus* spp. Archives of Microbiology, 158(4): 271-275.

Yuan H Y, Ding L J, Zama E F, et al. 2018. Biochar modulates methanogenesis through electron syntrophy of microorganisms with ethanol as a substrate. Environmental Science and Technology, 52(21): 12198-12207.

Yun J, Yu Z, Li K, et al. 2013. Diversity, abundance and vertical distribution of methane-oxidizing bacteria (methanotrophs) in the sediments of the Xianghai wetland, Songnen Plain, northeast China. Journal of Soils and Sediments, 13(1): 242-252.

Yun J, Zhuang G, Ma A, et al. 2012. Community structure, abundance, and activity of methanotrophs in the Zoige wetland of the Tibetan Plateau. Microbial Ecology, 63(4): 835-843.

Zheng S L, Liu F H, Li M, et al. 2018. Comparative transcriptomic insights into the mechanisms of electron transfer in *Geobacter* co-cultures with activated carbon and magnetite. Science China Life Sciences, 61(7): 787-798.

Zheng S L, Zhang H X, Li Y, et al. 2015. Co-occurrence of *Methanosarcina mazei* and *Geobacteraceae* in an iron (III)-reducing enrichment culture. Frontiers in Microbiology, 6: 941.

Zhu G, Zhou L, Wang Y, et al. 2015. Biogeographical distribution of denitrifying anaerobic methane oxidizing bacteria in Chinese wetland ecosystems. Environmental Microbiology Reports, 7(1): 128-138.

第二十一章

海岸带盐碱地根际微生物功能类群及其对环境的响应过程①

① 本章作者：解志红，刘晓琳，王艳霞

土壤盐碱化是目前最严重并且持续恶化的全球性资源与环境问题之一，土壤盐碱化会造成土壤板结，土壤结构被破坏，肥力下降，土壤盐碱化会导致植物对盐分吸收的增加，相应地对于其他矿质元素如钾、钙等的吸收会减少，最终导致植物缺乏某种营养元素，即营养元素失衡。针对治理、改善土壤盐碱化，当前的主要相关研究工作集中于培育作物耐盐品种、排水洗盐、水寒轮作、施用化学土壤改良剂等周期较长、成功率较低、成本高的方式。改善土壤盐碱化的最终目的是利用盐碱地土壤，因此提高植物的耐盐能力便是提高盐碱地改良效率的基础。相关研究证实，接种植物促生根际菌（plant growth promoting rhizobacteria，PGPR）可以有效地提高宿主植物抵抗盐碱胁迫的能力。这些促生菌不仅具有促进生长的作用，而且可以提高植物对非生物胁迫尤其是盐胁迫的耐受能力。

第一节　盐碱地根际微生物的研究进展

本节系统地介绍盐碱地根际微生物的相关概念，并且分别阐述在盐碱地环境中植物与根际微生物的相互作用、根际微生物群落的多样性及耐盐微生物分离在盐土改良中的应用这三个方面的研究进展。

一、盐碱地根际微生物的概念及其研究进展

（一）盐碱地根际微生物的概念

海岸带是响应全球气候变化最迅速、生态环境最敏感、最脆弱的地带，尤其是黄河三角洲虽然作为山东省乃至国家的重点开发区域，但是由于地势低平、排水不畅等特殊因素，黄河三角洲地区土壤盐碱化现象已经非常严重（栗云召等，2012；关元秀等，2001）。盐碱地面积之广、态势之严重已经很大程度上制约了黄河三角洲农业的可持续发展（任承钢等，2017）。因此采用各种措施改良盐碱地势在必行，目前国内外治理盐碱地大多采用物理或是化学修复，而生物修复则由于处于实验室研究阶段，并没有得到广泛应用。在涉及盐碱地生物修复的研究中，很多学者提到了根际微生物的概念。通过植物与根际微生物间的相互作用，可有效提高植物的耐盐碱能力，因此在盐碱地改良的技术手段中通过耐盐植物改良盐碱土具有重大意义，而调整植物地下根际微生物、筛选优势类群增强植物耐盐性更具有独创性和发展前景。

1904年，根际的概念被德国科学家Lorenz Hiltner首次提出，他将根系周围、受根系生长影响的土体定义为根际（肖艳红等，2013）。换句话说，根际是土壤—根系—微生物相互作用的系统，同时也是根系自身生命活动和代谢对土壤影响最直接、最强烈的区域（麦靖雯等，2017）。根际微生物是存在于根表面及其周围土壤中的细菌、真菌、藻类、原生动物和病毒，并由根面向外延伸形成数量上高于原土体，呈梯度变化的微生物，它们的生命活动在植物—土壤—微生物间的复杂关系中发挥了重要作用（李振高等，1993）。

（二）盐碱地根际微生物的研究进展

1. 盐碱地植物与根际微生物的相互作用

根际微生物与植物的关系非常密切，根据对植物的促进及抑制将根际微生物分为有益微生物和有害微生物，其中有益微生物自由生活在土壤中或附生于植物根际、茎叶上，一般具有固氮、解磷、产生植物激素等功能，因此对植物生长和健康均具有促进作用（周文杰等，2016；王学翠等，2007）。周文杰等（2016）通过研究发现，根际微生物还可以通过养分竞争、拮抗作用和诱导系统抗性等机制抑制土壤中的病原菌，进而促进植物生长。刘彩霞（2009）研究发现，根际微生物可以通过改善植物根际环境、增加土壤活性和保水性能、提高植物耐盐性、促进植物生长来进行盐碱土改良。

很多研究已经表明，不同植物根际微生物具有明显的差异性（Dias et al.，2012；Teixeira et al.，2010），而且在整个植物生长期内，由于植物根系分泌物与根际微生物的互作进化，会伴随着根际微

生物群落的演替和种群的消长（Chaparro et al.，2014；安志刚等，2018）。王新新等（2011）、陈瑾（2009）、李项岳等（2015）研究发现，盐生植物碱蓬、柽柳和田菁等的根际具有丰富的耐盐微生物资源且不同盐生植物耐盐微生物种类也不同。

根际微生物数量及种类的分布变化与植物根系生理生化活动的关系也非常密切。纪婧琦（2013）应用微生物培养法和现代分子生物学技术研究发现，种植能源植物后土壤微生物群落结构发生变化，三大微生物菌群数量明显增加，耐盐菌比重下降，不同能源植物根际土壤微生物的变化不同。林学政等（2006）利用盐生植物盐地碱蓬对天津河口滨海盐碱地进行生物修复发现，盐地碱蓬根际土壤的可溶性盐分下降，根际土壤的微生物数量明显增加。赵辉等（2010）通过大田试验研究了不同脱硫渣废弃物对盐碱地油葵根际微生物数量的影响，发现微生物数量在苗期和花期较少，在成熟期较多；油葵根际微生物数量随着脱硫渣施用量的增加呈现出先升高后下降的趋势。这表明油葵根际土壤微生物数量的变化和油葵植株的生长有密切的关系。罗明等（1995）及李凤霞等（2011）种植碱茅、苜蓿等牧草以改良新疆苏打硫酸盐草甸盐土，发现可以降低土壤含盐量，改善土壤环境，促进根际微生物活动，种草后，土壤中微生物细菌、放线菌、真菌数量均有显著增加，尤其对细菌数量的增加作用最为明显。从基因组水平来看，根际微生物受植物的影响也很大。纪婧琦（2013）也发现，种植不同能源植物对土壤微生物基因组DNA序列的多样性、丰富度及均匀度均产生了影响。

2. 盐碱地根际微生物群落多样性

目前根际微生物群落多样性研究主要有传统培养法、微生物群落生理代谢研究法及分子生物学法。张旭龙等（2017）利用Biolog方法发现种植四个品种的油葵均显著提高了盐碱地根际微生物对总碳源的利用率并且显著提高了根际微生物功能多样性指数。Wang（2004）通过调查黄河三角洲盐碱土壤中柽柳、芦苇、碱蓬、獐茅野生植物根际的丛枝菌根发现，所有丛枝菌都表现出群居的并且具有丛枝菌根的典型结构，群落占比为0.2%～9.5%，其中最多的是具有刚毛的丛枝菌。周军等（2007）采用传统培养法研究发现，外来种互花米草在滨海潮间带盐沼中可以大面积生长，通过改善互花米草根际土壤的理化性质，为其根际微生物提供了不同碳源，并且增强了根际微生物的活动，进而改变了根际微生物功能群。同时，周虹霞（2005）发现，互花米草在潮间带盐沼中生长后，根际微生物生理功能群中占优势的活动组分发生了变化，组成可能更复杂；且不同季节根际微生物群落碳源利用类型也存在差异。焦海华等（2015）以石油烃（TPH）污染盐碱土壤为研究对象，利用磷脂脂肪酸（PLFA）方法分析了棉花根际土壤微生物群落随棉花生长的动态变化特征，发现棉花生长对根际土壤微生物群落结构具有显著的影响，不同生长期根际土壤微生物种类与生物量均高于对照组。

近年来，分子生物学方法在盐碱环境下根际微生物群落多样性的研究中也得到了广泛应用。吉丽（2017）利用DGGE分子生物学手段对野生大豆和栽培大豆在不同盐碱环境中细菌多样性进行分析得到，适当的盐碱浓度会增加根际细菌的多样性，同时对不同盐碱环境中真菌多样性分析得知，大豆根际真菌多样性受盐碱胁迫环境的影响。李志杰等（2017）利用高通量测序方法，以多环芳烃（PAHs）污染盐碱土壤为对象，分析比较翅碱蓬根际与非根际土壤细菌群落多样性，发现翅碱蓬根际土壤群落结构多样性均高于裸地土壤，并且PAHs污染盐碱土壤中存在丰富的微生物资源。这表明翅碱蓬能显著增加根际微生物群落结构多样性，有助于促进嗜盐碱PAHs降解微生物在PAHs污染盐碱土壤改良中发挥作用，并为植物-微生物联合修复PAHs污染盐碱土壤提供依据。

3. 耐盐根际微生物分离应用

近年来，为获得具有耐盐特性的优良菌株以用于盐碱土壤的生物改良，许多学者对各种盐生植物及生长在盐碱地的非盐生植物的根际土壤中的耐盐微生物进行了分离筛选，并对优良菌株的耐盐特性及耐盐机制进行了研究。曲发斌等（2015）从盐生植物碱蓬和柽柳根际筛选了26株耐盐微生物，其中真菌3株、细菌18株、放线菌5株，并通过生物学特性分析及鉴定确定了高效耐盐菌株。Ishida等（2009）利用内部核糖体DNA转录多态性测序分析，在内蒙古碱性盐土（pH为9.2）的柳树根尖发现11株外生菌根真菌，其中有3个担子菌门和子囊菌门物种，同时有1个物种*Geopora* sp.已经多见于碱性土壤的栖息地，表明其适应于高pH土壤。根际耐盐微生物的发现对于进一步研究我国盐碱土壤的微生物区系及开发盐碱地专用肥料均具有重要的科学和现实意义。李兰晓等（2005）从我国内蒙古磴口地区各种盐碱地植物根际土壤中分离出固氮微生物10株，从中筛选出3株固氮芽孢杆菌，经鉴定1株为巨大芽孢杆菌（*Bacillus megaterium*），2株为蜂房芽孢杆菌（*Baeillusalve*）；并以草炭为载体制备成微生物菌剂，应用于西北地区盐碱地造林中，可以显著提高成活率，并能促进榆林生长。

二、盐碱地根际微生物的耐盐机制

目前对盐碱地植物根际微生物的研究主要是对盐碱地植物根际微生物多样性的分析，以及对于盐碱地根际微生物功能的鉴定，将根际微生物分类之后开发为根际促生菌，作用于盐碱地植物，观察其是否可以提高植物对于盐碱胁迫的耐受性，这也是盐碱地根际微生物对于提高植物耐盐作用的体现。

（一）根际微生物赋予植物耐盐性

根际微生物通常可以分离出可以促进植株生长，帮助植物抵御盐碱胁迫的促生微生物。将从耐盐微生物分离出的促生微生物，用于处理其余植物，可以帮助植物在盐碱地生长。将从耐盐植物的根际微生物中分离到的泛菌属和肠杆菌属的两种促生微生物接种绿豆，然后将绿豆种植于正常土壤及土壤盐碱度较高的土壤，同时设立空白对照，最终试验结果证明，与未接种相比，接种促生微生物的绿豆生物量增大，且产量得到提高。对试验植物生理指标的测试显示，接种促生微生物的植物对NaCl的吸收量减少，膜的受损程度降低，氧化剂抗坏血酸的浓度上升，且谷胱甘肽的含量升高（Meenu et al.，2016）。由此试验可以总结得出，根际微生物通过促使植物减少对盐分的吸收及促进一些与植物应激反应相关的物质的合成进而提高植物的耐盐性。在其他豆科植物白苜蓿草的试验中结果也是如此，将白苜蓿草分别种植于接种了根际促生微生物和未接种根际促生微生物的土壤，以不同盐浓度的培养液进行浇灌。在植物生长过程中检测植物的生长参数、叶绿素含量、丙二醛（与植物组织完整性相关）和渗透势。土壤的钠含量和钾含量将在植物收获时进行检测。结果显示，接种了根际促生微生物的植株生长状好、生物量更高。检测土壤中的钠离子含量可得知，接种促生微生物减少了根部对钠离子的摄入，进而提高了钾离子与钠离子之比。由此亦可证明，接种根际微生物的植物耐盐性来自其使植物减少了对钠的吸收，进而直接或者间接调控了植物的叶绿素含量、氧化还原物质含量、细胞膜完整性和离子积累（Han et al.，2014）。

（二）根际微生物的耐盐机制

以上的试验可以证明植物在不同的盐碱条件下可以生存，虽然生存状态不相同，但是盐碱地根际微生物会赋予植物耐盐性，使其在特殊条件下生存质量不下降。对于根际微生物促进作物生长和提高作物耐盐性的机制研究主要集中在根际微生物在营养调控和激素调节两个方面对植物的调控作用。

1. 营养调控

盐碱地对于生长的主要挑战包括植物难以获取足够的营养成分以供生长所需。根据主要的营养元素，根际微生物赋予植物耐盐性的机制可分为如下几类。

1）氮素

氮素是植物生长不可缺少的营养成分，是构成蛋白质、遗传物质的基础性营养元素。有关具有固氮功能的根际微生物可以提高作物抗逆性的研究主要集中于丛枝菌根真菌（arbuscular mycorrhizal fungi，AMF）和固氮螺菌。西红柿接种AMF的试验证实，在接种AMF的栽培品种西红柿中，氮素积累高于对照（Alkaraki and Hammad，2001）。泡囊丛枝菌根真菌（Vesicular Arbuscular Mycorrhiza，VAM）在与植物建立共生体系之后，通过影响植物氮代谢途径关键酶的活性，提高宿主植物对氮素的吸收能力，进而提高植株的耐盐性。研究证明生脂固氮螺菌（*Azospirillum lipoferum*）能够在非土培的小麦根际定殖，并促进小麦的生长，由此可见，固氮菌可以通过提供氮素来增强植物对盐胁迫的抗性，提高耐盐能力。

2）嗜铁素

铁元素在自然条件下的存在形式大多是不溶于水的，因此植物难以利用铁元素满足自身的生长。土壤中可供植物利用的有效的铁元素浓度极低，相关研究表明植物根际的一些微生物具有分泌嗜铁素（作为一种小分子量的三价铁离子螯合剂）的能力。在盐碱化的土壤之中，铁离子和磷酸盐等结合，直到根际微生物分泌嗜铁素，嗜铁素与铁离子螯合，使铁离子可供植物吸收应用（Raaijmakers et al.，1995），由于在盐碱地环境下铁离子的浓度更低，因此盐碱地根际微生物必然会表达更多的嗜铁素来完成植物的正常生长发育。

3）钾素

钾是植物需求量最高的，广泛参与植物的各项生命活动，对于植物的生长起着关键的作用。但是土壤中绝大多数的钾元素都以矿物态的形式存在，如云母，一些根际微生物可将难溶性的钾转化为植物可吸收的钾元素，例如，中华根瘤菌（*Sinorhizobium* sp.）钾元素含量较高，宿主植物生命活动能正常运行。

4）其他营养元素

除了促进一些常规营养元素的吸收来提高植物抗逆性，大量的研究表明根际微生物中的AMF和VAM可以促进植物对矿质元素如Zn、Ca、Mg、Fe的吸收。

2. 激素调节

许多根际微生物可以产生植物激素，主要有生长素IAA、赤霉素（GA）、细胞分裂素（CTK）和乙烯。研究较多的是生长素，根据报道大多数的根际微生物都能产生生长素，如假单胞菌属（*Pseudomonas*）、固氮螺菌属（*Azospirillum*）、根瘤菌属（*Rhizobium*）、黄单胞菌属（*Xanthomonas*）、产碱杆菌属（*Alcaligenes*）。生长素可以通过活化细胞膜上的质子泵来改变细胞通透性，进而促进植物生长。当植物处于盐碱胁迫时，体内代谢系统会产生过多的乙烯，适量乙烯促进生长发育，但是过量的乙烯会抑制植物的生长，导致植物衰老死亡，这是植物种植于盐碱地之后无法正常生存的常见缘由，但是某些植物根际促生菌可以产生1-氨基环丙烷-1-羧基（1-aminocyclopropane-1-carboxylate，ACC）脱氨酶，ACC是植物合成乙烯的前体物质，根际微生物产生的ACC脱氨酶，可将ACC降解为α-丁酮酸和氨，进而有效减少植物体内乙烯的合成和积累，缓解过量乙烯对植物的伤害，同时降解产物也可以供给微生物作为能源使用（赵龙飞等，2016；张越己，2012；Arshad et al.，2008）。用以ACC为唯一氮源的选择培养基筛选柠条的根际微生物，得到菌株AC3，盆栽接种试验证明其能显著促进柠条的根系发育（代金霞等，2017）。

综上所述，盐碱地根际微生物提高了植物在盐碱地生长时对盐碱胁迫的抗性，盐碱地根际微生物通过减少植物对钠离子的吸收提高了植物体内钾离子与钠离子的比值，保证了植物的正常生长发育，而且间接抑制了植物应对胁迫所产生的细胞膜损坏、氧化物质的产生。盐碱地根际微生物可以调控植物氮素代谢的关键酶活性，提高氮素吸收；根际微生物可以分泌嗜铁素帮助植物吸收盐碱地与其余离子螯合的铁离子。在根际微生物与植物形成共生体后根际微生物会分泌各种激素来促进植物生长发育，抵抗逆境。可产生ACC脱氨酶的根际微生物可以降解植物体内的乙烯合成前体，减轻逆境胁迫产生的乙烯对植物的损害，提高植物的抗逆性。以上便是盐碱地土壤微生物提高植物耐盐性的机制。

第二节　海岸带根瘤菌的功能类群及其适应机制

一、根瘤菌的概念、研究进展及生物固氮的意义

（一）根瘤菌的概念

根瘤菌是一类广泛分布于土壤中的革兰氏阴性菌，包含α-变形菌纲、β-变形菌纲、γ-变形菌纲，总共17属，大约100种。根瘤菌形态多为杆状，也存在“T”型或“Y”型等。具有可运动的鞭毛，无芽孢，进

行分裂生殖。能够利用许多碳水化合物合成自身所需要的有机物，可产生大量的胞外黏液。自然条件下可自生生活，也可在共生状态下与宿主植物（一般为豆科植物）共生形成根瘤。

根瘤菌和宿主植物共生结瘤是一个非常复杂的过程，包括一系列的信号识别和基因调控。首先宿主植物释放类黄酮物质的信号分子，当根瘤菌感受到信号分子后，将该物质与体内的NodD蛋白结合形成类黄酮-NodD的活化形式，进而激活自身的基因转录表达（Peck et al.，2006）。然后根瘤菌分泌一种特定的脂质几丁寡糖小分子化合物，即结瘤因子（nod factor，NF）。结瘤因子首先会被宿主植物根毛细胞质膜表面的受体蛋白激酶（NFR1和NFR5等）识别，继而引起植物一系列基因的表达变化，使得根毛细胞膜发生去极性化、碱性化和钙振荡等反应，导致根毛生长变形、弯曲和膨大等，同时会在植物根毛的内部形成一条侵染线，瘤菌从变形的根毛进入植物然后沿着侵染线向下侵染；结瘤因子同样可以在植物的皮层组织引起细胞分裂素的变化，然后植物受体蛋白（LHK1和CRE1等）将信号传递给转录因子（NSP1和NSP2），继而诱导相关的基因（*HAP*和*ERF*等）表达，形成根瘤原基，当根瘤菌沿着侵染线到达根瘤原基后，会继续在一系列基因的作用下形成根瘤（Kaló et al.，2005）。

根瘤菌进入宿主细胞后被一层膜套所包围，一部分会继续繁殖，增加根瘤内根瘤菌的数量，另一部分逐渐停止繁殖，形成成熟的类菌体。类菌体具有固氮的功能，类菌体中的固氮酶可以将游离的氮气还原为氨，由根部的传导组织输送至地上部分供植物利用。根瘤菌与宿主植物良好的共生关系使宿主植物为根瘤菌提供生长环境、能源、碳源及其他必需的营养物质，而根瘤菌则为宿主提供充足的氮素营养。

（二）根瘤菌的研究进展

基于根瘤菌特殊的生存方式，以及生态学研究上的重要意义，研究人员不断深入研究根瘤菌的多样性及生活习性等，发现了越来越多的新种：从1932年的1属6种，增加到现在的17属近100种；而且新的根瘤菌物种还在不断地被发现。

早期的根瘤菌分类系统一直以Fred等（1932）提出的互接种族（cross inoculation group）为主要依据。首次提出的根瘤菌分类系统根据互接种族的关系，将全部根瘤菌分为1属6种（*R. trifolii*，*R. leguminosarum*，*R. phaseoli*，*R. japonicum*，*R. meliloti*，*R. lupine*）。随着研究工作的不断深入，以及结瘤豆科植物的不断发现，互接种族的概念陷入混乱，而且研究证明了根瘤菌的寄主专一性由质粒控制，这种质粒还能在不同的菌株间转移。这从根本上动摇了以互接种族为依据的分类系统。从20世纪60年代开始，随着细菌分类学的发展，科学家开始使用细菌形态多样性、营养代谢特征、血清学实验等方法从表型上进行分类研究。*Bergey's Manual of Systemaic Bacteriology*［《伯杰氏系统细菌学手册》（1984年）］第一卷（1984）进行了根瘤菌分类系统的修订，提出了新的根瘤菌分类系统，即现代的根瘤菌分类系统。表型特征反映了菌株的描述性特征，为各个分类系统提供了基础依据。

伴随着时代的进步与科技的发展，根瘤菌的分类也发生了深刻的变化。使用更多具有多样性的遗传特征（DNA-DNA、DNA-rRNA基因杂交及16S rDNA序列）来区分根瘤菌与其他细菌，增加了许多新的根瘤菌属。目前根瘤菌划分为3纲，即α-变形菌纲（α-Proteobacteria）、β-变形菌纲（β-Proteobacteria）、γ-变形菌纲（γ-Proteobacteria）。其中，α-变形菌纲包括14属［*Rhizobium*（根瘤菌属）、*Sinorhizobium*（中华根瘤菌属）、*Ensifer*（剑菌属）、*Shinella*（申氏杆菌属）、*Neorhizobium*（新根瘤菌属）、*Pararhizobium*（伴根瘤菌属）、*Mesorhizobium*（中慢生根瘤菌属）、*Bradyrhizobium*（慢生根瘤菌属）、*Phyllobacterium*（叶杆菌属）、*Methylobacterium*（甲基杆菌属）、*Microvirga*（微枝形杆菌属）、*Ocrhobactrum*（苍白杆菌属）、*Azorhizobium*（固氮根瘤菌属）、*Devosia*（德沃斯氏菌属）］，β-变形菌纲包括2属［*Burkholderia*（伯克氏菌属）和*Cupriavidus*（贪铜菌属，原青枯菌属）］，以及γ-变形菌纲包括1属*Pseudomonas*（假单胞菌属）。

根瘤菌的分类同细菌分类一样，依赖于表型和遗传型特征相结合的多相分类法（polyphasic taxonomy）。在根瘤菌的多相分类中，表型分类方法曾在根瘤菌数值分类和新种描述中起着重要作用，但是表型测定受影响条件较多。因此，随着根瘤菌基因组测序及比较基因组学的发展，基于基因组的分类逐渐成为提出根瘤菌新种的可靠方法。另外，16S rDNA全序列分析和DNA-DNA同源性分析存在明显的缺陷：①16S rRNA基因的高保守性使其在种以下水平的分类具有很大局限性；②DNA-DNA杂交技术缺乏一致性，差异大，无法建立一个中心数据库；③基因水平转移，尤其是保守基因片段的水平转移可以引起现有细菌分类体系的混乱（Gevers et al.，2005）。

然而，随着核酸测序技术的迅速发展，越来越多的基因组序列已经完成测定，研究者便可以通过多个基因信息之间相互比较，综合分析得到全面可信的物种间的关系，相比16S rRNA基因的高度保守性，具有更高分化程度的持家基因更适用于菌种的鉴定。因此，多位点序列分析（multilocus sequence analysis，MLSA）可应用于从种内到种间的分析。目前，已经有十几种保守基因用于根瘤菌的系统发育研究，如*atpD*、*dnaK*、*gap*、*glnA*、*glnII*、*gltA*、*gyrB*、*pnp*、*recA*、*rpoB*及*thrC*，就根瘤菌而言还包括共生基因*nodA*、*nodC*、*nifD*、*nifH*等。运用MLSA比较细菌基因组之间的差别，证明了不同遗传背景的根瘤菌之间共生基因可通过横向转移的方式由一个菌转移到另一个菌，而且这方面的证据也越来越多（Rogel et al.，2011）。随着对根瘤菌分类研究的积累及其与豆科植物互作关系研究的深入，共生基因的横向转移对未来根瘤菌分类也会产生重要影响。另外，细菌全基因核苷酸高通量测序的完成为研究者研究微生物物种的遗传特性、鉴定新种提供了一个新方法，也为今后更多根瘤菌种的发现奠定了基础。

（三）生物固氮的意义

生物固氮是指分子态氮在生物体内被还原成氨的过程。根据固氮微生物的固氮特点及其与植物的关系，可以将其分为3类，即共生固氮微生物、联合固氮微生物和自生固氮微生物。生物固氮在农业上具有潜在且巨大的应用价值，对农业的可持续发展来说意义重大，生物固氮的作用有提高农作物产量、降低化肥使用量、减少水土污染、保持农业可持续发展、降低能源消耗、影响海洋氮素循环和海洋生物光合作用等诸多方面。植物生长所需的氮素主要从土壤中获得，如果连续种植作物却得不到充足的氮素补充，土壤就会变得营养匮乏，从而影响作物的产量，在解决这一问题上，除人为施用氮素肥料外，科学家还很早就发现了生物固氮的奥秘，自1886年赫尔利格尔发现豆科植物根瘤具有固氮能力开始，人们就对生物固氮倍加关注。早在100多年前就已发现，在豆科作物种植时接种根瘤菌可以有效地提高固氮量（窦新田，1989）。一个世纪以来，世界各国的科学家对生物固氮的种类、原理、应用等方面都做了全面而深入的研究，从最初简单的表型性状研究发展到基因工程领域的研究，不断取得突破性的进展，也使根瘤菌在农业上的应用具备了大量的理论和实践基础，现在世界范围内，豆科作物接种根瘤菌已取得了非常好的效果，越来越被人们认可。例如，巴西在种植大豆时，只接种根瘤菌，不施用氮肥，仍可使产量提高30%左右；美国在种植豆科作物时也多接种根瘤菌，依靠根瘤菌固定的氮素占农业用氮总量的1/3，这些国家的根瘤菌剂早已进入商业化的生产模式（陈文新等，2002）。

豆科植物-根瘤菌是经典的生物固氮模式，但在非豆科植物中，生物固氮还没有取得突破性进展。通过适当的方式将生物固氮机制引入非豆科植物尤其是农作物中，进而建立起非豆科植物的固氮新体系，是现代农业迫切需要又富有挑战性的研究课题。近年来，随着对豆科植物-根瘤菌的信号交流和结瘤共生机制及植物-丛枝菌根真菌共生信号途径研究的逐渐深入，已有较多证据表明豆科植物用于与根瘤共生的信号转导基因在非豆科植物如水稻、玉米等中是保守的。如果能够通过改造非豆科植物中已有的信号途径实现共生固氮，将极大推进农业的发展。鉴于目前的研究进展和技术条件，实现非豆科植物共生固氮，至少需要以下3步：①通过遗传修饰，使非豆科植物识别结瘤因子，并激活植物共生信号途径；②选择合适的根瘤菌或联合共生菌，建立稳定可靠的非豆科植物-固氮菌相互作用系统；③根瘤菌进入植物根的表皮细胞并固氮。因此，在非豆科植物体内建立高效共生固氮体系，对于农业的可持续发展具有不言而喻的意义（陈文新和陈文峰，2004）。

二、海岸带田菁根瘤菌的多样性多相分类学研究方法

根瘤菌是一类能与豆科植物共生结瘤的革兰氏阴性菌，是一个属于生态学范畴的概念，而非分类学单位，归属于变形菌门的α-变形菌纲和β-变形菌纲。在合适的条件下，根瘤菌能侵染豆科植物并与之进行共生结瘤固氮。根瘤菌与豆科植物的共生是生物固氮体系中作用最强的体系，在农业生产中起着极其重要的作用，该共生体系所固定的氮约占生物固氮总量的65%（Cocking，2003；Dakora，2003）。

（一）根瘤菌分类历史及现状

1898年，Frank首次提出根瘤菌属（*Rhizobium*）；1932年，Fred最早提出根瘤菌分类系统，该系统以根瘤菌与豆科植物互接情况为依据，以与根瘤菌结瘤的优势宿主植物命名，将根瘤菌属、色杆菌属、土壤杆菌属共同组成根瘤菌科；1974年，《伯杰氏鉴定细菌学手册》第8版提出将*Rhizobium*分为快生型根瘤菌和慢生型根瘤菌两个类群，这次修订仍然以根瘤菌与豆科植物互接情况为依据，此外，还考虑了生长速度及鞭毛类型等其他分类因素；1984年，Jordan提出了新的分类系统，该系统以表型特征为依据，将根瘤菌属、慢生根瘤菌属、土壤杆菌属和叶瘤杆菌属划为根瘤菌科；此后，Kuykendall提出了根瘤菌最新的分类系统，该系统以细菌的16S rRNA系统发育为依据，并将根瘤菌科提升到根瘤菌目。目前为止，根瘤菌目共包括14属，其中11属属于α-变形菌纲，分别为*Agrobacterium*、*Allorhizobium*、*Azorhizobium*、*Bradyrhizobium*、*Devosia*、*Mesorhizobium*、*Methylobacterium*、*Ochrobactrum*、*Phyllobacterium*、*Rhizobium*和*Sinorhizobium*（*Ensifer*），3属归属于β-变形菌纲，分别为*Burkholderia*、*Cupriavidus*和*Herbaspirillum*。

以16S rRNA和持家基因为基础的根瘤菌分类系统仍然存在争议。*Ensifer*和*Sinorhizobium*的中文译名分别为“剑菌属”和“中华根瘤菌属”（杨瑞馥，2011）。*Ensifer*最初是从土壤内分离到的能捕食其他细菌的细菌，野生型的*E. adhaerens*并不在豆科植物上结瘤（Dakora，2003）；*Sinorhizobium*由Chen等（1988）提出，分离自大豆的根瘤，是快生型的大豆根瘤菌，与之前研究者发现的大豆慢生型根瘤菌不同，以*Sinorhizobium fredii*为模式种，能与大豆有效共生固氮，不能捕食其他细菌；Willems等（2003）发现，*Sinorhizobium*与*Ensifer*的16S rRNA和*recA*等持家基因的发育进化树在同一分支上，两类菌之间的16S rRNA基因序列相似性范围为97.9%～99.9%，因此建议将*Ensifer*划分到*Sinorhizobium*，相应地，*Ensifer*中唯一的种*E. adhaerens*应重新命名为*S. adhaerens*。

（二）田菁与根瘤菌共生体系

田菁（*Sesbania cannabina*）为一年生草本豆科植物，生长于热带和亚热带地区，其根系发达，多分布在20～40cm的土层，根瘤多而大，固氮能力强，而且还可以形成数量较多的茎瘤，土壤适应性极强，在酸性土、碱性土、盐碱土、旱地、涝地均可生长，具有较强的抗逆性，这使得田菁成为一种优良的夏季绿肥，并可作为土壤修复和改造的先锋植物（焦彬，1986）；此外，田菁也是禽、畜、鱼的良好饲料（于学玲等，1988），其种子还可用来生产田菁胶，用于油田采油、选矿冶金、采矿爆破、纺织和日用化工，是工业胶用作物（焦彬，1986）；其茎秆纤维可用来造纸。因此，田菁是一种利用价值较高的植物，具有较高的栽培价值和较广阔的应用前景。

与田菁结瘤的根瘤菌分布广泛，隶属于4属，分别为固氮根瘤菌属（*Azorhizobium*）、剑菌属（*Ensifer*）、新根瘤菌属（*Neorhizobium*）和根瘤菌属（*Rhizobium*）。这些根瘤菌遗传背景差异较大，但却有十分相近的共生基因（*nod*、*neo*、*nol*等）和固氮基因（*nif*、*fix*等）。这是由共生固氮基因的水平基因转移造成的，因此要明确田菁根瘤菌的系统发育地位，通过生物信息手段分析其基因组是必不可少的工作。

（三）黄河三角洲田菁根瘤菌分类研究

黄河三角洲位于山东省东营市，以利津县为轴点、由徒骇河口向南蔓延至小清河口、向东撒开，为扇形冲积平原，面积5000km^{2}以上，海拔低于15m，1855年黄河改道并挟带大量的黄沙在渤海入海口冲击形成。黄河三角洲属于温带大陆性季风气候，一年四季分明，光照充足，雨热同期，具有发展农业的良好气候条件。黄河三角洲毗邻渤海，海水倒灌严重，又由于三角洲形成时期晚，土壤有机质含量低，养分少，盐碱化程度高。环境条件与土壤条件矛盾严重。2013年，由科学技术部立项、中国科学院组织实施“渤海粮仓”计划，针对环渤海地区中低产田和盐碱荒地淡水资源匮乏、土壤瘠薄等问题，重点突破区域土、肥、水、种等关键技术，实现环渤海地区粮食增产。

李项岳等（2015）从黄河三角洲的5个采样点及当地田菁引种地之一江苏如东的2个采样点采集田菁根瘤，分离、纯化、保藏根瘤菌198株，通过*recA*基因比较，选出18株代表菌株，通过16S rRNA基因、多位点序列分析（*recA*、*atpD*、*glnII*），确定黄河三角洲田菁根瘤菌分布于3属中：*Ensifer*、*Neorhizobium*、*Rhizobium*。其中，*Ensifer* sp. I为最大的类群，占黄河三角洲田菁根瘤菌总数的71%。对田菁根瘤菌与土壤环境因子进行相关性分析，结果表明，pH对田菁根瘤菌的分布影响显著。实验筛选出的高效固氮菌株*Ensifer* sp. I YIC4027在蛭石培养条件下，具有良好的促生效果（Li et al.，2016a；李项岳等，2015）。

黄河三角洲地区田菁根瘤菌的种类差异较大，分布于3属中。然而对田菁根瘤菌的共生固氮基因进行分析发现，不同属的菌株之间，这两类基因相似性高。共生固氮基因属于附属基因，对细菌的基础生命活动影响较小，因此附属基因的进化过程并不会受到严格的选择影响。部分附属基因如结瘤相关基因、抗性基因等位于基因组的转移元件上，容易在菌株所处的生态位上发生菌株之间的水平基因转移事件。田菁根瘤菌遗传背景差异较大的属之间存在相同的共生固氮基因，很可能是水平基因转移造成的。

李岩等（2015）进行了温室盆栽实验，将在黄河三角洲地区分离的根瘤菌接种到田菁上，以盐水灌溉模拟黄河三角洲盐碱化土壤，后期分析盆栽土壤的盐分含量以对田菁-根瘤菌共生体系进行降盐能力评估，接种高效菌的田菁比不接种高效菌的田菁长势及降盐肥田效果更好：地上部生物量增加26.1%，根部增重46.2%，降盐效果提高20%～25%，土壤盐浓度比空白地降低74%～79%。这表明田菁与筛选的土著高效共生固氮根瘤菌形成的共生固氮体系在黄河三角洲的盐碱地改良应用效果良好，并有望推广应用（Li et al.，2016b；李项岳等，2015）。

三、黄河三角洲特有的田菁根瘤菌的适应机制

黄河三角洲是国家开发战略和蓝色经济战略的交界地带，土地资源丰富，是山东省重点开发区域。由于地理位置特殊及成陆时间短等，黄河三角洲地区土壤盐碱化严重，制约着该地区农业的可持续发展。田菁（*Sesbania cannabina*）是改良盐碱地的豆科植物，又名普通田菁、碱菁、涝豆，具有耐盐、耐重金属、抗旱、耐涝的特点，在全世界广泛种植，在我国被引入黄河三角洲地区作为降盐肥田的先锋作物（Allen O N and Allen E K，1981；Ye et al.，2001；Zhang et al.，2011a）。田菁根瘤菌是能够与豆科植物田菁共生固氮的一类革兰氏阴性菌，能在宿主田菁上形成根瘤或茎瘤，将大气中的氮气还原为氨，直接被植物吸收利用。根瘤菌-豆科植物形成的根瘤或茎瘤共生固氮系统，是最高效的生物固氮体系，具有固氮能力强、固氮量大、抗逆性强（耐盐贫瘠、抗干旱）的特点。除了具有供给宿主植物氮素，促进植物生长发育，提高植物耐盐性、抗逆性、抗旱抗涝的能力，还能在土壤中留下大量的氮素供给其他植物和微生物利用，具有良好的养地改土作用，在农业的可持续发展和氮缺乏地区的生态环境修复中有重要的作用。因此，研究田菁根瘤菌资源，对提高田菁抗逆性、促进其植株生长、助力盐碱地改造与土壤修复及发展环境友好型生态农业具有重要的实用价值和意义。

根瘤菌归属于变形菌门下的α-变形杆菌纲和β-变形杆菌纲。在α-变形菌纲和β-变形菌纲内，分别包括1目，总共17属。根瘤菌-豆科植物共生体系受宿主植物、根瘤菌及环境因素的影响（Zhang et al.，

2011b）。研究表明，田菁根瘤菌群体分布具有一定的地理局限性和适应性。土壤条件如盐度、酸碱度、湿度、温度和有机质的含量会对根瘤菌的存活能力及其与宿主结瘤共生的能力有直接影响。根据16S rRNA基因、持家基因*atpD*、*recA*、*glnII*多序列分析，确定黄河三角洲地区田菁根瘤菌主要分布在*Ensifer*、*Neorhizobium*、*Rhizobium* 3属，其中，*Ensifer alkalisoli*为最大的类群，占黄河三角洲田菁根瘤菌总数的71%，其次为*Ensifer meliloti*及其他未定种菌株（Li et al.，2016a）。区域地理环境对根瘤菌与宿主共生关系的影响很大，对土壤因子和田菁根瘤菌的相关性分析如图21.1所示（Li et al.，2016b），pH、盐度、有效磷、有机碳、总氮是决定黄河三角洲地区根瘤菌分布类群的主要因素。其中，*E. Sesbaniae*与pH正相关，*Ensifer* sp. Ⅰ与pH负相关，*E. meliloti*、*N. huautlense*、*Rhizobium* sp.、*Agrobacterium* sp. Ⅰ和*A. pusense*与盐度、有效氮正相关，与有效磷、有效钾负相关。*Ensifer* sp. Ⅰ与总氮和有机碳正相关，*Ensifer* sp. Ⅱ与有效磷正相关。

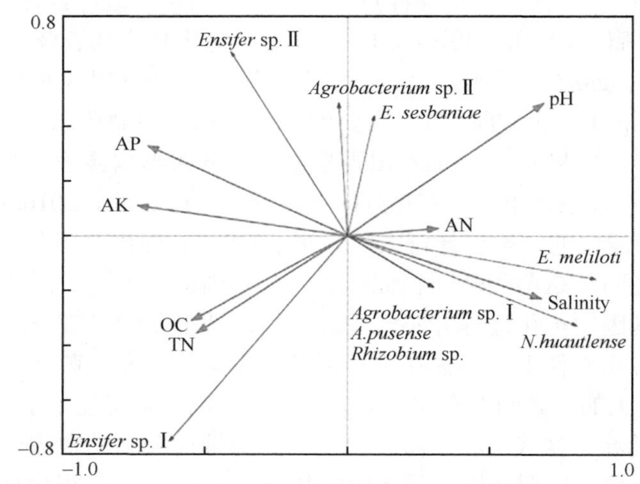

图21.1　田菁根瘤菌遗传多样性与土壤因子的RDA分析图

AN–有效氮；AP–有效磷；AK–有效钾；OC–有机碳；TN–总氮；Salinity–盐度

黄河三角洲地区土壤盐碱化是制约该地区农业发展的主要屏障，筛选高效固氮根瘤菌、充分发挥田菁-根瘤菌高效共生固氮体系的功能对促进田菁生长、提高田菁植物生物量、增强降盐肥田效果具有重要意义。对黄河三角洲地区田菁根瘤菌进行了筛选，其中高效代表菌株*Ensifer alkalisoli* YIC4027表现出最好的促生效果、较高的固氮结瘤及耐盐能力。在黄河三角洲的盐碱地小区试验中，接种该菌株显著增加了田菁生物量，取得了降盐肥田的效果。

对*Ensifer alkalisoli* YIC4027进行了抗逆性研究，结果发现该菌株具有较强的抗逆特性，能够耐受4%的NaCl，并且在pH为6～10的条件下生长良好。为了揭示*E. alkalisoli* YIC4027的盐碱适应机制，结合基因组测序对该菌株进行了基因组水平上的分析。

微生物耐盐机制主要包括亲和性溶质或渗透保护物合成、盐离子的外排和细胞膜通透性改变等。甜菜碱是根瘤菌在高盐、干旱、高渗透压及低温环境下的最主要有效渗透压保护剂。海藻糖是微生物在盐碱环境下的渗透压保护剂。目前的研究表明，海藻糖共有5条合成途径，包括*otsA*/*otsB*、*treS*、*treP*、*treT*及*treY*/*treZ*。YIC4027中存在胆碱脱氢酶基因（*betA*）和甜菜碱脱氢酶基因（*betB*），以及海藻糖生物合成基因*otsA*/*otsB*、*treY*/*treZ*。质子反向转运体在根瘤菌适应盐碱环境压力中发挥重要作用（Hunte et al.，2005；Krulwich et al.，2011）。Na^+转运主要是通过Na^+/H^+反向转运蛋白（Na^+/H^+ antiporter）来完成的。*E. alkalisoli* YIC4027中存在K^+/H^+反向转运蛋白NhaP2和Na^+/H^+反向转运蛋白NhaA，这使得细菌能够吸收H^+，排出K^+、Na^+。

*Ensifer meliloti*在田菁根瘤菌中占有较高的比例，其趋化机制得到一定研究。细菌趋化性使得运动型细菌感应植物根际释放的化学信号并向植物根际运动，为其在宿主植物根际结瘤提供竞争性优势，在建立植物-微生物互作共生的起始阶段起着重要作用。*Ensifer meliloti*的每个菌体含有5～10根周生鞭毛，趋

化系统通过感应环境信号控制鞭毛旋转速度来调节运动方向。全基因组分析表明，*Ensifer meliloti*具有9个趋化受体（McpS、McpT、McpU、McpV、McpW、McpX、McpY、McpZ及IcpA），有两个趋化簇，分别为*che1*和*che2*。其中，趋化簇*che1*属于控制鞭毛运动的Fla类，趋化簇*che2*属于控制细胞其他功能的ACF类。趋化簇*che1*中的任何一个基因被敲除后都会引起趋化能力缺失或减弱，趋化簇*che2*对趋化能力无影响。*Ensifer meliloti*趋化信号转导如图21.2所示，首先，在无吸引物存在下，组氨酸激酶CheA能发生自磷酸化，并将磷酸化基团分别传递给CheY1和CheY2，CheY2是主要的响应调控子，CheY2～P负责与鞭毛马达蛋白结合降低其旋转速度（Sourjik et al.，1998）。在吸引物存在下，CheA处于失活状态，CheY2～P能够将磷酸基团返还给CheA，使得CheY1发生磷酸化（Sourjik and Schmitt.，1996）。在*Ensifer meliloti*中，CheY1是CheA的10倍左右，CheY1～P去磷酸化速度很快，CheY1是CheY1～P的磷酸基团沉默者，与大肠杆菌CheZ功能类似。CheY2～P与CheY1～P的区别在于前者能使得CheA发生磷酸化，而后者不能。此外，趋化系统中还存在CheS，该蛋白能通过加强CheY1～P与CheA的结合来加速CheY1～P的去磷酸化。在*Ensifer meliloti*中，趋化受体McpS位于趋化簇*che2*上，被敲除后对细菌趋化无影响。除McpS外，敲除其他8个趋化受体都会引起趋化能力缺陷。一些趋化受体的功能已经得到鉴定，其中，McpU能感应脯氨酸等多数氨基酸（Webb et al.，2014，2017a），McpX与感应季铵化合物（如甜菜碱、葫芦巴碱、胆碱）有关（Webb et al.，2017b），McpV与短链脂肪酸的结合有关（Compton et al.，2018）。

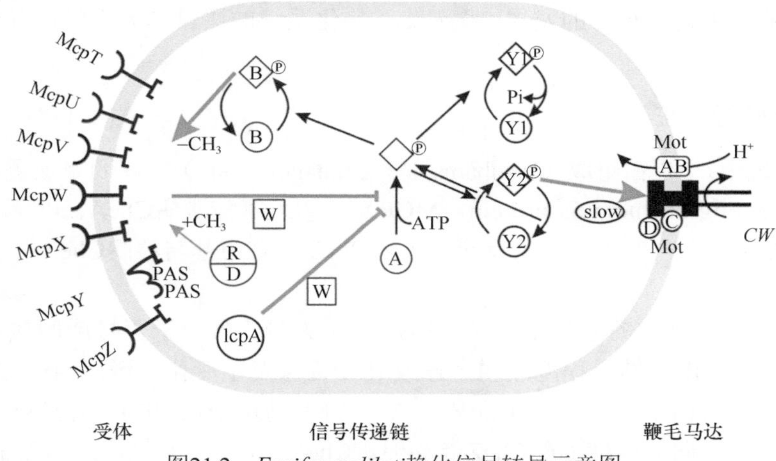

图21.2　*Ensifer meliloti*趋化信号转导示意图

目前，已有12属122株根瘤菌的全基因组序列得到发布（Jiao et al.，2018）。随着基因组测序技术的发展，越来越多的根瘤菌全基因组数据将被获得。在黄河三角洲区域，田菁-根瘤菌体系在盐碱地修复中发挥着重要功能。在前期研究中，我们对黄河三角洲地区的田菁根瘤菌菌群进行了解析，分析了土壤因子对菌群遗传多样性的影响。并且筛选鉴定到一株高效菌株*E. alkalisoli* YIC4027。对其进行基因组水平上的研究，将进一步在分子水平上揭示其环境适应机制，帮助揭示竞争性结瘤优势的原因，有助于揭示根瘤菌与其宿主植物的互作关系机制，为田菁根瘤菌菌剂的开发应用提供理论依据与支持。

四、根瘤菌的趋化信号转导系统

细菌常以鞭毛驱动自身运动。细菌感应环境中的物理或化学信号，并通过鞭毛调节的运动来响应外界刺激的行为称为趋化。正向趋化是指细菌感受到环境中存在吸引物，并不断朝向吸引物浓度较高的方向趋近的行为。反之，细菌受到环境中排斥物刺激，并不断远离的行为称为反向趋化。根瘤菌和豆科植物之间的相互作用对豆科植物的生长有促进作用。趋化赋予根瘤菌感受并响应豆科植物根系分泌物的能力，使根瘤菌在土壤中植物根表面定殖过程中具有竞争优势。随着越来越多的根瘤菌基因组被破解，各种各样的根瘤菌趋化和运动编码基因也不断地被呈现。虽然趋化系统的核心系统在不同细菌之间大同小异，但不同细菌中的趋化系统调节和控制机制多种多样，当细菌中同时存在多套趋化系统时尤是如此。

（一）趋化在根瘤菌-豆科植物互作中的作用

对于豆科植物而言，强化与根瘤菌的接触和作用有利于植物的生长及发育。对根瘤菌而言，在复杂恶劣的土壤环境中，植物根系有利于根瘤菌的生长和繁殖。根瘤菌与豆科植物互作大致包括以下几个过程：趋化、黏附、定殖、侵染、结瘤（Kawaharada et al.，2015）。其中根瘤菌成功运动趋向植物根际是豆科植物-根瘤菌共生系统建立的基础。因为植物根系分泌物对细菌具有较强的趋化作用，所以一般认为植物根系分泌物中或根表面上包含了众多的细菌趋化效应物，且在植物和微生物的相互作用中有重要作用。植物根系分泌物的组成非常复杂，并且受到植物种类、外界环境条件和植物发育阶段等众多因素的影响。虽然根系分泌物的成分复杂多变，但类黄酮类、有机酸类、糖类和氨基酸类物质在豆科植物根系分泌物中最为常见。包括*Sinorhizobium meliloti*、*Rhizobium leguminosarum*和*Azorhizobium caulinodans*在内的大量根瘤菌能够对上述组分进行感应和趋化。

（二）大肠杆菌中的趋化信号转导系统

从20世纪中叶*Escherichia coli*中趋化信号转导系统首次被发现至目前，关于*E. coli*的趋化信号转导系统，已经有大量的行为、遗传、生化和生理上的研究。这些研究使得*E. coli*的趋化系统成为趋化系统功能研究的模型和对照。随着生物信息学的发展，与*E. coli*趋化系统的比较基因组学研究也促使更多细菌中的趋化系统被发现。

1. *E. coli*中的趋化转导系统

*E. coli*中的趋化系统由7个蛋白组成（Wadhams and Armitage，2004）：①负责侦测趋化信号的甲基趋化受体蛋白（methyl-accepting chemotaxis protein，MCP）；②组氨酸激酶CheA；③偶联蛋白CheW（CheA和CheW能够与MCP结合形成三聚体）；④反应调节者CheY；⑤甲基转移酶CheR；⑥甲基酯酶CheB；⑦磷酸酯酶CheZ。

MCP具有多个结构域，其中的胞外结合域（LBR）能够与信号分子直接或间接结合。当胞外吸引物浓度下降时，信号分子与LBR的结合程度减弱，导致MCP构象发生变化，激活组氨酸激酶CheA。CheA自磷酸化，随后将反应调节者CheY磷酸化。CheY～P结合鞭毛马达蛋白FliM，导致鞭毛顺时针旋转，进而使细菌原地打转改变运动方向。磷酸酯酶CheZ能够促进CheY～P去磷酸化，从而使信号终止。CheA也能够使甲基酯酶CheB磷酸化。甲基酯酶CheB和甲基转移酶CheR共价修饰MCP的甲基化水平并形成一条趋化信号适应环路。甲基化能够提高CheA的活性，而去甲基化则会降低CheA的活性。

2. *E. coli*中的其他趋化蛋白

通过不同细菌的基因组比较分析，绝大多数细菌中都存在的MCP、CheA、CheW、CheB和CheR是趋化系统的核心组分，保守程度也最高。而像CheZ和其他的一些仅在部分细菌中存在的趋化蛋白称为附属蛋白，包括CheC、CheD、CheV、CheX、CheAY和FliY等（Wuichet and Zhulin，2010），它们多发挥着促使CheY～P浓度降低的功能。有的细菌中不存在任何趋化附属蛋白，而有的细菌中则可能存在多个。

1）CheC-CheX-FliY家族

CheC、CheX和FliY为同一家族的磷酸酯酶，作用与CheZ类似。较为特殊的是磷酸酯酶CheC对CheY～P的作用还受到趋化蛋白CheD的调节（Muff and Ordal，2007，2008）。在*Bacillus subtilis*的趋化系统中，同时具有CheC、FliY两种磷酸酯酶（Szurmant et al.，2004）。

2）CheV

CheV由一个CheW结构域和一个类CheY的REC结构域两部分组成（Ortega and Zhulin，2016）。它既能够像CheW一样与CheA结合形成偶联蛋白复合体，又能够通过REC结构域直接从CheA获得磷酸基团从而降低反应调节者CheY的磷酸化水平，起到终止趋化信号的作用。

3）CheAY

CheAY杂合蛋白由一个类CheA结构域和一个REC结构域融合而成（Chen et al.，2017）。CheAY杂合蛋白亦是通过REC结构域获得来自CheA的磷酸基团，抑制CheY磷酸化来使趋化信号终止。

（三）根瘤菌中的趋化信号转导系统

根瘤菌主要分布在α-变形菌纲，其中以*S. meliloti*的趋化系统研究的最为清楚。与*E. coli*不同，根瘤菌中普遍存在2套以上的趋化系统，而*A. caulinodans*是一种较罕见的仅含有1套趋化系统的根瘤菌，且鉴于其趋化系统的简洁性，可用作根瘤菌趋化系统研究的模式菌株。下面以*S. meliloti*和*A. caulinodans*为例介绍根瘤菌中的趋化信号转导系统。

1. *S. meliloti*的趋化系统

*S. meliloti*具有2套趋化系统，即*che1*和*che2*，分别分布在染色体和共生质粒上（Scharf et al.，2016）。染色体上的*che1*启动子包括10个趋化基因，除了经典趋化基因（*mcp*、*cheY1*、*cheA*、*cheW*、*cheR*、*cheB*、*cheY2*），还包括*cheD*、*cheS*和*cheT*等新发现的趋化基因。其中任何一个基因被敲除都会使趋化行为受损或丧失。位于共生质粒上的趋化系统仅包含5个趋化基因（*cheR*、*cheW*、*mcp*、*cheAY*、*cheB*）。但*che2*被敲除后，*S. meliloti*的趋化行为不受影响。

尽管核心趋化组分类似，但与*E. coli*相比，以*S. meliloti*为代表的根瘤菌中无磷酸酯酶CheZ，而含有两个CheY（CheY1和CheY2）。两个CheY中，只有CheY2发挥真正的反应调节功能，能够与鞭毛马达蛋白结合，且CheY1具有更高的自去磷酸化活性。

具体地，在没有趋化吸引物存在的情况下，MCP对CheA的抑制作用减弱，CheA将CheY1和CheY2磷酸化，CheY2～P直接与鞭毛马达蛋白结合降低鞭毛马达的旋转速度，从而调节细菌的运动行为。当外界环境中存在吸引物时，CheA活性受到抑制，CheA～P水平下降，此时，CheA可反向从CheY2～P获取磷酸基团，生成的CheA～P随后又将磷酸基团转移给CheY1。CheY1～P本身的自去磷酸化活性去掉磷酸基团后又能够继续接收来自CheA的磷酸基团，从而使细胞内CheY2～P的浓度处于低水平。即*S. meliloti*通过两个CheY接力的形式来发挥趋化信号终止功能。此外，趋化蛋白CheS能够提高CheY1的自去磷酸化活性，以提高趋化信号终止速度（Riepl et al.，2008）。

*R. leguminosarum*与*S. meliloti*类似，也通过多个CheY进行CheY～P去磷酸化。同时，*R. leguminosarum*具有2套趋化系统，*che1*缺失后，趋化行为受影响，而*che2*对趋化没有或有非常微弱的影响。

2. *A. caulinodans*的趋化系统

*A. caulinodans*只有1套趋化系统，比多数根瘤菌的趋化系统简单（Jiang et al.，2016a）。*che*操纵子中包括*cheA*、*cheY2*、*cheB*、*cheR*、*cheW* 5个核心趋化基因。尽管与*S. meliloti*类似，含有2个*cheY*，但*A. caulinodans*中的*cheY1*远离核心趋化簇，与一个*cheZ*基因反向相邻。且最近已有实验报道，*A. caulinodans*中的CheZ在趋化中发挥功能，首次说明α-变形菌中亦存在CheZ。但*A. caulinodans*中CheZ和两个CheY之间的功能调节还不清楚。在其他根瘤菌的多套趋化系统中，往往有部分趋化系统调节运动，而另外的趋化系统则调节其他的细胞功能。在*A. caulinodans*中趋化系统不仅能够调节细菌运动，还能够调节胞外多糖合成、生物膜形成和定殖等生理过程。

3. 趋化系统的分类与功能

包括根瘤菌在内的土壤细菌在基因组中往往编码多套趋化系统。通过系统发育分析，可以将这些趋化系统分为18类（图21.3）。其中16类（F1～F16）参与调节鞭毛运动，1类（Tfp类）调控四型菌毛运动，另外1类调控运动之外的其他细胞功能（alternative cellular function，ACF），如调节c-di-GMP水平、胞外多糖合成、絮凝、定殖和生物膜形成等（Ortega et al.，2017）。

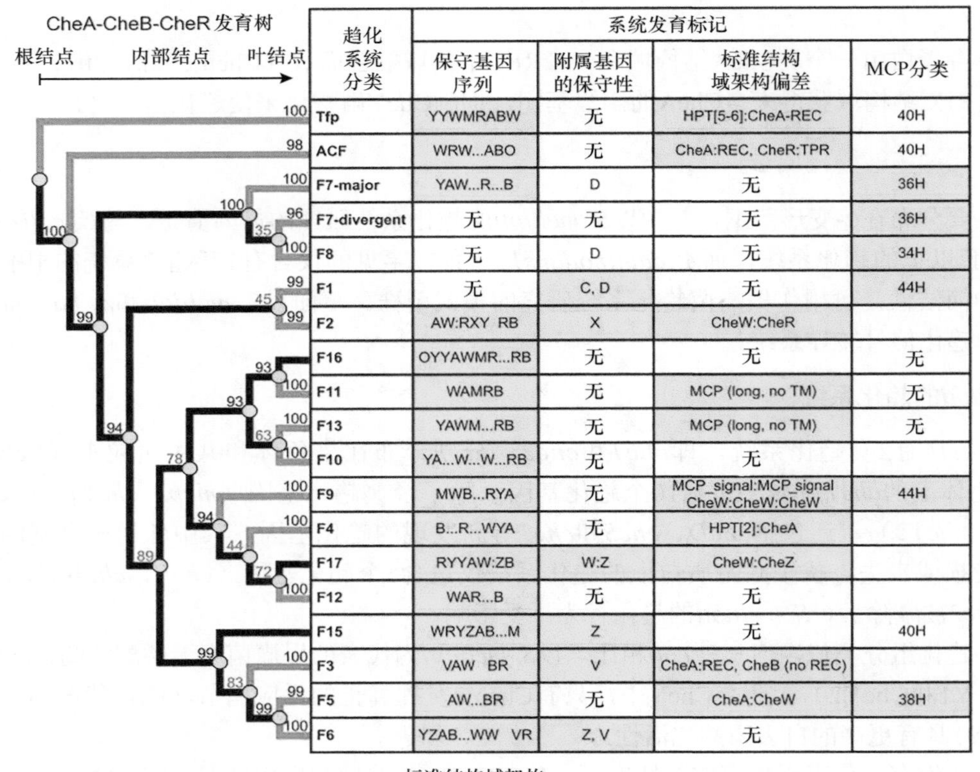

趋化系统分类	系统发育标记			
	保守基因序列	附属基因的保守性	标准结构域架构偏差	MCP分类
Tfp	YYWMRABW	无	HPT[5-6]:CheA-REC	40H
ACF	WRW...ABO	无	CheA:REC, CheR:TPR	40H
F7-major	YAW...R...B	D	无	36H
F7-divergent	无	无	无	36H
F8	无	D	无	34H
F1	无	C, D	无	44H
F2	AW:RXY RB	X	CheW:CheR	
F16	OYYAWMR...RB	无	无	无
F11	WAMRB	无	MCP (long, no TM)	无
F13	YAWM...RB	无	MCP (long, no TM)	无
F10	YA...W...W...RB	无	无	
F9	MWB...RYA	无	MCP_signal:MCP_signal CheW:CheW:CheW	44H
F4	B...R...WYA	无	HPT[2]:CheA	
F17	RYYAW:ZB	W:Z	CheW:CheZ	
F12	WAR...B	无	无	
F15	WRYZAB...M	Z	无	40H
F3	VAW BR	V	CheA:REC, CheB (no REC)	
F5	AW...BR	无	CheA:CheW	38H
F6	YZAB...WW VR	Z, V	无	

图21.3 趋化系统分类及分类标记（Wuichet and Zhulin，2010）

在根瘤菌中的趋化系统以F7类最为流行，如*R. leguminosarum*中的*che1*和*che2*、*S. meliloti*中的*che1*均属于该类，主要调节鞭毛运动和竞争性定殖。值得注意的是，上述的分类并不严格，相同类别的趋化系统在不同细菌中的功能可能不同，如F5类趋化系统在*Rhodospirillum centenum*中调控鞭毛运动，而在*Azospirillum brasilense*中则与鞭毛运动无相关性。

在根瘤菌的多套趋化系统中，往往有部分趋化系统调节运动，而另外的趋化系统则负责调节ACF。有意思的是，*A. caulinodans*的趋化系统同时兼具鞭毛运动和ACF调节双重作用。*A. caulinodans*的趋化系统属于F5类（Jiang et al.，2016b），已知的ACF包括胞外多糖合成、絮凝、生物膜形成、定殖和结瘤等过程。

趋化能力促进了豆科植物对根瘤菌的招募，这对豆科植物-根瘤菌共生关系建立非常重要。根瘤菌通过识别宿主植物根系分泌物中的特定组分，通过胞内的趋化信号转导系统调节运动，不断趋向植物根际，从而促进植物生长。然而，目前关于根瘤菌趋化信号通路的了解还远远不够。即便是根瘤菌中相对研究得较为透彻的*S. meliloti*中，目前对趋化蛋白CheS和CheT的作用机制研究还处于刚起步的阶段。在趋化系统简单的*A. zorhizobium*中，如何实现1套趋化系统同时调节鞭毛运动和ACF，也尚未可知。揭示根瘤菌的趋化系统调节机制将有助于通过人为干预增强植物对根瘤菌的招募，以实现根瘤菌促生效益的最大化。此外，其也有助于减少化肥使用，实现我国农业的可持续发展。

参考文献

安志刚, 郭凤霞, 陈垣, 等. 2018. 连作自毒物质与根际微生物互作研究进展. 土壤通报, 49(3): 750-756.

陈瑾. 2009. 新疆罗布泊地区柽柳属(*Tamarix*)植物根际土壤中可培嗜盐古菌多样性研究. 新疆师范大学硕士学位论文.

陈文新, 陈文峰. 2004. 发挥生物固氮作用减少化学氮肥用量. 中国农业科技导报, (6): 3-6.

陈文新, 李阜棣, 闫章才. 2002. 我国土壤微生物学和生物固氮研究的回顾与展望. 世界科技研究与发展, (4): 6-12.

代金霞, 周波, 田平雅. 2017. 荒漠植物柠条产ACC脱氨酶根际促生菌的筛选及其促生特性研究. 生态环境学报, 26(3): 386-391.

窦新田. 1989. 豆科植物—根瘤菌共生固氮的基因调控和转移. 生物学通报, (4): 15-16.

关元秀, 刘高焕, 刘庆生, 等. 2001. 黄河三角洲盐碱地遥感调查研究. 遥感学报, 5(1): 46-52.

吉丽. 2017. 盐碱胁迫下大豆根际微生物多样性分析. 吉林农业大学硕士学位论文.

纪婧琦. 2013. 种植不同能源植物对盐碱地微生物的影响. 山东师范大学硕士学位论文.

焦彬. 1986. 中国绿肥. 北京: 农业出版社.

焦海华, 边高鹏, 崔丙健, 等. 2015. 石油污染盐碱土壤棉花根际微生物与石油烃降解关系. 微生物学通报, 42(8): 1501-1511.

李凤霞. 2004. 高寒地区燕麦和盐碱地小麦根际促生菌(PGPR)生态特性及其促生效应研究. 甘肃农业大学硕士学位论文.

李凤霞, 郭永忠, 许兴. 2011. 盐碱地土壤微生物生态特征研究进展. 安徽农业科学, 39(23): 14065-14067.

李兰晓, 王海鹰, 杨涛, 等. 2005. 土壤微生物菌肥在盐碱地造林中的作用. 西北林学院学报, 20(4): 60-63.

李项岳, 李岩, 姜南, 等. 2015. 如东田菁根瘤菌遗传多样性及高效促生菌株筛选. 微生物学报, 55(9): 1105-1116.

李振高, 李良谟, 潘映华. 1993. 根际微生物的研究及反硝化细菌的生态分析. 土壤, (5): 266-270.

李志杰, 郭长城, 石杰, 等. 2017. 高通量测序解析多环芳烃污染盐碱土壤翅碱蓬根际微生物群落多样性. 微生物学通报, 44(7): 1602-1612.

栗云召, 于君宝, 韩广轩. 2012. 基于遥感的黄河三角洲海岸线变化研究. 海洋科学, 36(4): 99-106.

林学政, 陈靠山, 何培青, 等. 2006. 种植盐地碱蓬改良滨海盐渍土对土壤微生物区系的影响. 生态学报, 6(3): 802-808.

刘健. 2000. 微生物肥料作用机理的初步研究. 中国农业科学院硕士学位论文.

刘彩霞. 2009. 耐盐碱微生物的筛选及在盐碱土团聚体形成中的作用. 南京农业大学硕士学位论文.

罗明, 邱沃, 孙建光. 1995. 种草改良苏打硫酸盐草甸盐土对土壤微生物区系的影响. 新疆农业大学学报, (3): 35-39.

麦靖雯, 黎瑞君, 张巨明. 2017. 根际微生物研究概况. 现代农业科技, (13): 135-136.

曲发斌, 于明礼, 张柱岐, 等. 2015. 盐生植物根际耐盐碱微生物的筛选及其降解特性. 贵州农业科学, (3): 121-124.

任承钢, 李岩, 刘卫, 等. 2017. 高效双接种田菁修复黄河三角洲盐碱土壤研究. 海洋科学, 41(5): 1-7.

王新新, 白志辉, 金德才, 等. 2011. 石油污染盐碱土壤翅碱蓬根围的细菌多样性及耐盐石油烃降解菌筛选. 微生物学通报, 38(12): 1768-1777.

王学翠, 童晓茹, 温学森, 等. 2007. 植物与根际微生物关系的研究进展. 山东科学, 20(6): 40-44.

肖艳红, 李菁, 刘祝祥, 等. 2013. 药用植物根际微生物研究进展. 中草药, (4): 497-504.

杨瑞馥. 2011. 细菌名称双解及分类词典. 北京: 化学工业出版社.

于学玲, 朱荣誉, 孙晓明, 等. 1988. 田菁蛋白胨饲料的研究. 中国野生植物资源, (z1): 24-29.

张旭龙, 马淼, 吴振振, 等. 2017. 不同油葵品种对盐碱地根际土壤酶活性及微生物群落功能多样性的影响. 生态学报, 37(5): 1659-1666.

张越己. 2012. 具有ACC脱氨酶活性的麻疯树根际促生菌(PGPR)的分离筛选及系统发育分析. 微生物学通报, 39(7): 901-911.

赵辉, 杨涓, 腾迎凤, 等. 2010. 脱硫渣废弃物对盐碱地油葵根际微生物数量及土壤酶活性的影响. 生态环境学报, 19(11): 2718-2721.

赵龙飞, 徐亚军, 常佳丽, 等. 2016. 具ACC脱氨酶活性大豆根瘤内生菌的筛选、抗性及促生作用. 微生物学报, 56(6): 1009-1021.

周虹霞. 2005. 外来种互花米草对盐沼土壤微生物多样性的影响——以江苏滨海为例. 生态学报, 25(9): 36-37.

周军, 肖炜, 钦佩. 2007. 互花米草入侵对盐沼土壤微生物生物量和功能群的影响. 南京大学学报(自然科学), 43(5): 494-500.

周文杰, 吕德国, 秦嗣军. 2016. 植物与根际微生物相互作用关系研究进展. 吉林农业大学学报, (3): 253-260.

Alkaraki G N, Hammad R. 2001. Response of two tomato cultivars differing in salt tolerance to inoculation with mycorrhizal fungi under salt stress. Mycorrhiza, 11(1): 43-47.

Allen O N, Allen E K. 1981. The Leguminosae, a source book of characteristics, uses and nodulation. Madison: University of Wisconsin Press.

Amor B B, Shaw S L, Oldroyd G E, et al. 2003. The *NFP* locus of *Medicago truncatula* controls an early step of Nod factor signal transduction upstream of a rapid calcium flux and root hair deformation. The Plant Journal, 34(4): 495-506.

Arshad M, Shaharoona B, Mahmood T. 2008. Inoculation with *Pseudomonas* spp. containing acc-deaminase partially eliminates the effects of drought stress on growth, yield, and ripening of pea (*pisum sativum* L.). Pedosphere, 18(5): 611-620.

Chaparro J M, Badri D V, Vivanco J M. 2014. Rhizosphere microbiome assemblage is affected by plant development. International Society for Microbial Ecology, 8(4): 790-803.

Chen W X, Yan G H, Li J L. 1988. Numerical taxonomic study of fast-growing soybean rhizobia and a proposal that *Rhizobium fredii* be assigned to *Sinorhizobium* gen. nov. International Journal of Systematic Bacteriology, 38(4): 392-397.

Chen R, Lv R, Xiao L, et al. 2017. A1S_2811, a CheA/Y-like hybrid two-component regulator from. *Acinetobacter baumannii*, ATCC17978, is involved in surface motility and biofilm formation in this bacterium. Microbiologyopen, 6(5): e00510.

Cocking E C. 2003. Endophytic colonization of plant roots by nitrogen-fixing bacteria. Plant and Soil, 252(1): 169-175.

Compton K K, Hildreth S B, Helm R F, et al. 2018. *Sinorhizobium meliloti* chemoreceptor McpV senses short chain carboxylates via direct binding. Journal of Bacteriology, 200(23): e00519-18.

Dakora F D. 2003. Defining new roles for plant and rhizobial molecules in sole and mixed plant cultures involving symbiotic legumes. New Phytologist, 158(1): 39-49.

Dias A C F, Hoogwout E F, Pereira E, et al. 2012. Potato cultivar type affects the structure of ammonia oxidizer communities in field soil under potato beyond the rhizosphere. Soil Biology & Biochemistry, 50: 85-95.

Fred E, Baldwin l, Mcloy E, et al. 1933. Root nodule bacteria and leguminous plants. Soil Science, 35(2): 167.

Gevers D, Cohan F M, Lawrence J G, et al. 2005. Opinion: re-evaluating prokaryotic species. Nature Reviews Microbiology, 3(9): 733-739.

Han Q Q, Lü X P, Bai J P, et al. 2014. Beneficial soil bacterium bacillus subtilis (GB03) augments salt tolerance of white clover. Frontiers in Plant Science, 5: 525.

Hunte C, Screpanti E, Venturi M, et al. 2005. Structure of a Na^+/H^+ antiporter and insights into mechanism of action and regulation by pH. Nature, 435(7046): 1197-1202.

Ishida T A, Nara K, Ma S, et al. 2009. Ectomycorrhizal fungal community in alkaline-saline soil in northeastern China. Mycorrhiza, 19(5): 329-335.

Jiang N, Liu W, Li Y, et al. 2016a. A chemotaxis receptor modulates nodulation during the *Azorhizobium caulinodans-Sesbania rostrata* symbiosis. Applied and Environmental Microbiology, 82(11): 3174-3184.

Jiang N, Liu W, Li Y, et al. 2016b. Comparative genomic and protein sequence analyses of the chemotaxis system of *Azorhizobium caulinodans*. Acta Microbiologica Sinica, 56(8): 1256-1265.

Jiao J, Ni M, Zhang B, et al. 2018. Coordinated regulation of core and accessory genes in the multipartite genome of *Sinorhizobium fredii*. Plos Genetics, 14(5): e1007428.

Kaló P, Gleason C, Edwards A, et al. 2005. Nodulation signaling in legumes requires NSP2, a member of the GRAS family of transcriptional regulators. Science, 308(5729): 1786-1789.

Kawaharada Y, Kelly S, Nielsen M W, et al. 2015. Receptor-mediated exopolysaccharide perception controls bacterial infection. Nature, 523(7560): 308-312.

Krulwich T A, Sachs G, Padan E. 2011. Molecular aspects of bacterial pH sensing and homeostasis. Nature Reviews Microbiology, 9(5): 330-343.

Li Y, J Yan, B Yu, et al. 2016a. *Ensifer alkalisoli* sp. nov. isolated from root nodules of Sesbania cannabina grown in saline-alkaline soils. International Journal of Systematic and Evolutionary Microbiology, 66(12): 5294-5300.

Li Y, Li X, Liu Y, et al. 2016b. Genetic diversity and community structure of rhizobia nodulating *Sesbania cannabina* in saline-alkaline soils. Systematic and Applied Microbiology, 39(3): 195-202.

Liu T Y, Li J Y, Liu X X, et al. 2012. *Rhizobium cauense* sp. nov., isolated from root nodules of the herbaceous legume *Kummerowia stipulacea* grown in campus lawn soil. Systematic and Applied Microbiology, 35(7): 415-20.

Maninder Meenu, Uma Kamboj, Anupma Sharma, Paramita Guha, Sunita Mishra. 2016. Green method for determination of phenolic compounds in mung bean (*Vigna radiata* L.) based on near—infrared spectroscopy and chemometrics. International Journal of Food Science & Technology, 51(12).

Muff T J, Ordal G W. 2007. The CheC phosphatase regulates chemotactic adaptation through CheD. The Journal of Biological Chemistry, 282(47): 34120-34128.

Muff T J, Ordal G W. 2008. The diverse CheC-type phosphatases: chemotaxis and beyond. Molecular Microbiology, 70(5): 1054-1061.

Ortega D R, Fleetwood A D, Krell T, et al. 2017. Assigning chemoreceptors to chemosensory pathways in *Pseudomonas aeruginosa*. Proceedings of the National Academy of Sciences, 114(48): 12809-12814.

Ortega D R, Zhulin I B. 2016. Evolutionary genomics suggests that CheV is an additional adaptor for accommodating specific chemoreceptors within the chemotaxis signaling complex. Plos Computational Biology, 12(2): e1004723.

Panwar M, Tewari R, Nayyar H. 2016. Native halo-tolerant plant growth promoting rhizobacteria *Enterococcus* and *Pantoea* sp. improve seed yield of mungbean (*Vigna radiata* L.) under soil salinity by reducing sodium uptake and stress injury. Physiology & Molecular Biology of Plants an International Journal of Functional Plant Biology, 22(4): 445-459.

Peck M C, Fisher R F, Long S R. 2006. Diverse flavonoids stimulate NodD1 binding to nod gene promoters in *Sinorhizobium meliloti*. Journal of Bacteriology, 188(15): 5417-5427.

Raaijmakers J M, van der Sluis, Koster M, et al. 1995. Utilization of heterologous siderophores and rhizosphere competence of fluorescent *Pseudomonas* spp. Canadian Journal of Microbiology, 41(2): 126-135.

Riepl H, Maurer T, Kalbitzer H R, et al. 2008. Interaction of CheY2 and CheY2-P with the cognate CheA kinase in the chemosensory-signalling chain of *Sinorhizobium meliloti*. Molecular Microbiology, 69(6): 1373-1384.

Rogel M A, Ernesto O O, Esperanza M R. 2011. Symbiovars in rhizobia reflect bacterial adaptation to legumes. Systematic and Applied Microbiology, 34(2): 96-104.

Scharf B E, Hynes M F, Alexandre G M. 2016. Chemotaxis signaling systems in model beneficial plant-bacteria associations. Plant Molecular Biology, 90(6): 549-559.

Sourjik V, Schmitt R. 1996. Different roles of CheY1 and CheY2 in the chemotaxis of *Rhizobium meliloti*. Molecular Microbiology, 22(3): 427-436.

Sourjik V, Sterr W, Platzer J, et al. 1998. Mapping of 41 chemotaxis, flagellar and motility genes to a single region of the *Sinorhizobium meliloti* chromosome. Gene, 223(1-2): 283-290.

Szurmant H, Muff T J, Ordal G W. 2004. Bacillus subtilis CheC and FliY are members of a novel class of CheY-P-hydrolyzing proteins in the chemotactic signal transduction cascade. The Journal of Biological Chemistry, 279(21): 21787-21792.

Teixeira L C, Peixoto R S, Cury J C, et al. 2010. Bacterial diversity in rhizosphere soil from Antarctic vascular plants of Admiralty Bay, maritime Antarctica. International Society for Microbial Ecology, 4(8): 989-1001.

Wadhams G H, Armitage J P. 2004. Making sense of it all: bacterial chemotaxis. Nature Reviews Molecular Cell Biology, 5(12): 1024-1037.

Wang F Y. 2004. Arbuscular mycorrhizal status of wild plants in saline-alkaline soils of the Yellow River Delta. Mycorrhiza, 14(2): 133-137.

Webb B A, Compton K K, del Campo J S M, et al. 2017a. *Sinorhizobium meliloti* chemotaxis to multiple amino acids is mediated by the chemoreceptor McpU. Molecular Plant-Microbe Interactions, 30(10): 770-777.

Webb B A, Compton K K, Saldana R C, et al. 2017b. *Sinorhizobium meliloti* chemotaxis to quaternary ammonium compounds is mediated by the chemoreceptor McpX. Molecular Microbiology, 103(2): 333-346.

Webb B A, Hildreth S, Helm R F, et al. 2014. *Sinorhizobium meliloti* chemoreceptor McpU mediates chemotaxis toward host plant exudates through direct proline sensing. Applied and Environmental Microbiology, 80(11): 3404-3415.

Willems A, Fernández-López M, Muñoz-Adelantado E, et al. 2003. Description of new Ensifer strains from nodules and proposal to transfer Ensifer adhaerens Casida 1982 to Sinorhizobium as Sinorhizobium adhaerens comb. nov. Request for an Opinion. International Journal of Systematic and Evolutionary Microbiology, 53(4): 1207-1217.

Wuichet K, Zhulin I B. 2010. Origins and diversification of a complex signal transduction system in prokaryotes. Science Signaling, 3(128): ra50.

Ye Z H, Yang Z Y, Chan G Y S, et al. 2001. Growth response of *Sesbania rostrata* and *S. cannabina* to sludge-amended lead/zinc mine tailings: a greenhouse study. Environment International, 26(5-6): 449-455.

Zhang T, Zeng S, Gao Y, et al. 2011a. Assessing impact of land uses on land salinization in the Yellow River Delta, China using an integrated and spatial statistical model. Land Use Policy, 28(4): 857-866.

Zhang Y M, Li Y, Chen W F, et al. 2011b. Biodiversity and biogeography of rhizobia associated with soybean plants grown in the North China Plain. Applied and Environmental Microbiology, 77(18): 6331-6342.

Pourdo M, Hetzer B, [illegible]. 2016. Marine halo-tolerant plant growth-promoting rhizobacteria [illegible] and Pantoea sp. improve seed yield of [illegible] under salt stress by reducing sodium uptake and [illegible]. [illegible] & Molecular Biology of Plants [illegible], 2016, 113-149.

Peck M C, Fisher R F, Long S R. 2006. Diverse flavonoids stimulate NodD1 binding to nod gene promoters in Sinorhizobium meliloti. Journal of Bacteriology, 188(15): 5417-5427.

[illegible] J, Van der Sluis [illegible], Koster M, et al. 1995. [illegible] Canadian Journal of Microbiology, 41(2): 126-135.

Riepl H, Maurer T, Kalbitzer H R, et al. 2008. Interaction of CheY2 and CheY2-P with the cognate CheA kinase in the chemotaxis signalling network of Sinorhizobium meliloti. Molecular Microbiology, 69(6): 1373-1384.

[illegible] M A, [illegible] O, [illegible] M A. 2014. [illegible] bacterial adaptation to [illegible] Systematic and Applied Microbiology, 37(2): 98-104.

Scharf B E, Hynes M F, Alexandre G M. 2016. Chemotaxis signaling systems in model beneficial plant-bacteria associations. Plant Molecular Biology, 90(6): 549-559.

Sourjik V, Schmitt R. 1996. Different roles of CheY1 and CheY2 in the chemotaxis of Rhizobium meliloti. Molecular Microbiology, 22(3): 427-436.

Sourjik V, Sterr W, Platzer J, et al. 1998. Mapping of 41 chemotaxis, flagellar and motility genes to a single region of the Sinorhizobium meliloti chromosome. Gene, 223(1-2): 283-290.

[illegible] H, [illegible] 2004. [illegible] members of a novel class [illegible] proteins to the chemotaxis signal transduction cascade. The Journal of Biological Chemistry, 279(21): 21982-21[illegible].

Teixeira L C, Peixoto R S, Cury J C, et al. 2010. Bacterial diversity in rhizosphere soil from Antarctic vascular plants of Admiralty Bay, maritime Antarctica. [illegible] International Society for Microbial Ecology, 4(8): 989-1001.

Wadhams G H, Armitage J P. 2004. Making sense of it all: bacterial chemotaxis. Nature Reviews Molecular Cell Biology, 5(12): 1024-1037.

Wang F Y. 2004. Arbuscular mycorrhizal status of wild plants in saline-alkaline soils of the Yellow River Delta. Mycorrhiza, 14(2): 133-137.

Webb B A, Compton K K, del Campo J S, et al. 2017a. Sinorhizobium meliloti chemotaxis to multiple amino acids is mediated by the chemoreceptor McpU. Molecular Plant-Microbe Interactions, 30(10): 770-777.

Webb B A, Compton K K, Saldaña R C, et al. 2017b. Sinorhizobium meliloti chemotaxis to quaternary ammonium compounds is mediated by the chemoreceptor McpX. Molecular Microbiology, 103(2): 333-346.

Webb B A, Hildreth S, Helm R F, et al. 2014. Sinorhizobium meliloti chemoreceptor McpU mediates chemotaxis toward host plant exudates through direct proline sensing. Applied and Environmental Microbiology, 80(11): 3404-3415.

Willems A, Fernández-López M, Muñoz-Adelantado E, et al. 2003. Description of new Ensifer strains from nodules and proposal to transfer Ensifer adhaerens Casida 1982 to Sinorhizobium as Sinorhizobium adhaerens comb. nov. Request for an Opinion. International Journal of Systematic and Evolutionary Microbiology, 53(4): 1207-1217.

Wuichet K, Zhulin I B. 2010. Origins and diversification of a complex signal transduction system in prokaryotes. Science Signaling, 3(128): ra50.

[illegible] Z H, [illegible] Z Y, Chai [illegible] S, et al. 2008. Growth responses of [illegible] and S. [illegible] to [illegible] Cd/Zn mine tailings: a greenhouse study. Environment International, [illegible].

Zhang T, Zeng S, Gao Y, et al. 2011a. Assessing impact of land uses on land salinization in the Yellow River Delta, China using an integrated and spatial statistical model. Land Use Policy, 28(4): 857-866.

Zhang Y M, Li Y, Chen W F, et al. 2011b. Biodiversity and biogeography of rhizobia associated with soybean plants grown in the North China Plain. Applied and Environmental Microbiology, 77(18): 6331-6342.

第二十二章

滨海湿地植物间相互作用及其影响因素与效应①

① 本章作者：张俪文

沿海地区的面积仅占全球陆地面积的4%，但是却居住着全球1/3的人口。滨海湿地给人类提供了诸多的生态系统服务，如防风暴、保护海岸线、提供丰富的海产品和旅游资源等。然而，人类活动和全球气候变化使得滨海湿地退化、面积急速减少，因此保护和恢复滨海湿地已经刻不容缓（Crain et al.，2008；Gedan et al.，2009）。而研究滨海湿地植物间相互作用及其随着环境压力梯度（stress gradient）的变化规律可以为滨海湿地植被的保护和修复提供重要的参考信息。

植物间相互作用包括竞争或负相互作用（competition or negative interaction）和促进或正相互作用（facilitation or positive interaction）。竞争作用是指在获取相同的资源、空间时个体间的相互作用，它导致至少部分竞争个体存活、生长和（或）繁殖等能力的下降；而促进作用指近邻植物的存在能够减缓环境压力从而提高目标植物个体存活、生长和（或）繁殖等能力。这两种相互作用早已被生态学家所认识，但是对于植物间的竞争作用研究很多，而物种间促进作用近年来才重新引起生态学家的关注和研究（秦先燕等，2010；Bruno et al.，2003；Brooker et al.，2008）。有学者将物种间促进作用纳入相关生态学理论，如生态位理论，使得生态学理论更为丰富和完善（Bruno et al.，2003），为理解植被空间分布也提供了理论基础。而有些生态学家利用植物间的促进作用规律有效地指导退化植物群落的生态修复（Castro et al.，2004；Gomez-Aparicio et al.，2004；Gomez-Aparicio，2009）。另外，植物间竞争和促进作用是同时存在的，当竞争和促进作用相互抵消时，表现出来的净相互作用为零，而净相互作用的大小则与环境压力梯度有密切关系（Holzapfel and Mahall，1999；Maestre et al.，2003）。

滨海湿地为研究植物间相互作用和环境压力梯度之间的关系提供了理想的试验场，因为滨海湿地从海到陆具有明显的盐度梯度变化，而且植物群落物种组成相对简单。因此，探讨滨海湿地植物间的竞争和促进作用随环境压力梯度的变化规律有助于我们理解滨海湿地植物空间分布格局，也有利于运用物种间的促进作用来提高生态修复的效率。另外，保护具有促进作用的关键物种也有利于自然生态系统的保护。

第一节　滨海湿地植物间相互作用：竞争与促进

一、滨海湿地植物间促进作用的普遍性和机制

（一）滨海湿地植物间促进作用的普遍性

近年来，越来越多的研究表明植物间促进作用在植物群落构建中起到重要的作用（Bertness and Yeh，1994；Bruno et al.，2003；Brooker et al.，2008）。在滨海湿地植被中，植物间竞争和促进作用普遍存在（表22.1）。例如，美国新英格兰（New England）盐沼中耐盐能力强但竞争性较弱的物种*Spartina patens*减弱了高盐度对植物的胁迫作用，促进了耐盐能力弱的物种*Juncus gerardii*在高盐度区域的繁殖和生长（Bertness and Shumway，1993）。虽然大多数报道植物间促进作用的试验均集中在盐沼上，也有鹅卵石海滩或河口沼泽植物间促进作用的报道，但很少有人研究沿海森林或红树林植物间相互作用（Huxham et al.，2010）。另外，多数研究评价了物种间促进作用，而忽略种内的促进作用，即正密度制约（positive density dependence）效应。在传统生态学上，负密度制约（negative density denpendence）效应被认为是传统种群空间分布格局关键的构建规则之一。其产生的原因是个体之间的生态位重叠，对资源需求相近，同时也增加病原体感染或被消费者发现的概率。然而，当种群个体间正作用超过资源竞争或其他负密度制约效应的影响时，正密度依赖可能发生，特别是在高环境压力中（Goldenheim et al.，2008；Fajardo and McIntire，2011）。这种正密度依赖效应在滨海湿地生态修复中非常有用（Halpern et al.，2007）。因此，在研究中，同时考虑种间和种内促进，以避免低估植物-植物促进的作用。

表22.1　滨海湿地植物间促进作用举例

生态系统类型	施惠者	受惠者	机制	研究地点	文献来源
盐沼	狐米草（*Spartina patens*）；*Distichlis spicata*	团花灯心草（*Juncus gerardii*）	降低盐度	美国新英格兰南部盐沼	Bertness and Shumway，1993
盐沼	*Triglochin maritima*	沿海车前（*Plantago maritima*）；*Limonium nashii*	降低淹水程度和盐度	美国新英格兰北部盐沼	Fogel et al.，2004
河口沼泽	*Sarcocornia perennis*	*Spartina densiflora*	减少蟹类取食	阿根廷沿潟湖Mar Chiquita和布兰卡港河口	Alberti et al.，2008
卵石滩	互花米草（*Spartina alterniflora*）	*Suaeda linearis*	缓解海浪冲击	美国罗得岛	Irving and Bertness，2009
卵石滩	*Suaeda linearis*	*Suaeda linearis*	减少蒸腾压力	美国新英格兰海岸	Goldenheim et al.，2008
海岸森林	克拉莎（*Cladium jamaicense*）	火炬松（*Pinus taeda*）；晚松（*Pinus serotina*）	降低盐度	美国Swan Quarter国家野生动物保护区	Poulter et al.，2009
红树林	海榄雌（*Avicennia marina*）	角果木（*Ceriops tagal*）	降低盐度	肯尼亚Gazi海湾	Huxham et al.，2010

（二）滨海湿地植物间促进作用的机制

滨海湿地植物间促进作用的主要机制是减轻生物和非生物胁迫（图22.1）。生物胁迫包括动物植食胁迫等，近邻植物能够降低植食性动物遇见目标植物的概率，从而降低目标植物被取食的可能性，对目标植物起到保护作用（Alberti et al.，2008；Daleo and Iribarne，2009）。非生物胁迫包括盐胁迫、淹水和养分限制胁迫等，植物间促进作用能够降低胁迫程度。例如，近邻植物遮蔽目标植物周围土壤，降低水分蒸发速率并防止土壤中的盐分积累，从而减轻盐分胁迫。或者，近邻植物从土壤中吸收盐分并将其储存在组织中或从盐腺中泌出，从而降低目标植物周围环境的盐度（Bertness et al.，1992）。还有一种机制是目标植物通过从近邻植物（如豆科植物）中吸收养分氮来增加细胞中的脯氨酸产量，从而缓解盐胁迫（Levine et al.，1998）。对于淹水胁迫，耐淹植物通过根际氧化提高周边土壤氧含量，改善缺氧基质条件。另外，近邻植物也可以促淤抬高土壤以降低淹水程度（Fogel et al.，2004）。近邻植物向土壤中释放养分（尤其是豆科植物通过根瘤菌作用将空气中的氮气转化为植物可利用的氮），可以减轻养分限制胁迫（Levine et al.，1998）。提升目标植物对其他生物胁迫和非生物胁迫的耐受性，如海浪胁迫、传粉者或扩散限制胁迫，也是植物间促进作用的机制。然而，多种共生环境压力胁迫对植物相互作用可能产生累积效应，这些累积效应对群落构建的作用仍不清楚（Bulleri et al.，2011）。

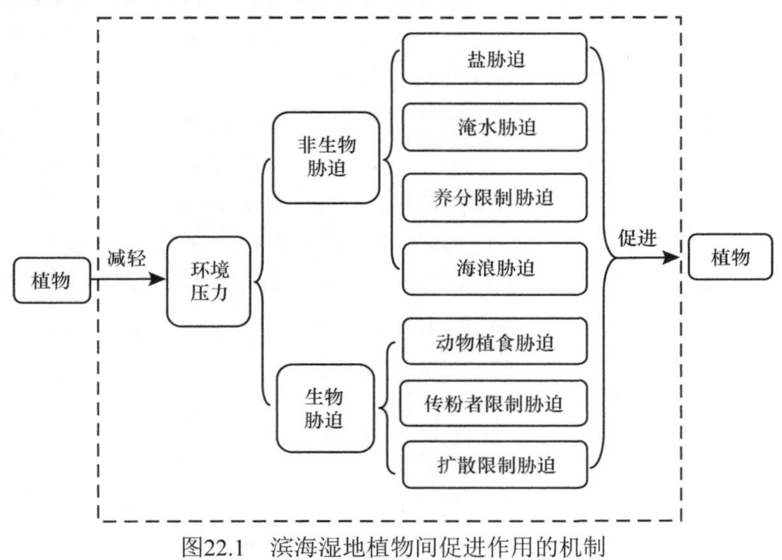

图22.1　滨海湿地植物间促进作用的机制

二、滨海湿地植物间相互作用相关假说和研究方法

（一）环境压力梯度假说

生态学者对于物种间相互作用与环境压力梯度关系的研究比较多（Brooker et al.，2005；Brooker and Kikividze，2008）。近年来，随着物种间促进作用重新被关注，其也被纳入了植物间相互作用与环境压力梯度关系的研究中，Bertness和Callaway（1994）提出了环境压力梯度假说（stress gradient hypothesis，SGH），认为物种间促进作用在环境压力梯度高的条件下出现的频率最高，而物种间竞争作用则在环境压力梯度低时出现的频率最高。虽然很多研究试图验证SGH，但是还没有统一的结论（Maestre et al.，2005，2006；Lortie and Callaway，2006）。Maestre等（2009）扩展了SGH，将“出现的频率”修改为研究中经常测定的两两物种互相作用的“强度”，认为物种间相互作用与环境压力梯度关系不止有一种规律，他们根据物种的生存策略（竞争种或耐受种，competitive species or stress-tolerant species）及环境压力梯度是资源压力梯度（如水、氮）还是非资源压力梯度（如温度、盐度），给出了不同的预测。扩展后的SGH对于植物间相互作用随非资源压力梯度变化的预测如下：①如果竞争种是施惠种（benefactor），受惠种也是竞争种，那么其在环境压力梯度低时受到的作用为竞争作用，在环境压力梯度中等时受到最强的促进作用，在环境压力梯度最高处受到一定的促进作用；而如果受惠种是耐受种，随环境压力梯度由低到高其受到的作用分别为竞争、促进、最强促进作用；②如果耐受种是施惠种，那么竞争种（受惠种）受到的作用随环境压力梯度由低到高分别为竞争、促进、最强促进作用；而其他耐受种（受惠种）受到的作用随环境压力梯度由低到高分别为竞争、中性、促进作用（Maestre et al.，2009）。因此，他们的研究丰富了SGH，提供了更详细的预测，也为整合研究结果提供了可能性。

我国学者也做了一些关于植物间相互作用随环境压力梯度变化的探讨。例如，Luo等（2010）研究了黑龙江三江自然保护区湿地三种植物毛苔草（*Carex lasiocarpa*）、狭叶甜茅（*Glyceria spiculosa*）和小叶章（*Deyeuxia angustifolia*）的相互作用强度随水位梯度的变化，发现无论是种间还是种内的相互作用均符合SGH预测；在水位低时，植物间相互作用表现为竞争作用，而随着水位的升高促进作用增强。He等（2009）对黄河三角洲滨海湿地的优势种盐地碱蓬（*Suaeda salsa*）所受到的其他植物作用大小随盐度梯度变化的规律进行了研究，发现盐地碱蓬在盐度低、远离海边的高地受到的竞争作用最大。但是，关于植物间促进作用的研究还是很少，植物间相互作用与环境压力梯度的关系尚需探讨。

（二）滨海湿地植物间相互作用研究方法

半干旱草原或高山植物群落采用原位去除实验来研究植物相互作用，如Choler等（2001）的研究，而滨海湿地研究多采用原位去除实验和移植实验两种方法。原位去除实验包括清除目标个体周围的所有近邻植物，然后比较去除近邻植物处理和对照处理目标植物的存活和生长情况。在移植实验中，则是将目标植物移植到其他植物区进行有或没有近邻植物的处理，然后比较有和没有近邻植物处理的目标植物存活、生长表现。这两种实验方法各有优缺点。一方面，原位去除实验适用于分布分散，而且分布面积广的物种，在原位去除实验中比较难检测到物种独特性的（species-specific）相互作用，因为在野外可能这些物种没有同时出现在同一地方。另一方面，移植实验要求物种的个体比较多，不适合于种群分布比较分散且个体数少的物种（育苗时除外）。原位观测法诸如空间点格局、层次贝叶斯分析等旨在研究种群个体间或群落物种间相互作用的方法（Raventos et al.，2010；Wang et al.，2011），然而这些方法在滨海湿地研究中运用比较少。

三、整合分析全球滨海湿地植物种间作用

（一）研究背景

进化信息越来越多地应用于解决生态学问题。进化与生态学之间的关系最初由Darwin（1859）提出，他认为近缘物种在生态学上更相似。因此，他推测近缘物种之间的竞争强度可能比远缘物种之间的竞争强度大，而物种间促进作用更倾向于发生在远缘物种之间，这个理论又被称为系统发育限制相似性假说（phylogenetic limiting similarity hypothesis，PLSH）（Verdu et al.，2009；Castillo et al.，2010；Burns and Strauss，2011；Violle et al.，2011；Soliveres et al.，2012）。这个假说经常被用来解释群落格局构建和生态系统结构。

然而，PLSH也受到质疑，因为没有实际量化竞争作用，只是假设物种的共存是缺乏竞争作用。有研究已经表明，在没有竞争的条件下，其他生态过程，如环境过滤，可以产生与PLSH预测相同的格局（Mayfield and Levine，2010）。这些质疑表明，观察性研究不适合于得出机制性的解释，需要控制实验直接测量物种间竞争作用强度和分析其与系统发育距离（phylogenetic distance）的关系来研究。

维管植物间相互作用的整合分析发现，种间竞争强度与系统发育亲缘度（phylogenetic relatedness）之间不存在显著相关关系（Cahill et al.，2008）。另一整合分析种间竞争与系统发育距离及表型特征的相关性研究则发现，增加近邻植物和目标植物之间的系统发育距离和生活型差异可促进目标物种的存活，从而使得生态系统植被修复获得成功（Verdu et al.，2012）。此外，Violle等（2011）提供了强有力的经验证据支持PLSH，表明系统发育亲缘度比功能性状更能预测种间竞争作用强度。上述研究对PLSH缺乏共识，限制了系统发育亲缘度用于预测群落构建。

环境压力梯度假说在很多生态系统中得到验证，例如，He等（2013）收集的全球生态系统数据支持环境压力梯度假说（SGH）。然而，很少有研究试图分析和比较植物种间的系统发育亲缘度对种间作用在不同环境压力梯度上表现的影响。与目标物种的系统发育距离较远的近邻植物物种，在功能性状上与目标物种的差异可能更大，而且这些具有差异化的功能性状可能有助于缓解胁迫，从而促进高胁迫环境下目标植物的生长。因此，本研究预测系统发育亲缘度将影响种间作用在环境压力梯度上的表现。

本小节收集了全球滨海湿地植物种间相互作用数据，并进行了贝叶斯整合分析，以解决以下科学问题：①系统发育亲缘度是否影响滨海湿地植物种间相互作用；②亲缘度和种间作用之间的关系如何沿环境压力梯度变化，当从低环境压力梯度迁移到高环境压力梯度时，相邻物种是否促进目标物种存活和生长或减弱竞争。

（二）研究方法

1. 数据获取方法

我们收集了全球滨海湿地生态系统关于植物相互作用的研究，在Web of Science（1980～2012）收集具有以下关键词的文章：①“coastal”“coastal zone”“cobble beach”“coastal shore”“salt marsh”“coastal estuarine marsh”“marine”“mangrove”“shallow sea”；②“competition”“facilitation”“positive interaction”“negative interaction”“interference”；③“salinity”“flooding”“nutrient”“wind”“herbivore”“waterlogging”“abiotic stress”“biotic stress”“insect”；④“plant”“algae”“phytoplankton”“seagrass”“forb”“herb”“shrub”“tree”“sedge”“seaweed”“kelp”“cactus”。选择满足以下标准的数据进行分析：①所开展的研究必须在海岸带区域范围内；②研究必须没有实验设计问题且数据可用；③在案例中，近邻物种和目标物种不相同；④对于验证SGH的数据，物种在不同的环境压力梯度下的相互作用数据存在，而且环境压力梯度长度必须大于或等于0.1［环境压力梯度长度$l_{sg}=(P_L-P_H)/P_L$，其中l_{sg}指环境压力梯度长度，P_L表示在低环境压力梯度下没有近邻物种时目标物种的表现，P_H是指在高环境压力梯度下没有近邻物种时目标物种的表现（He et al.，2013）］。除了以上收集的数据，还加入了He等（2013）中关

于海岸带生态系统的有关数据。

从Web of Science数据库中用以上搜索词组来收集符合上述标准的数据，从这些数据中提取了以下信息：生态系统类型、目标和近邻物种名称、目标和近邻物种的表现（存活或生长；包括平均值、标准误和重复数）及环境压力水平。存活数据是指实验结束时和初始时个体数目的比值。生长数据则是地上生物量、总生物量、高度、盖度、鲜重、干重、叶片数或植株质量等。

整个数据集分为四个数据子集："具有环境压力梯度的实验的存活数据子集（SGS）"、"无环境压力梯度的实验的存活数据子集（NSGS）"、"具有环境压力梯度的实验的生长数据子集（SGG）"和"无环境压力梯度的实验的生长数据子集（NSGG）"。具体而言，SGS由同时测定存活率和考虑环境压力梯度（环境压力梯度长度≥0.1）的论文数据组成；NSGS由只是测定了存活率而没有考虑环境压力梯度的论文数据组成。SGG和NSGG是测定植物生长指标的论文数据子集，其中SGG是考虑环境压力梯度的生长数据子集。

用于数据分析的数据集包括盐沼（133例，每例代表一个实验，包括一个处理和一个对照）、海岸河口泥泞（36例）、红树林（14例）、海岸（10例）、滨海沙丘（8例）、咸水沼泽（4例）、浅海（4例）、卵石滩（3例）和滨海草原（2例）。NSGS来自13篇文献49个实验，其中有16个不同的近邻物种和21个不同的目标物种（表22.2）。NSGG是从45篇文献中提取出来的，有214例，包括47个不同的近邻物种和59个不同的目标物种（表22.2）。SGS的环境压力梯度长度为0.13～1，SGG的环境压力梯度长度为0.11～1.60。

表22.2　数据集

数字子集	文献数	案例	近邻物种	目标物种
具有环境压力梯度的实验的存活数据子集（SGS）	8	17	12	10
无环境压力梯度的实验的存活数据子集（NSGS）	13	49	16	21
具有环境压力梯度的实验的生长数据子集（SGG）	25	61	22	37
无环境压力梯度的实验的生长数据子集（NSGG）	45	214	47	59

通过漏斗图（funnel plot）分析这些数据，存活数据是对称的，并且罗森塔尔的故障安全码（Rosenthal's fail-safe number）是1845，这与整合分析中涉及的案例数（49）相比很大。对于生长数据，罗森塔尔的故障安全码为64 700，与案例数（214）相比也非常大。生长数据不对称，删除了7个具有高方差的极端值以调整出版偏差。然后对调整后的数据进行筛选去除，并用41个值填充，从而形成对称漏斗图。调整后数据的平均效果与调整和填充数据的平均效果相比基本不变。因此，尽管整合数据中存在一些出版偏差，但是这种偏差对数据的趋势和结果影响不大。

2. 系统发育距离计算

利用软件Phylomatic（Webb and Donoghue，2005）构建了数据集的所有种子植物（包括近邻物种和目标物种）的系统发育树。将本研究中所包括的物种科名与进化树匹配，该进化树是基于Angiosperm Phylogeny Group Ⅲ系统建立的（Bremer et al.，2009），然后用于构建本研究的系统发育树。使用Phylocom软件（Webb et al.，2008）的bladj算法来确定系统发育树的枝长，而bladj算法基于Wikstrom数据库中的年龄信息（Wikstrom et al.，2001）。对于非维管植物，使用在线TimeTree应用（http://www.timetree.org/）来估算目标物种和近邻物种间的系统发育距离（Hedges et al.，2006；Verdu et al.，2012）。研究中包括的近邻物种和目标物种之间的系统发育距离为65～1300Ma（图22.2）。我们还计算了压力效应差异分值（delta stress effect score），它是低环境压力梯度和高环境压力梯度下存活率或者生长数据的差值；还计算了压力变异分值（stress variance score），它是存活率或者生长数据在低环境压力梯度和高环境压力梯度下的方差之和（Borenstein et al.，2009；He et al.，2013）。

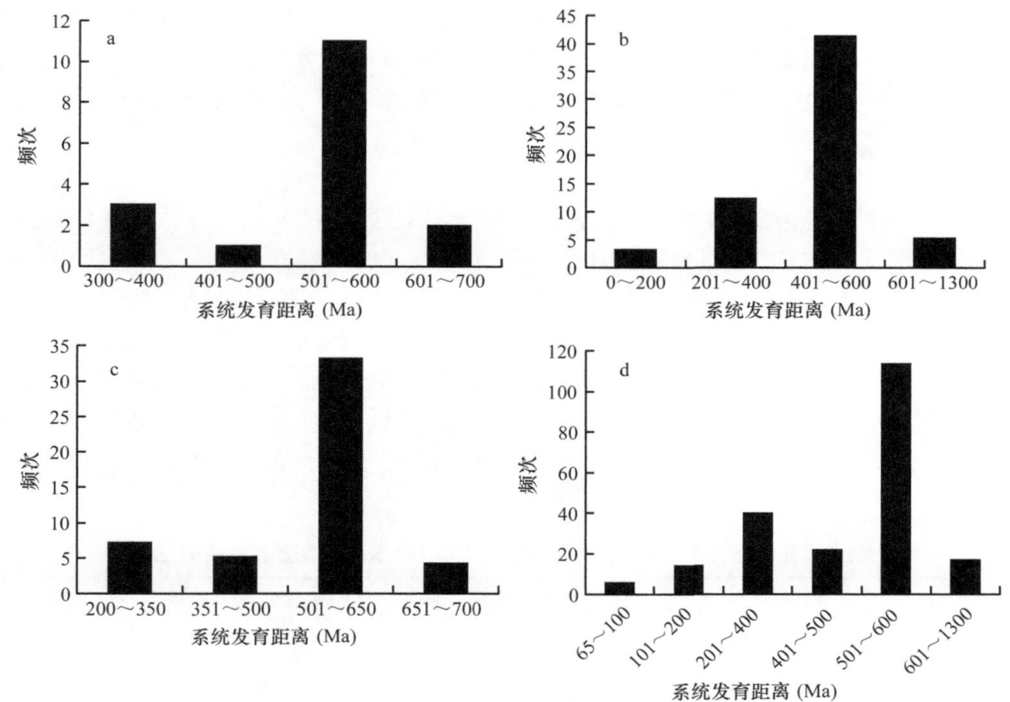

图22.2　数据子集中的近邻物种和目标物种之间系统发育距离的频次分布

a. 具有环境压力梯度的实验的存活数据（SGS）；b. 具有环境压力梯度的实验的生长数据（SGG）；c. 无环境压力梯度的实验的存活数据（NSGS）；d. 无环境压力梯度的实验的生长数据（NSGG）

3. 整合分析

效应值（effect size）是指近邻物种对目标物种存活或生长的影响程度。对于存活数据，种间作用的效应值用对数比值来表示，而生长数据的种间作用效应值用Hedges的*g**效应值来表示（Borenstein et al.，2009）。具体地，对数比值是具有近邻植物实验处理的存活率与对照存活率（没有近邻植物实验处理）之比的自然对数。*g**效应值是处理和控制之间的标准平均差异。对数比值和*g**效应值的正负值分别指示物种间相互作用是促进作用和竞争作用。

为了评估数据集是否存在出版偏差，本研究计算了罗森塔尔的故障安全码（Borenstein et al.，2009），还制作了漏斗图来可视化出版偏差。如果漏斗图是不对称的，则删除极值，以调整出版偏差。还使用Duval和Tweedie的调整和填充方法（Borenstein et al.，2009）评价了出版偏差对效应值的影响。最后，比较了原始数据、调整数据及删除和填充数据的效应值。

使用广义线性混合模型（generalized linear mixed model）来进行贝叶斯整合分析。在分析中采用了三类模型。第一类模型用于验证SGH，基于存活数据（SGS）和生长数据（SGG）分析环境压力对种间作用的影响。因变量为效应值，固定效应变量是环境压力，随机变量是近邻物种和目标物种名称。效应值的方差设定为R软件中MCMCglmm包的*mev*参数（Hadfield and Nakagawa，2010；Verdu et al.，2012）。先验参数设置为$V=1$和$nu=0.002$，并且为每个模型运行了13 000个MCMC迭代。第二类模型用于检验环境压力和系统发育距离对种间作用的影响。在这些模型中，数据子集SGS和SGG的效应值被设为因变量，系统发育距离、系统发育距离与环境压力梯度之间的交互作用及环境压力梯度被作为固定效应变量。另外，将效应差值作为因变量，将系统发育距离作为固定效应变量。第三类模型用于不考虑环境压力梯度水平的情况下，研究系统发育距离与效应值之间的关系。在第三类模型中，数据子集NSGS和NSGG中的效应值为因变量，系统发育距离为固定效应变量。第二类和第三类模型中的*mev*参数、先验参数和随机变量与第一类模型一样。

使用metafor包评估出版偏差，并使用统计软件R2.15.3中的MCMCglmm包（Hadfield，2010）来拟合分析。估计了预测因子（环境压力、系统发育距离、系统发育距离与环境压力的交互作用）的后验分布与pMCMC的95%置信区间，即预测自变量的作用大于零的概率。还得出了近邻物种和目标物种名称的后验分布的95%置信区间，即由近邻物种和目标物种名称解释模型剩余方差的比例（Verdu et al.，2012）。

（三）环境压力梯度假说验证

表22.3和表22.4的结果表明，胁迫对种间作用具有显著的负向效应。对于存活指标，在低环境压力梯度下效应的后验均值为–0.725（即表22.3中的“截距”），在高环境压力梯度下效应值的后验均值为0.617（即表22.3中的“截距”+“环境压力”）。对于生长指标，在低环境压力梯度下效应值的后验均值为–1.348（即表22.4中的“截距”），在高环境压力梯度下效应值的后验均值为–0.223（即表22.4中的“截距”+“环境压力”）。对于生长数据，效应值的后验均值（负值）在低胁迫环境下比高胁迫环境下更加低；对于存活数据，高胁迫环境下效应值的后验均值（正值）则大于低胁迫环境，表明种间作用表现为正相互作用。这表明，在高环境压力梯度下，种间竞争强度趋于减小或促进强度趋于增大，支持了SGH。

表22.3　环境压力和物种名称对存活效应值（SGS）的混合效应研究结果

效应	后验均值	95%置信区间下限	95%置信区间上限	P
固定效应				
截距	–0.725	–2.150	0.688	0.330
环境压力	1.342	0.220	2.489	0.028*
		剩余方差的解释比例		
随机效应				
近邻物种	2.306	2.369×10^{-4}	7.139	
目标物种	0.821	2.673×10^{-4}	3.629	

注：环境压力作为固定效应变量，而物种名称作为随机效应变量；$^*P<0.05$

表22.4　环境压力和物种名称对生长效应值（SGG）的混合效应研究结果

效应	后验均值	95%置信区间下限	95%置信区间上限	P
固定效应				
截距	–1.348	–1.799	–0.823	$<0.001^{***}$
环境压力	1.125	0.611	1.574	$<0.001^{***}$
		剩余方差的解释比例		
随机效应				
近邻物种	0.132	2.196×10^{-4}	1.349	
目标物种	0.685	9.712×10^{-4}	1.981	

注：环境压力作为固定因素，而物种名称作为随机因素；$^{***}P<0.001$

结果还表明，无论环境压力水平如何，近邻物种均对目标物种的生长产生负向影响。然而，对于目标植物的存活来说，环境压力水平影响种间作用。近邻物种在低环境压力下，降低目标物种存活率，而在高环境压力下，则增加其存活率。环境压力对存活和生长数据的物种间相互作用影响存在差异，表明种间作用在更新阶段最有可能表现为促进作用。Gomez-Aparicio（2009）的整合分析显示，近邻物种有助于目标物种的存活。然而，他们发现在陆地系统中近邻物种对目标物种生长无影响。Gomez-Aparicio（2009）的研究结果与本研究之间的差异可能反映了种间作用对生态系统间目标物种生长的不同影响，因为Gomez-Aparicio（2009）整合分析包括来自滨海生态系统的案例非常少。

本研究还发现近邻物种对目标物种的影响是依赖于环境压力梯度的，生长和存活指标分析结果均支持SGH。该研究对SGH的支持与He等（2013）相似，但本研究的数据集中加入了更多滨海生态系统的案例。因此，SGH有助于理解滨海湿地的植物群落构建。但在这些模型中，没有分离环境压力类型、植物来源（本地种或非本地种）、实验持续时间等，因为之前有研究报道环境压力类型不是影响种间作用在环境压力梯度下表现的因素（He et al.，2013）。有两种可能的机制驱动SGH：第一，种间竞争在高环境压力下减少，因为大多数物种似乎分配更大比例的能量和营养物质来对付环境压力带来的不利影响，而投入到有利于竞争的性状生长的能量和营养物质比例则减少；第二，近邻物种通过改善不宜居环境来促进目标物种的生长。本研究还发现，系统发育距离和环境压力交互作用对种间作用有负向影响，这表明近邻物种对目标物种有积极影响是由于竞争作用的减弱。然而物种还必须应付压力大的环境，因为环境压力的负向效应往往比减少竞争的正向效应更加强烈。

（四）种间进化关系对滨海湿地植物种间作用的影响

对海岸植物存活指标，研究植物种间作用的影响因素模型中将近邻物种和目标物种名称作为随机变量，将系统发育距离、环境压力及系统发育距离与环境压力交互作用作为固定效应变量，然而这些因素对种间作用没有显著的影响（表22.5）。系统发育距离与环境压力交互作用的影响也不显著，后验均值为–3.959（［–8.548，0.414］95%的置信区间）。从NSGS来看，对于植物存活指标，系统发育距离对种间作用的影响也不显著（表22.6）。此外，效应差值的变异也不能由系统发育距离解释（表22.7）。

表22.5　环境压力、系统发育距离和物种名称对存活效应值（SGS）的混合效应研究结果

效应	后验均值	95%置信区间下限	95%置信区间上限	P
固定效应				
截距	–8.121	–35.794	23.045	0.546
系统发育距离	1.184	–3.359	5.947	0.586
环境压力	26.057	–0.906	55.581	0.076
系统发育距离×环境压力	–3.959	–8.548	0.414	0.096
			剩余方差的解释比例	
随机效应				
近邻物种	2.639	6.099×10^{-4}	7.217	
目标物种	0.858	2.931×10^{-4}	4.217	

注：环境压力和系统发育距离作为固定因素，而物种名称作为随机因素

表22.6　系统发育距离和物种名称对存活效应值（NSGS）的混合效应研究结果

效应	后验均值	95%置信区间下限	95%置信区间上限	P
固定效应				
截距	5.033	–12.248	25.041	0.562
系统发育距离	–0.733	–3.933	2.071	0.590
			剩余方差的解释比例	
随机效应				
近邻物种	1.098	2.565×10^{-4}	3.899	
目标物种	0.960	4.691×10^{-4}	2.951	

注：系统发育距离作为固定因素，而物种名称作为随机因素

表22.7　系统发育距离和物种名称对存活数据效应差值的混合效应研究结果

效应	后验均值	95%置信区间下限	95%置信区间上限	P
固定效应				
截距	24.180	−19.695	65.570	0.232
系统发育距离	−3.713	−10.261	3.190	0.258
		剩余方差的解释比例		
随机效应				
近邻物种	2.435	1.963×10^{-4}	9.341	
目标物种	3.437	2.621×10^{-4}	9.763	

注：系统发育距离作为固定因素，而物种名称作为随机因素

对海岸植物生长指标，植物种间作用的影响因素模型中系统发育距离对种间作用有显著的正向效应（表22.8，表22.9）。然而，系统发育距离与环境压力的交互作用并不显著影响种间作用，并且后验均值为−0.641（［−1.937，0.672］ 95%的置信区间）（表22.8）。另外，对于NSGG，系统发育距离也显著加强了种间正向效应（表22.9）。该结果表明，随着近邻物种和目标物种之间系统发育距离的增加，物种间促进作用强度（净效应）由于竞争的减弱而增大。系统发育距离对效应差值具有负向效应但不显著（表22.10），这表明系统发育距离对低环境压力和高环境压力下种间作用强度的差异没有贡献。

表22.8　环境压力、系统发育距离和物种名称对生长效应值（SGG）的混合效应研究结果

效应	后验均值	95%置信区间下限	95%置信区间上限	P
固定效应				
截距	−13.263	−20.629	−6.898	0.002**
系统发育距离	1.888	0.888	3.074	0.002**
环境压力	5.180	−3.097	13.185	0.198
系统发育距离×环境压力	−0.641	−1.937	0.672	0.324
		剩余方差的解释比例		
随机效应				
近邻物种	0.058	2.766×10^{-4}	0.247	
目标物种	0.356	2.654×10^{-4}	0.941	

注：环境压力和系统发育距离作为固定因素，而物种名称作为随机因素；** $P<0.01$

表22.9　系统发育距离和物种名称对生长效应值（NSGG）的混合效应研究结果

效应	后验均值	95%置信区间下限	95%置信区间上限	P
固定效应				
截距	−3.664	−6.054	−1.141	0.002**
系统发育距离	0.481	0.079	0.858	0.022*
		剩余方差的解释比例		
随机效应				
近邻物种	0.156	3.320×10^{-4}	0.487	
目标物种	0.436	8.826×10^{-2}	0.785	

注：系统发育距离作为固定因素，而物种名称作为随机因素；* $P<0.05$；** $P<0.01$

表22.10　系统发育距离和物种名称对生长数据效应差值的混合效应研究结果

效应	后验均值	95%置信区间下限	95%置信区间上限	P
固定效应				
截距	7.160	–2.971	15.273	0.128
系统发育距离	–0.916	–2.400	0.444	0.202
		剩余方差的解释比例		
随机效应				
近邻物种	1.334	2.710×10^{-4}	4.770	
目标物种	0.638	3.064×10^{-4}	2.444	

注：系统发育距离作为固定因素，而物种名称作为随机因素

研究还发现，对于生长指标，增加种间亲缘度对种间促进作用具有显著的正向效应，但对于存活指标，增加种间亲缘度并没有对种间促进作用产生影响。这可能是由于存活数据样本量比较少。该发现支持达尔文的观点，即亲缘关系远的物种比亲缘关系近的物种具有更弱的竞争作用或更强的促进作用，因为亲缘关系近的物种在生态学上表现更相似。因此，滨海湿地生态系统植物种间亲缘关系的降低可能反映了表型性状差异增加，尤其是与生长相关的表型性状。这些性状的差异导致了物种之间的生态位差异，从而影响了滨海生态系统中种间竞争/促进作用。关键功能性状无疑是物种间相互作用的主要驱动力，但很难确定关键功能性状，因此，系统发育相关度能够替代功能性状来预测沿海生态系统中种间作用的结果。与我们的发现相反，Cahill等（2008）发现了系统发育相似性与竞争强度之间的弱关系，而Fritschie等（2014）对淡水绿藻的微宇宙实验研究没有发现任何证据支持系统发育限制相似性假设。与Fritschie等（2014）的研究结果的差异可能反映了高胁迫生态系统和无胁迫生态系统下种间作用的差异。

虽然植物物种所经历的特定环境压力在滨海生态系统中可能有所不同，但长期的高环境压力对所有的滨海生态系统的植物来说是共同的。由于世代的高度环境胁迫，一些物种更有可能进化出专门的性状，通过种间作用，这些性状可以直接或间接地帮助其周边物种在恶劣的环境中更好地生长。其他较不严酷的生态系统可能无法提供产生影响物种间相互作用的这些特殊性状的选择性压力（Bertness and Hacker，1994；Callaway and Pennings，2000）。虽然一些物种具有高水平的表型可塑性（如米草株高的高和矮），并可能引入一些误差到分析中，但该分析考虑到物种名称作为随机变量，所以具有高度可塑性的物种可能不会对种间作用的总体趋势产生影响。

之前还没有研究系统发育相似性在不同环境压力梯度下对种间作用的影响。本研究发现系统发育距离越大越有利于物种间促进作用，但系统发育距离与环境压力的交互作用不利于物种间促进作用。这表明系统发育距离远的近邻物种对目标物种具有促进作用，不是真正的种间促进作用，而是高环境压力下比低环境压力下的竞争减弱。此外，系统发育距离对效应差值有负的但不显著的效应。这一发现暗示系统发育距离与物种间促进作用之间的正相关关系对低环境压力和高环境压力之间的种间作用差异的贡献很小。因此，在高环境压力下，亲缘关系远的物种之间的种间促进作用不会比低环境压力下更易发生。对此结果的一种解释可能是，调节远缘近缘物种之间竞争作用的不同性状在高环境压力条件下相对于低环境压力条件下差异性较小。例如，在高环境压力下，植物趋向于较小（Crain et al.，2004；He et al.，2012）。因此，这些能够产生促进作用的性状对远缘目标物种的功能可能从低环境压力到高环境压力降低。

根据研究结果，建议海岸带生态系统管理者在规划海岸带生态系统的保护和恢复管理时，要种植与目标物种有远缘关系的物种。根据促进修复的理论，种植远缘物种可以促进受保护物种的生长（Halpern et al.，2007；Zhang and Shao，2013；Silliman et al.，2015）。因此，无论被管理的滨海生态系统内环境压力水平如何，都应考虑近邻的远缘物种对目标物种的积极影响。

综上所述，无论是以存活还是生长为表现指标，沿环境压力梯度观察到的滨海生态系统中植物种间

作用与SGH是一致的。此外，对于生长而非存活指标，滨海生态系统中植物物种间的系统发育距离显著正向影响种间作用。尽管系统发育距离对支持SGH没有显著影响，但在所有胁迫水平下，物种间竞争作用随系统发育距离的增大而减弱，促进作用则增强。因此，系统发育亲缘度与物种间促进作用的正相关关系可用于退化海岸生态系统植被的恢复。

第二节　黄河三角洲滨海湿地植物相互作用研究

一、黄河三角洲滨海湿地植物种内作用：以盐地碱蓬为例

（一）研究背景

高潮、强浪、强风、洪水、冬季寒冰（高纬度盐沼）和人类活动等干扰在滨海湿地中普遍存在（Tessier et al.，2002；Ewanchuk and Bertness，2003）。干扰的一个后果是清除了枯落物，枯枝落叶（包括立枯物和地面上分散的枯枝落叶）可能通过减少水分损失、遮阴降低盐度、在冬季和早春保持种子在原位和遮蔽幼苗免受寒风帮助滨海湿地的幼苗更新繁殖。因此，凋落物的自然或人为去除可能影响物种间相互作用和植被分布。例如，在黄河三角洲，冬季高潮潮水会带走凋落物，使密集的凋落物变薄，甚至变成裸地。这些枯落物被冲到岸边堆积。有人提出，这些干扰能够促进物种定居，推动植被演替和物种入侵，使先锋物种入侵到空白斑块来提高物种多样性（Pennings and Richards，1998；Minchinton，2002）。然而，关于立枯物对物种间相互作用的影响很少有评价。Holdredg和Bertness（2011）发现凋落物对芦苇（*Phragmites australis*）的入侵至关重要，并建议去除凋落物以抑制芦苇向本地物种*Juncus*的扩散。然而，凋落物对滨海湿地种内作用的影响还没有被研究。

环境梯度假说（SGH）指出，在非生物或生物压力梯度上，物种间促进和竞争作用的频率、强度或重要性的变化趋势相反，促进作用随环境压力梯度增加而增强，竞争作用则随环境压力梯度增加而减弱（Bertness and Callaway，1994）。对环境恶劣的生态系统种间作用的研究，支持这一假说的证据不断增加（He et al.，2013；Zhang and Wang，2016；Zhang et al.，2017）。然而，大多数SGH检验研究种间作用，少有研究种内作用是否也存在SGH规律（Castro et al.，2013；Zhang and Shao，2013；Castellanos et al.，2014）。在恶劣环境中，种内作用可能比种间作用在种群建立和群落构建中发挥更重要的作用（Garcia-Cervigon et al.，2013；Martorell and Freckleton，2014）。在单个物种水平上检验SGH，是了解随环境压力梯度变化，种内竞争和促进作用对种群动态影响的一种方法。负密度制约（如自疏作用）被认为是影响种群和群落动态的一个重要过程，因为传统上认为种内竞争比种间作用更强，这是因为同种异株之间的生态位重叠较大（Stoll and Prati，2001）。然而，环境胁迫可能促使种内作用从负作用向正作用转变（Sans et al.，2002；Chu et al.，2008；Fajardo and McIntire，2011）。例如，Goldenheim等（2008）指出*S. linearis*个体间的相互作用在较高温度和较大蒸发胁迫条件下表现出正密度依赖，但在良性条件下表现出负密度制约。在环境胁迫条件下表现出正密度依赖，是因为近邻植株改善胁迫的作用超过了资源的竞争效应。

物种在环境压力梯度上的相互作用取决于时间和空间（Goldenheim et al.，2008）。具体地说，在不同的生活阶段，植物间相互作用可能不同。研究表明，随着幼苗成长为成年个体，物种相互作用从促进转变为竞争（Callaway，1995，1997；Miriti，2006；Goldenheim et al.，2008）。该机制使脆弱的幼苗受到近邻幼苗的庇护，减轻环境胁迫。当幼苗成长为成年植株时，促进作用则减弱并最终为竞争作用所掩盖。

空间因素还影响种间作用，因为生物过程如争夺竞争（scramble competition）、对抗竞争（contest competition）和促进作用在不同的空间尺度上起作用（Das et al.，2008；Raventos et al.，2010）。争夺竞争和竞赛性竞争是群体负密度制约的两个相反机制。一方面，当一种有限的资源在所有个体之间被均匀地分配时，密集植株丛的个体由于资源不足而死亡，即发生争夺竞争。另一方面，如果有限的资源在个

体之间分配不均时，某些个体由于资源不足而死亡，但获得更多资源的竞争者却存活下来，则发生竞赛性竞争（Raventos et al.，2010）。

空间点格局分析方法是探讨分离空间格局下的空间和生物过程（诸如随机过程、促进作用及争夺竞争和对抗竞争作用等）的有效工具。例如，争夺竞争将导致存活和死亡个体的空间分离，而对抗竞争则将导致存活和死亡个体的空间聚集（Raventos et al.，2010）。

本小节研究在不同的空间尺度（0～15cm）和生活阶段（苗期和快速生长阶段），黄河三角洲滨海湿地中一年生草本植物盐地碱蓬（常见种）的种内作用随干扰水平（凋落物去除和未干扰对照）的变化。预测：①根据SGH，盐地碱蓬个体间的作用在凋落物去除样方比未干扰对照样方更能表现出促进作用；②种内作用在小空间尺度上发生（因为盐地碱蓬个体小）；③根据以前的研究结果，在环境良好条件下，争夺竞争是导致盐地碱蓬种群动态的主要生态过程（Raventos et al.，2010）。

（二）研究区域与研究方法

1. 研究区域

本研究在山东省黄河三角洲国家级自然保护区（37°40′～38°10′N，118°41′～119°16′E）开展。黄河三角洲湿地是黄河与渤海交汇而形成的河口-滨海湿地，是我国暖温带最年轻、增长速率最快、最广阔的河口-滨海湿地生态系统。该地区气候温和，年平均气温为12.1℃。年平均降水量为551.6mm，降水主要发生在夏季，年平均蒸发量为1962mm。该地区的潮汐涨落是不规则的半日潮。该区滨海湿地的优势种为盐地碱蓬、芦苇和柽柳（*Tamarix chinensis*）。

2. 研究方法

为了评价干扰（即凋落物去除）对优势种盐地碱蓬不同生长阶段种内作用的影响，在2013年5月建立了18个0.5m×0.5m样方。其中干扰处理9个样方，其余9个样方作为对照处理（未干扰）（表22.11）。在研究初期，对每个样方进行调查，记录了样方内每个个体的物种名称和坐标。具体地说，我们固定并标记了坐标轴的起点，固定并标记了x轴和y轴，在样方的四边各放一把尺子。然后给每个个体带上塑料指环，指环上标记上该植株的号码。最后，我们根据尺子刻度记录了每个个体的坐标并记录其存活和生长情况。在2013年6月和9月复查。由于除盐地碱蓬以外的其他物种个体很少，本研究仅调查盐地碱蓬个体。

表22.11　不同干扰处理水平

处理水平	处理	重复	是否干扰
L	不去除盐地碱蓬残体	9	否
RL	去除盐地碱蓬残体	9	是

为了研究凋落物去除对土壤盐分的影响，我们在5月、6月和9月的下旬用原位电导仪测定了每个样方的土壤电导率（EC）。同一样方的EC变化计算如下："9月下旬减去6月下旬EC"和"6月下旬减去5月下旬EC"。然后，采用单因素方差分析比较干扰和对照区土壤盐分的变化。

本研究运用尺度依赖的点格局分析（scale-dependent point pattern analysis）方法，分析样方中盐地碱蓬死亡个体和存活个体的点格局随它们间距离的变化，从而获得盐地碱蓬的种内关系。在以下的公式中，下标"1"表示死亡个体，下标"2"表示存活个体。采用三个检验统计量来描述空间格局，即单变量函数$g_{11}(r)$、双变量函数$g_{12}(r)$和双变量差异（a bivariate difference）函数$g_{1,1+2}(r)–g_{2,1+2}(r)$（Wiegand and Moloney，2004；Jacquemyn et al.，2010）。$\hat{g}_{12}(r)$是基于O-ring统计量$O_{12}(r)$（Wiegand and Moloney，2004）计算的双变量函数$g_{12}(r)$的估计量。$\hat{O}_{12}^{w}(r)$［$O_{12}(r)$的估计量］和$\hat{g}_{12}(r)$的计算公式如下：

$$\widehat{O}_{12}^{w}(r)=\frac{\frac{1}{n_1}\sum_{i=1}^{n_1}\text{Points}_2\left[R_{1,i}^{w}(r)\right]}{\frac{1}{n_1}\sum_{i=1}^{n_1}\text{Area}\left[R_{1,i}^{w}(r)\right]} \tag{22.1}$$

$$\hat{g}_{12}(r)=\frac{\widehat{O}_{12}^{w}(r)}{\hat{\lambda}_2} \tag{22.2}$$

式中，r是取样环$R_{1,i}^{w}(r)$的半径；w是取样环的宽度，并且环是以格局1（死亡植株）中的第i个个体为中心；点$\text{Points}_2[R_{1,i}^{w}(r)]$是指取样环$R_{1,i}^{w}(r)$中格局2（存活植株）的个体数量，$\text{Area}[R_{1,i}^{w}(r)]$表示该采样环的面积；$n_1$是格局1的个体数；$\lambda_2$是格局2的个体密度，$\hat{\lambda}_2$是$\lambda_2$的估计量。单变量函数$g_{11}(r)$用于揭示死亡植株的聚集格局。双变量函数$g_{12}(r)$量化了死亡个体和存活个体之间的聚集或分散等相关性，而$g_{1,1+2}(r)-g_{2,1+2}(r)$揭示了受密度制约影响的死亡个体的格局。

随机标记分析（random labeling analysis）用于构建零模型，并检测观察到的空间格局与零模型的偏离，以探讨种内作用对植株死亡率的影响是否随机。给观测到的每个个体（包括存活个体和死亡个体）随机分配一个位置和状态（存活或死亡），将此信息作为模拟数据，然后使用这些数据计算统计量$g_{11}(r)$、$g_{12}(r)$、$g_{1,1+2}(r)-g_{2,1+2}(r)$。对零模型进行了999次模拟，模拟的格局加上观测到的格局形成了模拟包络线（simulation envelopes）（Baddeley et al.，2014）。

单变量函数和双变量函数与零模型偏离的生态学解释如下：①如果$g_{11}(r)$在模拟包络线上方，则表明死亡的植株个体是聚集的；②如果$g_{12}(r)$在模拟包络线下方，则表明死亡个体和存活个体是分离的，指示着争夺竞争，如果$g_{12}(r)$在模拟包络线上方，则表明死亡个体和存活个体是相互吸引的，预示着对抗竞争；③如果$g_{1,1+2}(r)-g_{2,1+2}(r)$在模拟包络线下方，则表示个体死亡是正密度依赖的结果，即种内促进作用，如果$g_{1,1+2}(r)-g_{2,1+2}(r)$在模拟包络线上方，则表示死亡是负密度制约的结果，即种内竞争；④如果$g_{11}(r)$、$g_{12}(r)$、$g_{1,1+2}(r)-g_{2,1+2}(r)$落入模拟包络线内部，则表明个体死亡是随机的，不存在促进或竞争作用（Raventos et al.，2010）。

在不考虑空间尺度的情况下，进行拟合优度检验，以检验种内作用的显著性。这个检验是对点空间格局分析的补充，所有的空间分析用Programita软件进行（Wiegand and Moloney，2004）。

（三）干扰对盐地碱蓬种内作用的影响

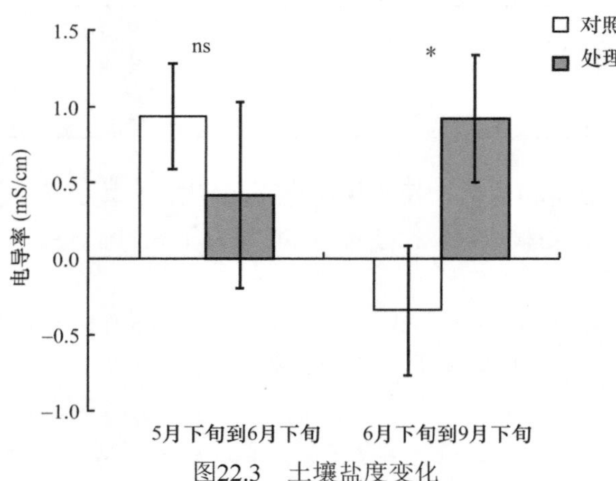

图22.3　土壤盐度变化

误差线是±SE；n=9；*表示P<0.05，ns表示差异不显著

从图22.3可以看出，处理样方和对照样方的土壤盐分差异与月份有关。5月下旬到6月下旬的盐度差异不显著。然而，从6月下旬到9月下旬的盐度差异是显著的。6月下旬至9月下旬，处理样方土壤盐度增加，对照样方土壤盐度减少。从拟合优度统计可知：L6-5和L9-6的$g_{11}(r)$函数值表明死亡植株个体显著聚集。L6-5和RL6-5的$g_{12}(r)$函数值表明存在显著的争夺竞争，RL6-5的$g_{1,1+2}(r)-g_{2,1+2}(r)$函数值表明个体间存在显著的正相互作用（表22.12）。图22.4显示了盐地碱蓬不同处理样方在不同时间、空间尺度上的点格局结果。结果是按盐地碱蓬生长阶段的顺序排列的。需要说明的是，空间尺度0表示空间距离为0～1cm；空间尺度1表示空间距离为1～2cm；空间尺度2表示空间距离为2～3cm，以此类推。

表22.12　盐地碱蓬个体间相互作用函数的统计检验结果

处理	函数	P	显著性
L6-5	$g_{11}(r)$	0.039	*
	$g_{12}(r)$	0.021	*
	$g_{1,1+2}(r)–g_{2,1+2}(r)$	0.726	ns
RL6-5	$g_{11}(r)$	0.528	ns
	$g_{12}(r)$	0.001	**
	$g_{1,1+2}(r)–g_{2,1+2}(r)$	0.003	**
L9-6	$g_{11}(r)$	0.046	*
	$g_{12}(r)$	0.055	ns
	$g_{1,1+2}(r)–g_{2,1+2}(r)$	0.849	ns
RL9-6	$g_{11}(r)$	0.363	ns
	$g_{12}(r)$	0.073	ns
	$g_{1,1+2}(r)–g_{2,1+2}(r)$	0.148	ns

注：ns表示差异不显著；* 0.01＜P≤0.05；** P≤0.01；“6-5”表示5月下旬到6月下旬的变化；“9-6”表示6月下旬到9月下旬的变化

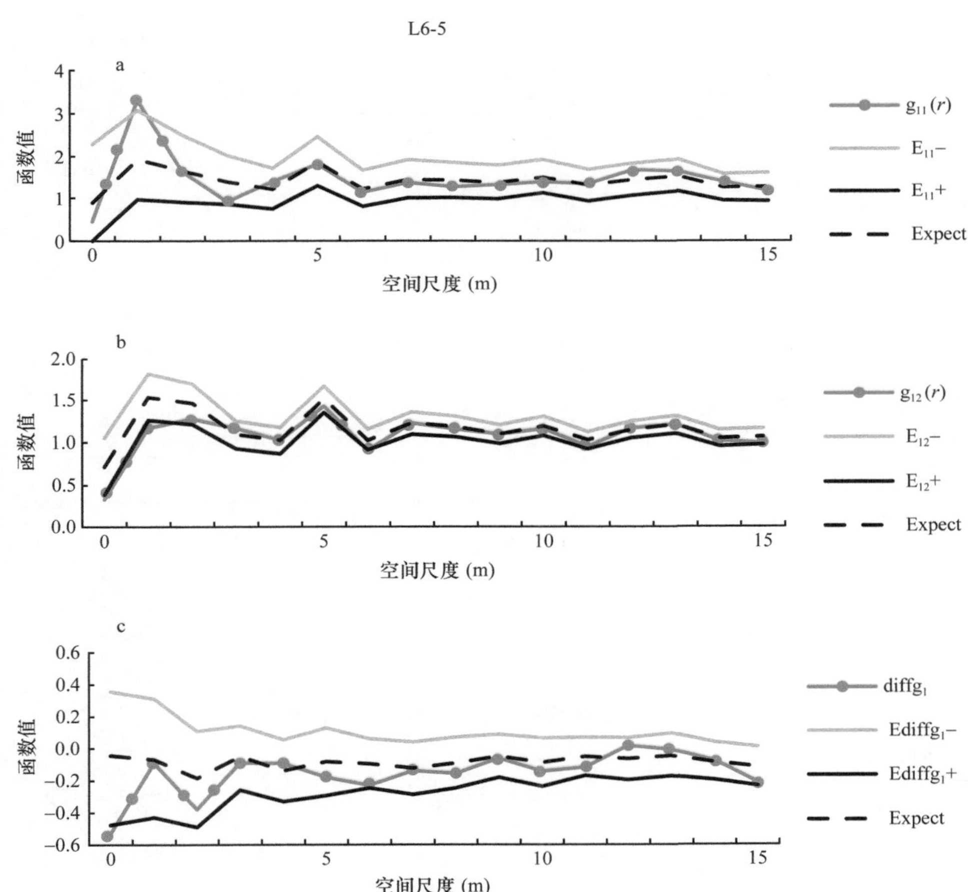

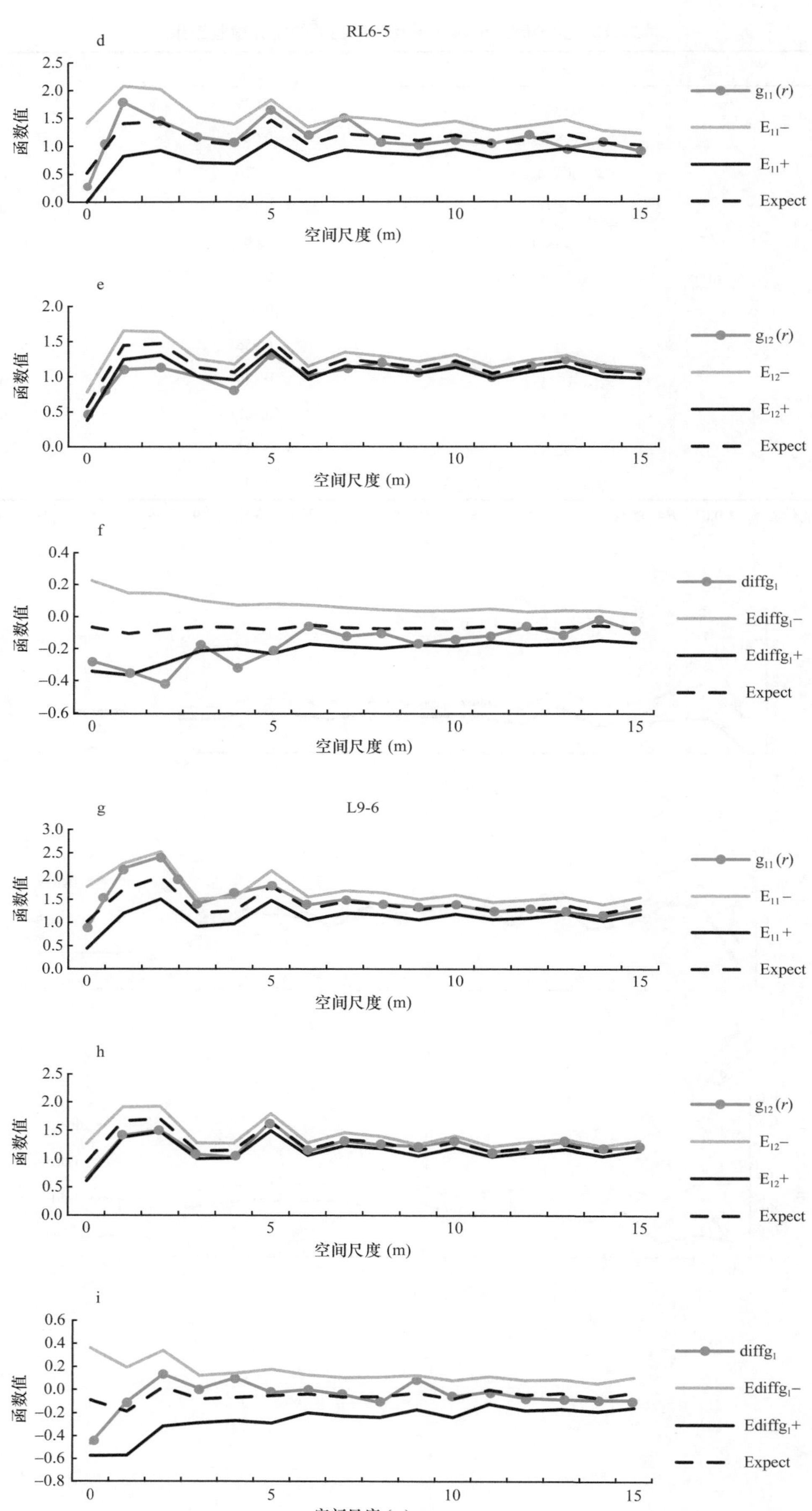
d
RL6-5
函数值
空间尺度 (m)
g11 (r)
E11−
E11+
Expect
e
g12 (r)
E12−
E12+
Expect
f
diffg1
Ediffg1−
Ediffg1+
Expect
g
L9-6
g11 (r)
E11−
E11+
Expect
h
g12 (r)
E12−
E12+
Expect
i
diffg1
Ediffg1−
Ediffg1+
Expect

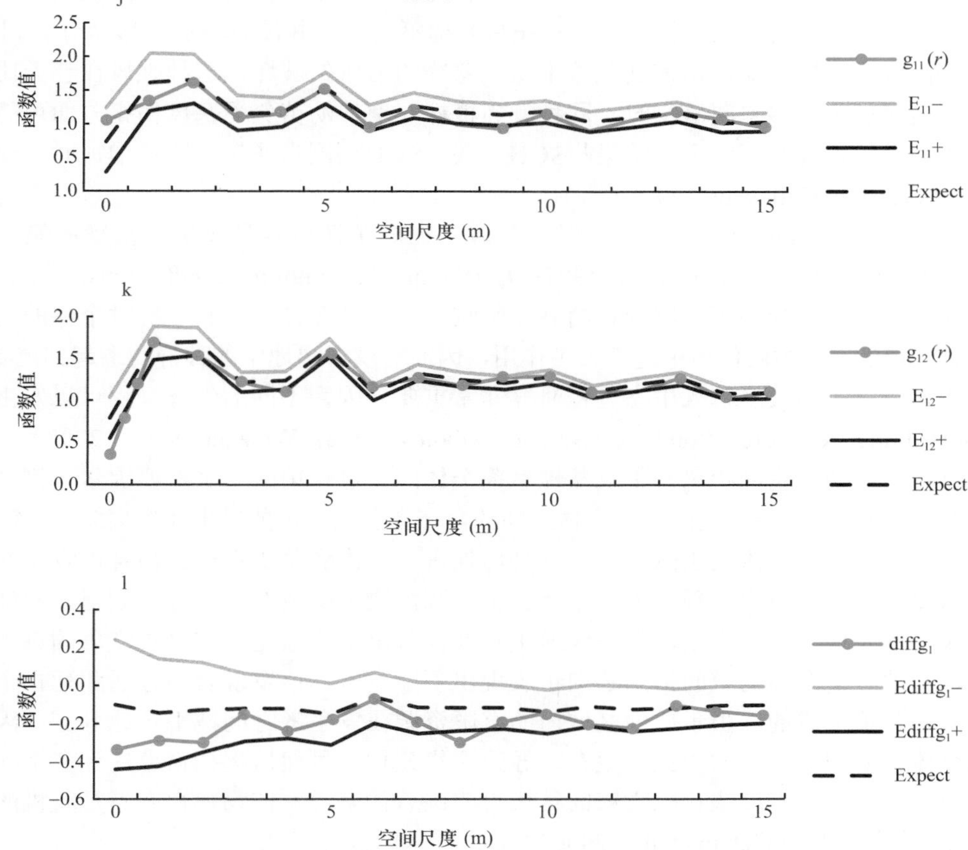

图22.4　盐地碱蓬种内相互作用随干扰梯度的变化规律

L6-5（a～c）是5月下旬到6月下旬未干扰样方盐地碱蓬种内作用随距离的变化；RL6-5（d～f）是5月下旬到6月下旬干扰样方种内作用随距离的变化；L9-6（g～i）是6月下旬到9月下旬未干扰样方种内作用随距离的变化；RL9-6（j～l）是6月下旬到9月下旬干扰样方种内作用随距离的变化；$g_{11}(r)$、$g_{12}(r)$、$g_{1,1+2}(r)–g_{2,1+2}(r)$（即$diffg_1$）是评估死亡个体（用1代表）及存活个体（用2代表）的空间格局函数（在图中为带圆圈标记的实线）。E_{11}−、E_{11}+、E_{12}−、E_{12}+，$Ediffg_1$−、$Ediffg_1$+则为模拟999次所得数值的95%模拟包络线（在图中为实线）。Expect则为期望值（在图中为虚线）

由图22.4可知，对于5～6月的幼苗期，对照样方L6-5的$g_{11}(r)$函数表示除了在空间尺度为1cm时盐地碱蓬死亡个体是聚集的，在其他空间尺度都是随机分布的；$g_{12}(r)$在空间尺度为0～1cm时在模拟包络线下方，表明盐地碱蓬个体存在争夺竞争；$g_{1,1+2}(r)–g_{2,1+2}(r)$则表明在空间尺度为0时存在种内促进作用。去除盐地碱蓬残体样方RL6-5的$g_{11}(r)$函数表明在整个空间尺度上盐地碱蓬死亡个体是随机分布的；$g_{12}(r)$在空间尺度为1～5cm及7cm时在模拟包络线下方，表明盐地碱蓬个体存在争夺竞争；$g_{1,1+2}(r)–g_{2,1+2}(r)$则在空间尺度为2cm和4cm时在模拟包络线下方，表明在该尺度上个体存在促进作用。对于6～9月的成长期，对照样方L9-6的$g_{11}(r)$、$g_{12}(r)$、$g_{1,1+2}(r)–g_{2,1+2}(r)$在所有尺度上个体死亡均表现出随机的空间格局。去除盐地碱蓬残体样方RL9-6的$g_{11}(r)$也表现出随机的空间格局，而$g_{12}(r)$在空间尺度为0cm、2cm、4cm、12cm、14cm时，依然存在争夺竞争；$g_{1,1+2}(r)–g_{2,1+2}(r)$则在空间尺度为8cm时表现出个体间的促进作用。

本研究使用了近期发展出来的“基于个体的”空间统计模型来分析不同干扰水平和生长阶段下的同种个体死亡率的空间格局。这种技术经常用于分析多年生植物如树木或灌木，对样方中全部个体位置标记，基于空间分布信息来研究植物间相互作用（Queenborough et al.，2007；Yu et al.，2009；Raventos et al.，2010；Pillay and Ward，2012）。在本研究中，这个模型被用于研究一年生草本植物植株个体之间的相互作用，其优点是原位观测，减少人为对植物群落的干扰，另外还可以研究植株间作用的时空变化。

通过比较盐地碱蓬凋落物去除样方与对照样方的种内作用发现，在苗期，凋落物去除样方内的种内作用更可能表现出正作用。尽管促进作用随快速生长期的开始而减弱，但是在所有生长期中，种群动态均受到正作用的显著影响。在对照样方中，则没有检测到促进作用。

尽管研究发现在生长季节早期去除凋落物后具有种内促进作用，但是正作用的机制仍然不确定，并且可能与土壤盐分的降低无关。在生长季节（5～6月）凋落物去除并没有增加土壤盐分。凋落物和/或同种近邻植株的存在可能保护了幼苗，使其免遭干燥、寒冷的强风的破坏，这种强风在春天比生长季节晚期更强。因此，当通过实验移除凋落物时，同种近邻植株在保护幼苗免受寒风伤害方面可能起着更重要的作用。如果该假设是正确的，那么该结果与SGH一致，SGH预测当非生物胁迫增加时，促进作用比竞争作用更重要（Lortie and Callaway，2006）。

盐地碱蓬植株个体间的正密度依赖具有时间效应，在成苗期更容易发生正密度依赖。该结果与以前的研究结果一致（Callaway and Walker，1997；Lortie and Turkington，2008；Jensen et al.，2012）。因此，该研究证实种群动态受到正密度依赖的高度影响，尤其是在种群遇到干扰时个体的更新和定居阶段。研究还表明，凋落物在种内作用中起着关键作用，因而对滨海湿地中的种群动态起到重要作用。

生态学家认为，将空间尺度纳入生态过程研究非常重要，因为不同的生态过程可以发生在不同的空间尺度上（Borcard and Legendre，2002；Chase and Leibold，2002；Wiegand et al.，2007）。本研究结果支持了这一论点。个体间的空间距离是影响盐地碱蓬个体间促进作用的一个重要因素。例如，个体间的正作用发生在距离小于9cm的个体之间，而个体之间的争夺竞争则更可能发生在距离6cm的个体间。

虽然在高干扰水平（即凋落物去除样方）下种内促进比种内竞争更重要，但种内竞争在种群动态中仍然起着至关重要的作用。研究发现，无论干扰水平（凋落物去除或对照样方）如何，盐地碱蓬幼苗期个体间的种内作用均表现为争夺竞争，但在快速生长期没有出现争夺竞争或对抗竞争的迹象。然而，在所有生命阶段，盐地碱蓬个体的空间格局趋向于表现出争夺竞争。该发现表明存活和死亡个体的分离是由争夺有限资源的竞争造成的。由于研究区域内的有限资源在竞争者之间被平等地分割，因此密集的盐地碱蓬丛中的个体不能获得足够的资源来生存，导致聚集死亡。虽然植物死亡率在许多空间尺度上是随机的，但高环境压力样方的密度依赖死亡率的结果表明：总体来说，植物死亡率不是随机的，即死亡对于所有个体来说不是等同的（Getzin et al.，2006）。

综上所述，盐地碱蓬种内作用在干扰处理样方中表现出正密度依赖性，尤其是苗期，但在对照样方中没有表现出正密度依赖。这一结果支持SGH。此外，随机死亡率假说不成立，因为个体死亡是非随机的。因为干扰下死亡率的正密度依赖和争夺竞争的存在，植物死亡率取决于可用的有限资源的数量、资源在个体间的分配方式及个体的密度。

二、黄河三角洲滨海湿地植物种间作用及其影响因素

（一）研究背景

通过整合分析发现，在环境恶劣的滨海生态系统中，系统发育距离较远物种之间的相互作用比系统发育距离近的物种更有可能增加促进作用或减少竞争作用（Zhang et al.，2016）。然而还没有实验研究直接测量物种间相互作用产生的结果，来评估环境压力水平、系统发育距离和物种生态策略及它们的交互作用对物种间相互作用的影响。通过实验研究黄河三角洲滨海湿地主要植物物种与优势物种盐地碱蓬的种间作用及其影响因素，主要检验以下四个假设：首先，根据SGH，在低环境压力下的物种竞争作用比高环境压力下的物种竞争作用更强；其次，物种的生态策略影响种间作用沿着盐度梯度的相互作用格局；再次，根据PLSH，系统发育距离较远的物种之间的相互作用更有可能导致促进作用增强或竞争作用减弱；最后，环境压力水平与系统发育距离的交互作用会影响种间作用。

（二）研究区域与研究方法

1. 试验设计

该试验在中国科学院黄河三角洲滨海湿地生态试验站开展，研究黄河三角洲滨海湿地的常见物种与优势物种盐地碱蓬的相互作用。选择盐地碱蓬作为近邻物种有两个原因：第一，盐地碱蓬是黄河三角

洲滨海湿地植物群落的优势种之一，因此它是该植物群落中现实的近邻物种；第二，盐地碱蓬耐受高盐度，因此可以在比较高的盐度处理中存活。而用于试验的10个目标物种，是黄河三角洲滨海湿地的常见物种，对滨海湿地生态系统功能的维持很重要（表22.13）。此外，这10个目标物种与盐地碱蓬的系统发育距离为29～163Ma（表22.14），是研究系统发育距离对物种间相互作用影响的理想变异程度。

表22.13　用于试验的物种信息

物种中文名	物种拉丁文名	生活型	生活史类型
柽柳	*T. chinensis*	灌木	多年生
鹅绒藤	*Cynanchum chinense*	藤本、草本	多年生
碱蓬	*Suaeda glauca*	草本	一年生
罗布麻	*Apocynum venetum*	灌木	多年生
苦苣菜	*Sonchus oleraceus*	草本	一年生
芦苇	*P. australis*	禾本	多年生
碱菀	*Tripolium vulgare*	草本	一年生
蒙古鸦葱	*Scorzonera mongolica*	草本	一年生
盐地碱蓬	*S. salsa*	草本	一年生
獐毛	*Aeluropus pungens*	禾本	多年生
中华补血草	*Limonium sinense*	草本	多年生

表22.14　10个目标物种与近邻物种盐地碱蓬之间的系统发育距离

目标物种	近邻物种	系统发育距离（Ma）
碱蓬	盐地碱蓬	29
柽柳	盐地碱蓬	76
鹅绒藤	盐地碱蓬	110.8
碱菀	盐地碱蓬	110.8
苦苣菜	盐地碱蓬	110.8
芦苇	盐地碱蓬	163
罗布麻	盐地碱蓬	110.8
蒙古鸦葱	盐地碱蓬	110.8
獐毛	盐地碱蓬	163
中华补血草	盐地碱蓬	84.8

2013～2014年开展试验，5月采集黄河三角洲滨海湿地11个物种植株大小相近的幼苗开展试验。在移植后的两周，每隔1天用淡水给盆栽植物浇水，以避免移植冲击产生的影响，在此期间用同一种的新幼苗替换已死亡的幼苗。将这些盆栽放置到光照条件一致的平地上，并记录生长季（5～8月）植物的存活情况。在生长季结束时，测定植物的地上和地下干生物量。植物被收割后，用筛子清洗根系，然后在50℃烘箱烘72h。

盐度处理是通过将花盆放入到装有约5cm盐水（根据处理的盐度进行调整）的塑料盆中进行。每天使用电导率仪监测塑料盆中的盐度，并通过向水中添加淡水或海盐调节盐度。

为了研究目标物种的竞争能力，将目标物种的幼苗移植到土壤混合均匀、盐度低且肥沃的花盆中（每盆1株，每个物种8盆；口径33.0cm，底径20.0cm；高25.0cm）。用于试验的土壤的平均电导率为（0.87±0.05）mS/cm（n=80）。所有种植了相同目标物种的盆栽都成对地进行分组，其中一个被分配到“有近邻物种”处理，另一个被分配到“无近邻物种”处理。在有近邻物种的花盆中，将4株盐地碱蓬幼苗移栽到目标物种周围，每株幼苗之间的平均距离为12cm。没有近邻物种处理的花盆只包含1株目标物种的种苗。本试验共有4个重复处理品种，共计80盆。在移植后的两周内（避免移植冲击），每4天用淡水浇灌植株。

为了比较10个目标物种和盐地碱蓬的耐盐能力，将这11种植物的幼苗分别移植到相同大小的花盆中（每盆1株；口径21.0cm，底径15.0cm；高18.5cm），盆栽中填满了与上述试验相同的土壤。两周后，对这些盆栽进行盐度处理，即0、20psu、40psu、60psu或80psu（practical salinity units，‰）。盐度处理逐渐增加，以每3天20psu的速率增加，并在两周后达到预设浓度。每个处理重复4次，共220盆。然而，在试验结束时，盐度为40psu的蒙古鸦葱只剩下3个重复，因为在两周的移植适应期结束时，1株幼苗死于移植冲击，没有足够的时间来移植新幼苗。

为了研究盐度对目标物种和近邻物种相互作用的影响，将10个目标物种的幼苗移植到各自花盆（土壤与上述试验一致）中（每盆1株；口径33.0cm，底径20.0cm；高25cm）。同竞争试验中的一样，进行有近邻物种和无近邻物种的处理，同时进行三个盐度处理（低盐度0；中盐度15psu；高盐度30psu）。每个处理重复4次，共有240盆。由于7月强台风的影响，小部分处理仅剩下2或3个重复。

2. 数据分析

比较“有近邻物种”处理的目标植物和“无近邻物种”处理的目标植物的生物量来计算目标物种和近邻物种之间的相互作用。相互作用强度（relative interaction intensity，RII）（Armas et al.，2004）为

$$\mathrm{RII}=\frac{B_{+\mathrm{N}}-B_{-\mathrm{N}}}{B_{+\mathrm{N}}+B_{-\mathrm{N}}} \tag{22.3}$$

式中，$B_{+\mathrm{N}}$是“有近邻物种”处理的目标物种的总生物量（地上和地下生物量的总和）；$B_{-\mathrm{N}}$是“无近邻物种”处理的目标物种的总生物量。RII为–1～1。负RII值表示种间竞争，正RII值指示种间促进。

使用线上TimeTree软件估计了10个目标物种和近邻物种盐地碱蓬之间的系统发育距离（Hedges et al.，2006；Verdu et al.，2012）。采用Shapiro-Wilk正态性检验来确认残差的分布是否为正态分布，用Levene检验来检测方差齐性。然后进行单因素方差分析，以分析RII与盐度水平之间的关系。最后用Tukey HSD多重比较方法来比较不同盐度处理的RII。

通过竞争试验和耐盐性试验，对目标物种的生态策略进行了分类。4个生态策略分类是：高耐盐而弱竞争能力（HS-WC）；低耐盐而强竞争能力（LS-SC）；低耐盐而弱竞争能力（LS-WC）；高耐盐而强竞争能力（HS-SC）。然后采用回归线性模型来确定哪些因素对RII有显著影响。模型以RII为因变量，以盐度、系统发育距离（对数变换）、目标物种生态策略（LS-SC、HS-SC、LS-WC和HS-WC）、盐度与系统发育距离交互作用、系统发育距离与生态策略的交互作用为自变量。另外，分析了不同盐度下种间作用与系统发育距离的线性关系。使用R 2.15.3进行统计分析。

（三）黄河三角洲滨海湿地植物种间作用随盐度梯度的变化

黄河三角洲滨海湿地耐盐能力高的物种有柽柳、碱蓬、獐毛、中华补血草，耐盐能力低的物种有鹅绒藤、苦苣菜、芦苇、蒙古鸦葱、碱菀、罗布麻（图22.5）。而竞争能力强的物种（图22.6）有鹅绒藤、苦苣菜、芦苇、蒙古鸦葱、中华补血草；竞争能力弱的物种有柽柳、碱蓬、獐毛、碱菀、罗布麻。因此，根据物种竞争能力、盐度耐受力测试试验，10个物种分为4类具有不同竞争能力与盐度耐受力特征的物种。HS-WC是指耐盐能力高但竞争能力弱的物种，包括柽柳、碱蓬、獐毛；LS-SC是指耐盐能力低但竞争能力强的物种，包括鹅绒藤、苦苣菜、芦苇、蒙古鸦葱；LS-WC是指耐盐能力低且竞争能力也弱的物种，包括碱菀、罗布麻；HS-SC是指耐盐能力高且竞争能力强的物种，包括中华补血草。

如表22.15所示，随着盐度的增加，在高盐度显示出与盐地碱蓬有促进作用的物种是LS-SC物种中的苦苣菜（其RII是用存活数据计算的）、芦苇和蒙古鸦葱。在3种LS-SC植物中，随着盐度的增加，与盐地碱蓬的竞争作用减弱，且在高盐度时，物种促进作用出现（RII＞0）。在高盐度下獐毛与盐地碱蓬的竞争作用比中盐度下强，但高/中盐度下獐毛与盐地碱蓬的竞争作用比低盐度下弱。鹅绒藤和盐地碱蓬之间的

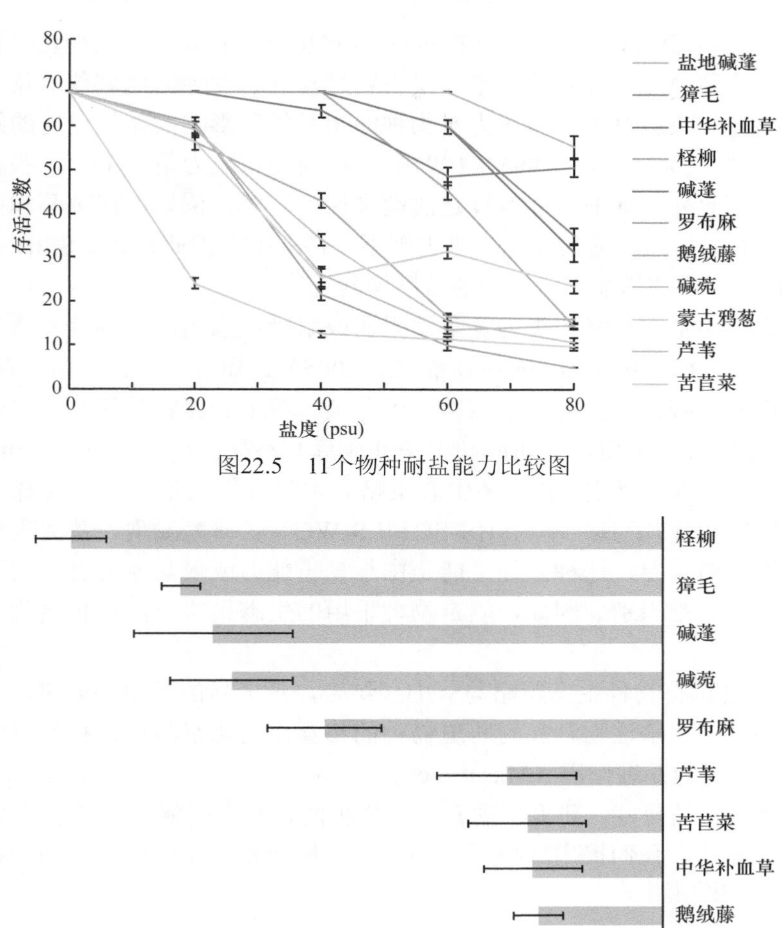

图22.5　11个物种耐盐能力比较图

图22.6　物种竞争能力比较

竞争作用在中盐度下最强，从中到低盐度竞争作用减弱。在中、高盐度条件下，中华补血草与盐地碱蓬的竞争作用显著强于低盐度。碱菀、柽柳、罗布麻和盐地碱蓬之间的竞争作用强度随盐度梯度没有显著变化。

表22.15　10个目标物种与盐地碱蓬的相互作用强度随盐度梯度的变化

生态策略	物种	指标	RII		
			低盐度	中盐度	高盐度
HS-WC	柽柳	生长	−0.56±0.03[a]（n=4）	−0.43±0.13[a]（n=4）	−0.40±0.16[a]（n=4）
	碱蓬	生长	−0.43±0.08[a]（n=4）	−0.64±0.04[b]（n=4）	−0.61±0.04[b]（n=4）
	獐毛	生长	−0.46±0.02[c]（n=4）	−0.24±0.09[a]（n=4）	−0.30±0.13[b]（n=4）
LS-SC	鹅绒藤	生长	−0.12±0.02[a]（n=4）	−0.51±0.09[b]（n=3）	NA
	苦苣菜	存活	0（n=4）	−0.04±0.03[b]（n=4）	0.11±0.05[a]（n=4）
	芦苇	生长	−0.15±0.07[b]（n=4）	−0.09±0.03[b]（n=2）	0.05±0.01[a]（n=4）
	蒙古鸦葱	生长	−0.11±0.02[b]（n=4）	−0.02±0.10[b]（n=4）	0.19±0.08[a]（n=4）
LS-WC	罗布麻	生长	−0.41±0.06[a]（n=4）	−0.39±0.16[a]（n=3）	−0.39±0.14[a]（n=3）
	碱菀	生长	−0.32±0.05[a]（n=4）	−0.34±0.12[a]（n=4）	NA
HS-SC	中华补血草	生长	−0.12±0.05[a]（n=4）	−0.44±0.11[b]（n=4）	−0.51±0.03[b]（n=4）

注：上标相同字母表示多重比较没有差异，不同字母表示多重比较有显著差异（P<0.05）。NA表示无数据，RII用平均值±SD来表示

在3个盐度水平上，10个目标物种与盐地碱蓬的相互作用随物种和盐度而变化，但只有少数物种表现出与SGH一致的趋势。特别地，目标物种芦苇和蒙古鸦葱与近邻物种盐地碱蓬的竞争作用随盐度的增加而逐渐下降，这与SGH相一致。对于环境压力对物种间相互作用影响的差异可能的解释是：相互作用可能具有高度的物种特异性（Callaway，1995，1997）。在高环境压力条件下，一些物种可能只与特定的近邻物种产生促进作用。此外，SGH可能对设定的盐度梯度敏感。例如，鹅绒藤和盐地碱蓬之间的相互作用在中高盐度下支持SGH，而将低盐度包括进去则不支持SGH。因此，正如Silliman等（2015）所建议的，未来检测SGH的试验中应该增加更广范围的盐度梯度。

之前的研究只将物种的生态策略归类为竞争性强弱或耐受性强弱，因为普遍认为竞争能力和耐受能力之间存在权衡（Crain et al.，2004；Liancourt et al.，2005）。研究发现，在所涉及的11个物种中，有8个物种（盐地碱蓬、柽柳、碱蓬、獐毛、鹅绒藤、苦苣菜、芦苇和蒙古鸦葱）在耐受性和竞争能力之间进行了权衡。剩下的3个物种（碱菀、罗布麻和中华补血草）不存在权衡现象。Grime（1977）建议将具有高干扰耐受力而不耐受环境压力作为第3种生态策略。本研究根据耐盐能力和竞争能力将11个物种划分为4种生态策略类型（LS-WC、HS-WC、HS-SC和LS-WC）。研究发现，黄河三角洲滨海湿地植物物种在生态策略上存在很大的差异，这种差异可能是由与竞争能力或耐盐能力有关的不同生态功能性状造成的，然而这些功能性状很难识别。因此，确定物种采用的生态策略可能是预测物种间相互作用结果的实用工具。

Maestre等（2009）尝试将物种生态策略与SGH相结合，形成新的可检验假说。他们的假设预测，当环境压力不是资源限制时，竞争性物种和耐胁迫物种的相互作用比耐胁迫物种和耐胁迫物种的相互作用随着环境压力增加更快表现为促进作用（Maestre et al.，2009）。在该试验中，近邻物种盐地碱蓬是耐盐种，而且试验中的环境压力是盐度。研究中观察到的物种间相互作用随盐度梯度的变化不支持Maestre等（2009）提出的假说。因此，我们提出环境压力梯度的物种间相互作用可能受到多种因素的影响，不能简单地由一个或两个因素来预测。

（四）黄河三角洲滨海湿地植物种间作用的影响因素

根据回归分析，显著影响RII的自变量是盐度、系统发育距离、物种生态策略及盐度与系统发育距离之间的交互作用（表22.16）。在所有考虑的因素中，系统发育距离平均方差最大。系统发育距离与物种生态策略的交互作用对种间作用没有显著影响。模型中所包含的自变量解释了RII方差的很大比例（调整后的R^2=0.603，F=17.22，P＜0.001）。本研究还分析了在不同盐度水平下RII与系统发育距离之间的线性关系（图22.7）。这些线性模型的斜率表明，随着系统发育距离的增加，物种竞争作用在各个盐度水平上都有下降的趋势（低盐度时的斜率为0.260；中盐度时的斜率为0.603；高盐度时的斜率为0.740），因此系统发育距离对种间作用的影响在中、高盐度下比在低盐度下更强。

表22.16　盐度、系统发育距离、物种生态策略及其交互作用对物种间相互作用的影响的线性回归模型

变异来源	自由度	总方差	平均方差	F	P
盐度	2	0.19	0.095	4.827	＜0.05*
系统发育距离	1	1.317	1.317	67.011	＜0.001***
物种生态策略	3	1.303	0.434	22.094	＜0.001***
盐度与系统发育距离的交互作用	2	0.235	0.118	5.987	＜0.001***
系统发育距离与物种生态策略的交互作用	1	0.001	0.001	0.072	0.789
残差	87	1.007	0.02		

注：模型中因变量为RII，自变量为盐度、系统发育距离（log转换）、物种生态策略及盐度与系统发育距离、系统发育距离与物种生态策略的交互作用；* P＜0.05；*** P＜0.001

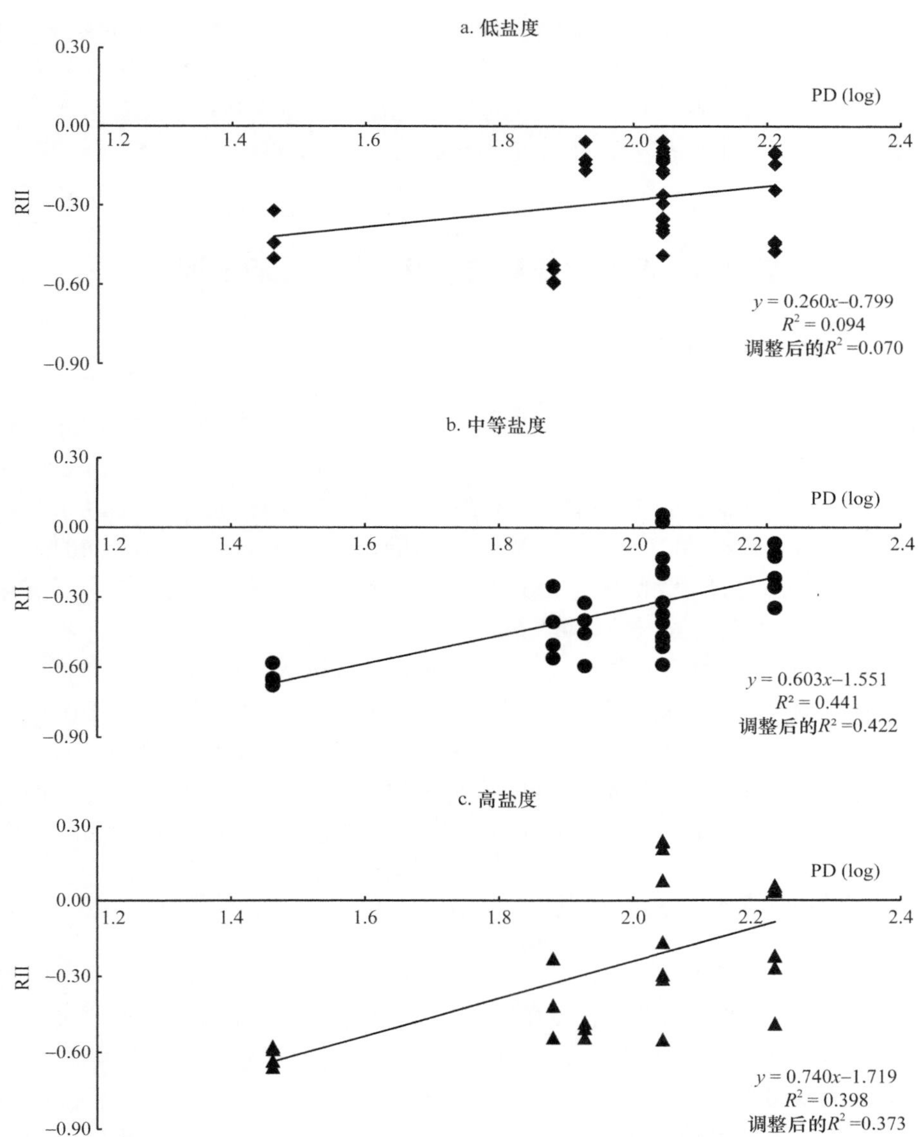

图22.7　系统发育距离（PD；log转换）与种间作用（RII）的关系

本试验中的种间作用受盐度、系统发育距离、生态策略、盐度与系统发育距离交互作用等多种因素的显著影响。盐胁迫是限制滨海湿地植物物种空间分布和多样性的重要因素之一（Bertness et al.，1992；Bertness and Hacker，1994；Hacker and Bertness，1999；Pennings et al.，2005）。尽管在本研究中只有少数物种与盐地碱蓬的相互作用对盐度的响应支持SGH，但是盐度对物种间相互作用的影响是显著的。在低盐度时系统发育距离对种间作用有一定的正向效应，而在中盐度和高盐度下系统发育距离对种间作用有很强的正向效应，支持PLSH。结果还表明，在高环境压力条件下，系统发育距离越大的物种之间更有可能发生促进作用或竞争作用减弱。然而，系统发育距离与生态策略的交互作用对种间作用没有显著影响的结果表明，在本研究中系统发育距离不能反映所测物种的生态策略。

本研究结果与滨海湿地关于系统发育距离和种间作用关系的整合分析结果相一致（Zhang et al.，2016），整合分析得出的结论是：当目标物种和近邻物种的系统发育距离较远时，它们的相互作用更有可能促进目标物种的生长。相比之下，其他研究没有发现系统发育距离和竞争作用之间的关系（Fritschie et al.，2014；Venail et al.，2014；Alexandrou et al.，2015）。然而，相对于本研究，这些研究的试验是在良好的环境下进行的，这些生态系统可能不会施加选择压力，迫使物种进化出影响种间作用的特殊性状特征（系统发育是保守的）（Bertness and Hacker，1994；Callaway and Pennings，2000）。

综上所述，无论物种生态策略如何，本研究涉及的大多数目标物种与盐地碱蓬的相互作用在3个盐度水平上的变化不支持SGH。我们发现，多重因素（即盐度、系统发育距离、生态策略及盐度与系统发育距离的交互作用）共同影响种间作用。重要的是，随着一对物种的系统发育距离增大，促进作用增强，竞争作用减弱，该格局在中等盐度和高盐度下特别强。这些发现可以用来指导滨海湿地植被的管理和修复。

第三节　滨海湿地植物相互作用的效应及运用

一、植物相互作用对滨海湿地物种空间分布的影响

滨海湿地植物群落从海滨内陆向河口沼泽呈现带状分布。物种竞争、非生物胁迫和草食动物等被认为是物种空间分布格局的影响因素（Bertness et al.，2001；Crain et al.，2004；He et al.，2011）。美国新英格兰（New England）盐沼的植物物种在竞争能力上存在等级结构，竞争能力从大到小排序是*Iva frutescens*、*J. gerardii*、*S. patens*和互花米草（*S. alterniflora*）（Bertness et al.，2001）。这些物种间的竞争作用和物种间对环境压力的耐受能力导致其形成了明显的带状分布结构。然而，在高盐度*Spartina-Juncus*区，耐盐能力高但竞争能力较弱的物种*S. patens*改善了高盐度的非生物胁迫，促进了耐盐能力弱的物种单花灯心草在高盐度区域的繁殖和生长（Bertness and Shumway，1993）。物种间促进作用将扩大物种的生态现实生态位，从而扩大物种空间分布或为群落中的稀有物种提供避难所（Bruno et al.，2003）。Bertness和Hacker（1994）报道了在新英格兰盐沼*J. gerardii*促进*I. frutescens*分布到胁迫更高的环境中。黄河三角洲滨海湿地的柽柳通过改善环境促进了碱蓬（耐盐能力不如盐地碱蓬，但竞争能力强）的生长，使其空间分布更广（He et al.，2012）。因此，滨海湿地种间的促进作用扩展了物种的空间分布。

二、植物相互作用对物种多样性格局的影响

中度干扰假说认为环境压力梯度-物种多样性格局是单峰格局，但是该种格局形成的内在机制很多（Shea et al.，2004）。而对于植物群落，竞争作用被认为是形成该种格局的重要机制之一。当环境压力梯度中等时，环境压力相对低，植物竞争压力也相对低，允许竞争种和耐受种共存，因此物种多样性最高；在低环境压力梯度条件下，竞争能力强的物种竞争排斥掉其他物种；而在高环境压力梯度条件下，只有能够忍耐高环境压力的物种能够存活（Grime，1973）。很多研究已经表明，植物间促进作用能够提高群落物种多样性、谱系多样性等（Hacker and Bertness，1999；Valiente-Banuet and Verdu，2007；Gross，2008）。而Hacker和Gaines（1997）强调了植物间促进作用对塑造环境压力梯度-物种多样性格局的影响，并提出两种概念模型。模型1：植物间促进作用强度从环境压力梯度低到高不断增大，并能提高环境压力梯度中等到极高的群落物种多样性，植物间促进作用能够使某些物种的生态位扩大到环境压力更高处。模型2：在模型1的基础上，认为在环境压力梯度中等时，竞争压力变小，从竞争中释放出来的、能够忍耐高环境压力的物种（可能为促进种）增加，这使得环境压力梯度中等时的物种多样性增加。

Michalet等（2006）提出了新概念模型，与Hacker和Gaines（1997）模型的共同之处是都认为植物间的直接促进作用能提高群落物种多样性，而不同之处有两点：①植物间促进作用不可能使其他物种的生态位扩展到极高环境压力梯度，因为植物间促进作用在极高环境压力梯度下会消失；②不同生存策略的物种受到的竞争和促进作用强度随环境压力梯度变化规律不一样，会影响环境压力梯度-物种多样性格局。该模型认为随着环境压力梯度的增强，竞争种受到的竞争作用强度下降而促进作用强度增大（增加了物种多样性），在环境压力梯度中等时受到的促进作用最大（此时物种多样性最高），再随着环境压力梯度增大，竞争种受到的促进作用则减弱，到一定的环境压力梯度时，这种促进作用消失，导致竞争

种无法存活。对于耐受种，在过低的环境压力梯度下，高强度的竞争压力使其无法存活（大幅度降低物种多样性），随着环境压力梯度的增大，耐受种受到的竞争压力强度由大到小，在中等环境压力梯度时为零，这使其从强竞争压力中逐渐被释放出来（增加物种多样性）。而在环境压力梯度中等到高时，耐受种受到的促进作用为小—大—小—零（一定程度上增加了物种多样性），最终耐受能力最强的物种也无法存活。

Hacker和Bertness（1999）通过野外试验对美国南部新英格兰沼泽植物群落进行了研究，研究结果表明中度水淹条件下的群落物种多样性最高，促进作用确实提高了该环境压力梯度下的物种多样性，但是该研究只包括了三个水淹梯度（低潮滩、中潮滩、高潮滩），并没有验证模型2中极高环境压力梯度时植物促进作用和群落物种多样性的关系。Xiao等（2009）用模型模拟的方法研究了物种间相互作用对环境压力梯度-物种多样性格局的影响，发现物种促进作用在环境压力梯度中等到偏高时能够提高物种多样性。然而在环境压力梯度过高时，这种影响消失，支持了Michalet等（2006）的概念模型。Xiao等（2009）还发现植物间促进作用能减少环境压力梯度低到环境压力梯度中等时的物种多样性。因此，上述概念模型有待于在滨海湿地中试验验证。

三、植物相互作用对物种多样性–生态系统功能关系的影响

植物群落生产力是滨海湿地重要的生态系统功能，是生态系统健康的重要标志。然而，很少研究将物种促进作用与滨海湿地植物群落生产力联系起来。因此，本书提出了一个概念模型来解释物种促进作用与滨海湿地群落生产力之间的关系（图22.8）。本模型提出，物种间促进可以通过多样性效应（物种多样性和谱系多样性）提高植物群落的生产力。这些功能包括生态位互补（最大化具有不同功能性状的物种间资源利用差异）、抽样效应（增加在更多样化的群落中包括生产力更高的优势物种的可能性）或在特定的环境胁迫下物种间促进作用增加其他物种的存活率，由此增加植物个体数量。物种间促进作用能够增加物种多样性甚至谱系多样性（Valiente-Banuet and Verdu，2007；Verdu and Valiente-Banuet，2008），多样性则可以通过生态位互补提高植物群落的生产力（Verdu et al.，2009）。如果施惠者和远亲施惠者的功能特征是生态位保守的，即每个物种对生态位有不同的要求，则受益者促进生长和繁殖远亲施惠者，从而物种间促进增加了植物群落的系统发育多样性。系统发育多样性高的群落能够最大限度地利用资源，从而增强功能互补性，提高群落的总体生产力（Webb et al.，2002；Maherali and Klironomos，

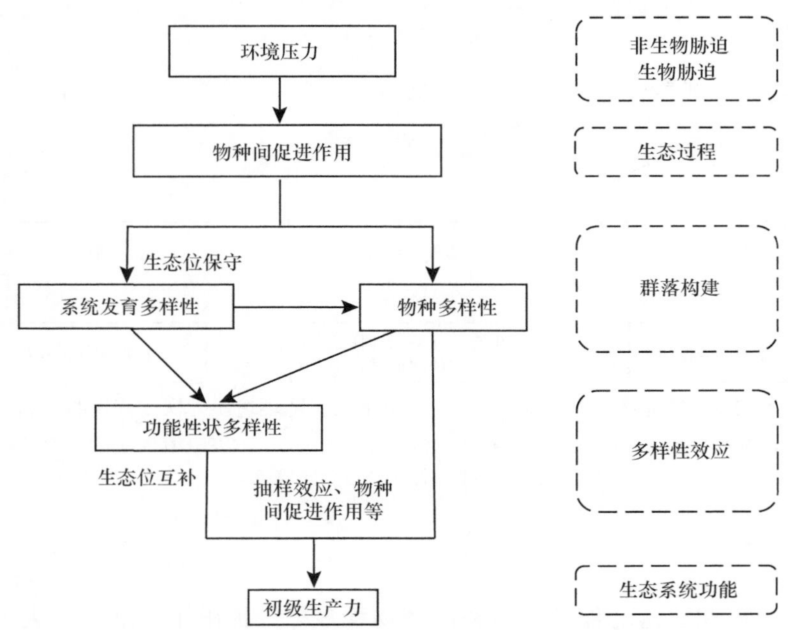

图22.8　物种间促进作用与生产力关系的理论构架

2007；Cavender-Bares et al.，2009）。Cadotte等（2008）发现系统发育多样性比物种多样性和功能群多样性更能解释植物群落生产力的变化。这很可能是因为物种多样性和功能群多样性不一定带来功能性状多样性。然而，如果功能性状不属于进化生态位保守的，施惠者可以促进生长和繁殖具有不同功能性状的近缘物种，并增强该群落的物种多样性，但不是系统发育多样性。在这种情况下，生态位互补仍然是重要的物种多样性效应机制。另外，抽样效应和物种间促进作用也是多样性能够提高生产力的机制。Loreau和Hector（2001）与Mulder等（2001）提出了分离这些多样性效应机制的方法。

在考虑环境压力梯度、生产力和物种多样性之间的相互关系时，环境压力梯度是调节滨海湿地植物群落生产力的最重要因素，并且生产力随着环境压力梯度的增加而降低。此外，环境压力梯度-物种多样性呈单峰状，随环境胁迫程度的不同呈正负相关关系（图22.9）。在低环境压力梯度下，物种多样性与生产力负相关。在中等环境压力梯度下，由于生态位互补、抽样效应和/或物种间促进作用，物种多样性与生产力呈正相关关系。在这种水平的环境压力梯度下，系统发育多样性可能是一个比物种多样性更好的因子来解释生产力。在高环境压力梯度下，由于物种间促进作用，物种多样性与生产力呈正相关关系。

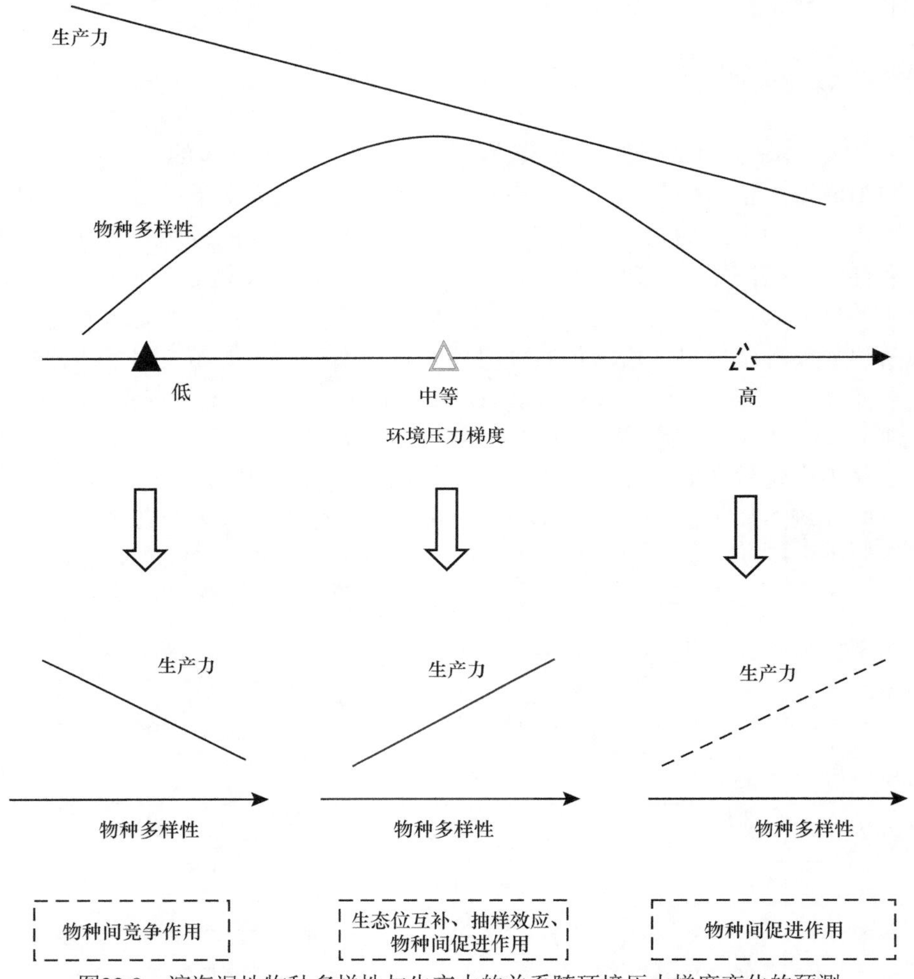

图22.9　滨海湿地物种多样性与生产力的关系随环境压力梯度变化的预测

粗实线表示低环境压力梯度下，物种多样性与生产力的关系；细实线表示中等环境压力下，物种多样性与生产力的关系；虚线则表示高环境压力梯度下，物种多样性与生产力的关系

四、植物间促进作用对植物入侵的影响

外来物种入侵本土植物群落对保护本地和区域物种多样性提出了挑战。由人为活动导致的植物入侵也是海岸湿地生态系统的一个非常严重的生态问题（Gedan et al.，2009）。例如，外来入侵种互花米

草在中国沿海占据非常大的面积（Yuan et al.，2011），芦苇入侵北美洲东海岸，而两种入侵物种均是人类活动引入的。迄今为止，已经提出了许多假说来解释外来物种的成功入侵。这些物种入侵假说包括天敌假说、竞争力增强假说和新型武器假说等。这些假说强调了缺乏天敌的影响：在没有自然捕食者的情况下由于能够分配更多的资源给本地物种和入侵物种用于生长和/或繁殖及生化相互作用，竞争力增强（Callaway and Ridenour，2004）。物种间促进作用也被报道为外来物种成功入侵的解释。Maron和Connors（1996）研究发现灌木树羽扇豆的固氮作用增加了土壤养分，从而促进外来杂草植物入侵已受到人类高度干扰的加利福尼亚沿海草原。Cavieres等（2008）发现智利中部安第斯山脉的本土物种*Azorella monantha*对入侵物种药用蒲公英（*Taraxacum officinale*）也有促进作用。Tecco等（2006）发现窄叶火棘（*Pyracantha angustifolia*）促进了本地物种*Condalia montana*和外来物种女贞（*Ligustrum lucidum*）的更新。在滨海湿地，物种入侵与人类干扰和富营养化有关，但很少有研究将物种间促进作用与入侵联系起来。Battaglia等（2009）报道，在沼泽地本土物种*Morella cerifera*促进了入侵物种乌桕（*Triadica sebifera*）的种子扩散和幼苗定植。Cushman等（2011）发现在加利福尼亚北部滨海沙丘系统中，本地植物物种保护了外来植物*Ehrharta calycina*免受黑尾豺兔的取食。因此，深入了解滨海湿地植物群落中外来物种与本地物种之间的正、负作用，有助于滨海湿地的管理。

五、植物间促进作用在生态修复中的运用

退化生态系统修复方法往往先将退化后生态系统的植被清除（采用火烧、除草剂等方法），再直接栽种原有生态系统的建群种，因为传统观点认为退化后生态系统的植被对原有生态系统的建群种起到竞争作用从而阻碍建群种的重新建立，这种方法的生态修复效果不一定好。与传统生态系统修复方法不同，新修复方法将植物间促进作用运用到退化生态系统修复中，即保留原有退化生态系统的植被，并利用这些植被对建群种的促进作用帮助建群种重新建立。Gomez-Aparicio等（2004）比较了地中海地区退化生态系统传统修复方法和新修复方法的效果，发现去除退化生态系统的灌木后明显降低了林木幼苗的存活率和抑制了幼苗的生长，因为灌木给林木幼苗遮阴，改善了小气候，如减少光照、降低局部温度等。

植物间促进作用也可以运用到退化滨海湿地生态系统修复中，即运用先锋植物如盐地碱蓬等来改善盐碱地来降低盐分、提高土壤养分含量；同时也可以运用系统发育距离较远的物种对进行搭配修复。滨海湿地生态系统自然演替的过程其实也是促进演替的生态过程。黄河三角洲滨海湿地盐生植被演替顺序为：盐地碱蓬群落—多年生芦苇群落—獐毛群落（或者补血草群落）—白茅群落—地带性落叶阔叶林群落，或者盐地碱蓬群落—柽柳群落—獐毛群落—白茅群落—地带性落叶阔叶林（邢尚军等，2003）。演替过程中，先锋物种会通过改变土壤理化性质（如降低盐分或者增加湿地土壤氧气含量）来促进演替后阶段物种的生长和繁殖。然而运用自然演替来恢复退化滨海湿地生态系统时间较长，可以考虑利用植物间促进作用来进行生态修复以提高修复效率。

参考文献

秦先燕, 谢永宏, 陈心胜. 2010. 湿地植物间竞争和促进互作的研究进展. 生态学杂志, 29(1): 117-123.

邢尚军, 郗金标, 张建锋, 等. 2003. 黄河三角洲植被基本特征及其主要类型. 东北林业大学学报, 31(6): 85-86.

Alberti J, Escapa M, Iribarne O, et al. 2008. Crab herbivory regulates plant facilitative and competitive processes in Argentinean marshes. Ecology, 89(1): 155-164.

Alexandrou M A, Cardinale B J, Hall J D, et al. 2015. Evolutionary relatedness does not predict competition and co-occurrence in natural or experimental communities of green algae. Proceedings of the Royal Society B: Biological Sciences, 282: 20141745.

Armas C, Ordiales R, Pugnaire F I. 2004. Measuring plant interactions: a new comparative index. Ecology, 85(10): 2682-2686.

Baddeley A, Diggle P J, Hardegen A, et al. 2014. On tests of spatial pattern based on simulation envelopes. Ecological Monographs, 84(3): 477-489.

Battaglia L L, Denslow J S, Inczauskis J R, et al. 2009. Effects of native vegetation on invasion success of Chinese tallow in a floating marsh ecosystem. Journal of Ecology, 97(2): 239-246.

Bertness M D, Callaway R. 1994. Positive interactions in communities. Trends in Ecology & Evolution, 9(5): 191-193.

Bertness M D, Gaines S D, Hay M E. 2001. Marine Community Ecology. Sunderland: Sinauer Associates.

Bertness M D, Gough L, Shumway S W. 1992. Salt tolerances and the distribution of fugitive salt marsh plants. Ecology, 73(5): 1842-1851.

Bertness M D, Hacker S D. 1994. Physical stress and positive associations among marsh plants. American Naturalist, 144(3): 363-372.

Bertness M D, Shumway S W. 1993. Competition and facilitation in marsh plants. American Naturalist, 142(4): 718-724.

Bertness M D, Yeh S M. 1994. Cooperative and competitive interactions in the recruitment of marsh elders. Ecology, 75(8): 2416-2429.

Borcard D, Legendre P. 2002. All-scale spatial analysis of ecological data by means of principal coordinates of neighbour matrices. Ecological Modelling, 153(1-2): 51-68.

Borenstein M, Hedges L, Higgins J, et al 2009. Introduction to Meta-Analysis. Chichester: John Wiley & Sons.

Bremer B, Bremer K, Chase M W, et al. 2009. An update of the Angiosperm Phylogeny Group classification for the orders and families of flowering plants: APG III. Botanical Journal of the Linnean Society, 161(2): 105-121.

Brooker R, Kikvidze Z, Pugnaire F I, et al. 2005. The importance of importance. Oikos, 109(1): 63-70.

Brooker R W, Kikividze Z. 2008. Importance: an overlooked concept in plant interaction research. Journal of Ecology, 96(4): 703-708.

Brooker R W, Maestre F T, Callaway R M, et al. 2008. Facilitation in plant communities: the past, the present, and the future. Journal of Ecology, 96(1): 18-34.

Bruno J F, Stachowicz J J, Bertness M D. 2003. Inclusion of facilitation into ecological theory. Trends in Ecology & Evolution, 18(3): 119-125.

Bulleri F, Cristaudo C, Alestra T, et al. 2011. Crossing gradients of consumer pressure and physical stress on shallow rocky reefs: a test of the stress-gradient hypothesis. Journal of Ecology, 99(1): 335-344.

Burns J H, Strauss S Y. 2011. More closely related species are more ecologically similar in an experimental test. Proceedings of the National Academy of Sciences of the United States of America, 108(13): 5302-5307.

Cadotte M W, Cardinale B J, Oakley T H. 2008. Evolutionary history and the effect of biodiversity on plant productivity. Proceedings of the National Academy of Sciences of the United States of America, 105(44): 17012-17017.

Cahill J F, Kembel S W, Lamb E G, et al. 2008. Does phylogenetic relatedness influence the strength of competition among vascular plants? Perspectives in Plant Ecology Evolution and Systematics, 10(1): 41-50.

Callaway R M, Pennings S C. 2000. Facilitation may buffer competitive effects: indirect and diffuse interactions among salt marsh plants. American Naturalist, 156(4): 416-424.

Callaway R M, Ridenour W M. 2004. Novel weapons: invasive success and the evolution of increased competitive ability. Frontiers in Ecology and the Environment, 2(8): 436-443.

Callaway R M, Walker L R. 1997. Competition and facilitation: a synthetic approach to interactions in plant communities. Ecology, 78(7): 1958-1965.

Callaway R M. 1995. Positive interactions among plants. Botanical Review, 61(4): 306-349.

Callaway R M. 1997. Positive interactions in plant communities and the individualistic-continuum concept. Oecologia, 112(2): 143-149.

Castellanos M C, Donat-Caerols S, Gonzalez-Martinez S C, et al. 2014. Can facilitation influence the spatial genetics of the beneficiary plant population? Journal of Ecology, 102(5): 1214-1221.

Castillo J P, Verdu M, Valiente-Banuet A. 2010. Neighborhood phylodiversity affects plant performance. Ecology, 91(12): 3656-3663.

Castro B M, Moriuchi K S, Friesen M L, et al. 2013. Parental environments and interactions with conspecifics alter salinity tolerance of offspring in the annual Medicago truncatula. Journal of Ecology, 101(5): 1281-1287.

Castro J, Zamora R, Hodar J A, et al. 2004. Benefits of using shrubs as nurse plants for reforestation in Mediterranean mountains: a 4-year study. Restoration Ecology, 12(3): 352-358.

Cavender-Bares J, Kozak K H, Fine P V A, et al. 2009. The merging of community ecology and phylogenetic biology. Ecology Letters, 12(7): 693-715.

Cavieres L A, Quiroz C L, Molina-Montenegro M A. 2008. Facilitation of the non-native *Taraxacum officinale* by native nurse cushion species in the high Andes of central Chile: are there differences between nurses? Functional Ecology, 22(1): 148-156.

Chase J M, Leibold M A. 2002. Spatial scale dictates the productivity-biodiversity relationship. Nature, 416: 427-430.

Choler P, Michalet R, Callaway R M. 2001. Facilitation and competition on gradients in alpine plant communities. Ecology, 82(12): 3295-3308.

Chu C J, Maestre F T, Xiao S, et al. 2008. Balance between facilitation and resource competition determines biomass-density relationships in plant populations. Ecology Letters, 11(11): 1189-1197.

Crain C M, Kroeker K, Halpern B S. 2008. Interactive and cumulative effects of multiple human stressors in marine systems. Ecology Letters, 11(12): 1304-1315.

Crain C M, Silliman B R, Bertness S L, et al. 2004. Physical and biotic drivers of plant distribution across estuarine salinity gradients. Ecology, 85(9): 2539-2549.

Cushman J H, Lortie C J, Christian C E. 2011. Native herbivores and plant facilitation mediate the performance and distribution of an invasive exotic grass. Journal of Ecology, 99(2): 524-531.

Daleo P, Iribarne O. 2009. Beyond competition: the stress-gradient hypothesis tested in plant-herbivore interactions. Ecology, 90(9): 2368-2374.

Darwin C. 1859. On the origin of species by means of natural selection. London: John Murray.

Das A, Battles J, van Mantgem P J, et al. 2008. Spatial elements of mortality risk in old-growth forests. Ecology, 89(6): 1744-1756.

Ewanchuk P J, Bertness M D. 2003. Recovery of a northern New England salt marsh plant community from winter icing. Oecologia, 136(4): 616-626.

Fajardo A, McIntire E J B. 2011. Under strong niche overlap conspecifics do not compete but help each other to survive: facilitation at the intraspecific level. Journal of Ecology, 99(2): 642-650.

Fogel B N, Crain C M, Bertness M D. 2004. Community level engineering effects of *Triglochin maritima* (seaside arrowgrass) in a salt marsh in northern New England, USA. Journal of Ecology, 92(4): 589-597.

Fritschie K J, Cardinale B J, Alexandrou M A, et al. 2014. Evolutionary history and the strength of species interactions: testing the phylogenetic limiting similarity hypothesis. Ecology, 95(5): 1407-1417.

Garcia-Cervigon A I, Gazol A, Sanz V, et al. 2013. Intraspecific competition replaces interspecific facilitation as abiotic stress decreases: the shifting nature of plant-plant interactions. Perspectives in Plant Ecology Evolution and Systematics, 15(4): 226-236.

Gedan K B, Silliman B R, Bertness M D. 2009. Centuries of human-driven change in salt marsh ecosystems. Annual Review of Marine Science, 1: 117-141.

Getzin S, Dean C, He F L, et al. 2006. Spatial patterns and competition of tree species in a Douglas-fir chronosequence on Vancouver Island. Ecography, 29(5): 671-682.

Goldenheim W, Irving A, Bertness M. 2008. Switching from negative to positive density-dependence among populations of a cobble beach plant. Oecologia, 158(3): 473-483.

Gomez-Aparicio L. 2009. The role of plant interactions in the restoration of degraded ecosystems: a meta-analysis across life-forms and ecosystems. Journal of Ecology, 97(6): 1202-1214.

Gomez-Aparicio L, Zamora R, Gomez J M, et al. 2004. Applying plant facilitation to forest restoration: a meta-analysis of the use of shrubs as nurse plants. Ecological Applications, 14(4): 1128-1138.

Grime J P. 1973. Competitive exclusion in herbaceous vegetation. Nature, 242: 344-347.

Grime J P. 1977. Evidence for existence of three primary strategies in plants and its relevance to ecological and evolutionary theory. American Naturalist, 111(982): 1169-1194.

Gross K. 2008. Positive interactions among competitors can produce species-rich communities. Ecology Letters, 11(9): 929-936.

Hacker S D, Bertness M D. 1999. Experimental evidence for factors maintaining plant species diversity in a New England salt marsh. Ecology, 80(6): 2064-2073.

Hacker S D, Gaines S D. 1997. Some implications of direct positive interactions for community species diversity. Ecology, 78(7): 1990-2003.

Hadfield J D. 2010. MCMC methods for multi-response generalized linear mixed models: the MCMCglmm R package. Journal of Statistical Software, 33(2): 1-22.

Hadfield J D, Nakagawa S. 2010. General quantitative genetic methods for comparative biology: phylogenies, taxonomies and multi-trait models for continuous and categorical characters. Journal of Evolutionary Biology, 23(3): 494-508.

Halpern B S, Silliman B R, Olden J D, et al. 2007. Incorporating positive interactions in aquatic restoration and conservation. Frontiers in Ecology and the Environment, 5(3): 153-160.

He Q, Bertness M D, Altieri A H. 2013. Global shifts towards positive species interactions with increasing environmental stress. Ecology Letters, 16(5): 695-706.

He Q, Cui B S, An Y. 2011. The importance of facilitation in the zonation of shrubs along a coastal salinity gradient. Journal of Vegetation Science, 22(5): 828-836.

He Q, Cui B S, Bertness M D, et al. 2012. Testing the importance of plant strategies on facilitation using congeners in a coastal community. Ecology, 93(9): 2023-2029.

He Q, Cui B S, Cai Y Z, et al. 2009. What confines an annual plant to two separate zones along coastal topographic gradients? Hydrobiologia, 630(1): 327-340.

Hedges S B, Dudley J, Kumar S. 2006. TimeTree: a public knowledge-base of divergence times among organisms. Bioinformatics, 22(23): 2971-2972.

Holdredge C, Bertness M D. 2011. Litter legacy increases the competitive advantage of invasive *Phragmites australis* in New England wetlands. Biological Invasions, 13(2): 423-433.

Holzapfel C, Mahall B E. 1999. Bidirectional facilitation and interference between shrubs and annuals in the Mojave Desert. Ecology, 80(5): 1747-1761.

Huxham M, Kumara M P, Jayatissa L P, et al. 2010. Intra- and interspecific facilitation in mangroves may increase resilience to climate change threats. Philosophical Transactions of the Royal Society B-Biological Sciences, 365(1549): 2127-2135.

Irving A D, Bertness M D. 2009. Trait-dependent modification of facilitation on cobble beaches. Ecology, 90(11): 3042-3050.

Jacquemyn H, Endels P, Honnay O, et al. 2010. Evaluating management interventions in small populations of a perennial herb *Primula vulgaris* using spatio-temporal analyses of point patterns. Journal of Applied Ecology, 47(2): 431-440.

Jensen A M, Lof M, Witzell J. 2012. Effects of competition and indirect facilitation by shrubs on Quercus robur saplings. Plant Ecology, 213(4): 535-543.

Levine J M, Hacker S D, Harley C D G, et al. 1998. Nitrogen effects on an interaction chain in a salt marsh community. Oecologia, 117(1-2): 266-272.

Liancourt P, Callaway R M, Michalet R. 2005. Stress tolerance and competitive-response ability determine the outcome of biotic interactions. Ecology, 86(6): 1611-1618.

Loreau M, Hector A. 2001. Partitioning selection and complementarity in biodiversity experiments. Nature, 412(6842): 72-76.

Lortie C J, Callaway R M. 2006. Re-analysis of meta-analysis: support for the stress-gradient hypothesis. Journal of Ecology, 94(1): 7-16.

Lortie C J, Turkington R. 2008. Species-specific positive effects in an annual plant community. Oikos, 117(10): 1511-1521.

Luo W B, Xie Y H, Chen X S, et al. 2010. Competition and facilitation in three marsh plants in response to a water-level gradient. Wetlands, 30(3): 525-530.

Maestre F T, Bautista S, Cortina J. 2003. Positive, negative, and net effects in grass-shrub interactions in mediterranean semiarid grasslands. Ecology, 84(12): 3186-3197.

Maestre F T, Bowker M A, Escolar C, et al. 2010. Do biotic interactions modulate ecosystem functioning along stress gradients? Insights from semi-arid plant and biological soil crust communities. Philosophical Transactions of the Royal Society B-Biological Sciences, 365(1549): 2057-2070.

Maestre F T, Callaway R M, Valladares F, et al. 2009. Refining the stress-gradient hypothesis for competition and facilitation in plant communities. Journal of Ecology, 97(2): 199-205.

Maestre F T, Valladares F, Reynolds J F. 2005. Is the change of plant-plant interactions with abiotic stress predictable? a meta-analysis of field results in arid environments. Journal of Ecology, 93(4): 748-757.

Maestre F T, Valladares F, Reynolds J F. 2006. The stress-gradient hypothesis does not fit all relationships between plant-plant interactions and abiotic stress: further insights from arid environments. Journal of Ecology, 94(1): 17-22.

Maherali H, Klironomos J N. 2007. Influence of phylogeny on fungal community assembly and ecosystem functioning. Science, 316(5832): 1746-1748.

Maron J L, Connors P G. 1996. A native nitrogen-fixing shrub facilitates weed invasion. Oecologia, 105(3): 302-312.

Martorell C, Freckleton R P. 2014. Testing the roles of competition, facilitation and stochasticity on community structure in a species-rich assemblage. Journal of Ecology, 102(1): 74-85.

Mayfield M M, Levine J M. 2010. Opposing effects of competitive exclusion on the phylogenetic structure of communities. Ecology Letters, 13(9): 1085-1093.

Michalet R, Brooker R W, Cavieres L A, et al. 2006. Do biotic interactions shape both sides of the humped-back model of species richness in plant communities? Ecology Letters, 9(7): 767-773.

Minchinton T E. 2002. Disturbance by wrack facilitates spread of *Phragmites australis* in a coastal marsh. Journal of Experimental Marine Biology and Ecology, 281(1-2): 89-107.

Miriti M N. 2006. Ontogenetic shift from facilitation to competition in a desert shrub. Journal of Ecology, 94(5): 973-979.

Mulder C P H, Uliassi D D, Doak D F. 2001. Physical stress and diversity-productivity relationships: The role of positive interactions. Proceedings of the National Academy of Sciences of the United States of America, 98(12): 6704-6708.

Pennings S C, Grant M B, Bertness M D. 2005. Plant zonation in low-latitude salt marshes: disentangling the roles of flooding, salinity and competition. Journal of Ecology, 93(1): 159-167.

Pennings S C, Richards C L. 1998. Effects of wrack burial in salt-stressed habitats: Batis maritima in a southwest Atlantic salt marsh. Ecography, 21(6): 630-638.

Pillay T, Ward D. 2012. Spatial pattern analysis and competition between *Acacia karroo* trees in humid savannas. Plant Ecology, 213(10): 1609-1619.

Poulter B, Qian S S, Christensen N L. 2009. Determinants of coastal treeline and the role of abiotic and biotic interactions. Plant Ecology, 202(1): 55-66.

Queenborough S A, Burslem D F R P, Garwood N C, et al. 2007. Neighborhood and community interactions determine the spatial pattern of tropical tree seedling survival. Ecology, 88(99): 2248-2258.

Raventos J, Wiegand T, De Luis M. 2010. Evidence for the spatial segregation hypothesis: a test with nine-year survivorship data in a Mediterranean shrubland. Ecology, 91(7): 2110-2120.

Sans F X, Escarre J, Lepart J, et al. 2002. Positive vs. negative interactions in *Picris hieracioides* L., a mid-successional species of Mediterranean secondary succession. Plant Ecology, 162(1): 109-122.

Shea K, Roxburgh S H, Rauschert E S J. 2004. Moving from pattern to process: coexistence mechanisms under intermediate disturbance regimes. Ecology Letters, 7(6): 491-508.

Silliman B R, Schrack E, He Q, et al. 2015. Facilitation shifts paradigms and can amplify coastal restoration efforts. Proceedings of the National Academy of Sciences of the United States of America, 112: 14295-14300.

Soliveres S, Torices R, Maestre F T. 2012. Evolutionary relationships can be more important than abiotic conditions in predicting the outcome of plant-plant interactions. Oikos, 121(46): 1638-1648.

Stoll P, Prati D. 2001. Intraspecific aggregation alters competitive interactions in experimental plant communities. Ecology, 82(2): 319-327.

Tecco P A, Gurvich D E, Diaz S, et al. 2006. Positive interaction between invasive plants: the influence of *Pyracantha angustifolia* on the recruitment of native and exotic woody species. Austral Ecology, 31(3): 293-300.

Tessier M, Gloaguen J C, Bouchard V. 2002. The role of spatio-temporal heterogeneity in the establishment and maintenance of *Suaeda maritima* in salt marshes. Journal of Vegetation Science, 13(1): 115-122.

Valiente-Banuet A, Rumebe A V, Verdu M, et al. 2006. Modern quaternary plant lineages promote diversity through facilitation of ancient tertiary lineages. Proceedings of the National Academy of Sciences of the United States of America, 103(45): 16812-16817.

Valiente-Banuet A, Verdu M. 2007. Facilitation can increase the phylogenetic diversity of plant communities. Ecology Letters, 10(11): 1029-1036.

Venail P A, Narwani A, Fritschie K, et al. 2014. The influence of phylogenetic relatedness on species interactions among freshwater green algae in a mesocosm experiment. Journal of Ecology, 102(5): 1288-1299.

Verdu M, Gomez-Aparicio L, Valiente-Banuet A. 2012. Phylogenetic relatedness as a tool in restoration ecology: a meta-analysis. Proceedings of the Royal Society B-Biological Sciences, 279(1734): 1761-1767.

Verdu M, Rey P J, Alcantara J M, et al. 2009. Phylogenetic signatures of facilitation and competition in successional communities. Journal of Ecology, 97(6): 1171-1180.

Verdu M, Valiente-Banuet A. 2008. The nested assembly of plant facilitation networks prevents species extinctions. American Naturalist, 172(6): 751-760.

Violle C, Nemergut D R, Pu Z C, et al. 2011. Phylogenetic limiting similarity and competitive exclusion. Ecology Letters, 14(8): 782-787.

Wang Z, Nishihiro J, Washitani I. 2011. Facilitation of plant species richness and endangered species by a tussock grass in a moist tall grassland revealed using hierarchical Bayesian analysis. Ecological Research, 26(6): 1103-1111.

Webb C O, Ackerly D D, Kembel S W. 2008. Phylocom: software for the analysis of phylogenetic community structure and trait evolution. Bioinformatics, 24(18): 2098-2100.

Webb C O, Ackerly D D, McPeek M A, et al. 2002. Phylogenies and community ecology. Annual Review of Ecology and Systematics, 33(1): 475-505.

Webb C O, Donoghue M J. 2005. Phylomatic: tree assembly for applied phylogenetics. Molecular Ecology Notes, 5(1): 181-183.

Wiegand T, Gunatilleke S, Gunatilleke N, et al. 2007. Analyzing the spatial structure of a Sri Lankan tree species with multiple scales of clustering. Ecology, 88(12): 3088-3102.

Wiegand T, Moloney K A. 2004. Rings, circles, and null-models for point pattern analysis in ecology. Oikos, 104(2): 209-229.

Wikstrom N, Savolainen V, Chase M W. 2001. Evolution of the angiosperms: calibrating the family tree. Proceedings of the Royal Society B-Biological Sciences, 268(1482): 2211-2220.

Xiao S, Michalet R, Wang G, et al. 2009. The interplay between species' positive and negative interactions shapes the community biomass-species richness relationship. Oikos, 118(9): 1343-1348.

Yu H, Wiegand T, Yang X H, et al. 2009. The impact of fire and density-dependent mortality on the spatial patterns of a pine forest in the Hulun Buir sandland, Inner Mongolia, China. Forest Ecology and Management, 257(10): 2098-2107.

Yuan L, Zhang L Q, Xiao D R, et al. 2011. The application of cutting plus waterlogging to control *Spartina alterniflora* on saltmarshes in the Yangtze Estuary, China. Estuarine Coastal and Shelf Science, 92(1): 103-110.

Zhang L W, Mi X, Shao H. 2016. Phylogenetic relatedness influences plant interspecific interactions across stress levels in coastal ecosystems: a meta-analysis. Estuaries and Coasts, 39(6): 1669-1678.

Zhang L W, Shao H B. 2013. Direct plant-plant facilitation in coastal wetlands: a review. Estuarine Coastal and Shelf Science, 119: 1-6.

Zhang L W, Wang B C. 2016. Intraspecific interactions shift from competitive to facilitative across a low to high disturbance gradient in a salt marsh. Plant Ecology, 217(8): 959-967.

Zhang L W, Wang B C, Qi L B. 2017. Phylogenetic relatedness, ecological strategy, and stress determine interspecific interactions within a salt marsh community. Aquatic Sciences, 79(3): 587-595.

第二十三章

海岸工程对湿地生态系统的影响

① 本章作者：毕晓丽

随着海岸带城市化进程的发展，海岸工程在区域海洋开发利用中的作用逐渐突出，成为减少海岸带地质灾害和维护滨海城市生态安全的主要方式（Bi et al.，2012；薛鸿超，2003）。但是由于利益驱动，在缺乏科学规划和科学评估的前提下，滨海工程的建设和实施行为对海岸带湿地生态系统产生了一系列严重的影响，如工程改变了区域的潮流运动特性，引起泥沙冲淤和污染物迁移规律发生变化、滩涂生境破碎和消失、海岸带景观退化、遗传多样性和物种多样性丧失等。

以海岸堤坝为例，堤坝建成对自然岸线起到缩短和切割的作用。永久性的堤坝阻隔影响海岸带水动力学和沉积过程，改变了区域原有的水、盐环境梯度格局，破坏了水生和陆地生态系统过渡带。以往有关滨海工程的生态效应研究多为通过构建不同的指标体系，对受工程影响的生态系统的整体性及服务功能等进行综合评价，而这类研究多是针对生态系统负面影响的评估（Klein et al.，2011）。近年来，堤坝及其再生的景观在改变与维持海岸带生态系统结构、功能和关键生态过程中的作用开始引起人们的重新关注（Browne and Chapman，2011）。例如，对悉尼港的研究表明，位于潮间带的海堤能增加深海有机体的附着机会，进而能为某些河口类动植物提供新的生境（Chapman and Bulleri，2003）。

由此而言，滨海工程的生态影响不仅是多方面的，还体现在多时空尺度上并具有明显的累积效应。因此，认知大型滨海工程影响下典型湿地生态系统的演变过程及其驱动机制是生态效应评估和受损区域生态恢复的关键前提。本章主要以海岸带围填海工程为例，在总结前人研究的基础上，结合自身研究分析围填海工程对黄河三角洲滨海湿地生态系统多尺度的影响，并通过构建湿地景观保护网络，为黄河三角洲工程影响区湿地的保护规划提供建议。

第一节　中国海岸工程发展概况

一、海岸工程类型及特点

中国海岸类型齐全，包括基岩海岸、砂砾质海岸、淤泥质海岸、红树林海岸、珊瑚礁海岸等，在地质构造、海洋动力因素及人类活动的影响下，形成了各种类型的海岸工程，主要包括如下几项（薛鸿超，2003）。

（一）海岸防护工程

海岸防护工程是指保护沿海城镇、工业、农田、盐场和岸滩，防止风暴潮的泛滥淹没，抵御波浪和水流的侵蚀与淘刷的各种工程设施，主要包括海堤、护岸和保滩工程。截至2015年底，我国已建成海堤1.45万km，沿海主要城市基本形成了防御20年一遇以上台风风暴潮的抗灾保障体系。

海堤结构形式主要有斜坡式、直立式和复合式三种。斜坡式是最基本的结构形式，主要为梯形断面，内外都用单一斜坡，外坡较坦。在河口、海岸地区，对原有岸坡采取砌筑加固的工程措施，称为护岸，用以防止波浪、水流的侵袭、淘刷和在土压力、地下水渗透压力作用下造成的岸坡崩塌。护岸与海堤功能相近，不同的是，海堤防止海水淹没，护岸防止岸坡坍塌。护岸也分为斜坡式、直立式、复合式三类形式。在河口、海岸地区，保护滩涂的工程设施称为保滩工程，用于防止滩面泥沙被波浪、水流淘刷，引起剥蚀。海堤、护岸和保滩工程是整个海岸防护的有机系统，海堤和护岸是保卫海岸的主要工程设施，但只有海堤、护岸临海一侧有适当宽度和高度的滩地时，才能更好地保证自身的安全，易于进行长期的维护。

（二）围海工程

围海工程是指在沿海圈围部分滩涂、围隔部分海域，挡潮防浪、控制水位，有利于综合开发利用项目的建设，主要工程设施包括围堤、堵坝、水闸等。围海工程也是人工改造局部海洋环境，形成封闭陆域、水域的围区。围垦区可用于发展多种经营、盐田晒盐与开发盐卤化工工业、库区蓄淡或兴建潮汐电站、陆地建设城镇或工业、建设港口陆域等。黄河三角洲地区的围海区主要用于盐田晒盐、农业种植和水产养殖等，近年来围海面积逐渐增加。

（三）海港工程

海港工程是指为沿海兴建水陆交通枢纽和河口兴建海河联运枢纽所修造的各种工程设施，主要包括防波堤、码头、修造船建筑物，陆上装卸、储存、运输设施和港池、泊地、进港航道及其水上导航设施等。东营港位于山东省东营市黄河入海口北约50km处，是环渤海地区近年来兴起的海港之一。

（四）河口治理工程

河口治理工程是指根据排洪、航运、灌溉、围垦等需要，采用整治、疏浚和其他措施改造河流入海段的基本建设项目，主要包括疏浚挖槽、水道整治、筑坝挡潮等方案与设施。

二、海岸工程发展的时、空变化格局

以围填海工程为例，对海岸工程发展进程进行总结。我国的围填海历史已经有1000多年，浙东大沽塘、苏北范公堤代表了我国历史围海工程的最高成就（陈吉余，2000）。历史时期，我国在沿海空间扩张的过程中，主要通过围海的方式达到防灾减灾的目的。早在汉代，我国的海涂制盐、种植就初具规模，唐宋以来发展加快。最早出现的是在东汉时期杭州湾沿岸的海塘工程，海塘是河口海岸地区沿岸修建的直接护岸工程，它以块石护堤坝来挡潮波冲击，保护天然岸线免受侵蚀，同时，在海堤内与小围堤间的凹地截水，降低潮能并逐渐淤田。

近代的围填海历史则从新中国成立以来，沿海地区先后兴起了四次大的围填海活动（中国科学院，2015）。

第一次是新中国成立初期的围海晒盐，从辽东半岛到海南岛，沿海11个省（区、市）均有盐场分布，其中长芦盐区正是在这个阶段经过新建和扩建成为我国最大的盐区，而南方最大的海南莺歌海盐场是在1958年建设投产的，这一阶段的围填海以顺岸围割为主，围填海的环境效应主要表现在加速岸滩的淤积。

第二次是20世纪60年代中期至70年代，围垦滩涂扩展农业用地。这一阶段的围填海也以顺岸围割为主，但围垦的方向已从单一的高潮带滩涂扩展到中低潮滩，同时农业利用也趋向于综合化，围填海的环境效应主要表现在大面积的近岸滩涂消失。

第三次是20世纪80年代中后期到90年代中期的滩涂围垦养殖热潮。这一阶段的围海主要发生在低潮滩和近岸海域，围海养殖的环境效应主要表现在大量的人工增殖使得水体富营养化突出，海域生态环境问题突出。

第四次是21世纪初。此时沿海地区经济社会持续快速发展，2003年颁布的《全国海洋经济发展规划纲要》，将我国海岸带及邻近海域划分为11个综合海洋经济区，城市化、工业化和人口集聚趋势进一步加快，土地资源不足和用地矛盾突出已成为制约经济发展的关键因素。在这一背景下，沿海地区掀起了围填海造地热潮，主要目的是建设工业开发区、滨海旅游区、新城镇和大型基础设施，缓解城镇用地紧张和招商引资发展用地不足的矛盾，同时实现耕地占补平衡。这一期间，除了加剧海域和陆域生态环境问题，海岸带景观格局发生了不可逆转的变化。

第二节　海岸工程对滨海湿地生态系统的影响

海岸工程在改变滨海湿地生态系统结构的同时，极大地改变了湿地生态服务功能，使之受损或丧失。例如，防潮堤坝的建设改变了海流的流速和流向，使潮间带海洋水动力条件变化；阻挡了陆海相互作用的水和营养物质交换，使湿地生态系统失去“海、陆”两个方向的物质来源；高潮时潮间带水深增加，加剧了潮间带的冲刷侵蚀，使潮间带土壤含盐量增加；围海工程阻挡了陆源输入的淡水和有机质成

分，改变了湿地的碳氮磷比例平衡，海岸带生态系统平衡失调，湿地生态系统发生退化。

围填海工程通过直接占有湿地面积，减少自然海岸线的比例，改变滨海湿地的分布格局。研究表明，近40年来，我国自然海岸线的比例由1980年的76%下降至2014年的44%，人工海岸线由1980年的24%上升为2014年的56%。其中，围填海对我国四大三角洲的威胁尤为严重。自2000年，珠江三角洲滩涂湿地、盐沼湿地和红树林湿地呈明显减少的趋势（李团结等，2011）；截至2015年，珠江三角洲围填海的面积已超过其滨海湿地总面积的75%，导致自然滨海湿地大量丧失（薛振山等，2012）。

围填海工程区生物多样性格局改变。滨海湿地是水生生物栖息、繁衍的重要场所（Barbier et al.，2011），大规模的围填海工程改变了水文特征，影响鱼类的洄游规律，破坏了鱼群的栖息环境和产卵场（He et al.，2012），导致鱼类关键生境遭到破坏，渔业资源锐减。同时，防波石和堤坝等围填海构筑物还改变了原有滨海湿地的生物栖息地垂向结构，使原本不在一起生存的生物集中到一个区域，而增加了区域环境中的生物种群数量，进而种间竞争加剧，由此高强度围填海区域的大型底栖动物的生物多样性和生物量显著降低。本节以黄河三角洲为例，重点讨论海岸工程对滨海湿地生态系统的影响机制。

一、工程影响区湿地植被演替格局变化

滨海湿地处于海陆交汇的过渡区，随着与海距离产生的环境梯度（如潮汐、高程、盐度等）表现出明显的带状分布特征（He et al.，2012）。海堤的建设一方面通过直接占用减少潮间带湿地的面积，另一方面则加速陆向的植被演替进程，使湿地植被景观、群落结构、物种多样性、功能性状及土壤属性的梯度格局发生变化（Bozek and Burdick，2005；Heatherington and Bishop，2012）。

以黄河三角洲北部自然保护区为例，1984～2010年堤坝区湿地植被的变化格局显著不同（图23.1），由归一化差异植被指数（NDVI）变化可以看出堤坝建设加速了自然植被的正向演替。而我们的研究表明，受堤坝的阻隔效应影响，黄河三角洲原有的潮间带—光滩—碱蓬—柽柳带状分布格局弱化，植被分布前移（图23.2）。葛振鸣等（2005）对上海崇明岛东滩围垦堤内植被快速演替特征的研究表明，在围垦

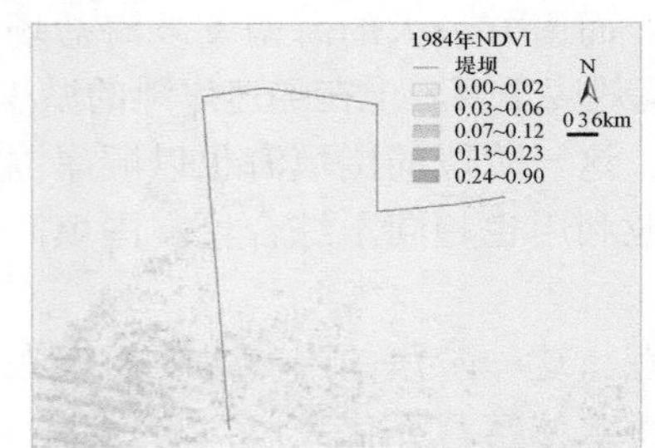

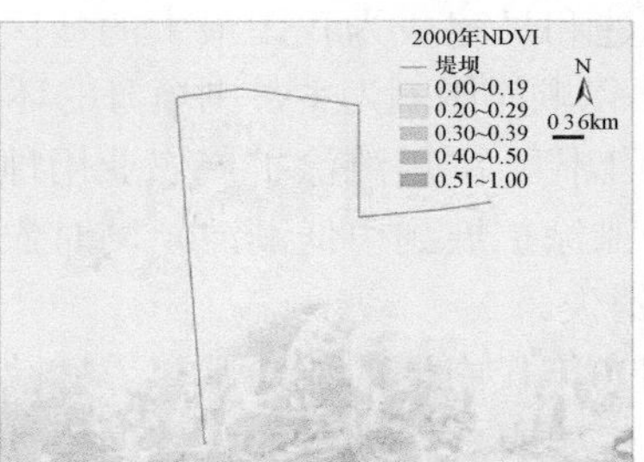

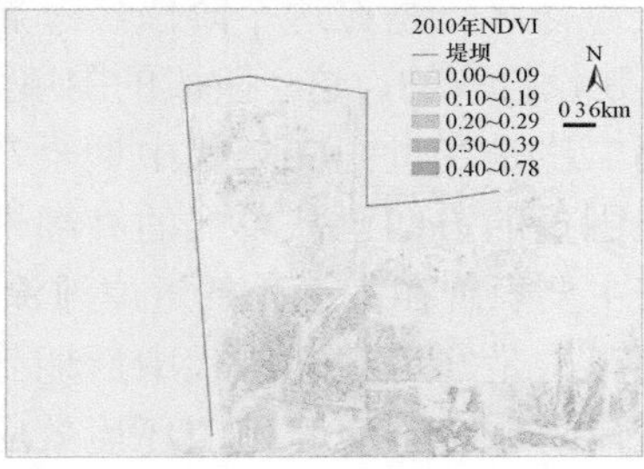

图23.1 黄河三角洲堤坝区NDVI变化格局

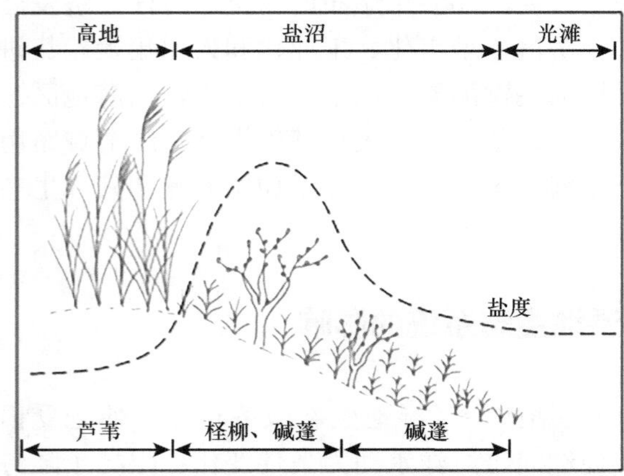

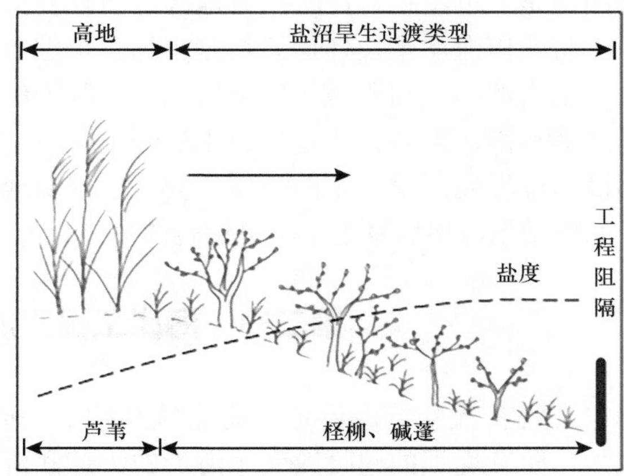

图23.2 黄河三角洲自然状态下和堤坝效应产生后湿地分布格局

a. 自然状态下湿地系统生境类型、土壤盐度和植被型的带状分布（贺强等，2010）；b. 堤坝阻隔效应使带状分布格局弱化，即光滩面积减少或消失，典型盐沼向旱生类型过渡；土壤盐度由原来的单峰曲线变成平滑曲线；植被发生正向演替，柽柳分布范围增大

5个月后，光滩植被群落发育迅速。以此类推，黄河三角洲堤坝建成后，湿地植被前期应该也是一个迅速演替过程，此后逐渐趋于稳定。前人的研究结果也证实了这种推断，即堤坝影响下的黄河三角洲湿地植被在25年左右能达到一个相对稳定的阶段，但是对于该期间植被演替的过程及其土壤属性的变化过程缺乏数据支持（傅新等，2011）。另外，不同堤坝变量对土壤属性的影响差异显著，土壤属性的改变进而又影响植被景观的变化。与海距离这一变量对土壤属性分布格局的解释能力随堤坝有无及堤坝年龄而变化（傅新等，2011）。

二、工程影响区湿地物种分布格局及群落结构动态变化

研究表明，黄河三角洲堤坝工程影响区的湿地物种多样性分布格局和群落类型及生物量分布格局沿海陆梯度方向都有显著的不同（图23.3，图23.4）。堤坝区灌丛发育明显，如柽柳冠幅平均值明显高于非堤坝区。另外，优势物种分布格局也显著不同，由于柽柳灌丛的影响，堤坝区芦苇盖度均值显著高于非堤坝区，而碱蓬盖度均值低于非堤坝区。堤坝建成导致了灌-草相互作用关系的改变，进而导致地上、地下生物量格局发生变化（图23.5）。

三、工程影响区湿地土壤碳“汇”格局变化及尺度效应

对不同季节堤坝影响区与对照区湿地的环境、生物因子的梯度分析，发现除堤坝区植被分布格局同原生湿地相比有较大的变化外，土壤有机质等的分布格局也发生了显著变化。我们的研究表明，柽柳灌丛受到的影响，超越了柽柳灌丛本身所具有的“肥岛”效应（张立华和陈小兵，2015），堤坝导致灌丛柽柳分布格局前移。在灌丛化的湿地生态系统中，土壤有机碳（SOC）和总氮（TN）分布的尺度变异系

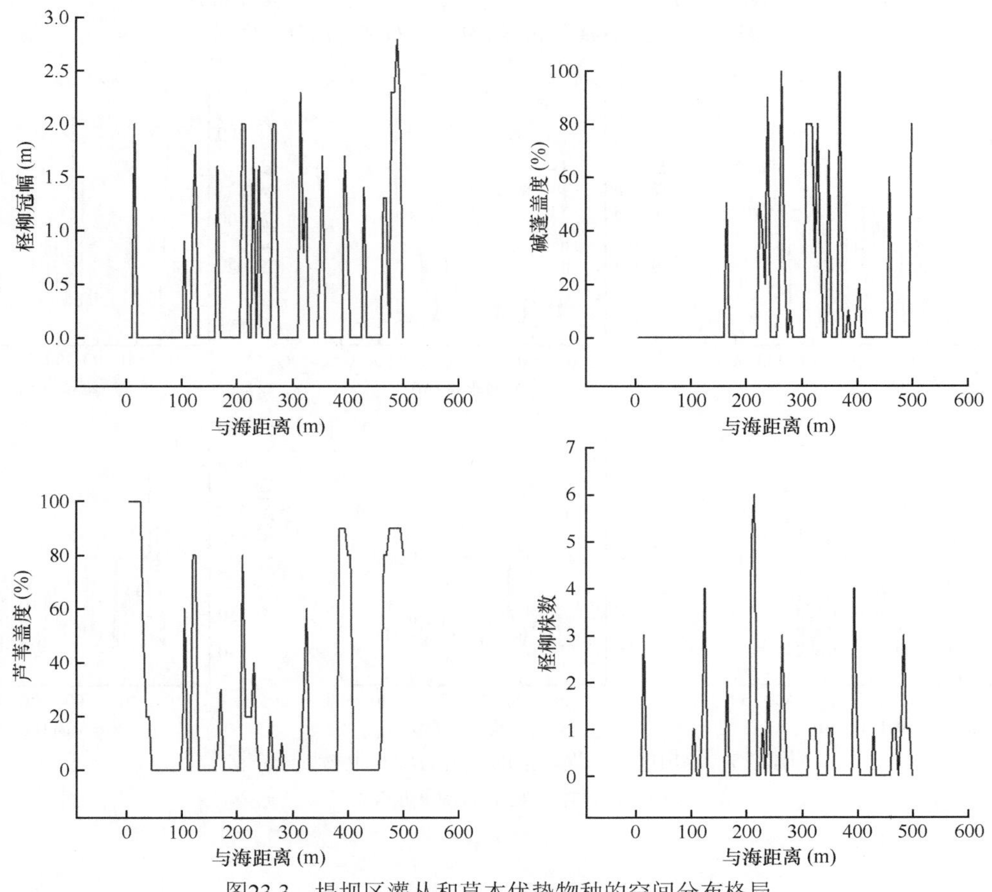

图23.3　堤坝区灌丛和草本优势物种的空间分布格局

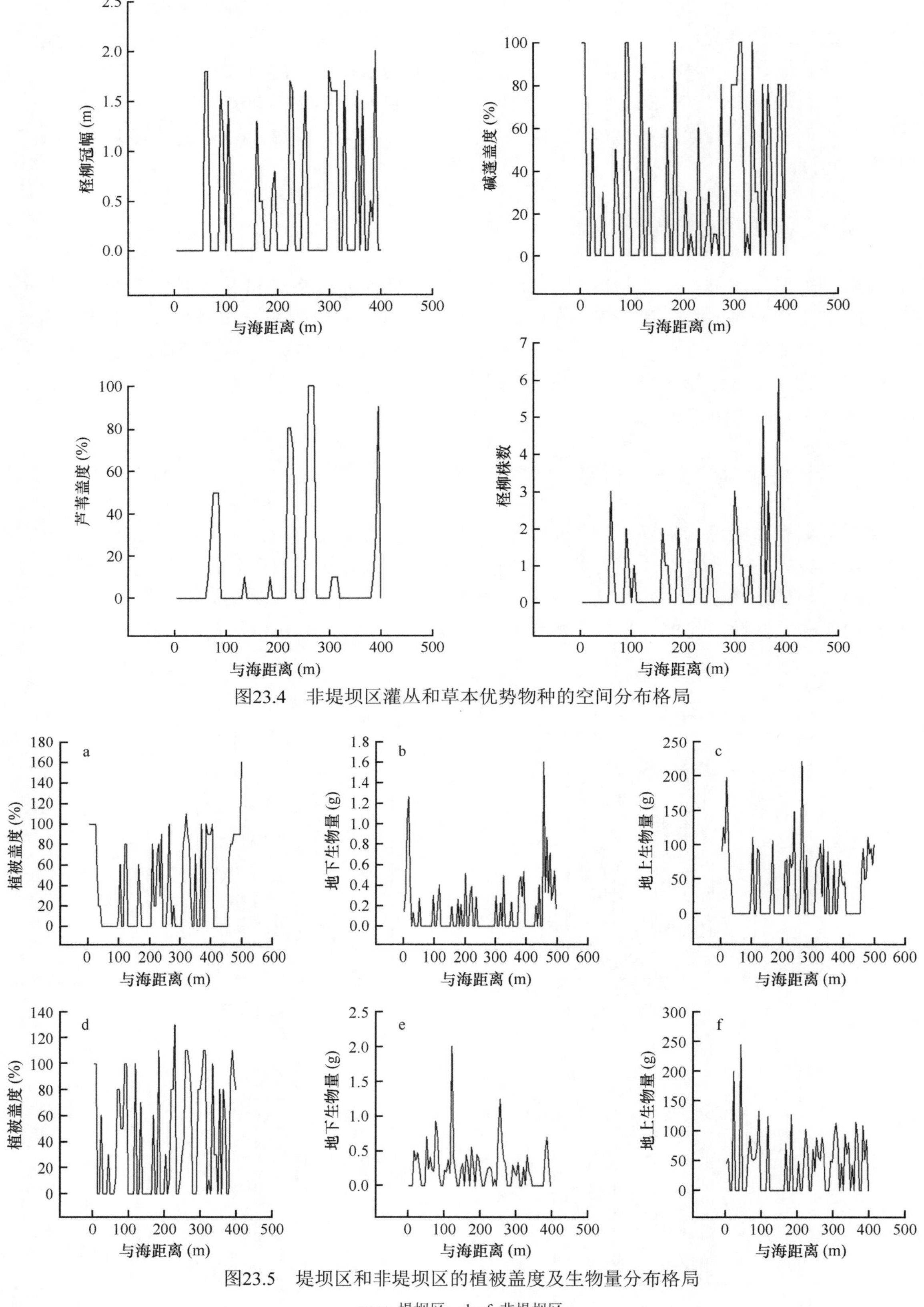

图23.4　非堤坝区灌丛和草本优势物种的空间分布格局

图23.5　堤坝区和非堤坝区的植被盖度及生物量分布格局

a～c. 堤坝区；d～f. 非堤坝区

数由非生长季（5月）的单峰曲线，变为生长季（9月）的双峰曲线，这个结果很好地证明了堤坝导致了灌丛化或者是柽柳灌丛的入侵改变了土壤碳氮资源的空间分布格局。我们进一步证明了SOC和TN的尺度变异系数同柽柳灌丛（尤其是植株冠幅）的尺度变异系数是一致的，而原生湿地SOC和TN的空间分布则更多受到土壤盐度的影响（图23.6）。所以，堤坝影响导致的柽柳灌丛化在黄河三角洲湿地生态系统中的地位要远高出人们所认识的“肥岛”的局部效应，它在更大的空间尺度上决定着湿地生态系统的碳氮格局，这为精准评估滨海湿地生态系统碳氮储量提供了新思路。

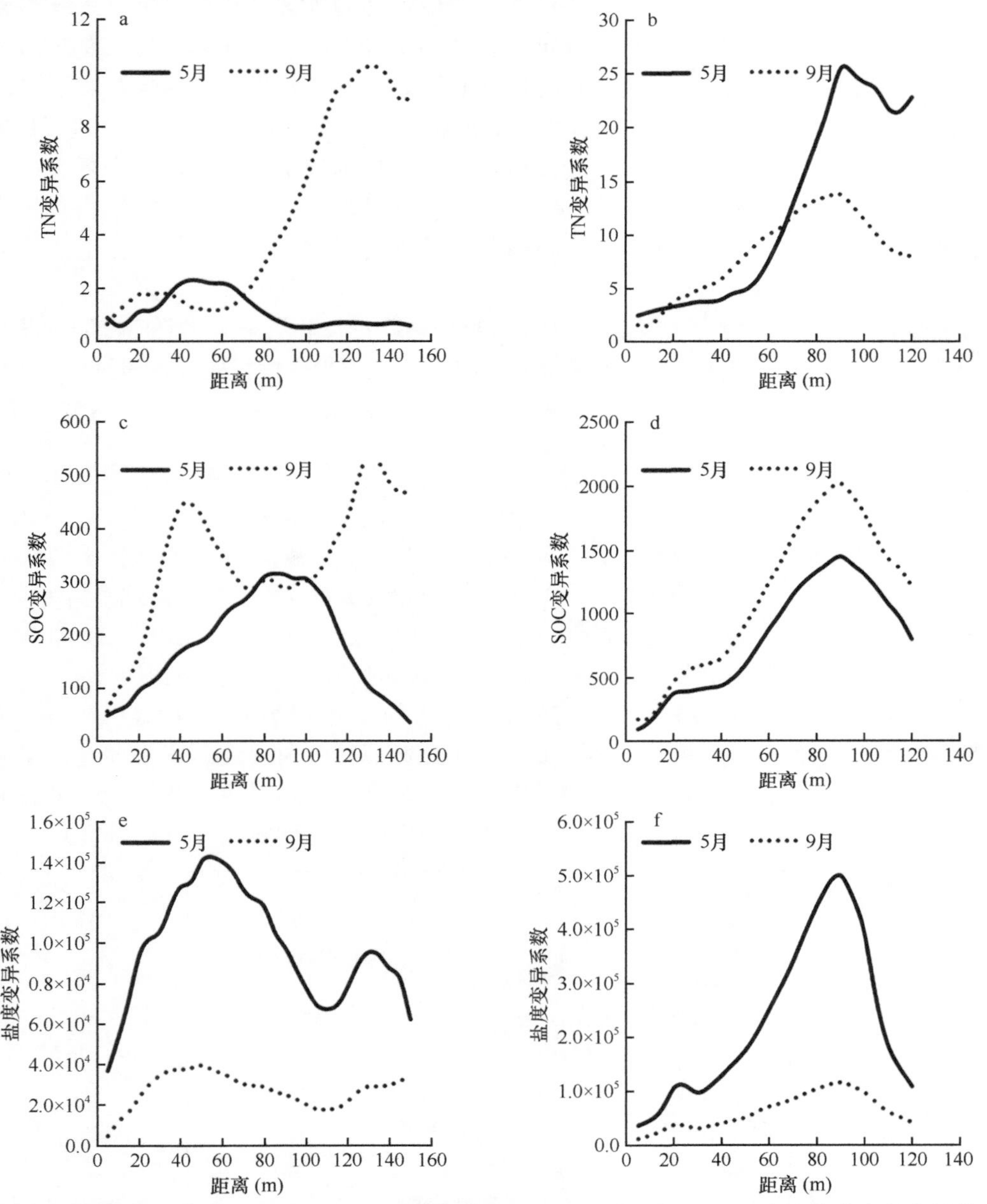

图23.6　堤坝区和非堤坝区不同月份土壤总氮（TN）、土壤有机碳（SOC）和土壤盐度的变异特征

a、c、e. 堤坝区；b、d、f. 非堤坝区

第三节　海岸工程影响区的生态环境保护对策

一、湿地植被保护与恢复对策

湿地植被管理应该坚持保护和合理利用相结合的原则：①为了健全和完善生态系统结构、提高物种多样性，首先要考虑建群物种和稀有物种的保护；②加强生境保护，湿地是水禽主要的栖息地和越冬繁殖地，要增加湿地生境的有效交流，提高生境异质性和连通性，改善生境质量；③加强湿地入侵物种的基础研究和综合防治，明确海岸带地区有害物种入侵的途径和机制，并对其开发利用进行研究。

湿地生态恢复指对退化或丧失生态功能的湿地通过生态技术或生态工程进行修复或重建，再现干扰前的结构和功能，以及相关的物理化学和生物学特征，使其发挥原有的或预设的生态服务功能。黄河三角洲工程影响区湿地的生态恢复应该采用人工重建与自然恢复相结合、工程措施与生物保护措施相结合的方式。

恢复对策包括：①工程区新生湿地生态系统关键物种的确定及其生态策略研究，明确其与其他物种竞争、共生的作用机制，是湿地恢复对策研究的基础；②建立退化湿地生境优化技术体系和规模化示范区，开展动态监测；③建立生态系统恢复技术和政策评估体系，科学有效地评价生态系统结构和功能恢复特征。

二、湿地生态网络设计与构建

开展具有生物保护功能的湿地生态网络的构建与应用研究，对于减少生境破碎化的影响、促进湿地的健康发展和提高生态系统服务功能具有重要意义。生态网络是通过生态廊道的构建，把不同生境斑块连接在一起，实现生态系统中物质能量的流通。通过构建生态网络，以生态热点、热区重点修复，生物连通、水文连通串联调配的方式，实现对滨海湿地多组分、多类型、多区域的整体联合修复（崔保山等，2017）。

本研究基于GIS技术，利用最小成本路径方法定量分析与表达湿地斑块潜在连通廊道，构筑利于物种扩散、迁移的湿地生态网络，以天然湿地（即黄河三角洲典型的盐沼湿地、草本湿地、灌丛湿地）和水体为研究的主要景观类型，根据生境斑块的面积大小、生物多样性、斑块复杂程度、斑块重要性程度、景观空间格局及对区域的生态服务价值选取4类生境斑块分别作为生境源地（图23.7）。

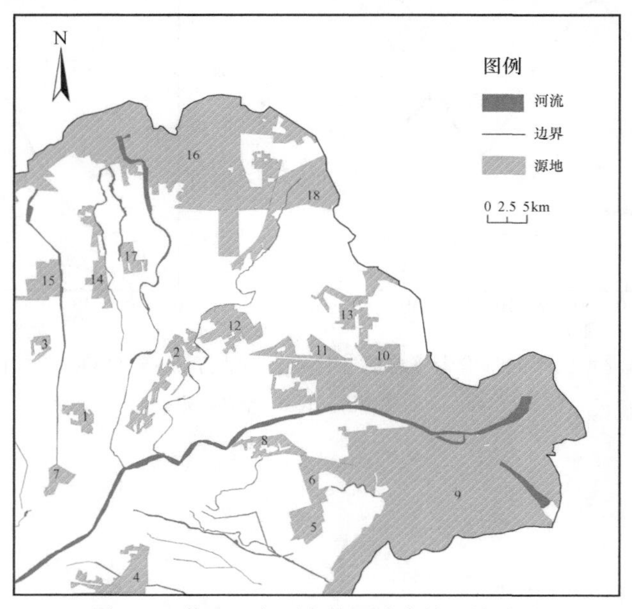

图23.7　黄河三角洲自然湿地生境斑块分布

参考相关文献并且根据研究区内生态景观类型的特点，把各个景观类型综合生态阻力作为模型的单元成本，分别赋予各个景观类型相应的阻力（表23.1）。利用ARCMAP的空间分析-加权距离功能生成湿地空间阻力消费面。鉴于黄河三角洲水系对湿地生态系统的重要性，本研究设计了4种不同的水系阻力方案，进行景观阻力面确定，其中方案1～方案3为不同的水系阻力，方案4为阻力区间缩小，并比较分析了不同水系阻力对生态系统网络构建的影响（图23.8）。

表23.1　不同土地利用类型的景观阻力

景观类型	亚类	景观阻力			
		方案1	方案2	方案3	方案4
自然湿地	灌丛湿地、森林湿地、盐沼湿地、草本沼泽、河口水域、积水地、滩涂	1	1	1	1
河流	$A<1km^2$	5	2	1	2
	$1km^2 \leqslant A \leqslant 10km^2$	200	100	1	20
	$A>10km^2$	700	300	1	70
耕地		50	50	50	5
人工湿地	水田	30	20	20	3
	沟渠、池塘	100	30	30	10
	水库	300	100	100	30
	养殖池	500	300	300	50
	盐田	600	600	600	60
堤坝		300	300	300	30
建设用地	公路	700	700	700	70
	工矿区	800	800	800	80
	居民区	1000	1000	1000	1000

注：*A*表示面积

基于4种阻力设定方案生成了4种生态网络，产生的潜在生态廊道数目分别是45条、46条、42条和65条，廊道长度分别为230.19km、267.94km、296.84km和364.77km（图23.9）。4种方案生成的生态网络具有不同的景观组成，将潜在廊道宽度设为500m，计算4个生态网络中所含景观组分的面积比例。其中，自然湿地和水系是生态网络中构建潜在廊道最重要的景观类型。在方案1～方案3中，水系阻力依次降低，潜在廊道中水系的面积比例依次升高。此外，本研究除了事先选取的18个生境节点，4种方案的生态网络构建中可新增12～21个生境节点。这些新增节点（也称踏脚石）可作为物种迁移、扩散过程中的暂息地，对于迁移距离较远的物种来说，构建一定数量的踏脚石斑块尤为重要（表23.2，表23.3）。

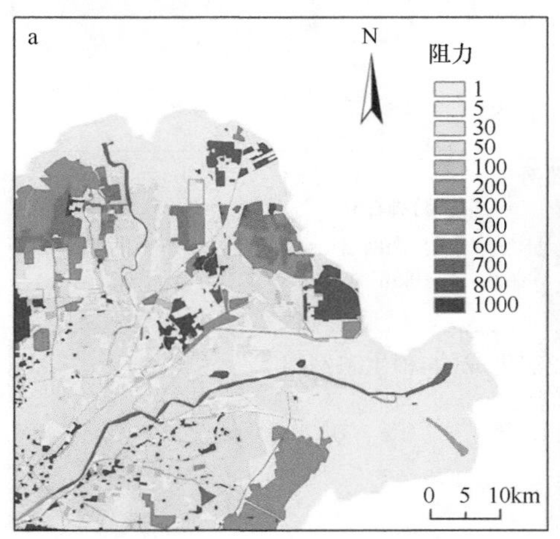

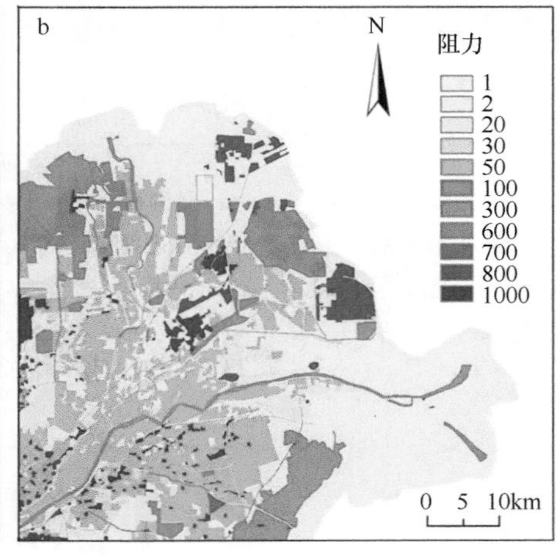

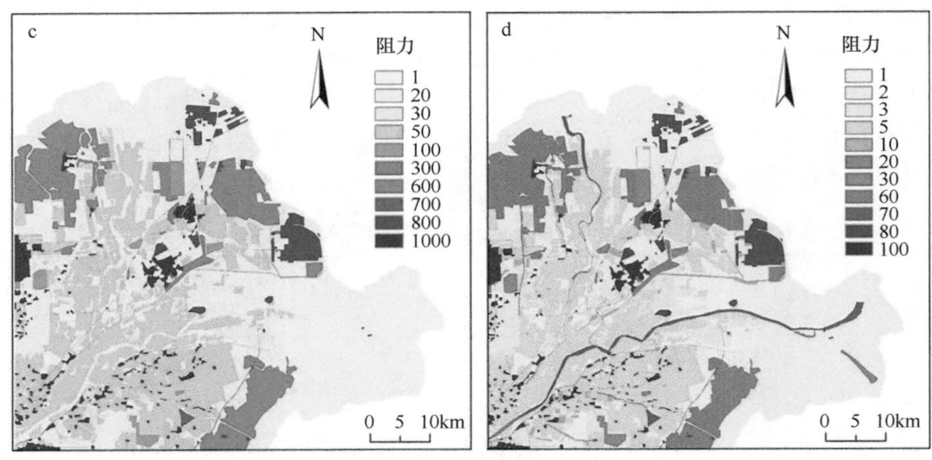

图23.8 4种情境下景观阻力空间分布

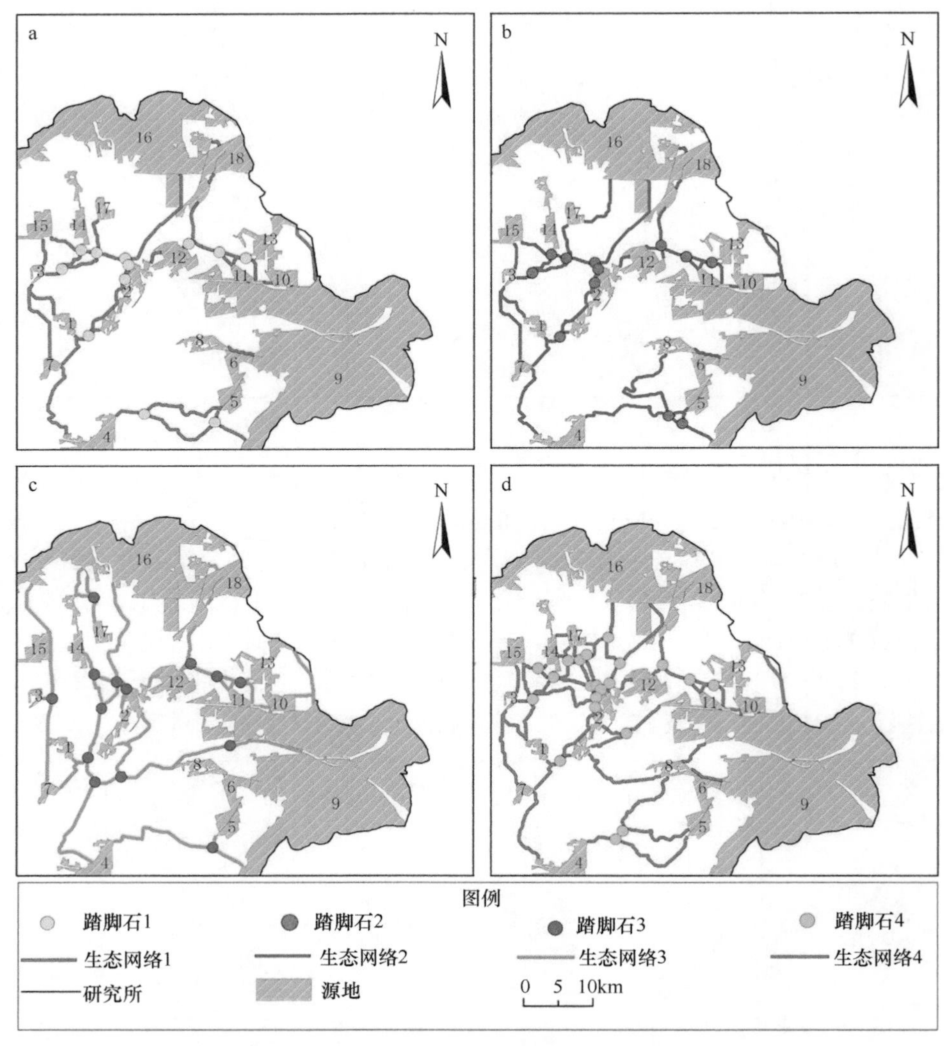

图23.9 最小成本路径法生成的4种生态网络

表23.2　不同方案的生态网络结构指数

指标	方案1	方案2	方案3	方案4
α指数	0.2909	0.3091	0.2105	0.3699
β指数	1.5000	1.5333	1.3548	1.6667
γ指数	0.5357	0.5476	0.4828	0.5702
成本比	0.8028	0.8283	0.8585	0.8218
节点数	30（新增12）	30（新增12）	31（新增13）	39（新增21）
廊道数	45	46	42	65
廊道总长度（km）	230.19	267.94	296.84	364.77
廊道湿地面积比（%）	64.00	52.99	40.08	62.44
廊道水系面积比（%）	19.80	29.26	45.85	16.76

表23.3　不同方案的景观连通性指数

指数	类别	距离阈值（km）					
		8	12	16	20	24	28
整体景观连接度指数（IIC）	方案1	0.0422	0.0423	0.0425	0.0432	0.0483	0.0484
	方案2	0.0422	0.0423	0.0424	0.0432	0.0483	0.0484
	方案3	0.0422	0.0422	0.0423	0.0487	0.0605	0.0610
	方案4	0.0422	0.0423	0.0428	0.043	0.0603	0.0667
可能连接度指数（PC）	方案1	0.0434	0.0449	0.0465	0.0481	0.0499	0.0517
	方案2	0.0434	0.0449	0.0456	0.0483	0.0501	0.0520
	方案3	0.0448	0.0483	0.0524	0.0565	0.0605	0.0643
	方案4	0.0453	0.0496	0.0552	0.0556	0.0640	0.0681

对于不同阻力方案产生的生态网络结构进行进一步评估，结果表明，4种阻力方案均能生成完整的网络结构，但是不同阻力方案下产生的网络连接及空间分布特征不同。基于最小成本路径法建立的4个生态网络都形成不同的回路，并且节点之间形成了连接。其中，不同水系阻力设定中，方案1和方案2产生的网络结构相似，且较简单。区间设定产生的生态网络结构最复杂，其次是水系阻力最小的方案3。在方案3中，部分生态网络同水系重叠，尤其是在黄河现行河道和黄河故道。这一点对于以水环境为栖息地的物种保护尤其重要。

通过耦合网络结构指数和景观连通性指数，对4种生态网络结构进行量化评估。结果表明，4种阻力方案生成的网络指数均出现方案3＜方案1＜方案2＜方案4的趋势，但是成本比出现方案3＞方案2＞方案4＞方案1的趋势。潜在生态廊道的景观连通性指数分析结果表明，4种网络结构的整体连通性指数和可能连通性指数随着距离阈值增大而增大，尤其是方案3产生的网络，在距离阈值＞16km时，连通性指数明显增加。当距离阈值≤12km时，4种生态网络整体连通性指数和可能连通性指数的变化不大。

以方案3为例，进一步对黄河三角洲自然保护区南北两个部分进行了不同湿地类型的网络构建（图23.10）。基于此研究，提出黄河三角洲多尺度的湿地景观生态网络构建方案（图23.11）和建议。

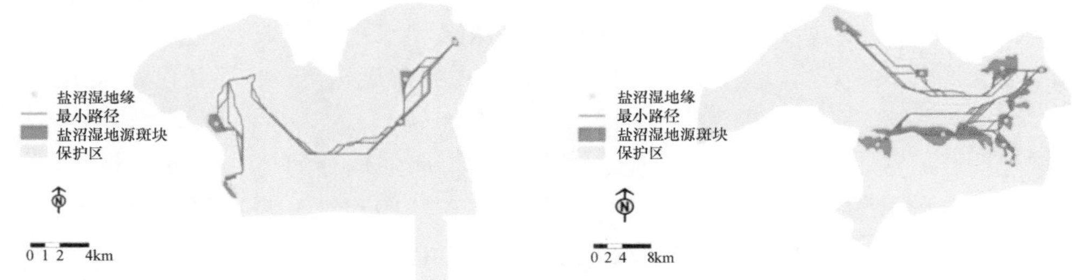

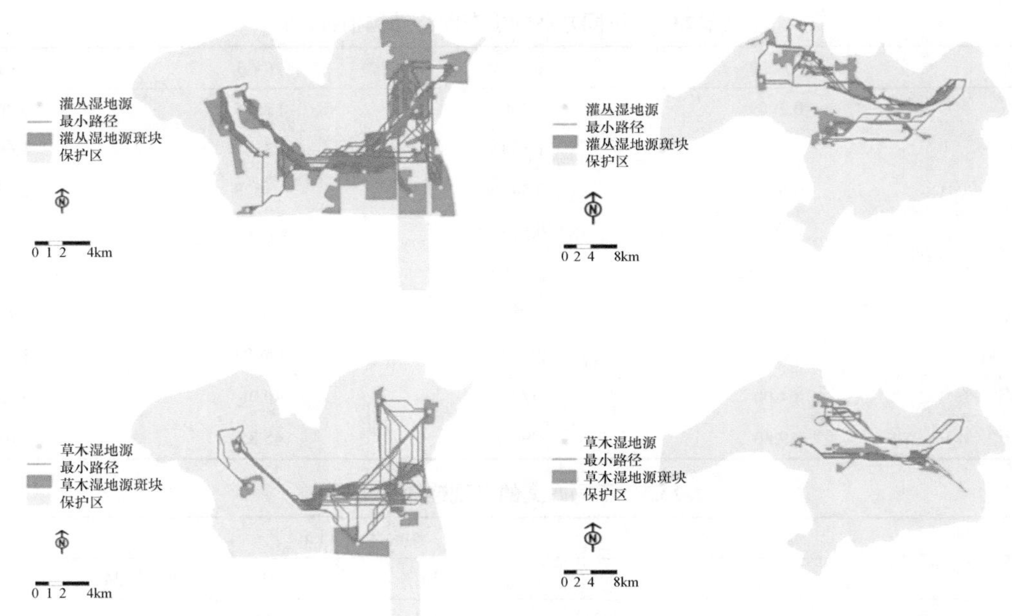

图23.10　黄河三角洲南北两区不同湿地类型的潜在廊道分布

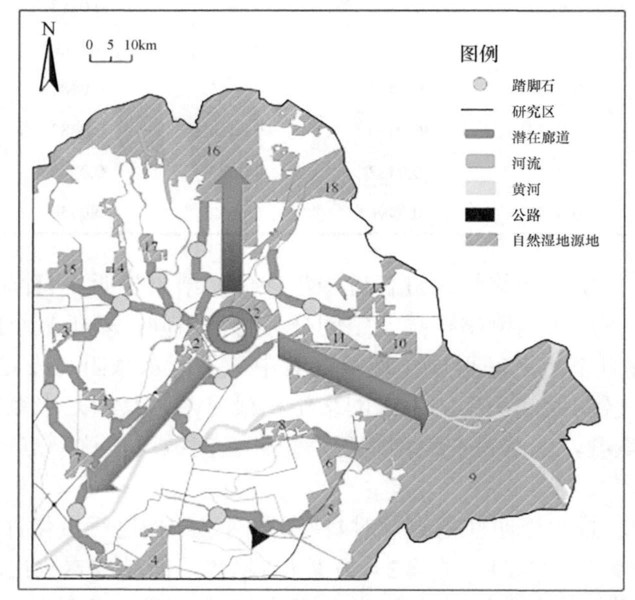

图23.11　黄河三角洲区域尺度湿地景观生态网络构建方案

在区域尺度上提出“一个核心+三个轴”的湿地生态网络构建框架，同时保护或增加踏脚石湿地斑块的连通功能。一个核心是1964年黄河故道与1953年废弃河道之间，孤岛西北部的湿地斑块，三个轴分别是向东、北两保护区及西南部黄河古河道沿岸三个轴方向上的湿地斑块，并在河道内围，南北两个保护区之间，计算通过廊道的踏脚石湿地频率，恢复或增加合适的踏脚石湿地斑块。根据这个框架，构建整体湿地网络结构，来完善区域城市发展形态，叠加道路网络和水系网络，建立符合湿地生态健康要求的区域城镇和水、陆交通体系。在此大框架背景下，依据景观生态廊道-斑块-基底模式提出湿地景观保护的具体建议。

针对廊道构建提出：①保护河道缓冲区湿地生态系统，加强现行河道1000m、废弃河道500m缓冲区河岸带生态系统保护；②恢复废弃河流生态系统功能（尤其是1954年），加强现行河道和废弃河道的物质交流与生态功能连通，将河流尤其是尾闾河道的管理与三角洲湿地保护关联。

针对关键节点提出：①加强保护区外围相邻湿地的监督管理；②明确网络节点处湿地的生态功能，加强包括河道节点、路径节点关键点交叉区的湿地保护；③河流环绕区湿地生境岛构建；④通过最小路径的湿地生境（踏脚石）的修复、恢复，提高湿地生境连通性；⑤关注关键生境湿地斑块内部和边缘的景观修复。

参考文献

陈吉余. 2000. 中国围海工程. 北京: 中国水利水电出版社.

陈尚, 李涛, 刘建. 2008. 福建省海湾围填海规划生态影响评价. 北京: 科学出版社.

崔保山, 谢湉, 王青, 等. 2017. 大规模围填海对滨海湿地的影响与对策. 中国科学院院刊, 32(4): 418-425.

房用, 慕宗昭, 孟振农, 等. 2004. 黄河三角洲湿地生态系统保育及恢复技术研究展望. 水土保持, 11(2): 183-186.

傅新, 刘高焕, 黄翀, 等. 2011. 人工堤坝影响下的黄河三角洲海岸带生态特征分析. 地球信息科学, 13(6): 797-803.

葛振鸣, 王天厚, 施文彧, 等. 2005. 崇明东滩围垦堤内植被快速次生演替特征. 应用生态学报, 16(9): 1677-1681.

贺强, 安渊, 崔宝山. 2010. 滨海盐沼及其植物群落的分布与多样性. 生态环境学报, 19(3): 657-664.

李团结, 马玉, 王迪, 等. 2011. 珠江口滨海湿地退化现状、原因及保护对策. 热带海洋学报, 30(4): 77-84.

徐东霞, 章光新. 2007. 人类活动对中国滨海湿地的影响及其保护对策. 湿地科学, 5(3): 282-288.

薛鸿超. 2003. 海岸及近海工程. 北京: 中国环境科学出版社.

薛振山, 苏奋振, 杨晓梅, 等. 2012. 珠江口海岸带地貌特征对土地利用动态变化影响. 热带地理, 32(4): 409-415.

张立华, 陈小兵. 2015. 盐碱地柽柳“盐岛”和“肥岛”效应及其碳氮磷生态化学计量学特征. 应用生态学报, 26(3): 653-658.

中国科学院. 2015. 中国学科发展战略: 海岸海洋科学. 北京: 科学出版社.

中国科学院学部. 2011. 我国围填海工程中的若干科学问题及对策建议. 中国科学院院刊, 26(2): 171-174.

Barbier E B, Hacker S D, Kennedy C, et al. 2011. The value of estuarine and coastal ecosystem services. Ecological Monographs, 81(2): 169-193.

Bi X L, Liu F Q, Pan X B. 2012. Coastal projects in China: from reclamation to restoration. Environmental Science & Technology, 46(9): 4691-4692.

Bozek C M, Burdick D M. 2005. Impacts of seawalls on saltmarsh plant communities in the Great Bay Estuary, New Hampshire USA. Wetlands Ecology and Management, 13(5): 553-568.

Browne M A, Chapman M G. 2011. Ecologically informed engineering reduces loss of intertidal biodiversity on artificial shorelines. Environmental Science & Technology, 45(19): 8204-8207.

Chapman M G, Bulleri F. 2003. Intertidal seawalls—new features of landscape in intertidal environments. Landscape and Urban Planning, 62(3): 159-172.

He Q, Bertness M D, Bruno J F, et al. 2014. Economic development and coastal ecosystem change in China. Scientific Reports, 4: 5995.

He Q, Cui B S, An Y. 2012. Physical stress, not biotic interactions, preclude an invasive grass from establishing in forb-dominated salt marshes. Plos One, 7(3): e33164.

Heatherington C, Bishop M J. 2012. Spatial variation in the structure of mangrove forests with respect to seawalls. Marine and Freshwater Research, 63(10): 926-933.

Klein J C, Underwood A J, Chapman M G. 2011. Urban structures provide new insights into interactions among grazers and habitat. Ecological Applications, 21(2): 427-438.

第二十四章

我国近海养殖与环境互作[①]

① 本章作者：刘辉，王清，赵建民

第一节　我国近海养殖历程及现状

我国海洋国土纵跨44个纬度，横穿20多个经度，具有温带、亚热带和热带气候，辽阔的海域和优越的气候条件为我国海水养殖业的发展提供了先天优势条件。近几十年来，我国海水养殖业经历了巨大发展，海水养殖产量自1990年便一直雄踞世界第一，我国是世界上唯一养殖产量高于捕捞产量的国家。近海养殖为我国国民提供丰富的食品，同时也为化工和加工业提供丰富的原料。

一、我国海水养殖发展浪潮

普遍认为，我国海水养殖业经历了五次海水养殖浪潮，分别是以海带和紫菜养殖为代表的海藻养殖浪潮、以对虾养殖为代表的海洋虾类养殖浪潮、以扇贝养殖为代表的海洋贝类养殖浪潮、以鲆鲽养殖为代表的海洋鱼类养殖浪潮、以海参和鲍养殖为代表的海珍品养殖浪潮。

每一次养殖浪潮的掀起都伴随着相关养殖技术和模式的突破。

（1）20世纪50年代，曾呈奎、吴超元等科学家在海带筏式养殖、夏苗培育、外海施肥、南移养殖、切梢增产等一系列技术上的突破，掀起了我国第一次海水养殖浪潮（张福绥，2003）。到2017年，我国海带养殖年产量已达148万t，占世界海带总产量的近九成。

（2）20世纪70年代后期对虾工厂化育苗和养殖等一系列技术获得突破，这一成果从根本上改变了我国长期主要依靠捕捞天然虾苗养殖的局面，推动了我国对虾养殖业的发展，掀起了第二次海水养殖浪潮。

（3）1982年，张福绥院士从美国引进海湾扇贝后经不懈努力解决了亲贝促熟、饵料、采卵、孵化、幼虫培养、种苗中间培育、养成等关键技术问题，在我国北方海域逐步推广，海湾扇贝成为我国重要商业化养殖品种。

（4）1992年，雷霁霖院士首先从英国引进冷温性鱼类良种大菱鲆，突破了工厂化育苗关键技术，构建起“温室大棚+深井海水”工厂化养殖模式，开创了大菱鲆工厂化养殖产业，昔日国际市场上的“贵族”鱼类在中国迅速推向市场，也标志着一个新的海水鱼类养殖浪潮的到来。

（5）自20世纪80年代开始，山东省率先突破刺参产业化育苗技术瓶颈，接着又完成了刺参增殖放流高产技术研究，刺参控温工厂化养殖技术研究，利用地热水培育大规格刺参种苗技术研究，刺参池塘、港、堰养殖技术研究等课题。近年又开展了刺参病害防治、刺参种苗复壮、良种培育等研究，建立了刺参育种技术平台。

二、我国重要养殖类群产量

（一）海藻养殖

我国海藻养殖业起步于20世纪50年代，而后发展迅速，如今我国已成为全世界上海藻产量最大的国家之一。据联合国粮食及农业组织（FAO）统计，2016年我国海藻和其他水生植物的产量占全球总产量的22.29%。

1. 海藻养殖年产量和规模

据2005～2018年《中国渔业统计年鉴》，近十几年来我国海藻养殖产量和养殖面积总体均呈上升趋势（图24.1）。2004～2017年海藻年平均养殖产量、养殖面积和捕捞产量分别约为170.97万t、11.305万hm^2和2.83万t。到2017年我国海藻养殖产量达到222.78万t，占全国海水养殖产量的11.14%；海藻养殖面积14.526万hm^2，占全国水产面积的1.95%。与之相比，我国海藻捕捞产量却呈下降趋势，已低于2万t（图24.2）。

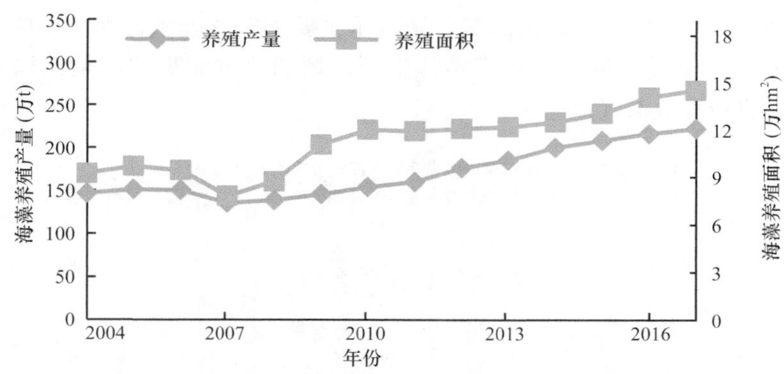

图24.1　2004～2017年中国海藻养殖产量和面积（来源：2005～2018年《中国渔业统计年鉴》）

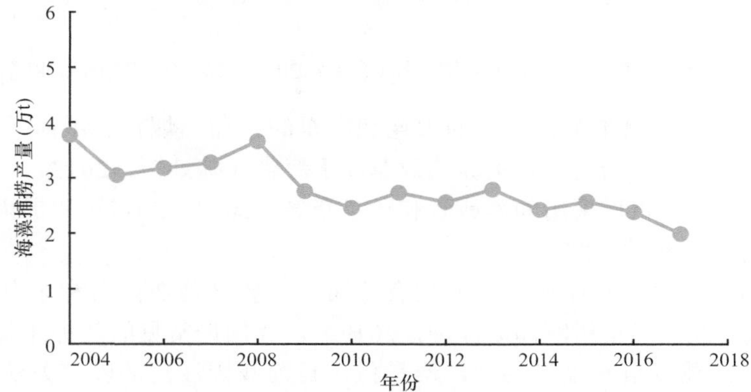

图24.2　2004～2017年中国海藻捕捞产量（来源：2005～2018年《中国渔业统计年鉴》）

2. 主要海藻种类

现今，我国海藻养殖种类覆盖褐藻门、红藻门、绿藻门，包括褐藻门的海带、羊栖菜和裙带菜等，红藻门的紫菜、江蓠和石花菜等，以及绿藻门的浒苔和礁膜等，养殖地区主要集中于山东、辽宁、福建、广东、浙江、江苏和海南等地（岳冬冬等，2014）。

海带是产量最大的海藻种类，以2017年为例，海带养殖产量占海藻养殖产量的66.73%，其他海藻按产量排列依次为紫菜（7.78%）、裙带菜（7.49%）、羊栖菜（0.90%）、麒麟菜（0.25%）、苔菜（0.02%）、江蓠（0.01%）等（图24.3）。

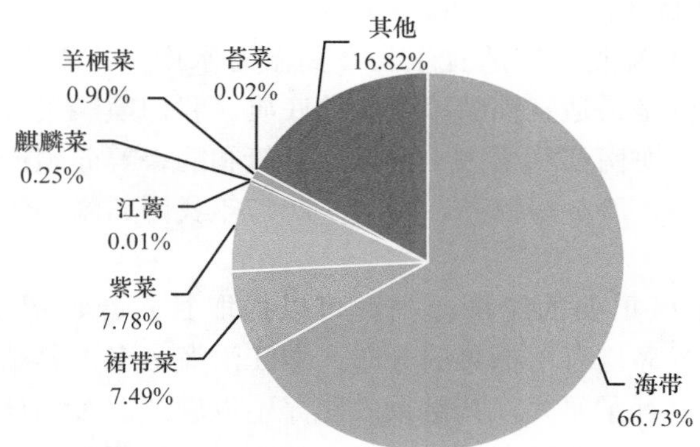

图24.3　2017年中国海藻养殖结构（来源：2018年《中国渔业统计年鉴》）

我国海带养殖范围从辽宁至广东，其中山东和辽宁是主要产地，养殖产量占全国的90%以上（岳冬冬，2012）。2004～2017年我国海带养殖产量总体呈上升趋势，年均养殖产量达103.01万t，占我国海藻养殖产量的60.25%（图24.4）。目前，我国海带养殖技术主要为筏式养殖，海上养成由垂养发展出平养、斜平养等，通过合理密植、倒置苗绳促进海带整体生长，增加单位面积的产量。福建平海海带养殖筏架套养刺参均取得了较高的经济效益（严志洪，2015）。

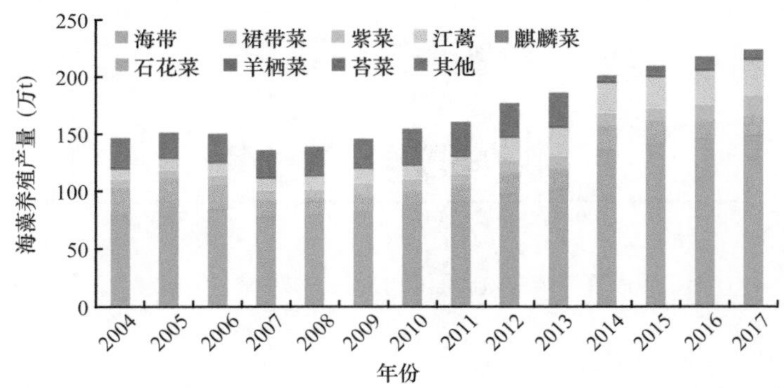

图24.4　2004～2017年中国海藻养殖结构变化（来源：2005～2018年《中国渔业统计年鉴》）

我国北方沿海大规模养殖裙带菜，辽宁的大连和山东的青岛、烟台、威海等地为主要产区。2010年，陈灿斯将裙带菜引入南方，指出裙带菜养殖效益高于海带（陈灿斯，2013）。裙带菜养殖方式基本为浮筏式（李凤晨，2003），可以采用间养或者和贻贝套养。2004～2017年我国裙带菜年均养殖产量达16.90万t，占我国海藻养殖产量的9.88%。

江蓠是提炼琼胶的主要原料，在我国沿海均有分布，主要产地在南海和东海。江蓠是一种具有较高经济价值和生态价值的红藻（董树刚和胡泽坤，2017）。我国最常见的两种江蓠属红藻是龙须菜和真江蓠。新中国成立前，江蓠以自然采摘为主，产量低，目前我国江蓠的养殖方法有潮间带撒苗整畦养殖、潮间带网帘夹苗养殖、浅海筏式养殖，以及鱼、虾塘撒苗养殖等其他混养模型（李建鑫和张法芹，2000；何元超和郑高海，2011）。2004～2017年我国江蓠养殖整体呈上升趋势，年平均养殖产量达17.68万t，占我国海藻养殖产量的10.34%。

世界上的紫菜约有130种，人工养殖的主要品种为坛紫菜和条斑紫菜。坛紫菜产量约占我国紫菜总产量的75%，养殖地区主要集中于浙江、福建和广东，条斑紫菜养殖地区以江苏和山东为主。紫菜养殖包括支柱式、半浮筏式及全浮筏式养殖方式（朱文嘉等，2018）。2004～2017年我国紫菜养殖整体呈上升趋势，年平均养殖产量达10.77万t，占我国海藻养殖产量的6.30%。

石花菜是提炼琼脂的重要原料。我国石花菜资源丰富，主要分布在山东半岛及台湾等地。我国常见的石花菜有5种，包括石花菜、小石花菜、大石花菜、中肋石花菜和细毛石花菜。根据现有数据分析可知2004～2017年我国石花菜年平均养殖产量达122t。

麒麟菜富含胶质，可提取卡拉胶，它适宜生长在高温海水中，主要分布在我国南部海岸，如海南岛、西沙群岛等地，鹿角珊瑚礁是最适宜麒麟菜生长的底质。我国麒麟菜人工养殖方法经历了种苗移植法、分苗插植法和绑苗播植法。海南麒麟菜由于台风、寒流和病害等养殖产量严重下降。我国现已发展多种麒麟菜的养殖模式，如与鲍、沙参等混养。2004～2017年我国麒麟菜年平均养殖产量达0.75万t，占我国海藻养殖产量的0.44%。

羊栖菜是我国东海沿岸地区重要的经济藻类，可以提取甘露醇、褐藻胶等成分，且具有药用价值。北起辽东半岛，南至雷州半岛均有羊栖菜的分布，浙江沿海最多，养殖面积达千余公顷。顾晓英等（2002）对象山港羊栖菜养殖进行了研究，其结果表明养殖以软式浮筏为佳，双绳表层平挂效果最好，单绳平挂和垂挂会有严重掉苗现象。邹潇潇等（2017）建立了羊栖菜冬季南养的养殖模式，养殖产量提升，且养殖周期缩短。2004～2017年我国羊栖菜养殖整体呈上升趋势，年平均养殖产量达1.34万t，占我国海藻养殖产量的0.78%。

苔菜属于绿藻类，石莼科植物，一般生长于中潮带石沼中，在我国沿海地区均有分布。2004～2017年我国苔菜养殖整体呈上升趋势，年平均养殖产量达700t，占我国海藻养殖产量的0.04%。

（二）贝类养殖

我国贝类养殖品种已经超过了30种，养殖规模及产量在全球占有绝对优势。我国是世界海水贝类进出口大国（岳冬冬和王鲁民，2012；张红智和慕永通，2013）。据《2018年中国渔业统计年鉴》，贝类捕捞产量占全国海水捕捞产量的3.98%。我国海水养殖贝类主要有牡蛎、鲍、螺、蚶、贻贝、江珧、扇贝、蛤和蛏等，其中缢蛏、蛤仔、牡蛎和泥蚶是我国传统的四大贝类，我国海水贝类养殖的四大主产区分别为山东、辽宁、江苏、广东四个省。按照养殖的区域不同，贝类养殖方式可划分为滩涂养殖、池塘养殖、工厂化养殖和浅海养殖（王波和韩立民，2017）。

贝类养殖过程中的碳汇功能巨大，是渔业碳汇的重要组成部分（岳冬冬和王鲁民，2012），据估计，我国每年养殖的海水贝类的碳沉积量约51.15万t，具有重要的生态系统服务价值（李海晏等，2014）。

1. 贝类养殖产量、面积及捕捞量

2017年，贝类养殖产量占全国海水养殖产量的71.83%，贝类养殖面积占全国海水养殖面积的61.74%。近年，我国海水贝类养殖产量不断增加，2004～2017年，我国海水贝类养殖产量和面积整体呈上升趋势（图24.5），捕捞产量整体呈下降趋势。2004～2017年，我国海水贝类年平均养殖产量1181.25万t、养殖面积125.365万hm^2。具体来看，海水贝类养殖产量从2007年的993.84万t增加到2017年的1437.13万t，海水贝类养殖面积最高达到156.497万hm^2。2004～2017年我国海水贝类年平均捕捞产量65.16万t，呈逐年降低趋势，2017年海水贝类捕捞产量仅44.29万t（图24.6）。

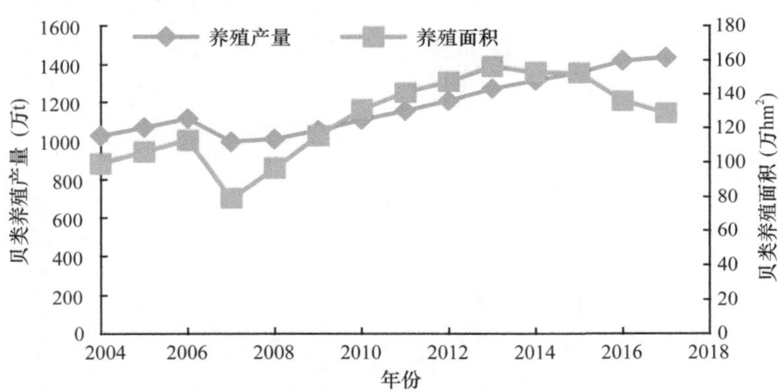

图24.5　2004～2017年中国海水贝类养殖产量及面积（来源：2005～2018年《中国渔业统计年鉴》）

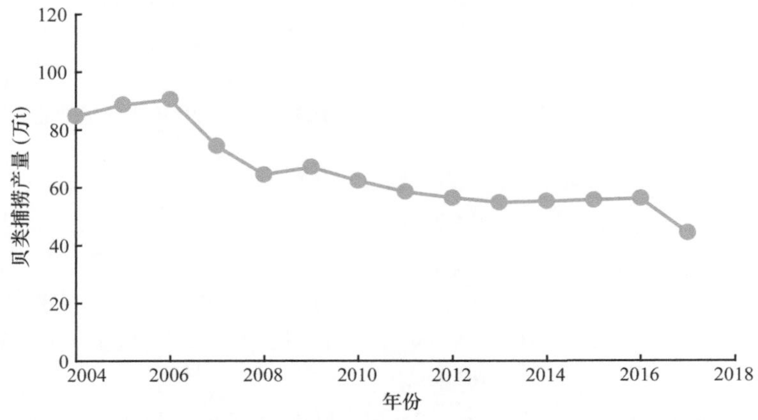

图24.6　2004～2017年中国海水贝类捕捞产量（来源：2005～2018年《中国渔业统计年鉴》）

2. 主要贝类养殖及养殖方式

我国贝类养殖历史悠久，直到20世纪50年代，半人工育苗技术的出现才使我国率先进入完全贝类人

工养殖发展阶段，20世纪80年代以扇贝养殖为驱动掀起了我国海水养殖的第三次浪潮。我国海水贝类养殖形成了以牡蛎、扇贝、蛤为主，以贻贝、蛏、蚶为辅的养殖结构，2017年我国贝类养殖中产量最多的种类为牡蛎，产量占比达到33.95%，其他贝类种类占比分别为蛤（29.07%）、扇贝（13.97%）、贻贝（6.45%）、蛏（6.00%）、蚶（2.45%）、螺（1.77%）、鲍（1.03%）、江珧（0.11%）等（图24.7）。

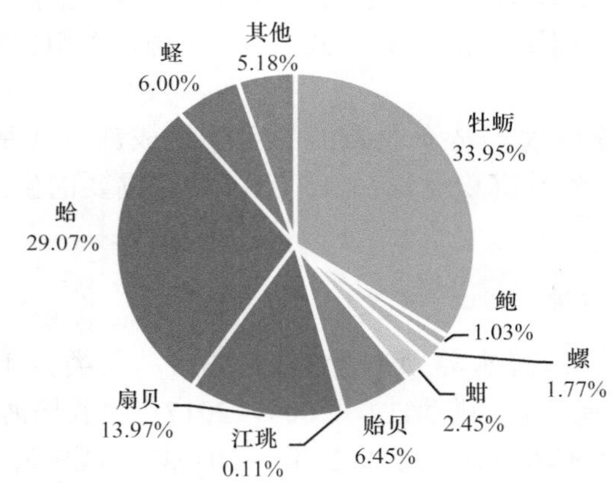

图24.7　2017年中国海水贝类养殖结构（来源：2018年《中国渔业统计年鉴》）[①]

牡蛎是一种广温广盐的内湾性贝类，在我国广泛分布，特别是山东、广西、广东和福建的牡蛎养殖业发达。汉朝前我国就已有牡蛎养殖，而如今我国已经成为世界上牡蛎养殖量最大的国家之一（李辉尚等，2017）。我国人工养殖牡蛎以密鳞牡蛎、近江牡蛎、长牡蛎和褶牡蛎为主。2004～2017年我国牡蛎养殖产量整体呈上升趋势（图24.8），年平均养殖产量400.30万t，占我国海水贝类养殖产量的33.89%。

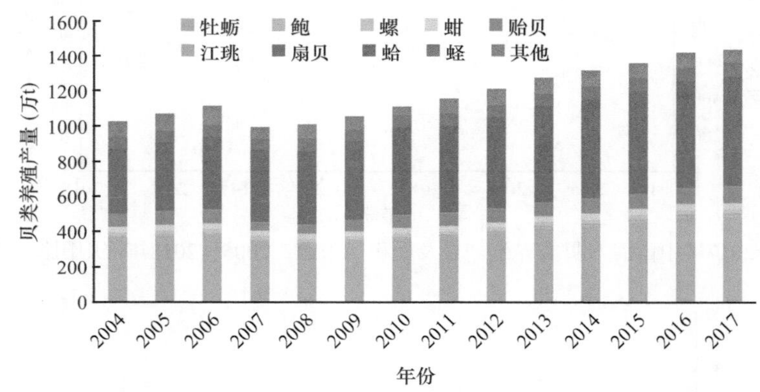

图24.8　2004～2017年中国海水贝类养殖结构变化（来源：2005～2018年《中国渔业统计年鉴》）

我国沿海分布的蛤蜊有30余种，其中四角蛤蜊、中国蛤蜊和西施舌是最主要的经济种类。20世纪60年代我国对西施舌的生长发育与人工育苗进行了研究，但未能实现规模化养殖，直至2004年规模化人工育苗技术取得突破；1985年，四角蛤蜊的人工育苗研究取得初步成功；中国蛤蜊人工育苗研究较晚，目前仍处于初步研究阶段（郭春阳和徐善良，2016）。蛤的养殖区域由滩涂扩展到浅海或深海，以浅海或深海人工底播增养殖模式为主。2004～2017年我国蛤养殖产量整体呈上升趋势（图24.8），年平均养殖产量达349.66万t，占我国海水贝类养殖产量的29.60%。

我国扇贝养殖业起步较晚但发展极为迅速，我国扇贝产量已居世界首位，拥有绝对的产量优势（孙瑜和慕永通，2014）。扇贝的主产区在河北、福建、山东和辽宁，养殖方法以浅海筏式笼养为主。我国

① 百分比之和不等于100%是因为有些数据进行过舍入修约。

先后培育了栉孔扇贝苗、华贵栉孔扇贝苗、虾夷扇贝人工种苗和海湾扇贝人工种苗。海湾扇贝养殖周期短，因此80%以上的养殖均为海湾扇贝。2004～2017年我国扇贝养殖产量整体呈上升趋势，年平均养殖产量达140.85万t，占我国海水贝类养殖产量的11.92%。

鲍为狭温狭盐性的贝类，其软体是高级食品，壳可以做药用。20世纪60年代我国开始鲍养殖研究，20世纪70年代杂色鲍和皱纹盘鲍人工育苗和养殖先后取得成功（柯才焕，2013）。目前我国开展人工养殖的鲍有10多种，主要养殖的鲍为杂色鲍和皱纹盘鲍，杂色鲍自然分布于我国浙江以南沿海，皱纹盘鲍主要分布在黄海、渤海，在浙江和福建沿海也有养殖，福建是全国鲍养殖第一大省（王进可和严正凛，2012）。鲍常见养殖方式为浅海筏式养殖、海底沉箱式养殖、潮间带垒石覆网养殖、底播放流增殖、陆上工厂化养殖、南北接力养殖等（王进可和严正凛，2012）。2004～2017年我国鲍养殖产量呈上升趋势，年平均养殖产量达7.30万t，占我国海水贝类养殖产量的0.62%。

贻贝种苗经历了自然野生苗、半人工采苗，20世纪70年代我国人工育苗取得成功，成为贻贝种苗生产的主要方式，养成方式可分为插桩式、底播式及筏式等，当今以筏式养成为先进。我国养殖的贻贝主要分布在黄海、渤海沿岸，主要养殖种类有翡翠贻贝、紫贻贝和厚壳贻贝。2004～2017年我国贻贝年平均养殖产量达72.71万t，占我国海水贝类养殖产量的6.16%。

蚶是广温性贝类，营养丰富，在抗氧化、抗肿瘤和抗菌等方面具有重要功效。我国重要的经济蚶类有魁蚶、泥蚶、毛蚶和青蚶等，浙江、福建和广东为主要的蚶养殖地区。蚶的养殖方式主要有池塘养殖、虾蚶立体养殖、滩涂底播与筏式养殖；毛蚶、泥蚶和魁蚶的池塘养殖技术成熟，对虾与泥蚶、毛蚶、古蚶的混养达到了良好的生态养殖效果。2004～2017年我国蚶养殖产量比较稳定，年平均养殖产量达31.75万t，占我国海水贝类养殖产量的2.69%。

蛏是广温性贝类，生长快且生长周期短，是一种理想的滩涂养殖贝类，福建和浙江两省是蛏的主产区。传统的养殖方式为围涂管养，但这种方式对滩涂利用率低，且易受海水污染的影响，20世纪90年代，我国开展了围塘综合养殖，探索蛏健康立体混养模式，主要养殖方式有蛏、虾围塘生态混养，蛏与鱼藻分池连通生态养殖，蛏、鲀、虾生态混养，产生了良好的经济和生态效益（陈蓝荪等，2012）。2004～2017年我国蛏养殖产量较稳定，年平均养殖产量达73.78万t，占我国海水贝类养殖产量的6.25%。

江珧分布在热带和亚热带海域，我国约有8种，其中栉江珧产量较大，主要分布在东南沿海、黄海和渤海。2004～2017年我国江珧年平均养殖产量达1.68万t，占我国海水贝类养殖产量的0.14%。

螺具有重要的经济价值，方斑东风螺是近几年国内外新兴的养殖贝类，主要分布在热带、亚热带的海南、广东和广西等沿海。2014年，海南东风螺产量达4800t，占全国的70%以上（沈铭辉等，2015）。养殖方式主要有海区网箱养殖、自然海区沙滩养殖和池塘养殖。2004～2017年我国螺年平均养殖产量达22.79万t，占我国海水贝类养殖产量的1.93%。

（三）虾蟹类养殖

虾蟹类是我国重要的水产品种，近年来虾蟹类养殖业已成为我国水产养殖的重要支柱产业，同时也是沿海地区的重要经济来源之一。

1. 虾蟹类养殖产量及面积

近十几年来我国虾蟹类养殖产量不断增加，2004～2017年，我国海水虾蟹类养殖产量呈上升趋势，从2004年的72.22万t增加到2017年的163.12万t（图24.9）。

2017年我国海水养殖产量为2000.70万t，其中虾蟹类的产量为163.12万t，比2016年增长12.70万t，增长速率为8.44%，在所有养殖种类中居第一位；养殖面积为29.905万hm^2，仅次于贝类的养殖面积。我国虾类养殖的主要品种是南美白对虾、斑节对虾、中国对虾和日本对虾，南美白对虾的产量占虾蟹类总产

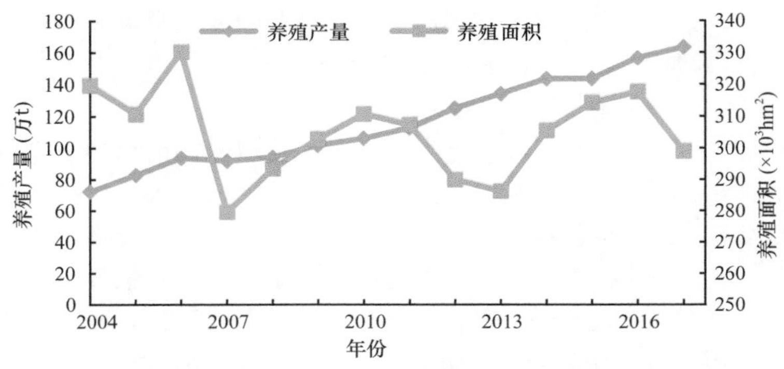

图24.9　2004～2017年中国海水虾蟹类养殖产量和面积
（来源：2005～2018年《中国渔业统计年鉴》）

量的66%，是海水虾类的主导品种；青蟹和梭子蟹是我国主要的海水养殖蟹类，分别占虾蟹类养殖总量的9%和8%（图24.10）。

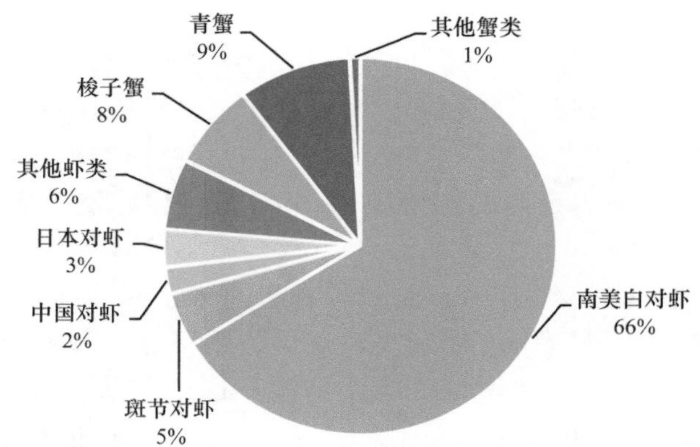

图24.10　2017年中国海水虾蟹类养殖产量占比（来源：2018年《中国渔业统计年鉴》）

2. 主要虾蟹类养殖及养殖方式

海洋虾蟹类在我国的广东、广西、福建、山东、海南、江苏和浙江等地均有养殖。从产量来讲，以2016年统计数据为参考，广东甲壳类养殖产量最高，为52.91万t，占全国甲壳类养殖产量的33.82%，其次是广西，养殖产量是27.28万t，两地的养殖物种中南美白对虾产量占比较高。福建是我国蟹类养殖大省，其蟹类养殖产量占我国蟹类养殖产量的25.27%，同时福建虾蟹类养殖产量位居全国第三。综合来讲，我国南北方的虾蟹类养殖产量不均，北方沿海省份只有山东养殖产量尚为可观，其以南美白对虾、日本对虾和梭子蟹养殖为主。

南美白对虾是我国养殖量最多的甲壳类，它外形酷似中国对虾，平均寿命至少可以超过32个月，是一种广温广盐性热带虾类（王彩理等，2008）。南美白对虾是在1988年由中国科学院海洋研究所从美国夏威夷引进我国，经过数年的人工繁殖和育种，于1999年开始在我国进行大规模养殖（张井增等，2018）。南美白对虾肉质鲜美、营养丰富、适应能力强，离水存活时间长，可以长途运输，主要存活在泥质海底。

斑节对虾是我国养殖量仅次于南美白对虾的第二大养殖品种，该虾的亲本来源于非洲的野生型斑节对虾，喜欢栖息于泥沙或沙泥底质，在日本南部、我国、菲律宾、澳大利亚、印度至非洲东部沿海等地均有分布（许成团和方良智，2016）。该虾只在南方进行养殖，我国的广东、福建和江苏等地是斑节对虾的主要养殖区。

中国对虾和日本对虾是我国北方地区的主要养殖虾类，但养殖产量分别仅占甲壳类养殖总量的2%和4%，中国对虾的主要来源是渤海湾的捕捞船只。梭子蟹和青蟹是海水蟹类养殖产量最多的两类。梭子蟹，又称“三疣梭子蟹”，杂食性动物，鱼、虾、贝、藻均可以作为食物，甚至也食同类，喜食动物尸体，广泛分布于日本、朝鲜、马来群岛及中国绝大部分沿海地区，有较高的营养价值和经济价值。在我国的南北方均有养殖，北方以山东为主，南方以江苏、浙江和福建等地为主。

青蟹是热带亚热带种类，是广盐性的海产蟹类，分布很广，分布区包括非洲、澳大利亚、印度、东南亚各国和我国的沿海，但青蟹只能生存在我国的长江口以南，是南方的两大养殖蟹类之一。青蟹是肉食性动物，喜欢栖息于江河入海口，海水与淡水交换的内湾、潮间带区域及泥沙滩涂上。其因个体巨大、成长速度较快、营养价值丰富，在近代和现代被作为珍贵海鲜食品。我国最常见的为拟曼赛因青蟹（*Scylla paramamosain*），背甲淡青绿色，对海水盐度变化适应力最强，人工养殖最好管理，是目前我国人工养殖规模最大的青蟹品种。

近年来，虽然我国虾蟹类养殖面积呈现波动的趋势，但每年的产量在逐渐增加，这大部分都得益于养殖模式的改进和完善。当前虾蟹类的养殖模式众多，按照养殖设施来区分，可以分为高位池精养、池塘养殖、大棚工厂化养殖等模式。

1）高位池精养

高位池精养模式最早出现于台湾地区，之后被引入广东和海南等地，现已成为我国南方地区的主要养殖模式之一（陈健等，2018）。这种养殖模式主要是养殖虾类，它可以很快地排干池塘中的水分，由具有过滤功能的提水系统、位置比较高的池塘和排水系统组成，可以进行高密度养殖（莫华杰，2018）。这种养殖模式可以通过排水系统处理池塘底部的粪便等垃圾，有效防止因垃圾的积累而产生的病毒对虾类生长的危害。

2）池塘养殖

围池养殖一般选择潮浪畅通、滩涂平坦、水质清澈、没有污染源的海区，根据养殖甲壳类的习性选择沙质底或沙泥质底。池塘面积应该控制在一定范围，当面积过大时，通常采用竹篱或拦网分隔成若干小区。围塘养殖可以选择单养，也可以选择混养，混养是现在最受欢迎的养殖方式，如虾蟹混养、鱼虾混养等方式，要根据混养的种类不同，合理搭配饵料和确定喂食的先后顺序，并且在日常管理中做好调水和换水，保证足够的溶解氧量和投饵量。这是蟹类最主要的养殖方式，这种养殖模式可以做到合理利用养殖空间、互相防控病害、避免交叉感染，还可以提高养殖的综合效益、降低饵料的成本、提高饵料的利用率。

3）大棚工厂化养殖

大棚工厂化养殖是一种较为新型的养殖模式，这种养殖模式与池塘养殖的区别是会根据养殖环境确定池塘的深度，并且配有完整的水循环系统，大棚的存在是为了调控养殖温度，提高养殖产量，这也是一种高密度的养殖模式（陈田聪等，2018）。在大棚内，春季和秋季均可以养殖虾类。大棚养殖利用现代工业手段，为虾类生长创造了最合适的环境，虽然养殖密度大，但可以保证养殖品质和存活率，具有污染少、病原少、提高节能等优势，是环渤海地区最主要的虾蟹类养殖模式。

目前我国虾蟹类的养殖规模不断扩大，养殖模式不断优化。但同时不能忽略发展过程中的各种问题（姜燕等，2018）。

（四）鱼类养殖

我国是世界上最早发展鱼类养殖的国家，但真正形成规模是在20世纪80年代。海水鱼有较其他动物更优质的动物蛋白，随着捕捞强度和鱼类需求增加，鱼类增养殖得到重视并不断发展。近年来，人类大量地捕捞鱼类产品，破坏了沿海地区的生态系统，造成了生态失衡，海洋鱼类养殖业发展对于减少对自然生态系统的破坏也尤为重要（刘云鹏等，2018）。

1. 鱼类养殖产量及面积

我国海水鱼类养殖浪潮是继海藻、虾类和贝类养殖之后的第四大海水养殖浪潮，这次养殖浪潮也形成了北方以工厂化养殖为主、南方以网箱养殖为主的养殖浪潮，成功开辟了海水鱼类养殖主流产业，产生了巨大的经济和社会效益（雷霁霖，2006）。

2004～2017年，我国海水鱼类养殖产量不断上升，从2004年的58.26万t增加到2017年的141.94万t（图24.11）。截至2017年上半年，我国水产总量约为6902.58万t，鱼类养殖产量约为5145.56万t，捕捞产量约为179.63万t，养殖产品与捕捞产品的总产值之比约为7.9∶6.3；同时淡水产品产量约为3421.22万t，海水产品产量约为3498.47万t，海水产品与淡水产品的总产值之比约为8.4∶3.5（刘云鹏等，2018）。由此可见，海水鱼类养殖业在我国渔业中占有很大比重。

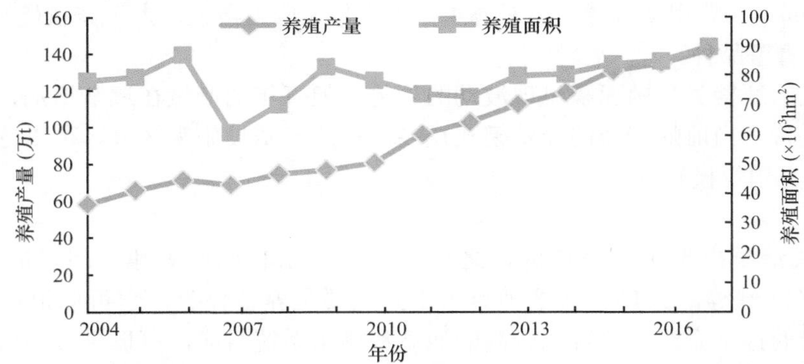

图24.11　2004～2017年中国海水鱼类养殖总产量和面积（来源：2005～2018年《中国渔业统计年鉴》）

以2017年为例，我国海水鱼类养殖产量较多的是鲈、鲆、大黄鱼、石斑鱼等（图24.12）。我国南北方海水养殖鱼类差异较大，北方以鲈形目和鲽形目为主，2016年北方养殖量最多的品种是鲆、河鲀和鲽，鲆的养殖量占北方养殖总量的48%。南方以石首鱼科、鲷科、鲳科、鳗鲡科为主，2016年南方养殖量最多的品种为鲈、大黄鱼、军曹鱼、鲷、石斑鱼，其中大黄鱼、军曹鱼只在南方进行养殖，而鲈、鲷和石斑鱼的养殖总量分别占该鱼养殖总量的85.8%、98.2%和99.3%。

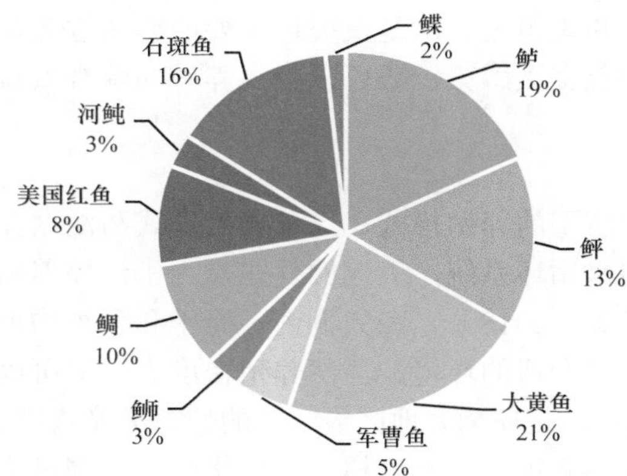

图24.12　2017年中国海水鱼类养殖分布图（来源：2018年《中国渔业统计年鉴》）

2. 养殖模式

按照养殖模式，我国鱼类养殖可分为池塘养殖、网箱养殖、陆上工厂化养殖。

1）池塘养殖

池塘养殖主要是采用纳苗和投放大规格鱼种相结合的粗样方法，属于混养类型，养殖面积比较大，一般不投喂饵料，仅靠水体中的营养物质提供能量。但其因养殖密度低、效益差，已逐渐被淘汰，其养殖的主要类型为植食性和杂食性鱼类（吴灶和和王忠良，2013）。

2）网箱养殖

在我国大力发展海洋经济的背景下，近年来我国海水网箱养殖有了突飞猛进的发展，这也是海水鱼类养殖的主要模式之一，具有集约型、高密度和高效益的特点。而我国的网箱养殖模式可以分成近海抗风浪网箱养殖和深海网箱养殖两种。

我国的近海抗风浪网箱养殖起步较晚，自海南从挪威引进第一组近海抗风浪网箱之后，沿海各城市也相继从国外引进。近年来，近海抗风浪网箱养殖业在我国快速发展，主要集中在浙江和广东两省，养殖的类型主要是大黄鱼、真鲷、军曹鱼、石斑鱼、黄立鲳、鲈等。它具有网箱体积小、见效快、养殖种类多、密度大、技术要求低、易推广普及等特点。而且它离岸较近，往往在天然避风港，受台风等自然灾害的影响较低，投资风险低，容易被养殖者接受（黄海等，2006）。

深海网箱养殖是相对于浅海10m等深线以内的内湾式近岸传统网箱而言，设置在浅海30m等深线左右的一种浅海离岸式鱼类养殖新方法。深海网箱养殖具有集约化和自动化程度高、养殖容量大、养殖品质优良、技术含量高的特点（常抗美等，2005）。并且，与传统的近海抗风浪网箱养殖模式相比，它可以在半开放水域进行养殖工作，抗水流流速能力和抗风浪能力有了显著提升，可以更加从容地应对极端天气。由于传统网箱养殖串联成排的养殖模式，鱼类的排泄物和残饵不断积累，再加上陆源污染物的不断增加，我国近岸水域遭到了一定程度的污染，养殖品种质量不断下降，近岸水域已经不适合海水鱼类的养殖，因此必须要重视这一新型养殖模式。

3）陆上工厂化养殖

陆上工厂化养殖是一种集约化的养殖形式，包括集约化流水养殖和循环水养殖两种模式。陆上工厂化养殖具有先进的养殖设备和高效的管理体系，受到外界影响的程度较低；养殖密度和产量高；还可以保证养殖质量；被国际公认为现代海水养殖业的主要方向（雷霁霖，2010）。

我国陆上工厂化水产养殖始于20世纪60年代的工厂化育苗研究，逐步扩大为以海水鱼类育苗和养殖为主，直到90年代初，陆上工厂化养殖才发展成为一种新的养殖模式，并用于经营（刘宝良等，2015）。陆上工厂化养殖与其他两种养殖模式相比，对水资源的需求量少，对环境污染程度也比较低，但对养殖者的技术有一定的要求。循环水养殖技术是现阶段陆上工厂化养殖的主要呈现形式，与传统的流水养殖方式相比，技术优势更加明显，生产力水平更高，但受到基础设施造价高、投资成本高、水处理工艺复杂等条件的限制，主要用于适合高密度养殖的名贵鱼类的养殖，一般以鲆鲽类和游泳型鱼类（石斑鱼、鲑科鱼类及河鲀）为主。

（五）海珍品养殖

我国海珍品的代表主要是刺参和鲍，是经济价值和营养价值都较高的水产品种。刺参是“海产八珍”之一，同人参、燕窝齐名，具有极高的营养和医疗保健价值。鲍是名贵的海洋食用贝类，素有“餐桌黄金，海珍之冠”的美誉，其营养物质丰富，含有多种维生素和微量元素，富含谷氨酸，味道鲜美（吕伟，2012）。

1. 海珍品养殖产量及分布

我国是世界第一的养鲍大国，2010年养殖产量达到5.56万t，占世界养殖总量的86%（柯才焕，2013）。2016年我国鲍养殖总量已经达到13.97万t，鲍养殖基地主要位于南方的福建和广东等地，福建是鲍养殖量最多的省份，达到11.26万t，占全国养殖总量的80.61%。在我国北方只有山东和辽宁有一部分的鲍养殖企业（图24.13）。

刺参养殖业是我国第五次海水养殖浪潮中的龙头产业，而刺参也以其高端的商品属性一跃成为我国单品种养殖产值最高的海水养殖品种（李成林和胡炜，2017）。2016年我国养殖总量达20.44万t，北方是

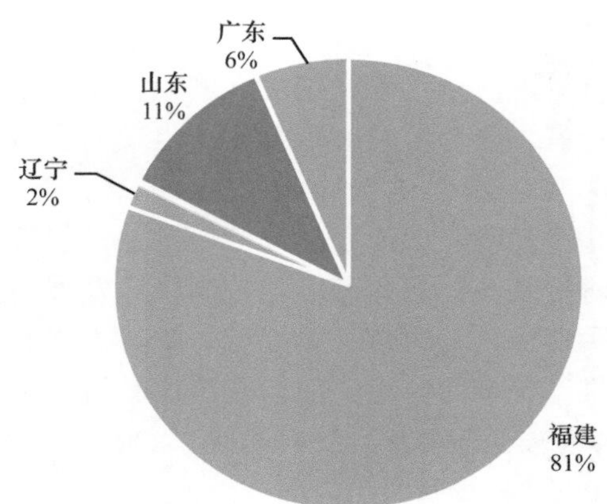

图24.13　中国鲍养殖省份分布图

刺参的主要养殖区域，山东和辽宁分别占养殖总量的45%和36%（图24.14）。山东和辽宁是刺参的传统主产区，而这两个地区也是我国野生刺参的自然栖息地。近年来，随着市场需求量的增加和养殖收益的提高，我国东、南沿海各省也兴起了南移养殖的热潮，形成了“北参南移”的现象（姜森颢等，2017）。

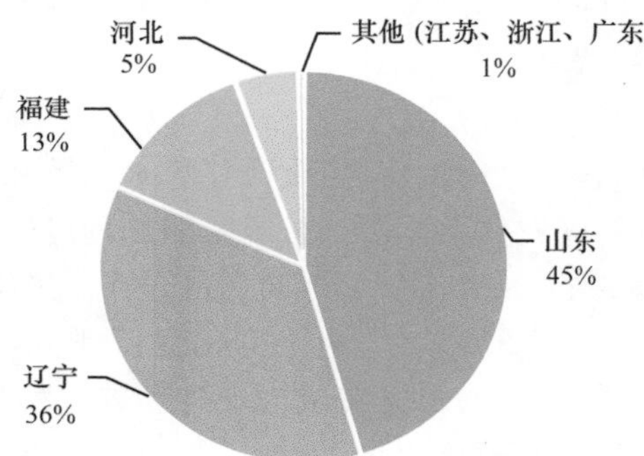

图24.14　中国刺参养殖省份分布图

2. 主要养殖海珍品及养殖方式

我国的鲍养殖研究从20世纪60年代末开始，70年代先后取得杂色鲍和皱纹盘鲍人工育苗成功。世界上有66个不同品种的鲍，我国已经开展养殖工作的有10种，其中以皱纹盘鲍、杂色鲍、中间鲍、黑唇鲍、绿唇鲍、虹鲍、红鲍、疣鲍等的养殖数量居多。从养殖品种来看，皱纹盘鲍是目前养殖的主导种，皱纹盘鲍在分类学上属软体动物门腹足纲鲍科，其贝壳大，椭圆形，较坚厚，食性较杂，但以褐藻类的马尾藻、海带、裙带菜等为主要食物，分布于我国北部沿海，山东、辽宁产量较多。

福建、广东的本地品种是杂色鲍，杂色鲍自然分布于我国的福建、台湾、广东和海南等沿岸，在越南、菲律宾等地也有分布。该种对南方高温的耐受性强，生长速度快，养殖周期短，因此是南方鲍类养殖的主要品种（柯才焕和游伟伟，2011）。

鲍产业的发展经过了一定过渡，由最初的采集野生鲍到20世纪80年代初的底播增殖，底播增殖是指在适宜鲍生存的水域按照确定的密度投放一定规格的鲍种苗，使它们自然生长增殖的养殖模式。与该模式同时出现的还有软式浮筏养殖模式，这是鲍养殖最主要的方式。浮筏养殖模式是指在海区中设置浮筏，将幼鲍投入容器中，吊挂于浮筏上进行养殖。这种养殖模式设备投资较小，但能保证水质要求，水体的溶解氧量也较高，饵料在浮筏中也容易保持新鲜程度，因此是一种比较热门的养殖模式。但它同样存在一些缺点，例如，养殖水域易受环境的影响，温度、盐度变化较大，已受到海水污染的影响等。

刺参是全世界1200余种海参中的一种（乔聚海和程波，2005），也是中国记载的约20种可供食用海参中药食价值最高的品种（廖玉麟，1997）。刺参自然栖息于西太平洋北部，包括俄罗斯远东沿海、日本和韩国沿岸、中国黄渤海海域等（姜森颢等，2017）。刺参主要以底质泥沙中的有机物和各种原生动物为食（李成林和胡炜，2017）。我国在20世纪50年代开展对刺参人工育苗和增养殖技术的研究，直到60年代才首次培育出人工刺参幼苗，90年代末才出现规模化刺参养殖（黄华伟和王印庚，2007）。

目前，我国南北方刺参养殖模式不同，北方代表性的养殖模式是池塘养殖、围堰养殖和底播增殖等，还有一小部分养殖户采用工厂化养殖模式；而南方作为刺参的非传统产地和自然栖息地，主要是利用南北方水温的差异进行养殖活动，并且养殖模式主要是海上吊笼或池塘筑礁养殖。南方海参养殖企业一般在每年的10～11月从北方购买种苗后进行养殖，并于翌年3～5月收获成品上市销售；还可以通过购买小规格种苗，于第二年卖给北方养殖企业大规模种苗的方式获益（姜森颢等，2017）。

第二节　环境污染对养殖生物的影响

一、重金属对海水养殖生物的毒性效应

近十几年来，随着沿海城市化和工业化的迅速发展，近岸海洋环境遭受了严重破坏。重金属因特殊的化学性质及毒性，已成为海洋环境中具有潜在危害的重要污染物，并引起了世界范围内的广泛关注。重金属通常无法自然降解且易在环境中长期积累，进而对机体产生潜在的危害。海洋环境中的重金属主要来源于地壳运动等自然变化及人类活动（如工业排污、生活污水排放、金属冶炼和电子垃圾回收等）。目前，重金属大约有40种，既包括生物体必需的微量元素（如Zn、Cu、Cr、Fe、Mg、Mn等），又包括可能会对机体产生不良影响的非必需元素（如Cd、Hg、Cr、Pb等）。然而，某些微量重金属虽然为生物体生长发育所必需，但当其浓度超过机体所能承受的范围时，就会对生物体产生毒性效应。关于重金属对海洋生物的毒性效应研究，初期主要集中在污染物的急性毒性效应、生物富集作用及生理响应。近年来，随着分子生物学和组学技术的发展，海洋生物对环境污染物的分子响应机制已逐渐成为新的研究热点。

（一）典型重金属对软体动物的毒性效应

1. 典型重金属对软体动物的急性毒性效应

我国近海环境中铅、镉和汞等重金属污染较为严重，部分海区和入海口区域存在超标的现象，因此需要评估典型重金属对我国近海养殖生物的毒性效应及其生态风险。通过开展急性毒性暴露实验，获得半致死浓度和安全质量浓度等关键参数，可为后续开展重金属对水生生物的毒理学研究、制定养殖水质标准和废水排放标准、防止污染和保护海洋环境资源等提供科学参考与理论依据。

有学者研究了Pb^{2+}、Cd^{2+}和Hg^{2+}三种重金属对文蛤胚胎发育、生长、存活和附着变态的影响。Pb^{2+}、Cd^{2+}和Hg^{2+}对文蛤胚胎的半效应浓度（EC50）分别为297μg/L、1014μg/L和5.4μg/L。而Pb^{2+}、Cd^{2+}和Hg^{2+}对文蛤D形幼虫的96h半致死浓度（LC50）分别为353μg/L、68μg/L和14.0μg/L。197μg/L Pb^{2+}、104μg/L Cd^{2+}和18.5μg/L Hg^{2+}能显著地抑制D形幼虫的生长。上述三种重金属对文蛤幼虫附着变态的半效应浓度与其对D形幼虫的48h半致死浓度相近，高于96h半致死浓度。三种重金属对文蛤幼虫的毒性由大到小为：Hg^{2+}＞Cd^{2+}＞Pb^{2+}（Wang et al.，2009）。

此外，Xie等（2017a）研究了Cd^{2+}、Pb^{2+}单一及复合污染对长牡蛎早期发育阶段的急性毒性效应。结果发现，Cd^{2+}、Pb^{2+}单一及Cd^{2+}-Pb^{2+}复合污染对长牡蛎胚胎的半效应浓度分别为272.2μg/L、660.3μg/L和373.1μg/L；对长牡蛎幼虫的96h半致死浓度分别为353.3μg/L、699.5μg/L和205.5μg/L；采用Marking相加指数（ATI）法评估了复合毒性效应，发现Cd^{2+}-Pb^{2+}复合污染对长牡蛎胚胎和幼虫的毒性效应分别为简单相加和协同效应。此外，与单一污染相比，复合暴露会导致长牡蛎胚胎细胞DNA损伤程度增大。综上，Cd^{2+}-Pb^{2+}复合污染比单一污染的毒性效应更加明显，从而可能对长牡蛎种群资源的补充过程产生潜在影响。

2. 典型重金属在软体动物中的富集与转化

重金属在水环境中迁移时，一旦通过呼吸作用、渗透、摄食等途径进入食物链，就有可能经生物浓缩和生物放大作用在水生生物体内累积，对水生生物尤其是处于较高营养级的生物产生严重危害。生物体内重金属的累积受到多方因素的影响，包括生物体种间差异、个体大小、性别、组织器官等生物因素，pH、地域、季节、温度、盐度等环境因素，以及重金属的性质、浓度、作用时间、重金属间的相互作用等（陈丽竹，2016）。此外，重金属在不同组织、亚细胞中的分布均存在明显差异。

研究表明，菲律宾蛤仔肝胰腺与鳃组织对重金属Cd和Cu的积累随暴露浓度与暴露时间的增加而增加，具有明显的剂量效应与时间效应。菲律宾蛤仔对Cd的富集速率大于Cu，且肝胰腺中重金属的蓄积量高于鳃（张林宝，2012）。Cd在菲律宾蛤仔体内亚细胞中的分布规律为：蛋白质组分＞细胞碎屑＞细胞器组分＞富金属矿体。菲律宾蛤仔不同品系白蛤和斑马蛤消化腺各亚细胞中的Cd分布并无显著差别，但白蛤鳃组织中的富金属矿体和细胞碎屑中的Cd比例均显著高于斑马蛤。经Cd暴露后，Cd在白蛤与斑马蛤消化腺和鳃组织亚细胞中的分布情况发生改变。其中，消化腺蛋白质组分中的Cd相对含量无显著变化，而鳃组织蛋白质组分中的Cd比例显著下降；在白蛤鳃组织与斑马蛤消化腺和鳃组织中，Cd在细胞碎屑中的比例显著高于对照组水平。此外，白蛤消化腺细胞器组分中Cd所占比例显著高于斑马蛤，而鳃组织亚细胞中的Cd分布在白蛤和斑马蛤之间不存在显著差异（林晓玲，2014）。

近年来，我国近岸海域环境中砷①污染现象严重，对我国海洋生物的生存及海产品质量安全造成了影响。由于砷的毒性与其形态密切相关，因而要阐明砷的健康风险和毒性作用机制，开展砷的富集与转化规律研究必不可少。研究了菲律宾蛤仔对无机砷的富集与转化规律，发现菲律宾蛤仔对无机砷生物利用率低，对As（Ⅲ）的生物利用率高于As（Ⅴ）。菲律宾蛤仔组织中无机砷转化过程主要包括As（Ⅲ）氧化、As（Ⅴ）还原和甲基转化。菲律宾蛤仔肝胰腺和鳃组织对无机砷的富集与转化存在差异，砷更易于在肝胰腺中富集。砷甜菜碱（AsB）和二甲基砷酸盐（DMA）是组织中主要的砷形态，在肝胰腺中无机砷主要转化为AsB，而鳃组织中无机砷主要转化为DMA。各处理组中金属硫蛋白样蛋白（MTLP）是砷在亚细胞水平的主要结合位点，其次是细胞碎片。金属敏感组分（MSF）中总砷变化较为明显，而生物解毒金属组分（BDM）中总砷含量变化较小，且与肝胰腺相比，鳃组织对砷的解毒能力有限（Chen et al.，2018）。

此外，研究了Cd^{2+}、Pb^{2+}单一及复合污染对长牡蛎成体的亚慢性毒性效应。结果表明，长牡蛎鳃和消化腺组织对重金属均表现出较强的富集特征（$Cd^{2+} > Pb^{2+}$），且存在明显的剂量-依赖关系；生物富集因子（BCF）则表现出随暴露浓度的增大而减小的特征（谢嘉，2017）。

3. 典型重金属对软体动物的生态毒性效应

研究表明，典型重金属镉、铜、铅等污染物会损害贝类个体的免疫、抗氧化能力，干扰机体的生殖发育功能，并引起组织结构损伤。10μg/L与100μg/L镉胁迫也会显著降低文蛤血细胞的吞噬活力、增加文蛤血细胞活性氧产物和死亡率，从而影响文蛤产生免疫毒性。重金属暴露还会影响文蛤的性腺发育过程及其相关酶的活性。研究表明，100μg/L Cd^{2+}和50μg/L Hg^{2+}暴露15天后可能会加快雌性文蛤性腺的退化过程，但对雄性文蛤性腺发育影响相对较小。50μg/L Hg^{2+}暴露导致文蛤性腺谷胱甘肽（GSH）含量显著下降，100μg/L Cd^{2+}暴露会使文蛤性腺GST的活力升高，而50μg/L Hg^{2+}暴露则会降低文蛤性腺谷胱甘肽过氧化物酶（GPx）的活力（王清，2010）。

研究发现，重金属暴露下菲律宾蛤仔肝胰腺和鳃组织中超氧化物歧化酶（SOD）、GPx与谷胱甘肽硫转移酶（GST）活力在大部分情况下均显著升高，但在暴露的某些时段SOD与GST的活力被高浓度的Cd与Cu显著抑制。这三种抗氧化酶中SOD对Cd暴露比较敏感，而SOD与GST活力变化对Cu暴露都比较敏感。*CYP414A1*基因mRNA在10μg/L与40μg/L Cd暴露48h与96h后其表达量均显著升高，但在10μg/L与40μg/L Cu暴露下，其基因表达被显著抑制。大部分GST同工酶基因mRNA表达量对Cd暴露响应不太明

---

① 砷是非金属元素，因具有金属性，通常与金属一起讨论。

显，其中*VpGSTS2*基因的转录水平被显著抑制。Cu暴露后，*VpGSTS2*转录水平的响应最为突出，其mRNA表达量最高达到对照组的11倍。另外，*VpGSTS1*、*VpGSTS3*与*VpGSTM*基因的表达量也被显著诱导，*VpGSTO*与*VpGSTMi*基因的表达在Cu暴露下被显著抑制。代谢组学研究表明，重金属Cd和Cu暴露引起菲律宾蛤仔鳃组织内代谢图谱发生显著变化，并持续至48h或96h。根据渗透调节物质、柠檬酸循环中间产物及氨基酸等代谢物含量的上调或下调，推测重金属暴露引起机体能量代谢异常和渗透调节紊乱。其中，Cd暴露组中谷氨酸盐含量的显著升高表明Cd具有一定的神经毒性。另外，通过对比发现，代谢产物变化对Cu的响应更加敏感和持久（张林宝，2012）。

李巧梅（2013）研究了不同浓度As^{3+}（Ⅲ）（1μg/L、10μg/L、100μg/L）亚慢性暴露对紫贻贝的毒性效应。结果表明，亚慢性低剂量As^{3+}（Ⅲ）暴露即可导致紫贻贝免疫防御机能的损伤，并表现出一定的遗传毒性；亚慢性中、高剂量As^{3+}（Ⅲ）暴露则会诱导紫贻贝血细胞活性氧的增加，导致遗传物质的明显损伤，表现为明显的遗传毒性和免疫毒性。

长牡蛎在Cd^{2+}和Pb^{2+}暴露28d后，中、高浓度的单一及复合处理组的长牡蛎鳃组织出现了鳃丝肿胀、纤毛脱落及血细胞浸润等病理现象，消化腺组织则出现了血细胞浸润、内壁间质组织与上皮细胞分离及上皮细胞损伤坏死等病理现象，表明两种重金属暴露能够造成长牡蛎的组织结构损伤。谢嘉（2017）运用综合生物标志物响应指数法（IBR），分析了长牡蛎抗氧化防御系统生物标志物的响应水平，发现Cd^{2+}和Pb^{2+}的联合毒性效应主要表现为协同作用，且在高浓度处理组尤为明显。

（二）典型重金属对甲壳类的毒性效应

近年来，随着工业废水的大量排放，虾类同样面临重金属等污染物的严重威胁，而科学准确地评估重金属污染对虾类养殖环境水质的管理、渔业水质标准修订等有重要意义。谢嘉（2017）采用急性毒性实验方法，检测重金属对我国重要的经济虾类脊尾白虾的毒性效应。结果表明，镉和铅对脊尾白虾的96h半致死浓度分别为3.92mg/L、54.26mg/L（安全浓度分别为0.039mg/L、0.54mg/L），可见脊尾白虾对铅的耐受性更强。此外，脊尾白虾的抗氧化防御系统也发生显著变化。例如，经过重金属镉和铅24h胁迫后，超氧化物歧化酶（SOD）和谷胱甘肽硫转移酶（GST）活性均显著升高，说明污染物的短期胁迫诱导了抗氧化酶表达，引发应激反应，从而清除机体内产生的多余的活性氧自由基。同时，脊尾白虾体内丙二醛（MDA）含量升高，说明在重金属胁迫下机体脂质过氧化损伤程度升高。张彩明（2013）发现，铬、铜、锰和锌对脊尾白虾幼虾的96h半致死浓度分别为14.0mg/L、18.07mg/L、25.1mg/L和32.9mg/L。

（三）典型重金属对鱼类的毒性效应

Cu对褐牙鲆胚胎的48h半致死浓度（LC50）为0.11mg/L，对仔鱼的96h LC50为0.12mg/L；Cd对褐牙鲆胚胎的48h LC50为4.65mg/L，对仔鱼的96h LC50为4.17mg/L。由此可知，Cu比Cd对褐牙鲆的致死毒性更强，褐牙鲆胚胎比仔鱼对Cu、Cd暴露更敏感。亚急性Cu和Cd暴露还会导致褐牙鲆孵化率下降、孵化时间延迟、死亡率和仔鱼畸形率增加，对胚胎-仔鱼发育、生长和存活都产生了明显的毒理影响（曹亮，2010）。Hg对褐牙鲆胚胎的48h LC50为48.1μg/L，对仔鱼的96h LC50为46.6（33.3～64.8）μg/L。Zn对褐牙鲆胚胎的48h LC50为7.1μg/L，对仔鱼的96h LC50为6.77μg/L。结果表明，褐牙鲆胚胎比仔鱼对Hg、Zn暴露更为敏感。亚急性暴露结果表明，Hg、Zn会导致褐牙鲆胚胎和仔鱼孵化率降低，延迟孵化，死亡率、畸形率增加，抑制生长和卵黄囊吸收率（黄伟，2010）。

二、持久性有机污染物对海水养殖生物的毒性效应

持久性有机污染物（persistent organic pollutants，POPs）是通过各种环境介质（大气、水、生物体等）能够长距离迁移并长期存在于环境，具有长期残留性、生物蓄积性、半挥发性和高毒性的自然界物质，主要来自纸张漂白、汽油燃烧、废旧金属回收熔融、有机氯合成及其他有机化学制造过程。近年来，持久性有机污染物在国际上备受关注。常见的海洋有机污染物包括多环芳烃（PAHs）、多氯联苯

（PCBs）、有机氯农药（OCPs）、多氟化合物（PCOFs、PCOPs）及多溴联苯醚（PBDEs）等。持久性有机污染物可以通过食物链的积累，经水产品传递到人体，从而对人体健康产生影响，进而影响水产品的加工和出口，阻碍水产养殖业的发展。

POPs因具有亲脂性，容易在双壳贝类等养殖生物体内富集，且难以降解，进而通过生物链传递表现出生物放大效应。有机污染物会在养殖生物体内发生一系列的生物转化，产生大量的代谢中产物，有些产物会对机体产生神经毒性、肝脏毒性、免疫毒性、生殖发育毒性、内分泌干扰作用及致癌毒性等。

（一）典型有机污染物对软体动物的毒性效应

1. 典型PAHs和PCBs对软体动物的毒性效应

有学者研究了苯并芘（BaP）和Aroclor1254对文蛤胚胎与幼虫发育的影响。结果表明，596μg/L BaP和984μg/L Aroclor1254仅能够导致胚胎发育成功率的小幅降低。BaP和Aroclor1254对文蛤D形幼虫的96h半致死浓度（LC50）分别为156μg/L和132μg/L。本研究中最为敏感的毒性测定终点是幼虫的附着变态率，BaP和Aroclor1254对附着变态率的半效应浓度（EC50）分别为20μg/L和35μg/L。BaP和Arocor1254对文蛤D形幼虫的附着变态毒性较强，对文蛤胚胎发育与幼虫存活和生长却没有很强的毒性。这两种有机污染物对文蛤胚胎的毒性要小于对幼虫存活和生长的毒性。在所有检测终点中，文蛤D形幼虫的附着变态对BaP和Aroclor1254胁迫最为敏感，因而附着变态也最适合用于评估BaP和Aroclor1254对文蛤几乎整个幼虫阶段（担轮幼虫期除外）的毒性。Wang等（2012）的研究表明，BaP和Aroclor1254对文蛤的胚胎和幼虫发育构成的威胁较小，该结果可以为我国海水水质标准的制定提供数据支持。

苯并芘（BaP）暴露对文蛤血细胞超微结构的损伤主要表现在血细胞伪足异常伸展、线粒体肿胀、细胞器数量减少，损伤更为严重的血细胞出现空泡化、细胞边缘裂解等现象。随着BaP暴露时间的增加，文蛤血细胞溶酶体中性红保持时间（NRRT）逐渐下降。5μg/L和50μg/L BaP处理组在胁迫第6天后，文蛤血细胞中性红保持时间开始显著低于对照组。文蛤血细胞微核（MN）率和总畸形核（TNA）率随胁迫时间的增加也逐渐升高。从暴露第6天开始，50μg/L处理组文蛤血细胞MN率和TNA率均显著高于对照组（王清，2010）。5μg/L和50μg/L的BaP胁迫7天后会显著降低文蛤血细胞的吞噬活力，增加文蛤血细胞死亡率，而50μg/L BaP会显著增加文蛤血细胞活性氧产物。综上可知，较高浓度BaP长期胁迫会对文蛤血细胞产生明显的细胞毒性，会显著影响血细胞溶酶体的结构和功能，导致血细胞细胞核受到明显的损伤。溶酶体膜稳定性和微核率等指标对于衡量有机污染物对文蛤血细胞的毒性效应具有很好的参考意义，溶酶体膜稳定性和微核率可以作为有效的生物标志物，应用于我国海洋环境中污染物的生物监测（王清，2010）。

此外，5μg/L和50μg/L BaP暴露30天对文蛤性腺发育具有明显的延缓作用，其对雌性文蛤的延缓作用更加明显。50μg/L BaP胁迫会明显破坏文蛤卵母细胞的膜结构，会阻碍卵黄蛋白原的合成，造成卵黄颗粒变形。50μg/L BaP导致文蛤性腺谷胱甘肽（GSH）含量显著下降，显著增加文蛤性腺谷胱甘肽硫转移酶（GST）的活力（王清，2010）。

BaP暴露还能够影响软体动物解毒代谢酶基因和蛋白水平的表达调控。研究发现，菲律宾蛤仔在50μg/L BaP暴露96h后，细胞色素酶*CYP414A1*基因表达量显著升高，为对照组水平的5.6倍（Zhang et al.，2012a）。7种谷胱甘肽硫转移酶（GST）同工酶基因中，*VpGSTS2*和*VpGSTR*基因表达对BaP暴露最敏感，二者mRNA表达量的最高值均为对照组的6.5倍。同样，*VpGSTS3*和*VpGSTM*基因表达量也显著升高（Zhang et al.，2012b）。5μg/L与50μg/L BaP暴露24h、48h及96h后对菲律宾蛤仔组织内抗氧化酶活力产生了一定的影响，菲律宾蛤仔肝胰腺内抗氧化酶指标变化并不显著，但鳃组织内SOD、GST活力被BaP显著诱导，并表现出一定的时间效应和剂量效应关系（Zhang et al.，2012a）。

代谢组学研究还表明，BaP暴露24h能引起菲律宾蛤仔鳃组织内渗透调节紊乱和厌氧代谢，并在48h恢复至正常组水平。此外，BaP两个剂量组代谢产物在整个暴露过程中均表现出完全相反的趋势，这可能是由于BaP暴露对菲律宾蛤仔具有一定的毒物兴奋效应（Zhang et al.，2011）。

2. 典型溴系阻燃剂对软体动物的毒性效应

2,2',4,4'-四溴联苯醚（BDE-47）、BaP单一及复合污染对长牡蛎胚胎的半效应浓度分别为18.4μg/L、203.3μg/L和72.0μg/L；对长牡蛎幼虫的96h半致死浓度分别为26.8μg/L、244.5μg/L和108.9μg/L。Xie等（2017b）采用Marking相加指数（ATI）法评估了复合毒性作用，发现BDE-47和BaP复合污染对长牡蛎胚胎与幼虫的毒性效应均表现为拮抗作用，这可能是有机污染物的化学性质差异较大且易产生化学反应所导致。结果还表明，BDE-47和BaP对长牡蛎的早期发育阶段具有较强的毒性作用；在污染严重的河口区域，长牡蛎幼体发育等过程面临一定的风险。此外，有机污染物还会对软体动物产生免疫毒性。研究发现，长牡蛎在BDE-47和BaP暴露30天后，血细胞凋亡及呼吸暴发均出现明显诱导，而吞噬功能则受到显著抑制，另外长牡蛎的抗氧化防御功能及组织结构均受到明显的损伤（谢嘉，2017）。

BDE-47、BaP单一及复合污染对长牡蛎成体的亚慢性（7d、14d、28d）毒性效应表明，长牡蛎鳃和消化腺组织对有机污染物均有很强的富集性（BDE-47 ＞ BaP），且存在明显的剂量-依赖关系；此外，生物富集因子（BCF）随暴露浓度的增大而减小。在BaP和BDE-47暴露28天后，单一处理组的长牡蛎鳃组织出现了鳃丝肿胀和轻微的血细胞浸润等病理现象，消化腺组织则出现了血细胞浸润、内壁间质组织与上皮细胞分离并伴随上皮细胞坏死等病理现象；然而，复合处理组则无明显损伤。这表明两种有机污染物复合暴露对长牡蛎组织结构的影响较小。运用综合生物标志物响应指数法（IBR），分析了长牡蛎抗氧化防御系统生物标志物的响应水平，发现BaP和BDE-47的联合毒性效应主要表现为拮抗作用（谢嘉，2017）。

研究表明，紫贻贝经BDE-47和四溴双酚A（TBBPA）暴露30天后，鳃组织的能量代谢及渗透压调节等相关代谢物发生显著变化，且不同性别紫贻贝对于溴系阻燃剂的毒性响应存在显著差异。基于蛋白质组学的研究发现，溴系阻燃剂对不同性别紫贻贝的毒性效应均表现为细胞凋亡和细胞骨架的损伤，雌、雄个体还分别表现为蛋白动态平衡和蛋白水解过程的异常（吉成龙，2014）。

有机污染物对软体动物还具有明显的内分泌干扰作用。研究发现，BDE-47及双酚A（BPA）暴露均显著降低了紫贻贝两种类型17β-羟基类固醇脱氢酶（17β-HSDs）基因的表达。在雌、雄紫贻贝中，两种基因的表达量在24h显著减少（$P<0.05$），随着暴露时间的延长，在96h雌性紫贻贝逐步恢复到对照水平，而雄性紫贻贝还处于显著抑制的状态。亚慢性暴露实验的结果与急性暴露实验结果类似，受到上述污染物暴露后，17β-HSDs基因的表达量出现下降。同时，亚慢性暴露实验结果表明暴露剂量与检测效应之间存在一定的关系，即高浓度处理组对上述基因的诱导效果比低浓度处理组更显著。组织学分析结果表明，BPA和BDE-47均能对紫贻贝的性腺、鳃和肝组织造成损伤（造成的损伤包括使卵巢滤泡体积变小和数量减少、影响卵母细胞和精细胞的发育）；且随着浓度的升高，损伤的程度加大。以上结果表明，BDE-47和双酚A都能显著影响紫贻贝的内分泌基因表达，能够产生一定的内分泌干扰作用（Zhang et al.，2014）。

（二）典型有机污染物对甲壳类的毒性效应

目前关于有机污染物对甲壳类的毒性效应研究少见报道。谢嘉（2017）研究了典型有机污染物对我国重要经济虾类脊尾白虾（*Exopalaemon carinicauda*）的急性毒性效应，结果表明，BDE-47和BaP对脊尾白虾具有明显的毒害作用，会引起机体发生氧化性损伤。其中，BaP和BDE-47对脊尾白虾的96h半致死浓度（LC50）分别为0.36mg/L、1.05mg/L。此外，脊尾白虾的抗氧化防御系统也发生显著变化。经过有机物BaP和BDE-47 24h的胁迫后，超氧化物歧化酶（SOD）和谷胱甘肽硫转移酶（GST）活性随暴露浓度呈现升高趋势，说明有机污染物的短期胁迫诱导了抗氧化酶表达，引发应激反应，从而清除机体内产生的多余的活性氧自由基。但脊尾白虾体内MDA含量与对照组相比无明显变化，说明在有机物短期胁迫下，机体能通过抗氧化酶有效清除多余的活性氧自由基，以保护机体免受脂质过氧化损伤。

（三）典型有机污染物对鱼类的毒性效应

多氯联苯Aroclor1254暴露能够影响褐牙鲆幼鱼的生长，导致其体全长和体重下降。Aroclor1254暴露会导致幼鱼和仔鱼甲状腺激素水平下降、甲状腺组织增生和胶质缺损情况增多；Aroclor1254暴露还会延迟褐牙鲆仔鱼的变态过程。黄伟（2010）的研究表明，环境相关浓度PCBs暴露对褐牙鲆幼鱼产生了明显的甲状腺干扰效应，而且幼鱼比成鱼对PCBs更敏感。此外，PCBs能够通过甲状腺干扰作用抑制褐牙鲆的早期变态过程（董怡飞，2014）。

三、微塑料对海水养殖生物的毒性效应

随着全球塑料产量的不断增多，海洋中的塑料垃圾不断积累，导致微塑料在海洋环境中普遍存在，其作为一类新兴的海洋污染物，已引起世界各国的广泛关注。近年来的研究发现，大量海洋生物类群体内均检测到微塑料，而且微塑料对不同海洋生物类群能够产生不同的毒性效应。微塑料对重要海洋生物类群包括鱼类、双壳类、多毛类、甲壳类等生物的毒理学研究取得了进展。研究表明，海洋生物摄入微塑料后会产生一系列生理反应，包括能量储备减少、体内酶活性发生变化、产生炎症反应等；微塑料暴露还会抑制海洋生物的滤食能力、捕食猎物的能力及躲避天敌的能力，影响其捕食行为；此外，高浓度的微塑料暴露会导致海洋生物繁殖能力降低、幼体发育受阻、行为异常、死亡率增加，从而影响其种群补充。

（一）海洋微塑料污染现状

塑料制品由于其轻便和耐用等特性被人类广泛使用。在过去的几十年中，全球塑料产量从20世纪60年代的500万t（Plastics Europe，2012）增长到2016年的3.35亿t（Plastics Europe，2017）。有资料（赵淑江等，2009）显示，自从塑料制品问世以来，世界范围内生产的塑料制品大约有5%已进入海洋。据估计，全球约有5万亿个漂浮的塑料碎片，其重量达25万t。

大型塑料可在海洋环境中通过物理、化学和生物降解作用形成碎片，其中直径小于5mm的塑料碎片被称为微塑料。海洋中的微塑料成分主要包括聚氨酯（PU）、聚苯乙烯（PS）、聚乙烯（PE）、尼龙（PA）、聚丙烯（PP）、聚对苯二甲酸乙二醇酯（PET）和聚氯乙烯（PVC）等（Wright et al.，2013b；周倩，2016）。研究发现，微塑料在全球近岸和大洋环境中分布广泛（Wright et al.，2013b；周倩，2016；Zhao et al.，2015b），甚至在深海和极地海域也有分布（Arthur et al.，2009）。目前，国内外学者已经调查了至少51个海区及海滩沉积物中微塑料的污染状况（Eriksen et al.，2013；Goldstein et al.，2012，2013；Law et al.，2010；Collignon et al.，2014；Cincinelli et al.，2017；van Cauwenberghe et al.，2015；Vianello et al.，2013；Zhao et al.，2014，2015b；Fok and Cheung，2015；Qiu et al.，2015；Yu et al.，2016；Doyle et al.，2011；do Sul et al.，2009，2013，2017；Lattin et al.，2004；Moore et al.，2001，2002，2005；Desforges et al.，2014；Yamashita and Tanimura，2007；Reisser et al.，2013；Fossi et al.，2012；Thompson et al.，2004；Lusher et al.，2014；de Lucia et al.，2014；Cózar et al.，2015；Carson et al.，2011；Hidalgo-Ruz and Thiel，2013；Mathalon and Hill，2014；McDermid and McMullen，2004；Kusui and Noda，2003；Ng and Obbard，2006；Reddy et al.，2006；Jayasiri et al.，2013；Nor and Obbard.，2014；Lee et al.，2013；Laglbauer et al.，2014；Dekiff et al.，2014；Turner and Holmes，2011；Claessens et al.，2011；Peng et al.，2017；Fok and Cheung，2015；Fok et al.，2017；Cheung et al.，2016；Anderson et al.，2017；Sruthy and Ramasamy，2017；Naji et al.，2017；Tsang et al.，2017）。其中，太平洋微塑料含量范围在27 000～448 000个/km^2（Eriksen et al.，2013；Goldstein et al.，2013）；大西洋微塑料含量显著低于太平洋，其最高值仅为1500个/km^2（Law et al.，2010）；地中海微塑料污染较为严重，其最低含量已达到62 000个/km^2（Collignon et al.，2014）。此外，在南极洲的罗斯海表层水中也发现存在微塑料，但含量远低于其他海区，平均为0.17个/m^3（Cincinelli et al.，2017）。沉积物中微塑料的污染状况也同样严重，研究人员调查了意大利、法国、荷兰、比利时、加拿大、日本、韩国等海滩沉积物中微塑料的含量，结果发现沉积物中微塑料含量范围为0.3～2175个/kg（van Cauwenberghe et al.，2015；Vianello et al.，2013）。

我国是塑料生产和使用大国，也是向海洋中排放塑料垃圾较多的国家之一。因此，越来越多的国内

学者开展相关研究。我国海水和沉积物的污染情况也较为严重，其中，长江口水域微塑料含量达到4137个/m^3（Zhao et al.，2014）。珠海海滩微塑料含量达到347个/m^2（Zhao et al.，2015b），而广东省8个海滩（上川岛、赤溪、高栏岛、横琴岛、淇澳岛、东冲、平海湾、红湾）微塑料平均为6675个/m^2（Fok et al.，2017）。山东部分海滩沉积物中微塑料含量在50～1000个/kg干重沉积物（周倩，2016），而北部湾万宁区域海滩的微塑料含量高达8714个/kg干重沉积物（Qiu et al.，2015）。最新调查表明，渤海海滩沉积物中微塑料含量范围为102.9～163.3颗粒/kg干重沉积物，其中聚乙烯-醋酸乙烯酯（PEVA）、低密度聚乙烯（LDPE）和PS的数量最多（Yu et al.，2016）。

微塑料由于粒径较小，易被海洋生物摄食，目前已在浮游动物、软体动物、鱼类、海鸟和哺乳类等630多种生物中检测到微塑料的存在（Thompson et al.，2014）。在我国近海的海洋生物体内也发现了微塑料的存在。我国沿海野生贻贝体内微塑料平均达4.6个，养殖个体平均为3.3个（Li et al.，2016）。Li等（2015）调查了上海水产市场销售的9种贝类体内的微塑料含量，发现毛蚶（*Scapharca kagoshimensis*）和虾夷扇贝（*Patinopecten yessoensis*）的微塑料数量分别高达10.5个/g组织和57.2个/个体。可见，微塑料已在海洋环境中普遍存在，并已成为一类新兴海洋污染物，引起了世界各国特别是沿海国家的高度重视。联合国环境规划署、欧盟、美国和国际海洋研究委员会等多个组织与机构也先后将微塑料对海洋生态系统及人类健康的潜在影响列入重要议题（Browne et al.，2011；Arthur et al.，2009）。

（二）微塑料对海洋生物的毒性效应研究进展

目前，有关微塑料对海洋生物毒性效应的研究多数集中在室内模拟研究，已有大量学者探讨了微塑料对鱼类、双壳类、多毛类和甲壳类等多种海洋动物的毒性效应，发现微塑料暴露不仅会影响海洋生物的运动与捕食行为，还会影响其生理功能，甚至繁殖和发育过程。

1）微塑料对鱼类的毒性效应

关于微塑料对鱼类毒性效应的研究表明，微塑料暴露能够对鱼类的运动能力、捕食和躲避行为、生理功能及繁殖过程产生影响。Cedervall等（2012）的研究发现，PS微塑料暴露可导致黑鲫（*Carassius carassius*）运动减慢，且血清中甘油三酯与胆固醇的比例降低。de Sá等（2015）的研究表明，虾虎鱼（*Pomatoschistus microps*）暴露于420～500μm的PE微粒96h后，其捕食效率及对猎物的选择能力下降，进而影响其能量摄取；而Oliveira等（2013）将虾虎鱼暴露于1～5μm的PE微球（18.4～184μg/L）96h后，发现其乙酰胆碱酯酶（AChE）活性降低，而谷胱甘肽硫转移酶（GST）活性和脂质过氧化物（LPO）没有显著变化。Pedà等（2016）的研究发现，PVC原料和经海水浸泡过的PVC微粒暴露可导致鲈（*Dicentrarchus labrax*）肠道细胞空泡化、黏膜层水肿及血管扩张等肠道损伤现象，影响其肠道功能。Rochman等（2013，2014）将青鳉（*Oryzias latipes*）暴露在粒径为0.5mm的低密度聚乙烯（LDPE）原料和海水浸泡3个月的LDPE中2个月，发现其可导致鱼体生殖细胞的异常增殖，并能够导致性腺组织严重的糖原耗竭和脂肪空泡化，影响其性腺发育。

2）微塑料对双壳类的毒性效应

有关微塑料对双壳类毒性效应的研究表明，微塑料可减弱双壳类的滤食活性，使其产生炎症反应，影响其生理功能。对贻贝（*Mytilus edulis*）的研究表明，30nm粒径PS颗粒暴露可导致假粪的产生量增加，致使机体能量消耗增加，进而造成其滤食活性降低（Wegner et al.，2012）。然而，在Browne等（2008）和van Cauwenberghe等（2012）的研究中，并未观察到贻贝进食活动和能量消耗的明显减少。Rist等（2016）将翡翠贻贝（*Perna viridis*）暴露在含有PVC微粒的海水中91d，发现翡翠贻贝滤食率和呼吸速率显著降低，并且存活率随着微塑料含量的增加而下降。von Moos等（2012）发现HDPE微粒暴露96h后，能够被贻贝（*M. Edulis*）鳃组织所摄取，并被转移到胃和消化腺组织，进而在溶酶体系统中发生累积，导致溶酶体膜稳定性下降和强烈的炎症反应，然而HDPE没有造成贻贝体内氧自由基损伤及脂质代谢紊乱。Green等（2016）的研究发现，欧洲平牡蛎（*Ostrea edulis*）暴露于0.8μg/L和80μg/L的聚乳酸（PLA）（65.6μm）与HDPE（102.6μm）塑料颗粒60d后，高浓度PLA暴露组牡蛎的呼吸率高于高浓度HDPE组与对照组；而滤食率和生长与对照组没有显著性差异。Sussarellu等（2016）的最新研究发现，当长牡蛎（*Crassostrea gigas*）长期暴露在含有2μm和6μm的荧光PS（0.023mg/L）微粒的海水中时，其对藻类的摄取和吸收速率增强；然而，为维持体内环境的稳定，其能量分配由繁殖转移至结构生长，导致配子质量和繁殖能力降低，进而影响幼体的孵化和发育。可见，微塑料暴露不仅会影响软体动物的生理功能，还会影响其繁殖及后代的生长和发育。

3）微塑料对多毛类的毒性效应

沙蚕（*Arenicola marina*）已成为研究微塑料对沉积食性海洋生物影响的模式动物之一。研究表明，微塑料暴露可导致沙蚕摄食活性降低、体内储备能量减少、产生炎症反应和运动能力减弱。沙蚕暴露于掺有10μm、30μm和90μm PS微塑料的沉积物14d后，其能量代谢并未受到显著影响（van Cauwenberghe et al.，2015）；但暴露28d后，沙蚕体内脂质储备明显减少（Wright et al.，2013a）。Wright等（2013a）将沙蚕暴露于含有5%未塑化PVC（130μm）的沉积物中28d后，发现沙蚕进食活性降低且体重下降，并最终造成高达50%的储备能量被消耗；此外，沙蚕体内免疫细胞的吞噬活性显著增加，表明沙蚕已产生炎症反应。另有研究将沙蚕暴露在含有多种PCBs的PS颗粒（400～1300μm）中28d后，发现沙蚕摄入微塑料量和沉积物中微塑料含量之间存在明显的正相关关系，沙蚕进食活性降低进而导致其体重减轻，并且发现1g/L微塑料暴露可导致PCBs在沙蚕体内的积累量增加；然而，并未发现微塑料在消化道中累积的现象（Besseling et al.，2013）。Green等（2016）研究了PLA［（235.7±14.8）μm］、HDPE［（102.6±10.3）μm］和PVC［（130.6±12.9）μm］三种微塑料对沙蚕健康与行为的影响，将微塑料以沉积物质量的0.02%、0.2%和2%进行含量设置开展暴露实验。结果表明，暴露31d后，在含有微塑料的沉积物中沙蚕洞穴数明显减少，在高含量处理组中，沙蚕的代谢率增加、微藻生物量降低；此外，PVC对沙蚕的毒性大于其他两种材质的微塑料，表明不同材质的微塑料对生物体产生的影响存在一定差异。

4）微塑料对其他种类海洋生物的毒性效应

除鱼类、双壳类和多毛类外，研究人员还探讨了微塑料对甲壳类动物、棘皮动物的毒性效应。Cole等（2015）将海洋桡足类海岛哲水蚤（*Calanus helgolandicus*）暴露于粒径为20μm的PS微球中9d，结果发现，与对照组相比，暴露组水蚤虽然在产卵率、卵径大小、呼吸和存活方面没有显著差异，但是受精卵的孵化率减少、能量消耗增加，该现象表明微塑料对浮游动物群落具有一定的负面影响。Hentsche（2015）研究了PVC对藤壶（*Megabalanus azoricus*）的影响，结果表明，在0.3% PVC处理组中微塑料会导致藤壶呼吸速率降低、运动能力减弱，但高含量PVC暴露对藤壶没有负面影响。Watts等（2015）发现普通滨蟹（*Carcinus maenas*）暴露于500μm的PP纤维4周后，进入其体内的PP纤维最终以球形排出体外，并且其食物消耗减少，导致其体内可用于生长的能量显著减少。Watts等（2016）还用中性、羧化和胺化的8μm PS颗粒暴露普通滨蟹，发现羧化和胺化的PS在普通滨蟹鳃中的分布不同，羧化的PS分布在鳃瓣上和鳃瓣周围，而胺化的PS分布在鳃瓣之间，但均对鳃的功能没有显著的不利影响；此外，羧化和胺化的PS微粒对蟹的血淋巴功能和耗氧率也没有显著影响。Nobre等（2015）研究了浓度为250mL/L的PE颗粒原料和海滩收集的塑料颗粒对绿海胆（*Lytechinus variegatus*）的毒性效应，结果表明，两种塑料颗粒暴露24h都可导致绿海胆胚胎发育异常，但PE颗粒原料比海滩收集的塑料颗粒的毒性更强，表明微塑料颗粒对绿海胆胚胎发育具有负面影响，且微塑料颗粒中的有毒添加剂可以从塑料浸出。

5）微塑料与其他污染物对海洋生物的复合毒性效应

在塑料生产过程中通常会添加多种类型添加剂，如壬基苯酚（NP）、多溴联苯醚（PBDEs）、邻苯二甲酸盐、双酚A等，因此微塑料在海洋环境中会不断释放这些有毒物质。此外，微塑料由于颗粒小且具有疏水性等特征，易于从海洋中吸附持久性有机污染物，如多氯联苯（PCBs）、多环芳烃（PAHs）、NP、二氯二苯三氯乙烷（DDT）、氯丹等，导致微塑料吸附的污染物浓度通常高于水体中污染物的浓度。已有研究表明，与海水相比，持久性有机污染物在微塑料上的累积可高达100万倍（Hirai et al.，2011），Mato等（2001）的研究发现，PP微粒对多氯联苯的吸附系数高达105～106L/kg，而PE和PP微粒对菲的吸附系数也高达38 100L/kg和2190L/kg（Teuten et al.，2007）。值得关注的是，在模拟的肠道环境条件下，微塑料颗粒对菲的解吸速率远高于其在海水中的吸附速率，最高可达30倍（Teuten et al.，2007；Bakir et al.，2014）。因此，微塑料可以作为一种载体将其他污染物等转移到生物体内（Chua et al.，2014），增大了其他污染物的生物可利用性和暴露风险（Oliveira et al.，2013）。

迄今为止，仅有少数关于微塑料与污染物共同胁迫对海洋生物影响的研究。Browne等（2013）将沙蚕暴露于含有5%预先吸附壬基苯酚、菲、三氯生和PBDE-47的PVC颗粒中，发现吸附了壬基苯酚的PVC可以造成沙蚕体腔细胞去除病原菌的能力至少降低60%，但菲和PBDE-47则对沙蚕没有上述影响；吸附了三氯生的PVC与单独PVC暴露相比，沙蚕的死亡率更高；此外，在实验中，尽管PVC吸附壬基苯酚和菲的含量远超其在沉积物中的含量，但暴露于受污染沉积物中的沙蚕比在PVC中的更易积累壬基苯酚和菲，且生物体累积这些污染物的量均可超过250%。Paul-Pont等（2016）研究了2μm和6μm的PS（32μg/L）与荧蒽（30μg/L）复合暴露对贻贝的影响，结果表明，暴露7d后，与荧蒽单独暴露相比，PS和荧蒽复合暴露导致贻贝体内活性氧的含量显著减少，并且过氧化氢酶（CAT）活性和脂质过氧化物（LPO）水平显著降低；此外，复合暴露导致贻贝组织损伤程度加剧，包括血细胞浸润和脂褐素沉淀。由此可见，吸附有毒污染物的微塑料可能对海洋生物的危害更大。

然而，也有研究表明微塑料与其他污染物联合暴露不仅不能改变污染物的毒性，反而可能减弱其毒性。Davarpanah和Guilhermino（2015）用红色荧光PE（1～5μm）和铜联合暴露海洋单细胞藻类（*Tetraselmis chuii*）96h，发现铜暴露组微藻生长显著受到抑制，但PE和铜联合暴露组对微藻的生长没有显著影响；此外，PE和铜联合暴露组微藻的EC10、EC20和EC50与单独铜暴露组的亦没有显著差异。上述研究表明，微塑料对该微藻的生长及铜对该微藻的毒性没有显著影响。Oliveira等（2013）研究了PE（18.4μg/L和184μg/L）和芘（20μg/L和200μg/L）对虾虎鱼的联合毒性效应，结果表明，与单独芘暴露相比，芘和PE联合暴露96h后，虾虎鱼体内异柠檬酸脱氢酶（IDH）的活性显著降低，而乙酰胆碱酯酶（AChE）的活性没有显著变化；然而与芘单独暴露组相比，微塑料和芘的联合暴露组中虾虎鱼的死亡率降低，表明微塑料可减弱芘的毒性作用。

综上可知，不同材质的微塑料与不同类型污染物之间可能存在比较复杂的相互作用，且不同材质的微塑料污染物复合体进入生物体后的代谢过程亦未阐明，因而需要进一步开展研究才能阐明微塑料与其他污染物的联合作用机制。

（三）总结与未来研究展望

目前，相关研究主要集中在海滩和近海环境中常见微塑料类型对典型海洋生物生理生态指标的影响。暴露实验中使用微塑料的类型多数为PE或PS，个别为PVC和PP；所用微塑料的形状多数是最常见的商业化形状——球形（亦被称为微珠）。不同研究中微塑料的粒径、暴露浓度或数量变化较大，并且通常以不同单位表示，造成不同研究结果之间难以进行比较。例如，所用的单位包括颗粒数/介质体积、颗粒质量/介质体积、颗粒数/生物体数、颗粒数/沉积物质量等。暴露时间也存在较大差异，从4h到2个月不等。

现阶段的研究多数集中在室内暴露后生物体对微塑料的摄入情况和生物效应，包括生长摄食、死亡率、产卵量等；此外，微塑料和吸附污染物对不同营养级生物的复合暴露研究仍然较少，且缺乏从分子水平上探讨其毒性作用机制的研究。综合国内外研究进展，认为微塑料对海洋生物的毒性效应研究应在以下几个方面开展。

（1）从分子层面研究微塑料对海洋生物的毒性效应。目前有关微塑料对海洋生物的研究主要集中在对其行为学和常规生理指标的影响，但其毒性效应和作用机制尚不明确，此外，室内模拟暴露时间通常较短，未来仍需从分子层面、个体和种群水平加强系统研究，探究微塑料对海洋生物的长期影响，积累更多的毒理学基础数据。

（2）开展微塑料与污染物交互作用导致的复合毒性效应研究。微塑料既可释放自身生产过程中添加的化学物质，又极易吸附多环芳烃、多氯联苯等水体中的有机污染物，但目前对其联合毒性效应并不明确，所以探究微塑料与环境污染物对海洋生物的复合毒性效应将会是未来的研究方向之一。

（3）开展微塑料及其吸附的污染物在海洋食物链不同营养级之间的富集和传递规律研究，评估上述过程中微塑料在种群、个体及分子水平上对重要海洋生物类群的影响，建立相关危害评估模型，评估典型微塑料及其吸附污染物对海洋生物、海洋生态系统及人类健康可能存在的危害。

第三节　我国近海养殖业的发展趋势

在过去50年间，我国海水养殖业取得了举世瞩目的成就，但随着养殖规模的不断扩大和产量的持续增加，环境恶化、养殖病害频发、水产品质量安全隐患增多、装备技术落后等生态环境和技术问题逐步显露。总体而言，我国海水养殖业的生产效率处于较低水平，尚处于以环境、资源为代价换取产量的阶段，科技贡献率相较于发达国家仍有较大差距。在这样的背景下，急需围绕我国海水养殖业“高效、优质、生态、健康、安全”可持续发展的总体目标，发展环境友好型的生态养殖模式，实施“四化养殖”技术的研究、集成、配套、组装，推动我国近海养殖业的转型升级，实现我国近海养殖从传统粗放模式走向生态环境友好型的现代化养殖模式，见图24.15（雷霁霖，2010）。

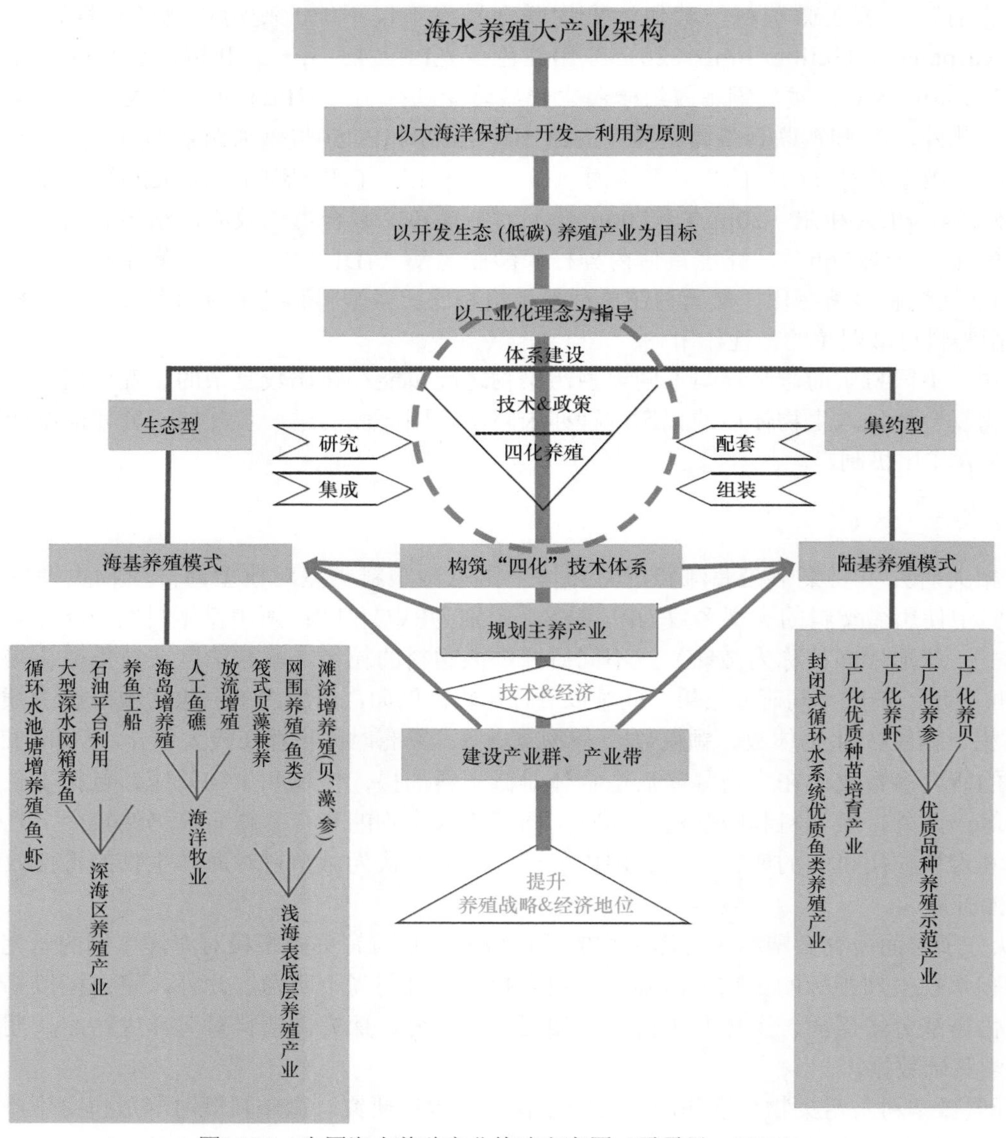

图24.15　中国海水养殖产业构建方案图（雷霁霖，2010）

一、优化物质循环利用，构建多营养层次综合养殖模式

单一物种的长期超负荷养殖模式，强烈干扰了近海养殖系统的能量流动和物质循环，造成我国近海养殖生态系统的稳定性降低，导致近海养殖病害的频发暴发等现象。在此背景下，多营养层次综合水产养殖（integrated multi-trophic aquaculture，IMTA）作为一种高效健康的生态养殖模式得到了国内外的广泛关注。该模式根据养殖水域的容纳量及生态环境条件和主要养殖种类的生物学特性和生态习性，构建由不同营养需求的养殖种类组成的养殖系统，优化近海养殖系统内的能量流动和物质循环利用；在保障近海生态系统稳定、减轻养殖对环境压力的同时，提高养殖产量和经济效益，降低规模化养殖对水域环境所产生的负面影响，从而为粗放型养殖产业升级和解决近岸水体富营养化、承载力超载及病害频发等问题提供有效途径（唐启升等，2014）。

近年来，多营养层次综合水产养殖在中国近海有了很好的发展。其中，农业农村部黄海水产研究所在荣成桑沟湾海域实施的黄海大海洋生态系系多营养层次综合养殖示范项目，构建了鲍－海带筏式综合养殖模式、鱼－贝－海带筏式综合养殖模式、鲍－海参－菲律宾蛤仔－大叶藻底播综合养殖等模式（图24.16）（唐启升等，2013），不仅保障了近海生态系统的持续食物供给，还具有显著的固碳能力等生态服务功能，得到了国内外专家和同行的广泛认可（毛玉泽等，2018；方建光等，2016；张经等，2016）。

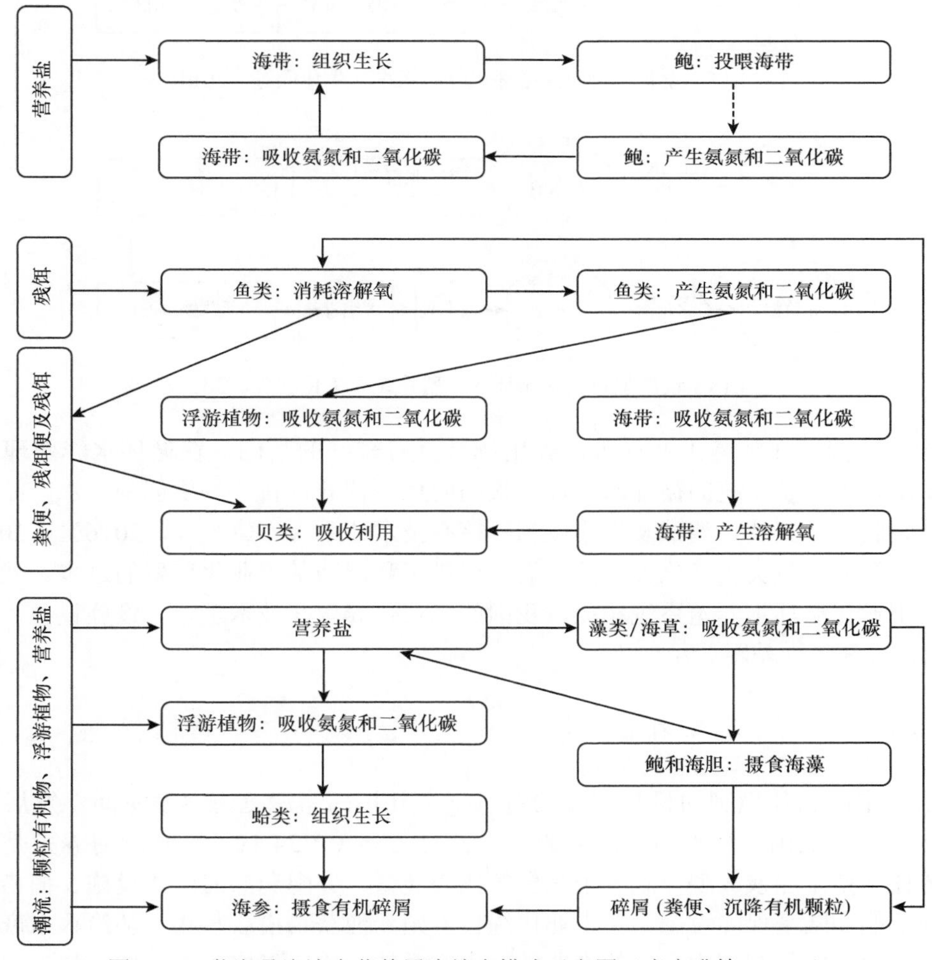

图24.16　黄海桑沟湾多营养层次综合模式示意图（唐启升等，2013）

二、提高装备技术水平，倡导陆基工业化养殖模式

近年来，资源与环境的刚性约束已成为制约我国近海养殖业可持续发展的主要因素。随着土地、能源、水资源的日益紧缺和粗放式养殖导致的生态失衡与环境恶化等问题日益显现，传统水产养殖必然要走上工业化的集约型养殖道路。工业化养殖业是依托现代基础工业而建立起来的集约化养殖模式，具备水循环利用、水质调节、水温调控等养殖工艺及配套的设施装备，养殖环境可控，集约化程度高，可实现规模化生产；水产养殖全程可以采用机械化、智能化、信息化管理，养成产品规格与品质可控。概而言之，工业化养殖就是集工程化、工厂化、设施化、规模化、集约化、标准化、数字化、信息化于一体的现代化养殖新模式，体现了生产系统的装备工程化、技术精准化、生产集约化、智能管理化（牛化欣等，2015；雷霁霖，2011，2012；黄滨等，2013）（图24.17，图24.18）。相较于“靠天吃饭”的传统养殖模式，工业化养殖具有生产效率高、环境可控度高、管理精准等优势，被国际上公认为现代海水养殖业的发展方向，对维系我国近海养殖业的可持续发展与国民食品安全也具有重要意义。

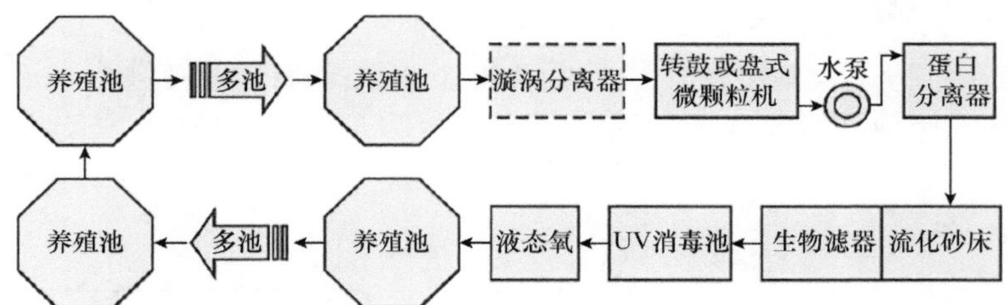

图24.17　设备型封闭式循环水养殖系统（牛化欣等，2014）

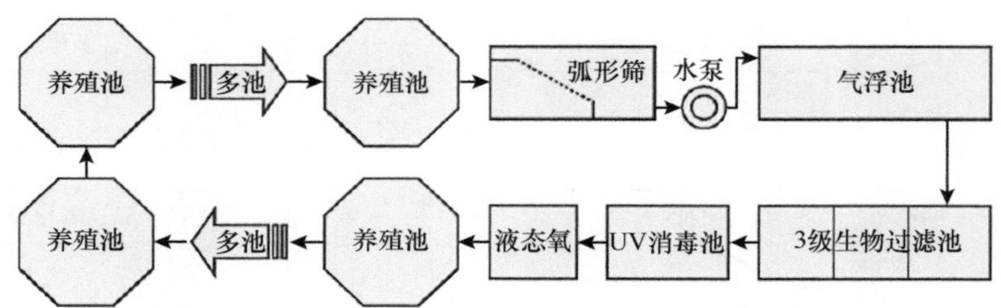

图24.18　设施型封闭式循环水养殖系统（牛化欣等，2015）

日本、欧洲和美国等在陆基工业化水产养殖领域具有较好的基础，在循环水养殖理论与技术方面已具有较高的水准，形成了系统的循环水处理、疾病防控、营养饲料、种质创制、水产品加工和工业化设施研究、设计、制造、安装、调试及程序控制等核心技术体系（方建光等，2016）。20世纪90年代以来，牙鲆、大菱鲆等海水鱼类工厂化养殖的发展，促进了我国陆基工业化养殖的进步。然而，与先进国家技术密集型的工业化循环水养殖系统相比，我国的工业化养殖在技术工艺、设施设备、单位产量和经济效益等方面仍然存在较大差距。

三、拓展养殖新空间，实施深远海养殖战略

在近岸养殖的空间和环境制约日趋明显的背景下，开拓离岸深远海养殖空间、发展大型基站式深海养殖装备技术，也是我国近海养殖业发展的未来方向之一（图24.19）。深远海养殖是在远离大陆的深远海水域，依托养殖工船或大型浮式养殖平台等核心装备，并配套深海网箱设施、捕捞渔船、能源供给网络、物流补给船和陆基保障设施，集工业化绿色养殖、渔获物搭载与物资补给、水产品海上加工与物流、基地化保障、数字化管理于一体的渔业综合生产系统，构建形成“养—捕—加”相结合、“海—岛—陆”相连接的全产业链渔业生产新模式（麦康森等，2016）。

图24.19　深海养殖装备“深蓝二号”（http://www.hycfw.com/Article/220855）

通过整合大型网箱技术、风力发电技术、远程控制与监测等工程装备技术，以及健康种苗繁育技术、高效环保饲料研制与精准投喂技术、健康管理技术等配套技术，美国、挪威、日本等国已建立了较为完备的深远海养殖体系，形成了综合性的深远海养殖技术体系。总体来说，我国的深远海养殖能力相对较弱，尚未形成成熟的深远海规模养殖平台。与发达国家相比，工程装备、配套设施、生活保障系统和适用于深远海的养殖技术、海上冷链物流技术等多个领域与发达国家仍存在较大差距。

四、坚持生态优先，大力发展海洋牧场新业态

海洋牧场是基于海洋生态学原理和现代海洋工程技术，充分利用自然生产力，在特定海域科学培育和管理渔业资源而形成的人工渔场（杨红生等，2016）。大力推进海洋牧场建设，是优化海洋生态环境的重要举措，也是实现渔业转型升级、推动渔业供给侧改革的有效途径。2017年中央一号文件首次提出“发展现代化海洋牧场”，2018年中央一号文件再次强调“建设现代化海洋牧场”。目前，我国已建成北起辽宁丹东、南至广西防城港、分布在沿海11个省（自治区、直辖市）的84家国家级海洋牧场示范区，探索放流与投礁相结合、渔业与旅游相整合、生态效益与经济效益相融合的现代海洋牧场发展道路。

我国海洋牧场理念的提出至今已50余年，先后经历了从增殖放流、人工鱼礁建设到系统化的海洋牧场发展过程，在取得显著进展的同时，也面临着统筹规划和科学论证缺乏依据、生态功能重视不足、关键产业技术欠缺和管理机制有待健全等诸多问题。在此背景下，现代海洋牧场建设必须坚持“生态优先、陆海统筹、三产贯通、四化同步、创新跨越”的原则，集成应用环境监测、安全保障、生境修复、资源养护、综合管理等技术，实现海洋环境的保护与生物资源的安全、高效和持续利用（杨红生，2016）。

参考文献

包振民, 黄晓婷, 邢强, 等. 2017. 海湾扇贝“海益丰12”. 中国水产, (6): 70-73.

曹亮. 2010. 铜、镉对褐牙鲆(*Paralichthys olivaceus*)早期发育阶段的毒理效应研究. 中国科学院大学博士学位论文.

常抗美, 吴常文, 吴剑锋. 2005. 论深水网箱鱼类养殖技术. 现代渔业信息, (3): 26-28.

陈灿斯. 2013. 福州海区裙带菜引进养殖试验. 渔业研究, 35(4): 328-332.

陈健, 李良玉, 杨壮志, 等. 2018. 南美白对虾养殖现状、存在问题及发展对策. 渔业致富指南, (16): 16-18.

陈蓝荪, 李家乐, 刘其根. 2012. 基于缢蛏养殖的立体混养模式的生态与经济效益分析(上). 水产科技情报, 39(3): 158-162.

陈丽竹. 2016. 菲律宾蛤仔无机砷甲基转化及其分子机制的研究. 中国科学院大学硕士学位论文.

陈田聪, 谢达祥, 陈晓汉. 2018. 南美白对虾淡水养殖模式及关键技术措施. 今日畜牧兽医, 34(7): 47-48.

董树刚, 胡泽坤. 2017. 江蓠对海水重金属铜、铅、镉的净化作用研究. 海洋湖沼通报, (3): 31-37.

董怡飞. 2014. 多氯联苯对褐牙鲆(*Paralichthys olivaceus*)的甲状腺干扰效应研究. 中国海洋大学博士学位论文.

方建光, 李钟杰, 蒋增杰, 等. 2016. 水产生态养殖与新养殖模式发展战略研究. 中国工程科学, 18(3): 22-28.
顾晓英, 林霞, 郑忠明, 等. 2002. 象山港羊栖菜养殖的初步研究. 浙江海洋学院学报(自然科学版), (3): 282-284.
郭春阳, 徐善良. 2016. 蛤蜊科贝类的研究进展. 生物学杂志, 33(1): 86-91.
何元超, 郑高海. 2011. 江蓠养殖及梭子蟹、脊尾白虾、缢蛏混养技术. 科学养鱼, (12): 35-37.
黄滨, 刘滨, 雷霁霖, 等. 2013. 工业化循环水福利养殖关键技术与智能装备的研究. 水产学报, 37(11): 1750-1760.
黄海, 尹绍武, 杨宁, 等. 2006. 我国近海抗风浪网箱养殖现状发展对策. 齐鲁渔业, (2): 17-19.
黄伟. 2010. 汞、铅、锌对褐牙鲆(*Paralichthys olivaceus*)早期发育过程毒理作用的研究. 中国科学院大学博士学位论文.
黄华伟, 王印庚. 2007. 海参养殖的现状、存在问题与前景展望. 中国水产, 383(10): 50-53.
黄建新. 2006. 海洋贝类病害和健康养殖. 现代渔业信息, (8): 24-27.
吉成龙. 2014. 典型溴系阻燃剂对紫贻贝毒理效应的组学研究. 中国科学院大学博士学位论文.
姜森颢, 任贻超, 唐伯平, 等. 2017. 我国刺参养殖产业发展现状与对策研究. 中国农业科技导报, 19(9): 15-23.
姜燕, 曹振杰, 徐海强, 等. 2018. 2017年山东省虾蟹类产业发展分析. 黑龙江水产, (1): 4-13.
姜作真, 李国江. 2004. 刺参养殖存在的主要问题和健康发展对策. 渔业现代化, (6): 25-26.
金振辉, 刘岩, 张静, 等. 2009. 中国海带养殖现状与发展趋势. 海洋湖沼通报, (1): 141-150.
柯才焕. 2013. 我国鲍鱼养殖产业现状与展望. 中国水产, (1): 27-30.
柯才焕, 游伟伟. 2011. 杂色鲍的遗传育种研究进展. 厦门大学学报, 50(2): 426-430.
赖龙玉. 2014. 鲍藻混养模式的研究. 集美大学硕士学位论文.
雷霁霖. 2006. 我国海水鱼类养殖大产业架构与前景展望. 海洋水产研究, (2): 1-9.
雷霁霖. 2010. 中国海水养殖大产业架构的战略思考. 中国水产科学, 17(3): 600-609.
雷霁霖. 2011. 建设现代渔业重在推进工业化养殖. 科技导报, 29(33): 3.
雷霁霖. 2012. 半岛蓝色经济区战略与工业化养殖业的发展. 南方水产科学, 8(3): 65-70.
李凤晨. 2003. 裙带菜的筏式养殖技术. 河北渔业, (5): 33-33.
李国, 闫茂仓, 常维山, 等. 2008. 我国海水养殖贝类弧菌病研究进展. 浙江海洋学院学报(自然科学版), 27(3): 327-334.
李娟, 王滨亭, 王秀华, 等. 2014. 蚶类产业可持续性发展概述. 食品工业, 35(11): 236-239.
李成林, 胡炜. 2017. 我国刺参产业发展状况、趋势与对策建议. 中国海洋经济, (1): 3-20.
李海波. 2017. 对虾养殖现状、发展趋势与对策的思考. 旅游纵览(下半月), (1): 213.
李海晏, 陈涛, 张海燕, 等. 2014. 中国贝类养殖对海洋碳循环的贡献评估. 海洋科学, 38(5): 39-45.
李宏基. 1991. 我国裙带菜*Undaria pinnatifida* (Harv.) Suringar养殖技术研究的进展. 现代渔业信息, (6): 1-4.
李辉尚, 李坚明, 秦小明, 等. 2017. 中国牡蛎产业发展现状、问题与对策——基于鲁、闽、粤、桂四省区的实证分析. 海洋科学, 41(11): 125-129.
李建鑫, 张法芹. 2000. 江蓠的养殖. 特种经济动植物, (3): 30.
李巧梅. 2013. 砷(III)对紫贻贝遗传毒性和免疫毒性的研究. 中国科学院大学硕士学位论文.
廖烈金, 赖学文, 陈伟洲, 等. 2010. "荣福"海带新品种广东汕头南移养殖研究. 水产科技, (Z1): 12-14.
廖玉麟. 1997. 中国动物志・棘皮动物门・海参纲. 北京: 科学出版社.
林晓玲. 2014. Cd^{2+}对两种壳色菲律宾蛤仔的毒性差异研究. 中国科学院大学硕士学位论文.
刘宝良, 雷霁霖, 黄滨, 等. 2015. 中国海水鱼类陆基工厂化养殖产业发展现状及展望. 渔业现代化, 42(1): 1-5.
刘恩生, 万全. 1997. 罗氏沼虾的养殖现状与发展前景(综述). 安徽农业大学学报, (2): 85-88.
刘瑞义. 2006. 海带与龙须菜轮养模式. 齐鲁渔业, (11): 11-12.
刘永涛. 2016. 海带和紫菜中金属元素水平及风险评估研究. 华中农业大学博士学位论文.
刘云鹏, 范锦颐, 刘帛屿, 等. 2018. 我国鱼类增养殖业的现状与未来发展分析. 饲料博览, (3): 81.
刘招坤. 2015. 闽东地区大黄鱼养殖中饲料的使用现状分析. 水产科技情报, 42(1): 41-44.
吕伟. 2012. 良好农业规范(GAP)在海上筏式养殖鲍鱼中的应用研究. 福建农林大学硕士学位论文.
吕素玲, 谭冬梅, 姚雪婷, 等. 2018. 广西养殖牡蛎中诺如病毒的污染状况及风险评估. 中国食品卫生杂志, 30(5): 509-513.
麦康森, 徐皓, 薛长湖, 等. 2016. 开拓我国深远海养殖新空间的战略研究. 中国工程科学, 18(3): 90-95.
毛玉泽, 李加琦, 薛素燕, 等. 2018. 海带养殖在桑沟湾多营养层次综合养殖系统中的生态功能. 生态学报, 38(9): 3230-3237.
莫华杰. 2018. 南美白对虾在北部湾沿海的高位池养殖. 农村经济与科技, 29(14): 49.
宁岳, 曾志南, 苏碰皮, 等. 2011. 福建海水养殖业现状、存在问题与发展对策. 福建水产, 33(3): 31-36.
牛化欣, 常杰, 贾玉东, 等. 2015. 封闭式循环水养殖系统工程的构建与集成. 江苏农业科学, 43(4): 237-238.

牛化欣, 常杰, 雷霁霖, 等. 2014. 构建设施型精准化循环水养殖系统的技术研究. 中国工程科学, 16(9): 106-112.
农业部渔业渔政管理局. 2005. 中国渔业统计年鉴. 北京: 中国农业出版社.
农业部渔业渔政管理局. 2006. 中国渔业统计年鉴. 北京: 中国农业出版社.
农业部渔业渔政管理局. 2007. 中国渔业统计年鉴. 北京: 中国农业出版社.
农业部渔业渔政管理局. 2008. 中国渔业统计年鉴. 北京: 中国农业出版社.
农业部渔业渔政管理局. 2009. 中国渔业统计年鉴. 北京: 中国农业出版社.
农业部渔业渔政管理局. 2010. 中国渔业统计年鉴. 北京: 中国农业出版社.
农业部渔业渔政管理局. 2011. 中国渔业统计年鉴. 北京: 中国农业出版社.
农业部渔业渔政管理局. 2012. 中国渔业统计年鉴. 北京: 中国农业出版社.
农业部渔业渔政管理局. 2013. 中国渔业统计年鉴. 北京: 中国农业出版社.
农业部渔业渔政管理局. 2014. 中国渔业统计年鉴. 北京: 中国农业出版社.
农业部渔业渔政管理局. 2015. 中国渔业统计年鉴. 北京: 中国农业出版社.
农业部渔业渔政管理局. 2016. 中国渔业统计年鉴. 北京: 中国农业出版社.
农业部渔业渔政管理局. 2017. 中国渔业统计年鉴. 北京: 中国农业出版社.
农业部渔业渔政管理局. 2018. 中国渔业统计年鉴. 北京: 中国农业出版社.
乔聚海, 程波. 2005. 刺参人工池塘养殖现状及展望. 海洋科学, 29(9): 82-84.
乔振国, 马凌波, 于忠利, 等. 2009. 我国海水蟹类养殖现状与发展目标. 渔业现代化, 36(3): 45-48.
权伟, 应苗苗, 康华靖, 等. 2014. 中国近海海藻养殖及碳汇强度估算. 水产学报, 38(4): 509-514.
阙华勇, 张国范. 2016. 我国贝类产业技术的现状与发展趋势. 海洋科学集刊, 51: 69-76.
沈铭辉, 符芳霞, 吕文刚, 等. 2015. 海南省东风螺养殖产业现状和展望. 安徽农业科学, 43(26): 144-145.
孙瑜, 慕永通. 2014. 中国扇贝产量、产值在世界所处的地位. 中国渔业经济, 32(4): 100-106.
谭北平. 2014. 我国海水鱼养殖与饲料产业现状及发展趋势. 科学养鱼, (6): 4-5.
唐启升, 丁晓明, 刘世禄, 等. 2014. 我国水产养殖业绿色、可持续发展保障措施与政策建议. 中国渔业经济, 32(2): 5-11.
唐启升, 方建光, 张继红, 等. 2013. 多重压力胁迫下近海生态系统与多营养层次综合养殖. 渔业科学进展, 34(1): 1-11.
滕瑜, 刘从力, 沈建. 2012. 我国贝类产业化现状及存在问题. 科学养鱼, (6): 1-2.
王波, 韩立民. 2017. 我国贝类养殖发展的基本态势与模式研究. 中国海洋大学学报(社会科学版), (3): 5-12.
王清. 2010. 几种重金属和有机污染物对文蛤*Meretrxi meretrix*生态毒理效应的研究. 中国科学院大学博士学位论文.
王彩理, 刘从力, 滕瑜. 2008. 南美白对虾的营养需求及饲料配制. 天津水产, 3-4: 7-12.
王进可, 严正凛. 2012. 鲍养殖现状及发展趋势. 水产科学, 31(12): 749-753.
王连华. 2013. 黄河口地区海参养殖常见问题及关键点控制技术探讨. 中国水产, (2): 76-78.
吴灶和, 王忠良. 2013. 南方海水鱼养殖现状、发展趋势及病害防控新思路//广东海洋湖沼学会, 广东海洋学会, 中国海洋学会热带海洋分会. 热带海洋科学学术研讨会暨第八届广东海洋湖沼学会、第七届广东海洋学会会员代表大会论文及摘要汇编. 广东海洋湖沼学会, 广东海洋学会, 中国海洋学会热带海洋分会: 广东省科学技术协会科技交流部.
谢嘉. 2017. 典型重金属(Cd^{2+}、Pb^{2+})和有机污染物(BaP、BDE-47)对长牡蛎的复合毒性效应研究. 中国科学院大学博士学位论文.
谢丽基, 谢芝勋, 庞耀珊, 等. 2012. 中国沿海主要养殖贝类四种原虫病流行病学的调查研究. 基因组学与应用生物学, 31(6): 559-566.
谢玉坎. 2014. 我国海洋贝类的养殖概况与发展问题. 科学种养, (2): 7-8.
徐承旭. 2017. 中国海洋大学培育出长牡蛎“海大2号”新品种. 水产科技情报, 44(5): 283.
许成团, 方良智. 2016. 非洲斑节对虾健康养殖技术. 海洋与渔业, 22(6): 58-60.
严志洪. 2015. 海带养殖筏架套养刺参试验. 水产养殖, 36(6): 4-5.
杨红生. 2016. 我国海洋牧场建设回顾与展望. 水产学报, 40(7): 1133-1140.
杨红生, 霍达, 许强. 2016. 现代海洋牧场建设之我见. 海洋与湖沼, 47(6): 1069-1074.
叶宁. 2010. 我国南方海水鱼类养殖现状及发展探讨. 科学养鱼, (4): 1-3.
印丽云, 杨振才, 喻子牛, 等. 2012. 海水贝类养殖中的问题及对策. 水产科学, 31(5): 302-305.
岳冬冬. 2012. 海带养殖结构变动与海藻养殖碳汇量核算的情景分析. 福建农业学报, 27(4): 432-436.
岳冬冬, 王鲁民. 2012. 中国海水贝类养殖碳汇核算体系初探. 湖南农业科学, (15): 120-122.
岳冬冬, 王鲁民, 耿瑞, 等. 2014. 中国近海藻类养殖生态价值评估初探. 中国农业科技导报, 16(3): 126-133.
张彩明. 2013. 几种常见重金属对日本黄姑鱼和脊尾白虾的毒性效应研究. 浙江海洋学院硕士学位论文.

张福绥. 2003. 近现代中国水产养殖业发展回顾与展望. 世界科技研究与发展, 25(3): 5-13.
张红智, 慕永通. 2013. 中国在世界海水贝类产业中的地位: 产量、产值、贸易视角. 世界农业, (12): 108-115.
张经, 刘素美, 黄大吉, 等. 2016. 多重压力下近海生态系统可持续产出与适应性管理的科学基础. 中国基础科学, 18(6): 1-8.
张井增, 马建军, 孙志新, 等. 2018. 南美白对虾产业发展及瓶颈综述. 河北渔业, (9): 48-51.
张兰婷, 韩立民. 2017. 我国海藻产业发展面临的问题及政策建议. 中国渔业经济, 35(6): 89-95.
张林宝. 2012. 菲律宾蛤仔对典型污染物胁迫响应的分子生物标志物研究. 中国科学院大学博士学位论文.
章誉兴, 唐启航, 李希磊, 等. 2018. 贝类体内重金属的富集和消除. 河北渔业, (9): 52-54, 62.
赵淑江, 王海雁, 刘健. 2009. 微塑料污染对海洋环境的影响. 海洋科学, 33(3): 84-86.
周倩. 2016. 典型滨海潮滩及近海环境中微塑料污染特征与生态风险. 中国科学院大学硕士学位论文.
朱文嘉, 王联珠, 郭莹莹, 等. 2018. 我国紫菜产业现状及质量控制. 食品安全质量检测学报, 9(13): 3353-3358.
邹潇潇, 林勇, 朱军, 等. 2017. 羊栖菜冬季南养的初步研究. 水产养殖, 38(1): 35-39.
Anderson P J, Warrack S, Langen V, et al. 2017. Microplastic contamination in Lake Winnipeg, Canada. Environmental Pollution, 225: 223-231.
Andrady A L. 2011. Microplastics in the marine environment. Marine Pollution Bulletin, 62(8): 1596-1605.
Arthur C, Baker J, Bamford H. 2009. Proceedings of the International Research Workshop on the Occurrence, Effects, and Fate of Microplastic Marine Debris. NoAA Technical Memorandum NOS-OR & R-30.
Bakir A, Rowland S J, Thompson R C. 2014. Enhanced desorption of persistent organic pollutants from microplastics under simulated physiological conditions. Environmental Pollution, 185: 16-23.
Besseling E, Wegner A, Foekema E M, et al. 2013. Effects of microplastic on fitness and PCB bioaccumulation by the lugworm *Arenicola marina* (L.). Environmental Science & Technology, 47(1): 593-600.
Browne M A, Crump P, Niven S J, et al. 2011. Accumulation of microplastic on shorelines woldwide: sources and sinks. Environmental Science & Technology, 45(21): 9175-9179.
Browne M A, Dissanayake A, Galloway T S, et al. 2008. Ingested microscopic plastic translocates to the circulatory system of the mussel, *Mytilus edulis* (L.). Environmental Science & Technology, 42(13): 5026-5031.
Browne M A, Niven S J, Galloway T S, et al. 2013. Microplastic moves pollutants and additives to worms, reducing functions linked to health and biodiversity. Current Biology, 23(23): 2388-2392.
Carson H S, Colbert S L, Kaylor M J, et al. 2011. Small plastic debris changes water movement and heat transfer through beach sediments. Marine Pollution Bulletin, 62(8): 1708-1713.
Cedervall T, Hansson L A, Lard M, et al. 2012. Food chain transport of nanoparticles affects behaviour and fat metabolism in fish. Plos One, 7(2): e32254.
Chen L, Wu H, Zhao J, et al. 2018. The role of GST omega in metabolism and detoxification of arsenic in clam *Ruditapes philippinarum*. Aquatic Toxicology, 204: 9-18.
Cheung P K, Cheung L T O, Fok L. 2016. Seasonal variation in the abundance of marine plastic debris in the estuary of a subtropical macro-scale drainage basin in South China. Science of The Total Environment, 562: 658-665.
Chua E M, Shimeta J, Nugegoda D, et al. 2014. Assimilation of polybrominated diphenyl ethers from microplastics by the marine amphipod, *Allorchestes compressa*. Environmental Science & Technology, 48(14): 8127-8134.
Cincinelli A, Scopetani C, Chelazzi D, et al. 2017. Microplastic in the surface waters of the Ross Sea (Antarctica): Occurrence, distribution and characterization by FTIR. Chemosphere, 175: 391-400.
Claessens M, De Meester S, Van Landuyt L, et al. 2011. Occurrence and distribution of microplastics in marine sediments along the Belgian coast. Marine Pollution Bulletin, 62(10): 2199-2204.
Cole M, Lindeque P, Fileman E, et al. 2015. The impact of polystyrene microplastics on feeding, function and fecundity in the marine copepod *Calanus helgolandicus*. Environmental Science & Technology, 49(2): 1130-1137.
Collignon A, Hecq J H, Galgani F, et al. 2014. Annual variation in neustonic micro-and meso-plastic particles and zooplankton in the Bay of Calvi (Mediterranean-Corsica). Marine Pollution Bulletin, 79(1): 293-298.
Collignon A, Hecq J H, Glagani F, et al. 2012. Neustonic microplastic and zooplankton in the North Western Mediterranean Sea. Marine Pollution Bulletin, 64(4): 861-864.
Cózar A, Sanz-Martín M, MartíE, et al. 2015. Plastic accumulation in the Mediterranean Sea. Plos One, 10(4): e0121762.

Davarpanah E, Guilhermino L. 2015. Single and combined effects of microplastics and copper on the population growth of the marine microalgae *Tetraselmis chuii*. Estuarine, Coastal and Shelf Science, 167: 269-275.

de Lucia G A, Caliani I, Marra S, et al. 2014. Amount and distribution of neustonic micro-plastic off the western Sardinian coast (Central-Western Mediterranean Sea). Marine Environmental Research, 100: 10-16.

de Sá L C, Luís L G, Guilhermino L. 2015. Effects of microplastics on juveniles of the common goby (*Pomatoschistus microps*): confusion with prey, reduction of the predatory performance and efficiency, and possible influence of developmental conditions. Environmental Pollution, 196: 359-362.

Dekiff J H, Remy D, Klasmeier J, et al. 2014. Occurrence and spatial distribution of microplastics in sediments from Norderney. Environmental Pollution, 186: 248-256.

Desforges J P W, Galbraith M, Dangerfield N, et al. 2014. Widespread distribution of microplastics in subsurface seawater in the NE Pacific Ocean. Marine Pollution Bulletin, 79(1): 94-99.

do Sul J A I, Costa M F, Barletta M, et al. 2013. Pelagic microplastics around an archipelago of the Equatorial Atlantic. Marine Pollution Bulletin, 75(1): 305-309.

do Sul J A I, Costa M F, Fillmann G. 2017. Occurrence and characteristics of microplastics on insular beaches in the Western Tropical Atlantic Ocean. PeerJ Preprints.

do Sul J A I, Spengler Â, Costa M F. 2009. Here, there and everywhere. Small plastic fragments and pellets on beaches of Fernando de Noronha (Equatorial Western Atlantic). Marine Pollution Bulletin, 58(8): 1236-1238.

Doyle M J, Watson W, Bowlin N M, et al. 2011. Plastic particles in coastal pelagic ecosystems of the Northeast Pacific ocean. Marine Environmental Research, 71(1): 41-52.

Eriksen M, Maximenko N, Thiel M, et al. 2013. Plastic pollution in the South Pacific subtropical gyre. Marine Pollution Bulletin, 68(1): 71-76.

FAO. 2018. FAO Yearbook: Fishery and Aquaculture Statistics, 2016.

Fok L, Cheung P K. 2015. Hong Kong at the Pearl River Estuary: A hotspot of microplastic pollution. Marine Pollution Bulletin, 99(1): 112-118.

Fok L, Cheung P K, Tang G, et al. 2017. Size distribution of stranded small plastic debris on the coast of Guangdong, South China. Environmental Pollution, 220: 407-412.

Fossi M C, Panti C, Guerranti C, et al. 2012. Are baleen whales exposed to the threat of microplastics? A case study of the Mediterranean fin whale (*Balaenoptera physalus*). Marine Pollution Bulletin, 64(11): 2374-2379.

Goldstein M C, Rosenberg M, Cheng L. 2012. Increased oceanic microplastic debris enhances oviposition in an endemic pelagic insect. Biology Letters, 8(5): 817-820.

Goldstein M C, Titmus A J, Ford M. 2013. Scales of spatial heterogeneity of plastic marine debris in the northeast Pacific Ocean. Plos One, 8(11): e80020.

Green D S. 2016. Effects of microplastics on European flat oysters, *Ostrea edulis* and their associated benthic communities. Environmental Pollution, 216: 95-103.

Green D S, Boots B, Sigwart J, et al. 2016. Effects of conventional and biodegradable microplastics on a marine ecosystem engineer (*Arenicola marina*) and sediment nutrient cycling. Environmental Pollution, 208: 426-434.

Hentschel L H. 2015. Understanding species-microplastics interactions: a laboratory study on the effects of microplastics on the Azorean barnacle, *Megabalanus azoricus*. Akureyri: University of Akureyri.

Hidalgo-Ruz V, Thiel M. 2013. Distribution and abundance of small plastic debris on beaches in the SE Pacific (Chile): a study supported by a citizen science project. Marine Environmental Research, 87: 12-18.

Hirai H, Takada H, Ogata Y, et al. 2011. Organic micropollutants in marine plastics debris from the open ocean and remote and urban beaches. Marine Pollution Bulletin, 62(8): 1683-1692.

Jayasiri H B, Purushothaman C S, Vennila A. 2013. Quantitative analysis of plastic debris on recreational beaches in Mumbai, India. Marine Pollution Bulletin, 77(1): 107-112.

Jönsson M. 2016. The effect of exposure to microplastic particles on Baltic Sea blue mussel (*Mytilus edulis*) filtration rate. Lund: Lund University.

Kusui T, Noda M. 2003. International survey on the distribution of stranded and buried litter on beaches along the Sea of Japan. Marine Pollution Bulletin, 47(1): 175-179.

Laglbauer B J L, Franco-Santos R M, Andreu-Cazenave M, et al. 2014. Macrodebris and microplastics from beaches in Slovenia. Marine Pollution Bulletin, 89(1): 356-366.

Lattin G L, Moore C J, Zellers A F, et al. 2004. A comparison of neustonic plastic and zooplankton at different depths near the southern California shore. Marine Pollution Bulletin, 49(4): 291-294.

Law K L, Morét-Ferguson S, Maximenko N A, et al. 2010. Plastic accumulation in the North Atlantic subtropical gyre. Science, 329(5996): 1185-1188.

Lee J, Hong S, Song Y K, et al. 2013. Relationships among the abundances of plastic debris in different size classes on beaches in South Korea. Marine Pollution Bulletin, 77(1): 349-354.

Li J, Qu X, Su L, et al. 2016. Microplastics in mussels along the coastal waters of China. Environmental Pollution, 214: 177-184.

Li J, Yang D, Li L, et al. 2015. Microplastics in commercial bivalves from China. Environmental Pollution, 207: 190-195.

Lusher A L. Burke A, O'Connor I, et al. 2014. Microplastic pollution in the Northeast Atlantic Ocean: validated and opportunistic sampling. Marine Pollution Bulletin, 88(1): 325-333.

Mathalon A, Hill P. 2014. Microplastic fibers in the intertidal ecosystem surrounding Halifax Harbor, Nova Scotia. Marine Pollution Bulletin, 81(1): 69-79.

Mato Y, Isobe T, Takada H, et al. 2001. Plastic resin pellets as a transport medium for toxic chemicals in the marine environment. Environmental Science & Technology, 35(2): 318-324.

McDermid K J, McMullen T L. 2004. Quantitative analysis of small-plastic debris on beaches in the Hawaiian archipelago. Marine Pollution Bulletin, 48(7): 790-794.

Moore C J, Lattin G L, Zellers A F. 2005. A brief analysis of organic pollutants sorbed to pre and post-production plastic particles from the Los Angeles and San Gabriel River Watersheds. Proceedings of the Plastic Debris Rivers to Sea Conference, Algalita Marine Research Foundation, Long Beach, CA.

Moore C J, Moore S L, Leecaster M K, et al. 2001. A comparison of plastic and plankton in the North Pacific central gyre. Marine Pollution Bulletin, 42(12): 1297-1300.

Moore C J, Moore S L, Weisberg S B, et al. 2002. A comparison of neustonic plastic and zooplankton abundance in southern California's coastal waters. Marine Pollution Bulletin, 44(10): 1035-1038.

Naji A, Esmaili Z, Khan F R. 2017. Plastic debris and microplastics along the beaches of the Strait of Hormuz, Persian Gulf. Marine Pollution Bulletin, 114(2): 1057-1062.

Ng K L, Obbard J P. 2006. Prevalence of microplastics in Singapore's coastal marine environment. Marine Pollution Bulletin, 52(7): 761-767.

Nobre C R, Santana M F M, Maluf A, et al. 2015. Assessment of microplastic toxicity to embryonic development of the sea urchin *Lytechinus variegatus* (Echinodermata: Echinoidea). Marine Pollution Bulletin, 92(1): 99-104.

Nor N H M, Obbard J P. 2014. Microplastics in Singapore's coastal mangrove ecosystems. Marine Pollution Bulletin, 79(1): 278-283.

Oliveira M, Ribeiro A, Hylland K, et al. 2013. Single and combined effects of microplastics and pyrene on juveniles (0+ group) of the common goby *Pomatoschistus microps*, (Teleostei, Gobiidae). Ecological Indicators, 34(11): 641-647.

Paul-Pont I, Lacroix C, Fernández C G, et al. 2016. Exposure of marine mussels *Mytilus* spp. to polystyrene microplastics: toxicity and influence on fluoranthene bioaccumulation. Environmental Pollution, 216: 724-737.

Pedà C, Caccamo L, Fossi M C, et al. 2016. Intestinal alterations in European sea bass *Dicentrarchus labrax* (Linnaeus, 1758) exposed to microplastics: preliminary results. Environmental Pollution, 212: 251-256.

Peng G, Zhu B, Yang D, et al. 2017. Microplastics in sediments of the Changjiang Estuary, China. Environmental Pollution, 225: 283-290.

Plastics Europe. 2012. Plastics-the Facts 2012. An Analysis of European Plastics Production, Demand and Waste Data for 2011. Plastics Europe: Association of Plastic Manufacturers, Brussels, 38.

Plastics Europe, 2017. Plastics-the Facts 2017. https://www. plasticseurope. org/application/files/5715/1717/4180/Plastics_the_facts_2017_FINAL_for_website_one_page. pdf.

Qiu Q, Peng J, Yu X, et al. 2015. Occurrence of microplastics in the coastal marine environment: first observation on sediment of China. Marine Pollution Bulletin, 98(1): 274-280.

Reddy M S, Basha S, Adimurthy S, et al. 2006. Description of the small plastics fragments in marine sediments along the Alang-Sosiya ship-breaking yard, India. Estuarine, Coastal and Shelf Science, 68(3): 656-660.

Reisser J, Shaw J, Wilcox C, et al. 2013. Marine plastic pollution in waters around Australia: characteristics, concentrations, and pathways. Plos One, 8(11): e80466.

Rist S E, Assidqi K, Zamani N P, et al. 2016. Suspended micro-sized PVC particles impair the performance and decrease survival in the Asian green mussel *Perna viridis.* Marine Pollution Bulletin, 111(1): 213-220.

Rochman C M, Hoh E, Kurobe T, et al. 2013. Ingested plastic transfers hazardous chemicals to fish and induces hepatic stress. Scientific Reports, 3.

Rochman C M, Kurobe T, Flores I, et al. 2014. Early warning signs of endocrine disruption in adult fish from the ingestion of polyethylene with and without sorbed chemical pollutants from the marine environment. Science of the Total Environment, 493(1): 656-661.

Sruthy S, Ramasamy E V. 2017. Microplastic pollution in Vembanad Lake, Kerala, India: the first report of microplastics in lake and estuarine sediments in India. Environmental Pollution, 222: 315-322.

Sussarellu R, Suquet M, Thomas Y, et al. 2016. Oyster reproduction is affected by exposure to polystyrene microplastics. Proceedings of the National Academy of Sciences, 113(9): 2430-2435.

Teuten E L, Rowland S J, Galloway T S, et al. 2007. Potential for plastics to transport hydrophobic contaminants. Environmental Science & Technology, 41(22): 7759-7764.

Thompson R C, Gall S C. 2014. Impacts of Marine Debris on Biodiversity: Current Status and Potential Solutions. Montreal: Secretariat of the Convention on Biological Diversity.

Thompson R C, Olsen Y, Mitchell R P, et al. 2004. Lost at sea: where is all the plastic? Science, 304(5672): 838.

Tsang Y Y, Mak C W, Liebich C, et al. 2017. Microplastic pollution in the marine waters and sediments of Hong Kong. Marine Pollution Bulletin, 115(1): 20-28.

Turner A, Holmes L. 2011. Occurrence, distribution and characteristics of beached plastic production pellets on the island of Malta (central Mediterranean). Marine Pollution Bulletin, 62(2): 377-381.

van Cauwenberghe L, Claessens M, Vandegehuchte M B, et al. 2015. Microplastics are taken up by mussels (*Mytilus edulis*) and lugworms (*Arenicola marina*) living in natural habitats. Environmental Pollution, 199: 10-17.

van Cauwenberghe L, Claessens M, Vandegehuchte M, et al. 2012. Occurrence of microplastics in mussels (*Mytilus edulis*) and lugworms (*Arenicola marina*) collected along the French-Belgian-Dutch coast. Vliz Special Publication, 55: 87.

Vianello A, Boldrin A, Guerriero P, et al. 2013. Microplastic particles in sediments of Lagoon of Venice, Italy: first observations on occurrence, spatial patterns and identification. Estuarine, Coastal and Shelf Science, 130: 54-61.

von Moos N, Burkhardt-Holm P, Köhler A. 2012. Uptake and effects of microplastics on cells and tissue of the blue mussel *Mytilus edulis* L. after an experimental exposure. Environmental Science & Technology, 46(20): 11327-11335.

Wang Q, Liu B, Yang H, et al. 2009. Toxicity of lead, cadmium and mercury on embryogenesis, survival, growth and metamorphosis of *Meretrix meretrix* larvae. Ecotoxicology, 18: 829-837.

Wang Q, Yang H, Liu B, et al. 2012. Toxic effects of benzo[a]pyrene (Bap) and Aroclor1254 on embryogenesis, larval growth, survival and metamorphosis of the bivalve *Meretrix meretrix*. Ecotoxicology, 21(6): 1617-1624.

Watts A J R, Urbina M A, Corr S, et al. 2015. Ingestion of plastic microfibers by the crab *Carcinus maenas* and its effect on food consumption and energy balance. Environmental Science & Technology, 49(24): 14597-14604.

Watts A W, Urbina M A, Goodhead R G, et al. 2016. Effect of microplastic on the gills of the shore crab *Carcinus maenas*. Environmental Science & Technology, 50(10): 5364-5369.

Wegner A, Besseling E, Foekema E M, et al. 2012. Effects of nanopolystyrene on the feeding behavior of the blue mussel (*Mytilus edulis* L.). Environmental Toxicology and Chemistry, 31(11): 2490-2497.

Wright S L, Rowe D, Thompson R C, et al. 2013a. Microplastic ingestion decreases energy reserves in marine worms. Current Biology, 23(23): R1031-R1033.

Wright S L, Thompson R C, Galloway T S. 2013b. The physical impacts of microplastics on marine organisms: a review. Environmental Pollution, 178: 483-492.

Xie J, Yang D, Sun X, et al. 2017a. Combined toxicity of cadmium and lead on early life stages of the Pacific oyster, *Crassostrea gigas*. Invertebrate Survival Journal, 14: 210-220.

Xie J, Yang D, Sun X, et al. 2017b. Individual and combined toxicities of benzo[a]pyrene and 2,2′,4,4′-tetrabromodiphenyl ether on early life stages of the Pacific oyster, *Crassostrea gigas*. Bulletin of Environmental Contamination and Toxicology, 99(5): 582-

588.

Yamashita R, Tanimura A. 2007. Floating plastic in the Kuroshio current area, western North Pacific Ocean. Marine Pollution Bulletin, 54(4): 485-488.

Yu X, Peng J, Wang J, et al. 2016. Occurrence of microplastics in the beach sand of the Chinese inner sea: the Bohai Sea. Environmental Pollution, 214: 722-730.

Zhang L, Liu X, Chen L, et al. 2012a. Molecular cloning and differential expression patterns of sigma and omega glutathione S-transferases from *Venerupis philippinarum* to heavy metals and benzo[a]pyrene exposure. Chinese Journal of Oceanology and Limnology, 30: 413-423.

Zhang L, Liu X, You L, et al. 2011. Benzo(a)pyrene-induced metabolic responses in Manila clam *Ruditapes philippinarum* by proton nuclear magnetic resonance (^{1}H NMR) based metabolomics. Environmental Toxicology and Pharmacology, 32: 218-225.

Zhang L, Qiu L, Wu H, et al. 2012b. Expression profiles of seven glutathione S-transferase (GST) genes from *Venerupis philippinarum* exposed to heavy metals and benzo[a]pyrene. Comparative Biochemistry and Physiology Part C: Toxicology & Pharmacology, 155(3): 517-527.

Zhang Y, Wang Q, Ji Y, et al. 2014. Identification and mRNA expression of two 17β-hydroxysteroid dehydrogenase genes in the marine mussel *Mytilus galloprovincialis* following exposure to endocrine disrupting chemicals. Environmental Toxicology and Pharmacology, 37(3): 1243-1255.

Zhao S, Zhu L, Li D. 2015a. Characterization of small plastic debris on tourism beaches around the South China Sea. Regional Studies in Marine Science, 1: 55-62.

Zhao S, Zhu L, Li D. 2015b. Microplastic in three urban estuaries, China. Environmental Pollution, 206: 597-604.

Zhao S, Zhu L, Wang T, et al. 2014. Suspended microplastics in the surface water of the Yangtze Estuary System, China: first observations on occurrence, distribution. Marine Pollution Bulletin, 86(1): 562-568.

第四篇

滨海水土生态环境修复技术与工程示范

第二十五章

基于液体分离膜材料的水处理技术与综合利用①

① 本章作者：胡云霞，安晓婵

随着社会经济的发展和人口的急剧增长，人类对水的需求量不断增加，加之人类用水的不科学和工农业生产及城乡生活对水的严重污染，地球水环境逐年恶化。因而自20世纪初，利用膜分离技术进行水处理逐渐得到了重视和发展，膜产品的商业化也在全世界得到了广泛的关注。膜技术是一种高效率、低能耗、易操作的液体分离技术，同传统的水处理方法相比，具有处理效果好、可实现废水的循环利用及回收有用成分等优点，是海水淡化及废水资源化的有效技术。因此，越来越多的国家开始将膜分离技术应用于海水淡化及废水处理过程。本章主要从海岸带水资源面临的问题出发，对膜集成技术在海岸带水处理中的应用、面临的挑战及未来有潜力的集成技术开发应用等进行系统阐述。

第一节　海岸带水资源利用面临的问题

一、淡水资源短缺

地球上的水周而复始地进行着循环，水的自然循环中海水蒸发变成云，云以雨的形式降到地面，部分蒸发，部分渗入地下或汇入河川形成地下、地表径流，最终又回归大海。在水的社会循环中，城市从自然水体中取水，经净化供给工业和居民使用，产生的废水经排水系统输送到污水厂，处理后又将其排回自然水体。水的自然循环和社会循环交织在一起，互相影响。如果人类不破坏水的循环规律，使水的社会循环良性、健康地发展，那么地球上的淡水资源就可以不断地循环以满足工业、农业、市政和人民生活需要（Cai and Li，2011）。但随着社会经济的发展和人口的急剧增长，人类对水的需求量不断增加，加之人类用水的不科学和工农业生产及城乡生活对水的严重污染，地球水环境逐年恶化（图25.1），目前全球都面临着水资源短缺的危机（Shannon et al.，2008）。我国是世界上13个贫水国之一，全国80%的城市面临缺水问题，人均水资源占有量仅为世界人均水资源量的1/4。但是我国水资源浪费现象仍然十分严重，工、农业用水利用率仅为30%～50%，远低于发达国家（Branstetter and Lardy，2006）。

图25.1　全球水环境污染危机（https://www.wiki-wiki.top/wiki/%E6%B0%B4%E6%B1%A1%E6%9F%93）

我国水环境污染状况相当严重，我国人口众多，人均水量少，水资源在时空上分布极不平衡。随着现代化工业的迅猛发展，城市规模不断扩大，淡水水源水量日益不足，水质日趋恶劣，日渐严重的水资源危机，用传统解决水源及水污染的方法已不能适应社会飞速发展的新形势（Chen et al.，2017）。海水淡化和污水资源的再利用正顺应这一形势，逐渐显示出其开源节流与减轻水污染的双重功能。节约用水，改进技术，提高水价和远地引水都能在一定程度上缓解水资源短缺的情况（Tseng et al.，2018）。但目前世界各国都将海水淡化或污水回用作为解决缺水问题的首选方案。因为在水资源紧缺的现实下，开拓可利用水源是必然的发展趋势，也是解决水资源短缺的有效途径。海水淡化和污水资源化利用技术的推广应用势在必行（Camargo and Alonso，2006）。

二、海洋水环境污染

海洋是生命的起源，是人类赖以生存的第二疆土。良好的海洋环境也是沿海城市经济持续健康发展的重要依托。发展海洋经济，保护海洋生态环境，也是我国海洋经济的重点发展战略。近年来，随着我国环保力度加大，我们也更加突出强调保护和可持续利用海洋资源、人海和谐的理念。但是，人们在利用海洋环境资源的过程中，对资源环境无序、无度的开发利用，使海洋水环境遭到严重破坏。殊不知，海洋资源的有序、合理利用是实现社会经济协调、持续发展的先决条件。同时，城市是沿海地区经济生产发展的依托，是能源消耗及污染排放的集聚地，是陆地污染走向海洋的最后流通渠道。随着经济的迅猛发展，生活、工业、农业用水量迅速增加，加之水资源利用效率低下、水资源浪费严重等，排放的污水大量集聚。海洋水环境的破坏会引发一系列海洋灾害，进而造成直接经济损失的严重性可想而知（Lucas et al.，1992）。首先，水污染会造成环境破坏与经济损失，进而阻碍经济的发展。其次，随着经济的高速发展，海洋污染日趋加重（图25.2），一方面大量陆地污染物被排放到海洋中，如陆源污染通过管道、河流入海等，另一方面海洋环境在开发海洋矿业资源和海洋油气资源过程中、在滨海工程建设和沿海产业发展过程中遭到直接污染。污水过量排放等破坏海洋环境的行为使得鱼儿的家园正一点点被侵蚀，旅游景点的可观赏性下降，游客旅游舒适度下降等，这都是海水污染下亟待研究解决的现实问题（狄乾斌等，2014）。

图25.2　日趋加重的海洋污染（https://en.wikipedia.org/wiki/Marine_pollution）

海洋的生命活力因为人类的污染行为而不断减弱，要意识到蓝色经济增长的重要性，同时也要顾及绿色环保的协同性，海洋研究越深入越考验开发者的眼界。因此，合理开发利用海洋资源，保护海洋水环境，促进沿海地区经济健康、良性和协调发展，是我们必须要解决好的重大问题（狄乾斌和韩雨汐，2014）。

三、海岸带城市生活污水排海污染

海岸带作为海陆交融地带，拥有庞大的居住人口及密集的工业，是现代海洋资源开发利用和经济发展最活跃的地带，也是关乎人类社会发展的重要功能区域（Pernetta and Elder，1993）。一方面，海岸带地区物质资源丰富，不仅能为人类提供大量的鱼、虾等渔业资源和食盐等生存生活消耗品，而且蕴含着丰富的石油、天然气等资源，为人类的社会经济活动建设提供大量的能源；另一方面，海岸带地区地理位置优越，得天独厚的自然条件有利于运输业、制造业的发展。此外，海陆交互作用形成的独特自然环境，也为旅游、休闲开发提供了众多便利，海岸带地区在人类生产生活中占据的地位将显得越发重要。然而，作为能量、物质交换剧烈的地带和人类生活生产的重要场所，海岸带地区也是受人类活动影响最为明显的区域（Lakshmi and Rajagopalan，2000）。

近十年来，随着我国滨海地区社会经济的高速发展，人类在海岸带地区进行的各种开发活动，往往由于过度追求经济效益而忽视了对海岸带资源环境的保护，资源被无序地开发和利用，给沿海地区带来巨大的压力。过度的捕捞导致海洋生物的自然种群受到损害；大量的工业废水、生活污水的排放和农药化肥的使用污染了近岸海域水体，海水富营养化严重，海产品毒害事件屡有发生；生物多样性和种群数量下降，部分物种濒临灭绝（联合国环境与发展大会，1992）。此外，海岸带地区资源过度和不合理的开发也会导致沿海地区陆地沉降与盐水入侵，而在全球变暖、海平面加速上升的大环境下，海岸带侵蚀、海水入侵风险将会加剧，从而进一步影响海岸带生态环境。随着人类对海岸带地区开发和利用的不断深入，沿海围填、海水淡化、近海养殖、筑堤建闸和港口建设等人类活动越来越频繁，近岸海域水环境受到的损害不断加剧。人类活动的影响和自然因素的变化，已使得近岸海域生态环境面临着严峻的形势，已成为制约我国沿海地区社会经济可持续发展的重要因素。因而，需要对近岸海域生态系统特性进行研究，开展综合管理，合理利用海洋资源，保护近岸海域生态环境（战祥伦，2006）。

目前，我国排海污水的处理还主要遵循传统污水处理模式，从资源能源的角度来看，其通过消耗大量的化学药品和能源，将污水中的有机物转化为CO_2和污泥，是一个高投入、高产污和低效率的工艺过程。这种以能源消耗和污染转嫁为代价的污水处理模式与全球范围内寻求对能源和资源可持续利用的诉求背道而驰。为此，改变传统排海污水处理理念，将排海污水视为可再生资源，同时有效利用浩瀚海洋所蕴藏的巨大清洁能源，在污染控制的同时最大限度地开发利用清洁新能源，对于海洋环境保护及海洋资源充分开发利用具有重要的战略意义和实际的应用价值（张灵杰，2001）。

评估近岸海域水环境状况、研究人类活动对近岸海域水环境的影响、制订切实可行的污染治理措施和水环境保护对策、协调海岸带地区社会经济发展和生态环境保护的矛盾、进行近岸海域综合管理，不仅是保护和修复近岸海域水环境的需要，也是充分发挥近岸海域的各种功能、最大化其综合效益的需要，有利于维持沿海地区社会稳定，有利于社会经济的持续健康发展。

第二节　膜集成技术在海岸带水资源处理上的应用及优势

随着经济发展和人口增长，人类对淡水需求量显著增加，同时水污染日益恶化导致可利用的淡水资源总量减少，水资源短缺正成为全球可持续发展的重要瓶颈（Shannon et al.，2008）。预计2050年全球淡水需求量将比2016年增加40%，约有18亿人口将面临淡水短缺问题，中国每年的淡水短缺量为400亿t，到2020年将达到580亿t（Zhang et al.，2016）。海洋约占地球面积的71%，地球上海水的储量丰富，海水淡化是解决水资源短缺的有效措施（Fane et al.，2015；Elimelech and Phillip.，2011）。此外，污水处理不仅可以解决水污染问题，还可以实现水资源的循环利用。膜分离技术具有能耗低、效率高和污染少等优点，在海水淡化和污水处理等领域得到越来越广泛的应用。

膜分离技术以机械压力或渗透压差为驱动力，让特定的分子选择性通过半透膜，实现两组分或多组分的分离。常见的膜分离技术包括微滤（microfiltration，MF）、超滤（ultrafiltration，UF）、纳滤（nanofiltration，NF）、反渗透（reverse osmosis，RO）和正渗透（forward osmosis，FO）技术。微滤技术能够截留粒径0.1～10μm的粒子，主要包括固体颗粒和微生物等，分离的驱动压力为0.01～0.2MPa（Cheryan，1998）。超滤技术能够截留粒径10～100nm的粒子，主要包括蛋白质、多糖和高分子聚合物等大分子，分离的驱动压力为0.1～0.5MPa（Mulde，1996）。纳滤技术处于反渗透和超滤之间，能够截留粒径为几个纳米的粒子，如钙离子和镁离子等，分离的驱动压力为0.5～2MPa（Petersen，1993）。反渗透技术能够截留除水分子以外的所有其他物质，分离的驱动压力为1～10MPa（Sourirajan，1970）。正渗透技术是以分离膜两侧溶液的渗透压差为驱动力，实现水分子自发地从低渗透压侧扩散到高渗透压侧的过程，正渗透膜能高效截留大部分盐离子，与反渗透技术相比，正渗透技术设备简单、能耗低，在海水淡化、废水处理、食品生产和盐差发电等领域具有广阔的应用前景（Shaffer et al.，2015）。

一、海水淡化

海水淡化的技术多样，发展较早的技术是热法海水淡化技术（又称蒸馏法），通过加热海水使水蒸发成蒸汽，通过冷凝蒸汽进而收集淡水，实现海水淡化。围绕着节能技术的不断发展优化和成熟，热法海水淡化逐渐涌现出多级闪蒸（multi-stage flash distillation，MSF）、低温多效蒸馏（low temperature multi-effect distillaton，LT-MED）及压汽蒸馏（vapor compression distillation，VC）等技术。但是热法本身存在的诸如高能耗、高成本、易结垢等诸多问题并未得到彻底解决。反渗透（RO）海水淡化技术被认为是当前广泛应用的主流海水淡化技术，其采用了与热法技术截然不同的技术原理：在外界压力作用下，利用半透膜的选择渗透性特点实现盐与水的分离，进而达到海水脱盐的目的。然而，反渗透技术产生的浓盐水污染及实际操作中的能耗瓶颈等问题制约了其进一步发展与推广。为此，近年人们将研究重点集中在如何充分利用RO海水淡化技术的优势，在其基础上耦合多种膜技术，开发高效、低成本、低能耗及环境友好的海水淡化膜集成技术。

（一）膜法预处理-RO膜集成技术

RO膜法海水淡化技术对进水要求比较高，为了保证RO膜的使用寿命，需要对海水进行预处理。海水预处理可以很好地去除海水中的潜在污染物，降低海水浊度，保护RO膜，延长其使用寿命，降低海水淡化成本。较为常用的评估RO海水淡化预处理效果的参数主要有反渗透膜淤泥密度指数（silting density index，SDI）、浊度（turbidity）和总溶解性固体物质（total dissolved solid，TDS）。

传统的絮凝沉淀海水预处理方法发展较早，技术也较为成熟，但是其工艺烦琐、运作空间要求大，处理后的出水水质不够稳定，并且大量杀菌剂、阻垢剂等化学药剂的使用易产生二次污染，不符合海水淡化零排放的要求。此外，根据前文的表述，采用传统的海水预处理手段能耗较大。膜法预处理技术能够很好地弥补以上不足，尤其是在原水水质复杂多变的情况下，膜法预处理技术能够在长期运行时保证处理效果。较为常见的膜法预处理技术有混凝-微滤（MF）海水预处理技术、超滤（UF）海水预处理技术、纳滤（NF）海水预处理技术。

相比于其他类型的膜，MF膜最突出的特点是孔径大，这一特点使得其滤液通量大并且吸附少。此外，由于MF膜的孔径大，因此在海水预处理方面其常与混凝工艺集成使用。刘耀璘（2005）采用混凝-微滤技术进行海水预处理，结果显示采用该工艺的预处理制水成本为0.81元/m^3，约占海水淡化总成本的16%，与传统海水预处理方法成本（占海水淡化总成本的20%～25%）相比具有明显优势。UF膜在海水淡化与处理方面也有广泛的应用。徐佳等（2007）采用3种中空纤维UF组件处理胶州湾海水，并从UF膜材质、运行参数和出水水质等方面评价了这3种组件在海水淡化预处理中的应用，结果表明，实验中3种UF组件运行和出水水质都很稳定，SDI均小于3.0，浊度均低于0.12NTU，完全符合RO海水淡化的进水要求。UF膜在除浊方面表现优异且具有节约占地、操作简便、出水水质不受温度影响等优势，但是膜污染问题一直是其发展的限制因素，为此国内外许多学者也开展了诸多UF膜的耐污染性能研究。Hassan等（1997）率先提出了采用NF进行海水预处理。NF海水预处理技术能有效脱除海水中的SO_4^{2-}及Ca^{2+}、Mg^{2+}等二价离子，降低海水对RO膜的污染，减少或避免阻垢剂的使用，延长RO膜的使用寿命；NF预处理技术还能有效降低系统入水的渗透压，降低RO海水淡化的操作压力，有利于减少能耗，也有利于后期浓盐水的综合处理和利用。陈侠等（2002）利用美国GE公司的DK聚酰胺NF膜[①]对渤海海水中各离子进行了截留实验，结果表明，作为RO海水淡化的纳滤预处理，DK膜可截留海水中92%以上的二价离子及38%左右的TDS，在去除海水中的易结垢离子方面效果明显，有力地保证了RO进水水质。

2012年RO膜法产能在全球海水淡化市场中已经达到59%，其中膜法预处理技术极大地推动了RO海水淡化技术的推广和发展。

---

① DK指GE公司的DK系列的纳滤（NF）膜。

（二）FO-RO膜集成技术

作为一种较新型的膜技术，FO在与RO的耦合联用方面多数还处于理论研究阶段，国内外不少学者也对其进行了研究和报道。正渗透（FO）技术以具有相对较高渗透压的溶液作为汲取液，以低压待处理液体作为供给液，在正向渗透压差的驱动下，水分子经过正渗透膜进入到汲取液一侧，而不能透过的盐离子则被截留。

如图25.3所示，在RO海水淡化厂中FO-RO可实现多层次的集成：在前期（图25.3中A处）使用FO膜利用污水（供给液）对海水（汲取液）进行稀释，降低海水的盐度，进而降低淡化能耗，同时回收污水中的淡水；中期（图25.3中B处）使用污水（供给液）对RO产出的浓盐水（汲取液）进行稀释，以降低浓盐水对海洋环境的破坏，实现对浓盐水的再利用；后期（图25.3中C处）利用正渗透过程对RO膜进行反洗，以恢复RO膜性能，延长其使用寿命。Darwish等（2016）研究了如图25.4所示的FO-RO膜集成系统的能耗。该系统利用两级FO分别使用海水和RO系统的浓盐水作为汲取液，使用处理过的废水作为供给液，研究发现该集成系统在实现废水处理回收的同时，稀释了RO进水，使RO高压泵节能50%。相比于其他膜过程，FO膜过程具有很好的抗污染能力和较高的水回收率等特点。通过选择合适的驱动溶液，FO可极大地提高海水淡化过程中水的回收率，减少浓盐水排放，有利于实现零排放的目标。例如，Martinetti等（2009）采用FO技术可将反渗透脱盐系统的水回收率提高到90%以上。Liyanaarachchi和Muthukumaran（2016）针对现有的两级RO海水淡化厂研发出一种新型的FO-RO膜集成系统，其利用第一级RO系统的浓盐水作为FO的汲取液与预处理后的海水进行正渗透混合，所得到的稀释后的混合水再次作为RO的进水，经过两级RO过程可获得高品质的淡化水。该集成能够有效降低海水预处理过程中产生的底泥杂质并且可以增加淡水回收率，在大规模的海水淡化厂中，当该系统的FO膜面积增加到900m^{2}时，RO系统海水预处理的底泥杂质量可降低47%，淡水回收率增加45.6%。Zaviska等（2015）利用FO-RO集成技术处理易结垢盐水（水体含35mmol/L $CaCl_2$、20mmol/L Na_2SO_4和19mmol/L NaCl）并对比了单一RO过程与FO-RO集成技术在处理该类盐水时的膜性能和能耗，结果表明，在FO-RO集成过程中，FO能够有效去除水中的易结垢离子，减少其对RO膜的破坏，延长其使用寿命，获得持久稳定的产水；在能耗方面，集成系统受FO子过程汲取液的较高渗透压影响，在系统运行的前60min，FO-RO集成过程的能耗高于单一RO膜过程，然而在1h之后前者能耗维持稳定，使用单一RO膜技术的水处理方式由于膜片严重的结垢问题，其能耗持续增加并远高于两者的集成。另外，Motsa等（2017）对FO的膜污染及污染后膜的反清洗方面也做了相关研究。FO-RO集成技术在解决RO海水淡化浓盐水问题和能耗瓶颈方面有双重功效，具有广阔的发展和应用前景。

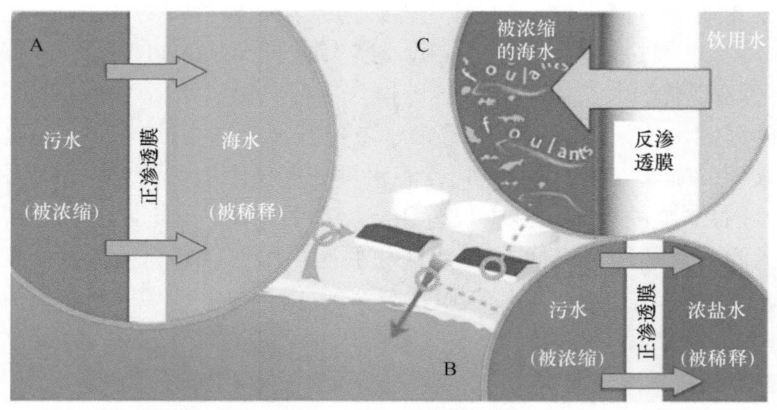

图25.3　FO在RO海水淡化中的三处应用（Hoover et al.，2011）

A. 预处理；B. 浓盐水再利用；C. 清洗RO膜

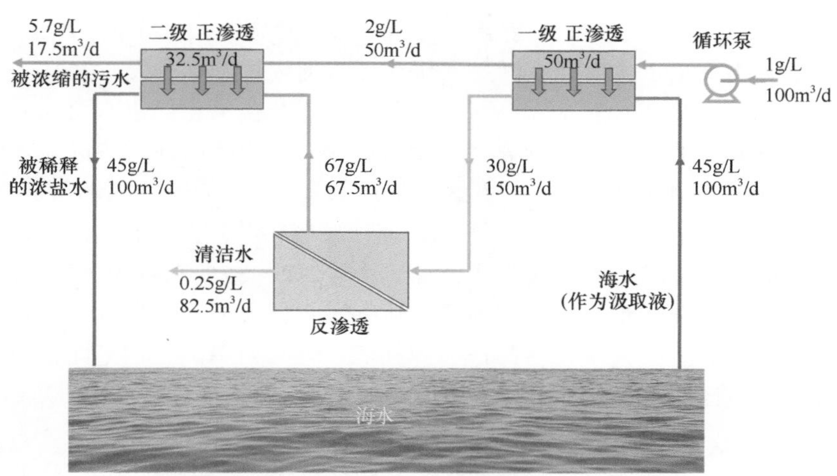

图25.4　利用FO-RO膜集成技术进行海水淡化示意图（Darwish et al.，2016）

（三）PRO-RO膜集成技术

压力延迟渗透（pressure retarded osmosis，PRO）与RO耦合诞生的PRO-RO膜集成技术为解决海水淡化浓盐水问题和能耗瓶颈问题带来了新突破，是海水淡化膜法集成系统的典型应用。PRO-RO膜集成技术能够充分利用海水淡化产生的浓盐水进行盐差发电，实现对浓盐水的利用、减少浓盐水的排放，并且生产电能、降低淡化成本，正发展成为人们关注研究的焦点技术。压力延迟渗透技术的概念最早由Loeb等在20世纪70年代提出。PRO盐差发电技术的基本原理为：利用半透膜将海水与淡水分开，在渗透压的作用下，淡水会通过半透膜向海水一侧渗透而产生水位差，产生的势能经水轮机转化为电能。据测算，河水和海水混合时可产生相当于270m水头压力的盐差能。PRO发电的能量密度与膜两侧的渗透压差密切正相关。海水淡化产生的浓盐水浓度比普通海水更高，无论是直接利用其进行发电还是将其与普通海水混合后再进行盐差发电，浓盐水所蕴藏的巨大化学电位差能均是不容小觑的巨大清洁能源。Prante等（2014）理论模拟了PRO-RO膜集成技术用于海水淡化，在RO回收率为50%时，模型系统最优的主体净能耗仅为1.2kW・h/m^3，比目前先进的单独RO海水淡化系统（以能耗2kW/m^{3}计）理论上节能约40%，同时该集成系统的PRO子系统产电密度最大可达10W/m^2。Achilli等（2014）设计出一款可使能量在RO和PRO系统之间交换的PRO-RO膜集成系统，经测定该膜集成系统的平均产电密度（1.1～2.3W/m^2）比传统的河水—海水PRO产电密度（1.5W/m^2）稍高。基于实验数据，Achilli等（2014）预计未来PRO-RO集成系统用以海水淡化可实现1kW/m^{3}的主体能耗目标。开发高性能PRO膜，进一步提高盐差发电效率，优化PRO-RO膜集成工艺是切实推进其规模化应用的研究重点。

二、中水回用

中水回用在国外发展得比较早，美国、日本、新加坡等国很早就开始使用中水，用于清洗车辆、园林和农田灌溉、卫生间用水等。世界各国在寻求水资源解决方式上，都不约而同地选择了将中水作为第二水源。我国城市中水回用的研究起步较晚，20世纪80年代开始，发展得较为缓慢。直至进入21世纪，中水回用范围逐步扩大，从2000年开始，我国全面启动了中水回用工程。由于污水水量比较大，将其再生回用，更实际，便于操作，与远地引水相比在资金投入方面也更有优势。中水处理通常采用三种方法：物理化学法、生物处理法和膜处理法。其中，物理化学法工艺简单，但不适合水质复杂的水源处理；生物处理法适合处理有机物浓度较高的废水；膜处理法由于具有分离精度高、自动化程度高、出水水质好等优点，被广泛用于污水回用处理过程。膜分离技术的出现，解决了传统分离技术能耗大、分离效率低等问题，成为解决能源、环境、资源等问题的重要技术手段（王颖和王琳，2006）。

在中水回用过程中常见的膜集成技术一般为超滤+反渗透的双膜法工艺。例如，采用UF+RO技术深度处理市政污水，发现RO出水水质指标满足钢厂循环冷却水和制冷换热水的用水标准。某化工厂采用双膜法工艺处理冷却塔废水，出水水质完全满足回用循环水使用标准（张嫣，2012）；双膜法工艺在石化废水处理中也取得了成功，处理后的水满足石化工业里离子交换单元的进水要求，具有较好的经济效益（申庆伟，2012）；在放射性废水中双膜法也得到了应用，采用超滤+反渗透工艺处理含钚低水平放射性废水，膜分离系统采用中空纤维式超滤和卷式反渗透联合组件，通过实验证明，在料液呈碱性（pH为10）的条件下，其去污效率非常高，达到99.94%，体积减容倍数达到了12.5，可以说双膜法是一种新的处理工艺，可以实现放射性废水的体积最小化（熊忠华等，2008）；焦化废水处理中，采取有效的预处理工艺后应用双膜法技术，在武汉平煤武钢联合焦化有限责任公司得到了较好的使用效果（王孝勤，2010）。双膜法处理废水具有工艺简单、易操作、能耗低、分离效率高、占地面积小等诸多优点，处理后废水可以达到回收再利用的要求，不过反渗透浓水排放的问题也是今后需要进一步研究的方向。

三、污水处理

随着全球经济的发展及人口数量的快速增加，人类所需求的淡水量不断增加，导致全球都面临严峻的水资源短缺危机。同时，水资源的严重污染也加剧了这一危机。由于水资源的匮乏，重复利用处理后的污水已经成为补充淡水资源的重要手段。工业、农业生产和城市生活排放的污废水经过处理后如果能够重复用于生产过程，将会大大减少单位产品的淡水消耗量，也会大大减少废水的排放，有利于生态环境的污染控制和恢复。但工业生产废水的综合利用也存在许多问题：一是处理成本较高，废水处理需要工厂投资新的设备，新增设备的运行成本也会增加企业的负担，如果经济成本过高，企业积极性就不高；二是大多数废水处理过程会产生二次污染，如传统的生化法废水处理过程会产生大量的活性污泥。因此，在实际应用过程中，关键是降低废水处理成本并避免二次污染的产生。膜分离过程具有能耗低、易于放大、不产生新的废弃物等优点，被广泛应用于废水处理过程。因为膜处理过程不需要在废水处理过程中引入新的物质，且条件温和没有相变化，得到的浓缩液和渗透液都能够被重复利用，因此其尤其适用废水资源化利用的过程。并且，可通过深入分析污水中可能含有的成分，研究相对应的技术路线，采用不同膜技术组合实现废水的资源化利用。因此，膜集成技术在废水综合利用过程中具有非常广阔的应用前景。

将微滤（MF）、超滤（UF）、纳滤（NF）和反渗透（RO）中的两种以上工艺相结合来使用，根据不同膜技术的相互配合，从而形成满足多种回用目的的膜集成污水深度处理工艺，具有巨大的发展潜力。Gozalvez-Zafrilla等（2008）以西班牙某棉线工厂活性污泥法出水为原水，原水化学需氧量（COD）高达200mg/L、TDS高达5000mg/L，研究了NF和UF-NF两种工艺对原水的处理效果，发现UF-NF工艺较NF工艺的水通量提高50%，出水COD浓度降低40%，表明UF是NF有效的预处理方式。Yalcin等（1999）以经过生化处理的纸装和造纸厂废水为原水，采用膜UF+RO膜集成工艺进行处理，发现COD去除率为95%以上，对色度和电导率也有一定的去除率。Pizzichini等（2005）采用MF/UF+RO工艺对造纸厂废水进行深度处理，发现MF+RO工艺出水水质可用于造纸工艺的循环利用，且系统回收率达到80%以上。Pype等（2013）利用三维荧光光谱法，在以RO为核心处理工艺的再生水厂，采用在线监测技术，实时分析溶解性有机物（DOM）的去除情况与电导率降低率之间的对比关系，并研究其作为评价膜运行过程完整情况的适宜性，发现出水与进水相比，DOM的分子量分布发生蓝移，这归因于反渗透膜对大分子物质的截留。Yang等（2014）以混合水铁矿吸附作为微滤或超滤的预处理技术，研究同时去除溶解性有机物和磷酸盐的效率，发现磷酸盐会与小分子量的DOM竞争混合水铁矿吸附位点，从而导致DOM去除率下降；而在不以混合水铁矿吸附作为预处理技术的情况下，磷酸盐有利于DOM的去除。Zhang等（2014b）采用^{13}C核磁共振法对比分析表征河水和海水经反渗透处理出水中溶解性有机物的组成与构成，发现原水（河水/海水）浓度是反渗透系统中溶解性有机物截留的重要控制因素，且基于^{13}C的分析表明，这种吸附是没有选择性的；此外，还发现溶解性有机物从河水转移至海水中，其分子量有很大变化。

第三节　膜技术在海岸带水资源处理方面的挑战

一、膜污染问题

尽管膜技术应用广泛，潜力巨大，在膜分离过程中的膜污染问题仍然亟待解决。溶液中的粒子、胶体、微生物、大分子等由于物理、化学作用在膜表面或者膜孔处吸附、堆积造成膜孔径减小，长时间污染下将形成滤饼层，致使膜通量持续下降。如何有效控制膜污染已成为当今膜分离技术领域的关键（Guo et al.，2012）。

膜分离过程取决于两个必要因素：①仅允许水分子通过而截留其他溶质分子或离子的选择性渗透膜；②膜两侧存在足够的传递过程所需要的驱动力。其中，选择性渗透膜是膜分离过程的核心。然而，膜污染、浓差极化（concentration polarization，CP）、反向溶质扩散是影响膜性能的三个主要因素，三者之间密切相关。反向溶质扩散引起CP的加重，进而造成膜污染，浓差极化与膜污染又互相影响：一方面，由于浓差极化现象的存在，溶质在膜表面更易堆积，当溶质浓度超过其溶解度后，无法溶解的溶质将在膜表面附着造成膜污染；另一方面，膜污染造成膜孔堵塞，膜表面污染物堆积，进而加剧浓差极化，大大降低分离效率（Hancock and Cath，2009）。

膜污染存在于所有的膜分离过程中，常见的污染物可分为四类：溶解性无机物，有机物，生物污染及胶体粒子。其中，溶解性无机物污染以可溶性无机盐为主，在膜分离过程中能够沉淀在膜表面，并在膜表面或者膜孔内结垢进而影响膜通量。

有机物污染包括一系列有机化合物，如蛋白质、腐殖酸、多糖、氨基酸、核酸等，能够在正渗透膜表面堆积并形成滤饼层，造成正渗透膜通量下降，分离效率降低（Kim et al.，1992）。

胶体粒子污染包括黏土矿物，硅胶，铁、铝、锰的氧化物，有机胶体和悬浮物，以及碳酸钙沉淀等。胶体粒子在正渗透过程中倾向在正渗透膜表面不断堆积形成滤饼层，这不仅会导致膜通量的下降、膜孔堵塞，还将使物理手段清除膜表面污染变得更加困难（Kim et al.，2014）。

生物污染在长时间的膜分离过程中造成的污染比无机物污染和有机物污染更为严重。在实际的膜分离过程中，水体中的微生物会附着在膜表面，微生物繁殖产生的胞外聚合物形成具有黏性的水合凝胶体，水合凝胶体在膜表面的聚集是生物污染的主要原因，因此抗污染措施不仅要针对微生物本身，提高膜的抗菌性能，还要改进膜的亲水性，减少水合凝胶体的附着和堆积（Kwan et al.，2015）。

国内外学者在提高分离膜的抗污染性能方面进行了大量研究。其中，通过对原料液预处理，控制优化流体动力学条件，例如，使用错流和提高流速，以及物理、化学清洗等方法均可减少膜污染，但无法从根本上消除膜污染现象。膜污染产生的根源主要是膜表面与污染物之间的强界面作用力使得污染物在膜表面堆积且不能被完全清除。控制污染物与膜之间的界面作用可有效地降低污染物在膜表面的吸附和沉积。而膜污染与膜结构和浓差极化又有紧密关系，因此从构建理想的分离膜结构和抗污染的膜表面出发，发展分离膜的抗污染策略，为分离膜的研究与应用推广提供借鉴。

二、膜渗透选择性问题

为提升膜性能，许多研究人员通过在制膜过程中调整膜结构优化膜性能。近年来，针对膜结构的优化包括制膜工艺优化和成膜后表面改性等方法。例如，对相转化条件进行调控从而改变膜结构，改善膜性能，提高渗透通量。此外，有研究证明，膜表面的亲疏水性对膜性能也有较大影响（Han et al.，2012），提高亲水性可以在膜孔孔壁表面形成水合层，提高水在膜孔中的扩散速率（Huang et al.，2013）。在制膜材料层中增加亲水性基团（Puguan et al.，2014）、共混亲水性聚合物（Duong et al.，2015）或掺加亲水性无机物均可有效提高膜的亲水性，进而提高膜的通量。虽然，目前这些方法大幅提升了分离膜的水通量，然而这些膜的截盐率却显著降低，截盐性能下降，仍然无法打破横亘在膜通量和截盐之间即渗透选择的权衡（trade-off）效应（图25.5）（Park et al.，2017）。如何打破“trade-off”效应以同步提升膜的水通量和盐截留性能成为研究热点（Shaffer et al.，2015）。因此需要开发新型的膜材料，解决膜的渗透性/选择性之间的“trade-off”问题。

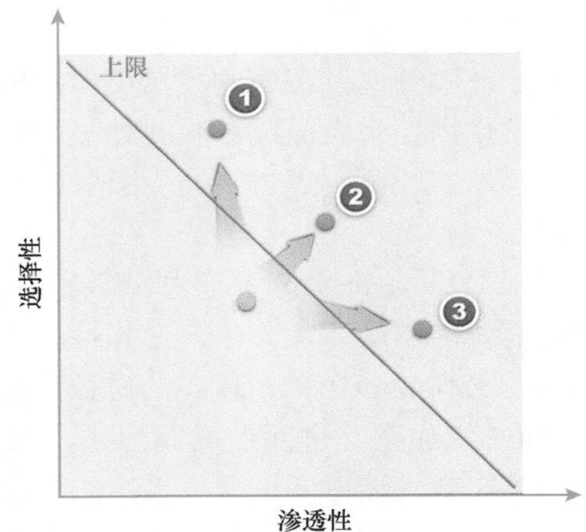

图25.5 分离膜的渗透选择“trade-off”效应（Park et al.，2017）

三、膜运行成本问题

膜分离技术作为近年来发展起来的一种浓度驱动的新型膜分离技术，因具有绿色高效、低能耗的优势，在海水淡化、污水处理、食品加工、生物医药、航天工业、集约农业、盐差发电等领域中表现出良好的应用前景，是目前水处理领域研究的热点之一（Pendergast and Hoek，2011）。其运行成本决定了膜技术的应用前景。然而分离膜使用过程中的膜污染及膜的低渗透选择性等问题会导致分离膜的分离性能降低、使用寿命缩短，最终造成分离过程能耗和成本的增加。而在实际应用过程中，降低运行成本也就意味着提高膜的水通量、盐截留效率和减轻膜污染，即与开发高性能分离膜的目的一致。而膜材料的自身性质直接影响膜的性能。所以，究其根本，膜材料的开发是高性能分离膜的核心。膜材料的设计和选择必须与其应用体系和分离机制相结合，优异的膜材料应该具有以下特点：成膜性良好、膜分离性能优异、耐污染性能与抗菌性能好、机械与化学稳定性好等。根据所需膜性能设计调整膜材料，通过新型膜材料的开发使用调控分离膜的结构和性能，优化和提高分离膜的性能参数，获得高性能分离膜，进而降低膜的运行成本，有效推广膜分离技术在复杂水质处理中的应用。

第四节　面向海水淡化和废水处理的新型膜材料及膜技术

一、正渗透膜技术

正渗透（FO）技术中，分置于正渗透膜两侧的汲取液和进水由于渗透压不同，低渗透压进水中的水分子会自发地通过分离膜到高渗透压汲取液一侧，而进水中其他组分则被正渗透膜所截留（Cath et al.，2006），其传质驱动力即为溶液的渗透压差。与传统蒸发浓缩工艺和反渗透工艺相比，FO表现出许多优点，如操作压力低、可常温运行、膜污染较其他压力驱动膜分离过程轻、浓缩倍数高，在食品浓缩行业有技术优势（Rastogi，2016）。

FO过程中实现水快速传递和溶质高效截留的半透膜是FO技术的核心，FO膜的性能决定了分离效率。目前薄层复合膜（thin-film composite，TFC）（图25.6）是当前广泛使用并且性能优良的正渗透膜，它由活性截盐层和多孔支撑层组成，其中活性截盐层对进水中的溶质进行高效截留，决定FO膜的选择透过性能和反向溶质的渗透通量；多孔支撑层用于增强膜片机械性能，对活性截盐层起支撑作用，但其内部弯曲孔道造成的内浓差极化（ICP）现象也严重影响了FO膜的水通量，导致FO膜实际水通量远低于理论值（Akther et al.，2015；Zhao et al.，2012）。因此理想的TFC正渗透膜应具备高通量、高选择性、抗污染等特点。为获得更高性能的TFC正渗透膜，研究者分别针对TFC膜活性截盐层和多孔支撑层进行优化改性。

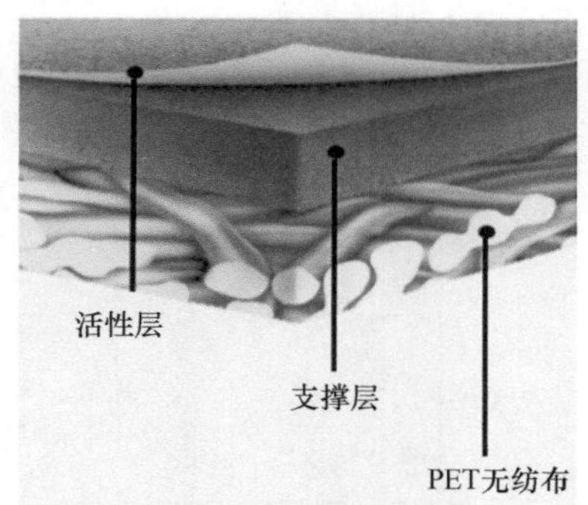

图25.6　薄层复合正渗透膜结构示意图

TFC FO膜的活性截盐层一般通过界面聚合反应制备，通过间苯二胺（MPD）单体与均苯三甲基酰氯（TMC）单体在支撑层界面处反应生成交联结构的聚酰胺活性层。近年来，许多研究者通过开发新型界面聚合单体，或在界面聚合过程中加入亲水添加剂或纳米颗粒，通过在聚酰胺链段之间引入增加亲水性通道来增大水通量，实现TFC膜的通量提升（Tiraferri et al.，2012；Goh et al.，2013）。同时还有研究者通过表面改性，实现聚酰胺活性层的优化，利用界面聚合过程中表面未完全反应的酰氯基团进行表面接枝（Romero-Vargas et al.，2014），实现亲水改性，从而改善膜的抗污染性能。但这些改性往往会增加膜的传质阻力，导致通量下降。

先进的功能性膜材料是构建具有理想结构和性质的多孔支撑膜的关键。因此立足于高通量抗污染FO复合膜的需求，针对FO复合膜的多孔支撑膜存在的亲水性差、孔隙率低、孔弯曲度高等问题，从新型支撑膜膜材料的分子设计入手，通过在传统支撑膜膜材料聚砜（PSf）主链上引入亲水链段聚乙二醇（PEG），开展聚砜-聚乙二醇嵌段高聚物支撑膜膜材料的合成与放大化制备，合作开发兼具高孔隙率、高渗透通量和永久亲水性的新型支撑膜，并以此制备出高通量抗污染的FO复合膜。通过退火诱导嵌段共聚物自组装调控支撑层的结构和表面性质，研究支撑层结构和性能对复合膜的通量、截盐及抗污染等性能的影响。

为此，以提高FO膜的水通量和盐截留效率、降低膜的内浓差极化和减轻膜污染为目标，以嵌段共聚物（聚砜-聚乙二醇，PSf-b-PEG）为基膜，通过嵌段共聚物自组装调控FO支撑层的结构和表面亲水性，进而调控FO膜的结构和性能，优化和提高FO膜的性能参数，推广其在复杂水质处理中的应用：主要包括聚砜聚乙二醇嵌段共聚物膜材料的合成及放大稳定制备，抗污染聚砜-聚乙二醇嵌段共聚物超滤膜的制备及性能评价，高性能抗污染正渗透复合膜的放大稳定制备，以及正渗透复合膜的应用。

（一）基于双亲性嵌段共聚物的高渗透选择性正渗透复合膜

采用PSf-b-PEG为支撑层膜材料，经相转化法制得PSf-b-PEG超滤膜。随后采用间苯二胺和均苯三甲基酰氯单体在PSf-b-PEG超滤膜表面进行界面聚合生成聚酰胺（PA）截盐层，制得以PSf-b-PEG超滤膜为基膜的正渗透复合膜TFC（PSf-b-PEG）。将正渗透复合膜放置于90℃去离子水中退火处理16h，采用后处理退火诱导嵌段共聚物自组装，精细调控正渗透复合膜的PSf-b-PEG基膜的结构和性质，进而优化提升正渗透复合膜的性能。对照样品采用商业化聚砜（PSf）刮制超滤膜，并用作复合膜基膜，进行界面聚合制得正渗透复合膜TFC（PSf）。

如图25.7所示，测试TFC（PSf-b-PEG）的膜结构参数，并采用TFC（PSf）的数据为对照样品，可以看到TFC（PSf-b-PEG）在保持盐渗透系数B值较小的情况下［0.09L/(m^2·h)］，其水渗透系数A值可以高达1.76L/(m^2·h·bar)，远高于TFC（PSf）［1.32 L/(m^2·h·bar)］。这是因为TFC（PSf-b-PEG）的结构参数S值（370μm）较TFC（PSf）（430μm）小，与商业化HTI公司的TFC膜的S值相比（533μm）也显著减小，其支撑层内ICP也较小。因此TFC（PSf-b-PEG）同时达到了高选择性和高渗透性，这说明我们制得的以嵌段共聚物超滤膜为基膜的正渗透复合膜克服了商业化和众多文献中以聚砜超滤膜为基膜制备的正渗透复合膜所存在的水通量和反向盐通量“trade-off”效应，其中A/B高达19.56bar^{-1}（图25.8），远高于HTI的正渗透复合膜的A/B值1.39bar^{-1}（Ren and McCutcheon, 2014），也优于于目前文献报道的最高A/B值13.75bar^{-1}（Xiao et al., 2015），达到国际领先水平。

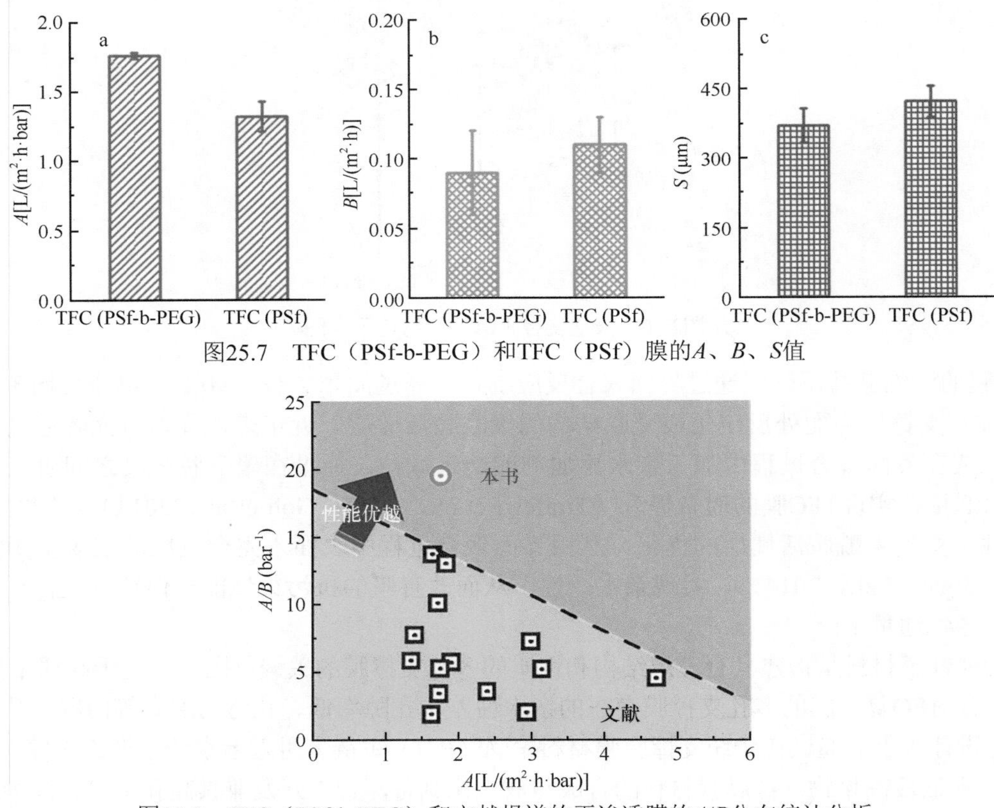

图25.7　TFC（PSf-b-PEG）和TFC（PSf）膜的A、B、S值

图25.8　TFC（PSf-b-PEG）和文献报道的正渗透膜的A/B分布统计分析

为了测试分析TFC（PSf-b-PEG）膜在不同渗透压下的水通量变化情况，我们采用不同浓度的氯化钠溶液为汲取液，在FO和PRO不同模式下，测试TFC（PSf-b-PEG）膜的水通量。结果显示（图25.9），在PRO模式下（PA活性层朝向汲取液一侧）和FO模式（PA活性层朝向进水一侧）下，复合膜的渗透水通量与汲取液浓度正相关。这是因为随着汲取液浓度的提高，膜两侧的传质驱动力渗透压差也随之增加，使膜的水通量增加。另外，随着汲取液浓度的增加，相应的浓差极化现象也增强，使高浓度下水通量的增长趋势逐渐减缓。结果表明，TFC（PSf-b-PEG）膜在不同模式下水通量均高于TFC（PSf）膜。同时也发现随汲取液浓度的增加，TFC（PSf-b-PEG）膜和TFC（PSf）膜的水通量之差逐渐增大，这说明TFC（PSf-b-PEG）膜的内浓差极化现象弱于TFC（PSf）膜，所以在高浓度汲取液下通量增长幅度大。这也直观证明了TFC（PSf-b-PEG）膜支撑层结构的变化可以减缓ICP的发生。

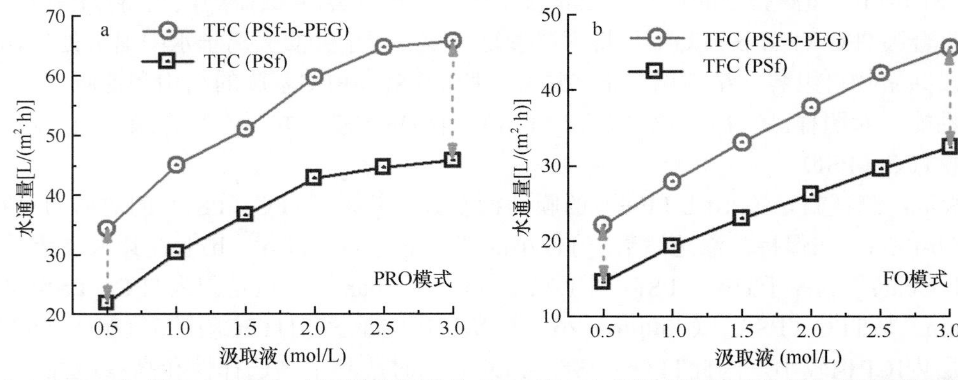

图25.9　TFC（PSf-b-PEG）和TFC（PSf）在不同操作模式（PRO和FO）下以不同浓度的氯化钠溶液为汲取液时的水通量变化情况

另外，在2mol/L氯化钠溶液为汲取液的情况下，正渗透复合膜的水通量可高达59.8 L/(m^2·h)，并优于HTI正渗透复合膜的水通量［同样测试条件下达43.8 L/(m^2·h)］。同时，正渗透复合膜对氯化钠的截盐率高达99%，并优于HTI的正渗透复合膜的截盐率（92.4%）（Ren and McCutcheon, 2014）。因此，采用界面聚合在聚砜-聚乙二醇嵌段共聚物超滤膜表面生成聚酰胺截盐层，制得正渗透复合膜。采用后处理退火技术，在热水浴中浸泡处理，精细调控聚砜-聚乙二醇嵌段共聚物基膜的大孔结构及表面性质，降低基膜皮层厚度，提高基膜的盐扩散系数，减弱膜的浓差极化现象，进而大幅提升正渗透复合膜的水通量，同时不影响正渗透复合膜的截盐性能，提升正渗透复合膜的通透选择性。

（二）薄层复合正渗透膜的结构设计及性能调控

TFC FO膜作为性能优异的先进正渗透膜，具有致密的PA截盐层和高分子多孔支撑层。TFC膜的PA截盐层对FO的水透过性能和盐截留性能起着决定作用，制备让水高效透过并对盐高效截留的PA层是提升TFC FO膜性能的关键。另外，TFC膜的高分子多孔支撑层也严重影响FO膜的水透过性能，主要因为高分子多孔支撑层的弯曲孔道结构与较大的膜厚度带来较高的水和盐的传质阻力，进而造成严重的内浓差极化（ICP）现象，使得TFC FO膜两侧的有效渗透压远低于实际汲取液的渗透压，使得水通量远低于理论值。为此，优化TFC膜的PA层和高分子多孔支撑层的结构是提升FO膜性能的有效途径。

膜结构决定着膜性能。理想的TFC FO膜的支撑层应该具有以下特点：高孔隙率、低膜厚、低孔道弯曲度以降低支撑层的ICP同时增大PA截盐层的有效渗透面积；较高的机械强度；较小的粗糙度和适度亲水的表面为界面聚合提供理想的界面环境。理想的TFC FO膜的PA截盐层应具有的特点：上表面拥有丰富的“荷叶状”结构和较大的粗糙度以增加PA截盐层的表面积；下表面具有较高的“孔隙率”和较大的“空穴”直径以减弱PA截盐层的ICP效应。因此围绕TFC FO膜的膜结构、膜性能优化这一主题，制得具有高选择透过性能的FO膜。

首先，通过在高分子大孔支撑层表面引入CNT超薄中间层，有效调控基底膜表面性质，从而调节界面聚合过程，进而优化PA层的结构和性能，制得高通量和高选择性三层复合正渗透膜。然后，在第一部分工作的基础上，通过去除PES高分子基底膜，以超薄CNT膜构筑复合膜的多孔支撑层，有效降低支撑层对水与盐的传质阻力，增大PA层的有效利用面积，极大降低膜的结构参数S，减弱ICP，制得的双层复合正渗透膜突破了文献报道的最高值。最后，采用原位剥离的方法制备无支撑层的PA超薄膜，详细表征了其独特的空腔结构，并在正渗透膜测试装置中评价PA超薄膜的通量和截留，实验结果首次证实PA膜具有严重的ICP现象，通过调控PA层的结构可以减弱ICP，进而调控它的水通量和盐截留性能。

利用CNT构筑超薄中间层，制备高性能的三层复合正渗透膜。如图25.10所示，随着CNT中间层厚度的增加，PA截盐层的平均孔径逐渐减小，交联度逐渐增大，截盐率逐渐提高，水通量呈现先升高后降低的变化趋势。与无CNT中间层的传统复合膜相比，所制备的PA截盐层具有更大的粗糙度和更大的比表面积。在分离性能方面，抽滤3mL CNT溶液制备的最优样PES-CNT-PA-3三层复合FO膜，在1mol/L NaCl溶液作为汲取液的AL-DS模式下，其水通量达到了（37.90±1.70）L/(m^2·h)，是对照样PES-PA复合膜的5.5倍。这说明CNT中间层有利于调控界面聚合反应过程，生成具有更高渗透性和选择性的PA截盐层，提升TFC FO膜的整体性能。本部分工作为中间层结构的设计和膜材料的选择提供了新的借鉴和思路。

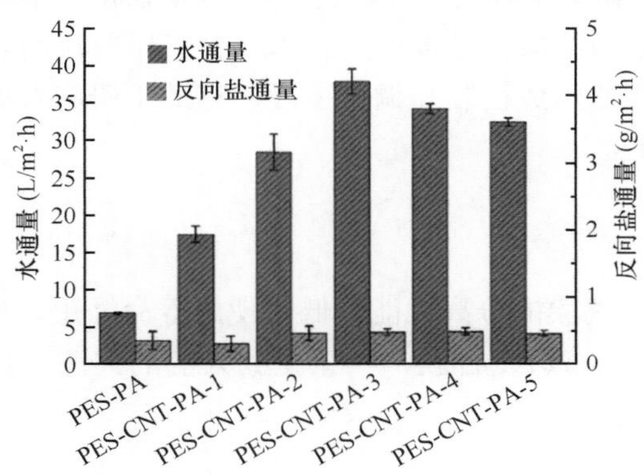

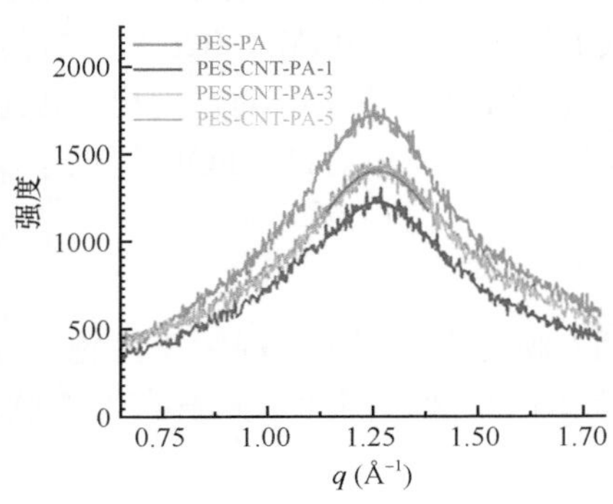

膜样品	碳管层厚度(nm)	PA粗糙度(nm)	PA交联度(%)	PA平均孔径(Å)	截盐率(%)
PES-PA	0	84.5±6.4	9.1	5.09	93.91±1.04
PES-CNT-PA-1	105±8	108.0±9.9	13.9	5.01	99.19±0.41
PES-CNT-PA-2	150±10	116.5±6.4	26.3	—	—
PES-CNT-PA-3	209±11	121.4±4.3	35.1	4.99	99.55±0.30
PES-CNT-PA-4	309±13	126.5±7.8	37.3	—	—
PES-CNT-PA-5	403±10	134.5±7.9	40.0	4.92	99.87±0.15

图25.10　具有不同厚度的碳纳米管中间层的PES-CNT-PA三层结构复合正渗透膜的水通量和反向盐通量及PA孔径大小表征

水通量和反向盐通量是在AL-DS模式下（复合膜的聚酰胺截盐层朝向盐水一侧）以1mol/L NaCl溶液作为汲取液，以去离子水作为供给液测得；截盐率的测定是以50mmol/L NaCl溶液作为供给液，在（24±0.5）bar压力、（25±0.5）℃温度下利用错流反渗透（RO）系统测定的

利用CNT直接作为超薄支撑层，经过界面聚合反应制得高性能CNT-PA双层复合正渗透膜。如图25.11所示，与基底膜刻蚀之前的PES-CNT-PA三层复合膜相比，在1mol/L NaCl溶液作为汲取液的AL-DS模式下，膜厚约500nm的CNT-PA双层复合膜的水通量最高达到153.01 L/(m^2・h)，水渗透系数A达到（9.22±1.14）L/(m^2・h・bar)，是目前已知的水通量最高的TFC FO膜。这说明去除传统PES基底膜之后，以CNT直接作为支撑层，提高了PA截盐层的有效利用面积，有效降低了TFC FO膜对水的传质阻力，同时极大降低了复合膜的结构参数S，因而减弱了复合膜的ICP现象，使得CNT-PA双层复合膜的水通量获得极大提升。本部分工作为理想支撑层的设计和优化提供了思路。

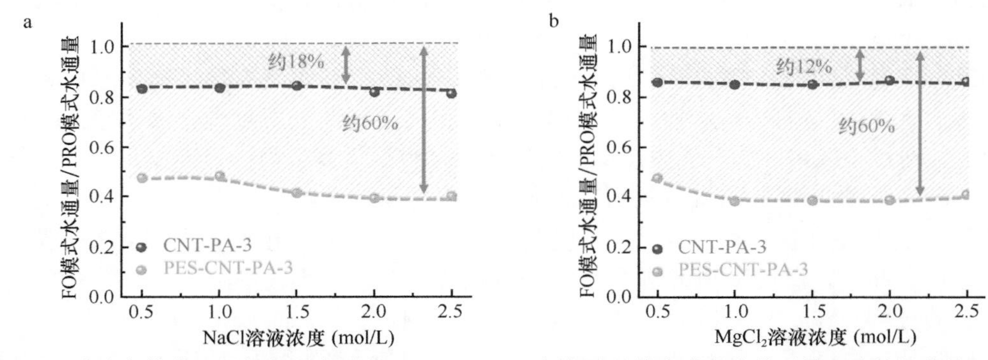

图25.11　碳纳米管基双层复合正渗透膜（CNT-PA-3）在聚醚砜基底膜去除前后的内浓差极化情况对比

a. 以不同浓度NaCl溶液作为汲取液；b. 以不同浓度$MgCl_2$溶液作为汲取液

利用有机溶剂刻蚀溶解基底膜的方法原位制备了无支撑层的PA超薄单层膜。如图25.12所示，膜厚约280nm的超薄PA膜，其结构参数S仅为（24.20±12.60）μm，与基底膜去除之前的水通量相比，超薄PA膜的水通量提高了13倍。然而在AL-FS模式下，与水通量理论值相比，PA膜的实际水通量表现出57%的水通量损失。通过调节PA膜的形貌和结构，该水通量的损失下降为39%。这说明PA膜独特的中空结构造成了较为严重的ICP问题，并且PA膜的ICP作用与其形貌和结构有直接关系。本部分工作首次用实验数据揭示并证明了PA层存在ICP的事实，同时提出了PA层ICP的形成机制和调控手段，有助于研究者更深入地理解ICP现象，为设计开发理想的TFC FO膜提供了新思路。

（三）抗菌正渗透复合膜的制备与性能评价

正渗透TFC膜使用过程中的膜污染问题会导致分离膜的分离性能降低、使用寿命缩短，最终造成分离过程能耗和成本的增加。因此，开发高性能抗污染正渗透复合膜，一直受到人们的关注。贵金属离子和

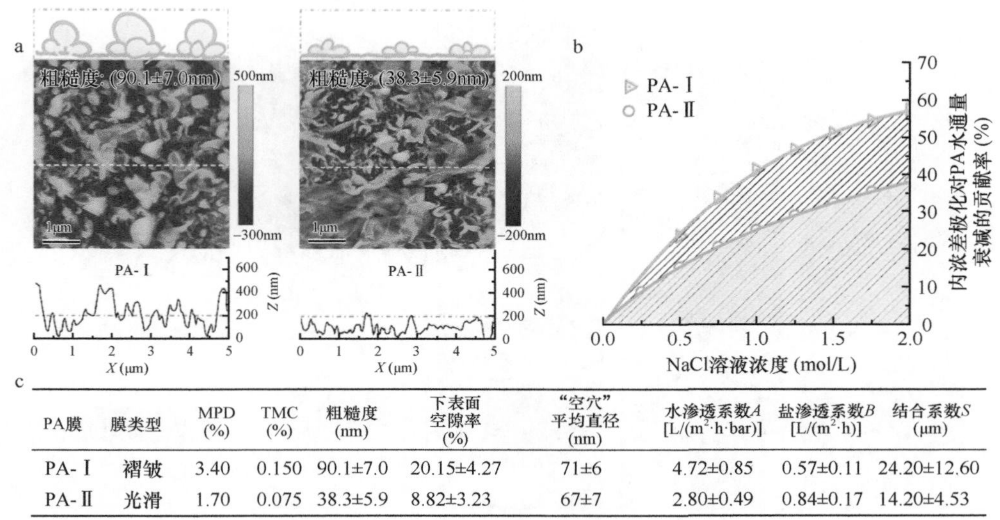

PA膜	膜类型	MPD (%)	TMC (%)	粗糙度 (nm)	下表面空隙率 (%)	"空穴"平均直径 (nm)	水渗透系数A [L/(m^2·h·bar)]	盐渗透系数B [L/(m^2·h)]	结合系数S (μm)
PA-Ⅰ	褶皱	3.40	0.150	90.1±7.0	20.15±4.27	71±6	4.72±0.85	0.57±0.11	24.20±12.60
PA-Ⅱ	光滑	1.70	0.075	38.3±5.9	8.82±3.23	67±7	2.80±0.49	0.84±0.17	14.20±4.53

图25.12 聚酰胺超薄膜内浓差极化调控

a. PA-Ⅰ与PA-Ⅱ的原子力显微镜照片对比和表面"荷叶状"结构高度及结构数量对比曲线，X为扫描边长，Z为高度；b. PA-Ⅰ与PA-Ⅱ的内浓差极化对水通量衰减贡献率；c. PA-Ⅰ与PA-Ⅱ的基本表征数据对比

纳米颗粒是常用光谱高效的杀菌剂，将其负载到正渗透复合膜表面可赋予膜抗菌和抗污染性能。本研究利用贻贝仿生多巴胺表面修饰方法实现了银纳米颗粒（Ag NPs）与二价铜离子在正渗透复合膜表面的原位生长和络合，随后采用层层界面聚合的手段将Ag NPs修饰到正渗透复合膜表面，赋予膜本身抗生物污染性能，提高正渗透复合膜在实际应用中的抗生物污染能力。

我们研究了改性对正渗透复合膜分离性能的影响，采用含铜绿假单胞菌的模拟废水为原料液，以模拟海水为汲取液，在正渗透错流系统中测试评价载银膜的长期通量变化，结果如图25.13所示。正渗透复合膜的支撑层朝向含有细菌的废水测试24h，原始膜的水通量下降56.4%，多巴胺改性膜的水通量下降56.6%，但是载银膜的水通量衰减仅为21.9%。正渗透复合膜的活性层朝向含有细菌的废水测试24h，原始膜的水通量下降8.5%，多巴胺改性膜的水通量下降与原始膜相同，载银膜的水通量衰减仅为0.5%。综上所述，支撑层的微生物污染程度比活性层的污染程度轻，Ag NPs能赋予正渗透复合膜良好的抗微生物污染性能。用荧光染色的方法对支撑层表面的生物膜进行分析，结果如图25.14所示。与原始膜相比，载银膜表面的微生物膜中的主要成分是死菌，活菌量和胞外聚合物的量较少，生物膜的整体厚度较薄。多巴胺改性膜表面生物膜的形貌和结构与原始膜类似。因此，Ag NPs通过杀死膜表面的细菌，抑制生物的生长，达到缓解膜污染的目的。

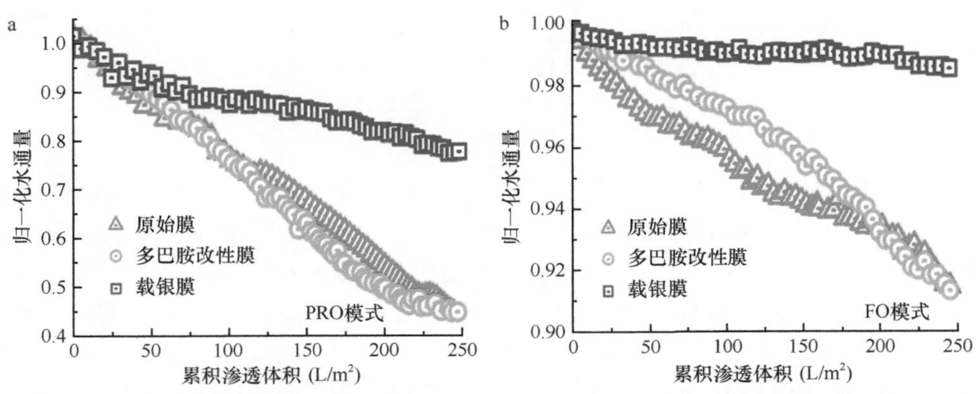

图25.13 正渗透复合膜PRO操作模式的水通量变化（a）和FO操作模式的水通量变化（b）

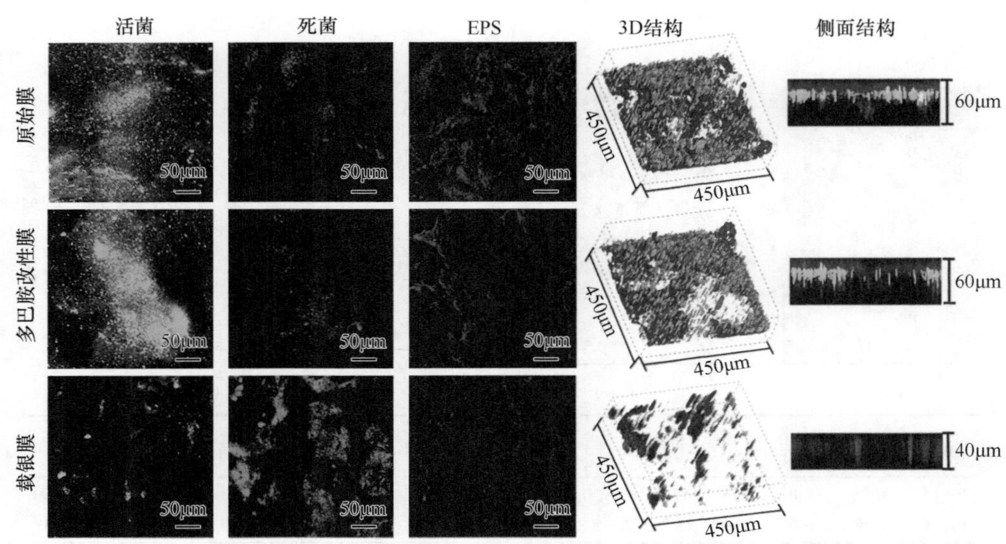

图25.14　正渗透复合膜支撑层表面生物污染层的荧光形貌图

绿色代表活菌；红色代表死菌；蓝色代表胞外聚合物

纳米颗粒具备高效的杀菌能力，且价格低廉。因此，在膜表面引入铜纳米颗粒，提高膜的抗菌性能，成为非常具有应用前景的抗菌策略。基于此，我们提出了简单、快速的“一步法”实现在多种膜表面络合铜离子，即通过将分离膜浸泡在含有铜（Ⅱ）离子的多巴胺溶液实现将铜离子络合到膜表面上，赋予膜抗菌性能。另外，铜离子可在酸性条件下加速多巴胺的聚合，从而实现在膜表面形成聚多巴胺层的同时络合铜离子。以金黄色葡萄球菌为模式菌株，用克隆计数法测定膜的抗菌性能，络合铜离子后聚砜超滤膜、正渗透复合膜（TFC）和聚偏氟乙烯超滤膜（PVDF）的抗菌率分别为99.0%、97.6%和97.1%。浸泡释放15天后，聚砜超滤膜的抗菌率仍然达到99.4%（图25.15）。

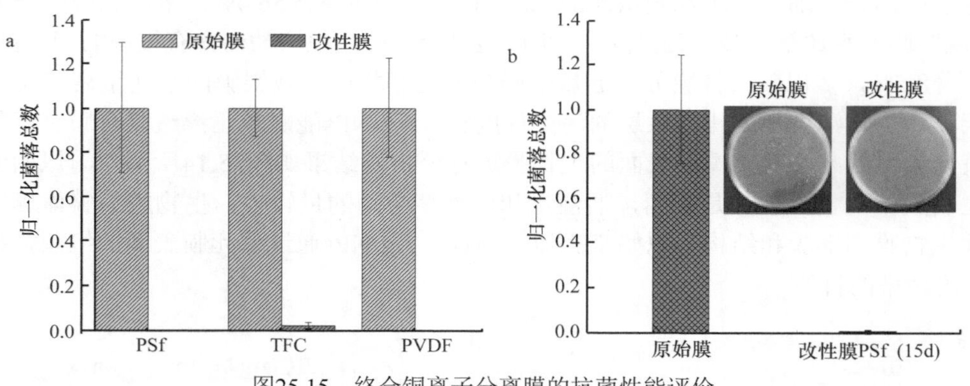

图25.15　络合铜离子分离膜的抗菌性能评价

（四）亲水抗污染正渗透复合膜的制备与性能评价

针对正渗透复合膜应用过程中的有机物污染，目前常用的改性方法是在聚酰胺层表面引入亲水性聚乙二醇（PEG）和两性离子聚合物链以提高膜表面亲水性和络合水分子的能力，从而在表面形成“水合屏障层”，有效阻止有机污染物与膜表面的接触，提高正渗透复合膜的抗污染能力。然而，引入的聚合物链在改善抗污染性能的同时会增加水分子在膜内的传输阻力，从而降低正渗透复合膜的水通量。针对此问题，我们利用层层界面聚合方法在聚酰胺层表面原位共价键引入分子粒径在5nm左右的亲水性超支化聚甘油（hyperbranched polyglycerol，hPG）替代线性亲水性聚合物来改善聚酰胺层的抗污染性能。与线性PEG不同，hPG由于其独特的三维球形构型，功能化后的正渗透复合膜的水通量有明显提高（表25.1），水渗透系数由原始的1.35 L/(m^2·h·bar)提高到1.91 L/(m^2·h·bar)。

表25.1　正渗透复合膜的水渗透系数*A*、盐渗透系数*B*、结构参数*S*

膜样品	A［L/(m²·h·bar)］	B［L/(m²·h)］	S（μm）	R^2（J_w）	R^2（J_s）	CV（%）
原始	1.35±0.06	0.057±0.006	440±40	99.1±0.5	96.7±1.5	5.85±3.28
hPG	1.91±0.02	0.008±0.063	397±51	98.0±1.3	96.6±1.1	3.20±1.48
线性PEG	1.10±0.18	0.063±0.040	454±58	97.0±1.7	98.5±1.1	6.18±2.40

注：J_w：水通量；J_s：反向盐通量；CV：离散系数

采用BSA作为模型污染物，评价膜的静态吸附，结果如图25.16a所示，hPG功能化后膜对BSA的吸附降低，吸附的污染物更容易被洗脱。在正渗透过程中的动态膜污染测试结果如图25.16b所示，与原始膜相比，hPG功能化的膜由BSA造成的水通量衰减更低，体现出更好的抗污染效果。

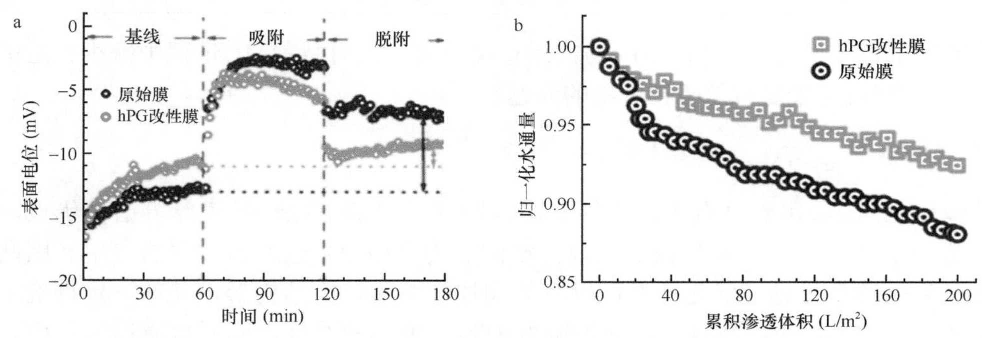

图25.16　超支化聚甘油（hPG）及原始TFC正渗透膜表面动态污染物评价

为了提升膜的抗污染性能，我们发展了多种简单易操作、反应条件温和、易于大规模应用的表面抗污染修饰技术。其中，通过生物仿生化学方法，在膜表面生成聚多巴胺涂层，利用聚多巴胺的还原能力，原位生长银纳米颗粒或负载一价铜离子，直接赋予膜表面抗菌能力，提高膜在实际应用中的抗生物污染能力。另外，采用二次界面聚合（LBL界面聚合）方法将抗污染的纳米材料（支化聚乙二醇，hPG）在制备复合膜过程中接枝到聚酰胺层表面，在提升膜抗污染能力的同时，还显著提升了膜的水通量，克服了采用传统高分子材料进行膜表面修饰所造成的通量下降问题。

二、膜蒸馏技术

膜蒸馏（MD）技术是耦合膜过程与蒸馏过程的新型膜分离技术，以疏水微孔膜两侧不同温度的液体蒸汽压差为传质驱动力，膜蒸馏中疏水微孔膜不允许热侧进水直接通过，水分子只能以蒸汽形式透过膜孔，随后在冷侧被冷凝成液体，从而达到混合物分离或提纯的目的（图25.17）（Alkhudhiri et al.，2012）。与传统蒸馏技术相比，膜蒸馏具有操作条件温和、不挥发组分100%截留（理论）、进料溶液浓度影响小等许多优点（El-Bourawi et al.，2006）。因此，膜蒸馏技术已引起业界的广泛关注（Lawson and Lloyd，1997）。

膜蒸馏在最初以海水淡化为目的，因为反渗透过程难以处理盐分过高的水溶液，而膜蒸馏却具有诸多反渗透不具备的优点，所以研究者采用膜蒸馏进行了大量海水淡化、苦咸水脱盐的工作（Pangarkar et al.，2013）。并且膜蒸馏技术可以利用低品质热源（废热、太阳能等），降低了能耗（Calabro et al.，1994）。目前，膜蒸馏技术已被应用于化学物质的浓缩和回收、水溶液中挥发性溶质的脱除和回收、废水处理及食品浓缩等过程，如硫酸、柠檬酸、盐酸、硝酸的浓缩（Tomaszewska et al.，1995），从水溶液中脱除甲醇（马玖彤等，2003）、乙醇（钟世安等，2003）、异丙醇（García-Payo et al.，2000）、丙酮（Banat and Simandl，2000）、氯仿（Urtiaga et al.，2000）等，低放射性废水（Zakrzewska-Trznadel et al.，2001）和含油废水的处理（Gryta and Karakulski，1999）等过程。然而，目前大多数MD应用研究尚处于实验室规模，尚未实现工业化生产。与其他常温膜技术相比，MD能耗高，热效率低。因此，借助

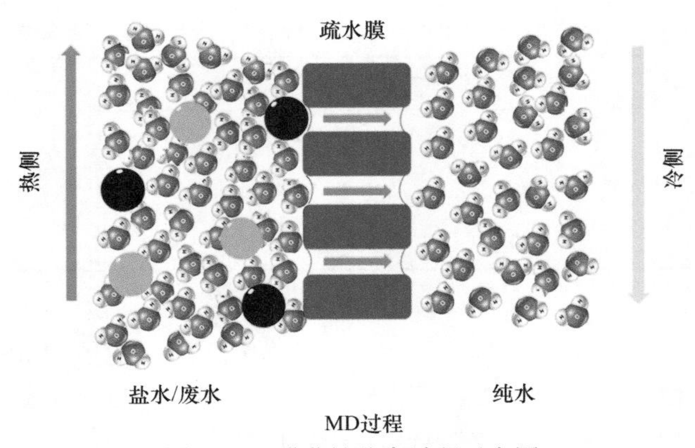

图25.17　膜蒸馏分离过程示意图

废热或可再生能源进行工艺优化对拓宽MD的应用意义重大，同时目前MD过程中缺少合适的商业用膜，MD疏水膜的抗浸润和抗污染是目前亟待解决的问题。

（一）静电纺丝纳米纤维膜的制备及性能优化评价

静电纺丝膜作为MD膜虽然具有高疏水性、高孔隙率、可调节孔径及膜厚等诸多优点，但是与相转化膜相比，它的力学性能较差，并且较低的液体浸润压力（LEP）也限制了它的应用。因此，静电纺丝膜往往通过热压后处理手段进行优化，既可以有效调控静电纺丝膜结构形貌并在一定程度上增强其机械性能，同时又能有效提高LEP，并且热压能够降低纳米纤维膜的厚度，降低传质通道长度，最终降低传质阻力，提高渗透性能。因此本小节对聚偏氟乙烯-六氟丙烯（PVDF-HFP）静电纺丝纳米纤维膜进行热压处理，通过调控不同热压温度和时间，研究膜厚度、孔隙率及膜的MD渗透通量和截盐性能的变化规律，以获得具备最佳性能的热压PVDF-HFP静电纺丝纳米纤维膜。热压过程如下：将制备的PVDF-HFP静电纺丝纳米纤维膜置于两片PET无纺布之间，采用热台进行热压处理。其中，热压过程中膜片所受压力为0.7kPa，并通过调节热压温度（100℃、120℃、130℃到140℃）和热压时间（10s、20s、60s、120s到300s）进行热压条件优化，以获得最佳热压效果。

首先考察热压温度对PVDF-HFP静电纺丝纳米纤维膜的影响，我们保持不同膜样品热压时间相同，均为10s，调整热压温度分别为100℃、120℃、130℃、140℃。结果如图25.18所示，当温度从100℃增加至130℃，PVDF-HFP静电纺丝纳米纤维膜的膜厚从（125±20）μm下降至（104±13）μm，下降幅度为17%（图25.18a），同时膜孔隙率从（78.6±3.5）%下降到（77.5±4.5）%（图25.18b）。随后在直接接触式膜蒸馏（DCMD）中以25℃去离子水作为冷侧循环液，以65℃ 3.5% NaCl溶液为进水的测试条件下，PVDF-HFP静电纺丝纳米纤维膜的水通量从7.18L/(m^2·h)迅速增加到19.35L/(m^2·h)，增长幅度高达1.7倍，同时截盐率均保持在99.99%以上（图25.18c），这是因为膜厚的降低使传质阻力降低，从而提高了膜的渗透性能。而继续提高热压温度至140℃，膜厚和孔隙率分别迅速下降到52μm和68.7%，这是由于在高温下PVDF-HFP静电纺丝纳米纤维熔化失去了多孔结构，其相应的水通量也急剧下降到8.78L/(m^2·h)。因此，130℃是PVDF-HFP静电纺丝纳米纤维膜的最佳热压温度。

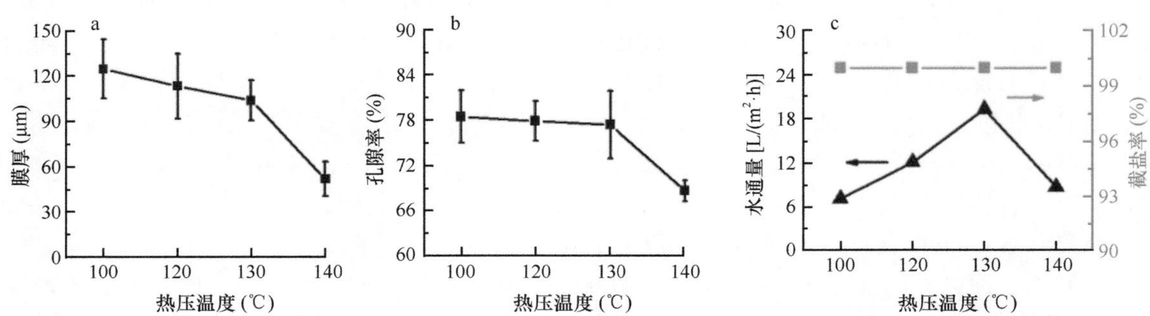

图25.18　不同热压温度的PVDF-HFP静电纺丝纳米纤维膜的膜厚（a）、孔隙率（b）和水通量及截盐率（c）的变化

为考察热压时间对PVDF-HFP静电纺丝纳米纤维膜的影响，控制热压温度为130℃，调整热压时间从10s逐渐增加到300s。结果显示，当热压时间从10s增加至120s时，膜厚从（104±13）μm下降至（75±10）μm，进一步增加热压时间至300s，膜厚保持不变（图25.19a）。而不同热压时间下膜孔隙率基本无变化，约保持在78.9%（图25.19b）。当热压时间从10s增加至120s，膜的水通量也略有增加，从18.45L/(m^2·h)提高到22.73L/(m^2·h)，继续延长热压时间，渗透通量约保持在22.70L/(m^2·h)（图25.19c），这主要是因为不同膜厚造成的传质阻力不同，膜厚的降低可以有效降低膜传质阻力，从而提高了膜的渗透性能。但是当疏松的静电纺丝纳米纤维膜达到稳态时，膜厚不再变化时，水通量也就不再变化。因此，PVDF-HFP静电纺丝纳米纤维膜的最佳热压条件为130℃下热压120s。

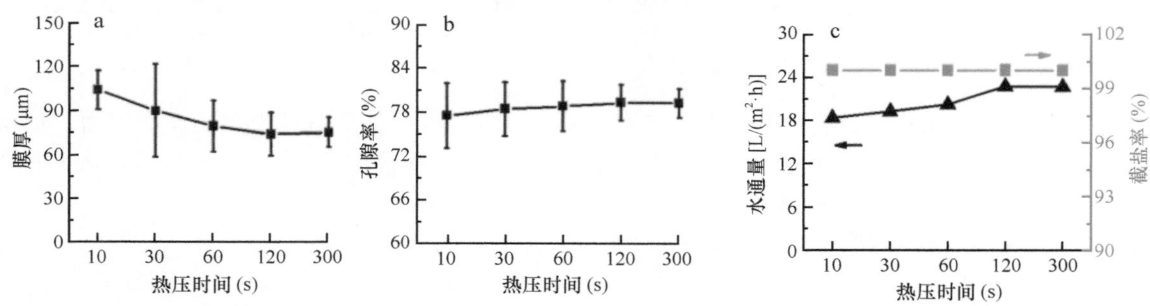

图25.19　不同热压时间的PVDF-HFP静电纺丝纳米纤维膜的膜厚（a）、孔隙率（b）和水通量及截盐率（c）的变化

（二）新型抗浸润双疏膜蒸馏膜的制备及性能表征

原始PVDF-HFP静电纺丝纳米纤维膜由于不具备疏油性能，因此极易被进水中的低表面能组分浸润。因此，为提高静电纺丝纳米纤维膜的疏油性能，我们通过1H,1H,2H,2H-全氟癸基三乙氧基硅烷（FAS）改性剂浸涂和热处理对PVDF-HFP静电纺丝纳米纤维膜进行表面氟化双疏改性。其中，膜改性过程分两步进行，首先将热压后的膜片浸泡在FAS改性剂中若干分钟，然后取出置于室温下晾干，重复此步骤直至获得最佳改性效果。随后将膜片放置于130℃烘箱内热处理1h，即可获得改性完成的双疏膜（图25.20）。

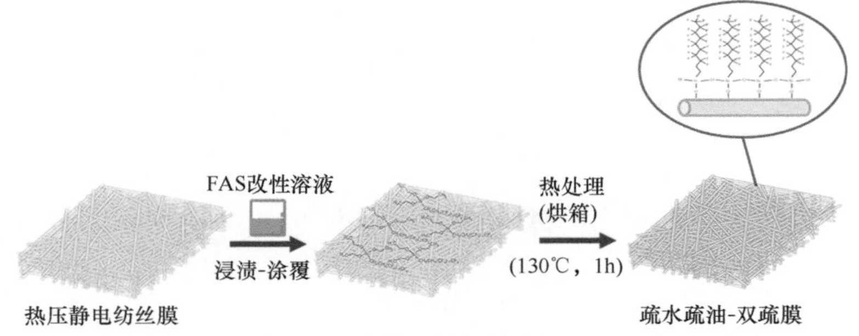

图25.20　疏油改性过程流程图

为研究改性后双疏膜FAS涂层的稳定性，我们分别表征了在高温、酸性和碱性条件下膜表面疏水疏油性能的稳定性。如图25.21所示，在经过沸水、0.05mmol/L盐酸溶液分别处理1h后，膜表面的疏水性和疏油性基本无变化，水接触角和油接触角仍分别保持在138°和127°左右。但是在经过0.05mmol/L氢氧化钠溶液处理1h后，双疏膜的油接触角明显下降至107°，这可能是因为强碱状态下，FAS涂层有轻微水解，但膜表面仍然保持为疏油状态（>90°）。此结果表明，经过FAS改性的双疏PVDF-HFP静电纺丝纳米纤维膜具有较强的热稳定性和化学稳定性，在极端环境下（高温水和酸、碱溶液），仍能保持良好的抗水浸润和抗油浸润的能力。

为了探讨通过双疏膜表面改性工艺对膜蒸馏膜性能的影响，将改性前的原始膜和改性后的双疏膜在错流直接接触式膜蒸馏（DCMD）系统中进行脱盐性能测试，其中，热侧采用65℃的质量分数为3.5%的NaCl溶液（模拟海水盐度），冷侧为25℃的去离子水。两侧流速均控制在0.5L/min。

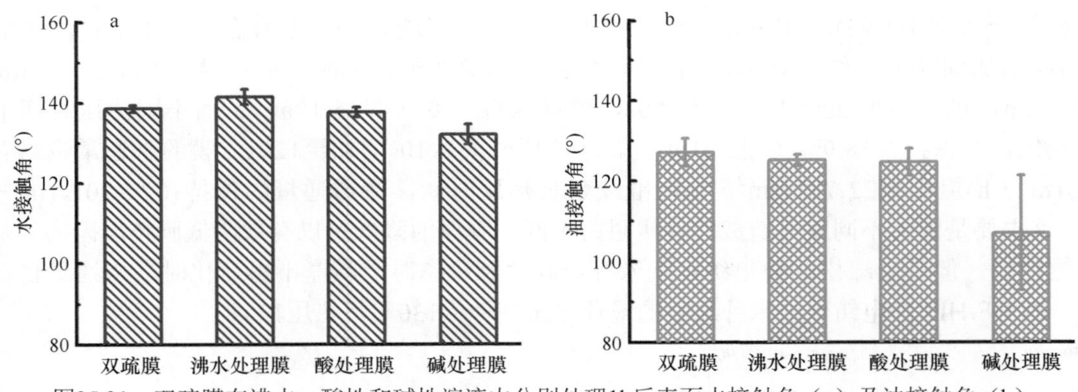

图25.21　双疏膜在沸水、酸性和碱性溶液中分别处理1h后表面水接触角（a）及油接触角（b）

十二烷基硫酸钠（SDS）是废水中特有的常用表面活性剂，能够显著降低废水的表面张力，使用膜蒸馏系统处理这些废水时，SDS往往会附着在疏水的MD膜上，造成膜浸润，使MD过程失效。因此选用SDS作为DCMD系统的模型污染物，观察双疏膜的抗浸润性能。实验中膜片稳定运行约60min后，向进水3.5% NaCl溶液加入SDS，调节SDS浓度至0.1mmol/L，测试膜片此时的水通量和截盐率。

结果如图25.22a所示，PVDF-HFP原始膜在向进水中加入SDS之后，其水通量立刻大幅衰减，在10min内衰减至0.2以下，同时其截盐率也显著下降（图25.22b），这表明原始膜被SDS浸润，造成MD过程失效。而FAS改性的双疏膜在加入SDS后，水通量缓慢下降约20%后不再下降，随后保持在稳定状态，同时其截盐率基本无变化，一直维持在100%左右，这说明加入SDS后，双疏膜并未被浸润，仍保持良好的膜蒸馏膜性能。综上，采用FAS改性剂的双疏改性方法可以明显增加PVDF-HFP静电纺丝纳米纤维膜在动态DCMD中对SDS表面活性剂的抗浸润性能。

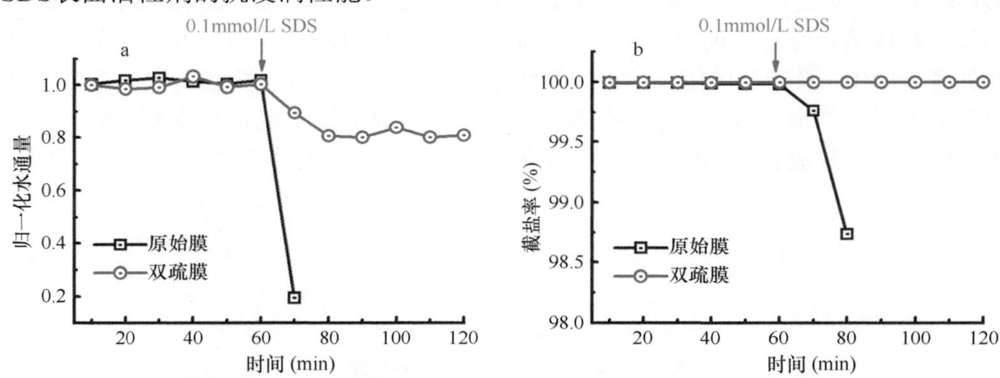

图25.22　原始膜和双疏膜在含有SDS进水的DCMD过程中水通量（a）和截盐率（b）的变化

（三）高通量多级静电纺丝纳米纤维膜的制备及性能评价

目前使用的MD膜主要是商业疏水微滤膜，一般采用制备。但受传统制膜工艺（如相转化法）的限制，许多材料不能通过相转化制成疏水膜，从而限制了膜蒸馏膜的材料选择范围。而静电纺丝技术极大丰富了膜蒸馏膜材料的选择，可有效降低膜材料成本，为开发经济适用的新型疏水性、高通量膜蒸馏分离膜带来了广阔的空间。聚对苯二甲酸乙二醇酯（PET）是一种综合性能优异和价格低廉的高分子树脂，由于它具有较高的耐热温度、较好的耐化学性能和耐候性及优良的机械性能与尺寸稳定性，被广泛用作气体分离膜和液体分离膜的膜支撑材料。通过静电纺丝技术制备PET纳米纤维膜，从而构造一种高通量疏水微孔支撑层，并在其上通过构建超薄高疏水性纳米纤维膜活性层（聚偏氟乙烯-六氟丙烯，PVDF-HFP），构建一种薄膜复合（TFC）多级结构的纳米纤维膜（图25.23）。超薄PVDF-HFP静电纺丝纳米纤维膜活性层的纤维直径小，其孔径也相对较小，可以在保证高渗透性的前提下为复合膜提供高截盐率。而PET支撑层具有高机械强度、较粗的纤维直径、较大孔径、低孔道弯曲度和高孔隙率等优点，可在保持较低传质阻力的同时增加隔热性能。此时薄膜复合（TFC）多级结构的纳米纤维膜的活性层和支撑层协同作用，通过降低传质阻力和热损失，可以获得高通量的多级静电纺丝纳米纤维膜。

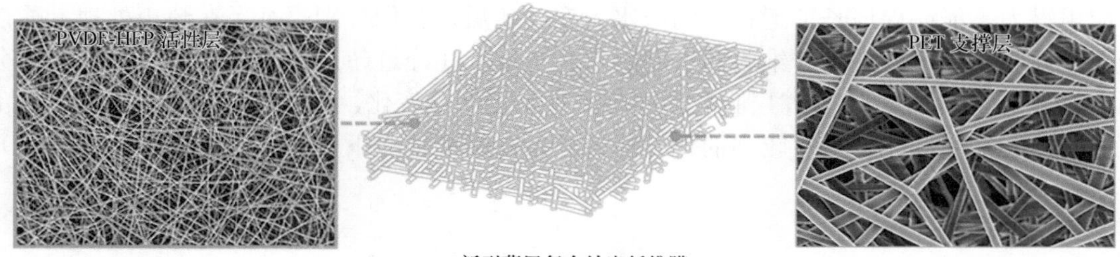

图25.23　多级静电纺丝纳米纤维膜结构示意图

为了优化多级复合纳米纤维膜的结构，我们首先对不同厚度的PVDF-HFP活性层和PET支撑层的MD性能进行了测试评价。首先考察了PET支撑层的纤维丝直径对多级复合膜的水通量、渗透液电导率和LEP的影响。结果如图25.24a所示，随着PET支撑层纤维丝直径的增加，多级复合膜水通量呈现先增加后降低的趋势。当纤维丝直径从400nm（D1）增加至788nm（D2）时，多级复合纳米纤维膜的水通量也从（35.56±2.41）L/(m^2·h)增加至（76.45±10.91）L/(m^2·h)，随后，随着PET支撑层的纳米纤维丝直径进一步增加至1219nm（D3），其水通量反而降低至（42.65±6.78）L/(m^2·h)，这是因为较粗的纤维丝直径会使支撑层孔径过大，其抗浸润能力下降，导致膜截盐性能变差，从而使复合膜的水通量降低。因此最佳的PET支撑层纳米纤维丝直径为788nm。

随后考察了PVDF-HFP活性层厚度的影响。结果如图25.24b所示，随PVDF-HFP活性层厚度的增加，平均水通量呈先增加后减小的趋势。当PVDF-HFP活性层的厚度在1μm（D4）时，多级复合膜具有较高的起始水通量，高达174.52L/(m^2·h)，但随后水通量则衰减较快，同时复合膜的截盐效果较差。随后，增加PVDF-HFP活性层厚度为3μm（D5），膜的水通量和渗透液电导率保持在较稳定状态，分别为76.45L/(m^2·h)和30μS/cm。更进一步增加PVDF-HFP活性层厚度为6μm（D6），此时膜的水通量较3μm活性层的有所下降，为35.35L/(m^2·h)。这是由于增加的活性层厚度导致膜的传质阻力增加。因此，多级复合纳米纤维膜的最佳活性层厚度为3μm。

最后考察了PET支撑层厚度对多级复合膜水通量的影响。结果如图25.24c所示，随PET支撑层厚度的增加，水通量呈先增加后减小的趋势，同时渗透液导电率呈现减小趋势，说明多级复合膜的截盐效果逐渐变好。当PET支撑层的厚度为50μm（D7）时，多级复合膜的截盐效果较差。随后，增加支撑层厚度为70μm（D8）时，膜的水通量增加至76.45L/（m^2·h）左右，同时复合膜的截盐也保持在较好的状态。更进一步增加PET支撑层厚度为90μm（D9），此时膜的水通量较厚度为70μm支撑层的复合膜水通量下降明显，这是由于增加的支撑层厚度导致膜的传质阻力增加。因此，多级复合纳米纤维膜的最佳支撑层厚度为70μm。

综上，最佳的多级复合纳米纤维膜由膜厚为3μm的PVDF-HFP活性层和膜厚为70μm、纤维丝直径为788nm的PET支撑层构成。

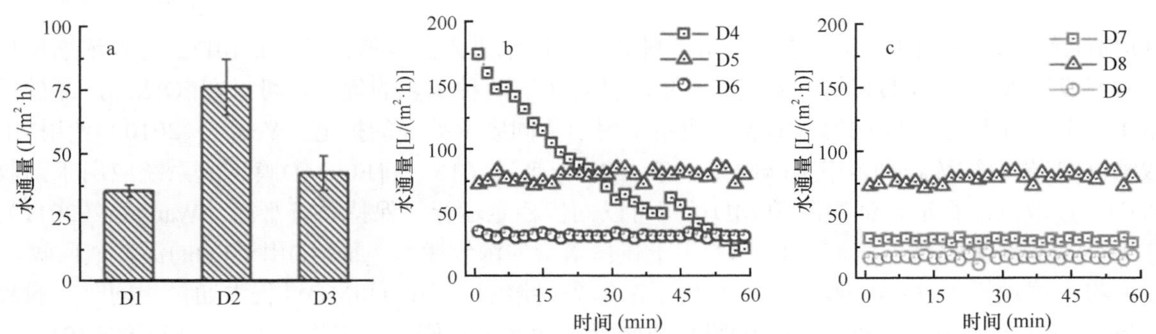

图25.24　纳米纤维丝直径（a）、PVDF-HFP活性层厚度（b）和PET支撑层厚度（c）对多级静电纺丝膜水通量的影响

为考察多级复合纳米纤维膜在运行过程中的稳定性，在直接接触式膜蒸馏（DCMD）系统中进行了长期水通量和截盐率监测，系统测试共进行了100h。如图25.25所示，多级复合纳米纤维膜展现出良好且

稳定的水通量和截盐效果，这说明多级复合纳米纤维膜具有良好的长期稳定性，在实际膜蒸馏应用中具有优秀的应用潜力，能够保证长期运行中的产水效率。随后，我们分别表征了在超声处理、酸性和碱性溶液等极端条件下多级复合纳米纤维膜的表面疏水稳定性。在经过超声、0.05mmol/L盐酸溶液分别处理1h后，PVDF-HFP活性层和PET支撑层膜表面的疏水性均无明显变化，水接触角仍保持在130°以上。此结果表明，多级复合纳米纤维膜具有较强的化学稳定性，在极端环境下（超声和酸性、碱性溶液），仍能保持良好的抗水浸润能力。

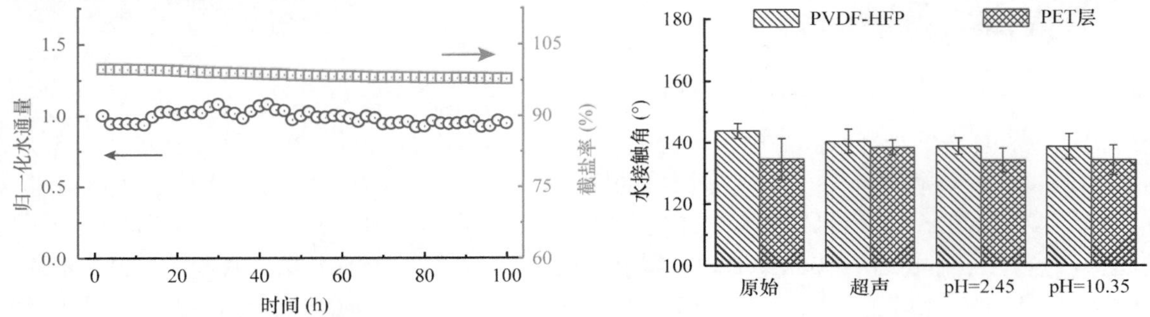

图25.25　多级静电纺丝纳米纤维膜在DCMD测试中的长期稳定性和化学稳定性

因此，采用PVDF-HFP静电纺丝纳米纤维膜和PET纳米纤维膜构建多级薄层复合结构的高通量膜蒸馏膜，在60℃温差下其膜蒸馏水通量高达90.05L/(m^2·h)。

三、FO-MD膜集成技术

为实现FO运行时稳定的水通量及分离效率，需要维持FO膜两侧恒定的驱动力，即需要提供恒定汲取液浓度，以保证膜两侧渗透压差。膜蒸馏（MD）作为蒸汽压差驱动的膜分离过程，常被用于浓缩FO系统的汲取液，保证FO系统的可持续运行，即FO-MD膜集成系统。集成系统运行中，首先进料液可在常温下通过FO工艺进行分离或浓缩处理，同时，其汲取液则通过MD工艺保持恒定浓度（图25.26）。集成系统可以耦合两种工艺的优点，同时生产出高浓缩产品（FO段产物）和高品质产水（MD段产物）。

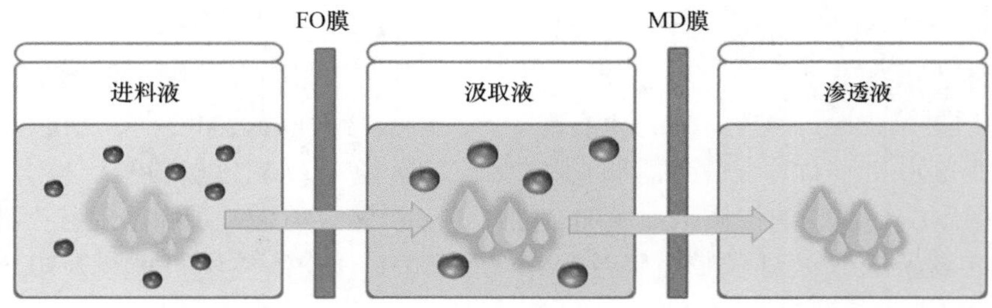

图25.26　FO-MD膜集成系统示意图

FO-MD膜集成系统中FO段工艺从原始进料液中汲取水进入到汲取液侧，而MD工艺再浓缩被稀释的汲取液并产成纯水。FO-MD膜集成系统有机集成耦合了这两种工艺的优点，可以在FO浓缩产品的同时提供高品质产水。目前已有相关FO-MD膜集成系统用于不同废水处理的报道。Yen等（2010）使用MD工艺回收浓缩FO工艺中被稀释的2-甲基咪唑基溶液。Wang等（2015）将FO-MD膜集成系统应用于回收氯化钠（NaCl）汲取液的报道，证明FO和MD过程可以同步稳定运行，保持系统平衡。Wang等（2011）采用FO-MD膜集成系统浓缩蛋白溶液，其中FO用于蛋白溶液的浓缩脱水，而MD用于FO的汲取液回收。Ge等（2012）将小试规模的FO-MD膜集成系统用于浓缩染料溶液，当FO和MD过程水通量相同时，膜集成系统效率最高。Ge等（2016）通过FO-MD膜集成装置去除水中有剧毒的三价砷组分。Xie等（2013）、Liu等（2016）和Zhang等（2014a）利用FO-MD膜集成系统分别处理矿井废水、人体尿液和含油废水，效果良好。这说明FO-MD工艺在工业、生物、农业等诸多行业均具有良好的应用前景。

由于在正渗透处理工艺中只要提供合适渗透压的汲取液，就可得到较好的截留和通量水平，获得较好的进水处理效果，就可以克服反渗透过程中难以逾越的高渗透压的限制，处理成分复杂的进水。因此，正渗透技术在水处理行业中具有显著的技术优势和较大的应用空间（Qasim et al.，2015；Zhao et al.，2012）。同时针对汲取液回收问题，MD技术提供了有力保证，且MD技术的高品质产水可以使市政污水的出水深度净化，直接达到高纯水水质标准，能够极大提升市政污水的处理程度。尤其在特殊领域，如航天领域空间站等特定环境中，生活污水经FO-MD膜集成系统处理后可以达到饮用水或更高标准，可以满足高品质用水需求。因此FO-MD膜集成系统可以极大拓宽市政污水处理后的出水使用范围，在环保水处理领域颇具竞争力。

如图25.27所示，FO-MD膜集成系统中，以1.0mol/L氯化钠汲取液进行市政污水处理时的通量约为18L/(m^2・h)，此时FO-MD膜集成系统可以稳定运行长达75h，FO段水通量和汲取液电导率都维持在相对稳定状态，氯化钠汲取液虽然一直不断汲取市政污水进水中的水分，不断被稀释，但同时又被后续MD工艺不断浓缩，处于两段工艺交接点，氯化钠溶液的电导率有轻微下降，这可能是长期运行过程中FO段存在轻微盐反渗现象，使汲取液溶质有轻微损失导致，汲取液电导率可维持在76～78mS/cm，说明汲取液的浓度保持在可接受的稳定状态下。这也表明我们制备的hPG-TFC FO膜性能良好，可以实现FO-MD膜集成系统中FO段的长期稳定运行。而与FO-MD膜集成系统稳定无波动的水通量规律形成鲜明对比，采用单独FO工艺进行市政污水处理时，由于浓缩过程中汲取液的不断稀释，hPG-TFC FO膜的水通量不断降低，在运行24h后水通量就降低到6L/(m^2・h)以下，水处理效率大大降低。

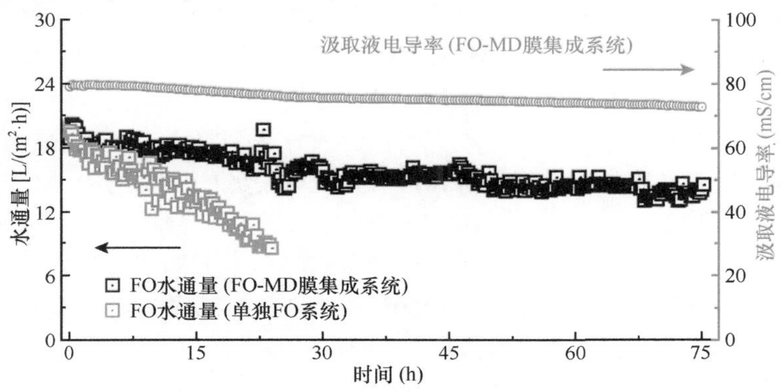

图25.27　FO-MD膜集成系统处理市政污水时FO段水通量及汲取液电导率和单独FO系统处理污水时的水通量

同时，FO-MD膜集成系统处理市政污水的75h中，我们通过检测MD段水通量及MD渗透液的电导率变化，及时调整两段工艺的参数匹配。结果如图25.28所示，在水处理过程中，调节MD段冷凝液温度为（3±2）℃，此时MD段水通量范围为14～17L/(m^2・h)。MD段水通量维持稳定，基本与FO段持平，这也是FO-MD工艺可持续运行的保证。且MD渗透液一直保持在良好的水平，在处理市政污水75h后，仍然在10μS/cm左右，说明MD段仍然保持了良好的截盐性能，出水水质优良。同时我们通过对MD产水的化学需氧量进行检测，发现MD产水一侧无COD检出，这些实验结果说明FO-MD膜集成系统既能长时间稳定可持续运行，又能有效产出高品质纯水，极大提高了市政污水处理的出水水质标准，可以直接实现高品质出水的产出，在诸如航天等领域具有极大的应用潜力。

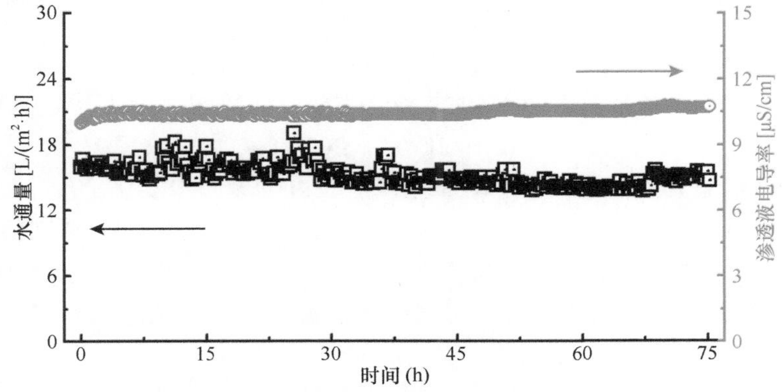

图25.28　FO-MD膜集成系统处理市政污水时MD段水通量及渗透液电导率变化

第五节　面向海水淡化和废水处理的膜技术发展方向与展望

一、有潜力的膜集成技术开发与应用

（一）面向能源回收的新型膜集成技术开发的研究意义

“十三五”规划（2016～2020年）明确提出要“推动海水淡化规模化应用”。随后，《全国海水利用“十三五”规划》明确要求“‘十三五末’，全国海水淡化总规模达到220万吨/日以上”（国家发展和改革委员会和国家海洋局，2016）。海水淡化将迎来发展的关键时期，另据国家海洋局发布的《2016年全国海水利用报告》可知，截至2016年底，我国已建成反渗透（reverse osmosis，RO）海水淡化规模达到81.3万t/d，占全国总装机容量的68.40%和新增装机容量的88.40%（国家海洋局，2017）。因此，反渗透技术已成为我国海洋淡化规模化应用的首要手段，然而与该技术伴生的浓盐水如若不进行有效处理或高效利用将造成近海海域生态环境恶化（马学虎等，2015；Lattemann and Höpner，2008；Roberts et al.，2010），严重制约海水淡化产业健康、快速发展乃至环境友好型社会的建设和蓝色经济空间的扩展。

目前，反渗透浓盐水的常规处理思路为通过料液浓缩技术实现浓盐水的资源化回收利用，从而实现浓盐水的零排放（Elimelech and Phillip，2011；李卜义和王建友，2014；Subramani and Jacangelo，2014；Tong and Elimelech，2016；陈静等，2017）。然而，此过程仍以消耗大量能源及产生巨量温室气体为代价，且产品附加值有限。若处理思路转变为回收反渗透浓盐水潜在能源，则浓盐水所谓的“盐污染”和“热污染”将意味着盐差能和温差能。因此，浓盐水处理可由物质资源调整为能源资源，变“废”为“能”，利用相应的膜集成技术提取反渗透浓盐水潜能，可在最大化提取能源的同时消除“盐污染”和“热污染”的不利影响，造就人与自然的和谐共生，对于环境友好型社会建设具有重要的战略意义和应用价值。

另外，近十年来，随着我国滨海地区社会经济的高速发展，沿海地区生活污水和工业废水的排放量急剧增加，其中东南沿海地区废水排放量增加了近60%（吕剑等，2016）。大量污染物随不达标甚至未经处理的污水排放至近海水域，导致严重的海洋环境污染和生态功能退化，已成为制约我国沿海地区社会经济可持续发展的重要因素。

目前，我国排海污水的处理还主要遵循传统污水处理模式，从资源能源的角度来看，通过消耗大量的化学药品和能源，将污水中的有机物转化为CO_2和污泥，是一个高投入、高产污和低效率的工艺过程。这种以能源消耗和污染转嫁为代价的污水处理模式与全球范围内寻求对能源和资源可持续利用的诉求背道而驰（Guest et al.，2009；胡洪营等，2015）。为此，改变传统排海污水处理理念，将排海污水视为可再生资源，同时有效利用浩瀚海洋所蕴藏的巨大清洁能源，在污染控制的同时最大限度地开发利用清洁新能源，对于海洋环境保护及海洋资源充分开发利用具有重要的战略意义和实际的应用价值。

因此，以降低海水淡化吨水能耗及提高反渗透浓水和废水再生利用率为目标，将反渗透浓盐水或者排海污废水视为能源载体，利用膜集成技术高效提取其潜能，具有极好的研究价值及未来应用潜力。

（二）面向能源回收的两种潜在膜集成工艺简介

1）反渗透-压力延迟渗透-热渗透耦合工艺提取反渗透浓盐水潜能

依据全球反渗透海水淡化总装机容量和浓盐水含盐量可估算压力延迟渗透（PRO）提取盐差能的能量规模。2016年全球总装机容量为53.4Mt/d（IDA[①]，2017），水回收率按50%计算，浓盐水含盐量以1.1mol/L NaCl计算，每年最大可提取29.3TW·h盐差能，占全球海水淡化工厂年均能量消耗量的39.0%（Helfer et al.，2014；Shahzad et al.，2017）。另外，根据反渗透浓盐水5℃温差估算，全球反渗透海水淡化工程每年可利用浓盐水废热量最高为114GW·h，占全球海水淡化年均能量消耗量的0.15%（IEA，2013）。虽然所占比例较低，但考虑到全球三分之一的能源消耗以废热形式释放，若耦合废热使温差提

① IDA：国际脱盐协会（International Desalination Association）。

高至40℃，所占比例将升至1.20%。因此，提取反渗透浓盐水潜能具有极大的应用价值。

压力延迟渗透（PRO）技术被视为目前最具潜力的盐差能提取技术之一（Straub et al.，2016a）。PRO过程的基本原理为利用半透膜两侧溶液渗透压差实现水自发地由低盐侧渗透到高盐侧，使汲取液体积增加，同时由于汲取液侧施加了一定的水力压力，从而可实现盐差能向机械能的转化。由于反渗透浓盐水本身具备较高的水力压力（理论上为PRO过程操作压力的2倍），经过压力交换容器适当减压后可与PRO过程实现无缝耦合。基于此，Achilli等（2014）提出了RO-PRO耦合系统并对其进行理论分析，理论模拟结果显示：在RO回收率为50%时，耦合系统理论最小吨水能耗可降至1.2kW・h/m^3。之后，Achilli等（2014）使用商品化RO和PRO膜组件构建耦合系统实验样机，测定实验数据显示：在RO回收率为30%时，吨水能耗为2.64kW・h/m^3，低于单独RO系统的能耗（3.38kW・h/m^3）。因此，RO-PRO耦合系统被誉为新一代的低能耗海水淡化技术，在有效降低吨水能耗的同时，稀释反渗透浓盐水，从而降低其对海洋生态系统的影响。

热渗透能量转化（thermo-osmotic energy conversion，TOEC）系统首次由耶鲁大学Elimelech课题组于2016年在*Nature Energy*上提出用于高效利用低温差废热（Straub et al.，2016b）。基本工作原理类似于PRO过程，差异在于驱动力及分离膜，利用疏水膜两侧温差驱动蒸汽由高温侧向低温侧扩散，蒸汽在低温侧冷凝后，产生受压流量驱动涡轮机发电，故发电功率密度依赖于温差及低温侧流体水力压力。与传统低品质热能利用技术动辄需要100℃以上温差不同，TOEC技术可利用低温差（小于80℃）废热，故工作介质可选择水相溶液，且能量转化效率高于现有技术（Straub and Elimelech，2017）。因此，TOEC技术在反渗透浓盐水废热利用方面展现出独一无二的技术优势。

综上所述，结合压力延迟渗透在提取盐差能方面的优势及热渗透在提取温差能方面的优势，将反渗透、压力延迟渗透及热渗透耦合设计将具有极好的应用潜力。图25.29为本书研究组基于此理念设计的耦合系统示意图。

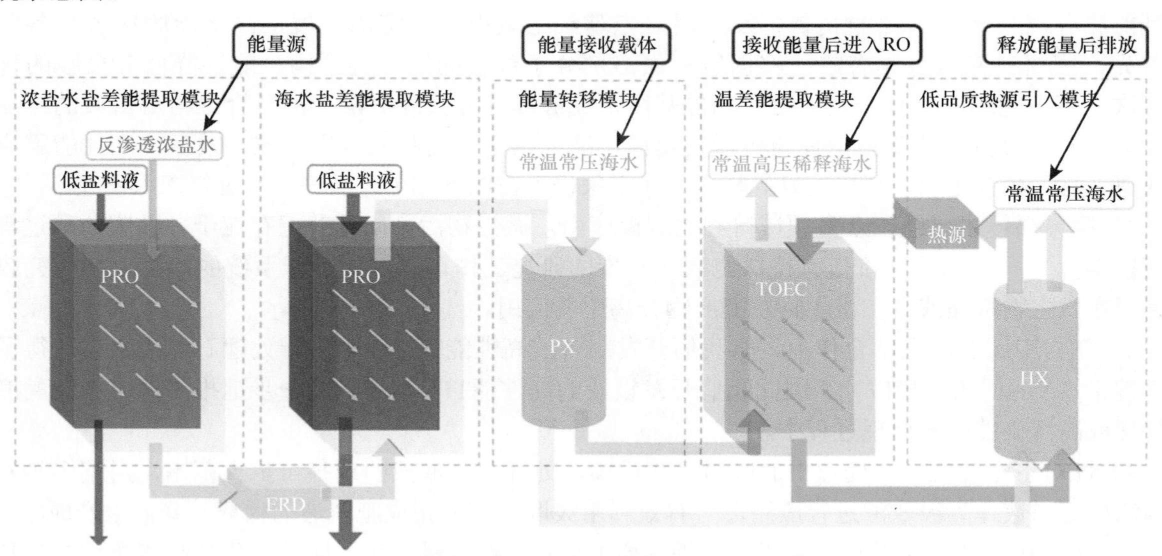

图25.29 压力延迟渗透与热渗透耦合工艺示意图（未标注反渗透过程）

PX为压力交换器（pressure exchanger）

2）压力延迟渗透-微生物染料电池耦合工艺用于排海污水处理及协同产能

微生物燃料电池（microbial fuel cell，MFC）作为一种集污水净化和微生物产电为一体的新型污水处理与能源回收技术，近年来受到了世界范围内的广泛关注和大力推广（Bond et al.，2002；Logan and Korneel，2012；Wu et al.，2016）。其主要工作原理是在阳极通过微生物氧化去除污水中的有机物，同时产电微生物将氧化产生的电子和质子分别通过外电路与质子膜传递至阴极被O_2等电子受体捕获生成H_2O（Logan et al.，2006；Peter et al.，2007）。与传统污水处理技术相比，MFC的优势在于能够在降解污水中有机污染物的同时将蕴藏其中的化学能直接转化为电能进行回收，从而有效降低污水处理过程的能源消耗。如若将PRO与MFC耦合，构建压力延迟渗透-微生物燃料电池（PRO-MFC）耦合系统，采用PRO膜替代MFC中的离子交换膜，利用PRO的传质特性完成基于MFC原理的污水处理及生物产电过程，以渗透压作为膜过程的驱动力，既节省了压力膜系统所需能耗，同时相较于多孔膜系统又明显提高了对污水中碳源有机物的截留和富集效果以供产电微生物使用，将高品质处理水汲取至浓盐水一侧，同步实现处理污水的安全排放及污水盐差发电功能。图25.30为本书研究组基于此理念设计的耦合系统示意图。

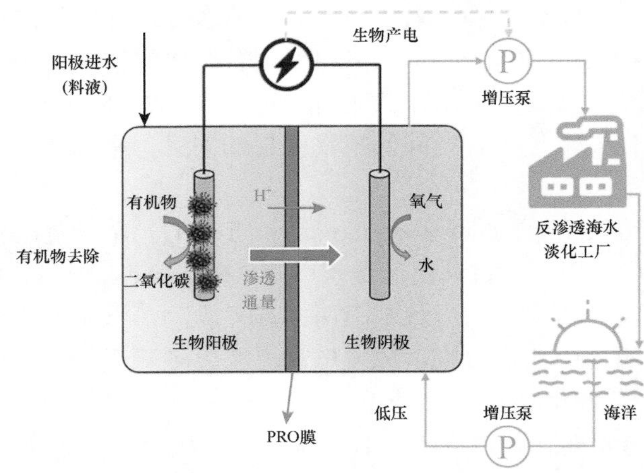

图25.30　压力延迟渗透-微生物染料电池耦合工艺示意图

二、总结和展望

目前膜分离技术在高性能膜制备及应用研究基础上取得了一定的进展，高性能膜应该具备四个特点：首先，膜材料应自身具有或能够创造可供溶剂分子传输的纳米孔结构，能够降低分离膜的传质阻力；其次，高性能膜应具有一定的特殊功能基团，能够提升分离膜对溶剂的亲合性与对溶质的排斥性；再次，膜应具备良好的化学稳定性与机械稳定性，能够拓宽分离膜的应用领域；最后，高性能膜应具备成本低廉、易于放大生产、环境友好等特点。在未来仍可在以下几个方面进一步进行深入研究。

（1）膜分离技术已经在众多领域得到大规模应用，微生物污染问题普遍存在于各种膜分离过程中，抗菌膜在实际生产中的应用价值有待探究。下一步的研究工作可以对此进行系统的研究，如探究载银抗菌分离膜在微生物浓缩或者在微生物发酵产物分离中的应用。

（2）在与中国石油大学合作中，将我们开发制备的高性能TFC膜应用于处理石油废水亦取得了良好的处理效果（Xu et al.，2017）。因此我们开发设计的高性能TFC膜还可进一步地推广应用于高黏度液体食品处理或高污染性进水处理过程中。

（3）针对正渗透在污水处理中的应用，在后续水处理中汲取液的选择可扩大范围，考察多种农业领域的高浓度肥料液作为汲取液进行应用，可有效利用汲取的水分完成肥料液的稀释，降低生产成本。

（4）FO-MD膜集成工艺还可用于热敏性物质的处理，在食品加工、医药、生化技术领域有独特的实用性。因为FO-MD膜集成工艺不仅可以充分发挥FO工艺高低能耗和常温常压操作的优势，还解决了FO工艺中由汲取液的自稀释导致的不能连续高效运行的问题，极大拓宽了FO的实际应用范围。

（5）高通量的膜在实际应用中可能面临更加严重的膜污染风险，产生严重的ICP，研究优化并选择合适的通量值具有十分重要的现实意义。

（6）探索与拓宽FO膜的具体实际应用也是下一步需要持续研究的重要课题。

参考文献

陈静, 张杰, 金艳, 等. 2017. 纳滤-反渗透集成处理海水淡化浓盐水工艺研究. 水处理技术, 43(5): 108-113.

陈侠, 詹志斌, 陈丽芳, 等. 2002. 纳滤作为反渗透海水淡化预处理的研究. 膜科学与技术, 33(5): 59-62.
狄乾斌, 韩雨汐. 2014. 熵视角下的中国海洋生态系统可持续发展能力分析. 地理科学, 34(6): 664-671.
狄乾斌, 刘欣欣, 王萌. 2014. 我国海洋产业结构变动对海洋经济增长贡献的时空差异研究. 经济地理, 34(10): 98-103.
国家发展和改革委员会, 国家海洋局. 2016. 全国海水利用“十三五”规划.
国家海洋局. 2017. 2016年全国海水利用报告. 北京: 自然资源部海洋战略规划与经济司.
胡洪营, 吴光学, 吴乾元, 等. 2015. 面向污水资源极尽利用的污水精炼技术与模式探讨. 环境工程技术学报, (1): 1-6.
李卜义, 王建友. 2014. 浓海水处理及综合利用技术的新进展. 化工进展, 33(11): 3067-3074.
联合国环境与发展大会. 1992. 21世纪议程. 国家环保局，译. 北京: 中国环境科学出版社.
刘耀璘. 2005. 混凝-微滤工艺用于反渗透海水淡化预处理的试验研究. 天津大学硕士学位论文.
吕剑, 骆永明, 章海波. 2016. 中国海岸带污染问题与防治措施. 中国科学院院刊, 31(10): 1175-1181.
马玖彤, 张凤君, 吴浩宇. 2003. 膜蒸馏法处理甲醇水溶液的研究. 水处理技术, 29(1): 19-21.
马学虎, 郝婷婷, 兰忠, 等. 2015. 浓盐水零排放技术研究进展. 水处理技术, 41(10): 31-41.
申庆伟. 2012. 石化废水超滤——反渗透工艺深度处理研究. 哈尔滨工业大学硕士学位论文.
王颖, 王琳. 2006. 我国城市污水资源化回用现状探析. 山西建筑, 32(15): 146-147.
王孝勤. 2010. 焦化厂废水深度处理及回用的中试研究. 武汉科技大学硕士学位论文.
熊忠华, 范显华, 罗德礼. 2008. 模拟放射性废水的超滤+反渗透处理工艺. 核化学与放射化学, 30(3): 142-145.
徐佳, 阮国岭, 高从堦. 2007. 超滤膜预处理在胶州湾海水淡化的应用. 水处理技术, 33(7): 64-67.
战祥伦. 2006. 基于生态系统方式的海岸带综合管理研究. 中国海洋大学硕士学位论文.
张嫣. 2012. 双膜技术在工业废水回用领域的应用. 科技资讯, (32): 44.
张灵杰. 2001. 美国海岸带综合管理及其对我国的借鉴意义. 世界地理研究, 10(2): 42-48.
钟世安, 李宇萍, 李勃, 等. 2003. 减压膜蒸馏处理茶多酚-乙醇-水溶液. 膜科学与技术, 23(1): 21-24.
Achilli A, Prante J L, Hancock N T, et al. 2014. Experimental results from RO-PRO: a next generation system for low-energy desalination. Environmental Science & Technology, 48(11): 6437-6443.
Akther N, Sodiq A, Giwa A, et al. 2015. Recent advancements in forward osmosis desalination: a review. Chemical Engineering Journal, 281: 502-522.
Alkhudhiri A, Darwish N, Hilal N. 2012. Membrane distillation: a comprehensive review. Desalination, 287: 2-18.
Banat F A, Simandl J. 2000. Membrane distillation for propanone removal from aqueous streams. Journal of Chemical Technology & Biotechnology, 75(2): 168-178.
Bond D R, Holmes D E, Tender L M, et al. 2002. Electrode-reducing microorganisms that harvest energy from marine sediments. Science, 295(5554): 483-485.
Branstetter L, Lardy N. 2006. China’s Embrace of Globalization. National Bureau of Economic Research Working Paper Series. No. 12373.
Cai M, Li K. 2011. Economic losses from marine pollution adjacent to Pearl River Estuary, China. Procedia Engineering, 18: 43-52.
Calabro V, Jiao B L, Drioli E. 1994. Theoretical and experimental study on membrane distillation in the concentration of orange juice. Industrial & Engineering Chemistry Research, 33(7): 1803-1808.
Camargo J A, Alonso Á. 2006. Ecological and toxicological effects of inorganic nitrogen pollution in aquatic ecosystems: a global assessment. Environment International, 32(6): 831-849.
Cath T, Childress A, Elimelech M. 2006. Forward osmosis: principles, applications, and recent developments. Journal of Membrane Science, 281(1-2): 70-87.
Chen J, Wang Y, Song M, et al. 2017. Analyzing the decoupling relationship between marine economic growth and marine pollution in China. Ocean Engineering, 137: 1-12.
Cheryan M. 1998. Ultrafiltration and Microfiltration Handbook. Boca Raton: CRC press.
Darwish M A, Abdulrahim H K, Hassan A S, et al. 2016. The forward osmosis and desalination. Desalination and Water Treatment, 57(10): 4269-4295.
Duong P H, Chisca S, Hong P Y, et al. 2015. Hydroxyl functionalized polytriazole-co- polyoxadiazole as substrates for forward osmosis membranes. ACS Applied Materials & Interfaces, 7(7): 3960-3973.
El-Bourawi M S, Ding Z, Ma R, et al. 2006. A framework for better understanding membrane distillation separation process. Journal of Membrane Science, 285(1-2): 4-29.

Elimelech M, Phillip W A. 2011. The future of seawater desalination: energy, technology, and the environment. Science, 333(6043): 712-717.

Fane A G, Wang R, Hu M X. 2015. Synthetic membranes for water purification: status and future. Angewandte Chemie International Edition, 54: 3368-3386.

García-Payo M C, Izquierdo-Gil M A, Fernández-Pineda C. 2000. Air gap membrane distillation of aqueous alcohol solutions. Journal of Membrane Science, 169(1): 61-80.

Ge Q, Han G, Chung T S. 2016. Effective As (III) removal by a multi-charged hydroacid complex draw solute facilitated forward osmosis-membrane distillation (FO-MD) processes. Environmental Science & Technology, 50(5): 2363-2370.

Ge Q, Wang P, Wan C, et al. 2012. Polyelectrolyte-promoted forward osmosis-membrane distillation (FO-MD) hybrid process for dye wastewater treatment. Environmental Science & Technology, 46(11): 6236-6243.

Goh K, Setiawan L, Wei L, et al. 2013. Fabrication of novel functionalized multi-walled carbon nanotube immobilized hollow fiber membranes for enhanced performance in forward osmosis process. Journal of Membrane Science, 446: 244-254.

Gozálvez-Zafrilla J M, Sanz-Escribano D, Lora-García J, et. al. 2008. Nanofiltration of secondary effluent for wastewater reuse in the textile industry. Desalination, 222(1-3): 272-279.

Gryta M, Karakulski K. 1999. The application of membrane distillation for the concentration of oil-water emulsions. Desalination, 121(1): 23-29.

Guest J S, Skerlos S J, Barnard J L, et al. 2009. A new planning and design paradigm to achieve sustainable resource recovery from wastewater. Environmental Science & Technology, 43(16): 6126-6130.

Guo W, Ngo H H, Li J. 2012. A mini-review on membrane fouling. Bioresource Technology, 122(5): 27-34.

Han G, Chung T S, Toriida M, et al. 2012. Thin-film composite forward osmosis membranes with novel hydrophilic supports for desalination. Journal of Membrane Science, 423-424: 543-555.

Hancock N T, Cath T Y. 2009. Solute coupled diffusion in osmotically driven membrane processes. Environmental Science & Technology, 43(17): 6769-6775.

Hassan A M, Al-Sofi M A K, Al-Amodi A S, et. al. 1997. A nanofiltration (NF) membrane pretreatment of SWRO feed and MSF make-up. Proceedings of the IDA World Congress on Desalination and Water Reuse Madrid: 1556-1557.

Helfer F, Lemckert C, Anissimov Y G. 2014. Osmotic power with pressure retarded osmosis: theory, performance and trends-a review. Journal of Membrane Science, 453: 337-358.

Hoover L A, Phillip W A, Tiraferri A, et al. 2011. Forward with osmosis: emerging applications for greater sustainability. Environmental Science & Technology, 45(23): 9824-9830.

Huang L, Bui N-N, Meyering M T, et al. 2013. Novel hydrophilic nylon 6, 6 microfiltration membrane supported thin film composite membranes for engineered osmosis. Journal of Membrane Science, 437: 141-149.

IDA. 2017. IDA Desalination Yearbook 2016-2017.

IEA. 2013. Key World Energy Statistics 2012. Paris: International Energy Agency.

Jima K J, Fane A G, Fell C J D, et. al. 1992. Fouling mechanisms of membranes during protein ultrafiltration. Journal of Membrane Science, 68(1-2): 79-91.

Kim K J, Fane A G, Fell C J D. 1992. Fouling mechanisms of membranes during protein ultrafiltration. Journal of Membrane Science, 68: 79-91.

Kim Y, Elimelech M, Shon H K, et. al. 2014. Combined organic and colloidal fouling in forward osmosis: Fouling reversibility and the role of applied pressure. Journal of Membrane Science, 460: 206-212.

Kwan S E, Bar-Zeev E, Elimelech M. 2015. Biofouling in forward osmosis and reverse osmosis: measurements and mechanisms. Journal of Membrane Science, 493: 703-708.

Lakshmi A, Rajagopalan R. 2000. Sicio-economic implications of coastal zone degradation and their mitigation: a case study from coastal villages in India. Ocean and Coastal Management, 43(8-9): 749-762.

Lattemann S, Höpner T. 2008. Environmental impact and impact assessment of seawater desalination. Desalination, 220(1-3): 1-15.

Lawson K W, Lloyd D R. 1997. Membrane distillation. Journal of Membrane Science, 124(1): 1-25.

Liu Q, Liu C, Zhao L, et al. 2016. Integrated forward osmosis-membrane distillation process for human urine treatment. Water Research, 91(1): 45-54.

Liyanaarachchi S J V, Muthukumaran S. 2016. Mass balance for a novel RO/FO hybrid system in seawater desalination. Journal of

Membrane Science, 501: 199-208.

Logan B E, Bert H, René R, et al. 2006. Microbial fuel cells: methodology and technology. Environmental Science & Technology, 40(17): 5181-5192.

Logan B E, Korneel R. 2012. Conversion of wastes into bioelectricity and chemicals by using microbial electrochemical technologies. Science, 337(6095): 686-690.

Lucas R E B, Wheeler D, Hettige H. 1992. Economic development, environmental regulation and the international migration of toxic industrial pollution: 1960-88. Policy Research Working Paper, 2007(4): 13-18.

Martinetti C R, Childress A E, Cath T Y. 2009. High recovery of concentrated RO brines using forward osmosis and membrane distillation. Journal of Membrane Science, 331(1-2): 31-39.

Motsa M M, Mamba B B, Thwala J M. 2017. Osmotic backwash of fouled FO membranes: Cleaning mechanisms and membrane surface properties after cleaning. Desalination, 402: 62-71.

Mulder J. 1996. Basic principles of membrane technology. Dordrecht: Springer Science & Business Media.

Pangarkar B L, Sane M G, Parjane S B, et al. 2013. Status of membrane distillation for water and wastewater treatment-a review. Desalination and Water Treatment, 52(28-30): 5199-5218.

Park H B, Kamcev J, Robeson L M, et al 2017. Maximizing the right stuff: The trade-off between membrane permeability and selectivity. Science, 356(6343): eaab0530.

Pendergast M M, Hoek E M V. 2011. A review of water treatment membrane nanotechnologies. Energy & Environmental Science, 4(6): 1946-1971.

Pernetta J, Elder D. 1993. Cross-sectoral, integrated coastal area planning (CICAP): guidelines and principle for coastal area development. Gland, IUCN.

Peter C, Korneel R, Peter A, et al. 2007. Biological denitrification in microbial fuel cells. Environmental Science & Technology, 41(9): 3354-3360.

Petersen R J. 1993. Composite reverse osmosis and nanofiltration membranes. Journal of Membrane Science, 83: 81-150.

Pizzichini M, Russo C, Di Meo C. 2005. Purification of pulp and paper wastewater with membrane technology for water reuse in a closed loop. Desalination, 178(1): 351-359.

Prante J L, Ruskowitz J A, Childress A E, et al. 2014. RO-PRO desalination: an integrated low-energy approach to seawater desalination. Applied Energy, 120: 104-114.

Puguan J M C, Kim H S, Lee K J, et al. 2014. Low internal concentration polarization in forward osmosis membranes with hydrophilic crosslinked PVA nanofibers as porous support layer. Desalination, 336: 24-31.

Pype M L, Patureau D, Wery N, et al. 2013. Monitoring reverse osmosis performance: conductivity versus fluorescence excitation-emission matrix (EEM). Journal of Membrane Science, 428: 205-211.

Qasim M, Darwish N A, Sarp S, et al. 2015. Water desalination by forward (direct) osmosis phenomenon: a comprehensive review. Desalination, 374: 47-69.

Rastogi N K. 2016. Opportunities and challenges in application of forward osmosis in food processing. Critical Reviews in Food Science and Nutrition, 56(2): 266-291.

Ren J, McCutcheon J R. 2014. A new commercial thin film composite membrane for forward osmosis. Desalination, 343: 187-193.

Roberts D A, Johnston E L, Knott N A. 2010. Impacts of desalination plant discharges on the marine environment: a critical review of published studies. Water Research, 44(18): 5117-5128.

Romero-Vargas C S, Lu X, Shaffer D L, et al. 2014. Amine enrichment and poly (ethylene glycol) (PEG) surface modification of thin-film composite forward osmosis membranes for organic fouling control. Journal of Membrane Science, 450: 331-339.

Shaffer D L, Werber J R, Jaramillo H, et al. 2015. Forward osmosis: where are we now? Desalination, 356: 271-284.

Shahzad M W, Burhan M, Li A, et al. 2017. Energy-water-environment nexus underpinning future desalination sustainability. Desalination, 413: 52-64.

Shannon M A, Bohn P W, Elimelech M, et al. 2008. Science and technology for water purification in the coming decades. Nature, 452(7185): 301-310.

Sourirajan S. 1970. Reverse Osmosis. New York: Academic Press.

Straub A P, Deshmukh A, Elimelech M. 2016a. Pressure-retarded osmosis for power generation from salinity gradients: is it viable? Energy & Environmental Science, 9(1): 31-48.

Straub A P, Elimelech M. 2017. Energy efficiency and performance limiting effects in thermo-osmotic energy conversion from low-grade heat. Environmental Science & Technology, 51(21): 12925-12937.

Straub A P, Yip N Y, Lin S, et al. 2016b. Harvesting low-grade heat energy using thermo-osmotic vapor transport through nanoporous membranes. Nature Energy, 1(7): 16090.

Subramani A, Jacangelo J G. 2014. Treatment technologies for reverse osmosis concentrate volume minimization: a review. Separation and Purification Technology, 122(3): 472-489.

Tiraferri A, Kang Y, Giannelis E P, et al. 2012. Highly hydrophilic thin-film composite forward osmosis membranes functionalized with surface-tailored nanoparticles. ACS Applied Materials & Interfaces, 4(9): 5044-5053.

Tomaszewska M, Gryta M, Morawski A W. 1995. Study on the concentration of acids by membrane distillation. Journal of Membrane Science, 102(13): 113-122.

Tong T, Elimelech M. 2016. The global rise of zero liquid discharge for wastewater management: drivers, technologies, and future directions. Environmental Science & Technology, 50(13): 6846-6855.

Tseng C H, Lei C, Chen Y C. 2018. Evaluating the health costs of oral hexavalent chromium exposure from water pollution: a case study in Taiwan. Journal of Clearer Production, 172: 819-826.

Urtiaga A M, Ruiz G, Ortiz I. 2000. Kinetic analysis of the vacuum membrane distillation of chloroform from aqueous solutions. Journal of Membrane Science, 165(1): 99-110.

Wang K Y, Teoh M M, Nugroho A, et al. 2011. Integrated forward osmosis–membrane distillation (FO-MD) hybrid system for the concentration of protein solutions. Chemical Engineering Science, 66(11): 2421-2430.

Wang P, Cui Y, Ge Q, et al. 2015. Evaluation of hydroacid complex in the forward osmosis-membrane distillation (FO-MD) system for desalination. Journal of Membrane Science, 494: 1-7.

Wu S, Hui L, Zhou X, et al. 2016. A novel pilot-scale stacked microbial fuel cell for efficient electricity generation and wastewater treatment. Water Research, 98: 396-403.

Xiao P, Nghiem L D, Yin Y, et al. 2015. A sacrificial-layer approach to fabricate polysulfone support for forward osmosis thin-film composite membranes with reduced internal concentration polarisation. Journal of Membrane Science, 481: 106-114.

Xie M, Nghiem L D, Price W E, et al. 2013. A forward osmosis-membrane distillation hybrid process for direct sewer mining: system performance and limitations. Environmental Science & Technology, 47(23): 13486-13493.

Xu S, Lin P, An X, et al. 2017. High-performance forward osmosis membranes used for treating high-salinity oil-bearing wastewater. Industrial & Engineering Chemistry Research, 56(43): 12385-12394.

Yalcin F, Koyuncu I, Ozturk I, et al. 1999. Pilot scale UF and RO studies on water reuse in corrugated board industry. Water science and Technology, 40(4-5): 303-310.

Yang Y, Lohwacharin J, Takizawa S. 2014. Hybrid ferrihydrite-MF/UF membrane filtration for the simultaneous removal of dissolved organic matter and phosphate. Water Research, 65: 177-185.

Yen S K, Mehnas Haja N F, Su M, et al. 2010. Study of draw solutes using 2-methylimidazole-based compounds in forward osmosis. Journal of Membrane Science, 364(1-2): 242-252.

Zakrzewska-Trznadel G, Harasimowicz M, Chmielewski A G. 2001. Membrane processes in nuclear technology-application for liquid radioactive waste treatment. Separation and Purification Technology, 22-23: 617-625.

Zaviska F, Chun Y, Heran M, et al. 2015. Using FO as pre-treatment of RO for high scaling potential brackish water: Energy and performance optimisation. Journal of Membrane Science, 492: 430-438.

Zhang R, Liu Y, He M, et al. 2016. Antifouling membranes for sustainable water purification: strategies and mechanisms. Chemical Society Reviews, 45(21): 5888-5924.

Zhang S, Wang P, Fu X Z, et al. 2014a. Sustainable water recovery from oily wastewater via forward osmosis-membrane distillation (FO-MD). Water Research, 52(4): 112-121.

Zhang Y L, Huang W, Ran Y, et al. 2014b. Compositions and constituents of freshwater dissolved organic matter isolated by reverse osmosis. Marine Pollution Bulletin, 85(1): 60-66.

Zhao S, Zou L, Tang C Y, et al. 2012. Recent developments in forward osmosis: opportunities and challenges. Journal of Membrane Science, 396: 1-21.

第二十六章

基于新型复合金属氧化物吸附材料的海岸带污染水体处理技术①

① 本章作者：张高生，陈静

海岸带是海陆交替的过渡带，兼具陆地和海洋双重特性，由于独特的地理位置与丰富的资源环境，海岸带人口密集，经济发达，是关乎人类社会发展的重要地带。随着沿海工业的高速发展与城市群的兴起，多种污染物也伴随着大量生活污水、工业废水、农业灌溉水及养殖废水等各种废水进入到海岸带水环境中，造成了水体质量的恶化与生态功能的退化，加剧了近岸海域与近海养殖区域的水体污染。其中，营养盐与重金属是目前影响我国海岸带地区水体质量的主要常规污染物，因此，愈加重视海岸带污染水体中磷与重金属离子的去除。鉴于海岸带特殊的地域特征与高盐度、高pH的水质条件，污染水体的处理与修复难度增加。目前，污染水体的处理技术主要有混凝沉淀/过滤、离子交换、膜分离与吸附等方法。其中，吸附法是利用对污染物有较强吸附能力的材料，把污染物从水中分离去除，具有高效、适应性强、易操作及无二次污染等优点，是目前应用较多的污染水体处理与修复技术。

吸附材料是吸附技术的关键，为提高处理效率、降低运行成本，吸附材料的研究重点由传统的炭质类、矿物类吸附剂逐渐向尺度小、比表面积大、吸附能力强的纳米金属氧化物吸附剂转变，如铁氧化物、铝氧化物、锌氧化物、锆氧化物、铜氧化物、锰氧化物及稀土类元素的氧化物等。而且，近期的研究表明，将两种或两种以上金属氧化物结合在一起制备的复合金属氧化物，不仅可以继承母体组分的优点，且组分间能形成协同效应，比单一金属氧化物具有更好的选择性、吸附性及更广的应用范围，这为海岸带磷及重金属污染水体的有效处理提供了技术支撑。

第一节　新型复合金属氧化物的除砷技术

砷是世界范围内广受关注、高毒性的类重金属元素，过量的砷进入生物体后，会严重威胁生物体健康，严重者还可能因急性中毒而死亡。砷在水环境中主要以As（Ⅲ）与As（Ⅴ）的形式存在，且As（Ⅲ）比As（Ⅴ）毒性更大，更难以去除。砷污染主要来源于岩石的自然风化、生物地球化学作用、矿山的开采、化石燃料的燃烧，以及含砷饲料添加剂、农药、除草剂、杀虫剂的广泛应用，如广西养殖区含砷饵料使近岸海域污染严重，在大辽河口、莱州湾、汕头湾与广东西部沿海等近岸海域采样点的沉积物中也发现砷含量较高（史戈等，2019）。随着海洋环境污染的加重，海产品成为环境污染物的重要载体，在秦皇岛近海、北黄海与福建闽南沿海等近岸海域的海产品中检测到不同程度的砷污染（王浩然等，2018；席英玉等，2017；Zhang et al.，2012），对人类的食品安全造成潜在的影响。海岸带砷污染水体的治理日趋受到关注。

近年来的研究表明，金属氧化物对砷具有较强的亲和力，显示出高效、简便、经济等优势，特别是在自然界广泛存在的铁、锰、铜等金属氧化物，廉价易得，且带有较高的电荷，比表面积较大，对水体中的砷具有较强的吸附作用，因而有关的天然矿物、复合氧化物及负载型金属氧化物等吸附材料引起了特别关注。

一、铁铜复合氧化物的吸附除砷技术

针对海岸带水环境中砷污染问题，利用铁氧化物在偏酸性条件下对砷的优良吸附特性与铜氧化物在弱碱性条件下对砷的较好吸附特性，采用化学共同沉淀法制备了具有纳米结构的新型环境友好吸附材料——铁铜复合氧化物（Zhang et al.，2013b），并对其表面性质、砷吸附性能、吸附砷后吸附材料的脱附-再生及组分间氧化物的协同作用进行了系统研究。

（一）铁铜复合氧化物的制备

铁铜复合氧化物采用共沉淀法制备，将$FeCl_3·6H_2O$和$CuSO_4·5H_2O$按一定比例配成溶液，在快速搅拌下，将适量NaOH溶液滴入溶液中，使最终pH为7.0。继续搅拌使pH稳定后，室温下陈化、洗涤、干燥，即得到铁铜复合氧化物。

（二）铁铜复合氧化物的表面性质

铁铜复合氧化物及其扫描电镜（SEM）图如图26.1所示，制备的铁铜复合氧化物是由纳米级不规则的

颗粒团聚而成，颗粒堆积成团且无序，粒度范围为0.2～20μm，以非结晶的无定型形式存在，具有类似于二线水铁矿的结构，具有较高的比表面积（$282m^2/g$），失重百分比约为26.9%，其中自由水约占11.2%，结合水约占15.7%，且结合水以多重形式存在。

图26.1　铁铜复合氧化物及其扫描电镜图（Zhang et al.，2013b）

铁氧化物的等电点（PZC）为pH 6～6.8，CuO的PZC约为pH 9.4，二者复合之后铁铜复合氧化物的PZC与铁氧化物相比，显著升高，约为pH 7.9，即在pH＜7.9范围内，铁铜复合氧化物表面被质子化，显正电性，有利于吸附溶液中带负电的砷离子。

（三）铁铜复合氧化物的除砷性能

1. 铜铁摩尔比对铁铜复合氧化物砷吸附性能的影响

不同铜铁摩尔比（Cu∶Fe）的铁铜复合氧化物砷吸附性能如图26.2所示。当铜铁摩尔比为0∶1与1∶0时，分别为单一组分的水合氧化铁与氧化铜。实验条件下，铁铜复合氧化物对As（Ⅴ）的吸附量随着铜铁摩尔比的增加而增加，当Cu∶Fe为1∶2时，对As（Ⅴ）的吸附量最高，为53mg/g。随着铜铁摩尔比的继续增加，As（Ⅴ）的吸附量反而降低，当Cu∶Fe为1∶1时，铁铜复合氧化物对As（Ⅴ）的吸附量降低为20mg/g，与纯铁氧化物FeOOH的As（Ⅴ）吸附量（17.4mg/g）相近，而纯铜氧化物CuO的As（Ⅴ）吸附量为16mg/g，Cu∶Fe为1∶2时铁铜复合氧化物对As（Ⅴ）的理论吸附量为16.9mg/g，显著低于铁铜复合氧化物对As（Ⅴ）的实测吸附量。而且，对于As（Ⅲ），铁铜复合氧化物也具有相似的吸附去除性能，但当Cu∶Fe为1∶3时，对As（Ⅲ）的吸附量最高。由此表明，共沉淀法制备的铁铜复合氧化物对砷吸附性能明显优于单一组分氧化物，组分间展示了显著的协同效应，且铜铁摩尔比对其砷吸附性能具有一定影响。鉴于铁铜复合氧化物的砷去除效能与经济成本等因素的考虑，选用铜铁摩尔比1∶2作为最佳铜铁比。

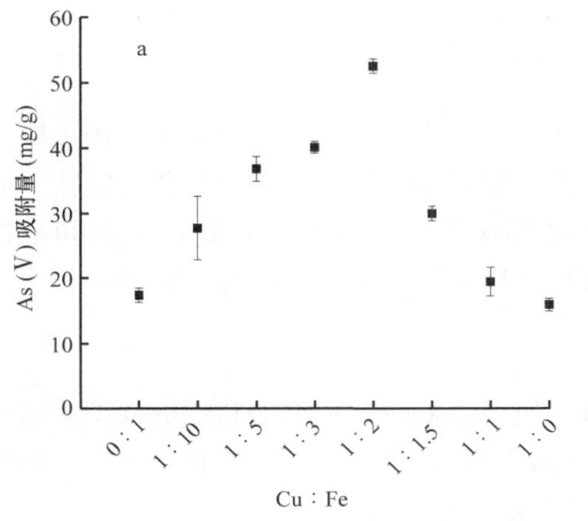

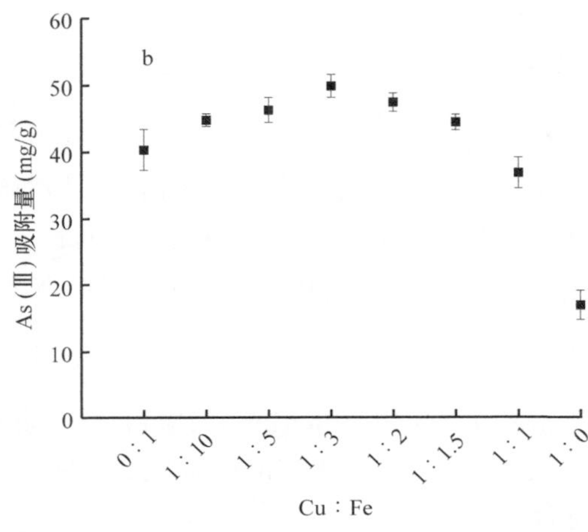

图26.2　铜铁摩尔比对砷吸附性能的影响（Zhang et al.，2013b）

2. 铁铜复合氧化物的砷吸附性能

如图26.3所示，铁铜复合氧化物对As（Ⅴ）与As（Ⅲ）均具有较强吸附性能，当溶液pH由7.0升高至9.2时，铁铜复合氧化物对As（Ⅴ）的吸附量降低，但是对As（Ⅲ）的吸附量稍有些升高。在较低的砷平衡浓度下，铁铜复合氧化物对As（Ⅴ）与As（Ⅲ）亦具有较好的吸附性能。例如，溶液pH为7.0，As（Ⅴ）的平衡浓度分别为152μg/L与9.7μg/L时，铁铜复合氧化物对As（Ⅴ）的吸附量分别为62mg/g与37mg/g；溶液pH为9.2，As（Ⅲ）的平衡浓度分别为208μg/L与6.8μg/L时，该复合氧化物对As（Ⅲ）的吸附量分别为49mg/g与20mg/g。

分别采用Langmuir模型与Freundlich模型对铁铜复合氧化物的砷吸附等温线进行拟合，结果表明，Freundlich模型较Langmuir模型能更好地描述铁铜复合氧化物对砷的吸附过程，推断As（Ⅴ）与As（Ⅲ）对砷的吸附是非均质多分子层吸附。由Freundlich模型得，溶液pH为7.0时铁铜复合氧化物对As（Ⅴ）和As（Ⅲ）的最大吸附量q_m分别为97.1mg/g与129.0mg/g，显著高于文献报道的其他砷吸附剂，具有较高的砷吸附容量。

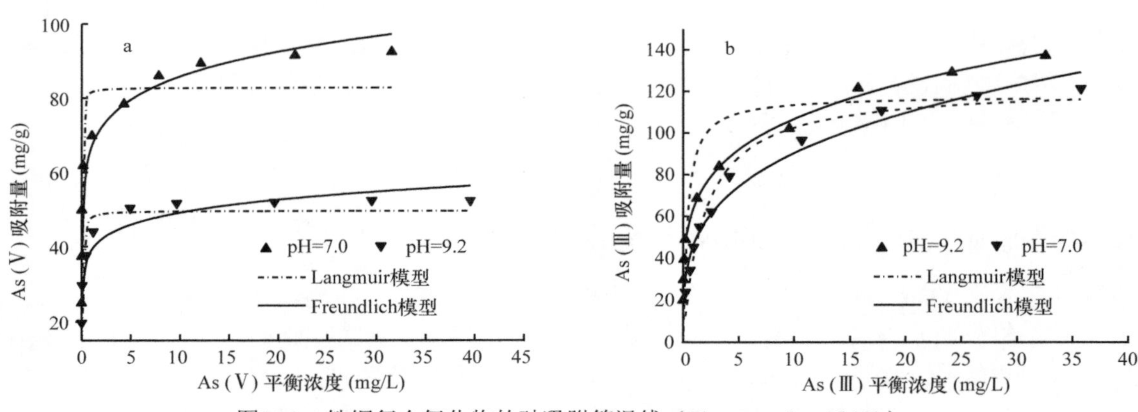

图26.3　铁铜复合氧化物的砷吸附等温线（Zhang et al.，2013b）

X射线光电子能谱（XPS）分析表明，吸附到铁铜复合氧化物表面的As（Ⅴ）与As（Ⅲ）的价态未发生变化，即在吸附过程中，As（Ⅴ）与As（Ⅲ）没有发生氧化还原反应，砷酸根主要是通过取代复合氧化物表面的羟基形成内表面络合物而被吸附去除。

对吸附As（Ⅴ）与As（Ⅲ）的铁铜复合氧化物进行脱附—再生—再吸附实验，四次循环后，As（Ⅴ）与As（Ⅲ）的吸附量仍为初次吸附时吸附量的93.8%与89.4%，由此可知，铁铜复合氧化物再生后可以循环使用，具有良好的应用前景。

二、铈锰复合氧化物的同步吸附氧化除砷技术

为了有效去除水体中的As（Ⅲ），通常需要先把As（Ⅲ）氧化为As（Ⅴ），然后再吸附去除。充分利用铈氧化物良好的砷吸附性能与锰氧化物对砷的氧化性能，室温条件下以常见的铈盐与锰盐为原料，采用方便、简易、可行的同步氧化还原/沉淀一步合成法制备铈锰复合氧化物（Ce-Mn），既可以高效去除As（Ⅴ），又可以氧化As（Ⅲ），同时高效去除As（Ⅲ）与As（Ⅴ）（Chen et al.，2018）。

（一）铈锰复合氧化物的制备

以$Ce_2(SO_4)_3 \cdot 8H_2O$和$KMnO_4$为原料，分别配制成溶液，使得$Ce_2(SO_4)_3 \cdot 8H_2O$和$KMnO_4$的物质的量比为3∶2。碱性条件下，把$KMnO_4$溶液加入$Ce_2(SO_4)_3 \cdot 8H_2O$溶液中，搅拌，静置，陈化，洗涤，干燥，得到铈锰复合氧化物。

（二）铈锰复合氧化物的表面性质

铈锰复合氧化物由纳米级凹凸不均匀的细小颗粒聚集而成，细小颗粒的初级粒径为5～20nm，该颗粒的N_2吸附-解吸等温线较为符合IUPAC中的Ⅳ型，为微孔结构，比表面积为157m^2/g，孔容为0.28cm^3/g，孔径为7.5nm，有利于吸附的进行。

（三）铈锰复合氧化物的除砷性能与机制

1. 铈锰复合氧化物的砷吸附性能

铈锰复合氧化物Ce-Mn、CeO_2与MnO_2对As（Ⅲ）与As（Ⅴ）的吸附性能如图26.4所示，Ce-Mn与CeO_2的砷吸附性能明显优于MnO_2，且Ce-Mn对As（Ⅲ）与As（Ⅴ）的吸附量也高于CeO_2，表明Ce-Mn中的铈氧化物与锰氧化物具有协同效应，能够显著增强复合氧化物对砷的吸附性能，而且对As（Ⅲ）具有更好的吸附去除效果。

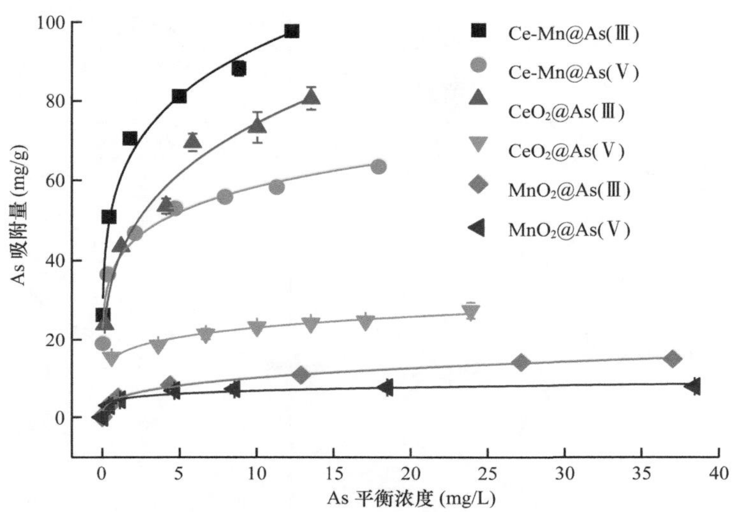

图26.4　铈锰复合氧化物的砷吸附性能（Chen et al.，2018）

分别采用Langmuir模型和Freundlich模型对Ce-Mn、CeO_2与MnO_2的砷吸附等温线进行拟合，由结果可得，Freundlich模型较Langmuir模型能更好地描述Ce-Mn对As（Ⅲ）与As（Ⅴ）的吸附，推断是发生了非均质多分子层的吸附。由Freundlich模型得，Ce-Mn复合氧化物对As（Ⅲ）与As（Ⅴ）的最大吸附量分别为97.7mg/g与63.6mg/g，与文献报道的同类吸附剂相比（表26.1），具有较高砷吸附容量。

表26.1　文献报道吸附材料的砷吸附容量比较（Chen et al.，2018）

吸附材料	浓度（mg/L）	As（Ⅲ）（mg/g）	As（Ⅴ）（mg/g）	参考文献
Ce-Mn复合氧化物	5～60	97.7（pH=7.0）	63.6（pH=7.0）	Chen et al.，2018
Fe-Mn 复合氧化物	5～40	100.4（pH=6.9）	53.9（pH=7.0）	Zhang et al.，2007a
Ce/Mn氧化物	5～50	34.89（pH=7.0）	18.6（pH=7.0）	Gupta et al.，2011，2012
Zr-TiO_2	2～20	28.6（pH=9.0）	32.4（pH=3.0）	Andjelkovic et al.，2016
Cu-Fe_3O_4	1～85	38.0（pH=5.0）	42.9（pH=5.0）	Wang et al.，2015
Zr-Mn 复合氧化物	5～40	104.5（pH=5.0）	80（pH=5.0）	Zhang et al.，2013a
Fe-Cu复合氧化物	5～60	137.9（pH=7.0）	97.1（pH=7.0）	Zhang et al.，2013b
铈改性活性炭	1～150	36.8（pH=5.0）	43.6（pH=5.0）	Yu et al.，2017
Fe^0	2～100	1.77（pH=9.2）	0.73（pH=9.8）	Su and Puls，2001

2. 铈锰复合氧化物的砷吸附机制

Ce-Mn吸附As（Ⅲ）前后As、Ce、Mn与O元素的XPS图谱分析如图26.5所示。一般认为，砷氧化物中As（Ⅴ）和As（Ⅲ）的As*3d*结合能分别是45.2～45.6eV与44.3～44.5eV（Zhang et al.，2007b，2014）。Ce-Mn吸附As（Ⅲ）后，As的XPS谱图中的As*3d*峰可以分为两个峰，分别位于45.2eV与44.3eV，这说明As（Ⅴ）与As（Ⅲ）在Ce-Mn表面同时存在，且拟合结果显示主要成分为As（Ⅴ），约占68.3%，表明Ce-Mn在吸附As（Ⅲ）的过程中，大部分As（Ⅲ）被氧化为As（Ⅴ）。

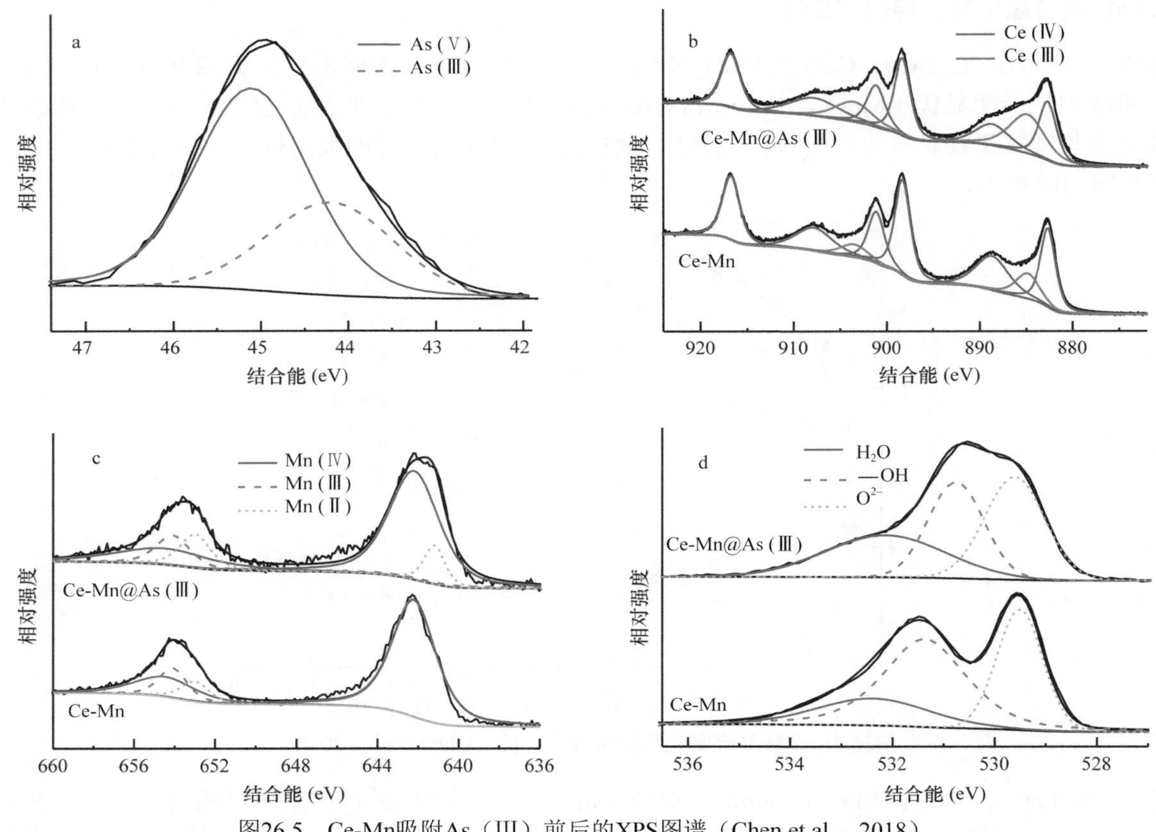

图26.5　Ce-Mn吸附As（Ⅲ）前后的XPS图谱（Chen et al.，2018）

吸附前，Ce-Mn中锰氧化物Mn的三个价态Mn（Ⅳ）、Mn（Ⅲ）与Mn（Ⅱ）比例分别为81.7%、10.9%与7.4%，说明锰氧化物的主要成分为MnO_2。吸附As（Ⅲ）后，Mn（Ⅳ）的比例降至68%，而Mn（Ⅲ）与Mn（Ⅱ）比例分别升高至14.3%与17.7%；此外，复合氧化物Ce的价态主要为Ce（Ⅳ）与Ce（Ⅲ），二者比例分别为87.3%与12.7%，表明铈氧化物主要以CeO_2的形态存在，吸附As（Ⅲ）后，Ce（Ⅳ）降低至72.9%，Ce（Ⅲ）升高至27.1%。由此可知，在As（Ⅲ）吸附氧化物的过程中，Ce-Mn中锰氧化物与铈氧化物都发生了还原反应。

由Ce-Mn吸附As（Ⅲ）前后的O图谱及其拟合结果可得，O^{2-}与H_2O比例分别由吸附前的31.4%与18.3%升高至37.4%与30.2%，而—OH的比例由吸附前的50.3%降低至32.4%，表明Ce-Mn表面的羟基再吸附砷后显著减少，即砷酸根通过取代复合氧化物表面的—OH形成内表面络合物，从而被吸附到复合氧化物的表面。

由此推断，As（Ⅲ）的吸附去除机制如下：溶液中的As（Ⅲ）通过对流和扩散方式迁移至固液界面，然后吸附到Ce-Mn表面；Ce-Mn表面氧化态Ce（Ⅳ）、Mn（Ⅳ）与Mn（Ⅲ）将吸附在表面的As（Ⅲ）氧化为As（Ⅴ），随之生成的As（Ⅴ）被有效地吸附到复合氧化物表面；伴随着锰氧化物的还原，Mn（Ⅱ）发生溶解，生成的部分As（Ⅴ）也随着从固体表面脱附进入到溶液中；随着Mn（Ⅱ）的还原溶解，固体表面产生了新的活性吸附位，有利于吸附更多的As（Ⅴ），那么进入到溶液中的As（Ⅴ）

又迁移至固液界面，被铈氧化物有效地吸附到固体表面，并形成稳定的内层表面络合物，同时部分释放到溶液中的Mn（Ⅱ）也吸附到了固体表面（Chen et al.，2018）。As（Ⅲ）在Ce-Mn表面同步吸附氧化的机制如图26.6所示，Ce-Mn复合氧化物中锰氧化物主要起到对As（Ⅲ）的氧化作用，铈氧化物既起到氧化作用，又起到对As（Ⅲ）与As（Ⅴ）的吸附作用。

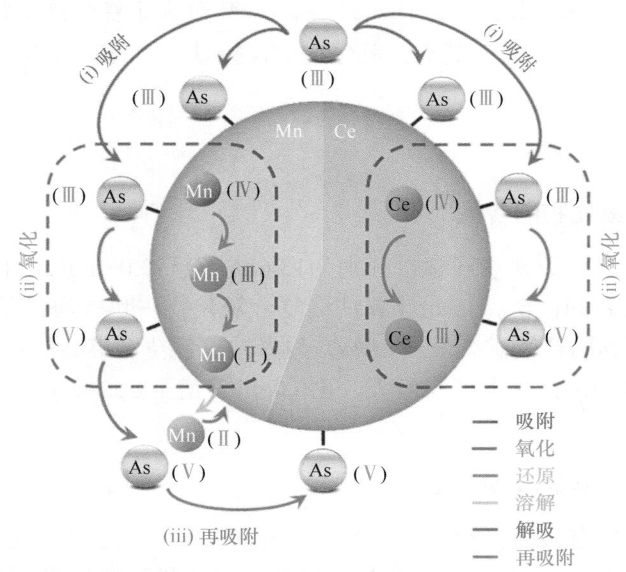

图26.6　Ce-Mn同步吸附氧化As（Ⅲ）机制图（Chen et al.，2018）

第二节　颗粒状复合金属氧化物的除磷技术

营养盐污染与水体富营养化是海岸带生态环境效应研究的重要内容，也是海岸带陆海环境管理持续关注的重点问题，我国近岸海域水体富营养化问题普遍存在，特别是高速城市化的沿海区域（史戈等，2019）。磷是影响水体富营养化的关键因素之一，过量的磷会造成水体富营养化，破坏水体的生态环境，影响人类健康和水生生物生长。为了有效控制海岸带水环境中磷含量，污染水体中磷的去除越来越受到重视。

吸附法是一种具有良好应用前景的除磷方法，尤其能够有效处理含磷量较低的水体。近年来，合成类复合金属氧化物，如铁锰（Zhang et al.，2009）、铁镧（Zhang et al.，2017）、铁锆（Ren et al.，2012b）、铁钇（李国亮等，2012）、铁铜（Li et al.，2014）、铁钛（仲艳等，2018）、铈锰（吴秋月等，2015）等系列复合氧化物，不仅继承了母体组分的优点，且组分间相互取长补短，具有显著的协同效应，与单一金属氧化物相比，对磷具有良好的吸附性与选择性。

然而，制备的吸附剂往往是粉末状，在实际应用中固液分离难度大，且不适用于固定床、流动床、吸附罐等工程设施，限制了吸附剂的应用范围。为了便于工程应用，将此类复合金属氧化物负载于固体颗粒（如石英砂、滤料等）表面或通过黏合方式制成颗粒状吸附剂，实现粉末状复合金属氧化物吸附材料的颗粒化，以期进一步扩大此类吸附材料的应用范围，为强化除磷提供经济高效的新型颗粒状吸附材料。

一、铁锰复合氧化物包覆海砂的除磷技术

前期研究表明，铁锰复合氧化物作为磷吸附剂，具有吸附量高、环境友好、pH适用范围广等优点（Zhang et al.，2009）。为了充分发挥铁锰复合氧化物的磷吸附性能，以资源丰富、价格低廉的海砂为负载材料，开展铁锰复合氧化物包覆海砂制备、表征及其磷吸附特征研究，实现了粉末状铁锰复合氧化物

吸附剂的固定化（李海宁等，2016）。

（一）铁锰复合氧化物包覆海砂的制备

以$FeCl_3 \cdot 6H_2O$、$FeSO_4 \cdot 7H_2O$与$KMnO_4$为原料，碱性条件下把$KMnO_4$溶液加入$FeCl_3 \cdot 6H_2O$与$FeSO_4 \cdot 7H_2O$混合溶液中，搅拌，静置，陈化，洗涤，即得到铁锰复合氧化物Fe-Mn。将用去离子水清洗、干燥后的海砂（OS）加入制备的铁锰复合氧化物中，搅拌，过滤，干燥，得到铁锰复合氧化物包覆海砂（MS）。

（二）铁锰复合氧化物包覆海砂的表征

1. 包覆海砂中铁锰复合氧化物的含量

铁锰复合氧化物包覆后海砂的铁与锰含量分别为13.68mg/g与2.03mg/g，且铁与锰物质的量比符合铁锰复合氧化物制备过程中二者的比例，依此计算铁锰复合氧化物占包覆海砂的质量分数约为2.5%，高于文献报道的针铁矿包覆石英砂的针铁矿含量（1.9%）与赤铁矿包覆石英砂的赤铁矿含量（1.0%）（Rusch et al.，2010）。包覆后海砂的BET比表面积增大，由$0.06m^2/g$增至$2.52m^2/g$，可为磷的吸附提供更多的吸附位点。

2. 铁锰复合氧化物包覆海砂的SEM表征

铁锰复合氧化物包覆前后海砂的SEM图如图26.7所示。包覆前海砂（图26.7a、b）的表面光洁，均匀平滑，而包覆后海砂（图26.7c、d）的表面由纳米级的球状或片状颗粒紧密且杂乱无序地团聚在一起，表面凹凸不平，大小不均，为多孔状结构，这与包覆后海砂的BET比表面积显著增大相一致。

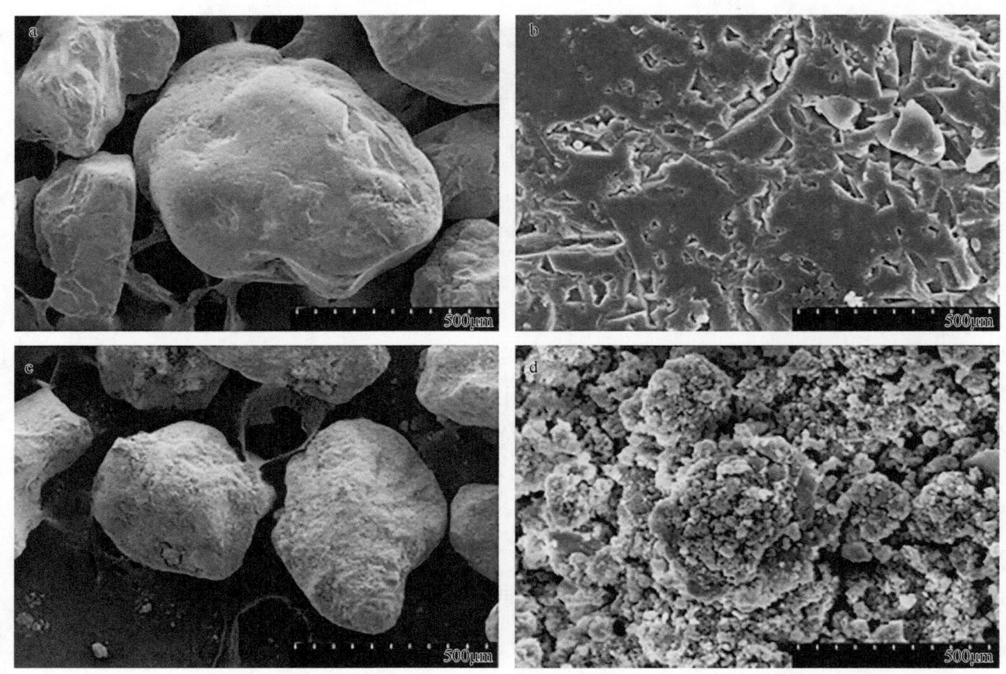

图26.7　海砂与包覆海砂的扫描电镜图（李海宁等，2016）

a. 海砂×100倍；b. 海砂×10 000倍；c. 包覆海砂×100倍；d. 包覆海砂×10 000倍

（三）铁锰复合氧化物包覆海砂的除磷性能

海砂与包覆海砂在溶液pH为7.0与5.0的条件下对磷的吸附等温线如图26.8所示，海砂对溶液中磷的吸附能力很低，铁锰复合氧化物包覆后海砂对溶液中磷的吸附明显增强，吸附量随着平衡浓度的升高逐渐增大，在低平衡浓度时吸附量增加较为迅速，当平衡浓度进一步增大，吸附量增加缓慢，趋于饱和。

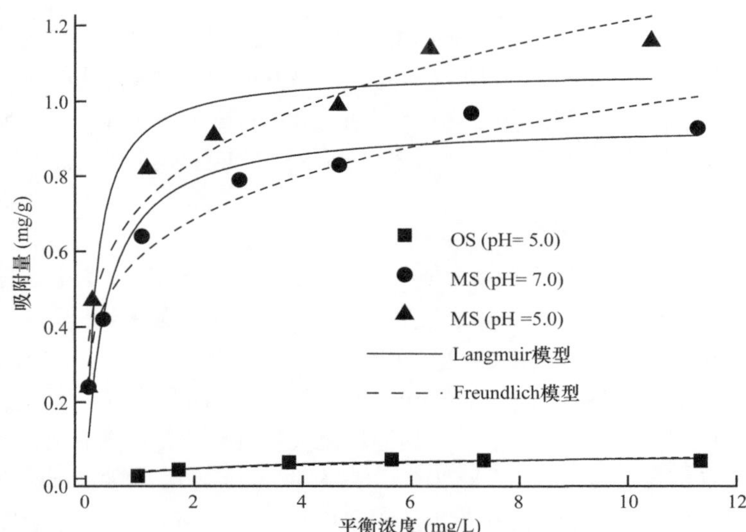

图26.8　海砂与包覆海砂对磷的吸附等温线（李海宁等，2016）

分别采用Langmuir模型和Freundlich模型对海砂与包覆海砂的磷吸附等温线进行拟合，Freundlich模型的拟合结果R^2均为0.95（pH=7.0，pH=5.0），大于Langmuir模型的拟合结果［R^2分别为0.92（pH=7.0）与0.93（pH=5.0）］，表明Freundlich模型更适合描述包覆海砂对磷的吸附行为，这与铁锰复合氧化物的磷吸附等温线拟合模型相一致（Zhang et al.，2009）。基于Freundlich模型的假定条件推断，包覆海砂对磷的吸附为多分子层吸附，最大吸附容量分别为1.01mg/g（pH=7.0）与1.23mg/g（pH=5.0），比包覆前海砂的磷最大吸附容量0.07mg/g（pH=5.0）提高了13～17倍。

根据包覆海砂中铁锰复合氧化物的含量计算包覆在海砂上的铁锰复合氧化物的磷最大吸附容量，分别为37.6mg/g（pH=7.0）与46.4mg/g（pH=5.0），显著高于前期研究中粉末状铁锰复合氧化物的磷最大吸附容量36mg/g（pH=5.6）（Zhang et al.，2009），表明包覆海砂不仅能实现铁锰复合氧化物的固定化，使其易于填充在吸附柱或吸附罐内用于污水除磷，而且能充分发挥粉末状铁锰复合氧化物的磷吸附性能。此外，与文献报道的负载改性砂颗粒吸附剂相比，铁锰复合氧化物包覆海砂具有较强的磷吸附性能。研究亦表明包覆海砂对磷的吸附速率较快，较符合准二级动力学模型，推测磷在包覆海砂表面发生了化学吸附。而且，在较宽的pH范围（3～11）仍具有较高的磷吸附容量，溶液离子强度对磷吸附性能影响不大，推断磷在包覆海砂表面可能形成了内层表面络合物。

通过铁锰复合氧化物包覆海砂制备颗粒吸附剂，方法简单，磷吸附效率高，且海砂丰富价廉，为工业化大规模生产及在吸附罐等连续流动水体除磷工艺中的应用提供了可行性。

二、环境友好型铁锰复合氧化物/壳聚糖珠的除磷技术

壳聚糖，一种广泛存在的天然高分子聚合物，是粉末吸附剂成型的良好黏结剂和骨架支撑材料，具有可生物降解、无毒、环境友好等特点。以壳聚糖为骨架支撑材料，把铁锰复合氧化物注入其中，制备得到一种环境友好型铁锰复合氧化物/壳聚糖珠（FMCB）吸附剂，基于铁锰复合氧化物对磷的良好吸附效能，FMCB亦是一种潜在的高效除磷吸附剂，通过静态批次吸附实验与动态连续柱实验，系统考察了FMCB对磷的吸附性能及吸附磷后的再生性能（付军等，2016）。

（一）铁锰复合氧化物/壳聚糖珠的制备

将壳聚糖溶于HCl溶液中，然后将制备的粉末状铁锰复合氧化物与壳聚糖按质量比为4：1混合均匀，缓慢滴入到NaOH溶液中，得到球状颗粒，反复清洗所制得颗粒至中性，烘干，即得到FMCB。

（二）铁锰复合氧化物/壳聚糖珠的表征

FMCB的形状为不完全球形，其组成成分中80%为铁锰复合氧化物，20%为壳聚糖。随机挑选100个颗粒，颗粒直径主要为1.8～2.1mm，机械强度为1.5～3.0N。FMCB的比表面积为248m²/g，孔容为0.37cm³/g；而纯铁锰复合氧化物的比表面积和孔容分别为309m²/g和0.42cm³/g（Zhang et al.，2009），表明成型过程并未显著降低铁锰复合氧化物的比表面积，暗示FMCB可能具有良好的吸附性能。

（三）铁锰复合氧化物/壳聚糖珠的磷吸附性能

静态吸附实验表明，FMCB对磷的吸附效果明显优于纯壳聚糖珠，FMCB中铁锰复合氧化物主要发挥磷吸附作用。分别采用Langmuir模型和Freundlich模型对FMCB与纯壳聚糖珠的磷吸附等温线进行拟合，结果表明Langmuir模型（R^2=0.963）较Freundlich模型（R^2=0.953）能更好地描述FMCB对磷的吸附过程，表明FMCB对磷的吸附主要为单分子层吸附，按Langmuir模型计算所得磷最大吸附容量为13.3mg/g，是纯壳聚糖颗粒（q_m=2.28mg/g）的5.8倍，同文献中报道的其他颗粒吸附剂相比，FMCB亦具有较高的磷吸附容量。

按照地表水的水质特征配制磷初始浓度为3.0mg/L的实验用水，进行动态连续柱吸附实验。由图26.9a可得，在接触时间（EBCT）为10min条件下，磷的出水浓度开始超出《污水综合排放标准》（GB 8789—1996）中磷酸盐的最高允许排放浓度0.5mg/L（一级标准）时，可处理470个柱体积的废水。当接触时间增加到20min时，可处理的废水量可达到800个柱体积，因此，增加接触时间可提高废水处理量。由图26.9b可得，在FMCB吸附磷过程中，铁溶出量约为0.2mg/L，锰溶出量约为0.01mg/L，符合《污水综合排放标准》（GB 8789—1996）中规定的对铁锰的排放量限值，也低于《生活饮用水卫生标准》（GB 5749—2006）中规定的铁含量（0.3mg/L）、锰含量（0.1mg/L）。

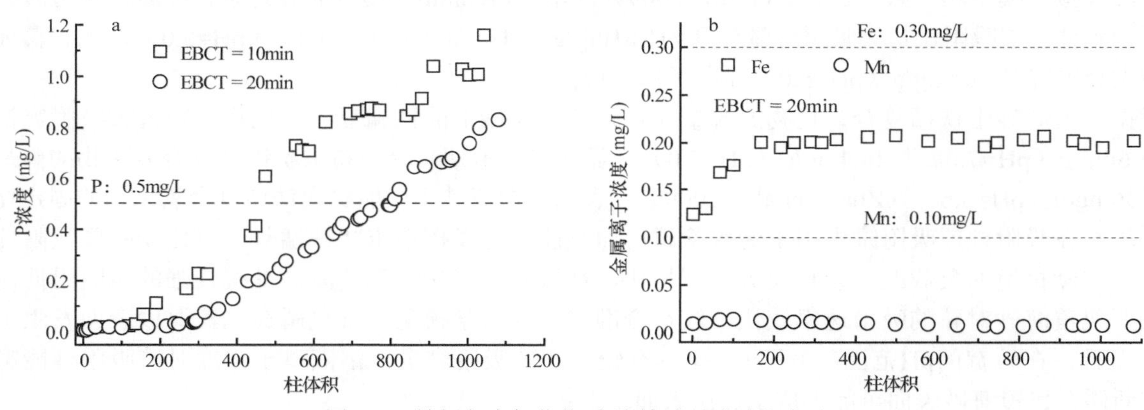

图26.9　铁锰复合氧化物/壳聚糖珠吸附磷柱实验

a. 出水磷浓度的变化；b. 出水金属溶出

由经济成本核算可得，铁锰复合氧化物/壳聚糖珠的合成成本为1.6万元/t，按照接触时间为20min时可处理800个柱体积废水计算，25g FMCB可处理54.4L废水，即FMCB首次吸附磷的成本为7.35元/m³。由于FMCB具有良好的再生性能，四次吸附—脱附—再生循环后仍保持较高的磷去除率，按照四次再生，每次再生费用约占10%估算，磷吸附成本降低为1.62元/m³。

此外，吸附磷后的FMCB可以作为一种潜在的磷源用于园林绿化等，这样既能避免磷的流失，又能使吸附剂得到合理的处置，具有良好的工程应用前景。

第三节　磁性复合金属氧化物去除水体中重金属技术

随着经济快速发展，重金属也伴随着各种废水进入河流并最终流入近海，对近岸海域与近海养殖水域造成重金属污染，尤其是多种重金属共存的复合污染。海洋中重金属会负载在悬浮颗粒与沉积物上被海洋生物摄入，海洋生物中重金属累积对生物体造成直接毒性危害，更重要的是消费者食用这种被污染的海产品也会造成重金属在人体内富集，长期大量食用被重金属污染的海产品会对人体健康产生危害。《重金属污染综合防治“十二五”规划》要求铅、汞、镉、铬和砷为重点防控的第一类重金属。

吸附法是目前应用较多的重金属污染水体的修复技术。据报道，锰氧化物特别是纳米二氧化锰，具有较低的等电点与丰富的表面羟基等特点，对Pb、Cu、Zn、Cd等多种重金属均具有良好的去除效果，但由于粒径较小、固液分离困难、易堵塞滤床，在实际应用中受到较大限制。与传统的过滤分离相比，磁分离技术是利用外加磁场的作用使磁性颗粒与非磁性物质分开，能够方便快速地实现固液分离，因此利用磁性颗粒去除重金属的研究越来越受到重视。为使纳米二氧化锰具有磁性，分别以磁性Fe_3O_4纳米颗粒与磁性Fe-Mn颗粒为内核，外层包覆MnO_2，制备了两种壳核结构磁性纳米颗粒Fe_3O_4/MnO_2（张晓蕾等，2013）与Fe-Mn/MnO_2（Chen et al.，2014），且对比研究了二者对水体中重金属的吸附性能（李秋梅等，2015）。

一、磁性壳核结构Fe_3O_4/MnO_2的除铅技术

采用共沉淀法制备了具有壳核结构的磁性吸附剂Fe_3O_4/MnO_2（张晓蕾等，2013），对其表面性质与磁性进行了系统表征，并研究了对溶液中Pb（Ⅱ）的吸附去除效能。

（一）Fe_3O_4/MnO_2的制备

以$FeCl_3\cdot 6H_2O$和$FeCl_2\cdot 4H_2O$为原料，配置Fe^{3+}和Fe^{2+}摩尔比为2∶1的混合溶液，加热条件下加入NaOH溶液，搅拌，陈化，洗涤，烘干，即得到磁性颗粒Fe_3O_4。

将制备的磁性颗粒Fe_3O_4与5% PEG溶液混合超声，与一定浓度的$MnSO_4$溶液混合，加热条件下，加入特定比例的$KMnO_4$溶液，搅拌，分离，洗涤，磁选，烘干，即得到磁性吸附剂Fe_3O_4/MnO_2。

（二）Fe_3O_4/MnO_2的表征

磁核Fe_3O_4为大小不规则的细小颗粒，粒径为10～180nm。包覆MnO_2之后的Fe_3O_4/MnO_2，颗粒粒径相应增大，为10～230nm，并出现MnO_2棒状纳米颗粒。通过N_2吸附-解吸法测得Fe_3O_4与Fe_3O_4/MnO_2的比表面积分别为44.9m^2/g与76.5m^2/g。与Fe_3O_4相比，Fe_3O_4/MnO_2的比表面积升高，这是因为MnO_2粒径较小，包覆在Fe_3O_4表面，形成了更多的孔结构。

Fe_3O_4和Fe_3O_4/MnO_2颗粒的饱和磁化强度分别为57.4A·m^2/kg、54.7A·m^2/kg，与Fe_3O_4相比，Fe_3O_4/MnO_2颗粒的饱和磁化强度降低，这主要是因为MnO_2包覆层的存在，无磁性的MnO_2减弱了磁性粒子之间的相互作用，但是Fe_3O_4/MnO_2颗粒的饱和磁化强度仍然很高，对外加磁场响应能力强，可以方便快速地进行磁分离。

（三）Fe_3O_4/MnO_2的铅吸附性能

与Fe_3O_4相比，包覆MnO_2后Fe_3O_4/MnO_2对铅的吸附去除能力显著增强，特别是在低平衡浓度下，例如，当铅平衡浓度为0.1mg/L时，Fe_3O_4/MnO_2的铅吸附量高达70mg/g左右。分别采用Langmuir模型和Freundlich模型对二者的铅吸附等温线进行拟合，得Langmuir模型能较好地拟合Fe_3O_4（R^2＝0.986）与Fe_3O_4/MnO_2（R^2＝0.852）的吸附等温线，推断两种磁性吸附剂对铅的吸附均为单分子吸附。由Langmuir模型的拟合结果得Fe_3O_4及Fe_3O_4/MnO_2的铅最大吸附容量分别为69.8mg/g、142.0mg/g，说明包覆MnO_2后，铅吸附量明显增加，约为包覆之前的2倍，主要原因可归结于包覆的MnO_2表面具有丰富的表面羟基，有助于铅的吸附去除。

Fe_3O_4/MnO_2对铅的吸附很快，在最初30min内吸附已超过平衡吸附量的80%。30min以后，随着时间的延长，吸附速率逐渐减小，吸附过程在4h达到平衡。准二级动力学能较好地描述Fe_3O_4/MnO_2（R^2＝0.959）的铅吸附过程，说明铅在Fe_3O_4/MnO_2的表面发生了化学吸附，吸附速率由吸附剂和吸附质的表面反应过程控制，而不是由单纯的吸附质的扩散过程控制的。

溶液pH和离子强度对Fe_3O_4/MnO_2铅吸附去除的影响研究表明，铅去除率明显受溶液pH的影响，酸性

条件下，去除率较低，吸附量较低，随着溶液pH的升高，去除率逐渐升高，铅吸附量逐渐增大。当溶液离子强度由0.001mol/L增加到0.1mol/L时，对铅吸附没有显著影响，推断Fe_3O_4/MnO_2对铅的吸附为特性吸附，可能形成了内层络合物。

由此，将二氧化锰与磁性颗粒Fe_3O_4复合，形成壳核结构的吸附剂Fe_3O_4/MnO_2，兼具有Fe_3O_4的磁性和MnO_2优异的重金属吸附性能，克服了传统吸附剂粒径小、吸附容量有限的缺点，同时具有良好的铅离子吸附效能与磁分离性能。

二、磁性壳核结构Mn-Fe/MnO_2去除重金属技术

为了进一步提高对重金属离子的吸附性能，增强壳核间的结合作用，创新地采用以Mn（Ⅱ）、Fe（Ⅱ）与Fe（Ⅲ）共存的铁锰复合氧化物Mn-Fe为磁核，然后包覆MnO_2，研制新型壳核结构磁性纳米吸附剂Mn-Fe/MnO_2，有助于增强磁核与外壳之间的结合作用，提高壳核结构的稳定性，而且进一步提高对重金属的吸附量（Chen et al.，2014；李秋梅等，2015）。

（一）磁性壳核结构Mn-Fe/MnO_2的制备

称取定量的$FeCl_3 \cdot 6H_2O$溶解于水中，按适当的比例分别称取$MnCl_2 \cdot 4H_2O$和$FeCl_2 \cdot 4H_2O$溶解于$FeCl_3$溶液中，使溶液中Mn（Ⅱ）/Fe_{total}的摩尔比（R）为0.3。加热条件下，向混合溶液中缓慢加入NaOH溶液，搅拌，沉淀，陈化，把制得的Mn-Fe复合氧化物从溶液中分离出来，洗涤，干燥。

将制备的Mn-Fe复合氧化物与PEG溶液混合超声，然后与$MnSO_4$溶液混合，加热条件下，向其中缓慢加入$KMnO_4$溶液，搅拌，分离，洗涤，磁选，烘干，得到磁性吸附剂Mn-Fe/MnO_2。

（二）磁性壳核结构Mn-Fe/MnO_2的表征

由XPS表征测得Mn-Fe表面Mn的形态主要为Mn（Ⅱ），而Mn-Fe/MnO_2颗粒表面Mn的形态主要为Mn（Ⅳ），即MnO_2，这与预设磁性吸附中Mn的价态一致。Fe_3O_4/MnO_2表面Mn的价态也主要为Mn（Ⅳ），但是Mn-Fe/MnO_2与Fe_3O_4/MnO_2表面Mn的含量分别为21.0%与17.2%，说明与Fe_3O_4相比，Mn-Fe磁核表面包覆了更多的MnO_2。

Mn-Fe与Mn-Fe/MnO_2的透射电镜（TEM）图如图26.10所示，磁核Mn-Fe为粒径分布均匀的球状细小颗粒，粒径为80～110nm，包覆MnO_2之后，Mn-Fe/MnO_2具有明显的壳核式结构，内部球状颗粒为磁核Mn-Fe，外层絮状物质为MnO_2，而且颗粒粒径增大，为90～130nm。与Fe_3O_4/MnO_2相比，Mn-Fe/MnO_2磁核大小较为均匀，形状也更为规则，推断磁核中Mn元素的引入可能影响了Mn-Fe磁核与外壳MnO_2的结合作用，使得外壳MnO_2呈无定形的絮状，均匀包覆在磁核周围。

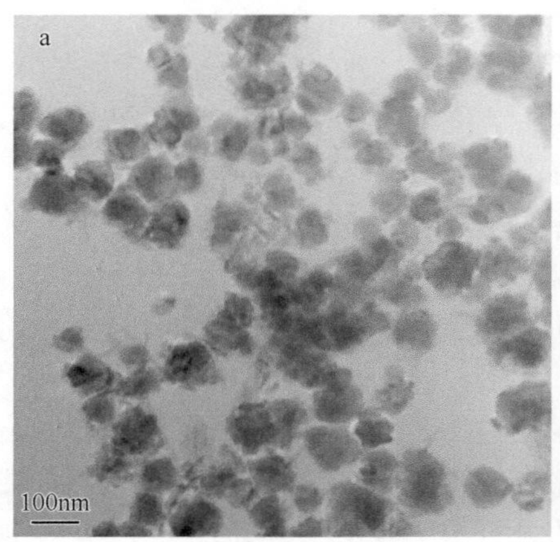

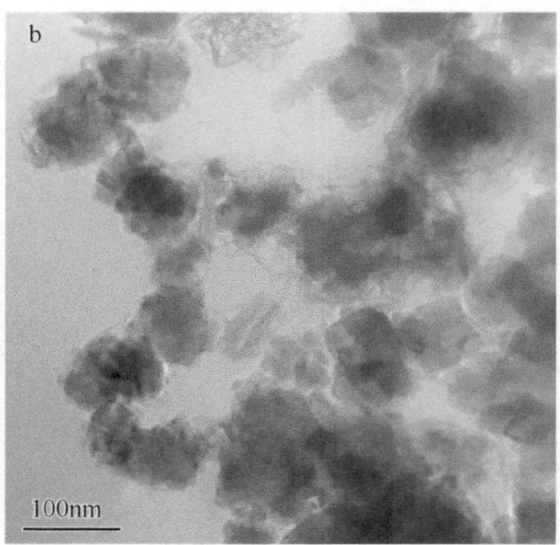

图26.10　磁性吸附剂的TEM图（Chen et al.，2014）

a. Mn-Fe；b.Mn-Fe/MnO_2

用N_2吸附-脱附等温线与BET方程结合计算，Mn-Fe的比表面积为41.8m^2/g，包覆MnO_2后，Mn-Fe/MnO_2的比表面积增加至113.3m^2/g，比其磁核显著升高，约为Mn-Fe的2.7倍，也明显高于Fe_3O_4/MnO_2的比表面积（76.5m^2/g），约为其1.5倍。而且，与文献报道的MnO_2的比表面积100.5～117m^2/g相一致，表明MnO_2更均匀地包覆在磁核Mn-Fe表面，具有较大的比表面积，提供了更多的吸附活性位点，有助于与重金属离子的接触和吸附。

如图26.11所示，Mn-Fe的饱和磁化强度为51.6A・m^2/kg/g，略低于Fe_3O_4的饱和磁化强度（57.4A・m^2/kg），说明磁核中Mn元素的加入，未显著影响磁性颗粒的饱和磁化强度。包覆MnO_2后，Fe_3O_4/MnO_2与Mn-Fe/MnO_2的饱和磁化强度与其磁核相比分别降低了2.7A・m^2/kg与16.5A・m^2/kg，主要是由于无磁性的MnO_2减弱了磁性粒子之间的相互作用，引起了壳核结构磁性颗粒的饱和磁化强度降低，降低的幅度取决于外壳MnO_2的厚度，由此推断Mn-Fe磁核比Fe_3O_4磁核包覆了更多、更厚的MnO_2，这与磁性颗粒的XPS、TEM与BET表征结果相一致。

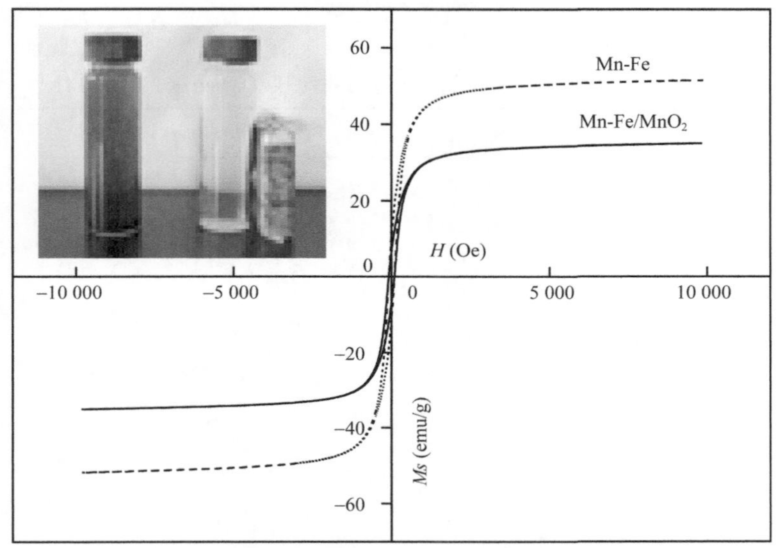

图26.11　磁性吸附剂的磁滞回线（Chen et al.，2014）

此外，Mn-Fe/MnO_2仍具有较高的饱和磁化强度（35.1 A・m^2/kg ）与良好的超顺磁性，对外加磁场响应能力强。在有外界磁铁的条件下，溶液中Mn-Fe/MnO_2颗粒迅速向磁铁聚集，能够简单方便地把该磁性颗粒从水相中分离出来，实现快速固液分离，当外界磁铁撤离后，磁性颗粒能迅速在水中重新分散。

（三）磁性壳核结构Mn-Fe/MnO_2的重金属吸附效能

Mn-Fe/MnO_2与Mn-Fe的铅吸附性能如图26.12所示，当铅平衡浓度小于10mg/L时，两种吸附剂对铅的吸附量急剧上升，Mn-Fe/MnO_2的铅吸附等温线斜率比Mn-Fe的铅吸附等温线斜率大，说明Mn-Fe/MnO_2对铅的吸附能力较强。而且，Mn-Fe/MnO_2对铅的吸附在较低平衡浓度下，亦具有较高的吸附量，例如，铅平衡浓度为0.01mg/L时，Mn-Fe/MnO_2对铅的吸附量达54mg/g左右。随着铅平衡浓度的增加，Mn-Fe/MnO_2对铅的吸附量进一步增大。

分别采用Langmuir模型与Freundlich模型对两种磁性颗粒的铅吸附等温线进行拟合，对于Mn-Fe/MnO_2，Langmuir模型的拟合结果R^2为0.918，高于Freundlich模型的拟合结果（R^2为0.877），说明铅在Mn-Fe/MnO_2表面发生了单层分子吸附，亦推断MnO_2在磁核Mn-Fe表面包覆较为均匀。由Langmuir模型拟合结果得Mn-Fe与Mn-Fe/MnO_2的铅最大吸附容量分别为97.2mg/g与261.1mg/g，说明包覆MnO_2后，吸附量明显增加，包覆之后的吸附量大约是包覆之前的2.7倍。而且，Mn-Fe/MnO_2的铅吸附容量也明显优于文献报道的同类铅吸附材料的吸附容量（表26.2）。

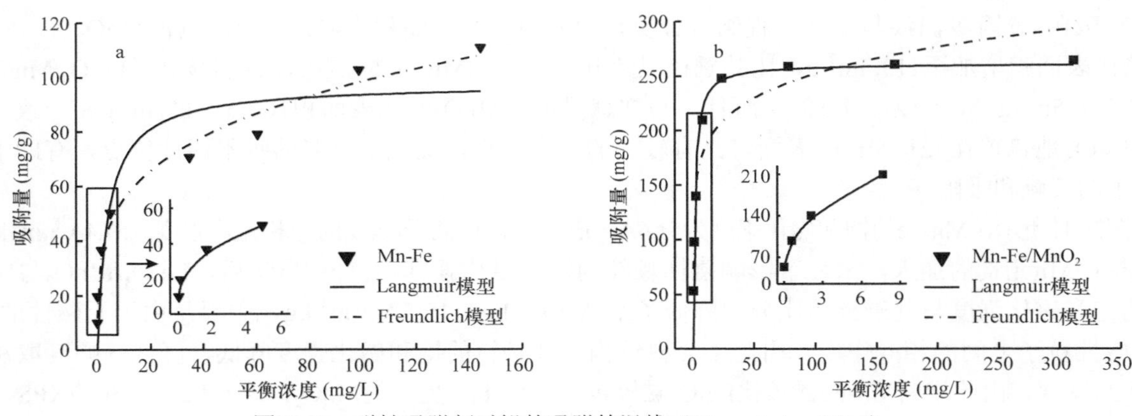

图26.12　磁性吸附剂对铅的吸附等温线（Chen et al.，2014）

a. Mn-Fe；b. Mn-Fe/MnO_2

表26.2　文献报道吸附材料的铅吸附容量比较（Chen et al.，2014）

吸附材料	浓度（mg/L）	Pb吸附容量（mg/g）	参考文献
Fe_3O_4	5～350	69.8（pH=5.0）	张晓蕾等，2013
$MnFe_2O_4$	10～250	69.1（pH=6.0）	Ren et al.，2012a
铁氧化物	10～800	35.8（pH=5.5）	Nassar，2010
Mn-Fe	5～160	97.2（pH=5.0）	Chen et al.，2014
活性氧化铝	3～300	80.3（pH=5.0）	Naiya et al.，2009
Fe_3O_4/SiO_2-NH_2	10～100	76.6（pH=6.2）	Wang et al.，2010
铁镁包覆膨润土	30～120	95.9（pH=4.0）	Ranđelović et al.，2012
Fe_3O_4/MnO_2	5～350	142.0（pH=5.0）	张晓蕾等，2013
Mn-Fe/MnO_2	5～350	261.1（pH=5.0）	Chen et al.，2014

对吸附铅后的Mn-Fe/MnO_2进行脱附—再生—再吸附的循环实验，实验结果表明四次循环后，铅吸附量仍为初次吸附时吸附量的80%，而且采用磁分离，循环再生时质量损失率较低，为5.6%～8.6%，表明该磁性吸附剂通过再生后多次重复使用，具有较高的可回收性能。

此外，Mn-Fe/MnO_2对铜也具有较好的吸附去除性能，最大铜吸附容量为58.2mg/g（pH=7.0），显著高于Fe_3O_4、Fe_3O_4/MnO_2与Mn-Fe的最大铜吸附容量（分别为17.5mg/g、22.1mg/g与33.7mg/g）（李秋梅等，2015），并优于文献报道的多数壳核结构磁性颗粒的最大铜吸附容量，如Fe_3O_4/SiO_2-NH_2（29.9mg/g，pH=6.2）（Wang et al.，2010）、Fe_3O_4/壳聚糖（35.5mg/g，pH=5.0）（Chen and Wang，2011）、Fe_3O_4/CM-β-CD（47.2mg/g，pH=6.0）（Badruddoza et al.，2011）。

利用磁性吸附剂Mn-Fe/MnO_2吸附去除水体中重金属的流程示意图如图26.13所示。以Mn-Fe为磁核，外壳包覆MnO_2的壳核结构磁性纳米吸附剂Mn-Fe/MnO_2，由于磁核中Mn的引入，强化了磁核与外壳MnO_2之间的结合作用，提高了MnO_2的包覆量与均匀程度，改善了磁性吸附剂的形貌结构与表面性质，更有利于吸附水体中的重金属离子。研究结果表明，磁性吸附剂Mn-Fe/MnO_2对水体中的铅、铜具有较高的吸附容量，高于文献报道的同类重金属吸附材料，具有较快的吸附去除速率，可以方便快速地进行磁分离，且可以重复再利用，是一种具有良好应用前景、用于重金属污染水体修复的新型磁性吸附材料。

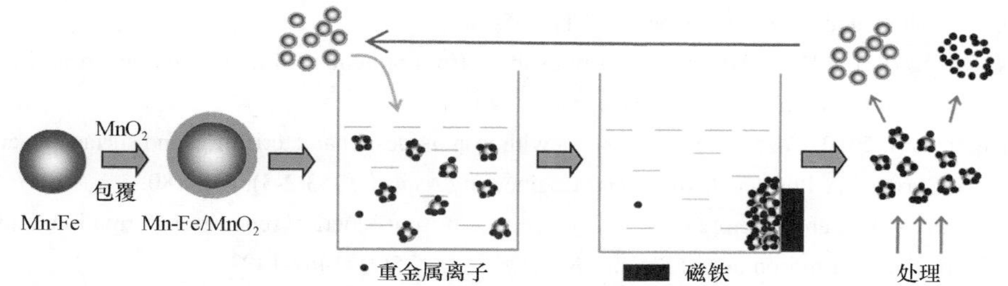

图26.13　壳核结构磁性Mn-Fe/MnO$_2$去除水体中重金属的流程示意图（Chen et al., 2014）

参考文献

付军, 范芳, 李海宁, 等. 2016. 铁锰复合氧化物/壳聚糖珠: 一种环境友好型除磷吸附剂. 环境科学, 37(12): 4882-4890.

李国亮, 张高生, 陈静, 等. 2012. 纳米结构Fe_3O_4/Y_2O_3磁性颗粒的制备、表征及磷吸附行为研究. 环境科学学报, 32(9): 2167-2175.

李海宁, 陈静, 李秋梅, 等. 2016. 铁锰复合氧化物包覆海砂的吸附除磷研究. 环境科学学报, 36(3): 880-886.

李秋梅, 陈静, 李海宁, 等. 2015. 铜在壳核结构磁性颗粒上的吸附: 效能与表面性质的关系. 环境科学, 36(12): 4531-4538.

史戈, 曾辉, 常文静. 2019. 我国海岸带污染生态环境效应研究现状. 生态学杂志, 38(2): 576-585.

王浩然, 伊丽丽, 王红卫, 等. 2018. 秦皇岛近海域海产品中铅、镉、汞和无机砷污染状况及食用风险评价. 现代预防医学, 45(24): 4443-4446.

吴秋月, 陈静, 张伟, 等. 2015. 新型纳米结构铈锰复合氧化物的磷吸附行为与机制研究. 环境科学学报, 35(6): 1824-1832.

席英玉, 林娇, 林永青, 等. 2017. 福建闽南沿海养殖僧帽牡蛎中汞和砷的时空分布特征及风险评价. 环境化学, 36(5): 1009-1016.

张晓蕾, 陈静, 韩京龙, 等. 2013. Fe_3O_4/MnO_2磁性吸附剂的制备、表征及铅吸附去除研究. 环境科学学报, 33(10): 2730-2736.

仲艳, 王建燕, 陈静, 等. 2018. 制备方法对铁钛复合氧化物磷吸附性能的影响: 共沉淀法与机械物理混合法. 环境科学, 39(7): 3230-3239.

Andjelkovic I, Jovic B, Jovic M, et al. 2016. Microwave-hydrothermal method for the synthesis of composite materials for removal of arsenic from water. Environmental Science and Pollution Research, 23(1): 469-476.

Badruddoza A Z M, Tay A S H, Tan P Y, et al. 2011. Carboxymethyl-beta-cyclodextrin conjugated magnetic nanoparticles as nano-adsorbents for removal of copper ions: synthesis and adsorption studies. Journal of Hazardous Materials, 185(2-3): 1177-1186.

Chen J, He F M, Zhang H, et al. 2014. Novel core-shell structured Mn-Fe/MnO_2 magnetic nanoparticles for enhanced Pb(Ⅱ) removal from aqueous solution. Industrial & Engineering Chemistry Research, 53(48): 18481-18488.

Chen J, Wang J Y, Zhang G S, et al. 2018. Facile fabrication of nanostructured cerium-manganese binary oxide for enhanced arsenite removal from water. Chemical Engineering Journal, 334: 1518-1526.

Chen Y W, Wang J L. 2011. Preparation and characterization of magnetic chitosan nanoparticles and its application for Cu(Ⅱ) removal. Chemical Engineering Journal, 168(1): 286-292.

Gupta K, Bhattacharya S, Chattopadhyay D, et al. 2011. Ceria associated manganese oxide nanoparticles: synthesis, characterization and arsenic(V) sorption behavior. Chemical Engineering Journal, 172(1): 219-229.

Gupta K, Bhattacharya S, Nandi D, et al. 2012. Arsenic(III) sorption on nanostructured cerium incorporated manganese oxide (NCMO): a physical insight into the mechanistic pathway. Journal of Colloid and Interface Science, 377(1): 269-276.

Li G L, Gao S, Zhang G S, et al. 2014. Enhanced adsorption of phosphate from aqueous solution by nanostructured iron(III)-copper(Ⅱ) binary oxides. Chemical Engineering Journal, 235: 124-131.

Naiya T K, Bhattacharya A K, Das S K. 2009. Adsorption of Cd(Ⅱ) and Pb(Ⅱ) from aqueous solutions on activated alumina. Journal of Colloid and Interface Science, 333(1): 14-26.

Nassar N N. 2010. Rapid removal and recovery of Pb(Ⅱ) from wastewater by magnetic nanoadsorbents. Journal of Hazardous Materials, 184(1-3): 538-546.

Ranđelović M, Purenović M, Zarubica A, et al. 2012. Synthesis of composite by application of mixed Fe, Mg (hydr)oxides coatings onto bentonite-A use for the removal of Pb(II) from water. Journal of Hazardous Materials, 199: 367-374.

Ren Y M, Li N, Feng J, et al. 2012a. Adsorption of Pb(Ⅱ) and Cu(Ⅱ) from aqueous solution on magnetic porous ferrospinel

$MnFe_2O_4$. Journal of Colloid and Interface Science, 367(1): 415-421.

Ren Z M, Shao L N, Zhang G S. 2012b. Adsorption of phosphate from aqueous solution using an iron-zirconium binary oxide sorbent. Water Air and Soil Pollution, 223(7): 4221-4231.

Rusch B, Hanna K, Humbert B. 2010. Coating of quartz silica with iron oxides: characterization and surface reactivity of iron coating phases. Colloids and Surfaces A-Physicochemical and Engineering Aspects, 353(2-3): 172-180.

Su C M, Puls R W. 2001. Arsenate and arsenite removal by zerovalent iron: kinetics, redox transformation, and implications for in situ groundwater remediation. Environmental Science & Technology, 35(7): 1487-1492.

Wang J H, Zheng S R, Shao Y, et al. 2010. Amino-functionalized Fe_3O_4/SiO_2 core-shell magnetic nanomaterial as a novel adsorbent for aqueous heavy metals removal. Journal of Colloid and Interface Science, 349(1): 293-299.

Wang T, Yang W C, Song T T, et al. 2015. Cu doped Fe_3O_4 magnetic adsorbent for arsenic: synthesis, property, and sorption application. RSC Advances, 5(62): 50011-50018.

Yu Y, Zhang C Y, Yang L M, et al. 2017. Cerium oxide modified activated carbon as an efficient and effective adsorbent for rapid uptake of arsenate and arsenite: material development and study of performance and mechanisms. Chemical Engineering Journal, 315(5): 630-638.

Zhang G S, Khorshed A, Chen J P . 2013a. Simultaneous removal of arsenate and arsenite by a nanostructured zirconium-manganese binary hydrous oxide: Behavior and mechanism. Journal of Colloid and Interface Science, 397: 137-143.

Zhang G S, Liu D Y, Wu H F, et al. 2012. Heavy metal contamination in the marine organisms in Yantai coast, northern Yellow Sea of China. Ecotoxicology, 21(6): 1726-1733.

Zhang G S, Liu F D, Liu H J, et al. 2014. Respective role of Fe and Mn oxide content for arsenic sorption in iron and manganese binary oxide: An X-ray absorption spectroscopy (XAS) investigation. Environmental Science & Technology, 48(17): 10316-10322.

Zhang G S, Liu H J, Liu R P, et al. 2009. Removal of phosphate from water by a Fe-Mn binary oxide adsorbent. Journal of Colloid and Interface Science, 335(2): 168-174.

Zhang G S, Qu J H, Liu H J, et al. 2007a. Preparation and evaluation of a novel Fe-Mn binary oxide adsorbent for effective arsenite removal. Water Research, 41(9): 1921-1928.

Zhang G S, Qu J H, Liu H J, et al. 2007b. Removal mechanism of As(III) by a novel Fe-Mn binary oxide adsorbent: oxidation and sorption. Environmental Science & Technology, 41(13): 4613-4619.

Zhang G S, Ren Z M, Zhang X W, et al. 2013b. Nanostructured iron(III)-copper(Ⅱ) binary oxide: a novel adsorbent for enhanced arsenic removal from aqueous solutions. Water Research, 47(12): 4022-4031.

Zhang W, Wang X W, Chen J, et al. 2017. Highly efficient removal of phosphate using a novel Fe-La binary (hydro) oxide as adsorbent: behavior and mechanism. Desalination and Water Treatment, 83: 98-110.

第二十七章

海岸带非常规水资源的综合治理与开发利用①

① 本章作者：吕剑

水资源是人类社会不可或缺的基础物质资料之一，人类离不开水资源。地球表面70%以上被水覆盖，被称作“水球”，尽管地球上水资源的数量巨大，但是地球上的淡水资源仅占总水量的2.5%，能直接被人们生产和生活利用的淡水资源占比极少。同时，人类活动导致的大规模水源污染，导致水资源短缺问题越发突出。当前世界，水资源匮乏问题已经成为各国关注的焦点。我国是联合国评出的水资源紧缺国家之一，虽然我国水资源总量丰富，居世界第六位，但是人均水资源量仅2300m^3，水资源供需矛盾突出已成为制约我国可持续发展的主要瓶颈。其中沿海地区是我国发展最快的地区，因为沿海地区占我国总陆地面积的13%，却支持着我国40%人口的生产生活（Meng et al.，2017），所以沿海地区对水的需求更为迫切。海岸带水资源受到不同类型污染物如常规污染物、持久性有机污染物、新型污染物等的污染（吕剑等，2016），因此海岸带水资源保护与可持续利用研究组（以下简称“本书研究组”）正在进行此问题的研究，例如，对抗生素、多环芳烃及滨海含水层硝酸盐污染的生态风险研究（Lu et al.，2018，2020；Wu et al.，2019）。同时海岸带海水入侵等水资源退化现象也十分严重，甚至海水污染与退化之间会相互影响，产生更严重的后果，例如，沿海地下水盐渍化可能导致地下水重金属的生态健康风险增加（Wen et al.，2019），因此海岸带水资源的污染与退化问题不容忽视。开发利用非常规水源是解决水资源危机的重要途径，是满足人类需求的必然之举，同时我国海岸线长达18 000多千米，拥有丰富的非常规水资源，且海岸带是第一海洋经济区，经济发展良好，是社会经济地域中的“黄金地带”，在此资源与经济条件充足的背景下，海岸带地区有开展非常规水资源综合治理和开发利用研究及应用的巨大优势。海岸带的研究人员要立足实际，关注热点，不断开发非常规水资源的综合治理与开发利用的新技术，切实维护海岸带地区可持续发展。例如，本书研究组研究的循环水养殖系统可以去除细菌，比传统海水养殖系统更加环保（Wang et al.，2018a，2018b），而另一项研究利用再生水修复滨海盐碱化农用地土壤，会迅速降低中重度碱化土壤的盐分（吕剑等，2017），从而有效改善了海水的污染与退化状况，保护了沿海地区的水资源。

第一节　海岸带非常规水资源分类

非常规水资源包括海水资源、再生水资源、苦咸水资源和雨水资源。海水资源又可以分为海洋化学资源、海洋生物资源、海洋矿产资源和海洋能源四部分。

一、海水资源

利用海水资源能够促进经济发展，对经济起着重要的作用，各个国家都把合理开发海洋资源当作社会可持续发展的战略环节。随着资源的不断减少，海洋这个资源宝库只会越发受到重视。我国是资源消费大国，更要重视和加快对海水资源的开发。

（一）海洋化学资源

海水中化学资源的储量十分丰富，海水中溶存着碘、钠、铀等80多种元素，99%的溴存在于海水中，这些元素具有极重要的开发价值。海水中溶有的化学资源中，以氯化钠的含量为最高，约占70%，总储量约4.8×10^{16}t；镁在海水中的平均含量为1290mg/kg，总量约1800×10^{12}t。世界范围内镁主要来自海水提镁（张绪良等，2009）。限于技术条件，目前只有几种元素的提取能够形成产业化规模。我国的氯化钠产量居世界首位，生产氯化钠的地区可以分成南方和北方两个区域，南方地区人民可以用盐田法直接将海水晒盐，北方地区人民是用苦卤水制盐。我国陆地上的钾资源量储量不足，所以只能将目光转向大海，希望从海洋中有效提取出钾，以满足我国对钾的需求。此外，从海水中提取淡水是利用海洋化学资源最常见的方式，反渗透、多级闪蒸等是海水淡化最常用的技术。经过淡化处理的水可有多方面应用，如作为海岛居民生活或生产用水，作为舰船、游轮、渔船生活用水，以及作为应急供水等。目前，海洋化学资源的利用仍存在一些问题，包括可提取的化学资源种类较少、不能同时提取多种元素，且提取出的化学元素很少进行深度加工等。

（二）海洋生物资源

海洋生物资源是指海洋中的经济动物和植物，如鱼、虾、贝、藻等群体，是有生命、能自行增殖和不断更新的海洋资源。目前提到的海洋保护主要是保护海洋中的生物资源。人类的过度捕捞、随意捕杀、对滩涂和红树林的破坏等行为，严重威胁着海洋生物资源安全。随着人类对海洋开发规模的扩大，需要更注重对海洋生物资源进行保护，因为不破坏海洋生态系统的结构，使其各部分处于动态平衡之中，才能维持其良性循环状态。我们的研究则显示，海藻在清除微污染进而净化近岸海域方面具有较大潜力（Lu et al.，2017；Zhang et al.，2017，2019），可见保护海洋生物资源，减少过度使用，对保护海洋生态有十分重要的意义。

近年来，一系列海水农业技术的成功推广不仅缓解了土地资源和淡水资源的压力、提高了粮食的产量和生态效益，还在经济发展中发挥着日益重要的作用。海水农业一般是指以海水为媒介进行的海水种植业、海水养殖业及海洋渔牧业等。狭义的海水农业一般是指海水灌溉农业，即运用海水进行沿海种植作物灌溉或利用海水进行无土栽培经济盐生植物的种植业，广义上还包括利用海水水域等空间资源的养殖业和渔牧业等。目前我国的海水种植业已经有很大进展，在滩涂高潮区有红树林、大米草等盐生植物，在低潮区有紫菜、龙须菜等海生植物，在海区有马尾藻、海带等经济植物。国内海水养殖业有“五次浪潮”，包括以海带和紫菜为代表的在多种藻类领域都有突破的海藻养殖浪潮，以对虾为代表的引进新品种的虾类养殖浪潮，以及以扇贝、鲆鲽、海参和鲍为代表的海产品养殖浪潮。近年来，我国海洋牧场建设规模不断扩大，至今已完成64处国家级海洋牧场示范区建设。海洋牧场的建设正在朝理念现代化、装备现代化、技术现代化和管理现代化方向发展（杨红生等，2018）。

（三）海洋矿产资源

海洋蕴藏着丰富的矿产资源。在浅海海底，埋藏着丰富的煤、石油、天然气资源，海洋石油储备占地球总储量的30%～50%（肖业祥等，2014）；在沿海大陆架地区近岸的砂矿中，有大量可以用作建筑材料的砂料；富含锰、铜、钴、镍等金属元素的锰结核则主要分布在深海盆地表层。

（四）海洋能源

海洋能源包括潮汐运动产生的潮汐能、风作用引起海水运动而产生的波浪能、自然流动的海流能、海水处于不同区域因热能有差异而形成的海洋温差能，以及江河入海口咸水与淡水之间的盐度差而形成的盐差能等，这些都是不会枯竭的清洁能源。我国海岸线绵长，海水可再生能源储量丰富，在海洋能源进行开发利用方面具有天然的优势。在开发的同时，也能够改善近海环境，具有协调发展的战略意义。在海洋的各种能源中，波浪能是能量最不稳定的一种海洋能，盐差能是能量密度最大的一种海洋能，潮汐能蕴藏量很大但地理分布不均匀，其开发利用方式最简单，主要利用方式是发电。

二、再生水资源

在所有非常规水资源中，再生水具有明显的经济优势，其生产成本低廉。日常生活中再生水的利用流程一般是对洗浴水等生活污水进行处理，其中下水（卫生间用水）所占比例很小，经过污水处理企业采用氯制剂消毒后，大部分应用在居民小区作冲厕用水、绿化用水等。在新加坡，再生水的处理流程比较复杂，政府每年投入大量的资金进行处理工艺的研发。再生水的应用，不仅节约了水资源，还减少了污染排放，使水体污染情况有所缓解。

三、苦咸水资源

美国环境保护署（EPA）规定，总溶解性固体物质（TDS）含量在1 000～10 000mg/L的水定义为苦咸水。苦咸水的碱度和硬度都比较高，不经处理的话一般不能在生活中使用。海岸带部分地区缺乏淡水资源，一部分人避免不了饮用苦咸水。但是苦咸水中盐碱浓度和氟的浓度较高，均超过饮用水标准。若饮用会对人体健康造成危害，轻则导致肠胃功能紊乱，重则可致癌。苦咸水淡化技术可以为居住在这一地区的居民提供安全的饮用水。苦咸水淡化的主要方法有蒸馏法、电渗析法、反渗透法等。目前，国内苦咸水淡化技术发展迅速，淡化装置有规模扩大化的发展趋势，苦咸水淡化成本在不断降低，部分苦咸水淡化技术已达到国际先进水平。

四、雨水资源

雨水利用是直接对天然降水进行收集、储存并加以利用。雨水收集利用包括农村利用和城市利用：农村利用大多是就地利用雨水，主要是拦截降水径流，做好水土保持等；城市利用可以利用屋面集雨，用于家庭用水或是利用雨水做屋顶绿化等。对雨水资源的利用途径有直接利用和间接利用。直接的利用方式即通过屋顶、园区、池塘、湖泊等方式进行雨水的蓄积，蓄积的雨水主要用于生活和工业方面，如冲厕、洗衣、冷却循环等，从而节约保护水资源，也能够削减城市雨天径流量，减少水涝，减轻水处理系统的负荷，改善生态环境。间接的利用方式是通过渗透地面、渗透井、渗透池等途径让雨水渗透到地下以补充地下水，从而保护地下水资源。雨水渗透可分为设施简单的分散渗透技术和管理方便的集中回灌技术两大类。分散渗透技术主要是通过渗透地面，集中回灌技术则是通过渗透井、渗透池让雨水进入地下。各种雨水渗透设施都可减轻雨水对收集系统的压力，让雨水回灌到地下以补充地下水，缓解地面沉降，改善生活环境。城市雨水资源化要求对水利工程进行规划，从而充分利用降水。缺水的城市和地区要重点开展雨水资源化，通过人工方式对雨水资源进行调节，使其发挥最大的效益。

第二节　海岸带非常规水资源保护及开发利用的意义

水资源匮乏、水资源退化和水资源污染是海岸带地区普遍存在的问题。海岸带经济发达，我国的大城市大多数分布在海岸带地区并且工业集中，工业生产需要大量的水资源。沿海地区适宜人类居住，人口密度远远高出内陆地区，日常生活需要大量的水资源，这也使得海岸带部分地区水资源匮乏。水资源匮乏不仅限制了当地的用水，威胁生态环境安全，还会影响区域经济的发展，成为限制经济发展的瓶颈。海岸带是海洋和陆地相接的地带，这个地区生态环境脆弱，容易出现海水入侵的水资源退化现象，人类活动对地下水的过量采集，会使区域性地下水位持续下降，使海水入侵，造成土壤盐渍化。造成海岸带水污染的原因是多方面的，有可能是陆地上的污染物随地表径流进入海洋，也有可能是海岸带的工业活动将大量污水排入海洋。笔者在研究海岸带非常规水资源的综合治理和开发利用方面有一定的进展，主要是关于再生水的研究，如控制水中的污染物、再生水的利用等，了解到非常规水资源的保护及开发利用确实能够缓解或解决以上的水资源问题，有利于水的可持续性利用。本节将对各种非常规水资源保护及开发利用的意义进行详细介绍。

一、非常规水资源保护及开发利用缓解水资源匮乏

（一）海水保护及开发利用对水资源匮乏的缓解

海水利用技术可有效缓解沿海地区淡水资源的匮乏。沿海地区人口密集，经济发达，工业发展迅速，产业密集度高，用水需求量很大。在一些沿海工业发达的地区，制造业消耗了一半以上的水资源（Ahuja et al.，2015）。资源型缺水问题制约着这些地区的可持续发展。虽然这些地区缺乏淡水资源，但是海水资源却十分丰富，海水利用技术的兴起就是借助海水资源发挥这一优势，通过各种技术手段解决水资源短缺问题。海水的利用对水资源匮乏的缓解主要体现在两个方面，一方面是增加淡水供给总

量，另一方面是减少淡水资源的消耗。

海水经过淡化可以达到各种条件下的水质要求，增加淡水供给总量，随着海水淡化技术的不断发展和海水淡化成本逐渐降低，海水淡化对沿海地区水资源保护的意义越来越重大。海水淡化技术可以为沿海缺水地区提供稳定持续的饮用水，在天津，市面上约25%的桶装水是经过淡化的海水，价格与矿泉水相近。淡化后的海水可以满足工业用水需求，即使是某些工业过程需要的特定技术用水，海水淡化过程也可以达到相应的水质要求。我国北方地区已有大规模的工业用海水淡化工程。在沿海大规模建设海水淡化工程，可以有效增加水资源总量，是应对水资源危机的重要措施。海水淡化后可以作农业用水，主要用于灌溉，农业灌溉用水是社会各领域用水中最耗费水资源的部分，需要的淡水资源量占全社会用水总量最大的一部分，在沿海地区将淡化后的海水用于农业生产可以节省大量的自然淡水资源。

海水直接利用是指以海水直接代替淡水作为生活用水和工业用水来减少淡水资源的消耗。在生活和工业领域一些用水的过程中，如果对水质的要求不高就可用海水直接代替淡水。在生活中海水主要的用处是冲厕，据统计，城市生活用水占城市总用水的30%左右，冲厕占生活用水的30%，随着人们生活水平的提高，这一比值还在不断增大（武桂芝等，2002），用海水冲厕可以节约这部分水资源。香港地区从20世纪50年代末便开始采用海水作为生活冲厕用水，形成了完整的管理体系。目前获取海水供应的人数占香港总人口的80%（苗英霞等，2014）。在工业上，海水主要用于冷却，据统计，工业冷却用水占海水总利用量的90%，这一过程明显节约了大量淡水。我国海水冷却主要用于发电、化工等高耗能工业，所以这些工业在不断向海岸带地区集中，如河北省钢铁产业，正在大规模进行产业调整，让其在地理上更靠近海边。将海水用于工业冷却能够节约大量用水，有效保护淡水资源，降低工业成本。

（二）再生水保护及开发利用对水资源匮乏的缓解

再生水是将城市污水经过深度处理，使其达到一定的水质指标后可以再次利用的水。人类用水需求在不断增长，所以十分有必要进行污水回收以缓解水资源匮乏。再生水是提高水资源利用率的良好方式，是缓解水资源短缺的有效途径。经过处理的再生水可以部分代替自然水资源，使城市的可用水量大幅增加，缓解城市对天然水的需求，并且再生水的水质稳定，因此也被称作“城市第二水源”。在沿海地区，由于人口密度大，城镇化程度高，污水产生量大，收集量也大，经处理达标后的尾水即可再用。基于淡水资源的匮乏，沿海地区是再生水回用最为积极的地区。

再生水是水资源的重要组成部分，是一种合适的替代水源，其中农业灌溉是再生水利用的最主要途径，节约了大量的天然水资源。美国加利福尼亚州规划到2020年，再生水利用达到规划新增水源的40%左右，其中再生水主要用于农业和城市绿地灌溉，约占再生水利用总量的70%（陈卫平，2011）。作为一个农业大国，我国农业年用水量能达到年总用水量的62.4%（郭妮娜，2018）。随着相关技术的不断发展，再生水得以在更多的情况下代替淡水资源，本书研究组利用再生水水量大、供应稳定且充沛的优点，开发了利用市政再生水修复滨海盐渍化土壤的方法，该方法可实现盐渍土的快速洗盐脱盐，同时充沛的再生水供应可保证在植物生长灌溉期间能够持续大水压盐，有效抑制土壤返盐（吕剑等，2017）。

（三）苦咸水保护及开发利用对水资源匮乏的缓解

海岸带部分地区易受海水入侵的影响形成苦咸水，这些地区淡水资源缺乏，只有海水和苦咸水作水源。但苦咸水具有较高的盐、氟等元素含量，长期使用会对人体健康及工农业生产造成危害。苦咸水淡化技术是解决这些地区淡水资源不足问题，保障用水安全的有效方法。目前全世界已有150多个国家和地区在应用脱盐技术，有15 000多座脱盐工厂，日总产水量已达到7400多万立方米，其中苦咸水淡化水占40%，解决了1亿多人口的饮水问题（武德俊和李静，2013）。许多工业用水对含盐量和硬度有具体要求，所以需要对苦咸水进行处理后用于工业进程以代替淡水资源。农业生产离不开淡水资源，含盐量高的水不利于作物的生长，淡化后的苦咸水用于农业过程能够保护淡水资源。海岸带苦咸水分布地区通过苦咸水淡化技术增加淡水资源量，满足日常的淡水需求，对缓解水资源匮乏有重大的意义。

（四）雨洪水保护及开发利用对水资源匮乏的缓解

随着城市的发展，水泥硬化等低渗水性路面的面积在逐年增大，这导致地表径流系数增大，地表对雨水的贮存能力不断降低，城市地面下渗能力下降，影响地下水含量，加剧了城市供水的紧张。随着水资源危机的加剧，雨水的价值逐渐被广泛认知。20世纪80年代初，国际雨水收集系统协会IRCSA成立，指出雨水资源化利用将成为解决21世纪人类水资源短缺问题的重要途径（罗艳红，2016）。许多住宅区和工业区都在为满足他们的日常需求不断抽取地下水，雨水收集利用不仅可以降低人们对地下水的需求量，还可以作为一种供水措施提供部分生活用水和生态用水。收集的雨水可代替常规水资源作日常用水，用于冲厕、洗衣物、浇灌花草、清洗车辆等。雨水也适用于工业生产，减少工业上自来水的用量，如可用来清洗机器、作冷却用水等，还可作市政用水，用于道路清洗。雨水亦可原位入渗土壤，就近补入景观水体，补充地下水。这些用途都是通过代替天然水资源来缓解水资源的匮乏。国外如新加坡的土地资源十分有限，随着人们对水的需求不断增加，人们只能通过创新性的方法获取水资源，例如，在高层建筑上安装轻型屋顶作为集水区，收集的雨水可以节省4%的地下水使用量。

二、非常规水资源保护及开发利用防止水资源退化

（一）再生水保护及开发利用防止水资源退化

1. 再生水回用防止水质变差

水资源如果被污染，就会造成河流、湖泊、海洋等水体质量下降，水体自净能力降低，导致水质变差，生物多样性减少，这种变化直接或间接地影响人类生活和生态系统安全。使用再生水技术推进污水深度处理，是防止水的继续退化、实现水资源可持续利用的重要环节，是创造良好水环境、促进循环型城市发展、使人类与自然协调发展的重要举措。国际上，对于水资源的管理目标已发生重大变化，从早期的控制水、开发水、利用水，转变为现在的以再生水为核心的“水生态的修复和恢复”，再生水能够改善水质，从根本上实现水生态的良性循环，保障水资源的可持续利用。

再生水需要进行改善水质的处理过程，以达到相应的水质指标。随着水处理技术的发展，已经有一些成熟的技术能使处理后的污水达到水质指标。根据回用水质的要求及现有的经济条件，人们可以对传统的深度处理工艺如混凝沉淀+过滤消毒、过滤膜处理等进行合理选择，通过不同的合理选择使污水满足回用水质标准。再生水是一种重要水资源，随着处理技术不断发展，近年来越来越多的国家应用这项技术缓解水资源的质量退化。早在20世纪60年代，以色列就把回用所有污水列为一项国策，100%的生活污水和72%的市政污水得到回用，再生水回用有效地缓解了水资源的退化。

2. 再生水回灌防止水资源退化

目前全世界范围内已有50多个国家和地区的几百个地段发现了海水入侵，主要分布于社会经济发达的海岸带地区（刘杜娟，2004）。如果海岸带地区长期开采地下水，会导致区域地下水位下降，形成地下水位的降落漏斗，还会造成地面下沉、海水倒灌，污染水环境，形成苦咸水，从而造成水资源的退化。利用达到标准的再生水进行地下回灌可以缓解地下水资源短缺，提高地下水水位，防止地质灾害如地面沉降、海水入侵等，防止水资源的退化。再生水回灌能够增加地下水资源储量，在地下停留时，水质还会继续有所改善。并且再生水回灌可以较好地利用储水空间调控水资源，起到年际调节作用。从可持续发展的观点看，作为回灌水源是再生水最有益的利用方式，在防止水体继续退化和保护生态环境方面，再生水具有广阔的发展前景。欧洲利用天然河床进行再生水回灌已有一百多年历史，利用工程措施回灌也有半个多世纪。德国是欧洲开展再生水回灌技术研究较早的国家，主要是通过天然河滩渗漏，或

者是修建渗水井等工程措施回灌产生人工地下水。

（二）雨水保护及开发利用防止水资源退化

1. 雨水收集利用调节水环境

雨水收集利用践行了国家大力提倡的“海绵城市”理念，是自然界水循环系统中的重要环节。积极地展开对雨水资源的综合利用对修复自然界水循环十分有效。利用城市中的自然水体、绿地、屋面等空间，可以有效利用雨水，缓解水土流失，同时有助于减少一些低洼地区的洪水。与海水淡化、跨流域远距离调水等措施相比，雨水收集利用能够经济、简便、有效地调节水环境。

2. 雨水回灌防止水资源退化

雨水回灌是收集雨水、降低地表径流、平衡地下水环境的一种重要方法，有助于恢复地下水的采补平衡，缓解被地下水位下降所影响的水文循环状况，改善整个城市的水循环系统。雨水回灌对缓解水环境退化，保护地下水，改善生态环境具有重要的意义。地下水大部分都是利用雨水、自来水或中水作为补充，后两种方法运行费用比利用雨水高，而且中水回灌还有可能污染地下水，利用雨水补充地下水资源是最经济安全的方法。在美国，对雨水的利用主要是通过提高天然入渗能力形成地下水回灌系统和地表水回灌系统，来提高防洪能力，防止海水入侵（郭江泓，2011）。

三、非常规水资源保护及开发利用削减水资源污染

（一）再生水保护及开发利用对污染的削减

人类活动排放的污染物进入水体，会造成水质下降，甚至威胁生态环境安全，对人类健康造成很大影响。世界范围内有7.5亿人无法获得安全的饮用水，大约80%的废水未经处理直接排入海洋、河流和湖泊中，每年有近200万5岁以下的儿童死于缺乏净水和糟糕的卫生状况，25亿人身处污水处理匮乏的环境中（邢鸿飞，2015）。与此同时，未经处理的污废水直接排放于水体仍然是比较常见的现象，污水的排放量还在不断增加，进一步污染水环境。目前，我国的工业废水中有1/3以上是未经过处理就排入江河湖库的，而生活污水更是有高达9/10是没有经过处理而直接排放的（张鹏彬，2016）。因此，我们要重视对水体污染的防控与治理。再生水回用技术能够在增加水资源量的同时削减污染，在污水产生的同时，就可以利用再生水回用技术将污水进行处理，使其成为水资源得到再次利用。再生水回用技术可以改变水质，实现污水无害化、资源化。再生水可以使大量污水经过处理后得到重新使用，减少向城市自然水体的排放量，而且处理后，其中污染物的种类与含量已大大降低，从而实现水资源的良性循环，达到改善水环境的目的，由此带来丰厚的环境效益。

（二）雨水保护及开发利用对污染物的削减

我国大多数城市采用利用雨水管道的方式让雨水进入河、湖等水体，不仅使大量水资源白白流走，而且雨水汇入地表径流可能夹杂油污、农药和化肥等污染物进入水体，加剧城市水源的污染。为避免雨水引入的污染，人们可以顺着城市排水管道，将天然和人工处理系统综合在一起，达到净化收集雨水的目的。在生活小区、公园建立的园区雨水集蓄利用系统，可以收集利用屋面、绿地和路面的雨水，削减城市非点源污染。此外，在城区、道路和厂区等地的分散式渗透可以利用植被和土壤对地表径流的净化功能来减少地表径流带入水体的污染物，从而清洁湖泊和池塘。我国大部分地区仍是雨污合流制，在污水处理厂，由于雨水对污水的稀释，降低了污水处理的运转效率，因此雨水的收集利用既能够减轻对环境的污染，又能降低处理成本。国外如新加坡就通过立法、管制等措施保护水质，注重监测水质及控制污染，确保水资源质量，严格执行雨污分流，污水必须经处理符合标准后才能排入大海。

第三节　海岸带非常规水资源保护与开发利用及面临的难题

一、国内外对非常规水资源的保护与开发利用

（一）国内外对海水的保护与开发利用

1. 海水淡化方面

目前，世界上许多国家已经采用了海水淡化技术来供应部分生活和工农业用水，由于海水淡化的成本在不断降低，海水淡化技术的应用范围正变得更加广泛。过去几十年间，各国家的咸水（包括海水、微咸水）淡化设施数量迅速增加。咸水淡化产能的40%～50%分布在波斯湾周边国家，这些国家的不少大城市饮用水完全来自海水淡化（王文等，2015）。我国海水利用近年来发展迅速，在海水直接利用、海水淡化等关键技术方面取得重大突破，部分技术已达到国际先进水平。我国政府高度重视海水淡化工作，采取了一系列措施推动海水淡化产业发展，国家发展和改革委员会和国家海洋局联合印发的《全国海水利用“十三五”规划》提出，“十三五”末，全国海水淡化总规模达到220万m^3/d以上，沿海城市新增海水淡化规模达到105万m^3/d以上。

2. 直接利用海水方面

许多拥有海水资源的国家，主要采用直接利用海水的方式，即用海水作工业冷却水。海水作工业冷却水时，国内外都仍以直流冷却为主，这技术已有近百年的发展历史。美国拥有丰富的海水资源，海岸带地区的海水直流冷却技术发展迅速，占每年世界海水冷却总用水量的近20%（李亚红，2017）。我国《全国海水利用“十三五”规划》提出，到规划末期，我国海水直接利用规模达到1400亿t/a以上。海水循环冷却技术最早开始于20世纪70年代，1973年美国在大西洋某电站建立第一座海水循环冷却系统，经过多年的发展，国外海水循环冷却技术积累了丰富的成功经验，现在已经是大规模应用阶段。《全国海水利用“十三五”规划》中，我国海水循环冷却规模预期达到200万t/h以上。

3. 海水农业方面

就海水养殖业而言，全球海水养殖业已进入工业化发展时期。从20世纪80年代开始，我国传统的水产养殖业已由分散经营向集约化发展，目前我国已成为世界第一水产养殖大国。海水农业正在快速发展的过程中，发展海水农业有助于促进经济的发展。就海水种植业而言，世界各国已经取得很大的进展，例如，美国亚利桑那大学环境研究实验室，成功选育出生产力强的海蓬子。我国早在20世纪60年代，就引进了一种抗盐植物大米草，后来又引进了40余种盐生植物并进行试种实验，取得了很大的研究进展。但目前我国广袤的滩涂和盐碱荒地仍未得到充分利用，有待进一步地开发利用。

4. 提取海水中的化学资源方面

海水中存在丰富的资源，世界各国都在研发从海水中提取化学物质的相关技术，但限于目前的经济和技术条件，人类直接从海水中大量提取或利用（形成工业规模）的物质只有食盐、溴、镁和淡水等。食盐是从海水中提取量最大的化学物质，世界年产量已超过5000万t。重水、芒硝、石膏和钾盐的生产也已经形成一定的规模，将来还可望提取碘和金等化学资源。

（二）国内外对再生水的保护与开发利用

世界范围内污水回用率较高的国家有以色列、新加坡、澳大利亚等，其中以色列是地处干旱地区，水资源严重缺乏的沿海国家，它的污水回用率全世界最高（Becker et al.，2010）。我国早在20世纪50年代就开始采用污水灌溉的方式回用污水。从1986年开始，城市污水回用研究就持续被列入重点科技攻关计划，21世纪后，因为水资源日趋紧张，再生水利用更加受到重视。我国的再生水从“十一五”

开始大面积使用，“十二五”期间全国再生水利用率从不足10%提升至15%。根据国家发展和改革委员会、住房和城乡建设部共同发布的《“十三五”全国城镇污水处理及再生利用设施建设规划》，再生水“十三五”期间投资量约为158亿元，处理规模达到4158万t/d，较当前增幅达56.7%。

（三）国内外对苦咸水的保护与开发利用

从20世纪30年代起，世界上许多国家就开始了苦咸水淡化技术方面的研究，完善相关技术标准规范体系和产业化成套技术，如突尼斯、美国、以色列、印度等，这些国家利用苦咸水淡化技术来解决工业或其他用水问题。美国开始在其西部的17个州开垦土地，并持续进行土地盐碱化的防治工作，在实践过程中开发了灌溉洗盐、暗管排水等技术，取得了显著的成效（郭江泓，2011）。我国苦咸水淡化正处在快速发展时期，苦咸水开发利用状况在我国各省（区、市）差别很大，淡水资源缺乏地区如甘肃、内蒙古等的开发程度大。2020年，我国苦咸水利用量预计达到75亿m^3/a。“十三五”期间规划新增苦咸水淡化规模达到100万t/d以上。

（四）国内外对雨水的保护与开发利用

雨水是一种来源广泛的自然资源，充分利用雨水对增加水资源量、改善城市生态系统有重要的作用。雨水的收集与利用在世界各国非常普遍，其中德国在雨水利用技术水平与普及程度方面最为突出，德国有专门的全国性非政府组织——雨水利用专业协会（FBR），由地方政府部门、企业与个人共同组成，进行雨水利用技术的开发、推广和宣传。当前国外雨水利用技术的主要特征是设备集成化（王文等，2015）。我国城市雨水收集利用的研究起步较晚，真正意义上的城市雨水资源化研究始于20世纪80年代，21世纪以来，由于缺水形势严峻，我国相关研究的进程明显加快，显示出良好的发展势头。2008年，鸟巢和水立方雨水回收系统的正式启用，标志着我国的城市雨水利用技术部分达到了国际先进水平。

二、面临的难题

（一）海水开发利用面临的难题

1. 海水淡化面临的难题

海水淡化，存在的主要问题是能耗较高。海水淡化成本取决于消耗电力和蒸汽的成本，虽然水电联产可以合理调配发电量与产水量从而降低海水淡化成本，但由于现在的研究相对分散，并未实现真正意义上的水电联产。而海水淡化厂排放浓盐水的盐度大约是天然海水的两倍，可能会使附近海水的盐度远远超出平均值，这必将对排放区域的生态环境产生一定影响，很可能造成浮游生物分布紊乱，损坏海洋生物栖息地。因此，对浓盐水要选择正确的排放方式。此外，利用沿海地区丰富的可再生能源如太阳能、风能、潮汐能等替代传统能源进行海水淡化，虽然是十分被看好的发展方向，但是这些技术目前还难以保证向城市稳定供水，新能源与海水淡化相结合的技术还有待进一步的研发。

2. 海水直接利用的难题

海水直接利用过程中，金属在接触海水过程中极易发生腐蚀，腐蚀的情况远高于一般淡水。金属构件易在海洋环境中发生腐蚀是因为海水本身是一种强的腐蚀介质，同时这种金属发生的腐蚀具有电化学特点，更易加剧腐蚀的程度。此外，海水直接利用过程中，一些动物、植物和微生物容易在金属设施表面附着，这些污损生物种类繁多、含量高，往往有害于设施运行，会影响工业进程，如何解决污损生物滋生也是一个难题。

3. 海水农业面临的难题

如果海水受到污染，就会对各种养殖的物种造成危害，各种病害就会出现，如何保障海水不受污染，让海水农业免受侵害是一个难题。另外，投饵、施肥过量等造成了海水农业自身污染，其引起的负反馈效应更是严重影响海水农业。最明显的是目前我国赤潮发生的概率和规模均在不断上升，使部分地区养殖出现绝产的状况，这和海水农业规模不断扩大、沿海海域富营养化有关。

4. 海水中提取化学元素面临的难题

从海水中提取化学元素时，目前的技术水平可实现几种元素的产业化生产，并且往往只提取单个元素。要真正实现从海水中提取更多种类的化学资源并进行多种元素的综合提取，仍需开展大量的研究工作。目前我国在海水中提取化学元素的工艺技术、装备水平，总体上与国际先进水平相比仍存在差距。例如，北方海滨地区海盐企业成套装备能力小，自动化程度低，所需的新工艺依赖引进。

（二）再生水回用面临的难题

再生水中水回用产业对政策的依赖性较强，目前国内缺乏该方面的法律法规和中水利用专项工程，仅依靠再生水产业市场化自行发展，在这种情况下较难开展再生水的推广应用。现有技术已经可以基本满足污水处理的要求，但是在再生水开发利用中还存在处理费用高等问题。仍需要根据实际需要继续优化处理工艺，继续开发水处理技术以提高处理效率、降低能耗、降低处理成本。对污水回用进行深入分析发现，再生水灌溉一定程度上虽然能够减缓农业灌溉对淡水资源的压力，但由于技术等原因，再生水中仍然含有较高的全盐量、重金属元素、致病微生物等，在再生水系统使用过程中，污水回用仍可能引发生态风险和健康风险。例如，对再生水中所含的环境雌激素等新型污染物的研究显示，在再生水农业灌溉较为普遍的滨海缺水区，新鲜蔬菜中累积环境雌激素含量已经达到可以对儿童生长发育产生影响的水平（Lu et al.，2013）。与此同时，滨海地区循环水养殖系统中抗生素及其抗性基因累积问题也不容忽视（Wang et al.，2018b）。为此，我们建议国家重点关注海岸带区域的环境雌激素等新型污染问题，相关建言已被国家有关部门采纳。中水回用工程需要较大的一次性投资，由于缺乏资金支持，再生水处理系统的供水设施与管网建设跟不上，因此污水深度处理后中水无处可用，解决这个问题需要有金融财政的扶持。

（三）苦咸水利用面临的难题

尽管科技界在不断开发新的技术，增加新设备，但是与直接开采地下水相比，苦咸水淡化成本仍然较高，并且淡化水需要配套的设施进行输送，这些都增加了苦咸水淡化的成本。目前，国内苦咸水淡化关键技术仍然较弱，还不具备优势。因此，为满足现实需求，我们必须加紧进行苦咸水的开发利用，大力推进相关设施的建设，尽早实现海岸带地区的苦咸水淡化应用推广。

（四）雨水的收集利用面临的难题

目前，雨水收集技术的推广受到诸多限制，许多科研成果还停留在实验室范围，并没有投入实际应用解决城市缺水问题。国内很多地区仍然依靠开采地下水满足用水需求，而让大量雨水资源白白流失。现有的城市一般没有雨水收集配套设施，如果将城区或已有建筑改造来适应大规模储存雨水的要求，则成本很高。因此，对于海岸带城市新开发地区，需要提前做好规划，考虑雨水利用的需求。雨水利用是一项包括多个环节的复杂系统工程，目前研究者们多注重单项技术的研究，虽然使各个环节的技术达到成熟，但是缺乏对这些技术的综合，导致很多地方雨水收集利用的各环节脱节严重，大大降低了对雨水的利用效率。

第四节　海岸带非常规水资源综合治理与开发利用技术

提供安全、可靠和可持续的水是地区经济健康发展所必需的。在海岸带地区居住的人们面临着水资源可用性、质量和可持续性等方面许多挑战，除了日常的严格管理，我们必须解决相关科学技术问题才能改善已经被破坏的水环境。下面是对海岸带非常规水资源综合治理与开发利用相关技术的介绍。

一、海水开发利用技术

（一）海水淡化利用

海水淡化技术从原理上可以分为物理方法和化学方法两种，物理方法包含热方法、溶剂萃取法和膜方法等；化学方法包括水合物法、离子交换法等。上述方法中，热方法是利用热能对海水进行分离的方法，包括蒸馏法（多级闪蒸法、压气蒸馏法、多效蒸馏法）、冷冻法、增湿-除湿法。膜方法包括反渗透法、电渗析法。蒸馏法是海水淡化工业生产中最早使用的技术，目前常用的海水淡化方法有多级闪蒸法、反渗透法、离子交换法等。

1. 多级闪蒸法

多级闪蒸法的原理是使加热后的海水依次流经多个压力逐渐降低的闪蒸室，由于压力降低，此时已经加热的海水开始沸腾进而剧烈蒸发，温度降低后，每级闪蒸室的蒸汽冷凝从而得到淡水。

多级闪蒸防垢性能好，因为它是针对防垢这一要求而发展起来的。多级闪蒸是海水淡化工业中最成熟的技术，设备简单可靠而且运行安全性最高，在海湾国家得到大量应用。多级闪蒸易于大型化、适合于大型淡化装置，相较单级闪蒸海水淡化能产更多的淡水，并且能够利用低位热能和废热，可以与火力电站、热电厂相结合运行，适用于大型淡化工厂。

2. 反渗透法

1960年反渗透膜技术获突破性进展后其开始实用化，随着反渗透膜性能的提高、价格的下降、高压泵和能量回收效率的提高，海水反渗透成为投资最省、成本最低的海水制备饮用水技术（高从堦等，2016）。

反渗透法是一种利用膜分离淡化海水的方法，该方法使用的半透膜只允许溶液里的溶剂透过，而溶质不能透过。用膜将海水与淡水分离开时，在自然状态下，淡水会向海水那边渗透，但是如果在海水一侧施加压力并且此压力大于海水渗透压的外压，那么海水中的纯水将会通过半透膜反渗透到淡水中。

反渗透法的特点是在海水淡化的过程中没有发生水的物相变化，所以此过程消耗的能量较低，并且这种方法适用于不带电荷的杂质的分离。但因为此过程中需要半透膜及高压条件，所以单个海水淡化过程的产量不高。

3. 离子交换法

天然沸石分子筛是一种白色晶体粉末，具有微观骨架结构，可吸附多种离子。离子交换法淡化海水是以天然沸石分子筛作为离子交换剂，海水中的阳离子被分子筛吸附从而将海水淡化。离子交换法工艺简单，由于没有相变过程，因此能耗比较低，但是离子交换剂需要在使用过程中频繁再生，继而产生大量废液。此外，离子交换剂有使用寿命，需要经常更换，产生固体废物。因此，研制高效、寿命长的离子交换剂是这项技术的关键。

（二）海水直接利用

海水直接利用一般是指用于工业冷却，海水冷却的技术主要包括海水直流冷却和海水循环冷却技术。

1. 直流冷却技术

海水直流冷却技术属于工业水处理技术领域，是取海水作为工业过程中的冷却介质，海水流经换热设备完成一次性冷却，然后直接将其排入海里的冷却水处理技术。因为是从深海取水，所以海水温度低，可以取得好的冷却效果。虽然系统运行管理简单，但是工程需要一次性大笔投资。值得注意的是，海水直流冷却技术会对海洋环境造成一定的影响，取水量大的同时排污量也大，可能造成海洋污染。

2. 循环冷却技术

海水循环冷却技术是以海水为冷却介质的循环冷却水处理方法。循环供水泵加压将海水送至板式换热器进行热交换，完成一次进程后，再使海水进入海水冷却塔冷却，由此开始海水的循环使用。因为能够让海水循环使用，海水循环冷却系统的取水量和排污量比同等规模的海水直流冷却系统均少95%以上。海水循环冷却系统的排污量小，有利于保障海洋环境质量和维护海洋生态平衡。另外，海水循环冷却系统工程投资和运行费用都较低，适用于化工、石化等行业的工业循环冷却。

（三）海水化学资源利用

开发海水化学资源，从海水里提取化学元素、化学品并对其深加工是解决我国陆地矿物资源短缺的重要途径。例如，通过盐田日晒法和电渗析法进行海水制盐；应用离子交换法、化学沉淀法、有机溶剂法、膜分离法等进行海水提钾；应用溶剂萃取法、空气吹出法、吸附法和沉淀法等进行海水提溴。山东地区以地下卤水为原料，利用空气吹出法生产制取的溴占全国溴产量的90%以上。

1. 盐田制盐

太阳能蒸发法是传统制盐方法，也是目前沿用最广的方法。制盐的过程包括纳潮、制卤、结晶、采盐、贮运等步骤。盐场在修建海堤时，一般建有纳潮沟，能够引入浓度较高的海水进入修好的盐田。制卤是制盐过程中最原始的一道工序，就是利用太阳能让海水蒸发使海水中的氯化钠浓度逐渐升高，直到海水中的氯化钠达到饱和，然后及时将卤水转移到结晶池中继续蒸发，池底渐渐形成结晶，然后就可以采集晒成的粗盐。盐田制盐受自然环境影响很大，海水盐分的浓度、所处的地理位置、天气的变化等自然因素都会直接影响产盐效率，并且这种方法占用的空间比较大，具有一定局限性。

2. 海水提钾

海水中钾离子含量较低，并且有其他共存元素的干扰，从海水中提取钾离子虽然已取得一定进展，但离工业化生产还有距离。目前提取钾的方法主要有化学沉淀法、溶剂萃取法、膜富集法和离子交换富集法等，其中后两者是目前研究最多的方法。目前膜富集法在钾的富集与提取方面并不理想，所以更多人关注离子交换富集法。海水提钾经历过三次大的工业化进展，最新的方法是沸石法海水提钾技术。沸石法海水提钾工艺是利用离子交换的原理，把天然斜发沸石改良为离子交换剂，然后通过沸石对K^+的离子筛作用，浓缩富集海水中的钾，最后用萃取结晶法将钾选择性分离出来。我国的沸石法海水提钾工艺使海水中钾的富集率达到100倍以上，突破了海水钾高效富集与节能分离的难题，在国际上率先解决了海水提钾的成本问题。但是用离子交换法（天然斜发沸石法）从海水中提取钾，仍存在交换容量不高、洗脱率较低等问题。

3. 海水提溴

用于工业生产的海水提溴的常用方法是空气吹出法。溴在自然介质中的浓度很低，但是在提取粗盐后的母液（苦卤）中浓度较高。在预先经过酸化的母液中通入氯气，置换溴离子使之成为单质溴，这时生成的单质溴依然在苦卤中。再根据溴的沸点比水低这个性质，鼓入热空气或水蒸气，将溴吹入吸收塔，使溴蒸气和吸收剂二氧化硫发生作用，生成氢溴酸来完成富集。最后，再用氯气与氢溴酸反应得到产品溴。尽管空气吹出法是目前提溴的主流方法，但是空气吹出提溴工艺能耗高，且它的温度适用范围窄，当卤水中溴浓度较低时，用空气吹出法从海水中提溴的经济性变差。

二、再生水综合治理与开发利用技术

再生水回用运用较多的是膜处理工艺法，包括连续微滤工艺（CMF）、浸没式微滤工艺（SMF）

和膜生物反应器（MBR）等；此外，应用较多的还有生物处理法，包括生物接触氧化法、曝气生物滤池、厌氧-好氧法（A/O）、缺氧-厌氧-好氧法（倒置A^2/O）及周期循环活性污泥法（CASS）等（罗岩，2018）。

（一）膜生物反应器技术

MBR将膜分离技术与传统生物处理技术进行有机结合。膜的高效分离作用，提高了固液分离效率和分离效果，另外，被膜分离截流在生物反应器内的微生物，使得系统内能够维持较高的微生物浓度，不但提高了生化反应速率，而且提高了反应装置的整体去除效率，如有利于提高系统的硝化效率和难降解有机物的降解效率。MBR的特点是出水水质优质稳定，减少剩余污泥产生量，污染物被大幅去除，该工艺因为处理装置容积负荷高、占地面积小并且可以用微机自动控制，所以不受设置场所限制，操作管理方便，是污水处理中容易实现工业规模化的新技术。但是膜生物反应器用膜（如中空纤维膜）强度差，容易断裂，进而降低膜材料的使用寿命，增加膜生物反应器的维护运行成本。我们团队通过多年研发，已经制备出较现有PVDF膜的机械强度高2倍的膜材料，并且所使用改性材料价格低廉，这就为膜生物反应器改良提升提供了重要的理论与技术依据（Cai et al.，2019）。

（二）生物接触氧化法

生物接触氧化法是一种兼具周期循环活性污泥法与曝气生物滤池优点的生物膜法工艺，在生物接触氧化池中加入填料以供微生物附着生长，池底曝气提供微生物所需的氧量，并搅拌与混合池体内污水，保证污水与填料充分接触以提高微生物的处理效率，避免存在污水与填料接触不到的状况。生物接触氧化法占地面积小，能够节省动力消耗，运行费用低，处理所需时间短，净化效率高，污泥产量少。生物接触氧化工艺有耐冲击负荷、不必进行污泥回流、运行管理和维修方便等特点，在国内外得到广泛的应用，并且这种方法还在不断地发展改进，我们开发出来基于异养硝化-好氧反硝化过程的联合去除氮素与毒害污染物的新技术，完全可以应用到包括生物接触氧化法在内的多种水深度净化工程中（Jin et al.，2017；Lu et al.，2008，2014）。

三、苦咸水开发利用技术

苦咸水淡化的方法有电渗析法、反渗透法和蒸馏法三种，选用何种淡化方法一般取决于苦咸水的含盐量。根据技术经济分析结果，电渗析法适合淡化含盐量在15 000mg/L以下的苦咸水，反渗透法适合淡化含盐量在10 000～35 000mg/L的苦咸水，而蒸馏法适合含盐量超过30 000mg/L的苦咸水的淡化（王建平等，2001）。反渗透法在海水淡化技术部分已经做过介绍，此处着重介绍电渗析法和蒸馏法。

（一）电渗析法

电渗析法的原理是电渗析器被交替排列的阳膜和阴膜分隔成许多小水室，在直流电场的作用下，原水中的离子作定向迁移，利用离子交换膜的选择透过性，溶液中的离子定向通过相应性质的离子交换膜，中间部位的离子浓度就会下降成为淡水，相邻的小室就会聚集大量通过的离子成为浓水，从而分离了离子，水也得到了净化。电渗析法有工艺简单、操作方便且不污染环境的特点，同时电渗析法除盐率高、制水成本低，可广泛应用于苦咸水的淡化。

（二）蒸馏法

苦咸水蒸馏淡化的原理与制备蒸馏水的原理类似。通过把海水加热至沸腾汽化，淡水蒸发为蒸汽，盐分则留在锅底形成固体，将蒸汽冷凝得到的液体即是淡水。蒸馏法淡化苦咸水是最早得到应用的淡化技术，即使苦咸水受到一定程度污染也能采用蒸馏法进行净化和淡化。与其他的淡化技术相比，蒸馏法有能够利用电厂的低位热、对苦咸水水质要求低、生产能力大的特点，是当前苦咸水淡化的主流技术之一。

四、雨水收集与利用技术

雨水的收集与利用技术主要包括集流技术、蓄水技术、供水或灌溉技术三个部分。蓄水技术是通过雨水贮存设施包括水库、塘坝等储存雨水。目前市场上的雨水储存产品一般分两类，即成型的雨水蓄水箱和塑料模块组合水池。雨水在贮存时一般要进行水质的改善，有物化处理与生化处理两种方式。供水或灌溉技术主要是通过输水管道等配套设施进行供水或喷灌、滴灌等节水灌溉。下面详细介绍集流技术。

集流技术包括直接和间接收集技术，常见的直接收集形式有屋面雨水集蓄利用系统、屋顶绿化雨水利用系统和园区雨水集蓄利用系统等。屋面雨水集蓄利用系统和屋顶绿化雨水利用系统是一种削减径流量、调节建筑温度的生态技术，屋顶绿化雨水利用技术的关键是植物和土壤的选择。园区雨水集蓄利用系统在环境条件较好的生活小区、公园等，将雨水径流收集利用，从而可以显著削减暴雨径流量，减少水涝。另外，可以控制非点源污染物排放量，提高小区水系统质量水平。

间接收集形式可分为分散渗透技术和集中回灌技术两大类，分散渗透技术常规的应用形式是渗透地面，集中回灌技术常用渗透井和渗透池两种。渗透地面的优点是透水性好，对污染物有净化作用，可改善城市环境；缺点是雨水的渗透流量受土壤性质的影响，同时雨水中如果含有较多的杂质也会影响土壤的质量。渗透井包括深井和浅井两类。深井适用水量大的情况，而城区一般宜采用浅井。浅井的优点是占地面积小，便于管理；缺点是净化能力低，需要预处理。渗透池适合小区里应用，其优点是渗透面积大，净化能力强，管理方便；缺点是占地面积大，蒸发损失大，易受到实际情况的限制。

第五节　海岸带非常规水资源保护及开发利用的展望

一、有关非常规水资源保护及开发利用工作的展望

目前我国海洋开发利用方式仍然粗放，海岸带水资源污染与退化问题较为突出，我们要高度关注非常规水资源的保护及开发利用问题（吕剑等，2016），笔者正在从事海岸带非常规水资源开发利用工作，主要从事再生水的研究。现依据已开展的海岸带水资源保护与可持续利用方面的研究工作，对非常规水资源工作进行展望。

研究人员要精进科研，发现创新点，不断开发新技术，让自己保持科研先进水平。本书研究组进行了再生水热点问题的相关研究，如研究水体中重金属对生态系统及人类的持久毒性影响，我们的研究证明了盐水入侵可以改变土壤的理化特性，从而对土壤中重金属的固水界面行为产生重大影响，导致污染的风险增加（Wen et al.，2019）。同时我们又对再生水的一些知识进行初步探索，如对水体中抗生素的健康风险有了初步的研究，认识到其中的诺氟沙星和磺胺甲噁唑具有较高的生态风险（Lu et al.，2018）；首次采用稳定同位素技术和SIAR模型对地下水中硝酸盐的来源进行了识别（Wen et al.，2018）；首先利用宏基因组学方法获得沿海工业海水养殖系统中ARG谱的初步信息等（Wen et al.，2018）。这些基础研究均会为将来水体的评价和污染防治提供科学依据，有利于非常规水资源的保护及开发利用。

虽然我国的一些非常规水资源技术水平与国外差距不大，并且国内非常规水资源利用量在不断增加，但实际上非常规水资源利用率在社会用水中的比重仍比较低，所以我们也要注重将科研与现实联系起来，使研究真正投入到实际生产生活中。滨海地区人类活动产生的大量污染物如果直接排放进水体，会造成水体急剧恶化，生态严重失衡，甚至会危及人类的健康，微生物修复措施在海岸带水污染治理方面具有重要作用（吕剑等，2016），在这一方面，我们的研究也已经取得很大的进展，制备的PVDF膜的机械强度明显提高，并且所使用改性材料价格低廉，这就为膜生物反应器改良提升及生活中得到应用创造了良好的条件（Cai et al.，2019）。而污水经专业技术处理后可以用来对盐碱地进行反复泡田的洗盐处理，等到盐碱地含盐量低于0.3%，就可以种植作物，从而达到同时为植物提供生长所需水分和持续压盐的目的（吕剑等，2017）。一旦我们所做的研究在现实生活中得到推广，就有望为保护区域环境、推进

区域经济的发展、产生良好的经济和生态效益做出巨大贡献。

二、海水水资源综合治理与开发利用的展望

（一）海水利用的展望

1. 海水淡化的展望

对海水淡化的展望有以下三点：①依托开发政策，是海水淡化迅速发展地区的共同特点。政府的引导与推动有利于海水利用产业的快速发展。海水淡化产业发达的地方都有共同的特点，即当地政府重视海水淡化，起着主导和推动作用。所以要加大对海水淡化的支持力度，在对海水淡化产业进行资金投入的同时，还要积极制定政策鼓励海水淡化。②改进传统工艺，实现技术创新。实现技术创新会促进海水利用产业的快速发展。寻找到高效的海水淡化材料会大大提高海水的淡化效率，使运营成本大幅度降低。如果对现有技术进行有效整合，集成海水淡化技术能够充分发挥各个方法的优势，获取综合效益。③研究海水淡化与新型清洁能源耦合技术是发展趋势。目前常用的海水淡化技术，都是通过消耗不可再生能源来获取淡水。近年来，风能、太阳能、潮汐能等可再生能源的开发利用受到人们的重视，海岸带地区有研发相关技术的地理优势，要加快海水淡化与可再生能源耦合技术的研发，走在科技前沿。

2. 海水直接利用的展望

对海水直接利用的展望有以下三点：①根据海洋环境保护需要，要在海水冷却工业进程中尽量减少对环境的危害，由于海水冷却过后的废水还将排放到水体中，因此需要使用环境友好的海水冷却水处理剂；②海水排放的热污染问题依旧突出，一般有两种解决方式，一种是将海水排入深海，另一种是产业间联合，即如果海水冷却与制盐业联合，让排放海水进入盐田制盐，可以减少对海洋的污染；③要继续开发海水腐蚀控制技术，考虑到海水易导致冷却水过程金属构件被腐蚀，需要进一步开展海水缓蚀、涂层防腐等技术的研究。

3. 海水农业的展望

对海水农业的展望有以下三点：①海水农业集约化养殖是高密度的养殖方式，充分研究和运用相关技术，使其即使在高密度养殖条件下，也能始终维持最佳的海水农业环境，达到高效高产，用最小的成本取得最大的效益；②海水农业品种的选择十分关键，要应用克隆技术、转基因技术等现代育种技术，培育高产、无特定病原的优质动植物品种，或者引进优良品种进行实验推广；③可以将互有关联的多个品种放在一起综合养殖，这种方式能改善生物物种结构，使其有自我调节能力，充分利用养殖环境的空间和营养，提高生产效率。

4. 海水化学资源提取的展望

对海水化学资源提取的展望有以下三点：①生产集约化程度要提高。海岸带地区制盐企业组织结构要着眼于赶超科技先进水平，调整组织结构向深度发展，改变“多、小、散、弱”的不合理结构，促进生产效率的提高和核心竞争力的增强。海岸带制盐工业要形成强大的产业群，提高工业效益。②目前制盐工业对海水中化学资源的提取率比较低，往往只是进行单个元素的提取，要提高科学技术创新水平，提高资源提取率，研发能综合提取多种元素的技术，这将有利于降低生产成本、扩大生产效益、促进海水化学资源的综合利用。③对目前技术水平下提取的元素进行深度加工，扩大元素的生产规模，促进海水化学资源的综合利用。

（二）再生水回用的展望

对再生水回用的展望有以下三点：①要加强中水管网等基础设施的建设。每项产业的良好发展都

离不开完善的基础设施，在中水回用技术发展过程中，管网发挥着重要的作用，实现城市与污水处理系统配套的管网的全面覆盖，能提高整个产业的运作效率。但是现在大多数城区的污水管网建设还比较滞后，由于管网大部分由当地政府出资建设，因此需要政府部门进行资金支持，以及相关部门共同配合。②提高科技创新能力。要继续进行多层次的资金投入，总结再生水利用的工作经验，推动再生水的技术研发，提高科技创新能力，从而降低工程造价，保障人体和环境安全，如果能实现工厂废水的“零排放”将会为缓解我国水资源短缺、保障社会可持续发展做出重大的贡献。③需要政策更加大力的支持。关于再生水的开发利用，政府有关部门要足够地重视，出台强有力的政策来对再生水产业进行支持和引导，鼓励各界以各种方式建设再生水开发利用产业，促进再生水开发利用的发展。

（三）苦咸水利用的展望

对苦咸水利用的展望有以下三点：①要提高苦咸水的利用率，减少生产过程中的污染，现有的苦咸水淡化工程大多是采用一次性淡化，对苦咸水的利用率比较低，并且淡化过程中产生的浓水排放会造成排放水域的污染。因此，对能够提高苦咸水的回用率、降低浓水排放量的工艺要进行大力地推广。②发展用清洁能源提供动力的苦咸水淡化技术。以太阳能等清洁能源为动力的苦咸水淡化装置的研发具有很好的发展前景。海岸带地区太阳能、风能、潮汐能等可再生资源丰富，要充分利用这一优势。③在苦咸水淡化膜蒸馏技术中，应着重进行高效离子交换膜的研发，高效的膜材料会大大降低苦咸水淡化的生产成本和生产能耗，产生良好的环境和生态效益。

（四）雨水利用的展望

对雨水利用的展望有以下三点：①城市雨水管理是一项复杂的系统工程，可以通过各种处理技术来控制雨水过程中可能出现的污染和洪涝。因此建设好雨水收集利用工程的每一部分，切实推进工程的实施，才能够有效收集雨水作为部分工业和生活用水，减少对自来水的需求量。②以可持续发展思想为指导，践行国家大力提倡的“海绵城市”理念，恢复城市地下水的采补平衡，保护自然界的水循环过程。③不能简单地把雨水管理局限为单一目标的环境治理工程，应将雨水利用与海岸带的城市视为一个有机整体进行统筹协调，做好城市规划，利用城市中各种自然条件，积极开展雨水综合利用，有效调节雨水径流，改善整个城区的水循环系统。

参考文献

暴晋川. 2003. 城市雨水资源化的思考和基本途径. 内蒙古水利, (4): 73-74.
陈卫平. 2011. 美国加州再生水利用经验剖析及对我国的启示. 环境工程学报, 5(5): 961-966.
高从堦, 周勇, 刘立芬. 2016. 反渗透海水淡化技术现状和展望. 海洋技术学报, 35(1): 1-14.
郭江泓. 2011. 天津人工海岸生态功能构建机理研究. 天津大学硕士学位论文.
郭妮娜. 2018. 浅析我国水资源现状、问题及治理对策. 安徽农学通报, 24(10): 79-81.
李文明, 吕建国. 2012. 苦咸水淡化技术现状及展望. 甘肃科技, 28(17): 76-80.
李亚红. 2017. 我国海水冷却技术的应用现状及发展应对策略. 应用化工, 46(12): 2431-2434.
刘杜娟. 2004. 中国沿海地区海水入侵现状与分析. 地质灾害与环境保护, 15(1): 31-36.
罗岩. 2018. 再生水处理及回用现状研究. 科技风, (20): 124-125.
罗艳红. 2016. 城市雨水资源化利用现状及发展趋势. 资源节约与环保, (6): 214-215.
吕剑, 骆永明, 章海波, 等. 2016. 中国海岸带污染问题与防治措施. 中国科学院院刊, 31(10): 1175-1181.
吕剑, 张翠, 武君, 等. 2016. 一种利用再生水修复滨海盐碱化农用地土壤的方法: ZL201610040061. X.
苗英霞, 王树勋, 郝建安, 等. 2014. 对我国海水冲厕立法的思考. 水资源保护, (4): 93-96.
王建平, 倪海, 朱国栋. 2001. 沙漠油田高浓度苦咸水淡化技术的研究. 净水技术, 20(4): 19-22.
王文, 杨云, 崔巍, 等. 2015. 沿海地区非常规水资源开发利用方法与策略. 江苏农业科学, 43(4): 1-4.
武德俊, 李静. 2013. 苦咸水淡化对缓解水资源供需矛盾意义重大. 节能与环保, (6): 22-27.

武桂芝, 武周虎, 张国辉, 等. 2002. 海水冲厕的应用现状及发展前景. 青岛理工大学学报, 23(3): 49-52.

肖业祥, 杨凌波, 曹蕾, 等. 2014. 海洋矿产资源分布及深海扬矿研究进展. 排灌机械工程学报, 32(4): 319-326.

邢鸿飞. 2015. 全球水资源匮乏压力重重. 世界科学, (3): 23.

杨红生, 杨心愿, 林承刚, 等. 2018. 着力实现海洋牧场建设的理念、装备、技术、管理现代化. 中国科学院院刊, 33(7): 732-738.

张鹏彬. 2016. 水资源保护存在的问题及对策措施. 吉林水利, (6): 48-49.

张绪良, 谷东起, 陈焕珍. 2009. 海水及海水化学资源的开发利用. 安徽农业科学, 37(18): 8626-8628.

郑智颖, 李凤臣, 李倩, 等. 2016. 海水淡化技术应用研究及发展现状. 科学通报, 61(21): 2344.

Ahuja S, De Andrade J B, Dionysiou D D, et al. 2015. [ACS Symposium Series] Water Challenges and Solutions on a Global Scale. Overview of Global Water Challenges and Solutions, 1206: 1-25.

Becker N, Lavee D, Katz D. 2010. Desalination and alternative water-shortage mitigation options in israel: a comparative cost analysis. Journal of Water Resource and Protection, 2: 1042-1056.

Cai Y, Lu J, Wu J. 2019. Preparation of poly (vinylidene fluoride) (PVDF)/dopamine-modified sodium montmorillonite (D-MMT) composite membrane with the enhanced permeability and the mechanical property. Desalination and Water Treatment, 141: 95-105.

Jin Q, Lu J, Wu J, et al. 2017. Simultaneous removal of organic carbon and nitrogen pollutants in the Yangtze estuarine sediment: the role of heterotrophic nitrifiers. Estuarine, Coastal and Shelf Science, 191: 150-156.

Lu J, Jin Q, He Y L, et al. 2008. Biodegradation of nonylphenol ethoxylates by *Bacillus* sp. LY capable of heterotrophic nitrification. FEMS Microbiology Letters, 280(1): 28-33.

Lu J, Jin Q, He Y L, et al. 2014. Simultaneous removal of phenol and ammonium using *Serratia* sp. LJ-1 capable of heterotrophic nitrification-aerobic denitrification. Water Air & Soil Pollution, 225(9): 2125.

Lu J, Wu J, Stoffella P J, et al. 2013. Analysis of bisphenol A, nonylphenol, and natural estrogens in vegetables and fruits using gas chromatography-tandem mass spectrometry. Journal of Agricultural and Food Chemistry, 61(1): 84-89.

Lu J, Wu J, Zhang C, et al. 2018. Occurrence, distribution, and ecological-health risks of selected antibiotics in coastal waters along the coastline of China. Science of the Total Environment, 644: 1469-1476.

Lu J, Zhang C, Wu J, et al. 2017. Adsorptive removal of bisphenol A using N-doped biochar made of *Ulva prolifera*. Water Air & Soil Pollution, 228(9): 327.

Lu J, Zhang C, Wu J, et al. 2020. Pollution, sources, and ecological-health risks of polycyclic aromatic hydrocarbons in coastal waters along coastline of China. Human and Ecological Risk Assessment: An International Journal, 26(4): 968-985.

Meng W Q, Hu B B, He M X, et al. 2017. Temporal-spatial variations and driving factors analysis of coastal reclamation in China. Estuarine Coastal & Shelf Science, 191: 39-49.

Satinder A, Jailson B A, Dionysios D D, et al. 2015. Overview of global water challenges and solutions. Symposium Series, 1206: 1-25.

Wang J H, Lu J, Zhang Y X, et al. 2018a. High-throughput sequencing analysis of the microbial community in coastal intensive mariculture systems. Aquacultural Engineering, 83: 93-102.

Wang J H, Lu J, Zhang Y X, et al. 2018b. Metagenomic analysis of antibiotic resistance genes in coastal industrial mariculture systems. Bioresource Technology, 189(12): 235-243.

Wen X H, Feng Q, Lu J, et al. 2018. Risk assessment and source identification of coastal groundwater nitrate in northern China using dual nitrate isotopes combined with Bayesian mixing model. Human & Ecological Risk Assessment: An International Journal, 24(4): 1043-1057.

Wu J, Lu J, Zhang C, et al. 2019. Adsorptive removal of tetracyclines and fluoroquinolones using yak dung biochar. Bulletin of Environmental Contamination and Toxicology, 102(3): 407-412.

Zhang C, Lu J, Wu J, et al. 2017. Removal of phenanthrene from coastal waters by green tide algae *Ulva prolifera*. Science of the Total Environment, 609: 1322-1328.

Zhang C, Lu J, Wu J, et al. 2019. Phycoremediation of coastal waters contaminated with bisphenol A by green tidal algae *Ulva prolifera*. Science of the Total Environment, 661: 55-62.

第二十八章

滨海土壤酸化和铜污染特征及生物修复技术①

① 本章作者：骆永明，付传城，李连祯，涂晨

山东省烟台市地处胶东半岛，地理和环境特征独特，是我国重要的苹果生产基地。农用化学品的大量长期频繁施用导致果园土壤质量出现退化，土壤酸化、有机质降低、重金属污染严重等问题凸显。本章首先结合烟台市主要土壤类型，通过采集不同种植年限的果园土壤，调查了滨海果园土壤酸化及重金属铜污染的特征。土壤酸化增加重金属在土壤-作物系统中的迁移性和生物有效性，从而加剧其生态环境风险。植物吸取修复是适合我国大面积的受重金属污染耕地土壤的绿色可持续修复技术。受技术手段限制，缺乏对修复植物根系微界面过程活体、实时和动态信息的了解，难以对植物吸收、转运重金属离子的根际过程机制形成更深入的理解和统一认识。通过自主研发基于非损伤微测技术的重金属离子流活体检测微传感器，对修复植物的根际重金属离子流特征及其控制机制进行了探讨。同时，筛选了对铜及其他重金属具有较强抗性的微生物，并就其生物学特性进行研究，为获得有效治理重金属污染的微生物菌株提供候选资源，以期为果园土壤铜污染的生态修复技术研发提供科学依据。

第一节　滨海果园土壤酸化与铜污染特征

滨海果园在我国农业生产中占据重要地位，这得益于滨海及海岸带地区相对充足的水热、光照等海洋性的气候条件（Li et al.，2014）。由南到北，我国滨海果园包括香蕉园、芒果园、柑橘园、杨梅园和苹果园等，气候条件、土壤类型和管理方式有所差别，形成了具有别于内陆的特色。由于农业土壤中大量氮肥的施用，加之淋溶作用和酸沉降，我国农业土壤酸化问题不断凸显（Guo et al.，2010）。滨海果园具有集约化的农业管理方式、丰富的降水等特点，可能会引起酸化问题的突出。滨海果园具有较高的湿度和降水量，含铜等重金属的杀菌剂的使用次数较多，因而土壤铜等重金属的富集较为明显（Mackie et al.，2012）。土壤酸化对重金属的富集和活化具有明显的促进作用，因而，滨海果园的土壤酸化和重金属富集的同步发生，可能会造成更高的环境风险。为此，本节调查了典型滨海果园的土壤酸化和铜富集特征，研究了铜的有效性和化学形态，分析了酸化等土壤性质对铜富集和分配的影响，可为滨海果园土壤的可持续利用提供科学依据。

一、滨海果园土壤酸化特征

由表28.1可看出，胶东滨海果园土壤pH介于3.87～8.82，平均为5.84，表明该区域土壤多呈酸性或微酸性。棕壤是在暖温带湿润和半湿润大陆季风气候下，发生较强的淋溶、黏化作用而形成，一般土壤剖面通体无石灰反应。在本研究中，棕壤是最主要的土壤类型，面积较大且分布广泛，因此就平均pH而言，可能会呈酸性或微酸性。胶东滨海果园土壤pH低于第二次土壤普查时调查所获取的平均水平（6.96，79样品；1987年）。具体来说，与该历史数据相比（图28.1），不同土属出现了不同程度的酸化，而尤以原本偏碱性的普通褐土、淋溶褐土、潮褐土、砂姜黑土、潮土和盐化潮土更为显著。据显著性分析，不同土属pH之间存在显著性差异（$P<0.001$），有的土属甚至下降1.5个单位以上，意味着胶东滨海苹果园存在明显的土壤酸化问题。

表28.1　胶东滨海果园土壤pH在不同种植年限、土壤类型中的分布

种植年限/土壤类型（亚类）	个数	均值	标准差	变异系数	极小值	极大值
农田	97	5.58	0.87	0.16	4.24	8.24
＜5	462	5.95	0.94	0.16	4.26	8.82
5～15	713	5.89	0.97	0.16	3.93	8.46
15～25	799	5.80	0.91	0.16	3.95	8.36
25～35	239	5.80	0.92	0.16	3.87	7.94
＞35	26	5.47	1.06	0.19	3.96	8.13
棕壤	858	5.80	0.91	0.16	3.93	8.81

续表

种植年限/土壤类型（亚类）	个数	均值	标准差	变异系数	极小值	极大值
潮棕壤	84	5.86	0.94	0.16	3.98	7.69
棕壤性土	816	5.70	0.88	0.15	3.87	8.21
普通褐土	21	6.88	0.74	0.11	5.33	8.07
淋溶褐土	27	6.93	1.16	0.17	4.50	8.28
潮褐土	36	6.31	0.86	0.14	4.59	8.16
褐土性土	101	6.74	0.99	0.15	4.39	8.49
砂姜黑土	15	6.12	0.90	0.15	4.24	7.32
潮土	375	5.99	0.94	0.16	3.99	8.82
盐化潮土	3	6.17	1.98	0.32	4.27	8.22
全部	2336	5.84	0.94	0.16	3.87	8.82

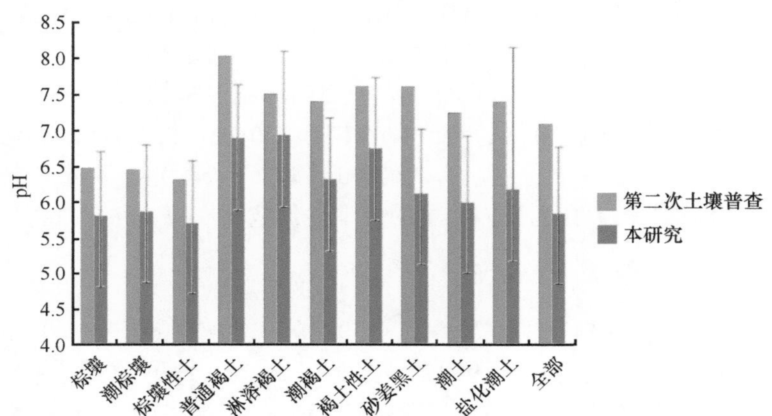

图28.1　胶东滨海果园土壤酸化现状与第二次土壤普查数据的对比

不同种植年限果园土壤pH同样存在显著性差异（P＜0.001），且随着种植年限的增加而降低。这说明果园土壤酸化与种植年限关系密切，老龄果园土壤pH一般比幼龄果园低（Xue et al.，2006；Li et al.，2014）。Li等（2014）报道，胶东半岛东北部老龄（＞30）和中龄（10～30）果园土壤酸化严重，其pH分别较幼龄果园降低了0.53和1.90。土壤酸化主要与化肥施用（尤其是氮肥）、不合理灌溉、酸沉降和自然酸化等因素有关（Li et al.，2014；徐仁扣，2015）。我国农业土壤自20世纪80年代以来，集约化利用程度不断加剧（Guo et al.，2010）。集约化利用是果农为了提高果实产量和质量，过量施用化肥、频繁浇灌等的农业活动。种植年限在一定程度上代表着集约化的利用历史，这些集约化的活动，很多都是导致土壤酸化的重要原因。例如，周海燕（2015）研究发现，在1980～2005年胶东土壤的酸化程度随氮肥的使用率升高而加重。长期集约化利用加快了土壤的酸化速度，加重了土壤的酸化程度。魏绍冲和姜远茂（2012）调查发现，胶东半岛果园氮肥施用量高达612kg/hm^2，这一用量目前还在上升。Goulding和Annis（1998）的研究表明，每年每公顷施50kg氨态氮肥会产生4000mol H^+，大约需要500kg $CaCO_3$将之中和。除此之外，果树生长过程中每年需要从土壤中吸收大量盐基离子（Rengel et al.，2000），且降雨和不合理灌溉也会加剧盐基离子的淋失（徐仁扣，2015）。因此，经过长时间的种植，伴随氨态氮肥的不断施用和盐基离子的不断减少，土壤酸化会不断加剧。有机质含量对于缓冲酸化具有重要作用，对部分样品分析发现：胶东滨海果园土壤pH与SOC存在显著正相关关系（r=0.102，P＜0.05），而本身胶东滨海果园土壤的有机质含量不高，这极不利于酸化的缓解和控制；此外，胶东滨海果园土壤总氮含量与pH呈极显著负相关关系（r=–0.124，P＜0.01），这可能与化学氮肥在硝化过程中产生大量H^+和NO^{3-}导致土壤pH降低有关（付传城等，2018）。

二、滨海果园土壤铜污染特征

铜是植物生长必需的营养元素，但过量的铜会对植物和环境产生毒害或风险（Michaud et al.，2007；Yang et al.，2015a）。土壤中的铜一般来自成土母岩的风化，但在一些土壤中，人类活动引起的铜输入可能会成为主要来源（Pietrzak and McPhail，2004）。自铜素的杀菌功能被发现的两个世纪以来，含铜杀菌剂被广泛应用于果园和菜地（Wang et al.，2009）。含铜杀菌剂的长期使用导致了土壤中铜的富集，而且随着年限和使用次数的增加呈现增长的趋势（Fernández-Calviño et al.，2009；Fu et al.，2018）。然而，土壤中总铜的含量并不能为评价其环境风险提供足够的信息。因为铜在土壤中可以和多种土壤组分相结合，从而影响其在土壤中的迁移与释放。因此，有效性是评估土壤铜的环境风险的重要方面（Pietrzak and McPhail，2004）。

种植年限是影响土壤铜富集的重要因素，一般而言，铜的含量随着年限的增长而升高（Pietrzak and McPhail，2004；Nogueirol et al.，2010；Li et al.，2014）。除此之外，由于果园的集约化管理，诸如土壤酸碱度、有机质或阳离子交换量也会随着年限的变化而变化。因此，随着年限的增长，土壤性质和铜形态的关系也变得复杂。然而，人们对铜形态随年限变化的了解目前还有限，土壤性质对铜形态和迁移性的影响仍有待研究。土壤重金属元素的空间分布是人们明确污染现状的重要指标，然而，很少有研究针对果园土壤铜及其形态的空间分布进行深入讨论（Wu et al.，2010a；Fu et al.，2018）。因此，本研究基于典型的滨海果园，研究了土壤中铜的含量、有效性和迁移性现状，分析了铜的空间分布，探讨了土壤性质对铜有效性和迁移性的影响，旨在为果园土壤的管理提供数据支撑和科学依据。

（一）滨海果园土壤铜的富集和形态特征

土壤中总铜含量（T-Cu）具有较大的变异性（表28.2），介于11.60～307.11mg/kg。果园土壤中总铜含量的平均值为85.77mg/kg，约为区域土壤中铜背景值（24.0mg/kg）的3.57倍（中国环境监测总站，1990），但显著低于我国土壤中铜的环境阈值（Cu=150mg/kg，pH＜6.5）（中华人民共和国生态环境部，2018）。然而，仍有12.96%的样品超过该环境阈值。农田土壤中T-Cu为（28.71±16.00）mg/kg，略高于区域背景值，且果园土壤中T-Cu的平均值甚至高于农田土壤中T-Cu的最大值，这意味着果园土壤中铜的富集显著。果园土壤中铜的富集主要与含铜杀菌剂的长期使用有关，不同于农田中的禾本科作物，含铜杀菌剂可杀灭真菌，防止水果溃烂（Komárek et al.，2010）。滨海果园具有较高的湿度和降水量，含铜杀菌剂的使用次数较多，因而土壤中铜富集较为明显。据Mackie等（2012）的统计，全球果园土壤中铜的含量介于1～3215mg/kg，这主要由长期使用含铜杀菌剂导致。本研究中铜的含量介于此范围内，与许多国家的含量相当，但最大值相对较低（Chaignon et al.，2003；Fernández-Calviño et al.，2009；Nogueirol et al.，2010；Ballabio et al.，2018）。果园土壤中有效铜含量（A-Cu）介于0.09～101.67mg/kg，约占总铜含量的23.80%。农田土壤中A-Cu变化范围较小（0.70～15.35mg/kg）。果园土壤中A-Cu和有效铜比例（AR）均显著高于农田土壤中的相应含量和比例，这意味着果园有更多的铜以有效态的形态存在。然而，A-Cu并未与前人的研究结果产生较好的对比效果，这归因于不同有效性浸提剂的使用使有效铜含量的可比性较差（Chaignon et al.，2003；Pietrzak and McPhail，2004；Nogueirol et al.，2010；Li et al.，2014）。为了更好地指示铜对植物的有效性，应该就植物样品同时开展研究，分析土壤中A-Cu和植物中Cu含量的关系。果园土壤中铜的化学形态分为弱酸可溶态铜［F1，（6.55±6.27）mg/kg］、铁锰结合态铜［F2，（27.41±17.33）mg/kg］、有机结合态铜［F3，（21.04±16.03）mg/kg］和残渣态铜［F4，（49.56±27.37）mg/kg］，分别占总铜的（5.01±3.54）%、（24.73±6.63）%、（18.53±7.78）%和（51.73±15.40）%。果园土壤中潜在可迁移态铜（F1、F2和F3）的比例高于农田，但残渣态铜（F4），呈现相反的趋势。此外，铜化学形态的分配与Chopin等（2008）或Vázquez等（2016）的结果相似，这说明铜在不同地区的果园土壤中具有相似的分配行为。

表28.2　滨海果园土壤中总铜、有效铜和化学形态铜的含量与有效铜比例

项目	T-Cu（mg/kg）	A-Cu（mg/kg）	AR（%）	F1（mg/kg）	F2（mg/kg）	F3（mg/kg）	F4（mg/kg）
n	104	104	104	35	35	35	35
平均值	85.77	23.86	23.80	6.55	27.41	21.04	49.56
标准差	54.17	20.25	10.32	6.27	17.33	16.03	27.37
变异系数	0.63	0.85	0.43	0.96	0.63	0.76	0.55
最小值	11.60	0.09	0.34	0.00	4.12	2.09	13.82
最大值	307.00	101.67	51.69	27.12	61.62	56.93	145.48

注：T-Cu代表总铜含量；A-Cu代表有效铜含量；AR代表有效铜比例，为T-Cu与A-Cu的比值；F1代表弱酸可溶态铜；F2代表铁锰结合态铜；F3代表有机结合态铜；F4代表残渣态铜；*n*为样品数

（二）滨海果园土壤中总铜、有效铜含量和有效铜比例及铜化学形态的动态变化

滨海果园土壤中T-Cu、A-Cu和AR随种植年限的变化如图28.2所示。T-Cu、A-Cu和AR与年限呈现出线性或多项式曲线关系，拟合效果较好，决定系数分别为0.93、0.87和0.78。T-Cu和A-Cu随着种植年限增长而不断增加，具体而言，总铜的增长量为3.30mg/(kg·a)，而其中的36.2%是以有效态形式存在，这与前人报道的山东半岛果园土壤的铜年富集量介于2.5～9.0mg/kg相一致（Li et al.，2005）。从斜率来看（T-Cu为3.30，A-Cu为1.19），T-Cu的增长速率要快于A-Cu，因此AR随着种植年限增加呈现减少的趋势。铜化学形态在不同种植年限的分配如图28.3所示。F1随着种植年限增长呈增加的趋势，但增长速率不断下降（r=0.87，P<0.01）。F2、F3随着种植年限增长分别以1.11mg/(kg·a)和0.96mg/(kg·a)显著增长。与F1、F2和F3不同的是，F4呈现先增加后缓慢减少的趋势，而转折点在种植年限约为30年。总而言之，随着种植年限的增加，果园土壤中的铜从较为稳定的残渣态铜（F4），不断向可迁移态铜（F1、F2和F3）转化。

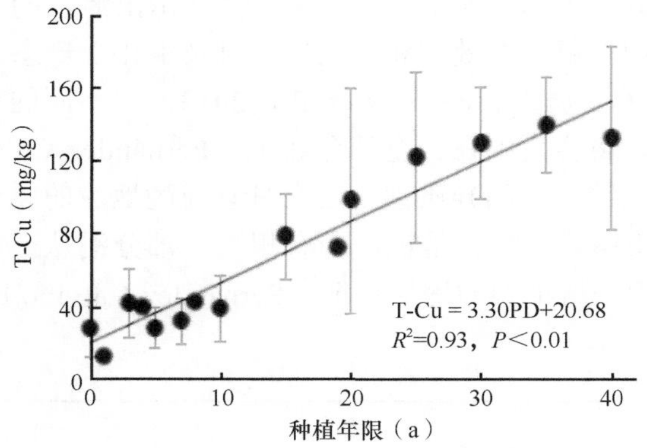

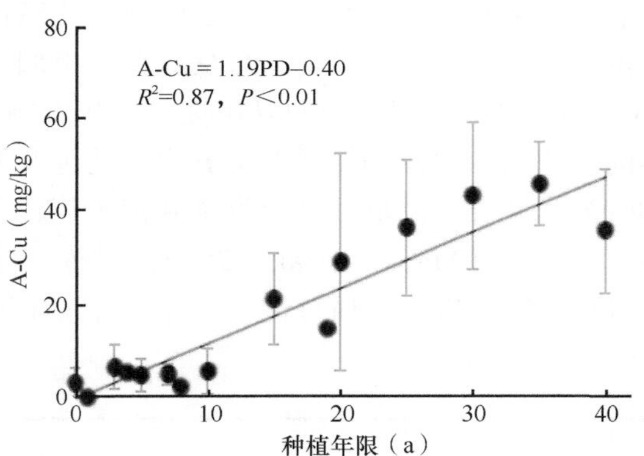

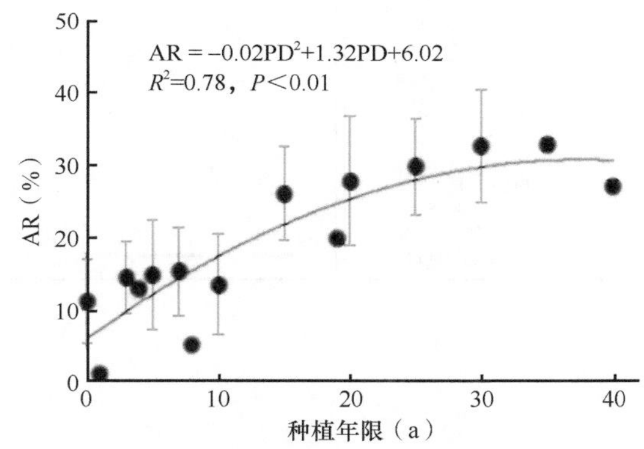

图28.2　滨海土壤中总铜、有效铜含量和有效铜比例随种植年限的变化

T-Cu. 总铜含量；A-Cu. 有效铜含量；AR. 有效铜比例；PD. 种植年限

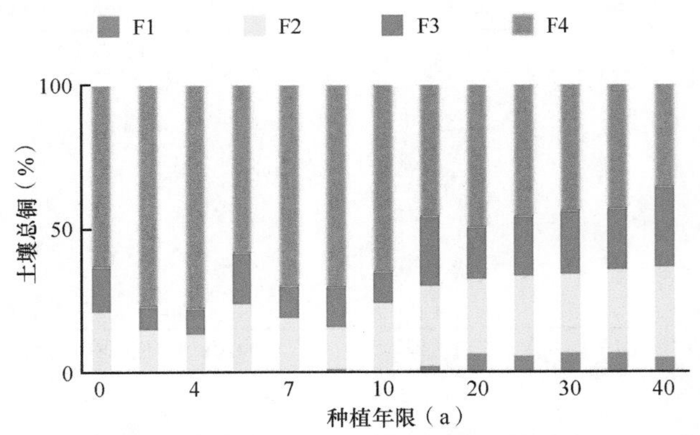

图28.3　滨海果园土壤中铜化学形态随种植年限的变化特征

F1. 弱酸可溶态铜；F2. 铁锰结合态铜；F3. 有机结合态铜；F4. 残渣态铜

（三）滨海果园土壤中总铜、有效铜含量和有效铜比例及铜化学形态的空间分布

总铜、有效铜含量和有效铜比例及铜化学形态（F1、F2、F3和F4）的空间分布如图28.4所示。平均误差（ME）和均方根误差（RMSE）均较低，说明协同克里格对于铜空间分布的插值具有较好的效果，其结果可以用于指示果园土壤中铜的空间分布特征。从图28.4可以看出，滨海果园土壤中T-Cu、A-Cu和AR及铜化学形态具有较强的空间变异性，这意味着这些指标具有较强的空间异质性。总的来说，T-Cu、A-Cu和AR具有相似的空间格局，体现在研究区中部和东部具有高值而西北部具有低值。T-Cu和A-Cu的高值区与年龄较老果园的分布区域较为一致。潜在可迁移态铜表现出不同的空间分布趋势，然而，在一些具体的分布区域，仍可见相似的分布特征。这意味着这些形态的空间分布受到多种因素的影响，但是具有一些相似或相同的因素。F4展示出了与F2和F3相反的趋势，但没有与F1展示出清晰的分布关系，这可能与F1所占总铜的比例较低有关。果园土壤中总铜、有效铜和有效铜比例及铜化学形态（F1、F2、F3和F4）具有较强的空间异质性，意味着铜污染的异质性（Ruyters et al.，2013）。不同的种植年限和不同的使用次数及剂量是总铜异质性的主要原因，将会反映在其空间分布上（Fernández-Calviño et al.，2009）。此外，土壤侵蚀、淋溶和流失等也会影响铜的空间异质性，这在具有丘陵地貌的胶东半岛可能会更加显著（Mackie et al.，2012；付传城等，2018）。也就是说，会有相当一部分铜从土壤中流失，这可在一定程度上解释总铜并非随着种植年限呈现严格单调的增加特征（Fernández-Calviño et al.，2009）。

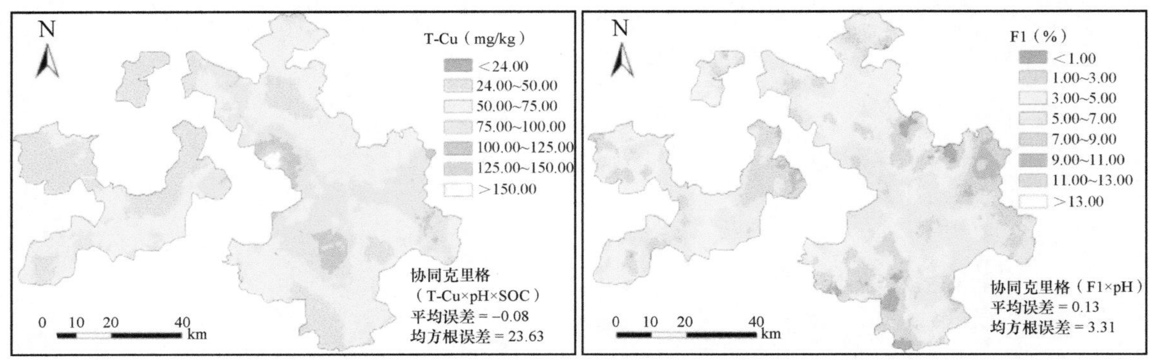

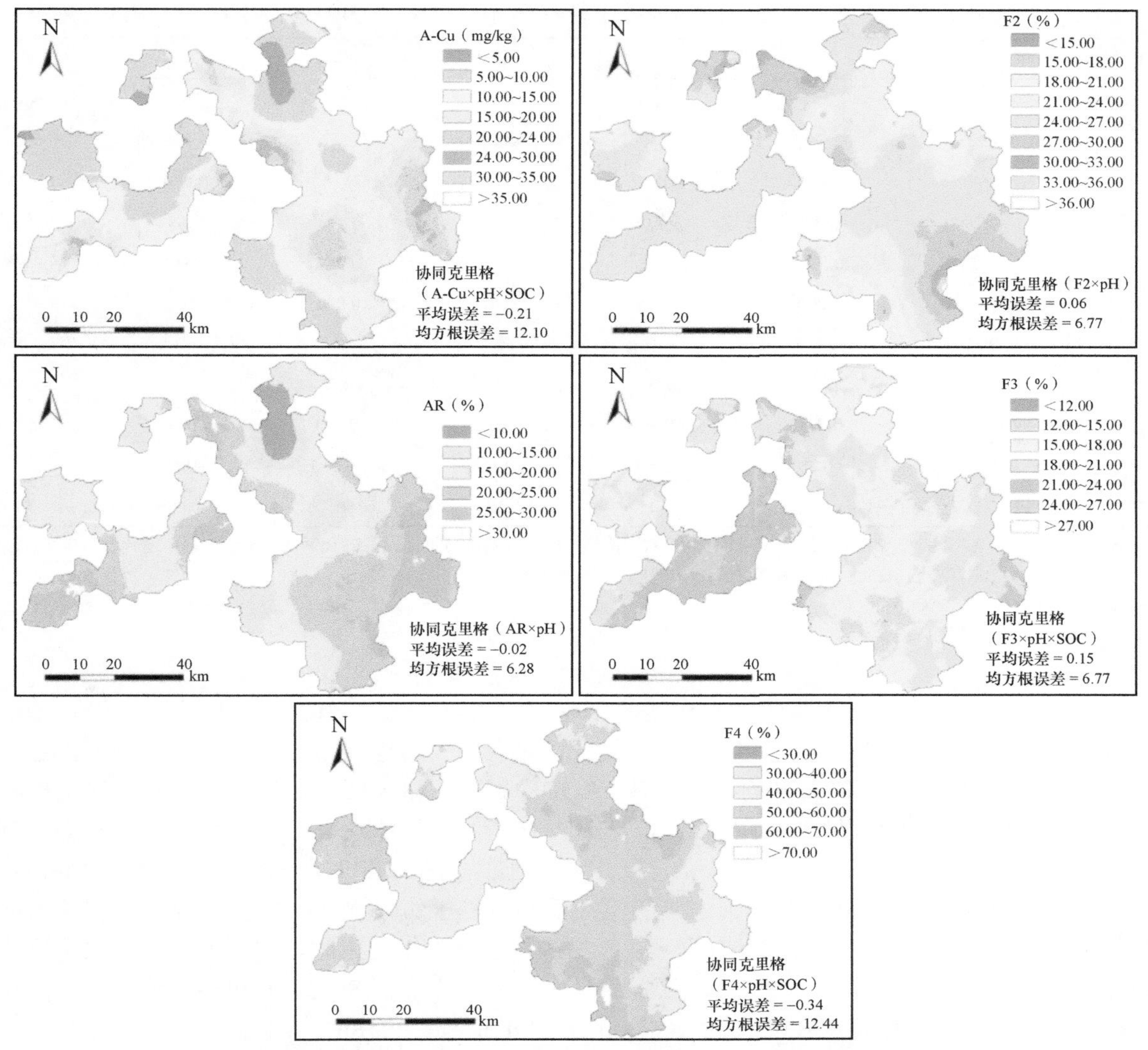

图28.4　滨海果园土壤中总铜、有效铜含量和有效铜比例及铜化学形态的空间分布

T-Cu. 总铜含量；A-Cu. 有效铜含量；AR. 有效铜比例；F1. 弱酸可溶态铜；F2. 铁锰结合态铜；F3. 有机结合态铜；F4. 残渣态铜；pH. 土壤酸碱度；SOC. 土壤有机碳

（四）酸化等土壤性质对铜含量及化学形态分配的影响

总铜、有效铜含量和有效铜比例及铜化学形态（F1、F2、F3和F4）与土壤性质的相关关系见表28.3。T-Cu与SOC和CEC呈显著正相关关系（r=0.303～0.421，P<0.01），这暗示着土壤有机碳和CEC的增加利于铜的富集。T-Cu与pH呈显著负相关关系（r=0.330，P<0.01），这说明酸性土壤利于铜的富集。T-Cu与土壤氧化物仅呈现出相对较弱的相关性。A-Cu与T-Cu呈现极强的显著正相关关系（r=0.927，P<0.01），这表明A-Cu随着T-Cu的升高而升高。对于土壤性质，A-Cu与pH、SOC和CEC展示出显著但较弱的相关性，而与土壤氧化物并没有相关性。AR与土壤性质的关系继承于T-Cu和A-Cu与土壤性质的关系。AR与pH呈显著负相关关系，与其他土壤性质的相关性较弱，说明土壤酸化对铜有效性的分配影响较其他土壤性质大。潜在可迁移态铜（F1+F2+F3）与T-Cu、A-Cu和AR呈显著正相关关系，而F4与T-Cu、A-Cu和AR呈现出相反的相关性关系。此外，F1、F2、F3和F4与土壤氧化物呈现较弱的相关性关系。

表28.3 滨海果园土壤中总铜、有效铜含量和有效铜比例及铜化学形态与土壤性质间的Pearson相关性系数

项目	T-Cu	A-Cu	AR	F1	F2	F3	F4
T-Cu	1			0.529**	0.533**	0.415*	–0.599**
A-Cu	0.927**	1		0.484**	0.737**	0.576**	–0.713**
AR	0.621**	0.807**	1	0.339*	0.856**	0.670**	–0.774**
pH	–0.289**	–0.342**	–0.437**	–0.458**	–0.433**	–0.642**	0.581**
SOC	0.421**	0.339**	0.193*	0.347*	0.287	0.451**	–0.483**
CEC	0.303**	0.232*	0.188	–0.014	0.090	0.007	–0.107
Al_2O_3	0.228*	0.098	–0.151	0.067	–0.111	–0.142	0.056
SiO_2	–0.283**	–0.093	0.235*	–0.066	0.208*	0.341*	–0.288
Fe_2O_3	0.270**	0.100	–0.162	0.115	–0.244*	–0.169	0.054
MnO	0.067	–0.067	–0.247**	–0.165	–0.210	–0.329	0.203
TiO_2	0.134	0.069	–0.050	0.131	0.010	0.096	–0.139

注：T-Cu代表总铜含量；A-Cu代表有效铜含量；AR代表有效铜比例；F1代表弱酸可溶态铜；F2代表铁锰结合态铜；F3代表有机结合态铜；F4代表残渣态铜；pH代表土壤酸碱度；SOC代表土壤有机碳；CEC代表阳离子交换量

* 在0.05水平（双侧）上显著相关

** 在0.01水平（双侧）上显著相关

棕壤一般呈酸性，然而，人类活动和自然酸化造成的土壤酸化显著地降低了土壤pH（Guo et al.，2010）。土壤酸化可促进铜从残渣态向可迁移态转化，进而增强其有效性（Li et al.，2014），这支持了A-Cu及潜在可迁移态铜与pH的显著负相关关系。SOC的不断积累主要来自有机肥的施用和果树凋落物的归还（Wang et al.，2009；付传城等，2018），土壤中有机质对铜的络合作用使得有机质成为铜的汇（Duplay et al.，2014）。铜在有机质较高的土壤中不易迁移，因为有机质与铜可形成稳定的络合物，而使铜不容易甲基化（Zeng et al.，2011）。尽管直接受到有机质的影响，F3所占T-Cu的比例并不高，这可能与有机质含量较低有关。然而，当有机质在土壤中以矿化作用为主时，铜可能重新释放而导致污染的加剧（Fernández-Calviño et al.，2009）。这暗示着滨海果园快速的SOC周转可能会使铜的富集和形态分配过程变得复杂，尤其伴随着较强的土壤酸化过程（Fu et al.，2018b）。总铜的含量，尤其是外源铜的含量，是影响铜形态和有效性的重要因素（Fernández-Calviño et al.，2009）。就T-Cu自身而言，可解释A-Cu、F1和F2的25.80%～77.10%的变异。这也解释了T-Cu、A-Cu、AR、F1和F2空间分布相似的原因。此外，A-Cu与潜在可迁移态铜的显著相关性说明潜在可迁移态铜是有效铜的直接来源（Yang et al.，2015a）。土壤氧化物常被认为是土壤母质风化的产物（Lee et al.，2006；Chen et al.，2008），外源输入的铜打乱了T-Cu与氧化物的原始相关关系，因此，T-Cu与它们的相关性较弱（Cai et al.，2015）。铁铝氧化物对铜具有较强的结合能力，然而T-Cu与铁铝氧化物及SiO_2、MnO、TiO_2等的弱相关关系意味着铜更多地以交换态的离子形态存在，而不是结合在矿物晶格之中（Chai et al.，2015）。土壤成分（如黏土矿物、铁锰氧化物）在土壤重金属的存留中扮演重要角色，从而影响重金属的有效性（Rivera et al.，2016）。

第二节　重金属污染土壤的植物根际修复机制

由于农业种植过程中化肥、含重金属类农药、杀虫（菌）剂等的大量施用，以及工业、交通和城市化进程的发展，有毒有害物质已经从水、土、气等多种渠道进入人类赖以生存的土壤环境，土壤污染已成为关乎粮食安全和人体健康的全球性环境问题（曾希柏等，2013）。其中，土壤重金属污染已成为我国主要的环境污染问题之一。修复重金属污染农田土壤，实现农业清洁生产、保证农产品质量安全已成为亟待解决的重大农业、环境和食品安全问题。超积累植物吸取修复，是利用超积累植物吸收土壤中的

重金属并在地上部积累，通过收割而去除土壤中重金属的一种修复技术。与其他物理、化学修复技术相比，超积累植物吸取修复技术，具有修复彻底、不破坏土壤结构和肥力、无二次污染、环境友好、修复成本低等特点，适合我国大面积的受重金属污染的耕地土壤修复（骆永明，2009）。

关于超积累植物吸收、转运重金属的研究，通常是以整个根部器官或组织作为研究对象，并通过化学分析方法（如原子吸收、原子发射及它们的衍生方法）测定植物或外部溶液重金属静态浓度变化来间接认知。这些技术操作相对简单、易行，但同时也存在局限性，主要表现在两方面：其一，破坏性取样，即先将植物组织研磨处理后再通过化学分析的方法检测离子浓度，不能反映活体植物吸收重金属的特性；其二，时空分辨率低，其测定的是一定时间内整个根系对离子的吸收情况，不能精确地测定短时间内植物根系微区离子被吸收的情况。尽管后来人们相继开发出一些用于活体检测的方法，如同位素示踪技术（Worms and Wilkinson，2007）、膜片钳技术（李隼等，2011）和荧光显微成像技术（Lu et al.，2008）等，并获得了一些有关离子分布和运动的信息，但这些方法普遍具有时间、空间分辨率差的问题。基于上述方法获取的研究结果，一定程度上体现了金属离子的吸收转运规律，却无法真实反映活体条件下的动态作用过程机制。受检测技术手段、研究方法和技术条件限制，缺乏对超积累植物根系界面过程活体、实时和动态信息的了解，因此难以对植物吸收、释放及转运重金属离子的微观过程机制形成更深入的理解和统一认识。

非损伤微测技术（non-invasive micro-test technique，NMT）是实时、动态测定活体材料的技术，通过测定进出材料的离子和分子的流速反映生命活动的规律，是生理功能研究的最佳工具之一。非损伤微测技术起源于产生了多位诺贝尔奖获得者的美国海洋生物学实验室（Marine Biological Laboratory，MBL），由MBL的Kühtreiber 和 Jaffe教授于1990年成功应用于测定细胞的Ca^{2+}流速，开创了生命科学从静态测量到动态测量转变的先河。非损伤微测是在保持被测植物样品完整和接近实际生理状态环境下进行测定，因而克服了对样品的破坏造成的测试结果无法合理解释甚至造成研究假象的问题。利用它能实时、连续地获得进出活体植物组织、器官、单个细胞甚至细胞器内特定离子或分子的活度及其表面离子或分子的移动速率，可以实现在生理学意义上直接检测超积累植物组织、细胞甚至亚细胞层面的离子流。另外，通过双电极技术能实现对两种离子的同时测量，可为离子间交互作用提供最直接的证据。

该技术已广泛应用于植物生长发育和逆境胁迫等研究领域营养盐离子的吸收和代谢过程，如Na^+（孙健，2011）、Ca^{2+}（施志仪等，2010）、NO_3^-（骆翔等，2011）、NH_4^+（Li et al.，2011）等。随着离子选择微电极技术的日益成熟，有学者开始将其应用于重金属离子（Pineros et al.，1998；Ma et al.，2010），然而，目前市场化的非损伤微测重金属离子选择性微电极种类仅有Cd^{2+}一种，极大限制了该技术在重金属毒性效应及吸收转运研究领域的应用。

一、基于非损伤微测技术的重金属铜离子流活体检测技术研发

海岸带土壤和沉积物环境风险与生态修复研究组在国内较早地将非损伤微测技术应用于植物对Cd^{2+}的吸收、转运研究中，在国际上首次运用非损伤微测技术实时动态地证明Cd^{2+}通过Ca^{2+}通道进入盐生植物碱蓬根部（Li et al.，2012），并已成功研发Pb^{2+}、Cu^{2+}等其他重金属离子选择性微电极（李连祯和于顺洋，2017a，2017b），率先将非损伤微测技术应用于Cd^{2+}以外的重金属离子流活体检测。

（一）非损伤微测铜离子流活体检测微传感器的制备

Cu^{2+}选择性微电极如图28.5所示，包括玻璃微电极管，在玻璃微电极管的腔内填充有膜后灌充液，玻璃微电极管的尖端部注有Cu^{2+}液态离子交换剂LIX，玻璃微电极管内安装有Ag/AgCl导线，在玻璃微电极管的尾部用环氧树脂固定Ag/AgCl丝和密封玻璃微电极管。玻璃微电极管为单层管，膜后灌充液由1.0mmol/L $CuCl_2$和1.0mmol/L Na_2EDTA组成，pH为7。Cu^{2+}液态离子交换剂LIX由质量分数为10%的二苯基硫卡巴腙、12%的四（3,5-二（三氟甲基）苯基）硼酸钠、10%的四（4-氯苯基）硼酸四（十二烷基）铵

和68%的2-硝基苯基辛基醚配制而成。

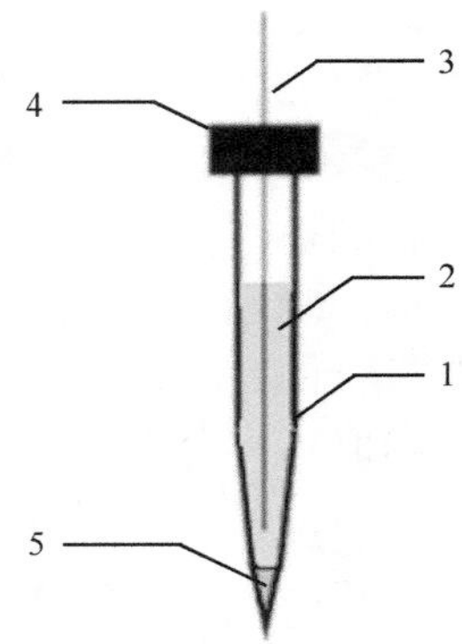

图28.5　Cu^{2+}选择性微电极的结构示意图（李连祯和于顺洋，2017a）

1. 微电极管；2. 灌充液；3. Ag/AgCl导线；4. 环氧树脂；5. Cu^{2+}液态离子交换剂LIX

Cu^{2+}选择性微电极的制备方法，包括下列步骤。

（1）拉制微电极管：按照常规的拉制方式，将硼硅酸盐玻璃毛细管（外径1.5mm，内径1.05mm，长度5cm）固定在加热线圈的中间位置，加热使其自由落下，再将玻璃管的尖端朝上，固定在夹子上，再次加热使其尖端直径在4μm的范围内。在使用前，需通过显微镜检查微电极管外形，特别是管口是否平整。管口不规整及管口不是圆形的微电极管都不能使用。

（2）硅烷化：在硅烷化过程中，首先在150℃下预干燥1h以上，除去微电极管内残存的水分和杂质；然后将微电极放置在带盖的玻璃器皿中，向玻璃器皿内倒入2mL 5%的二甲基二氯硅烷（国药集团化学试剂有限公司，北京）作为硅烷试剂，溶剂使用正己烷，在150℃下烘烤30min，使其蒸气进入并附着在微电极的尖端。硅烷化处理过的微电极应保存在干燥、无尘的避光容器里。

（3）注入灌充液：用接上细管的1.0mL注射器将灌充液从管后端缓慢推入经硅烷化的微电极管内，产生20.0mm灌充液柱。在显微镜下观察电极内是否有气泡，若存在气泡，须将电极尖端朝下放置一段时间，直至气泡完全从微电极管中消失。

（4）灌充Cu^{2+}液态离子交换剂LIX：在双目显微镜下，首先用尖端开口为50～60μm的玻璃毛细管蘸取少许LIX，尖端充满即得到了盛装LIX的玻璃毛细管，即LIX载体。从尾部采用注射器给其一定压力，使LIX液面凸出。再在显微镜下将此LIX载体与上述待灌充的微电极管尖端放置于同一水平面相对，小心将待灌充微电极管尖端与LIX的凸液面相接触，使LIX逐渐渗入到微电极管尖端。当LIX在微电极管尖端的长度达到100μm时灌充即完成。

（5）如图28.5所示，将Ag/AgCl导线插入灌充液中直至接近微电极管的尖端，然后用环氧树脂在微电极管的管口固定Ag/AgCl丝和密封玻璃微电极管，并使Ag/AgCl导线一端露出微电极管尾部，即制得Cu^{2+}选择性微电极。

Ag/AgCl导线的制备步骤如下。

（1）取一根适当长的银丝，用砂纸打磨以除去表面的氧化层。

（2）取一根贵金属丝或碳棒接到电源的阴极上，将打磨过的银丝接到电源的阳极上，在1.5V的直流电压下，在饱和氯化钾溶液中电镀2s即可制成Ag/AgCl导线。

对上述获得的Cu^{2+}选择性微电极检测范围测试。

离子选择性微电极在一定检测范围内其电位与离子浓度的对数之间呈线性关系，这样能够根据测量得到的微电极电位计算出被测离子浓度。为检测Cu^{2+}选择性微电极的检测范围，配制系列的$Cu(NO_3)_2$标准溶液，背景溶液为简化营养液（含0.1mmol/L $Ca(NO_3)_2$、0.1mmol/L $MgSO_4$、0.1mmol/L KNO_3、1.0mmol/L $NaNO_3$、0.3mmol/L MES）作为测试液。该溶液是作物根系离子流测试中所使用的实际测试液，与作物的营养液成分一致，能够模拟离子选择性微电极的使用环境。溶液pH为6.0，使用NaOH溶液和HCl溶液调节，MES即吗啉乙磺酸作为pH缓冲液。从而得到不同Cu^{2+}浓度对数与微电极电位之间的对应关系，用以评价电极性能。离子选择性微电极的性能测试过程在NMT系统（YG-MS-001，美国扬格公司）上完成。

利用上述获得的微电极对Cu^{2+}浓度分别为10^{-9}mol/L、10^{-8} mol/L、10^{-7} mol/L、10^{-6} mol/L、10^{-5} mol/L、10^{-4} mol/L、10^{-3} mol/L、10^{-2} mol/L和10^{-1} mol/L的$Cu(NO_3)_2$标定液进行了电位测量。使用同一支微电极通过3次重复测量取其平均值，得到不同Cu^{2+}浓度对数与微电极电位之间的对应关系，如图28.6所示。图28.6中，Cu^{2+}选择性微电极在Cu^{2+}浓度为10^{-6}～10^{-1}mol/L的能斯特斜率为26.18mV/decade[①]，微电极电位与Cu^{2+}浓度对数间的线性相关系数R^2=0.9994，说明在该范围内有很好的线性关系，从而能够通过测量微电极电位准确地得到其相应的离子浓度。因此该Cu^{2+}选择性微电极能够满足测量植物细胞、组织、器官微区内的Cu^{2+}浓度及动态变化的需要。

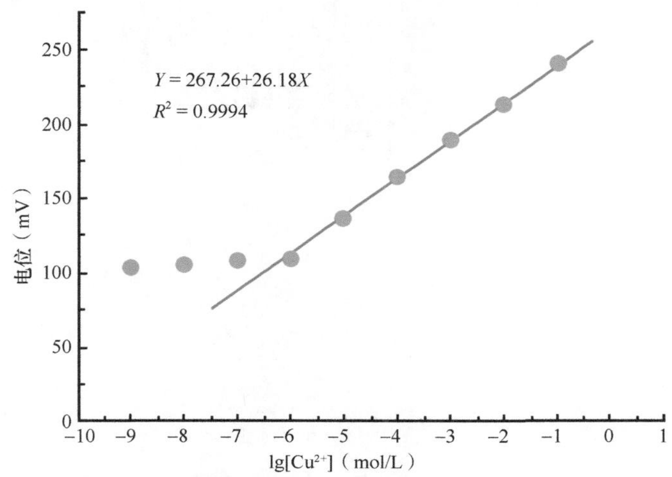

图28.6 Cu^{2+}选择性微电极的测定线性响应范围图（李连祯和于顺洋，2017a）

Cu^{2+}选择性微电极能斯特响应测试。

微电极电位E与标定液Cu^{2+}浓度C之间的关系可由能斯特方程来描述：

$$E=k\pm s\lg C \tag{28.1}$$

式中，E为微电极与参比电极之间的电压（mV）；C为标定溶液中Cu^{2+}浓度（mol/L）；s为能斯特斜率（mV/decade）；k为能斯特截距（mV）。

其中，能斯特斜率s理论值的计算公式为

$$s=2.303RT/nF \tag{28.2}$$

式中，R为气体常数，取8.314J/(K・mol)；T为绝对温度（K）；F为法拉第常数，取9.6487×10^4C/mol；n为被测离子的化合价，对于二价Cu^{2+}，n=2。在25℃时，Cu^{2+}的能斯特斜率s理论值为29.5mV/decade。

（二）非损伤微测铜离子流活体检测微传感器的应用

将微电极中的Ag/AgCl导线连接NMT系统（YG-MS-001，美国扬格公司）的微电极前置放大器，参考电极与微电极放大器和数据采集系统的地端连接。标定液为$Cu(NO_3)_2$溶液，将微电极和参考电极分别浸入到标定液中，通过NMT采集软件读取并记录微电极的对地电位，即微电极与参考电极的电位差变化。将不同标定液中电极电位代入式（28.1）中可以得到电极的能斯特斜率。本研究在室温25℃下，使用Cu^{2+}浓度分别为0.05mmol/L、0.1mmol/L和0.5mmol/L的测试液作为标定液，测得微电极电位分别为154.23mV、163.25mV和181.14mV，代入式（28.1）可得能斯特斜率为26.68mV/decade，与理论值29.5mV/decade相比，转换率达到90%，符合离子选择性微电极的转化率≥90%的工作要求。试验得到的能斯特斜率与理论值越接近，说明其性能越好。

---

① decade：浓度每增加或减少10倍电位变化值。

利用上述获得的电极测定了宽叶香蒲（*Typha latifolia*）根尖Cu^{2+}流速轮廓。将宽叶香蒲幼苗浸泡在0.1 mmol/L $Cu(NO_3)_2$溶液中静置10 min后，根摄入Cu^{2+}趋于平衡。按上述方法利用标定好的Cu^{2+}选择性微电极进行宽叶香蒲根尖（距离根尖0～1000μm）不同部位Cu^{2+}流速的测定。如图28.7所示，负值表示Cu^{2+}由溶液向根流入。从图28.7可以看出，距根尖0.3～0.5mm处Cu^{2+}流速最高，同时距根尖0～0.1mm处的Cu^{2+}流速微弱，但在距根尖0.5mm以上位置整体上Cu^{2+}流速下降，并趋向于稳定。

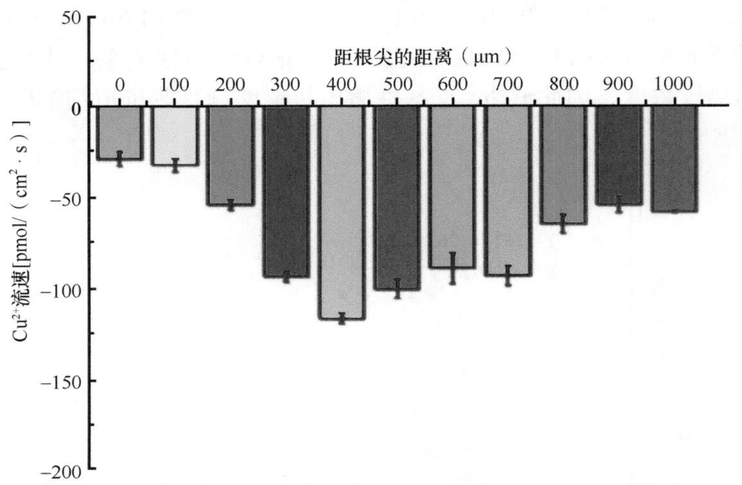

图28.7　宽叶香蒲（*Typha latifolia*）根尖微区不同位置的Cu^{2+}流速图（李连祯和于顺洋，2017a）

二、滨海耐盐植物吸收富集铜的根际铜离子流特征

海滨锦葵（*Kosteletzkya virginica* (L.) Presl.）是锦葵科，属多年生宿根、耐盐的油料植物，自然分布于美国含盐沼泽地带，1992年被南京大学生命科学院盐生植物实验室引种中国。在江苏省大丰海堤滩涂区十几年的试验表明，海滨锦葵是多年生多用途的优良耐盐草本经济植物（徐国万等，1996）。海滨锦葵适应性强，在各种土壤上均能生长，其中砂质土壤最适宜，耐寒，耐干旱，不择土壤，生长势强，喜阳光充足，在Cu胁迫下表现出较强的耐性和富集能力（Han et al.，2012a，2012b，2013a，2013b）。由于其具有一定的耐盐性、生物量大、易种植等优点，因而本试验选择海滨锦葵对滨海果园酸化与铜污染土壤的改良和修复开展研究。

根际微生物是影响超积累植物吸收、转运和积累重金属的另一个重要因素。以根际促生细菌PGPR为例，研究发现PGPR不仅有效增加重金属在土壤中的植物有效性，还提高重金属从根部到地上部分的转运，促进重金属在植物茎叶部位的积累。Sheng等（2008）从重金属污染土壤中分离出1株具有重金属（Cu、Zn、Pb、Cd、Ni）抗性并且可以分泌生物表面活性剂的菌株*Bacillus* sp. J119，将其分别接种到植物（油菜、玉米、苏丹草、西红柿），发现植物地上部分的Cd浓度与对照相比增加39%～70%。Ma等（2015）的研究表明，根际促生菌能促进超富集植物伴矿景天对重金属的修复能力，但对其作用原理还处于研究探讨的起步阶段，特别是对根际促生菌对重金属吸收、转运动力学过程的影响及其机制更是缺乏深入理解和认识。

研究针对前期筛选到的几种微生物资源以期从串珠状赤霉菌（*Gibberella* sp.）、假单胞菌（*Pseudomonas* sp.）、恶臭假单胞菌（*Pseudomonas putida*）、毛霉菌（*Mucor* sp.）、链霉菌（*Streptomyces* sp.）、苜蓿中华根瘤菌（*Sinorhizobium meliloti*）、紫金牛叶杆菌（*Phyllobacterium myrsinacearum*）中筛选出2种对海滨锦葵吸收Cu^{2+}具有促进作用的菌种，并以生物炭、纳米材料等作为吸附载体，采用固体发酵工艺制备复合菌剂，通过盆栽试验验证该复合菌剂对修复植物的协同强化效率。

（一）不同促生菌对海滨锦葵生长和吸收Cu^{2+}速率的影响

选择大小均匀、颗粒饱满的海滨锦葵种子催芽后，挑选生长健康、长势均匀的幼苗移植至蛭石培养基，在人工气候室进行30天的室内培养实验。海滨锦葵耐盐实验设置1mmol/L、50mmol/L、100mmol/L、200mmol/L、300mmol/L五个NaCl浓度处理，每个处理设置三个重复。

由表28.4和图28.8可见海滨锦葵株高和根长随营养液中NaCl浓度的升高而降低，海滨锦葵具有一定耐盐能力，但高浓度的盐不利于其正常生长发育，会出现植株低矮、生长缓慢、叶片枯黄等营养不良的现象。当NaCl浓度达到一定值时（300mmol/L）甚至会导致海滨锦葵死亡现象。

表28.4　不同浓度NaCl处理下海滨锦葵株高、根长及植株生物量

NaCl浓度（mmol/L）	株高（cm）	根长（cm）	鲜重（g）			干重（g）		
			根	茎	叶	根	茎	叶
1	19.62	14.20	1.25	0.91	0.55	0.30	0.34	0.20
50	15.51	13.37	0.81	0.77	0.52	0.23	0.19	0.14
100	12.25	11.77	0.34	0.64	0.37	0.12	0.18	0.13
200	7.43	10.68	0.08	0.25	0.37	0.03	0.09	0.09
300	5.61	10.62	0.02	0.11	0.09	0.03	0.07	0.07

图28.8　不同NaCl浓度处理下海滨锦葵的生长情况

促生菌实验设置八组处理，在海滨锦葵幼苗生长至20天后在根部分别加入串珠状赤霉菌（*Gibberella* sp.）、假单胞菌（*Pseudomonas* sp.）、恶臭假单胞菌（*Pseudomonas putida*）、毛霉菌（*Mucor* sp.）、链霉菌（*Streptomyces* sp.）、苜蓿中华根瘤菌（*Sinorhizobium meliloti*）、紫金牛叶杆菌（*Phyllobacterium myrsinacearum*），设置对照组，每个处理设置五个重复。

由表28.5和图28.9可以看出，接种促生菌后海滨锦葵株高全部高于不加促生菌的对照组。综合株高、根长及生物量大小可见，促生菌NT-1、NT-2、NT-5、NT-6和NT-7的促生效果更为明显。

表28.5　接种促生菌后海滨锦葵幼苗株高、根长及植株生物量

菌种	株高（cm）	根长（cm）	鲜重（g）			干重（g）		
			根	茎	叶	根	茎	叶
NT-1	25.68	11.26	0.78	0.51	0.47	0.08	0.09	0.11
NT-2	25.01	11.86	0.56	0.43	0.33	0.08	0.08	0.09
NT-3	21.08	13.4	0.60	0.38	0.43	0.06	0.06	0.09
NT-4	20.82	11.7	0.67	0.36	0.43	0.06	0.06	0.09
NT-5	23.74	11.9	0.61	0.50	0.44	0.07	0.08	0.10
NT-6	23.18	12.66	0.49	0.38	0.37	0.08	0.08	0.09
NT-7	26.26	13.04	0.60	0.49	0.49	0.08	0.08	0.11
对照	19.94	10.4	0.53	0.29	0.34	0.05	0.05	0.05

注：NT-1到NT-7菌种分别代表串珠状赤霉菌（*Gibberella* sp.）、假单胞菌（*Pseudomonas* sp.）、恶臭假单胞菌（*Pseudomonas putida*）、毛霉菌（*Mucor* sp.）、链霉菌（*Streptomyces* sp.）、苜蓿中华根瘤菌（*Sinorhizobium meliloti*）、紫金牛叶杆菌（*Phyllobacterium myrsinacearum*）

图28.9　接种不同促生菌后海滨锦葵的生长情况

为探讨不同促生菌对海滨锦葵吸收Cu^{2+}的影响，利用非损伤微测技术对接种不同促生菌的海滨锦葵幼苗根尖的Cu^{2+}流进行了检测。对距离根尖端不同位置的检测结果表明，海滨锦葵根尖对Cu^{2+}表现为内吸（负值表示内吸，正值表示外排），且在距根尖300μm位置对Cu^{2+}吸收速率最大（图28.10）。

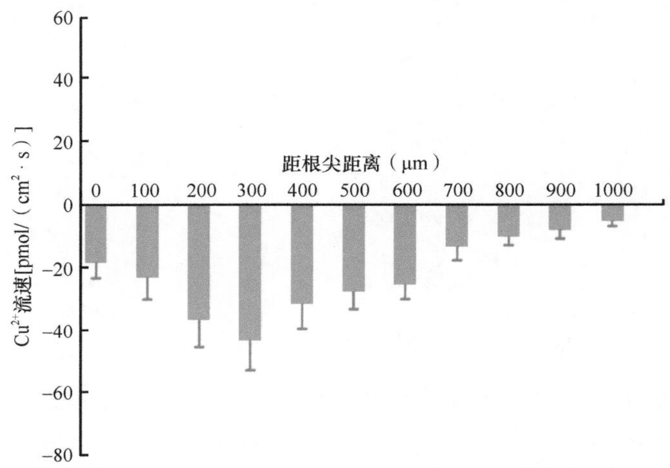

图28.10　海滨锦葵（*Kosteletzkya virginica*）根尖微区不同位置的Cu^{2+}离子流速图

由图28.11可以看出，接种NT-2、NT-3和NT-6后海滨锦葵根表Cu^{2+}流速明显高于对照组。其中，NT-6是Cu^{2+}流速最大的一组。而其他处理海滨锦葵根表Cu^{2+}流速则慢于对照组。根据非损伤微测技术测得的Cu^{2+}流数据可推测假单胞菌NT-2、恶臭假单胞菌NT-3和苜蓿中华根瘤菌NT-6三种菌能够不同程度上促进海滨锦葵根系对Cu^{2+}的吸收。考虑到恶臭假单胞菌的生物安全性，在后续的盆栽试验中选用假单胞菌NT-2和苜蓿中华根瘤菌NT-6进行室内盆栽试验验证。

（二）海滨锦葵和植物促生菌联合吸取修复铜污染果园土壤的盆栽试验

盆栽试验在中国科学院烟台海岸带研究所人工气候培养室中进行。供试土壤为烟台市某果园土壤，pH平均值为4.84，Cu含量为187.9mg/kg。挑选生长健康、长势均匀的海滨锦葵幼苗移植至小花盆中（500g土），每盆5株植物。生长一段时间后，植物根部接种上述筛选到的促生菌NT-2假单胞菌和NT-6苜蓿中华根瘤菌悬液。以不加菌的处理作为对照（CK），每个处理设4个重复。海滨锦葵生长6个月后，测定植物的干重，并用ICP-MS测定植物根部及地上部分Cu的含量。

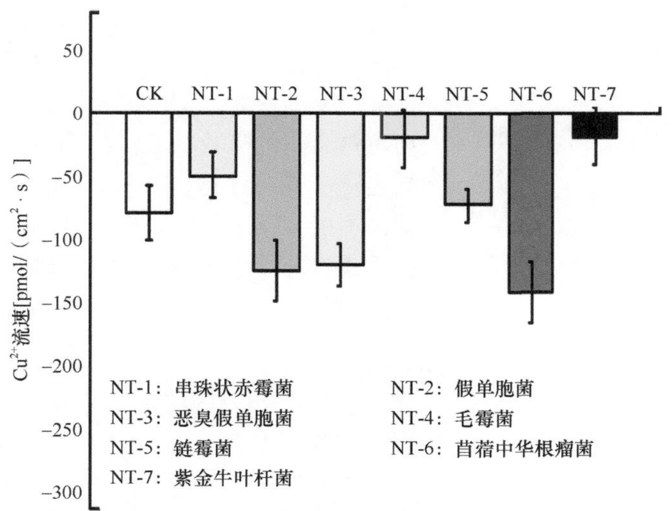

图28.11　利用非损伤微测技术测得的接种不同促生菌海滨锦葵幼苗距根尖300μm处的Cu^{2+}流速

从图28.12和图28.13可以看出，将NT-2菌株接种到海滨锦葵根部，培养6个月后，植物根干重明显高于不接菌的对照处理，这与蛭石培养实验得出的研究结果一致。接种NT-6后，植株根、茎、叶干重较对照组有所增加。

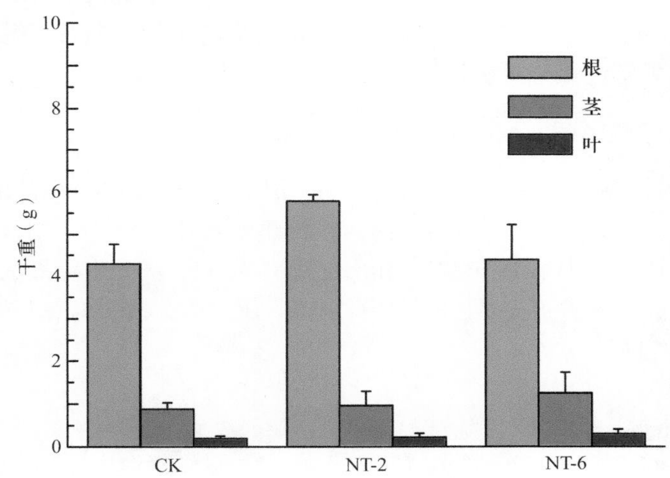

图28.12　接种NT-2和NT-6菌株后海滨锦葵根、茎、叶干重

图28.13　接种NT-2和NT-6菌株后海滨锦葵的生长情况

由图28.14看到，接种NT-2和NT-6后海滨锦葵根部和茎部对Cu的吸收量均明显高于对照植物（$P<0.05$），而对叶片中的Cu含量却没有影响。综合考虑菌株对土壤Cu活化及海滨锦葵生长和Cu吸收的影响，筛选NT-2菌株用于铜污染果园土壤的现场修复示范。

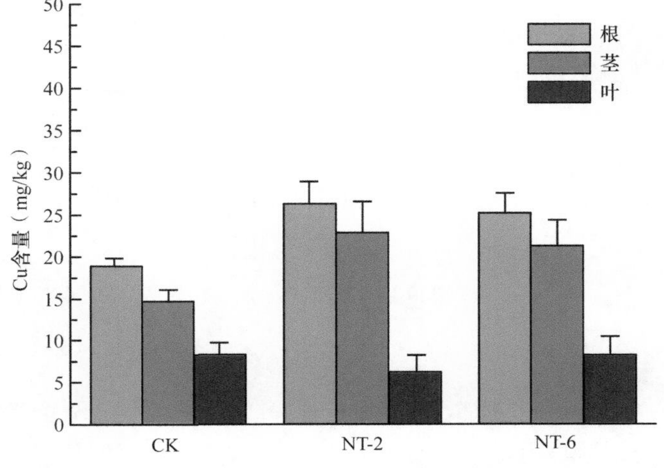

图28.14　接种NT-2和NT-6菌株后海滨锦葵不同器官中Cu含量

三、超积累植物伴矿景天根际吸收转运镉的非损伤微测

伴矿景天是海岸带土壤和沉积物环境风险与生态修复研究组发现的一种锌镉超积累植物，具有多年生、可无性繁殖、生物量较大、生长速度快等

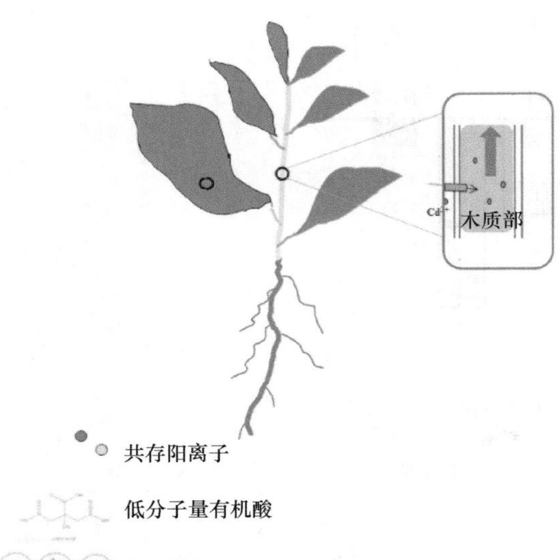

图28.15　超积累植物对重金属离子的吸收、转运与积累机制（以Cd^{2+}为例）

特性，是进行镉锌污染土壤修复的良好资源（吴龙华等，2006）。目前，尽管对于伴矿景天修复镉锌污染土壤已开展了多方面的研究，但对其超积累机制仍认识不足。超积累植物对重金属的吸收与转运能力是其具有超积累功能的基础机制之一（图28.15），深入研究重金属吸收与转运过程和机制，不仅有助于全面理解和认识其超积累生理生化机制，也可为提高重金属污染土壤的植物修复效率提供科学理论依据。

前期研究表明快速的根系吸收、木质部装载与地上部的区隔作用是景天植物超量积累镉的重要机制。镉是一种非必需元素，由于其他一些必需元素（如Zn、Ca、Fe等）的转运蛋白缺乏专一性，因此其能通过这些转运蛋白进入植物根系细胞并进而转运到地上部分。Cd^{2+}与Ca^{2+}半径接近，易竞争吸附位点与转运位点。Lu等（2010）利用同位素示踪技术在东南景天中发现了Cd^{2+}可能通过Ca^{2+}转运系统进入植物体内。K^+通道是质膜上另一个重要的离子转运通道，它是否介入超积累植物对重金属离子的吸收与转运过程并不清楚。尽管在超积累植物景天植物中已有关于Cd^{2+}/Cd交互作用的报道，但对共存阳离子影响下超积累植物对重金属离子的吸收、转运动力学过程与机制仍认识不足。

（一）伴矿景天幼苗根际微区不同部位对Cd^{2+}的吸收速率及离子流的分布规律

供试植物是超积累型伴矿景天幼苗，采用营养液培养的方法，在100μmol/L浓度Cd营养液中培养7d后，检测其根际微区Cd^{2+}的吸收速率，并与没有经过100μmol/L Cd预暴露的植株进行对比。结果表明，超积累伴矿景天幼苗根表对Cd^{2+}具有较快的吸收速率，且在距根尖300μm位置对Cd^{2+}的吸收速率最大（图28.16）。同时，100μmol/L Cd^{2+}预暴露能显著提高伴矿景天对Cd^{2+}的吸收速率，这表明Cd预暴露对其吸收转运体具有一定的刺激和启动作用。

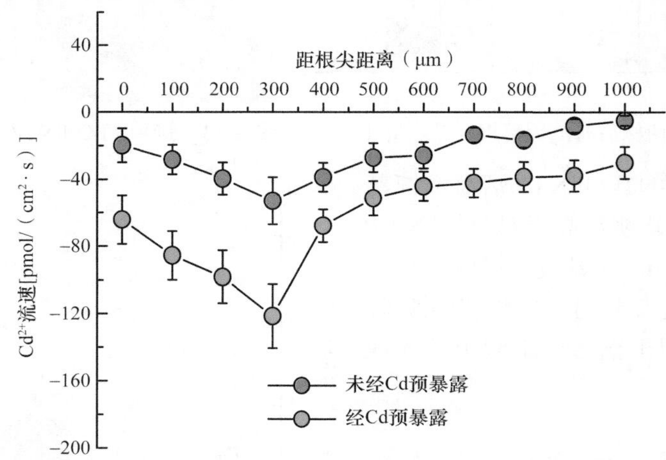

图28.16　伴矿景天幼苗根际微区不同部位的Cd^{2+}离子流分布特征（Li et al.，2017b）

（二）不同代谢抑制剂及离子通道抑制剂处理对伴矿景天吸收Cd的影响

比较不同抑制剂处理后伴矿景天体内的Cd含量发现：质膜H^+-ATP酶活性抑制剂Na_3VO_4（500μmol/L）处理后显著降低了其体内Cd的积累量，这表明伴矿景天对Cd的吸收受质膜H^+浓度梯度驱动完成。同时，能量代谢抑制剂二硝基苯酚（dinitrophenol，DNP）（50μmol/L）也显著抑制了其对Cd的吸收，这表明伴矿景天对Cd的吸收是一个主动、耗能的过程（图28.17）。

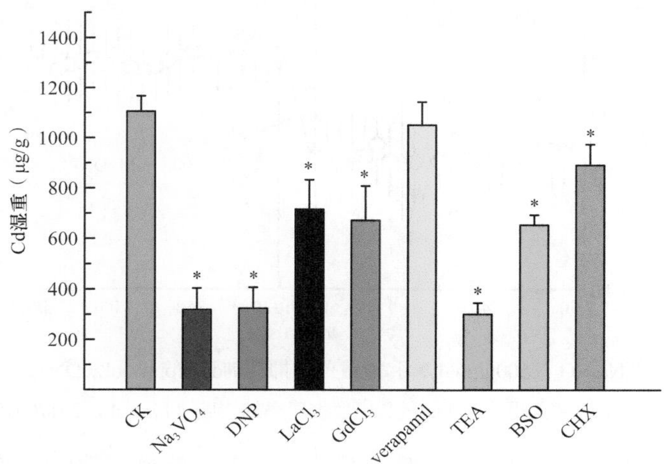

图28.17　不同代谢抑制剂及离子通道抑制剂处理对伴矿景天吸收Cd的影响（Li et al.，2017b）

另外，伴矿景天对Cd^{2+}的吸收受Ca^{2+}通道抑制剂$LaCl_3$（1mmol/L）和$GdCl_3$（100μmol/L）的影响较显著，但有机Ca^{2+}通道抑制剂维拉帕米（verapamil）（50μmol/L）的影响较小，这表明伴矿景天对Cd^{2+}的吸收可通过Ca^{2+}通道完成，但不同类型的Ca^{2+}通道贡献不同。除了Ca^{2+}通道，K^+通道是另外一个重要的离子通道，研究表明K^+通道抑制剂四乙胺（tetraethylammonium，TEA）（100μmol/L）处理显著抑制了伴矿景天对Cd^{2+}的吸收，表明伴矿景天对Cd^{2+}的吸收可通过K^+通道完成。

另外，植物络合素PCs合成抑制剂丁硫氨酸-亚砜亚胺（L-buthionine-sulfoximine，BSO）（250μmol/L）及蛋白合成抑制剂环己酰亚胺（cycloheximide，CHX）（20μmol/L）均显著抑制伴矿景天对Cd^{2+}的吸收。这表明植物络合素PCs的合成对其Cd^{2+}的吸收转运也具有一定的作用，同时，伴矿景天对Cd^{2+}的吸收除借助Ca^{2+}通道和K^+通道完成外，也可能借助特殊的转运蛋白来完成。

（三）不同代谢抑制剂及离子通道抑制剂处理对伴矿景天根表Cd^{2+}流的影响

对质膜H^+-ATP酶活性抑制剂Na_3VO_4（500μmol/L）和能量代谢抑制剂dinitrophenol（DNP）（50μmol/L）瞬时处理前后伴矿景天幼苗根部距根尖300μm处Cd^{2+}吸收速率的检测发现，两种抑制剂瞬时处理均能显著抑制对Cd^{2+}的吸收，降低其吸收速率。特别是Na_3VO_4处理导致从Cd^{2+}内吸变成Cd^{2+}外排（图28.18）。研究结果从Cd^{2+}传输的实时动态变化角度进一步证实了伴矿景天对Cd^{2+}的吸收是一个主动吸收的过程，受到H^+浓度梯度驱动调控。

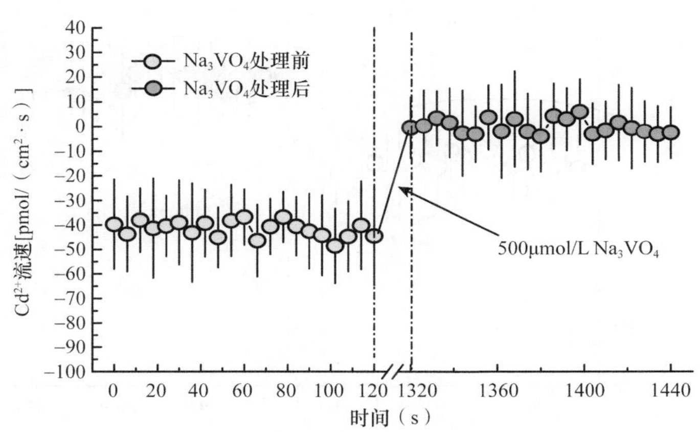

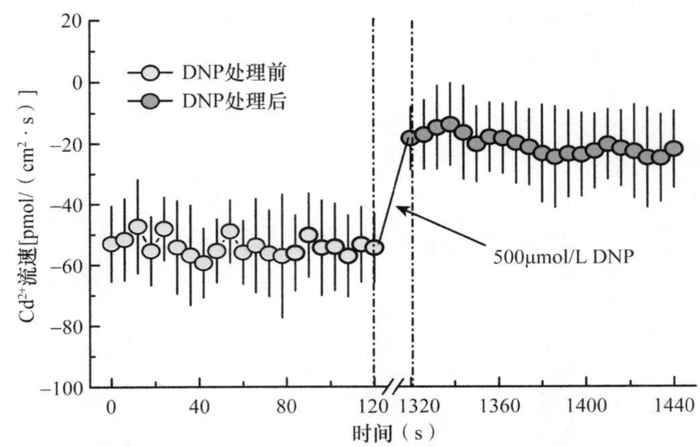

图28.18　质膜H^+-ATP酶活性抑制剂Na_3VO_4（500μmol/L）和能量代谢抑制剂dinitrophenol（DNP）（50μmol/L）瞬时处理对伴矿景天幼苗根部距根尖300μm处Cd^{2+}吸收速率的影响（Li et al.，2017b）

对Ca^{2+}通道抑制剂和K^+通道抑制剂瞬时处理前后伴矿景天幼苗根部距根尖300μm处Cd^{2+}吸收速率的检测发现，无机Ca^{2+}通道抑制剂（$LaCl_3$和$GdCl_3$）瞬时处理均显著抑制对Cd^{2+}的吸收，降低其吸收速率。但有机Ca^{2+}通道抑制剂verapamil瞬时处理对Cd^{2+}流速没有显著影响，与静态吸收的结果相吻合。另外，K^+通道抑制剂瞬时处理同样显著降低其根表的Cd^{2+}吸收速率。研究结果从Cd^{2+}传输的实时动态变化角度进一步证实了伴矿景天对Cd^{2+}的吸收可通过Ca^{2+}通道和K^+通道来完成（图28.19）。

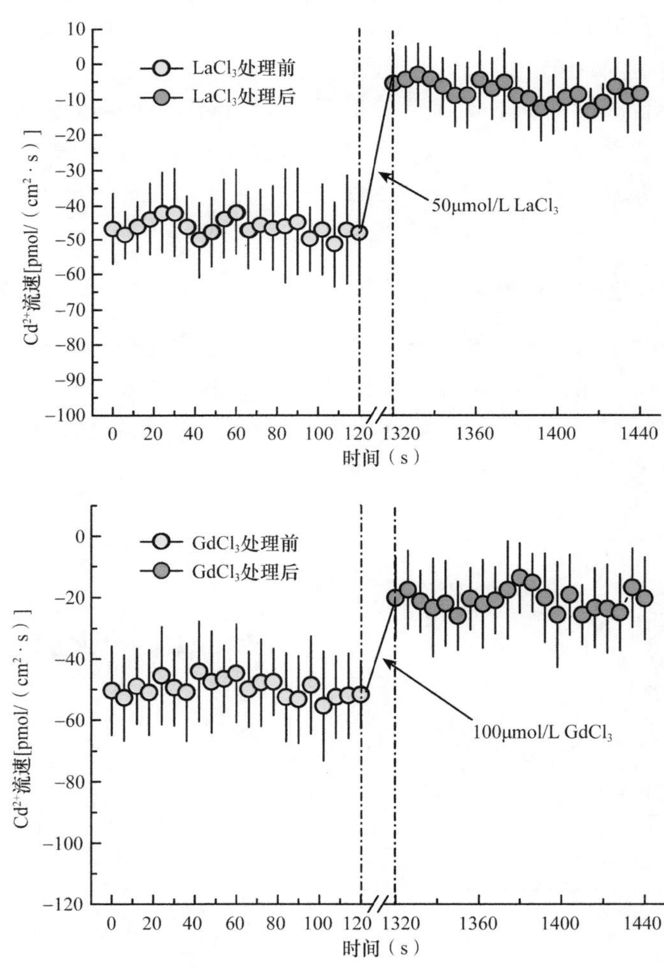

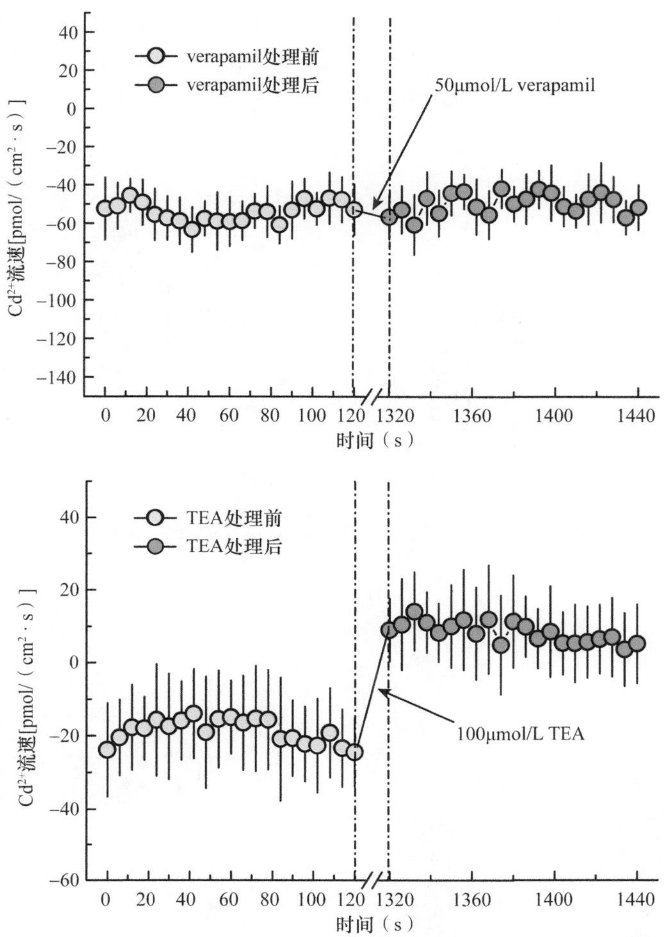

图28.19　Ca^{2+}通道抑制剂和K^{+}通道抑制剂瞬时处理对伴矿景天幼苗根部距根尖300μm处Cd^{2+}吸收速率的影响（Li et al.，2017b）

通过对植物络合素PCs合成抑制剂L-buthionine-sulfoximine（BSO）瞬时处理前后伴矿景天幼苗根部距根尖300μm处Cd^{2+}吸收速率的检测发现，抑制剂瞬时处理显著抑制对Cd^{2+}的吸收，降低其吸收速率（图28.20）。研究结果与静态吸收结果相吻合，从Cd^{2+}传输的实时动态变化角度进一步证实了植物络合素PCs在伴矿景天吸收转运Cd^{2+}的过程中起到了一定作用。

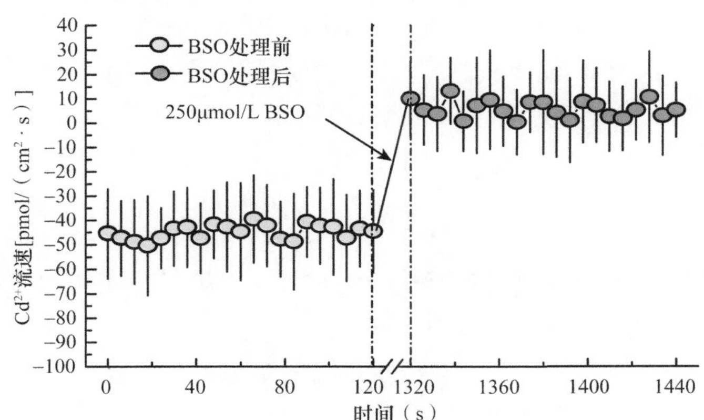

图28.20　植物络合素PCs合成抑制剂瞬时处理对伴矿景天幼苗根部距根尖300μm处Cd^{2+}吸收速率的影响（Li et al.，2017b）

（四）共存离子存在对伴矿景天吸收和动态转运Cd^{2+}的影响

为进一步验证伴矿景天对Cd^{2+}的吸收可通过Ca^{2+}通道和K^{+}通道来完成，研究了不同浓度Ca^{2+}、Mg^{2+}、

Na^+、K^+存在情况下伴矿景天对Cd^{2+}的吸收和动态转运。结果表明，随着营养液中Ca^{2+}、Mg^{2+}浓度升高，伴矿景天体内Cd含量降低（图28.21a）。Na^+浓度为2.5～10mmol/L时没有对伴矿景天对Cd^{2+}的吸收产生影响，但10mmol/L的K^+显著降低了其对Cd^{2+}的吸收（图28.22a）。

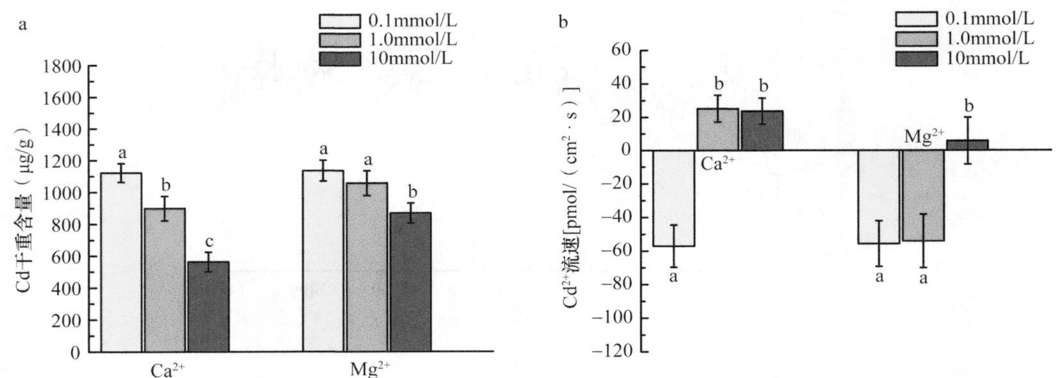

图28.21　不同浓度Ca^{2+}和Mg^{2+}存在情况下伴矿景天对Cd^{2+}的吸收（a）及根部距根尖300μm处Cd^{2+}吸收速率（b）（Li et al.，2017b）

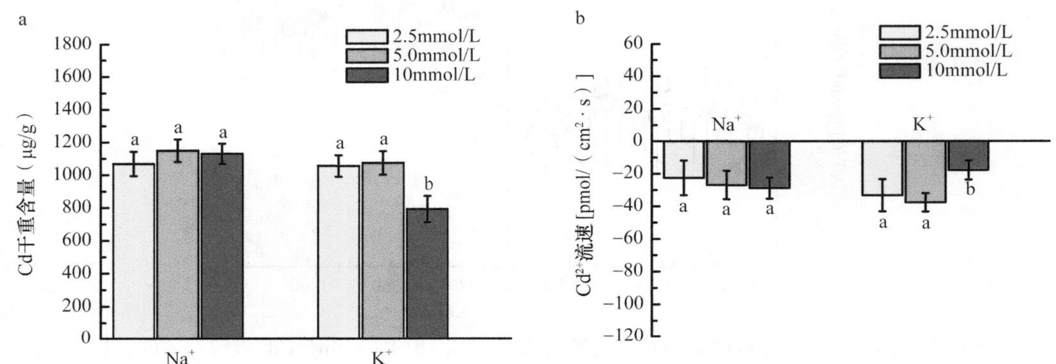

图28.22　不同浓度Na^+和K^+存在情况下伴矿景天对Cd^{2+}的吸收（a）及根部距根尖300μm处Cd^{2+}吸收速率（b）（Li et al.，2017b）

在高浓度（1.0mmol/L和10.0mmol/L）Ca^{2+}和Mg^{2+}存在情况下，伴矿景天根表Cd^{2+}由内吸变成了外排（图28.21b）。10mmol/L K^+的存在显著降低了伴矿景天根表的Cd^{2+}吸收速率（图28.22b）。结果进一步验证了伴矿景天通过与Ca^{2+}和K^+竞争相同的通道来完成对Cd^{2+}的吸收转运。

研究结果表明，伴矿景天对Cd^{2+}的吸收是一个主动吸收的过程，且受H^+浓度梯度的驱动完成。另外，伴矿景天可借助质膜Ca^{2+}和K^+通道来完成对Cd^{2+}的吸收转运。同时，植物络合素PCs在伴矿景天吸收转运Cd^{2+}的过程中也起到一定作用。除离子通道外，伴矿景天还可能借助专一性转运蛋白来吸收Cd^{2+}，需进一步通过分子生物学等手段进行验证。

第三节　滨海果园铜污染土壤的微生物修复技术与机制

铜作为一种生物体所必需的微量元素，参与多种酶的合成，但过量的铜又对生物体有较高的毒性，抑制细胞的生长和代谢等过程。果林业生产中大量施用波尔多液等含铜杀菌剂，造成铜在果园土壤中的大量累积（Pietrzak and McPhail，2004；Besnard et al.，2001；Wightwick et al.，2008）。此外，肥料和农药的不当施用，以及长年种植果树引起的果园土壤酸化则会进一步增加土壤中铜的生物有效性（Fu et al.，2018），增加果树吸收富集铜的风险，降低果品的产量和质量，进而威胁人体健康。因此，针对酸化和铜复合污染果园土壤，急需研发经济高效的绿色修复技术。

目前，在重金属污染土壤的众多修复治理技术中，生物修复因具有成本低、效率高、环境友好等优点而受到广泛关注（Luo and Tu，2018）。生物修复包括植物修复、动物修复、微生物修复及其联合修复。其中，微生物不仅可以降解环境中的有机污染物，还可以通过固定或活化等方式调控重金属在土壤中的迁移性，进而实现重金属污染土壤的微生物修复（Wuana and Okieimen，2011；Dixit et al.，2015）。由于重金属无法被彻底降解，微生物对重金属污染土壤的修复机制主要包括生物吸附、生物富集及生物转化为低毒的形态（Wu et al.，2010b）。微生物可以利用细胞表面的负电荷通过静电吸附或络合的方式固定重金属离子，并将吸附/吸收后的有毒金属储存在细胞的不同部位，或将它们结合在细胞外基质上（Park and Chon，2016）。微生物还可将重金属离子沉淀或螯合于生物大分子上，或通过与特定的重金属结合大分子（如金属结合蛋白）相互作用来富集重金属（Gutierrez et al.，2012；Wang et al.，2018）。此外，微生物对重金属的转化机制还包括氧化还原、甲基化和去甲基化、溶解、有机络合-配位降解等。

迄今为止，重金属污染土壤的微生物修复是最有前景的可持续技术，但在实际应用中仍存在一些局限性，例如，如何从酸化和重金属复合污染土壤中分离、筛选与驯化对土壤酸化和重金属污染同时具有高耐性的微生物菌株资源；如何改善这些功能性微生物在土壤中的活性、寿命和环境安全性；如何通过优化营养、温度、湿度等关键环境因子来提高对环境变化敏感的微生物在真实环境条件下的代谢活性（Dixit et al.，2015；Tyagi et al.，2011）。

本研究从山东某长期种植苹果并喷施波尔多液的果园表层土壤（0～20cm）中分离、筛选出一株对酸和铜耐性较强的微生物菌株，并对该菌进行了生理生化与分子生物学鉴定，考察了该菌株对铜离子的胁迫响应特征，探讨了其吸附铜的影响因素，并对其吸附机制进行了初步研究，以期为研发酸化和铜复合污染果园土壤的绿色修复提供菌种资源与科学依据。

一、耐铜菌株的筛选与表征

取5g新鲜土样于装有50mL无菌水的三角瓶中，加入灭菌的玻璃珠振荡30min，制成土壤浸提液。将浸提液逐级稀释至10^3倍、10^4倍、10^5倍后，分别取0.1mL涂布于含Cu^{2+}浓度为200mg/L的选择培养基，28℃下培养2d后，挑选单菌落重新划线分离后继续培养，最后选取生长速度相对较快、菌落特征典型的菌进一步纯化。将筛选出的长势较好的菌株继续加入到含Cu^{2+}浓度为200mg/L的铜选择培养基中，培养5d后离心取上清液，测定其中Cu^{2+}含量，比较其铜去除率。本试验共筛选分离出5株对铜具有较高耐性的菌株，分别命名为（NT-1）～（NT-5），其中NT-1菌株因具有生长速度快、耐酸耐铜能力强、对Cu^{2+}去除能力最高等特点而被选为供试菌株以开展后续研究。

菌株NT-1在马铃薯葡萄糖固体培养基上生长迅速，菌落呈较规则圆形、边缘整齐、质地为丝绒状，与培养基结合较为紧密。28℃下培养3d时直径即可达到56～58mm，菌落呈乳白或淡黄色，中心稍突起（图28.23a）；培养至7d时，菌丝已接近布满整个平板，并开始产红褐色色素，菌落中心也变为淡红色（图28.23b）；继续培养至10d时，开始生出絮状气生菌丝，并在菌落表面观察到有白色粉末状物质。

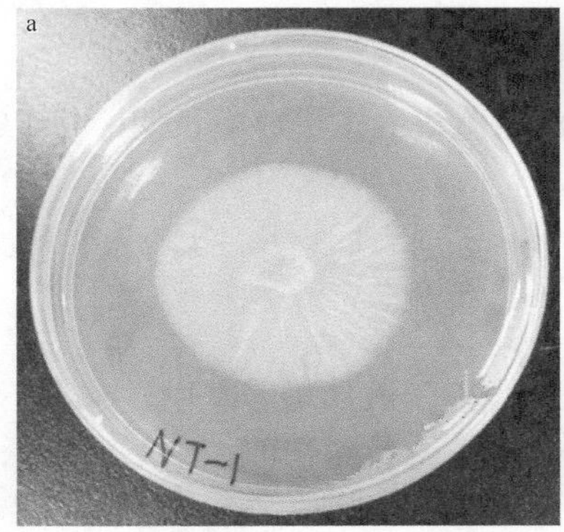

图28.23　NT-1菌落形态特征（修改自Tu et al.，2018）

a. 培养至3d；b. 培养至7d

用插片法在光学显微镜下观察菌丝的生长状况，结果表明，菌丝细长有分支，且呈不对称分支；分生孢子梗发生于基质。分生孢子有两种形态，小型分生孢子为卵圆形，结构紧凑，着生于单生瓶梗上，在瓶梗顶端聚成球团，颜色较深（图28.24a）；大型分生孢子为纺锤形，数量较多，着生于菌丝分枝处（图28.24b）。

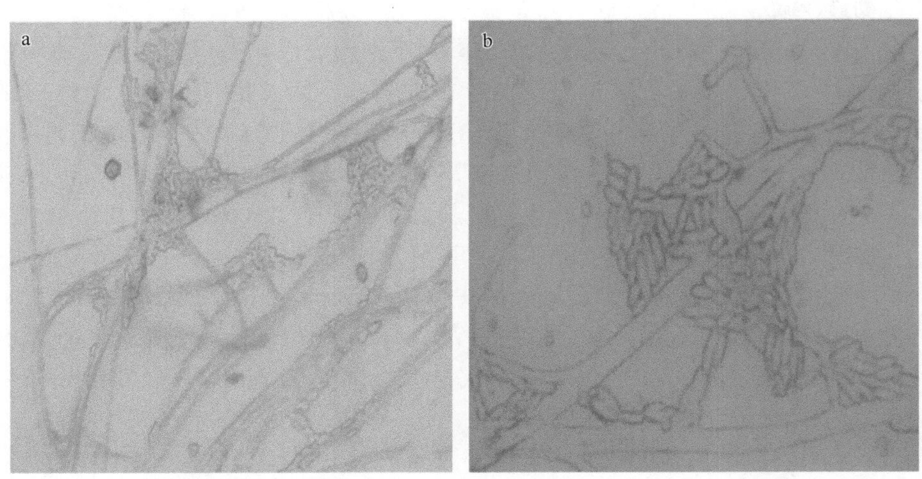

图28.24　光学显微镜下菌株NT-1特征（修改自Tu et al.，2018）

a. 物镜为40倍；b. 物镜为100倍

将NT-1的18S rRNA测序结果在NCBI数据库进行BLAST比对并绘制系统发育树。由图28.25可知，菌株NT-1与串珠状赤霉菌（*Gibberella moniliformis*）（GenBank登录号JF499676.1）的相似性为100%，结合NT-1菌株的形态学特征，可以初步将菌株NT-1鉴定为赤霉菌属真菌，命名为*Gibberella* sp. NT-1。

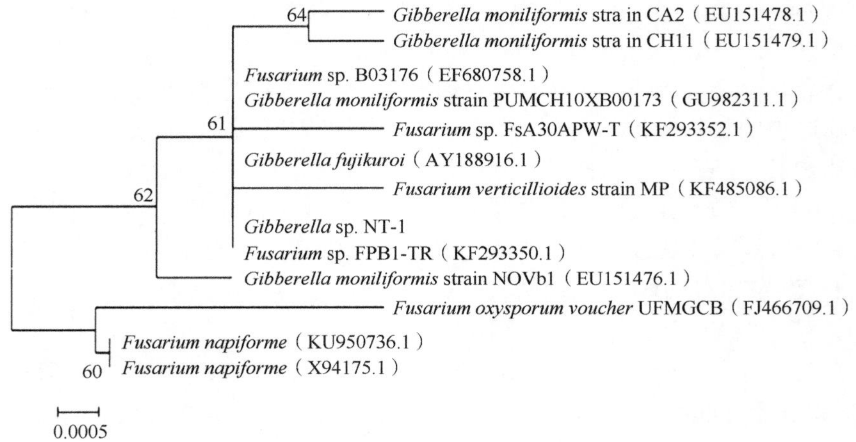

图28.25　菌株NT-1的系统发育树（Tu et al.，2018）

菌株NT-1的生长曲线如图28.26所示。NT-1在接种8h后就进入了快速生长期，并于96h后进入稳定期。因此，后续选择5d作为开展菌株铜吸附试验的培养时间。

二、耐铜菌株NT-1对不同浓度Cu（Ⅱ）胁迫的生理响应

将耐铜菌株NT-1接种到含不同Cu（Ⅱ）浓度的PDA平板及液体培养基中，28℃下培养5d，测定平板上菌落的直径及液体培养基中菌体的生物量（以干重表示）。由表28.6可知，培养5d时，NT-1在含Cu（Ⅱ）

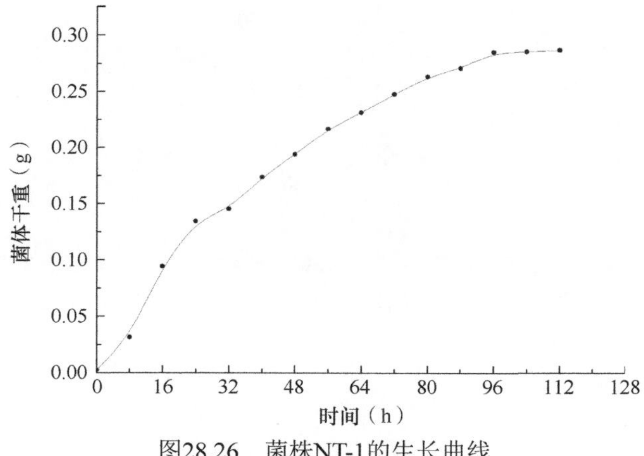

图28.26　菌株NT-1的生长曲线

浓度超过300mg/L平板上的生长受到显著抑制，随着Cu（Ⅱ）浓度的增加，菌落生长半径进一步减小，在含Cu（Ⅱ）浓度超过400mg/L的平板上几乎不能生长。

表28.6　不同Cu（Ⅱ）浓度胁迫下NT-1的生长状况

菌株生长指标	Cu（Ⅱ）浓度（mg/L）					
	100	200	300	400	500	600
平板菌落直径（mm）	68	38	23	—	—	—
液培菌丝生物量（g）	0.210	0.184	0.159	0.027	0.018	0.009

在含铜液体培养基中，随着Cu（Ⅱ）浓度的不断提高，菌株的生长也逐渐受到抑制。当Cu（Ⅱ）浓度达到500mg/L时，菌株生长速率明显减慢，并在培养液底部相互缠绕，形成直径2mm左右的菌丝球。当Cu（Ⅱ）浓度达到600mg/L时，菌株的生长明显受到抑制，但经过5d的培养，仍能观察到一定量的菌丝生长，说明该菌株在溶液条件下对Cu（Ⅱ）的耐性比在固体培养条件下强。Paraszkiewicz等（2009）发现在含Cd^{2+}、Zn^{2+}和Pb^{2+}固体培养基上丝状真菌*Curvularia lunata*比在液体培养基中表现出更高的敏感性，因其在液体培养基中会分泌胞外黏性物质（extracellular mucilaginous material，ECMM），并且液体培养基中重金属的胁迫会刺激菌丝增加ECMM的分泌量。以多糖和蛋白质等为主要成分的ECMM可以有效限制Cu（Ⅱ）的扩散，在保护菌体不受毒害、增加对Cu的耐受性方面起了重要作用（Paraszkiewicz et al.，2007；Vesentini et al.，2007；Sun et al.，2009）。

采用扫描电镜观察不同浓度Cu（Ⅱ）对菌丝形态的影响，结果显示，NT-1在不含铜的培养基中生长良好，菌丝自然舒展，孢子饱满（图28.27a）；在Cu（Ⅱ）浓度为200mg/L的环境中，菌丝表面开始发生皱缩，菌丝中有明显凸起（图28.27b）；当Cu（Ⅱ）浓度进一步提高至400mg/L时，菌丝皱缩更加明显，视野中的孢子数量显著减少。研究表明，真菌细胞的表面形态与其所吸附的环境重金属浓度有关。Franco等（2004）发现，从绮丽小克银汉霉（*Cunninghamella elegans*）细胞壁分离出的几丁质和脱乙酰壳多糖能大量吸附溶液中的Pb和Cu等重金属。Letnik等（2017）采用SEM-EDX发现，经10mmol/L $CuSO_4$溶液处理的藤黄微球菌（*Micrococcus luteus*）表面有大量铜的螯合与富集。细胞壁是丝状真菌吸附和富集重金属的重要位置，细胞壁中的多糖、蛋白及其他有机配体等可以与重金属发生特异性结合，能有效降低重金属离子对细胞的毒性，是丝状真菌抵御重金属毒害的重要屏障（Mullen et al.，1992；Suresh and Subramanyam，1998）。几丁质作为真菌细胞壁的重要组分之一，与真菌的生长和产孢能力密切相关（Klis et al.，2002）。因此，高浓度铜胁迫下菌丝皱缩严重和孢子数量减少可能与几丁质的合成与降解密切相关。

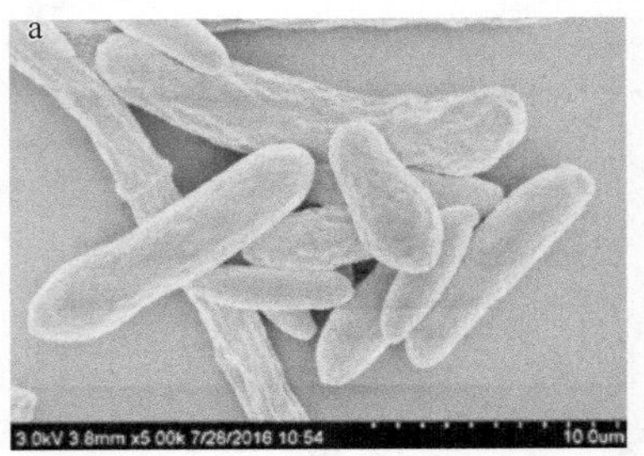

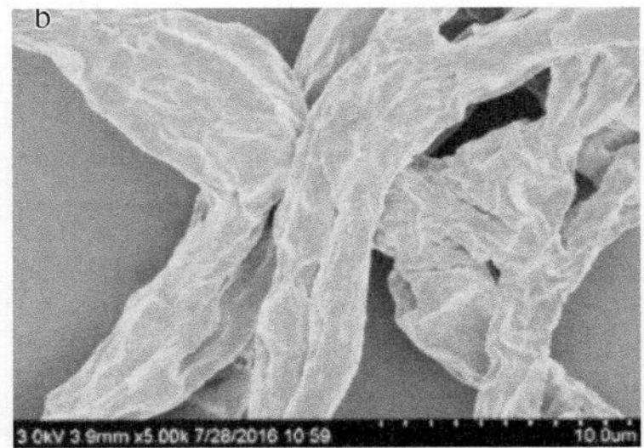

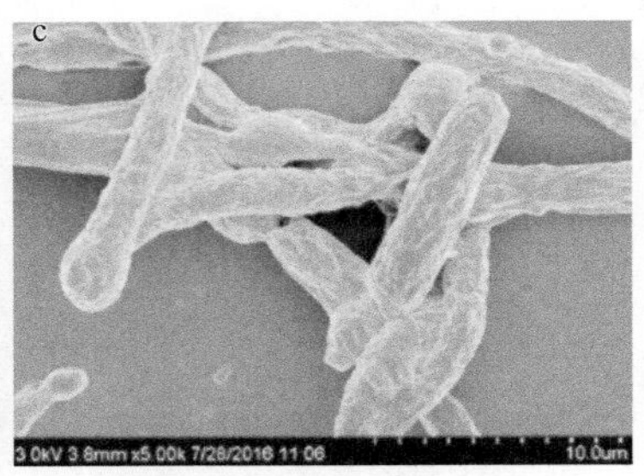

图28.27　不同Cu（Ⅱ）浓度胁迫对NT-1细胞形态的影响（Tu et al.，2018）

a、b、c中Cu（Ⅱ）浓度分别为0mg/L、200mg/L、400mg/L

三、菌株NT-1对Cu（Ⅱ）的吸附效果及影响因素

（一）pH对铜吸附的影响

将NT-1接种到不同pH的含铜培养基中培养5d，其对铜的去除率影响如图28.28a所示。菌株NT-1在pH为3.0～8.0时均能生长，表明该菌具有较强的酸碱度适应能力。当溶液初始pH处于3.0～5.0时，菌株对铜的去除率随pH的增加而显著增强，并于pH=5.0时达到最大值24.4%；当溶液初始pH处于5.0～8.0时，总体上NT-1菌株对铜的去除率随pH的增加而降低。这表明菌株NT-1具有较强的耐酸特性，也与NT-1菌株是筛选自酸化和铜复合污染果园土壤的特征相符合。pH可通过影响金属离子的化学形态、改变生物膜的吸附位点、影响细胞膜的通透性和生物官能团的活性等途径影响微生物对重金属的吸附效果。在pH较低时（如pH＜3.0），体系中大量的H^+与Cu（Ⅱ）存在竞争吸附，H^+占据了大量的吸附位点，从而减少了微生物对Cu（Ⅱ）的吸附。此外，较低的pH还可抑制酶的活性和菌体的生长，导致对Cu（Ⅱ）的去除率下降（Sun et al.，2014）。当pH＞7.0时，Cu（Ⅱ）开始和OH^-反应生成沉淀，部分Cu（Ⅱ）形成沉淀悬浮于溶液中而被去除。菌体细胞表面吸附的Cu（Ⅱ）更易于生成氢氧化物沉淀而附着于菌体表面，影响酶和其他载体的运输与活性，进而降低对Cu（Ⅱ）的去除率（Yahaya et al.，2009）。本研究与上述研究的结果相一致。

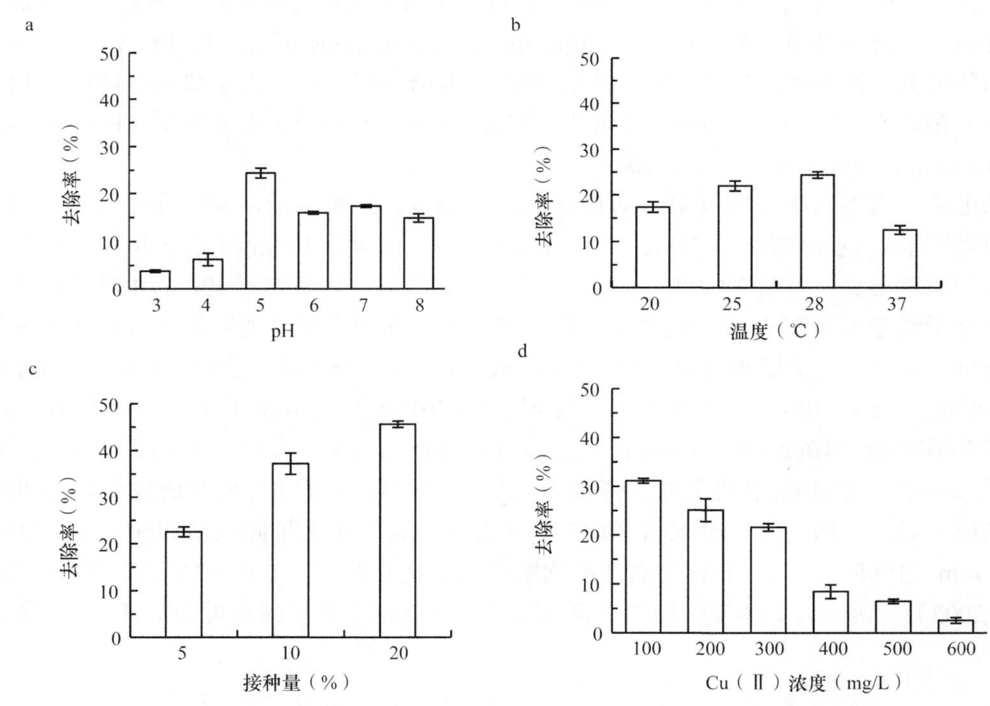

图28.28　不同因素对Cu（Ⅱ）去除率的影响（Tu et al.，2018）

a. pH；b. 温度；c. 接种量；d. 初始Cu（Ⅱ）浓度

（二）温度对铜吸附的影响

由图28.28b可知，在温度为20～28℃时NT-1对Cu（Ⅱ）的去除率随温度升高而增大，在28℃时达到最大值（24.4%）。此后，随着温度的升高，NT-1对铜的去除率降低。这一结果表明，菌株NT-1对生长温度具有较广泛的适应性，在温度为20～37℃时均能生长。温度过低或过高均不利于微生物菌株的生长，同时降低菌体的新陈代谢速率，影响菌体细胞金属还原酶及金属转运蛋白等活性物质的生成（Cooksey，1994；Puig et al.，2002），从而降低菌株NT-1对Cu（Ⅱ）的去除率。

（三）NT-1菌株接种量对铜吸附的影响

由图28.28c可知，随着接种量的增加，NT-1对铜的去除率显著提高。这是由于在Cu（Ⅱ）浓度一定，且菌体表面的吸附位点未达饱和时，菌体接种量越高，菌体所提供的重金属离子活性吸附位点就越多，菌体表面与金属离子接触和结合的机会就增加，Cu（Ⅱ）去除率就越高（Amirnia et al.，2015）。但当接种量从10%提高至20%时，溶液中Cu（Ⅱ）的去除率并没有随接种量的增加而成比例增加，说明当菌体浓度超过某一临界点后，随着菌体浓度的进一步增加，菌体之间会因相互吸附、成团等而导致基团相互作用增加，占据了部分有效结合位点（Li and Yu，2014；Li et al.，2017a），导致结合位点利用率下降。因此，从微生物修复的成本与效应综合考虑，接种量以10%为宜。

（四）初始Cu（Ⅱ）浓度对铜吸附的影响

由图28.28d可知，随着体系中Cu（Ⅱ）浓度的逐渐增加，菌株NT-1对Cu（Ⅱ）的去除率呈显著下降趋势，当Cu（Ⅱ）浓度为100～300mg/L时，NT-1对Cu（Ⅱ）的去除率均达20%以上；当Cu（Ⅱ）浓度超过300mg/L时，NT-1对Cu（Ⅱ）的去除率显著降低，表明高浓度的Cu（Ⅱ）对菌体的生长及细胞膜产生了较强的毒性效应，使菌株NT-1的生长受到显著抑制，进而抑制了菌丝的生长并降低了其对Cu（Ⅱ）的吸附能力。Andreazza等（2010）和Kiran等（2017）的研究表明，随着初始金属离子浓度的增加，微生物分泌的多糖和酶类物质含量显著降低，进而导致微生物对重金属的去除能力下降。

四、菌株NT-1生物吸附Cu（Ⅱ）的分子机制

（一）吸附等温模型

一定温度下，当吸附达到平衡时，吸附剂的平衡吸附量q_e和溶液中金属离子的平衡浓度C_e之间的关系可以通过等温吸附方程来描述，并通过吸附等温方程的类型了解吸附剂与金属离子间的相互作用及吸附剂的表面特性。为了模拟生物吸附行为和计算生物吸附能力，本研究采用Langmuir和Freundlich两种等温吸附模型拟合NT-1对Cu（Ⅱ）的吸附过程。图28.29为菌株NT-1对Cu（Ⅱ）的吸附等温线。研究结果表明，随着Cu（Ⅱ）浓度的增大，NT-1对Cu（Ⅱ）的吸附量呈明显的上升趋势，随后达到平衡并趋于饱和状态。这表明金属离子和菌丝体之间的相互作用概率在逐渐增加（Öztürk et al.，2004）。Ozdemir等（2004）的研究表明，较高的初始金属离子浓度可提供更强的驱动力以克服水相和固相之间金属离子的传质阻力，增加金属离子与菌丝体之间碰撞的可能性。

经过非线性回归分析得到Langmuir和Freundlich两种等温吸附模型的等温线常数，见表28.7。根据图28.29的平衡吸附量数据及溶液平衡浓度数据，Langmuir模型拟合的最大吸附量为17.43mg/g。比较两种吸附模型的相关系数可知，Langmuir方程对吸附过程拟合较好，说明NT-1对Cu（Ⅱ）是一个以表面吸附为主的单分子层吸附过程。

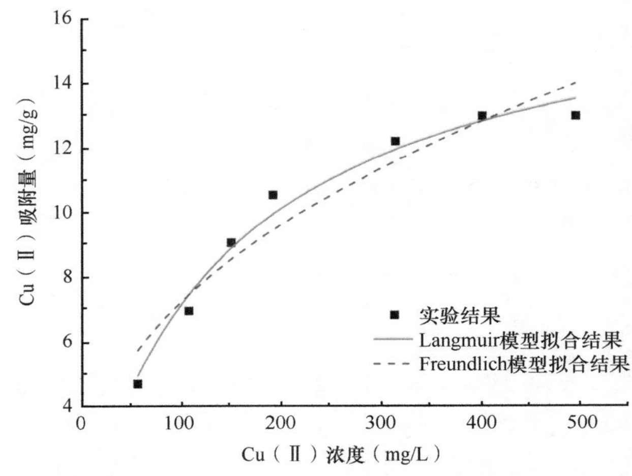

图28.29　NT-1对Cu（Ⅱ）的吸附等温线（Tu et al.，2018）

表28.7　NT-1吸附Cu（Ⅱ）的Langmuir和Freundlich模型参数（Tu et al.，2018）

菌株	Langmuir模型			Freundlich模型		
	q_m（mg/g）	K_L（L/mg）	R^2	K_F	n	R^2
NT-1	17.43	0.006	0.979	1.071	2.421	0.917

（二）吸附动力学模型

生物吸附动力学是描述吸附速率和确定速率控制步骤的重要特征之一。为了阐明NT-1对Cu（Ⅱ）的吸附动力学过程，对实验结果采用准一级动力学模型和准二级动力学模型拟合，拟合结果见图28.30。

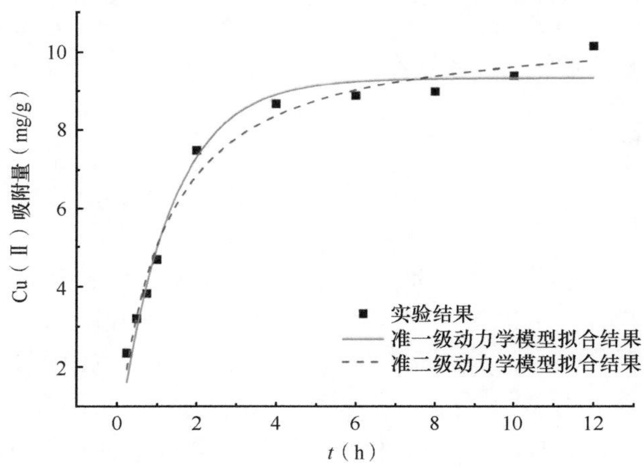

图28.30　NT-1吸附动力学拟合（Tu et al.，2018）

从图28.30可知，NT-1对Cu（Ⅱ）的吸附动力学过程用准二级动力学模型（R^2=0.981）拟合较好，理论预测吸附量（10.69mg/g）与实验测得的吸附量（10.12mg/g）吻合度较高。因此，准二级动力学模型更适于描述NT-1对Cu（Ⅱ）的动态吸附过程。这一结果也表明NT-1吸附溶液中的Cu（Ⅱ）是受化学吸附机制控制的。

（三）红外光谱分析

采用傅里叶变换红外光谱表征菌株NT-1吸附Cu（Ⅱ）前后的表面官能团变化，结果见图28.31。表28.8列出了文献中对几种常见红外光谱吸收峰的指定归属（Abdolali et al.，2015；Yang et al.，2015b；Chen and Wang，2016）。由图28.31和表28.8可知，菌株NT-1细胞表面含大量羧基、蛋白质酰胺基、羟基等有机官能团，这为Cu（Ⅱ）提供了丰富的作用位点。3200～3600cm^{-1}吸收峰主要由细胞中碳水化合物中成氢键的O—H振动引起，在Cu（Ⅱ）影响下，该吸收峰变得尖锐，且往高频方向移动，表明O—H参与的氢键减弱，可能引起菌体表面的多肽或蛋白质结构不稳定。1743cm^{-1}为羧酸的C═O振动引起的吸收峰，1650cm^{-1}和1400cm^{-1}分别为羧酸根离子的反对称和对称伸缩振动产生的吸收峰，加入Cu（Ⅱ）前后，(1650±10) cm^{-1}与1743 cm^{-1}的吸收峰峰值比（即COO^{-}/COOH比）分别为0.928与0.967，其原因可能为菌体与Cu（Ⅱ）结合后溶液pH上升（从5.0上升至7.9），COOH去质子化程度加剧。未加入Cu（Ⅱ）时，1650cm^{-1}与1400cm^{-1}处两峰间距为250cm^{-1}，与Cu（Ⅱ）作用后，羧酸根离子的反对称伸缩频率下降至1643cm^{-1}，且峰间距降至243cm^{-1}，表明作为过渡金属的铜与菌体表面羧酸根进行共价键结合，形成多齿配合物（Evangelou et al.，2002）。

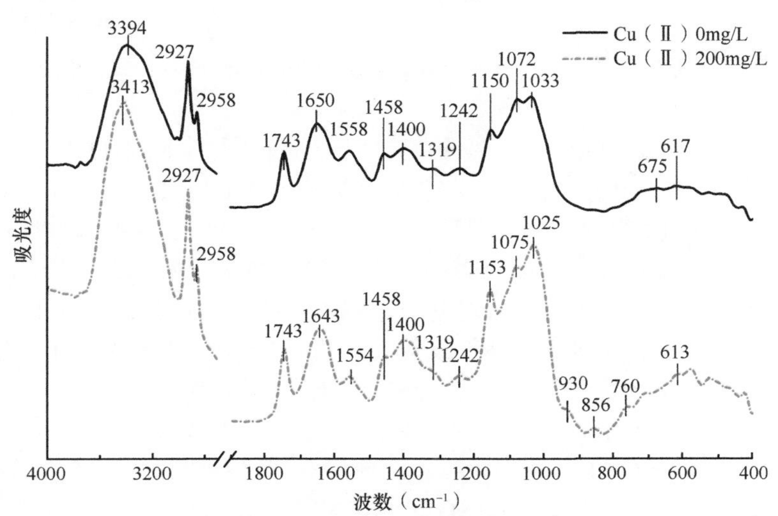

图28.31　菌株NT-1吸附Cu（Ⅱ）前后的红外光谱图（Tu et al.，2018）

表28.8　NT-1菌株吸附Cu（Ⅱ）前后FTIR光谱的主要吸收峰（Tu et al.，2018）

吸收峰位置（cm^{-1}）	谱带归属	基团类型
3200～3600	O—H振动	成氢键的OH
2927，2958	分别为C—H的反对称和对称伸缩振动	脂肪类CH、CH_2和CH_3
1743	C═O振动	COOH
1650±10	C═O振动； COO^{-}反对称伸缩振动	蛋白质酰胺Ⅰ 羧酸根离子
1550±10	CON—H变形	蛋白质酰胺Ⅱ；芳香杂环类
1458	C═C振动； C—H_2，C—H_3弯曲变形	芳香碳 脂肪类CH_2和CH_3
1400	COO^{-}对称伸缩振动	羧酸根离子
1319	O—H平面内弯曲变形	酚羟基
1242	C—N振动蛋白质酰胺III； —P、—S	蛋白质酰胺Ⅲ； 生物膜表面磷酸盐、硫酸盐
1150±10	C—O振动	酯类C—O；脂肪类OH
1072±10	C—O—C振动	多糖环
1030±20	P—OCH_3振动	磷酸酯类
930±10	P—O—P振动	多聚磷酸酯类
750-860	C—H平面外弯曲变形	芳香杂环类CH
615±10	O—H平面外弯曲变形	多糖环中OH

图28.31中（1550±10）cm^{-1}处为蛋白质酰胺Ⅱ的CON—H变形产生的吸收峰，在加入Cu（Ⅱ）后移至较低频处，表明铜也可与菌体表面的酰胺基通过共价作用结合。Khan等（2016）提出酵母菌*Pichia hampshirensis* 4Aer菌株对重金属Cd的细胞表面固持机制主要为几丁质中的酰胺基和羟基与Cd的配位结合，而绝大多数真菌细胞壁的主要组分为几丁质（Dhillon et al.，2013），本研究中酰胺基可为菌株NT-1与Cu结合的重要位点。此外，菌体中的核酸等物质含有嘌呤、嘧啶等芳香杂环组分，这些芳香杂环可提供大π电子，具有较强的配位能力，可与多种金属离子形成稳定的配合物。在与Cu（Ⅱ）作用后，750～860cm^{-1}处的芳香杂环类C—H的变形振动增强，因此，推测反应过程中发生了Cu（Ⅱ）-π作用，形成了Cu-含氮杂环配合物。Wang等（2015）在富含呋喃、吡啶等芳香杂环类结构的生物炭材料与重金属Pb的吸附作用研究中也发现了类似现象。值得注意的是，加入Cu（Ⅱ）后，930～1150cm^{-1}的吸收峰强度明显增强，可能是NT-1在铜胁迫环境下改变了自身生理性状，其细胞表面多糖类和磷酸酯类物质生成增多造成的，这与扫描电镜观测到的培养条件为Cu（Ⅱ）浓度200mg/L时菌体表面性状开始发生改变的结果相一致。

本节从受铜污染的果园土壤中筛选、分离并鉴定了一株铜高耐性真菌NT-1，结合形态学、生理生化和分子生物学特征将其鉴定为一株赤霉菌属真菌*Gibberella* sp. NT-1。该菌在Cu（Ⅱ）浓度高达600mg/L的溶液环境中仍能生长，并具有较强的耐酸能力。不同浓度的铜胁迫可不同程度地抑制NT-1的生长，导致菌丝生物量降低、菌落直径减小、菌丝表面产生皱缩、细胞表面多糖与磷酸酯类物质生成增多等生理响应。温度、pH等因素可显著影响NT-1对溶液中铜的去除率，在初始铜离子浓度为200mg/L、温度为28℃、pH为5.0及接种量为10%的最适条件下，NT-1菌株在5d内对溶液中铜的吸附去除率可达45.5%。NT-1吸附Cu（Ⅱ）符合准二级动力学和Langmuir等温吸附模型，其吸附过程是受化学吸附机制控制的以表面吸附为主的单分子层吸附过程。NT-1细胞有机官能团种类丰富，包括羟基、羧酸、酰胺基、烷基、磷酸基等。与Cu（Ⅱ）的结合主要为与羧酸根、酰胺基通过共价作用形成多齿配合物，以及通过Cu（Ⅱ）-π作用形成Cu-含氮杂环配合物等。本研究可为研发酸化和铜复合污染果园土壤的微生物修复菌剂与技术提供菌株资源及科学依据。

参考文献

付传城, 章海波, 涂晨, 等. 2018. 滨海苹果园土壤碳氮空间分布及动态变化研究. 土壤学报, 55(4): 858-868.
李连祯, 于顺洋. 2017a. 一种应用于非损伤微测系统的Cu^{2+}选择性微电极制备方法及其应用: CN201510112997. 4.
李连祯, 于顺洋. 2017b. 一种应用于非损伤微测系统的Pb^{2+}选择性微电极制备方法及其应用: CN201510113272. 7.
李隼, 黄胜东, 赵福庚. 2011. 重金属镉对水稻根毛细胞钾离子吸收过程的影响. 植物生理学报, 47(5): 481-487.
骆翔, 朱艳霞, 杜友, 等. 2011. 柽柳根不同区域吸氮特性研究. 中国农学通, 27(22): 66-69.
骆永明. 2009. 污染土壤修复技术研究现状与趋势. 化学进展, 21(2-3): 558-565.
施志仪, 郝莹莹, 李文娟等. 2010. 三种不同因子对三角帆蚌外套膜细胞Ca^{2+}流动性的影响. 中国细胞生物学学报, 32(5): 749-753.
孙健. 2011. 胡杨响应盐胁迫与离子平衡调控信号网络研究. 北京林业大学博士学位论文.
魏绍冲, 姜远茂. 2012. 山东省苹果园肥料施用现状调查分析. 山东农业科学, 44(2): 77-79.
吴龙华, 周守标, 毕德, 等. 2006. 中国景天科植物一新种——伴矿景天. 土壤, 38(5): 632-633.
徐国万, 钦佩, 谢民, 等. 1996. 海滨锦葵的引种生态学研究. 南京大学学报(自然科学), 32(2): 268-273.
徐仁扣. 2015. 土壤酸化及其调控研究进展. 土壤, 47(2): 238-244.
烟台市土壤普查办公室. 1987. 烟台市土壤. 北京: 中国农业出版社: 75-274.
曾希柏, 徐建明, 黄巧云, 等. 2013. 中国农田重金属问题的若干思考. 土壤学报, 50(1): 186-194.
中国环境监测总站. 1990. 中国土壤元素背景值. 北京: 中国环境科学出版社.
中华人民共和国生态环境部. 2018. 土壤环境质量 农用地土壤污染风险管控标准(试行)(GB 15618—2018).
周海燕. 2015. 胶东集约化农田土壤酸化效应及改良调控途径. 中国农业大学博士学位论文.
Abdolali A, Ngo H H, Guo W, et al. 2015. Characterization of a multi-metal binding biosorbent: chemical modification and desorption studies. Bioresource Technology, 193: 477-487.

Alva A K, Huang B, Paramasivam S. 2000. Soil pH affects copper fractionation and phytotoxicity. Soil Science Society of American Journal, 64(3): 955-962.

Amirnia S, Ray M B, Margaritis A. 2015. Heavy metals removal from aqueous solutions using Saccharomyces cerevisiae in a novel continuous bioreactor-biosorption system. Chemical Engineering Journal, 264: 863-872.

Andreazza R, Pieniz S, Wolf L, et al. 2010. Characterization of copper bioreduction and biosorption by a highly copper resistant bacterium isolated from copper contaminated vineyard soil. Science of the Total Environment, 408(7): 1501-1507.

Ballabio C, Panagos P, Lugato E, et al. 2018. Copper distribution in European topsoils: An assessment based on LUCAS soil survey. Science Total Environment, 636: 282-298.

Besnard E, Chenu C, Robert M. 2001. Influence of organic amendments on copper distribution among particle size and density fractions in Champagne vineyard soils. Environmental Pollution, 112(3): 329-337.

Cai L, Xu Z, Bao P, et al. 2015. Multivariate and geostatistical analyses of the spatial distribution and source of arsenic and heavy metals in the agricultural soils in Shunde, Southeast China. Journal of Geochemical Exploration, 148: 189-195.

Chai Y, Guo J, Chai S, et al. 2015. Source identification of eight heavy metals in grassland soils by multivariate analysis from the Baicheng-Songyuan area, Jilin Province, Northeast China. Chemosphere, 134: 67-75.

Chaignon V, Sanchez-Neira I, Herrmann P, et al. 2003. Copper bioavailability and extractability as related to chemical properties of contaminated soils from a vine-growing area. Environmental pollution, 123(2): 229-238.

Chen C, Wang J. 2016. Uranium removal by novel grapheme oxide-immobilized *Saccharomyces cerevisiae* gel beads. Journal of Environmental Radioactivity, 162-163: 134-145.

Chen T, Liu X, Zhu M, et al. 2008. Identification of trace element sources and associated risk assessment in vegetable soils of the urban-rural transitional area of Hangzhou, China. Environmental Pollution, 151(1): 67-78.

Chopin E I B, Marin B, Mkoungafoko R, et al. 2008. Factors affecting distribution and mobility of trace elements (Cu, Pb, Zn) in a perennial grapevine (*Vitis vinifera* L.) in the Champagne region of France. Environmental Pollution, 156(3): 1092-1098.

Cooksey D A. 1994. Molecular mechanisms of copper resistance and accumulation in bacteria. FEMS Microbiology Reviews, 14(4): 381-386.

Dhillon G S, Kaur S, Brar S K, et al. 2013. Green synthesis approach: extraction of chitosan from fungus mycelia. Critical Reviews in Biotechnology, 33(4): 379-403.

Dixit R, Wasiullah, Malaviya D, et al. 2015. Bioremediation of heavy metals from soil and aquatic environment: an overview of principles and criteria of fundamental processes. Sustainability, 7(2): 2189-2212.

Duplay J, Semhi K, Errais E, et al. 2014. Copper, zinc, lead and cadmium bioavailability and retention in vineyard soils (Rouffach, France): the impact of cultural practices. Geoderma, 230: 318-328.

Evangelou V, Marsi M, Chappell M. 2002. Potentiometric-spectroscopic evaluation of metal-ion complexes by humic fractions extracted from corn tissue. Spectrochimica Acta Part A: Molecular and Biomolecular Spectroscopy, 58(10): 2159-2175.

Fernández-Calviño D, Nóvoa-Muñoz J C, Díaz-Raviña M, et al. 2009. Copper accumulation and fractionation in vineyard soils from temperate humid zone (NW Iberian Peninsula). Geoderma, 153(1): 119-129.

Franco L O, Maia R C C, Porto A L F, et al. 2004. Heavy metal biosorption by chitin and chitosan isolated from *Cunninghamella elegans* (IFM 46109). Brazilian Journal of Microbiology, 35(3): 243-247.

Fu C, Zhang H, Tu C, et al. 2018. Geostatistical interpolation of available copper in orchard soil as influenced by planting duration. Environmental Science and Pollution Research, 25(1): 52-63.

Goulding K W T, Annis B. 1998. Lime, liming and the management of soil acidity. Proceedings-Fertiliser Society (United Kingdom).

Guo J, Liu X, Zhang Y, et al. 2010. Significant acidification in major Chinese croplands. Science, 327(5968): 1008-1010.

Gutierrez T, Biller D V, Shimmield T, et al. 2012. Metal binding properties of the EPS produced by *Halomonas* sp. TG39 and its potential in enhancing trace element bioavailability to eukaryotic phytoplankton. Biometals, 25(6): 1185-1194.

Han R M, Lefèvre I, Albacete A, et al. 2013a. Antioxidant enzyme activities and hormonal status in response to Cd stress in the wetland halophyte *Kosteletzkya virginica* under saline conditions. Physiologia Plantarum, 147(3): 352-368.

Han R M, Lefèvre I, Ruan C J, et al. 2012a. Effects of salinity on the response of the wetland halophyte *Kosteletzkya virginica* (L.) Presl. to copper toxicity. Water Air Soil Pollution, 223(3): 1137-1150.

Han R M, Lefèvre I, Ruan C J, et al. 2012b. NaCl differently interferes with Cd and Zn toxicities in the wetland halophyte species *Kosteletzkya virginica* (L.) Presl. Plant Growth Regulation, 68(1): 97-109.

Han R M, Quinet M, André E, et al. 2013b. Accumulation and distribution of Zn in the shoots and reproductive structures of the halophyte plant species Kosteletzkya virginica as a function of salinity. Planta, 238(3): 441-457.

Khan Z, Rehman A, Hussain S Z. 2016. Resistance and uptake of cadmium by yeast, *Pichia hampshirensis* 4Aer, isolated from industrial effluent and its potential use in decontamination of wastewater. Chemosphere, 159: 32-43.

Kiran M G, Pakshirajan K, Das G. 2017. Heavy metal removal from multicomponent system by sulfate reducing bacteria: mechanism and cell surface characterization. Journal of Hazardous Materials, 324: 62-70.

Klis F M, Mol P, Hellingwerf K, et al. 2002. Dynamics of cell wall structure in *Saccharomyces cerevisiae*. FEMS Microbiology Reviews, 26(3): 239-256.

Komárek M, Čadková E, Chrastný V, et al. 2010. Contamination of vineyard soils with fungicides: a review of environmental and toxicological aspects. Environment International, 36(1): 138-151.

Kühtreiber W M, Jaffe L F. 1990. Detection of extracellular calcium gradients with a calcium-specific vibrating electrode. Journal of Cell Biology, 110(5): 1565-1573.

Lee C S, Li X, Shi W, et al. 2006. Metal contamination in urban, suburban, and country park soils of Hong Kong: a study based on GIS and multivariate statistics. Science of Total Environment, 356(1-3): 45-61.

Letnik I, Avrahami R, Port R, et al. 2017. Biosorption of copper from aqueous environments by *Micrococcus luteus* in cell suspension and when encapsulated. International Biodeterioration & Biodegradation, 116: 64-72.

Li D, Xu X, Yu H, et al. 2017a. Characterization of Pb^{2+} biosorption by psychrotrophic strain *Pseudomonas* sp. I3 isolated from permafrost soil of Mohe wetland in Northeast China. Journal of Environmental Management, 196: 8-15.

Li L Z, Liu X L, Peijnenburg W J G M, et al. 2012. Pathways of cadmium fluxes in the root of the halophyte *Suaeda salsa*. Ecotoxicology Environmental Safety, 75: 1-7.

Li L Z, Tu C, Wu L H, et al. 2017b. Pathways of root uptake and membrane transport of Cd^{2+} in the zinc/cadmium hyperaccumulating plant *Sedum plumbizincicola*. Environment Toxicology Chemisetry, 36(4): 1038-1046.

Li L Z, Wu H, van Gestel C A M, et al. 2014. Soil acidification increases metal extractability and bioavailability in old orchard soils of Northeast Jiaodong Peninsula in China. Environmental Pollution, 188: 144-152.

Li Q, Li B H, Kronzucker H J, et al. 2011. Root growth inhibition by NH_4^+ in *Arabidopsis* is mediated by the root tip and is linked to NH_4^+ efflux and GMPase activity. Plant Cell and Environment, 33(9): 1529-1542.

Li W W, Yu H Q. 2014. Insight into the roles of microbial extracellular polymer substances in metal biosorption. Bioresource Technology, 160: 15-23.

Li W, Zhang M, Shu H. 2005. Distribution and fractionation of copper in soils of apple orchards. Environmental Science and Pollution Research, 12(3): 168-172.

Lu L, Tian S, Zhang M, et al. 2010. The role of Ca pathway in Cd uptake and translocation by the hyperaccumulator Sedum alfredii. Journal of Hazardous Materials, 183: 22-28.

Lu L L, Tian S K, Wang X C, et al. 2008. Enhanced root-to-shoot translocation of cadmium in the hyperaccumulating ecotype of *Sedum alfredii*. Journal of Experimental Botany, 59(11): 3203-3213.

Luo Y, Tu C. 2018. Twenty Years of Research and Development on Soil Pollution and Remediation in China. Singapore: Springer.

Ma W W, Xu W Z, Xu H, et al. 2010. Nitric oxide modulates cadmium influx during cadmium-induced programmed cell death in tobacco BY-2 cells. Planta, 232(2): 325-335.

Ma Y, Oliveira R S, Nai F, et al. 2015. The hyperaccumulator Sedum plumbizincicola harbors metal-resistant endophytic bacteria that improve its phytoextraction capacity in multi-metal contaminated soil. Journal of Environmental Management, 156: 62-69.

Mackie KA, Müller T, Kandeler E. 2012. Remediation of copper in vineyards-a mini review. Environmental Pollution, 167: 16-26.

Michaud A M, Bravin M N, Galleguillos M, et al. 2007. Copper uptake and phytotoxicity as assessed in situ for durum wheat (*Triticum turgidum durum* L.) cultivated in Cu-contaminated, former vineyard soils. Plant and Soil, 298(1-2): 99-111.

Mullen M, Wolf D, Beveridge T, et al. 1992. Sorption of heavy metals by the soil fungi *Aspergillus niger* and *Mucor rouxii*. Soil Biology and Biochemistry, 24(2): 129-135.

Nogueirol R C, Alleoni L R F, Nachtigall G R, et al. 2010. Sequential extraction and availability of copper in Cu fungicide-amended vineyard soils from Southern Brazil. Journal of Hazard Materials, 181(1-3): 931-937.

Ozdemir G, Ceyhan N, Ozturk T, et al. 2004. Biosorption of chromium (Ⅵ), cadmium (Ⅱ) and copper (Ⅱ) by *Pantoea* sp. TEM18. Chemical Engineering Journal, 102: 249-253.

Öztürk A, Artan T, Ayar A. 2004. Biosorption of nickel (Ⅱ) and copper (Ⅱ) ions from aqueous solution by *Streptomyces coelicolor* A3(2). Colloids and Surfaces B: Biointerfaces, 34(2): 105-111.

Paraszkiewicz K, Bernat P, Długoński J. 2009. Effect of nickel, copper, and zinc on emulsifier production and saturation of cellular fatty acids in the filamentous fungus *Curvularia lunata*. International Biodeterioration & Biodegradation, 63(1): 100-105.

Paraszkiewicz K, Frycie A, Słaba M, et al. 2007. Enhancement of emulsifier production by *Curvularia lunata* in cadmium, zinc and lead presence. Biometals, 20(5): 797-805.

Park J H, Chon H T. 2016. Characterization of cadmium biosorption by *Exiguobacterium* sp. isolated from farmland soil near Cu-Pb-Zn mine. Environmental Science and Pollution Research, 23(12): 11814-11822.

Pietrzak U, McPhail D C. 2004. Copper accumulation, distribution and fractionation in vineyard soils of Victoria, Australia. Geoderma, 122(2-4): 151-166.

Pineros M A, ShaV J E, Kochian V. 1998. Development, characterization, and application of a cadmium-selective microelectrode for the measurement of cadmium fluxes in roots of *Thlaspi* species and wheat. Plant Physiology, 116(4): 1393-1401.

Puig S, Lee J, Lau M, et al. 2002. Biochemical and genetic analyses of yeast and human high affinity copper transporters suggest a conserved mechanism for copper uptake. Journal of Biological Chemistry, 277(29): 26021-26030.

Rengel Z, Tang C, Raphael C, et al. 2000. Understanding subsoil acidification: effect of nitrogen transformation and nitrate leaching. Soil Research, 38(4): 837-849.

Rivera M B, Giráldez M I, Fernández-Caliani J C. 2016. Assessing the environmental availability of heavy metals in geogenically contaminated soils of the Sierra de Aracena Natural Park (SW Spain). Is there a health risk? Science of Total Environment, 560: 254-265.

Ruyters S, Salaets P, Oorts K, et al. 2013. Copper toxicity in soils under established vineyards in Europe: a survey. Science of Total Environment, 443: 470-477.

Sheng X F, He L Y, Wang Q Y, et al. 2008. Effects of inoculation of biosurfactant-producing *Bacillus* sp. J119 on plant growth and cadmium uptake in a cadmium-amended soil. Journal of Hazard Material, 155(1-2): 17-22.

Sun F, Yan Y, Liao H, et al. 2014. Biosorption of antimony (V) by freshwater cyanobacteria *Microcystis* from Lake Taihu, China: effects of pH and competitive ions. Environmental Science and Pollution Research, 21(9): 5836-5848.

Sun X F, Wang S G, Zhang X M, et al. 2009. Spectroscopic study of Zn^{2+} and Co^{2+} binding to extracellular polymeric substances (EPS) from aerobic granules. Journal of Colloid and Interface Science, 335(1): 11-17.

Suresh K, Subramanyam C. 1998. Polyphenols are involved in copper binding to cell walls of Neurospora crassa. Journal of Inorganic Biochemistry, 69(4): 209-215.

Tu C, Liu Y, Wei J, et al. 2018. Characterization and mechanism of copper biosorption by a highly copper-resistant fungal strain isolated from copper-polluted acidic orchard soil. Environmental Science and Pollution Research, 25(25): 24965-24974.

Tyagi M, Da F M, de Carvalho C C. 2011. Bioaugmentation and biostimulation strategies to improve the effectiveness of bioremediation processes. Biodegradation, 22(2): 231-241.

Vázquez F A V, Cid B P, Segade S R. 2016. Assessment of metal bioavailability in the vineyard soil-grapevine system using different extraction methods. Food Chemistry, 208: 199-208.

Vesentini D, Dickinson D J, Murphy R J. 2007. The protective role of the extracellular mucilaginous material (ECMM) from two woodrotting basidiomycetes against copper toxicity. International Biodeterioration & Biodegradation, 60(1): 1-7.

Wang Q, Zhou D, Cang L. 2009. Microbial and enzyme properties of apple orchard soil as affected by long-term application of copper fungicide. Soil Biology and Biochemistry, 41(7): 1504-1509.

Wang T, Yao J, Yuan Z, et al. 2018. Isolation of lead resistant Arthrobactor strain GQ-9 and its biosorption mechanism. Environmental Science and Pollution Research, 25(4): 3527-3538.

Wang Z, Liu G, Zheng H, et al. 2015. Investigating the mechanisms of biochar's removal of lead from solution. Bioresource Technology, 177: 308-317.

Wightwick A M, Mollah M R, Partington D L, et al. 2008. Copper fungicide residues in Australian vineyard soils. Journal of Agricultural and Food Chemistry, 56(7): 2457-2464.

Worms I A M, Wilkinson K J. 2007. Ni uptake by a green alga. 2. validation of equilibrium models for competition effects. Environmental Science and Technology, 41(12): 4264-4270.

Wu C, Luo Y, Zhang L. 2010a. Variability of copper availability in paddy fields in relation to selected soil properties in southeast

China. Geoderma, 156(3): 200-206.

Wu G, Kang H, Zhang X, et al. 2010b. A critical review on the bio-removal of hazardous heavy metals from contaminated soils: issues, progress, eco-environmental concerns and opportunities. Journal of Hazardous Materials, 174(1-3): 1-8.

Wuana R A, Okieimen F E. 2011. Heavy metals in contaminated soils: a review of sources, chemistry, risks and best available strategies for remediation. ISRN Ecology, 2011: 402647.

Xue D, Yao H, Huang C. 2006. Microbial biomass, N mineralization and nitrification, enzyme activities, and microbial community diversity in tea orchard soils. Plant and Soil, 288(1-2): 319-331.

Yahaya Y A, Don M M, Bhatia S. 2009. Biosorption of copper (Ⅱ) onto immobilized cells of *Pycnoporus sanguineus* from aqueous solution: equilibrium and kinetic studies. Journal of Hazardous Materials, 161(1): 189-195.

Yang H F, Wang Y B, Huang Y J. 2015a. Chemical fractions and phytoavailability of copper to rape grown in the polluted paddy soil. International Journal of Environmental Science and Technology, 12(9): 2929-2938.

Yang J, Wei W, Pi S, et al. 2015b. Competitive adsorption of heavy metals by extracellular polymeric substances extracted from *Klebsiella* sp. J1. Bioresource Technology, 196: 533-539.

Zeng F, Ali S, Zhang H, et al. 2011. The influence of pH and organic matter content in paddy soil on heavy metal availability and their uptake by rice plants. Environmental Pollution, 159(1): 84-91.

第二十九章

渤海海域沉积物石油污染的现场微生物修复技术①

① 本章作者：陈令新，王巧宁

自20世纪50年代后，石油开始逐步取代煤炭，成为世界第一能源。进入21世纪后，基于石油储量、环境污染等问题，对天然气、可再生能源、核能等新能源的关注和重视越来越多，但目前石油仍旧在世界能源消费中占据绝对优势，且有可能在今后的几十年中持续这一优势。根据《世界能源统计年鉴》，2017年石油占全球能源消费的三分之一以上（中国对外事务部，2017）。石油作为一种重要能源和战略储备资源，一直备受关注，我国是石油储量较丰富的国家，除丰富的陆上储量外，海洋石油储量也不可忽视。以目前的开采技术，大部分海上石油开采均集中在近海大陆架区域，我国近海石油资源量约占全国石油总资源量的20%，且我国的海洋石油探明程度还相对较低。我国已探明的近海石油大多集中在渤海油气盆地、南黄海油气盆地和东海油气盆地，其中渤海油田目前是我国海上最大的油田，总资源量在120亿m^3左右（翟中喜和白振瑞，2008）。海上石油开发范围、开发力度不断加大，随之而来的除了巨大的经济利润以外，还有海上溢油事件。迄今为止溢油量最大、影响最严重的是2010年在美国墨西哥湾发生的原油泄漏事件，共泄漏原油70多万吨，污染了600多千米的海岸带，对海洋环境、生物、生态均造成了恶劣影响，同时也影响了近海居民的生活与健康（Summerhayes，2011）。我国的海洋溢油事件也时常发生。据统计，从21世纪70年代至2013年，我国近海溢油事件多达3000多起，总溢油量超过4万t（张苓和张来斌，2015），2004～2013年有报道的溢油事件有27次，其中18次发生在渤海。渤海是我国最早进行石油开采的海域，产油量巨大，随之而来的溢油风险也是非常巨大的。2006年渤海埕岛油田海底输油管道发生原油泄漏，共计泄漏原油300余吨，对山东、河北、天津近海海岸带造成严重污染；2011年，渤海湾蓬莱19-3油田发生海底管道溢油，约泄漏原油205t，造成了800多千米的海洋污染（李怀明等，2014）。基本上每次海洋钻井平台或输油管路的泄漏，均会造成大面积的海水和沉积物石油污染，对海洋生态、经济及人们的身体健康造成巨大的不利影响。

石油污染会对海洋生物的生长、繁殖和群落分布等产生严重影响，当水体中石油含量在10^{-4}～10^{-3}mg/L时，即会抑制海洋浮游藻类的生长、繁殖，游泳鱼类会主动回避溢油区，底栖贝类等会摄入石油，导致食用价值降低甚至对人体产生毒害，影响海洋渔业和养殖业的发展。当海洋大规模溢油发生时，石油会随海浪迁移，导致污染范围不断扩大，虽然在石油迁移过程中浓度和组分会随蒸发、溶解、乳化、吸附、生物降解、光降解、光氧化等作用有所变化，但大规模溢油如果处理不当，势必会造成海洋生态环境的改变，甚至对生态环境产生毁灭性打击。

对于海上溢油，应以预防为主，但一旦发生了大面积的石油泄漏，就需要采取及时有效的措施，将危害降至最小。在石油泄漏事故的初期，大多会采用一些应急措施，如机械回收、投放吸油材料等，即使用各种围油栏拦截溢油，再施放撇油器或收油机回收，或者采用喷洒化学分散剂、投放吸油材料等物理化学方法进行应急处理（Carmody et al.，2007；Ge et al.，2014）。但这些方法仅对漂浮于海水表层的石油具有明显效果，对沉积物中的石油污染基本无效，且对石油的修复不彻底或容易产生二次污染。

生物修复技术是人们通过现代生物技术手段在天然的环境下强化污染物降解的一项污染治理工程技术。该技术与其他污染治理技术相比，最显著的优势在于能够使污染物在被污染的河道、海洋、地下水、土壤中原位或现场得到生物净化处理，并且安全长效。在生物修复中，微生物对环境要求较低、繁殖速度快、不易造成生物入侵等，因此微生物修复在污染物的生物修复中被广泛应用。本章以渤海海域沉积物石油污染微生物修复工程示范为案例，介绍一种海洋离岸沉积物污染修复的典型方法、操作方式及修复后的效果评估方案，包括微生物菌剂研发，微生物修复理论、技术与设备研制，海上施工及微生物菌剂投放和现场微生物修复后跟踪监测与评估四部分。

第一节　微生物菌剂研制

微生物菌剂研发直接关系到海洋沉积物污染修复效果，是沉积物石油污染的现场微生物修复技术的重要组成部分，主要包括修复海域土著高效石油烃降解菌株的筛选、不同菌株组合降解效果的研究、菌株的安全性评估、吸附载体的确定、菌剂吸附与包裹工艺、修复效果小试与中试等。

一、土著高效石油烃降解菌株的筛选与组合

在生物、微生物修复过程中，除了污染修复效果，更为重要的是引入的修复生物的生物安全性，必须杜绝生物入侵灾害的出现（Broennimann et al.，2007）。在进行海洋沉积物污染修复时，最好从待修复海域直接筛选石油烃降解菌株，由此筛选的土著菌种，可以避免外来物种的引入，从而避免生物入侵灾害的发生，确保微生物修复产品的生物安全性。另外，土著菌株更能适应待修复海域的海洋环境，能够进行更有效的繁殖和污染物的降解。

（一）菌株筛选

石油烃高效降解菌株的筛选大多选用石油烃作为唯一碳源，通过反复富集和分离，得到能够快速、高效降解石油烃的菌株。据报道，能够降解石油烃的微生物共有200多种，分属细菌、丝状真菌和酵母等70属。海洋中主要的石油烃降解菌有无色杆菌属（*Achromobacter*）、不动杆菌属（*Acinetobacter*）、产碱杆菌属（*Alcaligenes*）、金色担子菌属（*Aureobasidium*）、假丝酵母属（*Candida*）等（Pritchard et al.，1992）。同时应该考虑海洋高盐、低温等特殊水文环境，筛选能够适应海洋环境的微生物菌株（Brakstad and Bonaunet，2006）。在此次渤海海域沉积物石油污染的现场微生物修复工程示范（以下简称工程示范）中，筛选所得菌株包括芽孢杆菌属（*Bacillus*）、不动杆菌属（*Acinetobacte*）、假单胞菌属（*Pseudomonas*）、*Oceanimonas*属等。

另外，海洋沉积物环境与实验室环境有很大不同，包括高盐、高压、低氧、低温等，这些极端条件会影响大部分微生物的生长和代谢。在进行海洋沉积物适用的微生物修复产品研发时，需要考虑高盐、高压、低氧、低温等环境，确保修复菌株到达指定修复海域沉积物时，能够生长、繁殖，并进行石油烃的降解。

（二）菌株组合

石油的组分十分复杂，包括短链、长链的烷烃，烯烃，环烷烃，苯及烷基取代苯，多环芳烃等，不同的菌株对石油不同组分的降解效果是不同的。大部分情况下，微生物对短链的烷烃、烯烃具有较好的降解效果，对于苯及烷基取代苯、多环芳烃等，较难降解或需要更长的降解周期。但是不同菌株的组合，对于石油不同组分具有更好的降解效果，且部分菌株本身可能降解效率不高，但其胞外分泌物能起到乳化剂、分散剂的效果，配合其他菌株，能够大幅提高石油的降解效率。另外，生物在生长和代谢过程中，不同的环境和环境中不同种的其他生物可能与其发生协同、拮抗等不同作用。研究表明，不同菌株的组合，往往会促进或者抑制菌株对石油污染物的降解能力。

（三）菌株安全性评估

应用于环境保护的微生物和其他菌剂，产品本身的安全性是十分重要的。只有确保产品本身的生物安全性，防止产生生物污染，才能够真正做到环境保护与修复。所以在筛选出能够高效降解石油烃的菌株后，还需要通过多种手段对其安全性进行验证，包括传统受试生物，如小鼠等的急性致死试验、致病性试验等，另外，由于菌剂的投放环境为海洋，还应该进行海洋生物的急性试验。小鼠急性试验主要包括急性经口毒性试验、急性腹腔注射致病性试验、溶血试验、抗菌药物敏感试验、急性眼刺激试验、一次破损皮肤刺激试验等；海洋鱼类急性试验包括急性致死试验、异常反应试验、常规毒性试验等。渤海海域沉积物石油污染微生物修复工程示范中所用的微生物菌株，经权威第三方鉴定，均为实际无毒级别菌株。

二、菌剂加工

（一）菌剂吸附载体和被膜剂

由于微生物菌株本身体积微小，不易成团或结块，直接向海中抛洒微生物菌株会造成很大程度的菌

株逸散，因此在海洋沉积物污染修复中最好采用密度大于海水的材料作为载体。在此次工程示范中，采用对海底环境破坏相对较小的沸石作为吸附载体，将微生物菌剂固定于沸石之上，生成固体成团的石油污染微生物修复产品。沸石吸附菌株的效率主要取决于其粒径和空隙，粒径越小、比表面积越大越易吸附菌株，同时还需综合考虑沸石在海水中的沉降和菌株的逸散，选择合适的粒径。

除了选择合适载体可以增加石油烃降解菌株到达海底的数量外，选择合适的被膜剂同样重要。被膜剂的主要功能是增加菌株和载体的絮凝，在载体表面形成保护膜，可以有效地减少修复产品投入海水后，被海水冲刷造成的菌株损失。被膜剂的选择以高效、低价、无害为原则，同时应该考虑被膜剂的pH与石油烃降解菌株的生长、降解最适pH是否存在较大差距。

（二）小试与中试

通过小试与中试，可以了解石油烃降解菌株在较大规模发酵后，是否能保留石油烃的降解活性，能够有效地保证最终投加菌剂的污染修复效果。小试实验大多在实验室内进行，保留部分实验室条件，如恒温、振荡等，实验体量可以较小，通过小试与中试实验，可确定混合菌株的最佳混合比例，以及菌剂吸附剂和被膜剂的种类。

在微生物菌剂的研发过程中，中试实验需要研发大规模发酵条件，通过中试实验，需要得到最终发酵条件，包括发酵温度、pH、生长周期、培养基配方、接种量、培养过程（通风、搅拌、消泡等）等。菌株经发酵罐批量发酵后再进行石油烃降解实验，确保降解效果。

第二节　微生物修复理论、技术与设备研制

微生物修复技术是指通过微生物（石油烃降解菌）的作用清除水体和沉积物（或土壤）中的污染物，或使污染物无害化的过程，包括自然和人为控制条件下的污染物降解或无害化过程。其原理为通过微生物的矿化作用和共代谢作用将有机污染物彻底分解为CO_2、H_2O和简单的无机化合物，如含氮化合物、含磷化合物、含硫化合物等，从而消除污染物质对环境的危害。对于新近发生的外来污染，土著微生物降解能力较弱，修复过程相对漫长，所以需要开展人工修复工程，用工程化手段来加速生物修复进程，这种在受控条件下进行的生物修复又称强化生物修复或工程化的生物修复，一般采用下列手段来加强修复的速率：①生物刺激技术，满足土著微生物生长所需要的条件，诸如提供电子受体、供体氧及营养物等；②生物强化技术，需要不断地向污染环境投入外源微生物、酶、其他生长基质或氮、磷营养盐。

在石油烃污染微生物修复工程实施中，除了需要研究微生物降解石油烃的机制，更重要的是精准、有效投放技术研究、可行性研究及投放设备研究。

一、模拟投放研究

海洋污染修复工程实施成本相对较高，在进行施工前，需要进行反复论证，确保投放菌株能够有效到达指定海域，且能够发挥石油烃降解的作用。在此次工程示范中，通过数值模拟投放和室内模拟投放两种方式进行工程施工前的模拟研究，确定具体的菌剂包装大小和海上施工条件等。

（一）数值模拟投放

数值模拟共进行了两种模型的建立，一种基于重物在不同边界条件下进入流场的运动轨迹模拟计算。

在运动的水中抛投重物，重物在下沉过程中受水流的阻力与冲击力的影响，在下落的同时将出现漂移。在不考虑稳定性的情况下，忽略造成物体翻转的摩擦力影响。主要考虑压力差、中立和水流方向拖曳力，水深方向上的上举力的影响。经推导可得到式（29.1）：

$$\begin{cases}\dfrac{1}{u_0-u}=\alpha_1 t+\beta_1\\[2ex]\dfrac{1}{2\alpha_2}\ln\dfrac{\alpha_2+w}{\alpha_2-w}+\beta_2=\alpha_3 t\end{cases}\tag{29.1}$$

$$\alpha_1=\frac{\rho A_{\rm P}C_{\rm D}}{2\rho_g V},\quad \alpha_2=\frac{2\left(\rho_g-\rho\right)gV}{\rho_g A_{\rm h}C_{\rm L}},\quad \alpha_3=\frac{\rho A_{\rm h}C_{\rm L}}{2\rho_g V}$$

式中，u_0为作用于物体的等效面积；u为物体的水流方向速度；ρ为水的密度；ρ_g为物体的密度；$C_{\rm D}$为流动方向阻力系数，即拖曳系数；$C_{\rm L}$为下沉方向阻力系数，即上举力系数；g为重力加速度；$A_{\rm P}$为竖直方向截面等效面积；$A_{\rm h}$为水平方向截面等效面积；V为物体的体积；t为时间；w为物体垂直方向速度；β_1为水平方向拖拽力变量；β_2为垂直方向上举力变量。

为了求解该微分方程，必须先确定边界条件，边界条件按照重物落水的初始状态来考虑，现在将物体落水的状态分为两类。

1）物体以静止状态落水

考虑静止状态入水的边界条件，当t=0时，u=0、w=0，由式（29.1）得$\beta_1=\dfrac{1}{u_0}$，β_2=0，再将β_1、β_2代入式（29.1），根据${\rm sh}x=\dfrac{{\rm e}^{-x}-{\rm e}^{x}}{2}$和${\rm ch}x=\dfrac{{\rm e}^{-x}+{\rm e}^{x}}{2}$做等式交换，再对时间$t$积分，整理可得

$$\begin{cases}x=u_0 t-\dfrac{1}{\alpha_1}\ln\left(\alpha_1 u_0 t+1\right)\\[2ex]h=\dfrac{1}{a_3}\ln\left({\rm ch}\left(a_2\alpha_3 t\right)\right)\end{cases}\tag{29.2}$$

2）物体以运动状态落水

考虑运动状态入水的边界条件，当t=0时，$u=u_{\rm c}$，$w=w_0$，$u_{\rm c}$为重物入水时的水平方向初速度，w_0为物体入水时的垂直方向初速度，由式（29.1）得

$$\beta_1=\frac{1}{u_0-u_{\rm c}},\quad \beta_2=-\frac{1}{2\alpha_2}\ln\frac{\alpha_2+w_0}{a_2-w_0}\tag{29.3}$$

将β_1、β_2代入式（29.3），根据${\rm sh}x=\dfrac{{\rm e}^{-x}-{\rm e}^{x}}{2}$、${\rm ch}x=\dfrac{{\rm e}^{-x}+{\rm e}^{x}}{2}$、${\rm th}x=\dfrac{{\rm sh}x}{{\rm ch}x}$做等式变换，令$\dfrac{\alpha_2}{w_0}={\rm th}\varphi=\dfrac{{\rm sh}\varphi}{{\rm ch}\varphi}$，再对时间$t$积分，整理可得

$$\begin{cases}x=u_0 t-\dfrac{1}{\alpha_1}\ln\left(a_1\left(u_0-u_{\rm c}\right)t+1\right)\\[2ex]h=\dfrac{1}{a_3}\ln\left[\dfrac{{\rm sh}\left(\alpha_2\alpha_3 t+\varphi\right)}{{\rm sh}\varphi}\right]\end{cases}\tag{29.4}$$

另一种则基于流速和流向分别服从实际观测最大最小值之间的贝塔分布（Beta Distribution），每次模拟按照该分布生成随机数，分4种情景模拟，每种情景重复500次，统计落点分布规律。

运用数值模拟的不同公式，根据修复海域的海流、水深等前期调查资料，结合最终投放的菌包大小和密度，对菌包到达海底的具体位置进行了数值模拟（图29.1）。结果显示，在正常海况（平均落潮流、平均涨潮流、最大落潮流、最大涨潮流）和控制船速条件下（3～7节），菌包到达海底的位置与投放位置偏移3～7m，偏移超过10m的概率较低。

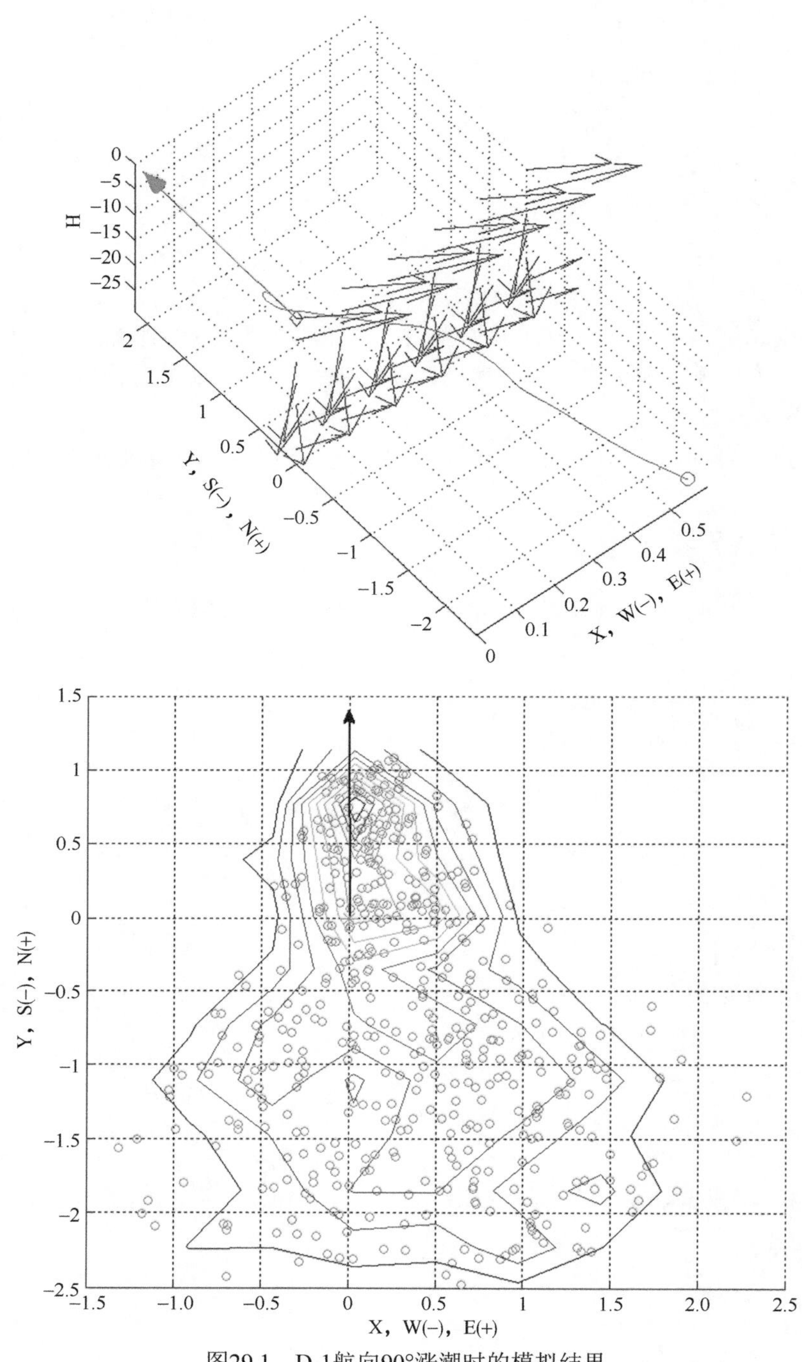

图29.1　D-1航向90°涨潮时的模拟结果

红色箭头为船的航行方向，蓝色箭头为水流，紫色为物体轨迹；菱形标注起始位置；红色圆圈为−28m落点

（二）室内模拟投放

室内模拟投放在海洋生态效应模拟实验室波浪水槽进行，该水槽长×宽×高为32m×0.8m×1.5m，可以模拟海洋海流环境，生成波浪和稳定的水体往复流，流速可以调控，如图29.2a所示。根据实际情况调制波浪水槽中水体流速为定向流0.1m/s。同时后续实验所用的材料按实际情况进行比例调整。根据最初投放实验，以纱布替换麻袋，进行菌剂的包裹。根据实验记录纱布包自水面降落到水槽底部所需平均时间为2.3s，水平位移平均为22.3cm，在垂向上自上向下设置采样点、水平横向设置垂直断面。

纱布包投入到水槽后，在重力和浮力的作用下，迅速下沉到水底。在纱布包下降过程中，只有极少量的细菌溢出，这和纱布包刚进入水体受到水流冲刷、表面负载的高浓度细菌被稀释有关。大部分细菌仍然处于纱布包内沸石颗粒内部，这部分细菌受到表面水体冲刷影响较小，且有聚谷氨酸包裹防水性保护。当纱布包降落到波浪水槽底部时，通过观察，在很长时间内仍有稳定的红墨水不断溢出随水流漂向下游。结果（图29.2）表明，红墨水示踪实验中逸散出的红墨水基本处于波浪水槽下部呈稳定状态漂向下游，不会翻滚到水槽上部，说明细菌的逸散过程与之相似。在实际海洋环境中，海洋底层横向水流速度越接近底层（底泥）越慢，另外，底层垂直方向海流很弱，由于上层快速的横向流作用，菌剂在垂直方向上的逸散很少。

图29.2　波浪水槽及菌包红墨水示踪

二、投放设备研制

投放设备的研究原则包括两方面，一是精准投放，二是安全投放。

（一）精准投放设备

投放主体设备共分三部分：菌剂贮存给料部分、蓄水槽部分和喷洒输送部分。菌剂贮存给料部分主要由给料槽、振荡器、控制阀、给料口等部分组成。给料槽用于存放待投放菌剂，振荡器保证物料的顺利给料，控制阀用于控制给料速度（约1.1kg/s），给料口用于向水槽中输送菌剂。

蓄水槽部分由取水装置和水槽组成，取水装置通过水泵从海中取水，设有调节阀，以控制取水速度，保证与喷洒输送设备的输送量一致。

喷洒输送部分由输送泵、输送管道和输送管道底部的取证设施组成。输送泵采用排沙泵，流量为4.8m^3/s，管道中的流速为2.7m/s，能够适应含有菌剂的海水输送需要。输送管道采用直径为8cm、长度为6m一节的钢管，一组共4节组成（总长度24m），钢管间通过法兰连接。每节钢管采用两根钢丝绳斜拉至甲板两端进行固定，以抵消海流对钢管施加的作用力。

据前期调查，作业海域的平均深度为28～30m，24m的喷洒管既不会触碰到海底石油管道，又越过了海水中海流最大的层流，进入了相对平稳的水层。由于菌剂与海水一起，由菌剂喷洒泵直接以2.7m/s的速度迅速泵入海底，能够保证在到达海底前，菌剂包裹的聚谷氨酸不会完全溶解，保证了到达海底的菌剂所吸附的有效活菌数。

但是钢管在海水中移动时，会受到巨大的海水及海浪阻力，出于安全性的考虑，后期拟定用软管替换钢管，可一定程度地降低投放过程中的风险。投放装备主要由液压站机组、液压传动机组、控制系统、船载操作平台及高压管路等模块组成。菌剂投放时，根据投放区水深，将垂直投放管路深度调节为20m左右，通过控制调节系统液压站机组和液压传动机组输出功率，设置投放速率为4～6t/h，缓慢移动船只，从而将投放菌剂在沉积物表层形成宽度约为10m的覆盖带，最后根据航行轨迹确定投放区域。目前该投放设备已制作完成并经初步调试，预期可为菌剂的有效投放提供有力保障。

（二）安全投放设备

由于此次工程示范的施工海域为海底石油输油管道分布区，施工安全尤为重要。将施工安全放在首位，最终选择采用麻袋装袋、传送带抛投的方式进行菌剂的投放。其具有以下优势：①麻袋包裹可以减少投放过程中有效活菌的损失；②菌剂整体投入海底，在麻袋未降解前可以起到小型人工鱼礁的作用，有利于生态恢复；③可以很大程度地降低投放施工中的安全隐患。

第三节　海上施工及微生物菌剂投放

工程示范修复海域面积为$0.67km^2$，根据数值模拟菌包的散落位置，在施工过程中将施工范围在规定区域范围基础上，向外围扩展20m，以保证指定区域内均有足量的菌剂覆盖。在菌剂投放之前，对菌剂的有效活菌数进行检测，保证菌剂有效活菌数均在1×10^8CFU/g以上。将菌剂用麻袋包裹，5kg菌剂一包，密度为$1.52kg/cm^3$，在修复区按照每3m一个间隔设置投放点，总计约71 022个点位。船只上麻袋的投放采用传送带连续输送的方式，在船后甲板根据甲板宽度放置多条传送带，将麻袋包人工放置在传送带上进行投放。

在投放过程中，为观察投放效果，搭配了水下监控系统，该系统可在60m内水下进行高清摄像，并将视频实时传输到水面控制终端。系统中设计搭载了2维云台、高亮度LED光源及各类传感器等，通过水面终端控制实现不同角度的视频拍摄。水下实时观测系统为本项目的海洋调查、施工投放、投放后本底调查提供了大量最直接、最形象、最有效的海底近距离观测图片及视频资料。

第四节　现场微生物修复后跟踪监测与评估

对海域沉积物污染微生物修复前后的海水、沉积物各项环境、生态条件进行监测，可以明确污染修复的效果。此次工程示范主要进行沉积物的石油烃污染修复，但除对沉积物石油烃含量进行监测外，结合其他环境数据和生物、生态数据可以更全面地了解海域污染和生态的修复情况。

一、修复海域本底调查

海域本底调查应该包括两部分，海流（包括涨潮和落潮平均流速、最大流速及流向）、地形及气象要素调查应在投放模拟前进行，或者调用历史数据；另一部分则包括水体、沉积物中的石油烃含量等关键数据调查，需要在菌剂投放前进行，间隔时间不宜过长。在此次工程示范中，本地调查内容包括研究区域的水质、沉积物、生态、海流、水深等。通过海洋环境调查，对指定海域海流、地形等进行了全面了解，为后期沉积物修复产品的投放提供参考；另外，对于修复海域的石油污染情况、生物分布情况等进行调查，可以将修复后的效果与之进行对比。具体监测参数见表29.1。

表29.1　海域本底调查参数

监测项目	监测内容
海流	水平方向、垂直方向：涨潮和落潮流向、流速（平均流速、最大流速）
地质地貌	地貌、水深
水质	表、中、底层：溶解氧；悬浮物 底层：石油类 沉积物上覆水：磷酸盐；总磷；无机氮；总氮；细菌总数
沉积物	沉积物粒度、石油类、细菌总数
底栖生物	种类组成、生物量与个体数量、优势种类、底栖生物群落特点

二、修复后跟踪监测

以此次工程示范为例，在菌剂投放后，分别在70d后和210d后进行了两次跟踪监测。跟踪监测指标与本底调查基本一致，共设置17个站位，其中在垂直海流方向选取污染海域及较清洁海域各布设1个（共2个）对照站位。

（一）石油污染修复效果

通过对渤海未污染区背景值石油烃含量测定、研究区修复前石油烃含量测定、修复后初次效果评估石油烃含量测定等的结果进行对比，对海域沉积物石油污染修复效果进行评估。结果表明，在指定海域取得了很好的沉积物石油污染修复效果。经修复，平台附近站位的70d降解率平均值为56.34%，210d降解率平均值为56.34%，其中石油污染最严重的XF06站位，70d降解率达84.68%，210d降解率高达90.71%。修复周边站位降解率相对较低，70d降解率平均值为28.33%，210d降解率平均值为36.43%，但由于修复周边站位本身沉积物中石油污染含量相对较低，修复后各站位的石油污染含量均不超过55mg/kg。

对石油各组分降解效果进行分析，项目所用的石油修复菌剂不仅对相对易降解的正构烷烃具有很好的降解效果，对较难降解的多环芳烃也有较好的降解效果。在现代沉积物中，广泛存在20个碳以下的无环类异戊二烯化合物，如姥鲛烷（pristane，Pr）和植烷（phytane，Ph），这些化合物主要来自叶绿素的直基侧链，是重要的生物标志物。Pr/Ph小于或接近1时意味着沉积物受到了石油污染（Commendatore and Esteves，2004）。研究区表层沉积物各个站位Pr/Ph的范围为0.71～1.13，表明受到了一定程度的石油污染。由于姥鲛烷和植烷相对于相邻正构烷烃性质较为稳定，因此它们之间的比值被作为较好的生物降解指标，在溢油生物修复研究中应用较为广泛。据文献报道，在实际应用中，*n*-C17/Pr系数的高低常被作为检测石油烃被生物降解程度的指标。修复前溢油污染区*n*-C17/Pr为2.62±0.15，修复后70d该比值变为1.86±0.65，修复后210d该比值继续减小为1.54±0.44，反映了溢油修复效果较好。

（二）生态环境修复效果

菌剂投放后，沉积物及沉积物上覆水的细菌总量明显增加，第一次跟踪监测上覆水细菌总量相比本底值上升1个数量级，沉积物细菌总量上升2个数量级；第二次跟踪监测细菌总量相比第一次跟踪监测明显降低，但比本底值高一些。另外，在两次跟踪监测中，均有投放菌剂的检出，且相比投放前，其相对丰度明显较高。

群落生态学中，对单样品的多样性（α多样性）分析可以反映微生物群落的丰度和多样性，包括一系列统计学分析指数估计环境群落的物种丰度和多样性。其中分析群落丰度（community richness）的指数有Chao1指数、ACE指数；分析群落多样性（community diversity）的指数有Shannon指数（指数越高，多样性越好）、Simpson指数（群落中种数越多，各种个体分配越均匀，Simpson指数越大，说明群落多样性越差）。根据丰度和多样性指数可以一定程度地判断海域微生物群落的健康程度。从各修复站位与对照站位XF21和清洁站位XF22的指数比值分析来看，Shannon、ACE、Chao1指数比值大于1，表示多样性和丰度高于对照站位/清洁站位，而比值小于1则表示多样性和丰度低于对照站位/清洁站位；Simpon指数则相反。有86.67%的修复站位Shannon指数已经超出对照站位，40.00%的站位超出清洁站位，即86.67%的修复站位细菌群落的多样性已优于对照站位，40.00%的站位甚至优于清洁站位；细菌丰度方面，73.33%的站位Chao1指数高于对照站位，26.67%的站位高于清洁站位，即细菌丰度方面也有了很大程度的提高。整体而言，超过半数站位的修复效果已经能够在微生物群落多样性和丰度上得到体现，甚至部分站位的多样性和丰度均优于清洁海域（未被石油污染的海域）。此次石油污染修复在种群丰度和生物多样性上的修复已经有所体现。

另外，修复海域各站位的群落组成与结构，与未修复海域相比，与清洁海域相似度更高。通过PCA

和NMDS非度量多维尺度分析方法分析各站位之间的相似度，得出各站位间的相似度非常高，修复区各站位与对照站位和清洁站位相比，与清洁站位的相似度更高。

修复前后大中型底栖动物种群结构相差不大，修复后底栖生物量、多样性、丰度略有增加。

（三）其他环境因子

海水中氮、磷营养元素直接决定了浮游植物的生长，进而影响海域初级生产力及能量流动。渤海属于我国的内陆海，陆源河流入海和沿岸污水排放导致渤海营养盐常年居高，富营养化指数较高。判断海水富营养化的主要指标是海水中的无机氮和活性磷酸盐，为了研究此次大量石油降解菌剂的投放是否会对海域产生富营养化危害，对修复前后海域的氮、磷进行了检测。通过对比可以发现，修复后第一次跟踪监测（约70d），水体无机氮和总氮含量均有所增加，这可能是由于菌剂生产过程中存余的培养液及包裹的聚谷氨酸分解，因此水体无机氮和总氮含量增加，但总磷含量基本保持不变，对于该海域营养盐磷限制的现状，由石油修复导致赤潮等生态危害的可能性比较低。第二次跟踪监测（约210d），磷酸盐、总磷、总氮总体低于本底调查，相对于投放前，发生赤潮等生态危害的可能性更低。

修复后的跟踪监测，不仅确定了石油污染的修复效果，并且基本排除了由菌剂投放导致外来物种/有害物种入侵、破坏生态平衡及引发赤潮等海洋环境灾害的可能性。另外在跟踪监测过程中也观测到了本底调查时没有观测到的游泳鱼类，从采集到的沉积物样品中，明显筛出投放时的沸石颗粒（图29.3）。

图29.3　跟踪监测的游泳鱼类和沸石颗粒

参考文献

李怀明, 娄安刚, 王璟, 等. 2014. 蓬莱19-3油田事故溢油数值模拟. 海洋科学, 38(6): 70-77.

翟中喜, 白振瑞. 2008. 渤海湾盆地石油储量增长规律及潜力分析. 石油与天然气地质, (1): 88-94.

张苓, 张来斌. 2015. 海洋工程设计手册——海上溢油防治分册. 上海: 上海交通大学出版社.

中国对外事务部. 2017. 世界能源统计年鉴.

Brakstad O G, Bonaunet K. 2006. Biodegradation of petroleum hydrocarbons in seawater at low temperatures (0-5℃) and bacterial communities associated with degradation. Biodegradation, 17(1): 71-82.

Broennimann O, Treier U A, Müller-Schärer H, et al. 2007. Evidence of climatic niche shift during biological invasion. Ecology Letters, 10(8): 701-709.

Carmody O, Frost R, Xi Y, et al. 2007. Adsorption of hydrocarbons on organo-clays-implications for oil spill remediation. Journal of Colloid and Interface Science, 305(1): 17-24.

Commendatore M G, Esteves J L. 2004. Natural and anthropogenic hydrocarbons in sediments from the Chubut River (Patagonia, Argentina). Marine Pollution Bulletin, 48(9): 910-918.

Ge J, Ye Y D, Yao H B, et al. 2014. Pumping through porous hydrophobic/oleophilic materials: an alternative technology for oil spill remediation. Angewandte Chemie International Edition, 53(14): 3612-3616.

Pritchard P H, Mueller J G, Rogers J C, et al. 1992. Oil spill bioremediation: experiences, lessons and results from the Exxon Valdez oil spill in Alaska. Biodegradation, 3(2): 315-335.

Summerhayes C. 2011. Deep water-the gulf oil disaster and the future of offshore drilling. Underwater Technology, 30(2): 113-115.

第三十章

河口与近岸环境中黑臭及污染水体的修复原理、技术与工程示范①

① 本章作者：盛彦清，李兆冉

河口与近岸区是陆地向海洋的重要过渡地带，既是人类活动频繁区域，又是陆海相互作用显著区域，全世界约一半的人口生活在沿海大约60km的范围内，全球人口在250万以上的城市有60%以上位于潮汐河口附近（骆永明，2016）。

随着沿海经济的高速发展，滨海河口及近岸海域水质污染已经成为我国乃至全球性的重要环境问题，其中滨海河道各类污染物的直接输入是造成海洋污染的主要原因之一。在我国北方，特别是在沿海地区的旱季，绝大部分滨海河道及近岸海域都受到了不同程度的污染，滨海水体黑臭现象随处可见。根据国家海洋局公布的《中国海洋生态环境状况公报》，2017年监测的河口、海湾、滩涂湿地、珊瑚礁、红树林和海草床等海洋生态系统中，呈现健康状态、亚健康状态和不健康状态的海洋生态系统分别为4个、14个和2个，其中监测的河口生态系统全部呈亚健康状态。多年连续监测的55条河流入海断面在枯水期、丰水期和平水期水质劣于第Ⅴ类地表水水质标准的比例分别为44%、42%和36%。因此，开展滨海重污染水体治理与修复原理、关键技术研发及其工程化应用的研究迫在眉睫。

由于滨海水体污染负荷高且来源广，同时受盐度和潮汐的影响，水质水文条件极其复杂，相关技术研究进展缓慢。目前，关于黑臭水体治理与修复技术的报道大多是针对内陆河流或湖泊等淡水体系的原位或移位处理，且绝大多数技术还停留在实验研究阶段，同时存在效率低、耗时长、成本高、占用空间大等诸多缺陷。在此背景下，研究河口与近岸环境中黑臭及污染水体的修复原理、研发潮汐影响下黑臭水体防控的有效技术手段、构建滨海重污染水体的修复技术工程示范具有重要的现实意义。

第一节　水体黑臭的界定与认识

一、水体黑臭的界定、成因、危害与评价指标

（一）水体黑臭的界定

当前，随着水体污染程度的不断加剧，黑臭水体已经随处可见，其中城区河流及近岸海域尤为严重和普遍。但由于个人感观不同及地区差异等，目前人们对“黑臭”的判定尚没有形成统一的标准。通俗地讲，黑臭主要针对污染水体，而且是指“黑”与“臭”同时存在或出现，即水体的发黑发臭现象。水体“黑臭”是一种生物化学现象，从视觉上讲是指水体呈黑色或泛黑色，从嗅觉上讲是指水体散发出刺激人的嗅觉器官、令人厌恶和感到不快的气味（Lazaro，1979；吕佳佳，2011）。通常，水体黑臭是水体在缺氧环境下，有机物腐败分解产生的一系列生化反应所致。当水体遭受严重的有机污染时，好氧微生物大量分解有机物，使得水体中的耗氧速率大于自然复氧速率（由空气中的氧气直接溶入），造成水体缺氧。在缺氧条件下，有机物分解产生有机胺类、氨气、硫化氢、挥发性有机硫化物及其他带有异味且易挥发的小分子化合物，使得水体散发出臭味。此外，该过程中有机物厌氧分解产生的气体在上升过程中挟带污染底泥进入水相，从而使得水体发黑。同时，在缺氧条件下，水体中的铁、锰等重金属发生还原反应，和水中的硫化物结合生成黑色的FeS、MnS等颗粒，也有助于水体发黑（吕佳佳，2011；周文瑞，2006；盛彦清和李兆冉，2018）。

国内对水体黑臭的研究往往将“黑”和“臭”的研究同步进行，或者没有将二者割裂单独研究。主要研究方法是在黑臭期采集水样测定水质指标，然后应用回归分析法处理数据得出黑臭指数与被测指标之间关系的回归方程，并用此方程阐述水体是否黑臭或黑臭程度。研究方法一般是利用模拟试验研究受污染水体在外加污染负荷状态下由未黑臭向黑臭转化过程中生物系统的演化及理化指标的变化，然后应用统计分析法对所得数据进行处理，所得的判别函数式便可用于黑臭水体指标的确定，其中，色度值（CH）是该研究方法中被选为衡量污染水体变黑程度的一个指标。该指标的计算需要的主要参数包括水体在不同波长下的透光率、水体复氧速率、底质氨氮浓度、水体藻类细胞数、硫化物、高锰酸盐指数及其他水质参数，尽管该方法的模拟结果与实际水样的对比准确度较高，但该方法的量测和计算较为繁杂。总体而言，由于导致水体黑臭的因素较多，因此目前对于水体黑臭的界定仍然处于研究阶段，尚未

形成关于水体黑臭界定的统一标准或方法（盛彦清和李兆冉，2018）。但随着2014年修订的《中华人民共和国环境保护法》（被称为“史上最严环保法”）及《水污染防治行动计划》（简称“水十条”）的陆续实施与推进，水体黑臭相关的研究工作将逐步加强，水体黑臭的界定依据、界定方法或标准也必将逐步明朗。

（二）水体黑臭的成因

1. 有机物污染

城市河流中的有机污染物主要是外源输入的含有碳、氮、磷的有机污染物及一些腐殖质。有机污染是导致河流黑臭的主要影响因素之一。当外源输入的污染物远远超过河流水体自身的净化能力时，一部分被水中微生物分解用于自身生长、繁殖，促使水体中微生物量增加，加速水体黑臭；另一部分则沉积到河流底泥中成为内源性污染物。水体中的耗氧微生物吸附水中颗粒状、难溶性有机物，先经一系列生化作用转化为溶解性有机物，再被吸收进入体内经分解转化为小分子有机物，部分矿化为CO_2、H_2O。水体中大量溶解氧在这一转化过程中被消耗，使水体逐渐呈现厌氧状态，致使水体中的厌氧微生物大量生长、繁殖，且生命活动活跃，厌氧微生物在适宜的水温条件下，将小分子有机污染物进一步厌氧发酵、分解转化为易挥发的硫化氢、氨等难闻气体，使水体发臭（徐风琴和杨霆，2003），而且水中含氮有机物和含磷化合物的降解过程耗氧量更大，当含氮、磷污染物浓度高时，水体中溶解氧量迅速下降，黑臭现象出现时间较短。再者，有一部分有机污染物会趋向水体表面，并在表面富集形成一层以极性羧基基团为主要成分的有机薄膜，破坏了气-水界面正常的物质交换，阻隔了大气中氧气溶于水中，加剧了水体的黑臭状况（徐敏等，2015；王旭等，2016；葛爱清，2007；温灼如等，1987；盛彦清和李兆冉，2018；孙韶玲，2017）。

2. 无机物污染

无机物污染是水体致黑的重要污染物之一，且无机污染物对水体变黑的主要贡献在于重金属铁、锰的污染。若排入河流中的污水铁、锰的含量超标，过量铁、锰元素在缺氧的水体中被还原为Fe^{2+}、Mn^{2+}，与水体中微生物降解有机污染物产生的硫结合形成黑色颗粒物FeS、MnS，导致水体变黑（李相力等，2003；罗纪旦和方柏容，1983）。再者，黑臭水体中的氮、磷无机盐含量要比正常水体高出3～10倍，含氮、磷的无机盐类污染物排入水体后引起水体富营养化，能直接被微生物利用，一定程度上缩短了水体黑臭所需时间，水体富营养化能加速水体黑臭的形成（盛彦清和李兆冉，2018；孙韶玲，2017）。

3. 底泥再悬浮作用

底泥是组成水体生态系统的重要部分之一，作为内源性污染物促进水体的黑臭过程。较高浓度的污染物质进入水体后部分被水中微生物降解转化，未能被及时分解的部分颗粒状悬浮物、难溶性有机污染物经一系列物理或化学作用络合、沉淀到底泥中并不断积累，使底泥成为污染物的蓄积场所（黄民生和曹承进，2011），致使底泥中各种污染物质的浓度都高于上覆水中的浓度（阿伦和贝尔，1993），因此在相同的环境条件下，底泥中的微生物耗氧速率要远远高于上覆水中的耗氧速率，加剧了河道整体的耗氧速率。底泥-水界面存在物质吸附与释放的动态平衡，在适当的情况下，底泥中的污染物质经扰动、解吸、生物转化等生物、物理、化学综合作用再悬浮释放到水体中，形成二次污染（李钰婷等，2012）。一方面，底泥是微生物重要的活动场所，为微生物生长、繁殖提供适宜条件，在厌氧环境中，厌氧微生物及放线菌将底泥发酵、分解，生成易释放的黑臭物质进入水体中，加剧水体黑臭状态（张丽萍等，2003）。微生物的作用使得底泥上浮进入水体是使水体发黑发臭的主要原因（袁文权等，2003，2004；胡雪峰等，2001），底泥中的微生物通过反硝化、甲烷化作用产生N_2、CH_4等，这些气体将黑臭底泥带入水体中，是造成水体黑臭的重要原因。另一方面，由于水流的冲击、扰动影响着底泥的状态，当水动力大时，底泥表面的颗粒很容易呈悬浮状态，与底泥颗粒结合不紧密的污染物质被释放到上覆水体中，增加水体的污染物负荷，并且也会影响污染物在底泥空隙中的传质速率，促使污染物质被释放到上覆水体中，也会加剧水体的黑臭程度（吴小菁，2013；盛彦清和李兆冉，2018；孙韶玲，2017）。

4. 水中溶解氧

溶解氧量不足是致使水体发生黑臭的主要因素之一，正常情况下，自然水体中复氧的速度远大于微生物分解污染物消耗溶解氧的速度。水中溶解氧量较高时，好氧微生物降解有机污染物更彻底，并且水中产生的挥发性恶臭物质硫化物、氨等易被氧化，释放到空气中的量减少，不会对空气质量造成损害，水体也不易形成黑臭现象；但当过量的污染物质进入水体时，微生物需要消耗大量的溶解氧来分解有机物质，此时的耗氧量远远超过复氧量，大气中的氧来不及溶解于水体中，造成水体缺氧，好氧微生物活动受抑制，有机物质不能被充分转化，分解不彻底的有机物被厌氧微生物利用，产生大量硫化物（何杰财，2013）。经研究发现，当水体中的溶解氧量大于2mg/L时，水体不会发生黑臭，反之，溶解氧量不足，则水体易致黑臭（葛爱清，2007；盛彦清和李兆冉，2018；孙韶玲，2017）。

5. 温度及微生物作用

严重污染的城市河流通常在夏季黑臭现象更严重。一方面，水体温度影响水中饱和溶解氧量，并且饱和溶解氧量与温度负相关，水中的溶解氧量随温度的升高而降低，夏季温度高，水中饱和溶解氧量减少，复氧速率也降低（Gao et al.，2014）。另一方面，微生物的新陈代谢活跃程度与温度正相关，水温升高时微生物的新陈代谢速度较快。好氧微生物适宜的生长、繁殖温度范围一般为16～30℃，夏季生物量大，耗氧量多，并且厌氧微生物生长、繁殖的适宜温度范围在8～35℃，水体温度达到25℃时，放线菌的生命活动最活跃，水体易发生黑臭（王旭等，2016）。水体温度低于8℃或高于35℃时，都会抑制放线菌的分解作用，阻碍了乔司脒的产生（Wood et al.，1983）。工厂向城市河流排放的大量高温冷却水，会使水体温度常年处于8～35℃，水温升高，加快了微生物的活动频率，从而能够加速水体发生黑臭（葛爱清，2007；盛彦清和李兆冉，2018；孙韶玲，2017）。

6. 水动力条件

水动力条件也是水体发生黑臭的重要因素之一，城市河流出现黑臭现象的原因大多是水量不足、水循环不畅或流速缓慢造成的，这直接引起水体缺氧，从而使水质恶化，最终导致水体黑臭。当河流的径流量远远大于排入河流中的污水量时，污染物浓度会被稀释，减弱河流污染的程度，水体中微生物能够将污染物质充分降解，不会导致水体黑臭。但是，当河流的径流量与排入水体中的污水量的比值小于8时（丁琦，2012），会导致河流污染严重，容易使水体发生黑臭。水循环能够影响水动力学过程（于玉彬和黄勇，2010），一方面人类活动会改变河流原有的特征及水循环过程，使得污染物的迁移转化受到影响，从而改变了水生态状况；另一方面，污染物在水体中自身也发生反应，若水循环动力不足，生成物会对水体造成二次污染，使水环境生态质量进一步降低（盛彦清和李兆冉，2018；孙韶玲，2017）。

（三）水体黑臭的危害

黑臭水体的危害很多，如影响居民的日常生活、危害身体健康、破坏水体的生态平衡、损害环境水体景观等。水体黑臭不仅给人以感觉上的刺激，而且损害人体的健康，使人出现厌食、恶心甚至呕吐等，严重危害人类的健康。人们闻到恶臭气体会不同程度地产生反射性的抑制呼吸，呼吸深度变浅，呼吸次数减少，严重时甚至完全停止呼吸，出现“闭气”现象（钱嫦萍和陈振楼，2002）。有研究结果显示，单一的恶臭气体硫化氢浓度达到0.007ppm[①]时就能使人体产生不良反应，当浓度高于10ppm时，强烈刺激人的支气管、眼睛，浓度越高对人的肺部、脑部影响越大，造成肺炎、痴呆等后遗症，若人一直处在浓度高于800ppm的硫化氢环境中，30min就能死亡；人一直暴露于氨气浓度达到17ppm的环境中，呼

① $1ppm=10^{-6}$

吸系统会受影响，暴露于较高浓度的三甲胺环境中，可能会引发结膜炎。水体中产生的挥发性有机化合物（VOCs）是具有三致（致癌、致畸、致突变）作用的毒性有机物，均会危害动、植物及人的正常生命活动（张超，2009）。此外，黑臭水体中含有大量有毒的污染物，同时水中微生物需要消耗大量溶解氧分解有机物，致使水体缺氧，使得水中的鱼类及其他生物因中毒或缺氧而死亡，使河流水生态遭到严重破坏。水体常年呈现黑臭状态，大大损害了城市的景观，破坏了城市形象，从而限制了城市的经济发展（孙韶玲，2017）。

（四）水体黑臭的评价指标

水体黑臭评价指标可分为两类：一是单项指标，分为针对黑臭本身的气味定量测定如臭阈值（TO）和颜色测定如色度（CH），以及针对水质变化的指标如化学需氧量（COD）、溶解氧量（DO）、生化需氧量（BOD）、氨氮（NH_4^+-N）、pH、水温等；二是综合指标，如黑臭指数（*I*）和有机污染系数（*A*）（杨洪芳，2007；盛彦清和李兆冉，2018）。

1. 臭阈值（TO）

与《恶臭污染物排放标准（GB 14554—93）》中用新鲜空气稀释致臭气体确定废气的臭阈值类似，水体臭阈值的确定采用无臭水稀释水样，直到闻出最低可辨别臭气的浓度，表示臭的阈限。闻出臭气的最低浓度称为“臭阈浓度”，水样稀释到闻出臭气浓度的稀释倍数称为“臭阈值”（国家环保总局，2002；盛彦清和李兆冉，2018）。

2. 色度（CH）

纯水为无色透明，清洁的水体在浅层应为无色，深层为浅蓝绿色。但是很多水体由于受到污染，水体着色，且水体的透光性减弱，影响水生生物的生长。对于较清洁的、带有黄色色调的天然水和饮用水的色度，采用铂钴标准比色法测定，而对于受工业污染的地表水和工业废水，采用稀释倍数法测定（盛彦清和李兆冉，2018）。

3. 化学需氧量（COD）

化学需氧量是指在一定条件下以重铬酸钾或高锰酸钾为氧化剂，将水中的可氧化物质（包括有机物、亚硝酸盐、亚铁盐、硫化物等）氧化分解成二氧化碳和水等，根据残留氧化剂的量计算的氧消耗量（mg/L）。化学需氧量是评价水体受污染程度的重要指标，化学需氧量的值越高，表示水体中的可氧化物质越多，污染越严重（盛彦清和李兆冉，2018）。

4. 溶解氧量（DO）

溶解氧量是评价水质的重要指标之一，是指溶解在水中的分子态氧（国家环保总局，2002）。当水体受到有机、无机物质污染时溶解氧量降低。如果大气中的氧气来不及补充，水中的溶解氧量就会逐渐降低，以至趋近于零，此时厌氧菌繁殖，水体发黑发臭（盛彦清和李兆冉，2018）。

5. 生化需氧量（BOD）

生化需氧量是水质常规监测中最重要的指标之一，是指在规定条件下，微生物分解水中的某些可氧化物质（特别是有机物）所进行的生物化学过程中消耗的溶解氧的量（国家环保总局，2002）。作为水质有机污染物综合指标，BOD能相对地表示出微生物可以分解的有机污染物的含量，比较符合水体自净化的实际情况，因而在水质监测和评价方面更具有实际操作意义（李华玲等，2005；盛彦清和李兆冉，2018）。

6. 氨氮（NH_4^+-N）

水中氨氮的来源主要为生活污水中含氮有机物受微生物作用的分解产物、某些工业废水（如焦化废水和合成氨化肥厂废水等）及农田排水。在无氧条件下，水中存在的亚硝酸盐可受微生物作用，还原为氨，使水体变臭。在有氧环境中，水中的氨在微生物作用下可转变为亚硝酸盐，甚至硝酸盐，这个过程需要消耗大量的氧，使水体变黑变臭（盛彦清和李兆冉，2018）。

7. pH

pH通过影响水体的生化反应，对水体黑臭产生影响。pH会明显地影响有机污染物在水环境中的生物降解速度。例如，汾江水体pH为6.5～7.0时为有机污染。此外，pH对水解速率、吸附过程等都有一定的影响（杨洪芳，2007；叶常明等，1990；盛彦清和李兆冉，2018）。

8. 水温

水温是影响河流黑臭的重要因素之一。一般来说，夏季较冬季更易发生黑臭现象。这是由于适宜的水温能促进水体中微生物的生长、繁殖，加速水体中各种生化反应，因此大量有机物被氧化分解，生成各种发臭物质，引起河流出现不同程度的黑臭现象（盛彦清和李兆冉，2018）。

9. 黑臭指数（*I*）

黑臭指数是上海自来水公司根据多年的实际经验，综合氨氮与溶解氧饱和百分率之间的相互关系提出的，计算公式（骆梦文，1986）为

$$\text{黑臭指数}=\frac{\text{氨氮实测值}}{\dfrac{\text{溶解氧实测值}}{\text{实测水温的溶解氧饱和值}}+0.4} \tag{30.1}$$

当黑臭指数≥5时，即为黑臭。由于不同河流黑臭的影响因素不同，必须根据具体的实际污染特点，建立适合的河流黑臭指数关系式。

10. 有机污染系数（*A*）

有机污染系数评价法是采用BOD_5（五日生化需氧量）、COD_{Cr}（采用重铬酸钾作为氧化剂测定出的化学需氧量）、NH_4^+-N和DO的实测值与标准值的比值之和进行评价。$A<0$时水体清洁，当A为2～3时水体开始出现黑臭状况，A为3～4时水体呈黑臭状态，$A>4$时水体为严重黑臭（阮仁良和黄长缨，2002；盛彦清和李兆冉，2018）。

二、国内外研究进展

（一）国外研究进展

18世纪60年代的工业革命推动了西方国家的经济发展，同时也带来了严重的水环境污染问题。随着经济的迅速发展，许多国家的河流污染日趋严重，如巴黎的塞纳河、英国的泰晤士河、德国的莱茵河等都相继出现不同程度的黑臭现象。鉴于日益突出的河流黑臭问题，从20世纪中叶，国外许多学者开始研究水体黑臭问题。

Romano（1963）研究发现，黑臭水体中的放线菌降解有机污染物的过程中，代谢产生乔司脒、萘烷醇类和2-MIB等物质，其中乔司脒是引起水体黑臭的主要物质，是表征黑臭的因子，通过测定其含量来描述水体黑臭的程度。后来许多学者通过研究也证实乔司脒可引起河流黑臭。Wood等（1983）通过研究进一步发现，当水体中碳氢化合物浓度为2.78×10^{-2}mol/L，含氮化合物浓度为1×10^{-2}mol/L时，放线菌分解有机污染物产生的乔司脒量最多（它们之间的关系见表30.1）；温度对乔司脒的生成量也有一定影响，当水体温度小于8℃时，放线菌的生命活动受到抑制，乔司脒的增长速率缓慢，水体温度高于20℃时，有利于放线菌的生长、繁殖，容易致使水体变黑臭，当温度达到25℃时，水体的黑臭程度最显著。他们指出引起黑臭河流有机污染严重的主要原因是生活污水、工业废水的大量排放的点源污染及农业地表径流的

面源污染。Lazaro（1979）通过研究指出，在水体缺氧条件下，大量厌氧微生物生长、繁殖，降解有机污染物，产生挥发性恶臭物质，逸出后污染空气，使得周围环境空气质量下降，说明水体黑臭是一种生化现象。

表30.1　乔司脒与水质的关系（Wood et al.，1983）　　（单位：mol/L）

碳氢化合物（以C计）	含氮化合物（以N计）	含磷化合物（以P计）	水体中产生的乔司脒
2.78×10^{-2}	0	0	0
0	1×10^{-2}	0	0
0	0	5.7×10^{-4}	0
0	1×10^{-2}	5.7×10^{-4}	1.92
0	1×10^{-3}	5.7×10^{-4}	1.35
2.78×10^{-2}	0	5.7×10^{-4}	0.26
2.78×10^{-2}	1×10^{-2}	0	2.37
5.56×10^{-2}	1×10^{-4}	5.7×10^{-6}	0
5.56×10^{-3}	1×10^{-5}	5.7×10^{-5}	0
5.56×10^{-3}	1×10^{-5}	5.7×10^{-4}	0.33
2.78×10^{-2}	1×10^{-2}	5.7×10^{-4}	0.9

国外的研究也集中于黑臭河流的治理上，最典型的案例是泰晤士河，19世纪以来，泰晤士河由于周边过量生活污水和工业废水的排入，有机污染严重，水质急剧恶化，水体呈现黑臭状态，一度成为世界污染极其严重的河流之一。英国意识到泰晤士河污染的严重性，开展了一系列治理行动，通过人工增加复氧等措施并经过上百年的治理，泰晤士河逐渐恢复良好水质状态。近来的研究主要是对特定污染物质对水体黑臭的影响，以及特殊企业生产过程中产生的恶臭问题的研究，研究不全面、不充分，主要是集中在造成水体黑臭的污染物质的研究上。Defoer等（2002）揭示了固体有机废弃物在堆肥发酵过程中产生的臭气浓度与总的挥发性有机化合物（VOCs）浓度以及酮类、酯类物质浓度的线性关系，并且挥发性有机硫化物（VOSCs）能较好地反映恶臭气体的浓度。Bordado和Gomes（2001）就皮纸制造厂生产过程中释放的不可浓缩臭气（NGG）进行了采样研究分析，其收集和处理的方法可为NGG的研究提供参考（孙韶玲，2017）。

（二）国内研究进展

国内有关水体黑臭的研究最初是在上海苏州河治理中提出的。国内的研究主要集中在导致河流变黑臭的主要因素、有关河流黑臭定量化的表示、黑臭水体的治理等（周文瑞，2006）。但还存在以下问题：①研究对象不全面，城市河流水体黑臭的研究很少；②研究内容多集中在影响黑臭的污染物上；③影响黑臭的有关因子研究还不充分；④缺乏统一的评价方法和标准等（吕佳佳，2011）。

近几年的研究主要集中在量化分析水体黑臭的影响因素及形成机制方面。吕佳佳（2011）利用人工配制的模拟黑臭水，研究了水质和环境条件对黑臭水体形成的影响，试验中通过监测水体黑臭过程中色阈值和臭阈值的改变来衡量分析黑臭程度，但是主观影响较大。卢信等（2012）在分析黑臭水体产生机制的基础上加入了致使水体发臭的主要恶臭物质中的挥发性有机硫化物（VOSCs）产生机制的研究，采用模拟装置实验研究了在不同有机基质下水体黑臭的过程及主要的恶臭物质VOSCs的产生机制，发现当水体达到一定有机负荷时能够在颜色上发黑，含硫有机物可以使水体变黑的程度更明显，并且SRB是对黑臭水体产生挥发性硫化物起主要作用的厌氧菌（孙韶玲，2017）。

第二节　黑臭及污染水体修复理论

一、物理方法

目前，河流和湖泊的主要问题是水体黑臭和富营养化现象严重，利用物理方法进行水体修复可以显著改善富营养化程度，物理手段在国内外都有广泛的应用，主要方法包括人工曝气、冲刷/稀释、物理除藻、底泥疏浚等（盛彦清和李兆冉，2018）。

（一）人工曝气

大量有机污染物在进入水体之后，通过微生物进行分解，从而消耗了水体中大量的溶解氧，水体进入缺氧甚至厌氧状态，厌氧微生物大量繁殖，有机物被分解为氨氮、腐殖质、硫化氢、甲烷和硫醇等物质（李鹏章等，2011），使水体变黑变臭。人工曝气技术通过曝气设备向水体中充入空气或氧气，加速水体复氧过程，提高水体溶解氧浓度，增加水体中好氧微生物的含量，使得溶解铁、锰、硫化氢、氨氮等还原性物质浓度大大降低（周怀东等，2005），明显改善河流水质。人工曝气技术在国内外都有许多成功应用的实例，例如，美国在Hamewood运河口、韩国在釜山港湾、德国在Beriln河以及我国在北京的清河都进行过人工曝气，效果显著（苏冬艳等，2008；盛彦清和李兆冉，2018）。

（二）冲刷/稀释

冲刷/稀释技术是指通过河闸和抽水泵房等水利枢纽工程来引进清洁水源冲刷和稀释污染水体，以加快水体流动和增加复氧量，人为地缩短水在河道中的停留时间，提高水体自净能力。冲刷/稀释技术工程量大，需要根据污水水质情况计算出引水规模，同时需要加固水闸，防止水闸内外压力差对水闸造成的破坏（苏冬艳等，2008）。并且启动抽水泵站的运行费昂贵，需要一定的资金支持。引水冲污可能会导致引水水域和引入水域生态结构发生变化，所以采用引水冲污技术需要综合考虑生态效益、经济效益等多方面因素，使之在经济和生态水平允许的范围内能快速有效改善水质。引水冲污技术在国内外均有成功的应用实例，例如，东京的隅田川、俄罗斯的莫斯科河、德国的鲁尔河均取得了很好的治理效果（嵇晓燕和崔广柏，2008）；我国上海苏州河的综合调水工程及福州内河的引水冲污工程也应用该方法使得多年污染得以改善（廖静秋和黄艺，2013；盛彦清和李兆冉，2018）。

（三）物理除藻

机械/人工除藻是最常用的一种物理除藻手段，主要针对富营养化水体，采用机械设施和打捞船对藻类进行打捞。该方法可以在短期之内快速有效去除藻类，防治“水华”的发生，但是只是从表观上使水体恢复正常，并没有从根本上解决水体中营养盐浓度过高的问题，而且打捞必须在藻类数量达到一定程度之后才能进行（嵇晓燕和崔广柏，2008）。物理除藻的费用昂贵，因此只能局限于小水体或大水体的局部水域（过龙根，2006）。在某些特定的环境下，可以利用自然动力打捞藻类，例如，太湖在水源区域建设专门富集藻类的设施，利用风力和湖流来收集藻类（周怀东等，2005），效果显著（盛彦清和李兆冉，2018）。

黏土除藻没有机械/人工除藻应用那么广泛，也是一种物理除藻方法。黏土具有来源充足、天然无毒、使用方便、耗资少等优点，是一种绿色环保的除藻剂。目前，黏土除藻技术还局限于海水体系的研究和局部应用，由于不能防止浅水湖泊藻类的泛起，因此难以在淡水湖泊中广泛使用。其他物理除藻技术还有遮光技术（过龙根，2006），通过在水体表面覆盖部分遮光板，控制藻类增殖。采用该方法防止“水华”效果良好，遮光面积为水面的50%～60%，遮光时间一个月，就可以使微藻属消失，湖水清澈透明（盛彦清和李兆冉，2018）。

（四）底泥疏浚

底泥是湖泊水库中污染物的蓄积库，营养盐、难降解的有毒有害有机物、重金属污染物等都可以再释放到水体中造成二次污染，底泥疏浚技术作为湖泊内污染源控制措施之一，可以比较彻底地去除其中的有害物质。底泥疏浚一般有两种形式：一种是将水抽干，然后使用推土机和刮泥机清除表层底泥；另一种是带水作业（何文学和李茶青，2006）。不同的疏浚方式可能产生不同的环境效应，一般粗放的抓斗式或耙吸式挖泥船的作业方式会引起大量底泥颗粒再悬浮；而较为先进的底泥疏浚方式是绞吸式挖泥，在泥泵的作用下吸起表层沉积物并通过管道输送到陆地上的堆场，大大提高了疏浚精度（苏冬艳等，2008）。底泥疏浚在国内外都有广泛应用，美国在伊利湖和安大略湖南部、日本在诹访湖和霞浦湖、荷兰在Ketelmeer湖和Geerplas湖、匈牙利在Balaton湖、瑞典在Trummen湖都进行了较大规模的湖泊底泥疏浚工程（程庆霖等，2011；盛彦清和李兆冉，2018）。

二、化学方法

水体中的污染物会发生一系列复杂的化学反应，因此，可以根据不同污染物的化学性质向河流投加不同的化学修复剂进行处理，而使污染物易降解或毒性降低，达到改善水质的目的。主要的化学修复手段包括化学絮凝、酸碱中和、化学除藻和重金属的化学固定等方法。化学修复的优点在于见效快并且简单，但施用化学药剂可能会对水体造成二次污染，甚至影响水生生态系统，因此要慎重选择合理的化学药剂（盛彦清和李兆冉，2018）。

（一）化学絮凝

化学絮凝法是根据铝盐、铁盐、硫酸铝铁、钙盐、泥土颗粒和石灰泥等均能与无机颗粒磷产生沉淀，从而降低水体中磷的浓度，控制水体富营养化的发生。常用的药剂有硫酸亚铁、氯化亚铁、硫酸铝、碱式氯化铝、明矾、聚丙烯酰胺、聚丙烯酸钠等（嵇晓燕和崔广柏，2008）。化学絮凝处理技术应用于污染河水治理一般有两种：一种是直接将药剂投加到水体中改善水质；另一种是将河水用泵提升至建于岸边的构筑物中，投加药剂使之发生絮凝沉淀，出水回流至河道，从而净化水体。前者发挥作用快，但有一定局限性，后者实质上就是污染河水的化学强化一级处理。应用该方法治理河道在国内外都有实例，例如，荷兰的Braakman水库和Grote Rug水库都通过化学絮凝法成功降低了水体中磷的浓度（周怀东等，2005；盛彦清和李兆冉，2018）。

（二）酸碱中和

水体会受到酸雨、大气沉降、酸性污水的影响导致水体pH偏离正常范围，影响水体生态系统结构及功能。通过向水体投加碱性药剂，可以中和酸性，使水体回到正常pH，恢复水生生态系统的平衡稳定。目前主要投加的药剂是石灰，包括石灰石、生石灰和熟石灰。加入熟石灰可以在中和水体酸性的同时与磷酸盐形成磷酸钙沉淀，降低水体中磷的浓度（周怀东等，2005；盛彦清和李兆冉，2018）。

（三）化学除藻

化学除藻法与物理除藻法不同，其主要是投加各种化学除藻剂，通过絮凝、抑制、杀藻作用，可以快速有效地去除藻类，是国际上使用最多且最为成熟的除藻技术。化学除藻技术的优点是简捷快速，但化学除藻剂对生物具有一定副作用，并且能够加速藻毒素的释放，因此其使用受到一定的限制。

化学除藻剂一般分为氧化型和非氧化型两大类。氧化型除藻剂主要为卤素及其化合物、臭氧和高锰酸钾等。非氧化型除藻剂主要有无机金属化合物及重金属制剂、有机金属化合物及重金属制剂、铜剂、汞剂、锡剂、铬酸盐、有机硫系、有机氯系、五氯苯酚盐、羟胺类和季铵盐类等（过龙根，2006）。

絮凝沉降法通常用于含大量悬浮物、藻类水的处理，但是药剂成本较高，沉淀的污泥会产生二次污染，因此常作为预处理措施。纳米级TiO_2是很好的藻类抑制剂，可吸附单细胞原核蓝藻铜绿微囊藻大型变种并抑制其生长（苏冬艳等，2008）。硫酸铜、漂白粉、明矾、聚合氯化铝和硫酸亚铁等是常用的杀藻剂，这些杀藻剂在杀死藻类的同时也会对鱼类、水草等生物产生毒害作用，破坏水体生态平衡，因此，为保证水生生态系统的稳定，化学除藻剂一般要求为高效、低（无）毒、无污染、无腐蚀，具有缓蚀、阻垢作用，成本低，生产及运输安全，投药方便（过龙根，2006；盛彦清和李兆冉，2018）。

（四）重金属的化学固定

底泥中的重金属在一定条件下会以离子态或其他形态释放到水体中，通过石灰、硅酸钙炉渣、钢渣等（苏冬艳等，2008）调高pH可以使重金属形成碳酸盐、硅酸盐、氢氧化物等难溶性沉淀物，储藏于底泥中，从而抑制重金属的再次释放（盛彦清和李兆冉，2018）。

三、生物方法

生物修复方法是利用水体中的植物、微生物和某些水生动物的吸收、降解、转化作用来去除水体中的污染物（谷勇峰等，2013），以达到改善水质的目的。根据生物修复中利用的生物种类不同可分为微生物修复、水生植物修复和水生动物修复。生物修复具有效果好、耗能低、成本低等优点；另外该方法不向水体投加药剂，不会对水体形成二次污染；还可以与周围环境及景观相融合形成一个统一整体，比物理修复、化学修复方法具有更好的经济性、景观功能和生态安全性；但是生物修复过程漫长，所需时间要长于物理修复和化学修复（嵇晓燕和崔广柏，2008；盛彦清和李兆冉，2018）。

（一）微生物修复

微生物在生物修复中占主导地位，利用微生物可以降解水中的重金属和氮磷等污染物，用于生物修复的微生物包括细菌、真菌及原生动物三大类。微生物主要通过氧化作用、还原作用、水解作用等对有机物进行分解，水体表层有氧区微生物（如细菌和真菌）主要对有机物进行氧化分解使之转化为CO_2，而在无氧区（深水区和底泥层），有机物被微生物发酵产生有机酸、CH_4、H_2和CO_2（郑焕春和周青，2009）。微生物对重金属的吸附主要通过静电、共价键、络合与螯合作用、离子交换和无机微沉淀等，利用氧化、还原和甲基化作用使重金属离子转化而失去毒性（盛彦清和李兆冉，2018）。

微生物去除水体中的氮主要是利用硝化作用和反硝化作用。硝化作用首先是亚硝化单胞菌、亚硝化螺菌等将NH_3氧化为亚硝酸盐，然后是硝化杆菌、硝化球菌、维氏硝化杆菌、硝化囊菌等将亚硝酸盐进一步氧化为硝酸盐。反硝化阶段主要通过假单胞菌属、色杆菌属（紫色色杆菌等）、微球菌属（脱氮微球菌等）、芽孢杆菌等将硝酸盐还原为N_2，从而达到脱氮的目的（顾宗濂，2002）。微生物除磷是通过沉淀除磷，相关的微生物有芽孢杆菌、不动杆菌、专性厌氧的脱硫弧菌、假单胞菌、微球菌、动胶菌等有生物絮凝作用的微生物（郑焕春和周青，2009；盛彦清和李兆冉，2018）。

利用微生物处理溢油污染也有很多应用实例，例如，1989年Exxon石油公司成功利用微生物治理阿拉斯加Prince Willian海湾的溢油事故，分解石油烃类的微生物包括细菌、霉菌、酵母及藻类等共100余属200多种（张逸飞等，2007）。微生物也可以抑制藻类生长，中性柠檬酸菌、黏细菌、光合细菌、消化细菌等能释放毒藻素，抑制藻类的生长，促进水体净化（郑焕春和周青，2009；盛彦清和李兆冉，2018）。

目前，原位修复投菌技术正逐渐被各国所采用。日本、韩国、澳大利亚等国通过向水中投放光合细菌，利用光合细菌对污染水体中无机和有机碳源及其他营养物质的消耗，来达到净化水质的目的。除投菌技术外还有生物膜法，该方法在受污染河道填充滤料或载体供细菌生长而形成生物膜，大量的活性细菌快速消耗水中有机物，净化了水体（苏冬艳等，2008）。微生物修复技术虽然是应用最为广泛的生物修复手段，但仍存在一定的局限性，例如，微生物的活性易受温度及酸碱性等环境条件的影响；并且微生物对污染物的降解只能在一定的污染物浓度范围内进行，一旦超过此浓度，微生物对污染物的降解效果会显著下降（嵇晓燕和崔广柏，2008；盛彦清和李兆冉，2018）。

（二）水生植物修复

水生植物修复是根据植物具有忍耐和超量积累某种或某些化学元素的能力，利用植物的吸收、挥发、过滤、降解、稳固等作用，去除水中氮磷污染物、难降解有机污染物和重金属污染物等以净化水质的一种生物修复手段。植物可通过根系吸收污染物，也可以直接经茎、叶等器官吸收，植物体内可以直接降解酚、氰等有机物，重金属、有机氯农药（如DDT、六六六等），可贮存在植物体内（嵇晓燕和崔广柏，2008）。通过打捞植物可以将大量的重金属污染物及有机污染物从水和底泥中带走，达到改善河道水质的目的。常用于水体修复的植物有凤眼莲（水葫芦）、芦苇、香蒲、喜旱莲子草、水芹、浮萍、菱、菖蒲等（盛彦清和李兆冉，2018）。

另外，水生植物可通过遮光、竞争作用及根系分泌的克藻物质来抑制藻类的生长，例如，研究发现多叶眼子菜和加拿大伊乐藻对蓝藻有抑制作用（于世龙等，2008）。植物修复技术具有能耗低、安全、成本低、生态协调及美化环境等优点，有广阔的发展空间。在实际工程应用时，应注意及时打捞植物，避免某些水生植物繁殖速度太快，使水生植物覆盖大面积水面，降低水体自净能力，并且未打捞的水生植物腐烂物还会对水体形成二次污染（苏冬艳等，2008；盛彦清和李兆冉，2018）。

（三）水生动物修复

水生动物修复是指通过水生动物种群的吸收、转化、分解等作用来修复河流污染的过程，例如，在受污染的河道投入对污染物耐受性较高的虫类、虾类、鱼类等，通过消化作用将一些有机污染物吸收、利用或分解成无污染的物质（谷勇峰等，2013）。微型动物在水生动物修复中也有一定作用，水生植物的根系会栖生一些小型动物，它们通过吞噬藻类和一些病原微生物，间接净化水体（嵇晓燕和崔广柏，2008）。水生动物在去除污染物的同时，还可以与植物和微生物形成和谐的生态环境，使整个水生生态系统更加稳定（盛彦清和李兆冉，2018）。

第三节　黑臭及污染水体修复技术

一、曝气复氧技术

曝气复氧技术根据水体受到污染后缺氧的特点，人工向水体中充入空气（或氧气），加速水体复氧过程，以提高水体的溶解氧水平，恢复和增强水体中好氧微生物的活力，使水体中的污染物质得以净化，从而改善污染水体的水质（盛彦清和李兆冉，2018）。

当水体受污染后，如果复氧速率小于耗氧速率，水体的溶解氧量将会逐渐下降，当河水中的溶解氧耗尽之后，河流就出现无氧状态，污染物的分解就从有氧分解转为无氧分解，水质就会恶化，甚至出现黑臭现象。此时，水生生态系统已遭到严重破坏，无法自行恢复。溶解氧在水体自净过程中起着非常重要的作用，水中的溶解氧主要来源于大气复氧和水生植物的光合作用，其中大气复氧是水体溶解氧的主要来源。为了改善水质，可以采用人工曝气的方式向河流水体充氧，加速水体复氧过程，提高水体中好氧微生物的活力。曝气除了可以快速增加溶解氧，还能抑制藻类、改善底质、优化生态群落，并能起到一定的脱氮作用（盛彦清和李兆冉，2018）。

曝气的方式主要有自然跌水曝气和人工机械曝气；前者充氧效率低，能耗较低，维护管理简单；后者充氧效率高，选择灵活，但能耗高。人工机械曝气一般有固定式充氧站和移动式充氧平台两种形式。曝气复氧技术是近年来国内外治理河流污染的有效工程措施之一，能在较短的时间内明显改善水体的黑臭现象，但水体的温度、水中微生物与水的混合程度、微生物活性等会影响该技术的处理效果（张峰华和王学江，2010；盛彦清和李兆冉，2018）。

二、生物接触氧化技术

生物接触氧化法是从生物膜法派生出来的一种水体生物处理法，其实质是强化受污染水体中的生物过程，人工填充滤料或载体，供细菌絮凝生长，形成生物膜，依靠生物膜的过滤和净化作用，达到净化水体的目的（张峰华和王学江，2010）。常用的生物接触氧化法有水底接触氧化法、砾间接触氧化法、生物飘带等（盛彦清和李兆冉，2018）。

水底接触氧化是通过向水体底部铺设细砂，为微生物提供附着场所，使微生物在细砂表面大量生长、繁殖形成具有降解水中污染物能力的生物膜，依靠生物膜的过滤和净化作用，使水质得到改善。当污染水体流经水底时，细砂间纵横交错的空隙和生物膜通过接触沉淀和吸附作用去除水中的胶体、固体悬浮物等，初步净化水体，此外微生物通过氧化分解，将有机物转变为简单的无机物，使水体得到彻底净化（张列宇等，2016；盛彦清和李兆冉，2018）。

砾间接触氧化是对天然水体中生长在砾石表面生物膜的一种人工强化，通过引导目标处理水体流经填充砾石或其他人工滤料的处理槽，利用砾石或人工滤料表面生物膜的接触反应，达到净化污染水体的目的。砾间接触氧化法主要通过接触沉淀、吸附、生物降解等多重作用完成对污染物的去除，可根据处理流程中是否增加曝气系统分为砾间接触氧化法和砾间接触曝气氧化法（张列宇等，2016；盛彦清和李兆冉，2018）。

生物飘带由具有特殊微观结构和功能的新型填料（载体）与微生物形成的生物膜构成。通过在水体内铺设新型填料，采用淹没式接触氧化工艺处理污染水体，包括飘带、曝气管、支架、反冲洗管等设施。与其他生物膜工艺相比，该工艺无需对河道进行重新改造，能充分利用水体中已有的设施，不影响水体景观，不挤占城市土地，对周围环境影响较小，而且后期维护容易，近年来在一些河流修复工程中得到较多应用。但在应用该工艺时，应注意及时清除淤积于飘带表面的漂浮垃圾，以及避免对河道泄洪能力的影响（董慧峪等，2010；盛彦清和李兆冉，2018）。

三、人工湿地处理技术

人工湿地处理技术通过构建人工湿地，将受污染的水体引入湿地，利用土壤、植物、水生生物和微生物的综合作用，使污染的水体得到净化。人工湿地一般由人工基质（常用的基质有土壤、灰渣、碎瓦片、沸石、砾石、砂等）和生长在基质上的水生植物（常用的植物有香蒲、芦苇、风车草、水葱、灯心草、浮萍、香草根等）组成，是一个独特的土壤-植物-微生物生态系统。人工湿地处理技术主要通过两种途径实现对水质的净化，一是吸收利用、吸附及富集水中营养物质和有害物质，二是通过增加微生物在根系的附着，使根系周围的有机污染物被微生物吸收、同化及异化而去除（张峰华和王学江，2010；盛彦清和李兆冉，2018）。

人工湿地系统根据湿地中主要植物的类型可分为沉水植物系统、挺水植物系统和浮生植物系统，目前所指的人工湿地系统一般都是挺水植物系统。根据水在湿地中流动方式的不同，挺水植物系统又可分为垂直流湿地（VFW）、潜流湿地（SSFW）及地表流湿地（SFW）。人工湿地系统具有能高效去除氮、磷等营养物质，建设和运营费用低，要求的管理水平不高等优点，但其占地面积比较大，对气候要求比较高，适应性较差（盛彦清和李兆冉，2018）。

四、生态浮床

生态浮床也称生物浮岛、人工浮岛，由德国的BESTMAN公司在20多年前提出。它人为地把高等水生植物或改良的陆生植物以浮床作为载体种植到富营养化水体的水面，利用植物根部的吸收、吸附作用和物种竞争相克机制，削减富营养化水体中的氮、磷及有机物质，从而达到净化水体的目的。同时它还能在一定程度上重建并恢复水生生态系统、创造生物（鸟类、鱼类）的生息空间、改善景观，并且具有一定的消波效果，可对岸边构成保护（盛彦清和李兆冉，2018）。

人工浮床在植物、微生物和水生动物的共同作用下实现对水体的净化。人工浮床除了改善水质，还具有不占用土地、不消耗能源、成本低、易管理等优点，在地表水净化中的应用越来越多。通过优势植物筛选与植物刈割、微生物强化技术和水生动物强化法，可以有效提高人工浮床的净化能力（盛彦清和李兆冉，2018）。

然而，实际运用中人工浮床技术的净化能力仍然较低，强化措施也大多处于模拟实验研究状态，人工浮床强化技术的改进和推广依然是今后研究的重点。鉴于人工浮床系统中微生物的重要性，植物根系表面和填料上附着的生物膜性质，包括各种酶的活性，也需要进行更多的研究。由植物、微生物及水生动物组合的人工浮床净化效果相对较好，但对三者的耦合过程与机制还缺乏相关研究。随着环境技术、生物技术和材料技术的发展，人工浮床的净化能力将会得到更大的提高，该技术也将更加完善，在未来地表水净化和污水处理中会发挥重要作用（盛彦清和李兆冉，2018）。

第四节　黑臭河道修复工程示范

一、项目概况

（一）项目背景

随着社会经济的快速发展和城市人口的急剧膨胀，城区环境污染问题日益严峻，河道污染尤为突出。据统计，目前全国90%以上的城市河道受到了严重污染，部分地区流域水环境质量的不断恶化已经影响了当地正常的生产和生活，河道景观已经无处可寻，而又黑又臭的河道却随处可见。河道水污染治理迫在眉睫，城区河道综合整治已经引起了社会各界的广泛关注。但对于城区小流域（河道）的治理，目前主要采取截污、清淤、堤岸护坡等技术手段，而这些措施不但投入费用高昂，而且不能从根本上解决河道黑臭的问题。另外，在许多大城市，由于河道两侧住宅密集，因此连截污、清淤等暂缓措施也无法实现，河道污染形势一时难以改观。河道水环境综合修复技术是近几年兴起的河道综合整治技术，该技术凭借其成本低廉、操作简单、原位治理及无需占地等技术优势已在我国多处重污染河道得到成功应用。污染河道经过生物修复，基本可以恢复鱼类生长，水生生态系统逐步趋于完善。

昌邑，作为享誉千年的齐鲁明珠，近几年社会经济发展迅猛，形势喜人。然而，与此同时，城区河道水质的保障也面临着前所未有的压力，辖区内的大部分河道已受到不同程度的污染，黑臭河流随处可见。以丰产河和堤河为例，近期随机监测数据显示，其COD_{Cr}分别高达140mg/L和275mg/L（地表Ⅴ类水标准为40mg/L，半岛流域标准为60mg/L），NH_4^+-N也分别高达11.7mg/L和34.6mg/L（地表Ⅴ类水标准为2mg/L，半岛流域标准为6mg/L），底泥有机质（TOC）也高于5%。监测结果显示，市域内河道污染已经非常严重，这与昌邑的发展极不协调。优美的河道景观不但有利于提升昌邑城市的整体形象、改善投资环境，同时也有助于实现地区经济的可持续发展。因此，开展河道污染治理对于昌邑经济和社会的发展都至关重要。污染河道综合整治不但可以有效缓解经济发展与环境污染的直接矛盾，同时对于国家及省市关于地方环境指标要求的保障也具有重要意义。

（二）河道描述

堤河位于山东省昌邑市（36°25′36″N，119°1′42″E），该地区春冬季节气候干冷，夏秋季节气候湿热，年降水量约630mm，年平均气温为11.9℃。河道长23km，平均宽30m，深0.6m，发源于昌邑市城郊区，是一条排污河，接纳80%的市政污水（90 000t/d）。河床上底泥的厚度超过1m。由于常年污染，河道水体类似黑墨水并释放出难闻的恶臭气味，对河道周边居民的生活造成了直接干扰。除此之外，该河道长期处于厌氧状态，水体不断有气泡溢出，高温季节尤其明显。尽管当地政府为解决污染问题对河道进行了多次疏浚和冲刷，但是收效甚微。另外，由于该河道最终将污水汇入渤海，因此黑臭水体的排放直接威胁莱州湾的海岸带水质，以及正常沿海产业和近海渔业生产。

（三）项目目标

经过综合修复，使河道水环境质量明显好转，基本恢复河道生态，恢复水体景观。具体目标及相应指标体现如下。

（1）水质指标：主要水质污染指标优于地表Ⅴ类水标准，其中COD_{Cr}低于60mg/L，NH_4^+-N低于6mg/L。重金属污染指标削减50%以上。

（2）景观指标：水体透明度高于30cm，水体清澈，无异味，夏季各类水草长势良好，投放鱼类可自由生长。

（3）生态指标：水体营养平衡，水中微生物及蓝藻、硅藻等生长均衡，水体具有一定的自净能力和抗污染冲击能力。

（4）沉积物指标：表层沉积物（0～2cm）明显改善，总有机碳（TOC）去除率高于80%。

二、项目设计

（一）河道内生态修复技术

河道内生态修复技术主要包括以下10项技术单元。①改善水质的微生物制剂技术：改善水质的微生物制剂由多种微生物复合而成，可明显加快水体有机物分解。②底质改良技术：底质改良剂由多种微生物和改性黏土矿物组成，可明显加快底泥有机质消化、控制底泥磷释放。③高效增氧除臭技术：提高水体氧化还原电位、控制含硫恶臭气体释放。④藻相改善制剂技术：藻相改善制剂由小分子有机酸和微量元素组成，可提高藻类多样性、改善水色、抑制蓝藻过度繁殖。⑤土著微生物促生技术：筛选多种人工水草、生物栅，可明显促进土著微生物生长，提高水体自净能力。⑥浮动式人工湿地技术：利用陶粒、生物炭等轻质填料构建浮体，并与多种水生植物构成可移动的人工湿地。⑦护坡湿地改造技术：采用特殊多孔材料为基质，将河道护坡改造成布水结构合理的人工湿地结构，强化水体自净能力。⑧沉水植物技术：对有一定透明度的水体，以苦草、轮叶黑藻、伊乐藻、黄丝草、菹草等植物品种为主，构建沉水植物净化体系。⑨造流增氧技术：对流动性差的河段，进行人工造流增氧，强化水体循环流动，提高水体溶解氧量；⑩水位控制技术：利用自动翻转闸门控制水体水位，保持合理景观水位，保持水体生物系统稳定。

（二）生物预处理技术

对纳污量过大的情况，根据堤岸条件，构建生态滤床，实施入河生活污水预处理。该系统以多孔砖作为生物过滤介质，对其结构、布水、集水系统进行优化设计。生物滤床之上种植适当的湿地植物，使植物根系深入填料层，分布于填料中，以进一步提升净水能力。

三、项目实施

针对上述重污染滨海河道，分别采取以下措施进行河道水质原位修复。

（1）河道淤泥整治。由于堤河流域污染负荷较重，水体悬浮物含量较高，再加上近几年疏于清淤，目前河道淤泥堆积厚度高达2m左右，淤泥有机质含量较高（高于5%）。而且，流域河床凹凸不平，其中绝大部分淤泥为浆状泥汤，极易因水体扰动发生再悬浮而影响上覆水体。为此，河道水环境修复首先必须对河道淤泥进行一定的处理。在本工程实施中，工作团队结合河道自身特点，采用气垫船对河道淤泥进行平整和压实，将河床淤泥厚度成功下降40cm左右，有效增加了河段的蓄水容积，在此基础上，在整理后的河床淤泥之上采用人工方式泼洒石灰，以便对淤泥进行一定程度的消化和固定，同时为后续水环境修复奠定了基础。

（2）在修复河段设置格栅与多道蓄水堤坝。由于河道生物修复所采用微生物的自然繁育需要对生长环境有一定的适应时间，因此在人为投加菌种之后必须要求河道水体有一定的水力停留时间，为此须对河道修建一定的蓄水工程。河道堤坝的构筑在充分考虑安全行洪的基础上，保证基本能够满足微生物生长的水力停留时间。设置堤坝高约1m，主要由沙袋、混凝土及建筑楼板等材料组建，坝体留有泄洪闸口和引流管道。在河流上游到下游间设置1座格栅和3座水坝（间隔5km）以维持足够的水力停留时间（约24h），保证生物滤池及河道生物膜基质上微生物的生长和繁殖。每个水坝设置一个泄洪闸以便在雨季保障行洪。

（3）在河道蓄水堤坝的出水坡面上设置多级锥块，将用尼龙网盛装的直径为10cm的炉渣结块（由当地电厂锅炉废渣直接分选、分装）放置于上述多级锥块的下方（采用人工翻转的方式进行反冲洗防止滤料堵塞与饱和）。

（4）将堤坝间蓄水后，在水面设置生态浮床（主要为当地水生植物，如香蒲、睡莲等），在水面布设人工生物膜（采用厚度为2mm的无纺布布条），安装增氧机，视水质情况适度投放各类生化药剂（包括选育培养的微生物制剂）。

（5）定期进行河面保洁，清理河面漂浮物。

（6）日常管理与维护。

四、修复效果

经过治理后，水质得到明显改善，COD_{Cr}浓度从232mg/L下降到37mg/L，然后升高到50mg/L，接近地表V类水标准（40mg/L）；NH_4^+-N浓度从22.6mg/L下降到3.3mg/L，然后升高到约5mg/L，仍然高于地表V类水标准（2mg/L）；DO增加显著。在工程开始后两个月，DO浓度超过3.5mg/L（＞2mg/L）。此时，所有曝气机要间歇性停止工作以降低运行成本；总S^{2-}浓度从2.9mg/L下降到0.1mg/L，然后升高到约0.2mg/L。在水体进行曝气氧化处理期间，S^{2-}浓度几乎降为零；TP浓度从1.4mg/L降到0.1mg/L，然后上升到约0.3mg/L；水体透明度从6cm升高到44cm，然后在32cm左右波动。

在水体综合修复后，河道里逐步生长大量藻类、浮游生物及若干鱼类。河道不再散发难闻气味，并且有较强的自净能力，一些污染物浓度已经达到或接近国家地表水水质标准中的V类水标准，达到了主要的预期目标（COD和NH_4^+-N浓度分别低于60mg/L和6mg/L）。尽管河道的水质没有完全达到标准（V类水标准），但已基本构建了水体景观，并且河水可以用于养鱼和灌溉。

参考文献

阿伦R J, 贝尔A J. 1993. 水和沉积物中有毒污染物的评估. 张立成, 周克准, 译. 北京: 中国环境科学出版社.

程庆霖, 何岩, 黄民生, 等. 2011. 城市黑臭河道治理方法的研究进展. 上海化工, 36(2): 25-31.

丁琦. 2012. 小型景观水体环境黑臭产生的机制及其规律的研究. 安徽建筑工业学院硕士学位论文.

董慧峪, 强志民, 李庭刚, 等. 2010. 污染河流原位生物修复技术进展. 环境科学学报, 30(8): 1577-1582.

葛爱清. 2007. 双驱动动态膜压法研究水体黑臭现象. 华东师范大学硕士学位论文.

谷勇峰, 李梅, 陈淑芬, 等. 2013. 城市河道生态修复技术研究进展. 环境科学与管理, 38(4): 25-29.

顾宗濂. 2002. 中国富营养化湖泊的生物修复. 农村生态环境, 18(1): 42-45.

国家环保总局. 2002. 水和废水监测分析方法. 4版. 北京: 中国环境科学出版社.

过龙根. 2006. 除藻与控藻技术. 中国水利, 17: 34-36.

何杰财. 2013. 固定化生物催化剂在河涌黑臭治理中的效能研究. 华南理工大学硕士学位论文.

何文学, 李茶青. 2006. 底泥疏浚与水环境修复. 中国环境管理干部学院学报, 16(1): 70-73.

胡雪峰, 高效江, 陈振楼. 2001. 上海市郊河流底泥氮磷释放规律的初步研究. 上海环境科学, 20(2): 66-70.

黄民生, 曹承进. 2011. 城市河道污染控制、水质改善与生态修复. 建筑科技, (19): 43-45.

嵇晓燕, 崔广柏. 2008. 河流健康修复方法综述. 三峡大学学报(自然科学版), 30(1): 38-43.
李华玲, 杜秀月, 冉敬文, 等. 2005. 生化需氧量(BOD)测定方法进展. 盐湖研究, 13(3): 62-66.
李鹏章, 黄勇, 李大鹏, 等. 2011. 水体黑臭及表观污染表征方法的研究进展. 四川环境, 30(3): 90-93.
李相力, 张鹏程, 于洪存. 2003. 沈阳市卫工河黑臭现象分析. 环境保护科学, 29(5): 27-28.
李钰婷, 代朝猛, 张亚雷, 等. 2012. 环境介质中重金属的污染现状. 安徽农业科技, 40(20): 10549-10553.
廖静秋, 黄艺. 2013. 流域水环境修复技术综述. 环境科技, 26(1): 62-65.
卢信, 冯紫艳, 商景阁, 等. 2012. 不同有机基质诱发的水体黑臭及主要致臭物(VOSCs)产生机制研究. 环境科学, 33(9): 3152-3159.
罗纪旦, 方柏容. 1983. 黄浦江水体黑臭问题研究. 上海环境科学, 2(5): 7-9.
骆梦文. 1986. 黄浦江水体黑臭的由来. 上海环境科学, 5(5): 37.
骆永明. 2016. 中国海岸带可持续发展中的生态环境问题与海岸科学发展. 中国科学院院刊, 31(10): 1133-1142.
吕佳佳. 2011. 黑臭水形成的水质和环境条件研究. 华中师范大学硕士学位论文.
钱嫦萍, 陈振楼. 2002. 城市河流黑臭的原因分析及生态危害. 城市环境, (3): 21-23.
阮仁良, 黄长缨. 2002. 苏州河水质黑臭评价方法和标准的探讨. 上海水务, 18(3): 32-36.
盛彦清, 李兆冉. 2018. 海岸带污染水体水质修复理论及工程应用. 北京: 科学出版社.
苏冬艳, 崔俊华, 晁聪, 等. 2008. 污染河流治理与修复技术现状及展望. 河北工程大学学报(自然科学版), 25(4): 56-60.
孙韶玲. 2017. 水体黑臭演化过程及挥发性硫化物的产生机制初步研究. 中国科学院烟台海岸带研究所硕士学位论文.
王旭, 王永刚, 孙长虹, 等. 2016. 城市黑臭水体形成机理与评价方法研究进展. 应用生态学报, 27(4): 1331-1340.
温灼如, 张瑛玉, 洪陵成, 等. 1987. 苏州水网黑臭警报方案的研究. 环境科学, 8(4): 2-7.
吴小菁. 2013. 城市河道底泥有机污染物生物化学联用修复技术研究. 哈尔滨工业大学硕士学位论文.
徐敏, 姚瑞华, 宋玲玲, 等. 2015. 我国城市水体黑臭治理的基本思路研究. 中国环境管理, 7(2): 74-78.
徐风琴, 杨霆. 2003. 松花江哈尔滨江段黑臭现象分析. 质量天地, (7): 46.
杨洪芳. 2007. 上海城区水体黑臭主要影响因子及治理案例比较研究. 上海师范大学硕士学位论文.
叶常明, 黄玉瑶, 张景镛, 等. 1990. 水体有机污染的原理研究方法及应用. 北京: 海洋出版社.
于世龙, 韩玉林, 付佳佳, 等. 2008. 富营养化水体植物修复研究进展. 安徽农业科学, 36(31): 13811-13813.
于玉彬, 黄勇. 2010. 城市河流黑臭原因及机理的研究进展. 环境科技, 23(S2): 111-114.
袁文权, 张锡辉, 张光明. 2003. 底泥生物与化学需氧动力学模式的探讨. 上海环境科学, 22(12): 921-925.
袁文权, 张锡辉, 张丽萍. 2004. 不同供氧方式对水库底泥氮磷释放的影响. 湖泊科学, 16(1): 28-34.
张超. 2009. 城市污水处理厂除臭工艺优化研究. 武汉理工大学硕士学位论文.
张峰华, 王学江. 2010. 河道原位处理技术研究进展. 四川环境, 29(1): 100-105.
张丽萍, 袁文权, 张锡辉. 2003. 底泥污染物释放动力学研究. 环境工程学报, 4(2): 22-26.
张列宇, 侯立安, 刘鸿亮. 2016. 黑臭河道的治理技术及其适用性评价. 北京: 中国环境出版社.
张逸飞, 钟文辉, 王国祥. 2007. 微生物在污染环境生物修复中的应用. 中国生态农业学报, 15(3): 198-202.
郑焕春, 周青. 2009. 微生物在富营养化水体生物修复中的作用. 中国生态农业学报, 17(1): 197-202.
周怀东, 彭文启, 等. 2005. 水污染与水环境修复. 北京: 化学工业出版社.
周文瑞. 2006. 汾河太原城区段河流黑臭问题研究. 太原理工大学硕士学位论文.
Bordado J C, Gomes J F. 2001. Characterisation of non-condensable sulphur containing gases from Kraft pulp mills. Chemosphere, 44(5): 1011-1016.
Defoer N, De Bo I, Van Langenhove H, et al. 2002. Gas chromatography-mass spectrometry as a tool for estimating odour concentrations of biofilter effluents at aerobic composting and rendering plants. Journal of Chromatography A, 970(1): 259-273.
Gao J H, Jia J J, Kettner A J, et al. 2014. Changes in water and sediment exchange between the Changjiang River and Poyang Lake under natural and anthropogenic conditions, China. Science of the Total Environment, 481(1): 542-553.
Lazaro T R. 1979. Urban hydrology: a multidisciplinary perspective. Ann Arbor, Michigan: Ann Arbor Science Publishers.
Romano A H. 1963. Sediment-Water interactions in anoxic freshwater sediment. Water Science Technology, (8): 159-162.
Wood S, Williams S T, White W R, et al. 1983. Factors influencing geosmin production by a streptomycete and their relevance to the occurrence of earthy taints in reservoirs. Water Science Technology. 15(6-7): 191-198.

第三十一章

退化滨海湿地生态修复与功能提升技术及工程示范[①]

① 本章作者：韩广轩，管博，谢宝华

湿地退化是一种普遍存在的现象，它是环境变化的一种反应，同时也对环境造成威胁，是危及整个生态环境的重大问题。湿地退化是自然环境变化或人类不合理利用造成湿地生态系统结构破坏、功能衰退、生物多样性减少、生物生产力下降及湿地生产潜力衰退、湿地资源逐渐丧失等一系列生态环境恶化的现象和过程。由于不断增强的人类活动，全球约50%的盐沼湿地、35%的红树林湿地、30%的珊瑚礁及29%的海草床已经消失或退化。据不完全统计，20世纪50年代以来，我国滨海湿地丧失200万hm^2以上，相当于滨海湿地总面积的50%。全国围垦湖泊面积130万hm^2以上，因而失去调蓄容积达$350\times10^8m^3$以上，超过我国“五大淡水湖”面积之和。

水文、生物和土壤是湿地三个重要的要素，湿地修复与重建工作均是以这三要素为基础并结合三要素之间的相互关系而开展的。由于滨海湿地生态系统水陆兼具的特殊性，在进行湿地生态修复时，不仅要参考恢复生态学的理论和方法，还需充分考虑湿地生态系统的特点和功能。湿地的生态恢复工程不仅要遵循生态原则，还需保证经济和社会要素的平衡，以满足公众的要求和政策的合理性，最终实现生态、经济、社会效益相统一。

第一节　滨海湿地退化机制

一、人类活动的影响

随着社会经济的不断发展，加速的气候变化和高密度的人类活动严重威胁着滨海湿地生态系统，从生物地化循环过程到物理过程均受到不同程度的干扰，最终导致滨海湿地生态系统功能不断退化（Kirwan and Megonigal，2013；Tian et al.，2016）。由于人类活动不断增强，全球约50%的盐沼湿地、35%的红树林湿地、30%的珊瑚礁及29%的海草床已经消失或退化（Barbier et al.，2011）；由于加速的城市化进程及农业开发活动，大部分滨海湿地已经被转变成陆地（Kirwan and Megonigal，2013）。其中最为典型的人类活动是海岸工程建设和多种类型的环境污染。

（一）海岸工程对滨海湿地的影响

在过去的百年间，为了经济的发展，各个沿海国家在其沿海地区均开展了不同类型的海岸工程建设，其中发达国家包括美国、荷兰、日本，发展中国家如中国、墨西哥等，工程建设形式多样，如农业开发、渔业养殖、防潮堤坝建设、工业发展及城镇化建设等。而这种海岸工程的建设已经导致自然滨海湿地的退化和各种相关环境问题的发生，特别是那些土地资源短缺的国家更为严重。自1949年以来，全国滨海湿地呈迅速减少趋势，已经丧失了总面积的50%，景观格局呈破碎化。仅1985～2010年，就有约75.5万hm^2滨海湿地被海岸工程建设占用（Tian et al.，2016）。该增长趋势在2005年后迅速升高，这种高密度的海岸工程建设与经济的迅速发展密不可分，特别是在2000年以后，中国迅速发展沿海工业和进行城镇化建设，同时也造就了GDP的迅速累积（图31.1）。但是，这种持续大范围的海岸工程同样为中国带来了巨大的挑战，包括滨海湿地的丧失、沿海环境恶化及灾害发生频率的增加。

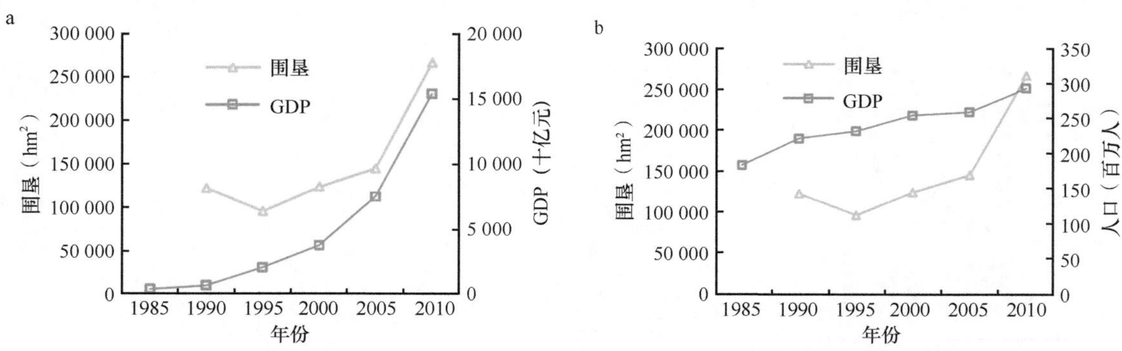

图31.1　1985～2010年中国沿海地区围垦与GDP和人口增长的关系（Tian et al.，2016）

林洁贞和金辉（2014）综合考虑社会经济指标，阐明了各类湿地面积变化与社会、经济各要素之间的相关关系，揭示了人为干扰活动是滨海湿地演变的主要驱动力。其中，主要体现形式就是围垦和城镇建设。开垦及城市化程度加深，使得沿海湿地面积减少，人工湿地及非湿地面积增加，景观斑块破碎化、优势度降低，滨海湿地退化趋势明显。尤其是在围填海问题突出的厦门、闽江口及天津等滨海地区，填海进程是导致湿地景观格局呈破碎化的主要原因。珠海市滨海湿地近20年滩涂围垦、围海工程、河道采砂等一系列经济开发活动使得景观破碎化严重，岸线趋于平直（刘艳艳等，2011）。厦门湾滨海湿地景观格局演变趋于复杂化，景观异质性程度升高，景观破碎度增大，非湿地景观类型逐渐居于主导地位，滨海湿地的优势景观控制力下降。华南滨海湿地可以根据演变特征分为3个阶段，第一个阶段是新中国成立初期，当时的渔业、农业用地开发是滨海湿地演变的主要因素；第二个阶段是20世纪80年代，城镇化建设是该阶段影响滨海湿地退化的最主要因素；第三个阶段是自21世纪以来，交通、机场、码头、养殖、临海工业及城镇化等人类活动导致滨海湿地面积急剧减少，湿地资源遭到严重破坏（韩秋影等，2006）。

由于围填海活动的无序开展及其对滨海湿地环境影响的加剧，2018年7月，国务院出台了《国务院关于加强滨海湿地保护严格管控围填海的通知》（以下简称《通知》），为了保护珍贵的湿地资源，并维持其重要的生态功能，要严格管控围填海活动，守住海洋生态保护红线。该《通知》的发布，体现了国家树立保护优先的理念，有利于实现人与自然和谐共生，构建滨海湿地及海洋生态环境治理体系，并推进生态文明建设。

（二）污染对滨海湿地的影响

滨海湿地是入海污染物承泄区，各地区均不同程度地受到了污染。调查研究表明，中国沿海地区每年直接排放入海污水9.6×10^9t，污染主要有石油污染、农药污染、富营养污染、生活垃圾污染等，与20世纪90年代前期相比每年增加约1.1×10^9t，其中河流污染物挟带量占总量的90%以上（石青峰，2004）。

石油烃类污染物质不易被降解，当其进入土壤后，会对土壤、植物、生物和水体等产生直接或间接危害，如石油污染物堵塞土壤孔隙，使土壤透水性、透气性降低，引起土壤板结化，改变土壤有机质的碳氮比和碳磷比（陆秀君等，2003），尤其是湿地土壤，由于排水不畅及不透水层的存在，土壤的透水性很差。进入湿地土壤的石油会附着在植物根系表面，影响植物根系的呼吸和吸水作用，从而抑制植物生长，同时大多数石油污染物具有致癌、致畸和致突变作用（Propst et al.，1999）。有些易被植物吸收的轻馏分会在植物体内积累，通过食物链危害湿地动物和人体健康。土壤中的石油污染物还会对土壤动物和微生物造成毒害作用，特别是其浓度较高时，对湿地土壤微生态环境的破坏容易引起土壤微生物群落、区系的变化。因此有关水土环境中石油污染的控制受到了很大的关注。石油工业是全球最大的环境污染源之一，勘探、开发、加工、输运及使用等各环节的污染物排放，均属数量大且危害严重的环境污染。滨海区域通常也是石油工业分布区，如美国路易斯安那油田、罗马尼亚黑海油田、中国胜利油田和辽河油田等，滨海湿地被石油污染的风险非常高，如2010年美国墨西哥湾原油泄漏事件，造成了美国南部海岸超过160km的海岸线受到污染，近95%的滨海湿地受到不同程度的石油污染（Michel et al.，2013）。

持久性有机污染物（persistent organic pollutants，POPs）是一类具有长期残留性、生物累积性、半挥发性和高毒性的有机污染物，能够通过各种环境介质（大气、水、生物等）进行长距离迁移，对人类健康和环境具有严重危害。基于陆源的人类活动被认为是滨海区域POPs的最主要来源，特别是河口三角洲区域累积量更高，目前对于POPs的相关监测研究主要集中在欧洲国家和中国等区域，南美洲、北美洲、非洲和澳洲等区域对相关研究还很缺乏（Lu et al.，2018）。

富营养污染同样也是滨海湿地环境污染的最主要贡献者之一。1960年以后，随着中国城市人口的迅速增加，对粮食产量的需求越来越高，这就刺激并加速了农业用地的增加，同时也在追求单位面积产量。正因如此，大量施用的化肥成为滨海湿地富营养化污染的最大贡献者。在中国东南部的粮食主产区，滨海湿地水体中养分含量达到了过去二十年的10倍，其中50%的养分来源于农业化肥的施用（Cao et al.，2003）。研究表明，自1980年中期九龙江下游滨海水体因富营养化而导致藻类大规模暴发，其中61%的氮源直接来自农业活动（Cao et al.，2005）。从2008年6月中旬，青岛近海海域及沿岸遭遇了突如其来、历史罕见的浒苔自然灾害。众所周知，水体能承载无机氮、磷等营养盐的能力是有限的，水体中的营养盐浓度过量会促使水中的藻类过量繁殖，这就造成了“藻类污染”或“藻类水质灾害”，青岛浒苔暴发的主要原因就是污水处理厂排放不达标污水造成的。

二、全球气候变化的影响

降雨格局的改变和温度的升高均是气候变化的主要体现形式，这两者强烈地影响着滨海湿地的结构和功能。

自20世纪以来，全球年均降水量呈增加趋势，在30°～85°N地区尤为显著（增长率7%～12%），降水变化显著改变了全球水分分布格局（Houghton，2001）。就季节分配而言，降水量增加在秋冬季节更为明显，而夏季降水量有降低趋势，加之蒸发量增加导致中纬度地区土壤干旱加剧（Dai et al.，2010）。气候模型预测显示，全球或局域的降水格局在未来将继续改变。中纬度大部分地区与湿润的热带地区的降水强度和发生频率可能增加，全球降水将呈干者愈干、湿者愈湿的态势（IPCC，2013）。同时，许多地方的降水强度和频率也将进一步发生变化，极端降水事件可能增多，极易引起区域性洪水泛滥。水文条件的改变是湿地功能减退的最主要因素。受全球降水变化影响，湿地退化态势明显，正面临面积萎缩、动植物生境破坏、生物多样性下降等危险，影响其功能和效益发挥。以黄河三角洲滨海湿地为例，1960～2015年，平均年降水量降低了约241.8mm，但同时年降水天数减少了约7d/10a（图31.2），但单次降水量有增加的趋势，大大增加了洪水泛滥的风险。

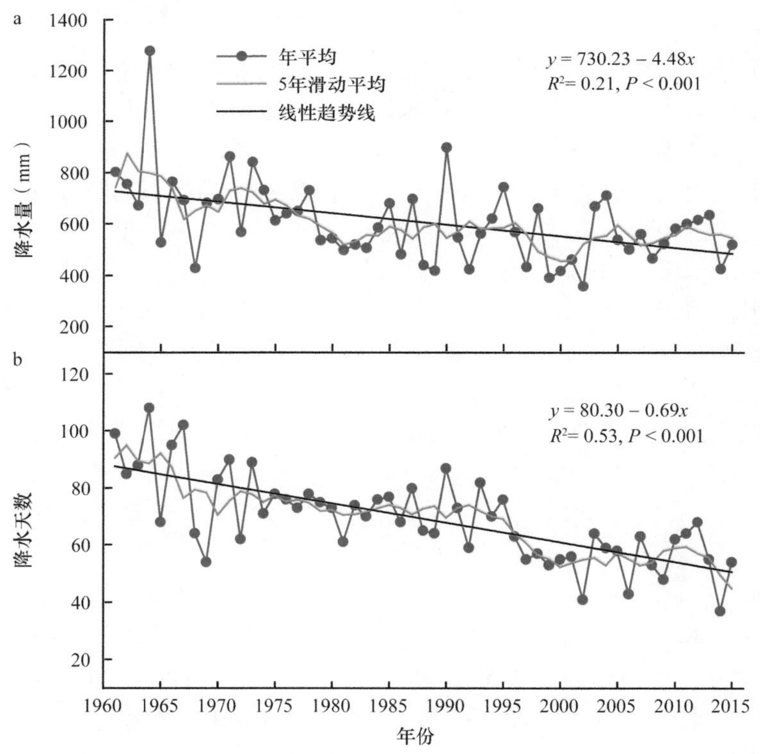

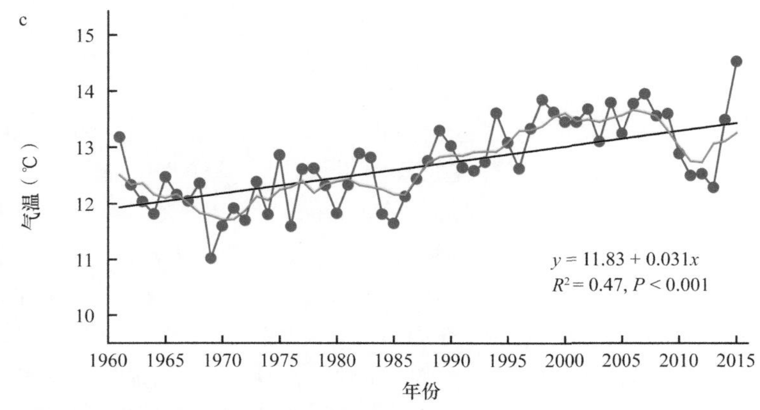

图31.2　1960～2015年黄河三角洲区域降水和气温变化趋势（Han et al.，2018）

增温除了直接影响滨海湿地植被生长、物候期改变、土壤蒸发、呼吸等特征以外，还能够通过改变近海海水温度、海洋环流格局、风暴潮的频率和强度及降水格局、海平面上升而间接地影响滨海湿地生态系统。基于全球尺度上的研究，Webster等（2005）对始于1970年的数据搜集及分析发现，全球飓风增加的数量和比例已经达到了前所未有的高度；预计到2100年热带气旋的强度将会增加2%～11%，同时全球发生热带气旋的频率会下降6%～34%，这就表明在全球增温的背景下，虽然极端气候事件的发生概率可能会下降，但其影响程度将更大（Knutson et al.，2010）。Banaszuk和Kamocki（2008）研究了波兰Narew河流域气候变化对湿地水文情势的影响，结果表明近三十年流域气温升高引起潜在蒸发增加7%，河流径流量减少，同时湿地水位与土壤含水量急剧降低。Nielsen和Brock（2009）利用SRES（special report on emission scenarios）情景与大气循环模式，对澳大利亚Murray-Darling流域气候变化对盐沼湿地水文状况的影响进行模拟，研究发现气候变化将引起湿地水体盐碱化，预计到2050年湿地水体盐度将增加19%，导致湿地水资源急剧缺少而萎缩消失。

以黄河三角洲滨海湿地为例，过去55年（1960～2015年）年均气温增加了1.7℃（图31.2）（Han et al.，2018），随着气温和降水格局的改变，黄河三角洲滨海湿地土壤盐渍化加剧，滨海湿地退化严重，显著影响着不同类型自然湿地的格局。研究表明，90%以上天然湿地存在着不同程度的退化，退化的天然滨海湿地土壤中的盐分在表层不断积累，黄河三角洲气温升高与降水量减少所导致的干旱胁迫已成为区域生态安全的主要影响因素（宋德彬等，2016）。

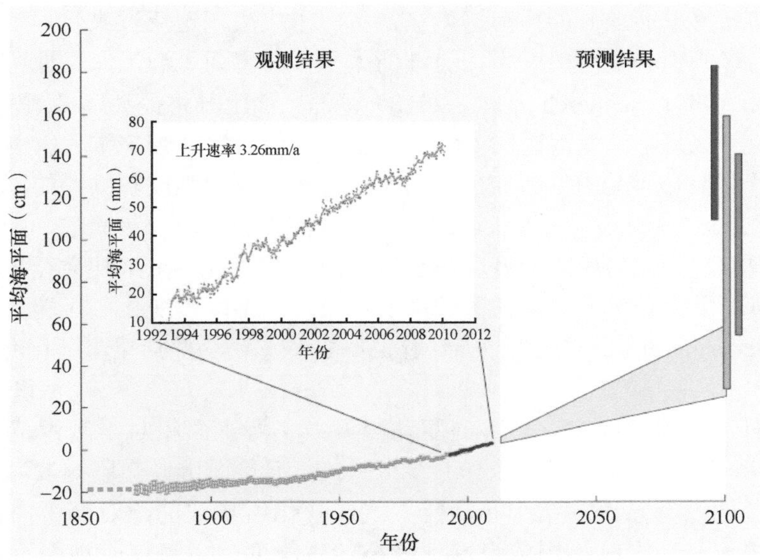

图31.3　20世纪和21世纪全球平均海平面演化（Nicholls and Cazenave，2010）

红色曲线是基于潮汐测量的。黑色曲线是测高记录（放大了1993～2009年的时间跨度），21世纪的预测也被显示出来，阴影淡蓝色区域代表IPCC（政府间气候变化专门委员会）第四次报告中A1FI（化石燃料密集型）温室气体排放情况的预测，柱状图是半经验模型的预测结果

三、海平面上升的影响

全球气候变暖和海平面上升已成为不容置疑的事实，得到了世界各国政府和学术界的广泛关注。从19世纪末期到21世纪初，全球海平面在加速上升，尤其是在1993年以后，海平面上升速率增至（3.26±0.4）mm/a（图31.3）（Nicholls and Cazenave，2010）。在2100年以后，海平面上升仍将持续几个世纪（Brown et al.，2018）。海岸带面临气候变暖和海平面上升带来的威胁，如更多的盐水入侵、洪水和对基础设施的破坏，人类活动的加剧将会增加这一威胁（IPCC，2018）。政府间气候变化专门委员会（Intergovernmental Panel on Climate Change，IPCC）从1990年至今先后五次对全球气候变化对自然生态系统和人类社会经济系统的影响进行评估。基于模型的预测表明，到2100年，如果全球平均增温1.5℃，那么全球平均海平面将上升（相对于1986～2005年）0.26～0.77m，全球增温2℃会比增温1.5℃致使海平面多上升0.1m。海平面少上升0.1m，会使至少1000万人免于面临相关风险，较低的海平面上升速率使小岛屿、低洼海岸带和三角洲生态系统及人类有更多的适应机会（IPCC，2018）。

中国沿海海平面整体呈波动上升趋势，国家海洋局发布的《2017年中国海平面公报》统计结果显示，1980～2017年中国沿海海平面上升速率为3.3mm/a。中国沿海近6年的海平面处于30多年来的高位，海平面从高到低排名前6位的年份依次为2016年、2012年、2014年、2017年、2013年和2015年（图31.4）。

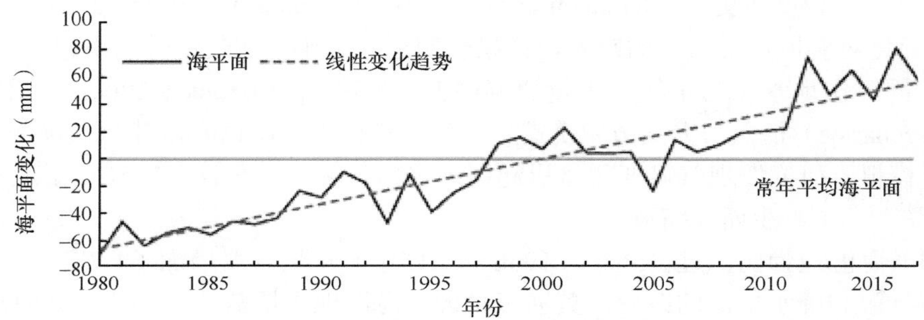

图31.4　1980～2017年中国沿海海平面变化（引自《2017年中国海平面公报》）

滨海湿地对气候变暖所导致的海平面上升极为敏感，海平面上升将可能导致滨海湿地面积锐减、生境退化和生物多样性下降等（IPCC，2014）。全球规模的预测表明，目前滨海湿地面积的20%～90%（分别针对低海平面上升和高海平面上升的情形）将在21世纪末丧失，这反过来将导致生物多样性和高价值生态系统服务的丧失，这些损失很可能发生在美洲的太平洋和墨西哥湾沿海、地中海、波罗的海及小岛屿地区（Nicholls et al.，1999；Schuerch et al.，2018）。海平面上升将提高风暴潮发生频率、加速海岸侵蚀、增加低地淹没面积，这将给沿海地区的自然环境和社会经济发展带来重大影响（胡俊杰，2005）。在未来几十年里，海平面上升速度的不断加快，沿海风暴和飓风的强度与频率的不断增加，将增加对海岸线、湿地和沿海开发的威胁（Scavia et al.，2002）。受海平面上升等因素的影响，沿海低洼地区发生洪水的风险将会显著增加，具体的风险程度取决于海平面上升情况、未来社会经济发展状况及人类的适应程度等因素。平均海平面上升对人类居住区的主要后果还包括潮汐变化、极端海平面的强度和频率增加、洪水风险增加（Pickering et al.，2017；Wahl et al.，2017），这些后果将强化海平面上升对滨海湿地的影响。

滨海湿地对海平面上升的响应有三个关键驱动因素：①海平面相对于潮汐范围的上升速率；②湿地横向调节空间；③沉积物供应（Spencer et al.，2016）。海平面上升会影响滨海湿地生境（主要是高程），从而影响滨海湿地生态系统的结构和功能。气候变化所导致的绝对海平面上升通过海岸带地面垂直运动和海岸带沉积途径，影响不同滨海湿地受体的生境变化。海岸带地面沉降可以加速海平面上升对滨海湿地的影响，而海岸带地面抬升则可缓解或抵消海平面上升的影响（Kirwan and Temmerman，

2009）。绝对海平面上升与海岸带地面垂直运动和沉积动力条件相互作用所导致的相对海平面变化，可能改变滨海湿地生境。在海平面上升影响下，滨海湿地的脆弱区主要分布在地面沉降较明显且沉积速率较小甚至为负值的地带（崔利芳等，2014）。若海平面上升速率低于沉积速率，滨海湿地生境的相对高程增加，适合盐沼植物生长的生境面积扩大，导致滨海湿地逐渐向海方向淤涨，有效减缓甚至抵消海平面上升对滨海湿地的影响。若海平面上升速率高于沉积速率，滨海湿地生境的相对高程下降，潮汐浸淹时间延长、淹水频率增加且淹没深度增加，将影响盐沼植物的生长和存活，改变滨海湿地生态系统结构和功能，导致生境退化和生物多样性下降。受小潮汐影响的湿地比受大潮汐影响的环境更容易受到损失，海岸湿地对海平面上升高度脆弱的主要驱动力是海岸挤压，这是长期海岸保护战略的结果（Spencer et al.，2016）。我国大部分海岸带已修建了堤坝，切断滨海湿地向陆迁移的路径，最终导致滨海湿地面积逐渐减小，湿地生境退化甚至丧失（张绪良等，2012）。

海平面上升会威胁滨海湿地植被的生长或生存，影响滨海湿地系统生产力，植被的变化也会进一步影响滨海湿地生境。由于植被对盐度和淹水的耐受性的差异，潮间带植被格局也会发生变化（Ge et al.，2015）。较低程度的海平面上升情景下，盐沼生物量密度是相对均匀的，一些地区生产力有所提高，而另一些地区生产力则有所下降；在中低水平的海平面上升情景下，洪水淹没面积增大，盐沼生产力下降；较高的海平面上升则导致很多盐沼地区被完全淹没（Alizad et al.，2016），盐沼植被将因为生境的消失而消失。植被是盐沼沉积过程最重要的影响因素，植被的存在增加了沉积物和有机物在盐沼内的停留时间，使其得以沉淀（Fagherazzi et al.，2012），而有机物积累和泥沙淤积是维持滨海湿地生境的重要组成部分（Morris et al.，2002），因此，海平面上升会通过影响植被生长和存活而进一步影响滨海湿地生境。由于人工建筑防潮堤坝，海平面上升可能导致一些地区的盐沼湿地完全消失变为开阔水面。海平面上升可能使一些沿海区域的湿地面积增大，但是由于河口沙滩和净水湿地的损失，生态系统服务价值可能呈现总体减少的趋势，尤其是艺术娱乐、水调节、气候调节、文化精神等价值将下降（王宝强等，2015）。

全球平均海平面上升将推动21世纪及以后世界沿海地区的响应和适应需求。评估这些问题的关键因素是设定当地相对海平面上升的情景，以支持响应评估和适应规划。这需要结合许多不同且不确定的海平面成分，这些成分可以与气候和非气候因素（即沿海土地的隆起/沉降）相联系（Nicholls et al.，2014）。海平面上升是关于全球气候变暖的一种响应，其应对策略有积极进攻和积极防御两种，积极进攻的策略有逆转或者减缓气候变暖的趋势以减小绝对海平面的上升量、控制地面沉降以减小相对海平面的上升量，积极防御的策略有加强海岸防护、加强监测和预报（宗虎城等，2010）。对海平面的监测是应对相对海平面上升的基础，应加强这方面的工作，提高数据质量。海平面变化涉及全球气候变化、海洋环境变化、区域地壳变化、人为因素引起的地面沉降等多种因素。因此，需应用多种科学手段取得精确的变化数据，同时应用多种分析方法，研究其变化规律，确定其幅度和时空变化特征。在此过程中，除了完善常规观测和研究手段外，尚需应用一些高新技术观测方法，并与天文学、大地测量学和地球物理学等学科相交叉。此外，海滩人工喂养、加强海堤管理和提高海堤标准是目前和今后一段时间内应对海平面上升的关键，提高海岸防卫设施的成本是社会应对海平面上升的一个重要考虑因素，目前可用的成本估计经验还很少（Jonkman et al.，2013）。

四、生物入侵的影响

生物入侵指一种物种进入一个过去不曾分布的地区存活、繁殖、建立种群并在新栖息地暴发性扩散，进而对入侵地的生物多样性、农林牧渔业生产及人类健康造成明显不良后果的过程。我国是世界上遭受外来生物入侵危害最严重的国家之一。迄今为止，入侵我国的外来物种已达540余种，每年导致直接经济损失约2000亿元，对生态系统、生物多样性产生了严重的破坏，对人畜健康构成了严重的威胁，严重影响了我国的生态安全、生物安全和生态文明建设的持续健康发展（万方浩等，2009）。2003年初，国家环境保护总局和中国科学院联合发布了我国首批外来入侵种名单（共16种），互花米草作为唯一的盐沼植物名列其中（http://www.mee.gov.cn/gkml/zj/wj/200910/t20091022_172155.htm）。

米草属（*Spartina*）隶属于禾本科虎尾草族，全球共有17种，均为多年生盐沼植物，原产于美国沿岸、欧洲和非洲北部，多数生长于滨海盐沼和河口区域（Mabberley，1997）。米草属植物在其原产地盐沼中是常见的优势种，在被无意或有意引入其他地区后，7种米草具有很强的入侵性（Daehler and Strong，1996）。基于保滩护岸、促淤造陆及改良土壤等目的，我国共引入了4种米草，分别是大米草（*S. anglica*）、互花米草（*S. alterniflora*）、狐米草（*S. patens*）、大绳草（*S. cynosuriodes*）（Chung，2006）。大绳草和狐米草的生态位一般在潮上带，没有入侵性，其地上部分含盐量小，被作为牧草推广，分布区域和范围全部受人工控制。大米草主要生长在潮间带上部，植株矮小，分布稀疏，在我国海岸带区域退化严重，面积不足16hm^2（左平等，2009）。互花米草于1979年被引入我国（徐国万等，1989），具有极强的耐盐、耐淹和繁殖能力，在我国海岸带快速蔓延（An et al.，2007；宫璐等，2014），对大部分沿海滩涂湿地的生物多样性维持等生态安全构成严重威胁（Li et al.，2009），成为我国沿海滩涂危害性最强的入侵植物。

在世界上很多地区的海岸带生态系统中，互花米草是一个臭名昭著的入侵者，如中国、新西兰、非洲南部和美国的太平洋海岸等（Taylor and Hastings，2004；Chung，2006；Adams et al.，2016）。互花米草在沿海沼泽中占据优势，威胁甚至取代了当地的植物（Li et al.，2009）。互花米草入侵区域的海涂浮游动物生物量减少、多样性指数降低，底栖动物种类减少，经济贝类消失不见（田家怡等，2008b，2009b；申保忠等，2009）。另外，互花米草入侵使鸟类觅食、栖息生境减少或丧失，已导致潮间带互花米草分布区鸟类种数减少、多样性降低、群落组成和结构发生变化（田家怡等，2008a）。

互花米草大面积的蔓延改变滨海湿地水文过程和地貌特征，影响生物栖息地质量，侵占原生植被的生长地，使滨海湿地生态系统原有的结构与功能发生改变，生态系统整体的变化显著，直接影响互花米草扩张地区的生态环境和生物多样性。然而，对于不同区域、不同生境类型的滨海潮间带，互花米草落户后对同一指标变化的影响不尽相同，甚至会得出相反的结论，这需要从不同的时间尺度和空间尺度上进行针对性研究。

（一）互花米草入侵对滨海湿地水文和地貌的影响

互花米草会改变入侵区域的地形及土壤理化性质：由于流速降低，潮流挟带的黏性细颗粒泥沙大量沉积于草滩中，因此滩面高程增加（李加林等，2005）；互花米草消浪促淤对潮间带水体循环产生明显影响，还会改变潮间带沉积物的分布规律，从而影响当地的地形地貌（Crosby et al.，2017），特别是泥沙在沿海闸下引河中的淤积，影响渔船通行及闸下排涝，导致沿海闸的过早废弃。这种负面效应在杭州湾南岸表现得特别明显，如海黄山闸的废弃、四灶浦闸和徐家浦闸的外迁均与之有一定关系（李加林等，2005）。在天津海河口和盐城地区的部分淡水河口，互花米草的生长已经成为航道阻塞的主要原因（孙书存等，2004）。如果闸下水道两侧边滩上密集的互花米草向闸下引河扩展，可能堵塞局部水道，缩小排水断面，在夏季大汛时，就会影响河流的排涝，江苏省东台市的梁垛河闸已经出现了这种情况（沈永明，2002）。在福建闽江口湿地，根据当地湿地监测部门的资料，互花米草的促淤造陆作用已导致滨海旱地面积增加、湿地面积逐年萎缩，对当地的湿地生态系统产生了较严重的影响（袁红伟等，2009）。

互花米草入侵改变了滨海盐沼湿地土壤的物理化学性质，如土壤容重、水分和盐分含量（Wang et al.，2016a）。对于乡土植物生产力低下的疏红树林湿地和裸露海滩，互花米草入侵可提高土壤质量，但对于本地植物生产力高于互花米草的红树林湿地，互花米草入侵会导致土壤退化，全磷、有机碳、土壤微生物量碳、土壤微生物量氮的含量及酸性磷酸酶和转化酶的活性均显著降低，因此必须严格控制互花米草入侵（Wang et al.，2016b）。

（二）互花米草入侵对滨海湿地生物多样性的影响

1. 对滨海湿地植被多样性的影响

互花米草的植物学特性和对环境的较强适应性是造成其大面积扩散和争夺土著植物生长空间的原因。互花米草与盐沼湿地的土著植被之间存在生态位竞争，在红树林湿地，互花米草入侵显著降低了红树林微生境质量，威胁着红树林的生存，并改变了底栖生物群落结构（陈权和马克明，2015）。杭州湾南岸潮滩的土著优势植物碱蓬群落很难侵入互花米草滩中，在当地潮滩植被演替过程中已表现出碱蓬缺失现象（李加林等，2005）。在福建滨海湿地，互花米草扩张的速度非常惊人，抢占了土著芦苇和咸草的原有生长地而形成占当地绝对优势的群落，对生物多样性产生威胁（张林海等，2008）。在长江口，互花米草与本土的海三棱藨草和芦苇产生生态位竞争（Chen et al.，2004）。在江苏盐城的研究发现，在与土著植被交错生长的区域，互花米草可能通过种间竞争不断侵蚀碱蓬和芦苇生境，从而取代当地土著植被碱蓬和芦苇（陈正勇等，2011）。在山东沿海地区，互花米草与盐地碱蓬等本土植被竞争，威胁植被多样性（宋香静等，2017）。除了生态位竞争，互花米草入侵还可能通过化感作用影响土著植被（李富荣等，2015；仝川等，2017；龙孟苓等，2018）。

互花米草等外来入侵种导致的植被类型的变化可能显著改变潮间带底栖动物群落结构和食物网关系（Feng et al.，2014；Quan et al.，2016），同时对潮间带土壤微生物种群和数量也会有较大影响（Yang et al.，2016b，2016d）。外来植物通过不同于本土物种的生物量和生产力、组织化学、植物形态学和物候学来改变土壤养分动态，如改变生态系统的碳（C）、氮（N）、水和其他循环的许多组分，从而进一步加强对本土动植物和微生物多样性的影响（Ehrenfeld，2003；Huang et al.，2016；Yang et al.，2017b；Wang et al.，2018）。

2. 对滨海湿地动物多样性的影响

互花米草入侵可能改变生物栖息地生境。互花米草的存在使得滩面淤高，其根、茎、叶的腐烂，使淤泥的有机质、腐殖质大量累积，根系扰乱了滩面的结构，一些生物的生态环境被破坏，从而使得原先生活在这里的生物或消失或迁移，但同时又可新生一些能适应新生境的生物。

互花米草入侵影响滨海湿地某些鸟类的食物来源和栖息地。大片密集的互花米草群落就如同在鸟类与食物间形成了一道“绿色隔离带”，减少了鸟类的活动区域与取食空间，直接影响湿地内涉禽的数量和种类。互花米草入侵已导致黄河三角洲调查区鸟类种数减少、多样性降低、群落组成和结构发生变化，主要原因是互花米草入侵使鸟类觅食、栖息生境减少或丧失（田家怡等，2008a）。滨海湿地潮间带开阔光滩是盐沼和红树林生态系统重要的组成部分，也是鸟类主要的觅食场所，更容易因互花米草扩张而被占据，从而严重威胁适宜光滩生境的双壳类等物种的生存（Chen et al.，2009；Lee and Khim，2017），进一步影响高营养层次动物，减少了鸟类和部分鱼类的食物源，从而不利于鸟类生存和迁徙（Cui et al.，2011）。

互花米草入侵可能影响滨海湿地昆虫的种群和分布。在黄河三角洲的调查发现，互花米草入侵对昆虫的结构、组成与多样性产生了影响，互花米草分布区共鉴定出昆虫9种，芦苇分布区鉴定出49种，是互花米草分布区昆虫种数的5.4倍，互花米草分布区昆虫种数明显少于芦苇分布区，且优势类群存在很大差异（田家怡等，2009a）。

互花米草外来入侵种导致的植被类型的变化可能显著改变凋落物、根际输入及土壤动物群落结构（Feng et al.，2014；Wang et al.，2014；Quan et al.，2016；Zhang et al.，2018）。互花米草入侵对底栖动物的影响与诸多因素如入侵生境植被类型、入侵时间及研究对象等有关（Chen et al.，2009；Quan et al.，2016）。互花米草入侵光滩后，对底栖动物群落结构产生的影响因地区和底栖动物种类而异，其影响有正有负（Zhou et al.，2009；侯森林等，2012），入侵无植被光滩会对底栖动物群落造成较大的改变，虽然入侵初期由于食物源输入增加等底栖动物多样性有所升高，但随着入侵时间的延长，底栖动物群落结构多样性下降，食物有机碳来源会向单一性发生转变，对食物网的能量供应多样性及其结构稳定性造成一定影响（冯建祥等，2018）。与无植被光滩生境相比，互花米草入侵原生植被区对底栖动物的影响较小（Chen et al.，2009）。对于侵蚀型海岸，互花米草的引种会使滩涂贝类的生存场所消失（沈永明，2002）。互花米草入侵前的生境植被类型及入侵时间会共同作用于互花米草对底栖动物群落结构的影响，入侵光滩，底栖动物多样性水平通常会先上升后下降，甚至最终会低于光滩；而入侵芦苇等植被生境则会表现出相反的趋势，底栖动物多样性水平先下降后逐渐恢复、上升，也有可能会高于原有植被群落（冯建祥等，2018）。

3. 对滨海湿地食物网的影响

互花米草入侵影响动植物和微生物的种群与数量，从而影响滨海湿地食物网的诸多环节。互花米草入侵显著改变植被群落组成，大量凋落物输入和发达根系的衰老分解会改变沉积物内有机碳组成（Yang et al.，2016a），并随消费者的摄食而通过上行效应传递至初级消费者和高营养层次捕食者体内（Qin et al.，2010；Feng et al.，2015a）。这在一定程度上增大了滨海湿地食物网能量来源途径，但Feng等（2014）的研究显示，互花米草短期内即可将红树林底栖动物原本多样性的食物有机碳来源转变为以互花米草为主的单一性食物有机碳来源，大大降低了食物源多样性，有可能对食物网的稳定性产生不利影响（Howe and Simenstad，2011）。另外，互花米草入侵后会抑制本土盐沼植物或红树林幼苗的更新及生长（Li et al.，2009；Zhang et al.，2012），并会导致原本栖息于光滩内的大量双壳贝类消失（Chen et al.，2010；Lee and Khim，2017），影响高营养层次鸟类的摄食和生存，可能会进一步影响滨海湿地食物网功能。

第二节　滨海湿地生态修复的基础理论

据2014年公布的第二次全国湿地资源最新调查结果，我国现有湿地5360.26万hm^2，居于亚洲第一位，其中天然湿地4667.47万hm^2，在天然湿地中，近海与海岸湿地的面积约为579.59万hm^2。目前我国滨海湿地面临着面积萎缩，生境功能退化等问题。就目前我国滨海湿地受损状况来看，通过自然恢复的方法已经不能满足湿地保护要求。因此，需加以人工强化作用维持湿地生态系统功能并恢复其生境。而在过去的几十年，我国滨海湿地保护工作已经取得了许多显著性进展，仅2015年，中国财政就安排了湿地补贴16亿元，包括湿地保护与恢复支出6.8亿元、湿地生态效益补偿支出4.05亿元，退耕还湿支出1.15亿元，湿地保护奖励支出4亿元①。

一、退化滨海湿地修复的基本理论

水文、生物和土壤是湿地的三个重要要素。湿地修复与重建工作均是以这三要素为基础并结合三要素之间的相互关系而开展的。滨海湿地生态恢复的理论基础是恢复生态学，而在生态恢复过程中，可遵循几种基本理论作为指导，包括自我设计理论、演替理论、入侵理论、中度干扰假说及健康湿地生态圈理论等。

由van der Hoek和van der Schaaf（1988）、Mitsch和Jorgensen（1989）提出并完善的湿地自我设计理论认为，只要有足够的时间，随着时间的进程，湿地将根据环境条件合理地组织自己并会最终改变其组分。

设计理论认为，通过工程和植物重建可直接恢复湿地，且湿地的类型可以是多种多样的。这一理论把物种的生活史（即种的传播、生长和定居）作为湿地植被恢复的重要因子，并认为通过干扰物种生活史的方法就可加快湿地植被的恢复（彭少麟等，2003）。

① 资料来源：http://nys.mof.gov.cn/bgtGongZuoDongTai_1_1_1_1_3/201508/t20150807_1408239.htm[2021-3-04]

生态系统演替是指一个群落被另一个群落有规律地逐渐取代，直到形成一个相对稳定的顶级群落的过程。最早将演替理论应用于湿地研究的是英国科学家Pearsall和美国生态学家Wilson，他们认为湖泊或沼泽演替的最终阶段将被陆地森林所取代。后期以van der Valk为代表的演替理论观点认为，湿地生态系统实际上是在一定的植物群落序列范围的双向演替，当湿地向水体化方向演替时，植物群落向水生生态系统的群落方向演替；当湿地向陆地化方向发展时，植物群落又向陆地植物群落的方向演替。因此在实际应用过程中，虽然可以用演替理论指导恢复实践，但湿地的恢复与演替过程还是存在差异的。

Johnstone（1986）提出了入侵理论，认为植物入侵的适宜生境由扩散障碍和选择性决定，当移开一个非选择性的障碍时，就产生了一个适宜生境。例如，在湿地中移走某一物种，就为另外一种植物入侵提供了一个临时的适宜生境。而演替的发生即基于较高演替阶段的物种对前一阶段群落的入侵，长江口的芦苇在先锋物种海三棱藨草群落中的入侵就是如此。

中度干扰假说认为在适度干扰的地方物种丰富度最高，即在一定时空尺度下，有适度干扰时，会形成镶嵌斑块性的景观，景观中会有不同演替阶段的群落存在，而且各生态系统会保留高生产力、高多样性等演替早期的特征（Connell，1978）。但这一理论应用时的难点在于如何确定中度干扰的强度、频率和持续时间。

二、健康滨海湿地生态圈构建理论

湿地生态系统可以看作一个有机的网络系统，其中包含着多个营养级及不同营养级之间的关联要素。健康的湿地生态圈是由自然过程的连续性、生态系统的连通性、生境的异质性及食物网的多样性等多种因素共同决定的（图31.5）（韩广轩等，2018）。①自然过程（process）以动态的方式创造和维持湿地，使湿地保持一个平衡、综合和适宜的生态系统的能力（Karr and Dudley，1981；Miller and Ehnes，2000）。自然过程和格局的完整性有利于湿地生态功能的发挥（Liu et al.，2013；Becke et al.，2015），而湿地的破碎化往往破坏了自然过程和湿地生态系统的完整性。②湿地生态系统的连通性（connectivity）是通过气象、水文、生物及地球化学循环等过程耦合产生的，是各个生态系统或斑块之间空间关系、生物体功能关系及生物体与空间关系之间相互作用的结果（Tischendorf and Fahrig，2000）。例如，从陆地到海洋的湿地景观网络和水系网络为物质运移和生物迁移提供了通道。③生境异质性和多样性（habitat heterogeneity and diversity）可以提供更为丰富的生态位，从而有利于物种共存而维持更高的生物多样性（Tews et al.，2004；Lorenzón et al.，2016）。④食物网（food web）是生态系统中多种生物及其营养关系的网络，是生态学上最经典的概念之一（Vander Zanden and Rasmussen，

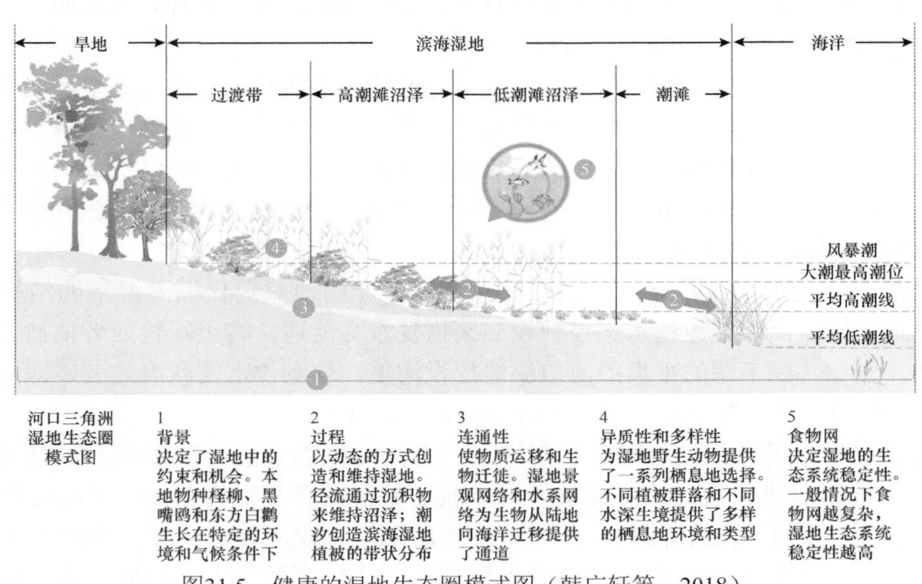

图31.5　健康的湿地生态圈模式图（韩广轩等，2018）

1999）。食物网是生态系统物质循环和能量流动的重要形式，是维持生态系统稳定性的重要组成部分，恢复和维持湿地生态系统食物网对于提升湿地生态功能具有关键性作用。只要确定湿地各要素之间的关系和湿地生态系统功能的整合特性，就能明确湿地退化要素的响应机制，从而为成功修复退化湿地提供科学依据。

湿地生态修复的理论基础除普适性生态学原则外，还需充分考虑地域性特点，实现最小风险和最大效益（章家恩和徐琪，1999）。与其他生态系统相比，湿地生态系统还存在退化机制的研究不全面、退化的景观诊断及其评价指标体系不完整、退化过程的动态监测和模拟及预报研究不足等缺陷，导致湿地生态恢复的理论研究仍不足以支撑湿地生态恢复工作的全面开展。

第三节　退化滨海湿地生态修复关键技术

一、退化滨海湿地生态修复基本方式

众所周知，生态系统功能是由生态系统结构决定的，反之，在大的生态环境尺度上或者是内在的机制上，生态系统功能也是保持生态系统结构的动态过程。因此，作为可持续的生态修复系统，生态系统修复是指使一个生态系统恢复到接近于其受到扰动前的状态。完善的生态修复是指确保生态系统的结构和功能被重建或修复，正常的生态系统动态过程能够再次有效地运作（图31.6）（NRC，1992）。

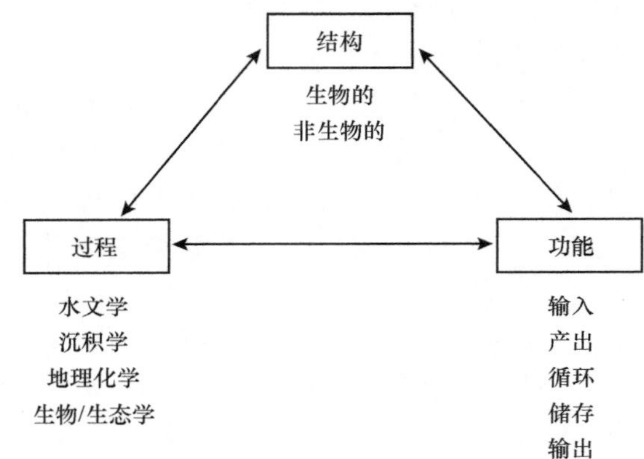

图31.6　滨海湿地结构、功能与生态系统过程的相互关系

一般来讲，有三种生态修复的基本方式来修复生态系统结构，而这三种方式之间又有一个整合的动态过程，三种方式包括被动修复、主动修复和创造修复。

被动修复是指偶然地或有意地移除使生态系统退化的障碍，能够使生态系统全部或者大部分恢复。应用于滨海湿地的被动修复一般聚焦于增强生态水文过程，从而促进滨海湿地自我修复。例如，前人对于堤坝的移除或者裂口对滨海湿地生态系统的影响进行过评估，进而来描述洪水或者海平面上升等对滨海湿地的影响（Simenstad and Warren，2002；Orr et al.，2003）；停止对湿地退化产生影响的行为如放牧（Bos et al.，2002），也属于被动修复的典型例子。

主动修复是指通过更加“工程化”的方法有意地或者专门地对退化滨海湿地的结构和过程进行修复。重建湿地的地形地貌，通过建造水文控制设施来恢复水文流通，客土运输或者植被移栽等方式均属于主动修复范畴。例如，在干涸的平坦的河口湿地挖设沟渠，使潮汐水文状况改变，即可使本土植物重新生长，这样也可以防止外来物种入侵（López-Rosas et al.，2013）。

创造修复是指在原本没有湿地的荒芜区创造出一个湿地生态系统。对于湿地生态系统起决定性作用的因素如水文条件则取决于当地的环境条件。一般这种创造修复行为主要针对湿地结构的创造，而非功能和过程。例如，为了减缓美国得克萨斯州南岸的滨海潮汐湿地的丧失，在原本非湿地的区域通过人为改变水文过程，实施土壤工程并种植湿地植被而创造一个新的人工湿地生态系统是常用的手段

（Fitzsimmons et al.，2012）。

对于不同的地理状况，不同的湿地生态系统退化的状况，以及不同类型的退化湿地（如盐沼、红树林、沼泽等），需要采取不同的修复方式（表31.1）。在修复工程启动之前应先找出导致湿地退化的关键指标，从而分析生态修复、重建等技术工作的潜力。从20世纪90年代以来，随着全球范围的生物多样性保护意识的增强，越来越多的基金资助濒危湿地的保护与恢复（Fojt，1995），国际上有关受损湿地恢复与重建的研究大量涌现，相关专著和专题论文集相继出版（Kusler and Kentula，1990；Sewell，1989；Kentula et al.，1993；Streever，1999；Zedler，2000），掀起了湿地修复的研究热潮。目前为止，针对不同的修复目标，已经发展出各种各样的生态修复方式，如水文修复、湿地重建、清淤材料的有效利用、沉积物抽提、植被种植及稳固堤岸等。国际上关于湿地修复的工作主要倾向于针对气候变化、海平面上升、水体质量及石油污染等方面的湿地修复和保护政策等（Gregory and Daniel，2000；Loreau et al.，2001；Irving and Nathan，2003；Mark and Stanley，2003；Schleupner and Schneider，2010）。

表31.1　不同国家或地区滨海湿地退化原因及修复策略

国家	湿地地区	退化原因	恢复策略	资料来源
美国	密西西比河三角洲	海平面上升	沉积物抽提	Irving and Nathan, 2003
	石油污染湿地	石油污染	植物修复；植物-微生物联合修复	Lin et al.,1999; Lin and Mendelssohn, 2009
	红树林湿地	溶解氧毒害	禁止矿物开采	Pandey and Khanna,1998
越南	Mekong三角洲	水文和生态退化	筑坝围水	Beilfuss and Barzen,1994
丹麦	淡水湿地	富营养化（氮素）	政策制定（去除氮素），每公顷预算约3333欧元	Hoffmann,2007
荷兰	湿地	植被退化	草皮迁移的方式	Koerselman and Verhoeven,1995
中国	长江三角洲	滨海湿地面积减少，受侵蚀严重	引入外来种-保滩护堤	An et al., 2007
	长江三角洲	长期受到PAHs污染	微生物修复	毛健等，2010
	黄河三角洲	土壤盐渍化严重，植被退化	引灌黄河水	
	黄河三角洲	水文连通受阻、绿色荒漠	增加湿地生态系统连通性、食物网多样性	韩广轩等，2018

二、健康滨海湿地生态圈构建的基本方法

不同的湿地恢复方法不同，而且在恢复过程中会出现各种不同的问题，因此很难有统一的模式。但无论是受损湿地生态系统，还是退化湿地生态系统，基于健康湿地生态圈理论，遵循以下四方面的关键技术，均可以达到比较好的生态恢复效果。

（一）生境破碎化与生态网络构建

生境破碎化（habitat fragmentation）是由自然和人为因素影响，造成的生境景观由简单、连续的整体向复杂、不连续的斑块镶嵌体变化的过程（王凌等，2003），最直接的表现为湿地景观中面积最大的自然栖息地生境斑块不断被分割成较小且孤立的生境斑块（Rodrıguez and Delibes，2003）。栖息地的丧失和破碎化对三角洲湿地生态系统完整性和生态圈健康产生直接而强烈的影响（Li et al.，2016），被认为是生物多样性减少和物种灭绝的主要影响因素。一方面，生境破碎化破坏湿地生物与景观格局之间的平衡关系，导致适宜生境面积丧失和空间格局的变化，而且在不同空间尺度上引起干扰的扩散及物种的分布、迁移和建群等生态过程的复杂变化，还会对物种的丰富度和密度产生重要影响，会导致生态系统严重退化；另一方面，生境破碎化影响湿地与陆地和浅海区域的连通性。例如，近年来黄河三角洲进行的集约化的围填海活动隔断了湿地的水文连通性，使浅海湿地生物失去陆地食物源，同时陆域湿地栖息地

逐渐消失，影响湿地生物栖息地的完整和生物多样性的维持（Hua et al.，2016），大型底栖动物的物种和数量明显下降（Yang et al.，2016c）。

受遥感数据源的限制，2009年以前，湿地景观的演变机制无法从更深入的层次上进行解释。一方面，由于湿地具有水文动态性和植被季节性特征，传统基于单时相遥感数据的地表覆盖分类方法不能满足湿地生态系统动态监测的需要；同时传统土地利用/覆盖遥感分类无法满足湿地栖息地特定服务功能（如特定生境植物群落）的需求。另一方面，景观破碎化导致的生境面积缩小、斑块形状趋于不规则、廊道被截断及斑块彼此隔离，即使在像素水平上也无法解释湿地退化和驱动因素之间的定量关系。这些特征对湿地遥感监测提出了更高时空分辨率的要求。

合理的生态网络，可以提高生境斑块间的连接水平，提高生态系统功能，缓解生态环境问题，是对生态系统进行管理的重要科学依据。国外生态网络构建的研究从20世纪80年代开始，以保护生物多样性为主要目标，如欧洲的生态基础设施（ecological infrastructure）、生态构架（ecological framework）及美国的绿道体系（greenway system）等。在以上实践的基础上，结合景观生态学和保护生物学原理，形成了生态网络规划的理念。近年来，在遥感和GIS技术支持下，提出了很多网络优化的模型方法，如耗费距离模型、最小耗费距离模型、最小累积阻力模型等。国内的生态网络规划主要应用在城市绿地的生态网络规划方面。目前为止，未见就河口三角洲湿地栖息地的保护从生态功能提升的角度进行构建和优化的研究；同时对景观生态类型的判别多依赖于传统的中分辨率遥感数据，不能满足湿地景观生态网络优化的需求。

（二）湿地水文连通性网络恢复及构建

水文连通性是系指系统内部与其他系统之间物质、能量和生物体以水为媒介进行迁移和传递的能力（Pringle，2003）。从生态水文学角度看，水文连通性表征湖泊、河流、湿地等水体之间的连通程度，是影响流域内河流、湖泊与湿地等水生生态系统内部及其与外部环境以水为媒介进行物质循环、能量流动和生物迁移等水文生态过程的关键因素，对于维持湿地格局和功能的稳定性与生物多样性具有重要意义（Fracz，2012）。

湿地水文连通性的评估方法主要包括以下4种。①实地监测法：通过获取研究观测点的水文数据，分析流域水体的连通状况（Lesack and Marsh，2010；McDonough et al.，2015）。②水文模型法：通过关键水文过程的模型模拟研究，分析海岸带、河漫滩和河网之间的水文连通状况（Ameli and Creed，2017）。③连通性函数法：基于景观生态学的景观连接度理论，构建某种指数以反映不同景观类型的水文连通性（Epting，2016；Wu and Lane，2017）。④图论方法：利用数字化水系网络中点、线几何拓扑关系，分析水系网络的水文连通状况（Poulter et al.，2008）。水文连通性评估已经成为湿地生态水文研究的热点问题之一，综合现有研究方法的优缺点，充分结合地理信息技术和多类型监测手段，开展多尺度、多维度的区域水文连通性量化评估将成为湿地水文连通性研究的主要发展方向。

水文连通性在较长时间尺度上主要受地质构造和气候变化等自然因素控制，而在短时间尺度上主要与土地利用方式、水利工程建设等人类活动密切相关（Pringle，2003；Karim，et al.，2012）。水文气象条件也是影响湿地水文连通性的重要因素。不定期的洪泛过程决定着河流与洪泛湿地的水文连通性，控制着洪泛湿地的形成、演化和发展（Garcia et al.，2017）。量化区分气候变化和人类活动对湿地水文连通性改变的贡献，阐明其演化的驱动机制，将是湿地生态水文过程基础研究和湿地生态水文恢复实践中所关注的重点问题。

有关水文连通在水生态修复实践中的应用研究主要集中于分析水文连通性对河湖湿地水生生态系统功能的影响，保护与恢复水生生态系统最低或最适功能所需的水文连通理论及相应工程措施，以及通过水文连通理论研究评估湿地水生生态系统功能修复效果等（Merenlender and Matella，2013；Oxley et al.，2004）。从水文连通角度出发，分析流域/区域水生生态系统的退化机制及修复措施，建立系统评价体系，开展湿地水文连通性恢复的效果评估，已成为生态水文学领域的研究重点，同时也对维护湿地水生生态系统健康、促进湿地生态系统保护具有重要的指导意义。

（三）湿地食物网构建

食物网研究作为理解水域生态系统结构和功能的核心问题已经成为滨海湿地生态系统研究的热点（Feng et al.，2015a；Pasquaud et al.，2007）。传统的食物网研究方法一般是基于野外直接调查直接观察法、胃容物分析法、粪便显微分析法等。传统方法的优点是能够直接观测到消费者的觅食活动，但较高的时间、劳动力、物质消耗成本及只能观测短暂食性使其不适于延续应用（Pinnegar and Polunin，2000）。直至近20年，食物网研究方法从传统观测法发展到稳定同位素法乃至高通量测序法（McMeans et al.，2016）。稳定同位素技术为示踪食物网碳流途径和构建食物网模型提供了新的手段，极大地推进了人类对于湿地生态系统食物网乃至生态圈的认识（Bond et al.，2010）。稳定同位素法的优势在于可以反映动物与食物之间较长的取食关系，可以测出动物在食物网中的营养位置。

目前关于湿地食物网的相关研究，多集中于食物网源判定、食物网各营养级关系等方面（陈展彦等，2017），关于破碎化湿地食物网的重新构建及食物网与生态系统稳定性关系等方面的研究还尚未开展。另外，在潮间带和河口湿地等区域水文波动、景观破碎化及人类活动等干扰的影响下，湿地食物网结构及生态系统功能的响应机制，生境与食物网各营养级之间的关系，以及湿地关键食物网构建及其与生境优化、生态功能提升的关系，也是目前亟待开展研究并解决的科学问题，可以为湿地生物资源的保护、管理和恢复提供理论基础及重要的参考依据。

（四）生境异质性与湿地栖息地营建

全球范围内的研究表明，植物（Martínez et al.，2015）、鸟类、无脊椎动物、大型底栖动物（Leung，2015）、哺乳动物等各种生物类群的物种多样性和丰富度大多与生境异质性呈正相关关系（Weisberg et al.，2014；Leung，2015）。相比于单一类型生境面积的大小，生境异质性是预测物种多样性的更好指标（Lorenzón et al.，2016），也是维持物种多样性更重要的基础条件（Ashcroft et al.，2011；López-González et al.，2015）。此外，生境异质性也可以减轻外来物种对本地物种的影响。例如，生境条件是鱼类群落分布的决定性因子，尼罗尖吻鲈（*Lates niloticus*）在被引入乌干达维多利亚湖100多年以后，其主要猎物朴丽鱼（*Haplochromine cichlids*）仍能与其共存，原因就在于该区丰富的水位和溶解氧梯度（Chrétien and Chapman，2016）。因此，营造生境类型丰富的栖息地，已成为生态系统功能提升实践和生物多样性保护管理工作中的共识（Weisberg et al.，2014；Myers et al.，2015；Lengyel et al.，2016）。然而，生境异质性与生物多样性会存在尺度效应（Weisberg et al.，2014），在同一地区，不同生物类群的多样性与生境异质性的关系也存在差别（Lengyel et al.，2016）。某些物种受生境组成异质性影响较大，而另外一些物种则受生境结构异质性影响更强。因此，就生态功能提升和生物多样性保育工作而言，明确目标区域生境异质性与生物多样性关系尤为重要。

水分条件恶化是三角洲湿地退化的主要原因。以黄河三角洲为例，自2002年黄河调水调沙以来，补充淡水对黄河三角洲湿地的恢复起到了显著的效果。然而，恢复湿地区域生境类型多样，植被覆盖区、滩涂和裸地共存，淡水补充对不同类型区域的生态恢复效果各异（Yang et al.，2017a），相对粗放的淡水补充方式也影响了生态恢复效果。此外，目前的生态恢复偏重于植被覆盖度的提高。由于不同物种特别是鸟类对生境的要求各异，单一提高植被覆盖度并不能相应地提升生物多样性和生态服务功能，甚至会起到反作用（Stirnemann et al.，2015）。前期的调研也证实，高植被覆盖度地区，相对于水面-裸地-植被镶嵌分布区域，鸟类种类和数量都显著降低。因此，在黄河三角洲地区，进行水资源的合理补给，维持和营造生境异质性和多样性，改善水资源的时空分布，同时结合植被覆盖的适当恢复，是当前湿地栖息地生态功能提升的发展方向（Chen et al.，2016）。目前，国内外较为成功的湿地退化生态修复与生物多样性改善案例，包括我国长江口潮滩湿地鸟类栖息地优化与营造工程（Zou et al.，2014）和美国佛罗里达沼泽湿地修复（Brennan and Dodd，2009）、路易斯安那滨海湿地修复（Couvillion et al.，2013），均注重多样化栖息地的营造并取得了良好的效果。因此，以河口三角洲地区各种生境类型镶嵌分布的典型区域为研究对象，探讨生境异质性与生物多样性的关系，分析适宜栖息地生境构成及关键生物类群生态需求，在此基础上构建生境同质化类型湿地栖息地优化概念模式，可为破碎化生境的关键区域和节点的生态改良提供理论指导，促进湿地生态圈的完善和功能提升。

三、互花米草防治技术

互花米草为多年生草本植物，其繁殖方式包括种子的有性繁殖和根茎或营养片段的无性繁殖（邓自发等，2006），地上植株进行光合作用，合成有机物质，开花结实，进行有性繁殖，地下部分（根茎和须根）可吸收养分，促进生长，并进行无性繁殖。各种方法防治互花米草的原理，便是单一或同时限制互花米草的生长、有性繁殖和无性繁殖（图31.7），从而达到控制扩散或完全清除互花米草的目的。

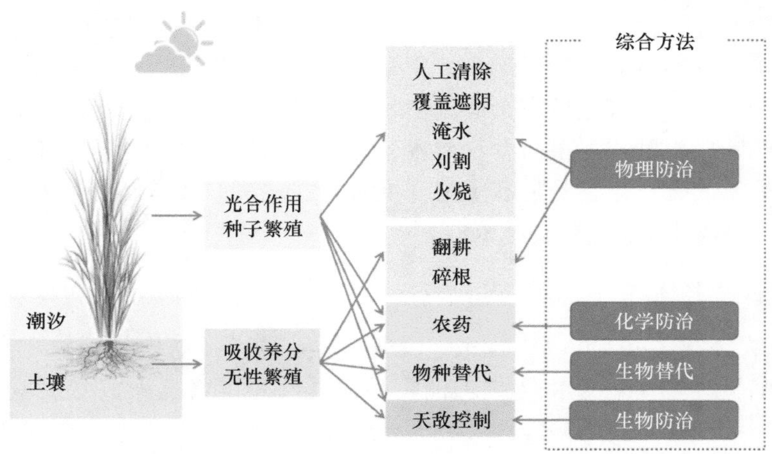

图31.7　互花米草防治方法（谢宝华和韩广轩，2018）

快速有效地控制互花米草的扩散速度和规模，尽可能减少或规避其生态危害，成为滨海湿地管理中迫切需要解决的重要问题。国内外学者探索了多种互花米草的防治方法，如物理方法、化学方法和生物方法等（Knott et al.，2013；Gao et al.，2014；Adams et al.，2016；汤臣栋，2016；赵相健等，2017；谢宝华和韩广轩，2018；谢宝华等，2018），但由于互花米草极强的入侵性和竞争力，依然缺乏控制其扩散的经济有效的途径。对应于互花米草入侵地区，亚洲、北美洲、欧洲和非洲均有互花米草防治研究的报道，其中以中国和美国为最多，中国的研究以福建省和上海市为最多，均尝试了至少7种防治方法，其次是广东省珠海市，其防治方法主要是以红树林替代互花米草。美国的研究集中在路易斯安那州和华盛顿州，欧洲的研究主要在西班牙。不同地区研究的侧重点也不同，这可能与各地区互花米草生境及人力和物力成本不同有关，国外以化学防治为主，国内以物理防治为主，国外无生物替代的研究，国内则无生物天敌控制的研究（谢宝华和韩广轩，2018）。

互花米草的快速扩张和超强竞争力给入侵地的海岸带系统生态安全带来了严重威胁，但至今仍缺少经济、环保、高效的办法来解决这一国际性的难题，因此仍需加强对互花米草防治的研究，未来应着重从以下几方面入手。

（1）定量化评估互花米草入侵风险，提出分区防控对策与防控工程建议。互花米草入侵造成的生态后果已被逐步认识，但从生态系统角度进行全面评价的研究还很少，未来还需要结合海平面上升、近海富营养化等全球变化因素，从时间和空间尺度上认识互花米草对区域生态系统结构和功能的影响，定量化评估互花米草入侵风险，对其进行生态风险防控分区，提出分步骤、有侧重的分区防控对策和防控工程建议。

（2）加强综合治理技术研究，核算治理成本。互花米草有极强的环境适应性和抗物理干扰能力，不同区域的互花米草生境不尽相同，单一防治方法的效果难如人意，应因地制宜地加强综合防治研究，细化技术方案，包括防治时间、频率、面积和效果等。同时需要加强成本核算和环境影响评价，根据不同生境筛选出防治效果好、可行性高、经济成本较低、环境影响较小的技术方案。

（3）加强适宜在滩涂作业的机械研发。无论是规模化控制还是利用互花米草，都离不开机械设备，应该尽快研制出适于滩涂环境的收割或翻耕设备，这是大规模清除或利用互花米草资源的前提。

（4）加快互花米草利用的研发，变害为宝。在互花米草大面积入侵区域，全部清除互花米草几乎是不可能的，在控制其扩散速度和规模的同时，应加强对互花米草的开发利用，尤其是高值化利用，例如，挖掘其药用价值或利用其抗盐基因培育耐盐作物。国内已开展了一些互花米草应用的研究，如利用互花米草厌氧发酵生产沼气、在互花米草中提取功能性成分作为天然添加剂或用以制药等，但目前这些技术还有待完善，尚未见成功商业化的产品或技术。

第四节　展　　望

随着滨海湿地生态系统功能逐渐被人们广泛认识及重视，过去几十年我国在滨海湿地的保护与修复方面做了大量卓有成效的工作，但是未来仍需在以下几个方面进行重点规划和部署。

一、滨海湿地研究及长期观测网络体系构建

要提升滨海湿地生态系统保护，就应该有高质量的、长期的观测数据作为支持，这也是我国目前所需加强的研究内容。湿地科学是融合地理学、生态学和环境科学等多学科形成的边缘学科，与世界上发达国家相比，我国正处在湿地科学研究的起步阶段，开展湿地生态系统保护与修复技术、湿地管理、湿地生态系统过程等多方面的科学研究，建立湿地生态系统长期观测网络体系将有助于更好地保护和维护滨海湿地生态系统健康。

二、退化滨海湿地生态修复技术的研发

在区域与景观尺度上围绕土地利用-生态系统完整性之间的关系，在生态系统与群落尺度上围绕食物网-生态系统稳定性之间的关系，分析滨海湿地（土地利用、河流水系、岸线冲淤）破碎化的时空演变规律，揭示景观破碎化对湿地栖息地完整性和连通性的影响机制；在此基础上，对湿地栖息地生态网络关键要素进行提取和连通性构建（包括湿地景观生态网络构建和湿地水网构建），提升湿地栖息地的生态功能。

三、滨海湿地保护立法

作为世界三大典型生态系统，湿地、森林和海洋具有同样重要但不同属性的生态系统功能。目前，针对森林和海洋生态系统我国早已经出台《中华人民共和国森林法》和《中华人民共和国海洋环境保护法》，但并没有专门针对湿地生态系统管理的综合性法律法规。虽然已经有一些关于湿地资源管理的法律措施，分别包含在不同的法律法规条款中，但其相关法律法规条款并没有清晰的界限划分，使得从湿地资源开发到利用、管理与修复过程中没有系统的法律法规予以保护，功能划分不清及管理产权不明等问题得不到很好的解决。因此，急需对湿地资源管理与保护进行独立立法。

参考文献

陈权, 马克明. 2015. 红树林生物入侵研究概况与趋势. 植物生态学报, (3): 283-299.

陈展彦, 武海涛, 王云彪, 等. 2017. 基于稳定同位素的湿地食物源判定和食物网构建研究进展. 应用生态学报, 28(7): 2389-2398.

陈正勇, 王国祥, 刘金娥, 等. 2011. 苏北潮滩群落交错带互花米草斑块与土著种竞争关系研究. 生态环境学报, 20(10): 1436-1442.
崔利芳, 王宁, 葛振鸣, 等. 2014. 海平面上升影响下长江口滨海湿地脆弱性评价. 应用生态学报, 25(2): 553-561.
邓自发, 安树青, 智颖飙, 等. 2006. 外来种互花米草入侵模式与暴发机制. 生态学报, 26(8): 2678-2686.
冯建祥, 黄茜, 陈卉, 等. 2018. 互花米草入侵对盐沼和红树林滨海湿地底栖动物群落的影响. 生态学杂志, 37(3): 943-951.
宫璐, 李俊生, 柳晓燕, 等. 2014. 中国沿海互花米草遗传多样性及其遗传结构. 草业科学, 31(7): 1290-1297.
韩秋影, 黄小平, 施平, 等. 2006. 华南滨海湿地的退化趋势、原因及保护对策. 科学通报, (b11): 102-107.
韩广轩, 牛振国, 栾兆擎, 等. 2018. 河口三角洲湿地健康生态圈构建：理论与方法. 应用生态学报, 29(8): 2787-2796.
侯森林, 余晓韵, 鲁长虎. 2012. 射阳河口互花米草入侵对大型底栖动物群落的影响. 海洋湖沼通报, (1): 137-146.
胡俊杰. 2005. 相对海平面上升的危害与防治对策. 地质灾害与环境保护, 16(1): 66-70.
李富荣, 梁士楚, 杜应琼, 等. 2015. 模拟氮沉降对外来入侵植物互花米草生长及化感作用的影响. 生态科学, 34(1): 162-167.
李加林, 杨晓平, 童亿勤, 等. 2005. 互花米草入侵对潮滩生态系统服务功能的影响及其管理. 海洋通报, 24(5): 33-38.
林洁贞, 金辉. 2014. 基于遥感的滨海湿地退化及其驱动力研究. 热带海洋学报, 33(3): 66-71.
刘艳艳, 吴大放, 曾乐春, 等. 2011. 1988-2008年珠海市滨海湿地景观格局演变. 热带地理, 31(2): 199-204.
龙孟芩, 张琦, 梁霞, 等. 2018. 互花米草浸提液对中肋骨条藻的化感效应. 生态学杂志, 37(7): 1969-1975.
陆秀君, 郭书海, 孙清, 等. 2003. 石油污染土壤的修复技术研究现状及展望. 沈阳农业大学学报, 34(1): 63-67.
毛健, 骆永明, 滕应, 等. 2010. 高分子量多环芳烃污染土壤的菌群修复研究. 土壤学报, 47(1): 163-167.
少麟, 任海, 张倩媚. 2003. 退化湿地生态系统恢复的一些理论问题. 应用生态学报, 14(11): 2026-2030.
申保忠, 田家怡, 于祥, 等. 2009. 黄河三角洲米草入侵对滩涂底栖动物多样性的影响. 海洋科学进展, 27(3): 384-392.
沈永明. 2002. 江苏省沿海互花米草人工盐沼的分布及效益. 国土与自然资源研究, (2): 45-47.
石青峰. 2004. 中国滨海湿地退化与可持续发展对策研究. 中国海洋大学硕士学位论文.
宋德彬, 于君宝, 王光美, 等. 2016. 1961～2010年黄河三角洲湿地区年平均气温和年降水量变化特征. 湿地科学, 14(2): 248-253.
宋香静, 李胜男, 韦玮, 等. 2017. 山东省渤海沿岸滨海湿地草本植物群落物种组成及多样性研究. 生态科学, 36(4): 30-37.
孙书存, 朱旭斌, 吕超群. 2004. 外来种米草的生态功能评价与控制. 生态学杂志, (3): 93-98.
汤臣栋. 2016. 上海崇明东滩互花米草生态控制与鸟类栖息地优化工程. 湿地科学与管理, 12(3): 4-8.
田家怡, 李建庆, 于祥. 2009a. 黄河三角洲外来入侵物种米草对滩涂昆虫的影响. 中国环境管理干部学院学报, 19(4): 29-32.
田家怡, 申保忠, 李建庆, 等. 2009b. 黄河三角洲外来入侵物种米草对滩涂底栖动物的影响. 海洋环境科学, 28(6): 687-690.
田家怡, 于祥, 申保忠, 等. 2008a. 黄河三角洲外来入侵物种米草对滩涂鸟类的影响. 中国环境管理干部学院学报, 18(3): 87-90.
田家怡, 于祥, 申保忠, 等. 2008b. 黄河三角洲外来入侵物种米草对海涂浮游动物的影响. 山东科学, 21(5): 15-20.
仝川, 雍石泉, 孙东耀, 等. 2017. 互花米草不同器官水浸液对3种红树植物幼苗的化感作用. 亚热带资源与环境学报, 12(3): 10-18.
万方浩, 郭建英, 张峰. 2009. 中国生物入侵研究. 北京: 科学出版社.
王宝强, 苏珊, 彭仲仁, 等. 2015. 海平面上升对沿海湿地的影响评估. 同济大学学报(自然科学版), 43(4): 569-575.
王凌, 李秀珍, 胡远满, 等. 2003. 用空间多样性指数分析辽河三角洲野生动物生境的格局变化. 应用生态学报, 14(12): 2176-2180.
谢宝华, 韩广轩. 2018. 外来入侵种互花米草防治研究进展. 应用生态学报, 29(10): 308-320.
谢宝华, 王安东, 赵亚杰, 等. 2018. 刈割加淹水对互花米草萌发和幼苗生长的影响. 生态学杂志, 37(2): 417-423.
徐国万, 卓荣宗, 曹豪, 等. 1989. 互花米草生物量年动态及其与滩涂生境的关系. 植物生态学与地植物学学报, 13(3): 230-235.
袁红伟, 李守中, 郑怀舟, 等. 2009. 外来种互花米草对中国海滨湿地生态系统的影响评价及对策. 海洋通报, 28(6): 122-128.
张林海, 曾从盛, 仝川. 2008. 闽江河口湿地芦苇和互花米草生物量季节动态研究. 亚热带资源与环境学报, 3(2): 25-33.
张绪良, 张朝晖, 徐宗军, 等. 2012. 胶州湾滨海湿地的景观格局变化及环境效应. 地质论评, 58(1): 190-200.
章家恩, 徐琪. 1999. 恢复生态学研究的一些基本问题探讨. 应用生态学报, 10(1): 109-113.
赵相健, 李俊生, 柳晓燕, 等. 2017. 刈割加遮荫对互花米草生长和存活的影响. 广西植物, 37(3): 303-307.
宗虎城, 章卫胜, 张金善. 2010. 中国近海海平面上升研究进展及对策. 水利水运工程学报, (4): 43-50.
左平, 刘长安, 赵书河, 等. 2009. 米草属植物在中国海岸带的分布现状. 海洋学报(中文版), 31(5): 101-111.
Adams J, van Wyk E, Riddin T. 2016. First record of *Spartina alterniflora* in southern Africa indicates adaptive potential of this saline grass. Biological Invasions, 18(8): 2153-2158.

Alizad K, Hagen S C, Morris J T, et al. 2016. Coastal wetland response to sea-level rise in a fluvial estuarine system. Earths Future, 4(11): 483-497.

Ameli A A, Creed I F. 2017. Quantifying hydrologic connectivity of wetlands to surface water systems. Hydrology & Earth System Sciences, 21(3): 1791-1808.

An S Q, Gu B H, Zhou C F, et al. 2007. *Spartina* invasion in China: implications for invasive species management and future research. Weed Research, 47(3): 183-191.

Ashcroft M B, French K O, Chisholm L A. 2011. An evaluation of environmental factors affecting species distributions. Ecological Modelling, 222(3): 524-531.

Banaszuk P, Kamocki A. 2008. Effects of climatic fluctuations and land-use changes on the hydrology of temperate fluviogenous mire. Ecological Engineering, 32(2): 133-146.

Barbier E B, Hacker S D, Kennedy C, et al. 2011. The value of estuarine and coastal ecosystem services. Ecological Monographs, 81(2): 169-193.

Becke D A, Wood P B, Strager M P, et al. 2015. Impacts of mountaintop mining on terrestrial ecosystem integrity: identifying landscape thresholds for avian species in the central Appalachians, United States. Landscape ecology, 30(2): 339-356.

Beilfuss R D, Barzen J A. 1994. Hydrological wetland restoration in Mekong Delta, Vietnam//Mitsch W J. Global Wetlands: Old World and New. Netherlands: Elsevier.

Bond A L, McClelland G T, Jones I L, et al. 2010. Stable isotopes confirm community patterns in foraging among Hawaiian Procellariiformes. Waterbirds, 33(1): 50-59.

Bos D, Bakker J P, de Vries Y, et al. 2002. Long-term vegetation changes in experimentally grazed and ungrazed back barrier marshes in the Wadden Sea. Applied Vegetation Science, 5(1): 45-54.

Brennan M, Dodd A. 2009. Exploring citizen involvement in the restoration of the Florida Everglades. Society and Natural Resources, 22(4): 324-338.

Brown S, Nicholls R J, Goodwin P, et al. 2018. Quantifying land and people exposed to sea-level rise with no mitigation and 1. 5 and 2.0℃ rise in global temperatures to year 2300. Earths Future, 6(3): 583-600.

Cao W Z, Hong H S, Yue S P, et al. 2003. Nutrient loss from an agricultural catchment and landscape modeling in southeast China. Bulletin of Environmental Contamination and Toxicology, 71(4): 761-767.

Cao W Z, Hong H S, Yue S P, et al. 2005. Modelling agricultural nitrogen contributions to the Jiulong River estuary and coastal water. Global and Planetary Change, 47(2-4): 111-121.

Chambers J M, Mccomb A J, Mitsch W J. 1994. Establishment of wetland ecosystems in lakes created by mining in Western Australia. International Journal of Rock Mechanics & Mining Sciences & Geomechanics Abstracts, 33(1): 43A.

Chen A, Sui X, Wang D, et al. 2016. Landscape and avifauna changes as an indicator of Yellow River Delta Wetland restoration. Ecological Engineering, 86: 162-173.

Chen G, Zheng Z, Yang S, et al. 2010. Improving conversion of *Spartina alterniflora* into biogas by co-digestion with cow feces. Fuel Processing Technology, 91(11): 1416-1421.

Chen Z Y, Li B, Zhong Y, et al. 2004. Local competitive effects of introduced *Spartina alterniflora* on Scirpus mariqueter at Dongtan of Chongming Island, the Yangtze River estuary and their potential ecological consequences. Hydrobiologia, 528(1-3): 99-106.

Chen Z, Guo L, Jin B, et al. 2009. Effect of the exotic plant *Spartina alterniflora* on macrobenthos communities in salt marshes of the Yangtze River Estuary, China. Estuarine Coastal and Shelf Science, 82(2): 265-272.

Chrétien E, Chapman L J. 2016. Habitat heterogeneity facilitates coexistence of native fishes with an introduced predator: the resilience of a fish community 5 decades after the introduction of Nile perch. Biological Invasions, 18(12): 3449-3464.

Chung C H. 2006. Forty years of ecological engineering with *Spartina* plantations in China. Ecological Engineering, 27(1): 49-57.

Connell J H. 1978. Diversity in tropical rainforest and coral reefs. Science, 199(4335): 1302-1310.

Couvillion B R, Steyer G D, Wang H, et al. 2013. Forecasting the effects of coastal protection and restoration projects on wetland morphology in coastal Louisiana under multiple environmental uncertainty scenarios. Jouranl of Coatstal Reseach, 67: 29-50.

Crosby S C, Angermeyer A, Adler J M, et al. 2017. *Spartina alterniflora* biomass allocation and temperature: implications for salt marsh persistence with sea-level rise. Estuaries and Coasts, 40(1): 213-223.

Cui B, He Q, An Y. 2011. *Spartina alterniflora* invasions and effects on crab communities in a western Pacific estuary. Ecological Engineering, 37(11): 1920-1924.

Daehler C C, Strong D R. 1996. Status, prediction and prevention of introduced cordgrass *Spartina* spp. invasions in Pacific estuaries, USA. Biological Conservation, 78(1-2): 51-58.

Dai A, Meehl G A, Washington W M, et al. 2010. Ensemble simulation of twenty-first century climate changes: business-as-usual versus CO_2 stabilization. Bulletin of the American Meteorological Society, 82(11): 2377-2388.

Ehrenfeld J G. 2003. Effects of exotic plant invasions on soil nutrient cycling processes. Ecosystems, 6(6): 503-523.

Epting S M. 2016. Using landscape metrics to predict hydrologic connectivity patterns between forested wetlands and streams in a coastal plain watershed. The University of Maryland.

Fagherazzi S, Kirwan M L, Mudd S M, et al. 2012. Numerical models of salt marsh evolution: ecological, geomorphic, and climatic factors. Reviews of Geophysics, 50(1): RG1002.

Feng J, Guo J, Huang Q, et al. 2014. Changes in the community structure and diet of benthic macrofauna in invasive *Spartina alterniflora* wetlands following restoration with native mangroves. Wetlands, 34(4): 673-683.

Feng J, Huang Q, Qi F, et al. 2015a. Utilization of exotic *Spartina alterniflora* by fish community in the mangrove ecosystem of Zhangjiang Estuary: evidence from stable isotope analyses. Biological Invasions, 17(7): 2113-2121.

Feng Q, Gong J, Liu J, et al. 2015b. Monitoring cropland dynamics of the Yellow River Delta based on multi-temporal Landsat imagery over 1986 to 2015. Sustainability, 7(11): 14834-14858.

Fitzsimmons O N, Ballard B M, Merendino M T, et al. 2012. Implications of coastal wetland management to nonbreeding waterbirdsin Texas. Wetlands, 32(6): 1057-1066.

Fojt W J. 1995. The nature conservation importance of fens and bogs and the role of restoration// Wheeler B D, Shaw S C, Fojt W J, et al. Restoration of temperate wetlands. Chichester: John Wiley & Sons: 33-48.

Fracz A. 2012. Importance of hydrologic connectivity for coastal wetlands to open water of eastern Georgian Bay. Mcmaster University.

Gao Y, Yan W, Li B, et al. 2014. The substantial influences of non-resource conditions on recovery of plants: a case study of clipped *Spartina alterniflora* asphyxiated by submergence. Ecological Engineering, 73: 345-352.

Garcia A, Winemiller K, Hoeinghaus D, et al. 2017. Hydrologic pulsing promotes spatial connectivity and food web subsidies in a subtropical coastal ecosystem. Marine Ecology Progress Series, 567: 17-28.

Ge Z M, Cao H B, Cui L F, et al. 2015. Future vegetation patterns and primary production in the coastal wetlands of East China under sea level rise, sediment reduction, and saltwater intrusion. Journal of Geophysical Research-Biogeosciences, 120(10): 1923-1940.

Gregory D, Daniel W. 2000. Coastal Wetlands Planning, Protection, and Restoration Act: a programmatic application of adaptive management. Ecological Engineering, 15(3-4): 385-395.

Han G X, Sun B Y, Chu X J, et al. 2018. Precipitation events reduce soil respiration in a coastal wetland based on four-year continuous field measurements. Agricultural and Forest Meteorology, 256-257: 292-303.

Hoffmann C C. 2007. Re-establishing freshwater wetlands in Denmark. Ecological Engineering, 30(2): 157-166.

Houghton R A. 2001. Counting terrestrial sources and sinks of carbon. Climatic Change, 48(4): 525-534.

Howe E R, Simenstad C A. 2011. Isotopic determination of food web origins in restoring and ancient estuarine wetlands of the San Francisco Bay and Delta. Estuaries and Coasts, 34(3): 597-617.

Hua Y Y, Cui B S, He W J, et al. 2016. Identifying potential restoration areas of freshwater wetlands in a river delta. Ecological Indicators, 71: 438-448.

Huang J, Xu X, Wang M, et al. 2016. Responses of soil nitrogen fixation to *Spartina alterniflora* invasion and nitrogen addition in a Chinese salt marsh. Scientific Reports, 6: 20384.

IPCC. 2013. Working Group Ⅰ Contribution of to the IPCC Fifth Assessment Report, Climate Change in 2013: The Physical Science Basis. Cambridge: Cambridge University Press.

IPCC. 2014. Climate Change 2014: Impacts, Adaptation, and Vulnerability. Part A: Global and Sectoral Aspects. Contribution of Working Group Ⅱ to the Fifth Assessment Report of the Intergovernmental Panel on Climate Change. Cambridge: Cambridge University Press.

IPCC. 2018. Summary for Policymakers//Masson-Delmotte P Z, Pörtner H O, Roberts D, et al. Global warming of 1.5℃. An IPCC Special Report on the impacts of global warming of 1.5℃ above pre-industrial levels and related global greenhouse gas emission pathways, in the context of strengthening the global response to the threat of climate change, sustainable development, and efforts to eradicate poverty. Geneva: World Meteorological Organization.

Irving A, Nathan L. 2003. Sediment subsidy: effects on soil-plant responses in a rapidly submerging coastal salt marsh. Ecological Engineering, 21(2-3): 115-128.

Johnstone I M. 1986. Plant invasion windows: atime-based classificationof invasion potential. Biological Reviews, 61(4): 369-394.

Jonkman S N, Hillen M M, Nicholls R J, et al. 2013. Costs of adapting coastal defences to sea-level rise-new estimates and their implications. Journal of Coastal Research, 29(5): 1212-1226.

Karim F, Kinsey-Henderson A, Wallace J, et al. 2012. Modelling wetland connectivity during overbank flooding in a tropical floodplain in north Queensland, Australia. Hydrological Processes, 26(18): 2710-2723.

Karr J R, Dudley D R. 1981. Ecological perspective on water quality goals. Environmental Management, 5(1): 55-68.

Kentula M E, Brooks R P, Holland C C. 1993. Wetlands: An Approach to Improving Decision Making in Wetland Restoration and Creation. Washington: Island Press.

Kirwan M L, Megonigal J P. 2013. Tidal wetland stability in the face of human impacts and sea-level rise. Nature, 504(7478): 53-60.

Kirwan M, Temmerman S. 2009. Coastal marsh response to historical and future sea-level acceleration. Quaternary Science Reviews, 28(17-18): 1801-1808.

Knott C A, Webster E P, Nabukalu P. 2013. Control of smooth cordgrass (*Spartina alterniflora*) seedlings with four herbicides. Journal of Aquatic Plant Management, 51: 132-135.

Knutson T R, McBride J L, Chan J, et al. 2010. Tropical cyclones and climate change. Nature Geoscience, 3(3): 157-163.

Koerselman W, Verhoeven J T A. 1995. Eutrophication of fen ecosystems: external and internal nutrient sources and restoration strategies(A)//Wheeler B D, Shaw S C, Fojt W J, et al. Restoration of Temperate Wetlands(C). Chichester: John Wiley and Sons Ltd: 91-112.

Kusler J A, Kentula M E. 1990. Wetland Creation and Restoration: the Status of the Science. Washington: Island Press.

Lee S Y, Khim J S. 2017. Hard science is essential to restoring soft-sediment intertidal habitats in burgeoning East Asia. Chemosphere, 168: 765-776.

Lengyel S, Déri E, Magura T. 2016. Species richness responses to structural or compositional habitat diversity between and within grassland patches: a multi-taxon approach. Plos One, 11: e0149662.

Lesack L F W, Marsh P. 2010. River-to-lake connectivities, water renewal, and aquatic habitat diversity in the Mackenzie River Delta. Water Resources Research, 46(12): 439-445.

Leung J Y. 2015. Habitat heterogeneity affects ecological functions of macrobenthic communities in a mangrove: implication for the impact of restoration and afforestation. Global Ecology and Conservation, 4: 423-433.

Li B, Liao C, Zhang X, et al. 2009. *Spartina alterniflora* invasions in the Yangtze River estuary, China: An overview of current status and ecosystem effects. Ecological Engineering, 35(4): 511-520.

Li S, Cui B, Xie T, et al. 2016. Diversity pattern of macrobenthos associated with different stages of wetland restoration in the Yellow River Delta. Wetlands, 36(1): 57-67.

Lin Q X, Mendelssohn I A, Henry C B, et al. 1999. Effects of bioremediation agents on oil degradation in mineral and sandy salt marsh sediments. Environmental Technology, 20(8): 825-837.

Lin Q X, Mendelssohn I A. 2009. Potential of restoration and phytoremediation with Juncusroemerianus for diesel-contaminated coastal wetlands. Ecological Engineering, 35(1): 85-91.

Liu S, Zhao Q, Wen M, et al. 2013. Assessing the impact of hydroelectric project construction on the ecological integrity of the Nuozhadu Nature Reserve, southwest China. Stochastic Environmental Research and Risk Assessment, 27(7): 1709-1718.

López-González C, Presley S J, Lozano A, et al. 2015. Ecological biogeography of Mexican bats: the relative contributions of habitat heterogeneity, beta diversity, and environmental gradients to species richness and composition patterns. Ecography, 38(3): 261-272.

López-Rosas H, Moreno-Casasola P, López-Barrera F, et al. 2013. Interdune Wetland Restora-tion in Central Veracruz, Mexico: Plant Diversity Recovery Mediated by the Hydroperiod//Martínez M L, Gallego-Fernández J B, Hesp P A. Restoration of Coastal Dunes. New York: Springer: 255-269.

Loreau M, Naeem S, Inchausti P, et al. 2001. Biodiversity and ecosystem functioning: current knowledge and future challenges. Science, 294(5543): 804-808.

Lorenzón R E, Beltzer A H, Olguin P F, et al. 2016. Habitat heterogeneity drives bird species richness, nestedness and habitat selection by individual species in fluvial wetlands of the Paraná River, Argentina. Austral Ecology, 41(7): 829-841.

Lu Y, Yuan J, Lu X, et al. 2018. Major threats of pollution and climate change to global coastal ecosystems and enhanced management for sustainability. Environmental Pollution, 239: 670-680.

Mabberley D J. 1997. The Plant Book. 2nd ed. Cambridge: Cambridge University Press.

Mark C, Stanley H. 2003. Improving aquatic plant growth using propagules and topsoil in created bentonite wetlands of Wyoming. Ecological Engineering, 21(2-3): 175-189.

Martínez E, Rös M, Bonilla M A, et al. 2015. Habitat heterogeneity affects plant and arthropod species diversity and turnover in traditional cornfields. Plos One, 10(7): e0128950.

McDonough O T, Lang M W, Hosen J D, et al. 2015. Surface hydrologic connectivity between Delmarva Bay wetlands and nearby streams along a gradient of agricultural alteration. Wetlands, 35(1): 41-53.

McMeans B C, McCann K S, Tunney T D, et al. 2016. The adaptive capacity of lake food webs: from individuals to ecosystems. Ecological Monographs, 86(1): 4-19.

Merenlender A M, Matella M K. 2013. Maintaining and restoring hydrologic habitat connectivity in mediterranean streams: an integrated modeling framework. Hydrobiologia, 719(1): 509-525.

Michel J, Zengel S, Graham A, et al. 2013. Extent and degree of shoreline oiling: Deepwater Horizon oil spill, Gulf of Mexico, USA. Plos One, 8(6): e65087.

Miller P, Ehnes J W. 2000. Can Canadian approaches to sustainable forest management maintain ecological integrity//Pimentel D, Westre L, Noss R F. Ecological Integrity: Integrating Environment, Conservation, and Health. Washington DC: Island Press.

Mitsch W J, Jorgensen S E. 1989. Ecological Engineering. NewYork: John Wiley & Sons: 78 -91.

Morris J T, Sundareshwar P V, Nietch C T, et al. 2002. Responses of coastal wetlands to rising sea level. Ecology, 83(10): 2869-2877.

Myers M C, Mason J T, Hoksch B J, et al. 2015. Birds and butterflies respond to soil-induced habitat heterogeneity in experimental plantings of tallgrass prairie species managed as agroenergy crops in Iowa, USA. Journal of Applied Ecology, 52(5): 1176-1187.

National Research Council (NRC). 1992. Restoration of Aquatic Ecosystems-Science, Technology and Public Policy. Washington: National Academy Press: 576.

Nicholls R J, Cazenave A. 2010. Sea-level rise and its impact on coastal zones. Science, 328(5985): 1517-1520.

Nicholls R J, Hanson S E, Lowe J A, et al. 2014. Sea-level scenarios for evaluating coastal impacts. Wiley Interdisciplinary Reviews-Climate Change, 5(1): 129-150.

Nicholls R J, Hoozemans F M J, Marchand M. 1999. Increasing flood risk and wetland losses due to global sea-level rise: regional and global analyses. Global Environmental Change-Human and Policy Dimensions, 9: S69-S87.

Nielsen D L, Brock M A. 2009. Modified water regime and salinity as a consequence of climate change: prospects for wetlands of Southern Australia. Climatic Change, 95(3-4): 523-533.

Orr M, Crooks S, Williams P B. 2003. Will restored tidal marshes be sustainable? San Francisco Estuary Watershed Science, 1(1).

Oxley T, McIntosh B S, Winder N, et al. 2004. Integrated modelling and decision-support tools: a Mediterranean example. Environmental Modelling & Software, 19(11): 999-1010.

Pandey J S, Khanna P. 1998. Sensitivity analysis of a mangrove ecosystem model. Journal of Environmental Systems, 26(1): 57-72.

Pasquaud S, Lobry J, Elie P. 2007. Facing the necessity of describing estuarine ecosystems: a review of food web ecology study techniques. Hydrobiologia, 588(1): 159-172.

Pickering M D, Horsburgh K J, Blundell J R, et al. 2017. The impact of future sea-level rise on the global tides. Continental Shelf Research, 142: 50-68.

Pinnegar J K, Polunin N V. 2000. Contributions of stable-isotope data to elucidating food webs of Mediterranean rocky littoral fishes. Oecologia, 122(3): 399-409.

Poulter B, Goodall J L, Halpin P N. 2008. Applications of network analysis for adaptive management of artificial drainage systems in landscapes vulnerable to sea level rise. Journal of Hydrology, 357(3-4): 207-217.

Pringle C. 2003. What is hydrologic connectivity and why is it ecologically important? Hydrological Processes, 17(13): 2685-2689.

Propst L T, Lochmiller L R, Qualls J C W, et al. 1999. In situ (mesocosm) assessment of immunotoxicity risks to small mammals inhabiting petrochemical waste sites. Chemosphere, 38(5): 1049-1067.

Qin H, Chu T, Xu W, et al. 2010. Effects of invasive cordgrass on crab distributions and diets in a Chinese salt marsh. Marine Ecology Progress Series, 415(12): 177-187.

Quan W, Zhang H, Wu Z, et al. 2016. Does invasion of *Spartina alterniflora* alter microhabitats and benthic communities of salt marshes in Yangtze River estuary? Ecological Engineering, 88: 153-164.

Rodrıguez A, Delibes M. 2003. Population fragmentation and extinction in the Iberian lynx. Biological Conservation, 109(3): 321-331.

Scavia D, Field J C, Boesch D F, et al. 2002. Climate change impacts on US coastal and marine ecosystems. Estuaries, 25(2): 149-164.

Schleupner C, Schneider U A. 2010. Effects of bioenergy policies and targets on European wetland restoration options. Environmental Science and Policy, 13(8): 721-732.

Schuerch M, Spencer T, Temmerman S, et al. 2018. Future response of global coastal wetlands to sea-level rise. Nature, 561(7722): 231-234.

Sewell R W, 1989. Floral and faunal colonization of restored wetlands in west central Minnesota and northeastern South Dakota. South Dakota State University.

Simenstad C A, Warren R S. 2002. Introduction to the special issue on dike/levee breach restoration of coastal marshes. Restoration Ecology, 10(3).

Spencer T, Schuerch M, Nicholls R J, et al. 2016. Global coastal wetland change under sea-level rise and related stresses: The DIVA Wetland Change Model. Global and Planetary Change, 139: 15-30.

Stirnemann I, Mortelliti A, Gibbons P, et al. 2015. Fine-scale habitat heterogeneity influences occupancy in terrestrial mammals in a temperate region of Australia. Plos One, 10(9): e0138681.

Streever W. 1999. An international perspective on wetland rehabilitation. Dordrecht: Kluwer Academic Publishers.

Taylor C M, Hastings A. 2004. Finding optimal control strategies for invasive species: a density-structured model for *Spartina alterniflora*. Journal of Applied Ecology, 41(6): 1049-1057.

Tews J, Brose U, Grimm V, et al. 2004. Animal species diversity driven by habitat heterogeneity/diversity: the importance of keystone structures. Journal of Biogeography, 31(1): 79-92.

Tian B, Wu W, Yang Z, et al. 2016. Drivers, trends, and potential impacts oflong-term coastal reclamation in China from 1985 to 2010. Estuarine, Coastal and Shelf Science, 170: 83-90.

Tischendorf L, Fahrig L. 2000. On the usage and measurement of landscape connectivity. Oikos, 90(1): 7-19.

van der Hoek D, van der Schaaf S. 1988. The influence of water level management and groundwater quality on vegetation development in a small nature reserve in the southern Gelderse Vallei (the Netherlands). Agriculter Water Mananagement, 14(1-4): 423-437.

Vander Zanden M J, Rasmussen J B. 1999. Primary consumer δ^{13}C and δ^{15}N and trophic position of aquatic food web studies. Limnology Oceanography, 46: 2061-2066.

Wahl T, Haigh I D, Nicholls R J, et al. 2017. Understanding extreme sea levels for broad-scale coastal impact and adaptation analysis. Nature Communications, 8: 1-12.

Wang C, Pei X, Yue S, et al. 2016a. The response of *Spartina alterniflora* biomass to soil factors in Yancheng, Jiangsu Province, PR China. Wetlands, 36(2): 229-235.

Wang D, Huang W, Liang R, et al. 2016b. Effects of *Spartina alterniflora* invasion on soil quality in coastal wetland of Beibu Gulf of South China. Plos One, 11(12): e0168951.

Wang M, Gao X, Wang W. 2014. Differences in burrow morphology of crabs between *Spartina alterniflora* marsh and mangrove habitats. Ecological Engineering, 69: 213-219.

Wang M, Wang Q, Sha C, et al. 2018. *Spartina alterniflora* invasion affects soil carbon in a C_3 plant-dominated tidal marsh. Scientific Reports, 8: 1-11 .

Webster P J, Holland G J, Curry J A, et al. 2005. Changes in tropical cyclonenumber, duration, and intensity in a warming environment. Science, 309(5742): 1844-1846.

Weisberg P J, Dilts T E, Becker M E, et al. 2014. Guild-specific responses of avian species richness to lidar-derived habitat heterogeneity. Acta Oecologica, 59: 72-83.

Wu Q, Lane C R. 2017. Delineating wetland catchments and modeling hydrologic connectivity using lidar data and aerial imagery. Hydrology and Earth System Sciences, 21(7): 3579-3595.

Yang W, An S, Zhao H, et al. 2016a. Impacts of *Spartina alterniflora* invasion on soil organic carbon and nitrogen pools sizes, stability, and turnover in a coastal salt marsh of eastern China. Ecological Engineering, 86: 174-182.

Yang W, Jeelani N, Leng X, et al. 2016b. *Spartina alterniflora* invasion alters soil microbial community composition and microbial respiration following invasion chronosequence in a coastal wetland of China. Scientific Reports, 6(1): 1-13.

Yang W, Li X, Sun T, et al. 2017a. Habitat heterogeneity affects the efficacy of ecological restoration by freshwater releases in a recovering freshwater coastal wetland in China's Yellow River Delta. Ecological Engineering, 104: 1-12.

Yang W, Sun T, Yang Z F. 2016c. Does the implementation of environmental flows improve wetland ecosystem services and biodiversity? A literature review. Restoration Ecology, 24(6): 731-742.

Yang W, Yan Y, Jiang F, et al. 2016d. Response of the soil microbial community composition and biomass to a short-term *Spartina alterniflora* invasion in a coastal wetland of eastern China. Plant and Soil, 408(1-2): 443-456.

Yang W, Zhao H, Leng X, et al. 2017b. Soil organic carbon and nitrogen dynamics following *Spartina alterniflora* invasion in a coastal wetland of eastern China. Catena, 156: 281-289.

Zedler J B. 2000. Handbook for Restoring Tidal Wetlands (Marine Science Series). Boea Raton: CRC Lewis Publishers.

Zhang P, Li B, Wu J, et al. 2018. Invasive plants differentially affect soil biota through litter and rhizosphere pathways: a meta-analysis. Ecology Letters, 22(1): 200-210.

Zhang Y, Huang G, Wang W, et al. 2012. Interactions between mangroves and exotic Spartina in an anthropogenically disturbed estuary in southern China. Ecology, 93(3): 588-597.

Zhou H X, Liu J, Qin P. 2009. Impacts of an alien species (*Spartina alterniflora*) on the macrobenthos community of Jiangsu coastal inter-tidal ecosystem. Ecological Engineering, 35(4): 521-528.

Zou Y, Liu J, Yang X, et al. 2014. Impact of coastal wetland restoration strategies in the Chongming Dongtan wetlands, China: waterbird community composition as an indicator. Acta Zoologica Hungarica, 60(2): 185-198.

第三十二章

滨海盐渍化土壤改良与农业利用及生态修复①

① 本章作者：陈小兵

第一节 引 言

土壤盐渍化是一个世界性的资源和生态问题。土壤盐渍化是由自然或人类活动引起的一种重要的环境灾害或风险，全球大约有8.31亿hm^2的土壤受到盐渍化的威胁，次生盐渍化的面积大约为7700万hm^2，其中58%发生在灌溉农业区，接近20%的灌溉土壤受到盐渍化的威胁，而且这个比例还在增加。随着全球气候变暖的日益加剧，中低纬度区域的土壤盐渍化问题将日趋明显，美国、中国、匈牙利、澳大利亚等国的土壤盐渍化问题将会日益显著，而非洲北部和东部、南美洲、中东、中亚和南亚地区的土壤盐渍化问题将会更加严峻。因此，土壤盐渍化问题已上升为各国政府普遍关心的全球性问题，众多国家已经将土壤盐渍化问题纳入到国家未来的发展规划当中，土壤盐渍化问题已经成为全球变化研究框架下的重要内容，国际盐渍化论坛已经成为土壤学家探讨全球变化背景下土壤盐渍化发展演化的重要平台。2005～2014年，国际盐渍化论坛已分别于2005在美国加利福尼亚州、2008年在澳大利亚阿德莱德与2014年美国加利福尼亚州召开了三届，联合国粮食及农业组织、西班牙巴伦西亚大学和国际土壤科学联合会盐渍土工作组等联合组织召开的全球盐渍化与气候变化论坛于2010年10月在西班牙巴伦西亚召开，这些论坛深入讨论了全球变暖与淡水资源日益紧缺条件下的土壤盐渍化、灌溉、气候等相关问题及对策，呼吁土壤、水、农业和生物多样性领域的专家，以及环境与农业部、私人部门和区域与国际组织来共同应对盐渍化和气候变化问题，由此充分反映了土壤盐渍化的严重性、广泛性与开发利用盐碱地的紧迫性。

我国受盐碱影响的土地面积大，包括我国西北、华北、东北和滨海地区（王遵亲等，1993）。盐碱地是我国重要的土地资源，而盐碱地土壤中所含的较高盐碱已影响了植物的正常生长，使得大面积的土地资源难以获得高效利用。根据中国科学院南京土壤研究所报道，我国目前拥有各类可利用盐碱地资源约5.5亿亩，其中具有农业利用前景的盐碱地总面积1.85亿亩，包括各类未治理改造的盐碱障碍耕地0.32亿亩，以及目前尚未利用和新形成的盐碱荒地1.53亿亩。目前具有较好农业开发价值、近期具备农业改良利用潜力的盐碱地面积为1亿亩，集中分布在东北、中北部、西北、滨海和华北五大区域，其中东北盐碱区3000万亩，西北盐碱区3000万亩，中北部盐碱区1500万亩，滨海盐碱区1500万亩，华北盐碱区1000万亩（杨劲松和姚荣江，2015）。长期以来，发展改革委、自然资源部、农业农村部、财政部等也高度重视盐碱地的治理利用、政策研究以及技术创新等工作。2014年发展改革委会同有关部门印发了《关于加强盐碱地治理的指导意见》（发改农〔2014〕594号）以下简称《指导意见》，强调盐碱地治理是一项综合性、长期性、系统性的工作，涉及多个领域、部门和地方，提出了盐碱地治理的总体要求、目标任务和政策措施。有关部门按照《指导意见》的要求，结合实施高标准农田建设、农业综合开发、土地整治、草原保护与建设、林业生态建设、沿海滩涂湿地保护与恢复等项目，在盐碱地主要分布区开展相关治理工作，累计治理盐碱地超过200万亩。2015年中央“一号文件”第一条第一点重点指出“实施粮食丰产科技工程和盐碱地改造科技示范”。在2016年“典型脆弱生态修复与保护研究”国家重点研发计划专项中，科学技术部部署了“盐碱地土地生态治理关键技术及示范”研究项目，重点支持盐碱地治理等技术模式研发与典型示范，以期形成典型退化生态区域生态治理、生态产业、生态富民相结合的系统性技术方案，并在典型生态区开展规模化示范应用。合理开发利用这些盐碱地资源，对保障我国国家粮食安全、促进农业可持续发展、改善生态环境以及推动区域经济社会协调发展具有重要意义。从对外合作战略来看，“一带一路”沿线国家也是国际上盐碱地的重要分布带，除管道、交通等重大基础社会设施的互联互通外，盐碱地的开发治理将为我国 “一带一路”倡议增添一条极具吸引力的新纽带（郧文聚等，2015）。“盐碱土地治理技术联合研究”也进入了战略性国际科技创新合作重点专项2018年度的环境领域选题。因此，盐碱土的治理不仅关系到我国当前与未来很长一段时间内粮食增产、生态建设与实现全面协调可持续发展重大课题，也是深化与升级与“一带一路”沿线国家盐碱地治理的国际合作，打造和提升有国际竞争力的盐碱地开发治理与管控技术以及装备制造能力、构筑对外开放新的科技产业的有力支撑点。

一、滨海盐渍土改良与生态治理的必要性和可行性

我国海岸带地区具有资源丰富、生物种类繁多与区位优势显著等特点，其综合发展潜力巨大，为沿海地区扩展发展空间提供了重要的后备土地资源。然而，在海潮侵渍、围垦造田与灌排失当等自然和人为因素的共同作用下，沿海滩涂多以盐碱地的形式存在，故绝大部分的沿海滩涂并没有得到有效的开发利用。盐碱地开发是海岸带地区稳增长、调结构，优化和拓展发展空间，实现耕地占补平衡的必然选择。海岸带地区强大的经济实力与对生态环境建设的重视也为盐碱地的生态治理与管控提供了强大动力。在当前沿海地区土地资源供给日趋紧张的态势下，如何对沿海滩涂地带的盐碱地进行治理和科学合理的开发利用，成为沿海地区经济发展、水土环境保护和生态文明建设所面临的重大课题。

二、新一轮沿海规划背景下滨海盐渍土的改良与利用

在进入21世纪后，我国沿海地区诸多省市先后进行国家战略规划。其中以盐渍土改良和利用作为重要课题列入计划的主要包括环渤海地区的山东、河北与辽宁，以及位于暖温带-亚热带过渡带的江苏沿海地区。

环渤海地区是盐碱障碍导致的中低产田和未利用地的主要集中分布地区，位于海拔低于20m的低平原区，为黄淮海平原的一部分，包括粮食单产低于400kg/亩的河北、山东和天津的60个县（市、区），总耕地面积4000多万亩，其中98%分布于河北低平原区，另外该区尚有盐碱荒地1000多万亩，是重要的后备耕地资源，主要问题是土壤盐碱化严重，地下微咸水与咸水资源相对丰富，尽管开发有难度，仍有较大的增产潜力（李振声等，2011）。武兰芳等（2014）主要针对黄河三角洲地区，提出了粮食生产潜力开发的核心技术措施是进行洗盐排盐抑制耕层土壤返盐，改土培肥提高中低产田地力，筛选配置耐盐作物品种、优化耕作制度，实施适度规模集中连片标准化技术。通过“渤海粮仓科技示范工程”的5年科技攻关，构建了“渤海粮仓”小麦生产信息管理系统，共培育出10个抗旱耐盐作物品种，制定了环渤海中低产田粮食增产技术模式和盐碱地低成本快速改良技术体系（科学技术部，2018），为后期环渤海地区的盐碱地持续改良和粮食增产奠定了技术基础与保障。针对淡水资源匮乏制约盐碱地改良利用难题，中国科学院遗传与发育生物学研究所农业资源研究中心在环渤海低平原和滨海平原开展了30多年的缺水盐渍区盐碱地改良利用研究与示范工作，形成了以咸水、雨水、耐盐植物高效利用为核心的工程措施、农艺措施与生物措施相结合的盐碱地改良利用技术体系，揭示了咸水结冰融水咸淡水分离在滨海盐渍土的入渗规律, 发明了冬季咸水结冰灌溉改良滨海重盐碱地技术，建立了微域降盐、秸秆隔盐的盐碱地农艺改良技术模式（刘小京，2018）。高明秀等（2015）引入SWOT方法，基于“渤海粮仓”建设的优势、劣势、机遇与威胁分析，提出了以“市场导向、效益为先，政府主导、农企主体，创新驱动、科技支撑，统筹规划、因地制宜，财政支持、服务保障”为主要内容的“渤海粮仓”建设推进策略。因此，在滨海盐碱地上建设“渤海粮仓”是一个长期复杂的工程，尚需从经济、社会和生态效益等方面全面评价盐碱地改良利用。

江苏沿海地区的盐碱地改良具有鲜明的地域特色，其所改良的盐碱地主要是人工围垦的滩涂，有相对丰富的淡水资源可用于盐分淋洗。根据《江苏沿海地区发展规划》，人工围填所形成的新土地资源，用于农业、生态和建设的分别占60%、20%和20%。土壤的高盐分是滩涂开发利用，尤其是农业和生态建设的最大限制因素，如何实现滩涂快速降盐和耐盐植物/作物的筛选是盐土农业科学研究与生产开发中所面临的重要课题。沿海滩涂土壤属于滨海盐土类型，由于长期受海洋潮汐的影响，土壤盐分含量偏高、土体发育不明显、理化性状差、肥力水平低下（陈邦本和方明，1988）。陈小兵等（2010）针对江苏滩

涂的自然地理条件和资源特点，并结合滩涂资源开发中的主要问题，提出了江苏滩涂的可持续开发利用原则与滩涂资源开发的空间布局和区域利用模式。当前，基于农业利用的滨海盐土改良包括两个关键环节：①以工程措施（暗管排水）为主导的降盐；②以增加有机质为主导的土壤培肥。中国科学院南京土壤研究所杨劲松课题组在江苏滨海盐碱地监测、评估、改良与利用等方面开展了大量工作，取得了诸多进展（姚荣江等，2010；张建兵等，2013；Yao et al.，2017）。崔士友等（2017）初步总结了江苏省有关研究机构在滨海盐碱土快速脱盐改良技术、耐盐作物大规模筛选技术、沿海滩涂作物栽培关键技术以及沿海滩涂作物高效种植模式方面的研究进展，并在此基础上提出了江苏沿海滩涂快速改良与高效利用技术体系，包括：①滨海盐碱土评估、农林利用适宜性评价技术；②滨海中、重盐碱土快速脱盐改良技术；③滨海滩涂植树造林改土技术；④耐盐作物品种的筛选及高效规模化种植技术。但总的来说，江苏滨海盐碱土的研究和开发利用目前仍多处于分散状态，技术单一不成体系，开发利用规模小，仍需在面向盐碱土改良的主战场，强化应用基础研究。

第二节　中国滨海盐渍土改良与地力提升技术进展

一、滨海盐渍土的基本特征

我国是世界上滨海盐渍土分布最为广阔的国家之一。我国海岸线绵长曲折，跨越热带、亚热带和暖温带三个气候带，北起辽宁省鸭绿江口，南至广西壮族自治区北仑河口，长约1.8×10^4km，随着冲淤变化和人类活动的影响，海岸线处于不断的变化之中。滨海盐渍土沿我国约1.8×10^4km的海岸线呈宽窄不等的平行状分布，在辽宁、河北、山东、江苏、浙江、福建、广东等各省（区、市）沿海几乎均有分布，但其特征与面积随海岸线长短、海岸类型的不同存在很大差异。长江以北的沿海地区多为平原海岸，滩涂面积较大，盐渍土多呈片状大面积分布，而长江以南地区多为基岩海岸，盐渍土多呈斑状或窄条状分布。此外，在淤泥质海岸，有大面积的海涂可供垦殖利用，是海岸带地区发展农业生产的一项重要自然资源。

滨海土壤具有如下特征：①土壤盐分含量随着距离海洋的远近而变化，土壤盐分大致是距海越远，脱离潮汐影响的时间越长，则土壤的含盐量就越低，反之则越高；②盐分组成与海水基本一致，以氯化钠为主，滨海盐渍土土体盐分在剖面上的分布与地层岩性、地下水径流状况及人类活动因素密切相关；③地下水埋深一般较浅，矿化度高，滨海盐渍土多发育在河流三角洲上，三角洲沉积多呈水平状分布，均属疏松沉积物。地下水埋深一般在1.0～1.5m，雨季可达地表。地下水矿化度一般在10～30g/L，最高可达100～150g/L，在土壤含盐量较低地带，其地下水矿化度也有3～5g/L。

滨海盐渍土的类型主要根据土壤的含盐量、离子组成与pH来划分，一般可分为滨海盐土、滨海重度氯化物盐土、滨海中度氯化物盐土、滨海轻度氯化物盐渍土与脱盐化的苏打型-氯化物盐渍土。其中，滨海盐土根据pH的不同，又可分为中性盐土、碱性盐土与酸性盐土。伴随盐土的脱盐过程有碱化的趋势是滨海盐渍土的一个特点。

二、滨海土壤盐渍化的发生和演变

土壤的发生与演变，有其自身的客观规律和属性。土壤的盐碱化过程取决于气候、地质、地貌、植被及水文地质等自然地理条件，并且是这些条件的综合反映。土壤盐碱化的发生发展是在一定地区内上述自然因素综合影响的长期作用下土壤中水盐运动的结果，在耕作地区则兼受人为活动的影响。滨海土壤盐渍化及可溶性盐分迁移和聚积规律主要受气候、地形地貌、成土母质、地下水等因素影响，具有如下特征和规律：春秋季干旱少雨，盐分聚积地表；夏季雨多淋盐，雨涝抬高地下水位，可导致秋季积盐加重；季风气候、壤土、地下水埋深浅、地下水矿化、土壤瘠薄与坡洼地地形是土壤积盐的条件。滨海盐碱土地区旱、涝、盐、碱与薄多同时并存、相互作用，地域性和综合性特征显著（朱庭芸和何守城，1985；王遵亲等，1993），在治理与利用中，需要在摸清盐渍土演变的基础上，进行综合治理。下面主要从气候因素、地形、地层岩性成土母质、河流和潮汐、地下水等因素来简述自然因素对土壤盐渍化发生和演变的影响，这也是对滨海盐渍土进行调控的前提与基础。

气候因素的影响　气候是影响土壤盐渍化的一个主要因素，它直接影响土壤的盐分运动状况。由于滨海盐渍土分布的地域辽阔，各地区的自然条件复杂，气候差异悬殊，因此造成各地的土壤盐渍化的状况也有明显的不同。长江以北的山东、河北和辽宁等省属于温带半湿润性气候、降雨量相对较小，在天然状况下，土壤盐分以累积为主。长江以南的浙江、福建与广东沿海，属于亚热带、热带气候，降雨量大，土壤盐分以淋溶为主，累积甚微，盐渍化程度较轻。地处中部的江苏则介于南北过渡的气候带，淋溶略大于累积。北方海岸带地区蒸降比为2∶1～3∶1，蒸发量最大时期为4～6月，降雨量主要集中在7～8月，导致了浅层地下水的垂直交替，形成了土壤的季节性返盐与脱盐。

地形的影响　土壤盐化类型和盐化程度受地形的直接影响。大体的规律是在大地形上，盐分自高地向低地汇集；在微地形上，盐分自低处向高处积累。大地形的差异导致地下水的埋藏深度不同，因而在同一气候条件作用下，土壤的盐分变化也不一致。故高地一般处于相对脱盐过程，低地则相对积盐，滨海地区上农下渔的台田就是借鉴的此种原理。微地形上土壤盐渍化的过程与此相反，分布在地势低洼的冲积平原上的土丘，在强烈的蒸发作用下，土壤盐分浓缩并累积于土丘上，有时甚至出现盐结皮，在滨海平原农田防治土壤盐渍化的措施之一强调土地整平的管理也正是基于这一现象的应用。此外，在滨海地区的大型灌溉输水取道，在高水头的作用下，侧渗抬高了渠道两侧的地下水位，导致次生盐渍化土壤和盐斑沿渠道呈带状分布。

地层岩性与成土母质的影响　岩性特征不仅影响土壤的成土，在很大程度上也控制着盐分的运动和迁移。滨海盐渍土一般在1.0～2.0m以下存在淤泥质亚黏土、淤泥质亚砂土、湖沼相淤泥与半分解的植物残体。在地下水的作用下，该类型岩层成为形成氯化物盐渍土的内在因素。从地层岩性来看，滨海地区大都存在黏土和亚黏土或黏土隔层，其渗透性弱，能阻碍盐分运移。研究黏土夹层对水分运行的影响，以及这种影响与地下水位黏土夹层的位置和厚度的关系，对于通过农田排水来解决土壤盐渍化的问题意义重大。

河流和潮汐的影响　在洪水期，河水高于地下水位，低矿化度的河水补给近岸地带的地下水，稀释了地下水的盐分浓度；在枯水期与平水期，河水位低于地下水位，排水将土体的盐分带走。因此，沿河土壤的溶滤作用大于盐分的积聚作用，有利于土壤脱盐。潮间带区或临海地带，易受海潮侵袭的影响，高矿化的海水经蒸发作用将土壤盐分累积于土体表层，增加了土壤盐分。

地下水（潜水）的影响　在滨海平原区，地下水含有的盐分为土壤盐分的主要来源之一，地下水埋藏的深浅与其矿化度的高低是直接关系到地下水中的盐是否能转化为土壤水盐及土壤积盐的一个决定性条件。从整体来看，滨海盐渍土区地势平坦，地下水径流缓慢，埋深较浅，在自然条件下，多为排水不畅，地下水经长期蒸发浓缩具有较高的矿化度。一般距海较远的地区，地下水矿化度可达30～70g/L，个别洼地可达10～30g/L。在河流附近，因有一定的淡水补给，又有一定的排泄条件，地下水的矿化度较低，一般为3～5g/L。在沟网密布的滨海灌区，受长期灌溉的影响，地下水的矿化度可能更低，可低于1～3g/L，属于微咸水，可资利用。地下水为农田水分存在的一种形式，它与地表水和土壤水有直接联系，互相转化强烈。对于农业生产而言，如何利用这种转化，通过调节、控制地下水位的升降，保持农作物所需要的适宜地下水埋深为其关键。如果地下水位过高，上升毛细管水的补给作用，就可能导致盐渍化、土壤氧化还原电位的降低与空气含量不足，进而影响土壤的热状况、微生物的活动、有机质的固定和分解、土壤的适耕性及植物根的活性和吸收速率等。适宜的地下水埋深则可为作物创造有利的土壤环境，既要防止土壤过湿，又要防止土壤干旱，通过利用地下水对土壤的一定补给，可以减少灌溉用水量。因此，针对地下水浅埋深与高矿化的滨海地区的土壤盐渍化和次生盐渍化的防治，必须高度重视农田排水（地下水位的调控）的研究与实践。在生产实践中，一般引入地下水临界深度这个参数，它一般是指在一年中地面蒸发最强烈的季节，不致引起土壤表层开始积盐的地下水埋深。地下水的临界深度不仅是确定排水沟深度和间距的主要依据，也是盐渍土发生演变和灌区土壤次生盐渍化预测预报研究中的一个最基本参数。影响临界深度的因素很多，但主要可归为气候条件（蒸发、降雨、温度）、土壤性状（如质地、结构与剖面层次状况）、水文地质条件与人为措施（主要是农业措施和水利措施）等四个方面，这些因素的相互关系密切，综合地影响土壤的水盐运行规律。因此，临界深度不是一个常量，而是随其中任意一个因素的变化而改变的一个变量，在不同的地区、不同的情况下，地下水临界深度不同。在滨海地区，4～5月蒸发强，降雨稀少，是土壤易于积盐的时期，一般应将地下水控制在2.0m左右（轻质土2～2.2m，黏质土1.2～1.4m）。

三、滨海盐渍土水盐调控和地力提升技术

中华人民共和国成立以后，在滨海盐土荒地上先后建立了数十个国营农场，也拉开了滨海盐碱地改良与利用的帷幕。从20世纪50年代初期起至80年代末，以中国科学院南京土壤研究所为代表的科研单位在江苏、河北与山东滨海地区，对滨海盐土的发生、分布和改良问题进行了长期的水盐动态监测与定位试验研究，系统揭示了滨海盐渍区的水盐动态特征、土壤动态规律与土壤水盐动态调控规律，为滨海盐碱土的改良与利用提供了可靠依据（尤文瑞，1993）。刘兆普等（1998）在江苏滩涂开展了耐盐经济作物的规模化种植与其深加工利用研究，认为发展盐土农业是实现滨海地区经济、生态与社会效益多赢之路。辽宁省盐碱地利用研究所和沈阳农业大学则重点对辽宁省的滨海盐碱地改良与利用问题进行了深入研究（盘锦市人民政府科学技术委员会，2005），尤其是在种稻改良的盐碱地的灌溉理论与技术方面取得了重要进展（朱庭芸，1998）。基于黄河三角洲生态环境脆弱与淡水紧缺的现实，郭洪海和杨丽萍（2007）围绕滨海区域农业的可持续发展，在对黄河三角洲土地空间分异与质量评价的基础上，结合水盐运移与耐盐植物的抗盐机制研究，提出了生态农牧业的发展理论和技术模式。纵观60余年的盐碱土的改良与利用实践，其关键依旧可归结为两点：其一是主要通过水分调控使土壤耕作层脱盐或降低盐分；其二是通过提高耕作层土壤肥力，有效抑制土壤表层返盐。此两点对于滨海盐碱地的改良与利用也不例外，事实上，由于滨海地区地势低洼、排水困难与地下水埋深偏浅，培肥之作用在滨海盐碱地的治理中显得更为重要。陈恩凤（1977，1989，1991）和陈恩凤等（1979，1981）基于多年的理论研究和生产实践，深入揭示了盐分排除与土壤培肥的关系，认为盐渍土是一定自然条件下的产物，在治理上无根治方法；建立和保持地表淡化层均为治理盐渍土的中心内容；由于有机质具有培肥土壤和调节盐分的巨大功能，提出了以水、肥为中心的综合措施改良盐渍土。陈恩凤等的上述思想对盐碱土的改良和利用具有奠基性的作用，在之后盐碱地实践的各个尺度得到了进一步的应用。

就本质而言，生态系统是指土壤盐渍化地区的农田生态系统，其结构较为单一，抗逆性差，功能弱，物质与能量转换效率比较低。盐渍土治理实质就是改变农业生态潜力的限制因素，建立优质高产农田生态系统。旱、涝、盐、碱、咸是共寓于同一生态系统中五种不同的表征，但其关键都是通过水分运动彼此相互联系（朱庭芸和何守城，1985）。因此，滨海盐渍化生态系统得以改良的关键是通过调控地下水位来调节水盐状况，其次是培肥土壤，维特适宜的水、盐、肥平衡，为作物生长创造一个良好条件。从农作物种植角度而言，土壤质地是土壤物理性质之一，与土壤通气、保肥、保水状况及耕作的难易有密切关系，是拟定土壤利用、管理和改良措施的重要依据，虽然土壤质地主要取决于成土母质类型，有相对的稳定性，但耕作层的质地仍可通过耕作与施肥等活动进行调节。中国农业科学院土壤肥料研究所科研人员提出了“淡化肥沃层”的理论（魏由庆等，1992；严慧峻等，1992），即在不减少土壤盐分含量的情况下通过建立一个肥沃的表土层来“淡化”盐分，增强土壤的自控调节能力，达到防治土壤次生盐渍化的目的，但盐渍化土壤中施用有机物料后土壤有机质组成及其与盐渍化土壤结构形成及稳定性的关系尚鲜有报道。

第三节　黄河三角洲盐渍土的改良与区域农业综合发展

黄河三角洲地区濒临渤海湾及莱州湾，区域条件优越，在我国战略发展中占据着重要地位。但是随着社会经济的不断发展和人类活动的不断加剧，土地供需矛盾日益突出，盐碱地资源的开发与利用备受关注，盐碱地的改良是区域综合发展的基础，可同时提高黄河三角洲生态环境质量，并在国家层面上促进耕地供需不足的矛盾与粮食安全等问题的解决。对于黄河三角洲而言，盐碱地改良也是一个古老的新问题，一直困扰着当地农业的可持续发展。“垦荒—撂荒—再垦荒”是黄河三角洲农业开发中的一个怪圈，尽管农业可耕地的总量在增加，但改良的顶层设计不足和改良成本的居高不下，使盐碱地改良也付出了沉重的经济代价与生态代价。在当前黄河三角洲滨海盐碱地的治理和利用中，在开发战略、技术与政策导向上尚存在着诸多问题，孕育着较多风险。其历史的教训与现实的需要表明，须将黄河三角洲盐碱土改良与利用研究及生产实践置于更广阔的视野下，强化黄河三角洲地区的经济社会发展的宏观战略研究，唯有立足于推动黄河三角洲农业、林业、渔业与湿地多种生态系统和谐发展，在深入分析黄河三角洲区域水土平衡、水盐平衡与水土资源科学配置基础上，结合黄河三角洲产业结构调整和发展现代高效生态农业的现实，充分运用现代灌排工程技术、农业生物技术与信息技术，进一步深入揭示基于农业利用条件下的地下水浅埋深与高矿化下土壤盐分与养分的运移规律，精准确定土壤盐分调控标准，进一步研发经济技术可行与环境优化的改良技术、材料与模式，才可能为建立一种高产、稳产、优质和低成本的现代化农田结构提供科学依据。

一、黄河三角洲盐渍土改良与利用的进展和关键问题

近30多年来，人们对黄河三角洲的水盐运移机制和调控技术开展了广泛研究（张蕾娜等，2000；范晓梅，2010；尹春艳，2017），主要利用水利工程措施、农业技术措施、化学措施与生物措施对田间尺度上黄河三角洲的盐碱地进行了改良（侯贺贺等，2014；董亮等，2014），随着铺设暗管的成本大幅度降低，暗管的大面积推广是黄河三角洲盐碱地改良的一大亮点（刘文龙等，2013；李庆国和刘建强，2014）。在传统的水利、化学、农艺和生物改良的基础上，黄河三角洲也引入了“粉垄农耕”、“管道灌排一体化”、“耐海水灌溉水稻”和“ETS微生物肥料”等新技术，在试验区的小试取得了较大成功，但是否能够大面积推广尚需进一步验证。此外，一些新技术如“耐海水灌溉”本身就存在较大争议（凌启鸿，2018）。近年来，常规水稻的大面积推广，有可能进一步导致淡水资源的紧缺。在部分引入管道灌排一体化的试区，土地利用率大为提高，但在汛期强降水条件下，因田间毛沟多被填平，降水无法排除，直接导致作物受涝大幅度减产，并且加剧了翌年春季的土壤盐碱化。

总的来说，与国内外大河三角洲（我国辽河三角洲、海河三角洲与美国萨克拉门托-圣华金三角洲）开发相比较，结合黄河三角洲开发的现状与态势，黄河三角洲盐碱地在开发战略、技术与政策导向上存在如下主要问题。①盐渍土资源家底不清，不同来源的盐渍土的程度、数量与分布出入很大，缺乏覆盖三角洲土壤盐渍化的监测预报体系，故黄河三角洲盐渍土治理的宏观、长期战略也为空白。②未能将盐碱地的治理与三角洲的综合开发相结合。其一，忽视了盐碱、干旱、涝渍与土壤贫瘠的综合治理；其二，现在多强调典型地块某单项技术的研究，缺少区域上的土地资源评价，区域上的水盐平衡被忽视，对排涝骨干工程的运行状况与维护的重视度也远不够，点、片、面的关系未能理顺，不利于技术大规模的转化与推广。③黄河三角洲的盐碱地应用基础理论研究尚为薄弱，现有研究内容系统性和综合性不够，在整体研究的定量化与模型化方面都有待提高，直接导致应用研究难以深入，如对培肥条件下的耕层土壤盐分的表聚的消减与地下水临界埋深的变化性等处于灰箱状态，导致所采取的水利工程措施无法较好适应一系列的新情况和新措施。④纵观已有研究项目，进行经济核算的不多，对投入产出的效果和经济效益重视不够，导致项目结束后，很多技术成果难以推广。

二、基于水土平衡、水盐平衡的黄河三角洲盐碱地水盐调控的研究

水是区域农业发展的基础，也是盐碱地改良与利用的基础。由水土资源不匹配、水盐失衡所导致的最终灌区弃耕与生态系统经济社会发展受到毁灭性打击的例子不胜枚举。在海岸带地区尚需考虑农业排水对河口生态系统的影响。没有解决好土壤次生盐碱化的问题是古老的文明——底格里斯河和幼发拉底河美索不达米亚消亡的根源。时至今日，灌区的土壤盐渍化依旧是一个世界性的问题。曾经的世界第四大湖"咸海"濒临死亡的根源也正是农业的过度开发与灌排失衡等问题所导致土壤次生盐渍化。长期以来，美国加利福尼亚州的萨克拉门托-圣华金三角洲，也长期面临着土壤盐碱化、海水入侵与洪旱灾害频发等危害，该三角洲已成为脆弱的生态系统，区域的水盐平衡受到高度重视（Orlob，1991；Schoups，2005），Quinn（2014）从地质、水文地质与灌溉农业等方面深入分析，提出了圣华金谷盐分与排水的研究框架及模型。因此，在土壤盐碱化易发生地区，必须高度重视不同尺度上水土平衡和水盐资源问题（张蔚榛和张瑜芳，2003）。

黄河三角洲缺乏区域尺度上的水土资源平衡研究，仅在某一灌区尺度开展水盐平衡的研究（杜敏，2012）。分析区域水土资源空间匹配格局及其匹配状况，可揭示水土资源供需矛盾，对于区域水土资源的开发利用规划具有指导价值。王薇等（2014）以东营市及其所辖县（区）为研究区域分析了该区域水土资源空间分布的差异、构建了水土资源匹配测算模型、测算了水土资源匹配系数、划分了水土资源空间匹配程度，其结果显示研究区水土资源空间匹配程度总体呈现出"南高、北次之、中间低"的格局；地表水资源短缺、地下淡水资源非常有限，是导致黄河三角洲水土资源空间匹配程度差的主要限制因子。

（一）黄河三角洲参考作物腾发量计算方法适宜性研究

参考作物腾发量（ET_0）是计算作物需水量的关键因子，是农业灌溉设计和节水规划中必不可少的内容。在黄河三角洲地区开展的关于ET_0的研究主要是对ET_0的影响因素分析和采用遥感方法对ET_0进行估算，对于开展ET_0计算方法分析比对的研究尚未见报道。因此，选用目前应用较多的FA056 Penman-Monteith（简称P-M）、FAO-79 Penman、Priestley-Taylor、FAO-24 Penman和Hargreaves-Samani等5种方法，利用黄河三角洲4个典型气象站逐月气象数据计算ET_0，对ET_0计算结果分析对比，并以P-M法计算结果为标准，应用线性回归和方差分析对不同ET_0计算方法在黄河三角洲地区的适宜性进行评价。

对4个地区3～9月的参考作物腾发量计算结果见表32.1，可知5种方法得到的4个地区的月参考作物腾发量的变化趋势基本相同，4个地区5种方法的计算结果变化趋势均表现为先逐渐增大，达到最大值之后，再逐渐减小；并且最大值出现在5、6月。各种方法的计算差异随ET_0的增加而增大，以东营市垦利气象站ET_0计算结果为例，3月P-M法计算值为127.19mm，另外4种方法与P-M法相比，计算得到的ET_0的偏差为–3.38%～46.35%；6月P-M方法计算值为235.02mm，另外4种方法的ET_0最大偏差达到了66.99%（表32.2）。

表32.1　气象站3～9月ET_0计算结果　（单位：mm）

气象站	计算方法	3月	4月	5月	6月	7月	8月	9月
德州市陵县	P-M法	128.14	169.21	212.60	219.45	201.74	170.08	135.21
	FAO-79 Penman法	129.76	174.63	230.89	237.23	220.46	180.68	137.29
	Priestley-Taylor法	125.08	204.79	286.31	299.23	286.87	244.81	167.69
	Hargreaves-Samani法	176.93	272.51	374.48	430.98	395.63	336.72	268.61
	FAO-24 Penman法	186.14	235.09	282.43	285.63	264.94	229.29	187.62

续表

气象站	计算方法	3月	4月	5月	6月	7月	8月	9月
烟台市福山	P-M法	128.52	182.03	234.29	237.45	234.33	216.63	178.72
	FAO-79 Penman法	126.33	179.55	244.44	259.14	234.48	224.35	168.00
	Priestley-Taylor法	120.16	196.12	275.51	291.09	276.47	252.13	169.92
	Hargreaves-Samani法	150.62	241.93	353.02	370.58	351.97	318.54	244.66
	FAO-24 Penman法	195.59	265.10	317.63	311.78	303.85	281.93	238.36
淄博市沂源	P-M法	109.98	155.88	196.69	180.81	184.35	164.96	120.47
	FAO-79 Penman法	108.39	165.04	214.11	193.71	197.80	175.75	124.74
	Priestley-Taylor法	127.75	204.66	277.93	282.18	275.36	243.84	168.43
	Hargreaves-Samani法	175.98	271.20	376.15	388.82	366.77	325.85	254.08
	FAO-24 Penman法	157.81	214.49	261.18	239.91	244.28	222.62	170.75
东营市垦利	P-M法	127.19	179.10	234.98	235.02	227.69	199.70	157.80
	FAO-79 Penman法	128.10	172.66	253.47	247.78	235.63	200.68	160.41
	Priestley-Taylor法	122.89	200.79	273.95	292.95	277.94	235.39	152.66
	Hargreaves-Samani法	166.41	265.65	369.10	392.45	371.45	319.91	242.26
	FAO-24 Penman法	186.14	250.58	312.17	304.94	294.41	261.86	212.77

表32.2　气象站3～9月4种计算方法与P-M法的偏差　（单位：%）

气象站	计算方法	3月	4月	5月	6月	7月	8月	9月	平均值
德州市陵县	FAO-79 Penman法	1.26	3.20	8.60	8.10	9.28	6.23	1.54	5.46
	Priestley-Taylor法	−2.39	21.03	34.67	36.36	42.20	43.94	24.02	28.55
	Hargreaves-Samani法	38.07	61.05	76.14	96.40	96.11	97.97	98.67	80.63
	FAO-24 Penman法	45.26	38.93	32.84	30.16	31.33	34.81	38.76	36.01
烟台市福山	FAO-79 Penman法	−1.70	−1.36	4.33	9.13	0.06	3.56	−6.00	1.15
	Priestley-Taylor法	−6.51	7.74	17.59	22.59	17.98	16.39	−4.93	10.12
	Hargreaves-Samani法	17.20	32.91	50.67	56.07	50.20	47.04	36.89	41.57
	FAO-24 Penman法	52.19	45.64	35.57	31.31	29.67	30.14	33.37	36.84
淄博市沂源	FAO-79 Penman法	−1.44	5.88	8.86	7.14	7.30	6.54	3.54	5.40
	Priestley-Taylor法	16.16	31.29	41.30	56.06	49.37	47.82	39.81	40.26
	Hargreaves-Samani法	60.01	73.98	91.25	115.04	98.96	97.53	110.90	92.52
	FAO-24 Penman法	43.50	37.60	32.79	32.69	32.51	34.95	41.73	36.54
东营市垦利	FAO-79 Penman法	0.72	−3.60	7.87	5.43	3.49	0.49	1.65	2.29
	Priestley-Taylor法	−3.38	12.11	16.59	24.65	22.07	17.87	−3.26	12.38
	Hargreaves-Samani法	30.84	48.32	57.08	66.99	63.13	60.20	53.52	54.30
	FAO-24 Penman法	46.35	39.91	32.85	29.75	29.30	31.13	34.83	34.88

为进一步分析各种计算方法的计算精度在黄河三角洲地区的适宜性，以P-M法的计算结果作为标准，将其他4种方法的计算结果与其进行对比分析。由图32.1可以看出，其他4种方法的计算结果与P-M法的计算结果存在明显的线性关系，因此，利用式（32.1）对图中数据进行线性拟合。同时计算了不同方法的逐月值与P-M法的标准误差S^2，计算公式为式（32.2）。利用式（32.1）和式（32.2）计算的结果见表32.3。

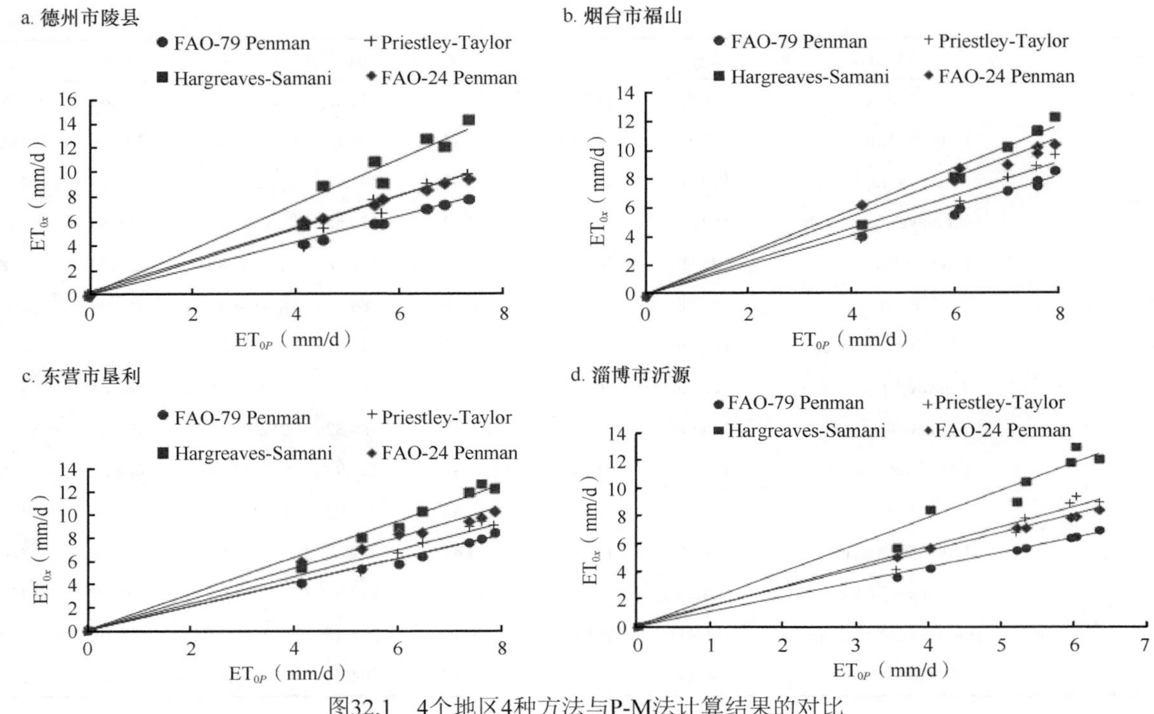

图32.1　4个地区4种方法与P-M法计算结果的对比

$$ET_{0P}=mET_{0x} \tag{32.1}$$

$$ET_{0P}=\frac{1}{n}\sum_{i=1}^{n}\left(ET_{1i}-ET_{2i}\right)^2 \tag{32.2}$$

表32.3　4种方法与P-M法的线性回归系数、决定系数与标准差

方法	德州市陵县			烟台市福山			东营市垦利			淄博市沂源		
	m	R^2	S^2	m	R^2	S^2	m	R^2	S^2	m	R^2	S^2
FAO-79 Penman	1.19	0.999	0.017	1.17	0.972	0.089	1.14	0.982	0.064	1.204	0.998	0.026
Priestley-Taylor	1.827	0.951	0.185	1.628	0.979	0.107	1.614	0.985	0.089	1.838	0.942	0.204
Hargreaves-Samani	2.273	0.896	0.34	2.015	0.994	0.07	1.999	0.985	0.111	2.287	0.864	0.406
FAO-24 Penman	1.186	0.999	0.18	1.061	0.962	0.094	1.123	0.988	0.056	1.125	0.993	0.041

通过上述研究，结论如下。①以P-M法作为标准，对其他方法进行评价，结果表明：在黄河三角洲各气候区FAO-Penman法（FAO-79 Penman法和FAO-24 Penman法）和Priestley-Taylor法在黄河三角洲各气候区估算的ET_0值与P-M法的计算结果更接近，其中FAO-Penman法误差为–6%～10%，标准误差小于0.2。因此在黄河三角洲地区可以用FAO-Penman法代替P-M法；在缺少辐射和风速资料的地区，Priestley-Taylor法可以获得与P-M法估值较相当的结果。②通过对各方法计算的逐月参考作物腾发量的比较，发现在黄河三角洲区各种方法变化趋势基本一致，方法间的差异随ET_0值的增大而增大，在较湿润的黄河三角洲地区Priestley-Taylor法和FAO-Penman法的变化趋势较一致。

（二）不同淋洗条件下黄河三角洲盐渍土脱盐规律的研究

黄河三角洲地区在成陆过程中，不断受到黄河改道、海水侵袭浸润等多种因素影响，滨海盐渍土成为主要土壤类型之一。同时盐渍土是黄河三角洲地区的主要后备土地资源，开发利用盐渍土的重要性日益凸显。改良盐渍土主要是通过灌溉淋洗将土壤中的盐分排出和控制地下水埋深防止蒸发返盐产生次生盐碱化。不合理的灌溉方式和微咸水都会促使土壤盐分增加，产生次生盐碱化。土壤盐渍化导致的土壤退化是影响农业可持续发展的主要因子。室内模拟淋洗试验是精确分析盐渍土水盐动态运移规律的主要手段之一。通过设置不同边界条件和初始条件对土壤水盐运移进行非饱和水一维垂向移动、蒸发条件下盐分富集、淋洗条件下盐分离子迁移、水盐移动数值模拟等不同角度的探讨。在灌水淋洗脱盐过程中，盐分主要是随着水分下渗而被排出土体的，淋洗入渗水头越大，湿润锋下移速度越快，向下冲洗越深，冲洗效果越好；淋洗水头的变化也明显改变了不同土层盐分的变化速率（叶校飞，2010）和不同灌水、灌溉定额（王增丽等，2016）。总体而言，一直以来盐渍土的淋洗改良多为常水头连续淋洗，而在淋洗灌溉方式上鲜有研究，并且在土壤含盐量极高（含盐量远大于30g/1000g土）的黄河三角洲地区对滨海盐土较为极端的土壤类型，开展不同淋洗灌溉方式对土壤水盐运移规律的研究更为少见。为了更好地开发利用黄河三角洲盐渍土资源，分析和探讨不同淋洗条件下土壤水盐运移的特征和动态规律，以期为黄河三角洲盐渍土合理的淋洗脱盐模式提供一定技术参考。

供试土样取自东营市垦利区中国科学院烟台海岸带研究所试验站，取土区域内无植被覆盖，且未扰动。在0～100cm分层取土，每20m为1层，采用环刀法分别测各层土壤容重；土样经过烘干过2mm筛后，分层填装土柱，按每层实测土壤容重填装土柱，层间打毛，再填装下一层。土壤粒径组成使用中国科学院烟台海岸带研究所测试分析中心的MarLvern Mastersizer 2000F型激光粒度仪进行测定，全盐采用质量法测量，电导率采用电导率仪测定，pH采用pH计测定，土壤质地分类的依据为美国制分类标准。供试土壤理化性质见表32.4。

表32.4　土壤理化性质

土层（cm）	土壤粒级分数（%）			土壤质地	全盐量（%）	电导率（mS/cm）	pH	土壤容重（g/cm³）
	黏粒	粉粒	砂粒					
0～20	9.38	68.59	22.03	粉壤土	3.90	8.72	7.12	1.57
20～40	4.88	77.81	17.31	粉壤土	1.47	3.67	7.31	1.42
40～60	3.26	72.88	23.86	粉壤土	1.43	3.64	7.47	1.33
60～80	3.73	77.48	18.79	粉壤土	1.28	3.74	7.53	1.43
80～100	6.82	85.43	7.75	粉土	1.19	3.5	7.58	1.55

试验于2016年6～7月进行，采用室内土柱模拟淋洗的方法，土柱为有机玻璃的圆柱，高120cm，土柱放置于三角支架上，土柱底部开孔，下端用三角烧瓶收集土柱淋洗试验的排出液。将扰动土按每层20cm装入土柱。为了使紧实度均匀，每层分4次填装，每次填装5cm，每层的装填容重按照研究区域现场环刀取样测得值装填压实，相邻层之间装填时将下层土壤表面打毛后再装填，为了防止底部土壤堵塞柱子排水口，铺设10cm厚度的石英砂作为反滤层，并且使用ECH_2O土壤墒情监测系统监测土壤体积含水率，该系统由Em50数据采集器和5TE土壤水分温度电导率传感器组成。在距离土柱表面10cm、30cm、50cm、70cm、90cm处埋设5TE传感器，5TE传感器可以同时测量土壤水分、温度和电导率，主要受土壤质地、容重、矿物质量和盐分等因素影响。试验装置见图32.2。

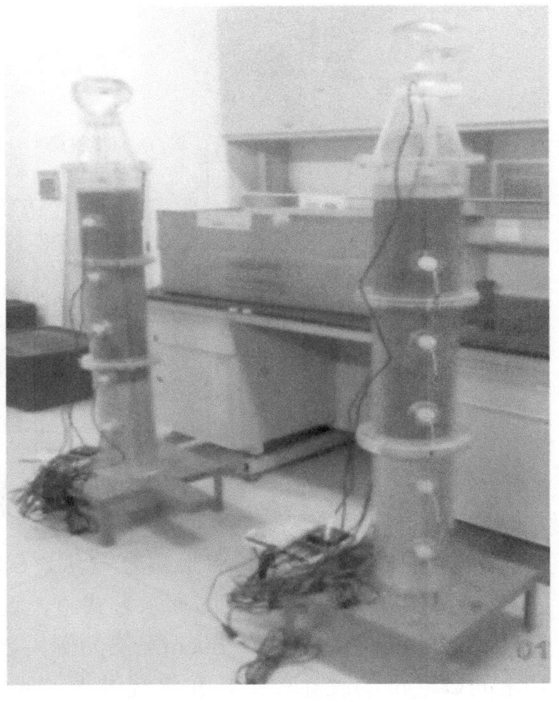

图32.2　试验装置

试验采用间歇淋洗和连续淋洗2种方式。连续淋洗是保证5cm蓄水水头连续供水，直到底部排除的滤液矿化度小于3g/L时试验完成；间歇淋洗以5cm水量为1次灌水量，待表层没有积水后再间隔12h进行下次灌水，待滤液矿化度小于3g/L时结束淋洗试验；试验中每隔4h收集1次各土柱淋洗滤液，每种淋洗方式设置三次重复。

淋洗滤液的变化见图32.3和图32.4。连续淋洗土柱和间歇淋洗土柱在滤液随时间的变化过程中矿化度的减小速率都是由大到小变化的，间歇淋洗土柱完成试验需要的时间（314h）远大于连续淋洗土柱的淋洗时间（149h）。滤液矿化度和时间之间存在幂函数的关系，并且都是呈递减的趋势分布的，表明2个土柱滤液矿化度变化速率是由快到慢变化的，因为试验开始时土壤含盐量较高，淋洗水溶解掉的盐分更多，随着水分入渗盐分被带走，土壤中的含盐量逐渐降低，淋洗水溶解掉的盐分也随着减少。并且从试验中采集到的滤液矿化度可以看出，间歇淋洗处理有滤液流出时，其矿化度总是高于连续淋洗，表明该处理下同样水量可以淋洗出更多的土壤可溶盐。由图32.4可知，总体而言，连续淋洗和间歇淋洗土柱的滤液矿化度和滤液累积量均呈对数函数关系。随着滤液量的增加，滤液矿化度逐渐减小；滤液累积量匀速增加，但是矿化度随滤液累积量并不是匀速减小；初始滤液矿化度急剧减小，随着滤液累积量增加，滤液矿化度减小速率变得迟缓。其中，当滤出液累积量小于7.9cm时，间歇淋洗的淋出液矿化度比连续淋洗的高，且间歇淋洗初始矿化度远高于连续淋洗矿化度，同时连续淋洗矿化度的减小速率小于间歇淋洗的速率；滤液累积量在7.9～40cm时，随着滤液量增加，连续淋洗滤液矿化度高于间歇淋洗矿化度，且连续淋洗矿化度的减小速率大于间歇淋洗；当滤液累积量超过40cm后，间歇淋洗矿化度均低于连续淋洗。在滤液累积量小于40cm时，间歇淋洗的溶解脱盐率高于连续淋洗的，大于40cm时连续淋洗的高于间歇淋洗的，间歇淋洗滤液矿化度的减小速率大于连续淋洗的。在不同淋洗条件下，在排出相同滤液量时，间歇淋洗排除的盐分更多，脱盐效率更高，从节水角度讲，间歇淋洗更经济。

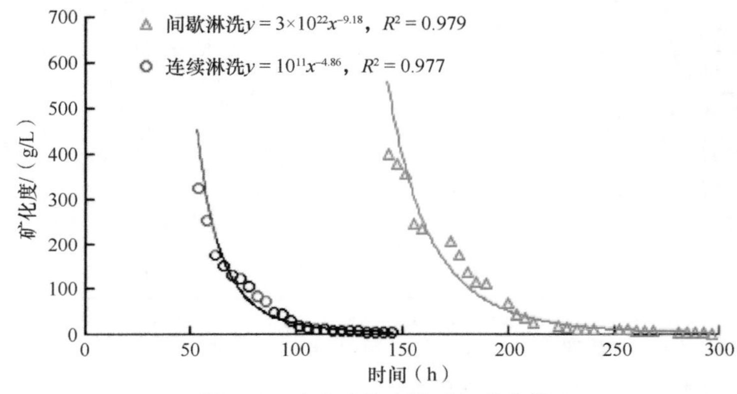

图32.3　滤液矿化度随时间的变化

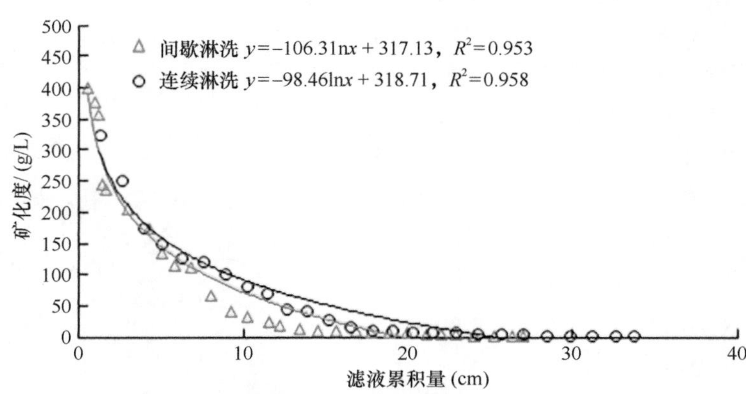

图32.4　滤液矿化度随滤液累积量的变化

不同灌水条件淋洗前后土壤全盐量、SAR（钠吸附比）、RSC（残余碳酸钠）及pH的变化特征见表32.5。从中可以发现，不同灌水方式下，连续淋洗土柱和间歇淋洗土柱淋洗后全盐量分别是淋洗脱盐前的11.89%和8.39%（以40～60cm土层为例），表明在试验过程中淋洗脱盐效果明显，连续淋洗的脱盐效果好于间歇淋洗的脱盐效果。在淋洗过程中各个土层剖面的pH都在上升，因为淋洗过程中其他离子的含量都在减少，CO_3^{2-}量增加。间歇淋洗土柱中各层pH增量大多小于连续淋洗土柱中pH的增量，并且间歇淋洗后各层土壤pH虽有增加，但是还在一般植物生长的允许范围内。在淋洗过程中2个土柱中各个土层剖面的SAR均呈下降趋势，间歇淋洗土柱中SAR减小量大多大于连续淋洗土柱中SAR减小量，但是还在一般植物生长的允许范围内。在淋洗过程中2个土柱中各个土层剖面的RSC都有所上升，间歇淋洗土柱中RSC增量小于连续淋洗土柱中RSC增量，均在一般植物生长的允许范围内。

表32.5　不同灌水条件淋洗前后土壤全盐量、SAR、RSC及pH

淋洗方式	土层深度（cm）	淋洗前				淋洗后				脱盐率（%）
		SAR	RSC	全盐量（%）	pH	SAR	RSC	全盐量（%）	pH	
连续淋洗	0～20	7.29	−13.96	3.90	7.12	1.32	−1.06	0.05	8.58	98.72
	20～40	7.22	−5.73	1.47	7.31	0.67	−0.24	0.06	9.17	95.92
	40～60	7.11	−3.01	1.43	7.47	0.61	−0.17	0.17	8.66	88.11
	60～80	7.08	−4.92	1.28	7.53	0.52	−0.09	0.21	8.55	83.59
	80～100	7.04	−3.54	1.19	7.58	1.23	0.57	0.25	8.69	78.99
间歇淋洗	0～20	7.29	−13.96	3.90	7.12	1.22	−1.08	0.02	8.23	99.49
	20～40	7.22	−5.73	1.47	7.31	0.57	−0.47	0.06	8.47	95.92
	40～60	7.11	−3.01	1.43	7.47	0.51	−0.46	0.12	8.60	91.61
	60～80	7.08	−4.92	1.28	7.53	0.42	−0.64	0.29	8.52	77.34
	80～100	7.04	−3.54	1.19	7.58	1.24	−2.25	0.31	8.78	73.95

三、减肥背景下黄河三角洲中轻度盐渍农田的施肥效应

土壤养分和盐分状况决定了盐碱地的植被类型和土地利用方式（王海梅等，2006），因此，深耕、增施绿肥等土壤管理措施常作为改良盐碱土的手段。有机无机配施、氮磷钾配施等都可在一定程度上减缓盐分对作物的胁迫作用，促进其生长（王立艳等，2016）。合理科学施肥不仅可以优化肥料施用量，还可以提高肥料利用率，以保护农业生态环境（曾文治等，2014）。黄河三角洲地区肥料用量相当大，东营市2013年消耗氮肥16万t、磷肥9万t、钾肥2万t、复合肥10万t。过量施肥不仅造成肥料浪费和水体富营养化，还可能导致土壤盐渍化。我国肥料利用率偏低，氮、磷、钾肥的利用率分别为30%～35%、10%～25%和35%～50%，而在盐碱地受盐胁迫的影响肥料利用率更低（郭淑霞和龚元石，2011）。如何使盐碱地肥料达到高效利用是长期以来需要解决的问题。

盐碱土施肥的研究大都针对土壤和作物作用机制方面，而针对肥料效应数学模型角度的研究较少。肥料效应模型（经验模型）是根据田间试验结果，建立在生物统计基础上的回归模型，描述了施肥量和作物产量间的数量关系。通过建立肥料效应模型可以确定合理施肥量，该方法也是国内外实现定量化施肥的主要途径。虽然前人关于肥料效应模型的研究较多，但没有涉及盐碱土条件下的模型研究。单晶晶等（2017）利用黄河三角洲地区的盐碱土布置“3414”试验，探究了该地区冬小麦的肥料效应模型，确定了最佳施肥量，以期为该地区的冬小麦合理化施肥提供依据。

（一）盐碱地冬小麦氮磷肥料效应模型

盐碱地冬小麦氮磷肥料效应模型最佳经济施肥量见表32.6。由表32.6可知，氮肥的线性加平台模型拟合出的收益最高，其次是一元二次和平方根模型，最佳经济施氮量为一元二次模型＞平方根模型＞线性加平台模型。线性加平台模型收益仅比一元二次模型高14元/hm^2，但其最佳经济施氮量低92.4kg/hm^2。若单以收益为目的，线性加平台模型和一元二次都可作为氮肥模型的选择。本试验中线性加平台模型的收益最高7462.2元/hm^2，最佳经济施氮量为162.0kg/hm^2。磷的一元二次模型拟合得出的收益最高，其次是平方根和线性加平台模型，最佳经济施磷量为一元二次模型＞平方根模型＞线性加平台模型。尽管

线性加平台模型的拟合度较好，但综合经济因素，一元二次模型的收益最高（7357.6元/hm²），最佳经济施磷量为98.6kg/hm²。故在一元模型中，氮肥适合选用线性加平台和一元二次模型拟合，而磷肥适合一元二次模型拟合。对比一元和二元的二次模型，二元模型的最高收益分别较前两者低15.8元/hm²、高74.8元/hm²，而最佳经济施氮量低10.3kg/hm²、高25.9kg/hm²，最佳施磷量低4.4kg/hm²、高10.8kg/hm²。由此可知，一元二次和二元二次模型拟合计算出的最高收益和最佳施肥量差距很小，而后者将氮磷作为自变量引入同一方程，能考虑到氮磷之间的交互作用。

表32.6 盐碱地冬小麦氮磷肥料效应模型最佳经济施肥量拟合结果

	肥料	肥料效应模型	最佳经济施氮量（kg/hm²）	最佳经济施磷量（kg/hm²）	籽粒产量（kg/hm²）	收益（元/hm²）
一元	氮肥	线性加平台	162.0	105	–59.7	29.8
		一元二次	254.4	105	45.8	15.8
		平方根	190.1	105	–139.0	–116.0
	磷肥	线性加平台	270.0	64.5	–162.4	–176.3
		一元二次	270.0	98.6	–18.0	–74.8
		平方根	270.0	69.5	–150.5	–173.1
二元		二元二次	244.1	94.2	0.000	0.0

注：各模型以二元二次模型收益（7432.4元/hm²）和籽粒产量（6337.9kg/hm²）为基准

（二）肥料农学利用率

肥料农学利用率是肥料利用效率的一个重要指标，其计算方式为肥料农学利用率=（施肥区籽粒产量–无肥区籽粒产量）/施肥量。图32.5显示，随着施肥量的增加，即施肥量从水平1至水平3，肥料农学利用率逐渐降低，两者之间存在线性关系，相关系数均达到显著水平。其中氮磷处理的水平1、3差异显著，而水平2与其他水平差异不显著。施氮处理的水平1～3的农学利用率分别为8.2kg籽粒/kg N、5.2kg籽粒/kg N、3.1kg籽粒/kg N，水平1的氮肥农学利用率是水平3的2.6倍。施磷处理的水平1～3的农学利用率分别为18.3kg籽粒/kg P_2O_5、12.8kg籽粒/kg P_2O_5、6.5kg籽粒/kg P_2O_5，水平1的磷肥农学利用率是水平3的2.8倍。总体表现为氮肥农学利用率低于磷肥农学利用率。结果表明，氮磷施用量增加，肥料农学利用率降低，但磷肥农学利用率高于氮肥。

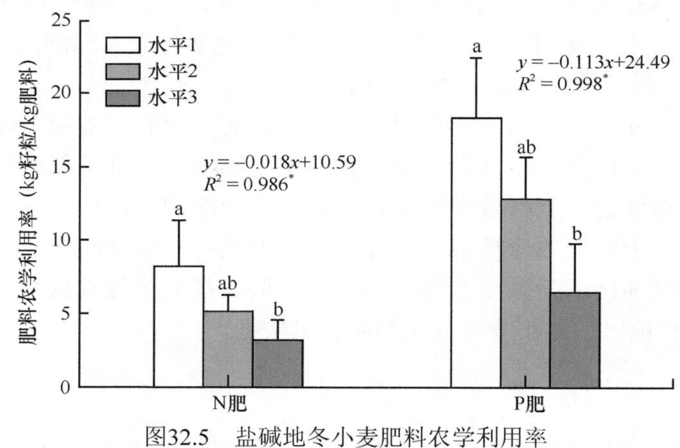

图32.5 盐碱地冬小麦肥料农学利用率

*为显著性水平

根据肥料用量与农学利用率之间的线性关系，可得出不同模型最佳肥料施用量的农学利用率。氮磷线性加平台、一元二次、平方根模型推荐的最佳经济施氮量对应的农学利用率分别为7.7kg籽粒/kg N、6.0kg籽粒/kg N、7.2kg籽粒/kg N和17.2kg籽粒/kg P_2O_5、13.3kg籽粒/kg P_2O_5、16.63kg籽粒/kg P_2O_5；氮磷二元二次模型推荐的最佳经济施氮量对应的农学利用率分别为6.2kg籽粒/kg N、13.8kg籽粒/kg P_2O_5。结果表明，氮磷的线性加平台模型肥料农学利用率最高，一元二次模型和二元二次模型肥料农学利用率几乎一致。

四、棉秆还田对土壤理化性质与产量的影响

棉花因具有一定的耐盐能力，成为黄河三角洲当地广泛种植的一种经济作物，为当地农业生产带来了较高经济效益的同时，也产生了大量的棉秆。由于受到长期施用化学肥料和灌水压盐等农业生产措施的影响，土壤孔隙率降低、容重增大、肥力下降、返盐现象不断恶化。因此，棉秆还田技术的研究和推广既能够提高土壤肥力、改善土壤结构，又能够有效提高棉秆资源的综合利用效率，减少其因遗弃所造成的环境污染。棉秆还田技术的应用多集中在新疆棉区，在东部滨海盐碱地区却鲜有研究。

吴从稳等（2016）以黄河三角洲地区滨海盐碱土为主要试验对象，将棉秆经过不同处理后施入土壤，并根据棉花的不同生长时期对棉田土壤物理、化学性状进行比较分析，探究棉秆经过不同方式处理后对滨海盐碱土改良效果的影响，以期为黄河三角洲地区高效循环农业发展及滨海盐碱地改良工作提供理论参考和技术支持。试验对比棉秆直接粉碎还田（FS）和堆腐还田（FC）两种模式，分别设定不同还田量进行试验，并根据不同棉花不同生长时期对棉田土壤物理、化学指标进行对比分析。结果表明，两种还田模式均能有效增加0～10cm土层土壤孔隙度，降低土壤容重，且与还田量分别呈正相关和负相关的关系；当还田量为9t/hm^{2}时能有效增大土层粒度中黏粒和粉粒所占比重。FS类比FC类对棉花吐絮期表层（0～10cm）土壤pH的降低效果更明显。两种还田处理的降盐效果显著，并随着还田量增大而不断加强。还田处理可以有效降低0～10cm和10～20cm土层土壤中Na^+和Cl^-含量，而当还田量为9t/hm^{2}时对降低0～10cm土层中SO_4^{2-}含量及增加K^+、Ca^{2+}、Mg^{2+}含量的效果最为明显。土壤有机质、速效磷、速效钾含量在蕾铃期时明显高于其他时期，两种还田模式均能显著增加土壤有机质含量，但差异性不大，FS类较FC类在增加全氮和速效钾含量方面效果显著，而在增加速效磷含量方面表现刚好相反。两种还田模式可以有效增加棉花产量，且FS类比FC类的增产效果更好。

（一）棉秆直接粉碎还田和堆腐还田对土壤盐分含量的影响

不同生长期在棉田小区土壤分层采样，对土壤电导率进行统计分析，见表32.7。总体来看，不同处理表现为0～10cm＞10～20cm＞20～40cm，蕾铃期＞苗期＞吐絮期。苗期时，0～10cm，不同处理的$EC_{1:5}$均比CK数值小且与还田量负相关，其中FS3处理的数值最小，降盐效果最为明显；10～20cm，FC3表现为最佳降盐处理。这是因为秸秆具有保水保墒的效果，从而抑制水分蒸发带来的盐分上移。蕾铃期时，0～10cm与苗期表现为相似规律，但10～20cm和20～40cm各处理波动性较大，规律性不明显。吐絮期时，在0～10cm土层除FC1处理外均小于CK数值；10～20cm和20～40cm时各处理对盐分均有较好的抑制作用。综合考虑，FS类比FC类具有更为明显的盐分抑制作用，尤其是表现在0～10cm土层。

表32.7 不同试验处理对$EC_{1:5}$的影响 （单位：dS/m）

生长期	土层	试验处理						
		CK	FC1	FC2	FC3	FS1	FS2	FS3
苗期	0～10cm	2.35a	2.19ab	2.16ab	1.96b	2.13ac	2.09b	1.86c
	10～20cm	2.24a	1.61b	2.08ab	1.40c	1.69ab	1.55b	1.58c
	20～40cm	1.53a	1.56a	1.61a	1.68b	1.46a	1.50ab	1.47ab
蕾铃期	0～10cm	2.40a	2.23ab	2.25b	2.19b	2.20ab	1.86bc	1.77c
	10～20cm	1.34a	1.49b	2.11b	1.36b	1.59ab	1.39bc	1.29c
	20～40cm	1.10a	1.15a	1.32a	1.06ab	1.20a	1.05ab	0.87b
吐絮期	0～10cm	2.03a	2.07a	1.81b	1.77c	1.88b	1.84bc	1.71c
	10～20cm	1.86a	1.77ab	1.68b	1.49c	1.38bd	1.78abd	1.62d
	20～40cm	1.75a	1.61ab	1.52b	1.60ab	1.48b	1.42b	1.65ab

注：同行数据小写字母不同表示差异性显著（$P<0.05$）

（二）棉秆直接粉碎还田和堆腐还田对土壤有机质含量的影响

总体来看，在棉花的不同生长期，土壤有机质含量呈现先上升后下降的趋势，而不同土层之间表现为10～20cm＞0～10cm＞20～40cm，见图32.6。0～10cm土层（图32.6a），播种期时，经过不同处理的棉田小区总体差异不大；苗期时，各个处理基本上随着秸秆施入量的增加，有机质含量呈现总体上升趋势，其中FS2处理棉田小区含量最大；蕾铃期时，随秸秆施入量增加，土壤有机质含量明显增大，各试验处理间差异性显著（$P<0.05$），其中FC2较CK差异性最大，提高26.3%；吐絮期时，总体表现为FC类具有更好的增幅效果。10～20cm土层（图32.6b），苗期和吐絮期时各处理差异性不显著，蕾铃期时FS2和FS3处理具有较好的增幅效果。20～40cm土层（图32.6c），各处理差异性不大，土壤有机质含量基本保持稳定，苗期为8.30～9.31g/kg，蕾铃期为15.57～16.36g/kg；吐絮期，各处理差异较大，但规律性不明显。从不同还田方式来看，直接粉碎还田与堆腐还田总体差异不显著。

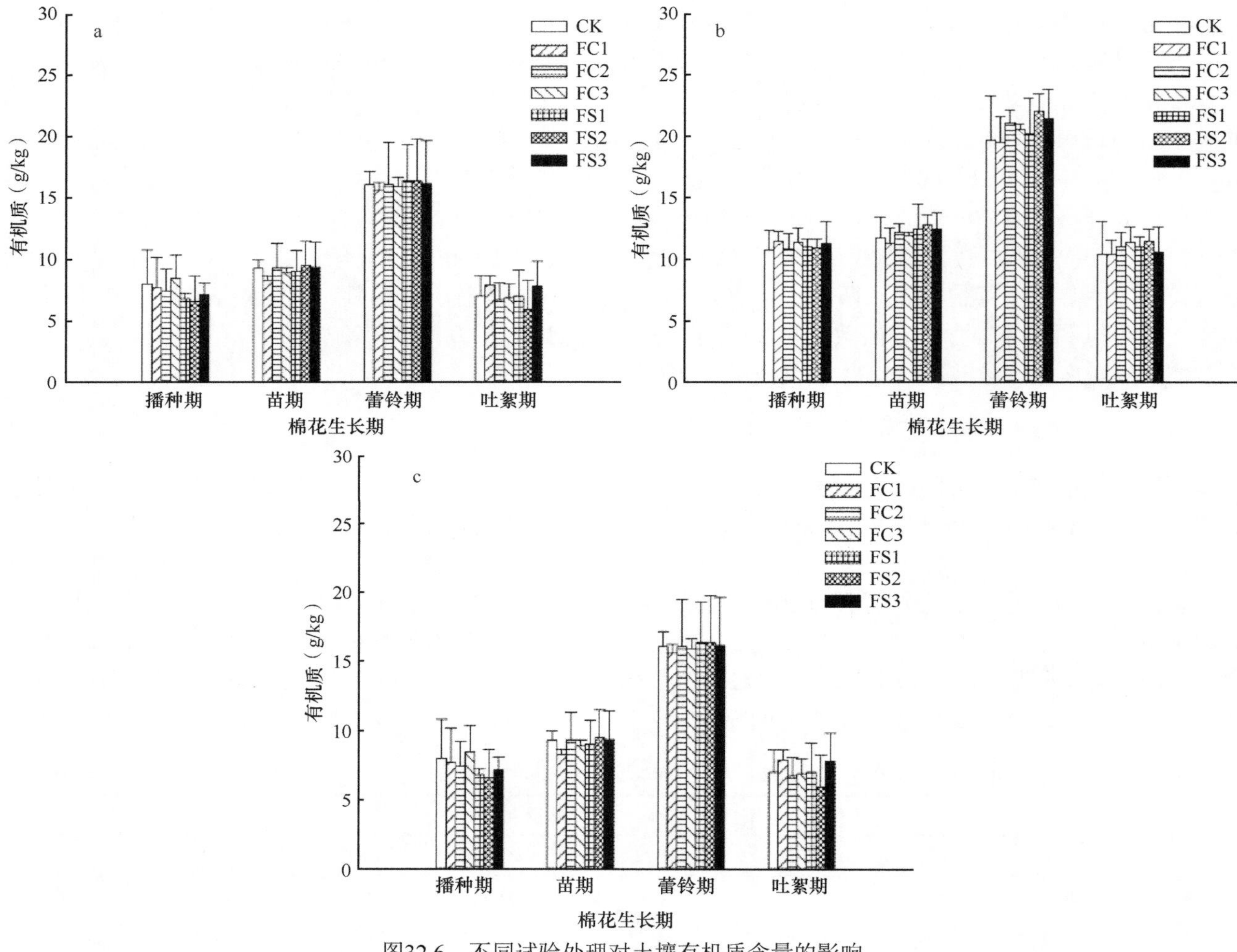

图32.6 不同试验处理对土壤有机质含量的影响

a. 0～10cm土层；b. 10～20cm土层；c. 20～40cm土层

五、农业政策对黄河三角洲盐渍土利用的影响

国家农业产业政策导向对当前的盐碱地有直接和深刻的影响。在国家保障粮食安全和耕地安全的大背景下，2014年发展改革委员会联合科学技术部等9部委出台了《关于加强盐碱地治理的指导意见》，科学技术部、农业部与中国科学院部署了大量的与滨海盐碱地改良和利用有关的项目，对推动盐碱地的

治理与利用具有积极的推动作用。在黄河三角洲，更是成立了国家级的“黄河三角洲农业高新技术示范区”，以建成“国际盐碱地改良与利用中心”为目标，有望大力提升黄河三角洲盐碱地的改良与利用水平，由此推动以提升盐碱地规模化利用与显著产出为基础的“一二三产业融合”的大发展。山东省人民政府和国家自然科学基金委员会也成立了联合基金，黄河盐碱地改良与生态治理的研究是其主要资助领域之一。但现实困境是黄河三角洲自身在盐碱地改良与利用研究力量及技术上积累偏弱，仅靠项目驱动下吸引外部科研力量的研究难以持久。另外，在黄河三角洲开发的热潮下，许多科研机构都在黄河三角洲建立了分支研究机构或研究基地，但大量的重复性建设与同质化竞争的现象不容忽视，需要省一级政府部门进行协调，整合涉及土壤、水利、农学、养殖业与信息技术等方面的研究力量，构建综合性的高水平的盐碱地改良与利用研究平台，在发挥各个研究机构与专家的专长和智慧基础上，进行有效的整合可能是政策与管理上要迫切解决的一个重要课题。

目前，盐碱地改良与利用技术研发主要是以国家财政资助下的科研人员主导研究为主，有部分从事土地开发和修复的企业在国家耕地置换指标的驱动下也参与了以土地整治为主题的黄河三角洲盐碱地改良项目。众所周知，在我国当前土地管理制度下，盐碱地改良利用技术的最终实施主体为个体农户/农场主，其技术偏好与选择是促进盐碱地可持续利用的关键。农户/农场主的兴趣和利益并没有得到应有的认可或尊重。农户是否愿意采用、采用后是否或愿意继续采用、是否愿意增加投资、是否按技术要求采用、政府的配套制度政策设计是否有利于农户技术的选择与推广以及是否能够满足农民的需求等诸多问题在政府部门、科研推广部门以及学术界没有受到足够重视。为此，尚需对相关技术农户选择行为影响因素进行深入研究，以期为盐碱地改良利用技术的农户选择行为研究和政府的宏观决策提供理论依据（王佳丽等，2011）。

第四节　基于农业利用的滨海盐渍土改良技术与管理展望

一、滨海盐渍土改良的技术、政策与管理：国外经验

尽管经过70余年的发展，我国在盐碱地的改良与利用方面取得了长足的进步，但与美国和澳大利亚等发达国家相比，在理念、技术与管理水平上仍旧存在较大的差距。在海岸带地区，美国和澳大利亚等发达国家很早就确立了陆海统筹的理念，以加利福尼亚州地区为例，其很早就注重区域水盐平衡、水土平衡的研究，注重削减农业排水对近海水域环境的影响，建立了不同尺度下的水、盐与肥的物理模型和数学模型，对其效应进行预测预报，取得了较好的效果；在实践上，注重协调不同利益相关者的利益，能确保各项技术措施落到实处。尽管国情不同，特别是我国发展阶段对资源环境的压力比较大，但其先进的理念、对应用基础研究的重视与多种改良技术的有效融合均值得国内在改良滨海盐碱地方面借鉴。

二、对未来我国滨海盐渍化土壤的综合改良技术与政策的建议

我国滨海盐碱地多处于河口三角洲，对生态敏感性强，滨海盐碱地的综合改良技术须生态化，以构建良性复合生态系统的理念和技术实施滨海盐碱地的综合开发，进行中长期的陆海统筹规划，用地与养地相结合，合理配置盐渍土的农、林、牧、渔的比例，尽量走低影响开发之路，在提高滨海盐碱地经济产出的同时，削减其对近海水环境的影响。

（一）切实确立利于生态资源的良性发展理念

海岸带三角洲地区多生态环境脆弱，植被覆盖率低，土地盐碱化严重，降雨量少而不均。要搞好土地的开发和合理利用，必须综合分析这些不利因素的影响，并进行统筹考虑，为生态环境创造良好的基本条件，不断提高生态环境的承载能力；通过全局的科学规划和分步骤的有序推进，实现该地区整体生

态环境的可持续发展。

（二）适应淡水资源的承载能力

三角洲地区的用水主要依赖上游来水，基于上游河流水资源的统一调度和管理的用水制度，三角洲地区地表水资源的配给量已经很难满足工业、生态、生活及农业用水的需要，新增土地的开发和利用一定要考虑淡水资源的承载能力，需要进一步加大多源水资源的开发和利用技术的研究与推广。尤其是要优化粮-经-饲的结构与比例，拓展节水耐盐碱的小杂粮试验研究，适度发展杂粮产业，促进区域种植业结构优化调整和杂粮产业稳步有序的发展，并与畜牧业的发展相融合，构建和发展节水型的产业集群。

（三）持续培肥土壤，提升基础地力，发展生态循环农业

滨海盐碱地土地贫瘠是导致农作物产量低而不稳的根本。通过增施有机肥、种植田菁等绿肥，逐步改善土壤的物理、化学和生物性状，以有效降低土壤毛管水的上升量，降低土壤盐渍化程度，并提高土壤肥力；提高秸秆覆盖或还田水平，以及当地农业废弃物的堆肥还田等，增加土壤腐殖质，改善土壤结构，可减少土壤水分蒸发，降低土壤盐分；发展循环农业，逐渐减少化肥和农业等投入品的施用，从源头减少对近岸水环境的影响。

（四）必须适应海岸带地区社会经济可持续发展的要求

海岸带后备土地资源丰富，具有广泛的开发空间和多种开发方式，经过合理的开发和利用，将为海岸带地区提供丰富的后备土地资源。在当今社会对土地的需求日益多样化的态势下，人们不仅需要大量的工业原料生产基地、粮食生产基地、蔬菜生产基地、渔业基地，还需要大量的食品加工基地，这些需要利用大量的土地资源做后盾。工业园区也日益成为海岸土地利用的重要方式，对园区的生态绿化成为普遍诉求。对此，对海岸带地区盐碱地的开发与利用，必须充分考虑整个经济社会的发展要求，将土地的开发与利用纳入国民经济发展的总体规划，减少不同土地利用方式的冲突，促进整个社会的可持续发展战略相适应。

（五）完善盐渍土开发利用的政策法规

实践证明，科学与完善的管理体制和政策法规对盐渍土的合理利用非常重要。要实现滨海盐渍土的可持续利用，应不断完善盐渍土开发利用的政策法规。加强盐渍土开发利用的监测与管理，采用经济、行政与法律手段，提高盐渍土开发的可行性论证水平，最大限度地降低开发中的经济风险、环境风险和生态风险，以实现盐渍土利用的经济、生态和社会效益的最大化；建立盐渍土使用权的流转机制，提高实现滨海盐渍土利用的适度规模化和集约化，确保主体开发者责任与义务的均衡。

参考文献

陈邦本, 方明. 1988. 江苏海岸带土壤. 南京: 河海大学出版社: 44-45.

陈恩凤. 1977. 盐碱地改良的实践与认识. 土壤, (4): 181-186.

陈恩凤. 1989. 关于土壤肥力研究的几点认识. 土壤通报, (4): 187-163.

陈恩凤. 1991. 采用以水、肥为中心的综合措施改良盐渍土. 土壤通报, 22(1): 8.

陈恩凤, 王汝镛, 王春裕. 1979. 我国盐碱土改良研究的进展与展望. 土壤通报, (4): 1-4.

陈恩凤, 王汝镛, 王春裕. 1981. 改良盐碱土为什么要采取以水肥为中心的综合措施. 新疆农业科学, (6): 19-21.

陈小兵, 杨劲松, 姚荣江, 等. 2010. 基于大农业框架下的江苏海岸滩涂资源持续利用研究源持续利用研究. 土壤通报, 41(4): 860-866.

崔士友, 张蛟, 翟彩娇. 2017. 江苏沿海滩涂快速改良与高效利用研究进展. 农学学报, 7(3): 42-46.

董亮, 孙泽强, 王学君, 等. 2014. 黄河三角洲盐碱耕地型中低产田概况及改良增产技术探讨. 江西农业学报: (2): 58-62.
杜敏. 2012. 垦利县引黄灌区水盐平衡分析研究. 济南大学硕士学位论文.
范晓梅. 2010. 黄河三角洲土壤盐渍化时空动态及水盐运移过程模拟. 中国科学院研究生院博士学位论文.
高明秀, 李冉, 巩腾飞, 等. 2015. “渤海粮仓”建设推进策略分析. 农业现代化研究, 36(2): 245-251.
郭洪海, 杨丽萍. 2007. 滨海盐渍土生态治理的基础与实践. 北京: 中国环境科学出版社.
郭淑霞, 龚元石. 2011. 不同盐分和氮肥水平对菠菜水分及氮素利用效率的影响. 土壤通报, 42(2): 906-910.
国务院. 2015. 关于加大改革创新力度加快农业现代化建设的若干意见. [2015-02-01]. http://news. 163. com/15/0202/04/AHE1ICE500014AED. html.
侯贺贺, 王春堂, 王晓迪, 等. 2014. 黄河三角洲盐碱地生物措施改良效果研究. 中国农村水利水电, (7): 1-6.
科学技术部. 2018. “十二五”国家科技支撑计划“渤海粮仓科技示范工程”项目通过验收. [2019-3-6]. http://www. gov. cn/zhengce/2015-02/01/content_2813034. htm.
李庆国, 刘建强. 2014. 黄河三角洲盐碱地工程治理暗管布设系统优化. 水电能源科学, (2): 121-123.
李振声, 欧阳竹, 刘小京, 等. 2011. 建设“渤海粮仓”的科学依据——需求、潜力和途径. 中国科学院院刊, 26(4): 371-374.
凌启鸿. 2018. 盐碱地种稻有关问题的讨论. 中国稻米, 144(4): 5-6.
刘文龙, 罗纨, 贾忠华, 等. 2013. 黄河三角洲暗管排水的综合效果评价. 干旱地区农业研究, 31(2): 122-126.
刘小京. 2018. 环渤海缺水区盐碱地改良利用技术研究. 中国生态农业学报, 26(10): 1521-1527.
刘兆普, 沈其荣, 尹金来, 等. 1998. 滨海盐土农业. 北京: 中国农业科技出版社.
盘锦市人民政府科学技术委员会. 2005. 辽河三角洲滨海盐渍土的综合改良与利用. 沈阳: 东北大学出版社.
钦佩. 2002. 我国海滨盐土可持续发展的模式研究. 成都: 中国科协2002年学术年会.
单晶晶, 陈小兵, 尹春艳, 等. 2017. 黄河三角洲盐碱土冬小麦氮磷肥料效应模型研究. 中国生态农业学报, 25(7): 1016-1024.
唐淑英, 张丽君. 1978. 土壤耕层熟化对水盐动态的影响. 土壤学报, 15(1): 39-52.
王薇, 吕宁江, 王昕, 等. 2014. 黄河三角洲水土资源空间匹配格局探析. 水资源与水工程学报, 25(2): 66-70.
王海梅, 李政海, 宋国宝, 等. 2006. 黄河三角洲植被分布、土地利用类型与土壤理化性状关系的初步研究. 内蒙古大学学报(自然科学版), 37(1): 69-75.
王立艳, 肖辉, 程文娟, 等. 2016. 滨海盐碱地不同培肥方式对作物产量及土壤肥力的影响. 华北农学报, 31(5): 222-227.
王佳丽, 黄贤金, 钟太洋, 等. 2011. 盐碱地可持续利用研究综述. 地理学报, 66(5): 673-684.
王增丽, 董平国, 樊晓康, 等. 2016. 膜下滴灌不同灌溉定额对土壤水盐分布和春玉米产量的影响. 中国农业科学, 49(12): 2345-2354.
王遵亲, 祝寿泉, 俞仁培, 等. 1993. 中国盐渍土. 北京: 科学出版社.
魏由庆. 1995. 从黄淮海平原水盐均衡谈土壤盐渍化的现状和未来. 土壤学进展, 23(2): 18-24.
魏由庆, 严慧峻, 张锐, 等. 1992. 黄淮海平原季风区盐渍土培育“淡化肥沃层”措施与机理的研究. 土壤肥料, 5: 28-32 .
吴从稳, 陈小兵, 单晶晶, 等. 2016. 棉秆不同处理方式对滨海盐碱土理化性质和棉花产量的影响. 中国土壤与肥料, (5): 96-104.
武兰芳, 柏林川, 欧阳竹, 等. 2014. 山东省环渤海平原区粮食产出潜力与技术途径分析. 中国生态农业学报, 22(6): 682-689.
严慧峻, 魏由庆, 马卫萍, 等. 1992. 培育“淡化肥沃层”对盐渍土改良效果的影响. 土壤肥料, (3): 5-8 .
杨劲松, 姚荣江. 2015. 我国盐碱地的治理与农业高效利用. 中国科学院院刊, 30(Z1): 162-170.
姚荣江, 杨劲松, 陈小兵, 等. 2010. 苏北海涂典型围垦区土壤盐渍化风险评估研究. 中国生态农业学报, 18(5): 1000-1006.
叶校飞. 2010. 蓄水条件下蓄水沟水体与相邻土壤的盐分运移规律研究. 西安理工大学硕士学位论文.
尹春艳. 2017. 黄河三角洲滨海盐渍土水盐运移特征与调控技术研究. 中国科学院大学硕士学位论文.
尹春艳, 陈小兵, 刘虎, 等. 2017. 黄河三角洲参考作物腾发量计算方法适宜性研究. 灌溉排水学报, 36(6): 36-41.
尤文瑞. 1993. 滨海盐渍土的水盐动态及其调控. 土壤通报, (s1): 23-30.
郧文聚, 杨劲松, 鞠正山. 2015. 以科技创新对接国家战略. 国土资源, (9): 44-46.
曾文治, 徐驰, 黄介生等. 2014. 土壤盐分与施氮量交互作用对葵花生长的影响. 农业工程学报, 30(3): 86-94.
张建兵, 杨劲松, 姚荣江, 等. 2013. 有机肥与覆盖方式对滩涂围垦农田水盐与作物产量的影响. 农业工程学报, 29(15): 116-125.
张蕾娜, 冯永军, 张红, 等. 2000. 滨海盐渍土水盐运动规律模拟研究. 山东农业大学学报(自然科学版), (31): 381-384.
张蔚榛, 张瑜芳. 2003. 对灌区水盐平衡和控制土壤盐渍化的一些认识. 中国农村水利水电, (8): 13-18.
朱庭芸. 1987. 盐渍化生态系统的改造. 盐碱地利用, (2): 1-5.
朱庭芸. 1998. 水稻灌溉的理论与技术. 北京: 中国水利水电出版社.
朱庭芸, 何守城. 1985. 滨海盐渍土的改良和利用. 北京:农业出版社 .

Orlob G T. 1991. San Joaquin salt balance: future prospects and possible solutions//Dinar A, Zilberman D. The Economics and Management of water and Drainage in Agriculture. Boston: Kluwer Publishing Co.

Quinn N W T. 2014. The San Joaquin Valley: salinity and drainage problems and the framework for a response//Chang A C, Brawer Silva D. Salinity and Drainage in San Joaquin Valley, California. Dordrecht: Springer.

Schoups G, Hopmans J W, Young C A, et al. 2005. Sustainability of irrigated agriculture in the San Joaquin Valley, California. Proceedings of the National Academy of Sciences of the United States of America, 102(43): 15352-15356.

Yao R J, Yang J S, Wu D H, et al. 2017. Calibration and Sensitivity Analysis of Sahysmod for Modeling Field Soil and Groundwater Salinity Dynamics in Coastal Rainfed Farmland. Irrigation and Drainage, 66(3): 411-427.

第三十三章

海岸带盐生植物菊芋种植与开发利用技术[①]

① 本章作者：衣悦涛，朱晓振

菊芋（*Helianthus tuberosus*）又名洋姜，是一种菊科向日葵属宿根性草本植物。原产北美洲，17世纪传入欧洲，后传入中国。秋季开花，长有黄色的小盘花，形如菊，生产上一般用块茎繁殖，其地下块茎富含淀粉、菊粉等果糖多聚物，可以食用，煮食或熬粥，腌制咸菜，晒制菊芋干，或用作制取淀粉和酒精原料。地上茎也可加工作饲料。其块茎或茎叶入药具有利水除湿，清热凉血，益胃和中之功效。宅舍附近种植兼有美化作用。菊芋适应性广，抗逆性强，能源化利用方式多样，且环境友好，是能够有效解决我国能源物质种植过程中与粮争地、与人争地矛盾的非粮能源植物之一。菊芋被称为“21世纪人畜共享作物”。

第一节　菊芋的生物学特征

一、主要品性

菊芋茎直立，扁圆形，有不规则突起，茎高2～3m。叶卵形，先端尖，绿色，互生。头状花序，花黄色。块茎无周皮，瘦果楔形，有毛。依块茎皮色可分为红皮和白皮两个品种。菊芋耐寒、耐旱，块茎在6～7℃时萌动发芽，8～10℃出苗，幼苗能耐1～2℃低温，18～22℃和12h日照有利于块茎形成，块茎可在–40～–25℃的冻土层安全越冬（隆小华和刘兆普，2003；杨世鹏等，2018）。

二、生长特征

我国北方地区3月地温开始回升，冬眠的块茎逐渐由冰冻状态复苏过来。当地温达到10℃时菊芋开始发芽，4月初叶片露出地面并开始生长，其间晚霜对其毫无影响和损害（安静，2011）。正常情况下，8月末至9月初菊芋茎高2m左右并开始开花。花为纯黄色，无香味也无异味，花瓣13枚。由于品种不同，叶片的颜色、宽窄也有不同，虽花色相同，但花瓣的宽窄各异。由媒介传粉可结出种子，与此同时地下茎开始结果。早熟品种10月中旬地上茎自然死亡即告成熟，晚熟品种要到冰冻期地上茎死亡后成熟。菊芋的产量（地下块茎）与地上茎的粗细、高矮以及土壤的养分、水分密切相关。如果太过干旱，地上茎就很细矮，不开花，或即使开花也不很规则，花片少，地下茎小、产量低，但绝不会旱死。冰冻期地下茎结冰进入冬眠（钱寿福和孟好军，2012；谢淑琴，2009）。

三、生态特性

（1）耐寒、耐旱能力特强：我国荒漠地区大都处于高寒地带，气候寒冷，冰冻期长，气候干燥，多风沙。但菊芋有极强的耐寒能力，可耐–40℃甚至更低的温度。但有一点不容忽视，那就是菊芋的块茎必须在沙土下面，至少要有1cm厚的沙土覆盖，切不可露出地面（刘丹梅等，2009；曹力强，2008）。荒漠中干旱、缺水乃正常现象，即使旱情很重，菊芋也能以其惊人的抗干旱能力安然渡过难关，并于早春块茎开始正常萌发，利用自身的养分和水分萌芽生长，同时生出大量根系，伸向地下各处寻找养分和水分，供给小苗生长（隆小华和刘兆普，2003）。在新生根系可供给小苗生长的情况下，块茎中的养分、水分还可继续储备，尤其是在雨季，块茎、根系会贮存大量水分，以备干旱时逐渐供给叶茎生长。菊芋的地上茎和叶片上长有类似茸毛的组织，可大大减少水分蒸发。当干旱严重到一定程度时，地下茎会拿出尽可能多的养分、水分供给地上部分茎叶生长，待块茎营养消耗殆尽时，地上茎死亡，然地下茎翌年仍可生长出新苗（陈志盛，2012）。

（2）抗风沙：荒漠地区风大、干燥、沙土流动性强，但菊芋能在较深的沙土中顶出地面，只要覆盖的沙土厚度不超过50cm，菊芋就可正常萌发。为了避开春季覆沙，春播可稍晚一些进行。秋季菊芋即将成熟或已成熟时，凭借它们密麻的地上茎形成一片低矮的防护带，加之其根系的牢固抓沙能力，以及随着地下块茎增多、重量加大对沙土产生的强大压力，共同起到固沙作用（孔涛等，2009）。近年，有关科研单位在科尔沁沙地的流动沙丘上种植了400余亩菊芋用作治沙试验，结果让专家欣喜不已：尽管试验期间该地区特殊干旱，降雨极少，加之高温，其他农作物都深受其害，但在沙漠上，种下的菊芋长势良好；扒开沙面，菊芋的根系密布沙下，挖至1m深时尚能用肉眼看见菊芋的根系，并已开始结实，达到了固沙、治沙、改变沙漠的生态效果。这种利用菊芋治理沙漠的方法，被治沙权威称为目前治沙成本低、见效快的最佳方法（王喜武等，2006；刘春，2001）。再有就是菊芋茎叶枯落后经分解成为肥料，对改良土壤、增强有机质含量、改善沙地结构有重要作用，进而为退沙还田、还林创造了有利条件。

（3）繁殖力强：菊芋治沙一劳永逸，一次播种后，荒漠上的菊芋将永久生存，并以每年20倍以上的增长速度扩张，因此荒漠上的菊芋面积会逐年增加，同时又可从中采收部分块茎，作为种子使用，进一步扩大种植面积。另外，在生长期较长的地区还可收获部分菊芋籽，其发芽率可达100%。即使不收获菊芋籽，它也会随风飘荡到可安家落户的荒漠适宜角落。

（4）保持水土：菊芋的根系特别发达，每株菊芋都有上百根长达0.5～2m的根系深深地扎在土中。因菊芋可以每年20倍的速度繁殖扩张，所以只需2～3年时间就会在地表形成一层由菊芋的茎和根系编织而成的防护网络，从而有效牢固住地表的水土。

（5）管理粗放：由于菊芋耐旱、耐寒、可自我繁殖，加之无任何病虫害，因此只要把菊芋种上就基本不用特别管理。除种植、收获时需要人工外，无需其他投入，成本低、见效快。

第二节　菊芋主要品种

菊芋的品种视块基形状、颜色而区分有梨形、纺锤形或不规则的瘤形，有红色、白色、紫色或黄色。我国栽培品种块茎以红色、白色和黄色为多。红色块茎外皮紫红色，肉白色，每个重约150g，产量很低。白色种块茎外皮及肉均呈白色，每个重约200g，产量较高。除了地方品种外，近年来又选育了一些优良的地方品种。现对选育品种名称、品种栽培特征或产量特征及栽培技术要点做简单的介绍（夏鹤高，2010；东晓凤和申青岭，2008）。

一、南芋品种

南菊芋1号，原名南芋1号，由南京农业大学资源与环境科学学院选用30个野生菊芋品系，在沿海滩涂盐分含量3‰左右土壤中采用海水胁迫栽培试验，经多年筛选耐盐碱单株而成。适宜在沿海地区盐分含量3‰左右的滩涂地上种植。该耐盐碱菊芋已在江苏、山东、辽宁海涂有一定规模的种植，2008年分别在江苏、山东海涂及河南武陟、青海大通、内蒙古盐池、新疆149团、黑龙江大庆等地的盐碱地上进行区试，有望成为我国非耕地主要能源植物品种之一（夏天翔，2004）。

1. 产量水平及特征特性

2007年参加南京农业大学组织的多点鉴定，鲜菊芋平均亩产2934.8kg，比野生种增产60.0%；菊芋干平均亩产645.5kg，比野生种增产60.0%。2008年参加江苏省区域鉴定试验，鲜菊芋平均亩产3008.5kg，比野生种增产75.3%；菊芋干平均亩产692.0kg，比野生种增产61.3%。2008年参加生产试验，鲜菊芋平均亩产3249.0kg，比野生种增产77.3%；菊芋干平均亩产747.3kg，比野生种增产74.7%。萌芽性好，出芽快，出芽多，苗体健壮；叶片为深绿色，茎秆粗、分支多；茎叶生长势强；块茎呈不规则瘤形，表皮白色稍黄，皮薄，肉白色，质地紧密，块茎芽眼外突。多点试验和省鉴定试验平均数据：植株高254cm，分枝数14个，块茎着土深度不超过20cm；全生育期230d，比对照早熟10d。耐盐、耐瘠、耐贮性好、抗病毒病；总糖含量66.0%（菊芋块茎干），高于对照青芋2号和野生种。

2. 栽培技术要点

（1）适期播种，培育壮苗。播种适期为3月中旬至4月上旬。

（2）起垄栽培。抗涝性一般，起垄栽培，有利于排水降湿，有利于块茎的膨大；每亩种植密度控制在3000株左右。

（3）肥水管理。定植前施足基肥，增施磷钾肥。

（4）做好田间管理及病、虫、草害的防治工作。

（5）收获期。块茎可在11月初至下年2月进行收获。

二、青芋品种

（一）青芋1号

青芋1号是青海省农林科学院园艺研究所和青海省威德生物技术有限公司于2000～2003年通过对青海省农家品种进行分类、筛选、系统选育而成。2004年2月青海省第六届农作物品种审定委员会第四次会议审定通过（王建平，2006；李莉等，2004）。

1. 品种特征特性

该品种株高2.8～3.1m，茎直立，绿色，上有刺毛，紫色针点。基部多分枝，下部叶对生，上部呈螺旋状排列，叶片卵圆形，叶面粗糙，叶面及叶背均有茸毛，叶片边缘有锯齿。头状花序，花盘直径2～3cm，周围有2或3片披针形苞叶，外部绿色，内为白色，边缘黄色。舌状花，结实率极低。块茎呈不规则瘤形或棒状，表皮紫红色，肉白色，致密度紧，芽眼外突，块茎较集中，大小不一，块茎休眠期150d。单株平均块茎21.6个，单株平均产量960g，块茎平均44g/个。块茎含粗蛋白2.62%、可溶性糖16.27%、粗纤维1.35%、粗脂肪1.52%。全生育期184～200d，属早熟品种；抗寒性极强，在–30～–25℃时，块茎能安全越冬；耐瘠薄，耐盐碱，抗菌核病能力强。该品种早熟，从播种至采收210～220d。抗逆性强，耐旱、耐寒，极少病虫害。适应性广，水地、旱地均可种植，水地种植一般亩产2000kg以上，高产可达5000kg；旱地种植一般亩产1500～2000kg。同时该品种在弃耕沙化地也能正常生长，有很强的防御风沙能力，应用前景极为广阔。

2. 栽培技术要点

该品种喜疏松、肥沃的沙壤土，前茬作物收获后，整地、施肥、浇足底水，深翻25～30cm，要求翻匀、翻松。起垄铺膜栽培为佳。既可整田种植，也可与小麦等作物间作。播种前选大于30g、无病伤的块茎作种，以整播为主，也可切块，切块时注意刀具的消毒。播期以3月下旬至4月上中旬为宜，也可进行秋播。亩播种量60～80kg，株距40～50cm，行距60～80cm。播种时将芽眼向上，播深5～8cm。亩施充分腐熟有机肥3000～4000kg、磷酸二铵20～25kg、草木灰50kg，以基肥为生，出苗期至现蕾期施尿素加磷酸二氧钾2或3次。播后约20d出苗，苗齐后除草松土，土层深达5cm。出苗期、现蕾期、开花期及时浇水并随水追肥，也可在现蕾前追施叶面肥2或3次。菊芋生长中后期尽可能摘心摘花，减少养分消耗，以利增产。10月上旬田间植株茎叶干枯九成以上时收获，防止机械损伤茎块。挖出的块茎放在通风透光处1～2天后，于背阴处埋藏。埋藏沟规格：宽1～1.5m，深1m，1层块茎1层土，随放随埋，直至与地面相平。

（二）青芋2号

青芋2号是青海省农林科学院园艺研究所于2000年开始，经系统选育而成，于2004年1月10日通过青海省农作物品种审定委员会审定，合格证号为青种合字第0191号（侯全刚等，2006）。

1. 品种特征特性

该品种株高268cm左右，茎直立，基部多分枝，块茎呈不规则瘤形或棒状，地下块茎生长较集中，表皮浅红色，肉白色，平均单株产量1.243kg。适应性较强，其块茎富含大量菊粉及纤维素，其中可溶性糖12.72%、粗蛋白1.62%、粗纤维5.11%、粗脂肪1.29%，具有良好的营养保健价值。抗逆性强，适种地区广泛，比较适宜在水肥条件好的川水地区栽培，种植成本低，管理粗放，产量较高，青芋2号示范种植平均亩产2000kg，实现平均每亩产值1000元，每亩新增产值125元，经济效益显著。

2. 栽培技术要点

影响青芋2号块茎形成的主要因素是温度和光照，块茎形成的最适宜温度为18～22℃，温度过高或过低对块茎的生长都不利，青芋2号块茎形成还需要黑暗条件，光对块茎的形成有强烈的抑制作用。块茎主要是在开花以后形成的，此时具有快速生长的温度条件。同时，它的植株基本停止营养生长，大部分光合产物向下运输贮存于块茎中，结果形成和增大了块茎。播前亩施有机肥3～4t、磷酸二铵20kg、尿素15kg、硫酸钾5～7.5kg，然后整平播种。播前选无病无伤的块茎作种，可整薯播种，也可切块播种。切块用草木灰拌种。适宜播种期为3月中上旬，平畦或垄种，亩播种量75～85kg，株距50cm，行距60cm，每亩保苗2700株左右，播深5～10cm，沙土宜深，黏土宜浅。播种后30～40d出苗，即进行中耕、除草，中耕松土层达5cm以上，6月中下旬第二次除草。7月中旬打偏杈，防止遮阳影响养分吸收，地下茎生长缓慢。幼苗期和现蕾期进行灌溉。苗期若天气干旱，则植株生长缓慢，需浇水促进幼苗生长。青芋2号在现蕾开花期，地下部分发生大量地下茎。地上部同化产物向地下累积，此时也不能缺水。追肥除基肥外，在5月中旬、下旬，每亩追施尿素5kg左右，使幼苗健壮。现黄前叶面喷施磷酸二氢钾1次，可促使植株生长健壮，增加抗倒伏、抗旱、抗寒能力。在田间植株90%以上茎叶干枯时收获。防止机械损伤，去掉块茎上的毛根及时出售。

（三）青芋3号

青芋3号是青海省经系统选育出的优良加工型菊芋新品种。

该品种块茎大，平均块茎质量50g，外皮白色，须根少，块茎分布集中，易于采挖。块茎品质优良，含粗蛋白1.79%、粗纤维1.52%、粗脂肪0.11%、糖18.28%、水77.80%。丰产性好，川水地和低位山草地种植平均亩产量分别达2759.2kg、2307.5kg。

三、定芋1号

定芋一号是2011年1月通过甘肃省品种审定委员会审定的新品种。从地方野生资源紫红皮中选择优良变异单株，采用系统选育方法选育菊芋抗旱新品系而成（吕世奇等，2018）。

1. 产量水平及特征特性

经2008～2009年两年的多点试验，平均亩产达到3488.lkg，较对照增产1105.3kg，增产率为46.4%；2008年平均亩产达到3620.3kg，较对照增产1100.4kg，增产率为43.7%；2009年平均亩产达到3355.8kg，较对照增产1000.7kg，增产率为42.5%，增产优势明显。

2. 栽培技术要点

播种分冬播和春播，冬播较佳，冬播在耕作层封冻前11月上、中旬，春播在开春耕作层解冻后到5月。每亩施有机肥3t以上，三元复合肥50kg，硫酸钾15kg。种子最好选择20～25g的无感染腐烂的新鲜小整薯，大的可切块播种，一般亩播种量60～70kg，宜稀植，单行或宽窄行种植，亩保苗2700～3000株，播种深度墒情好时15～18cm，墒情差时20～23cm，沙地25～28cm。播种一次可收多茬。出苗后要及时结合中耕锄草2或3次。采收分秋收和春收，秋收在10月下旬，当植株叶片完全被霜杀干冻死，即可收获。如果是第二年春季用块茎的话，可以放在第二年春收。

四、莱芋品种

莱州市盐生植物研究所选育的盐碱滩涂能源植物——莱芋3号，于2008年通过专家鉴定。该菊芋新品种植株生长势强，抗盐性强，产量高，亩产块茎鲜重可达3000kg以上，耐旱，耐寒，耐瘠薄，抗病抗虫，适应性广，该品种叶片中等大小，茎秆粗，矮壮，表皮白色稍黄，皮薄，地下块茎基本呈不规则瘤形，肉白色，质紧密，块基芽眼外突。经济价值高，具有很广阔的推广价值和应用前景。盐度在3‰～5‰海水灌溉条件下生长健壮，亩产菊芋块茎鲜重可达3000kg以上，折算成块茎干物质生物量，亩产量为1200kg左右，菊粉含量超过干重的80%；茎叶干重1300kg以上，生物质量远远超过玉米和小麦，为我国能源植物提供了优良新品种。

五、其他菊芋品种

另外，还有一些优良品种，名称及特征简述如下。

湖南衡阳白皮菊芋：植株高大，直立生长，株高150～200cm，开展度40～50cm。茎绿色，粗1.5～2.2cm，有茸毛。叶单生，深绿色，卵圆形，长23～25cm，宽10～13cm，叶正面粗糙，有刺毛，花黄色。

四川菊芋：株高1.8m，开展度30cm，地上茎横径2.0～3.0cm，浅绿色。叶卵圆形，先端渐尖，全缘，绿色，叶面粗糙，有茸毛，叶柄长约15cm。

江西红皮菊芋：植株直立分枝，高200cm，开展度70～80cm。茎圆形，有棱，上部紫红色，叶和下部绿色。

第三节　海岸带菊芋种植技术

一、菊芋的种植

菊芋用块茎繁殖，一般用整芋栽种，也可切块繁殖，匍匐茎也可用来繁殖。第一年产量与块茎的大小成正比，块茎过大，虽产量较高，但播种量也随之增加，块茎过小，则苗弱，产量不高，因此块茎不宜过大或过小。另外，切块播种的菊芋一定要和草木灰搅拌之后再播种，这样可以提高成活率。建议选择中等大小和较大的块茎进行播种，较大的块茎可切块之后搅拌草木灰进行播种。菊芋的播种量为50～80kg/亩（隋华，2013；李江等，2005；刘冰和赵践韬，2016）。

定植田选择前茬为夏田，土壤疏松、透气好、富含有机质、土层深厚的地块（土地含盐量应在5‰以下，可生长棉花的盐碱地），播前深耕30cm左右，使根系容易入土，块茎生长良好，植株不易倒伏。土地深耕整理的同时施入基肥。

施肥方案一：每亩土地施有机肥2000～4000kg（即土杂肥2～4m^3），过磷酸钙或磷酸二铵等磷肥40kg左右，硫酸钾20kg左右。

施肥方案二：每亩土地施有机肥2000～4000kg（即土杂肥2～4m^3），复合肥50kg。

栽种时间在土地化冻后的3月下旬至4月上中旬。播种前土地深耕、施基肥、整平。菊芋的栽种密度为行距60cm左右，株距33～40cm，种植过密或过稀都影响产量（侯全刚等，2006）。开穴播种，盖土5～10cm，黏土宜浅，砂质土宜深。每亩播种量50～80kg菊芋块茎，每亩中产田保苗2500株，高产田保苗3000株。可人工播种也可利用改良后的土豆播种机进行播种（推荐青岛洪珠农业机械有限公司的播种机）。

播种后约20d出苗，即可进行锄草。如生长过旺，在植株60cm高时摘心打顶，以防徒长。秋季随时摘除花蕾，以利块茎膨大和充实。在幼苗期、现蕾期和开花期，天气干旱时应及时灌水，以利幼苗生长及同化产物向地下输送和积累。更重要的是在雨季要做好农田排水工作，防止菊芋因涝灾减产。除施基肥外，生长期需追肥2次，第一次于5月下旬进行，亩施尿素10kg左右，促进幼苗生长，多发新枝叶；第二次在8月上旬，即在现蕾期施硫酸钾肥10kg左右，促进植株健壮，增强抗倒伏、抗旱、抗寒能力，对块茎生长和膨大有较大的作用。另外，在5月上旬的苗期和9月上中旬的块茎膨大期，如遇干旱天气最好适当浇水，利于增产。

以收获块茎为目的者在霜后收获，即11月下旬菊芋茎秆完全枯萎后进行收获，块茎产量高。挖掘时有块茎遗留土中，第二年又萌发成株，不必再行栽种，如有缺株，可间苗补缺或育苗补缺。菊芋收获可利用土豆收获设备进行收获。

菊芋收获后堆放室内容易干瘪，附生霉菌。编织袋包装后放在通风阴凉处可暂存10d左右。菊芋收获后保留块茎表面自然黏附的泥土，利用透气的编织袋进行包装，0～5℃低温条件下保藏，环境湿度最好控制在80%，以防菊芋块茎失水变软，影响品质（冯大伟等，2013c）。

菊芋的运输可采用汽车运输或铁路运输，采用汽车运输时应将菊芋用毡布盖好，以免失水过多。铁路运输最好选用通风的车厢装载。还可选择船运，应将菊芋置于通风良好、低温的状态下，海运时间最好不超过30d。

二、黄河三角洲盐胁迫对不同品种菊芋幼苗生长及生理特性的影响

以菊芋品种中的莱芋、南菊芋1号和安徽品种①为材料，在东营市垦利区永安镇的试验基地设置试验小区，在相同耕种条件下种植3个优良菊芋品种，研究盐胁迫对不同品种菊芋幼苗生长及生理特性的影响，为筛选和驯化出适宜在东营市盐碱地区土壤、气候条件下生长的菊芋品种提供前期研究基础。

（一）材料与方法

1. 试验基地概况与试验材料

试验地位于山东省东营市垦利区永安镇的试验基地。地处黄河入海口，濒临渤海，当地为温带季风气候，年平均气温13.8℃，年均降水量570mm。基地土壤类型为典型河流冲积发育的砂质盐碱土，土壤基本性质见表33.1。经前期筛选，选取莱芋、南菊芋1号及安徽品种3个供试菊芋品种。

表33.1　土壤基本性质

土壤类型	pH	盐度（g/kg）	有机碳（g/kg）	全N（g/kg）	有效P（mg/kg）	有效K（mg/kg）
轻度盐碱土	8.15	1.58	1.81	0.53	8.7	65.4
中度盐碱土	8.13	3.05	1.70	0.50	8.4	66.7

2. 试验设置

由于前期试验表明在重度盐碱土（＞4g/kg）上菊芋基本难以生长，因此前期试验选取轻度盐碱和中度盐碱地块，3个菊芋品种均在轻度盐碱土和中度盐碱土上种植。轻度盐碱土：莱芋（Lg）、南菊芋1号（Ng）和安徽品种（Ag）。中度盐碱土：莱芋（Lm）、南菊芋1号（Nm）和安徽品种（Am）。试验小区面积设为20m^2，每种盐碱土的3种试验小区每种重复3个，随机排列，小区之间起垄宽20cm，菊芋种植行距60cm，株距30cm。每亩施有机肥1000kg，磷肥20kg，氮肥25kg。

3. 样品采集与处理

各品种菊芋均于2012年5月4日播种，种植前先采集试验基地各地块表层（0～20cm）的基础土壤测定

① 此菊芋种子来源于安徽

盐度。种植开始后于6月10日采集各处理试验小区的菊芋植株。采集时间为上午9:00以前，每小区随机采集8株，保存于塑料袋中。菊芋叶片叶绿素含量用叶绿素计SPAD-502P测定。

将采集的新鲜菊芋植株样品带回实验室后，清洗菊芋植株样品的表面泥土，用吸水纸吸净表面的水分，然后用四分法分成两部分，一部分用于测定样品的鲜重和干重；另一部分用于测定鲜样的其他生理指标。

4. 测定方法

1）植株株高、鲜重和干重的测定

将采回的菊芋幼苗洗净泥沙并吸干水分，分别称取地上部分和根的鲜重，量取地上部分植株长度，即为株高，之后将植株在105℃下杀青15min后，于65℃烘干至恒重，称干重。

2）菊芋其他指标的测定

过氧化物酶（POD）的活性测定采用Heath和Packer（1968）及Chen等（2005）的方法；蛋白质含量测定采用考马斯亮蓝G250法；丙二醛（MDA）含量测定采用硫代苯巴比妥酸法；游离脯氨酸含量测定采用酸性茚三酮法（邹琦，2000）。

3）土壤性质

土壤盐度以5：1水土比（体积与质量比，*V*：*W*）浸提液用DDBJ-350电导率仪测定；土壤pH采用去离子水（水土比为2.5：1，*V*/*W*）浸提15min，用Mettler toledo 320 pH计测定。土壤全氮含量采用碳氮分析仪（Vario-MAX C/N）测定，土壤有机碳、有效磷和有效钾含量测定的操作方法参照中国科学院南京土壤研究所编《土壤理化分析》。

（二）结果分析与讨论

1. 盐胁迫对不同品种菊芋幼苗株高和生物量的影响

如表33.2所示，中度盐胁迫下的各品种菊芋株高均低于轻度盐胁迫下的，Lm、Nm、Am分别比Lg、Ng、Ag低35.2%、42.0%、51.4%，且Lg＞Ng＞Ag＞Lm＞Nm＞Am，说明中度盐胁迫会对菊芋生长有一定抑制作用，而且对不用品种菊芋的抑制作用不同。

表33.2　不同盐胁迫下各品种菊芋株高及地上部鲜重、干重和根鲜重、干重

样品	株高（cm）	地上部鲜重（g）	地上部干重（g）	根鲜重（g）	根干重（g）
Lm	56.40	164.50	18.22	34.00	5.34
Lg	87.10	479.50	36.24	72.50	9.48
Nm	42.35	55.00	5.01	9.75	1.55
Ng	73.07	185.67	16.52	28.67	3.96
Am	30.12	37.50	2.73	11.33	1.24
Ag	62.00	147.50	8.73	22.50	3.29

注：Lm、Nm和Am分别为中度盐碱土处理的莱芋、南菊芋1号和安徽品种；Lg、Ng和Ag分别为轻度盐碱土处理的莱芋、南菊芋1号和安徽品种

中度盐胁迫下的各品种菊芋地上部鲜重和干重均低于轻度盐胁迫下的，且Lg＞Ng＞Ag，Lm＞Nm＞Am。Lm、Nm、Am的地上部鲜重分别为Lg、Ng、Ag的34.3%、29.6%、25.4%，说明菊芋地上部生物量的积累在中度盐碱土上比在轻度盐碱土上受到更显著的抑制作用。

中度盐胁迫下的各品种菊芋根部鲜重和干重也均低于轻度盐胁迫下的，Lg＞Ng＞Ag，Lm＞Am＞Nm。Lm、Nm、Am的根鲜重分别为Lg、Ng、Ag的46.9%、34.0%、50.4%，说明菊芋根部生物量的积累在中度盐碱土上比在轻度盐碱土上同样受到更显著的抑制作用，且根部生物量的积累受盐胁迫的影响稍低于地上部，这与陆艳等（2010）的研究趋于一致。

低浓度的NaCl处理能促进菊芋幼苗生物量的积累，较高浓度的NaCl处理则降低菊芋幼苗生物量的积累（吴成龙等，2006）。本研究中，中度盐胁迫下菊芋的株高、地上部及根鲜重和干重都显著低于轻度盐胁迫下的，说明中度盐碱土对菊芋的生长有一定的抑制作用，在耐盐能力上莱芋表现出较好的优势。

2. 盐胁迫对不同品种菊芋幼苗叶片可溶性蛋白和叶绿素含量的影响

环境因子的改变会引起植物光合色素的形成，进而影响植物的光合作用和生物量的积累。不同的盐度下，不同品种菊芋叶片的叶绿素含量变化也不同，在中度盐胁迫下菊芋叶绿素含量比轻度盐胁迫下均有不同程度的降低，如图33.1a所示。Lm、Nm、Am的叶绿素含量分别比Lg、Ng、Ag低17.3%、2.1%、21.1%，且Lg＞Ng＞Ag，Nm＞Lm＞Am。可见，在轻度盐碱土上，莱芋叶绿素含量表现出明显优势；而在中度盐碱土上，南菊芋1号表现出优势。

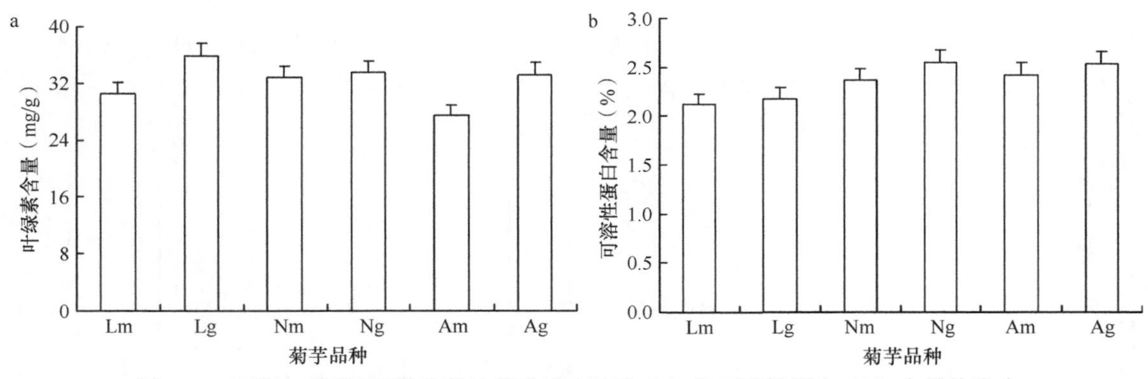

图33.1　盐胁迫对不同品种菊芋幼苗叶片叶绿素（a）和可溶性蛋白（b）含量的影响

可溶性蛋白是植物细胞中重要的渗透调节物质，能够促进植物细胞吸水，维持细胞膨压和渗透势，其含量的高低可以反映植物的耐逆境能力（宿越等，2009）。如图33.1b所示，中度盐胁迫下的各品种菊芋叶片可溶性蛋白含量均相应低于轻度盐胁迫下的，即较高盐度胁迫会使菊芋叶片可溶性蛋白含量下降。各处理的菊芋叶片可溶性蛋白含量大小顺序为：Ng＞Ag＞Am＞Nm＞Lg＞Lm。可见，在轻度、中度盐碱土上，南菊芋1号可溶性蛋白含量都表现出优势。

3. 盐胁迫对不同品种菊芋幼苗叶片POD和SOD活性的影响

如图33.2a所示，盐胁迫对幼苗期不同品种菊芋POD的活性作用不同，Lm、Nm、Am的POD活性分别为1.61μg/(g FW・min)、1.62μg/(g FW・min)、1.25μg/(g FW・min)，分别比Lg、Ng、Ag高出133%、33%、16%，Nm＞Lm＞Am，Ng＞Ag＞Lg，说明在中度盐胁迫下，各品种菊芋均能增加POD活性，而莱芋增幅最大，南菊芋1号的活性最高。

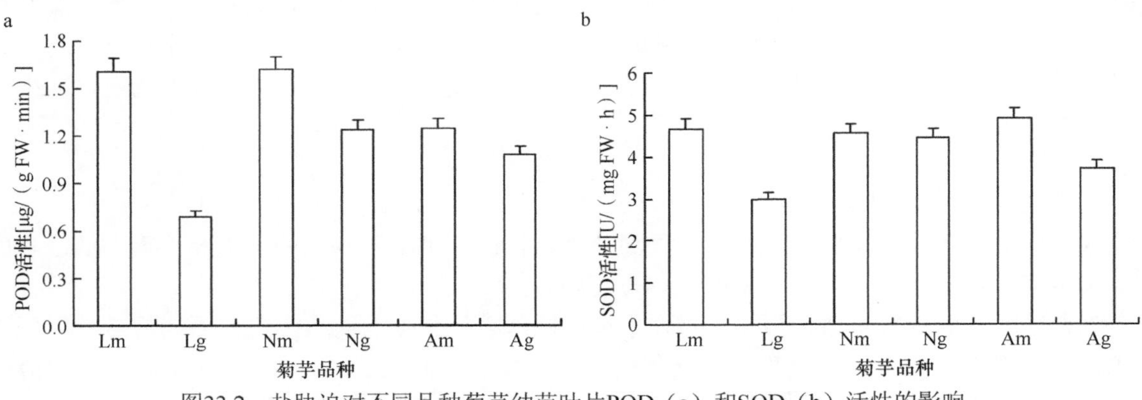

图33.2　盐胁迫对不同品种菊芋幼苗叶片POD（a）和SOD（b）活性的影响

由图33.2b可看出，在中度盐胁迫下各品种菊芋SOD活性比在轻度盐胁迫下均有不同程度的增加，Lm、Nm、Am的SOD活性分别比Lg、Ng、Ag增加56%、3%、32%。Am＞Lm＞Nm，Ng＞Ag＞Lg。南菊芋1号在轻度盐胁迫下也表现出较高的SOD活性。

盐胁迫能导致细胞严重缺水，打破植物体内的氧化还原平衡，诱导产生活性氧，如 $\cdot O_2^-$、H_2O_2和 $\cdot O_2^-$等（Tiwariet al.，2002），活性氧的积累是盐胁迫下植物细胞受损乃至死亡的主要原因（张义凯等，2010），而细胞保护酶系统中的SOD能催化超氧自由基 $\cdot O_2^-$和氢离子反应形成H_2O_2和O_2，POD能通过氧化酚类物质来分解H_2O_2，菊芋能够通过增加POD活性来有效清除活性氧（ROS）（王磊等，2012）。本试验中，在中度盐胁迫下各菊芋SOD活性和POD活性都呈现增加状态，莱芋增幅最高，南菊芋1号的活性均较高。

4. 盐胁迫对不同品种菊芋幼苗叶片丙二醛和游离脯氨酸含量的影响

如图33.3a所示，盐胁迫对幼苗期不同品种菊芋的丙二醛含量影响不同。Lm、Nm、Am丙二醛含量分别为1.97mmol/g、2.90mmol/g、3.88mmol/g，分别比Lg、Ng、Ag高出6%、43%、37%，且Am＞Nm＞Lm，Ag＞Ng＞Lg，说明中度盐胁迫能使菊芋丙二醛含量增高。

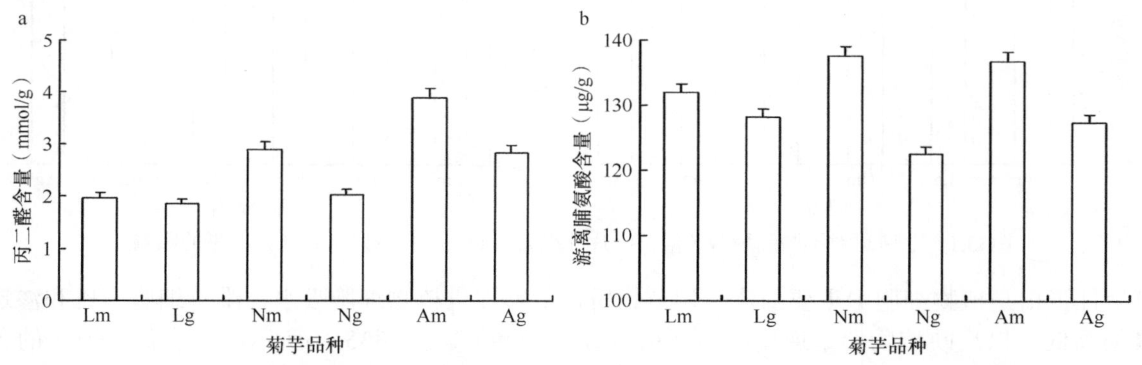

图33.3　盐胁迫对不同品种菊芋幼苗叶片丙二醛（a）和游离脯氨酸（b）含量的影响

一般认为丙二醛含量的多少代表着植物遭受逆境伤害程度的大小，能间接表示植物细胞质膜受损情况。试验中，Am、Ag的丙二醛含量都比相同条件下其他品种菊芋的含量高，说明安徽品种的菊芋在当地轻度、中度盐胁迫下更容易遭受质膜损伤，其次是南菊芋1号。

由图33.3b可看出，在中度盐胁迫下的各品种菊芋游离脯氨酸含量比在轻度盐胁迫下均有不同程度的增加。Lm、Nm、Am脯氨酸含量分别为132.0μg/g、137.7μg/g、136.8μg/g，依次比Lg、Ng、Ag增加3.0%、12.5%、7.5%，且Nm＞Am＞Lm，Lg＞Ag＞Ng。

游离脯氨酸含量的高低是植物在逆境条件下的一种生理响应，大多数植物在逆境条件下脯氨酸含量会成倍增加，一般认为脯氨酸作为渗透调节剂对盐等胁迫起缓冲保护作用，或者作为细胞质酶类和膜的保护剂，对酶类和膜的稳定性起一定作用（Fedina et al.，2002）。本试验中，中度盐胁迫下的各品种菊芋游离脯氨酸含量均变高，说明各品种菊芋在幼苗期能够在中度盐胁迫下累积内渗透性物质，减少自身在逆境下受到的伤害。

（三）结论

在黄河三角洲地区中度盐胁迫下的各品种菊芋幼苗株高、地上部和根的鲜重及干重均低于轻度盐胁迫下的，其中莱芋幼苗株高及生物量在中度、轻度盐胁迫下均最高。

菊芋幼苗叶片叶绿素和可溶性蛋白含量在中度盐胁迫下比轻度盐胁迫下均有不同程度的降低，在轻度盐胁迫土地上莱芋叶绿素含量表现出明显优势，而在中度盐胁迫土地上南菊芋1号表现出优势；在轻度、中度盐胁迫土地上，南菊芋1号的可溶性蛋白质含量表现出优势。

在中度盐胁迫下的各品种菊芋幼苗叶片POD和SOD活性、丙二醛和游离脯氨酸含量均比在轻度盐胁迫下有不同程度的增加。莱芋POD活性增幅最大，南菊芋1号POD活性最高，南菊芋1号在轻度盐胁迫下SOD活性也较高；安徽品种菊芋在轻度、中度盐胁迫下丙二醛含量均最高，南菊芋1号在中度盐胁迫下游离脯氨酸含量最高。

三、不同品种菊芋对黄河三角洲土壤盐胁迫的响应研究

以菊芋品种中的莱芋、南菊芋1号和安徽品种为材料，在东营市垦利区永安镇的试验基地设置试验小区，在相同耕种条件下种植3个优良菊芋品种，研究盐胁迫对不同品种菊芋生长期内生理特性及产品品质和产量的影响，拟筛选和驯化出适宜在东营市盐碱地区土壤、气候条件下生长的菊芋品种，实现优良菊芋种质资源的保存和推广。为后期的大面积种植以及生产高附加值的菊粉产业提供稳定的原料来源，形成“加工+种植基地+农户”的生产经营示范，推动黄河三角洲区域盐碱土地的开发利用，创造新的经济价值及社会效益和生态效益，提供前期研究基础。

（一）材料与方法

1. 试验基地概况与试验材料

试验地位于山东省东营市垦利区永安镇的试验基地。地处黄河入海口，濒临渤海，当地为温带季风气候，年平均气温13.8℃，年均降水量570mm。基地土壤类型为典型河流冲积发育的砂质盐碱土，土壤基本性质见表33.1。

2. 试验设置

由于前期试验表明在重度盐碱土（＞4g/kg）上菊芋基本难以生长，因此前期试验选取轻度盐碱和中度盐碱地块，3个菊芋品种均在轻度盐碱土和中度盐碱土上种植。轻度盐碱土：莱芋（Lg）、南菊芋1号（Ng）和安徽品种（Ag）。中度盐碱土：莱芋（Lm）、南菊芋1号（Nm）和安徽品种（Am）。试验小区面积设为20m^2，每种盐土的3种试验小区每种重复3个，随机排列，小区之间起垄宽20cm，菊芋种植行距60cm，株距30cm。各菊芋于2012年5月4日播种，每亩施有机肥1000kg、磷肥20kg、氮肥25kg。

3. 样品采集与处理

种植前先采集试验基地各地块表层（0～20cm）的基础土壤测定盐度。种植开始后分别于幼苗期（6月10日）、生长期（8月6日）、开花期（9月15日）和成熟期（10月25日）采集各处理试验小区的菊芋植株。采集时间为上午9:00以前，每个小区随机采集8株，保存于塑料袋中。菊芋叶片叶绿素含量用叶绿素计SPAD-502P在上午10:00左右当场测定完成。收获时计算各小区块茎产量。

将采集的新鲜菊芋植株样品带回实验室后，清洗菊芋植株样品的表面泥土，用吸水纸吸净表面的水分，然后用四分法分成两部分，一部分用于测定样品的鲜重和干重；另一部分用于测定鲜样的其他生理指标。

4. 测定方法

1）植株株高、鲜重和干重的测定

将采回的菊芋植株洗净泥沙并吸干水分，分别称取每一株地上部分和根的鲜重，之后将植株在105℃下杀青15min后，于65℃烘干至恒重，分别称取每一单株的地上部分和根干重。

2）菊芋其他指标的测定

可溶性总糖含量测定采用蒽酮法，还原糖含量测定采用3,5-二硝基水杨酸法（吴洪新等，2008），菊糖=总糖−还原糖；过氧化物酶（POD）的活性测定采用Heath和Packer（1968）及Chen等（2005）的方

法；蛋白质含量测定采用考马斯亮蓝G250法；丙二醛（MDA）含量测定采用硫代苯巴比妥酸法；游离脯氨酸含量测定采用酸性茚三酮法（邹琦，2000）。

3）土壤性质

土壤pH采用去离子水（水土比2.5∶1，*V/W*）浸提15min，用Mettler toledo 320 pH计测定。土壤全氮含量采用碳氮分析仪（Vario-MAX C/N）测定，土壤盐度、有机碳、有效磷和有效钾含量测定的操作方法参照中国科学院南京土壤研究所编《土壤理化分析》。

（二）结果分析与讨论

1. 盐胁迫对不同品种菊芋生长期内生物量的影响

如图33.4a所示，在幼苗期，Lg地上部鲜重为479.5g，明显高于其他处理。到生长期，在轻度盐胁迫下菊芋开始表现出明显优势，Lg、Ng和Ag的地上部鲜重分别比Lm、Nm和Am高3.48倍、2.34倍和1.13倍，Lg＞Ng＞Ag＞Nm＞Lm＞Am。开花期，各处理菊芋地上部鲜重均达到最大值，Lg＞Ng＞Ag＞Lm＞Nm＞Am。到成熟期以后，菊芋地下块茎膨大，地上部植株开始变枯，各处理的菊芋地上部鲜重下降。

各处理菊芋地上部干重与鲜重呈相近的变化态势（图33.4b），在植株的地上部鲜重和干重方面，在轻度、中度盐胁迫下莱芋全部表现出明显的优势。

由图33.4c可看出，在幼苗期的菊芋根鲜重，在轻度、中度盐胁迫下莱芋全部表现出优势；到生长期，Lg、Ng和Ag的根鲜重分别比Lm、Nm和Am高3.56倍、3.95倍和3.74倍，说明盐胁迫对生长期菊芋根部的抑制作用高于对地上部分的抑制。除了Ng和Ag根鲜重在生长期达到最大值且Am在成熟期达到最大值外，各处理菊芋根鲜重均在开花期达到最大值，且Lg处理的根鲜重显著高于其他各处理，Lg＞Ng＞Lm＞Ag＞Nm＞Am。到成熟期，Lg处理大幅下降，其他处理与开花期趋于平稳。各处理菊芋根部干重与鲜重呈相近的变化态势（图33.4d）。

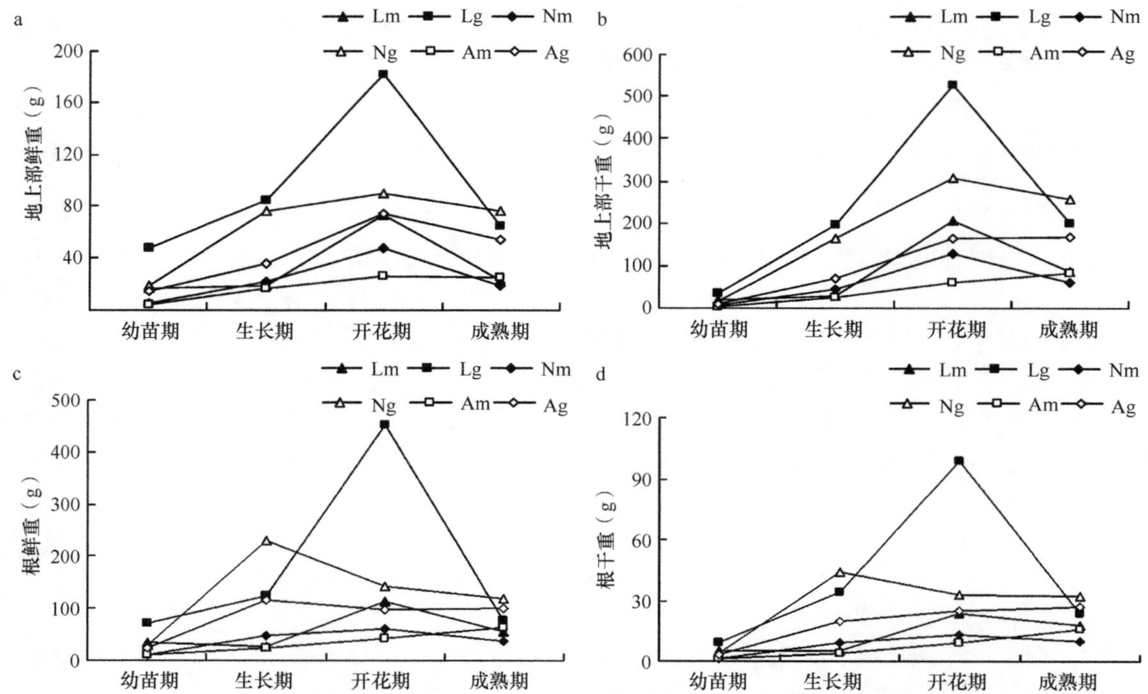

图33.4 不同盐胁迫下不同品种菊芋地上部鲜重（a）、地上部干重（b）、根鲜重（c）和根干重（d）的变化

Lm、Nm和Am分别为中度盐碱土处理的莱芋、南菊芋1号和安徽品种；Lg、Ng和Ag分别为轻度盐碱土处理的莱芋、南芋1号和安徽品种

生物量降低是盐胁迫下植物最敏感的生理响应。吴成龙等（2006）的研究发现，低浓度的NaCl处理

能促进菊芋幼苗生物量的积累，较高浓度的NaCl处理则降低菊芋幼苗生物量的积累，这也可能是本研究中在中度盐碱土上生长的各品种菊芋地上部分和根部的鲜重及干重均相应明显低于在轻度盐碱土上生长的原因。这和廖宝文等（2010）研究的盐度对尖瓣海莲幼苗生长的影响结果也一致。

2. 盐胁迫下不同品种菊芋叶片可溶性蛋白和叶绿素含量的变化

如图33.5a所示，在幼苗期到开花期，在轻度、中度盐胁迫下的各品种菊芋叶片可溶性蛋白含量差异不显著，在幼苗期和生长期，Lg＞Lm，Ng＞Nm，Ag＞Am。到成熟期，Lg、Lm和Ng、Nm的叶片可溶性蛋白含量都突然大幅增加，而Ag和Am的可溶性蛋白含量都下降，轻度盐胁迫下的各菊芋叶片可溶性蛋白含量均相应大于中度盐胁迫下的。

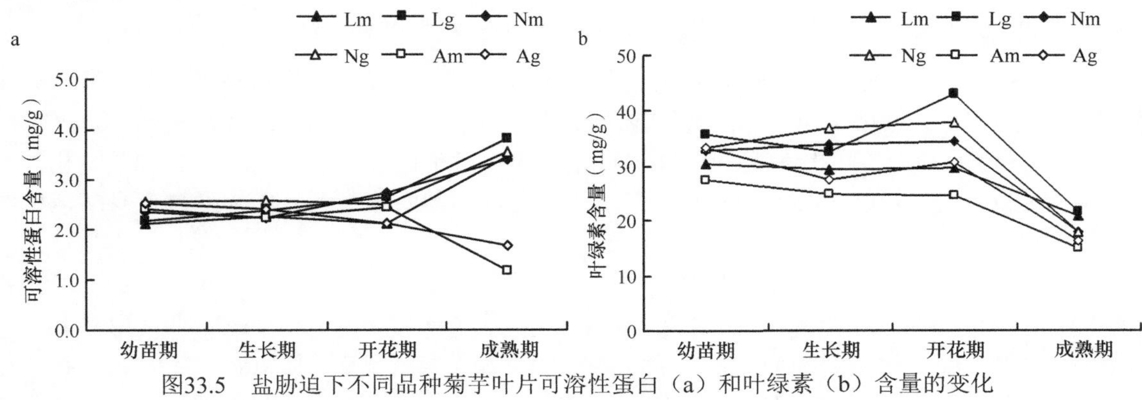

图33.5　盐胁迫下不同品种菊芋叶片可溶性蛋白（a）和叶绿素（b）含量的变化

由图33.5b可知，在成熟期以前，各处理菊芋叶片的叶绿素含量呈较稳定变化趋势，在幼苗期和生长期，Lg＞Lm，Ng＞Nm，Ag＞Am，说明盐胁迫会限制菊芋的光合能力。在轻度盐胁迫下，开花期和成熟期叶绿素含量大小顺序为莱芋＞南菊芋1号＞安徽品种；而在中度盐胁迫下，叶绿素含量大小在开花期为南菊芋1号＞莱芋＞安徽品种，到成熟期，菊芋叶片变黄变枯，叶绿素含量急剧下降，但含量大小顺序仍为莱芋＞南菊芋1号＞安徽品种。

叶绿素是植物进行光合作用的重要色素，盐胁迫下植物体内高浓度的钠离子通常能够在一定程度上提高叶绿素酶的活性，促进叶绿素的降解（薛延丰和刘兆普，2007），所以植物叶片中的叶绿素含量也是衡量植物耐盐性的一个重要生理指标。本试验中，中度盐胁迫下菊芋叶片叶绿素含量均相应变低，说明较高盐度不利于叶绿素的存在。而南菊芋1号的叶绿素含量在盐胁迫下表现出较好的优势。

3. 盐胁迫下不同品种菊芋生长期内其他抗逆性生理指标的变化

如图33.6a所示，从幼苗期到开花期，各处理菊芋的POD活性均呈现逐渐上升的趋势，在开花期达到最大值，到成熟期均急剧下降。生长期内，POD活性大小顺序为Nm＞Ng＞Lm＞Lg＞Am＞Ag，说明不同品种的菊芋POD活性对盐胁迫的响应存在差异。

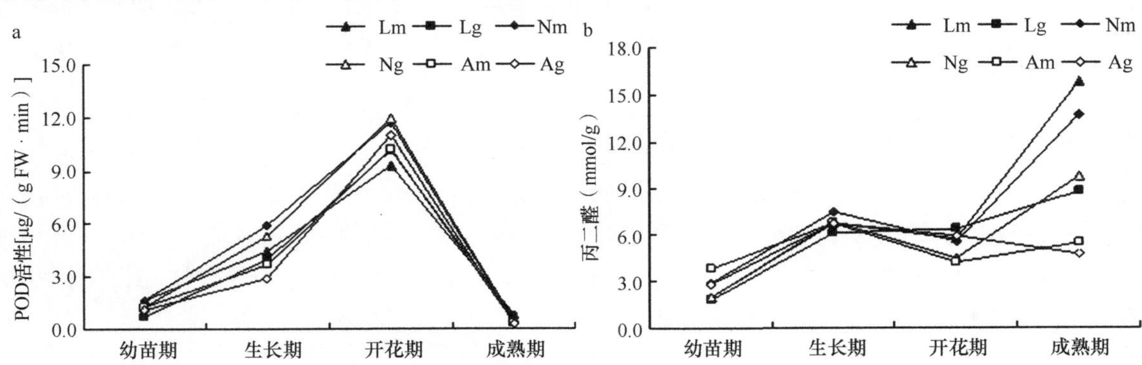

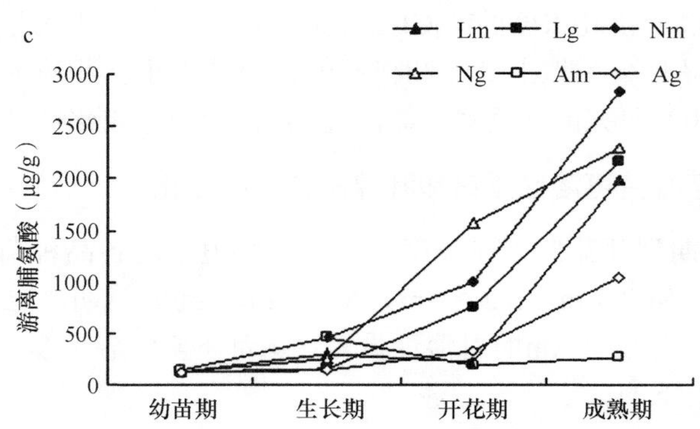

图33.6　盐胁迫下不同品种菊芋叶片POD活性（a）及丙二醛（b）和游离脯氨酸（c）含量的变化

盐胁迫能使植物细胞严重缺水，打破体内的氧化还原平衡，诱导产生出活性氧（ROS），如 $\cdot O_2^-$、H_2O_2等，活性氧的积累是盐胁迫下植物细胞受损乃至死亡的主要原因（张义凯等，2010），POD能通过氧化酚类物质来分解H_2O_2，菊芋能够通过增加POD活性来有效清除ROS（王磊等，2012），相同菊芋在中度盐胁迫下POD活性比轻度盐胁迫下略有升高，说明在较高盐胁迫下菊芋能够通过自身酶活性的增加抵御盐胁迫造成的细胞氧化伤害。

图33.6b表明，在菊芋生长期内，各处理菊芋丙二醛含量大多呈先上升后下降再上升的趋势。在幼苗期，菊芋叶片丙二醛的含量Lm＞Lg，Nm＞Ng，Am＞Ag，且Am＞Nm＞Lm，Ag＞Ng＞Lg；到生长期，各处理菊芋叶片丙二醛含量均大幅增加，Lm＞Lg，Nm＞Ng，Am=Ag，且Nm＞Am=Lm；到开花期，大多有所下降；成熟期，Lm、Lg、Nm和Ng的丙二醛含量均有不同程度的明显增加，分别比开花期增加175%、36%、147%和119%，Lm＞Lg，Nm＞Ng，Am＞Ag。

一般认为丙二醛含量的多少代表植物受逆境损伤程度的大小。在菊芋幼苗期和生长期，相同品种菊芋在轻度和中度盐胁迫下丙二醛含量并没有明显差异，说明在生长期以前菊芋叶片质膜没有受到伤害，而到成熟期，菊芋在中度盐胁迫下的丙二醛含量比轻度盐胁迫下明显增加，说明在较高盐度下菊芋在成熟期质膜才会受到较重损伤。

由图33.6c可知，在菊芋生长期内，Am的游离脯氨酸含量呈先升高再下降又升高的趋势，其他处理均呈先缓慢增加而后剧烈增加的态势。在幼苗期，相同品种菊芋在中度盐胁迫下的脯氨酸含量比轻度盐胁迫下略有增加，Nm＞Am＞Lm；到生长期，这种增加幅度开始变大，Lm、Nm、Am的脯氨酸含量分别比Lg、Ng、Ag增加81%、79%和225%；到开花期，各处理菊芋脯氨酸含量继续增加，但Lg＞Lm，Ng＞Nm，Ag＞Am；到成熟期，Lg＞Lm，Nm＞Ng，Ag＞Am，大多处理菊芋的脯氨酸含量达到最高值。

游离脯氨酸含量的高低是植物在逆境条件下的一种生理响应，大多数植物在逆境条件下脯氨酸含量会成倍增加，一般认为脯氨酸作为渗透调节剂对盐等胁迫起缓冲保护作用，或者作为细胞质酶类和膜的保护剂，对酶类和膜的稳定性起一定作用（Fedinaet al.，2002）。本试验中，菊芋生长期内脯氨酸含量呈持续增加状态（除Am），说明莱芋和南菊芋1号能够在中度盐胁迫下累积内渗透性物质，减少自身在逆境下受到的伤害。

4. 盐胁迫对不同品种菊芋块茎产量及菊糖含量的影响

如图33.7a所示，菊芋平均每株的块茎产量高低顺序为：Lg＞Ng＞Ag＞Nm＞Am＞Lm，说明在轻度盐胁迫下，莱芋品种的块茎产量较高；在中度盐胁迫下，南菊芋1号的块茎产量最高。由图33.7b可知，各处理的菊芋成熟块茎菊糖含量大小顺序为：Lg＞Nm＞Am＞Ng＞Lm＞Ag，说明盐胁迫对不同品种菊芋块茎菊糖含量的影响不同。

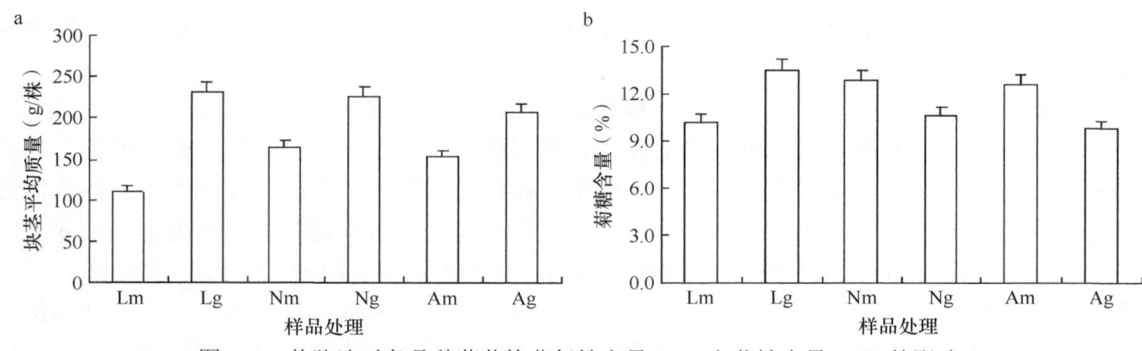

图33.7　盐胁迫对各品种菊芋块茎每株产量（a）和菊糖含量（b）的影响

（三）结论

在黄河三角洲地区中度、轻度盐胁迫下，莱芋生物量的积累最有优势，其次是南菊芋1号。在中度盐胁迫下各品种菊芋叶片可溶性蛋白和叶绿素含量都比在轻度盐胁迫下低，而南菊芋1号在中度盐胁迫下含量居高。菊芋POD活性在开花期均达最高峰，不同品种的菊芋POD活性对盐胁迫的响应存在差异，在中度、低度盐胁迫下南菊芋1号的POD活性均比其他品种高。相同品种菊芋在中度盐胁迫下的丙二醛和游离脯氨酸含量比轻度盐胁迫下均有增加，莱芋和南菊芋1号在生长期内游离脯氨酸含量呈持续增加状态，到成熟期达到最大值。在轻度盐胁迫下，莱芋品种的块茎产量最高，且菊糖的含量也最高；在中度盐胁迫下，南菊芋1号的块茎产量最高，同时菊糖含量也最高。

综上所述，为获得最大经济效益，在黄河三角洲地区轻度盐胁迫土地上建议种植莱芋，而在中度盐胁迫土地上建议种植南菊芋1号。

第四节　菊芋全产业链

菊芋是一种不可多得的生态经济型植物，有很高的利用价值，它的茎和叶经过粗加工或深加工处理可以在饲料、食品、能源、医药和化工等行业中广泛应用（薛志忠等，2014）。菊芋的叶可用以提取叶黄素、绿原酸，或者作为菊芋花茶，营养价值极高。菊芋的产量大，生长快，是一种优良的饲用植物，地上茎叶和地下块茎都是优良的饲料，既可在菊芋生长旺季割取地上茎叶直接用作青饲料，也可在秋季粉碎后制作干饲料，可作为牛、马特别是猪和毛皮兽的饲料。据有关报道，菊芋是猪和奶牛的优良饲料，在饲养两种动物时有良好的效果（赵晓川等，2006；贺威鹏，2013）。目前，由于受多方面因素的影响，国内菊芋还很少应用于饲料行业。菊芋块茎富含氨基酸、糖、维生素等，白细脆嫩，无异味，可生食、炒食、煮食或切片油炸，若腌制成酱菜或制成菊芋脯，更具独特风味（张艳，2009）。同时，菊芋块茎含有丰富的菊粉，利用现代生物技术对菊芋进行深加工精制而成的菊粉、低聚果糖和超高果糖浆，是当今保健食品行业的全新多功能配料，可用作填充剂、质构改良剂、风味掩盖剂、脂肪替代品、蔗糖替代品（杨海霞和纳红霞，2007；周延州和陈安国，2005）。菊芋作为果糖基能源植物，已经展示了非常广阔的应用前景，以菊芋为基础的生物炼制产业链的建立，对我国的能源安全、粮食安全、生态环境以及和谐社会的建立具有重要的意义（曹力强等，2016）。总之，依托菊芋以其所具有的生态和经济上的双重价值，因地制宜种植和开发利用菊芋，市场广阔，前景诱人。

一、菊芋块茎中菊粉的制备

生产菊粉的原料主要有菊芋和菊苣，这两种原料有很大差异，主要表现在块茎形状和大小不同、菊粉含量不同、菊粉中果糖的聚合度不同以及蛋白质果胶等含量组成不同等方面（冯大伟等，2013b）。国外生产菊粉的原料主要是菊苣，利用菊苣提取制备高品质菊粉的技术已经很成熟，而在我国，生产菊粉的原料主要是菊芋。原料的明显差异决定了不能照搬国外的菊粉提取工艺，而应该自主研发适合我国菊粉生产原料特点的高品质菊粉提取创新技术。

现有的菊粉生产工艺通常是加热菊芋干片粉水溶液法，此种方法能耗高、耗水量大、耗时长、产率低，并且菊粉本身含有多酚类物质，色素含量高、有苦涩味，导致商品价值降低（胡秀沂等，2007）。常见的菊粉提取方法还有热水浸提鲜块茎、热水螺旋压榨法和罐组式动态逆流提取法等。热水浸提鲜块茎是一种非常传统的方法，在工业上被广泛选用，其过程主要是将新鲜菊芋经过预处理后加入一定量的水，在一定温度、一定时间下进行浸提，最终制得菊粉，该种方法要求固液比达到1∶20以上，能耗高、操作复杂；热水螺旋压榨法压榨过程中出汁率较低；罐组式动态逆流提取是将两个以上的动态提取罐机组串联，提取溶剂沿着罐组内各罐溶质浓度梯度逆向地由低到高顺次输送通过各罐，保持一定提取时间并多次套用，逆流提取的固液比为1∶4～1∶2，虽能有效解决能耗高、提取率低的问题，但提取设备相对复杂，造价偏高（肖仔君等，2013；赵志福等，2008）。

中国科学院烟台海岸带研究所系统研究了黄河三角洲盐碱地菊芋生态种植与菊粉加工技术。已经在山东省东营市垦利区举办菊芋种植技术培训班，培训农民500人以上，推广盐碱地菊芋种植面积累计达到3500亩，为东营黄河口镇和永安镇农民带来600万元以上的经济收入。通过菊芋清洗、脱皮、灭酶等处理技术，采用压榨（滤）、除杂、脱盐脱色、超滤等工艺过程，制备高品质菊粉，达到固液比1∶4，实现提取率、产品品质和生产效率大幅提高，能耗成本大幅下降，成功完成了年产100t菊粉的中试生产试验，菊粉提取率和纯度均达到90%以上，产品质量与欧洲进口产品相当。完成的“盐碱地菊芋生产示范及高品质菊粉高效制取关键技术”经山东省科技成果鉴定，达到国际先进水平（鲁科成鉴字〔2013〕第03号）。

菊芋加工过程：块茎清洗、破碎、压榨、分离纯化、浓缩、喷雾干燥。块茎清洗废水经过沉降泥沙后可以回用；压榨后的菊芋粕经干燥后可以作为动物饲料使用；分离纯化过程中会产生少量含有蛋白、果胶（刘胜一等，2014）、植物纤维和磷酸钙或碳酸钙沉淀的废渣（可作鸡饲料）；膜浓缩后的废水含有单糖、双糖等碳水化合物，可用纳滤膜回收糖后，用于块茎清洗；离子交换树脂再生，产生废水，酸碱中和后排放；无废气排放。

二、菊粉膳食纤维在食品中的应用

（一）咀嚼片

目前，世界上多个国家已批准菊粉为食品营养增补剂。日本厚生省批准菊粉为特定保健食品，并可应用于多种食品中（朱宏吉和郭强，2000）。在我国现有上市的菊粉产品主要以粉状形式存在，并成功应用于乳制品、焙烤食品、低脂低热食品、保健食品等领域，而与菊粉相关的片剂产品非常少见。本研究旨在以菊粉为主要原料，选择适当的辅料，采用湿法制粒压片工艺研制出风味独特、酸甜可口、食用方便，具有保健功能的新型菊粉咀嚼片。结果表明：乙醇浓度、乙醇加入量、硬脂酸镁加入量及柠檬酸加入量等因素对菊粉咀嚼片的品质有较大影响。以浓度（体积分数）为100%、加入量为2mL/10g的乙醇作润湿剂，以2%甘露醇、1.5%硬脂酸镁、0.5%柠檬酸为辅料，可制得口感好、有菊粉特有风味、表面光滑美观、色泽均匀一致、硬度好、崩解性好、咀嚼性好的新型菊粉咀嚼片（冯大伟等，2013a）。

（二）泡腾片

在天然藻蓝蛋白及菊粉的基础上，添加适量的低热量甜味剂和泡腾剂而制成的泡腾片，兼具有固体制剂和液体制剂的特点，在冷水中即可迅速崩解，溶解速度快，分布均匀，而且生物利用度高，利于吸收，色香味俱佳，同时又便于携带，即冲即饮，还具有较长的贮存期，服用其泡腾片制成的饮料，可以增强机体免疫功能，起到综合保健作用（刘冰等，2011）。

（三）低脂冰淇淋

传统冰淇淋营养丰富，但却含有较高的热量。随着人们生活水平的提高，人们对冰淇淋的要求也越来越高，人们希望得到营养丰富而且热量低的低脂冰淇淋。近20年来，国内外的专家学者在不断地研究能被广大消费者接受的低脂冰淇淋，其中最常用的方法就是添加脂肪替代品。国内关于低脂冰淇淋的研究报道较少，袁博等（2003）通过改变冰淇淋中的稳定剂制备出了低脂冰淇淋。

杜鹃（2014）用菊粉替代部分脂肪，采用响应面法对低脂冰淇淋的配方进行了优化研究，以感官评价为指标，研究了稳定乳化剂、菊粉、奶油用量对冰淇淋感官品质的影响。通过单因素实验筛选出稳定乳化剂、菊粉、奶油等对低脂冰淇淋感官品质影响较大的3个主要因素，再对这3个单因素进行中心复合设计。经响应曲面法分析，当稳定乳化剂、菊粉、奶油用量分别为0.46%、4.99%、4.06%时，可以得到高感官品质的冰淇淋。验证实验表明，实际冰淇淋的感官品质与模型预测值相近，因此响应面法对低脂冰淇淋的配方优化合理可行、准确且高效。

（四）软糖

据统计，我国在2004年有糖尿病成年患者2000多万，占世界糖尿病患者总数的40%，每年都会有新增，糖尿病患者患肥胖的概率比正常人高出53倍；我国城市儿童肥胖率也在逐年提高。此外，我国患高血压和心血管疾病人群的比例也明显偏高，在一些较发达城市，中小学生患龋齿率高达60%～70%，一些城镇乡村的中小学生患龋齿率随着生活水平的提高也在上升。糖尿病、龋齿、高血压和心血管疾病都被世界卫生组织（WHO）列为重点防治疾病（张颖，2016；谭会等，2010）。

菊粉具有独特的高甜度、低脂肪、低热值性能，以菊粉作为甜味剂或主要原料制作成的食物，能够满足不同人群的特殊需要，有利于人体健康（衣悦涛等，2013）。菊芋在我国很多地区都有种植，种植成本低，产量大，对气候和土壤条件要求不高，充分发挥我国在菊芋种植上得天独厚的优势，大力发展菊粉及其系列产品的开发，具有广阔的市场前景。但菊粉这一优良的天然健康功能食品缺乏群众乐于接受的产品形式。

通过对菊粉软糖制备的特殊工艺的研究，发明了一种优良的菊粉产品——菊粉软糖，这有利于菊粉在大众中的推广。软糖的基本组成是甜体和胶体，胶体是软糖的骨架，胶体的选择对软糖的品质有很大的影响。一般软糖制品中的胶体为淀粉、琼脂、明胶、卡拉胶和果胶五种，冯大伟等（2013b）的研究表明淀粉作为胶体添加到软糖中时制品透明度差，而果胶一般用于水果软糖中，因此采用琼脂、卡拉胶、明胶3种不同胶体制备菊粉软糖。

（五）阿胶产品

阿胶是传统的补血上品。阿胶甘，补肝、肾经，能够补血、止血，用于血虚萎黄、眩晕、心悸等。但是阿胶服用后容易火气亢盛和消化不良、便秘；并且因为加入了蔗糖，糖尿病人无法食用。菊粉具有改善肠道环境、防治便秘、调节血糖等功效，能有效改善阿胶引发的便秘、消化不良、血糖升高副作用问题，促进肠道蠕动，改善肠道环境，正好能够克服阿胶的不足（史雪洁等，2016）。所以，将菊粉应用于阿胶产品中，做成的菊粉阿胶糕、阿胶-菊粉饮料等均具有更广阔的发展前景。

（六）用于生产低脂肉制品

菊粉可替代低脂肉制品的油脂（王姗姗等，2009），改进肉制品结构，如肉类产品法兰克福肠等。菊粉的添加，可改善香肠等肉制品的品质，增加其弹性，增加肉制品中膳食纤维含量，降低脂肪含量，符合人们日益提高的饮食观念和健康需求，将为肉制品提供更大的市场空间。

第五节　总结与展望

菊芋生态适应性广，因地制宜地开发和利用菊芋市场广阔，经济、社会、生态效益良好。国外对菊芋的研究工作开展较早，取得了一定的研究成果。国内菊芋种质资源收集、鉴定、品种选育工作起步晚，部分地区菊芋种植和生产初具规模，但是不能满足工业化生产和深加工原料的供应需求。目前我国菊芋产业已处于快速发展时期，对菊芋原料的需求处于快速增长阶段。大力发展菊芋产业，首先要充分利用荒地、盐碱地等干旱及半干旱土地，形成规模化种植，从而满足下游加工的原料供给；其次要选育适合区域环境特点的优良品种，提高块茎产量和菊粉含量，进一步提高经济价值；再次要以菊芋全株生物量的综合利用为目的，研发并熟化以生物能源、医药化工产品为终端产物的菊糖生物转化技术，制备不同聚合度和功能的低聚果糖高端产品，分离纯化生物活性成分，开发酱菜、脆片、酵素、糕点等多元化休闲食品，提高茎叶的饲料化资源化利用水平，形成菊芋全株高值化利用的产业链条技术体系，为菊芋产业的提质增效提供技术支撑。从未来的发展趋势看，菊芋产业必将拥有更加广阔的发展前景。

参考文献

安静. 2011. 浅谈种植菊芋治理沙漠的前景. 现代农业, (5): 170.
曹力强. 2008. 菊芋的特征特性及栽培. 农业科技与信息, (11): 57.
曹力强, 王廷禧, 谢淑琴, 等. 2016. 我国菊芋的开发应用现状研究. 甘肃农业, (5): 32-33.
陈志盛. 2012. 菊芋的栽培技术. 北方农业学报, (4): 123.
东晓凤, 申青岭. 2008. 菊芋的特征特性及高产栽培技术. 青海农牧业, (4): 25.
杜鹃. 2014. 菊粉在低脂冰淇淋中的应用. 烟台大学硕士学位论文.
冯大伟, 冀晓龙, 王敏, 等. 2013a. 菊粉咀嚼片制备工艺研究. 食品研究与开发, 34(14): 46-49.
冯大伟, 衣悦涛, 刘广洋, 等. 2013b. 一种菊粉软糖的制备方法: CN103005120A.
冯大伟, 张洪霞, 刘广洋, 等. 2013c. 不同贮藏温度下菊芋块茎菊粉含量及相关酶活性的变化研究. 食品科技, 38(8): 80-85.
贺威鹏. 2013. 菊芋是猪和奶牛的优质饲料. 当代畜禽养殖业, (1): 30.
侯全刚, 马本元, 李莉, 等. 2006. 加工专用型菊芋青芋2号. 中国蔬菜, 1(2): 56.
胡秀沂, 邱树毅, 王慧, 等. 2007. 新鲜菊芋的预处理及微波辅助提取菊粉的研究. 食品工业科技, (4): 150-152.
孔涛, 吴祥云, 刘玲玲, 等. 2009. 风沙地菊芋的主要生态学特性. 生态学杂志, 28(9): 1763-1766.
李江, 李莉, 钟启文, 等. 2005. 菊芋种用块茎对比试验. 青海农林科技, (4): 48.
李莉, 马本元, 侯全刚. 2004. 青芋1号菊芋. 长江蔬菜, 1(4): 59.
廖宝文, 邱凤英, 张留恩, 等. 2010. 盐度对尖瓣海莲幼苗生长及其生理生态特性的影响. 生态学报, 30(23): 6363-6371.
刘冰, 秦松, 闫鸣艳, 等. 2011. 一种泡腾片及其制备方法: CN101940326A.
刘冰, 赵践韬. 2016. 菊芋综合高产栽培技术与管理. 江西农业, (23): 8.
刘春. 2001. 菊芋——治理沙漠化的最佳选择. 黑龙江环境通报, 25(1): 93-94.
刘丹梅, 姜吉禹, 杨君. 2009. 菊芋的生态功能研究. 北方园艺, (10): 140-142.
刘胜一, 史雪洁, 徐兰兰, 等. 2014. 响应面法优化菊芋渣中果胶的提取工艺及产品性质分析. 食品科学, 35(24): 29-34.
隆小华, 刘兆普. 2003. 耐寒抗旱治沙之星菊芋. 植物杂志, (3): 23-24.
陆艳, 叶慧君, 耿守保, 等. 2010. NaCl胁迫对菊芋幼苗生长和叶片光合作用参数以及体内离子分布的影响. 植物资源与环境学报, 19(2): 86-91.
吕世奇, 寇一翾, 曾军, 等. 2018. 菊芋新品种兰芋1号的选育. 中国蔬菜, (1): 76-79.
钱寿福, 孟好军. 2012. 菊芋种植对沙化土地土壤理化性质的影响. 防护林科技, (1): 22-24.
史雪洁, 朱晓振, 衣悦涛. 2016. 富硒阿胶-菊粉咀嚼片的制备及降血糖活性研究. 食品工业科技, 37(17): 242-246.
宿越, 李天来, 杨凤军, 等. 2009. 外源水杨酸对NaCl胁迫下西红柿幼苗保护酶活性和渗透调节物质含量的影响. 沈阳农业大学学报, 40(3): 273-276.
隋华. 2013. 菊芋作用及种植技术. 天津农林科技, (3): 13.
谭会, 李洪梅, 韩雨桐. 2010. 浅析老年高血压病. 中外健康文摘, 7(25): 323-324.

王磊, 隆小华, 郝连香, 等. 2012. 氮素形态对盐胁迫下菊芋幼苗PSⅡ光化学效率及抗氧化特性的影响. 草业学报, 21(1): 133-140.

王建平. 2006. 菊芋新品种青芋1号. 甘肃农业科技, (12): 34-35.

王姗姗, 孙爱东, 何洪巨. 2009 . 菊粉的功能性作用及开发利用. 中国食物与营养, (11): 57-59.

王喜武, 吴德东, 袁春良, 等. 2006. 试论菊芋治沙. 防护林科技, (5): 45-46.

吴成龙, 周春霖, 尹金来, 等. 2006. NaCl胁迫对菊芋幼苗生长及其离子吸收运输的影响. 西北植物学报, 26(11): 2289-2296.

吴洪新, 单昌辉, 李薇, 等. 2008. 紫外分光亮度计法测定菊粉多糖. 安徽农业科学, 36(13): 5251-5253.

夏鹤高. 2010. 菊芋优良品种. 农业知识, (8): 12-13.

夏天翔. 2004. 盐分和水分胁迫下菊芋的生理响应及其海水灌溉研究. 南京农业大学硕士学位论文.

肖仔君, 朱定和, 王小红, 等. 2013. 菊芋中菊粉提取工艺的研究. 现代食品科技, (2): 315-318.

谢淑琴. 2009. 全膜双垄沟播技术在菊芋种植中的应用. 农业科技与信息, (11): 14.

薛延丰, 刘兆普. 2007. 外源钙离子缓解海水胁迫下菊芋光合能力下降的研究. 草业学报, (6): 74-80.

薛志忠, 杨雅华, 李可晔, 等. 2014. 菊芋耐盐碱性研究进展. 北方园艺, (9): 196-199.

杨海霞, 纳红霞. 2007. 经济生态型植物菊芋的开发与利用. 宁夏农林科技, (6): 53-54.

杨世鹏, 孙雪梅, 王丽慧, 等. 2018. 基于菊芋转录组的SSR分子标记开发及鉴定. 分子植物育种, 16(2): 484-492.

衣悦涛, 冯大伟, 刘广洋, 等. 2013. 菊粉颗粒饮料及其制备方法: CN102972837A.

袁博, 许时婴, 冯忆梅. 2003. 稳定剂和乳化剂对低脂冰淇淋的影响. 无锡轻工大学学报, (22): 79-82.

张艳. 2009. 菊芋传统腌制过程中品质变化的研究. 西南大学硕士学位论文.

张颖. 2016. 2型糖尿病肥胖患者的临床研究进展. 医学信息, 29(24): 26-28.

张义凯, 崔秀敏, 杨守祥, 等. 2010. 外源NO对镉胁迫下西红柿活性氧代谢及光合特性的影响. 应用生态学报, 21(6): 1432-1438.

赵晓川, 王卓龙, 孙金艳. 2006. 菊芋在畜牧生产中的应用. 黑龙江农业科学, (6): 39-40.

赵志福, 朱宏吉, 于津津, 等. 2008. 菊粉生产新技术研究进展. 化工进展, 27(10): 1522-1532.

周延州, 陈安国. 2005. 菊粉资源的开发及应用. 饲料工业, (1): 49-52.

朱宏吉, 郭强. 2000. 菊粉应用研究的新进展. 中国糖料, (4): 55-57.

邹琦. 2000. 植物生理学实验指导. 北京: 中国农业出版社.

Chen L Z, Wang W Q, Lin P. 2005. Photosynthetic and physiological responses of *Kandelia candel* L. durce seedlings to duration of tidal immersion in artificial seawater. Environmental and Experimental Botany, 54(3): 256-266.

Fedina I S, Georgieva K, Grigorova I. 2002. Light-dark changes in proline content of barley leaves under salt stress. Biologia lantarum, 45(1): 59-63.

Heath R L, Packer L. 1968. Photoperoxidation in isolated chloroplast: Ⅰ. Kinetics and stoichemistry of fatty acid peroxidation. Archives of Biochemistry and Biophysics, 125(1): 189-198.

Tiwari B S, Belenghi B, Levine A. 2002. Oxidative stress increased respiration and generation of reactive oxygen species, resulting in ATP depletion, opening of mintochondrial permeability trensition, and programmed cell death. Journal of Plant Physiology, 128(4): 1271-1281.

第五篇

海岸带遥感、信息集成与规划管理

第三十四章

黄海水环境及绿潮灾害影响的卫星遥感评估①

① 本章作者：刑前国，李琳

近二十年来，大规模绿潮在世界各地出现，引起了全球对沿海海洋环境的关注。具体而言，绿潮对当地沿海旅游、海上运输和商业捕鱼造成了不利影响。尽管可能还有其他原因造成暴发，如缺乏食草动物和水产养殖规模的增长（Liu et al.，2009），沿海富营养化是大型藻类生物量增长最直接的原因（Smetacek and Zingone，2013）。了解大型藻类暴发的原因是制定正确的预防、控制和缓解行动计划的基础。

至少从1999年夏天开始，黄海就出现了小规模的绿潮（macroalgal bloom，MAB）（Hu et al.，2010；Xing and Hu，2016）。然而，由于它们的规模与影响范围有限，当时从未引起公众的注意；直到2008年夏天，大型漂浮藻类突然在青岛引起了大规模的灾害（Zhang et al.，2015），由于这个城市是奥运会的举办城市之一，因此成为世界的焦点。

卫星图像记录显示，大规模的绿潮（MAB）从2007年开始在黄海出现（Hu et al.，2010；邢前国等，2011；Xing and Hu，2016）。这些漂浮的大型藻类每年夏天都覆盖了数百平方千米的海面，严重影响了黄海水生态环境。在5月上旬，即在绿潮暴发的早期阶段，来自江苏浅滩浑浊水域的漂浮大型藻类——浒苔，随着东北亚季风变强，通常随着江苏沿岸海流大部分在6月和7月向北漂移并到达山东半岛南部海岸，并于8月消失（邢前国等，2011）。部分漂浮藻类亦可漂至东海海域如枸杞岛，以及黄海东部朝鲜半岛邻近海域。由于对漂浮大型藻类的暴发及其发展原因缺乏了解，当前没能采取有效措施控制暴发，从2007年起，每年夏天都会出现超级绿潮灾害，包括2008年夏天青岛海岸出现的严重绿潮暴发现象。绿潮除了给当地人类经济活动带来负面影响，对黄海水环境也有影响。

第一节　黄海水环境与富营养化演变

在中国，定期监测沿海水域的状况，并以沿海水质等级（water quality level，WQL）及其空间分布在《中国海洋生态环境状况公报》来进行发布。中国沿海水质等级（WQL）主要受营养物污染影响，即总无机氮（TIN-N）和活性磷（PO_4-P）（Xing et al., 2015b）。然而，由于常规现场监测的地点总是位于近岸水域，且近海水域的现场测量没有长时间系列数据，这种有限的空间数据结果不适合对整个海域的总体水质状况进行评估。例如，邢前国等（2010）报道，在整个大黄海半封闭区域，既没有长期数据也没有有效的传统方法来评估与大型藻类相关的富营养化。

叶绿素a（Chl-a）是一种浮游植物色素，被广泛用作富营养化评估的指标（Carlson，1977）。浮游植物的状态通常由水生生态系统中的养分控制（Egge and Aksnes，1992；Gao and Song，2005），同样，对于大型藻类如石莼、浒苔，实验和数值研究（Menesguen et al.，2006）显示其生长也与营养物质（特别是氮元素）的过度富集相关。然而，因为叶绿素a（Chl-a）不是中国海洋环境监测业务中的必需参数，所以它的现场系统性数据记录很少。因为可以定期收集并存档，卫星数据在提供历史环境信息与趋势方面具有相当大的潜力。遥感技术通常成功用于评估海洋环境参数（Liu et al.，2014），特别是在现场船只监测数据相对较少的近海水域。

为了解黄海大规模绿潮出现的原因，必须了解其发生前后养分富集的状况和趋势。以前的研究（Liu et al.，2012）讨论了养分污染，却无法指出它在黄海绿潮背后的演变过程。我们使用卫星获取的叶绿素a（Chl-a）浓度、海表温度（SST）和光合有效辐射（PAR）来分析黄海富营养化与环境的变化和趋势，探讨超级绿潮背后的富营养化过程。

一、黄海水质污染

黄海是一个半封闭的近海海域，面积为38万km^2，连接渤海与东海开阔水域，面积约77 000km^2的渤海也可被视为大黄海生态系统的一部分（Xing et al., 2015b）。由于过去几十年来中国经济的快速发展，新的城市化进程和工业、农业以及水产养殖业等经济活动的增长，黄海沿海地区已经受到强烈的人为影响。人为影响造成大量的氮和磷以及其他污染物排入黄海，水生生态系统面临严重的恶化问题。2007年、2008年、2010年和2014年对近海水域绿色大型藻类暴发的调查结果显示，烟台、青岛和苏北浅滩存在大量大型藻类。2009年5月15日至6月19日的海上考察期间，在黄海和东海的近海水域中检测到大型绿色漂浮藻类的存在，站点的位置如图34.1a所示。

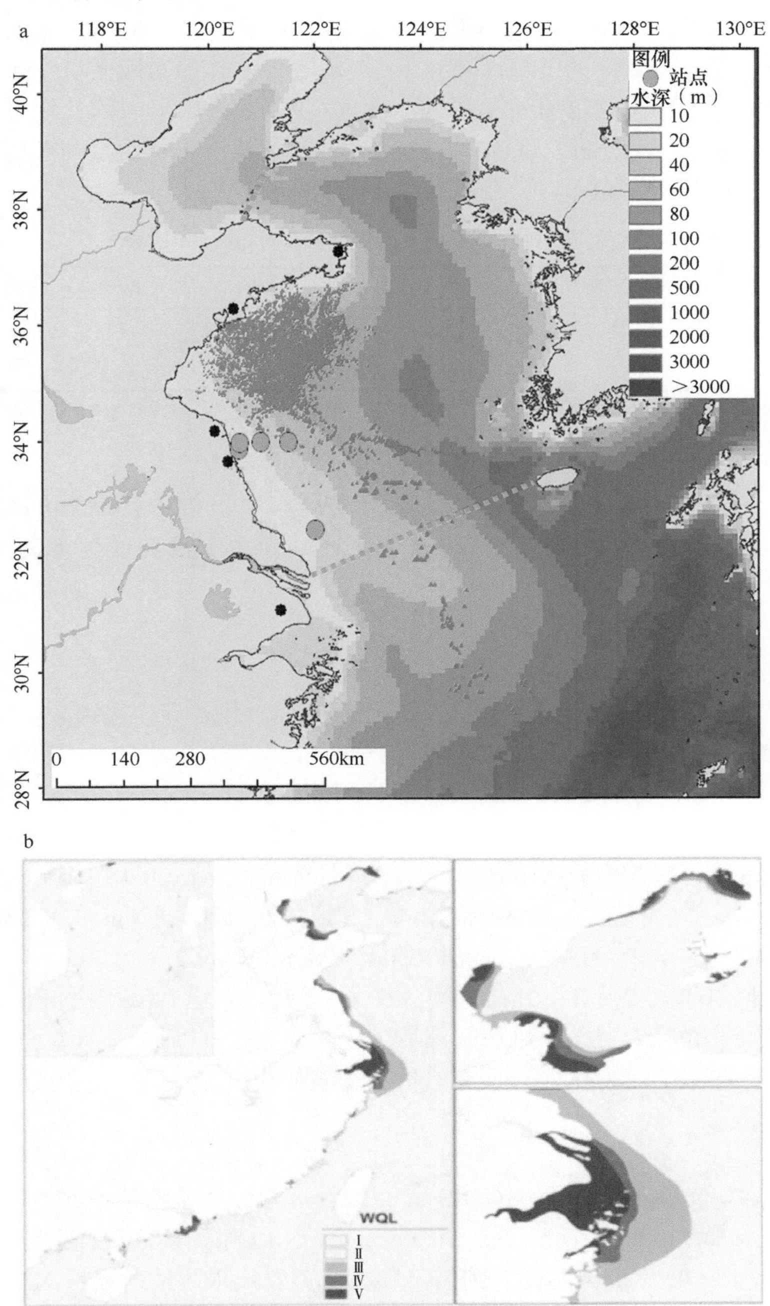

图34.1　研究区域（黄海及其附近海域）及2007年中国沿海水质等级（WQL）示例

绿色箭头显示浮游大型藻类的主要漂移途径；四个红色框表示提取卫星的Chl-a的位置；红线显示黄海北部和南部边界。白色圆圈显示了2009年（5月15日至6月19日）采样的现场观测点，绿色填充圆圈为潮滩上大型藻类观测点

（一）面积加权水质等级

富营养化指数或复合污染指数（composite pollution index，CPI）可用于评估给定水体的污染状况，尤其是富营养化问题（Lund，1967；Zou et al.，1985；Chen et al.，2007）。中国的沿海水体主要受养分

污染（Xing et al., 2015b），为了评估研究区水域的总体水质状况，可以将其划分为具有不同WQL的水体，研究提出了面积加权营养盐污染指数（AWCPI-NP）：

$$\text{AWCPI-NP}=\sum_{i=2}^{5}\left(N_i\cdot P_i\cdot A_i\right) \tag{34.1}$$

式中，i是水体的WQL（参见图34.1b中2007年中国沿海WQL的例子）；N_i是i级的TIN-N浓度（mg/L）的下限；P_i是i级的PO_4-P浓度（mg/L）的下限（表34.1）；A_i是i级水体的对应面积（km^2）。WQL（i）及其面积（A_i）数据来自国家海洋局的年度报告。TIN-N和PO_4-P以及中国沿海的其他海洋环境参数，定期根据《海洋监测规范第4部分：海水分析》（GB 17378.4—2007）进行水样测量与分析；最后，根据环境参数的限制，如表34.1所示的TIN-N和PO_4-P，计算每个WQL的面积（A）。

表34.1　用于计算AWCPI-NP的TIN-N和PO_4-P浓度

WQL	Ⅱ	Ⅲ	Ⅳ	Ⅴ
TIN-N（mg/L）	0.2	0.3	0.4	0.5
PO_4-P（mg/L）	0.015	0.030	0.030	0.04

注：水质等级Ⅱ、Ⅲ、Ⅳ和Ⅴ分别对应于相对清洁水体、轻微污染水体、中度污染水体和严重污染水体；而且表中浓度均为每种污染物浓度的下限（MEP，1997）

如上所述，由于WQL（i和A_i）的数据在国家海洋局年度报告中仅从2001年起，因此只计算了2001～2012年的AWCPI-NP［按式（34.1）计算］。此外，由于没有朝鲜半岛沿海水域水质数据，AWCPI-NP仅根据中国水质数据计算得出。

（二）漂浮大型藻类制图

漂浮大型绿藻具有与植被类似的光谱特征，广泛使用的归一化差异植被指数（NDVI）或其他类似指数（Shi and Wang，2009；Garcia et al.，2013）可用于提取大型藻类斑块。需指出的是，使用不同空间分辨率的图像和不同指数的研究（Liu et al.，2009；邢前国等，2011；Keesing et al.，2011；Garcia et al.，2013），在漂浮大型藻类覆盖面积上会给出不同的结果。为了与前人的结果（Liu et al.，2009；邢前国等，2011）保持一致，使用分辨率为500m的中分辨率成像光谱仪（MODIS terra/aqua）反射比产品。在MODIS图像经地理配准后，使用波段1（840～875nm）和波段2（620～670nm）生成NDVI图像。

$$\text{NDVI}=(\text{band1}-\text{band2})/(\text{band1}+\text{band2}) \tag{34.2}$$

式中，设定NDVI的阈值以识别漂浮的大型藻类斑块；由于云、雾霾、太阳耀斑和水背景的影响，动态NDVI阈值的方法被应用于提取大型藻类斑块（邢前国等，2011)。最后，在计算MODIS获取的日分布面积的基础上，给出2007～2013年漂浮大型藻类最大的日覆盖面积。

（三）卫星数据获取

从海洋宽视场传感器（SeaWiFS）和MODIS aqua的卫星图像产品获得9km空间分辨率的年度叶绿素a（Chl-a）浓度（数据来源：http://oceancolor.gsfc.nasa.gov）。Chl-a浓度数据是基于O’Reilly等（1998）开发的算法从SeaWiFS和MODIS aqua图像得到的。主要由黄海浅水区的河流输入和沉积物重新悬浮导致的高浓度悬浮沉积物，会导致卫星获取的Chl-a浓度被过高估算（Yamaguchi et al.，2012）。为了减少分析中的不确定性，即避免浑浊水域中估算不准确的Chl-a浓度，我们提取了黄海中部Chl-a浓度的平均值（34°～36°N，123°～125°E），以及渤海（38.25°～38.75°N，120°～120.5°E）（图34.1）2002～2012年的MODIS aqua数据和1998～2010年的SeaWiFS数据。使用MODIS aqua和SeaWiFS月Chl-a浓度之间的回归方程［方程34.3］校正SeaWiFS Chl-a浓度和MODIS aqua Chl-a浓度之间的系统偏差。然后，使用校正后1998～2002年的SeaWiFS Chl-a浓度和2003～2012年的MODIS aqua Chl-a浓度来生成年度叶绿素a浓度的时间序列。

$$SeaWiFS\ Chl\text{-}a=1.0772\times MODIS\ aqua\ Chl\text{-}a+0.0961 \quad (34.3)$$

基于MODIS terra卫星数据的月SST和PAR数据（数据来源：http://oceancolor.gsfc.nasa.gov）调查水温和太阳辐射。

二、黄海富营养化演变趋势

（一）世界上最大的超级绿潮

基于MODIS卫星图像获取的2007～2013年漂浮大型藻类最大日覆盖面积显示，绿潮主要发生在黄海西部和江苏浅滩北部（图34.2）。江苏浅滩是漂浮大型藻类的发源地，由于人为活动的养分排放，该水域高度富营养化（Liu et al.，2012；Xing et al.，2015b）。

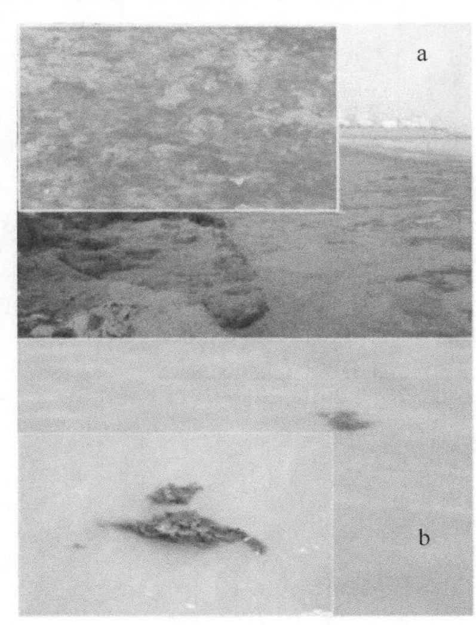

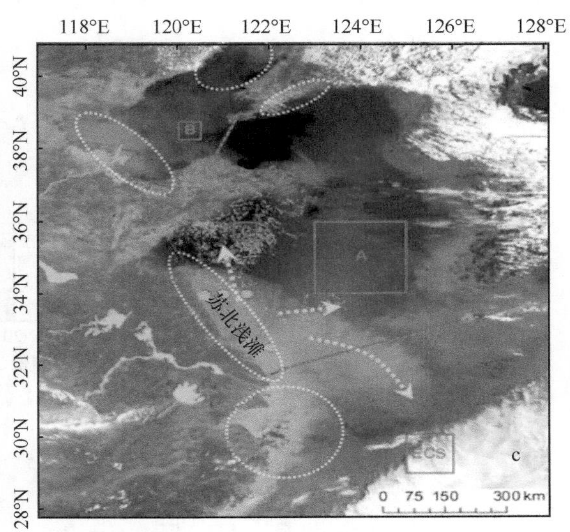

图34.2　绿潮现场照片及空间分布

a. 2008年6月29日在青岛海滩上覆盖的浒苔绿藻的现场照片（由邢前国和袁宪正拍摄）；b. 在苏北浅滩拍摄的照片（由邢前国和郝彦菊拍摄）；c. 绿潮的空间分布图。绿色斑块是2007～2013年大型藻类年度最大日覆盖面积的地点；绿点表示2009年5月在出海考察中确定的大型藻类的位置；黄色箭头显示浮游大型藻类的主要漂移途径；四个红色框表示提取卫星的叶绿素a浓度的位置；红色虚线表示黄海的边界；白点圆圈显示主要污染场地；背景图像是2010年3月31日获取的MODIS 波段1（R）、波段4（G）、波段3（B）的真彩色合成图像（http://ladsweb.nascom.nasa.GOV/）

2008年夏天，世界上最大的绿潮（浒苔）灾害从南黄海中部漂移并袭击了青岛市（Xing et al.，2009；Liu et al.，2009；郑向阳等，2011），总覆盖面积达1200km^2（表34.2），并影响了近40 000km^{2}的海面。仅从部分青岛海岸收集的浒苔的生物量就超过1 000 000t（邢前国等，2011）。这种暴发规模远远大于当前世界上任何其他地方的绿潮，如意大利、法国和澳大利亚（Menesguen et al.，2006；Morand and Briand，1996），2008年收集的绿藻生物量保守估计也大于最近一次大规模暴发的马尾藻的生物量（Gower and King，2011；Gower et al.，2013）。

表34.2　卫星获取的漂浮大型藻类年度最大日常覆盖面积

年份	月/日	覆盖面积（km^2）
2007	6/17	110
2008	5/31	1200
2009	7/22	860
2010	7/9	310*
2011	7/20	700
2012	6/21	300*
2013	6/29	1110

*由于云的影响，覆盖面积被少估计50%～150%

发生在黄海覆盖面积小于60km^{2}的小规模MAB，至少从1999年夏天就已经开始。Hu等（2010）与Xing和Hu（2016）基于高分辨率卫星影像提取并分析了这些小规模MAB。

（二）绿潮（MAB）暴发背后的富营养化进程

1. 营养盐型污染过程

在黄海和渤海的半封闭区域，以不同WQL表征的污染区域在2001～2012年逐年波动、没有明显的趋势（图34.3）。黄海相对清洁的水域（Ⅱ级）面积减少了约50%，而污染严重的水域（Ⅴ级）面积急剧增加。中度污染的水域（Ⅳ级）和轻度污染的水域（Ⅲ级）没有明显变化趋势，根据这些信息，很难评估整体营养盐污染状况。AWCPI-NP的应用克服了之前使用的一组WQL和面积方法的不足。计算获取的黄海和渤海AWCPI-NP变化（图34.3c、d）清楚表明，两个海区都存在养分污染增加的过程，尤其是渤海自2001～2007年增加了约1倍。

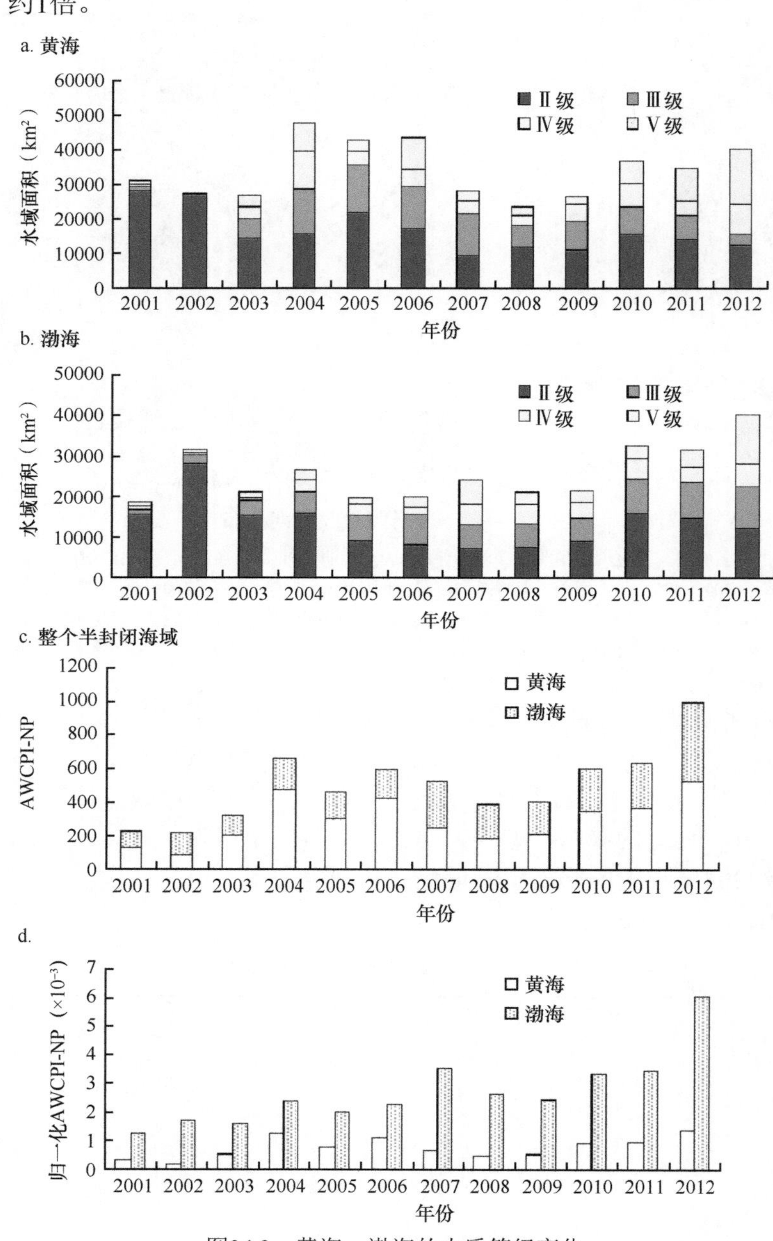

图34.3　黄海、渤海的水质等级变化

a. 黄海的水质等级变化；b. 渤海的水质等级变化；c. 整个半封闭海域的AWCPI-NP；d. 按黄海（380 000km^2）和渤海（77 000km^2）面积归一化的AWCPI-NP

2001～2012年AWCPI-NP的年度值（图34.3c）显示，自2004年以来半封闭区域的富营养状况为显著高水平（$P<0.01$，F检验）。自2007年以来每年夏天都会发生大规模漂浮大型藻类暴发灾害，并且2007～2012年平均AWCPI-NP（MAB阶段）比2001～2006年的（MAB前阶段）高大约45%，是2001～2003年的近3倍。该结果暗示，黄海的富营养化进程可能是导致漂浮大型藻类暴发的原因。当AWCPI-NP被封闭区域标准化时，我们还可以发现渤海的营养盐污染状况整体比黄海严重（图34.3d）。

记录显示，江苏近海污染海水（江苏浅滩沿岸水域，图34.1b）从2003年到2011年迅速增加了1倍多，其对黄海污染的贡献率也有所增加，如2007年达近50%（图34.4a）。同时，2000～2011年氮和磷浓度显著增加，特别是活性磷（PO_4-P）从2000年到2011年约增加了3倍（图34.4b）。江苏浅滩是大型藻类种子的“苗床”，可能与水产养殖设施、潮汐、海水或沉积物中的附着物有关（Liu et al.，2009；Pang et al.，2010；Zhang et al.，2011）；在这种富营养化的情况下，更多的大型藻类种子可能会在人类或自然干扰下释放出来，例如，海藻收获与潮汐和/或风力驱动的洋流的海底剪切，导致世界上最大的黄海超级漂浮大型藻类暴发。在1999～2006年有覆盖面积小于60km^{2}的较小规模MAB在黄海和东海海域发生（Hu et al.，2010；Xing and Hu，2016），与那个时期的较低的富营养水平状况可能相关。此外，2004年富营养水平的突然增加（图34.4b）不仅导致了夏季Chl-a浓度的增加（Xing et al.，2015a），还可能导致了2007年大规模的绿潮突然出现，其中3年的时间滞后可能是由浒苔种子的越冬和积累造成的（Zhang et al.，2011；Smetacek and Zingone，2013）。

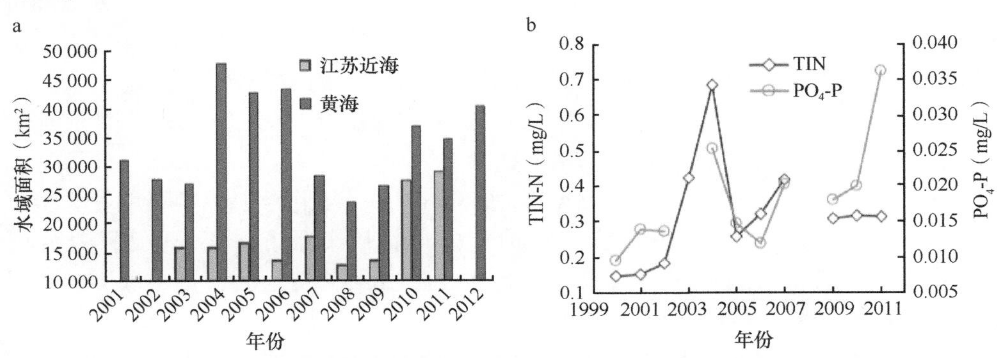

图34.4　江苏近海与黄海污染水域面积与江苏浅滩营养盐变化

a. 江苏近海与黄海污染水域面积；b. 江苏浅滩总无机氮（TIN-N）与活性磷（PO_4-P）的浓度

2. 叶绿素a（Chl-a）表征的富营养化

如图34.5所示，在绿潮暴发前阶段（pre-MAB，1998～2007年）之前，大部分黄海海区存在富营养化趋势（图34.5b中的绿色斑块）。1998～2012年，Chl-a浓度在黄海（$P<0.01$）和渤海（$P<0.001$）的中心区域显著增加（图34.6a），且黄海中心区域Chl-a浓度远低于渤海（$P<0.005$）。该结果与AWCPI-NP指示的富营养状态分布一致，即黄海海域存在整体富营养化的趋势，也表明2001～2012年浮游植物生物量的增加可能是营养盐增加所致。南黄海西部的Chl-a浓度（35.5°～36°N，121.25°～121.75°E；图34.1中的方框C）在1998～2012年也呈增长趋势。

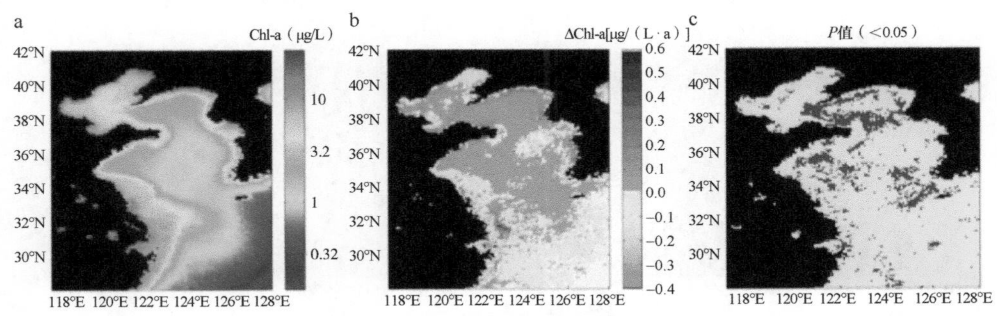

图34.5　1998～2007年（pre-MAB）Chl-a浓度统计数据

a. 多年Chl-a浓度平均值；b. 年度Chl-a浓度变化的线性趋势（变化率）；c. 线性趋势的显著性（紫色像素有显著变化）（$P<0.05$）

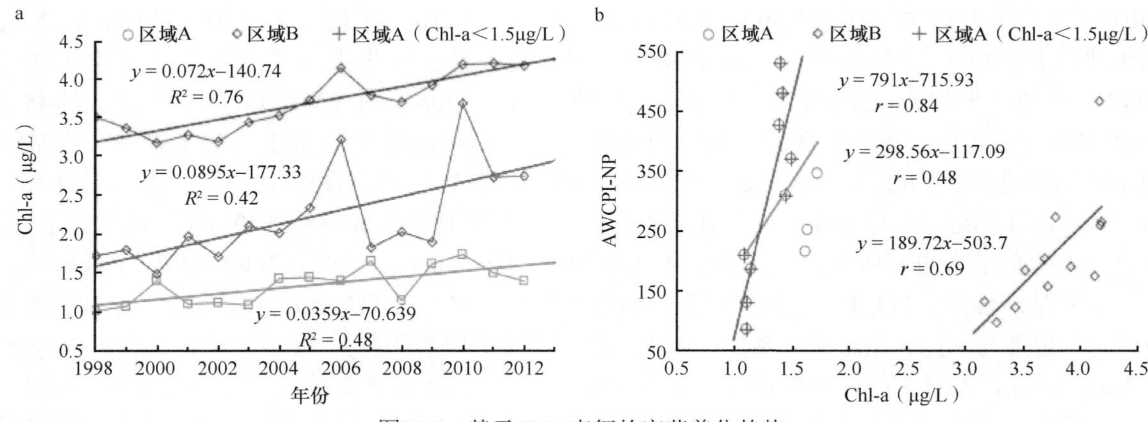

图34.6　基于Chl-a表征的富营养化趋势

a. 1998～2012年卫星获取的黄海（红线）、渤海（蓝线）和东海（黑线）的Chl-a变化趋势；b. 2001～2012年黄海（蓝线）和渤海（黑线）Chl-a浓度与AWCPI-NP之间的关系

就整个黄海区域而言，与渤海（$P<0.01$）相比，黄海的Chl-a浓度和AWCPI-NP之间的相关性较低（图34.6b）。这可能主要是由于：①黄海的AWCPI-NP计算没有考虑黄海东部朝鲜半岛海域的污染状况；②来自东海的水（图34.1中的方框A）可能导致黄海中部营养物质和温度波动；③绿潮可能以营养竞争等方式影响浮游植物生物量。在黄海中部，浓度低于1.5μg/L的Chl-a与AWCPI-NP具有高度相关性（$P<0.01$）（图34.6b），这意味着富营养化水平低的水域对营养物质的输入更为敏感。

漂浮的大型藻类可能对卫星Chl-a浓度数据引入错误值（Xing et al.，2015b），即在标准Chl-a产品的处理过程中，受漂浮大型藻类污染的像素未被完全剔除。因此，这些像素的Chl-a值被误认为是浮游植物相关的Chl-a。MAB阶段的年Chl-a浓度较pre-MAB阶段高16%；当排除浮游藻类可能受大型藻类影响的月份（6～8月）时，仍观察到从pre-MAB阶段到MAB阶段Chl-a浓度上升了15%。该结果表明，超级MAB背后存在富营养化进程，并且MAB没有改变富营养化趋势。除Chl-a浓度之外，卫星获取的光学指数也表明黄海南部浮游植物颗粒的比例在增加（Xing et al.，2012）。

如Chl-a浓度指示，黄海中南部（图34.1中的方框A）和东海近海水域（图34.1中的ECS框）的富营养状况低于黄海西南部（图34.1中的方框C），尤其在夏季低约50%。来自江苏浅滩的大型藻类能到达这两个区域（邢前国等，2011），但是暴发规模非常小，这表明不同海域的富营养状况也可调节其中MAB的规模。

3. 海表温度（SST）和光合有效辐射（PAR）的变化

水温和光照条件的自然变化可导致浮游植物生长的变化。漂浮大型藻类暴发前阶段（pre-MAB，2001～2006年）和漂浮大型藻类暴发阶段（MAB，2008～2014年）之间的比较显示，SST和PAR都没有显著变化（图34.7）。这一事实表明，SST和PAR不太可能是浮游植物增加或MAB暴发的驱动因素。

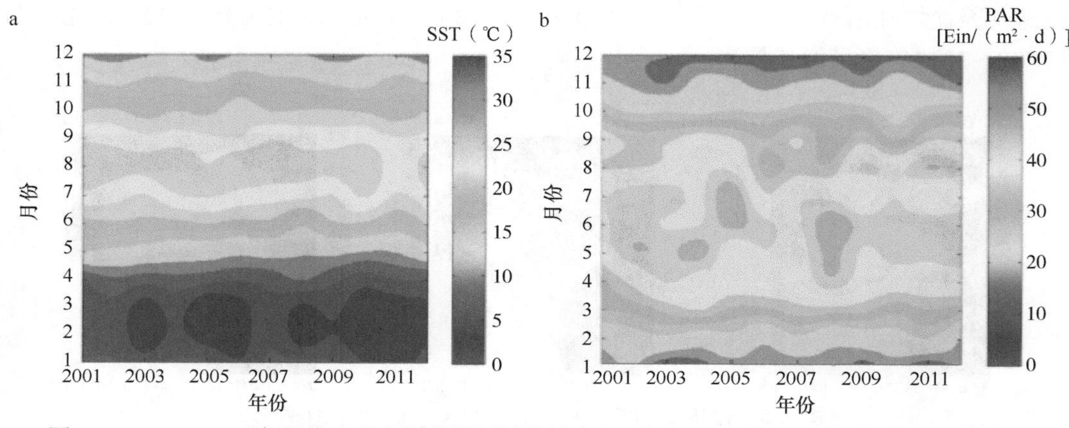

图34.7　2001～2012年经常出现大型藻类区域的月度SST和PAR（见图34.1中的位置，方框C）

大型藻类的生长对PAR的季节变化不如水温敏感。有利于大型藻类（浒苔）生长的水温约为15℃（Liu et al.，2009）。SST显示黄海和东海冬季（2月）至夏季（7月）的水温升高，适合黄海大型藻类快速生长的水温在5～7月（图34.8a）。然而，从漂浮大型藻类暴发前阶段（2001～2006年）到漂浮大型藻类暴发阶段（2008～2013年），黄海大部分月份SST明显降低，特别是4～6月（图34.8b、c）。水温降低将抑制大型藻类的生长，自2007年以来大量MAB的发生不太可能是由水温引起的生长速率变化所致。

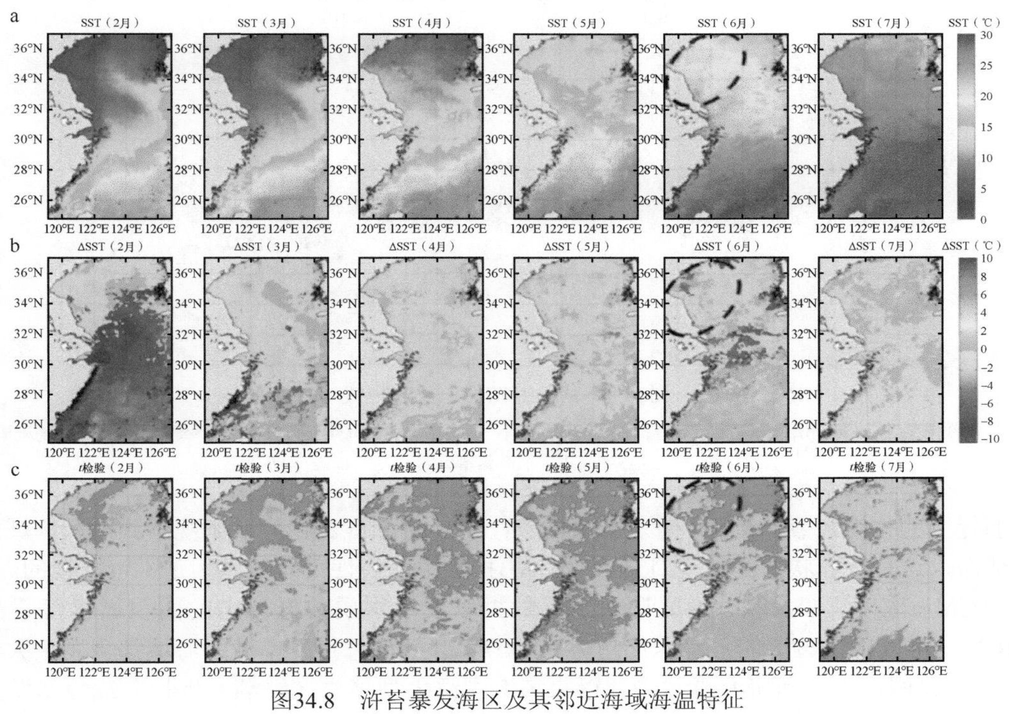

图34.8　浒苔暴发海区及其邻近海域海温特征

a. MAB阶段（2008～2014年）月SST的多年平均值；b. 自pre-MAB阶段（2001～2006年）到MAB阶段（2008～2014年）多年平均SST变化；c. 显著性检验：红色意味着显著减少，绿色意味着显著增加，蓝色意味着没有显著变化

4. 富营养化对MAB的影响分析

特别是自改革开放以来，中国沿海地区经历了快速的城市化和工业化进程（何章莉等，2006）。《中国近岸海域环境质量公报》显示，1992～2012年污染水域总面积的增加主要是由于养分污染。由于农业和水产养殖等人类活动，黄海和渤海经历了大量的养分输入过程，尤其是江苏浅滩。研究发现，由Chl-a浓度指示的富营养化趋势与同时期的AWCPI-NP的增长趋势，以及自2007年以来黄海连续出现超级MAB的事实一致。沿海水域Chl-a浓度的增加主要是由人为活动引起的过量养分输入造成的当地富营养化，而超级MAB的发生可能是由同样的原因所致。

紫菜（*Porphyra yezoensis*）水产养殖的扩大也被认为是世界最大的黄海MAB暴发的主要原因（Liu et al.，2009；Hu et al.，2010）：江苏浅滩的紫菜水产养殖从8月开始到来年4月结束；浒苔（MAB物种）生长并附着于养殖紫菜的筏架，即绳索、杆和网；在4月大量的浒苔从筏架上被移除，并散落到海水中，导致超级MAB发生。根据这一观点，2007年之前应该已经有MAB，其规模可以通过水产养殖规模（如面积）来估算，种子数量（大型绿藻）可以被认为是与养殖规模成线性比例，并且依据江苏浅滩紫菜养殖发展规模的估算（图34.9），2005～2008年MAB的规模应该接近（至少在同一数量级的水平）。然而，超级MAB突然发生在2007年，比2009年水产养殖突然增加（比2007年增长100%）提早2年，这意味着水产养殖面积的扩大可能不是自2007年以来世界上最大的MAB暴发的根本原因。

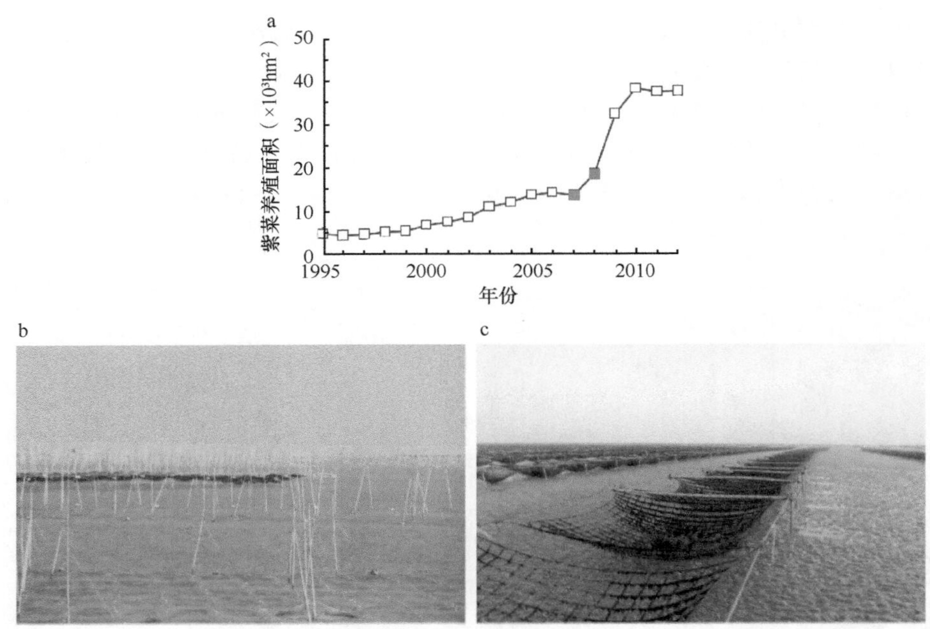

图34.9　紫菜养殖面积及其模式

a. 1995～2012年江苏浅滩紫菜（*Porphyra yezoensis*）养殖面积（资料来源：《中国渔业统计年鉴》）；b、c. 高度可调模式和高度固定模式下"紫菜"水产养殖场

由于前面提到的传统观察的局限性，之前的研究（Liu et al.，2012）并未观察到研究区域的这种富营养化进程；然而，这种营养状态的演变对于探索MAB扩展中非线性突发的原因是不可忽视的。

通过分析Chl-a浓度、SST和PAR的历史卫星数据以及从水质数据得出的面积加权营养盐污染指数（AWCPI-NP），可以确认黄海的富营养化趋势。2007年开始，每年夏季黄海海域都会发生大规模的由浒苔造成的MAB。我们认为，当研究自2007年以来黄海漂浮大型藻类（绿潮）生长非线性暴发的原因时，应该包括2001～2012年观察到的这种富营养化进程。同时，建议政策制定者考虑由陆地养分输入引起的富营养化状况，以控制其危害。

此外，超级MAB已经发生在一个半封闭的海域中，提醒我们应该关注其与MAB相关的生态后果。黄海漂浮大型藻类的暴发并未导致一年生浮游植物生物量的减少，但可能会改变夏季和初秋浮游植物的繁殖。因此，应研究更多未知的相关生态后果。

第二节　绿潮对水体叶绿素的影响

自2008年以来，每年夏季黄海海域暴发世界上最大的绿色大型藻类——浒苔灾害，由此产生了这样的问题：这些大型绿藻的暴发是否因为营养动态的扰动而改变了浮游植物的生物量。我们试图使用长时期的中分辨率成像光谱仪MODIS观察来回答该科学问题。

一、绿潮水体的叶绿素a卫星遥感特征

由大型绿藻快速生长和累积引起的绿潮（MAB），近年来在全球海洋中显著增加（Smetacek and Zingone，2013），并且迫切需要了解这些灾害的生态后果（Lyons et al.，2014）。自2008年以来，每年夏季世界上最大的大型藻类（浒苔）暴发（又称绿潮）在黄海发生（Hu and He，2008；Hu et al.，2010；Xing et al.，2009，2015）。这些绿潮灾害发生在半封闭的海域，对当地的海洋生态系统和经济产生重大影响（Wang et al.，2009）。基于卫星遥感、原位测量和实验室分析记录了这些绿潮的发生和原因，主要

结果如下：①江苏浅滩提供了绿潮的种子来源（Xing et al.，2009；Liu et al.，2009；Hu et al.，2010；邢前国等，2011），其中漂浮大型藻类的路径通过卫星观测进行了数值模拟和验证（Hu et al.，2010；郑向阳等，2011）；②受绿潮影响的区域范围从东海到黄海，延伸至韩国西海岸（邢前国等，2011）；③从4月下旬到5月，在江苏沿海洋流和东北亚季风的推动下，大型藻类漂流至东海，随着夏季东北亚季风的加强，大型藻类向北移动进入黄海南部，并于6月和7月到达山东半岛南部海岸（邢前国等，2011）；④如卫星图像中每日最大绿潮区块所示，影响最严重的区域是包括青岛、海阳、乳山在内的山东半岛南部的近海海域，受影响的区域在不同的年份有所不同。

大型藻类的生长可能通过养分竞争减少浮游植物的生物量（Smith and Horne，1988；Fong et al.，1993）。另外，大型藻类分解造成的养分释放也可能会刺激浮游植物的生长（Sfriso and Pavoni，1994）。对于世界上最大的黄海绿潮，很难通过原位观测评估如此大区域范围内的大型藻类和浮游植物之间的相互作用（Smith and Horne，1988；Fong et al.，1993；Sfriso and Pavoni，1994）。

因此，本研究的目的是通过海色卫星观测记录与黄海绿潮有关的浮游植物生物量的潜在变化。事实上，这样的观测已用于记录渤海（Tang et al.，2004）和南海（Tang et al.，2006）浮游植物的大量繁殖，以及研究全球到流域规模的浮游植物变化。在这项工作中，卫星测量的叶绿素a浓度被用来指示浮游植物生物量，而叶绿素a浓度的时间序列被用来评估黄海绿潮对水体浮游植物的影响。

（一）MODIS 1级和2级产品

浒苔有和陆地植被相似的反射特性，即在红光和近红外波段有高反射率。基于这些特性，几种植被指数被用于描述浒苔漂浮大型藻类，如NDVI指数（Xing et al.，2009；邢前国等，2011；Cui et al.，2012）和漂浮藻类指数（Hu et al.，2010）。将经辐射校准的1km分辨率的MODIS 1级水色数据（下载自NASA，https://ladsweb.nascom.nasa.gov），使用最近重采样映射到等距圆柱投影，然后用于计算大气顶部反射率。使用近红外波段（NIR R，859nm）和红光波段（RED R，645nm）计算NDVI，如下：

$$\mathrm{NDVI}=\frac{R_{\mathrm{NIR}}-R_{\mathrm{RED}}}{R_{\mathrm{NIR}}+R_{\mathrm{RED}}} \tag{34.4}$$

MODIS 2级水色数据同样来自NASA，这些数据包括来自标准算法（OC3-v5）的水体叶绿素a浓度和用于筛选低质量数据的2级标识（更多详情，请参阅网站http://oceancolor.gsfc.nasa.gov）。漂浮大型藻类可导致近红外波段的离水反射率显著增加（在859nm处约5m · W/(cm^2 · μm · sr)）（Shi and Wang，2009），使像素被错误地标记为云或海冰，或者被错误地视作由OC3-v5算法计算并被高估叶绿素a浓度的水体像元。

（二）去除被大型藻类污染的像素

在有绿潮的情况下，漂浮大型藻类对卫星信号的扰动可能会导致对水体浮游植物的错误认识，并由此导致基于卫星对水体叶绿素a浓度估测的结果产生偏差。必须去除或者至少量化这种扰动，以评估绿潮发生时浮游植物的变化。以下基于梯度方法去除2002～2012年6月和7月的每日MODIS 2级标准水色叶绿素a浓度数据中被大型藻类污染的像素（数据处理流程见图34.11）。

（1）首先通过SeaDAS软件使用最近重采样法将叶绿素a浓度D0进行等距离圆柱投影（D1）。

（2）通过使用9×9像素（或9km×9km）的移动窗口将D1平均为D2。

（3）D3为D1减去D2。

（4）D3中的像素值大于最佳阈值（0.5μg/L）的视为受到大型藻类污染的像素D4。

（5）在D1中排除D4，生成水体叶绿素a浓度数据D5。

（6）D5重采样成9km×9km分辨率的数据D6（与NASA 3级标准产品一致）。

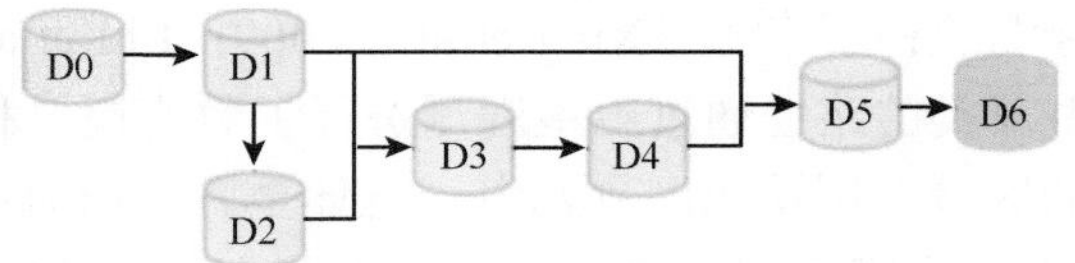

图34.11　去除大型藻类污染像素的数据处理流程图

漂浮的大型藻类区域可延伸至数十千米，被漂浮大型藻类严重污染的像素已经视为云，并从NASA标准叶绿素a浓度产品中排除。本研究中9×9像素（或9km×9km）的窗口可以作为一个适合的尺寸来识别剩余的受大型藻类污染的像素。应该注意的是，由于大型藻类和海水的混合，一些具有较低比例的大型藻类的像素可能无法通过这种方法去除，但它们对叶绿素a浓度产品没有显著影响。

（三）MODIS和SeaWiFS 3级叶绿素a浓度产品

选择受漂浮大型藻类高度影响的实验区域（35.5°～36°N，121.25°～121.75°E）（图34.10），研究叶绿素a浓度的时间变化。分别计算绿潮前阶段（2002～2006年）和绿潮阶段（2008～2012年）5年的月MODIS aqua叶绿素a浓度，2007年被视作过渡年。对于6月，2003～2007年作为绿潮前阶段，因为2002年没有数据。两个时期之间的差异显著性水平通过*t*检验测试，其中假设每个像素（或站点）的月叶绿素a浓度时间序列的频率呈正态分布：1表示有显著性差异，0表示没有显著性差异。

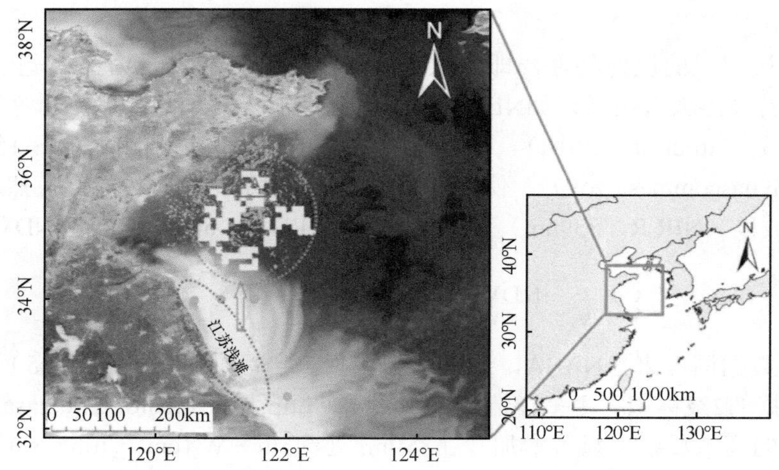

图34.10　研究区域2008年夏季黄海绿潮的影响区域

箭头显示了源自江苏浅滩的大型藻类的漂移路径，是黄海富营养化最严重的区域。使用MODIS归一化差异植被指数（NDVI）数据，从MODIS在2008年第136天、151天、170天和180天测量中提取出大型藻类的绿色条纹。绿点显示了2009年巡航调查验证的大型藻类起源地点。方框A是本研究选择的实验区域（35.5°～36°N，121.25°～121.75°E）。淡黄色区块显示了从绿潮前期（2002～2006年）到绿潮期间（2008～2012年）7月的叶绿素a浓度的五年平均值显著增加的位置（详见结果部分）。背景图像是2011年4月11日的MODIS准真彩色R-G-B合成图像（R：波段1；G：波段4；B：波段3）

MODIS terra 3级月海表温度（SST）和MODIS terra光合有效辐射（PAR）也被用来研究黄海的环境变化。MODIS aqua于2002年才有数据，来自海洋宽视场传感器（SeaWiFS）1998～2007年的叶绿素a浓度数据被用于构造2002年之前的时间序列，这是基于黄海的3级月叶绿素a浓度产品在两个时间序列存在良好的相关性（Xing et al.，2015b）。

由于大气校正和生物光学反演算法的限制，已知NASA标准产品对沿海海域具有很高的不确定性。但是，只要数据在时间上是一致的，异常应该实际反映变化，因此可用于多种研究目的（Edelvang et al.，2005；Ma et al.，2011；Liu and Tang，2012；Miller et al.，2014）。此外，进一步的验证工作（Nagamani et al.，2013；Kahru et al.，2014）表明，沿海水域的标准叶绿素a浓度与测量的叶绿素a浓度线性相关，因此可用于研究叶绿素a浓度的长时期的相关变化以及黄海和东海的初级生产力变化（Li et al.，2004；Shi and Wang，2012）。

二、南黄海叶绿素a变化及其对绿潮的响应

（一）漂浮大型藻类对MODIS标准Chl-a产品的影响

图34.12和图34.13展示了2009年7月15日绿潮发生如何影响MODIS标准叶绿素a浓度产品。图34.12b和图34.13a显示海面被漂浮大型藻类条状物覆盖（图34.13a中的白色条状物），并且这些条状物保留在MODIS 2级合成图像中，尽管一些像素被标记为无效数据（图34.12b中黑色像素）。MODIS aqua的大气校正和检索算法被设计用于水体浮游植物而不是漂浮大型藻类，并且大型藻类的存在将导致其算法失败，导致Chl-a浓度反演结果正向偏移（由图34.12c、d对比显示）。来自大型藻类污染区域的（图34.12c）MODIS aqua最大Chl-a浓度可能高达332.89μg/L。图34.13b清楚地显示了大型藻类像素如何导致沿剖线（*P*-*P*′）上的Chl-a浓度被过高估测。沿剖线上的Chl-a浓度的峰值由大型藻类像素的污染导致，这表明用于浮游植物的OC3-v5 Chl-a浓度算法对漂浮大型藻类较为敏感，因此，它也可以用作大型藻类像素的替代指示。在使用梯度方法去除这些像素之后，沿剖线的Chl-a浓度平均值从3.19μg/L降到1.70μg/L。

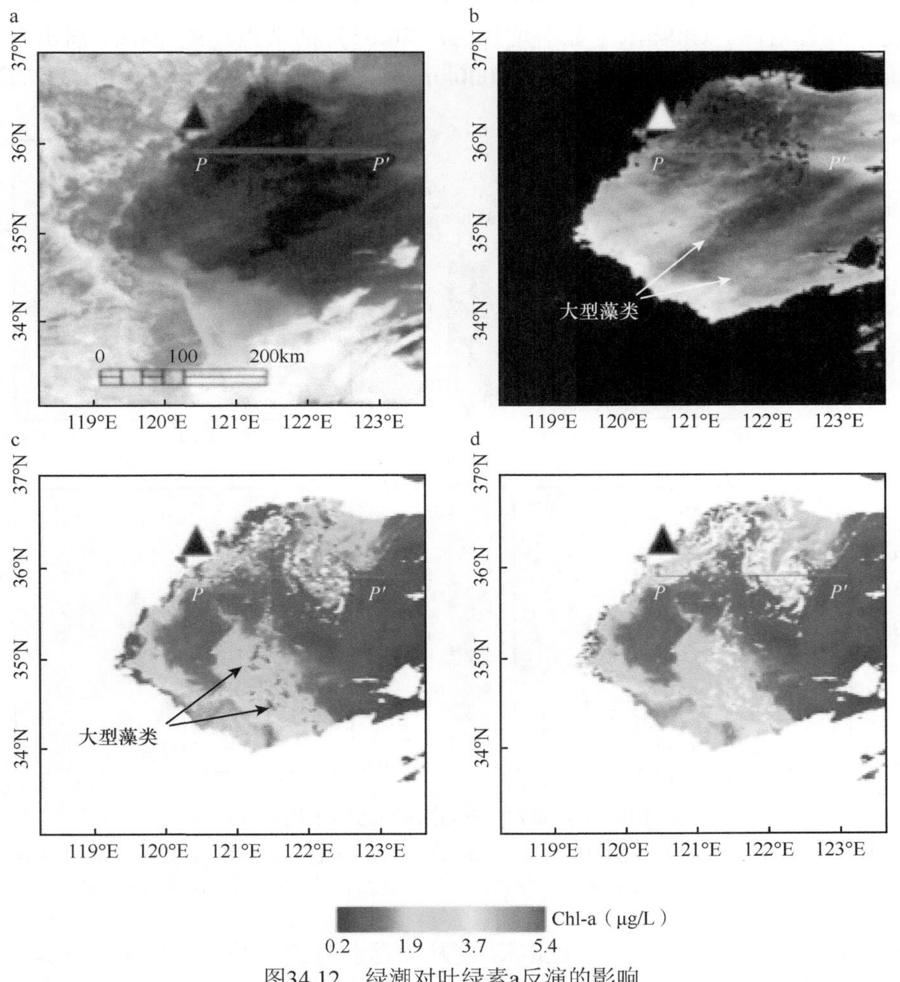

图34.12　绿潮对叶绿素a反演的影响

a. 2009年7月15日MODIS准真彩色R-G-B合成图像（R：波段1；G：波段2；B：波段3）；b. MODIS 2级反射率彩色合成图像（浅绿色条纹显示含有漂浮大型藻类的像素）；c. 标准Chl-a数据产品；d. 去除大型藻类污染像素后的标准Chl-a数据产品。白色表示陆地、云和无效数据。所有东西向剖面与图34.12a中*P*-*P*′线相同

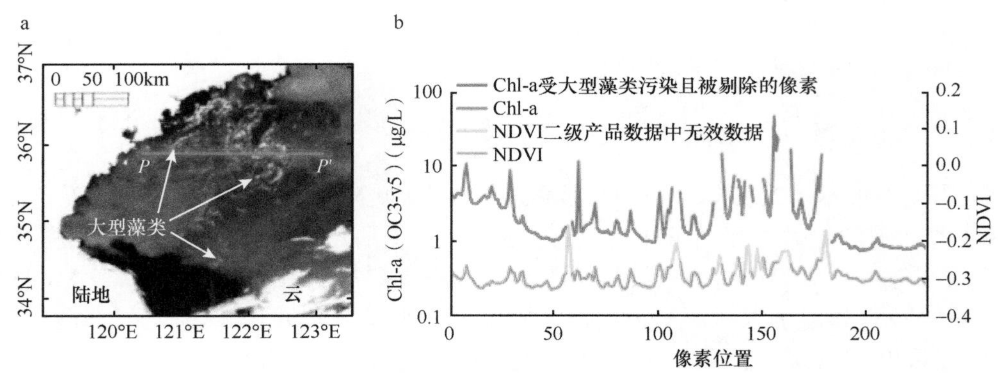

图34.13　剖线位置及其NDVI与Chl-a浓度

a. 箭头指出的白色条状物是大型藻类，东西剖线*P-P′*以粉色绘制；b. 沿着剖线（*P-P′*）的NDVI和2级标准Chl-a。Chl-a中的数据间隙表示由于漂浮大型藻类的存在，标准产品中标记为“CHLFAIL”或“CLDICE”的无效数据的像素

（二）去除大型藻类污染像素后6月和7月的叶绿素a浓度

图34.14显示，从绿潮前阶段（2002～2006年）到绿潮阶段（2008～2012年）7月的水体Chl-a浓度显著增加，而6月没有显著增加。Chl-a浓度显著增加（$P<0.05$）的地点一般位于距离山东半岛和江苏浅滩50～100km的近海海域，这些地点（覆盖面积约9000km^2）是受绿潮影响的区域（图34.10）。

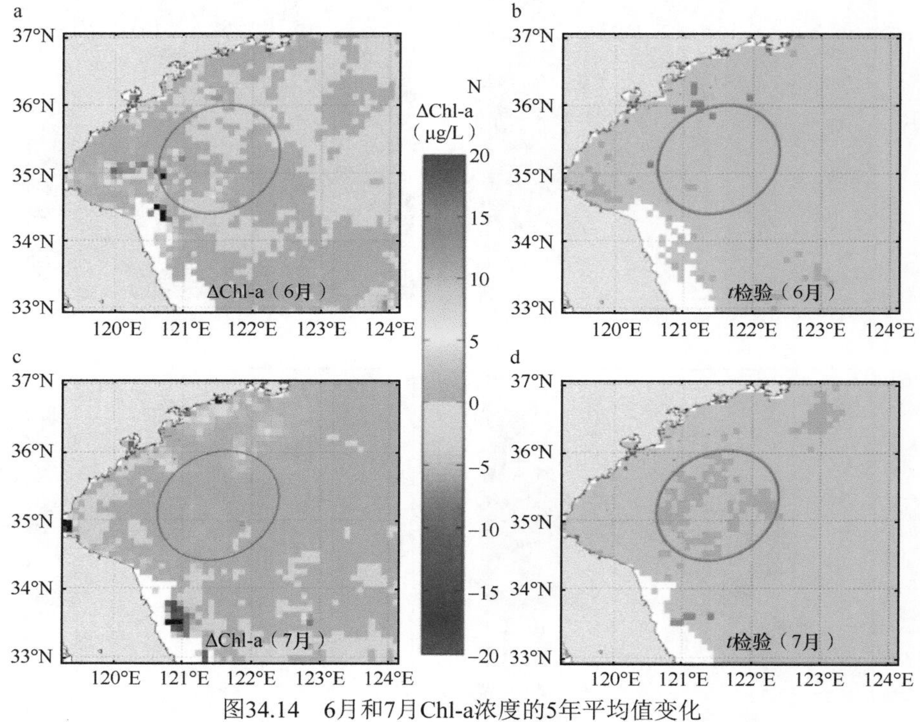

图34.14　6月和7月Chl-a浓度的5年平均值变化

a. 6月Chl-a的差异（MAB减去pre-MAB）b. 6月差异的显著性；c. 7月的Chl-a差异（MAB减去pre-MAB）；d. 7月差异的显著性。绿色和红色分别通过*t*检验显示出显著性的增加和减少（$P<0.05$）；蓝色表示无显著变化；白色表示无数据

图34.15a进一步显示，在绿潮前阶段，Chl-a浓度从6月到7月趋于减少，特别是在34.5°N以北的近海海域。相反，在绿潮阶段，7月的Chl-a浓度高于6月，并且绿潮暴发区域（图34.15c、d中红色圆圈）的Chl-a浓度增长具有统计学显著性。

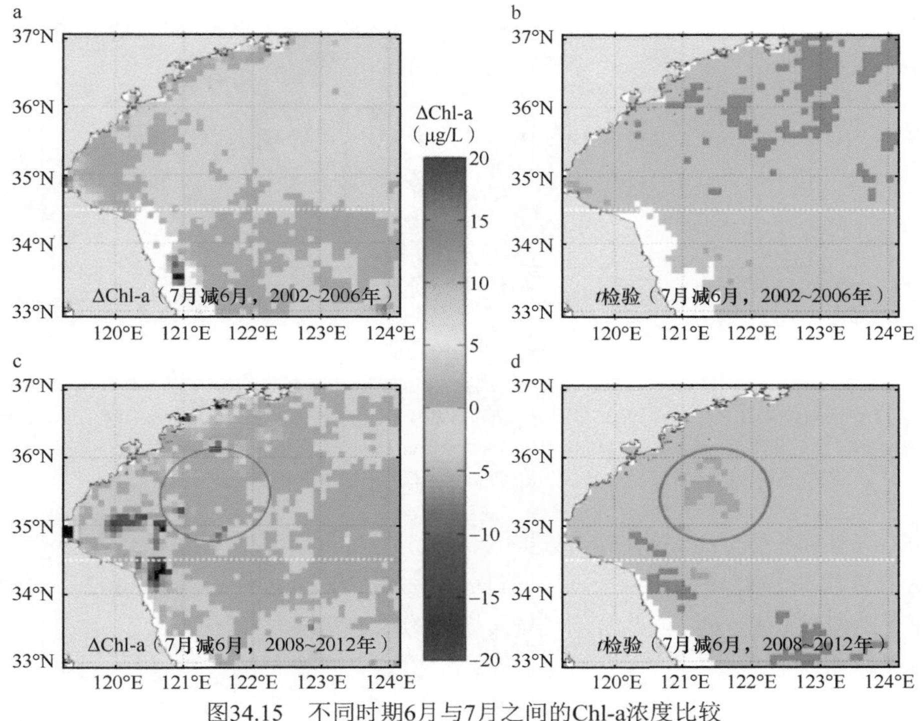

图34.15　不同时期6月与7月之间的Chl-a浓度比较

a. 绿潮前阶段（2002～2006年）Chl-a浓度的差异（7月减6月）；b. 绿潮前阶段差异的显著性；c. 绿潮阶段（2008～2012年）的Chl-a浓度差异（7月减6月）；d. 绿潮阶段差异的显著性。白色虚线表示纬度线为34.5°N；绿色和红色分别为t检验所示的显著增加和减少；蓝色表示无显著变化；白色表示无数据

图34.16a显示在实验区域（图34.10中的方框A，35.5°～36°N，121.25°～121.75°E，也为图34.15c、d中的红色圆圈）2008年（绿潮前阶段）之前，去除和未去除受大型藻类污染像素的Chl-a浓度时间序列彼此重叠。显著性检验（t检验）结果显示，观测海域在绿潮前阶段的两个时间序列之间的Chl-a浓度平均值没有差异。对于2008年之后（绿潮阶段）的Chl-a浓度数据，去除大型藻类像素导致6月和7月的Chl-a浓度显著降低，这与图34.13b中显示的结果一致。因为该地区的漂浮大型藻类较少，该影响在2009～2011年并不明显。

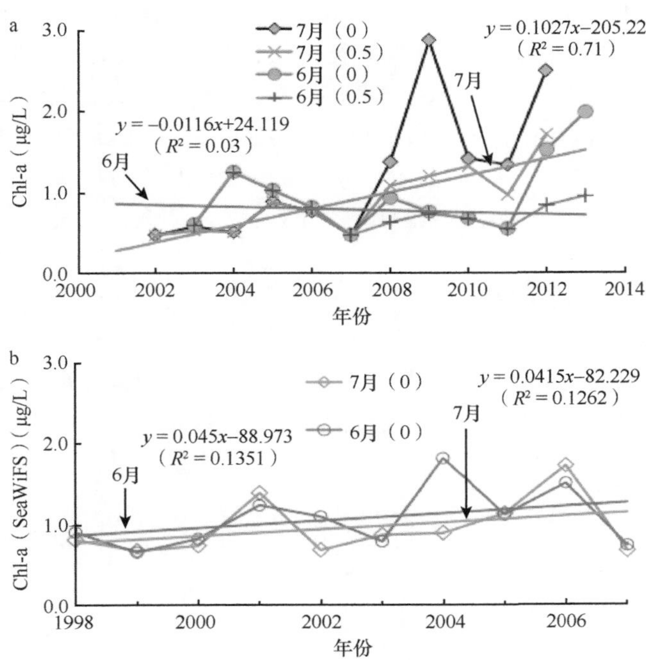

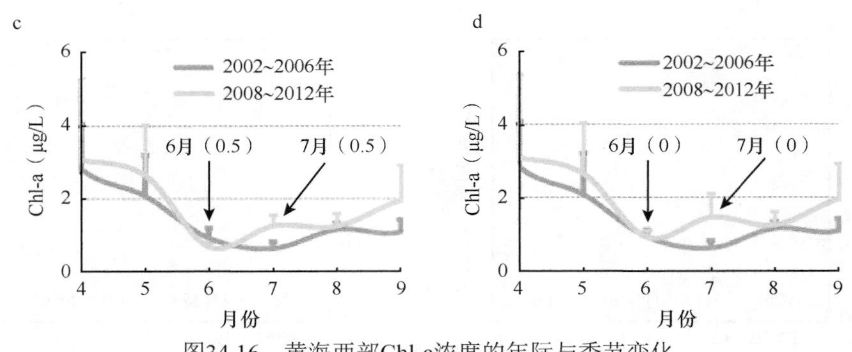

图34.16　黄海西部Chl-a浓度的年际与季节变化

a. 2002年至2013年6月和7月的每月Chl-a浓度（两条实线分别显示6月和7月的总体趋势）；b. 超级大型藻类暴发前的6月和7月SeaWiFS标准Chl-a浓度（区域：35.5°～36°N，121.25°～121.75°E）；c、d. 2002～2006年和2008～2012年，分别去除和未去除大型藻类像素的每月Chl-a浓度变化，其中4月、5月、8月和9月的Chl-a浓度值由MODIS aqua 3级标准Chl-a产品获得，误差值表示的是多年每月Chl-a浓度的标准偏差（S.D.）。0表示含有大型藻类的标准Chl-a浓度；0.5表示使用0.5μg/L的阈值排除大型藻类的标准Chl-a浓度数据

图34.16b中SeaWiFS的长时间序列Chl-a数据（1998～2007年，绿潮前阶段）显示，6月和7月呈平行趋势（两个斜率没有显著性差异，P=0.95）。将1998～2007年的这些趋势和2002～2013年的比较（图34.16a），发现6月的线性趋势发生了变化，这与大规模的绿潮暴发时间一致。

试验区域从绿潮前阶段到绿潮阶段，Chl-a浓度在6月至7月的变化有显著性差异（图34.16c、d）。在绿潮前阶段，6月Chl-a浓度的多年平均值为0.92μg/L，高于7月（0.64μg/L）。相反，在绿潮阶段，6月Chl-a浓度的多年平均值仅为0.69μg/L，显著低于7月（t检验）（1.26μg/L）。此外，2002～2012年，7月的Chl-a浓度显示出明显的线性增长趋势（R^2=0.71，F检验，P=0.05），从2002～2006年的0.64μg/L增加到2008～2012年的1.26μg/L，增加了97%。相反，6月的Chl-a浓度显示两个阶段没有明显变化。绿潮阶段7月Chl-a浓度的显著增加和6月的低Chl-a浓度形成了独特的季节性模式，与绿潮前阶段不同。

（三）绿潮暴发区浮游植物生物量变化

就黄海而言，NASA的标准Chl-a产品，在排除了受大型藻类污染的像素后，可能仍含有比开阔深海海域更高的不确定性。假设导致这种不确定性的因素（如有色溶解的有机物质）在时间系列上呈同等的贡献，使得到的时间或异常模式仍然有效，尤其是观察到显著时间变化的时候。实际上，前述结果表明：绿潮期间有或没有去除受大量藻类污染的像素，从6月到7月水体的Chl-a浓度均显著增加，在绿潮前阶段则没有这样的增加。对于黄海，从5月到8月，SST和PAR均增加（Xing et al.，2015b）；在这些环境作用下，Chl-a浓度通常在春季达到峰值，然后在秋季单调减少，而在夏季没有中间峰值（Xing et al.，2012）。绿潮前阶段每月Chl-a浓度的时间序列显示出这种典型模式，但绿潮阶段在7月显示出局部峰值，表明浮游植物物候的变化。那么，问题就是造成这种变化的原因是什么。

黄海沿岸地区的降水通常在7月和8月达到顶峰（Xing et al.，2012），降水量的增加可能会为黄海带来更多的陆地养分，为沿海水域的浮游植物提供养料。然而，在这项研究中，Chl-a浓度显著增加的位置通常在远离陆地的水域（图34.14d），这表明降水量是不太可能的原因。6月和7月SST和PAR均未显示明显变化（图34.17a、b），因此，可以排除它们可能是导致观察到的Chl-a从绿潮前阶段到绿潮阶段发生变化的原因。

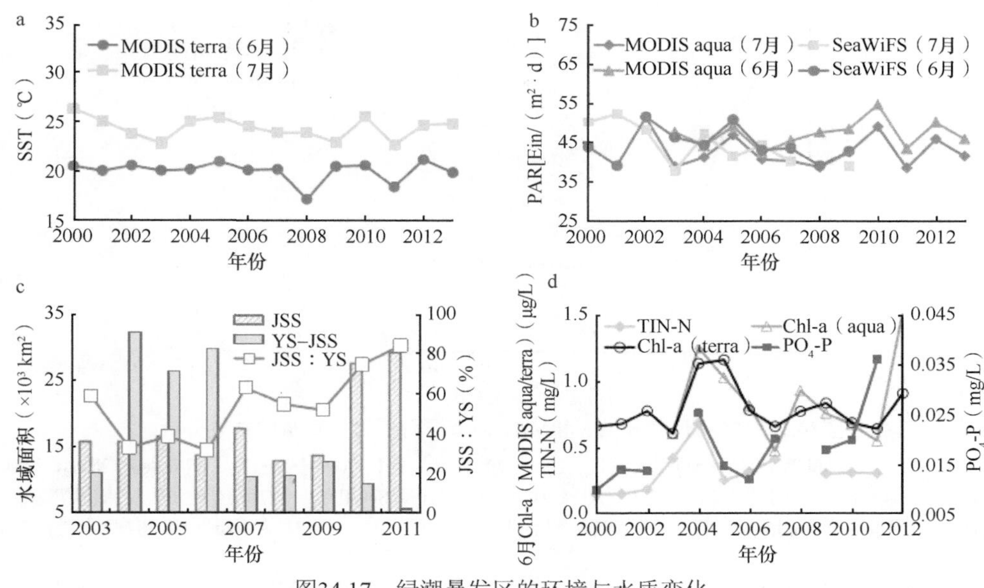

图34.17　绿潮暴发区的环境与水质变化

a. 试验区（图34.10中的方框A）2000～2013年6月和7月的海表温度（SST）；b. 光合有效辐射（PAR），在重叠期间，SeaWiFS和MODIS数据之间没有统计学上的显著性差异；c. 2003～2011年江苏浅滩（JSS）和黄海（YS）的污染水域面积（主要是水质级别为Ⅱ、Ⅲ、Ⅳ和Ⅴ的富营养污染水域）；"YS–JSS"代表YS污染水域的年度面积，不包括JSS；"JSS：YS"代表JSS的污染水域面积与YS的污染水域面积的比值；d. 试验区6月的3级标准MODIS aqua和terra的Chl-a浓度与JSS中养分浓度的年平均值

江苏浅滩向黄海提供了养分供应（如DIN-N和PO_4-P）和大型藻类种子（Hu et al.，2010；Xing et al.，2015b；Liu et al.，2009；邢前国等，2011）。Xia等（2009）指出，2008年7月7～14日江苏沿海水域的海表DIN-N和PO_4-P浓度均高于黄海暴发区域的2倍。当地水产养殖的扩大和河流注入导致江苏浅滩养分供应迅速增加（Liu et al.，2013）。图34.17c显示，江苏沿海水域可能对整个黄海的水体污染的贡献率高达80%。实际上，甚至当其他近岸地区的养分污染减少时，江苏沿海水域的养分污染仍然增加，这表明黄海有明显的营养来源。

Xing等（2015b）重新考察了黄海和江苏浅滩的富营养化进程，并提出富营养化的发展进程可能促进了自2007年以来MAB的非线性突然暴发（Hu et al.，2010；邢前国等，2011）。在夏季，受东南风和当地环流的影响（Xing et al.，2009；Liu et al.，2009；郑向阳等，2011），海表水自江苏浅滩向北移动，促使黄海的大型藻类生长。因此，增加的来自江苏浅滩的养分不仅供给了大型藻类，也供给了水体中的浮游植物。山东半岛以南的黄海近海（试验区，图34.10中的方框A）的6月Chl-a浓度于2004年达到顶峰，这是对在2004年来自江苏浅滩的高水平养分供应的响应（图34.17d）。江苏浅滩养分供应的增加也可以解释7月从绿潮前阶段到绿潮阶段Chl-a浓度的显著增加。然而，它无法解释为什么6月没有观察到类似的增长，这需要进行养分核算来解释这种差异。

（四）大型藻类与浮游植物的营养竞争

从理论上讲，随着如此大规模的黄海绿潮的出现，大型藻类与浮游植物之间必然存在明显的营养竞争。有限的原位数据与Chl-a卫星时间序列数据相组合，可用于在质量平衡的基础上评估营养竞争。

养分供应增加可能导致从绿潮前阶段（2002～2006年）到绿潮阶段（2008～2012年）两个时期的7月Chl-a浓度增加（Xing et al.，2015b）。6月Chl-a浓度没有增加，可能是由于大型藻类在其绿潮初始生长期间消耗了大量营养物质；在接下来的绿潮阶段的7月，来自江苏浅滩的养分和那些潜在的从大型藻类再循环到水体的养分可能导致浮游植物生物量（Chl-a浓度）增加。这种假设如图34.18所示，其中AFCD序列显示了在MAB期间6月和7月的情况（即养分供应增加和绿潮的发生），AFED序列显示了既不增加养分供应也没有绿潮灾害发生的情况；ABGD序列显示增加养分供应但没有出现绿潮的情况，AFGD的序列显示营养供应增加和绿潮发生的情况，但没有营养从大型藻类释放到水体中。

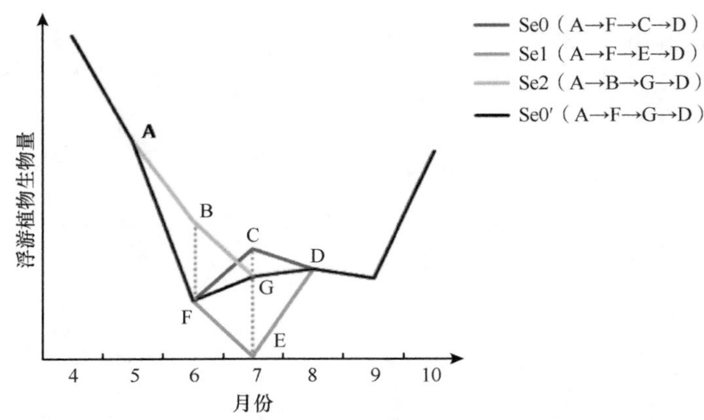

图34.18　5～8月养分供应和MAB调节浮游植物生物量的情景分析

Se0（A→F→C→D）：绿潮期间和营养供应增加的实际情况（2008～2012年）；Se1（A→F→E→D）：营养供应不增加，绿潮未发生；Se2（A→B→G→D）：没有出现绿潮，但营养供应增加；Se0′（A→F→G→D）：与情景Se0相同，但7月没有养分从大型藻类释放到水体。浮游植物生物量（BF）的营养成分与6月大型藻类消耗的营养成分相对应，生物量（CG）对应7月大型藻类死亡所释放的潜在营养成分

黄海开放水域绿潮的生长期通常是5、6月。表34.3显示，大量的漂浮大型藻类通常在6月底登陆青岛海滩（图34.10，图34.12），表明大规模绿潮灾害6月发生在黄海近海水域（图34.10）。

表34.3　大型藻类在青岛海滩初始着陆日期

年份	2008	2009	2010	2011	2012	2013	2014	2015
着陆日期（月/日）	6/28	7/14	6/27	7/6	6/28	6/30	6/28	7/1

资料来源：http://www.qingdaonews.com/[2018-12-03]

在2008年夏季，绿潮暴发时，100万t大型藻类（湿重，$M_{m\cdot ww}$）被收集（Wang et al.，2009；邢前国等，2011），并且大约40 000km^{2}的海洋表面受到影响（Xing et al.，2015b；Liu et al.，2009）。赵艳芳等（2010）的研究显示，大型藻类中的氮（$C_{m\cdot N}$）约为干重的1.5%。根据我们2014年夏季的调查，大型藻类的湿重与干重之比（$R_{m\cdot wd}$）约为5，因此，100万t大型藻类相当于约3000t氮（$M_{m\cdot N}$）。值得注意的是，应该有大量的漂浮大型藻类登陆在山东半岛的其他地方或沉入海底。因此，在青岛收集的大型藻类的总生物量和相应的氮一定是被低估的。

随着绿潮的出现，从2002～2006年到2008～2012年，6月Chl-a浓度（$D_{Chl\text{-}a}$）降低0.5μg/L（保守估计），如图34.16c、d所示。对于给定面积9000km^{2}的海表层（该区域最大透明度为10m）以及简化条件下：1μg/L Chl-a对应于130μg/L浮游植物生物量（干重），以及浮游植物（干重）中的氮含量约为3%，Chl-a浓度降低0.5μg/L对应于浮游植物生物量减少175.5t氮。考虑到浮游植物的沉积和3天的周转期（TO），6月整个浮游植物的氮营养供应量（$M_{p\cdot N}$）将减少1755t，与同一时期被大型藻类（3000t氮）消耗的量级相同。因此，该质量衡算支持这样的假设：该地区的漂浮大型藻类和浮游植物之间存在显著的营养竞争。表34.4总结了氮的质量衡算。

表34.4　大型藻类-浮游植物养分竞争的氮估测

大型藻类	浮游植物
$M_{m\cdot ww}$，生物量（干重）：1×10^{9}kg $R_{m\cdot wd}$，湿重与干重比：5 $C_{m\cdot N}$，氮含量（基于干重）：1.5%	A，叶绿素a浓度下降的水域面积：9×10^{3}km^2 WD，叶绿素a浓度下降的水层厚度：10m $D_{Chl\text{-}a}$，叶绿素a浓度下降：0.5μg/L R_{bc}，生物量（干重）与Chl-a浓度比值：130 $C_{p\cdot N}$，氮含量（基于干重）：3% TO，月周转次数：10
$M_{m\cdot N}$，大型藻类氮总量：3×10^{6}kg	$M_{p\cdot N}$，浮游植物氮总量：1.755×10^{6}kg
$(M_{m\cdot N}=M_{m\cdot ww}\times(C_{m\cdot N}/100)/R_{m\cdot wd})$	$(M_{p\cdot N}=A\times WD\times D_{Chl\text{-}a}\times R_{bc}\times(C_{p\cdot N}/100)\times TO$

自2008年以来绿潮灾害每年夏天都在黄海发生，但它们对水体浮游植物生物量的影响从未被记录。基于MODIS aqua的Chl-a数据产品，我们首次报道，绿潮通过6月在黄海的养分竞争减少了水体浮游植物的生物量。在这项研究中（Xing et al., 2015a），任何比其周围9×9像素窗口的平均Chl-a浓度大0.5μg/L的像素被视为受大型藻类污染的像素，并被从每日的2级标准MODIS aqua Chl-a浓度数据中去除，以生成新的时间序列Chl-a数据（水体浮游植物生物量）。新数据显示，在经常发生绿潮的黄海近海，从绿潮前阶段（2002～2006年）到绿潮阶段（2008～2012年），6月Chl-a浓度没有显著变化；相反，7月的Chl-a浓度显著增加，面积约为9000km^2。6月和7月的Chl-a浓度的两种不同变化模式表明，浮游植物生物量比预期显著减少是由于6月养分的消耗和大型藻类生物量增加。

第三节　绿潮对黄海海水透明度的影响

海水透明度（seawater transparency，ST）是评价海洋生态环境与功能的一项重要参数。自2008年以来，由绿色大型藻类暴发引起的世界上最大的绿潮灾害，每年夏季都在黄海海域发生，可能对该海区的海水透明度造成重要影响。

本研究采用实测水体与浒苔反射率光谱，运用线性混合技术模拟海水透明度反演算法对漂浮绿藻出现的响应关系，并运用实际采集的MODIS（中分辨率成像光谱仪）遥感影像与反射率产品，验证漂浮绿藻的存在对海水透明度产品及叶绿素a浓度的影响。基于MODIS（中分辨率成像光谱仪）反射率产品，构建2002～2016年长时序黄海海水月均透明度数据集，评估绿色大型藻类暴发对黄海西部海水透明度的影响。

结果表明，当海水透明度（ST）大于1.2m，且海表的漂浮浒苔增加时，海水和大型藻类的混合会表现为海水透明度降低。因此，在受大规模漂浮大型藻类暴发影响的区域内，含有浒苔海水（被误认为是纯海水）的标准数据产品，应该谨慎使用。以2008年为分界线，将2002～2007年定义为漂浮大型藻类暴发前阶段（pre-MAB），此时黄海海域尚没有大规模的绿潮灾害发生；将2008～2016年定义为漂浮大型藻类暴发阶段（MAB），自2008年起黄海海域每年夏天都有大规模绿潮灾害发生。将绿潮出现时段黄海海域6月和7月（2002～2016年）的长时期的海水透明度按照两个时段（2002～2007年）和（2008～2016年）进行对比分析，结果显示，在受绿潮影响的总面积为12 544km^{2}的海面上，海水透明度（ST）在7月显著降低2.6m，而在6月没有明显变化，表明从漂浮大型藻类暴发前阶段（2002～2007年）到漂浮大型藻类暴发阶段（2008～2016年）黄海西部的海水透明度已经受到严重影响。

一、绿潮水体的透明度卫星遥感特征

水体的透明度（或清澈度）是海洋环境的一个重要光学因子（Tang and Chen，2016），通常用塞克盘深度（Secchi disk depth，SDD）来表征。在实践中，海水透明度是将塞克盘垂直沉入水中直到观察者肉眼看不见的深度来测量的（Tyler，1968；Lee et al.，2015），如图34.19所示。海水透明

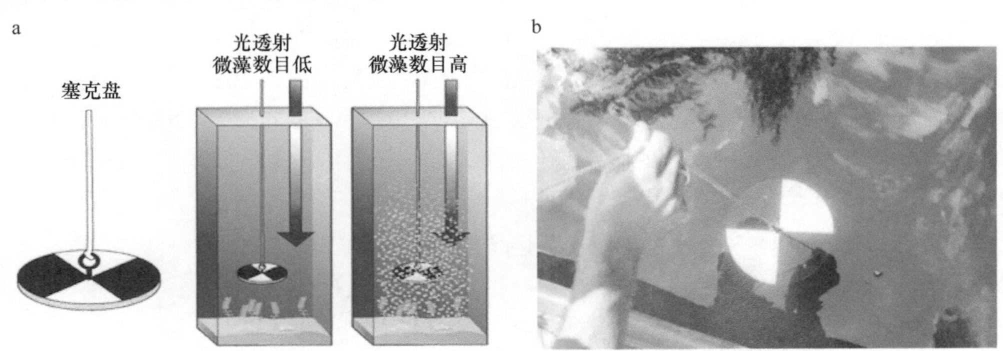

图34.19　塞克盘（Secchi disk）示意图（a）及现场测量示范（b）

资料来源：http://www.writeopinions.com[2018-12-03]

度是衡量海水可见度的一个重要参数，海水清澈或浑浊的程度可以由它直观反映；海水透明度还是描述水体光学特征的一个重要参数，是海洋水质监测的一个重要指标。太阳光在水体中的透射深度可以通过海水透明度来反映，而水中的无机悬浮颗粒、浮游植物、溶解性有机物质以及纯水会对太阳光线在水体中的传输和分布产生影响（Kirk，2011）。海水透明度主要是受海水中浮游植物生物量的影响较大。

意大利物理学家Pietro Angelo Secchi于1865年发明了塞克盘（Secchi disk），迄今塞克盘用于海水透明度测量已经超过了150年的历史。传统方法可以比较精准地测量出海水透明度，却容易受到人为因素的影响，需要耗费大量的时间、人力、物力，对于人和船只都难以到达的海域，无法实现测量。因此，该方法目前还无法实现对水体的快速周期性监测。

与传统测量方法相比，遥感技术具有同步、快速、能够覆盖大面积且价格低廉的优点，能够很好地弥补传统测量方法的不足。它具有以下三个方面的优势：①卫星影像持续不间断性地对地球表面的空间覆盖，使大面积的水体能够被监测到；②对于遥远的或者人类无法到达的水体，卫星遥感技术能够实现对其进行监测；③遥感技术可以对影像长时间保留存档，有利于水质变化的长期监测研究，对于之前没有实测数据的区域尤为重要。

从海洋遥感与光学性质的角度，可将海水划分为一类水体（Case-Ⅰ）和二类水体（Case-Ⅱ）。广泛分布的大洋开阔水体是一类水体（Case-Ⅰ）的典型代表，海水中浮游植物以及它的伴生物决定了一类水体（Case-Ⅰ）的光学特性。一类水体（Case-Ⅰ）的光谱模型发展至今算法已较为成熟，基本可以满足业务化需求。二类水体（Case-Ⅱ）主要包括内陆和近岸水体，其面积仅占地表水体总面积的不足10%，对人类生产生活却更为重要。例如，近岸水体的总面积占全球海洋总面积的8%，但其初级生产力却占世界海洋的26%，渔获量占全世界的90%（Pernetta and Millian，1995）。同时，二类水体（Case-Ⅱ）因为与人类活动的关系紧密，其光学性质受陆源物质影响较为严重。与一类水体（Case-Ⅰ）相比，二类水体（Case-Ⅱ）具有更加复杂的光学成分。我国近海均属于二类水体（Case-Ⅱ），其相应的通用水色遥感反演算法还不够成熟。

海水透明度的研究，在海洋渔业生产、水质监测评估以及海军军事活动等方面都具有非常重要的意义。在海洋渔业生产方面，海水中鱼类的数量和活动范围可由海水透明度来判定（周雅静等，1999）；在海洋水质监测评估中，海水透明度可以作为直观的指示参数来评估海水的富营养化程度；在海军军事方面，潜水艇的鱼雷布置参数和潜没深度可以用海水透明度来确定（何贤强等，2004）；在物理海洋应用方面，研究海水透明度的分布特征有助于鉴别水系、分析水团（张绪琴，1989）。除此之外，在生态方面，海水透明度的变化还会严重影响沉水植被的生长以及依靠可见光捕食的鱼类和水鸟等水生动物的生存（Thapa and Saund，2013）。同时，在对水体光学参数、水环境变化、水生生态系统和初级生产力的进一步研究方面，海水透明度的研究也具有重要意义。

我国改革开放不断深入、社会经济高速发展，随之而来的，我国近岸海域受到了人类活动的严重影响。污水排放、海水养殖以及旅游观光等活动导致了各种海洋灾害频繁发生，给水产养殖经济带来了重大损失，严重影响了渔业经济的可持续发展，如由绿色大型藻类暴发引起的绿潮以及由大量棕色的马尾藻导致的金潮（golden tide）（Gower and King，2011；Gower et al.，2006；Hu and He，2013；Liu et al.，2009；Cui et al.，2012；Xu et al.，2016；Xing and Hu，2016；Xing et al., 2017）。漂浮大型藻类大范围覆盖海面，可能对海洋生态系统产生重要影响（Lyons et al.，2014）。Xing等（2015a）的研究显示，绿潮引起夏季浮游植物生物量的显著减少，并且改变了黄海西南部浮游植物的物候，如图34.20所示。例如，由海水透明度指示的光学环境，也可能由于大规模藻类暴发的出现而改变。而海水透明度可以作为预报海洋灾害的参数（矫晓阳，2001），同时可用来评估海水质量。因此，开展海水透明度监测与研究具有十分重要的科学和现实意义。

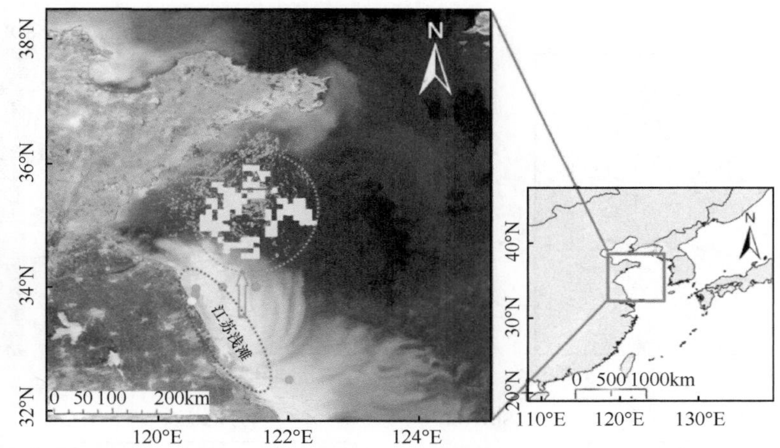

图34.20　绿潮主要影响区（绿色斑块）及导致叶绿素a变异的区域（黄色斑块）（Xing et al.，2015b）

二、南黄海海水透明度变化及其对绿潮的响应

对于研究区6月的海水透明度，对比漂浮大型藻类暴发阶段（2008～2016年）与漂浮大型藻类暴发前阶段（2002～2007年），海水透明度［用塞克盘深度（SDD）表示］没有显著变化，透明度下降的地区总面积是576km^2（36个像素），而透明度上升的地区面积是560km^2（35个像素），见图34.21a；而对于7月的透明度，从漂浮大型藻类暴发前阶段（pre-MAB）到漂浮大型藻类暴发阶段（MAB），透明度明显下降，SDD显著下降的区域总面积为12 544km^2（784个像素），ΔSDD（SDD变化）的平均值是2.6m，从10.8m下降到8.2m，下降24%，见图34.21b。

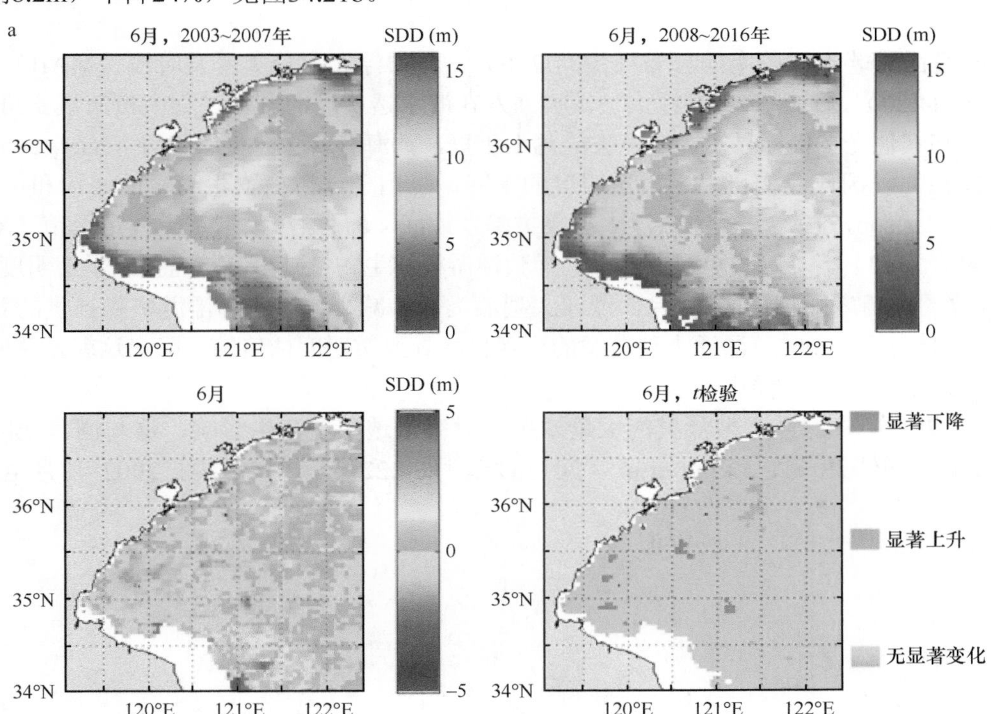

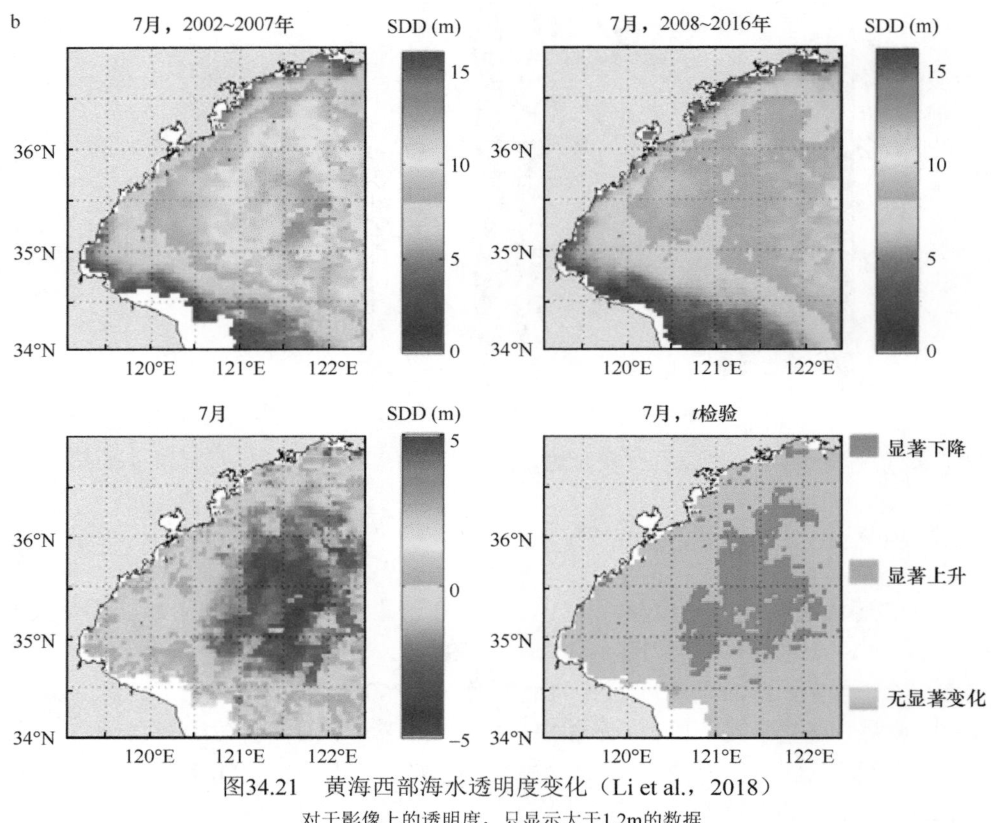

图34.21　黄海西部海水透明度变化（Li et al.，2018）

对于影像上的透明度，只显示大于1.2m的数据

透明度在7月的显著下降的空间分布（图34.21b），与漂浮大型藻类暴发阶段（MAB）在黄海的分布高度吻合（图34.20），这意味着漂浮大型藻类暴发在海水透明度的变化过程中扮演重要角色。叶绿素a（Chl-a）浓度和其他光学指标显示，在过去的几十年里，黄海有富营养化的趋势（Xing et al.，2015b；Xing et al.，2012），因此我们可以得出透明度的下降，是由于浮游植物生物量的增加和可见光区域的光吸收与衰减（Carlson，1977）。在漂浮大型藻类暴发期间，6月漂浮大型藻类大量繁殖（Xing et al.，2015a；Hu et al.，2012），会吸收更多的养分，导致浮游植物生物量减少，从而提高了透明度，这弥补了由富营养化导致的透明度下降；而在7月，漂浮大型藻类开始减少，海水为浮游植物提供的养分比6月要多。此外，当SDD大于1.2m时，漂浮大型藻类的出现也会导致透明度估值的下降。这就是透明度在6月没有明显变化而在7月显著下降的原因。

这些研究结果表明，漂浮大型藻类的大量繁殖会对海水透明度产生影响，这与同一地区的叶绿素a（Chl-a）浓度的观测结果一致（Xing et al.，2015a）。图34.22显示了区域内自2002年7月至2016年12月

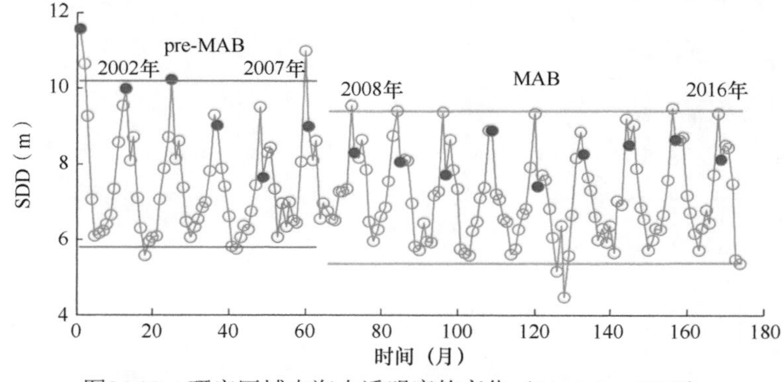

图34.22　研究区域内海水透明度的变化（Li et al.，2018）

从绿潮前阶段（pre-MAB）到绿潮阶段（MAB）（见图34.21b中t检验影像中的红色像素），7月的SDD显著下降。蓝色和绿色水平线分别代表在pre-MAB（2002～2007年）和MAB（2008～2016年）的平均透明度最大值（或最小值）

的逐月海水透明度，其中7月的海水透明度显著下降。在这些区域内，海水透明度的最大值通常在6、7月，平均值为9.3m；而最小值在4月，平均值为6.0m。季节性出现的海水透明度的最大值对应着叶绿素a（Chl-a）浓度的最小值（Xing et al.，2012），这表明本研究区的海水透明度主要是由浮游植物生物量（由叶绿素a浓度指示）所控制。如图34.22所示，从漂浮大型藻类暴发前阶段（2002～2007年）到漂浮大型藻类暴发阶段（2008～2016年），观察到的季节性海水透明度最大值和最小值也明显下降。这表明自2008年夏季以来漂浮大型藻类暴发的出现可能改变了全年的海水透明度。

图34.23展示了海水透明度的季节性变化，其中蓝色曲线显示漂浮大型藻类暴发前阶段（2002～2007年）的海水透明度多年月平均值；红色曲线显示漂浮大型藻类暴发阶段（2008～2016年）的海水透明度多年月平均值。绿潮前阶段（2002～2007年）海水透明度最大值出现在6、7月；而在绿潮阶段（2008～2016年）海水透明度最大值出现在6月，7月海水透明度显著下降。对比两阶段1～12月的多年海水透明度月平均值，绿潮阶段（2008～2016年）低于绿潮前阶段（2002～2007年），进一步验证了2008年夏季以来漂浮大型藻类暴发的出现对全年海水透明度的影响。

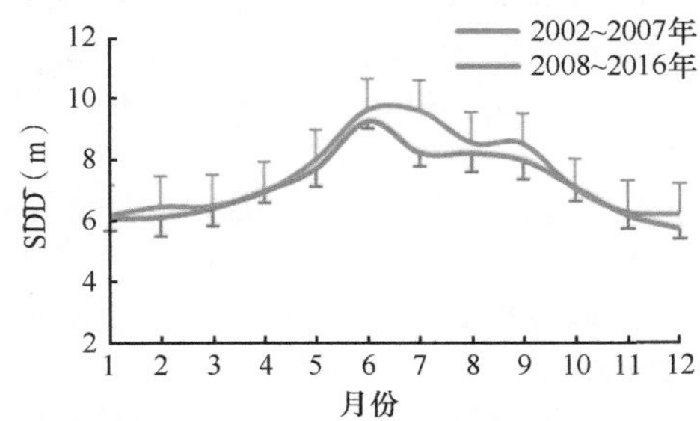

图34.23　绿潮暴发前阶段（2002～2007年）与暴发阶段（2008～2016年）海水透明度的季节性变化

第四节　展　　望

近10多年来，黄海漂浮大型藻类种类，不仅有受关注的浒苔绿潮，还有新近冬春季节出现的大规模马尾藻金潮。在东海海域冬春季节观测到的漂浮大型藻类，被证实为以铜藻为主要成分的马尾藻金潮（Hu et al.，2010；Xing and Hu，2016；Xing et al.，2017；Qi et al.，2017）。研究显示，黄海马尾藻金潮不仅可能给黄海带来灾害，还对东海的金潮有重要的贡献（Xing et al.，2017），尽管这种贡献量还不明确。

多种漂浮大型藻类在不同季节交替发生，对黄海及其邻近海域生态系统的影响会更加复杂。未来的工作，需要加强绿潮、金潮生消过程的精确反演，以实现对其影响的准确评估；也需要利用多源遥感数据对大型藻华源地及其动态过程进行精细化遥感，实现对大型藻藻华的防控以及其源地养殖区的科学布局，该工作已取得了阶段性重要进展（Xing et al.，2018，2019）。

参考文献

何贤强, 潘德炉, 黄二辉, 等. 2004. 中国海透明度卫星遥感监测. 中国工程科学, 6(9): 33-37.

何章莉, 史合印, 邢前国, 等. 2006. 遥感技术在大亚湾区域土地利用类型监测中的应用. 生态科学, 25(4): 371-374.

矫晓阳. 2001. 透明度作为赤潮预警监测参数的初步研究. 海洋环境科学, 20(1): 27-31.

夏斌, 马绍赛, 崔毅, 等. 2009. 黄海绿潮(浒苔)暴发区温盐、溶解氧和营养盐的分布特征及其与绿潮发生的关系. 渔业科学进展, 30(5): 94-101.

邢前国, 刘东艳, 梁守真, 等. 2010. 苏北沿岸水产养殖与山东青岛浒苔暴发跨境生态问题的遥感评估. 北京: 战略环境评价中的区域生态风险评价理论与方法国际研讨会.

邢前国, 郑向阳, 施平, 等. 2011. 基于多源、多时相遥感影像的黄、东海绿潮影响区检测. 光谱学与光谱分析, 31(6): 1644-1647.

张绪琴. 1989. 渤海、黄海和东海的水色分布和季节变化. 黄渤海海洋, 7(4): 39-45.

赵艳芳, 宁劲松, 尚德荣, 等. 2010. 2008年夏季青岛近海浒苔无机元素含量分析. 生物学杂志, 27(1): 92-93.

郑向阳, 邢前国, 李丽, 等. 2011. 2008年黄海绿潮路径的数值模拟. 海洋科学, 35(7): 82-87.

周雅静, 林建国, 俞慕耕. 1999. 东海透明度特征探讨. 东海海洋, 17(3): 67-72.

Carlson R E. 1977. A trophic state index for lakes. Limnology and Oceanography, 22(2): 361-369.

Chen C Q, Tang S L, Pan Z L, et al. 2007. Remotely sensed assessment of water quality levels in the Pearl River Estuary, China. Marine Pollution Bulletin, 54(8): 1267-1272.

Cui T W, Zhang J, Sun L E, et al. 2012. Satellite monitoring of massive green macroalgae bloom (GMB): imaging ability comparison of multi-source data and drifting velocity estimation. International Journal of Remote Sensing, 33(17): 5513-5527.

Edelvang K, Kaas H, Erichsen A C, et al. 2005. Numerical modelling of phytoplankton biomass in coastal waters. Journal of Marine Systems, 57(1-2): 13-29.

Egge J K, Aksnes D L. 1992. Silicate as regulating nutrient in phytoplankton competition. Marine Ecology Progress Series, 83: 281-289.

Fong P, Donohoe R M, Zedler J B. 1993. Competition with macroalgae and benthic cyanobacterial mats limitsphytoplankton abundance in experimental microcosms. Marine Ecology Progress Series, 100(1-2): 97-102.

Gao X L, Song J M. 2005. Phytoplankton distributions and their relationship with the environment in the Changjiang Estuary, China. Marine Pollution Bulletin, 50(3): 327-335.

Garcia R, Fearns P, Keesing J K, et al. 2013. Quantification of floating macroalgae blooms using the scaled algae index. Journal of Geophysical Research: Oceans, 118(1): 26-42.

Gower J, Hu C, Borstad G, et al. 2006. Ocean color satellites show extensive lines of floating *Sargassum* in the Gulf of Mexico. IEEE Transactions on Geoscience & Remote Sensing, 44(12): 3619-3625.

Gower J, King S. 2011. Distribution of floating *Sargassum* in the Gulf of Mexico and the Atlantic Ocean mapped using MERIS. International Journal of Remote Sensing, 32(7): 1917-1929.

Gower J, Young E, King S. 2013. Satellite images suggest a new *Sargassum* source region in 2011. Remote Sensing Letters, 4(8): 764-773.

Hu C M, He M X. 2013. Origin and offshore extent of floating algae in Olympic sailing area. Eos, Transactions American Geophysical Union, 89(33): 302-303.

Hu C M, Li D Q, Chen C S, et al. 2010. On the recurrent *Ulva prolifera* blooms in the Yellow Sea and East China Sea. Journal of Geophysical Research, 115: C05017.

Hu L B, Hu C M, He M X. 2017. Remote estimation of biomass of *Ulva prolifera* macroalgae in the Yellow Sea. Remote Sensing of Environment, 192: 217-227.

Kahru M, Kudela R M, Anderson C R, et al. 2014. Evaluation of satellite retrievals of ocean Chlorophyll-a in the California Current. Remote Sensing, 6(9): 8524-8540.

Keesing J K, Liu D Y, Fearns P, et al. 2011. Inter- and intra-annual patterns of *Ulva prolifera* green tides in the Yellow Sea during 2007-2009, their origin and relationship to the expansion of coastal seaweed aquaculture in China. Marine Pollution Bulletin, 62(6): 1169-1182.

Kirk J T O. 2011. Light and Photosynthesisin Aquatic Ecosystems. Cambridge: Cambridge University Press.

Lee Z P, Shang S, Hu C, et al. 2015. Secchi disk depth: a new theory and mechanistic model for underwater visibility. Remote Sensing of Environment, 169(3): 139-149.

Li G S, Gao P, Wang F, et al. 2004. Estimation of ocean primary productivity and its spatio-temporal variation mechanism for East China Sea based on VGPM model. Journal of Geographical Sciences, 14(1): 32-40.

Li L, Xing Q G, Li X R, et al. 2018. Assessment of the impacts from the world's largest floating macroalgae blooms on the water clarity at the west Yellow Sea using MODIS data (2002-2016). IEEE Journal of Selected Topics in Applied Earth Observations & Remote Sensing, 11: 1397-1402.

Liu C L, Tang D L. 2012. Spatial and temporal variations in algal blooms in the coastal waters of the western South China Sea. Journal of Hydrology and Environment Research, 6(3): 239-247.

Liu DY, Keesing J K, He P, et al. 2013a. The world's largest macroalgal bloom in the Yellow Sea, China: formation and implications. Estuarine, Coastal and Shelf Science, 129: 2-10.

Liu D Y, Keesing J K, Xing Q G, et al. 2009. World's largest macroalgal bloom caused by expansion of seaweed aquaculture in China. Marine Pollution Bulletin, 58(6): 888-895.

Liu F, Pang S J, Chopin T, et al. 2013b. Understanding the recurrent large-scale green tide in the Yellow Sea: Temporal and spatial correlations between multiple geographical, aquacultural and biological factors. Marine Environmental Research, 83: 38-47.

Liu X, Meng R L, Xing Q G, et al. 2014. Assessing oil spill risk in the Chinese Bohai Sea: a case study for both ship and platform related oil spills. Ocean & Coastal Management, 108: 140-146.

Lund J W. 1967. Eutrophication. Nature, 214: 557-558.

Lyons D A, Arvanitidis C, Blight A J, et al. 2014. Macroalgal blooms alter community structure and primary productivity in marine ecosystems. Global Change Biology, 20(9): 2712-2724.

Ma J F, Zhan H G, Du Y. 2011. Seasonal and interannual variability of surface CDOM in the South China Sea associated with El Niño. Journal of Marine Systems, 85(3-4): 86-95.

Menesguen A, Cugier P, Leblond I. 2006. A new numerical technique for tracking chemical species in a multisource, coastal ecosystem applied to nitrogen causing *Ulva* blooms in the Bay of Brest (France). Limnology and Oceanography, 51: 591-601.

Miller R L, López R, Mulligan R P, et al. 2014. Examining material transport in dynamic coastal environments: an integrated approach using field data, remote sensing and numerical modeling //Finkl C W, Makowski C. Remote Sensing and Modeling: Advances in Coastal and Marine Resources. Switzerland: Springer International Publishing: 333-364.

Morand P, Briand X. 1996. Excessive growth of macroalgae: a symptom of environmental disturbance. Botanica Marina, 39(1-6): 491-516.

Nagamani P V, Hussain M I, Choudhury S B, et al. 2013. Validation of chlorophyll-a algorithms in the coastal waters of Bay of Bengal initial validation results from OCM-2. Journal of the Indian Society of Remote Sensing, 41(1): 117-125.

O'Reilly J E, Maritorena S, Mitchell B G, et al. 1998. Ocean color chlorophyll algorithms for SeaWiFS. Journal of Geophysical Research: Oceans, 103(C11): 24937-24953.

Pang S J, Liu F, Shan T F, et al. 2010. Tracking the algal origin of the *Ulva* bloom in the Yellow Sea by a combination of molecular, morphological and physiological analyses. Marine Environmental Research, 69(4): 207-215.

Pernetta J C, Milliman J D. 1995. Land-ocean interactions in the coastal zone:implementation plan. Oceanographic Literature Review, 9(42): 801.

Qi L, Hu C M, Wang M H, et al. 2017. Floating algae blooms in the East China Sea. Geophysical Research Letters, 44: 11501-11509.

Sfriso A, Pavoni B. 1994. Macroalgae and phytoplankton competition in the central Venice Lagoon. Environmental Technology Letters, 15(1): 1-14.

Shi W, Wang M H. 2009. Green macroalgae blooms in the Yellow Sea during the spring and summer of 2008. Journal of Geophysical Research: Oceans, 114: C12010.

Shi W, Wang M H. 2012. Satellite views of the Bohai Sea, Yellow Sea, and East China Sea. Progress in Oceanography, 104: 30-45.

Smetacek V, Zingone A. 2013. Green and golden seaweed tides on the rise. Nature, 504: 84-88.

Smith D W, Horne A J. 1988. Experimental measurement of resource competition between planktonic microalgae and macroalgae (seaweeds) in mesocosms simulating the San Francisco Bay-Estuary, California. Hydrobiologia, 159(3): 259-268.

Tang D L, Kawamura H, Oh I S, et al. 2006. Satellite evidence of harmful algal blooms and related oceanographic features in the Bohai Sea during autumn 1998. Advances in Space Research, 37(4): 681-689.

Tang S L, Chen C Q. 2016. Novel maximum carbon fixation rate algorithms for remote sensing of oceanic primary productivity. IEEE Journal of Selected Topics in Appied Earth Observation & Remote Sensing, 9(11): 5202-5208.

Thapa J B, Saund T B. 2013. Water quality parameters and bird diversity in Jagdishpur Reservoir, Nepal. Nepal Journal of Science & Technology, 13(1): 143-155.

Tyler J E. 1968. The Secchi disc. Limnology & Oceanography, 13(1): 1-6.

Wang X H, Li L, Bao X, et al. 2009. Economic cost of an algae bloom cleanup in China's 2008 Olympic sailing venue. Eos, Transactions American Geophysical Union, 90(28): 238-239.

Xing Q G, An D Y, Zheng X Y, et al. 2019. Monitoring seaweed aquaculture in the Yellow Sea with multiple sensors for managing the disaster of macroalgal blooms. Remote Sensing of Environment, 231: 111279.

Xing Q G, Guo R H, Wu L L, et al. 2017. High-resolution satellite observations of a new hazard of "golden tides"caused by floating *Sargassum*in winter in the Yellow Sea. IEEE Geoscience and Remote Sensing Letters, 14(10): 1815-1819.

Xing Q G, Hu C M. 2016. Mapping macroalgal blooms in the Yellow Sea and East China Sea using HJ-1 and Landsat data: application of a virtual baseline reflectance height technique. Remote Sensing & Environment, 178: 113-126.

Xing Q G, Hu C M, Tang D L, et al. 2015a. World's largest macroalgal blooms altered phytoplankton biomass in summer in the Yellow Sea: satellite observations. Remote Sensing, 7(9): 12297-12313.

Xing Q G, Loisel H, Schmitt F G, et al. 2009. Detection of the green tide at the Yellow Sea and tracking its wind-forced drifting by remote sensing. Proceedings of the 2009 EGU General Assembly, Vienna, Austria, 11: 577.

Xing Q G, Loisel H, Schmitt F G, et al. 2012. Fluctuations of satellite-derived chlorophyll concentrations and optical indices at the Southern Yellow Sea. Aquatic Ecosystem Health & Management, 15(2): 168-175.

Xing Q G, Tosi L, Braga F, et al. 2015b. Interpreting the progressive eutrophication behind the world's largest macroalgal blooms with water quality and ocean color data. Natural Hazards, 78(1): 7-21.

Xing Q, Wu L, Tian L, et al. 2018. Remote sensing of early-stage green tide in the Yellow Sea for floating-macroalgae collecting campaign. Marine Pollution Bulletin, 133: 150-156.

Xu Q, Zhang H Y, Cheng Y C, et al. 2016. Monitoring and tracking the green tide in the Yellow sea with satellite imagery and trajectory model. IEEE Journal of Selected Topics in Applied Earth Observations & Remote Sensing, 9(11): 5172-5181.

Yamaguchi H, Kim H C, Son Y B, et al. 2012. Seasonal and summer interannual variations of SeaWiFS chlorophyll a in the Yellow Sea and East China Sea. Progress in Oceanography, 105: 22-29.

Zhang X W, Xu D, Mao Y Z, et al. 2011. Settlement of vegetative fragments of *Ulva prolifera* confirmed as an important seed source for succession of a large-scale green tide bloom. Limnology and Oceanography, 56(1): 233-242.

Zhang Z H, Zhang X L, Xu Z J, et al. 2015. Emergency countermeasures against marine disasters in Qingdao City on the basis of scenario analysis. Natural Hazards, 75(2): 233-255.

Zou J Z, Dong L P, Qin B P. 1985. Preliminary studies on eutrophication and red tide problems in Bohai Bay. Hydrobiologia, 127(1): 27-30.

第三十五章

基于多源遥感信息的海岸带统计信息空间化[①]

① 本章作者：侯西勇，杜培培，陈晴，李东

海岸带既是人口稠密、经济社会发达的重要区域，又是生态环境的脆弱带（符海月等，2006）。气候变化和人类活动的扰动，使得海岸带区域的生态环境十分脆弱，且自然灾害频繁发生（朱晓东等，2001）。海平面上升、气候变化引起的极端事件增多、人口增长以及经济活动增加，使得海岸带区域越来越容易受到风暴潮、低压天气系统带来的洪水侵扰（Canters et al.，2014）。

获取海岸带地区人口和经济社会发展状况有利于管理者（或科研人员）更好地管理（或研究）海岸带生态环境，实现海岸带资源有效利用和生态保护目标。海岸带统计信息可以直观反映沿海地区的发展状况，是目前较容易获得的表征海岸带发展水平的重要指标。然而现有统计信息大多来源于各地区公布的统计公报及统计年鉴等普查数据，且以行政区划为统计单元，无法进一步描述行政单元内部的人口和经济发展状况，更难以与日渐丰富的遥感和GIS等时空耦合信息进行集成和应用。为实现不同尺度海岸带区域资源规划管理、生态环境状况及潜在压力分析，进行海岸带统计信息空间化，获取更多有关人口、经济状况的细节信息，对生态环境保护、资源管理、潜在风险分析等具有重要意义。[①]

第一节　统计信息空间化国内外研究进展

一、统计信息空间化的意义

人口、国内生产总值（Gross Domestic Product，GDP）空间分布特征及其变化一直是地理学家、社会学家研究的热点，同时也是国家重点关注的问题，是重要的社会统计数据。人口是在特定社会制度、特定地域生活的人的总称，人口数据是表征人类活动最直接的指标之一（胡焕庸，1983）。GDP是世界通用的宏观经济指标，它能够比较全面地反映一个国家或地区的经济规模、经济结构和综合经济实力（李小建等，1999）。人口和GDP的空间分布不仅反映了区域内的社会经济发展状况，而且能够用来评价区域生态环境状况。因此，人口、GDP数据广泛应用于生态环境保护、灾害风险评估与救援、商业决策、区域规划与开发等领域（柏中强等，2013）。

沿海地区自然环境优越、资源禀赋高，但与此同时，台风、暴雨、洪涝等自然灾害频发，了解区域内人口、GDP的分布情况，能够提高人类社会对自然灾害的应对能力和适应能力。例如，当重大突发性自然灾害发生时，政府需要对灾情进行快速评估并开展有效的应急救援工作，对灾害带来的人员伤害和经济损失进行准确估量，这种情况下，如何在第一时间获取受灾人口、受灾区域GDP的数量及分布就显得尤其重要。但是，目前人口、GDP等社会统计数据的记录方法，不能充分展示其空间分布情况，不能与多种数据结合分析，因而难以有效支持灾害风险评估与救援等工作（Deichmann et al.，2001；赵军等，2010）。

社会经济统计数据通常是以行政区划为基本单元，统计局通过人口、经济普查等统计方法收集和整理，并以年鉴等形式记录下来（胡云锋等，2011）。此类数据在空间分析或跨学科等综合应用中具有一定的局限性，原因在于：①空间分辨率低，统计年鉴中的数据往往以县为记录单位；②精度较低，该类统计数据只能以“面板”数据或者分级统计图的形式展示出来，未能详细体现出实际的人口、GDP空间分布特征（图35.1）；③统计数据以行政区为单位，导致其不能较好地与自然地理单元叠合，也就不利于多源数据的结合分析，因此在综合的空间分析等应用中存在困难（符海月等，2006）。

为了解决这个问题，需建立一个高分辨率的基础地理单元，能够统一存储和展示社会经济统计数据与自然地理数据，其中，社会经济统计数据转换到该基础地理单元的过程称为社会数据空间化，即采用适宜的方法和数据参数，将社会统计数据模拟到特定地理空间中，细致地显示其空间分布状态（李飞等，2014）。大体来说，空间化的工作可以看成，通过输入社会经济统计数据、行政区域边界图层以及影响统计数据空间分布的建模要素数据等信息，实现社会经济数据分布的格网表面的输出。

---

① 资助项目：中国科学院重点部署项目（KZZD-EW-TZ-15）；国家自然科学基金国际合作与交流项目（No.3141101167）；中国科学院战略性先导科技专项项目（XDA19060205）；中国科学院重点实验室自主创新基金（1189010002）

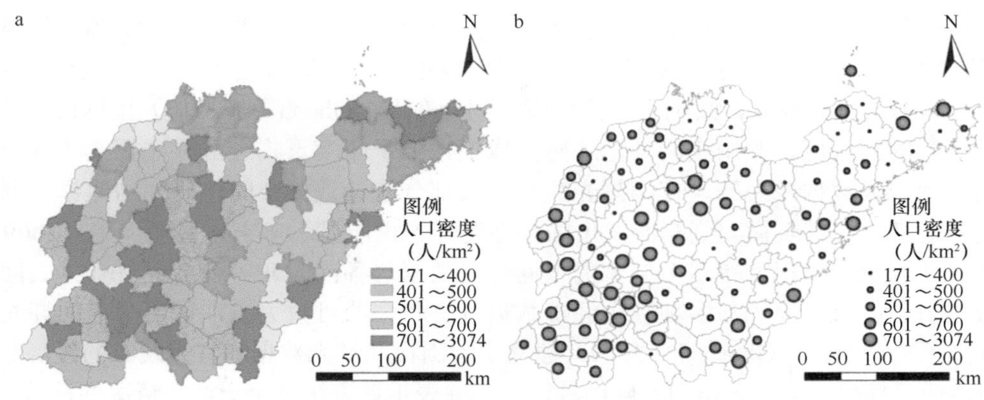

图35.1　2010年山东省人口密度“面板”数据图（a）和分级统计图（b）（陈晴等，2014）

二、统计信息空间化的基本方法

多学科发展、跨学科应用要求多种属性、空间数据能够兼容使用，为分析复杂的现实问题提供多源数据支持。统计数据空间化是实现属性数据与空间数据转换的一种有效途径，是当前甚至以后重要的科学前沿问题之一。国内外已经开展了一系列研究，从早期统计数据分布规律的定性分析，到后来基于各种能够体现统计数据分布规律的数学模型或者地理分布影响因素的定量分析，取得了大量的研究成果。目前，国外的研究主要强调统计数据空间化在多学科、跨学科问题中的应用，而国内研究尚处于以研究方法探索为主的阶段，比较注重方法的试验。

国外最初的空间化研究以定性分析为主，主要针对人口数据。地理学家按照计量地理学的思路，尝试推导出人口数据理论上的空间分布规律。Clark（1951）给出两个假设：一是在商业中心以外的区域，人口密度的特点都是内部密集、外部稀疏；二是随着发展，大部分城市中心区域的人口密度将会下降，而外围区域人口密度上升。后来，地理学家进一步从不同方面考虑人口的空间分布规律，相继提出了Sherratt模型（Song，1996）、负指数模型（Brachen and Martin，1989）、Smeed模型（Smeed，1963）、重量人口分布模型（Wang and Guldmann，1996）等，这些数学模型的特点是简单直接，能反映人口宏观上的空间分布特征（江东等，2002）。

随着空间化研究的不断深入，研究学者注意到自然地理等因子和人口空间分布的关系显著，而单纯的数学模型不能体现这些因素对人口分布的影响。Small和Cohen（1999）探讨了全球人口分布与气候影响因子、地形影响因子之间的关系，结果表明，地形对人口分布的影响要大于气候，因此，海岸带与河流附近是人口聚集较多的区域。Ogrosky（1975）以波兰为研究区域，分析了人口分布与遥感影像特征之间的关系，结果表明，遥感影像的城区面积与区域内人口数目具有高度的相关性。

遥感和GIS技术的迅猛发展促使该领域的研究由以前的以定性分析为主逐渐转变为以定量计算为主。Tober（1979）基于椭圆偏微分方程提出了Pycnophylatic插值公式，利用其将不规则地理区域分布的人口普查数据，转变成能显示内部人口分布细节特征的表面图层。Goodchild和Lam（1980）回顾了大量面插值法，提出面插值过程可以看成将面数据转化成连续的表面图层，也就是高分辨率的栅格数据，统计数据空间化的核心就是确定合适的表面分布函数，利用其来转化面状的统计数据。Goodchild等（1993）提出了以GIS技术为支撑，按照面插值方法构建社会经济数据空间化的技术框架。Langford和Unwin（1994）以英国莱斯特郡地区为例，利用遥感图像提取土地利用等信息，建立人口密度与相应土地利用类型所占面积之间的关系，实现了人口数据的空间化。美国社会经济数据与应用中心（SEDAC）将人口普查数据与遥感数据相结合，建立了GPW（Gridded Population of the World）全球人口格网分布数据库（Robert et al.，1996），并且陆续发布了1990年、1995年、2000年、2010年、2015年全球人口密度格网数据。

除了人口统计数据之外，空间化的研究也逐渐扩展到GDP、降水、非正式经济等其他类型的统计数据。Elvidge等（2009）依据卫星图像提取的土地利用数据、人类聚居区等信息，按照遥感影像的亮度值，计算了全球贫穷人口的数量，绘制出贫穷程度空间分布图。Ghosh等（2010）根据已知的夜间灯光数据与美国经济活动的相关性，利用夜间灯光遥感图像模拟出了印度正式经济与非正式经济空间分布图。作为最理想的遥感影像数据源之一，夜间灯光数据是大部分统计数据空间化研究的建模数据源，它能够探测到城市夜晚的灯光，甚至微弱到车流发出的低强度灯光也能显示出来（曹丽琴等，2009）。Elvidge等（1997）通过研究美国、巴西等多个国家的夜间灯光数据与各国GDP等社会经济数据之间的关系，发现夜间灯光数据衍生的灯光面积与多项社会经济数据具有较强的对数关系，证明了夜间灯光数据可较好地估算GDP等多项社会数据。Ghosh等（2009）建立了美国夜间灯光数据和官方发布的经济数据之间的空间化回归模型，成功模拟出美国各州的实际经济情况，并表示该方法可用于经济情况的核对工作。

统计数据空间化研究方法、数据源的日渐丰富，促使学者深入探究空间化建模方法或数据源的特点及其对空间化建模结果的利弊。Townsend和Bruce（2010）认为夜间灯光数据能够有效评价人类发展活动、监测能源问题，但其像元溢出和像元过饱和的现象会给研究带来不利影响。Harvey（2010）认为在人口密度较高或者较低的区域，利用遥感影像的研究方法都不能较好地模拟出人口空间化数据，特别是在人口稀疏的农村区域，模拟的人口数据通常远远超过了实际人口。此外，研究学者也尝试结合多种数据源或改进建模方法，来提高空间化模型的精度。Jie和Robert（2015）将社交网络产生的地理数据——地理定位的推特数据作为控制图层，辅助人口空间插值模型，发现地理定位的推特数据可在联合其他辅助图层的基础上，进一步改善空间插值模型，尤其是针对特定年龄的推特用户的人口密度插值。

国内研究经济社会数据空间化的时间比国外晚，发展的过程和国外类似。人口、经济活动的空间分布和自然、人文等环境因素紧密相关，一些学者以一般社会学为基础，结合地理学、经济学等有关学科，对人口、GDP的地域分布进行定性或者半定量的综合描述，或是对其进行宏观的区域划分（胡焕庸，1990；杨小唤等，2002；江东等，2002）。近年来，遥感和GIS技术的发展为统计数据空间化提供了新的途径，对统计数据的研究更加注重于其与自然、人文因素的定量研究。研究方法基本上是建立空间分布模型，建模的方法多种多样，大体可以分为以下几种。

（1）空间插值模型。空间插值一般分为面插值法和点插值法，基本原理是在研究区范围内建立一定分辨率的格网，使用反距离权重、克里金等内插法计算各格网的人口数（卓莉等，2005）。空间插值模型仅根据数学公式计算，忽略地理环境因素对统计数据空间分布的影响，比较适用于小区域。吕安民等（2002）以核心估计方法作为内插法，对一处小郊区进行人口分布模拟，得到比较符合实际的人口空间分布数据。闫庆武和卞正富（2007）认为格网面积选择源区域单元面积的2%为宜，并且提出了格网单元面积权重内插法，据此完成了徐州市人均GDP的空间化工作，并通过图像平滑技术，将空间化后的结果精度进一步提高。

（2）土地利用/土地覆被影响模型。分析土地利用数据与统计数据的相关关系，对若干类土地利用数据赋予模型系数，将该系数应用于格网化的土地利用栅格图层，即可得各格网统计数据的密度。这种模型反映的是不同类型的土地对统计数据分布的关系，但对同种用地内部的空间异质性考虑不足。江东等（2002）回顾了人口空间化模型的主要方法，在将研究区划分为若干子区域的基础上，根据耕地、农村居民点、城镇居民点等若干类土地利用数据与平均人口密度的相关性，建立了研究区1km栅格的人口数据集。黄莹等（2009）按照分县控制、分产业建模的思路，以土地利用数据为空间化模型参数，实现了新疆绿洲GDP统计数据到1km^{2}格网空间数据的转换，结果与实际情况比较一致。

（3）多源数据融合模型。根据多个与统计数据空间分布密切相关的指示性因子，如土地利用、高程、交通网络等，建立其与统计数据分布的数学关系，进而实现统计数据到格网密度面的转变（柏中强等，2013）。综合考虑多种有效数据源对统计数据空间分布的影响，能较全面地体现统计数据的空间分布特征，但是过多的影响因子将致使建模过程复杂烦琐，各因子之间的相关性也会导致模型精度下降。王磊和蔡运龙（2011）采用GIS技术与统计分析方法，以贵州猫跳河流域为研究对象，选取多个环境因素，如土地利用、高程、交通网络等作为空间化建模参数，建立了其与人口密度的多元回归模型，获得了研究区300m分辨率的人口栅格数据。Tian等（2005）利用回归模型分析土地覆盖类型与温度、DEM、人口的关系，建立中国1km分辨率的人口分布模型（CPDM）。杨妮等（2013）以巴马瑶族自治县为研究区域，按照多源数据融合的方法，将研究区各乡镇的平均人口密度与地形、土地利用、距离河流水系的远近程度等因素的关系表达出来，计算得到研究区100m分辨率的人口空间化数据。高占慧（2012）选取土地利用、交通线路、旅游景点等作为影响因子，并按照乘积融合的方式，将各因子分别与人口、GDP中三次产业增加值的数学关系表达出来，建立了2010年山东省100m分辨率的人口、GDP密度表面。

（4）遥感反演。一般是通过遥感影像提取与统计数据空间分布有关的信息（如人口聚居区、经济活动分布区域），进而建立模型模拟统计数据的空间分布（刘红辉等，2005）。这种模型能够综合反映人口分布、经济活动等现象（王鹤饶等，2012；李德仁等，2017），但受限于遥感影像存在的分辨率不高、像元过饱和、像元溢出等问题（Zeng et al.，2011）。夜间灯光数据因其获取容易且涵盖信息丰富，成为学者应用遥感影像反演统计数据空间分布的理想数据源之一（高义等，2013）。李峰等（2016）以河北省为例，利用夜间灯光数据，基于“无灯光数据无GDP”的原则，建立夜间灯光总强度与GDP的回归模型，实现GDP空间化。卓莉等（2005）利用夜间灯光数据模拟了灯光区内部的人口密度，由于夜间灯光数据本身具有强度信息，能够体现人口等社会属性信息衰减的规律特点，在人口以及其他社会统计数据空间化的研究中潜力较大。梁友嘉和徐中民（2013）选择张掖市甘州区为研究对象，利用夜间灯光数据、GDP统计数据和人口空间化数据，按照分产业建模的思路，分别对第一产业和第二、三产业增加值实现空间化，再结合人口空间化数据和三次产业增加值的比例，进一步改善GDP空间化数据的精度，得到2000年研究区500m分辨率的GDP空间数据。张怡哲等（2018）选择中国海岸带地区为研究对象，利用DMSP/OLS夜间灯光数据和植被指数构建人居指数与非农业GDP之间的线性关系模型，基于土地利用数据建立了农业GDP空间化模型，最终得到2010年中国海岸带地区250m×250m空间分辨率的GDP密度图。

由于每种研究方法有不同的建模侧重点，有研究学者尝试将多种方法耦合，得到优于单种方法的模拟结果。丁文秀等（2011）对比分析土地利用分类模型和重力模型模拟人口空间分布的特点，并以此为基础将二者耦合成新的空间化模型，并以武汉市人口数据为例，用新模型生成武汉市人口空间化数据，结果表明，耦合后的新模型能够有效地改善建模精度。钟凯文等（2007）选择广东省韶关市为研究区，以土地利用数据为建模参数，建立了第一、第二产业增加值空间化模型，再根据道路格网建立第三产业增加值空间化模型，最后通过反距离加权的方法，对叠加后的三次产业增加值空间化数据进行平滑处理，实现了研究区GDP空间化表达。韩向娣等（2012）选择中国省级行政单元为研究对象，分产业建立了全国GDP空间化数据：第一产业基于土地利用数据建模，第二、第三产业则基于夜间灯光数据与土地利用数据联合生成的土地灯光参数建模，这种建模方法在GDP空间化模型的精度方面有了较大的提高。

综上所述，国内外针对社会经济统计数据空间化已经开展了相当多的研究，并且随着技术的发展、数据的更新，空间化的数据精度不断提高。除了发掘更加精细、合理的数据源，改善统计数据的空间化建模方法同样需要不断探索。此外，我国大多数社会经济统计数据空间化研究集中在国家或流域层面，针对海岸带这一人口经济密集且空间异质性突出的地带少有研究，而海岸带频繁遭受台风、暴雨、风暴潮等自然灾害的影响，迫切需要高精度的人口、GDP空间数据支持减灾防灾、灾害风险评估与救援等工作。

三、国内外代表性的数据产品

（一）全球人口格网分布数据库

全球人口格网分布数据库（Gridded Population of the World，GPW）由哥伦比亚大学地球学院国际地球科学信息网络中心（CIESIN）开发，NASA社会经济与应用中心（SEDAC）提供发布。GPW整合社会、经济、地球科学等数据集构造空间聚类人口图层，用于科学研究、决策分析及通信。该栅格数据产品目前已更新到第4版，各版本具体情况见表35.1。

表35.1 GPW各版本情况介绍

GPW版本	版本1	版本2	版本3	版本4
出版年份	1995	2000	2005	2014/2015/2017/2018
评估年份	1994	1990, 1995	1990, 1995, 2000	2000, 2005, 2010, 2015
单元（行政区划）数量	19 000	127 000	400 000	13 500 000
栅格分辨率	2.5弧分（约5km）	2.5弧分（约5km）	2.5弧分（约5km）	30弧秒（约1km）
人口变量	总人口	总人口	总人口	总人口（2014年、2015年），年龄和性别（2017年）

资料来源：http://sedac.ciesin.columbia.edu/data/collection/gpw-v4/whatsnew[2018-12-03]

（二）全球农村-城市制图项目（GRUMP）

城镇化对可持续发展和环境管理带来了机遇和挑战，人类居住模式和人口发展趋势能帮助研究人员更好地理解城市和农村地区对自然环境的影响以及对自然环境变化的承受能力。GRUMP对研究人类与环境相互作用以及处理环境和社会问题有重要价值。

GRUMP包括8个全球数据产品：人口数量、人口密度、城镇居民点、城镇范围、土地/地理单位面积格网、国家边界、国家标识格网、海岸线。所有数据集分辨率为30弧秒（约1km），目前有1990年、1995年、2000年人口标准化数据。所有数据均提供全球尺度产品，其中，前5种数据又可以分为大陆、区域和国家子数据集。GRUMP还包括一个人口大于5000人的城市居民点的地理参考数据库，提供表格和shapefile格式下载方式。

GRUMP人口密度和数量格网是基于SEDAC发布的全球人口格网分布数据库（GPW）建立，且GRUMP利用国防部气象卫星提供、美国国家地球物理数据中心（NGDC）处理的长时间序列的夜间灯光数据进行了城市区域与农村区域的划分。

（三）全球WorldPop数据库

WorldPop项目发起于2013年10月，由AfriPop、AsiaPop及AmeriPop人口制图项目组成。WorldPop采用最新的数据源和方法（Stevens et al.，2015；Alegana et al.，2015；Deville et al.，2014；Gaughan et al.，2013；Tatem et al.，2007）制作高精度人口分布数据，制作包括中南美洲、非洲和亚洲的空间人口数据集（表35.2）。

表35.2 WorldPop产品介绍

WorldPop数据	描述
定居点绘制	利用卫星影像，如30m分辨率ETM影像，利用目视解译或提取感兴趣区方式绘制定居点
人口空间化	基于土地覆盖类型，利用随机森林法自下而上地进行人口数据的空间化，尤其是城市内部人口的空间化
年龄结构	利用联合国公布的城乡增长率，反演2000年、2005年、2010年和2015年数据
人口动态	流动人口绘制；国内人口移动；航空客运流动；人口迁移
城市变迁	利用MODIS影像提取城市范围，基于土地覆盖类型绘制人口分布图，获取2000年、2010年城市变迁情况，见图35.2
贫困区绘制	从人口与健康调查（DHS）计划或生活水平测量研究（LSMS）获取全国住户调查数据，选取每天消费1.25美元和2美元作为贫困指标或者计算研究区的多维贫困指数

资料来源：https://www.worldpop.org/methods[2018-12-02]

WorldPop项目目前已为100多个政府机构提供空间人口统计数据集，该数据集已广泛用于科学研究以及为非洲和亚洲低收入与中低收入国家政府提供决策支持，如发展情况、健康状况和规划等。并且WorldPop数据受到多个机构的认可及使用，如国际红十字会、比尔和梅林达·盖茨基金会、FAO、

UNDP、UNFPA、UNOCHA、CDC、China CDC、WFP、MSF、IOM、PMI、NASA、USGS、克林顿健康倡议组织等。

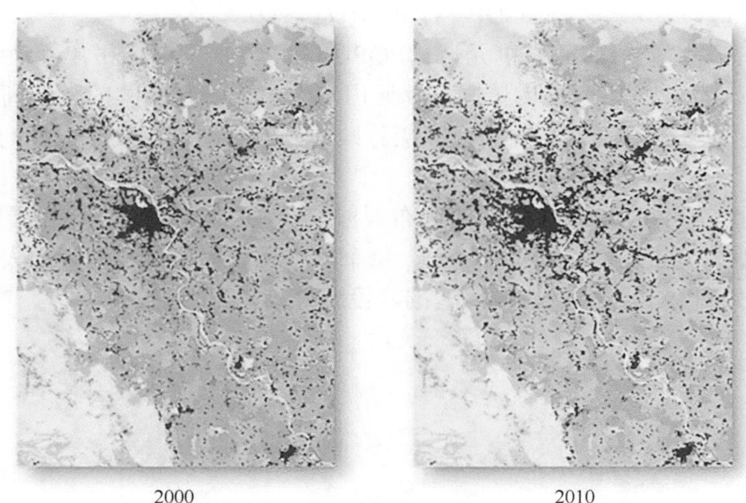

图35.2　WorldPop产品示意图［图片来源：https://www.worldpop.org/methods/（2018.12.02）］

（四）中国GDP公里格网数据产品

中国GDP公里格网数据产品由地理国情监测云平台提供，该产品利用统计型GDP数据（包含第一、二、三产业结构）与土地利用类型数据构建空间关系模型，然后在高程、地貌等多种空间数据背景信息的支持下，利用分产业构建的空间关系模型生成1km×1km的GDP栅格数据。具体制作流程见图35.3。

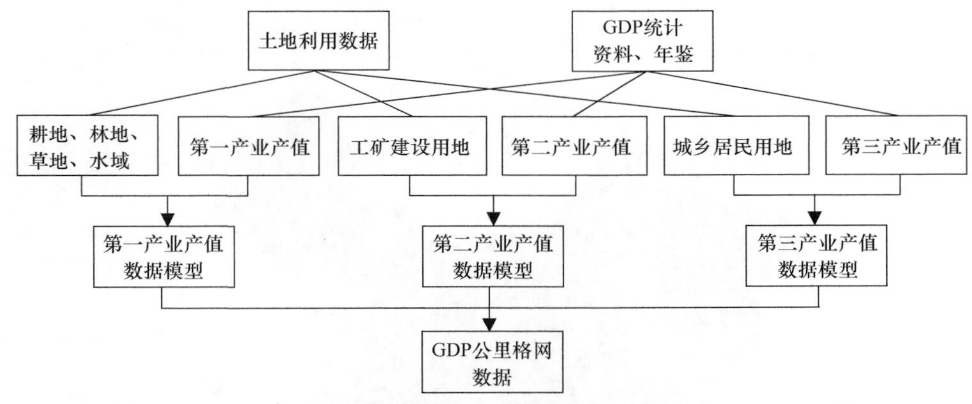

图35.3　中国GDP公里格网数据制作流程

图片来源及时间：http://www.dsac.cn/DataProduct/Detail/201113,2018.12.02

（五）中国人口/GDP分布公里格网数据集

中国人口/GDP分布公里格网数据集是在全国分县统计数据的基础上，综合考虑与人口、GDP密切相关的土地利用类型、夜间灯光亮度、居民点密度等因素，利用多因子权重分配法将以行政区为基本统计单元的人口或GDP数据展布到空间格网上，从而实现人口及GDP的空间化。

中国人口/GDP分布公里格网数据集由中国科学院地理科学与资源研究所开发，资源环境数据云平台提供，包括1990年、1995年、2000年、2005年、2010年、2015年的人口数据和1995年、2000年、2005年、2010年、2015年的GDP数据。具体制作流程为：首先，计算土地利用类型、夜间灯光亮度、居民点密度的人口（或GDP）分布权重；进而，在对上述3方面影响权重标准化处理的基础上计算各县级行政单元的总权重；然后，在计算各县级行政单元单位权重人口（或GDP）占比的基础上，运用栅格空间计算，把单位

权重上的人口（或GDP）与总权重分布图相结合，进行人口（或GDP）的空间化。计算公式为

$$POP_{ij}=POP\times(Q_{POP_{ij}}/Q)$$

$$GDP_{ij}=GDP\times(Q_{GDP_{ij}}/Q)$$

式中，POP_{ij}、GDP_{ij}是空间化之后的栅格单元值；POP、GDP分别为该栅格单元所在的县级行政区单元的人口和GDP统计值；$Q_{POP_{ij}}$、$Q_{GDP_{ij}}$分别为该栅格单元内与人口或GDP相关的土地利用类型、夜间灯光亮度、居民点密度的总权重；Q为该栅格单元所在县级行政单元的土地利用类型、夜间灯光亮度、居民点密度的总权重。

根据上述方法得到1km格网的统计信息空间分布数据，反映了人口或GDP在全国范围内的详细空间分布状况（图35.4）。该数据为gird格式的栅格数据，每个栅格代表该格网范围内的人口数或GDP，单位为人/km^{2}或元/km^2，空间数据以Krassovsky椭球为基准，投影方式为Albers投影。

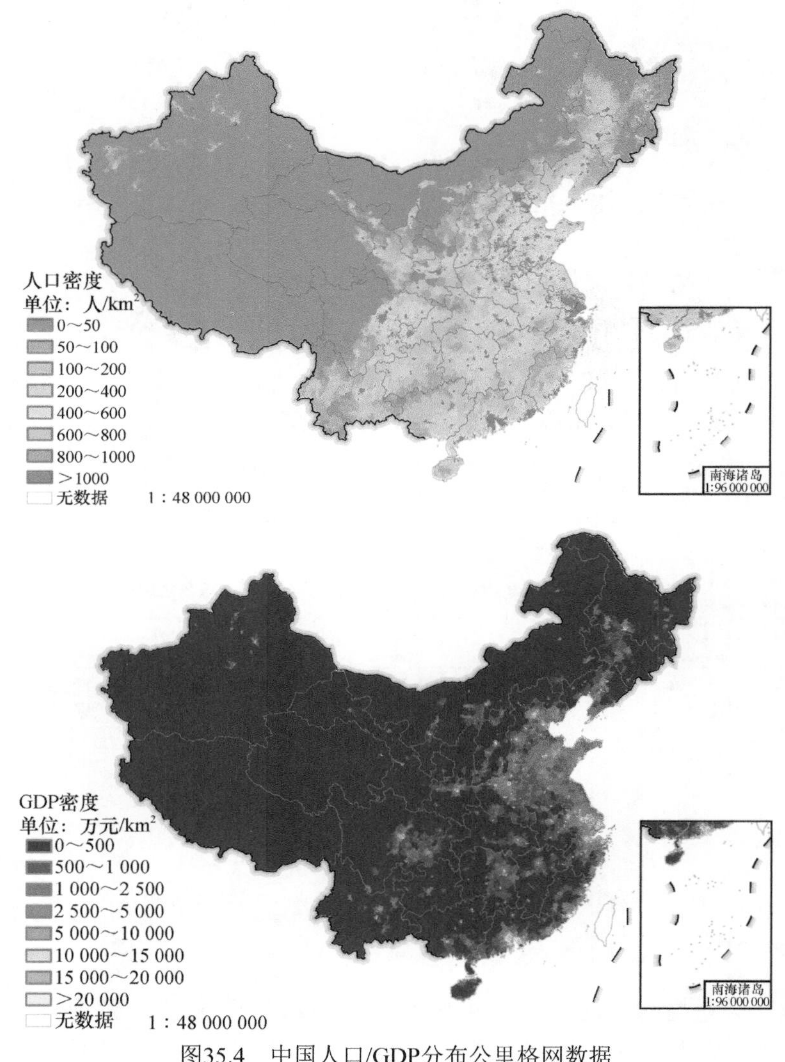

图35.4　中国人口/GDP分布公里格网数据

第二节　中国海岸带统计信息空间化的数据源与技术方法

一、海岸带统计信息

我国海岸线北起鸭绿江口，南抵北仑河口，大陆海岸线长达18 000km以上，北部岸线内凹，东南段

岸线外凸，呈现S形弧线；海岸带区域跨辽宁、河北、天津、山东、江苏、上海、浙江、福建、广东、香港、澳门、台湾、广西和海南等14个地区。本研究选取中国沿海地级市辖区为研究区（2000年、2005年、2010年统计数据不包括香港、澳门、台湾及海南），某些地级市，如临沂市，虽然不直接靠海，但辖区离海域很近，所以一并划入研究区范围（图35.5）。因此，除2015年包括海南、香港、澳门、台湾在内总共为451个县域研究单元外，2000年、2005年、2010年的研究区共包括62个地级市和直辖市的市区、101个县级市和138个县，合计301个县域研究单元。本研究海岸带区域（451个县域）总面积为56.55万km²，占全国国土面积的5.9%。

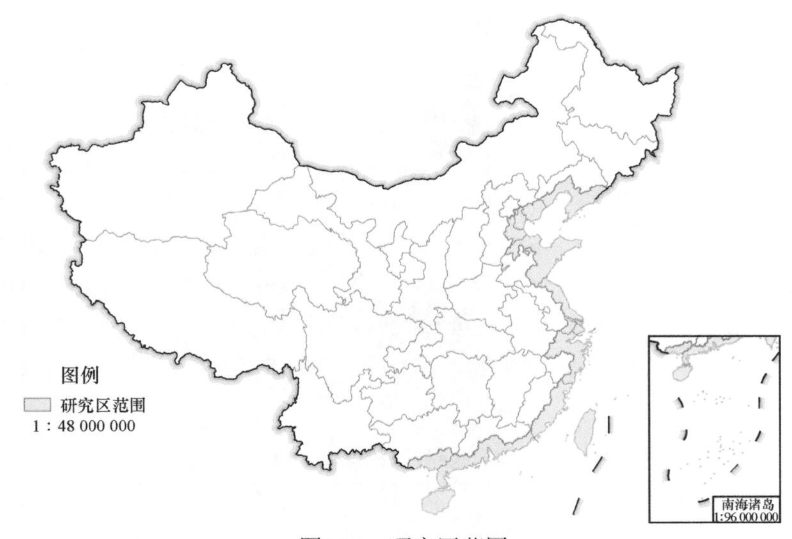

图35.5 研究区范围

我国海岸带区域人口稠密，是全国人口最为密集而且增长最迅速的区域。其中，以大陆沿海省份为例，2000年区域内常住人口总数为2.72亿，到2015年增长到3.27亿，净增加5493万，增长率约为20%，占全国人口总数的比重由20%上升到24%以上（国家统计局，2000，2015）。海岸带地区人口空间分布也呈现出非常显著的聚集特点，大多数人口集中在京津冀都市圈、长江三角洲和珠江三角洲地区（图35.6a）。2015年，上海的人口密度最高，多于3500人/km²，天津的人口密度高于1500人/km²，广州的人口密度约为2200人/km²，而辽宁、广西的人口密度不足400人/km²；此外，人口数量的城乡差异日益显著，人口城市化率远远高于全国平均水平。海岸带区域内人口分布不均衡，并且不均衡程度日益增加。

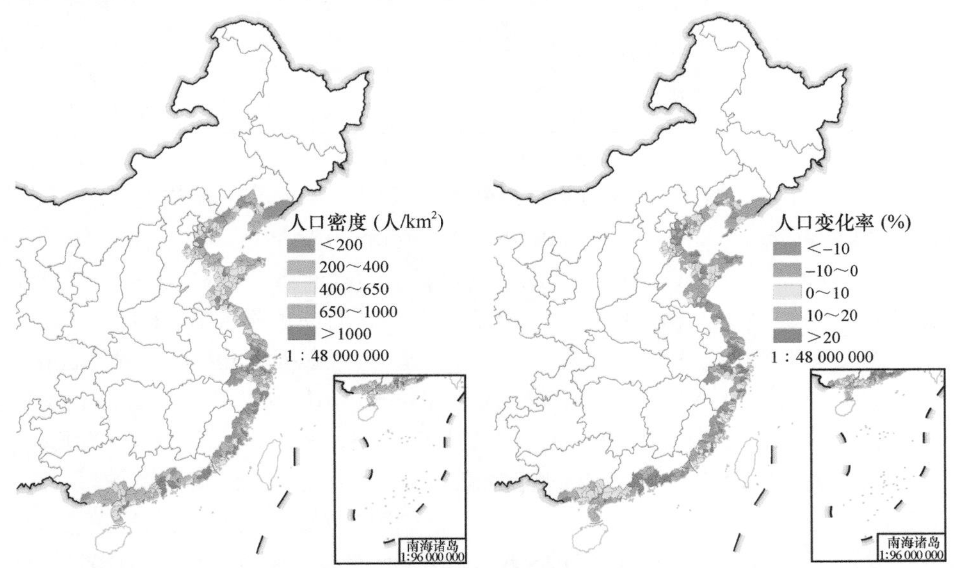

图35.6 研究区2010年人口密度分布（a）和2000～2010年人口变化率（b）

以2000～2010年为列，2010年海岸带区域总人口较2000年增加了4856万人，增长率约为17%，但与此同时，大约1/3的地区人口负增长（图35.6b），可见区域内人口空间分布的集中程度越来越高。

中国海岸带区域2000年、2005年、2010年、2015年的县级行政单元人口信息分别来源于《2000人口普查分县资料》《2005年中华人民共和国全国分县市人口统计资料》《中国2010年人口普查分县资料》以及2015年分县统计年鉴、统计公报；各县级行政单元的国内生产总值（GDP）数据则主要来源于2001年、2006年、2011年、2016年《中国区域经济统计年鉴》，以及这四年区域内各省、市统计年鉴。

二、海岸带多源遥感信息

本研究涉及的海岸带多源遥感信息主要包括中国海岸带土地利用数据、中国海岸带夜间灯光数据。

（1）中国海岸带土地利用数据：基于2000年1∶10万比例尺中国土地利用数据（刘纪远等，2003）提取出中国沿海区域的数据，对照2000年成像的Landsat卫星影像，按照中国海岸带土地利用遥感分类系统（邸向红等，2014；侯西勇等，2016）（表35.3）进行目视判读，修改图斑边界及属性，得到2000年中国海岸带土地利用数据；进而，对照2005年成像的Landsat卫星影像修改2000年中国海岸带土地利用数据，进行目视判读，通过变化区域图斑勾绘和代码赋值建立2005年中国海岸带土地利用数据，以此类推、顺次更新；最终，获得2000年、2005年、2010年、2015年中国海岸带土地利用数据（Di et al.，2015；侯西勇等，2018）。

表35.3　中国海岸带土地利用分类系统（1∶10万比例尺）

一级类型		二级类型		一级类型		二级类型	
代码	名称	代码	名称	代码	名称	代码	名称
1	耕地	11	水田	5	内陆水体	51	河渠
		12	旱地			52	湖泊
2	林地	21	有林地			53	水库坑塘
		22	疏林地			54	滩地
		23	灌丛林地	6	滨海湿地	61	滩涂
		24	其他林地			62	河口水域
3	草地	31	高覆盖度草地			63	河口三角洲湿地
		32	中覆盖度草地			64	沿海潟湖
		33	低覆盖度草地			65	浅海水域
4	建设用地	41	城镇用地	7	人工（咸水）湿地	71	盐田
		42	农村居民点			72	养殖
		43	独立工矿、交通等用地	8	未利用地	81	未利用地

（2）中国海岸带夜间灯光数据：2000年、2005年、2010年夜间灯光数据来源于美国国家地球物理数据中心（http://ngdc.noaa.gov/eog/dmsp/downloadV4composites.html），选用2010年第4版的DMSP/OLS（Defense Meteorological Satellite Program/Operational Linescan System）夜间稳定灯光值数据产品，已经滤除了闪电、天然气燃烧、火光和渔船等偶然灯光，数据的值域是0～63，空间分辨率为1km；2015年夜间灯光数据来源于美国国家地球物理数据中心（https://www.ngdc.noaa.gov/eog/viirs/download_dnb_composites.html），选用NPP-VIIRS的2015年度"vcm-orm-ntl"（VIIRS cloud mask-outlier removed-nighttime lights）数据，数据值域为0～470.064，像元大小为15弧秒；0为黑暗背景区域，大于0的区域为灯光区域。尽管DMSP夜间灯光数据存在明显的过饱和与溢出问题，但为保证2000年、2005年、2010年、2015年这四年的辐射亮度值（DN）高值区尤其是中心城区相同位置处具有相同或相近的亮度，对2015年数据进行DN值变换处理，使得2015年NPP-VIIRS影像像元DN值域范围与2000～2010年的DMSP/OLS影像

（0～63）一致。过程如下：利用ENVI软件，以2010年夜间灯光数据为标准影像，对2015年夜间灯光数据以直方图匹配的方式进行配准。

三、空间建模方法与流程

大量研究表明，人口或社会经济要素与土地利用数据和夜间灯光数据存在相关性，基于土地利用数据和夜间灯光数据进行统计信息空间化可以有效地模拟行政区划单元内统计信息的空间分布特征。中国海岸带区域是一狭长的带状区域，人口及GDP的宏观区域差异及中小尺度的城乡差异均较为显著，样本数据的极值特征显著，是空间建模的重要挑战。考虑到海岸带的空间异质性，单一模型实现人口和GDP空间化容易造成较大误差。为保证统计信息空间量化精度，通过设定阈值和动态分区建模方法，分别实现人口和GDP空间化。其中，基于土地利用数据中的居民点信息，结合夜间灯光数据，对海岸带人口进行空间化模拟（陈晴等，2014）；基于土地利用数据中的耕地、林地、草地、水体、养殖区等农林渔信息模拟第一产业；基于土地利用数据中的居民点及建设用地信息模拟第二产业；基于夜间灯光数据模拟第三产业。具体建模方法与流程如下所述。

（一）海岸带人口空间化

1. 人口聚居区夜间灯光指数提取

基于夜间灯光数据建立人口空间化模型，通常的做法是确定某个阈值，用于提取夜间灯光数据中的人口聚居区。但是，对于较大范围的空间区域，如本研究中的中国沿海区域，由于区域内部的空间差异性，统一的阈值难以确定，也并不合理。土地利用的空间格局能够客观反映人口的空间分布与活动特征（江东等，2002），绝大部分人口聚居在一定类型的用地区域。因此，基于中国沿海土地利用数据，提取城镇用地和农村居民点类型作为人口聚居区，用其分割夜间灯光指数数据，可以避免阈值法的不确定性，保证人口聚居区的准确性。

技术过程如下：建立覆盖研究区的1km矢量格网，将土地利用矢量数据与其叠加，统计每一格网单元中城镇用地及农村居民点的分布面积，得到1km格网的城镇用地（A_{ur}）和农村居民点（A_{ru}）两类土地利用类型的面积分布数据，计算二者之和（A_{ur}+A_{ru}），得到能够表征人口空间分布范围的1km格网人口聚居区栅格数据；进而，依据式（35.1）提取人口聚居区的夜间灯光指数：

$$L'_{night}=\begin{cases}L_{night} & (A_{ur}+A_{ru}>0)\\ 0 & (A_{ur}+A_{ru}=0)\end{cases} \tag{35.1}$$

式中，L'_{night} 表示修订后的人口聚居区夜间灯光指数；L_{night} 表示修订前的夜间灯光指数。

大部分研究表明，人口数量与夜间灯光指数具有较好的相关性（Townsend and Bruce，2010；梁友嘉和徐中民，2012；Small and Elvidge，2013）。利用SPSS软件分析中国海岸带区域各县级行政单元人口聚居区的夜间灯光指数与统计人口的相关性，结果表明，一次、二次线性函数及幂函数能较好地体现它们的相关性，但海岸带区域内部人口密度差异较大，如2010年长江三角洲、珠江三角洲人口密度均高于1000人/km^2，而辽宁沿海、北部湾区域人口密度则低于500人/km^2，这种空间差异性显著影响回归模型的精度：在人口密集的区域，人口密度被低估，而在人口稀疏的区域，人口密度则被高估（Harvey，2010；Liu et al.，2011）。为此，我们提出“基于阈值的动态分区建模方法”，逐次建模，每次保留精度达到阈值的样本集合及其模型，对于未达到阈值的样本集合，则再次建模，以此类推，直至剩余样本数量较少时停止建模，由此将所有样本分成若干集合（区域），对应不同的模型，具体流程见图35.7。试验表明，通过动态分区，对人口密度较高或较低的区域单独分析人口与灯光数据的关系，线性模型效果更佳。所以，本研究基于线性函数建立空间化模型：

$$POP_c=k\times\sum L'_{night}+b \tag{35.2}$$

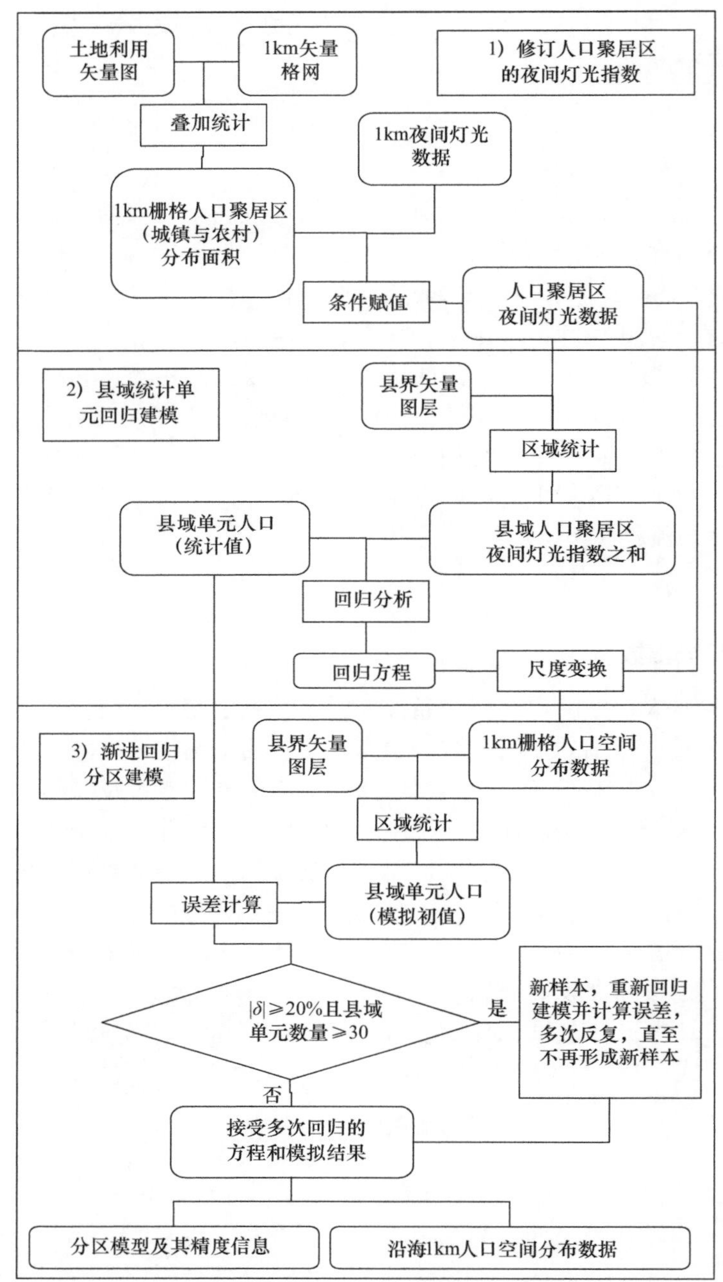

图35.7　人口空间化技术路线图

式中，POP_c 是建模区域县级行政单元的人口数；k 是待定的回归系数；$\sum L'_{night}$ 是对应的县级行政单元内人口聚居区的灯光指数之和；b 为常数项，考虑到 k 值非负，而且沿海区域存在无人口分布的聚居区，如空心村（刘彦随和刘玉，2010）、鬼城，因此，回归过程中将 b 设为0（空心村或鬼城的灯光指数为0，将 b 设为0，则无论 k 为多少，模拟的人口总为0，与现实相符）。

2. 基于精度阈值的动态样本和分区建模

基于县级行政单元的数据样本，计算出回归系数k，将k应用于1km分辨率人口聚居区的夜间灯光数据，得到1km分辨率的人口空间分布数据：

$$POP_{1km}=k\times L'_{night} \tag{35.3}$$

式中，POP_{1km}表示1km格网的人口分布模拟数据；L'_{night}表示人口聚居区的夜间灯光指数。

因此，基于精度阈值和动态样本的渐进回归和分区建模方法以保证区域整体的精度：对于初始的模

拟结果，筛选县域尺度相对误差［式（35.4）］的绝对值($|\delta|$)＜20%的县域，保留其初始模拟结果；而$|\delta|\geqslant$20%的县域数量如果超出总样本数量的10%（2000～2010年约为30个，2015年约为45个），则这些县域组成新样本重新进行回归分析，由于样本数量减少，将得到新的回归方程，按照同样的阈值进行判断和进一步分区及回归建模，经过多次反复，则将在90%以上的县域获得$|\delta|$＜20%的人口空间化模型和对应的1km栅格模拟结果数据。

$$\delta = \frac{X_{\text{mo}} - X_{\text{sta}}}{X_{\text{sta}}} \times 100\% \tag{35.4}$$

式中，X_{mo}表示模拟的数值；X_{sta}表示真实的或统计的数值。

（二）海岸带GDP空间化

1. GDP空间化的数据源选取

从生产角度讲，GDP等于各部门（包括第一、第二和第三产业）增加值之和。第一产业是指农、林、牧、渔业；第二产业是指采矿业、制造业、电力、热力、燃气及水生产和供应业、建筑业；第三产业即服务业，是指除第一产业、第二产业以外的其他行业。GDP的空间化结果可由三次产业增加值之和表示，但与各产业密切相关的地理因素互不相同，所以三次产业需要分别构建空间化模型。根据三次产业的定义以及已有的研究（韩向娣等，2012），结合研究区实际情况分析，第一、第二产业增加值与部分土地利用数据相关性较好，具体为：第一产业与耕地、林地、草地、水域、养殖区关系密切，第二产业与城镇用地、农村居民点、交通工矿用地及盐田相关性更高；而第三产业与夜间灯光数据相关性较好。

2. 土地利用数据修正及夜间灯光指数提取

第一、第二产业增加值的空间化建模是基于土地利用数据，因此需要将相关土地利用数据转换成1km格网。建立与研究区等空间范围的1km矢量格网，将其与土地利用矢量数据叠加，统计每一格网单元中耕地、林地、草地、独立工矿等用地、内陆水体、盐田及养殖的分布面积，得到1km格网的耕地（A_{fa}）、林地（A_{fo}）、草地（A_{gr}）、独立工矿等用地（A_{is}）、水域（A_{wa}）、盐田（A_{sa}）及养殖区（A_{ma}）的面积分布数据图层。第三产业增加值建模对象是夜间灯光数据，考虑到夜间灯光数据像元溢出（Townsend and Bruce，2010；Zeng et al.，2011）的特点会影响第三产业增加值的空间分布，例如，城市中的林地可能受到附近居民区灯光的影响，也反映出一定的灯光信息，所以，利用土地利用数据的空间分布情况，限制第三产业增加值建模区域的范围，即仅针对城镇用地、农村居民点和独立工矿等用地范围内的夜间灯光数据进行建模。结合城镇用地、农村居民点和独立工矿等用地的1km格网数据，依据式（35.5），分割出与第三产业有关的夜间灯光数据：

$$L^{*}_{\text{night}}=\begin{cases} L_{\text{night}} & (A_{\text{ur}}+A_{\text{ru}}+A_{\text{is}}>0) \\ 0 & (A_{\text{ur}}+A_{\text{ru}}+A_{\text{is}}=0) \end{cases} \tag{35.5}$$

式中，L^{*}_{night}表示修订后的第三产业夜间灯光指数；L_{night}表示修订前的夜间灯光指数。

3. 县域单元三次产业增加值分区建模

第一、第二产业增加值分别与多个土地类型面积的统计值建立多元线性回归模型，第三产业增加值与修订后的夜间灯光数据建立一元线性回归方程。利用SPSS软件分析沿海区域各县级行政单元相关土地类型的统计面积、修订后的夜间灯光指数统计值与对应区域第一、第二、第三产业增加值的相关性，建立线性回归方程，如式（35.6）～式（35.8）所示。

$$\text{GDP}_1=k_{\text{fa}}\times\sum A_{\text{fa}}+k_{\text{fo}}\times\sum A_{\text{fo}}+k_{\text{gr}}\times\sum A_{\text{gr}}+k_{\text{wa}}\times\sum A_{\text{wa}}+k_{\text{ma}}\times\sum A_{\text{ma}}+b_1 \tag{35.6}$$

$$\text{GDP}_2=k_{\text{ur}}\times\sum A_{\text{ur}}+k_{\text{ru}}\times\sum A_{\text{ru}}+k_{\text{is}}\times\sum A_{\text{is}}+k_{\text{sa}}\times\sum A_{\text{sa}}+b_2 \tag{35.7}$$

$$\text{GDP}_3=k_{\text{night}}\times\sum L^{*}_{\text{night}}+b_3 \tag{35.8}$$

式中，GDP_1、GDP_2、GDP_3是建模区域县级行政单元的第一、第二、第三产业增加值；k是其后影响因子待定的回归系数；$\sum A$、$\sum L^{*}_{\text{night}}$分别是对应的县级行政单元内某种土地类型的统计面积、修订后与第三产业相关的夜间灯光指数之和；b为常数项，考虑到允许空间化分布图出现0值，将b设置为0。

虽然海岸带区域经济活动频繁，制造了大量财富，但地区经济发展情况不一，贫富差距显著。2010年广东深圳市GDP密度约为48 709万元/km^2，广西钦州市的GDP密度则不到500万元/km^2。与人口空间化类似，这种空间上显著的差异性将影响线性回归模型的精度。因此，基于精度阈值，通过基于阈值的样本动态分区和建模，在研究区90%以上的县域获得$|\delta|<20\%$的三次产业增加值空间化模型和对应的1km栅格模拟结果数据。最后，将三次产业增加值栅格数据累加求和，可得到海岸带区域GDP空间化数据图层，具体流程见图35.8。

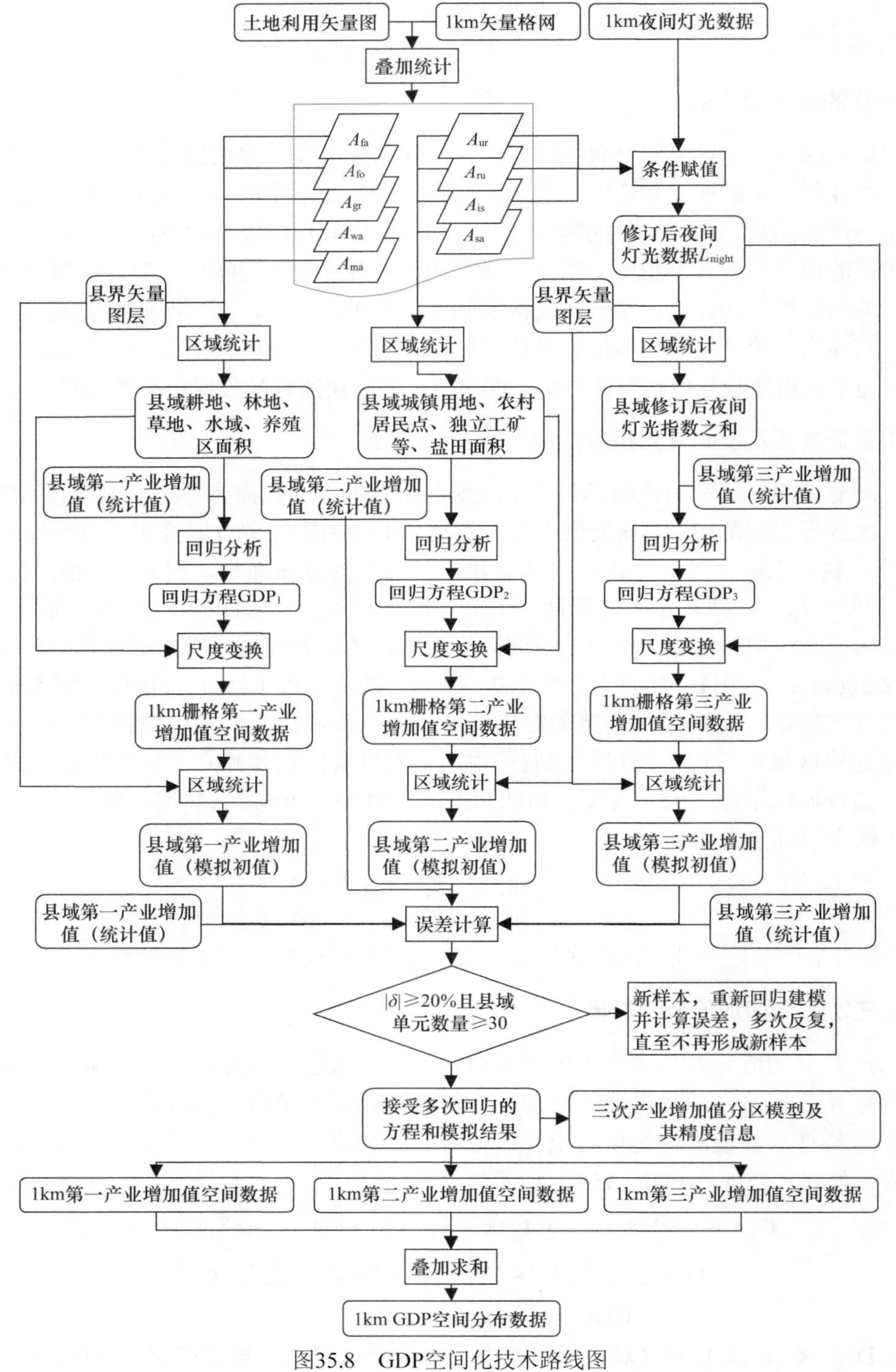

图35.8　GDP空间化技术路线图

第三节　中国海岸带人口数据空间化结果

一、海岸带人口空间化模型

2000年、2005年、2010年、2015年沿海区域县级行政单元统计人口及夜间灯光数据建立的初次回归方程的确定性系数分别大于09、0.8、0.8、0.7，回归模型较为可靠。但是，随着县级行政单元之间人口规模差异的增大，确定性系数逐渐减小。根据初次建模结果计算县级行政单元人口模拟数与人口统计数之间的相对误差（δ），将研究区分成两类区域：保留区域（$-20\%<\delta<20\%$）、需重组样本再次建模区域（$\delta\geqslant20\%$或$\delta\leqslant-20\%$），后者区分$\delta\geqslant20\%$或$\delta\leqslant-20\%$分别重新回归建模，随着建模次数的增加，回归方程的确定性系数总体不断提高，趋近于1，表明回归方程拟合精度越来越高（表35.4）。

表35.4　人口空间化线性回归模型及确定性系数

年份	建模区域	确定性系数R^2	回归系数k	模型精度及动态分区情况		
				$\lvert\delta\rvert<20\%$	$\delta\leqslant-20\%$	$\delta\geqslant20\%$
2000	所有县级行政单元	0.906	97.753	保留结果	A	C
	A	0.920	119.871	保留结果	A1	不存在
	A1	0.914	210.124	保留结果	A11	不存在
	A11	0.916	341.578	保留结果	A111	不存在
	A111	0.932	480.864	保留结果	A111	不存在
	A1111	0.934	675.961	保留结果	保留结果*	保留结果*
	C	0.975	69.462	保留结果	不存在	C3
	C3	0.983	53.194	保留结果	不存在	保留结果*
2005	所有县级行政单元	0.847	85.079	保留结果	A	C
	A	0.916	120.028	保留结果	A1	A3
	A1	0.910	543.291	保留结果	A11	不存在
	A3	0.953	343.717	保留结果	不存在	不存在
	A11	0.928	771.784	保留结果	A111	不存在
	A111	0.967	1112.758	保留结果	保留结果*	不存在
	C	0.941	61.178	保留结果	不存在	C3
	C3	0.975	42.487	保留结果	不存在	保留结果*
2010	所有县级行政单元	0.829	75.130	保留结果	A	C
	A	0.954	107.403	保留结果	A1	不存在
	A1	0.968	145.739	保留结果	A11	不存在
	A11	0.939	195.424	保留结果	A111	不存在
	A111	0.943	265.406	保留结果	保留结果*	不存在
	C	0.917	50.343	保留结果	不存在	C3
	C3	0.973	37.562	保留结果	不存在	C33
	C33	0.990	33.162	保留结果	不存在	保留结果*
2015	所有县级行政单元	0.735	122.571	保留结果	A	C
	A	0.895	259.090	保留结果	A1	A3
	A1	0.930	392.003	保留结果	A11	保留结果*
	A11	0.922	565.898	保留结果	A111	不存在
	A111	0.909	925.073	保留结果	保留结果*	保留结果*
	A3	0.989	176.290	保留结果	不存在	不存在
	C	0.928	71.066	保留结果	C1	C3
	C1	0.999	96.737	保留结果	不存在	不存在
	C3	0.980	40.462	保留结果	保留结果*	保留结果*

*表示样本少，不再继续分区回归建模，保留结果

二、海岸带1km分辨率人口分布

2000年、2005年、2010年、2015年中国海岸带人口数据空间化结果如图35.9所示。

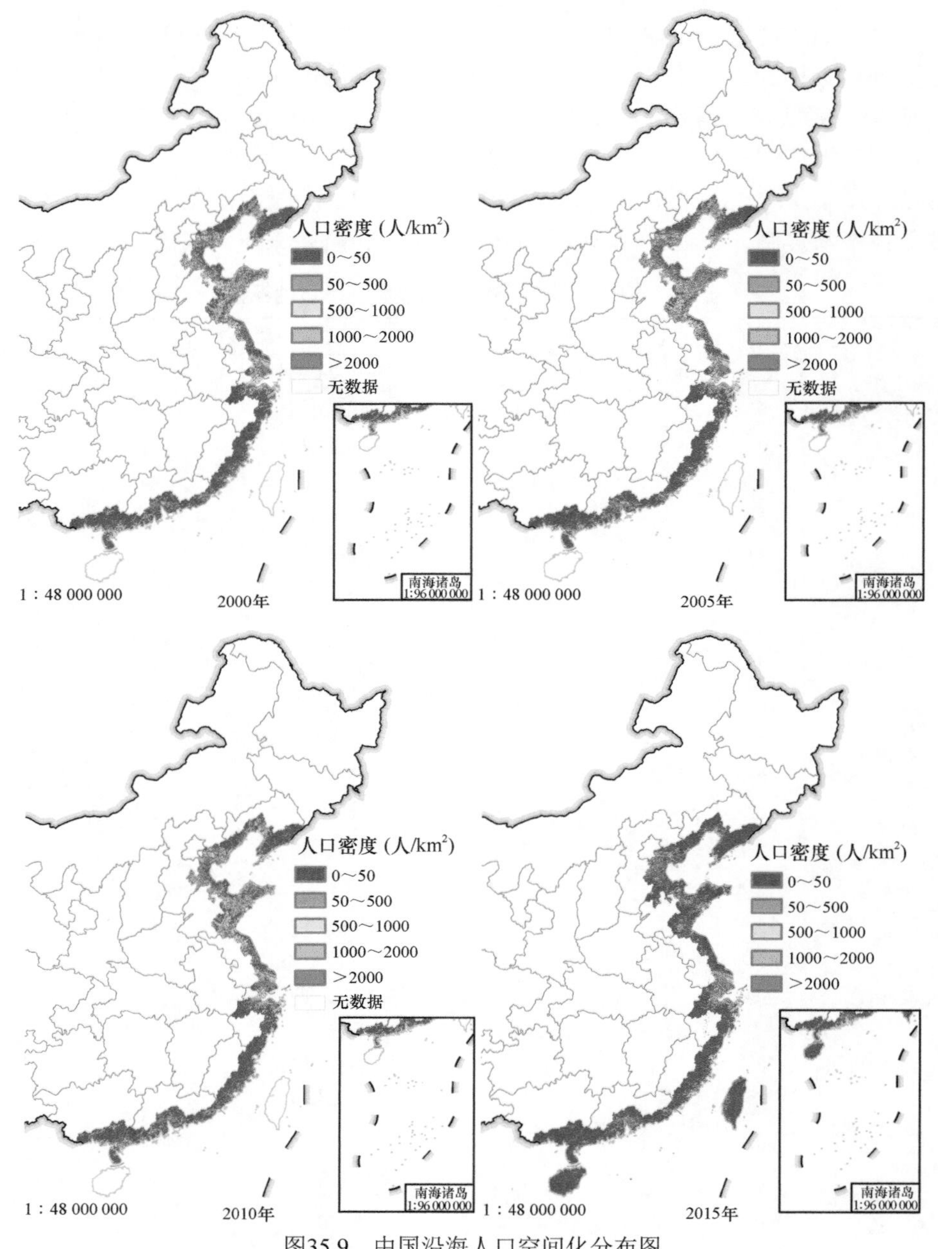

图35.9　中国沿海人口空间化分布图

三、海岸带人口格局——过程特征

总体而言，15年间我国沿海区域人口分布的宏观总体格局稳定少变：人口密度较低的区域包括辽宁的丹东市、盘锦市、葫芦岛市，浙江—福建内陆一侧，粤西及广西沿海区域；人口密度较高的区域包括上海市及紧邻的苏南、浙北地区，浙南的台州市和温州市靠海的区域，福建东南的福州—厦门沿海一带，粤东的潮州市至汕尾市大部分区域，粤中临海城市等。但是随着经济的快速增长，资源、环境等条件更好的区域对人口产生了较大吸引力，带动了自身及其周边地区人口的增长，使得人口密集的区域逐渐蔓延，这种区域尺度较为细微的人口分布变化特征是基于行政区划的“面板”人口统计资料难以体现的。

沿海各经济区之间人口密度的分布特征也差异显著。在辽宁沿海、京津冀沿海、山东沿海及江苏沿海，人口密度大于平均水平的地区零星散布，主要是各市的市辖区，而另外4个经济区人口密度大于平均水平的区域成团状或者条带状分布。辽宁沿海经济带是各经济区平均人口密度最低且分布最不均匀的区域，人口密度普遍低于400人/km^2，但各市辖区人口密度均超过1100人/km^2，地区间人口密度悬殊。京津冀沿海人口密度分布格局特殊，靠内陆一侧的人口密度比靠海一侧更高，这是因为整个京津冀都市圈人口重心在北京，人口更倾向于迁往北京。山东沿海和江苏沿海人口密度整体居中且分布较均衡，山东沿海中南部、苏北地区人口密度相对较高。长江三角洲地区人口密度呈现“西南低、东北高”的特点，并以上海市为最高值区域。海峡西岸人口密度呈现“三点一线”的特征——南北两端及中部3个人口密集的区域由一条人口密度较小的地带连接起来。珠江三角洲地区是沿海经济区平均人口密度最大的区域，人口密度分布特点是以珠江入海口附近区域为中心向四周递减。北部湾平均人口密度虽较低，但分布较平衡，区域中间湛江市、茂名市以及玉林市三市的连接处人口密度较高。

第四节　中国海岸带GDP数据空间化结果

一、海岸带GDP空间化模型

2000年、2005年、2010年、2015年沿海区域县级行政单元统计第一产业增加值与耕地、林地、草地、水域、养殖区建立的空间化线性回归方程和确定性系数如表35.5～表35.8所示。由于养殖区分布在靠海一侧的县级区域内，养殖区与这部分区域第一产业发展关系较大，而对其他未与海洋直接相邻的县级区域的第一产业没有影响，且农林产业与渔业产业在单位种植/养殖面积上产业增加值存在较大区别，因此在建模过程中，首先针对养殖区的有无或农林与渔业的类型不同对海岸带建模区域进行分区或建模数据重组，再建立空间化模型。根据初次建模结果县级行政单元模拟第一产业增加值的相对误差，将研究区分成两类区域：保留区域（$|\delta|<20\%$）、需重组样本再次建模区域（$\delta\geqslant20\%$或$\delta\leqslant-20\%$），重建模型区域分$\delta\geqslant20\%$或$\delta\leqslant-20\%$分别重新建立回归模型。随着建模次数的增多，回归方程的确定性系数R^2总体不断提高，表明回归方程拟合精度越来越高。

表35.5　2000年第一产业增加值空间化线性回归模型及确定性系数

建模区域	确定性系数R^2	回归系数					模型精度及动态分区情况		
		耕地	林地	草地	水域	养殖区	$\|\delta\|<20\%$	$\delta\leqslant-20\%$	$\delta\geqslant20\%$
无养殖区	0.702	120.718	20.174	4.240	112.765	—	保留结果	A	C
A	0.946	168.267	691.806	11 028.65	298.375	—	保留结果	A1	保留结果*
A1	0.929	216.566	106.916	89.827	1 537.651	—	保留结果	保留结果*	不存在
C	0.806	100.739	21.372	29.080	79.821	—	保留结果	C1	C3
C1	0.952	123.690	52.027	52.763	132.687	—	保留结果	C11	C13
C11	0.999	186.328	78.401	107.401	121.980	—	保留结果	不存在	不存在
C13	0.999	118.823	39.226	24.674	24.674	—	保留结果	不存在	不存在
C3	0.908	66.518	1.716	5.977	5.977	—	保留结果	保留结果*	C33
C33	0.989	65.480	13.892	18.902	51.884	—	保留结果	不存在	保留结果*

续表

建模区域	确定性系数R^2	回归系数					模型精度及动态分区情况		
		耕地	林地	草地	水域	养殖区	|δ|<20%	δ≤-20%	δ≥20%
有养殖区	0.792	135.213	57.281	89.793	20.464	132.414	保留结果	A	C
A	0.916	186.568	145.106	100.577	124.007	260.990	保留结果	A1	A3
A1	0.959	226.852	203.802	439.54	232.138	749.115	保留结果	A11	保留结果*
A3	0.998	130.598	101.574	70.404	86.805	182.693	保留结果	不存在	不存在
A11	0.945	598.844	13.669	1 227.246	192.278	192.278	保留结果	保留结果*	不存在
C	0.929	86.505	45.437	26.660	13.812	126.819	保留结果	不存在	C3
C3	0.949	60.554	31.806	18.662	9.668	88.773	保留结果	不存在	保留结果*

*表示样本少，不再继续分区回归建模，保留结果

表35.6　2005年第一产业增加值空间化线性回归模型及确定性系数

区域	确定性系数R^2	回归系数					模型精度及动态分区情况		
		耕地	林地	草地	水域	养殖区	|δ|<20%	δ≤-20%	δ≥20%
无养殖区	0.789	154.614	19.827	18.577	284.340	—	保留结果	A	C
A	0.812	199.669	56.387	56.387	555.976	—	保留结果	A1	A3
A1	0.920	262.439	75.539	751.574	892.583	—	保留结果	A11	不存在
A11	0.915	367.415	105.755	1052.204	1249.616	—	保留结果	保留结果*	不存在
A3	0.997	185.277	38.689	54.431	344.468	—	保留结果	不存在	不存在
C	0.934	100.499	12.888	19.225	184.821	—	保留结果	保留结果*	C3
C3	0.921	70.349	9.022	13.458	129.375	—	保留结果	不存在	C33
C33	0.999	45.727	5.864	8.748	84.094	—	保留结果	不存在	保留结果*
有养殖区	0.757	179.700	72.609	180.630	37.202	241.310	保留结果	A	C
A	0.814	235.255	190.519	185.201	367.941	329.950	保留结果	A1	A3
A1	0.935	305.832	247.675	240.761	478.323	428.935	保留结果	A11	不存在
A11	0.910	458.748	371.513	361.142	717.485	643.403	保留结果	A111	不存在
A111	0.922	733.997	594.421	577.827	1147.976	1029.445	保留结果	保留结果*	不存在
A3	0.995	225.351	128.736	178.407	40.18	245.388	保留结果	不存在	不存在
C	0.946	130.512	52.348	70.703	38.036	82.050	保留结果	保留结果*	C3
C3	0.940	59.852	53.555	16.782	167.396	211.226	保留结果	不存在	保留结果*

*表示样本少，不再继续分区回归建模，保留结果

表35.7　2010年第一产业增加值空间化线性回归模型及确定性系数

区域	确定性系数R^2	回归系数					模型精度及动态分区情况		
		耕地	林地	草地	水域	养殖区	|δ|<20%	δ≤-20%	δ≥20%
无养殖区	0.825	259.953	29.005	83.517	269.733	—	保留结果	A	C
A	0.930	332.664	73.870	46.220	580.114	—	保留结果	A1	保留结果*
A1	0.929	397.152	116.976	23.678	629.633	—	保留结果	A11	不存在
A11	0.918	556.434	92.007	492.026	92.007	—	保留结果	保留结果*	保留结果*
C	0.987	184.703	24.240	198.923	424.931	—	保留结果	C1	C3
C1	0.973	184.410	14.503	41.356	76.332	—	保留结果	保留结果*	不存在
C3	0.967	122.94	9.669	27.571	50.888	—	保留结果	不存在	保留结果*

续表

区域	确定性系数R^2	回归系数					模型精度及动态分区情况		
		耕地	林地	草地	水域	养殖区	$\|\delta\|<20\%$	$\delta\leqslant-20\%$	$\delta\geqslant20\%$
有养殖区	0.823	312.104	101.985	289.096	43.434	134.546	保留结果	A	C
A	0.902	356.580	193.742	333.031	404.876	134.546	保留结果	A1	保留结果*
A1	0.934	400.427	294.603	1058.514	717.209	931.688	保留结果	A11	不存在
A11	0.945	434.495	441.983	1087.430	774.680	1914.870	保留结果	A111	不存在
A111	0.911	487.546	502.600	1 277.366	2 238.877	2 582.521	保留结果	保留结果*	不存在
C	0.943	242.471	59.486	181.920	21.094	21.094	保留结果	不存在	C3
C3	0.945	168.584	52.993	92.792	139.075	52.993	保留结果	不存在	C33
C33	0.967	100.040	41.583	136.027	63.634	200.017	保留结果	不存在	保留结果*

*表示样本少，不再继续分区回归建模，保留结果

表35.8　2015年第一产业增加值空间化线性回归模型及确定性系数

区域	确定性系数R^2	回归系数				模型精度及动态分区情况		
		耕地	林地	草地	水域-养殖区	$\|\delta\|<20\%$	$\delta\leqslant-20\%$	$\delta\geqslant20\%$
全部	0.817	416.569	59.647	111.754	233.524	保留结果	A	C
A	0.839	657.255	108.613	358.596	584.426	保留结果	A1	A3
A1	0.731	857.371	303.777	883.634	1885.022	保留结果	保留结果*	保留结果*
A3	0.999	540.592	95.805	158.650	357.424	保留结果	保留结果*	保留结果*
C	0.938	258.952	13.202	102.146	149.123	保留结果	C1	C3
C1	0.999	341.090	37.261	84.141	177.234	保留结果	不存在	不存在
C3	0.955	177.214	13.680	58.715	14.052	保留结果	保留结果*	保留结果*

*表示样本少，不再继续分区回归建模，保留结果

2000年、2005年、2010年、2015年海岸带区域县级行政单元统计第二产业增加值与城镇用地、交通工矿用地、盐田建立的空间化线性回归方程和确定性系数如表35.9～表35.12所示。海岸带地区盐田主要分布在天津市、河北省沧州市、山东省滨州市和潍坊市、江苏省连云港市和盐城市，东南沿海部分地区也有盐田。对于这部分区域来说，盐田对第二产业的发展做出了贡献，而对其他没有盐田的地区，第二产业与盐田无关，因此在建模过程中，在保证建模过程中回归系数为正值的前提下，优先选择将整个建模区分成无盐田区、有盐田区两部分，再分别建立空间化模型。根据初次建模结果县级行政单元模拟第二产业增加值的相对误差，研究区可分成保留区域（$|\delta|<20\%$）、需重组样本再次建模区域（$\delta\geqslant20\%$或$\delta\leqslant-20\%$），后者按照$\delta\geqslant20\%$或$\delta\leqslant-20\%$分别重新回归建模。通过动态样本、分区渐进回归建模，回归方程的确定性系数总体不断提高，拟合精度越来越高。

表35.9　2000年第二产业增加值空间化线性回归模型及确定性系数

区域	确定性系数R^2	回归系数			模型精度及动态分区情况		
		城镇用地	交通工矿用地	盐田	$\|\delta\|<20\%$	$\delta\leqslant-20\%$	$\delta\geqslant20\%$
无盐田区	0.913	21 693.206	2 593.675	—	保留结果	A	C
A	0.982	33 613.666	5 285.675	—	保留结果	A1	保留结果*
A1	0.984	40 979.102	19 493.539	—	保留结果	A11	A13
A11	0.990	57 966.079	12 026.137	—	保留结果	A111	不存在
A13	0.999	38 092.481	13 161.818	—	保留结果	不存在	不存在
A111	0.980	2 920.560	51 345.784	—	保留结果	保留结果*	不存在

续表

区域	确定性系数R^2	回归系数			模型精度及动态分区情况		
		城镇用地	交通工矿用地	盐田	$\|\delta\|<20\%$	$\delta\leqslant-20\%$	$\delta\geqslant20\%$
C	0.933	15 186.590	1 303.093	—	保留结果	C1	C3
C1	0.981	11 012.829	3 814.537	—	保留结果	C11	不存在
C11	0.994	7 175.745	4 343.203	—	保留结果	保留结果*	不存在
C3	0.925	5 367.822	2 486.589	—	保留结果	不存在	C33
C33	0.978	4 663.492	179.105	—	保留结果	不存在	保留结果*
有盐田区	0.886	15 526.497	935.953	935.953	保留结果	A	C
A	0.929	27 930.470	3 738.298	175.467	保留结果	A1	A3
A1	0.956	32 234.969	15 115.855	700.533	保留结果	A11	保留结果*
A11	0.808	45 128.957	21 582.197	980.746	保留结果	保留结果*	不存在
A3	0.996	21 233.385	180.345	180.345	保留结果	不存在	保留结果*
C	0.983	13 620.848	2 885.045	95.251	保留结果	C1	C3
C1	0.979	9 700.387	180.345	180.345	保留结果	保留结果*	不存在
C3	0.947	6 293.313	22.841	22.841	保留结果	保留结果*	不存在

*表示样本少，不再继续分区回归建模，保留结果

表35.10　2005年第二产业增加值空间化线性回归模型及确定性系数

区域	确定性系数R^2	回归系数			模型精度及动态分区情况		
		城镇用地	交通工矿用地	盐田	$\|\delta\|<20\%$	$\delta\leqslant-20\%$	$\delta\geqslant20\%$
无盐田区	0.850	32 009.323	12 500.242	—	保留结果	A	C
A	0.993	41 851.566	18 351.484	—	保留结果	A1	保留结果*
A1	0.917	54 867.674	65 829.253	—	保留结果	保留结果*	不存在
C	0.961	16 107.720	7 964.312	—	保留结果	C1	C3
C1	0.997	24 189.016	8 909.314	—	保留结果	不存在	保留结果*
C3	0.947	9 499.165	2 082.418	—	保留结果	C31	C33
C31	0.998	12 593.214	5 985.989	—	保留结果	不存在	不存在
C33	0.981	6 829.926	1 583.242	—	保留结果	不存在	保留结果*
有盐田区	0.920	24 380.406	3 102.249	3 102.249	保留结果	A	C
A	0.985	38 088.467	9 932.780	6 275.394	保留结果	A1	保留结果*
A1	0.996	52 322.871	17 531.682	10 031.576	保留结果	保留结果*	不存在
C	0.959	15 041.941	1 942.613	1 360.168	保留结果	保留结果*	C3
C3	0.968	8 222.759	1 069.343	115.641	保留结果	不存在	保留结果*

*表示样本少，不再继续分区回归建模，保留结果

表35.11　2010年第二产业增加值空间化线性回归模型及确定性系数

区域	确定性系数R^2	回归系数			模型精度及动态分区情况		
		城镇用地	农村居民点-盐田	交通工矿用地	$\|\delta\|<20\%$	$\delta\leqslant-20\%$	$\delta\geqslant20\%$
全部	0.755	34 420.002	885.998	27 543.999	保留结果	A	C
A	0.858	43 354.925	3 575.702	12 044.600	保留结果	A1	保留结果*
A1	0.863	57 476.031	8 740.899	183.943	保留结果	A11	保留结果*
A11	0.982	74 629.315	9 478.533	11 233.834	保留结果	A111	不存在

续表

区域	确定性系数R^2	回归系数			模型精度及动态分区情况		
		城镇用地	农村居民点-盐田	交通工矿用地	$\|\delta\|<20\%$	$\delta\leqslant-20\%$	$\delta\geqslant20\%$
A111	0.980	84 113.431	4 7347.651	1 885.562	保留结果	保留结果*	不存在
C	0.955	23 715.276	76.600	17 104.497	保留结果	C1	C3
C1	0.999	28 325.663	268.164	22 737.204	保留结果	不存在	不存在
C3	0.973	20 105.507	420.445	2 783.204	保留结果	保留结果*	C33
C33	0.952	15 032.477	388.628	679.829	保留结果	不存在	C333
C333	0.922	12 025.982	310.902	543.963	保留结果	不存在	保留结果*

*表示样本少，不再继续分区回归建模，保留结果

表35.12　2015年第二产业增加值空间化线性回归模型及确定性系数

区域	确定性系数R^2	回归系数		模型精度及动态分区情况		
		城镇用地-农村居民点	交通工矿用地-盐田	$\|\delta\|<20\%$	$\delta\leqslant-20\%$	$\delta\geqslant20\%$
全部	0.641	32 946.548	8 135.403	保留结果	A	C
A	0.963	55 561.860	6 331.559	保留结果	保留结果*	A3
A3	0.990	43 627.134	20 431.413	保留结果	保留结果*	保留结果*
C	0.741	10 952.805	1 178.144	保留结果	C1	C3
C1	0.967	18 435.417	5 537.021	保留结果	C11	C13
C3	0.928	5 521.578	423.405	保留结果	C31	C33
C11	1.000	26 003.758	2 629.888	保留结果	不存在	不存在
C13	0.999	14 676.193	2 398.325	保留结果	不存在	不存在
C31	0.996	7 581.557	1 022.325	保留结果	不存在	不存在
C33	0.963	3 332.150	98.995	保留结果	保留结果*	保留结果*

*表示样本少，不再继续分区回归建模，保留结果

2000年、2005年、2010年、2015年沿海区域县级行政单元统计第三产业增加值与夜间灯光数据建立的空间化线性回归方程和确定性系数如表35.13所示。尽管有文献指出夜间灯光数据与第三产业增加值相关性较高（梁友嘉和徐中民，2013；韩向娣等，2012），但在研究区这种空间异质性突出的区域，这四年的初次空间化模型的确定性系数反映出二者的相关性一般。按照初次建模结果县级行政单元模拟第三产业增加值的相对误差，研究区同样可以分成保留区域（$-20\%<\delta<20\%$）、需重建空间化模型区域（$\delta\geqslant20\%$或$\delta\leqslant-20\%$），后者再分为$\delta\geqslant20\%$、$\delta\leqslant-20\%$的区域分别重新回归建模。回归方程的确定性系数总体随着建模次数的增加而不断提高，越来越接近于1，也表明回归方程的拟合精度越来越高。

表35.13　第三产业增加值空间化线性回归模型及确定性系数

年份	区域	确定性系数 R^2	回归系数 k	模型精度及动态分区情况		
				$\|\delta\|<20\%$	$\delta\leqslant-20\%$	$\delta\geqslant20\%$
2000	所有县级行政单元	0.677	97.247	保留结果	A	C
	A	0.966	166.399	保留结果	A1	A3
	A1	0.998	246.328	保留结果	保留结果*	不存在
	A3	0.999	131.623	保留结果	不存在	不存在
	C	0.827	32.877	保留结果	C1	C3
	C1	0.967	49.899	保留结果	C11	保留结果*
	C11	0.993	65.976	保留结果	不存在	不存在
	C3	0.969	20.933	保留结果	保留结果*	C33
	C33	0.895	13.513	保留结果	保留结果*	保留结果*

续表

年份	区域	确定性系数 R^2	回归系数 k	模型精度及动态分区情况		
				$\|\delta\| < 20\%$	$\delta \leqslant -20\%$	$\delta \geqslant 20\%$
2005	所有县级行政单元	0.664	181.083	保留结果	A	C
	A	0.933	312.615	保留结果	A1	不存在
	A1	0.859	437.661	保留结果	A11	不存在
	A11	0.901	656.492	保留结果	保留结果*	不存在
	C	0.804	83.729	保留结果	C1	C3
	C1	0.990	254.733	保留结果	保留结果*	不存在
	C3	0.869	50.918	保留结果	C31	C33
	C31	0.998	63.772	保留结果	不存在	不存在
	C33	0.812	26.295	保留结果	C331	C333
	C331	0.996	39.450	保留结果	不存在	不存在
	C333	0.995	10.794	保留结果	不存在	不存在
2010	所有县级行政单元	0.601	260.987	保留结果	A	C
	A	0.905	477.727	保留结果	A1	保留结果*
	A1	0.940	549.399	保留结果	A11	不存在
	A11	0.957	777.636	保留结果	保留结果*	不存在
	C	0.812	105.171	保留结果	C1	C3
	C1	0.980	165.799	保留结果	保留结果*	不存在
	C3	0.915	65.370	保留结果	C31	C33
	C31	0.999	83.116	保留结果	不存在	保留结果*
	C33	0.936	39.725	保留结果	C331	C333
	C331	0.998	50.853	保留结果	不存在	不存在
	C333	0.957	27.005	保留结果	不存在	保留结果*
2015	所有县级行政单元	0.613	970.005	保留结果	A	C
	A	0.610	2699.484	保留结果	保留结果*	A3
	A3	0.982	1480.424	保留结果	保留结果*	保留结果*
	C	0.912	461.064	保留结果	C1	C3
	C1	0.998	673.443	保留结果	不存在	不存在
	C3	0.968	284.343	保留结果	C31	C33
	C31	1.000	372.783	保留结果	不存在	不存在
	C33	0.949	193.151	保留结果	不存在	C333
	C333	0.954	125.089	保留结果	保留结果*	保留结果*

*表示样本少，不再继续分区回归建模，保留结果

二、海岸带1km分辨率GDP分布

2000年、2005年、2010年、2015年中国海岸带GDP数据空间化结果如图35.10所示。

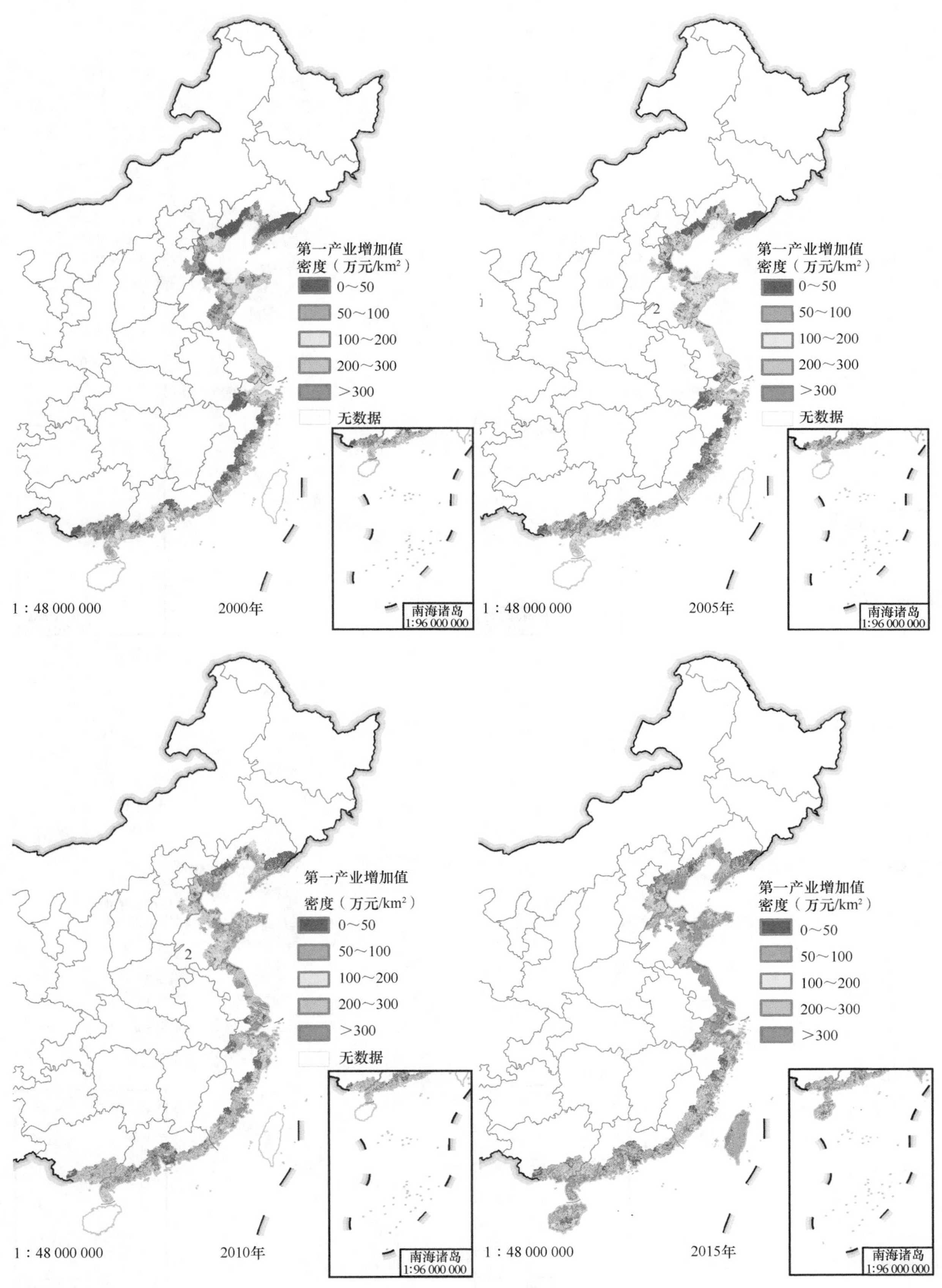
第一产业增加值
密度（万元/km²）
0～50
50～100
100～200
200～300
>300
无数据
南海诸岛
1:96 000 000
1：48 000 000
2000年
第一产业增加值
密度（万元/km²）
0～50
50～100
100～200
200～300
>300
无数据
南海诸岛
1:96 000 000
1：48 000 000
2005年
第一产业增加值
密度（万元/km²）
0～50
50～100
100～200
200～300
>300
无数据
南海诸岛
1:96 000 000
1：48 000 000
2010年
第一产业增加值
密度（万元/km²）
0～50
50～100
100～200
200～300
>300
南海诸岛
1:96 000 000
1：48 000 000
2015年

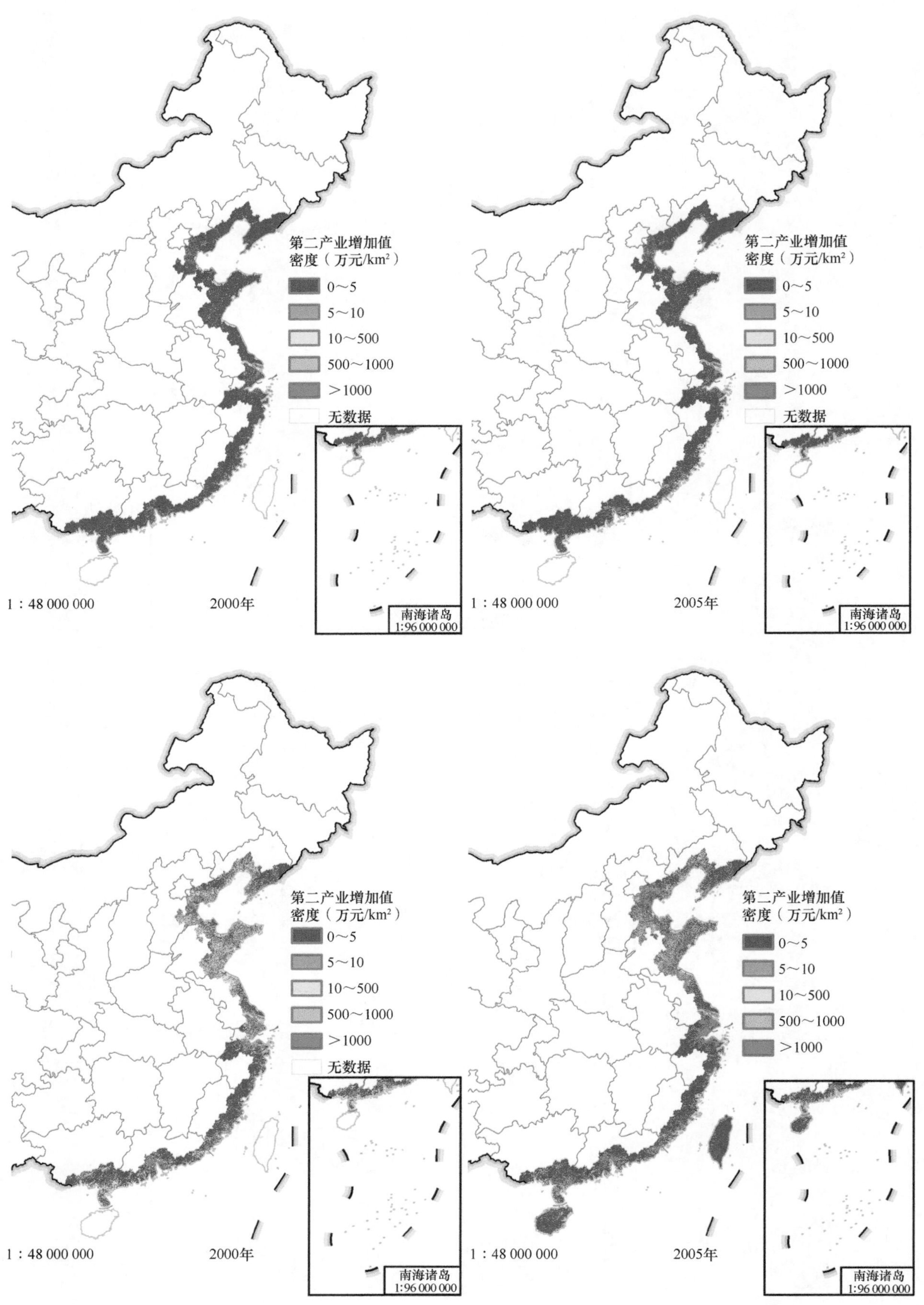
第二产业增加值
密度（万元/km²）
0～5
5～10
10～500
500～1000
>1000
无数据
南海诸岛
1:96 000 000
1：48 000 000
2000年
第二产业增加值
密度（万元/km²）
0～5
5～10
10～500
500～1000
>1000
无数据
南海诸岛
1:96 000 000
1：48 000 000
2005年
第二产业增加值
密度（万元/km²）
0～5
5～10
10～500
500～1000
>1000
无数据
南海诸岛
1:96 000 000
1：48 000 000
2000年
第二产业增加值
密度（万元/km²）
0～5
5～10
10～500
500～1000
>1000
南海诸岛
1:96 000 000
1：48 000 000
2005年

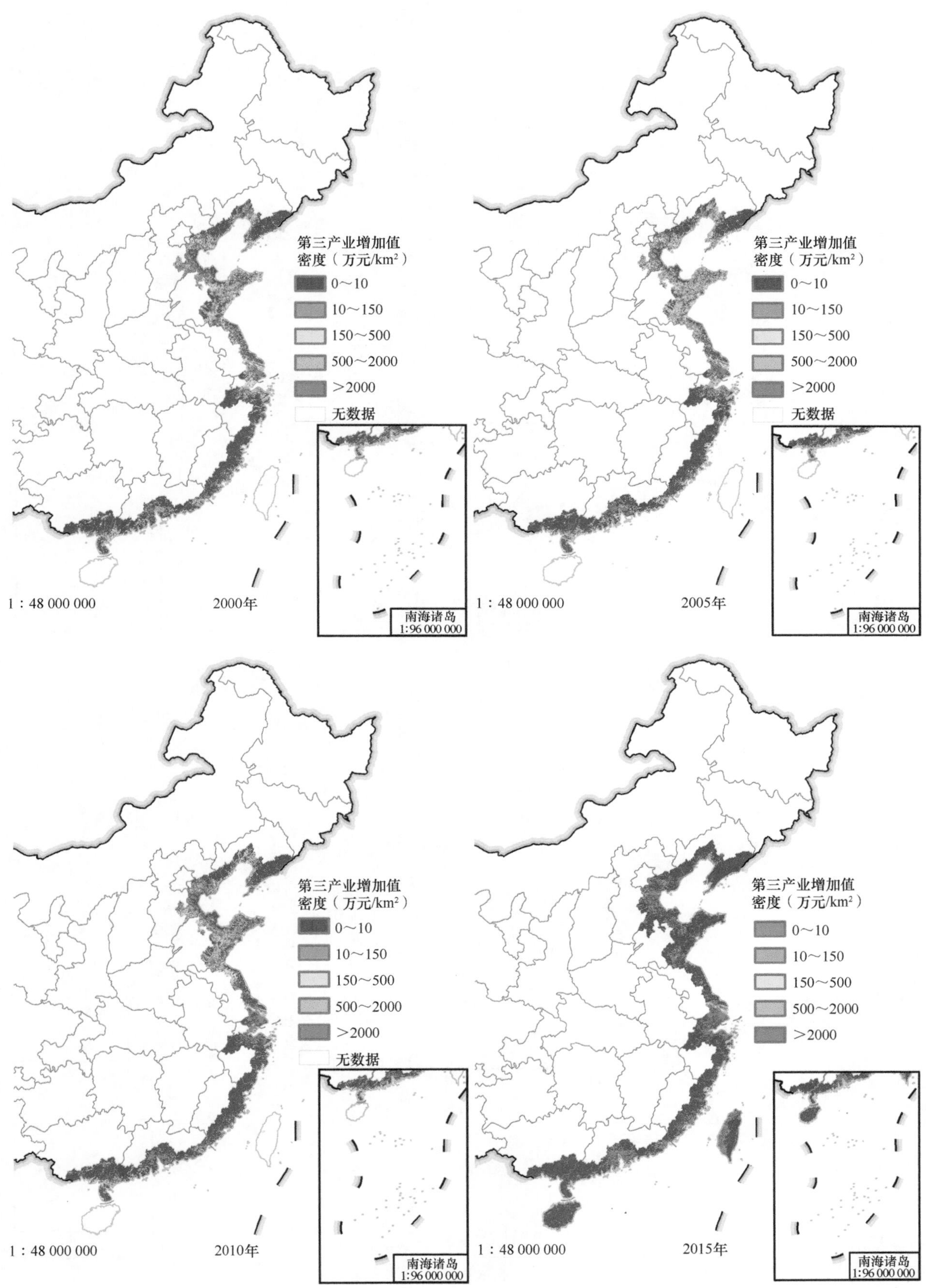

第三产业增加值
密度（万元/km²）
0～10
10～150
150～500
500～2000
>2000
无数据
南海诸岛
1:96 000 000
1：48 000 000
2000年
第三产业增加值
密度（万元/km²）
0～10
10～150
150～500
500～2000
>2000
无数据
南海诸岛
1:96 000 000
1：48 000 000
2005年
第三产业增加值
密度（万元/km²）
0～10
10～150
150～500
500～2000
>2000
无数据
南海诸岛
1:96 000 000
1：48 000 000
2010年
第三产业增加值
密度（万元/km²）
0～10
10～150
150～500
500～2000
>2000
南海诸岛
1:96 000 000
1：48 000 000
2015年

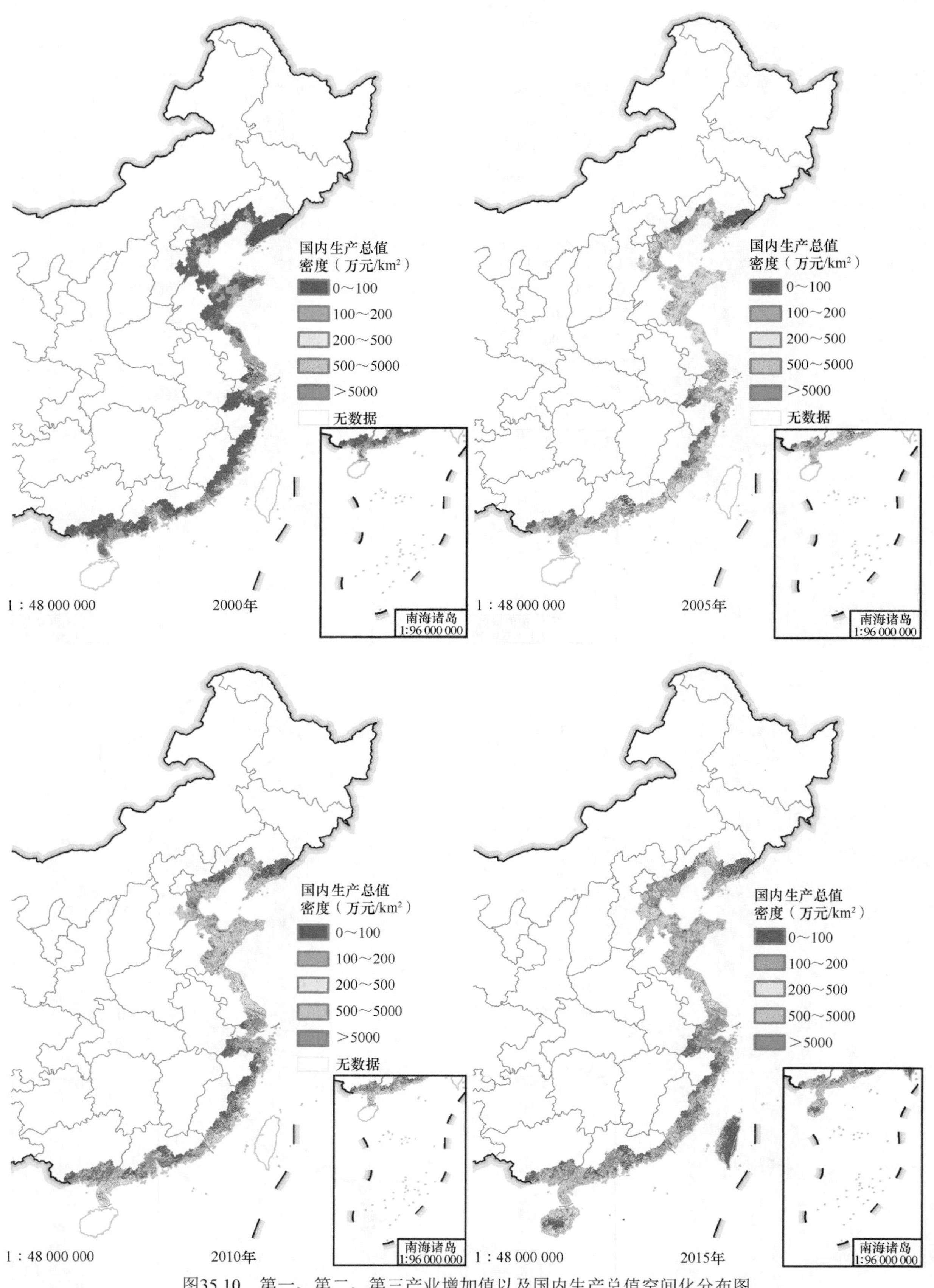

图35.10　第一、第二、第三产业增加值以及国内生产总值空间化分布图

三、海岸带GDP格局——过程特征

从第一产业空间格局来看，2000年、2005年中国海岸带区域GDP增加值密度以0～200万元/km^{2}为主；2010年中国海岸带区域GDP增加值密度为200万～300万元/km^{2}的区域大幅增加，其中辽宁大连、天津、山东、浙江、上海、广东等部分地区GDP增加值密度超过300万元/km^2；到2015年，2010年GDP增加值密度为200万～300万元/km^{2}的大多数区域增加到300万元/km^{2}以上。

从第二产业空间格局来看，2000年、2005年中国海岸带区域GDP增加值密度以0～5万元/km^{2}为主，其中天津、青岛、上海、广州、深圳等沿海重要城市GDP增加值密度超过500万元/km^2；2010年GDP增加值密度超过500万元/km^{2}的区域增多，主要集中在环渤海、长江三角洲、珠江三角洲区域；到2015年，除环渤海、长江三角洲、珠江三角洲三大重点发展区域GDP增加值密度较高外，江苏省、浙江省地区GDP增加值密度有了较大提高。

从第三产业空间格局来看，第三产业主要集中在环渤海、长江三角洲、珠江三角洲区域，并随着时间的推移逐渐向周围区域扩张。以江苏省为界，江苏省以北的天津、山东、辽宁等地区第三产业GDP增加值密度分布较为均匀，从低值到高值均有涉及，且中值（150万～500万元/km^2）区域面积呈上升趋势。而江苏省以南地区，除长江三角洲和珠江三角洲区域呈辐射状扩张趋势外，福建、浙江、广西等地区GDP增加值密度分布呈现集中分布的趋势，并紧邻海域发展。

对比2000年、2005年、2010年、2015年四年海岸带地区三次产业增加值及国内生产总值的空间化分布图（图35.10），可以更全面地看出各产业增加值及国内生产总值的空间分布情况：横向对比可看到2000年、2005年、2010年、2015年同一产业增加值的空间分布变动，而纵向可对比出各年不同产业增加值对该年国内生产总值的空间分布的贡献差异。例如，研究区第一产业增加值空间分布在2000年以黄、绿色中低值区域为主，到2005年不仅黄色中值区域显著增加，且红色高值区域分布也有了明显扩大，到2015年红色高值区域几乎覆盖了2005年的黄色中值区域，从研究区颜色的更替以及色块范围的扩张或缩减，就能看出2000～2015年海岸带区域第一产业增加值大幅度上升。

第五节　总结与展望

作为人口、经济活动、社会发展等的中心区域，中国海岸带地区人口和经济财富都比较密集，而且增长迅速。然而，由于气候变化和人类活动的扰动，海岸带区域生态环境的脆弱性突出，风暴潮、低压天气系统带来的洪水侵扰等灾害频发，建立高精度的人口和GDP空间分布数据对于海岸带科学研究和管理决策等的意义极为突出。本章在总结国内外空间化建模方法研究进展的基础上，重点针对当前大多数建模方法所存在的宏观区域建模结果“高值区被低估，低值区被高估”的问题与不足，基于土地利用数据、夜间灯光数据以及县域单元人口和经济发展统计信息，探索和提出基于阈值控制的样本动态分区与建模方法，进而构建了我国海岸带区域2000年、2005年、2010年和2015年人口与GDP的空间化模型，并获得了1km分辨率的人口、GDP空间化数据。研究结果较好地克服了其他方法所存在的“高值区被低估，低值区被高估”的问题与不足，但未来仍有以下问题值得进一步研究。

（1）夜间灯光数据是统计数据空间化的理想数据源之一，但在人口稀疏的农村区域及岛屿，尤其是山地区域，夜间灯光暗淡，难以反映区域内的人口、经济活动等的空间分布情况。基于阈值的样本动态分区和建模方法，能在较大程度上克服其他模型方法的不足，但在人口稀疏、夜间灯光暗淡的区域则与其他模型相同，模拟精度不足。如何优化建模方法、使空间化结果能够客观反映非灯光区域少量分布的人口和产业增加值，还需要进一步探究。

（2）国内外现有的统计信息空间化的技术方法及数据产品尚难以实现“高时间分辨率”，尤其是与日益丰富的多源遥感信息相比，空间化数据产品的时间分辨率相形见绌，这使得其在灾害风险管理等领

域的应用价值大打折扣，如何发挥多源和多类型遥感信息高时间分辨率的优势，将其与时间分辨率相对较低的统计信息相结合，建立高时间分辨率的统计信息空间化数据，也是值得进一步探索的重要问题。

（3）自然灾害对海岸带区域的影响过程和影响机制较为复杂，对灾情影响特征的分析和研究需要强调“针对性”，例如，老年人口、未成年人口、贫困人口等特定人口对象对自然灾害的敏感性和脆弱性更为突出，在现有技术方法及数据产品发展的基础上，探索和建立针对特定人口的空间分布数据将具有更为突出的价值和意义；与此类似，将人口与GDP建模数据以及其他数据相结合，精准地判断和识别单一低端产业的分布区、集中连片的贫困人口分布区等，对于宏观区域层面的防灾减灾决策更具指导意义。

参考文献

柏中强, 王卷乐, 杨飞. 2013. 人口数据空间化研究综述. 地理科学进展, 32(11): 1692-1702.

曹丽琴, 李平湘, 张良培. 2009. 基于DMSP/OLS夜间灯光数据的城市人口估算——以湖北省各县市为例. 遥感信息, (1): 83-87.

陈晴, 侯西勇, 吴莉. 2014. 基于土地利用数据和夜间灯光数据的人口空间化模型对比分析——以黄河三角洲高效生态经济区为例. 人文地理, 29(5): 94-100.

邸向红, 侯西勇, 吴莉. 2014. 中国海岸带土地利用遥感分类系统研究. 资源科学, 36(3): 463-472.

丁文秀, 赵伟, 左德霖, 等. 2011. 基于土地利用分类模型和重力模型耦合的人口分布模拟——以武汉市人口数据为例. 大地测量与地球动力学, 31(增刊): 127-131.

符海月, 李满春, 赵军, 等. 2006. 人口数据格网化模型研究进展综述. 人文地理, 21(3): 115-119.

高义, 王辉, 王培涛, 等. 2013. 基于人口普查与多源夜间灯光数据的海岸带人口空间化分析. 资源科学, 35(12): 2517-2523.

高占慧. 2012. 区域生态环境评价中的统计数据空间化方法研究——以山东省为例. 山东师范大学硕士学位论文.

国家统计局. 2000. 2000年国民经济和社会发展统计公报. [2019-3-1]. http://www. stats. gov. cn/tjsj/tjgb/ndtjgb/qgndtjgb/200203/t20020331_30014. html.

国家统计局. 2015. 2015年国民经济和社会发展统计公报. [2019-3-1]. http://www. stats. gov. cn/tjsj/zxfb/201602/t20160229_1323991. html.

韩向娣, 周艺, 王世新, 等. 2012. 基于夜间灯光和土地利用数据的GDP空间化. 遥感技术与应用, 27(3): 396-405.

侯西勇, 邸向红, 侯婉, 等. 2018. 中国海岸带土地利用遥感制图及精度评价. 地球信息科学学报, 20(10): 1478-1488.

侯西勇, 徐新良, 毋亭, 等. 2016. 国沿海湿地变化特征及情景分析. 湿地科学, 14(5): 597-606.

胡焕庸. 1983. 论中国人口之分布. 北京: 科学出版社.

胡焕庸. 1990. 中国人口的分布、区划和展望. 地理学报, 45(2): 139-145.

胡云锋, 王倩倩, 刘越, 等. 2011. 国家尺度社会经济数据格网化原理和方法. 地球信息科学学报, 13(5): 573-578.

黄莹, 包安明, 陈曦, 等. 2009. 基于绿洲土地利用的区域GDP公里格网化研究. 冰川冻土, 31(1): 158-165.

江东, 杨小唤, 王乃斌, 等. 2002. 基于RS、GIS的人口空间分布研究. 地理科学进展, 17(5): 734-738.

李飞, 张树文, 杨久春, 等. 2014. 社会经济数据空间化研究进展. 地理与地理信息科学, 30(4): 102-107.

李峰, 卫爱霞, 米晓楠, 等. 2016. 基于NPP-VIIRS夜间灯光数据的河北省GDP空间化方法. 信阳师范学院学报:自然科学版), 29(1): 152-156.

李德仁, 余涵若, 李熙. 2017. 基于夜光遥感影像的“一带一路”沿线国家城市发展时空格局分析. 武汉大学学报・信息科学版, 42(6): 711-720.

李小建, 李国平, 曾刚, 等. 1999. 经济地理学. 北京: 高等教育出版社.

梁友嘉, 徐中民. 2012. 基于LUCC和夜间灯光辐射数据的张掖市甘州区人口空间分布建模. 冰川冻土, 34(4): 999-1006.

梁友嘉, 徐中民. 2013. 基于夜间灯光辐射数据的张掖市甘州区GDP空间分布建模. 冰川冻土, 35(1): 249-254.

刘红辉, 江东, 杨小唤, 等. 2005. 基于遥感的全国GDP 1km格网的空间化表达. 地球信息科学学报, 7(2): 120-123.

刘纪远, 张增祥, 庄大方, 等. 2003. 20世纪90年代中国土地利用变化时空特征及其成因分析. 地理研究, 22(1): 1-12.

刘彦随, 刘玉. 2010. 中国农村空心化问题研究的进展与展望. 地理研究, 29(1): 35-41.

吕安民, 李成名, 林宗坚, 等. 2002. 人口统计数据的空间分布化研究. 武汉大学学报・信息科学版, 27(3): 301-305.

王磊, 蔡运龙. 2011. 人口密度的空间降尺度分析与模拟——以贵州猫跳河流域为例. 地理科学进展, 30(5): 635-640.

王鹤饶, 郑新奇, 袁涛. 2012. DMSP/OLS数据应用研究综述. 地理科学进展, 31(1): 11-18.

闫庆武, 卞正富. 2007. 基于GIS的社会统计数据空间化处理方法. 云南地理环境研究, 19(2): 92-97.

杨妮, 吴良林, 郑士科. 2013. 基于GIS的县域人口统计数据空间化方法. 地理空间信息, 11(5): 74-77.
杨小唤, 江东, 王乃斌, 等. 2002. 人口数据空间化的处理方法. 地理学报, 57(7s): 70-75.
张怡哲, 杨续超, 胡可嘉, 等. 2018. 基于多源遥感信息和土地利用数据的中国海岸带GDP空间化模拟. 长江流域资源与环境, 27(2): 235-242.
赵军, 杨东辉, 潘竟虎. 2010. 基于空间化技术和土地利用的兰州市GDP空间格局研究. 西北师范大学学报(自然科学版), 46(5): 92-96.
钟凯文, 黎景良, 张晓东. 2007. 土地可持续利用评价中GDP数据空间化方法的研究. 测绘信息与工程, 32(3): 10-12.
朱晓东, 李杨帆, 桂峰. 2001. 我国海岸带灾害成因分析及减灾对策. 自然灾害学报, 10(4): 26-29.
卓莉, 陈晋, 史培军, 等. 2005. 基于夜间灯光数据的中国人口密度模拟. 地理学报, 60(2): 266-276.
Alegana V A, Atkinson P M, Pezzulo C, et al. 2015. Fine resolution mapping of population age-structures for health and development applications. Journal of the royal society interface, 12(105):1-11.
Andrea E G, Forrest R S, Catherine L, et al. 2013. High Resolution Population Distribution Maps for Southeast Asia in 2010 and 2015. Plos One, 8(2):1-11.
Brachen I, Martin D. 1989. The generation of spatial population distributions from census centroid data. Environment and Planning A, 21(4): 537-543.
Canters F, Vanderhaegen S, Khan A Z, et al. 2014. Land-use simulation as a supporting tool for flood risk assessment and coastal safety planning: The case of the Belgian coast. Ocean & Coastal Management, 101: 102-113.
Clark C. 1951. Urban population densities. Journal of the Royal Statistical Society, 114(4): 490-496.
Deichmann U, Balk D, Yetman G. 2001. Transforming population data for interdisciplinary usages: from cencus to grid. http://sedac. ciesin. columbia. edu/gpw-v2/GPWdocumentation. pdf.
Deville P, Linard C, Martin S, et al. 2014. Dynamic population mapping using mobile phone data. PNAS, 111(45): 15888-15893.
Di X H, Hou X Y, Wang Y D, et al. 2015. Spatial-temporal characteristics of land use intensity of coastal zone in China during 2000-2010. Chinese Geographical Science, 25(1): 51-61.
Elvidge C D, Baugh K E, Kihn E A, et al. 1997. Relation between satellite observed visible-near infrared emissions, population, economic activity and electric power consumption. International Journal of Remote Sensing, 18(6): 1373-1379.
Elvidge C D, Sutton P C, Ghosh T, et al. 2009. A global poverty map derived from satellite data. Computers & Geosciences, 35(8): 1652-1660.
Gaughan A E, Stevens F R, Linard C, et al. 2013. High resolution population distribution maps for Southeast Asia in 2010 and 2015. Plos One, 8(2): e55882.
Ghosh T, Anderson S, Powell R L, et al. 2009. Estimation of Mexico's informal economy and remittances using nighttime imagery. Remote Sensing, 1(3): 418-444.
Ghosh T, Powell R, Anderson S, et al. 2010. Informal economy and remittance estimates of India using nighttime imagery. International Journal of Ecological & Statistics, 17: 16-50.
Goodchild M F, Anselin L, Deichmann U. 1993. A framework for the areal interpolation of socioeconomic data. Environment and Planning A, 25(3): 383-397.
Goodchild M F, Lam N S N. 1980. Areal interpolation: a variant of the traditional spatial problem. Geoprocessing, 1: 297-312.
Harvey J T. 2010. Estimating census district populations from satellite imagery: some approaches and limitations. International Journal of Remote Sensing, 23(10): 2071-2095.
Jie L, Robert G C. 2015. Evaluating geo-located Twitter data as a control layer for areal interpolation of population. Applied Geography, 58: 41-47.
Langford M, Unwin D J. 1994. Generating and mapping population density surface within a geographical information system. The Cartographic Journal, 31(1): 21-26.
Liu Q, Sutton P C, Elvidge C D. 2011. Relationships between nighttime imagery and population density for Hong Kong. Proceedings of the Asia-Pacific Advanced Network, 31: 79-90.
Ogrosky C E. 1975. Population estimation from satellite imagery. Photogrammetric Engineering & Remote Sensing, 41: 707-712.
Robert B, Matlock J R, John B W, et al. 1996. Estimation population density per unit area from mark, release, recapture data. Ecological Applications, 6(4): 1241-1253.
Small C, Cohen J E. 1999. Continental physiography, climate and the global distribution of human population. Current Anthropology,

45(2): 269-277.

Small C, Elvidge C D. 2013. Night on Earth: mapping decadal changes of anthropogenic night light in Asia. International Journal of Applied Earth Observation and Geoinformation, 22: 40-52.

Smeed R J. 1963. Road development in urban areas. Journal of the Institute of Highway Engineers, 10: 5030.

Song S F. 1996. Some test of alternative accessibility measures: a population density approach. Land Economics, 72(4): 474-482.

Stevens F R, Gaughan A E, Linard C, et al. 2015. Disaggregating census data for population mapping using random forests with remotely-sensed and ancillary data. Plos One, 10(2): e0107042 .

Tatem A J, Noor A M, von Hagen C, et al. 2007. High resolution population maps for low income nations: combining land cover and census in East Africa. Plos One, 2(12): e1298.

Tian Y Z, Yue T X, Zhu L F, et al. 2005. Modeling population density using land cover data. Ecological Modelling, 189(1-2): 72-88.

Tober W R. 1979. Smooth pycnophylactic interpolation for geographical region. Journal of the American Statistical Association, 74(367): 519-530.

Townsend A C, Bruce D A. 2010. The use of night-time lights satellite imagery as a measure of Australia's regional electricity consumption and population distribution. International Journal of Remote Sensing, 31(16): 4459-4480.

Wang F H, Guldmann J M. 1996. Simulating urban population density with a gravity-based model. Socio-Economic Planning Science, 30(4): 245-256.

Zeng C Q, Zhou Y, Wang S X, et al. 2011. Population spatialization in China based on night-time imagery and land use data. International Journal of Remote Sensing, 32(24): 9599-9620.

第三十六章

基于 WebGIS 及多源数据的海岸带数字化建设①

① 本章作者：高志强

海岸带是受全球气候变化、海平面上升、人类活动影响最大的生态环境脆弱的敏感区域，同时也是我国经济最发达的区域，其迫切需要利用现代高新技术完成监测、评估、预测与公众服务。针对我国近海和海岸带的资源环境保护、开发和管理的重大需求，利用以海岸带为基线的海陆数据一体化表达与管理、统一空间框架多源卫星数据快速几何精校正等关键技术，进行海岸带数字化平台建设，以满足国家对海岸带及近海数据管理、分析、多维动态显示与分析等的需要。本工作立足于地球科学领域和数字地球理论方法，基于计算机网络及WebGIS技术，利用Geodatabase数据模型、ArcSDE技术、SQL Server数据库、Skyline软件3D设计技术、AVSWATX流域模拟技术等实现海岸带及近海数字化原型系统设计及信息服务体系运行平台建设，提高海岸带生态环境监管能力，为海岸带及近海生态环境保护和管理提供信息、决策和应急响应服务。

第一节　数字化海岸带研究综述

一、研究背景介绍

21世纪是海洋的世纪。海洋是人类生存和发展的重要资源和空间，是人类可持续发展的重要支撑。《21世纪议程》指出："海洋是人类的摇篮，也是一种有助于实现可持续发展的宝贵财富。"全世界将进入一个大规模开发利用海洋资源、扩大海洋产业、发展海洋经济的新时期。海岸带是海洋与陆地的结合部和过渡带，是人类认识地球的基线和陆地系统与海洋系统的重要界面（陈述彭，1996），同时也是实现海岸与海洋资源可持续开发和利用的重要前沿阵地。1993年的世界海岸大会将持续发展和海岸带综合管理作为迎接21世纪海岸带挑战的行动纲领。海岸带数字化建设可以为海洋近海和海岸带资源管理与开发提供技术监管平台（蔡安宁等，2012）。

随着"数字地球"概念的提出，"数字海洋"理念应运而生。自20世纪90年代起，我国沿海省（市）在地方电子政务建设的带动下，一批与涉海部门相关的海洋电子政务项目正在建设，有力地促进了沿海海洋管理与海洋经济的发展，如"海上山东"信息化工程、福建省海洋电子地图及空间基础地理信息系统、广东省的海洋信息化五大工程等（张强，2014）。2003年，由国务院批准实施的我国近海海洋综合调查与评价专项（"908专项"），确立了建设"中国近海'数字海洋'信息基础框架"，这一重大决策也拉开了我国实施数字海洋战略的序幕。国家海洋局与上海市政府从海洋信息化建设的全局出发，决定在上海共同建设"数字海洋"上海示范区，为我国全面建设数字海洋铺下了第一块基石（李迅，2014）。2011年12月14日我国近海海洋综合调查与评价专项（"908专项"）"数字海洋"信息基础框架构建项目全面完成，项目取得的一批成果将在海洋科研、海洋管理等方面发挥重要作用。"数字海洋"信息基础框架构建是"908专项"三大项目之一，2007年全面启动项目建设，总经费约2.5亿元，旨在通过对专项获取的海洋资料和历史海洋信息资源整合利用，搭建标准统一的"数字海洋"信息基础平台，构建"数字海洋"原型系统，建立面向国防安全、经济发展、管理决策、教育科学、社会公众的"数字海洋"专题应用系统，形成海洋管理决策支持和"数字海洋"服务能力，全面提高海洋管理与服务信息化水平，为最终建立我国"数字海洋"系统奠定信息基础、技术基础和应用基础（李水英，2017）。

"数字海岸带"概念是与"数字地球"及"数字海洋"相伴而生的。中国"数字海岸带"的建设进程缓慢。1979～1985年，我国进行了大规模的"全国海岸带和海涂资源综合调查"，基本摸清了当时我国海岸带资源的底数，为"数字海岸带"研究提供了可靠的基础资料和科学数据。自1986年起，我国相继建立大连理工大学海岸和近海工程国家重点实验室（1986年）、华东师范大学河口海岸学国家重点实验室（1989年）、南京大学海岸与海岛开发国家试点实验室（1990年）、厦门大学近海海洋环境科学国家重点实验室（2005年）、中国科学院烟台海岸带可持续发展研究所（2006年）等与海岸带研究直接相关的重要科学研究机构，为培养高素质人才、提高科技水平、促进数字海岸带建设及可持续发展提供了重要的科技支撑平台（李光灿等，2014）。

2006年6月国家863计划资源环境技术领域海洋监测技术主题依托于中国科学院地理科学与资源研究所等单位的“中国海岸带及近海卫星遥感综合应用系统”课题顺利通过验收,“中国海岸带及近海卫星遥感综合应用系统”课题针对我国近海和海岸带的资源环境保护、开发和管理的重大需求，解决了以海岸带为基线的海陆数据一体化表达与管理、统一空间框架多源卫星数据快速几何精校正、信息产品时空过程分析等关键技术，首次建立了全国海岸带高空间分辨率影像数据库，并成功地开发出了国际首个具备多源海洋数据管理、分析、多维动态显示与分析等功能的通用海洋地理信息系统——中国海岸带及近海卫星遥感综合应用系统，建立国家级、省级和区域的三级示范系统，在黄河口、滦河口、长江口和福建省等区域进行了示范应用工作，为近海与海岸带的生态环境管理和保护提供了多层次、多方面的信息服务（杜云艳等，2006）。

目前中国“数字海岸带”建设还在过程中，虽有许多单位涉及相关研究及建设，但从全国层面进行这方面研究及建设的还不多。自2012年起，我们“数字海岸带及可视化”研究团队基于中国科学院烟台海岸带研究所“一三五”经费支持，展开了相关的我国海岸带数据建库、系统平台设计及海岸带3D可视化研究，已经完成了中国海岸带的地理基础背景数据库建设与共享服务平台建设及网上试运行。

二、国内外研究现状及发展趋势

1999年美国副总统戈尔发表了数字地球构想的白皮书后不久，美国国家航空航天局（NASA）就做出了响应，迅速组织成立了“数字地球跨部门协调机构（Inter-Agency Digital Earth Working Group）”，以迎接“数字地球”带来的挑战并担负起领导责任。从此，“数字地球”的概念进入人们的生活，也引起科学界的高度重视（李路英，2017）。

“数字海洋”随“数字地球”理念应运而生，它通过卫星、遥感飞机、海上探测船、海底传感器等进行综合性、实时性、持续性的数据采集，把海洋物理、化学、生物、地质等基础信息装进一个“超级计算系统”，使大海转变为人类开发和保护海洋最有效的虚拟视觉模型。为在海洋竞争中获取信息优势，美、英、法、德、俄、日等国正将科研尖端力量和大笔资金投入“数字海洋”建设中（徐程，2015）。

建设“数字海洋、生态海洋、安全海洋、和谐海洋”是我国海洋强国战略的具体目标。在这四个目标中，“数字海洋”是基础，是国家安全建设、海洋经济开发、海洋现代化管理的必要条件。在实施过程中，要充分发挥我国信息产业、海洋装备制造业等高科技产业的创新能力和生产能力，使数字海洋工程成为我国海洋先进装备制造能力、海洋科技创新能力、海洋高科技产品的研发能力的强大驱动引擎（熊淑娣等，2017）。

在“数字地球”和“数字海洋”研究的影响下，“数字海岸带”的研究也备受国内外科学家的关注。21世纪属于海洋世纪，海岸带数字化平台建设就是将以海岸带为基线的数据综合管理、智能化海洋遥感信息分析和专题信息提取作为目标，建设海岸带生态环境管理信息服务系统以及提供可共享的海岸带科学数据服务。海岸带数字化建设是推动国家空间数据基础设施建设和应用的迫切要求，也是尽早实现我国“数字海洋”目标的重要组成部分。

中国在海岸带相关研究方面已经取得了丰富的成果，但海岸带数字化建设还有很长的路要走，基于“中国海岸带及近海卫星遥感综合应用系统”课题（2006年）首次建立了全国海岸带高空间分辨率影像数据库，并尝试开发了中国海岸带及近海科学数据平台，但到目前为止，此科学数据库还没有进行网上共享发布。海岸带数字化建设在中国处于初级阶段。

当前，中国经济和世界经济高度关联。中国将坚持对外开放的基本国策，构建全方位开放新格局，深度融入世界经济体系。推进“一带一路”建设既是中国扩大和深化对外开放的需要，也是加强和世界各国互利合作的需要，中国愿意在力所能及的范围内承担更多责任和义务，为人类和平发展做出更大的贡献（国家发展和改革委员会等，2015）。

数字海岸带服务共享平台建设，可提高海岸带区域的生态环境监管能力，为海岸带生态环境保护和管理提供信息、决策和应急响应服务，为沿线贸易顺畅提供信息保障，为海岸带综合管理及可持续发展提供技术支撑。

第二节　基于Geodatabase模型的数字化海岸带数据库建设

通过对大量的海岸带及近海数据的整理、分析，提出了利用Geodatabase数据模型构建空间数据库来组织和存储海岸带及近海数据的方案，采用GIS软件平台ArcEngine和程序开发语言研发海岸带及近海管理信息系统。Geodatabase数据模型能够有效地定义、组织空间数据，ArcSDE技术提供了空间数据存储在商业关系型数据库的通道，Geodatabase数据模型和ArcSDE技术使得使用同一大型的关系型数据库统一存储空间数据和属性数据成为可能。

本工作采用Geodatabase数据模型、ArcSDE技术、SQL Server数据库，设计海岸带及近海数据的统一存储和管理模型，通过数据处理和入库建立海岸带及近海空间数据库。具体技术路线将在下面介绍。

一、数据整理

数据库建设的目的是合理组织、存储和管理数据，因此，数据是数据库最重要的部分，在数据库建立之前最基本的工作是数据的整理和分析，做好数据分类预处理工作。海岸带及近海数据来源主要包括专题调查数据、历史背景数据、遥感影像数据及元数据。

专题调查数据：调查数据类型多样、结构复杂，按照要求分为海岛岸线调查、海岛岸滩地貌与冲淤动态调查、海岛潮间带底质调查、海岛潮间带沉积化学调查、海岛潮间带底栖生物调查等专题，这些专题数据包括实际调查各专题特征点坐标数据、以文本方式记录的属性数据，实际拍摄的照片、录像等栅格数据，以及各个调查专题的报告。

历史背景数据：历史背景数据格式不一，有栅格数据、表格数据和文本数据等，主要包括不同历史时期的不同比例尺的地形图、行政区划图、海图、植被图、土地利用图以及河流、道路、城市等相关数据。

遥感影像数据：指不同时期的、不同分辨率的SPOT、MSS/TM/ETM、AVHRR、中巴卫星、资源卫星、MODIS、IKNOS等遥感影像数据。

元数据：元数据是上述三大类各自对应的说明数据。

二、数据标准化处理

（1）海岛调查特征点处理：该类数据是根据各专题的目的，选择具有特征点的数据，以便内业处理成满足要求的空间矢量数据。获得这些数据是带有WGS84坐标的点以及对应的属性，其预处理过程是经过坐标转换，把相关特征点投射到具有空间参考的空间图层上，再进行手动跟踪以及属性编辑形成shp格式的矢量文件。

（2）拍摄的照片和录像处理：各个海岛或各个专题拍摄的照片与录像编号是相机和摄影机自动设置，内业需要整理成与海岛相匹配的名称。

（3）各专题调查报告处理：专题报告的处理方法与照片、录像的处理方法相同。由于它们没有图形数据以及坐标数据，只要外挂在数据库之外即可。

（4）地形图、行政区划图等处理：这些空间矢量数据来源不一，投影多样，根据海岸带及近海投影设计，进行投影处理，最终形成空间数据与属性数据一体化的数据。

（5）遥感影像处理：遥感影像数据需要与矢量数据共同显示，必须进行纠正、配准、投影转化工作。

三、数据库设计

数据库设计的核心工作是将地理现实抽象成计算机能够处理的数据模型。数据库设计过程中，通常经过现实世界到概念模型、逻辑模型，最后到物理模型的多次转换，最终建立计算机能够处理的数据模型。海岸带及近海空间数据库是基于Geodatabase模型的空间数据库，其设计过程和一般的数据库设计过程有相似之处，需经过概念设计、逻辑设计和物理设计。概念设计过程可分为通过用户需求分析定义实体和关系、明确实体表示方法；逻辑设计过程分为将地理实体表示为Geodatabase数据类型，将数据组织到Geodatabase地理数据集中；物理设计过程是把组织好的Geodatabase逻辑模型在实际的物理设备上实现。

四、数据库建立

海岸带及近海数据是与位置有关的地学数据，与其他一般数据有本质的区别，这些数据涉及空间位置和属性。数据建模时需要采用一种既能表现位置信息又能表现属性信息的模型。ESRI的Geodatabase模型符合这些要求，可以有效表示空间数据和属性数据。同时，ESRI公司推出了利用ArcSDE技术在现有的关系或对象关系型数据库管理系统的基础上进行空间扩展的解决方案，实现了将空间数据和非空间数据集成在目前绝大多数的商用DBMS中。本工作采用Geodatabase空间数据模型组织数据，SQL Sever 2000数据库实现系统管理、存储海岸带及近海数据，利用ArcSDE9.0作为数据存储、访问的通道。

建库工作首先完成SQL Server 2000企业版与ArcSDE 9.0的配置及安装。完成软硬件配置、数据预处理及模型设计之后的工作，就是如何将组织好的数据按照规则入库。

ArcSDE是空间数据存储与管理在DBMS中的通道，ArcSDE存储空间数据有两种方法，一种是通过SDE命令引用相关参数来实现，另一种是通过GIS工具实现，即通过ArcGIS软件组件中的ArcCatalog来实现，该方法与SDE命令原理一样，但是它提供了图形化用户工作界面，更加便于操作。

本工作选择用ArcCatalog方式存储空间数据。由于本研究采用ArcCatalog方式存储空间数据，因此在空间数据入库之前要完成ArcSDE与DBMS的连接。测试连接成功后，就可以进行数据按照规则入库工作了。

经过上面的数据整理编辑，生成了中国海岸带及分省不同类型的专题数据库，每个数据库中主要包括如下专题数据集：1km（1km格网数据）、Base（基础数据）、Bnd（界线）、Carbon（碳循环数据）、Climate（气候）、Erosion（土壤侵蚀）、Hyrd（水文地理）、RS（遥感影像）、Model（模型模拟数据）、Soil（土壤数据）和Topo（高精度地形数据）。按照Geodatabase数据库要求进行数据入库。

第三节　基于WebGIS的数字化海岸带原型系统设计

中国“数字海岸带”原型系统平台建设旨在构建一个以海岸带及近海监测数据为基础、基础地理数据为支撑的交互式三维可视化地球模型的网络信息系统，实现中国海岸带及近海域海底、水体、海面及海岛等海洋自然要素、自然现象及其变化过程的数字化再现、预测和预现，突破关键性和前瞻性技术，逐步积累建设经验，为我国海岸带开发、管理、决策、权益维护的数字化，为我国海岸带事业的可持续性发展，以及全面建设“数字海岸带”奠定技术基础。

针对研究目标，基于Geodatabase数据模型、ArcSDE技术、SQL Server数据库，实现海岸带及近海数据的统一存储和管理。之后依托WebGIS技术和B/S（browser/server）模型结构实现海岸带及近海数字化的业务运行服务。选择Skyline软件或Google Earth软件平台进行数字海岸带典型区域的陆上、水下和小流域的三维设计及三维WebGIS平台开发，实现数字化海岸带的可视化建设。最后基于AVSWATX（soil and water assessment tool based on arcview）流域模型对研究的流域进行地表径流模拟和影响研究。同时基于网络和WebGIS技术的海量遥感数据的高效存储、传输和分发关键技术研究，通过关键技术的攻关，实现海岸带信息服务体系建设，提高海岸带生态环境监管能力，为海岸带及近海生态环境保护和管理提供信息、决策和应急响应服务。

一、数字海岸带服务体系原型逻辑设计

数字海岸带服务体系业务化运行系统，将充分利用计算机技术、网络和WebGIS技术，以浏览器/服务器（browser/server，B/S）模型的结构展开海岸带及近海生态环境监测的业务运行服务的设计。

（一）数字海岸带服务体系原型的总体设计

数字海岸带服务体系业务运行系统，针对国家对海岸带及近海自然资源、生态环境保护和管理的需求，在信息化的分布式共享环境框架下，基于海洋卫星和资源卫星实时数据与地表及近海的监测网络观测站等的信息实时监测、监视、遥控等基础设施，利用计算机技术、WebGIS技术，通过服务功能软件开发实现基于网络的交互式操作，构建以满足多类型用户群体对海岸带及近海生态环境相关的数据、信息、知识和决策支持等不同层次需求的、动态变化的一体化开放性综合集成整体。面向海岸带及近海资源管理的海陆生态过程及质量监测原型系统，软件系统的层次结构包括数据层、数据访问层、业务层和表现层，根据概念框架进行硬件和软件的设计。

（二）数字海岸带服务体系原型的数据层设计

该层面主要负责存取系统所需要的各种类型的数据，主要包括空间数据库、综合数据库以及MIS数据库。

（三）数字海岸带服务体系原型的数据访问层设计

数据访问层负责管理和访问数据层数据，在系统中，数据的直接管理和访问软件为SQL Server（MIS数据库除外，MIS采用Lotus进行访问）。应用程序的访问主要通过两种方式进行，即ArcSDE或标准数据访问方式（如ADO、OLE DB或ODBC）。其中，空间数据库的访问主要通过SDE进行，而一般属性数据（如综合数据库）的访问则通过标准数据访问方式（如ADO、OLE DB或ODBC）实现。

（四）数字海岸带服务体系原型的业务层设计

业务层的职能是按照生态环境过程监测、保护及管理的具体要求，设计开发系统所需要的所有功能的算法和计算过程。业务层主要提供生态环境保护和管理的信息服务、自动化控制和会商三部分功能。

（五）数字海岸带服务体系原型的表现层设计

表现层，亦称界面层，担当系统界面呈现以及UI逻辑的角色，是系统对业务层结果的表现方式，用于接收用户的请求及结果数据的返回、显示，为用户提供交互式操作界面。针对该层的功能和任务需要，进行任务分工和程序设计实现。

二、数字海岸的3D可视化及WebGIS实现

在数字海岸带数据库建设和数字海岸带服务体系原型系统设计基础上，选择Skyline软件平台和Google Earth软件平台进行数字海岸带典型区域的陆上及水下、小流域和城市的三维设计及三维WebGIS平台开发，实现数字化海岸带的可视化建设。具体实现过程如下。

（一）基于Skyline软件平台的三维设计

Skyline系列软件是一套优秀的基于GIS、RS、GPS和虚拟现实技术的三维可视化地理信息系统软件。

其凭借国际领先的三维数字化显示技术，可以利用海量的遥感航测影像数据、数字高程模型、3D模型、矢量数据和非空间属性数据搭建出一个对真实世界进行模拟的三维场景。它能够迅速创建、编辑、浏览、处理和分析广域范围的真实三维地表景观、建筑物景观等，并且支持大型数据库和实时信息通信技术，从而满足国防军事、政府部门、企业用户对三维可视化和地理信息等的双重要求。

Skyline软件包括三个部分，即TerraBuilder、TerraExploer和TerraGate。TerraBuilder融合海量的遥感航测影像数据、数字高程模型以及各种矢量地理数据，可迅速方便地创建海量三维地形数据库。TerraExplorer是基于网络的空间信息浏览、编辑、发布、分析和管理的工具，它实现了实时三维地形可视化，能够在三维场景中创建和编辑三维模型对象，并且能够将创建好的三维虚拟场景发布到网络中，方便用户在任何地方都可以实现轻松快捷的三维交互式体验。TerraGate是能够实时流畅传输三维地理数据的功能强大的网络数据服务器软件，允许用户通过网络来访问地形数据库。

网络三维场景的建立是构建网络三维场景的基础。目前建立三维地形通常采用DEM叠加遥感影像的方法。本研究利用Skyline系列软件中的TerraBuilder软件来进行三维地形的创建。

TerraBuilder采用领先的小波压缩技术，为最小化磁盘存储进行数据无损高比例压缩；它支持大多数据源的标准数据格式，可以自动合并不同空间分辨率、不同大小的源数据，能够有效地处理海量数据，结合海量的航片、卫星影像、数字高程模型和矢量数据，简洁、快速地创建海量三维地表数据集，方便进一步创建出任意尺寸的具有真实质感的三维场景。

（二）基于Google Earth软件平台的三维设计

Google Earth软件平台是一款基于3D的地图服务类软件，能实时地为用户提供3D图形及图标的基础数据，用户可以从任意角度浏览到所需观察区域的高清晰地形地貌。其数据信息的时效性较高，可以用于工程类项目中。Google Earth是Google收购Keyhole公司后的产物，Google Earth在思路与技术模式上很大程度与Skyline相同，除此之外还具有下列特点：①Google Earth支持多种地物的表示，能够形象表达GIS信息，能够支持多源数据融合，支持矢量与栅格叠加的方式，使得系统能够将规划数据与三维模型数据、地形数据等进行融合；②Google Earth可以方便地与SketchUp交互建模，并放置模型；③Google Earth提供丰富的遥感影像和地理数据库（免费使用），我们能够通过连接Google Earth数据服务器，直接利用其提供的数据快速构建三维场景，对于一个研究型系统可以节约大量的时间和成本；④Google Earth Web插件可以通过KML实现三维场景的互操作，并提供了部分互操作API，这为自定义开发三维WebGIS的功能实现提供了可能。

Google Earth平台相对Skyline及World Wind等平台，具有支持多源数据融合、插件技术成熟、能利用Google Earth数据服务器的免费影像与地理数据快速搭建三维场景等优势，满足节约开发成本、快速构建三维场景等实际需求。

第四节　基于WebGIS及多源数据的海岸带数字化原型系统实现

一、中国海岸带数据管理平台

中国海岸带数据管理平台主要服务于海岸带及相关领域的专家、科研人员和政府决策部门。系统基于中国海岸带数据库建立，包含了中国沿海的山东、辽宁、浙江、广东、福建、海南、台湾等省份及环渤海、京津冀等区域的基础地理数据和专题信息。系统主要功能包括中国海岸带数据库的显示、管理、入库、查询、分析和地图制图等，是一款综合的地理信息系统（geographical information system，GIS）软件。

中国海岸带数据管理平台（图36.1）功能丰富。通过该系统可直接访问中国海岸带数据库，数据库内容通过树形列表列出，通过选择列表中的数据可以打开地图信息，进行地图显示和属性的显示。系统同时支持了数据列表的定制显示。

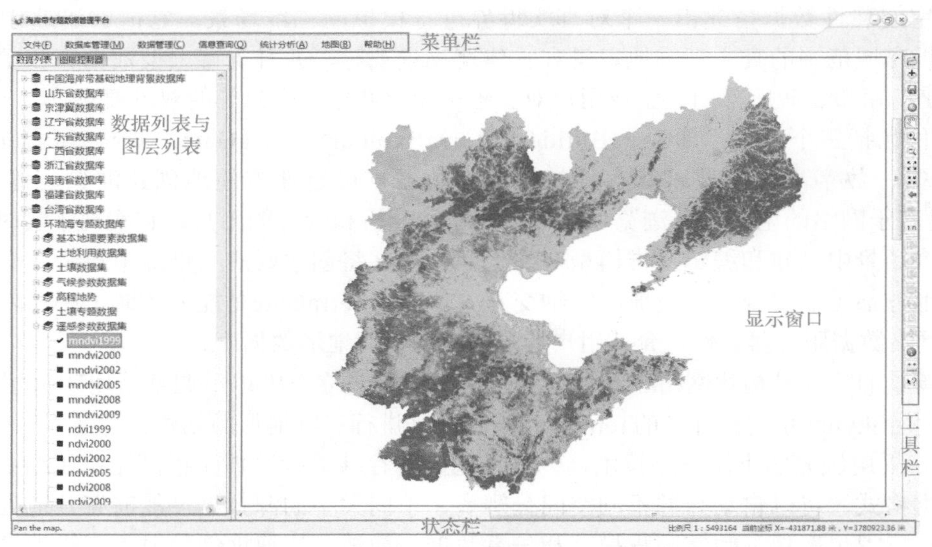

图36.1　中国海岸带数据管理平台界面

系统除了可以显示数据库内容，同时实现了数据的入库功能，使得数据库管理者无须通过专业的数据库管理系统，在该系统中就可以对数据库进行数据与数据集的增加和删除，因此极大地方便了中国海岸带数据库系统的维护。另外，系统支持从中国海岸带系统中导出矢量和栅格地图数据存储到本地，满足用户对数据的其他功能需求。

该系统作为一款桌面地理信息系统，全面地支持了GIS基本的地图浏览、地图查询、统计分析和地图制图的功能。地图浏览包括地图的基本导航、图层叠加显示和属性数据的浏览；地图查询包括属性条件的查询、位置条件的查询和鼠标点选、框选查询；统计分析包括地图分区统计、以表格显示分区统计、几何分区统计；地图制图包括地图的多种符号化方法和制图输出。

二、中国数字海岸带网站

在海岸带数据库建设的基础上，利用WebGIS、Html、ASP.NET技术进行了中国数字海岸带网站建设，如图36.2所示，主要包括以下内容：①网站首页；②海岸带新闻；③海岸带知识；④数字海岸带；⑤海岸带监测预报；⑥海岸带信息产品。结合数字海岸带建设，进行了数据标准化整理和入库，实现了数据内容快视和共享下载。

图36.2　中国数字海岸带网站首页

我们构建并发布了支持目标地理数据可视化三维表达的网络地图模块——数字海岸带，该模块支持遥感影像及矢量地图数据在三维网页地图的表达。首先，实现了地图放大、缩小、测距与经纬度显示等地图查询功能。其次，设计了海岸带影像等数据的三维表达，结合无人机航拍获取的大量视频，以网络三维地图网站为基础平台，开发出野外图集管理展示子功能和航拍视频管理展示子功能。同时，为网络三维地图开发了虚拟仿真效果。

许多野外实验工作采集了大量图片，出于科研需要，图集被浏览时需要直观显示图集的位置与采集时间等信息。传统的图片存储方式为直接存储到文件夹中，这种存储使图片坐标等信息显示不够直观。为此，我们基于精确的坐标与时间，在网络三维地图上开发出野外图集管理展示子功能。以三维地图为载体，能够基于地图位置存储、查找图集，实现精确坐标与时间的图集展示系统。

通过无人机航拍可获取丰富的航拍视频。共享航拍数据成为我们开发航拍视频管理展示子功能的新需求。以数字海岸带平台中的三维地图为载体，基于位置进行航拍视频的存储、查看，开发出与地图集成的视频管理展示子系统。在地图中选择某一航拍点后可具体查看该航拍点在记录时间点所航拍的视频，如图36.3a所示。

a

b

图36.3　航拍视频模拟展示（a）与三维仿真效果（b）

普通的二维地图虽然能呈现大量地理信息，但它多是静态、单调的。我们将高程数据与遥感影像矢量数据结合，添加三维模型，开发模型的动态效果，创建虚拟环境，进行虚拟仿真。这样我们让数字海岸带地图不仅包含了所需要的丰富地理信息，并且具备直观、高仿真的特点，如图36.3b所示。

第五节　总结与展望

随着大数据时代的来临，“数字地球”、“数字海洋”及“数字海岸带”都符合大数据概念的4V特性［体量大（volume）、类型多（variety）、真实性（veracity）、变化速度快（velocity）］。“数字地球”、“数字海洋”及“数字海岸带”都是利用海量、多分辨率、多时相、多类型对地观测数据和社会经济数据及其分析算法和模型构建的虚拟地球、海洋及海岸带。在海量空间数据广泛应用的背景下，1998年国际上首次提出“数字地球”概念，2005年以谷歌地球（Google Earth）为代表的“数字地球”系统开始利用互联网向全世界提供地球高分辨率的数字化呈现服务，使公众通过个人计算机免费便捷地实现对地球数据的基本操作。而大数据概念的诞生与发展，使得“数字地球”不断面临新的挑战，并引领其发展至新一代的阶段。随着大数据时代的到来，国内外学术界正在从各种角度来分析和理解大数据的概念与内涵。当前的大数据定义主要通过两种不同的视角试图刻画大数据的外部特征：一种是相对特征，即在用户可接受的时间范围内，使用普通设备不能获取、管理和处理的数据集；另一种是绝对特征，即大数据4V特性。

“数字海岸带”充分体现了大数据的4V特性。在体量上，其数据规模已达到艾字节级；在类型上，其所应用的数据以图像、视频、文档、地理位置信息等为主，同时也涉及对地观测、科学模型、社会、经济等多类数据；在“数字地球”领域，获取数据的实时性强、更新快，由此导致数据的价值密度较低。此外，新一代“数字地球”系统具有对海量数据进行快速处理、实现数据到信息快速转化的能力，能够为解决人类可持续发展面临的环境、灾害和生态等问题提供第一时间的信息服务支持（郭华东等，2014）。

随着大数据时代的到来，对数据及技术的需求不断增长，“数字地球”、“数字海洋”及“数字海岸带”的内涵与内容会更丰富，会给海岸带科学研究带来新的机遇及研究方法和技术的革新。

参考文献

蔡安宁, 李婧, 鲍捷, 等. 2012. 基于空间视角的陆海统筹战略思考. 世界地理研究, 21(1): 26-34.

陈述彭. 1996. 海岸带及其持续发展. 遥感信息, (3): 6-12.

杜云艳, 周成虎, 苏振奋. 2006. 海岸带及近海科学数据集成与共享研究. 北京: 海洋出版社.

郭华东, 王力哲, 陈方, 等. 2014. 科学大数据与数字地球. 科学通报, 59(12): 1047-1054.

国家发展和改革委员会, 外交部, 商务部. 2015. 推动共建丝绸之路经济带和21世纪海上丝绸之路的愿景与行动. [2019-3-6]. http://www. xinhuanet. com//world/2015-03/28/c_1114793986. htm.

贾思杨, 李家, 郝杰, 等. 2017. 海岸带整治修复专题地理信息数据库建设. 软件, 38(6): 66-69.

李迅. 2014. 海岸带空间规划和管理研究——以滨海城市龙海市为例. 厦门大学硕士学位论文.

李光灿, 杨木壮, 唐玲. 2014. 基于陆海统筹的国土空间规划与管理策略. 广东土地科学, 13(4): 7-11.

李路英. 2017. 1：500基础地理信息数据库更新方法探讨. 测绘通报, (5): 132-135.

李水英. 2017. GIS技术下浙江省海洋承灾体数据库成果应用系统实现. 现代测绘, 40(1): 59-61.

熊淑娣, 万芳琦, 张蕾. 2017. 水库与堤防专题地理信息数据库建设. 测绘科学, 42(1): 71-75.

徐程. 2015. 海岸带生态系统感知平台设计与实现. 上海交通大学硕士学位论文.

张强. 2014. 基于Geodatabase和ArcSDE的广西海岸带信息数据库设计与研究. 钦州学院硕士学位论文.

第三十七章

海岸带环境数据分析与挖掘及其在环境管理中的应用①

① 本章作者：高猛

海岸带生态环境研究离不开持续、系统的观测和监测。随着观测和监测技术的不断提升，研究人员获得了越来越多的生态、环境数据集。对这些数据集进行深入的分析和挖掘对于认识海岸带生态环境演变的过程和一般规律具有重要作用，也可以为制定海岸带管理对策提供科学依据。本章分别介绍空间统计分析在海岸带湿地植物群落研究中的应用，以及极值统计分析在海岸带灾害风险管理中的应用。

第一节　空间统计分析在海岸带湿地植物群落研究中的应用

一、海岸带典型湿地植物群落空间结构分析

植物的空间分布是植物群落中多种生态学机制共同作用的结果。研究植物的空间分布格局是揭示植物群落动态以及背后的生态学机制的关键。空间统计分析是植物空间分布格局研究中最常用的方法。在植物空间分布格局研究中，空间点格局是一种最常用的研究方法，一般通过将个体的空间位置映射到对应的平面上，形成空间点格局。空间点格局分析有助于揭示影响植物空间分布格局的生态学过程和机制（Stoyan and Penttinen，2000）。

（一）空间格局分析的邻体距离模型

聚集分布、均匀分布和随机分布是三种最常见的空间分布格局，而样方法是进行空间格局分析的基本方法（Pielou，1960）。然而样方法存在以下两个不足：受样方大小和形状的制约及个体相对位置缺失。临体距离法则是一种常见的距离采样方法，并可以有效地弥补样方法的不足。常见的临体距离包括采样点到个体的距离（第一类）和个体到个体的距离（第二类）。临体距离是空间点格局分析中比较稳健的随机变量，包含了更多的空间信息，特别是个体的相对位置。临体距离的空间分布则是展示这种相对位置信息的方式。

对于随机分布格局，Thompson（1956）推导出第一类临体距离的概率分布函数：

$$p_n(r) = 2\lambda\pi r \mathrm{e}^{-\lambda\pi r^2} \frac{\left(\lambda\pi r^2\right)^{n-1}}{\Gamma(n)} \tag{37.1}$$

理论研究结果证实随机分布格局下，第一类和第二类临体距离的概率密度函数是等价的。对于聚集型的空间点格局，Eberhardt（1967）推导出第一类临体距离的概率分布函数：

$$g_n(r) = \frac{2(\lambda\pi)^n r^{2n-1}}{k^n} \frac{\Gamma(n+k)}{\Gamma(n)\Gamma(k)} \left(1+\frac{\lambda\pi r^2}{k}\right)^{-n-k} \tag{37.2}$$

在前两种分布模型的的基础上，可以推导出聚集型空间分布格局下第二类临体距离的概率分布函数（Gao，2013）：

$$f_n(r) = \frac{2(\lambda\pi)^n r^{2n-1}}{k^n} \frac{\Gamma(n+k+n)}{\Gamma(n)\Gamma(k+1)} \left(1+\frac{\lambda\pi r^2}{k}\right)^{-n-k-1} \tag{37.3}$$

研究结果表明：①相对于第一类临体距离的分布函数，第二类临体距离的分布函数的适用性更好，可以很好地拟合各类聚集空间分布格局；②临体距离法对尺度的敏感性要弱于样方法，因此，可以更好地用于估计空间聚集度；③临体距离概率分布模型可以进一步用于密度估计（Gao，2013）。

（二）莱州湾滨海湿地植物群落结构分析

选择莱州湾比较典型的柳林作为研究区，其具体位于昌邑海洋国家特别保护区试验区内。2011～2013年，在柽柳的生长季先后五次赴研究区进行植被群落和土壤调查。共布设10m×10m样地90个，采集土样220个，土壤的指标包括速效钾、速效磷、碱解氮、有机质、全盐、pH。植被调查结果为：

柽柳为唯一的灌木，高度一般在1～4m；其他草本植物包括狗尾草、加蓬、白羊草、滨藜、茵陈蒿、白首乌（藤本）、荻、芦苇等共计13种。

草本植物分布具有镶嵌式分布的特点；在盐分比较高的地区，盐地碱蓬为主要优势物种，占总量的60%左右；在靠近内陆的地区，土壤盐分降低，优势物种为狗尾草，所占比例为65%；受人类活动影响，植物群落的演替过程明显，碱蓬逐渐被狗尾草、加蓬、白羊草、滨藜等植物取代；植物分布的南北向具有明显的过渡特征。

人类活动被认为是改变研究区植物群落演替的主要原因。其过程如下：修筑防潮坝阻断了海水，使得保护区完全不受海水影响，降水使得土壤盐分降低，碱蓬等耐盐植物枯死，狗尾草等旱生植物逐渐取代碱蓬成为优势种。柽柳作为唯一的灌木，其分布有明显的空间异质性，其聚集度指数为0.1～0.6，其中保护区边缘的聚集度较高，但密度较低；保护区核心区的聚集度低，但密度很高，且高度达3～4m。空间自相关分析采用Mantel检验，包括植物群落的自相关性检验、土壤理化性质的自相关性检验以及植物土壤的相关性检验，结果见表37.1～表37.4。

表37.1　柽柳林群落的Mantel检验结果（Bi et al.，2014）

	潮间带			潮上带		
	I	II	III	I	II	III
pH	8.270（0.383）	8.010（0.110）	8.095（0.026）	8.393（0.421）	8.617（0.377）	8.826（0.392）
SC	0.320（0.292）	0.679（0.285）	0.721（0.336）	0.056（0.017）	0.099（0.100）	0.116（0.122）
K	1581.250（125.834）	1665.250（12.285）	1495.500（212.572）	1625.059（157.263）	1664.000（8.374）	1515.882（154.931）
P	8.015（5.451）	7.443（2.193）	18.893（4.721）	14.414（6.566）	11.046（3.055）	20.071（7.083）
N	4.848（1.250）	2.888（2.655）	1.365（0.967）	9.837（14.363）	9.001（14.707）	1.886（0.648）
SOM	1.202（0.539）	1.058（0.220）	0.817（0.104）	1.112（0.382）	0.812（0.239）	0.712（0.231）

注：SC，盐度（%）；K，速效钾（ppm）；P，速效磷（ppm）；N，有效氮（ppm）；SOM，有机质（%）

表37.2　潮间带及潮上带土壤理化性质的均值及标准差（Bi et al.，2014）

	A		*C*		*H*		*S*	
	Mantel's *r*	*P*	Mantel's *r*	*P*	Mantel's *r*	*P*	Mantel's *r*	*P*
A	0.008	0.223	0.149	0.070	0.134	0.103	0.045	0.619
C			0.145	0.060	0.835	**0.001**	0.201	**0.002**
H					0.204	**0.001**	0.835	**0.001**
S							0.357	**0.040**

注：*A*，多度；*C*，树冠径；*H*，高度；*S*，多样性

表37.3　不同土层土壤理化性质的Mantel检验结果（Bi et al.，2014）

	第一层		第二层		第三层	
	Mantel's *r*	*P*	Mantel's *r*	*P*	Mantel's *r*	*P*
pH	0.200	**0.040**	0.009	0.007	0.346	0.002
SC	0.307	0.002	0.439	0.001	0.399	0.001
K	–0.050	0.650	0.220	0.030	0.090	0.130
P	0.220	0.020	–0.110	0.895	–0.003	0.490
N	–0.050	0.590	–0.042	0.580	0.121	0.080
SOM	0.030	0.320	0.106	0.145	–0.097	0.790
pH/*D*	–0.104	0.760	0.040	0.330	0.053	0.200
SC/*D*	0.016	0.290	0.126	0.080	0.209	0.070

续表

	第一层		第二层		第三层	
	Mantel's *r*	*P*	Mantel's *r*	*P*	Mantel's *r*	*P*
K/*D*	–0.195	0.950	–0.086	0.750	0.077	0.213
P/*D*	0.350	0.060	–0.129	0.896	–0.130	0.930
N/*D*	–0.019	0.260	–0.017	0.350	0.134	0.080
SOM/*D*	0.090	0.180	0.240	0.051	–0.054	0.569

注：*D*，到防潮坝的距离；SC，盐度（%）；K，速效钾（ppm）；P，速效磷（ppm）；N，有效氮（ppm）；SOM，有机质（%）；*A*，多度；*C*，树冠径；*H*，高度；*S*，多样性

表37.4　土壤理化性质与植被相关性Mantel检验结果（Bi et al.，2014）

	Mantel's *r*	*P*		Mantel's *r*	*P*
A/pH	0.014	0.16	*A*/SC	0.0018	0.212
C/pH	0.158	0.07	*C*/SC	0.149	0.07
H/pH	0.22	0.005	*H*/SC	0.217	0.004
S/pH	0.36	0.02	*S*/SC	0.08	0.009

注：*A*，多度；*C*，树冠径；*H*，高度；*S*，多样性

二、基于DPSIR模型的海岸带湿地管理

植物群落的综合分析表明，莱州湾南岸湿地土壤和植物演替的主要驱动因素为人类活动影响。为从湿地管理的角度研究人与自然的关系，我们建立了“驱动力-压力-状态-影响-响应（DPSIR）”模型。其中，驱动力来自当地经济发展（主要是盐业及盐化工产业）对地下卤水资源的需求；压力表现在卤水开采及堤坝建设两个方面（图37.1）；状态指的是湿地环境，包括水环境、土壤环境，以及植物群落等；影响代表土壤环境和植物群落演替以及湿地失水；响应包括生物多样性保护、人工造林、引水等措施。以上分析表明，要从根本上解决莱州湾南岸湿地特别是昌邑柽柳林湿地海洋特别保护区的生态压力，盐业及盐化工产业的升级改造是关键。

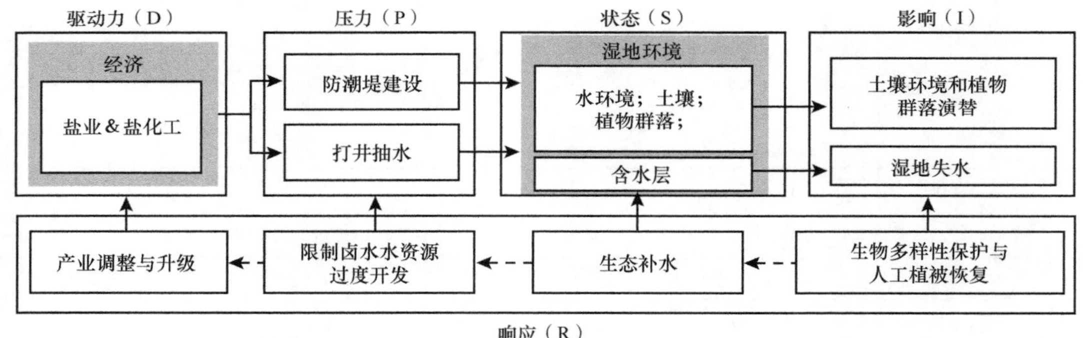

图37.1　莱州湾滨海湿地管理的“驱动力-压力-状态-影响-响应”（DPSIR）模型（Bi et al.，2014）

第二节　极值统计分析在海岸带灾害风险管理中的应用

一、极值统计理论

海岸带地区陆海相互作用强烈，各类自然灾害发生频繁，为我国的三大灾害带之一（韩渊丰等，1993）。其中几种比较典型的海岸带自然灾害，如风暴潮、海冰等是直接由极端气候的直接作用引起

的；而海岸侵蚀、有害藻华则是极端气候间接作用的结果。虽然极端气候灾害发生的概率不高，但一旦发生就会带来极大的不良后果。根据已有的各类资料预测某种等级自然灾害发生的可能性，并以此为基础进行灾害的风险评估和区划研究，对防灾减灾具有重要价值，而极值统计理论则是解决以上问题的主要途径。

从概率意义上，极值表示随机变量的极端变异性。而从统计学意义上，极值一般被认定为数据集合中的极大值或极小值。假定X_1，$X_2\cdots$（独立同分布）为关注的目标随机事件的时间序列，以固定时间间隔记录了某地的气象或水文变量。极值统计理论有两种方法可以识别极值：区段最大法（block maxima）和阈值法（threshold）。图37.2给出了这两种方法识别极值的示意图，其中第一种方法识别出的极值为X_2, $X_5, X_7, X_{11}, \cdots$，第二种方法识别出的极值为$X_1, X_2, X_7, X_8, \cdots$。

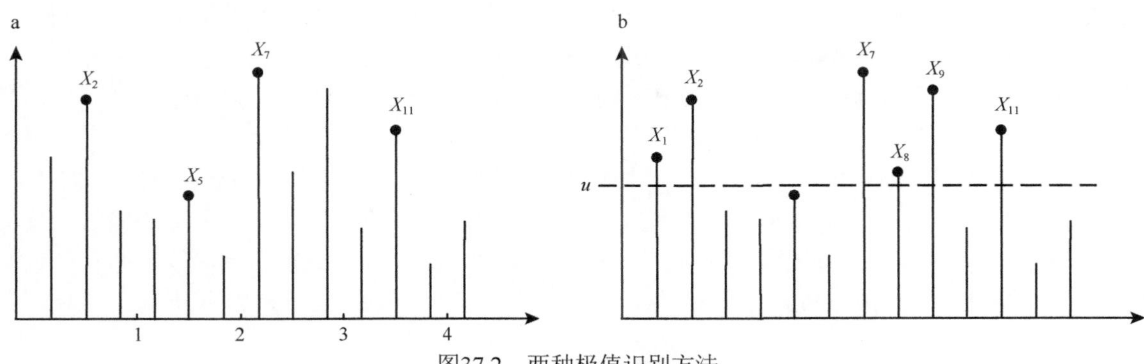

图37.2 两种极值识别方法

a. 区段最大法（block maxima）；b. 阈值法（threshold）

对于第一种极值，其概率分布函数可以归纳为以下三种类型（表37.5）。

表37.5 三种极值概率分布函数

类型	名称	概率分布函数
I	Gumbel	$F(x)=\exp\left\{-\exp\left(\frac{x-\mu}{\sigma}\right)\right\}$, $-\infty\leqslant x\leqslant+\infty, \mu, \sigma>0$
II	Fréchet	$F(x)=\begin{cases}0, x\leqslant\mu \\ \exp\left\{-\exp\left(\frac{x-\mu}{\sigma}\right)\right\}^{-\alpha}, x>\mu\end{cases}$ $\mu, \sigma, \alpha>0$
III	Weibull	$F(x)=\begin{cases}\exp\left\{-\exp\left(\frac{x-\mu}{\sigma}\right)\right\}^{\alpha}, x\leqslant\mu \\ 1, x>\mu\end{cases}$ $\mu, \sigma, \alpha>0$

以上三种概率分布函数可以统一为一种广义极值分布（generalized extreme value，GEV）：

$$F(x)=\exp\left\{-\left[1+\varepsilon\left(\frac{x-\mu}{\sigma}\right)\right]^{-1/\varepsilon}\right\},\ 1+\varepsilon\left(\frac{x-\mu}{\sigma}\right)>0 \tag{37.4}$$

式中，μ，$\sigma>0$；ε分别为概率分布的位置、尺度和形状参数。

广义极值分布是气象学、水文学常用的极值分布函数，多应用于极值序列的再现周期分析，以及与极值相关的工程可靠性（失效风险）分析。一般情况下，以一年为一个时间区段，例如，定义M_y为第y个年度的降水（气温、海平面高度、径流）最大值，即

$$M_y=\max(x_1, x_2, \cdots, x_B) \tag{37.5}$$

式中，B为时间区段长度（图37.3）。

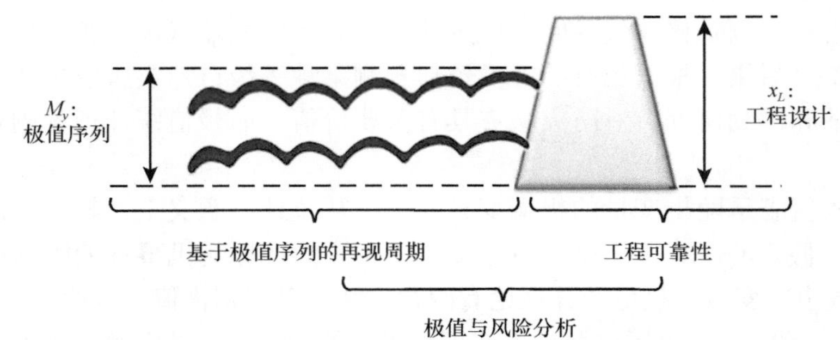

图37.3　极值统计与风险及可靠性分析的关系

基于极值的风险和可靠性分析，需要首先研究极端事件的再现周期与再现水平的关系，例如常见的表述方式为某地20年一遇强降雨90mm，50年一遇强降雨120mm。在时间序列满足平稳性的前提下，二者之间的关系可以采用比较简单的基于广义极值分布函数的公式估算。然而，当时间序列受到气候变化的影响而呈现出一定非平稳性时，需要从再现周期本身概念进行重新解读并计算。

给定极值序列M_y，其中y=0, 1, 2, 3,…，（如年度最大值序列），假设再现周期为Y（正整数），那么从序列M_y的角度，再现周期有两种解读（图37.4），其中图37.4a解读为超越X_Y水平的极值平均间隔是Y年，图37.4b解读为超越X_Y水平的极端事件在Y年内平均发生一次。在平稳条件下，以上两种解读是一致的，再现周期和再现水平的关系可以用简单数学公式表达。在非平稳条件下，由于随机变量M_y不再是同分布的，只能通过数值近似进行求解。

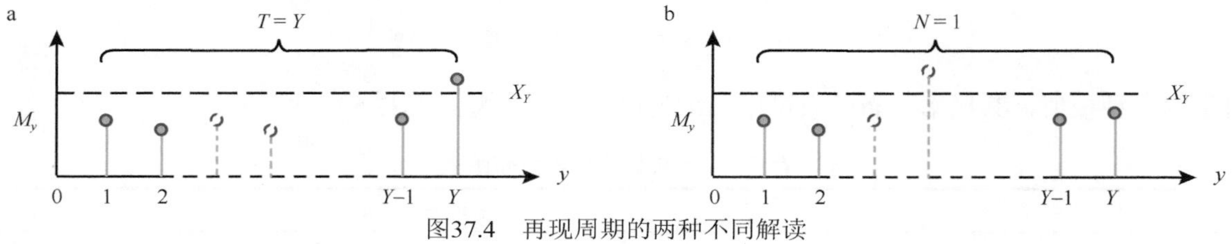

图37.4　再现周期的两种不同解读

二、海上风电的极端风力条件与风险分析

我国有18 000多千米的大陆海岸线，而近海岛屿也有6000多个。受东亚季风和各类气旋的影响，海上风电开发潜力巨大。根据风能资源普查成果，我国5～25m水深、50m高度海上风电开发潜力约2亿kW；5～50m水深、70m高度海上风电开发潜力约5亿kW（肖子牛，2010）。其中，东南沿海风能密度基本都在300W/m^{2}以上，而该区域也是我国受台风侵袭最多的地区。近年来，历次台风给东南沿海风电场造成了巨大的经济损失（表37.6）。

表37.6　台风造成的风电场损失统计（部分）

日期	台风名称	风电场	损失统计		
			风机	叶片	塔架
2003-9-3	杜鹃	红树湾	4	9	0
2006-8-10	桑美	鹤顶山	13	10	5
2010-10-23	鲶鱼	流奥	4	1	1
2013-9-22	天兔	红树湾	—	9	8
2014-7-18	威马逊	文昌	—	3	1
		徐闻	—	5	13

基于中国沿海12个有代表性的气象站的地面风速资料，利用广义极值分布估计其20年及50年再现水

平的极大风速（表37.7）。一般情况下，风机的设计寿命为20年，按照IEC的参考标准（IEC，2005），20年一遇地面2m风速低于27.5m/s的区域才符合Ⅰ级风机的安装要求。根据表37.7，我国东部沿海地区的地面风速均超过了Ⅰ级风机的安装要求。极值统计的分析结果与风电场在极端风力条件下的损失情况是一致的，因此在我国东部沿海地区进行海上风电开发的时候需要充分考虑极端风速带来的潜在风险。

表37.7　我国沿海12个气象站位置及极大风速再现水平估计

气象站	经度	纬度	海拔（m）	极大风速（m/s）	
				20年再现	50年再现
长海	122°35′E	39°16′N	35.5	26.21	29.39
兴城	120°42′E	40°35′N	10.5	20.43	22.38
长岛	120°43′E	37°56′N	39.7	27.45	29.09
成山头	122°41′E	37°24′N	47.7	30.72	32.61
青岛	120°20′E	36°04′N	76.0	27.31	30.23
吕泗	121°36′E	32°04′N	5.5	20.07	21.00
嵊泗	122°27′E	30°44′N	79.6	37.39	43.50
大成岛	121°54′E	28°27′N	86.2	43.26	51.63
平潭	119°47′E	25°31′N	32.4	25.04	27.11
南澳	117°02′E	23°26′N	7.2	26.31	29.24
上川岛	112°46′E	21°44′N	21.5	36.22	39.95
西沙	112°20′E	16°50′N	4.7	39.11	44.79

三、基于分位数回归的极值分析

1978年Koenker和Bassett首先提出了分位数回归理论，它依据因变量的条件分位数对自变量进行回归，得到不同分位数下的回归模型。与普通最小二乘法相比，分位数回归更能充分反映自变量对不同部分因变量的分布产生的不同影响。如果把时间序列的时间作为自变量，分位数回归可以作为时间序列趋势分析的一种重要工具。特别是把分位数定为较大或较小的数值时，分位数回归可以对极值变化进行分析，一般将低于5%和高于95%的部分视为“极值”。在使用分位数回归时，应关注序列本身的自相关性（长记忆，long memory），因为存在“长记忆”的时间序列会产生类似“确定性趋势”的“假象”（Franzke，2010）。“长记忆”性是时间序列中一种较长时间尺度的相关性，在许多金融、气象时间序列中均存在这一特征（Van Gelder et al.，2008）。

在使用分位数回归进行极值的趋势分析时，需要首先对时间序列进行“长记忆”性检测。在检测之前，一般需要对原始的时间序列进行“去趋势化”（de-trending）和“去季节化”（de-seasonalizing）。对处理后的数据可以采用估算Hurst系数和分数差分参数（fractional differencing parameter）来检验“长记忆”性的存在。在实际的计算中，GPH方法是一种比较常用的半参数检验方法（Geweke and Porter-Hudak，1983），其零假设为时间序列中不存在“长记忆”性，优势在于在不需要对时间序列做过多假设的前提下，可以估算出分数差分参数。

当“长记忆”性检测的结果显示时间序列存在显著的“长记忆”性时，一般的分位数回归方法便不再适用于时间序列的趋势和显著性检验。对于这一类时间序列，需要采用基于替代数据的非参数检验。其原理是利用分线性时间序列生成方法（Schreiber and Schmitz，1996），生成与原时间序列具有相同分数差分参数的替代时间序列，计算所有替代数据的分位数回归系数，并按照从小到大的顺序进行排列，生成替代数据的分位数回归系数样本集，把原始时间序列对应的分位数回归系数与分位数回归系数样本集相比较，如果位于样本集的2.5%之下或97.5%之上，那么原始数据的分位数回归系数是显著的。

利用上述方法对全球海平面高度时间序列进行“长记忆”性检测与极值趋势分析。本研究所用的高度计资料是多卫星（Jason-1，T/P，Envisat，GFO，ERS-1/2，GEOSAT）融合数据，该数据是由法国空间研究中心（AVISO）数据中心提供的，本研究使用的是时间间隔为7天的周平均海平面异常（MSLA）数据，资料为空间分辨率（1/3）°×（1/3）°的墨卡托网格，即网格点数为1080×915，覆盖范围为全球（82ºS～82ºN，0°～360°）。该资料已经进行了相应的仪器误差和各种地球物理影响因素的订正，包括电离层延迟、干湿对流层订正，以及电磁偏差、固体潮和海洋潮、极潮、逆气压订正等，精度为2～3cm。本研究所用数据的时间范围是从1993年1月到2013年8月。对每一个网格的时间序列在（长记忆）检测和极值趋势分析之前，先进行预处理，然后计算每一个时间序列的分数差分参数，数值范围在0和0.5之间的视为具有（长记忆）特征，计算结果见图37.5。检验结果显示，全球海平面高度时间序列具有很显著的（长记忆）特征，因此需要采用基于替代数据的分位数回归和检测方法进行极值的趋势分析；与全球平均海平面的上升趋势相比，极端海平面的上升速率呈现出一定的空间差异性（图37.6），这一现象需要进一步从海洋动力学的角度进行分析。

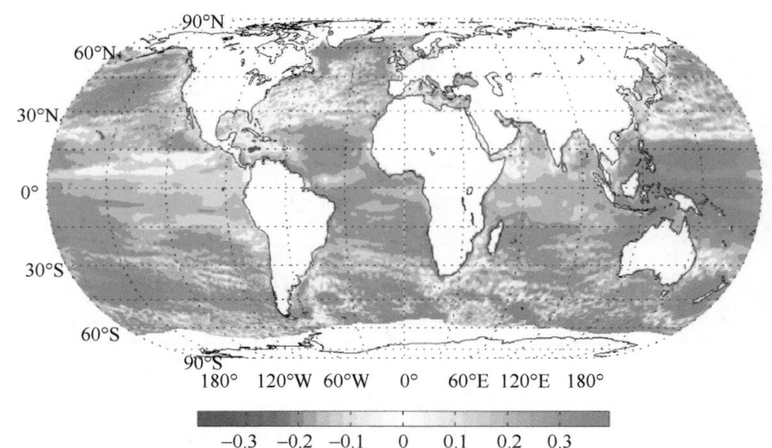

图37.5　全球海平面高度序列的“长记忆”检测结果

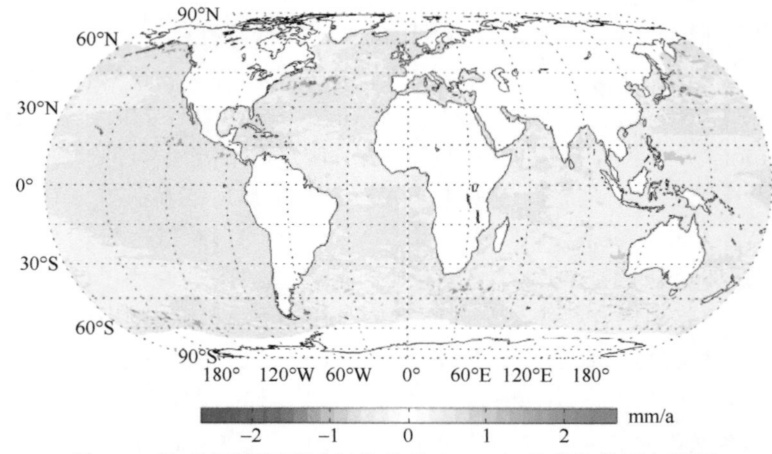

图37.6　全球极端海平面高度序列（τ=0.9）的分位数回归结果

参考文献

韩渊丰, 张治勋, 赵汝植. 1993. 中国灾害地理. 西安: 陕西师范大学出版社.

肖子牛. 2010. 中国风能资源评估. 北京: 气象出版社.

Bi X L, Wen X H, Yi H P, et al. 2014. Succession in soil and vegetation caused by coastal embankment in southern Laizhou Bay, China—flourish or degradation? Ocean & Coastal Management, 88: 1-7.

Eberhardt L L. 1967. Some developments in distance sampling. Biometrics, 23(2): 207-216.

Franzke C. 2010. Long-range dependence and climate noise characteristics of Antarctic temperature data. Journal of Climate, 23(22): 6074-6081.

Gao M. 2013. Detecting spatial aggregation from distance sampling: a probability distribution model of nearest neighbor distance. Ecological Research, 28(3): 397-405.

Geweke J, Porter-Hudak S. 1983. The estimation and application of long memory time series models. Journal of Time Series Analysis, 4(4): 221-238.

IEC. 2005. 61400-1. International Standard. Geneva: Switzerland.

Koenker R, Gilbert B. 1978. Regression Quantiles. Econometrica, 46: 33-50.

Pielou E C. 1960. A single mechanism to account for regular, random and aggregated populations. Journal of Ecology, 48: 575-584.

Schreiber T, Schmitz A. 1996. Improved surrogate data for nonlinearity tests. Physical Review Letter, 77(4): 635-638.

Stoyan D, Penttinen A. 2000. Recent applications of point process methods in forestry statistics. Statistical Science, 15(1): 61-78.

Thompson H R. 1956. Distribution of distance to nth nearest neighbor in a population of randomly distributed individuals. Ecology, 37(2): 391-394.

Van Gelder P H, Mai C V, Wang W, et al. 2008. Data management of extreme marine and coastal hydro-meteorological events. Journal of Hydraulic Research, 46(S2): 191-210.

[illegible] C. 2010. Long-range dependence and climate noise characteristics of Antarctic temperature data. Journal of Climate, 23(22): [illegible]-6081.

[illegible] 2003. Detecting spatial aggregation from distance sampling: a probability distribution model of nearest neighbor distance. Ecological Research, 18(3): [illegible]-404.

Geweke J, Porter-Hudak S. 1983. The estimation and application of long memory time series models. Journal of Time Series Analysis, 4(4): 221-238.

ISO 3534-1. International Standard. Geneva, Switzerland.

Koenker R, Bassett G. 1978. Regression quantiles. Econometrica, 46: 33-50.

Pielou E C. 1960. A single mechanism to account for regular, random and aggregated populations. Journal of Ecology, 48: 575-584.

Schreiber T, Schmitz A. 1996. Improved surrogate data for nonlinearity tests. Physical Review Letters, 77(4): 635-638.

Stoyan D, Penttinen A. 2000. Recent applications of point process methods in forestry statistics. Statistical Science, 15(1): 61-78.

Thompson H R. 1956. Distribution of distance to nth nearest neighbour in a population of randomly distributed individuals. Ecology, 37(2): 391-394.

Van Gelder P H A J M, Wang W, et al. 2008. Data management of extreme marine and coastal hydro-meteorological events. Journal of Hydraulic Research, 46(S2): 191-210.

第三十八章

海岸带空间规划与综合管理①

① 本章作者：吴晓青

海岸带是海洋和陆地的交汇地带，是人类居住最为密集、开发活动最为频繁、经济最为发达的区域，也是资源环境矛盾最为突出的区域。由于人类开发活动剧烈、海洋灾害频发，海岸带区域正面临着严峻的威胁，需要采取一系列的调控措施，以加强海岸带区域的保护与管理，实现海岸带地区的可持续发展。国际上沿海各国尤其是发达国家高度重视海岸带资源环境的保护和规划管理，积累了丰富的实践经验。例如，美国基于大海洋生态系（LME）尺度，将其领海及专属经济区划分成九个规划区域，并为每个规划区成立相应的区域规划机构，负责制定本规划区域的海洋空间规划；欧盟致力于推动海洋空间规划和海岸带综合管理；澳大利亚实施流域一体化管理和基于生态系统的管理，其编制的大堡礁海洋区划最具有代表性。近年来，我国沿海地方先行先试，在海岸带规划管理方面做了大量探索性工作，如积极探索海岸带保护地方立法，以保护海岸带资源、规范海岸带开发秩序；编制海岸带保护和利用综合规划，将海岸带保护与开发纳入“多规合一”蓝图；加强海岸线统筹协调管理，成立海岸带协调管理委员会，建立联席会议制度等。这些保护管理措施对加强我国各地方海岸带空间管理发挥了重要作用，但就我国整体海岸带保护形势而言，仍然任重而道远。在这方面，西方国家的一些先进经验值得我们研究、学习和借鉴。本研究基于承担的海岸带规划编制项目实践，总结在海域使用活动调控、海岸线保护和海岸带综合整治规划管理领域的理论技术方法和管理策略。

第一节　海域使用活动调控与规划管理

一、海域使用活动及其环境压力评估

（一）海域使用活动分布及其强度评价

全面、客观地认识海域开发利用现状，了解特定海域空间开发利用活动的组成、空间分布、强度及其空间差异，分析海域开发利用中存在的问题，对于促进海域资源合理配置、推动海洋经济发展、科学指导海域管理和生态保护工作具有重要意义（马红伟等，2012；闫吉顺等，2015）。

以莱州湾这一特定海域为研究区，通过集成海域使用确权、海域使用专项调查、遥感解译和调查走访等多种手段获取海域空间开发利用活动类型及其分布信息，借助GIS平台进行海域空间开发利用现状分布制图，并建立评价指标体系，定量化揭示莱州湾海域空间开发利用强度、结构及其空间差异，以期为莱州湾海域使用管理和海洋生态环境保护提供决策支持。

1. 研究方法

1）研究区概况

莱州湾位于渤海南部、山东省北部，地理坐标为（37°02′～37°54′N，118°45′～120°19′E），海域范围西起黄河新入海口，东至龙口市屺㟂岛高角。莱州湾是山东省面积最大的海湾，也是渤海最大的半封闭性海湾（图38.1）。海湾滩涂广阔，大部分水深在10m以内，海湾西侧为黄河入海口及现代黄河三角洲，湾顶为粉砂淤泥质海岸，东部为砂质海岸，发育了滩脊、连岛坝和潟湖。海湾沿岸有小清河、弥河、胶莱河、界河等十余条河流入海。

莱州湾滩涂、生物资源、石油矿产等海洋资源丰富，是山东省重要的渔业捕捞区和增养殖区，也是我国海上油气主要开发基地，沿岸石油化工、盐化工行业发达。近岸建有潍坊港、莱州港、龙口港等大、中型港口以及羊口港、海庙港、朱旺港等渔港。近年来，在“黄河三角洲生态高效经济区”和“半岛蓝色经济区”两大发展战略推动下，莱州湾海域港口及临海工业、滨海新城建设、海洋能源开发、滨海旅游产业和海洋渔业快速发展，岸线利用、围填海开发和海域使用强度逐渐增强，给莱州湾环境质量改善和生态保护带来巨大压力。

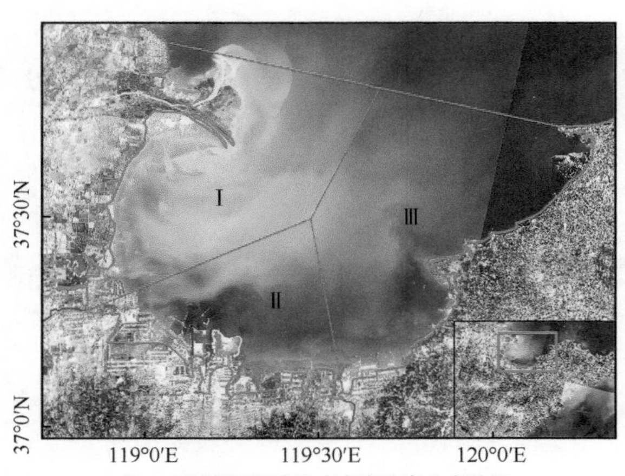

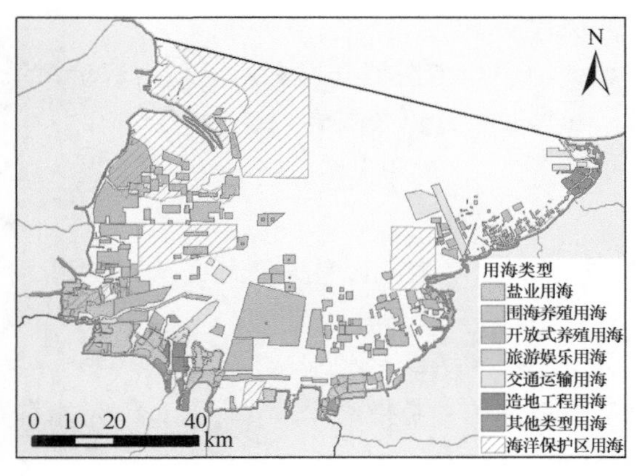

注：本研究海岸线为山东省政府公布数据

图38.1　莱州湾海域范围及海域使用活动分布（杜培培等，2017）

2）数据来源与方法

本研究采用资料搜集、遥感影像解译、实地调查和部门走访等多种手段，集成海域使用确权审批数据、海洋使用专项调查数据、遥感影像和现场调查GPS定点数据等多源数据，获取莱州湾海域空间开发利用活动类型及其现状分布。首先，以2015年Landsat-8 OLI遥感影像为基础数据源，经图像预处理后得到15m高分辨率影像，根据主要用海类型的遥感解译标志（韩富伟等，2008；高伟明和刘军会，2006），目视解译获得围海养殖、盐田、港口、临港工业等以围填海方式为主的开发利用活动分布。其次，搜集、整理海域使用审批确权信息数据（截至2014年底），将其进行空间化，并通过拓扑处理，生成用海现状分布图。然后，提取研究区海图和港口总体规划、区域建设用海规划等相关资料中有关用海现状的信息，来补充未纳入海域使用审批确权系统的开发利用活动范围，如港口的外航道、锚地等。最后，在ArcGIS10.0中叠加遥感解译、用海确权和相关信息数据，根据现场调查、部门走访的信息进行适当修改，最终确定莱州湾海域空间开发利用现状分布。

海域开发利用现状分类体依据《海域使用分类》（HY/T 123—2009）的分类标准来确定。海岸线位置根据山东省政府批复的大陆海岸线修测成果数据（鲁政字〔2008〕174号）确定，其岸线属性则依据前期课题研究成果和最新遥感影像进行更新获得，主要分为自然岸线和人工岸线。

3）评价范围

依据山东省政府公布的修测岸线，考虑到黄河入海口已向北摆动，适当延伸莱州湾西侧的岸线范围，并将岸线两端顶点直线连接，形成本研究的评价范围（图38.1）。涉及海域面积7480.4km^2，大陆海岸线长551.4km。自海岸线地市行政边界分界点向海垂向延伸并相交，将莱州湾分为西部、中部和东部三个海域分区，进行海域开发利用现状水平的空间差异性评价。

4）评价指标

从海域开发利用强度和均衡性两个角度，选取若干典型指标对莱州湾海域空间开发利用现状进行定量化评价。选取人工岸线比例、海域使用率、非开放式用海比例、近岸海域围填率、岸线围填海强度、单位岸线用海支持度等6个指标对莱州湾海域空间开发利用强度进行单因子和多因子综合评价。

a. 人工岸线比例

人工岸线比例是指人工岸线长度占评价海域大陆海岸线长度的比例（李亚宁等，2014）。计算公式为

$$\alpha = \frac{h}{H} \times 100\% \tag{38.1}$$

式中，α为人工岸线比例；h为评价海域人工海岸线长度；H为评价海域大陆海岸线长度。其中，α为0时表示岸线全为自然岸线，值越大，表明岸线人工化程度越高。

b. 海域使用率

海域使用率是指海域开发利用面积占评价海域总面积的比例（王江涛，2008；马红伟等，2012；李亚宁等，2014）。计算公式为

$$\beta = \frac{S_Y}{S} \times 100\% \tag{38.2}$$

式中，β为海域使用率；S_Y为评价海域已开发利用的海域面积；S为评价海域总面积，本研究中包括海岛面积。

c. 近岸海域围填率

近岸海域围填率是指离岸一定距离或一定水深范围内，海域围填海所占面积比例。计算公式为

$$\delta = \frac{S_W}{S_K} \times 100\% \tag{38.3}$$

式中，δ为近岸海域围填率；S_W为离岸一定范围内的围填海面积；S_K为离岸一定范围内的海域总面积。考虑评价海域特点和用海现状，本研究测算距离海岸线10km范围内的海域围填率。

d. 非开放式用海比例

根据海域使用特征及对海域自然属性的影响程度，以及《海域使用分类》（HY/T 123—2009），将海域用海方式划分为围海、填海造地、开放式、构筑物、其他方式。非开放式用海比例是指已开发利用海域中，采取非开放式用海方式的海域使用面积占已开发利用海域面积的比例。计算公式为

$$\gamma = \frac{S_F}{S_Y} \times 100\% \tag{38.4}$$

式中，γ为非开放式用海比例；S_F为非开放式用海面积；S_Y为评价海域已开发利用的海域面积。

e. 岸线围填海强度

岸线围填海强度是指评价海域单位岸线长度（km）上承载的围填海面积（hm^2）（付元宾等，2008）。计算公式为

$$R = S_T / H \tag{38.5}$$

式中，R为岸线围填海强度；S_T为评价海域围填海面积；H为评价海域大陆海岸线长度。

f. 单位岸线用海支持度

单位岸线用海支持度是指评价海域单位海岸线长度（km）上承载的海域开发利用面积（hm^2）。计算公式为

$$Z = S_Y / H \tag{38.6}$$

式中，Z为单位岸线用海支持度；S_Y为评价海域已开发利用的海域面积；H为评价海域大陆海岸线长度。

g. 海域空间开发利用强度

表38.1　海域空间开发利用强度评价指标权重

评价指标	权重（W_j）
人工岸线比例	0.0403
海域使用率	0.3767
非开放式用海比例	0.2646
近岸海域围填率	0.1589
岸线围填海强度	0.0625
单位岸线用海支持度	0.0970

资料来源：杜培培等，2017

将上述6个评价指标进行加权综合计算，得到海域空间开发利用强度（Q_i），用来综合反映莱州湾海

域空间开发利用强度水平。计算公式为

$$Q_i = \sum_{j=1}^{m} w_j x_{ij} \tag{38.7}$$

式中，Q_i为海域空间开发利用强度指数，取值0～1，值越大，强度越高；w_j是评价指标j的权重，由专家打分法确定（表38.1）；x_{ij}是前述6个评价指标分值经过极差归一化方法（王江涛，2008；马红伟等，2012）处理后所得的归一化值。

2. 研究结果

1）海域使用活动结构和布局

截至2015年底，莱州湾海域使用面积已达到3660.25km^2。其中，西部海域为2141.59km^2，中部海域为829.08km^2，东部海域为689.58km^2。莱州湾海域使用活动类型涵盖《海域使用分类》（HY/T 123—2009）所确定的7个用海一级类和19个用海二级类，用海类型基本齐全。但是，用海结构规模并不均衡，整个莱州湾海域开发利用以海洋保护区用海、开放式养殖用海、盐业用海、围海养殖用海、交通运输用海和造地工程用海为主。其中，海洋保护区用海规模最大，使用海域面积为1768.83km^2，主要集中在黄河口近岸海域；其次为开放式养殖用海，海域面积为1169.95km^2，在海湾内分布广泛；盐业用海规模也相当大，海域面积达到295.01km^2，主要分布在湾顶高涂区域；围海养殖用海、航道用海、锚地用海以及造地工程用海面积相差不大；而其他的用海类型如油气开采、船舶、电力工业用海以及人工鱼礁用海规模则相对较小，且空间分布不均匀。

为进一步分析莱州湾海域使用结构的差异，增强主要用海类型之间的可比性，本研究在不考虑海洋保护区用海的情况下，进行海域使用空间的二维平面化处理，计算不同海域分区主要用海类型的面积比重，见图38.2。结果显示，整个莱州湾海域以开放式养殖用海、盐业用海和交通运输用海为主，三大

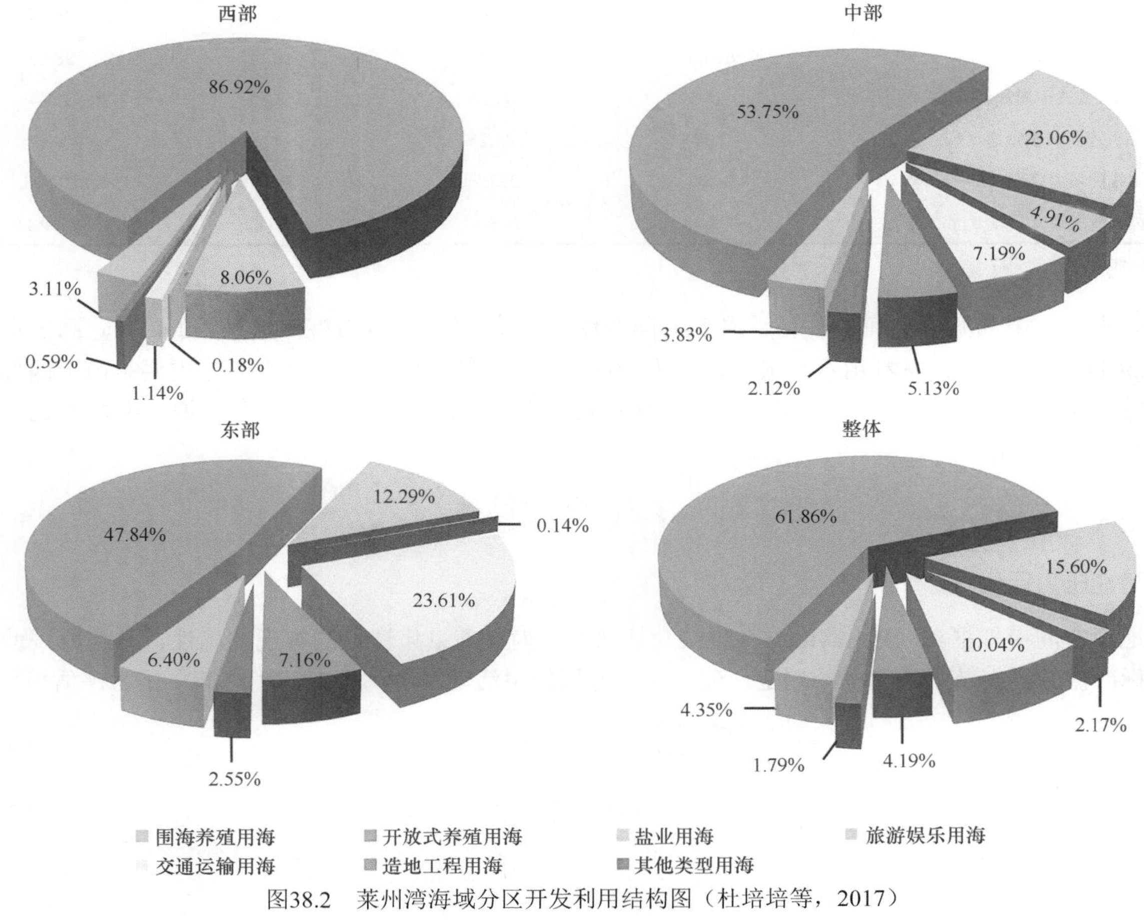

图38.2　莱州湾海域分区开发利用结构图（杜培培等，2017）

海域分区用海规模结构稍有差异，表现在：西部、中部海域均以开放式养殖用海和盐业用海为主，但是中部海域开放式养殖用海比例要比西部海域低33.17个百分点，而其交通运输、旅游娱乐和造地工程等用海类型面积比重较高；与西部、中部海域不同，东部海域的开放式养殖用海规模比例低于50%，且交通运输用海和造地工程用海比重高，分别达到23.61%和7.16%，但是旅游娱乐用海面积比重不及中部海域高。

2）海域使用综合水平

选取人工岸线比例、海域使用率、非开放式用海比例、近岸海域围填率、岸线围填海强度、单位岸线用海支持度等6个指标，在不考虑海洋保护区用海的情况下，对莱州湾海域空间开发利用强度进行单因子和多因子综合评价。

结果显示，从岸线人工化程度来看，中部海域人工岸线比例最高，西部海域最低，海湾整体水平和东部海域相当（表38.2）。从海域使用率来看，中部海域使用程度最高，达到51.11%，海湾整体的海域使用率为28.28%，西部海域略大于东部海域。从非开放式用海比例和近岸海域围填率综合来看，中部海域仍最高，但是两指标值之间相差并不大，说明中部海域围填海开发利用方式占较大比重，且集中在岸线向海10km以内；西部海域指标值明显低于东部，说明西部海域围填海、构筑物用海方式所占规模较小。从岸线围填海强度和单位岸线用海支持度两大指标来看，中部海域单位岸线承载和支持的海域开发利用规模明显高于西部和东部；后两者相比，西部海域岸线围填海强度低于东部，但是对海域开发利用的总体支持度高于东部，这主要是由于西部海域空间开发利用以开放式用海方式为主，且向海延伸较远距离。

表38.2　莱州湾海域空间开发利用现状评价指标值

指标	指标值			
	西部	中部	东部	整体
人工岸线比例（%）	59.88	95.04	78.26	76.45
海域使用率（%）	18.66	51.11	18.24	28.28
非开放式用海比例（%）	11.95	41.64	31.55	30.04
近岸海域围填率（%）	5.38	42.25	14.48	17.97
岸线围填海强度（hm^2/km）	33.05	223.39	79.05	102.08
单位岸线用海支持度（hm^2/km）	293.45	538.44	250.89	343.01

来源：杜培培等，2017

综合来看，中部海域空间开发利用水平综合指数达到最大值1，海湾整体水平为0.4033，高于东部海域的0.2501，西部海域开发利用水平最低，仅为0.0192，与东部和中部差距悬殊，这主要是由于西部海域特殊的地理位置和自然环境条件决定了其海域开发利用主导功能侧重在海洋生态保护，围填海式的开发利用活动受到严格限制。

（二）海域使用活动对海域生态环境的潜在压力评估

1. 潜在压力评估方法

在地理空间模拟框架（Parravicini，2012）基础上，为提高量化评估的客观准确性，结合海域使用活动源强标准值的确定及影响范围的划定，建立多种海域使用活动对海湾生态环境的潜在压力评估模型：

$$Q = \sum\nolimits_j a_i \times P_j \times \rho_j \times w_j \tag{38.8}$$

$$\rho_j = \left(D_j - d_{ij}\right) / D_j \tag{38.9}$$

式中，Q为海域使用活动对海洋生态系统的潜在压力总值，取值范围为0～1；a_i为敏感系数，当格网单元处于非敏感区，即无海洋生态红线区分布时，取值0.5，当格网单元为中度敏感区，即该区域为海洋生态红线区的限制开发区时，取值为0.75，当格网单元为高度敏感区，即该区域为海洋生态红线区的禁止开发区时，取值为1；P_j为第j种评价指标的活动源强，按照海域使用活动的实际使用面积进行等级赋值（表38.3）；w_j为对应评价指标的压力贡献权重，采用层次分析法和专家打分法综合确定（表38.3）；ρ_j为对应评价指标对海域生态环境影响的作用强度线性距离衰减系数，按照式（38.9）计算获得；D_j为第j种评价指标的最大影响距离；d_{ij}为第j种评价指标到格网i的距离，当d_{ij}=0时，ρ_j=1，当$d_{ij} \geqslant D_j$时，ρ_j=0。根据莱州湾海域使用活动的客观实际情况，开放式养殖用海、人工鱼礁用海、锚地用海和航道用海的最大影响距离为5km，其他海域使用活动的最大影响距离为10km。

表38.3　海域使用活动类型、压力及其影响权重赋值

<table>
<tr><th>海域使用活动</th><th>权重（w）</th><th>斑块面积A（hm²）</th><th>压力强度（P）</th></tr>
<tr><td>渔业基础设施用海</td><td>0.0930</td><td rowspan="11">A≥50
10≤A<50
A<10</td><td rowspan="11">1
0.75
0.5</td></tr>
<tr><td>人工鱼礁用海</td><td>0.0131</td></tr>
<tr><td>油气开采用海</td><td>0.0576</td></tr>
<tr><td>船舶工业用海</td><td>0.0971</td></tr>
<tr><td>电力工业用海</td><td>0.0281</td></tr>
<tr><td>其他工业用海</td><td>0.0848</td></tr>
<tr><td>港口用海</td><td>0.1636</td></tr>
<tr><td>城镇建设填海造地用海</td><td>0.0909</td></tr>
<tr><td>旅游基础设施用海</td><td>0.0522</td></tr>
<tr><td>海岸防护工程用海</td><td>0.0349</td></tr>
<tr><td>路桥用海</td><td>0.0204</td></tr>
<tr><td>围海养殖用海</td><td>0.0603</td><td rowspan="4">A≥100
50≤A<100
10≤A<50
A<10</td><td rowspan="4">1
0.75
0.5
0.25</td></tr>
<tr><td>盐业用海</td><td>0.0620</td></tr>
<tr><td>游乐场用海</td><td>0.0191</td></tr>
<tr><td>浴场用海</td><td>0.0102</td></tr>
<tr><td>开放式养殖用海</td><td>0.0176</td><td rowspan="3">A≥1000
500≤A<1000
A<500</td><td rowspan="3">1
0.75
0.5</td></tr>
<tr><td>航道用海</td><td>0.0642</td></tr>
<tr><td>锚地用海</td><td>0.0310</td></tr>
</table>

资料来源：刘柏静等，2018.

在GIS中对不同用海活动类型（j=1, 2,⋯, n）的压力进行累加计算，即可得到单元格网i所受到的海域使用活动潜在压力，压力值为0～1。参考已有文献，将其分为5个强度等级，由弱到强依次为：0～0.2为极低水平，0.2～0.4为较低，0.4～0.6为中等，0.6～0.8为较高，0.8～1为极高，用以表征海域使用活动对海洋生态系统的综合压力等级，进而进行空间统计分析。

2. 潜在压力评估结果

空间量化评估结果（表38.4）显示，海域使用活动对莱州湾海域生态环境的潜在压力空间差异性显著，总体呈近岸高于远岸。压力高值区高度集中于距岸10km以内海域，99.15%的极高压力水平区域位于海岸线至5m水深海域范围内。随着离岸距离的增加，压力值大大减小，至10m水深以上海域，仅2.85%海域压力等级为中等及以上。

表38.4 莱州湾压力等级分区统计

分区		极低		较低		中等		较高		极高	
		面积（km^2）	比重（%）	面积（km^2）	比重（%）	面积（km^2）	比重（%）	面积（km^2）	比重（%）	面积（km^2）	比重（%）
海域深度（m）	＜5	1835.68	30.22	608.92	75.92	410.18	84.70	97.06	92.84	15.18	99.15
	5～10	1603.26	26.39	115.81	14.44	60.27	12.45	7.48	7.16	0.13	0.85
	＞10	2635.37	43.39	77.28	9.64	13.82	2.85	0	0	0	0
离岸距离（km）	＜5	783.88	12.90	504.15	62.87	345.35	71.31	82.73	79.14	13.25	87.29
	5～10	1037.04	17.07	199.15	24.83	112.76	23.29	20.72	19.82	1.93	12.71
	10～15	1078.00	17.75	83.80	10.45	26.16	5.40	1.09	1.04	0	0
	＞15	3175.52	52.28	14.91	1.86	0	0	0	0	0	0

来源：刘柏静等，2018

海域使用活动压力空间分布总体上呈现湾顶＞东部＞西部的分布特征，压力高值区主要位于寿光港、潍坊港、莱州港及龙口港附近海域，说明港口建设及依托港口发展起来的临海工业、滨海城镇等海岸开发建设活动的聚集给莱州湾海域生态环境带来较大压力，这主要是由于此区域盐业、围海养殖、港口用海、旅游基础设施用海等以围填海方式为主的活动类型高度聚集；西侧海域由于海洋保护区的建设，限制了海域空间开发利用活动类型和强度，海域所受到的生态环境压力较小。黄河三角洲自然保护区，寿光滨海湿地和沙蚕、单环刺螠、梭子蟹等水产种质资源保护区及虞河、小清河等河口生态系统海洋生态红线区所受压力处在中等级别以上（图38.3），应重点加强生态保护和海域活动监管。

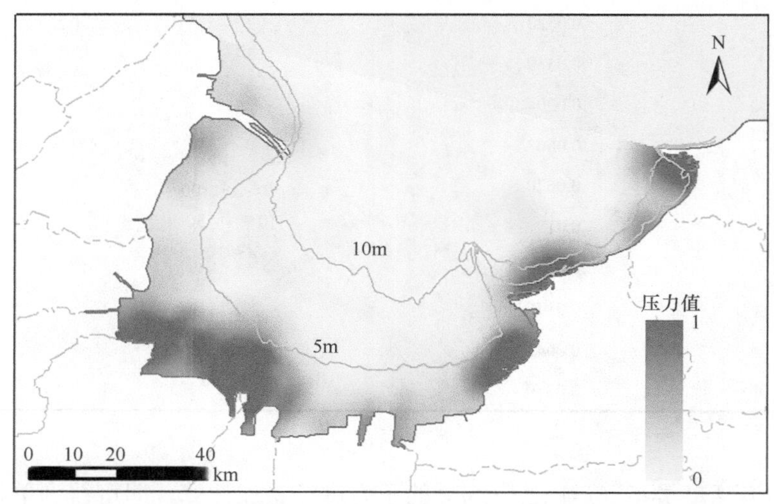

图38.3 莱州湾海域使用活动潜在压力分布图（刘柏静等，2018）

海域使用活动对莱州湾海域生态环境的潜在压力分布格局与莱州湾海域空间利用强度分布存在一致性（杜培培等，2017），二者均显示海域使用活动对莱州湾湾顶海域影响程度最高，东部海域次之，西部海域较低。但是，现实状况是东部海域环境质量和生态健康水平要好于西部海域。造成这种差别的主要原因是，本研究仅对海域使用活动的潜在影响进行了分析，没有将对莱州湾海域生态环境影响较大的入海河流陆源污染输入活动考虑在内；而且，东部海域水动力交换条件要好于湾顶和西部海域，物理自净能力较强，利于污染物扩散和生境自我修复。

二、海域使用规划编制思路与方法

随着新一轮省级海洋功能区划以及区域建设用海规划、海岸线保护与利用规划、海岛保护规划、海域海岛海岸带整治修复保护规划等一系列海洋规划管理制度的实施，我国海洋综合管理体系逐步完善，海域使用管理逐步走向规范化、科学化。然而，随着沿海地区海洋经济的迅速发展，海洋空间开发利用活动日益频繁，海域使用活动逐步趋于复杂化和多元化，地区各行业用海矛盾和管理弊端逐渐显现，局部海域生态环境问题日益凸显，给地方海域使用管理和海洋经济持续健康发展带来诸多挑战。为此，海南、山东等地区开始尝试出台有关地方法规或者开展海域管理创新，以进一步调控海域开发利用速度和规模，协调各行业用海矛盾，优化海域资源配置。其中，山东省海洋与渔业厅于2013年底印发了《山东省县级海域使用规划管理办法（试行）》（鲁海渔函〔2013〕403号）及《山东省县级海域使用规划编制指南（试行）（2013年）》，要求沿海县（市、区）依据新批准实施的海洋功能区划，编制县（市、区）海域使用规划，以协调海域空间利用与保护之间的矛盾，调整优化海洋产业结构，提高海域资源的使用效率，推动山东半岛蓝色经济区建设和本地区海洋经济的健康有序发展。海域使用规划是指在一定海域内，根据国家和省社会经济可持续发展的要求与当地自然、经济、社会条件，对海域资源的开发、利用、治理和保护在空间上、时间上所做的科学设计和安排（王诗成，2005），是政府调控海域空间资源、促进海域资源合理开发和海洋经济健康发展的重要手段。那么，如何编制科学合理的、具有可操作性的县级海域使用规划是值得思考和讨论的问题。

（一）规划编制的必要性

1. 有效实施省（市）级海洋功能区划的重要保障

在我国，海洋功能区划是地方海域使用管理和海洋环境保护的重要依据，具有法定效力。但是，以海域资源环境开发适宜性评价为主进行功能定位的海洋功能区划，并不能有效地合理控制海域资源开发利用速度和规模，也不能实现海洋产业结构和布局优化调整的目标。由于各地区海洋经济发展基础不同，面临的市场条件也有所差异，如何有效利用地区海域资源，促进区域陆海经济统筹协调发展，实现本地区海域开发利用综合效益最大化，是县（市、区）经济发展面临的一项重大而紧迫的任务。因此，有必要以海洋功能区划为基础，在充分考虑县（市、区）经济发展需求的基础上，对管辖海域的开发利用、保护活动在时间和空间上做出统筹规划，这也是有效实施省（市）级海洋功能区划的重要保障。

2. 促进陆海经济统筹发展、培育壮大优势特色产业的迫切需要

在我国，县域经济是国民经济的基本单元。发展壮大海洋经济，走海洋生态文明建设之路，需要地方政府特别是县级政府发挥主导作用。依据地方社会经济发展的需求和海域资源开发潜力，编制出的县（市、区）海域使用规划，可以最大化地实现与沿海陆域经济及各类涉海行业规划的有效衔接，有效协调各行业、各部门、各类型用海活动之间的冲突，促进沿海县（市、区）陆海经济、区域经济统筹协调发展，也有利于促进海域资源优化配置、海洋产业转型升级，形成区域优势特色产业，从而提高海域开发利用的综合效益。

3. 提高地方海洋综合管理水平、推进海洋生态文明建设的需要

海域使用管理制度不完善及海洋管理职能部门的交叉给地方海洋综合管理和海洋生态文明建设带来诸多挑战。但建立在对地方经济发展需求和市场导向充分分析的基础上，有效发挥县（市、区）政府的协调作用和公众参与作用，统筹陆海经济、区际发展和各行业发展规划而编制出的海域使用规划，无疑将有利于妥善解决各行业用海矛盾，形成全社会合理开发海域资源的合力，促进海域资源环境改善和形成良好的用海秩序，从而最终提高地方海洋综合管理水平，提升海洋资源对县（市、区）经济社会可持续发展的保障能力。

（二）规划原则与目的和任务

1. 规划原则

生态优先原则。海洋环境具有高度的流动性和多变性，而海岸线、沙滩、海域空间资源具有不可再生性，无序、过渡地海域资源开发将会损害海岸带生态环境，带来海洋经济发展不可持续等问题。因此，规划要在保证海洋生态系统整体性和恢复力以及海域资源可持续开发利用的前提下，进行海域使用时空布局的优化调整，以推进资源节约型和环境友好型海域使用，提高海域资源开发的综合效益。

陆海统筹原则。海域开发利用目前主要集中在海岸带地区，尤其是依托陆域发展的临海工业、港口建设和滨海旅游业。充分考虑沿海陆域社会经济发展水平、城市发展功能定位和土地利用规划，统筹沿岸城市发展、土地利用、工业区建设、旅游开发、基础设施建设和流域环境保护需求，合理安排海域使用时空布局，制定海域使用管理对策，使规划更具有可操作性。因此，在规划编制过程中，需统筹协调各部门各行业的发展规划和用海需求，统筹沿岸土地开发利用规划，统筹陆海产业开发和协调区际发展用海需求。

突出重点原则。县级海域使用规划要突出特色、优势和重点。规划应该依据本县（市、区）海域资源特点、海洋经济发展趋势和用海需求，结合社会经济发展目标和海洋功能区主导功能定位，对本区域重点用海区、重点领域和重点产业进行详细、全面的时空布局规划，对地区面临的主要用海矛盾和冲突提出有针对性的管理对策。

规范管控原则。规划不仅仅是对各行业用海进行合理的空间布局安排，更重要的是要通过制定海域开发利用的具体化管制措施和要求，来实现海域使用结构和布局调整以及生态环境保护的目标。这些管制措施的制定，要秉承以往的海域使用管理规范，兼顾各行业、各部门和沿岸土地利用管控的要求，提出适合本地区海域使用开发与管理的地方性法规、约束性规范、政策和措施，使得本县（市、区）海域使用及其监管有法可依、有据可循，逐步达到“规划用海、集约用海、生态用海、科技用海、依法用海”5个用海要求。

2. 目的和任务

第一，协调各部门各行业用海矛盾，减少用海冲突，加强海域多重利用之间的兼容性，规范用海秩序，促进海域资源可持续开发利用和海洋经济健康发展。

第二，调控海洋开发速度和规模，促进新兴海洋产业发展，推进海洋经济结构升级、用海布局调整和用海方式转变，促进海域资源高效集约利用，提高海域资源开发利用效率和综合效益，形成地区优势和海洋特色产业。

第三，维护海洋生物多样性和海洋生态过程，确保海岸带生态系统的恢复能力及提供长期服务的能力，提高海域资源对县（市、区）经济社会全面、协调、可持续发展的保障能力。

第四，提高海域使用管理法规、政策的实施效力，促进各行业部门间、政府间和区际的交流与合作，提升地方海域使用管理水平和效率，推进海洋生态文明建设。

（三）规划主要内容

1. 海域使用综合分析与评价

在海域使用现状评价、海洋经济发展趋势与用海需求分析、海域环境资源条件变化分析的基础上，进行海域开发适宜性、涉海活动兼容性和海域使用潜力分析。海域使用综合分析与评价是规划的基础，关系到规划编制成功与否。与海洋功能区划不同的是，海域使用专题分析的结果是要确定本区域海域现状开发利用强度、各类产业活动的兼容性水平、海洋经济发展用海需求、不同海域空间的开发利用潜力以及海域环境保护与治理的管控要求。

1）海域使用现状评价

全面整理和分析海域开发利用现状资料，开展海岸线利用和海域使用现状补充调查，明确各类型用海活动的空间分布、规模强度、用海方式，编制海域使用和岸线利用空间分布和开发强度分布图。概况总结本县（市、区）海域重点用海类型、海域使用强度、围填海强度、经济产出效率，预测其用海规模、用海方式和开发利用强度变化趋势。分析海域使用现状中存在的问题，包括海域使用结构比例、空间布局和用海方式的合理性、用海矛盾冲突、生态环境影响以及与海洋功能区划与地区相关规划的相符性。

2）海洋经济发展趋势与用海需求分析

研究本县（市、区）海洋经济发展趋势以及管辖海域所面临的社会经济发展压力和驱动力；在深入分析国内外海洋产业发展趋势的基础上，基于本县（市、区）社会经济发展趋势、海洋经济发展规划以及海水养殖、港口航运、滨海旅游、环境保护等行业专项规划，预测本地区各行业用海需求，包括生产性用海、消费性和非消费性用海的规模、用海方式等方面的需求，确定本县（市、区）未来一段时间海域开发利用的重点领域、产业布局、空间结构、时序安排和用海方式。

3）海域环境资源条件变化分析

搜集海洋功能区划调查、海洋专项调查、海洋环境监测和海洋生态保护及海域使用论证、环评调查资料，分析近年内本区海洋保护区建设、海域环境质量、生态环境、灾害损失、资源条件变化和海域资源环境承载力总体变化情况，明确现场补充调查的重点海域，确定规划期间需要整治、修复、保护的岸线、海域空间范围和重点内容。

4）涉海活动兼容性分析

分析本地区岸线、海域开发利用活动中已出现的矛盾及其后果，确定新兴产业用海活动与海洋传统产业、优势产业用海之间的兼容性水平，尝试进行多样化的开发利用方案组合设计和累积影响及效益的对比分析、评价与预测。

5）海域开发适宜性与海域使用潜力分析

基于GIS空间叠加和多指标综合分析方法，将资源环境变化分析、海域使用现状和用海需求分析、涉海活动兼容分析的结果，与海洋功能区划、基础地理信息底图等信息进行空间叠加，确定未来可以开发利用或者需要优化调整利用的海域空间，分析海域使用活动的适宜性、可能的开发利用规模和空间分布范围。

2. 海域使用规划方案编制

规划方案是规划编制工作的重中之重和精华所在。县级海域使用规划主要涉及以下8个方面的内容。

1）海域使用功能定位与目标设定

依据海洋功能区划、地区社会经济发展规划、城市和土地利用规划以及涉海部门相关规划，在海域使用现状、开发适宜性和使用潜力综合评估的基础上，对本地区海洋开发与保护进行战略定位选择，明确今后一段时间海域使用的指标思想、基本原则、开发利用方向、重点海域和总体目标，确定未来一段时期本区海域开发保护的规模和强度指标，包括海域开发利用总量、重点用海类型用海指标、海域保留区面积、海洋保护区用海规模、渔业用海保有量、海洋牧场建设面积、人工鱼礁建设规模、围填海总量、海岸线开发利用率、海岸线整治修复长度、海洋生态修复面积等指标。

2）海域开发利用空间管制分区

依据海域开发利用强度、资源环境承载力和毗邻陆域社会经济支撑条件以及用海需求等，以是否适宜进行工业化、城镇化开发以及大规模围填海等高强度、集中开发与利用活动为标准，将管辖海域划分为禁止开发、重点开发、适宜开发和限制开发4类海域，明确各类海域空间管制措施和控制要求。

3）海域使用重点及时序安排

根据地方海洋产业发展趋势及海洋环境保护、资源恢复需求，确定本地区未来一段时间海域开发与保护的重点领域和重点海域，优先安排生态保护和重点产业开发活动的海域使用空间。依据海域使用重点、功能定位和目标设定，确定本地区不同海域使用类型的优先安排顺序以及开发建设时序。

4）海域使用分类分区布局安排

在海域使用综合分析与评价的基础上，统筹考虑用海需求和各部门各行业规划，确定不同类型海域使用活动的空间分布范围、用海方式、产业发展方向及其兼容性水平，合理安排海洋渔业、交通运输、工业与城镇建设、旅游娱乐、海洋保护等用海空间布局。关于规划分类体系，山东省海洋与渔业厅发布的海域使用规划编制指南要求参照《海域使用分类》（HY/T 123—2009）标准进行分类。在规划编制过程中，可参照国外海洋空间规划中对海域人类活动的分类体系，对重点用海区海域使用和重点产业开发活动类型进一步细化，以提高规划的实际约束和指导作用。

5）重点用海区用海控制性规划

针对列入规划期重点用海区的海域（旅游娱乐度假区、临港工业与物流园区、海洋装备制造业等产业聚集区）要尽可能编制详细的海域、岸线利用和整治、修复规划，确定海域开发利用用途、发展目标和规模控制指标，明确各类用海活动优先顺序和开发时序，对填海造陆形成的土地要提出总量控制、用途管制和空间布局要求。

6）海岸线开发利用与保护格局

结合沿岸土地利用规划和相邻海域使用规划及管制要求，对岸线开发利用与保护进行分段分时序的使用安排，确定保护岸线、建设岸线、港口岸线、旅游岸线、渔业岸线、矿产与能源岸线等各类岸线的空间布局，编制岸线分段分类开发利用分布图，确定岸线开发利用时序，制定岸线保护与管制政策措施，提出岸线建筑退缩线、自然岸线保有率、岸线开发利用率、岸线围填海率等控制性指标。

7）海域整治、修复与保护计划

依据海域使用综合分析与评价结果，结合海域使用功能定位、目标设定以及海域使用时空安排，确定规划期间需要整治、修复和保护的重点海域与任务，提出海域整治、修复以及生态环境保护的总体目标，制订海洋防灾减灾计划。

8）海域使用管理规范和措施制定

依据现有的国家、省（区、市）海域使用管理相关法规和政策措施，结合海域使用规划目标和时空布局安排，明确重点领域、重点区域用海的环境保护要求、开发规模和强度的调控要求，确定规划期间海域使用管理的重点和实施方案，以保障规划方案和目标顺利实施。

（四）编制思路与技术方法

1. 总体思路

县级海域使用规划遵循空间规划编制的基本程序，即资料分析与补充调查、海域使用综合分析与评价、规划方案与成果编制、征求意见与成果报批，总体思路见图38.4。需要说明的是，在资料分析与补充调查阶段，县级海域使用规划要充分借鉴已有的海洋调查资料，如海洋功能区划编制资料数据库、“908专项”调查数据库及海域使用动态监视监测管理系统数据，以缩短规划编制时间，提高规划基础数据的可靠性和一致性。在征求意见与成果报批阶段，规划要充分征求县（市、区）政府及涉海管理部门和海域使用利益主体的意见，不断进行反馈修改。

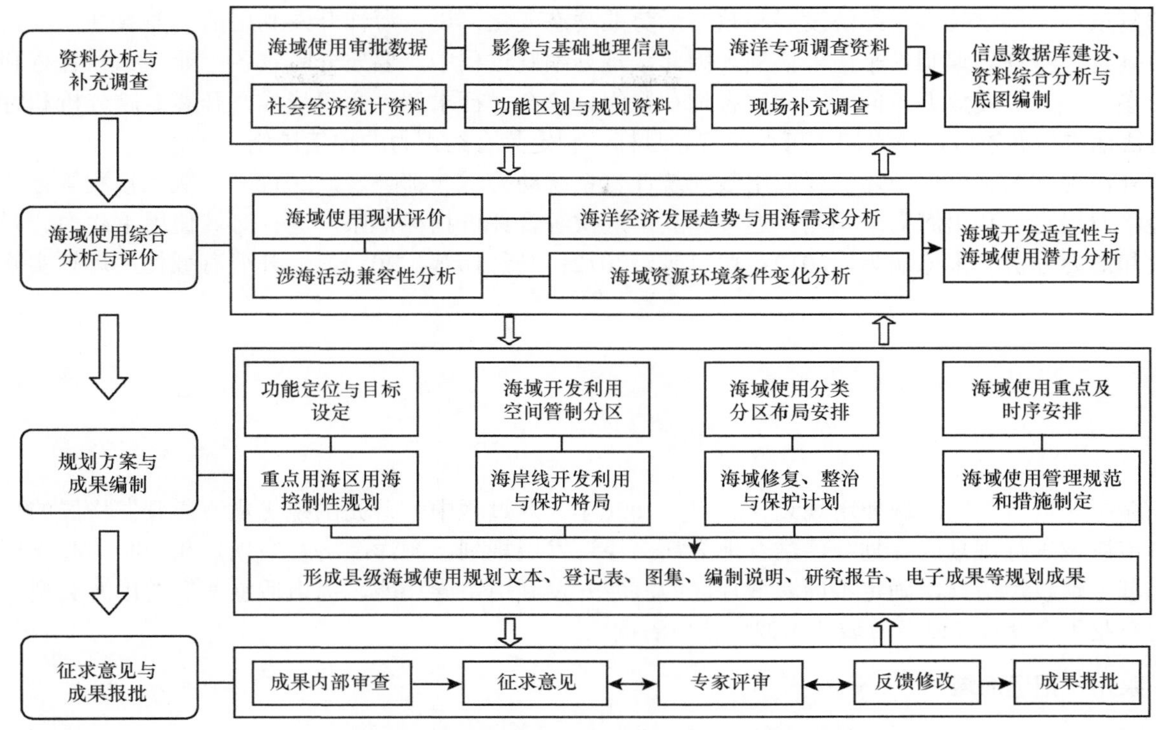

图38.4　县级海域使用规划编制总体思路（修改自吴晓青等，2015）

2. 主要技术方法

县级海域使用规划是一项系统性很强的工作，涉及自然、生态、环境、经济、文化、政治等多方面的因素，需要综合采用多学科理论与方法，吸收各行业专家学者以及地方政府管理者、社会公益组织和海域开发利用主体等广泛参与。

1）GIS空间分析方法

目前，基于“3S”技术的海洋空间规划已被纳入沿海各国的海洋管理框架之下。在我国，GIS技术也被应用在海洋功能区划编制、海域使用审批与管理、海域动态监视监测等领域（韩富伟等，2008）。GIS的数据组织管理、浏览查询、空间分析、可视化以及制图功能为县级海域使用规划编制与管理提供了强大的支撑。在规划编制前期，利用GIS技术进行规划数据搜集、分析和信息数据库建设，有利于充分、全面地掌握规划相关信息。在规划编制过程中，充分利用GIS的空间叠加、缓冲、距离分析等空间分析方法，可以进行海域使用强度评价、开发适宜性分析、海域使用潜力分析（宋德瑞等，2012）、涉海活动兼容性分析等专题分析和空间管制分区、用海布局安排等规划方案的编制。考虑到系统兼容性、功能和二次开发能力，ArcGIS可以作为通用的GIS技术支撑平台（韩富伟等，2008）。

2）景观生态学理论与“反规划”途径

景观生态学理论与方法在近海资源环境科学研究中具有重要的应用价值（索安宁等，2009），特别是景观生态学中关于景观格局与生态过程的关系，重视人类活动对景观结构、功能和过程影响，以及景观生态规划原理等理论技术方法可指导基于生态系统的海域使用管理和规划编制。依托景观生态学理论与方法提出的“反规划”途径（俞孔坚等，2005），也可应用到海域使用规划研究中（王江涛等，2011）。通过系统地研究管辖海域自然环境、生态过程和社会经济过程，应用“反规划”途径，实现对海洋保护区、生态敏感区、军事管理区、旅游景观和文化资源分布区的保护，维护海域生态系统的连续性和完整性。

3）专家咨询和公众参与途径

尽管海域使用规划编制要建立在对知识、信息的充分掌握和理解的基础上，但是海洋环境的高度动态性和复杂性，科学技术、经济发展和政治形势的动态变化，以及海洋开发利用活动兼容性及其累积影响的不确定性给规划编制带来诸多挑战。因此，规划编制过程中，要充分吸收各行业专家和各方利益团体广泛参与，通过发放调查问卷、专家咨询和组织讨论会、征求意见会等形式，开展专题分析和讨论，妥善解决地方用海矛盾，设定切实可行的规划目标，制定具有约束力的政策措施。

此外，规划编制过程中还需要应用数理统计、系统动力学（都晓岩，2012）、灰色预测等方法进行海洋经济发展趋势和用海需求预测。通过建立多层次综合评价指标体系，进行海域使用承载力、开发利用强度和潜力分析（宋德瑞等，2012；曹可等，2012；马红伟等，2012），开展海域使用规划实施效果评价。

三、海域使用规划应用案例分析

（一）海域开发利用综合调控策略

在编制《烟台市区海域使用规划（2011—2020年）》过程中，首先围绕优化海洋开发格局的目标，将烟台市海域进行规划区片划分，结合地方社会经济发展规划、海洋经济发展规划和当时的海洋环境保护、海域管理政策措施，确定不同海域片区的海域开发利用主导功能，提出适宜发展的用海类型、重点发展的产业和建设目标以及海域使用调控管理的重点。

1. 莱州—招远海域

莱州—招远海域南起胶莱河口，北至招远界河口，大陆海岸线183km，海域面积约2357km^2，包括莱州湾东南部、北部和招远邻近海域。海域开发以海水增养殖、海洋新能源利用、滨海旅游和港口航运为主导功能，适宜的主要用海类型包括盐业用海、电力用海、渔业用海、交通运输用海、旅游娱乐用海等。莱州南部海域重点发展盐及盐化工、海洋新能源装备制造、海水增养殖和海洋文化旅游等产业，建成莱州湾海上风电场和海洋新能源装备制造基地以及海洋生态化工基地。莱州北部与招远海域应充分利用海岸优质沙滩和清洁的近海旅游资源，大力发展滨海旅游业和休闲渔业，完善旅游休闲度假区、游艇码头等旅游基础设施建设；推进莱州港和三山岛渔港扩建工程，形成以莱州港为中心的海陆联运枢纽；改变对近岸生态环境影响较大的传统养殖方式，建设莘庄、石虎咀两大人工鱼礁群，开展海珍品底播养殖，实现近岸旅游和养殖的协调发展。

该海域开发利用过程中，要严格控制围填海活动，严格控制围海养殖规模，加强填海造地过程管理；加强陆源污染物总量控制，特别是入海河流的综合治理，保证近海水质清洁；加强海岸侵蚀岸段的治理，严格禁止在近海违法采砂作业，做好浴场等旅游景区沙滩的养护工作；保护海岸防护林，建设完整的海岸生态屏障；建设和管理好海洋生态和资源特别保护区；加强莱州湾生态监控区的监控，开展生物资源恢复工程，扩大增殖放流规模，全面恢复莱州湾海洋渔业生态系统；科学规划港口航道和锚地，做好海上溢油等突发事件的预警和污染防治工作，降低海上交通运输对近岸旅游和海水养殖等产业的影响。

2. 龙口—蓬莱海域

龙口—蓬莱海域西起招远界河口，东至平畅河口，大陆海岸线长172km，海域面积约1239km^2，包括龙口市及蓬莱区所辖海域。海域开发利用以港口建设及临港产业、滨海旅游和海水养殖为主导功能，适宜的用海类型包括交通运输用海、工业用海、旅游娱乐用海、造地工程用海、渔业用海等。积极发展海洋船舶装备制造业、临港能源化工业，重点推进龙口湾临港高端制造业聚集区建设；加快龙口港、蓬莱东港等深水港区开发，使龙口港成为有较强辐射能力和国家物流分拨功能的国家重要煤炭中转分销基地、中非贸易主枢纽港以及环渤海重要的石油化工中转储运基地；稳步推进海洋文化旅游产业发展，以沿海观光、旅游度假为依托，逐步打造蓬莱西海岸海洋文化产业聚集区、蓬莱阁滨海旅游区以及龙口滨海旅游度假区等一批旅游精品工程；保留一定比例的海水养殖用海，重点保障桑岛及其邻近海域、蓬莱东部海域养殖规模；加强屺㟂岛海洋特别保护区、龙口黄水河口国家级海洋特别保护区以及登州浅滩海洋特别保护区的建设与管理。

该海域开发利用过程中，要合理选择和布局临港企业，限制投资强度和产出率较低的项目贴岸布局，引导产业向陆域纵深发展；遵循保护自然岸线、延长人工岸线、提升景观效果的原则，限制顺岸平推式填海，鼓励人工岛、多突堤、区块组团以及结合生态环境整治的集中集约用海；严格保护黄水河口生态环境及屺㟂岛、登州浅滩地质地貌资源，加强对海洋特别保护区的监管和保护力度；严禁在海水浴场等旅游活动区开展改变海岸地形地貌的活动，合理规划旅游基础设施建设；在尽量满足海洋经济发展需要的同时，最大限度地提高海洋资源的利用价值，减少海岸资源浪费，保护海洋生态环境，推动龙口、蓬莱两市社会、经济和环境协调发展。

3. 庙岛群岛海域

庙岛群岛海域即长岛海洋生态文明综合试验区（以下简称“长岛综试区”）所辖海域，规划海域面积5800km^2，包括148个海岛，分为南部海岛和北部海岛两大板块。南部海岛包括南长山岛、北长山岛、大黑山岛、小黑山岛、庙岛等；北部海岛包括砣矶岛、大钦岛、小钦岛、南隍城岛、北隍城岛等。海域开发利用以生态渔业、海洋旅游、生态保护、海洋新能源开发利用为主导功能，其中南部海岛以旅游休闲度假为主，北部海岛以生态渔业为主。适宜的用海类型包括旅游娱乐用海、渔业用海、交通运输用海、海洋保护区用海等。保障长岛国际休闲度假岛、渤海海峡跨海通道、南五岛连岛工程等重大工程项目的建设用海需求。南部海岛打造国际休闲度假岛，着力建设六大休闲度假区，即南长山岛国际商贸与休闲度假区、北长山岛国际康体疗养与休闲度假区、庙岛妈祖文化休闲度假区、小黑山岛国际特色休闲娱乐中心、大黑山岛国际会议中心和螳螂岛高档酒店度假区。北部海岛打造生态渔业示范基地，重点抓好大钦岛、南隍城岛、猴矶岛区域千亩海洋牧场建设；坚持精养高效，大力推行生态健康养殖模式，通过控制贝藻兼养比例，加大人工造礁、增殖放流、海底底播力度，着力膨胀优势品种规模，加快建设全国知名海珍品增养殖基地。积极开发潮汐能等海洋清洁能源，推进海上风电和海流能互补性集成开发创新示范工程；统筹安排、协调海洋保护、渔业、旅游交通及海洋新能源开发用海。

该海域开发利用过程中，需要充分考虑国防军事和海上公共交通航运需求，协调各类海洋开发利用活动。科学规划设施养殖、人工鱼礁、海洋牧场、海水增养殖等各类养殖开发活动，调整养殖结构和布局，控制养殖密度和强度，大力发展生态化养殖模式和休闲渔业。同时，加强海岛生态环境与海洋生物多样性的保护，继续建设和管理好各类海洋保护区，制定海岛开发与保护规划，有效防范海上溢油对海域生态环境和海水养殖的不良影响。

4. 烟台市辖区海域

烟台市辖区海域西起平畅河口，东至烟台与威海交界处，大陆海岸线长194km，海域面积约970km^2，包括套子湾、芝罘岛邻近海域、芝罘湾、四十里湾、崆峒岛岛群、养马岛和牟平近岸海域。海域开发利用以休闲度假旅游、休闲渔业、港口交通物流和海洋生态保护为主导功能，适宜的用海类型包括交通运输用海、旅游娱乐用海、工业用海、海洋保护区用海、渔业用海等。积极推进烟台东部海洋文化旅游产业聚集区和套子湾临港产业及旅游文化聚集区的建设；以烟台港西港区及临港产业基地为中心，通过合理规划港口与腹地的关系，建设集港口、物流、商贸、旅游于一身的综合性港口和工业集聚区。以芝罘湾客滚运输中心和国际邮轮母港建设为龙头，搞好游船、游艇基地和陆岛交通码头建设，形成完善的客滚、旅游及陆岛交通码头运输系统。整合提升金沙滩、芝罘岛、担子岛、四十里湾、养马岛等滨海旅游资源，开发建设游艇俱乐部、休闲度假岛等特色旅游项目，建成套子湾和四十里湾商务度假海岸以及养马岛国际性旅游度假岛。加强芝罘岛群、崆峒列岛、牟平砂质、烟台山和逛荡河等海洋保护区的建设与管理，建设金山港海洋特别保护区和湿地公园。实施以烟威渔场为核心的烟台北部生物资源修复工程和套子湾、四十里湾和养马岛前怀海域等生态环境综合整治修复工程，保持海洋生态环境的良性循环和可持续发展。

该海域开发利用过程中，保护好深水良港的建设条件，积极引导港口功能区内的养殖活动向套子湾中部和外海迁移；协调处理好港口及临港工业建设与滨海旅游发展、近岸传统底播养殖之间的关系，保护好金沙滩优质沙滩资源；做好临港产业及旅游文化聚集区的环境监测与管理工作，确保区域生态安全和海上交通安全；实施芝罘湾、四十里湾环境综合整治工程，拆除影响重点工程及旅游景观的养殖设施，控制沿岸陆源污染，加强海水浴场、海岛等旅游区的环境监测，监督担子岛等无居民海岛的开发与管理。

5. 海阳—莱阳海域

海阳—莱阳海域东起海阳乳山海域分界线，西至莱阳即墨海域分界线，大陆海岸线长235km，规划海域面积1942km^2，包括大埠圈、万米沙滩、马河港、丁字湾、千里岩岛等邻近海域。海域开发利用以滨海旅游、核电、港口、海洋工程、生态渔业为主导功能，适宜的用海类型包括旅游娱乐用海、电力工业用海、交通运输用海、渔业用海和海洋保护区用海等。逐步压缩传统的近海捕捞和池塘养殖，鼓励底播增养殖和海洋牧场建设，尝试发展海上深水网箱养殖，推动渔业结构升级和休闲渔业发展；保障核电建设及其配套产业发展用海，加强核电站周边岸线和海域生态环境的保护；放大东海一级渔港功能，推进海阳中心渔港建设，完善渔港体系，解决大埠圈渔船停靠问题；加快完善海阳港口软硬件配套设施，推进东港区疏港路及港口物流中心货场工程建设，提升海阳港的竞争力；加快海阳万米沙滩和亚沙会场馆周边区域旅游要素聚集，提高设施档次和服务水平，开辟沙滩运动、水上运动等滨海旅游新兴领域，建设海上体育中心和运动基地；建设马河港口湿地公园和莱阳五龙河口滨海湿地海洋特别保护区，开发辛安镇郊野休闲观光区、丁字湾生态休闲渔业区和金山旅游度假区；支持莱阳南海新区建设，实现与海阳省级旅游度假区配套联动。

该海域开发利用过程中，要积极开展丁字湾养殖区、滨海湿地整治修复工程，做好海域养殖使用权回收和补偿工作；保护海阳万米沙滩和岩礁海岸线，建立核电站及其周边海域的生态隔离带，防控海岸侵蚀和风暴潮、地震海啸等突发灾害。协调处理海阳港建设、临港产业开发、核电产业发展与西部滨海旅游度假区建设的关系。实施海岸带陆源污染物总量控制，监控海洋生态环境变化。科学规划和监控沿海围海造地，有序推进丁字湾旅游文化产业聚集区建设和海阳临港及核电产业聚集区建设，注重海陆统筹、陆岛呼应的立体景观。

（二）海洋渔业用海规划布局

在编制《长岛县海域使用规划（2013—2020年）》过程中，结合长岛综试区海洋资源特点和渔业经济发展现状，就海洋渔业用海空间安排做专题研究。把海洋渔业用海细分为渔业基础设施用海、生态渔业用海和休闲渔业用海三小类，共计9个规划用海区，用海面积159 843hm^2，占规划海域总面积的56%。海洋渔业用海重点保障长岛综试区生态养殖基地和海洋牧场建设。

1. 生态养殖基地建设

1）生态养殖基地建设目标

以砣矶岛、大钦岛、小钦岛、南隍城岛、北隍城岛为中心，采取由内向外逐步推进的形式，向外海拓展养殖空间，发展鲍、海参、海胆、扇贝、鱼类、海带等多品种规模化海水养殖，实施“贝藻兼养、上中下立体联动”的生态养殖模式，建立多元化、立体化的生态养殖基地和设施渔业示范园区，建设我国重要的海珍品原种保护基地和海珍品繁育及生产基地。至2020年，形成2500hm^{2}海域面积的生态养殖基地，创建5个省级渔业园区和1个国家级生态养殖基地。

2）生态养殖基地建设总体布局

建立海珍品生态养殖基地。在北隍城岛、南隍城岛、大钦岛、小钦岛、砣矶岛底播增养殖区（图

38.5），通过采取海底投石、投放小型构件礁和移植藻类等方式，建设海洋牧场，建立完整的生态食物链和生态养殖模式，保护大钦岛刺参，南隍城岛、北隍城岛鲍，南隍城岛、小钦岛海胆，大钦岛、北隍城岛栉孔扇贝等海珍品种质资源，建设我国重要海珍品生态养殖基地。

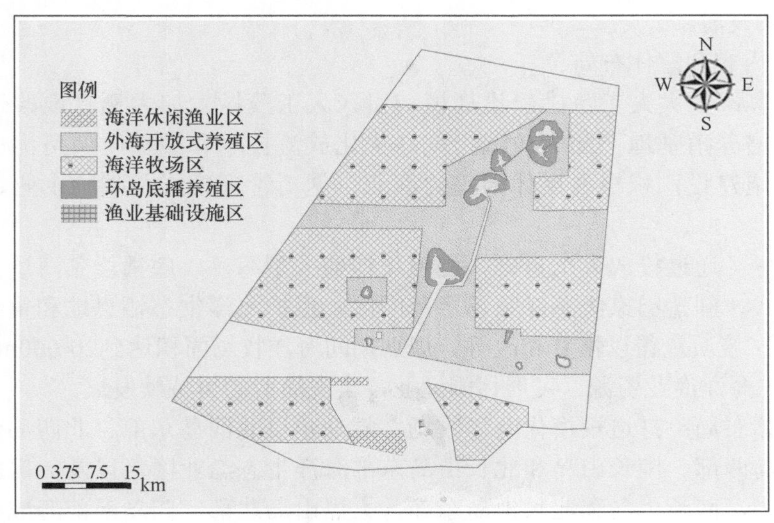

图38.5　海洋渔业用海规划布局案例

建立浅海设施养殖示范园区。在北隍城岛、南隍城岛、大钦岛、小钦岛和砣矶岛周边海水增养殖区外侧发展筏式养殖、深水网箱养殖等形式的浅海设施渔业，创建设施渔业产业示范园区，建设一批高产、高效、高质的“蓝色食品”主养区，促进浅海养殖模式生态化、空间立体化、作业机械化，推动全县碳汇渔业发展。其中，南隍城岛浅海设施养殖区重点建设集筏式养殖贝类、海带与网箱养鱼于一体的多层次生态养殖示范园区。建成后筏式养殖集中连片规模达到10 000亩，辐射带动面积20 000亩，以虾夷扇贝、栉孔扇贝和海带养殖为主；深水网箱养殖集中连片100箱，辐射带动200箱，以许氏平鲉、六线鱼等鱼类养殖为主。

3）生态养殖基地建设监管措施

制定生态养殖基地生产管理规范。确定不同品种、不同养殖模式的生态养殖环境水质、生物量、沉积物等环境要求，确定养殖方式和养殖密度，研究制定健康养殖生产操作流程、技术要求，实现生态标准化养殖；建立海水生态养殖基地的健康养殖管理规范，严格生态养殖审批申报程序，制定水产养殖的准入制度、持证生产制度；健全生态养殖环境全过程监管措施，确保水产品质量安全和生态安全。

加强生态养殖基地海域使用监管和环境整治。以海洋功能区划为基础，编制生态养殖基地建设控制性详细规划，确定养殖海域范围，合理安排分散利用与规模经营。将生态养殖海域划分为“渔民养殖海域”和“开发性养殖海域”，实行养殖用海分类管理；加快推进养殖用海市场化步伐，鼓励通过招标、拍卖方式取得海域使用权；完善镇村参与养殖用海的管理机制和海域使用承包经营管理；健全生态养殖用海管理体制，完善生态养殖用海管理的配套规章制度，规范养殖用海使用秩序。重点加强养殖用海许可和监督管理，针对生态养殖基地的养殖用海全部实施确权发证管理，对南五岛旅游娱乐功能区的海水养殖不予确权发证，现有养殖逐步退出；坚决查处违规用海行为，建立海上联合执法和巡查制度；监控生态养殖基地海水养殖密度，加强生态养殖区水质、底质、生物监测，开展海水养殖污染区海域环境综合整治和水产品质量安全整治工程。监控风暴潮、海上溢油等灾害和环境污染导致的不良影响。制定优惠政策，支持试验推行国外的“栅栏式围海增殖”技术，建立网围增殖试验区。

2. 海洋牧场建设

1）海洋牧场建设总体思路

坚持因地制宜、有序推进和可持续发展原则，围绕国家级生态养殖基地和海洋牧场示范园区建设目标，调整海洋渔业产业结构，保护海珍品重要原种种质资源，改善长岛综试区海域生态环境，发展海上生态旅游和休闲渔业，通过实施养殖区生态环境改造、栖息地构建和人工增殖放流、种苗培育和更新优化工程，打造“六大片区”规模化海洋牧场，实现长岛综试区海洋渔业经济、海洋生态旅游和海域生态环境的全面协调可持续发展。

2）海洋牧场建设内容和总体布局

海洋牧场建设内容：扩大人工鱼礁建设规模，引入人工藻场，加大栖息地改造；开展规模化底播增养殖，建设海珍品增养殖基地；加大放流力度，优化放流技术和品种；调整优化深水网箱养殖规模和品种；强化基础设施建设，积极发展休闲垂钓渔业；创新管理模式，鼓励企业、渔民投资建设海洋牧场。

海洋牧场建设目标：通过投放人工鱼礁、规模化增殖大型海藻、底播增殖海珍品，探索建立北方海岛型海洋牧场建设模式，创建国家级海洋牧场示范园区，保护海洋生态栖息地和重要水产种质资源，使得重点海域海洋生态环`境质量得以恢复和改善。规划期间海洋牧场面积达到20 000hm^2；同时开展人工渔业增殖放流活动，养护海洋渔业资源，发展休闲渔业，实现渔业的可持续发展。

海洋牧场建设总体布局：打造规模化海洋牧场，规划建设北四岛东部、北四岛西部、砣矶岛东部、砣矶岛西部、大黑山岛西部、南长山岛和北长山岛东部海洋生态渔业区，以及大黑山岛北部和庙岛南部海上休闲渔业区。其中，南长山岛和北长山岛东部、大黑山岛北部、庙岛南部海域建设休闲生态型海洋牧场，其他海域为资源增殖型海洋牧场。

休闲生态型海洋牧场建设需要结合海洋自然及人文景观，以投放大中型船礁、钢筋混凝土预制构件礁等多样化的礁体为主，通过自然增殖、人工放流增殖趋礁性鱼类和藻类移植等手段，改善近岸水域生态环境和资源种群结构，并开展海上采捕、潜水、垂钓等休闲娱乐活动，满足休闲渔业发展需求。

资源增殖型海洋牧场，一般设置在海洋与渔业各类保护区内，通过设置集鱼礁、诱导礁、育成礁、增殖礁等设施以及移植大型藻类、种植海草床等多样化手段，增殖、诱集目标鱼种，底播海参、鲍、海胆等海珍品，提高各种鱼类和海珍品产品质量及经济效益，同时有效保护海洋生物多样性，保护和保全濒危珍稀物种，改善海域生态环境，使鱼礁保护区成为禁渔区和鱼类避难所，构建“海洋生物之家”。

3）海洋牧场建设与管理总体要求

第一，编制海洋牧场建设专项规划，确定海洋牧场的建设范围、规模、类型和时间，统筹建设方向、路径和目标，有序推进海洋牧场建设。第二，严格海洋牧场建设审批和监督管理，规定单宗海洋牧场建设用海规模不得少于100hm^2，科学论证海洋牧场建设方案及其可能的影响。第三，建立产权（或使用权）清晰的管理体制，要按照“政府推进、行业联动、市场运作、社会参与”的运作方式，让政府、企业、渔民三者共同参与，调动各方参与建设的积极性。第四，建立海洋牧场建设协作机制，构建技术保障体系，制定海洋牧场建设规范，解决海洋牧场建设中的技术难题。第五，海洋牧场建设采取试点先行、分步实施的方式，打造具有长岛特色的海洋牧场。

4）加强海洋牧场建设申报审批管理

依据海洋功能区划和海洋渔业用海总体布局，合理安排海洋牧场建设项目，实行北五乡镇和南五乡镇的分区管理，严格审查在无居民海岛周边海域开发海洋牧场建设项目。严格审查海洋牧场建设单位的申请资质，因地制宜开展海洋牧场建设，严格论证人工鱼礁建设方案，在航道、港区、锚地、通航密集区、军事禁区以及海底电缆管道通过的区域不得建设人工鱼礁；严禁将有毒、有害或者其他可能污染海洋环境的材料用作人工鱼礁礁体。在建设适宜人工鱼礁区的基础上，根据不同海区的理化环境和海底状况，设立近岸海草床或者海底海藻场，选择适合不同海域的自然海洋生物物种进行增殖和底播，并保证生物繁殖区、种苗繁育区和休闲娱乐区的合理划分，全面综合推进海洋牧场建设。被批准的海洋牧场建设项目严格按照规划方案开工建设，不得擅自转让海域使用权、不得随意改变海域用途。不得在建成的人工鱼礁区内采砂、抛锚。

（三）海岸线保护与利用规划和管控

在编制《蓬莱市海域使用规划（2013—2020年）》过程中，就海岸线保护与利用做出分类布局安排，并提出海岸线保护与管控措施。

1. 海岸线保护与利用目标

1）形成布局合理的海岸开发与保护格局

2015年前，以海岸线资源整合、环境整治为主，有效提高各类岸段利用效率，生态环境整治修复初见成效，海岸线资源与社会经济、区域发展之间的矛盾得到缓解。2015年以后，以岸线功能调整、科学开发和合理利用为重点。至2020年，形成海岸开发功能多样性明显、地区特色鲜明且功能互补、空间布局合理的海岸产业开发利用格局。同时控制对砂质岸线的开发利用，加强对黄土崖地貌的保护，采取有效的管理办法措施，合理利用岸线。

2）提高海岸开发利用的集中集约利用水平

推行集中集约用海新模式，促进海岸带资源可持续利用。通过资源整合和环境整治，最大限度保留原有砂质岸线，挖掘岸线开发利用潜力，提高海岸线使用效率。完善港口、工业、填海造地等建设项目占用岸线审批许可制度，通过投资强度、岸线配置长度、岸线占用产出比等指标，合理安排占用岸线建设项目，提升岸线利用准入门槛，提高岸线开发综合效益。

3）加强海岸带环境整治修复和保护，改善海岸生态环境

重点对砂质岸线岸段、黄土崖侵蚀严重岸段、海岸防护功能脆弱岸段、重点旅游区的景观受损岸段、河口区砂质岸段、造船工业占用的砂质岸段和低效岸段以及入海排污口海域进行统一整治。至2020年，争取完成对铜井海域等地区砂质岸线的恢复；近岸海洋生态保护面积进一步增加；主要入海排污口超标得到合理控制，重点砂质岸线质量得到改善，部分受损海岸生态系统得到有效修复。

4）提高海岸开发利用管控能力和水平

建立海岸开发与保护的协调与综合管理机制，创新海岸综合管理示范区；建立海岸生态保护区和科学试验区，提高海岸线和近岸海域生态环境保护能力和水平；建立海岸开发与保护的公众参与机制，使海岸公众利益得到有效保护；建立海岸线分级分类保护制度，逐步形成以海岸基本功能管制为核心的管理机制；初步建立海岸线利用准入门槛机制，制定严格的海岸线围填海管制措施；逐步建立海岸线有偿使用制度和生态补偿机制，建立海岸环境整治修复和保护常态化工作机制。至2020年，海岸资源开发利用管控能力和水平明显提高。

2. 海岸线保护与利用空间布局

全市海岸线总长约78.27km，规划岸段共7类21段（图38.6），包括渔业基础设施岸线4.34km、养殖岸线21.69km、工业岸线6.54km、港口岸线20.33km、旅游景观岸线20.95km、特殊用途岸线1.05km、保留预留岸线3.37km。

1）渔业基础设施岸线

指渔港、育苗场等渔业相关的基础设施占用的岸线，岸线长4.34km，约占总岸线的5.5%，包括蓬莱中心渔港岸线、蓬莱潮水衙前滩渔业码头岸线和蓬莱刘家旺旅游休闲渔港岸线。

2）养殖岸线

指开放式养殖、围海养殖占用的岸线，总长21.69km，占总岸线的27.7%，包括蓬莱东部渔业岸线、蓬莱平畅河西侧养殖岸线、蓬莱潮水围海养殖岸线以及蓬莱铜井东部休闲渔业岸线。

3）工业岸线

指除盐田外的船舶工业、电力工业等统称为工业岸线，总长6.54km，占总岸线长的8.4%，包括蓬莱北沟船舶工业聚集区工业岸线和蓬莱东港临海工业区工业岸线。

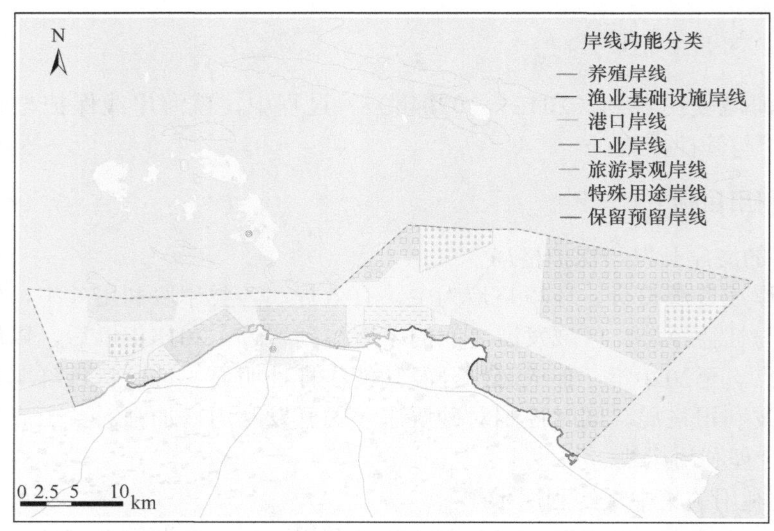

图38.6　海岸线保护与利用空间规划案例

4）港口岸线

指港口码头、堆场、仓储、物流等岸线，总长20.33km，占总岸线的26.0%，包括栾家口港港口岸线、蓬莱西部旅游客运码头港口岸线、蓬莱港港口岸线以及蓬莱东港港口岸线。

5）旅游景观岸线

指公众赶海、风景观光、浴场、游艇码头、度假酒店等岸线，总长20.95km，占总岸线的26.8%，包括蓬莱田横山-登州水城保护岸线、蓬莱西部滨海旅游岸线、蓬莱西海岸旅游文化产业聚集区旅游岸线、蓬莱东海岸滨海旅游岸线以及蓬莱铜井滨海旅游岸线。

6）特殊用途岸线

指海岸防护、科研教学、排污、泄洪及其他特殊用途岸线，总长1.05km，占总岸线的1.3%，包括蓬莱平畅河口海岸防护岸线。

7）保留预留岸线

指不确定功能或为未来发展预留的岸线，总长3.37km，占总岸线的4.3%，包括蓬莱东港预留岸线。

3. 海岸线开发利用管理措施

在渔业基础设施岸线和养殖岸线的使用中，要统筹渔港布局，科学论证，严格履行审批手续，避免乱建或重复建设。新建和改扩建渔港要坚持高标准、多功能、现代化的要求，集渔船停泊、销售与服务、旅游与休闲于一体，使渔港建设成为加快沿海地区城镇化步伐的重要载体和展现全省渔业现代化的重要窗口。大力发展精品养殖、渔业增殖，大力推广生态、健康养殖技术，引导养殖户合理投饵、施肥和用药。严格论证围海养殖，科学确定养殖规模、生产布局和养殖容量，鼓励发展休闲渔业。

在工业岸线和港口岸线的使用中，要坚持深水深用、浅水浅用、设施共享的原则，集约化利用海岸和海域资源。严格论证各类港口建设项目，禁止大范围的填海造地，防波堤、引堤、码头的建设不得对海域沉积环境造成太大的改变，必要时应调整港口布局或采用栈桥式引堤以降低对海域环境的影响；港口建设岸段主要用于港口建设、海上航运及其他直接为海上交通运输服务的活动，严禁在港口建设岸段进行与航运无关、有碍航行安全的活动，已经在港口岸段从事上述活动的应予终止。未开发利用的港口岸段严禁建设其他永久性设施。工业建设项目使用岸线要建立严格的海岸准入制度，严禁重污染、低附加值的项目用海或者贴岸布局。

在旅游景观岸线的使用中，要充分考虑海岸带自然灾害带来的潜在风险。一方面，应当加强旅游区的基础设施建设，提升景区配套措施的服务能力和水平，探索旅游开发的商业开发模式。另一方面，尽量保持海岸自然景观和人文景观的原生性和完整性。合理控制旅游开发强度，严格论证填海活动，砂质海岸、典型地貌景观海岸严格禁止任何形式的贴岸推进式填海活动，严禁在海岸开展炸礁毁崖、海砂开采等破坏海岸自然景观的活动。鼓励利用离岸岛式填海获得旅游基础设施建设用地，提升海域使用价值。

特殊用途岸线要把海岸保护、科学研究、教育、生产和旅游等活动有机地结合起来。海岸防护区内严格禁止任何开发活动，尤其是可能破坏和影响岸段价值的围填海、炸礁毁崖、开采海砂等活动，严格保护海岸地形地貌和海岸形态，已经存在的开发活动应逐步予以取缔，恢复生态环境。对受海岸侵蚀和自然灾害威胁的区域，应当采取必要的工程措施加以防护。

第二节　大陆自然岸线保护与规划管理

构建科学合理的自然岸线格局，实施自然岸线保有率控制制度是我国海洋生态文明建设的重要任务。以山东省海岸线保护规划为例，基于海岸带规划管理视角，探讨自然岸线的内涵以及自然岸线格局构建、自然岸线保有率控制指标确定与分解的思路和方法，并提出自然岸线保护与管理的对策建议。

一、自然岸线内涵与分类

在海岸带规划管理范畴，自然岸线是指海岸自然结构和生态功能未受到人工构筑物明显影响，原始岸滩、水下岸坡基本得到保留的海岸线，包括原生砂质岸线、淤泥质岸线、基岩岸线、生物岸线以及整治修复后具有自然海岸的结构特征和生态功能的海岸线。以海岸自然属性受人工构筑物影响和人类活动的干扰程度以及海岸自然属性的可恢复性为主要的判别依据，可将自然岸线分为三类：原生态自然岸线、岸滩自然景观岸线和整治修复后生态景观岸线。

（一）原生态自然岸线

岸线基本未开发利用，或者海岸自然结构和生态功能未受到人工构筑物明显影响，海岸原始自然景观和生态功能保持良好，包括原生砂质海岸、淤泥质海岸、基岩岸线和生物岸线。一般位于自然保护区、海洋特别保护区和重要滨海风景旅游区，岸线主导功能为海岸生态保护、旅游观光；在重要渔业海域，原始自然开阔海岸被小规模围堰养殖（如一两个养殖池），岸滩自然景观未受到明显破坏的岸段也纳入其中。

（二）岸滩自然景观岸线

海岸建有防潮堤、防护堤等硬质防护设施，海陆相互作用自然过程被人为干扰，但是潮滩、沙滩、礁石岸滩、水下岸坡等海岸地貌自然景观得到保留，海岸自然属性和生态功能保持较好，并且可以通过保滩促淤、植被种植、沙滩保育、生物恢复等措施，进一步恢复和提升海岸带生物多样性和自然生态功能。一般位于河流入海口沿岸、海洋保护区以及滨海城镇生活区和滨海旅游度假区，岸线主导功能为海岸生态防护、旅游观光、休闲娱乐。

（三）整治修复后生态景观岸线

在人工海堤外侧或者受损岸滩的基础上，通过退养还湿、植被种植、沙滩保育、生态廊道建设等措施，已恢复和重建自然海岸结构和景观特征，海岸灾害防护和公众游憩等海岸生态功能和景观价值得以提升的岸段。此类岸线一般位于滨海城镇生活区、旅游度假区以及海洋保护区，整治修复后岸线主导功能为生态保护和旅游观光。

二、自然岸线格局构建

（一）自然岸线格局构建总体思路

自然岸线格局的构建是在海岸生态保护格局总体框架下，结合自然岸线内涵、岸线保护与利用现状及使用需求综合确定的（图38.7）。

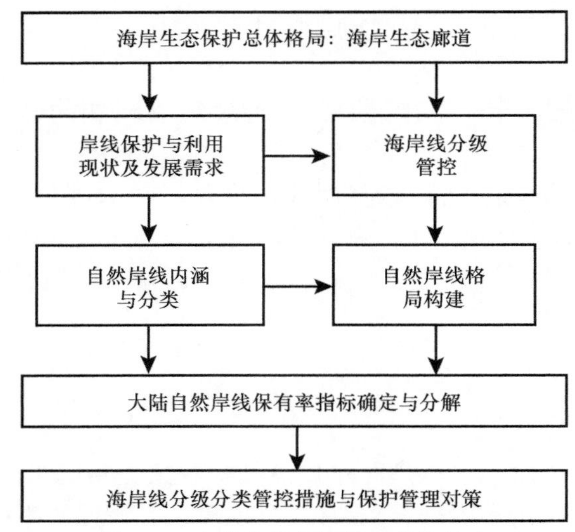

图38.7　自然岸线保护管理总体思路

首先，基于海陆统筹视角，统筹考虑海岸地区重要的生态功能区、文化景观分布，以及海岸保护与利用现状、开发需求以及主体功能区划、海洋功能区划、生态红线区划定方案等相关规划，基于景观生态学、恢复生态学等原理，构建海岸生态保护总体格局，以维护全省大陆海岸生态安全。

然后，在海岸生态保护格局总体框架下，依据自然岸线内涵和自然岸线可恢复性原则，统筹考虑自然岸线分布现状和岸线使用需求，综合确定大陆自然岸线格局，以最大限度地维持海岸自然属性、提升自然岸线保有率。自然岸线格局判定主要原则和依据如下。

（1）海岸线基本未开发利用，海岸自然属性和生态功能保持较好。

（2）岸段位于各类保护区（国家级、省级）或生态红线区。

（3）规划期未布局国家和省级重点开发项目。

（4）岸段已实施整治修复工程，且整治修复后海岸线具有自然海岸结构和生态功能，岸线利用功能为生态保护和旅游观光。

（5）岸段位于重要的生态功能区、脆弱区和敏感区，通过实施海岸环境整治与生态修复工程可以恢复自然海岸结构和自然生态功能。

（6）岸段可纳入自然岸线范畴的海岸线长度达到一定规模（如大于等于500m），有利于自然岸线的稳定与生态保护。

（二）山东省自然岸线保护格局构建

在海岸生态保护格局总体框架下，依据《山东省海洋功能区划（2011—2020年）》、海洋生态红线区划定方案和自然岸线内涵，综合考虑全省大陆海岸线资源环境条件、自然岸线分布现状、海岸线开发与利用需求以及全省海岸线远期保护总体战略，确定全省大陆自然岸线保护格局，包括原生态自然岸线、岸滩自然景观岸线、整治修复后生态景观岸线和自然岸滩生态恢复岸线，岸线总长1538km，约占山东省大陆海岸线总长的46%。其中，前三类岸线可直接归为现状自然岸线，而自然岸滩生态恢复岸线是规划期重点进行自然岸线恢复和生态建设的岸段，通过整治修复后转为岸滩自然景观岸线或整治修复后转为生态景观岸线，纳入自然岸线保有量统计，并进行重点保护和监管。此类岸线长度为407.97km，占全省的12.20%，主要位于海洋特别保护区和重要渔业海域。

三、自然岸线保有率控制

自然岸线格局是自然岸线保护与管理的重要依据。实际上，海岸线开发利用过程中存在诸多不确定性，自然岸线保有率的确定需要坚持前瞻性原则，保持一定的规划弹性，以支持地方经济发展。自然岸线保有率是指规划期自然岸线保有长度占管理基准海岸线总长的比例，为强制性约束指标。其中，管理基准海岸线为具有法律概念的海陆管理分界线，是不同职能部门实施海域和陆域分界管理的重要依据，以省级地方政府公布的数据或海洋功能区划数据为准。在山东省案例中，以《山东省人民政府关于山东省海岸线修测成果的批复》（鲁政字〔2008〕174号）文件公布的全省大陆海岸线为管理基准海岸线，此岸线与正在实施的《山东省海洋功能区划（2011—2020年）》保持一致。

（一）省级自然岸线保有率控制指标确定

海洋功能区划确定的沿海省（市）自然岸线保有率指标将作为最低保护指标纳入对沿海省级地方政府的政绩考核。沿海各省级地方政府可以根据本行政区海岸线实际情况，编制自然岸线保护与恢复计划，因地制宜地确定规划期大陆自然岸线保有率指标，一般是大于或者等于最低保护要求。在国家未出台相应技术导则的情况下，各地区依据构建的自然岸线格局，确定自然岸线保有分布和自然岸线保有率指标，主要遵循如下原则。

第一，生态优先原则。依据确定的自然岸线格局，将原生态自然岸线、整治修复后的生态景观岸线以及位于保护区或纳入生态红线区的海岸线优先纳入自然岸线保有长度统计。

第二，量力而行原则。针对亟待整治修复的岸线，依据海岸生态重要性、受损程度、可恢复性以及整治修复资金支持等情况，确定规划期计划恢复的自然岸线分布和长度，并将其纳入自然岸线保有长度统计。

第三，区际公平原则。若经过以上两条原则筛选仍不能达到自然岸线保有长度最低目标，可以依据区际公平原则，将剩余的自然岸线保有长度任务指标向县（市、区）等比例分解。

第四，经济效益原则。尽管等比例分解可以兼顾区际公平，但是由于未考虑海岸线资源分布和经济发展的区域差异性，自然岸线保有率指标控制的可操作性受到影响。替代做法是可以依据单位岸线GDP或者经济贡献率等经济指标作为调整系数，合理分配自然岸线保有长度指标。

（二）山东省案例应用

全国和山东省的海洋功能区划均提出：“至2020年，山东省大陆自然岸线保有率不低于40%。”随后，在山东省政府公布的渤海、黄海海洋生态红线区划定方案中，将渤海、黄海海域的自然岸线保有率目标分别提高到40%和45%，综合测算得到规划期全省大陆自然岸线保有率应不低于43.6%，按照管理基准海岸线测算，其自然岸线保有长度应不低于1458.81km。依据上述确定的自然岸线保有分布原则，确定全省自然岸线保有分布，并将任务指标分解到具有海域管辖权的沿海县（市、区），并要求作为规划约束性指标，纳入沿海县（市、区）地方政府绩效考核。各级政府在受理、审核、审批占用自然岸线的用海项目时，必须明确用海项目占用自然岸线是否满足本地区自然岸线保有率管控目标，对自然岸线保有率不达标的地区，将实施区域项目限批机制，暂停受理和审批该区域新增占用自然岸线的用海项目。

四、自然岸线保护与管理对策

（一）海岸线分类分级管控

1. 分类管控策略

优先保护自然岸线。为落实自然岸线保有率管控目标，确定自然岸线保有分布格局，最大限度地纳入严格保护。将砂质岸线、基岩岸线、粉砂淤泥质岸线等原生态自然岸线，划定的河口岸线，海洋保护区内具有生态功能的岸线，人工海堤外侧自然恢复的岸线，以及整治修复后具有自然海岸形态特征和生态功能的岸线纳入自然岸线保护格局。

实施海岸线分类保护。依据山东省海洋主体功能区划、山东省海洋功能区划和海洋生态红线区划定方案，根据海岸线自然资源条件和开发利用程度，将海岸线划分为严格保护、限制开发和优化利用三个类别，明确岸段位置和范围，并提出分类管控要求。

2. 分类保护等级

1）严格保护岸线

将海岸自然形态保持完好、生态功能与资源价值显著的自然岸线划为严格保护岸线，主要包括优质沙滩、典型地质地貌景观、重要滨海湿地岸段；具体包括砂质岸线、粉砂淤泥质岸线、基岩岸线、河口岸线、具有自然海岸形态特征和生态功能的岸线，以及海洋主体功能区和海洋生态红线区划定的禁止开发区内的岸线。其中，山东省海洋生态红线区划定的禁止开发区内的自然岸线和人工岸线全部划为严格保护岸线。

2）限制开发岸线

将海岸自然形态保持基本完整、生态功能与资源价值较好、开发利用程度较低的海岸线划为限制开发岸线。主要包括现状渔业岸线、旅游岸线、其他利用岸线和部分未利用岸线。《山东省海洋功能区划（2011—2020年）》中保留区以及山东省渤海、黄海海洋生态红线区中限制开发区的人工岸线也划定为限制开发岸线。

3）优化利用岸线

将人工化程度较高、海岸防护与开发利用条件较好的海岸线划为优化利用岸线，主要包括现状工业岸线、港口岸线、城乡建设岸线，以及《山东省海洋功能区划（2011—2020年）》中工业与城镇用海区、港口航运区内的人工岸线，主要涉及部分开发利用强度已经较高，需要优化调整，或资源、区位条件较好，资源环境承载力较强，未来区域发展需求强烈的岸线，是规划期内沿海县（市、区）岸线使用的重点区域。

（二）海岸线保护管理措施

有效的保护和监管措施是落实自然岸线保有率控制制度的重要手段。建议开展自然岸线管理机制创新，实施一系列海岸线开发利用监管和保护对策，推进全国自然岸线的保护和海洋生态文明建设。

1. 严格海域使用审批

加强占用岸线的规划和项目的审查力度，依据自然岸线保有率控制指标，实施占用岸线总量控制，审核用海项目的平面设计。强化占用岸线项目的海域使用论证，要求涉及占用岸线的用海项目在海域使用论证中，专章论证项目占用岸线的必要性和合理性、岸线利用效率等内容。落实财政部、国家海洋局印发的《调整海域无居民海岛使用金征收标准》，填海造地用海占用大陆自然岸线的，占用自然岸线的该宗填海的海域使用金按照征收标准的120%征收。

2. 建立海岸线占用生态补偿机制

对纳入自然岸线格局的海岸线，实施生态红线管制制度。严格禁止占用此类岸线进行顺岸式、大规模围填海开发建设，重点实施自然岸滩养护和生态恢复工程。对砂质、基岩等不同类型的自然岸线可以制定有针对性的管控措施。同时，结合生态红线区生态补偿管理经验，加快建立自然岸线生态补偿机制，完善财政支持与自然岸线生态保护成效挂钩机制。

建议建立自然岸线占补平衡制度。工程项目占用自然岸线必须按照1∶1.5比例修复受损岸线，工程项目用海申请和整治修复方案要求同步设计、同步论证、同步施工、同步验收。对人工岸线采用自然化整治修复，确保自然岸线保有量和保有率均不减少，探索建立自然岸线指标调配和区域交易机制，优化调控全省自然岸线资源配置效益，维护全省自然岸线保有率控制指标不降低。

3. 建立海岸带保护管理示范区

以国家级海洋生态文明示范区建设和国家级保护区、海洋公园为依托，在纳入自然岸线格局的岸段选择典型区域，科学划定海岸管控范围，包括一定宽度的陆域和海域，建立自然岸线保护管理示范区，实施海岸建设退缩线管理制度，海岸线向陆地1km范围内原则上不得新建建筑物，占用岸线的旅游休闲娱乐用海项目应保留公共通道和亲水岸线；清理沿海城市核心区海岸线向海1km内的筏式养殖设施。

同时，落实“多规合一”的理念，编制海岸保护与利用控制性规划，明确区内土地和水域开发利用功能、生态保护与景观建设布局，划定建筑退缩线，制定岸线生态保护与修复计划，提出海岸线开发利用的具体管控措施。长远来看，依据海岸自然属性、社会经济特征和便于管理原则，逐步推进海岸带范围划定工作，并以此范围出台相关的海岸带管理规定，作为地方政府及各个相关职能部门实施海岸线综合管理的行政依据。

4. 加强海岸线动态监测与巡查监管

海洋行政主管部门每年组织一次海岸线保护与利用动态监视监测，完善海岸线监测技术和装备，增加重点海岸线监控频次，实施岸线监管全覆盖，及时掌握掌握自然岸线变化、岸线使用和岸线整治修复情况，并进行自然岸线现场监测，形成自然岸线监测统计年度报告，报送至同级人民政府和上级海洋行政主管部门。同时，加强海岸线网格化巡查监管，及时发现和纠正非法占用自然岸线和破坏海岸线资源的行为。实行海洋监察与陆上国土、城建执法联动配合，建立案件查处互通情报制度，加大对岸线使用项目的监督力度。

第三节　海岸带整治修复与综合管理

一、海岸带综合整治

海域、海岛、海岸带的整治修复和保护工作是当前海洋和海岸带管理亟待加强的一项重要任务，又是国家和地方战略发展的具体要求。加强海域、海岛、海岸带的整治修复和保护，是改善海洋环境质量，维护海洋生态安全的需要；是提升海洋开发潜力，实现区域可持续发展的需要；是发展海洋经济，实现国家发展战略的需要。以山东省为例，探讨海岸带综合整治的指导思想、基本原则和重点任务。

（一）海岸带综合整治的指导思想和基本原则

1. 指导思想

按照深入贯彻落实科学发展观、构建海洋生态文明社会的总体要求，遵循客观规律，依靠科技创新，统筹规划、综合治理，分步实施、重点突破，创新机制、强化监管，着力解决影响当前地区沿海社会经济与海洋生态环境协调发展的重大海洋环境、生态、资源和管理能力建设问题，减缓并逐步逆转海域、海岛、海岸带生态环境恶化的趋势，保护和恢复海洋生态系统的重要服务功能，在经济社会发展中促进人与海洋和谐相处。

2. 基本原则

1）统筹兼顾、综合整治

统筹安排海岸线、海岛、海湾、近岸海域环境整治、生态修复和生态保护，合理布局重点工程和示范区。确保规划方案与各地区、相关部门的发展相协调，与山东半岛蓝色经济区发展规划、地区经济发展规划、环境保护规划、海洋经济发展专项规划等相关规划相衔接。坚持污染防治与生态保护并重、生态建设与生态保护并重，综合采取工程与非工程、污染治理与生态修复、政策支持与体制创新等各种有效措施，兼顾生态效益、经济效益和社会效益，切实提高治理水平和保护效果。

2）因地制宜、重点突破

坚持生态需求与社会接受能力相结合，针对沿海各地区海域、海岸带、海岛生态系统退化和污染破坏等方面的突出问题，科学规划，分类指导，分步实施，因地制宜地采取污染防治与生态建设、生态保护和综合整治等措施，使受损的生态区域主要服务功能得到恢复，典型珍稀的生态区域得到严格保护，脆弱敏感的生态区域的开发得到有效控制。整治工作不能全面开花，针对重点地区和重点环境问题，分阶段分步骤，以点带面，集中力量予以重点突破，形成良好的示范效应，带动全社会积极性。

3）保护为体、开发为用

以合理保护海域资源，促进海岸带健康可持续发展作为开展海域环境整治修复与保护工程的出发点和落脚点。把生态保护放在优先位置，并作为主要目标，科学推进海域、海岛、海岸带整治修复工程建设，保护海岸带重要自然岸线和景观资源，保障海域生态系统健康发展。

4）科技先行、标准统一

以海岸带系统科学规律和可持续发展理论为指导，尊重海岸线自然演化规律和冲淤动态，维护海洋生态平衡。同时，依靠科技创新，充分利用和集成现有实用技术，创新环境整治与修复技术模式，提高科技对整治、修复和保护工程的支持能力，并通过工程带动环保技术开发及其产业化，引导海洋环保和相关产业的发展，滚动支持海洋环境综合整治工作。同时，海域环境整治修复与保护工程要制定统一的标准，高标准规划和设计工程实施方案，统一专业队伍施工，统一生态环境监测、评估和管理标准，确保海域环境整治与生态修复的质量和效益。

5）整合资源、创新机制

形成部门、行业、地区间的联动，调动地方政府、市场和社会的积极性，增进群众参与意识，建立各种形式多元化投资机制，多渠道筹措建设资金，形成整治合力，建立长效机制。综合运用生态建设、环境保护、污染治理和监督管理等手段，建立健全协调机制，确保整治、修复与保护的高效率与高效益。敢于大胆探索环境整治、修复与保护的新体制、新机制、新模式、新政策，强化整治、修复工程的后期管理和维护，健全环境监管体系，完善保障措施，走出一条具有山东特色的海域、海岛、海岸带整治、修复与保护的新道路。

（二）海岸带综合整治重点任务

1. 开展重点海域综合整治，恢复海洋自然风貌

1）清理海洋垃圾和工程废弃物，整理海域空间资源

将海洋垃圾纳入常规海洋环境监测的范畴，掌握全省海洋垃圾的种类、来源、迁移和分布规律，对已受到海洋垃圾污染的海域进行集中清理，并对海水浴场和重要旅游景点及周边海域的海洋垃圾定期清理；清理海洋工程废弃物，特别是影响航运、养殖、旅游等生产活动的海洋工程废弃物及违规违章构筑物，要进行集中拆除和清理，增加可用的海域空间资源。

2）清理海底淤泥，改善底栖生态环境

对由于淤积而影响海洋生态环境或海洋交通运输的海域进行重点整治，特别是海洋沉积物受到污染的海域，需要进行清淤和无害化处理，并增加水交换量，提高海洋自净能力，达到从根本上改善底栖生态环境的目的。

3）退养还海，发展海洋生态养殖业

科学规划养殖区的空间分布，严格按照海洋功能区划管理养殖区，将养殖规模控制在科学合理的范围之内；对靠近海岸并影响近岸生态环境的养殖区要进行拆除和搬迁，改变传统的围海养殖方式，发展生态休闲渔业，实现海洋生态系统的修复，保障海域生态服务功能的正常发挥。

4）修复受损海洋生态系统，维护海洋生态健康

在近海预定海区投放藻类附着基，进行大型藻类移植和底播增殖，建设人工海藻场和海底森林；投放保护构件设施，建立大型海洋人工鱼礁群，进行海珍品底播增殖和重要渔业资源的增殖放流，建设海洋牧场，最终实现维护海洋生态系统健康、恢复近海渔业资源的目的。

2. 开展重点海岸综合整治，保护岸线资源

1）实施退堤还海，恢复自然岸线

拆除不合理的养殖堤坝，以及不符合海洋功能区划的围海养殖池塘、盐池、渔船码头等人工构筑物；清理海滩和海岸上乱堆乱放的工程废弃物，保护优质沙滩资源，逐步恢复自然海岸的原生风貌和景观格局，提高自然岸线保有率。

2）建设海岸人文景观，营造亲水海岸环境

在风景名胜区和重要旅游区，特别是大中城市毗邻海域具有开发潜力的海岸，科学规划和设计海岸人文景观，建设滨海休闲长廊、海岸主题公园、滨海步行道等，营造适宜人民群众亲水的海岸环境，整体提升区域景观质量，改善沿岸人居环境。

3）修复海岸自然景观遗迹，保护海岸地貌

保护受侵蚀的海岸沙坝、潟湖和沙咀等海积地貌遗迹景观，通过去除人为干扰、工程辅助等措施，逐步恢复地质体形态和规模，维护地质体的自营性；保护海蚀拱桥、海蚀柱、海蚀崖等海蚀地貌遗迹景观，对重要和典型的受损海蚀地貌遗迹景观可以采取必要的防侵蚀工程措施。

4）修复受损防潮堤坝，提高抵御海洋自然灾害能力

修复因自然灾害和人为活动而损毁的防潮堤坝，实施生物措施和工程措施并举的修复方案，建设海岸带防护林体系，提高海岸带抵御风暴潮、海雾等自然灾害的能力；在不减少岸线长度的前提下，建设新的防潮堤、挡浪墙，提高岸线资源和海岸空间资源的利用率。

5）开展侵蚀岸线的防治，防止海岸侵蚀扩大化

全面调查全省海岸侵蚀现状，针对不同海岸侵蚀的具体原因和现状，开展大陆和海岛岸线侵蚀的预防与治理工作，采取科学合理的人工海滩喂养方案，使人工海滩达到平衡状态并维持稳定。对受侵蚀特别严重的砂质海岸，实施侵蚀防治与旅游开发并举的措施，实现优质沙滩资源的可持续开发利用，同时加强对盗采海沙等违法行为的监察和打击力度，从根源上保护砂质岸线资源。

6）整治入海河口，实现河海综合管理

对入海口滩涂进行清淤和岸线护砌，促进岸线资源优化配置，增加岸线长度，在入海河流河口建立橡胶坝，防止海水倒灌及河口土壤盐渍化，控制季节性洪水及其挟带的污染物入海，防止因短时间内大量洪水入海造成的突发性海洋污染事件，恢复入海河口湿地植被，削减洪水和污染物入海通量，筑起海洋陆源污染防治的第一道生态屏障。

7）修复滨海湿地生态系统，维护海岸带生态平衡

实施退养还滩和退养还湿工程，清理围海养殖池塘的淤泥、沉积物和围堰，以植被修复为主要手段，恢复湿地生态系统原貌，种植和移植适宜于湿地土壤环境的芦苇、柽柳等盐生植物；设置围栏界碑，实施封滩育草，并以高潮线为界，进行大块石等基础性岸坡防护。实施滨海湿地生态系统的植被修复，可以实现蓄洪纳污、削减有害有毒物质、增加生物多样性、调节海岸带微气候条件，维护海岸带生态平衡等的目标。

3. 开展重点海岛综合整治，提高海岛开发潜力

1）保护具有特殊用途的海岛

保护具有国防、导航、教学科研、历史文化等特殊利用价值的海岛。设置夜间警戒灯光设施和标志性宣传牌，设立远程监控点，配备摄像设备和传输设备，将这一类具有特殊用途的海岛纳入海域管理的

网络体系中；对已受损岛体进行加固，修建可以停靠小型船舶的停靠点，方便管理部门登岛作业；对砂质海岛，依据海域水动力条件和泥沙输运模式，采取科学合理的保护方案，遵循海岛演变的自然规律，去除人为干扰，通过恢复海岛植被的方式实现砂质海岛的保护；在有教学科研和历史文化价值的海岛上，建设教学和实验基地。

2）建设具有开发潜力的无居民海岛

改善海岛基础设施条件，包括交通、供水、供电、通信和环保五个主要方面。建设船舶停靠点或者陆岛交通码头，供水管道、淡水存储或海水淡化设施，小型风电机组或海底电缆，无线通信或海底光缆以及垃圾与污水回收处理设施；修复海岛生态环境，恢复海岛植被，防止海岛水土流失，增强海岛抵御海洋自然灾害的能力，提高海岛的使用价值和开发潜力。

3）改善有居民海岛的人居环境

提高有居民海岛垃圾与污水处理、淡水蓄积和海水淡化的能力，推进可再生能源如风能、潮汐能、波浪能和太阳能的利用；拆除影响海岛水体交换的连岛坝、养殖围塘等人为工程，修建透水条件良好的桥梁涵洞，改善海岛周边海水环境质量；规划合理的产业发展方向和布局，改善有居民海岛的人居环境。

4. 提升海洋环境保护综合管理能力

1）加强海洋保护区建设

建立以典型海洋生态系统、重要海洋生物资源和典型海岸地貌为保护对象的海洋自然保护区、海洋特别保护区和种质资源保护区，严格按照相关法律法规，设立核心区、缓冲区和实验区，建立配套的监测和管理设施，设置海洋保护区浮标系统，完善和健全管理体系，并建设科研基地，提升海洋环保科技支撑力量。

2）建设海域管理动态监视网络

建设“点面结合”的监测网络，并以此为支撑点建设全省的海域与海岸带综合整治动态监视监测管理系统，使之兼具海洋环保监测功能，实现海域使用动态监视监测管理和前海一线重点海域及海岸线的实时监控监测。系统应具备海域环境监控、污染识别、环境污染突发事件预警和信息采集处理能力，实现海域与海岸带综合整治管理的动态化、数字化。

3）完善海洋管理基础设施

完善海洋生态保护区的基础设施，建设管理办公室、化验室、监视大厅、职工宿舍，配备必要的化验分析设备、通信安全设备以及监测管护船只。

二、海岸线整治修复

海岸线类型多样，滩涂资源、深水港口岸线资源、滨海旅游资源等海岸资源丰富，对维护区域海岸带生态系统平衡和支撑社会经济发展具有不可替代的作用。但是，随着社会经济的快速发展，海洋开发活动强度不断加大，部分岸线生态系统退化，自然景观遭到一定破坏，岸线资源约束趋紧，加强海岸线保护，实施海岸线环境整治与生态修复工程，节约高效利用海岸线资源已刻不容缓。以山东省为例，阐述海岸线整治修复规划的目标、重点任务和重点工程。

（一）总体目标和建设布局

1. 总体目标

海岸线整治修复总体目标是保护和恢复海岸重要生态功能区，维持海岸生态系统结构和过程的完整性，提升海岸生物多样性保护、灾害防护、水质净化、休闲游憩、科研教育等自然生态功能和海岸公共服务能力，建成具有地方特色的绿色海岸带。

2. 建设布局

依据《山东省主体功能区规划》确定的全省生态安全保护格局，基于陆海统筹视角，积极推进海岸线整治修复，修复受损海岸线，整理低效利用岸线，美化岸线景观，形成“一带六板块”建设布局。“一带”即大陆海岸生态廊道保护带，是串联全省阳光海岸线的主轴线，是海岸线生态修复和环境质量提升的承载体。“六板块”是海岸线整治修复建设的重点支撑，分别为滨海自然湿地斑块保护与恢复、砂质海岸生态防护廊道修复、海岸地质遗迹与文化景观节点维护、海岸人工湿地多功能景观营建、入海河流自然生态蓝道建设、公众休闲游憩功能岸线生态景观营建等板块，通过保护、修复和建设，构建沿海生态景观片区。

（二）重点任务

1. 维护和提升自然岸线保有率，构建自然岸线格局

实施退堤还海、退养还湿、沙滩养护、湿地修复、植被种植、生态重建等措施，保护自然岸线，逐步恢复滩涂湿地、河流湿地、沙滩、基岩礁石和滨岸山体植被原始景观，促进次生岸滩或海岸湿地的形成，或者重建自然海岸结构和景观特征，以提升自然岸线保有量，丰富和完善自然岸线分布格局。

2. 建设海岸生态廊道，提升海岸生态功能

通过推进海岸各类保护区建设，实施植被种植、人工湿地建设、公园绿地建设、生物资源增殖等整治修复工程，增加滩涂湿地、岸滩、海岸防护绿地和水系面积，拓展海岸自然生态空间，提高海岸生态系统稳定性，提升生物多样性保护、海岸防灾减灾、污染物净化等生态功能，维护海岸生态安全。

3. 拓展公众亲海和未来发展空间

对海岸线生态破坏严重、岸线利用效率低下、海岸卫生环境和景观质量差的岸段进行生态重建和综合整治，拆除不合理的工程建筑物和构筑物，优化调整海岸线开发利用功能和布局，增加公众亲海空间，建设海岸休闲游憩等娱乐设施，以满足公众对海岸线休闲娱乐、景观服务、休憩游玩等公共服务功能的需求；同时，预留足够多的未来发展空间，以支持海洋新兴产业沿海布局和重大项目建设。

（三）重点工程

为确保实现规划期海岸线整治修复目标，重点实施重要滨海湿地生态修复工程、砂质岸滩养护与生态修复工程、岸线环境整治与景观建设工程、蓝色海湾海岸环境综合整治工程和入海河流海岸环境整治与防护能力提升工程等五类共计65个重点工程。

1. 重要滨海湿地生态修复工程

对重要河口湿地、滩涂湿地、潟湖湿地以及重要海湾湿地等滨海湿地受损岸段进行生态系统修复，改善湿地潮汐通道和水交换条件，提升湿地生态系统服务功能和价值。工程内容主要包括开展退养还滩、还湿，清理损害滨海湿地生态系统的围海养殖、盐田、堤坝等设施；开展河口海域清淤，改善湿地水动力环境；通过种植和移植等手段，恢复滨海湿地植被和滨海湿地生态系统原貌；建设必要的海岸防护设施等。重点推进滨州贝壳堤岛与湿地国家级自然保护区海岸带生态整治修复保护项目、文登海洋生态国家级海洋特别保护区能力提升建设工程。

2. 砂质岸滩养护与生态修复工程

针对开放式海域的砂质岸滩岸段进行岸滩整治和生态修复，重点恢复砂质岸滩原始风貌，加强对沙滩资源及其海洋生物资源的养护，提高岸滩生态防护和潮间带生态功能。工程内容主要包括拆除占用潮间带岸滩的不合理养殖堤坝、池塘或其他用海设施，恢复岸滩原始面貌；清理沙滩垃圾，改善岸线、岸滩环境质量；对存在侵蚀的沙滩通过人工补沙、建设防波堤等手段进行养护；加强海岸生态绿地和防护林建设，构筑沿岸生态防护屏障等。重点实施莱州市岸滩整治修复工程、龙口市东海岸段岸滩整治修复工程、乳山市银滩海岸带整治与近海生态修复工程、威海南海新区12km砂质海岸带修复整治工程（二期）等工程。

3. 岸线环境整治与景观建设工程

针对旅游度假区、滨海城镇区海岸段及岸线破损严重岸段，开展海岸侵蚀防护、破损堤坝修复、生态绿化、公共休闲服务设施建设以及入海排污口整治等岸线综合整治工程，提升海岸公众休闲和旅游景观价值以及生态环境质量。工程内容主要包括清理岸滩违章建筑、垃圾、废弃工程设施；退养还湿（滩）；海岸生态防护绿地建设；修复沿海坍塌、受损的海岸防护设施，新建防浪堤等；加固、修复重要海岸历史文化遗迹承载体；建设滨海公园、生态绿地、滨海步行道、亲水设施，打造人文景观，拓展公众亲水岸线等。重点推进蓝色海湾综合整治行动，实施烟台市滨海西路幸福岸线综合整治修复工程、威海市双岛湾海岸带整治修复项目二期工程、大乳山岸线修复项目工程等。

4. 蓝色海湾海岸环境综合整治工程

以提升海湾海岸环境质量和生态功能为核心，恢复自然岸线和岸滩生态功能，提高自然岸线保有率和海湾自净能力，改善近岸河口、岸滩海水水质，拓宽滨海湿地面积，开展综合整治工程，打造“蓝色海湾”，主要建设内容包括：岸线整治修复，因地制宜建设海岸公园、人造砂质岸线等海岸景观和生态廊道等，强化社会监督，保护好自然岸线；滨海湿地植被种植和恢复，陆源污染入海治理，提升海湾水质；近岸构筑物清理与清淤疏浚整治；海洋生态环境监测能力建设，海洋经济可持续发展监测能力建设等。重点推进青岛市、烟台市、威海市、日照市蓝色海湾整治行动，恢复胶州湾、灵山湾、琅琊台湾、鳌山湾、套子湾、逍遥港、海州湾等海湾岸线自然景观和海域生态环境。

5. 入海河流海岸环境整治与防护能力提升工程

通过开展河口岸线的河道环境综合整治和生态修复工程，恢复、提高河流生态系统服务功能和景观价值，改善河道环境质量。工程内容主要包括：河口区盐田、养殖池、堤坝等的拆除，拓宽河道，进行河口清淤和疏浚；修建或加固河道防潮堤，提高河道防洪、防潮能力；通过人工栽种、移植等手段，恢复入海河口湿地植被；加强河口两岸生态绿地和防护林建设，构筑沿岸生态防护屏障；适当建设湿地公园、亲水平台等景观设施，提高河口景观价值。重点推进套尔河、潮河、弥河、白浪河、潍河、绣针河等入海河口海岸防护设施建设和海岸生态系统修复。

三、海岸带保护管理对策

以烟台市为例，探讨进一步加强海岸带保护管理的对策。烟台市海岸线全长1000多千米，拥有自然景观独特的各类海岛达230个；沿岸港湾众多，沙滩质地优良，滩涂湿地资源、渔业资源丰富，滨海矿产资源和海洋可再生能源开发利用前景良好。优越的自然条件和丰富的自然资源为烟台市带来巨大的经济效益；但是，近年来，海岸带持续的高强度开发和不合理的资源利用引发了诸如自然岸线锐减、关键栖息地丧失、生物多样性减少、局部岸段生态功能退化、近岸受污染海域范围扩大以及海岸侵蚀、海水入侵、溢油污染、赤潮灾害等海岸带灾害频发问题，严重制约地区海岸带海水养殖业、滨海旅游业的发展和生态文明建设，影响区域社会经济可持续发展，急需加强海岸带资源保护和管理。

（一）海岸带保护和管理成效及存在的问题

1. 海岸带保护和管理成效

近年来，烟台市各级地方政府和职能部门一直致力于海岸带资源保护和管理，取得了许多富有成效的工作，体现在以下几个方面。

（1）加快各类保护区建设。目前海岸附近建有自然保护区、海洋保护区、海洋公园、森林公园、城市湿地公园等各类型保护区达24个，其中仅国家级就有17个，各类保护区在一定程度上遏制了海岸带生态破坏行为，保护了海岸带生态环境。

（2）重视海岸带规划管理，编制和实施了众多空间管制规划和部门行业规划，有效规范了海岸带土地、海域资源的开发利用，促进了区域社会经济发展。

（3）加大海岸带整治修复力度。2010年以后先后实施了20多个海岸带综合整治项目，重点对烟台北部海岸、套子湾、四十里湾以及长岛部分海岛海岸进行了整治修复，总计完成整治修复岸线约140km，海岸侵蚀得到有效治理，海岸生态系统和景观环境逐步得以恢复和优化。

（4）加强流域、近岸海域环境监管能力建设。环境保护部门重点实施了五龙河、大沽河、界河、辛安河等重点流域的综合治理工程，开展了入海排污情况监测及专项执法检查；环保和海洋主管部门不断提升重点流域、海洋环境监测能力，建立了大环保工作推进机制等。

2. 海岸带保护和管理中存在的问题

尽管前期的保护和管理工作在一定程度上遏制了海岸带生态破坏和环境污染趋势，有效规范了海岸带开发秩序，但是面临海岸带资源环境约束趋紧的形势，烟台市海岸带保护与管理工作还存在许多不足，诸如以下几个方面。

（1）保护区建设方面：烟台市国家级保护区数量虽多，但是目前缺乏科学的生态规划和管理计划，保护区的监测、科研、调查、修复等工作进展缓慢，这使得保护区作用无法有效发挥。

（2）海岸带规划管理方面：尽管海岸带规划种类繁多，但是相互之间的统筹、协调性不足，导致大部分规划在海岸地区的执行效力不高。

（3）海岸带管理机制体制方面：目前烟台市海岸带开发与保护缺乏高层次协调机制。

（4）海岸带环境保护还存在许多问题：岸滩垃圾清理、入海河流陆源排污等问题一直未得到有效解决；各部门环境监测信息不共享；未建立起海岸带污染的联防联控机制等。

（5）海岸带整治修复方面：北部砂质海岸侵蚀治理缺乏系统性解决方案；偏重硬体工程建设，忽视海陆有机联系，割裂海岸带生态系统完整性；海岸景观建设同质化，缺乏海岸带地方特色等。

（6）海岸带管理立法与监督管理方面：目前还没有专门针对沙滩、自然岸线、海岸带开发管控等方面出台相应的地方性法规、政策文件，给海岸巡查监督执法带来很大困难。

（二）加强海岸带保护和管理的对策建议

1. 划定海岸带管理范围，并出台相关的地方性法律规范

（1）借鉴海南、青岛、深圳等省、市先进管理经验，组织专家学者、各县（市）相关职能部门共同研究划定海岸带范围（包括一定宽度的陆域和海域），并向社会公布。

（2）针对这一划定的海岸带管理范围，出台海岸带保护与管理方面的地方性法律规范，如制定《烟台市海岸带开发管理规定》，厘清涉及海岸带管理的各职能部门工作职责，确定海岸带管理范围内海岸保护、开发与管理的各项强制性要求、处罚措施，建立海岸带管理范围内的规划审批、巡查监督等制度。

（3）学习威海市等省市经验，针对影响全市社会经济发展的重点问题，开展海岸带保护专题专项立法论证，如针对烟台市沙滩的保护和修复、无居民海岛保护、流域面源污染治理、海洋牧场区监测管理、海洋公园开发与保护等专题制定专项性保护管理办法。

2. 开展管理机制创新，建立海岸带协调管理机制

学习借鉴海南省、浙江省、青岛市、威海市等国内省、市先进管理经验，结合烟台海岸带开发与保护实际情况，针对影响全市海岸带社会经济发展和生态文明建设的关键问题和主要矛盾，如滨海旅游资

源整合与开发、生态红线保护、海洋牧场建设等，开展管理机制创新研究，逐步建立起海岸带综合管理协调机制和管理体系。

（1）学习威海市经验，建立烟台市海岸带协调管理委员会，并建立联席会议制度、海岸带联合执法制度等。

（2）建立海岸带开发保护规划管理机制，针对划定的海岸带管理范围，从全市层面编制海岸带资源保护与开发利用规划、海岸带生态红线保护规划等，并要求将海岸带保护与开发纳入各县（市、区）“多规合一”蓝图。

（3）进行海岸带保护管理机制创新，建立海岸带生态红线管控、砂质海岸建筑退缩线管理、海岸带环境监测信息共享机制、海岸带污染联防联控机制、海洋公园与保护区开发保护和管理机制等。

3. 以生态理念和科学方法，推进海岸带整治修复

改变以往在海岸带整治修复过程中出现的“护岸不护滩”“偏重于园林景观设计”“忽视海陆关联性”“违背自然规律”等现象，在后续工作中，建议打破县、区行政界限，从全市甚至更大范围区域角度系统分析烟台市海岸带出现的海岸侵蚀、生态破坏、环境污染等生态环境问题，立足长远，统筹规划，建立一套系统性解决方案，强调用生态理念和科学的方法，有序推进海岸带整治修复，重点关注如下几个方面的工作。

（1）加强烟台沿海防护林的保护和修复，做好退化林改造、灌草带修复工作，构建多元化、立体化的海岸防护林体系。

（2）重视沙滩卫生环境整治、沙滩后滨植被修复和海滩人工养护，维护砂质海岸生态系统完整性和自然生态功能。

（3）开展海岸带土地、岸线利用环境整顿，盘活土地、滩涂、岸线资源存量。

（4）加强对滨海城区、沿海渔村、工矿区、港口区陆源排污直排口的排污监测与监管。同时积极推进大沽夹河等流域范围内的畜禽养殖污染防治工作。

（5）注重挖掘不同岸段独有的特色和魅力，切实维护烟台市海岸带资源景观特色。

（6）重视整治修复效果的后期监测和评估，以便及时调整整治修复方案，改变保护管理措施等。

4. 推动海岸带自然生态景观保护与滨海旅游资源一体化管理

基于陆海统筹、综合管理的视角，推动海岸带自然生态景观、历史文化遗迹等滨海旅游资源保护、开发利用与一体化管理。建议重点关注如下工作。

（1）将海岸带生态红线区划定与滨海旅游资源的整合与开发相结合，在加强对海岸带自然生态景观保护的基础上，实现滨海旅游资源的全方位、规模化、集约化的开发利用。

（2）打破行政分割，积极推动烟台山、莱山、蓬莱、招远砂质海岸、长岛等5个国家级海洋公园的规划和建设，以统一的旅游规划、旅游品牌、旅游标准等整合旅游资源，落实一体化管理。

（3）着力构建统筹滨海旅游资源保护、管理和开发利用的体制机制，制定支持滨海旅游资源整合与一体化管理的土地、财税、生态补偿政策等。

参 考 文 献

曹可, 苗丰民, 赵建华. 2012. 海域使用动态综合评价理论与技术方法探讨. 海洋技术, 31(2): 86-90.

都晓岩. 2012. 系统仿真模型在烟台市海域使用规划中的应用. 中国渔业经济, 30(2): 74-78.

杜培培, 吴晓青, 都晓岩, 等. 2017. 莱州湾海域空间开发利用现状评价. 海洋通报, 36(1): 8-15.

付元宾, 曹可, 王飞, 等. 2008. 围填海强度与潜力定量评价方法初探. 海洋开与管理, 27(2): 27-30.

高伟明, 刘军会. 2006. 3S技术在海域使用状况调查中的应用. 海岸工程, 25(3): 68-73.

韩富伟, 苗丰民, 赵建华, 等. 2008. 3S技术在海域使用动态监测中的应用. 海洋环境科学, 27(增刊2): 85-89.

李亚宁, 谭论, 张宇龙, 等. 2014. 我国海域使用现状评价. 海洋环境科学, 33(3): 446-450.

刘柏静, 吴晓青, 杜培培, 等. 2018. 海域使用活动对海湾生态环境的压力评估——以莱州湾为例. 海洋学研究, 36(3): 76-83.
马红伟, 谷绍泉, 王伟伟, 等. 2012. 浅谈海域使用现状水平评价——以大连市为例. 海洋环境科学, 31(2): 282-284.
宋德瑞, 郝煜, 王雪, 等. 2012. 我国海域使用发展趋势与空间潜力评价研究. 海洋开发与管理, 29(5): 14-17.
索安宁, 赵冬至, 葛剑平. 2009. 景观生态学在近海资源环境中的应用: 论海洋景观生态学的发展. 生态学报, 29(9): 5098-5105.
王江涛. 2008. 海域使用水平评价指标体系构建及其评价. 海洋通报, 27(2): 59-64.
王江涛, 刘百桥. 2011. 海洋功能区划符合性判别方法初探——以港口功能区为例. 海洋通报, 30(5): 496-501.
王江涛, 张潇娴, 马军. 2011. 基于逐级控制的海洋功能区划层级体系构建. 海洋环境科学, 30(3): 432-434.
王诗成. 2005. 从战略的高度认识科学编制海域使用规划. 中国海洋报, 9-20(1443).
吴晓青, 王德, 都晓岩, 等. 2015. 我国县级海域使用规划理论技术框架探讨. 海洋开发与管理, (2): 25-32.
吴晓青, 王国钢, 都晓岩, 等. 2017. 大陆海岸自然岸线保护与管理对策探析. 海洋开发与管理, (3): 28-31.
闫吉顺, 王鹏, 林霞, 等. 2015. 2003年以来大连市海域使用现状评价. 海洋开发与管理, (8): 39-42.
俞孔坚, 李迪华, 韩西丽. 2005. 论“反规划”. 城市规划, (9): 64-69.
Parravicini V, Roverea A, Vassalloa P, et al. 2012. Understanding relationships between conflicting human uses and coastalecosystems status: a geospatial modeling approach. Ecological Indicators, 19(8): 253-263.